W0065866

Kisters Aktiengesellschaft
Charlottenburger Allee 5 • D-52068 Aachen
Telefon 02 41 / 96 71-0

Otto W. Wetzell (Hrsg.)

Wendehorst Bautechnische Zahlentafeln

Otto W. Wetzell (Hrsg.)

Wendehorst
Bautechnische Zahlentafeln

30., akt. und erw. Aufl.

Herausgeber: Prof. Dr.-Ing. Otto W. Wetzell, Fachhochschule Münster
in Verbindung mit dem DIN Deutsches Institut für Normung e.V.

Bearbeitet von:
Prof. Dipl.-Phys. Herwig Baumgartner, Hochschule für Technik, Stuttgart
Prof. Dr.-Ing. Ernst Biener, Fachhochschule Aachen
Prof. Dr.-Ing. Helmut Dieler, Fachhochschule Münster
Prof. Dr.-Ing. Gerhard Haße, Fachhochschule Münster
Prof. Dr.-Ing. Heckötter, Fachhochschule Münster
Prof. Dr.-Ing. Ekkehard Heinemann, Fachhochschule Köln
Prof. Dr.-Ing. Wolfram Jäger, Technische Universität, Dresden
Prof. Dr.-Ing. Wolfgang Krings, Fachhochschule Köln
Prof. Dr.-Ing. Wolfram Lohse, Fachhochschule Aachen
Prof. Dr.-Ing. Walther Mann, Technische Universität, Darmstadt
Prof. Dipl.-Ing. Henning Natzschka, Fachhochschule für Technik, Stuttgart
Prof. Dr.-Ing. Helmuth Neuhaus, Fachhochschule Münster
Prof. Dr.-Ing. Andreas Strohmeyer, Fachhochschule Aachen
Prof. Dr.-Ing. Otto W. Wetzell, Fachhochschule Münster

Teubner

B. G. Teubner Stuttgart · Leipzig · Wiesbaden
Beuth Berlin · Wien · Zürich

Die Deutsche Bibliothek – CIP-Einheitsaufnahme
Ein Titeldatensatz für diese Publikation ist bei
der Deutschen Bibliothek erhältlich.

Prof. Dr. Otto W. Wetzell studierte Bauingenieurwesen an der Technischen Hochschule in Hannover und an der Stanford University in Palo Alto, Kalifornien. Er promovierte an der TU Hannover mit einem Thema aus der Mechanik und war dann als Partner einer Ingenieursozietät als Beratender Ingenieur und Gutachter tätig. 1968 ging er an die spätere Fachhochschule Münster. Seine Lehrgebiete waren Baustatik und Datenverarbeitung. Als Autor und Herausgeber veröffentlichte er zahlreiche Fachbücher und Aufsätze.

1. Auflage 1934
26. Auflage 1994
27. Auflage 1996
28. Auflage 1998
29. Auflage Oktober 2000
30. Auflage August 2002

Alle Rechte vorbehalten
© B. G. Teubner Stuttgart/Leipzig/Wiesbaden, 2002

Der Teubner Verlag ist ein Unternehmen der Fachverlagsgruppe BertelsmannSpringer.
www.teubner.de

Die DIN-Normen sind wiedergegeben mit Erlaubnis des DIN Deutsches Institut für Normung e.V.. Maßgebend für die Anwendungen jeder Norm ist deren Fassung mit dem neuesten Ausgabedatum, die bei der Beuth Verlag GmbH, Burggrafenstr. 6, 10787 Berlin, erhältlich ist.

Die Wiedergabe von Gebrauchsnamen, Handelsnamen, Warenbezeichnungen usw. in diesem Werk berechtigt auch ohne besondere Kennzeichnung nicht zu der Annahme, dass solche Namen im Sinne der Waren- und Markenschutz-Gesetzgebung als frei zu betrachten wären und daher von jedermann benutzt werden dürften.

Umschlaggestaltung: Ulrike Weigel, www.CorporateDesignGroup.de
Druck und buchbinderische Verarbeitung: Tesinská Tiskárna, Èseky Tisin
Gedruckt auf säurefreiem und chlorfrei gebleichtem Papier.
Printed in Czech Republik

ISBN 3-519-45002-X (Teubner)
ISBN 3-410-15502-3 (Beuth)

Vorwort

Die 30. Auflage dieses Standardwerkes wurde auf der Grundlage der neuesten Ausgaben aller relevanten deutschen und europäischen Normen und technischen Regelwerke bearbeitet. Sie zeigt den aktuellen Stand der Technik.

Bauschaffende, Lernende und Lehrende finden auf 1340 Seiten und der beiliegenden CD-Rom alles, was sie für ihre berufliche Tätigkeit brauchen. Bei der inhaltlichen und formalen Darstellung und bei der Gliederung des Stoffes wurde vor allem dem Wunsch des Benutzers nach schnellem Zugriff auf die gesuchte Einzelinformation Rechnung getragen. Es wurde aber auch darauf geachtet, dass der fachliche Zusammenhang der Themen untereinander sichtbar bleibt.

Die Abschnitte zur Bauphysik, Beton und Stahl- und Spannbetonbau sind — bedingt durch die Energieeinsparverordnung und die neue DIN 1045 — von neuen Autoren, komplett neu bearbeitet worden. Neu hinzu gekommen sind unter anderem: Lastannahmen nach EC1 für Straßen- und Fußwegbrücken; Verfahren nach Lutz zur Abschätzung des Hochwasserabflusses (somit kann der KOSTRA-Atlas berücksichtigt werden). Wichtige neue Richtlinien: Ablagerungsverordnung; Entwurf der Deponieverordnung; Abfallschlüsselnummern gemäß europäischen Abfallartenkatalog; ZTV Asphalt — StB 01, ZTV — Beton StB 01; RstO 2001, ZTVPP — StB 2000.

Neben den bewährten Berechnungsbeispielen zur Statik und Festigkeitslehre wurde die CD um ein Stahlbauprogramm erweitert. Es enthält die Tragsicherheitsnachweise gegen Fließen entsprechend Abschnitt 2.2.3 und 2.2.4. im Abschnitt Stahlbau, sowie die Ersatzstabnachweise nach Abschnitt 3.2.1 bis 3.2.4 mit einigen nützlichen Erweiterungen beim Biegedrillknicken. Die Kapitel: Beton- und Stahlbetonbau n. DIN 1045-1 (07.88), Stahlbeton- und Spannbetonbau nach EC2, Holzbau nach EC5 und Spannbeton nach DIN 4227 sind als pdf-Dateien verfügbar. Neben den aktuellen Landesbauordnungen machen zwei Demo-Programme zu Statik und FEM diese CD zu einer richtig runden Sache. Die mitgelieferte CD enthält das Demo-Programm: Thermplan: Mit diesem Programm wird der Energieverbrauch eines Gebäudes über ein Jahr hinweg ermittelt.

Der Verlag ist bei der Vorbereitung und Herstellung auch dieser Auflage dem nun bald zweihundert Jahre alten Teubner-Motto „getan wird alles, was nötig und möglich ist" gefolgt und hat alle Wünsche der Autoren bezüglich der Präsentation des Stoffes erfüllt. Dafür und für die stets sehr angenehme Zusammenarbeit sei ihm herzlich gedankt.

Herzlich gedankt sei auch allen Benutzern des „Wendehost" für ihre konstruktiven Anregungen zur Fortentwicklung dieses traditionsreichen Werkes. Verlag und Autoren werden auch weiterhin jeden Hinweis auf Möglichkeiten zur Verbesserung des Werkes dankbar entgegennehmen und bei der Vorbereitung der nächsten Auflage gebührend berücksichtigen.

Münster, im Sommer 2002   Otto W. Wetzell

Teubner – der Lehrbuchverlag

Hosang / Bischof

Abwassertechnik

11., neubearb. u. erw. Aufl. 1998.
X, 724 S., mit 561 Abb., 202 Tab.
u. zahlr. Beisp.
Geb. € 49,00
ISBN 3-519-15247-9

Karl Gerris

Bauphysikalische Aufgabensammlung mit Lösungen

2., durchges. Aufl. 2000. 448 S.,
mit 177 Abb., 28 Tab., 177 Verständnisfragen
u. 89 Aufg.
Geb. € 34,00
ISBN 3-519-15076-X

Müller / Korda (Hrsg.)

Städtebau

Technische Grundlagen

4., neubearb. Aufl. 1999. 698 S.,
mit 316 Abb. und 131 Tab.
Geb. € 44,00
ISBN 3-519-35001-7

Kindmann / Krahwinkel

Stahl- und Verbundkonstruktionen

1999. 328 S. mit 362 Abb. u. 45 Tab.
Geb. € 36,00
ISBN 3-519-05266-0

Stand April 2002
Änderungen vorbehalten.
Erhältlich im Buchhandel
oder beim Verlag.

B. G. Teubner
Abraham-Lincoln-Straße 46
65189 Wiesbaden
Fax 0611.7878-400
www.teubner.de

Teubner

Autorenverzeichnis

Prof. Dipl.-Phys. Herwig Baumgartner studiert Physik an der Universität Freiburg und war anschließend in einem bauphysikalischen Beratungsbüro tätig. 1987 wurde er an die Fachhochschule Stuttgart — Hochschule für Technik in den Fachbereich Bauphysik berufen, in dem er derzeit Dekan ist. Seine Fachgebiete sind Bau- und Raumakustik, Schwingungstechnik sowie allgemeine Bauphysik.

Prof. Dr.-Ing. Ernst Biener war nach Studium und Promotion an der RWTH Aachen zunächst seit 1983 für einen internationalen Baukonzern im Bereich der Umwelttechnik tätig. Seit 1989 ist er Professor für Umwelttechnik im Fachbereich Bauingenieurwesen der FH Aachen. Herr Prof. Biener ist von der IHK Aachen ö. b. u. v. Sachverständiger für die Sachgebiete Deponietechnik sowie Erkundung, Beurteilung und Sanierung von Grundwasser- und Bodenverunreinigungen; er ist Beratender Ingenieur (Ingenieurkammer BauNW), Mitglied zahlreicher Berufsverbände (DGGT, ATV, VKS, etc.) sowie Geschäftsführer der Ingenieurgesellschaft Umtec GbR und publizierte ca. 60 Veröffentlichungen in nationalen und internationalen Fachmedien.

Prof. Dr. Gerhard Haße studierte Bauingenieurwesen an der Technischen Universität Berlin. Er wurde während einer sechsjährigen Tätigkeit als Wissenschaftlicher Assistent an der TU Berlin mit einem Thema über den Einfluß zeitabhängiger Formänderungen auf vorgespannte statisch unbestimmte Verbundtragwerke promoviert. Vor, während und im Anschluß an diese Tätigkeit war er sowohl selbständig als auch innerhalb mittelständischer Bauunternehmen beschäftigt. Auf eine Verwendung als Gutachter bei der Oberfinanzdirektion Münster folgte schließlich der Dienst als Hochschullehrer an der FH Münster. Seine Lehrgebiete waren Massivbau, Stahlbau, Baustatik und Datenverarbeitung. Als Autor war er an mehreren Fachbüchern beteiligt.

Prof. Dr.-Ing. Heckötter studierte Bauingenieurwesen an der Technischen Universität Hannover, arbeitete 5 Jahre im Ingenieurbüro und Bauunternehmung, bevor er an der Universität Essen im Bereich Grundbau/Bodenmechanik promovierte. Seit 1992 vertritt er das Fachgebiet Bodenmechanik, Erd- und Grundbau an der Fachhochschule Münster, ist gleichzeitig wissenschaftlicher Leiter des gleichnamigen Laboratoriums der FH Münster und von der IHK Düsseldorf zum Sachverständigen für Grundbau und Bodenmechanik öffentlich bestellt und vereidigt.

Prof. Dr.-Ing. Ekkehard Heinemann studierte an der Ingenieurschule Siegen und der Technischen Hochschule Aachen Bauingenieurwesen. Anschließend war er als wiss. Assistent am Aachener Institut für Wasserbau und Wasserwirtschaft tätig und promovierte auf dem Gebiet von Wirbelströmungen. Über zehn Jahre war er bei einer Ingenieurgesellschaft vornehmlich in Auslandsprojekten der Wasserkraft- und Talsperrenplanung eingesetzt. Seit 1990 vertritt er an der Fachhochschule Köln die Gebiete der Wasserwirtschaft und des Wasserbaus. Als Autor beteiligte er sich an etlichen Fachbeiträgen und Büchern.

Prof. Dr.-Ing. Wolfram Jäger studierte Bauingenieurwesen an der TU Dresden und an der Moskauer Bauhochschule (MISI) und promovierte in Dresden am Lehrstuhl für Baumechanik der Stabtragwerke und Bauwerksoptimierung. Professor Jäger hat viele Jahre als Beratender Ingenieur, als Prüfingenieur und als Leiter eines größeren Bauunternehmens gearbeitet und — neben zwei Fachbüchern in englischer Sprache — mehr als sechzig wissenschaftliche Aufsätze veröffentlicht zu Themen aus dem Bauwesen, insbesondere dem Holz- und Mauerwerksbau, wie z. B. „Sanierung historischer Bausubstanz" und „Computergestützte Analyse von Raumstrukturen". Er ist Mitglied in mehreren Fachausschüssen und -gremien des DIN und des Deutschen Instituts für Bautechnik und Mitglied des Redaktionsbeirates der Zeitschrift „das Mauerwerk". Professor Jäger ist Inhaber des Lehrstuhls für Tragwerksplanung der Fakultät Architektur der TU Dresden.

Prof. Dr.-Ing. W. Krings studierte nach einem Ingenieurschulstudium in Essen an der neu gegründeten Ruhr-Universität Bochum Bauingenieurwesen. Er promovierte dort mit einem Finite-Element Thema und war anschließend 15 Jahre bei einer großen Baufirma als Statiker, Entwicklungsingenieur, Abteilungsleiter und als Geschäftsführer einer Tochtergesellschaft tätig. Seit 1990 ist er an der Fachhochschule Köln, und er vertritt dort die Lehrgebiete Mechanik, Baustatik und Massivbau. Zahlreiche Veröffentlichungen über Dynamik, Finite Element Methoden, Schalenstatik, Altlastensanierung und Berechnungsmethoden im Massivbau. Seit 2001 Ehrenprofessor der Staatlichen Akademie für Architektur und Bauwesen in Wolgograd.

Autorenverzeichnis

Prof. Dr.-Ing. Wolfram Lohse studierte an der Universität Karlsruhe Bauingenieurwesen und promovierte dort am Lehrstuhl für Stahl- und Leichtmetallbau über ein Thema aus dem Stahlbrückenbau. Während seiner Assistentenzeit entstanden u. a. zahlreiche wissenschaftliche Gutachten über Schadensfälle im Stahlbau und zur Restnutzungsdauer von Eisenbahnbrücken. Anschließend wechselte er in die Stahlbauindustrie als Technischer Leiter und Leiter des Verkaufs und ließ sich zum Schweißfachingenieur ausbilden. Ab 1985 ist er Professor für Stahlbau und Baustatik an der Fachhochschule Aachen und nebenberuflich tätig als Gutachter und Tragwerksplaner im eigenen Ingenieurbüro. 1998 wurde er zum Prüfingenieur für Baustatik ernannt und zwei Jahre später auch zum Prüfer für bautechnische Nachweise im Eisenbahnbau. Diese nebenberufliche Tätigkeit übt er seit 2001 als geschäftsführender Gesellschafter in der Ingenieurgemeinschaft Genähr & Partner in Dortmund aus.

Prof. Dr.-Ing. Walther Mann studiert Bauingenieurwesen an der TH Darmstadt. Nach Assistentenzeit am Institut für Massivbau und Promotion über ein Thema aus dem Gebiet der Schalentheorie arbeitete er als Abteilungsleiter und Prokurist in der Philipp Holzmann AG Frankfurt/M. 1967 Berufung auf den Lehrstuhl für Statik der Hochbaukonstruktionen in der Fakultät für Architektur an der TH Darmstadt. Daneben Prüfingenieur für Baustatik und Gutachter. Mitglied mehrerer nationaler und internationaler Ausschüsse, vor allem auf dem Gebiet des Mauerwerksbaues. Mehrere Bücher und zahlreiche Fachaufsätze.

Prof. Dipl.-Ing. Henning Natzschka studierte Bauingenieurwesen an der Universität Fridericiana (TH) Karlsruhe und durchlief anschließend eine Referendarausbildung bei der Straßen- und Wasserbauverwaltung Baden-Württemberg, Abschluß Regierungsbaumeister. Langjährige Arbeit als Mitglied im Vorstand eines Straßenbauamtes und als Leiter der Neubauabteilung „Vogelfluglinie" des Landesamtes für Straßenbau Schleswig-Holstein haben ihn mit allen Fragen der Planung, Ausführung und Unterhaltung von Verkehrswegen und Verkehrswegebauten in engste Berührung gebracht. Professor Natzschka ist Leiter der Labore Bituminöser Straßenbau und Informatik im Bauwesen der Hochschule für Technik, Stuttgart, sowie des Joseph-von-Egle-Instituts. Außerdem leitet er ein Ingenieurbüro für Straßen- und Verkehrsplanung. Er ist Mitglied mehrerer Forschungsgremien, Verfasser des Lehrbuchs „Straßenbau — Entwurf und Bautechnik" und Autor von mehr als vierzig wissenschaftlichen Veröffentlichungen in Fachzeitschriften.

Prof. Dr.-Ing. Helmuth Neuhaus studierte Bauingenieurwesen an der Ruhr-Universität Bochum. Er promovierte an der Ruhr-Universität Bochum mit einem Thema aus dem Holzbau. Danach war er in der Bauabteilung einer Anlagenbaufirma tätig. 1986 ging er an die Fachhochschule Münster. Seine Lehrgebiete sind Holzbau und Bauphysik. Als Autor und Mitautor veröffentlichte er zahlreiche Aufsätze und ein Fachbuch. Er ist öffentlich bestellter und vereidigter Sachverständiger der IHK Münster für das Sachgebiet Holzbau.

Prof. Dr.-Ing. Andreas Strohmeier studierte an der RWTH-Aachen Bauingenieurwesen. Dort promovierte er auch während seiner wissenschaftlichen Assistententätigkeit mit einem Thema zum Leistungsvermögen von Abwasserbehandlungsanlagen. Er war in verschiedenen international tätigen Ingenieurunternehmen beschäftigt, unter anderem über 7 Jahre in einem der weltweit größten Wasser- und Abwasseraufbereitungsunternehmen. In Führungspositionen übernahm er praktische Ingenieurtätigkeiten aus dem Bereich der Wasser- und Abwassertechnik. Seit 1994 ist er Professor an der Fachhochschule Aachen im Fachbereich Bauingenieurwesen für das Lehrgebiet „Wasserversorgung und Abwassertechnik". Parallel zu seinen Ingenieurtätigkeiten ist er Autor zahlreicher internationaler Fachaufsätze.

Prof. Dr. Otto W. Wetzell studierte Bauingenieurwesen an der Technischen Hochschule in Hannover und an der Stanford University in Palo Alto, Kalifornien. Er promovierte an der TU Hannover mit einem Thema aus der Mechanik und war dann als Partner einer Ingenieursozietät als Beratender Ingenieur und Gutachter tätig. 1968 ging er an die spätere Fachhochschule Münster. Seine Lehrgebiete waren Baustatik und Datenverarbeitung. Als Autor und Herausgeber veröffentlichte er zahlreiche Fachbücher und Aufsätze.

Griechisches Alphabet

α A *a* Alpha	β B *b* Beta	γ Γ *g* Gamma	δ Δ *d* Delta
ε E *ĕ* Epsilon	ζ Z *z* Zeta	η H *ē* Eta	ϑ Θ *th* Theta
ι I *i* Iota	ϰ K *k* Kappa	λ Λ *l* Lambda	μ M *m* Mü
ν N *n* Nü	ξ Ξ *x* Ksi	o O *ŏ* Omikron	π Π *p* Pi
ϱ P *r* Rho	σ Σ *s* Sigma	τ T *t* Tau	υ Υ *ü* Ypsilon
φ Φ *ph* Phi	χ X *ch* Chi	ψ Ψ *ps* Psi	ω Ω *ō* Omega

SI-Einheiten nach DIN 1301-1 (2.78)

SI-Einheiten sind nur die **Basiseinheiten** (Tafel 1) und die daraus kohärent (mit dem Zahlenfaktor 1) **abgeleiteten Einheiten** (Beispiele s. Tafel 2).

Tafel 1   SI-Basiseinheiten

Basisgröße	Basiseinheit	
	Name	Zeichen
Länge	das Meter	m
Masse	das Kilogramm	kg
Zeit	die Sekunde	s
elektrische Stromstärke	das Ampere	A
thermodynamische Temperatur	das Kelvin [1])	K
Stoffmenge	das Mol	mol
Lichtstärke	die Candela	cd

[1]) Bei Angabe von Celsius-Temperaturen wird der besondere Name Celsius (Einheitenzeichen: °C) anstelle von Kelvin benutzt.

Tafel 2   Abgeleitete SI-Einheiten mit besonderem Namen und Zeichen

Größe	SI-Einheit		Beziehung
	Name	Zeichen	
ebener Winkel	der Radiant	rad	$1\ \text{rad} = 1\ \text{m/m}$
Raumwinkel	der Steradiant	sr	$1\ \text{sr} = 1\ \text{m}^2/\text{m}^2$
Kraft	das Newton	N	$1\ \text{N} = 1\ \text{kg} \cdot \text{m/s}^2$
Druck, mechanische Spannung	das Pascal	Pa	$1\ \text{Pa} = 1\ \text{N/m}^2$
Energie, Arbeit, Wärmemenge	das Joule	J	$1\ \text{J} = 1\ \text{N} \cdot \text{m} = 1\ \text{W} \cdot \text{s}$
Leistung, Wärmestrom	das Watt	W	$1\ \text{W} = 1\ \text{J/s}$
Lichtstrom	das Lumen	lm	$1\ \text{lm} = 1\ \text{cd} \cdot \text{sr}$
Beleuchtungsstärke	das Lux	lx	$1\ \text{lx} = 1\ \text{lm/m}^2$

Tafel 3   International festgelegte Vorsätze (SI-Vorsätze)

Faktor	Vorsatz		Faktor	Vorsatz		Faktor	Vorsatz		Faktor	Vorsatz	
	Name	Zeichen		Name	Zeichen		Name	Zeichen		Name	Zeichen
10^{-18}	Atto	a	10^{-6}	Mikro	µ	10^1	Deka	da	10^9	Giga	G
10^{-15}	Femto	f	10^{-3}	Milli	m	10^2	Hekto	h	10^{12}	Tera	T
10^{-12}	Piko	p	10^{-2}	Zenti	c	10^3	Kilo	k	10^{15}	Peta	P
10^{-9}	Nano	n	10^{-1}	Dezi	d	10^6	Mega	M	10^{18}	Exa	E

Das Vorsatzzeichen bildet zusammen mit dem Einheitenzeichen, mit dem es ohne Zwischenraum geschrieben oder gesetzt wird, das Zeichen einer eigenen Einheit.

Tafel 4   Einheiten außerhalb des SI

Größe	Einheitenname	Einheitenzeichen	Definition
ebener Winkel	Vollwinkel	—	$1\ \text{Vollwinkel} = 2\pi\ \text{rad}$
	Gon	gon	$1\ \text{gon} = (\pi/200)\ \text{rad}$
	Grad	° ⎫ [1])	$1° = (\pi/180)\ \text{rad}$
	Minute	′ ⎬	$1' = (1/60)°$
	Sekunde	″ ⎭	$1'' = (1/60)'$
Volumen	Liter	l	$1\ \text{l} = 1\ \text{dm}^3$
Zeit	Minute	min ⎫	$1\ \text{min} = 60\ \text{s}$
	Stunde	h ⎬ [1])	$1\ \text{h} = 60\ \text{min}$
	Tag	d ⎬	$1\ \text{d} = 24\ \text{h}$
	Gemeinjahr	a ⎭	$1\ \text{a} = 365\ \text{d} = 8\,760\ \text{h}$
Masse	Tonne	t	$1\ \text{t} = 10^3\ \text{kg} = 1\ \text{Mg}$
Druck	Bar	bar	$1\ \text{bar} = 10^5\ \text{Pa}$

[1]) Nicht mit Vorsätzen verwenden.

Bauzeichnungen

Bearbeitet von Prof. Dr.-Ing. Otto W. Wetzell

Inhalt Seite

Technische Baubestimmungen

DIN ISO 128-20	12.97	Technische Zeichnungen; Allgemeine Grundlagen der Darstellung; Linien; Grundlagen
DIN ISO 128-30	05.02	Allgemeine Grundlagen der Darstellung, Teil 30: Grundregeln für Ansichten
DIN ISO 128-34	05.02	Allgemeine Grundlagen der Darstellung, Teil 34: Ansichten in Zeichnungen der mechanischen Technik
DIN ISO 128-44	05.02	Allgemeine Grundlagen der Darstellung, Teil 44: Schnitte in Zeichnungen der mechanischen Technik
DIN ISO 128-50	05.02	Allgemeine Grundlagen der Darstellung, Teil 50: Grundregeln für Flächen in Schnitten und Schnittansichten
DIN 406-10	12.92	Maßeintragung, Begriffe, allg. Grundlagen
DIN 406-11	12.92	—, Grundlagen der Anwendung
DIN 406-12	12.92	—, Eintragung von Toleranzen für Längen- und Winkelmaße
DIN 824	03.81	Faltung auf Ablageformat
DIN 1356-1	02.95	Bauzeichnungen, Arten, Inhalte und Grundregeln der Darstellung
DIn EN ISO 3098-0	04.98	Schriften, Teil 0: Grundregeln
DIN EN ISO 3098-2	11.00	Schriften, Teil 2: Lateinisches Alphabet, Ziffern und Zeichen
DIN EN ISO 3098-4	11.00	Schriften, Teil 4: Diakritische und besondere Zeichen im lateinischen Alphabet
DIn EN ISO 3098, Bbl. 1+2	01.01	Schriften, Hilfsnetze für Schriften A und B
DIN ISO 3766	09.96	Zeichnungen für das Bauwesen; Vereinfachte Darstellung von Bewehrungen
DIN ISO 4066	09.96	Zeichnungen für das Bauwesen; Stablisten
DIN EN ISO 4157-1	03.99	Zeichnungen für das Bauwesen; Bezeichnungssysteme; Teil 1: Gebäude und Gebäudeteile
DIN EN ISO 4157-2	03.99	—;—; Teil 2: Raumnamen u. -nummern;
DIN EN ISO 4157-3	03.99	—;—; Teil 3: Raumkennzeichnungen:
DIN ISO 4172	08.92	Zeichnungen für das Bauwesen; Zeichnungen für das Zusammenbauen vorgefertigter Teile;
DIN ISO 5261	04.97	Vereinfachte Darstellung und Maßeintragung von Stäben und Profilen
DIN ISO 5455	12.79	Technische Zeichnungen, Maßstäbe
DIN ISO 5456-1	04.98	Projektionsmethoden, Übersicht
DIN ISO 5456-2	04.98	—, Orthographische Darstelllungen
DIN ISO 5456-3	04.98	Axonometrische Darstellungen
DIN ISO 5456-4	12.98	—, Zentralprojektion
DIN EN ISO 5457	07.99	Technische Produktdokumentation; Formate und Gestaltung von Zeichnungsvordrucken
DIN ISO 6284	09.97	Zeichnungen für das Bauwesen; Eintragung von Grenzabmaßen
DIN 6771-1	12.70	Schriftfelder für Zeichnungen, Pläne und Listen
DIN 6771-2	02.87	Vordrucke für technische Unterlagen, Stückliste
DIN ISO 7518	11.86	Zeichnungen für das Bauwesen, Vereinfachte Darstellung von Abriß und Wiederaufbau
DIN ISO 7519	09.92	—; Allgemeine Grundlagen für Anordnungspläne und Zusammenbauzeichnungen
DIN ISO 8560	01.89	—; Darstellung von modularen Größen, Linien und Rastern
DIN ISO 9431	12.91	—; Anordnung von Darstellungen, Texten und Schriftfeldern auf Zeichnungsvordrucken
DIN ISO 10209-2	12.94	Technische Produktdokumentation; Begriffe; Begriffe für Projektionsmethoden
DIN 18 000	05.84	Modulordnung im Bauwesen

1 Elemente der zeichnerischen Darstellung

1.1 Blattgrößen, Zeichenflächen, Schriftfeld und Faltungen

Blattgrößen und Zeichenflächen sind vorzugsweise nach DIN EN ISO 5457 zu wählen, s. Tafel 1. Für Faltungen gilt DIN 824, s. Tafel 1.

Tafel 1a Blattgrößen und Faltungen (Maße in mm)

Format und Blattgröße[1])	Faltungsschema	Format und Blattgröße[1])	Faltungsschema
A0 841 × 1189	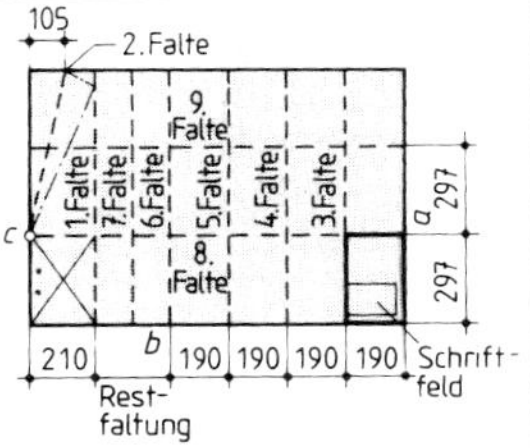	A1 594 × 841	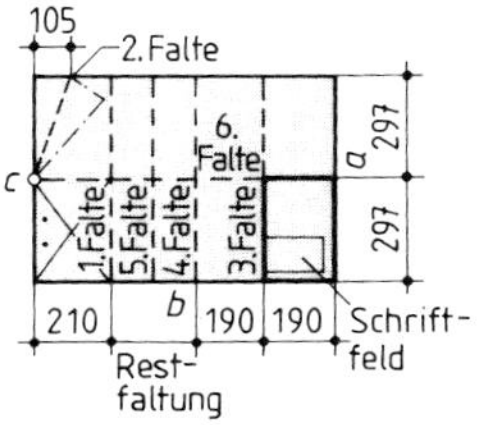
A2 420 × 594	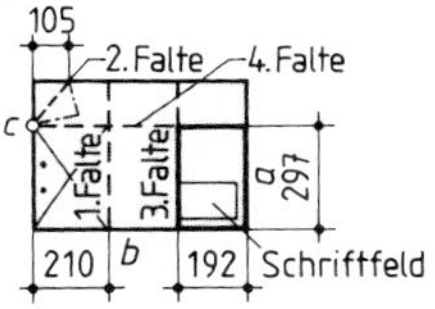	A3 297 × 420	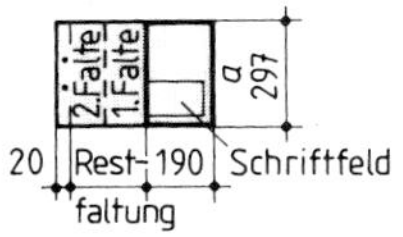
A4 210 × 297	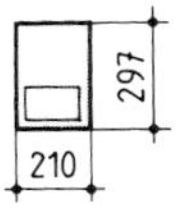	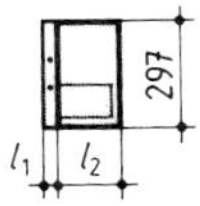	

	Maße an der Zeichnung fertig gefaltet zum Einheften		
	Format	l_1	l_2
	A0 A1 A3	20	190
	A2	18	192

Faltmarken an den Blatträndern angeben

[1]) Maße der beschnittenen Zeichnung bzw. beschnittenen Lichtpause

Tafel 1b Zeichenfläche

Format	A4	A3	A2	A1	A0
Zeichenfläche nach DIN EN ISO 5457	180 × 277	277 × 390	400 × 564	574 × 811	821 × 1159

Jedes Blatt erhält in der Regel ein Schriftfeld mit oder ohne Rand in der rechten unteren Ecke. Es enthält:

— Namen des Bauherrn
— die Bezeichnung des Projektes, Bauteiles
— Datum
— Name des für die Zeichnung Verantwortlichen/Verfassers mit Prüf- und Anerkennungsvermerken
— Art und Inhalt der Bauzeichnung
— Maßstab
— Änderungsvermerk mit Datum
— Toleranzen und dergleichen.

Bild 1 zeigt ein Beispiel.

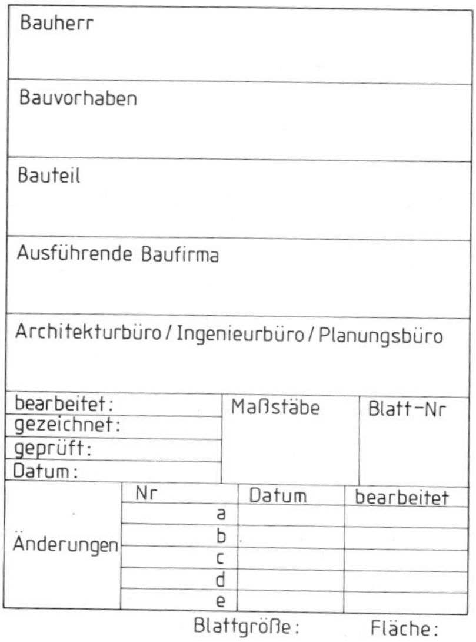

Bauherr		
Bauvorhaben		
Bauteil		
Ausführende Baufirma		
Architekturbüro / Ingenieurbüro / Planungsbüro		

bearbeitet: gezeichnet: geprüft: Datum:	Maßstäbe	Blatt-Nr

Änderungen	Nr	Datum	bearbeitet
	a		
	b		
	c		
	d		
	e		

Blattgröße: Fläche:

Bild 1
Schriftfeld, Beispiel

1.2 Maßeinheiten und Maßstäbe

Die Wahl der Maßeinheiten (s. DIN 1356-1) richtet sich nach der Art des Bauwerks und der Bauart. Tafel 2a zeigt die Möglichkeiten. Ganzzahliger und gebrochener Teil einer Zahl können durch ein Komma oder einen Punkt getrennt werden.

Tafel 2a Maßeinheiten

	1	2	3	4
Maß- einheit, Bemaßung in	Maße unter 1 m z. B.			Maße über 1 m z. B.
1 cm	5	24	88,5	313,5
2 m und cm	5	24	88^5	$3,13^5$
3 mm	50	240	885	3135

Maßstäbe sind vorzugsweise nach DIN ISO 5455 zu wählen, s. Tafel 2b. Darüber hinaus darf auch die Maßstabsreihe 1:2,5; 1:25; 1:250 usw. verwendet werden. Der verwendete Maßstab wird im Schriftfeld notiert. Werden mehrere Maßstäbe in einer Zeichnung verwendet, so werden die abweichenden Maßstäbe an die zugehörigen Zeichnungsteile geschrieben. S.a. DIN 1356-1.

Tafel 2b Maßstäbe

Kategorie	Empfohlene Maßstäbe			Bemerkung
Vergrößerungs- maßstäbe	50:1 5:1	20:1 2:1	10:1	Der Maßstab ist das Verhältnis der in einer Originalzeichnung dargestellten linearen Maße eines Bereiches zur wirklichen Abmessung desselben Bereiches eines Gegenstandes. Er wird größer, wenn sein Verhältniswert zunimmt. Er wird kleiner, wenn sein Verhältniswert abnimmt.
Natürlicher Maßstab			1:1	
Verkleinerungs- maßstäbe	1:2 1:20 1:200 1:2000	1:5 1:50 1:500 1:5000	1:10 1:100 1:1000 1:10000	

4

1.3 Linienarten und Linienbreiten

Für Bauzeichnungen sind die Linienarten der Tafel 3 anzuwenden, s. a. DIN 15-1.
Linienbreiten sind vorzugsweise nach Tafel 4 zu wählen.
Die Anwendungsbereiche sind in den Tafeln 5 und 6 angegeben. S. a. DIN 1356-1.

Tafel 3a   Linienarten

─────────────	Vollinie
─ ─ ─ ─ ─ ─ ─	Strichlinie
─ · ─ · ─ · ─ · ─	Strichpunktlinie
∼∼∼∼∼∼∼	Freihandlinie

Tafel 3b   Strichlinie und Strichpunktlinie

Linienart	Strichlinie		Strichpunkt-linie	
	breit	schmal	schmal	breit
Länge des langen Striches	$\approx$ $10\,d$	$20\,d$	$40\,d$	$20\,d$
Länge des kurzen Striches (Punktes) und/oder des Abstands	$\approx$ $2,5\,d$	$5\,d$	$5\,d$	$2,5\,d$

Tafel 4   Linienbreiten

Linienbreite (d) mm	0,13	0,18	**0,25**	**0,35**	**0,5**	**0,7**	1	1,4	2

Fettgedruckte Maße sind zu bevorzugen. Abstufungsverhältnis der Linienbreiten:
DIN 15 = 1:0,7:0,5 DIN 1356 = 2:1:0,5. Die Liniengruppen 0,7 und 0,5 sind vorzugsweise anzuwenden. Die Breite der Linien verspringt in allen Zeichnungen von der Außenkante der Begrenzung nach innen, damit das genaue Außenmaß des Bauteils erhalten bleibt.

Tafel 5   Linienbreiten in mm und Anwendung allgemein

Linienart	Anwendungsbereich allgemein	Liniengruppe			
		I*)	II	III*)	IV**)
		Zuordnung zu Maßstab			
		$\leq$ 1:100		$\geq$ 1:50	
		Linienbreite			
Vollinie breit	Begrenzung von Schnittflächen	0,5	0,7	1,0	1,4
Vollinie schmal	Sichtbare Kanten und sichtbare Umrisse von Bauteilen, Begrenzung von Schnittflächen schmaler oder kleiner Bauteile	0,25	0,35	0,5	0,7
Vollinie fein	Maß-, Maßhilfs-, Hinweis-, Lauflinien, Begrenzung von Ausschnittdarstellungen, vereinfachte Darstellungen	0,18	0,25	0,35	0,5
Strichlinie schmal	Verdeckte Kanten und Umrisse von Bauteilen	0,25	0,35	0,5	0,7
Strichpunktlinie breit	Kennzeichnung der Lage der Schnittebenen	0,5	0,7	1,0	1,4
Strichpunktlinie fein	Achsen	0,18	0,25	0,35	0,5
Punktlinie	Bauteile vor bzw. über der Schnittebene	0,25	0,35	0,5	0,7
Maßzahlen	Linienbreite	0,18	0,25	0,35	0,5
	Schriftgröße	2,5	3,5	5,0	7,0

*) Die Liniengruppe I ist nur dann anzuwenden, wenn eine Zeichnung angefertigt mit der Liniengruppe III im Verhältnis 2:1 verkleinert wurde, und die Verkleinerung weiterbearbeitet werden soll. In der Zeichnung mit der Liniengruppe III ist dann für die Schriftgröße der Maßzahlen 0,5 mm zu wählen. Die Liniengruppe I erfüllt nicht die Anforderungen der Mikroverfilmung.
**) Die Liniengruppe IV ist für Ausführungszeichnungen anzuwenden, wenn eine Verkleinerung, z. B. vom Maßstab 1:50 in den Maßstab 1:100 vorgesehen ist, und die Verkleinerung den Anforderungen der Mikroverfilmung zu entsprechen hat. Die Verkleinerung kann dann ggf. mit den Breiten der Liniengruppe II weiterbearbeitet werden.

Bauzeichnungen

Tafel 6 Stricharten und Strichstärken und wichtigste Anwendung bei Zeichnungen der Tragwerksplanung

Linienarten	Wichtigste Anwendung bei Schalplänen und Rohbauzeichnungen	Wichtigste Anwendung bei Bewehrungszeichnungen	Liniengruppe				
			IV	III	II	I	
			Maßstab der Zeichnung				
			1:1	1:5 / 1:10	1:50	1:100	1:200
			Vorzugsweise zu wählende Linienbreite in mm				
Vollinie breit	Begrenzung von Flächen geschnittener Bauteile	Bewehrungsstäbe, unmaßstäbliche Stabform (Stabauszug)	1,4	1	0,7	0,5	0,35
Vollinie schmal	Sichtbare Kanten von Bauteilen, Begrenzung schmaler oder kleiner Flächen geschnittener Bauteile, Maßzahlen, kleinste Beschriftung	Schalkanten (Ansichts- oder Schnittkanten), Umrisse der Formnummern, Umrisse der Betonstahlmatten	0,7	0,5	0,35	0,25	0,18
Vollinie fein	Rasterlinien, Maßlinien, Maßhilfslinien, Hinweislinien, Pfeile, Lauflinien, Höhenlagen, Schraffuren, Hinweisschilder	Maßlinie Verlegelinie Diagonale bei Mattenkennzeichnung	0,5	0,35	0,25	0,18	0,13
Strichlinie schmal	Unsichtbare Kanten von Bauteilen	Schalkanten (verdeckt) Anschlußbewehrung	0,7	0,5	0,35	0,25	0,18
Strichlinie fein	Nebenrasterlinien	Suchlinie	0,5	0,35	0,25	0,18	0,13
Strichpunktlinie breit	Kennzeichnungen von Schnittebenen	Kennzeichnung von Schnitten	1,4	1	0,7	0,5	0,35
Strichpunktlinie schmal	Stoffachsen, Symmetrieachsen	Achsen Mattensymbol Spannglied ($-\cdot\cdot-\cdot\cdot-$)	0,7	0,5	0,35	0,25	0,18
Strichpunktlinie fein	Kennzeichnung von Änderungen im Schnittverlauf	–	0,5	0,35	0,25	0,18	0,13
Freihandlinie	Kennzeichnung von Holz im Schnitt	–	0,5	0,35	0,25	0,18	0,13
Punktlinie fein	abzubrechende oder nebensächliche Bauteile, Bauteile vor bzw. über der Schnittebene	–	0,7	0,5	0,35	0,25	0,18

1.4 Kennzeichnung von Schnittflächen

Schnittflächen sind durch breite Vollinien besonders hervorzuheben und gemäß Tafel 7a (DIN 1356-1) oder 7b (DIN ISO 128-50) zu kennzeichnen. Bauteile von Um- und Anbauten können auch gemäß Tafel 8 gekennzeichnet werden.

Elemente der zeichnerischen Darstellung

Tafel 7a Kennzeichnung der Schnittflächen nach DIN 1356-1.

Spalte	1	2	Spalte	1	2	Spalte	1	2
Zeile	An-wendungs-bereich	Kenn-zeich-nung	Zeile	An-wendungs-bereich	Kenn-zeich-nung	Zeile	Anwen-dungs-bereich	Kenn-zeich-nung
1	Boden		5	Beton (bewehrt)		9	Metall	
2	Kies		6	Mauerwerk		10	Mörtel, Putz	
3	Sand		7	Holz, quer zur Faser geschnitten		11	Dämm-stoffe	
4	Beton (unbewehrt)		8	Holz, längs zur Faser geschnitten		12	Abdich-tungen	
						13	Dicht-stoffe	

Tafel 7b Kennzeichnung der Schnittflächen nach DIN ISO 128-50

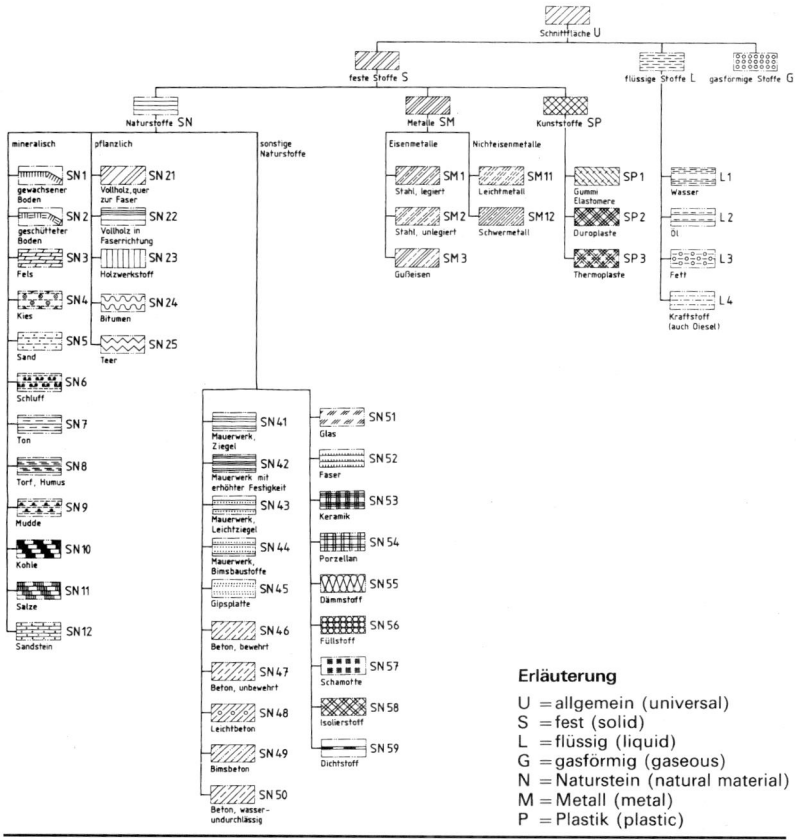

Erläuterung

U = allgemein (universal)
S = fest (solid)
L = flüssig (liquid)
G = gasförmig (gaseous)
N = Naturstein (natural material)
M = Metall (metal)
P = Plastik (plastic)

7

Tafel 8   Darstellung von Um- und Anbauten

Umrisse, Maße und Information im Text		
Absicht	zu machende Angabe in der	
	bestehenden Zeichnung	neuen Zeichnung
Bestehender Teil, der erhalten bleiben soll	(keine Vereinbarung)	– schmale Linie
Bestehender Teil, der abgerissen werden soll		 – schmale Linie mit Kreuzen
Neuer Teil	– breite Linie – Linie breiter als andere in derselben Zeichnung	– breite Linie
Bestehende Maße und Informationen, die erhalten bleiben sollen	(keine Vereinbarung)	1370 INFORMATION
Maße und Informationen zu abzureißenden bestehenden Teilen[1]	~~1370~~ ~~INFORMATION~~ – schmale Linie durch das Maß oder den Text	~~1370~~ ~~INFORMATION~~
Maße und Informationen für neue Teile	1370	INFORMATION

Darstellung von Bauwerken und Teilen von Gebäuden		
Absicht	zu machende Angabe auf der	
	bestehenden Zeichnung	neuen Zeichnung
Bestehender, zu erhaltender Teil	(keine Vereinbarung)	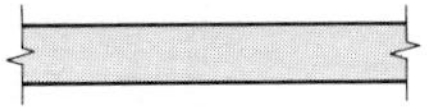
Bestehender, abzureißender Teil	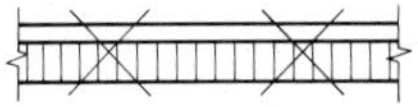 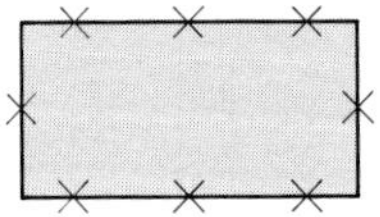	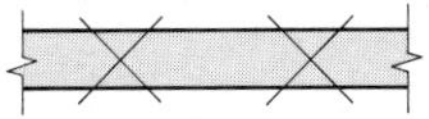 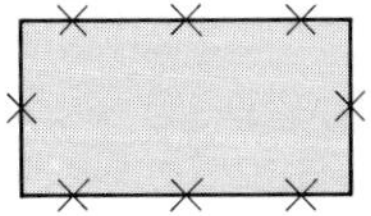
Neuer Teil	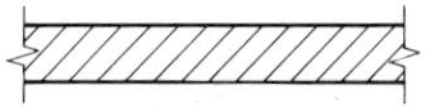 – Schraffur oder Schattierung, deutlich unterscheidbar von der bestehenden Schraffur	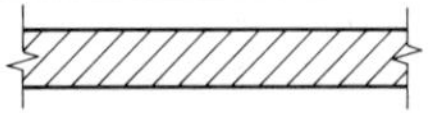 – Schraffur oder Schattierung in Übereinstimmung mit ISO 4069
Schließung einer Öffnung im bestehenden Bauwerk	– Schraffur oder Schattierung, deutlich unterscheidbar von der bestehenden Schraffur	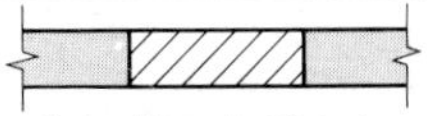 – Schraffur oder Schattierung in Übereinstimmung mit ISO 4069

[1] Es kann nützlich sein, zwischen ursprünglichen und neuen Maßen und Textinformation zu unterscheiden. Dies kann durch verschiedene Schriftgrößen oder durch die Schreibweise der Ziffern und des Textes geschehen.

1.5 Bemaßung

Hinsichtlich der Bemaßung und Beschriftung soll das Schriftbild der DIN 6776 entsprechen, s. a. DIN 1356-1.

Bemaßt werden Punkte, Schichten, Strecken und Winkel. Maße — in aller Regel Rohbaumaße — werden entweder zwischen den Begrenzungslinien der bemaßten Figur eingetragen oder mittels Maßhilfslinien herausgezogen.

Im Regelfall besteht die Bemaßung aus Maßzahl, Maßlinie, Maßlinienbegrenzung und ggf. Maßhilfslinie. Maßzahlen werden im Regelfall mittig über der zugehörigen durchgezogenen Maßlinie so angeordnet, daß sie in der Gebrauchslage der Zeichnung von unten bzw. von rechts zu lesen sind. Die Schriftgröße der Maßzahlen und die Linienbreite wird nach Tafel 9 gewählt.

Tafel 9   Schriftgröße und Linienbreite von Maßzahlen in mm

	Schriftgröße	Linienbreite
für Darstellungen im Maßstab 1:50 und größer (z. B. 1:20)	5,0	0,35
für Darstellungen im Maßstab 1:100 und kleiner (z. B. 1:200)	3,5	0,25

Maßlinien sind feine Vollinien. Sie werden zwischen den Begrenzungslinien des Objektes (z. B. Schnittfläche) oder zwischen Maßhilfslinien gezeichnet.

Als Maßlinienbegrenzung (s. DIN 1356-1 und DIN 406-11) kann der Punkt oder der Schrägstrich gewählt werden. Ausnahmsweise werden auch Begrenzungspfeile verwendet. Für den Punkt wird ein Schreibgerät für die 1,5-fache Breite der breiten Linie gewählt (also ein Schreibgerät für 1,0 oder 1,4 mm Linienbreite). Der Schrägstrich wird als schmale Linie in Leserichtung (der Maßzahl) von links unten nach rechts oben geführt.

Maße, die nicht zwischen den Begrenzungslinien der Flächen eingetragen werden, sind mittels Maßhilfslinien herauszuziehen. Sie stehen im allg. rechtwinklig zur Maßlinie und gehen etwas über diese hinaus. Sie sind von den zugehörigen Flächenbegrenzungen bzw. Körperkanten abzusetzen (DIN 1356-1).

Bemaßt wird im allg. rechts von bzw. unter der bemaßten Figur. Bei mehreren parallelen Maßketten stehen zusammenfassende Maße außen. Wird in Grundrissen bei der Bemaßung von Wandöffnungen (z. B. Türen und Fenster) neben der Öffnungsbreite auch die Höhe angegeben, so steht die Höhenangabe unter der Maßlinie. Höhen werden als Höhendifferenzen (mit Maßlinien) und als Höhenkoten mit Dreiecken angegeben, wobei die Dreiecksspitze die bemaßte Schicht berührt.

Für Rohbaumaße werden schwarze Dreiecke verwendet, für Fertigmaße weiße Dreiecke, Tafel 10 und Bild 2. Im Regelfall hat die Oberfläche des fertigen Fußbodens im Erdgeschoß die Höhenlage ±0. Geschoßhöhen zählen von Oberkante fertiger Fußboden bis Oberkante fertiger Fußboden (des nächsten Geschosses). Brüstungshöhen zählen von Oberkante (OK) Rohdecke bis Unterkante der Mauerwerksöffnung (Rohbau). Rechteckquerschnitte werden durch Angabe von Breite/Höhe vermaßt (z.B. 8/16). Vor einer Durchmesserangabe steht das Zeichen ∅, vor einer Radiusangabe der Buchstabe R.

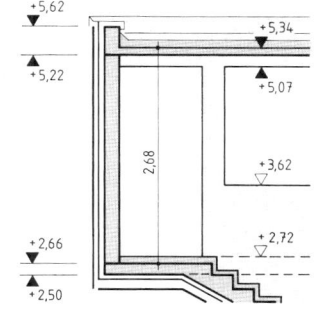

Bild 2   Höhenangaben in Schnitten

Tafel 10   Höhenkoten, Symbole

Höhenangabe Oberfläche		Höhenangabe Unterfläche	
Fertigkonstruktion	▽	Fertigkonstruktion	△
Rohkonstruktion	▼	Rohkonstruktion	▲

1.6 Darstellung von Treppen und Aussparungen

Bei Treppen im Grundriß wird neben den Stufen die Lauflinie gezeichnet. Sie beginnt in einem Kreis an der untersten Stufe (Antritt) und endet mit einem 45°-Pfeil an der obersten Stufe, (Austritt) Tafel 11.

Aussparungen, deren Tiefe kleiner ist als die Bauteiltiefe, werden durch einen (schmalen) Diagonalstrich von links unten nach rechts oben kenntlich gemacht, Bild 3. Aussparungen, deren Tiefe gleich der Bauteiltiefe ist (Durchbrüche), werden durch (schmale) Diagonalstriche kenntlich gemacht. Deckenöffnungen werden in Grundrissen auch durch Andeutung eines Schattens kenntlich gemacht.

Tafel 11   Treppen und Rampen

Einläufige Treppe 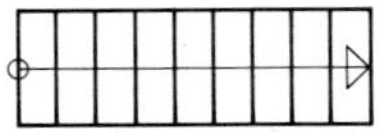	Zweiläufige Treppe 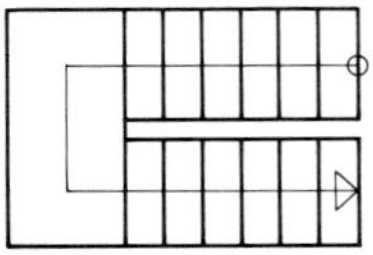	Spindeltreppe 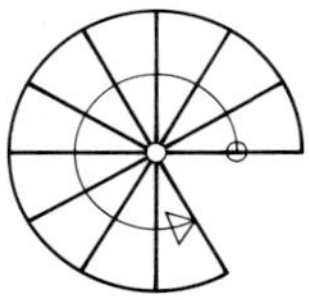
Treppenlauf, horizontal geschnitten, mit darunterliegendem Lauf 	Treppenlauf, horizontal geschnitten, mit Darstellung des Laufes oberhalb der Schnittebene (Grundriß Typ A) 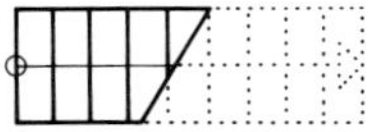	Rampe, Darstellung von geschnittenen Rampen erfolgt sinngemäß der Darstellung von geschnittenen Treppen 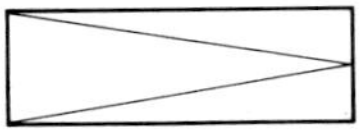

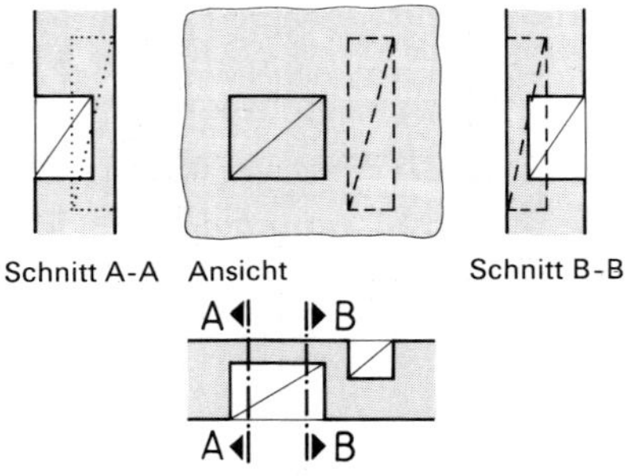

Schnitt A-A   Ansicht   Schnitt B-B   Schnitt A-A   Ansicht   Schnitt B B

A◀   ▶B   A◀   ▶B

A◀   ▶B   A◀   ▶B

Grundriß   Grundriß

Bild 3   Aussparungen, deren Tiefe kleiner als die Bauteiltiefe ist (Nischen)   **Bild 4   Aussparungen deren Tiefe gleich der Bauteiltiefe ist (Durchbruch)**

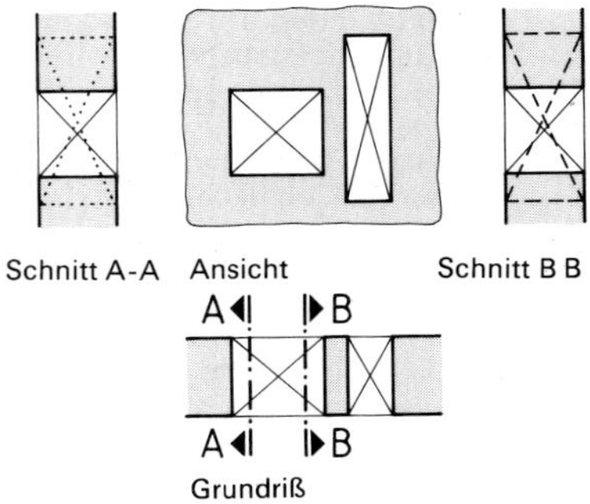

1.7 Darstellung von Fenstern und Türen

Türen und Fenster werden in der Ansicht und im Grundriß wie in Tafel 12 gezeigt dargestellt.

Tafel 12 Darstellung von Wandöffnungen im Grundriß und in der Ansicht

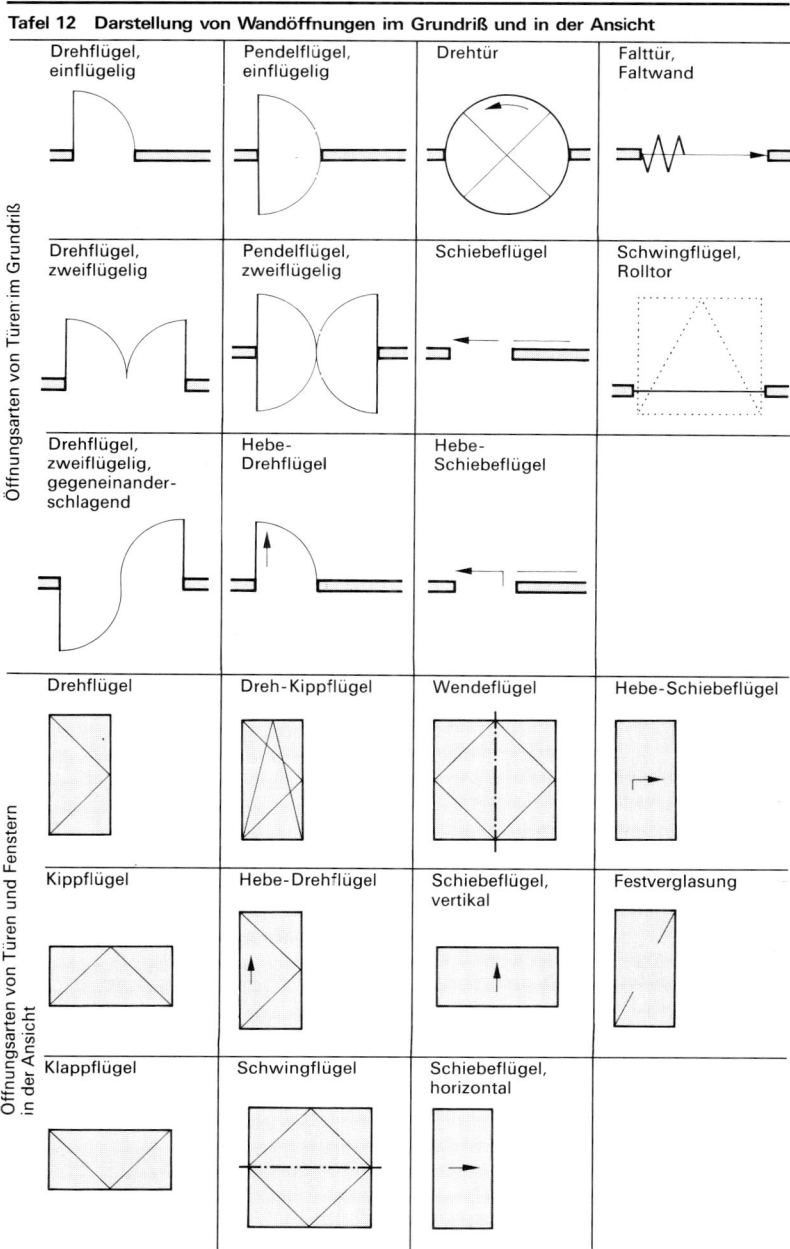

Öffnungsarten von Türen im Grundriß

Drehflügel, einflügelig	Pendelflügel, einflügelig	Drehtür	Falttür, Faltwand
Drehflügel, zweiflügelig	Pendelflügel, zweiflügelig	Schiebeflügel	Schwingflügel, Rolltor
Drehflügel, zweiflügelig, gegeneinanderschlagend	Hebe-Drehflügel	Hebe-Schiebeflügel	

Öffnungsarten von Türen und Fenstern in der Ansicht

Drehflügel	Dreh-Kippflügel	Wendeflügel	Hebe-Schiebeflügel
Kippflügel	Hebe-Drehflügel	Schiebeflügel, vertikal	Festverglasung
Klappflügel	Schwingflügel	Schiebeflügel, horizontal	

Kisters Aktiengesellschaft
Charlottenburger Allee 5 • D-52068 Aachen
Telefon 02 41 / 96 71-0

2 Darstellung von Bauobjekten

Bauobjekte werden als Parallelschaubild und/oder in Draufsicht, Ansichten, Grundrissen und Schnitten dargestellt.

2.1 Parallelschaubild

Ein Parallelschaubild kann konstruiert werden (E DIN ISO 5456-3)

— als gleichmäßiges Parallelschaubild (Isometrie), wenn Draufsicht, Vorder- und Seitenansicht in gleichem Maße verkürzt, aber unverzerrt dargestellt werden sollen (Bild 5, a),

— als zweimaßiges Parallelschaubild (Dimetrie), wenn die Vorderansicht als wesentlich herausgestellt werden soll (Bild 5, b),

— als frontales Parallelschaubild (Kabinettprojektion), wenn die Vorderansicht unverkürzt und unverzerrt dargestellt werden soll, Draufsicht und Seitenansicht aber stark verkürzt und verzerrt sein können (Bild 5, c),

— als sogenannte planometrische Projektion, wenn die Draufsicht unverkürzt und unverzerrt dargestellt werden soll, Vorderansicht und Seitenansicht aber stark verkürzt und verzerrt sein können (Bild 5, d).

a) **Isometrische Projektion**

b) **Dimetrische Projektion**

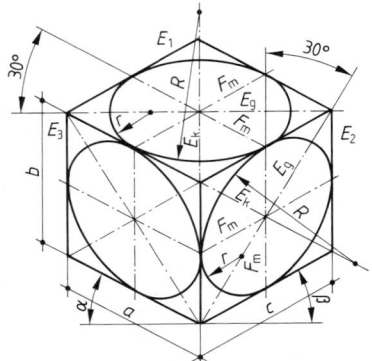
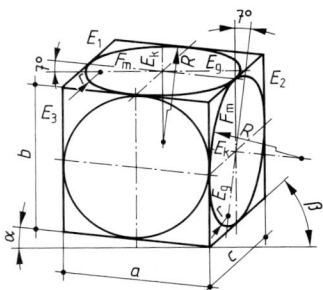

Seitenverhältnis $a:b:c = 1:1:1$

$\alpha = 30°$ $\beta = 30°$

Flächenmittellinie F_m = Kantenlänge a

Verhältnis der Ellipsenachsen $\approx 1:1,7$

Ellipse E_1 ... große Achse waagerecht
Ellipse E_2 und E_3 ... große Achse rechtwinklig zu 30°

Große Ellipsenachse $E_g \approx 1,2 \cdot a$

Kleine Ellipsenachse $E_k \approx E_g:1,7$

Ellipsenradien ... $R \approx 1,04 \cdot a, r \approx R:3,8$

Seitenverhältnis $a:b:c = 1:1:{}^1/_2$

$\alpha = 7°$ $\beta = 42°$

Flächenmittellinie F_m = Kantenlänge a

Achsenverhältnis bei E_1 und $E_2 \approx 1:3$

Achsenverhältnis bei Ellipse $E_3 \approx 1:1$

Ellipse E_1 ... große Achse waagerecht
Ellipse E_2 ... große Achse rechtwinklig zu 7°

Große Ellipsenachse $E_g \approx 1,06 \cdot a$

Kleine Ellipsenachse $E_k \approx E_g:3$

Ellipsenradien ... $R \approx 1,5 \cdot a, r \approx R:20$

Bild 5   Parallelschaubilder (s. auch S. 17)

c) Kabinettprojektion

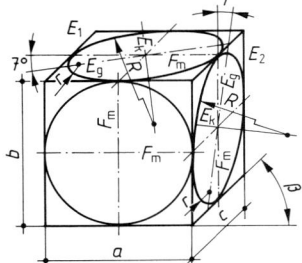

d) planometrische Projektion

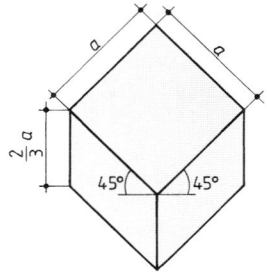

Seitenverhältnis $a:b:c = 1:1:^1/_2$, $\beta = 45°$
Flächenmittellinie F_m = Kantenlänge a
Achsenverhältnis bei Ellipse E_1 und $E_2 \approx 1:3,2$
Ellipse E_1 ... große Achse um $\approx 7°$ geneigt
Ellipse E_2 ... große Achse rechtwinklig zu $7°$
Große Ellipsenachse $E_g \approx 1,07 \cdot a$
Kleine Ellipsenachse $E_k \approx E_g:3,2$
Ellipsenradien ... $R \approx 1,5 \cdot a$, $r \approx R:20$

Häufig gebrauchte Wertepaare:

Verzerrungswinkel	β	30°	45°	60°
Verzerrungsmaßstab	k	$^2/_3$	$^1/_2$	$^1/_3$

2.2 Draufsicht, Ansicht, Grundriß und Schnitt nach DIN 1356-1

Die Draufsicht eines Bauobjektes ist die maßstäbliche Abbildung auf einer horizontalen Bildtafel in orthogonaler Parallelprojektion. Die Bildtafel liegt unter dem darzustellenden Objekt, die Projektionsrichtung ist von oben nach unten. Von oben sichtbare Begrenzungen und Knickkanten werden durch Vollinien dargestellt (Bild 6, a).

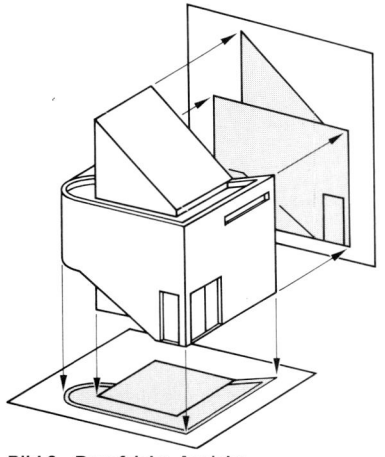

Bild 6 Draufsicht, Ansicht

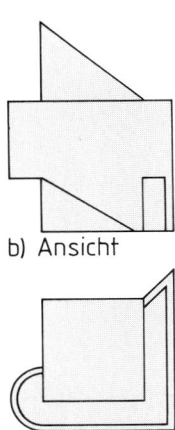

b) Ansicht

a) Draufsicht

13

Bauzeichnungen

Die Ansicht ist die maßstäbliche Abbildung eines Bauobjektes auf einer vertikalen Bildtafel in orthogonaler Parallelprojektion. Die Bildtafel wird hinter dem darzustellenden Objekt gewählt, die Projektionsrichtung geht von vorn — d.h. von der darzustellenden Seite des Objektes — nach hinten. Von vorn sichtbare Begrenzungen und Knickkanten werden durch Vollinien dargestellt (Bild 6, b).

Der Grundriß kann als Typ A und Typ B konstruiert werden. Der Grundriß Typ A (Bild 7, a) ist die Draufsicht auf den unteren Teil eines waagerecht geschnittenen Bauobjektes. Dabei werden von oben sichtbare Begrenzungen und Knickkanten durch Vollinien dargestellt. Wo die Schnittebene durch Bauteile (Wände, Treppenläufe u. ä.) verläuft, entstehen Schnittflächen, die in der Zeichnung besonders hervorgehoben werden. Unterhalb der Schnittebene liegende verdeckte Begrenzungen und Knickkanten werden durch Strichlinien dargestellt. Begrenzungen und Knick-

a) Grundriß Typ A

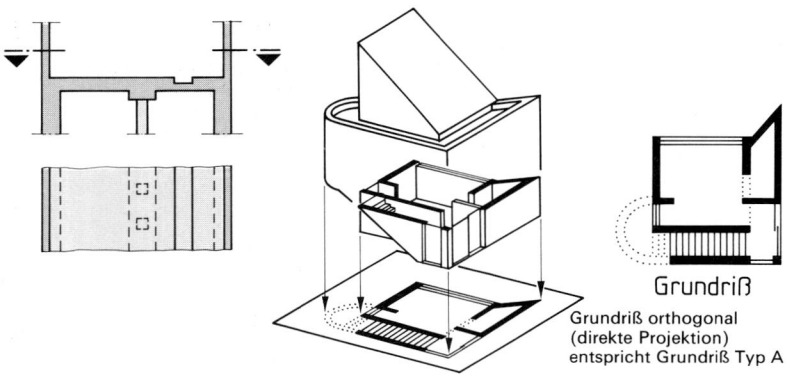

Grundriß orthogonal
(direkte Projektion)
entspricht Grundriß Typ A

b) Grundriß Typ B

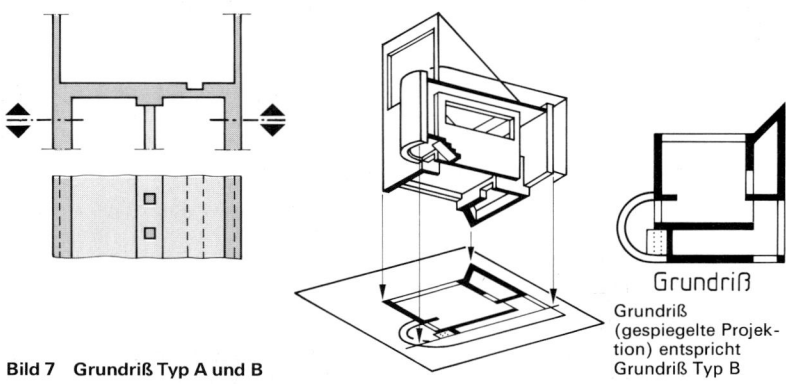

Bild 7   Grundriß Typ A und B

Grundriß
(gespiegelte Projektion) entspricht
Grundriß Typ B

14

kanten von Bauteilen, die oberhalb der Schnittebene liegen (Deckenöffnungen, Wände, Wandvorsprünge usw.) werden ggf. durch Punktlinien dargestellt. Die horizontale Schnittebene ist so zu wählen, daß wesentliche Einzelteile des Bauwerks — Wände, Wandöffnungen, Treppen usw. — geschnitten werden. Gegebenenfalls muß die Schnittebene dazu verspringen.

Der Grundriß Type B (Bild 7, b) ist die gespiegelte Untersicht unter dem oberen Teil eines waagerecht geschnittenen Bauobjektes. Dabei werden alle tragenden Bauteile im jeweiligen Geschoß (Stützen, Wände, Unterzüge usw.) zusammen mit der Decke über diesem Geschoß dargestellt („Blick in die leere Schalung"). Von unten sichtbare Begrenzungen und Knickkanten des oberen Teilbaukörpers werden durch Vollinien dargestellt. Schnittflächen werden besonders hervorgehoben. Oberhalb der Schnittebene liegende verdeckte Begrenzungen und Knickkanten (Überzüge, Wände, Wandvorsprünge usw.) werden durch Strichlinien dargestellt. Begrenzungen und Knickkanten von Bauteilen, die unterhalb der Schnittebene liegen, werden ggf. durch Punktlinien dargestellt. Die horizontale Schnittebene ist so zu wählen, daß Gliederung und konstruktiver Aufbau des Tragwerkes deutlich werden.

Der Schnitt ist die Ansicht des hinteren Teils eines senkrecht geschnittenen Bauobjektes. Die von vorn sichtbaren Begrenzungen und Knickkanten dieses hinteren Teilbaukörpers werden durch Vollinien dargestellt. Schnittflächen werden besonders hervorgehoben. Hinter der Schnittebene liegende verdeckte Begrenzungen und Knickkanten werden durch Strichlinien dargestellt. Begrenzungen und Knickkanten des Teilbaukörpers, der vor der Schnittebene liegt, werden ggf. als Punktlinien dargestellt. Die Schnittebene soll so gewählt werden, daß komplizierte Teile und Bereiche des Bauobjektes (Treppen u. a.) sichtbar werden (Bild 8).

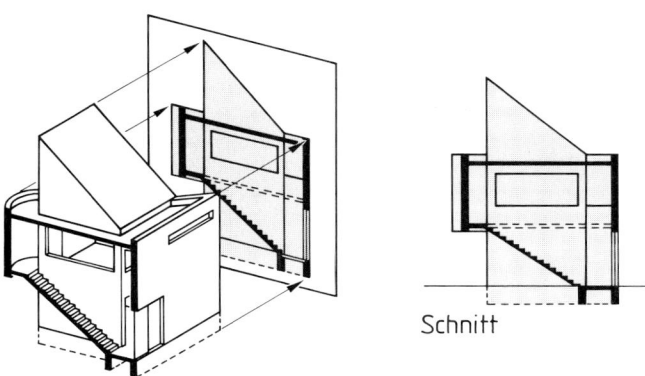

Schnitt

Bild 8   Schnitt

2.3   Anordnung und Zuordnung der Projektionen

Werden die verschiedenen Ansichten eines Bauobjektes gemeinsam auf einem Blatt dargestellt, so sind sie nach Bild 9 anzuordnen (DIN 6-1).

Sollen bei der Darstellung von Innenräumen alle waagerecht eingesehenen Ansichten in unmittelbarem Zusammenhang mit der Draufsicht gebracht werden, so sind diese Ansichten in die Draufsichtebene einzuklappen. Die verschiedenen Ansichten werden dann kranzartig um den Grundriß angeordnet, Bild 10, a.

Müssen die Ansichten in ihrer Höhenentwicklung miteinander zu vergleichen sein, so sind sie als Abwicklung nebeneinander zu reihen, Bild 10, b.

Bauzeichnungen

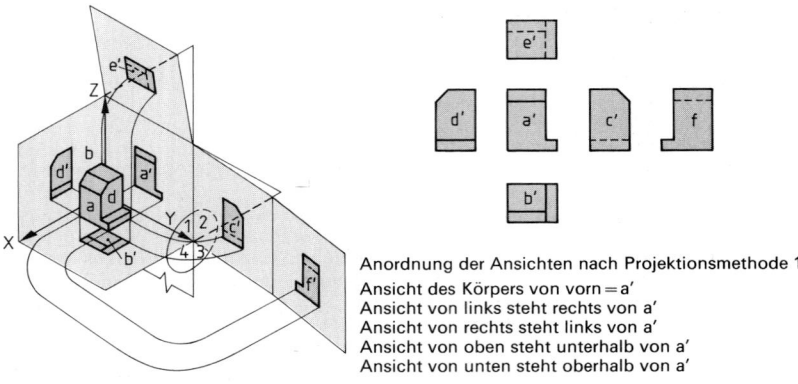

Anordnung der Ansichten nach Projektionsmethode 1

Ansicht des Körpers von vorn = a'
Ansicht von links steht rechts von a'
Ansicht von rechts steht links von a'
Ansicht von oben steht unterhalb von a'
Ansicht von unten steht oberhalb von a'

a) räumliche Darstellung der Projektionsmethode 1

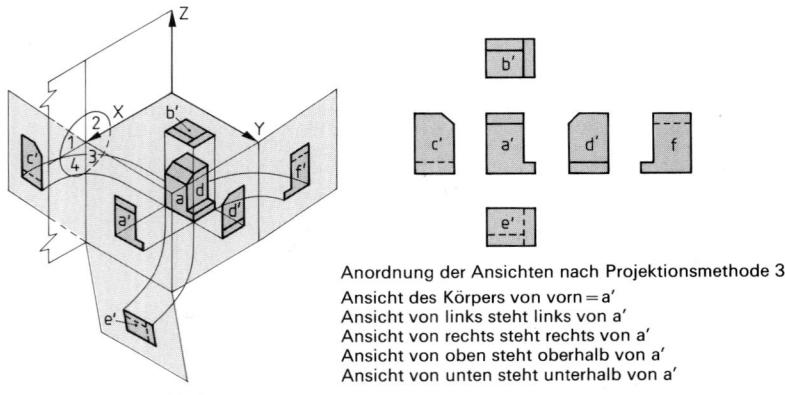

Anordnung der Ansichten nach Projektionsmethode 3

Ansicht des Körpers von vorn = a'
Ansicht von links steht links von a'
Ansicht von rechts steht rechts von a'
Ansicht von oben steht oberhalb von a'
Ansicht von unten steht unterhalb von a'

b) räumliche Darstellung der Projektionsmethode 3

Bild 9   Anordnung der Projektionen

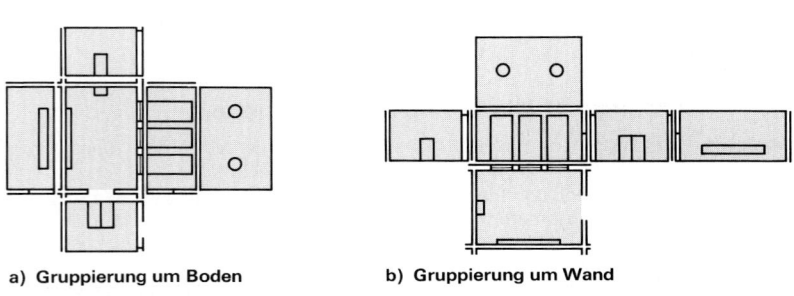

a) Gruppierung um Boden   b) Gruppierung um Wand

Bild 10   Darstellung von Innenräumen

16

3 Thematische Klassifikation

Die Menge der Zeichnungen des Bauwesens läßt sich gliedern entsprechend Bild 11 (s. a. DIN 1356-1).

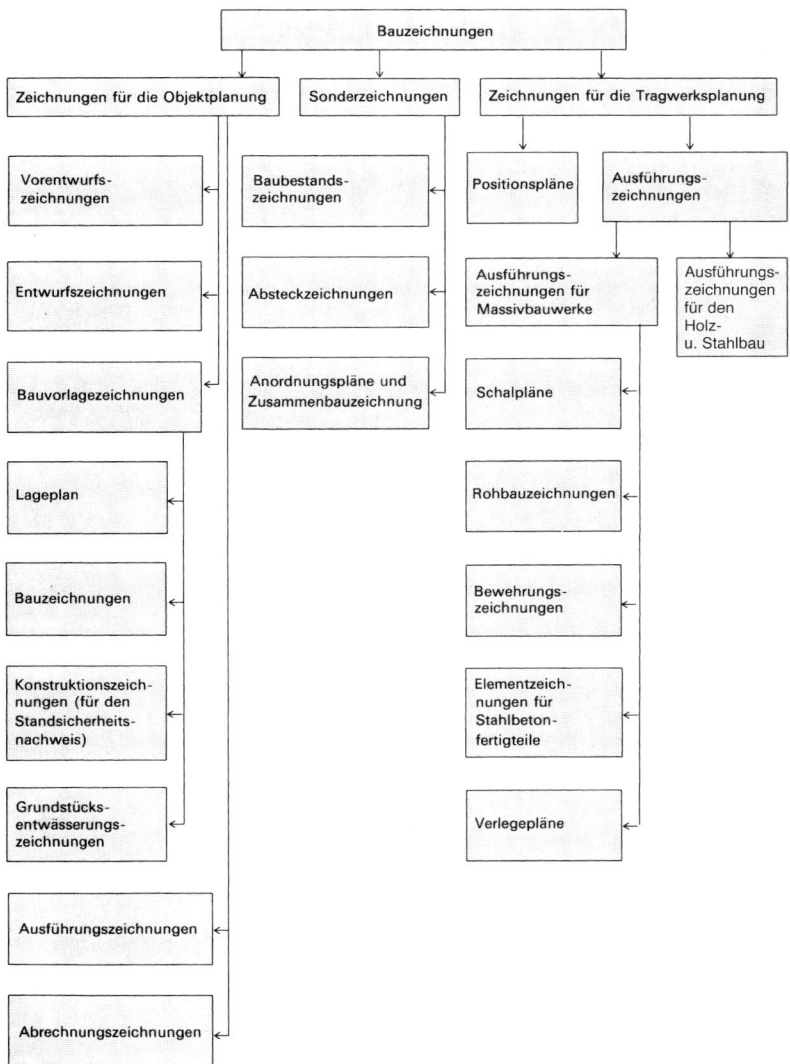

Bild 11   Zeichnungen des Bauwesens

4 Zeichnungen für die Objektplanung

4.1 Vorentwurfszeichnungen

Vorentwurfszeichnungen sind Bauzeichnungen mit zeichnerischer Darstellung eines Entwurfskonzeptes für eine geplante bauliche Anlage. Maßstäbe sind im Regelfall 1 : 500 bzw. 1 : 200. Vorentwurfszeichnungen müssen enthalten

— die Einbindung der baulichen Anlage in ihre Umgebung, z. B. als Darstellung des Bauwerks auf dem Baugrundstück mit Angabe der Haupterschließung und der Nordrichtung;

— die Zuordnung der im Raumprogramm genannten Räume zueinander;

— die angenäherten Maße der Baukörper und Räume, auch als Grundlage für die Berechnungen nach DIN 276 und DIN 277;

— konstruktive Angaben, soweit notwendig;

— Darstellung der Baumassen, Gebäudeformen und Bauteile in Grundrissen, Schnitten und wesentlichen Ansichten mit Verdeutlichung der räumlichen Wirkung, soweit notwendig.

4.2 Entwurfszeichnungen

Entwurfszeichnungen sind Bauzeichnungen mit zeichnerischer Darstellung des durchgearbeiteten Entwurfskonzeptes der geplanten baulichen Anlage. Maßstäbe sind im Regelfall 1 : 100, gegebenenfalls 1 : 200.
Entwurfszeichnungen müssen enthalten

a) in den Grundrissen

die Bemaßung der Lage des Bauwerks im Baugrundstück; Hinweise auf die Erschließung; Angabe der Nordrichtung;

— die Bemaßung der Baukörper und Bauteile;

— die lichten Raummaße des Rohbaus und die Höhenlage des Bauwerks über NN;

— die Raumflächen in m²;

— Angaben über die Bauart und die wesentlichen Baustoffe;

— Fugen;

— Türöffnungen mit Bewegungsrichtung der Türen, Fensteröffnungen und besondere Kennzeichnung der Gebäudezugänge und ggf. Wohnungszugänge o. ä.;

— Treppen und Rampen mit Angabe der Steigungsrichtung (Lauflinie), Anzahl der Steigungen (nur bei Treppen) und Steigungsverhältnisse;

— Schornsteine, Kanäle und Schächte;

— Einrichtungen des technischen Ausbaus;

— betriebliche Einbauten und Möblierungen;

— Bezeichnung der Raumnutzung und ggf. die Raumnummern;

— bei Änderung baulicher Anlagen die zu erhaltenden, zu beseitigenden und die neuen Bauteile;

— den zu erhaltenden Baumbestand und die geplante Gestaltung der Freiflächen auf dem Grundstück (Verkehrsflächen, Grünflächen);

— die bestehenden und zu berücksichtigenden baulichen Anlagen, wenn notwendig;

— die Lage der vertikalen Schnittebenen.

b) in den Schnitten

— die Geschoßhöhen, ggf. auch lichte Raumhöhen;

— die Höhenlage der baulichen Anlage über NN;

— konstruktive Angaben zur Gründung und zum Dachaufbau;

— Treppen mit Angabe der Anzahl der Steigungen und Steigungsverhältnisse, bei Rampen Steigungsverhältnis;

— den vorhandenen und geplanten Geländeverlauf (Geländeanschnitt);

— ggf. weitere Angaben nach Art des Grundrisses.

c) in den Ansichten

— die Gliederung der Fassade;
— die Fenster- und Türteilungen;
— die Dachrinnen und Regenfalleitungen;
— die Schornsteine und sonstigen technischen Aufbauten;
— die Dachüberstände;
— den vorhandenen und den geplanten Geländeverlauf;
— ggf. die berücksichtigende anschließende Bebauung;
— ggf. weitere Angaben nach Art des Grundrisses.

4.3 Bauvorlagezeichnungen

Bauvorlagezeichnungen sind Entwurfszeichnungen, die durch alle Angaben ergänzt sind, die nach den jeweiligen Bauvorlageverordnungen der Länder oder nach den Vorschriften für andere öffentlich-rechtliche Verfahren gefordert werden. Sie werden im Rahmen der Genehmigungsplanung angefertigt. Maßstäbe sind im Regelfall 1:100, ggf. 1:200.

4.4 Ausführungszeichnungen

Ausführungszeichnungen sind Bauzeichnungen mit zeichnerischer Darstellung des geplanten Objektes mit allen für die Ausführung notwendigen Einzelangaben. Sie dienen auch als Grundlage der Leistungsbeschreibung. Sie haben die Form von Werkzeichnungen, Teilzeichnungen und Sonderzeichnungen

Werkzeichnungen müssen in jeweils einer Zeichnung oder aufeinander abgestimmten und sich schrittweise ergänzenden Zeichnungen (Baufortschritt) enthalten

a) in den Grundrissen

— alle Maße zum Nachweis der Räumflächen und des Rauminhaltes (lichte Raummaße des Rohbaus);
— vollständige Höhenangaben, Lage des Bauwerks über NN;
— Maße aller Bauteile;
— Türöffnungen mit Bewegungsrichtung der Türen, Fensteröffnungen;
— Treppen und Rampen mit Angabe der Steigungsrichtung (Lauflinie), Anzahl der Steigungen und Steigungsverhältnis, bei Rampen nur Steigungsverhältnis;
— Angabe der Bauart und der Baustoffe, soweit diese nicht den Tragwerksausführungszeichnungen zu entnehmen sind;
— Lage und Verlauf der Abdichtungen und Fugen;
— die Anordnung der betriebstechnischen Anlagen mit Querschnitt der Kanäle, Schächte und Schornsteine;
— alle Angaben über Aussparungen, Schlitze und Einbauteile;
— Geländeanschnitte, welche vorhandene und künftige Höhen erkennen lassen;
— bei Änderung baulicher Anlagen: alle Angaben über zu erhaltende, zu beseitigende und neu zu errichtende Bauteile;
— Hinweise auf weitere Zeichnungen;
— die Raumnummern und die Bezeichnung der Raumnutzung;
— Angaben über die Oberflächenbeschaffenheit verwendeter Baustoffe bei besonderen Anforderungen an die Oberfläche;
— die Anordnung der Einrichtungen des technischen Ausbaus;
— die Anordnung der betrieblichen Einbauten, ggf. in schematischer Darstellung;
— Einbauschränke und Kücheneinrichtungen;
— Verlauf der Grundleitungen;
— Angaben über die Dränung.

b) in den Schnitten

— Geschoßhöhen, ggf. auch lichte Raumhöhen;
— Höhenangaben für Decken und Fußböden (Rohbau- und Fertigmaß), Podeste, Brüstungen, Unterzüge;

- Maße aller Bauteile
- Angaben über die Bauart und über die Baustoffe, soweit diese nicht den Tragwerksausführungszeichnungen zu entnehmen sind;
- Angaben über die Oberflächenbeschaffenheit der Bauteile, bei besonderen Anforderungen an diese Oberfläche;
- Treppen mit Angabe der Anzahl der Steigungen und des Steigungsverhältnisses, bei Rampen nur Steigungsverhältnis;
- Lage und Verlauf der Abdichtungen;
- Angaben und Aussparungen, Schlitze und Einbauteile;
- die Geländeanschnitte, welche die vorhandenen und die künftigen Höhen erkennen lassen;
- Angaben über die Dränung;
- bei Änderung bestehender Anlagen Angaben über zu beseitigende und neu zu errichtende Bauteile;
- Einbauschränke und Kücheneinrichtung;
- Hinweise auf weitere Zeichnungen.

c) in den Ansichten

- Gliederung der Fassade;
- Bemaßung und Höhenangaben, soweit nicht aus Grundriß und Schnitt ersichtlich;
- hinter der Fassade liegende, verdeckte Geschoßdecken und verdeckte Fundamente;
- die Geländeschnitte, welche die vorhandenen und die künftigen Höhen erkennen lassen;
- Fenster und Türen mit Angabe der Teilung und Öffnungsart;
- Dachrinnen und Regenfalleitungen;
- Schornsteine und sonstige technische Aufbauten;
- ggf. die zu berücksichtigende anschließende Bebauung;
- weitere Angaben, soweit Grundriß und Schnitte dies erfordern.

Als Maßstab ist vorzugsweise 1 : 50, ggf. 1 : 20 zu wählen.

Detailzeichnungen ergänzen die Werkzeichnungen in bestimmten Ausschnitten im jeweils notwendigen Umfang durch zusätzliche Angaben. Maßstäbe sind 1 : 20, 1 : 10, 1 : 5 und 1 : 1.

Sonderzeichnungen enthalten zusätzliche Angaben über die Ausführung bestimmter Gewerke. Maßstab nach Tafel 2b wählen.

4.5 Abrechnungszeichnungen

Abrechnungszeichnungen dienen als Grundlage für die Abrechnung und Rechnungsprüfung. Es sind in der Regel die während der Bauausführung fortgeschriebenen Ausführungszeichnungen, ggf. skizzenhaft ergänzt.

4.6 Baubestandszeichnungen, Bauaufnahmen, Benutzungspläne

Baubestandszeichnungen enthalten als fortgeschriebene Entwurfs- und Ausführungszeichnungen alle für den jeweiligen Zweck notwendigen Angaben über die fertiggestellte bauliche Anlage.

Bauaufnahmen sind nachträgliche Maßaufnahmen bestehender Objekte im erforderlichen Umfang und Maßstab.

Benutzungspläne sind Baubestandszeichnungen oder Bauaufnahmen, die durch zusätzliche Angaben über bestimmte baurechtlich, konstruktiv oder funktionell zulässige Nutzungen ergänzt sind (z. B. zulässige Verkehrslasten und Rettungswege).

5 Zeichnungen für die Tragwerksplanung

Tafel 13 definiert die Begriffe Stockwerk, Ebene, Fußboden und gibt Positionsbezeichnungen an für Wände, Stützen, Platten und Balken.

Tafel 13 Stockwerke, Ebenen, Fußböden und Stützen, Platten, Wände und Balken

Stockwerke

Ein Stockwerk bedeutet den Raum, der durch den Abstand zwischen zwei einander folgenden Niveau-Ebenen, begrenzt durch Wände, Decke und Fußböden, einschließlich deren Dicken, gebildet wird. Die Begriffe Stockwerk und Ebene gehören zusammen, dürfen jedoch nicht miteinander verwechselt werden.

Die Stockwerke eines Gebäudes sollen mit einer Ziffernfolge bezeichnet werden. Die Benummerung von unten nach oben beginnt mit einer 1 an der untersten, beliebig nutzbaren Ebene.

Treppen sollen die gleiche Benummerung wie das Stockwerk erhalten, in welchem sie liegen, unabhängig davon, ob sie Zwischenpodeste haben oder nicht.

Die Benummerung gilt nicht nur für den Nutzraum eines gegebenen Stockwerkes, sondern auch für die diesen Raum umschließenden Wände, Decken und Fußböden.

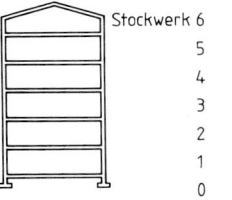

Benummerung von Stockwerken

Fußböden

Die Fußböden (Fußbodenaufbau) werden mit einer Ziffernfolge von unten nach oben in Übereinstimmung mit der Nummer des Stockwerkes, zu dem sie gehören, benummert.

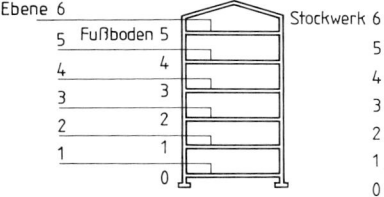

Fußbodenbenummerung

Ebenen

Um den Übergang von einer Stockwerkszahl zur nächsten auszudrücken, wird empfohlen, die Ebene an der Oberkante des tragenden Deckenelementes einzutragen.

Wenn es unterschiedliche Ebenen innerhalb eines Gebäudes gibt, z. B. Halbgeschosse, Versatzhöhen, Treppenabsätze, Rampen usw., soll jede notwendige Angabe gemacht werden, um Irrtümer zu vermeiden. Diese Angaben sollen in Form von Ebenenangaben oder festgelegten Abkürzungen neben der Benummerung des betreffenden Stockwerkes eingetragen werden.

Ebenenangabe

Stützen, Platten, Wände, Balken

usw. erhalten eine Hauptbezeichnung (Abkürzung) und eine Zusatzbezeichnung (Zahlen). Die erste Ziffer in der Zusatzbezeichnung gibt die Stockwerkzahl an und die zwei letzten sind laufende Nummern entsprechend dem folgenden Beispiel:

Stützen (Columns) = C 201, C 202
Platten (Slabs) = S 201, S 202
Wände (Walls) = W 201, W 202
Balken (Beams) = B 201, B 202

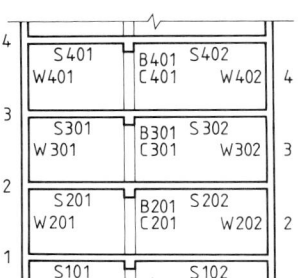

Beispiele für die Bezeichnung von Stützen, Platten, Wänden und Balken

5.1 Positionspläne

Positionspläne erläutern die statische Berechnung in Form von Bauzeichnungen des Tragwerks mit Angabe der Positionsnummern der einzelnen tragenden Bauteile, Tafel 14 und Bild 12. Sie enthalten außerdem die Hauptmaße des Bauwerks, Angaben zu den verwendeten Baustoffen und die wesentlichen Daten der einzelnen tragenden Bauteile; das sind bei Trägern, Balken, Stützen und (Streifen- und Einzel-)Fundamenten die Querschnittsabmessungen, bei Fundament- und Deckenplatten die Deckendicke und Spannrichtung. Positionspläne werden aus den Entwurfszeichnungen des Objektplaners entwickelt, Positionsplan-Grundrisse als Grundrisse Typ B. Maßstab ist im Regelfall 1:100.

Tafel 14 Tragrichtung von Platten

Zweiseitig gelagert	Dreiseitig gelagert	Vierseitig gelagert	Auskragend
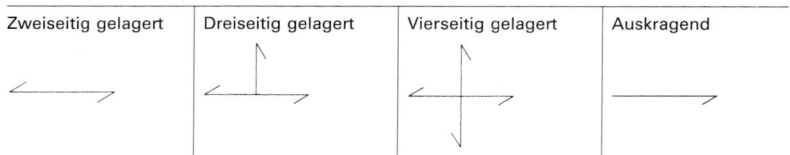			

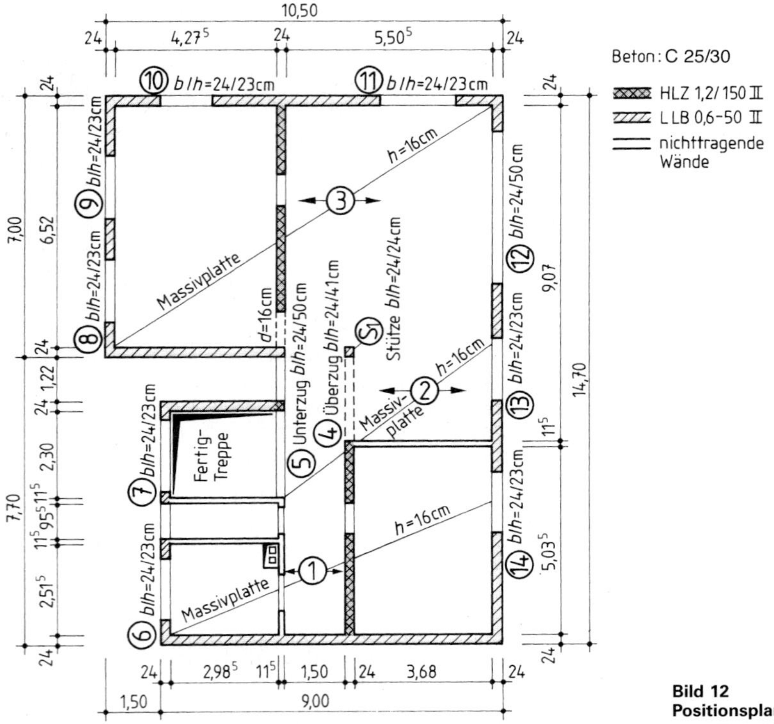

Bild 12
Positionsplan

5.2 Schalpläne und Fundamentpläne

Schalpläne ergänzen die Ausführungszeichnungen des Objektplaners und sind die Grundlage für das Einschalen der Beton-, Stahlbeton- und Spannbetonteile. Sie sind Zeichnungen des Tragwerks mit vollständiger Bemaßung der tragenden Konstruktion im Endzustand — auch Höhenkoten — und enthalten Angaben über

— Arbeitsfugen und Fugenbänder,
— Sauberkeits-, Sperr-, Gleit- und Dämmschichten,
— Aussparungen (Schlitze und Durchbrüche),
— Auflager der einzuschalenden Bauteile (z. B. Kopfplatten von Stahlstützen und Umrisse tragender Mauerwerkswände),
— Bauteile, die in den Beton oder das Mauerwerk einbinden (z. B. Ankerschienen, die in die Schalung verlegt werden),
— Beschaffenheit der Oberflächen und Kanten von Bauteilen,
— Arten und Festigkeitsklassen der Baustoffe, ggf. besondere Zuschläge, Zusatzmittel und Zusatzstoffe.

Schalpläne werden aus den Schnitt- und Grundrißzeichnungen des Objektplaners entwickelt, Grundrisse im Regelfall als Grundrisse Typ B. Vorzugsmaßstab ist 1:50, Detailmaßstäbe nach Art und Größe der darzustellenden Einzelheiten. Fundamentpläne sind Grundrißzeichnungen Typ A.

5.3 Rohbauzeichnungen

Rohbauzeichnungen entstehen durch Weiterentwicklung der Schalpläne in der Weise, daß die dort für Massivbauteile gemachten Angaben hier für alle Teile der tragenden Konstruktion „des Tragwerks" gemacht werden. Sie enthalten also alle für die Herstellung des Gesamttragwerks erforderlichen Angaben, so daß neben den Bewehrungszeichnungen keine weiteren Ausführungszeichnungen auf der Baustelle benötigt werden. Darstellungsart (Grundrißtyp) und Maßstab wie bei Schalplänen.

5.4 Bewehrungszeichnungen und Verlegepläne

Bewehrungszeichnungen und Verlegepläne sind Tragwerksausführungszeichnungen des Stahlbeton- und Spannbetonbaus und dienen der Herstellung und dem Einbau der Bewehrung.

Maßstab ist im Regelfall 1:50 oder 1:20, auch 1:25 wird verwendet.

Die Bewehrung kann bestehen aus Betonstabstahl, Betonstahlmatten und Spanngliedern. Die Darstellung der Bewehrungselemente zeigen die Tafeln 15 und 16.

Bewehrungspläne enthalten alle für die Herstellung und den Einbau der Bewehrung erforderlichen Angaben und Maße, insbesondere

— Hauptmaße der einzelnen Stahlbeton- und Spannbetonbauteile,
— Betonstahlsorten und Betonfestigkeitsklassen,
— Anzahl, Durchmesser, Form und Lage der Bewehrungsstäbe,
— Stababstände und Rüttellücken,
— Übergreifungslängen von Stößen und Verankerungslängen an Auflagern,
— Lage und Ausbildung von (Baustellen-)Schweißungen mit allen erforderlichen Angaben,
— Betondeckung und Unterstützung der oberen Bewehrung,
— Mindestdurchmesser der Biegerollen,
— zum Tragwerk gehörende Einbauteile, die in die Schalung verlegt werden, auch wenn sie mit der Bewehrung verbunden sind,
— bei Spannbetonteilen weitere spezielle Angaben.

Bauzeichnungen

Tafel 15 Vereinfachte Darstellung von Bewehrungen in nichtvorgespanntem Stahlbeton

Zeile	Beschreibung	Vereinfachte Darstellung
1	Stab. Allgemeine Darstellung Extrabreite Vollinie	
2	Schnitt eines Stabes	•
3	Stab mit Endhaken-Verankerung	
	a) Ansicht von der Seite mit einem 90°-Bogen (Winkelhaken)	
	b) Ansicht von der Seite mit einem 180°-Haken (Schlaufe)	
	c) Ansicht von oben auf einen Bewehrungs- stab, der mit einem Bogen oder Haken endet	
4	Stab ohne Endanker, wenn es notwendig ist, die auf der Zeichnung hintereinanderliegenden Enden von Stäben darzustellen	
5	Endverankerung mit Platte oder Scheibe	
	a) Seiten- oder Draufsicht	
	b) Ansicht auf die Profilform	
6	Rechtwinklig zur Zeichenebene in Blickrichtung des Be- trachters - also vom Betrachter fort - abgebogener Be- wehrungsstab (übliche Endanker nach 3c dargstellen)	
7	Rechtwinklig zur Zeichenebene entgegen der Blickrich- tung des Betrachters - also zum Betrachter hin - aufge- bogener Bewehrungsstab (übliche Endanker nach 3c)	
8 8.1	Stäbe, mechanisch verbunden Allgemeine Darstellung	
	a) Muffenverbindung für Zugbeanspruchung	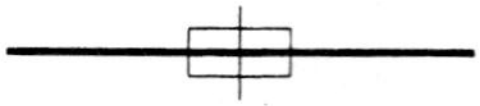
	b) Kontaktstoß für Druckbeanspruchung	
8.2	Besondere Darstellung, falls erforderlich	
	a) Schraubverbindung mit Kegelgewinde	
	b) Preßmuffenstoß	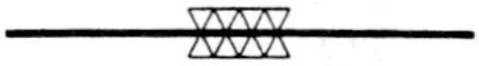
	c) Schraubverbindung mit aufgerolltem Gewinde	
	d) Schraubverbindung mit geschnittenem zylindrischem Gewinde	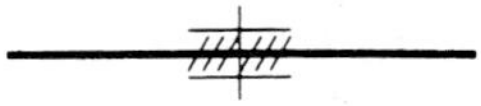
	e) Schraubverbindung mit gewindeförmig ausgebildeten Rippen	
	f) Verbindung mit Stiftschrauben	

24

Tafel 15, Fortsetzung

Zeile	Beschreibung	Vereinfachte Darstellung
9	Geschweißte Matte, im Schnitt	
10	Geschweißte Matte Draufsicht	
11	Geschweißte gleiche Matten in einer Reihe	

Tafel 16   Vereinfachte Darstellung von Bewehrungen des Spannbetons

Nr.	Bezeichnung und Beschreibung	Vereinfachte Darstellung
1	Vorgespannter Stab oder Drahtbündel lange extrabreite Strich-Zweipunktlinie	
2	Schnitt einer nachträglich gespannten Beweh-rung in Rohren oder Kanälen liegend	$\bigcirc$
3	Schnitt einer vorgespannten Bewehrung	$+$
4	Spanngliedverankerung[1])	
5	Festanker[1])	
6	Ansicht auf eine Verankerung	$\oplus$
7	Bewegliche Kopplung[1])	
8	Feste Kopplung[1])	

[1]) Wenn keine Verwechslung mit nichtvorgespannten Stäben auftreten kann, dürfen vorge-spannte Stäbe auch mit einer extrabreiten Vollinie gezeichnet werden.

Jedes Bauteil — Balken, Stütze, Platte usw. — wird im Bewehrungsplan einzeln dargestellt.

Mit geschweißten Betonstahlmatten bewehrte tafelartige Stahlbetonbauteile (Dek-ken, Wände usw.) werden in sog. Verlegeplänen dargestellt, die aus vereinfachten Schalplänen entwickelt werden.

In aller Regel werden die untere und obere bzw. die innere und äußere bzw. die vordere und hintere Bewehrung getrennt dargestellt. In der konventionellen Dar-stellung wird jede Matte in ihren Umrissen gezeichnet, in der Regel ein Rechteck. In dieses Rechteck wird eine Diagonale gezeichnet, und zwar in (Haupt-)Tragrichtung gesehen von links unten nach rechts oben.[1])

Während bei den Matten der Feldbewehrung zur Lagebestimmung i.allg. die An-gabe der Übergreifungsweiten ausreicht, muß bei den Matten der Stützbewehrung — wenn sie nicht auf beiden Seiten gleich weit ins Feld reichen — zusätzlich angegeben werden, wie weit sie auf einer Seite ins Feld zu legen sind (gemessen i.allg. von Vorderkante Mauerwerk), Bilder 13 und 14.

[1]) Die Matte ist auf der Baustelle so einzulegen, daß die in Haupttragrichtung verlaufenden Mattenstäbe außen liegen, also unten bei positiven Plattenmomenten und oben bei negativen Plattenmomenten.

Bauzeichnungen

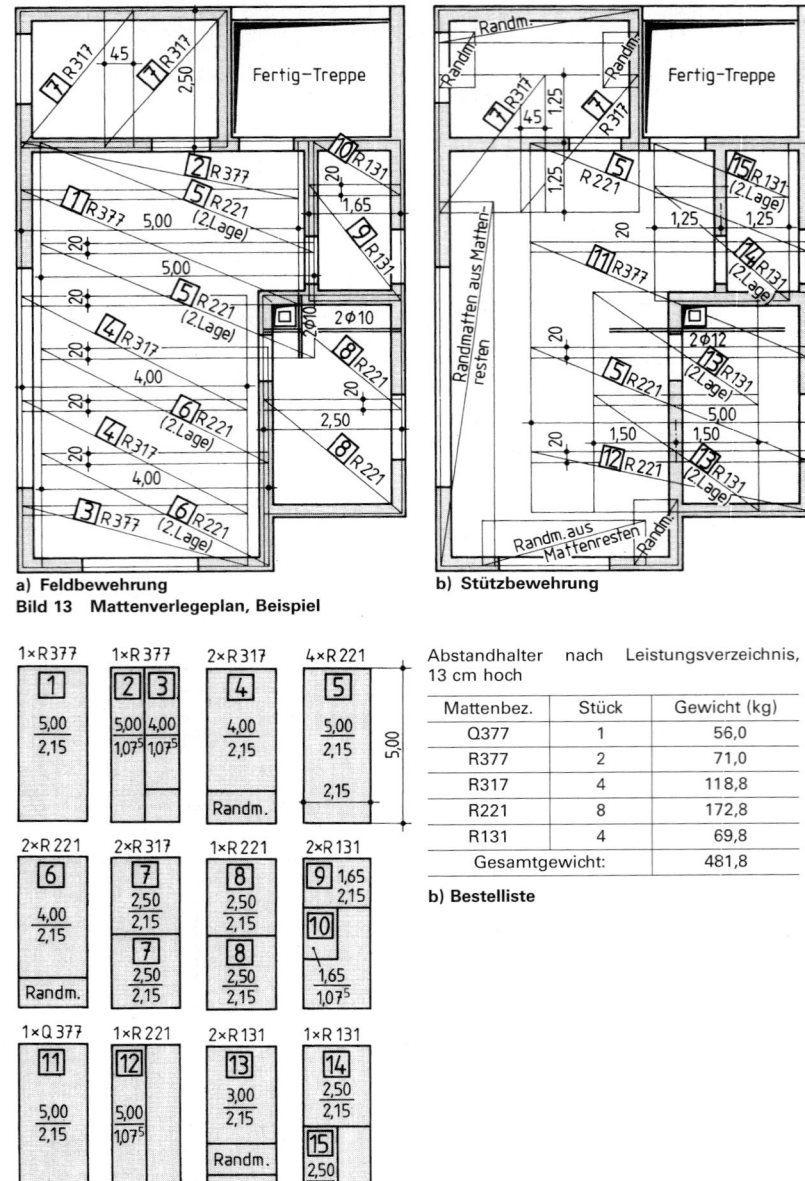

a) Feldbewehrung

b) Stützbewehrung

Bild 13   Mattenverlegeplan, Beispiel

Abstandhalter nach Leistungsverzeichnis, 13 cm hoch

Mattenbez.	Stück	Gewicht (kg)
Q377	1	56,0
R377	2	71,0
R317	4	118,8
R221	8	172,8
R131	4	69,8
Gesamtgewicht:		481,8

b) Bestelliste

a) Schneideskizze

Bild 14   Mattenliste

Ein stabartiges Bauteil wird in einem Längs- und Querschnitt dargestellt. Bei Stahlbetonbalken liegt die Schnittebene des Längsschnittes vor dem Balken, die Bildebene dahinter.

Die aus Stabstahl bestehende Bewehrung wird in der Regel nicht nur in ihrer endgültigen Lage im Bauteil dargestellt, sondern auch „herausgezogen" und vollständig bemaßt.

Tafel 17 zeigt die Darstellung der Stabstahl- und Mattenbewehrung in Bauteilen.

Tafel 17   Regeln für die vereinfachte Darstellung von Bewehrungen in Bauteilen

Zeile	Beschreibung und vereinfachte Darstellung	Zeile	Beschreibung und vereinfachte Darstellung
1	Bögen werden im Regelfall einschließlich der Radien dargestellt		a) Obere und untere Bewehrung, in getrennten Darstellungen b) Obere und untere Bewehrung, in der selben Darstellung
2	Ein Bündel mit Stäben darf mit einer einzelnen Linie dargestellt werden, wobei am Stabende die Anzahl der Stäbe im Bündel gezeichnet wird. Beispiel: Bündel mit drei gleichen Bewehrungsstäben	7	Die Stelle der einzelnen Bewehrungslagen wird in der Seitenansicht wie folgt angegeben: N = Ansicht von vorn, F = Ansicht von hinten, 1 = Erste Lage in bezug auf die Betonoberfläche, 2 = Zweite Lage in bezug auf die Betonobefläche
3	Jede Gruppe von gleichen Stäben, Bügeln oder Gelenken wird durch einen Stab, Bügel oder ein Gelenk dargestellt, die mit einer extrabreiten Linie gezeichnet werden, wobei eine schmale Vollinie dieses Bündel kreuzt und deren Enden durch kurze schräge Linien gekennzeichnet sind. Ein Kreis, der mit einer schmalen Volllinie gezeichnet wird, verbindet die „die Gruppe darstellende Linie" mit dem zutreffenden Stab, Bügel oder Gelenk		a) Ansicht von vorn und Ansicht von hinten, in getrennten Darstellungen b) Ansicht von vorn und Ansicht von hinten, in derselben Darstellung; die Ansicht von hinten wird in breiter Strichlinie gezeichnet Für die Buchstaben N und F können auch die Buchstaben v und h verwendet werden.
4	Stäbe in Gruppen, wobei diese jeweils denselben Abstand und die gleiche Anzahl Stäbe haben, dürfen wie im Bild dargestellt werden	8	Wenn die Anordnung der Bewehrung nicht eindeutig durch den Schnitt dargestellt ist, darf eine zusätzliche Einzelheit, die die Bewehrung darstellt, außerhalb des Schnittes angefertigt werden
5	Bewehrungen mit beidseitiger Verankerung werden im Schnitt dargestellt oder mit Text oder Doppelpfeil gekennzeichnet, um die Richtung der Stäbe in der außen liegenden Schicht des Bauteiles entweder in der Seitenansicht oder in der Draufsicht zu zeigen		
6	Die Stelle der einzelnen Lagen der Stäbe in der Ansicht von oben wird wie folgt angegeben: B = untere Bewehrung (bottom) T = obere Bewehrung (top) 1 = Erste Lage in bezug auf die Betonoberfläche 2 = Zweite Lage in bezug auf die Betonoberfläche	9	Alle Arten von bestehenden Gelenken werden in der Zeichnung angegeben. Wenn die Anordnung nicht eindeutig ist, darf sie mit Hilfe einer Einzelheit außerhalb des Schnittes erklärt werden

Bauzeichnungen

Die Beschreibung der einzelnen Biegeformen kann formlos als konventionelle Bemaßung oder durch Angabe sog. Teilgrößen auf einem Formblatt geschehen.

Konventionelle Bemaßung

Biegeformen sind durch Angabe der Teillängen und Biegewinkel zu bemaßen. Falls erforderlich sind zusätzlich Zwangsmaße anzugeben; sie werden in Klammern gesetzt. Für die Teillängen gilt (s. Tafel 18): Bei Biegestellen mit einem Winkel

- unter 90° ist bis zu den Schnittpunkten der Tangenten an die Stabachse zu messen,
- von 90° ist bis zu den Schnittpunkten der äußeren Tangenten zu messen,
- über 90° ist der Biegewinkel in einen rechten und einen spitzen Winkel aufzuteilen und die Teillängen sind entsprechend zu bemaßen, d.h., im Scheitel ist für den rechten Winkel die äußere Tangente und für den spitzen Winkel die Tangente an die Stabachse maßgebend.

Zwangsmaße z sind Außenmaße, die der gebogene Bewehrungsstab unbedingt einhalten muß.

Tafel 18 Bemaßung von Biegeformen, Beispiele

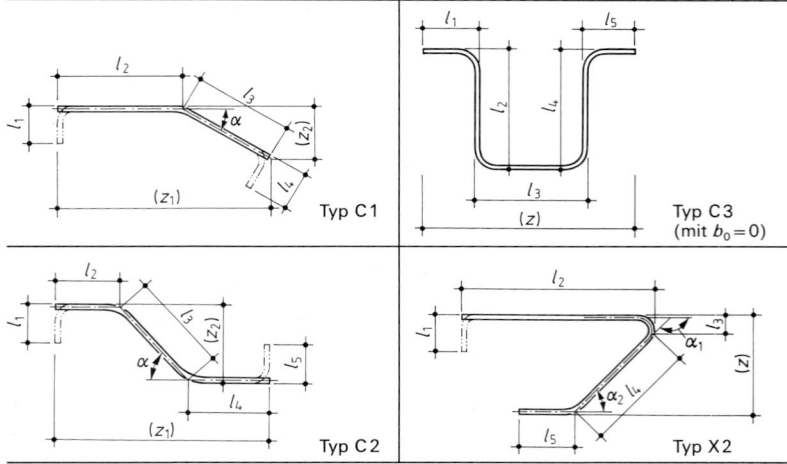

Typen s. Tafel 19

Verwendung von vordefinierten Grundformen, s. Tafel 19

Man kann die folgenden Grundformen A bis E unterscheiden:

- A: Stäbe mit nur rechtwinklig zueinander verlaufenden Stabteilen
- B: Bügel
- C: Stäbe mit schräg zueinander verlaufenden Stabteilen (Schrägstäbe)
- D: Bewehrung zur Sicherung der Lage und S-Haken
- E: Stäbe mit kreisförmigen Stabteilen.

Innerhalb der einzelnen Grundformen werden verschiedene Typen unterschieden, die durch Hinzufügen der Ziffern 1 bis 4 an den Buchstaben der Grundform gekennzeichnet werden.

Sonderformen, die nicht den Grundformen A bis E zugeordnet werden können, werden mit dem Buchstaben X gekennzeichnet. Sie werden beschrieben durch

Tafel 19 Biegeformen und ihre Beschreibung durch Teilgrößen

Typ	H	D	Form	Typ	H	D	Form
A1			a	C1			a b z c
			a				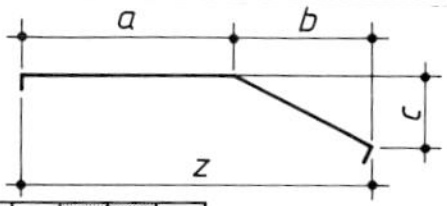 a b c z
A2			a b	C2			a b_0 d c z
			a b				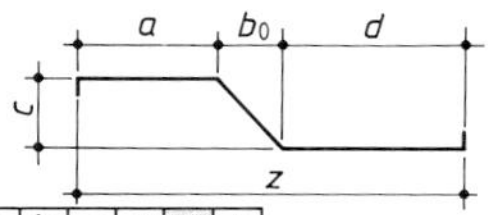 a b_0 c d z
A3			a b c	C3			a b_0 d b_0 e_0 c z
			a b c				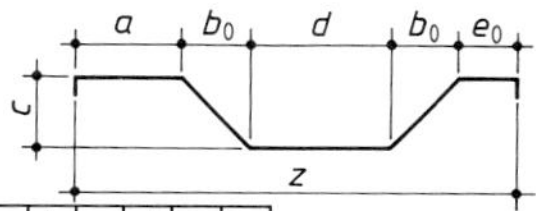 a b_0 c d e_0 z
A4			a e_0 b d c	D1			a
			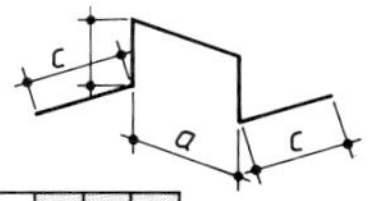 a b c d e_0				a
B1			a b	D2			c a c
			a b				a b c
B2			c: Winkel γ d b a	E1			b: Anzahl der Windungen c: Ganghöhe a
			a b c d				a b c
B3			a_0 c d_0 b	E2			b: Winkel β c β a d z
			a_0 b c d_0				a b c d z
B4			e: Winkel γ a b d c	X1			Skizze der Biegeform mit Teillängen in der Biegeliste a: Anzahl der Biegestellen b: Einzellänge l
			a b c d e				a b

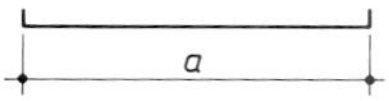

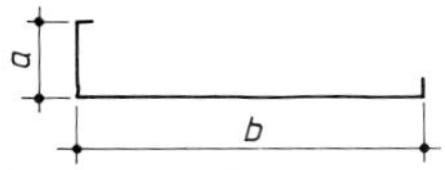

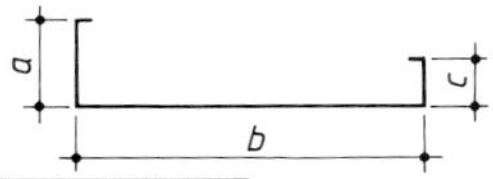

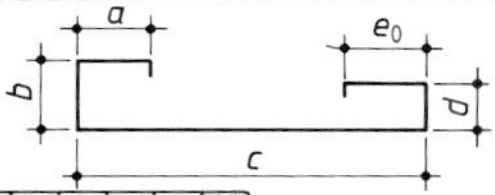

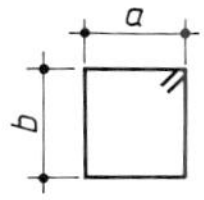

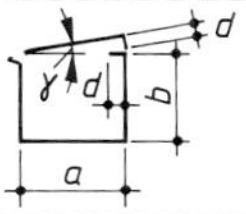

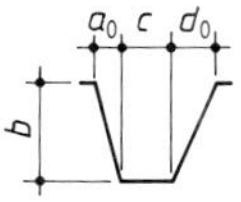

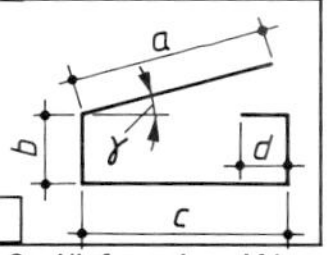

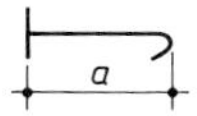

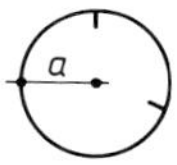

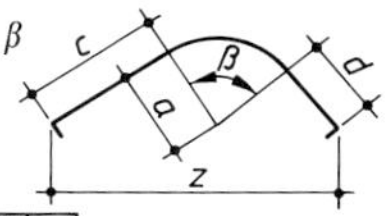

Teilgrößen mit dem Index 0 dürfen den Wert Null annehmen.

Mit dem Buchstaben z bezeichnete Maße sind Zwangsmaße für den Biegebetrieb bei Verwendung als Paßform. Sie müssen nicht angegeben werden.

[1] n Anzahl der die Biegeform festlegenden Punkte.
x_i y_i zugehörende Koordinaten,

Die Werte sind in die Felder a, b, c ... einzutragen.

X2			y [1] x
			n | x_1 | y_1 | x_2 | y_2 | x_3 | y_3 ...
			a | b | c | d | e ...

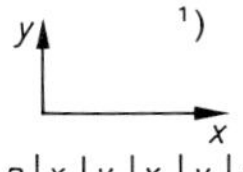

- Typ X1 mit Angabe der Anzahl der Biegestellen und der abgewickelten Stablänge (Einzellänge) sowie einer Skizze der Biegeform oder
- Typ X2 mit Angabe der Anzahl der die Biegeform festlegenden Punkte sowie deren kartesischer Koordinaten.

Zur Beschreibung der Biegeformen sind in Tafel 19 anzugeben:

- Spalte „Typ":   Kennzeichen des Typs,
- Spalte „H":   Art der Verankerung (s. unten)
- Spalte „D":   Verhältnis von Biegerollen- zu Stabdurchmesser,
- Spalte „Form":   die Teilgrößen a, b, c, … entsprechend der schematisch dargestellten Biegeform

Verankerungen

in Tafel 19, Spalte „H", sind für die Verankerung folgende Angaben möglich:

0: ohne Haken oder Winkelhaken,   L: Winkelhaken nur am linken Stabende,
2: Winkelhaken an beiden Stabenden,   R: Winkelhaken nur am rechten Stabende.

Bei gerastertem Feld ist die Verankerung festgelegt.

Bei den Grundformen A, C und E sind Winkelhaken mit den Mindestmaßen und mit den Mindestwerten der Biegerollendurchmesser nach DIN 1045 (07.85), Tabellen 18 und 20, auszuführen. Bei den Typen B1 und B3 richten sich die Verankerungen nach DIN 1045 (07.85), Bild 25.

Biegerollendurchmesser

In Tafel 19, Spalte „D", ist das Verhältnis des Biegerollendurchmessers (in der Regel der Mindestwert) zum Stabdurchmesser (d_{br}/d_s) anzugeben.
Bei gerastertem Feld ist das Verhältnis d_{br}/d_s mit d_{br} als Mindestwert nach DIN 1045 (07.85), Tabelle 18, festgelegt.

Teilgrößen

Die Teilgrößen a bis e und gegebenenfalls z zur Festlegung der Biegeformen sind in die dafür vorgesehenen Felder der Spalte „Form" einzutragen. Längen sind dabei in cm und Winkel in Grad (°) anzugeben. Teilgrößen mit dem Index 0

Tafel 20   Teilgrößen von Biegeformen, Beispiele

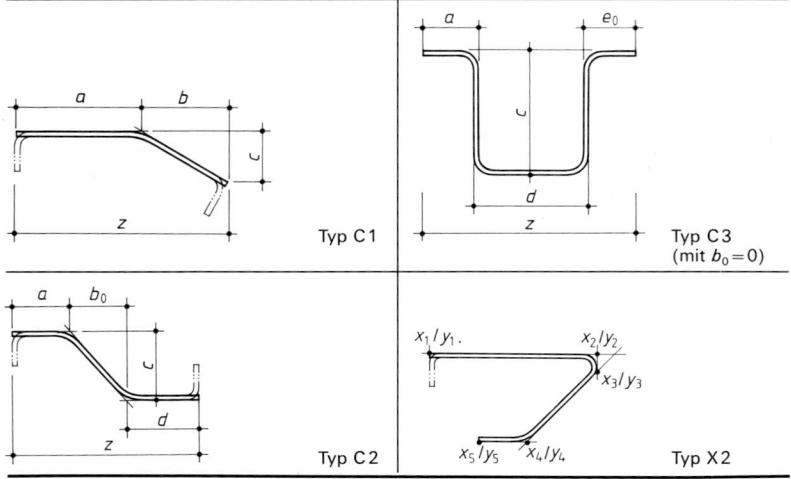

30

dürfen den Wert Null annehmen (s. Tafel 19 und Tafel 20). Bei der Beschreibung von Sonderformen durch Typ X2 sind in die Felder *a*, *b*, *c*, ... die Anzahl *n* der die Biegeform festlegenden Punkte sowie die zugehörenden Koordinaten x_i, y_i als Teilgrößen einzutragen.

Die anzugebenden Längen werden an Biegestellen durch den Schnittpunkt der äußeren Tangenten begrenzt. Bei Biegestellen mit einem Winkel über 90° ist dieser in einen rechten und einen spitzen Winkel aufzuteilen, Tafel 20.

Jedes einzelne Bewehrungselement wird gekennzeichnet.

Die Kennzeichnung von Betonstabstahl-Elementen muß enthalten
— Positionsnummer, die mit einem Kreis zu umschließen ist, [1] sowie in nachstehender Reihenfolge
— Anzahl der Bewehrungsstäbe,
— Durchmesserzeichen ($\varnothing$) und Stabnenndurchmesser in mm.

Soweit erforderlich, sind außerdem anzugeben
— Kurzzeichen der Betonstahlsorte
— Stababstand in cm,
— Lagekennzeichen und
— abgewickelte Stablänge (Einzellänge l) in m.

Die vollständige Kennzeichnung mit der Anzahl aller zu einer Position gehörenden Stäbe muß auf der Bewehrungszeichnung einmal angegeben sein; sie steht in der Regel an dem herausgezogenen Stab oder — wo dies nicht möglich ist — an einer Hinweislinie, die den Zusammenhang mit der zugehörigen Bewehrung im Bauteil herstellt. Die verwendeten Betonstahlsorten sind im Schriftfeld der Zeichnung anzugeben. Bei Verwendung verschiedener Betonstahlsorten innerhalb einer Bewehrungszeichnung muß die weniger oft vorkommende Sorte zusätzlich bei den entsprechenden Positionen in der Zeichnung angegeben werden.

Die Kennzeichnung von Betonstahlmatten muß enthalten:
— Positionsnummer, die mit einem Rechteck zu umschließen ist, [1])
sowie mindestens einmal
— bei Lagermatten die Mattenkurzbezeichnung nach DIN 488 Teil 4,
— bei Listenmatten die den Mattenaufbau kennzeichnenden Daten für beide Bewehrungsrichtungen,
— die Mattengröße.

Soweit es erforderlich ist, sind außerdem anzugeben:
— Anzahl der Matten,
— Lagekennzeichen nach Tafel 17.

Bei der konventionellen Darstellung ist die Kennzeichnung entlang der Diagonale anzuordnen. Bei Listenmatten sind oberhalb der Diagonale die den Mattenaufbau in Längsrichtung kennzeichnenden Daten und unterhalb der Diagonale die den Mattenaufbau in Querrichtung kennzeichnenden Daten anzugeben. Als Längsrichtung gilt dabei unabhängig von der Haupttragrichtung stets die Richtung parallel zum längeren Mattenrand.

Bei der achsenbezogenen Darstellung sind anzugeben:
— bei Lagermatten die Mattenkurzbezeichnung in der Haupttragrichtung,
— bei Listenmatten die den Mattenaufbau in Längs- und Querrichtung kennzeichnenden Daten in der zugehörenden Bewehrungsrichtung.

Die Entscheidung für konventionelle Bemaßung führt zur Darstellungsart 1 (gebräuchlich).

Bei der Darstellungsart 1 ist die Bewehrung im Bauteil, vorzugsweise in Ansichten und Schnitten, maßstäblich darzustellen. Die einzelnen Positionen sind im Maßstab herauszuziehen und vollständig zu bemaßen (s. Bild 15 und Tafel 21).

---

[1]) Gleiche Bewehrungsstäbe erhalten die gleiche Positionsnummer.

Bauzeichnungen

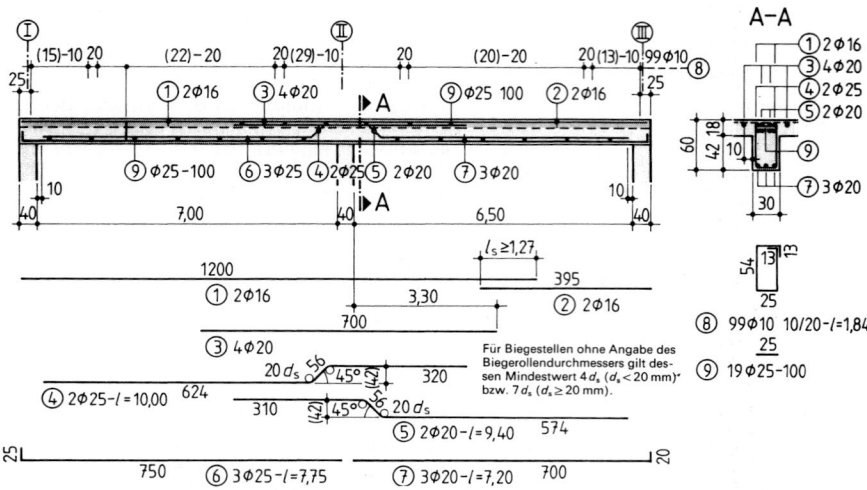

Bild 15   Bewehrungszeichnung eines Unterzuges, Darstellungsart 1

Tafel 21   Gewichtsliste zu Bild 15, gekürzt

Pos.-Nr.	Anzahl	d_s in mm	Beton stahl- sorte Kurz- zeichen	Einzel- länge in m	Gesamt- länge in m	Gewichtsermittlung in kg für		
						d_s = 10 mm mit 0,617 kg/m	d_s = 16 mm mit 1,58 kg/m	d_s = 25 mm mit 3,85 kg/m
1	2	16	IV S	12,00	24,00		37,9	
4	2	25	IV S	10,00	20,00			77,0
6	3	25	IV S	7,75	23,25			89,5
8	99	10	IV S	1,84	182,16	112,4		
			Gewicht je Durchmesser			112,4	37,9	166,5
			Gesamtgewicht				316,8	

Eine Vereinfachung der Darstellungsart 1 führt zur Darstellungsart 2.

Bei der Darstellungsart 2 ist die Bewehrung im Bauteil, vorzugsweise in Ansichten und Schnitten, maßstäblich darzustellen, wobei die Stabenden zu markieren sind. Entgegen Darstellungsart 1 werden die einzelnen Positionen nicht maßstäblich herausgezogen, sondern durch kleinere skizzenartige Darstellungen der bemaßten Biegeformen bei den Positionsnummern ersetzt (siehe Bild 16 und Tafel 22). Wird eine Position mehrfach herausgezogen, so ist nur ein Auszug davon zu bemaßen und mit der vollständigen Kennzeichnung zu versehen. In diesem Fall sind alle auf der Bewehrungszeichnung vorkommenden Positionsnummern, bei denen eine vollständige Kennzeichnung einschließlich bemaßter Biegeformen angegeben ist, besonders hervorzuheben.

Die Entscheidung für Verwendung des Formblattes führt zur Darstellungsart 3.[1]

---

[1]) Die Darstellung 3 muß vorher zwischen allen Beteiligten vereinbart werden.

Für Biegestellen ohne Angabe des Biegerollendurchmessers gilt dessen Mindestwert 4 d_s (d_s < 20 mm) bzw. 7 d_s (d_s ≧ 20 mm).

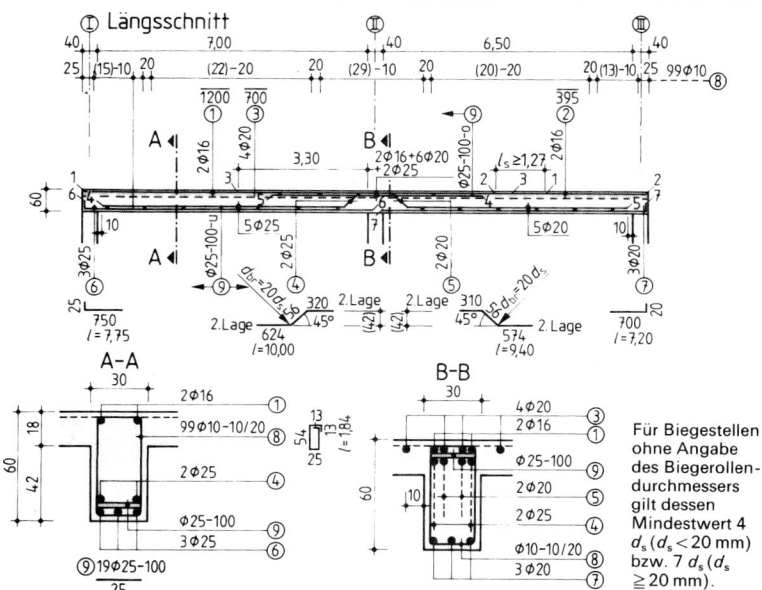

Bild 16 Bewehrungszeichnung eines Unterzuges, Darstellungsart 2

Tafel 22 Biegeliste zu Bild 16, gekürzt

Pos.-Nr.	Anzahl	d_s in mm	Betonstahlsorte Kurzzeichen	Einzellänge in mm	d_{br} Haken, Winkelhaken, Schlaufen, Bügel in cm	d_{br} sonstige Biegestellen in cm	Bemaßte Biegeform (unmaßstäblich	Gesamtlänge in m	Gewicht je Position in kg
1	2	16	IV S	12,00			1200	24,00	37,9
4	2	25	IV S	10,00		50	320, 45°, 56, (42), 624	20,00	77,00
6	3	25	IV S	7,75	17,5		25, 750	23,25	89,5
8	99	10	IV S	1,84	4,0		54, 13, 13, 25	182,16	112,4

Bei der Darstellungsart 3 ist die Bewehrung im Bauteil, vorzugsweise in Ansichten und Schnitten, maßstäblich darzustellen, wobei die Stabenden zu markieren sind. Wie bei Darstellungsart 2 werden die Biegeformen bei den Positionsnummern in kleineren skizzenartigen Darstellungen angegeben, die jedoch unbemaßt bleiben. Dafür sind die eingekreisten Positionsnummern durch die Typkennzeichen zu ergänzen sowie in der Bewehrungszeichnung eine Auflistung der vorkommenden Typen nach Tafel 19 vorzusehen, Bild 17 und Tafel 23.

Bauzeichnungen

Längsschnitt

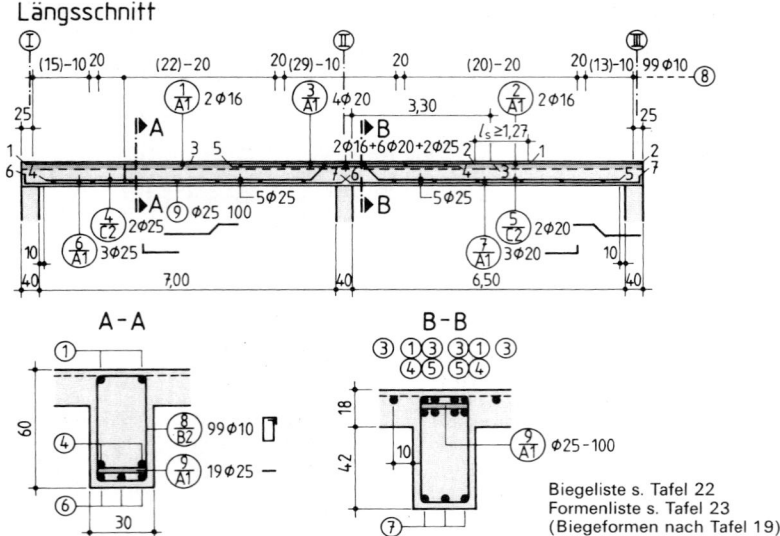

Bild 17 Bewehrungszeichnung eines Unterzuges, Darstellungsart 3

Tafel 23 Formenliste zu Bild 17, gekürzt

Pos.-Nr.	Anzahl	d_s in mm	Betonstahl-sorte Kurzzeichen	Typ**)	H	D	Teilgrößen*)					
							a	b	c	d	e	z
1	2	16	IV S	A1	O		1200					
4	2	25	IV S	C2	O	20	320	39	42	624		
6	3	25	IV S	A1	L		750					
8	99	19	IV S	B2				25	54	0	13	

*) Maße der Teilgrößen in cm bzw. in Grad (°).
**) Biegeform nach DIN 1356 T10 (2.91)

Matten- und Stabstahllisten

Zu jedem Verlegeplan wird eine Schneideskizze angefertigt, in der gezeigt wird wie die einzelnen Formnummern aus „ganzen" Matten geschnitten werden sollen. Die manchmal unvermeidlichen Mattenreste werden zum Schluß irgendwo im Bauteil sinnvoll verlegt. Zur Schneideskizze gehört eine Bestell-Liste aller Matten eines Verlegeplanes mit Gewichtsangabe für die Abrechnung, Bild 14.

Zu jeder Bewehrungszeichnung in Darstellungsart 1 und 2 wird eine Gewichtsliste angefertigt, die der Ermittlung der Gewichte der einzelnen Positionen dient. Für ihre Aufstellung müssen die Einzellängen bekannt sein, die sich aus der Summierung der Teillängen der jeweiligen Biegeform ergeben.

Die Bewehrung wird bei Darstellungsart 1 und 2 nach der Bewehrungszeichnung gebogen, sofern nicht eine Biegeliste aufgestellt wird, in der alle Biegeformen vollständig bemaßt aufgeführt sind. Mit ihrer Hilfe können die Bewehrungsstäbe unabhängig von der Bewehrungszeichnung gebogen werden. Biegeliste und Gewichtsliste können kombiniert werden.

Zu jeder Bewehrungszeichnung in Darstellungsart 3 wird eine Formenliste angefertigt. Die Formenliste enthält alle zur eindeutigen Kennzeichnung und Festlegung der Biegeformen erforderlichen Angaben. Sie hat den Charakter eines Datenformblattes. Die dort zusammengestellten Daten können unter Berücksichtigung der Mindestmaße und -werte der Biegerollendurchmesser nach DIN 1045 (07.88), Tabelle 18, mit Hilfe der EDV ohne jede Zusatzinformation zur Gewichts-, Biege- oder Schneideliste weiterverarbeitet werden.

Die Schneideliste dient als weitere Ausführungshilfe zum Ablängen der Bewehrungsstäbe.

Die Bewehrung wird bei Darstellungsart 3 nach der Biegeliste gebogen.

5.5 Fertigteilzeichnungen

Fertigteilzeichnungen enthalten alle Angaben, die zur Herstellung von Fertigteilen aus Stahlbeton, Spannbeton oder Mauerwerk im Fertigteilwerk oder auf der Baustelle erforderlich sind. Die Fertigteilzeichnung für ein Fertigteil besteht deshalb aus einer Rohbauzeichnung und einer Bewehrungszeichnung, mit Stahlliste im Regelfall auf einem Blatt dargestellt. Dieses Blatt muß zusätzlich die folgenden Angaben enthalten:

— erforderliche Festigkeit des Fertigteilbaustoffs zur Zeit des Transportes bzw. Einbaus,
— Eigenlast des Fertigteils bzw. der einzelnen Fertigteile,
— zulässige Maßtoleranzen der Fertigteile,
— Aufhängung bzw. Auflagerung für Transport, und Einbau, ggf. auch Zwischenlagerung,
— ggf. Stückzahl.

Vorzugsmaßstab ist 1 : 20, auch 1 : 25.

5.6 Verlegezeichnungen

Nach Verlegezeichnungen werden Fertigteile auf der Baustelle zusammen- und eingebaut. Sie enthalten und zeigen außer der Bemaßung

— Positionsbezeichnungen der einzelnen Fertigteile,
— Lage der Fertigteile im Gesamttragwerk,
— Einbauablauf,
— Einbaumaße und Einbautolerenzen, Auflagertiefen,
— Anschlüsse,
— ggf. Hilfsstützen bzw. Montagestützen,
— auf der Baustelle zusätzlich zu verlegende Bewehrung,
— Festigkeitsklassen u.ä. der auf der Baustelle beim Einbau benötigten Baustoffe (Ortbeton, Mörtel, usw.)

Vorzugsmaßstab ist 1 : 50.

5.7 Planungsaufwand und Schwierigkeitsgrad

Der jeweils erforderliche Planungsaufwand hängt ab vom Schwierigkeitsgrad des geplanten Bauwerks:

Bauzeichnungen

- Tragwerke einfacher Bauten werden gebaut nach den Ausführungszeichnungen des Objektplaners und den Bewehrungszeichnungen des Tragwerkplaners;
- Tragwerke von Bauten mittleren Schwierigkeitsgrades werden gebaut nach den Ausführungszeichnungen des Objektplaners ergänzt durch Schalpläne des Tragwerkplaners und den Bewehrungsplänen des Tragwerkplaners;
- Tragwerke mit großem Schwierigkeitsgrad werden gebaut nach den Rohbauzeichnungen des Tragwerkplaners und den Bewehrungszeichnungen des Tragwerkplaners.

Mathematik

Bearbeitet von Prof. Dr.-Ing. Otto W. Wetzell

Inhalt

Fortsetzung s. nächste Seite

Mathematik

Mathematische Zeichen nach DIN 1302 (12.99)

Zeichen	Bedeutung
$= (\neq)$	gleich (ungleich); $\equiv$ identisch gleich
$\sim (\approx)$	ähnlich, proportional; (rund, etwa)
$\hat{=} (\hat{\approx})$	entspricht (kongruent)
$\parallel (\nparallel)$	parallel (nicht parallel)
$\perp$	rechtwinklig zu, senkrecht zu
$\triangle (\measuredangle)$	Dreieck (Winkel)
$< (>)$	kleiner als (größer als)
$, (\ldots)$	Komma (und so weiter bis)
$\%$	Prozent, vom Hundert, $1\% = 10^{-2}$
$\%_0$	Promille, vom Tausend, $1\%_0 = 10^{-3}$
$+ (-)$	plus (minus); $\cdot \times$ mal
$-/:$	durch, geteilt durch, zu; in Formeln/ und : nur zur Platzersparnis./auch „je" gelesen, z. B. MN/m^2 = Meganewton je Quadratmeter
$\prod\limits_{i=1}^{n} x_i$	Produkt über x_i von i gleich 1 bis n
$\sum$	Summe; Grenzbezeichnungen: $\sum\limits_{k=1}^{n}$
$\sqrt[n]{}$	n-te Wurzel aus
i oder j	imaginäre Einheit $= \sqrt{-1}$
$\log_a$	Logarithmus zur Basis a
lg	$= \log_{10}$; ln $= \log_e$; lb $= \log_2$
$n!$	n Fakultät $n! = 1 \cdot 2 \ldots n$
$\binom{n}{k}$	n über k
$f(x)$	f von x; Funktion der Veränderl. x
lim	Limes, Grenzwert
$\lim\limits_{x \to a} f(x)$	$= b$ bedeutet: $f(x)$ strebt gegen den Grenzwert b, wenn x sich in beliebiger Weise dem Wert a nähert
d	Differentialzeichen
$\int$	Integral; $\iint$ Doppelintegral
$\sum\limits_{i=1}^{n} x_i$	Summe über x_i von i gleich 1 bis n

Zahlenwerte einiger wichtiger Konstanten

Konstante		Zahlenwert	Kehrwert	Konstante	Zahlenwert	Kehrwert
π		3,141592654	0,318309886	e	2,718281828	0,367879441
$\pi/180$	$= $ arc $1°$	0,017453293	57,29577951	lg e	0,434294482	2,302585093
$\pi/(60 \cdot 180)$	$= $ arc $1'$	0,000290888	3437,7468	$g^{1)}$	9,80665	0,10197
$\pi/(60^2 \cdot 180)$	$= $ arc $1''$	0,000004848	206264,81	$\sqrt{g}$	3,13156	0,31933
$\pi/200$	$= $ arc 1 gon	0,015707963	63,66197723	$\pi/\sqrt{g}$	1,00320	0,99681

^{1}) Fallbeschleunigung in m/s^2 in Meereshöhe und 45° geographischer Breite

1 Tafeln

Zur Interpolation in den Tafeln (äquidistante Stütz-
stellen) benutze man die Interpolationsformel von
Newton (Anfangsformel):

lineare Interpolation   quadratisches Korrekturglied

$$y = y_0 + u \cdot (y_1 - y_0) + 0{,}5 \cdot u \cdot (u-1) \cdot (y_2 - 2y_1 + y_0)$$

Die letzte Ziffer des Ergebnisses ist unsicher.

Beispiel $\ln 5{,}56 = ?$ $u = \dfrac{5{,}56 - 5{,}50}{0{,}1} = 0{,}6$

$\ln 5{,}56 = 1{,}70475 + 0{,}6 \cdot 0{,}01802$
$\qquad\qquad + 0{,}5 \cdot 0{,}6 \cdot (-0{,}4) \cdot (-0{,}00032)$
$\qquad = 1{,}70475 + 0{,}01081 + 0{,}00004 = 1{,}71560$

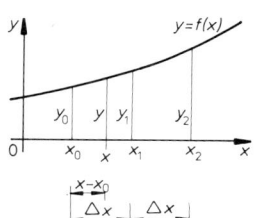

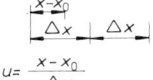

$u = \dfrac{x - x_0}{\Delta x}$

Bild 1

1.1 Dekadische und natürliche Logarithmen

x	$\lg x$	$\ln x$	x	$\lg x$	$\ln x$	x	$\lg x$	$\ln x$
1,0	0,00000	0,00000	4,0	0,60206	1,38629	7,0	0,84510	1,94591
1,1	0,04139	0,09531	4,1	0,61278	1,41099	7,1	0,85126	1,96009
1,2	0,07918	0,18232	4,2	0,62325	1,43508	7,2	0,85733	1,97408
1,3	0,11394	0,26236	4,3	0,63347	1,45862	7,3	0,86332	1,98787
1,4	0,14613	0,33647	4,4	0,64345	1,48160	7,4	0,86923	2,00148
1,5	0,17609	0,40547	4,5	0,65321	1,50408	7,5	0,87506	2,01490
1,6	0,20412	0,47000	4,6	0,66276	1,52606	7,6	0,88081	2,02815
1,7	0,23045	0,53063	4,7	0,67210	1,54756	7,7	0,88649	2,04122
1,8	0,25527	0,58779	4,8	0,68124	1,56862	7,8	0,89209	2,05412
1,9	0,27875	0,64185	4,9	0,69020	1,58924	7,9	0,89763	2,06686
2,0	0,30103	0,69315	5,0	0,69897	1,60944	8,0	0,90309	2,07944
2,1	0,32222	0,74194	5,1	0,70757	1,62924	8,1	0,90849	2,09186
2,2	0,34242	0,78846	5,2	0,71600	1,64866	8,2	0,91381	2,10413
2,3	0,36173	0,83291	5,3	0,72428	1,66771	8,3	0,91908	2,11626
2,4	0,38021	0,87547	5,4	0,73239	1,68640	8,4	0,92428	2,12823
2,5	0,39794	0,91629	5,5	0,74036	1,70475	8,5	0,92942	2,14007
2,6	0,41497	0,95551	5,6	0,74819	1,72277	8,6	0,93450	2,15176
2,7	0,43136	0,99325	5,7	0,75587	1,74047	8,7	0,93952	2,16332
2,8	0,44716	1,02962	5,8	0,76343	1,75786	8,8	0,94448	2,17475
2,9	0,46240	1,06471	5,9	0,77085	1,77495	8,9	0,94939	2,18605
3,0	0,47712	1,09861	6,0	0,77815	1,79176	9,0	0,95424	2,19722
3,1	0,49136	1,13140	6,1	0,78533	1,80829	9,1	0,95904	2,20827
3,2	0,50515	1,16315	6,2	0,79239	1,82455	9,2	0,96379	2,21920
3,3	0,51851	1,19392	6,3	0,79934	1,84055	9,3	0,96848	2,23001
3,4	0,53148	1,22378	6,4	0,80618	1,85630	9,4	0,97313	2,24071
3,5	0,54407	1,25276	6,5	0,81291	1,87180	9,5	0,97772	2,25129
3,6	0,55630	1,28093	6,6	0,81954	1,88707	9,6	0,98227	2,26176
3,7	0,56820	1,30833	6,7	0,82607	1,90211	9,7	0,98677	2,27213
3,8	0,57978	1,33500	6,8	0,83251	1,91692	9,8	0,99123	2,28238
3,9	0,59106	1,36098	6,9	0,83885	1,93152	9,9	0,99564	2,29253
4,0	0,60206	1,38629	7,0	0,84510	1,94591	10,0	1,00000	2,30259

Zur Ermittlung der dekadischen Logarithmen

Alle Zahlen mit derselben Ziffernfolge haben dieselbe Mantisse.

Die Kennziffer ist stets ganzzahlig; sie kann mit der Kennzifferregel ermittelt
werden; diese lautet ($b =$ Numerus):

für $b \geq 1$: Die Kennziffer ist um 1 niedriger als die Stellenzahl vor dem Komma,
d.h.:
0 für $b = 1$ bis 9; 1 für $b = 10$ bis 99; 2 für $b = 100$ bis 999 usw.

für $b < 1$: Die (negative) Kennziffer ist gleich der Anzahl der Nullen vor der ersten geltenden Ziffer, z.B.: -4 für $b = 0{,}000457\ldots$

Interpolationsformel

$$y = y_0 + u \cdot (y_1 - y_0) + 0{,}5 \cdot u \cdot (u-1) \cdot (y_2 - 2y_1 + y_0) \qquad u = \frac{x - x_0}{\Delta x}$$

1.2 Trigonometrische Funktionen (Argument in Gradmaß)

$\frac{x}{\text{Grad}}$	sin x	tan x		$\frac{x}{\text{Grad}}$	sin x	tan x	
0	0,00000	0,00000	90	45	0,70711	1,00000	45
1	0,01745	0,01746	89	46	0,71934	1,03553	44
2	0,03490	0,03492	88	47	0,73135	1,07237	43
3	0,05234	0,05241	87	48	0,74314	1,11061	42
4	0,06976	0,06993	86	49	0,75471	1,15037	41
5	0,08716	0,08749	85	50	0,76604	1,19175	40
6	0,10453	0,10510	84	51	0,77715	1,23490	39
7	0,12187	0,12278	83	52	0,78801	1,27994	38
8	0,13917	0,14054	82	53	0,79864	1,32704	37
9	0,15643	0,15838	81	54	0,80902	1,37638	36
10	0,17365	0,17633	80	55	0,81915	1,42815	35
11	0,19081	0,19438	79	56	0,82904	1,48256	34
12	0,20791	0,21256	78	57	0,83867	1,53986	33
13	0,22495	0,23087	77	58	0,84805	1,60033	32
14	0,24192	0,24933	76	59	0,85717	1,66428	31
15	0,25882	0,26795	75	60	0,86603	1,73205	30
16	0,27564	0,28675	74	61	0,87462	1,80405	29
17	0,29237	0,30573	73	62	0,88295	1,88073	28
18	0,30902	0,32492	72	63	0,89101	1,96261	27
19	0,32557	0,34433	71	64	0,89879	2,05030	26
20	0,34202	0,36397	70	65	0,90631	2,14451	25
21	0,35837	0,38386	69	66	0,91355	2,24604	24
22	0,37461	0,40403	68	67	0,92050	2,35585	23
23	0,39073	0,42447	67	68	0,92718	2,47509	22
24	0,40674	0,44523	66	69	0,93358	2,60509	21
25	0,42262	0,46631	65	70	0,93969	2,74748	20
26	0,43837	0,48773	64	71	0,94552	2,90421	19
27	0,45399	0,50953	63	72	0,95106	3,07768	18
28	0,46947	0,53171	62	73	0,95630	3,27085	17
29	0,48481	0,55431	61	74	0,96126	3,48741	16
30	0,50000	0,57735	60	75	0,96593	3,73205	15
31	0,51504	0,60086	59	76	0,97030	4,01078	14
32	0,52992	0,62487	58	77	0,97437	4,33148	13
33	0,54464	0,64941	57	78	0,97815	4,70463	12
34	0,55919	0,67451	56	79	0,98163	5,14455	11
35	0,57358	0,70021	55	80	0,98481	5,67128	10
36	0,58779	0,72654	54	81	0,98769	6,31375	9
37	0,60182	0,75355	53	82	0,99027	7,11537	8
38	0,61566	0,78129	52	83	0,99255	8,14435	7
39	0,62932	0,80978	51	84	0,99452	9,51436	6
40	0,64279	0,83910	50	85	0,99619	11,43005	5
41	0,65606	0,86929	49	86	0,99756	14,30067	4
42	0,66913	0,90040	48	87	0,99863	19,08114	3
43	0,68200	0,93252	47	88	0,99939	28,63625	2
44	0,69466	0,96569	46	89	0,99985	57,28996	1
45	0,70711	1,00000	45	90	1,00000	∞	0
	cos x	cot x	$\frac{x}{\text{Grad}}$		cos x	cot x	$\frac{x}{\text{Grad}}$

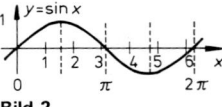

Bild 2

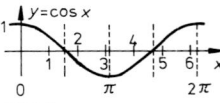

Bild 3

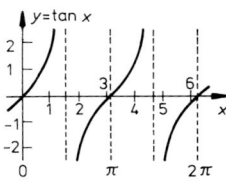

Bild 4

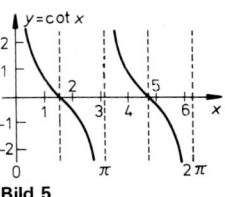

Bild 5

Winkelumrechnungen

1 Vollwinkel $= 6,28318\ldots\text{rad} = 360° = 400\,\text{gon}$

1 gon $= 15,70796\ldots\cdot10^{-3}\,\text{rad} = 0,9°$

1° $= 17,45329\ldots\cdot10^{-3}\,\text{rad} = 1,\overline{1}\,\text{gon}$

1′ $= 290,8882\ldots\cdot10^{-6}\,\text{rad} = 0,01\overline{6}° = 18,\overline{518}\,\text{mgon}$

1″ $= 4,84813\ldots\cdot10^{-6}\,\text{rad} = 0,00027\overline{7}° = 0,\overline{308641}\ldots\text{mgon}$

1 rad $= 0,1591549\ldots\text{Vollwinkel} = 63,6619\ldots\,\text{gon}$
$= 57,29957\ldots° = 3437,74\ldots′ = 206264,8\ldots″$

Trigonometrische Funktionen (Argument in Gonmaß), Fortsetzung

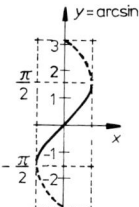

Bild 6

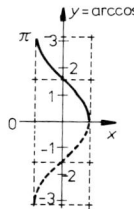

Bild 7

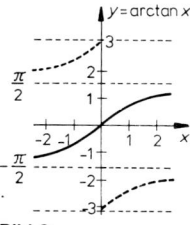

Bild 8

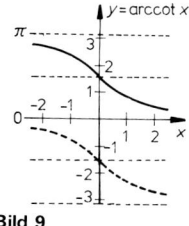

Bild 9

$\frac{x}{\text{Gon}}$	sin x	tan x		$\frac{x}{\text{Gon}}$	sin x	tan x	
0	0,00000	0,00000	100	50	0,70711	1,00000	50
1	0,01571	0,01571	99	51	0,71813	1,03192	49
2	0,03141	0,03143	98	52	0,72897	1,06489	48
3	0,04711	0,04716	97	53	0,73963	1,09899	47
4	0,06279	0,06291	96	54	0,75011	1,13428	46
5	0,07846	0,07870	95	55	0,76041	1,17085	45
6	0,09411	0,09453	94	56	0,77051	1,20879	44
7	0,10973	0,11040	93	57	0,78043	1,24820	43
8	0,12533	0,12633	92	58	0,79016	1,28919	42
9	0,14090	0,14232	91	59	0,79968	1,33187	41
10	0,15643	0,15838	90	60	0,80902	1,37638	40
11	0,17193	0,17453	89	61	0,81815	1,42286	39
12	0,18738	0,19076	88	62	0,82708	1,47146	38
13	0,20279	0,20709	87	63	0,83581	1,52235	37
14	0,21814	0,22353	86	64	0,84433	1,57575	36
15	0,23345	0,24008	85	65	0,85264	1,63185	35
16	0,24869	0,25676	84	66	0,86074	1,69091	34
17	0,26387	0,27357	83	67	0,86863	1,75319	33
18	0,27899	0,29053	82	68	0,87631	1,81899	32
19	0,29404	0,30764	81	69	0,88377	1,88867	31
20	0,30902	0,32492	80	70	0,89101	1,96261	30
21	0,32392	0,34238	79	71	0,89803	2,04125	29
22	0,33874	0,36002	78	72	0,90483	2,12511	28
23	0,35347	0,37787	77	73	0,91140	2,21475	27
24	0,36812	0,39593	76	74	0,91775	2,31086	26
25	0,38268	0,41421	75	75	0,92388	2,41421	25
26	0,39715	0,43274	74	76	0,92978	2,52571	24
27	0,41151	0,45152	73	77	0,93544	2,64642	23
28	0,42578	0,47056	72	78	0,94088	2,77761	22
29	0,43994	0,48989	71	79	0,94609	2,92076	21
30	0,45399	0,50953	70	80	0,95106	3,07768	20
31	0,46793	0,52947	69	81	0,95579	3,25055	19
32	0,48175	0,54975	68	82	0,96029	3,44202	18
33	0,49546	0,57039	67	83	0,96456	3,65538	17
34	0,50904	0,59140	66	84	0,96858	3,89474	16
35	0,52250	0,61280	65	85	0,97237	4,16530	15
36	0,53583	0,63462	64	86	0,97592	4,47374	14
37	0,54902	0,65688	63	87	0,97922	4,82882	13
38	0,56208	0,67960	62	88	0,98229	5,24218	12
39	0,57501	0,70281	61	89	0,98511	5,72974	11
40	0,58779	0,72654	60	90	0,98769	6,31375	10
41	0,60042	0,75082	59	91	0,99002	7,02637	9
42	0,61291	0,77568	58	92	0,99211	7,91582	8
43	0,62524	0,80115	57	93	0,99396	9,05789	7
44	0,63742	0,82727	56	94	0,99556	10,57889	6
45	0,64945	0,85408	55	95	0,99692	12,70620	5
46	0,66131	0,88162	54	96	0,99803	15,89454	4
47	0,67301	0,90993	53	97	0,99889	21,20495	3
48	0,68455	0,93906	52	98	0,99951	31,82052	2
49	0,69591	0,96907	51	99	0,99988	63,65674	1
50	0,70711	1,00000	50	100	1,00000	∞	0
	cos x	cot x	$\frac{x}{\text{Gon}}$		cos x	cot x	$\frac{x}{\text{Gon}}$

$$\sin(-\alpha) = -\sin\alpha \qquad \sin(\pi \mp \alpha) = \pm\sin\alpha \qquad \sin(2\pi - \alpha) = -\sin\alpha$$

$$\cos(-\alpha) = \cos\alpha \qquad \cos(\pi \mp \alpha) = -\cos\alpha \qquad \cos(2\pi - \alpha) = \cos\alpha$$

$$\tan(-\alpha) = -\tan\alpha \qquad \tan(\pi \mp \alpha) = \mp\tan\alpha \qquad \tan(2\pi - \alpha) = -\tan\alpha$$

$$\cot(-\alpha) = -\cot\alpha \qquad \cot(\pi \mp \alpha) = \mp\cot\alpha \qquad \cot(2\pi - \alpha) = -\cot\alpha$$

1.3 Kreisabschnitt

Bogenlänge b, Bogenhöhe h, Sehnenlänge s, Schwerpunktslage e, Fläche A, Öffnungswinkel α (Bogenmaß)

$$\alpha = \frac{\pi}{180°} \cdot (\alpha \text{ in Grad})$$

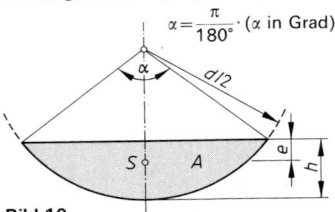

$$\alpha = 4 \cdot \arcsin\sqrt{\frac{h}{d}} = 2 \cdot \arctan\frac{s}{d-2h}$$

$$h = \frac{d}{2} \cdot \left(1 - \cos\frac{\alpha}{2}\right) = \frac{1}{2} \cdot (d - \sqrt{d^2 - s^2})$$

$$s = d \cdot \sin\frac{\alpha}{2} = 2 \cdot \sqrt{h \cdot (d-h)}$$

$$b = \frac{d}{2} \cdot \alpha = d \cdot 2 \cdot \arcsin\sqrt{\frac{h}{d}}$$

$$e = \frac{d}{2} \cdot \left(\frac{4}{3} \cdot \frac{\sin^3\frac{\alpha}{2}}{\alpha - \sin\alpha} - \cos\frac{\alpha}{2}\right) = \frac{s^3}{12A} - \frac{d}{2} \cdot \cos\frac{\alpha}{2}$$

$$A = \frac{d^2}{8} \cdot (\alpha - \sin\alpha) = \frac{d}{4} \cdot (b - s) + \frac{s \cdot h}{2}$$

Bild 10

$\frac{h}{d}$	α Grad	$\frac{s}{d}$	$\frac{b}{d}$	$\frac{e}{d}$	$\frac{A}{d^2}$	$\frac{h}{d}$	α Grad	$\frac{s}{d}$	$\frac{b}{d}$	$\frac{e}{d}$	$\frac{A}{d^2}$
0,01	22,96	0,1990	0,2003	0,0040	0,00133	0,51	182,29	0,9998	1,5908	0,2168	0,40270
0,02	32,52	0,2800	0,2838	0,0080	0,00375	0,52	184,58	0,9992	1,6108	0,2214	0,41269
0,03	39,90	0,3412	0,3482	0,0120	0,00687	0,53	186,88	0,9982	1,6308	0,2261	0,42268
0,04	46,15	0,3919	0,4027	0,0161	0,01054	0,54	189,18	0,9968	1,6509	0,2308	0,43266
0,05	51,68	0,4359	0,4510	0,0201	0,01468	0,55	191,48	0,9950	1,6710	0,2355	0,44262
0,06	56,72	0,4750	0,4949	0,0241	0,01924	0,56	193,78	0,9928	1,6911	0,2402	0,45255
0,07	61,37	0,5103	0,5355	0,0282	0,02417	0,57	196,10	0,9902	1,7113	0,2449	0,46247
0,08	65,72	0,5426	0,5735	0,0322	0,02944	0,58	198,41	0,9871	1,7315	0,2497	0,47236
0,09	69,83	0,5724	0,6094	0,0363	0,03501	0,59	200,74	0,9837	1,7518	0,2545	0,48221
0,10	73,74	0,6000	0,6435	0,0404	0,04088	0,60	203,07	0,9798	1,7722	0,2593	0,49203
0,11	77,48	0,6258	0,6761	0,0444	0,04701	0,61	205,42	0,9755	1,7926	0,2642	0,50180
0,12	81,07	0,6499	0,7075	0,0485	0,05339	0,62	207,77	0,9708	1,8132	0,2690	0,51154
0,13	84,54	0,6726	0,7377	0,0526	0,06000	0,63	210,14	0,9656	1,8338	0,2739	0,52122
0,14	87,89	0,6940	0,7670	0,0567	0,06683	0,64	212,52	0,9600	1,8546	0,2789	0,53085
0,15	91,15	0,7141	0,7954	0,0608	0,07387	0,65	214,92	0,9539	1,8755	0,2839	0,54042
0,16	94,31	0,7332	0,8230	0,0650	0,08111	0,66	217,33	0,9474	1,8965	0,2889	0,54992
0,17	97,40	0,7513	0,8500	0,0691	0,08854	0,67	219,75	0,9404	1,9177	0,2939	0,55936
0,18	100,42	0,7684	0,8763	0,0732	0,09613	0,68	222,20	0,9330	1,9391	0,2990	0,56873
0,19	103,37	0,7846	0,9021	0,0774	0,10390	0,69	224,67	0,9250	1,9606	0,3041	0,57802
0,20	106,26	0,8000	0,9273	0,0816	0,11182	0,70	227,16	0,9165	1,9823	0,3093	0,58723
0,21	109,10	0,8146	0,9521	0,0857	0,11990	0,71	229,67	0,9075	2,0042	0,3144	0,59635
0,22	111,89	0,8285	0,9764	0,0899	0,12811	0,72	232,21	0,8980	2,0264	0,3197	0,60538
0,23	114,63	0,8417	1,0004	0,0941	0,13646	0,73	234,77	0,8879	2,0488	0,3250	0,61431
0,24	117,34	0,8542	1,0239	0,0983	0,14494	0,74	237,37	0,8773	2,0714	0,3303	0,62313
0,25	120,00	0,8660	1,0472	0,1025	0,15355	0,75	240,00	0,8660	2,0944	0,3357	0,63185
0,26	122,63	0,8773	1,0701	0,1067	0,16226	0,76	242,66	0,8542	2,1176	0,3411	0,64045
0,27	125,23	0,8879	1,0928	0,1110	0,17109	0,77	245,37	0,8417	2,1412	0,3466	0,64893
0,28	127,79	0,8980	1,1152	0,1152	0,18002	0,78	248,11	0,8285	2,1652	0,3521	0,65728
0,29	130,33	0,9075	1,1374	0,1195	0,18905	0,79	250,90	0,8146	2,1895	0,3577	0,66550
0,30	132,84	0,9165	1,1593	0,1237	0,19817	0,80	253,74	0,8000	2,2143	0,3633	0,67357
0,31	135,33	0,9250	1,1810	0,1280	0,20738	0,81	256,63	0,7846	2,2395	0,3691	0,68150
0,32	137,80	0,9330	1,2025	0,1323	0,21667	0,82	259,58	0,7684	2,2653	0,3748	0,68926
0,33	140,25	0,9404	1,2239	0,1366	0,22603	0,83	262,60	0,7513	2,2916	0,3807	0,69686
0,34	142,67	0,9474	1,2451	0,1410	0,23547	0,84	265,69	0,7332	2,3186	0,3866	0,70429
0,35	145,08	0,9539	1,2661	0,1453	0,24498	0,85	268,85	0,7141	2,3462	0,3927	0,71152
0,36	147,48	0,9600	1,2870	0,1496	0,25455	0,86	272,11	0,6940	2,3746	0,3988	0,71856
0,37	149,86	0,9656	1,3078	0,1540	0,26418	0,87	275,46	0,6726	2,4039	0,4050	0,72540
0,38	152,23	0,9708	1,3284	0,1584	0,27386	0,88	278,93	0,6499	2,4341	0,4113	0,73201
0,39	154,58	0,9755	1,3490	0,1628	0,28359	0,89	282,52	0,6258	2,4655	0,4177	0,73839
0,40	156,93	0,9798	1,3694	0,1672	0,29337	0,90	286,26	0,6000	2,4981	0,4242	0,74452
0,41	159,26	0,9837	1,3898	0,1716	0,30319	0,91	290,17	0,5724	2,5322	0,4308	0,75039
0,42	161,59	0,9871	1,4101	0,1760	0,31304	0,92	294,28	0,5426	2,5681	0,4376	0,75596
0,43	163,90	0,9902	1,4303	0,1805	0,32293	0,93	298,63	0,5103	2,6061	0,4445	0,76123
0,44	166,22	0,9928	1,4505	0,1850	0,33284	0,94	303,28	0,4750	2,6467	0,4517	0,76616
0,45	168,52	0,9950	1,4706	0,1895	0,34278	0,95	308,32	0,4359	2,6906	0,4590	0,77072
0,46	170,82	0,9968	1,4907	0,1940	0,35274	0,96	313,85	0,3919	2,7389	0,4665	0,77486
0,47	173,12	0,9982	1,5108	0,1985	0,36272	0,97	320,10	0,3412	2,7934	0,4743	0,77853
0,48	175,42	0,9992	1,5308	0,2031	0,37270	0,98	327,48	0,2800	2,8578	0,4823	0,78165
0,49	177,71	0,9998	1,5508	0,2076	0,38270	0,99	337,04	0,1990	2,9413	0,4908	0,78407
0,50	180,00	1,0000	1,5708	0,2122	0,39270	1,00	360,00	0,0000	3,1416	0,5000	0,78540

2 Arithmetik

2.1 Rechnen mit physikalischen Größen

Eine physikalische Größe (kurz: Größe) beschreibt eine meßbare Eigenschaft eines physikalischen Phänomens (Körper, Vorgänge, Zustände); ein spezieller Wert einer Größe ist ein Größenwert. Größenwert = Zahlenwert (Maßzahl) · Einheit

Beispiel $l = 5\,\text{m} = \{l\} \cdot [l] = $ Zahlenwert von l · Einheit von l

$\{l\} = 5 \qquad [l] = \text{m}$

Eine physikalische Gleichung stellt eine Beziehung zwischen Größen oder Einheiten oder Zahlenwerten dar.

Eine **Größengleichung** stellt eine Beziehung zwischen Größen dar und gilt unabhängig von der Wahl der Einheiten und sollte vorwiegend benutzt werden.

Beispiel $v = s/t \qquad M = ql^2/8 \qquad f = Fl^3/(3EI)$

Eine **Einheitengleichung** gibt die zahlenmäßige Beziehung zwischen Einheiten an.

Beispiel $1\,\text{m} = 100\,\text{cm} \qquad 1\,\text{kN} = 1000\,\text{N} \qquad 1\,\text{N} = 1\,\text{kg m s}^{-2}$

Eine **Zahlenwertgleichung** gibt die Beziehung zwischen Zahlenwerten von Größen an und erfordert immer die Angabe der Einheiten, für die die Zahlenwerte gelten.

Beispiel $\{v\} = 3{,}6\,\dfrac{\{s\}}{\{t\}}$ mit v in km/h, s in m, t in s

Mit $\{s\} = 450$ und $\{t\} = 30$ wird $\{v\} = 3{,}6 \cdot \dfrac{450}{30} = 54$

$v = 54\,\text{km/h}$

Das **Auswerten von Größengleichungen** erfordert im allgemeinen das Einsetzen der gegebenen Größenwerte in der Form: Zahlenwert · Einheit.

Beispiel   Fläche eines rechtwinkligen Dreiecks mit Grundseite $g = 3\,\text{m}$ und Höhe $h = 400\,\text{cm}$.

Allgemein: $A = 0{,}5\,g\,h = 0{,}5 \cdot 3\,\text{m} \cdot 400\,\text{cm} = 600\,\text{m cm} = 6\,\text{m}^2$

Einheitengerecht: $A = 0{,}5\,g\,h = 0{,}5 \cdot 3\,\text{m} \cdot 4\,\text{m} = 6\,\text{m}^2$

Kurzform: $A = 0{,}5\,g\,h = 0{,}5 \cdot 3 \cdot 4 = 6\,\text{m}^2$

Bei der üblichen Kurzform wird einheitengerecht eingesetzt; Einheiten werden jedoch bei der Zwischenrechnung nicht geschrieben; Endergebnis hat Einheit.

Beispiel   Auswertung der Größengleichung

$f = Fl^3/(3EI)$ mit

$F = 20\,\text{kN}, \quad l = 3\,\text{m}, \quad E = 2{,}1 \cdot 10^7\,\text{N/cm}^2, \quad I = 2{,}517\,\text{dm}^4.$

Einheitengerecht (N, cm):

$$f = \frac{2 \cdot 10^4\,\text{N} \cdot 3^3 \cdot 10^6\,\text{cm}^3}{3 \cdot 2{,}1 \cdot 10^7\,\text{N/cm}^2 \cdot 2{,}517 \cdot 10^4\,\text{cm}^4}$$

$$= \frac{2 \cdot 3^3}{3 \cdot 2{,}1 \cdot 2{,}517} \cdot 10^{4+6-7-4}\,\frac{\text{N cm}^3\,\text{cm}^2}{\text{N cm}^4} = 3{,}41 \cdot 10^{-1}\,\text{cm}$$

Kurzform (N, cm): wie vor; Einheiten jedoch nur beim Endergebnis.

Die Einheit des Ergebnisses kann man wie folgt überprüfen:

$$[f] = \left[\frac{Fl^3}{3EI}\right] = \frac{\text{N cm}^3\,\text{cm}^2}{\text{N cm}^4} = \text{cm}$$

Merke: Eine Größengleichung gilt unabhängig von der Wahl der Einheiten. Einheiten in eckiger Klammer zu schreiben ist nicht normgerecht.

2.2 Potenzen

$a \cdot a \cdot a \cdot \ldots \cdot a = a^n$ (n Faktoren) $a = $ Basis, $n = $ Potenzexponent, $a^n = $ Potenz

$a^1 = a$ $a^0 = 1$ $(a \neq 0)$ $a^{-n} = \dfrac{1}{a^n}$

Rechenregeln   mit m, n, a, b reell

$p \cdot a^n \pm q \cdot a^n = (p \pm q)\, a^n$ $a^m \cdot a^n = a^{m+n}$ $a^n \cdot b^n = (a \cdot b)^n$

$\dfrac{a^m}{a^n} = a^{m-n}$ $\dfrac{a^n}{b^n} = \left(\dfrac{a}{b}\right)^n$ $(a^m)^n = a^{m \cdot n}$

2.3 Wurzeln

$b = \sqrt[m]{a} = a^{1/m}$, wenn $b^m = a$ und $a > 0$, m positiv ganz

$a = $ Radikand, $m = $ Wurzelexponent, $b = $ Wurzel $\sqrt[2]{a} = \sqrt{a}$

Rechenregeln   mit a, b reell, n, m positiv ganz, $a > 0$

$p \sqrt[m]{b} \pm q \sqrt[m]{b} = (p \pm q) \sqrt[m]{b}$ $\sqrt[m]{a} \cdot \sqrt[m]{b} = \sqrt[m]{ab}$ $\sqrt[m]{a} \cdot \sqrt[n]{a} = \sqrt[m \cdot n]{a^{m+n}}$

$(\sqrt[m]{a})^n = \sqrt[m]{a^n} = a^{\frac{n}{m}}$ $\dfrac{\sqrt[m]{a}}{\sqrt[m]{b}} = \sqrt[m]{\dfrac{a}{b}}$ $\dfrac{\sqrt[m]{a}}{\sqrt[n]{a}} = \sqrt[m \cdot n]{a^{n-m}}$ $\sqrt[m]{\sqrt[n]{a}} = \sqrt[m \cdot n]{a} = \sqrt[n]{\sqrt[m]{a}}$

$\sqrt{-a} = \sqrt{a(-1)} = \sqrt{a} \cdot \sqrt{-1} = \sqrt{a} \cdot j$ mit $j = \sqrt{-1} = $ imaginäre Einheit

$j^2 = -1$; $j^3 = -j$; $j^4 = +1$; allgemein $j^{4n+k} = j^k$ (n ganzzahlig; $k = 0, 1, 2, 3$).

2.4 Logarithmen

$r = \log_a b$, wenn $a^r = b$ und a, $b > 0$, $a \neq 1$;

$a = $ Basis, $r = $ Exponent $= $ Logarithmus, $b = $ Numerus

Rechenregeln   mit a, b, n, m reell

$\log_a 1 = 0$ $\log_a a = 1$ $\log_a 0 = -\infty$ $a^{\log_a b} = b$

$\log_a (c\,d) = \log_a c + \log_a d$ $\log_a c^n = n \log_a c$ $10^{\lg b} = b$

$\log_a \left(\dfrac{c}{d}\right) = \log_a c - \log_a d$ $\log_a \sqrt[m]{c} = \dfrac{1}{m} \log_a c$ $e^{\ln b} = b$

Dekadische Logarithmen $\log_{10} b = \lg b$

$\lg(c \cdot 10^n) = \lg c + \lg 10^n = \lg c + n$ $\lg(c \cdot 10^{-m}) = \lg c + \lg 10^{-m} = \lg c - m$

Natürliche Logarithmen $\log_e b = \ln b$

mit $e = \lim\limits_{n \to \infty} \left(1 + \dfrac{1}{n}\right)^n = 2{,}718281828$

Binärlogarithmen $\log_2 b = \operatorname{lb} b$

Umrechnung der Logarithmen mit verschiedenen Basen

$\log_a b = \dfrac{\log_s b}{\log_s a}$ $\log_a b = \dfrac{1}{\log_b a}$ $\lg b = \dfrac{\ln b}{2{,}302585093} = 0{,}434294482 \ln b$

Es gilt $a^b = e^{b \cdot \ln a}$ mit $a > 0$ und b reell

2.5 Binomischer Satz

$k! = 1 \cdot 2 \cdot 3 \cdot \ldots \cdot k$ „k-Fakultät" k positiv ganz, $0! = 1$

$k! \approx (k/e)^k \sqrt{2\pi k}$ für $k \gg 1$

$$\binom{n}{k} = \frac{n(n-1)(n-2) \cdot \ldots \cdot (n-k+1)}{k!}$$ „n über k"

= **Binomialkoeffizient** mit k positiv ganz und n reell
(gleich viele Faktoren in Zähler und Nenner).

$$\binom{0}{0} = \binom{n}{0} = 1 \qquad \binom{n}{1} = \binom{n}{n-1} = n \qquad \binom{n}{k} + \binom{n}{k+1} = \binom{n+1}{k+1}$$

$$\binom{n}{k} = 0 \quad \text{für} \quad k > n \quad \text{und} \quad k, n \text{ positiv ganz}$$

$$\binom{n}{k} = \binom{n}{n-k} = \frac{n!}{k!(n-k)!} \quad \text{für } k, n \text{ positiv ganz}$$

Binomischer Satz   (für n positiv ganz und a, b reell)

$$(a+b)^n = \binom{n}{0} a^n + \binom{n}{1} a^{n-1} b + \binom{n}{2} a^{n-2} b^2 + \ldots + \binom{n}{n-1} a b^{n-1} + \binom{n}{n} b^n$$

$$= \sum_{k=0}^{n} \binom{n}{k} a^{n-k} b^k$$

$$(a \pm b)^2 = a^2 \pm 2ab + b^2 \qquad (a \pm b)^3 = a^3 \pm 3a^2 b + 3ab^2 \pm b^3$$

Näherungsformeln

$(1+x)^n \approx 1 + nx$ wenn $|nx| \ll 1$ $\sqrt{1+x} \approx 1 + x/2$ wenn $|x| \ll 1$

$\dfrac{1}{(1+x)^n} \approx 1 - nx$ wenn $|nx| \ll 1$ $\dfrac{1}{\sqrt{1+x}} \approx 1 - x/2$ wenn $|x| \ll 1$

$(a+b)^n \approx a^n \left(1 + n\dfrac{b}{a}\right)$ wenn $|nb| \ll a$

Beispiele $\sqrt{1,004} \approx 1 + 0,004/2 = 1,002$

$\sqrt{9,27} = \sqrt{9(1+0,03)} \approx 3 \cdot 1,015 = 3,045$

Teilbarkeit

$$\frac{a^n - b^n}{a-b} = a^{n-1} + a^{n-2} b + a^{n-3} b^2 + \ldots + a b^{n-2} + b^{n-1} \qquad n \text{ positiv ganz}$$

$$\frac{a^2 - b^2}{a-b} = a+b \qquad\qquad \frac{a^3 - b^3}{a-b} = a^2 + ab + b^2$$

2.6 Reihen

Arithmetische Reihe $d = a_{i+1} - a_i =$ Differenz zwischen 2 benachbarten Gliedern,
$a_1 =$ Anfangsglied, $a_n = a_1 + (n+1) d =$ Endglied, $a_i = (a_{i-1} + a_{i+1})/2 =$ **arithmetisches Mittel**.

Interpolation von m Gliedern zwischen a und $b > a$: $d = (b-a)/(m+1)$

$$s_n = a_1 + (a_1 + d) + (a_1 + 2d) + \ldots + [a_1 + (n-2) d] + [a_1 + (n-1) d]$$

$$= \sum_{i=0}^{n-1} (a_1 + id) = \frac{n}{2} (a_1 + a_n)$$

Geometrische Reihe $q = a_{i+1}/a_i =$ Quotient zwischen 2 benachbarten Gliedern, $a_1 =$ Anfangsglied, $a_n = a_1 q^{n-1} =$ Endglied, $a_i = \sqrt{a_{i-1} \cdot a_{i+1}} =$ **geom. Mittel.**

Interpolation von m Gliedern zwischen a und $b > a$: $\quad q = \sqrt[m+1]{b/a}$

Endliche geometrische Reihe
$$s_n = a_1 + a_1 q + a_1 q^2 + \ldots + a_1 q^{n-2} + a_1 q^{n-1} = \sum_{i=0}^{n-1} a_1 q^i = a_1 \frac{q^n - 1}{q - 1}$$

Unendliche geometrische Reihe $\quad s = \lim_{n \to \infty} s_n = \frac{a_1}{1 - q} \quad$ für $|q| < 1$

Potenzsummen $\quad \sum_{i=1}^{n} i = \frac{n(n+1)}{2} \quad \sum_{i=1}^{n} i^2 = \frac{n(n+1)(2n+1)}{6} \quad \sum_{i=1}^{n} i^3 = \frac{n^2(n+1)^2}{4}$

Beziehung zwischen arithmetisches und geometrisches Mittel
$$(a+b)/2 > \sqrt{ab} \quad a \neq b, \quad a, b > 0$$

2.7 Zinseszins- und Rentenrechnung

Ist $p =$ Zinsfuß in %, $q = 1 + p/100 =$ Zinsfaktor, $K_0 =$ Anfangskapital $=$ Barwert B_0, $K_n =$ Kapital nach n Jahren $=$ Endwert und $R =$ jährliche Rate bzw. Rente, so gilt bei jährlicher Verzinsung:

Aufzinsungsformel $\quad K_n = K_0 \cdot q^n$

Rente nachschüssig $\quad K_n = R \dfrac{q^n - 1}{q - 1} \qquad$ **vorschüssig** $\quad K_n = R \cdot q \dfrac{q^n - 1}{q - 1}$

Barwertformel $\quad B_0 = K_n / q^n$

Hieraus erhält man die jährliche Abschreibungssumme $A = R$ eines nach n Jahren erlöschenden Wertes K_n (z.B. eines Baugerätes, Bauwerkes usw.) zu:

$$A = K_n \frac{q-1}{q^n - 1} \quad \text{bzw. in Prozent des Neuwertes} \quad 100 \cdot \frac{A}{K_n} = 100 \cdot \frac{q-1}{q^n - 1}$$

Die Änderung von K_0 durch Einzahlungen $(+)$ bzw. Abhebungen $(-)$ beträgt:

nachschüssig: $\quad K_n = K_0 \cdot q^n \pm R \dfrac{q^n - 1}{q - 1} \qquad$ vorschüssig: $\quad K_n = K_0 \cdot q^n \pm R \cdot q \dfrac{q^n - 1}{q - 1}$

Stetige Verzinsung $\quad K_n = K_0 \cdot e^{\frac{p}{100}n} \qquad$ **Wachstumsfunktion** $\quad y = y_0 \cdot e^{kt}$
$(k = $ „Wachstumsrate", $t = $ Zeit$)$

Beispiel Eine Anfangsschuld $K_0 = 10000$ DM soll in monatlichen Raten ($=$ Annuität $=$ Zinsen $+$ Tilgung) $R = 416$ DM (nachschüssige Verzinsung), Zinssatz $p = 8,5\%$, getilgt werden.

$K_0 \cdot q^n - R(q^n - 1)/(q - 1) = 0$,
dabei ist $q = 1 + p/12 = 1,0070833$ (monatliche Abzahlung)
$$n = \frac{\ln(R/[R - K_0(q-1)])}{\ln q} = \frac{\ln(416/(416 - 10000 \cdot 0,0070833))}{\ln 1,0070833} = 26,4$$
$K_{26} = K_0 \cdot q^{26} - R(q^{26} - 1)/(q - 1)$
$\quad = 12014,36 - 11830,21 = 184,15$ DM (Restschuld nach 26 Raten)
27. Rate: $184,15 \cdot 1,0070833 = 185,45$ DM

2.8 Investitionsrechnung

Wirtschaftlichkeitsvergleiche bei der Planung von baulichen Anlagen erfolgen anhand einer statischen oder dynamischen Investitionsrechnung.

Statische Investitionsrechnung aufgrund von Jahreskosten.

Jahreskosten $J = \dfrac{H}{l} + p \cdot H + B$ in DM/a

H Herstellkosten in DM
B Betriebskosten in DM/a
l Lebensdauer in Jahren
p Zinssatz, bezogen auf ein Jahr

Die mit obiger Gleichung ermittelten Jahreskosten stimmen nicht mit den tatsächlichen Kosten überein: Jährliche Preissteigerungen der Betriebskosten bleiben unberücksichtigt; obwohl jährlich auch getilgt wird, werden Zinsen für die vollen Herstellkosten über die gesamte Lebensdauer berechnet; hat ein Teil der Anlage eine kürzere Lebensdauer als die Gesamtanlage, so wird angenommen, daß zum ursprünglichen Preis reinvestiert wird.

Dynamische Investitionsrechnung aufgrund des Gegenwartswertes. Der Gegenwartswert G einer Zahlung Z, die erst in n Jahren fällig ist, wird mit der Barwertformel ermittelt:

$$G = Z/q^n \quad \text{mit} \quad q = 1 + p = 1 + \text{Zinssatz}$$

Wird bei der Ermittlung des Gegenwartswertes einer Anlage berücksichtigt, daß im allgemeinen die laufenden Betriebskosten jährlich steigen und daß unter Umständen eine Reinvestition eines Teiles der Anlage erforderlich ist, wenn nämlich dessen Lebensdauer geringer ist als der Planungszeitraum, so wird:

Gegenwartswert einer Anlage

$$G = H \cdot g_H + B \cdot g_B \quad (= \text{in DM})$$

H Herstellkosten bei Inbetriebnahme $(t=0)$ in DM
B Jährliche Betriebskosten bei Inbetriebnahme $(t=0)$ in DM
g_H Gegenwartswertfaktor der Herstellkosten
g_B Gegenwartswertfaktor der Betriebskosten

$$g_H = \frac{\left(\dfrac{s}{q}\right)^{w \cdot l} - 1}{\left(\dfrac{s}{q}\right)^{l} - 1} + \frac{s^{w \cdot l}(q^{n - w \cdot l} - 1)}{q^{n-l}(q^{l} - 1)}$$

$$\lim_{s \to q} g_H = w + \frac{1 - q^{w \cdot l - n}}{1 - q^{-l}}$$

$$g_B = \frac{r}{q} \cdot \frac{\left(\dfrac{r}{q}\right)^{n} - 1}{\dfrac{r}{q} - 1} = r \, \frac{q^n - r^n}{q^n(q - r)}$$

$$\lim_{r \to q} g_B = n$$

q Zinsfaktor $(= 1 + \text{Zinssatz})$
s Jährlicher Steigerungsfaktor der Herstellkosten $(s = 1$ für $n \leq l)$
r Jährlicher Steigerungsfaktor der Betriebskosten

l Lebensdauer einer Anlage in Jahren
n Planungszeitraum in Jahren
w $[n/l] = $ Anzahl (ganzzahlig, abgerundet) der in n Jahren voll abgeschriebenen Erstinvestitionen und Reinvestitionen

Beispielhaft sind in den beiden folgenden Tabellen g_H- und g_B-Faktoren angegeben.

Gegenwartswertfaktoren g_H der Herstellkosten

$\frac{n}{a}$	$\frac{l}{a}$	s	$q=$ 1,03	1,04	1,05	1,06	1,07	1,08	1,09	1,10	1,11	1,12
		1,04	2,1560	2,0000	1,8663	1.7515	1,6527	1,5677	1.4944	1,4311	1,3764	1,3290
		1,05	2,3344	2,1544	2,0000	1,8675	1,7535	1,6554	1,5707	1,4977	1.4345	1,3798
30	15	1,06	2,5383	2,3307	2,1528	2,0000	1,8686	1,7555	1,6579	1,5737	1,5009	1,4378
		1,07	2,7709	2,5320	2,3271	2,1512	2,0000	1,8698	1,7575	1,6605	1,5766	1,5041
		1,08	3,0361	2,7614	2,5259	2,3236	2,1497	2,0000	1,8709	1,7594	1,6630	1,5795
		1,04	1,6956	1,5968	1,5117	1,4384	1,3754	1,3213	1,2749	1,2351	1,2010	1,1718
		1,05	1,8423	1,7227	1,6196	1,5309	1,4546	1,3891	1,3328	1,2847	1,2434	1,2081
30	20	1,06	2,0181	1,8736	1,7489	1,6417	1,5495	1,4703	1,4023	1,3441	1,2942	1,2515
		1,07	2,2285	2,0540	1,9037	1,7742	1,6630	1,5674	1,4854	1,4151	1,3550	1,3035
		1,08	2,4797	2,2695	2,0885	1,9326	1,7985	1,6834	1,5847	1,5000	1,4275	1,3655
		1,04	1,3349	1,2850	1,2418	1,2047	1,1728	1,1456	1,1224	1,1028	1,0861	1,0721
		1,05	1,4254	1,3620	1,3072	1,2600	1,2195	1,1849	1,1555	1,1305	1,1094	1,0916
30	25	1,06	1,5391	1,4588	1,3893	1,3295	1,2782	1,2344	1,1971	1,1654	1,1386	1,1160
		1,07	1,6817	1,5802	1,4923	1,4167	1,3518	1,2964	1,2492	1,2092	1,1753	1,1467
		1,08	1,8602	1,7321	1,6212	1,5258	1,4440	1,3740	1,3145	1,2640	1,2212	1,1852
	30	1,00	1,0000	1,0000	1,0000	1,0000	1,0000	1,0000	1,0000	1,0000	1,0000	1,0000
	35	1,00	0,9122	0,9265	0,9388	0,9494	0,9584	0,9660	0,9723	0,9775	0,9818	0,9853
30	40	1,00	0,8480	0,8737	0,8959	0,9148	0,9308	0,9441	0,9550	0,9640	0,9713	0,9771
	45	1,00	0,7994	0,8346	0,8649	0,8906	0,9121	0,9297	0,9442	0,9558	0,9651	0,9726
	50	1,00	0,7618	0,8049	0,8421	0,8733	0,8992	0,9202	0,9372	0,9508	0,9615	0,9700

Gegenwartswertfaktoren g_B der Betriebskosten

$\frac{n}{a}$	r	$q=$ 1,03	1,04	1,05	1,06	1,07	1,08	1,09	1,10	1,11	1,12
	1,04	34,9686	30,0000	25,9533	22,6352	19,8960	17,6197	15,7153	14,1115	12,7522	11,5926
	1,05	40,9806	34,9162	30,0000	25,9881	22,6925	19,9674	17,6991	15,7986	14,1961	12,8361
	1,06	48,2739	40,8538	34,8649	30,0000	26,0224	22,7490	20,0378	17,7775	15,8811	14,2799
30	1,07	57,1420	48,0430	40,7298	34,8147	30,0000	26,0560	22,8047	20,1072	17,8550	15,9627
	1,08	67,9467	56,7676	47,8178	40,6086	34,7654	30,0000	26,0891	22,8595	20,1757	17,9315
	1,09	81,1343	67,3767	56,4032	47,5980	40,4900	34,7172	30,0000	26,1217	22,9135	20,2432
	1,10	97,2545	80,2996	66,8228	56,0482	47,3835	40,3741	34,6699	30,0000	26,1537	22,9666

Beispiel Gegenwartswert einer Gesamtanlage, die aus den Teilanlagen A und B besteht.
Planungszeitraum: 30 Jahre
Zinsfaktor: $q = 1,06$ (Zinssatz 6%)
Betriebskostensteigerungsfaktor: $r = 1,08$ (Zinssatz 8%)
Herstellungskostensteigerungsfaktor: $s = 1,07$ (Zinssatz 7%)

	Herstell-kosten in DM	Betriebs-kosten in DM/a	Lebens-dauer in a	Gegenwartswert Faktor	Gegenwartswert Wert in DM
Teilanlage A	150000		20	1,7742	266130
		8000		40,6086	324869
Teilanlage B	100000		50	0,8733	87330
		4000		40,6086	162434
					840763

2.9 Gleichung zweiten Grades (quadratische Gleichung)

$$a_2 x^2 + a_1 x + a_0 = 0 \qquad x_{1;2} = \frac{-a_1 \pm \sqrt{a_1^2 - 4a_2 a_0}}{2a_2}$$

$$x^2 + px + q = 0 \qquad x_{1;2} = -\frac{p}{2} \pm \sqrt{\left(\frac{p}{2}\right)^2 - q}$$

Kontrolle: $x_1 + x_2 = -p = \dfrac{a_1}{a_2}$ $\qquad x_1 \cdot x_2 = q = \dfrac{a_0}{a_2}$

2.10 Nullstellen von Polynomen n-ten Grades (Gleichung n-ten Grades)

Die Nullstellen eines Polynoms n-ten Grades

$$f(x) = a_n x^n + a_{n-1} x^{n-1} + \cdots + a_2 x^2 + a_1 x + a_0$$

sind die Lösungen (Wurzeln) der Gleichung n-ten Grades

$$a_n x^n + a_{n-1} x^{n-1} + \cdots + a_2 x^2 + a_1 x + a_0 = 0$$

Jede algebraische Gleichung n-ten Grades hat genau n Wurzeln (reell oder komplex; eine s-fache Wurzel ist s-fach zu zählen).
Sind $x_1, x_2, \ldots, x_n$ die Wurzeln einer Gleichung n-ten Grades, so ist

$$(x - x_1)(x - x_2)(x - x_3) \ldots (x - x_n) = 0 \quad \text{(Zerlegung in Linearfaktoren)}$$

Regula falsi Die Kurve der (stetigen) Funktion $y = f(x)$ wird zwischen P_1 und P_2 durch die Sehne $P_1 P_2$ ersetzt. Hat man durch Probieren zwei Werte x_1 und x_2 so gefunden, daß $y_1 = f(x_1)$ und $y_2 = f(x_2)$ verschiedene Vorzeichen haben, dann ist

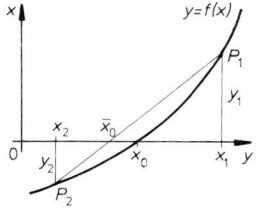

$$\bar{x}_0 = x_1 - \frac{x_1 - x_2}{y_1 - y_2} y_1$$

eine bessere Annäherung an den wirklichen Wert der Nullstelle x_0.

Bild 11

Beispiel $y = \cos x - x$ $\qquad$ Nullstelle $x_0 = ?$ $\qquad x_0 > 0$
Durch Probieren gefunden: $0{,}7 < x_0 < 0{,}8$
$y(0{,}80000) = -0{,}10329 = y_1$ $\quad y(0{,}70000) = +0{,}06484 = y_2$ $\quad \bar{x}_0 = 0{,}73857$
$y(0{,}73857) = +0{,}00086 = y_1$ $\quad y(0{,}80000) = -0{,}10329 = y_2$ $\quad \bar{x}_0 = 0{,}73908$
$y(0{,}73908) = +0{,}00001 \approx 0$ $\qquad$ d.h. $\quad x_0 = 0{,}739$

Newton-Verfahren Hat man einen angenäherten Wert x_i für die Nullstelle einer (beliebigen) Funktion $y = f(x)$ ermittelt, so wird die Kurve durch die Tangente in $P_i(x_i; y_i)$ ersetzt. Einen besseren Wert für die Nullstelle erhält man mit

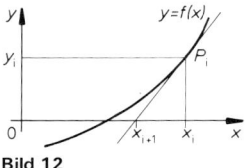

$$x_{i+1} = x_i - \frac{y_i}{y_i'} = x_i - \frac{f(x_i)}{f'(x_i)}$$

Bild 12

Für ein Polynom n-ten Grades wird

$$x_{i+1} = x_i - \frac{a_n x_i^n + a_{n-1} x_i^{n-1} + \cdots + a_1 x_i + a_0}{n a_n x_i^{n-1} + (n-1) a_{n-1} x_i^{n-2} + \cdots + a_1}$$

Beispiel $y = x^4 - 8x^3 + 21x^2 - 20x + 5$ Nullstelle x_0? $0 < x_0 < 1$

$$x_{i+1} = x_i - \frac{x_i^4 - 8x_i^3 + 21x_i^2 - 20x_i + 5}{4x_i^3 - 24x_i^2 + 42x_i - 20} = x_i - \frac{(((x_i - 8)x_i + 21)x_i - 20)x_i + 5}{((4x_i - 24)x_i + 42)x_i - 20}$$

Mit dem geschätzten Anfangswert $x_1 = 0,1$ wird

$$x_2 = 0,1 - \frac{3,20210}{-16,03600} = 0,29968 \approx 0,3 \qquad x_3 = 0,3 - \frac{0,68210}{-9,45200} = 0,37216 \approx 0,373$$

$$x_4 = 0,373 - \frac{0,06590}{-0,746552} = 0,38183 \qquad x_5 = 0,38183 - \frac{0,00098}{-7,23953} = 0,38197$$

Nullstelle $x_0 = 0,382$ $\qquad\qquad\qquad y_0 = y(x_0) = -0,00025 \approx 0$

2.11 Horner-Schema

Der Funktionswert $y_0 = f(x_0)$ einer ganzen rationalen Funktion n-ten Grades wird ermittelt, indem der Faktor x_0 schrittweise ausgeklammert wird.

$$y_0 = f(x_0) = a_3 x_0^3 + a_2 x_0^2 + a_1 x_0^1 + a_0 = ((a_3 x_0 + a_2)x_0 + a_1)x_0 + a_0$$

a_3	a_2	a_1	a_0
	$a_3 x_0$	$(a_2 + a_3 x_0)x_0$	$(a_1 + a_2 x_0 + a_3 x_0)x_0$
a_3	$a_2 + a_3 x_0$	$a_1 + a_2 x_0 + a_3 x_0^2$	$a_0 + a_1 x_0 + a_2 x_0^2 + a_3 x_0^3 = f(x_0)$

Beispiel $f(x) = 2x^5 - x^4 - 5x^2 + 3x - 9$ $f(3) = ?$

$+2$	-1	0	-5	$+3$	-9
	$+6$	$+15$	$+45$	$+120$	$+369$
$+2$	$+5$	$+15$	$+40$	$+123$	$+360$

$f(3) = 360$

3 Lineare Algebra

3.1 Determinanten

Eine n-reihige Determinante hat n Zeilen und n Spalten, also n^2 Elemente in der Form

$$D = \begin{vmatrix} a_{11} & a_{12} & a_{13} \ldots a_{1n} \\ a_{21} & a_{22} & a_{23} \ldots a_{2n} \\ a_{31} & a_{32} & a_{33} \ldots a_{3n} \\ \vdots & \vdots & \vdots & \vdots \\ a_{n1} & a_{n2} & a_{n3} \ldots a_{nn} \end{vmatrix}$$

Das Element a_{ik} steht in der i-ten Zeile und k-ten Spalte.
Man liest a_{23} „a zwei drei"

Streicht man in einer n-reihigen Determinante die i-te Zeile und die k-te Spalte und schiebt die übrigen Elemente wieder zu einer Quadratform zusammen, so entsteht eine $(n-1)$-reihige Unterdeterminante. Multipliziert man diese mit dem Faktor $(-1)^{i+k}$, so entsteht die Adjunkte A_{ik} des Elementes a_{ik}.

Der Wert einer n-reihigen Determinante ist gleich der Summe der Produkte aus den Elementen einer beliebigen Reihe und den zugehörigen Adjunkten

$$D = \sum_{\substack{i=1 \\ k=\text{const}}}^{n} a_{ik}A_{ik} = \sum_{\substack{k=1 \\ i=\text{const}}}^{n} a_{ik}A_{ik} \qquad \text{Entwicklungssatz von Laplace}$$

Beispiel $D = \begin{vmatrix} 4 & -3 & 2 \\ 5 & 6 & -7 \\ 10 & -2 & -3 \end{vmatrix}$

$$D = 4\begin{vmatrix} 6 & -7 \\ -2 & -3 \end{vmatrix} - 5\begin{vmatrix} -3 & 2 \\ -2 & -3 \end{vmatrix} + 10\begin{vmatrix} -3 & 2 \\ 6 & -7 \end{vmatrix}$$

$$= 4(-18-14) - 5(9+4) + 10(21-12) = -103$$

Spezialfall: Zweireihige Determinante

$$D = \begin{vmatrix} a_{11} & a_{12} \\ a_{21} & a_{22} \end{vmatrix} = a_{11}a_{22} - a_{12}a_{21}$$

Der Wert einer zweireihigen Determinante D ist das Produkt der Elemente der Hauptdiagonale vermindert um das Produkt der Elemente der Nebendiagonale.

Spezialfall: Dreireihige Determinante

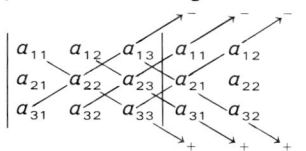

Die 1. und 2. Spalte werden neben die 3. Spalte geschrieben. In Richtung der Pfeile werden 6 Produkte zu je drei Faktoren gebildet und addiert bzw. subrahiert.

$$D = a_{11}a_{22}a_{33} + a_{12}a_{23}a_{31} + a_{13}a_{21}a_{32} - a_{31}a_{22}a_{13} - a_{32}a_{23}a_{11} - a_{33}a_{21}a_{12}$$

Regeln für das Rechnen mit Determinanten

1. Der Wert einer Determinante bleibt erhalten, wenn alle Zeilen mit allen Spalten unter Beibehaltung ihrer Reihenfolge vertauscht werden (Spiegeln an der Hauptdiagonale).

2. Eine Determinante ändert ihr Vorzeichen, wenn zwei beliebige Reihen vertauscht werden.

3. Eine Determinante wird mit einem Faktor multipliziert, indem alle Elemente einer beliebigen Reihe mit diesem Faktor multipliziert werden.

4. Der Wert einer Determinante bleibt erhalten, wenn zu einer Reihe ein Vielfaches einer anderen Reihe addiert wird.

5. Der Wert einer Determinante ist Null, wenn zwei Reihen einander proportional sind, d.h. wenn sie sich nur durch einen Faktor unterscheiden. Man sagt auch: die beiden Reihen sind linear abhängig.

Beispiele

$$k\begin{vmatrix} a_{11} & a_{12} \\ a_{21} & a_{22} \end{vmatrix} = \begin{vmatrix} ka_{11} & ka_{12} \\ a_{21} & a_{22} \end{vmatrix} = k(a_{11}a_{22} - a_{12}a_{21}) \qquad \begin{vmatrix} a & b \\ ka & kb \end{vmatrix} = k\begin{vmatrix} a & b \\ a & b \end{vmatrix} = 0$$

$$\begin{vmatrix} a_{11} & a_{12} \\ a_{21} & a_{22} \end{vmatrix} = \begin{vmatrix} a_{11}+ka_{21} & a_{12}+ka_{22} \\ a_{21} & a_{22} \end{vmatrix}$$

$$= (a_{11}+ka_{21})a_{22} - (a_{12}+ka_{22})a_{21} = a_{11}a_{22} - a_{12}a_{21}$$

3.2 Vektoren

Skalar Größe, durch Maßzahl und Einheit vollständig beschrieben (z.B. Masse $m = 5,32$ kg; Temperatur $T = 301$ K; Arbeit $W = 5,3$ kNm).

Vektor Größe, durch Maßzahl, Einheit und Richtung beschrieben (z.B. Kraft F, Moment $\vec{M}$, Geschwindigkeit $\vec{v}$). Ein Kraftvektor $\vec{F}$ (gelesen „Vektor F") ist ein linienflüchtiger Vektor und darf auf der Wirkungslinie verschoben werden. Ein Momentenvektor $\vec{M}$ ist ein freier Vektor und darf beliebig verschoben werden.

Darstellung eines Vektors entweder geometrisch durch einen Pfeil im Raum oder rechnerisch in der Form $\vec{v} = (v_x; v_y; v_z)$ z.B. $\vec{F} = (5; -3; 6)$ kN = Kraft $\vec{F}$ mit den Komponenten $F_x = 5$ kN, $F_y = -3$ kN, $F_z = 6$ kN.

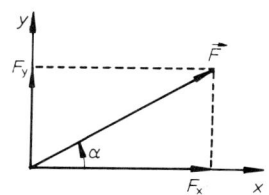

Bild 13

Beispiel $\vec{F}$ in der $(x; y)$-Ebene

$$F_x = F\cos\alpha \quad F_y = F\sin\alpha \quad F = \sqrt{F_x^2 + F_y^2} \quad \alpha = \arctan\frac{F_y}{F_x}$$

Mathematik

3.2.1 Vektoralgebra

Vektor
$$\vec{v} = \vec{v}_x + \vec{v}_y + \vec{v}_z$$
$$\vec{v} = v_x\,\vec{i} + v_y\,\vec{j} + v_z\,\vec{k}$$

$\vec{v}_x, \vec{v}_y, \vec{v}_z$ Vektorkomponenten

v_x, v_y, v_z Vektorkoordinaten

$\vec{i}, \vec{j}, \vec{k}$ Einsvektoren

Betrag $|\vec{v}| = v = +\sqrt{v_x^2 + v_y^2 + v_z^2}$

Einsvektor $\vec{v}^0 = \vec{v}/v$ $|\vec{v}^0| = v^0 = 1$

Richtungscosinus

$$\cos\alpha = \frac{v_x}{v} \quad \cos\beta = \frac{v_y}{v} \quad \cos\gamma = \frac{v_z}{v}$$

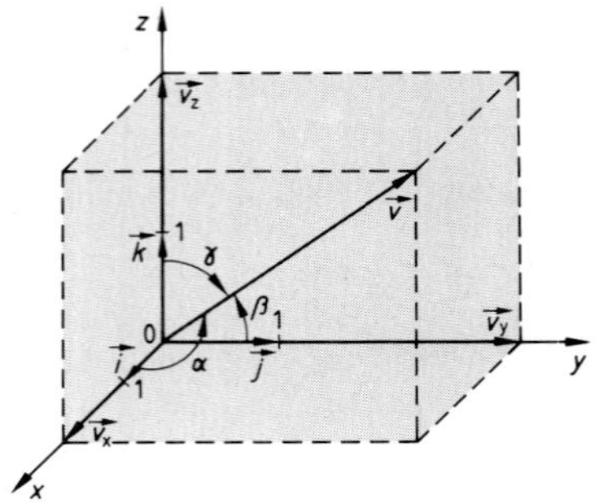

Bild 14

Es gilt $\cos^2\alpha + \cos^2\beta + \cos^2\gamma = 1$

Addition/Subtraktion $\vec{v}_3 = \vec{v}_1 \pm \vec{v}_2$

$$v_{3x} = v_{1x} \pm v_{2x} \quad v_{3y} = v_{1y} + v_{2y} \quad v_{3z} = v_{1z} \pm v_{2z}$$

Beispiel $\vec{R} = \sum\limits_{i=1}^{n} \vec{F}_i = $ Resultierende $\vec{R}$ aus n Kräften $\vec{F}_i$.

Mit $\vec{F}_1 = (3; -2; 5)$ kN, $\vec{F}_2 = (5; 3; -6)$ kN, $\vec{F}_3 = (-4; 2; 6)$ kN
wird $\vec{R} = (R_x; R_y; R_z) = (4; 3; 5)$ kN.

Nullvektor $\vec{0} = \vec{v} + (-\vec{v})$

Linearkombination $\vec{v} = \lambda_1\,\vec{v}_1 + \lambda_2\,\vec{v}_2 + \ldots + \lambda_n\,\vec{v}_n$.
$\vec{v}_1$ und $\vec{v}_2$ sind kollinear (parallel), wenn $\lambda_1\,\vec{v}_1 + \lambda_2\,\vec{v}_2 = \vec{0}$ ist. $\vec{v}_1$, $\vec{v}_2$ und $\vec{v}_3$ sind komplanar (liegen in einer Ebene), wenn $\lambda_1\,\vec{v}_1 + \lambda_2\,\vec{v}_2 + \lambda_3\,\vec{v}_3 = \vec{0}$ ist.
Sind $\vec{v}_1$ und $\vec{v}_2$ nicht kollinear bzw. $\vec{v}_1$, $\vec{v}_2$ und $\vec{v}_3$ nicht komplanar, so sind die Vektoren linear unabhängig.

Skalares Produkt $\vec{v}_1 \cdot \vec{v}_2 = v_1\,v_2\cos(\vec{v}_1, \vec{v}_2) = v_{1x}\,v_{2x} + v_{1y}\,v_{2y} + v_{1z}\,v_{2z}$

Es gilt $\vec{v}_1 \cdot \vec{v}_2 = \vec{v}_2 \cdot \vec{v}_1$

$\vec{v}_1 \cdot (\vec{v}_2 + \vec{v}_3) = \vec{v}_1 \cdot \vec{v}_2 + \vec{v}_1 \cdot \vec{v}_3$

$\vec{i}^2 = 1 \qquad \vec{j}^2 = 1 \qquad \vec{k}^2 = 1$

$\vec{i} \cdot \vec{j} = 0 \qquad \vec{j} \cdot \vec{k} = 0 \qquad \vec{k} \cdot \vec{i} = 0$

Beispiel $W = \vec{F} \cdot \vec{s} = F\,s\cos(\vec{F}, \vec{s}) = $ Arbeit der Kraft $\vec{F}$ auf dem Weg $\vec{s}$.
Mit $\vec{F} = (3; 4)$ kN und $\vec{s} = (2; 3)$ m wird $W = 3 \cdot 2 + 4 \cdot 3 = 18$ kN m.

Projektion von $\vec{v}_1$ auf $\vec{v}_2$ $\vec{v}_{1(\vec{v}_2)} = \dfrac{\vec{v}_1 \cdot \vec{v}_2}{v_2^2}\,\vec{v}_2$

Winkel zwischen zwei Vektoren $\cos(\vec{v}_1, \vec{v}_2) = \dfrac{\vec{v} \cdot \vec{v}_2}{v_1\,v_2}$

Beispiel Der Winkel φ zwischen $\vec{F}_1 = (5; 2)$ kN und $\vec{F}_2 = (5; 10)$ kN beträgt

$$\varphi = \arccos\frac{\vec{F}_1 \cdot \vec{F}_2}{F_1\,F_2} = \arccos\frac{5 \cdot 5 + 2 \cdot 10}{\sqrt{(5^2 + 2^2) \cdot (5^2 + 10^2)}} = \arccos\frac{45}{\sqrt{29 \cdot 125}} \quad \varphi = 41{,}63°$$

Vektorielles Produkt $\vec{v}_1 \times \vec{v}_2 = \begin{vmatrix} \vec{i} & \vec{j} & \vec{k} \\ v_{1x} & v_{1y} & v_{1z} \\ v_{2x} & v_{2y} & v_{2z} \end{vmatrix}$ $|\vec{v}_1 \times \vec{v}_2| = v_1\,v_2\sin(\vec{v}_1, \vec{v}_2)$

Es gilt $\vec{v}_1 \times \vec{v}_2 = -(\vec{v}_2 \times \vec{v}_1)$

$\vec{v}_1 \times (\vec{v}_2 + \vec{v}_3) = \vec{v}_1 \times \vec{v}_2 + \vec{v}_1 \times \vec{v}_3$

$\vec{i} \times \vec{i} = \vec{0} \qquad \vec{j} \times \vec{j} = \vec{0} \qquad \vec{k} \times \vec{k} = \vec{0}$

$\vec{i} \times \vec{j} = \vec{k} \qquad \vec{j} \times \vec{k} = \vec{i} \qquad \vec{k} \times \vec{i} = \vec{j}$

Beispiel $\vec{M}_0 = \vec{r} \times \vec{F} =$ Moment (Drehachse durch den Nullpunkt) der Kraft $\vec{F}$, im Punkt mit dem Ortsvektor $\vec{r}$ angreifend. Mit $\vec{r} = (5; 3)$ m und $\vec{F} = (1; 10)$ kN wird, wenn man nach der 3. Spalte entwickelt:

$$\vec{M}_0 = \vec{r} \times \vec{F} = \begin{vmatrix} \vec{i} & \vec{j} & \vec{k} \\ 5 & 3 & 0 \\ 1 & 10 & 0 \end{vmatrix} = +\vec{k}(5 \cdot 10 - 3 \cdot 1) = 47\vec{k} \qquad \text{d.h.} \qquad \vec{M}_0 = (0; 0; 47) \text{ kN m}$$

Mehrfache Produkte

$$\vec{v}_1 \cdot (\vec{v}_2 \times \vec{v}_3) = \begin{vmatrix} v_{1x} & v_{1y} & v_{1z} \\ v_{2x} & v_{2y} & v_{2z} \\ v_{3x} & v_{3y} & v_{3z} \end{vmatrix} \quad \text{Spatprodukt}$$

Der Multiplikationspunkt bedeutet das skalare Produkt zweier Vektoren.

$$\vec{v}_1 \times (\vec{v}_2 \times \vec{v}_3) = (\vec{v}_1 \cdot \vec{v}_3)\,\vec{v}_2 - (\vec{v}_1 \cdot \vec{v}_2)\,\vec{v}_3$$
$$(\vec{v}_1 \times \vec{v}_2) \cdot (\vec{v}_3 \times \vec{v}_4) = (\vec{v}_1 \cdot \vec{v}_3)\,(\vec{v}_2 \cdot \vec{v}_4) - (\vec{v}_2 \cdot \vec{v}_3)\,(\vec{v}_1 \cdot \vec{v}_4)$$
$$(\vec{v}_1 \times \vec{v}_2) \times (\vec{v}_3 \times \vec{v}_4) = (\vec{v}_1 \cdot (\vec{v}_2 \times \vec{v}_4))\,\vec{v}_3 - (\vec{v}_1 \cdot (\vec{v}_2 \times \vec{v}_3))\,\vec{v}_4$$

Kein Operationszeichen bedeutet das Produkt zweier Skalare bzw. eines Vektors mit einem Skalar.

3.2.2 Geometrische Anwendungen der Vektorrechnung

Radiusvektor

$$\vec{r} = \overrightarrow{OP} = x\vec{i} + y\vec{j} + z\vec{k} = (x; y; z)$$
$$\vec{r}_i = \overrightarrow{OP}_i = x_i\vec{i} + y_i\vec{j} + z_i\vec{k} = (x_i; y_i; z_i)$$
$$\vec{a} = \overrightarrow{OA} = a_x\vec{i} + a_y\vec{j} + a_z\vec{k} = (a_x; a_y; a_z)$$

Vektor $\overrightarrow{AB}$

$$\overrightarrow{AB} = \overrightarrow{OB} - \overrightarrow{OA} = (b_x - a_x; b_y - a_y; b_z - a_z)$$

Abstand $\overline{P_2\,P_1}$

$$|\vec{r}_2 - \vec{r}_1| = \sqrt{(x_2 - x_1)^2 + (y_2 - y_1)^2 + (z_2 - z_1)^2}$$

Gerade durch P_1 parallel zu $\vec{a}$

$$\vec{r} = \vec{r}_1 + \lambda \vec{a} \quad (\lambda = \text{Parameter})$$

$$x = x_1 + \lambda a_x$$
$$y = y_1 + \lambda a_y$$
$$z = z_1 + \lambda a_z$$

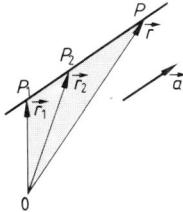

Bild 15

Gerade durch P_1 und P_2

$$\vec{r} = \vec{r}_1 + \lambda (\vec{r}_2 - \vec{r}_1)$$

Abstand Nullpunkt – Gerade

$$\vec{r} \cdot \vec{l} = \vec{l}^2 = l^2 \quad \text{(vektorielle Hesseform)}$$

Abstand Punkt P_0-Gerade

$$(\vec{r}_0 - \vec{l}) \cdot \vec{l} = -\vec{d} \cdot \vec{l} = -d \cdot l$$

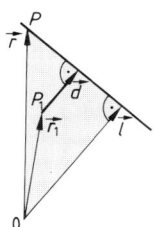

Bild 16

Mathematik

Beispiel Gerade durch P_1 (-6; -12) und P_2 (-12; -4):
$$\vec{r} = (-6\vec{i} - 12\vec{j}) + \lambda(-6\vec{i} + 8\vec{j}) = (-6 - 6\lambda)\,\vec{i} + (-12 + 8\lambda)\,\vec{j}$$
P_1 und P_2 liegen auf der Geraden; somit wird mit $\vec{r_i} \cdot \vec{l} = l_x^2 + l_y^2$
$$-6l_x - 12l_y = l_x^2 + l_y^2$$
$$-12l_x - 4l_y = l_x^2 + l_y^2$$
Lösungen: $l_x = -48/5$ $\qquad l_y = -36/5$ $\qquad l = 12$

Für P_0 (8; -4) wird mit $\vec{r_0} = 8\vec{i} - 4\vec{j}$ und $\vec{l} = -\dfrac{48}{5}\,\vec{i} - \dfrac{36}{5}\,\vec{j}$
$$d = -(\vec{r_0} - \vec{l}) \cdot \vec{l}/l = 16$$

Fläche eines Dreiecks

$$A = \tfrac{1}{2} \sqrt{\vec{a}^{\,2} \cdot \vec{b}^{\,2} - (\vec{a} \cdot \vec{b})^2}$$
$$A = \tfrac{1}{2} |(\vec{r_1} \times \vec{r_2} + \vec{r_2} \times \vec{r_3} + \vec{r_3} \times \vec{r_1})|$$

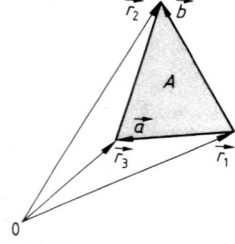

Bild 17

Fläche eines Parallelogramms

$$A = |\vec{a} \times \vec{b}|$$

Ebene durch P_1, P_2, P_3

$$\vec{r} - \vec{r_1} = \lambda_1(\vec{r_2} - \vec{r_1}) + \lambda_2(\vec{r_3} - \vec{r_1})$$

Beispiel Ebene durch P_1 (1; 2; 3), P_2 (-1; 2; -3) und P_3 (-4; 5; 6):
$$(x - 1)\,\vec{i} = \lambda_1(-2)\,\vec{i} + \lambda_2(-5)\,\vec{i}$$
$$(a - 2)\,\vec{j} = \lambda_1(0)\,\vec{j} + \lambda_2(3)\,\vec{j} \quad \rightarrow \lambda_2 = (y - 2)/3$$
$$(z - 3)\,\vec{k} = \lambda_1(-6)\,\vec{k} + \lambda_2(3)\,\vec{k} \quad \lambda_1 = (1 - x - 5\lambda_2)/2$$
$$z = 3 - 6\lambda_1 + 3\lambda_2$$
Es folgt: $3x + 6y - z - 12 = 0$

Schnittpunkt einer Geraden mit einer Ebene

$\vec{u} = \vec{a} + \lambda\vec{b}$ $\qquad$ Parametergleichung der Geraden
$\vec{v} = \vec{c} + \lambda_1\vec{d} + \lambda_2\vec{e}$ $\qquad$ Parametergleichung der Ebene

Gleichsetzen, d. h. $\vec{u}(\lambda) = \vec{v}(\lambda_1, \lambda_2)$ führt auf ein lineares Gleichungssystem für λ, λ_1 und λ_2.

Vektor der Normalen $\vec{n} = n_x\vec{i} + n_y\vec{j} + n_z\vec{k} = \vec{a} \times \vec{b}$
($\vec{n}$ steht senkrecht auf der ($\vec{a}, \vec{b}$)-Ebene)

Parameterfreie Ebenengleichung $(\vec{r} - \vec{r_1}) \cdot \vec{n} = 0$
(Ebene durch Punkt P_1 mit Normalenvektor $\vec{n}$)

Winkel zwischen Gerade und Ebene $\varphi = \arcsin \left| \dfrac{\vec{n} \cdot \vec{a}}{n \cdot a} \right|$
(mit Gerade $\vec{r} = \vec{r_1} + \lambda\vec{a}$ und Ebene $\vec{n} \cdot \vec{r} = \vec{n} \cdot \vec{r_1}$)

Winkel zwischen zwei Ebenen $\varphi = \arccos \dfrac{\vec{n_1} \cdot \vec{n_2}}{n_1 \cdot n_2}$

Volumen des durch $\vec{a}$, $\vec{b}$ und $\vec{c}$ gebildeten Spats

$$V = \vec{a} \cdot (\vec{b} \times \vec{c})$$

Beispiel Mit $\vec{a} = (3; 9; -3)$ m, $\vec{b} = (-4; 4; 2)$ m
und $\vec{c} = (1; 1; 5)$ m wird
$$V = \begin{vmatrix} 3 & 9 & -3 \\ -4 & 4 & 2 \\ 1 & 1 & 1 \end{vmatrix} = 12 + 18 + 12 - 6 + 36 + 12 = 84 \text{ m}^3$$

3.3   Matrizen

Eine rechteckige Anordnung von $m \cdot n$ Elementen a_{ik} (Zahlen, Funktionen oder andere mathematische Größen) aus m Zeilen und n Spalten heißt eine (m, n)-Matrix A.

$$A = (a_{ik}) = \begin{pmatrix} a_{11} & a_{12} & a_{13} \ldots a_{1n} \\ a_{21} & a_{22} & a_{23} \ldots a_{2n} \\ \vdots & \vdots & \vdots \\ a_{m1} & a_{m2} & a_{m3} \ldots a_{mn} \end{pmatrix}$$

einzeilige Matrix = Zeilenvektor
einspaltige Matrix = Spaltenvektor

Unterschied zu einer Determinante: Häufig ist $m \neq n$; der Matrixbegriff enthält keine Vorschrift zur Verknüpfung der Elemente. Eine Determinante hat einen Wert.

Beispiele

$$A = \begin{pmatrix} 1 & 2 \\ 3 & 4 \\ 0 & 9 \end{pmatrix}; \quad B = \begin{pmatrix} \cos\alpha & \sin\alpha \\ -\sin\alpha & \cos\alpha \end{pmatrix}; \quad N = \begin{pmatrix} 0 & 0 & 0 \\ 0 & 0 & 0 \\ 0 & 0 & 0 \end{pmatrix};$$

$$D = \begin{pmatrix} 2 & 0 & 0 \\ 0 & 5 & 0 \\ 0 & 0 & 1 \end{pmatrix}; \quad E = \begin{pmatrix} 1 & 0 & 0 \\ 0 & 1 & 0 \\ 0 & 0 & 1 \end{pmatrix}; \quad x = \begin{pmatrix} x_1 \\ x_2 \\ x_3 \end{pmatrix}.$$

Stimmen zwei Matrizen in Spalten- und Zeilenzahl überein, so sind sie vom gleichen Typ.

Transponieren   Vertauscht man in einer Matrix A alle Zeilen mit den entsprechenden Spalten, so erhält man die transponierte Matrix A^T.

Quadratische Matrix $m = n$; Ordnung = Anzahl der Reihen; Symmetrie wenn Matrix gleich der transponierten Matrix $(A = A^T)$; Diagonalmatrix D: Diagonalelemente $a_{ii} \neq 0$, alle übrigen Elemente $a_{ik} = 0$; Einheitsmatrix E = Diagonalmatrix, bei der alle $a_{ii} = 1$ sind.

Gleichheit   Zwei Matrizen A und B sind gleich, wenn sie vom gleichen Typ sind und $a_{ik} = b_{ik}$ für alle i und k gilt.

Addition A und B müssen vom gleichen Typ sein.

$C = A + B \qquad c_{ik} = a_{ik} + b_{ik}$ für alle i, k

Multiplikation einer Matrix A mit einem konstanten Faktor λ   Jedes Element von A wird mit λ multipliziert (bei Determinanten wird dagegen nur e i n e Reihe mit λ multipliziert).

Multiplikation zweier Matrizen   Es muß die Spaltenanzahl n_A gleich der Zeilenanzahl m_B sein.

$$C = AB \qquad c_{ik} = \sum_{j=1}^{n} a_{ij} b_{jk} \quad \begin{matrix} i = 1, 2, \ldots, m_A \\ k = 1, 2, \ldots, n_B \end{matrix} \quad (n = n_A = m_B)$$

$$A(B + C) = AB + AC$$

$$(AB)\,C = A\,(BC)$$

Im allgemeinen gilt

$$AB \neq BA$$

Es gilt

$$(AB)^T = B^T A^T \quad \text{und} \quad (A^T)^{-1} = (A^{-1})^T$$

$$(AB)^{-1} = B^{-1} A^{-1}$$

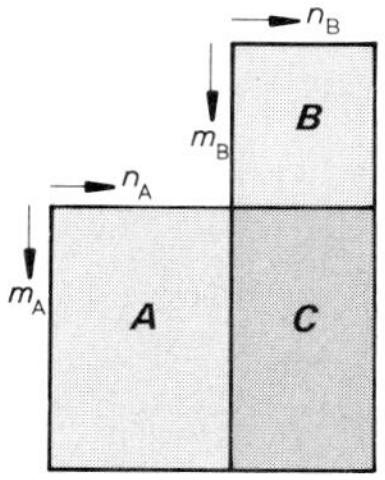

Bild 18
Falsches Schema für die Matrizenmultiplikation

Determinante einer Matrix det (A)

det $(AB) = $ det (A) det (B)

Beispiele Mit $A = \begin{pmatrix} 3 & 6 \\ 2 & 5 \end{pmatrix}$, $B = \begin{pmatrix} 2 & 3 \\ 0 & 1 \\ 5 & 2 \end{pmatrix}$, $E = \begin{pmatrix} 1 & 0 \\ 0 & 1 \end{pmatrix}$ und $D = \begin{pmatrix} 2 & 0 \\ 0 & 3 \end{pmatrix}$ wird:

$A^T = \begin{pmatrix} 3 & 2 \\ 6 & 5 \end{pmatrix}$; $B^T = \begin{pmatrix} 2 & 0 & 5 \\ 3 & 1 & 2 \end{pmatrix}$; $A + B$ nicht definiert

$A + D = \begin{pmatrix} 3+2 & 6+0 \\ 2+0 & 5+3 \end{pmatrix} = \begin{pmatrix} 5 & 6 \\ 2 & 8 \end{pmatrix}$;

$AD = \begin{pmatrix} 3 & 6 \\ 2 & 5 \end{pmatrix} \begin{pmatrix} 2 & 0 \\ 0 & 3 \end{pmatrix} = \begin{pmatrix} 3\cdot2+6\cdot0 & 3\cdot0+6\cdot3 \\ 2\cdot2+5\cdot0 & 2\cdot0+5\cdot3 \end{pmatrix} = \begin{pmatrix} 6 & 18 \\ 4 & 15 \end{pmatrix}$

$AE = \begin{pmatrix} 3 & 6 \\ 2 & 5 \end{pmatrix} \begin{pmatrix} 1 & 0 \\ 0 & 1 \end{pmatrix} = \begin{pmatrix} 3 & 6 \\ 2 & 5 \end{pmatrix}$;

$DA = \begin{pmatrix} 2 & 0 \\ 0 & 3 \end{pmatrix} \begin{pmatrix} 3 & 6 \\ 2 & 5 \end{pmatrix} = \begin{pmatrix} 2\cdot3+0\cdot2 & 2\cdot6+0\cdot5 \\ 0\cdot3+3\cdot2 & 0\cdot6+3\cdot5 \end{pmatrix} = \begin{pmatrix} 6 & 12 \\ 6 & 15 \end{pmatrix}$

Mit $C = \begin{pmatrix} \cos\alpha & \sin\alpha \\ -\sin\alpha & \cos\alpha \end{pmatrix}$

wird det $(C) = \begin{vmatrix} \cos\alpha & \sin\alpha \\ -\sin\alpha & \cos\alpha \end{vmatrix} = \cos^2\alpha + \sin^2\alpha = 1$

Kehrmatrix (inverse Matrix) A^{-1} A^{-1} ist die Kehrmatrix zu A, wenn $AA^{-1} = A^{-1}A = E$ ist. A^{-1} existiert nur, wenn A quadratisch und det $(A) \neq 0$ ist, d.h. wenn A regulär ist.

Zur Ermittlung von A^{-1} zerlegt man A^{-1} und E in Spaltenvektoren und bestimmt die Elemente α_{ik} der Kehrmatrix A^{-1} aus den dabei entstehenden Gleichungssystemen (n Gleichungen $A\alpha_k = e_k$ mit jeweils n Unbekannten).

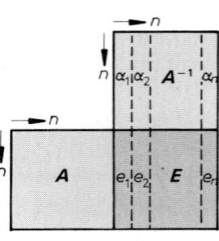

Beispiel Gesucht ist die Kehrmatrix A^{-1} zur zweireihigen Matrix A.

Bild 19

$\begin{pmatrix} a_{11} & a_{12} \\ a_{21} & a_{22} \end{pmatrix} \begin{pmatrix} \alpha_{11} & \alpha_{12} \\ \alpha_{21} & \alpha_{22} \end{pmatrix} = \begin{pmatrix} 1 & 0 \\ 0 & 1 \end{pmatrix}$

$\left. \begin{array}{l} a_{11}\alpha_{11} + a_{12}\alpha_{21} = 1 \\ a_{21}\alpha_{11} + a_{22}\alpha_{21} = 0 \end{array} \right\} \Rightarrow \begin{array}{l} \alpha_{11} = +a_{22}/\det(A) \\ \alpha_{21} = -a_{21}/\det(A) \end{array}$

$\left. \begin{array}{l} a_{11}\alpha_{12} + a_{12}\alpha_{22} = 0 \\ a_{21}\alpha_{12} + a_{22}\alpha_{22} = 1 \end{array} \right\} \Rightarrow \begin{array}{l} \alpha_{12} = -a_{12}/\det(A) \\ \alpha_{22} = +a_{11}/\det(A) \end{array}$

$A = \begin{pmatrix} a_{11} & a_{12} \\ a_{21} & a_{22} \end{pmatrix} \Rightarrow A^{-1} = \dfrac{1}{\det(A)} \begin{pmatrix} a_{22} & -a_{12} \\ -a_{21} & a_{11} \end{pmatrix}$

$(A^T)^{-1} = (A^{-1})^T$ Reihenfolge des Invertierens und Transponierens ist vertauschbar.

3.4 Lineare Gleichungssysteme

Zur Bestimmung von n Unbekannten $x_1, x_2, \ldots, x_n$ sind n unabhängige Gleichungen erforderlich.

$$a_{11}x_1 + a_{12}x_2 + a_{13}x_3 + \ldots + a_{1n}x_n = b_1 \quad (1)$$
$$a_{21}x_1 + a_{22}x_2 + a_{23}x_3 + \ldots + a_{2n}x_n = b_2 \quad (2)$$
$$\vdots \qquad\qquad \vdots \qquad \vdots \qquad\qquad \text{in Matrizenschreibweise} \quad \boldsymbol{A}\boldsymbol{x} = \boldsymbol{b}$$
$$a_{n1}x_1 + a_{n2}x_2 + a_{n3}x_3 + \ldots + a_{nn}x_n = b_n \quad (n)$$

Sind alle $b_i = 0$, dann nennt man das Gleichungssystem h o m o g e n, andernfalls i n h o m o g e n.

3.4.1 Lösung mit Determinanten

Cramersche Regel (für $n > 3$ numerisch ungeeignet)

$$x_k = \frac{D_k}{D} \quad \text{mit} \quad D_k = \begin{vmatrix} a_{11} \ldots a_{1,k-1} & b_1 & a_{1,k+1} \ldots a_{1n} \\ \vdots & & \\ a_{n1} \ldots a_{n,k-1} & b_n & a_{n,k+1} \ldots a_{nn} \end{vmatrix} \qquad k = 1, 2, \ldots, n$$

$D = \det(\boldsymbol{A}) = $ Nennerdeterminante = Koeffizientendeterminante

$D_k = $ Zählerdeterminante = Determinante, entstanden durch Ersetzen der k-ten Spalte der Koeffizientendeterminante durch die rechte Seite b_i.

Beispiel
$$4x_1 - 3x_2 + 2x_3 = 10$$
$$5x_1 + 6x_2 - 7x_3 = 4$$
$$10x_1 - 2x_2 - 3x_3 = 7$$

$$D = \begin{vmatrix} 4 & -3 & 2 \\ 5 & 6 & -7 \\ 10 & -2 & -3 \end{vmatrix} = (-72 + 210 - 20) - (120 + 45 + 56) = -103$$

$$D_1 = \begin{vmatrix} 10 & -3 & 2 \\ 4 & 6 & -7 \\ 7 & -2 & -3 \end{vmatrix} = (-180 + 147 - 16) - (84 + 140 + 36) = -49 - 260 = -309$$

$$x_1 = \frac{-309}{-103} = 3$$

$$D_2 = \begin{vmatrix} 4 & 10 & 2 \\ 5 & 4 & -7 \\ 10 & 7 & -3 \end{vmatrix} = (-48 - 700 + 70) - (80 - 196 - 150) = -678 + 266 = -412$$

$$x_2 = \frac{-412}{-103} = 4$$

$$D_3 = \begin{vmatrix} 4 & -3 & 10 \\ 5 & 6 & 4 \\ 10 & -2 & 7 \end{vmatrix} = (168 - 120 - 100) - (600 - 52 - 105) = -52 - 463 = -515$$

$$x_3 = \frac{-515}{-103} = 5$$

Aus $\boldsymbol{A}\boldsymbol{x} = \boldsymbol{b}$ folgt $\boldsymbol{x} = \boldsymbol{A}^{-1}\boldsymbol{b}$ (unbestimmtes Auflösen von Gleichungssystemen)

$$\boldsymbol{A}^{-1} = \frac{1}{D} \begin{pmatrix} A_{11} & A_{21} \ldots A_{n1} \\ A_{12} & A_{22} \ldots A_{n2} \\ \vdots & \vdots \quad \vdots \\ A_{1n} & A_{2n} \ldots A_{nn} \end{pmatrix}$$

Die Indizes der Adjunkten A_{ik} der Koeffizientendeterminante entsprechen den an der Hauptdiagonale gespiegelten Indizes der Koeffizientenmatrix.

3.4.2 Eliminationsverfahren von Gauß (Gauß-Algorithmus)

Bei diesem Verfahren wird ein Gleichungssystem mit n Unbekannten (I) schrittweise um jeweils eine Gleichung und eine Unbekannte reduziert. Multipliziert man Gl. (1) nacheinander mit a_{ik}/a_{11} $(i=2,3,\ldots,n)$ und subtrahiert diese Produkte jeweils von der i-ten Gleichung, so bleibt nach diesem ersten Schritt ein System von $(n-1)$ Gleichungen mit $(n-1)$ Unbekannten übrig. Verfährt man mit diesem neuen System und den in weiteren Schritten entstehenden neuen Systemen in gleicher Weise, so bleibt nach insgesamt $(n-1)$ Schritten nur noch eine Gleichung mit x_n übrig. Schreibt man aus jedem dieser Systeme jeweils die erste Gleichung heraus, so entsteht das sog. gestaffelte Gleichungssystem (II), aus dem die n Unbekannten von unten nach oben schrittweise berechnet werden können.

Gl.-System mit n Unbekannten (I)

$$a_{11}x_1+a_{12}x_2+\ldots+a_{1n}x_n=b_1 \quad (1)$$
$$a_{21}x_1+a_{22}x_2+\ldots+a_{2n}x_n=b_2 \quad (2)$$
$$\ldots\ldots\ldots\ldots\ldots\ldots\ldots\ldots\ldots\ldots\ldots$$
$$a_{n1}x_1+a_{n2}x_2+\ldots+a_{nn}x_n=b_n \quad (n)$$

Gestaffeltes Gl.-System (II)

$$a_{11}x_1+a_{12}x_2+\ldots+a_{1n}x_n \;=b_1 \quad (1)$$
$$a'_{22}x_2+\ldots+a'_{2n}x_n=b'_2 \quad (2')$$
$$\ldots\ldots\ldots\ldots\ldots\ldots$$
$$a_{nn}^{(n-1)}x_n=b_n^{(n-1)}(n^{(n-1)})$$

Das Verfahren wird in Tabellenform mit den gegebenen a_{ik} und b_i durchgeführt und nachstehend an einem System mit 4 Unbekannten gezeigt. Nur zur Erläuterung sind in der Tabelle zusätzlich auch die einzelnen Rechenschritte angegeben worden.

Beispiel System mit 4 Unbekannten

$$x_1+2x_2+x_3-2x_4=-5 \quad (1)$$
$$2x_1-2x_2-2x_3+4x_4=12 \quad (2)$$
$$-2x_1+2x_2+3x_3=2 \quad (3)$$
$$3x_1-x_3+3x_4=10 \quad (4)$$

Um nach jedem Schritt eine Rechenkontrolle zu haben, bildet man die Zeilensummen (Σ), mit denen man die gleichen Rechenschritte durchführt, wie mit den übrigen Zahlen der Zeile. Diese Ergebnisse (Kontrolle) müssen mit denen der Summenspalte übereinstimmen.

Zeile	Gl.	x_1	x_2	x_3	x_4	b	Σ	Kontrolle	Rechenschritte
1	(1)	1	2	1	-2	-5	-3		
2	(2)	2	-2	-2	4	12	14		
3	—		2	4	2	-4	-10	-6	-6	$a_{21}/a_{11}\cdot(1)$
4	(3)	-2	2	3	0	2	5		
5	—		-2	-4	-2	4	10	6	6	$a_{31}/a_{11}\cdot(1)$
6	(4)	3	0	-1	3	10	15		
7	—		3	6	3	-6	-15	-9	-9	$a_{41}/a_{11}\cdot(1)$
8	(2')	0	-6	-4	8	22	20	20	Zeile 2 $-$ Zeile 3
9	(3')	0	6	5	-4	-8	-1	-1	Zeile 4 $-$ Zeile 5
10	—	0	6	4	-8	-22	-20	-20	$a'_{32}/a'_{22}\cdot(2')$
11	(4')	0	-6	-4	9	25	24	24	Zeile 6 $-$ Zeile 7
12	—	0	-6	-4	8	22	20	20	$a'_{42}/a'_{22}\cdot(2')$
13	(3'')		0	1	4	14	19	19	Zeile 9 $-$ Zeile 10
14	(4'')		0	0	1	3	4	4	Zeile 11 $-$ Zeile 12
15	—		0	0	0	0	0	0	$a''_{43}/a''_{33}\cdot(3'')$
16	(4''')				1	3	4	4	Zeile 14 $-$ Zeile 15

Aus den Gleichungen (4'''), (3''), (2') und (1), dem gestaffelten Gleichungssystem, werden die Unbekannten x_4, x_3, x_2 und x_1 wie folgt berechnet.

$$x_4=3/1=3$$
$$x_3=(14-4\cdot3)/1=2$$
$$x_2=(22-8\cdot3+4\cdot2)/(-6)=-1$$
$$x_1=(-5+2\cdot3-2+2\cdot1)/1=1$$

3.4.3 Austauschverfahren von Stiefel

Das Verfahren verwendet man zur Lösung von linearen Gleichungssystemen und insbesondere zur Ermittlung der Kehrmatrix.

$$Ax=b \qquad\qquad y=Ax-b \qquad\qquad x=A^{-1}y+c$$

x_1	x_2	$\ldots x_n$	
a_{11}	a_{12}	$\ldots a_{1n}$	b_1
a_{21}	a_{22}	$\ldots a_{2n}$	b_2
$\vdots$	$\vdots$	$\vdots$	$\vdots$
a_{n1}	a_{n2}	$\ldots a_{nn}$	b_n

	x_1	x_2	$\ldots x_n$	1
y_1	a_{11}	a_{12}	$\ldots a_{1n}$	$-b_1$
y_2	a_{21}	a_{22}	$\ldots a_{2n}$	$-b_2$
$\vdots$	$\vdots$	$\vdots$	$\vdots$	$\vdots$
y_n	a_{n1}	a_{n2}	$\ldots a_{nn}$	$-b_n$

Kellerzeile

	y_1	y_2	$\ldots y_n$	1
x_1	α_{11}	α_{12}	$\ldots\alpha_{1n}$	c_1
x_2	α_{21}	α_{22}	$\ldots\alpha_{2n}$	c_2
$\vdots$	$\vdots$	$\vdots$	$\vdots$	$\vdots$
x_n	α_{n1}	α_{n2}	$\ldots\alpha_{nn}$	c_n

Das zu untersuchende Gleichungssystem $Ax=b$ wird in Form der Funktion $y=Ax-b$ geschrieben. Anschließend werden in n Schritten alle y_i mit den x_k vertauscht; damit erhält man $x=A^{-1}(y+b)=A^{-1}y+A^{-1}b=A^{-1}y+c$; mit $y=0$ wird $x=c$ (Lösungsvektor).

Vorbereitung des Austausches Im Schema $y=Ax-b$ wird die Pivotzeile, die Pivotspalte und der Pivot (Drehelement) durch Unterstreichung hervorgehoben. (Man wähle als Pivot jeweils denjenigen mit dem größten Absolutwert.)

Durchführung des Austausches Die Elemente der neuen Matrix werden wie folgt berechnet.

1. Dem alten Schema wird eine Kellerzeile angefügt, in die (außer in der Pivotspalte) die durch den Pivot dividierten und im Vorzeichen geänderten Elemente der Pivotzeile eingetragen werden.

2. Der Pivot wird in seinen Kehrwert transformiert.

3. Die übrigen Elemente der Pivotspalte werden durch den Pivot dividiert.

4. Die übrigen Elemente der Pivotzeile werden aus der Kellerzeile übernommen.

5. Zu den übrigen Elementen wird das Produkt aus dem gleichzeiligen Element der Pivotspalte und dem gleichspaltigen Element der Kellerzeile addiert.

Berücksichtigung einer laufenden Rechenkontrolle Bei der Vielzahl der Rechenoperationen ist bei manueller Berechnung eine Rechenkontrolle unentbehrlich. Hierzu wird dem Gleichungssystem ein weiterer Spaltenvektor u angefügt, dessen Elemente u_i sich so bestimmen, daß in jeder Zeile die Zeilensumme E i n s ergibt. Es läßt sich zeigen, daß auch nach dem Austausch die Zeilensumme immer Eins ergeben muß.

Beispiel Man löse das folgende Gleichungssystem mit drei Unbekannten.

$$5{,}25x_1+0{,}91x_2+1{,}13x_3=3{,}72$$
$$1{,}50x_1+6{,}88x_2+2{,}45x_3=4{,}38$$
$$0{,}54x_1+1{,}76x_2+3{,}90x_3=2{,}68$$

Die Rechnung wird mit 4 Stellen nach dem Komma durchgeführt, und es wird eine laufende Rechenkontrolle berücksichtigt.

	x_1	x_2	x_3	1	u	$\sum$
y_1	5,2500	0,9100	1,1300	−3,7200	−2,5700	1,0000
y_2	1,5000	6,8800	2,4500	−4,3800	−5,4500	1,0000
y_3	0,5400	1,7600	3,9000	−2,6800	−2,5200	1,0000
		−0,1733	−0,2152	0,7086	0,4895	

	y_1	x_2	x_3	1	u	$\sum$
x_1	0,1905	−0,1733	−0,2152	0,7086	0,4895	1,0001
y_2	0,2857	6,6201	2,1272	−3,3171	−4,7158	1,0001
y_3	0,1029	1,6664	3,7838	−2,2974	−2,2557	1,0000
	−0,0432		−0,3213	0,5011	0,7123	

Fortsetzung s. nächste Seite

Beispiel, Forts.		y_1	y_2	x_3	1	u	Σ
	x_1	0,1980	−0,0262	−0,1595	0,6218	0,3661	1,0002
	x_2	−0,0432	0,1511	−0,3213	0,5011	0,7123	1,0000
	y_3	0,0309	0,2517	3,2484	−1,4624	−1,0687	0,9999
		−0,0095	−0,0775		0,4502	0,3290	

	y_1	y_2	y_3	1	u	Σ
x_1	0,1995	−0,0138	−0,0491	0,5500	0,3136	1,0002
x_2	−0,0401	0,1760	−0,0989	0,3565	0,6066	1,0001
x_3	−0,0095	−0,0775	0,3078	0,4502	0,3290	1,0001

$$\mathbf{x} = \begin{pmatrix} x_1 \\ x_2 \\ x_3 \end{pmatrix} = \begin{pmatrix} 0,550 \\ 0,356 \\ 0,450 \end{pmatrix} \qquad \mathbf{A}^{-1} = \begin{pmatrix} 0,1995 & -0,0138 & -0,0491 \\ -0,0401 & 0,1760 & -0,0989 \\ -0,0095 & -0,0775 & 0,3078 \end{pmatrix}$$

4 Trigonometrie

Rechtwinkliges Dreieck

$$\sin\alpha = \frac{a}{c} \qquad \cos\alpha = \frac{b}{c}$$

$$\tan\alpha = \frac{a}{b} \qquad \cot\alpha = \frac{b}{a}$$

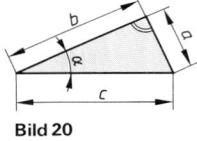

Bild 20

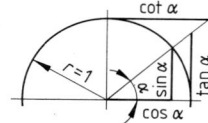

Bild 21
Funktionen am Einheitskreis

Schiefwinkliges Dreieck

$R =$ Umkreisradius, $r =$ Inkreisradius, $s = (a+b+c)/2$

Sinussatz $\quad a:b:c = \sin\alpha:\sin\beta:\sin\gamma \qquad \dfrac{a}{\sin\alpha} = \dfrac{b}{\sin\beta} = \dfrac{c}{\sin\gamma} = 2R$

Cosinussatz[1]) $\quad a^2 = b^2 + c^2 - 2bc\cos\alpha$

Halbwinkelsatz[1]) $\quad \tan\dfrac{\alpha}{2} = \sqrt{\dfrac{(s-b)(s-c)}{s(s-a)}} = \dfrac{r}{s-a}$

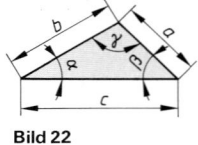

Bild 22

Tangenssatz[1]) $\quad \dfrac{a+b}{a-b} = \dfrac{\tan\dfrac{\alpha+\beta}{2}}{\tan\dfrac{\alpha-\beta}{2}}$

Flächensatz $\quad 2A = ab\sin\gamma = bc\sin\alpha = ac\sin\beta$
$$= abc/(2R) = 4R^2\sin\alpha\sin\beta\sin\gamma$$

Trigonometrische Funktionen und deren Umkehrfunktionen

$\sin^2 x + \cos^2 x = 1 \qquad \tan x = \dfrac{\sin x}{\cos x}$

$\cot x = \dfrac{\cos x}{\sin x} \qquad \tan x \cot x = 1$

$\sin(x \pm y) = \sin x \cos y \pm \cos x \sin y$

$\cos(x \pm y) = \cos x \cos y \mp \sin x \sin y$

$\tan(x \pm y) = \dfrac{\tan x \pm \tan y}{1 \mp \tan x \tan y}$

$\cot(x \pm y) = \dfrac{\cot x \cot y \mp 1}{\cot y \pm \cot x}$

$\sin 2x = 2\sin x \cos x$

$\cos 2x = \cos^2 x - \sin^2 x = 2\cos^2 x - 1 = 1 - 2\sin^2 x$

$\tan 2x = 2\tan x/(1 - \tan^2 x)$

$\cot 2x = (\cot^2 x - 1)/(2\cot x)$

$\sin(x/2) = \sqrt{(1 - \cos x)/2}$

$\cos(x/2) = \sqrt{(1 + \cos x)/2}$

[1]) a, b, c und α, β, γ können zyklisch vertauscht werden.

$$\tan(x/2) = \sqrt{(1-\cos x)/(1+\cos x)}$$

$$\sin x + \sin y = 2\sin\frac{x+y}{2}\cos\frac{x-y}{2}$$

$$\sin x - \sin y = 2\sin\frac{x-y}{2}\cos\frac{x+y}{2}$$

$$\tan x \pm \tan y = \frac{\sin(x\pm y)}{\cos x \cos y}$$

$$\arcsin x + \arccos x = \pi/2$$

$$\arcsin x = \arccos\sqrt{1-x^2}$$

$$\arccos x = \arcsin\sqrt{1-x^2}$$

$$\cot(x/2) = \sqrt{(1+\cos x)/(1-\cos x)}$$

$$\cos x + \cos y = 2\cos\frac{x+y}{2}\cos\frac{x-y}{2}$$

$$\cos x - \cos y = -2\sin\frac{x+y}{2}\sin\frac{x-y}{2}$$

$$\cot x \pm \cot y = \frac{\sin(y\pm x)}{\sin x \sin y}$$

$$\arctan x + \text{arccot}\, x = \pi/2$$

$$\arccos x = \arctan(\sqrt{1-x^2}/x)$$

$$\arctan x = \arcsin(x/\sqrt{1+x^2})$$

Hyperbolische Funktionen und deren Umkehrfunktionen

$$\sinh x = (e^x - e^{-x})/2$$

$$\cosh x = (e^x + e^{-x})/2$$

$$\tanh x = \sinh x/\cosh x$$

$$\coth x = 1/\tanh x$$

$$\sinh(x\pm y) = \sinh x \cosh y \pm \cosh x \sinh y$$

$$\cosh(x\pm y) = \cosh x \cosh y \pm \sinh x \sinh y$$

$$\text{arsinh}\, x = \ln(x+\sqrt{x^2+1})$$

$$\text{arcosh}\, x = \ln(x+\sqrt{x^2-1}) \quad \text{für } x \geq 1$$

$$\text{artanh}\, x = \frac{1}{2}\ln\frac{1+x}{1-x} \quad \text{für } |x| < 1$$

$$\text{arcoth}\, x = \frac{1}{2}\ln\frac{x+1}{x-1} \quad \text{für } |x| > 1$$

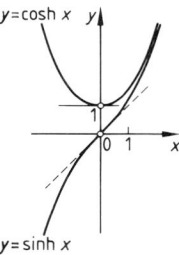

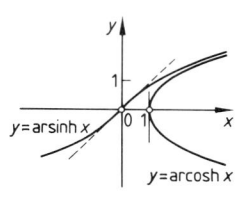

5 Geometrie

5.1 Geometrie der Ebene

Rechtwinkliges Dreieck

Fläche $\quad A = \frac{1}{2}ab = \frac{1}{2}ch_c$

Pythagoras $\quad c^2 = a^2 + b^2$

Euklid $\quad a^2 = cp \qquad b^2 = cq$

Höhensatz $\quad h_c^2 = pq$

Bild 23

Bild 24

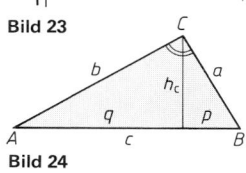

Dreieck

$$A = \frac{ah_a}{2} = \frac{bh_b}{2} = \frac{ch_c}{2} = rs = \sqrt{s(s-a)(s-b)(s-c)} \quad \text{(s. Abschn. 4)}$$

$r =$ Radius des Inkreises $\qquad s = \dfrac{a+b+c}{2} =$ halber Umfang

Quadrat $\qquad A = a^2$

Rechteck $\qquad A = ab$

Parallelogramm $\quad A = ah$

Einflußfläche

$$A_1 = \frac{a^2}{a+b}\cdot\frac{h}{2} \qquad A_2 = \frac{b^2}{a+b}\cdot\frac{h}{2}$$

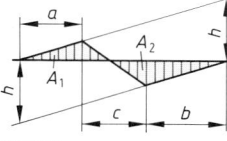

Bild 25

Trapez

Fläche

$$A = \frac{a+b}{2} h$$

Schwerpunktabstände

$$y_s = \frac{h}{3} \cdot \frac{a+2b}{a+b}$$

$$x_s = x_u - \frac{x_u - x_0}{3} \cdot \frac{a+2b}{a+b}$$

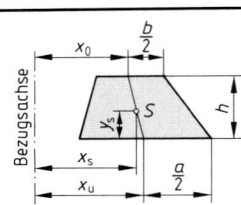

Bild 26

Regelmäßige Vielecke (n-Ecke)

Der Flächeninhalt ist $A = n \dfrac{s \cdot r}{2}$ oder mit

$$s = 2 \sin \frac{180°}{n} R = 2 \tan \frac{180°}{n} r \quad \text{und}$$

$$r = \frac{1}{2} \cot \frac{180°}{n} \, s = \cos \frac{180°}{n} R$$

$$A = \frac{n}{4} \cot \frac{180°}{n} s^2 = n \sin \frac{180°}{n} \cos \frac{180°}{n} R^2 = n \tan \frac{180°}{n} r^2$$

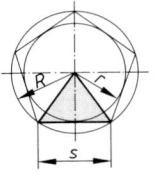

Bild 27

Zusammengesetzte Kreisbögen (Korbbogen)

$h =$ Bogenhöhe, $\quad l = 2a =$ Bogenweite.
Übergangspunkt $\ddot{U}$ ist Schnittpunkt der
Winkelhalbierenden im Dreieck ABC.

$$c = \sqrt{a^2 + h^2} \quad f = \frac{ah}{a+h+c} \quad h_1 = \frac{h(h+c)}{a+h+c}$$

$$R = \frac{ahc}{(a+h+c)(c-a)} \quad r = \frac{ahc}{(a+h+c)(c-h)}$$

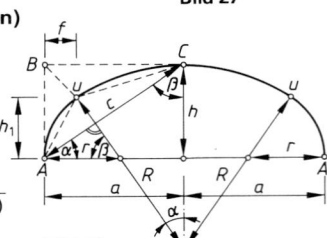

Bild 28

Unregelmäßige Vielecke

Zerlegen durch Diagonalen in Dreiecke
oder durch Lote auf eine Grundlinie in
Dreiecke und Trapeze.

$A =$ Summe der Einzelflächen

Beliebiges n-Eck Flächenberechnung
aus den Koordinaten der Eckpunkte s.
Abschn. 6.2.

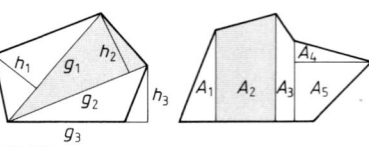

Bild 29

Kreis $\quad A = \pi r^2 = \dfrac{\pi d^2}{4} \qquad U = 2\pi r = \pi d$

Kreisring $\quad A = \pi (R^2 - r^2) = \pi (R+r)(R-r)$

Kreisringstück gleicher Breite

$$A = \frac{\pi \alpha}{360°}(R^2 - r^2) = \frac{\pi \alpha}{180°} R_m \delta = R_m \delta \arc \alpha$$

$$R_m = \frac{R+r}{2} \qquad \arc \alpha = \frac{\pi}{180°} \alpha$$

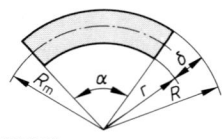

Bild 30

Kreisringstück ungleicher Breite

$$A = \frac{\pi R^2}{360°} \alpha_1 - \frac{\pi r^2}{360°} \alpha_2 - \frac{mS}{2} \qquad m = R - \delta - r$$

$$A = \tfrac{1}{2}(R^2 \arc \alpha_1 - r^2 \arc \alpha_2 - mS) \quad S = 2\sqrt{h_1(2R - h_1)}$$

$$s = 2\sqrt{h_2(2r - h_2)}$$

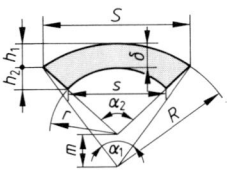

Bild 31

Kreisausschnitt

$$A=\frac{br}{2}=\frac{r^2\arc\alpha}{2} \qquad b=\frac{\pi r\alpha}{180°}=r\arc\alpha$$

$$s=2r\sin\frac{\alpha}{2} \qquad y=r\cos\frac{\alpha}{2} \qquad h=r\left(1-\cos\frac{\alpha}{2}\right)$$

Schwerpunktabstand

— vom Mittelpunkt $e_1=\dfrac{2}{3}r\,\dfrac{s}{b}=\dfrac{2}{3}\cdot\dfrac{r^3\sin\frac{\alpha}{2}}{A}$

— von der Sehne $e_2=y-e_1=r\cos\dfrac{\alpha}{2}-\dfrac{2}{3}\cdot\dfrac{r^3\sin\frac{\alpha}{2}}{A}$

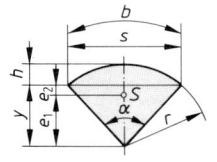

Bild 32

Kreisabschnitt s. Abschn. 1.4

Parabel

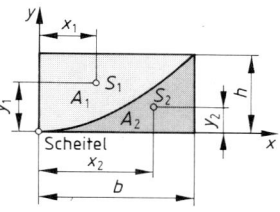

Bild 33

quadratische Parabel		kubische Parabel	
$y=h\left(\dfrac{x}{b}\right)^2=\dfrac{h}{b^2}x^2$		$y=h\left(\dfrac{x}{b}\right)^3=\dfrac{h}{b^3}x^3$	
$A_1=\dfrac{2}{3}bh$	$A_2=\dfrac{1}{3}bh$	$A_1=\dfrac{3}{4}bh$	$A_2=\dfrac{1}{4}bh$
$x_1=\dfrac{3}{8}b$	$x_2=\dfrac{3}{4}b$	$x_1=\dfrac{2}{5}b$	$x_2=\dfrac{4}{5}b$
$y_1=\dfrac{3}{5}h$	$y_2=\dfrac{3}{10}h$	$y_1=\dfrac{4}{7}h$	$y_2=\dfrac{2}{7}h$

Ellipse

$$A=\pi ab \qquad U=\mu(a+b) \qquad \lambda=\frac{a-b}{a+b}$$

μ nach untenstehender Tafel

Zwischenwerte von λ und μ geradlinig einschalten

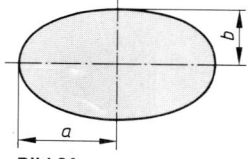

Bild 34

λ	0,1	0,2	0,3	0,4	0,5	0,6	0,7	0,8	0,9	1,0
μ	3,1495	3,1731	3,2127	3,2686	3,3412	3,4314	3,5401	3,6691	3,8208	4,0000

Beliebige Flächen Flächenberechnung mit der Trapezregel, Simpson-Regel oder Newton-Regel (s. Abschn. 8.4).

5.2 Geometrie des Raumes

Körper	Rauminhalt V	Oberfläche O, Mantel M
Prisma allgemein	$V=Ah$	$O=$ Summe aller Flächen
Würfel	$V=a^3$	$O=6a^2$
Kreiszylinder	$V=\pi r^2h=\dfrac{\pi d^2}{4}h$	$O=2\pi r(r+h) \quad M=2\pi rh$
Pyramide allgemein	$V=\dfrac{1}{3}Ah$	$O=$ Summe aller Flächen
Kreiskegel	$V=\dfrac{1}{3}\pi r^2h$	$O=\pi r(r+s) \quad M=\pi rs$ $s=\sqrt{r^2+h^2}$ (Mantellinie)
Pyramidenstumpf allgemein	$V=\dfrac{h}{3}\left(A_u+\sqrt{A_uA_o}+A_o\right)$	$O=$ Summe aller Flächen
Kegelstumpf	$V=\dfrac{\pi h}{3}(R^2+Rr+r^2)$	$M=\pi s(R+r)$ $s=\sqrt{(R-r)^2+h^2}$ (Mantellinie)

Mathematik

Körper	Rauminhalt V	Oberfläche O, Mantel M
Kugel	$V = \dfrac{4}{3}\pi r^3 = \dfrac{\pi d^3}{6}$	$O = 4\pi r^2 = \pi d^2$
Kugelabschnitt	$V = \pi h^2\left(r - \dfrac{h}{3}\right)$ $V = \dfrac{\pi h}{6}(3a^2 + h^2)$ $a = \sqrt{h(2r-h)}$	$O = \pi(2a^2 + h^2)$ $M = 2\pi r h = \pi(a^2 + h^2)$ (Kappe oder Kalotte)
Kugelausschnitt	$V = \dfrac{2}{3}\pi r^2 h$	$O = \pi r(a + 2h) \qquad M = \pi r a$
Kugelschicht	$V = \dfrac{\pi h}{6}(3a^2 + 3b^2 + h^2)$ Für die Halbkugel wird $h = a = r$ und $b = 0$ $V = \dfrac{\pi r}{6}(3r^2 + r^2) = \dfrac{2}{3}\pi r^3$	$M = 2\pi r h$ $r = \sqrt{a^2 + \left(\dfrac{a^2 - b^2 - h^2}{2h}\right)^2}$
Zylinderhuf	Die Grundfläche ist ein Halbkreis; der Schnitt geht also durch den Mittelpunkt des Kreises $\left.\begin{array}{l} V = \dfrac{2}{3}r^2 h \\[2mm] M = 2 r h \end{array}\right\}$ (ohne π)	Zu verwenden bei der Berechnung des Klostergewölbes, dessen Wange dem Volumen und dessen Leibungsfläche dem Mantel des Zylinderhufes inhaltsgleich ist.
Prismatoid	Die beliebigen Grundflächen liegen in parallelen Ebenen. A_m ist der zur Grundfläche parallele Querschnitt in halber Höhe. $V = \dfrac{h}{6}(A_u + 4A_m + A_o)$	Oberfläche aller Prismatoide = Summe der Grund- und Seitenflächen. Letztere sind Vielecke. Sie können auch windschief sein. Sonderfälle des Prismatoids sind alle Prismen, Pyramide ($A_o = 0$), Pyramidenstumpf, Obelisk (Sandhaufen, Säulenfuß), Keil (Dach), Rampe usw. Auch Kugel mit $A_u = A_o = 0 \quad A_m = \pi r^2 \quad h = d$ Kugelabschnitt, Kugelschicht und Zylinderhuf können als Prismatoide aufgefaßt werden. **Beispiel** Sandhaufen mit $a = 8\,\mathrm{m}, b = 6\,\mathrm{m}, h = 1\,\mathrm{m}$, Böschung 1:1,5 $a_1 = 8 - 2 \cdot 1 \cdot 1{,}5 = 5\,\mathrm{m}$ $b_1 = 6 - 2 \cdot 1 \cdot 1{,}5 = 3\,\mathrm{m}$ $V = \dfrac{1}{6}[(2 \cdot 8 + 5)\,6 + (2 \cdot 5 + 8)\,3]$ $= 30\,\mathrm{m}^3$
Obelisk (Keilstumpf)	Grundfläche rechteckig: $V = \dfrac{h}{6}[(2a + a_1)\,b + (2a_1 + a)\,b_1]$ Bei trapezförmiger Grundfläche sind für a und a_1 die Mittelparallelen, für b und b_1 die Trapezhöhen zu setzen.	
Keil, Dach	$V = \dfrac{h b}{6}(2a + a_1)$ Bei trapezförmiger Grundfläche ist für a die Mittelparallele, für b die Trapezhöhe zu setzen.	

Fortsetzung s. nächste Seite

Geometrie des Raumes, Fortsetzung

Körper	Rauminhalt V	Anmerkungen, Beispiele
Rampe	$V = \dfrac{h^2}{6}\left(3a + 2n_1 h \dfrac{m-n}{m}\right)(m-n)$	

Für $n = 0$ (Rampe gegen lotrechte Mauer) wird

$$V = \frac{h^2}{6}(3a + 2n_1 h)\, m$$

Beispiel Rampe mit $h = 2{,}0$ m, $a = 2{,}5$ m, $m = 12$, $n = 1$, $n_1 = 1{,}5$

$$V = \frac{2{,}0^2}{6}\left(3 \cdot 2{,}5 + 2 \cdot 1{,}5 \cdot 2{,}0\,\frac{12-1}{12}\right)(12-1) = 95{,}33\ \text{m}^3$$

Für $n = 0$: $\;V = \dfrac{2{,}0^2}{6}(3 \cdot 2{,}5 + 2 \cdot 1{,}5 \cdot 2{,}0)\,12 = 108{,}00\ \text{m}^3$

$V =$ Volumen der Rampe (ohne durchlaufende Böschung)

Elliptischer Kübel	a, b obere Halbachsen, a_1, b_1 untere Halbachsen

$$V = \frac{\pi h}{6}\left[(2a + a_1)\,b + (2a_1 + a)\,b_1\right]$$

Beispiel Kübel mit $a = 45$ cm, $b = 25$ cm, $a_1 = 40$ cm, $b_1 = 20$ cm, $h = 50$ cm

$$V = \frac{\pi \cdot 50}{6}\left[(2 \cdot 45 + 40)\,25 + (2 \cdot 40 + 45)\,20\right] = 150500\ \text{cm}^3 = 150{,}5\ \text{l}$$

Umdrehungskörper	$V =$ Umdrehungsfläche mal Weg des Flächenschwerpunktes S	$M =$ Umdrehungslinienlänge mal Weg des Linienschwerpunktes S_0
	$V = A \cdot 2\pi r = a h \cdot 2\pi r$	$M = h \cdot 2\pi\left(r + \dfrac{a}{2}\right)$

zylindrischer Ring

	$V = \pi r^2 \cdot 2\pi R$ $= 2\pi^2 R r^2 = \dfrac{\pi^2 D d^2}{4}$	$O = 2\pi r \cdot 2\pi R$ $= 4\pi^2 R r = \pi^2 D d$

6 Analytische Geometrie der Ebene

6.1 Punkt in verschiedenen Koordinatensystemen

Rechtwinkliges Koordinatensystem

$P(x; y) =$ Punkt mit der Abszisse x und der Ordinate y

Polarkoordinatensystem

$P(r; \varphi) =$ Punkt mit dem Abstand r und dem Polarwinkel φ

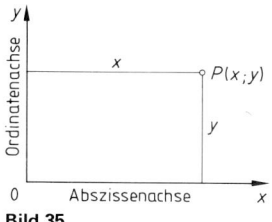

Bild 35

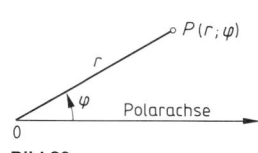

Bild 36

Umrechnung zwischen rechtwinkligen und Polarkoordinaten	Koordinatentransformation (Parallelverschiebung und Drehung)

$x = r \cos \varphi \qquad r = \sqrt{x^2 + y^2}$

$y = r \sin \varphi \qquad \varphi = \arctan \dfrac{y}{x}$

$\bar{x} = x \cos \varphi + y \sin \varphi - a \cos \varphi - b \sin \varphi$

$\bar{y} = -x \sin \varphi + y \cos \varphi + a \sin \varphi - b \cos \varphi$

$x = \bar{x} \cos \varphi - \bar{y} \sin \varphi + a$

$y = \bar{x} \sin \varphi + \bar{y} \cos \varphi + b$

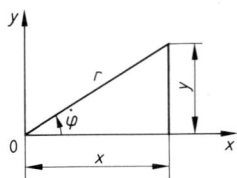

Bild 37

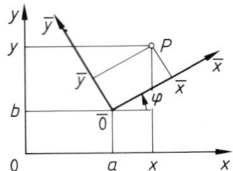

Bild 38

Transformationsgleichungen in Matrizenschreibweise

$$\begin{pmatrix} \bar{x} \\ \bar{y} \end{pmatrix} = \begin{pmatrix} \cos \varphi & \sin \varphi \\ -\sin \varphi & \cos \varphi \end{pmatrix} \begin{pmatrix} x-a \\ y-b \end{pmatrix} \qquad \begin{pmatrix} x \\ y \end{pmatrix} = \begin{pmatrix} \cos \varphi & -\sin \varphi \\ \sin \varphi & \cos \varphi \end{pmatrix} \begin{pmatrix} \bar{x} \\ \bar{y} \end{pmatrix} + \begin{pmatrix} a \\ b \end{pmatrix}$$

6.2 Zwei und mehr Punkte

Länge l der Strecke $\overline{P_1 P_2}$ $\quad l = \sqrt{(x_2 - x_1)^2 + (y_2 - y_1)^2}$

Steigung der Strecke $\overline{P_1 P_2}$ $\quad \tan \alpha = \dfrac{y_2 - y_1}{x_2 - x_1} = m$

Teilpunkt T der Strecke $\overline{P_1 P_2}$ $\quad x_T = \dfrac{x_1 + k x_2}{1 + k} \qquad y_T = \dfrac{y_1 + k y_2}{1 + k} \quad$ mit $\quad k = \dfrac{\overline{P_1 T}}{\overline{T P_2}}$

Mittelpunkt M der Strecke $\overline{P_1 P_2}$ $\quad x_M = \dfrac{x_1 + x_2}{2} \qquad y_M = \dfrac{y_1 + y_2}{2}$

Fläche A des Dreiecks $P_1 P_2 P_3$

$A = \frac{1}{2}[x_1(y_2 - y_3) + x_2(y_3 - y_1) + x_3(y_1 - y_2)] = \frac{1}{2}\begin{vmatrix} x_1 & y_1 & 1 \\ x_2 & y_2 & 1 \\ x_3 & y_3 & 1 \end{vmatrix}$ $\quad$ P_1, P_2 und P_3 liegen auf einer Geraden, wenn $A = 0$ ist.

Schwerpunkt S des Dreiecks $P_1 P_2 P_3$

$x_S = \dfrac{x_1 + x_2 + x_3}{3} \qquad y_S = \dfrac{y_1 + y_2 + y_3}{3}$

Querschnittswerte polygonal begrenzter Flächen (n-Eck)

$a_i = x_i y_{i+1} - x_{i+1} y_i$

$A = \dfrac{1}{2} \sum\limits_{i=1}^{n} a_i$

(Vorhandene Flächen im Gegenuhrzeigersinn, nicht vorhande Flächen im Uhrzeigersinn umfahren; dabei ist $x_{n+1} = x_1$, $y_{n+1} = y_1$)

$S_y = \dfrac{1}{6} \sum\limits_{i=1}^{n} a_i(x_i + x_{i+1}) \qquad\qquad S_x = \dfrac{1}{6} \sum\limits_{i=1}^{n} a_i(y_i + y_{i+1})$

$x_s = S_y/A \qquad\qquad\qquad\qquad\qquad y_s = S_x/A$

$I_x = \dfrac{1}{12} \sum\limits_{i=1}^{n} a_i(y_i^2 + y_i y_{i+1} + y_{i+1}^2) \qquad I_y = \dfrac{1}{12} \sum\limits_{i=1}^{n} a_i(x_i^2 + x_i x_{i+1} + x_{i+1}^2)$

$I_{xy} = \dfrac{1}{24} \sum\limits_{i=1}^{n} a_i(2 x_i y_i + x_i y_{i+1} + x_{i+1} y_i + 2 x_{i+1} y_{i+1})$

6.3 Gerade

Allgemeine Form $\quad y = mx + n$

Zweipunkteform $\quad \dfrac{y - y_1}{x - x_1} = \dfrac{y_2 - y_1}{x_2 - x_1}$

Punktrichtungsform für Punkt $(x_1; y_1)$ $\quad \dfrac{y - y_1}{x - x_1} = m$

Achsenabschnittform $\quad \dfrac{x}{a} + \dfrac{y}{b} = 1$

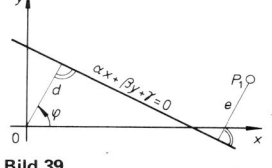

Bild 39

implizite Form $\quad \alpha x + \beta y + \gamma = 0$

Hessesche Normalform $\quad x \cos\varphi + y \sin\varphi - d = 0 \qquad \dfrac{\alpha x + \beta y + \gamma}{\pm \sqrt{\alpha^2 + \beta^2}} = 0$

Das Vorzeichen vor der Wurzel ist so zu wählen, daß $\pm\gamma / \sqrt{\alpha^2 + \beta^2} < 0$ wird.

Abstand des Punktes P_1 von einer Geraden $\quad e = x_1 \cos\varphi + y_1 \sin\varphi - d$

Schnittpunkt und Schnittwinkel zweier Geraden

$$x_0 = \frac{n_2 - n_1}{m_1 - m_2} \qquad y_0 = \frac{n_2 m_1 - n_1 m_2}{m_1 - m_2}$$

$$\tan\delta = \tan(\alpha_1 - \alpha_2) = \frac{m_1 - m_2}{1 + m_1 m_2}$$

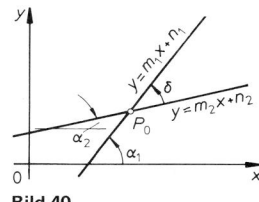

Orthogonalitätsbedingung $\quad m_1 = -1/m_2$

Bild 40

6.4 Kegelschnitte

Kreis mit Radius r um $(x_M; y_M)$ $\quad (x - x_M)^2 + (y - y_M)^2 = r^2$

$$y = y_M \pm \sqrt{r^2 - (x - x_M)^2}$$

Anstieg im Berührungspunkt

$$m_T = -\frac{x_T - x_M}{y_T - y_M}$$

Polare mit Pol $(x_0; y_0)$

$$(x - x_M)(x_0 - x_M) + (y - y_M)(y_0 - y_M) = r^2$$

Ellipse (oberes Zeichen) und Hyperbel (unteres Zeichen)

mit Achsen parallel zu Koordinatenachsen

$$\frac{(x - x_M)^2}{a^2} \pm \frac{(y - y_M)^2}{b^2} = 1$$

Lineare Exzentrizität

$$e = \sqrt{a^2 \mp b^2}$$

Numerische Exzentrizität

$$\varepsilon = e/a \lessgtr 1$$

Tangente

$$\frac{(x - x_M)(x_T - x_M)}{a^2} \pm \frac{(y - y_M)(y_T - y_M)}{b^2} = 1$$

Anstieg im Berührungspunkt

$$m_T = \mp \frac{b^2(x_T - x_M)}{a^2(y_T - y_M)}$$

Polare mit Pol $(x_0; y_0)$

$$\frac{(x - x_M)(x_0 - x_M)}{a^2} \pm \frac{(y - y_M)(y_0 - y_M)}{b^2} = 1$$

Radien der Scheitelschmiegkreise

Ellipse $\quad r_1 = b^2/a \quad r_2 = a^2/b$

Hyperbel $\quad r = b^2/a$

Asymptoten der Hyperbel

$$y = y_M \pm \frac{b}{a}(x - x_M)$$

Parabel mit Scheitel $(x_A;\ y_A)$ $\quad (y-y_A)^2=2p\,(x-x_A)$

(horizontale Achse; $p=+$ Öffnung nach rechts, $p=-$ Öffnung nach links)

Tangente

$(y-y_A)\,(y_T-y_A)$
$=p\,[(x-x_A)+(x_T-x_A)]$

Anstieg im Berührungspunkt

$m_T=\dfrac{p}{y_T-y_A}$

Polare mit Pol $(x_0;\ y_0)$

$(y-y_A)\,(y_0-y_A)=p\,[(x-x_A)+(x_0-x_A)]$

Parabel mit vertikaler Achse

$(x-x_A)^2=2p\,(y-y_A)$
$(p=+$ Öffnung nach oben,
$p=-$ Öffnung nach unten)

Scheitelgleichungen der Kegelschnitte mit $p=b^2/a$

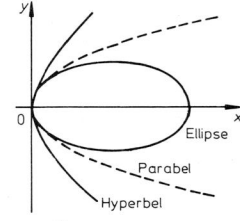

Ellipse $\quad y^2=2px-\dfrac{p}{a}x^2$

Parabel $\quad y^2=2px$

Hyperbel $\quad y^2=2px+\dfrac{p}{a}x^2$

Algebraische Gleichung 2. Grades

$a_{11}x^2+2a_{12}xy+a_{22}y^2+2a_{13}x+2a_{23}y+a_{33}=0$

Bild 41

Mit $a_{ik}=a_{ki}$ wird $D=\begin{vmatrix} a_{11} & a_{12} & a_{13} \\ a_{21} & a_{22} & a_{23} \\ a_{31} & a_{32} & a_{33} \end{vmatrix}$ und $D_{33}=\begin{vmatrix} a_{11} & a_{12} \\ a_{21} & a_{22} \end{vmatrix}$ berechnet

$D\neq 0$ und $D_{33}=0$ $\begin{cases} <0 & \text{Hyperbel} \\ =0 & \text{Parabel} \\ >0 & \text{Ellipse, wenn } a_{11}D<0;\ \text{komplexe Kurve, wenn } \operatorname{sgn}D=\operatorname{sgn}a_{11} \end{cases}$

Sonderfall Ellipse wird Kreis, wenn $a_{11}=a_{22}$ und $a_{12}=0$

7 Differentialrechnung

7.1 Grundlagen

Differenzenquotient $\quad \dfrac{\Delta y}{\Delta x}=\dfrac{y-y_1}{x-x_1}$

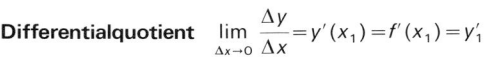

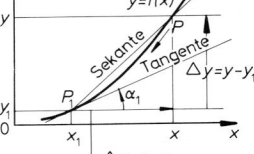

Die Funktion $y=f(x)$ ist in x_1 differenzierbar, wenn für
alle Nullfolgen $(x-x_1)$ erhalten wird:

Differentialquotient $\quad \lim\limits_{\Delta x\to 0}\dfrac{\Delta y}{\Delta x}=y'(x_1)=f'(x_1)=y_1'$

Differential $\quad dy=f'(x)\,dx=y'\,dx$

Bild 42

Höhere Ableitungen $\quad y'=\dfrac{dy}{dx}\quad y''=\dfrac{d^2y}{dx^2}\quad y'''=\dfrac{d^3y}{dx^3}\ \dots$

Mittelwertsatz $\quad \dfrac{f(b)-f(a)}{b-a}=f'(x_m)\quad x_m$ aus (a,b)

7.2 Rechenregeln

Konstante $c' = 0$ **Konstanter Faktor** $(cf)' = cf'$ **Summe** $(f_1 \pm f_2)' = f_1' \pm f_2'$

Produktregel $(f_1 f_2)' = f_1' f_2 + f_1 f_2' = f_1 f_2 \left(\dfrac{f_1'}{f_1} + \dfrac{f_2'}{f_2} \right)$

Quotientenregel $\left(\dfrac{f_1}{f_2} \right)' = \dfrac{f_1' f_2 - f_1 f_2'}{f_2^2}$

Kettenregel $\dfrac{dy}{dx} = \dfrac{dy}{du} \dfrac{du}{dx}$ wenn $y = f(x) = g(h(x))$ mit $u = h(x)$

Implizit gegebene Funktion $\dfrac{dh(y)}{dx} = \dfrac{dh}{dy} \cdot y'$

Logarithmische Differentiation

Ist $f_1(x) > 0$ und $y = f_1(x)^{f_2(x)}$, so folgt $\quad y' = f_1(x)^{f_2(x)} \left[\dfrac{f_1'(x)}{f_1(x)} f_2(x) + f_2'(x) \ln f_1(x) \right]$

Aufgelöste Funktion

Ist $x = g(y)$ gleichwertig mit $y = f(x)$, so gilt $\dfrac{df(x)}{dx} = \dfrac{1}{\dfrac{dg(y)}{dy}}$.

7.3 Ableitungen elementarer Funktionen

$(x^n)' = n\,x^{n-1}$ n reell

$(\arccos x)' = \dfrac{-1}{\sqrt{1 - x^2}}$

$(e^x)' = e^x$

$(\arctan x)' = \dfrac{1}{1 + x^2}$

$(a^x)' = a^x \cdot \ln a$ $a > 0$

$(\operatorname{arccot} x)' = \dfrac{-1}{1 + x^2}$

$(x^x)' = x^x (1 + \ln x)$

$(\sinh x)' = \cosh x$

$(\ln x)' = \dfrac{1}{x}$

$(\cosh x)' = \sinh x$

$(\log_a x)' = \dfrac{1}{x \ln a}$

$(\tanh x)' = 1 - \tanh^2 x = \dfrac{1}{\cosh^2 x}$

$(\sin x)' = \cos x$

$(\coth x)' = 1 - \coth^2 x = -\dfrac{1}{\sinh^2 x}$

$(\cos x)' = -\sin x$

$(\operatorname{arsinh} x)' = \dfrac{1}{\sqrt{x^2 + 1}}$

$(\tan x)' = 1 + \tan^2 x = \dfrac{1}{\cos^2 x}$

$(\operatorname{arcosh} x)' = \dfrac{1}{\sqrt{x^2 - 1}}$

$(\cot x)' = -(1 + \cot^2 x) = -\dfrac{1}{\sin^2 x}$

$(\operatorname{artanh} x)' = \dfrac{1}{1 - x^2}$ $|x| < 1$

$(\arcsin x)' = \dfrac{1}{\sqrt{1 - x^2}}$

$(\operatorname{arcoth} x)' = \dfrac{-1}{x^2 - 1}$ $|x| > 1$

$(\ln \sin x)' = \cot x$

$(\ln \cos x)' = -\tan x$

$(\ln \tan x)' = \dfrac{2}{\sin 2x}$

$(\ln \cot x)' = \dfrac{-2}{\sin 2x}$

7.4 Partielle Ableitungen von Funktionen von zwei (oder mehr) Variablen

$$z = f(x, y) \quad \lim_{\Delta x \to 0} \frac{f(x + \Delta x, y) - f(x, y)}{\Delta x} = \frac{\partial z}{\partial x} = \frac{\partial f(x, y)}{\partial x} = f_x$$

$$\lim_{\Delta y \to 0} \frac{f(x, y + \Delta y) - f(x, y)}{\Delta y} = \frac{\partial z}{\partial y} = \frac{\partial f(x, y)}{\partial y} = f_y$$

Bei der Bildung höherer Ableitungen kann bei stetigen Funktionen und Ableitungen die Reihenfolge des Differenzierens vertauscht werden (z.B. $f_{xy} = f_{yx}$).

Totales Differential $\quad dz = f_x \, dx + f_y \, dy$

8 Integralrechnung

8.1 Bestimmtes Integral

$$\int_a^b f(x) \, dx = \lim_{n \to \infty} \sum_{i=1}^{n} y_i \, \Delta x_i$$

$y = f(x) =$ Integrand; a und $b =$ untere und obere Integrationsgrenze; Intervall von a bis $b =$ Integrationsweg; $x =$ Integrationsvariable.

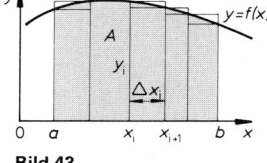

Bild 43

Mittelwertsatz

$$\int_a^b f(x) \, dx = (b - a) \, f(x_m)$$

Umkehrung des Integrationsweges

$$\int_a^b f(x) \, dx = - \int_b^a f(x) \, dx$$

Zerlegung des Integrationsweges

$$\int_a^b f(x) \, dx = \int_a^c f(x) \, dx + \int_c^b f(x) \, dx$$

8.2 Unbestimmtes Integral

$$I(x) = \int_a^x f(u) \, du + C = \int f(x) \, dx \quad \text{ist die Menge aller Stammfunktionen } F(x) \text{ mit}$$

$F'(x) = f(x)$.

Hauptsatz der Differential- und Integralrechnung

$$\frac{dI(x)}{dx} = f(x) \Leftrightarrow I(x) = \int f(x) \, dx$$

Differenzieren und Integrieren sind inverse Rechenoperationen.

Ist $F(x) = \int f(x) \, dx$ eine Stammfunktion, so gilt $\int_a^b f(x) \, dx = F(b) - F(a)$

8.3 Rechenmethoden der Integralrechnung

Konstanter Faktor

$$\int c\, f(x)\, dx = c \int f(x)\, dx$$

Integration einer Summe

$$\int [f_1(x) \pm f_2(x)]\, dx = \int f_1(x)\, dx \pm \int f_2(x)\, dx$$

Produktintegration

$$\int f_1\, f_2'\, dx = f_1\, f_2 - \int f_1'\, f_2\, dx$$

Logarithmische Integration

$$\int \frac{f'}{f}\, dx = \ln |f|$$

Integration durch Substitution

Mit $f(x) = g(h(x)) = g(u)$ und $u = h(x) \Leftrightarrow x = k(u)$ gilt

$$\int f(x)\, dx = \int g(u)\, \frac{dk(u)}{du}\, du = \int g(u)\, \frac{dx}{du}\, du$$

8.4 Numerische Integration

Trapezregel

$$\int_a^b f(x)\, dx \approx h\left(\tfrac{1}{2} y_0 + y_1 + y_2 + \dots + y_{n-1} + \tfrac{1}{2} y_n\right) \quad \text{(gleich breite Streifen)}$$

Simpson-Regel (Beispiel hierzu s. Abschn. 9.6)

$$\int_a^b f(x)\, dx \approx \frac{h}{3}\left(y_0 + 4y_1 + 2y_2 + 4y_3 + \dots + 2y_{n-2} + 4y_{n-1} + y_n\right)$$

(gerade Anzahl gleich breiter Streifen)

Newton-Regel

$$\int_a^b f(x)\, dx \approx \frac{3}{8} h\left(y_0 + 3y_1 + 3y_2 + y_3\right) \quad \text{(3 gleich breite Streifen)}$$

8.5 Grundintegrale (ohne Integrationskonstante)

$$\int x^m\, dx = \frac{x^{m+1}}{m+1} \qquad m \neq -1$$

$$\int \frac{dx}{x} = \ln x \qquad x > 0$$

$$\int e^x\, dx = e^x$$

$$\int a^x\, dx = \frac{a^x}{\ln a} \qquad a \neq 1,\, a > 0$$

$$\int \sin x\, dx = -\cos x$$

$$\int \cos x\, dx = \sin x$$

$$\int \sinh x\, dx = \cosh x$$

$$\int \frac{dx}{1+x^2} = \arctan x$$

$$\int \frac{dx}{1-x^2} = \frac{1}{2} \ln \left|\frac{1+x}{1-x}\right| = \operatorname{artanh} x$$

$$\int \frac{dx}{\sqrt{1-x^2}} = \arcsin x \qquad |x| < 1$$

$$\int \frac{dx}{\sqrt{x^2-1}} = \ln(x + \sqrt{x^2-1}) = \operatorname{arcosh} x \qquad |x| > 1$$

$$\int \frac{dx}{\sqrt{x^2+1}} = \ln(x + \sqrt{x^2+1}) = \operatorname{arsinh} x$$

$$\int \cosh x\, dx = \sinh x$$

8.6 Integrationsformeln (ohne Integrationskonstante)

Rationale Integranden

$$\int (ax+b)^n\,dx = \frac{(ax+b)^{n+1}}{a(n+1)} \quad \text{für } n \neq -1 \qquad \int \frac{dx}{ax+b} = \frac{1}{a}\ln|ax+b| \qquad \int \frac{dx}{(ax+b)^2} = -\frac{1}{a(ax+b)}$$

$$\int \frac{dx}{ax^2+b} = \frac{1}{\sqrt{ab}}\arctan\left(\sqrt{\frac{a}{b}}\,x\right) \quad \text{für } ab>0 \qquad \int \frac{dx}{ax^2-b} = \frac{1}{\sqrt{ab}}\ln\left|\frac{\sqrt{ab}-ax}{\sqrt{ab}+ax}\right| \quad \text{für } ab>0$$

Im weiteren sei $D = ac - b^2$

$$\int \frac{dx}{ax^2+2bx+c} = \begin{cases} \dfrac{1}{\sqrt{D}}\arctan\dfrac{ax+b}{\sqrt{D}} & D>0 \\[2mm] \dfrac{1}{2\sqrt{-D}}\ln\left|\dfrac{\sqrt{-D}-b-ax}{\sqrt{-D}+b+ax}\right| & D<0 \\[2mm] -\dfrac{1}{ax+b} & D=0 \end{cases}$$

$$\int \frac{\alpha x+\beta}{ax^2+2bx+c}\,dx = \frac{\alpha}{2a}\ln|ax^2+2bx+c| + \frac{\beta a-\alpha b}{a}\int \frac{dx}{ax^2+2bx+c}$$

$$\int \frac{dx}{(ax^2+2bx+c)^n} = \frac{1}{2D(n-1)}\frac{ax+b}{(ax^2+2bx+c)^{n-1}} + \frac{(2n-3)a}{2D(n-1)}\int \frac{dx}{(ax^2+2bx+c)^{n-1}}$$

$$\int \frac{\alpha x+\beta}{(ax^2+2bx+c)^n}\,dx = \frac{-\alpha}{2a(n-1)}\frac{1}{(ax^2+2bx+c)^{n-1}} + \frac{\beta a-\alpha b}{a}\int \frac{dx}{(ax^2+2bx+c)^n}$$

Irrationale Integranden

$$\int \sqrt{ax+b}\,dx = \frac{2}{3a}(ax+b)^{3/2} \qquad\qquad \int \frac{dx}{\sqrt{ax+b}} = \frac{2}{a}\sqrt{ax+b}$$

$$\int \sqrt{x^2+a^2}\,dx = \frac{x}{2}\sqrt{x^2+a^2} + \frac{a^2}{2}\ln(x+\sqrt{x^2+a^2})$$

$$\int x\sqrt{x^2+a^2}\,dx = \frac{1}{3}(x^2+a^2)^{3/2} \qquad \int \frac{\sqrt{x^2+a^2}}{x}\,dx = \sqrt{x^2+a^2} - a\ln\frac{a+\sqrt{x^2+a^2}}{x}$$

$$\int x^2\sqrt{x^2+a^2}\,dx = \frac{x}{4}(x^2+a^2)^{3/2} - \frac{a^2}{8}\left[x\sqrt{x^2+a^2} + a^2\ln(x+\sqrt{x^2+a^2})\right]$$

$$\int \frac{dx}{\sqrt{x^2+a^2}} = \ln(x+\sqrt{x^2+a^2}) \qquad\qquad \int \frac{x}{\sqrt{x^2+a^2}}\,dx = \sqrt{x^2+a^2}$$

$$\int \frac{x^2}{\sqrt{x^2+a^2}}\,dx = \frac{x}{2}\sqrt{x^2+a^2} - \frac{a^2}{2}\ln(x+\sqrt{x^2+a^2})$$

$$\int \frac{1}{x\sqrt{x^2+a^2}}\,dx = -\frac{1}{a}\ln\frac{a+\sqrt{x^2+a^2}}{x} \qquad\qquad \int \frac{1}{x^2\sqrt{x^2+a^2}}\,dx = -\frac{\sqrt{x^2+a^2}}{a^2 x}$$

$$\int \sqrt{a^2-x^2}\,dx = \frac{x}{2}\sqrt{a^2-x^2} + \frac{a^2}{2}\arcsin\frac{x}{a} \qquad \int x\sqrt{a^2-x^2}\,dx = -\frac{1}{3}(a^2-x^2)^{3/2}$$

$$\int x^2\sqrt{a^2-x^2}\,dx = -\frac{x}{4}(a^2-x^2)^{3/2} + \frac{a^2}{8}\left(x\sqrt{a^2-x^2} + a^2\arcsin\frac{x}{a}\right)$$

$$\int \frac{1}{\sqrt{a^2-x^2}}\,dx = \arcsin\frac{x}{a} \qquad\qquad \int \frac{x}{\sqrt{a^2-x^2}}\,dx = -\sqrt{a^2-x^2}$$

$$\int \sqrt{x^2-a^2}\, dx = \frac{x}{2}\sqrt{x^2-a^2} - \frac{a^2}{2}\ln(x+\sqrt{x^2-a^2})$$

$$\int x\sqrt{x^2-a^2}\, dx = \frac{1}{3}(x^2-a^2)^{3/2}$$

$$\int \frac{\sqrt{x^2-a^2}}{x}\, dx = \sqrt{x^2-a^2} - a\arccos\frac{a}{x}$$

$$\int \frac{1}{\sqrt{x^2-a^2}}\, dx = \ln(x+\sqrt{x^2-a^2})$$

$$\int \frac{x}{\sqrt{x^2-a^2}}\, dx = \sqrt{x^2-a^2}$$

Transzendente Integranden

$$\int \ln x\, dx = x\ln x - x$$

$$\int (\ln x)^n\, dx = \int u^n\, e^u\, du \quad \text{mit } u = \ln x$$

$$\int x^n \ln x\, dx = \frac{x^{n+1}}{n+1}\ln x - \frac{x^{n+1}}{(n+1)^2} \quad n \neq -1$$

$$\int \frac{\ln x}{x}\, dx = \frac{1}{2}(\ln x)^2$$

$$\int \frac{dx}{x\ln x} = \ln|\ln x|$$

$$\int \tan x\, dx = -\ln|\cos x|$$

$$\int \cot x\, dx = \ln|\sin x|$$

$$\int \sin^2 x\, dx = -\frac{1}{4}\sin 2x + \frac{x}{2}$$

$$\int \cos^2 x\, dx = \frac{1}{4}\sin 2x + \frac{x}{2}$$

$$\int \tan^2 x\, dx = \tan x - x$$

$$\int \sin^n x\, dx = -\frac{\sin^{n-1}x \cos x}{n} + \frac{n-1}{n}\int \sin^{n-2}x\, dx$$

$$\int \cos^n x\, dx = \frac{\cos^{n-1}x \sin x}{n} + \frac{n-1}{n}\int \cos^{n-2}x\, dx$$

$$\int \sin(ax+b)\, dx = -\frac{1}{a}\cos(ax+b)$$

$$\int \cos(ax+b)\, dx = \frac{1}{a}\sin(ax+b)$$

$$\left.\begin{array}{l} \int \sin ax \cos bx\, dx = -\dfrac{\cos(a+b)x}{2(a+b)} - \dfrac{\cos(a-b)x}{2(a-b)} \\[2ex] \int \cos ax \cos bx\, dx = \dfrac{\sin(a-b)x}{2(a-b)} + \dfrac{\sin(a+b)x}{2(a+b)} \\[2ex] \int \sin ax \sin bx\, dx = \dfrac{\sin(a-b)x}{2(a-b)} - \dfrac{\sin(a+b)x}{2(a+b)} \end{array}\right\} \quad a^2 \neq b^2$$

$$\int \frac{dx}{\sin x} = \ln\left|\tan\frac{x}{2}\right| \qquad \int \frac{dx}{1+\cos x} = \tan\frac{x}{2} \qquad \int \frac{dx}{\cos x} = \ln\left|\tan\left(\frac{x}{2}+\frac{\pi}{4}\right)\right| \qquad \int \frac{dx}{1-\cos x} = -\cot\frac{x}{2}$$

$$\int \sin x \cos x\, dx = \frac{1}{2}\sin^2 x$$

$$\int \frac{dx}{\sin x \cos x} = \ln|\tan x|$$

$$\int x^n \sin x\, dx = -x^n \cos x + n\int x^{n-1}\cos x\, dx$$

$$\int x^n \cos x\, dx = x^n \sin x - n\int x^{n-1}\sin x\, dx$$

$$\int e^{ax}\cos bx\, dx = \frac{e^{ax}}{a^2+b^2}(a\cos bx + b\sin bx)$$

$$\int e^{ax}\sin bx\, dx = \frac{e^{ax}}{a^2+b^2}(a\sin bx - b\cos bx)$$

$$\int e^{ax}\cos^2 bx\, dx = \frac{e^{ax}}{2a} + \frac{e^{ax}}{a^2+4b^2}\left(\frac{a}{2}\cos 2bx + b\sin 2bx\right)$$

$$\int e^{ax}\sin^2 bx\, dx = \frac{e^{ax}}{2a} - \frac{e^{ax}}{a^2+4b^2}\left(\frac{a}{2}\cos 2bx + b\sin 2bx\right)$$

$$\int \arcsin x\, dx = x\arcsin x + \sqrt{1-x^2}$$

$$\int \arccos x\, dx = x\arccos x - \sqrt{1-x^2}$$

$$\int \arctan x\, dx = x\arctan x - \frac{1}{2}\ln(1+x^2)$$

$$\int \text{arccot}\, x\, dx = x\,\text{arccot}\, x + \frac{1}{2}\ln(1+x^2)$$

$$\int \text{arsinh}\, x\, dx = x\,\text{arsinh}\, x - \sqrt{1+x^2}$$

$$\int \text{arcosh}\, x\, dx = x\,\text{arcosh}\, x - \sqrt{x^2-1}$$

$$\int \text{artanh}\, x\, dx = x\,\text{artanh}\, x + \frac{1}{2}\ln(1-x^2)$$

$$\int \text{arcoth}\, x\, dx = x\,\text{arcoth}\, x + \frac{1}{2}\ln(x^2-1)$$

9 Anwendungen der Differential- und Integralrechnung

9.1 Tangente und Normale der Kurve einer Funktion

Tangente im Punkt $(x_1; y_1)$ $\quad y = y_1 + f'(x_1) \cdot (x - x_1)$

Normale im Punkt $(x_1; y_1)$ $\quad y = y_1 - \dfrac{x - x_1}{f'(x_1)}$

9.2 Eigenschaften der Kurven von Funktionen

Maximum $\quad y' = 0$ und $y'' < 0$ $\qquad$ **Minimum** $\quad y' = 0$ und $y'' > 0$

Rechtskrümmung $\quad y'' < 0$ $\qquad$ **Linkskrümmung** $\quad y'' > 0$

Wendepunkt $\quad y''$ ändert das Vorzeichen

Beispiel Extremwerte und Wendepunkte der Funktion $y = x^3 - 6x + 9$.

$y' = 3x^2 - 6$; $y'' = 6x$; Extremwerte: $0 = 3x_e^2 - 6$; $x_e = \pm\sqrt{2}$; Maximum bei $(-\sqrt{2}; 9 + 4\sqrt{2})$, da $y''(-\sqrt{2}) = -6\sqrt{2} < 0$; Minimum bei $(+\sqrt{2}; 9 + 8\sqrt{2})$, da $y''(+\sqrt{2}) = +6\sqrt{2} > 0$; Wendepunkt: $0 = 6x_w$; $x_w = 0$; $y_w = 9$

Beispiel Rinne aus vier gleichbreiten Blechstreifen; Form, damit die Rinne möglichst viel Wasser faßt.

$A = a \cdot 2a \cos\alpha + a \sin\alpha \cdot a \cos\alpha = a^2(2\cos\alpha + \sin\alpha \cos\alpha)$

$A' = a^2(-2\sin\alpha - \sin\alpha \sin\alpha + \cos\alpha \cos\alpha)$
$\quad = -a^2(\sin^2\alpha - \cos^2\alpha + 2\sin\alpha)$

$A' = 0 \Rightarrow \sin^2\alpha_e - (1 - \sin^2\alpha_e) + 2\sin\alpha_e = 0$

$2\sin^2\alpha_e + 2\sin\alpha_e - 1 = 0$;

$\sin\alpha_e = -\dfrac{1}{2} \pm \sqrt{\dfrac{1}{4} + \dfrac{1}{2}} = \dfrac{-1 \pm \sqrt{3}}{2} \Rightarrow \alpha_e = 21{,}47°$

$\max A = a^2 \cdot 2{,}202 > a^2 \cdot 2$ $\quad$ (Rechteck)

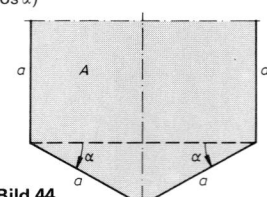

Bild 44

9.3 Nullstellen einer Funktion $f(x)$ (s. Abschn. 2.8)

Newton-Verfahren $\quad x_{i+1} = x_i - \dfrac{f(x_i)}{f'(x_i)}$ $\quad$ konvergiert für $\left|\dfrac{ff''}{f'^2}\right| < 1$.

Regula falsi Ist $\operatorname{sgn} f(x_1) = -\operatorname{sgn} f(x_2)$, so ergibt

$x_3 = x_1 - \dfrac{x_2 - x_1}{f(x_2) - f(x_1)} f(x_1)$ $\quad$ eine verbesserte Näherung.

9.4 Krümmung, Krümmungsradius, Krümmungskreis

Krümmung $\quad \varkappa = \lim\limits_{\Delta s \to 0} \dfrac{\Delta\alpha}{\Delta s} = \dfrac{d\alpha}{ds} = \dfrac{y''}{(1 + y'^2)^{3/2}}$
$\quad \begin{array}{l} > 0 \quad \text{Linkskrümmung} \\ = 0 \quad \text{Möglichkeit eines Wendepunktes} \\ < 0 \quad \text{Rechtskrümmung} \end{array}$

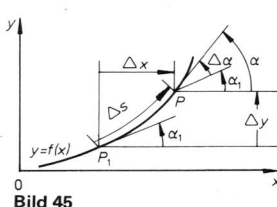

Bild 45

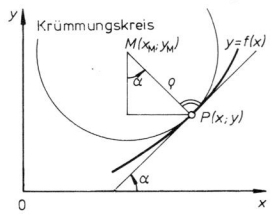

Bild 46

Krümmungsradius $\quad \varrho = \dfrac{1}{\varkappa} = \dfrac{(1+y'^2)^{3/2}}{y''}$ $\qquad \begin{array}{l} \varrho > 0 \quad \text{Linkskrümmung} \\ \varrho < 0 \quad \text{Rechtskrümmung} \end{array}$

Krümmungsmittelpunkt $\quad x_M = x - y' \dfrac{1+y'^2}{y''} \qquad y_M = y + \dfrac{1+y'^2}{y''}$

Beispiel Die Krümmung $1/\varrho(x)$ der Biegelinie $w(x)$ ist proportional zum Schnittbiegemoment $M(x)$ und umgekehrt proportional zur Biegesteifigkeit $EI(x)$ ($E =$ Elastizitätsmodul, $I(x) =$ auf die y-Achse bezogenes Flächenmoment 2. Grades des Trägerquerschnitts).

$$\frac{1}{\varrho(x)} = \frac{w''}{(1+w'^2)^{3/2}} = -\frac{M(x)}{EI(x)} \qquad \begin{array}{l}\text{Nichtlinearisierte Differentialgleichung} \\ \text{der Biegelinie}\end{array}$$

9.5 Unbestimmte Ausdrücke

Sind f und g in $x = a$ differenzierbar und $f(a) = g(a) = 0$ oder $f(a) \to \infty$, $g(a) \to \infty$, so gilt

$$\lim_{x \to a} \frac{f(x)}{g(x)} = \lim_{x \to a} \frac{f'(x)}{g'(x)} \qquad \text{Regel von de l'Hospital}$$

Beispiel $\lim\limits_{r \to 0} (r^2 \ln r) = ?$ Es wird auf den Ausdruck ∞ / ∞ umgeformt.

$$r^2 \cdot \ln r = \frac{\ln r}{1/r^2}; \quad f(r) = \ln r; \quad f'(r) = 1/r; \quad g(r) = 1/r^2; \quad g'(r) = -2/r^3$$

$$\lim_{r \to 0} (r^2 \ln r) = \lim_{r \to 0} \frac{1/r}{-2/r^3} = \lim_{r \to 0} (-r^2/2) = 0$$

9.6 Geometrische Größen

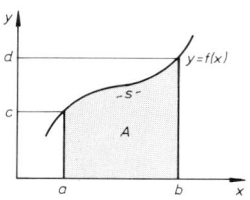

Fläche $\quad A = \int\limits_A \mathrm{d}A = \int\limits_a^b y\,\mathrm{d}y$

Bogenlänge $\quad s = \int\limits_s \mathrm{d}s = \int\limits_a^b \sqrt{1+y'^2}\,\mathrm{d}x$

Volumen $\quad V = \int\limits_V \mathrm{d}V$

Bild 47

Rotationskörper $\quad V_x = \pi \int\limits_a^b y^2\,\mathrm{d}x \quad (x\text{-Achse} = \text{Rotationsachse})$

$$V_y = \pi \int\limits_c^d x^2\,\mathrm{d}y = \pi \int\limits_a^b x^2 y'\,\mathrm{d}x$$

Beispiel Differenz u zwischen Meßbandlänge s und Sehnenlänge (zu messende Länge); das Meßband hängt entsprechend der Funktion $y = hx^2/(s/2)^2$ durch.

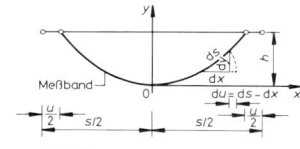

$$\mathrm{d}u = \mathrm{d}s - \mathrm{d}x = (\sqrt{1+y'^2} - 1)\,\mathrm{d}x$$

$$\approx \left(1 + \frac{y'^2}{2} - 1\right)\mathrm{d}x = \frac{y'^2}{2}\,\mathrm{d}x$$

$$y' = \frac{4h}{s^2} \cdot 2x \qquad u = \int\limits_{-s/2}^{+s/2} \frac{32h^2}{s^4} x^2\,\mathrm{d}x = \frac{8h^2}{3s}$$

Bild 48

Mathematik

Beispiel Fläche zwischen der x-Achse und der Kurve der Funktion $y = x^3\,\text{cm}^{-2} - x^2\,\text{cm}^{-1} + 1\,\text{cm}$, begrenzt durch die Abszissen $a = 5\,\text{cm}$ und $b = 8\,\text{cm}$.

$$A = \int_a^b (x^3\,\text{cm}^{-2} - x^2\,\text{cm}^{-1} + 1\,\text{cm})\,dx$$

$$= \frac{b^4 - a^4}{4}\,\text{cm}^{-2} - \frac{b^3 - a^3}{3}\,\text{cm}^{-1} + (b - a)\,\text{cm}$$

$$= 741{,}75\,\text{cm}^2$$

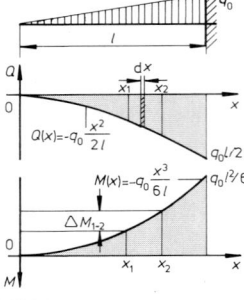

Beispiel Vergleich des Inhalts der Querkraftfläche $A_{Q;\,1-2}$ mit dem Momentenzuwachs ΔM_{1-2} auf der Länge $(x_2 - x_1)$.

$$dA_Q = Q(x)\,dx = -q\frac{x^2}{2l}\,dx$$

$$A_{Q.\,1-2} = \int_{x_1}^{x_2} Q(x)\,dx = -\frac{q}{2l}\int_{x_1}^{x_2} x^2\,dx = -\frac{q}{6l}(x_2^3 - x_1^3)$$

$$\Delta M_{1-2} = M(x_2) - M(x_1) = -q\frac{x_2^3}{6l} + q\frac{x_1^3}{6l} = -\frac{q}{6l}(x_2^3 - x_1^3)$$

Bild 49

Beispiel Gesucht ist die Enddurchbiegung des Stahlbetonfreiträgers ($E_b = 3 \cdot 10^7\,\text{kN/m}^2$); Trägerbreite $b = 0{,}30\,\text{m}$

Arbeitsgleichung

$$E_b I_c \cdot \delta_0 = \int_0^l M(x)\,\overline{M}(x)\,\frac{I_c}{I(x)}\,dx$$

$$I_c = \frac{b d_4^3}{12} = \text{Vergleichsträgheitsmoment}$$

$$\frac{I_c}{I(x)} = \frac{d_4^3}{d^3(x)} = \left(\frac{0{,}70\,\text{m}}{d(x)}\right)^3$$

$$M(x) = -q x^2/2 \qquad \overline{M}(x) = -\overline{1}\,x$$

Das Integral $\displaystyle\int_0^l M(x)\,\overline{M}(x)\,\frac{I_c}{I(x)}\,dx$ wird mit der Simpson-Regel bestimmt.

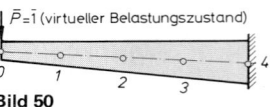

$\overline{P} = 1$ (virtueller Belastungszustand)

Bild 50

Tafel 1

Pkt.	x m	$d(x)$ m	$I_c/I(x)$	$M(x)$ kN m	$\overline{M}(x)$ m	k	$k \cdot I_c/I(x) \cdot M(x) \cdot \overline{M}(x)$ kN m^2
0	0,0	0,30		0	0	1	0
1	1,0	0,40	5,359	− 10,0	−1,0	4	214,36
2	2,0	0,50	2,744	− 40,0	−2,0	2	439,04
3	3,0	0,60	1,588	− 90,0	−3,0	4	1715,04
4	4,0	0,70	1,000	−160,0	−4,0	1	640,00

$$3008{,}44$$

$$\delta_0 = \int_0^l M(x)\,\overline{M}(x)\,\frac{I_c}{I(x)}\,dx \cdot \frac{1}{E_b} \cdot \frac{1}{I_c} = \frac{1{,}0}{3} \cdot 3008{,}44\,\text{kN m}^3 \cdot \frac{m^2}{3 \cdot 10^7\,\text{kN}} \cdot \frac{12}{0{,}3 \cdot 0{,}7^3\,\text{m}^4}$$

$$= 0{,}0039\,\text{m} = 3{,}9\,\text{mm}$$

Bemerkung: Schon eine grobe Einteilung liefert genügend genaue Werte, wie die folgenden Ergebnisse zeigen:

$n = 2 \quad \delta_0 = 3{,}934\,\text{mm};$ $n = 6 \quad \delta_0 = 3{,}901\,\text{mm}$
$n = 4 \quad \delta_0 = 3{,}898\,\text{mm};$ $n = 8 \quad \delta_0 = 3{,}902\,\text{mm}$

9.7 Differenzieren und Integrieren in Polarkoordinaten

$r = f(\varphi) \qquad r' = \dfrac{dr}{d\varphi} \qquad r'' = \dfrac{dr'}{d\varphi} \qquad \tan\psi = r/r'$

$y' = \dfrac{r'\sin\varphi + r\cos\varphi}{r'\cos\varphi - r\sin\varphi} \qquad y'' = \dfrac{r^2 + 2r'^2 - rr''}{(r'\cos\varphi - r\sin\varphi)^3}$

Krümmung $\quad \varkappa = \dfrac{y''}{+(1+y'^2)^{3/2}}$

$\varkappa = [\operatorname{sgn}(r'\cos\varphi - r\sin\varphi)]\,\dfrac{r^2 + 2r'^2 - rr''}{+(r^2 + r'^2)^{3/2}}$

Krümmungsradius $\quad \rho = 1/\varkappa$

Fläche $\quad A = \dfrac{1}{2}\int\limits_{\varphi_1}^{\varphi_2} r^2\, d\varphi$

Bogen $\quad s = \int\limits_{\varphi_1}^{\varphi_2} \sqrt{r^2 + r'^2}\, d\varphi$

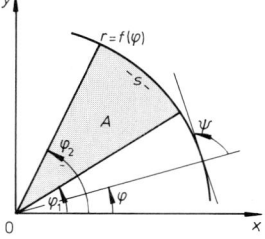

Bild 51

9.8 Potenzreihen

$f(x) = f(x_0) + \dfrac{x - x_0}{1!} f'(x_0) + \dfrac{(x-x_0)^2}{2!} f''(x_0) + \ldots + \dfrac{(x-x_0)^n}{n!} f^{(n)}(x_0)$

$\qquad\qquad + \dfrac{(x-x_0)^{n+1}}{(n+1)!} f^{(n+1)}(x_m) \quad \text{mit } x_m \text{ aus } [x, x_0]$

$\sin x = \sum\limits_{i=0}^{\infty} (-1)^i \dfrac{x^{2i+1}}{(2i+1)!} = x - \dfrac{x^3}{3!} + \dfrac{x^5}{5!} - \ldots \qquad x \text{ reell}$

$\cos x = \sum\limits_{i=0}^{\infty} (-1)^i \dfrac{x^{2i}}{(2i)!} = 1 - \dfrac{x^2}{2!} + \dfrac{x^4}{4!} - \ldots \qquad x \text{ reell}$

$\arcsin x = x + \dfrac{1}{2}\dfrac{x^3}{3} + \dfrac{1\cdot3}{2\cdot4}\dfrac{x^5}{5} + \dfrac{1\cdot3\cdot5}{2\cdot4\cdot6}\dfrac{x^7}{7} + \ldots \qquad |x| < 1$

$\arccos x = \dfrac{\pi}{2} - \arcsin x \qquad \arctan x = x - \dfrac{x^3}{3} + \dfrac{x^5}{5} - \ldots \qquad |x| < 1$

$e^x = 1 + \dfrac{x}{1!} + \dfrac{x^2}{2!} + \ldots = \sum\limits_{i=0}^{\infty} \dfrac{x^i}{i!} \qquad a^x = \sum\limits_{i=0}^{\infty} \dfrac{(x\cdot\ln a)^i}{i!} \qquad x \text{ reell}$

$\ln(1+x) = \sum\limits_{i=1}^{\infty} (-1)^{i+1} \dfrac{x^i}{i} \qquad \ln(1-x) = -\sum\limits_{i=1}^{\infty} \dfrac{x^i}{i} \qquad -1 \leq x < +1$

$\sinh x = \sum\limits_{i=0}^{\infty} \dfrac{x^{2i+1}}{(2i+1)!} = x + \dfrac{x^3}{3!} + \dfrac{x^5}{5!} + \dfrac{x^7}{7!} + \ldots \qquad x \text{ reell}$

$\cosh x = \sum\limits_{i=0}^{\infty} \dfrac{x^{2i}}{(2i)!} = 1 + \dfrac{x^2}{2!} + \dfrac{x^4}{4!} + \dfrac{x^6}{6!} + \ldots \qquad x \text{ reell}$

$(1+x)^n = \sum\limits_{i=0}^{n} \binom{n}{i} x^i \qquad (1-x)^n = \sum\limits_{i=0}^{n} \binom{n}{i}(-x)^i \qquad m, n \text{ positiv ganz, } |x| < 1$

10 Differentialgleichungen

10.1 Begriffe

Eine Gleichung, die außer den Variablen auch deren Ableitungen enthält, heißt Differentialgleichung (DGl.). Bei einer gewöhnlichen DGl. hängt die gesuchte Funktion nur von einer Variablen ab (allgemeine Form $f(x, y', y'', ..., y^{(m)}) = 0$); bei einer partiellen DGl. hängt die gesuchte Funktion von mehreren Variablen ab. Ist die m-te Ableitung die höchste in der DGl. vorkommende Ableitung, so ist die DGl. von m-ter Ordnung. Funktionen, die mit ihren Ableitungen die DGl. erfüllen, heißen Lösungen der DGl. Die allgemeine Lösung einer DGl. m-ter Ordnung enthält m Integrationskonstanten.

10.2 Trennung der Veränderlichen

Aus $y' = \dfrac{dy}{dx} = f_1(x) f_2(y)$ mit $y(x_0) = y_0$ und mit im betrachteten Intervall stetigen Funktionen $f_1(x)$ und $f_2(y)$ folgt

$$\int_{y_0}^{y} \frac{du}{f_2(u)} = \int_{x_0}^{x} f_1(v)\, dv \qquad f_2(y) \neq 0$$

Häufig wird geschrieben

$$\int \frac{dy}{f_2(y)} = \int f_1(x)\, dx$$

Beispiel Gesucht ist die Lösung der DGl. $y' = -x/y$ mit der Anfangsbedingung (Anfangswertaufgabe) $y(0) = 3$.

$$\frac{dy}{dx} = -\frac{x}{y} \qquad y\, dy = -x\, dx \qquad \int_{3}^{y} u\, du = -\int_{0}^{x} v\, dv$$

$$y^2 - 0^2 = -(x^2 - 3^2)$$

$$x^2 + y^2 = 9 \quad \text{d.h. Kreisgleichung}$$

Beispiel Für den dargestellten Einfeldträger sind $Q(x)$, $M(x)$ und $w(x)$ gesucht.

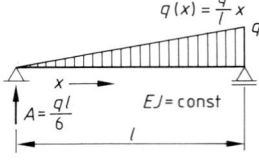

$q(x) = \dfrac{q}{l}\, x$

$A = \dfrac{ql}{6}$ $EJ = \text{const}$

Bild 52

$$Q'(x) = -q(x) = -\frac{q}{l}\, x \qquad\qquad \int dQ = -\int \frac{q}{l}\, x\, dx$$

$$Q(x) = -\frac{q x^2}{2 l} + c_1 \qquad\qquad \text{Rbd.: } Q(0) = \frac{ql}{6} \to c_1 = \frac{ql}{6} \quad Q(x) = \frac{ql}{6} - \frac{q x^2}{2 l}$$

$$M'(x) = Q(x) \qquad\qquad \int dM = \int \left(\frac{ql}{6} - \frac{q x^2}{2 l} \right) dx$$

$$M(x) = \frac{q l x}{6} - \frac{q x^3}{6 l} + c_2 \qquad\qquad \text{Rbd.: } M(0) = 0 \to c_2 = 0 \quad M(x) = \frac{q l x}{6} - \frac{q x^3}{6 l}$$

$$w''(x) = -\frac{M(x)}{EI} = -\frac{q}{EI} \left(\frac{l x}{6} - \frac{x^3}{6 l} \right) \qquad w'(x) = -\frac{q}{EI} \left(\frac{l x^2}{12} - \frac{x^4}{24 l} + c_3 \right)$$

$$w(x) = -\frac{q}{EI} \left(\frac{l x^3}{36} - \frac{x^5}{120 l} + c_3 x + c_4 \right) \qquad \text{Rbd.: } w(0) = 0 \to c_4 = 0$$

$$w(l) = 0 \to c_3 = -\frac{7 l^3}{360}$$

$$w(x) = \frac{q}{360\, EI} \left(7 l^3 x - 10 l x^3 + \frac{3 x^5}{l} \right)$$

10.3 Lineare DGl. mit konstanten Koeffizienten

$$\sum_{i=0}^{m} a_i y^{(i)} = g(x) \qquad \text{Lösung } y = y_{(h)} + y_{(p)}$$

$$y_{(h)} = \sum_{i=1}^{m} C_i e^{p_i x} \qquad \text{Lösung der homogenen DGl. } \sum_{i=0}^{m} a_i y^{(i)} = 0$$

p_i sind Nullstellen der charakteristischen Gleichung:

$$\sum_{i=0}^{n} a_i p^i = 0 \qquad \text{wobei } p_1 \neq p_2 \neq \ldots \neq p_n$$

$$y_{(h)} = (B_0 + B_1 x + B_2 x^2 + \ldots + B_{k-1} x^{k-1}) e^{p_1 x} + \sum_{i=k+1}^{m} C_i e^{p_i x} \quad \text{wenn}$$

mehrfache Nullstellen $p_1 = p_2 = p_3 = \ldots = p_k$ vorhanden.

$y_{(p)} =$ Spezielle (partielle) Lösung der inhomogenen DGl.: Der Ansatz wird in der allgemeinen Form der Störfunktion gemacht

Störfunktion	Ansatz
$g(x) = b e^{ax}$	$y_{(p)} = c e^{ax}$
$g(x) = b_0 + b_1 x + \ldots + b_r x^r$	$y_{(p)} = c_0 + c_1 x + \ldots + c_r x^r$
$g(x) = A \sin ax \quad$ oder $\quad g(x) = A \cos ax$	$y_{(p)} = B_1 \sin ax + B_1 \cos ax$
$g(x) = A e^{ax} \sin bx \quad$ oder $\quad g(x) = A e^{ax} \cos bx$	$y_{(p)} = e^{ax} (B_1 \sin bx + B_2 \cos bx)$

Bei Übereinstimmung der Störfunktion mit einer Lösung der homogenen DGl. werden die Größen B im Ansatz durch $B \cdot x^r$ ersetzt, r ergibt sich nach dem Einsetzen des Ansatzes in die DGl.

Beispiel Gesucht ist die allgemeine Lösung der DGl. $y'' - 4y = 2x$.
Homogene DGl.: $y'' - 4y = 0$
Charakteristische Gl.: $p^2 - 4 = 0 \rightarrow p_1 = +2$ und $p_2 = -2$
Inhomogene DGl.: $y'' - 4y = 2x$
Ansatz: $y_{(p)} = c_0 + c_1 x$
$0 - 4(c_0 + c_1 x) = 2x$
Koeffizientenvergleich liefert $c_0 = 0$ und $c_1 = -0,5$
Allgemeine Lösung: $y = C_1 e^{2x} + C_2 e^{-2x} - 0,5x$

Beispiel Die DGl. der freien Schwingung lautet $m\ddot{x} + cx = 0$; die Punkte bedeuten Ableitungen nach der Zeit t. Die Rückstellkraft ist $cx = $ Federkraft = Federkonstante mal Auslenkung.
Mit $\omega^2 = c/m$ wird $\ddot{x} + \omega^2 x = 0$
Charakteristische Gleichung: $p^2 + \omega^2 = 0$
                  Lösungen: $p_1 = +i\omega$ und $p_2 = -i\omega$
Lösung der DGl.: $x = C_1 e^{i\omega t} + C_2 e^{-i\omega t}$
Mit Hilfe der Eulerschen Formel $e^{i\varphi} = \cos\varphi \pm i \sin\varphi$ (Beweis durch Reihenentwicklung) folgt:
$x = (C_1 + C_2) \cos\omega t + i(C_1 - C_2) \sin\omega t$
$x = A_1 \cos\omega t + iA_2 \sin\omega t$
Da nur die Lösungen in reeller Form interessieren, darf geschrieben werden:
$x = A_1 \cos\omega t + A_2 \sin\omega t = A \cos(\omega t - \varepsilon)$
Durch Einsetzen dieser Lösung in die DGl. kann die Richtigkeit überprüft werden.

10.4 Differenzenverfahren

Die Ableitungen in einer DGl. werden durch Differenzenquotienten ersetzt; durch Auflösen eines linearen Gleichungssystems werden Werte der Lösungsfunktion ermittelt.

Differenzenformeln für DGl. 1. Ordnung

$$y'_{i\,l} = \frac{y_i - y_{i-1}}{\Delta x} \qquad \text{(rückwärts)}$$

$$y'_i = \frac{y_{i+1} - y_{i-1}}{2\Delta x} \qquad \text{(mittig)}$$

$$y'_{i\,r} = \frac{y_{i+1} - y_i}{\Delta x} \qquad \text{(vorwärts)}$$

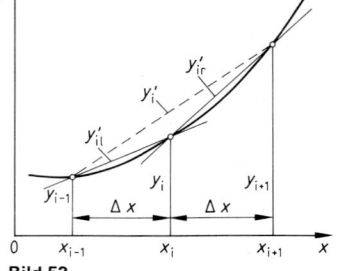

Differenzenformeln für DGl. 2. Ordnung

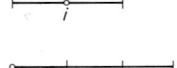

$$y''_i = \frac{1}{h^2} \boxed{1 \;\; \boxed{-2} \;\; 1} \; y \qquad \text{Bild 53}$$

$$y''_0 = -\frac{3}{h} y'_0 + \frac{1}{2h^2} \boxed{\boxed{-7} \;\; 8 \;\; -1} \; y$$

Mehrstellenformeln für DGl. 2. Ordnung

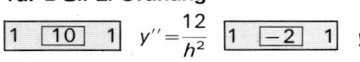

$$\boxed{1 \;\; \boxed{10} \;\; 1} \; y'' = \frac{12}{h^2} \boxed{1 \;\; \boxed{-2} \;\; 1} \; y$$

$$\boxed{\boxed{1} \;\; 6} \; y'' = -\frac{10}{6h} y'_0 + \frac{1}{18h^2} \boxed{\boxed{89} \;\; -216 \;\; 135 \;\; -8} \; y$$

Randbedingungen

Aus $y'_0 = 0$ folgt $y_{-1} = y_1$

Aus $y''_0 = 0$ folgt $y_{-1} = 2y_0 - y_1$

Aus $y'''_0 = 0$ folgt $y_{-2} = 2y_{-1} - 2y_1 + y_2$

10.5 Allgemeines Lösungsverfahren für lineare DGL.

Das folgende Verfahren ist anwendbar auf lineare DGL'n m-ter Ordnung mit konstanten Koeffizienten und einem Polynom n-ten Grades als Störfunktion (s. Aufsätze von Rubin: ZAMM 1988, S. 433−443, Bauingenieur 1988, S. 195−204, Bauingenieur 1991, S. 131−141)

$$y^{(m)} - K_1 y^{(m-1)} - K_2 y^{(m-2)} \ldots - K_m y = p_0 a_0 + p_1 a_1 \ldots + p_n a_n = \sum_{j=0}^{n} p_j a_j = p(x)$$

K_1 bis K_m, p_0 bis p_n: gegebene Konstanten; $p_0 = p(0)$, $p_1 = p'(0)$, $\ldots p_n = p^{(n)}(0)$

Definition der Funktionen $a_j = a_j(x)$

$x < 0: a_j = 0 \qquad x = 0: a_j = 1 \qquad x > 0: a_j = x^j/j!$

Daraus folgt: $a'_j = a_{j-1}, \ldots a_j^{(n)} = a_{j-n}$

Lösung $y = y_{(h)} + y_{(p)} = c_0 b_0 + c_1 b_1 \ldots + c_{m-1} b_{m-1}$
$\qquad\qquad + p_0 b_m + p_1 b_{m+1} \ldots + p_n b_{m+n}$

c_0 bis c_{m-1}: unbekannte Konstanten

$b_0(x)$ bis $b_{m-1}(x)$: linear unabhängige Lösungen der homogenen DGL.

$p_0 b_m(x) \ldots + p_n b_{m+n}(x)$: Lösung der inhomogenen DGL.

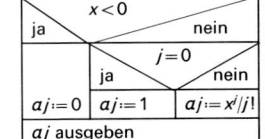

Bild 54

DGL erfüllt, wenn $b_j = a_j + K_1 b_{j+1} + K_2 b_{j+2} \ldots + K_m b_{j+m}$ für alle j **Rekursionsformel**

Es ist $b'_j = b_{j-1}$ für alle j $\qquad \int_0^x b_j \, dx = b_{j+1}$ für $j \geq 0$

Lösungsfunktionen $b_j(x)$ in analytischer Form (nur für bestimmte Fälle angegeben)

D G L. 1. Ordnung $y' - Ky = \sum\limits_{j=0}^{n} p_j a_j$

Lösung $\quad y = c_0 b_0 + \sum\limits_{j=0}^{n} p_j b_{j+1}$

K	b_0	$b_1, b_2 \ldots$
± 0	e^{Kx}	$b_j = (b_{j-1} - a_{j-1})/K$
$= 0$		$b_j = a_j$

Bild 55

D G L. 2. Ordnung $y'' - Ky = \sum\limits_{j=0}^{n} p_j a_j$

Lösung $\quad y = c_0 b_0 + c_1 b_1 + \sum\limits_{j=0}^{n} p_j b_{j+2}$

K	f	b_0	b_1	$b_2, b_3 \ldots$
> 0	$\sqrt{|K|}$	$\cosh fx$	$\dfrac{\sinh fx}{f}$	$b_j =$
< 0		$\cos fx$	$\dfrac{\sin fx}{f}$	$\dfrac{b_{j-2} - a_{j-2}}{K}$
$= 0$			$b_j = a_j$	

Bild 56

D G L. 4. Ordnung $y'''' - K_1 y'' - K_2 y = \sum\limits_{j=0}^{n} p_j a_j$

Lösung $\quad y = c_0 b_0 + c_1 b_1 + c_2 b_2 + c_3 b_3 + \sum\limits_{j=0}^{n} p_j b_{j+4}$

Zu unterscheiden sind 9 verschiedene Fälle in Abhängigkeit von K_1 und K_2.

Lösungsfunktionen $b_j(x)$ in Reihenform

Die stets konvergenten Reihenformeln für die Lösungen $b_j(x)$ sind allgemein anwendbar für lineare DGL'n mit beliebigen m und n und beliebigen K_i (auch Null) und vermeiden numerische Schwierigkeiten.

Reihenformel $b_j = \sum\limits_{t=0}^{\infty} \alpha_t a_{j+t}$ für $j \geq 0$ (folgt aus Rekursionsformel,
α_t unabhängig von j)

mit $\alpha_t = 0$ für $t < 0$ und $\alpha_0 = 1$ und Rekursionsformel $\alpha_t = \sum\limits_{i=1}^{m} K_i \alpha_{t-i}$ für $t > 0$

D G L. 2. Ordnung $y'' - Ky = \sum\limits_{j=0}^{n} p_j a_j$

Rekursionsformel $\quad b_j = a_j + K b_{j+2}$ für alle j

Reihenformel $\quad b_j = a_j + \sum\limits_{t=1}^{\infty} K a_{j+2t}$ für $j \geq 0$

Zweckmäßige Form $\quad b_j = \sum\limits_{t=0}^{\infty} \beta_t$ für $j \geq 0$

mit $\beta_0 = a_j$ und $\beta_t = \dfrac{K x^2}{(j+2t)(j+2t-1)} \beta_{t-1}$ für $t \geq 1$

K, x, j einlesen
$bj := \beta := aj, \; s := j$
$s := s + 2$
$\beta := \beta * K * x^2/s/(s-1)$
$bj := bj + \beta$
$|\beta| \leq |bj| * 10^{-9}$
bj ausgeben

Bild 57

D G L. 4. Ordnung $y'''' - K_1 y'' - K_2 y = \sum\limits_{j=0}^{n} p_j a_j$

Rekursionsformel $\quad b_j = a_j + K_1 b_{j+2} + K_2 b_{j+4}$ für alle j

Reihenformel $\quad b_j = a_j + \sum\limits_{t=1}^{\infty} \alpha_t a_{j+2t}$ für $j \geq 0$

mit $\alpha_0 = 1$, $\alpha_1 = K_1$ und $\alpha_t = K_1 \alpha_{t-1} + K_2 \alpha_{t-2}$ für $t \geq 2$

Zweckmäßige Form $\quad b_j = \sum\limits_{t=0}^{\infty} \beta_t$ für $j \geq 0$

mit den Anfangswerten $\beta_0 = a_j$, $\varrho_{-1} = 0$
und den Rekursionsformeln für $t = 1, 2, 3 \ldots$

$\eta_{t-1} = \dfrac{x^2}{(j+2t)(j+2t-1)}$ $\qquad \varrho_{t-1} = \beta_{t-1} \eta_{t-1}$

$\beta_t = K_1 \varrho_{t-1} + K_2 \varrho_{t-2} \eta_{t-1}$

Sonderfälle $K_1 = 0$, $K_2 = 0$ sind in den Formeln enthalten. Mit $K_2 = 0$ und $K_1 = K$ werden die Funktionen gleich denen bei der DGL 2. Ordnung.

$K1, K2, x, j$ einlesen
$bj := \beta := h1 := aj, \; \varrho 1 := 0, \; s := j$
$s := s + 2$
$\eta := x^2/s/(s-1)$
$\varrho 2 := \varrho 1$
$\varrho 1 := \beta * \eta$
$\beta := K1 * \varrho 1 + K2 * \varrho 2 * \eta$
$bj := bj + \beta$
$h2 := h1$
$h1 := |\beta|$
$h := h1 + h2$
$h \leq |bj| * 10^{-9}$
bj ausgeben

Bild 58

11 Statistik, Fehlerrechnung

11.1 Statistik

Stichprobe $\{x_1, x_2, x_3, \ldots, x_n\}$ n Werte der beobachteten Größe; Klassenanzahl bei großem $(50 < n < 500)$ Stichprobenumfang: $k \approx \sqrt{n}$, jedoch nicht mehr als 30 Klassen.

Klassenbreite $\Delta x = (\max x - \min x)/k < 0{,}6s$ **Klassenmitte** $\bar{x}_i$

Ordinate der Häufigkeitsverteilung: Absolute Häufigkeit n_i (Anzahl der Werte einer Klasse) oder relative Häufigkeit $h_i = n_i/n$.

Ordinate der Häufigkeitssummenverteilung: Absolute Häufigkeitssumme $G_i = \sum\limits_{j=1}^{i} n_j$

oder relative Häufigkeitssumme $\Phi_i = \sum\limits_{j=1}^{i} h_j$.

Lagemaße einer Stichprobe (es wird stets über alle x_i summiert)

Arithmetischer Mittelwert $\bar{x} = \dfrac{1}{n} \sum x_i \approx \dfrac{1}{n} \sum n_i \bar{x}_i$

Geometrischer Mittelwert $\bar{x}_G = \sqrt[n]{x_1 x_2 \ldots x_n}$

Harmonischer Mittelwert $\bar{x}_H = \dfrac{n}{\sum 1/x_i}$

Streuungsmaße einer Stichprobe

Spannweite (Variationsbreite) $R = \max x - \min x$

Streuung $s^2 = \dfrac{1}{n-1} \sum (x_i - \bar{x})^2 = \dfrac{1}{n-1} \left[\sum x_i^2 - \dfrac{1}{n} \left(\sum x_i \right)^2 \right]$

$\approx \dfrac{1}{n-1} \sum (\bar{x}_i - \bar{x})^2 n_i = \dfrac{1}{n-1} \left[\sum \bar{x}_i^2 n_i - \dfrac{1}{n} \left(\sum \bar{x}_i n_i \right)^2 \right]$

Standardabweichung $s = +\sqrt{s^2}$

Variationskoeffizient $v = s/\bar{x}$

Wahrscheinlichkeitsverteilungen einer Zufallsgröße

$h(A) = k/n =$ relative Häufigkeit des Zufallsereignisses A (bei n-maliger Durchführung eines Zufallsexperiments tritt A insgesamt k-mal ein).

$p(A) = \lim\limits_{n \to \infty} h(A) =$ Wahrscheinlichkeit von A.

$n!$ Anzahl der Möglichkeiten, n Elemente zu ordnen.

n^k Anzahl der Möglichkeiten, k Elemente geordnet einer Menge von n verschiedenen Elementen zu entnehmen (mit Zurücklegen).

$\binom{n}{k}$ Anzahl der Möglichkeiten, k Elemente ungeordnet einer Menge von n verschiedenen Elementen zu entnehmen (ohne Zurücklegen).

Normalverteilung (stetige Verteilung mit Erwartungswert μ und Varianz σ^2)
Wahrscheinlichkeitsdichte Verteilungsfunktion

$f(x) = \dfrac{1}{\sigma \sqrt{2\pi}} e^{-\frac{1}{2} \left(\frac{x-\mu}{\sigma} \right)^2}$ $F(x) = \int\limits_{-\infty}^{x} f(v)\, dv$

Mit $u = (x - \mu)/\sigma$ und $\sigma f(x) = \varphi(u)$ wird die $N(\mu; \sigma)$-Verteilung zur $N(0;1)$-Verteilung (Normierte Normalverteilung)

Wahrscheinlichkeitsdichte

$$\varphi(u) = \frac{1}{\sqrt{2\pi}} e^{-u^2/2}$$

Verteilungsfunktion

$$\Phi(u) = \frac{1}{2} + \frac{1}{\sqrt{2\pi}} \int_0^u e^{-v^2/2} \, dv = \frac{1}{2} + \Psi(u)$$

Tafel 2

u	$\varphi(u)$	$\Psi(u)u$ in %	u	$\varphi(u)$	$\Psi(u)$ in %
0,0	0,39894	0,000	1,2	0,19419	38,493
0,1	0,39695	3,983	1,4	0,14973	41,924
0,2	0,39104	7,926	1,6	0,11092	44,520
0,3	0,38139	11,791	1,8	0,07895	46,407
0,4	0,36827	15,542	2,0	0,05399	47,725
0,5	0,35207	19,146	2,2	0,03547	48,610
0,6	0,33322	22,575	2,4	0,02239	49,180
0,7	0,31225	25,804	2,6	0,01358	49,534
0,8	0,28969	28,814	2,8	0,00792	49,744
0,9	0,26609	31,594	3,0	0,00443	49,865
1,0	0,24197	34,134	3,2	0,00238	49,931

$$\Phi(-u) = 50\% - \Psi(u) \qquad \Phi(u) = 50\% + \Psi(u)$$

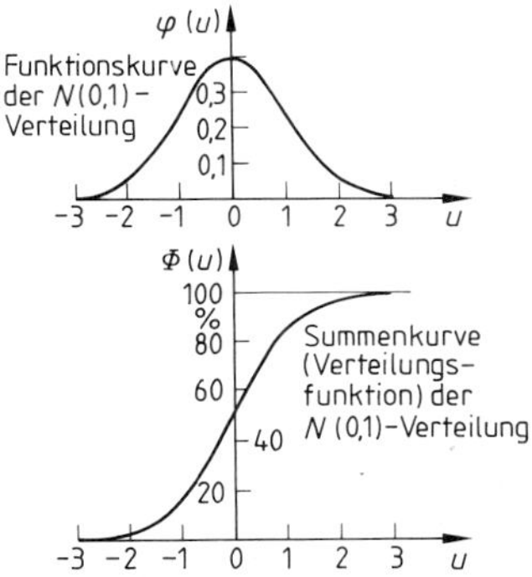

Bild 59

Binomialverteilung (diskrete Verteilung mit Erwartungswert $\mu = np$ und Varianz $\sigma^2 = np(1-p)$)

Wahrscheinlichkeitsverteilung

$$p(x_i) = \binom{n}{x_i} p^{x_i} (1-p)^{n-x_i}$$

Verteilungsfunktion

$$F(x_i) = \sum_{j=0}^{i} \binom{n}{j} p^j (1-p)^{n-j}$$

$p(x_i) =$ Wahrscheinlichkeit dafür, daß unter n Elementen einer der beiden Merkmalswerte genau x_i-mal auftritt; $p =$ Wahrscheinlichkeit dafür, daß bei einem Element der Merkmalswert vorhanden ist.

Poisson-Verteilung (diskrete Verteilung mit Erwartungswert $\mu = np$ und Varianz $\sigma^2 = np$)

Wahrscheinlichkeitsverteilung (folgt aus der Binominalverteilung, wenn p klein und n groß wird)

$$p(x_i) = \frac{\mu^{x_i}}{x_i!} e^{-\mu}$$

Beispiel In einer Lieferung von 100 Stück befinden sich 5 defekte Stücke ($p = 0,05$). Wie groß ist die Wahrscheinlichkeit, bei einer Stichprobe von 3 Stück (mit Zurücklegen) 0, 1, 2 oder 3 defekte Stücke zu erhalten?

$$p(0) = \binom{3}{0} \cdot 0,05^0 \cdot 0,95^{3-0} = 0,8574 \qquad F(0) = 0,8574$$

$$p(1) = \binom{3}{1} \cdot 0,05^1 \cdot 0,95^{3-1} = 0,1354 \qquad F(1) = 0,9928$$

$$p(2) = \binom{3}{2} \cdot 0,05^2 \cdot 0,95^{3-2} = 0,0071 \qquad F(2) = 0,9999$$

$$p(3) = \binom{3}{3} \cdot 0,05^3 \cdot 0,95^{3-3} = 0,0001 \qquad F(3) = 1,0000$$

Mit 99,28%iger Wahrscheinlichkeit wird höchstens 1 defektes Stück entnommen.

Überschreitungswahrsch.-keit $P_{ü}(z) = 1 - P(z)$ für die **normierte Gauß-Normalverteilung**

(Tafelwerte in den Grenzen $0 \leq z < 3,5$):

Dichtefunktion $\quad p(z) = \dfrac{1}{\sqrt{2 \cdot \pi}} \cdot e^{-z^2/2}\quad$ mit $\quad z = \dfrac{x - \bar{x}}{s_x}\quad$ und $\quad s_x = \sqrt{\dfrac{\sum (x - \bar{x})^2}{n - 1}}$;

Überschreitungswahrscheinlichkeit $\qquad P_{ü}(z_1) = \dfrac{1}{\sqrt{2 \cdot \pi}} \cdot \int\limits_{z_1}^{\infty} e^{-z^2/2}\, dz$;

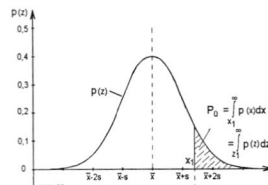

(Unterschreitungs-) Wahrscheinlichkeit $\qquad P(z_1) = \dfrac{1}{\sqrt{2 \cdot \pi}} \cdot \int\limits_{-\infty}^{z_1} e^{-z^2/2}\, dz$;

Jährlichkeit $\quad T_n = \dfrac{\Delta t}{P_{ü}}$;

Schiebekoeffizient $\quad c_s = \dfrac{n \cdot \sum (x - \bar{x})^3}{(n - 1) \cdot (n - 2) \cdot s_x^3}$, Voraussetz. für Normalverteil.: $c_s = 0$.

Tafel 3 Überschreitungswahrscheinlichkeit $P_{ü}(z)$

z	$-, -0$	$-, -1$	$-, -2$	$-, -3$	$-, -4$	$-, -5$	$-, -6$	$-, -7$	$-, -8$	$-, -9$
0,0	0,5000	0,4960	0,4920	0,4880	0,4840	0,4801	0,4761	0,4721	0,4681	0,4641
0,1	0,4602	0,4562	0,4522	0,4483	0,4443	0,4404	0,4364	0,4325	0,4286	0,4247
0,2	0,4207	0,4168	0,4129	0,4090	0,4052	0,4013	0,3974	0,3936	0,3897	0,3859
0,3	0,3821	0,3783	0,3745	0,3707	0,3669	0,3632	0,3594	0,3557	0,3520	0,3483
0,4	0,3446	0,3409	0,3372	0,3336	0,3300	0,3264	0,3228	0,3192	0,3156	0,3121
0,5	0,3085	0,3050	0,3015	0,2981	0,2946	0,2912	0,2877	0,2843	0,2810	0,2776
0,6	0,2743	0,2709	0,2676	0,2643	0,2611	0,2578	0,2546	0,2514	0,2483	0,2451
0,7	0,2420	0,2389	0,2358	0,2327	0,2297	0,2266	0,2236	0,2207	0,2177	0,2148
0,8	0,2119	0,2090	0,2061	0,2033	0,2005	0,1977	0,1949	0,1922	0,1894	0,1867
0,9	0,1841	0,1814	0,1788	0,1762	0,1736	0,1711	0,1685	0,1660	0,1635	0,1611
1,0	0,1587	0,1562	0,1539	0,1515	0,1492	0,1469	0,1446	0,1423	0,1401	0,1379
1,1	0,1357	0,1335	0,1314	0,1292	0,1271	0,1251	0,1230	0,1210	0,1190	0,1170
1,2	0,1151	0,1131	0,1112	0,1093	0,1075	0,1057	0,1038	0,1020	0,1003	0,0985
1,3	0,09680	0,09510	0,09342	0,09176	0,09012	0,08851	0,08692	0,08534	0,08379	0,08227
1,4	0,08076	0,07927	0,07781	0,07636	0,07493	0,07353	0,07215	0,07078	0,06944	0,06811
1,5	0,06681	0,06552	0,06426	0,06301	0,06178	0,06057	0,05938	0,05821	0,05705	0,05592
1,6	0,05480	0,05370	0,05262	0,05155	0,05050	0,04947	0,04846	0,04746	0,04648	0,04552
1,7	0,04457	0,04363	0,04272	0,04182	0,04093	0,04006	0,03921	0,03837	0,03754	0,03673
1,8	0,03593	0,03515	0,03438	0,03363	0,03289	0,03216	0,03144	0,03074	0,03006	0,02938
1,9	0,02872	0,02807	0,02743	0,02681	0,02619	0,02559	0,02500	0,02442	0,02385	0,02330
2,0	0,02275	0,02222	0,02169	0,02118	0,02068	0,02018	0,01970	0,01923	0,01876	0,01831
2,1	0,01787	0,01743	0,01700	0,01659	0,01618	0,01578	0,01539	0,01501	0,01463	0,01426
2,2	0,01391	0,01355	0,01321	0,01288	0,01255	0,01223	0,01191	0,01161	0,01131	0,01101
2,3	0,010726	0,010446	0,010172	0,009905	0,009644	0,009389	0,009139	0,008896	0,008658	0,008426
2,4	0,008199	0,007978	0,007762	0,007551	0,007346	0,007145	0,006949	0,006758	0,006571	0,006389
2,5	0,006212	0,006038	0,005870	0,005705	0,005545	0,005388	0,005236	0,005087	0,004942	0,004801
2,6	0,004663	0,004529	0,004398	0,004271	0,004147	0,004027	0,003909	0,003795	0,003683	0,003575
2,7	0,003469	0,003366	0,003266	0,003169	0,003074	0,002982	0,002892	0,002805	0,002720	0,002637
2,8	0,002557	0,002479	0,002403	0,002329	0,002258	0,002188	0,002120	0,002054	0,001990	0,001928
2,9	0,001868	0,001809	0,001752	0,001697	0,001643	0,001591	0,001540	0,001491	0,001443	0,001397
3,0	0,001352	0,001308	0,001266	0,001225	0,001185	0,001146	0,001109	0,001072	0,001037	0,001003
3,1	0,000970	0,000937	0,000906	0,000876	0,000847	0,000818	0,000791	0,000764	0,000738	0,000714
3,2	0,000689	0,000666	0,000643	0,000621	0,000600	0,000579	0,000559	0,000540	0,000521	0,000503
3,3	0,000485	0,000468	0,000452	0,000436	0,000421	0,000406	0,000392	0,000378	0,000364	0,000351
3,4	0,000339	0,000327	0,000315	0,000304	0,000293	0,000282	0,000272	0,000262	0,000253	0,000244

Statistische Prüfverfahren

Statistische Sicherheit

$$S(u_s) = \int_{-u_s}^{u_s} \varphi(u)\, du = 2\Psi(u_s)$$

S % der Elemente x der Grundgesamtheit liegen zwischen den Schranken $\mu - u_s\sigma$ und $\mu + u_s\sigma$ (Schwellenwerte, Fraktile)

5 %-Fraktile

$$x_{5\%} = \mu - 1{,}645\sigma$$

Schrankenwert, der nur von 5% der Grundgesamtheit unterschritten wird, Normalverteilung mit σ vorausgesetzt

Vertrauensbereich

$$\bar{x} - u_s\sigma/\sqrt{n} \leqq \mu \leqq \bar{x} + u_s\sigma/\sqrt{n}$$

Erwartungswert μ liegt mit der Sicherheit S im angegebenen Intervall.
Bei kleinem Stichprobenumfang bzw. wenn σ unbekannt ist

$$\bar{x} - t_s s\sqrt{n} \leqq \mu \leqq \bar{x} + t_s s/\sqrt{n}$$

t_s ist abhängig von $f = n - 1$

Tafel 4 u_s-Werte der Normalverteilung

S in %	α in %	Abgrenzung	
		einseitig	zweiseitig
90	10	1,28155	1,64485
95	5	1,64485	1,95996
96	4	1,75069	2,05375
97	3	1,88079	2,17009
98	2	2,05375	2,32635
99	1	2,32635	2,57583
99,9	0,1	3,09023	3,29053

Tafel 5 t_s-Werte der t-Verteilung

	Abgrenzung			
	einseitig		zweiseitig	
f	$S = 95\%$	$S = 99\%$	$S = 95\%$	$S = 99\%$
1	6,314	31,821	12,706	63,657
2	2,920	6,965	4,303	9,925
3	2,353	4,541	3,182	5,841
4	2,132	3,747	2,776	4,604
5	2,015	3,365	2,571	4,032
6	1,943	3,143	2,447	3,707
7	1,895	2,998	2,365	3,499
8	1,860	2,896	2,306	3,355
9	1,833	2,821	2,262	3,250
10	1,812	2,764	2,228	3,169
15	1,753	2,602	2,131	2,947
20	1,725	2,528	2,086	2,845
25	1,708	2,485	2,060	2,787
30	1,697	2,457	2,042	2,750
40	1,684	2,423	2,021	2,704
50	1,676	2,403	2,010	2,678
∞	1,645	2,326	1,960	2,576

Mathematik

Beispiel Mittelwert $\bar{x}$, Standardabweichung s, 5%-Fraktile und der Vertrauensbereich ($S = 95\%$) einer Stichprobe sind gesucht.

$\bar{x} = 283{,}3/8 = 35{,}41$ MN/m^2

$s^2 = 100{,}95/7 = 14{,}42$ (MN/m^2)^2

$s = 3{,}80$ MN/m^2

$x_{5\%} = 35{,}41 - 1{,}895 \cdot 3{,}80 = 28{,}21$ MN/m^2

$t_s s/\sqrt{n} = 2{,}365 \cdot 3{,}80/\sqrt{8} = 3{,}18$ MN/m^2

$\mu = (35{,}41 \pm 3{,}18)$ MN/m^2, $S = 95\%$

Tafel 6

i	$\dfrac{x_i}{\text{MN}/\text{m}^2}$	$\dfrac{(x_i - \bar{x})^2}{\text{MN}^2/\text{m}^4}$
1	36,5	1,19
2	39,4	15,92
3	40,0	21,07
4	33,7	2,92
5	38,4	8,94
6	29,5	34,93
7	31,6	14,52
8	34,2	1,46
	283,3	100,95

Korrelation und Regression

Die Beobachtungswerte $(x_i; y_i)$ einer verbundenen Stichprobe können in einem $(x; y)$-Koordinatensystem dargestellt werden; aus den x_i- und y_i-Werten werden

$$\bar{x} = \frac{1}{n} \sum x_i \; ; \qquad s_x^2 = \frac{1}{n-1} \sum (x_i - \bar{x})^2; \qquad s_x = \sqrt{s_x^2} \; ;$$

$$\bar{y} = \frac{1}{n} \sum y_i \; ; \qquad s_y^2 = \frac{1}{n-1} \sum (y_i - \bar{y})^2 \; ; \qquad s_y = \sqrt{s_y^2} \; ;$$

$$m_{xy} = \frac{1}{n-1} \sum (x_i - \bar{x}) \cdot (y_i - \bar{y}) \text{ (empirische Kovarianz) berechnet.}$$

Empirischer Korrelationskoeffizient

$r = \dfrac{m_{xy}}{s_x s_y}$ $r = 0$ kein linearer Zusammenhang,

$r = |1|$ linearer Zusammenhang.

Empirische Regressionsgerade

$y = \bar{y} + r s_y / s_x \cdot (x - \bar{x})$

Beispiel Ermittlung einer Regressionsgerade

i	x_i	y_i	$x_i - \bar{x}$	$y_i - \bar{y}$
1	4,1	28,0	−4,14	−3,0
2	6,2	32,0	−2,04	1,00
3	7,9	30,5	−0,34	−0,50
4	10,5	34,0	2,26	3,00
5	12,5	30,5	4,26	−0,50
	41,2	155,0		

$\bar{x} = \dfrac{41{,}2}{5} = 8{,}24$

$s_x^2 = \dfrac{44{,}67}{4} = 11{,}17$

$s_x = 3{,}3419$

$\bar{y} = \dfrac{155{,}0}{5} = 31{,}00$

$s_y^2 = \dfrac{19{,}50}{4} = 4{,}88$

$s_y = 2{,}2079$

$m_{xy} = \dfrac{15{,}20}{4} = 3{,}80$

$r = \dfrac{3{,}80}{3{,}3439 \cdot 2{,}2079} = 0{,}5150$

$$y = 31{,}00 + \frac{0{,}5150 \cdot 2{,}2079}{3{,}3419} (x - 8{,}24) = 28{,}1964 + 0{,}3402 x$$

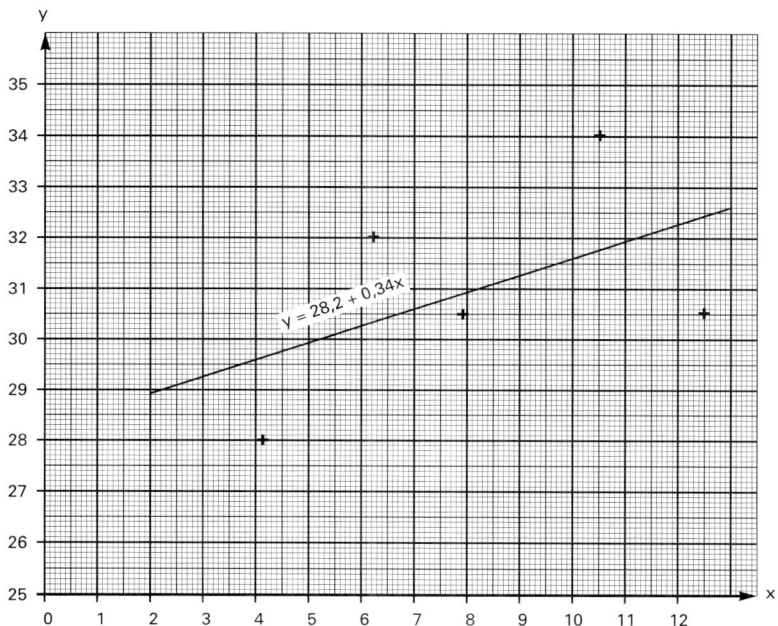

11.2 Fehlerrechnung

Fehlerfortpflanzungsgesetz und Vertrauensbereich für die Funktion $z = f(u, v, w, \ldots)$
Standardabweichungen der Grundgesamtheiten $\sigma_u, \sigma_v, \sigma_w, \ldots$ bekannt:

$$\sigma_z = \sqrt{(f_u \sigma_u)^2 + (f_v \sigma_v)^2 + (f_w \sigma_w)^2 + \ldots} \qquad \Delta z = \frac{u_S \sigma_z}{\sqrt{n}}$$

Schätzwerte $s_u, s_v, s_w, \ldots$ aus Stichproben, alle vom gleichen Umfang n, bekannt:

$$s_z = \sqrt{(f_u s_u)^2 + (f_v s_v)^2 + (f_w s_w)^2 + \ldots} \qquad \Delta z = \frac{t_S s_z}{\sqrt{n}}$$

Vertrauensbereiche $\Delta u, \Delta v, \Delta w, \ldots$ (i. allg. aus Stichproben unterschiedlichen Umfangs) bekannt:

$$\Delta z = \sqrt{(f_u \, \Delta u)^2 + (f_v \, \Delta v)^2 + (f_w \, \Delta w)^2 + \ldots}$$

$$= \sqrt{(f(u + \Delta u, v, w, \ldots) - z)^2 + (f(u, v + \Delta v, w, \ldots) - z)^2 + (f(u, v, w + \Delta w, \ldots) - z)^2 + \ldots}$$

Beispiel Wie groß ist der relative Fehler $\Delta f_E / f_E$ der Enddurchbiegung eines Freiträgers unter
Gleichstreckenlast mit folgenden relativen Vertrauensbereichen $\Delta l/l = 1\%$, $\Delta E/E$
$= 2\%$ und $\Delta I/I = 3\%$?

$$f_E = q l^4/(8EI); \, l + \Delta l = 1{,}01l; \, E + \Delta E = 1{,}02E; \, I + \Delta I = 1{,}03I$$

$$\Delta f_E = \sqrt{(f_E \cdot 1{,}01^4 - f_E)^2 + (f_E/1{,}02 - f_E)^2 + (f_E/1{,}03 - f_E)^2}$$

$$\Delta f_E / f_E = \sqrt{(1{,}01^4 - 1)^2 + (1/1{,}02 - 1)^2 + (1/1{,}03 - 1)^2} = 0{,}0537 = 5{,}37\%$$

Vermessung

Bearbeitet von Prof. Dipl.-Ing. Henning Natzschka

Inhalt

Literatur

DIN 18709-1 10.95 Begriffe, Kurzzeichen und Formelzeichen im Vermessungswesen — Teil 1: Allgemeines

DIN 18709-2 04.86 Begriffe, Kurzzeichen und Formelzeichen im Vermessungswesen — Teil 2: Ingenieurvermessung

Baumann: Vermessungskunde. Bonn: Ferd. Dümmlers Verlag, Band 1, 2. Aufl. 1989, Band 2, 3. Aufl. 1992

Breuer/Hirle/Jöckel: Freie Stationierung. Dt. Verein für Vermessungswesen, Landesverein Baden-Württemberg e. V., 1983

Desenritter: DV-gerechte Funktionen für Klothoidenberechnungen. Straßen- und Tiefbau, H. 37, 3/1983, Isernhagen: Giesel Verlag für Publizität, 1983

Gelhaus/Kolouch: Vermessungskunde für Architekten und Bauingenieure. Düsseldorf: Werner Verlag, 1991

Hennecke/Müller/Werner: Handbuch Ingenieurvermessung, Band 7, Verkehrsbau — Straßenbau. Heidelberg: Wichmann Verlag, 1995

Kaspar/Schürba/Lorenz: Die Klothoide als Trassierungselement. Bonn: Ferd. Dümmlers Verlag, 5. Aufl. 1968

Leipold, W. u. a.: Algebra und Geometrie für Ingenieure. Thun: Harri Deutsch Verlag, 1978

Matthews: Vermessungskunde. Teil 1, 28. Aufl., 1996, Teil 2, 17. Aufl. 1997. Stuttgart: B. G. Teubner Verlag

Netz/Arnold: Formeln der Mathematik. Braunschweig — Berlin — Hamburg — München — Kiel — Darmstadt: Georg Westermann Verlag, 1965

Osterloh: Erdmassenberechnung. 4. Aufl. Wiesbaden: Bauverlag, 1985

ders.: Straßenplanung mit Klothoiden und Schleppkurven. 5. Aufl. Wiesbaden: Bauverlag, 1991

REB-Verfahrensbeschreibung 21003, Massenberechnung aus Querprofilen (Elling), Forschungsgesellschaft für das Straßenwesen e. V., Köln, 1979

Richtlinien für die Anlage von Straßen RAS, Teil: Vermessung (RAS-Verm), 1990, Forschungsgesellschaft für das Straßen- und Verkehrswesen e. V., Köln, 1990

Schnädelbach: Zur Berechung von Schnittpunkten mit der Klothoide. Zeitschrift für Vermessungswesen, 3/1983, Stuttgart: Konrad Wittwer Verlag, 1983

Anmerkung: Entsprechend DIN 18709 werden die dort angeführten Bezeichnungen verwendet, die zum Teil von den mathematischen Bezeichnungen in den Gleichungen abweichen.

Vermessung

Bautechnische Vermessungen im Verkehrswesen lehnen sich meist an das vorhandene Koordinatennetz an. Verwendet werden in der Bundesrepublik Deutschland Koordinaten nach *Gauß-Krüger.* Für andere bautechnische Vermessungen sind auch örtliche Netze möglich.

1 Festpunktfeld

Grundlage für die Vermessung von Ingenieurbauten ist das Festpunktfeld. Man benutzt meist die Festpunkte der Vermessungsverwaltung. Sind keine vorhanden oder liegen diese ungünstig, muß ein Festpunktfeld durch eine *Grundlagenvermessung* erstellt werden. Bei Straßen ist das Festpunktfeld auf die Linienführung abzustimmen und in das Netz der Vermessungsverwaltung einzubinden. Folgemessungen sind an das Festpunktfeld anzuschließen. Das gilt dafür als fehlerfrei.
Für die Erkundung ist zu beachten.

1. Die Punkte müssen gute Sichten zu den Nachbarpunkten und möglichst auch zu Anschlußpunkten gewährleisten. (Belaubung in der Sommerzeit berücksichtigen!)
2. Bei freier Standpunktwahl müssen die Sichten nach mehreren Punkten für Aufnahme und Absteckung vorhanden sein. Das gilt auch für die Einbindung ins Festpunktfeld.
3. Die Punkte sind leicht zugänglich anzuordnen.
4. Als Anschlußpunkte sind Festpunkte zu verwenden, die Sichten zu Fernzielen zulassen.
5. Der Abstand der Lagefestpunkte soll maximal 250,00 m betragen.
6. Die Punkte sollen auf Sicherungspunkte eingemessen und vor Zerstörung geschützt werden.
7. Soll das Gelände durch Befliegung aufgenommen werden, müssen möglichst alle Punkte aus der Luft sichtbar sein.
8. Von den Festpunkten sind Einmeßskizzen zu fertigen.
9. Das Festpunktfeld ist mit den Punktnummern zu kartieren.
10. Bei Straßen legt man zweckmäßig die Festpunkte als Polygonzug außerhalb des Baubereiches.
11. Höhenfestpunkte sollen höchstens 300,00 m Abstand voneinander haben. In der Nähe von Bauwerken sind zwei Höhenfestpunkte einzumessen.
12. Die Messungen müssen die für das jeweilige Bauwerk erforderliche Genauigkeit garantieren. Meßgeräte und -anordnung sind darauf abzustimmen.

2 Polygonzug

Um Punkte einer Kurve oder bestimmte Meßpunkte abzustecken, benutzt man im Straßenbau einen trassennahen Polygonzug. Dieser wird in das Festpunktnetz eingebunden. Er soll möglichst gestreckt angelegt werden. Von den Polygonpunkten (*Polarabsteckung*) oder -seiten (*Orthogonalabsteckung*) sollen möglichst viele Aufnahmepunkte einsehbar sein.
Ausgangspunkt ist ein Punkt mit bekannten Koordinaten (y_0; x_0) und eine bekannte Anschlußrichtung. Diese kann auch aus Koordinaten eines zweiten Punktes (*Anschlußziel*) berechnet werden. Es gilt dann für die Richtung von P_0 mit (y_0; x_0) nach dem Anschlußziel P_A mit (y_A; x_A)

$$t_0^A = \arctan \frac{y_0 - y_A}{x_0 - x_A} \quad (1) \qquad t_0^A \quad \text{Richtungswinkel in gon}$$

Die Entfernung zwischen zwei Punkten P_i und P_{i+1} ist

$$s = \sqrt{(y_{i+1} - y_i)^2 + (x_{i+1} - x_i)^2} \quad (2) \qquad s \quad \text{Strecke in m}$$

90

Vom Ausgangspunkt zielt man den nächsten Punkt des Polygonzuges an und liest den *Brechungswinkel* β zwischen Anschlußziel und Neupunkt ab. Außerdem mißt man die Strecke zwischen den beiden Punkten. Dazu benutzt man Theodolite mit elektrooptischen Entfernungsmessern, die die Horizontalentfernung oder Schrägdistanz zeigen. Im letzten Falle muß man auch den *Zenitwinkel* ablesen und die Horizontalentfernung berechnen. Moderne Geräte registrieren die Meßwerte automatisch, manche werten sie bereits im Felde elektronisch aus. Die Richtung zum neuen Punkt errechnet man mit

$$t_i = t_{i-1} + \beta_i \pm 200 \text{ in gon} \quad (3)$$

t_i Richtungswinkel zum Neupunkt in gon
t_{i-1} Richtungswinkel vom vorhergehenden Punkt in gon
β_i gemessener Brechungswinkel in gon

Die Messung des Polygonzuges wird fortgesetzt, bis ein bekannter Festpunkt erreicht ist, von dem ein Fernziel (*Abschlußziel*) angezielt werden kann. Nun müssen ablesebedingte Meßungenauigkeiten ausgeglichen werden. Die *Winkelabweichung* wird mit Gl. (4) bestimmt. Sie ergibt sich aus dem Unterschied zwischen der gemessenen und der aus den bekannten Koordinaten errechneten Abschlußrichtung.

$$w_\beta = t_0 - t_E - (\beta_1 + \beta_2 + \beta_3 + \ldots + \beta_n \pm n \cdot 200) - \alpha \cdot 400 \text{ in gon} \quad (4)$$

t_0 Anschlußrichtungswinkel
n Anzahl der gemessenen Brechungswinkel
t_E Abschlußrichtungswinkel

α Vielfaches von 400, bis $w_\beta < 400$ gon ist
$\beta_1 \ldots \beta_n$ gemessene Brechungswinkel

Sind die zulässigen Grenzen der Abweichung eingehalten, wird die *Winkelabweichung* gleichmäßig auf die gemessenen Winkel verteilt. Dann werden die Verbesserungen für den Winkel

$$v_\beta = \frac{w_\beta}{n} \text{ in gon} \quad (5)$$

und die verbesserten Richtungswinkel

$$t_{i,korr} = t_i + v_\beta \text{ in gon} \quad (6)$$

Daraus ergeben sich die vorläufigen Koordinatenunterschiede

$$\Delta y_i = s \cdot \sin t_{i,korr} \quad (7) \qquad \Delta x_i = s \cdot \cos t_{i,korr} \quad (8)$$

Die Koordinatenabweichung erhält man aus den Gln. (9) und (10)

$$W_y = y_n - y_1 - \sum_{i=1}^{n-1} \Delta y_i \quad (9)$$

$$W_x = x_n - x_1 - \sum_{i=1}^{n-1} \Delta x_i \quad (10)$$

Die Längs- und Querabweichung (W_L; W_Q) bestimmt man aus dem Richtungswinkel t zwischen Anfangs- und Endpunkt und erhält so die Längsabweichung

$$W_L = W_y \cdot \sin t + W_x \cdot \cos t \quad (11)$$

und die Querabweichung

$$W_Q = W_y \cdot \cos t - W_x \cdot \sin t \quad (12)$$

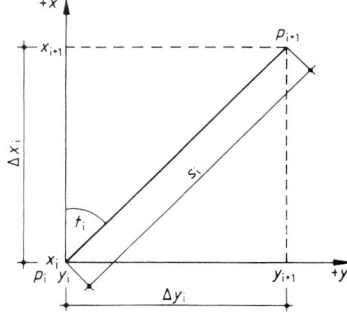

Bild 1   Koordinatenunterschiede

Für die vorläufigen Koordinatenunterschiede sind die Verbesserungen

$$v_{y,i} = W_y \cdot \frac{s_i}{\sum s} \quad (13) \qquad v_{x,i} = W_x \cdot \frac{s_i}{\sum s} \quad (14)$$

Mit den Glg. (7) und (8) werden die endgültigen Koordinatenunterschiede

$$Dy_i = \Delta y_i + W_{y,i} \quad (15) \qquad Dx_i = \Delta x_i + W_{x,i} \quad (16)$$

s_i Strecke zwischen zwei gemessenen Punkten $\sum s$ Summe aller Seitenlängen
n Anzahl der gemessenen Brechungswinkel einschließlich der am Anfangs- und Endpunkt

Vermessung

Die endgültigen Punktkoordinaten der einzelnen Polygonpunkte ergeben sich mit den Gln. (17) und (18).

$$y_{i+1} = y_i + Dy_i \quad (17) \qquad x_{i+1} = x_i + Dx_i \quad (18)$$

Zulässige Abweichungen. Die Grenzen der zulässigen Abweichungen sind von den einzelnen Bundesländern festgelegt. Nach RAS-Verrm-90 sind die Werte der Tafel 1 einzuhalten.

Tafel 1   Zulässige Abweichungen beim Polygonzug

Standardabweichung S_p	Winkelabweichung	Querabweichung = Längsabweichung
0,02 m	9 mgon	0,09 m
0,03 m	11 mgon	0,13 m

Bei der baden-württembergischen Vermessungsverwaltung werden zwei Genauigkeitsstufen unterschieden.
— Genauigkeitsstufe 1 für besonders festgelegte Gebiete,
— Genauigkeitsstufe 2 für die übrigen Gebiete.

Es werden folgende Abweichungen toleriert:
als zulässige Längsabweichung W_L für die Genauigkeitsstufe 1

$$W_{L1} = \tfrac{2}{3}\sqrt{0,03^2 \cdot (n-1) + 0,06^2} \quad \text{in m} \quad (19a)$$

und für Genauigkeitsstufe 2

$$W_{L2} = \sqrt{0,03^2 \cdot (n-1) + 0,06^2} \quad \text{in m} \quad (19b)$$

als zulässige Winkelabweichung ist für Genauigkeitsstufe 1

$$W_{W1} = \frac{2}{3}\sqrt{\frac{600^2}{(\sum s)^2} \cdot (n-1)^2 \cdot n + 10^2} \quad \text{in mgon} \quad (20a)$$

und für Genauigkeitsstufe 2

$$W_{W2} = \sqrt{\frac{600^2}{(\sum s)^2} \cdot (n-1)^2 \cdot n + 10^2} \quad \text{in mgon} \quad (20b)$$

W_L zulässige Längsabweichung in m, $\quad W_W$ zulässige Winkelabweichung in mgon
n Anzahl der Brechungswinkel des Polygonzuges einschließlich der am Anfangs- und Endpunkt, s gemessene Strecke in m

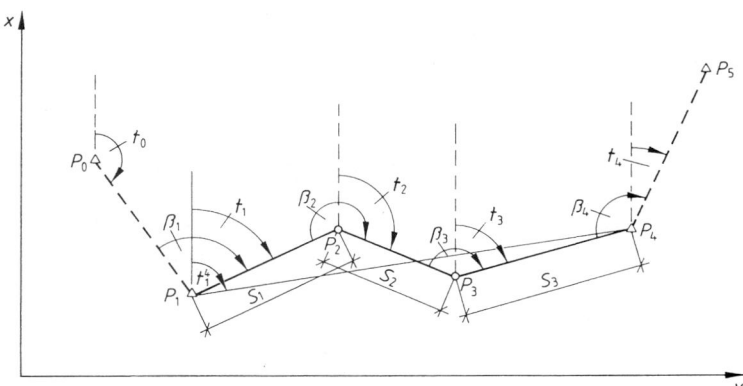

Bild 2   Beispiel für einen Polygonzug

Beispiel In Bild 2 ist ein gemessener Polygonzug dargestellt mit folgenden Werten

Bekannte Werte	Koordinaten y	x	Gemessene Werte bei	Strecke in m	Winkel in gon
Anschlußziel P_0	12131,19	20219,05	Punkt P_1	212,67	101,391
Ausgangspunkt P_1	12520,78	20219,02	P_2	173,28	196,909
Endpunkt P_4	12652,68	20654,48	P_3	140,92	278,743
Abschlußziel P_5	12982,79	20714,83	P_4		211,436

Als Anschluß- bzw. Abschlußrichtung ergeben sich nach Gl. (1)

$$t_0 = \arctan \frac{12520,78 - 12131,19}{20219,02 - 20219,05} = 100,0049 \text{ gon}, \qquad t_4 = 88,4886 \text{ gon}$$

Die Winkelabweichung wird mit Gl. (4)

$$w_\beta = 100,0049 - 88,4886 - (101,391 + 196,909 + 278,743 + 211,436 - 4 \cdot 200)$$
$$= 4,7 \text{ mgon}$$

Die zulässige Winkelabweichung ist 9,0 mgon $>$ 4,7 mgon (s. Tafel 1)
Die Verbesserung der Brechungswinkel ergibt mit Gl. (5)

$v_\beta = 0,0047 : 4 = 0,00118 \text{ gon}$.

Damit werden die verbesserten Brechungswinkel

$\beta_1 = 101,391 + 0,00118 = 101,39218 \text{ gon}, \qquad \beta_2 = 196,91018 \text{ gon},$
$\beta_3 = 278,74418 \text{ gon}, \qquad\qquad\qquad \beta_4 = 211,43718 \text{ gon}$

und die Richtungswinkel der Polygonseiten mit Gl. (3)

$t_1 = 100,0049 + 101,39218 - 200 = 1,39708 \text{ gon}, \qquad t_2 = 398,30726 \text{ gon},$
$t_3 = 77,05144 \text{ gon}, \qquad t_4 = 88,48862 \text{ gon}.$

Die Koordinatenunterschiede werden mit Gln. (7) und (8)

$\Delta y_2 = 212,67 \cdot 0,02195 = 4,666 \text{ m}, \quad \Delta y_3 = -4,607 \text{ m}, \quad \Delta y_4 = 131,863 \text{ m},$
$\Delta x_2 = 212,619 \text{ m}, \qquad\qquad \Delta x_3 = 173,219 \text{ m}, \quad \Delta x_4 = 49,705 \text{ m}$

Die Koordinatenabweichungen werden mit Gln. (9) und (10) berechnet.

$W_y = 12652,68 - 12520,78 - (4,669 - 4,607 + 131,863) = -0,022 \text{ m},$
$W_x = -0,083 \text{ m}.$

Der Richtungswinkel von P_1 nach P_4 ist mit Gl. (1)

$t = 18,7238 \text{ gon}$, die Entfernung $s = 454,998 \text{ m}$.

Die Längsabweichung beträgt nach Gl. (11)

$W_L = -0,025 \cdot 0,28989 + (-0,083 \cdot 0,95706) = -0,087 \text{ m}.$

Die zulässige Längsabweichung ist nach Tafel 1 0,09 m $>$ 0,087 m.
Die Querabweichung ist nach Gl. (12)

$W_Q = -0,0239 + 0,0241 = 0,002 \text{ m} < 0,09 \text{ m}.$

Verteilt man die Längsabweichung anteilig auf die gemessenen Seiten, erhält man

$s_1 = 212,635 \text{ m}, \qquad s_2 = 173,251 \text{ m}, \qquad s_3 = 140,897 \text{ m}.$

Mit Gln. (13) und (14) werden die Koordinatenverbesserungen

$$v_{y,2} = -0,022 \cdot \frac{212,635}{526,783} = -0,01 \text{ m}, \qquad v_{x,2} = -0,083 \cdot 0,40365 = -0,034 \text{ m},$$

$v_{y,3} = -0,008 \text{ m}, \qquad v_{x,3} = -0,027 \text{ m}, \qquad v_{y,4} = -0,007 \text{ m}, \qquad v_{x,4} = -0,022 \text{ m}.$

Die Koordinatenunterschiede sind dann mit Gln. (15) und (16)

$Dy_2 = 4,666 - 0,01 = 4,656, \qquad Dy_3 = -4,615 \text{ m}, \qquad Dy_4 = 131,856 \text{ m},$
$Dx_2 = 212,585 \text{ m}, \qquad\qquad Dx_3 = 173,192 \text{ m}, \qquad Dx_4 = 49,683 \text{ m}.$

Die abgeglichenen Neupunkt-Koordinaten erhält man mit Gln. (17) und (18).

$y_2 = 12520,78 + 4,66 = 12525,44, \qquad x_2 = 20431,61$
$y_3 = 12525,44 - 4,62 = 12520,82, \qquad x_3 = 20604,80$

Zur Probe werden die Koordinaten des Abschlußpunktes errechnet.

$y_4 = 12520,82 + 131,856 = 12652,68, \qquad x_4 = 20604,80 + 49,683 = 20654,48.$

Das entspricht dem Sollwert.

3 Nivellementzug

Um ein Bauwerk höhengerecht einzumessen, werden Nivellementzüge von bekannten Höhepunkten zu dauerhaft vermarkten Punkten in Bauwerksnähe eingemessen. Die vermarkten Höhepunkte müssen bis zur Beendigung der Bauarbeiten erhalten bleiben.

Die *Meßgenauigkeit* ist aus der Bautoleranz abzuleiten und die Auswahl der Meßgeräte darauf abzustimmen. An- und Abschlußpunkte dürfen nicht identisch sein. In der Regel sind die Nivellementzüge hin und zurück zu messen. Die gemessenen Punkte ergeben das *Höhenfestpunktfeld*.

Tafel 2 Grenzwerte für Meßgenauigkeiten von Nivellementzügen
(nach RAS-Verm)

Widerspruch des Hin- und Rücknivellements zwischen zwei aufeinanderfolgenden Punkten D in mm	Widerspruch zwischen Meßergebnis und vorgegebenem Höhenunterschied zwischen An- und Abschlußpunkt F in mm	Standardabweichung eines Höhenfestpunktes S_h in mm
$\pm 5 \cdot \sqrt{S}$	$\pm(2 + 5 \cdot \sqrt{S})$	5

S einfacher Meßweg in km

Als Anhalt für andere Werte können die Werte der baden-württembergischen Vermessungsverwaltung dienen. Für Nivellementzüge aus neuer Messung zwischen zwei veröffentlichten Höhenunterschieden gilt für Züge

1. Ordnung $d_1 = \pm(2 + 2\sqrt{r})$ in mm d_1 Differenz zwischen tatsächlichem und
2. Ordnung $d_1 = \pm(2 + 3\sqrt{r})$ in mm   gemessenem Höhenunterschied
3. Ordnung $d_1 = \pm(2 + 5\sqrt{r})$ in mm r Entfernung in km

Der Fehler wird gleichmäßig auf alle Standpunkte verteilt.

Zur Darstellung des Geländes im Längsschnitt braucht man die Geländehöhen in Straßenachse. Für dieses Liniennivellement gilt entsprechend der folgenden Skizze $\Delta h = \sum\limits_1^n h = h_1 + h_2 + \ldots + h_n$. Der Höhenunterschied Δh entspricht der Summe der Lattenablesungen rückwärts abzüglich der Summe der Lattenablesungen vorwärts. Beim Anschluß des Liniennivellements an Höhenmarken am Anfang und am Ende entspricht der Wert dem Höhenunterschied beider Marken.

Für steigendes Gelände ist $\sum h$ positiv, für fallendes negativ einzusetzen. Es bedeuten r_1 bis r_n die Rückblicke, v_1 bis v_n die Vorblicke, *WP* die Wechselpunkte.

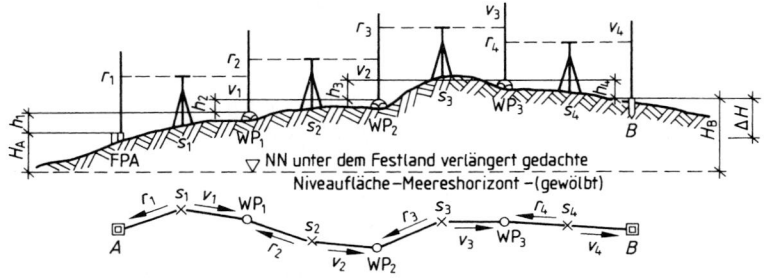

Bild 3 Schematische Darstellung eines Liniennivellements

4   Geländeaufnahmen

4.1   Terrestrische Geländeaufnahme

Einzelpunkte werden vom Lage- bzw. Höhenfestpunktfeld aus eingemessen. Sie treten auf als Zwangspunkte für die Linienführung und Höhenlage des Bauwerks, Paßpunkte für die Befliegung bei photogrammetrischer Aufnahme oder Punkte zur Katastereinpassung. Folgende Standardabweichungen sollen nicht überschritten werden (RAS-Verm):

Tafel 3   Zulässige Standardabwei-chungen für Einzelpunkte

Punktart	Standardabwei-chung im m	
	Lage	Höhe
Zwangspunkt	0,02	0,01
Paßpunkt für Modellorientierung	0,05	0,05
Luftbildentzerrung	0,15	0,50
Katastereinpassung	0,10	

Tafel 4   Punktdichte in Abhängigkeit von der Gelän-deform

Geländeform	eben	bewegt	schwie-rig	Orts-lage
Punktdichte/ha	20 bis 40	30 bis 60	> 50	> 100
Punktabstand bei quadrati-schem Raster in m	15 bis 22	13 bis 18	14	10

Tachymeteraufnahme. Ausgangspunkt ist das Festpunktfeld. Alle Geländepunkte und topographischen Objekte sind nach Lage und Höhe zu erfassen, soweit sie zur Geländebeschreibung notwendig sind. Da die Auswertung in der Regel elektronisch erfolgt, sind erforderliche Codierungen und die Formate der Schnittstellen für die Registrierung und das Auflisten der Meßpunkte programmkompatibel abzustimmen. Zwischen zwei Punkten soll das Gelände geradlinig beschrieben werden können. Die Punktdichte ist abhängig von der Geländeform.

Besonders erfaßt werden müssen Geländebruchkanten, Rücken-, Muldenlinien, besondere Hoch- und Tiefpunkte u. ä. Zur Kontrolle erfaßt man von jedem Messungsstandpunkt benachbarte Standpunkte. Hierbei ist darauf zu achten, daß das DV-Auswerteprogramm diese Punkte nicht doppelt registriert.

Soll die Geländeaufnahme als *Digitales Geländemodell* ausgewertet werden, ist die Aufnahme entsprechend weit über den Interessenstreifen auszudehnen, damit auch die Randbereiche sicher berechnet werden können.

Bei *Querprofilaufnahmen* durch Tachymetrie mißt man die Abstände vom Bezugspunkt entweder direkt oder durch Feststellen der Winkeldifferenz zwischen Richtung zum Bezugs- und zum Meßpunkt. Außerdem muß die Entfernung vom Standpunkt zu beiden Punkten gemessen werden. Die Entfernung vom Bezugspunkt zum Meßpunkt erhält man aus

$$e_i = \sqrt{a^2 + b_i^2 - 2 \cdot a \cdot b_i \cdot \cos(t - \beta_i)} \quad (21) \qquad \beta_i \quad \text{Richtungswinkel zum Messpunkt}$$

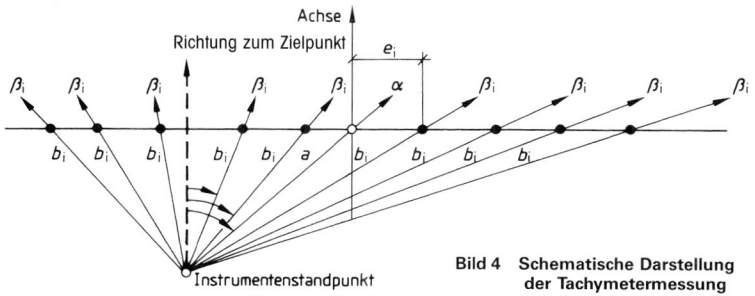

Bild 4   Schematische Darstellung der Tachymetermessung

Vermessung

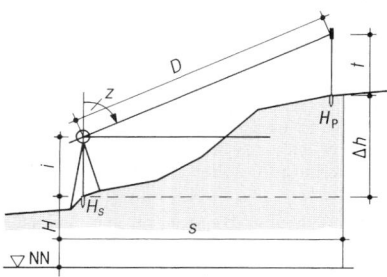

Ist die Standpunkthöhe bekannt, ist die Höhe des Meßpunktes nach Gl (22) zu ermitteln.

$$H_p = H_s + i + D \cdot \cos z - t \quad (22)$$

H_p Höhe des Neupunktes
H_s Höhe des Standpunktes
i Instrumentenhöhe
D Schrägstrecke vom Standpunkt zum Zielpunkt
z Zenitwinkel zum Zielpunkt
t Zielpunkthöhe

Bild 5 Darstellung der Höhenmessung mit dem Tachymeter

Die Messung wird vereinfacht, wenn man einen Reduktionstachymeter verwendet. Er verwandelt direkt die gemessene Schrägdistanz in die Horizontalentfernung. In Gl. (22) entfällt dann das Glied $D \cdot \cos z$.

Lage- und Höhengenauigkeit sind auf den Verwendungszweck abzustimmen. Die Genauigkeit nimmt mit Vergrößerung des Abstandes des Meßpunkts vom Standpunkt ab. Die Entfernung sollte 120,00 m bis 130,00 m möglichst nicht überschreiten. Das Instrument muß nicht auf der Achse stehen.

Querprofile werden allgemein senkrecht zu einer Leitlinie (Achse, Fahrbahnrand, Parallele dazu) aufgenommen. Meist werden vorher die Stationspunkte auf der Leitlinie abgesteckt, danach alle für das Geländequerprofil relevanten Punkte eingemessen. Beim Standpunktwechsel ist der Nullpunkt des letzten gemessenen Profils zur Kontrolle erneut aufzunehmen.

Bei Achsverschiebungen oder -änderungen können mit Hilfe einer Umformung im Digitalen Geländemodell die Querprofile senkrecht auf die neue Achse berechnet werden.

Die Höhengenauigkeit ist bei nivellitischer Aufnahme besser. Aufnahmepunkte sind hierbei die Nullpunkte der Querprofile und alle Geländeknickpunkte auf der Leitlinie.

Nivellementaufnahme. Das Querprofil wird senkrecht zur Leitlinie gemessen. Die Entfernungen der Geländepunkte werden horizontal mit dem Meßband oder der Meßlatte gemessen. Die Punkthöhe wird auf einen bekannten Höhenpunkt bezogen. Die Ziellinie liegt dabei horizontal. Durch Aufstellen der Nivellierlatte auf den Geländepunkt läßt sich die Punkthöhe berechnen aus Instrumentenhorizont und Lattenablesung (Bild 6). Beim Standpunktwechsel ist der Nullpunkt des vorhergehenden Profils nochmals einzumessen. Die Geländehöhe der Querprofilpunkte berechnet man mit Gl. (23).

$$H_p = H_i - s_i \quad \text{in m} \quad (23)$$

HSP Höhe des Bezugspunktes über NN in m,
i Instrumentenhöhe,
H_i Instrumentenhorizont $= HSP + i$ in m,
H_p Höhe des Geländepunktes in m,
s_i Höhe der Lattenablesung am Zielfaden des Fernrohrs in m,
t_i Zielpunkthöhe

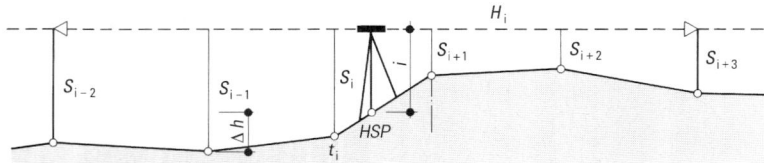

Bild 6 Schematische Darstellung der nivellitischen Querprofilmessung

4.2 Photogrammetrische Aufnahme

3

Paßpunkte. Für die Orientierung der Stereomodelle sind vier Lagepaßpunkte je Modell, für die Bildentzerrung sieben vorzusehen. Drei sollen in beiden Fällen in der Nähe des Bauwerks liegen. Sie sind mit der Genauigkeit nach Tafel 3 terrestrisch zu bestimmen. Die Paßpunkte sind für die Befliegung zu signalisieren.

Beim **Bildflug** soll die Trasse in der Mitte des Flugkorridors liegen. Die mittlere Überdeckung der Luftbilder muß in Längsrichtung mindestens 60%, die Überlappung in Querrichtung mindestens 20% betragen.

Bei der Auswertung der Luftbilder soll die Modellorientierung mindestens über drei Lagepaßpunkte und über sechs Höhenfestpunkte erfolgen. Es sind alle Geländepunkte und topographischen Gegebenheiten auszuwerten, die zur Geländedarstellung erforderlich sind. Die stereoskopische Auswertung muß die Genauigkeiten der Tafel 5 einhalten.

Tafel 5   Zulässige Standardabweichungen stereoskopischer Luftbildauswertung

	Höhen		Lage-paßpunkte	Höhen-schichtlinien
	im Gelände	auf Straßen, Wegen		
Standardabweichung in ‰ der Flughöhe über Grund	$\pm 0{,}2$	$\pm 0{,}1$	0,15	$\pm 0{,}25$ bis $\pm 0{,}30$

Längs- und Querprofile können direkt aus Luftbildern ausgewertet werden. Um spätere Änderungen besser berücksichtigen zu können, ist die Speicherung als Digitales Geländemodell zweckmäßig. Bruchkanten, Rand- und Gerippelinien sowie Straßenränder sind gesondert zu erfassen. Die DV-Schnittstellen des anzuwendenden Programmsystems sind zu beachten.

Nach der Auswertung ist ein Feldvergleich durchzuführen.

4.3 Digitalisierung

Bei der *Digitalisierung* werden Punkte aus vorhandenen Karten oder Zeichnungen mit ihren Lage- bzw. Höhenkoordinaten entnommen. Sie können am Digitalisiertisch oder von einem Scanner elektronisch erfaßt werden. Die Auflösung des Digitalisiergeräts muß besser als 0,1 mm sein. Bei Punkten darf eine Standardabweichung von 0,2 mm nicht überschritten werden.

Die gespeicherten digitalisierten Punkte werden gegebenenfalls durch Codes oder Punktnummern ergänzt, welche die Punktart (z. B. Grenzpunkt, Gebäudeeckpunkt, Paßpunkt, Festpunkt) erkennen lassen.

Das gespeicherte Punktfeld wird dann mit dem Digitalen Geländemodell weiter bearbeitet. Dafür stehen eine Reihe von Rechenprogrammen verschiedener Softwareanbieter zur Verfügung.

5 Achsberechnung

Achsen von Verkehrswegen bestehen aus Geraden, Klothoiden und Kreisbögen. Andere Bauwerke verwenden meist nur die Elemente Gerade und Kreis. Um *Kleinpunkte von Geraden* zu berechnen, verwendet man die Gln. (1), (2), (17) und (18). Der *Kreisbogen* benötigt zur Berechnung verschiedene Elemente. In der Regel geht man vom Bogenanfangspunkt und der dort herrschenden Tangentenrichtung aus. Nach Bild 7 ergibt sich als

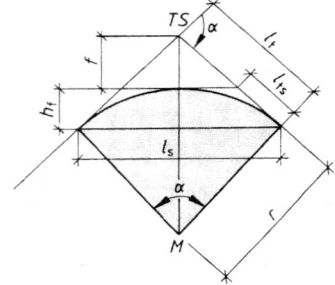

Tangentenlänge $\quad l_t = r \cdot \tan \dfrac{\alpha}{2}$ $\qquad$ (24)

Scheiteltangente $\quad l_{ts} = r \cdot \tan \dfrac{\alpha}{4}$ $\qquad$ (25)

Scheitelabstand $\quad f = \dfrac{r}{\cos \dfrac{\alpha}{2}} - r$ $\qquad$ (26)

Pfeilhöhe $\quad h_f = r - r \cdot \cos \dfrac{\alpha}{2}$ $\qquad$ (27)

Sehnenlänge $\quad l_s = 2 \cdot r \cdot \sin \dfrac{\alpha}{2}$ $\qquad$ (28)

Bogenlänge $\quad l_b = \dfrac{\pi \cdot r \cdot \alpha}{200}$ $\qquad$ (29)

Bild 7 Kreisbogenelemente

Für einen beliebigen Bogenpunkt P_i wird für eine gegebene Länge x_i des Lotes durch P_i auf die Tangente die Ordinate y_i nach Gl. (30) bestimmt.

$$y_i = r - \sqrt{r^2 - x_i^2} \qquad (30)$$

Für beliebige Werte x berechnet man die Ordinaten mit

$$y_i = \frac{x_i^2}{2 \cdot r} + \frac{x_i^4}{8 \cdot r^3} + \frac{x_i^6}{16 \cdot r^5} + \dots \qquad (31)$$

oder für $x \leqq \dfrac{r}{5}$ näherungsweise

$$y_i = \frac{x_i^2}{2 \cdot r} + \frac{1}{2 \cdot r} \cdot \left(\frac{x_i^2}{2 \cdot r} \right)^2 \qquad (32)$$

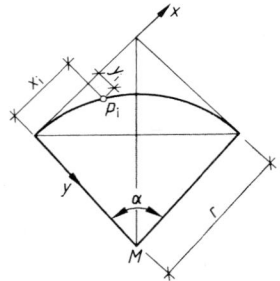

Bild 8 Bogenpunkt P_i

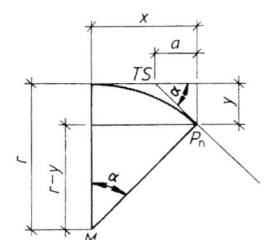

Bild 9 Kreisbogenabsteckung

Für den Bereich $x \geq \frac{r}{10}$ genügt die Genauigkeit des ersten Gliedes. Die Lage des Tangentenschnittpunktes TS (Bild 9) kann man errechnen mit Gl. (33).

$$a = \frac{y \cdot (r - y)}{\sqrt{y \cdot (2 \cdot r - y)}} \quad (33)$$

Will man die *Kleinpunkte in gleicher Bogenlänge* angeben, legt man den jeweiligen Mittelpunktswinkel α mit

$$\alpha = \frac{200 \cdot l_b}{\pi \cdot r} = 63{,}661977 \cdot \frac{l_b}{r} \quad \text{in gon} \quad (34)$$

fest. Für jeden Einzelpunkt gilt dann

$$x_n = r \cdot \sin(n \cdot \alpha) \quad (35) \qquad y_n = r \cdot [1 - \cos > (n \cdot \alpha)] \quad (36)$$

n Anzahl der Einzelstrecken, die vom Bogenanfang mit gleichem Zentriwinkel abgesetzt werden,
x_n die Abszisse auf der Bogentangente,
y_n Ordinate des Punktes P_n senkrecht zur Bogentangente.

Die vorgenannten Gleichungen lassen sich leicht auf einem Taschenrechner programmieren, so daß sich die früher üblichen Bogen-Abstecktafeln erübrigen.

Beispiel Gegeben $r = 400{,}00$ m. Gesucht y für $x = 50{,}00$ m. Damit ist $x < \frac{r}{5}$. Mit Gl. (32) wird

$$y = \frac{50^2}{2 \cdot 400} + \frac{1}{2 \cdot 400} \cdot \left(\frac{50^2}{2 \cdot 400}\right)^2 = 3{,}137 \text{ m.}$$

Mit Gl. (31) ergibt sich der gleiche Wert. Für $x = 40{,}00$ m wird der Wert der Ordinate ebenfalls mit beiden Gleichungen $y = 2{,}005$ m.

Da alle Werte x_i auf der Tangente durch den Bogenanfangspunkt abgetragen werden, lassen sich die Koordinaten der Bogenpunkte mit den Gleichungen für die Gerade berechnen.

Will man nicht gleiche Bogenlängen, sondern beliebige Stationen im Kreisbogen berechnen, kann man zunächst vom Bogenanfang die Streckenlänge bis zur gewünschten Station berechnen. Daraus ergibt sich der Mittelpunktswinkel α mit Gl. (34). Die Koordinaten des Mittelpunktes erhält man mit den Gln. (17) und (18), wenn man zur Tangentenrichtung im Bogenanfangspunkt BA 100 gon für Rechtsbögen oder 300 gon für Linksbögen addiert und als Entfernung den Radius r einsetzt. Danach addiert man zu dem Winkel, mit dem man vorher den Kreismittelpunkt errechnete, den Winkel $\alpha + 200$ gon hinzu und nimmt als Ausgangspunkt die Koordinaten des Kreismittelpunktes (vgl. Abschn. 6 Absteckung).

Die **Klothoide** als *Übergangsbogen* folgt dem Bildungsgesetz

$$A^2 = r \cdot l \quad (37)$$

Die Ordinaten y lassen sich nur durch Reihenentwicklung lösen. Für den Gebrauch gibt *Schnädelbach* (Zeitung für Vermessungswesen, 3/83) folgende Gleichungen an

$$y = \frac{x^3}{6 \cdot A^2} \left(1 - 0{,}205 \left(\frac{x}{A}\right)^4\right)^{-0{,}27875} \quad (38)$$

$$\tan \tau = \frac{1}{2} \left(\frac{x}{A}\right)^2 \cdot \left(1 - 0{,}27371 \left(\frac{x}{A}\right)^4\right)^{-0{,}487134} \quad (39)$$

$$l = x \left(1 - 0{,}205 \left(\frac{x}{A}\right)^4\right)^{-0{,}12195} \quad (40)$$

Restfehler bis zur Kennstelle $A = r = l$

$\Delta y = 2 \cdot 10^{-6} \cdot A$, $\Delta \tau = 0,02$ mgon, $\Delta l = 5 \cdot 10^{-6} \cdot A$

Damit liegen Gleichungen für die Berechnung von Ordinaten vor, die von KA aus abgetragen werden mit den Abszissenwerten x auf der langen Tangente. Für gleiche Streckenlängen l auf der Klothoide gibt *Desenritter* (Straßen- u. Tiefbau, Heft 37, 3/83) Polynome an, die auch auf Taschenrechnern zu programmieren sind.

$$x = A \cdot \sum_{i=1}^{i=n} a_i \cdot L_e^{4n-3} \quad (41) \qquad y = |A| \cdot \sum_{i=1}^{i=n} b_i \cdot L_e^{4n-1} \quad (42) \qquad L_e = \frac{l}{A}.$$

Die Gln. (41) und (42) werden zweckmäßig nach dem *Horner*-Schema gelöst. Die Koeffizienten entnimmt man der Tafel 6. Sehr hohe Genauigkeit erzielt man, wenn man die ersten sieben Glieder berücksichtigt.

Tafel 6   Koeffizienten des Klothoidenpolynoms

i	a	b
1	$1,000\,000\,000 \cdot 10^{-0}$	$1,666\,666\,667 \cdot 10^{-1}$
2	$-2,500\,000\,000 \cdot 10^{-2}$	$-2,976\,190\,476 \cdot 10^{-3}$
3	$2,893\,518\,519 \cdot 10^{-4}$	$2,367\,424\,242 \cdot 10^{-5}$
4	$-1,669\,337\,607 \cdot 10^{-6}$	$-1,033\,399\,471 \cdot 10^{-7}$
5	$5,698\,894\,141 \cdot 10^{-9}$	$2,832\,783\,637 \cdot 10^{-10}$
6	$-1,281\,497\,360 \cdot 10^{-11}$	$-5,318\,467\,304 \cdot 10^{-13}$
7	$2,038\,745\,799 \cdot 10^{-14}$	$7,260\,490\,737 \cdot 10^{-16}$

Außerdem sind die Werte x_M, Δr, T_K und T_L wichtig. Man erhält sie aus

$$x_M = x_{UE} - r \cdot \sin \tau \qquad (43) \qquad\qquad \Delta r = y_{UE} - r(1 - \cos \tau) \qquad (44)$$

$$T_K = \frac{y_{UE}}{\sin \tau} \qquad (45) \qquad\qquad T_L = x_{UE} - y_{UE} \cdot \frac{\cos \tau}{\sin \tau} \qquad (46)$$

Beispiel   Gegeben $A = 250,00$ m. Gesucht werden r, x, y, T_K, T_L, x_M und Δr für die Bogenlänge $l = 50,00$ m.

Nach Gl. (37) ist $r = \dfrac{A^2}{l} = \dfrac{62500}{50} = 1250,00$ m.

Es wird mit $L_e = \dfrac{50}{250} = 0,2$ nach Gln. (41) und (42)

$x = 0,199992 \cdot 250 = 49,998$ m, $y = 0,00133329 \cdot 250 = 0,333$ m.

Mit Gl. (39) berechnet man den Tangentenwinkel

$$\tan \tau = 0,5 \cdot \left(\frac{49,998}{250}\right)^2 \cdot \left(1 - 0,27371 \cdot \left(\frac{49,998}{250}\right)^4\right)^{-0,487137} = 0,0200027$$

Damit ist der Tangentenschnittwinkel der Klothoide $\tau = 1,27324$ gon.

Die übrigen Werte erhält man aus den Gln. (43) bis (46).

$x_M = 49,998 - 1250 \cdot 0,01999 = 25,00$ m,

$\Delta r = 0,333 - 1250 \cdot (1 - 0,9998) = 0,083$ m.

$T_K = \dfrac{0,333}{0,01999} = 16,666$ m, $T_L = 49,998 - 0,333 \cdot \dfrac{0,9998}{0,01999} = 33,335$ m.

6 Absteckung

Zur Achsabsteckung berechnet man die Achshauptpunkte *KA, KE, WP* oder *BA, BE* und die Kleinpunkte. Sofern die Geländeform dies erlaubt, wählt man einen Querprofilabstand von 20,00 m, weil sich dann Mengenermittlungen leicht und ziemlich genau berechnen lassen. Für elektronische Berechnungen ist der Querprofilabstand nicht ausschlaggebend, weil der Computer auch mit unrunden Werten schnell rechnen kann. Liegen Anfangspunkt und -richtung fest, kann zur Koordinatenberechnung das Tangentenpolygon der Achse herangezogen werden. Da heute elektronische Meßgeräte verwendet werden, ist die Absteckung als Polarabsteckung (z. B. von einem Polygonpunkt aus) gebräuchlich. Die Absteckwerte für Distanz und Richtungswinkel werden aus den Koordinaten von Standpunkt und Kleinpunkt mit den Gln. (1) und (2) berechnet. Vom Standpunkt aus braucht man zusätzlich die Richtung zu einem Anschlußziel. Von dieser Richtung setzt man den Richtungswinkel zum Kleinpunkt ab und korrigiert den Standpunkt des Reflektors so lange, bis die abgelesene Distanz D_A und der berechnete Richtungswinkel übereinstimmen.

Bei Bauwerken kleinerer Ausdehnung kann auch die Orthogonalabsteckung zweckmäßig eingesetzt werden. Hierzu ist auf der nächstliegenden Polygonseite, deren Anfangs- und Endkoordinaten sowie Richtung bekannt sind, und aus den Koordinaten des Kleinpunktes der Lotfußpunkt zu berechnen. Sind auch diese Koordinaten bekannt, kann die Lotlänge ermittelt werden (Bild 10). Dazu berechnet man die Transformationskonstanten auf das örtliche System der Polygonseite.

$$o = \frac{Y_E - Y_A}{s} \cdot \frac{D}{s} \quad (47)$$

$$a = \frac{X_E - X_A}{s} \cdot \frac{D}{s} \quad (48)$$

Zum Ausgleich von Längenänderungen (ausgeglichener PZ, anderes Meßwerkzeug) muß mit dem Faktor $v_D = \dfrac{D}{s}$ multipliziert werden, wobei s die berechnete, D die gemessene Strecke bedeutet.

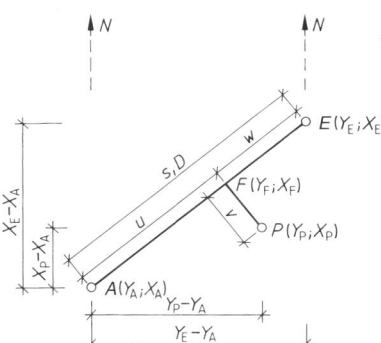

Bild 10 Orthogonalabsteckung

Auf der Polygonseite wird die Entfernung u vom Anfangspunkt aus abgesetzt und dort rechtwinklig die Lotlänge v abgetragen. Die Strecke vom Lotfußpunkt zum Endpunkt bezeichnet man mit w.

$$u = (X_P - X_A) \cdot a - (Y_P - Y_A) \cdot o \quad (49)$$
$$v = (X_P - X_A) \cdot o + (Y_P - Y_A) \cdot a \quad (50)$$
$$w = s - u \quad (51)$$

Die Koordinaten des Lotfußpunktes erhält man aus

$$Y_F = Y_A - o \cdot u \quad (52) \qquad\qquad X_F = X_A + o \cdot a \quad (53)$$

Vermessung

Beispiel Gegeben die Polygonpunkte P_1 und P_2. Abgesteckt werden soll ein Schacht mit den Koordinaten Y_s und X_s.

$$Y_1 = 12652,680 \quad X_1 = 20654,480$$
$$Y_2 = 12982,790 \quad X_2 = 20714,830$$
$$Y_s = 12710,173 \quad X_s = 20673,632$$

Es wird

$$o = -\frac{12982,79 - 12652,68}{335,581} = -0,983697 \quad a = \frac{20714,83 - 20654,48}{335,581} = 0,179837$$

Die Entfernung des Lotfußpunktes F von P_1 auf dem Polygonzug ist dann

$$u = 19,152 \cdot 0,179837 - 57,493 \cdot (-0,983697) = 63,444 \text{ m},$$

und der Abstand des Schachtes vom Polygonzug beträgt

$$v = 19,152 \cdot (-0,983697) + 57,493 \cdot 0,179837 = -8,50 \text{ m}.$$

(Das negative Vorzeichen bedeutet, daß der Punkt links vom Polygonzug in Absteckrichtung liegt.)

Für die Polarabsteckung stellt man die Richtung der Polygonseite fest.

$$\tan t = \frac{12982,79 - 12652,68}{20714,83 - 20654,48} = 5,4699254 \text{ und damit } t = 88,488577 \text{ gon.}$$

Entsprechend wird die Richtung zum Schacht

$$\tan t = \frac{57,493}{19,152} = 3,00193 \text{ und } t = 79,5290 \text{ gon.}$$

Die Entfernung vom Polygonpunkt P_1 zum Schacht ist

$$D = \sqrt{57,493^2 + 19,152^2} = 60,599 \text{ m.}$$

Man erleichtert sich bei Polarabsteckung die Arbeit, wenn man vorher den Teilkreis auf die berechnete Polygonzugsrichtung einstellt, weil man dann die neue Zielrichtung direkt eingeben kann.

Kreisbogenabsteckung

Sind die Station des Bogenanfangpunktes BA, dessen Koordinaten und die dort vorhandene Tangentenrichtung an den Kreisbogen bekannt, steckt man von der Tangente aus ab. Zunächst berechnet man die Bogenlänge von BA zur nächsten runden Station. Daraus kann man mit Gl. (34) den Mittelpunktswinkel α_n ermitteln. Mit den Gl. (35) und (36) ermittelt man die Absteckwerte auf der Tangente von BA aus. Dies wird notwendig, wenn der Punkt BA nicht mit einer runden Station zusammenfällt. Dann kann man wieder mit konstanten Bogenlängen arbeiten, da die Abstände dann vollen Stationsintervallen folgen. Mit Gl. (34) erhält man die Mittelpunktswinkel α_{ks}. Zur weiteren Berechnung benutzt man die Gln. (54) und (55)

$$X_n = r \cdot \sin(\alpha_n + n \cdot \alpha_{ks}) \qquad (54)$$

$$Y_n = r \cdot (1 - \cos(\alpha_n + n \cdot \alpha_{ks})) \qquad (55)$$

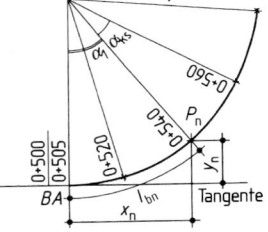

X_n Abstand des Lotfußpunktes durch P_n von BA auf der Tangente
Y_n Abstand Lotfußpunkt bis P_n
r Kreisbogenradius
l_{bn} Bogenlänge von BA bis P_n
α_1 Mittelpunktswinkel für die Bogenlänge l_{bn}
n Anzahl der Winkel mit gleicher Bogenlänge ($=$ Stationsentfernung)
α_{ks} Mittelpunktswinkel für Stationsentfernung

Bild 11 Kreisbogenabsteckung

Beispiel Gegeben: $r = 40,00$ m, Station des Bogenanfangs $BA = 104,362$ m.

Gesucht: die Absteckwerte für $0 + 120,00 + 140,00$ und $0 + 160,00$.

Berechnung für Station $0 + 120,00$:

Bogenlänge BA bis Station $0 + 120,00$: $l_b = 120,00 - 104,362 = 15,638$ m.

Nach Gl. (34) wird $\alpha_{lb} = \dfrac{15,638 \cdot 200}{\pi \cdot 40,00} = 24,8887$ gon.

Mit Gl. (35) wird $x_n = 40 \cdot 0,38107 = 15,243$ m,

mit Gl. (36) wird $y_n = 40 \cdot (1 - 0,92455) = 3,018$ m.

Berechnung für Station $0 + 140,00$:

Nach Gl. (34) wird $\alpha_{ks} = \dfrac{20,000 \cdot 200}{\pi \cdot 40,00} = 31,8310$ gon.

Mit Gl. (54) wird $x_n = 40 \cdot \sin(24,8887 + 1 \cdot 31,831) = 31,107$ m,

mit Gl. (55) wird $y_n = 40 \cdot (1 - \cos 56,7197) = 14,853$ m.

Berechnung für Station $0 + 160,00$:

Mit Gl. (54) wird $x_n = 40 \cdot \sin(24,8887 + 2 \cdot 31,831) = 39,355$ m,

mit Gl. (55) wird $y_n = 40 \cdot (1 - \cos 88,5507) = 32,845$ m.

Für die Berechnung der *Absteckung* von Stationen in der *Klothoide* verwendet man die Gln. (41) und (42) sinngemäß. Zuerst stellt man die Bogenlänge von *KA* bis zur ersten Station fest und errechnet die Werte X_n und Y_n nach *Desenritter*. Für weitere Stationen mit konstanter Stationsentfernung ermittelt man die Absteckwerte mit den Gln. (41) und (42).

Es gilt

$$L_{en} = L_a + n \cdot L_{ks} \quad (56)$$

L_a Klothoidenbogenlänge von *KA* bis zur ersten Station

L_{ks} Klothoidenbogenlänge mit konstanter Stationsentfernung

n Anzahl der Stationsentfernungen mit konstanter Bogenlänge

Beispiel Gegeben: $A = 150,00$ m, Station bei KA $0 + 205,733$.

Gesucht: orthogonale Absteckmaße auf der Klothoidentangente für die Stationen $0 + 200,00$, $0 + 240,00$ und $0 + 260,00$.

Berechnung für Station $0 + 220,00$:

$L_{en} = 220,000 - 205,733 = 14,267$ m;

$L_e = \dfrac{14,267}{150} = 0,09511333$

Mit Gl. (41) wird $X_n = 150 \cdot 0,0951131 = 14,267$ m, und

mit Gl. (42) wird $Y_n = 150 \cdot 0,0001434 = 0,022$ m.

Berechnung für Station $0 + 240,00$:

$L_{en} = 14,267 + 1 \cdot 20,000 = 34,267$ m.

Mit Gl. (57) wird $X_n = 150 \cdot 0,2284311 = 34,265$ m, und

mit Gl. (58) wird $Y_n = 150 \cdot 0,0019869 = 0,298$ m.

Berechnung für Station $0 + 260,00$:

$L_{en} = 14,267 + 2 \cdot 20,000 = 54,267$ m.

Mit Gl. (54) wird $X_n = 150 \cdot 0,3616251 = 54,244$ m, und

mit Gl. (55) wird $Y_n = 150 \cdot 0,0078943 = 1,184$ m.

Vermessung

Sind die Koordinaten des Punktes *KA* bekannt, kann man die Koordinaten der Stationen nun berechnen.

Beispiel Gegeben: Koordination bei Station 0 + 205,733 mit $Y_{UA} = 12525,44$, $X_{UA} = 30431,65$; Richtungswinkel in KA: $t = 65,4236$ gon.

Gesucht: Koordinaten der Station 0 + 260,00.

Mit Gln. (6) bis (8) erhält man zunächst den Fußpunkt des Lotes auf der Klothoidentangente

$$Y_F = 12525,44 + (54,244 \cdot 0,856098) = 12571,878$$
$$X_F = 30431,65 + (54,244 \cdot 0,516814) = 30459,684$$

Wenn die Klothoide nach rechts gekrümmt ist, wird die Richtung des Lotes durch den Fußpunkt $t_{Lot} = 165,4236$ gon und der Klothoidenpunkt bei Station 0 + 260,00 $Y_{260} = 12572,49$, $X_{260} = 30458,67$.

Das Abstecken dieses Punktes von *KA* aus mit der Polarabsteckung erfordert die Bestimmung des Richtungswinkels von *KA* nach Punkt 0 + 260,00. Diesen berechnet man aus

$$t = \arctan \frac{1,184}{54,244} = 1,38935 \text{ gon}$$

und zählt ihn zum Richtungswinkel in *KA* hinzu. Damit ergibt sich der Richtungswinkel in *KA* zum neuen Punkt 0 + 260,00 mit

$$t_{polar} = t_{Lot} + t = 66,8129 \text{ gon}.$$

Die Länge der Klothoidensehne ist dann $S_L = 54,257$ m.

Damit werden die Polarkoordinaten

$$Y_{260} = (54,257 \cdot 0,86717) + 12525,44 = 12572,49$$
$$X_{260} = (54,257 \cdot 0,498009) + 30431,65 = 30458,67$$

Koordinatentransformation. Nicht immer werden Meßdaten auf das überregionale System der Vermessungsverwaltung bezogen. Besonders im Hochbau wählt man oft örtliche Aufnahmeachsen. Zur Einrechnung ins überörtliche Netz bedarf es dann einer Koordinatentransformation. Es gibt zwei Freiheitsgrade, um das gegebene Netz in das gewünschte zu überführen (Bild 12). Man unterscheidet drei Fälle:

Translation. Hierbei handelt es sich um eine Verschiebung des Koordinaten-Nullpunktes parallel zu den Koordinatenachsen.

Rotation. Den Übergang ins neue System erreicht man durch eine Drehung des Bezugssystems um den Winkel α.

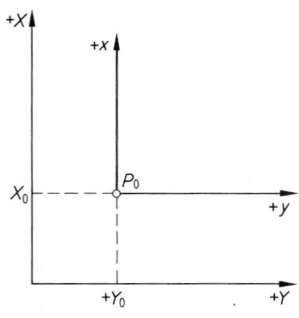

a) Translation

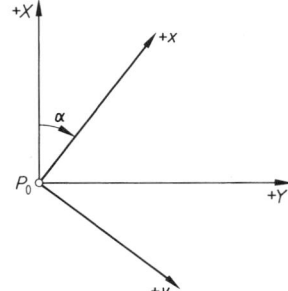

b) Rotation

Bild 12 Koordinatentransformation

3

Transformation. Hier handelt es sich um eine Kombination aus Translation und Rotation mit Maßstabsänderung (Bild 13).

Die vier Transformationsparameter Y_0, X_0, M und α kann man bestimmen, wenn mindestens zwei Punkte mit ihren Koordinaten in beiden Systemen bekannt sind (identische Punkte). Setzt man

$$a = \cos\alpha \cdot M \qquad (57a) \qquad o = \sin\alpha \cdot M \qquad (57b)$$

erhält man

$$Y_i = Y_0 + o \cdot x_i + a \cdot y_i \quad (58a) \qquad X_i = X_0 + a \cdot x_i - o \cdot y_i \quad (58b)$$

Aus a und o lassen sich der Maßstabsfaktor M und der Drehwinkel α bestimmen.

$$M = \sqrt{a^2 + o^2} \qquad (59) \qquad \alpha = \arctan\frac{o}{a} \text{ in gon} \qquad (60)$$

Nach Bild 12 ist

$$(Y_2 - Y_1)^2 + (X_2 - X_1)^2$$
$$= (M \cdot y_2 - M \cdot y_1) + (M \cdot x_2 - M \cdot x_1)^2$$

oder

$$M = \frac{S}{s} \quad (61)$$

Außerdem sind

$$T = \arctan\frac{Y_2 - Y_1}{X_2 - X_1} \quad \text{und}$$

$$t = \arctan\frac{y_2 - y_1}{x_2 - x_1} \quad \text{und somit}$$

$$\alpha = T - t \quad (62)$$

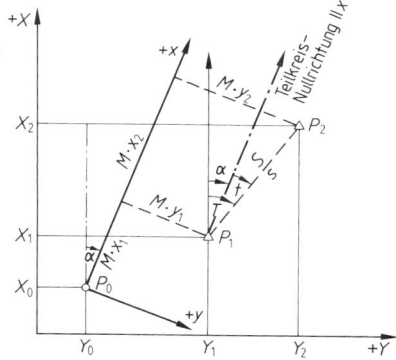

t, T Richtungswinkel im Ausgangs- bzw. Zielsystem

s, S gemessene Strecken im Ausgangs- bzw. Zielsystem

$\triangle$ identische Punkte

$\bigcirc$ Nullpunkt im örtlichen System

Bild 13 Bestimmung der Transformationsparameter mit identischen Punkten

Mit den Gln. (57) und (58) und den Koordinaten eines identischen Punktes berechnet man den Koordinatennullpunkt des Systems.

$$Y_0 = Y_1 - o \cdot x_1 - a \cdot y_1 \qquad (63a) \qquad X_0 = X_1 - a \cdot x_1 + o \cdot y_1 \qquad (63b)$$

Die Koordinaten eines beliebigen Punktes P_i werden dann

$$Y_i = Y_1 + M \cdot s_i \cdot \sin(\alpha + t_i) \quad (64a) \qquad X_i = X_1 + M \cdot s_i \cdot \cos(\alpha + t_i) \quad (64b)$$

Helmert-Transformation. Da wegen der Nachbarschaftstreue mehr als zwei identische Punkte für die Transformation erwünscht sind, andererseits aber mathematische Überbestimmung eintritt, muß die Transformation ausgeglichen werden. Vereinfacht stellt man sich die Figuren der identischen Punkte im Flächenschwerpunkt übereinandergelegt vor und bringt sie durch Rotation und Skalierung optimal zur Deckung. Anwendungen sind:

— Übertragen von Koordinaten zwischen zwei Netzsystemen,
— Übertragen photogrammetrischer Modellkoordinaten ins übergeordnete Netz,
— Berechnen von Näherungskoordinaten zur Punktbestimmung,
— Aufnahme und Absteckung von nicht koordinierten Standpunkten aus (freie Stationierung, GPS).

Es erfolgt hierbei eine Ähnlichkeitstransformation, deren Parameter durch eine Ausgleichsrechnung bestimmt werden. Zur Ausgleichung werden sämtliche im Punktfeld bekannten identischen Punkte herangezogen. Die Meßungenauigkeiten werden durch entsprechende Verbesserungen minimiert. Die Schwerpunktsbestimmung des Ausgangssystems $(y;\ x)$ und des Zielsystems $(Y;\ X)$ erfolgt mit den Gln. (65) bis (68).

$$y_s = \frac{y_i}{n} \qquad (65\,a) \qquad\qquad x_s = \frac{x_i}{n} \qquad (65\,b)$$

$$Y_s = \frac{Y_i}{n} \qquad (66\,a) \qquad\qquad X_s = \frac{X_i}{n} \qquad (66\,b)$$

$$y' = y - y_s \qquad (67\,a) \qquad\qquad x' = x - x_s \qquad (67\,b)$$

$$Y' = Y - Y_s \qquad (68\,a) \qquad\qquad X' = X - X_s \qquad (68\,b)$$

Die weiteren Parameter erhält man mit

$$a = \frac{(y' \cdot Y' + x' \cdot X')}{(x'^2 + y'^2)} = M \cdot \cos\alpha \quad (69) \qquad o = \frac{(x' \cdot Y' - y' \cdot X')}{(x'^2 + y'^2)} = M \cdot \sin\alpha \quad (70)$$

$$M = \sqrt{o^2 + a^2} \qquad (71)$$

$y_s;\ x_s$	Schwerpunktskoordinaten	n	Anzahl der Punkte
$y_i;\ x_i$	Koordinaten der identischen Punkte	M	Maßstabsfaktor
$y';\ x'$	$\}$ auf den Schwerpunkt reduzierte	α	Drehwinkel, um ein System in das
$Y';\ X'$	$\}$ Koordinaten der Systeme		andere zu überführen

Die Verbesserung der Restfehler der Transformation berechnet man für die auf den Schwerpunkt bezogenen Koordinaten mit

$$v_y = o \cdot x' + a \cdot y' - Y' \quad (72\,a) \qquad\qquad v_x = a \cdot x' - o \cdot y' - X' \quad (72\,b)$$

Die Summe der Verbesserungen soll $\sum v = 0$ sein. Den Lagefehler für jeden Punkt bestimmt man aus

$$f_s = \sqrt{v_y^2 + v_x^2} \quad (73)$$

Den mittleren Koordinatenfehler m für die Gesamtheit aller Punkte sowie den mittleren Lagefehler für den Einzelpunkt M_P errechnet man mit den Gln. (74) und (75).

$$m = \sqrt{\frac{\sum(v_y^2 + v_x^2)}{2 \cdot n - 4}} \quad \text{in m} \quad (74) \qquad n \quad \text{Anzahl der identischen Punkte}$$

$$M_P = m\sqrt{2} \quad \text{in m} \quad (75)$$

Die nichtidentischen Punkte werden in das Zielsystem umgerechnet.

$$Y_T = o \cdot x' + a \cdot y' + Y_s = M(x' \cdot \sin\alpha + y' \cdot \cos\alpha) + Y_s \quad (76\,a)$$

$$X_T = a \cdot x' - o \cdot y' + X_s = M(x' \cdot \cos\alpha - y' \cdot \sin\alpha) + X_s \quad (76\,b)$$

Beispiel

$P_1: Y_1 = 12525,44; X_1 = 20431,65$
$P_2: Y_2 = 12520,82; X_2 = 20604,87$
$P_3: Y_3 = 12652,68; X_3 = 20654,48$

Es wurde von einem beliebigen Standpunkt gemessen nach

$P_1: t_1 = \quad 0,0000$ gon; $s_1 = 161,581$ m
$P_2: t_2 = \quad 92,4316$ gon; $s_2 = \quad 84,627$ m
$P_3: t_3 = 206,7296$ gon; $s_3 = \quad 95,353$ m

Zu einem nichtidentischen Punkt wurde gemessen

$P_4: t_4 = 56,7246$ gon; $s_4 = 89,282$ m

Seine Koordinaten, polar errechnet, sind dann

$P_4: y_4 = 69,436; \quad x_4 = 56,124$

Für die Helmert-Transformation benutzt man nachstehendes Muster.

	Punkt 1	Punkt 2	Punkt 3	Summe	Schwerpunkt-Koordinaten
y_i	0,000	84,030	$-10,060$	73,970	24,6570
x_i	161,580	10,040	$-94,820$	76,800	25,6000
Y_i	12525,440	12520,820	12652,680	37698,940	12566,3130
X_i	20431,650	20604,870	20654,480	61691,000	20563,6670
y'	$-24,657$	59,373	$-34,717$	$-0,001$	$(y_i - y_s)$
x'	135,980	$-15,560$	$-120,420$	0,000	$(x_i - x_s)$
Y'	$-40,873$	$-45,493$	86,367	0,001	$(Y_i - Y_s)$
X'	$-132,017$	41,203	90,813	$-0,001$	$(X_i - X_s)$
$y' \cdot X'$	3255,143	2446,346	$-3152,755$	2548,734	
$x' \cdot Y'$	$-5557,911$	707,871	$-10400,314$	$-15250,315$	
$y' \cdot Y'$	1007,806	$-2701,056$	$-2998,403$	$-4691,653$	
$x' \cdot X'$	$-17951,672$	$-641,119$	$-10935,701$	$-29528,492$	
y'^2	607,968	3525,153	1205,270	5338,391	
x'^2	18490,560	242,114	14500,976	33233,650	

$$o = \frac{-15250,315 - 2548,734}{33233,650 + 5338,391} = -0,461449 \text{ (s. Gl. (70))}$$

$$a = \frac{-4691,653 - 29528,492}{38572,041} = -0,887175 \text{ (s. Gl. (69))}$$

$$M = \sqrt{0,212935 + 0,787079} = 1,000007 \text{ (s. Gl. (71))}$$

$$\alpha = \arctan \frac{-0,461449}{-0,887175} = 169,466 \text{ gon (s. Gl. (60))}$$

d. h. durch eine Rechtsdrehung kommt man vom Ausgangssystem in das Zielsystem. Die Verbesserungen sind nach den Gln. (72) und (73)

Punkt	v_Y	v_X	f_s
1	0,000	0,001	0,001
2	$-0,001$	$-0,001$	0,001
3	0,001	0,001	0,001

Der mittlere Koordinatenfehler beträgt

$$m = \sqrt{\frac{0,000002 + 0,000003}{2 \cdot 3 - 4}} = 0,002 \text{ m (s. Gl. (74))}$$

und der mittlere Lagefehler nach Gl. (75)

$$M_P = 0,002 \cdot \sqrt{2} = 0,003 \text{ m}.$$

Die Koordinaten des Punktes P_4 werden im Zielsystem mit der Gl. (76) berechnet.

$$Y_{P4} = -14,085 - 39,727 + 12566,313 = 12512,501$$
$$X_{P4} = -27,080 + 20,663 + 20563,667 = 20557,250$$

Freie Standpunktwahl. Die freie Standpunktwahl (in der Literatur auch „freie Stationierung") wird durch den Einsatz elektronischer Meßgeräte in Verbindung mit einem Feldcomputer zur Absteckung besonders günstig eingesetzt. Voraussetzung dafür ist, daß außer der elektronischen Meß- und Datenverarbeitungs-Ausrüstung ein Lagefestpunktfeld und mehrere gut sichtbare Anschlußziele vorhanden sind. Der Standpunkt bildet den Koordinaten-Nullpunkt für ein örtliches System mit beliebig festgelegten Richtungen. Die Koordinaten des Standpunktes werden über die Richtungen und Entfernungen zu bekannten Lagefestpunkten errechnet. Die Standpunktbestimmung kann auch mit modernen GPS-Geräten (**G**lobal **P**ositioning **Sy**stem) festgelegt werden. Allerdings sind hierbei die lokalen Verhältnisse für den Empfang der Satellitensignale von Bedeutung.

Das örtliche System ist das Ausgangssystem, das übergeordnete Landessystem ist das Zielsystem. Die vom Standpunkt polar gemessenen Anschlußpunkte sind die identischen Punkte. Ihnen können sowohl im Ausgangs- wie im Zielsystem Lagekoordinaten zugeordnet werden.

Die Berechnung der Koordinaten weiterer polar gemessener Punkte erfolgt zunächst durch Koordinierung im Ausgangssystem. Anschließend nimmt man die Umformung ins Zielsystem mit Transformationsparametern vor, die man mit der Helmert-Transformation gewinnt. Dafür müssen die Standpunktkoordinaten nicht unbedingt bekannt sein. Je nach Aufgabe kann auch die Messung eines Polygonzuges bei freier Standpunktwahl entfallen (Bild 14).

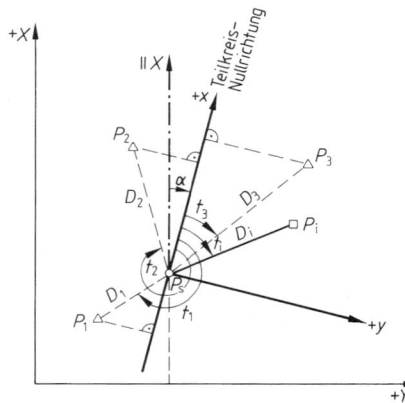

○   Standpunkt
□   nichtidentischer Punkt
△   identische Punkte
$y; x$ Ausgangssystem
$Y; X$ Zielsystem
t_i gemessene Richtung am Teilkreis
D_i gemessene Entfernung zum Zielpunkt
α Drehwinkel zwischen Ausgangs- und Zielsystem

Bild 14
Standpunktsystem bei freier Standpunktwahl

Schnittpunktberechnung. Kreuzende Verkehrswege erfordern die Bestimmung des Schnittpunktes beider Achsen oder Parallelen dazu. Handelt es sich dabei um Geraden, so berechnet man die Steigung derselben nach Bild 15 mit

$$m_1 = \frac{y_a - y_b}{x_a - x_b} \quad \text{und} \quad m_2 = \frac{y_d - y_c}{x_d - x_c}$$

Die y-Achse schneiden die Geraden in den Entfernungen b_1 und b_2 vom Nullpunkt.

$$b_1 = y_a - m_1 \cdot x_a = y_b - m_1 \cdot x_b \quad (77) \qquad b_2 = y_c - m_2 \cdot x_c = y_d - m_2 \cdot x_d \quad (78)$$

Die Koordinaten des Schnittpunktes erhält man mit folgenden Gleichungen:

$$x_s = \frac{b_2 - b_1}{m_1 - m_2} \quad (79) \qquad y_s = m_1 \cdot x_s + b_1 = m_2 \cdot x_s + b_2 \quad (80)$$

Die Berechnung von Böschungs-Durchstoßpunkten erfolgt sinngemäß unter Verwendung der Böschungsneigung und der Geländeneigung im Schnittpunktbereich. Ebenso verwendet man die Gleichungen zum Einschneiden von Gebäude-Eckpunkten.

Schneidet eine Gerade einen Kreisbogen (Bild 16), dann legt man zunächst die Gerade von P_1 nach P_2 als x-Achse eines örtlichen Koordinatensystems fest. Auf diese Achse wird mit dem Drehwinkel, der dem Richtungswinkel im übergeordneten Koordinatensystem entspricht, und den Koordinatenunterschieden $Y_M - Y_1$ und $X_M - X_1$ der Kreismittelpunkt transformiert. Mit

$$o = \sin \varepsilon \quad \text{und} \quad a = \cos \varepsilon$$

werden

$$y_M = (Y_M - Y_1) \cdot a - (X_M - X_1) \cdot o \quad (81a)$$

$$x_M = (Y_M - Y_1) \cdot o + (X_M - X_1) \cdot a \quad (81b)$$

Y, X Koordinaten im übergeordneten System

x, y Koordinaten im örtlichen System

Die x-Koordinaten der Schnittpunkte im örtlichen System berechnet man mit

$$x_{S1}, x_{S2} = x_M \pm \sqrt{r^2 - y_M^2} \quad (82)$$

Damit werden die Schnittpunkte für $i = 1, 2$

$$Y_{S,i} = Y_1 + x_{S,i} \cdot o \quad (83a) \qquad X_{S,i} = X_1 + x_{S,i} \cdot a \quad (83b)$$

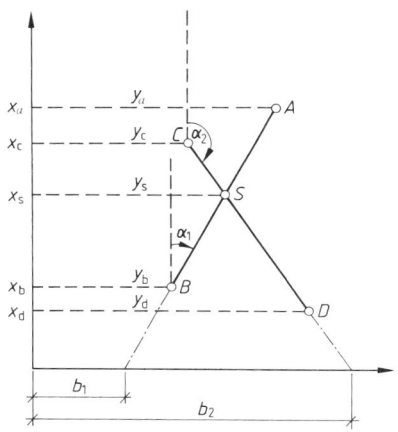

Bild 15   **Schnittpunktberechnung**

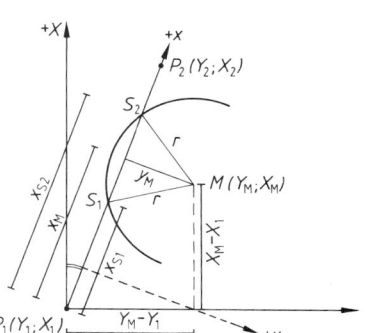

Bild 16   **Schnittpunkte zwischen Gerade und Kreis**

Für die Berechnung aller Achs- und Absteckwerte steht heute leistungsfähige Anwender-Software zur Verfügung.

7 Mengenberechnung

Flächenberechnung. Zwei Einsatzgebiete finden bei der Mengenberechnung besondere Anwendung:
— Berechnung von Grundstücksflächen,
— Berechnung von Baukörper-Volumina.

Für Flächenberechnungen von Grundstücken teilt man die jeweilige Fläche entweder in Dreiecke oder Trapeze auf (Bild 17). Summiert man die Einzelflächen zur Gesamtfläche, erhält man die *Gauß*'schen Flächenformeln.

$$A = \frac{1}{2} \sum_{i=1}^{n} x_i \cdot (y_{i+1} - y_{i-1}) \quad (84a)$$

oder

$$A = \frac{1}{2} \sum_{i=1}^{n} y_i \cdot (x_{i-1} - x_{i+1}) \quad (84b)$$

Für die *Trapezformel* lautet die Gleichung

$$A = \frac{1}{2} \sum_{i=1}^{n} \cdot (y_i + y_{i-1}) \cdot (x_i - x_{i-1}) \quad (85)$$

Die Punkte einer polygonal begrenzten Fläche werden dabei im Uhrzeigersinn durchnumeriert. Die Koordinaten des Anfangspunktes werden nochmals als Endpunktkoordinaten angegeben. Damit ist die Fläche geschlossen. Bei der Datenverarbeitung ist darauf zu achten, daß die Koordinaten des Anfangspunktes nicht doppelt gespeichert werden. Sollen Flächenteile nicht berechnet werden, sind die Koordinaten entgegen dem Uhrzeigersinn einzusetzen.

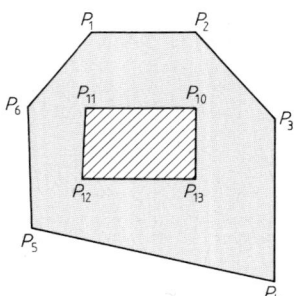

Bild 17 Flächenberechnung

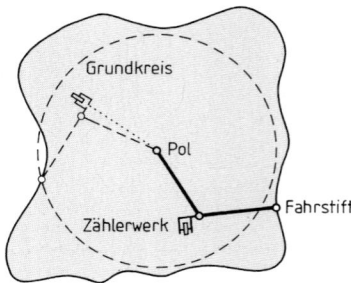

Bild 18 Planimetermessung

Für Straßen-Querprofilflächen wendet man bei der Berechnung nach den „Regelungen für die elektronische Bauabrechnung — REB" ebenfalls die Trapezformel nach *Gauß* an. Hierbei benutzt man als Abszisse den Abstand von der Bauwerksachse und als Ordinate die Höhe über NN. Damit wird die Querprofilfläche berechnet.

$$A = \frac{1}{2} \sum_{i=1}^{n-1} (y_i + y_{i+1}) \cdot (z_i - z_{i+1}) \quad (86) \quad z_i \text{ bis } z_n \quad \text{Höhenordinate des Punktes}$$

Planimetermessung. Aus Karten oder Plänen kann die Fläche durch Planimetrieren gewonnen werden. Dazu verwendet man meist den Polarplanimeter, weil mit ihm nicht nur geradlinig, sondern auch durch Kurven begrenzte Flächen ausgemessen werden können. Die umfahrene Fläche wird dabei vom Gerät integriert und auf einer Registrierrolle abgelesen als Differenz von Anfangs- und Endablesung. Die Umfahrung geschieht im Uhrzeigersinn. Um Abweichungen auszugleichen, ist die Fläche mehrmals zu umfahren und der Mittelwert der Ergebnisse zu bilden (Bild 18).

Digitalisieren. Die Datenverarbeitung ermöglicht es, auf einem Digitalisiertisch Punkte mit einem Fadenkreuz in einer Lupe anzufahren und deren Koordinaten elektronisch zu registrieren. Dazu müssen einige bekannte Punkte als Paßpunkte vorher angefahren werden, damit die Papierverzerrung oder andere Ungenauigkeiten eliminiert werden können. Mit entsprechender Anwender-Software läßt sich die Fläche rechnerisch bestimmen.

Mengenermittlung. Um die Menge eines Baukörpers zu berechnen, der von zwei Querprofilen begrenzt wird, zwischen denen die Begrenzungslinien gradlinig verlaufen, verwendet man bei gerader Achse die Gl. (87).

$$V = \frac{A_1 + A_2}{2} \cdot l \quad (87) \quad l \quad \text{Abstand der beiden Querprofile, gemessen in der Achse}$$

Wenn die Mengen über das Querprofil hin nicht symmetrisch verteilt liegen, muß besonders bei engen Achsradien der Flächen-Schwerpunktsabstand y_S von der Achse berücksichtigt werden.

$$y_S = \frac{\frac{1}{6} \sum_{i=1}^{i=n} (y_i^2 + y_i \cdot y_{i+1} + y_{i+1}^2) \cdot (z_i - z_{i+1})}{A} \quad (88)$$

Bei gekrümmter Achse ist ein Verbesserungsfaktor anzusetzen.

$$k = \frac{r - y_s}{r} \qquad r \quad \text{Radius an der Station des Querprofils} \qquad (89)$$

Die verbesserte Menge ist dann

$$V_v = V \cdot k_{\text{mittel}} \qquad k_{\text{mittel}} = (k_i + k_{i+1}) \cdot 0{,}5 \qquad (90)$$

Geländequerprofile müssen so gelegt werden, daß sie den Verlauf des Geländes genügend genau repräsentieren, um eine genaue Leistungsberechnung zu ermöglichen. Es ist heute üblich, größere Bauwerke mit Hilfe der EDV zu berechnen. Deshalb kann von der konstanten Stationsentfernung (z. B. 20,00 m) abgewichen werden. Dies bedeutet aber auch, daß bei der Achsabsteckung unrunde Stationen eingemessen werden müssen.

Beispiel   Die Fläche der im Bild 19 dargestellten Querprofile ist zu bestimmen und der Abtrag dazwischen zu berechnen. Die Profile liegen im Kreisbogen mit $r = 300{,}00$ m.

Bei Station 0 + 420 entsteht ein Anschnittsprofil. Der Ausgleich durch Quertransport soll nicht vorgenommen werden. Die Mengen sind getrennt zu ermitteln. Hier wird nur der Abtrag weiter berücksichtigt.

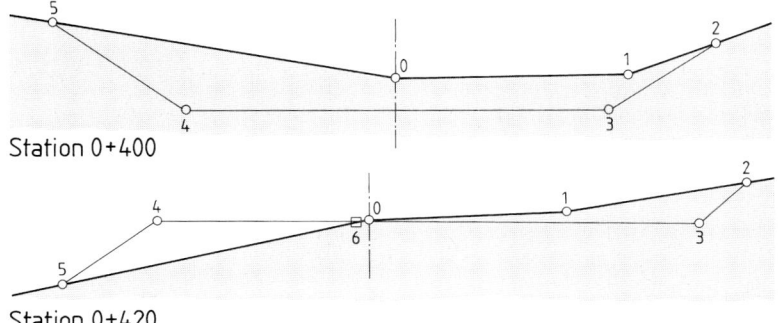

Station 0+400

Station 0+420

Bild 19   Beispiel für Mengenberechnung

Vermessung

Beispiel,
Forts.

Station 0 + 400				Station 0 + 420		

Punktnr.	Achsabstand	Höhe
0	0,00	500,00
1	7,75	500,19
2	10,50	501,40
3	7,00	499,07
4	−7,00	498,88
5	−11,30	501,75

Punktnr.	Achsabstand	Höhe
0	0,00	500,50
1	6,50	501,00
2	12,35	502,25
3	10,85	500,75
4	−7,00	500,30
5	−10,00	497,96

Der Schnittpunkt des Planums mit dem Gelände ist nach den Gln. (77) bis (80) zu errechnen.

$$m_1 = \frac{0,00 - 6,50}{500,50 - 501,00} = 13,00 \qquad m_2 = \frac{-7,00 - 10,85}{500,30 - 500,75} = 39,6667$$

$$b_1 = 0,00 - 13 \cdot 500,50 = -6506,50 \qquad b_2 = -7,00 - 39,6667 \cdot 500,30 = -19852,25$$

$$x_s = \frac{-19852,25 + 6506,50}{13,00 - 39,6667} = 500,465 \qquad y_s = 13,00 \cdot 500,465 - 6506,50 = -0,455$$

Anstelle der Punkte 4 und 5 ist in die Flächenbegrenzung der Punkt 6 mit den Koordinaten −0,455; 500,465 einzufügen.

Die Flächenberechnung für Profil 0 + 400 ergibt

von Punkt i nach Punkt $i+1$	$y_i + y_{i+1}$	$z_i - z_{i+1}$	Produkt
0 − 1	7,75	−0,19	−1,4725
1 − 2	18,25	−1,21	−22,0825
2 − 3	17,50	2,33	40,7750
3 − 4	0,00	0,19	0,0000
4 − 5	−18,30	−2,87	52,5210
5 − 0	−11,30	1,75	−19,7750
		Summe	49,966

$$A = \frac{49,966}{2} = 24,983 \ \text{m}^2$$

Die Schwepunktlage wird in der folgenden Form bestimmt

von Punkt i nach Punkt $i+1$	y_i	y_{i+1}	$y_i \cdot y_{i+1}$	y_i^2	y_{i+1}^2	Summe	$z_i - z_{i+1}$	Produkt
0 − 1	0,00	7,75	0,00	0,00	60,063	60,063	−0,19	11,4119
1 − 2	7,75	10,50	81,375	60,063	110,250	251,688	−1,21	−304,5419
2 − 3	10,50	7,00	73,50	110,25	49,00	232,750	2,33	542,3075
3 − 4	7,00	−7,00	−49,00	49,00	49,00	49,00	0,19	9,3100
4 − 5	−7,00	−11,30	79,10	49,00	127,69	255,790	−2,87	−734,1173
5 − 0	−11,30	0,00	0,00	127,69	0,00	127,690	1,75	223,4575
							Summe	−274,9961

$$y_s = \frac{-274,9961}{6 \cdot 24,983} = -1,835 \ \text{m}$$

Beispiel, d. h. der Flächenschwerpunkt liegt $-1,835$ m von der Achse entfernt.
Forts. Für den Kreisbogen mit $r = 300,00$ m ergibt das den Korrekturwert

$$k_{400} = \frac{300 + 1,835}{300} = 1,0061$$

Auf gleiche Weise verfährt man für Profil $0 + 420$. Die Werte sind dann
$A = 5,484 \text{ m}^2$, $y_s = 8,316 \text{ m}$, $k_{420} = 0,9723$

$$k_{\text{mittel}} = \frac{1,0061 + 0,9723}{2} = 0,9892$$

Zwischen den beiden Profilen liegen dann als Aushubmengen

$$V = \frac{24,983 + 5,484}{2} \cdot 20 \cdot 0,9892 = 301,380 \text{ m}^3$$

Ohne Berücksichtigung des Korrekturfaktors würde die Berechnung $V = 304,67 \text{ m}^3$, also $3,29 \text{ m}^3$ mehr, ergeben.

Digitale Geländemodelle (DGM). Sie stellen das Gelände durch Koordinaten-Tripel $(y; x; z)$ dar. Die Punkte werden als Festpunktfeld aufgenommen und mit elektronischer Datenverarbeitung zu einem Dreiecksmaschennetz verknüpft. Jede Dreiecksfläche wird dabei als eben angenommen und der Übergang zur nächsten durch Parameter nachbarschaftstreu ausgeglichen. Die Anordnung der Punkte kann im Raster mit gleichen Seitenlängen oder auch unregelmäßig vorliegen (Bild 20). Geländequerschnitte erhält man aus senkrechten Schnitten durch das Dreiecksmaschennetz, wobei auf jeder geschnittenen Dreiecksseite die Höhen interpoliert werden. Das DGM wird nun mit dem geplanten Kunstkörper überlagert und die Durchstoßpunkte werden ermittelt. Die Mengenermittlung erfolgt dann in der vorher beschriebenen Weise (Bild 21).

—— äußere Begrenzung des zu berechnenden Erdkörpers (ist für alle Horizonte gleich)
—— Dreiecksnetz des Urgeländes
- - - Dreiecksnetz eines Bodenhorizontes
• Aufnahmepunkte des Urgeländes
° Aufnahmepunkte eines Bodenhorizontes
•A Aufnahmepunkte des Urgeländes außerhalb des zu berechnenden Erdkörpers

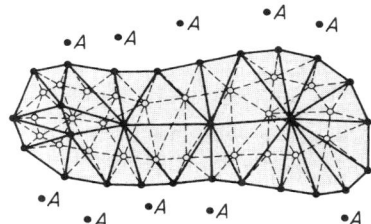

Bild 20   Meßfeld digitaler Punkte

Anmerkung: Die als Urgelände aufgemessenen Punkte A liegen außerhalb der äußeren Begrenzung und werden für die Mengenberechnung nicht benötigt.

Mengenermittlung zwischen Schichten. Will man die Mengen verschiedener Schichten (Erdabtrag, Fels, Frostschutz u. ä.) getrennt ermitteln, beschreibt man diese durch Begrenzungslinien ebenfalls wie die Umgrenzung des Sollprofils und ermittelt deren Flächen. Desgleichen kann man auch aus Höhenlinienplänen grobe Mengenberechnungen erstellen, wenn man die Flächen der von gleichen Höhenlinien umschlossenen Flächen planimetriert und mit den äquidistanten vertikalen Abständen multipliziert. Die Menge ist dann nach der Trapezregel

$$V_n = \tfrac{1}{2} h_{\text{äd}} \cdot (A_1 + 2 \cdot A_2 + 2 \cdot A_3 \ldots + 2 \cdot A_{n-1} + A_n) \quad (93)$$

V_n Menge zwischen mehreren Höhenlinien in m^3
$h_{\text{äd}}$ äquidistante Höhe zwischen zwei Höhenlinien in m
A_1 bis A_n Flächen, die von den Höhenlinien eingeschlossen werden in m^2

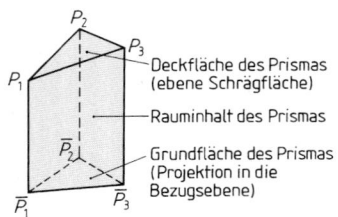

Deckfläche des Prismas
(ebene Schrägfläche)

Rauminhalt des Prismas

Grundfläche des Prismas
(Projektion in die
Bezugsebene)

Bild 21 **Systemskizze zur Prismen-berechnung**

Für Baugruben mit unregelmäßigen Abmessungen verwendet man auch die Berechnung mit Hilfe von Dreiecksprismen (Bild 21). Die Grundlage bildet dafür das Dreiecksmaschennetz. Die im Raum aufgespannten Dreiecke des Netzes werden auf eine horizontale Bezugshöhe projiziert. Verbindet man die Dreiecke mit der Projektion durch senkrechte Kanten, entstehen Prismen, deren Inhalt leicht ermittelt werden kann. Bezeichnet man die Punkte des Dreiecks der Geländefläche mit $P_1(X_1; Y_1; Z_1)$, $P_2 (X_2; Y_2; Z_2)$, $P_3 (X_3; Y_3; Z_3)$ und die Eckpunkte der Projektion bei der Höhe des Bezugshorizontes h_{BH} mit $\overline{P}_1 (x_1; y_1; z_1)$, $\overline{P}_2 (x_2; y_2; z_2)$, $\overline{P}_3 (x_3; y_3; z_3)$, wird der Flächeninhalt des Projektionsdreiecks nach Bild 21

$$A_{Pr} = \frac{1}{2} \cdot [x_1 \cdot (y_2 - y_3) + x_2 \cdot (y_3 - y_1) + x_3 \cdot (y_1 - y_2)] \quad \text{in m}^2 \quad (94)$$

und der Inhalt des Prismas zwischen den Dreiecken

$$V_{Pr} = \frac{1}{3} \cdot (Z_1 + Z_2 + Z_3 - 3 \cdot h_{BH}) \cdot |A_{Pr}| \quad \text{in m}^3 \quad (95)$$

Das Volumen zwischen Gelände und horizontaler Bezugsfläche ist dann bei n Prismen

$$V = \sum_{i=1}^{i=n} V_i \quad \text{in m}^3 \quad (96)$$

A_{Pr} Projektionsfläche des Dreiecks auf dem Bezugshorizont in m²

V_{Pr} Prismeninhalt zwischen Projektions- und Geländedreieck in m³

V_i Summe aller Dreiecksprismen in m³

h_{BH} Höhe des Bezugshorizontes

Sinngemäß lassen sich auch Mengen zwischen zwei Dreiecksmaschennetzen berechnen, wenn man diese auf einen gemeinsamen Horizont bezieht und dann die Differenz der ermittelten Mengen bildet. Will man Einschnitt und Auftrag getrennt ermitteln, müssen allerdings vorher die Verschneidungen der Prismen ermittelt werden. Dies wird von guter Anwender-Software berücksichtigt. Die in den REB, Ziff. 22.013, und im „Merkblatt für DV-Schnittstellen im Straßenentwurf" angegebenen Schnittstellenbeschreibungen sind dabei zu beachten.

Bauphysik

Bearbeitet von Prof. Dipl.- Phys. Herwig Baumgartner

Inhalt

4

Technische Baubestimmungen

DIN 4102-1	1998-05	Brandverhalten von Baustoffen und Bauteilen — Baustoffe; Begriffe, Anforderungen und Prüfungen
DIN 4102-2	1977-09	Brandverhalten von Baustoffen und Bauteilen; Bauteile, Begriffe, Anforderungen und Prüfungen
DIN 4102-3	1977-09	Brandverhalten von Baustoffen und Bauteilen; Brandwände und nichttragende Außenwände, Begriffe, Anforderungen und Prüfungen
DIN 4102-4	1994-03	Brandverhalten von Baustoffen und Bauteilen; Zusammenstellung und Anwendung klassifizierter Baustoffe, Bauteile und Sonderbauteile

Berichtigungen 1, 2, 3 zu DIN 4102-4, Ausgaben: 1995-05, 1996-04, 1998-09

DIN 4108-2	2001-03	Wärmeschutz und Energie-Einsparung in Gebäuden — Teil 2: Mindestanforderungen an den Wärmeschutz
DIN E 4108-2/A1	2002-02	Wärmeschutz und Energie-Einsparung in Gebäuden — Teil 2: Mindestanforderungen an den Wärmeschutz; Änderung A1
DIN 4108-3	2001-07	Wärmeschutz und Energie-Einsparung in Gebäuden — Teil 3: Klimabedingter Feuchteschutz; Anforderungen, Berechnungsverfahren und Hinweise für Planung und Ausführung
DIN 4108-3	2002-04	Berichtigungen zu DIN 4108-3:2001-07
DIN V 4108-4	2002-02	Wärmeschutz und Energie-Einsparung in Gebäuden — Teil 4: Wärme- und feuchteschutztechnische Bemessungswerte
DIN V 4108-6	2000-11	Wärmeschutz und Energie-Einsparung in Gebäuden — Teil 6: Berechnung des Jahresheizwärme- und des Jahresheizenergiebedarfs
DIN V 4108-6/A1	2001-08	Änderung A1
DIN 4108-7	2001-08	Wärmeschutz und Energie-Einsparung in Gebäuden — Teil 7: Luftdichtheit von Gebäuden, Anforderungen, Planungs- und Ausführungsempfehlungen sowie -beispiele
DIN 4108-20	1995-07	Wärmeschutz im Hochbau — Teil 20: Thermisches Verhalten von Gebäuden; Sommerliche Raumtemperaturen ohne Anlagentechnik; Allgemeine Kriterien und Berechnungsalgorithmen
DIN 4108 Beibl. 2	1998-08	Wärmeschutz und Energie-Einsparung in Gebäuden — Wärmebrücken — Planungs- und Ausführungsbeispiele
DIN 4109	1989-11	Schallschutz im Hochbau; Anforderungen und Nachweise
DIN 4109 Beibl. 1	1989-11	Schallschutz im Hochbau; Ausführungsbeispiele und Rechenverfahren
DIN 4109 Beibl. 1	2001-01	Schallschutz im Hochbau — Ausführungsbeispiele und Rechenverfahren; Änderung A1
DIN E 4109-10	2000-06	Schallschutz im Hochbau — Teil 10: Vorschläge für einen erhöhten Schallschutz von Wohnungen
DIN EN ISO 6946	1996-11	Bauteile — Wärmedurchlaßwiderstand und Wärmedurchgangskoeffizient — Berechnungsverfahren
DIN EN ISO 7345	1996-01	Wärmeschutz — Physikalische Größen und Definitionen
DIN EN ISO 9346	1996-08	Wärmeschutz — Stofftransport — Physikalische Größen und Definitionen
DIN EN ISO 10077-1	2000-11	Wärmetechnisches Verhalten von Fenstern, Türen und Abschlüssen — Berechnung des Wärmedurchgangskoeffizienten — Teil 1: Vereinfachtes Verfahren
DIN EN ISO 10077-2	1999-02	Wärmetechnisches Verhalten von Fenstern, Türen und Abschlüssen — Berechnung des Wärmedurchgangskoeffizienten — Teil 2: Numerisches Verfahren für Rahmen
DIN 18055	1981-10	Fenster; Fugendurchlässigkeit, Schlagregendichtheit und mechanische Beanspruchung; Anforderungen und Prüfung
DIN V 18164-1	2002-01	Schaumkunststoffe als Dämmstoffe für das Bauwesen — Teil 1: Dämmstoffe für die Wärmedämmung
DIN 18164-2	2001-09	Schaumkunststoffe als Dämmstoffe für das Bauwesen — Teil 2: Dämmstoffe für die Trittschalldämmung aus expandiertem Polystyrol-Hartschaum

DIN V 18165-1	2002-01	Faserdämmstoffe für das Bauwesen — Teil 1: Dämmstoffe für die Wärmedämmung
DIN 18174	1981-01	Schaumglas als Dämmstoff für das Bauwesen; Dämmstoffe für die Wärmedämmung
DIN EN ISO 140		Akustik — Messung der Schalldämmung in Gebäuden und von Bauteilen, Teil 1, Teile 4–8, Teil 12
DIN EN 832	1998-12	Wärmetechnisches Verhalten von Gebäuden — Berechnung des Heizenergiebedarfs; Wohngebäude
DIN EN 12354-1	2000-12	Bauakustik — Berechnung der akustischen Eigenschaften von Gebäuden aus den Bauteileigenschaften — Teil 1: Luftschalldämmung zwischen Räumen
DIN EN 12354-2	2000-09	Bauakustik — Berechnung der akustischen Eigenschaften von Gebäuden aus den Bauteileigenschaften — Teil 2: Trittschalldämmung zwischen Räumen
DIN EN 12354-3	2000-09	Bauakustik — Berechnung der akustischen Eigenschaften von Gebäuden aus den Bauteileigenschaften — Teil 3: Luftschalldämmung gegen Außenlärm
DIN EN 12524	2000-07	Baustoffe und -produkte — Wärme- und feuchteschutztechnische Eigenschaften — Tabellierte Bemessungswerte
DIN EN ISO 717-1	1997-01	Akustik — Bewertung der Schalldämmung in Gebäuden und von Bauteilen — Teil 1: Luftschalldämmung
DIN EN ISO 717-2	1997-01	Akustik — Bewertung der Schalldämmung in Gebäuden und von Bauteilen — Teil 2: Trittschalldämmung
DIN EN ISO 13370	1998-12	Wärmetechnisches Verhalten von Gebäuden — Wärmeübertragung über das Erdreich — Berechnungsverfahren
DIN EN ISO 13788	2001-11	Wärme- und feuchtetechnisches Verhalten von Bauteilen und Bauelementen — Raumseitige Oberflächentemperatur zur Vermeidung kritischer Oberflächenfeuchte und Tauwasserbildung im Bauteilinneren — Berechnungsverfahren
DIN EN ISO 14683	1999-09	Wärmebrücken im Hochbau — Längenbezogener Wärmedurchgangskoeffizient — Vereinfachte Verfahren und Anhaltswerte

4

Literatur

[1] *Achtziger, I.:* Evaluating Thermal Insulation of Light Façade Walls. Mitteilungen — Forschungsinst. f. Wärmeschutz München. Reihe IV. Nr. 39

[2] *Furrer, W., Lauber, A.:* Raum- und Bauakustik, Lärmabwehr. Basel und Stuttgart 1972

[3] *Gösele, K., Schüle, W., Künzel, H.:* Schall, Wärme, Feuchte. Wiesbaden — Berlin 1997

[4] *Hauser, G.; Schulze, H.* und *Wolfseher, U.:* Wärmebrücken im Holzbau Bauphysik **5** (1983), H. 2, S. 17 und H. 2, S. 42

[5] *Hauser, G., Stiegel, H.:* Wärmebrücken-Atlas für den Mauerwerksbau. Wiesbaden — Berlin 1990

[6] *Heindl, W.; Krec̆, K., Panzhauser, E., Sigmund, H.:* Wärmebrücken. Wien — New York 1987

[7] *Jenisch, R.:* Berechnung der Feuchtigkeitskondensation in Außenbauteilen, abhängig vom Außenklima. Ges. Ing. **92** (1971), H. 9, S. 257 und H. 10, S. 299

[8] *Jenisch, R.:* Tauwasserschäden. Schadenfreies Bauen Band 16, IRB Verlag, Stuttgart 1996

[9] *Lutz, P, Jenisch, R., Freymuth, H., Krampf, L., Petzold, K.:* Lehrbuch der Bauphysik. 4. Aufl. Stuttgart 1997

[10] *Mainka, G. W.* und *Paschen, H.:* Wärmebrückenkatalog. Stuttgart 1986

[11] *Rudolphi, R.* und *Müller, M.:* Bauphysikalische Temperaturberechnungen in FORTRAN. Band 1 Zwei- bzw. dreidimensionale stationäre Probleme des Wärmeschutzes. Stuttgart 1985

[12] *Schüle, W., Jenisch, R.* und *Lutz, H.:* Wärmeschutztechnische und raumklimatische Untersuchungen an Montagebauten. Berichte aus der Bauforschung (1969), H. 60, S. 9. Stuttgart 1972

[13] *Eicker, Ursula:* Solare Technologien für Gebäude, Teubner-Verlag 2001

1 Wärmeschutz im Hochbau

Der Begriff „Wärmeschutz im Hochbau" betrifft in der Regel Maßnahmen, die notwendig sind, um in beheizten Gebäuden ein für die Menschen behagliches Raumklima zu schaffen. Dabei wird zusätzlich erwartet, daß die Baukonstruktion vor Schäden durch Feuchteeinwirkung geschützt wird und der Verbrauch an Heizenergie in tragbaren Grenzen bleibt.

Die Anforderungen an den Wärmeschutz der Bauteile zur Gewährleistung eines zufriedenstellenden Raumklimas mit der zusätzlichen Forderung nach einem ausreichenden Schutz der Baukonstruktion führen zur Festlegung von Mindestwerten des Wärmedurchlaßwiderstandes. Eine erhöhte Einsparung von Heizenergie ist bei dieser Betrachtungsweise nicht zu erwarten. Deshalb gibt es mehrere technische Regelwerke, die sich aus diesen unterschiedlichen Gesichtspunkten mit dem Wärmeschutz von Bauteilen bzw. von Gebäuden befassen:

— Die DIN 4108-2 fordert Mindestwerte des Wärmedurchlaßwiderstandes zum Schutz des Menschen vor thermisch unbehaglichen Zuständen und zum Schutz der Baukonstruktion vor Schäden.

— Die Energieeinsparungsverordnung (EnEV), DIN V 4108-6 und DIN EN 832 dagegen befassen sich mit der Forderung nach einem energiesparenden Wärmeschutz.

1.1 Physikalische Größen, Formelzeichen, Einheiten und Indizes

Physikalische Größe	Formelzeichen nach Norm	bisher üblich	SI-Einheit
Wärmemenge	Q	Q	J (1 J = 1 Ws)
Wärmestrom	Φ	Φ	W
Wärmestromdichte	q	q	W/m^2
Wärmeleitfähigkeit	λ	λ	W/(m · K)
Wärmedurchlaßkoeffizient	Λ	Λ	W/(m^2 · K)
Wärmedurchlaßwiderstand	R	$1/\Lambda$	m^2 · K/W
Wärmeübergangskoeffizient	h	α	W/(m^2 · K)
Wärmeübergangswiderstand	R_s	$1/\alpha$	m^2 · K/W
Wärmedurchgangskoeffizient	U	k	W/(m^2 · K)
Wärmedurchgangswiderstand	R_T	$1/k$	m^2 · K/W
spezifische Wärmekapazität	c	c	J/(kg · K)
Massebezogener Feuchtegehalt[1])	u	u_m	kg/kg
Volumenbezogener Feuchtegehalt[2])	ψ	u_v	m^3/m^3
Massebezogener Umrechnungsfaktor für den Feuchtegehalt[3])	f_u	—	kg/kg
Volumenbezogener Umrechnungsfaktor für den Feuchtegehalt[3])	f_ψ	—	m^3/m^3
Luftwechselrate	n	n, β	1/h
Fugendurchlaßkoeffizient	—	α	m^3/(h · m · (daPa$^{2/3}$))
Gesamtenergiedurchlaßgrad	—	g	—
Abminderungsfaktor	—	z	—
Thermodynamische Temperatur	T	T	K
Celsius-Temperatur	Θ	ϑ	°C
Dicke	d	s	m
Länge	l	l	m
Fläche	A	A	m^2
Volumen	V	V	m^3
Zeit	t	t	s
Dichte	ϱ	ϱ	kg/m^3

[1]) Quotient aus Masse des verdampfbaren Wassers und Trockenmasse des Baustoffs
[2]) Quotient aus Volumen des verdampfbaren Wassers und dem Trockenvolumen des Baustoffs
[3]) Zur Umrechnung der Wärmeschutztechnischen Eigenschaften

Indizes

innen	i	innere Oberfläche	si
außen	e	äußere Oberfläche	se
Oberfläche	s		

1.1.1 Wärmebewegung durch Bauteile

Trennt ein Bauteil einen beheizten Raum von einer Umgebung mit niedrigerer Temperatur, so fließt ein Wärmestrom durch ihn in Richtung des Temperaturgefälles. Der Wärmestrom hängt von der Geometrie, dem Material und der Beschaffenheit der Oberfläche, der Luftbewegung und der Lufttemperatur zu beiden Seiten des Bauteiles ab. Wenn die Temperaturen nicht konstant sind, ist der Wärmestrom auch noch zeitlichen Schwankungen unterworfen.

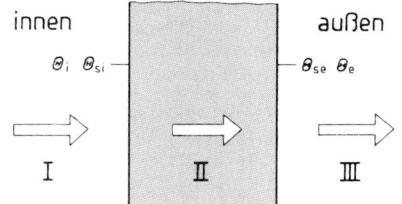

Bild 1 Schematische Darstellung der Wärmebewegung durch ein Bauteil von der höheren Temperatur Θ_i zur tieferen Θ_e

I   Wärmeübergang von Raumluft zu raumseitiger Wandoberfläche
II   Wärmedurchgang durch das Bauteil
III   Wärmeübergang von außenseitiger Wandoberfläche an die Außenluft

Beim Wärmeschutz im Hochbau werden grundsätzlich konstante Temperaturen angenommen. Die auf dieser Annahme basierenden physikalischen Gesetze, die den wärmeschutztechnischen Berechnungen im Hochbau zugrunde liegen, gelten nur für plattenförmige, unendliche ausgedehnte Körper. Bauteile können, wenn Ecken- und Anschlußbereiche ausgeklammert werden, in erster Annäherung als derartige Körper angesehen werden. Die Wärmebewegung durch ein Bauteil kann nach Bild 1 in 3 Einzelvorgänge aufgeteilt werden:

Die Wärmestromdichten (Wärmestrom durch Fläche) der einzelnen Wärmebewegungen sind:

$$q_I = h_{si}(\theta_i - \theta_{si}) \qquad q_{II} = 1/R(\theta_{si} - \theta_{se}) \qquad q_{III} = h_{se}(\theta_{se} - \theta_e)$$

Bei der Gesamtbetrachtung der Wärmebewegung durch das Bauteil, einschließlich der beidseitigen Wärmeübergänge ergibt sich die Wärmestromdichte

$$q = U(\theta_i - \theta_e)$$

Die Größen h_{si} und h_{se} sind Wärmeübergangskoeffizienten. R der Wärmedurchlaßkoeffizient, U der Wärmedurchgangskoeffizient der Bauteile.

Die Kehrwerte der Koeffizienten sind Wärmewiderstände. Der Wärmewiderstand einer Baustoffschicht hängt von deren Dicke und der Wärmeleitfähigkeit des Materials ab und wird Wärmedurchlaßwiderstand genannt.

1.1.2 Berechnungsverfahren

Die nachfolgend angeführten Kenngrößen und Berechnungsverfahren gelten nur bei stationären Wärmestromverhältnissen und für ebene, plattenförmige Körper. In Bereichen divergierender oder konvergierender Wärmestromlinien sind sie nicht anwendbar.

1.1.2.1 Bedeutung und Berechnung der Kenngrößen nach DIN EN ISO 6946-1

Rechenwert der Wärmeleitfähigkeit λ_R. Wärmeenergie wird in Stoffen unterschiedlich gut weitergeleitet. Diese Eigenschaft wird als Wärmeleitfähigkeit bezeichnet. Für wärmeschutztechnische Berechnungen ist der Rechenwert der Wärmeleitfähigkeit anzuwenden. Er ist auf eine Temperatur von 10 °C und den praktischen Feuchtegehalt (s. Tafel 26) bezogen und berücksichtigt material- und herstellungsbedingte Streuungen. Die Rechenwerte der Wärmeleitfähigkeit λ_R in Tafel 17 sind unter anderem aufgrund der praktischen Feuchtegehalte nach Tafel 26 festgelegt worden.

Wärmedurchlaßwiderstand R. Bei einem einschichtigen Bauteil berechnet er sich aus der Dicke d und dem Rechenwert der Wärmeleitfähigkeit λ_R nach der Gl.

$$R = d/\lambda_R \quad (1)$$

Bei mehrschichtigen Bauteilen der Dicken $d_1, d_2, \ldots, d_n$ der Einzelschichten und deren Rechenwerten der Wärmeleitfähigkeit $\lambda_{R1}, \lambda_{R2}, \ldots, \lambda_{Rn}$ berechnet er sich nach der Gleichung

$$R = d_1/\lambda_{R1} + d_2/\lambda_{R2} + \ldots + d_n/\lambda_{Rn} \quad (2)$$

Wärmeübergangswiderstand R_{si}, R_{se}. Er kennzeichnet den Wärmewiderstand beim Wärmetransport von der Luft zur Bauteiloberfläche bzw. ungekehrt (s. Bild 1). Die für Berechnungen notwendigen Zahlenwerte werden der Tafel 20 entnommen.

Wärmedurchgangswiderstand R_T. Durch die Addition der Einzelwiderstände erhält man den Wärmedurchgangswiderstand eines Bauteils

$$R_T = R_{si} + R + R_{se} \quad (3)$$

Wärmedurchgangskoeffizient U. Bei ein- und mehrschichtigen Bauteilen ergibt sich der Wärmedurchgangskoeffizient aus der Kehrwertbildung der Gl. (3)

$$U = \frac{1}{R_T} \quad (4)$$

Mittlerer Wärmedurchgangskoeffizient eines inhomogenen Bauteils

Bei den Gl. (1) bis (4) wird vorausgesetzt, daß das Bauteil in seiner ganzen Ausdehnung aus einer oder mehreren aufeinanderfolgenden homogenen, senkrecht zur Richtung des Wärmestromes angeordneten Schichten besteht. Sind jedoch mehrere, nebeneinanderliegende Abschnitte mit einem unterschiedlichen Materialaufbau vorhanden (s. Bild 2), weisen die Berechnungen einen mehr oder weniger großen Fehler auf, der von der Differenz der wärmeschutztechnischen Qualität der nebeneinanderliegenden Bereiche abhängt. Mit einer in vielen Fällen ausreichenden Genauigkeit kann der mittlere Wärmedurchgangskoeffizient eines solchen inhomogenen Bauteils mit dem nachfolgend beschriebenen Rechenverfahren ermittelt werden.

Berechnet wird der Wärmedurchgangswiderstand R_T des Bauteiles bei zwei sich stark unterscheidenden Randbedingungen. Die jeweiligen Rechenergebnisse ergeben Extremwerte, die als oberer (R_T') bzw. unterer Grenzwert (R_T'') bezeichnet werden. Das Endergebnis ist der Mittelwert aus beiden Berechnungen. Neben den Materialwerten der Abschnitte und Schichten bestimmen auch die Anteile f der Abschnittsflächen an der Gesamtfläche A das jeweilige Ergebnis.

$$f_a = A_a/A, f_b = A_b/A, \ldots, f_n = A_n/A \quad \text{mit} \quad A = A_a + A_b + \ldots + A_n$$

und $\quad f_a + f_b + \ldots + f_n = 1$

Oberer Grenzwert R_T'

Für jeden Abschnitt des Bauteils wird der Wärmedurchgangskoeffizient getrennt bestimmt und zuerst der gewichtete Mittelwert U' des Bauteils und dann der Wär-

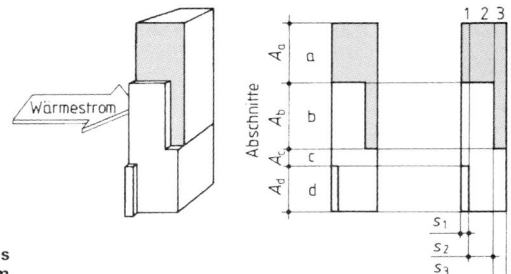

Bild 2 Inhomogenes Bauteil aus n Abschnitten und m Schichten

medurchgangswiderstand R'_T berechnet.

$$U' = U_a \cdot f_a + U_b \cdot f_b + \ldots + U_n \cdot f_n$$
$$R'_T = 1/U' \qquad (5)$$

Unterer Grenzwert R''_T

Für jede Bauteilschicht wird entsprechend der Flächenanteile der verschiedenen Abschnitte die gewichtete Wärmeleitfähigkeit λ'' jeder einzelnen Schicht berechnet und mit diesen Werten der Wärmedurchgangswiderstand R''_T der Gesamtkonstruktion bestimmt. Für die Schicht m ist die mittlere Wärmeleitfähigkeit

$$\lambda''_m = \lambda_{m,a} \cdot f_a + \lambda_{m,b} \cdot f_b + \ldots + \lambda_{m,n} \cdot f_n$$

Der Wärmedurchgangswiderstand R''_T des m-schichtigen Bauteils ist

$$R''_T = R_{si} + R_1 + R_2 + \ldots + R_m + R_{se} \qquad (6)$$

Mittelwert und relativer Fehler

Das Mittel aus oberem und unterem Grenzwert liefert den Näherungswert des Wärmedurchgangswiderstandes R_T des Bauteils.

$$R_T = (R'_T + R''_T)/2 \qquad (7)$$
$$\text{und} \quad U = 1/R_T$$

Die relative Rechenungenauigkeit e ist:

$$e = (R'_T - R''_T)/2 \cdot R_T$$

In Abschn. 1.2.8 wird ein Anwendungsbeispiel gezeigt.

Wärmestrom Φ und Wärmestromdichte q. Durch ein Bauteil mit der Fläche A fließt bei einer beidseitig angrenzenden Luft der Temperaturen Θ_i bzw. Θ_e ein Wärmestrom der Größe

$$\Phi = U \cdot A(\Theta_i - \Theta_e)$$

bzw. eine Wärmestromdichte der Größe

$$q = U \cdot (\Theta_i - \Theta_e) \qquad (8)$$

Bei den Berechnungen ist die Schichtdicke d in m und die Fläche A in m² einzusetzen.

Die Berechnungen der Größen nach den Gl. (1) bis (8) für den Nachweis des erforderlichen Wärmeschutzes im Hochbau erfolgt nach DIN EN ISO 6946.

Für die Berechnung des Wärmeschutzes der Bauteile sind die Stoffwerte der DIN V 4108-4 zu entnehmen (s. Tafel 13). Stoffwerte, die dort nicht enthalten sind, dürfen nur dann verwendet werden, wenn sie nach den Vorschriften der Bauregelliste bestimmt und im Bundesanzeiger bekannt gemacht worden sind.

1.1.2.2 An Luftschichten grenzende Flächen

Bei einer an eine Luftschicht grenzenden Fläche mit schmäleren Einschnitten oder Überständen wird nach DIN EN ISO 6946 die Berechnung so geführt, als ob die

Fläche eben wäre (s. Bild 3). Die schmäleren Einschnitte werden verlängert, ohne deren Wärmedurchlaßwiderstand zu verändern (Bild 3a). Die überstehenden Abschnitte werden verkürzt, wobei deren Wärmedurchlaßwiderstand entsprechend der Dicke der angrenzenden Bereiche vermindert wird (Bild 3b)

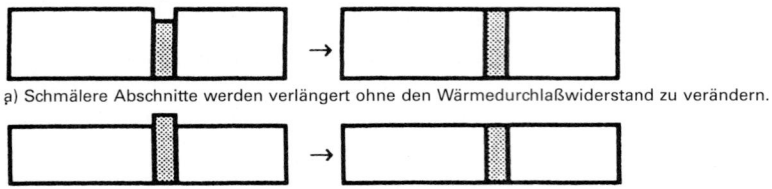

a) Schmälere Abschnitte werden verlängert ohne den Wärmedurchlaßwiderstand zu verändern.

b) Überstehende Abschnitte werden verkürzt, wobei deren Wärmedurchlaßwiderstand vermindert wird.

Bild 3: Angaben zur Berechnung des Wärmedurchlaßwiderstandes von an Luftschichten grenzenden Bauteilen mit schmäleren Einschnitten a) oder Überständen b).

1.1.2.3 Berechnung von Temperaturen

Sind die Lufttemperaturen beiderseits des Bauteils Θ_i und Θ_e, ergeben sich für die Innen- bzw. Außenoberflächentemperaturen Θ_{si} bzw. Θ_{se} durch folgende Gleichungen

$$\Theta_{si} = \Theta_i - R_{si} \cdot q \qquad (9)$$

$$\Theta_{se} = \Theta_e + R_{se} \cdot q \qquad (10)$$

Die Temperaturen Θ_1, Θ_2,...Θ_n innerhalb des Bauteils nach der ersten, zweiten bzw. n-ten Schicht, gezählt in Richtung des Wärmestromes, sind

$$\Theta_1 = \Theta_{si} - R_1 \cdot q \qquad (11)$$

$$\Theta_2 = \Theta_1 - R_2 \cdot q \qquad (12)$$

$$\vdots$$

$$\Theta_n = \Theta_{n-1} - R_n \cdot q \qquad (13)$$

Anwendungsbeispiel s. Abschn. 3.4.3.
Nach Gl. (8) ist

$$q = U(\Theta_i - \Theta_e)$$

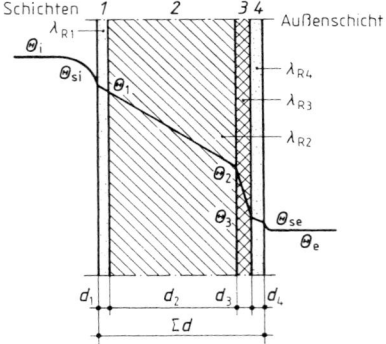

Bild 4 Temperaturen in mehrschichtigen Bauteilen

1.2 Mindestanforderungen an den Wärmeschutz im Winter

nach DIN 4108-2: 2001-03

Die DIN 4108-2 legt Mindestanforderungen an den Wärmeschutz von Bauteilen und bei Wärmebrücken innerhalb der Gebäudehülle fest. Die Mindestanforderungen gelten für Gebäude mit Innentemperaturen $\geq 19\,°C$ **und** für Gebäude mit niedrigen Innentemperaturen ($12\,°C \leq \theta \leq 19\,°C$) mit Ausnahme der Anforderungen an Außenwände (Tafel 1 Zeile 1). Bei Erfüllung dieser Anforderung ist zu erwarten, daß

— sich in den Gebäuden an jeder Stelle der Innenoberfläche der Systemgrenze bei ausreichender Beheizung und Belüftung und unter Zugrundelegung üblicher Nutzung ein hygienisches Raumklima einstellt und daß
— Tauwasserfreiheit im ganzen und in Ecken sichergestellt ist. Das Risiko von Schimmelpilzbildung ist damit stark verringert.

Unter Systemgrenze wird die gesamte Außenoberfläche eines Gebäudes oder einer beheizten Zone eines Gebäudes verstanden, für die eine Wärmebilanz mit einer einheitlichen Raumtemperatur erstellt wird. Darin sind alle Räume inbegriffen, die entweder direkt oder **indirekt durch Raumverbund** (z. B. Flure oder Dielen) beheizt werden.

1.2.1 Anforderungen bei normal beheizten Räumen

1.2.1.1 Bauteile mit flächenbezogenen Massen mindestens 100 kg/m^2

Für Außenbauteile von normal beheizten Räumen ($\geq$19 °C) mit mindestens 100 kg/m^2 sind die Anforderungen in der Tafel 1 angegeben. Sie gelten auch für die ungünstigste Stelle.

Tafel 1   Mindestwerte für Wärmedurchlaßwiderstände von Außenbauteilen

Spalte	1		2
Zeile	Bauteile		Mindest-wärme-durchlaß-widerstand R in m^2 K/W
1	Außenwände; Wände von Aufenthaltsräumen gegen Bodenräume, Durchfahrten, offene Hausflure, Garagen, Erdreich		1,2
2	Wände zwischen fremdgenutzten Räumen; Wohnungstrennwände		0,07
3	Treppenraumwände	zu Treppenräumen mit wesentlich niedrigeren Innentemperaturen (z. B. indirekt beheizte Treppenräume); Innentemperaturen < 10 °C, aber Treppenraum mindestens frostfrei	0,25
4		zu Treppenräumen mit Innentemperaturen > 10 °C (z. B. von Verwaltungsgebäuden, Geschäftshäusern, Unterrichtsgebäuden, Hotels, Gaststätten und Wohngebäuden)	0,07
5	Wohnungstrenndecken, Decken zwischen fremden Arbeitsräumen; Decken unter Räumen zwischen gedämmten Dachschrägen und Abseitenwänden bei ausgebauten Dachräumen	allgemein	0,35
6		in zentral beheizten Bürogebäuden	0,17
7	Unterer Abschluß nicht unterkellerter Aufenthaltsräume	unmittelbar an das Erdreich bis zu einer Raumtiefe von 5 m	0,9
8		über einen nicht belüfteten Holraum an das Erdreich angrenzend	
9	Decken unter nicht ausgebauten Dachräumen; Decken unter bekriechbaren oder noch niedrigeren Räumen; Decken unter belüfteten Räumen zwischen Dachschrägen und Abseitenwänden bei ausgebauten Dachräumen, wärmegedämmte Dachschrägen		
10	Kellerdecken; Decken gegen abgeschlossene, unbeheizte Hausflure u. ä.		
11	Decken (auch Dächer), die Aufenthaltsräume gegen die Außenluft abgrenzen	nach unten, gegen Garagen (auch beheizte), Durchfahrten (auch verschließbare) und belüftete Kriechkeller	1,75
		nach oben, z. B. Dächer nach DIN 18530, Dächer und Decken unter Terrassen; Umkehrdächer (Korrektur des berechneten Wärmedurchgangskoeffizienten um ΔU erforderlich)	1,2

Anmerkungen zu Tafel 1:
Bei den Außenwänden ergab sich eine deutliche Anhebung des Mindest-Wärmedurchlaßwiderstandes von 0,55 m² K/W auf 1,20 m² K/W. Gleichzeitig ist nun gefordert, daß dieser Mindest-Wärmedurchlaßwiderstand **an jeder Stelle** zu gelten hat, also auch in Fenster- oder Heizkörpernischen, bei Fensterstürzen und bei Mauerwerks-Rolladenkästen einschließlich Deckel. Dies war notwendig geworden, um zu vermeiden, daß sich an schwach gedämmten — aber immer noch normgerechten — Bauteilen Oberflächenkondensat und damit Schimmelpilze bilden.

1.2.1.2 Leichte Außenbauteile sowie Rahmen- und Skelettbauarten mit einer flächenbezogenen Gesamtmasse von weniger als 100 kg/m²

Für leichte Außenbauteile, Decken unter nicht ausgebauten Dachgeschossen und Dächer muß der Mindestwert des Wärmedurchlaßwiderstandes

$$R_{min} \geq 1{,}75 \ m^2 \ K/W$$

betragen.

Bei Rahmen- und Skelettbauarten gilt dies nur für den Gefachbereich. In diesen Fällen ist zusätzlich im Mittel

$$R_{mittel} \geq 1{,}00 \ m^2 \ K/W$$

einzuhalten.

Bei Metallfassaden gilt:
— Die Rahmen nicht transparenter Ausfachungen von Metallfassaden müssen mindestens die Anforderungen der Rahmengruppe 2.1 nach DIN V 4108-4 erfüllen.
— Nicht transparente Ausfachungen in Fensterwänden und Fenstertüren, deren Flächenanteil weniger als 50 % der Gesamtfläche beträgt, müssen mindestens die Anforderungen der Tabelle 1, Zeile 1 erfüllen.
— Die Wärmebrückenwirkung leichter Metallfassaden ist nach E DIN EN ISO 10 077-2 in Verbindung mit DIN EN ISO 10 221-1 und DIN EN ISO 10 221-2 zu berechnen.

1.2.1.3 Anforderungen an Gebäude mit niedrigen Innentemperaturen

Die Anforderungen der Tafel 1 gelten auch für Gebäude mit niedrigen Innentemperaturen ($12 \ ^\circ C \leq \theta \leq 19 \ ^\circ C$) mit Ausnahme der Anforderungen an Außenwände (Tafel 1, Zeile 1). Hier gilt:

$$R_{min} = 0{,}55 \ m^2 \ K/W \ .$$

1.2.1.4 Wärmebrücken nach DIN 4108-2 (2001-03)

Als Wärmebrücken werden örtlich begrenze Stellen bezeichnet, die im Vergleich zu den angrenzenden Bauteilbereichen eine höhere Wärmestromdichte aufweisen. Diese verursacht nicht nur einen zusätzlichen Wärmeverlust, sondern reduziert auch in dem betreffenden Bereich die Oberflächentemperatur des Bauteils. Deshalb sind Wärmebrücken wärmeschutztechnische Schwachstellen in einer Baukonstruktion und bedürfen einer besonderen Aufmerksamkeit. In ihrem Einflußbereich können die erniedrigten Oberflächentemperaturen zu Tauwasserniederschlag und in dessen Gefolge zu Feuchteschäden sowie Schimmelpilzbildung führen [8], [9]. Um das Risiko solcher Schäden und erhöhte Transmissionswärmeverluste zu verringern bzw. auszuschalten, sind die nachfolgend genannten Maßnahmen zu beachten. Unabhängig hiervon wird eine gleichmäßige Beheizung und ausreichende Belüftung der Räume vorausgesetzt.

Hinweise zur Bewertung der Oberflächentemperatur von Wärmebrücken

Bei folgenden Wärmebrücken entfällt der Nachweis des ausreichenden Schutzes gegen Tauwasserniederschlag:
— Bei allen Beispielen von Wärmebrücken, die in DIN 4108 Beiblatt 2 aufgeführt sind.
— Bei Ecken von Außenbauteilen mit gleichartigem Aufbau, deren Einzelkomponenten die Anforderungen der Tafel 1 erfüllen.

Für alle hiervon abweichenden Konstruktionen muß der Nachweis erbracht werden, daß der nach E DIN EN ISO 10211-2 definierte Temperaturfaktor f_{Rsi}

$$f_{Rsi} = \frac{\theta_{si} - \theta_e}{\theta_i - \theta_e}$$

den folgenden Grenzwert f_{min} übersteigt:

$$f_{Rsi} \geq f_{min} = 0,70$$

Dabei ist von folgenden Randbedingungen auszugehen:

— Innenlufttemperatur 20 °C
— Außenlufttemperatur −5 °C
— Wärmeübergangswiderstand innen:
  $R_{si} = 0,25\ m^2\ K/W$ (beheizte Räume)
  $R_{si} = 0,17\ m^2\ K/W$ (unbeheizte Räume)
— Wärmeübergangswiderstand außen:
  $R_{se} = 0,04\ m^2\ K/W$.

Bei Bauteilen, die ans Erdreich oder an unbeheizte Räume und Pufferzonen angrenzen, sind die Randbedingungen nach Tafel 2 anzusetzen:

Tafel 2 Temperaturrandbedingungen

Gebäudeteil bzw. Umgebung	Temperatur in °C
Keller	10
Erdreich	10
unbeheizte Pufferzone	10
unbeheizter Dachraum	−5

Hinweise zur Bewertung der Transmissionswärmeverluste von Wärmebrücken

Übliche Verbindungsmittel wie Nägel, Schrauben, Drahtanker sowie Mörtelfugen von Mauerwerk nach DIN 1053-1 werden beim Nachweisverfahren nicht als Wärmebrücken behandelt.

Wärmeverluste von dreidimensionalen Wärmebrücken (Raumecken) können wegen der begrenzten Flächenwirkung vernachlässigt werden. Diejenigen von zweidimensionalen Wärmebrücken (Wandecken bzw. -winkel) müssen überprüft und gegebenenfalls durch konstruktive Maßnahmen verringert werden.

Auskragende Betonplatten, Attiken, frei stehende Stützen, in den ungedämmten Dachraum hinein ragende Wände aus Mauerwerk mit einer Wärmeleitzahl $>0,5$ W/mK müssen zusätzlich gedämmt werden.

Wärmebrücken nach DIN 4108 Beiblatt 2

Das Beiblatt 2 zu DIN 4108 enthält 58 Planungs- und Ausführungsbeispiele von Maßnahmen zur Verbesserung des Wärmeschutzes von Wärmebrücken, jedoch ohne Angabe von Koeffizienten zur Bewertung des Wärmeverlustes und ohne Werte des Temperaturfaktors f zur Ermittlung der niedrigsten Oberflächentemperatur. Beispiele mit diesen Bemessungswerten sind in Abschn. 1.3 zu finden, sowie in [5], [9] und [10]. Das nachfolgende Bild zeigt ein Beispiel einer ausreichend gedämmten Wärmebrücke nach DIN 4108 Beiblatt 2.

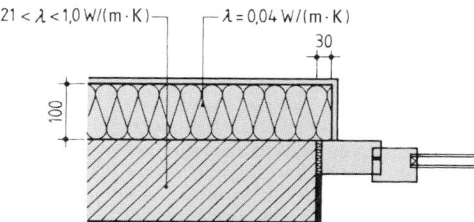

Bild 5
Fensterlaibung — außen-
gedämmtes Mauerwerk

1.2.1.5 Luftschichten in Außenbauteilen nach DIN EN ISO 6946

Bei Luftschichten in Außenbauteilen wird hinsichtlich des Wärmeschutzes derselben zwischen ruhenden, schwach belüfteten und stark belüfteten Luftschichten unterschieden. Die berechneten Wärmedämmwerte gelten für den Fall, daß die Luftschichtdicke nicht mehr als das 0,1fache der kleineren der beiden Flächenabmessungen ist, jedoch den Betrag von 0,3 m nicht übersteigt. Vorausgesetzt wird, daß beide Flächen parallel zueinander verlaufen, jeweils einen Emissionsgrad von 0,8 besitzen und daß der Wärmestrom senkrecht zu den Flächen gerichtet ist.

Außerdem darf kein Luftaustausch zwischen der Luftschicht und dem Innenraum erfolgen.

Hinweis: Wenn die Dicke einer Luftschicht in einem Bauteil den Betrag von 0,3 m überschreitet, sollte der Wärmedurchgangskoeffizient U nicht mittels der Gl. (3) und (4) berechnet werden, denn die generelle Angabe des Wärmedurchlaßwiderstandes sehr dicker Luftschichten ist wegen der variierenden Randeinflüsse in der Regel nicht mehr möglich. In einem solchen Fall sollte der Wärmestrom durch das Bauteil mittels einer Wärmebilanz, z. B. nach E EN ISO 13789, Wärmetechnisches Verhalten von Gebäuden — Spezifischer Transmissionswärmeverlustkoeffizient — Berechnungsverfahren, ermittelt werden.

Ruhende Luftschicht. Wenn eine Luftschicht nicht in Verbindung mit der das Bauteil umgebenden Luft steht, wird sie als ruhend bezeichnet. Hierzu zählen auch die Luftschichten bei zweischaligem Mauerwerk nach DIN 1053-1. Besteht eine Verbindung zwischen der Luftschicht und der Umgebung durch kleine Öffnungen in der Außenschale, deren Größe und Anordnung das Entstehen eines Luftstromes ausschließt, wird die Luftschicht ebenfalls als ruhend eingestuft. Diese Bedingung trifft zu, wenn die Querschnittsfläche der Verbindungsöffnungen folgende Werte nicht übersteigt:

— Bei vertikaler Luftschicht: 500 mm²/m; bezogen auf die horizontale Kantenlänge des Bauteils
— Bei horizontaler Luftschicht: 500 mm²/m²; bezogen auf die Oberfläche des Bauteils

Für Luftschichten, die diese Randbedingungen erfüllen, sind die für Berechnungen anzuwendenden Werte des Wärmedurchlaßwiderstandes in Tafel 3 enthalten. Als horizontal sind Luftschichten bis zu einem Winkel von $\pm 30°$ gegenüber der horizontalen Ebene einzustufen.

Schwach belüftete Luftschicht. Schwach belüftet ist eine Luftschicht, wenn die den Luftaustausch ermöglichenden, an gegenüberliegenden Seiten angeordnete Öffnungen, auf folgenden Wert begrenzt sind:

— Bei vertikaler Luftschicht: 1500 mm²/m; bezogen auf die horizontalen Kantenlänge des Bauteils
— Bei horizontaler Luftschicht: 1500 mm²/m²; bezogen auf die Oberfläche des Bauteils

Für solche Luftschichten beträgt der Rechenwert des Wärmedurchlaßwiderstandes die Hälfte des entsprechenden Wertes der Tafel 3, dieser darf jedoch nicht größer als 0,15 m² · K/W angesetzt werden.

Tafel 3 Wärmedurchlaßwiderstand, in m² · K/W, von ruhenden Luftschichten — Oberflächen mit hohem Emissionsgrad

Dicke der Luftschicht mm	Richtung des Wärmestromes		
	Aufwärts	Horizontal	Abwärts
0	0,00	0,00	0,00
5	0,11	0,11	0,11
7	0,13	0,13	0,13
10	0,15	0,15	0,15
15	0,16	0,17	0,17
25	0,16	0,18	0,19
50	0,16	0,18	0,21
100	0,16	0,18	0,22
300	0,16	0,18	0,23

Anmerkung: Zwischenwerte können mittels linearer Interpolation ermittelt werden.

Stark belüftete Luftschicht. Eine Luftschicht gilt als stark belüftet, wenn ihre Querschnittsfläche den bei der schwach belüfteten Luftschicht festgelegten Grenzwert übersteigt. In diesem Fall wird der Wärmeschutz sowohl der Luftschicht als auch der zwischen ihr und der Umgebung angeordneten Bauteilschichten vernachlässigt. Dagegen wird der Wert des äußeren Wärmeübergangswiderstandes R_{se} gleich dem Wert des inneren Wärmeübergangswiderstandes R_{si} des Bauteils gesetzt.

1.2.2 Bauteile mit Abdichtungen

Wenn Bauteile gegen Wassereinwirkung zu schützen sind, dürfen nach den Vorschriften der DIN 4108-2 bei der Berechnung des Wärmedurchlaßwiderstandes nur solche Schichten berücksichtigt werden, die zwischen der raumseitigen Bauteiloberfläche und der Abdichtung angeordnet sind. Ausgenommen von dieser Festlegung sind Wärmedämmsysteme als Perimeterdämmung und als Umkehrdach, wenn die verwendeten Wärmedämmstoffe zusätzliche, in DIN 4108-2 genannten Anforderungen erfüllen.

1.2.2.1 Perimeterdämmung

Bei der Perimeterdämmung ist die Wärmedämmschicht zwischen Abdichtung und Erdreich angeordnet. Der Untergrund muß ausreichend eben sein. Die verwendeten Wärmedämmstoffe dürfen nur geringe Wassermengen aufnehmen und müssen genügend druckfest sein. Außerdem dürfen die Dämmplatten nicht im Grundwasser liegen bzw. ist langanhaltendes Stauwasser oder drückendes Wasser im Bereich der Dämmschicht zu vermeiden. Geeignet sind extrudergeschäumte Schaumkunststoffe nach DIN 18164-1 des Anwendungstypes WD und WS und solche aus Schaumglas nach DIN 18174-1 des Anwendungstypes WDS und WDH, wenn die folgend genannten Anforderungen an deren Eigenschaften erfüllt und die Verlegevorschriften beachtet werden.

Extrudergeschäumte Polystyrol-Hartschaumplatten nach DIN 18164-1. Die Dämmplatten müssen dicht gestoßen im Verband verlegt werden und auf dem Untergrund eben aufliegen. Sie

— müssen beidseitig je eine Schaumhaut haben,
— ihre Druckfestigkeit bzw. Druckspannung muß bei 10% Stauchung $\geq 0,30$ N/mm² sein und
— die im Diffusionsversuch nach DIN EN 12088 im Temperaturgefälle 50 °C zu 1 °C aufgenommene Wassermenge darf den Betrag von 3%, auf das Volumen bezogen, nicht überschreiten.

Schaumglas nach DIN 18174-1. Die Schaumglasplatten müssen dicht gestoßen im Verband verlegt und mit Bitumenkleber großflächig an die Bauteilflächen angeklebt werden. Es ist darauf zu achten, daß die Fugen mit Bitumenkleber voll verfüllt werden. Weiterhin muß die Oberfläche der Dämmplatten mit einer bituminösen, frostbeständigen Deckschicht versehen sein, die entweder werksmäßig aufgebracht ist oder nachträglich angebracht wird. Einige Schaumglastypen dürfen laut Zulassung auch in Bereichen mit ständig oder langanhaltend drückendem Wasser (Grundwasser) bis zu einer maximalen Eintauchtiefe von 12 m verwendet werden.

1.2.2.2 Umkehrdach

Beim Umkehrdach ist die Wärmedämmschicht oberhalb der Dachabdichtung angeordnet und somit der Einwirkung der Niederschlagsfeuchte ausgesetzt. Deshalb dürfen als Wärmedämmaterial nur solche Stoffe verwendet werden, die eine geringe Wasseraufnahme aufweisen. Ohne weiteren Eignungsnachweis sind einlagig verlegte extrudergeschäumte Schaumkunststoffe nach DIN 18164-1 des Anwendungstyps WD und WS mit Stufenfalz für Umkehrdächer zugelassen, wenn sie dieselben Eigenschaften besitzen, wie für eine Perimeterdämmung gefordert.

Bei Regen werden die Dämmplatten unterströmt, wobei zusätzliche Wärmeverluste entstehen. Daher ist bei der Ermittlung des wärmeschutztechnisch wirksamen Kennwertes eines Umkehrdaches der errechnete Wärmedurchgangskoeffizient um einen Betrag ΔU in Abhängigkeit des prozentualen Anteils des Wärmedurchlaßwiderstandes unterhalb der Abdichtung am Wärmedurchlaßwiderstand der Gesamtkonstruktion zu erhöhen.

Anteil der Unterkonstruktion am Gesamtwärmedurchlaßwiderstand in %	ΔU in W/(m² · K)
unter 10	0,05
von 10 bis 50	0,03
über 50	0

Um ein „Aufschwimmen" der Dämmplatten oder das Abheben durch Sogkräfte bei Wind zu verhindern, müssen sie durch eine mindestens 50 mm dicke Kiesschicht oder durch Gehwegplatten beschwert werden. Außerdem muß ein langfristiges Überstauen der Wärmedämmplatten bei Regen durch entsprechende Maßnahmen bei der Ausbildung der Dachentwässerung ausgeschlossen werden. Ein kurzfristiges Überstauen, z. B. während intensiver Niederschläge, kann als unbedenklich angesehen werden.

1.2.3 Wärmeschutz von Metallpaneelen

Leichte Metallpaneelen werden als vorgefertigte Elemente für die nichttransparente Ausfachung in Metallfassaden verwendet. Sie bestehen aus zwei Deckschichten, die am Rand durch einen druckfesten Verleimer miteinander verbunden sind. In der Regel werden für die Deckschichten ca. 1 bis 3 mm dicke Aluminium- oder Stahlbleche, aus gestalterischen Gründen für die außenseitige Deckschicht manchmal auch 4 bis 10 mm dicke Colorgläser verwendet. Der Rand wird entweder als Stufenfalz oder mit glatter Oberfläche ausgeführt (s. nachfolgende Skizze). Um zu verhindern, daß Wasserdampf in den Kernbereich der Paneelen eindringen kann, wird die Stirnfläche des Umleimers mit einer als Feuchtesperre dienenden Folie verklebt.

Paneel mit verschiedenen Randausbildungen:
a) Randbereich mit glatter Oberfläche
b) Randbereich mit Stufenfalz

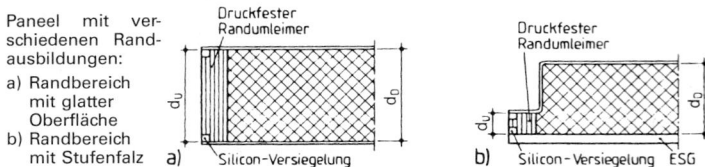

Der Wärmeschutz der Paneele hängt sowohl vom Wärmedurchlaßwiderstand des Kernbereichs als auch von dem des Umleimers ab. Auch die Wärmeleitfähigkeit des für die Deckschicht verwendeten Metalls beeinflußt den Wärmeschutz des Paneels, ebenso die der Randfolie, sofern sie aus Aluminium besteht [1]. Der mittlere Wärmedurchgangskoeffizient eines Metallpaneels kann nur mit Hilfe eines numerischen Rechenverfahrens ermittelt werden, das in der Regel einen relativ großen Zeitaufwand erfordert.

1.2.4 Fenster, Fenstertüren und Außentüren mit Glaseinsatz

Außenliegende Fenster, Fenstertüren und Außentüren mit Glaseinsatz von beheizten Räumen sind mindestens mit Isolier- oder Doppelverglasung auszuführen.

1.2.5 Luftdichtheit von Bauteilen und Gebäuden

Wärmeverluste infolge von Undichtheiten in der Gebäudehülle sind dadurch zu begrenzen, daß

— Fugen in der wärmeübertragenden Umfassungsfläche nach dem Stand der Technik dauerhaft und luftundurchlässig abzudichten sind (s. auch DIN 18540). Aus einzelnen Teilen zusammengesetzte Bauteilschichten, z. B. Hohlschalungen, müssen in der Regel zusätzlich abgedichtet werden. Konstruktionen nach DIN V 4108-7 erfüllen ohne besonderen Nachweis die Anforderungen der Luftdichtheit. Experimentell kann die Luftdichtheit von Bauteilen nach E DIN 4108-21, von Gebäuden nach E DIN ISO 9972 bestimmt werden. Der aus den Meßergebnissen abgeleitete Fugendurchlaßkoeffizient a von Bauteilen muß kleiner $0{,}1 \, \mathrm{m^3/(m \cdot h \cdot (da\,Pa^{2/3}))}$ sein.
— Bei Fenstern und Fenstertüren gelten die Anforderungen nach DIN 18055. Demnach muß bei Gebäuden bis zu 2 Vollgeschossen der Fugendurchlaßkoeffizient $a \leq 2{,}0 \, \mathrm{m^3/(m \cdot h \cdot (da\,Pa^{2/3}))}$ (Beanspruchungsgruppe A), bei mehr als 2 Vollgeschossen muß $a \leq 1 \, \mathrm{m^3/(m \cdot h \cdot (da\,Pa^{2/3}))}$ (Beanspruchungsgruppe B und C) sein.
— Bei Außentüren muß $a \leq 2 \, \mathrm{m^3/(m \cdot h \cdot (da\,Pa^{2/3}))}$ sein.

Wird eine Überprüfung der Dichtheit des Gebäudes durchgeführt, so darf der nach DIN EN 13829: 2001-02 bei einer Druckdifferenz zwischen innen und außen von 50 Pa gemessene Volumenstrom, bezogen auf das beheizte Luftvolumen, folgende Werte nicht übersteigen:

— bei Gebäuden ohne raumlufttechnische Anlagen: $n \leq 3 \, \mathrm{h^{-1}}$
— bei Gebäuden mit raumlufttechnischen Anlagen: $n \leq 1{,}5 \, \mathrm{h^{-1}}$

Als raumlufttechnische Anlage zählt bereits eine mechanische Abluftanlage ohne Wärmerückgewinnung.

1.2.6 Luftwechsel

Aus Gründen der Hygiene, der Begrenzung der Luftfeuchte sowie gegebenenfalls der Zuführung von Verbrennungsluft nach bauaufsichtlichen Vorschriften ist auf ausreichenden Luftwechsel zu achten. Dies ist in der Regel der Fall, wenn während der Heizperiode ein auf das Luftvolumen innerhalb der Systemgrenze bezogener durchschnittlicher, nutzerunabhängiger Luftwechsel von $0{,}5 \, \mathrm{h^{-1}}$ sichergestellt wird.

1.2.7 Belüftete Außenbauteile

Bei Außenbauteilen mit stark belüftetem Gefachbereich erbringen die Bauteilschichten zwischen der belüfteten Luftschicht und der Außenluft keinen wesentlichen Anteil zum Wärmeschutz, sie werden deshalb beim rechnerischen Nachweis nicht berücksichtigt. Da die hinterlüftete Außenschale jedoch einen Schutz gegen Wärmeverluste durch Wärmestrahlung darstellt und die Windgeschwindigkeit, d. h. den konvektiven Wärmeübergang reduziert, wird nach DIN EN ISO 6946 an der Außenseite des Bauteils mit demselben Wert des Wärmeübergangswiderstandes wie an der Innenseite gerechnet. Es ist also $R_{se} = R_{si}$ zu setzen.

In DIN V 4108-4 wird für den äußeren Wärmeübergangswiderstandes eines Bauteiles mit stark belüfteter Luftschicht ein hiervon abweichender Zahlenwert genannt. Da europäische Normen einen Vorrang vor nationalen Normen haben, ist mit dem Wert nach DIN EN ISO 6946 zu rechnen.

Bei einer an eine Luftschicht angrenzenden Fläche mit schmäleren Einschnitten oder Überständen wird die Berechnung so geführt, als ob die Fläche eben wäre (s. Abschn. 1.1.2.2).

Rechenbeispiel – Wärmedurchgangskoeffizienten einer belüfteten Dachschräge

1 Dachdeckung mit Dachlattung
2 Sparren 80 × 160 mm; $\lambda_R = 0,13$ W/(m · K)
3 40 mm stark belüfteter Luftraum
4 120 mm Mineralfaserdämmstoff
  $\lambda_R = 0,04$ W/(m · K)
5 Dampfsperre (wird nicht berücksichtigt)
6 15 mm Gipskartonplatte; $\lambda_R = 0,25$ W/(m · K)
  Gefachanteil: $f_a = A_a/A = 0,6/0,68 = 0,882$
  Sparrenanteil: $f_b = A_b/A = 0,08/0,68 = 0,118$

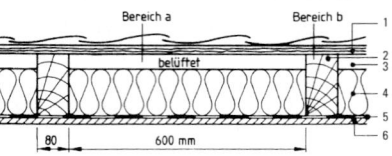

Die Luftschicht zwischen den Dachlatten oberhalb des Sparrens verbindet die Gefachräume miteinander. Daher ist die ganze Dachfläche stark belüftet und folglich auch am Sparren $R_{se} = R_{si} = 0,13$ m^2 · K/W. Wegen der durchgehenden Luftschicht ist der Sparren nach Abschn. 1.1.2.2 ein in den Luftraum überstehender Bauteil mit reduziertem Wärmedurchlaßwiderstand.

Oberer Grenzwert R'_T

Bereich a: Gipskartonplatte, 15 mm: $\qquad R_6 = 0,015/0,25 = 0,060$ m^2 · K/W
Mineralfaserdämmstoff, 120 mm: $\quad R_4 = 0,12/0,04 = 3,000$ m^2 · K/W
Luftschicht, stark belüftet, 40 mm: $\quad R_3 = 0,000$ m^2 · K/W
Dachdeckung mit Lattung: $\qquad\qquad R_1 = 0,000$ m^2 · K/W

$$R_a = 3,060 \text{ m}^2 \cdot \text{K/W}$$

$$R'_{T,a} = R_{si} + R_a + R_{se} = 0,13 + 3,060 + 0,13 = 3,320 \text{ m}^2 \cdot \text{K/W}$$
$$U'_a = 1/3,320 = 0,301 \text{ W/(m}^2 \cdot \text{K)}$$

Bereich b: Gipskartonplatte, 15 mm $\qquad R_6 = 0,015/0,25 = 0,060$ m^2 · K/W
Holzsparren, 120 mm (s. Bild 3b) $\qquad R_2 = 0,12/0,13 = 0,923$ m^2 · K/W
Dachdeckung mit Lattung: $\qquad\qquad R_1 = 0,000$ m^2 · K/W

$$R_b = 0,983 \text{ m}^2 \cdot \text{K/W}$$

$$R'_{T,b} = R_{si} + R_b + R_{se} = 0,13 + 0,983 + 0,13 = 1,243 \text{ m}^2 \cdot \text{K/W}$$
$$U'_b = 1/1,243 = 0,805 \text{ W/(m}^2 \cdot \text{K)}$$

Wärmedurchgangskoeffizient: $U' = U'_a \cdot f_a + U'_b \cdot f_b$
$\qquad\qquad\qquad\qquad\qquad\quad = 0,301 \cdot 0,882 + 0,805 \cdot 0,118 = 0,361 \text{ W/(m}^2 \cdot \text{K)}$

Wärmedurchgangswiderstand: $R'_T = 1/0,361 = 2,774$ m^2 · K/W

Unterer Grenzwert R''_T

Bei der aus zwei Abschnitten bestehenden Dachschräge tragen nur die Schicht mit den Gipskartonplatten (Schicht I) und die Schicht mit den 120 mm dicken Mineralfaserplatten und Sparren (Schicht II) zum Wärmeschutz der Dachschräge bei. Die Fläche zwischen dem Mineralfaserdämmstoff und der Luftschicht ist durchgehend als eben zu betrachten (s. Bild 3b). Die angrenzende, stark belüftete Luftschicht sowie die Dachdeckung leisten keinen Beitrag zum Wärmeschutz der Dachschräge.

Mittlere Wärmeleitfähigkeit der Schichten:
Schicht I: $\quad \lambda_I \quad = 0,25$ W/(m · K)
Schicht II: $\quad \lambda_{II,a} = 0,04$ W/(m · K); $\quad \lambda_{II,b} = 0,13$ W/(m · K)
$\qquad\qquad \lambda_{II,m} = f_a \cdot \lambda_{II,a} + f_b \cdot \lambda_{II,b} = 0,882 \cdot 0,04 + 0,118 \cdot 0,13 = 0,0505$ W/(m · K)

Wärmedurchlaßwiderstände der beiden Schichten:
Schicht I: $\quad R_I = 0,015/0,25 \quad = 0,060$ m^2 · K/W
Schicht II: $\quad R_{II} = 0,12/0,0505 = 2,372$ m^2 · K/W

Wärmedurchgangswiderstand: $R''_T = 0,13 + 0,060 + 2,372 + 0,13 = 2,692$ m^2 · K/W

Mittelwert R_T des oberen und unteren Grenzwertes:
$$R_T = (R'_T + R''_T)/2 = (2,774 + 2,692)/2 = 2,733 \text{ m}^2 \cdot \text{K/W}$$

Größtmöglicher relativer Fehler e:
$$e = (R'_T - R''_T)/2 \cdot R_T = (2,774 - 2,692)/2 \cdot 2,733 = 0,015 \text{ oder } 1,5\%$$

Wärmedurchgangskoeffizient U:

$$U = 1/2{,}733 = 0{,}366 = 0{,}37 \text{ W}/(\text{m}^2 \cdot \text{K})$$

Wärmedurchlaßwiderstand R:

$$R = 2{,}733 - 0{,}13 - 0{,}13 = 2{,}473 = 2{,}47 \text{ m}^2 \cdot \text{K}/\text{W}$$

1.2.8 Wärmedämmstoffe — Anwendungshinweis

1.2.8.1 Wärmeleitfähigkeitsgruppen

Die Wärmeleitfähigkeit der Dämmstoffe bewegt sich in den Grenzen von ca. 0,020 W/(m · K) bis 0,06 W/(m · K). Um bei wärmeschutztechnischen Berechnungen nicht auf eine große Anzahl von teilweise nur wenig verschiedenen Werten zurückgreifen zu müssen, sind die Rechenwerte der Wärmeleitfähigkeit in Wärmeleitfähigkeitsgruppen zusammengefaßt worden. Von dieser Regelung sind die Holzwolle-Leichtbauplatten und der Harnstoff-Formaldehydharz-Ortschaum ausgenommen. In der nachfolgenden Tafel sind die Wärmeleitfähigkeitsgruppen für die verschiedenen Wärmedämmstoffe aufgeführt.

Wärmeleitfähigkeitsgruppen der Wärmedämmstoffe

Stoffart	Wärmeleitfähigkeitsgruppe						
	025	030	035	040	045	050	055
Kork					x	x	x
Phenolharz-Hartschaum		x	x	x	x		
Polystyrol-Hartschaum	x	x	x	x			
Polyurethan-Hartschaum	x	x	x				
Polyurethan-Ortschaum			x				
Faserdämmstoffe			x	x	x	x	
Schaumglas				x	x	x	x

1.2.8.2 Anwendungstypen

Je nach Anwendungsgebiet werden unterschiedliche Anforderungen an bestimmte Eigenschaften der Dämmstoffe gestellt. Die Kennzeichnung erfolgt durch ein Typ-Kurzzeichen, z. B. „W" für Wärmedämmstoffe und „T" für Trittschalldämmstoffe. Die Tafel 4 gibt einen Überblick über alle in den Dämmstoffnormen aufgeführten Typkurzzeichen und deren Anwendungsgebiete.

Bei den Wärmedämmstoffen aus Schaumkunststoff befinden sich auch solche, deren Zellen statt Luft ein hochmolekulares Schwergas enthalten, dessen Wärmeleitfähigkeit wesentlich kleiner ist als die der Luft. Dementsprechend ist die Wärmeleitfähigkeit solcher Schaumkunststoffe (z. B. Polyurethan-Hartschaum) deutlich niedriger als bei Schaumkunststoffen mit Luft in den Zellen. Da das Schwergas im Laufe der Zeit aus den Poren ausdiffundiert und durch eindiffundierende Luft ersetzt wird, nimmt die Wärmeleitfähigkeit dieser Schaumkunststoffe mit steigendem Alter der Produkte zu. Um den Gasaustausch zwischen Poren und umgebender Luft zu unterbinden oder zumindest stark zu behindern, werden diese Dämmstoffplatten meist mit gasdiffusionsdichten Deckenschichten aus mindestens 0,05 mm dicken Metallfolien abgedeckt. Mit solchen Dämmstoffen kann die Wärmeleitfähigkeitsgruppe 020 erreicht werden.

Bauphysik

Tafel 4 Anwendungstypen und Anwendungsbeispiele

Typkurzzeichen	Beanspruchbarkeit	Beispiele für Anwendungsgebiet
a) Wärmedämmstoffe		
W	nicht druckbeanspruchbar	in Wänden*) und belüfteten Dächern
WL	nicht druckbeanspruchbar	für belüftete Dachkonstruktionen
WD	druckbeanspruchbar, auch bei höheren Temperaturen	in unbelüfteten Dächern direkt unter der Dachhaut und unter druckverteilenden Böden (ohne Trittschallanforderung)
WDS	druckbeanspruchbar mit höherer Belastung auch bei höheren Temperaturen	für unbelüftete Dächer direkt unter der Dachhaut und Sondereinsatzgebiete wie unter druckverteilenden Böden bei Parkdecks, Industrieböden
WDH	druckbeanspruchbar mit höherer Belastung auch bei höheren Temperaturen	für unbelüftete Dächer direkt unter Dachhaut und Sondereinsatzgebiete wie unter druckverteilenden Böden von Parkdecks, auch befahrbar mit Lkw oder Feuerwehrfahrzeugen
WS	druckbeanspruchbar mit höherer Belastung	Sondereinsatzgebiete wie unter druckverteilenden Böden bei Parkdecks, Industrieböden
WV	nicht druckbeanspruchbar, begrenzt beanspruchbar auf Abreißen und Scheren	für angesetzte (Schallschutz-)Vorsatzschalen ohne Unterkonstruktion (bei Innenwänden)
b) Trittschalldämmstoffe		
T	druckbeanspruchbar und mit definierter dynamischer Steifigkeit	unter Böden mit Anforderungen an den Trittschallschutz
TK	druckbeanspruchbar mit geringer Zusammendrückbarkeit und definierter dynamischer Steifigkeit	unter Böden mit Anforderungen an den Trittschallschutz bei Fertigteilestrichen oder bei Kombinationen verschiedener Dämmaßnahmen

*) Für Kerndämmung Regelung durch Zulassung

1.2.8.3 Zulässige Maßabweichungen

Eine wichtige Größe bei der Anwendung von Wärmedämmstoffen ist die zulässige Maßabweichung der Einzelprodukte von der Nenndicke. Bei hinterlüfteten Bauteilen sind die Maßtoleranzen, insbesondere bei Faserdämmstoffen, unbedingt zu beachten, um einen ausreichenden Lüftungsquerschnitt zu gewährleisten. Tafel 5 enthält zulässige Dickenabweichungen bei Faserdämmstoffen nach DIN 18165.

Tafel 5 Zulässige Dickenabweichung nach DIN 18165 bei den Anwendungstypen der Faserdämmstoffe

Anwendungstyp	Zulässige Abweichung des gemessenen	
	Mittelwertes von der Nenndicke d	Einzelwertes vom Mittelwert
W	+5 mm oder 6%[1] −1 mm	±5 mm
WL	+15 mm −5%	±10 mm
WD, WV	+5 mm −1 mm	±3 mm

[1]) Der größere Wert ist maßgebend

1.2.8.4 Mehrschicht-Leichtbauplatten nach DIN 1101

Mehrschicht-Leichtbauplatten bestehen aus einer Hartschaum- (HS) oder Mineralfaserdämmschicht (MF), die ein- (Zweischichtplatten) oder beidseitig (Dreischichtplatten) mit mineralisch gebundener Holzwolle bekleidet ist. Ihre Bezeichnung richtet sich nach der Gesamtdicke der Dämmplatte in mm, der Anzahl und Dicke der Einzelschichten und der Art des Dämmstoffes (HS oder MF). Eine Mehrschicht-Leichtbauplatte (HS-ML 50/3 (5/40/5)-040 ist z. B. insgesamt 50 mm dick, aus drei Einzelschichten zusammengesetzt, die aus 40 mm Polystyrol-Hartschaum der Wärmeleitfähigkeitsgruppe 040 und aus zwei je 5 mm dicken Holzwolleschichten bestehen.

Bei der Berechnung des Wärmedurchlaßwiderstandes einer Mehrschicht-Leichtbauplatte dürfen die einzelnen Holzwolleschichten nicht berücksichtigt werden, wenn sie weniger als 10 mm dick sind (Regelfall). In den Ausnahmefällen, in denen die Holzwolleschicht 10 mm und mehr, aber weniger als 25 mm beträgt, wird zur Berechnung ihres Wärmedurchlaßwiderstandes die Wärmeleitfähigkeit $\lambda = 0,15$ W/(m · K) verwendet.

Beispiel Der auf den Wärmeschutz anrechenbare Wärmedurchlaßwiderstand einer Mehrschicht-Leichtbauplatte MF-ML 75/3 (5/60/10)-045 beträgt $R_\lambda = 1,33 + 0,07 = 1,40$ m² · K/W.

1.3 Wärmebrücken

Wärmebrücken verursachen nicht nur zusätzliche Wärmeverluste, sondern reduzieren in ihrem Einzugsbereich auch die Oberflächentemperatur.

1.3.1 Wärmeverluste

Der erhöhte Wärmeverlust im Bereich von Wärmebrücken läßt den Wärmebedarf eines Raumes oder eines Gebäudes ansteigen und muß bei der Dimensionierung der Heizkörper und der Heizkessel berücksichtigt werden. Wärmebrücken verursachen somit nicht nur höhere Investitionskosten bei der Auslegung der Heizanlage, sondern bei der Nutzung der Gebäude auch höhere Heizkosten; sie vermindern die Wirtschaftlichkeit des Wärmeschutzes eines Bauwerkes.

1.3.2 Verringerte Oberflächentemperatur

In Wärmebrückenbereichen mit abgesenkten Oberflächentemperaturen muß zwischen zwei Zuständen unterschieden werden, nämlich ob an dieser Stelle die Taupunkttemperatur der Raumluft unterschritten wird oder nicht. Je nachdem entsteht ein Tauwasserniederschlag auf der Bauteiloberfläche mit den entsprechenden negativen Folgeerscheinungen oder es tritt nur eine verstärkte Staubablagerung auf. Wenn die Temperaturabsenkung an dieser Stelle so stark ist, daß Tauwasser auftritt, wachsen hier sehr häufig Schimmelpilze.

1.3.3 Arten von Wärmebrücken

Entstehen Temperaturunterschiede in den Ebenen parallel zur Bauteiloberfläche, dann ändern die Wärmestromlinien wegen der Querkomponente ihre Richtung und weichen vom parallelen Verlauf ab. Dies tritt ein, wenn entweder Stoffe unterschiedlicher Wärmeleitfähigkeit nebeneinander angeordnet sind, oder wenn die Bauteile von der Plattenform, beispielsweise an der Anschlußstelle zweier Bauteile, abweichen. Im ersten Fall spricht man von einer stoffbedingten, im zweiten Fall von einer form- oder geometriebedingten Wärmebrücke.

133

1.3.4 Untersuchung von Wärmebrücken

Wärmebrücken dürfen nicht mittels der einfachen Rechenregeln des Abschn. 1.1 berechnet werden, da wegen der hier nicht berücksichtigten Querleitung in der Regel große Abweichungen vom realen Ergebnis auftreten. Genauere rechnerische Untersuchungen von Wärmebrücken basieren auf der Lösung der Fouriergleichung mittels numerischer Verfahren, z. B. nach der Methode der finiten Elemente. In vielen Beiträgen der Fachliteratur wird über Ergebnisse von Untersuchungen an Wärmebrücken berichtet, die mittels solcher numerischer Verfahren durchgeführt wurden, z. B. in [4], [5], [6], [9] und [10].

1.3.5 Bewertung der Oberflächentemperatur zur Beurteilung der Tauwassergefahr

Bei der Überprüfung einer Wärmebrücke auf die Gefahr von Tauwasserbildung, wird die Taupunkttemperatur der Raumluft θ_{is} mit der Oberflächentemperatur $\theta_{si} = \theta_{sw}$ der Wärmebrücke verglichen. Die Oberflächentemperatur der Wärmebrücke ist sowohl von deren Material und konstruktiven Merkmalen als auch von der Raumlufttemperatur θ_i und der Außentemperatur θ_e abhängig; θ_{sw} kann mittels der im Abschn. 1.3.4 genannten Verfahren berechnet werden. Wird die temperaturunabhängige Größe f_s (spezifische Temperaturabsenkung)

$$f_s = \frac{\theta_i - \theta_{sw}}{\theta_i - \theta_e}$$

ermittelt, kann mit ihrer Hilfe die Konstruktion auch für beliebige andere Temperaturen und Werte der Luftfeuchte auf die Gefahr von Tauwasser überprüft werden.

Die Oberflächentemperatur der Wärmebrücke ist

$$\theta_{sw} = \theta_i - f_s(\theta_i - \theta_e)$$

Beispiel Für eine Außenwand mit Wärmebrücke wurde für die Randbedingungen nach Abschn. 1.2.2.5 eine Oberflächentemperatur $\theta_{si} = 10,2\ °C$ berechnet. Damit ist $f_s = 0,28 < 0,30$ und die Wärmebrücke bleibt bei normaler Raumnutzung tauwasserfrei. Es ist geplant dieselbe Außenwandkonstruktion für eine Produktionshalle mit folgenden Klimawerten zu verwenden:
Raumlufttemperatur: $\theta_i = 25\ °C$; rel. Luftfeuchte $\varphi_i = 70\%$; nach Tafel 24 ist die Taupunkttemperatur $\theta_s = 19,1\ °C$.
Der Bauherr fordert, daß die Außenwand bis zu Außentemperaturen von $\theta_e = -5\ °C$ frei bleibt von Tauwasserniederschlägen.
Es ist $\theta_{sw} = \theta_i - f_s(\theta_i - \theta_e) = 25 - 0,28 \cdot (25 + 5) = 25 - 8,4 = 16,6\ °C < 19,1\ °C$
Bei den vom Bauherrn vorgegebenen Randbedingungen wird bei der Außentemperatur von $\theta_e = -5\ °C$ Tauwasser im Bereich der Wärmebrücke auftreten.

1.3.6 Temperaturverläufe bei einigen Wärmebrücken

Einige immer wiederkehrende Wärmebrücken wurden unter Verwendung des Rechenprogrammes STAT3DD nach *Rudolphi/Müller* untersucht [11]. Nachfolgend werden die Oberflächentemperaturen bzw. die spezifische Temperaturabsenkung an den kritischen Stellen dieser Wärmebrücken angegeben. Bei allen Beispielen wurde mit einem raumseitigen Wärmeübergangswiderstand $R_{si} = 0,2\ m^2 \cdot K/W$ gerechnet.

1.3.6.1 Außenwinkel

Beim Außenwandwinkel ist die wärmeabgebende Außenfläche größer als die wärmeaufnehmende Innenfläche. Dadurch divergieren die Wärmestromlinien im Winkelbereich und die Oberflächentemperatur im Winkel ist niedriger als in der Wandfläche. Bild 6 zeigt den Verlauf der Oberflächentemperatur der Wand vom Winkel ausgehend für Außenwände mit unterschiedlichem Wärmedurchlaßwiderstand. In Bild 7 wird die Temperatur Θ_{sw} im Wandwinkel sowie die zugehörige spezifische

Temperaturabsenkung f_s für Außenwände mit unterschiedlichem Wärmedurchlaßwiderstand gezeigt.

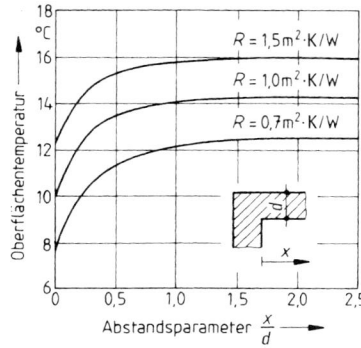

Bild 6 Oberflächentemperatur abhängig von dem Abstandsparameter x/d (x = Abstand vom Winkel, d = Dicke der Wand) bei verschiedenen Wärmedurchlaßwiderständen der Wand
Innenlufttemperatur: 20 °C
Außenlufttemperatur: −15 °C

Bild 7 Temperatur Θ_{sw} und spez. Temperaturabsenkung f_s im Wandwinkel, abhängig vom Wärmedurchlaßwiderstand der Wand

1.3.6.2 Deckenauflager

An der Auflagestelle der Wohnungstrenndecke auf die Außenwand ist eine Wärmebrücke vorhanden. Um deren Wirkung abzuschwächen wird die Stirnseite der Stahlbetondecke mit einer Wärmedämmplatte abgedeckt (s. Skizze). Die niedrigste Oberflächentemperatur tritt am Auflager der Decke auf die Wand im Winkel zwischen den beiden Bauteilen auf. In Bild 8 wird die Winkeltemperatur Θ_{sw} und die spezifische Temperaturabsenkung f_s, abhängig vom

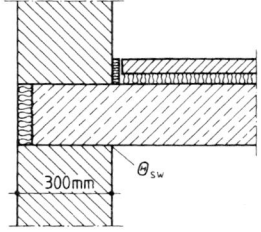

Wärmedurchlaßwiderstand der Wärmedämmschicht an der Stirnseite der Deckenplatte für zwei Wände mit unterschiedlichem Wärmedurchlaßwiderstand angegeben.

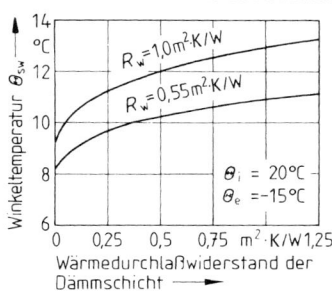

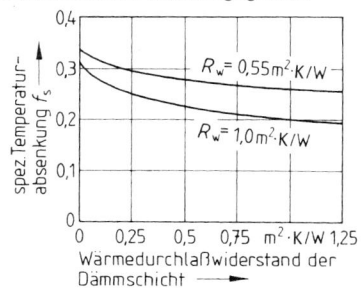

Bild 8 Temperatur Θ_{sw} und spez. Temperaturabsenkung f_s, abhängig vom Wärmedurchlaßwiderstand der Dämmschicht an der Stirnseite der Betondecke für 2 Außenwände mit unterschiedlichem Wärmedurchlaßwiderstand

1.3.6.3 Durchgehende Balkonplatte

Die aus dem Baukörper herausragende Balkonplatte ist sowohl eine form- als auch eine stoffbedingte Wärmebrücke (s. Skizze). Wegen der außenseitigen Flächenvergrößerung entsteht ein erhöhter Wärmeverlust und damit verbunden eine Temperaturabsenkung im Winkel zwischen Außenwand und Unterseite der Stahlbetonplatte. Die berechnete Winkeltemperatur Θ_{sw} und die spezifische Temperaturabsenkung f_s wird abhängig vom Wärmedurchlaßwiderstand der Außenwand in Bild 9 gezeigt.

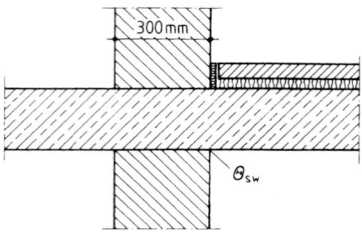

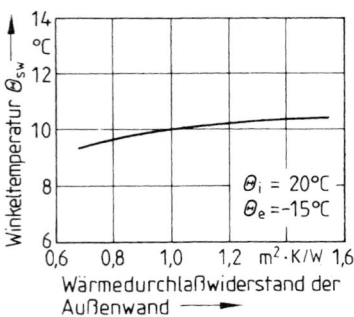 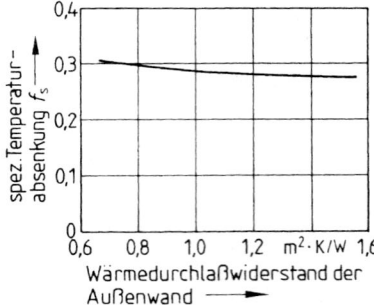

Bild 9 Temperatur Θ_{sw} und spez. Temperaturabsenkung f_s im Winkel Wand/Decke einer durchgehenden Balkenplatte in Abhängigkeit des Wärmedurchlaßwiderstandes der Außenwand

1.3.6.4 Attika

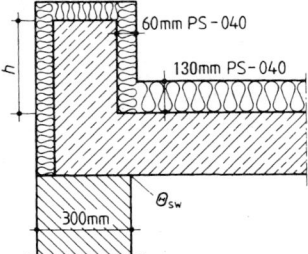

Bei der Attika vergrößert sich durch den hochstehenden Betonkranz die wärmeabgebende Außenfläche des Daches; die Attika wirkt dadurch wie eine Kühlrippe (s. Skizze). Je höher der Betonkranz der Attika über die Deckenplatte reicht, desto größer ist dessen Wärmeabgabe an die Außenluft und um so niedriger ist die Temperatur Θ_{sw} im Winkel zwischen Außenwand und Unterseite der Betonplatte des Daches. Bild 10 enthält die Temperaturangabe im Winkel und die spezifische Temperaturabsenkung f_s in Abhängigkeit des Wärmedurchlaßwiderstandes der Außenwand bei einer Aufkantungshöhe h der Attika von 300 mm und von 700 mm über der Betonplatte.

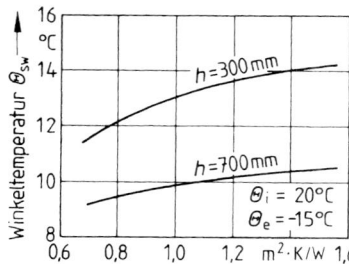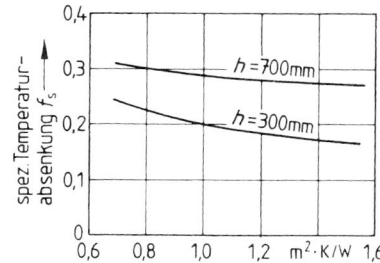

Bild 10 Temperatur Θ_{sw} und spez. Temperaturabsenkung im Winkel Wand/Decke einer ringsum mit 60 mm PS-Hartschaum-040 gedämmten Attika in Abhängigkeit des Wärmedurchlaßwiderstandes der Außenwand für 300 mm und 700 mm Aufkantungshöhe. Dicke der Wärmedämmschicht (040) des Daches: 130 mm

1.4 Mindestanforderungen an den sommerlichen Wärmeschutz nach DIN 4108-2/A 1: 2002-02 (Entwurf)

1.4.1 Vorbemerkung

Die nachfolgenden Erläuterungen zum sommerlichen Wärmeschutz basieren auf der Änderung A 1 zu DIN 4108 Teil 2 in der Fassung vom Februar 2002. Da es sich um einen Norm-Entwurf handelt, ist die Anwendung besonders zu vereinbaren. Es ist jedoch zu erwarten, daß die endgültige Fassung nicht wesentlich vom Entwurf abweicht.

1.4.2 Grundlagen und Anwendungsbereich

Nach DIN 4108-02 ist der sommerliche Wärmeschutz abhängig vom Sonneneintragskennwert der transparenten Außenbauteile und von der Bauart. Der Sonneneintragskennwert hängt von folgenden Größen ab:

— Gesamtenergiedurchlaßgrad der Verglasung;
— Sonnenschutzeinrichtung;
— Anteil der Fensterfläche an der Fassade (Rohbaumaße);
— Rahmenanteil.

Die maximal zu erwartenden Innentemperaturen hängen zusätzlich von folgenden Randbedingungen ab:

— Klimaregion;
— wirksame Wärmespeicherfähigkeit der raumumschließenden Flächen;
— Fensterneigung und Orientierung.

Um regionale Unterschiede der sommerlichen Klimaverhältnisse zu berücksichtigen, wird eine Differenzierung der Anforderungen nach drei Klimaregionen für das Gebiet der Bundesrepublik Deutschland vorgenommen. Die zugehörige Grenz-Raumtemperatur, die an nicht mehr als 10% der Aufenthaltszeit in Gebäuden überschritten werden soll, und die Einteilung der drei Klimazonen sind in der Tafel 6 a dargestellt.

Tafel 6 a Zugrunde gelegte Grenz-Raumtemperaturen für die Sommer-Klimaregionen sowie deren Definitionen

Sommer-Klimaregion	Merkmal der Region	Grenz-Raumtemperatur in °C	Höchstwert der mittleren monatlichen Außentemperatur θ in °C [1]
A	sommerkühl	25	$\theta \leq 16,5$
B	gemäßigt	26	$16,5 \leq \theta \leq 18,0$
C	sommerheiß	27	$\theta \geq 18,0$

Anmerkung zu Tabelle 6 a:

Den Sommer-Klimaregionen sind folgende Referenzorte nach Tabelle A3 der DIN V 4108-6: 2000-11 zugeordnet:

Klimaregion A (sommerkühl):

Husum, Kiel, Hof, Freudenstadt, Garmisch-Partenkirchen, Oberstdorf.

Klimaregion B (gemäßigt):

Norderney, Hannover, Hamburg, Warnemünde, Potsdam, Schwerin, Teterow, Braunschweig, Dresden, Wittenberg, Erfurt, Harzgerode, Lüdenscheid, Essen, Köln, Münster, Kassel, Trier, Chemnitz, Cham, Stuttgart, Saarbrücken, München, Passau.

Klimaregion C (sommerheiß):

Geisenheim, Leipzig, Nürnberg, Würzburg, Frankfurt a.M., Mannheim, Freiburg, Konstanz.

Der Nachweis des sommerlichen Wärmeschutzes soll für „kritische" Räume bzw. Raumbereiche an der Außenfassade durchgeführt werden, die der Sonneneinstrahlung besonders ausgesetzt sind. Er soll grundsätzlich für alle Raumarten geführt werden, in denen sich Menschen aufhalten, also für Wohn-, Büro- und Verwaltungsgebäude, Schulen, Bibliotheken, Gaststätten, Warenhäuser, Betriebsgebäude, Gebäude für Sport- und Versammlungszwecke sowie für Gebäude mit gemischter Nutzung. Der weiter unten angegebene Nachweis kann nicht geführt werden für Räume in Verbindung mit Wintergärten, vorgelagerten Pufferzonen, Doppelfassaden oder transparenten Wärmedämmungen.

Auf einen Nachweis kann verzichtet werden, wenn der Fensterflächenanteil *f* folgende Werte nicht übersteigt:

Tafel 6 b   Zulässige Werte des Fensterflächenanteils, unterhalb dessen auf einen Nachweis des sommerlichen Wärmeschutznachweises verzichtet werden kann

Neigung der Fenster gegenüber der Horizontalen	Orientierung	Fensterflächenanteil [1]) in %
über 60 ° bis 90 °	West über Süd bis Ost	20
	Nordost über Nord bis Nordwest	30
0 ° bis 60 °	alle Orientierungen	15

[1]) Anmerkung zu Tafel 6 b:

Der Fensterflächenanteil ergibt sich aus dem Verhältnis der Fensterfläche $A_{w,s}$ (lichte Rohbaumaße) zu der in der betrachteten Himmelsrichtung orientierten Fassadenfläche $A_{H,F}$ (Rohbaumaße) nach der Formel:

$$f_s = \frac{A_{w,s}}{A_{H,F}}$$

1.4.3   Randbedingungen

Dem Nachweis des sommerlichen Wärmeschutzes liegen folgende Randbedingungen zugrunde, die auch bei genaueren instationären dynamischen Gebäudesimulationen berücksichtigt werden müssen:

- Soll-Raumtemperatur für Heizzwecke 20 °C;
- Klimazonen nach Tafel 6 a;
- Luftwechselraten im Sommer maximal $n = 3\ h^{-1}$, außerhalb der Aufenthaltszeit $n = 0{,}3\ h^{-1}$, außer wenn die Luftwechselrate gezielt erhöht werden kann. Dann darf $n = 2\ h^{-1}$ angesetzt werden.
- Als interne Wärmegewinne sind bei Wohngebäuden 5 W/m² (Nettogrundfläche) und bei Nicht-Wohngebäuden 6 W/m² (Nettogrundfläche) anzusetzen.
- Die **Nettogrundfläche A_G** wird aus den lichten Raummaßen ermittelt. Bei Räumen mit einseitiger Fensterfläche darf die Raumtiefe nur bis zur dreifachen lichten Raumhöhe angesetzt werden. Bei Räumen mit gegenüberliegenden Fenstern,

deren Raumtiefe kleiner ist als das sechsfache der Raumhöhe, gibt es keine Begrenzung, andernfalls muß der Nachweis für jede der beiden Fensterflächen geführt werden. Die Wärmespeicherwirkung darf nur für das Raumvolumen berücksichtigt werden, welches sich aus der zulässigen Nettogrundfläche ergibt.

• Das vereinfachte Verfahren gilt für Rahmenanteile von ca 30%.

1.4.4 Bestimmung des Sonneneintragskennwertes

Für den bezüglich sommerlicher Überhitzung zu untersuchenden Raum oder Raumbereich ist der Sonneneintragskennwert S nach folgender Gleichung zu ermitteln:

$$S = \frac{\sum_j A_{w,j} \cdot g_{total,j}}{A_G}$$

mit den Bedeutungen:

$A_{w,j}$ Fensterfläche in der jeweiligen Himmelsrichtung (Summation über alle relevanten Fensterflächen in einem Raum)

$g_{total,j}$: Gesamtenergiedurchlaßgrad der Verglasung einschließlich aller Sonnenschutzmaßnahmen

A_G: Nettogrundfläche des betrachteten Raumes oder Raumbereichs in m^2.

Der Gesamtenergiedurchlaßgrad der Verglasung einschließlich aller Sonnenschutzmaßnahmen ergibt sich vereinfacht nach der Gleichung

$$g_{total} = g \cdot F_c$$

mit: g: Gesamtenergiedurchlaßgrad des Fensters bzw. der Verglasung nach DIN EN 410

F_c: Abminderungsfaktoren für Sonnenschutzeinrichtungen nach Tafel 7.

Genauere Verfahren sind in DIN V 4108-6 angegeben.

Tafel 7 Anhaltswerte für Abminderungsfaktoren F_c von fest installierten Sonnenschutzeinrichtungen

Spalte	1	2
Zeile	Beschaffenheit der Sonnenschutzvorrichtung	Abminderungsfaktor F_c
1	Ohne Sonnenschutzvorrichtung [a]	1,00
2	Innenliegend und zwischen den Scheiben [b]	
2.1	weiß oder reflektierende Oberfläche mit geringer Transparenz [c]	0,75
2.2	helle Farben und geringe Transparenz [c]	0,80
2.3	dunkle Farben und höhere Transparenz [c]	0,90
3	Außen liegend	
3.1	drehbare Lamellen, hinterlüftet	0,25
3.2	Jalousien, Stoffe geringer Transparenz [c]	0,25
3.3	Jalousien, allgemein	0,40
3.4	Rolladen, Fensterläden	0,30
3.5	Vordächer, Loggien	0,50
3.6	Markisen, seitlich und oben ventiliert	0,40
3.7	Markisen, allgemein	0,50

[a] Die Sonnenschutzvorrichtung muß fest installiert sein. Übliche dekorative Vorhänge gelten nicht als Sonnenschutzvorrichtung.
[b] Für innen und zwischen den Scheiben liegende Sonnenschutzvorrichtungen ist eine genaue Ermittlung zu empfehlen, da sich erheblich günstigere Werte ergeben können.
[c] Eine Transparenz der Sonnenschutzvorrichtung unter 20% gilt als gering.

Bauphysik

Fortsetzung der Fußnoten zu Tafel 7

[d] Im Abminderungsfaktor für außenliegende Sonnenschutzeinrichtungen ist der zusätzliche Wärmeeintrag über die Fensterlüftung bei geschlossener Sonnenschutzeinrichtung berücksichtigt. Sofern bei Produktprüfungen dieser Einfluß nicht berücksichtigt ist, muß der in Herstellerangaben genannte Sonnenschutz-Abminderungsfaktor F_c um mindestens 0,2 erhöht werden.

[e] Dabei muß näherungsweise sicher gestellt sein, daß keine direkte Besonnung des Fensters erfolgt (Vgl. Bild 11). Dies ist der Fall, wenn
  — bei Südorientierung der vertikale Abdeckwinkel >50° ist;
  — bei Ost- und Westorientierung der seitliche Abdeckwinkel >85° beträgt.

Süd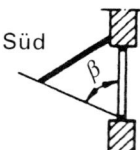

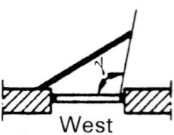 West

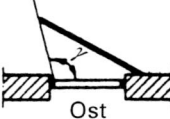 Ost

Bild 11   Anordnung von Verschattungseinrichtungen

1.4.5 Anforderungen

Der nach Abschnitt 1.4.4 ermittelte Sonneneintragskennwert S darf einen Höchstwert S_{max} nicht überschreiten, d. h. es muß gelten:

$S \leq S_{max}$.

Der Höchstwert ergibt sich als Summe aus einem Basiswert $S_0 = 0{,}12$ und Zu- und Abschlägen nach dem Bonus-Malus-Prinzip:

$S_{max} = 0{,}12 + \Delta S_{x,i}$

Die Zu- und Abschläge sind in den Tafeln 8a bis 8d dargestellt.

Tafel 8a   Zuschlagswerte für Klimaregion

Zeile	Klimaregion nach Tafel 6a	Zuschlagswert ΔS_x
1	A	0
2	B	−0,01
3	C	−0,025

Tafel 8b — Zuschlagswerte für Bauart

Zeile	Bauart	Zuschlagswert ΔS_x
1	extrem leichte Bauart, z. B. zwei oder mehr Kombinationen aus Zeile 2 bzw. vorwiegend Innendämmung, große Hallen	$-0{,}089 + 0{,}07 \times f_{gew}$[1]
2	leichte Bauart: z. B. Holzständerkonstruktionen, leichte Trennwände, abgehängte Decken	$-0{,}098 + 0{,}125 \times f_{gew}$[1]
3	schwere Bauart	$-0{,}098 + 0{,}14 \times f_{gew}$[1]

Anmerkungen zu Tafel 8 b:

[1]) In f_{gew} sind gewichtete Außenflächen des zu untersuchenden Raumes berücksichtigt. Es gilt:

$$f_{gew} = (A_W + 0{,}3 \times A_{AW} + 0{,}1 \times A_D)/A_G$$

mit: A_W: Fensterfläche
    A_{AW}: nicht transparente Außenwandfläche des zu untersuchenden Raumes
    A_D: Dachfläche, soweit vorhanden.

Tafel 8c   Zuschlagswerte für Lüftung

Zeile	Erhöhte Nachtlüftung[1]) während der zweiten Nachthälfte mit n > 1.5 h^{-1}	Zuschlagswert ΔS_x
1	bei leichter und extrem leichter Bauart	+0,02
2	bei schwerer Bauart	+0,03

Anmerkungen zu Tafel 8c:

1) Bei Ein- und Zweifamilienhäusern kann in der Regel von einer erhöhten Nachtlüftung ausgegangen werden

Tafel 8d   Sonstige Einflüsse

Zeile	Sonstige Einflüsse	Zuschlagswert ΔS_x
1	Sonnenschutzverglasung mit $g \leq 0.4$	+0,03
2	Fensterneigung $0° \leq$ Neigung $\leq 60°$ gegenüber der Horizontalen	$-0,12 f_{neig}$[1])
3	Orientierung: Nord-, Nordost- und Nordwest – orientierte Fenster, soweit deren Neigung gegenüber der Horizontalen >60° ist sowie Fenster, die dauernd vom Gebäude selbst verschattet werden	$+0,10 \times f_{Nord}$[2])

Anmerkungen zu Tafel 8 d:

[1]) Der Faktor f_{neig} ergibt sich nach der Formel

$$f_{neig} = A_{W,neig} / A_G$$

mit $A_{W,neig}$ geneigte Fensterfläche.

[2]) Der Faktor f Nord ergibt sich aus

$$f_{Nord} = A_{W,Nord} / A_{W,gesamt}.$$

Beispiel   Ein Eckraum mit Südostorientierung und den Netto-Innenmaßen 5 × 5 m hat durchlaufende Fensterbänder mit einer Höhe von 2,2 m (Rohbaumaße) und Brüstungen mit 0,8 m Höhe. Die lichte Raumhöhe beträgt also 3 m. Für A_G ist also die gesamte Nettofläche anzusetzen. Als Fenster sind normale Metallfenster mit einem Rahmenanteil von ca 30% und einer Verglasung mit einem g-Wert von 0,58 vorhanden. Es sind leichte Trennwände vorhanden, weiterhin ein Hohlraumboden und Akustiksegel, die aber mit Raumluft hinterlüftet werden. Insgesamt handelt es sich um eine leichte Bauart.

Das Bauwerk liegt in Stuttgart (Klimaregion B). Erhöhte Nachtlüftung ist möglich. Es wird ein normaler Büroraum ohne Dachanteil untersucht.

Der außen liegende Sonnenschutz besteht aus drehbaren, hinterlüfteten Lamellen. Innenliegend ist ein hochwertiger Blendschutz vorhanden, der jedoch nicht berücksichtigt wird.

Es ergeben sich folgende Kennwerte:

Sonneneintragskennwert:

$$g_{total} = g \times F_c = 0,58 \times 0,25 = 0,145$$
$$S = (2,2 \times 5,0 + 2.2 \times 5,0) \times 0,145/25 = 0,1276$$

Hilfsgrößen:

$$f_{gew} = (2,2 \times 5,0 \times 2 + 0,3 \times 5,0 \times 0,8 + 2)/25 = 0,928$$

Zu- und Abschläge:

— für Klimaregion B: $\Delta S_x = -0,01$
— für Bauart: $\Delta S_x = -0,098 + 0,125 \times 0,928 = 0,018$
— für Lüftung: +0,02
— sonstiges: entfällt.

Zulässiger Sonneneintragskennwert:

$$S_{max} = 0,12 - 0,01 + 0,018 + 0,02 = 0,148 > 0,1276$$

Beurteilung: Anforderung eingehalten!

2 Energiesparender Wärmeschutz nach der Energie-einsparverordnung (EnEV) vom 16. November 2001

2.1 Unterschiede zu den bisherigen Wärmeschutzverordnungen (WSchV)

Während die bisherigen Wärmeschutzverordnungen entweder Anforderungen an den mittleren U-Wert der Gebäudehülle stellten (WSchV 1977 und 1984) oder den Jahresheizwärmebedarf begrenzten (WSchV 1994), begrenzt die EnEV vom 16. November 2001 den **Jahresprimärenergiebedarf** von Gebäuden. Dies hat zur Folge, daß neben der Erzeugung und Bereitstellung von Energie zur Deckung der Transmissions- und Lüftungswärmeverluste (wie bisher) auch der Bedarf zur Warmwasserbereitung, für raumlufttechnische Anlagen und zur Verteilung der Energie innerhalb der Systemgrenze mit berücksichtigt werden muß. Außerdem geht die Art des Energieträgers und die Art der Heizanlage in die sog. Aufwandszahl ein, mit der die Ausnutzung der eingesetzten Primärenergie beschrieben wird. Folgerichtig ist daher das Verschmelzen der Heizanlagenverordnung vom Mai 1998/Oktober 2001 mit der EnEV.

Als weitere gravierende Neuerung gegenüber den bisherigen WSchV sind in der EnEV keine Algorithmen zur Berechnung des Jahresprimärenergieverbrauchs angegeben, mit Ausnahme eines vereinfachten Verfahrens für Wohngebäude mit einem Fensterflächenanteil von $\leq 30\%$. Für alle übrigen Gebäude gelten die Rechenverfahren der DIN EN 832: 2001-02 in Verbindung mit DIN V 4108-6: 2001-11 und DIN 4701-10: 2001-02, die als Monats-Bilanzverfahren anzuwenden sind.

2.2 Begriffsbestimmungen

Über die bisher beschriebenen wärmetechnischen Begriffe hinaus verwendet die EnEV folgende Begriffe:

— erneuerbare Energien:
Solarenergie, Umweltwärme, Erdwärme und Biomasse, die zu Heizzwecken, zur Warmwasserbereitung oder zur Lüftung von Gebäuden eingesetzt werden;
— Heizkessel:
ein aus Kessel und Brenner bestehender Wärmeerzeuger, der zur Übertragung der durch die Verbrennung freigesetzten Wärme an den Wärmeträger Wasser dient;
— Niedertemperatur-Heizkessel:
Heizkessel, der kontinuierlich mit einer Eintrittstemperatur von 35 bis 40 °C betrieben werden kann und in dem es unter bestimmten Bedingungen zur Kondensation des in den Abgasen enthaltenen Wasserdampfes kommen kann;
— Brennwertkessel:
Heizkessel, der für die Kondensation eines Großteils der in den Abgasen enthaltenen Wasserdampfes konstruiert ist.

2.3 Anforderungen an zu errichtende Gebäude mit normalen Innentemperaturen

Die EnEV 2002 stellt Anforderungen an Gebäude mit normalen Innentemperaturen ($\Theta_i \geq +19\,°C$; Heizzeit $t_H \geq 4$ Monate/Jahr) und an Gebäude mit niedrigen Temperaturen (12 °C $\leq \Theta_i < +19\,°C$; Heizzeit $t_H \geq 4$ Monate/Jahr) einschließlich aller Anlagen, die zur Beheizung, zur Warmwasserbereitung und zu Lüftungszwecken dienen. Generell ausgenommen sind:

— Betriebsgebäude, die überwiegend zur Aufzucht oder Haltung von Tieren genutzt werden,
— Betriebsgebäude, soweit sie nach ihrem Verwendungszweck großflächig und lang anhaltend offengehalten werden müssen,
— Unterirdische Bauten,
— Unterglasanlagen und Kulturräume zur Aufzucht, Vermehrung und Verkauf von Pflanzen,

- Traglufthallen, Zelte und Gebäude, die dazu bestimmt sind, wiederholt aufgestellt und zerlegt zu werden,
- Kleine beheizte Gebäude, wenn deren beheiztes Gebäudevolumen 100 m³ nicht übersteigt und die Wärmedurchgangskoeffizienten der Außenbauteile die Anforderungen an Altbauten erfüllen.

Auf Antrag können die nach Landesrecht zuständigen Behörden bei Baudenkmalen oder sonstigen besonders erhaltenswerten Gebäuden Ausnahmen von der Erfüllung der Anforderungen der EnEV 2002 gewähren.

Neu zu errichtende Gebäude mit normalen Innentemperaturen sind so auszuführen, daß

1. bei Wohngebäuden der auf die Gebäudenutzfläche bezogene Jahres-Primärenergiebedarf und
2. bei anderen Gebäuden der auf das beheizte Gebäudevolumen bezogene Jahres-Primärenergiebedarf

sowie der spezifische, auf die wärmeübertragende Umfassungsfläche bezogene Transmissionswärmeverlust die Höchstwerte nach Tafel 9 nicht übersteigt.

Tafel 9 Höchstwerte des Jahres-Primärenergiebedarfs und des spezifischen Transmissionswärmeverlustes

| | Jahres-Primärenergiebedarf | | | Spezifischer, auf die wärmeübertragende Umfassungsfläche bezogener Transmissionswärmeverlust H_T' in W/(m² K) | |
| | Q_p'' in kWh/(m² a) bezogen auf die Gebäudenutzfläche | | Q_p' in kWh/(m³ a) bezogen auf das beheizte Gebäudevolumen | | |
Verhältnis A/V_e	Wohngebäude außer solchen nach Spalte 3	Wohngebäude mit überwiegender Warmwasserbereitung aus elektrischem Strom	andere Gebäude	Nicht-Wohngebäude mit einem Fensterflächenanteil $\leq$30% und Wohngebäude	Nicht-Wohngebäude mit einem Fensterflächenanteil $\geq$30%
1	2	3	4	5	6
$\leq$ 0,2	66,00 + 2600/(100 + A_N)	88,00	14,72	1,05	1,55
0,3	73,53 + 2600/(100 + A_N)	95,53	17,13	0,80	1,15
0,4	81,06 + 2600/(100 + A_N)	103,06	19,54	0,68	0,95
0,5	88,58 + 2600/(100 + A_N)	110,58	21,95	0,60	0,83
0,6	96,11 + 2600/(100 + A_N)	118,11	24,36	0,55	0,75
0,7	103,64 + 2600/(100 + A_N)	125,64	26,77	0,51	0,69
0,8	111,17 + 2600/(100 + A_N)	133,17	29,18	0,49	0,65
0,9	118,70 + 2600/(100 + A_N)	140,70	31,59	0,47	0,62
1	126,23 + 2600/(100 + A_N)	148,23	34,00	0,45	0,59
$\geq$ 1,05	130,00 + 2600/(100 + A_N)	152,00	35,21	0,44	0,58

Zwischenwerte sind nach folgenden Gleichungen zu ermitteln:

Spalte 2: $Q_p'' = 50,94 + 75,29 \cdot A/V_e + 2600/(100 + A_N)$ in kWh/(m² a)

Spalte 3: $Q_p' = 72,94 + 75,29 \cdot A/V_e$ in kWh/(m² a)

Spalte 4: $Q_p' = 9,9 + 24,1 \cdot A/V_e$ in kWh/(m³ a)

Spalte 5: $H_T' = 0,3 + 0,15/(A/V_e)$ in W/(m² K)

Spalte 6: $H_T' = 0,35 + 0,24/(A/V_e)$ in W/(m² K)

2.3.1 Bezugsgrößen

Folgende Bezugsgrößen sind zu verwenden:

- Wärmeübertragende Umfassungsfläche A in m²:
  Die wärmeübertragende Umfassungsfläche ist so festzulegen, daß ein in DIN EN 832 beschriebenes geschlossenes Ein-Zonen-Modell entsteht, welches die beheizten Räume vollständig einschließt. Die Umfassungsflächen sind aus Außenabmessungen zu ermitteln.

— Beheiztes Gebäudevolumen V_e:
Das beheizte Gebäudevolumen in m^3 ist das Volumen, das von der wärmeübertragenden Umfassungsfläche eingeschlossen wird.

— Verhältnis A/V_e:
Verhältnis zwischen wärmeübertragender Umfassungsfläche A und beheiztem Gebäudevolumen V_e in m^{-1}.

— Beheiztes Lüftungsvolumen:
Das beheizte Luftvolumen errechnet sich aus dem Gebäudevolumen vereinfacht nach folgenden Formeln:

$V = 0{,}76\ V_e$ bei Gebäuden bis zu 3 Vollgeschossen
$V = 0{,}8\ V_e$ in allen übrigen Fällen.

— Gebäudenutzfläche A_N:
Diese errechnet sich bei Wohngebäuden aus

$A_N = 0{,}32\ V_e$

Für andere Gebäude als Wohngebäude ist sie nicht definiert.

— Fensterflächenanteil f:
Der Fensterflächenanteil f des gesamten Gebäudes ist wie folgt zu ermitteln:

$$f = \frac{A_W}{A_W + A_{AW}}$$

Darin bedeutet A_W die gesamte Fensterfläche, A_{AW} die Fläche aller Außenwände. Bei beheizten Dachgeschossen sind die Dachflächenfenster in A_W einzurechnen, die beheizte Dachschräge in A_{AW}.

2.3.2 Besondere Anforderungen und Ausnahmen

Die Begrenzung des Jahresprimärenergieverbrauchs gilt nicht für Gebäude, die

— zu mindestens 70% durch Wärme aus Kraft-Wärmekopplung beheizt werden;
— zu mindestens 70% durch erneuerbare Energien aus selbständig arbeitenden Wärmeerzeugern beheizt werden;
— überwiegend durch Einzelfeuerstätten oder sonstigen Wärmeerzeugern beheizt werden, für die keine Regeln der Technik vorliegen.

Bei diesen Gebäuden ist der Transmissionswärmeverlust auf die Höchstwerte nach Tafel 9 Spalte 5 zu begrenzen.

2.4 Berücksichtigung der Warmwasserbereitung bei Wohngebäuden

Bei Wohngebäuden muß der Energiebedarf für die Warmwasserbereitung berücksichtigt werden. Als Nutz-Wärmebedarf sind 12,5 kWh/m² a anzusetzen, wobei die Gebäudenutzfläche die Bezugsfläche darstellt.

2.5 Berücksichtigung von Wärmebrücken

Bei der Ermittlung des Jahres-Heizwärmebedarfs sind Wärmebrücken mit zu berücksichtigen. Dies kann auf folgende Arten geschehen:

— Berücksichtigung durch Erhöhung der Wärmeübergangskoeffizienten um $\Delta U_{WB} = 0{,}1\ W/m^2\ K$ für die gesamte wärmeübertragende Umfassungsfläche;
— Bei Anwendung der Planungsbeispiele nach DIN 4108 Beiblatt 2: 1998-08 gilt: $\Delta U_{WB} = 0{,}05\ W/m^2\ K$ für die gesamte Umfassungsfläche;
— exakte Rechnung.

2.6 Berechnung des Jahres-Primärenergiebedarfs

2.6.1 Vereinfachtes Verfahren für Wohngebäude

2.6.1.1 Berechnung des Jahres-Heizwärmebedarfs und des Zuschlags für Warmwasserbereitung

Bei Wohngebäuden, deren Fensterflächenanteil 30% nicht übersteigt, kann mit einem vereinfachten Jahresbilanzverfahren gerechnet werden. Der Jahres-Primärenergiebedarf ergibt sich danach wie folgt:

$$Q_P = (Q_H + Q_W) \cdot e_P$$

mit den Bedeutungen:

Q_P: Jahres-Primärenergiebedarf

Q_H: Jahres-Heizwärmebedarf

Q_W: Zuschlag für Warmwasserbereitung nach Abschnitt 2.4

e_P: Aufwandszahl nach DIN V 4701-10 Nr. 4.2.6 in Verbindung mit Anhang C 5 (grafisches Verfahren); darüber hinaus ausführliche Verfahren.

Der Jahresheizwärmebedarf Q_H ist dabei nach den folgenden Tafeln 10 und 11 zu ermitteln.

Tafel 10   Vereinfachtes Verfahren zur Ermittlung des Jahres-Heizwärmebedarfs

Zeile	Zu ermittelnde Größe	Gleichung	Zu verwendende Randbedingung
	1	2	3
1	Jahresheizwärmebedarf Q_H	$Q_H = 66(H_T + H_V)$ $- 0,95(Q_S + Q_I)$	
2	Spezifischer Transmissionswärmeverlust H_T bezogen auf die wärmeübertragende Umfassungsfläche	$H_T = \sum (F_{xi} U_i A_i) + 0,05 A^{1)}$ $H'_T = H_T / A$	Temperatur-Korrekturfaktoren nach Tafel 11
3	Spezifischer Lüftungswärmeverlust H_V	$H_V = 0,19\, V_e$ $H_V = 0,163\, V_e$	ohne Dichtheitsprüfung mit Dichtheitsprüfung
4	Solare Gewinne Q_S	$QS = \sum (I_S)_{j,HP} \sum 0,567\, g_i A_i$ $^{2)}$	Solare Einstrahlung: Orientierung $\sum (I_S)_{j,HP}$ Südost bis Südwest: 270 kWh/(m² a) Nordwest bis Nordost 100 kWh/(m² a) übrige Richtungen 155 kWh/(m² a) Dachflächenfenster 225 kWh/(m² a) mit Neigungen $< 30^{\circ 3)}$
5	Interne Gewinne Q_I	$Q_I = 22\, A_N$	Gebäudenutzfläche

[1]) Die Wärmedurchgangskoeffizienten sind nach DIN EN ISO 6946 und nach DIN EN ISO 10077 zu ermitteln oder technischen Produkt-Spezifikationen zu entnehmen.

[2]) Der Gesamt-Energiedurchlaßgrad (für senkrechte Einstrahlung) ist technischen Produkt-Spezifikationen zu entnehmen oder nach DIN EN 410 zu ermitteln. **Wintergärten** oder **Transparente Wärmedämmungen** können beim vereinfachten Verfahren keine Berücksichtigung finden.

[3]) Dachflächenfenster mit Neigungen $> 30^{\circ}$ werden sie senkrechte Fenster behandelt.

Tafel 11   Temperatur-Reduktionsfaktoren F_{xi}

Wärmestrom nach außen über Bauteil i	Temperatur-Reduktionsfaktor F_{xi}
Außenwand, Fenster	1
Dach (als Systemgrenze)	1
Oberste Geschoßdecke (Dachraum nicht ausgebaut)	0,8
Abseitenwand (Drempelwand)	0,8
Wände und Decken zu unbeheizten Räumen	0,5
Unterer Gebäudeabschluß: — Kellerdecke/-wände zu unbeheiztem Keller — Fußboden auf Erdreich — Flächen des beheizten Kellers gegen Erdreich	0,6

Zu beachten ist, daß der Temperatur-Reduktionsfaktor für Dächer nicht mehr 0,8 beträgt, sondern 1,0. Der Grund hierfür liegt darin, daß der Dämmstandard sowohl für Flach- wie Schrägdächer mittlerweile so hoch liegt, daß solare Gewinne nicht mehr ins Gewicht fallen. Ein Beispiel für die Anwendung des vereinfachten Verfahrens findet sich im Abschnitt 2.6.1.3.

2.6.1.2   Anlagenaufwandszahl nach Anhang C 5 zu DIN V 4701-10

In der DIN 4701-10 sind insgesamt 8 Heizanlagen grafisch erfaßt, für die die Anlagenaufwandszahl als Funktion des flächenbezogenen Jahresheizwärmebedarfs und der Gebäudenutzfläche ohne aufwendige Berechnung direkt vorliegt.

Bauphysik

Als Beispiel sind nachfolgend die Werte für zwei der häufigsten Anlagen für kleinere Wohngebäude angegeben.

Anlage 7   Niedertemperaturkessel, Aufstellung/Verteilung innerhalb thermischer Hülle

Trinkwasser-erwärmung	Verteilung	Verteilung innerhalb thermischer Hülle, mit Zirkulation
	Speicherung	indirekt beheizter Speicher, Aufstellung innerhalb thermischer Hülle
	Erzeugung	zentral, Niedertemperaturkessel
Heizung	Übergabe	Radiatoren, Anordnung im Außenwandbereich, Thermostatventile 1 K
	Verteilung	horizontale Verteilung innerhalb thermischer Hülle, Verteilungsstränge innenliegend, geregelte Pumpen
	Speicherung	keine Speicherung
	Erzeugung	Niedertemperaturkessel 70/55 °C innerhalb thermischer Hülle
Lüftung	Übergabe	keine Lüftungsanlage
	Verteilung	
	Erzeugung	

A_N in m^2	100	120	150	170	200	250	300	350	400	450	500
q_h in kWh/(m^2 a)	Anlagenaufwandszahl e_p (primärenergiebezogen)										
40	1,64	1,60	1,55	1,53	1,50	1,47	1,44	1,43	1,42	1,41	1,40
50	1,57	1,54	1,49	1,47	1,45	1,42	1,40	1,39	1,38	1,37	1,36
60	1,52	1,49	1,45	1,43	1,41	1,39	1,37	1,36	1,36	1,35	1,34
70	1,48	1,45	1,42	1,40	1,38	1,37	1,35	1,34	1,34	1,33	1,32
80	1,45	1,42	1,39	1,38	1,36	1,35	1,33	1,33	1,32	1,31	1,31
90	1,42	1,40	1,37	1,36	1,35	1,33	1,32	1,31	1,31	1,30	1,30

Anlage 8   Brennwert-Kessel, Aufstellung/Verteilung innerhalb thermischer Hülle

Trinkwasser-erwärmung	Verteilung	Verteilung innerhalb thermischer Hülle, mit Zirkulation
	Speicherung	indirekt beheizter Speicher, Aufstellung innerhalb thermischer Hülle
	Erzeugung	zentral, Brennwertkessel
Heizung	Übergabe	Radiatoren, Anordnung im Außenwandbereich, Thermostatventile 1 K
	Verteilung	horizontale Verteilung innerhalb thermischer Hülle, Verteilungsstränge innenliegend, geregelte Pumpen
	Speicherung	keine Speicherung
	Erzeugung	Brennwertkessel 55/45 °C innerhalb thermischer Hülle
Lüftung	Übergabe	keine Lüftungsanlage
	Verteilung	
	Erzeugung	

A_N in m^2	100	120	150	170	200	250	300	350	400	450	500
q_h in kWh/(m^2 a)	Anlagenaufwandszahl e_p (primärenergiebezogen)										
40	1,56	1,52	1,46	1,44	1,41	1,39	1,36	1,35	1,34	1,33	1,32
50	1,49	1,45	1,41	1,39	1,36	1,34	1,32	1,31	1,30	1,30	1,29
60	1,43	1,41	1,36	1,35	1,33	1,31	1,29	1,28	1,28	1,27	1,26
70	1,40	1,37	1,33	1,32	1,30	1,29	1,27	1,26	1,26	1,25	1,24
80	1,36	1,34	1,31	1,30	1,28	1,27	1,25	1,25	1,24	1,24	1,23
90	1,34	1,32	1,29	1,28	1,26	1,25	1,24	1,23	1,23	1,22	1,22

Für die übrigen Anlagen wird auf DIN V 4701-10 verwiesen.

2.6.1.3 Beispiel: Einfamilien-Wohnhaus

Gegeben ist ein nicht unterkellertes, freistehendes Einfamilien-Wohnhaus mit einer Grundfläche von 8 × 10 m. Es ist ein ausgebautes Dachgeschoß mit einem Satteldach mit 35° Neigung vorhanden. Da die Dachflächenfenster eine Neigung von >30° aufweisen, werden sie wie senkrechte Fenster der jeweiligen Orientierung behandelt. Als Heizanlage ist ein Brennwertkessel nach Anlage Nr. 8 nach DIN V 4701-10 innerhalb der Systemgrenze vorhanden.

Konstruktionen (nur wärmetechnisch relevante Schichten):

Außenwand: 175 mm Mauerwerk aus Kalksandvollsteinen mit 160 mm Wärmedämmverbundsystem WIG 040, Innen- und Außenputz;

$$U = 0,25 \text{ W/m}^2 \text{ K}$$

Dach: Voll gedämmtes Sparrendach mit 200 mm Mineralwolle WIG 035 raumseitige Bekleidung mit Gipskartonplatten, mittlerer U-Wert

$$U = 0,20 \text{ W/m}^2 \text{ K}$$

Fußboden
gegen Erdreich: 45 mm Zementestrich auf 120 mm PS-Hartschaum WIG 040, Abdichtung

$$U = 0,31 \text{ W/m}^2 \text{ K}$$

Fenster: Holzfenster der Rahmengruppe 1, Wärmeschutzverglasung mit $U_v = 1,1 \text{ W/m}^2 \text{ K}$ nach Bundesanzeiger, Gesamtenergiedurchlaßgrad 0,58, U-Wert des gesamten Fensters

$$U_F = 1,3 \text{ W/m}^2 \text{ K}$$

Haustür: Wärmegedämmte Tür ohne Glasteile;

$$U_T = 1,5 \text{ W/m}^2 \text{ K.}$$

Das Gebäude soll nach der Fertigstellung einer Dichtheitsprüfung unterzogen werden, so daß reduzierte Lüftungswärmeverluste angesetzt werden dürfen.

Berechnung des Jahres-Primärenergiebedarfs nach dem vereinfachten Verfahren nach EnEV Anlage 1 Abschnitt 3

Beheiztes Gesamtvolumen:	**351,2 m²**
Gebäudenutzfläche:	**112 m²**

Spezifischer Transmissionswärmeverlust H_T

Bauteil	Fläche (m²)	U (W/m² K)	Korr. F_{xi}	H_T (W/K)
Außenwand	35,49	0,25	1	8,87
Dachfläche	94,77	0,2	1	18,95
Fußboden gegen Erdreich	80,00	0,31	0,6	14,88
Haustür	3,25	1,5	1	4,88
Fenster Süd	21,13	1,3	1	27,47
Fenster Ost + West	18,50	1,3	1	24,05
Fenster Nord	6,00	1,3	1	7,80
Summe	259,14			106,90
Wärmebrücken	259,14 · 0,05			12,957
Gesamt				119,86

Verhältnis A/V_e:		0,738 m^{-1}	
Lüftungswärmeverluste:	$H_V = 0,163 \cdot V_e$		57,25 W/K
mit Dichtheitsprüfung!			
Interne Gewinne:	$Q_i = 22 \cdot 0,32 \cdot V_e$	2472,448 kWh/a	

Solare Gewinne:

Orientierung	Fläche	g-Wert	Sol. Einstr.:	Q_s
Süd	21,13	0,58	270,00	1876,18
Ost + West	18,50	0,58	155,00	943,01
Nord	6,00	0,58	100,00	197,32
	Summe			3016,50

Jahresheizwärmebedarf nach der Formel $Q_H = 66(H_T + H_V) - 0,95(Q_S + Q_I)$:

flächenbezogen:
$$Q_H = 6474,30 \text{ kWh/a}$$
$$q_H = 57,61 \text{ kWh/m}^2 \text{ a}$$

Aufwand für Warmwasser: $Q_W = 1404,8 \text{ kWh/a}$

**Aufwandszahl für Anlage Nr. 8 nach DIN V 4701-10 für q_H 60 kWh/m² a und 110 m²
Nutzfläche:** $e_p = 1,42$

Jahresprimärenergiebedarf: $Q''_p = 99,55 \text{ kWh/m}^2 \text{ a}$

Anforderung nach EnEV Tabelle 1, Spalte 2:

$$Q''_{p,max} = 50,94 + 75,29 \cdot A/V_e + 2600/(100 + A_N) = \quad 118,74 \text{ kWh/m}^2 \text{ a}$$

Beurteilung :   **Anforderung erfüllt!**

Nebenanforderung nach Tafel 9, Spalte 5:

$$H'_T = 0,3 + 0,15/(A/V_e) = 0,503 \text{ W/(m}^2 \text{ K)}$$

Vorhanden:

$$H'_T = 119,86/259,14 = 0,463 \text{ W/(m}^2 \text{ K)}$$

Beurteilung :   **Anforderung erfüllt!**

Der zusätzliche Aufwand zur Berechnung des Jahres-Primärenergiebedarfs gegenüber der bisherigen WSchV hält sich nach dem vereinfachten Verfahren also in
Grenzen.
Im Beispiel ist die Anforderung um etwa 16% unterschritten. Die Anforderungen
wären auch dann eingehalten, wenn die Dicke des Wärmedämmverbundsystems
nur 120 mm und die Dicke der Dämmung im Dach nur 160 mm betragen würde.
Dies liegt aber daran, daß

— die Lüftungswärmeverluste reduziert werden dürfen, da das Bauwerk auf Dichtheit überprüft wird; andernfalls lägen sie um knapp 17% höher;
— eine sehr gute Heizanlage mit der geringsten Aufwandszahl ausgewählt wurde.
Aber auch mit einem Niedertemperaturkessel mit Heizöl als Brennstoff (Aufwandszahl 1,505) sind die Anforderungen gut eingehalten.
— **Nicht eingehalten** dagegen sind die Anforderungen nach Tafel 9 Spalte 2 an
den Primärenergiebedarf, wenn eine Heizungsanlage verwendet wird, die **außerhalb der Systemgrenze** aufgestellt wird, z. B. in einem unbeheizten Keller-
raum oder in einem unbeheizten Dachraum. Die Aufwandszahl steigt dann auf
$e_p = 1,81$,
so daß der flächenbezogene Jahres-Primärenergiebedarf bei 126,7 kWh/(m² a)
liegt und die Anforderung **nicht mehr eingehalten** ist.

2.6.2 Nach DIN V 4108-6

In der Regel ist der Jahresprimärenergieverbrauch nach DIN V 4108-6 in Verbindung mit DIN EN 832 und DIN V 4701-10 zu berechnen. Der Jahresheizwärmebedarf
ist nach dem Monats-Bilanzverfahren zu bestimmen. Vereinfachungen nach
DIN V 4108-6 dürfen angewendet werden. Das Verfahren ist zu aufwändig, um von
Hand durchgeführt werden zu können. Es gibt jedoch bereits mehrere kommerziell

erwerbbare Programme, aber auch Freeware, mit der die Berechnungen komfortabel durchgeführt werden können. Eine Demo-Version eines einfach zu handhabenden, sehr flexiblen kommerziellen Programms ist der CD zu diesem Buch beigelegt. Die Anzahl der Transmissionsflächen ist dabei aber begrenzt.

2.7 Reihenhäuser

Bei der Berechnung von aneinander gereihten Gebäuden mit gleichen Innentemperaturen werden die Gebäudetrennwände als nicht wärmedurchlässig angerechnet (adiabatischer Abschluß) und bei der Berechnung von A und A/V_e nicht berücksichtigt. Ist die Nachbarbebauung nicht sichergestellt, so muß für die Trennwand ein Mindest-Wärmedurchlaßwiderstand von $R \geq 1{,}2 \text{ m}^2$ K/W eingehalten sein.

2.8 Änderung von Gebäuden

Die EnEV gibt im Anhang 3 sehr detaillierte Hinweise zu wärmetechnischen Maßnahmen, die bei der Änderung von Außenbauteilen bestehender Gebäude zu beachten sind. Nachfolgend sind sie in gekürzter Fassung für Gebäude mit Innentemperaturen $>19\,°\text{C}$ wiedergegeben. Herausragende Änderungen gegenüber der WSchV vom 16. August 1994 sind fett gedruckt.

2.8.1 Außenwände

Wenn bei Außenwänden

— Bekleidungen in Form von Platten, plattenartigen Bauteilen, Verschalungen oder Mauerwerks-Vorsatzschalen angebracht werden,
— neue Dämmschichten eingebaut werden,
— bei einer bestehenden Wand mit $U > 0{,}9$ W/m^2 K **der Außenputz erneuert** wird,

dann darf der U-Wert maximal

$$U_{max} = 0{,}35 \text{ W/m}^2 \text{ K}$$

betragen.

Werden

— Innendämmungen ausgeführt oder
— bei Fachwerkbauten die Ausfachungen erneuert,

dann darf der U-Wert maximal

$$U_{max} = 0{,}45 \text{ W/m}^2 \text{ K}$$

betragen.

Anmerkung: Diese Anforderung ist für Fachwerkbauten bauphysikalisch falsch. Bei einer üblichen Dicke von ca. 140 mm wäre hierzu eine Wärmeleitzahl von ca. 0,07 W/m K erforderlich, was mit einer homogenen Ausmauerung nicht zu erzielen ist. Zudem sollte die Wärmeleitzahl der Ausmauerung nicht wesentlich unter oder über der Wärmeleitzahl des Holzes liegen (bei Eichenholz 0,16 W/m K), damit ein thermisch homogenes Mauerwerk erzielt wird. Bei zusätzlichen Innendämmungen sollte die Dicke der Dämmschicht der WLg 040 40 mm nicht übersteigen. Insgesamt können damit U-Werte von etwa 0,5 W/m^2 K erreicht werden. Bei Fachwerksanierungen sollte man daher eine Ausnahmegenehmigung einholen.

2.8.2 Fenster

Bei Fenstern wird unterschieden, ob das gesamte Bauteil erneuert wird oder lediglich die Verglasung. Zudem wird Rücksicht genommen auf besondere Anforderungen wie Schallschutz, Schaufenster, Türanlagen aus Glas und Sicherheitsanforderungen (durchschußhemmende Verglasung etc.). Weiterhin berücksichtigt die EnEV den Fall, daß vor vorhandene Fenster ein weiteres Fenster gesetzt wird.

Beim Ersatz von Fenstern darf der neue U-Wert maximal 1,7 W/m^2 K betragen, beim Ersatz der Verglasung alleine darf deren U-Wert 1,5 W/m^2 K nicht übersteigen. Bei Sonderverglasungen sind U-Werte bis 2,0 W/m^2 K zulässig. Bei Schaufenstern und Türanlagen aus Glas sind keine Anforderungen einzuhalten.

2.8.3 Steildächer

Bei beheizten Dachräumen sind bei **Erneuerung der Dacheindeckung**, bei Erneuerung oder Ersatz von inneren Bekleidungen oder beim Neueinbau von Dämmschichten die Wärmedämmaßnahmen so zu dimensionieren, daß ein U-Wert von

$$U_{max} = 0{,}30 \text{ W/m}^2 \text{ K}$$

nicht überschritten wird. Bei Zwischensparrendämmungen ist mindestens der Stand der Technik einzuhalten (= Sparrenvolldämmung).

2.8.4 Flachdächer

Bei der **Sanierung von Flachdächern** ist ein maximaler U-Wert von

$$U_{max} = 0{,}25 \text{ W/m}^2 \text{ K}$$

einzuhalten. Bei Gefälledächern muß am tiefsten Punkt der Mindestwärmedurchlaßwiderstand nach DIN 4108-2 eingehalten sein ($R \geq 1{,}1$ m^2 K/W).

2.8.5 Wände und Decken gegen unbeheizte Räume und gegen Erdreich

Bei der Sanierung der genannten Flächen sind folgende maximale U-Werte einzuhalten:
- gegen unbeheizte Räume: $U_{max} = 0{,}40$ W/m^2 K
- gegen Erdreich: $U_{max} = 0{,}50$ W/m^2 K.

Bei der Dämmung von Fußbodenaufbauten gelten die Anforderungen als erfüllt, wenn ohne Änderungen der Türen die maximal mögliche Dämmschichtdicke der WIG 040 eingebaut ist.

2.9 Nachrüstung bei Anlagen und Gebäuden (§ 9 EnEV)

Heizkessel, die mit flüssigen oder gasförmigen Brennstoffen beschickt werden und vor dem 1. Oktober 1978 in Betrieb genommen wurden, müssen bis zum 31. Dezember 2006 außer Betrieb genommen und ersetzt werden. Für nachgerüstete Anlagen wird die Frist um zwei Jahre verlängert. Ausnahmen sind Niedertemperatur-Heizwertkessel oder Brennwertkessel oder Anlagen, deren Nennwärmeleistung < 4 kW oder > 400 kW beträgt.

Ungedämmte, zugängliche Heizleitungen und Warmwasserleitungen sowie Armaturen, die sich **nicht innerhalb der beheizten Räume** befinden, müssen bis zum 31. Dezember 2006 nach Abschnitt 2.11 gedämmt werden.

Bisher nicht gedämmte Geschossdecken von beheizten Räumen zu unbeheizten Dachgeschossen müssen bis zum 31. Dezember 2006 so gedämmt werden, daß der U-Wert

$$U_{max} = 0{,}30 \text{ W/m}^2 \text{ K}$$

nicht übersteigt.

2.10 Energiebedarfsausweis

Für neu zu errichtende Gebäude sowie für Gebäude mit normalen Innentemperaturen, die wesentlich verändert werden, ist ein **Energiebedarfsausweis** nach § 13 EnEV zu erstellen.

Der Energiebedarfsausweis ist den nach Landesrecht zuständigen Behörden vorzu-
weisen und Mietern, Käufern und sonstigen Nutzungsberechtigten auf Verlangen
zugänglich zu machen.

2.11 Begrenzung der Wärmeabgabe von Wärmeverteilungs- und Warmwasserleitungen sowie von Armaturen

Bei Leitungen von Zentralheizungen in beheizten Räumen oder in Bauteilen zwischen beheizten Räumen **eines Nutzers**, deren Wärmeabgabe durch frei liegende
Absperrvorrichtungen beeinflußt werden kann, werden keine Anforderungen an
die Mindestdämmschichtdicke der Wärmedämmung gestellt. Dies gilt auch für
Warmwasserleitungen bis zu einem Innendurchmesser von 22 mm, die weder in
den Zirkulationskreislauf einbezogen noch mit einer elektrischen Begleitheizung
versehen sind.

Alle anderen Leitungen und Armaturen müssen nach den Anforderungen der nachfolgenden Tafel 12 gedämmt werden. Soweit Dämmstoffe mit einer anderen Wärmeleitzahl als 0,035 W/m K verwendet werden, sind die Mindestdicken entsprechend umzurechnen.

Tafel 12   Wärmedämmung von Wärmeverteilungs- und Warmwasserleitungen sowie Armaturen

Zeile	Art der Leitungen/Armaturen	Mindestdicke der Dämmschicht, bezogen auf eine Wärmeleit-fähigkeit von 0,035 W/(mk)
1	Innendurchmesser bis 22 mm	20 mm
2	Innendurchmesser über 22 mm bis 35 mm	30 mm
3	Innendurchmesser über 35 mm bis 100 mm	gleich Innendurchmesser
4	Innendurchmesser über 100 mm	100 mm
5	Leitungen und Armaturen nach den Zeilen 1 bis 4 in Wand- und Deckendurchbrüchen, im Kreuzungs-bereich von Leitungen, an Leitungsverbindungs-stellen, bei zentralen Leitungsnetzverteilern	1/2 der Anforderungen der Zeilen 1 bis 4
6	Leitungen von Zentralheizungen nach den Zeilen 1 bis 4, die nach Inkrafttreten dieser Verordnung in Bauteilen zwischen beheizten Räumen verschiedener Nutzer verlegt werden	1/2 der Anforderungen der Zeilen 1 bis 4
7	Leitungen nach Zeile 5 im Fußbodenaufbau	6 mm

2.12 Anforderungen an zu errichtende Gebäude mit niedrigen Innentemperaturen (Anhang 2 EnEV)

Bei Gebäuden mit niedrigen Innentemperaturen ($12\,°C \leqq \Theta_i < +19\,°C$; Heizzeit
$t_H \geqq 4$ Monate/Jahr) sind lediglich Anforderungen an den spezifischen, auf die wärmeübertragende Umfassungsfläche bezogenen Transmissionswärmeverlust gestellt. Die Anforderungen ergeben sich in Abhängigkeit vom Verhältnis A/V_e nach
der Gleichung

$$H'_{T,max} = 0,53 + 0,1 \cdot V_e/A.$$

Die Berechnung des spezifischen Transmissionswärmeverlustes erfolgt dabei gleich
wie bei normal beheizten Gebäuden. Auch die Temperatur-Reduktionsfaktoren nach
Tafel 11 finden Anwendung. Bei aneinander gereihten Gebäuden dürfen die Gebäudetrennwände als wärmeundurchlässig angenommen werden.

151

3 Feuchteschutz

Die atmosphärische Luft enthält immer Wasserdampf. Dieser entsteht bei der Verdunstung des natürlich vorhandenen Wassers und erzeugt wie alle Gase einen Druck, den Wasserdampfdruck. Den Druck des in der Atmosphäre vorhandenen Wasserdampfes bezeichnet man als Wasserdampfteildruck. Luft kann allerdings bei gegebener Temperatur nur eine begrenzte Menge an Wasserdampf aufnehmen, die man als Wasserdampfsättigungsmenge oder als Wasserdampfkonzentration c_s im Sättigungszustand bezeichnet und die sehr stark von der Temperatur abhängig ist (s. Tafel 25). Im Sättigungszustand wird dann der Wasserdampfsättigungsdruck erreicht. Meistens ist Luft nicht mit Wasserdampf gesättigt, sondern enthält eine geringere Wasserdampfkonzentration als der Sättigungskonzentration c_s entspricht. Daraus abgeleitet wurde der Begriff der relativen Luftfeuchte φ als das Verhältnis der in der Luft vorhandenen Wasserdampfkonzentration c zur Wasserdampfkonzentration c_s im Sättigungszustand.

$$\varphi = c/c_s$$

Da der Wasserdampfteildruck p proportional zur Wasserdampfkonzentration c in der Luft ist, gilt auch

$$\varphi = p/p_s$$

wobei p_s der Wasserdampfsättigungsdruck ist (s. Tafel 22). Er kann auch näherungsweise nach der Zahlenwertgleichung

$$p_s = a(b + \Theta_L/100\ {}^\circ C)^n \quad \text{in Pa}$$

berechnet werden, wobei für die Größen a, b und n folgende Zahlenwerte einzusetzen sind:

Größen	$-20 \leqq \Theta_L < 0\ {}^\circ C$	$0 \leqq \Theta_L \leqq 30\ {}^\circ C$
a in Pa	4,689	288,68
b in 1	1,486	1,098
n in 1	12,3	8,02

Die in einem Raum sich einstellende relative Luftfeuchte wird nicht nur von deren Wassergehalt, sondern auch von der Temperatur der Raumluft bestimmt. Änderungen des Wassergehaltes ergeben sich aus der Wasserdampfbelastung der Luft durch die Bewohner bzw. durch die Raumlüftung, wenn die Wasserdampfkonzentration der Raum- und Außenluft unterschiedlich groß ist. Im Winter wird durch Lüftung der Wassergehalt der Raumluft abgesenkt, weil bei tiefen Temperaturen die Wasserdampfkonzentration der Luft viel geringer ist als bei hohen Temperaturen.

Der in der Luft enthaltene Wasserdampf kann zu Tauwasserniederschlägen auf der Oberfläche oder im Innern von Bauteilen führen, die in ungünstigen Fällen Schäden verursachen.

3.1 Feuchteschutztechnische Größen

3.1.1 Formelzeichen und Einheiten

Bedeutung	Formelzeichen	SI-Einheit[1]
Wasserdampfteildruck	p	Pa, N/m^2
Sättigungsdruck des Wasserdampfes (Wasserdampfsättigungsdruck)	p_s	Pa, N/m^2
relative Luftfeuchte	φ	1
Wasserdampf-Diffusionsstrom	I	kg/h
Wasserdampf-Diffusionsstromdichte	i	kg/(m$^2 \cdot$ h)
Wasserdampf-Diffusionsdurchlaßkoeffizient	Δ	kg/(m$^2 \cdot$ h $\cdot$ Pa)
Fortsetzung s. nächste Seite		

Fortsetzung

Wasserdampf-Diffusionsdurchlaßwiderstand	$1/\Delta$	$(m^2 \cdot h \cdot Pa)/kg$
Wasserdampf-Diffusionsleitkoeffizient	δ	$kg/(m \cdot h \cdot Pa)$
Wasserdampf-Diffusionswiderstandszahl	μ	1
wasserdampfdiffusionsäquivalente Luftschichtdicke	s_d	m
flächenbezogene Wassermasse	W	kg/m^2
Wasseraufnahmekoeffizient	w	$kg/(m^2 \cdot h^{1/2})$

4

[1]) 1 steht für die Verhältnisgröße zweier gleicher Einheiten.

3.1.2 Rechengrößen

Wasserdampfdiffusionswiderstandszahl μ. μ ist ein Stoffwert, der als Quotient aus dem Wasserdampf-Diffusionsleitkoeffizienten der Luft δ_L und dem Wert δ des betreffenden Stoffes bestimmt wird.

Wasserdampfdiffusionsäquivalente Luftschichtdicke s_d: $s_d = \mu \cdot d$ einer Baustoffschicht ist zahlenmäßig gleich der Dicke einer Luftschicht, die den gleichen Wasserdampf-Diffusionsdurchlaßwiderstand wie die Bauteilschicht der Dicke d in m hat. Bei mehrschichtigen Bauteilen ist:

$$s_d = \mu_1 \cdot d_1 + \mu_2 \cdot d_2 + \ldots + \mu_n \cdot d_n$$

Wasserdampf-Diffusionsdurchlaßwiderstand $1/\Delta$. Bei einem einschichtigen Bauteil wird er aus der Dicke d in m und der Wasserdampf-Diffusionswiderstandszahl μ wie folgt berechnet:

$$1/\Delta = 1{,}5 \cdot 10^6 \cdot \mu \cdot d \quad \text{in } m^2 \text{ h Pa/kg}$$

Bei mehrschichtigen Bauteilen der Dicken d_1, d_2, ..., d_n der Einzelschichten und den Wasserdampf-Diffusionswiderstandszahlen μ_1, μ_2, ..., μ_n ergibt er sich aus der Gleichung

$$1/\Delta = 1{,}5 \cdot 10^6 \, (\mu_1 d_1 + \mu_2 d_2 + \ldots + \mu_n d_n) \quad \text{in } m^2 \text{ h Pa/kg}$$

Wasseraufnahmekoeffizient w. w ist eine Materialeigenschaft und gibt an, wie groß die kapillare Wasseraufnahme von Baustoffen ist. Sie wird nach DIN 52617 — Bestimmung der kapillaren Wasseraufnahme von Baustoffen und Beschichtungen — bestimmt.

3.2 Taupunkttemperatur

In einem abgeschlossenen Luftvolumen der Temperatur Θ und der relativen Luftfeuchte φ beträgt der Wasserdampfteildruck

$$p = \varphi \cdot p_s \qquad \text{Die relative Luftfeuchte als Dezimalbruch einsetzen}$$

Wird eine Luftmenge, bei der ein Wasserdampfaustausch mit der Umgebung unterbunden ist und der Wasserdampfteildruck p deshalb konstant bleibt, abgekühlt, steigt die relative Luftfeuchte nach obiger Gleichung, da mit fallender Temperatur der Sättigungsdampfdruck p_s abnimmt (s. Tafel 22). Wenn die relative Luftfeuchte den Wert 100% erreicht, beginnt Wasserdampf als Tauwasser auszufallen. Die Grenztemperatur, bei der dieser Vorgang einsetzt, nennt man die Taupunkttemperatur Θ_s. Diese kann für die gegebenen Luft- und Feuchteverhältnisse aus der Tafel 24 abgelesen werden. Man kann jedoch auch die Taupunkttemperatur Θ_s mit Hilfe des Wasserdampfsättigungsdruckes der Tafel 22 bestimmen.

Bauphysik

Beispiel zur Ermittlung von Θ_s

Lufttemperatur:	$\Theta = 20\,°C$, relative Luftfeuchte $\varphi = 50\%$
Sättigungsdruck (s. Tafel 22):	$p_s = 2340\,Pa$
Wasserdampfteildruck:	$p = \varphi \cdot p_s = 0,5 \cdot 2340 = 1170\,Pa$
Taupunkttemperatur:	$\Theta_s = 9,3\,°C$

Für Lufttemperaturen $\Theta \geq 0\,°C$ und unter der Voraussetzung, daß Θ_s keinen negativen Wert annimmt, kann die Taupunkttemperatur auch nach folgender Zahlenwertgleichung berechnet werden:

$$\Theta_s = \varphi^{1/8,02}(109,8 + \Theta) - 109,8 \text{ in } °C$$

Die relative Luftfeuchte φ als Dezimalbruch und die Temperatur Θ in $°C$ einsetzen.

3.3 Tauwasserbildung auf Oberflächen von Bauteilen

Unterschreitet die Oberflächentemperatur Θ_{si} die Taupunkttemperatur der Luft, erfolgt ein T a u w a s s e r - n i e d e r s c h l a g auf der Bauteiloberfläche. Die Oberflächentemperatur des Bauteils ist um so höher, je größer der Wärmedurchlaßwiderstand bzw. je kleiner der Wärmedurchgangskoeffizient des Bauteils ist. Der zur V e r h i n d e r u n g eines Tauwasserniederschlages erforderliche Wärmedurchlaßwiderstand ist

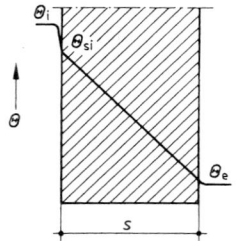

Bild 12   Temperaturen

$$\text{erf. } R \geq R_{si} \cdot \frac{(\Theta_i - \Theta_e)}{(\Theta_i - \Theta_s)} - (R_{si} + R_{se})$$

Bei vorgegebenem Wärmedurchlaßwiderstand wird die Oberflächentemperatur Θ_{si} nach Gl. (9) des Abschn. Wärmeschutz berechnet und mit der Taupunkttemperatur Θ_s der Raumluft verglichen.

Nach DIN 4108-3 muß mit $R_{si} = 0,17\,m^2\,K/W$ und $\Theta_e = -15\,°C$ gerechnet werden. Bei stark behindertem Wärmedurchgang (z. B. durch Möblierung) kann ein größerer innerer Wärmeübergangswiderstand erforderlich werden. Länger andauernde Tauwasserniederschläge können Feuchteschäden (z. B. durch Schimmelpilzbildung) verursachen [8].

Anmerkung zur Schimmelpilzbildung.
Mehreren Seiten vertreten die Ansicht, die Tauwasserbildung auf Bauteiloberflächen sei in Wohnräumen nicht mehr Voraussetzung für das Schimmelpilzwachstum, vielmehr würden bereits bei Werten der relativen Feuchtigkeit der angrenzenden Raumluft $\geq 80\%$ Schimmelpilze auftreten; als optimale Wachstumsbedingungen werden Werte von 90 bis 97% relative Feuchte genannt. Diese Aussagen beruhen auf Versuchen, die ausschließlich im Labor an Proben im Temperaturgleichgewicht und mit geringem Temperaturgradienten unter genau festgelegten Randbedingungen bei Werten der Luftfeuchtigkeit zwischen 83 und 97% durchgeführt wurden. Bisher fehlt der Nachweis, daß die Ergebnisse der Laborversuche sich auf die realen Verhältnisse in Wohnräumen und realen Klimadaten im Freien übertragen lassen [8], [9].

3.4 Tauwasserbildung im Innern von Bauteilen

In beheizten Räumen herrscht im Winter auf Grund der höheren Lufttemperaturen bei üblichen Werten der Luftfeuchte ein höherer Wasserdampfteildruck als im Freien. Durch diesen Druckunterschied bewegen sich die in der Raumluft vorhandenen Wasserdampfmoleküle durch die luftgefüllten Poren und Kapillaren der Baustoffe in Richtung zum Freien.

154

Den Vorgang nennt man Wasserdampf-Diffusion, und die je Zeiteinheit transportierte Wasserdampfmenge ist der Wasserdampf-Diffusionsstrom I in kg/h bzw. die Wasserdampf-Diffusionsstromdichte i in kg/(m² · h). Der Betrag des Diffusionsstromes durch das Außenbauteil hängt ab von dessen Wasserdampf-Diffusionsdurchlaßwiderstand 1/Δ und der Differenz zwischen dem Wasserdampfteildruck p_i im Raum und p_e im Freien.

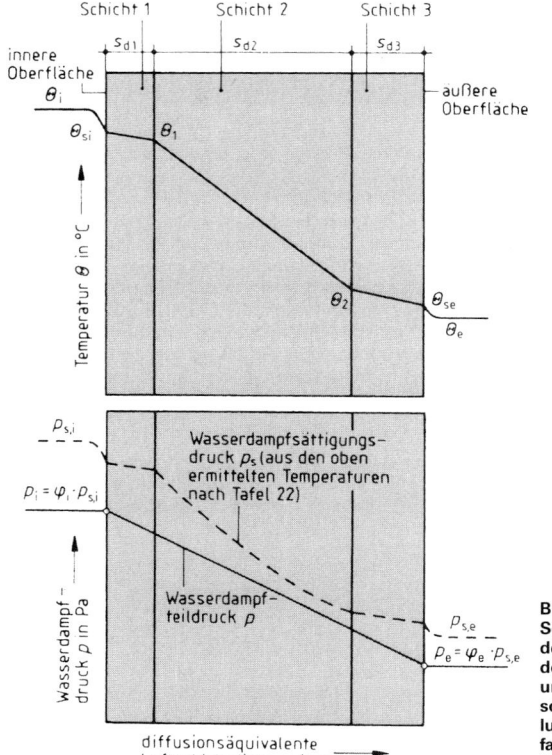

Bild 13
Schematisierte Darstellung des Verlaufs der Temperatur, des Wasserdampfsättigungs- und -teildrucks durch ein mehrschichtiges Bauteil zur Ermittlung etwaigen Tauwasserausfalls (im Beispiel bleibt der Querschnitt tauwasserfrei).

Die Wasserdampf-Diffusionsstromdichte i berechnet sich nach .

$$i = \frac{p_i - p_e}{1/\Delta}.$$

Im Innern des Bauteils nimmt der Wasserdampfdruck linear ab, es sei denn, es tritt eine Änderung des Aggregatzustandes des Wasserdampfes durch Tauwasserbildung oder Verdunstung im Innern des Bauteils ein. Aus dem Temperaturverlauf im Innern des Bauteils läßt sich auch der Verlauf des Wasserdampfsättigungsdruckes bestimmen, der wegen des nichtlinearen Zusammenhangs zwischen Wasserdampfsättigungsdruck und Temperatur einen leicht gekrümmten Kurvenzug aufweist (s. Bild 13). Bei der Prüfung eines Bauteils auf innere Tauwasserniederschläge werden die Kurven des Wasserdampfdruckes und des Sättigungsdampfdruckes miteinander verglichen.

Wenn sich die beiden Kurven nicht berühren, bleibt der Querschnitt tauwasserfrei (s. Bild 13 und 14 Fall a). Wenn jedoch der Wasserdampfteildruck p im Innern eines Bauteils den Wasserdampfsättigungsdruck p_s erreicht, erfolgt Tauwasserausfall. Die Berechnung wird nach dem graphischen Verfahren von Glaser (Diffusionsdiagramm) durchgeführt. Hierbei werden auf der Abszisse in das Diagramm die im Maßstab der diffusionsäquivalenten Luftschichtdicken s_d dargestellten Baustoffschichten, auf der Ordinate der Wasserdampfteildruck p aufgetragen (s. Bild 13.).

In das Diagramm wird über dem Querschnitt des Bauteils der aufgrund der rechnerisch ermittelten Temperaturverteilung bestimmte Wasserdampfsättigungsdruck p_s (höchstmöglicher Wasserdampfdruck) und der vorhandene Wasserdampfteildruck p eingetragen. Der Verlauf des Wasserdampfteildrucks im Bauteil ergibt sich im Diffusionsdiagramm als Verbindungsgerade der Drücke p_i und p_e an beiden Bauteiloberflächen. Schneidet die Gerade den Kurvenzug des Wasserdampfsättigungsdruckes, so wäre in diesem Bereich des Bauteils der Wasserdampfteildruck höher als der Wasserdampfsättigungsdruck. Aus physikalischen Gründen ist dies jedoch nicht möglich. Deshalb sind in das Diagramm von den Drücken p_i und p_e ausgehend die Tangenten an die Kurve des Wasserdampfsättigungsdruckes zu zeichnen. An den Berührungspunkten der beiden Kurven ist der Wasserdampfdruck gleich dem Wasserdampfsättigungsdruck und wird hier mit p_{sw} bezeichnet. Je nach Aufbau und Schichtenfolge kann ein Tauwasserniederschlag in Ebenen (Bild 14, Fälle b und c) oder in einem Bereich (Bild 14, Fall d) erfolgen. Nach dem Berechnungsverfahren von Glaser ist es möglich, mit Hilfe des Diffusionsdiagrammes sowohl die im Winter anfallende Tauwassermasse als auch die im Sommer durch Verdunstung abführbare Wassermasse zu berechnen.

Berechnung der Tauwassermasse. Die Größe der Tauwassermasse ergibt sich als Differenz zwischen den je Zeit- und Flächeneinheit eindiffundierenden und ausdiffundierenden Wasserdampfmassen (Differenz der Diffusionsstromdichten i_i und i_e). Die Neigung der Tangenten ist ein Maß für die jeweilige Diffusionsstromdichte i.

Die in der Tauperiode der Dauer t_T in einem Außenbauteil ausfallende Tauwassermenge W_T ergibt sich zu

$$W_T = t_T \cdot (i_i - i_e)$$

Berechnung der Verdunstung. Nach einem vorhergehenden Tauwasserausfall im Außenbauteil wird in der Tauwasserebene bzw. im Tauwasserbereich Sättigungsdruck angenommen. Die Ermittlung der durch Dampfdiffusion an die Raum- und Außenluft aus den Tauwasserebenen bzw. dem Tauwasserbereich abführbaren Verdunstungsmengen W_V erfolgt analog zur Berechnung der Tauwassermenge. Ein Tauwasserausfall während der Verdunstungsperiode wird nicht berücksichtigt.

Die in der Verdunstungsperiode der Dauer t_v aus einem Außenbauteil abführbare Verdunstungsmenge ist

$$W_v = t_v \cdot (i_i + i_e)$$

3.4.1 Anforderungen nach DIN 4108-3

Eine Tauwasserbildung in Bauteilen ist u n s c h ä d l i c h , wenn durch Erhöhung des Feuchtegehaltes der Bau- und Dämmstoffe der Wärmeschutz und die Standsicherheit der Bauteile nicht gefährdet werden. Dies ist der Fall, wenn folgende Bedingungen erfüllt sind:

a) Die während der Tauperiode im Innern des Bauteils anfallende Wassermasse W_T muß während der Verdunstungsperiode wieder an die Umgebung abgeführt werden können ($W_T < W_V$).

b) Die Baustoffe, die mit dem Tauwasser in Berührung kommen, dürfen nicht beschädigt werden (z. B. durch Korrosion, Pilzbefall).

c) Bei Dach- und Wandkonstruktionen darf eine Tauwassermasse von insgesamt 1,0 kg/m^2 nicht überschritten werden. Dies gilt nicht für die unter d) und e) ausgeführten Bedingungen.

d) Tritt Tauwasser an Berührungsflächen von kapillar nicht wasseraufnahmefähigen Schichten auf, so darf zur Begrenzung des Ablaufens oder Abtropfens eine Tauwassermasse von 0,5 kg/m^2 nicht überschritten werden (z. B. Berührungsflächen von Luft- oder Faserdämmstoffschichten einerseits und Beton- oder Dampfsperrschichten andererseits).

e) Bei Holz ist eine Erhöhung des massebezogenen Feuchtegehaltes um mehr als 5%, bei Holzwerkstoffen um mehr als 3% unzulässig. (Holzwolle-Leichtbauplatten und Mehrschicht-Leichtbauplatten nach DIN 1101 sind hiervon ausgenommen.)

Weitere Festlegungen zum Holzschutz siehe DIN 68800-2 (05.96).

3.4.2 Angaben zu den Berechnungen

3.4.2.1 Klimabedingungen

In nicht klimatisierten Wohn- und Bürogebäuden sowie vergleichbar genutzten Gebäuden können der Berechnung folgende vereinfachte Annahmen zugrundegelegt werden.

Tauperiode

$\Theta_i = 20\,°C$; $\quad \varphi_i = 50\%$; $\qquad \Theta_e = -10\,°C$; $\quad \varphi_e = 80\%$; $\quad t_T = 1440$ h (60 Tage)

Verdunstungsperiode

a) Wandbauteile und Decken unter nicht ausgebauten Dachräumen

$\Theta_i = 12\,°C$; $\quad \varphi_i = 70\%$; $\quad t_v = 2160$ h (90 Tage)

$\Theta_e = 12\,°C$; $\quad \varphi_e = 70\%$; $\quad$ Tauwasserbereich: $\varphi = 100\%$

b) Dächer, die Aufenthaltsräume gegen die Außenluft abschließen

$\Theta_i = 12\,°C$; $\quad \varphi_i = 70\%$; $\quad t_v = 2160$ h (90 Tage)

$\Theta_e = 12\,°C$; $\quad \varphi_e = 70\%$; $\quad$ Tauwasserbereich: $\varphi = 100\%$

$\Theta_{se} = 20\,°C$; (Oberflächentemperatur des Daches)

Θ: entsprechend dem Temperaturgefälle von außen nach innen

Bei schärferen Klimabedingungen (z. B. Schwimmbäder, klimatisierte Räume, extremes Außenklima) sind diese vereinfachten Annahmen nicht zulässig. Hier sind das tatsächliche Raumklima und das Außenklima am Standort des Gebäudes mit deren zeitlichem Verlauf zu berücksichtigen [7].

3.4.2.2 Berechnungen

Fall a Wasserdampfdiffusion ohne Tauwasserausfall im Bauteil

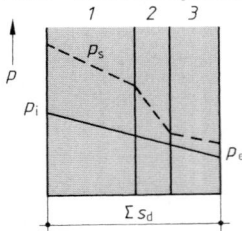

Tauwasserbildung

Fall b Tauwasserausfall in einer Ebene

Berechnungsschema

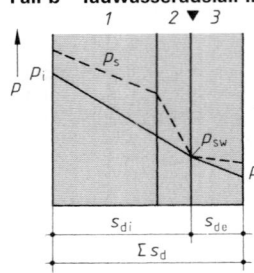

Diffusionsstromdichte

— in das Bauteil: $i_i = \dfrac{p_i - p_{sw}}{1/\Delta_i}$

— zum Freien: $i_e = \dfrac{p_{sw} - p_e}{1/\Delta_e}$

$\left.\right\}$ Tauwassermasse in der Ebene ▼
$W_T = t_T \cdot (i_i - i_e)$

Fall c Tauwasserausfall in zwei Ebenen

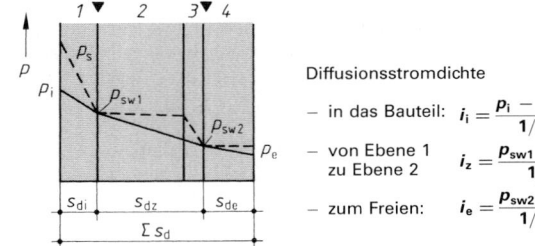

Diffusionsstromdichte

— in das Bauteil: $i_i = \dfrac{p_i - p_{sw1}}{1/\Delta_i}$

— von Ebene 1 zu Ebene 2 $i_z = \dfrac{p_{sw1} - p_{sw2}}{1/\Delta_z}$

— zum Freien: $i_e = \dfrac{p_{sw2} - p_e}{1/\Delta_e}$

$\left.\right\}$ Tauwassermasse
— in der Ebene 1 ▼
$W_{T1} = t_T \cdot (i_i - i_z)$
— in der Ebene 2 ▼
$W_{T2} = t_T \cdot (i_z - i_e)$

Fall d Tauwasserausfall in einem Bereich

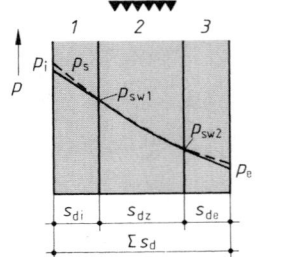

Diffusionsstromdichte

— in das Bauteil: $i_i = \dfrac{p_i - p_{sw1}}{1/\Delta_i}$

— zum Freien: $i_e = \dfrac{p_{sw2} - p_e}{1/\Delta_e}$

$\left.\right\}$ Tauwassermasse in der Ebene ▼▼▼
$W_T = t_T \cdot (i_i - i_e)$

Bild 14 Schematische Diffusionsdiagramme während der Tauperiode

Fall a **Kein Tauwasserausfall während der Tauperiode. Eine Untersuchung der Verdunstung erübrigt sich.**

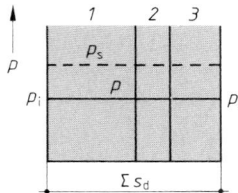

Fall b **Verdunstung aus einer Ebene**

Verdunstung
Berechnungsschema

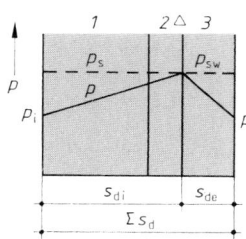

Diffusionsstromdichte

– zum Raum: $i_i = \dfrac{p_{sw} - p_i}{1/\Delta_i}$

– zum Freien: $i_e = \dfrac{p_{sw} - p_e}{1/\Delta_e}$

$\left. \right\}$ Verdunstende Wassermasse, die aus der Ebene Δ abgeführt werden kann:
$W_v = t_v \cdot (i_i + i_e)$

Fall c **Verdunstung aus 2 Ebenen**

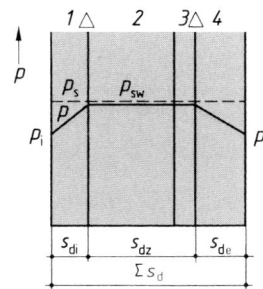

Diffusionsstromdichte

– zum Raum: $i_i = \dfrac{p_{sw} - p_i}{1/\Delta_i}$

– zum Freien: $i_e = \dfrac{p_{sw} - p_e}{1/\Delta_e}$

$\left. \right\}$ Verdunstende Wassermenge, die aus beiden Ebenen Δ abgeführt werden kann:
$W_v = t_v \cdot (i_i + i_e)$

Fall d **Verdunstung aus einem Bereich**

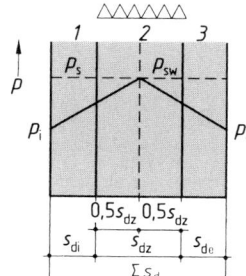

Diffusionsstromdichte

– zum Raum: $i_i = \dfrac{p_{sw} - p_i}{1/\Delta_i + 0{,}5 \cdot 1/\Delta_z}$

– zum Freien: $i_e = \dfrac{p_{sw} - p_e}{0{,}5 \cdot 1/\Delta_z + 1/\Delta_e}$

$\left. \right\}$ Verdunstende Wassermenge, die aus dem Bereich △△△△△△ abgeführt werden kann:
$W_v = t_v \cdot (i_i + i_e)$

Bild 15 **Schematisierte Diffusionsdiagramme während der Verdunstungsperiode**

Berechnungsverfahren bei Sonderfällen. Ist nach DIN 4108-3 die Auswirkung des tatsächlich gegebenen Raumklimas und des Außenklimas am Standort des Gebäudes auf den Tauwasserausfall und bei der Ermittlung der Tauwassermasse mit zu erfassen, so ist ein modifiziertes, auf diese Klimabedingung abgestimmtes Rechenverfahren anzuwenden [7]

3.4.3 Anwendungsbeispiel — Außenwand

Untersuchung einer Außenwand auf innere Tauwasserbildung und Verdunstung infolge von Wasserdampfdiffusion bei den Randbedingungen entsprechend DIN 4108-3 Feuchtigkeitstechnische Schutzschichten (z. B. Dampfsperren, Dachhaut u. a.) werden bei der Ermittlung der Temperaturverteilung nicht mitgerechnet.

Anwendungsbeispiel — Wandaufbau

19 mm	Spanplatte V 20 nach DIN 68763
100 mm	Polystyrol-Partikelhartschaum nach DIN 18164-1, Wärmeleitfähigkeitsgruppe 040
19 mm	Spanplatte V 100 nach DIN 68763
30 mm	Luftschicht — belüftet
20 mm	Vorgehängte Außenschale

Randbedingungen nach DIN 4108-3

	Lufttemperatur	rel. Luftfeuchte	Wasserdampf-sättigungsdruck	Wasserdampf-teildruck
Tauperiode				
Raumklima	$\Theta_i = 20\,°C$	$\varphi_i = 50\%$	$p_{s,i} = 2340$ Pa	$p_i = 1170$ Pa
Außenklima	$\Theta_e = -10\,°C$	$\varphi_e = 80\%$	$p_{s,e} = 260$ Pa	$p_e = 208$ Pa
Verdunstungsperiode				
Raumklima	$\Theta_i = 12\,°C$	$\varphi_i = 70\%$	$p_{s,i} = 1403$ Pa	$p_i = 982$ Pa
Außenklima	$\Theta_e = 12\,°C$	$\varphi_e = 70\%$	$p_{s,e} = 1403$ Pa	$p_e = 982$ Pa

Zusammenstellung der Rechengrößen für das Diffusionsdiagramm bei Tauwasserausfall

Schicht —	d m	μ —	s_d m	λ_R W/(m · K)	$R_{si,se}, R$ m² · K/W	Θ °C	p_s Pa
Wärmeübergang innen	—	—	—	—	0,13	20,0	2340
Spanplatte V 20	0,019	50	0,95	0,13	0,15	18,7	2158
Polystyrol-Partikel-hartschaum	0,10	20	2,00	0,04	2,50	17,2	1963
						−7,7	318
Spanplatte V 100	0,019	100	1,90	0,13	0,15	−9,2	279
Luftschicht — belüftet	0,03	—	—	—	—	—	—
Außenschale	0,02	—	—	—	—	—	—
Wärmeübergang außen	—	—	—	—	0,08	10,0	260
			$\sum s_d = 4,85$	$R_T = 3,01$			

Temperaturverteilung in der Außenwand während der Tauperiode, berechnet nach Abschn. 1.1.2.2

$$q = \frac{\Theta_i - \Theta_e}{R_T} = \frac{20 + 10}{3{,}01} = 9{,}97 \text{ W/m}^2$$

$$\Theta_{si} = 20{,}0 - 0{,}13 \cdot 9{,}97 = 18{,}7 \,^\circ\text{C}$$

$$\Theta_1 = 18{,}7 - 0{,}15 \cdot 9{,}97 = 17{,}2 \,^\circ\text{C}$$

$$\Theta_2 = 17{,}2 - 2{,}5 \cdot 9{,}97 = -7{,}7 \,^\circ\text{C}$$

$$\Theta_{se} = -7{,}7 - 0{,}15 \cdot 9{,}97 = -9{,}2 \,^\circ\text{C}$$

Berechnung der Tauwassermasse W_T

$1/\Delta_i = 1{,}5 \cdot 2{,}95 \cdot 10^6 = 4{,}43 \cdot 10^6 \text{ m}^2 \cdot \text{h} \cdot \text{Pa/kg}$

$1/\Delta_e = 1{,}5 \cdot 1{,}9 \cdot 10^6 = 2{,}85 \cdot 10^6 \text{ m}^2 \cdot \text{h} \cdot \text{Pa/kg}$

$p_i = 1170 \text{ Pa}$

$p_{sw} = 318 \text{ Pa}$

$p_e = 208 \text{ Pa}$

Dauer der Tauperiode: $t_T = 1440 \text{ h}$

$$W_T = 1440 \left(\frac{1170 - 318}{4{,}43} - \frac{318 - 208}{2{,}85} \right) \cdot 10^{-6}$$

$$W_T = 0{,}221 \text{ kg/m}^2$$

Ergebnis Zulässige Tauwassermenge nach DIN 4108-3 (Erhöhung des massebezogenen Feuchtegehalts der Spanplatte um nicht mehr als 3%):

$$\text{zul } W_T = 0{,}03 \cdot 0{,}019 \cdot 700 = 0{,}399 \text{ kg/m}^2$$

$$W_T < \text{zul } W_T$$

Diffusionsdiagramm während der Tauperiode

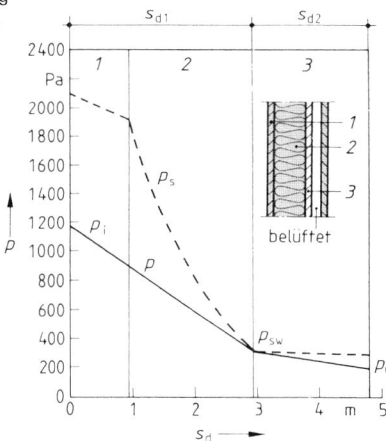

Berechnung der verdunstenden Wassermasse W_V

$1/\Delta_i = 1{,}5 \cdot 2{,}95 \cdot 10^6 = 4{,}43 \cdot 10^6 \text{ m}^2 \cdot \text{h} \cdot \text{Pa/kg}$

$1/\Delta_e = 1{,}5 \cdot 1{,}9 \cdot 10^6 = 2{,}85 \cdot 10^6 \text{ m}^2 \cdot \text{h} \cdot \text{Pa/kg}$

$p_i = p_e = 982 \text{ Pa}$

$p_{sw} = 1403 \text{ Pa}$

Dauer der Verdunstungsperiode: $t_V = 2160 \text{ h}$

$$W_V = 2160 \left(\frac{1403 - 982}{4{,}43} + \frac{1403 - 982}{2{,}85} \right) \cdot 10^{-6}$$

$$W_V = 0{,}524 \text{ kg/m}^2 > W_T$$

Ergebnis Die Tauwasserbildung ist im Sinne von DIN 4108-3 unschädlich, da
a) $W_T < \text{zul } W_T$ und
b) $W_V > W_T$.

Diffusionsdiagramm während der Verdunstungsperiode

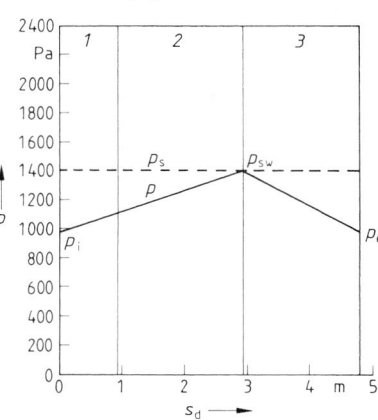

3.4.4 Bauteile, für die nach DIN 4108-3 kein rechnerischer Tauwasser-Nachweis erforderlich ist

3.4.4.1 Außenwände

Bei ein- und zweischaligem Mauerwerk (auch mit Kerndämmung), jeweils mit Innenputz und folgenden Außenschichten:

— Putz oder angemörtelte oder angemauerte Bekleidungen mit einem Fugenanteil von mindestens 5%;
— hinterlüftete Außenwandverkleidungen mit und ohne Wärmedämmung;
— Außendämmungen mit zugelassenem Wärmedämmverbundsystem

ist kein rechnerischer Tauwasser-Nachweis erforderlich.
Er entfällt ebenso bei

— Wänden mit Innendämmung mit einem Wärmedurchlaßwiderstand von $R \leq 1,0 \, m^2 \, K/W$ und einem s_d-Wert der inneren Schichten von $\geq 1,0 \, m$ bei nicht saugfähigen Bauteilen und Holz bzw. 0,5 m bei saugfähigen Baustoffen;
— Wänden in Holzbauart mit Außenbekleidungen als Wetterschutz, Wärmedämmverbundsystemen oder Vormauerschalen, wenn innenseitig eine diffusionshemmende Schicht mit $s_d \geq 2 \, m$ vorhanden ist;
— Holzfachwerkwänden mit innenliegender luftdichter Schicht, wenn entweder die Ausfachung wärmedämmend ausgeführt ist, oder wenn eine Innendämmung mit einer R-Wert $\leq 1,0 \, m^2 \, K/W$ und $s_d \geq 0,5 \, m$ ausgeführt ist, oder wenn eine Außendämmung in Form eines Wärmedämmverbundsystems mit $s_d \leq 2 \, m$ oder eine hinterlüftete Außenwandverkleidung ausgeführt ist.

3.4.4.2 Dächer

Bei den Dachkonstruktionen wird systematisch unterschieden zwischen belüfteten und nicht belüfteten Dächern sowie zwischen Dächern mit Abdeckung und Dächern mit Abdichtung. Dabei sind folgende Konstruktionen gemeint:

— Belüftete Dächer:
  Hier ist unmittelbar oberhalb der Wärmedämmung eine belüftete Luftschicht angeordnet.
— Nicht belüftete Dächer:
  Bei diesen ist oberhalb der Wärmedämmung keine belüftete Luftschicht angeordnet. Zu den nicht belüfteten Dächern gehören auch solche, die außenseitig im weiteren Dachaufbau Luftschichten oder Lüftungsebenen haben.
— Dachdeckungen:
  Diese müssen regensicher, aber nicht wasserdicht sein. Bei linienförmigen Unterkonstruktionen wie z. B. Lattungen sind sie hinterlüftet, nicht dagegen bei flächigen Auflagen wie z. B. Holzschalungen.
— Dachabdichtungen:
  Sie müssen wasserdicht sein. In der Regel weisen sie einen hohen s_d-Wert auf. Zu ihrer Ausführung siehe Fachregeln des Dachdeckerhandwerkes — Flachdachrichtlinien.

Im einzelnen gelten folgende Regelungen:

Nicht belüftete Dächer mit Abdeckung:
Ist die Wärmedämmung zwischen, auf oder unter den Sparren angeordnet und ist eine zusätzliche regenabweisende Schicht vorhanden, so ist bei einer Zuordnung der s_d-Werte nach folgender Tabelle kein Nachweis erforderlich:

Wasserdampf — diffusionsäquivalente Luftschichtdicke	
außen, $s_{d,e}$ in m	innen, $s_{d,i}$ in m
0,1	> 1
$> 0,1$ bis 0,3	$> 2,0$
$> 0,3$	$s_{d,i} > 6\, s_{d,e}$

Ebenfalls kein Nachweis ist erforderlich, wenn unterhalb der Wärmedämmung eine diffusionshemmende Schicht mit $s_{d,i} > 100$ m vorhanden ist.

4

Nicht belüftete Dächer mit Abdichtung:

Kein rechnerischer Nachweis, wenn

— unterhalb der Dämmung eine diffusionshemmende Schicht mit $s_{d,i} > 100$ m vorhanden ist; bei diffusionsdichten Wärmedämmstoffen (z. B. Schaumglas) kann diese auch entfallen;
— Dächer aus Porenbeton ohne diffusionshemmende Schicht an der Innenseite und ohne zusätzliche Wärmedämmung;
— Umkehrdächer mit dampfdurchlässiger Auflast (z. B. Kies Körnung 16/32 mm).

Belüftete Dächer mit einer Dachneigung $< 5°$:

Kein rechnerischer Nachweis, wenn

— unterhalb der Dämmung eine diffusionshemmende Schicht mit $s_{d,i} > 100$ m vorhanden ist.

Belüftete Dächer mit einer Dachneigung $> 5°$:

Kein rechnerischer Nachweis, wenn folgende Bedingungen erfüllt sind:

— die Höhe des freien Lüftungsquerschnitts über der Wärmedämmung muß mindestens 20 mm betragen;
— der freie Lüftungsquerschnitt an der Zuluftöffnung muß 2‰ der Dachgrundfläche betragen, mindestens jedoch 200 cm²/m;
— bei Satteldächern sind an First und Grat Mindestlüftungsquerschnitte von 0,5‰ der zugehörigen Dachfläche erforderlich, mindestens jedoch 50 cm²/m;
— der s_d-Wert der Schichten unterhalb der Belüftungsschicht muß mindestens 2 m betragen.

Generell gilt:

Mit Ausnahme von Dächern aus Porenbeton darf der Wärmedurchlaßwiderstand von Wärmedämmungen unterhalb einer diffusionshemmenden Schicht maximal 20% des gesamten Wärmedurchlaßwiderstandes der Dachkonstruktion betragen.

3.5 Regenschutz

Um den Wärmeschutz der Bauteile zu gewährleisten, dürfen diese nicht naß werden. Außenwände sind durch Schlagregen gefährdet, wenn sie nicht gegen eindringendes Regenwasser geschützt werden. Ein entsprechender Regenschutz ist je nach Schlagregenbeanspruchung erforderlich, der das Eindringen des Regens erschweren oder unterbinden soll, gleichzeitig aber die Austrocknung der Wand nach der Regenbelastung nicht behindern darf. Kennzeichnend für die Wasseraufnahme des Materials ist der Wasseraufnahmekoeffizient w, für die Austrocknungsfähigkeit die diffusionsäquivalente Luftschichtdicke s_d.

3.5.1 Beanspruchungsgruppe

Die Belastung der Bauteile durch Schlagregen wird durch Beanspruchungsgruppen definiert. Die entsprechende Gruppe ist im Einzelfall unter Berücksichtigung der regionalen klimatischen Bedingungen, der örtlichen Lage und der Gebäudeart festzulegen (s. Anhang A in E DIN 4108-3/A$_1$ (11.95)).

Beanspruchungsgruppe I (Geringe Schlagregenbeanspruchung)

Im allgemeinen Gebiete mit Jahresniederschlagsmengen unter 600 mm sowie besonders windgeschützte Lagen auch in Gebieten mit größerer Niederschlagsmenge.

Beanspruchungsgruppe II (Mittlere Schlagregenbeanspruchung)

Im allgemeinen Gebiete mit Jahresniederschlagsmengen von 600 bis 800 mm sowie windgeschützte Lagen auch in Gebieten mit größeren Niederschlagsmengen. Hochhäuser und Häuser in exponierter Lage in Gebieten, die sonst Gruppe I zuzuordnen wären.

Beanspruchungsgruppe III (Starke Schlagregenbeanspruchung)

Im allgemeinen Gebiete mit Jahresniederschlagsmengen über 800 mm sowie windreiche Gebiete mit niedrigeren Niederschlagsmengen (z. B. Küstengebiete, Mittel- und Hochgebirgslagen, Alpenvorland). Hochhäuser und Häuser in exponierter Lage in Gebieten, die sonst Gruppe II zuzuordnen wären.

3.5.2 Regenschutz durch Außenputze und Beschichtungen

Entsprechend den drei Beanspruchungsgruppen bestehen folgende Anforderungen an den Außenputz bzw. die Beschichtung:

— Geringe Schlagregenbeanspruchung: keine zusätzlichen Anforderungen
— Mittlere Schlagregenbeanspruchung: wasserhemmender Putz
— Starke Schlagregenbeanspruchung: wasserabweisender Putz.

Nach DIN 18550-1 werden Putzmörtel abhängig von den Bindemitteln und Zuschlägen den Putzmörtelgruppen P I bis P V zugeordnet. Bewertet wird der Regenschutz des Außenputzes auf Grund der Putzmörtelgruppen oder des Wasseraufnahmekoeffizienten w und der diffusionsäquivalenten Luftschichtdicke s_d des Putzes. Entsprechende Angaben über Eigenschaften und Zusammensetzung der Putze sind in DIN 18550-1 enthalten.

3.5.3 Beispiele für die Zuordnung von genormten Wandbauarten und Beanspruchungsgruppen

Beanspruchungsgruppe I

Mit Außenputz ohne besondere Anforderungen an den Schlagregenschutz nach DIN 18550-1 verputzte

— Außenwände aus Mauerwerk, Wandbauplatten, Beton o. ä.,
— Holzwolle-Leichtbauplatten nach DIN 1101 mit Fugenbewehrung,
— Mehrschicht-Leichtbauplatten nach DIN 1101 mit ganzflächiger Bewehrung.
Einschaliges Sichtmauerwerk nach DIN 1053-1 31 cm dick.

Beanspruchungsgruppe II

Mit wasserhemmendem Außenputz nach DIN 18550 oder einem Kunstharzputz verputzte

— Außenwände aus Mauerwerk, Wandbauplatten, Beton o. ä.
— Holzwolle-Leichtbauplatten nach DIN 1101 mit Fugenbewehrung,
— Mehrschicht-Leichtbauplatten nach DIN 1101 mit zu verputzenden Holzwolleschichten
  der Dicken ≥15 mm mit ganzflächiger Bewehrung,
  der Dicken < 15 mm mit ganzflächiger Bewehrung unter Verwendung von Werkmörtel nach DIN 18557.

Einschaliges Sichtmauerwerk nach DIN 1053-1 37,5 cm dick.

Außenwände mit angemörtelten Bekleidungen nach DIN 18515.

Außenwände in Holzbauart unter Beachtung von DIN 68800-2 mit 11,5 cm dicker Vorsatzschale[1]).

Beanspruchungsgruppe III

Mit wasserabweisendem Außenputz nach DIN 18550-1 oder einem Kunstharzputz verputzte

— Außenwände aus Mauerwerk, Wandbauplatten, Beton o. ä.,
— Holzwolle-Leichtbauplatten nach DIN 1101 mit Fugenbewehrung,
— Mehrschicht-Leichtbauplatten nach DIN 1101 mit zu verputzenden Holzwolleschichten
  der Dicken ≥15 mm mit ganzflächiger Bewehrung,
  der Dicken < 15 mm mit ganzflächiger Bewehrung unter Verwendung von Werkmörtel nach DIN 18557.

Zweischaliges Verblendmauerwerk

— mit Luftschicht nach DIN 1053-1[2]),
— ohne Luftschicht nach DIN 1053-1 mit Vormauersteinen.

Außenwände mit angemauerten oder angemörtelten Bekleidungen mit Unterputz nach DIN 18515 und mit wasserabweisendem Mörtel ($w \leq 0,5 \text{ kg/m}^2 \cdot \text{h}^{1/2}$).

Außenwände mit gefügedichter Betonaußenschicht nach DIN 1045, DIN 4219-1 und DIN 4219-2.

Außenwände mit hinterlüfteten Außenwandbekleidungen nach DIN 18515 und mit Bekleidung nach DIN 18516.

Außenwände in Holzbauart unter Beachtung von DIN 68800-2

— mit vorgesetzter Bekleidung nach DIN 18516,
— mit 11,5 cm dicker Mauerwerks-Vorsatzschale mit Luftschicht[1])[3]).

---

[1]) Durch konstruktive Maßnahmen ist dafür zu sorgen, daß Feuchte von den Holzteilen ferngehalten und abgeleitet wird.
[2]) Luftschicht nach DIN 1053-1. Bei einer Kerndämmung im Zwischenraum muß DIN 1053-1 beachtet werden, oder es muß eine bauaufsichtliche Zulassung vorliegen.
[3]) Die Luftschicht muß mindestens 4 cm dick sein. Die Vorsatzschale ist unten und oben mit Luftöffnungen zu versehen, die jeweils eine Fläche von mindestens 150 cm^2 auf etwa 20 m^2 Wandfläche haben. Siehe auch DIN 68800-2. Für den Nachweis des Wärmeschutzes und der Tauwasserbildung an der raumseitigen Oberfläche dürfen die Luftschicht und die Vorsatzschale nicht in Ansatz gebracht werden.

4 Wärme- und feuchteschutztechnische Kennwerte nach DIN V 4108-4 (10.98 und 02.02)

4.1 Stoffwerte von Baustoffen

In der im Februar 2002 erschienenen Vornorm DIN 4108-4 ergeben sich in den Bemessungswerten der Wärmeleitfähigkeit und der Wasserdampfwiderstandszahlen keine gravierenden Änderungen zur Ausgabe 10.98. Jedoch wurde bei einigen gebräuchlichen Stoffen auf weitere Normen verwiesen, so daß die neue Vornorm unvollständiger ist als die Norm aus dem Jahre 1998. Aus diesem Grund werden weiterhin die Bemessungswerte aus dem Jahr 1998 in der Tafel 13 wieder gegeben. Auch die weiteren Stoffwerte sind weitgehend unverändert.

Neu hingegen sind die Wärmedurchgangskoeffizienten von Fenstern und Fenstertüren, denen mit Abschnitt 4.2 ein eigenes Kapitel gewidmet ist.

Tafel 13 Bemessungswerte der Wärmeleitfähigkeit und Richtwerte der Wasserdampf-Diffusionswiderstandszahlen

Zeile	Stoff	Rohdichte[1)2)] ϱ kg/m^3	Bemessungswert der Wärmeleit-fähigkeit[3)] λ_R W/(m · K)	Richtwert der Wasserdampf-Diffusionswider-standszahl[4)] μ
1	**Putze, Mörtel und Estriche**			
1.1	Putze			
1.1.1	Putzmörtel aus Kalk, Kalkzement und hydraulischem Kalk	(1800)	0,87	15/35
1.1.2	Putzmörtel aus Kalkgips, Gips, Anhydrit und Kalkanhydrit	(1400)	0,70	10
1.1.3	Leichtputz	< 1300	0,52	
1.1.4	Leichtputz	≤ 1000	0,36	15/20
1.1.5	Leichtputz	≤ 700	0,21	
1.1.6	Gipsputz ohne Zuschlag	(1200)	0,35	10
1.1.7	Wärmedämmputz nach DIN 18550-3 Wärmeleitfähigkeitsgruppe 060 070 080 090 100	(≥ 200)	0,060 0,070 0,080 0,090 0,100	5/20
1.1.8	Kunstharzputz	(1100)	0,70	50/200
1.2	Mauermörtel nach DIN 1053-1			
1.2.1	Zementmörtel	(2000)	1,4	
1.2.2	Normalmörtel	(1800)	1,0	15/35
1.2.3	Leichtmörtel LM 36	≤ 1000	0,36	
1.2.4	Leichtmörtel LM 21	≤ 700	0,21	

Fortsetzung s. folgende Seiten

Tafel 13, Fortsetzung

Zeile	Stoff	Rohdichte[1][2] ϱ kg/m³	Bemessungswert der Wärmeleitfähigkeit[3] λ_R W/(m · K)	Richtwert der Wasserdampf-Diffusionswiderstandszahl[4] μ
1.3 Estriche				
1.3.1	Zement-Estrich	(2000)	1,4	
1.3.2	Anhydrit-Estrich	(2100)	1,2	
1.3.3	Magnesia-Estrich	1400	0,47	15/35
		2300	0,70	
1.3.4	Gußasphalt	(2300)	0,90	[5]
2 Beton-Bauteile				
2.1	**Beton nach DIN ENV 206**			
2.1.1	Leichtbeton	1600	0,70	
		1800	0,90	70/150
		2000	1,2	
2.1.2	Normalbeton	2200	1,6	70/150
		2400	2,1	
2.2	Leichtbeton und Stahlleichtbeton mit geschlossenem Gefüge nach DIN 4219-1 und DIN 4219-2, hergestellt unter Verwendung von Zuschlägen mit porigem Gefüge nach DIN 4226-2 ohne Quarzsandzuschläge[6])	800	0,39	
		900	0,44	
		1000	0,49	
		1100	0,55	
		1200	0,62	
		1300	0,70	70/150
		1400	0,79	
		1500	0,89	
		1600	1,0	
		1800	1,3	
		2000	1,6	
2.3	Dampfgehärteter Porenbeton nach DIN 4223	400	0,14	
		500	0,16	
		600	0,19	5/10
		700	0,21	
		800	0,23	
2.4 Leichtbeton mit haufwerkporigem Gefüge nach DIN 4232				
2.4.1	— mit nichtporigen Zuschlägen nach DIN 4226-1	1600	0,81	3/10
		1800	1,1	
	z. B. Kies	2000	1,4	5/10
2.4.2	— mit porigen Zuschlägen nach DIN 4226-2, ohne Quarzsandzuschläge[6])	600	0,22	
		700	0,26	
		800	0,28	
		1000	0,36	
		1200	0,46	5/15
		1400	0,57	
		1600	0,75	
		1800	0,92	
		2000	1,2	
2.4.2.1	— ausschließlich unter Verwendung von Naturbims	500	0,15	
		600	0,18	
		700	0,20	
		800	0,24	5/15
		900	0,27	
		1000	0,32	
		1200	0,44	

4

Tafel 13, Fortsetzung

Zeile	Stoff	Rohdichte[1][2]) ϱ kg/m³	Bemessungswert der Wärmeleitfähigkeit[3]) λ_R W/(m · K)	Richtwert der Wasserdampf-Diffusionswiderstandszahl[4]) μ
2.4.2.2	— ausschließlich unter Verwendung von Blähton	500 600 700 800 900 1000 1200	0,18 0,20 0,23 0,26 0,30 0,35 0,46	5/15

3 Bauplatten

3.1	Porenbeton-Bauplatten und Porenbeton-Planbauplatten, unbewehrt, nach DIN 4166			
3.1.1	Porenbetonbauplatten (Ppl) mit normaler Fugendicke und Mauermörtel nach DIN 1053-1 verlegt	400 500 600 700 800	0,20 0,22 0,24 0,27 0,29	5/10
3.1.2	Porenbeton-Planbauplatten (Pppl), dünnfugig verlegt	350 400 450 500 550 600 650 700 800	0,14 0,15 0,16 0,17 0,18 0,20 0,21 0,23 0,27	5/10
3.2	Wandplatten aus Leichtbeton nach DIN 18162	800 900 1000 1200 1400	0,29 0,32 0,37 0,47 0,58	5/10
3.3	Wandbauplatten aus Gips nach DIN 18163, auch mit Poren, Hohlräumen, Füllstoffen oder Zuschlägen	600 750 900 1000 1200	0,29 0,35 0,41 0,47 0,58	5/10
3.4	Gipskartonplatten nach DIN 18180	(900)	0,25	8

4 Mauerwerk, einschließlich Mörtelfugen

4.1	Mauerwerk aus Mauerziegeln nach DIN 105-1 bis DIN 105-4			
4.1.1	Vollklinker, Hochlochklinker, Keramikklinker	1800 2000 2200	0,81 0,96 1,2	50/100
4.1.2	Vollziegel, Hochlochziegel	1200 1400 1600 1800 2000	0,50 0,58 0,68 0,81 0,96	5/10
4.1.3	Leichthochlochziegel mit Lochung A und Lochung B nach DIN 105-2	700 800 900 1000	0,36 0,39 0,42 0,45	5/10

168

Tafel 13, Fortsetzung

Zeile	Stoff	Rohdichte[1][2] ϱ kg/m³	Bemessungswert der Wärmeleit-fähigkeit[3] λ_R W/(m · K)	Richtwert der Wasserdampf-Diffusionswider-standszahl[4] μ
4.1.4	Leichthochlochziegel W nach DIN 105-2	700 800 900 1000	0,30 0,33 0,36 0,39	5/10
4.2	Mauerwerk aus Kalksand-steinen nach DIN 106-1, DIN 106-2 und	1000 1200 1400	0,50 0,56 0,70	5/10
	aus Kalksand-Plansteinen nach E DIN 106-1/A1	1600 1800 2000 2200	0,79 0,99 1,1 1,3	15/25
4.3	Mauerwerk aus Hütten-steinen nach DIN 398	1000 1200 1400 1600 1800 2000	0,47 0,52 0,58 0,64 0,70 0,76	70/100
4.4	Mauerwerk aus Porenbeton-Blocksteinen und Porenbeton-Plansteinen nach DIN 4165			
4.4.1	Porenbeton-Blocksteine (PB)	400 450 500 550 600 650 700 800	0,20 0,21 0,22 0,23 0,24 0,25 0,27 0,29	5/10
4.4.2	Porenbeton-Plansteine (PP)	350 400 450 500 550 600 650 700 800	0,14 0,15 0,16 0,17 0,18 0,20 0,21 0,23 0,27	5/10
4.5	Mauerwerk aus Betonsteinen			
4.5.1	Hohlblöcke aus Leichtbeton (Hbl) nach DIN 18151 mit porigen Zuschlägen nach DIN 4226-2 ohne Quarzsandzusatz[7]			
4.5.1.1	2 K Hbl, Breite $b \leq$ 240 mm 3 K Hbl, Breite $b \leq$ 300 mm 4 K Hbl, Breite $b \leq$ 365 mm 5 K Hbl, Breite $b \leq$ 490 mm 6 K Hbl, Breite $b \leq$ 490 mm	500 600 700 800 900 1000 1200 1400	0,29 0,32 0,35 0,39 0,44 0,49 0,60 0,73	5/10
4.5.1.2	2 K Hbl, Breite $b =$ 300 mm 3 K Hbl, Breite $b =$ 365 mm	500 600 700 800 900 1000 1200 1400	0,29 0,34 0,39 0,46 0,55 0,64 0,76 0,90	5/10

4

169

Zeile	Stoff	Rohdichte[1][2] ϱ kg/m³	Bemessungswert der Wärmeleitfähigkeit[3] λ_R W/(m · K)	Richtwert der Wasserdampf-Diffusionswiderstandszahl[4] μ
4.5.2	Vollsteine und Vollblöcke aus Leichtbeton nach DIN 18152			
4.5.2.1	Vollsteine (V)	500 600 700 800 900 1000 1200 1400	0,32 0,34 0,37 0,40 0,43 0,46 0,54 0,63	5/10
		1600 1800 2000	0,74 0,87 0,99	10/15
4.5.2.2	Vollblöcke (Vbl) (außer Vollblöcken S-W aus Naturbims nach Zeile 4.5.2.3 und aus Blähton und Naturbims nach Zeile 4.5.2.4)	500 600 700 800 900 1000 1200 1400	0,29 0,32 0,35 0,39 0,43 0,46 0,54 0,63	5/10
		1600 1800 2000	0,74 0,87 0,99	10/15
4.5.2.3	Vollblöcke S-W aus Naturbims			
4.5.2.3.1	Länge $l \geq 490$ mm	500 600 700 800	0,20 0,22 0,25 0,28	5/10
4.5.2.3.2	Länge l: 240 mm $\leq l < 490$ mm	500 600 700 800	0,22 0,24 0,28 0,31	5/10
4.5.2.4	Vollblöcke S-W aus Blähton oder aus einem Gemisch aus Blähton und Naturbims			
4.5.2.4.1	Länge $l \geq 490$ mm	500 600 700 800	0,22 0,24 0,27 0,31	5/10
4.5.2.4.2	Länge l: 240 mm $\leq l < 490$ mm	500 600 700 800	0,24 0,26 0,30 0,34	5/10
4.5.3	Mauersteine aus Beton nach DIN 18153			
4.5.3.1	Hohlblöcke, Vollblöcke, Vollsteine, T-Hohlblöcke, Vormauersteine und Vormauerblöcke mit dichten Zuschlägen nach DIN 4226-1			
4.5.3.1.1	2 K Hbl, Breite $b \leq 240$ mm 3 K Hbl, Breite $b \leq 300$ mm 4 K Hbl, Breite $b \leq 365$ mm	($\leq$1800)	0,92[7]	20/30

Tafel 13, Fortsetzung

Zeile	Stoff	Rohdichte[1][2] ϱ kg/m^3	Bemessungswert der Wärmeleit-fähigkeit[3] λ_R W/(m · K)	Richtwert der Wasserdampf-Diffusionswider-standszahl[4] μ
4.5.3.1.2	2 K Hbl, Breite $b \leq 300$ mm 3 K Hbl, Breite $b \leq 365$ mm	(≤ 1800)	1,3[7]	20/30
4.5.3.2	Hohlblöcke mit porigen Zu-schlägen nach DIN 4226-2	$\leq\ 900$ ≤ 1200	0,65 0,85	5/15
5	**Wärmedämmstoffe**			
5.1	Holzwolle-Leichtbauplatten nach DIN 1101[8] Plattendicke d: 15 mm $\leq d \leq 25$ mm	(460 bis 570)	0,15	2/5
	Plattendicke $d \geq 25$ mm Wärmeleitfähigkeitsgruppe			
	065 070 075 080 085 090	(360 bis 450)	0,065 0,070 0,075 0,080 0,085 0,090	2/5
5.2	Mehrschicht-Leichtbauplatten nach DIN 1101			
	Hartschaumschicht (Poly-styrol-Partikelschaum) nach DIN 18164-1 Wärmeleitfähigkeitsgruppe[9] 035 040		0,035 0,040	
		≥ 15 ≥ 20 ≥ 30		20/50 30/70 40/100
	Mineralfaserschicht nach DIN 18165-1 Wärmeleitfähigkeitsgruppe[10] 040 045	(50 bis 250)	0,040 0,045	1
	Holzwolleschichten[11] (Einzel-schichten) Dicke d 10 mm $\leq d < 25$ mm	(460 bis 650)	0,15	2/5
	Dicke $d \geq 25$ mm Wärmeleitfähigkeitsgruppe 065 070 075 080 085 090	(360 bis 460)	0,065 0,070 0,075 0,080 0,085 0,090	2/5
5.3	Schaumkunststoffe nach DIN 18159-1, an der Baustelle hergestellt			
5.3.1	Polyurethan (PUR)-Ort-schaum nach DIN 18159-1 (Treibmittel CO_2) Wärmeleitfähigkeitsgruppe	(> 45)		30/100
	035 040		0,035 0,040	

4

Tafel 13, Fortsetzung

Zeile	Stoff	Rohdichte[1)2)] ϱ kg/m^3	Bemessungswert der Wärmeleitfähigkeit[3)] λ_R W/(m · K)	Richtwert der Wasserdampf-Diffusionswiderstandszahl[4)] μ
5.3.2	Harnstoff-Formaldehyd(UF)-Ortschaum nach DIN 18159-2 Wärmeleitfähigkeitsgruppe 035 040	($\geqq$10)	 0,035 0,040	1/3
5.4	Korkdämmstoffe Korkplatten nach DIN 18161-1 Wärmeleitfähigkeitsgruppe 045 050 055	(80 bis 500)	 0,045 0,050 0,055	5/10
5.5	Schaumkunststoffe nach DIN 18164-1[12)]			
5.5.1	Polystyrol(PS)-Hartschaum			
5.5.1.1	Polystyrol(PS)-Partikelschaum Wärmeleitfähigkeitsgruppe 035 040	 $\geqq$15 $\geqq$20 $\geqq$30	 0,035 0,040	 20/50 30/70 40/100
5.5.1.2.1	Polystyrol-Extruderschaum Wärmeleitfähigkeitsgruppe 030 035 040	 ($\geqq$25)	 0,030 0,035 0,040	80/250
5.5.1.2.2	Polystyrol-Extruderschaum außerhalb der Bauwerksabdichtung[13)] bzw. Dachhaut[14)] Wärmeleitfähigkeitsgruppe 030 035 040	 ($\geqq$30)	 0,030 0,035 0,040	80/250
5.5.2	Polyurethan(PUR)-Hartschaum Wärmeleitfähigkeitsgruppe 020[15)] 025 030 035 040	 ($\geqq$30)	 0,020 0,025 0,030 0,035 0,040	30/100
5.5.3	Phenolharz(PF)-Hartschaum Wärmeleitfähigkeitsgruppe 030 035 040 045	 ($\geqq$30)	 0,030 0,035 0,040 0,045	10/50

Tafel 13, Fortsetzung

Zeile	Stoff	Rohdichte[1][2] ϱ kg/m^3	Bemessungswert der Wärmeleitfähigkeit[3] λ_R W/(m · K)	Richtwert der Wasserdampf-Diffusionswiderstandszahl[4] μ
5.6	Mineralische und pflanzliche Faserdämmstoffe nach DIN 18165-1[16] Wärmeleitfähigkeitsgruppe 035 040 045 050	(8 bis 500)	0,035 0,040 0,045 0,050	1
5.7	Schaumglas			
5.7.1	Schaumglas nach DIN 18174 Wärmeleitfähigkeitsgruppe 045 050 055 060	(100 bis 150)	0,045 0,050 0,055 0,060	[5]
5.7.2	Schaumglas nach DIN 18174 außerhalb der Bauwerksabdichtungen[15] Wärmeleitfähigkeitsgruppe 045 050 055	(100 bis 150)	0,045 0,050 0,055	[5]
5.8	Holzfaserdämmplatten nach DIN 68755 Wärmeleitfähigkeitsgruppe 040 045 050 055 060 065 070	(120 bis 450)	0,040 0,045 0,050 0,055 0,060 0,065 0,070	5

6 Holz und Holzwerkstoffe[17]

Zeile	Stoff	Rohdichte[1][2] ϱ kg/m^3	Bemessungswert der Wärmeleitfähigkeit[3] λ_R W/(m · K)	Richtwert der Wasserdampf-Diffusionswiderstandszahl[4] μ
6.1	Holz			
6.1.1	Fichte, Kiefer, Tanne	(600)	0,13	40
6.1.2	Buche, Eiche	(800)	0,20	
6.2	Holzwerkstoffe			
6.2.1	Sperrholz nach DIN 68705-2 bis DIN 68705-4	(800)	0,15	50/400

Tafel 13, Fortsetzung

Zeile	Stoff	Rohdichte[1][2]) ϱ kg/m^3	Bemessungswert der Wärmeleitfähigkeit[3]) λ_R W/(m · K)	Richtwert der Wasserdampf-Diffusionswiderstandszahl[4]) μ
6.2.2	Spanplatten			
6.2.2.1	Flachpreßplatten nach DIN 68761-1, DIN 68761-4 und DIN 68763	(700)	0,13	50/100
6.2.2.2	Strangpreßplatten nach DIN 68764-1 (Vollplatten ohne Beplankung)	(700)	0,17	20
6.2.3	Holzfaserplatten			
6.2.3.1	Harte Holzfaserplatten nach DIN EN 622-2, DIN EN 622-3 und DIN 68754-1	(1000)	0,17	70
6.2.3.2	Poröse Holzfaserplatten nach DIN EN 622-4 und Bitumen-Holzfaserplatten nach DIN 68752	$\leq$400	0,070	5

7 Beläge, Abdichtstoffe und Abdichtungsbahnen

7.1	Fußbodenbeläge			
7.1.1	Linoleum nach DIN EN 548	(1000)	0,17	–
7.1.2	Korklinoleum	(700)	0,081	–
7.1.3	Linoleum-Verbundbeläge nach DIN EN 687	(100)	0,12	–
7.1.4	Kunststoffbeläge z. B. PVC	(1500)	0,23	–
7.2	Abdichtstoffe, Abdichtungsbahnen			
7.2.1	Asphaltmastix, Dicke $d \geq 7$ mm	(2000)	0,70	[5])
7.2.2	Bitumen	(1100)	0,17	–
7.2.3	Dachbahnen, Dachabdichtungsbahnen			
7.2.3.1	Bitumendachbahnen nach DIN 52128	(1200)	0,17	10000/80000
7.2.3.2	Nackte Bitumenbahnen nach DIN 52129	(1200)	0,17	2000/20000
7.2.3.3	Glasvlies Bitumendachbahnen nach DIN 52143	–	0,17	20000/60000
7.2.4	Kunststoff-Dachbahnen			
7.2.4.1	– nach DIN 16729 (ECB) 2,0 K 2,0	–	–	50000/75000 70000/90000
7.2.4.2	– nach DIN 16730 (PVC-P)	–	–	10000/30000
7.2.4.3	– nach DIN 16731 (PIB)	–	–	400000/1750000

Tafel 13, Fortsetzung

Zeile	Stoff	Rohdichte[1])[2]) ϱ kg/m³	Bemessungswert der Wärmeleitfähigkeit[3]) λ_R W/(m · K)	Richtwert der Wasserdampf-Diffusionswiderstandszahl[4]) μ
7.2.5	Folien			
7.2.5.1	PVC-Folien Dicke $d \geq 0,1$ mm	—	—	20000/50000
7.2.5.2	Polyethylen-Folien Dicke $d \geq 0,1$ mm	—	—	100000
7.2.5.3	PTFE-Folien Dicke $d \geq 0,05$ mm	—	—	10000
7.2.5.4	PA-Folie Dicke $d \geq 0,05$ mm	—	—	50000
7.2.5.5	PP-Folie Dicke $d \geq 0,05$ mm	—	—	1000
7.2.5.6	Aluminium-Folie Dicke $d \geq 0,05$ mm	—	—	[5])
7.2.5.7	Andere Metallfolien Dicke $d \geq 0,1$ mm	—	—	[5])

8 Sonstige gebräuchliche Stoffe[18])

8.1	lose Schüttungen[19]), abgedeckt			
8.1.1	— aus porigen Stoffen: Blähperlit Blähglimmer Korkschrot, expandiert Hüttenbims Blähton, Blähschiefer Bimskies Schaumlava	($\leq$100) ($\leq$100) ($\leq$200) ($\leq$600) ($\leq$400) ($\leq$1000) $\leq$1200 $\leq$1500	0,060 0,070 0,055 0,13 0,16 0,19 0,22 0,27	—
8.1.2	— aus Polystyrolschaumstoff-Partikeln	(15)	0,050	—
8.1.3	— aus Sand, Kies, Split (trocken)	(1800)	0,70	—
8.2	Fliesen	(2000)	1,0	—
8.3	Glas	(2500)	0,80	—
8.4	Natursteine			
8.4.1	Magmatische und metamorphe Gesteine (Granit, Basalt, Marmor)	(2800)	3,5	10000
8.4.2	Sedimentgesteine (Sandstein, Kalkstein, Schiefer)	(2600)	2,3	40 bis 1000
8.4.3	Vulkanische porige Natursteine	(1600)	0,55	10

4

Tafel 13, Fortsetzung

Zeile	Stoff	Rohdichte[1)2)] ϱ kg/m³	Bemessungswert der Wärmeleitfähigkeit[3)] λ_R W/(m · K)	Richtwert der Wasserdampf-Diffusionswiderstandszahl[4)] μ
8.5	Lehme			
8.5.1	Massivlehm und Lehmformlinge	1800 2000	0,95 1,2	
8.5.2	Strohlehm	1400 1600	0,60 0,80	
8.5.3	Leichtlehm	800 1000 1200	0,30 0,40 0,50	5/10
8.5.4	Lehmwickel mit Stroh auf Holzstaken	–	0,50	
8.6	Böden, naturfeucht			
8.6.1	Sand und Kiessand	–	2,1	–
8.6.2	Bindige Böden	–	1,4	–
8.7	Keramik und Glasmosaik	(2000)	1,2	100/300
8.8	Metalle			
8.8.1	Stahl	–	50	–
8.8.2	Legierter Stahl	–	15	–
8.8.3	Kupfer	–	380	–
8.8.4	Aluminium	–	200	–
8.8.5	Aluminium-Legierungen	–	160	–
8.8.6	Blei	–	35	–
8.9	Gummi			
8.9.1	Naturgummi	–	0,13	–
8.9.2	Synthese-Kautschuk	–	0,25	–

[1)] Die in Klammern angegebenen Rohdichtewerte dienen nur zur Ermittlung der flächenbezogenen Masse, z. B. für den Nachweis des sommerlichen Wärmeschutzes.
[2)] Die bei Steinen genannten Rohdichten entsprechen den Rohdichteklassen der zitierten Stoffnormen.
[3)] Die angegebenen Bemessungswerte der Wärmeleitfähigkeit λ_R von Mauerwerk dürfen bei Verwendung von Leichtmörtel nach DIN 1053-1 um 0,06 W/(m · K) verringert werden, jedoch dürfen die verringerten Werte bei Porenbeton-Blocksteinen nach Zeile 4.4 sowie bei Vollblökken S-W aus Naturbims und aus Blähton oder aus einem Gemisch aus Blähton und Naturbims nach den Zeilen 4.5.2.3.1 und 4.5.2.4.1 die Werte der entsprechenden Zeilen 2.3 sowie 2.4.2.1 und 2.4.2.2 nicht überschreiten.
[4)] Es ist jeweils der für die Baukonstruktion ungünstigere Wert einzusetzen. Bezüglich der Anwendung der μ-Werte siehe DIN 4108-3.
[5)] Praktisch dampfdicht; nach DIN EN 12086 oder E DIN EN ISO 12572: $s_d \geq 1500$ m.
[6)] Bei Quarzsandzusatz erhöhen sich die Bemessungswerte der Wärmeleitfähigkeit um 20%.
[7)] Die Bemessungswerte der Wärmeleitfähigkeit sind bei Hohlblöcken mit Quarzsandzusatz für 2 K Hbl um 20% und für 3 K Hbl bis 6 K Hbl um 15% zu erhöhen.
[8)] Platten der Dicken $d < 15$ mm dürfen wärmeschutztechnisch nicht berücksichtigt werden (siehe DIN 1101).

Fortsetzung s. nächste Seite

Fußnoten zu Tafel 13, Fortsetzung

[9]) Bei Vereinbarung anderer Schaumkunststoffe nach DIN 18164-1 gelten die Werte der Zeile 5.5

[10]) Bei Vereinbarung anderer Wärmeleitfähigkeitsgruppen gelten die Werte der Zeile 5.6.

[11]) Holzwolleschichten (Einzelschichten) mit Dicken $d < 10$ mm dürfen zur Berechnung des Wärmedurchlaßwiderstandes R nicht berücksichtigt werden (siehe DIN 1101). Bei Diffusionsberechnungen werden sie jedoch mit ihrer wasserdampfdiffusionsäquivalenten Luftschichtdicke s_d in Ansatz gebracht.

[12]) Bei Trittschalldämmplatten aus Schaumkunststoffen werden bei sämtlichen Erzeugnissen der Wärmedurchlaßwiderstand R und die Wärmeleitfähigkeitsgruppe auf der Verpackung angegeben (siehe DIN 18164-2).

[13]) Zusätzliche Anforderungen gegenüber DIN 18164-1
Anwendungstyp WD oder WS bei Anwendung als Perimeterdämmung
— Die Dämmplatten müssen beidseitig je eine Schaumhaut haben;
— Druckfestigkeit bzw. Druckspannung bei 10% Stauchung $\geq 0,30$ N/mm^2;
— Wasseraufnahme in der Prüfung nach DIN EN 12088 im Temperaturgefälle 50 °C zu 1 °C: unter 3,0% Volumenanteil.

[14]) Zusätzliche Anforderungen gegenüber DIN 18164-1, Anwendungstyp WD oder WS bei Anwendung als Umkehrdach:
— Druckfestigkeit bzw. Druckspannung bei 10% Stauchung $\geq 0,30$ N/mm^2;
— Wasseraufnahme in der Prüfung nach DIN EN 12088 im Temperaturgefälle 50 °C zu 1 °C: unter 3,0% Volumenanteil.
Die Dämmplatten sind mit Kantenprofilierung (z. B. Stufenfalz) auszubilden.

[15]) Mit diffusionsdichten Deckschichten.

[16]) Bei Trittschalldämmung aus Faserdämmstoffen wird bei sämtlichen Erzeugnissen die Wärmeleitfähigkeitsgruppe auf der Verpackung angegeben (siehe DIN 18165-2).

[17]) Die angegebenen Bemessungswerte der Wärmeleitfähigkeit λ_R gelten für Holz quer zur Faser, für Holzwerkstoffe senkrecht zur Plattenebene. Für Holz in Faserrichtung sowie für Holzwerkstoffe in Plattenebene ist näherungsweise der 2,2fache Wert einzusetzen, wenn kein genauer Nachweis erfolgt.

[18]) Diese Stoffe sind hinsichtlich ihrer wärmeschutztechnischen Eigenschaften nicht genormt. Die angegebenen Wärmeleitfähigkeitswerte stellen obere Grenzwerte dar.

[19]) Die Dichte wird bei losen Schüttungen als Schüttdichte angegeben.

Tafel 14   Wärmeschutztechnische Bemessungswerte für Baustoffe, die gewöhnlich bei Gebäuden zur Anwendung kommen

Stoffgruppe oder Anwendung	Rohdichte ϱ	Bemessungs-wärmeleit-fähigkeit λ	Spezifische Wärme-speicher-kapazität c_p	Wasserdampf-Diffusions-widerstandszahl μ	
	kg/m³	W/(m · K)	J/kg · K)	trocken	feucht
Asphalt	2100	0,70	1000	50000	50000
Bitumen					
als Stoff	1050	0,17	1000	50000	50000
Membran/Bahn	1100	0,23	1000	50000	50000
Beton[(a)]					
mittlere Rohdichte	1800	1,15	1000	100	60
	2000	1,35	1000	100	60
	2200	1,65	1000	120	70
hohe Rohdichte	2400	2,00	1000	130	80
armiert (mit 1% Stahl)	2300	2,3	1000	130	80
armiert (mit 2% Stahl)	2400	2,5	1000	130	80
Fußbodenbeläge					
Gummi	1200	0,17	1400	10000	10000
Kunststoff	1700	0,25	1400	10000	10000
Unterlagen, poröser Gummi oder Kunststoff	270	0,10	1400	10000	10000
Filzunterlage	120	0,05	1300	20	15
Wollunterlage	200	0,06	1300	20	15
Korkunterlage	<200	0,05	1500	20	10
Korkfliesen	>400	0,065	1500	40	20
Teppich/Teppichböden	200	0,06	1300	5	5
Linoleum	1200	0,17	1400	1000	800
Gase					
trockene Luft	1,23	0,025	1008	1	1
Kohlendioxid	1,95	0,014	820	1	1
Argon	1,70	0,017	519	1	1
Schwefelhexafluorid	6,36	0,013	614	1	1
Krypton	3,56	0,0090	245	1	1
Xenon	5,68	0,0054	160	1	1
Glas					
Natronglas (einschließlich Floatglas)	2500	1,00	750	∞	∞
Quarzglas	2200	1,40	750	∞	∞
Glasmosaik	2000	1,20	750	∞	∞
Wasser					
Eis bei −10 °C	920	2,30	2000		
Eis bei 0 °C	900	2,20	2000		
Schnee, frisch gefallen (<30 mm)	100	0,05	2000		
Neuschnee, weich (30...70 mm)	200	0,12	2000		
Schnee, leicht verharrscht (70...1000 mm)	300	0,23	2000		
Schnee, verharrscht (<200 mm)	500	0,60	2000		
Wasser bei 0 °C	1000	0,60	4190		
Wasser bei 40 °C	990	0,63	4190		
Wasser bei 80 °C	970	0,67	4190		
Metalle					
Aluminiumlegierungen	2800	160	880	∞	∞
Bronze	8700	65	380	∞	∞
Messing	8400	120	380	∞	∞
Kupfer	8900	380	380	∞	∞
Gußeisen	7500	50	450	∞	∞
Blei	11300	35	130	∞	∞
Stahl	7800	50	450	∞	∞
Nichtrostender Stahl	7900	17	460	∞	∞
Zink	7200	110	380	∞	∞

Fortsetzung s. folgende Seiten

Tafel 14, Forsetzung

Stoffgruppe oder Anwendung	Rohdichte ϱ	Bemessungs-wärmeleit-fähigkeit λ	Spezifische Wärme-speicher-kapazität c_p	Wasserdampf-Diffusions-widerstandszahl μ	
	kg/m³	W/(m·K)	J/kg·K)	trocken	feucht
Massive Kunststoffe					
Akrylkunststoffe	1050	0,20	1500	10000	10000
Polykarbonate	1200	0,20	1200	5000	5000
Polytetrafluorethylenkunststoffe (PTFE)	2200	0,25	1000	10000	10000
Polyvinylchlorid (PVC)	1390	0,17	900	50000	50000
Polymethylmethakrylat (PMMA)	1180	0,18	1500	50000	50000
Polyazetatkunststoffe	1410	0,30	1400	100000	100000
Polyamid (Nylon)	1150	0,25	1600	50000	50000
Polyamid 6.6 mit 25% Glasfasern	1450	0,30	1600	50000	50000
Polyethylen/hoher Rohdichte	980	0,50	1800	100000	100000
Polyethylen/niedriger Rohdichte	920	0,33	2200	100000	100000
Polystyrol	1050	0,16	1300	100000	100000
Polypropylen	910	0,22	1800	10000	10000
Polypropylen mit 25% Glasfasern	1200	0,25	1800	10000	10000
Polyurethan (PU)	1200	0,25	1800	6000	6000
Epoxyharz	1200	0,20	1400	10000	10000
Phenolharz	1300	0,30	1700	100000	100000
Polyesterharz	1400	0,19	1200	10000	10000
Gummi					
Naturkautschuk	910	0,13	1100	10000	10000
Neopren (Polychloropren)	1240	0,23	2140	10000	10000
Butylkautschuk (Isobutylenkautschuk), hart/heiß geschmolzen	1200	0,24	1400	200000	200000
Schaumgummi	60 bis 80	0,06	1500	7000	7000
Hartgummi (Ebonit), hart	1200	0,17	1400	∞	∞
Ethylen-Propylenedien, Monomer (EPDM)	1150	0,25	1000	6000	6000
Polyisobutylenkautschuk	930	0,20	1100	10000	10000
Polysulfid	1700	0,40	1000	10000	10000
Butadien	980	0,25	1000	100000	100000
Dichtungsstoffe, Dichtungen und wärmetechnische Trennungen					
Silicagel (Trockenmittel)	720	0,13	1000	∞	∞
Silikon ohne Füllstoff	1200	0,35	1000	5000	5000
Silikon mit Füllstoff	1450	0,50	1000	5000	5000
Silikonschaum	750	0,12	1000	10000	10000
Urethan-/Polyurethanschaum (als wärmetechnische Trennung)	1300	0,21	1800	60	60
Weichpolyvinylchlorid (PVC-P) mit 40% Weichmacher	1200	0,14	1000	100000	100000
Elastomerschaum, flexibel	60 bis 80	0,05	1500	10000	10000
Polyurethanschaum (PU)	70	0,05	1500	60	60
Polyethylenschaum	70	0,05	2300	100	100
Gips					
Gips	600	0,18	1000	10	4
	900	0,30	1000	10	4
	1200	0,43	1000	10	4
	1500	0,56	1000	10	4
Gipskartonplatten[b]	900	0,25	1000	10	4

4

Tafel 14, Forsetzung

Stoffgruppe oder Anwendung	Rohdichte ϱ	Bemessungs-wärmeleit-fähigkeit λ	Spezifische Wärme-speicher-kapazität c_p	Wasserdampf-Diffusions-widerstandszahl μ	
	kg/m³	W/(m · K)	J/kg · K)	trocken	feucht
Putze und Mörtel					
Gipsdämmputz	600	0,18	1000	10	6
Gipsputz	1000	0,40	1000	10	6
	1300	0,57	1000	10	6
Gips, Sand	1600	0,80	1000	10	6
Kalk, Sand	1600	0,80	1000	10	6
Zement, Sand	1800	1,00	1000	10	6
Erdreich					
Ton oder Schlick oder Schlamm	1200 bis 1800	1,5	1670 bis 2500	50	50
Sand und Kies	1700 bis 2200	2,0	910 bis 1180	50	50
Gestein					
Kristalliner Naturstein	2800	3,5	1000	10000	10000
Sediment-Naturstein	2600	2,3	1000	250	2
Leichter Sediment-Naturstein	1500	0,85	1000	30	20
Poröses Gestein, z. B. Lava	1600	0,55	1000	20	15
Basalt	2700 bis 3000	3,5	1000	10000	10000
Gneis	2400 bis 2700	3,5	1000	10000	10000
Granit	2500 bis 2700	2,8	1000	10000	10000
Marmor	2800	3,5	1000	10000	10000
Schiefer	2000 bis 2800	2,2	1000	1000	800
Kalkstein, extraweich	1600	0,85	1000	30	20
Kalkstein, weich	1800	1,1	1000	40	25
Kalkstein, halbhart	2000	1,4	1000	50	40
Kalkstein, hart	2200	1,7	1000	200	150
Kalkstein, extrahart	2600	2,3	1000	250	200
Sandstein (Quarzit)	2600	2,3	1000	40	30
Naturbims	400	0,12	1000	8	6
Kunststein	1750	1,3	1000	50	40
Dachziegelsteine					
Ton	2000	1,0	800	40	30
Beton	2100	1,5	1000	100	60
Platten					
Keramik/Porzellan	2300	1,3	840	∞	∞
Kunststoff	1000	0,20	1000	10000	10000
Konstruktionsholz[c]					
	500	0,13	1600	50	20
	700	0,18	1600	200	50
Holzwerkstoffe					
Sperrholz[d]	300	0,09	1600	150	50
	500	0,13	1600	200	70
	700	0,17	1600	220	90
	1000	0,24	1600	250	110
Zementgebundene Spanplatte	1200	0,23	1500	50	30

Tafel 14, Forsetzung

Stoffgruppe oder Anwendung	Rohdichte ϱ	Bemessungs-wärmeleit-fähigkeit λ	Spezifische Wärme-speicher-kapazität c_p	Wasserdampf-Diffusions-widerstandszahl μ	
	kg/m³	W/(m · K)	J/kg · K)	trocken	feucht
Spanplatte	300	0,10	1700	50	10
	600	0,14	1700	50	15
	900	0,18	1700	50	20
OSB-Platten	650	0,13	1700	50	30
Holzfaserplatten, einschließlich MDF[e]	250	0,07	1700	5	2
	400	0,10	1700	10	5
	600	0,14	1700	10	12
	800	0,18	1700	10	20

Anmerkung 1: Für Computerberechnungen kann der ∞-Wert durch einen beliebig großen Wert, wie z. B. 10^6, ersetzt werden.

Anmerkung 2: Wasserdampf-Diffusionswiderstandszahlen sind als Wert nach den in prEN ISO 12571:1999, Wärme- und feuchteschutztechnisches Verhalten von Baustoffen und -produkten – Bestimmung der Wasserdampfdurchlässigkeit, festgelegten „Dry cup-" und „Wet cup-Verfahren" angegeben.

[a] Die Rohdichte von Beton ist als Trockenrohdichte angegeben.
[b] Die Wärmeleitfähigkeit schließt den Einfluß der Papierdeckschichten ein.
[c] Die Rohdichte von Nutzholz und Holzfaserplattenprodukten ist die Gleichgewichtsdichte bei 20 °C und 65% relativer Luftfeuchte.
[d] Als Interimsmaßnahme und bis zum Vorliegen hinreichend zuverlässiger Daten können für Hartfaserplatten/solid wood panels (SWP) und Bauholz mit Furnierschichten (LVL, laminated veneer lumber) die für Sperrholz angegebenen Werte angewendet werden.
[e] MDF bedeutet Medium Density Fibreboard/mitteldichte Holzfaserplatte, die im sog. Trokkenverfahren hergestellt worden ist.

Tafel 15 **Feuchteschutztechnische Eigenschaften und spezifische Wärmekapazität von Wärme-dämm- und Mauerwerksstoffen**

Werkstoff	Rohdichte	Feuchtegehalt[1] bei 23 °C, 50% relativer Luftfeuchte		Feuchtegehalt[1] bei 23 °C, 80% relativer Luftfeuchte		Umrech-nungsfaktor für den Feuchte-gehalt		Wasser-dampf-Diffu-sionswider-standszahl μ		Spezifi-sche Wärme-kapazität
	ϱ kg/m³	u kg/kg	ψ m³/m³	u kg/kg	ψ m³/m³	f_u	f_ψ	trok-ken	feucht	c_p J/(kg · K)
Expandierter Poly-styrol-Hartschaum	10 bis 50	0		0		4		60	60	1450
Extrudierter Polysty-rol-Hartschaum	20 bis 65	0		0		2,5		150	150	1450
Polyurethanhart-schaum	28 bis 55	0		0		3		60	60	1400
Mineralwolle	10 bis 200	0		0		4		1	1	1030
Phenolharz-Hartschaum	20 bis 50	0		0		5		50	50	1400
Schaumglas	100 bis 150	0		0		0		∞	∞	1000
Perliteplatten	140 bis 240	0,02		0,03		0,8		5	5	900
Expandierter Kork	90 bis 140		0,008		0,011	6		10	5	1560
Holzwolle-Leicht-bauplatten	250 bis 450		0,03		0,05	1,8		5	3	1470

Tafel 15, Fortsetzung

Werkstoff	Rohdichte ϱ kg/m³	Feuchtegehalt[1]) bei 23 °C, 50% relativer Luftfeuchte u kg/kg	ψ m³/m³	Feuchtegehalt[1]) bei 23 °C, 80% relativer Luftfeuchte u kg/kg	ψ m³/m³	Umrechnungsfaktor für den Feuchtegehalt f_u	f_ψ	Wasserdampf-Diffusionswiderstandszahl μ trocken	feucht	Spezifische Wärmekapazität c_p J/(kg · K)
Holzfaserdämmplatten	150 bis 250	0,1		0,16		1,5		10	5	1400
Harnstoff-Formaldehydschaum	10 bis 30	0,1		0,15		0,7		2	2	1400
Polyurethan-Spritzschaum	30 bis 50	0		0		3		60	60	1400
Lose Mineralwolle	15 bis 60	0		0		4		1	1	1030
Lose Zellulosefasern	20 bis 60	0,11		0,18		0,5		2	2	1600
Blähperlite-Schüttung	30 bis 150	0,01		0,02		3		2	2	900
Schüttung aus expandiertem Vermiculit	30 bis 150	0,01		0,02		2		3	2	1080
Blähtonschüttung	200 bis 400	0		0,001		4		2	2	1000
Polystyrol-Partikelschüttung	10 bis 30	0		0		4		2	2	1400
Vollziegel (gebrannter Ton)	1000 bis 2400		0,007		0,012	10		16	10	1000
Kalksandstein	900 bis 2200		0,012		0,024	10		20	15	1000
Beton mit Bimszuschlägen	500 bis 1300		0,02		0,035	4		50	40	1000
Beton mit nichtporigen Zuschlägen und Kunststein	1600 bis 2400		0,025		0,04	4		150	120	1000
Beton mit Polystyrolzuschlägen	500 bis 800		0,015		0,025	5		120	60	1000
Beton mit Blähtonzuschlägen	400 bis 700	0,02		0,03		2,6		6	4	1000
Beton mit überwiegend Blähbetonzuschlägen	800 bis 170	0,2		0,03		4		8	6	1000
Beton mit mehr als 70% geblähter Hochofenschlacke	1100 bis 1700	0,02		0,04		4		30	20	1000
Beton mit vorwiegend aus hochtemperaturbehandeltem taubem Gestein aufbereitet	1100 bis 1500	0,02		0,04		4		15	10	1000
Porenbeton	300 bis 1000	0,026		0,045		4		10	6	1000
Beton mit Leichtzuschlägen	500 bis 2000		0,03		0,05	4		15	10	1000
Mörtel (Mauermörtel und Putz-Mörtel)	250 bis 2000		0,04		0,06	4		20	10	1000

[1]) Die angegebenen Werte werden allgemein nicht überschritten.

Wärme- und feuchteschutztechnische Kennwerte

Tafel 16 Wasserdampfdiffusionsäquivalente Luftschichtdicke
(Wasserdampfdurchlaßwiderstand)

Produkt/Stoff	Wasserdampfdiffusionsäquivalente Luftschichtdicke s_d m
Polyethylenfolie 0,15 mm	50
Polyethylenfolie 0,25 mm	100
Polyesterfolie 0,2 mm	50
PVC-Folie	30
Aluminium-Folie 0,05 mm	1500
PE-Folie (gestapelt) 0,15 mm	8
Bituminiertes Papier 0,1 mm	2
Aluminiumverbundfolie 0,4 mm	10
Unterdeck- und Unterspannbahn für Wände	0,2
Beschichtungsstoff	0,1
Glanzlack	3
Vinyltapete	2

Anmerkung: Die wasserdampfdiffusionsäquivalente Luftschichtdicke eines Produktes wird als Dicke einer unbewegten Luftschicht mit dem gleichen Wasserdampfdurchlaßwiderstand wie das Produkt angegeben.
Die Dicke der Produkte in Tabelle 3 wird normalerweise nicht gemessen und kann auf dünne Produkte mit einem Wasserdampfdurchlaßwiderstand bezogen werden. Die Tabelle gibt Dikken-Nennwerte als Hilfe zur Identifizierung des Produktes an.

Tafel 17 Wärmedurchlaßwiderstand von ruhenden und schwach bewegten Luftschichten
(Oberflächen mit hohem Emissionsgrad)

ruhende Luftschicht				schwach bewegte Luftschicht			
Dicke der Luftschicht mm	Richtung des Wärmestromes			Dicke der Luftschicht mm	Richtung des Wärmestromes		
	aufwärts	horizontal	abwärts		aufwärts	horizontal	abwärts
0	0,00	0,00	0,00	0	0,00	0,00	0,00
5	0,11	0,11	0,11	5	0,06	0,06	0,06
7	0,13	0,13	0,13	7	0,07	0,07	0,07
10	0,15	0,15	0,15	10	0,08	0,08	0,08
15	0,16	0,17	0,17	15	0,08	0,08	0,08
25	0,16	0,18	0,19	25	0,08	0,08	0,08
50	0,16	0,18	0,21	50	0,08	0,08	0,08
100	0,16	0,18	0,22	100	0,08	0,08	0,08
300	0,16	0,18	0,23	300	0,08	0,08	0,08

Anmerkung: Zwischenwerte können mittels linearer Interpolation ermittelt werden.

Bauphysik

Tafel 18   Wärmeübergangswiderstände $R_{si,se}$[1],[2],[3]) in m^2 W/K

Zeile	Bauteil	R_{si}	R_{se}
1	Außenwand (ausgenommen solche nach Zeile 2)		0,04
2	Außenwand mit hinterlüfteter Außenhaut, Abseitenwand zum nicht wärmegedämmten Dachraum		0,08
3	Wohnungstrennwand, Treppenraumwand, Wand zwischen fremden Arbeitsräumen, Trennwand zu dauernd unbeheiztem Raum, Abseitenwand zum wärmegedämmten Dachraum	0,13	[4])
4	An das Erdreich grenzende Wand		0
5	Decke oder Dachschräge, die Aufenthaltsraum nach oben gegen die Außenluft abgrenzt (nicht belüftet)		0,04
6	Decke unter nicht ausgebautem Dachgeschoß, unter Spitzboden oder unter belüftetem Raum (z. B. belüftete Dachschräge)		0,08[5])
7	Wohnungstrenndecke und Decke Wärmestrom von unten nach oben	0,10	[4])
	zwischen fremden Arbeitsräumen Wärmestrom von oben nach unten	0,17	
8	Kellerdecke		[4])
9	Decke, die Aufenthaltsraum nach unten gegen die Außenluft abgrenzt	0,17	0,04
10	Unterer Abschluß eines nicht unterkellerten Aufenthaltsraumes (an das Erdreich grenzend)		0

[1]) Vereinfachend kann in allen Fällen mit $R_{si} = 0,13$ m^2 · K/W sowie — die Zeilen 4 und 10 ausgenommen — mit $R_{se} = 0,04$ m^2 K/W gerechnet werden.
[2]) für die Überprüfung eines Bauteils auf Tauwasserbildung siehe besondere Festlegungen in DIN 4108-3.
[3]) Zur Lage der Bauteile im Bauwerk: siehe nachfolgende Skizze.
[4]) Bei innenliegendem Bauteil ist zu beiden Seiten mit demselben Wärmeübergangswiderstand zu rechnen.
[5]) nach DIN EN ISO 6946 ist mit $R_{se} = R_{si} = 0,13$ m^2 · K/W zu rechnen

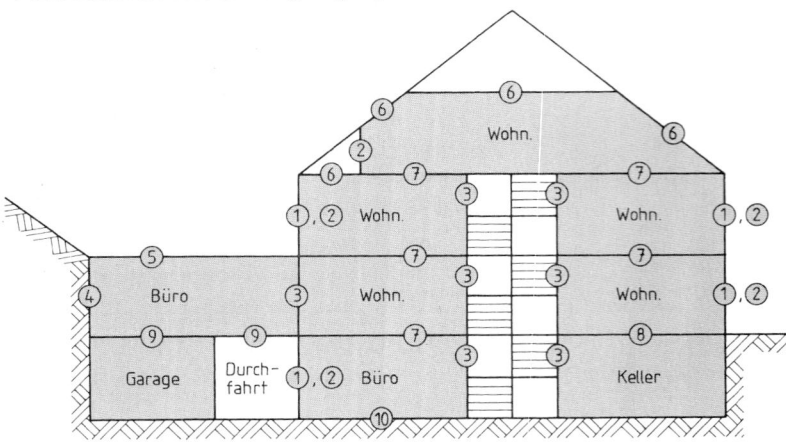

Tafel 19   Spezifische Wärmekapazität c in J/(kgK)

Stoff	c	Stoff	c
anorg. Bau- und Dämmstoffe	1000	Aluminium	800
Holz und Holzwerkstoffe, einschließlich Holzwolle-Leichtbauplatten	2100	sonstige Metalle	400
pflanz. Fasern und Textilfasern	1300	Luft ($\varrho = 1,25$ kg/m^3)	1000
Schaumkunststoffe und Kunststoffe	1500	Wasser	4200

184

Tafel 20 Wasserdampfsättigungsdruck p_s als Funktion der Temperatur

Θ_L in °C	\multicolumn{10}{c}{Wasserdampfsättigungsdruck p_s über Wasser bzw. Eis in Pa}
	0,0	0,1	0,2	0,3	0,4	0,5	0,6	0,7	0,8	0,9
30	4244	4269	4294	4319	4344	4369	4394	4419	4445	4469
29	4006	4030	4053	4077	4101	4124	4148	4172	4196	4219
28	3781	3803	3826	3848	3871	3894	3916	3939	3961	3984
27	3566	3588	3609	3631	3652	3674	3695	3717	3738	3759
26	3362	3382	3403	3423	3443	3463	3484	3504	3525	3544
25	3169	3188	3208	3227	3246	3266	3284	3304	3324	3343
24	2985	3003	3021	3040	3059	3077	3095	3114	3132	3151
23	2810	2827	2845	2863	2880	2897	2915	2932	2950	2968
22	2645	2661	2678	2695	2711	2727	2744	2761	2777	2794
21	2487	2504	2518	2535	2551	2566	2582	2598	2613	2629
20	2340	2354	2369	2384	2399	2413	2428	2443	2457	2473
19	2197	2212	2227	2241	2254	2268	2283	2297	2310	2324
18	2065	2079	2091	2105	2119	2132	2145	2158	2172	2185
17	1937	1950	1963	1976	1988	2001	2014	2027	2039	2052
16	1818	1830	1841	1854	1866	1878	1889	1901	1914	1926
15	1706	1717	1729	1739	1750	1762	1773	1784	1795	1806
14	1599	1610	1621	1631	1642	1653	1663	1674	1684	1695
13	1498	1508	1518	1528	1538	1548	1559	1569	1578	1588
12	1403	1413	1422	1431	1441	1451	1460	1470	1479	1488
11	1312	1321	1330	1340	1349	1358	1367	1375	1385	1394
10	1228	1237	1245	1254	1262	1270	1279	1287	1296	1304
9	1148	1156	1163	1171	1179	1187	1195	1203	1211	1218
8	1073	1081	1088	1096	1103	1110	1117	1125	1133	1140
7	1002	1008	1016	1023	1030	1038	1045	1052	1059	1066
6	935	942	949	955	961	968	975	982	988	995
5	872	878	884	890	896	902	907	913	919	925
4	813	819	825	831	837	843	849	854	861	866
3	759	765	770	776	781	787	793	798	803	808
2	705	710	716	721	727	732	737	743	748	753
1	657	662	667	672	677	682	687	691	696	700
0	611	616	621	626	630	635	640	645	648	653
− 0	611	605	600	595	592	587	582	577	572	567
− 1	562	557	552	547	543	538	534	531	527	522
− 2	517	514	509	505	501	496	492	489	484	480
− 3	476	472	468	464	461	456	452	448	444	440
− 4	437	433	430	426	423	419	415	412	408	405
− 5	401	398	395	391	388	385	382	379	375	372
− 6	368	365	362	359	356	353	350	347	343	340
− 7	337	336	333	330	327	324	321	318	315	312
− 8	310	306	304	301	298	296	294	291	288	286
− 9	284	281	279	276	274	272	269	267	264	262
−10	260	258	255	253	251	249	246	244	242	239
−11	237	235	233	231	229	228	226	224	221	219
−12	217	215	213	211	209	208	206	204	202	200
−13	198	197	195	193	191	190	188	186	184	182
−14	181	180	178	177	175	173	172	170	168	167
−15	165	164	162	161	159	158	157	155	153	152
−16	150	149	148	146	145	144	142	141	139	138
−17	137	136	135	133	132	131	129	128	127	126
−18	125	124	123	122	121	120	118	117	116	115
−19	114	113	112	111	110	109	107	106	105	104
−20	103	102	101	100	99	98	97	96	95	94

4

Bauphysik

Tafel 21 Wärmedurchlaßwiderstände *R* von Stahlbetonrippen- und Stahlbetonbalkendecken nach DIN 1045 mit Zwischenbauteilen nach DIN 4158

Darstellung	Dicke *d* in mm	R in m² · K/W im Mittel	an un-günstigster Stelle
Stahlbetonrippendecke (ohne Aufbeton, ohne Putz) 500 (625,750) 500 (625,750) 500 (625,750)	120 140 160 180 200 220 250	0,20 0,21 0,22 0,23 0,24 0,25 0,26	0,06 0,07 0,08 0,09 0,10 0,11 0,12
Stahlbetonbalkendecke (ohne Aufbeton, ohne Putz) 500 (625,750) 500 (625,750) 500 (625,750)	120 140 160 180 200 220 240	0,16 0,18 0,20 0,22 0,24 0,26 0,28	0,06 0,07 0,08 0,09 0,10 0,11 0,12

Tafel 22 Taupunkttemperatur Θ_s der Luft in Abhängigkeit von der Lufttemperatur Θ in °C und der relativen Luftfeuchte φ

Luft-temp. Θ in °C	Taupunkttemperatur Θ_s[1]) in °C bei einer relativen Luftfeuchte von													
	30%	35%	40%	45%	50%	55%	60%	65%	70%	75%	80%	85%	90%	95%
30	10,5	12,9	14,9	16,8	18,4	20,0	21,4	22,7	23,9	25,1	26,2	27,2	28,2	29,1
29	9,7	12,0	14,0	15,9	17,5	19,0	20,4	21,7	23,0	24,1	25,2	26,2	27,2	28,1
28	8,8	11,1	13,1	15,0	16,6	18,1	19,5	20,8	22,0	23,2	24,2	25,2	26,2	27,1
27	8,0	10,2	12,2	14,1	15,7	17,2	18,6	19,9	21,1	22,2	23,3	24,3	25,2	26,1
26	7,1	9,4	11,4	13,2	14,8	16,3	17,6	18,9	20,1	21,2	22,3	23,3	24,2	25,1
25	6,2	8,5	10,5	12,2	13,9	15,3	16,7	18,0	19,1	20,3	21,3	22,3	23,2	24,1
24	5,4	7,6	9,6	11,3	12,9	14,4	15,8	17,0	18,2	19,3	20,3	21,3	22,3	23,1
23	4,5	6,7	8,7	10,4	12,0	13,5	14,8	16,1	17,2	18,3	19,4	20,3	21,3	22,2
22	3,6	5,9	7,8	9,5	11,1	12,5	13,9	15,1	16,3	17,4	18,4	19,4	20,3	21,2
21	2,8	5,0	6,9	8,6	10,2	11,6	12,9	14,2	15,3	16,4	17,4	18,4	19,3	20,2
20	1,9	4,1	6,0	7,7	9,3	10,7	12,0	13,2	14,4	15,4	16,4	17,4	18,3	19,2
19	1,0	3,2	5,1	6,8	8,3	9,8	11,1	12,3	13,4	14,5	15,5	16,4	17,3	18,2
18	0,2	2,3	4,2	5,9	7,4	8,8	10,1	11,3	12,5	13,5	14,5	15,4	16,3	17,2
17	−0,6	1,4	3,3	5,0	6,5	7,9	9,2	10,4	11,5	12,5	13,5	14,5	15,3	16,2
16	−1,4	0,5	2,4	4,1	5,6	7,0	8,2	9,4	10,5	11,6	12,6	13,5	14,4	15,2
15	−2,2	−0,3	1,5	3,2	4,7	6,1	7,3	8,5	9,6	10,6	11,6	12,5	13,4	14,2
14	−2,9	−1,0	0,6	2,3	3,7	5,1	6,4	7,5	8,6	9,6	10,6	11,5	12,4	13,2
13	−3,7	−1,9	−0,1	1,3	2,8	4,2	5,5	6,6	7,7	8,7	9,6	10,5	11,4	12,2
12	−4,5	−2,6	−0,1	0,4	1,9	3,2	4,5	5,7	6,7	7,7	8,7	9,6	10,4	11,2
11	−5,2	−3,4	−1,8	−0,4	1,0	2,3	3,5	4,7	5,8	6,7	7,7	8,6	9,4	10,2
10	−6,0	−4,2	−2,6	−1,2	0,1	1,4	2,6	3,7	4,8	5,8	6,7	7,6	8,4	9,2

[1]) Näherungsweise darf geradlinig interpoliert werden.

186

Wärme- und feuchteschutztechnische Kennwerte

Tafel 23 Sättigungsmenge c_s der Luft in Abhängigkeit von der Temperatur Θ

Θ in °C	c_s in g/m³	Θ in °C	c_s in g/m³	Θ in °C	c_s in g/m³	Θ in °C	c_s in g/m³	Θ in °C	c_s in g/m³
−20	0,88	−10	2,14	0	4,84	10	9,4	20	17,3
−19	0,96	− 9	2,33	1	5,2	11	10,0	21	18,3
−18	1,05	− 8	2,54	2	5,6	12	10,7	22	19,4
−17	1,15	− 7	2,76	3	6,0	13	11,4	23	20,6
−16	1,27	− 6	2,99	4	6,4	14	12,1	24	21,8
−15	1,38	− 5	3,24	5	6,8	15	12,8	25	23,0
−14	1,51	− 4	3,51	6	7,3	16	13,6	26	24,4
−13	1,65	− 3	3,81	7	7,8	17	14,5	27	25,8
−12	1,80	− 2	4,13	8	8,3	18	15,4	28	27,2
−11	1,96	− 1	4,47	9	8,8	19	16,3	29	28,7
−10	2,14	0	4,84	10	9,4	20	17,3	30	30,3

4

Tafel 24 Praktische Feuchtegehalte von Baustoffen

Zeile		Baustoffe	Massebezogener Feuchtegehalt[1][2] u_m %
1		Ziegel	1
2		Kalksandsteine	3
3	3.1	Beton mit geschlossenem Gefüge mit dichten Zuschlägen	2
	3.2	Beton mit geschlossenem Gefüge mit porigen Zuschlägen	13
4	4.1	Leichtbeton mit haufwerkporigem Gefüge mit dichten Zuschlägen nach DIN 4226-1	3
	4.2	Leichtbeton mit haufwerkporigem Gefüge mit porigen Zuschlägen nach DIN 4226-2	4,5
5		Porenbeton	6,5
6		Gips, Anhydrit	2
7		Gußasphalt, Asphaltmastix	0
8		Anorganische Stoffe in loser Schüttung; expandiertes Gesteinsglas (z. B. Blähperlit)	1
9		Mineralische Faserdämmstoffe aus Glas-, Stein-, Hochofenschlacken-(Hütten)Fasern	1,5
10		Schaumglas	0
11		Holz, Sperrholz, Spanplatten, Holzfaserplatten, Schilfrohrplatten und -matten, organische Faserdämmstoffe	15
12		Holzwolle-Leichtbauplatten	13
13		Pflanzliche Faserdämmstoffe aus Seegras, Holz-, Torf- und Kokosfasern und sonstigen Fasern	15
14		Korkdämmstoffe	10
15		Schaumkunststoffe aus Polystyrol, Polyurethan (hart)	1

[1] Unter Ausgleichsfeuchtegehalt versteht man den Feuchtegehalt, der bei der Untersuchung genügend ausgetrockneter Bauten, die zum dauernden Aufenthalt von Personen dienen, in 90% aller Fälle nicht überschritten werden oder den Feuchtegehalt, der nach E DIN EN - ISO 12570 bestimmt wurde.
[2] Siehe auch DIN EN ISO 9346

4.2 Wärmedurchgangskoeffizienten von Fenstern

Nach der seit dem 1. Februar 2002 gültigen Energieeinsparverordnung werden die Wärmedurchgangskoeffizienten U_w (Index w: Window) nach DIN EN ISO 10077-1: 2000-11 ermittelt. Neu an dem dabei verwendeten Verfahren ist, daß die längenbezogenen Wärmebrückenverlust-Koeffizienten des Glasrandverbundes mit berücksichtigt werden müssen. Dies bedeutet, daß die so ermittelten U-Werte bei der gleichen Verglasung und bei der gleichen Rahmenausführung höher sind als die bisher verwendeten. Die bisherigen U_F-Werte der Wärmedurchgangskoeffizienten von Fenstern (siehe Tafel 25) dürfen nur noch in Wärmeschutznachweisen nach der Wärmeschutzverordnung vom 16. August 1994 verwendet werden.

Nach DIN EN ISO 10077-1 ergibt sich der Wärmedurchgangskoeffizient eines Fensters nach folgender Gleichung:

$$U_w = \frac{A_g \cdot U_g + A_F \cdot U_F + l_{fg} \cdot \varPsi_{fg}}{A_g + A_f}$$

mit folgenden Bedeutungen:

U_w: Wärmedurchgangskoeffizient des Fensters [W/m² K]

A_g: verglaste Fläche ohne Glasrand [m²]

U_g: Wärmedurchgangskoeffizient der Verglasung ohne Berücksichtigung des Randeinflusses [W/m² K]

A_f: Rahmenfläche [m²] (Index f: frame)

U_f: Wärmedurchgangskoeffizient des Rahmens ohne Berücksichtigung des Randeinflusses [W/m² K] nach Tafel 27

l_{fg}: Gesamtumfang der Verglasung [m]

$\varPsi_{fg}$: linearer Wärmedurchgangskoeffizient in Folge des kombinierten Einflusses von Abstandshalter, Glas und Rahmen (Glasrandverbund) [W/m² K]

In DIN V 4108-4: 2000-2 ist diese Formel wie folgt vereinfacht:

$$U_{w,BW} = U_w + \sum \Delta U_w$$

mit den Bedeutungen:

$U_{w,BW}$: Bemessungswert des Fensters (außerhalb von DIN V 4108-4 wird der Index BW nicht verwendet!)

U_W: Nennwert des Fensters nach Tafel 26

ΔU_W: Korrekturwert nach Tafel 28.

Angaben zum wärmetechnisch verbesserten Glasrand-Verbund finden sich in der Tafel 29.

Mit der Einführung der DIN EN ISO 10077-1 und -2 haben sich auch die Indizes geändert, mit denen die Wärmedurchgangskoeffizienten von Fensterkomponenten bezeichnet werden. Es gilt nun:

— Index W: Für das komplette Fenster (window), bisher: F

— Index f: Für den Rahmen (frame), bisher: R

— Index g: Für das Glas (glace), bisher: V.

Tafel 25 Rechenwerte der Wärmedurchgangskoeffizienten für Verglasungen U_v und für Fenster und Fenstertüren (einschließlich Rahmen) U_F
Anwendung nur bei Wärmeschutznachweisen nach Wärmeschutzverordnung 1995!!

Beschreibung der Verglasung	U_v[1]) in W/(m²·K)	U_F in W/(m²·K) für Rahmenmaterialgruppe[2])				
		1	2.1	2.2	2.3	3[3])
Einfachverglasung	5,8	5,2				
Isolierglas mit 6 mm ≤ LZR ≤ 8 mm	3,4	2,9	3,2	3,3	3,6	4,1
1 Luftzwischen- 8 mm < LZR ≤ 10 mm	3,2	2,8	3,0	3,2	3,4	4,0
raum (LZR) 10 mm < LZR ≤ 16 mm	3,0	2,6	2,9	3,1	3,3	3,8
Isolierglas mit 2 6 mm ≤ LZR < 8 mm	2,4	2,2	2,5	2,6	2,9	3,4
Luftzwischen- 8 mm < LZR ≤ 10 mm	2,2	2,1	2,3	2,5	2,7	3,3
räumen (LZR) 10 mm < LZR ≤ 16 mm	2,1	2,0	2,3	2,4	2,7	3,2
Doppelverglasung mit 20 bis 100 mm Scheibenabstand	2,8	2,5	2,7	2,9	3,2	3,7
Doppelverglasung aus Einfach- und Isolierglas (Luftzwischenraum 10 bis 16 mm) mit 20 bis 100 mm Scheibenabstand	2,0	1,9	2,2	2,4	2,6	3,1
Doppelverglasung aus zwei Isolierglaseinheiten (Luftzwischenraum 10 bis 16 mm) mit 20 bis 100 mm Scheibenabstand	1,4	1,5	1,8	1,9	2,2	2,7
	2,5	2,3	2,5	2,7	3,0	3,5
	2,4	2,2	2,5	2,6	2,9	3,4
	2,3	2,1	2,4	2,6	2,8	3,4
	2,2	2,1	2,3	2,5	2,7	3,3
	2,1	2,0	2,3	2,4	2,7	3,2
	2,0	1,9	2,2	2,4	2,6	3,1
	1,9	1,8	2,1	2,3	2,5	3,1
	1,8	1,8	2,0	2,2	2,5	3,0
	1,7	1,7	2,0	2,2	2,4	2,9
	1,6	1,6	1,9	2,1	2,3	2,9
Wärme- oder Sonnenschutzgläser	1,5	1,6	1,8	2,0	2,3	2,8
	1,4	1,5	1,8	1,9	2,2	2,7
	1,3	1,4	1,7	1,9	2,1	2,7
	1,2	1,4	1,6	1,8	2,0	2,6
	1,1	1,3	1,6	1,7	2,0	2,5
	1,0	1,2	1,5	1,7	1,9	2,4
	0,9	1,2	1,5	1,7	1,9	2,4
	0,8	1,2	1,4	1,6	1,9	2,3
	0,7	1,1	1,3	1,5	1,8	2,2
	0,6	1,0	1,3	1,5	1,8	2,2
	0,5	1,0	1,2	1,4	1,7	2,1
Glasbaustein-Wand nach DIN 4242 mit Hohlglasbausteinen nach DIN 18175						3,5

[1]) Bei Fenstern mit einem Rahmenanteil von nicht mehr als 5% (z. B. Schaufensteranlagen) kann für den Wärmedurchgangskoeffizienten U_F der Wärmedurchgangskoeffizient U_v der Verglasung gesetzt werden.
[2]) Einordnung der Rahmenmaterialgruppen von Fensterprofilen nach Material oder Wärmedurchgangskoeffizienten k_R der Rahmenprofile erfolgt nach folgendem Schema

Rahmenmaterialgruppe	Material	U_R des Rahmenprofils in W/(m²·K)
1	Holz, Kunststoff, Holzkombinationen	≤ 2,0[4])
2.1	Wärmegedämmte Metall- oder Betonprofile	über 2,0 bis 2,8
2.2		über 2,8 bis 3,5
2.3		über 3,5 bis 4,5
3	Metall oder Beton	> 4,5

[3]) Bei Verglasungen mit einem Rahmenanteil ≤ 15% dürfen in der Rahmenmaterialgruppe 3 (ausgenommen Einfachverglasung) die U_F-Werte um 0,5 W/(m²·K) herabgesetzt werden.
[4]) Rahmen aus beliebigen Profilen, wenn U_R ≤ 2,0 W/(m²·K) aufgrund von Prüfzeugnissen nachgewiesen worden ist.

Bauphysik

Tafel 26 Nennwerte der Wärmedurchgangskoeffizienten von Fenstern und Fenstertüren U_W in W/m² K in Abhängigkeit vom Nennwert des Wärmedurchgangskoeffizienten für Verglasung U_g und vom Bemessungswert des Wärmedurchgangskoeffizienten des Rahmens U_f

Art der Verglasung	U_g[a]) W/m² K	$U_{f,BW}$ nach Tafel 29 in W/m² K										
		0,8	1,0	1,2	1,4	1,8	2,2	2,6	3,0	3,4	3,8	7,0
Einfachglas	5,7	4,2	4,3	4,3	4,4	4,5	4,6	5,8	4,9	5,1	5,1	6,1
	3,3	2,6	2,7	2,8	2,8	2,9	3,1	3,2	3,4	3,5	3,6	4,4
	3,2	2,6	2,6	2,7	2,8	2,9	3,0	3,2	3,3	3,4	3,5	4,3
	3,1	2,5	2,6	2,6	2,7	2,8	2,9	3,1	3,2	3,3	3,5	4,3
	3,0	2,4	2,5	2,6	2,6	2,7	2,9	3,0	3,1	3,3	3,4	4,2
	2,9	2,4	2,4	2,5	2,5	2,7	2,8	3,0	3,1	3,2	3,3	4,1
	2,8	2,3	2,4	2,4	2,5	2,6	2,7	2,9	3,0	3,1	3,3	4,1
	2,7	2,2	2,3	2,3	2,4	2,5	2,6	2,8	2,9	3,1	3,2	4,0
	2,6	2,2	2,3	2,3	2,4	2,5	2,6	2,8	2,9	3,0	3,1	4,0
	2,5	2,1	2,2	2,3	2,3	2,4	2,6	2,7	2,8	3,0	3,1	3,9
	2,4	2,1	2,1	2,2	2,2	2,4	2,5	2,7	2,8	2,9	3,0	3,8
Zweischeiben-Isolier-verglasung	2,3	2,0	2,1	2,1	2,2	2,3	2,4	2,6	2,7	2,8	2,9	3,8
	2,2	1,9	2,0	2,0	2,1	2,2	2,3	2,5	2,6	2,8	2,9	3,7
	2,1	1,9	1,9	2,0	2,0	2,2	2,3	2,4	2,5	2,7	2,8	3,6
	2,0	1,8	1,8	1,9	2,0	2,1	2,2	2,4	2,5	2,6	2,7	3,6
	1,9	1,7	1,8	1,8	1,9	2,0	2,1	2,3	2,4	2,5	2,7	3,5
	1,8	1,6	1,7	1,8	1,8	1,9	2,1	2,2	2,4	2,5	2,6	3,4
	1,7	1,6	1,6	1,7	1,8	1,9	2,0	2,2	2,3	2,4	2,5	3,3
	1,6	1,5	1,6	1,6	1,7	1,8	1,9	2,1	2,2	2,3	2,5	3,3
	1,5	1,4	1,5	1,6	1,6	1,7	1,9	2,0	2,1	2,3	2,4	3,2
	1,4	1,4	1,4	1,5	1,5	1,7	1,8	2,0	2,1	2,2	2,3	3,1
	1,3	1,3	1,4	1,4	1,5	1,6	1,7	1,9	2,0	2,1	2,2	3,1
	1,2	1,2	1,3	1,3	1,4	1,5	1,7	1,8	1,9	2,1	2,2	3,0
	1,1	1,2	1,2	1,3	1,3	1,5	1,6	1,7	1,9	2,0	2,1	2,9
	1,0	1,1	1,1	1,2	1,3	1,4	1,5	1,7	1,8	1,9	2,0	2,9
Dreischeiben-Isolier-verglasung	2,3	1,9	2,0	2,1	2,1	2,2	2,4	2,5	2,7	2,8	2,9	3,7
	2,2	1,9	1,9	2,0	2,1	2,2	2,3	2,5	2,6	2,7	2,8	3,6
	2,1	1,8	1,9	1,9	2,0	2,1	2,2	2,4	2,5	2,6	2,8	3,6
	2,0	1,7	1,8	1,9	1,9	2,0	2,2	2,3	2,5	2,6	2,7	3,5
	1,9	1,7	1,7	1,8	1,8	2,0	2,1	2,3	2,4	2,5	2,6	3,4
	1,8	1,6	1,7	1,8	1,8	1,9	2,1	2,2	2,4	2,5	2,6	3,4
	1,7	1,6	1,6	1,7	1,7	1,8	1,9	2,1	2,2	2,4	2,5	3,3
	1,6	1,5	1,6	1,6	1,7	1,8	1,9	2,1	2,2	2,3	2,5	3,3
	1,5	1,4	1,5	1,6	1,6	1,7	1,9	2,0	2,1	2,3	2,4	3,2
	1,4	1,4	1,4	1,5	1,5	1,7	1,8	2,0	2,1	2,2	2,3	3,1
	1,3	1,3	1,4	1,4	1,5	1,6	1,7	1,9	2,0	2,1	2,2	3,1
	1,2	1,2	1,3	1,3	1,4	1,5	1,7	1,8	1,9	2,1	2,2	3,0
	1,1	1,2	1,2	1,3	1,3	1,5	1,6	1,7	1,9	2,0	2,1	2,9
	1,0	1,1	1,1	1,2	1,3	1,4	1,5	1,7	1,8	1,9	2,0	2,9
	0,9	1,0	1,1	1,1	1,2	1,3	1,4	1,6	1,7	1,8	2,0	2,8
	0,8	0,9	1,0	1,1	1,1	1,3	1,4	1,5	1,7	1,8	1,9	2,7
	0,7	0,9	0,9	1,0	1,1	1,2	1,3	1,5	1,6	1,7	1,8	2,6
	0,6	0,9	0,9	1,0	1,0	1,1	1,2	1,4	1,5	1,6	1,8	2,5
	0,5	0,7	0,8	0,9	0,9	1,0	1,2	1,3	1,4	1,6	1,7	2,5

[a]) Nennwert des Wärmedurchgangskoeffizienten U_g
[b]) Die Bestimmung des U_f-Wertes erfolgt aufgrund
— von Messungen nach E DIN EN 12412-2 oder
— Berechnung nach E DIN EN ISO 10077-2 oder
— Ermittlung nach DIN EN ISO 10077-1: 2000-11, Anhang D.

Tafel 27 Zuordnung der U_f-Werte von Einzelprofilen zu einem $U_{f,BW}$-Bemessungswert für Rahmen

U_f-Wert für Einzelprofile W/(m K)		$U_{f,BW}$-Bemessungswert
	<0,90	0,80
>0,90	<1,1	1,0
>1,1	<1,3	1,2
>1,3	<1,6	1,4
>1,6	<2,0	1,8
>2,0	<2,4	2,2
>2,4	<2,8	2,6
>2,8	<3,2	3,0
>3,2	<3	3,4
>3,6	<4,0	3,8
	>4,0	7,0

Die U_f-Werte von verschiedenen Profilen bzw. Profilkombinationen eines Profilsystems werden durch den U_f-Wert des wärmeschutztechnisch ungünstigsten Profils beschrieben.

Tafel 28 Korrekturwerte ΔU_w zur Berechnung der $U_{w,BW}$-Bemessungswerte

Bezeichnung des Korrekturwertes	Korrekturwert ΔU_w W/m² K	Grundlage
Glasbeiwert	+0,1	Bei Verwendung einer Verglasung ohne Überwachung nach Anmerkung A1
	0,0	Bei Verwendung einer Verglasung mit Überwachung nach Anmerkung A2
Korrektur für wärmetechnisch verbesserten Randverbund des Glases[a])	−0,1	Randverbund erfüllt die Anforderung nach Tafel 31
	±0,0	Randverbund erfüllt die Anforderung nach Tafel 31 nicht
Korrekturen für Sprossen[a])		
— aufgesetzte Sprossen	±0,0	Abweichungen in den Berechnungsannahmen und bei der Messung
— Sprossen im Scheibenzwischenraum (einfaches Sprossenkreuz)	+0,1	
— Sprossen im Scheibenzwischenraum (mehrfache Sprossenkreuze)	+0,2	
— Glasteilende Sprossen	+0,3	

[a]) Korrektur entfällt, wenn bereits bei Berechnung oder Messung berücksichtigt

Anmerkung A1: Werkseigene Produktionskontrolle nach DIN V 4108-4: 2000-02, Anhang B1
Anmerkung A2: Fremdüberwachung nach DIN V 4108-4: 2000-02, Anhang B2; das Isolierglas ist mit einer Kennzeichnung zu versehen, welche die Fremdüberwachung dokumentiert.

Bauphysik

Die korrekte wärmetechnische Kenngröße zur Beschreibung des Systems Fensterrahmen—Glasrandverbund—Glas ist der längenbezogene Wärmedurchgangskoeffizient Ψ nach E DIN EN ISO 10077-2.

Vereinfachend wird zur Abgrenzung die Kenngröße $\sum (d \cdot \lambda)$, in W/K verwendet, siehe Bild 16. Als wärmetechnisch verbesserter Randverbund wird ein Randverbund bezeichnet, dessen Abstandhalter das Kriterium nach der folgenden Ungleichung erfüllt:

$$\sum (d \cdot \lambda) \leq 0,007 \text{ W/K}$$

Dabei wird der Querschnitt in der Mitte des Abstandhalters betrachtet, es ist:

— d die Materialdicke bzw. Wandstärke, in m;
— λ die Wärmeleitfähigkeit, in W/(m · K).

Es wird über alle Materialien, insbesondere metallische, summiert. Die Wärmeleitfähigkeiten sind nach DIN EN 12524 bzw. E DIN EN ISO 10077-2 anzusetzen.

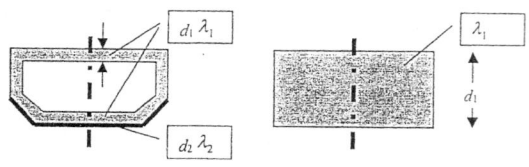

$$\Sigma(d \cdot \lambda) = 2 \, (d_1 \cdot \lambda_1) + d_2 \cdot \lambda_2 \qquad \Sigma(d \cdot \lambda) = d_1 \cdot \lambda_1$$

Bild 16
Randverbund bei Isolierglas

Die längenbezogenen Wärmedurchgangskoeffizienten ψ können für verschiedene Materialien des Glaswandverbundes wie folgt abgeschätzt werden.

Material	ψ (W/mK)
Alu	0,08
Edelstahl	0,065
Kunststoff	0,045

5   Schallschutz im Hochbau

Damit Menschen in Aufenthaltsräumen vor unzumutbaren Lärmbelästigungen durch Schallübertragung aus der Umgebung geschützt werden, legt die DIN 4109 einerseits Mindestwerte der Schalldämmung von Bauteilen und andererseits Höchstwerte des Schallpegels von Lärmquellen im Gebäude fest. Bei der Planung von Maßnahmen, die die Forderungen an den Schallschutz im Gebäude zu erfüllen, müssen auch die Schallausbreitungswege im Gebäude beachtet werden.

Die für die Lärmbelästigung des Menschen verantwortlichen Schallquellen können innerhalb oder außerhalb des Gebäudes lokalisiert sein. Befinden sie sich innerhalb des Gebäudes, dann handelt es sich entweder um Geräusche aus fremden Nachbarräumen, z. B. laute Sprache, Musik und dgl. oder um Lärm von haustechnischen Anlagen, z. B. Wasserinstallation, Aufzüge u. ä. Außerhalb des Hauses handelt es sich in der Regel um Verkehrslärm. Maßnahmen gegen Fluglärm sind Gegenstand der Verordnung der Bundesregierung über bauliche Schallschutzanforderungen nach dem Gesetz zum Schutz gegen Fluglärm.

Auf Grund der in DIN 4109 festgelegten Anforderungen kann nicht erwartet werden, daß in den eigenen Räumen Geräusche von außen nicht mehr wahrgenommen werden. Die festgelegten Anforderungen setzen voraus, daß in den Nachbarräumen keine ungewöhnlich starken Geräusche verursacht werden.

Ausführungsbeispiele von Bauteilen und deren Schalldämmung befinden sich im Beiblatt 1 zu DIN 4109.

5.1 Begriffe und Bewertungsgrößen der Bauakustik

5.1.1 Grundbegriffe

Als **Schall** bezeichnet man mechanische Schwingungen und Wellen eines elastischen Mediums, insbesondere im Bereich des menschlichen Hörens von etwa 16 Hz bis 16000 Hz. Je nachdem, ob er sich in Luft oder in einem festen Körper ausbreitet, spricht man von **Luft- oder Körperschall.**
Beim Luftschall ist zwischen Tönen, Klängen und Geräuschen zu unterscheiden.
Ein **Ton** entsteht bei einer Schallschwingung von sinusförmigem Verlauf. Die Zahl der Schwingungen je Sekunde ergibt die **Frequenz** f des Tones in Hertz (Hz). Mit zunehmender Frequenz nimmt auch die Tonhöhe zu. Eine Verdoppelung der Frequenz entspricht einer **Oktave.**
In der Bauakustik betrachtet man einen Bereich von rund 5 Oktaven, nämlich die Frequenzen von 100 Hz bis 3150 Hz. Für die Analyse von Schallvorgängen ist die Oktavbreite oft zu groß und wird deshalb in Terzen gedrittelt. Die Bandbreite der Oktave und der Terz sind durch das Verhältnis der oberen Eckfrequenz f_o zur unteren Eckfrequenz f_u jeweils wie folgt festgelegt:

$$\text{Oktave:} \quad f_o/f_u = 2 \qquad \text{Terz:} \quad f_o/f_u = \sqrt[3]{2} = 1{,}26$$

Als **Geräusch** bezeichnet man ein Schallereignis, das aus vielen Teiltönen zusammengesetzt ist, deren Frequenzen nicht in einem einfachen Zahlenverhältnis zueinander stehen. Die Stärke des Schalls findet seinen Ausdruck im **Schalldruck p** der Druckschwankungen, die durch die Schallwellen in der Luft erzeugt werden und die sich dem atmosphärischen Druck der Luft überlagern. Die Einheit des Druckes ist $1\ \text{N/m}^2 = 1\ \text{Pa}$. Der Empfindungsbereich des Ohres erfaßt Schalldrücke zwischen ca. $2 \cdot 10^{-5}$ Pa und 20 Pa. Für die praktische Bewertung von Schallvorgängen wurde der **Schallpegel L** definiert. Er ist der zehnfache Logarithmus vom Verhältnis des Quadrates des jeweiligen Schalldrucks p zum Quadrat des festgelegten Bezugsschalldrucks $p_0 = 2 \cdot 10^{-5}$ Pa.

$$L = 10\ \lg\ (p/p_0)^2 = 20\ \lg\ (p/p_0) \quad \text{in dB}$$

Das **Dezibel** mit der Abkürzung dB ist keine Einheit im Sinne der qualitativen und quantitativen Angaben physikalischer Größen, sondern dient zur Kennzeichnung von logarithmierten Verhältnisgrößen.

Schallpegeladdition. Auf Grund der Definition des Schallpegels als logarithmiertes Verhältnis zweier Werte dürfen zwei oder mehr Schallpegel nicht direkt algebraisch addiert werden, um den Gesamtschallpegel zu ermitteln.

$$L_{ges} = 10\ \lg \sum_{i=1}^{n} 10^{0,1 \cdot L_i}$$

Bei mehreren zu addierenden Schallpegeln hängt die Z u n a h m e nur von der D i f f e r e n z der Einzelpegel und nicht von deren Absolutwert ab. Hierzu müssen die Quadrate der einzelnen Schalldruckpegel addiert werden. Für zwei Pegel L_1 und L_2 gilt also:

$$p_{ges}^2 = p_1^2 + p_2^2$$

und damit

$$L_{ges} = 10\ \log\ (10^{L1/10} + 10^{L2/10})\,.$$

Beispiele: $L_1 = 60$ dB; $L_2 = 60$ dB, $L_{ges} = 10\ \log\ (10^6 + 10^6) = 10\ \log\ (2 \cdot 1\,000\,000)$
$\qquad = 10 \cdot \log\ (2) + 60 = 63$ dB;

$\qquad L_1 = 70$ dB; $L_2 = 60$ dB, $L_{ges} = 10\ \log\ (10^7 + 10^6)$
$\qquad = 10\ \log\ (10\,000\,000 + 1\,000\,000) = 10 \cdot \log\ (11\,000\,000) = 70{,}4$ dB.

Eine Pegelerhöhung um 3 dB entspricht also einer Verdoppelung der Schallenergie. Diese Pegelerhöhung ist mit dem Ohr gerade wahrnehmbar. Eine Pegelerhöhung von 10 dB oder eine Pegelerniedrigung um 10 dB wirkt subjektiv dagegen als eine Verdoppelung bzw. Halbierung der Lautstärke empfunden.

Das menschliche Ohr ist nicht über den ganzen Hörbereich gleich sensitiv. Bei mittleren Frequenzen ist es viel empfindlicher als bei tiefen Frequenzen. Daher wurde neben dem physikalischen Maß des Schallpegels ein weiteres Maß eingeführt, dem die Empfindung des menschlichen Ohres auf Schalleinwirkung zugrunde liegt. Es wird als **Lautstärke** oder **Lautstärkepegel** bezeichnet und seine Einheit ist das **Phon**. Die Lautstärke in Phon ist definitionsgemäß zahlenmäßig gleich dem Schallpegel in dB eines gleich lauten Tones der Frequenz 1000 Hz (Die Hörschwelle liegt bei 0 Phon) (Bild 17).

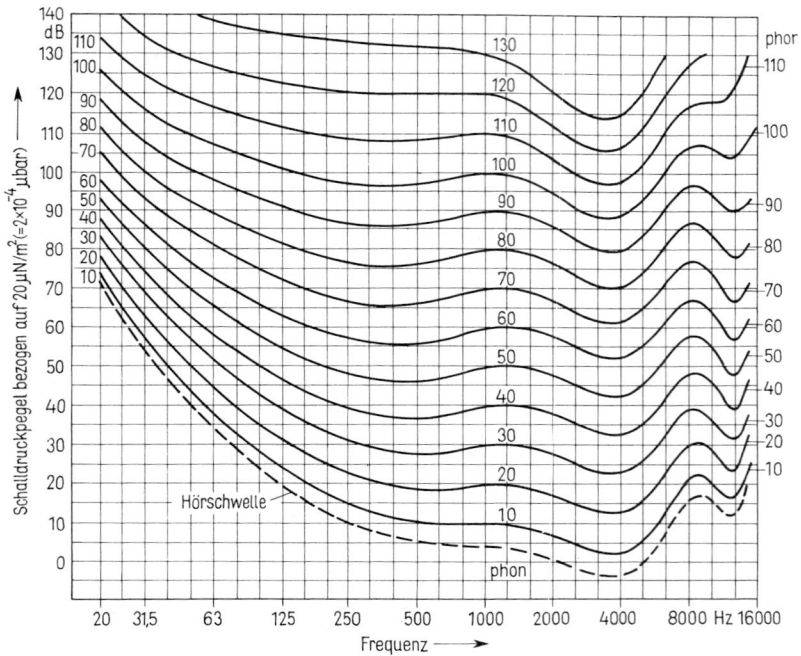

Bild 17 Hörschwelle und Kurven gleicher Lautstärke, Pegel für Sinustöne im freien Schallfeld nach DIN 45630

Wegen der komplizierten Verhältnisse im Zusammenhang mit der veränderlichen Empfindlichkeit des menschlichen Ohres ist die Bestimmung der Lautstärke eines Geräusches sehr aufwendig. Um Geräusche ohne großen Aufwand annähernd gehörrichtig messen zu können, wurde der **A-bewertete Schallpegel** L_A in dB (A) eingeführt. Die Schallpegel der verschiedenen Frequenzanteile eines Geräusches werden nach der A-Frequenz-Bewertungskurve bewertet, der so ermittelte Schallpegel L_A erlaubt die annähernd gehörrichtige Angabe der Stärke eines Geräusches (s. nachfolgende Beispiele)

Beispiele für den A-Schallpegel verschiedener Geräusche

Fabriksaal einer Spinnerei	90 bis 100 dB (A)
Verkehrslärm in Hauptverkehrsstraße	75 bis 80 dB (A)
laute Sprache	70 bis 75 dB (A)
ruhiger Raum, tagsüber	25 bis 30 dB (A)
ruhiger Raum, nachts (abseits vom Verkehr)	10 bis 20 dB (A)

5.1.2 Schallschutz, Luft- und Trittschalldämmung

Unter **Schallschutz** versteht man Maßnahmen gegen die Schallentstehung (Primär-maßnahmen) und Maßnahmen gegen die Schallübertragung von einer Schallquelle zum Hörer (Sekundär-Maßnahmen). Bei Sekundärmaßnahmen erfolgt der Schallschutz durch Schalldämmung (Schallquelle und Hörer in verschiedenen Räumen) oder durch Schallschluckung (beide im selben Raum). Bei der Schalldämmung richten sich die erforderlichen Maßnahmen des Schallschutzes nach der Art der Schwingungsanregung, unterschieden wird zwischen Luft- oder Körperschallanregung (Bild 18).

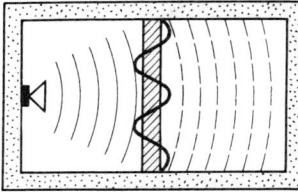 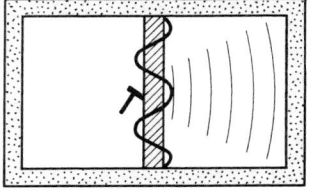

Luftschall-Anregung   Körperschall-Anregung

Bild 18   Schwingungsanregung von Bauteilen durch Luft- und Körperschall

5.1.2.1 Kennzeichnung und Bewertung der Luftschalldämmung

Wird in einem Raum Luftschall erzeugt, so muß die Summe aus der im Raum absorbierten und reflektierten Energie und aus der durchgelassener Energie gerade gleich groß sein wie die erzeugte Energie. Dabei zeigt es sich, daß der Anteil der durchgelassenen Energie im Vergleich zu den beiden erstgenannten Anteilen sehr klein ist, bei einer 24 cm dicken Wand aus Ziegeln nur etwa ein hunderttausendstel der Summe aus absorbierter und reflektierter Energie. Betrachtet man die Verhältnisse im Senderaum selbst, so kann dieser Anteil völlig vernachlässigt werden. Die Betrachtung der im Raum verbleibenden Energie ist Aufgabe der *Raumakustik*.
Bei Anregung mit Luftschall im Senderaum wird nicht nur das Trennbauteil, sondern auch alle flankierenden Bauteile angeregt. Der Transmissionsgrad zwischen zwei Räumen muß daher beschrieben werden als Summe aus dem Transmissionsgrad des trennenden Bauteiles und der Transmissionsgrade aller Nebenwege:

$$\tau_{ges} = \tau_{Dd} + \sum_{i=1}^{n} \tau_i$$

Die Schalldämmung R ist dann definiert als der zehnfache dekadische Logarithmus des Transmissionsgrades:

$$R = -10 \cdot \log [\tau] \quad \text{in dB}$$

Eine Übersicht über die möglichen Luftschallübertragungswege zwischen zwei Räumen zeigt Bild 19. Die darin verwendete Nomenklatur ist heute international üblich.

Bild 19   Schallübertragungswege zwischen zwei Räumen.
Große Buchstaben kennzeichnen den Senderaum (SR), kleine den Empfangsraum (ER). *D* steht für „Direkt", *F* für „Flanke". *Df* bedeutet also Energieaufnahme über das trennende Bauteil im ER und Energieabgabe im SR über die Flanke.

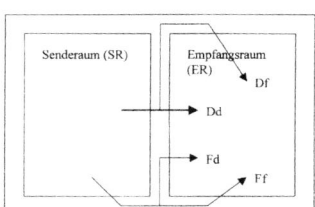

Die einzelnen Transmissionsgrade lassen sich meßtechnisch bei ausgeführten Bauten nur schwer bestimmen, die gesamte Schalldämmung jedoch sehr einfach: Im SR wird mit Hilfe eines Lautsprechers der Pegel L_1 erzeugt, im ER wird dann der Pegel L_2 gemessen. Die Schalldämmung zwischen den beiden Räumen ergibt sich nach der Formel

$$R' = L_1 - L_2 + 10 \cdot \log [S/A] \quad \text{in dB}$$

(Der Apostroph bedeutet **Messung am Bau mit allen Nebenwegen**. Im Gegensatz dazu werden Meßergebnisse, die im Labor ohne Nebenwege erzielt werden, ohne Apostroph dargestellt.)

S bedeutet die Fläche des trennenden Bauteils in m^2 und A die *äquivalente Absorptionsfläche*, die durch Messung der *Nachhallzeit* T_{60} aus der Sabineschen Formel ermittelt wird:

$$A_{\text{gesamt}} = 0,16 \cdot V / T_{60}$$

mit V Raumvolumen des Empfangsraumes in m^3.

Statt des Schalldämmaßes R' kann man, wenn die Trennfläche in Senderaum und Empfangsraum nicht übereinstimmt, die

Normschallpegeldifferenz D_n

$$D_n = L_1 - L_2 + 10 \cdot \log [A_0/A] \quad \text{in dB}$$

verwenden. A_0 ist dabei die Bezugsabsorptionsfläche, für die bei normalen Räumen 10 m^2 und bei Klassenzimmern 25 m^2 einzusetzen sind. Ist das Volumen des Empfangsraumes nicht genau bekannt, so wird die

Standardschallpegeldifferenz D_{nT} verwendet:

$$D_{nT} = L_1 - L_2 + 10 \cdot \log [T_0/T] \quad \text{in dB}$$

wobei T_0 eine Bezugsnachhallzeit ist, die auf 0,5 s festgelegt ist.

Die Messung der Schalldämmung muß frequenzabhängig entweder in Terzbandbreite von 100 Hz bis 3150 Hz oder in Oktavbandbreite von 125 Hz bis 2000 Hz erfolgen. Für die Schalldämmung liegen dann 16 bzw. 5 Meßwerte vor. Eine *Einzahlangabe* erhält man aus dem Vergleich der Meßwerte mit einer *Bezugskurve*. Diese orientiert sich am Verlauf der Schalldämmung einer idealisierten, 240 mm dicken, verputzten Ziegelwand, also an einer Konstruktion, die bis in die 60er Jahre als Wohnungstrennwand üblich war.

Die Einzahlangabe wird ermittelt, indem die Bezugskruve solange in ganzen dB-Schritten nach oben verschoben wird, bis die *Summe der Unterschreitungen* bei Terzmessungen ≤ 32 dB und bei Oktavmessungen ≤ 10 dB beträgt. Der bei 500 Hz abgelesene Wert der verschobenen Bezugskurve ergibt das **bewertete Schalldämmaß R'_w**.

An der Ermittlung von Einzahlangaben durch die Bezugskurve ist oft kritisiert worden, daß sie auf den tatsächlich vorhandenen Frequenzverlauf der störenden Geräusche wenig Rücksicht nimmt. In der Tat weisen zum Beispiel innerstädtische Verkehrsgeräusche im tiefen Frequenzbereich die höchsten Energieanteile auf, während die Bezugskurve dort nur geringe Schalldämmaße verlangt. Dies hat zur Folge,

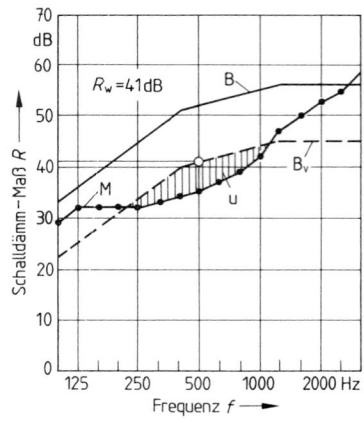

B Bezugskurve nach DIN 52210-4
B_v Verschobene Bezugskurve
M Meßwerte
u Zulässige mittlere Unterschreitung von 2 dB

Bild 20
Ermittlung des bewerteten Schalldämmaßes

daß die Schutzwirkung eines Bauteils gegen Straßenverkehrslärm durch das bewertete Schalldämmaß nur unzureichend wiedergegeben wird. Ähnlich verhält es sich mit üblichem Lärm aus einer Nachbarwohnung, bei dem gegenüber früheren Zeiten eine immer stärkere Verschiebung zu tiefen Frequenzen hin festzustellen ist (z. B. HiFi-Anlagen).

Aus diesem Grund hat man **Spektrums-Anpassungswerte** eingeführt, bei denen die Meßwerte der Schalldämmung mit *Bezugsspektren* verglichen werden. Im Rahmen der europäischen Harmonisierung wurden zwei Bezugspektren festgelegt: ein A-bewertetes Rosa Rauschen zur Anpassung des bewerteten Schalldämmaßes an üblichen Wohnungslärm (Spektrum-Anpassungswert C) und ein A-bewertetes Referenzspektrum für innerstädtischen Verkehrslärm (Spektrum-Anpassungswert C_{tr}). Die vollständige schalltechnische Klassifizierung eines Bauteils oder einer Konstruktion erfolgt damit durch ein Zahlentripel, z. B. in der Form

$$R_w(C, C_{tr}) = 44(-3, -7).$$

5.1.2.2 Kennzeichnung und Bewertung der Trittschalldämmung

Beim Trittschall geht man im Gegensatz zum Luftschall, bei dem Schallpegeldifferenzen verglichen werden, von einer definierten Körperschallquelle aus, mit der die zu prüfende Struktur im wesentlichen zu freien Biegeschwingungen angeregt wird, und mißt im Empfangsraum folglich absolute Schalldruckpegel. Als Körperschallquelle wird das Norm-Hammerwerk verwendet. Es besteht aus 5 Hämmern von je 500 g Masse, die aus 40 mm Höhe frei fallen. Der Fallrhythmus ist so geregelt, daß eine Anregefrequenz von 10 Hz erzeugt wird.

Die im Empfangsraum gemessenen Normtrittschallpegel L'_n ergeben sich daher nach folgender Formel:

$$L'_n = L_2 + 10 \cdot \log [A/A_0] \quad \text{in dB}$$

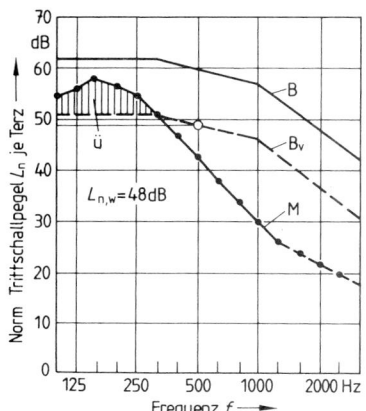

B Bezugskurve nach DIN 52210-4
B_v Verschobene Bezugskurve
M Meßwerte
ü Zulässige mittlere Unterschreitung von 2 dB

Bild 21
Ermittlung des bewerteten Normtrittschallpegels

mit L_2: Meßpegel im Empfangsraum
A: äquivalente Absorptionsfläche im Empfangsraum
A_0: Bezugsabsorptionsfläche, 10 m².

Falls dem Empfangsraum kein eindeutiges Volumen zugeordnet werden kann (z. B. offene Grundrisse mit Galerien etc.), verwendet man den

Standard-Trittschallpegel L'_{nT}

$$L'_{nT} = L_2 + 10 \cdot \log [T_0/T] \quad \text{in dB}$$

wobei wieder eine Bezugsnachhallzeit von 0,5 Sekunden gewählt wird. Die Ermittlung einer **Einzahlangabe** erfolgt analog zum Luftschall durch Vergleich der Meßwerte mit einer Bezugskurve, wobei jetzt diese solange in ganzen dB-Schritten verschoben wird, bis die Summe der *Überschreitungen* in Terzen maximal 32 dB und in Oktaven maximal 10 dB beträgt. Der bei 500 Hz abgelesene Wert der verschobenen Bezugskurve ergibt dann den **bewerteten Normtrittschallpegel $L'_{n,w}$** bzw. den bewerteten Standard-Trittschallpegel.

5.1.2.3 Schalldämmaße zusammengesetzter Bauteile

Besteht ein trennendes Bauteil der Gesamtfläche S aus mehreren Teilflächen S_i mit unterschiedlichen bewerteten Schalldämmaßen $R_{w,i}$ so errechnet sich die Gesamtschalldämmung $R_{w,ges}$ nach folgender Formel:

$$R_{w,ges} = -10 \cdot \log \left[\frac{1}{S} \cdot \sum_{i=1}^{n} S_i \cdot 10^{-R_{w,i}/10} \right]$$

wobei S die Summe aller Teilflächen darstellt.

Beispiel   Trennwand mit Tür und Anschlußschwert an Fassade

Die Fläche der Trennwand sei 12,2 m², ihr bewertetes Schalldämmaß 49 dB. Im Anschluß an die Fassade befindet sich ein Schwert mit einer Fläche von 0,6 m² und einem Schalldämmaß von 27 dB, in der Trennwand befindet sich eine Tür mit 37 dB bei einer Fläche von 2,2 m². Die Gesamtfläche beträgt also 15 m².

$$R_{w,ges} = -10 \log \left[1/15 \cdot (12,2 \cdot 10^{-49/10} + 0,6 \cdot 10^{-27/10} + 2,2 \cdot 10^{-37/10}) \right] = 39 \text{ dB.}$$

Aus dem Beispiel wird deutlich, daß die Gesamtschalldämmung im wesentlichen vom Bauteil mit der geringsten Schalldämmung bestimmt wird.

5.2   Nachweis des geforderten Schallschutzes

Im Rahmen der europäischen Harmonisierung befindet sich der Nachweis des baulichen Schallschutzes in einer Umbruchphase. War es bislang üblich, Bauteile in Prüfständen mit bauüblichen Nebenwegen zu messen, so daß zu einer bestimmten Bauart eine direkte Übertragbarkeit bestand, so wird in Zukunft die Gebäudeeigenschaft Schallschutz aus den Bauteileigenschaften errechnet. Die erforderlichen europäischen Normenarbeiten sind weitgehend abgeschlossen und in der DIN EN-Reihe 12354 niedergelegt, von denen die wichtigsten Teile 1 (Luftschall) und 2 (Trittschall) seit dem Jahr 2000 als Weißdrucke vorliegen. Diese beiden Normen stellen hinsichtlich des Nachweises des baulichen Schallschutzes den Stand der Technik dar, so daß Schallschutznachweise mehr und mehr nach diesen Regelwerken geführt werden.

Baurechtlich eingeführt ist jedoch nach wie vor das Regelwerk der DIN 4109, bei dem im Beiblatt 1 ein umfangreicher Bauteilkatalog vorliegt, nach dem Nachweise geführt werden können.

Neben dem rechnerischen Nachweis können auch bauakustische Messungen als Eignungsprüfungen durchgeführt werden. Bei Eignungsprüfungen wird unterschieden:

Eignungsprüfung I. Gemessen wird der Schallschutz der Bauteile in Prüfständen nach DIN 52210-4. Das dort ermittelte Prüfergebnis wird durch den Index P gekennzeichnet, z. B. $R'_{w,P}$. Für den Nachweis des geforderten Schallschutzes muß, um den Rechenwert zu erhalten (Index R), der Meßwert um das **Vorhaltemaß** abgemindert werden. Es ist:

bei Wänden und Decken: $R'_{w,R} = R'_{w,P} - 2$
bei Fenstern: $R_{w,R} = R_{w,P} - 2 \text{ dB}$,
bei Türen: $R_{w,R} = R_{w,P} - 5 \text{ dB}$.

Eignungsprüfung III. Prüfung in ausgeführten Bauten von Bauteilen, die sich wegen ihrer Größe nicht in genormte Prüfstände einbauen lassen (Sonderbauteile), und von Bauarten, zu deren Prüfung die genormten Prüfstände nicht geeignet sind (Sonderbauarten).

5.3 Grundsätzliches Verhalten von Bauteilen im Massivbau

5.3.1 Luftschall

5.3.1.1 Einschalige Massivbauteile

Einfluß von Masse und Biegesteifigkeit. Die Schalldämmung einschaliger Bauteile hängt in erster Linie von ihrer flächenbezogenen Masse in kg/m² und in zweiter Linie von ihrem Elastizitätsmodul und ihrem Verlustfaktor ab. Bei Luftschallanregung werden im Bauteil erzwungene Biegewellen angeregt. Auf Grund des unterschiedlichen Dispersionsverhaltens von Luftschallwellen und Biegewellen gibt es bei breitbandiger Anregung immer genau eine Frequenz, bei der bei streifendem Einfall die Wellenlänge des anregenden Luftschalls mit der Wellenlänge der erzwungenen Biegewellen übereinstimmt. Es tritt dann Resonanz auf, so daß die Schalldämmung des Bauteils in diesem Frequenzbereich minimal wird. Für das bewertete Schalldämmmaß hat die Lage der Grenzfrequenz daher entscheidenden Einfluß.

Die Grenzfrequenz ergibt sich nach folgender Gleichung:

$$f_{\mathrm{g}} = \frac{60}{d} \cdot \sqrt{\frac{\varrho}{E_{\mathrm{dyn}}}} ,$$

wobei d die Dicke des Bauteils in m bedeuten, ρ ihre Rohdichte in kg/m³ und E_{dyn} den dynamischen Elastizitätsmodul in MN/m³.

Je nach Lage der Grenzfrequenz teilt man einschalige Bauteile in biegesteife Bauteile ein (Grenzfrequenz < 200 Hz) und biegeweiche (Grenzfrequenz > 2000 Hz).

Einfluß von Hohlräumen. Größere Hohlräume können die Schalldämmung gegenüber gleich schweren Anteilen ohne Hohlräume verringern.

Einfluß von Putz. Der Putz verbessert die Luftschalldämmung von Bauteilen nur entsprechend seinem (meist geringen) Anteil an flächenbezogener Masse, sofern er nicht auch eine dichtende Funktion hat. Gemauerte Wände mit nur unvollständig vermörtelten Fugen und Wände aus luftdurchlässigem Material (Einkornbeton, haufwerkporiger Leichtbeton) erhalten die ihrer flächenbezogenen Masse entsprechende Schalldämmung erst mit einem zumindest einseitigen, dichten und vollflächig haftenden Putz.

5.3.1.2 Zweischalige Bauteile

Bei zweischaligen Bauteilen läßt sich eine bestimmte Luftschalldämmung mit einer geringeren flächenbezogenen Masse erreichen als bei einschaligen. Die bewerteten Schalldämm-Maße R'_{w} können zum Teil erheblich über denen für einschalige Bauteile liegen.

Einfluß der Eigenfrequenz f_0. Die Luftschalldämmung zweischaliger Bauteile ist nur für Frequenzen oberhalb ihrer Eigenfrequenz f_0 besser als die von gleich schweren einschaligen Bauteilen. Im Bereich f_0 ist die Luftschalldämmung geringer. f_0 soll deshalb unter 100 Hz liegen. In Tafel 30 sind Zahlenwertgleichungen zur Bestimmung von f_0 für einige typische Anwendungsfälle angegeben. Diese Gleichungen gelten dann, wenn die Schalen s_1 biegeweich (Grenzfrequenz $f_{\mathrm{g}} \geq 2000$ Hz) und die Schalen s_2 biegesteif ($f_{\mathrm{g}} \leq 200$ Hz) ausgeführt werden.

Dynamische Steifigkeit s'. Wenn bei zweischaligen Bauteilen eingelegte Dämmschichten vollständig mit beiden Schalen fest verbunden sind oder fest an diesen anliegen, ist die Eigenfrequenz f_0 von der dynamischen Steifigkeit s' der Dämmschicht abhängig und um so niedriger, je geringer diese ist. Dies gilt auch bei schwimmenden Estrichen. In Tafel 31 sind Zahlenwerte verschiedener Dämmstoffe angegeben.

Tafel 30   Bestimmung der Eigenfrequenz f_0 zweischaliger Bauteile nach [3]

Ausfüllung des Zwischenraumes	Doppelwand aus zwei gleich schweren biegeweichen Einzelschalen s_1	Biegeweiche Vorsatzschale s_1 vor schwerem Bauteil s_2
Luftschicht mit schallschluk-kender Einlage[1])	Fall a $f_0 \approx \dfrac{900}{\sqrt{m' \cdot a}}$	Fall b $f_0 \approx \dfrac{650}{\sqrt{m' \cdot a}}$
Dämmschicht mit beiden Schalen vollflächig fest verbunden oder an diesen fest anliegend	Fall c $f_0 \approx 270 \sqrt{\dfrac{s'}{m'}}$	Fall d[2]) $f_0 \approx 190 \sqrt{\dfrac{s'}{m'}}$

f_0	Eigenfrequenz in Hz	a Schalenabstand in cm
m'	flächenbezogene Masse der biegeweichen Schale s_1 in kg/m^2	s' dynamische Steifigkeit der Dämmschicht in MN/m^3

[1]) Die Gleichungen für die Fälle a und b gelten nur, wenn die schallschluckende Einlage eine Gefügesteifigkeit hat, die vernachlässigbar klein gegenüber der Luftsteifigkeit ist. Diese Bedingungen können erfüllt werden z. B. von Faserdämmstoffen nach DIN 18165-1, Typ WL-w oder W-w. Ausnahmen bilden Ausführungen mit außenseitig verputzten Holzwolle-Leichtbauplatten nach DIN 1101. Hierbei kann auf eine schallschluckende Einlage verzichtet werden, weil diese Schalen zum Hohlraum hin offene Poren haben.

[2]) Diese Gleichung gilt auch für die Bestimmung der Eigenfrequenz schwimmender Estriche, obwohl diese im allgemeinen nicht mehr zu den biegeweichen Schalen rechnen.

Tafel 31   Dynamische Steifigkeit s' verschiedener Dämmschichten nach [9]

Material	Dicke in mm	dynamische Steifigkeit s' in MN/m^3	
		Platten lose eingelegt	Platten fest mit Schalen verbunden
Mineralfaserplatten	15 30	8 4	12 bis 15 6 bis 8
Hartschaumplatten	10 20	ca. 30 bis 50	80 bis 200 40 bis 100
poröse Holzfaserdämmplatten	10 20	ca. 20 ca. 10	ca. 1000 ca. 500

5.3.2   Trittschallschutz

Fertige Decken bestehen aus der Rohdecke und der Deckenauflage, bzw. dem Fußboden und evtl. einer abgehängten Unterdecke. Im Gebäude ist die Trittschalldämmung der fertigen Decken für den Trittschallschutz maßgebend. Sie ergibt sich aus dem äquivalenten bewerteten Norm-Trittschallpegel $L_{n,w,eq}$ der Rohdecke und aus dem Trittschallverbesserungsmaß ΔL_w der Deckenauflage.

$$L_{n,w} = L_{n,w,eq} - \Delta L_w \quad \text{bzw.} \quad L'_{n,w,R} = L_{n,w,eq,R} - \Delta L_{w,R}$$

Der errechnete Wert $L'_{n,w,R}$ muß mindestens 2 dB niedriger sein, als die in DIN 4109 genannten Anforderungen!

Massivdecken. Bei einschaligen Massivplatten hängt der äquivalente bewertete Norm-Trittschallpegel von der Flächenmasse der Decke ab und ist um so kleiner, je schwerer die Decke ist. Durch eine abgehängte Unterdecke kann die Trittschalldämmung der Massivplatte um einige dB verbessert werden.

Deckenauflage. Die Deckenauflage bzw. der Fußboden mindert den Trittschallpegel. Erreicht wird die Trittschalldämmung durch einen auf der Decke verlegten schwimmenden Estrich oder durch einen unmittelbar auf der Decke aufgebrachten, weichfedernden Bodenbelag.

Treppen. Beim Begehen von Treppen entsteht ebenfalls störender Trittschall. Er wird nach denselben Meßverfahren wie bei Trenndecken bestimmt und auch durch den bewerteten Norm-Trittschallpegel gekennzeichnet.

4

5.4 Luft- und Trittschallschutz nach Beiblatt 1 zu DIN 4109 (Bauteilkatalog)

In den nachfolgenden Abschnitten werden in Beiblatt 1 zu DIN 4109 angegebene Rechenwerte der Schalldämmung genannt, die für den Nachweis des nach DIN 4109 geforderten Schallschutzes verwendet werden dürfen (s. Abschn. 5.2).

5.4.1 Einschalige Wände

Tafel 32 enthält Rechenwerte für das bewertete Schalldämm-Maß $R'_{w,R}$ abhängig von der flächenbezogenen Masse m' von Wänden und homogenen Massivdecken. Sie gelten bei flankierenden Bauteilen mit einer flächenbezogenen Masse von rund 300 kg/m^2.

Tafel 32 Rechenwerte des bewerteten Schalldämm-Maßes $R'_{w,R}$ von einschaligen, biegesteifen Bauteilen, abhängig von der flächenbezogenen Masse m'

m' in kg/m^2	85	90	95	105	115	125	135	150	160	175	190	210
$R'_{w,R}$ in dB	34	35	36	37	38	39	40	41	42	43	44	45

m' in kg/m^2	230	250	270	295	320	350	380	410	450	490	530	580
$R'_{w,R}$ in dB	46	47	48	49	50	51	52	53	54	55	56	57

Tafel 33 Wandrohdichten einschaliger gemauerter Wände, abhängig von der Stein- bzw. Plattenrohdichte ϱ und der Mörtelart

Rohdichte ϱ in kg/dm^3		2,2	2,0	1,8	1,6	1,4	1,2
Wandrohdichte	Normalmörtel	2080	1900	1720	1540	1360	1180
in kg/m^3	Leichtmörtel	1940	1770	1600	1420	1260	1090
Rohdichte ϱ in kg/dm^3		1,0	0,9	0,8	0,7	0,6	0,5
Wandrohdichte in	Normalmörtel	1000	910	820	730	640	550
kg/m^3	Leichtmörtel	950	860	770	680	590	500

Das bewertete Schalldämmaß einschaliger massiver Bauteile wird nach folgender Formel errechnet:

$$R'_w = 28 \log (m') - 20 \text{ dB}.$$

m' ist die flächenbezogene Masse des Bauteils in kg/m^2. Das Ergebnis ist auf ganz dB zu runden. Voraussetzung für die Anwendung dieser Formel ist ein fugendichter Aufbau der Bauteile, der in der Regel mit Putz erzielt wird. Bei **Sichtmauerwerk** sind vom bewerteten Schalldämmaß 2 dB abzuziehen.

Bei der Berechnung der flächenbezogenen Masse des Bauteils sollte der Putz mit maximal 10 kg/m^2 je Lage in Ansatz gebracht werden.

Bei der Ermittlung der flächenbezogenen Masse von **Betonbauteilen** ist von einer Rohdichte von 2300 kg/m^3 auszugehen.

Bauphysik

Einfluß zusätzlich angebrachter Bau- und Dämmplatten. Werden z. B. aus Gründen der Wärmedämmung an einschalige, biegesteife Wände Dämmplatten hoher dynamischer Steifigkeit (z. B. Holzwolle-Leichtbauplatten oder harte Schaumkunststoffplatten) vollflächig oder punktweise angesetzt oder anbetoniert, so verschlechtert sich die Schalldämmung, wenn die Dämmplatten z. B. durch Putz, Bauplatten (z. B. Gipskartonplatten) oder Fliesen abgedeckt werden. Die Werte von Tafel 33 sind auf solche Wände nicht anwendbar.

5.4.2 Zweischalige Wände

Zweischalige Wände aus schweren, biegesteifen Schalen mit durchgehender Trennfuge. Die flächenbezogene Masse der Einzelschale soll möglichst groß sein, muß jedoch mindestens 150 kg/m^2 betragen. Bei einer flächenbezogenen Masse $\geq$200 kg/m^2 muß die Trennfuge mindestens 20 mm dick, bei geringeren flächenbezogenen Massen mindestens 30 mm dick sein.

Beispiele für erreichbare Schalldämm-Maße zweischaliger, schwerer biegesteifer Wände mit durchgehender Trennfuge sind in Tafel 34 angegeben.

Das bewertete Schalldämm-Maß $R'_{w,R}$ einer zweischaligen Wand mit durchgehender Trennfuge kann auch aus der Summe der flächenbezogenen Masse m' der Einzelschalen nach folgender Näherungsgleichung ermittelt werden:

$$R'_{w,R} = 28 \lg \frac{m'}{m'_0} - 8 \text{ dB}, \quad \text{dabei ist} \quad m'_0 = 1 \text{ kg/m}^2$$

Tafel 34 Beispiele für das bewertete Schalldämm-Maß $R'_{w,R}$ für zweischaliges, in Normalmörtel gemauertes Mauerwerk mit durchgehender Gebäudetrennfuge

Zeile	Bewertetes Schalldämm-Maß $R'_{w,R}$ in dB	Rohdichteklasse der Steine und Mindestwanddicke der Schalen bei zweischaligem Mauerwerk					
		Beiderseitiges Sichtmauerwerk		Beiderseitig je 10 mm Putz P IV (Gips- und Kalkgipsputz) (20 kg/m²)		Beiderseitig je 15 mm Putz P I, P II, P III (Kalk-, Kalkzement-, Zementputz) (50 kg/m²)	
		Stein-Rohdichte-Klasse —	Mindestdicke der Schalen ohne Putz in mm	Stein-Rohdichte-Klasse —	Mindestdicke der Schalen ohne Putz in mm	Stein-Rohdichte-Klasse —	Mindestdicke der Schalen ohne Putz in mm
1	57	0,6	2 × 240	0,6	2 × 240	0,7	2 × 175
2		0,9	2 × 175	0,8	2 × 175	0,9	2 × 150
3		1,0	2 × 150	1,0	2 × 150	1,2	2 × 115
4		1,4	2 × 115	1,4	2 × 115		
5	62	0,6	2 × 240	0,6	2 × 240	0,5	2 × 240
6		0,9	175 + 240	0,8	2 × 175	0,8	2 × 175
7		0,9	2 × 175	1,0	2 × 150	0,9	2 × 150
8		1,4	2 × 115	1,4	2 × 115	1,2	2 × 115
9	67	1,0	2 × 240	1,0	2 × 240	0,9	2 × 240
10		1,2	175 + 240	1,2	175 + 240	1,2	175 + 240
11		1,4	2 × 175	1,4	2 × 175	1,4	2 × 175
13		1,8	115 + 175	1,8	115 + 175	1,6	115 + 175
14		2,2	2 × 115	2,2	2 × 115	2,0	2 × 115

Zweischalige Wände aus einer biegesteifen Schale mit biegeweicher Vorsatzschale. Die Luftschalldämmung einschaliger, biegesteifer Wände kann mit biegeweichen Vorsatzschalen nach Bild 23 verbessert werden. Rechenwerte des bewerteten Schalldämm-Maßes $R'_{w,R}$ sind in Tafel 35 enthalten.

a) Vorsatzschale aus Gipskartonplatten nach DIN 18180, Dicke 12,5 oder 15 mm, Ausführung nach DIN 18181 oder aus Spanplatten nach DIN 68763, Dicke 10 bis 16 mm; mit Hohlraumausfüllung[1]). Holzstiele (Ständer) an schwerer Schale befestigt[2]).

b) Ausführung wie Bild 16a, jedoch Holzstiele (Ständer) mit Abstand $\geq$ e 20 mm vor schwerer Schale freistehen[2]).

c) Vorsatzschale aus Gipskartonplatten nach DIN 18180, Dicke 12,5 mm oder 15 mm und Faserdämmplatten[3]), Ausführung nach DIN 18181, an schwerer Schale streifenförmig angesetzt.

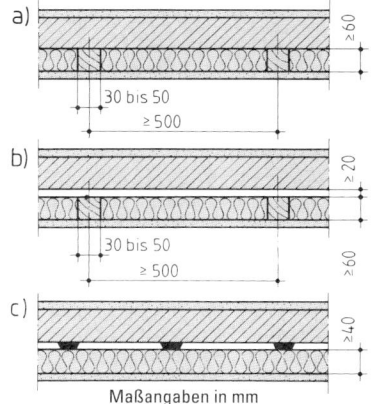

Maßangaben in mm

Bild 23
Beispiele für zweischalige Wände aus einer schweren, biegesteifen Schale und einer biegeweichen Vorsatzschale

[1]) Faserdämmstoffe n. DIN 18165-1, Typ WZ-w o. W-w, Nenndicke 40 bis 60 mm.
[2]) Es können auch Ständer aus Blech-C-Profilen nach DIN 18183-1 verwendet werden.
[3]) Faserdämmplatte nach DIN 18165-1 Typ WV-s, Nenndicke $\geq$40 mm, $s' \leq 5$ MN/m³.

Tafel 35 Bewertetes Schalldämm-Maß $R'_{w,R}$ von einschaligen, biegesteifen Wänden mit einer biegeweichen Vorsatzschale nach Bild 23 (Rechenwerte)

Zeile	Flächenbezogene Masse der Massivwand in kg/m²	$R'_{w,R}$[1])[2]) in dB
1	100	49
2	150	49
3	200	50
4	250	52
5	275	53
6	300	54
7	350	55
8	400	56
9	450	57
10	500	58

[1]) Gültig für flankierende Bauteile mit einer mittleren flächenbezogenen Masse $m'_{L,Mittel}$ von etwa 300 kg/m². S. auch Abschn. 5.4.4.
[2]) Bei Wandausführungen nach Bild 23a sind diese Werte um 1 dB abzumindern.

Luftschalldämmung von Massivdecken mit schwimmendem Estrich. Die Luftschalldämmung wird durch den schwimmenden Estrich verbessert, allerdings wird die Verbesserung durch die Schall-Längsleitung begrenzt (s. Abschn. 5.4.4).

5.4.3 Decken

5.4.3.1 Massivdecken ohne und mit Deckenauflager

Luftschalldämmung von Massivdecken mit schwimmendem Estrich. Die Luftschalldämmung wird durch den schwimmenden Estrich verbessert, allerdings wird die Verbesserung durch die Schall-Längsleitung begrenzt.

Trittschalldämmung von Massivdecken

Einschalige Decken. Die Trittschalldämmung einschaliger Decken nimmt mit der Masse und der Biegesteifigkeit zu. Eine ausreichende Trittschalldämmung kann jedoch im Gegensatz zur Luftschalldämmung allein durch Erhöhung der flächenbezogenen Masse nicht erreicht werden. Eine Verbesserung durch Deckenauflagen ist immer notwendig. Die Trittschalldämmung einschaliger Decken kann durch eine zweite Schale (mit Abstand angebracht) verbessert werden. Als zweite Schale am wirksamsten ist der schwimmende Estrich.

Schwimmender Estrich. Er besteht aus einer lastverteilenden Estrichplatte, die auf einer weichfedernden Dämmschicht liegt. Die Verbesserung der Trittschalldämmung beginnt oberhalb der Eigenfrequenz. Den Zusammenhang zwischen dem Verbesserungsmaß ΔL_w und der dynamischen Steifigkeit s' der Dämmschicht zeigt Bild 24.

Angaben über Rechenwerte des bewerteten Schalldämm-Maßes $R'_{w,R}$ und des äquivalenten bewerteten Norm-Trittschallpegels $L_{n,w,eq,R}$ von Massivdecken ohne und mit biegeweicher Unterdecke (s. Bild 25) sind in den Tafeln 36 und 37 enthalten. Sie beziehen sich

auf Massivdecken mit Hohlräumen nach DIN 1045 als

— Stahlsteindecken,
— Stahlbetonrippendecken,
— Stahlbetonhohldielen und
— Stahlbetonbalkendecken.

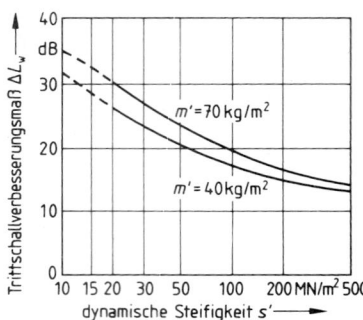

Bild 24 **Zusammenhang zwischen dem Trittschallverbesserungsmaß ΔL_w eines schwimmenden Estrichs und der dynamischen Steifigkeit s' der verwendeten Dämmschicht bei Estrichen mit flächenbezogenen Massen m' von 70 und 40 kg/m²**

Stahlbetonvollplatten

— aus Normalbeton nach DIN 1045,
— aus Leichtbeton nach DIN 4219-2,
— aus bewehrtem Porenbeton nach DIN 4223

25.1

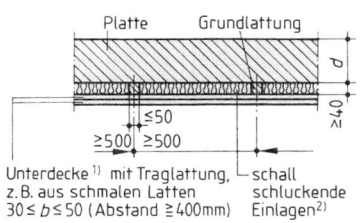

Unterdecke [1] mit Traglattung, z.B. aus schmalen Latten $30 \le b \le 50$ (Abstand ≥ 400mm)

25.2

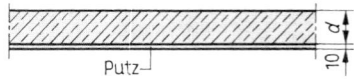

[1] Z. B. Rohrgewebe und Putz; Gipskartonplatten nach DIN 18180, Dicke 12,5 oder 15 mm.
[2] Im Hohlraum sind schallschluckende Einlagen vorzusehen, z. B. Faserdämm-Matten nach DIN, Nenndicke 40 mm.

Bild 25 **Stahlbetonvollplatte nach DIN 1045 ohne und mit biegeweicher Unterdecke**

Tafel 36 **Rechenwerte des äquivalenten bewerteten Norm-Trittschallpegels $L_{n,w,eq,R}$ von Massivdecken ohne und mit biegeweicher Unterdecke nach Bild 24**

Flächenbezogene Masse in kg/m²		135	160	190	225	270	320	380	450	530
$L_{n,w,eq,R}$ in dB	ohne Unterdecke	86	85	84	82	79	77	74	71	69
	mit Unterdecke	75	74	74	73	73	72	71	69	67

Tafel 37 Rechenwerte des bewerteten Schalldämm-Maßes $R'_{w,R}$ von Massivdecken

Zeile	Flächenbezogene Masse der Decke[4]) in kg/m^2	Bewertetes Schalldämm-Maß $R'_{w,R}$ in dB[1])			
		Einschalige Massivdecke, Estrich und Gehbelag unmittelbar aufgebracht	Einschalige Massivdecke mit schwimmendem Estrich[2])	Massivdecke mit Unterdecke[3]), Gehbelag und Estrich unmittelbar aufgebracht	Massivdecke mit schwimmendem Estrich und Unterdecke[3])
1	500	55	59	59	62
2	450	54	58	58	61
3	400	53	57	57	60
4	350	51	56	56	59
5	300	49	55	55	58
6	250	47	53	53	56
7	200	44	51	51	54
8	150	41	49	49	52

[1]) gültig für flankierende Bauteile mit mittlerer flächenbezogener Masse $m'_{L,\text{Mittel}} \approx 300 \text{ kg/m}^2$.
[2]) Und andere schwimmend verlegte Deckenauflagen, z. B. schwimmend verlegte Holzfußböden, sofern sie ein Trittschall-Verbesserungsmaß $\Delta L_w \geq 24$ dB haben.
[3]) Biegeweiche Unterdecke nach Bild 25.1, oder akustisch gleichwertige Ausführungen.
[4]) Die Masse von aufgebrachten Verbundestrichen oder Estrichen auf Trennschicht ist zu berücksichtigen.

5.4.3.2 Deckenauflagen

Beispiele für Deckenauflagen und die mit ihnen erzielbaren Trittschallverbesserungsmaße $\Delta L_{w,R}$ sind in den Tafeln 38 und 39 enthalten. Die Deckenauflagen in Tafel 38 (schwimmende Estriche) verbessern die Luft- und Trittschalldämmung einer Rohdecke, die Deckenauflagen der Tafel 39 (weichfedernde Bodenbeläge) verbessern nur die Trittschalldämmung.

Tafel 38 Rechenwerte des Trittschallverbesserungsmaßes $\Delta L_{w,R}$ von schwimmenden Estrichen auf Massivdecken

Schwimmender Estrich	Dynamische Steifigkeit s' in MN/m^3 von höchstens	$\Delta L_{w,R}$ in dB mit Bodenbelag	
		hart	weich[1]) ($\Delta L_{w,R} \geq 20$ dB)
Gußasphaltestriche nach DIN 18560-2 mit einer flächenbezogenen Masse $\geq$45 kg/m^2 auf Dämmschichten aus Dämmstoffen nach DIN 18164-2 oder DIN 18165-2	50	20	20
	40	22	22
	30	24	24
	20	26	26
	15	27	29
	10	29	32
Estriche nach DIN 18560-2 mit einer flächenbezogenen Masse $\geq$70 kg/m^2 auf Dämmschichten aus Dämmstoffen nach DIN 18164-2 oder DIN 18165-2	50	22	23
	40	24	25
	30	26	27
	20	28	30
	15	29	33
	10	30	34

[1]) Wegen der möglichen Austauschbarkeit von weichfedernden Bodenbelägen nach Tafel 39 dürfen diese bei dem Nachweis der Mindestanforderungen nach DIN 4109 nicht angerechnet werden.

Bei gegebenem $L_{n,w,eq,R}$ einer Massivdecke läßt sich der zur Erfüllung der Mindestanforderungen bzw. Richtwerte erforderliche Mindestwert des Verbesserungsmaßes $\Delta L_{w,R,\text{mind}}$ nach folgender Gleichung bestimmen:

$$\Delta L_{w,R,\text{mind}} = L_{n,w,eq,R} - L_{n,w,erf.} + 2 \text{ dB}$$

Tafel 39   Rechenwerte des Trittschallverbesserungs-Maßes $\Delta L_{w,R}$ von weichfedernden Bodenbelägen

	$\Delta L_{w,R}$
Deckenauflagen; weichfedernde Bodenbeläge Linoleum-Verbundbelag nach DIN 18173[1]	14[2]
PVC-Beläge[1]	
PVC-Beläge mit genadeltem Jutefilz als Träger nach DIN 16952-1	13[2]
PVC-Beläge mit Korkment als Träger nach DIN 16952-2	16[2]
PVC-Beläge mit Unterschicht aus PVC-Schaumstoff nach DIN 16952-3	16[2]
PVC-Beläge mit Synthesefaser-Vliesstoff als Träger nach DIN 16952-4	13[2]
Textile Bodenbeläge	
Nadelvlies, Dicke $\geq$5 mm	20
Poltteppiche	
Unterseite geschäumt Gesamtdicke 4 mm	19
Gesamtdicke 6 mm	24
Gesamtdicke 8 mm	28
Unterseite ungeschäumt Gesamtdicke 4 mm	19
Gesamtdicke 6 mm	21
Gesamtdicke 8 mm	24

[1]) Die Bodenbeläge müssen durch Hinweis auf die jeweilige Norm gekennzeichnet sein. Das maßgebliche Verbesserungsmaß $\Delta L_{w,R}$ muß auf dem Erzeugnis angegeben sein.

[2]) Die angegebenen Werte sind Mindestwerte aus den entsprechenden Normen DIN 18173 und DIN 16952-1 bis DIN 16952-4; sie gelten nur für aufgeklebte Bodenbeläge.

5.4.3.3 Holzbalkendecken

Ausführungsbeispiele sind in Bild 26 dargestellt mit Angabe der Rechenwerte des bewerteten Schalldämm-Maßes $R'_{w,R}$ und des bewerteten Norm-Trittschallpegels $L_{n,w,R}$.

1 Spanplatte nach DIN 68763, gespundet oder mit Nut und Feder
2 Holzbalken
3 Gipskarton-Bauplatte nach DIN 18180, 12,5 o. 15 mm dick, o. Spanplatte nach DIN 68763, 13 bis 16 mm dick
4 Faserdämmstoff nach DIN 18165-2, Typ T, dynamische Steifigkeit $s' \leq 15$ MN/m^3
5 Faserdämmstoff nach DIN 18165-1, Typ WL-w oder W-w
6 Holzlatten, Achsabstand $\geq$400 mm, direkte Befestigung an den Balken mit mechanischen Verbindungsmitteln
7 Unterkonstruktion aus Holz, Achsabstand der Latten $\geq$400 mm, Befestigung über Federbügel, kein fester Kontakt zwischen Latte und Balken — ein weichfedernder Faserdämmstreifen darf zwischengelegt werden.
8 Mechanische Verbindungsmittel oder Verleimung
9 Estrich
10 Betonplatten, lose auf 3 mm Filz verlegt

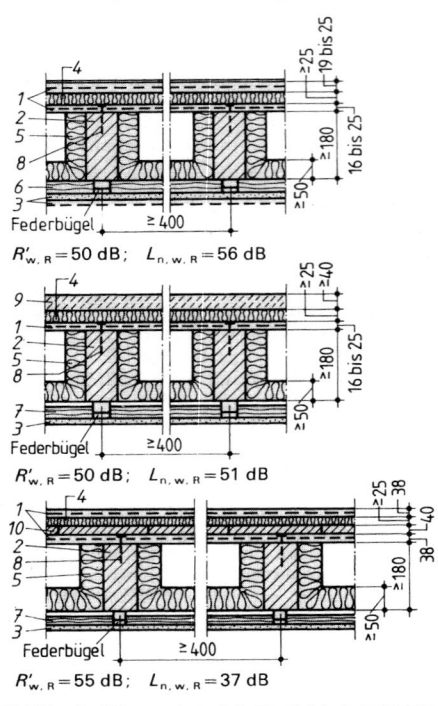

Federbügel $\geq$400

$R'_{w,R} = 50$ dB; $L_{n,w,R} = 56$ dB

Federbügel $\geq$400

$R'_{w,R} = 50$ dB; $L_{n,w,R} = 51$ dB

Federbügel $\geq$400

$R'_{w,R} = 55$ dB; $L_{n,w,R} = 37$ dB

Bild 26   Ausführungsbeispiele für Holzbalkendecken

5.4.3.4 Massive Treppenläufe und Treppenpodeste

Bei der Ermittlung des erforderlichen Trittschallverbesserungsmaßes $\Delta L_{w,R,\,mind}$ von massiven Treppenläufen und -podesten kann von den äquivalenten bewerteten Norm-Trittschallpegeln $L_{n,w,eq,R}$ nach Tafel 39 ausgegangen werden. Das erf. Trittschallverbesserungsmaß $\Delta L_{w,R,\,mind}$ errechnet sich nach der Gl. im Absch. 5.4.3.2.

Tafel 39 **Norm-Trittschallpegel für verschiedene Ausführungen von massiven Treppenlaufen und Treppenpodesten** (Dicke ≥ 120 mm)

Treppe und Treppenraumwand	$L_{n,w,eq,R}$	$L'_{n,w,R}$
Treppenpodest, fest verbunden		
— mit einschaliger Treppenraumwand ($m' \geq 380$ kg/m^2),	66	70
— mit Treppenraumwand bei durchgehender Gebäudetrennfuge	≤ 53	≤ 50
Treppenlauf		
— mit einschaliger Treppenraumwand ($m' \geq 380$ kg/m^2) fest verbunden	61	65
— von einschaliger Treppenraumwand abgesetzt	58	58
— zusätzlich mit durchgehender Gebäudetrennfuge	≤ 46	≤ 43
— zusätzlich auf Treppenpodest elastisch gelagert mit durchgehender Gebäudetrennfuge	38	42

5.4.4 Einfluß der Schall-Längsleitung flankierender Bauteile auf die Luftschalldämmung von Trennwänden und -decken

Die Schall-Längsleitung flankierender Bauteile (s. Bild 19 u. Abschn. 5.3.1) beeinflußt auch die Luftschalldämmung von Trennwänden und -decken. Berücksichtigt wird dieser Einfluß durch die **Korrekturwerte $K_{L,1}$ (mittlere Flächenmasse der flankierenden Bauteile)** und $K_{L,2}$ **(Anzahl der biegeweichen Vorsatzschalen der flankierenden Bauteile)**. Die in den Tafeln 29, 31, 34, 35, 37 und Bild 26 angegebenen Werte des bewerteten Schalldämm-Maßes $R'_{w,R}$ von Trennwänden und -decken setzen voraus, daß die **mittlere flächenbezogene Massen $m'_{L,\,mittel}$** der flankierenden Bauteile rund 300 kg/m^2 beträgt (R'_{w300}).

$$R'_{w,R} = R'_{w300} + K_{L,1} + K_{L,2}$$

Korrekturwert $K_{L,1}$:
Je höher $m'_{L,\,mittel}$ der flankierenden Bauteile ist, umso geringer ist die Schall-Längsleitung und umso höher das bewertete Schalldämm-Maß $R'_{w,R}$. Bei der Berechnung von $m'_{L,\,mittel}$ wird vorausgesetzt, daß die flankierenden Bauteile zu beiden Seiten eines trennenden Bauteils in einer Ebene liegen (s. Bild 27.1). Ist dies nicht der Fall (s. Bild 27.2), ist für die Berechnung von $m'_{L,\,mittel}$ anzunehmen, daß das leichtere Bauteil auch im Nachbarraum vorhanden ist, d. h. es ist an Stelle der Wand F'_2 mit der Wand F''_2 zu rechnen. Verkleidete Bauteile oder solche, die aus biegeweichen Schalen bestehen, werden in der Berechnung nicht beachtet. Der Korrekturwert $K_{L,1}$ ist, je nach Ausführung des trennenden Bauteils, nach Tafel 40 oder 41 zu bestimmen.
Bei Trennwänden und -decken aus biegesteifen Schalen ist:

$$m'_{L,\,mittel} = \frac{1}{n} \sum_{i=1}^{n} m'_{Li} \qquad m'_{Li} \text{ flächenbezogene Masse des } i\text{-ten Bauteils ohne Bekleidung}$$

Bei Trennwänden und -decken aus biegeweichen Schalen bzw. bei Holzbalkendecken ist:

$$m'_{L,\,mittel} = \left[\frac{1}{n} \sum_{i=1}^{n} (m'_{L,i})^{-2,5} \right]^{-0,4}$$

Korrekturwert $K_{L,2}$:
Wenn trennende Bauteile mehrschalig und die flankierende Bauteile mit einer biegeweichen Vorsatzschale versehen sind oder aus biegeweichen Schalen bestehen

oder bei Decken ein schwimmender Estrich oder schwimmender Holzfußboden verlegt wurde, kommt die Korrektur $K_{L,2}$ zur Anwendung, sofern die flankierenden Bauteil im Bereich des trennenden Bauteils unterbrochen sind. Die Korrektur $K_{L,2}$ in Tafel 42 hängt nur von der Anzahl der flankierenden Bauteile ab, die die obengenannten Kriterien erfüllen.

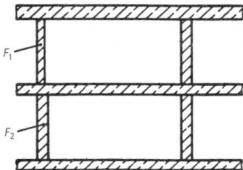 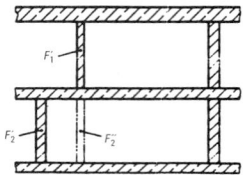

Bild 27.1 Nicht versetzt angeordnete flankierende Wände F_1 und F_2

Normalfall, den Korrekturwerten zugrundegelegt

Bild 27.2 Versetzt angeordnete flankierende Wände F_1' und F_2'

Ausnahmefall, für die Berechnung der Korrekturwerte wird anstelle der Wand F_2' die Wand F_2'' angenommen

Tafel 40 Korrekturwerte $K_{L,1}$ für das bewertete Schalldämm-Maß $R'_{w,R}$ von biegesteifen Wänden nach Tafel 29, 31 und 34 und Decken nach Tafel 37 als trennende Bauteile bei flankierenden Bauteilen mit der mittleren flächenbezogenen Masse $m'_{L,Mittel}$

Art des trennenden Bauteiles	Korrektur $K_{L,1}$ in dB für mittlere flächenbezogene Massen $m'_{L,mittel}$ in kg/m^2						
	400	350	300	250	200	150	100
Einschalige, biegesteife Wände und Decken	0	0	0	0	-1	-1	-1
Einschalige, biegesteife Wände mit biegeweichen Vorsatzschalen und Massivdecken mit schwimmendem Estrich und/oder mit Unterdecke	$+2$	$+1$	0	-1	-2	-3	-4

Tafel 41 Korrekturwerte $K_{L,1}$ für das bewertete Schalldämm-Maß $R'_{w,R}$ von zweischaligen Wänden aus biegeweichen Schalen nach Tafel 35 und von Holzbalkendecken nach Bild 26 als trennende Bauteile bei flankierenden Bauteilen mit der mittleren flächenbezogenen Masse $m'_{L,Mittel}$

Zeile	R'_w der Trennwand bzw. -decke für $m'_{L,Mittel} = 300$ kg/m^2 in dB	$K_{L,1}$ in dB für mittlere flächenbezogene Massen $m'_{L,Mittel}$ in kg/m^2						
		450	400	350	300	250	200	150
1	50	$+4$	$+3$	$+2$	0	-2	-4	-7
2	49	$+2$	$+2$	$+1$	0	-2	-3	-6
3	47	$+1$	$+1$	$+1$	0	-2	-3	-6
4	45	$+1$	$+1$	$+1$	0	-1	-2	-5
5	43	0	0	0	0	-1	-2	-4
6	41	0	0	0	0	-1	-1	-3

Tafel 42 Korrekturwert $K_{L,2}$ für das bewertete Schalldämm-Maß $R'_{w,R}$ trennender Bauteile mit biegeweicher Vorsatzschale, schwimmendem Estrich bzw. Holzfußboden oder aus biegeweichen Schalen in Abhängigkeit der Anzahl der flankierenden biegeweichen Bauteile oder solchen mit biegeweicher Vorsatzschale

Anzahl der flankierenden Bauteile	1	2	3
Korrekturwert $K_{L,2}$ der flankierenden Bauteile	$+1$	$+3$	$+6$

Beispiele zur Anwendung der Korrekturwerte $K_{L,1}$ und $K_{L,2}$ bei der Ermittlung von $R'_{w,R}$ von trennenden Bauteilen.

Beispiel 1: Eine Wohnungstrennwand aus Betonschalungssteinen mit einer flächenbezogenen Masse von 490 kg/m^2 wird von folgenden Bauteilen flankiert:

Außenwand: Leichthochlochziegel, m' ca. 200 kg/m^2
Innenwand: massive Gipswandbauplatte,
 m' ca. 90 kg/m^2
obere Decke: Stahlbetonplatte, Dicke 140 mm,
 m' ca. 320 kg/m^2
untere Decke: Stahlbetonmassivplatte mit schwimmendem Estrich. Dies stellt ein Bauteil mit Vorsatzschale dar und wird bei der Ermittlung von $m'_{L,\text{mittel}}$ nicht berücksichtigt.

Bewertetes Schalldämmaß der Trennwand:

$$R'_{w,R,300} = 28 \log(490) - 20 = 55 \text{ dB};$$

mittlere flächenbezogene Masse der flankierenden Bauteile:

$$m'_{L,\text{mittel}} = (200 + 90 + 320)/3 = 203 \text{ kg/m}^2;$$

Korrekturwert: $K_{L,1} = -1 \text{ dB}$;

bewertetes Schalldämmaß der Trennwand in der konkreten Einbausituation:

$$R'_{w,R} = 55 - 1 = 54 \text{ dB}.$$

Beispiel 2: Eine Wohnungstrenndecke aus 180 mm Stahlbeton und schwimmendem Estrich wird von folgenden Bauteilen flankiert:

Außenwand: Leichthochlochziegel, m' ca. 200 kg/m^2
2 Innenwände: massive Gipswandbauplatte,
 m' ca. 90 kg/m^2
Tragwand: 175 mm Ziegelmauerwerk, verputzt,
 m' ca. 210 kg/m^2.

Das bewertete Schalldämmaß der Trenndecke ergibt sich mit ihrer flächenbezogenen Masse von ca. 410 kg/m^2 einschließlich schwimmendem Estrich zu

$$R'_{w,R,300} = 57 \text{ dB};$$

mittlere flächenbezogene Masse der flankierenden Bauteile:

$$m'_{L,\text{mittel}} = (200 + 2 \cdot 90 + 210)/4 = 147,5 \text{ kg/m}^2;$$

Korrekturwert: $K_{L,1} = -3 \text{ dB}$;

bewertetes Schalldämmaß der Trenndecke in der konkreten Einbausituation:

$$R'_{w,R} = 57 - 3 = 54 \text{ dB}$$

(Baurechtlich verbindliche Anforderung gerade erfüllt.)

5.4.5 Fenster

Die Schalldämmung von Fenstern hängt von der Fensterart (Einfach-, Verbund- oder Kastenfenster), der Verglasung und von der Dichtheit der Fensterfugen ab. Tafel 43 enthält Schalldämmwerte verschiedener Fensterarten.

Tafel 43 Bewertetes Schalldämm-Maß $R_{w,R}$ verschiedener Fensterarten

Fensterart	Verglasung	$R_{w,R}$ in dB
Einfachfenster	normale Isolierglasscheibe hochschalldämmendes Isolierglas	30 bis 40 bis 45
Verbundfenster	normale Ausführung hochschalldämmende Ausführung	35 bis 43 bis 48
Kastenfenster	je nach Verglasung und Rahmen	48 bis 55

Tafel 44 Bewertetes Schalldämm-Maß R_w von Türen

Türausführungen	bewertetes Schall-dämm-Maß in dB
einfache, leichte Zimmertüren, ohne besondere Dichtungsmaßnahmen	17 bis 25
schwer ausgeführte Zimmertüren mit zusätzlichen Falzdichtungen	25 bis 32
schalldämmende Türen, Spezialausführungen	32 bis 40
hochschalldämmende Türen (doppelschalige Stahlblechtüren)	40 bis 50
zwei einfache Einzeltüren, hintereinander geschaltet	40

5.4.6 Rolladenkästen

Bei Rolladenkästen wird die Schalldämmung oft als Normalschallpegeldifferenz $D_{n,w,P}$ angegeben. Um diesen Wert mit der Schalldämmung des Fensters vergleichen zu können, muß daraus das Bauschalldämm-Maß $R_{w,R}$ nach folgender Gleichung errechnet werden

$$R_{w,R} = D_{n,w,P} - 10 \lg A_0/S_{PRÜ} - 2 \text{ dB}$$

A_0 10 m² (Bezug-Absorptionsfläche)
$S_{PRÜ}$ lichte Einbaufläche des Elementes in der Prüfwand in m²
$D_{n,w,P}$ im Prüfstand gemessener Wert.

Um eine hohe Schalldämmung des Rolladenkastens zu erreichen, muß der Rollkastendeckel möglichst schwer sein und muß dicht schließen. Außerdem sollte der Kastenhohlraum durch Schallabsorptionsmaterial gedämpft werden. Meßwerte $D_{n,w,P}$ von Rolladenkästen liegen zwischen $D_{n,w,P} = 50$ dB und 60 dB.

5.4.7 Türen

Die Schallübertragung bei Türen erfolgt teils über das Türblatt, teils über Undichtheiten in den Fälzen und an der Türunterkante. Normale Türblätter besitzen eine niedrige flächenbezogene Masse und deshalb eine geringe Schalldämmung. Verbessert werden kann der Schallschutz, indem das Türblatt schwerer gemacht wird und die Fälze abgedichtet werden. Besondere Schwierigkeiten bereitet die Abdichtung der unteren Türkante. In Tafel 44 wird eine Übersicht über die erreichbaren Schalldämm-Maße bei Türen gegeben.

5.4.8 Außenbauteile

Außenbauteile haben die Aufgabe, das Gebäudeinnere vor Außenlärm zu schützen. Maßgeblich ist daher ihr bewertetes Schalldämmaß im direkten Schalldurchgang.

Der in den zu schützenden Räumen zu erwartende Innenpegel hängt zusätzlich von der Größe des Empfangsraumes und von seiner Ausstattung ab (je höher die im Raum vorhandene äquivalente Absorptionsfläche, desto geringer sind die Störpegel).

Massive Außenwände mit Wärmedämmverbundsystemen

In Massivbauten sind heute Wärmedämmverbundsysteme auf den Außenwänden weit verbreitet. Das Wärmedämmverbundsystem stellt ein Masse-Feder-System dar, wobei der Außenputz die Rolle der Masse und der Dämmstoff die Rolle der Feder übernimmt. Bei Mineralwolle mit stehenden Fasern und Dicken über 100 mm liegt die Resonanzfrequenz in der Regel bei etwa 100 Hz, bei Polystyrol-Hartschaum als Dämmstoff liegt sie zwischen 200 und 400 Hz. Da bei der Resonanzfrequenz eine Verschlechterung der Schalldämmung gegenüber dem Basisbauteil eintritt, oberhalb aber eine starke Verbesserung, erhöht sich das bewertete Schalldämmaß bei Systemen mit Mineralwolle um 2 bis 6 dB, bei Systemen mit Polystyrol verschlechtert es sich um 2 bis 6 dB. So kann das bewertete Schalldämmaß einer 175 mm dicken Wand mit einer flächenbezogenen Masse von 330 kg/m^2 im Bereich von 45 dB bis 57 dB schwanken.

Die Einzahlangabe ist jedoch für den Schutz gegen Außenlärm **nicht geeignet**. Das Frequenzspektrum des Außenlärms ist meist sehr tieffrequent; hier ist die Schalldämmung der Mineralwolle-Systeme aber schlecht, die der Polystyrol-Systeme dagegen gut. Die Art des Wärmedämmverbundsystems hat auf den Innenpegel im zu schützenden Raum daher fast keinen Einfluß. Zur Bemessung kann das Schalldämmaß der Basiswand herangezogen werden.

Ebenfalls keinen Einfluß hat die Art des Wärmedämmverbundsystems auf das Schallängsdämmaß des Außenbauteils. Dieses ergibt sich aus der Schalldämmung der Basiswand.

Außenwände in Holzbauweise und gedämmte Sparrendächer

Die im Beiblatt 1 zur DIN 4109 angegebenen Beispiele entsprechen nicht mehr dem Stand der Technik (leichte Außenbauteile mit nur 60 mm Wärmedämmung aus Mineralfaser können heute aus Gründen des Wärmeschutzes nicht mehr ausgeführt werden). Die Schalldämmung leichter Außenbauteile hängt entscheidend von der Art der inneren Schale ab. Günstig sind Gipskartonplatten und Spanplatten, ungünstig Bretterschalungen, da diese akustisch nicht dicht sind.

Voll gedämmte Sparrendächer mit ca. 200 mm Mineralwolle als Dämmung und einer raumseitigen Beplankung mit Gipskartonplatten weisen bewertete Schalldämmaße von etwa 50 dB auf. Werden die Gipskartonplatten durch eine Holzschalung ersetzt, können nur noch 42 bis 44 dB erreicht werden. Sparrendächer mit Hartschaum als Dämmung weisen bewertete Schalldämmaße von nur 36 bis 40 dB auf.

5.4.9 Haustechnische Anlagen und Betriebe

Haustechnische Anlagen im Sinne der DIN 4109 sind die zu einem Gebäude gehörenden technischen Einrichtungen, bei deren Betrieb Schall entsteht und in Aufenthaltsräumen übertragen werden kann. Es sind dies

— Ver- und Entsorgungsanlagen,
— Transportanlagen,
— fest eingebaute, betriebstechnische Anlagen,
— Gemeinschaftswaschanlagen,
— Schwimmanlagen, Saunen und dgl.,
— Sportanlagen,
— zentrale Staubsauganlagen,
— Müllabwurfanlagen,
— Garagenanlagen.

Betriebe sind Handwerks- und Gewerbebetriebe aller Art auch Gaststätten und Theater.
Um Menschen in Aufenthaltsräumen (schutzbedürftige Räume) vor starken Geräuschen zu schützen, werden festgelegt:

— Werte für den noch zulässigen Schallpegel der vorgenannten Geräusche in den schutzbedürftigen Räumen,
— Mindestwerte für die Luft- und Trittschalldämmung der Bauteile zwischen „besonders lauten" Räumen und schutzbedürftigen Räumen.

Schutzbedürftige Räume sind
— Wohnräume einschließlich Wohndielen,
— Schlafräume einschließlich Übernachtungsräume in Beherbergungsstätten und Bettenräume in Krankenhäusern und Sanatorien,
— Unterrichtsräume in Schulen, Hochschulen und ähnlichen Einrichtungen,
— Büroräume (ausgenommen Großraumbüros), Praxisräume, Sitzungsräume und ähnliche Arbeitsräume.

Besonders laute Räume sind
— Räume, in denen nutzungsbedingt der maximale Schallpegel des Luftschalls häufig den Wert von 75 dB übersteigt,
— Räume zur Aufstellung von Auffangbehältern von Müllabwurfanlagen,
— Gasträume von Gaststätten, Cafés usw.
— Räume von Kegelbahnen, Sporthallen,
— Küchenräume von Beherbergungs- u. Gaststätten, Krankenhäusern, Sanatorien,
— Theaterräume, Musik- und Werkräume.

Bauteile. Um die in DIN 4109, Tab. 5 enthaltenen Anforderungen an die Luft- und Trittschalldämmung zwischen „besonders lauten" und schutzbedürftigen Räumen einzuhalten, bringt das Beiblatt 1 zu DIN 4109 in der Tab. 35 Ausführungsbeispiele für trennende und flankierende Bauteile und in der Tab. 36 Korrekturwerte zur Ermittlung des Trittschutzmaßes.

Lüftungsschächte und -kanäle. Durch Schächte und Kanäle, die Aufenthaltsräume untereinander verbinden, kann die Luftschalldämmung des trennenden Bauteils durch Nebenwegübertragung verschlechtert werden. Damit die Anforderungen an den Schallschutz nach DIN 4109 durch den Schacht nicht verschlechtert wird, muß die bewertete Schachtpegeldifferenz folgender Bedingung genügen:

$$D_{k,w,R} \geq \text{erf. } R'_w - 10 \lg \frac{S}{S_k} + 20 \text{ dB}$$

erf. R'_w — gefordertes bewertetes Schalldämm-Maß des trennenden Bauteils
S — die Fläche des trennenden Bauteils
S_k — die lichte Querschnittsfläche der Anschlußöffnung

Diese Bedingung gilt für den Fall, daß die Anschlußöffnungen mindestens 0,5 m von einer Raumecke entfernt liegen, andernfalls ist eine um 6 dB höhere Schachtpegeldifferenz $D_{k,w}$ erforderlich.

Wasserinstallation. Geräusche aus Wasserversorgungsanlagen entstehen bei der Wasserentnahme im wesentlichen in den Querschnittsverengungen innerhalb der Armaturen und nicht in den Rohrleitungen selbst. Eine strömungstechnisch besonders günstige Ausbildung der Rohrleitungen bringt deshalb bezüglich der Geräusche keine Vorteile. Der in den Armaturen erzeugte Wasserschall wandert in den Rohrleitungen nur wenig geschwächt weiter. Durch den Wasserschall werden die Rohrleitungen zu Schwingungen angeregt, die ihrerseits wieder Wände bzw. Decken in Schwingungen bringen, an denen die Leitungen befestigt sind. Die Abstrahlung in den angrenzenden Raum ist geringer, wenn die Zwischenwand schwer ist oder eine Vorsatzschale auf der Seite des schutzbedürftigen Raumes angebracht wird. Der Installationsgeräuschpegel L_{In} des in einen schutzbedürftigen Raum übertragenen Geräusches ist um etwa 10 dB (A) geringer, wenn ein Raum zwischen der Wand mit Rohrinstallation und dem schutzbedürftigen Raum liegt.

Rohrschellen-Isolierungen bei Rohren vor der Wand und Rohrummantelungen bei Rohren in der Wand sind als Maßnahmen gegen die Übertragung von Armaturengeräuschen auf das Bauwerk wirkungslos, wenn die Armaturen fest mit der Wand verbunden oder andere Schallbrücken vorhanden sind. Eine Geräuschminderung ist nur zu erreichen, wenn derartige Schallbrücken vermieden werden.

Das Geräusch aus Wasserversorgungsanlagen wird um so größer, je größer der Fließdruck an der Armatur ist. Der Druck muß deshalb durch Druckminderer begrenzt werden.

Bei Armaturen und Geräten der Wasserinstallation erfolgt der Eignungsnachweis durch Zuordnung zu Armaturengruppen (s. Tafel 45).

Tafel 45 Armaturengruppen

Armaturengeräuschpegel L_{AG} für den kennzeichnenden Fließdruck nach DIN 52218-1		Armaturengruppe
Auslaufarmaturen und Geräte	Auslaufvorrichtungen, die direkt an Armaturen angeschlossen werden	
$\leq$20 dB (A)	$\leq$15 dB (A)	I
$\leq$30 dB (A)	$\leq$25 dB (A)	II

4

5.5 Anforderungen an den Schallschutz in Gebäuden

5.5.1 Schutz von Aufenthaltsräumen gegen Schallübertragung aus einem fremden Wohn- oder Arbeitsbereich

Die Anforderungen nach DIN 4109 in Tafel 46 sind **baurechtlich verbindlich**. Ein Unterschreiten der Anforderungen führt in der Regel zu Beschwerden, in vielen Fällen zu Mietminderungen oder Schadenersatzansprüchen.

Die in DIN 4109 angegebenen Schalldämmaße beziehen sich auf den Schallschutz als Gebäudeeigenschaft, d. h. die Anforderungen müssen bei einer Nachmessung am Bau als bewertetes Schalldämmaß zwischen zwei Räumen einschließlich aller Nebenwege eingehalten sein.

Bei Türen und Fenstern gelten die Werte für die Schalldämmung bei alleiniger Übertragung über Türen und Fenster.

Bestehen Verbindungen zwischen Räumen durch Schächte und Kanäle, so dürfen die in Tafel 46 genannten Werte durch Schallübertragung über die Schacht- und Kanalanlagen nicht unterschritten werden.

5.5.2 Schutz gegen Geräusch aus haustechnischen Anlagen

Maximale Schallpegel. Die durch haustechnische Anlagen verursachten Schallpegel dürfen in schutzbedürftigen Räumen die in Tafel 47 angegebenen Maximalwerte nicht überschreiten.

Schallschutz von Bauteilen. Anforderungen an die Luft- und Trittschalldämmung von Bauteilen zwischen „besonders lauten" und schutzbedürftigen Räumen sind in Tafel 48 enthalten.

Tafel 46 Erforderliche Luft- und Trittschalldämmung zum Schutz gegen Schallübertragung aus einem fremden Wohn- oder Arbeitsbereich

Zeile	Bauteile	Anforderungen		Bemerkungen
		erf. R'_w in dB	erf. $L'_{n,w}$ in dB	
1 Geschoßhäuser mit Wohnungen und Arbeitsräumen				
1	Decken	Decken unter allgemein nutzbaren Dachräumen, z. B. Trockenböden, Abstellräumen und ihren Zugängen	53	53	Bei Gebäuden mit nicht mehr als 2 Wohnungen betragen die Anforderungen erf. $R'_w = 52$ dB und erf. $L'_{n,w} = 63$ dB

Fortsetzung s. nächste Seiten, Fußnoten s. S. 221

213

Tafel 46, Fortsetzung

Zeile		Bauteile	Anforderungen erf. R'_w in dB	erf. $L'_{n,w}$ in dB	Bemerkungen
2		Wohnungstrenndecken (auch -treppen) und Decken zwischen fremden Arbeitsräumen bzw. vergleichbaren Nutzungseinheiten	54	53	Wohnungstrenndecken sind Bauteile, die Wohnungen voneinander oder von fremden Arbeitsräumen trennen. Bei Gebäuden mit nicht mehr als 2 Wohnungen beträgt die Anforderung erf. $R'_w = 52$ dB. Weichfedernde Bodenbeläge dürfen bei dem Nachweis der Anforderungen an den Trittschallschutz nicht angerechnet werden; in Gebäuden mit nicht mehr als 2 Wohnungen dürfen weichfedernde Bodenbeläge berücksichtigt werden, wenn die Beläge auf dem Produkt oder auf der Verpackung mit dem entsprechenden ΔL_w gekennzeichnet sind.
3	Decken	Decken über Kellern, Hausfluren, Treppenhäusern unter Aufenthaltsräumen	52	53[1])	Weichfedernde Bodenbeläge dürfen bei dem Nachweis der Anforderungen an den Trittschallschutz nicht angerechnet werden.
4		Decken über Durchfahrten, Einfahrten von Sammelgaragen und ähnliches unter Aufenthaltsräumen	55	53[1])	
5		Decken unter/über Spiel- oder ähnlichen Gemeinschaftsräumen	55	46	Wegen der verstärkten Übertragung tiefer Frequenzen können zusätzliche Maßnahmen zur Körperschalldämmung erforderlich sein.
6		Decken unter Terrassen und Loggien über Aufenthaltsräumen	—	53	Bezüglich der Luftschalldämmung gegen Außenlärm siehe aber Abschn. 5.5.3.
7		Decken unter Laubengängen	—	53[1])	
8		Decken und Treppen innerhalb von Wohnungen, die sich über zwei Geschosse erstrecken	—	53[1])	Weichfedernde Bodenbeläge dürfen bei dem Nachweis der Anforderungen an den Trittschallschutz nicht angerechnet werden.
9		Decken unter Bad und WC ohne/mit Bodenentwässerung	54	53[1])	Bei Gebäuden mit nicht mehr als 2 Wohnungen beträgt die Anforderung erf. $R'_w = 52$ dB und erf. $L'_{n,w} = 63$ dB
10		Decken Hausfluren	—	53[1])	Weichfedernde Bodenbeläge dürfen bei dem Nachweis der Anforderungen an den Trittschallschutz nicht angerechnet werden.

Fortsetzung s. nächste Seiten, Fußnoten s. S. 221

Tafel 46, Fortsetzung

Zeile	Bauteile		Anforderungen erf. R'_w in dB	erf. $L'_{n,w}$ in dB	Bemerkungen
11	Treppen	Treppenläufe und -podeste	—	58	Keine Anforderungen an Treppenläufe i. Gebäuden mit Aufzug und an Treppen in Gebäuden mit nicht mehr als 2 Wohnungen
12		Wohnungstrennwände und Wände zwischen fremden Arbeitsräumen	53	—	Wohnungstrennwände sind Bauteile, die Wohnungen voneinander oder von fremden Arbeitsräumen trennen.
13	Wände	Treppenraumwände und Wände neben Hausfluren	52	—	Für Wände mit Türen gilt die Anforderung erf. R'_w (Wand) = erf. R_w (Tür) +15 dB. Darin bedeutet erf. R_w (Tür) die erforderliche Schalldämmung der Tür nach Zeile 16 oder Zeile 17. Wandbreiten $\leq$30 cm bleiben dabei unberücksichtigt.
14		Wände neben Durchfahrten, Einfahrten von Sammelgaragen u. ä.	55	—	
15		Wände von Spiel- oder ähnlichen Gemeinschaftsräumen	55	—	
16	Türen	Türen, die von Hausfluren oder Treppenräumen in Flure und Dielen in Wohnungen und Wohnheimen oder von Arbeitsräumen führen	27	—	Bei Türen gilt erf. R_w.
17		Türen, die von Hausfluren oder Treppenräumen unmittelbar in Aufenthaltsräume — außer Flure und Dielen — von Wohnungen führen	37	—	

2 Einfamilien-Doppelhäuser und Einfamilien-Reihenhäuser

18	Decken	Decken	—	48[1])	
19	Decken	Treppenläufe und -podeste und Decken unter Fluren	—	53	Bei einschaligen Haustrennwänden gilt: Wegen der möglichen Austauschbarkeit von weichfedernden Bodenbelägen, die sowohl dem Verschleiß als auch besonderen Wünschen der Bewohner unterliegen, dürfen diese bei dem Nachweis der Anforderungen an den Trittschallschutz nicht angerechnet werden.
20	Wände	Haustrennwände	57	—	

Fortsetzung s. nächste Seiten, Fußnoten s. S. 221

215

Bauphysik

Tafel 46, Fortsetzung

Zeile		Bauteile	Anforderungen erf. R'_w in dB	Anforderungen erf. $L'_{n,w}$ in dB	Bemerkungen
3 Beherbergungsstätten					
21	Decken	Decken	54	53	
22		Decken unter/über Schwimmbädern, Spiel- oder ähnlichen Gemein-schaftsräumen zum Schutz gegenüber Schlafräumen	55	46	Wegen der verstärkten Übertra-gung tiefer Frequenzen können zusätzliche Maßnahmen zur Körperschalldämmung erforder-lich sein.
23		Treppenläufe und -podeste	—	58	Keine Anforderung an Treppen-läufe in Gebäuden mit Aufzug.
24		Decken unter Fluren		53[1])	
25		Decken unter Bad und WC ohne/mit Bodenentwässe-rung	54	53[1])	
26	Wände	Wände zwischen — Übernachtungsräumen — Fluren und Übernach-tungsräumen	47	—	
27	Türen	Türen zwischen Fluren und Übernachtungsräumen	32	—	Bei Türen gilt erf. R_w.
4 Krankenanstalte					
28	Decken	Decken	54	53	
29		Decken unter/über Schwimmbädern, Spiel- oder ähnlichen Gemein-schaftsräumen	55	46	Wegen der verstärkten Übertra-gung tiefer Frequenzen können zusätzliche Maßnahmen zur Körperschalldämmung erforder-lich sein.
30		Treppenläufe und -podeste	—	58	Keine Anforderungen an Trep-penläufe in Gebäuden mit Auf-zug.
31		Decken unter Fluren	—	53[1])	
32		Decken unter Bad und WC ohne/mit Bodenentwässe-rung	54	53[1])	
33	Wände	Wände zwischen — Krankenräumen, — Fluren und Krankenräu-men, — Untersuchungs- bzw. Sprechzimmern, — Flure und Untersu-chungs- bzw. Sprech-zimmern, — Krankenräumen und Ar-beits- und Pflegeräumen	47	—	
34		Wände zwischen — Operations- bzw. Be-handlungsräumen, — Fluren und Operations- bzw. Behandlungsräumen	42	—	

Fortsetzung s. nächste Seiten, Fußnoten s. S. 221

Tafel 46, Fortsetzung

Zeile	Bauteile		Anforderungen		Bemerkungen
			erf. R'_w in dB	erf. $L'_{n.w}$ in dB	
35	Wände	Wände zwischen — Räume der Intensiv- pflege, — Fluren und Räume der Intensivpflege	37	—	
36	Türen	Türen zwischen — Untersuchungs- und Sprechzimmern, — Fluren und Untersu- chungs- bzw. Sprech- zimmern	37	—	Bei Türen gilt erf. R_w.
37		Türen zwischen — Fluren- und Kranken- räumen, — Operations- bzw. Be- handlungsräumen, — Fluren und Operations- bzw. Behandlungsräumen	32	—	

5 Schulen und vergleichbare Unterrichtsbauten

Zeile	Bauteile		Anforderungen		Bemerkungen
38	Decken	Decken zwischen Unter- richtsräumen oder ähnli- chen Räumen	55	53	
39		Decken unter Fluren	—	53[1])	
40		Decken zwischen Unter- richtsräumen oder ähnli- chen Räumen und „beson- ders lauten" Räumen (z. B. Sporthallen, Musikräume, Werkräume)	55	46	Wegen der verstärkten Übertra- gung tiefer Frequenzen können zusätzliche Maßnahmen zur Körperschalldämmung erforder- lich sein.
41	Wände	Wände zwischen Unter- richtsräumen oder ähnli- chen Räumen	47	—	
42		Wände zwischen Unter- richtsräumen oder ähnli- chen Räumen und Fluren	47	—	
43		Wände zwischen Unter- richtsräumen oder ähnli- chen Räumen und Treppen- räumen	52	—	
44		Wände zwischen Unter- richtsräumen oder ähnli- chen Räumen und „beson- ders lauten" Räumen (z. B. Sporthallen, Musikräumen, Werkräumen)	55	—	
45	Türen	Türen zwischen Unterrichts- räumen oder ähnlichen Räumen und Fluren	32	—	Bei Türen gilt erf. R_w.

[1]) Die Anforderungen an die Trittschalldämmung gilt nur für die Trittschallübertragung n fremde Aufenthaltsräume, ganz gleich, ob sie in waagrechter, schräger oder senkrechter Richtung (nach oben) erfolgt.

Bauphysik

Wasserinstallationen. Einschalige Wände, an denen Armaturen und Wasserleitungen befestigt werden, müssen eine flächenbezogene Masse von mindestens 220 kg/m² aufweisen. Bei anderen Wänden muß die Eignung durch eine Prüfung nachgewiesen werden.

Die Zuordnung von Armaturen (s. Tafel 47) hängt davon ab, ob die Wände mit der Wasserinstallation direkt an schutzbedürftige Räume im selben Geschoß oder in den darüber oder darunter liegenden Geschossen angrenzen oder nicht (s. Bild 28). Stoßen Wände mit Wasserinstallation an Wände nach Bild 28.1 an, sind nur Armaturen der Gruppe I zulässig.

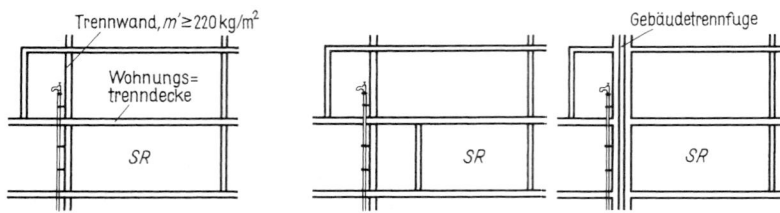

28.1 Armaturengruppe I   28.2 Armaturengruppe II

Bild 28 Anordnung von Räumen mit Wasserinstallation und schutzbedürftigen Räumen (SR) und Zuordnung von Armaturengruppen

Tafel 47 Werte für die zulässigen Schallpegel in schutzbedürftigen Räumen von Geräuschen aus haustechnischen Anlagen und Gewerbebetrieben

Zeile	Geräuschquelle	Art der schutzbedürftigen Räume	
		Wohn- und Schlafräume	Unterrichts- und Arbeitsräume
		Kennzeichnender Schallpegel in dB (A)	
1	Wasserversorgungsanlagen	≤ 35[1]	≤ 35[1]
2	Sonstige haustechnische Anlagen	≤ 30[2]	≤ 35[2]
3	Betriebe tags 6 bis 22 Uhr	≤ 35	≤ 35[2]
4	Betriebe nachts 22 bis 6 Uhr	≤ 25	≤ 35[2]

[1] Einzelne, kurzzeitige Spitzen, die beim Betätigen der Armaturen und Geräte der Wasserversorgungsanlagen (Öffnen, Schließen, Umstellen, Unterbrechen u. a.) entstehen, sind z. Z. nicht zu berücksichtigen.

[2] Bei lüftungstechnischen Anlagen sind um 5 dB (A) höhere Werte zulässig, sofern es sich um Dauergeräusche ohne auffällige Einzeltöne handelt.

5.5.3 Schutz gegen Außenlärm

Maßgeblicher Außenlärmpegel. Grundlage für die Festlegung der erforderlichen Luftschalldämmung der Außenbauteile ist der „maßgebliche Außenlärmpegel". Für Straßenverkehr kann er mittels des Normogrammes in Bild 29 bestimmt werden.

Für die von der maßgeblichen Lärmquelle abgewandten Gebäudeseiten darf der „maßgebliche Außenlärmpegel" ohne besonderen Nachweis
— bei offener Bebauung um 5 dB (A),
— bei geschlossener Bebauung bzw. bei Innenhöfen um 10 dB (A)
gemindert werden.

Bei Vorhandensein von Lärmschutzwänden oder -wällen darf der „maßgebliche Lärmpegel" nach den Angaben in DIN 18005-1 reduziert werden.
Für Außenbauteile von Aufenthaltsräumen sind unter Berücksichtigung der unterschiedlichen Raumarten die in Tafel 49 aufgeführten Anforderungen der Luftschalldämmung einzuhalten.

218

Die erforderlichen Schalldämm-Maße sind in Abhängigkeit vom Verhältnis der gesamten Außenfläche eines Raumes $S_{(W+F)}$ zur Grundfläche eines Raumes S_G nach Tafel 50 zu erhöhen oder zu mindern. Für Wohngebäude mit üblichen Raumhöhen von etwa 2,5 m und Raumtiefen von etwa 4,5 m oder mehr darf ein Korrekturwert von -2 dB herangezogen werden. Für Außenbauteile unterschiedlicher Orientierung sind die Anforderungen der Tafel 51 separat anzuwenden.

Tafel 48 Anforderungen an die Luft- und Trittschalldämmung von Bauteilen zwischen „besonders lauten" und schutzbedürftigen Räumen

Zeile	Art der Räume	Bauteile	Bewertetes Schalldämm-Maß erf. R'_w in dB		bewerteter Norm-Trittschallpegel erf. $L'_{n,w}$ in dB
			Schallpegel $L_{AF} =$ 75 bis 80 dB (A)	Schallpegel $L_{AF} =$ 81 bis 85 dB (A)	
1.1	Räume mit „besonders lauten" haustechnischen Anlagen oder Anlageteilen	Decken, Wände	57	62	—
1.2		Fußböden		—	43[3])
2.1	Betriebsräume von Handwerks- und Gewerbebetrieben; Verkaufsstätten	Decken, Wände	57	62	—
2.2		Fußböden		—	43
3.1	Küchenräume der Küchenanlagen von Beherbergungsstätten, Krankenhäusern, Sanatorien, Gaststätten, Imbißstuben und dgl.	Decken, Wände	55		—
3.2		Fußböden		—	43
3.3	Küchenräume wie vor, jedoch auch nach 22 Uhr in Betrieb	Decken, Wände	57[4])		—
		Fußböden		—	33
4.1	Gasträume, nur bis 22 Uhr in Betrieb	Decken, Wände	55		—
4.2		Fußböden		—	43
5.1	Gasträume (maximaler Schallpegel $L_{AF} \leq$ 85 dB (A)), auch nach 22 Uhr in Betrieb	Decken, Wände	62		—
5.2		Fußböden		—	33
6.1	Räume von Kegelbahnen	Decken, Wände	67		—
6.2		Fußböden a) Keglerstube b) Bahn		— —	33 13
7.1	Gasträume (maximaler Schallpegel 85 dB (A) $\leq L_{AF} \leq$ 95 dB (A)), z. B. mit elektroakust. Anlagen	Decken, Wände	72		—
7.2		Fußböden		—	28

[1]) Jeweils in Richtung der Lärmausbreitung.
[2]) Die für Maschinen erforderliche Körperschalldämmung ist mit diesem Wert nicht erfaßt; hierfür sind gegebenenfalls weitere Maßnahmen erforderlich. Ebenso kann je nach Art des Betriebes ein höheres erf. $L'_{n,w}$ als das genannte notwendig sein, dies ist im Einzelfall zu überprüfen.
[3]) Nicht erforderlich, wenn geräuscherzeugende Anlagen ausreichend körperschallgedämmt aufgestellt werden; eventuelle Anforderungen nach Tafel 51 bleiben hiervon unberührt.
[4]) Handelt es sich um Großküchenanlagen und darüberliegende Wohnungen als schutzbedürftige Räume gilt für erf. R'_w = 62 dB.

Anmerkung
Die in dem
Nomogramm
angegebenen
Pegel wurden
für einige
straßentypische
Verkehrs-
situationen
nach
DIN 18005-1
Abschnitt 6,
berechnet.
Hierbei ist der
Zuschlag von
3 dB gegenüber
der Freifeldaus-
breitung berück-
sichtigt

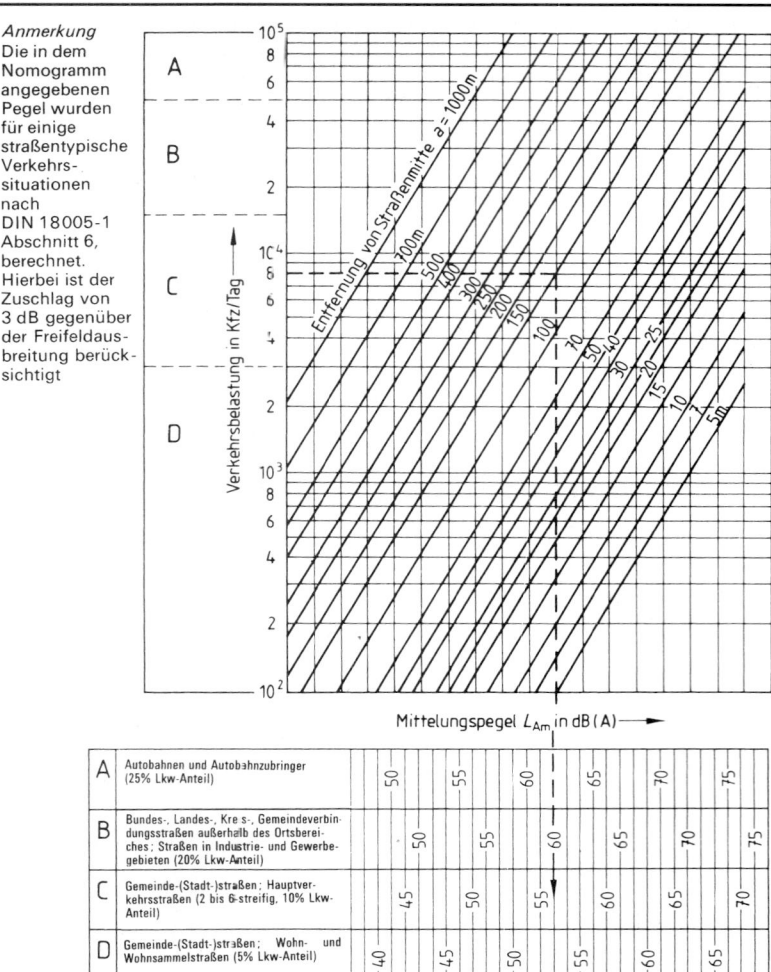

A	Autobahnen und Autobahnzubringer (25% Lkw-Anteil)		
B	Bundes-, Landes-, Kreis-, Gemeindeverbindungsstraßen außerhalb des Ortsbereiches; Straßen in Industrie- und Gewerbegebieten (20% Lkw-Anteil)		
C	Gemeinde-(Stadt-)straßen; Hauptverkehrsstraßen (2 bis 6-streifig, 10% Lkw-Anteil)		
D	Gemeinde-(Stadt-)straßen; Wohn- und Wohnsammelstraßen (5% Lkw-Anteil)		

Bild 29 Nomogramm zur Ermittlung des „maßgeblichen Außenlärmpegels" vor Hausfassaden für typische Straßenverkehrssituationen

Zu den Mittelungspegeln sind gegebenenfalls folgende Zuschläge zu addieren:
+3 dB (A), wenn der Immissionsort an einer Straße mit beidseitig geschlossener Bebauung liegt,
+2 dB (A), wenn die Straße eine Längsneigung von mehr als 5% hat,
+2 dB (A), wenn der Immissionsort weniger als 100 m vor der nächsten lichtsignalgeregelten Kreuzung oder Einmündung entfernt ist.

Tafel 49 Anforderungen an die Luftschalldämmung von Außenbauteilen

Zeile	Lärmpegel-bereich	„Maßgebli-cher Außen lärmpegel"	Raumarten		
			Bettenräume in Krankenanstalten und Sanatorien	Aufenthaltsräume in Wohnungen, Übernachtungs-räume in Beherber-gungsstätten, Un-terrichtsräume u. ä.	Büroräume[1] u. ä.
		in dB (A)	erf. $R'_{w,res}$ des Außenbauteils in dB		
1	I	bis 55	35	30	–
2	II	56 bis 60	35	30	30
3	III	61 bis 65	40	35	30
4	IV	66 bis 70	45	40	35
5	V	71 bis 75	50	45	40
6	VI	76 bis 80	[2]	50	45
7	VII	> 80	[2]	[2]	50

[1] An Außenbauteile von Räumen, bei denen der eindringende Außenlärm der darin ausgeüb-ten Tätigkeiten nur einen untergeordneten Beitrag zum Innenraumpegel leisten, werden keine Anforderungen gestellt.
[2] Die Anforderungen sind hier aufgrund der örtlichen Gegebenheiten festzulegen.

Tafel 50 Korrekturwert für das erforderliche resultierende Schalldämm-Maß nach Tafel 49 in Abhängigkeit vom Verhältnis $S_{(W+F)}/S_G$

1	$S_{(W+F)}/S_G$	2,5	2,0	1,6	1,3	1,0	0,8	0,6	0,5	0,4
2	Korrektur	+5	+4	+3	+2	+1	0	−1	−2	−3

$S_{(W+F)}$ Gesamtfläche des Außenbauteils eines Aufenthaltsraumes
$S_{(G)}$ Grundfläche eines Aufenthaltsraumes in m^2.

Für Räume in Wohngebäuden üblicher Raumhöhe von etwa 2,5 m und Raumtiefen von 4,5 m oder mehr und 10% bis 60% Fensterflächenanteil gelten die Anforderun-gen der Tafel 49 erfüllt, wenn die in Tafel 51 angegebenen Schalldämm-Maße $R'_{w,R}$ für die Wand und $R_{w,R}$ für das Fenster jeweils einzeln eingehalten werden.

Tafel 51 Erforderliche Schalldämm-Maße erf. $R_{w,res}$ von Kombinationen von Außenwänden und Fenstern

Zeile	erf. $R'_{w,res}$ in dB nach Tafel 49	Schalldämm-Maße für Wand/Fenster in .. dB/.. dB bei folgenden Fensterflächenanteilen in %					
		10%	20%	30%	40%	50%	60%
1	30	30/25	30/25	35/25	35/25	50/25	30/30
2	35	35/30 40/25	35/30	35/32 40/30	40/30	40/32 50/30	45/32
3	40	40/32 45/30	40/35	45/35	45/35	40/37 60/35	40/37
4	45	45/37 50/35	45/40 50/37	50/40	50/40	50/42 60/40	60/42
5	50	55/40	55/42	55/45	55/45	60/45	–

Diese Tafel gilt nur für Wohngebäude mit üblicher Raumhöhe von etwa 2,5 m und Raumtiefe von etwa 4,5 m oder mehr, unter Berücksichtigung der Anforderungen an das resultierende Schalldämm-Maß erf. $R'_{w,res}$ des Außenbauteiles nach Tafel 49 und der Korrektur von −2 dB nach Tafel 50, Zeile 2.

5.6 Vorschläge für einen erhöhten Schallschutz und Empfehlungen für den Schallschutz im eigenen Bereich nach Beiblatt 2 zu DIN 4109

5.6.1 Vorschläge für den erhöhten Schallschutz bei fremden Wohn- und Arbeitsräumen

Nicht in jedem Fall ist die Einhaltung der baurechtlich verbindlichen Anforderungen nach DIN 4109 auch ausreichend. So ist es z. B. gängige Rechtsprechung, daß beim Verkauf von Eigentumswohnungen mit gehobenen Ansprüchen der erhöhte Schallschutz gefordert wird. Dasselbe gilt auch für den Schallschutz zwischen Reihenhäusern; wenn eine zweischalige Konstruktion ausgeführt wurde, so sind nach der Rechtsprechung der letzten 10 bis 15 Jahre die Anforderungen des erhöhten Schallschutzes zu erfüllen.

Tafel 52 Vorschläge für erhöhten Schallschutz; Luft- und Trittschalldämmung von Bauteilen zum Schutz gegen Schallübertragung aus einem fremden Wohn- oder Arbeitsbereich

Spalte	1	2	3	4	5
Zeile		Bauteile	Vorschläge für erhöhten Schallschutz erf. R'_w in dB	erf. $L'_{n,w}$ in dB	Bemerkungen
1 Geschoßhäuser mit Wohnungen und Arbeitsräumen					
1		Decken unter allgemein nutzbaren Dachräumen, z. B. Trockenböden, Abstellräumen und ihren Zugängen	≥ 55	≤ 46	
2		Wohnungstrenndecken (auch -treppen) und Decken zwischen fremden Arbeitsräumen bzw. vergleichbaren Nutzungseinheiten	≥ 55	≤ 46	Weichfedernde Bodenbeläge dürfen für den Nachweis an den Trittschallschutz angerechnet werden.
3		Decken über Kellern, Hausfluren, Treppenräumen unter Aufenthaltsräumen	≥ 55	$\leq 46^{1)}$	
4	Decken	Decken über Durchfahrten, Einfahrten von Sammelgaragen und ähnliches unter Aufenthaltsräumen	–	$\leq 46^{1)}$	
5		Decken unter Terrassen und Loggien über Aufenthaltsräumen	–	≤ 46	
6		Decken unter Laubengängen	–	$\leq 46^{1)}$	
7		Decken und Treppen innerhalb von Wohnungen, die sich über zwei Geschosse erstrecken	–	$\leq 46^{1)}$	Weichfedernde Bodenbeläge dürfen für den Nachweis an den Trittschallschutz angerechnet werden.
8		Decken unter Bad und WC ohne/mit Bodenentwässerung	≥ 55	$\leq 46^{1)}$	Bei Sanitärobjekten in Bad oder WC ist für eine ausreichende Körperschalldämmung zu sorgen
9		Decken unter Hausfluren	–	$\leq 46^{1)}$	
10	Treppen	Treppenläufe und -podeste	–	≤ 46	

Fortsetzung und Fußnote s. nächste Seite

Tafel 52, Fortsetzung

Spalte	1	2	3	4	5
Zeile		Bauteile	Vorschläge für erhöhten Schallschutz		Bemerkungen
			erf. R'_w in dB	erf. $L'_{n,w}$ in dB	
11	Wände	Wohnungstrennwände und Wände zwischen fremden Arbeitsräumen	≥ 55	—	
12		Treppenraumwände und Wände neben Hausfluren	≥ 55	—	Für Wände mit Türen gilt R'_w (Wand) $= R_{w,P}$ (Tür) $+15$ dB. Darin bedeutet $R_{w,P}$ (Tür) die erforderliche Schalldämmung der Tür nach Zeile 13. Wandbreiten ≤ 30 cm bleiben dabei unberücksichtigt.
13	Türen	Türen, die von Hausfluren oder Treppenräumen in Flure und Dielen von Wohnungen und Wohnheimen oder von Arbeitsräumen führen	≥ 37	—	Bei Türen gelten die Werte für die Schalldämmung bei alleiniger Übertragung durch die Tür.

2 Einfamilien-Doppelhäuser und Einfamilien-Reihenhäuser

14	Decken	Decken	—	$\leq 38^{1)}$	Weichfedernde Bodenbeläge dürfen für den Nachweis an den Trittschallschutz angerechnet werden.
15		Treppenläufe und -podeste und Decken unter Fluren	—	$\leq 46^{1)}$	
16	Wände	Haustrennwände Wohnungstrennwände	≥ 67	—	

3 Beherbergungsstätten, Krankenanstalten, Sanatorien

17	Decken	Decken	≥ 55	≤ 46	
18	Decken	Decken unter Bad und WC ohne/mit Bodenentwässerung	≥ 55	$\leq 46^{1)}$	Weichfedernde Bodenbeläge dürfen für den Nachweis an den Trittschallschutz angerechnet werden. Bei Sanitärobjekten in Bad oder WC ist für eine ausreichende Körperschalldämmung zu sorgen.
19	Decken	Decken unter Fluren	—	$\leq 46^{1)}$	
20	Treppen	Treppenläufe und -podeste	—	$\leq 46^{1)}$	
21	Wände	Wände zwischen Übernachtungs- bzw. Krankenräumen	≥ 52	—	
22		Wände zwischen Fluren und Übernachtungs- bzw. Krankenräumen	≥ 52	—	Das R'_w gilt nur für die Wand allein.
23	Türen	Türen zwischen Fluren und Krankenräumen	≥ 37	—	Bei Türen gelten die Werte für die Schalldämmung bei alleiniger Übertragung durch die Tür.
24		Türen zwischen Fluren und Übernachtungsräumen	≥ 37	—	

[1]) Der Vorschlag für den erhöhten Schallschutz an die Trittschalldämmung gilt nur für die Trittschallübertragung in fremde Aufenthalsräume, ganz gleich, ob sie in waagrechter, schräger oder senkrechter (nach oben) Richtung erfolgt.

5.6.2 Empfehlungen für den Schallschutz im eigenen Wohn- oder Arbeitsbereich

In besonderen Fällen können Schallschutzmaßnahmen im eigenen Wohn- oder Arbeitsbereich wünschenswert sein.

Um dem Planer eine Orientierung für diese Aufgabe zu geben, werden in Tafel 53 Vorschläge für einen normalen und für einen erhöhten Schallschutz zum Schutz gegen Schallübertragung aus dem eigenen Wohn- oder Arbeitsbereich gemacht.

Der Schallschutz einzelner oder mehrerer Bauteile nach diesen Vorschlägen muß ausdrücklich zwischen dem Bauherrn und dem Entwurfsverfasser vereinbart werden, wobei hinsichtlich Eignungs- und Gütenachweis auf die Regelungen in DIN 4109 Bezug genommen werden soll.

Tafel 53 Empfehlungen für normalen und erhöhten Schallschutz; Luft- und Trittschalldämmung von Bauteilen zum Schutz gegen Schallübertragung aus dem eigenen Wohn- oder Arbeitsbereich

Spalte	1	2	3	4	5	6
Zeile	Bauteile	Empfehlungen für normalen Schallschutz		Empfehlungen für den erhöhten Schallschutz		Bemerkungen
		erf. R'_w in dB	erf. $L'_{n,w}$ in dB	erf. R'_w in dB	erf. $L'_{n,w}$ in dB	
1 Wohngebäude						
1	Decken in Einfamilienhäusern, ausgenommen Kellerdecken und Decken unter nicht ausgebauten Dachräumen	50	56	$\geq$55	$\leq$46	Bei Decken zwischen Wasch- und Aborträumen als Schutz nur gegen Trittschallübertragung in Aufenthaltsräume. Weichfedernde Bodenbeläge dürfen angerechnet werden.
2	Treppen und Treppenpodeste in Einfamilienhäusern	–	–	–	$\leq$53	Der Vorschlag für den erhöhten Schallschutz an die Trittschalldämmung gilt nur für die Trittschallübertragung in fremde Aufenthaltsräume, ganz gleich, ob sie in waagerechter, schräger oder senkrechter (nach oben) Richtung erfolgt. Weichfedernde Bodenbeläge dürfen angerechnet werden.
3	Decken von Fluren in Einfamilienhäusern	–	56	–	$\leq$46	
4	Wände ohne Türen zwischen „lauten" und „leisen" Räumen unterschiedlicher Nutzung, z. B. zwischen Wohn- und Kinderschlafzimmer	40	–	$\geq$47	–	
2 Büro- und Verwaltungsgebäude						
5	Decken, Treppen, Decken von Fluren und Treppenraumwände	52	53	$\geq$55	$\leq$46	Weichfedernde Bodenbeläge dürfen angerechnet werden.

Fortsetzung s. nächste Seite

Tafel 53, Fortsetzung

Spalte	1	2	3	4	5	6
Zeile	Bauteile	Empfehlungen für normalen Schallschutz erf. R'_w in dB	erf. $L'_{n,w}$ in dB	Empfehlungen für den erhöhten Schallschutz erf. R'_w in dB	erf. $L'_{n,w}$ in dB	Bemerkungen
6	Wände zwischen Räumen mit üblicher Bürotätigkeit	37	—	≥ 42	—	Es ist darauf zu achten, daß diese Werte durch eine Nebenwegübertragung über Flur und Türen nicht verschlechtert wird.
7	Wände zwischen Fluren und Räumen nach Zeile 6	37	—	≥ 42	—	
8	Wände von Räumen für konzentrierte geistige Tätigkeit oder zur Behandlung vertraulicher Angelegenheiten, z. B. zwischen Direktions- und Vorzimmer	45	—	≥ 52	—	
9	Wände zwischen Fluren und Räumen nach Zeile 8	45	—	≥ 52	—	
10	Türen in Wänden nach Zeile 6 und 7	27	—	≥ 32	—	Bei Türen gelten die Werte für die Schalldämmung bei alleiniger Übertragung durch die Tür.
11	Türen in Wänden nach Zeile 8 und 9	37	—	—	—	

5.7 Vorschläge für den erhöhten Schallschutz nach Entwurf DIN 4109-10, Juni 2000

Als neuer Normungsvorschlag für den erhöhten Schallschutz erschien im Rahmen der Überarbeitung der DIN 4109 im Juni 2000 der Entwurf DIN 4109-10, in dem das Beiblatt 2 und die frühere VDI 4100, Schallschutz von Wohnungen, zusammengefaßt sind (diese ist nun zurückgezogen). Darin sind für den erhöhten Schallschutz die Schallschutzstufen (SSt) II und III definiert, die dem erhöhten Ruhebedürfnis Rechnung tragen sollen. Die bisherigen Mindestanforderungen werden darin als SSt I bezeichnet.

Die Erfüllung der Anforderungen der Schallschutzstufen II und III erfordern von allen am Bau beteiligten, also Bauherrn, Architekten, Planern und Ausführenden besondere Sorgfalt. Die Einhaltung einer bestimmten Schallschutzstufe über die Mindestanforderungen hinaus muß daher zwischen dem Bauherrn und den übrigen Beteiligten *ausdrücklich vertraglich vereinbart* sein. In den Leistungsverzeichnissen muß die verlangte Schallschutzstufe ebenfalls ausdrücklich erwähnt werden. Dies gilt auch für den Schallschutz im eigenen Bereich. Damit läßt sich der Schallschutz von Wohnungen dann eindeutig kennzeichnen, z. B.

Schallschutz DIN 4109-10 SSt II + EWA: Schallschutz nach DIN 4109 Teil 10, Schallschutzstufe II und zusätzlich Schallschutz im eigenen Wohn- und Arbeitsbereich.

225

Tafel 54 Wahrnehmung üblicher Geräusche aus Nachbarwohnungen und Zuordnung zu den drei Schallschutzstufen

1	2	3	4
Art der Geräuschemission	Wahrnehmung der Immission aus der Nachbarwohnung, abendlicher Grundgeräuschpegel von 20 dB (A) und üblich große Aufenthaltsräume vorausgesetzt		
	SSt I	SSt II	SSt III
Laute Sprache	verstehbar	im allgemeinen verstehbar	im allgemeinen nicht verstehbar
Sprache mit angehobener Sprechweise	im allgemeinen verstehbar	im allgemeinen nicht verstehbar	nicht verstehbar
Sprache mit normaler Sprechweise	im allgemeinen nicht verstehbar	nicht verstehbar	nicht hörbar
Gehgeräusche	im allgemeinen störend	im allgemeinen nicht mehr störend	nicht störend
Geräusche aus haustechnischen Anlagen	unzumutbare Belästigungen werden im allgemeinen vermeden	gelegentlich störend	nicht oder nur selten störend
Hausmusik, laut eingestellte Rundfunk- und Fernsehgeräte, Parties	deutlich hörbar		im allgemeinen hörbar

Die Qualität des subjektiv empfundenen Schallschutzes bei den einzelnen Stufen wird in der Tafel 55 angegeben.

Tafel 55 Kennwerte für Schallschutzstufen innerhalb des eigenen Wohnbereichs

			kennzeichnende akustische Größe[5])	SSt I	SSt II	SSt III
Luftschallschutz	zwischen Aufenthaltsräumen	horizontal[4])	R'_w in dB		48	48
		vertikal			55	55
Trittschallschutz	zwischen Aufenthaltsräumen oder zwischen Aufenthaltsräumen und Erschließungs- bzw. Gemeinschaftsräumen	vertikal, horizontal oder diagonal	$L'_{n,w}$ in dB	Beiblatt zu DIN 4109	46^1)	46^1)
Geräusche von	Wasserinstallationen (Wasserversorgungs- und Abwasseranlagen gemeinsam)		L_{In} in dB (A)		$30^2),^3$)	$30^2),^3$)
Geräusche von	sonstigen haustechnischen Anlagen		L_{Afmax} in dB (A)		30^3)	25^3)
Luftschallschutz gegen von außen eindringende Geräusche			$R'_{w,res}$ in dB	^{6})	^{6})	^{7})

[1]) Gilt auch zwischen Aufenthaltsräumen und Treppen bzw. -podesten
[2]) Werden Abwassergeräusche gesondert (ohne die zugehörigen Armaturengeräusche) wahrgenommen, sind wegen der erhöhten Lästigkeit dieser Geräusche um 5 dB (A) niedrigere Werte einzuhalten.
[3]) Nutzergeräusche sollten soweit wie möglich gemindert werden.
[4]) Wände ohne Türen
[5]) s. Begriffsdefinitionen in der Norm DIN 4109
[6]) $R'_{w,res}$ nach der Norm DIN 4109
[7]) $R'_{w,res}$ nach der Norm DIN 4109 + 5 dB

Während in der **Schallschutzstufe I (SSt I)** die Mindestanforderungen der DIN 4109 übernommen wurde, werden in der **Schallschutzstufe II (SSt II)** Werte angegeben, bei deren Einhaltung die Bewohner, übliche Wohngegebenheiten vorausgesetzt, im allgemeinen Ruhe finden und ihre Verhaltensweisen nicht besonders einschränken müssen, um Vertraulichkeit zu wahren. Angehobene Sprache in der Nachbarwohnung ist in der Regel in fremden Aufenthaltsräumen wahrnehmbar, aber nicht zu verstehen.

Bei Einhalten der Kennwerte der **Schallschutzstufe III (SSt III)** können die Bewohner ein hohes Maß an Ruhe finden. Geräusche von außen sind kaum wahrzunehmen.

Der Schutz der Privatsphäre ist auch bei lauter Sprache weitestgehend gegeben. Angehobene Sprache aus der Nachbarwohnung wird nur halb so laut wahrgenommen wie bei Stufe II. Damit ist die Sicherheit des Nichtverstehens gegenüber Stufe II deutlich verbessert. Musikinstrumente können aber beim Nachbarn noch hörbar sein und damit unter Umständen stören. In den Tafeln 56 und 57 werden die empfohlenen Kennwerte des einzuhaltenden baulichen Schallschutzes für die drei Schallschutzstufen angegeben.

Zu beachten ist, daß die Anforderungen der SSt II und 3 bisher weder von den obersten Baubehörden der Länder noch vom Bundesministerium für Städtebau, Bauwesen und Raumordnung anerkannt werden. Sie sind vielmehr frei zu vereinbaren.

Tafel 56 Kennwerte für Schallschutzstufen von Wohnungen in Mehrfamilienhäusern und von Doppel- und Reihenhäusern

Geräuschübertragungswege und Geräuschquellen			kennzeichnende akustische Größe[5]		SSt I	Mehrfamilienhäuser[8]		Doppel- und Reihenhäuser[8]	
						SSt II	SSt III	SSt II	SSt III
Luftschallschutz	zwischen Aufenthaltsräumen und fremden Räumen	horizontal	R''_w in dB	Anforderungen nach DIN 4109		56	59	63	68
		vertikal				57	60	63	68
	zwischen Aufenthaltsräumen und fremden Treppenhäusern bzw. Fluren					56	59	–	–
Trittschallschutz	zwischen Aufenthaltsräumen und fremden Räumen		$L'_{n,w}$ in dB			46	39	41	34
	zwischen Aufenthaltsräumen und fremden Treppenhäusern					53	46	46	39
Geräusche von	Wasserinstallationen (Wasserversorgungs- und Abwasseranlagen gemeinsam)		L_{In} in dB (A)		30[3], [4]	25[3], [4]		25[3], [4]	20[3], [4]
Geräusche	sonstigen haustechnischen Anlagen		$L_{AF\,max}$ in dB (A)		30[4]	25[4]		25[4]	20[4]
Geräusche von	baulich verbundenen Gewerbebetrieben tags		L_r in dB (A) nach VDI 2058 Blatt 1		35[1], [2]	–[0]		30[1], [2]	[0]
Luftschallschutz gegen von außen eindringende Geräusche			$R'_{w,\,res}$ in dB		[6]	[7]		[6]	[7]

[0]) In Schallschutzstufe III ist in der Regel gewerbliche Nutzung störungsfrei nicht möglich.
[1]) Möglichst nur tagsüber arbeitende Gewerbebetriebe zulassen
[2]) $L_{AF\,max}$ höchstens 10 dB (A) höher
[3]) Wenn Abwassergeräusche gesondert (ohne die zugehörigen Armaturengeräusche) auftreten, sind wegen der erhöhten Lästigkeit dieser Geräusche um 5 dB niedrigere Werte einzuhalten.
[4]) Nutzergeräusche sollten soweit wie möglich gemindert werden.
[5]) s. Begriffsdefinitionen in der Norm DIN 4109
[6]) $R'_{w,\,res}$ nach der Norm DIN 4109
[7]) $R'_{w,\,res}$ nach der Norm DIN 4109 + 5 dB
[8]) Schutz in Aufenthaltsräumen vor Geräuschen aus fremden Bereichen

5.8 Luft- und Trittschalldämmung in Gebäuden nach DIN EN 12354, Teile 1 und 2

5.8.1 Luftschalldämmung

Das einheitliche europäische Berechnungsverfahren zur Bestimmung der Schalldämmung zwischen Räumen ist in DIN EN 12354 Teil 1 dargelegt. Es wird unterschieden zwischen dem *Detaillierten Modell*, bei dem die zu erwartende Schalldämmung frequenzabhängig aus den Bauteildaten errechnet wird, und dem *Vereinfachten Modell*, welches wie die DIN 4109 Beiblatt 1 mit Einzahlangaben rechnet. In der neuen DIN 4109 wird das Vereinfachte Modell als zukünftiges Rechenverfahren festgelegt sein.

Danach ergibt sich die Schalldämmung zwischen zwei Räumen nach folgender Formel:

$$R'_w = -10 \cdot \log \left[10^{-R_{Dd,w}/10} + \sum_{F=f=1}^{n} 10^{-R_{Ff,w}/10} + \sum_{f=1}^{n} 10^{-R_{Df,w}/10} + \sum_{F=1}^{n} 10^{-R_{Fd,w}/10} \right]$$

(5.8.1)

Die Schalldämmung zwischen zwei Räumen ergibt sich danach aus der Schallübertragung über das trennende Bauteil ($R_{Dd,w}$) und aus der Schallübertragung aus insgesamt 12 Nebenwegen, wenn man, wie normalerweise üblich, vier flankierende Bauteile hat.

Schallübertragung über das trennende Bauteil alleine ($R_{Dd,w}$):

Hier ist das bewertete Schalldämmaß des trennenden Bauteils ohne Nebenwege einzusetzen. Es kann für massive Bauteile nach folgender Gleichung errechnet werden:

$$m' > 150 \text{ kg/m}^2: \qquad R_w = 37,5 \cdot \log [m'] - 42 \quad \text{in dB} \qquad (5.8.2)$$

Liegen nur Meßergebnisse aus dem bisher verwendeten Prüfstand mit bauüblichen Nebenwegen vor, kann die Umrechnung nach Bild 30 erfolgen. Grundsätzlich ist für $R_{Dd,w}$ die *Bauteileigenschaft* zu verwenden.

Besitzt das trennende Bauteil Vorsatzschalen, so ist deren Verbesserung des bewerteten Schalldämmaßes nach Tafel 57 vorzunehmen.

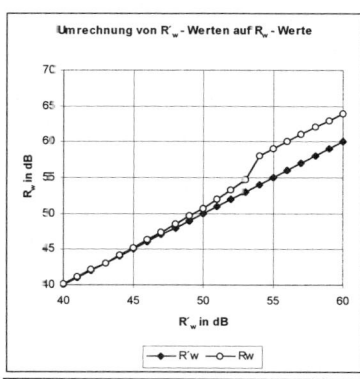

Bild 30
Umrechnung von R'_w-Werten auf R_w-Werte

Tafel 57 Verbesserung der Schalldämmung von Massivbauteilen durch Vorsatzschalen

Resonanzfrequenz der Vorsatzschale in Hz	Verbesserung ΔR_w in dB
< 80	$35 - R_w/2$
100	$32 - R_w/2$
125	$30 - R_w/2$
160	$28 - R_w/2$
200	-1
250	-3
315	-5
400	-7
500	-9
630 − 1600	-10
> 1600	-5

4

Schallübertragung über die flankierenden Bauteile ($R_{Ff,w}$, $R_{Df,w}$, $R_{Fd,W}$):
Bei der Schallübertragung über die flankierenden Bauteile ist eine Mittelung über die Schalldämmaße im Empfangsraum und im Senderaum vorzunehmen. Falls auf dem Übertragungsweg Vorsatzschalen vorhanden sind, ist deren Einfluß nach Tafel 57 für den jeweiligen Fall zu berücksichtigen. Hinzu kommt der Einfluß der Stoßstelle, ausgedrückt durch das Stoßstellendämmaß K_{ij}. Zusätzlich sind die geometrischen Verhältnisse durch ein Korrekturglied zu berücksichtigen. Allgemein gilt:

$$R_{ij,w} = (R_{i,w} + R_{j,w})/2 + \Delta R_{ij,W} + K_{ij} + 10 \cdot \log [S_0/l_0 \cdot l_f] \qquad (5.8.3)$$

mit folgenden Bedeutungen:

$R_{i,w}$ Schalldämmung des flankierenden Bauteils auf der Sendeseite
$R_{j,w}$ Schalldämmung des flankierenden Bauteils auf der Empfängerseite
$\Delta R_{ij,w}$ Verbesserung der Schalldämmung des flankierenden Bauteils auf der Sende- bzw. der Empfangsseite
K_{ij} Stoßstellendämmaße auf dem Übertragungsweg ij
S_0 Fläche des trennenden Bauteils in m^2
l_0 Bezugslänge, 1 m
l_f Verbindungslänge zwischen flankierendem Bauteil und trennendem Bauteil in m.

Die Berechnung der Stoßstellendämmaße erfolgt grundsätzlich unter der Annahme, daß trennendes und flankierendes Bauteil kraftschlüssig miteinander verbunden sind, so daß auch Momente übertragen werden können. Bei den wichtigsten Trennbauteilen wie z. B. Wohnungstrennwänden ist dies in der Regel der Fall — wenn nicht, liegt meist ein Schadensfall vor. Bild 31 zeigt für Kreuz- und T-Stoß die Bezeichnungen für die Geometrie.

Für die Stoßstellendämmung auf den verschiedenen Übertragungswegen ist in erster Linie das Verhältnis der flächenbezogenen Massen der einzelnen Schenkel maßgeblich. Die nachfolgenden Formeln sind unter Vernachlässigung von weiteren Einflußgrößen wie Elastizitätsmodul und Verlustfaktor abgeleitet. Bezeichnet man mit M folgende Größe:

$$M = \log [m_2'/m_1'] \qquad (5.8.4)$$

wobei m_2' die flächenbezogene Masse des Bauteils senkrecht zu Bauteil Nr. 1 oder Nr. 3 nach Bild 31 bedeutet, so lassen sich die Stoßstellendämmaße K_{ij} wie folgt angeben:

Kreuzstoß:

$$K_{13} = 8,7 + 17,1 \cdot M + 5,7 \cdot M^2$$

$$K_{12} = 8,7 + 5,7 \cdot M^2$$

T-Stoß:

$$K_{13} = 5,7 + 14,1 \cdot M + 5,7 \cdot M^2$$

$$K_{12} = 5,7 + 5,7 \cdot M^2 \hspace{4cm} (5.8.5)$$

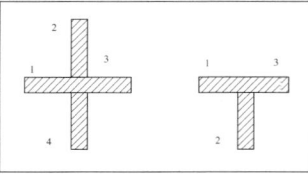

Bild 31   Bezeichnungen am Kreuz- und T-Stoß

Die praktische Durchführung der Berechnung erfolgt entweder mit einem kommerziellen Programm oder mit Hilfe einer Tabellenkalkulation. In Tafel 58 ist ein Beispiel dargestellt, aus dem die prinzipielle Vorgehensweise ersichtlich ist.

Praktischerweise geht man so vor:

- Aus den flächenbezogenen Massen des trennenden Bauteils sowie der flankierenden Bauteilen werden nach Gleichung (5.8.2) die bewerteten Schalldämmaße errechnet. Je nach Art des Stoßes (Cross oder T) ergeben sich dann die Stoßstellendämmaße K_{ij}, die man nach „Flanke — flanke", „Flanke — direkt" und „Direkt — flanke" ordnet (kleine Buchstaben zeigen die Lage im Empfangsraum an). Die entsprechenden Größen werden nach den Gleichungen (5.8.4) und (5.8.5) errechnet.
- Im eigentlichen Rechenteil werden die einzelnen Schalldämmaße $R_{ij,w}$ nach Gleichung (5.8.3) errechnet und zur Gesamtdämmung zusammengefaßt. Besonderheiten, wie zum Beispiel eine elastische Lagerung von massiven Gipswandbauplatten auf Korkstreifen, können durch die Spalte Delta R_w erfaßt werden; im Beispiel wurde für die Verbesserung ein Wert von 2 dB angesetzt.

Berechnung der Luftschalldämmung zwischen Räumen
nach DIN EN 12354-1, Vereinfachtes Modell

Tafel 58   Beispiel für die Anwendung des Vereinfachten Rechenverfahrens nach DIN EN 12354-1 mit Hilfe einer Tabellenkalkulation

Projektdaten		R_w nach DIN EN 12354-1
Trenn. Bauteil:		**180 mm Stahlbetondecke mit schwimmendem Estrich**
Flanke 1	SR	Innenwand Kalksandstein, 200 kg/m^2
	ER	dto
Flanke 2	SR	Wohnungstrennwand aus KSV, mit Putz, 500 kg/m^2
	ER	dto
Flanke 3	SR	Außenwand LHLZ, 200 kg/m^2
	ER	dto
Flanke 4	SR	Außenwand LHLZ, 160 kg/m^2
	ER	dto
Flanke 5	SR	
	ER	

230

Eingabe

		m' [kg/m^2]	R_w [dB]	S bzw. l [m^2]/[m]	Stoß-stellen-typ	K_{Ff} [dB]	K_{Fd} [dB]	K_{Df} [dB]
Tr. Bauteil:		368	54,2	16,0	–	–	–	–
Flanke 1	SR	200	44,3	4,0	RT	9,8	6,1	–
	ER	200	44,3	4,0	RT	9,8	–	6,1
Flanke 2	SR	500	59,2	4,0	RT	3,9	5,8	–
	ER	500	59,2	4,0	RT	3,9	–	5,8
Flanke 3	SR	200	44,3	4,0	RC	13,6	9,1	–
	ER	200	44,3	4,0	RC	13,6	–	9,1
Flanke 4	SR	160	40,7	4,0	RC	15,6	9,4	–
	ER	160	40,7	4,0	RC	15,6	–	9,4
Flanke 5	SR	0	–	0,0	–	–	–	–
	ER	0	–	0,0	–	–	–	–

Berechnung Resonanzfrequenz (Hz): 69,0

		$R_i/2$ [dB]	$R_j/2$ [dB]	K_{ij} [dB]	10 log S/l [dB]	ΔR_w [dB]	$R_{ij,w}$ [dB]	$D_{Rij,w}$ [dB]
Tr. Bauteil	R, Dd	27,1	27,1	–	–	7,9	62,1	
	R, 1d	22,1	27,1	6,1	6,0	8,0	69,4	
	R, 2d	29,6	27,1	5,8	6,0	8,0	76,5	
	R, 3d	22,1	27,1	9,1	6,0	0,0	64,4	
	R, 4d	20,3	27,1	9,4	6,0	0,0	62,9	
	R, 5d	–	27,1	–	–	0,0	–	57,9
Flanke 1	R, D1	27,1	22,1	6,1	6,0	8,0	69,4	
	R, 11	22,1	22,1	9,8	6,0	0,0	60,1	59,7
Flanke 2	R, D2	27,1	29,6	5,8	6,0	8,0	76,5	
	R, 22	29,6	29,6	3,9	6,0	0,0	69,2	68,4
Flanke 3	R, D3	27,1	22,1	9,1	6,0	7,9	72,3	
	R, 33	22,1	22,1	13,6	6,0	0,0	63,9	63,3
Flanke 4	R, D4	27,1	20,3	9,4	6,0	6,1	69,0	
	R, 44	20,3	20,3	15,6	6,0	0,0	62,3	61,5
Flanke 5	R, D5	–	–	–	–		–	
	R, 55	–	–	–	–	0,0	–	0,0

Endergebnis $\qquad\qquad\qquad\qquad R'_w = 53{,}9 \text{ dB} = 54 \text{ dB}$

5.8.3 Trittschalldämmung

Die Vorausberechnung der Trittschall-Normpegel in Massivbauten ist in DIN EN 12354-2 (September 2000) sowohl als detailliertes, frequenzabhängiges Modell wie als vereinfachtes Modell zur Vorherberechnung der bewerteten Norm-Tritt-schallpegel angegeben. Wie bei der Luftschalldämmung wird in der zukünftigen DIN 4109 das vereinfachte Modell zur Berechnung herangezogen werden.

Danach errechnet sich der bewertete Norm-Trittschallpegel einer Deckenkonstruktion nach folgender Formel:

$$L'_{n,w} = L_{n,w,eq} - \Delta L_w + K \quad \text{in dB}$$

231

mit den Bedeutungen:

$L'_{n,w,eq}$ bewerteter Norm-Trittschallpegel der fertigen Decke

$L_{n,w,eq}$ äuqivalenter bewerteter Normtrittschallpegel der Rohdecke, errechnet nach Gleichung

$$L_{n,w,eq} = 164 - 35 \log(m'),$$

m' flächenbezogene Masse der Rohdecke

ΔL_w Verbesserung durch Fußbodenaufbauten, z. B. durch Estriche nach Bilder 32 und 33

K Korrekturwert für flankierende Bauteile.

Die Korrekturfaktoren K zur Berücksichtigung des Anteils der flankierenden Bauteile im Empfangsraum sind der Tafel 59 zu entnehmen.

Beispiel   Stahlbetondecke mit 180 mm Dicke ($m' = 414$ kg/m²), schwimmender Zementestrich ($m' = 100$ kg/m²) auf Dämmschicht mit einer dynamischen Steifigkeit $s' = 15$ MN/m², flankierende Bauteile mit einer mittleren flächenbezogenen Masse von 200 kg/m²:

$L_{n,w,eq} = 164 - 35 \log(414) = 72$ dB

Verbesserungsmaß DL_w nach Bild 31: $\Delta L_w = 30$ dB

Korrekturfaktor für flankierende Bauteile: $K = 2$ dB

$L'_{n,w,eq} = 72 - 30 + 2 = 44$ dB.

Beurteilung: Der rechnerisch ermittelte bewertete Normtrittschallpegel liegt um 2 dB unter der Anforderung für erhöhten Schallschutz. Dieser ist damit eingehalten.

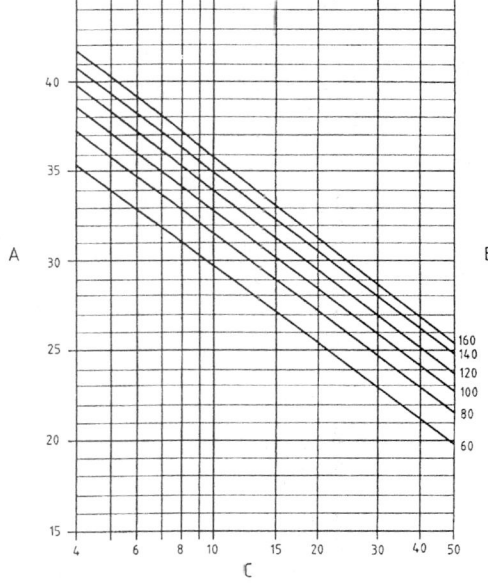

Bild 32   **Bewertete Trittschallminderung bei schwimmend verlegten Estrichen aus Zement oder Calciumsulfat**
A bewertete Trittschallminderung ΔL_w, in dB
B flächenbezogene Masse der Estrichplatte, in kg m^{-2}
C flächenbezogene dynamische Steifigkeit s' der Dämmschicht, in MN/m³

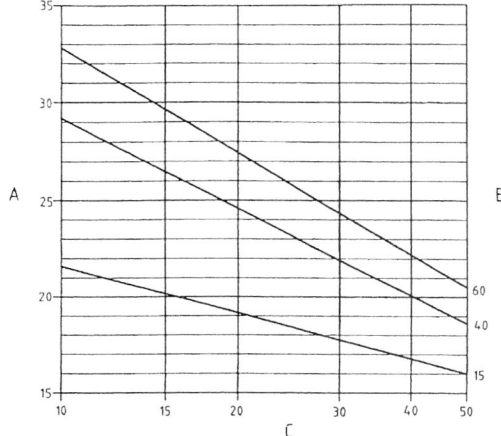

Bild 33 Bewertete Trittschallminderung für schwimmende Gußasphaltestriche oder schwimmend verlegte Trockenestrichkonstruktionen
A bewertete Trittschallminderung ΔL_w, in dB
B flächenbezogene Masse der Estrichplatte, in kg m^{-2}
C flächenbezogene dynamische Steifigkeit s' der Dämmschicht, in MN/m^3

Tafel 59 Korrekturfaktoren K für Flankenübertragung bei der Trittschalldämmung

Flächenbezogene Masse des trennenden Bauteils in kg/m²	Mittlere flächenbezogene Masse der homogenen flankierenden Bauteile, die nicht mit Vorsatzkonstruktionen verbunden sind, in kg/m²								
	100	150	200	250	300	350	400	450	500
100	1	0	0	0	0	0	0	0	0
150	1	1	0	0	0	0	0	0	0
200	2	1	1	0	0	0	0	0	0
250	2	1	1	1	0	0	0	0	0
300	3	2	1	1	1	0	0	0	0
350	3	2	1	1	1	1	0	0	0
400	4	2	2	1	1	1	1	0	0
450	4	3	2	2	1	1	1	1	1
500	4	3	2	2	1	1	1	1	1
600	5	4	3	2	2	1	1	1	1
700	5	4	3	3	2	2	1	1	1
800	6	4	4	3	2	2	2	1	1
900	6	5	4	3	3	2	2	2	2

6 Lärmschutz

Mehr als 2/3 der Bevölkerung der Bundesrepublik fühlt sich durch Lärmeinwirkungen gestört oder stark gestört. Dabei steht Straßenlärm an erster Stelle, gefolgt von Fluglärm, Schienenverkehrslärm, Nachbarschaftslärm und Industrielärm. Neben der absoluten Höhe des Schalldruckpegels am Immissionsort sind die Frequenzzusammensetzung, die Dynamik (gleichbleibendes Geräusch oder stark schwankend), die Auffälligkeit und die Ortsüblichkeit von Bedeutung. Die Berechnung, Messung und Beurteilung von Verkehrslärm sind in der Richtlinie für den

Lärmschutz an Straßen 1990 (RLS 90) sowie in der DIN 18005 geregelt. Die Beurteilung von Fluglärm erfolgt nach dem Gesetz zum Schutz gegen Fluglärm. Industrieimmissionen werden nach der Technischen Anleitung Lärm (TA Lärm) in der Fassung vom 26. 08. 1998 berechnet und beurteilt.

6.1 Meß- und Bewertungsgrößen

Da Schallimmissionen zeitlich meist nicht konstant sind, wird aus den zeitlich schwankenden Meßwerten ein **Mittelungspegel** gebildet. Er ergibt sich aus der Gleichung

$$L_m = 10 \cdot \log \left[\frac{1}{T} \cdot \int_0^T 10^{L(t)/10} \, dt \right] \quad \text{in dB}$$

wobei T die Meß- bzw. Beurteilungszeit darstellt und $L(t)$ den zeitlichen Verlauf der Schallimmissionen bedeutet.

In der Regel werden die Immissionspegel mit der Bewertungskurve „A" bewertet. Diese gibt hinsichtlich der Frequenzzusammensetzung des Geräusches die Hörempfindung des menschlichen Ohres annähernd richtig wieder. Die so ermittelten Pegel erhalten den Index A, also z. B. $L_{m,A}$. Neben der A-Bewertungskurve, die tieffrequente Geräuschanteile stark unterdrückt, gibt es die Bewertungskurve „C", bei der dies weniger der Fall ist. Die Differenz zwischen A- und C-Bewertung in der Form $L_{m,C} - L_{m,A}$ ist daher ein Maß für den Charakter des Geräusches. Beträgt diese Differenz mehr als 20 dB, so sind auf den Immissionspegel Zuschläge erforderlich.

Die Messung der Immissionen erfolgt entweder mit der **Zeitbewertung** „Fast" (energetisch richtige Messung) oder „Impulse". Bei der letzteren wird an den jeweiligen Maximalpegel eine Impulsschleppe von 1,5 s Dauer angehängt, mit der die Trägheit des menschlichen Ohres gegenüber kurzzeitigen Geräuschspitzen nachgebildet wird. In ähnlicher Weise arbeitet das Taktmaximalpegelverfahren; hierbei wird die Meßzeit in 3 oder 5 s lange Tankte unterteilt. Der Mittelungspegel wird gebildet, in dem für jeden Takt nur der dort vorhandene Maximalpegel berücksichtigt wird. Die so gemessenen Pegel tragen die Indizes F, I, Tm3 bzw. Tm5. Ein mit L_{AIm} bezeichneter Pegel bedeutet also: Mittelungspegel mit Frequenzbewertung A, Zeitbewertung I.

Zur Beurteilung von Schallimmissionen ist es erforderlich, aus den gemessenen oder berechneten Mittelungspegeln einen Beurteilungspegel zu bilden. Er ergibt sich nach der Formel

$$L_B = 10 \cdot \log \left[\frac{1}{T_r} \cdot \int_0^{T_r} 10^{(L(t)+K(t))/10} \, dt \right] \quad \text{in dB}$$

Dabei bedeuten: T_r: Beurteilungszeitraum
$\quad\quad\quad\quad\quad$ $L(t)$: Mittelungspegel während des Beurteilungszeitraums
$\quad\quad\quad\quad\quad$ $K(t)$: Zuschläge z. B. für Impuls- und Tonhaltigkeit bzw. Zuschlag
$\quad\quad\quad\quad\quad\quad\quad$ für besonders schutzwürdige Zeiten.

Für Industrielärm gelten dabei folgende Regelungen:

Beurteilungszeitraum tags:	6.00 − 22.00 Uhr
besonders schutzwürdige Zeiten innerhalb des Tages:	6.00 − 7.00 Uhr und 19.00 − 22.00 Uhr, Zuschlag $K = +6$ dB
Beurteilungszeitraum nachts:	Lauteste Stunde zwischen 22.00 Uhr und 6.00 Uhr.

6.2 Immissionsrichtwerte

Die Richtwerte betragen für Einwirkungsorte, in deren Umgebung

a) nur gewerbliche Anlagen und ggf. ausnahmsweise Wohnungen für Inhaber und Leiter der Betriebe sowie für Aufsichts- und Bereitschaftspersonen untergebracht sind   70 dB (A)

b) vorwiegend gewerbliche Anlagen untergebracht sind   tags 65 dB (A) nachts 50 dB (A)

c) weder vorwiegend gewerbliche Anlagen noch vorwiegend Wohnungen untergebracht sind   tags 60 dB (A) nachts 45 dB (A)

d) vorwiegend Wohnungen untergebracht sind   tags 55 dB (A) nachts 40 dB (A)

e) ausschließlich Wohnungen untergebracht sind   tags 50 dB (A) nachts 35 dB (A)

f) für Kurgebiete, Krankenhäuser, Pflegeanstalten, sowie sie als solche durch Orts- und Straßenbeschilderung ausgewiesen sind   tags 45 dB (A) nachts 35 dB (A)

Kurzzeitige Geräuschspitzen sollen den Richtwert am Tage nicht mehr als 30 dB (A) überschreiten. Zur Sicherung der Nachtruhe sollen nachts auch kurzzeitige Überschreitungen der Richtwerte um mehr als 20 dB (A) vermieden werden.

7 Brandschutz

Brände in Gebäuden und ihre Auswirkung auf die Umgebung gefährden das Leben und die Gesundheit von Menschen. Um der Entstehung und Ausbreitung von Schadenfeuer vorzubeugen, werden Vorschriften zum Brandschutz erlassen; sie sind in den Landesbauordnungen enthalten und stimmen in allen Bundesländern weitgehend überein. Die dort festgelegten brandschutztechnischen Mindestauflagen betreffen die Ausführung der Bauteile, die Planung von Flucht- und Rettungswegen für den Brandfall und die Planung von Feuerwehrzufahrten.

Maßnahmen zum baulichen Brandschutz finden ihren Niederschlag in der Auswahl der Baustoffe und Ausbildung der Bauteile. Als Bewertungsmaßstab für die bauaufsichtlichen Anforderungen an den Brandschutz dient die Klassifizierung der Baustoffe nach ihrem Brandverhalten (brennbare oder nicht brennbare Baustoffe) und die Einteilung der Bauteile in Feuerwiderstandsklassen. Darunter versteht man die Widerstandsdauer in Minuten bei Feuereinwirkung unter definierten Bedingungen.

Eine Brandentstehung und die Ausbreitung des Feuers in einem Raum wird durch die Verwendung von nicht brennbaren oder schwer entflammbaren Baustoffen behindert. Leicht entflammbare Baustoffe sind nicht zugelassen, es sei denn, sie sind in Verbindung mit anderen Baustoffen nicht mehr leicht entflammbar.

Die Brandweiterleitung in benachbarte Räume oder in andere Geschosse wird durch das Brandverhalten der Bauteile bestimmt. An deren Feuerwiderstand werden, je nach Gebäudeart und -höhe, unterschiedliche Anforderungen gestellt.

7.1 Brandschutztechnische Prüfungen

Wie die Baustoffe und Bauteile zur brandschutztechnischen Klassifizierung zu prüfen sind, ist in DIN 4102 — Brandverhalten von Baustoffen und Bauteilen — festgelegt.

Die Norm besteht aus folgenden Teilen:

-1 (5.98)   Baustoffe; Begriffe, Anforderungen und Prüfungen

-2 (9.77)   Bauteile, Begriffe, Anforderungen und Prüfungen

-3 (9.77)   Brandwände und nichttragende Außenwände; Begriffe, Anforderungen und Prüfungen

-4 (3.94)   Zusammenstellung und Anwendung klassifizierter Baustoffe, Bauteile und Sonderbauteile

-5 (9.77)   Feuerschutzabschlüsse, Abschlüsse in Fahrschachtwänden, gegen Flugfeuer widerstandsfähige Verglasungen; Begriffe, Anforderungen und Prüfungen

-6 (9.77)   Lüftungsleitungen; Begriffe, Anforderungen und Prüfungen

-7 (7.98)   Bedachungen; Begriffe, Anforderungen und Prüfungen

-11 (12.85) Rohrummantelungen, Rohrabschottungen, Installationsschächte und -kanäle sowie Abschlüsse ihrer Revisionsöffnungen; Begriffe, Anforderungen und Prüfungen

7.2 Baustoffklassen

Die Baustoffe werden nach ihrem Brandverhalten in Klassen eingeteilt. Diese sind gemeinsam mit den bauaufsichtlichen Benennungen in Tafel 60 aufgeführt.

Baustoffe der Klasse A2 dürfen geringe Mengen an organischen Bestandteilen enthalten, verhalten sich aber bei einem Brand wie ein Baustoff der Klasse A1. In der Bauverordnung wird nicht

Tafel 60 Baustoffklassen und bauaufsichtliche Benennung

Klasse	Benennung
A, A_1, A_2	nichtbrennbare Baustoffe
B	brennbare Stoffe
B1	schwerentflammbare Baustoffe
B2	normalentflammbare Baustoffe
B3	leichtentflammbare Baustoffe

zwischen A1 und A2 unterschieden, die Baustoffe dieser Klassen werden bauaufsichtlich gleich behandelt.

Baustoffklassen müssen durch Prüfzeugnis bzw. -zeichen nachgewiesen werden.

Ohne Brandversuche können Baustoffe, die in DIN 4102-4 aufgeführt sind, den dort angegebenen Baustoffklassen ohne jeden weiteren Nachweis zugeordnet werden. Bei allen anderen Baustoffen muß durch ein Prüfzeugnis oder ein Prüfzeichen auf Grundlage von Brandversuchen nach DIN 4102-1 bzw. durch allgemeine bauaufsichtliche Zulassung (Institut für Bautechnik in Berlin) der Nachweis geliefert werden.

Für nichtbrennbare Baustoffe der Baustoffklasse A1 genügt ein Prüfzeugnis, wenn sie keine brennbaren Bestandteile enthalten. Für nichtbrennbare Baustoffe der Baustoffklasse A2 sowie für brennbare Baustoffe der Klasse B1 besteht Prüfzeichenpflicht.

Für brennbare Baustoffe der Klasse B2 und B3 ist der Nachweis mit Prüfzeugnis ausreichend; diese können z. B. von amtlich anerkannten Materialprüfungsanstalten erstellt werden. Die folgende Tafel 61 gibt eine Übersicht zur Zuordnung von Baustoffen und Nachweisverfahren.

Werden Verbundstoffe klassifiziert, so müssen sie als Gesamtheit geprüft werden. Wenn für den Nachweis die in DIN 4102 vorgesehenen Prüfungen nicht ausreichen, sind weitere Nachweise zum Beispiel im Rahmen der Erteilung einer allgemeinen bauaufsichtlichen Zulassung zu erbringen.

Tafel 61 Baustoffklassen und Nachweisverfahren

Klasse	zusätzliches Kriterium		Nachweis durch
A1	ohne brennbare Bestandteile	genormte Baustoffe	DIN 4102-4
		nicht genormte Baustoffe	Prüfzeugnis
A2	mit brennbaren Bestandteilen		Prüfbescheid mit Prüfzeichen
B1	nach bestimmten Normen		DIN 4102-4
	Sonstige		Prüfbescheid mit Prüfzeichen
B2	genormte Baustoffe		Prüfzeugnis
	nicht genormte Baustoffe		Prüfzeugnis

7.3 Feuerwiderstandsklassen

Eine Zuordnung der Bauteile zu F e u e r w i d e r s t a n d s k l a s s e n erfolgt nach Zeitdauer, die das Bauteil bzw. die Baukonstruktion beim Brandversuch dem Feuer Widerstand bietet.

Feuerwiderstandsklassen F. Für W a n d - u n d D e c k e n b a u t e i l e sowie S t ü t z e n , U n t e r z ü g e und s o n s t i g e n T r a g w e r k e werden nach DIN 4102-2 die F e u e r w i d e r s t a n d s k l a s s e n F, baurechtlichen Benennungen und Kurzbezeichnungen der Tafeln 62 und 63 unterschieden.

Tafel 62 Feuerwiderstandsklasse F

Feuerwiderstandsklasse	F30	F60	F90	F120	F180
Feuerwiderstandsdauer in min	$\geq$30	$\geq$60	$\geq$90	$\geq$120	$\geq$180

Tafel 63 Benennung der Feuerwiderstandsklassen F und Kurzbezeichnung

Baurechtliche Benennung	Benennung nach DIN 4102	Kurzbezeichnung
feuerhemmend	Feuerwiderstandsklasse F30	F30-B
feuerhemmend und in den tragenden Teilen aus nicht brennbaren Stoffen	Feuerwiderstandsklasse F30 und in den wesentlichen Teilen aus nichtbrennbaren Stoffen	F30-AB
feuerhemmend und aus nichtbrennbaren Baustoffen	Feuerwiderstandsklasse F30 und aus nichtbrennbaren Baustoffen	F30-A
feuerbeständig	Feuerwiderstandsklasse F90 und in den wesentlichen Teilen aus nichtbrennbaren Baustoffen	F90-AB
feuerbeständig und aus nichtbrennbaren Baustoffen	Feuerwiderstandsklasse F90 und aus nichtbrennbaren Baustoffen	F90-A

Holzbauteile der Feuerwiderstandsklasse F30-B und F60-B werden im Abschn. Holzbau nach DIN 1052 S. 873 ff. dieses Werkes aufgeführt.

Weitere Feuerwiderstandsklassen sind:

F e u e r w i d e r s t a n d s k l a s s e W bei nichttragenden Außenwänden, Brüstungen und Stützen.

F e u e r w i d e r s t a n d s k l a s s e T bei Feuerschutzabschlüssen, z. B. Türen, Klappen, Rolläden und Toren. Sie müssen im eingebauten Zustand den Durchtritt eines Feuers durch Öffnungen in Wänden und Decken verhindern.

F e u e r w i d e r s t a n d s k l a s s e G bei Verglasungen. Diese verhindern den Flammen- und Brandgasdurchtritt, nicht jedoch den Durchtritt der Wärmestrahlung. Die Verglasungen müssen einschließlich ihrer Halterungen sowie Befestigungen und Fugen als Raumabschluß wirksam bleiben. Verglasungen der Feuerwiderstandsklasse F verhindern nicht nur den Flammen- und Brandgasdurchtritt, sondern auch den Durchtritt von Wärmestrahlung.

F e u e r w i d e r s t a n d s k l a s s e L u n d K bei Lüftungsleitungen und Absperrvorrichtungen. Die Übertragung von Feuer und Rauch durch Lüftungsleitungen soll verhindert werden.

8 Lichttechnik und Tageslichtnutzung

Die Lichttechnik ist in erster Linie damit befaßt, für Arbeits- und Wohnräume eine ausreichende, blendfreie Beleuchtung sicherzustellen. Dies kann sowohl über Tageslicht wie über Kunstlicht erfolgen, wobei im Sinne eines nachhaltigen Bauens der Anteil von Kunstlicht auf das unbedingt notwendige beschränkt werden muß (der durchschnittliche Anteil für künstliche Beleuchtung am Stromverbrauch lag 1998 in Verwaltungsbauten bei 36%). Da das menschliche Auge an den sichtbaren Spektralbereich der Solarstrahlung optimal angepaßt ist, ist eine Beleuchtung mit Tageslicht meist sehr viel effektiver als mit Kunstlicht. Für die Berechnung des Tageslichtquotienten D (daylight coeffizient) wird auf DIN 5034 bzw. auf [13] verwiesen.

8.1 Begriffe

Lichtstrom: Eingestrahlte Leistung (Solarstrahlung oder Kunstlicht), gewichtet mit der spektralen Empfindlichkeit des menschlichen Auges, Einheit Lumen (lm).

Lichtstärke: Sie ist die lichttechnische Basiseinheit, definiert als Quotient aus Lichtstrom Φ in Lumen pro Raumwinkel Ω ergibt. Ihre Einheit ist das cd (Candela).

Leuchtdichte: Lichtstrom, den ein Flächenelement dA_s unter dem Winkel θ_s in den Raumwinkelbereich $d\Omega$ aussendet. Die Leuchtdichte beschreibt direkt die Helligkeit einer Fläche. Beispiele siehe Tafel 64.

Beleuchtungsstärke: Quotient aus Lichtstrom Φ und horizontaler Arbeitsfläche A, Einheit Lux (lx). Es gilt: $1\ \text{lx} = 1\ \text{l m/m}^2$.

Tafel 64 Leuchtdichte verschiedener Lichtquellen

Lichtquelle	Leuchtdichte $[\text{cd/m}^2]$
Sonne	1 500 000 000
klarer Himmel	2000 − 12000
bedeckter Himmel	1000 − 6000
Kerzenflamme	7000
Papierblatt in gut beleuchtetem Büro	250
Computerbildschirm	80 − 120
Untere Grenze der Helligkeitsempfindung	10^{-5}

8.2 Leuchtdichtekontraste und Blendung

Eine der Hauptaufgaben im Verwaltungsbau neben der Bereitstellung einer ausreichenden Beleuchtungsstärke ist es, Bildschirmarbeitsplätze blendfrei und kontrastarm auszuleuchten. Bei sehr ungleichmässigen Verteilungen der Leuchtdichte entstehen Störwirkungen, die im ungünstigsten Falle die Sehwirkung beeinträchtigen (physiologische Blendung) oder bei der sog. psychologischen Blendung eine Störempfindung herbeirufen. Generell gilt: bei Leuchtdichten $> 10^4\ \text{cd/m}^2$ tritt absolute Blendung auf.

Das als angenehm empfundene Kontrastverhältnis zwischen Objekt- (Bildschirm) und Umfeldleuchtdichte (Fenster hinter dem Bildschirm) hängt von der absoluten Höhe der Umfeldleuchtdichte ab: je höher die Umfeldleuchtdichte, desto geringer ist die subjektiv wahrgenommene Leuchtdichte des Objektes; dies wird als Relativ-

blendung durch zu große Leuchtdichtekontraste bezeichnet. Sie kann durch Anhebung der mittleren Leuchtdichte beseitigt bzw. gemildert werden. Als gerade noch angenehm wird ein Leuchtdichtekontrast von 1:15 zwischen Objekt und Umgebung empfunden, besser sind Verhältnisse $<1:10$.
Die mittlere Leuchtdichte eines Bildschirms liegt bei etwa 100 cd/m^2, die eines Fensters bei bedecktem Himmel bei etwa 4500 cd/m^2. Der Leuchtdichtekontrast von 1:45 liegt damit weit über dem noch als angenehm empfundenen Kontrast, so daß ein innenliegender **Blendschutz** erforderlich ist. Dieser sollte eine **Transparenz** von weniger als 10% aufweisen, damit in fast allen Fällen Blendfreiheit zwischen Bildschirmarbeitsplatz und Fenster (auch bei geöffnetem Sonnenschutz) gewährleistet ist.

8.3 Anforderungen an die Beleuchtungsstärke

Richtwerte für die Nennbeleuchtungsstärke E_n in Räumen oder in Raumzonen von Arbeitsstätten in Gebäuden sind in der DIN 5035-2 „Innenraumbeleuchtung mit künstlichem Licht; Richtwerte für Arbeitsstätten" enthalten. Durch Übernahme in die Arbeitsstättenrichtlinie „Künstliche Beleuchtung 7/3 1979" des Bundesministers für Arbeit und Sozialordnung wurden sie zu Mindestanforderungen (s. Tafel 65).

Tafel 65   Richtwerte für Nennbeleuchtungsstärken nach DIN 5035-2

Art des Raumes bzw. der Tätigkeit	E_n in lx
Allgemeine Räume	
Verkehrszonen in Abstellräumen	50
Kantinen	200
Pausen- und Liegeräume	100
Räume für körperliche Ausgleichsübungen	300
Umkleideräume	100
Waschräume	100
Toilettenräume	100
Sanitätsräume, Räume für Erste Hilfe u. ä.	500
Verkehrswege in Gebäuden	
für Personen	50
für Personen und Fahrzeuge	100
Treppen, Fahrtreppen und geneigte Verkehrswege	100
Büroräume und büroähnliche Räume	
Büroräume mit tageslichtorientierten Arbeitsplätzen ausschließl. in unmittelbarer Fensternähe	300
Büroräume	500
Großraumbüros — hohe Reflexion	750
— mittlere Reflexion	1000
Technisches Zeichnen	750[1]
Sitzungszimmer und Besprechungsräume	300
Empfangsräume	100
Räume mit Publikumsverkehr	200
Räume für Datenverarbeitung	500
Groß- und Einzelhandel	
Verkaufsräume	300
Kassenarbeitsplätze	500
Hotels und Gaststätten	
Empfang	200
Küche	500
Speiseräume	200
Buffet	300
Sitzungsräume	300
Selbstbedienungsgaststätten	300

[1] bezogen auf eine Gebrauchslage des Zeichenbrettes von 75° zur Horizontalen; im Mittelpunkt 1,2 m Höhe.

Bauphysik bei Teubner

Lastannahmen, Einwirkungen

Bearbeitet von Prof. Dr.-Ing. Otto W. Wetzell

Inhalt

5

Fortsetzung s. nächste Seite

Lastannahmen, Einwirkungen

Technische Baubestimmungen

DIN 1052-1	04.88	Holzbauwerke; Berechnung und Ausführung
DIN 1052-2	04.88	—; Mechanische Verbindungen
DIN 1052-3	04.88	—; Holzhäuser in Tafelbauart; Berechnung und Ausführung
DIN 1053-1	11.96	Mauerwerk; Berechnung und Ausführung
DIN 1053-3	02.90	—; Bewehrtes Mauerwerk; Berechnung und Ausführung
DIN 1055-1	07.78	Lastannahmen für Bauten; Lagerstoffe, Baustoffe und Bauteile, Eigenlasten und Reibungswinkel
DIN 1055-2	02.76	—; Bodenkenngröße, Wichte, Reibungswinkel, Kohäsion, Wandreibungswinkel
DIN 1055-3	06.71	—; Verkehrslasten
DIN 1055-4	08.86	—; Verkehrslasten; Windlasten bei nicht-schwingungsanfälligen Bauwerken
DIN 1055-4/A1	06.87	—; Verkehrslasten; Änderung 1, Berechtigungen
DIN 1055-5	06.75	—; Verkehrslasten; Schneelast und Eislast
DIN 1055-5/A1	04.94	—; —; —; Änderung
DIN 1055-6	05.87	—; Lasten in Silozellen
DIN 1055-6 Bbl. 1	05.87	—; Lasten in Silozellen; Erläuterungen
DIN 1056	10.84	Freistehende Schornsteine in Massivbauart; Berechnung und Ausführung
DIN 1072	12.85	Straßen- und Wegbrücken; Lastannahmen
DIN 1072 Bbl. 1	05.88	—; Lastannahmen; Erläuterungen
DIN 4112	02.83	Fliegende Bauten; Richtlinien für Bemessung und Ausführung
DIN 4131	11.91	Antennentragwerke aus Stahl
DIN 4132	02.81	Kranbahnen; Stahltragwerke; Grundsätze für Berechnung, bauliche Durchbildung und Ausführung
DIN 4132 Bbl. 1	02.81	—; Stahltragwerke; Grundsätze für Berechnung, bauliche Durchbildung und Ausführung; Erläuterungen
DIN 4134	02.83	Tragluftbauten; Berechnung, Ausführung und Betrieb
DIN 4149-1	04.81	Bauten in deutschen Erdbebengebieten; Lastannahmen; Bemessung und Ausführung üblicher Hochbauten
DIN 4149-1 Bbl. 1	04.81	—; Zuordnung von Verwaltungsgebieten zu Erdbebenzonen
DIN 4149-1/A1	12.92	—; —; Änderung
DIN 4212	01.86	Kranbahnen aus Stahlbeton und Spannbeton; Berechnung und Ausführung
DIN 4420-1	12.90	Arbeits- und Schutzgerüste; Allgemeine Regelungen; Sicherheitstechnische Anforderungen; Prüfungen
DIN 4420-2	12.90	—; Leitergerüste; Sicherheitstechnische Anforderungen
DIN 4420-3	12.90	—; Gerüstbauten; Sicherheitstechnische Anforderungen und Regelausführungen

DIN 4420-4	12.88	—; aus vorgefertigten Bauteilen; Werkstoffe; Gerüstbauteile, Abmessungen, Lastannahmen und sicherheitstechnische Anforderungen
DIN 4421	08.82	Traggerüste; Berechnung, Konstruktion und Ausführung
DIN V ENV 1991-1	12.95	Eurocode 1; Grundlagen der Tragwerksplanung und Einwirkungen auf Tragwerke; Grundlagen der Tragwerksplanung
DIN V ENV 1991-2-1	01.96	—; —; Einwirkungen auf Tragwerke; Wichten, Eigenlasten, Nutzlasten
DIN V ENV 1991-2-2	05.97	—; —; —; Einwirkungen im Brandfall
DIN V ENV 1991-2-3	01.96	—; —; —; Schneelasten
DIN V ENV 1991-2-4	12.96	—; —; —; Windlasten
DIN V ENV 1991-2-5	01.99	—; —; —; Temperatureinwirkungen
DIN V ENV 1991-2-6	08.99	—; —; —; Einwirkungen während der Ausführung
DIN V ENV 1991-3	08.96	—; —; Verkehrslasten auf Brücken
DIN V ENV 1991-4	12.96	—; —; Einwirkungen auf Silos und Flüssigkeitsbehälter
DIN V ENV 1998-1-1	06.97	Auslegung von Bauwerken gegen Erdbeben; Teil 1-1: Grundlagen Erdbebeneinwirkungen und allgemeine Anforderungen an Bauwerke
DIN V ENV 1998-1-2	06.97	—; Teil 1-2: Grundlagen; Allgemeine Regeln für Hochbauten;
DIN V ENV 1998-1-3	06.97	—; Teil 1-3: Grundlagen; Baustoffspezifische Regeln für Hochbauten
DIN V ENV 1998-1-4	09.99	—; Teil 1-4: Grundlagen; Verstärkung und Reparatur von Hochbauten
DIN V ENV 1998-2	07.98	—; Teil 2: Brücken
DIN V ENV 1998-3	09.99	—; Teil 3: Türme, Maste und Schornsteine
DIN V ENV 1998-5	06.97	—; Teil 5: Gründungen; Stützbauwerke

5

1 Grundlagen der Tragwerkplanung, Sicherheitskonzept und Bemessung mit Teilsicherheitsbeiwerten nach DIN 1055-100

1.1 Allgemeine Anforderungen

Ein Bauwerk muß so entworfen und ausgeführt werden, daß es

(a) alle während der Errichtung, Instandsetzung und planmäßigen Nutzung möglicherweise auftretenden Einwirkungen und Einflüsse mit angemessener Zuverlässigkeit und Sicherheit trägt, ohne zu versagen oder unzulässig große Verformungen zu erleiden,

(b) außergewöhnliche Ereignisse wie Feuer, Brand, Explosion oder Aufprall eines Fahrzeuges übersteht, ohne in einem Maße beschädigt zu werden, das in keinem Verhältnis zur Schadensursache steht,

(c) Einwirkungen infolge Erdbeben übersteht ohne zu versagen,

(d) Während der vorgesehenen Nutzungsdauer neben seiner Tragfähigkeit auch seine Gebrauchstauglichkeit und Dauerhaftigkeit bei angemessenem Unterhaltungsaufwand behält.

Die Gebrauchstauglichkeit ist nicht mehr gegeben, wenn das Bauwerk die für seine geplante Nutzung und das Wohlbefinden der zu dieser Nutzung gehörenden Personen erforderlichen Bedingungen und Voraussetzungen nicht mehr erfüllt. Zu diesen Bedingungen gehört neben dem einwandfreien Funktionieren des Bauwerks z. B. auch ein einwandfreies optisches Erscheinungsbild.

Für das Bauwerk ist bei der Planung ein Tragsystem zu wählen, das

— gegen außergewöhnliche Gefährdungen weitgehend unempfindlich ist,

— bei einer örtlichen Beschädigung oder beim Ausfall eines begrenzten Teiles des Tragwerks nicht insgesamt versagt.

Wo immer angezeigt und möglich, sind vorsorglich konstruktive Maßnahmen zu treffen, die eine Gefährdung des Bauwerks durch außergewöhnliche Einwirkungen wie den Aufprall eines Fahrzeuges ausschließen oder doch jedenfalls merklich vermindern.

Beim Nachweis der Tragfähigkeit und Gebrauchstauglichkeit sind alle Zustände bzw. Situationen zu berücksichtigen, die während der Errichtungsphase und geplanten Nutzungsdauer des Bauwerks auftreten können. Die Menge dieser Situationen kann eingeteilt werden in

— die Gruppe der planmäßig während der gesamten Nutzungszeit auftretenden — also in diesem Sinne ständigen — Situationen,

— die Gruppe der vorübergehend und zeitlich begrenzt auftretenden Situationen, wie z. B. die Situationen im Bauzustand oder während irgendwelcher Wartungs- oder Instandsetzungsarbeiten,

— die Gruppe der außergewöhnlichen Situationen, wie sie z. B. durch Feuer und Brand, Explosion oder den Aufprall eines Fahrzeugs entstehen und

— die Situation bei einem Erdbeben.

Diese Tragfähigkeit und Gebrauchstauglichkeit kann verloren gehen durch

— Verlust des Gleichgewichts

— übermäßige Verformung

— Übergang in eine sog. kinematische Kette

— Verlust der Stabilität und Übergang in einen Zustand des indifferenten oder labilen Gleichgewichts

— Ermüdung des Materials oder Wirksamwerden eines anderen Langzeitphänomens

— Bruch eines Bauteils mit oder ohne Vorankündigung (letzteres ist unbedingt zu vermeiden).

Tafel 1 zeigt die Einteilung der Bauwerke hinsichtlich der Nutzungsdauer.

Tafel 1 Klassifizierung von Bauten im Hinblick auf die Nutzungsdauer

Klasse	Geplante Nutzungs-dauer in Jahren	Beispiel
1	1 bis 5	Tragwerke mit befristeter Standzeit
2	25	Austauschbare Tragwerksteile, z. B. Kranbahnträger, Lager
3	50	Gebäude und andere gewöhnliche Tragwerke
4	100	Monumentale Gebäude, Brücken und andere Ingenieurbauwerke

5

1.2 Einwirkungen auf ein Bauwerk; Beanspruchung und Beanspruchbarkeit eines Bauwerks

Es gibt ständige und veränderliche Einwirkungen, statische und dynamische Einwirkungen, Brandeinwirkungen und Umwelteinflüsse. Alle Einwirkungen werden durch Modelle erfasst, deren für ein Bauwerk denkbar ungünstige Werte oder — vereinfachend gesagt — größtmögliche Werte in den verschiedenen Teilen von DIN 1055 angegeben sind.

Freilich darf ein Bauwerk nicht so entworfen werden, dass es sofort bei Erreichen dieser größtmöglichen Werte versagt. Vielmehr muss ein gewisser Sicherheitsabstand bestehen zwischen dem Erreichen dieser größtmöglichen Werte und dem Versagen des Bauwerkes. Deshalb wird das Bauwerk bei seiner Bemessung rechnerisch nicht diesen größtmöglichen Werten der Einwirkungen — wir nennen sie weiter unten „charakteristische Werte" — unterworfen sondern sogenannten Bemessungswerten, das sind — im einfachsten Fall — die mit einem Last-Teilsicherheitsbeiwert γ_F multiplizierten größtmöglichen Werte.

Analog lassen sich zu den Nominalwerten der Abmessungen von Bauwerk und Bauteilen sowie den — in den verschiedenen Normen gegebenen — Festigkeiten usw. der Baumaterialien und des Baugrundes — wir nennen letztere weiter unten ebenfalls „charakteristische Werte" — unter Verwendung von Material-Teilsicherheitsbeiwerten γ_M — und gegebenenfalls Maß-Abschlägen — Bemessungswerte dieser Größen errechnen.

Mit diesen beiden Datensätzen — den Bemessungswerten der Einwirkungen und den Bemessungswerten der Bauwerksdaten — können nun unter Verwendung eines geeigneten Algorithmus in einer Strukturanalyse des zugehörigen Tragwerks die Bemessungswerte der Beanspruchung des Bauwerks ermittelt werden, u. a. also die Bemessungswerte der Verschiebungen der einzelnen Punkte des Bauwerks, der Verformungen seiner einzelnen Teile und der in ihnen wirksamen Schnittgrößen, das sind die Resultierenden der zugehörigen Spannungen.

Andererseits lässt sich aus dem o. g. Datensatz der Bemessungswerte der Bauwerksdaten — Abmessungen und Materialien der verschiedenen Teile des Bauwerks und Gegebenheiten des Baugrundes — unter Verwendung gegebener Materialwerte im Grenzzustand des Versagens die rechnerische Beanspruchbarkeit dieses Bauwerks ermitteln.

Schließlich wird der so errechnete Bemessungswert der Beanspruchbarkeit des Bauwerks beim Nachweis der Tragfähigkeit dem Bemessungswert seiner Beanspruchung in den verschiedenen Bemessungssituationen gegenübergestellt. Beim Nachweis der Gebrauchstauglichkeit wird — mit anderen Datensätzen — analog verfahren.

Tafel 2 zeigt dies.

Tafel 2 Struktur des Bemessungskonzeptes

Grenzzustand	Tragfähigkeit	Gebrauchstauglichkeit
Anforderungen	Sicherheit von Personen Sicherheit des Tragwerks	Wohlbefinden von Personen Funktion des Tragwerks Erscheinungsbild
Nachweiskriterien	Verlust der Lagesicherheit Festigkeitsversagen Stabilitätsversagen Versagen durch Materialermüdung	Verformungen und Verschiebungen Schwingungen Schäden (einschließlich Rissbildung) Schäden durch Materialermüdung
Bemessungs-situationen	ständige vorübergehende außergewöhnliche Erdbeben	charakteristische seltene häufige quasi-ständige
Beanspruchung	Bemessungswert der Beanspruchung z. B.: destabilisierende Einwirkungen, Schnittgrößen	Bemessungswert der Beanspruchung z. B.: Spannungen, Rissbreiten, Ver- formungen
Widerstand	Bemessungswert des Tragwider- standes (Beanspruchbarkeit) z. B.: stabilisierende Einwirkungen, Materialfestigkeiten, Querschnitts- widerstände	Bemessungswert des Gebrauchs- tauglichkeitskriteriums z. B.: Dekompression, Grenzwerte für Spannungen, Rissbreiten, Ver- formungen

1.2.1 Einwirkungen

Einwirkungen F können entweder ständige Einwirkungen G oder veränderliche Einwirkungen Q sein. Andere Gesichtspunkte bei der Einteilung der Menge der Einwirkungen sind:

a) Art der Einwirkung:
- direkte Einwirkungen, z. B. Kräfte (Lasten), die auf ein Bauwerk wirken, und
- indirekte Einwirkungen, z. B. aufgezwungene oder verhinderte Verformungen oder Bewegungen, herrührend etwa von Temperaturänderungen (veränderlich), Feuchtigkeitsänderungen, ungleichen Setzungen des Baugrundes (ständig) oder Erdbeben.

b) Zeitliches Verhalten
- die Gruppe der ständigen Einwirkungen G; zu ihr gehören die Eigenlasten von Bauwerk und fest eingebauten Ausrüstungen und die Vorspannung;
- die Gruppe der veränderlichen Einwirkungen Q; zu ihr gehören Nutzlasten sowie Wind- und Schneelasten;
- die Gruppe der außergewöhnlichen Einwirkungen A; zu ihr gehören Einwirkungen, die durch Explosion oder den Anprall eines Fahrzeuges ausgelöst werden.

c) Örtliche Gebundenheit
- die Gruppe der ortsfesten Einwirkungen, z. B. Eigenlasten,
- die Gruppe der ortsveränderlichen Einwirkungen.

d) Art und Weise der Reaktion des Tragwerks
- die Gruppe der statischen Einwirkungen (keine wesentliche Beschleunigung von Tragwerksteilen)
- die Gruppe der dynamischen Einwirkungen; sie rufen eine nicht mehr vernachlässigbare Beschleunigung von Tragwerksteilen hervor.

e) Art der Intensität der Einwirkung
- Einwirkungen, die mit unterschiedlicher Intensität auftreten, z. B. Wind und Schnee und viele Nutzlasten,
- Einwirkungen, die stets mit ihrem vollen Wert auftreten, z. B. das Eigengewicht des Tragwerks.

1.2.1.1 Charakteristische Werte der Einwirkungen

Einwirkungen F werden durch ihre charakteristischen Werten F_k beschrieben, das sind extremale Werte, also Grenzwerte, deren Überschreitung — wenn es Maximalwerte sind — oder Unterschreitung — wenn es Minimalwerte sind — für unmöglich gehalten werden kann.

Der charakteristische Wert einer **ständigen** Einwirkung ist
- bei einer geringen Variationsbreite — $V_G \leq 0{,}1$ — ein einziger Wert G_k,
- bei einer größeren Variationsbreite — $V_G > 0{,}1$ — ein oberer Wert $G_{k,sup}$ und ein unterer Wert $G_{k,inf}$.

Der charakteristische Wert einer **veränderlichen** Einwirkung ist immer ein einziger Wert Q_k.

Bei **außergewöhnlichen und seismischen** Einwirkungen treten sogenannte Nennwerte an die Stelle der charakteristischen Werte.

Für Hochbauten gibt Tafel 3 eine Einteilung aller unabhängigen Einwirkungen.

Tafel 3 Unabhängige Einwirkungen

Ständige Einwirkungen		Veränderliche Einwirkungen	$Q_{k,i}$
Eigenlasten	G_k	Nutzlasten, Verkehrslasten	$Q_{k,N}$
		Schnee- und Eislasten	$Q_{k,S}$
Vorspannung	P_k	Windlasten	$Q_{k,W}$
Erddruck	$G_{k,E}$	Temperatureinwirkungen	$Q_{k,T}$
Ständiger Flüssigkeitsdruck	$G_{k,H}$	Veränderlicher Flüssigkeitsdruck	$Q_{k,H}$
		Baugrundsetzungen	$Q_{k,\Delta}$
Außergewöhnliche Einwirkungen			A_d
Einwirkungen infolge Erdbeben			A_{Ed}

Alternativ dürfen für Baugrundsetzungen Bemessungswerte $Q_{d,\Delta}$ verwendet werden.

Charakteristische Werte G_k und Q_k von ständigen bzw. veränderlichen Einwirkungen und Nennwerte von außergewöhnlichen und seismischen Einwirkungen sind in den verschiedenen Teilen von DIN 1055 angegeben und in den folgenden Abschnitten dieses Beitrages *Lastannahmen, Einwirkungen* größtenteils wiedergegeben.

1.2.1.2 Gleichzeitigkeit mehrerer Einwirkungen, Kombinationsbeiwerte Ψ_i

Während die ständigen Einwirkungen G_k — wie z. B. die aus dem Eigengewicht des Bauwerks herrührenden — allein wirken können, wirken veränderliche Einwirkungen Q_k — wie z. B. Einwirkungen aus Nutz- und Verkehrslasten, Schnee- und Windlasten — mindestens in Kombination mit den ständigen Einwirkungen und in der Regel auch in Kombination mit anderen veränderlichen Einwirkungen.

Bei der Zusammenstellung dieser Kombinationen — Einzelheiten hierzu in Abschnitt 1.2.3 — stellt sich die Frage, ob die Annahme realistisch und nötig ist, dass stets alle Lasten, die gleichzeitig wirken können — manche Einwirkungen schließen sich auch gegenseitig aus — zur selben Zeit mit voller Intensität wirken. Die Antwort lautet: Es ist sinnvoll, neben diesem äußerst selten auftretenden Fall auch andere — häufig auftretende und regelmäßig auftretende — Kombinationen mit teilweise reduzierten Lastintensitäten zu betrachten.

Zu diesem Zweck werden verschiedene Beiwerte — u. a. der Kombinationsbeiwert Ψ_0 — definiert und mit ihnen weitere repräsentative Werte der veränderlichen Einwirkungen errechnet, die notwendigerweise geringer sind als die charakteristischen Werte. In diesem Sinne wird

- mit dem Kombinationsbeiwert Ψ_0 der Kombinationswert $\Psi_0 \cdot Q_k$ der veränderlichen Einwirkung Q_k,
- mit dem häufigen Beiwert Ψ_1 der häufige Wert $\Psi_1 \cdot Q_k$ der veränderlichen Einwirkung Q_k,

und

- mit dem quasi-ständigen Beiwert Ψ_2 der quasi-ständige Wert $\Psi_2 \cdot Q_k$ der veränderlichen Einwirkung Q_k

errechnet.

Für alle Beiwerte gilt $0 \leq \Psi_i \leq 1$. Beiwerte $\Psi_i (0 \leq i \leq 2)$ für den Hochbau liefert Tafel 4.

Tafel 4   Beiwerte ψ

Einwirkung	ψ_0	ψ_1	ψ_2
Nutzlasten[1][2])			
— Kategorie A — Wohn- und Aufenthaltsräume	0,7	0,5	0,3
— Kategorie B — Büros	0,7	0,5	0,3
— Kategorie C — Versammlungsräume	0,7	0,7	0,6
— Kategorie D — Verkaufsräume	0,7	0,7	0,6
— Kategorie E — Lagerräume	1,0	0,9	0,8
Verkehrslasten			
— Kategorie F, Fahrzeuglast ≤ 30 kN	0,7	0,7	0,6
— Kategorie G, ≤ 30 kN $\leq$ Fahrzeuglast $\leq$ kN	0,7	0,5	0,3
— Kategorie H — Dächer	0	0	0
Schnee- und Eislasten			
Orte bis NN + 1000 m	0,5	0,2	0
Orte über NN + 1000 m	0,7	0,5	0,2
Windlasten	0,6	0,5	0
Temperatureinwirkungen (nicht Brand)[3])	0,6	0,5	0
Baugrundsetzungen	1,0	1,0	1,0
Sonstige Einwirkungen[4])	0,8	0,7	0,5

[1]) Abminderungsbeiwerte für Nutzlasten in mehrgeschossigen Hochbauten siehe E DIN 1055-3
[2]) ψ-Beiwerte für Maschinenlasten sind betriebsbedingt festzulegen.
[3]) Siehe E DIN 1055-7
[4]) ψ-Beiwerte für Flüssigkeitsdruck sind standortbedingt festzulegen.

1.2.1.3   Teilsicherheitsbeiwerte γ_F der Einwirkungen

Da bei Erreichen der so definierten repräsentativen Werte der verschiedenen Einwirkungen noch ein Sicherheitsabstand (insbesondere) zum Grenzzustand der Tragfähigkeit vorhanden sein soll, werden die so errechneten repräsentativen Werte $\Psi_0 \cdot Q_k$ usw. schließlich mit Teilsicherheitsbeiwerten γ_F der Einwirkungen multipliziert — Ergebnis sind die sog. Bemessungswerte dieser Einwirkungen — und nach bestimmten Kombinationsregeln mit den entsprechend erhöhten repräsentativen Werten anderer Einwirkungen — also ihren Bemessungswerten — kombiniert. Tafel 5 zeigt — für Hochbauten — die Teilsicherheitsbeiwerte γ_F für den Nachweis der Tragfähigkeit.

Tafel 5   Teilsicherheitsbeiwerte im Grenzzustand der Tragfähigkeit

Nachweiskriterium	Einwirkung	Symbol	Situationen P/T	A
Verlust der Lagesicherheit des Tragwerks	Ständige Einwirkungen: Eigenlast des Tragwerks und von nicht tragenden Bauteilen, ständige Einwirkungen, die vom Baugrund herrühren, Grundwasser und frei anstehendes Wasser			
	ungünstig	$\gamma_{G,sup}$	1,10	1,00
	günstig	$\gamma_{G,inf}$	0,90	0,95
	Bei kleinen Schwankungen der ständigen Einwirkungen, wie z. B. beim Nachweis der Auftriebssicherheit			
	ungünstig	$\gamma_{G,sup}$	1,05	1,00
	günstig	$\gamma_{G,inf}$	0,95	0,95
	ungünstige veränderliche Einwirkungen	γ_{Q}	1,50	1,00
	außergewöhnliche Einwirkungen	γ_{A}		1,00
Versagen des Tragwerks, eines seiner Teile oder der Gründung durch Bruch oder übermäßige Verformung	unabhängige ständige Einwirkungen (siehe oben)			
	ungünstig	$\gamma_{G,sup}$	1,35	1,00
	günstig	$\gamma_{G,inf}$	1,00	1,00
	unabhängige veränderliche Einwirkungen			
	ungünstig	γ_{Q}	1,50	1,00
	außergewöhnliche Einwirkungen	γ_{A}		1,00
Versagen des Baugrundes durch Böschungs- oder Geländebruch	unabhängige ständige Einwirkungen (siehe oben)			
	ungünstige	γ_{G}	1,00	1,00
	günstige	γ_{G}	1,00	1,00
	unabhängige veränderliche Einwirkungen			
	ungünstig	γ_{Q}	1,30	1,00
	außergewöhnliche Einwirkungen	γ_{A}		1,00

P: Ständige Bemessungssituation
P: Lastfall 1 nach DIN V 1054-100
T: Vorübergehende Bemessungssituation
T: Lastfall 2 nach DIN V 1054-100

A: Außergewöhnliche Bemessungssituation
A: Lastfall 3 nach DIN V 1054-100

1.2.2   Bemessungssituationen zum Nachweis der Tragfähigkeit

Die Menge der beim Nachweis der Tragfähigkeit zu betrachtenden Bemessungssituationen kann wie folgt eingeteilt werden:

— ständige Situationen, die unter den Bedingungen der planmäßigen Nutzung des Bauwerks auftreten,
— vorübergehende Situationen, die in zeitlich begrenzten Zuständen des Bauwerks auftreten wie z. B. im Bauzustand oder bei Instandsetzungsarbeiten,
— außergewöhnliche Situationen, die bei außergewöhnlichen Einwirkungen oder Einflüssen auf das Bauwerk auftreten wie z. B. bei Feuer und Brand, einer Explosion oder beim Aufprall eines Fahrzeuges auf das Bauwerk,
— Situation bei Erdbeben.

1.2.3   Kombinationsregeln zum Nachweis der Tragfähigkeit in den verschiedenen Bemessungssituationen

Für jeden kritischen Lastfall sind für die Berechnung des Bemessungswertes E_d der Beanspruchung — im einfachsten Fall eine Schnittgröße — folgende Kombinationen der unabhängigen, gleichzeitig auftretenden Einwirkungen zu verwenden:

Lastannahmen, Einwirkungen

(a) ständige und vorübergehende Situationen:

Kombination
— der Bemessungswerte der unabhängigen ständigen Einwirkungen
mit
— dem Bemessungswert der vorherrschenden unabh. veränderlichen Einwirkung
mit
— den Kombinationswerten weiterer unabhängiger veränderlicher Einwirkungen

$$\sum_{j \geq 1} \gamma_{G,j} \cdot G_{k,j} \oplus \gamma_P \cdot P_k \oplus \gamma_{Q,1} \cdot Q_{k,1} \oplus \sum_{i>1} \gamma_{Q,i} \cdot \psi_{0,i} \cdot Q_{k,i}$$

(b) außergewöhnliche Situationen:

Kombination
— des Bemessungswertes der unabhängigen ständigen Einwirkungen
mit
— dem Bemessungswert einer außergewöhnlichen Einwirkung
mit
— dem häufigen Wert der vorherrschenden unabhängigen veränderlichen Einwirkung
mit
— den quasi-ständigen Werten weiterer unabhängiger veränderlicher Einwirkungen

$$\sum_{j \geq 1} \gamma_{GA,j} \cdot G_{k,j} \oplus \gamma_{PA} \cdot P_k \oplus A_d \oplus \psi_{1,1} \cdot Q_{k,1} \oplus \sum_{i>1} \psi_{2,i} \cdot Q_{k,i}$$

(c) Situation bei einem Erdbeben:

Kombination
— der charakteristischen Werte der unabhängigen ständigen Einwirkungen
mit
— den Bemessungswerten der Einwirkung infolge Erdbeben
mit
— den quasi-ständigen Werten der unabhängigen veränderlichen Einwirkungen.

$$\sum_{j \geq 1} G_{k,j} \oplus P_k \oplus \gamma_1 \cdot A_{Ed} \oplus \sum_{i \geq 1} \psi_{2,i} \cdot Q_{k,i}$$

In Tafel 6 sind die Komponenten der Kombinationen für die drei Bemessungssituationen zusammengestellt.

Tafel 6 Bemessungswerte unabhängiger Einwirkungen im Grenzzustand der Tragfähigkeit

Bemessungssituation	Unabhängige ständige Einwirkungen G_d	Vorspannung P_d	Unabhängige veränderliche Einwirkungen Q_d		Außergewöhnliche Einwirkung und Einwirkung infolge Erdbeben
			Vorherrschende	Andere	
Ständig und vorübergehend	$\gamma_G \cdot G_k$	$\gamma_P \cdot P_k$	$\gamma_{Q,1} \cdot Q_{k,1}$	$\gamma_{Q,1} \cdot \psi_{0,i} \cdot Q_{k,i}$	
Außegewöhnlich	$\gamma_{GA} \cdot G_k$	$\gamma_{PA} \cdot P_k$	$\psi_{1,1} \cdot Q_{k,1}$	$\psi_{2,i} \cdot Q_{k,i}$	$\gamma_A \cdot A_k$ oder A_d
Erdbeben	G_k	P_k	$\psi_{2,i1} \cdot Q_{k,i1}$	$\psi_{2,i} \cdot Q_{k,i}$	$\gamma_1 \cdot A_{Ed}$

1.3 Bauwerk und Baugrund, Eigenschaften von Baustoffen und Baugrund sowie Maße und Abmessungen

1.3.1 Charakteristische Werte von Baustoffen, Bauprodukten und Baugrund sowie von Maßen bzw. Abmessungen des Bauwerks

Eigenschaften von Baustoffen usw. werden durch ihre charakteristischen Werte X_k beschrieben. Charakteristischer Wert X_k einer Eigenschaft ist normalerweise derjenige Wert, der in einer hypothetisch unbegrenzten Versuchsreihe mit einer vorgegebenen Wahrscheinlichkeit nicht unterschritten wird. Charakteristische Werte X_k der Eigenschaften von Baustoffen, Bauprodukten und Baugrund sind in den entsprechenden Normen oder Zulassungen angegeben. Maße bzw. Abmessungen des Bauwerks werden i. allg. unmittelbar durch ihre nominalen Planungswerte a_{nom} angegeben, die die Bedeutung von charakteristischen Werten haben.

1.3.2 Bemessungswerte von Baustoff- und Baugrundeigenschaften sowie von Maßen und Abmessungen des Bauwerks

Der Bemessungswert X_d einer Baustoff-, Bauprodukt- und Baugrundeigenschaft ergibt sich aus Division des charakteristischen Wertes X_k durch den Material-Teilsicherheitsbeiwert γ_M für die Baustoff-, Bauprodukt- oder Baugrundeigenschaft. Diesen Teilsicherheitsbeiwert liefert die entsprechende Bemessungsnorm.

$$X_d = X_k / \gamma_M$$

Als Bemessungswert einer geometrischen Größe wird i. allg. der Nominalwert selbst verwendet:

$$a_d = a_{nom}.$$

1.4 Bemessungswert E_d der Beanspruchung des Bauwerkes und Bemessungswert R_d der Beanspruchbarkeit des Bauwerkes

1.4.1 Bemessungswert E_d der Beanspruchung des Bauwerkes

Mit den Datensätzen

— der Bemessungswerte der Einwirkungen

und

— der Bemessungswerte der Bauwerksdaten

kann unter Verwendung eines geeigneten Algorithmus der Bemessungswert der Beanspruchung E_d ermittelt werden:

— Im allgemeinen Fall, wenn Einwirkung auf das Bauwerk und Reaktion des Bauwerks nicht-linear miteinander verknüpft sind:

$$E_d = E(F_{d1}, F_{d2}, \ldots, a_{d1}, a_{d2}, \ldots, X_{d1}, X_{d2}, \ldots)$$

— Im Sonderfall der linear-elastischen Verknüpfung von Einwirkung und Bauwerksreaktion

$$E_d = E_{Fd1}(a_{d1}, a_{d2}, \ldots, X_{d1}, X_{d2}, \ldots) + E_{Fd2}(a_{d1}, a_{d2}, \ldots, X_{d1}, X_{d2}, \ldots) + \ldots$$

Die Bemessungswerte E_d der Beanspruchung ergeben sich in den einzelnen Bemessungssituationen wie folgt:

(a) Ständige und vorübergehende Situation

(a1) nicht-lineares Tragwerksverhalten

$$E_d = E\left\{ \sum_{j \geq 1} \gamma_{G,j} \cdot G_{k,j} \oplus \gamma_P \cdot P_k \oplus \gamma_{Q,1} \cdot Q_{k,1} \oplus \sum_{i>1} \gamma_{Q,i} \cdot \psi_{0,i} \cdot Q_{k,i} \right\}$$

(a2) lineare Kombination $\quad E_d = \gamma_G \cdot E_{Gk} + 1{,}50 \cdot E_{Q,unf} + E_{Pk}$

mit $\gamma_{G,sup} = 1{,}35$ bei ungünstiger und $\gamma_{G,inf} = 1{,}0$ bei ungünstiger Wirkung

(b)   Außergewöhnliche Situationen
(b1)   nicht-lineares Tragwerksverhalten

$$E_{dA} = E\left\{ \sum_{j \geq 1} \gamma_{GA,j} \cdot G_{k,j} \oplus \gamma_{PA} \cdot P_k \oplus A_d \oplus \psi_{1,1} \cdot Q_{k,1} \oplus \sum_{i>1} \psi_{2,i} \cdot Q_{k,i} \right\}$$

(b2)   lineare Kombination $E_{dA} = E_{Ad} + E_{d,\,frequ}$

(c)   Situation bei Erdbeben
(c1)   nicht-lineares Tragwerksverhalten

$$E_{dAE} = E\left\{ \sum_{j \geq 1} G_{k,j} \oplus P_k \oplus \gamma_1 \cdot A_{Ed} \oplus \sum_{i \geq 1} \psi_{2,i} \cdot Q_{k,i} \right\}$$

(c2)   lineare Kombination $E_{dE} = E_{AEd} + E_{d,\,perm}$

1.4.2 Bemessungswert des Tragwiderstandes; Grenzzustand der Tragfähigkeit

Grenzzustände der Tragfähigkeit sind Zustände, deren Überschreiten rechnerisch zum Versagen des Tragwerks, z. B. zum Einsturz des Bauwerks führt.

Die Anforderungen an die Grenzzustände der Tragfähigkeit betreffen

— die Sicherheit und Unversehrtheit von Personen
— die Sicherheit und Funktionsfähigkeit des Bauwerks und der Einrichtung.

Die Betrachtung folgender Grenzzustände der Tragfähigkeit kann — neben anderen — nötig sein:

— Versagen des Tragwerks oder eines seiner Teile, einschl. Stützung und Gründung,
— Versagen des Tragwerks oder eines seiner Teile durch Materialermüdung oder andere zeitabhängige Vorgänge,
— Verlust der Lage- oder Standsicherheit des Tragwerks oder eines seiner Teile, betrachtet als starrer Körper, z. B. durch Umkippen, Abheben oder Aufschwimmen.

Der Bemessungswert R_d ces Tragwiderstandes ergibt sich als Funktion der Bemessungswerte von Materialeigenschaften und Abmessungen:

$$R_d = R(X_{d1}, X_{d2}, \ldots, a_{d1} \cdot a_{d2}, \ldots).$$

Die Art und Weise seine⁻ Berechnung sind in den entsprechenden Bemessungsnormen festgelegt.

1.5 Nachweis der Tragfähigkeit und Nachweis der Lagesicherheit eines Bauwerkes

1.5.1 Nachweis der Tragfähigkeit

Beim Nachweis der Tragfähigkeit eines Bauwerkes werden die Bemessungswerte R_d des Tragwiderstandes bzw. der Beanspruchbarkeit den Bemessungswerten E_d der Beanspruchung gegenübergestellt.

Es muß sein

$$E_d \leq R_d.$$

Die beiden Möglichkeiten des Gesamtvorgehens — siehe auch 1.3.3 — zeigen Bild 1a und Bild 1b.

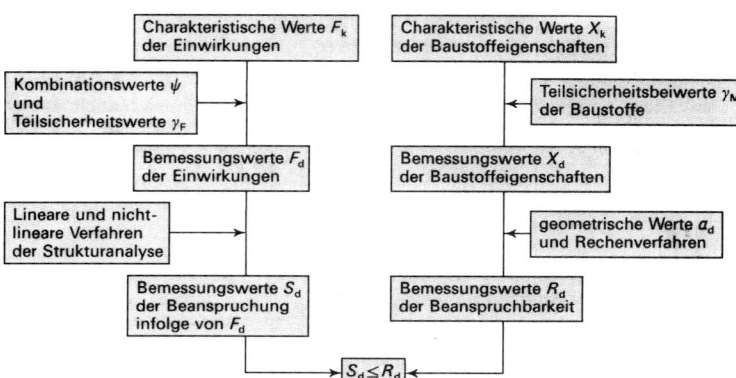

Bild 1a Einzelschritte auf dem Weg zur Bemessung, linear und nicht-linear

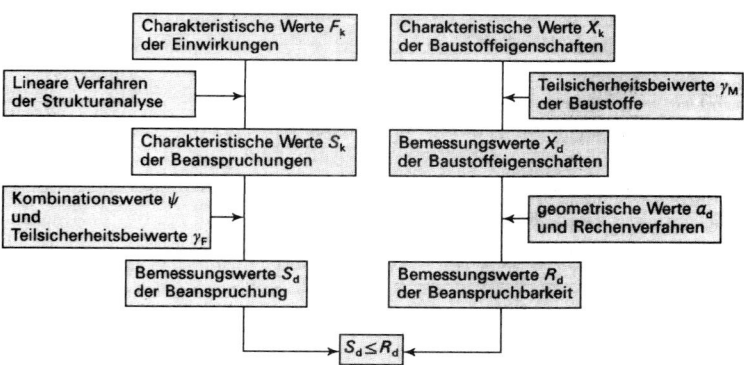

Bild 1b Einzelschritte auf dem Weg zur Bemessung, Theorie I. Ordnung

1.5.2 Nachweis der Lagesicherheit eines Bauwerks

Beim Nachweis der Gleit- und Kippsicherheit ist zunächst

— der Bemessungswert $E_{d,stb}$ der Beanspruchung durch die stabilisierenden Einwirkungen
— der Bemessungswert $E_{d,dst}$ der Beanspruchung durch die destabilisierenden Einwirkungen

zu berechnen. Die Stand- und Lagesicherheit ist gegeben, wenn $E_{d,stb}$ nicht kleiner ist als $E_{d,dst}$:

$$E_{d,dst} \leqq E_{d,stb} \,.$$

Wird die Lagesicherheit durch eine Verankerung bewirkt und hat der Widerstand der Verankerung den Bemessungswert R_d, so muss gelten

$$E_{d,dst} - E_{d,stb} \leqq R_d \,.$$

Bei der Anwendung dieser Beziehungen darf nicht übersehen werden, dass ständige Einwirkungen — z. B. das Eigengewicht des Bauwerkes — einen stabilisierenden und einen destabilisierenden Anteil haben können:

$$E_{Gk,stb} = \sum_j E_{Gk,stb,j}; \qquad E_{Gk,dst} = \sum_j E_{Gk,dst,j}$$

Der destabilisierende Anteil ist bei der Bilanzierung entsprechend in die folgenden Kombinationen einzubringen, in denen der Index „unf" für „unfavourable" — also „ungünstig wirkend" — steht:

a) Grundkombination:
   allgemein:

$$E_{d,dst} = 1,10 \cdot E_{Gk,dst} + 1,10 \cdot E_{Pk,dst} + 1,50 \cdot E_{Q,unf} \leqq 0,90 \cdot E_{Gk,stb} + 0,90 \cdot E_{Pk,stb}$$
$$= E_{d,stb}$$

   für nach Nachweis der Auftriebssicherheit:

$$E_{d,dst} = 1,05 \cdot E_{Gk,dst} + 1,50 \cdot E_{Q,unf} \leqq 0,95 \cdot E_{Gk,stb} = E_{d,stb}$$

b) Außergewöhnliche Kombination:

$$E_{dA,dst} = E_{Gk,dst} + E_{Pk,dst} + E_{Ad} + \psi_{1,Q} \cdot E_{Q,k,i} \leqq 0,95 \cdot E_{Gk,stb} + E_{Pk,stb} = E_{dA,stb}$$

c) Erdbebenkombination:

$$E_{dE,dst} = E_{Gk,dst} + E_{Pk,dst} + E_{AEd} + \sum_{i \geqq 1} \psi_{2,i} \cdot E_{Qk,i} \leqq E_{Gk,stb} + E_{Pk,stb} = E_{dE,stb}$$

1.6 Grenzzustände der Gebrauchstauglichkeit eines Bauwerks

Neben der Erhaltung der Tragfähigkeit des Bauwerks muß die Erhaltung seiner Gebrauchstauglichkeit nachgewiesen werden. Dieser gesonderte Nachweis ist u. a. deshalb erforderlich, weil spätestens im Last- und Beanspruchungsbereich oberhalb des Gebrauchszustandes eine Proportionalität zwischen den Einwirkungen und ihren Auswirkungen im Tragwerk nicht mehr besteht. Man kann deshalb von dem Sicherheitsabstand zum Grenzzustand der Tragfähigkeit nicht auf den Sicherheitsabstand zum Grenzzustand der Gebrauchstauglichkeit schließen, bei dessen Überschreiten beispielsweise — nach Entlastung — Verformungen zurückbleiben (wir nennen sie deshalb „bleibende Verformungen").

Die Gebrauchstauglichkeitsanforderungen betreffen
— das einwandfreie Funktionieren des Bauwerks in allen seinen Teilen
— das Wohlbefinden der zur planmäßigen Nutzung des Bauwerks gehörenden Personen
— ein optisch einwandfreies Erscheinungsbild.

Grenzzustände der Gebrauchstauglichkeit werden durch Beanspruchungen beschrieben, bei deren Überschreiten die o. g. Anforderungen nicht mehr erfüllt werden.

Die Betrachtung folgender Grenzzustände der Gebrauchstauglichkeit kann — neben anderen — erforderlich sein:
— Auftreten von Verformungen und Verschiebungen, die die planmäßige Nutzung des Bauwerks einschränken oder dessen Erscheinungsbild beeinträchtigen,
— Auftreten von Schwingungen, die bei Personen körperliches Unbehagen hervorrufen, am Bauwerk oder Einrichtungsgegenständen Schäden verursachen oder sonstwie die Funktionstüchtigkeit des Bauwerks einschränken,
— Auftreten von Schäden, die voraussichtlich die Funktionstüchtigkeit, Dauerhaftigkeit oder äußere Erscheinung des Bauwerks nachteilig beeinflussen,
— Auftreten von Schäden aufgrund von Materialermüdung o. ä.

1.6.1 Nachweis der Gebrauchstauglichkeit

Mit den weiter unten gemachten Angaben wird
— der Bemessungswert E_d der Beanspruchung (z. B. vorhandene Spannung oder Verformung)
und
— der Bemessungswert C_d des Gebrauchstauglichkeitskriteriums (z. B. ertragbare Spannung oder zulässige Verformung, siehe Bemessungsnormen)
berechnet.

Bei der Berechnung der Bemessungswerte E_d der Beanspruchung für den Nachweis der Gebrauchstauglichkeit ist sowohl die Möglichkeit des linearen als auch des nichtlinearen Tragwerkverhaltens gegeben. Deshalb sind unten in Abschnitt 1.6.4 jeweils beide Rechenansätze angegeben.

Der Nachweis der Gebrauchstauglichkeit ist erbracht, wenn gilt

$E_d \leqq C_d$.

1.6.2 Bemessungssituationen beim Nachweis der Gebrauchstauglichkeit

Die Bemessungssituationen beim Nachweis der Gebrauchstauglichkeit lassen sich wie folgt einteilen:

— seltene Situationen mit nicht umkehrbaren — also bleibenden — Auswirkungen auf das Tragwerk
— häufige Situationen mit umkehrbaren — also nicht-bleibenden — Auswirkungen auf das Tragwerk
— quasi-ständige Situationen mit Langzeitauswirkungen auf das Tragwerk.

1.6.3 Kombinationsregeln für Einwirkungen beim Nachweis der Gebrauchstauglichkeit

Für jeden kritischen Lastfall gelten für die Berechnung der Bemessungswerte E_d der Beanspruchung folgende Kombinationen der unabhängigen, gleichzeitig auftretenden Einwirkungen:

(a) Seltene Situationen:
— Kombination
— der charakteristischen Werte der unabhängigen ständigen Einwirkungen
mit
— dem charakteristischen Wert der vorherrschenden unabhängigen veränderlichen Einwirkung
mit
— den Kombinationswerten weiterer unabhängiger veränderlicher Einwirkungen.

$$\sum_{j \geqq 1} G_{k,1} \oplus P_k \oplus Q_{k,1} \oplus \sum_{i>1} \psi_{0,i} \cdot Q_{k,i}$$

(b) Häufige Situationen:
— Kombination
— der charakteristischen Werte der unabhängigen ständigen Einwirkungen
mit
— dem häufigen Wert der vorherrschenden unabhängigen veränderlichen Einwirkung
mit
— den quasi-ständigen Werten weiterer unabhängiger veränderlicher Einwirkungen.

$$\sum_{j \geqq 1} G_{k,j} \oplus P_k \oplus \psi_{1,1} \cdot Q_{k,1} \oplus \sum_{i>1} \psi_{2,i} \cdot Q_{k,i}$$

(c) Quasi-ständige Situationen:
— Kombination
— der charakteristischen Werte der unabhängigen ständigen Einwirkungen
mit
— den quasi-ständigen Werten der unabhängigen veränderlichen Einwirkungen.

$$\sum_{j \geqq 1} G_{k,j} \oplus P_k \oplus \sum_{i \geqq 1} \psi_{2,i} \cdot Q_{k,i}$$

Tafel 7 zeigt die einzelnen Komponenten der Kombinationen für die drei Situationen.

Tafel 7 Bemessungswerte unabhängiger Einwirkungen im Grenzzustand der Gebrauchstauglichkeit

Kombination	Unabhängige ständige Einwirkungen G_d	Vorspannung P_d	Unabhängige veränderliche Einwirkungen Q_d	
			Vorherrschende	Andere
Selten (charakteristisch)	G_k	P_k	$Q_{k,1}$	$\psi_{0,i} \cdot Q_{k,i}$
Häufig	G_k	P_k	$\psi_{1,1} \cdot Q_{k,1}$	$\psi_{2,i} \cdot Q_{k,i}$
Quasi-ständig	G_k	P_k	$\psi_{2,1} \cdot Q_{k,1}$	$\psi_{2,i} \cdot Q_{k,i}$

1.6.4 Bemessungswerte E_d der Beanspruchung für den Nachweis der Gebrauchstauglichkeit in den verschiedenen Situationen

(a) seltene Situationen
   (a1) nicht-lineares Tragwerksverhalten
$$E_{d,\,rare} = E \left\{ \sum_{j \geq 1} G_{k,1} \oplus P_k \oplus Q_{k,1} \oplus \sum_{i > 1} \psi_{0,i} \cdot Q_{k,i} \right\}$$

   (a2) lineares Tragwerksverhalten
$$E_{d,\,rare} = E_{Gk} + E_{Pk} + E_{Q,\,unf}$$

(b) Häufige Situationen
   (b1) nicht-lineares Tragwerksverhalten
$$E_{d,\,frequ} = E \left\{ \sum_{j \geq 1} G_{k,j} \oplus P_k \oplus \psi_{1,1} \cdot Q_{k,1} \oplus \sum_{i > 1} \psi_{2,i} \cdot Q_{k,i} \right\}$$

   (b2) lineares Tragwerksverhalten
$$E_{d,\,frequ} = E_{Gk} + E_{Pk} + \psi_{1,Q} \cdot E_{Q,\,unf}$$

(c) Quasi-ständige Situationen
   (c1) nicht-lineares Tragwerksverhalten
$$E_{d,\,perm} = E \left\{ \sum_{j \geq 1} G_{k,j} \oplus P_k \oplus \sum_{i \geq 1} \psi_{2,i} \cdot Q_{k,i} \right\}$$

   (c2) lineares Tragwerksverhalten
$$E_{d,\,perm} = E_{Gk} + E_{Pk} + \sum_{i \geq 1} \psi_{2,i} \cdot E_{Qk,i}$$

1.6.5 Teilsicherheitsbeiwerte für Einwirkungen beim Nachweis der Gebrauchstauglichkeit

Ein Sicherheitsabstand vom Gebrauchszustand zum Grenzzustand der Gebrauchstauglichkeit wird i. allg. nicht gefordert. Deshalb nehmen alle Sicherheitsbeiwerte für Einwirkungen hier den Wert 1 an und tauchen in den Kombinationsregeln nicht auf.

1.6.6 Teilsicherheitsbeiwerte für Baustoffe und Widerstände

Teilsicherheitsbeiwerte γ_M für Baustoffe und Baugrund liefern die Bemessungsnormen.

1.6.7 Beiwerte Ψ_i beim Nachweis der Gebrauchstauglichkeit

Es gelten auch hier die Beiwerte der Tafel.

1.7 Nachweis der Dauerhaftigkeit

Planung, Entwurf und Ausführung eines Bauwerks müssen so auf seine Umwelt abgestimmt sein, daß es bei angemessenem Instandhaltungsaufwand während der geplanten Nutzungsdauer gebrauchsfähig bleibt.

Um eine angemessene Dauerhaftigkeit sicherzustellen, müssen die Umweltbedingungen zu Beginn der Planungsphase erfaßt und bei Festlegung der folgenden Einzelheiten beachtet werden:

— vorgesehene und mögliche, zukünftige Nutzung des Bauwerks
— Wahl der Baustoffe
— Wahl des statischen Systems bzw. der statischen Systeme
— Form der Bauteile und ihre bauliche Durchbildung (z. B. Betonüberdeckung)
— Qualität der Bauausführung und deren Überwachung
— Instandhaltung(smaßnahmen) während der Nutzungsdauer
— ggf. besondere Schutzmaßnahmen.

5

2 Eigenlasten von Lagerstoffen, Baustoffen und -teilen

nach DIN 1055-1 (7.78)

2.1 Vorbemerkung

Die im folgenden aufgeführten Rechenwerte zur Ermittlung der Eigenlasten sind die bezogenen Schwerkräfte aus der Masse der Bau- und Lagerstoffe. Sie sind gleich dem Produkt aus der Masse dieser Stoffe und der Erdbeschleunigung.

Im allgemeinen sind sie so in die Rechnung einzuführen, daß sie sich im ungünstigsten Sinne auf die Bemessungsgrößen des Tragwerkes auswirken.

2.2 Rechenwerte der Eigenlasten von gewerblichen, industriellen und landwirtschaftlichen Lagerstoffen

Wegen ihrer geringen Bedeutung für die Praxis hier nicht wiedergegeben. Siehe Abschn. 6 von Teil 1 der DIN 1055.

2.3 Rechenwerte der Eigenlasten von Baustoffen und -teilen

2.3.1 Lagerstoffe, Metalle, Holz und Holzwerkstoffe (in kN/m^3)

Lagerstoffe

Betonit, lose	8	gebrannt, in Stücken	13
gerüttelt	11	gebrannt, gemahlen	13
Blähton, Blähschiefer	15	gebrannt, gelöscht	11
Braunkohlenfilterasche	15	Kalksteinmehl	13
Gips, gemahlen	15	Flugasche	10
Glas, in Tafeln	25	Koksasche	7,5
Drahtglas	26	Kies und Sand trocken oder	
Acrylglas	12	erdfeucht;	
Hochofenstückschlacke	18	bei nasser Schüttung	
Hochofenschlacke,		(nicht unter Wasser) erhöht sich	
granuliert, Kesselschlacke	11	der Rechenwert um 2 kN/m^3	18

Fortsetzung s. nächste Seite

Fortsetzung

Lagerstoffe

Hüttenbims, erdfeucht		Kunststoffe	
Hochofenschaumschlacke		a) Poläthylen, Polystyrol als	
Naturbims	9	Granulat	6,5
Hüttenbims, trocken	7	b) Polyvinylchlorid als Pulver	6,0
Kalk; Luftkalke (Weißkalk,		c) Polyesterharze	12,0
Dolomitkalk, Karbidkalk)		d) Leimharze	13,0
gebrannt, in Stücken		Magnesit (kaustisch gebrannte	
gebrannt, gemahlen	13	Magnesia), gemahlen	12
gebrannt, gelöscht	13	Schaumlava, gebrochen,	
(Trockenhydrat)		erdfeucht	10
gebrannt, gelöscht	6	Traß, gemahlen	15
(Kalkteig)		Zement, gemahlen	16
Kalk; hydraulisch erhärtende	´3	Zementklinker	18
Kalke (Wasser-, Hydraulischer,		Ziegelsand, Ziegelsplitt und	
Hochhydraulischer Kalk)		Ziegelschotter, erdfeucht	15

Metalle

Aluminium	27	Messing	85
Aluminiumlegierungen	28	Nickel	89
Blei	1´4	Stahl und Schweißeisen	78,5
Bronze	85	Zink	
Gußeisen	72,5	gegossen	69
Kupfer	89	gewalzt	72
Magnesium	18,5	Zinn, gewalzt	74

Holz und Holzwerkstoffe. Zuschläge für kleine Stahlteile usw. sind in den Berechnungsgewichten enthalten; Gewichte stählerner Zugglieder, Knotenbleche usw. sind besonders zu berücksichtigen.

Nadelholz, allgemein	4 bis 6	Tischlerplatten nach	4,5 bis 6,5
Brettschichtholz im Holzleimbau	4 bis 5	DIN 68705-4	
Laubholz	6 bis 8	Hartfaserplatten HFH nach	9 bis 11
Hölzer aus Übersee	Nachweis erforderlich	DIN 68754-1	
Spanplatten nach DIN 68761 und DIN 68763	5 bis 7,5	Mittelharte Faserplatten HFM nach DIN 68754-1	6 bis 8,5
Furnierplatten nach DIN 68705-3	4,5 bis 8	Dämmplatten nach DIN 68750	2,5 bis 4

2.3.2 Beton und Mörtel

Beton. Die folgenden Rechenwerte gelten auch für Betonfertigteile. Bei Frischbeton sind die Werte im allgemeinen um 1 kN/m^3 zu erhöhen. Die Eigenlast von Beton und Stahlbeton ist, wenn sie aus besonderen Gründen (z. B. schwere oder besonders leichte Zuschlagstoffe, hoher Bewehrungsanteil) von dem nachstehenden Wert abweicht, aufgrund von Probekörpern bzw. Berechnung des Bewehrungsanteils zu bestimmen, sofern eine solche Abweichung von nennenswertem Einfluß auf die Standsicherheit des Bauwerkes ist. Die Auswirkungen auf den Schalungsdruck sind nicht Gegenstand dieser Norm.

Tafel 8 Beton (Rechenwerte in kN/m³)

Betonart	Rohdichteklasse (g/cm³)											Gesteins-rohdichte bis
	0,4	0,5	0,6	0,7	0,8	1,0	1,2	1,4	1,6	1,8	2,0	2,7 g/cm³
Porenbeton bewehrt nach DIN 4223		6,2	7,2	8,4	9,5							
Leichtbeton nach den Richtlinien für Leicht- und Stahlleichtbeton mit geschlossenem Gefüge						10,5	12,5	14,5	16,5	18,5	20,5	
Stahlleichtbeton nach den „Richtlinien …"						11,5	13,5	15,5	17,5	19,5	21,5	
Leichtbeton mit Zuschlägen aus Holzspänen (Holzspanbeton)	5	6	7	8								
Leichtbeton mit haufwerksporigem Gefüge nach DIN 4232						10	12	15	16	18	20	
Normalbeton mit geschlossenem Gefüge nach DIN 1045 bis B 10 ab B 15												23 24
Stahlbeton aus Normalbeton mit geschlossenem Gefüge nach DIN 1045 ab B 15												25

Mauer- und Putzmörtel (alle Rechenwerte in kN/m³)

Gipsmörtel, ohne Sand	12	Kalkzement- und Kalktraßmörtel	20
Kalkmörtel (Mauer- und Putzmörtel)		Lehmmörtel	20
Kalkgipsmörtel, Gipssandmörtel (Putzmörtel), Anhydritmörtel	18	Zement und Zementtraßmörtel und Mörtel mit Putz- und Mauerbinder	21

2.3.3 Mauerwerk

Durch die Rechenwerte ist nur unverputztes Mauerwerk erfaßt; Fugenmörtel und der normale Feuchtigkeitsanteil sind enthalten.

Tafel 9a Mauerwerk aus natürlichen Steinen (alle Rechenwerte in kN/m³)

Erstarrungsgesteine		Schichtgesteine	
Basalt, Melaphyr, Diorit, Gabbro	30	Grauwacke, Sandstein, Nagelfluh	27
Basaltlava	24	dichter (fester) Kalkstein und Dolomit, einschließlich Muschelkalk und Marmor	
Diabas	29		
Granit, Syenit, Porphyr	28		28
Trachyt	26		
Metamorphe Gesteine		sonstiger Kalkstein, einschließlich Kalkkonglomeraten, Travertin u. ä.	26
Gneis, Granulit	30		
Schiefer	28	Vulkanischer Tuffstein	20
Serpentin	27		

Lastannahmen, Einwirkungen

Tafel 9 b Mauerwerk aus künstlichen Steinen nach DIN 1053-1 (Rechenwert in kN/m³)

Steinrohdichte (g/cm³)	0,5	0,6	0,7	0,8	0,9	1,0	1,2	1,4	1,6	1,8	2,0	2,1	2,2	2,5
normaler Mauermörtel	7	8	9	10	11	12	14	15	17	18	20	21	22	25
Leichtmauermörtel	6	7	8	9	10	11	13	14	16	17	19	20	21	24

Tafel 9 c Steinrohdichten künstlicher Mauersteine

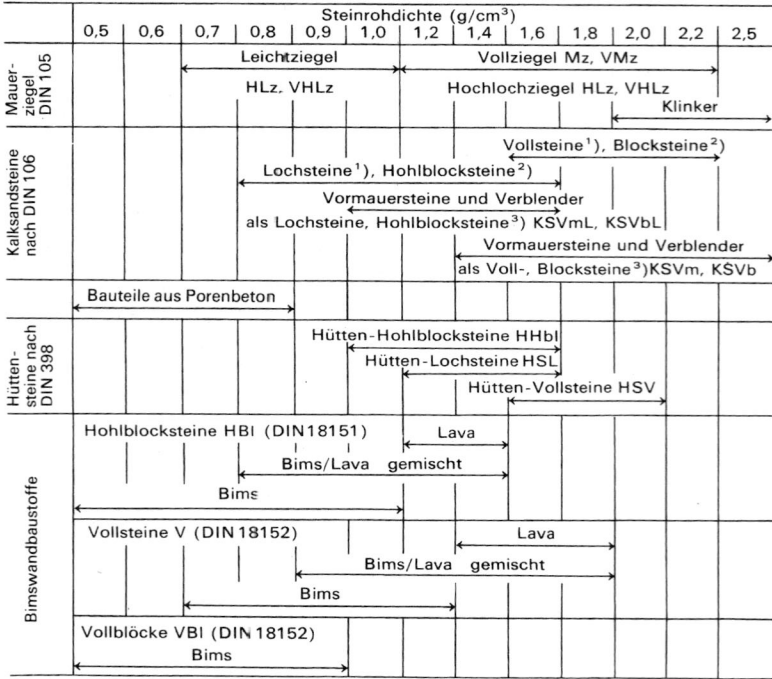

¹) Vollsteine sind Steine mit bis zu 15%, Lochsteine sind Steine mit mehr als 15% Lochung
²) Block- und Hohlblocksteine sind Steine von mehr als 113 mm Höhe
³) KSVb, KSVbl gibt es nur bis zu 113 mm Höhe

2.3.4 Geschoß- und Dachdecken

Stahlbetondecken nach DIN 1045 (Rechenwerte einschl. Stahleinlagen, jedoch ohne Gewicht etwaiger Stahlträger.)

Stahlbetonplatten nach DIN 1045 $\gamma = 0{,}25$ kN/m² je cm Dicke

Rippendecken ohne Füllkörper: Rechenwerte der Eigenlasten entsprechend der Formgebung ermitteln.

Einachsig gespannte Stahlbetonrippendecken nach DIN 1045, Abschn. 19.7.8 und 21.2, mit statisch mitwirkenden Zwischenbauteilen **aus Beton** nach DIN 4158. Rechenwerte nach Herstellerangaben.

Bei **zweiachsig gespannten Stahlbetonrippendecken** nach DIN 1045, Abschn. 21.2.3, sind die o. a. Rechenwerte um den Anteil der zusätzlichen Rippen zu erhöhen.

260

Eigenlasten von Lagerstoffen, Baustoffen und -teilen

Tafel 10a **Stahlsteindecken** nach DIN 1045, Abschn. 20.2; aus Deckenziegeln nach DIN 4159, Abschn. 4

d \ ρ	teilvermörtelte Stoßfugen				vollvermörtelte Stoßfugen			
	0,6	0,8	1,0	1,2	0,6	0,8	1,0	1,2
11,5	1,25	1,45	1,65	1,85	1,45	1,60	1,85	2,00
14,0	1,50	1,75	2,00	2,25	1,80	1,95	2,20	2,45
16,5	1,90	2,15	2,40	2,75	2,20	2,40	2,65	2,95
19,0	2,15	2,45	2,80	3,15	2,55	2,80	3,05	3,40
21,5	2,45	2,80	3,15	3,55	2,90	3,15	3,45	3,85
24,0	2,75	3,10	3,50	3,95	3,20	3,55	3,90	4,30
26,5	3,05	3,45	3,90	4,30	3,70	4,10	4,45	4,80
29,0	3,35	3,80	4,25	4,70	4,05	4,45	4,85	5,25

d (cm) = Deckendicke; ρ (g/cm^3) = Ziegelrohdichte; Rechenwerte (kN/m^2)

Tafel 10b **Stahlbetondecken** nach DIN 1045, Abschn. 19.7.7, mit statisch nicht mitwirkenden Zwischenbauteilen aus Beton nach DIN 4158

s (cm)	d (cm)	Betonrohdichte (g/cm^3) der Zwischenbauteile	
		1,4	2,3
62,5	16	2,13	2,85
	20	2,28	2,95
	24	2,48	3,18
75	20	2,13	2,85

Rechenwerte in kN/m^2

5

Tafel 11a **Einachsig gespannte Stahlbetonrippendecken** nach DIN 1045, Abschn. 19.7.8 und 21.2.2, mit statisch nicht mitwirkenden Zwischenbauteilen nach DIN 4158 (Beton) und DIN 4160 (Deckenziegel) und einer 5 cm dicken Betondruckplatte

		Beton-Zwischenbauteile						Deckenziegel	
Rippenachsabstand		50 cm		62,5 cm		Rippenachsabstand		50 cm	
Beton-Rohdichte (g/cm^3)		1,4	2,3	1,4	2,3	Ziegel-Rohdichte (g/cm^3)		0,6	0,9
Gesamtdeckendicke	17	2,95	3,85	2,77	3,36	Gesamtdeckendicke	19,0	2,55	2,95
	19	3,14	3,75	2,99	3,63		21,5	2,80	3,25
	21	3,71	4,38	3,42	4,13		24,0	3,05	3,55
	23	3,79	4,48	3,50	4,16		26,5	3,40	4,00
	25	3,87	4,55	3,57	4,24		29,0	3,65	4,30
	27	4,00	4,71	3,67	4,35		31,5	3,90	4,65
	29	4,11	4,83	3,76	4,47		34,0	4,15	4,95
	33	5,04	6,15	4,63	5,74		36,5	4,65	5,45
							39,0	4,90	5,80

alle Rechenwerte in kN/m^2

Tafel 11b **Einachsig gespannte Stahlbetonrippendecken** nach DIN 1045, Abschn. 19.7.8 und 21.2, mit statisch mitwirkenden Dachziegeln oder Zwischenbauteilen **aus Ziegeln** nach DIN 4159 ohne Aufbeton (Rechenwerte in kN/m^2)

		Rippenachsabstand							
		50 cm				62,5 cm			
Ziegel-Rohdichte (g/cm^3)		0,6	0,8	1,0	1,2	0,6	0,8	1,0	1,2
Deckendichte	11,5	1,19	1,39	1,59	1,79	1,13	1,33	1,54	1,75
	14,0	1,43	1,68	1,92	2,17	1,35	1,60	1,85	2,11
	16,5	1,67	1,96	2,25	2,55	1,58	1,88	2,18	2,48
	19,0	1,92	2,25	2,58	2,92	1,81	2,15	2,50	2,85
	21,5	2,24	2,61	2,98	3,36	2,11	2,49	2,87	3,27
	24,0	2,50	2,91	3,32	3,74	2,35	2,77	3,20	3,64
	26,5	2,81	3,26	3,71	4,17	2,64	3,11	3,58	4,06
	29,0	3,07	3,56	4,05	4,56	2,88	3,39	3,91	4,43
	31,5	3,32	3,85	4,40	4,95	3,13	3,68	4,24	4,81
	34,0	3,58	4,16	4,74	5,33	3,37	3,96	4,57	5,19

Lastannahmen, Einwirkungen

Tafel 12a Stahlbeton-Hohldielen nach DIN 1045, Abschn. 19.3 (Rechenwerte in kN/m²)

Dicke (cm)	5	6	7	8	9	10	11	12	14	16
Leichtbeton	0,55	0,60	0,65	0,72	0,80	0,88	0,95	1,00	1,17	1,35
Normalbeton	0,85	1,00	1,15	1,30	1,50	1,65	1,85	2,00		

Tafel 12b Decken aus Gas- und Schaumbetonplatten nach DIN 4223

Beton-Rohdichte (g/cm³)	0,5	0,6	0,7	0,8
Rechenwert (kN/m² je cm Dicke)	0,062	0,072	0,084	0,095

Tafel 12c Gewölbte Decken bis zu 2 m Stützweite. Rechenwerte (kN/m²) einsch. Hintermauerung, jedoch ohne Trägergewicht

Gesamtdicke in cm		11,5	24
aus Vollsteinen nach DIN 105, DIN 106 und DIN 398		2,75	5,40
aus Leichtbeton-Vollsteinen nach DIN 18152, Lochziegeln nach DIN 105 und Kalksand-Lochsteinen nach DIN 106	**Steinrohdichte (g/cm³)** 1,2	1,80	3,60
	1,4	2,25	4,50

Tafel 13 Decken aus Voll- und Lochsteinen nach DIN 105, DIN 106 und DIN 398 oder aus Leichtbeton-Vollsteinen nach DIN 18152; Deckenstärke 11,5 cm; Mindestdruckfestigkeit der Steine 15 N/mm²

Material	Vollziegel Vollsteine Hüttensteine	Hochloch-Klinker, Leichtbeton-Vollsteine	Loch- oder Porensteine	
Stein-Rohdichte (g/cm³)	1,8	1,6	1,4	1,2
Rechenwert (kN/m²)	2,20	2,05	1,90	1,70

Tafel 14 Decken aus Glasstahlbeton nach DIN 1045, Abschn. 20.3

Material nach DIN 4243	massive Betongläser	Hohl-Betongläser	massive Betongläser 6 mm hoch
Rippenbreite × Rippenhöhe (cm)	3 × 8	3 × 10	5 × 12
Rechenwert (kN/m²)	1,00	1,40	1,95

2.3.5 Wandbauplatten und Wände

Die folgenden Rechenwerte beziehen sich auf unverputzte Wände einschließlich Fugenmörtel.

Tafel 15 Wandbauplatten und Hohlwandplatten aus Leichtbeton

Plattenrohdichte (g/cm³)	0,6	0,7	0,8	0,9	1,0	1,2	1,4
Wandbauplatten nach DIN 18162			0,09	0,10	0,11	0,13	0,15
Hohlwandplatten nach DIN 18148	0,08	0,09	0,10	0,11	0,12	0,14	0,15
Rechenwerte in kN/m² je cm Wanddicke							

Tafel 16 Unbewehrte Gasbetonbauplatten nach DIN 4168 und bewehrte Gasbetonplatten nach DIN 4223

	Rohdichte (g/cm³)	0,5	0,6	0,7	0,8
unbewehrte Gasbeton-Bauplatten	mit normaler Fugendicke	0,06	0,07	0,08	0,09
	im Dünnbettmörtel	0,055	0,065	0,075	0,085
bewehrte Gasbeton-Platten		0,062	0,072	0,084	0,095

Rechenwerte in kN/m² je cm Plattendicke

Tafel 17 Wandbauplatten aus Gips nach DIN 18163 und Gipskartonplatten nach DIN 18180

Gegenstand	Platten-rohdichte (g/cm³)	Rechen-wert kN/m² je cm
Porengips Wandbauplatte	0,7	0,07
Gips-Wandbauplatte	0,9	0,09
Gipskartonplatte		0,11

Tafel 18 Wandbauart mit Schalungssteinen aus Holzspanbeton und Leichtbeton (Füllbeton der Rohdichte 2,3 g/cm³)

Wand-dicke (cm)	Holzspan-beton der Rohdichte-klasse 0,6 g/cm³	Leichtbeton der Roh-dichteklasse (g/cm³)			
		1,0	1,2	1,4	1,6
17,5	2,8	3,2	3,3	3,4	3,6
20,0	3,2	3,7	3,8	4,0	4,1
24,0	4,0	4,5	4,7	4,8	5,0
30,0	4,9	5,5	5,8	6,0	6,2

Rechenwerte in kN/m²

Tafel 19 Wände aus Glasbausteinen und Profilbauglas (Rechenwert in kN/m²)

Glasbaustein-Wände nach DIN 4242 mit Glasbausteinen nach DIN 18175	80 mm dick	1,00
	100 mm dick	1,25
Sprossenlose Verglasung mit Profilbauglas als Trenn- oder Lichtwand	einschalig	0,27
	zweischalig	0,54

Tafel 20 Trennwände aus Gipsplatten (Rechenwert in kN/m²)

Ständerwände aus Gipskartonplatten nach DIN 18183-1 mit Mineralwolleausfachung	einfache Beplankung	0,35
	doppelte Beplankung	0,50
Trennwände aus Gipsstuckbauplatten mit Mineralwolleausfachung (Gipskartonplatten mit Metallriegeln)	mit Abspachtelung	0,50
	mit Trockenputz	0,70
Trennwände aus Gipszwischen-wandplatten	Einfache Wände — 60 mm dick	0,55
	80 mm dick	0,75
	100 mm dick	0,90
	Doppelwand 200 mm dick mit 40 mm Mineralwolleausfachung	1,50
	Doppelwand 280 mm dick mit Mineralwolleausfachung einschl. 2 × 50 mm Holzwolle-Leichtbauplatten und 20 mm Luftzwischenraum	1,80

5

2.3.6 Putze

Tafel 21 Putze

	Rechen- wert in kN/m²
Drahtputz (Rabitzdecken und Verkleidungen), 30 mm Mörteldicke	
— mit Gipsmörtel	0,50
— mit Kalk-, Gipskalk- oder Gipssandmörtel	0,60
— mit Zementmörtel	0,80
Gipskalkputz auf Putzträgern wie Baustahlmatten, Ziegelgewebe, Streckmetall bei 30 mm Mörteldicke	0,50
Gipskalkputz auf 15 mm dicken Holzwolleleichtbauplatten bei 20 mm Mörteldicke	0,35
Gipskalkputz auf 25 mm dicken Holzwolleleichtbauplatten bei 20 mm Mörteldicke	0,45
Gipskalkputz auf 9,5 mm dicken Gipskarton-Putzträgerplatten bei 8 mm Mörteldicke	0,23
Gipskalkputz auf doppeltem Rohrgewebe und Faserplatten, 20 mm Mörteldicke (Rechenwert beinhaltet auch Rohr, Latten und Faserplatten)	0,40
wie oben, jedoch auf Schalung	0,50
Gipsputz, 15 mm dick	0,18
Kalkmörtel, 20 mm dick	0,35
Kalkzementmörtel, 20 mm dick	0,40
Luftporenputz, 20 mm dick	0,25
Putz aus Putz- und Mauerbinder nach DIN 4211, 20 mm dick	0,40
Rohrdeckenputz (Gips), 20 mm dick	0,30
Vorgehängte Fassade mit mineralischem Putz, 95 mm dick, bestehend aus 40 mm Dämmplatten, Putzträger, Z-Schienen, 25 mm Edelputz	0,50
Wärmedämmputz 50 mm, bestehend aus 35 mm Dämmputz und 15 mm Luftporen- putz	0,40
Wärmedämmverkleidung, bestehend aus 35 mm Holzwolleleichtbauplatte und 20 mm Kalkzementputz auf Rabitzgewebe	0,55
Wärmedämmverkleidung, bestehend aus 35 mm Schaumkunststoff nach DIN 18164 und 10 mm Kleber/Zementmischungs- und Kunststoffputzschichten	0,03
Zementmörtel, 20 mm dick	0,42

2.3.7 Fußboden- und Wandbeläge

Tafel 22 Fußboden- und Wandbeläge (Rechenwerte in kN/m² je cm Dicke)

Asphaltbeläge:		Zementestrich	0,22	
— Asphaltbeton	0,24	Glasplatten		
— Asphaltmastix	0,18	Glaswandplatten		
— Gußasphalt	0,23	Glasfliesen	0,25	
— Stampfasphalt in Plattenform	0,22	Glasmosaik		
Betonwerksteinplatten (auch Terrazzo)	0,24	Gummi	0,15	
		Keramische Wandfliesen (Stein-		
Estriche:		gut) (einschl. Verlegemörtel)	0,19	
— Anhydritestrich	0,22	Keramische Bodenfliesen		
— Gipsestrich	0,20	(Steinzeug und Spaltplatten)		
— Gußasphaltestrich	0,23	(einschl. Verlegemörtel)	0,22	
— Hartstoffestriche	0,24	Kunststoff-Fußböden	0,15	
— Kunstharzestrich	0,22	Linoleum	0,13	
Magnesiaestrich nach DIN 272		Natursteinplatten (einschl. Ver-		
— begehbare Nutzschicht bei		legemörtel)	0,30	
ein- oder mehrschichtigen		Teppichböden	0,03	
Ausführungen	0,22	Sportböden		
— Unterschicht bei mehr-		— Elastikböden (inkl. Oberbelag)	0,12	
schichtigen Ausführungen	0,12	— Schwingböden	0,30	

2.3.8 Sperr-, Dämm- und Füllstoffe

Tafel 23 Lose Stoffe
(Rechenwerte in kN/m² je cm Dicke)

Asbestfaser	0,06	Gummischnitzel	0,03
Bimskies, geschüttet	0,07	Hanfscheben, bituminiert	0,02
Blähglimmer, geschüttet	0,015	Hochofenschaumschlacke (Hüttenbims), Steinkohlenschlacke,	
Blähperlit	0,01		
Blähschiefer u. Blähton, geschüttet	0,15	Koksasche	0,14
Faserdämmstoffe nach DIN 18165-1 und -2 (z. B. Glas-, Schlacken-, Steinfaser)		Hochofenschlackensand	0,10
		Kieselgur	0,025
		Korkschrot, geschüttet	0,02
	0,01	Magnesia, gebrannt	0,10
Faserstoffe, bituminiert, als Schüttung	0,02	Schaumkunststoffe	0,005

Tafel 24 Platten, Matten oder Bahnen
(Rechenwerte in kN/m² je cm Dicke)

Asbestpappe	0,12	Korkschrotplatten aus imprägniertem Kork nach DIN 18161-1	
Asphaltplatten	0,22		
Faserdämmstoffe nach DIN 18165		bituminiert oder geteert	0,02
T1 in Bahnen, Matten, Filzen oder Platten	0,01	Mehrschicht-Leichtbauplatten nach DIN 1101-2	
Harnstoff-Formaldehydharz-Ortschaum nach DIN 18159 T2		− Zweischichtplatten	0,045
		− Dreischichtplatten	0,09
	0,001 bis 0,002 kN/m²	Korkschrotplatten aus Backkork nach DIN 18161-1	0,012
Holzfaserplatten nach DIN 68750, DIN 68752 und DIN 68754-1		Perliteplatten	0,02
		Polyurethan-Ortschaum nach DIN 18159-1	0,004 bis 0,01 kN/m²
− hart	0,10		
− mittelhart	0,08	Schaumglas (Rohdichte 0,07 g/cm³) in Dicken von 4 bis 6 cm mit Pappekaschierung	
− weich	0,04		
Holzwolle-Leichtbauplatten nach DIN 1101			0,01
− bei 15 mm Plattendicke	0,06[1])	Schaumkunststoffplatten nach DIN 18164-1 und -2	0,004
− bei 100 mm Plattendicke	0,04[1])		
Kieselgurplatten	0,025		

Tafel 25 Sperren gegen Feuchtigkeit (ohne Bindemittel)
(Rechenwerte in kN/m² je Lage)

Bitumendachpappen mit beidseitiger Bitumendeckschicht nach DIN 52128	0,03	Nackte Bitumenpappen nach DIN 52129 und nackte Teerpappen nach DIN 52126	0,02
Bitumen-Dachdichtungsbahnen mit Rohfilzpappeneinlage nach DIN 52130-1	0,04	Teerdachpappen, beidseitig besandet nach DIN 52121	0,03
Bituminöse Schweißbahnen	0,07	Teer-Sonderdachpappen und Teerbitumendachpappen nach DIN 52140	0,03
Dichtungsbahnen für Bauwerksabdichtungen nach DIN 18190-1 bis -5	0,04	Glasvlies-Bitumen-Dachbahnen nach DIN 52143	
		− besandet	0,02
Kunststoffbahnen	0,02	− bekiest	0,05

Flächengewicht von Holzwolle-Leichtbauplatten nach DIN 1101 (3.80)

Kurzzeichen	L15	L25	L35	L50	L75	L100
g (kN/m²)	0,085	0,115	0,145	0,28	0,195	0,36

2.3.9 Dachdeckungen

Die Rechenwerte gelten für 1 m² Dachfläche ohne Sparren, Pfetten und Dachbinder.

Tafel 26 Deckung aus Dachziegeln, Beton-dachsteinen und Glasdachsteinen
(Rechenwerte in kN/m²)
Die Rechenwerte gelten, soweit nicht anders angegeben, ohne Vermörtelung, aber ein-schließlich der Latten. Bei einer Vermörte-lung sind 0,1 kN/m² zuzuschlagen.

Betondachsteine mit mehrfacher Fußverrippung und hochliegen-dem Längsfalz	
— bis 10 St./m²	0,50
— über 10 St./m²	0,55
Betondachsteine mit mehrfacher Fußverrippung und tiefliegendem Längsfalz	
— bis 10 St./m²	0,60
— über 10 St./m²	0,65
Biberschwanzziegel nach DIN 456 155/375 und 189/380 mm u. Biber-schwanzbetondachsteine	
— bei Spließdach (einschließlich Schindeln)	0,60
— bei Doppeldach und Kronendach	0,75
Falzziegel, Reformpfannen, Falz-pfannen, Flachdachpfannen nach DIN 456	0,55
Glasdachsteine bei gleicher Dachdeckungsart	s. oben
Großformatige Pfannen bis 10 St./m²	0,50
Kleinformatige Biberschwanzzie-gel und Sonderformate (Kirchen-, Turmbiber usw.) nach DIN 456	0,95
Krempziegel, Hohlpfannen nach DIN 456	0,45
Krempziegel, Hohlpfannen nach DIN 456	0,45
Krempziegel, Hohlpfannen in Pappdocken verlegt	0,55
Mönch und Nonne (mit Vermörtelung)	0,90
Strangfalzziegel nach DIN 456	0,60

Tafel 27 Schieferdeckung
(Rechenwerte in kN/m²)

Altdeutsche Schieferdeckung und Deutsche Schuppenschablonen-deckung auf 22 mm Schalung, einschl. Pappunterlage und Schalung	
— in einfacher Deckung	0,50
— in doppelter Deckung	0,60
Englische Schieferdeckung (Rechteckschablonendach)	
— in Doppeldeckung auf Lattung, einschl. Lattung	0,45
— auf 22 mm Schalung, einschl. Pappunterlage und Schalung	0,55

Tafel 28 Deckung mit ebenen Asbest-zement-Dachplatten n. DIN 274-1 bis -3 (Rechenwerte in kN/m²)

Deutsche Deckung auf 22 mm Schalung, einschl. Dachpappe und Schalung	0,4
Doppeldeckung auf Lattung, einschl. Lattung	0,38
Waagerechte Deckung auf Lattung, einschl. Lattung	0,25

Tafel 29 Deckung mit Asbestzement-Well-platten, ohne Pfetten, aber ein-schließlich Befestigungsmaterial
(Rechenwerte in kN/m²)

Asbestzement-Kurzwellenplatten (Wohnhaus-Platten), Rohdichte 1,6 g/cm³	0,24
Asbestzement-Wellplatten nach DIN 274-1 bis -3	0,20

Tafel 30 Metalldeckung
(Rechenwerte in kN/m²)

Aluminiumdach (Alu 0,7 mm dick, einschl. 22 mm Schalung)		0,25
Doppelstehfalzdach aus verzinkten Falzblechen (0,63 mm dick, einschl. Pappunterlage und 22 mm Schalung)		0,30
Kupferdach mit doppelter Falzung (Kupferblech 0,6 mm dick, einschl. 22 mm Schalung)		0,30
Stahlpfannendach (verzinkte Pfannenbleche nach DIN 59231)		
— einschl. Latten		0,15
— einschl. Pappunterlage und 22 mm Schalung		0,30
Stahlprofilblechdach aus Trapez-, Steg- oder Doppelstegsickenprofil		
Profilhöhe	Nennblechdicke	
mm	mm	
26	0,75	0,0075
	1,00	0,10
	1,50	0,15
70	0,75	0,11
	1,00	0,145
	1,50	0,22
121	0,75	0,12
	1,00	0,16
	1,50	0,24
Zwischenwerte können geradlinig interpoliert werden.		
Wellblechdach (verzinkte Stahl-bleche nach DIN 59231, einschl. Befestigungsmaterial)		0,25
Zinkdach mit Leistendeckung, einschl. 22 mm Schalung		0,30

Tafel 31	Dachabdichtung und Dachdeckung mit bituminösen Dachbahnen und Kunststoffbahnen für Flachdächer (Rechenwerte in kN/m² je Schicht)	
Ausgleichsschicht		
— lose		0,03
— einschl. Klebemasse		0,04
Dachabdichtung		
— 3lagige Dachabdichtung, einschl. Klebemasse		0,17
— 2lagige Dachabdichtung, einschließl. Klebemasse		0,13
— 1lagige Kunststoffbahn, lose		0,02
Dachdeckung		
— 2lagige Dachabdichtung, einschl. Klebemasse		0,15
Dampfausgleichsschicht		
— lose		0,02
— einschl. Klebemasse		0,04
Dampfsperre		
— einschl. Klebemasse		0,07
— aus Kunststoffbahn, lose		0,02
Oberflächenschutz		
— 5 cm Kiesschüttung, einschl. Deckaufstrich		1,0
— Mehrgewicht für jeden weiteren cm		0,19
— Bekiesung (Kiespressung), einschl. Kieseinbettmasse		0,20
Besplittung, einschl.		
— Deckenaufstrich		0,05
— Schutzbahn, einschl. Klebemasse		0,08
Wärmedämmschicht, s. Tafel 23 und 24 Zuschlag für Klebemasse		0,015

Tafel 32	Sonstige Deckungen (Rechenwerte in kN/m²)	
Deckung mit Kunststoffwellplatten (Profilform nach DIN 274-1 bis -3, ohne Pfetten, einschl. Befestigungsmaterial aus glasfaserverstärkten Polyesterharzen (Rohdichte 1,4 g/cm³), Plattendicke 1 mm		0,03
— wie vor, jedoch mit Deckkappen		0,06
— aus Plexiglas (Rohdichte 1,2 g/cm³), Plattendicke 3 mm		0,08
PVC-beschichtetes Polyestergewebe ohne Tragwerk		
— Typ I (Reißfestigkeit 3,00 kN/5 cm Breite)		0,0075
— Typ II (Reißfestigkeit 4,7 kN/5 cm Breite)		0,0085
— Typ III (Reißfestigkeit 6,0 kN/5 cm Breite)		0,01
Rohr-/Strohdach, einschl. Latten		0,70
Schindeldach, einschl. Latten		0,25
Sprossenlose Verglasung		
— Profilbauglas einschalig		0,27
— Profilbauglas zweischalig		0,54
Zeltleinwand, ohne Tragwerk		0,03

5

3 Verkehrslasten für Bauten nach DIN 1055-3 (6.71)

3.1 Allgemeines

Ständige Last ist die Summe der unveränderlichen Lasten, also das Gewicht der tragenden oder stützenden Bauteile und der unveränderlichen, von den tragenden Bauteilen dauernd aufzunehmenden Lasten (z. B. Auffüllungen, Fußbodenbeläge, Putz und dgl.).

Verkehrslast ist die veränderliche oder bewegliche Belastung des Bauteils (z. B. Personen, Einrichtungsstücke, unbelastete leichte Trennwände, Lagerstoffe, Maschinen, Fahrzeuge, Kranlasten, Wind, Schnee).

Als „vorwiegend ruhend" gelten die Verkehrslasten nach Abschn. 3.2 und 3.3 mit Ausnahme der weiter unten ausdrücklich als „nicht vorwiegend ruhend" definierten Lasten.

Die Verkehrslasten in Werkstätten und Fabriken (s. Abschn. 2.1.2) gelten als vorwiegend ruhend, soweit nicht im Einzelfall stoßende oder sehr häufig sich wiederholende Lasten wirken oder nicht ausgewuchtete Maschinen zu berücksichtigen sind.

Als „nicht vorwiegend ruhend" gelten

— stoßende und sich häufig wiederholende Lasten,

— die Massenkräfte nicht ausgewuchteter Maschinen,

— die Verkehrslasten auf Kranbahnen, auf Hofkellerdecken, auf von Gabelstaplern befahrenen Decken und auf Dachdecken, die als Hubschrauberlandeplätze dienen (s. Abschn. 3.3.2).

In Werkstätten, Fabriken, Lagerräumen und dgl. ist anzugeben

— in jedem Raum die nach Abschnitt 3.2 angenommene Verkehrslast,

— an den Einfahrten zu mit Gabelstaplern befahrenen Räumen deren zulässiges Gesamtgewicht nach Abschn. 3.3.2.

An den Zufahrten von Decken, die von Personenkraftfahrzeugen oder ähnlichen Kraftfahrzeugen mit einem zulässigen Gesamtgewicht bis zu 2,5 t befahren werden dürfen, ist dieses zulässige Gesamtgewicht anzugeben.

An den Zufahrten von Decken, die von schwereren Kraftfahrzeugen befahren werden, ist das zulässige Gesamtgewicht des Kraftfahrzeuges derjenigen Brückenklasse nach DIN 1072 anzugeben, für welche die Decke entsprechend Abschn. 3.3.2 berechnet wurde.

3.2 Lotrechte gleichmäßig verteilte Verkehrslasten

Die in Tafel 34 unter (1) bis (4) genannten Verkehrslasten gelten für Belastung durch Personen, Möbel, Geräte, unbeträchtliche Warenmengen und dgl.

Kommen in einzelnen Räumen etwa besondere Belastungen durch Akten, Bücher, Warenvorräte, leichte Maschinen, Panzerschränke, Tresore usw. vor, so ist ein genauer Nachweis für diese Belastungen nicht erforderlich, wenn zu den o. g. Verkehrslasten dieser Räume ein Zuschlag von 3,0 kN/m² eingeführt wird.

Elektrische Speicherheizgeräte, Tresore und dgl. auf Decken in Gebäuden, die nach Abschnitt 3.2 für eine gleichmäßig verteilte Verkehrslast von 1,5 kN/m² bzw. 2,0 kN/m² berechnet werden, können unberücksichtigt bleiben, wenn

— das einzelne Gerät die Decke mit höchstens 3,0 kN belastet,

— das einzelne Gerät die Decke mit höchstens 5,0 kN belastet und an einem statisch in Rechnung gestellten Auflager der Decke steht.

Der Einfluß des Gewichts **unbelasteter leichter Trennwände** darf in der Regel durch einen gleichmäßig verteilten Zuschlag zur Verkehrslast berücksichtigt werden. Ausgenommen sind Wände mit einem Gewicht von mehr als 100 kg/m² Wandfläche, die parallel zu den Balken von Decken ohne ausreichende Querverteilung stehen.

Der Zuschlag zur Verkehrslast muß mindestens betragen

— 0,75 kN/m² bei Wänden, die einschl. Putz höchstens 100 kg/m² Wandfläche wiegen,

— 1,25 kN/m² bei Wänden, die mehr als 100 und höchstens 150 kg/m² Wandfläche wiegen.

Das Wandgewicht einschl. Putz ist nach DIN 1055-1 nachzuweisen. Bei Verkehrslasten von 5,0 kN/m² und mehr kann der Zuschlag entfallen.

Tafel 33 Verkehrslast waagerechter und bis 1:20 geneigter Dächer und Dachdecken

	Rechen-wert in kN/m²
(1) bei zeitweiligem Aufenthalt von Personen (Winddruck und Schneelast dürfen im Regelfall dann unberücksichtigt bleiben; der Lastfall „Windsog" ist jedoch zu untersuchen)	2,0
(2) Zugängliche Dächer von Terrassenhäusern, Dachgärten, wenn hierfür nicht höhere Lasten in Frage kommen	3,5
(3) Hubschrauberlandeplätze (s. a. Abschn. 3.3.2)	5,0

5

Tafel 34 Verkehrslast von Decken (Geschoßdecken)

	Rechen-wert in kN/m²
(1) Spitzböden, die auf Grund ihrer Querschnittsabmessungen nur bedingt begehbar sind	1,0
Wohnräume (2.1) Decken mit ausreichender Querverteilung der Lasten (2.2) Decken ohne ausreichende Querverteilung der Lasten	1,5 2,0
Bei der Berechnung und Bemessung stützender Bauteile (Unterzüge, Stützen usw.) darf mit 1,5 kN/m² gerechnet werden. (Für den Zustand beim Einbau ist eine Einzellast von 1,0 kN in ungünstigster Stellung anzusetzen, wenn nicht die Verkehrslast von 2,0 kN/m² ungünstiger ist. Die Verteilungsbreite der Einzellast ist gleich der Plattenbreite anzunehmen. Bei einer Verteilungsbreite von mindestens 0,5 m ist der Nachweis für die Einzellast nur bei Stützweiten bis 2 m erforderlich.)	
(3) Büroräume Verkaufsräume bis 50 m² Grundfläche in Wohngebäuden Flure und Dachbodenräume in Wohn- und Bürogebäuden Krankenzimmer und Aufenthaltsräume in Krankenhäusern Kleinviehstallungen	2,0
(4) Balkone und Laubengänge über 10 m² Grundfläche Haushaltungskeller Hörsäle und Klassenzimmer Behandlungsräume sowie Küchen und Flure in Krankenhäusern Für die Weiterleitung der Verkehrslasten von Balkonen und Laubengängen dürfen diese unter bestimmten Bedingungen auf 1,5 kN/m² abgemindert werden, s. Abschn. 3.6	3,5
Garagen und Parkhäuser, die von PKW oder ähnlichen Kfz bis zu einem zul. Gesamtgewicht von 2,5 t[1]) befahren werden (5.1) für die Berechnung von Platten mit $l \geq 3$ m und Balken mit $l \geq 5$ m (5.2) für die Berechnung von Platten mit $l < 3$ m (5.3) für die Berechnung von Balken mit $l < 5$ m	3,5 $3,5 \cdot 3/l$ ≤ 5 $3,5 \cdot 5/l$ ≤ 5
Für die Weiterleitung der Verkehrslast auf Stützen oder Wände kann in allen Fällen mit 3,5 kN/m² gerechnet werden.	

Fortsetzung und Fußnote s. nächste Seite

Tafel 34, Fortsetzung

	Rechen-wert in kN/m^2
(6) Balkone, Laubengänge und offene gegen Innenräume abgeschlossene Hauslauben bis 10 m² Grundfläche	
Keller besonderer Art, z. B. Kohlenkeller	5,0
Für die Weiterleitung der Verkehrslasten von Balkonen und Laubengängen dürfen diese unter bestimmten Bedingungen auf 1,5 kN/m² abgemindert werden, s. Abschn. 3.6	
(7) Versammlungsräume in öffentlichen Gebäuden, z. B. Kirchen, Theater- und Lichtspielsäle, Tanzsäle;	
Turnhallen, Tribünen mit festen Sitzplätzen;	
Flure zu Hörsälen und Klassenzimmern;	
Ausstellungs- und Verkaufsräume;	
Geschäfts- und Warenhäuser;	
Büchereien, Archive;	
Aktenräume, soweit nicht die Ermittlung nach DIN 1055-1 höhere Werte ergibt;	5,0
Gastwirtschaften, Großküchen, Schlächtereien, Bäckereien;	
Fabriken und Werkstätten mit leichtem Betrieb;	
nicht befahrbare Hofkellerdecken, Vorplätze;	
Großviehstallungen	
(8) Zufahrten und Rampen in Garagen und Parkhäusern, die von PKW oder ähnlichen Kfz bis zu einem zul. Gesamtgewicht von 2,5 t[1]) befahren werden.	5,0
Für die Weiterleitung dieser Verkehrslast auf Stützen oder Wände darf sie auf 3,5 kN/m² abgemindert werden.	
(9) Tribünen ohne feste Sitzplätze; Werkstätten und Fabriken sowie Lagerräume, wenn nicht höhere Belastungen nach (10) in Frage kommen	7,5
(10) Werkstätten und Fabriken sowie Lagerräume mit schwerem Betrieb, z. B. durch Gabelstapler (s. Abschn. 2.1.3.2). Die Verkehrslast ist in jedem Einzelfall zu bestimmen. Kommen hierfür gleichmäßig verteilte Verkehrslasten in Betracht, so empfiehlt es sich, nebenstehende Stufung zu wählen (s. a. Tafel 36). Dient diese Verkehrslast im wesentlichen als Ersatzlast für schwere Einzellasten (z. B. schwere Maschinen), so darf sie mit Zustimmung der Bauaufsichtsbehörde für Hauptträger und Stützen stufenweise abgemindert werden, wenn die Ersatzlast, die sich für die gesamte Lastfläche des Bauteils errechnet, wesentlich größer ist als die Last, die tatsächlich — auch beim Ein- und Ausbauen der Maschinen — auf der Fläche wirkt.	10,0 12,5 15,0 20,0 25,0 30,0
Fertigteildecken mit geringerer Tragfähigkeit während des Einbauzustandes müssen in diesem Zustand die folgenden gleichmäßig verteilten Verkehrslasten tragen können:	
(11.1) Decken, die bei der Herstellung mit Transportgefäßen für Beton bis zu 100 l Fassungsvermögen befahren werden	1,0
(11.2) Decken, die bei der Herstellung mit Transportgefäßen für Beton bis zu 150 l Fassungsvermögen befahren werden	1,5
(11.3) Decken, die bei der Herstellung mit Transportgefäßen für Beton bis zu 200 l Fassungsvermögen befahren werden	2,0

[1]) Ein Fahrzeug mit dieser Masse stellt für die Decke eine Last von 25 kN dar.

Tafel 35 Verkehrslast von Treppen, Treppenabsätzen und Zugängen

	RW in kN/m^2
(1.1) in Wohngebäuden	3,5
(1.2) in öffentlichen Gebäuden	5,0

Für die Bemessung der einzelnen Stufen genügen die hier angegebenen Verkehrslasten nur, wenn die konstruktive Gestaltung der Treppe eine hinreichende Lastverteilung gewährleistet (z. B. durch Verbindung der einzelnen Trittstufen durch Setzstufen oder durch Auflagern der Stufen auf eine von Podest zu Podest laufende oder in die Treppenhauswände eingespannte Platte). Ist dies nicht der Fall, so ist bei Treppenstufen in Wohngebäuden eine Einzellast von 1,5 kN und bei Treppenstufen in öffentlichen Gebäuden eine Einzellast von 2,0 kN in ungünstigster Stellung anzunehmen. Bei auskragenden Stufen ist außerdem nachzuweisen, daß ihre in der Rechnung vorausgesetzte volle Einspannung in den Treppenhauswänden oder in der Wange auch wirklich aufgenommen werden kann. An Stellen, wo — wie z. B. unter Treppenhausfenstern — die zur Einspannung erforderliche Auflast des Treppenhausmauerwerks fehlt, muß diese Einspannung durch geeignete konstruktive Maßnahmen (z. B. Randträger) gesichert werden. Bei Treppen, bei denen mit besonders großen Einzellasten zu rechnen ist (z. B. in Fabrikgebäuden und Warenhäusern), sind Stufen ohne hinreichende Lastverteilung unzulässig.

5

3.3 Lotrechte Einzelverkehrslasten für Dächer, befahrene Decken und Hubschrauberlandeplätze

3.3.1 Einzelverkehrslasten für Dächer

Einzelne Tragglieder. In der Mitte der einzelnen Sprossen, Sparren oder Pfetten und in der Mitte von Fachwerk-Obergurtstäben, die unmittelbar die Dachhaut tragen, ist unter Außerachtlassung von Wind- und Schneelasten eine Einzellast von 1,0 kN anzunehmen für Personen, die das Dach bei Reinigungs- und Wiederherstellungsarbeiten betreten, wenn die auf diese Tragteile entfallende Wind- und Schneelast kleiner als 2,0 kN ist.

Begehbare Dachhaut. Es gilt das für einzelne Tragglieder Gesagte. Hierbei ist die Verteilungsbreite zu zwei Plattenbreiten — jedoch nicht größer als 1 m — anzunehmen, soweit DIN 1045 nichts anderes bestimmt. Für Stahlbetonhohldielen s. DIN 4028 (1.82).

Dachlatten. Bei Dachlatten sind zwei Einzellasten von je 0,5 kN in den äußeren Viertelpunkten der Stützweite anzunehmen. Für hölzerne Dachlatten mit Querschnittsabmessungen, die sich erfahrungsgemäß bewährt haben, ist bei Sparrenabständen bis etwa 1 m kein rechnerischer Nachweis erforderlich.

Leichte Sprossen. Für die Berechnung leichter Sprossen ist der Ansatz einer Einzellast von 0,5 kN in ungünstigster Stellung ausreichend, wenn das Dach nur mit Hilfe von Bohlen und Leitern begehbar ist.

Die o. a. Belastungen sind nur für die Bemessung der jeweils direkt belasteten Bauteile anzusetzen. Ihre Weiterleitung bzw. Ableitung in den Baugrund wird nicht nachgewiesen.

3.3.2 Verkehrslasten für befahrene Decken und Hubschrauberlandeplätze

Hofkellerdecken usw. Hofkellerdecken und andere von Kraftfahrzeugen befahrene Decken (ausgenommen Decken nach Tafel 34) sind mindestens für die Lasten der Brückenklasse 6/6 entsprechend Tab. 2 von DIN 1072 (12.85) zu bemessen. Abweichend von DIN 1072 ist jedoch die Fläche außerhalb der Hauptspur ebenfalls mit der gleichmäßig verteilten Flächenlast p_1 der Hauptspur zu belasten.

Muß mit schweren Kraftfahrzeugen — z. B. mit Feuerwehrfahrzeugen — gerechnet werden, gelten die Lastannahmen der Brückenklasse 12/12 oder 30/30 der o. g. Tab. 2 von DIN 1072 (12.85).

Die Belastung ist als nicht vorwiegend ruhend unter Berücksichtigung der Schwingbeiwerte nach Abschn. 3.5 anzusetzen.

Von Gabelstaplern befahrene Decken. Decken, auf denen Gabelstapler eingesetzt werden, sind je nach den Betriebsverhältnissen für einen der durch Bild 2 und Tafel 36 beschriebenen Gabelstapler zu bemessen. Dabei sind sie für zwei Belastungen zu untersuchen:

a) Für einen Gabelstapler in ungünstigster Stellung mit den Lasten nach Bild 2 und Tafel 36, Zeile 3, und eine ringsherum gleichmäßig verteilte Verkehrslast nach Tafel 36, Zeile 7. Dabei ist die Belastung nach Tafel 36, Zeile 3, als nicht vorwiegend ruhend unter Berücksichtigung der Schwingbeiwerte nach Abschn. 3.5 anzusetzen.

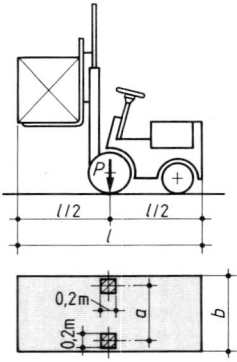

b) Für eine gleichmäßig verteilte Verkehrslast nach Tafel 36, Zeile 7, ohne Schwingbeiwert, wobei angenommen werden darf, daß die einzelnen Felder entweder vollbelastet oder unbelastet sind (feldweise veränderliche Belastung).

Auf Lagerflächen ist die o. a. Verkehrslast nach Zeile 7 durch die hier angesetzte Belastung zu ersetzen, wenn diese größer ist.

Von den sich nach a) und b) ergebenden Werten sind die jeweils ungünstigen für die Bemessung maßgebend.

Für Decken, die durch Gabelstapler mit einem zulässigen Gesamtgewicht von mehr als 13 t belastet werden, ist ein besonderer Nachweis zu führen. Ist damit zu rechnen, daß eine Decke sowohl von Gabelstaplern als auch von Kraftfahrzeugen befahren wird, so ist die ungünstiger wirkende Belastung anzusetzen.

Bild 2   Abmessungen der Gabelstapler

Tafel 36   Gabelstapler-Regelfahrzeuge

1	zulässiges Gesamtgewicht	in t	2,5	3,5	7	13
2	Nenntragfähigkeit	in t	0,6	1	2,5	5
3	statische Achslast (Regellast) P	in kN	20	30	65	120
4	mittlere Spurweite a	in m	0,8	0,8	1	1,2
5	Gesamtbreite b	in m	1	1	1,2	1,5
6	Gesamtlänge l	in m	2,4	2,8	3,4	3,6
7	gleichmäßig verteilte Verkehrslast (Regellast)	in kN/m²	10	12,5	15	25

Hubschrauberlandeplätze auf Dachdecken. Als Hubschrauberlandeplatz benutzte Dachdecken und die zugehörigen Unterzüge sind für zwei Belastungen zu untersuchen:

a) Für die Hubschrauber-Regellast nach Tafel 37 entsprechend dem zulässigen Abfluggewicht der Hubschrauber, das entsprechend dem vorgesehenen Verwendungszweck des Landeplatzes zu wählen ist. Diese Regellast ist als nicht vorwiegend ruhende Einzellast mit einer quadratischen Aufstandsfläche unter Berücksichtigung der Schwingbeiwerte nach Abschn. 3.5 an der für den jeweils untersuchten Querschnitt ungünstigsten Stelle der Betriebsfläche anzunehmen.

Tafel 37 Hubschrauber-Regellasten

höchstzulässiges Abfluggewicht	in t	2	6
Hubschrauber-Regellast	in kN	20	60
Seitenlängen einer Aufstandsfläche	in m	0,2	0,3

b) Für eine — vom zulässigen Abfluggewicht unabhängige — gleichmäßig verteilte Verkehrslast von 5,0 kN/m² ohne Schwingbeiwert, wobei angenommen werden darf, daß die einzelnen Felder entweder vollbelastet oder unbelastet sind (feldweise veränderliche Belastung).

Von den sich nach a) und b) ergebenden Werten sind die jeweils ungünstigen für die Bemessung maßgebend.

Lotrechte Pendelkräfte. Bei Sportgeräten in Turnhallen, z. B. bei Schaukelringen, Klettertauen usw., ist in jedem Anschlußpunkt eines Taues eine lotrechte Pendelkraft von 2,0 kN ohne Schwingbeiwert anzusetzen [s. auch DIN 18032-6 (4.82)]. Luftschaukeln, Fliegerkarusselle usw. s. DIN 4112.

5

3.4 Waagerechte Verkehrslasten

Horizontallast in Holmhöhe an Brüstungen und Geländern:

— 0,5 kN/m bei Treppen in Wohngebäuden und bei Balkonen und offenen Hauslauben;

— 1,0 kN/m bei Treppen in Versammlungsräumen, Kirchen, Schulen, Theater- und Lichtspielsälen.

Die Horizontalkräfte können in ihrer Ebene nach jeder beliebigen Richtung wirken (Ausnahme: Horizontalkräfte an Geländern oder Fanggittern von Hubschrauberlandeplätzen auf Dachdecken).

Horizontallasten zur Erzielung einer ausreichenden Längs- und Quersteifigkeit: Neben der vorgeschriebenen Windlast und etwaigen anderen waagerecht wirkenden Kräften sind folgende beliebig gerichtete Horizontallasten zu berücksichtigen:

— Bei Tribünen und ähnlichen Sitz- und Steheinrichtungen eine in Fußbodenhöhe angreifende Horizontallast von 1/20 der lotrechten Verkehrslast.

— Bei Gerüsten eine in Schalungshöhe angreifende Horizontallast von 1/100 aller lotrechten Lasten.

— Bei kippgefährdeten Einbauten, die innerhalb von geschlossenen Bauwerken stehen und keiner Windbeanspruchung unterliegen, z. B. eingebaute freistehende Silos), eine in Höhe des Schwerpunktes angreifende Horizontallast von 1/100 der Gesamtlast.

Bremskräfte und **Horizontallasten** von Kranen und Kranbahnen sind nach DIN 15018 (11.84) und DIN 4132 (2.81) in Rechnung zu stellen (s. Stahlbau).

Horizontalstöße auf tragende Stützen und Wände

— An S t r a ß e n : Bei stützenden Bauteilen von Bauwerken, die innerhalb von geschlossenen Ortschaften im Abstand von weniger als 1 m von der Bordschwelle stehen und so unmittelbar der Gefahr eines Anpralls von Straßenfahrzeugen ausgesetzt sind (etwa die Pfeiler von Bogengängen), ist zur Berücksichtigung dieser Kraftwirkung in 1,2 m über Geländehöhe eine Horizontallast anzunehmen von 500 kN an ausspringenden Gebäudeecken bzw. von 250 kN bei anderen stützenden Bauteilen, und zwar getrennt je einmal in Richtung der Längs- und der Querachse des stützenden Bauteils. Diese Horizontallast braucht nicht angesetzt zu werden, wenn nachgewiesen werden kann, daß durch Ausfall der stützenden Bauteile die Standsicherheit des Gebäudes nicht gefährdet wird. Bei der Berechnung der Fundamente braucht diese Anprallast in keinem Fall berücksichtigt zu werden.

Bei stützenden Bauteilen von Bauwerken, die außerhalb von geschlossenen Ortschaften der Gefahr des Anpralls von Straßenfahrzeugen ausgesetzt sind, gilt DIN 1072 (12.85), Abschn. 7.2.

— Bei Tankstellen: Bei stützenden Bauteilen von Tankstellenüberdachungen, die nicht am fließenden Verkehr liegen, ist, auch wenn sie durch Bordschwellen geschützt sind, zur Berücksichtigung eines möglichen Anpralls von Kraftfahrzeugen in 1,2 m Höhe über Gelände eine Horizontallast von 100 kN in ungünstigster Richtung wirkend anzunehmen, sofern nicht nachgewiesen werden kann, daß bei Ausfall der stützenden Bauteile die Standsicherheit der Tankstellenüberdachung nicht gefährdet ist. Bei der Berechnung der Fundamente braucht diese Anprallast nicht berücksichtigt zu werden.

— In Garagen, Werkstätten, Lagerräumen und dgl.: Bei stützenden Bauteilen in Räumen von ein- und mehrgeschossigen Gebäuden, in denen Lastkraftwagen oder Gabelstapler verkehren, ist zur Berücksichtigung eines möglichen Anpralls bei Lastkraftwagen in 1,2 m Höhe eine Horizontallast von 100 kN, bei Gabelstaplern in 0,75 m Höhe eine Horizontallast gleich dem 5fachen zulässigen Gesamtgewicht nach Zeile 1 von Tafel 36 anzunehmen.

Kann diese Horizontallast nicht von einem Bauteil allein aufgenommen werden, so ist sie durch besondere bauliche Maßnahmen (z. B. durch ausreichend verformbare Schutzvorrichtungen aus Stahl) von dem stützenden Bauteil fernzuhalten oder so zu vermindern, daß dieser Bauteil der übrigbleibenden Belastung standhält.

Im übrigen gelten sinngemäß der folgende Abschnitt und die Bestimmungen der DIN 1072 (12.85), Abschn. 5.3 und 5.4.

Horizontalstöße auf nichttragende umschließende Bauteile

Bei Geschoßgaragen und anderen mehrgeschossigen Gebäuden, in denen mit Kraftfahrzeugen gerechnet werden muß, ist zur Berücksichtigung eines möglichen Anpralls von Fahrzeugen gegen Außenwände und Wände, die Lichtschächte u. ä. abschließen, sowie gegen Brüstungen von Rampen, Parkpaletten und dgl. bei PKW in 0,5 m Höhe über dem Fußboden eine horizontale Streckenlast von 2,0 kN/m, bei LKW in 1,2 m Höhe eine Streckenlast von 5,0 kN/m anzunehmen, jeweils nach außen wirkend.

Zusätzlich soll der Anprall von Kfz, insbesondere von Gabelstaplern, gegen Wände und Brüstungen durch Bordschwellen, vorgesetzte Riegel u. ä. von mindestens 0,2 m Höhe verhindert werden.

Zulässige Spannungen. Bei der Bemessung stützender Bauteile für die zuvor erwähnten Horizontalstöße darf

— bei Beton und Stahlbeton nach DIN 1045 der Sicherheitsbeiwert $\gamma = 1$ gesetzt werden;

— bei Mauerwerk als zulässige Spannung das 2fache der in DIN 1053 angegebenen Werte angenommen werden;

— bei Stahlbauteilen, Verbindungsmitteln, Nieten, Schrauben und Schweißnähten als zulässige Spannung das 1,7fache der in DIN 1050 und DIN 4100 für Hauptlasten angegebenen Werte angesetzt werden.

Waagerechte Pendelkräfte. Bei Sportgeräten in Turnhallen (z. B. bei Schaukelringen, Klettertauen usw.) ist in jedem Anschlußpunkt eines Taues eine waagerechte Pendelkraft von 0,9 kN ohne Schwingbeiwert anzusetzen [s. a. DIN 18032, T 6 (4.82)]. Luftschaukeln, Fliegerkarusselle usw. siehe DIN 4112.

Horizontallasten für Hubschrauberlandeplätze auf Dachdecken. In der Ebene der Start- und Landefläche und des umgebenden Sicherheitsstreifens ist eine Horizontallast gleich der Regellast nach Tafel 37 an der für den untersuchten Querschnitt eines Bauteils jeweils ungünstigsten Stelle anzunehmen.

Für den mindestens 0,25 m hohen Überrollschutz ist am oberen Rand eine Horizontallast von 10 kN anzunehmen.

Bei Geländern und Fanggittern ist in Holmhöhe eine Streckenlast von 1 kN/m rechtwinklig zur Geländer- oder Gitterebene anzunehmen.

3.5 Schwingbeiwerte (Stoßzahlen)

Verkehrslasten, die Stöße oder Schwingungen verursachen, sind von Fall zu Fall mit einer Stoßzahl bzw. einem Schwingbeiwert φ zu vervielfachen. Für die in Abschn. 3.3.2 aufgeführten Hofkellerdecken, von Gabelstaplern befahrenen Decken und Dachdecken, die als Hubschrauberlandeplatz benutzt werden, beträgt der Schwingbeiwert im Regelfall $\varphi = 1,4$; bei überschütteten Bauwerken beträgt er $\varphi = 1,4 - 0,1\, h_{\ddot{u}}$, wobei $h_{\ddot{u}}$ die Überschüttungshöhe in m ist. Bei Maschinen mit Schwungmassenkräften sind die dynamischen Einflüsse rechnerisch zu untersuchen. Siehe hierzu DIN 4024 und DIN 4025; eine Norm für den Erschütterungsschutz im Bauwesen ist in Vorbereitung.

Bei Teilen von Schutzbrücken unter Seilbahnen, die (wie z. B. der Belag und die Längs- und Querträger) unmittelbar von herabfallenden Gegenständen getroffen werden können, muß eine Stoßzahl in Rechnung gestellt werden, die in erster Linie nach der Fallhöhe abzustufen ist. Bisher wurde hierbei mit einer Stoßzahl von 10 bis 20 gerechnet. Es empfiehlt sich, vor der endgültigen Wahl einer Stoßzahl die Entscheidung der Bauaufsichtsbehörde einzuholen. Bei nur mittelbar beanspruchten Bauteilen braucht keine Stoßzahl in Rechnung gestellt zu werden.

3.6 Verminderung der Verkehrslasten

Bei der Berechnung von Bauteilen (wie Stützen, Unterzüge, Wandpfeiler, Grundmauern und dgl.), die die Lasten von mehr als drei Vollgeschossen aufnehmen, und bei der Ermittlung der entsprechenden Bodenpressung darf die durch Zusammenzählen der Verkehrslasten der einzelnen Geschosse sich ergebende Gesamtverkehrslast nach folgenden Regeln ermäßigt werden, sofern es sich bei dem betrachteten Gebäude nicht um eine Werkstatt mit schwerem Betrieb, einen Speicher oder um Lagerräume handelt.

Die Verkehrslasten der drei den Bauteil am meisten belastenden Geschosse sind mit dem vollen Betrag einzusetzen; von den Verkehrslasten der anderen (diesen Bauteil belastenden) Geschosse — geordnet nach der Größe ihrer Lasten in absteigender Folge — darf ein von Geschoß zu Geschoß um einen bestimmten Bruchteil wachsender Betrag abgezogen werden. Dieser Bruchteil beträgt

a) bei Wohngebäuden, Büro- und Geschäftshäusern 20% bis zum Höchstbetrag von 80%.

b) bei Werkstätten mit leichtem Betrieb und Waren- bzw. Kaufhäusern sowie bei Gebäuden, die zum Teil als Werkstätten oder Warenhäuser dienen, 10% bis zum Höchstbetrag von 40%.

Die Verminderung der gesamten auf einem solchen Bauteil ruhenden Verkehrslast darf aber bei den unter a) genannten Gebäuden 40% und bei den unter b) genannten 20% nicht überschreiten.

Sind die von den einzelnen Geschossen herrührenden Verkehrslasten einander gleich, so ergeben sich die in den Zeilen 1 und 3 der Tafel 38 in Prozent angegebenen Abzüge und die in den Zeilen 2 und 4 angegebenen auf die Gesamtverkehrslast bezogenen Minderungswerte α (das ist das Verhältnis der in Rechnung zu stellenden Verkehrslast zur Gesamtverkehrslast).

Für die Berechnung von Bauteilen, die die Lasten von mehr als drei Vollgeschossen aufnehmen, darf die Verkehrslast von Balkonen und Laubengängen aller Geschosse von 3,5 kN/m² bzw. 5,0 kN/m² einheitlich auf 1,5 kN/m² abgemindert werden.

Tafel 38 Abzüge und Minderungswerte für die Verkehrslasten von Bauteilen, die die Lasten von mehr als drei Vollgeschossen aufzunehmen haben, bei gleicher Verkehrslast in allen Vollgeschossen

Anzahl der Geschosse		1 bis 3	4	5	6	7	8	9	10	11	12
Wohngebäude usw. nach a)											
1	Abzüge in %	0	20	40	60		80			40	
2	Minderungswert α	1	0,95	0,88	0,8	0,71	0,65		0,6		
Werkstätten usw. nach b)											
3	Abzüge in %	0	10	20	30		40			20	
4	Minderungswert α	1	0,98	0,94	0,9	0,86	0,83		0,8		

4 Windlasten nach DIN 1055-4 (8.86) und DIN 1056 (10.84)

4.1 Allgemeines

Windlasten gehören ebenso wie die Verkehrs- oder Nutzlasten zu den nicht ständig wirkenden Lasten.

Manche Bauwerke können, wenn sie vom Wind angeblasen werden, in Schwingungen geraten. Sie sind schwingungsfällig. In diesem Abschnitt werden die Auswirkungen des Windes nur auf nicht schwingungsanfällige Bauwerke untersucht.[1] Ein Bauwerk gilt im Sinne der Norm als nicht schwingungsanfällig, wenn seine Verformungen unter Berücksichtigung der dynamischen Wirkung der Windkräfte die Verformungen aus statischer Windlast um nicht mehr als 10% überschreiten.

Ohne besonderen Nachweis dürfen übliche Wohn-, Büro- und Industriegebäude und ihnen in Form oder Konstruktion ähnliche Bauwerke mit einer Schlankheit $h/b_1 \leq 5$ in der Regel als nicht schwingungsanfällig im Sinne der Norm angesehen werden, wobei für b_1 die kleinste Breite der gegen Horizontalkräfte aussteifenden Konstruktion einzusetzen ist. h ist die Gebäudehöhe über Gelände.

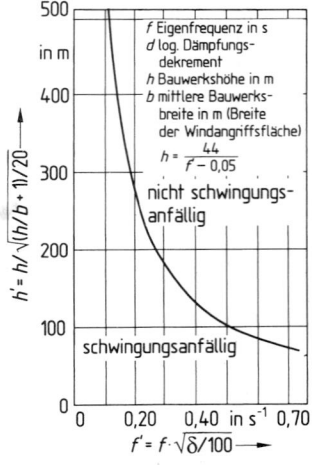

Bild 3 Grenze der Schwingungsanfälligkeit

Auch Krantragwerke können — von besonders gelagerten Ausnahmefällen abgesehen — als nicht schwingungsanfällig im Sinne der o. g. Definition angesehen werden. Mit den Werten des Teiles 4 der DIN 1055 werden Windlasten für den Zustand „außer Betrieb" errechnet.

Allgemein darf ein als Kragträger wirkendes Bauwerk dann als nicht schwingungsanfällig im Sinne der o. g. Definition betrachtet werden, wenn der durch seine bezogene Eigenfrequenz f' und bezogene Höhe h' gegebene Punkt in Bild 3 oberhalb der angegebenen Kurve liegt. Sofern zur Berechnung der bezogenen

[1]) Die Windlast auf ein schwingungsanfälliges Bauwerk — auf freistehende Schornsteine — wird in Abschnitt 4.5 untersucht.

276

Eigenfrequenz f' kein genauerer Wert des logarithmischen Dämpfungsdekrementes δ bekannt ist, kann er der Tafel 39 entnommen werden.

Tafel 39 Logarithmisches Dämpfungsdekrement

	Stahlkonstruktionen			Beton- und Stahlbeton-konstruktionen		Mauer-werks-konstruk-tionen	Holz-konstruk-tionen
	geschraubt		ge-schweißt	Zustand I (a. Spann-beton)	Zustand II		
	rohe Schrauben	HV-Schrauben					
	0,05	0,03	0,02	0,04	0,10[1])	0,12	0,15
δ	Zuschlag für offene geschraubte Gitter-konstruktionen 0,02						
	Zuschlag für dämpfende Einbauten, z. B. Ausmauerungen 0,02						

[1]) nur für Konstruktionen anzusetzen, die im Gebrauchszustand überwiegend im Zustand II sind.

4.2 Berücksichtigung der Windwirkung

Bauwerke sind auf Windlast im allgemeinen in Richtung ihrer Hauptachsen zu untersuchen. In besonderen Fällen ist eine Berechnung mit Bezug auf andere Achsen („über Eck") erforderlich.

Bei Bauwerken, die durch genügend steife Wände und Decken hinreichend ausgesteift sind, brauchen in der Regel die Windbeanspruchungen der Gesamtkonstruktion nicht nachgewiesen zu werden. Siehe z. B. DIN 1053-1 (11.96), Abschn. 3.1. Steht bei baulichen Anlagen und bei Bauteilen, die umkippen und/oder gleiten können, die ausreichende Sicherheit gegen Umkippen und/oder Gleiten infolge Wind nicht fest, so ist sie unter Berücksichtigung auch etwaiger anderer waagerechter Lasten nachzuweisen. Dabei sind günstig wirkende Verkehrslasten und **günstig wirkende Windlasten nicht** zu **berücksichtigen**. Die Sicherheit muß mindestens 1,5fach sein.

Werden beim Nachweis der Sicherheit von Einzelbauteilen gegen Abheben die Sogspitzen (erhöhte Druck- bzw. Sogbeiwerte s. Abschn. 4.3) berücksichtigt, so führt eine Bemessung nach der Gleichung

$$F_{Trag}/1{,}3 \geq 1{,}1\,S_{Sog} - S_{G\,Dach}/1{,}1$$

zu ausreichender Sicherheit. Hierbei ist F_{Trag} die Traglast des Verbindungsmittels, S_{Sog} die Sogkraft unter Berücksichtigung der Windsogspitzen, $S_{G\,Dach}$ der Auflagerlastanteil aus der Eigenlast des trockenen Daches. Diese darf mit dem 0,8fachen des Regelwertes des nassen Baustoffes nach DIN 1055-1, berechnet werden (s. Abschn. 2), soweit kein unterer Regelwert angegeben ist.
Wegen der gleichzeitigen Berücksichtigung von Wind- und Schneelast s. Abschn. 4.4.

4.3 Rechenwerte für Staudruck, Windlast, -druck bzw. -sog

4.3.1 Staudruck

Windrichtung. Die Windlast ist in jeder Richtung mit ihrem Maximalwert anzunehmen. Die Windrichtung kann im allgemeinen waagerecht angenommen werden.

Staudruck. Der Staudruck (Geschwindigkeitsdruck) q ist

$$q = \frac{1}{2}\varrho v^2,$$

Lastannahmen, Einwirkungen

wobei $\varrho = 1{,}25$ kg/m³ hinreichend genau und v die Windgeschwindigkeit ist. Mit v in m/s ergibt sich $q = v^2/1600$ in kN/m². Tafel 40 gibt die in Rechnung zu stellende Windgeschwindigkeit v und den zugehörenden Staudruck q in Abhängigkeit von der Höhe über dem (das betrachtete Bauwerk) umgebenden Gelände an.

Tafel 40   Windgeschwindigkeit und Staudruck in Abhängigkeit von der Höhe

Höhe über Gelände h	von 0 bis 8 m	über 8 bis 20 m	über 20 bis 100 m	über 100 m
Windgeschwindigkeit v in m/s	28,3	35,8	42,0	45,6
Staudruck q in kN/m²	0,5	0,8	1,1	1,3

Bemerkung In Abhängigkeit von örtlichen topographischen Einflüssen können hiervon abweichende Windgeschwindigkeiten auftreten. Insbesondere können infolge von Föhn- und Düseneffekten auch höhere Windgeschwindigkeiten auftreten.

Ist das Bauwerk auf einer das umliegende Gelände steil und hoch überragenden Erhebung dem Windangriff besonders stark ausgesetzt, so ist bei Festsetzung der Windlast mindestens von dem Staudruck $q = 1{,}1$ kN/m² auszugehen.

4.3.2 Windlast

Die Windlast eines Bauwerkes setzt sich aus Drug-, Sog- und Reibungswirkungen zusammen und beträgt im Regelfall

$$W = c_f \cdot q \cdot A.$$

Es ist c_f der aerodynamische Kraftbeiwert, q der Staudruck und A die Bezugsfläche. Die Kraftbeiwerte c_f sind von der Form des Bauwerkes und von der Anströmrichtung abhängig. Für etliche Bauwerksformen sind c_f-Werte in T 4 der DIN 1055 angegeben. Für Bauwerksformen, die hier nicht aufgeführt und bei denen keine Analogieschlüsse zu gegebenen Bauwerksformen möglich sind, müssen die Beiwerte in Windkanalversuchen ermittelt werden.

Die Bezugsfläche A ist diejenige Fläche, auf welche der Beiwert c_f bezogen ist. Sie ist in der Norm mit angegeben und wird häufig eine Hauptprojektionsfläche sein. Der Staudruck q ist nach Tafel 40 einzusetzen. Bei abschnittsweise veränderlichem Staudruck und/oder veränderlicher Bauwerksbreite b darf näherungsweise gesetzt werden

$$W = c_f \sum_{i=1}^{n} q_i A_i$$
$\quad q_i$ Staudruck im Abschnitt i
$\quad A_i$ Fläche im Abschnitt i
$\quad n$ Anzahl der Abschnitte

Teil 4 der DIN 1055 enthält Kraftbeiwerte c_f für die folgenden Gruppen von Körpern:

1. Prismatische Baukörper
   - allseitig geschlossene Baukörper mit rechteckigem Grundriß (s. S. 273)
   - allseitig geschlossene Baukörper mit nicht rechteckigem Grundriß
2. Kreiszylindrische Baukörper
   - stehende und liegende Zylinder
   - sonstige Baukörper mit Kreisquerschnitt
   - Drähte, Stangen, Seile
3. Stäbe, Tafeln, Fachwerke
   - Einzelne Widerstandskörper
   - Fachwerke, ebene und räumliche
4. Nachgiebige Baukörper
   - Flaggen mit festgespanntem Flaggentuch
   - Flaggen mit losem Flaggentuch

Die Windlast W ist auch berechenbar durch Verwendung des Druckbeiwertes c_p, wenn die entlastenden Sogkräfte nicht in Ansatz gebracht werden.

278

Tafel 41   Kraftbeiwerte c_f für einen allseitig geschlossenen prismatischen Körper

Windrichtung	Bezugsfläche	Kraftbeiwerte	
	A	c_{fx}	c_{fy}
parallel zur x-Achse	$b \cdot h$	1,3	0
parallel zur y-Achse	$a \cdot h$	0	1,3

Gültig für Körper mit $h/b \leq 5$ bzw. $h/a \leq 5$

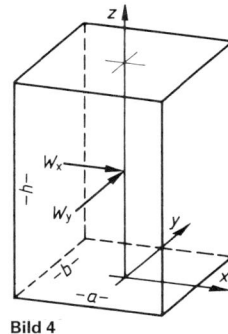

Bild 4

Es gilt:

$$W_x = c_{fx} \cdot A \cdot q \quad \text{und} \quad W_y = c_{fy} \cdot A \cdot q$$

Bei ungleichmäßiger Verteilung der Windgeschwindigkeit in x- oder y-Richtung kommt es zu einem exzentrischen Lastangriff. Deshalb ist eine Ausmitte der resultierenden Windlast von $a/10$ in x- bzw. $b/10$ in y-Richtung anzunehmen.

4.3.3 Winddruck

Die Größe des auf die Flächeneinheit einer Bauwerksoberfläche wirkenden Winddruckes ist

$$w = c_p \cdot q,$$

wobei q der Staudruck des Windes und c_p der aerodynamische Druckbeiwert der betrachteten Flächeneinheit ist. Der auf eine Fläche wirkende Winddruck ist stets rechtwinklig auf diese Fläche gerichtet. Aerodynamische Druck- und Sogbeiwerte c_p sind in Abschnitt 6.3 von T 4 für verschiedene Bauwerksformen angegeben. Bei der Anwendung dieser Werte ist zu beachten, daß es sich um Mittelwerte über die jeweils gekennzeichneten Bereiche handelt. Deshalb sind die **Druckwerte für einzelne Tragglieder** (z. B. Sparren, Pfetten, Wandstiele, Fassadenelemente) um 1/4 zu erhöhen. Einzelne Tragglieder in diesem Sinne liegen vor, wenn ihre Einzugsfläche weniger als 15 % derjenigen Fläche beträgt, über die der Beiwert gemittelt wurde. Bei unmittelbar durch Wind belasteten Einzelbauteilen, z. B. Wand- und Dachtafeln, sind an den Schnittkanten von Wand- und Dachflächen prismatischer Körper zur Erfassung der hier auftretenden Sogspitzen die in der Norm angegebenen erhöhten Beiwerte (s. Tafel 43 und 46) anzunehmen. Der **Abhebenachweis** für solche Einzelbauteile kann dann mit der o. a. Gl.

$$F_{Trag}/1,3 \geq 1,1 \, S_{Sog} - S_{G\,Dach}/1,1$$

geführt werden.

Für folgende Fälle sind Druckbeiwerte c_p in der Norm angegeben:

1   Prismatische Baukörper

1.1 Allseitig geschlossene Baukörper (s. S. 272, 273)
lotrechte Gebäudewände; Teilbereiche lotrechter Wandflächen; Sattel-, Pult- und Flachdächer; Teilbereiche von Dächern;

1.2 Seitlich offene Baukörper (s. S. 274)
vorne offen bzw. hinten offen; beide Seiten offen; vorne und an beiden Seiten offen bzw. hinten und an beiden Seiten offen; allseitig offen (also freistehende Dächer);

2   Kreiszylindrische Baukörper

Lastannahmen, Einwirkungen

Tafel 42 Druckbeiwerte c_p für Wände allseitig geschlossener Baukörper

Gebäudewand (Bezugsfläche)	c_p
vorderen Wand $ABCD$ ($=$ luv)	$+0,8$
hintere Wand $EFGH$ ($=$ lee)	$-0,5$
Seitenwände $AEHD$ und $BFGH$	$-0,5$ für $h/a \leq 0,25$ $-0,7$ für $h/a > 0,50$

Ein positives Vorzeichen bedeutet Druck, ein negatives Vorzeichen bedeutet Sog

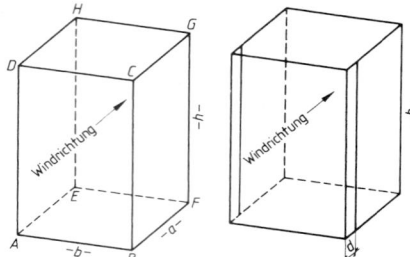

Bild 5 Teilflächen mit erhöhtem Druckbeiwert

Tafel 43 Erhöhter Druckbeiwert und zugehörige Teilfläche

Erhöhter Druckbeiwert c_p	Breite d der zugehörigen Teilfläche
$-2,0$	für $a < 8$ m : $d = 1$ m 8 m $\leq a \leq 16$ m : $d = a/8$ für $a > 16$ m : $d = 2$ m

Der Druckbeiwert für Dachflächen wird angegeben in Abhängigkeit von der Dachneigung α und ist Bild 7 zu entnehmen.

$$c_p = \frac{1}{50}\alpha_{Luv} - 0,2 \quad (25° \leq \alpha_{Luv} \leq 50°)$$

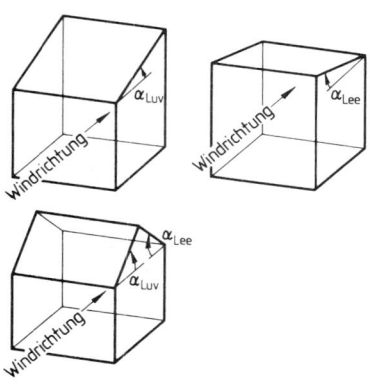

Bild 6

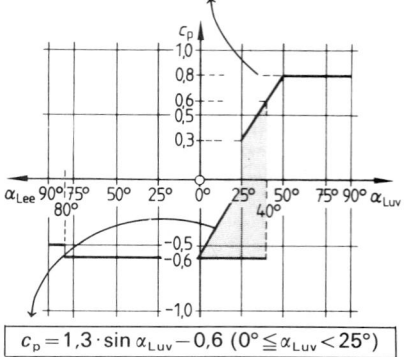

$$c_p = 1,3 \cdot \sin\alpha_{Luv} - 0,6 \ (0° \leq \alpha_{Luv} < 25°)$$

Im Bereich zwischen 25° und 40° ist der für den geplanten Nachweis ungünstige c_p-Wert zu wählen, s. Beispiel S. 269

Bild 7 Druckbeiwerte für Dachflächen

Tafel 44 Druckbeiwerte c_p für Dachflächen allseitig geschlossener prismatischer Baukörper

Dachneigung α_{Luv}	$+0°$	$+5°$	$+10°$	$+15°$	$+20°$	$+25°$	$+30°$	$+35°$	$+40°$	$+45°$	$+50°$	$\alpha \geq 50°$
Druckbeiwert c_p	$-0,60$	$-0,49$	$-0,37$	$-0,26$	$-0,16$	$+0,3$	$+0,4$	$+0,5$	$+0,6$	$+0,7$	$+0,8$	$+0,8$
					$-0,6$							

Ein positives Vorzeichen bedeutet Druck, ein negatives Vorzeichen bedeutet Sog.

280

Beispiel

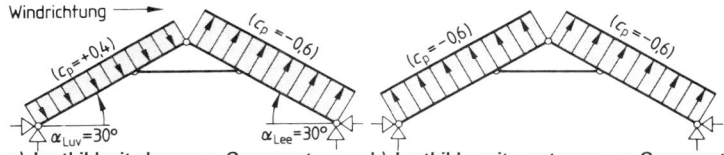

a) Lastbild mit oberem c_p-Grenzwert

b) Lastbild mit unterem c_p-Grenzwert (etwa für den Nachweis der Sicherheit der Gesamtkonstruktion gegen Abheben)

Tafel 8 Oberer und unterer c_p-Wert

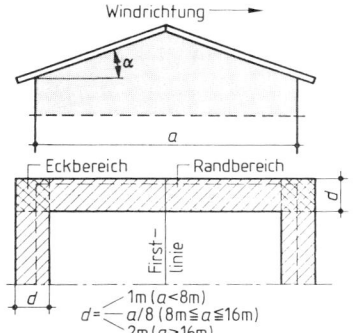

Tafel 45 Erhöhte Druckbeiwerte c_p für Teilbereiche geneigter Dachflächen

Dach-neigungs-winkel α	Einzelbauteil liegt ganz im	
	Eckbereich	Randbereich
0° bis 25°	−3,2	−1,8
26° bis 35°	−1,8	−1,1
Das negative Vorzeichen bedeutet Sog		

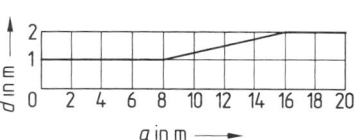

Bild 9 Ausdehnung des Eck- und Randbereiches

$$d = \begin{cases} 1\,\text{m} & (a<8\,\text{m}) \\ a/8 & (8\,\text{m} \leqq a \leqq 16\,\text{m}) \\ 2\,\text{m} & (a>16\,\text{m}) \end{cases}$$

Tafel 46 Erhöhte Druckbeiwerte c_p — genauere Werte — und zugehörige Teilbereiche für Flachdächer ohne Attika von Bauwerken bestimmter Proportionen

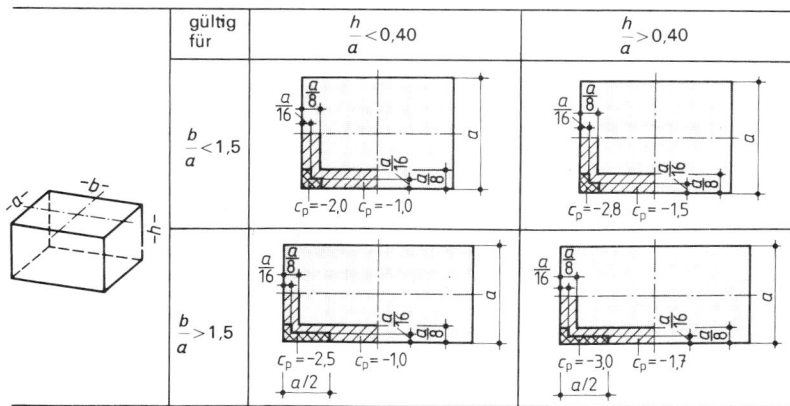

Das negative Vorzeichen bedeutet Sog

Tafel 47   Druckbeiwerte c_p seitlich offener Baukörper

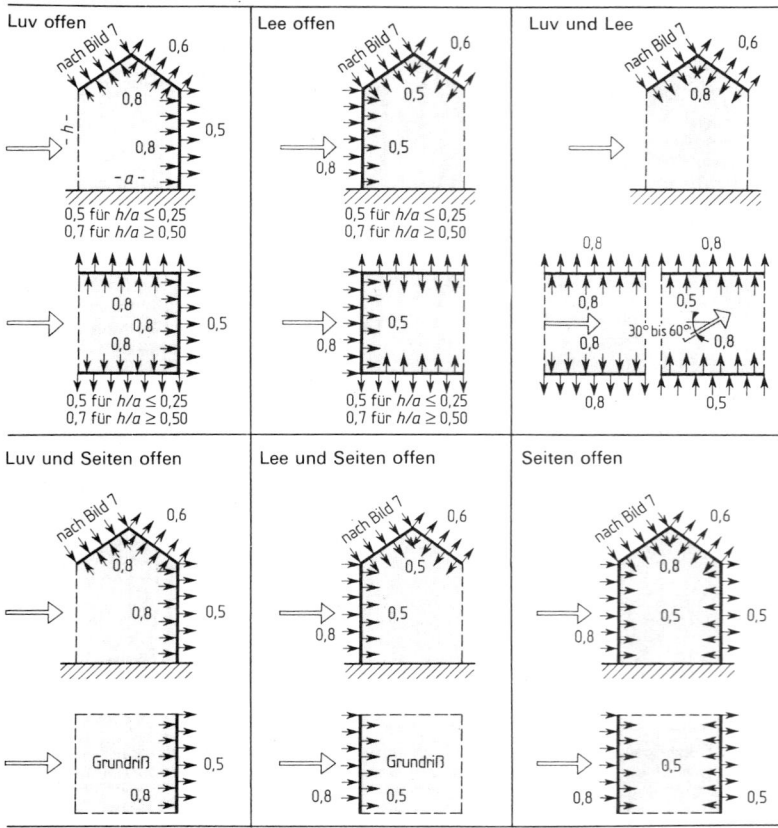

Anmerkung Der Fall „eine Seite offen" fehlt leider in der Norm.

4.4   Gleichzeitige Berücksichtigung von Wind- und Schneelast

Dächer mit einer Neigung bis 45° sind für eine gleichzeitige Belastung durch Wind und Schnee zu untersuchen. Dabei sind die beiden Lastfälle $s + w/2$ und $s/2 + w$ zu berücksichtigen.[1] Die jeweils ungünstigsten Werte sind für die Bemessung maßgebend, wobei die für den Lastfall H zugelassenen Spannungen nicht überschritten werden dürfen. Werden die vollen Wind- und Schneelasten kombiniert, dann können die zulässigen Spannungen des Lastfalles HZ ausgenützt werden.

Bei Dächern über 45° Neigung braucht mit gleichzeitiger Belastung durch Wind und Schnee nur in Gebieten mit besonders ungünstigen Schneeverhältnissen gerechnet zu werden oder dann, wenn Schneeansammlungen möglich sind (z. B. bei Zusammenstoß mehrerer Dachflächen).

[1] Weitere Zusatzlasten sind gegebenenfalls entsprechend zu kombinieren.

282

Für den Standsicherheitsnachweis des in Bild 10 skizzierten Pultdaches ($\alpha \leq 45°$) gibt es also zwei Möglichkeiten:

a) Die Standsicherheit wird nachgewiesen für die Lastkombinationen

    $g + s$ (Lastfall H)

    $g + s + w_d$ (Lastfall HZ)

b) Die Standsicherheit wird nachgewiesen für die Lastkombinationen

    $g + s/2 + w_d$ (Lastfall H)

    $g + s + w_d/2$ (Lastfall H).

In beiden Fällen muß freilich die Sicherheit gegen Abheben zusätzlich nachgewiesen werden.

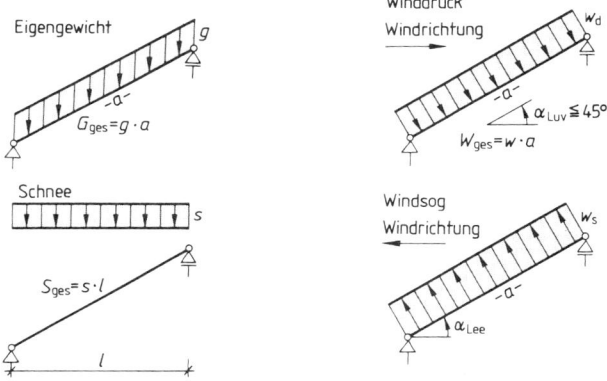

Bild 10 Belastung eines wenig geneigten Pultdaches

4.5 Windbelastung freistehender Schornsteine

Das klassische Beispiel für schwingungsanfällige Bauwerke ist der freistehende Schornstein in Massivbauart entsprechend DIN 1056 (10.84).

Das Verfahren der Berechnung der Windlast solcher Schornsteine ist im Anhang dieser Norm angegeben.

Der Staudruck q (kN/m²) in der Höhe z (m) über Gelände beträgt

    für $z \leq 300$ m $q = q_0 + 0{,}003z$

    für $z > 300$ m $q = q_0 + 0{,}9$.

Der Staudruck q_0 in Geländehöhe beträgt

— im Nord- und Ostsee-Küstengebiet (Zone III) $q_0 = 1{,}30$ kN/m²

— in der norddeutschen Tiefebene außer Zone III, in Berlin und in allen Standorten der Zone I, mit Geländehöhen über 800 m NN (Zone II) $q_0 = 1{,}05$ kN/m²

— im übrigen Gebiet der BRD (Zone I) $q_0 = 0{,}80$ kN/m².

(Karte der Windlastzonen s. DIN 1056).

Der aerodynamische Kraftbeiwert c_f freistehender Schornsteine ergibt sich aus dem Grundkraftbeiwert c_{f0} und den Schlankheitsfaktor λ

    $c_f = c_{f0} \cdot \lambda$.

Der Grundkraftbeiwert c_{f0} ist abhängig von der Querschnittsform und beträgt für kreiszylindrische Baukörper 0,95.

Der Schlankheitsfaktor λ hängt ab von der Höhe h_1 des Schornsteins über Gelände und dem Querschnittswert d_m (bei kreisförmigem Querschnitt ist d_m der Schaft-Außendurchmesser in halber Höhe)

$$\lambda = 0,65 + 0,005 \, h_1/d_m.$$

Die auf den Schornsteinabschnitt i mit der Bezugsfläche $A_i = h_i \cdot d_i$ wirkende Windlast beträgt

$$W_i = c_f \cdot q_i \cdot A_i.$$

Zur Berücksichtigung der durch Böigkeit des Windes (räumliche und zeitliche Änderung der Windgeschwindigkeit) hervorgerufenen Schwingungen in Windrichtung werden die Windlasten W_i mit dem Böenfaktor φ multipliziert (statische Ersatzlast)

$$\text{ers } W_i = \varphi \cdot c_f \cdot q_i \cdot A_i.$$

Der Böenfaktor φ ergibt sich als Produkt von dem Größenfaktor η und dem Böengrundfaktor φ_0:

$$\varphi = \varphi_0 \cdot \eta$$

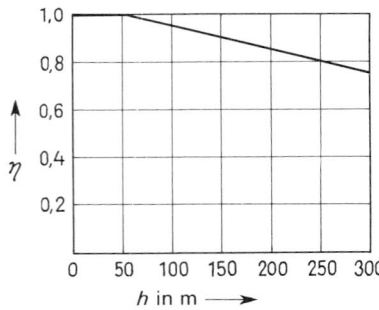

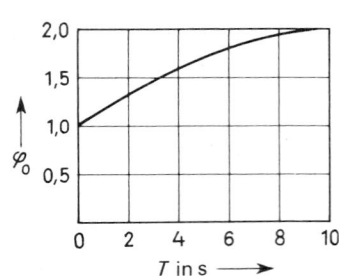

Bild 11   Größenfaktor η

Bild 12   Böengrundfaktor φ_0
für $\delta = 0,1$

Der Größenfaktor η ist abhängig von der Länge h des Schornsteinschaftes und beträgt

für $h \leq 50$ m $\eta = 1,00$
für $h > 50$ m $\eta = 1,05 - h/1000$.

Der Böengrundfaktor φ_0 ist abhängig von der Schwingungsdauer T (s) der Bauwerksgrundschwingung und dem logarithmischen Dämpfungsdekrement δ und beträgt im Bereich $T \leq 10$ s

$$\varphi_0 = 1 + (0,042T - 0,0019T^2) \, \delta^{-0,63}.$$

Bei Mauerwerk und Stahlbeton darf näherungsweise mit $\delta = 0,1$ gerechnet werden, wenn keine genaueren Werte (für die Dämpfung) bekannt sind.

Die Schwingungsdauer T von Schornsteinen mit konstantem oder sich stetig veränderndem kreisförmigem oder rechteckigem Querschnitt beträgt näherungsweise

$$T = \frac{0,05}{1 + 2(1 - b_o/b_u)^2} \sqrt{\frac{\gamma}{E}} \sqrt{\frac{G}{G_1} \frac{h^2}{b_m}}$$

Dabei ist

E Elastizitätsmodul (vertikal) des Schaftbaustoffes in MN/m^2
γ Rohwichte des Schaftbaustoffes in kN/m^3
G Eigenlast von Schaft, Futter und Einbauten in kN
G_1 Eigenlast des Schaftes in kN
b_o maßgebende obere Querschnittsabmessung in m   Maßgebend ist die Querschnitts-
b_u maßgebende untere Querschnittsabmessung in m   breite in Schwingungsrichtung.
b_m maßgebende mittlere Querschnittsabmessung in m   Bei kreisförmigem Querschnitt
h Schornsteinschafthöhe in m über OK Fundament   ist dies der äußere Durchmesser.

Neben den böenerregten Schwingungen in Windrichtung können auch auftreten

a) Schwingungen (des Gesamtbauwerkes) rechtwinklig zur Windrichtung, hervorgerufen durch periodische wechselseitige Wirbelablösungen am Bauwerk,

b) Schwingungen (des Gesamtbauwerkes), hervorgerufen durch Wirbelablösungen an luvseitig vor dem Bauwerk gelegenen Ablösestellen (dieses Phänomen kann z. B. bei hintereinander stehenden Schornsteinen auftreten),

c) Schwingungen des Mündungsquerschnittes (Atmen, Ovalling). Diese Schwingungen brauchen bei Massivschornsteinen üblicher Bauart nicht untersucht zu werden. Nur bei Schornsteinen mit kreisringförmigem Querschnitt und $G/V < 2,0$ kN/m^3 ist die Möglichkeit des Auftretens von Schwingungen nach (a) zu prüfen (G ist die Summe aller Eigenlasten über OK Fundament, und V ist das von der Außenfläche des Schornsteins umschlossene Volumen).

5   Schnee- und Eislast nach DIN 1055-5 (06.75)

5.1   Regelschneelast

Die Regelschneelast s_0 eines Standortes ist Tafel 48 in Abhängigkeit von der Schneelastzone nach Bild 13 — Karte der Schneelastzonen — und der Geländehöhe des Bauwerkstandortes über NN zu entnehmen.

Tafel 48   Regelschneelast s_0 in kN/m^2

Schneelastzone[1]) nach Bild 11	Geländehöhe[2]) des Bauwerkstandortes über NN in m									
	≤ 200	300	400	500	600	700	800	900	1000	> 1000
I	0,75	0,75	0,75	0,75	0,85	1,05	1,25			
II	0,75	0,75	0,75	0,90	1,15	1,50	1,85	2,30		[3])
III	0,75	0,75	1,00	1,25	1,60	2,00	2,55	3,10	3,80	
IV	1,00	1,15	1,55	2,10	2,60	3,25	3,90	4,65	5,50	

[1]) Für Bauwerkstandorte auf der Grenzlinie zweier Schneelastzonen darf als s_0 das arithmetische Mittel aus den beiden Schneelastzonen angenommen werden. Wird dieser Mittelwert nicht gebildet, so ist der höhere s_0-Wert anzusetzen. In Berlin beträgt die Regelschneelast $s_0 = 0,75$ kN/m^2.
[2]) Für Geländehöhen, die zwischen den angegebenen Geländehöhen liegen, darf der s_0-Wert geradlinig interpoliert werden. Wird nicht interpoliert, so ist der s_0-Wert der nächsthöheren Geländehöhe anzusetzen.
[3]) Wird im Einzelfall festgelegt durch die zuständige Baubehörde im Einvernehmen mit dem Zentralamt des Deutschen Wetterdienstes in Offenbach.

5.2   Rechenwert der Schneelast

Der Rechenwert s der Schneelast einer Dachfläche ist die auf einen Quadratmeter der Grundrißprojektion dieser Dachfläche entfallende rechnerische Schneelast in kN. Dieser Rechenwert ergibt sich aus der Regelschneelast s_0 des

[1]) Weitere Zusatzlasten sind gegebenenfalls entsprechend zu kombinieren.

Bild 13   Karte der Schneelastzonen

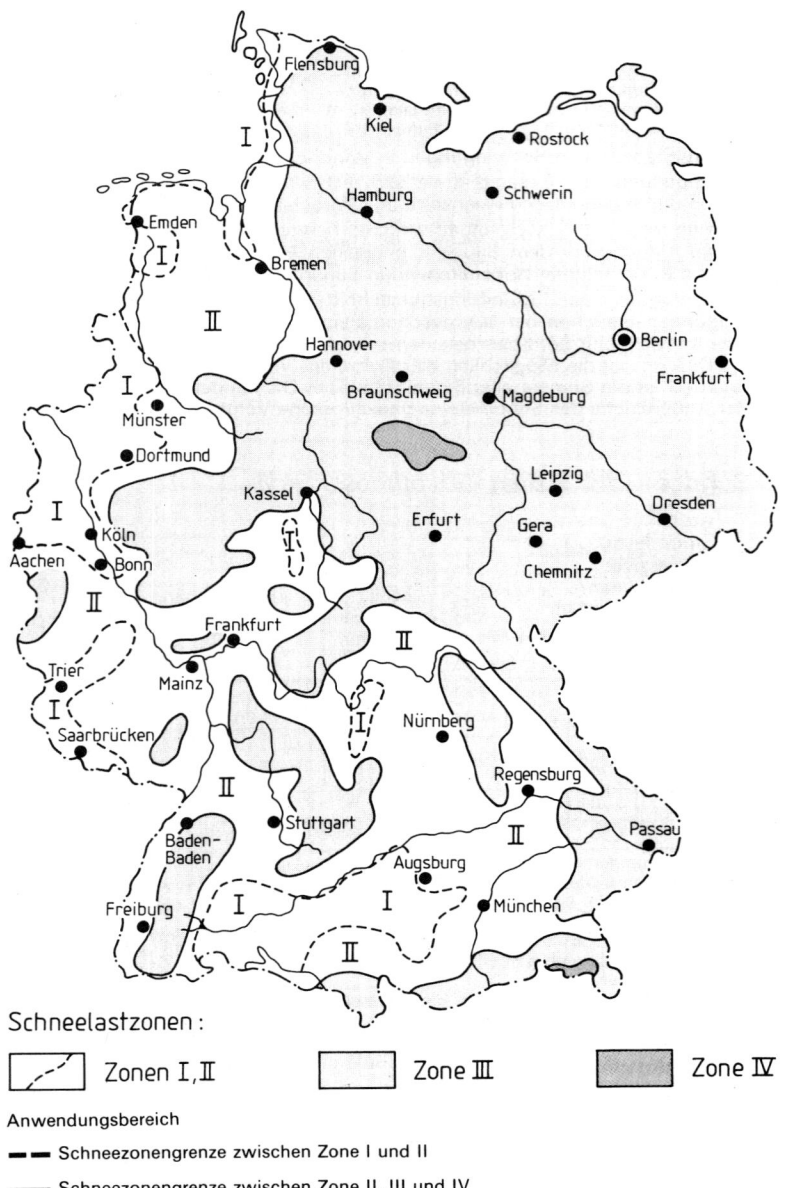

Schneelastzonen :

  Zonen I, II   Zone III   Zone IV

Anwendungsbereich

— — Schneezonengrenze zwischen Zone I und II

——— Schneezonengrenze zwischen Zone II, III und IV

Bauwerkstandortes und einem Abminderungsbeiwerk k_s, der vom Neigungswinkel α der betrachteten Dachfläche abhängt:

$$s = k_s \cdot s_0$$

$$\text{mit } k_s = \begin{cases} = 1 & (\ 0° \leq \alpha < 30°) \\ = 1 - \dfrac{\alpha - 30°}{40°} & (30° \leq \alpha \leq 70°) \\ = 0 & (70° < \alpha \leq 90°) \end{cases}$$

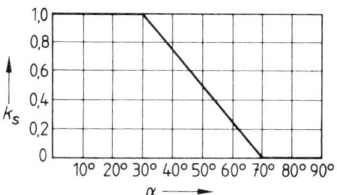

Bild 14 Verlauf des Abminderungsbeiwertes k_s über α

5

Tafel 49 Abminderungswerte k_s in Abhängigkeit von der Dachneigung α

α	0°	1°	2°	3°	4°	5°	6°	7°	8°	9°
0 bis 30°						1,0				
30°	1,00	0,97	0,95	0,92	0,90	0,87	0,85	0,82	0,80	0,77
40°	0,75	0,72	0,70	0,67	0,65	0,62	0,60	0,57	0,55	0,52
50°	0,50	0,47	0,45	0,42	0,40	0,37	0,35	0,32	0,30	0,27
60°	0,25	0,22	0,20	0,17	0,15	0,12	0,10	0,07	0,05	0,02
70 bis 90°						0				

5.3 Lastfälle

Alle Dächer sind unter voller Schneelast zu untersuchen. Ist bei einem geneigten Dach die Möglichkeit einer einseitigen Schneebelastung gegeben, so ist dieses Dach auch für eine solche Belastung zu untersuchen.[1]) Dabei ist der jeweilige Teilbereich mit $s_1 = s/2$ (einseitig verminderte Schneelast = halbe rechnerische Schneelast) zu belasten.
Über die gleichzeitige Berücksichtigung von Wind- und Schneelast s. Abschn. 4.4.

5.4 Sonderregelungen

Für verschiedene Bauten wie Wetterschutzhallen, Tragluftbauten, Fliegende Bauten und Gewächshäuser enthält DIN 1055-5 besondere Angaben.

5.5 Eislast

Allgemeingültige Angaben über das Auftreten von Vereisung können nicht gemacht werden. Im Zweifelsfall ist im Benehmen mit der Bauaufsichtsbehörde festzulegen, ob und gegebenenfalls in welchem Maße Eisansatz zu berücksichtigen ist.

Muß Eisansatz berücksichtigt werden und liegen keine genaueren Werte vor, so darf in nicht besonders gefährdeten Lagen bis zu einer Geländehöhe von 400 m über NN vereinfachend ein allseitiger Eisansatz von 3 cm Dicke für alle der Witterung ausgesetzten Konstruktionsteile angenommen werden.

Die Eisrohdichte ist mit 7 kN/m³ einzusetzen.

---

[1]) Bei Satteldächern ist die Möglichkeit einseitiger Schneebelastung gegeben, bei Pult- und Flachdächern nicht. Bei Sparrendächern liefert „Schnee einseitig" nirgends höhere Werte als „Schnee voll". Bei Kehlriegeldächern jedoch liefert „Schnee einseitig" größere Sparrenmomente als „Schnee voll" und muß deshalb untersucht werden.

6 Lastannahmen für Straßen- und Wegbrücken

nach DIN 1072 (12.85) mit Beiblatt (5.88)

6.1 Allgemeines

DIN 1072 behandelt die Einwirkungen, die bei Entwurf und Bemessung von Straßen- und Wegbrücken zu beachten sind.[1]) Hinsichtlich ihrer Nutzung wird unterschieden in

— Straßenbrücken ohne Schienenbahnen;
— Straßenbrücken mit Schienenbahnen
  — der Gleiskörper ist auch durch Straßenfahrzeuge befahrbar;
  — der Gleiskörper ist nicht durch Straßenfahrzeuge befahrbar;
— Gehweg- und Radwegbrücken.

Für die Straßenbrücken sind Brückenklassen definiert:

— die Regelklassen 60/30 und 30/30,
— die Nachrechnungsklassen 16/16 bis 3/3.

Bei der Bemessung zu berücksichtigen sind alle planmäßigen und alle sonstigen möglichen Zustände

— während der Errichtung des Bauwerks (Bauzustände),
— während des Betriebes des Bauwerks (Bauwerk während der planmäßigen Nutzung; Bauwerk während planmäßiger Reparaturen; bei beweglichen Brücken: Bauwerk in ausgeschwenkter bzw. hochgeklappter Position, usw.).

Bei der Bemessung für den Endzustand sind gegebenenfalls folgende Lasten anzusetzen:

Hauptlasten

— Ständige Lasten (Eigenlasten der Bauteile, Ständige Erdlasten nach DIN 1055 Teil 1 und 2, Versorgungsleitungen und andere ruhende Lasten)
— Vorspannungen (z. B. durch Spannglieder, planmäßige Änderung der Lagerungsbedingungen. Vorbelastungen oder andere Maßnahmen)
— Schwinden des Betons
— Zwängungen aus wahrscheinlichen Baugrundbewegungen
— Verschiebungen beim Auswechseln von Lagern
— Lotrechte Verkehrs-Regellasten auf Überbau
— Verkehrslasten auf Bauwerkshinterfüllungen

Zusatzlasten[2])

— Wärmewirkungen bei stählernen Brücken, Verbundbrücken und massiven Brücken; bei hölzernen Brücken können sie unberücksichtigt bleiben.
  — Temperaturschwankung (gleichmäßige Änderung der Schwerpunktstemperatur aller Bauteile)
  — Temperaturunterschied (lineares Temperaturgefälle zwischen gegenüberliegenden Außenflächen eines Baukörpers)
  — Ungleiche Erwärmung verschiedener Bauteile
— Windlasten; Richtung des Windes: Sowohl quer zur Brücke(nachse) als auch in Brückenlängsrichtung; im allg. waagerecht. Intensität der Windlast nach

---

[1]) Für außergewöhnliche Einwirkungen (z. B. Anprall von Schienenfahrzeugen, Eisdruck, Schiffsstoß, Erdbeben) sind besondere Lastannahmen von der für die Bauaufsicht zuständigen Stelle zu treffen.
[2]) Ist in einem Bauteil die Beanspruchung aus einer Zusatzlast größer als die Beanspruchung aus den Hauptlasten ohne ständige Lasten und gegebenenfalls Vorspannung, dann ist diese Zusatzlast als Hauptlast einzustufen.

288

Tafel 50a. Windangriff: i. allg. Wind auf die gesamte Angriffsfläche; für die Berechnung der Füllstäbe des Windverbandes Wind als Wanderlast ansetzen. Lastkombination: Soweit lotrechte Verkehrslast entlastend wirkt, ist sie als Streckenlast mit höchstens 5 kN/m in der Achse der Hauptspur anzunehmen. Größe der Windangriffsfläche: Unterschieden werden einerseits B r ü c k e o h n e V e r k e h r s l a s t und B r ü c k e m i t V e r k e h r s l a s t und andererseits Überbauten mit vollwandigen Hauptträgern und Überbauten mit gegliederten Hauptträgern. Höhe des Verkehrsbandes: Für Straßen- und Schienenfahrzeuge $h = 3,50$ m; für Fußgänger und Radfahrer $h = 1,80$ m.

Tafel 50a   Windlasten auf Straßen- und Wegbrücken

	Höhenlage H der Windangriffsfläche über Gelände	Windlast bei		
		Lastfall ohne Verkehr		Lastfall mit Verkehr
	in m	Überbau ohne Lärmschutzwand, Pfeiler, Stützen in kN/m²	Überbau mit Lärmschutzwand in kN/m²	Überbau mit oder ohne Lärmschutzwand, Pfeiler, Stützen in kN/m²
1	0 bis 20	1,75	1,45	0,90
2	20 bis 50	2,10	1,75	1,10
3	50 bis 100	2,50	2,05	1,25

Bei Überbauten gilt als Höhenlage H die Höhendifferenz zwischen der Fahrbahnoberkante und dem tiefsten Punkt des Talgrundes bzw. der Wasserspiegelhöhe bei Mittelwasser.

— Schneelast braucht i. allg. nicht berücksichtigt zu werden. Bei geöffneten beweglichen (außer Klapp-)Brücken ist mit 0,75 kN/m² zu rechnen. Bei überdachten Brücken ist die Schneelast nach DIN 1055-5 anzusetzen (s. Abschn. 4).
— Lasten aus Bremsen und Anfahren (Bremslast): B r e m s l a s t v o n S t r a ß e n f a h r z e u g e n; Intensität: $^1/_4$ der Hauptspurbelastung (s. Tafel 51), mindestens $^1/_3$ der Lasten der Regelfahrzeuge in der Haupt- und Nebenspur, und höchstens 900 kN. Schwingbeiwert $\varphi = 1$. Ort und Richtung: Bremslast wirkt in Brückenachse in Höhe der Fahrbahnoberkante. B r e m s l a s t v o n S c h i e n e n f a h r z e u g e n; Intensität: $^1/_8$ aller Achslasten innerhalb der Belastungslänge $l = 50$ m; darüber hinausgehende Belastungslänge $^1/_{20}$ aller Achslasten. Ort und Richtung: In Gleisrichtung in Höhe der Schienenoberkante; bei zweigleisigen Schienenbahnen wirkt Bremslast auf beiden Gleisen in gleicher Richtung. Die Bremslast darf unberücksichtigt bleiben, wenn sie offensichtlich ohne Einfluß auf die Sicherheit des Bauwerks oder Bauteils ist.
— Verschiebungswiderstände von Lagern und Fahrbahnübergängen; erforderliche Kenngrößen enthalten Zulassungsbescheide oder DIN 4141[1]); B e w e g u n g s w i d e r s t ä n d e v o n B e w e g u n g s e l e m e n t e n; bei Lagern für lotrechte Lasten werden sie mit der Lagerkraft aus ständiger Last berechnet, vermehrt gegebenenfalls um die volle Lagerkraft aus Schienenverkehr und die halbe Lagerkraft aus nicht schienengebundenem Verkehr (Tafel 51); entlastende Beiträge der Verkehrslast bleiben unberücksichtigt. Bei Lagern für Querlasten werden sie berechnet einerseits aus der Summe der Zwangsbeanspruchungen und andererseits aus der 0,3fachen Windlasten; der größere Wert ist maßgebend. V e r f o r m u n g s w i d e r s t ä n d e v o n V e r f o r m u n g s e l e m e n t e n; sie sind für eine Verformung der Lager von mindestens 1 cm in jeder Bewegungsrichtung anzusetzen.

---

[1]) Für Lager, Pendel und Stelzen herkömmlicher Bauart, für die Angaben aus einem Zulassungsbescheid oder aus DIN 4141 nicht entnommen werden können, s. DIN 1072 (12.85), Abschn. 4.5.

— Trägheitswirkungen bei beweglichen Brücken. Hier sind Lastzustände zu untersuchen, die beim Bewegen der Überbauten eintreten.

— Lasten auf Geländer sind mit 0,8 kN/m waagerecht in Holmhöhe anzunehmen.

— Lasten aus Besichtigungswagen; entsprechend der vorgesehenen Nutzung und Betriebsweise ansetzen.

Sonderlasten (im Endzustand)

— mögliche Baugrundbewegungen;

— Ersatzlasten für den Anprall von Straßenfahrzeugen; Tragende Stützen, Rahmenstiele, Endstiele von Fachwerkträgern usw. sind in der Regel für Fahrzeuganprall zu bemessen und durch besondere Maßnahmen zu sichern. Die Sicherung kann entfallen, wenn die Brücke innerhalb einer geschlossenen Ortschaft mit Geschwindigkeitsbeschränkung auf höchstens 50 km/h liegt oder wenn sie nur von Gemeindewegen oder Hauptwirtschaftswegen genutzt wird. Zusätzlich kann die Bemessung für Fahrzeuganprall entfallen, wenn die o. g. Bauteile durch ihre Lage gegen die Gefahr des Fahrzeuganpralls geschützt sind. Die Ersatzlast wirkt in 1,2 m Höhe über Fahrbahnoberfläche und beträgt 1 MN in Fahrtrichtung und 0,5 MN rechtwinklig dazu (nicht gleichzeitig wirkend).

— Ersatzlasten für den Seitenstoß auf Schrammborde und seitliche Schutzeinrichtungen; Intensität: s. Tafel 50 b; Ort und Richtung: 5 cm unter Oberkante des Bauteils, höchstens jedoch 1,20 m über Fahrbahnrand, waagerecht und quer zur Fahrbahn wirkend.

Tafel 50 b Ersatzlasten für den Seitenstoß von Straßenfahrzeugen

Brückenklasse		60/30	30/30	16/16 bis 3/3
Ersatzlast in kN bei	Schrammborden und Schutzeinrichtungen, die direkt angefahren werden können	100	50	Radlast eines Hinterrades
	Brüstungen und dgl., die mehr als ein Meter hinter Distanzschutzplanken liegen	50	25	Halbe Radlast eines Hinterrades

6.2 Belastung von Straßenbrücken durch nichtschienengebundenen Verkehr

Die entsprechenden lotrechten Verkehrs-Regellasten (und Regel-Fahrzeuge) sind Tafel 51 zu entnehmen.

Auf jeder Brücke bzw. jedem Überbau sind an der für den jeweils untersuchten Bauteil ungünstigen Stelle der Fahrbahn(en) e i n e Hauptspur und e i n e Nebenspur anzunehmen, i. allg. parallel zur Richtung der Fahrbahnachse.

Dabei ist die Brückenfläche wie folgt unterteilt.

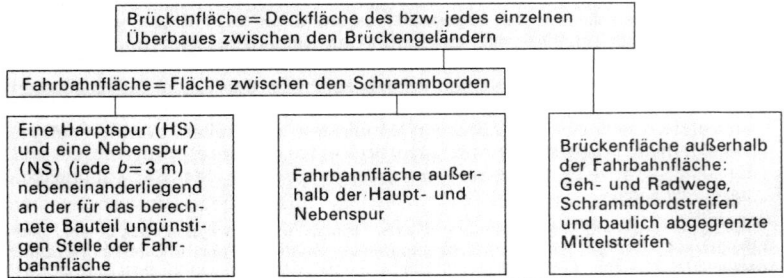

Tafel 51 Lotrechte Verkehrsregellasten der Regelklassen (Maße in m)

Brückenklasse 60/30 vorzusehen für[*]) BAB, B, L, K, S	Brückenklasse 30/30 vorzusehen für K, S, G, W	

(1) Regelfahrzeug

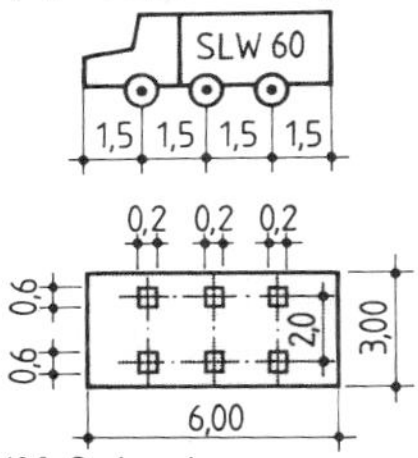

(Maße in m)		
Gesamtlast: 600 kN	Gesamtlast: 300 kN	
Radlast: 100 kN	Radlast: 50 kN	
Aufstandsfläche: $0,20 \times 0,60$ (m)	Aufstandsfläche: $0,20 \times 0,40$ (m)	
Ersatzflächenlast: $p' = 33,3$ kN/m²	Ersatzflächenlast: $p' = 16,7$ kN/m²	Einzelne Achslast 130 kN

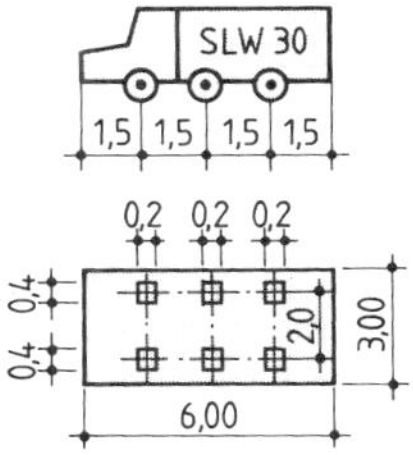

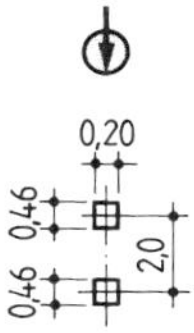

(2) Belastungssysteme für die Fahrbahnfläche zwischen den Schrammborden

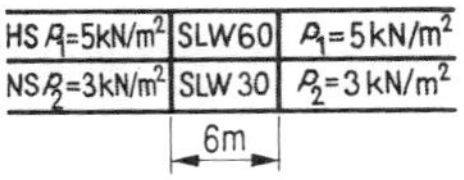

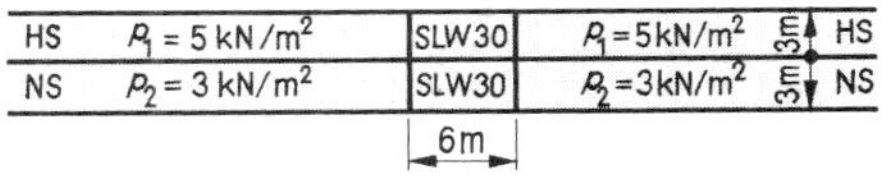

Restliche Fahrbahnfläche mit $p_2 = 3$ kN/m² belasten ohne Schwingbeiwert φ

HS = Hauptspur mit Schwingbeiwert φ
NS = Nebenspur ohne Schwingbeiwert φ

Bei der Ermittlung der jeweils ungünstigen Laststellung sind die auf der Hauptspur (HS) und Nebenspur (NS) aufgestellten Regelfahrzeuge nicht gegeneinander zu verschieben, sondern als Lastpaket unmittelbar nebeneinander auf gleicher Höhe anzusetzen.
Beträgt die Fahrbahnbreite (von Brücken der Regelklassen) weniger als 6,0 m, so bleiben auch einzelne Radlasten des SLW auf der Nebenspur unberücksichtigt.

(3) Belastung (bis zum Geländer) von Geh-, Radwegen, Schrammbordstreifen, erhöhten oder baulich abgegrenzten Mittelstreifen (ohne Schwingbeiwert φ).
Der ungünstigste Wert von (3.1) bis (3.3) ist maßgebend.

(3.1) Flächenlast $p_2 = 3$ kN/m² zusammen mit den Lasten nach (2).

(3.2) Für die Belastung einzelner Bauteile, z. B. Gehwegplatten, Längsträger, Konsolen, Querträger, ist $p_3 = 5$ kN/m² anzusetzen ohne die Lasten nach (2).

(3.3) Falls nicht gegen Auffahren durch starre abweisende Schutzeinrichtungen gesichert, Radlast $P = 50$ kN mit Aufstandsfläche $0,20 \times 0,40$ (wie bei SLW 30), ohne die Lasten nach (2).
Für das Nachrechnen bestehender Brücken gilt Radlast $P = 40$ kN nach (3.3).
Dies bezieht sich auch auf Brücken der Brückenklasse 60, 45, 30, auch wenn sie in Brückenklasse 60/30 oder 30/30 eingestuft werden können.

[*]) BAB = Bundesautobahnen; B = Bundesstraßen; L = Landesstraßen (Land- bzw. Staatsstraßen bzw. L I. O; S = Stadt- bzw. Gemeindestraßen; K = Kreisstraßen (L II. O); G = Gemeindewege; W = Wirtschaftswege

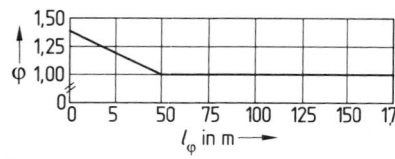

Bild 15 Schwingbeiwert l_φ bei Bauwerken ohne Überschüttung

Der Schwingbeiwert φ beträgt

— bei Bauwerken ohne Überschüttung

$$\varphi = 1,4 - 0,008 \cdot l_\varphi \geq 1,0$$

— bei überschütteten Bauwerken

$$\varphi = 1,4 - 0,008 \cdot l_\varphi - 0,1\, h_\ddot{u} \geq 1,0$$

mit l_φ = maßgebende Länge in m

und $h_\ddot{u}$ = Überschüttungshöhe in m

Maßgebende Längen l_φ sind:

— beim Berechnen der Schnittgrößen aus unmittelbarer Belastung eines Bauglie-des die Stützweite bzw. die Länge der Auskragung dieses Baugliedes, bei kreuzweise gespannten Platten die kleinere Stützweite,

— beim Berechnen der Schnittgrößen aus mittelbarer Belastung eines Baugliedes entweder dessen Stützweite oder die der Tragglieder, die die Verkegrslast auf das Bauglied übertragen; dabei darf der größere Wert für l_φ angesetzt werden,

— bei durchlaufenden Trägern ohne und mit Gelenken das arithm. Mittel aller Stützweiten; für Lasten unmittelbar auf Kragarmen oder in Feldern, deren Stütz-zweite geringer ist als das 0,7fache der größten Stützweite, ist als maßgebende Länge die Länge des Kragarmes oder die Stützweite des jeweils kleineren Fel-des zu nehmen (s. Beiblatt 1 zu DIN 1072).

6.3 Verkehrslasten von Straßenbrücken mit Schienenbahnen

Soweit auf Straßenbrücken Schienenfahrzeuge auf getrenntem — von Straßenfah-zeugen nicht befahrbarem — Gleiskörper verkehren, sind die Lastenzüge der Schienenbahnen und die Verkehrsregellasten der Straße gleichzeitig in ungünstiger Stellung anzusetzen. Ist hingegen der Gleiskörper auch für Straßenfahrzeuge befahr-bar, so sind für die Verkehrslasten folgende Lasrfälle je für sich zu untersuchen:

— gleichzeitige Belastung durch Straßen- und Schienenlasten. Hierbei entweder zwei Gleise mit Schienenfahrzeugen in ungünstiger Zusammensetzung und die übrige Brückenfläche mit p_2 nach Tafel 50 bzw. 51 belasten oder ein Gleis mit Schienenfahrzeugen in ungünstiger Zusammensetzung und die übrige Brücken-fläche wie bei Straßenbrücken ohne Schienenbahnen belasten.

— Belastung nur durch Straßenverkehrslastenb auf der gesamten Fahrbahnfläche wie bei Straßenbrücken ohne Schienenbahnen.

6.4 Verkehrslasten von Wegbrücken

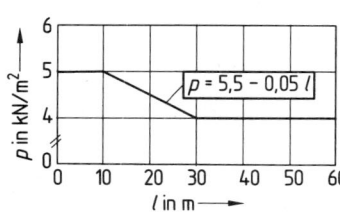

Bild 16 Regellast für Geh- und Radweg-brücken

Geh- und Radwegbrücken sind einheit-lich mit einer Flächenlast von $p_3 = 5\ kN/m^2$ zu belasten.

Soweit die Tragglieder mehr als 10 m weit gespannt sind, darf für diese und ihre Stützungen die Flächenlast auf $p_4 = 5,5 - 0,05\, l \geq 4,0\ kN/m^2$ ermäßigt werden (l in m).

Über die statische Berechnung für diese Lasten hinaus können — insbe-sondere bei schlanken und schwach gedämpften Bauwerken — Schwin-dungsuntersuchungen erforderlich wer-den.

7 Lastannahmen für Eisenbahnbrücken nach DS 804 (1.83)

Für den Neubau, die Erneuerung und den Umbau von Eisenbahnbrücken und sonstigen Ingenieurbauwerken im Bereich der Deutschen Bundesbahn gilt seit 1. Januar 1983 die Druckschrift DS 804. Sie besteht aus den Teilen (1) Allgemeines, (2) Lastannahmen, (3) Bemessung, (4) Konstruktion und (5) Allgemeine technische Bestimmungen sowie den Anlagen 1 bis 25 und dem Anhang I bis VIII. In Teil 2 werden die Lasten zunächst eingeteilt in Hauptlasten, Zusatzlasten und Sonderlasten.

Zu den H a u p t l a s t e n zählen ständige Lasten, Lastwirkungen aus Vorspannungen, Kriechen und Schwinden des Betons; Wasserdruckkräfte, Lastwirkungen aus wahrscheinlichen Baugrundbewegungen und Verkehrslasten (einschl. Fliehkräfte).

Zu den Z u s a t z l a s t e n zählen in der Regel[1]) Lastwirkungen aus Temperatur, Windlasten,[2]) Schneelasten,[3]) Anfahr- und Bremslasten, Verschiebungswiderstände der Lager, Trägheitswirkungen bei beweglichen Brücken, Seitenlasten, Lastwirkungen aus möglichen Baugrundbewegungen und Verkehrslasten auf Dienstgehwegen.[4])

Zu den S o n d e r l a s t e n zählen zeitweilig im Bauzustand wirkende Lasten aus Baugeräten, Baustoffen und Bauwerksteilen u. ä. sowie Ersatzlasten für Anprall von Eisenbahnfahrzeugen, Anprall von Straßenfahrzeugen und Gabelstaplern, Bruch von Fahrleitungen, Anprall von Schiffen, Eisstoß und thermischen Eisdruck, Erdbebenwirkungen und Entgleisung von Eisenbahnfahrzeugen.

Es sind folgende Lastfälle zu unterscheiden:

Lastfall H: Hauptlasten in der jeweils festzulegenden Zusammensetzung
Lastfall Z: Zusatzlasten in der jeweils festzulegenden Zusammensetzung
Lastfall A: Sonderlasten für Anprallfälle und Bruch von Fahrleitungen
Lastfall B: Sonderlasten für Bauzustände
Lastfall C: Sonderlasten für Entgleisung von Eisenbahnfahrzeugen
Lastfall E: Sonderlasten für Erdbebenwirkungen
Lastfall HZ: Hauptlasten und Zusatzlasten in der jeweils festzulegenden Zusammensetzung
Lastfall HA: Hauptlasten und Sonderlasten für Anprallfälle und Bruch von Fahrleitungen
Lastfall HB: Hauptlasten und Sonderlasten für Bauzustände
Lastfall HZB: Lasten der Lastfälle HB und zutreffende Zusatzlasten
Lastfall HZE: Haupt- und Zusatzlasten und Sonderlasten aus Erdbebenwirkungen.
Lastfälle nach DIN 1054 für Baugrunduntersuchungen.

Bei Tragwerken von Eisenbahnbrücken sind in Lastfällen HZ (nur) folgende Zusatzlasten gleichzeitig anzusetzen:

— Wärmewirkungen, Anfahr- und Bremskräfte und Verkehrslast auf öffentlichen Gehwegen oder
— Wärmewirkungen, mögliche Baugrundbewegungen und Verkehrslasten auf öffentlichen Gehwegen oder
— Windlast, Seitenstoß und mögliche Baugrundbewegungen oder
— Anfahr- und Bremskräfte und mögliche Baugrundbewegungen.

Im Lastfall HZB sind alle möglichen Zusatzlasten zu berücksichtigen. Im Lastfall HZE sind folgende Lasten zu kombinieren:

100% der Eigenlast, 50% der Verkehrslasten, 50% der Windlasten, 125% der Erddruckkräfte und 100% der Ersatzlast für Erdbeben.

---

[1]) Ist in einem Bauteil die Beanspruchung aus einer Zusatzlast größer als die Beanspruchung aus den Hauptlasten ohne Eigengewicht und Vorspannung, dann bildet diese Zusatzlast zusammen mit dem Eigengewicht und der Vorspannung den Lastfall H.
Wird ein Bauteil außer durch seine Eigenlast nur durch Zusatzlasten beansprucht, dann ist die größte Zusatzlast als Hauptlast einzustufen.
[2]) In den Lastfällen HB und HZB ist die Last aus Wind als Hauptlast anzunehmen.
[3]) Bei „sonstigen Ingenieurbauwerken" ist die Schneelast als Hauptlast anzunehmen.
[4]) Die Verkehrslasten für Gehwege an Eisenbahnbrücken sind für die Gehwege selbst als Hauptlast, für alle Bauteile des Haupttragwerkes als Zusatzlast einzuführen.

Lastannahmen, Einwirkungen

Als Verkehrslast gilt für ein- und zweigleisige Tragwerke der regelspurigen Eisenbahnen das Lastbild UIC 71 (Bild 17).

Bei Tragwerken ab 10 m Stützweite mit durchgeführter Regelfahrbahn darf mit dem vereinfachten Lastbild UIC 71 (Bild 18) gerechnet werden.

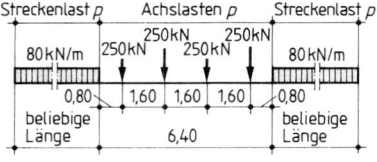

Bild 17   Lastbild UIC 71   **Bild 18   Vereinfachtes Lastbild UIC 71**

Für Tragwerke und Bauteile, die von mehr als zwei Gleisen belastet werden, ist der jeweils ungünstigere der nachstehenden Fälle anzunehmen:

— Jeweils zwei Gleise sind mit dem vollen Lastbild UIC 71 in ungünstigster Kombination belastet; alle übrigen Gleise sind ohne Verkehrslast.
— Alle Gleise sind mit 73% des Lastbildes UIC 71 in ungünstigster Stellung belastet.

Bei der Ermittlung der größten und kleinsten Werte der Schnitt- und Stützgrößen sowie Formänderungen und dgl. bleiben entlastend wirkende Teile des Lastbildes UIC 71 unberücksichtigt. Bild 19 zeigt hierfür einige Beispiele.

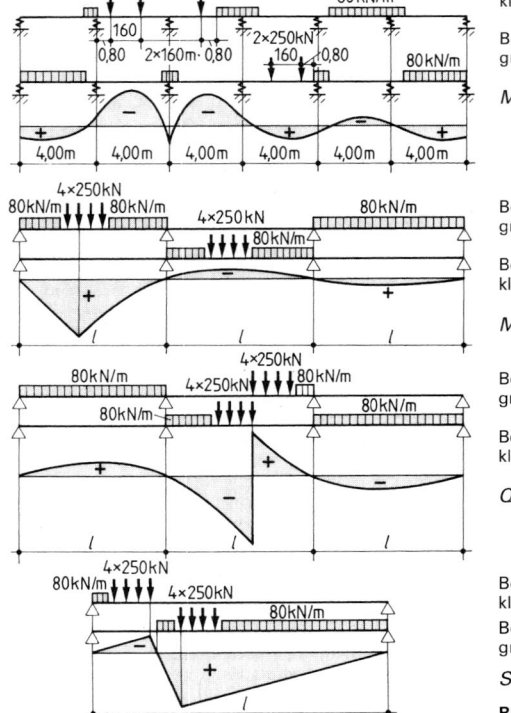

Belastung für die Ermittlung des kleinsten Stützmomentes M_S

Belastung für die Ermittlung des größten Stützmomentes M_S

M_S-Linie

Belastung für die Ermittlung des größten Feldmomentes M_F

Belastung für die Ermittlung des kleinsten Feldmomentes M_F

M_F-Linie

Belastung für die Ermittlung der größten Querkraft Q_n

Belastung für die Ermittlung der kleinsten Querkraft Q_n

Q_n-Linie

Belastung für die Ermittlung des kleinsten Wertes der Größe S

Belastung für die Ermittlung des größten Wertes der Größe S

S-Linie

Bild 19 Lastbilder

294

Die sich aus der Wirkung des so modifizierten Lastbildes UIC 71 ergebenden Schnitt- und Stützgrößen sind für die Bemessung usw. mit dem Schwingfaktor φ zu multiplizieren. Für nicht überschüttete Bauwerke kann die Größe dieses Schwingfaktors in Abhängigkeit von der Länge l_φ der Tafel 52 entnommen werden (gilt für stählerne und für massive Tragwerke). Siehe auch Bild 20. Die dabei maßgebenden Längen l_φ sind für die einzelnen Brückenteile in Tafel 53 angegeben.

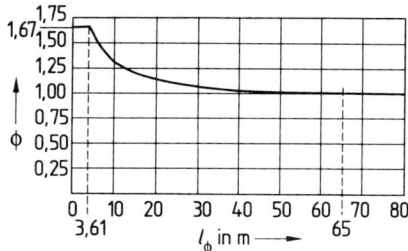

Bild 20

5

Tafel 52   Schwingfaktor φ für Tragwerke oder Tragwerksteile ohne Überschüttung

l_φ in m	$\leq 3{,}61$	4	5	6	7	8	9	10	11	12	13	14	15	16	17
φ	1,67	1,62	1,53	1,46	1,41	1,37	1,33	1,31	1,28	1,26	1,24	1,23	1,21	1,20	1,19
l_φ in m	18	19	20	22	24	26	28	30	35	40	45	50	55	60	≥ 65
φ	1,18	1,17	1,16	1,14	1,13	1,11	1,10	1,09	1,07	1,06	1,04	1,03	1,02	1,01	1,00

Bei Tragwerken aus Walzträgern in Beton ist für die Bemessung der Querbewehrung $\varphi = 1{,}30$ einzusetzen.

Tafel 53   Maßgebende Längen l_φ

		Bauglied		l_φ
1		Geschlossene Fahrbahn Fahrbahnblech ⎫ Tragwirkung Fahrbahnplatte ⎬ rechtwinklig massiver ⎪ zu den Tragwerke ⎭ Hauptträgern		Stützweite des Fahrbahnblechs (Abstand der Längsrippen) oder der massiven Fahrbahnplatte (Abstand der Hauptträger)
2		Längsrippen und -träger		Abstand der Querträger $+3$ m
3		Querträger ohne Trägerrostwirkung		doppelter Abstand der Querträger $+3$ m
4		Querträger mit Trägerrostwirkung		Stützweite der Hauptträger bzw. doppelte Länge der Querträger, der kleinere Wert ist maßgebend
5	Fahrbahn	Endquerträger		4 m
6		Fahrbahnplatten		Für jede Haupttragrichtung sind die maßgebenden Längen entsprechend den Zeilen 1 bis 5 zu bestimmen
7		Zwischenlängs- und Zwischenquerträger		Abstand der stützenden Träger
8		Querträgerkragarme, Kragarme an massiven Fahrbahnplatten		wie Querträger (Zeile 3 oder 4)
9		Längsträgerkragarme		0,50 m
10		Hängestangen, Stützen mit nur Querträgerbelastung		wie Querträger (Zeile 3 oder 4)
11		eingleisiges Tragwerk	auf 2 Stützen	Stützweite der Hauptträger
12	Hauptträger		durchlaufend über n Öffnungen	$l_\varphi = \dfrac{1}{n}(l_1 + l_2 + \ldots + l_n)$
13			Bogen	halbe Stützweite
14		mehrgleisiges Tragwerk		doppelte Stützweite n. 11 bis 13

Fortsetzung s. nächste Seite

Tafel 53   Maßgebende Längen l_φ

	Bauglied		l_φ
15	Stahlstützen, Stützrahmen, Unterzüge, Lager, Gelenke, Zuganker, Auflagerbänke; für die Pressung unter Lagern und unter Auflagerbänken		Stützweite der gelagerten Brückenteile
16	Setzt sich die Gesamtspannung eines Baugliedes aus Anteilen mehrerer Tragaufgaben zusammen, z. B. bei Fahrbahnplatten oder Längsträgern, wenn sie auch für anteilige Spanngrößen der Hauptträger zu berechnen sind, so gilt für jeden Anteil der für ihn maßgebende Wert l_φ mit Ausnahme des Falles 4.		

8   Verkehrslasten auf Straßenbrücken bis 200 m Stützweite und 42 m Fahrbahnbreite

nach Eurocode 1, Teil 3 (DIN V ENV 1991-3)

Fahrbahn, rechnerische Fahrstreifen und Restfläche

Tafel 54 zeigt die Breite w_l (width of lane) der rechnerischen Fahrstreifen und ihre größtmögliche Anzahl n_l (number of lanes) in Abhängigkeit von der Fahrbahnbreite, die zwischen den Kappen oder den Leiteinrichtungen zu messen ist.

Tafel 54   Breite und Anzahl rechnerischer Fahrstreifen und Breite der Restfläche

Fahrbahnbreite w in m	Anzahl n_1 der rechnerischen Fahrstreifen	Breite w_1 in m eines rechnerischen Fahrstreifens	Breite der Restfläche in m
$<5,4$	1	3	$w - 3$
$\geq 5,4$ <6	2	$\dfrac{w}{2}$	0
≥ 6	$\text{int}\left(\dfrac{w}{3}\right)$	3	$w - 3\,n_l$

Wird die Fahrbahn eines Brückenüberbaues durch einen Mittelstreifen in zwei Richtungsfahrbahnen unterteilt, so hängt die Berechnung der Fahrstreifen davon ab, ob auf diesem Mittelstreifen fest angebrachte Sicherheitseinrichtungen oder abnehmbare Leiteinrichtungen o. ä. vorhanden sind:

— bei fest angebrachten Sicherheitseinrichtungen auf dem Mittelstreifen wird jede Richtungsfahrbahn getrennt in rechnerische Fahrstreifen unterteilt;

— bei abnehmbaren Leiteinrichtungen o. ä. auf dem Mittelstreifen wird die gesamte Fahrbahn einschließlich Mittelstreifen in rechnerische Fahrstreifen unterteilt.

Lage und Numerierung der rechnerischen Fahrstreifen.

Für jeden Einzelnachweis sind die zu berücksichtigenden belasteten Fahrstreifen so zu wählen, dass sich dabei die ungünstigste Beanspruchung ergibt. Der am ungünstigsten wirkende Fahrstreifen trägt die Nummer 1, der zweit-ungünstigst wirkende Fahrstreifen die Nummer 2, usw. Bild 21 zeigt Anordnung und Numerierung der Fahrstreifen im allgemeinen Fall.

Sind zwei getrennte Richtungsfahrbahnen auf einem Überbau, so gilt (bei der Berechnung des Überbaues) jeweils **eine** Numerierung für die gesamte Fahrbahn. Es gibt also jeweils nur einen Fahrstreifen mit der Nummer 1, der aber alternativ mal auf der einen und mal auf der anderen Richtungsfahrbahn liegen kann.

Liegen getrennte Richtungsfahrbahnen auf zwei unabhängigen Überbauten, dann ist (bei der Berechnung der Überbauten) jede Richtungsfahrbahn einzeln als Gesamtfahrbahn zu betrachten.

Bild 21   Rechnerische Fahrstreifen, allgemein

Liegen beide Überbauten gemeinsam auf einem Unterbau, so sind bei der Berechnung des Unterbaues die beiden Richtungsfahrbahnen als **eine** Fahrbahn zu betrachten.

8.1 Regelungen für den Nachweis der Tragfähigkeit

8.1.1 Die Lastmodelle zur Beschreibung des Verkehrs

Durch Kraftfahrzeugverkehr, Fußgänger- und Radfahrerverkehr entstehen vertikale und horizontale Lasten. Diese Lasten können in der Regel als veränderliche Einwirkungen betrachtet werden. Sie werden durch Lastmodelle beschrieben, die i. d. R. mehrere Komponenten zu einer Einheit zusammenfassen. Diese Lastmodelle können einzeln wirken oder zu Lastgruppen zusammengefasst werden. Diese Lastgruppen definieren die jeweils gleichzeitig zu berücksichtigenden Verkehrslasten.

8.1.1.1 Vertikallasten, charakteristische Werte

8.1.1.1.1 Das Lastmodell 1 (Hauptlastmodell für ständige Bemessungssituationen)

Es kann für globale Nachweise wie z. B. die Biegebemessung eines Brückenlängsträgers und lokale Nachweise wie z. B. Durchstanzen verwendet werden.

Das Lastmodell 1 besteht aus

— den beiden Achslasten $\alpha_{Qi} Q_{ik}$ einer Doppelachse auf jedem rechnerischen Fahrstreifen in jeweils ungünstigster Stellung (also unabhängig voneinander),

— den gleichmäßig verteilten Flächenlasten $\alpha_{qi} q_{ik}$ (uniformly distributed load UDL) auf den jeweils belastenden Teilen (Einflussfläche verwenden) der Fahrstreifen,

und

— der Flächenlast $\alpha_{qr} q_{rk}$ auf den belastenden Anteilen (Einflussfläche) der Restflächen.

Der ungünstigste Fahrstreifen bekommt die Nummer 1, usw., siehe Bild 22.

Die Grundwerte Q_{ik} und q_{ik} für die verschiedenen rechnerischen Fahrstreifen und q_{rk} für die Restfläche sind Tafel 55 zu entnehmen.

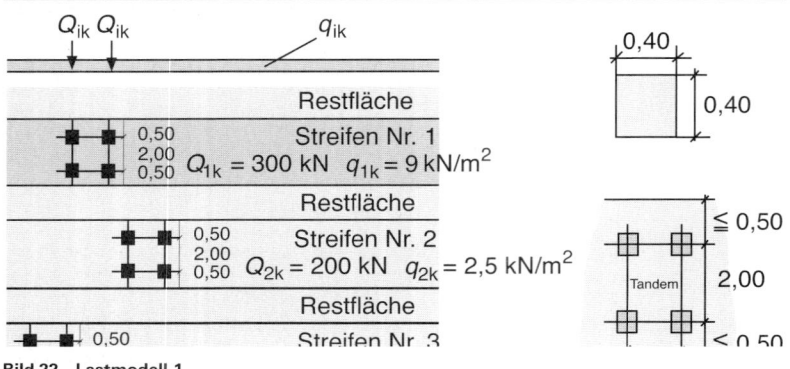

Bild 22   Lastmodell 1

Tafel 55   Grundwerte

Stellung	Doppelachse	Gleichmäßig verteilte Last
	Achslast Q_{ik} (kN)	q_{ik} (oder q_{rk}) (kN/m^2)
Fahrstreifen 1	300	9
Fahrstreifen 2	200	2,5
Fahrstreifen 3	100	2,5
Andere Fahrstreifen	0	2,5
Restfläche (q_{rk})	0	2,5

Die Anpassungsbeiwerte α_{Qi}, α_{qi} und α_{qr} können für verschiedene Straßenklassen und für verschiedene Verkehre unterschiedlich sein. Falls von den zuständigen Behörden nicht anders festgelegt, sollte ihr Wert 1 sein. Durch diesen Wert „1" werden die zur Zeit größten im Verkehr auftretenden Lasten repräsentiert. Für alle Klassen ohne Lastbegrenzung durch Verkehrszeichen gilt jedoch für die Anpassungsbeiwerte folgende Einschränkung:

$$\alpha_{Q1} \geq [0,8]$$
$$\alpha_{qi} \geq 1 \quad \text{für} \quad i \geq 2 \quad \text{(gilt nicht für } \alpha_{qr}\text{)}$$

Wenn globale und lokale Einwirkungen getrennt untersucht werden können, dann können bei der Berechnung der globalen Einwirkungen

(a) die beiden Doppelachsen des zweiten und dritten Fahrstreifens vereinfachend ersetzt werden durch eine Doppelachse mit den Achslasten ($200\alpha_{Q2} + 100\alpha_{Q3}$) kN auf dem zweiten Fahrstreifen

(b) bei Stützweiten von mehr als [10] m die Doppelachse jedes Fahrstreifens vereinfachend ersetzt werden durch eine einzelne Achslast mit dem Gesamtgewicht der Doppelachse, und zwar
$600\alpha_{Q1}$ kN in Fahrstreifen 1
$400\alpha_{Q2}$ kN in Fahrstreifen 2
$200\alpha_{Q3}$ kN in Fahrstreifen 3.

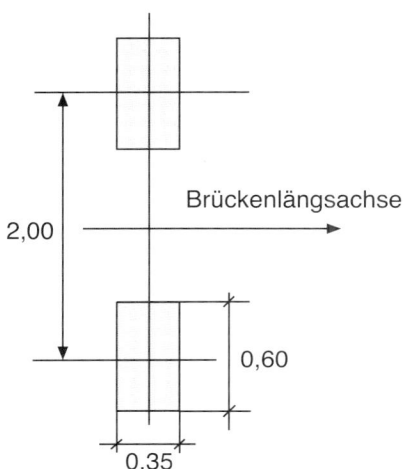

Brückenlängsachse

2,00

0,60

0,35

Bild 23   Lastmodell 2

8.1.1.1.2   Lastmodell 2 (für ständige Bemessungssituationen)

Dieses Lastmodell ist für lokale Nachweise vorgesehen, etwa im Zusammenhang mit der Untersuchung von dynamischen Einwirkungen des Verkehrs auf Bauteile mit sehr kurzen Stützweiten.

Es besteht aus einer Einzelachslast $\beta_Q Q_{ak}$ mit $Q_{ak} = 400$ kN, die überall auf der Fahrbahn angeordnet werden sollte, wobei ggf. nur ein Rad von $200 \cdot \beta_Q$ berücksichtigt werden darf. Der Anpassungsbeiwert β_Q ist gleich α_{Q1}, wenn nicht anderweitig festgelegt. Bild 23 zeigt die Abmessungen. Die Radaufstandsfläche kann auch wie in Lastmodell 1 festgelegt werden.

8.1.1.1.3   Lastmodell 3 (für vorübergehende Bemessungssituationen)

Dieses Lastmodell behandelt eine Gruppe von Modellen für Sonderfahrzeuge für vorübergehende Bemessungssituationen. Tafel 56 zeigt die Klassen der Sonder-

Tafel 56   Klassen von Sonderfahrzeugen

Gesamtgewicht	Konfiguration	Bezeichnung
600 kN	4 Achsen mit 150 kN	600/150
900 kN	6 Achsen mit 150 kN	900/150
1200 kN	8 Achsen mit 150 kN **oder** 6 Achsen mit 200 kN	1200/150 1200/200
1500 kN	10 Achsen mit 150 kN **oder** 7 Achsen mit 200 kN + 1 Achse mit 100 kN	1500/150 1500/200
1800 kN	12 Achsen mit 150 kN **oder** 9 Achsen mit 200 kN	1800/150 1800/200
2400 kN	12 Achsen mit 200 kN **oder** 10 Achsen mit 240 kN **oder** 6 Achsen mit 200 kN (Achsabstand 12 m) + 6 Achsen mit 200 kN	2400/200 2400/240 2400/200/200
3000 kN	15 Achsen mit 200 kN **oder** 12 Achsen mit 240 kN + 1 Achse mit 120 kN **oder** 8 Achsen mit 200 kN (Achsabstand 12 m) + 7 Achsen mit 200 kN	3000/200 3000/240 3000/200/200
3600 kN	18 Achsen mit 200 kN **oder** 15 Achsen mit 240 kN **oder** 9 Achsen mit 200 kN (Achsabstand 12 m) + 9 Achsen mit 200 kN	3600/200 3600/240 3600/200/200

5

fahrzeuge, Tafel 57 liefert eine genauere Beschreibung. Bild 24 zeigt die Aufstandsflächen und ihre Anordnung. Sonderfahrzeuge mit Achslasten bis einschl. 200 kN
werden auf **einem** rechnerischen Fahrstreifen — dem Fahrstreifen 1, in ungünstig-

Tafel 57   Beschreibung der Sonderfahrzeuge

	150 kN-Achse	200 kN-Achse	240 kN-Achse
600 kN	$n = 4 \times 150$ $e = 1{,}50$ m		
900 kN	$n = 6 \times 150$ $e = 1{,}50$ m		
1200 kN	$n = 8 \times 150$ $e = 1{,}50$ m	$n = 6 \times 200$ $e = 1{,}50$ m	
1500 kN	$n = 10 \times 150$ $e = 1{,}50$ m	$n = 1 \times 100 + 7 \times 200$ $e = 1{,}50$ m	
1800 kN	$n = 12 \times 150$ $e = 1{,}50$ m	$n = 9 \times 200$ $e = 1{,}50$ m	
2400 kN		$n = 12 \times 200$ $e = 1{,}50$ m $n = 6 \times 200 + 6 \times 200$ $e = 5 \times 1{,}5 + 12 + 5 \times 1{,}5$	$n = 10 \times 240$ $e = 1{,}50$ m
3000 kN		$n = 15 \times 200$ $e = 1{,}50$ m $n = 8 \times 200 + 7 \times 200$ $e = 7 \times 1{,}5 + 12 + 6 \times 1{,}5$	$n = 1 \times 120 + 12 \times 240$ $e = 1{,}50$ m
3600 kN		$n = 18 \times 200$ $e = 1{,}50$ m	$n = 15 \times 240$ $e = 1{,}50$ m $n = 8 \times 240 + 7 \times 240$ $e = 7 \times 1{,} + 12 + 6 \times 1{,}5$

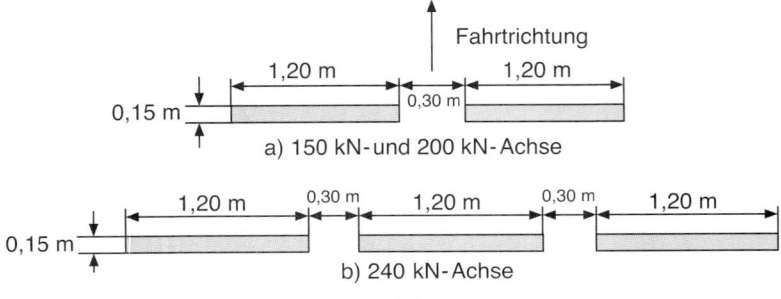

a) 150 kN- und 200 kN- Achse

b) 240 kN- Achse

Bild 24   Anordnung der Aufstandsflächen von Achsen

ster Lage angeordnet — plaziert, Sonderfahrzeuge mit größeren Achslasten werden auf **zwei** benachbarten Fahrstreifen — den Fahrstreifen 1 und 2, in günstigster Lage angeordnet — plaziert. Bei der Definition der Fahrbahnbreite bleiben Standstreifen, Bankette und Markierungen unberücksichtigt. Jeder rechnerische Fahrstreifen und die Restfläche des Überbaues wird mit den häufigen Werten des (Haupt-)Lastmodells 1 belastet. Auf dem oder den durch das Sonderfahrzeug belasteten Fahrstreifen wird das (Haupt-)Lastmodell 1 in einem Mindestabstand von 25 m vom Sonderfahrzeug angeordnet. Das Sonderfahrzeug bewegt sich mit einer Geschwindigkeit von maximal 5 km/h. Dynamische Effekte und Brems- oder Zentrifugalkräfte treten deshalb nicht auf. Bilder 25a und 25b.

5

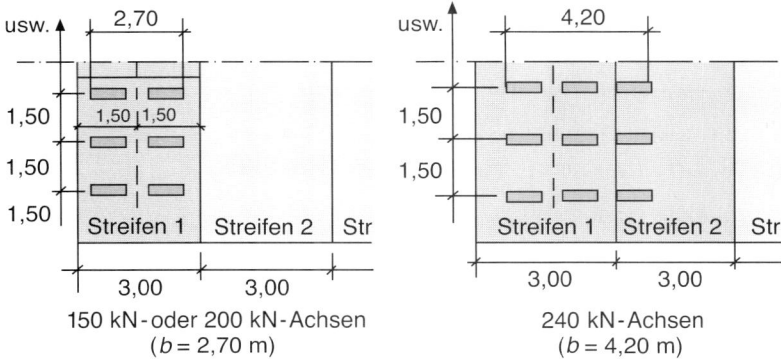

Bild 25a Anordnung von Sonderfahrzeugen

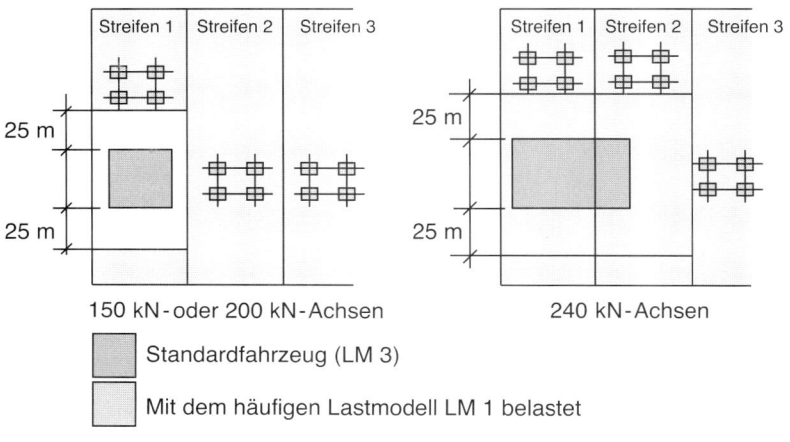

150 kN-oder 200 kN-Achsen

240 kN-Achsen

Standardfahrzeug (LM 3)

Mit dem häufigen Lastmodell LM 1 belastet

Bild 25b Gleichzeitiger Ansatz der Lastmodelle 1 und 3

8.1.1.1.4 Lastmodell 4 (für vorübergehende Bemessungssituationen)

Dieses Lastmodell sollte nur auf ausdrückliches Verlangen des Bauherrn und dann nur für globale Nachweise angewendet werden.

Es beschreibt die Einwirkungen bei Menschengedränge durch eine gleichmäßig verteilte Flächenlast von $q_{\text{fk}} = 5\ \text{kN/m}^2$, aufgebracht auf die jeweils maßgebende Fläche des Überbaues, ggf. den Mittelstreifen einschließend.

8.1.1.1.5 Verteilung von Einzellasten in der Aufstandsfläche

Die verschiedenen, für lokale Nachweise zu berücksichtigenden Einzellasten der Lastmodelle 1 und 2 (sowie 3) werden als gleichmäßig über die Aufstandsfläche verteilt angenommen. Die Lastverteilung in Belag und Betonplatte wird unter 45° bis zur Plattenmittellinie angenommen.

8.1.1.2 Horizontallasten, charakteristische Werte

8.1.1.2.1 Last in Längsrichtung aus Bremsen und Anfahren

Die Brems- bzw. Anfahrlast für die gesamte Fahrbahn beträgt

$$Q_{\text{lk}} = 0{,}6\alpha_{Q1} \cdot (2Q_{1k}) + 0{,}1\alpha_{qi}q_{ik} \cdot w_1 \cdot L \begin{cases} \geq 180 \cdot \alpha_{Q1}\ \text{kN} \\ \leq 800\ \text{kN} \end{cases}$$

$L =$ Länge des Überbaues bzw. des Überbauabschnittes.

Beispielsweise ergibt sich mit $w_1 = 3$ m, $Q_{1k} = 300$ kN bei $\alpha_{Q1} = \alpha_{k1} = 1$

$$Q_{\text{lk}} = 0{,}6 \cdot 2 \cdot 300 + 0{,}1 \cdot 9 \cdot 3 \cdot L = 360 + 2{,}7\,L$$

Diese Einzellast soll nacheinander entlang der Mittellinie jedes rechnerischen Fahrstreifens angesetzt werden. Bei geringer Exzentrizität darf sie in der Mittellinie der Fahrbahn wirkend angenommen werden. Über die Länge L darf sie gleichmäßig verteilt werden. Sie wirkt in Höhe der Oberkante des fertigen Belages.

8.1.1.2.2 Zentrifugallasten in Querrichtung

Ist die Brückenachse im Grundriß merklich $(r = 1500$ m) gekrümmt, dann entstehen unter Verkehr Zentrifugalkräfte Q_{tk}, in Höhe der Oberkante des fertigen Fahrbahnbelages radial nach außen — also vom Krümmungsmittelpunkt fort — wirkend. Es ist

$$Q_{\text{tk}} = 0{,}2\,Q_v\ \text{kN} \quad \text{bei } r < 200\ \text{m}$$

$$Q_{\text{tk}} = \frac{40}{r}\,Q_v\ \text{kN} \quad \text{bei } 200 \leq r \leq 1500\ \text{m}$$

$$Q_{\text{tk}} = 0 \quad \text{bei } r > 1500\ \text{m}.$$

Mit r horizontaler Radius der Fahrbahnmittellinie
Q_v Summe der vertikalen Einzellasten der Doppelachse des Lastmodells 1,
z. B. $\sum_i \alpha_{Qi} \cdot (2Q_{ik})$

8.1.2 Verkehrslastgruppen für Straßenbrücken bei ständigen Bemessungssituationen

8.1.2.1 Charakteristische Werte mehrkomponentiger Einwirkungen

Tafel 58 fasst gleichzeitig anzusetzende Verkehrslasten in Lastgruppen zusammen, die dann eine Einheit bilden. Die Einwirkungen einer Lastgruppe sind nur noch mit anderen als Verkehrslasten zu kombinieren.

Tafel 58 Festlegung von Verkehrslastgruppen
(charakteristische Werte mehrkomponentiger Einwirkungen)

		Fahrbahn				Fußgänger- und Radwegbrücken
Lastart		Vertikallasten		Horizontallasten		Nur Vertikallasten
Lastmodell		Hauptsächliches Lastmodell	Sonderfahrzeuge	Menschengedränge	Brems- und Anfahrlasten	Zentrifugallasten	Gleichmäßig verteilte Belastung
Lastgruppe	gr 1	Charakteristischer Wert			(*)	(*)	Abgeminderter Wert (**)
	gr 2	Häufiger Wert (*)			Charakteristischer Wert	Charakteristischer Wert	
	gr 3 (***)						Charakteristischer Wert (**)
	gr 4			Charakteristischer Wert			Charakteristischer Wert (**)
	gr 5		Charakteristischer Wert				

☐ Dominante Komponente der Einwirkungen (gekennzeichnet als zur Gruppe gehörige Komponente).

(*) Falls nicht anderweitig in Normen für Entwurf, Berechnung und Konstruktion oder anderen Regelwerken angegeben.

(**) Es sollte nur ein Fußweg belastet werden, falls dies ungünstiger ist als der Ansatz von zwei belasteten Fußwegen.

(***) Diese Gruppe bleibt unberücksichtigt, wenn gr 4 angesetzt wird.

Das Lastmodell 2 (Einzelachse) taucht in dieser Tafel nicht auf: es braucht nicht mit anderen Lasten aus Verkehr kombiniert zu werden.

8.1.2.2 Nicht häufige Werte mehrkomponentiger Einwirkungen

Es gilt die Regelung der Tafel 58, wobei alle charakteristischen Werte durch die nicht häufigen Werte zu ersetzen sind.

8.1.2.3 Häufiger Wert der mehrkomponentigen Einwirkungen

In der Regel besteht die häufige Einwirkung
— entweder nur aus dem häufigen Wert des Lastmodells 1
— oder nur aus dem häufigen Wert der Einzelachse bzw. aus dem häufigen Wert der Lasten auf Geh- und Radwegen (das ungünstigere ist maßgebend)

jeweils ohne weitere Begleiteinwirkungen.

8.1.2.4 Verkehrslastgruppen bei vorübergehenden Bemessungssituationen

Bei Nachweisen für vorübergehende Bemessungssituationen sind die charakteristischen Werte $\alpha_{Qi} Q_{ik}$ (Doppelachse) durch die nicht häufigen Werte zu ersetzen. Alle anderen charakteristischen, nicht häufigen, häufigen und quasi-ständigen Werte und die Horizontalbelastungen entsprechen den für die ständige Bemessungssituation festgelegten Werten ohne Änderung (d. h. sie werden nicht proportional zum Gewicht der Doppelachse abgemindert).

8.1.3 Kombinationsbeiwerte bzw. Ψ-Faktoren

Tafel 59 enthält die Ψ-Faktoren für Straßenbrücken, soweit sie nicht anderweitig festgelegt sind. Bei Verkehrseinwirkungen gelten sie ggf. sowohl für die o. a. Lastgruppen als auch für die dominanten Einwirkungskomponenten dieser Gruppen, soweit sie getrennt zu betrachten sind.

Tafel 59 ψ-Faktoren für Straßenbrücken

Einwirkung	Bezeichnung		ψ_0	ψ_1' ¹)	ψ_1	ψ_2
Verkehrslasten	gr 1 | (LM 1)²) |	TS UDL³)	[0,75] [0,40]	[0,80] [0,80]	[0,75] [0,40]	[0] [0]
	Einzelachse (LM 2)		[0]	[0,80]	[0,75]	[0]
	gr 2 (Horizontallasten)		[0]	[0]	[0]	[0]
	gr 3 (Fußgängerlasten)		[0]	[0,80]	[0]	[0]
	gr 4 (LM 4) ·		[0]	[0,80]	[0]	[0]
	gr 5 (LM 3)		[0]	1,00	[0]	[0]
Horizontallasten			[0]	[0]	[0]	[0]
Windlasten⁴)	F_{Wk} oder F_{Wn}		[0,30]	[0,60]	[0,50]	[0]
	F_W^*		[1,00]	—	—	—
Temperatur	T_k		[0]⁵)	[0,8]	[0,6]	[0,5]

¹) ψ_1' ist ein ψ-Faktor zur Bestimmung der nicht häufigen Lasten.
²) Die eingerahmten Zahlenwerte für ψ_1', ψ_1, ψ_2 bei gr 1 beziehen sich auf Strecken mit einem Verkehr, für den die Anpassungsfaktoren α_{Qi}, α_{qi}, α_{qr} und β_Q gleich 1 sind. Diejenigen, die für UDL gelten, beziehen sich auf den allgemeinen Straßenverkehr, bei dem eine Häufung von Lastkraftwagen möglich ist, aber nicht immer wiederkehrt. Die ψ_1'- und ψ-Faktoren dürfen für andere Straßenklassen oder entsprechend dem erwarteten Verkehr und bezogen auf die zugehörigen α-Faktoren zahlenmäßig anders festgelegt werden. Für Brücken mit dauernd schwerem Verkehr kann für ψ_2 ein Zahlenwert $\neq 0$ festgelegt werden, jedoch nur für die gleichmäßig verteilte Belastung des LM 1.
³) Die Faktoren für die gleichmäßig verteilte Belastung beziehen sich nicht nur auf die Flächenlast des LM 1, sondern auch auf die in Tafel 58 angegebene abgeminderte Last aus Fußgängerverkehr.
⁴) Wenn die Windeinwirkung als Haupteinwirkung behandelt wird (d. h. sie wird durch F_{Wk} oder F_{Wn} angegeben), sollte ψ_0 für gr 1 zu Null angenommen und eine zusätzliche Höhe nicht berücksichtigt werden. Wenn die Einwirkung aus Verkehr als Haupteinwirkung behandelt wird, sollte die Windeinwirkung ψ_0 F_{Wk} oder ψ_0 F_{Wn} nicht größer als F_W^* sein. In diesem Fall sollte bei der Berechnung eine zusätzliche Höhe berücksichtigt werden.
⁵) Falls nicht anderweitig festgelegt (z. B. im Fall eines spröden Materials bei niedrigen Temperaturen — siehe hierzu die entsprechenden Eurocodes für Bemessung). Für den Grenzzustand der Gebrauchstauglichkeit siehe 8.2.

Jeder Bemessungswert infolge einer Kombination von Einwirkungen ist durch Kombination der Bemessungswerte der einzelnen Einwirkungen zu ermitteln.

8.1.4 Teilsicherheitsbeiwerte γ für Einwirkungen für den Nachweis der Tragfähigkeit (Festigkeit und statisches Gleichgewicht)

Für Nachweise, bei denen die Materialfestigkeit der Bauteile bzw. die Eigenschaften des Baugrundes eine bestimmte Rollen spielen, liefert Tafel 60 die Teilsicherheitsbeiwerte.

Tafel 60 Teilsicherheitsbeiwerte für Einwirkungen: Grenzzustände der Tragfähigkeit für Straßenbrücken

Einwirkung	Bezeich- nung	Bemessungssituation	
		S/V	*A*
Dauernde Einwirkungen: Eigengewicht der tragenden und nichttragenden Bauteile, dauernde Einwirkungen des Baugrundes, Grundwasser und Wasser[1])			
ungünstig	$\gamma_{G\,sup}$	[1,35][2]),[3]),[4])	[1,00]
günstig	$\gamma_{G\,inf}$	[1,00][2]),[3]),[4])	[1,00]
Vorspannung	γ_P	[1,00][5])	[1,00]
Setzungen	$\gamma_{G\,set}$	[1,00][6])	–
Verkehr[7])	γ_Q		
ungünstig		[1,50]	[1,00]
günstig		[0]	[0]
Außergewöhnliche Einwirkungen	γ_A	–	[1,00]

S — Ständige Bemessungssituation
V — Vorübergehende Bemessungssituation
A — Außergewöhnliche Bemessungssituation

[1]) Anstelle des Ansatzes von γ_G [1,35] und dem üblichen γ_Q für Erddrücke können die Bemessungseigenschaften des Baugrundes entsprechend ENV 1997 verwendet werden. Ein Modellfaktor γ_{Sd} wird angewendet.

[2]) Bei diesem Nachweis werden die charakteristischen Werte aller ständigen Teileinwirkungen, die sich aus ein und der selben Einwirkung ergeben, mit [1,35] multipliziert, wenn die resultierende Gesamteinwirkung ungünstig wirkt, und mit [1,00], wenn die resultierende Gesamteinwirkung günstig wirkt. Siehe auch die Anmerkung in ENV 1991-1, Absatz 9.4.2 (3a).

[3]) Falls nicht anderweitig festgelegt, werden die Teilsicherheitsbeiwerte bei den jeweils zugehörigen charakteristischen Werten angewendet, die in ENV 1991-2-1 festgelegt sind (insbesondere für das Gewicht des Fahrbahnbelages).

[4]) In Fällen, in denen der Grenzzustand der Tragfähigkeit empfindlich gegen räumliche Lageänderungen der ständigen Einwirkungen ist, sollten die unteren und oberen charakteristischen Werte dieser Einwirkungen entsprechend ENV 991-1, 4.2 (3) P angesetzt werden.

[5]) Falls nicht anderweitig festgelegt: Bei Vorspannung mit Spanngliedern bezieht sich der Teilsicherheitsbeiwert auf den jeweiligen charakteristischen Wert, der in den maßgebenden Eurocodes für Bemessung angegeben ist. Wird die Vorspannung durch dem Tragwerk aufgezwungene Verformungen erzeugt, sollten die Teilsicherheitsbeiwerte für *G* und für die aufgezwungenen Verformungen wie in den maßgebenden Eurocodes für Bemessung festgelegt angesetzt werden.

[6]) Nur anwendbar, wenn die Setzungen hinreichend genau ermittelt werden können (siehe die Eurocodes für Bemessung).

[7]) Die Komponenten der Verkehrseinwirkungen werden bei Kombinationen durch die Lastgruppe gri als eine einzige Einwirkung angesehen. Die günstig wirkenden Komponenten dieser Gruppe werden vernachlässigt.

In Nachweisen, bei denen Schwankungen von Materialfestigkeit und/oder Baugrundeigenschaften eine vergleichsweise geringe Bedeutung haben, wie etwa bei der Untersuchung des statischen Gleichgewichts, sollten die günstigen und ungünstigen Anteile der ständigen Einwirkungen als Einzelwirkungen angesetzt werden mit $\gamma_{G\,sup} = $ [1,05] und $\gamma_{G\,inf} = $ [0,95]. Für die übrigen Teilsicherheitsfaktoren gelten die Beiwerte von Tafel 60.

8.1.5 Lastmodelle für Hinterfüllungen von Widerlagerwänden usw.

8.1.5.1 Vertikallasten aus Verkehr

Die Erdkörper hinter Widerlagerwänden usw. sind mit den charakteristischen Lasten der oben für Brückenüberbauten beschriebenen Lastmodelle zu belasten. Zur Vereinfachung können die Lasten der Doppelachse durch eine Gleichflächenlast q_{eq} auf einer Fläche von 1×2 m ersetzt werden.

8.1.5.2 Horizontallasten aus Verkehr

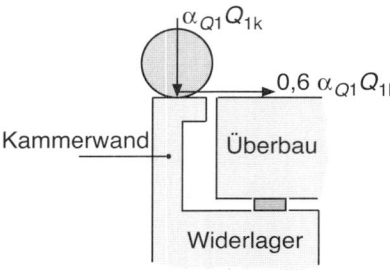

Der Erdkörper hinter Widerlagerwänden usw. bleibt in der Regel frei von Horizontallasten.

Für die Bemessung der Kammerwände ist in Fahrtrichtung eine Bremslast anzusetzen. Sie hat den charakteristischen Wert $0,6\,\alpha_{Q1}Q_{1k}$ und wirkt gleichzeitig mit der Achslast $\alpha_{Q1}Q_{1k}$ des Lastmodells 1 und mit dem Erddruck aus der Hinterfüllung. Der Erdkörper hinter der Kammerwand bleibt für die Bemessung der Kammerwände frei von Verkehrslasten. Bild 26.

Bild 26 Lasten für Kammerwände

8.1.6 Wind nach DIN V ENV 1991-2-4 und Anhang C von DIN V ENV 1991-3

8.1.6.1 Lastfall „Wind ohne Verkehr"

Es entstehen

— eine horizontale Windkraft senkrecht zur Brückenlängsrichtung (x-Richtung)
— eine vertikale Windkraft (Auftrieb, z-Richtung)
— eine horizontale Windkraft in Brückenlängsrichtung (y-Richtung)

Wird die Windbelastung nicht mit Lasten aus Verkehr kombiniert, so wird ein Winddruck von $6\ \mathrm{kN/m^2}$ auf die vertikale Projektion der seitlichen Ansichtsfläche der Brücke oder ihrer belastenden Flächenanteile angenommen.

Der zugehörige Kraftbeiwert ist definiert als

$$c_{fx} = c_{fx,0} \cdot \Psi_{\lambda,x}$$

mit $c_{fx,0}$ Grundbeiwert bei unendlicher Schlankheit $\lambda = l/b = \infty$, Bild 27
$\Psi_{\lambda,x}$ Abminderungsfaktor zur Berücksichtigung der Schlankheit, Bild 28, Bild 29.

Wenn die Windangriffsfläche gegen die Vertikale um den Winkel α geneigt ist, darf der Grundbeiwert $c_{fx,0}$ um $0,5\%$ pro Grad abgemindert werden, höchstens jedoch um 30%.

Die Bezugsfläche für Lastkombinationen ohne Verkehrslast ist

— bei Brücken mit Vollwandträgern: die Windangriffsfläche des vorderen Hauptträgers und die über diese hinausragenden Windangriffsflächen der übrigen Hauptträger, Schallschutzwände usw.
— bei Brücken mit Fachwerkträgern: die Angriffsfläche der Verkehrsfläche und die über diese hinausragenden Angriffsflächen der Hauptfachwerkträger, Schallschutzwände usw. Einzelheiten hierzu siehe DIN V ENV 1991-2-4.

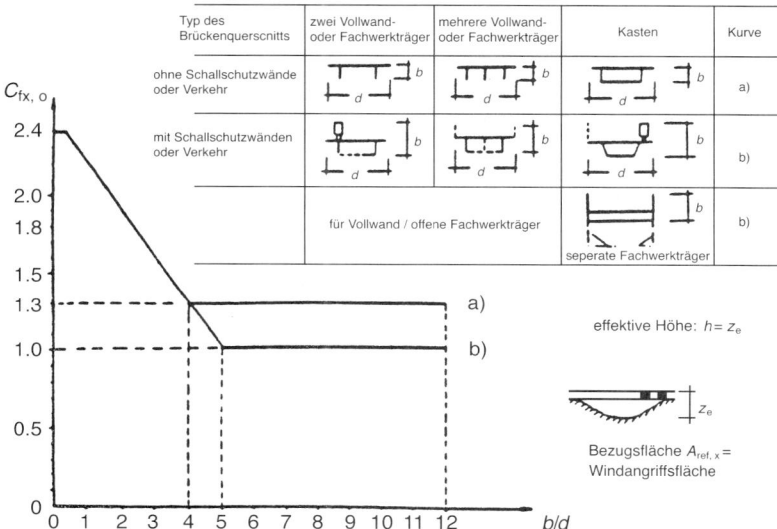

Bild 27   Grundkraftbeiwert $c_{fx,0}$ für Brücken

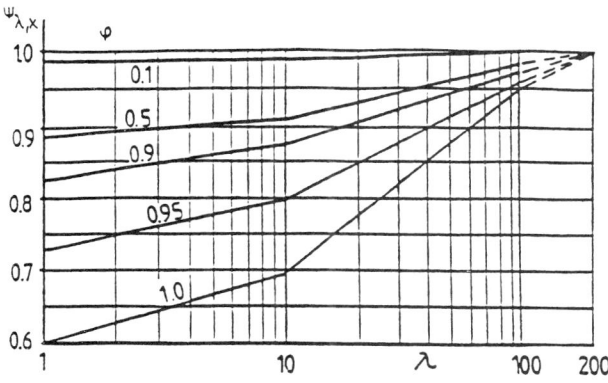

Bild 28a   Abminderungsfaktor $\psi_{\lambda,x}$ in Abhängigkeit von der effektiven Schlankheit λ und für verschiedene Völligkeitsgrade φ

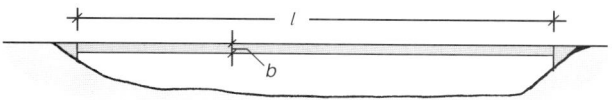

Bild 28b   Schlankheit $\lambda = l/b$

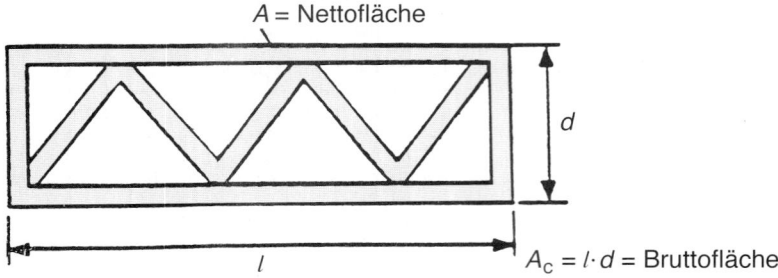

Bild 29 Definition des Völligkeitsgrades $\varphi = A/A_c$

Werte des Kraftbeiwertes $c_{f,z}$ in z-Richtung (Auftriebsbeiwerte) sind Bild 30 zu entnehmen.

Windkräfte in Brückenlängsrichtung (y-Richtung)

Die rechnerischen Windkräfte in Brückenlängsrichtung betragen

— 25 % der Windkräfte in Querrichtung
 bei Vollwand- und Kastenträgerbrücken
— 50 % der Windkräfte in Querrichtung
 bei Fachwerkbrücken

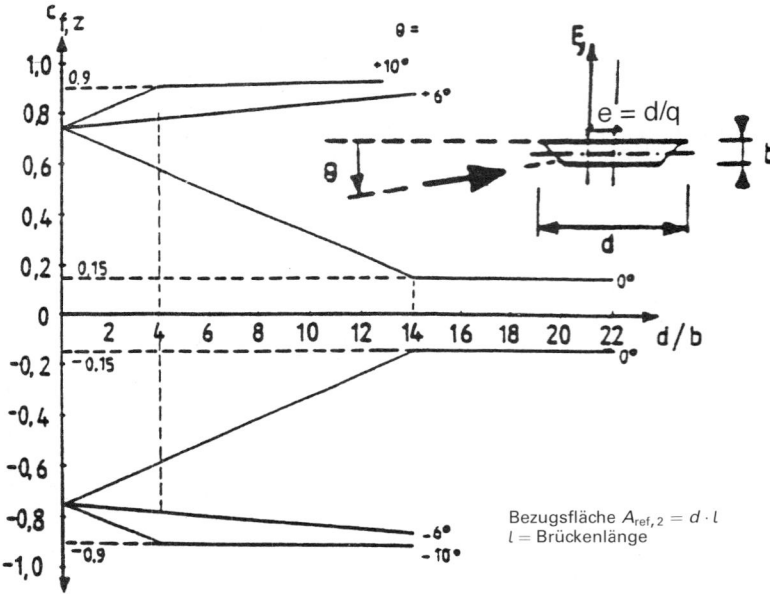

Anmerkung: Dieses Diagramm gilt für alle in Bild 10.11.2 gezeigten Typen des Brückenquerschnitts

Bild 30 Kraftbeiwerte $c_{f,z}$ für Brücken mit großer Höhe und gegen die Horizontale geneigten Windanströmung

8.1.6.2 Lastfall „Wind und Verkehr"

Wenn Windeinwirkung mit Straßenverkehrslasten kombiniert wird, ist mit der zu einer Windgeschwindigkeit von $v = 23$ m/s gehörenden Windlast F_W^* zu rechnen („mit dem Straßenverkehr verträgliche Windlast"). Dabei ist die sich aus dem Überbau ergebende Windangriffsfläche um ein Verkehrsband von 2,0 m Höhe zu vergrößern, dessen Länge — unabhängig von der Länge der aufgebrachten Vertikallasten — so zu wählen ist, dass die jeweils untersuchte Beanspruchung extremal wird. Geländer, Schutzeinrichtungen und Lärmschutzwände bleiben dann unberücksichtigt. Windeinwirkungen, die größer sind als der kleinere Wert von F_W^* und $\Psi_0 F_{Wk}$ oder $\Psi_0 F_{Wn}$ brauchen nicht mit dem Lastmodell 1 bzw. der Lastgruppe 1 kombiniert zu werden (F_{Wk} = charakteristische Windlast; F_{Wn} = Nennwert der Windlast).

Wind- und Temperatureinwirkungen brauchen in der Regel nicht gleichzeitig angesetzt bzw. berücksichtigt zu werden.

Falls nicht anderweitig festgelegt, sollten Lastmodell 2 und die Einzellast Q_{fwk} auf Fußwegen mit keiner anderen, nicht aus Verkehr herrührenden Belastung kombiniert werden.

8.1.7 Schnee nach DIN V ENV 1991-2-3 und Anhang C von ENV 1991-3

Falls nicht anderweitig festgelegt — und mit Ausnahme von überdachten Brücken, bei denen die Schneelast wie bei Gebäuden zu bestimmen ist — sollte weder Schnee noch Wind kombiniert werden mit

— Lastmodell 3 bzw. Lastgruppe 5 (Sonderfahrzeuge),
— Lastmodell 4 bzw. Lastgruppe 4 (Menschengedränge)
— Brems- und Anfahrlasten oder Zentrifugallasten bzw. Lastgruppe 2
— Lasten auf Fuß- und Radwegen bzw. Lastgruppe 3.

Schneelasten sollten nicht mit dem Lastmodell 1 bzw. der Lastgruppe 1 kombiniert werden.

8.1.8 Lastmodelle für Ermüdungsberechnung

8.1.8.1 Allgemeines

8.1.8.1.1 Kategorisierung des Verkehrs

Der über eine Brücke fließende (Schwerlast-)Verkehr erzeugt in ihren Konstruktionsteilen Spannungsdifferenzen, die zu einer Ermüdung des Materials und damit zu einem Versagen unterhalb des Grenzzustandes der Tragfähigkeit führen können. Nachfolgend werden deshalb die vertikalen Lasten von fünf Ermüdungslastmodellen beschrieben. Zentrifugallasten sind ggf. zusätzlich anzusetzen. Die Berücksichtigung von Brems- und Anfahrkräften ist hier jedoch normalerweise nicht erforderlich.

Für den Ermüdungsnachweis spielt die Verkehrskategorie des Straßenzuges eine Rolle, in dem die Brücke liegt. Sie richtet sich nach der Anzahl der rechnerischen Fahrstreifen je Fahrtrichtung und der Anzahl N_{obs} der LKW pro Jahr und LKW-Fahrstreifen und ist Tafel 61 zu entnehmen. Dazu sollten LKW-Fahrstreifen schon beim Entwurf des Brückenbauwerks festgelegt werden.

Zusätzlich ist der prozentuale Anteil der verschiedenen Fahrzeugtypen von Bedeutung für die Charakterisierung bzw. Kategorisierung des Verkehrs.

Lastannahmen, Einwirkungen

Tafel 61   Anzahl erwarteter Lastkraftwagen pro Jahr für einen Lkw-Fahrstreifen

Verkehrs-kategorie	Beschreibung	N_{obs} pro Jahr und pro Lkw-Fahrstreifen
1	Autobahnen und Straßen mit 2 oder mehr Fahrstreifen je Fahrtrichtung mit hohem LKW-Anteil	2×10^6
2	Autobahnen und Straßen mit mittlerem LKW-Anteil	$0,5 \times 10^6$
3	Hauptstrecken mit geringem LKW-Anteil	$0,125 \times 10^6$
4	Örtliche Straßen mit geringem LKW-Anteil	$0,05 \times 10^6$

8.1.8.1.2 Anordnung der Ermüdungslastmodelle in den rechnerischen Fahrstreifen

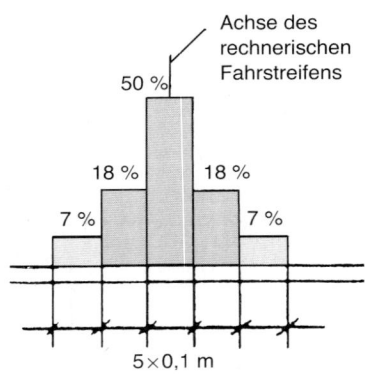

Bild 31 Häufigkeitsverteilung der Fahrzeugstellung in Brückenquerrichtung

Zur Ermittlung **globaler** Einwirkungen (z. B. für die Bemessung eines Hauptträgers) sollten die Ermüdungslastmodelle in der Achse der rechnerischen (LKW-)Fahrstreifen angeordnet werden.

Zur Ermittlung **lokaler** Einwirkungen (z. B. für die Bemessung von Platten oder von orthogonal-anisotropen — „orthotropen" — Fahrbahntafeln) sollten die Ermüdungslastmodelle ebenfalls in der Achse der rechnerischen (LKW-)Fahrstreifen angeordnet werden. Diese Fahrstreifen können nun aber an jeder beliebigen Stelle der Fahrbahn liegen. Hat bei den Ermüdungslastmodellen 3, 4 und 5 die Stellung der Fahrzeuge in Brückenquerrichtung einen wesentlichen Einfluss auf die zu ermittelnde Größe, dann sollte mit einer statistischen Häufigkeitsverteilung der Fahrzeugstellung in Querrichtung gerechnet werden, etwa nach Bild 31.

8.1.8.1.3 Zusätzliche dynamische Beanspruchung in der Nähe von Fahrbahnübergängen

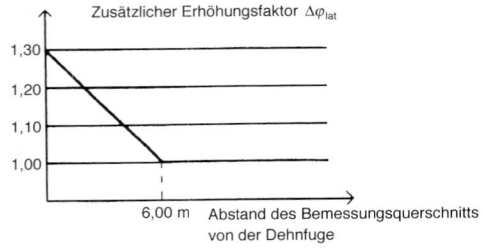

Bild 32 Erhöhungsfaktor $\Delta\varphi$

Die Ermüdungslastmodelle 1 bis 4 beinhalten dynamische Erhöhungsfaktoren für eine gute Belagsqualität. In der Nähe von Fahrbahnübergängen sollte ein zusätzlicher Erhöhungsfaktor $\Delta\varphi$ nach Bild 32 berücksichtigt werden. Vereinfachend kann mit einem einheitlichen Erhöhungsfaktor $\Delta\varphi = 1,3$ für alle Querschnitte bis zu 6 m Entfernung vom Fahrbahnübergang gerechnet werden.

8.1.8.2   Ermüdungslastmodell 1

Das Ermüdungslastmodell 1 entspricht dem Haupt-Lastmodell 1 für ständige Bemessungssituationen mit Achslasten von [0,7] Q_{ik} und gleichmäßig verteilten Lasten von [0,3] q_{ik} und [0,3] q_{rk}. In Sonderfällen kann q_{rk} vernachlässigt werden.

Dieses Ermüdungslastmodell 1 dient — ebenso wie das folgende Ermüdungslastmodell 2 — zur Bestimmung der Maximal- und Minimalspannungen $\sigma_{LM,max}$ und $\sigma_{LM,min}$ und — bei Verwendung einer Ermüdungsfestigkeitskurve — zur Feststellung, ob eine unbegrenzte Ermüdungslebensdauer angenommen werden kann. Es ist grundsätzlich konservativ und deckt mehrstreifige Einwirkungen ab.

8.1.8.3 Ermüdungslastmodell 2

Das Ermüdungslastmodell 2 besteht aus einer Gruppe von idealisierten LKWs, den „häufigen LKWs", Tafel 62a und Tafel 63. Die verschiedenen LKWs fahren für sich allein auf verschiedenen Fahrstreifen. Die ungünstigste Wirkung dieser LKWs liefert maximale und minimale Spannungen, siehe hierzu auch Ermüdungslastmodell 1.

5

Tafel 62a   Gruppe von „häufigen" Lastkraftwagen

1	2	3	4
Ansicht des Schwerfahrzeugs	Achsabstand [m]	Häufige Achslast [kN]	Reifenart (siehe Tafel 63)
	4,5	90	A
		190	B
	4,20	80	A
	1,30	140	B
		140	B
	3,20	90	A
	5,20	180	B
	1,30	120	C
	1,30	120	C
		120	C
	3,40	90	A
	6,00	190	B
	1,80	140	B
		140	B
	4,80	90	A
	3,60	180	B
	4,40	120	C
	1,30	110	C
		110	C

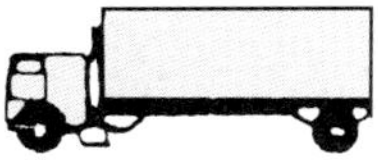

8.1.8.4 Ermüdungslastmodell 3

Dieses Modell besteht aus vier Achsen — Achslast jeweils 120 kN — mit je zwei identischen Rädern, Bild 33. Es dient ebenfalls der Berechnung der maximalen und minimalen Spannungen sowie der Spannungsdifferenz.

8.1.8.5 Ermüdungslastmodell 4

Dieses Modell beschreibt mit einer Gruppe von Standardlastkraftwagen die Einwirkungen aus typischem Verkehr auf europäischen Straßen, Tafel 63 und Tafel 62b. Seine Anwendung ist angezeigt, wenn eine gleichzeitige Anwesenheit von mehre-

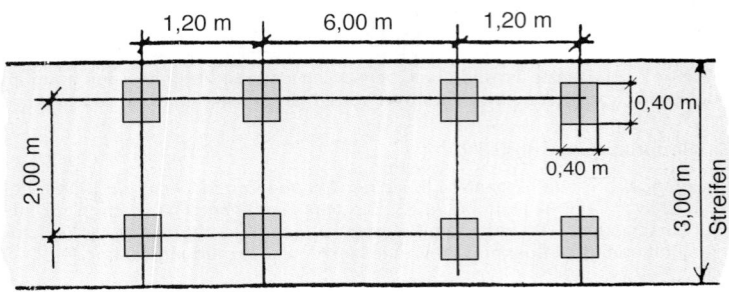

Bild 33   Ermüdungslastmodell 3

ren Schwerlastkraftwagen auf der Brücke unberücksichtigt bleiben kann. Anhand des Spannungsspektrums und der Lastwechsel dient dieses Ermüdungslastmodell zur Ermittlung der Ermüdungsrate mit Hilfe der Rainflow-Methode oder der Reservoir-Zählmethode.

Tafel 62b   Gruppe von Ersatzfahrzeugen

Fahrzeugtyp			Verkehrsart			
1	2	3	4	5	6	7
			Große Entfernung	Mittlere Entfernung	Lokal-verkehr	
Schwerfahrzeug	Achs-abstand [m]	Ersatz-achslast [kN]	Schwerver-kehranteil [%]	Schwerver-kehranteil [%]	Schwerver-kehranteil [%]	Reifen-art
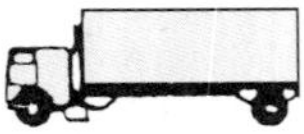	4,5	70 130	20,0	50,0	80,0	A B
	4,20 1,30	70 120 120	5,0	5,0	5,0	A B B
	3,20 5,20 1,30 1,30	70 150 90 90 90	40,0	20,0	5,0	A B C C C
	3,40 6,00 1,80	70 140 90 90	25,0	15,0	5,0	A B B B
	4,80 3,60 4,40 1,30	70 130 90 80 80	10,0	10,0	5,0	A B C C C

Tafel 63   Radaufstandsflächen und Radabstände

Reifen- und Achslast	Geometrie

A

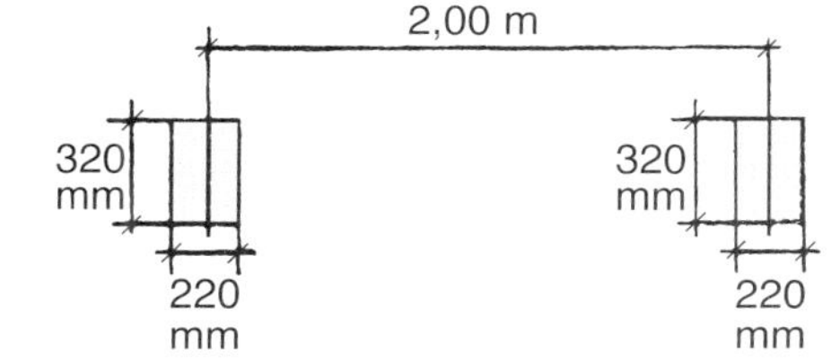

B

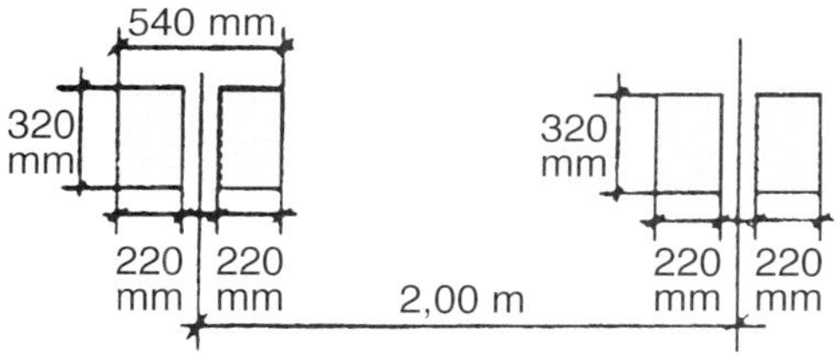

C

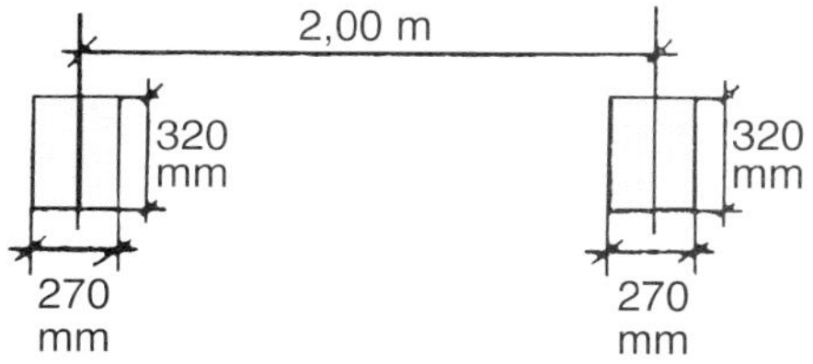

8.1.8.6   Ermüdungslastmodell 5

Das Ermüdungslastmodell 5 ist ein offenes Modell. Es kann frei definiert werden auf durch eine direkte Auswertung aufgenommener Verkehrsdaten, ggf. ergänzt durch zukunftsbezogene Extrapolation. Siehe hierzu Anhang B von DIN V ENV 1991-3.

8.1.9   Außergewöhnliche Einwirkungen

Folgende außergewöhnliche (Bemessungs-)Situationen sind zu untersuchen:
— Fahrzeuganprall an Überbauten oder Pfeiler
— Schwere Radlasten auf Fuß- bzw. Radwegen, wenn diese nicht durch starre Schutzeinrichtungen gesichert sind
— Fahrzeuganprall an Stützen, Kappen und Schutzeinrichtungen, soweit solche vorhanden sind.

8.1.9.1   Anprallasten aus Fahrzeugen unter der Brücke

8.1.9.1.1   Anprallasten auf Pfeiler und andere stützende Bauteile

Die Lasten aus Fahrzeuganprall an Pfeiler oder Rahmenstiele sind — wenn keine Risikoanalyse durchgeführt wurde — mit [1000] kN in Fahrtrichtung und [500] kN quer zur Fahrtrichtung anzunehmen. Sie wirken 1,25 m über Gelände.

8.1.9.1.2 Anprall an Überbauten

Die hier zu berücksichtigenden Lasten können ganz unterschiedlich sein und sollen im Einzelfall von der zuständigen Behörde festgelegt oder genehmigt werden. Wirkungsvolle konstruktive Maßnahmen können eine Bemessung auf „Anprall an Überbauten" ersetzen.

8.1.9.2 Einwirkungen aus Fahrzeugen auf der Brücke

8.1.9.2.1 Anprallasten an tragende Bauteile

Die in 8.1.9.1.1 genannten Einwirkungen sind auch hier anzusetzen. Wenn tragende Bauteile durch entsprechende konstruktive Maßnahmen gegen Anprall geschützt sind, können die Lasten abgemindert werden.

8.1.9.2.2 Fahrzeuge auf Fuß- und Radwegen von Straßenbrücken

Wenn eine angemessen starre Schutzeinrichtung zwischen Fahrbahn und Fuß- bzw. Radweg vorgesehen ist, so braucht eine Achs- oder Radlast hinter dieser Schutzeinrichtung nicht angesetzt zu werden. Statt dessen ist die außergewöhnliche Achslast $\alpha_{Q2} Q_{2k}$ vor der Schutzeinrichtung auf der Fahrbahn in ungünstiger Stellung entsprechend Bild 34 zu plazieren, wobei dann auf der Fahrbahn keine anderen Verkehrslasten gleichzeitig wirken.

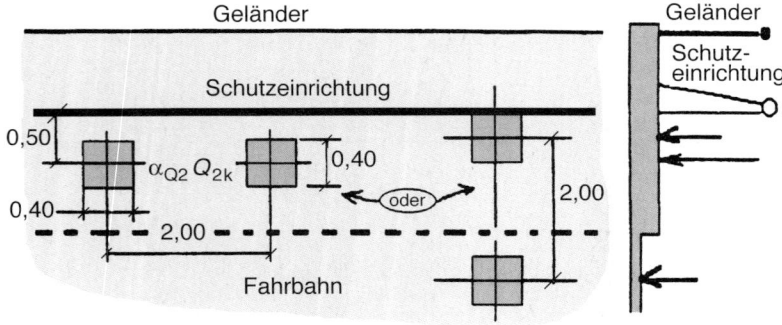

Bild 34 Anordnung von Lasten auf Fuß- und Radwegen von Straßenbrücken

Wenn geometrische Gründe die Anordnung einer ganzen Achse nicht zulassen, sollte ein einzelnes Rad angesetzt werden.

Wenn keine starre sondern eine deformierbare Schutzeinrichtung vorgesehen ist, so ist die o. g. Achs- bzw. Radlast bis 1 m hinter dieser Schutzeinrichtung anzusetzen.

Wenn überhaupt keine Schutzeinrichtung vorgesehen ist, dann ist diese Achs- bzw. Radlast am Rand des Überbaues anzusetzen.

8.1.9.2.3 Anprall auf Schrammborde

Es ist eine in Querrichtung horizontal wirkende Anprallast von 100 kN 0,05 m unter der Oberkante des Schrammbordes anzusetzen, auf eine Länge von 0,50 m verteilt. Gleichzeitig soll eine vertikale Verkehrslast von 0,75 $\alpha_{Q1} Q_{1k}$ nach Bild 34 angesetzt werden, wenn dies zu ungünstigeren Ergebnissen führt.

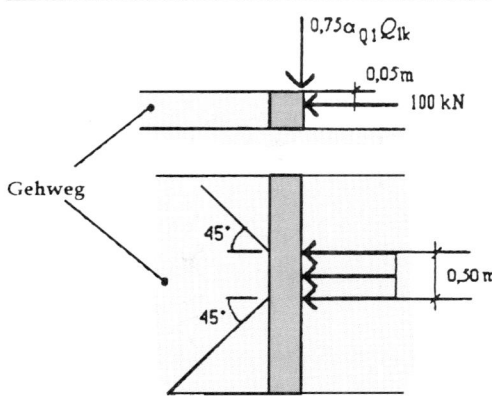

Bild 35 Fahrzeuganprall an Schrammborde

8.1.9.2.4 Anprallasten auf Schutzeinrichtungen

Bei starren Schutzeinrichtungen ist eine in Querrichtung horizontal wirkende Anprallast von [100] kN anzusetzen. Diese Last ist auf eine Länge von 0,50 m verteilt und wirkt entweder 1 m über Fahrbahn bzw. Fußweg oder 100 mm unter der Oberkante der Schutzeinrichtung. Der kleinere Wert gilt. Gleichzeitig soll eine vertikale Verkehrslast von 0,75 $\alpha_{Q1} Q_{1k}$ (analog Bild 35) angesetzt werden, wenn dies zu ungünstigeren Ergebnissen führt.

Bei verformbaren Schutzeinrichtungen ist die Anprallast der Zulassung zu entnehmen. Das stützende Bauteil sollte lokal für eine außerordentliche Einwirkung bemessen werden, die dem 1,25fachen des lokalen charakteristischen Widerstandes der Verbindung der Schutzeinrichtung mit dem Überbau entspricht.

8.1.9.2.5 Kombination außergewöhnlicher Einwirkungen mit Verkehrslasten

Eine außergewöhnliche Einwirkung ist mit Verkehrslasten wie folgt zu kombinieren:

— Wird Anprall aus Verkehr **unter** der Brücke untersucht, so sollen die häufigen Lasten aus Verkehr auf der Brücke in den Kombinationen als Begleiteinwirkungen angesetzt werden, falls von der Behörde nicht anders bestimmt.

— Werden außergewöhnliche Einwirkungen aus Verkehr auf der Brücke angesetzt, so sollten im Regelfall alle begleitenden Einwirkungen aus Straßenverkehr vernachlässigt werden.

Eine außergewöhnliche Einwirkung braucht mit einer anderen außergewöhnlichen Einwirkung und mit Wind oder Schnee nicht kombiniert zu werden.

8.1.9.2.6 Einwirkungen auf Brückengeländer

Ist das Geländer hinreichend gegen Fahrzeuganprall geschützt, dann genügt der Ansatz einer Linienverkehrslast von 1 kN/m, die horizontal und vertikal in Oberkante Geländer wirkt. Für die Berechnung der das Geländer tragenden Bauteile sollte die horizontale Linienlast gleichzeitig mit den gleichmäßig verteilten Vertikallasten nach 9.1.1.1 angesetzt werden.

Ist das Geländer nicht hinreichend gegen Fahrzeuganprall geschützt, dann sollten die das Geländer tragenden Bauteile für die Einwirkung einer außergewöhnlichen Last berechnet werden, die dem [1,25]fachen Widerstand des Geländers bzw. der Verbindung Geländer — Bauteil entspricht. Andere Verkehrslasten sind nicht gleichzeitig anzusetzen.

8.2 Regelungen für den Nachweis der Gebrauchstauglichkeit

Für den Nachweis der Gebrauchstauglichkeit gilt hinsichtlich des gleichzeitigen Ansatzes der Lastmodelle mit anderen Einwirkungen das oben gesagte.

Folgende Bemessungssituationen sind zu untersuchen:

(a) Quasi-ständig auftretende Bemessungssituation

$$\sum_{j\geq1} G_{kj} \oplus P_k \oplus \sum_{i\geq1} \Psi_{2i} \cdot Q_{ki}$$

(b) Häufig auftretende Bemessungssituation

$$\sum_{j\geq1} G_{kj} \oplus P_k \oplus \Psi_{1.1}Q_{k1} \oplus \sum_{i>1} \Psi_{2i} \cdot Q_{ki}$$

(c) Selten auftregende Bemessungssituation

$$\sum_{j\geq1} G_{kj} \oplus P_k \oplus Q_{k1} \oplus \sum_{i>1} \Psi_{oi} \cdot Q_{ki}$$

(d) Nicht-häufige Bemessungssituation, soweit in den Eurocodes für Bemessung angegeben

$$\sum_{j\geq1} G_{kj} \oplus P_k \oplus \Psi_1 \cdot Q_{k1} \oplus \sum_{i>1} \Psi_{1i} \cdot Q_{ki}$$

Für die Bemessungssituationen (a) bis (c) zeigt Tafel 64 die Komponenten der entsprechenden Kombination.

Tafel 64 **Bemessungswerte unabhängiger Einwirkungen im Grenzzustand der Gebrauchstauglichkeit**

Kombination	Ständige Einwirkungen G_d	Veränderliche Einwirkungen Q_d	
		Vorherrschende	Andere
Charakteristisch (selten)	$G_k(P_k)$	Q_{k1}	$\Psi_{oi}Q_{ki}$
Häufig	$G_k(P_k)$	$\Psi_{11}Q_{k1}$	$\Psi_{2i}Q_{ki}$
Quasi-ständig	$G_k(P_k)$	$\Psi_{21}Q_{k1}$	$\Psi_{2i}Q_{ki}$

Alle Teilsicherheitsbeiwerte der Einwirkungen haben hier in allen Bemessungssituationen den Wert [1].

Für die Kombinationsbeiwerte Ψ gelten auch hier die Zahlenwerte der Tafel 59, mit Ausnahme des Wertes bei Temperatureinwirkung. Bei Temperatureinwirkung gilt $\Psi_0 = [0,6]$.

9 Verkehrslasten auf Fußgängerbrücken (und Brücken für Radfahrer)

nach Eurocode 1, Teil 3 (DIN V ENV 1991-3).

9.1 Regelungen für den Nachweis der Tragfähigkeit

9.1.1 Lasten für ständige Bemessungssituationen

9.1.1.1 Vertikale Verkehrslasten, charakteristische Werte

Die gleichmäßig verteilte Verkehrslast für Fußgängerbrücken mit einer Breite bis zu 6 m zwischen den Geländern beträgt

- bei Einzelstützweiten bis 10 m $\qquad q_{fk} = 5 \text{ kN/m}^2$

- bei größeren Einzelstützweiten (Bild 36) $\qquad q_{fk} = 2,0 + \dfrac{120}{L_{sj} + 30} \begin{cases} \geq 2,5 \text{ kN/m}^2 \\ \leq 5,0 \text{ kN/m}^2. \end{cases}$

Dabei ist L_{sj} die Einzelstützweite in m.

Beträgt der Abstand der Brückengeländer mehr als 6 m, dürfen im Einzelfall geringere Verkehrslasten festgelegt werden.

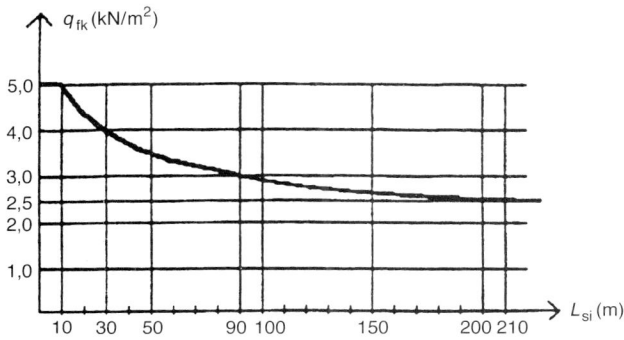

Bild 36 Gleichmäßig verteilte Last in Abhängigkeit von der Stützweite

5

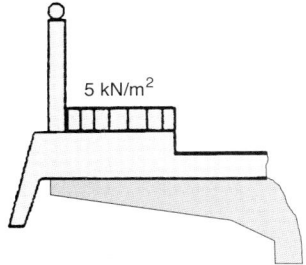

5 kN/m²

Bild 37 Fuß- und Radwege auf Straßenbrücken

Für Fuß- und Radwege auf Straßenbrücken hat die gleichmäßig verteilte Last
- im allgemeinen den vollen Wert $q_{fk} = 5,0$ kN/m², Bild 37,
- zusammen mit LM 1 (Lastgr. 1) den abgeminderten Wert $q_{fk} = 2,5$ kN/m².

Zusätzlich ist eine Einzellast $Q_{fwk} = [10]$ kN anzusetzen. Ihre quadratische Aufstandsfläche hat die Seitenlänge [0,10] m. Können globale und lokale Einwirkungen bei einem Nachweis getrennt betrachtet werden, dann ist diese Einzellast nur bei lokalen Nachweisen zu berücksichtigen.

Sind keine festen Absperrvorrichtungen vorhanden, die ein Befahren der Brücke durch Fahrzeuge — z. B. Rettungs- oder Wartungsfahrzeuge — dauerhaft verhindern, dann sind auch durch ein entsprechendes Dienstfahrzeug verursachte Einwirkungen anzusetzen, Bild 38. Die o. g. Einzellast Q_{fwk} braucht dann nicht angesetzt zu werden.

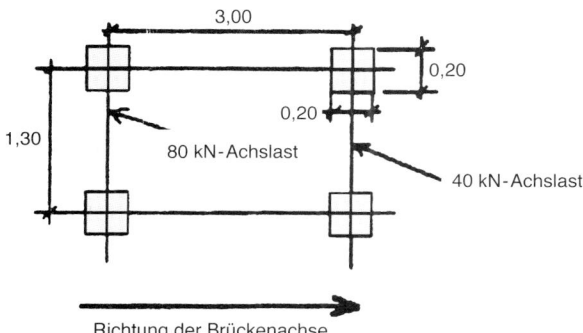

Bild 38 Außergewöhnliche Belastung

9.1.1.2 Horizontale Verkehrslast, charakteristischer Wert

Als charakteristischer Wert einer Horizontallast in Längsrichtung einer Fußgängerbrücke ist der größere der folgenden Werte anzusetzen:
— 10 Prozent der sich aus der gleichmäßigen Belastung ergebenden Gesamtlast
— 60 Prozent des Dienstfahrzeuggesamtgewichts, falls zu berücksichtigen.
Diese Horizontallast wirkt in der Ebene der Oberkante des Belages in der Längsachse von Fußgängerbrücken und gleichzeitig mit der zugehörigen Vertikallast (also
in jedem Fall ohne Einzellast).

9.1.1.3 Lasten auf Geländer

Auf das Geländer wirkt entlang der Oberkante
— eine Horizontallast von 1,0 kN/m senkrecht zur Geländerebene
— eine Vertikallast von 1,0 kN/m in der Geländerebene.

9.1.1.4 Einwirkungen auf die Hinterfüllung von Widerlagern usw.

Die o. g. gleichmäßig verteilte vertikale Flächenlast von 5 kN/m^2 ist auch anzusetzen auf Flächen außerhalb des Überbaues, wie Oberflächen von Hinterfüllungen
hinter Widerlagern, Flügelwänden und anderen Bauteilen mit direktem Kontakt
zum Erdkörper. Horizontallasten auf diesen Erdkörper sind nicht anzusetzen.

9.1.1.5 Gleichzeitigkeit von Lastmodellen, Lastgruppen

Tafel 65 kombiniert
— die vertikale Gleichflächenlast aus Verkehr,
— die Vertikallast aus einem Dienstfahrzeug auf der Fußgängerbrücke
— die Horizontallast aus Verkehr
und definiert die charakteristischen Werte der beiden Lastgruppen 1 und 2. Jede
dieser Verkehrslastgruppen ist bei einer Kombination mit anderen als Verkehrslasten als Einheit zu behandeln.

Tafel 65   Definition von Lastgruppen (Charakteristische Werte)

Belastungsart	Vertikallast		Horizontallast
Lastsystem	Gleichmäßig verteilte Last	Dienstfahrzeug	
Lastgruppe	gr 1	F_k	0	F_k
	gr 2	0	F_k	F_k

Die Einzellast Q_{fwk} sollte mit keiner anderen veränderlichen Last, die nicht aus Verkehr herrührt, kombiniert werden.

9.1.1.6 Wind und Schnee auf Fußgängerbrücken

Im Hinblick auf ihre gleichzeitige Belastung durch Verkehr und Wind bzw. Schnee
werden Fußgängerbrücken (und Brücken für Radfahrer) eingeteilt in solche, bei
denen
— der Fußgänger- und Radfahrverkehr vollständig gegen jede Art von schlechtem
  Wetter geschützt ist
— dieser Verkehr nicht oder nicht gänzlich wettergeschützt ist.

318

Bei Brücken, deren Benutzer vollständig gegen schlechtes Wetter geschützt sind, sollten als grundlegende Lastkombinationen dieselben wie bei Gebäuden angenommen werden, wobei die jeweils betrachtete Lastgruppe die Nutzlast repräsentiert. Kombinationsbeiwerte Ψ enthält Tafel 66.

Tafel 66 ψ-Faktoren für Fußgängerbrücken

Einwirkung	Bezeichnung	ψ_0	ψ_1'	ψ_1	ψ_2
Verkehrslasten	gr 1 Q_{fwk} gr 2	[0,40] 0 [0]	[0,80] [0] [1,00]	[0,40] [0] [0]	[0] [0] [0]
Windlasten	F_{Wk} oder F_W	[0][2])	[0,6]	[0,5]	[0]
Temperatur	T_k	[0][3])	[0,8]	[0,6]	[0,5]

[1]) ψ_1' ist ein ψ-Faktor, der zur Bestimmung der nicht häufigen Lasten dient.
[2]) Falls eine andere Haupteinwirkung als Verkehr oder Temperatur berücksichtigt werden soll, kann dieser Wert durch 0,3 ersetzt werden.
[3]) Falls nicht anderweitig festgelegt (z. B. im Fall eines spröden Materials bei tiefen Temperaturen — siehe hierzu die entsprechenden Eurocodes für Bemessung).

Bei Brücken, deren Benutzer nicht oder nicht gänzlich wettergeschützt sind, kann angenommen werden, dass der Verkehr nicht gleichzeitig mit dem maßgebenden Wind und/oder Schnee wirkt.

Bei Fußgängerbrücken sollten Wind und Temperatur nicht als gleichzeitig wirkend angesetzt werden.

9.1.2 Außergewöhnliche Einwirkungen auf Fußgängerbrücken

Außergewöhnliche Einwirkungen ergeben sich aus
— Straßenverkehr **unter** der Brücke (Anprall)
— außergewöhnliche Anwesenheit eines Lastkraftwagens **auf** der Brücke.

Bei Straßenverkehr **unter** der Brücke betragen die Anprallasten für ungeschützte Pfeiler oder Stiele von Rahmenbrücken [1000] kN in Verkehrsrichtung und [500] kN senkrecht zur Verkehrsrichtung, 1,25 m über Gelände bzw. OK Fahrbahnbelag wirkend. Auch ein Anprall gegen den Brücken-Überbau (z. B. von Fahrzeugen mit unzulässiger Höhe) ist planerisch, rechnerisch und konstruktiv zu berücksichtigen. Häufige Lasten aus „Verkehr auf der Brücke" sind in den Kombinationen als Begleiteinwirkungen anzusetzen.

Den wirksamsten Schutz gegen Anprall bieten die folgenden Maßnahmen:
— Anordnung von Schutzeinrichtungen in angemessener Entfernung vor den Stützen
— Planung einer größeren Durchfahrtshöhe als bei benachbarten Straßen- oder Eisenbahnbrücken über dem gleichen Straßenzug.

Die außergewöhnliche Anwesenheit eines Lastkraftwagens **auf** der Brücke wird durch zwei Achslasten von 80 kN und 40 kN im Abstand von 3 m beschrieben, Einzelheiten siehe Bild 38. In diesem Fall sind gleichzeitig keine Begleiteinwirkungen aus dem Regelverkehr anzusetzen.

9.2 Regelungen für den Nachweis der Gebrauchstauglichkeit

9.2.1 Gleichzeitiger Ansatz von Lastmodellen

Die in 2.4 angegebenen Regeln gelten auch hier.

5

9.2.2 Kombination der Einwirkungen bei den Bemessungssituationen zum Nachweis der Gebrauchstauglichkeit

Für die ständigen und vorübergehenden Bemessungssituationen sollten die in DIN V ENV 1991-1 angegebenen Kombinationen angewendet werden.

Zusätzlich sollten die nicht häufige Kombination $\sum_{j \geq 1} G_{kj}$ kombiniert mit P_k kombiniert mit $\Psi_1 \cdot Q_{k1}$ kombiniert mit $\sum_{i>1} \Psi_{1i} \cdot Q_{ki}$ berücksichtigt werden.

9.2.3 Teilsicherheitsbeiwerte γ der Einwirkungen beim Nachweis der Gebrauchstauglichkeit

Für den Nachweis der Gebrauchstauglichkeit sollten die Teilsicherheitsbeiwerte der Einwirkungen zu [1] angenommen werden.

9.2.4 Kombinationsbeiwerte Ψ beim Nachweis der Gebrauchstauglichkeit

Auch beim Nachweis der Gebrauchstauglichkeit gelten die Kombinationsbeiwerte der Tafel 66, mit Ausnahme des Wertes für Temperatureinwirkungen auf jene Fußgängerbrücken, deren Benutzer nicht oder nicht gänzlich wettergeschützt sind. Für diese Fußgängerbrücken gilt $\Psi_0 = [0,6]$.

10 Lasten in Silozellen nach DIN 1055-6 (5.87) mit Beiblatt (5.87)

Die Angaben des Normblattes gelten für

— zylinderförmige Silos mit Füllhöhe/Durchmesser $\geq 0,8$
— trichterförmige Silos mit $\alpha > 20°$.

Sie gelten sowohl beim Massenfluß (beim Entleeren ist das gesamte Schüttgut in Bewegung) als auch beim Kernfluß (Teilbereiche des Schüttgutes bleiben beim Entleeren in Ruhe), soweit das Verhältnis von vertikaler Füllast zu Wichte des Silogutes nicht größer als 25 m ist. Zu berechnen sind

a) Lasten im Zellenschaft (Wandreibungslast, Horizontallast, Vertikallast)
— beim Füllen; beim Entleeren; beim Entleeren ist ungleichförmige Beanspruchung zu berücksichtigen,
— bei Silos mit kreisförmigem Querschnitt und horizontaler Aussteifung am Kopf- und Fußende und Wänden mit ausreichender Querverteilung sowie bei Silos mit n-eckigem Querschnitt durch Erhöhung der gleichförmigen Horizontallast,
— bei n-Silos mit Kreisquerschnitt ohne Aussteifung und Querverteilung durch Ansatz zusätzlicher Teilflächenlasten auf diametral angeordneten Teilflächen bestimmter Größe.

b) Lasten auf waagerechten Siloböden
— bei Silos mit Füllhöhe/Durchmesser $>1,5$ darf mit einer gleichmäßig verteilten Last auf waagerechte Siloböden gerechnet werden;
— bei Silos mit Kreisquerschnitt und Füllhöhe/Durchmesser $<1,5$ ist mit einer ungleichmäßigen Lastverteilung zu rechnen.

c) Lasten in Auslauftrichtern ($\alpha > 20°$)
Die Lasten in Auslauftrichtern setzen sich zusammen aus den Anteilen für das im Trichter und für das über liegende Schüttgut.

d) Zusätzliche Lasten am Übergang von Zellenschaft zum Trichter
Bei Massenflußsilos treten beim Entleeren an diesem Übergang Lastspitzen auf, die ein Mehrfaches der Horizontallast im Normalbereich des Schaftes beträgt.

e) Lasten aus dem Einblasen von Druckluft
Hierbei ist zu unterscheiden
— Lufteinblasen zum Trocknen von körnigem Schüttgut,
— Lufteinblasen als Entleerungshilfe bei staubförmigem Schüttgut,
— Lufteinblasen zum Homogenisieren von staubförmigem Schüttgut.

f) Lasten aus schnellem Einfüllen von staubförmigem Schüttgut
Bei schnellem Einführen staubförmiger Schüttgüter können im oberen Bereich von Silos mit kleinem Wert von Querschnitt/Umfang größere Lasten auftreten als nach a) berechnet. Bei schnellem Entleeren kann ein Unterdeck entstehen, der zu berücksichtigen ist.

g) Gärfutterlasten
Für Gärfutter gelten andere physikalische Gesetze als für körnige oder staubförmige Schüttgüter. Hier wird auch nicht zwischen Füllen und Entleeren unterschieden. Bei Obenentnahme des Silogutes ist das Silo gegen die negativen Wandreibungskräfte zu verankern.
Dünne Silowände und Wandaussteifungen sind gegen Knicken und Beulen aus Wandreibungslast nachzuweisen.

5

11 Lastbilder für extremale Schnitt- und Stützgrößen

Ein Tragwerk wird in aller Regel nicht nur durch ständig einwirkende Lasten beansprucht, sondern auch durch nicht ständig wirkende Lasten. Dann müssen bei der rechnerischen Untersuchung — der Analyse — des Tragwerkes selbstverständlich alle überhaupt möglichen Belastungsfälle bzw. Lastkombinationen bedacht werden, und der konstruktiven Ausbildung einer jeden baulichen Einzelheit muß der jeweils für diese Einzelheit ungünstige Belastungsfall zugrunde gelegt werden. Bei nicht regelmäßigen oder gar komplexen Tragwerken ist das Auffinden dieser jeweils ungünstigen Belastungsfälle nicht immer leicht, bei regelmäßigen oder besonders einfachen Tragwerken hingegen sind sie schnell gefunden. Zu ihnen gehören Dachaufträger, Stockwerkrahmen und regelmäßige Systeme von Rechteckplatten.

11.1 Durchlaufträger des üblichen Hochbaus unter Gleichlasten

Alle normalerweise für die Bemessung maßgebenden Schnittgrößen und alle Stützgrößen eines unnachgiebig gestützten Durchlaufträgers nehmen extremale Werte an, wenn die einzelnen Felder entweder gar nicht oder auf ihrer ganzen Länge zusätzlich durch die nicht ständige Last beansprucht werden, wie schon die Anschauung, spätestens jedoch ein Blick auf die Einflußlinien für diese Größen zeigt. In Bild 39 sind die bei einem Vierfeldträger mit zwei Kragarmen zu untersuchenden Lastbilder und die zugehörigen Extremalgrößen angeschrieben. Ein Zahlenbeispiel zeigt Bild 40.

Bei den Biegemomenten interessiert neben Maximal-/Minimalwerten der Feld- und Stützmomente auch die größtmögliche Ausdehnung der positiven und negativen Bereiche (etwa für die Bewehrungsführung). Diese entnimmt man der sogenannten Momentengrenzlinie, die für jeden Balkenquerschnitt das größte und kleinste Biegemoment bzw. die beiden Grenzwerte aller dort auftretenden Biegemomente angibt. Sie wird aus den ungünstigen Stücken der zu den verschiedenen Lastbildern gehörenden M-Linien aufgebaut.

Manchmal wird die extremale Querkraft irgendwo im Inneren eines Feldes gebraucht (z. B., weil dort eine Rohrdurchführung den Querschnitt schwächt und deshalb die Schubspannungen nachzuweisen sind). Sie stellt sich ein, wenn dieses Feld (nur) teilweise durch Verkehrslast beansprucht wird, wie ein Blick auf die ent-

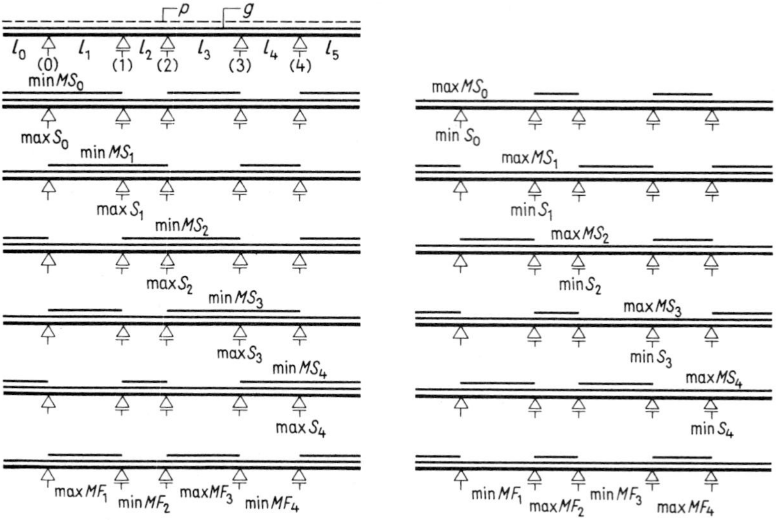

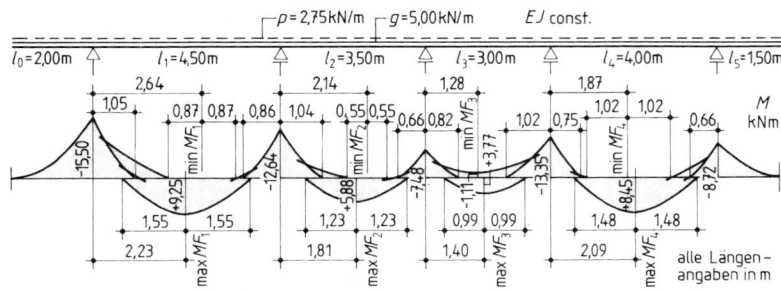

Bild 39 Lastbilder eines Vierfeldträgers

sprechende Einflußlinie zeigt. Extremale Querkräfte für jeden beliebigen Balkenquerschnitt im Inneren eines Feldes entnimmt man der sogenannten Querkraftgrenzlinie. Bild 41 zeigt für einen statisch bestimmten Einfeldbalken mit zwei Kragarmen die Einflußlinie für $Q(x)$ sowie die Werte für $Q(x)$ infolge ständiger Last und nicht ständiger Teilstreckenlast. Bild 42 zeigt die sich damit ergebende Querkraftgrenzlinie. Bei der Berechnung der Querkraftgrenzlinie eines statisch unbestimmten Dauerlaufträgers geht man genau so vor; wegen des nicht-linearen Verlaufes der Q-Linie können freilich die Integrationen zur Ermittlung der Werte von $Q^{(g)}$, $\max Q^{(p)}$ und $\min Q^{(p)}$ mühsam werden.

Bild 40 Momentengrenzlinie eines Vierfeldträgers mit 2 Kragarmen

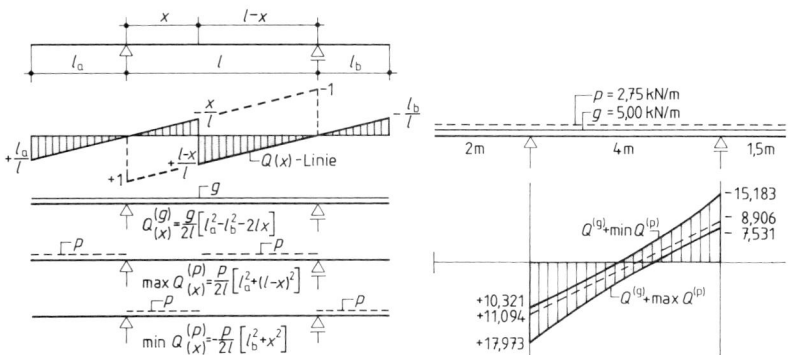

Bild 41 Querkräfte im Feldinnern

Bild 42 Querkraftgrenzlinie im Feld (kN)

11.2 Stockwerkrahmen unter Gleichlasten

Die Lastbilder a) und b) von Bild 43 liefern größte Feldmomente in den belasteten Riegeln und kleinste Feldmomente in den unbelasteten Riegeln. Das Lastbild c) liefert extreme Kopf- und Fußmomente in den durch Querstriche gekennzeichneten Stielquerschnitten. Das Lastbild d) liefert das minimale Stützmoment in dem durch einen Querstrich gekennzeichneten Riegelquerschnitt.

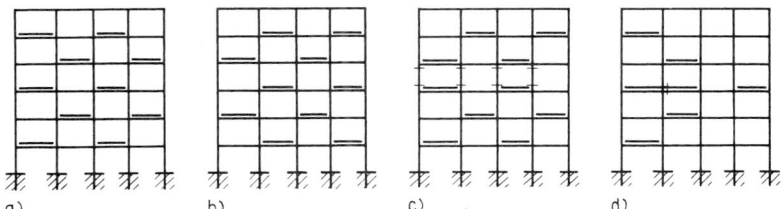

a)   b)   c)   d)

Bild 43 Lastbilder eines Hochbaurahmens

Seitlich unverschieblich gehaltene Rahmen werden für die Berechnung i. allg. durch sogenannte rahmenartige Tragwerke ersetzt (Bild 44). Für jedes einzelne der dabei entstehenden Tragwerke gelten dann wieder die Lastbilder von 9.1.
Die Innenstützen werden dabei als mittig gedrückte Pendelstützen behandelt.
In den Stielen der Außenwände ergeben sich extreme Kopf- und Fußmomente bei den Lastanordnungen von Bild 45.

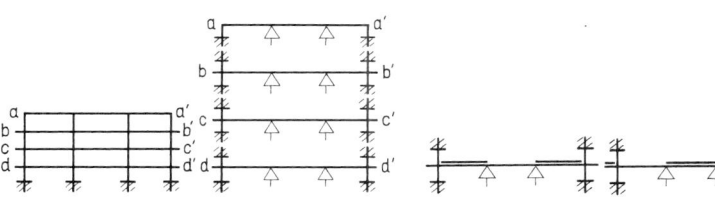

Bild 44 Rahmenartige Tragwerke

Bild 45 Lastbilder eines rahmenartigen Tragwerkes

11.3 Regelmäßige Systeme von zweiachsig gespannten Rechteckplatten im Hochbau unter Gleichlast

Die Lastbilder, die hier extremale Werte der Feld- und Stützmomente ergeben, findet man unschwer durch Erweiterung der für Durchlaufträger maßgebenden Lastbilder in die zweite Dimension (Bild 46).

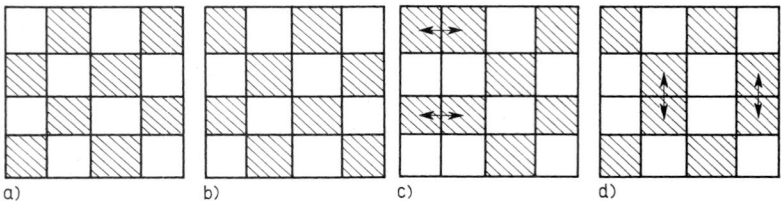

a)   b)   c)   d)

Bild 46   Lastbilder eines orthogonal gerasterten Plattensystems (schraffierte Felder belastet)

Statik und Festigkeitslehre

Bearbeitet von Prof. Dr.-Ing. Gerhard Haße

Inhalt Seite

6

1 Grundlagen

1.1 Begriff

Unter dem Begriff „Statik und Festigkeitslehre" ist die wissenschaftliche Grundlage für die Bemessung der Tragwerke zusammengefaßt. Es werden Methoden zur Berechnung von Beanspruchungen und Formänderungen zur Verfügung gestellt. In diesem Abschnitt beschränkt sich die Darstellung der Methoden auf solche, die allgemeinerer Natur — also nicht spezifischer Bestandteil einer bestimmten Bauweise (Holzbau, Stahlbau oder Mauerwerks-, Beton-, Stahl- oder Spannbetonbau) — sind. Bauweisenspezifische Verfahren werden in den jeweiligen Abschnitten behandelt.

1.2 Koordinatensysteme

1.2.1 Kartesisches Koordinatensystem

Ein allgemeines räumliches Koordinatensystem für statische Aufgabenstellungen ist in DIN 1080 Teil 1 festgelegt (Bild 1). Für die Darstellung ebener Objekte und Zustände wird die z-x-Ebene bevorzugt.

Globale Koordinaten dienen als festes Bezugssystem für ein ganzes Tragwerk oder einen größeren Komplex.

Lokale Koordinaten dienen als Bezugssystem für einzelne Bauteile oder Orte innerhalb eines Bauteils.

Relative Koordinaten sind auf bestimmte System- oder Bauteilabmessungen bezogene (dimensionslose) Koordinaten, z. B. $\xi = x/l$, wobei l beispielsweise eine Stablänge bedeutet, über die die Koordinate x verläuft.

Tafel 1   Gebräuchliche Achsbezeichnungen

Absolute Koordinaten		Relative Koordinaten	
Lokal	Global	Lokal	Global
x x_1	X X_1	ξ ξ_1	Ξ Ξ_1
y x_2	Y X_2	η ξ_2	H Ξ_2
z x_3	Z X_3	ζ ξ_3	Z Ξ_3

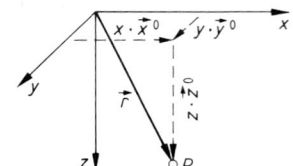

Bild 1   Kartesisches Koordinatensystem

Bevorzugt werden in diesem Abschnitt (x, y, z), (X, Y, Z) und (ξ, η, ζ) verwendet. Größenkomponenten erhalten die entsprechenden Indizes, z. B. ein Winkel in der z-x-Ebene φ_y (vektoriell in Richtung y) oder eine vertikale Kraft F_z (in Richtung global Z).

1.2.2 Polares Koordinatensystem

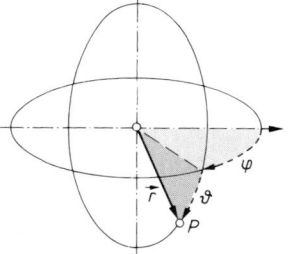

Der *Ortsvektor* $\vec{r}$ des Punktes P ist durch seinen *Betrag* (r), den *Azimut* (φ) und die *Höhe* (ϑ) definiert. Im ebenen Polarkoordinatensystem ist $\vartheta = 0$.

Bild 2
Räumliches Polarkoordinatensystem

1.3 Formelzeichen

Im Bauingenieurwesen verwendete Formelzeichen unterliegen weitgehend allgemeinen Konventionen, die in DIN 1080 festgelegt waren und neuerdings durch Eurocode geregelt sind. Bis zu einer endgültigen Einführung der reformierten Normen werden Elemente beider Systeme gleichzeitig auftreten. Auf eine konsequente Anwendung der Eurocode-Bezeichnungen wird in diesem Abschnitt verzichtet, zumal die bisherigen Zeichen oftmals sinnvoller erscheinen (z.B. die alternativen Querschnittswertebezeichnungen $A_{zz}(=I_y)$). Die Querkraft wird mit V statt bisher mit Q bezeichnet.

1.4 Tragwerksmodelle

Tragwerke erleiden unter äußeren Einwirkungen innere Beanspruchungen und Formänderungen, die i.allg. an jedem Punkt andere Richtungen und Ausmaße annehmen. Theoretisch können die Verhältnisse über die Differentialbeziehungen von Spannungen und Formänderungen am infinitesimalen Volumenelement erfaßt werden. Die Integration dieser Beziehungen ist aber für den allgemeinen Gebrauch so aufwendig, daß sie in der täglichen Ingenieurpraxis nicht gehandhabt werden kann. Daher bedient man sich geeigneter Verhaltensmodelle für verschiedene Tragwerkstypen, wobei die Formänderungsgeometrie auf die Haupterscheinungsformen reduziert wird.

Tragwerksmodelle werden dabei aus wenigen Bauteil-Typen aufgebaut:

Stab: Im Verhältnis zu seiner Länge geringe Querschnittsabmessungen; gerade oder gekrümmt (Bogen); prismatisch oder mit veränderlichem Querschnitt.

Netzartiger Zusammenbau zu *Rahmen-, Trägerrost- oder Fachwerkkonstruktionen* in Ebene und Raum.

Platte: Ebenes Flächenelement; im Verhältnis zu Flächenausdehnung geringe Dicke; senkrecht zu seiner Ebene gestützt und belastet.

Platten können zu ein- und zweiachsig durchlaufenden oder rahmenartigen Plattensystemen zusammengesetzt werden oder zu behälterartigen Konstruktionen.

Scheibe: Ebenes Flächenelement; im Verhältnis zu Flächenausdehnung geringe Dicke; parallel zu seiner Ebene gestützt und belastet.

Scheiben können zu *Faltwerken* zusammengesetzt werden.

Schale: Gekrümmtes Flächenelement; im Verhältnis zu Flächenausdehnung geringe Dicke; einfach oder doppelt gekrümmt *(Hypar-Schalen, Rotationsschalen)*.

Gewölbe: Einfach *(Tonnengewölbe)* oder doppelt gekrümmtes *(Kuppel)* Flächenelement mit reiner Druckbeanspruchung.

2 Kraft- und Verschiebungsgrößen

2.1 Kraft

Einzelkraft: Die „*Einzel*"-Kraft ist ein Vektor, der an eine *Wirkungslinie* gebunden ist:

$$\vec{F} = \begin{pmatrix} F_x \\ F_y \\ F_z \end{pmatrix} = \vec{F}_x + \vec{F}_y + \vec{F}_z = F_x \vec{x}^0 + F_y \vec{y}^0 + F_z \vec{z}^0$$

Die Wirkungslinie ist durch die Vektorgleichung $\vec{f} = \vec{r}_A + f \cdot \vec{F}$ mit der skala-

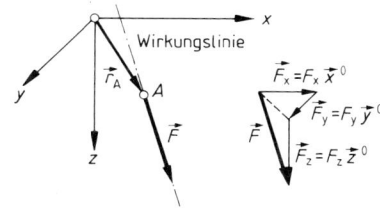

Bild 3   Einzelkraft

ren Variablen f gegeben. $\vec{r}_A$ weist im allg. auf den Kraftangriffspunkt. Der Betrag von $\vec{F}$ ist F:

$$F = |\vec{F}| = \sqrt{F_x^2 + F_y^2 + F_z^2}$$

Eine Einzelkraft ist eine ideelle Größe. Sie ist als *Resultierende* von raum- und flächenverteilten Kraftwirkungen zu begreifen. Die Dimension der Kraft ist **F**.

Linienkraft: Auf eine Linie reduzierte raum- oder flächenverteilte natürliche Kraftwirkungen heißen Linienkräfte. Beispiele sind Eigengewichte von Stäben, Lasten aus Wänden (Linienlasten g), Auflagerkräfte von Platten ($\vec{g}$, g für ständige, $\vec{p}$, p für Verkehrskräfte oder -lasten, $\vec{q}$, q allgemein). Die Dimension der Linienkraft ist **FL**$^{-1}$. Das Differential $d\vec{F} = \vec{q}(x) \cdot dx$ ist ein Einzelkraftvektor.

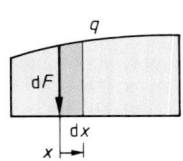

Bild 4 Linienlast und ihr Differential   **Bild 5** Spannung

Spannung, Pressung: Flächenhaft verteilte Kraft im Innern eines Körpers oder zwischen zwei Körpern heißt *Spannung* ($\vec{\sigma}$). Die Spannung ist ein Vektor, deren Komponente senkrecht (normal) zur Bezugsfläche mit σ, σ_x, σ_y, σ_z (auch σ_{xx}, σ_{yy}, σ_{zz}) und deren Komponenten parallel (tangential) zur Bezugsfläche mit τ, τ_{yz}, τ_{zx}, τ_{xy} (auch σ_{yz}, σ_{zx}, σ_{xy}) bezeichnet werden.

Bild 5 zeigt ein Bezeichnungssystem der Spannungskomponenten im Koordinatensystem x, y, z. Die Dimension der Spannung ist **FL**$^{-2}$. Das Differential $\vec{\sigma} \cdot dA$ ist ein Einzelkraftvektor.

Reibungskraft ist ein Sonderfall des Verhältnisses von σ und τ in der Kontaktfläche zweier Körper. $\vec{\tau}_R = d\vec{R}/dA = \varrho\sigma\vec{v}^0$ (σ ist eine im Flächenpunkt herrschende Druckspannung, ϱ der material- und oberflächenspezifische *Reibungsbeiwert*, $\vec{v}^0$ der Einheitsvektor der Bewegungsrichtung). Der Betrag der resultierenden Reibungskraft zwischen den beiden Körpern ist $R = \varrho D$, wobei $D = -\int\sigma dA$ die resultierende Druckkraft in der Kontaktfläche bedeutet.

Volumenbezogene Kräfte: Über das Volumen verteilte Kräfte bestehen als Massenkräfte verschiedener Ursachen wie Gravitation, Fliehkraft, Brems- und Beschleunigungskraft. Gemeinsam ist ihnen die Beziehung $d\vec{F} = dm\,\vec{a}$ (m: Masse, $\vec{a}$: Beschleunigung). Insbesondere gilt für die Gravitation $d\vec{G} = dm\vec{g}$ ($\vec{G}$: Gewichtskraft, $|\vec{g}| \approx 9{,}81$ m/s^2: „Erdbeschleunigung"); $dm = \varrho dV$, $d\vec{G} = \vec{\gamma}\,dV$ (V: Volumen, ϱ: Dichte [**ML**$^{-3}$], γ = Wichte [**FL**$^{-3}$ = **ML**$^{-2}$**T**$^{-2}$]). ϱ und γ sind materialspezifische Parameter, $\vec{\gamma}$ eine volumenbezogene auf den Erdmittelpunkt gerichtete Kraft.

2.2 Kräftepaar und Moment einer Kraft

Zwei betragsmäßig gleich große parallele aber entgegengesetzt orientierte Kräfte bilden ein *Kräftepaar*. Ein Kräftepaar läßt sich nicht auf eine resultierende Kraft zurückführen (2.3). Es vertritt vielmehr eine eigenständige Kraftgröße — ein *statisches Moment*.[1]

---

[1] „Moment" ist definiert als [Physikalische Größe] · [Länge]. Im Falle des *statischen Moments* ist die physikalische Größe eine Kraft.

Das Moment ist — wie die Kraft — ein Vektor, jedoch im Gegensatz zur Kraft nicht an eine Wirkungslinie gebunden: $\vec{M} = \vec{r} \times \vec{F}$. Der (durch Doppelpfeilspitze gekennzeichnete) Momentenvektor steht senkrecht auf der durch die Wirkungslinien des Kräftepaars aufgespannten Ebene, in die auch der Vektor $\vec{r}$ fällt. Das statische Moment bedeutet eine „Drehkraft". Der Drehsinn ergibt sich aus der „Kurbelwirkung" von $\vec{r}$ und $\vec{F}$.

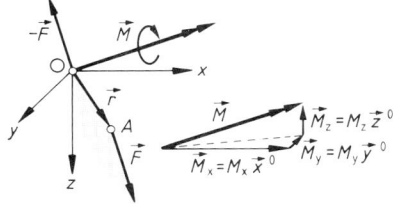

Bild 6   Kräftepaar und Moment einer Kraft

Alternativ wird der Momentenvektor als Drehpfeil dargestellt, rechtsdrehend bei Blick in Vektorrichtung (Bild 6).

$\vec{M} = \vec{r} \times \vec{F}$ gilt auch für das Moment der Kraft $\vec{F}$ um **O**.

$$\vec{M} = \begin{pmatrix} M_x \\ M_y \\ M_z \end{pmatrix} = \vec{M}_x + \vec{M}_y + \vec{M}_z = M_x \vec{x}^0 + M_y \vec{y}^0 + M_z \vec{z}^0 = \vec{r} \times \vec{F} = \begin{pmatrix} y F_z - z F_y \\ z F_x - x F_z \\ x F_y - y F_x \end{pmatrix}.$$

Ist $\vec{r} = a \perp \vec{F}$, gilt $|\vec{M}| = a \cdot |\vec{F}| \rightarrow M = aF$.

In der z-x-Ebene gilt $M_y = z \cdot F_x - x \cdot F_z$.

2.3   Kräftereduktion, Äquivalenz, Schwerpunkt

Eine Menge statischer Momente kann auf ein einziges *resultierendes statisches Moment* reduziert werden, Mengen von Kräften *(Kräftesystem)* und Momenten im allg. auf eine *resultierende Kraft (Resultierende) und ein resultierendes statisches Moment*. Ein *zentrales Kräftesystem* (alle Kraftwirkungslinien schneiden sich in einem Punkt, dem Zentrum des Kräftesystems) hat nur eine resultierende Kraft, deren Wirkungslinie ebenfalls durch das Kraftzentrum **Z** läuft.

Zentrales Kräftesystem — Reduktion in das Zentrum

$$\{\vec{F}_1, \vec{F}_2, \vec{F}_3 \ldots \vec{F}_n\} \rightarrow \mathbf{Z} \qquad \vec{F} = \sum_1^n \vec{F}_i$$

Allgemeines Kräftesystem — Reduktion in den Koordinaten-Ursprung O

$$\{\vec{F}_1, \vec{F}_2, \vec{F}_3 \ldots \vec{F}_n\} + \{\vec{M}_1, \vec{M}_2, \vec{M}_3 \ldots \vec{M}_m\} \rightarrow \mathbf{O} \qquad \vec{F} = \sum_1^n \vec{F}_i; \qquad \vec{M} = \sum_1^m \vec{M}_i + \sum_1^n \vec{r}_i \times \vec{F}_i$$

$\vec{r}_i$ ist der Ortsvektor des Angriffspunktes von $\vec{F}_i$. *Äquivalenzbedingungen*

Allgemeines Kräftesystem — Reduktion in den Punkt A (Ortsvektor $\vec{r}_A$)

$$\{\vec{F}_1, \vec{F}_2, \vec{F}_3 \ldots \vec{F}_n\} + \{\vec{M}_1, \vec{M}_2, \vec{M}_3 \ldots \vec{M}_m\} \rightarrow \mathbf{A}$$

$$\vec{F} = \sum_1^n \vec{F}_i; \qquad \vec{M} = \sum_1^m \vec{M}_i + \sum_1^n \vec{r}_i \times \vec{F}_i - \vec{r}_A \times \vec{F}$$

Schwerpunkt: Sonderfall eines zentralen Kräftesystems ist ein System paralleler Kräfte. Parallele Kräfte $\vec{\gamma} \, dV$ treten insbesondere im Gravitationsfeld auf. Sie lassen sich daher auf das Gewicht $G = \int \gamma \, dV$ bzw. bei *homogenen Körpern* (gleichverteilte Wichte) $G = \gamma V$ reduzieren. Der Vektor $\vec{G}$ wirkt im Sinne des Gravitationsfeldes im Schwerpunkt des Körpers, der durch den Ortsvektor $\vec{r}_S$ bestimmt ist:

$$\vec{r}_S = \frac{1}{\int \gamma \, dV} \int \vec{r} \gamma \, dV = \frac{1}{G} \vec{G}_r$$

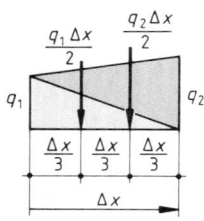

Bild 7
Resultierende
des Trapezlastblocks

bzw. beim homogenen Körper

$$\vec{r}_s = \frac{1}{\int dV} \int \vec{r}\, dV = \frac{1}{V} \vec{V}_r.$$

$\vec{r}$ ist darin der Ortsvektor des Volumenelements dV. Die Integrale erstrecken sich über das Körpervolumen. $\vec{G}_r$ ist in den Beziehungen das statische Moment der Gewichtskraft, $\vec{V}_r$ das Volumenmoment des Körpers bezogen auf den Koordinatenursprung. Entsprechend werden die „Schwerpunkte" von Flächen und Linien bestimmt. Ein Beispiel ist die Resultierende eines Trapezlastblockes, die vorteilhaft durch 2 Teilresultierende (von Linienlasten mit dreieckförmigem Verlauf) ersetzt wird (Bild 7).

2.4 Gleichgewicht

Verschwinden die resultierende Kraft und das resultierende statische Moment eines Kräftesystems $\{\vec{F}_1, \vec{F}_2, \vec{F}_3 \ldots \vec{F}_n\}$; $\{\vec{M}_1, \vec{M}_2, \vec{M}_3 \ldots \vec{M}_m\}$, so herrscht *Gleichgewicht*. Gleichgewicht im Kräftesystem ist die zentrale Forderung der Statik! In statischen Systemen muß stets gelten

$$\sum_1^n \vec{F}_i = \vec{0} \qquad \sum_1^m \vec{M}_i + \sum_1^n \vec{r}_i \times \vec{F}_i = \vec{0} \qquad \textit{Gleichgewichtsbedingung}$$

2.5 Verrückungen

Unter *Verrückung* versteht man die Lageveränderung eines (Konstruktions-) Punktes oder Bauteils, d. h. die *Verschiebungen* $\vec{v}$ und *Verdrehungen* $\vec{\varphi}$ gegenüber seiner ursprünglichen Lage. In der z-x-Ebene gibt es die 3 Verrückungskomponenten v_x, v_z und $\varphi = \varphi_y$. Verrückungen haben ihre Ursache hauptsächlich in Formänderungen der Tragwerke oder Baugrundbewegungen.

2.6 Arbeit einer Kraftgröße

Die Arbeit eines Kräftesystems $\{\vec{F}_1, \vec{F}_2, \vec{F}_3 \ldots \vec{F}_n\}$; $\{\vec{M}_1, \vec{M}_2, \vec{M}_3 \ldots \vec{M}_m\}$ an den Verrückungen $\{\vec{v}_1, \vec{v}_2, \vec{v}_3 \ldots \vec{v}_n\}$; $\{\vec{\varphi}_1, \vec{\varphi}_2, \vec{\varphi}_3 \ldots \vec{\varphi}_m\}$ seiner Angriffspunkte ist bei über den gesamten Verrückungsweg gleichbleibender Intensität der Kraftgröße:

$$W = \sum_1^n \vec{F}_i \cdot \vec{v}_i + \sum_1^m \vec{M}_i \cdot \vec{\varphi}_i$$

bzw. im Falle gleichgerichteter Kräfte und Verschiebungen, Momente und Verdrehungen

$$W = \sum_1^n F_i v_i + \sum_1^m M_i \varphi_i.$$

Wächst die Kraftgröße linear mit dem Verrückungsweg ($F(\xi) = F\xi$; $M(\xi) = M\xi$; $dv = v\, d\xi$; $\varphi = \varphi\, d\xi$), dann gilt für die Arbeit der Kraft und des Momentes

$$W = \int F(\xi)\, dv = Fv \int \xi\, d\xi = \tfrac{1}{2} Fv \qquad \textit{Arbeit einer linear anwachsenden Kraft}$$

$$W = \int M(\xi)\, d\varphi = M\varphi \int \xi\, d\xi = \tfrac{1}{2} F\varphi \qquad \textit{Arbeit eines linear anwachsenden Moments}$$

3 Spannungen und Verzerrungen am Volumenelement

3.1 Volumenelement

Das Volumenelement ist ein infinitesimal (über alle Grenzen) kleiner Ausschnitt im Innern eines Körpers (Bild 8). Seine Ausmaße sind dx, dy, dz. Das eingetragene Koordinatensystem ist bezüglich Richtung und Orientierung verbindlich, sein Ursprung kann an beliebiger Stelle angeordnet sein.

Die am Element gültigen Kraft- und Verformungsbeziehungen bestimmen das Verhalten des Gesamtkörpers. Beanspruchungs- und Verformungsverhältnisse komplexer Baukonstruktionen in

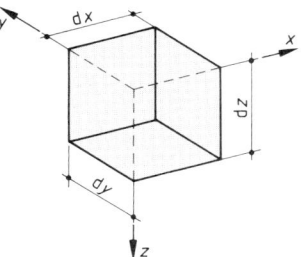

Bild 8 Infinites Volumenelement („schräg" von unten gesehen)

Form geschlossener Lösungen aus den elementaren Beziehungen am Raumelement herzuleiten, wäre für das tägliche Geschäft der Konstruktionsplanung unvertretbar aufwendig. Hier hat die Methode der *finiten Elemente*, also der endlichen Elemente mit der Verbreitung leistungsfähiger Rechner Eingang gefunden. Im allg. aber werden jedoch für verschiedene Bauteiltypen (Stab, Platte, Scheibe, Schale) eigene Verhaltensmodelle zugrundegelegt.

Einige am Volumenelement hergeleitete Beziehungen haben jedoch in der täglichen Praxis Bedeutung.

3.2 Spannungszustand

An den „Zuwachs"flächen, also den Normalflächen in den Schnitten $x + dx$, $y + dy$, $z + dz$ des Volumenelements mit dem volumenbezogenen Gewichtsvektor

$$\vec{\gamma}\, dx\, dy\, dz = \begin{pmatrix} \gamma_x \\ \gamma_y \\ \gamma_z \end{pmatrix} dx\, dy\, dz$$

wirken die Komponenten der Spannungsvektoren nach Bild 9, in den Normalschnitten x, y, z die Spannungsvektoren

$$\begin{pmatrix} \sigma_x \\ \tau_{yx} \\ \tau_{zx} \end{pmatrix}, \begin{pmatrix} \tau_{xy} \\ \sigma_y \\ \tau_{zy} \end{pmatrix}, \begin{pmatrix} \tau_{xz} \\ \tau_{yz} \\ \sigma_z \end{pmatrix}.$$

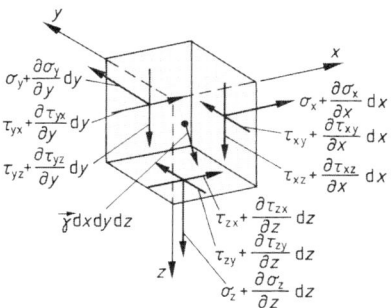

Bild 9 Spannungszustand am Volumenelement („schräg" von unten gesehen)

3.2.1 Gleichgewichtsbedingungen am Element

$x: \dfrac{\partial \sigma_x}{\partial x} + \dfrac{\partial \tau_{yx}}{\partial y} + \dfrac{\partial \tau_{zx}}{\partial z} = -\gamma_x$ Ebene y-z: $\tau_{yz} = \tau_{zy}$

$y: \dfrac{\partial \tau_{yx}}{\partial y} + \dfrac{\partial \sigma_x}{\partial x} + \dfrac{\partial \tau_{zx}}{\partial z} = -\gamma_y$ Ebene z-x: $\tau_{zx} = \tau_{xz}$

$z: \dfrac{\partial \tau_{yx}}{\partial y} + \dfrac{\partial \tau_{zx}}{\partial z} + \dfrac{\partial \sigma_x}{\partial x} = -\gamma_z$ Ebene x-y: $\tau_{xy} = \tau_{yx}$

Satz von den zugeordneten Schubspannungen

6

331

3.2.2 Ebener Spannungszustand

Spannungen am gedrehten Element

Der ebene Spannungsvektor am gedrehten Element kann mit folgender Transformationsbeziehung aus dem ursprünglichen Vektor gewonnen werden:

$$
\begin{pmatrix} \sigma_r \\ \tau_{tr} \\ \sigma_t \end{pmatrix} = \begin{pmatrix} \dfrac{1+\cos 2\alpha}{2} & -\sin 2\alpha & \dfrac{1-\cos 2\alpha}{2} \\ \dfrac{\sin 2\alpha}{2} & \cos 2\alpha & -\dfrac{\sin 2\alpha}{2} \\ \dfrac{1-\cos 2\alpha}{2} & \sin 2\alpha & \dfrac{1+\cos 2\alpha}{2} \end{pmatrix} \begin{pmatrix} \sigma_x \\ \tau_{zx} \\ \sigma_z \end{pmatrix}
$$

Die Beziehung ist einer Koordinatentransformation vom z-x-System in ein t-r-System äquivalent und gleichbedeutend mit:

$$
\sigma_r = \frac{\sigma_z + \sigma_x}{2} - \left[\frac{\sigma_z - \sigma_x}{2} \cos 2\alpha + \tau_{zx} \sin 2\alpha \right]
$$

$$
\sigma_t = \frac{\sigma_z + \sigma_x}{2} + \left[\frac{\sigma_z - \sigma_x}{2} \cos 2\alpha + \tau_{zx} \sin 2\alpha \right]
$$

Es gilt: $\sigma_x + \sigma_z = \sigma_r + \sigma_t$

$$
\tau_{tr} = \tau_{zx} \cos 2\alpha - \frac{\sigma_z - \sigma_x}{2} \sin 2\alpha
$$

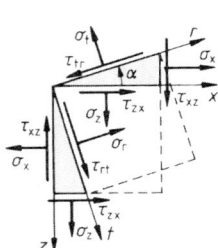

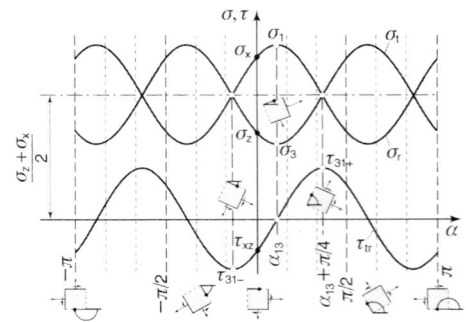

Bild 10 Spannungen in Abhängigkeit von der Elementrichtung α

Bild 11 Beispiel für Funktionen $\sigma_x(\alpha)$, $\sigma_z(\alpha)$ und $\tau_{zx}(\alpha)$

Die Extremwerte der Normalspannungen heißen *Hauptnormalspannungen*, die der Schubspannungen *Hauptschubspannungen*

Tafel 2 Hauptspannungen in z-x-Ebene

Größe	Richtung	Wert	Bedingung
Hauptnormalspannung	$\tan 2\alpha_{13} = \dfrac{2\tau_{zx}}{\sigma_z - \sigma_x}$	$\sigma_1 = \dfrac{\sigma_z + \sigma_x}{2} - \dfrac{\sigma_z - \sigma_x}{2}\sqrt{1 + \tan^2 2\alpha_{13}}$ $\sigma_3 = \dfrac{\sigma_z + \sigma_x}{2} + \dfrac{\sigma_z - \sigma_x}{2}\sqrt{1 + \tan^2 2\alpha_{13}}$	$\sigma_x \neq \sigma_z$
Hauptschubspannung	$\alpha_{13} \pm \dfrac{\pi}{4}$	$\tau_{31} = \mp \dfrac{\sigma_z - \sigma_x}{2}\sqrt{1 + \tan^2 2\alpha_{13}}$	
Hauptnormalspannung	$\alpha_{13} = \dfrac{\pi}{4}$	$\sigma_1 = \sigma_x - \tau_{zx}$ $\sigma_3 = \sigma_x + \tau_{zx}$	$\tau_{zx} \neq 0$
Hauptschubspannung	$\alpha_{13} \pm \dfrac{\pi}{4}$	$\tau_{31} = \mp \tau_{zx}$	$\sigma_x = \sigma_z$
Hydrostatischer Spannungszustand	$-\pi \ldots +\pi$	$\sigma = \sigma_x$ $\tau = 0$	$\tau_{zx} = 0$

3.3 Verzerrungszustand am homogenen isotropen elastischen Körper

Der *homogene* Körper besteht aus gleichem gleichdicht verteiltem Material, der *isotrope* Körper zeigt in allen Richtungen gleiches Materialverhalten.

3.3.1 Dehnverzerrung

Die Dehnung eines Körperelements in einer Richtung ist gekoppelt mit Querdehnungen umgekehrten Vorzeichens in den Querrichtungen.
Dehnung und Querdehnung werden über die Materialkennwerte:

$E = E(\sigma)$ *Elastizitätsmodul*

$v = v(\sigma)$ *Querdehnzahl*

mit den Normalspannungen in Beziehung gesetzt. Im Gültigkeitsbereich des *Hooke*schen Gesetzes sind E und v konstant.

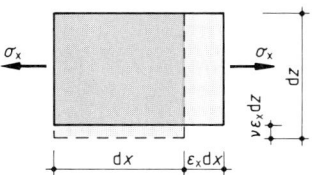

Bild 12 Elementverzerrung unter einachsiger Längsspannung

6

Tafel 3 Dehnungen in Abhängigkeit von den Spannungen

	ε_x	ε_y	ε_z
Einachsiger Spannungszustand	$\dfrac{1}{E}\sigma_x$	$-\dfrac{v}{E}\sigma_x$	$-\dfrac{v}{E}\sigma_x$
Ebener Spannungszustand	$\dfrac{1}{E}(\sigma_x - v\sigma_z)$	$-\dfrac{v}{E}(\sigma_x + \sigma_z)$	$\dfrac{1}{E}(\sigma_z - v\sigma_x)$
Räumlicher Spannungszustand	$\dfrac{1}{E}[\sigma_x - v(\sigma_y + \sigma_z)]$	$\dfrac{1}{E}[\sigma_y - v(\sigma_z + \sigma_x)]$	$\dfrac{1}{E}[\sigma_z - v(\sigma_x + \sigma_y)]$

Tafel 4 Spannungen in Abhängigkeit von den Dehnungen

	σ_x	σ_y	σ_z
Einachsiger Dehnungszustand	$E\varepsilon_x$	0	0
Ebener Dehnungszustand	$\dfrac{E}{1-v^2}(\varepsilon_x + v\varepsilon_z)$	0	$\dfrac{E}{1-v^2}(\varepsilon_z + v\varepsilon_x)$
Räumlicher Dehnungszustand	$\dfrac{E}{1+v}\left(\varepsilon_x + \dfrac{v}{1-2v}\,^3\varepsilon\right)$	$\dfrac{E}{1+v}\left(\varepsilon_y + \dfrac{v}{1-2v}\,^3\varepsilon\right)$	$\dfrac{E}{1+v}\left(\varepsilon_z + \dfrac{v}{1-2v}\,^3\varepsilon\right)$

$$\text{mit } {}^3\varepsilon = \varepsilon_x + \varepsilon_y + \varepsilon_z$$

Dehnung bei verhinderter Querdehnung

Bei der Betrachtung plattenartiger Bauteile muß man beachten, daß Querdehnung in Scheibenrichtung im allg. nicht stattfinden kann. Eine häufige Konstellation ist: $\sigma_z = 0$; $\varepsilon_y = 0$. In diesem Fall gilt:

$$\sigma_y = -v\sigma_x; \qquad \sigma_x = \frac{E}{1-v^2}\varepsilon_x \,.$$

Die letzte Beziehung entspricht der des einachsigen Spannungszustands, wenn $\dfrac{E}{1-v^2}$ an die Stelle von E gesetzt wird („Brettbiegung").

3.3.2 Gleitverzerrung (Schubverzerrung)

Die Gleitverzerrung ist volumenneutral. Sie wird über den Materialkennwert

$G = G(\tau)$ *Gleitmodul (Schubmodul)*

333

in Beziehung zur Schubspannung gesetzt:

$$\gamma_{zx} = \frac{\tau_{zx}}{G}\,; \quad \gamma_{xy} = \frac{\tau_{xy}}{G}\,; \quad \gamma_{yz} = \frac{\tau_{yz}}{G}$$

Im Gültig keitsbereich des *Hooke*schen Gesetzes ist G konstant.

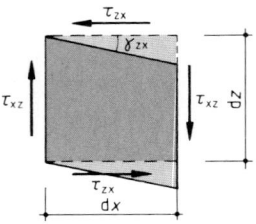

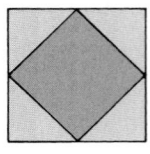 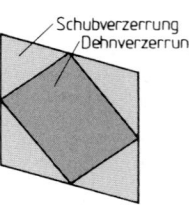

Bild 13 Elementverzerrung unter ebenem Schubspannungszustand

Bild 14 Zusammenhang von Gleit- und Dehnverzerrungen

3.3.3 Zusammenhang der Materialkonstanten

Dehn- und Gleitverzerrung sind miteinander gekoppelt (Bild 14). Ein Gleitverzerrungszustand erscheint unter 45° als Dehnzerrungszustand. Daher sind die drei Materialkennwerte nicht voneinander unabhängig.

$$G = \frac{E}{2(1+\nu)}\,; \quad \nu = \frac{E}{2G} - 1\,; \quad \frac{E}{3} \le G \le \frac{E}{2}$$

Die Grenzbedingungen folgen aus der Forderung, daß die (positive) einachsige Dehnung nicht durch Querdehnung zu einer Volumenminderung führen kann.

Tafel 5 Elastizitätsmoduln E in MN/m² einiger Baustoffe

Europäische Nadelhölzer parallel (senkrecht) zur Faser ⎫		10000 (300) ⎫	⎫ DIN
Eiche und Buche parallel (senkrecht) zur Faser ⎬ s. S. 818		12500 (600) ⎬	⎬ 1052
Brettschichtholz parallel (senkrecht) zur Faser ⎭		11000 (300) ⎭	⎭
Baustahl, geschmiedeter Stahl, Stahlguß ⎫		210000 ⎫	⎫ DIN
Grauguß, Gußeisen ⎬		100000 ⎬	⎬ 18800-1
Aluminium ⎭		70000 ⎭	⎭ 4113
Mauerwerk aus künstlichen Steinen		1500 bis 10000	1053-1
Beton je nach Festigkeitsklasse: B10 ⎫		22000 ⎫	⎫
B15		26000	
B25		30000	DIN
B35 ⎬ s. S. 430		34000 ⎬	⎬ 1045
B45		37000	
B55 ⎭		39000 ⎭	⎭

4 Spannungen und Grundlagen der Formänderungsberechnung in der Stabstatik

4.1 Modell des Stabelements

Die Geometrie des idealen Stabes entsteht durch Translation einer festen Querschnittsstruktur längs einer geraden Achse. Seine Länge ist groß gegenüber seinen Querschnittsabmessungen (schlanker Stab). Er besteht aus homogenem isotrop ideal elastischem Material — es gilt das *Hooke*sche Gesetz, d. h. der lineare Zusammenhang zwischen Spannung und Dehnung bzw. Schiebung und damit zwischen Schnittgröße und Formänderung.

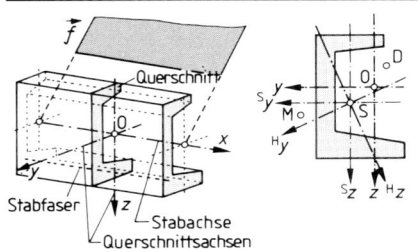

O   Ursprung der allgemeinen Quer-
     schnittsachsen

S   Ursprung der Schwer- und Hauptach-
     sen = Spurpunkt der Biegeruheachse

D   Spurpunkt der Drillachse

M   Schubmittelpunkt = Spurpunkt der
     Drillruheachse

6

Bild 15   Stabmodell   **Bild 16   Verbundquerschnitt**

Stäbe können aus Strängen verschiedener Materialien bestehen (Beton und Stahl im Stahlbeton bzw. allg. Verbundquerschnitt, Holz und Stahl). Sie heißen Verbundstäbe; ihre Querschnitte sind *nicht homogen*. Holz verhält sich *orthogonal anisotrop*, d. h. es ist in zwei zueinander senkrechten Richtungen unterschiedlich steif.

Der Stab wird durch *Querschnitt* und *Stabachse* repräsentiert. Die Stabachse kann frei gewählt werden (Querschnittsachsen y und z). Besondere Achslagen sind:

Schwerachse = Biegeruheachse. Die Faser in der Schwerachse erfährt bei Biegebeanspruchung keine Dehnungen *(Biegeruheachse)* und krümmt sich nicht unter achsialer Längslast. Querschnittsachsen: $^S y$, $^S z$.

Schubmittelpunktsachse = Drillruheachse. Die Faser in der Schubmittelpunktsachse verwindet sich unter Torsionsmomenteneinwirkung nicht *(Drillruheachse)*. Auf die Schubmittelpunktsachse gerichtete Querlasten erzeugen keine Torsionsbeanspruchung.

Sonderfall der Querschnittsachsen sind die *Hauptachsen* ($^H y$, $^H z$). Biegung um die Hauptachsen bewirkt keine Deviation, d. h. Biegung um eine Hauptachse erzeugt keine Krümmungen um die andere.

Stäbe aus Baustoffen ohne Zugfestigkeit (Beton, Mauerwerk) können nur Druckspannungen aufnehmen. Ihre Querschnitte nennt man *Querschnitte mit versagender Zugzone*. Im Gegensatz dazu stehen die *Seile*, die keine Druckkräfte aufnehmen können. Die technische Biegelehre behandelt Beanspruchung und Formänderung des idealen biegesteifen Stabes. Geringe Krümmung und leichte Keil- oder Pyramidenform des Stabkörpers schränken die Gültigkeit der für den prismatischen Stab getroffenen Aussagen kaum ein.

4.2   Differentialbeziehungen zwischen Last- und Schnittgrößen

Lasten am räumlichen Stab sind vor allem Querlasten als Einzel- (F_y, F_z) und Linienlasten (q_y, q_z) und Längslasten (F_x bzw. f_x). Insbesondere wenn die Lastwirkungslinien (und -flächen) die Stabachse nicht enthalten, können außerdem Lastmomente auftreten (M_{fy}, M_{fz}, $M_{ft} = M_{tx}$, m_y, m_z, $m_t = m_x$). Darüber hinaus können auch Lastbimomente ($M_{f\omega}$, m_ω) in Betracht kommen (Abschnitt „Aussteifung"). Schnittgrößen sind die resultierenden Längs- und Schubspannungszustände im Querschnitt. Je nach verursachendem σ- oder τ-Zustand werden sie mit $\vec{S}_\sigma$ bzw. $\vec{S}_\tau$ bezeichnet.

$$\vec{S}_\tau = \begin{pmatrix} 0 \\ V_y \\ V_z \\ M_t \end{pmatrix} \quad \begin{array}{l} - \\ \textit{Querkraft} \text{ in Richtung } y \\ \textit{Querkraft} \text{ in Richtung } z \\ \textit{Torsionsmoment} \text{ in Richtung } x \end{array}$$

$$\vec{S}_\sigma = \begin{pmatrix} N \\ -M_z \\ M_y \\ -M_\omega \end{pmatrix} \quad \begin{array}{l} \textit{Längs- oder Normalkraft} \text{ in Richtung } x \\ \textit{Biegemoment} \text{ in Richtung } z \\ \textit{Biegemoment} \text{ in Richtung } y \\ \textit{Wölbbimoment} \text{ in Richtung } x \end{array}$$

Alle Schnittgrößenkomponenten sind *positiv*, wenn sie am „Zuwachs"-Schnitt $(x+\mathrm{d}x)$ des Elements wie die Koordinatenrichtungen orientiert sind. Am gegenüberliegenden Schnitt (x) sind sie umgekehrt orientiert.

Ebene Stäbe: $(M_y = M;\; m_y = m)$

$$N' = \frac{\mathrm{d}N}{\mathrm{d}x} = -f_x; \quad V' = V'_z = \frac{\mathrm{d}V_z}{\mathrm{d}x} = -q_z \quad M' = \frac{\mathrm{d}M}{\mathrm{d}x} = V - m \rightarrow M'' = -q_z - m'$$

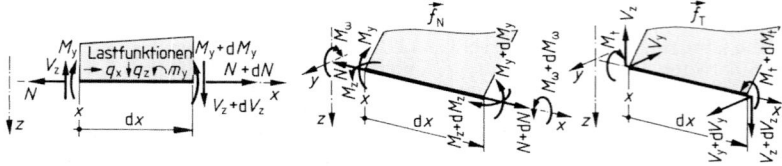

Bild 17   Ebenes Stabelement   **Bild 18   Räumlicher Stab**

Räumliche Stäbe

$\vec{f}_N,\; \vec{f}_T$: Lastfunktionen mit querschnittsnormaler und -tangentialer Wirkung.

$$N' = -f_x$$
$$V'_z = -q_z; \quad V'_y = -q_y$$
$$M'_y = V_z - m_y \rightarrow M''_y = -q_z - m'_y$$
$$M'_z = -V_y - m_z \rightarrow M''_z = q_y - m'_z$$
$$M'_t = -m_t \;\; (m_t = m_x: \text{Torsionslast})$$

St. Venantsche Torsion und Wölbkrafttorsion

Am I-Querschnitt (Bild 19) kann das Phänomen der beiden konkurrierenden Torsionstragverhalten leicht eingesehen werden. Die gesamte Torsionsschubbeanspruchung wird dabei in zwei Anteile (a) und (c) zerlegt. Der umlaufende Schubfluß $T_{\text{St.Venant}}$ erzeugt eine Verformung mit parallel verwölbten Querschnitten im gesamten Stabelement (b). Er wird durch ein Torsionsmoment M_{tr} repräsentiert. Die zweite Komponente wirkt wie ein Querkräftepaar in den beiden Gurten (c, e). Es ist dem Torsionsmoment $M_{t\omega}$ äquivalent. Die Gurtschnittgrößen V_{gu} und M_{gu} verhalten sich am einzelnen Gurt genauso wie V und M am Stabelement (s. o.):

$$M'_{gu} = -V_{gu} \rightarrow (hM_{gu})' = -hV_{gu} = M'_\omega = -M_{t\omega}$$

mit dem *Wölbbimoment* $M_\omega = hM_{gu}$. Das Wölbbimoment hat die Dimension **FL²**.

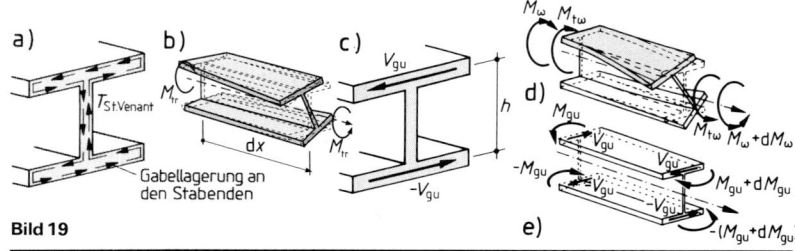

Bild 19

336

Die Anteile der reinen (St. Venantschen) Torsion und der Wölbkrafttorsion ergänzen sich zum Gesamttorsionsmoment: $M_t = M_{tr} + M_{t\omega}$.

Mit auf die Wölbtorsionsanteile $M_{t\omega}$ und (formal) $m_{t\omega}$ beschränkten Schnittgrößen- und Lasttupeln

$$\vec{S}_{\tau\omega} = \begin{pmatrix} 0 \\ V_y \\ V_z \\ M_{t\omega} \end{pmatrix}, \quad \vec{S}_\sigma = \begin{pmatrix} N \\ -M_z \\ M_y \\ -M_\omega \end{pmatrix} \quad \text{und} \quad \vec{f}_{\tau\omega} = \begin{pmatrix} 0 \\ q_y \\ q_z \\ m_{t\omega} \end{pmatrix}, \quad \vec{f}_\sigma = \begin{pmatrix} -f'_x \\ m'_z \\ -m'_y \\ m'_\omega \end{pmatrix}$$

lauten die Beziehungen:

$$\vec{S}'_{\tau\omega} = -\vec{f}_{\tau\omega}; \quad \vec{S}'_\sigma = \vec{S}_{\tau\omega} + \vec{f}_\sigma; \quad \vec{S}''_\sigma = -\vec{f}_{\tau\omega} + \vec{f}'_\sigma$$

4.3 Momenten-Krümmungs-Beziehung — Bernoulli-Hypothese

Reine Biegung — grundlegendes Momenten-Krümmungs-Modell

Infolge ausschließlicher Einwirkung eines konstanten Biegemoments *(reine Biegung)* verformt sich ein *Stabelement* (ein durch achsnormale Schnitte begrenzter Stababschnitt von der Länge ds) zu einem Kreisbogen unter dem Abschnitt dx der ursprünglichen Stabachse (Bild 20). Bei beanspruchungsneutraler *Biegesteifigkeit B* ist dabei die *Krümmung* $\varkappa$ proportional dem angreifenden Biegemoment. Mit Ausnahme der *neutralen Fasern* verändern dabei alle Stabfasern ihre Länge. Legt man die Stabachse genau in die neutrale Ebene, dann gilt:

$$ds = R\,d\varphi = \sqrt{1 + w'^2}\,dx; \quad d\varphi = d(w') = w''\,dx$$

Den Reziprokwert des *Krümmungsradius R* bezeichnet man als *Krümmung* $\varkappa$, so daß gilt: $\varkappa = \dfrac{1}{R} = \dfrac{w''}{\sqrt{1 + w'^2}}$

Die Proportionalität zwischen Biegemoment und Krümmung ergibt $\dfrac{M}{B} = -\dfrac{w''}{\sqrt{1 + w'^2}}$

Nun ist wegen der sehr kleinen Formänderungen realer Tragwerke $w'^2 \ll 1$ und damit $\sqrt{1 + w'^2} \approx 1$. Bei den praktischen Aufgabenstellungen im Bauwesen wird daher ds = dx gesetzt und i. allg. mit der vereinfachten Differentialbeziehung $w'' = -\dfrac{M}{B}$ gerechnet.

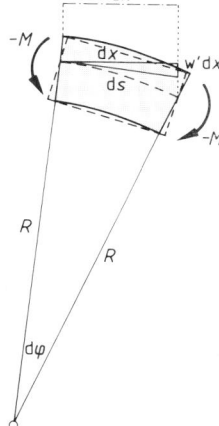

Bild 20
Elementverformung infolge reiner Biegung

Querkraftbiegung

Querkraftbiegung ist eine Folge der Schubverzerrung des Stabelements. Dabei erleidet der Querschnitt Verwölbungen. Diese sind bei schlanken Stäben aber unbedeutend, so daß auch bei Querkraftbiegung in schlanken Stäben die Annahme eben bleibender Querschnitte gerechtfertigt ist. Sie bleiben allerdings nicht senkrecht zur gekrümmten Stabachse *(Bernoulli-Hypothese)*.

Biegung mit Längskraft

Auch bei Biegung mit Längskraft wird allgemein von ds = dx ausgegangen: Formänderungen in Stablängsrichtung (u) bleiben bei der Rand- und Schnittgrößenermittlung unberücksichtigt. Querverformungen (Durchbiegungen v, w) können bei Druckkrafteinwirkung zu maßgeblicher Erhöhung der Biegebeanspruchung führen. Bei Berechnungen nach der *Elastizitätstheorie I. Ordnung* werden diese vernachlässigt, nach der *Elastizitätstheorie II. Ordnung* werden sie berücksichtigt.

4.4 Normalspannungen, Formänderungen aus Dehnverzerrung

Lasten und Zwängungen rufen in den Querschnitten des Stabes Spannungszustände hervor. Die Resultierenden des Normalspannungszustands ($\sigma = \sigma_x$) sind die Schnittgrößen: *Längskraft* im Spurpunkt der Stabachse (N), *Biegemomente* um die beiden Querschnittsachsen (M_y, M_z) und das *Wölbbimoment* (M_ω).

Dem Normalspannungszustand entspricht ein über die Querschnittsfläche verteilter Dehnungszustand ($\varepsilon = \varepsilon_x$) aufgrund des Hookeschen Gesetzes, der analog zu den Schnittgrößen auf die Formänderungskomponenten der Stabachse — *Längung* (u'), *Biegekrümmung* (w'', v'') und *Drillkrümmung* (ϑ'') — zurückgeführt werden kann. Dabei handelt es sich um Ableitungen der *Längsverschiebung* (u), der *Querverschiebungen* oder *Durchsenkungen* (v, w) und der *Verdrehung* um die x-Achse (ϑ); sie bezeichnen die Lageänderungskomponenten (Verrückungen) eines Punktes der Stabachse. (Zu M_ω s. auch 4.5.5.)

4.4.1 Elementverformung infolge Dehnungen ε_x

Tafel 6 Stabelementverformung auf der Grundlage der Bernoulli-Hypothese *x, y, z, ω* bilden ein beliebiges Bezugssystem mit *x‖* zu Stabfasern

Elementverformungs-zustand	In die Stabkantenflucht projizierte Lageänderung des Endquerschnitts	Faserlängung infolge Achsverformungs-komponente	Gesamt-dehnung
		Längsverformung $du = u'dx$ $du_{fx} = 1 \cdot du = u'dx$	
		Biegung um z-Achse $d\varphi_z = v''dx$ $du_{f\varphi z} = -y\,d\varphi_z$ $\quad = -yv''\,dx$	$\varepsilon = \vec{a}^\top \vec{K}$ mit $\vec{a} = \begin{pmatrix} 1 \\ y \\ z \\ \omega \end{pmatrix}$
		Biegung um y-Achse $d\varphi_y = -w''\,dx$ $du_{f\varphi y} = z\,d\varphi_y$ $\quad = -zw''\,dx$	$\vec{K} = \begin{pmatrix} u' \\ -v'' \\ -w'' \\ -\vartheta'' \end{pmatrix}$
		Wölbdrillung $d(\vartheta') = \vartheta''dx$ $-du_{f\vartheta} = \omega d(\vartheta')$ $du_{f\vartheta} = -\omega\vartheta''dx$	

Einheitsverschiebungen der Biegung, *y* und *z*, entsprechen den Querschnittskoordinaten *y* und *z*. Für *Einheitsverwölbung* ω gibt es keine vergleichbare Entsprechung; im allg. ist ihre Ermittlung schwierig, bei dünnwandigen Querschnitten kann ω jedoch auf einfache Weise genügend genau bestimmt werden (s. Abschn. 4.4.3.3).

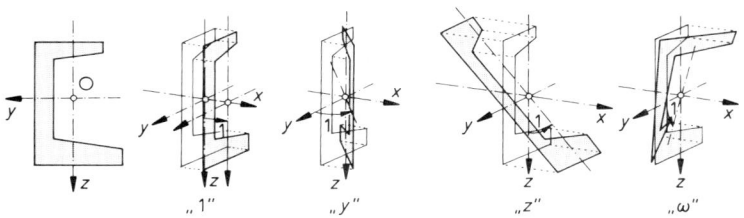

Bild 21 Einheitsverschiebungen

4.4.2 Normalspannungen und korrespondierende Schnittgrößen

Unter äußeren Einwirkungen (Last und Zwängung) baut sich in den Querschnitten ein Spannungszustand auf, der in die Komponenten der *Normalspannung* (oder *Längsspannung*) σ_x und der *Tangentialspannungen* (oder *Schubspannungen*) τ_{xy}, τ_{xz} oder im *s-t*-Achsensystem τ_{xs}, τ_{xt} zerlegt werden kann.

Bild 22 links zeigt den Normalspannungskörper, dessen obere Grenzfläche auf der Grundlage der linearen Elastizitätstheorie bei Längskraft- und Biegebeanspruchung (N, M_y, M_z) eine schiefe Ebene bezüglich der Querschnittsgrundfläche bildete. Unter Wirken einer Torsionsbeanspruchung (*Wölbbimoment M_ω*) bildet sich eine windschiefe und verwölbte Grenzfläche aus. (Zur Wölbkrafttorsion s. S. 321)

Der Spannungszustand ist den resultierenden Schnittgrößen äquivalent.

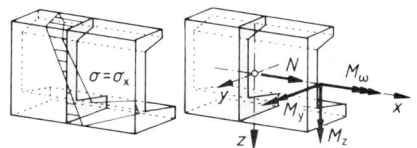

Bild 22 Normalspannungen und korrespondierende Schnittgrößen

Tafel 7 Beziehungen zwischen Spannungszustand und Schnittgrößen aus der Äquivalenzbedingung

Bezeichnung	Beziehung	Erläuterung
Schnittgröße	$\vec{S}_\sigma = E_{verb} \bar{A} \vec{K}$	$\int\limits_{(A)} \vec{a}\,\sigma\,dA = \int\limits_{(A)} \vec{a}\,E_\mu\,\varepsilon\,dA = \int\limits_{(A)} \vec{a}\,E_\mu\,\vec{a}^{\mathsf{T}}\,dA\,\vec{K}$ $= E_{verb} \int\limits_{(A)} e_\mu\,\vec{a}\,\vec{a}^{\mathsf{T}}\,dA\,\vec{K}$
„Krümmung"	$\vec{K} = \dfrac{1}{E_{verb}} \bar{A}^{-1} \vec{S}_\sigma$	
Normal-spannung	$\sigma = e_\mu \vec{a}^{\mathsf{T}} \bar{A}^{-1} \vec{S}_\sigma$	$E_\mu\,\varepsilon = E_\mu \vec{a}^{\mathsf{T}} \vec{K} = \dfrac{E_\mu}{E_{verb}} \vec{a}^{\mathsf{T}} \bar{A}^{-1} \vec{S}_\sigma$
Querschnitts-werte	$\bar{A} = \int\limits_{(A)} e_\mu \vec{a}\,\vec{a}^{\mathsf{T}} dA$ $\begin{pmatrix} A & A_y & A_z & A_\omega \\ A_y & A_{yy} & A_{yz} & A_{y\omega} \\ A_z & A_{zy} & A_{zz} & A_{z\omega} \\ A_\omega & A_{\omega y} & A_{\omega z} & A_{\omega\omega} \end{pmatrix}$	$\begin{pmatrix} \int e_\mu\,dA & \int e_\mu\,y\,dA & \int e_\mu\,z\,dA & \int e_\mu\,\omega\,dA \\ \int e_\mu\,y\,dA & \int e_\mu\,yy\,dA & \int e_\mu\,yz\,dA & \int e_\mu\,y\omega\,dA \\ \int e_\mu\,z\,dA & \int e_\mu\,zy\,dA & \int e_\mu\,zz\,dA & \int e_\mu\,z\omega\,dA \\ \int e_\mu\,\omega\,dA & \int e_\mu\,\omega y\,dA & \int e_\mu\,\omega z\,dA & \int e_\mu\,\omega\omega\,dA \end{pmatrix}_{(A)}$

Fortsetzung s. nächste Seite

Tafel 7, Fortsetzung

Größe	Inhalt	Dimension	Erläuterung
$\vec{a}$	$\begin{pmatrix} 1 \\ y \\ z \\ \omega \end{pmatrix}$	$\begin{matrix} 1 \\ L \\ L \\ L^2 \end{matrix}$	Verschiebung des Faserspurpunktes f infolge $u = 1$ Verschiebung des Faserspurpunktes f infolge $-\varphi_z = 1$ Verschiebung des Faserspurpunktes f infolge $-\varphi_y = 1$ Verschiebung des Faserspurpunktes f infolge $-\vartheta' = 1$
$\vec{K}$	$\begin{pmatrix} u' \\ -v'' \\ -w'' \\ -\vartheta'' \end{pmatrix}$	$\begin{matrix} 1 \\ L^{-1} \\ L^{-1} \\ L^{-2} \end{matrix}$	Längung des Stabelements in Richtung x Biegekrümmung des Stabelements um die z-Achse Biegekrümmung des Stabelements um die y-Achse Drillkrümmung des Stabelements (um die x-Achse)
$\vec{S}_a$	$\begin{pmatrix} N \\ -M_z \\ M_y \\ -M_w \end{pmatrix}$	$\begin{matrix} F \\ FL \\ FL \\ FL^2 \end{matrix}$	Längskraft (Stabachse ist Wirkungslinie) Biegemoment um die z-Achse Biegemoment um die y-Achse Wölbbimoment um die x-Achse
μ E_μ E_{verb}	$1, 2, \ldots, m$	$\begin{matrix} FL \\ FL^{-2} \\ FL^{-2} \end{matrix}$	Materialindex bei Verbundquerschnitten Elastizitätsmodul des Materials μ Ideeller Elastizitätsmodul des Verbundquerschnitts (kann beliebig gewählt werden)
e_μ	E_μ / E_{verb}	1	Relative Elastizität des Materials μ (beim homogenen Querschnitt ist $E_\mu = E_{\text{verb}} = E$ und $e_\mu = 1$)

4.4.3 Querschnittswerte (s. a. Beispielsammlung auf CD-ROM)

4.4.3.1 Allgemeines

Das Produkt des Elastizitätsmoduls (E bzw. E_{verb}) mit den Querschnittswerten ($\bar{A}$) beschreibt das Maß der Dehn-, Biege- und Wölbtorsionssteifigkeiten des Stabelements gegenüber den 4 Schnittgrößen ($\vec{S}_a$). Zur etwa erforderlichen Berechnung der Querschnittswerte wird ein unter dem Gesichtspunkt einfacher Berechenbarkeit geeignetes Bezugssystem (y, z, ω) gewählt. Bei Nichtberücksichtigung der Wölb-krafttorsion entfällt ω, bei ebenen statischen Systemen hat y keine Bedeutung für die Querschnittswerte. Je nach Fall ergibt die Rechnung die Matrizen:

Räumliche Betrachtung mit Berücksichtigung der Wölbkrafttorsion

Räumliche Betrachtung ohne Berücksichtigung der Wölbkrafttorsion

Ebene Betrachtung in der z-x-Ebene

$$\bar{A} = \begin{pmatrix} A & A_y & A_z & A_\omega \\ A_y & A_{yy} & A_{yz} & A_{y\omega} \\ A_z & A_{zy} & A_{zz} & A_{z\omega} \\ A_\omega & A_{\omega y} & A_{\omega z} & A_{\omega\omega} \end{pmatrix} \qquad \bar{A} = \begin{pmatrix} A & A_y & A_z \\ A_y & A_{yy} & A_{yz} \\ A_z & A_{zy} & A_{zz} \end{pmatrix} \qquad \bar{A} = \begin{pmatrix} A & A_z \\ A_z & A_{zz} \end{pmatrix}$$

oder mit den gebräuchlichen Bezeichnungen:

$$\bar{A} = \begin{pmatrix} A & S_z & S_y & S_\omega \\ S_z & I_z & I_{yz} & I_{z\omega} \\ S_y & I_{yz} & I_y & I_{y\omega} \\ S_\omega & I_{z\omega} & I_{y\omega} & I_\omega \end{pmatrix} \qquad \bar{A} = \begin{pmatrix} A & S_z & S_y \\ S_z & I_z & I_{yz} \\ S_y & I_{yz} & I_y \end{pmatrix} \qquad \bar{A} = \begin{pmatrix} A & S \\ S & I \end{pmatrix}$$

Die Bezeichnung der Querschnittswerte ist in den Normenwerken einschließlich EUROCODE nur ungenügend geregelt. Tafel 8 gibt eine häufige Bezeichnungsvariante und die Gegenüberstellung mit der matrizenorientierten Bezeichnungsweise wieder (DIN 1080), die mit den Hochindizes der jeweils zugrundeliegenden Bezugssysteme die Unsicherheiten der gebräuchlichen Benennungen vermeidet.

Tafel 8 Bezeichnung der Querschnittswerte

Definition	Gebräuchliche Bezeichnungsweise					Matrizenorientierte Bezeichnungsweise					Benennung
	Freier Drehpunkt			Schubmittelpunkt		Freier Drehpunkt			Schubmittelpunkt		*Torsionsachse*
Bezogen auf:	Freie Achsen	Schwerachsen	Hauptachsen	Schwerachsen	Hauptachsen	Freie Achsen	Schwerachsen	Hauptachsen	Schwerachsen	Hauptachsen	*Biegeachse*
$\int e_\mu\, dA$	A					A					Fläche
$\int e_\mu y\, dA$	S_z		0			A_y		0			Flächenmoment 1. Grades um z
$\int e_\mu z\, dA$	S_y		0			A_z		0			Flächenmoment 1. Grades um y
$\int e_\mu \omega\, dA$	$[S_\omega]$		0			A_ω		0			Flächenbimoment 1. Grades um x
$\int e_y yy\, dA$	I_z	I_ζ	I_z	I_ζ		A_{yy}	$^SA_{yy}$	$^HA_{yy}$	$^SA_{yy}$	$^HA_{yy}$	Flächenmoment 2. Grades um z
$\int e_\mu yz\, dA$	I_{yz}	0	I_{yz}	0		A_{yz}	$^SA_{yz}$	0	$^SA_{yz}$	0	Deviationsmoment
$\int e_\mu zz\, dA$	I_y	I_η	I_y	I_ζ		A_{zz}	$^SA_{zz}$	$^HA_{zz}$	$^SA_{zz}$	$^HA_{zz}$	Flächenmoment 2. Grades um y
$\int e_\mu y\omega\, dA$	$[I_{z\omega}]$		0			$A_{y\omega}$	$^SA_{y\omega}$	$^HA_{y\omega}$		0	Flächen-Flächenbimoment
$\int e_\mu z\omega\, dA$	$[I_{y\omega}]$		0			$A_{z\omega}$	$^SA_{z\omega}$	$^HA_{z\omega}$		0	Flächen-Flächenbimoment
$\int e_\mu \omega\omega\, dA$			I_ω			$A_{\omega\omega}$	$^SA_{\omega\omega}$	$^MA_{\omega\omega}$			Flächenbimoment 2. Grades um x (Wölbflächenmoment)

Die unbesetzten Positionen in Tafel 8 enthalten Werte, die entbehrlich sind, sofern Schwerachsen und Drillruheachse vorab ermittelt werden.

4.4.3.2 Allgemeine Transformation des Bezugssystems

Veränderungen des Bezugssystems beeinflussen die Beträge der Querschnittswerte sowie die der Schnittgrößen und Formänderungen. Allgemein lauten die Transformationsbeziehungen mit der Transformationsmatrix $\bar{T}$:

Einheitsverschiebungen	Querschnittswerte	Schnittgrößen	Formänderungen

$$^T\vec{a} = \bar{T}\vec{a} \qquad ^T\bar{A} = \bar{T}\bar{A}\bar{T}^T \qquad ^T\vec{S}_\circ = \bar{T}\vec{S}_\circ \qquad ^T\vec{K} = \bar{T}^{T-1}\vec{K}$$

$$^T\vec{a} = \begin{pmatrix} 1 \\ ^Ty \\ ^Tz \\ ^T\omega \end{pmatrix} \quad ^T\bar{A} = \begin{pmatrix} A & ^TA_y & ^TA_z & ^TA_\omega \\ ^TA_y & ^TA_{yy} & ^TA_{yz} & ^TA_{y\omega} \\ ^TA_z & ^TA_{zy} & ^TA_{zz} & ^TA_{z\omega} \\ ^TA_\omega & ^TA_{\omega y} & ^TA_{\omega z} & ^TA_{\omega\omega} \end{pmatrix} \quad ^T\vec{S}_\circ = \begin{pmatrix} N \\ -^TM_z \\ ^TM_y \\ -^TM_\omega \end{pmatrix} \quad ^T\vec{K} = \begin{pmatrix} ^Tu' \\ -^Tv'' \\ -^Tw'' \\ -^T\vartheta'' \end{pmatrix}$$

Prinzipiell sind drei Veränderungsarten des Bezugssystems zu unterscheiden:

(1) Λ-Transformation: Parallelverschieben der Bezugsebene der Einheitsverschiebungen um y_t, z_t und ω_t (für y und z gleichbedeutend mit Parallelverschieben der Querschnittsachsen um y_t, z_t); Sonderfall der Λ-Transformation ist die Transformation auf den „Schwerpunkt" $y_0, z_0, \omega_0 \to O_t = S$;

In bezug auf die Einheitsverschiebungen y und z ist das Verschieben der Bezugsebene gleichbedeutend mit dem Verschieben der entsprechenden Querschnittsachsen. Dies gilt jedoch nicht für die Querschnittsverwölbung ω (Bild 23).

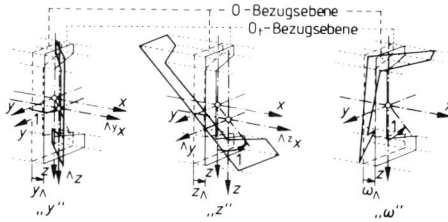

Bild 23
Transformation der Bezugsebene

(2) Φ-Transformation: Verdrehen der Querschnittsachsen (y, z) um den Winkel φ_t;
Sonderfall der Φ-Transformation is die „Hauptachsen"-Transformation, φ_0;

(3) Θ-Transformation: Parallelverschieben der Drillachse um y_{Dt} und z_{Dt}. Man beachte, daß die Lage der Stabachse (Spurpunkt O) und die Lage der Drillachse (Spurpunkt **D**) zwar bei der „Urberechnung" der Querschnittswerte zusammenfallen, aber voneinander unabhängige Elemente des Bezugssystems sind. Eine Verschiebung von **O** (Λ-Transformation) führt nicht zu einer Lageänderung von D! Sonderfall der Θ-Transformation ist die Transformation auf den „Schubmittelpunkt", $y_M, z_M \rightarrow \mathbf{D}_\Theta = \mathbf{M}$

Tafel 9 Λ-**Transformation** — **Verschieben der Bezugsebenen bzw. des Koordinatensystems**

$\vec{\Lambda} = \begin{pmatrix} 1 & 0 & 0 & 0 \\ -y_\Lambda & 1 & 0 & 0 \\ -z_\Lambda & 0 & 1 & 0 \\ -\omega_\Lambda & 0 & 0 & 1 \end{pmatrix}$	$^\Lambda\vec{a} = \vec{\Lambda}\vec{a}$ $^\Lambda\vec{A} = \vec{\Lambda}\vec{A}\vec{\Lambda}^\mathsf{T}$ $^\Lambda\vec{S}_\circ = \vec{\Lambda}\vec{S}_\circ$ $^\Lambda\vec{v}'' = \vec{\Lambda}^{\mathsf{T}-1}\vec{v}''$	$^\Lambda z = z - z_\Lambda$ $^\Lambda y = y - y_\Lambda$ $^\Lambda \omega = \omega - \omega_\Lambda$	$^\Lambda M_y = M_y - N z_\Lambda$ $^\Lambda M_z = M_z + N y_\Lambda$ $^\Lambda M_\omega = M_\omega + N \omega_\Lambda$
DIN 1080 T2 4.1.3		DIN 1080 T2 4.1.1	
$^\Lambda A = A$ $^\Lambda A_z = A_z - A z_\Lambda$ $^\Lambda A_{zz} = A_{zz} - 2 A_z z_\Lambda + A z_\Lambda^2$	Ebenes System	$A_\Lambda = A$ $S_{y\Lambda} = S_y - A z_\Lambda$ $I_{y\Lambda} = I_y - 2 S_z z_\Lambda + A z_\Lambda^2$	
$^\Lambda A_y = A_y - A y_\Lambda$ $^\Lambda A_{yy} = A_{yy} - 2 A_y y_\Lambda + A y_\Lambda^2$ $^\Lambda A_{yz} = A_{yz} - (A_y z_\Lambda + A_z y_\Lambda) + A y_\Lambda z_\Lambda$	Räumliches System (+)	$S_{z\Lambda} = S_z - A y_\Lambda$ $I_{z\Lambda} = I_z - 2 S_y y_\Lambda + A y_\Lambda^2$ $I_{yz\Lambda} = I_{yz} - (S_z z_\Lambda + S_y y_\Lambda) + A y_\Lambda z_\Lambda$	
$^\Lambda A_\omega = A_\omega - A \omega_\Lambda$ $^\Lambda A_{y\omega} = A_{y\omega} - (A_y \omega_\Lambda + A_\omega y_\Lambda) + A y_\Lambda \omega_\Lambda$ $^\Lambda A_{z\omega} = A_{z\omega} - (A_z \omega_\Lambda + A_\omega z_\Lambda) + A z_\Lambda \omega_\Lambda$ $^\Lambda A_{\omega\omega} = A_{\omega\omega} - 2 A_\omega \omega_\Lambda + A \omega_\Lambda^2$	Wölbkraft- torsion(+)	$S_{\omega\Lambda} = S_\omega - A \omega_\Lambda$ $I_{y\omega\Lambda} = I_{y\omega} - (S_z \omega_\Lambda + S_\omega y_\Lambda) + A y_\Lambda \omega_\Lambda$ $I_{z\omega\Lambda} = I_{z\omega} - (S_y \omega_\Lambda + S_\omega z_\Lambda) + A z_\Lambda \omega_\Lambda$ $I_{\omega\Lambda} = I_\omega - 2 S_\omega \omega_\Lambda + A \omega_\Lambda^2$	

Tafel 10 Φ-**Transformation** — **Drehen des Koordinatensystems**

$\vec{\Phi} = \begin{pmatrix} 1 & 0 & 0 & 0 \\ 0 & \cos\varphi & \sin\varphi & 0 \\ 0 & -\sin\varphi & \cos\varphi & 0 \\ 0 & 0 & 0 & 1 \end{pmatrix}$	$^\Phi\vec{a} = \vec{\Phi}\vec{a}$ $^\Phi\vec{A} = \vec{\Phi}\vec{A}\vec{\Phi}^\mathsf{T}$ $^\Phi\vec{S}_\circ = \vec{\Phi}\vec{S}_\circ$ $^\Phi\vec{v}'' = \vec{\Phi}^{\mathsf{T}-1}\vec{v}''$	$^\Phi y = z \sin\varphi + y \cos\varphi$ $^\Phi z = z \cos\varphi - y \sin\varphi$ $^\Phi \omega = \omega$	$^\Phi M_z = M_y \sin\varphi - M_z \cos\varphi$ $^\Phi M_y = M_y \cos\varphi + M_z \sin\varphi$ $^\Phi M_\omega = M_\omega$
DIN 1080 T2 4.1.3		DIN 1080 T2 4.1.1	
$^\Phi A = A$ $^\Phi A_y = A_z \sin\varphi + A_y \cos\varphi$ $^\Phi A_z = A_z \cos\varphi - A_y \sin\varphi$ $^\Phi A_{yy} = \dfrac{A_{yy} + A_{zz}}{2}$ $\quad + \left(\dfrac{A_{yy} - A_{zz}}{2} \cos 2\varphi + A_{yz} \sin 2\varphi \right)$ $^\Phi A_{yz} = A_{yz} \cos 2\varphi - \dfrac{A_{yy} - A_{zz}}{2} \sin 2\varphi$ $^\Phi A_{zz} = \dfrac{A_{yy} + A_{zz}}{2}$ $\quad - \left(\dfrac{A_{yy} - A_{zz}}{2} \cos 2\varphi + A_{yz} \sin 2\varphi \right)$	Räumliches System	$A_\Phi = A$ $S_{y\Phi} = S_y \sin\varphi + S_z \cos\varphi$ $S_{y\Phi} = S_y \cos\varphi - S_z \sin\varphi$ $I_{z\Phi} = \dfrac{I_z + I_y}{2} + \left(\dfrac{I_z - I_y}{2} \cos 2\varphi + I_{yz} \sin 2\varphi \right)$ $I_{yz\Phi} = I_{yz} \cos 2\varphi - \dfrac{I_z - I_y}{2} \sin 2\varphi$ $I_{y\Phi} = \dfrac{I_z + I_y}{2} - \left(\dfrac{I_z - I_y}{2} \cos 2\varphi + I_{yz} \sin 2\varphi \right)$	
$^\Phi A_\omega = A_\omega$ $^\Phi A_{y\omega} = A_{z\omega} \sin\varphi + A_{y\omega} \cos\varphi$ $^\Phi A_{z\omega} = A_{z\omega} \cos\varphi - A_{y\omega} \sin\varphi$ $^\Phi A_{\omega\omega} = A_{\omega\omega}$	Wölbkraft- torsion(+)	$S_{\omega\Phi} = S_\omega$ $I_{y\omega\Phi} = I_{z\omega} \sin\varphi + I_{y\omega} \cos\varphi$ $I_{z\omega\Phi} = I_{z\omega} \cos\varphi - I_{y\omega} \sin\varphi$ $I_{\omega\Phi} = I_\omega$	

Tafel 11 Θ-Transformation — Verschieben des Drehpunkts

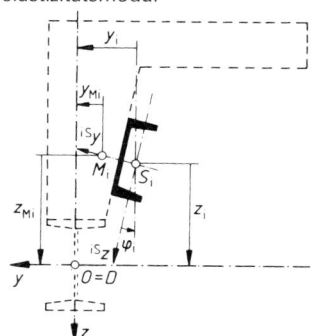

| | | DIN 1080 T2 4.1.3 | | DIN 1080 T2 4.1.1 |

$$\Theta = \begin{pmatrix} 1 & 0 & 0 & 0 \\ 0 & 1 & 0 & 0 \\ 0 & 0 & 1 & 0 \\ 0 & z_\Theta & -y_\Theta & 1 \end{pmatrix}$$

$$\begin{aligned}\Theta\vec{a} &= \Theta\vec{a} \\ \Theta\vec{A} &= \Theta A\,\Theta^T \\ \Theta\vec{S}_0 &= \Theta\vec{S}_0 \\ \Theta\vec{v}'' &= \Theta^{T-1}\vec{v}''\end{aligned}$$

$$\begin{aligned}\Theta y &= y \\ \Theta z &= z \\ \Theta\omega &= \omega + yz_\Theta - zy_\Theta\end{aligned}$$

$$\begin{aligned}\Theta M_z &= M_z \\ \Theta M_y &= M_y \\ \Theta M_\omega &= M_\omega + M_z z_\Theta + M_y y_\Theta\end{aligned}$$

DIN 1080 T2 4.1.3		DIN 1080 T2 4.1.1
$\Theta A = A$		$A_\Theta = A$
$\Theta A_y = A_y$		$S_{z\Theta} = S_z$
$\Theta A_z = A_z$		$S_{y\Theta} = S_y$
$\Theta A_{yy} = A_{yy}$		$I_{z\Theta} = I_z$
$\Theta A_{yz} = A_{yz}$		$I_{yz\Theta} = I_{yz}$
$\Theta A_{zz} = A_{zz}$	Wölbkrafttorsion	$I_{y\Theta} = I_y$
$\Theta A_\omega = A_\omega + A_y z_\Theta - A_z y_\Theta$		$S_{\omega\Theta} = S_\omega + S_z z_\Theta - S_y y_\Theta$
$\Theta A_{y\omega} = A_{y\omega} + A_{yy} z_\Theta - A_{yz} y_\Theta$		$I_{y\omega\Theta} = I_{y\omega} + I_z z_\Theta - I_{yz} y_\Theta$
$\Theta A_{z\omega} = A_{z\omega} + A_{yz} z_\Theta - A_{zz} y_\Theta$		$I_{z\omega\Theta} = I_{z\omega} + I_{yz} z_\Theta - I_y y_\Theta$
$\Theta A_{\omega\omega} = A_{\omega\omega} + {}^\Theta A_{y\omega} z_\Theta - {}^\Theta A_{z\omega} y_\Theta$		$I_{\omega\Theta} = I_\omega + I_{y\omega\Theta} z_\Theta - I_{z\omega\Theta} y_\Theta$

6

4.4.3.3 Berechnung der Querschnittswerte

Berechnung der Querschnittswerte aus Flächenelementen

Für Querschnitte, die sich aus n elementaren Flächenformen (Tafel 12, Walzprofiltafeln ...) zusammensetzen, gilt:

$$\vec{A} = \sum_{i=1}^{n} e_i \vec{A}_i \quad \text{mit} \quad e_i = \frac{E_i}{E_c} \begin{cases} E_i & \text{Elastizitätsmodul des Flächenelements } i \\ E_c & \text{Vergleichselastizitätsmodul} \end{cases}$$

bzw.

$$A = \sum_{(i)} e_i A_i$$

$$S_y = \sum_{(i)} e_i S_{yi}; \quad S_z = \sum_{(i)} e_i S_{zi}$$

$$I_y = \sum_{(i)} e_i I_{yi}; \quad I_{yz} = \sum_{(i)} e_i I_{yzi}; \quad I_z = \sum_{(i)} e_i I_{zi}$$

$$S_\omega = \sum_{(i)} e_i S_{\omega i}$$

$$I_\omega = \sum_{(i)} e_i I_{\omega i}; \quad I_{y\omega} = \sum_{(i)} e_i I_{y\omega i}; \quad I_{z\omega} = \sum_{(i)} e_i I_{z\omega i}$$

Alle Flächenelemente i sind dabei auf das Bezugssystem des Gesamtquerschnitts einzustellen, das frei gewählt werden kann. Erforderlichenfalls müssen die ursprünglichen Bezugssysteme der einzelnen Flächenelemente nach Tafel 9 bis 11 auf das des Gesamtquerschnitts transformiert werden (Bild 24).

Bild 24   Zusammengesetzter Querschnitt

— **Sonderfall: Ebene Systeme**

Bei ebenen Problemen spielt Torsion keine Rolle und die Φ-Transformation is selten erforderlich (Ausnahme nur bei spiegelbildlich angeordneten und bei Drehung um $45°$ symmetrischen Teilflächen).

Unter den folgenden Voraussetzungen vereinfacht sich die Flächenmontage:

— Wölbkrafttorsion entfällt,
— Φ-Transformation ist nicht erforderlich,
— Teilflächenquerschnittswerte sind auf den Teilflächenschwerpunkt bezogen.

Mit den Definitionen entsprechend Bild 24:

$S_y \Rightarrow S$; $I_y \Rightarrow I$; $\bar{I}_i =$ auf den Teilflächenschwerpunkt bezogenes Flächenmoment.

$$A = \sum_{(i)} e_i A_i; \quad S_i = -A_i z_i \rightarrow S = \sum_{(i)} e_i S_i; \quad I_i = \bar{I}_i + A_i z_i^2 = \bar{I}_i - S_i z_i \rightarrow I = \sum_{(i)} e_i I_i.$$

Der *Steinersche Satz* $I_i = \bar{I}_i + A_i z_i^2$ ist Sonderfall $(S_y = 0)$ der entsprechenden Beziehung in Tafel 9 für ebene Systeme.

Berechnung der Querschnittswerte polygonal begrenzter Flächen

Die Eckpunkte sind fortlaufend von 0 bis n zu numerieren, wobei die Punkte 0 und n identisch sind.

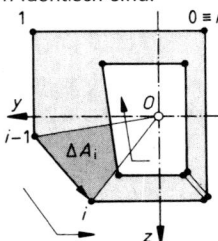

Bild 25 Polygonal begrenzter Querschnitt

Positive Flächen werden links, Abzugsflächen rechts umfahren. Im Falle vorhandener Hohlräume können Abzugsflächen auch durch einen ideellen „Kanal" zwischen 2 Eckpunkten des umgebenden und des eingeschriebenen Polygons mit der Umgebungsfläche verbunden werden. Die Kanalufer werden ggf. wie normale Polygonseiten behandelt, erhalten also an ihren Eckpunkten eigene Nummern. Die Querschnittswerte von Abzugsflächen können aber auch als selbständige (negative) Teilquerschnitte behandelt werden.

Die Querschnittswerte für Längs- und Biegeverformung ergeben sich zu $\bar{A} = \sum_{1}^{n} \Delta \bar{A}_i$.

$$\Delta \bar{A}_i = \Delta \begin{pmatrix} A_i & A_{yi} & A_{zi} \\ A_{yi} & A_{yyi} & A_{yzi} \\ A_{zi} & A_{zyi} & A_{zzi} \end{pmatrix}$$

$\Delta A_i = \frac{1}{2} (y_{i-1} z_i - y_i z_{i-1})$

$\Delta A_{yi} = \frac{1}{3} (y_{i-1} + y_i) \Delta A_i$

$\Delta A_{zi} = \frac{1}{3} (z_{i-1} + z_i) \Delta A_i$

$\Delta A_{yi} = \frac{1}{3} (y_{i-1} + y_i) \Delta A$

$\Delta A_{yyi} = \frac{1}{6} (y_{i-1}^2 + y_{i-1} y_i + y_i^2) \Delta A_i$

$\Delta A_{yzi} = \frac{1}{12} (2 y_{i-1} z_{i-1} + y_{i-1} z_i + y_i z_{i-1} + 2 y_i z_i) \Delta A_i$

$\Delta A_{zzi} = \frac{1}{6} (z_{i-1}^2 + z_{i-1} z_i + z_i^2) \Delta A_i$

Die Wölbquerschnittswerte lassen sich auf diese Weise nicht berechnen. Ggf. können sie mit dem Verfahren für dünnwandige Querschnitte ermittelt werden.

Berechnung der Querschnittswerte dünnwandiger Querschnitte

Bei der Verwölbung dünnwandiger Querschnitte kann die „innere Verwölbung" der einzelnen Wandquerschnitte gegenüber der des Gesamtquerschnitts vernachlässigt werden. Vergleichbar der Bernoulli-Hypothese kann unterstellt werden, daß die Einzelwandquerschnitte bei der Verdrillung eben und senkrecht zu ihren Längsfasern bzw. Längsrändern bleiben. Unter diesen Umständen ist der Winkel, mit dem der Einzelwandquerschnitt aus der ursprünglichen Querschnittsebene strebt, gleich dem Kippwinkel der Einzelwand infolge Drillung ϑ'. Er nimmt mit wachsendem Abstand der Wand von der Drillachse zu (s. Bild 26). Der Verwölbungszuwachs über die Wandabschnittslänge Δs beträgt $\Delta \omega = r \Delta s$, wenn $r \perp \Delta s$ oder allgemein (vektoriell) $\Delta \vec{\omega} = \vec{r} \times \Delta \vec{s}$.

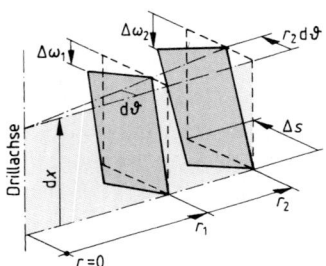

Bild 26 Schema der Verwölbung dünnwandiger Querschnitte

Spannungen und Grundlagen der Formänderungsberechnung

Für den g e r a d e n Abschnitt zwischen den im Wandzug aufeinanderfolgenden Punkten „$k-1$" und „k" ergibt das Kreuzprodukt $\Delta\omega_{k-1,k} = y_{k-1}z_k - y_k z_{k-1}$. Damit läßt sich die Einheitsverwölbung des Punktes „k" aus der des Punktes „$k-1$" berechnen:

$$\omega_k = \omega_{k-1} + y_{k-1}z_k - y_k z_{k-1}$$

An gemeinsamen Punkten zweier oder mehr Wandabschnitte (Wandknoten) ist die Verwölbung aller anschließenden Wandendpunkte selbstverständlich gleich. Von einem beliebig — wie der Koordinatenursprung **O** — gewählten Ausgangspunkt[1]) mit $\omega = 0$ ausgehend, wird die Verwölbung den Achsen des Wandzugs folgend als Summe der Abschnittsbeiträge ermittelt, für den Punkt i:

$$\omega_i = \sum_{(k)} r_k\,\Delta s_{k-1,k} \quad\text{— für einfach zusammenhängende (offene) Querschnitte.[2])}$$

k ist dabei die (logische) Knotenfolge vom Wölbursprung ($\omega = 0$) bis zum Punkt i, also nicht unbedingt eine fortlaufende Zählung, die ja bei Querschnittsstrukturen mit Verästelungen nicht durchgehalten werden kann.

Bei dünnwandigen Querschnitten weichen Einheitsverschiebungen und -verwölbungen an den Wandrändern nur geringfügig von den Werten in der zugehörigen Wandmittellinie ab. Insbesondere bei Berücksichtigung der Wölbkrafttorsion ist es zweckmäßig und meist ausreichend, sich auf die Berechnung der Mittellinienwerte — im „Querschnittsskelett" — zu beschränken. In Bild 27 sind die Einheitsverschiebungen und -verwölbungen an die Systemlinien des Querschnitts angetragen.

Die Pfeile an den Wandachsen geben die positive Achsrichtung für die angetragene Einheitsverschiebungsfunktion an.

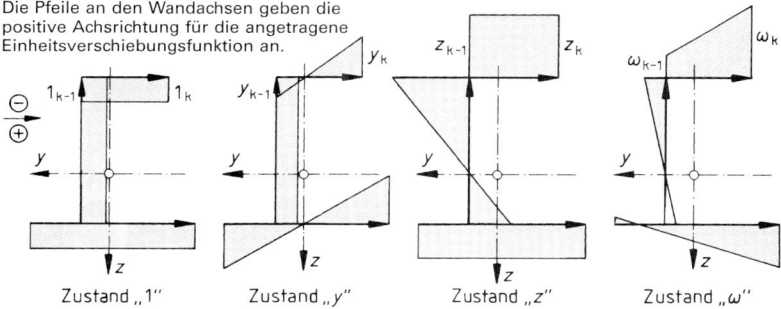

Bild 27 Einheitsverschiebungs- und Verwölbungszustände des dünnwandigen Querschnitts

Die Einzelbeiträge der Wandabschnitte an den Querschnittswerten sind nichts anderes als die Produktionsintegrale aller möglichen Zustandskombinationen $\int p\cdot q\,dA$, wobei p und q für jeweils einen der Zustände $1, y, z, \omega$ stehen. Für den Beitrag des Wandabschnitts zwischen den im Wandzug aufeinanderfolgenden Punkten $k-1$ und k erhält man den Querschnittwertbeitrag

$$\Delta A_{pq;k-1,k} = \int_{k-1}^{k} pq\,dA = t_{k-1,k}\int_{k-1}^{k} pq\,ds \quad\text{bei konstanter Wanddicke } t_{k-1,k}.$$

Das Querschnittswerteelement A_{pq} ergibt sich als Summe aller Wandbeiträge

$$A_{pq} = \sum_{(k)} \Delta A_{pq;k-1,k}.$$

Bei geradlinigen Wandabschnitten sind die Zustandsfiguren eines Abschnitts linear, im allg. trapezförmig. Hierfür gilt (s. Tafel „Produktintegrale") mit der Abschnittsfläche:

$$\Delta A_{k-1,k} = t_{k-1,k}s_{k-1,k} \quad (t = \text{Wanddicke}, \; s = \text{Abschnittslänge})$$

$$\Delta A_{pq;k-1,k} = \tfrac{1}{6}\,(2p_{k-1}q_{k-1} + p_{k-1}q_k + p_k q_{k-1} + 2p_k q_k)\,\Delta A_{k-1,k}$$

---

[1]) Mit der Wahl des Koordinaten-Ursprungs ist die Bezugsebene für die Biege-Einheitsverschiebungen y und z bereits festgelegt. Für die Drillverwölbung gilt das nicht. Deshalb ist eine gesonderte Festlegung des „Ursprungs" der Drillverwölbung ω, d. h. ihrer Bezugsebene, erforderlich.
[2]) Für mehrfach zusammenhängende (geschlossene) Querschnitt s. Abschn. „Aussteifung".

Tafel 12 Querschnittswerte elementarer Flächen

Fläche	A	O/S	y_S	z_S	$I_y = A_{zz}$	$I_z = A_{yy}$	$I_{yz} = A_{yz}$
Rechteck	ab	O	$\dfrac{a}{2}$	$\dfrac{b}{2}$	$\dfrac{ab^3}{3}$	$\dfrac{a^3b}{3}$	$\dfrac{a^2b^2}{4}$
		S			$\dfrac{ab^3}{12}$	$\dfrac{a^3b}{12}$	0
Dreieck	$\dfrac{ab}{2}$	O	$\dfrac{a}{3}$	$\dfrac{b}{3}$	$\dfrac{ab^3}{12}$	$\dfrac{a^3b}{12}$	$\dfrac{a^2b^2}{24}$
		S			$\dfrac{ab^3}{36}$	$\dfrac{a^3b}{36}$	$-\dfrac{a^2b^2}{72}$
n-Eck	$\dfrac{nr^2}{2}\sin\dfrac{2\pi}{n}$	S	0		$\dfrac{nr^4}{24}\sin\dfrac{2p}{n}\left(2+\cos\dfrac{2\pi}{n}\right)$		0
$n=3$	$1{,}2990\,r^2$				$0{,}1624\,r^4$		
$n=4$	$2{,}0000\,r^2$				$0{,}3333\,r^4$		
$n=6$	$2{,}5981\,r^2$				$0{,}5413\,r^4$		
$n=8$	$2{,}8284\,r^2$				$0{,}6381\,r^4$		
Kreis	πr^2	S	0		$\dfrac{\pi r^4}{4}$		0
	$3{,}1416\,r^2$				$0{,}7854\,r^4$		
Ellipse	πab	S	0	0	$\dfrac{\pi ab^3}{4}$	$\dfrac{\pi a^3b}{4}$	0
	$3{,}1416\,ab$				$0{,}7854\,ab^3$	$0{,}7854\,a^3b$	
Kreisausschnitt	$\dfrac{\varphi r^2}{2}$	O	$\dfrac{2}{3}\dfrac{1-\cos\varphi}{\varphi}r$	$\dfrac{2}{3}\dfrac{\sin\varphi}{\varphi}r$	$(2\varphi+\sin2\varphi)\dfrac{r^4}{16}$	$(2\varphi-\sin2\varphi)\dfrac{r^4}{16}$	$(1-\cos2\varphi)\dfrac{r^4}{16}$
Viertelkreis	$\dfrac{\pi r^2}{4}$	O	$\dfrac{4}{3\pi}r$		$\dfrac{\pi r^4}{16}$		$\dfrac{r^4}{8}$
	$0{,}7854\,r^2$		$0{,}4244\,r$		$0{,}19635\,r^4$		$0{,}125\,r^4$
		S			$\left(1-\dfrac{64}{9\pi^2}\right)\dfrac{\pi r^4}{16}$		$\left(1-\dfrac{32}{9\pi}\right)\dfrac{r^4}{8}$
					$0{,}05488\,r^4$		$-0{,}01647\,r^4$
	$\left(1-\dfrac{\pi}{4}\right)r^2$	O	$\dfrac{2}{3(4-\pi)}r$		$\left(\dfrac{16}{3\pi}-1\right)\dfrac{\pi r^4}{16}$		$\dfrac{r^4}{8}$
	$0{,}2146\,r^2$		$0{,}77663\,r$		$0{,}13698\,r^4$		$0{,}125\,r^4$
		S			$\left(\dfrac{11-3\pi}{9(4-\pi)}-\dfrac{\pi}{16}\right)r^4$		$\dfrac{28-9\pi}{72(4-\pi)}r^4$
					$0{,}007545\,r^4$		$0{,}004439\,r^4$
	$\dfrac{\pi ab}{4}$	O	$\dfrac{4a}{3\pi}$	$\dfrac{4b}{3\pi}$	$\dfrac{\pi ab^3}{16}$	$\dfrac{\pi a^3b}{16}$	$\dfrac{a^2b^2}{8}$
					$0{,}19635\,ab^3$	$0{,}19635\,a^3b$	$0{,}125\,a^2b^2$
		S			$\left(\dfrac{\pi}{16}-\dfrac{4}{9\pi}\right)ab^3$	$\left(\dfrac{\pi}{16}-\dfrac{4}{9\pi}\right)a^3b$	$\left(1-\dfrac{32}{9\pi}\right)\dfrac{a^2b^2}{8}$
					$0{,}05488\,ab^3$	$0{,}05488\,a^3b$	$-0{,}01647\,a^2b^2$

Für Flächenmomente 1. Grades vereinfacht sich die Beziehung:

$$\Delta A_{\mathrm{p};k-1,k} = \tfrac{1}{2}\,(p_{k-1} + p_k)\,\Delta A_{k-1,k}$$

Flächenmomente 2. Grades von Plattenbalken-Querschnitten

Mit $A_{\mathrm{pl}} = bd$ und $A_{\mathrm{St}} = b_0(d_0 - d)$ ist $I_{\mathrm{pl}} = \dfrac{A_{\mathrm{pl}}d^2}{12}$ und $I_{\mathrm{St}} = \dfrac{A_{\mathrm{St}}(d_0 - d)^2}{12}$.

Mit $e_0 = \dfrac{d_0}{2}\cdot\dfrac{A_{\mathrm{St}}}{A_{\mathrm{pl}} + A_{\mathrm{St}}} + \dfrac{d}{2}$ ist dann $I_{\mathrm{s}} = I_{\mathrm{pl}} + I_{\mathrm{St}} + \dfrac{A_{\mathrm{pl}}\cdot A_{\mathrm{St}}}{A_{\mathrm{pl}} + A_{\mathrm{St}}}\left(\dfrac{d_0}{2}\right)^2$.

Einfacher und hinreichender genau kann I_{s} ermittelt werden mit Hilfe der μ-Werte der folgenden Tafel nach der Gleichung $I_{\mathrm{s}} = \dfrac{b\cdot d_0^3}{\mu}$

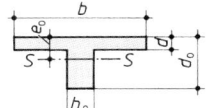

Bild 28

Tafel 13 μ-Werte zur Berechnung der Flächenmomente 2. Grades von Plattenbalkenquerschnitten

6

b_0/b	d/d_0											
	0,05	0,10	0,15	0,20	0,25	0,30	0,35	0,40	0,45	0,50	0,55	0,60
0,05	103,4	91,9	89,9	89,8	89,2	86,8	82,3	75,7	67,7	59,2	50,9	43,3
0,06	91,3	80,0	77,7	77,5	77,2	75,9	72,9	68,2	62,1	55,2	48,2	41,5
0,07	82,3	71,4	68,9	68,5	68,4	67,7	65,6	62,1	57,4	51,8	45,8	39,9
0,08	75,4	64,9	62,2	61,7	61,7	61,2	59,8	57,2	53,4	48,8	43,6	38,4
0,09	69,8	59,7	57,0	56,4	56,3	56,1	55,1	53,1	50,0	46,1	41,7	37,1
0,10	65,2	55,6	52,7	52,0	52,0	51,8	51,1	49,6	47,1	43,8	40,0	35,8
0,11	61,3	52,1	49,2	48,5	48,4	48,3	47,8	46,6	44,5	41,8	38,4	34,7
0,12	57,9	49,1	46,3	45,4	45,3	45,3	44,9	44,0	42,3	39,9	36,9	33,6
0,13	55,0	46,6	43,8	42,9	42,7	42,7	42,4	41,7	40,3	38,2	35,6	32,6
0,14	52,4	44,4	41,6	40,7	40,5	40,5	40,3	39,7	38,5	36,7	34,4	31,7
0,15	50,0	42,4	39,7	38,7	38,5	38,5	38,4	37,9	36,9	35,4	33,3	30,8
0,16	48,0	40,7	38,0	37,0	36,8	36,7	36,7	36,3	35,4	34,1	32,3	30,0
0,17	46,1	39,2	36,5	35,5	35,2	35,2	35,1	34,8	34,1	32,9	31,3	29,3
0,18	44,4	37,8	35,2	34,2	33,8	33,8	33,8	33,5	32,9	31,9	30,4	28,5
0,19	42,8	36,5	34,0	32,9	32,6	32,6	32,5	32,3	31,8	30,9	29,6	27,9
0,20	41,3	35,3	32,9	31,8	31,5	31,4	31,4	31,2	30,8	30,0	28,8	27,2
0,22	38,7	33,3	30,9	29,9	29,5	29,4	29,4	29,3	29,0	28,4	27,4	26,1
0,24	36,5	31,5	29,3	28,3	27,9	27,8	27,7	27,7	27,4	26,9	26,1	25,0
0,26	34,5	29,9	27,8	26,8	26,4	26,3	26,3	26,3	26,1	25,7	25,0	24,1
0,28	32,7	28,6	26,6	25,5	25,2	25,1	25,1	25,0	24,9	24,6	24,0	23,2
0,30	31,2	27,4	25,5	24,5	24,1	24,0	24,0	23,9	23,8	23,6	23,1	22,4
0,32	29,8	26,3	24,5	23,6	23,2	23,0	23,0	23,0	22,9	22,7	22,3	21,7
0,34	28,5	25,3	23,6	22,7	22,3	22,1	22,1	22,1	22,1	21,9	21,6	21,0
0,36	27,3	24,4	22,8	22,0	21,5	21,4	21,3	21,3	21,3	21,2	20,9	20,4
0,38	26,2	23,5	22,1	21,3	20,9	20,7	20,6	20,6	20,6	20,5	20,3	19,9
0,40	25,2	22,8	21,4	20,6	20,2	20,0	20,0	20,0	20,0	19,9	19,7	19,3
0,42	24,3	22,0	20,8	20,0	19,6	19,5	19,4	19,4	19,4	19,3	19,1	18,8
0,44	23,5	21,4	20,2	19,5	19,1	18,9	18,9	18,9	18,9	18,8	18,7	18,4
0,46	22,7	20,8	19,6	19,0	18,6	18,4	18,4	18,4	18,4	18,3	18,2	18,0
0,48	21,9	20,2	19,1	18,5	18,2	18,0	17,9	17,9	17,9	17,9	17,8	17,6
0,50	21,3	19,6	18,7	18,1	17,7	17,6	17,5	17,5	17,5	17,5	17,4	17,2
0,55	19,7	18,4	17,6	17,1	16,8	16,6	16,6	16,5	16,5	16,5	16,5	16,3
0,60	18,4	17,4	16,7	16,2	16,0	15,8	15,8	15,7	15,7	15,7	15,7	15,6
0,65	17,2	16,4	15,9	15,5	15,3	15,1	15,1	15,1	15,1	15,1	15,1	15,0
0,70	16,2	15,6	15,1	14,8	14,7	14,5	14,5	14,5	14,5	14,5	14,4	14,4
0,75	15,3	14,8	14,5	14,3	14,1	14,0	14,0	13,9	13,9	13,9	13,9	13,9
0,80	14,5	14,2	13,9	13,7	13,6	13,5	13,5	13,5	13,5	13,5	13,5	13,4
0,90	13,1	13,0	12,9	12,8	12,7	12,7	12,7	12,7	12,7	12,7	12,7	12,7
1,00	12,0	12,0	12,0	12,0	12,0	12,0	12,0	12,0	12,0	12,0	12,0	12,0

Beispiel $b = 1{,}50$ m; $b_0 = 0{,}30$ m; $d = 0{,}15$ m; $d_0 = 0{,}60$ m. Für $b_0/b = 0{,}30/1{,}50 = 0{,}20$ und $d/d_0 = 0{,}15/0{,}60 = 0{,}25$ erhält man aus der Tafel $\mu = 31{,}4$; $I_{\mathrm{s}} = 1{,}50\cdot0{,}60^3/31{,}5 = 0{,}0103$ m^4.

4.4.3.4 Normierung der Querschnittswerte

Bei der Urberechnung der Querschnittswerte ist das Bezugssystem ($O = D$ und y- bzw. z-Richtung) willkürlich festgelegt worden. Im allg. führt das zu einer voll besetzten Querschnittswertematrix. Dadurch sind Schnittgrößen und Formänderungen in der Beziehung $\bar{S}_0 = E_{verb}\bar{A}\bar{K}$ gekoppelt, d. h. sie können nicht in Einzelbeziehungen der Schnittgröße und ihrer zugeordneten Formänderungsgröße ($N = N(u)$, $M_z = M_z(v)$, $M_y = M_y(w)$, $M_\omega = M_\omega(\vartheta)$) ausgedrückt werden. Variieren der Lage des Biegebezugspunktes O, der Richtung des Querschnittskoordinatensystems $(y, z)\varphi$ und des Drillbezugspunktes D beeinflußt den Koppelungsgrad (Abschn. 4.4.3.2). Völlig entkoppelt werden die Beziehungen im Falle $O \to S$ (*Schwerpunkt, Biegeruhepunkt, neutrale Faser*), $\varphi \to \varphi_H$ (*Hauptachsen*) und $D \to M$ (*Schubmittelpunkt, Drillruhepunkt, Drillruheachse*).

Die folgenden Transformationen sind Sonderfälle der allgemeinen Bezugssystem-Transformationen nach Abschn. 4.4.2:

S-Transformation: (*Schwerpunkttransformation*) Verschieben der y-, z- und ω-Bezugsebenen um y_S, z_S und ω_S so, daß die N-u-Beziehung mit den Momenten-Krümmungsbeziehungen entkoppelt wird. Der Koordinatenursprung O verschiebt sich dabei in den Schwerpunkt S.

H-Transformation: (*Hauptachsentransformation*) Verdrehen des auf S bezogenen Koordinatensystems um φ_H so, daß zusätzlich die M_z-v- und M_y-w-Beziehung entkoppelt sind.

M-Transformation: (*Schubmittelpunktstransformation*) Verschieben des Torsionsbezugspunkts D um y_M, z_M in den Schubmittelpunkt M so, daß die M-ϑ-Beziehung mit den übrigen Beziehungen entkoppelt ist. Diese Transformation kann sowohl am S- als auch am H-System durchgeführt werden.

Tafel 14   O → S-Transformation = Schwerpunkttransformation

		Bedingung	
$\bar{A}_S = \begin{pmatrix} 1 & 0 & 0 & 0 \\ -y_S & 1 & 0 & 0 \\ -z_S & 0 & 1 & 0 \\ -\omega_S & 0 & 0 & 1 \end{pmatrix}$ $\begin{aligned} {}^S\vec{a} &= \bar{A}_S\vec{a} \\ {}^S\bar{A} &= \bar{A}_S\bar{A}\bar{A}_S^\mathsf{T} \\ {}^S\vec{S}_0 &= \bar{A}_S\vec{S}_0 \\ {}^S\vec{v}'' &= \bar{A}_S^{\mathsf{T}-1}\vec{v}'' \end{aligned}$		${}^SA_y = {}^SA_z = {}^SA_\omega \equiv 0$ $\to A_z - Az_S = 0$ $\to A_y - Ay_S = 0$ $\to A_\omega - A\omega_S = 0$	$S_z = S_y = S_\omega \equiv 0 :$ $\to S_{z*} - Az_S = 0$ $\to S_{y*} - Ay_S = 0$ $\to S_{\omega*} - A\omega_S = 0$
DIN 1080 T2 4.1.3		DIN 1080 T2 4.1.1	
$z_S = A_z/A$		$z_S = S_{y*}/A$	
${}^Sz = z - z_S$		$y = y_* - y_S$	
${}^SM_y = M_y - Nz_S$	Ebenes System	$M_y = M_{y*} - Nz_S$	
${}^SA = A$ ${}^SA_{zz} = A_{zz} - Az_S^2 = A_{zz} - A_z^2/A$		$A = A_*$ $I_y = I_{y*} - Az_S^2 = I_{y*} - S_{y*}^2/A$	
$y_S = A_y/A$		$y_S = S_{z*}/A$	
${}^Sy = y - y_S$		${}^Sy = y_* - y_S$	
${}^SM_z = M_z + Ny_S$	Räumliches System (+)	$M_z = M_{z*} + Ny_S$	
${}^SA_{yz} = A_{yz} - Ay_Sz_S = A_{yz} - A_yA_z/A$ ${}^SA_{yy} = A_{yy} - Ay_S^2 = A_{yy} - A_y^2/A$		$I_{yz} = I_{yz*} - Ay_Sz_S = I_{yz*} - S_{y*}S_{z*}/A$ $I_z = I_{z*} - Ay_S^2 = I_{z*} - S_{z*}^2/A$	
$\omega_S = A_\omega/A$		$\omega_S = S_\omega/A$	
${}^S\omega = \omega - \omega_S$		${}^S\omega = \omega_* - \omega_S$	
${}^SM_\omega = M_\omega + N\omega_S$	Wölbkrafttorsion (+)	$M_\omega = M_{\omega*} + N\omega_S$	
${}^SA_{y\omega} = A_{y\omega} - Ay_S\omega_S = A_{y\omega} - A_yA_\omega/A$ ${}^SA_{z\omega} = A_{z\omega} - Az_S\omega_S = A_{z\omega} - A_zA_\omega/A$ ${}^SA_{\omega\omega} = A_{\omega\omega} - A\omega_S^2 = A_{\omega\omega} - A_\omega^2/A$		$I_{y\omega} = I_{y\omega*} - Ay_S\omega_S = I_{y\omega*} - S_{z*}S_\omega/A$ $I_{z\omega} = I_{z\omega*} - Az_S\omega_S = I_{z\omega*} - S_{y*}S_\omega/A$ $I_\omega = I_{\omega*} - A\omega_S^2 = I_{\omega*} - S_{\omega*}^2/A$	

Tafel 15   S → H-Transformation = Hauptachsentransformation

$$\Phi_H = \begin{pmatrix} 1 & 0 & 0 & 0 \\ 0 & \cos\varphi_H & \sin\varphi_H & 0 \\ 0 & -\sin\varphi_H & \cos\varphi_H & 0 \\ 0 & 0 & 0 & 1 \end{pmatrix}$$

$^H\vec{a} = \Phi_H\,\vec{a}$
$^H\mathbf{A} = \Phi_H\,\mathbf{A}\,\Phi_H^T$
$^H\vec{S}_0 = \Phi_H\,\vec{S}_0$
$^H\vec{v}'' = \Phi_H^{T-1}\,\vec{v}''$

Bedingung

$^H A_{yz} \equiv 0:$
$$\to\ \frac{^S A_{yy} - {}^S A_{zz}}{2}\sin 2\varphi - {}^S A_{yz}\cos 2\varphi = 0$$

$I_{\eta\zeta} \equiv 0:$
$$\to\ \frac{I_z - I_y}{2}\sin 2\varphi - I_{yz}\cos 2\varphi = 0$$

DIN 1080 T2 4.1.3 | *Räumliches System* | **DIN 1080 T2 4.1.1**

$$\varphi_H = \begin{cases} \dfrac{1}{2}\arctan\dfrac{2\,^S A_{yz}}{^S A_{yy} - {}^S A_{zz}} & {}^S A_{yy} \neq {}^S A_{zz} \\[2mm] \underbrace{\pi/4}_{{}^S A_{yz}\neq 0}\quad \underbrace{0\ldots 2\pi}_{{}^S A_{yz}=0} & {}^S A_{yy} = {}^S A_{zz} \end{cases}$$

$$\varphi_H = \begin{cases} \dfrac{1}{2}\arctan\dfrac{2\,I_{yz}}{I_z - I_y} & I_y \neq I_z \\[2mm] \underbrace{\pi/4}_{I_{yz}\neq 0}\quad \underbrace{0\ldots 2\pi}_{I_{yz}=0} & I_y = I_z \end{cases}$$

$^H y = {}^S z\,\sin\varphi_H + {}^S y\,\cos\varphi_H$
$^H z = {}^S z\,\cos\varphi_H - {}^S y\,\sin\varphi_H$

$\eta = z\,\sin\varphi_H + y\,\cos\varphi_H$
$\zeta = z\,\cos\varphi_H - y\,\sin\varphi_H$

$^H M_y = {}^S M_y\,\sin\varphi_H + {}^S M_z\,\cos\varphi_H$
$^H M_z = {}^S M_y\,\cos\varphi_H - {}^S M_z\,\sin\varphi_H$

$M_\eta = M_y\,\sin\varphi_H + M_z\,\cos\varphi_H$
$M_\zeta = M_y\,\cos\varphi_H - M_z\,\sin\varphi_H$

$^H A = A$

$$^H A_{yy,zz} = \begin{cases} \dfrac{^S A_{yy} + {}^S A_{zz}}{2} \pm \dfrac{^S A_{yy} - {}^S A_{zz}}{2}\sqrt{1+\tan^2\varphi_H} & {}^S A_{yy} \neq {}^S A_{zz} \\[2mm] \underbrace{^S A_{yy} \pm {}^S A_{yz}}_{{}^S A_{yz}\neq 0}\quad \underbrace{^S A_{yy} \equiv {}^S A_{zz}}_{{}^S A_{yz}=0} & {}^S A_{yy} = {}^S A_{zz} \end{cases}$$

$A_H = A$

$$I_{\eta,\zeta} = \begin{cases} \dfrac{I_z + I_y}{2} \mp \dfrac{I_z - I_y}{2}\sqrt{1+\tan^2 2\varphi_H} & I_y \neq I_z \\[2mm] \underbrace{I_z \mp I_{yz}}_{I_{yz}\neq 0}\quad \underbrace{I_y \equiv I_z}_{I_{yz}=0} & I_y = I_z \end{cases}$$

(Wölbkrafttorsion (+))

$^H\omega = {}^S\omega$
$^H M_\omega = {}^S M_\omega$
$^H A_{y\omega} = {}^S A_{z\omega}\,\sin\varphi_H + {}^S A_{y\omega}\,\cos\varphi_H$
$^H A_{z\omega} = {}^S A_{z\omega}\,\cos\varphi_H - {}^S A_{y\omega}\,\sin\varphi_H$
$^H A_{\omega\omega} = {}^S A_{\omega\omega}$

$\omega_{(H)} = \omega$
$M_{\omega(H)} = M_\omega$
$I_{\eta\omega} = I_{z\omega}\,\sin\varphi_H + I_{y\omega}\,\cos\varphi_H$
$I_{\zeta\omega} = I_{z\omega}\,\cos\varphi_H - I_{y\omega}\,\sin\varphi_H$
$I_{\omega(H)} = I_{\omega\omega}$

Tafel 16   S,H → M-Transformation = Schubmittelpunkttransformation

$$\Theta_M = \begin{pmatrix} 1 & 0 & 0 & 0 \\ 0 & 1 & 0 & 0 \\ 0 & 0 & 1 & 0 \\ 0 & z_M & -y_M & 1 \end{pmatrix}$$

$^M\vec{a} = \Theta_M\,\vec{a}$
$^M\mathbf{A} = \Theta_M\,\mathbf{A}\,\Theta_M^T$
$^M\vec{S}_0 = \Theta_M\,\vec{S}_0$
$^M\vec{v}'' = \Theta_M^{T-1}\,\vec{v}''$

Bedingung

$^M A_{y\omega} = {}^M A_{z\omega} \equiv 0:$
$$\to\ \left|\begin{array}{l} ^H A_{z\omega} - {}^H A_{zz}\,\eta_M = 0 \\ ^H A_{y\omega} - {}^H A_{yy}\,\zeta_M = 0 \end{array}\right.$$

$I_{z\omega(M)} = I_{y\omega(M)} \equiv 0:$
$$\to\ \left|\begin{array}{l} I_{\zeta\omega} - I_\eta\,\eta_M = 0 \\ I_{\eta\omega} - I_\zeta\,\zeta_M = 0 \end{array}\right.$$

DIN 1080 T2 4.1.3 | *Wölbkrafttorsion* | **DIN 1080 T2 4.1.1**

$y_M = \dfrac{^S A_{yy}\,^S A_{z\omega} - {}^S A_{yz}\,^S A_{y\omega}}{^S A_{yy}\,^S A_{zz} - {}^S A_{yz}^2}$
$z_M = \dfrac{^S A_{yz}\,^S A_{z\omega} - {}^S A_{zz}\,^S A_{y\omega}}{^S A_{yy}\,^S A_{zz} - {}^S A_{yz}^2}$

$\eta_M = \dfrac{^H A_{z\omega}}{^H A_{zz}}$
$\zeta_M = -\dfrac{^H A_{y\omega}}{^H A_{yy}}$

$y_M = \dfrac{I_z I_{z\omega} - I_{yz}I_{y\omega}}{I_y I_z - I_{yz}^2}$
$z_M = \dfrac{I_{yz}I_{z\omega} - I_y I_{y\omega}}{I_y I_z - I_{yz}^2}$

$\eta_M = \dfrac{I_{\zeta\omega}}{I_\eta}$
$\zeta_M = -\dfrac{I_{\eta\omega}}{I_\zeta}$

$^{MS}y = {}^S y; \quad {}^{MS}z = {}^S z$
$^{MS}\omega = {}^S\omega + {}^S y\,z_M - {}^S z\,y_M$

$^{MH}y = {}^H y; \quad {}^{MH}z = {}^H z$
$^{MH}\omega = {}^H\omega + {}^H y\,\zeta_M - {}^H z\,\eta_M$

$y_{(M)} = y; \quad z_{(M)} = z$
$\eta_{(M)} = \eta; \quad \zeta_{(M)} = \zeta$
$\omega_{(M)} = \omega + \eta\,\zeta_M - \zeta\,\eta_M$

$^{MS}M_y = {}^S M_y$
$^{MS}M_z = {}^S M_z$
$^{MS}M_\omega = {}^S M_\omega + {}^S M_y\,y_M + {}^S M_z\,z_M$

$^{MH}M_y = {}^H M_y$
$^{MH}M_z = {}^H M_z$
$^{MH}M_\omega = {}^H M_\omega + {}^H M_y\,\eta_M + {}^H M_z\,\zeta_M$

$M_{y(M)} = M_y$
$M_{z(M)} = M_z$
$M_{\omega(M)} = M_\omega + M_y\,y_M + M_z\,z_M$

$M_{\eta(M)} = M_\eta$
$M_{\zeta(M)} = M_\zeta$
$M_{\omega(M)} = M_\omega + M_\eta\,\eta_M + M_\zeta\,\zeta_M$

$^M A = A$
$^{MS}A_{yy} = {}^S A_{yy}$
$^{MS}A_{yz} = {}^S A_{yz}$
$^{MS}A_{zz} = {}^S A_{zz}$
$^{MS}A_{\omega\omega} = {}^S A_{\omega\omega} - {}^S A_{z\omega}\,y_M + {}^S A_{y\omega}\,z_M$

$^M A = A$
$^{MH}A_{yy} = {}^H A_{yy}$
$^{MH}A_{yz} = 0$
$^{MH}A_{zz} = {}^H A_{zz}$
$^{MH}A_{\omega\omega} = {}^H A_{\omega\omega} - {}^H A_{z\omega}\,\eta_M + {}^H A_{y\omega}\,\zeta_M$

$A_{(M)} = A$
$I_{z(M)} = I_z$
$I_{yz(M)} = I_{yz}$
$I_{y(M)} = I_y$
$I_{\omega(M)} = I_{\omega(H)} - I_{z\omega}\,y_M + I_{y\omega}\,z_M$

$A_{(M)} = A$
$I_{\zeta(M)} = I_\zeta$
$I_{\eta\zeta(M)} = 0$
$I_{\eta(M)} = I_\eta$
$I_{\omega(M)} = I_{\omega(H)} - I_{\zeta\omega}\,\eta_M + I_{\eta\omega}\,\zeta_M$

6

4.4.4 Längs- oder Normalspannung

Beliebige Bezugssysteme

Für einen beliebigen Querschnittspunkt (y_i, z_i) gewinnt man die Normalspannung nach Tafel 7 aus

$$\sigma_i = e_{\mu i}\,\vec{a}_i^{\mathsf{T}}\vec{A}^{-1}\,\vec{S}_o \begin{cases} e_{\mu i} & \text{Materialkennwert (s. Tafel 7)} \\ \vec{a}_i = \vec{a}(y_i, z_i) & \text{Einheitsverschiebungstupel (s. Tafel 7)} \\ \vec{A} = \vec{A}(x) & \text{Querschnittswerte – Matrix (s. Tafel 7)} \\ \vec{S}_o = \vec{S}_o(x) & \text{Normalspannungenerzeugende Schnittgrößen (s. Tafel 7)} \end{cases}$$

Die Spannungen in mehreren Querschnittspunkten $1 \ldots i \ldots n$ und für mehrere Lastfälle $1 \ldots k \ldots m$ können in einem Arbeitsgang berechnet werden, wenn die Einheitsverschiebungstupel und die Schnittgrößen zu Matrizen zusammengefaßt werden:

$$\vec{\sigma} = \overrightarrow{(e_\mu \vec{a})}^{\mathsf{T}}\,\vec{A}^{-1}\vec{S}_o \begin{cases} \vec{\sigma} = (\sigma_{ik;\, i\,=\,1\ldots n,\, k\,=\,1\ldots m}) \\ \overrightarrow{(e_\mu \vec{a})} = ((e_\mu \vec{a})_{i;\, i\,=\,1\ldots n}) \cdot \\ \vec{S}_o = (\vec{S}_{ok;\, k\,=\,1\ldots m}) \end{cases}$$

Normierte Bezugssysteme

Sind alle Größen auf Schwer- oder Hauptachsen sowie ggf. auf den Schubmittelpunkt bezogen, können die Normalspannungen nach Tafel 17 berechnet werden.

Tafel 17 Berechnungsformel für Längs- oder Normalspannungen in der Faser f mit Hilfe von Widerstandsmomenten

DIN 1080 T2 4.1.3		DIN 1080 T2 4.1.1	
Bezogen auf Schwerpunktsystem	Bezogen auf Hauptachsen	Bezogen auf Schwerpunktsystem	Bezogen auf Hauptachsen
Ebene Biegung mit Längskraft			
$\sigma_f = e_{\mu,f}\left(\dfrac{N}{A} + \dfrac{{}^{S}M_y}{{}^{S}W_{y,f}}\right) = e_{\mu,f}\left(\dfrac{N}{A} + \dfrac{{}^{H}M_y}{{}^{H}W_{y,f}}\right)$		$\sigma_f = e_{\mu,f}\left(\dfrac{N}{A} + \dfrac{M_y}{W_{y,f}}\right) = e_{\mu,f}\left(\dfrac{N}{A} + \dfrac{M_\eta}{W_{\eta,f}}\right)$	
${}^{S}W_{y,f} = {}^{S}A_{zz}/{}^{S}z_f \equiv {}^{H}W_{y,f} = {}^{H}A_{zz}/{}^{H}z_f$		$W_{y,f} = I_y/z_f \equiv W_{\eta,f} = I_\eta/\zeta_f$	
Räumliche Biegung mit Längskraft (Widerstandsmomente wie bei Wölbkrafttorsion)			
$\sigma_f = e_{\mu,f}\left(\dfrac{N}{A} + \dfrac{{}^{S}M_y}{{}^{S}W_{y,f}} + \dfrac{{}^{S}M_z}{{}^{S}W_{z,f}}\right)$	$\sigma_f = e_{\mu,f}\left(\dfrac{N}{A} + \dfrac{{}^{H}M_y}{{}^{H}W_{y,f}} - \dfrac{{}^{H}M_z}{{}^{H}W_{z,f}}\right)$	$\sigma_f = e_{\mu,f}\left(\dfrac{N}{A} + \dfrac{M_y}{W_{y,f}} - \dfrac{M_z}{W_{z,f}}\right)$	$\sigma_f = e_{\mu,f}\left(\dfrac{N}{A} + \dfrac{M_\eta}{W_{\eta,f}} - \dfrac{M_\zeta}{W_{\zeta,f}}\right)$
Räumliche Biegung mit Längskraft und Wölbkrafttorsion			
$\sigma_f = e_{\mu,f}\left(\dfrac{N}{A} + \dfrac{{}^{S}M_y}{{}^{S}W_{y,f}} \right.$ $\left. - \dfrac{{}^{S}M_z}{{}^{S}W_{z,f}} - \dfrac{{}^{M}M_\omega}{{}^{M}W_{\omega,f}}\right)$	$\sigma_f = e_{\mu,f}\left(\dfrac{N}{A} + \dfrac{{}^{H}M_y}{{}^{H}W_{y,f}} \right.$ $\left. - \dfrac{{}^{H}M_z}{{}^{H}W_{z,f}} - \dfrac{{}^{M}M_\omega}{{}^{M}W_{\omega,f}}\right)$	$\sigma_f = e_{\mu,f}\left(\dfrac{N}{A} + \dfrac{M_y}{W_{y,f}} \right.$ $\left. - \dfrac{M_z}{W_{z,f}} - \dfrac{M_{\omega(M)}}{W_{\omega,f(M)}}\right)$	$\sigma_f = e_{\mu,f}\left(\dfrac{N}{A} + \dfrac{M_\eta}{W_{\eta,f}} \right.$ $\left. - \dfrac{M_\zeta}{W_{\zeta,f}} - \dfrac{M_{\omega(M)}}{W_{\omega,f(M)}}\right)$
${}^{S}W_{z,f} = \dfrac{{}^{S}A_{yy}{}^{S}A_{zz} - {}^{S}A_{yz}^2}{{}^{S}y_f{}^{S}A_{zz} - {}^{S}z_f{}^{S}A_{yz}}$	${}^{H}W_{z,f} = {}^{H}A_{zz}/{}^{H}z_f$	$W_{z,f} = \dfrac{I_y I_z - I_{yz}^2}{y_f I_z - z_f I_{yz}}$	$W_{\eta,f} = I_\eta/\zeta_f$
${}^{S}W_{y,f} = \dfrac{{}^{S}A_{yy}{}^{S}A_{zz} - {}^{S}A_{yz}^2}{{}^{S}y_f{}^{S}A_{yz} - {}^{S}z_f{}^{S}A_{yy}}$	${}^{H}W_{y,f} = {}^{H}A_{yy}/{}^{H}y_f$	$W_{y,f} = \dfrac{I_y I_z - I_{yz}^2}{y_f I_{yz} - z_f I_z}$	$W_{\zeta,f} = I_\zeta/\eta_f$
${}^{M}W_{\omega,f} = {}^{M}A_{\omega\omega}/{}^{M}\omega_f$	${}^{M}W_{\omega,f} = {}^{M}A_{\omega\omega}/{}^{M}\omega_f$	$W_{\omega,f(M)} = I_{\omega(M)}/\omega_{f(M)}$	$W_{\omega,f(M)} = I_{\omega(M)}/\omega_{f(M)}$

4.4.5 Schnittgrößen und Achsverformung

Die Schnittgrößen $\vec{S}_o$ und die Formänderungen $\vec{K}$ können wie die Querschnittswerte aus dem ursprünglichen O-Koordinatensystem in das DS-, DH-, MS- oder MH-Koordinatensystem transformiert werden.

q_x, q_y und q_z sind darin die Lasten/Stablänge in x-, y- bzw. z-Richtung des zugrundegelegten Bezugssystems, m_ω die Wölbkrafttorsion verursachende Momentenlast/Stablänge.

Tafel 18   Transformation der Schnittgrößen und Formänderungen

	Ausgangsbezugssystem (siehe Normierung)			
O-System	DS-normiert	DH-normiert	MS-normiert	MH-normiert
$\vec{S}_0$	${}^S\vec{S}_0 = \Lambda_S\,\vec{S}_0$	${}^H\vec{S}_0 = \Phi_H\,{}^S\vec{S}_0$	${}^{MS}\vec{S}_0 = {}^S\Theta_M\,{}^S\vec{S}_0$	${}^{MH}\vec{S}_0 = {}^H\Theta_M\,{}^H\vec{S}_0$
$\vec{K}$	${}^S\vec{K} = \Lambda_S^{\,T-1}\,\vec{K}$	${}^H\vec{K} = \Phi_H^{\,T-1}\,{}^S\vec{K}$	${}^{MS}\vec{K} = {}^S\Theta_M^{\,T-1}\,{}^S\vec{K}$	${}^{MH}\vec{K} = {}^H\Theta_M^{\,T-1}\,{}^H\vec{K}$

Tafel 19   Differentialgleichung der Längung, Biegung und Wölbdrillung (Elastizitätstheorie I. Ordnung)

Größe	Ausgangsbezugssystem (siehe Normierung)				
	O-System	DS-normiert	DH-normiert	MS-normiert	MH-normiert
$\vec{S}_0$	$E_{verb}\bar{A}\vec{K}$	$E_{verb}\,{}^S\bar{A}\,{}^S\vec{K}$	$E_{verb}\,{}^H\bar{A}\,{}^{MH}\vec{K}$	$E_{verb}\,{}^{MS}\bar{A}\,{}^{MS}\vec{K}$	$E_{verb}\,{}^{MH}\bar{A}\,{}^{MH}\vec{K}$
$\vec{K}$	$\dfrac{1}{E_{verb}}\bar{A}^{-1}\vec{S}_0$	$\dfrac{1}{E_{verb}}\,{}^S\bar{A}^{-1\,S}\vec{S}_0$	$\dfrac{1}{E_{verb}}\,{}^H\bar{A}^{-1\,H}\vec{S}_0$	$\dfrac{1}{E_{verb}}\,{}^{MS}\bar{A}^{-1\,MS}\vec{S}_0$	$\dfrac{1}{E_{verb}}\,{}^{MH}\bar{A}^{-1\,MH}\vec{S}_0$

	Ausführliche Darstellung			
Größe	DIN 1080 T2 4.1.3		DIN 1080 T2 4.1.1	
	SM-normiert	HM-normiert	SM-normiert	HM-normiert
u'	$\dfrac{1}{E_{verb}A}\,N$		$\dfrac{1}{E_{verb}A}\,N$	
v''	$\dfrac{1}{E_{verb}}\left[\dfrac{{}^S A_{zz}}{{}^S A_{yy}\,{}^S A_{zz}-{}^S A_{yz}^2}\,{}^S M_z + \dfrac{{}^S A_{yz}}{{}^S A_{yy}\,{}^S A_{zz}-{}^S A_{yz}^2}\,{}^S M_y\right]$	$\dfrac{1}{E_{verb}\,{}^H A_{yy}}\,{}^H M_z$	$\dfrac{1}{E_{verb}}\left[\dfrac{I_y}{I_y I_z - I_{yz}^2}\,M_z + \dfrac{I_{yz}}{I_y I_z - I_{yz}^2}\,M_y\right]$	$\dfrac{1}{E_{verb}I_\zeta}\,M_\zeta$
w''	$-\dfrac{1}{E_{verb}}\left[\dfrac{{}^S A_{yz}}{{}^S A_{yy}\,{}^S A_{zz}-{}^S A_{yz}^2}\,{}^S M_z + \dfrac{{}^S A_{yy}}{{}^S A_{yy}\,{}^S A_{zz}-{}^S A_{yz}^2}\,{}^S M_y\right]$	$-\dfrac{1}{E_{verb}\,{}^H A_{zz}}\,{}^H M_y$	$-\dfrac{1}{E_{verb}}\left[\dfrac{I_{yz}}{I_y I_z - I_{yz}^2}\,M_z + \dfrac{I_z}{I_y I_z - I_{yz}^2}\,M_y\right]$	$-\dfrac{1}{E_{verb}I_\eta}\,M_\eta$
ϑ''	$\dfrac{1}{E_{verb}\,{}^M A_{\omega\omega}}\,{}^M M_\omega$		$\dfrac{1}{E_{verb}I_{\omega(M)}}\,M_{\omega(M)}$	
u''	$\dfrac{1}{E_{verb}A}\,q_x$		$\dfrac{1}{E_{verb}A}\,q_x$	
v'''	$\dfrac{1}{E_{verb}}\left[\dfrac{{}^S A_{zz}}{{}^S A_{yy}\,{}^S A_{zz}-{}^S A_{yz}^2}\,{}^S q_y - \dfrac{{}^S A_{yz}}{{}^S A_{yy}\,{}^S A_{zz}-{}^S A_{yz}^2}\,{}^S q_z\right]$	$\dfrac{1}{E_{verb}\,{}^H A_{yy}}\,{}^H q_y$	$\dfrac{1}{E_{verb}}\left[\dfrac{I_y}{I_y I_z - I_{yz}^2}\,q_y - \dfrac{I_{yz}}{I_y I_z - I_{yz}^2}\,q_z\right]$	$\dfrac{1}{E_{verb}I_\zeta}\,q_\eta$
w'''	$-\dfrac{1}{E_{verb}}\left[\dfrac{{}^S A_{yz}}{{}^S A_{yy}\,{}^S A_{zz}-{}^S A_{yz}^2}\,{}^S q_y + \dfrac{{}^S A_{yy}}{{}^S A_{yy}\,{}^S A_{zz}-{}^S A_{yz}^2}\,{}^S q_z\right]$	$-\dfrac{1}{E_{verb}\,{}^H A_{zz}}\,{}^H q_z$	$-\dfrac{1}{E_{verb}}\left[\dfrac{I_{yz}}{I_y I_z - I_{yz}^2}\,q_y + \dfrac{I_z}{I_y I_z - I_{yz}^2}\,q_z\right]$	$-\dfrac{1}{E_{verb}I_\eta}\,q_\zeta$
ϑ'''	$\dfrac{1}{E_{verb}\,{}^M A_{\omega\omega}}\,{}^M m_\omega$		$\dfrac{1}{E_{verb}I_{\omega(M)}}\,m_{\omega(M)}$	

4.4.6 Formänderung unter Temperatureinwirkung

Unterschiedliche Temperaturänderungen T_1 und T_2 gegenüberliegender Profiloberflächen werden zerlegt in eine gleichmäßige Temperaturänderung T in der Schwerlinie und die Temperaturdifferenz $\Delta T = T_2 - T_1$, Bild 29. Die Temperaturdifferenz ΔT führt dazu, daß die freie Stabachse die Form eines

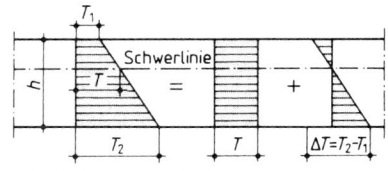

Bild 29   Temperaturänderung

6

Kreisbogens annimmt mit der Krümmung

$$\frac{1}{R} = \frac{\Delta T \cdot \alpha_t}{h} \qquad \begin{array}{l} \alpha_t \ \text{Temperaturdehnzahl} \\ h \ \text{Profilhöhe} \end{array}$$

4.5 Schubspannungen, Formänderungen aus Schubverzerrung

4.5.1 Geometrie und Elementverformung

Der auf der Grundlage der Bernoulli-Hypothese berechnete Normalspannungszustand infolge Biegung unter Querlasteinfluß hat einen Schubspannungszustand zur Folge, unter dem sich der Querschnitt nach Maßgabe der Querkraft verwölbt (Bild 38). Um nicht in Widerspruch zur Annahme des ebenbleibenden Querschnitts zu geraten, werden Mittelwerte der Schubverzerrung γ_{zm} und γ_{ym} gebildet und die Querschnitte auch unter Schubeinfluß als ebenbleibend angesehen. Bei gedrungenen Stäben ist diese vereinfachende Annahme nicht mehr gerechtfertigt. Deshalb ist die Anwendung der auf der Bernoulli-Hypothese entwickelten Beziehungen auf schlanke Stäbe beschränkt!

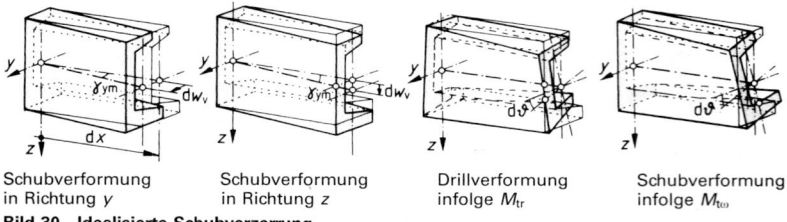

| Schubverformung in Richtung y | Schubverformung in Richtung z | Drillverformung infolge M_{tr} | Schubverformung infolge $M_{t\omega}$ |

Bild 30 Idealisierte Schubverzerrung

Außer bei Stäben mit Kreis- oder Kreisringquerschnitt verwölben sich die Querschnitte auch infolge Torsion. Im Gegensatz zu den Verhältnissen bei Biegung kann bei der Herleitung der Schnittgrößen-Spannungs-Beziehungen der Torsion nicht generell vom Ebenbleiben der Querschnitte ausgegangen werden. Allerdings führt die mit der Stabverwindung im allg. einhergehende Querschnittsverwölbung nicht unter allen Umständen zu Faserdehnungen, nämlich dann nicht, wenn sich alle Querschnitte im Stab im gleichen Maße (parallel) verwölben.

Dieser Fall ist bei prismatischen Stäben mit konstanter Torsionsbeanspruchung gegeben, wenn die Endquerschnitte nicht durch Einspannung in die ebene Form gezwungen werden, sondern sich bei „Gabellagerung" ganz am Stabende frei verwölben können.

Dieser Beanspruchungsfall wird als „r e i n e   T o r s i o n" oder „St. V e n a n t s c h e   T o r s i o n" bezeichnet. Er verursacht im Querschnitt einen reinen Schubspannungszustand. Wird die Verwölbung durch Zwang behindert (Einspannung, Querschnittsänderung) oder verändert sich das Torsionsmoment über die Stablänge, dann treten Faserdehnungen und damit Längsspannungen auf; der den Längsspannungszustand verursachende Torsionsanteil heißt W ö l b k r a f t t o r s i o n. Bei schlanken Stäben mit Vollquerschnitten hat die Wölbkrafttorsion im allg. keine entscheidende Bedeutung.

4.5.2 Querkraftgleicher Schub- oder Tangentialspannungszustand

Spaltet man das Stabelement durch einen Längsschnitt (Bild 31) in zwei Teile, so herrscht in der neu erzeugten Schnittfläche im allg. ein Spannungszustand. (r, s und t bilden das schnittorientierte Koordinatensystem. r ist parallel x, s die zur Spaltfläche normale Richtung und t verläuft in der Spur der Spaltfläche mit der y-z-Ebene; s und t sind im allg. nicht parallel zu y und z.)

Die Normalspannungen σ_s in dieser Fläche sind bei Stäben allenfalls an Einleitungsstellen großer Einzellasten von Bedeutung. Von Interesse ist hingegen der Schubspannungszustand τ_{rs}.

Werden längs t_τ unterschiedliche Materialien ($\mu = 1 \ldots m$) durchschnitten, so gilt für den Materialbereich μ:

$$\tau_\mu = \frac{G_\mu}{\sum\limits_{(\mu)} G_\mu t_{\tau\mu}} \vec{A}_\tau^{\mathsf{T}} \bar{A}^{-1} \vec{S}_\tau \approx \frac{e_\mu}{\sum\limits_{(\mu)} e_\mu t_{\tau\mu}} \vec{A}_\tau^{\mathsf{T}} \bar{A}^{-1} \vec{S}_\tau \, .$$

Gleichgewicht am Elementabschnitt in Richtung x:

$$\mathrm{d}x \int\limits_{(t_\tau)} \tau_{sr} \, \mathrm{d}t = \int\limits_{(A_r)} \frac{\partial \sigma}{\partial x} \mathrm{d}A \, \mathrm{d}x \, .$$

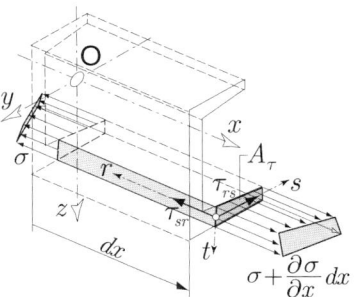

Nach Tafel 7 ist der Normalspannungszuwachs

$$\frac{\partial \sigma}{\partial x} = e_\mu a^{\mathsf{T}} \bar{A}^{-1} \vec{S}_\sigma' \, ,$$

wobei $\quad \vec{S}_\sigma' = \vec{S}_\tau = \begin{pmatrix} N' \\ -M_z' \\ M_y' \\ -M_\omega' \end{pmatrix} = \begin{pmatrix} 0 \\ V_y \\ V_z \\ V_\omega \end{pmatrix}$

Bild 31 Spannungen am Elementabschnitt

die Querkräfte einschließlich des Wölbtorsionsmomentes $M_{\tau\omega} = V_\omega$ enthält.[1]) Daraus folgt

$$\int\limits_{(t_\tau)} \tau_{sr} \, \mathrm{d}t = \int\limits_{(A_r)} e_\mu a^{\mathsf{T}} \, \mathrm{d}A \, \bar{A}^{-1} \vec{S}_\tau = \vec{A}_\tau^{\mathsf{T}} \bar{A}^{-1} \vec{S}_\tau$$

mit den Flächenmomenten 1. Grades des abgetrennten Querschnittsteils:

$$\vec{A}_\tau^{\mathsf{T}} = (A_\tau A_{y\tau} A_{z\tau} A_{\omega\tau}) \, .$$

Die Verteilung der Schubspannung $\tau_{rs} = \tau_{xs}$ über die Schnittbreite t_τ ist nicht ohne weiteres bestimmbar. Im allg. darf unter der Voraussetzung kürzester Schnittführung von Querschnittsrand zu Querschnittsrand etwa Gleichverteilung $\tau_{rsm} = \tau_{xsm}$ über t_τ angenommen werden:

Schubspannung längs t_τ:

$$\tau_{rsm} = \tau_{xsm} = \tau = \frac{1}{t_\tau} \vec{A}_\tau^{\mathsf{T}} \bar{A}^{-1} \vec{S}_\tau \, .$$

Tafel 20 Schubspannung τ_μ im Materialbereich $\mu = 1 \ldots m$

Allgemein

$\tau = \dfrac{1}{t_\tau} \vec{A}_\tau^{\mathsf{T}} \bar{A}^{-1} \vec{S}_\tau$	Werden in Verbundquerschnitten unterschiedliche Materialien durchschnitten, so ist allgemein für den Materialbereich μ anstelle von t_τ $\dfrac{\sum\limits_{(\mu = 1 \ldots m)} G_\mu t_{\tau\mu}}{G_\mu}$ einzusetzen.

DIN 1080 T2 4.1.3		DIN 1080 T2 4.1.1	
Bezogen auf Schwerpunktsystem	Bezogen auf Hauptachsen	Bezogen auf Schwerpunktsystem	Bezogen auf Hauptachsen
Ebene Biegung mit Längskraft			
$\tau = \dfrac{1}{t_\tau} \dfrac{{}^S A_{z\tau}}{{}^S A_{zz}} V_z \equiv \dfrac{1}{t_\tau} \dfrac{{}^H A_{z\tau}}{{}^H A_{zz}} V_z$		$\tau = \dfrac{V S_\tau}{t_\tau I}$	$(V = V_z;\ S_\tau = S_{z\tau};\ I = I_y)$
Räumliche Biegung mit Längskraft			
$\tau = \dfrac{1}{t_\tau} \left[\dfrac{{}^S A_{z\tau} {}^S A_{zz} - {}^S A_{z\tau} {}^S A_{yz}}{{}^S A_{yy} {}^S A_{zz} - {}^S A_{yz}^2} V_y \right.$ $\left. + \dfrac{{}^S A_{z\tau} {}^S A_{yy} - {}^S A_{y\tau} {}^S A_{yz}}{{}^S A_{yy} {}^S A_{zz} - {}^S A_{yz}^2} V_z \right]$	$\tau = \dfrac{1}{t_\tau} \left[\dfrac{{}^H A_{y\tau}}{{}^H A_{yy}} V_y + \dfrac{{}^H A_{z\tau}}{{}^H A_{zz}} V_z \right]$	$\tau = \dfrac{1}{t_\tau} \left[\dfrac{S_{z\tau} I_y - S_{y\tau} I_{yz}}{I_y I_z - I_{yz}^2} V_y \right.$ $\left. + \dfrac{S_{y\tau} I_z - S_{z\tau} I_{yz}}{I_y I_z - I_{yz}^2} V_z \right]$	$\tau = \dfrac{1}{t_\tau} \left[\dfrac{S_{\zeta\tau}}{I_\eta} V_\eta + \dfrac{S_{\eta\tau}}{I_\eta} V_\zeta \right]$

[1]) N', die Änderung der Längskraft zu berücksichtigen ist nur sinnvoll, wenn auch der äußere und innere Längslastangriff am abgespaltenen Elementteil berücksichtigt wird.

Tafel 20 Fortsetzung

Räumliche Biegung mit Längskraft und Wölbkrafttorsion

$$\tau = \frac{1}{t_\tau}\left[\frac{{}^S\!A_{y\tau}\,{}^S\!A_{zz} - {}^S\!A_{z\tau}\,{}^S\!A_{yz}}{{}^S\!A_{yy}\,{}^S\!A_{zz} - {}^S\!A_{yz}^2}\,V_y\right.$$
$$+ \frac{{}^S\!A_{z\tau}\,{}^S\!A_{yy} - {}^S\!A_{y\tau}\,{}^S\!A_{yz}}{{}^S\!A_{yy}\,{}^S\!A_{zz} - {}^S\!A_{yz}^2}\,V_z$$
$$\left.+ \frac{{}^{MS}\!A_{\omega\tau}}{{}^M\!A_{\omega\omega}}\,V_z\right]$$

$$\tau = \frac{1}{t_\tau}\left[\frac{{}^H\!A_{y\tau}}{{}^H\!A_{yy}}\,V_y + \frac{{}^H\!A_{z\tau}}{{}^H\!A_{zz}}\,V_z\right.$$
$$\left.+ \frac{{}^{MH}\!A_{\omega\tau}}{{}^{MH}\!A_{\omega\omega}}\right]$$

$$\tau = \frac{1}{t_\tau}\left[\frac{S_{z\tau}\,I_y - S_{y\tau}\,I_{yz}}{I_y I_z - I_{yz}^2}\,V_y\right.$$
$$+ \frac{S_{y\tau}\,I_z - S_{z\tau}\,I_{yz}}{I_y I_z - I_{yz}^2}\,V_z$$
$$\left.+ \frac{S_{\omega\tau(M,S)}}{I_{\omega(M,S)}}\,M_{\omega(M,S)}\right]$$

$$\tau = \frac{1}{t_\tau}\left[\frac{S_{\zeta\tau}}{I_\zeta}\,V_\eta + \frac{S_{\eta\tau}}{I_\eta}\,V_\zeta\right.$$
$$\left.+ \frac{S_{\omega\tau(M,H)}}{I_{\omega(M,H)}}\,M_{\omega(M,H)}\right]$$

Beispiel Homogener Rechteckquerschnitt
Das Maximum des Flächenmomentes 1. Grades ergibt sich für eine an der Schwerachse begrenzte Teilfläche des Querschnitts. Folglich treten die größen Schubspannungen aus Querkraftbiegung längs der Schwerachsen auf.
Es ist ${}^S\!A_{z\tau} = b\,d^2/8$; $A = bd$ und ${}^S\!A_{zz} = b\,d^3/12$

$$\text{somit } \max \tau = \frac{b\,d^2/8}{b\,b\,d^3/12}\,V_z = \frac{3}{2}\,\frac{V_z}{A}$$

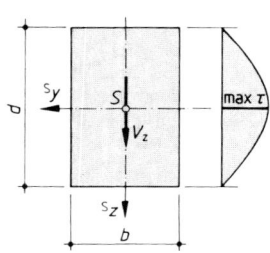

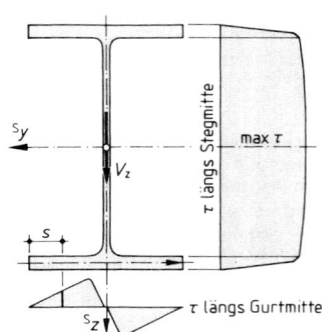

Bild 32 Schubspannungen in der neutralen Achse des Rechteckquerschnitt   **Bild 33 Schubspannungen im HE500B**

Beispiel Träger (HE500B)
(1) τ längs des Steges: (Daten siehe Abschnitt Stahlbau)
$I_y = {}^S\!A_{zz} = 107\,200\ \text{cm}^4$; $S_y = \max {}^S\!A_z = 2410\ \text{cm}^3$;
$S_f = \max {}^S\!A_{zf} = 2130\ \text{cm}^3$; $A_{\text{Steg}} = 68,4\ \text{cm}^2$; $t_{\tau\,\text{Steg}} = (s) = 1,45\ \text{cm}$

In Stegmitte: $\max \tau = \dfrac{2410}{1,45 \cdot 107\,200}\,V_z = 15,504 \cdot 10^{-3}\,[\text{cm}^{-2}]\,V_z$

Am Beginn der Ausrundungen: $\tau_f = \dfrac{2130}{1,45 \cdot 107\,200}\,V_z = 13,703 \cdot 10^{-3}\,[\text{cm}^{-2}]\,V_z$

Bei diesem Profil sind die Unterschiede zwischen den beiden Werten gering; deshalb wird beim Schubspannungsnachweis infolge V_z bei Profilen mit verhältnismäßig dünnem Steg und starken Gurten vielfach mit gleichmäßig über die Stegfläche verteilter Schubspannung gerechnet. Dann ergibt sich:
$$\tau_m = \frac{V_z}{A_{\text{Steg}}} = \frac{1}{68,4}\,V_z = 14,620 \cdot 10^{-3}\,[\text{cm}^{-2}]\,V_z$$

(2) τ längs des Untergurtes:
Der Schnitt durch den Untergurt ist in Richtung der Gurtdicke $t_{\tau\text{UG}} = (t) = 2,8\ \text{cm}$ zu führen. Vom Ende eines Gurtes bis hin zur Ausrundung wird ein rechteckiger Querschnittsteil mit der Fläche $2,8 \cdot s$ ($s = $ Länge des Gurtabschnitts) und dem Achsabstand $z_g = 25 - 2,8/2 = 23,4\ \text{cm}$ abgetrennt. Das zugehörige Flächenmoment 1. Grades beträgt
$$S_{y\tau} = {}^S\!A_{z\tau} = 2,8 \cdot 23,4\ s = 65,52 \cdot \lfloor\text{cm}^2\rfloor\ s. \text{ Demnach ist}$$
$$\tau = \frac{65,52}{2,8 \cdot 107\,200}\,s\,V_z = 0,2183 \cdot 10^{-3}\,[\text{cm}^{-3}]\,s\,V_z. \text{ Am Ausrundungsbeginn ergibt sich}$$
$$\tau = 0,2183 \cdot 10^{-3}((30 - 1,45)/2 - 2,7)\,V_z = 2,527 \cdot 10^{-3}\,[\text{cm}^{-2}]\,V_z$$

4.5.3 Schubspannungen infolge Torsion

Das Prandtlsche Seifenhautgleichnis

Stellt man sich den gedrillten Stab als durch seine Oberfläche gebildetes Rohr vor und über den Querschnitt eine Membran (Seifenhaut) gespannt, die unter Innendruck gesetzt ist, dann lassen sich daraus qualitative Aussagen zur Torsionsschubspannung ableiten. Legt man nämlich an einen Punkt der gekrümmten Membranfläche 2 Tangenten, die Fallinie und die Normale dazu, so gibt letztere die Richtung der Schubspannung an, während die Neigung der Fallinie gegen die Querschnittsebene ein Maß für den Betrag der Spannung ist.

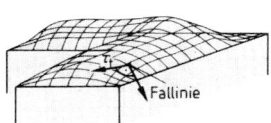

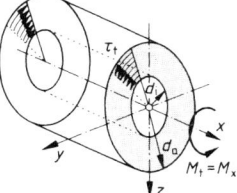

Bild 34 Prandtlsches Seifenhautgleichnis

Bild 35   Torsion des zylindrischen Stabes

Zylindrischer Stab (Kreis- oder Kreisringquerschnitt)

Bei der Torsion zylindrischer Stäbe um die Mittelachse bleiben die Querschnitte eben; die Schubspannungen verlaufen tangential und wachsen linear von 0 im Querschnittsmittelpunkt auf ihren Größtwert max τ_t an der äußeren Zylinderwand. Daraus folgt die Äquivalenz

$$M_t = \int_{r_i}^{r_a} r(r/r_a) \max \tau_t 2\pi r\, dr = \frac{2\pi \max \tau_t}{r_a} \int_{r_i}^{r_a} r^3\, dr = \frac{\pi \max \tau_t}{2r_a}(r_a^4 - r_i^4)$$

$$\rightarrow \max \tau_t = \frac{M_t}{W_t} \quad \text{mit} \quad W_t = \frac{\pi(r_a^4 - r_i^4)}{2r_a} = \frac{\pi(d_a^4 - d_i^4)}{16d_a}$$

Stab mit schlankem Rechteckquerschnitt

Bei der Torsion von Stäben mit schlankem Rechteckquerschnitt baut sich ein laminarer Schubspannungszustand auf, der linear von der Querschnittsmittellinie zum Rand hin von 0 bis max τ_t anwächst. Der *Schubfluß* $T = \frac{1}{2}\frac{t}{2} \max \tau_t$ wirkt in den Schwerpunkten der dreieckförmigen Schubspannungsflächen. Verlagert man den Schubfluß an den Enden näherungsweise in die Stirnseiten, besteht die Äquivalenz

$$M_t = \frac{2}{3}\, tsT + s\,\frac{2}{3}\, tT = \frac{1}{3}\, st^2 \max \tau_t \rightarrow \max \tau_t = \frac{M_t}{W_t} \quad \text{mit} \quad W_t = \frac{1}{3}\, st^2\ .$$

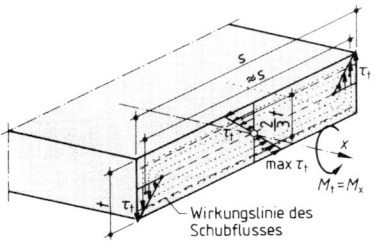

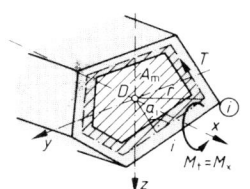

Bild 36   Torsion des Stabes mit schlankem Rechteckquerschnitt

Bild 37   Torsion des Stabes mit einzelligem Hohlquerschnitt

Stab mit einzelligem Hohlquerschnitt ($t \ll s$)

Wegen Längsspannungsfreiheit bei reiner oder St. Venantscher Torsion ist der Schubfluß T in allen Zellwänden gleich: $T_i = T = \text{const.}$ Damit besteht die Äquivalenz

$$M_t = T \sum_{(i)} a_i s_i = 2TA_m \quad \text{mit} \quad 2A_m = \sum_{(i)} \vec{r}_i \times \vec{s}_i = \sum_{(i)} (y_{i-1}z_i - y_i z_{i-1}) \quad \text{und} \quad T = t_i \tau_{ti}$$

$$T = \frac{M_t}{2A_m} \quad \text{(1. Bredtsche Formel)} \rightarrow \max \tau_t = \frac{M_t}{W_t} \quad \text{mit} \quad W_t = 2A_m \min t$$

4.5.4 Schubverformung infolge Querkraft

Am Beispiel der Schubspannungsverteilung des eben beanspruchten Rechteckquerschnitts (Bild 38) wird deutlich, daß die Schubverzerrung $\gamma(z) = \tau(z)/G$ über die Querschnittshöhe in der Einwirkungsebene nicht konstant ist. Sie entspricht der Funktion der Schubspannung, die im Beispielfall parabolisch 2. Grades ist. Aus der Tatsache, daß die Querkraft Verwölbungen Δu_{zV} ($\Delta u_z = u_z - u$; $u =$ Querschnittsverschiebung in Richtung x, $u_z =$ Verschiebung eines Querschnittspunktes in Richtung x) verursacht, folgt, daß bei veränderlicher Querkraft veränderliche Querschnittsverwölbungen und folglich zusätzliche Faserdehnungen auftreten. Die daraus herrührenden Normalspannungen werden als sekundäre Normalspannungen bezeichnet. Sie sind bei schlanken Stäben aber gegenüber den Spannungen infolge Längskraft, Biege- und Wölbbimomenten so gering, daß sie vernachlässigt werden können.

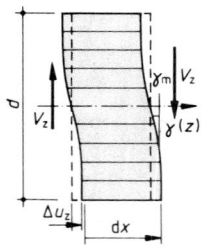

Um die Fiktion des eben bleibenden Querschnitts (Bernoulli-Hypothese) aufrechterhalten zu können, wird der Querschnitt für die Schubverformungsberechnung (Querkraftbiegung) unter dem mittleren Verzerrungswinkel γ_m „eingeebnet". γ_m wird aus der Bedingung gleicher Formänderungsarbeit gewonnen, z. B. in Richtung z:

$$\frac{1}{2} V_z \gamma_{xzm} = \frac{1}{2} \int_{(A)} \tau_{xz} \gamma_{xz} \, dA \rightarrow \gamma_{xzm} = \frac{1}{GV_z} \int_{(A)} \tau_{xz}^2 \, dA$$

Bild 38 Schubverformung des Stabelements

Tafel 21 Schubkrümmung; Differentialgleichung der Schubverformung bei ebener Biegung

	DIN 1080 T2 4.1.3	DIN 1080 T2 4.1.1
Schubkrümmung	$w_V'' = -\dfrac{q}{S}$ mit der Schubsteifigkeit $S = \alpha_V GA$	
Beiwert α_V	$\dfrac{1}{\alpha_V} = \dfrac{1}{S A_{zz}^2} \int_{(A)} \left(\dfrac{S A_{zt}}{t_t}\right)^2 dA$	$\dfrac{1}{\alpha_V} = \dfrac{1}{I_y^2} \int_{(A)} \left(\dfrac{S_{zt}}{t_t}\right)^2 dA$
Rechteckquerschnitt Kreisquerschnitt I-Profile Beispiel IPE 500:	$\alpha_V = 0{,}833$ $\alpha_V = 0{,}844$ $\alpha_V = A_{Steg}/A$ $\alpha_{Vz} = 0{,}426$; $\alpha_{Vy} = 0{,}8333$ $A_{Gurte}/A = 0{,}478$	

4.5.5 Schubverformung infolge Torsion

Stabdrillung ϑ' verursacht die Verdrehung des Endquerschnitts eines Stabelements dx um den Winkel $d\vartheta$.

Stab mit Kreisquerschnitt

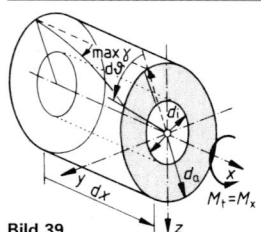

Bild 39 Torsion des zylindrischen Stabes

$$\max \gamma = \frac{d_a \, d\vartheta}{2dx} = \frac{d_a}{2}\vartheta' = \frac{\max \tau_t}{G} = \frac{1}{G} M_t \frac{16 d_a}{\pi(d_a^4 - d_i^4)}$$

$$\rightarrow \vartheta' = \frac{M_t}{GI_t} \quad \text{mit} \quad I_t = \frac{\pi(d_a^4 - d_i^4)}{32}$$

Stab mit schlankem Rechteckquerschnitt

Infolge Drillung verschieben sich die Eckpunkte sowohl in der (ursprünglichen) Querschnittsebene als auch in Längsrichtung wegen Querschnittsverwölbung. Beim Verwölbungsmodell des schlanken Querschnitts bleibt an den Schmalseiten der rechte Winkel zwischen den Stabkanten und dem Querschnittsrand erhalten.

$$\max \gamma = \frac{1}{s/2} \frac{s}{2} \frac{t}{2} \frac{d\vartheta}{dx} \frac{t}{2} + \frac{1}{dx} \, d\vartheta = t\vartheta' = \frac{\max \tau_t}{G} = \frac{1}{G} \frac{M_t}{st^2/3}$$

$$\rightarrow \vartheta' = \frac{M_t}{GI_t} \quad \text{mit} \quad I_t = \frac{st^3}{3}$$

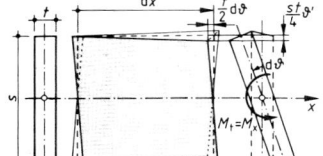

Bild 40 Torsionsverzerrung des Stabes mit schlanken Rechteckquerschnitt

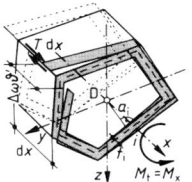

Bild 41 Torsionsverzerrung des Stabes mit einzelligem Hohlquerschnitt

Stab mit einzelligem Hohlquerschnitt ($t \ll s$)

In Bild 41 ist die Wölbverzerrung des Stababschnitts dargestellt, die am aufgeschlitzten Rohr eintreten würde. Der Wölbsprung beträgt (s. Abschn. 4.4.3.3)

$$\omega\vartheta' = \sum_{(i)} a_i s_i \vartheta' = 2A_m \vartheta' \rightarrow \Delta\omega = 2A_m$$

Am ungeschlitzten Rohr erfahren die Zellwände eine solche Schubverzerrung, daß tatsächlich kein Wölbsprung eintritt:

$$\Delta\omega\,\vartheta' = 2A_m\vartheta' = \sum_{(i)} \gamma_i s_i = \sum_{(i)} \frac{T}{Gt_i} s_i = \frac{T}{G}\sum_{(i)} \frac{s_i}{t_i} = \frac{M_t}{G2A_m}\sum_{(i)} \frac{s_i}{t_i}$$

$$\vartheta' = \frac{M_t}{G4A_m^2}\sum_{(i)} \frac{s_i}{t_i} \rightarrow \vartheta' = \frac{M_t}{GI_t} \quad \text{mit} \quad I_t = \frac{4A_m^2}{\sum\limits_{(i)} \frac{s_i}{t_i}} \quad \text{(2. Brendtsche Formel)}$$

Bei gekrümmter Zellwand ist allgemein

$$I_t = \frac{4A_m^2}{\oint \frac{s}{t}\,ds}$$

Bemerkung zum Wölbbimoment

Der Zusammenhang zwischen Wölbbimoment (dim $[M_\omega] = \mathbf{FL}^2$) und dem Wölbkraftanteil des Torsionsmomentes ($M_{t\omega}$) entspricht dem zwischen Biegemoment und Querkraft:

$$V_\omega = M_{t\omega} = -M'_\omega$$

(bei Querlast-Biegung: $V_z = M'_y$)

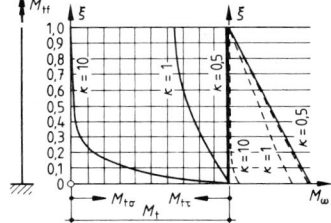

Bild 42 Torsionsanteile in Abhängigkeit von $\varkappa$ (Einzeltorsionsmoment M_{tf} an Kragarmspitze, $\xi = 1$)

Im Gegensatz aber zu den Querkräften V_y und V_z, die jeweils einzige Kraftgrößen ihrer Dimension sind, wird das Torsionsmoment M_t im allg. zwischen reiner (St. Venantscher) und Wölbkraft-Torsion aufgeteilt:

$$M_t = T\vartheta' - W\vartheta''',$$

6

worin der erste Term mit der St. Venantschen Torsionssteifigkeit $T = GI_t$ den Anteil der reinen Torsion (M_{tr}) und der zweite mit der Wölbsteifigkeit $W = EA_{\omega\omega} = EI_\omega$ den Anteil der Wölbkrafttorsion ($M_{t\omega} = V_\omega$) repräsentieren. Daraus folgt die Differentialgleichung der Torsion:

$$\vartheta''' - \frac{\varkappa^2}{l^2}\,\vartheta' = -\frac{M_t}{W} \quad \text{mit dem Eigenwert } \varkappa = l\,\sqrt{T/W}; \quad (l = \text{Abschnittslänge})$$

Bild 42 verdeutlicht die Verhältnisse am unten eingespannten Kragträger für $M_t = \text{const}$ und $\varkappa$-Werte von 0,5, 1 und 10. Für $\varkappa \leq 0,5$ wird der St. Venantsche Torsionsanteil bedeutungslos, während sich für Werte $\varkappa \geq 10$ der Wölbkraftanteil auf eine kurze Zone in Nähe der Wölbbehinderung an der Einspannstelle beschränkt.

Tafel 22   Torsionsflächenmomente 2. Grades und Torsionswiderstandsmomente

Querschnittsform		I_T	W_T	Ort von max τ
Kreis		$\pi\,\dfrac{d^4}{32}$	$\pi\,\dfrac{d^3}{16}$	am Umfang
Kreisring		$\dfrac{\pi}{32}\,(d^4 - d_i^4)$	$\dfrac{\pi}{16}\cdot\dfrac{d^4 - d_i^4}{d}$	am (äußeren) Umfang
dünnwandiger Kreisring $t \ll d$ $d_m = d - t$		$\dfrac{\pi\,d_m^3\,t}{4}$	$\dfrac{\pi\,d_m^2\,t}{2}$	τ ist über die Ringdicke nahezu konstant
Ellipse		$\dfrac{\pi}{16}\cdot\dfrac{a^3 b^3}{a^2 + b^2}$	$\pi\,\dfrac{a b^2}{16}$	beide Berührungspunkte von eingeschriebenem Kreis und Ellipse
Sechseck		$0{,}133\,d^4$	$0{,}188\,d^3$	in der Mitte der Seiten
Achteck		$0{,}130\,d^4$	$0{,}185\,d^3$	

Rechteck	$\alpha\,b^3\,d$						$\beta\,b^2\,d$			Mitten der längeren Seiten
d/b	1,00	1,25	1,50	2,00	3,00	4,00	6,00	10,00	∞	
α	0,140	0,171	0,196	0,229	0,263	0,281	0,299	0,313	0,333	
β	0,208	0,221	0,231	0,246	0,267	0,281				

Walzquerschnitte z.B.	$\eta\cdot\dfrac{1}{3}\sum(d\cdot b^3)$			$\eta\cdot\dfrac{1}{3\cdot b_{max}}\sum(d\cdot b^3)$		Mitte der Längsseiten des dicksten Rechtecks
Profil	I	[	L	T	+	
η	1,30	1,12	1,00	1,12	1,17	

Kastenquerschnitt $t_1, t_2 \ll b$ $t_3, t_4 \ll d$	$\dfrac{4bd}{\dfrac{1}{b}\left(\dfrac{1}{t_1} + \dfrac{1}{t_2}\right) + \dfrac{1}{d}\left(\dfrac{1}{t_3} + \dfrac{1}{t_4}\right)}$	$2bd\min t$	in der Mitte der dünnsten Wand
geschlossener dünnwandiger Querschnitt	allgemein: $\dfrac{4A_m^2}{\oint ds/t}$ für $t = \text{const}$: $\dfrac{4A_m^2\,t}{U}$	$2A_m\min t$	wo der Ring am dünnsten ist

358

4.6 Querschnittskern

In manchen Zusammenhängen — z. B. für Kernpunktmoment-Einflußlinien — interessiert die Frage, bei welcher Wirkungsachse bei *ausschließlichem* Normalkraftangriff die Normalspannung am Querschnittsrand (^Ky, ^Kz) Null wird. Die Frage ist gleichbedeutend mit der nach den Grenzen einer Querschnittszone, innerhalb derer ein resultierender Normalkraftangriff keine Normalspannungen unterschiedlichen Vorzeichens bzw. im Falle einer Druckkraft keine „klaffende Fuge" im Querschnitt erzeugt. Diese Zone heißt *Querschnittskern*. Die Funktion des Kernrandes (^Ky, ^Kz) eines homogenen Querschnitts ohne Wölbkrafttorsion folgt also aus

$$\sigma = {}^R\vec{a}^{\,T}\,\bar{A}^{-1}\,\vec{S}_\sigma({}^Ky,\,{}^Kz) = 0 \quad \text{worin} \quad {}^R\vec{a}^{\,T} = (1\ {}^Ry\ {}^Rz) \quad \text{und} \quad \vec{S}_0({}^Ky,\,{}^Kz) = \begin{pmatrix} 1 \\ {}^Ky \\ {}^Kz \end{pmatrix}.$$

Allgemein ergibt sich daraus die Gleichung für die Tangenten an den Querschnittskern in der Hesseschen Normalform:

$$\frac{{}^Kz}{(-W_y/A)} + \frac{{}^Ky}{(-W_z/A)} = 1$$

Die Widerstandsmomente sind für die Randpunkte zu bilden nach den Regeln in Tafel 17; die Nenner geben die Achsabschnitte der Tangenten an.

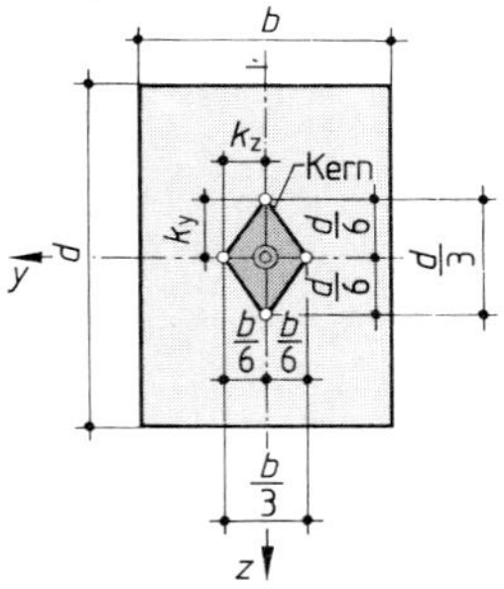

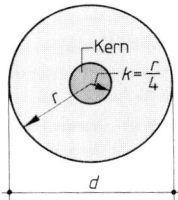

Bild 43   Rechteckquerschnitt

Bild 44   Vollkreisquerschnitt

4.7 Querschnitte mit versagender Zugzone

4.7.1 Allgemeines

Mittig und ausmittig in der Querschnittsfläche wirkende Druckkräfte können auch dann übertragen werden, wenn der Baustoff — wie z. B. Mauerwerk und Baugrund — keine Zugspannungen aufnehmen kann (Zugfestigkeit = 0).

Solange die Druckkraft im Kern des Querschnitts wirkt, ist der gesamte Querschnitt gedrückt und es gelten hierfür die Beziehungen des Abschnittes 4.4.4. Wirkt sie außerhalb des Kerns, so müssen hierfür neue Äquivalenz-Beziehungen zwischen den Spannungen und der resultierenden Schnittkraft entwickelt werden. Für den häufig auftretenden Fall des Rechteckquerschnitts werden sie im Folgenden angegeben.

4.7.2 Angriffspunkt der Druckkraft liegt auf einer Symmetrieachse

Mit den Bezeichnungen von Bild 45 lautet die Beziehung zwischen der größten Kantenpressung max σ und der Druckkraft D, wirkend im Abstand c von diesem Querschnittsrand

$$\max\sigma = \frac{2 \cdot D}{3 \cdot a \cdot c}$$

Die Spannungsnullinie hat den Abstand $3c$ von diesem Querschnittsrand. Auf die Restlänge von $b-3c$ bis zum gegebüberliegenden Rand gibt es die „klaffende Fuge". Diese würde sich z. B. bis zum Flächenschwerpunkt S öffnen bei $c = b/6$.

4.7.3 Angriffspunkt der Druckkraft liegt nicht auf Symmatrieachsen

Je nach Lage des Aufpunkts der resultierenden Druckkraft ist die Grundfläche des Spannungskörpers beim Rechteckquerschnitt ein Vier- oder Fünfeck, im Sonderfall des Aufpunkts im Abstand von $a/4$ und $b/4$ von einem Eckpunkt ein Dreieck (Bild 46). Das Volumen des Spannungskörpers ist der Druckkraft äquivalent. Die maximale Druckspannung ergibt sich mit Hilfe der Beziehung

$$\max \sigma = \mu \, \frac{D}{a \cdot b} \qquad \mu \text{ nach Tafel 23}$$

ermittelt werden.

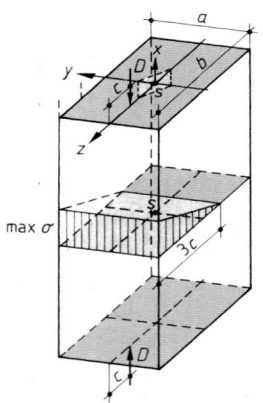

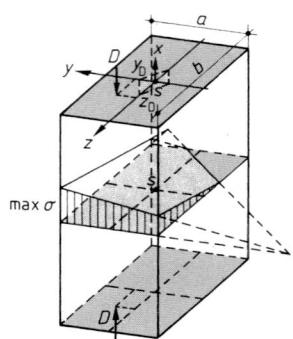

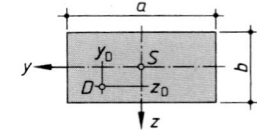

Bild 45 Einachsig ausmittiger Druck, versagende Zugzone

Bild 46 Zweiachsig ausmittiger Druck, versagende Zugzone

Für nicht aufgeführte oder nicht bewertete Kombinationen von y_D/a und z_D/b öffnet sich die Fuge über mehr als den halben Querschnitt (unzulässig).

Liegt die Druckkraft im Querschnittskern, so führt das zu einem Wert im grau angelegten Teil der Tafel (der gesamte Querschnitt wird gedrückt, es gilt Abschn. 4.4.4).

Tafel 23 μ-Werte

z_D/b ↓	0,00	0,02	0,04	0,06	0,08	0,10	0,12	0,14	0,16	0,18	0,20	0,22	0,24	0,26	0,29	0,30	0,32
0,32	3,70	3,93	4,17	4,43	4,70	4,99											
0,30	3,33	3,54	3,75	3,98	4,23	4,49	4,78	5,09	5,43								
0,28	3,03	3,22	3,41	3,62	3,84	4,08	4,35	4,63	4,94	5,28	5,66						
0,26	2,78	2,95	3,13	3,32	3,52	3,74	3,98	4,24	4,53	4,84	5,19	5,57					
0,24	2,56	2,72	2,88	3,06	3,25	3,46	3,68	3,92	4,18	4,47	4,79	5,15	**5,55**				
0,22	2,38	2,53	2,68	2,84	3,02	3,20	3,41	3,64	3,88	4,15	4,44	**4,77**	5,15	5,57			
0,20	2,22	2,36	2,50	2,66	2,82	2,99	3,18	3,39	3,62	3,86	**4,14**	4,44	4,79	5,19	5,66		
0,18	2,08	2,21	2,35	2,49	2,64	2,80	2,98	3,17	3,38	**3,61**	3,86	4,15	4,47	4,84	5,28		
0,16	1,96	2,08	2,21	2,34	2,48	2,63	2,80	2,97	**3,17**	3,38	3,62	3,88	4,18	4,53	4,94	5,43	
0,14	1,84	1,96	2,08	2,21	2,34	2,48	2,63	**2,79**	2,97	3,17	3,39	3,64	3,92	4,24	4,63	5,09	
0,12	1,72	1,84	1,96	2,08	2,21	2,34	**2,48**	2,63	2,80	2,98	3,18	3,41	3,68	3,98	4,35	4,78	
0,10	1,60	1,72	1,84	1,96	2,08	**2,20**	2,34	2,48	2,63	2,80	2,99	3,20	3,46	3,74	4,08	4,49	4,99
0,08	1,48	1,60	1,72	1,84	**1,96**	2,08	2,21	2,34	2,48	2,64	2,82	3,02	3,25	3,52	3,84	4,23	4,70
0,06	1,36	1,48	1,60	**1,72**	1,84	1,96	2,08	2,21	2,34	2,49	2,66	2,84	3,06	3,32	3,62	3,98	4,43
0,04	1,24	1,36	**1,48**	1,60	1,72	1,84	1,96	2,08	2,21	2,35	2,50	2,68	2,88	3,13	3,41	3,75	4,17
0,02	1,12	**1,24**	1,36	1,48	1,60	1,72	1,84	1,96	2,08	2,21	2,36	2,53	2,72	2,95	3,22	3,54	3,93
0,00	**1,00**	1,12	1,24	1,36	1,48	1,60	1,72	1,84	1,96	2,08	2,22	2,38	2,56	2,78	3,03	3,33	3,70
	0,00	0,02	0,04	0,06	0,08	0,10	0,12	0,14	0,16	0,18	0,20	0,22	0,24	0,26	0,29	0,30	0,32

$y_D/a \rightarrow$

4.8 Differentialgleichung der ebenen Biegung nach Theorie II. Ordnung

Gleichgewicht am Stabelement:

$$q + V^{*\prime} = 0$$
$$V^* \approx V + N\left(w_K' + w_V' + w_M'\right)$$
$$M' - V = 0$$

und Formänderungsbeziehungen:

$$M = -B\,w_M'', \quad V = S\,w_V'$$

führen auf die Differentialgleichung

$$w_M'''' - \frac{1}{1 + \dfrac{N}{S}}\,\frac{N}{B}\,w_M'' = \frac{1}{1 + \dfrac{N}{S}}\left(\frac{q}{B} + \frac{N}{B}\,w_K''\right)$$

mit $w = w(x) \rightarrow w' = \dfrac{dw}{dx}$.

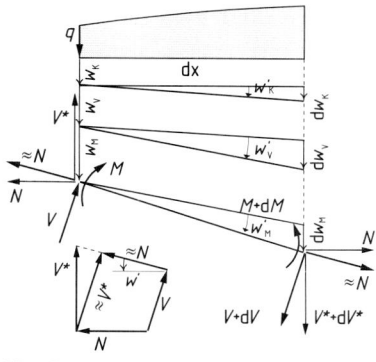

Bild 47 Ebenes Stabelement (Theorie II. Ordnung)

Bezeichnungen

l	Stablänge,
q	Linienlasteinwirkung,
N	Längskraft im Stab bzw. Stababschnitt (konstant),
V	Querkraft senkrecht zum verformten Stab,
V^*	Querkraft senkrecht zur Systemachse,
M	Biegemoment,
B	Biegesteifigkeit (Abschn. 4.3),
S	Schubsteifigkeit (Abschn. 4.5.4),
w_K	Durchsenkung infolge Vorkrümmung (Imperfektion),
w_V	Durchsenkung infolge Schubkrümmung,
w_M	Durchsenkung infolge Biegekrümmung.

Mit den normierten Größen:

$$\varsigma = \frac{S\,l^2}{B}, \quad \hat{\gamma} = \frac{1}{1 + \nu\,\varsigma}, \quad \xi = \frac{x}{l},$$

$$\omega = \frac{w}{l}, \quad \nu = \frac{N\,l^2}{B}, \quad \eta = \frac{q\,l^3}{B}$$

$$\ddot{\omega}_M - \varepsilon^2\,\ddot{\omega}_M = \varepsilon^2\left(\frac{\eta}{\nu} + \ddot{\omega}_K\right)$$

mit $\omega = \omega(\xi) \rightarrow \dot{\omega} = \dfrac{d\omega}{d\xi}$ und

$$\varepsilon = l\sqrt{\frac{N}{\left(1 + \dfrac{N}{S}\right)B}} = \sqrt{\hat{\gamma}\,\nu}\;^{1)}$$

In der normierten Form sind alle Größen dimensionslos.

Die Differentialgleichung erfaßt den Einfluß der Schubverformung. Im allg. liefert die Schubverformung keinen nennenswerten Beitrag zur Gesamtverformung und kann dann unberücksichtigt bleiben. Bei besonders schubweichen Stabausbildungen wie Gitter- und Rahmenstützen ist sie jedoch zu beachten.

Die Elastizitätstheorie II. Ordnung ist regelmäßig bei druckbeanspruchten Stäben anzuwenden, wenn der Betrag der Bemessungslängskraft den Grenzwert

$$|N_d| \gtrsim \frac{B}{l^2} = \frac{E\,I}{l^2} \text{ überschreitet.}$$

Für Lösungswege siehe Abschnitt 5.4.

---

[1]) Der Schubbeiwert-Ausdruck $\dfrac{1}{1 + \dfrac{\nu}{\varsigma}}$ wird gelegentlich mit „γ" bezeichnet. Dasselbe Zeichen wird aber daneben auch für den Schubverzerrungswinkel und die Sicherheitsbeiwerte verwendet. Um eine Verwechslung zu vermeiden — Schubbeiwert und Sicherheitsbeiwert würden im Ausdruck für ε sogar in derselben Position auftreten — wird der Ausdruck hier mit $\hat{\gamma}$ bezeichnet.

5 Einfeldstab

5.1 Statisches System

Sowohl als selbständiges bzw. aus einem größeren Tragwerkszusammenhang isoliertes Bauteil als auch als Bestandteil von Fach- und Rahmenstabwerken (Glied zwischen zwei *Knoten i* und *k*) tritt der *Einfeldstab* auf (Bild 48).

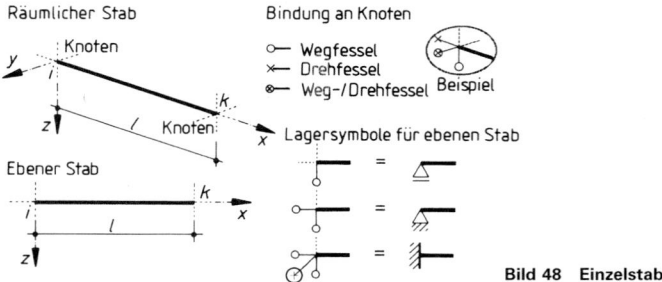

Bild 48 Einzelstab

Im Falle unstetiger Steifigkeit oder Lastfunktion wird er in Abschnitte mit jeweils stetigen Verhältnissen eingeteilt (Bild 49). U. U. ist es erforderlich, die Biegesteifigkeit $B = EI$, $B_y = EI_y = E^H A_{zz}$, $B_z = EI_z = E^H A_{yy}$) innerhalb eines Abschnittes konstant anzunehmen.

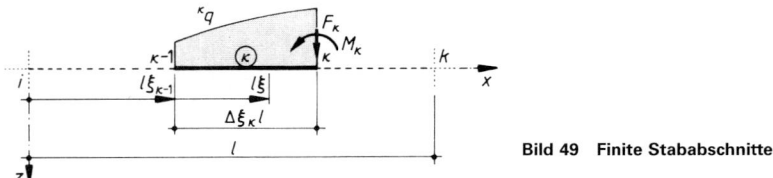

Bild 49 Finite Stababschnitte

Ebene statische Systeme mit genau 3 unabhängigen Fesseln und räumliche mit genau 6 unabhängigen Fesseln sind statisch bestimmt; bei mehr Fesseln sind sie statisch unbestimmt. Eine Fessel(komponente) verhindert die Verrückung eines Randpunktes (*i*, *k*) in einer Verschiebungs- oder Verdrehungsrichtung. Unabhängig sind die Fesseln dann, wenn sie die Unverrückbarkeit des Gesamtsystems sicherstellen.

5.2 Statische Berechnung des Einfeldstabes

Bei statisch bestimmten Systemen können zunächst die Fesselkräfte (Auflagerkräfte) und anschließend die Schnittgrößen N, V, M beim ebenen und N, V_y, V_z, M_y, M_z, M_t beim räumlichen System als Funktionen von x bzw. ξ oder in einzelnen Querschnitten bestimmt werden. Bei statisch unbestimmten Systemen ergeben sich die statisch überzähligen Fesselkräfte aus geometrischen oder dynamischen Verträglichkeitsbedingungen (Rand- und Übergangsbedingungen). Ein einfaches Verfahren zur Ermittlung der Zustandsgrößen in statisch bestimmten und statisch unbestimmten Einfeldträgern ist in Abschnitt 5.4 angegeben. Es eignet sich gleichermaßen für die Rechnung nach der Elastizitätstheorie I. wie II. Ordnung.

5.2.1 Einfache ebene statisch bestimmte Systeme

Tafel 24 Kragträger und Träger auf 2 Stützen

Belastungsfall	Auflagerkräfte	Biegemomente	Durchbiegung
1.	$B = F$	$M(x) = -Fx$ $M_B = -Fl$	$f = \dfrac{1}{3} \cdot \dfrac{Fl^3}{EI} = \dfrac{1}{3} \cdot \dfrac{\|M_B\| l^2}{EI}$
2.	$B = ql$	$M(x) = -\dfrac{qx^2}{2}$ $M_B = -\dfrac{ql^2}{2}$	$f = \dfrac{1}{8} \cdot \dfrac{ql^4}{EI} = \dfrac{1}{4} \cdot \dfrac{\|M_B\| l^2}{E \cdot I}$
3.	$B = \dfrac{ql}{2}$	$M(x) = -\dfrac{qx^3}{6l}$ $M_B = -\dfrac{ql^2}{6}$	$f = \dfrac{1}{30} \cdot \dfrac{ql^4}{EI} = \dfrac{1}{5} \cdot \dfrac{\|M_B\| l^2}{EI}$
4.	$A = F\dfrac{b}{l}$ $B = F\dfrac{a}{l}$	$M(x) = A \cdot x$ für $0 \leqq x \leqq a$ $M(x) = B(l-x)$ für $a \leqq x \leqq l$ $\max M = F \cdot a \cdot b / l$	$f_1 = \dfrac{1}{3} \cdot \dfrac{F}{EI} \cdot \dfrac{a^2 b^2}{l}$
5. $a = b = \dfrac{l}{2}$	$A = B = \dfrac{F}{2}$	$M(x) = \dfrac{F}{2}\,x;\ \max M = \dfrac{Fl}{4}$	$f = \dfrac{1}{48} \cdot \dfrac{Fl^3}{EI} = \dfrac{1}{12} \cdot \dfrac{\max M\, l^2}{EI}$ (s. Tafel 24a)
6.	$A = B = F$	$\max M = Fa$	$f = \dfrac{Fa}{24EI}(3l^2 - 4a^2)$ (s. Tafel 24a)
7.	$A = B = \dfrac{ql}{2}$	$M(x) = \dfrac{qx}{2}(l-x)$ $\max M = \dfrac{ql^2}{8}$	$f = \dfrac{5}{384} \cdot \dfrac{ql^4}{EI} = \dfrac{1}{9{,}6} \cdot \dfrac{\max M\, l^2}{EI}$ (s. Tafel 24a, LF1)
8.	$A = \dfrac{1}{6}ql$ $B = \dfrac{1}{3}ql$	$M(x) = \dfrac{qlx}{6}\left(1 - \dfrac{x^2}{l^2}\right)$ $\max M = \dfrac{ql^2}{15{,}6}$ bei $x = 0{,}577\,l$	$f = 0{,}00652\,\dfrac{ql^4}{EI}$ bei $x = 0{,}5193\,l$
9.	$A = \dfrac{qbc}{l}$ $B = \dfrac{qac}{l}$	$\max M = \dfrac{qabc}{2l^2}(2l-c)$ bei $x = \dfrac{A}{q} + d$	$f_1 = \dfrac{qc}{384\,lEI}$ $(lc^3 - 16abc^2 + 128a^2b^2)$ bei $x = a$
10. $a = b = \dfrac{l}{2}$	$A = B = \dfrac{qc}{2}$	$\max M = \dfrac{qc}{8}(2l-c)$	$f = \dfrac{q \cdot c}{96EI}(2l^3 - lc^2 + 0{,}25c^3)$

6

Tafel 24 (Fortsetzung)

Belastungsfall	Auflagerkräfte	Biegemomente	Durchbiegung
11. 	$A=\dfrac{qc}{2l}(2l-c)$ $B=\dfrac{qc^2}{2l}$	$x\leq c:\ M(x)=A\cdot x-\dfrac{qx^2}{2}$ $\max M=\dfrac{qc^2}{8l^2}(2l-c)^2$ bei $x=\dfrac{A}{q}$	$f=\dfrac{q\cdot b\cdot c^3}{24EI}\left(4-3\dfrac{c}{l}\right)$ bei $x=c$
12. $c=\dfrac{l}{2}$	$A=\tfrac{3}{8}ql$ $B=\tfrac{1}{8}ql$	$\max M=\dfrac{9}{128}ql^2$	$f=\dfrac{5}{768}\cdot\dfrac{q\cdot l^4}{EI}$ bei $x=l/2$
13.	$A=B=\dfrac{ql}{4}$	$x\leq\dfrac{l}{2}:M(x)=\dfrac{qlx}{2}\left(\dfrac{1}{2}-\dfrac{2}{3}\dfrac{x^2}{l^2}\right)$ $x\geq\dfrac{l}{2}:M=M(x\leftarrow l-x)$ $\max M=\dfrac{ql^2}{12}$	$f=\dfrac{1}{120}\cdot\dfrac{ql^4}{EI}$
14. q_A $\quad$ q_B	$A=(2q_A+q_B)\dfrac{l}{6}$ $B=(q_A+2q_B)\dfrac{l}{6}$	Mit $q=\dfrac{1}{2}(q_A+q_B)$ ist $\max M=\dfrac{q\cdot l^2}{n}$ bei $x=\xi\cdot l$	Für $q_A/q_B=0$ s. Fall 8 für $q_A/q_B=1,0$ s. Fall 7

q_A/q_B	0	0,1	0,2	0,3	0,4	0,5	0,6	0,7	0,8	0,9	1
ξ	0,577	0,566	0,554	0,544	0,535	0,528	0,521	0,515	0,509	0,504	0,500
n	7,79	7,86	7,90	7,94	7,96	7,98	7,99	7,99	8,00	8,00	8,00

Belastungsfall	Auflagerkräfte	Biegemomente	Durchbiegung
15.	$A=B=\dfrac{q(l-a)}{2}$	$\max M=\dfrac{q}{24}(3l^2-4a^2)$	$f=\dfrac{q(5l^2-4a^2)^2}{1920EI}$
16.	$A=-B=\dfrac{M}{l}$	$M(x)=M\dfrac{x}{l}$ für $x\leqq a$ $M(x)=-M\dfrac{l-x}{l}$ für $x\geqq a$	
17.	$A=B=\dfrac{ql}{4}$	$\max M=\dfrac{ql^2}{24}$	$f=\dfrac{3ql^4}{640EI}$
18. Parabel 2. Ordnung	$A=\dfrac{5}{12}ql$ $B=\dfrac{ql}{4}$	$\max M=\dfrac{ql^2}{11,15}$ bei $x=0,446\,l$	$f=\dfrac{11ql^4}{120EI}$ bei $x=0,486\,l$
19. Parabel 2. Ordnung	$A=B=\dfrac{q\cdot l}{3}$	$\max M=\dfrac{5}{48}ql^2$	$f=\dfrac{61ql^4}{5760EI}$

Tafel 25   Träger auf 2 Stützen mit Kragarmen

Belastungsfall	Auflagerkräfte	Biegemomente	Durchbiegung
20.	$A = -\dfrac{Fc}{l}$ $B = \dfrac{F(l+c)}{l}$	$x \leq l:$ $M(x) = A \cdot x = -\dfrac{Fcx}{l}$ $M_B = -Fc$	$f = \dfrac{Fl^2}{9EI} \cdot \dfrac{c}{\sqrt{3}}$ bei $x = 0,577\,l$ $f_1 = \dfrac{Fc^2}{3EI}(l+c)$
21.	$A = \dfrac{q}{2l}(l^2 - c^2)$ $B = \dfrac{q}{2l}(l+c)^2$	$\max M_F = \dfrac{q}{8l^2}(l^2 - c^2)^2$ $M_B = -\dfrac{qc^2}{2}$ $\max M_F = |M_B|$ wenn $c = l(\sqrt{2}-1)$	$f = \dfrac{ql^2}{384EI}(5l^2 - 12c^2)$ bei $x = \dfrac{l}{2}$ $f_1 = \dfrac{qc}{24EI}[c^2(4l+3c) - l^3]$
22.	$A = B = F$	$M_A = M_B = -Fc$	$f = \dfrac{Fl^2c}{8EI}$ bei $\dfrac{l}{2}$ $f_1 = \dfrac{Fc^2}{3EI}\left(c + \dfrac{3l}{2}\right)$
23.	$A = B =$ $q2(l+2c)$	$M(x) = A$ $\cdot x\left(1 - \dfrac{c}{x} - \dfrac{x}{l+2c}\right)$ für $x \leq c$ wird $M_{(x)} = -\dfrac{qx^2}{2}$ $M_A = M_B = -\dfrac{qc^2}{2}$ $M_C = \dfrac{ql^2}{2}\left(\dfrac{1}{4} - \dfrac{c^2}{l^2}\right)$ für $c = 0,3535\,l$ wird $M_A = M_C = \pm\dfrac{ql^2}{16}$	$f = \dfrac{1}{16} \cdot \dfrac{ql^4}{EI}\left(\dfrac{5}{24} - \dfrac{c^2}{l^2}\right)$ $f_1 = \dfrac{1}{24} \cdot \dfrac{ql^4}{EI}$ $\cdot\left(3\dfrac{c^4}{l^4} + 6\dfrac{c^3}{l^3} - \dfrac{c}{l}\right)$

6

Tafel 24 a   Erf. Flächenmoment bei Durchbiegungsbeschränkung ℓ/n und Durchsenkung

$$\text{erf } I\,[\text{cm}^4] = k_{\text{In}} \cdot M[\text{kNm}] \cdot l\,[\text{m}] = \dfrac{n}{k_1} \cdot M\,[\text{kNm}] \cdot l\,[\text{m}] \qquad f[\text{cm}] = \dfrac{\max \sigma[\text{N/mm}^2]}{k_f} \cdot \dfrac{l^2[\text{m}^2]}{h[\text{m}]}$$

Lastfall (LF) nach 6.3		Stahl $E = 210\,000$ kN/mm²			Nadelholz $E = 10\,000$ kN/mm²			Brettschichtholz $E = 11\,000$ kN/mm²		
	n	LF 5	LF 6	LF 1	LF 5	LF 6	LF 1	LF 5	LF 6	LF 1
k_{In}	150	5,95	7,61	7,44	125	160	156	113,6	145	142
	200	7,94	10,14	9,92	167	213	208	152	194	189
	250	9,92	12,7	12,4	208	266	260	189	242	237
	300	11,90	15,2	14,9	250	319	313	227	290	284
	350	13,9	17,8	17,4	292	373	365	265	339	331
	400	15,9	20,3	19,8	333	426	417	303	387	379
	500	19,8	25,4	24,8	417	532	521	379	484	473
	600	23,8	30,4	29,8	500	639	625	455	581	568
k_1		25,2	19,7	20,2	1,20	0,939	0,960	1,32	1,033	1,056
k_f		126,0	98,6	100,8	6,00	4,70	4,80	6,60	5,17	5,28

Statik und Festigkeitslehre

5.2.2 Einfache ebene statisch unbestimmte Systeme

Tafel 26 Eingespannte Träger

Belastungsfall	Auflagerkräfte	Biegemomente	Durchbiegung
1. 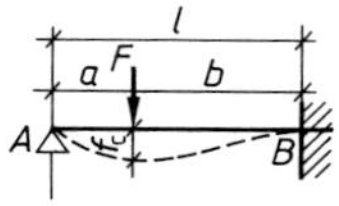	$A = \dfrac{Fb^2}{2l^3}(2l+a)$ $B =$ $\dfrac{Fa}{2l^3}(3l^2 - a^2)$	$M_B = -\dfrac{Fab}{2l^2}(l+a)$ $M_C = \dfrac{Fab^2}{2l^3}(2l+a)$	$f_C = \dfrac{Fa^2b^3}{12EIl^3}(3l+a)$
2. 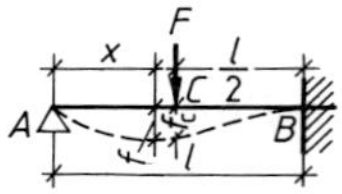	$A = \dfrac{5}{16}F$ $B = \dfrac{11}{16}F$	$M_B = -\dfrac{3}{16}Fl$ $M_C = \dfrac{5}{32}Fl$	$f_C = \dfrac{7}{768}\cdot\dfrac{Fl^3}{EI}$ $f = \dfrac{1}{48\sqrt{5}}\cdot\dfrac{Fl^3}{EI}$ bei $x = 0{,}447\,l$
3. 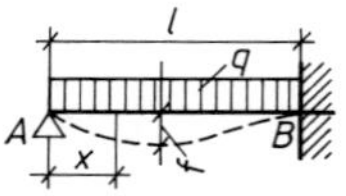	$A = \dfrac{3}{8}ql$ $B = \dfrac{5}{8}ql$	$M_{(x)} = \dfrac{qlx}{2}\left(\dfrac{3}{4}-\dfrac{x}{l}\right)$ $M_B = -\dfrac{ql^2}{8}$ $M_C = \dfrac{9}{128}ql^2$ bei $x = \dfrac{3}{8}l$	$f \approx \dfrac{2}{369}\cdot\dfrac{ql^4}{EI}$ bei $x = 0{,}4215\,l$
4. 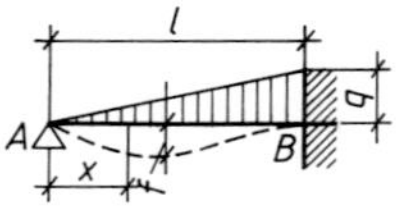	$A = \dfrac{1}{10}ql$ $B = \dfrac{2}{5}ql$	$M_{(x)} = \dfrac{qlx}{2}\left(\dfrac{1}{5}-\dfrac{x^2}{3l^2}\right)$ $M_B = -\dfrac{ql^2}{15}$ $M_C = \dfrac{ql^2}{33{,}54}$ bei $x = 0{,}447\,l$	$f \approx \dfrac{1}{420}\cdot\dfrac{ql^4}{EI}$ bei $x = 0{,}447\,l$
5. 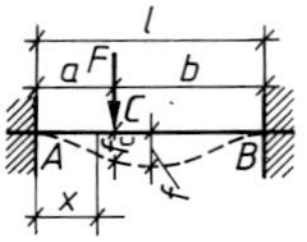	$A = \dfrac{Fb^2}{l^3}(l+2a)$ $B = \dfrac{Fa^2}{l^3}(l+2b)$	$M_A = -F\dfrac{ab^2}{l^2}$ $M_B = -F\dfrac{a^2b}{l^2}$ max $M = M_C = 2F\dfrac{a^2b^2}{l^3}$	$f_C = \dfrac{1}{3l^3}\cdot\dfrac{Fa^3b^3}{EI}$ $f = \dfrac{2}{3(3l-2a)^2}\cdot\dfrac{Fa^2b^3}{EI}$ bei $x = \dfrac{l^2}{3l-2a}$
6. 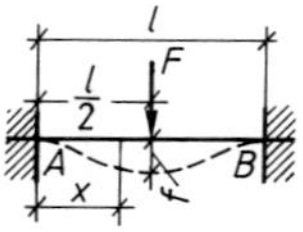	$A = B = \dfrac{F}{2}$	$M_{(x)} = \dfrac{F}{2}\left(x-\dfrac{l}{4}\right)$ $M_A = M_B = -\dfrac{Fl}{8}$ max $M = M_C = \dfrac{Fl}{8}$	$f = \dfrac{1}{192}\cdot\dfrac{Fl^3}{EI}$ $= \dfrac{\text{max } M\, l^2}{24\,EI}$
7. 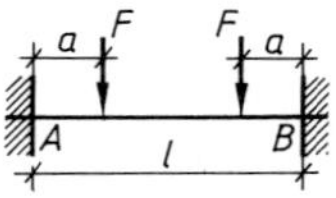	$A = B = F$	$M_A = M_B = -\dfrac{Fa}{l}(l-a)$ max $M = \dfrac{Fa^2}{l}$	

Tafel 26 (Fortsetzung)

Belastungsfall	Auflagerkräfte	Biegemomente	Durchbiegung
8.	$A = B = \dfrac{ql}{2}$	$M(x) = -\dfrac{ql^2}{2}\left(\dfrac{1}{6} - \dfrac{x}{l} + \dfrac{x^2}{l^2}\right)$ $\max M = M_A = M_B = -\dfrac{ql^2}{12}$ $M_C = \dfrac{ql^2}{24}$	$f_C = \dfrac{1}{384} \cdot \dfrac{ql^4}{EI}$
9.	$A = \dfrac{3}{20}ql$ $B = \dfrac{7}{20}ql$	$M(x) = -\dfrac{ql^2}{60}$ $\cdot \left(2 - 9\dfrac{x}{l} + 10\dfrac{x^3}{l^3}\right)$ $M_A = -\dfrac{ql^2}{30}$ $\max M = M_B = -\dfrac{ql^2}{20}$ $M_C = \dfrac{ql^2}{46,6}$ bei $x = 0,548\,l$	$f = \dfrac{1}{764} \cdot \dfrac{ql^4}{EI}$ bei $x = 0,525\,l$
10.	$A = B = \dfrac{ql}{4}$	$\max M = M_A = M_B$ $= -\dfrac{5}{96}ql^2$ $M_C = \dfrac{ql^2}{32}$ (größtes Feldmoment)	$f \approx \dfrac{1}{549} \cdot \dfrac{ql^4}{EI}$
11.	$A = B$ $= \dfrac{q(l-a)}{2}$	$\max M = M_A = M_B$ $= -\dfrac{q}{12}\left(l^2 - 2a^2 + \dfrac{a^3}{l}\right)$ $M_C = \dfrac{q}{24}\left(l^2 - \dfrac{2a^3}{l}\right)$ (größtes Feldmoment)	$f = \dfrac{q}{1920EI}$ $\cdot (5l^4 - 20a^3 l + 16a^4)$
12.	$A = -B$ $= 6M\dfrac{ab}{l^3}$	$M_A = -M\dfrac{b}{l^2}(3a - l)$ $M_B = M\dfrac{a}{l^2}(3b - l)$	
13. Stützensenkung	$A = -B$ $= -\dfrac{12EI}{l^3}\Delta w$	$M_A = -M_B = \dfrac{6EI}{l^2}\Delta w$	
14. ungl. Erwärmung	$A = B = 0$	$M_A = M_B = -\dfrac{EI}{h}\alpha_T \Delta t$ $h = \text{Trägerhöhe}$	

6

5.2.3 Belastungsglieder und Volleinspannmomente

Tafel 27 Belastungsglieder und Volleinspannmomente nach Theorie I. Ordnung

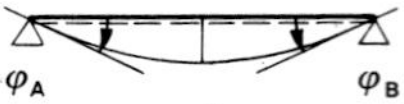

$$\frac{l}{6EI}\cdot L = \varphi_A \qquad \varphi_B = \frac{l}{6EI}R$$

Nr.	Lastfall	L	R
1		$\dfrac{ql^2}{4}$	$\dfrac{ql^2}{4}$
2	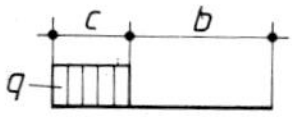	$\dfrac{qc^2}{4l^2}(2l-c)^2$	$\dfrac{qc^2}{4l^2}(2l^2-c^2)$
3	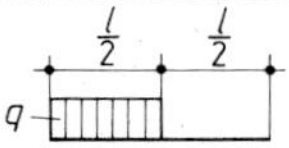	$\dfrac{9}{64}ql^2$	$\dfrac{7}{64}ql^2$
4	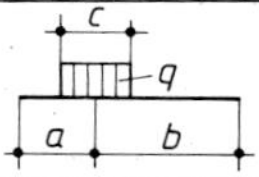	$\dfrac{qcb}{l^2}\left(l^2-b^2-\dfrac{c^2}{4}\right)$	$\dfrac{qca}{l^2}\left(l^2-a^2-\dfrac{c^2}{4}\right)$
5	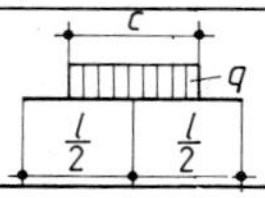	$\dfrac{qc}{8l}(3l^2-c^2)$	$\dfrac{qc}{8l}(3l^2-c^2)$
6	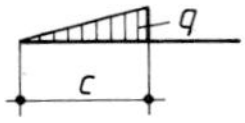	$\dfrac{qc^2}{3l}\left(2l-2{,}25c+0{,}6\dfrac{c^2}{l}\right)$	$\dfrac{qc^2}{3l}\left(l-0{,}6\dfrac{c^2}{l}\right)$
7	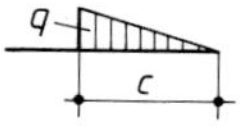	$\dfrac{qc^2}{3l}\left(l-0{,}6\dfrac{c^2}{l}\right)$	$\dfrac{qc^2}{3l}\left(2l-2{,}25c+0{,}6\dfrac{c^2}{l}\right)$
8	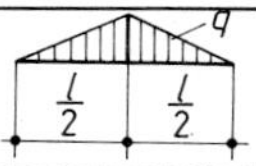	$\dfrac{5}{32}ql^2$	$\dfrac{5}{32}ql^2$
9		$\dfrac{7}{60}ql^2$	$\dfrac{8}{60}ql^2$
10	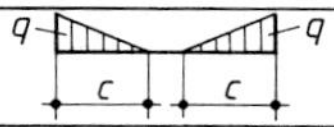	$\dfrac{qc^2}{2l}(l-0{,}5c)$	$\dfrac{qc^2}{2l}(l-0{,}5c)$
11	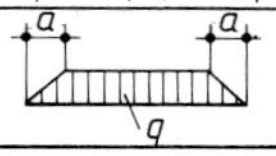	$\dfrac{q}{4}\left(l^2-2a^2+\dfrac{a^3}{l}\right)$	$\dfrac{q}{4}\left(l^2-2a^2+\dfrac{a^3}{l}\right)$
12		$\dfrac{1}{5}ql^2$	$\dfrac{1}{5}ql^2$
13	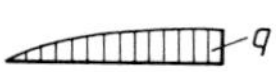	$\dfrac{10}{60}ql^2$	$\dfrac{11}{60}ql^2$
14		$\dfrac{1}{15}ql^2$	$\dfrac{1}{12}ql^2$

Anmerkung In die Formeln dieser Seite stets die tatsächlichen (geometrischen) Feldlängen einsetzen; auch dann, wenn wegen unterschiedlicher Flächenmomente zweiten Grades mit reduzierten (mechanischen) Feldlängen gearbeitet wird.

M_A	M_B	M_B / M_A	Nr.
$-\dfrac{ql^2}{12}$	$-\dfrac{ql^2}{12}$	$-\dfrac{ql^2}{8}$	1
$-\dfrac{qc^2}{12l^2}(6b^2+4bc+c^2)$	$-\dfrac{qc^3}{12l^2}(4b+c)$	$M_B=-\dfrac{qc^2}{8l^2}(2l^2-c^2)$ $M_A=-\dfrac{qc^2}{8l^2}(l+b)^2$	2
$-\dfrac{11}{192}ql^2$	$-\dfrac{5}{192}ql^2$	$M_B=-\dfrac{7}{128}ql^2$ $M_A=-\dfrac{9}{128}ql^2$	3
$-\dfrac{qc}{12l^2}\cdot[(4l^2-c^2)(2b-a)-4(2b^3-a^3)]$	$-\dfrac{qc}{12l^2}\cdot[(4l^2-c^2)(2a-b)-4(2a^3-b^3)]$	$M_B=-\dfrac{qac}{8l^2}[4(l^2-a^2)-c^2]$ $M_A=-\dfrac{qbc}{8l^2}[4(l^2-b^2)-c^2]$	4
$-\dfrac{qc}{24l}(3l^2-c^2)$	$-\dfrac{qc}{24l}(3l^2-c^2)$	$-\dfrac{qc}{16l}(3l^2-c^2)$	5
$-\dfrac{qc^2}{3l}\left(l-1{,}5c+0{,}6\dfrac{c^2}{l}\right)$	$-\dfrac{qc^3}{4l}\left(1-0{,}8\dfrac{c}{l}\right)$	$M_B=-\dfrac{qc^2}{6}\left(1-0{,}6\dfrac{c^2}{l^2}\right)$ $M_A=-\dfrac{qc^2}{6l}\left(2l-2{,}25c+0{,}6\dfrac{c^2}{l}\right)$	6
$-\dfrac{qc^3}{4l}\left(1-0{,}8\dfrac{c}{l}\right)$	$-\dfrac{qc^2}{3l}\left(l-1{,}5c+0{,}6\dfrac{c^2}{l}\right)$	$M_B=-\dfrac{qc^2}{6l}\left(2l-2{,}25c+0{,}6\dfrac{c^2}{l}\right)$ $M_A=-\dfrac{qc^2}{6}\left(1-0{,}6\dfrac{c^2}{l^2}\right)$	7
$-\dfrac{5}{96}ql^2$	$-\dfrac{5}{96}ql^2$	$-\dfrac{5}{64}ql^2$	8
$-\dfrac{1}{30}ql^2$	$-\dfrac{1}{20}ql^2$	$M_B=-\dfrac{8}{120}ql^2$ $M_A=-\dfrac{7}{120}ql^2$	9
$-\dfrac{qc^2}{6l}(l-0{,}5c)$	$-\dfrac{qc^2}{6l}(l-0{,}5c)$	$-\dfrac{qc^2}{4l}(l-0{,}5c)$	10
$-\dfrac{q}{12}\left(l^2-2a^2+\dfrac{a^3}{l}\right)$	$-\dfrac{q}{12}\left(l^2-2a^2+\dfrac{a^3}{l}\right)$	$-\dfrac{q}{8}\left(l^2-2a^2+\dfrac{a^3}{l}\right)$	11
$-\dfrac{1}{15}ql^2$	$-\dfrac{1}{15}ql^2$	$-\dfrac{1}{10}ql^2$	12
$-\dfrac{1}{20}ql^2$	$-\dfrac{1}{15}ql^2$	$M_B=-\dfrac{11}{120}ql^2$ $M_A=-\dfrac{10}{120}ql^2$	13
$-\dfrac{1}{60}ql^2$	$-\dfrac{1}{30}ql^2$	$M_B=-\dfrac{1}{24}ql^2$ $M_A=-\dfrac{1}{30}ql^2$	14

6

Fortsetzung s. nächste Seite

Tafel 27, Fortsetzung

		$\dfrac{l}{6EI} \cdot L = \varphi_A$	$\varphi_B = \dfrac{l}{6EI}\, R$
Nr.	Lastfall	L	R
15	$a \;\; F \;\; b$	$\dfrac{Fab}{l^2}(l+b)$	$\dfrac{Fab}{l^2}(l+a)$
16	$\dfrac{l}{2}\;\; F \;\;\dfrac{l}{2}$	$\dfrac{3}{8}Fl$	$\dfrac{3}{8}Fl$
17	$a\;\; F \qquad F\;\; a$	$\dfrac{3Fa}{l}(l-a)$	$\dfrac{3Fa}{l}(l-a)$
18	$(n-1)\cdot F$ $a\,a\,a\,a\,a$	$\dfrac{Fa}{4}(n^2-1)$	$\dfrac{Fa}{4}(n^2-1)$
19	$\dfrac{l}{3}\; F\; \dfrac{l}{3}\; F\; \dfrac{l}{3}$	$\dfrac{2}{3}Fl$	$\dfrac{2}{3}Fl$
20	$\dfrac{l}{4}F\dfrac{l}{4}F\dfrac{l}{4}F\dfrac{l}{4}$	$\dfrac{15}{16}F\cdot l$	$\dfrac{15}{16}Fl$
21	$\dfrac{l}{5}F\dfrac{l}{5}F\dfrac{l}{5}F\dfrac{l}{5}F\dfrac{l}{5}$	$\dfrac{6}{5}Fl$	$\dfrac{6}{5}Fl$
22	$\dfrac{a}{2}\; n\cdot F\; \dfrac{a}{2}$ $a\,a\,a\,a$	$\dfrac{Fa}{4}\left(n^2+\dfrac{1}{2}\right)$	$\dfrac{F\cdot a}{4}\left(n^2+\dfrac{1}{2}\right)$
23	M \quad $l/2 \quad l/2$	$\dfrac{M}{4}$	$-\dfrac{M}{4}$
24	M \quad $a \quad b$	$\dfrac{M}{l^2}(l^2-3b^2)$	$-\dfrac{M}{l^2}(l^2-3a^2)$
25	M	M	$2M$
26	$M_1 \qquad M_2$	$2M_1+M_2$	M_1+2M_2
27	Stützsenkung $\Delta w = w_A - w_B$	$\dfrac{6EI}{l^2}(w_B-w_A)$	$-\dfrac{6EI}{l^2}(w_B-w_A)$
28	Δt \quad h	$3EI\alpha_t\dfrac{\Delta t}{h}$	$3EI\alpha_t\dfrac{\Delta t}{h}$

Anmerkung In die Formeln dieser Seite stets die tatsächlichen (geometrischen) Feldlängen einsetzen; auch dann, wenn wegen unterschiedlicher Flächenmomente zweiten Grades mit reduzierten (mechanischen) Feldlängen gearbeitet wird.

M_A	M_B	M_A	Nr.
$-\dfrac{Fab^2}{l^2}$	$-\dfrac{F\cdot a^2 b}{l^2}$	$-\dfrac{Fab}{2l^2}(l+b)$	15
$-\dfrac{Fl}{8}$	$-\dfrac{Fl}{8}$	$-\dfrac{3}{16}Fl$	16
$-\dfrac{Fa}{l}(l-a)$	$-\dfrac{Fa}{l}(l-a)$	$-\dfrac{3Fa}{2l}(l-a)$	17
$-\dfrac{Fl}{12}\left(n-\dfrac{1}{n}\right)$	$-\dfrac{Fl}{12}\left(n-\dfrac{1}{n}\right)$	$-\dfrac{Fl}{8}\left(n-\dfrac{1}{n}\right)$	18
$-\dfrac{2}{9}Fl$	$-\dfrac{2}{9}Fl$	$-\dfrac{Fl}{3}$	19
$-\dfrac{5}{16}Fl$	$-\dfrac{5}{16}Fl$	$-\dfrac{15}{32}Fl$	20
$-\dfrac{2}{5}Fl$	$-\dfrac{2}{5}Fl$	$-\dfrac{3}{5}Fl$	21
$-\dfrac{Fl}{12}\left(n+\dfrac{1}{2n}\right)$	$-\dfrac{Fl}{12}\left(n+\dfrac{1}{2n}\right)$	$-\dfrac{Fl}{8}\left(n+\dfrac{1}{2n}\right)$	22
$-\dfrac{M}{4}$	$+\dfrac{M}{4}$	$-\dfrac{M}{8}$	23
$-\dfrac{Mb}{l^2}(3a-l)$	$\dfrac{Ma}{l^2}(3b-l)$	$-\dfrac{M}{2l^2}(l^2-3b^2)$	24
O	$-M$	$\dfrac{M}{2}$	25
$-M_1$	$-M_2$	$-M_1-\dfrac{1}{2}M_2$	26
$\dfrac{6EI}{l^2}\Delta w$	$-\dfrac{6EI}{l^2}\Delta w$	$\dfrac{3EI}{l^2}\Delta w$	27
$-EI\alpha_t\dfrac{\Delta t}{h}$	$-EI\alpha_t\dfrac{\Delta t}{h}$	$-\dfrac{3}{2}E\cdot I\alpha_t\dfrac{\Delta t}{h}$	28

6

Tafel 28 Volleinspannmomente (Vorspannung) $EI = \text{const.}$

Nr. Spanngliedführung	M'_{Av} ⌐A B ⌐M'_{Bv} / M_{Av} M_{Bv}	M'_{Av} ⌐A B / M_{Av} A B ⌐M'_{Bv} M_{Bv}
1 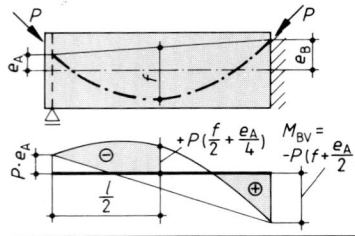	$M'_{Av} = -e \cdot P$ $M_{Av} = 0$ $M'_{Bv} = -e \cdot P$ $M_{Bv} = 0$	$M'_{Av} = -\frac{3}{2}e \cdot P$ $M_{Av} = -\frac{1}{2}e \cdot P$ $M'_{Bv} = -\frac{3}{2}e \cdot P$ $M_{Bv} = -\frac{1}{2}e \cdot P$
2 Parabel	$\left.\begin{array}{l} M'_{Av} = \\ M_{Av} = \\ M'_{Bv} = \\ M_{Bv} = \end{array}\right\} -\frac{2}{3}f \cdot P$	$\left.\begin{array}{l} M'_{Av} = \\ M_{Av} = \\ M'_{Bv} = \\ M_{Bv} = \end{array}\right\} -f \cdot P$
3	$M'_{Av} = -\frac{1}{3}(2f + 3e_A) \cdot P$ $M_{Av} = -\frac{2}{3}f \cdot P$ $M'_{Bv} = -\frac{1}{3}(2f + 3e_B) \cdot P$ $M_{Bv} = -\frac{2}{3}f \cdot P$	$M'_{Av} = -\frac{1}{2}(2f + 2e_A + e_B) \cdot P$ $M_{Av} = -\frac{1}{2}(2f + e_B) \cdot P$ $M'_{Bv} = -\frac{1}{2}(2f + e_A + 2e_B) \cdot P$ $M_{Bv} = -\frac{1}{2}(2f + e_A) \cdot P$
4 Wendepkt. Parabeln	$M'_{Av} = -\frac{1}{3}[2f(1-\varkappa) + 3e] \cdot P$ $M_{Av} = -\frac{2}{3}f(1-\varkappa) \cdot P$ $M'_{Bv} = -\frac{1}{3}[2f(1-\varkappa) + 3e] \cdot P$ $M_{Bv} = -\frac{2}{3}f(1-\varkappa) \cdot P$	$M'_{Av} = -\frac{1}{2}[2f(1-\varkappa) + 3e] \cdot P$ $M_{Av} = -\frac{1}{2}[2f(1-\varkappa) + e] \cdot P$ $M'_{Bv} = -\frac{1}{2}[2f(1-\varkappa) + 3e] \cdot P$ $M_{Bv} = -\frac{1}{2}[2f(1-\varkappa) + e] \cdot P$
5 Wendepunkt	$M'_{Bv} = -\frac{1}{4}\{f'[5 - \alpha(2-\varkappa) - \varkappa(4-\varkappa)] + e_B[5 - \alpha(2-\alpha)]\} \cdot P$ $M_{Bv} = e_B \cdot P + M'_{Bv}$ $f' = e_u - e_B; \quad (e_u = \max e)$	

Der einseitig eingespannte Balken mit parabelförmigem Spannglied

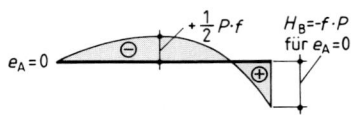

$e_A = 0$

$M_V = M_V^0 + M'_V; \quad M'_V \text{ stat. unbestimmtes Moment}$ für $e_A = 0$

$M_{Bv}^0 = e_B \cdot P; \quad M'_{Bv} = -(f + e_B) \cdot P$

$M_{Bv} = e_B \cdot P - (f + e_B) \cdot V = -f \cdot P$

e über der Schwerlinie P negativ

Tafel 29 Volleinspannmomente nach Theorie II. Ordnung
Lagerungseinfluß

Nr.	Linker Rand				System	Rechter Rand			
1	0	0	0	0		0	$\dfrac{\varrho_{-1n}}{\varrho_{0n}}$	1	0
2	0	0	0	0		$-\dfrac{\varrho_{1n}}{\varrho_{bn}}$	$\dfrac{\varrho_{1n}}{\varrho_{bn}}$	1	0
3	0	0	$-\dfrac{1}{\varrho_{0n}}$	$\hat{\gamma}\dfrac{\varrho_{1n}}{\varrho_{0n}}$		0	0	0	0
4	$\dfrac{\varrho_{1n}}{\varrho_{bn}}$	0	$\dfrac{\varrho_{an}}{\varrho_{bn}}$	0		0	0	0	0
5	$\dfrac{\varrho_{2n}}{2\varrho_{cn}}$	$-\dfrac{\varrho_{an}}{\varrho_{cn}}$	0	0		$-\dfrac{\varrho_{2n}}{2\varrho_{cn}}$	$\dfrac{\varrho_{bn}}{\varrho_{cn}}$	1	0
	f_ω	f_φ	f_μ	f_υ	Faktor	f_ω	f_φ	f_μ	f_υ

Einwirkungseinfluß

Nr.	Einwirkung	f_ω	f_φ	f_μ	f_υ	Faktor
1		$\hat{\gamma}(\varrho_{1(1)}-\varrho_{2(1)})$	$\varrho_{0(1)}-2\varrho_{1(1)}$	$-(\varrho_{-1(1)}-2\varrho_{0(1)})$	0	$4w_{Km}$
2		$\hat{\gamma}\dfrac{\varrho_{4(1)}}{4!}-\dfrac{\varsigma}{2}$	$\dfrac{\varrho_{3(1)}}{3!}$	$-\dfrac{\varrho_{2(1)}}{2!}$	$-\dfrac{1}{\hat{\gamma}}$	
3		$\hat{\gamma}\dfrac{\varrho_{5(1)}}{5!}-\dfrac{\varsigma}{6}$	$\dfrac{\varrho_{4(1)}}{4!}$	$-\dfrac{\varrho_{3(1)}}{3!}$	$-\dfrac{1}{2\hat{\gamma}}$	
4		$\hat{\gamma}\left(\dfrac{\varrho_{4(1)}}{4!}-\dfrac{\varrho_{5(1)}}{5!}\right)-\dfrac{\varsigma}{3}$	$\dfrac{\varrho_{3(1)}}{3!}-\dfrac{\varrho_{4(1)}}{4!}$	$-\left(\dfrac{\varrho_{2(1)}}{2!}-\dfrac{\varrho_{3(1)}}{3!}\right)$	$-\dfrac{1}{2\hat{\gamma}}$	
5	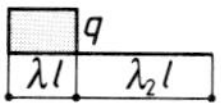	$\hat{\gamma}\left(\dfrac{\varrho_{4(1)}}{4!}-\dfrac{\varrho_{4(\lambda)}}{4!}\lambda_2^4\right)$ $-\dfrac{\varsigma\lambda}{2}(2-\lambda)$	$\dfrac{\varrho_{3(1)}}{3!}-\dfrac{\varrho_{3(\lambda)}}{3!}\lambda_2^3$	$-\left(\dfrac{\varrho_{2(1)}}{2!}-\dfrac{\varrho_{2(\lambda)}}{2!}\lambda_2^2\right)$	$-\dfrac{\lambda}{\hat{\gamma}}$	$\hat{\gamma}ql^2$
6	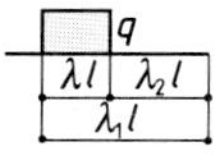	$\hat{\gamma}\left(\dfrac{\varrho_{4(\lambda_1)}}{4!}\lambda_1^4-\dfrac{\varrho_{4(\lambda_2)}}{4!}\lambda_2^4\right)$ $-\dfrac{\varsigma\lambda}{2}(2\lambda_1-\lambda)$	$\dfrac{\varrho_{3(\lambda_1)}}{3!}\lambda_1^3-\dfrac{\varrho_{3(\lambda_2)}}{3!}\lambda_2^3$	$-\left(\dfrac{\varrho_{2(\lambda_1)}}{2!}\lambda_1^2-\dfrac{\varrho_{2(\lambda_2)}}{2!}\lambda_2^2\right)$	$-\dfrac{\lambda}{\hat{\gamma}}$	
7	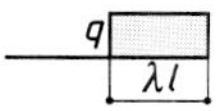	$\hat{\gamma}\dfrac{\varrho_{4(\lambda)}}{4!}\lambda^4-\varsigma\dfrac{\lambda^2}{2}$	$\dfrac{\varrho_{3(\lambda)}}{3!}\lambda^3$	$-\dfrac{\varrho_{2(\lambda)}}{2!}\lambda^2$	$-\dfrac{\lambda}{\hat{\gamma}}$	

Tafel 29, Fortsetzung

Nr.	Einwirkung	f_ω	f_φ	f_μ	f_υ	Faktor
8		$\hat{\gamma}\left(\dfrac{\varrho_{5(1)}}{5!}\dfrac{1}{\lambda}-\dfrac{\varrho_{5(\lambda 2)}}{5!}\dfrac{\lambda_2^5}{\lambda}\right.$ $\left.-\dfrac{\varrho_{4(\lambda 2)}}{4!}\lambda_2^4\right)$ $-\dfrac{\varsigma\lambda}{6}(3\lambda_2+\lambda)$	$\dfrac{\varrho_{4(1)}}{4!}\dfrac{1}{\lambda}-\dfrac{\varrho_{4(\lambda 2)}}{4!}\dfrac{\lambda_2^4}{\lambda}$ $-\dfrac{\varrho_{3(\lambda 2)}}{3!}\lambda_2^3$	$-\left(\dfrac{\varrho_{3(1)}}{3!}\dfrac{1}{\lambda}-\dfrac{\varrho_{3(\lambda 2)}}{3!}\dfrac{\lambda_2^3}{\lambda}\right.$ $\left.-\dfrac{\varrho_{2(\lambda 2)}}{2!}\lambda_2^2\right)$	$-\dfrac{\lambda}{2\hat{\gamma}}$	
9		$\hat{\gamma}\left(\dfrac{\varrho_{5(\lambda 1)}}{5!}\dfrac{\lambda_1^5}{\lambda}-\dfrac{\varrho_{5(\lambda 2)}}{5!}\dfrac{\lambda_2^5}{\lambda}\right.$ $\left.-\dfrac{\varrho_{4(\lambda 2)}}{4!}\lambda_2^4\right)$ $-\dfrac{\varsigma\lambda}{6}(3\lambda_2+\lambda)$	$\dfrac{\varrho_{4(\lambda 1)}}{4!}\dfrac{\lambda_1^4}{\lambda}-\dfrac{\varrho_{4(\lambda 2)}}{4!}\dfrac{\lambda_2^4}{\lambda}$ $-\dfrac{\varrho_{3(\lambda 2)}}{3!}\lambda_2^3$	$-\left(\dfrac{\varrho_{3(\lambda 1)}}{3!}\dfrac{\lambda_1^3}{\lambda}-\dfrac{\varrho_{3(\lambda 2)}}{3!}\dfrac{\lambda_2^3}{\lambda}\right.$ $\left.-\dfrac{\varrho_{2(\lambda 2)}}{2!}\lambda_2^2\right)$	$-\dfrac{\lambda}{2\hat{\gamma}}$	
10		$\hat{\gamma}\dfrac{\varrho_{5(\lambda)}}{5!}\lambda^4-\dfrac{\varsigma\lambda^2}{6}$	$\dfrac{\varrho_{4(\lambda)}}{4!}\lambda^3$	$\dfrac{\varrho_{3(\lambda)}}{3!}\lambda^2$	$-\dfrac{\lambda}{2\hat{\gamma}}$	
11		$\hat{\gamma}\left(\dfrac{\varrho_{4(1)}}{4!}-\dfrac{\varrho_{5(1)}}{5!}\dfrac{1}{\lambda}\right.$ $\left.+\dfrac{\varrho_{5(\lambda 2)}}{5!}\dfrac{\lambda_2^5}{\lambda}\right)$ $-\dfrac{\varsigma\lambda}{6}(3-\lambda)$	$\dfrac{\varrho_{3(1)}}{3!}-\dfrac{\varrho_{4(1)}}{4!}\dfrac{1}{\lambda}$ $+\dfrac{\varrho_{4(\lambda 2)}}{4!}\dfrac{\lambda_2^5}{\lambda}$	$-\left(\dfrac{\varrho_{2(1)}}{2!}-\dfrac{\varrho_{3(1)}}{3!}\right.$ $\left.+\dfrac{\varrho_{3(\lambda 2)}}{3!}\dfrac{\lambda_2^3}{\lambda}\right)$	$-\dfrac{\lambda}{2\hat{\gamma}}$	$\hat{\gamma}q l^2$
12		$\hat{\gamma}\left(\dfrac{\varrho_{4(\lambda 1)}}{4!}\lambda_1^4-\dfrac{\varrho_{5(\lambda 1)}}{5!}\dfrac{\lambda_1^5}{\lambda}\right.$ $\left.+\dfrac{\varrho_{5(\lambda 2)}}{5!}\dfrac{\lambda_2^5}{\lambda}\right)$ $-\dfrac{\varsigma\lambda}{6}(3\lambda_1-\lambda)$	$\dfrac{\varrho_{3(\lambda 1)}}{3!}\lambda_1^3-\dfrac{\varrho_{4(\lambda 1)}}{4!}\dfrac{\lambda_1^4}{\lambda}$ $+\dfrac{\varrho_{4(\lambda 2)}}{4!}\dfrac{\lambda_2^4}{\lambda}$	$-\left(\dfrac{\varrho_{2(\lambda 1)}}{2!}\lambda_1^2-\dfrac{\varrho_{3(\lambda 1)}}{3!}\dfrac{\lambda_1^3}{\lambda}\right.$ $\left.+\dfrac{\varrho_{3(\lambda 2)}}{3!}\dfrac{\lambda_2^3}{\lambda}\right)$	$-\dfrac{\lambda}{2\hat{\gamma}}$	
13		$\hat{\gamma}\left(\dfrac{\varrho_{4(\lambda)}}{4!}-\dfrac{\varrho_{5(\lambda)}}{5!}\right)\lambda^4$ $-\dfrac{\varsigma\lambda^2}{3}$	$\left(\dfrac{\varrho_{3(\lambda)}}{3!}-\dfrac{\varrho_{4(\lambda)}}{4!}\right)\lambda^3$	$-\left(\dfrac{\varrho_{2(\lambda)}}{2!}-\dfrac{\varrho_{3(\lambda)}}{3!}\right)\lambda^2$	$-\dfrac{\lambda}{2\hat{\gamma}}$	
14		$\hat{\gamma}\left(\dfrac{\varrho_{5(1)}}{5!}\dfrac{1}{\lambda}-\dfrac{\varrho_{5(\lambda 1)}}{5!}\dfrac{\lambda_1^5}{\lambda}\right.$ $\left.-\dfrac{\varrho_{5(\lambda 2)}}{5!}\lambda_2^4\right)$ $-\dfrac{\varsigma}{6}(3\lambda_1+\lambda^2-\lambda_2^2)$	$\dfrac{\varrho_{4(1)}}{4!}\dfrac{1}{\lambda}-\dfrac{\varrho_{4(\lambda 1)}}{4!}\dfrac{\lambda_1^4}{\lambda}$ $-\dfrac{\varrho_{4(\lambda 2)}}{4!}\lambda_2^3$	$-\left(\dfrac{\varrho_{3(1)}}{3!}\dfrac{1}{\lambda}\right.$ $-\dfrac{\varrho_{3(\lambda 1)}}{3!}\dfrac{\lambda_1^3}{\lambda}$ $\left.-\dfrac{\varrho_{3(\lambda 2)}}{3!}\lambda_2^2\right)$	$-\dfrac{1+\lambda-\lambda_2}{2\hat{\gamma}}$	
15		$\hat{\gamma}\dfrac{\varrho_{3(\lambda)}}{3!}\lambda^3-\varsigma\lambda$	$\dfrac{\varrho_{2(\lambda)}}{2!}\lambda^2$	$-\varrho_{1(\lambda)}\lambda$	$-\dfrac{\lambda}{\hat{\gamma}}$	$\hat{\gamma}Fl$
16		$\hat{\gamma}\dfrac{\varrho_{2(\lambda)}}{2!}\lambda^2$	$\varrho_{1(\lambda)}\lambda$	$-\varrho_{0(\lambda)}$	0	M_t

Zu ϱ-Funktionen s. Abschn. 5.4.2

5.2.4 Knicken in einer Ebene (Eulerfälle)

Knicken wird durch die Differentialgleichung der Biegelinie in der Form

$$w''' + \frac{F_K}{E \cdot I} w' = 0 \text{ beschrieben.}$$

Lösung $F_K = \dfrac{\pi^2 EI}{s_K^2}$ Kritische Last

Von besonderer Bedeutung ist die Knicklänge s_K. Man unterscheidet 4 Eulerfälle.

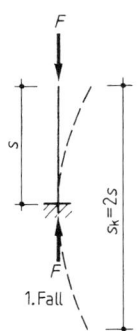
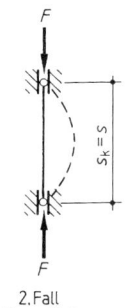
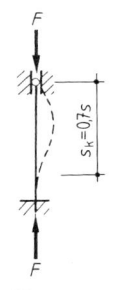
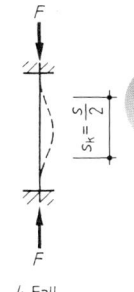

1.Fall   2.Fall Normalfall   3.Fall   4.Fall

Bild 50   Eulerfälle

Omega-Verfahren (Baustoff Holz nach DIN 1052)

$$\text{zul } \sigma_K = \frac{\text{zul } \sigma_0}{\omega} \; ; \qquad \lambda = \frac{s_K}{i} \; ; \qquad i = \sqrt{\frac{I}{A}} \; ;$$

λ Schlankheitsgrad
ω Knickzahl
Holz s. S. 824f.

Neue Vorschriften legen der Druckstabbemessung das Traglastverfahren zugrunde.

5.3   Formänderungsberechnung

Arbeitsgleichung

$$1 \cdot \delta_i = \int\limits_{(l)} \left[\frac{M\bar{M}}{EI} + \frac{M_T \bar{M}_T}{GI_T} + \frac{N\bar{N}}{EA} + \varkappa_Q \frac{V\bar{V}}{GA} + \alpha_t \left(NT_0 + M \frac{\Delta t}{d} \right) \right] dx - \sum Cc - \sum M\varphi$$

Die Berechnung der Einzelweggröße δ_i erfolgt mit der Arbeitsgleichung, indem am Ort und in Richtung der Einzelweggröße eine virtuelle Last $\bar{1}$ angebracht wird.

Tafel 30 Produktintegrale $\int {}^i f \, {}^k f \, d\xi = \dfrac{1}{l}\int {}^i f \, {}^k f \, dx$

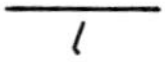 l	Rechteck 	Dreieck 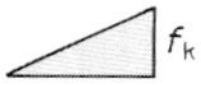	Dreieck 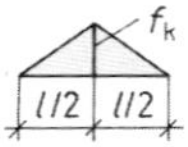 ($l/2$, $l/2$)	Dreieck (γl, δl) 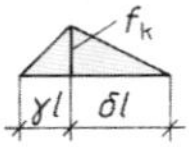
Rechteck f_i	$f_i f_k$	$\dfrac{1}{2} f_i f_k$	$\dfrac{1}{2} f_i f_k$	$\dfrac{1}{2} f_i f_k$
Dreieck  f_i	$\dfrac{1}{2} f_i f_k$	$\dfrac{1}{3} f_i f_k$	$\dfrac{1}{4} f_i f_k$	$\dfrac{1}{6}(1+\gamma) f_i f_k$
Dreieck 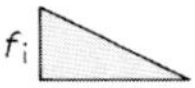 f_i	$\dfrac{1}{2} f_i f_k$	$\dfrac{1}{6} f_i f_k$	$\dfrac{1}{4} f_i f_k$	$\dfrac{1}{6}(1+\delta) f_i f_k$
Dreieck 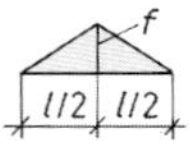 ($l/2$, $l/2$), f	$\dfrac{1}{2} f_i f_k$	$\dfrac{1}{4} f_i f_k$	$\dfrac{1}{3} f_i f_k$	$\dfrac{1}{12}\dfrac{3-4\gamma^2}{\delta} f_i f_k$ für $\gamma \leqq \delta$
Dreieck 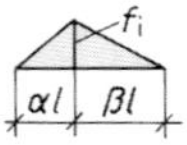 (αl, βl), f_i	$\dfrac{1}{2} f_i f_k$	$\dfrac{1}{6}(1+\alpha) f_i f_k$	$\dfrac{1}{12}\dfrac{3-4\alpha^2}{\beta} f_i f_k$ für $\alpha \leqq \beta$	$\dfrac{1}{6}\dfrac{2\alpha-\alpha^2-\gamma^2}{\alpha\cdot\delta} f_i f_k$ für $\alpha \geqq \gamma$
Trapez  f_{i1}, f_{i2}	$\dfrac{1}{2}(f_{i1}+f_{i2}) f_k$	$\dfrac{1}{6}(f_{i1}+2f_{i2}) f_k$	$\dfrac{1}{4} f_k (f_{i1}+f_{i2})$	$\dfrac{1}{6} f_k [(1+\delta) f_{i1} + (1+\gamma) f_{i2}]$
Quadratische Parabel 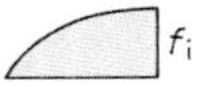 f_i	$\dfrac{2}{3} f_i f_k$	$\dfrac{5}{12} f_i f_k$	$\dfrac{17}{48} f_i f_k$	$\dfrac{1}{12}(5-\delta-\delta^2) f_i f_k$
Quadratische Parabel f_i 	$\dfrac{2}{3} f_i f_k$	$\dfrac{1}{4} f_i f_k$	$\dfrac{17}{48} f_i f_k$	$\dfrac{1}{12}(5-\gamma-\gamma^2) f_i f_k$
Quadratische Parabel  f_i	$\dfrac{1}{3} f_i f_k$	$\dfrac{1}{4} f_i f_k$	$\dfrac{7}{48} f_i f_k$	$\dfrac{1}{12}(1+\gamma+\gamma^2) f_i f_k$
Quadratische Parabel 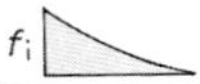 f_i	$\dfrac{1}{3} f_i f_k$	$\dfrac{1}{12} f_i f_k$	$\dfrac{7}{48} f_i f_k$	$\dfrac{1}{12}(1+\delta+\delta^2) f_i f_k$
$\int {}^k f \, {}^k f \, dx$	f_k^2	$\dfrac{1}{3} f_k^2$	$\dfrac{1}{3} f_k^2$	$\dfrac{1}{3} f_k^2$

Trapez	Quadratische Parabel	Quadratische Parabel	Quadratische Parabel
$\dfrac{1}{2} f_i (f_{k1} + f_{k2})$	$\dfrac{2}{3} f_i f_k$	$\dfrac{2}{3} f_i f_k$	$\dfrac{1}{3} f_i f_k$
$\dfrac{1}{6} f_i (f_{k1} + 2 f_{k2})$	$\dfrac{1}{3} f_i f_k$	$\dfrac{5}{12} f_i f_k$	$\dfrac{1}{4} f_i f_k$
$\dfrac{1}{6} f_i (2 f_{x1} + f_{k2})$	$\dfrac{1}{3} f_i f_k$	$\dfrac{1}{4} f_i f_k$	$\dfrac{1}{12} f_i f_k$
$\dfrac{1}{4} f_i (f_{k1} + f_{k2})$	$\dfrac{5}{12} f_i f_k$	$\dfrac{17}{48} f_i f_k$	$\dfrac{7}{48} f_i f_k$
$\dfrac{1}{6} f_i [(1+\beta) f_{k1} + (1+\alpha) f_{k2}]$	$\dfrac{1}{3} (1 + \alpha\beta) f_i f_k$	$\dfrac{1}{12} (5 - \beta - \beta^2) f_i f_k$	$\dfrac{1}{12} (1 + \alpha + \alpha^2) f_i f_k$
$\dfrac{1}{6} [(2 f_{k1} + f_{k2}) f_{i1} + (f_{k1} + 2 f_{k2}) f_{i2}]$	$\dfrac{1}{3} (f_{i1} + f_{i2}) f_k$	$\dfrac{1}{12} (3 f_{i1} + 5 f_{i2}) f_k$	$\dfrac{1}{12} (f_{i1} + 3 f_{i2}) f_k$
$\dfrac{1}{12} f_i (3 f_{k1} + 5 f_{k2})$	$\dfrac{7}{15} f_i f_k$	$\dfrac{8}{15} f_i f_k$	$\dfrac{3}{10} f_i f_k$
$\dfrac{1}{12} f_i (5 f_{k1} + 3 f_{k2})$	$\dfrac{7}{15} f_i f_k$	$\dfrac{11}{30} f_i f_k$	$\dfrac{2}{15} f_i f_k$
$\dfrac{1}{12} f_i (f_{k1} + 3 f_{k2})$	$\dfrac{1}{5} f_i f_k$	$\dfrac{3}{10} f_i f_k$	$\dfrac{1}{5} f_i f_k$
$\dfrac{1}{12} f_i (3 f_{k1} + f_{k2})$	$\dfrac{1}{5} f_i f_k$	$\dfrac{2}{15} f_i f_k$	$\dfrac{1}{30} f_i f_k$
$\dfrac{1}{3} (f_{k1}^2 + f_{k2}^2 + f_{k1} f_{k2})$	$\dfrac{8}{15} f_k^2$	$\dfrac{8}{15} f_k^2$	$\dfrac{1}{5} f_k^2$

6

Statik und Festigkeitslehre

Es bedeuten

$\overline{1}$ die dimensionsbehaftete virtuelle Lastgröße
δ_i die gesuchte Einzelverformung
M, M_T, N, Q die Schnittgrößen infolge der wirklichen Lastgrößen
$\overline{M}, \overline{M}_T, \overline{N}, \overline{Q}$ die Schnittgrößen infolge der virtuellen Belastung
$T_0, \Delta t$ die vorgegebene Temperaturänderung eines Stabes
c, φ die tatsächliche Verschiebung der Auflagerpunkte und die Drehungen von
           Auflagereinspannungen.
$\overline{C}, \overline{M}$ die zur virtuellen Lastgröße gehörenden Auflagerreaktionen
$I, A, \varkappa, E, \alpha_T$ Querschnittswerte und Materialkonstante

Die Gleichung enthält den vollständigen Ansatz zur Berechnung von Einzelverformungen für vollwandige ebene Tragwerke.

Eine Auflagerverschiebung tritt nicht in jedem Fall auf.

Der Einfluß der Temperatur wird getrennt untersucht.

Der Einfluß der Quer- und Normalkräfte kann fast immer vernachlässigt werden.

Beispiel   Gesucht ist die horizontale Verschiebung des Punktes b

I 300; $I_y = 9800$ cm^4; $A = 69,1$ cm^2; $A_{Steg} = 28,9$ cm^2; $E = 2,1 \cdot 10^4$ kN/cm^2;
$G = 0,8 \cdot 10^4$ kN/cm^2

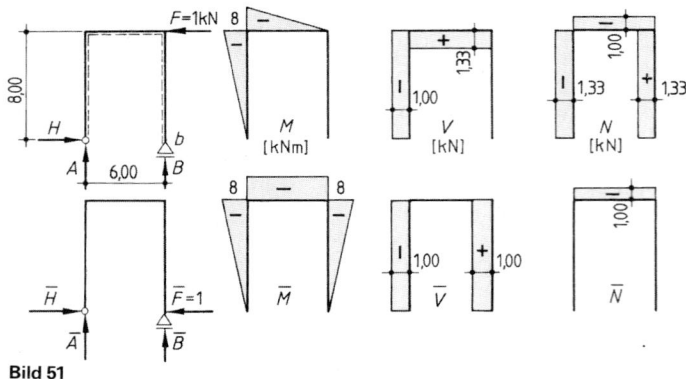

Bild 51

Arbeitsgleichung: $\delta_b = \dfrac{1}{EI} \int M \cdot \overline{M} \, dx + \dfrac{1}{G \cdot A_{Steg}} \int V\overline{V} \, dx + \dfrac{1}{EA} \int N\overline{N} \cdot dx$

Auswertung mit Hilfe der Tafel 30

Anteile aus den Momenten

$$\delta_{bM} = \left[\frac{1}{3} \cdot 800 \, (-800)(-800) + \frac{1}{2} \, 600 \, (-800)(-800) \right] \cdot \frac{1}{2,1 \cdot 10^4 \cdot 9800} = 1,76 \text{ cm}$$

Anteile aus Querkräften

$$\delta_{bQ} = (-1)(-1) \cdot 800 \cdot \frac{1}{0,8 \cdot 10^4 \cdot 28,9} \qquad\qquad = 0,0035 \text{ cm}$$

Anteile aus Normalkräften

$$\delta_{bN} = (-1)(-1) \cdot 600 \cdot \frac{1}{2,1 \cdot 10^4 \cdot 69,1} \qquad\qquad = 0,0004 \text{ cm}$$

5.4 Elastizitätstheorien I. und II. Ordnung

5.4.1 Einführung

Grundlage für die Lösung des Problems ist die Differentialgleichung nach Abschnitt 4.8. Sie beschreibt die vom Biegemoment hervorgerufene Durchsenkung (Biegelinie) eines Stabes nach der Elastizitätstheorie II. Ordnung unter Berücksichtigung des Schubverformungseinflusses. Die Schubverformung kann bei schubweichen Gurtverbindungen (Gitter-, Rahmenstäbe) Bedeutung haben, kann im allg. aber außer Betracht bleiben.

Voraussetzung der Theorien I. und II. Ordnung ist eine im Vergleich mit der Stablänge so kleine Formänderung, daß die Längenänderung der Systemlinie (Veränderung des Abstands der Stabendpunkte) bei der Berechnung der Schnittgrößen vernachlässigt werden kann. Bei der Rechnung nach Theorie I. Ordnung bleibt außerdem die Auswirkung der verformungsbedingten Längskraftausmitte unberücksichtigt. Die Berechnung nach Elastizitätstheorie I. Ordnung ist daher über den Sonderfall $N = 0$ eingeschlossen. Im übrigen wird für die angegebenen Lösungen davon ausgegangen, daß die Stabsteifigkeit und die Längskraft mindestens abschnittsweise konstant sind.

Nach Theorie II. Ordnung muß gerechnet werden, wenn die Längskraft eine kritische Größenordung übersteigt; diese wird bei $|N_d| = N_{Ki}/10 \approx EI/s_K^2$ angesetzt. Da die Lösung nach Theorie II. Ordnung nicht linear ist, muß die Längskraft − jedenfalls bei der Berechnung des charakteristischen Wertes (ε) − mit ihrem Bemessungswert (N_d) angesetzt werden! Aus demselben Grund findet im Gegensatz zur Theorie I. Ordnung das Superpositionsgesetz grundsätzlich keine Anwendung d. h. die Einwirkungen können nicht getrennt behandelt und ihre jeweiligen Auswirkungen anschließend überlagert werden; vielmehr sind Gesamteinwirkungsfälle zu betrachten. Auswirkungsüberlagerung ist aber zulässig, wenn der ungünstigste Längskraftzustand für die möglichen Kombinationen von Teileinwirkungen zugrunde gelegt wird.

Zwei Lösungswege werdenin den folgenden Abschnitten angegeben:

(1) **Ergänzungslastverfahren;** Voraussetzung: Konstante Steifigkeiten und Längskraft im ganzen Stab sowie abschnittsweise polynomal darstellbare Einwirkung,

(2) **Übertragungsverfahren;** Voraussetzung: Abschnittsweise konstante Steifigkeiten und Längskraft sowie abschnittsweise polynomal darstellbare Einwirkung.

5.4.2 Allgemeine Lösungsgrundlagen

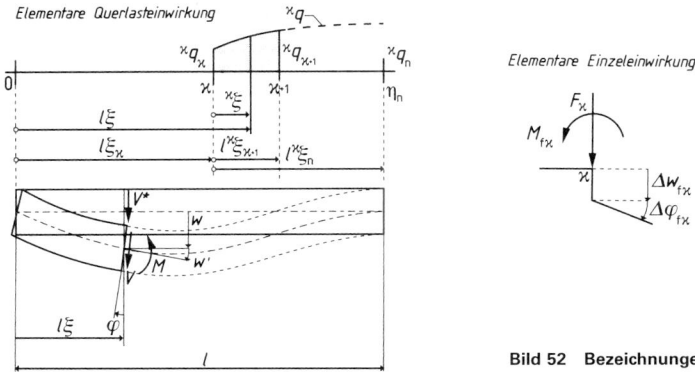

Bild 52 Bezeichnungen

Statik und Festigkeitslehre

Geometrische Größen, Steifigkeitsgrößen, Normalkraft

$\varkappa$	$0 \dots n_\varkappa$	Punktindex, Numerierung der Abschnittsgrenzen
l	Stablänge	
x	Stabachskoordinate	
ξ	$\dfrac{x}{l}$	Bezogene Stabachskoordinate
$^\varkappa\xi$	$\xi - \xi_\varkappa$	Bezogene Achsabschnittskoordinate (siehe Bild 52)
B	$EI = EA_{zz}$	Biegesteifigkeit; Vergleichsbiegesteifigkeit
$B_\varkappa$	$(EI)_\varkappa = (EA_{zz})_\varkappa$	Biegesteifigkeit des Abschnitts $\varkappa$
$\beta_\varkappa$	$\dfrac{B_\varkappa}{B}$	Normalisierte Biegesteifigkeit des Abschnitts $\varkappa$
N	Längskraft als Bemessungsgröße (N_d)	
ν	$\dfrac{N_\varkappa l^2}{B_\varkappa}$	Normalisierte Längskraft im Abschnitt $\varkappa$
$S; S_\varkappa$	$G\alpha_V A; G\alpha_V A_\varkappa$	Schubsteifigkeit; Schubsteifigkeit des Abschnitts $\varkappa$
$\dfrac{1}{\varsigma}; \dfrac{1}{\varsigma_\varkappa}$	$\dfrac{Sl^2}{B}; \dfrac{S_\varkappa l^2}{B_\varkappa}$	Normalisierte Schubsteifigkeit; — des Abschnitts $\varkappa$
$\hat{\gamma}$	$\dfrac{1}{1 + \nu_\varkappa \varsigma_\varkappa}$	Schubverformungsbeiwert ($^\frown$ unterscheidet von Schubverzerrungs- und Sicherheitsbeiwert)

Zustandsgrößen

N	Längskraft als Bemessungsgröße N_d	
V	Querschnittstreue Querkraft	
V^*	Richtungstreue Querkraft	
M	Biegemoment	
w_M	Biegedurchsenkung	
w_V	Schubdurchsenkung	
w	$w_M + w_V$	Gesamtdurchsenkung
φ	w_M'	Querschnittverdrehung
ν	$\dfrac{Nl^2}{B}$	Normalisierte Längskraft
υ	$\dfrac{Vl^2}{B}$	Normalisierte querschnittstreue Querkraft
υ^*	$\dfrac{V^* l^2}{B}$	Normalisierte richtungstreue Querkraft
μ	$\dfrac{Ml}{B}$	Normalisiertes Biegemoment
ω_M	$\dfrac{w_M}{l}$	Normalisierte Biegedurchsenkung
ω_V	$\dfrac{w_V}{l}$	Normalisierte Schubdurchsenkung
ω	$\omega_M + \omega_V$	Normalisierte Durchsenkung
φ	$\dot{\omega}_M$	Querschnittsverdrehung

Einwirkungsgrößen

$F_\varkappa$	Einzellast senkrecht zur Systemlinie	
$M_{f\varkappa}$	Lastmoment	
$^\varkappa q$	Verteilte Last senkrecht zur Systemlinie	
$\Delta w_{f\varkappa}$	Eingeprägter Durchsenkungssprung	
$\Delta\varphi_{f\varkappa}$	Eingeprägter Knick	
$\Delta\upsilon_{f\varkappa}^*$	$\dfrac{F_\varkappa l^2}{B}$	Normalisierte Einzellast
$\Delta\mu_{f\varkappa}$	$\dfrac{M_{f\varkappa} l^2}{B}$	Normalisiertes Lastmoment
$^\varkappa\eta$	$\dfrac{^\varkappa q l^3}{B}$	Normalisierte verteilte Last
$\Delta\omega_{f\varkappa}$	$\dfrac{\Delta w_{f\varkappa}}{l}$	Bezogener eingeprägter Durchsenkungssprung

Nach Theorie II. Ordnung muß zwischen der richtungstreuen und der querschnittstreuen Querkraft unterschieden werden. Die richtungstreue Querkraft (V^*) behält auch bei Formänderung des Stabes ihre Richtung bei, bleibt also senkrecht zur Systemlinie; sie ist maßgebend für die Knotenkräfte an den Stabenden bzw. die Auflagerkräfte (außerdem wird sie für das Befriedigen der Zwischenbedingungen benötigt). Die querschnittstreue Querkraft (V) bleibt auch bei Formänderung des Stabes parallel zum Querschnitt; sie ist maßgebend für die Bemessung.

Allgemeine Lösungsfunktion: $\vec{z} = \Xi \vec{z}_0^* + \vec{f}$ mit $\vec{z}_0^* = R_f \vec{f}_n + R_r \vec{r}$.

Bei abgestuften Steifigkeiten oder abschnittsweise stetiger Einwirkung ist die Zustandsgrößenfunktion ebenfalls nur abschnittsweise stetig. Im Abschnitt $\varkappa$ gilt dann $^{[\varkappa]}\vec{z} = {}^{[\varkappa]}\Xi \vec{z}_0^* + {}^{\varkappa}\vec{f}$. Mit den Matrizen R_f und R_r und dem Tupel $\vec{r}$ werden die Randbedingungen erfaßt (Tafel 33). Das Tupel $\vec{f}$ beschreibt den Belastungseinfluß (Tafel 31).

Die einzelnen Größen darin sind wie folgt definiert:

Zustandsgrößentupel	$\vec{z}(\xi)$	$\vec{z}_0^*$
In $\vec{z}$ sind die 5 Zustandsgrößen zusammengefaßt. $\vec{z}_0^*$ ist das 4-Tupel der Zustandsgrößen (ausgenommen v) am linken Rand des Stabes.	$\begin{pmatrix} \omega \\ \varphi \\ \mu \\ v^* \\ v \end{pmatrix}$	$\begin{pmatrix} \omega_0 \\ \varphi_0 \\ \mu_0 \\ v_0^* \end{pmatrix}$

Feldmatrix	$^{\varkappa}\Xi(^{\varkappa}\xi)$
Die Matrix enthält die mit den Parametern des Abschnitts $\varkappa$ erzeugten Funktionen, nach denen die Randgrößen $\vec{z}_0^*$ in die Zustandsgrößen eingehen. Die ϱ-Funktionen ergeben sich aus Tafel 32. Bei Vernachlässigung der Schubverformung ist $\hat{\gamma}_{\varkappa} = 1$ und $\zeta_{\varkappa} = 0$ zu setzen.	$\begin{pmatrix} 1 & \hat{\gamma}_{\varkappa}{}^{\varkappa}\varrho_1{}^{\varkappa}\xi & -\hat{\gamma}_{\varkappa}{}^{\varkappa}\varrho_2 \dfrac{^{\varkappa}\xi^2}{2!} & -\hat{\gamma}_{\varkappa}\left(\hat{\gamma}_{\varkappa}{}^{\varkappa}\varrho_3 \dfrac{^{\varkappa}\xi^3}{3!} - \varsigma_{\varkappa}{}^{\varkappa}\xi\right) \\ 0 & {}^{\varkappa}\varrho_0 & -{}^{\varkappa}\varrho_1{}^{\varkappa}\xi & -\hat{\gamma}_{\varkappa}{}^{\varkappa}\varrho_2 2! \\ 0 & -\beta_{\varkappa}{}^{\varkappa}\varrho_{-1}{}^{\varkappa}\xi^{-1} & \beta_{\varkappa}{}^{\varkappa}\varrho_0 & \hat{\gamma}_{\varkappa}\beta_{\varkappa}{}^{\varkappa}\varrho_1{}^{\varkappa}\xi \\ 0 & 0 & 0 & \beta_{\varkappa} \\ 0 & -\beta_{\varkappa}{}^{\varkappa}\varrho_{-2}{}^{\varkappa}\xi^{-2} & \beta_{\varkappa}{}^{\varkappa}\varrho_{-1}{}^{\varkappa}\xi^{-1} & \hat{\gamma}_{\varkappa}\beta_{\varkappa}{}^{\varkappa}\varrho_0 \end{pmatrix}$

Tafel 31 Zustandsfunktionen der Einwirkungen

Einwirkung	$^{\varkappa}\vec{f}$
Vorkrümmung $\omega_K = \xi(1-\xi)\,4\omega_{Km}$	$\begin{pmatrix} \hat{\gamma}_{\varkappa}\left(^{\varkappa}\varrho_1\xi - 2{}^{\varkappa}\varrho_2 \dfrac{\xi^2}{2!}\right) - \xi(1-\xi) \\ (^{\varkappa}\varrho_0 - 2{}^{\varkappa}\varrho_1\xi) - (1 - 2\xi) \\ -\beta_{\varkappa}(^{\varkappa}\varrho_{-1}\xi^{-1} - 2{}^{\varkappa}\varrho_0) \\ 0 \\ -\beta_{\varkappa}(^{\varkappa}\varrho_{-2}\xi^{-2} - 2{}^{\varkappa}\varrho_{-1}\xi^{-1}) \end{pmatrix} 4\omega_{Km}$

Einzeleinwirkung Formänderungsgrößen	Versatz:	Knick:
	$\begin{pmatrix} 1 \\ 0 \\ 0 \\ 0 \\ 0 \end{pmatrix} \dfrac{1}{l}\,\Delta\omega_{f\varkappa}$	$\begin{pmatrix} \hat{\gamma}_{\varkappa}{}^{\varkappa}\varrho_1{}^{\varkappa}\xi \\ {}^{\varkappa}\varrho_0 \\ -\beta_{\varkappa}{}^{\varkappa}\varrho_{-1}{}^{\varkappa}\xi^{-1} \\ 0 \\ -\beta_{\varkappa}{}^{\varkappa}\varrho_{-2}{}^{\varkappa}\xi^{-2} \end{pmatrix} \Delta\varphi_{f\varkappa}$

Einzeleinwirkung Kraftgrößen	Einzellast:	Lastmoment:
	$\begin{pmatrix} \hat{\gamma}_{\varkappa}{}^{\varkappa}\varrho_3 \dfrac{^{\varkappa}\xi^3}{3!} - \varsigma_{\varkappa}{}^{\varkappa}\xi \\ {}^{\varkappa}\varrho_2 \dfrac{^{\varkappa}\xi^2}{2!} \\ -\beta_{\varkappa}{}^{\varkappa}\varrho_1{}^{\varkappa}\xi \\ -\dfrac{1}{\hat{\gamma}_{\varkappa}} \\ -\beta_{\varkappa}{}^{\varkappa}\varrho_0 \end{pmatrix} \hat{\gamma}_{\varkappa}\dfrac{l^2}{B_{\varkappa}}\,F_{Z\varkappa}$	$\begin{pmatrix} \hat{\gamma}_{\varkappa}{}^{\varkappa}\varrho_2 \dfrac{^{\varkappa}\xi^2}{2!} \\ {}^{\varkappa}\varrho_1{}^{\varkappa}\xi \\ -\beta_{\varkappa}{}^{\varkappa}\varrho_0 \\ 0 \\ -\beta_{\varkappa}{}^{\varkappa}\varrho_{-1}{}^{\varkappa}\xi^{-1} \end{pmatrix} \dfrac{l}{B_{\varkappa}}\,M_{f\varkappa}$

Fortsetzung s. nächste Seite

Tafel 31, Fortsetzung

Einwirkung	$^x\vec{f}$
Gleichlast	$\begin{pmatrix} \hat{\gamma}_x\,{}^x\varrho_4\,\dfrac{{}^x\zeta^4}{4!} - \varsigma_x\,\dfrac{{}^x\zeta^2}{2!} \\[2mm] {}^x\varrho_3\,\dfrac{{}^x\zeta^3}{3!} \\[2mm] -\beta_x\,{}^x\varrho_2\,\dfrac{{}^x\zeta^2}{2!} \\[2mm] -\dfrac{\beta_x}{\hat{\gamma}_x}\,{}^x\zeta \\[2mm] -\beta_x\,{}^x\varrho_1\,{}^x\zeta \end{pmatrix}\quad \hat{\gamma}_x\,\dfrac{q_{0x}\,l^3}{B_x}$
Dreieckslast	$\begin{pmatrix} \hat{\gamma}_x\,{}^x\varrho_5\,\dfrac{{}^x\zeta^5}{5!} - \varsigma_x\,\dfrac{{}^x\zeta^3}{3!} \\[2mm] {}^x\varrho_4\,\dfrac{{}^x\zeta^4}{4!} \\[2mm] -{}^x\varrho_3\,\dfrac{{}^x\zeta^3}{3!} \\[2mm] -\dfrac{\beta_x}{\hat{\gamma}_x}\,\dfrac{{}^x\zeta^2}{2!} \\[2mm] -{}^x\varrho_2\,\dfrac{{}^x\zeta^2}{2!} \end{pmatrix}\quad \hat{\gamma}_x\,\dfrac{q_{1x}\,l^3}{{}^x\zeta_{xe}\,B_x}$
Parabolische Last p. Grades	$\begin{pmatrix} \hat{\gamma}_x\,{}^x\varrho_{p+4}\,\dfrac{{}^x\zeta^{p+4}}{(p+4)!} - \varsigma_x\,\dfrac{{}^x\zeta^{p+2}}{(p+2)!} \\[2mm] {}^x\varrho_{p+3}\,\dfrac{{}^x\zeta^{p+3}}{(p+3)!} \\[2mm] -\beta_x\,{}^x\varrho_{p+2}\,\dfrac{{}^x\zeta^{p+2}}{(p+2)!} \\[2mm] -\dfrac{\beta_x}{\hat{\gamma}_x}\,\dfrac{{}^x\zeta^{p+1}}{(p+1)!} \\[2mm] -\beta_x\,{}^x\varrho_p\,\dfrac{{}^x\zeta^p}{p!} \end{pmatrix}\quad \hat{\gamma}_x\,\dfrac{p!}{{}^x\zeta_{xe}^p}\,\dfrac{q_{px}\,l^3}{B_x}$

Einwirkungsüberlagerung (Superposition)

Nach Theorie I. Ordnung können Teileinwirkungen uneingeschränkt gesondert behandelt und die Ergebnisse anschließend überlagert (addiert) werden (Superpositionsgesetz).

Für Berechnungen nach Theorie II. Ordnung gilt dies nicht uneingeschränkt, da die Zusammenhänge von Einwirkungen und Auswirkungen nicht linear sind! Dies betrifft jedoch nur den Einfluß der Längskraft. Verwendet man daher für die Berechnung des charakteristischen Wertes (ε) einer Gruppe von Teileinwirkungen den Gesamtbemessungswert der zugehörigen Normalkraft (N_d), so können auch nach Theorie II. Ordnung die Teileinwirkungen im einzelnen behandelt und die Einzelergebnisse überlagert werden. Untermengen der Teileinwirkungsgruppe dürfen dann überlagert werden, wenn die zugehörige Bemessungsnormalkraft den zugrunde gelegten Wert n i c h t   u n t e r s c h r e i t e t.

Insbesondere gilt: $\quad {}^xq = \sum\limits_{\iota=1}^{p} {}^x q_\iota\,\dfrac{{}^x\zeta^\iota}{\iota!}$.

Tafel 32 ϱ-Funktionen

	$N_{\varkappa} < 0$ Druckbeanspruchung	$N_{\varkappa} = 0$ Theorie I. Ordnung	$N_{\varkappa} > 0$ Zugbeanspruchung
$\varepsilon_{\varkappa}$	$l \cdot \sqrt{\dfrac{(-N_{\varkappa})}{\left(1+\dfrac{N_{\varkappa}}{S_{\varkappa}}\right)B}} = \sqrt{-\hat{\gamma}_{\varkappa} v_{\varkappa}}$	0	$l \cdot \sqrt{\dfrac{N_{\varkappa}}{\left(1+\dfrac{N_{\varkappa}}{S_{\varkappa}}\right)B}} = \sqrt{\hat{\gamma}_{\varkappa} v_{\varkappa}}$
${}^{\varkappa}\varrho_{-2}$	$-(\varepsilon_{\varkappa}{}^{\varkappa}\xi)^2 \cos(\varepsilon_{\varkappa}{}^{\varkappa}\xi)$	0	$(\varepsilon_{\varkappa}{}^{\varkappa}\xi)^2 \cosh(\varepsilon_{\varkappa}{}^{\varkappa}\xi)$
${}^{\varkappa}\varrho_{-1}$	$-\varepsilon_{\varkappa}{}^{\varkappa}\xi \sin(\varepsilon_{\varkappa}{}^{\varkappa}\xi)$	0	$\varepsilon_{\varkappa}{}^{\varkappa}\xi \sinh(\varepsilon_{\varkappa}{}^{\varkappa}\xi)$
${}^{\varkappa}\varrho_0$	$\cos(\varepsilon_{\varkappa}{}^{\varkappa}\xi)$	1	$\cosh(\varepsilon_{\varkappa}{}^{\varkappa}\xi)$
${}^{\varkappa}\varrho_1$	$\dfrac{\sin(\varepsilon_{\varkappa}{}^{\varkappa}\xi)}{\varepsilon_{\varkappa}{}^{\varkappa}\xi}$	1	$\dfrac{\sinh(\varepsilon_{\varkappa}{}^{\varkappa}\xi)}{\varepsilon_{\varkappa}{}^{\varkappa}\xi}$
${}^{\varkappa}\varrho_2$	$-\dfrac{\cos(\varepsilon_{\varkappa}{}^{\varkappa}\xi)-1}{\dfrac{(\varepsilon_{\varkappa}{}^{\varkappa}\xi)^2}{2!}}$	1	$\dfrac{\cosh(\varepsilon_{\varkappa}{}^{\varkappa}\xi)-1}{\dfrac{(\varepsilon_{\varkappa}{}^{\varkappa}\xi)^2}{2!}}$
${}^{\varkappa}\varrho_3$	$-\dfrac{\sin(\varepsilon_{\varkappa}{}^{\varkappa}\xi)-\varepsilon_{\varkappa}{}^{\varkappa}\xi}{\dfrac{(\varepsilon_{\varkappa}{}^{\varkappa}\xi)^3}{3!}}$	1	$\dfrac{\sinh(\varepsilon_{\varkappa}{}^{\varkappa}\xi)-\varepsilon_{\varkappa}{}^{\varkappa}\xi}{\dfrac{(\varepsilon_{\varkappa}{}^{\varkappa}\xi)^3}{3!}}$
${}^{\varkappa}\varrho_4$	$\dfrac{\cos(\varepsilon_{\varkappa}{}^{\varkappa}\xi)-1+\dfrac{(\varepsilon_{\varkappa}{}^{\varkappa}\xi)^2}{2!}}{\dfrac{(\varepsilon_{\varkappa}{}^{\varkappa}\xi)^4}{4!}}$	1	$\dfrac{\cosh(\varepsilon_{\varkappa}{}^{\varkappa}\xi)-1-\dfrac{(\varepsilon_{\varkappa}{}^{\varkappa}\xi)^2}{2!}}{\dfrac{(\varepsilon_{\varkappa}{}^{\varkappa}\xi)^4}{4!}}$
${}^{\varkappa}\varrho_5$	$\dfrac{\sin(\varepsilon_{\varkappa}{}^{\varkappa}\xi)-\varepsilon_{\varkappa}{}^{\varkappa}\xi+\dfrac{(\varepsilon_{\varkappa}{}^{\varkappa}\xi)^3}{3!}}{\dfrac{(\varepsilon_{\varkappa}{}^{\varkappa}\xi)^5}{5!}}$	1	$\dfrac{\sinh(\varepsilon_{\varkappa}{}^{\varkappa}\xi)-\varepsilon_{\varkappa}{}^{\varkappa}\xi-\dfrac{(\varepsilon_{\varkappa}{}^{\varkappa}\xi)^3}{3!}}{\dfrac{(\varepsilon_{\varkappa}{}^{\varkappa}\xi)^5}{5!}}$
$\varrho_a, \varrho_b, \varrho_c$	$\varrho_a = \dfrac{\varrho_{3n}}{6} - \varsigma\left(1+v\hat{\gamma}\dfrac{\varrho_{3n}}{6}\right)$	$\varrho_b = \dfrac{\varrho_{2n}}{2} - \varrho_a$	$\varrho_c = \dfrac{\varrho_{3n}}{6} - \dfrac{\varrho_{4n}}{12} + \varsigma\left(1+v\hat{\gamma}\dfrac{\varrho_{4n}}{12}\right)$
Beziehungen zwischen den ϱ-Funktionen		$\dfrac{\varrho_{n+2}}{(n+2)!} = \dfrac{\varrho_n - 1}{n!\,(\varepsilon\xi)^2}\,\mathrm{sign}\,v$	$\dfrac{\mathrm{d}\left(\varrho_n\dfrac{\xi^n}{n!}\right)}{\mathrm{d}\xi} = \varrho_{n-1}\dfrac{\xi^{n-1}}{(n-1)!}$

Durch die Spaltung der Lösung in die drei Fälle $N < 0$, $N = 0$, $N > 0$ werden reelle Lösungsfunktionen erreicht.

Bei einheitlicher Steifigkeit und gleicher Längskraft im ganzen Stab entfällt der Index $\varkappa$ (ausgenommen ${}^{\varkappa}\xi$ bei unsteiger Last) und es ist $\beta = 1$.

5.4.3 Einheitliche Steifigkeit und Längskraft — Ergänzungslastverfahren

Für Stäbe mit durchgehend gleicher Steifigkeit und Längskraft kann die Lösung mit Hilfe der Föppl-Notation quasi-geschlossen angegeben werden, wenn die Belastung aus Teilbelastungszuständen

$$^{\varkappa}q(^{\varkappa}\xi); \forall^{\varkappa}\xi: (\xi - \xi_{\varkappa}) \leq {}^{\varkappa}\xi \leq (1 - \xi_{\varkappa})$$

oder Einzeleinwirkungen in den Punkten $\varkappa$ zusammengesetzt wird; d. h. jeder Teilbelastungszustand erstreckt sich von einem Punkt $\varkappa$ bis zum rechten Stabende und kann ein Polynom p. Grades sein: $^{\varkappa}q = \sum\limits_{\iota=1}^{p} {}^{\varkappa}q_{\iota} \dfrac{^{\varkappa}\xi^{\iota}}{\iota!}$.

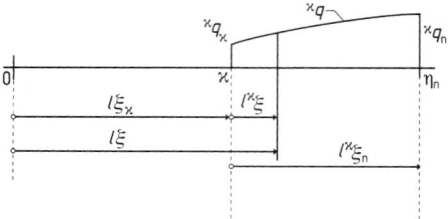

Bild 53 Teilbelastungszustand

Die einzelnen Teilbelastungszustände „ergänzen" sich zum Gesamtbelastungsbild (Beispiel Bild 54):

$$q = \langle {}^{1}q_3 \cdot (\xi - \xi_1) \rangle - \langle |{}^{2}q_3| \cdot (\xi - \xi_2) \rangle - \langle |{}^{3}q_3| \cdot (\xi - \xi_3) \rangle$$

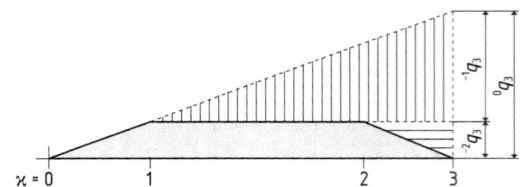

Bild 54 Beispiel „Ergänzungslast"

Funktion der **Zustandsgrößen**:

$$\vec{z}(\xi) = \bar{\Xi}(\xi) \cdot (\boldsymbol{R_f}\vec{f}_n^* + \boldsymbol{R_r}\vec{r}) + \vec{f}(\xi)$$

mit $\vec{f} = \sum\limits_{\iota=0}^{\varkappa(\xi)} \langle {}^{\iota}\vec{f}({}^{\iota}\xi) \rangle$.

Für die Terme in $\langle \cdots \rangle$ (Föppl-Notation) gilt

$$\langle f(\xi - \xi_{\varkappa}) \rangle = \begin{cases} 0 & \text{für } \xi < \xi_{\varkappa} : (\hat{=} {}^{\varkappa}\xi < 0) \\ f(\xi - \xi_{\varkappa}) & \text{für } \xi \geq \xi_{\varkappa} : (\hat{=} {}^{\varkappa}\xi \geq 0) \end{cases}.$$

$\vec{f}_n^*$ enthält den Wert des Tupels der oberen 4 Elemente von $\vec{f}_n = \sum\limits_{(\varkappa)} {}^{\varkappa}\vec{f}_n$ (Abschnitt 5.1.2) am rechten Stabende. Die 4 × 4-Matrizen $\boldsymbol{\bar{R}_f}$ und $\boldsymbol{\bar{R}_r}$ enthalten den Einfluß der Randbedingungen, $\vec{r}$ ist das 4-Tupel der „eingeprägten" Randgrößen und ist bei Standardlagerung $\bar{0}$. $\vec{r}$ hat aber Bedeutung bei Stäben, die Elemente von Stabwerken sind. Die Größen können Tafel 33 entnommen werden.

Statik und Festigkeitslehre

Tafel 35 Matrizen $\bar{R}_r$, $\bar{R}_f$ und Tupel $\vec{r}$

System	$\bar{R}_r$	$\vec{r}$	$\bar{R}_f$
	$\begin{pmatrix} -\hat{\gamma}\dfrac{\varrho_{bn}}{\varrho_{0n}} & -\hat{\gamma}\dfrac{\varrho_{2n}}{2\varrho_{0n}} & 1 & -\hat{\gamma}\dfrac{\varrho_{1n}}{\varrho_{0n}} \\[2mm] \hat{\gamma}\dfrac{\varrho_{2n}}{2\varrho_{0n}} & \dfrac{\varrho_{1n}}{\varrho_{0n}} & 0 & \dfrac{1}{\varrho_{0n}} \\[2mm] 0 & 1 & 0 & 0 \\[1mm] 1 & 0 & 0 & 0 \end{pmatrix}$	$\begin{pmatrix} v_0^* \\ \mu_0 \\ \omega_n \\ \varphi_n \end{pmatrix}$	$\begin{pmatrix} -1 & \hat{\gamma}\dfrac{\varrho_{1n}}{\varrho_{0n}} & 0 & 0 \\[2mm] 0 & -\dfrac{1}{\varrho_{0n}} & 0 & 0 \\[2mm] 0 & 0 & 0 & 0 \\[1mm] 0 & 0 & 0 & 0 \end{pmatrix}$
	$\begin{pmatrix} 1 & 0 & 0 & 0 \\[1mm] -1 & \dfrac{\varrho_{bn}}{\varrho_{1n}} & 1 & \dfrac{\varrho_{an}}{\varrho_{1n}} \\[2mm] 0 & 1 & 0 & 0 \\[1mm] -\dfrac{1}{\hat{\gamma}}\dfrac{\varrho_{-1n}}{\varrho_{1n}} & -1 & \dfrac{1}{\hat{\gamma}}\dfrac{\varrho_{-1n}}{\varrho_{1n}} & 1 \end{pmatrix}$	$\begin{pmatrix} \omega_0 \\ \mu_0 \\ \omega_n \\ \mu_n \end{pmatrix}$	$\begin{pmatrix} 0 & 0 & 0 & 0 \\[1mm] -1 & 0 & -\dfrac{\varrho_{an}}{\varrho_{1n}} & 0 \\[2mm] 0 & 0 & 0 & 0 \\[1mm] -\dfrac{1}{\hat{\gamma}}\dfrac{\varrho_{-1n}}{\varrho_{1n}} & 0 & -1 & 0 \end{pmatrix}$
	$\begin{pmatrix} 1 & 0 & 0 & 0 \\[1mm] -\dfrac{\varrho_{2n}}{2\varrho_{bn}} & \dfrac{\varrho_{cn}}{\varrho_{bn}} & \dfrac{\varrho_{2n}}{2\varrho_{bn}} & -\dfrac{\varrho_{an}}{\varrho_{bn}} \\[2mm] 0 & 1 & 0 & 0 \\[1mm] -\dfrac{1}{\hat{\gamma}}\dfrac{\varrho_{0n}}{\varrho_{bn}} & -\dfrac{\varrho_{2n}}{2\varrho_{bn}} & \dfrac{1}{\hat{\gamma}}\dfrac{\varrho_{0n}}{\varrho_{bn}} & -\dfrac{\varrho_{1n}}{\varrho_{bn}} \end{pmatrix}$	$\begin{pmatrix} \omega_0 \\ \mu_0 \\ \omega_n \\ \mu_n \end{pmatrix}$	$\begin{pmatrix} 0 & 0 & 0 & 0 \\[1mm] -\dfrac{\varrho_{2n}}{2\varrho_{bn}} & \dfrac{\varrho_{an}}{\varrho_{bn}} & 0 & 0 \\[2mm] 0 & 0 & 0 & 0 \\[1mm] -\dfrac{1}{\hat{\gamma}}\dfrac{\varrho_{0n}}{\varrho_{bn}} & \dfrac{\varrho_{1n}}{\varrho_{bn}} & 0 & 0 \end{pmatrix}$
	$\begin{pmatrix} 1 & 0 & 0 & 0 \\ 0 & 1 & 0 & 0 \\[1mm] 0 & \dfrac{\varrho_{-1n}}{\varrho_{0n}} & -\hat{\gamma}\dfrac{\varrho_{1n}}{\varrho_{0n}} & \dfrac{1}{\varrho_{0n}} \\[2mm] 0 & 0 & 1 & 0 \end{pmatrix}$	$\begin{pmatrix} \omega_0 \\ \varphi_0 \\ v_n^* \\ \mu_n \end{pmatrix}$	$\begin{pmatrix} 0 & 0 & 0 & 0 \\ 0 & 0 & 0 & 0 \\[1mm] 0 & 0 & -\dfrac{1}{\varrho_{0n}} & \hat{\gamma}\dfrac{\varrho_{1n}}{\varrho_{0n}} \\[2mm] 0 & 0 & 0 & -1 \end{pmatrix}$
	$\begin{pmatrix} 1 & 0 & 0 & 0 \\ 0 & 1 & 0 & 0 \\[1mm] \dfrac{\varrho_{1n}}{\varrho_{bn}} & \dfrac{\varrho_{1n}}{\varrho_{bn}} & -\dfrac{\varrho_{1n}}{\varrho_{bn}} & -\dfrac{\varrho_{an}}{\varrho_{bn}} \\[2mm] -\dfrac{1}{\hat{\gamma}}\dfrac{\varrho_{0n}}{\varrho_{bn}} & -\dfrac{\varrho_{1n}}{\varrho_{bn}} & \dfrac{1}{\hat{\gamma}}\dfrac{\varrho_{0n}}{\varrho_{bn}} & \dfrac{\varrho_{2n}}{2\varrho_{bn}} \end{pmatrix}$	$\begin{pmatrix} \omega_0 \\ \varphi_0 \\ \omega_n \\ \mu_n \end{pmatrix}$	$\begin{pmatrix} 0 & 0 & 0 & 0 \\ 0 & 0 & 0 & 0 \\[1mm] \dfrac{\varrho_{1n}}{\varrho_{bn}} & 0 & \dfrac{\varrho_{an}}{\varrho_{bn}} & 0 \\[2mm] -\dfrac{1}{\hat{\gamma}}\dfrac{\varrho_{0n}}{\varrho_{bn}} & 0 & -\dfrac{\varrho_{2n}}{2\varrho_{bn}} & 0 \end{pmatrix}$
	$\begin{pmatrix} 1 & 0 & 0 & 0 \\ 0 & 1 & 0 & 0 \\[1mm] \dfrac{\varrho_{2n}}{2\varrho_{cn}} & \dfrac{\varrho_{bn}}{\varrho_{cn}} & -\dfrac{\varrho_{2n}}{2\varrho_{cn}} & \dfrac{\varrho_{an}}{\varrho_{cn}} \\[2mm] -\dfrac{1}{\hat{\gamma}}\dfrac{\varrho_{1n}}{\varrho_{cn}} & -\dfrac{\varrho_{2n}}{2\varrho_{cn}} & \dfrac{1}{\hat{\gamma}}\dfrac{\varrho_{1n}}{\varrho_{cn}} & -\dfrac{\varrho_{2n}}{2\varrho_{cn}} \end{pmatrix}$	$\begin{pmatrix} \omega_0 \\ \varphi_0 \\ \omega_n \\ \varphi_n \end{pmatrix}$	$\begin{pmatrix} 0 & 0 & 0 & 0 \\ 0 & 0 & 0 & 0 \\[1mm] \dfrac{\varrho_{2n}}{2\varrho_{cn}} & -\dfrac{\varrho_{an}}{\varrho_{cn}} & 0 & 0 \\[2mm] -\dfrac{1}{\hat{\gamma}}\dfrac{\varrho_{1n}}{\varrho_{cn}} & \dfrac{\varrho_{2n}}{2\varrho_{cn}} & 0 & 0 \end{pmatrix}$

6

Beispiel

Vernachlässigung der Schubverformung:

$\varsigma = 0; \ \hat{\gamma} = 1.$

$v = \dfrac{-2500 \cdot 10{,}0^2}{40000} = -6{,}25; \ \varepsilon = \sqrt{|-6{,}25|} = 2{,}5$

$^0\eta_0 = \dfrac{20 \cdot 10{,}0^3}{40000} = 0{,}5; \ ^1\eta_0 = -\dfrac{20 \cdot 10{,}0^3}{40000} = -0{,}5$

$^0\zeta = \zeta; \qquad\qquad ^1\zeta = \zeta - 0{,}6$

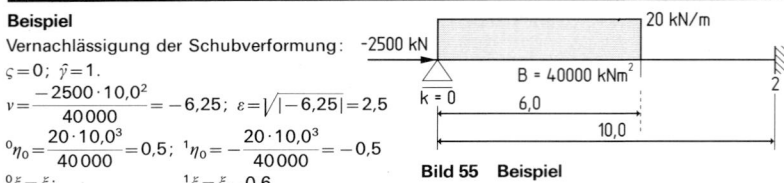

Bild 55   Beispiel

Zur Ermittlung der Zustandsgrößen w, M, V^* und V an den Stellen $\zeta = 0{,}2$ und $\zeta = 0{,}8$ werden folgende ϱ-Werte benötigt:

$\zeta =$	0,2	0,8	0,4	1
$\varepsilon\zeta =$	0,5	2,0	1,0	2,5
ϱ_{-2}	−0,21940	1,66549		
ϱ_{-1}	−0,23971	−1,81859		
ϱ_0	0,87758	−0,41615	0,54030	−0,80114
ϱ_1	0,95885	0,45465	0,84147	0,23939
ϱ_2	0,97934	0,70807	0,91940	0,57637
ϱ_3	0,98757	0,81803	0,95117	0,73019
ϱ_4	0,99170	0,87578	0,96726	0,81338
ϱ_α				0,12170
ϱ_β				0,16649

$$\vec{f}_n^* = \begin{pmatrix} 0{,}03389 \\ 0{,}12170 \\ -0{,}28818 \\ -1 \end{pmatrix} \cdot 0{,}5 + \begin{pmatrix} 0{,}00103 \\ 0{,}01015 \\ -0{,}07355 \\ -0{,}4 \end{pmatrix} \cdot (-0{,}5)$$

$$= \begin{pmatrix} 0{,}01643 \\ 0{,}05578 \\ -0{,}10732 \\ -0{,}3 \end{pmatrix}$$

$$\vec{z}_0 = R_f \ \vec{f}_n^* = \begin{pmatrix} 0 & 0 & 0 & 0 \\ -1{,}7310 & 0{,}7310 & 0 & 0 \\ 0 & 0 & 0 & 0 \\ 4{,}8121 & 1{,}4379 & 0 & 0 \end{pmatrix} \cdot \begin{pmatrix} 0{,}01643 \\ 0{,}05578 \\ -0{,}10731 \\ -0{,}30000 \end{pmatrix}$$

$$= \begin{pmatrix} 0 \\ 0{,}01233 \\ 0 \\ 0{,}15926 \end{pmatrix}$$

$\zeta = 0{,}2$ $(\varepsilon\zeta = 2{,}5 \cdot 0{,}2 = 0{,}5)$:

$$\Xi(0{,}2) = \begin{pmatrix} 1 & 0{,}19177 & -0{,}01959 & -0{,}00132 \\ 0 & 0{,}87758 & -0{,}19177 & -0{,}01959 \\ 0 & 1{,}19856 & 0{,}87758 & 0{,}19177 \\ 0 & 0 & 0 & 1 \\ 0 & 5{,}48489 & -1{,}19856 & 0{,}87758 \end{pmatrix} ; \ ^0\vec{f}(0{,}2) = \begin{pmatrix} 0{,}000033 \\ 0{,}000658 \\ -0{,}00979 \\ -0{,}10000 \\ -0{,}09588 \end{pmatrix} \rightarrow \vec{z}(0{,}2) = \begin{pmatrix} 0{,}00219 \\ 0{,}00836 \\ 0{,}03553 \\ 0{,}05927 \\ 0{,}11152 \end{pmatrix} \cong \begin{pmatrix} 0{,}0219 \text{ m} \\ 0{,}00836 \\ 142{,}12 \text{ kNm} \\ 23{,}708 \text{ kN} \\ 44{,}608 \text{ kN} \end{pmatrix}$$

$\zeta = 0{,}8$ $(\varepsilon\zeta = 2{,}5 \cdot 0{,}8 = 2{,}0)$:

$$\Xi(0{,}8) = \begin{pmatrix} 1 & 0{,}36372 & -0{,}22658 & -0{,}06980 \\ 0 & -0{,}41615 & -0{,}36372 & -0{,}22658 \\ 0 & 2{,}27324 & -0{,}41615 & 0{,}36372 \\ 0 & 0 & 0 & 1 \\ 0 & -2{,}60092 & -2{,}27324 & -0{,}41615 \end{pmatrix}$$

$$^1\vec{f}(0{,}8) = \begin{pmatrix} 0{,}00747 \\ 0{,}03490 \\ -0{,}11329 \\ -0{,}40000 \\ -0{,}18186 \end{pmatrix} + \begin{pmatrix} -0{,}000033 \\ -0{,}000658 \\ 0{,}00979 \\ 0{,}10000 \\ 0{,}09588 \end{pmatrix} = \begin{pmatrix} 0{,}00744 \\ 0{,}03424 \\ -0{,}10350 \\ -0{,}30000 \\ -0{,}08597 \end{pmatrix}$$

$$\rightarrow \vec{z}(0{,}8) = \begin{pmatrix} 0{,}000809 \\ -0{,}00697 \\ -0{,}01754 \\ -0{,}14074 \\ -0{,}18432 \end{pmatrix} \cong \begin{pmatrix} 0{,}00809 \text{ m} \\ -0{,}00697 \\ -70{,}16 \text{ kNm} \\ -56{,}296 \text{ kN} \\ -73{,}728 \text{ kN} \end{pmatrix}$$

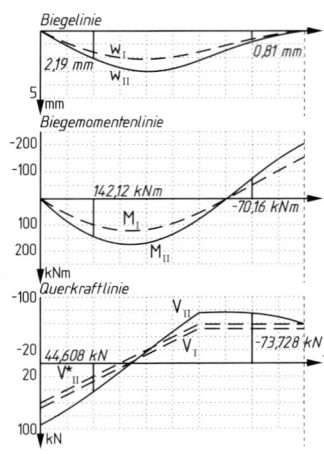

Bild 56   Zustandsfunktionen

5.4.4 Abschnittsweise einheitliche Steifigkeit und Längskraft — Übertragungsverfahren

Voraussetzung: Im Stababschnitt $\varkappa$ mit $\xi_\varkappa \leq \xi \leq \xi_{\varkappa+1}$ sind die Steifigkeiten ($B_\varkappa$, $S_\varkappa$) und die Normalkraft ($N_\varkappa$) konstant und die Einwirkungsfunktion (q) ist stetig.

Am Anfang jedes Abschnitts kann ein Einzelgrößentupel $\vec{p}_{f\varkappa} = \begin{pmatrix} \Delta\omega_{f\varkappa} \\ \Delta\varphi_{f\varkappa} \\ -\Delta u_{f\varkappa} \\ -\Delta v_{f\varkappa}^* \end{pmatrix}$ einwirken.

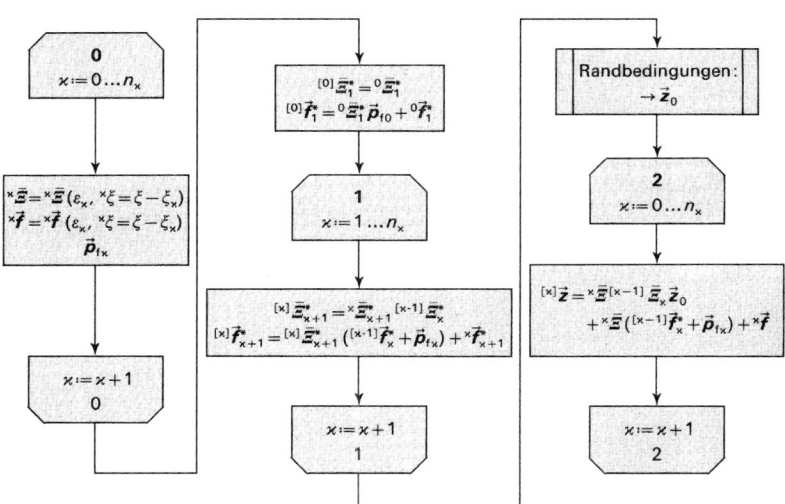

Bild 57 Übertragungsprozeß

Der Übertragungsprozeß nach Bild 57, Schleife 1 endet am rechten Rand mit dem Ergebnis:

$$[n-1]\underline{\Xi}_n = \begin{pmatrix} 1 & r_{\omega\varphi} & r_{\omega\mu} & r_{\omega\upsilon} \\ 0 & r_{\varphi\varphi} & r_{\varphi\mu} & r_{\varphi\upsilon} \\ 0 & r_{\mu\varphi} & r_{\mu\mu} & r_{\mu\upsilon} \\ 0 & 0 & 0 & 1 \end{pmatrix} ; \qquad [n-1]\vec{f}_n = \begin{pmatrix} f_\omega \\ f_\varphi \\ f_\mu \\ f_\upsilon \end{pmatrix}$$

Die Größen $r_{\alpha\beta}$ bzw. f_α repräsentieren darin die numerischen Werte der Elemente am Ende des Iterationsprozesses (am rechten Rand des Stabes). Aus Tafel 55 können nun die zur Berechnung der Randgrößen am Stabanfang benötigten Matrizen entnommen werden. Anschließend lassen sich die Zustandsfunktionen für jeden Abschnitt des Stabes bestimmen, wobei die Abschnittsanfangszustände entweder in einem neuen Übertragungsprozeß ermittelt, oder als Zwischenergebnisse des ersten Durchgangs eingesetzt werden können.

Tafel 34 Randgrößentupel $\vec{z}_0$

$$\vec{z}_0 = \bar{R}_r \vec{r} + \bar{R}_f \vec{f}_n$$

System	$\bar{R}_r$	$\vec{r}$	$\bar{R}_f$
(Skizze: v_0^*, μ_0, φ_n, ω_n)	$\begin{pmatrix} \frac{^{\omega\varphi}R_{\varphi\upsilon}}{r_{\varphi\varphi}} & \frac{^{\omega\varphi}R_{\varphi\mu}}{r_{\varphi\varphi}} & 1 & -\frac{r_{\omega\varphi}}{r_{\varphi\varphi}} \\ -\frac{r_{\varphi\upsilon}}{r_{\varphi\varphi}} & -\frac{r_{\varphi\mu}}{r_{\varphi\varphi}} & 0 & \frac{1}{r_{\varphi\varphi}} \\ 0 & 1 & 0 & 0 \\ 1 & 0 & 0 & 0 \end{pmatrix}$	$\begin{pmatrix} v_0^* \\ \mu_0 \\ \omega_n \\ \varphi_n \end{pmatrix}$	$\begin{pmatrix} -1 & \frac{r_{\omega\varphi}}{r_{\varphi\varphi}} & 0 & 0 \\ 0 & -\frac{1}{r_{\varphi\varphi}} & 0 & 0 \\ 0 & 0 & 0 & 0 \\ 0 & 0 & 0 & 0 \end{pmatrix}$
(Skizze: μ_0, ω_0, μ_n, ω_n)	$\begin{pmatrix} 1 & 0 & 0 & 0 \\ -\frac{r_{\mu\upsilon}}{^{\omega\varphi}R_{\mu\upsilon}} & -\frac{^{\omega\varphi}R_{\mu\upsilon}}{^{\omega\varphi}R_{\mu\upsilon}} & \frac{r_{\mu\upsilon}}{^{\omega\varphi}R_{\mu\upsilon}} & -\frac{r_{\omega\upsilon}}{^{\omega\varphi}R_{\mu\upsilon}} \\ 0 & 1 & 0 & 0 \\ \frac{r_{\mu\varphi}}{^{\omega\varphi}R_{\mu\upsilon}} & -\frac{^{\omega\varphi}R_{\mu\mu}}{^{\omega\varphi}R_{\mu\upsilon}} & -\frac{r_{\mu\varphi}}{^{\omega\varphi}R_{\mu\upsilon}} & \frac{r_{\omega\varphi}}{^{\omega\varphi}R_{\mu\upsilon}} \end{pmatrix}$	$\begin{pmatrix} \omega_0 \\ \mu_0 \\ \omega_n \\ \mu_n \end{pmatrix}$	$\begin{pmatrix} 0 & 0 & 0 & 0 \\ -\frac{r_{\mu\upsilon}}{^{\omega\varphi}R_{\mu\upsilon}} & 0 & \frac{r_{\omega\upsilon}}{^{\omega\varphi}R_{\mu\upsilon}} & 0 \\ 0 & 0 & 0 & 0 \\ \frac{r_{\mu\varphi}}{^{\omega\varphi}R_{\mu\upsilon}} & 0 & -\frac{r_{\omega\varphi}}{^{\omega\varphi}R_{\mu\upsilon}} & 0 \end{pmatrix}$
(Skizze: μ_0, ω_0, φ_n, ω_n)	$\begin{pmatrix} 1 & 0 & 0 & 0 \\ -\frac{r_{\varphi\upsilon}}{^{\omega\varphi}R_{\varphi\upsilon}} & -\frac{^{\omega\mu}R_{\varphi\upsilon}}{^{\omega\varphi}R_{\varphi\upsilon}} & \frac{r_{\varphi\upsilon}}{^{\omega\varphi}R_{\varphi\upsilon}} & -\frac{r_{\omega\upsilon}}{^{\omega\varphi}R_{\varphi\upsilon}} \\ 0 & 1 & 0 & 0 \\ \frac{r_{\varphi\varphi}}{^{\omega\varphi}R_{\varphi\upsilon}} & -\frac{^{\omega\mu}R_{\varphi\mu}}{^{\omega\varphi}R_{\varphi\upsilon}} & -\frac{r_{\varphi\varphi}}{^{\omega\varphi}R_{\varphi\upsilon}} & \frac{r_{\omega\varphi}}{^{\omega\varphi}R_{\varphi\upsilon}} \end{pmatrix}_n$	$\begin{pmatrix} \omega_0 \\ \mu_0 \\ \omega_n \\ \varphi_n \end{pmatrix}$	$\begin{pmatrix} 0 & 0 & 0 & 0 \\ -\frac{r_{\varphi\upsilon}}{^{\omega\varphi}R_{\varphi\upsilon}} & \frac{r_{\omega\upsilon}}{^{\omega\varphi}R_{\varphi\upsilon}} & 0 & 0 \\ 0 & 0 & 0 & 0 \\ \frac{r_{\varphi\varphi}}{^{\omega\varphi}R_{\varphi\upsilon}} & -\frac{r_{\omega\varphi}}{^{\omega\varphi}R_{\varphi\upsilon}} & 0 & 0 \end{pmatrix}$
(Skizze: v_0^*, ω_0, φ_0, μ_n)	$\begin{pmatrix} 1 & 0 & 0 & 0 \\ 0 & 1 & 0 & 0 \\ 0 & -\frac{r_{\mu\varphi}}{r_{\mu\mu}} & -\frac{r_{\mu\upsilon}}{r_{\mu\mu}} & \frac{1}{r_{\mu\mu}} \\ 0 & 0 & 1 & 0 \end{pmatrix}$	$\begin{pmatrix} \omega_0 \\ \varphi_0 \\ v_0^* \\ \mu_n \end{pmatrix}$	$\begin{pmatrix} 0 & 0 & 0 & 0 \\ 0 & 0 & 0 & 0 \\ 0 & 0 & -\frac{1}{r_{\mu\mu}} & \frac{r_{\mu\upsilon}}{r_{\mu\mu}} \\ 0 & 0 & 0 & -1 \end{pmatrix}_n$
(Skizze: ω_0, φ_0, μ_n, ω_n)	$\begin{pmatrix} 1 & 0 & 0 & 0 \\ 0 & 1 & 0 & 0 \\ -\frac{r_{\mu\upsilon}}{^{\omega\mu}R_{\mu\upsilon}} & -\frac{^{\omega\varphi}R_{\mu\upsilon}}{^{\omega\mu}R_{\mu\upsilon}} & \frac{r_{\mu\upsilon}}{^{\omega\mu}R_{\mu\upsilon}} & -\frac{r_{\omega\upsilon}}{^{\omega\mu}R_{\mu\upsilon}} \\ \frac{r_{\mu\mu}}{^{\omega\mu}R_{\mu\upsilon}} & \frac{^{\omega\varphi}R_{\mu\mu}}{^{\omega\mu}R_{\mu\upsilon}} & -\frac{r_{\mu\mu}}{^{\omega\mu}R_{\mu\upsilon}} & \frac{r_{\omega\mu}}{^{\omega\mu}R_{\mu\upsilon}} \end{pmatrix}$	$\begin{pmatrix} \omega_0 \\ \varphi_0 \\ \omega_n \\ \mu_n \end{pmatrix}$	$\begin{pmatrix} 0 & 0 & 0 & 0 \\ 0 & 0 & 0 & 0 \\ -\frac{r_{\mu\upsilon}}{^{\omega\mu}R_{\mu\upsilon}} & 0 & \frac{r_{\omega\upsilon}}{^{\omega\mu}R_{\mu\upsilon}} & 0 \\ \frac{r_{\mu\mu}}{^{\omega\mu}R_{\mu\upsilon}} & 0 & -\frac{r_{\omega\mu}}{^{\omega\mu}R_{\mu\upsilon}} & 0 \end{pmatrix}$
(Skizze: ω_0, φ_n, φ_0, ω_n)	$\begin{pmatrix} 1 & 0 & 0 & 0 \\ 0 & 1 & 0 & 0 \\ -\frac{r_{\varphi\upsilon}}{^{\omega\mu}R_{\varphi\upsilon}} & -\frac{^{\omega\varphi}R_{\varphi\upsilon}}{^{\omega\mu}R_{\varphi\upsilon}} & \frac{r_{\varphi\upsilon}}{^{\omega\mu}R_{\varphi\upsilon}} & -\frac{r_{\omega\upsilon}}{^{\omega\mu}R_{\varphi\upsilon}} \\ \frac{r_{\varphi\mu}}{^{\omega\mu}R_{\varphi\upsilon}} & \frac{^{\omega\varphi}R_{\varphi\mu}}{^{\omega\mu}R_{\varphi\upsilon}} & -\frac{r_{\varphi\mu}}{^{\omega\mu}R_{\varphi\upsilon}} & \frac{r_{\omega\mu}}{^{\omega\mu}R_{\varphi\upsilon}} \end{pmatrix}$	$\begin{pmatrix} \omega_0 \\ \varphi_0 \\ \omega_n \\ \varphi_n \end{pmatrix}$	$\begin{pmatrix} 0 & 0 & 0 & 0 \\ 0 & 0 & 0 & 0 \\ -\frac{r_{\varphi\upsilon}}{^{\omega\mu}R_{\varphi\upsilon}} & \frac{r_{\omega\upsilon}}{^{\omega\mu}R_{\varphi\upsilon}} & 0 & 0 \\ \frac{r_{\varphi\mu}}{^{\omega\mu}R_{\varphi\upsilon}} & -\frac{r_{\omega\mu}}{^{\omega\mu}R_{\varphi\upsilon}} & 0 & 0 \end{pmatrix}$

$$\text{mit } {}^{ab}R_{cd} = \begin{vmatrix} r_{ab} & r_{ad} \\ r_{cb} & r_{cd} \end{vmatrix}$$

6 Gelenk- und Durchlaufträger

6.1 Gelenkträger unter Gleichlast

Ausführung, Gelenke	Auflagerkräfte	Biegemomente
1. 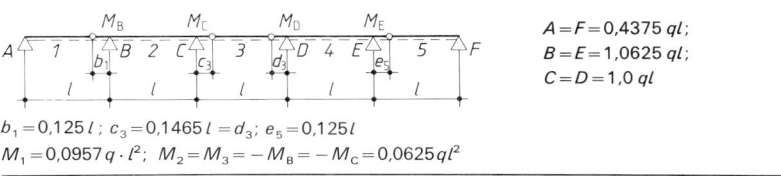 $b_2 = 0,1716\,l$	$A = 0,4142\,q\,l$ $B = 1,1716\,q\,l$ $C = 0,4142\,q\,l$	$M_1 = M_2 = -M_B$ $= 0,0858\,q\,l^2$
2a. $b_1 = c_3 = 0,125\,l$	$A = D = 0,4375\,q\,l$ $B = C = 1,0625\,q\,l$	$M_1 = 0,0957\,q\,l^2$ $M_2 = -M_B = -M_C$ $= 0,0625\,q\,l^2$
2b. $b_2 = c_2 = 0,22\,l$	$A = D = 0,4142\,q\,l$ $B = C = 1,0858\,q\,l$	$M_1 = -M_B = -M_C$ $= 0,0858\,q\,l^2$ $M_2 = 0,0392\,q\,l^2$
3. $b_2 = 0,2035\,l;\ c_2 = 0,157\,l;\ d_4 = 0,125\,l$	$A = 0,4142\,q\,l$ $B = 1,1090\,q\,l$ $C = 0,9768\,q\,l$ $D = 1,0625\,q\,l$ $E = 0,4375\,q\,l$	$M_1 = -M_B$ $= 0,0858\,q\,l^2$ $M_2 = 0,0511\,q\,l^2$ $-M_C = M_3 = -M_D$ $= 0,0625\,q\,l^2$ $M_4 = 0,0957\,q\,l^2$

4. Fünffeld-Gerberträger

$A = F = 0,4375\,ql;$
$B = E = 1,0625\,ql;$
$C = D = 1,0\,ql$

$b_1 = 0,125\,l;\ c_3 = 0,1465\,l = d_3;\ e_5 = 0,125\,l$
$M_1 = 0,0957\,q \cdot l^2;\ M_2 = M_3 = -M_B = -M_C = 0,0625\,q\,l^2$

5. Sechsfeld-Gerberträger

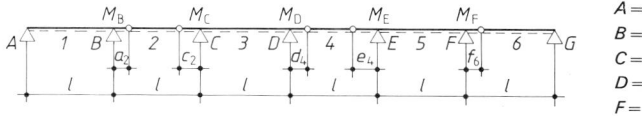

$A = 0,4142\,ql;$
$B = 1,1090\,ql;$
$C = 0,9768\,ql;$
$D = E = 1,0\,ql;$
$F = 1,0625\,q \cdot l$

$a_2 = 0,2035\,l;\ c_2 = 0,1570\,l;\ d_4 = e_4 = 0,1465\,l;\ f_6 = 0,125\,l$
$M_1 = -M_B = 0,0858\,q\,l^2;\ M_2 = 0,0511\,q\,l^2;\ M_6 = 0,0957\,q\,l^2$
$M_3 = M_4 = M_5 = -M_C = -M_D = -M_E = -M_F = 0,0625\,q \cdot l^2$

6.2 Zweifeldträger

$$l'_1 = \frac{I_c}{I_1} l_1 \qquad l'_2 = \frac{I_c}{I_2} l_2$$

I_c Vergleichsflächenmoment
zweiten Grades

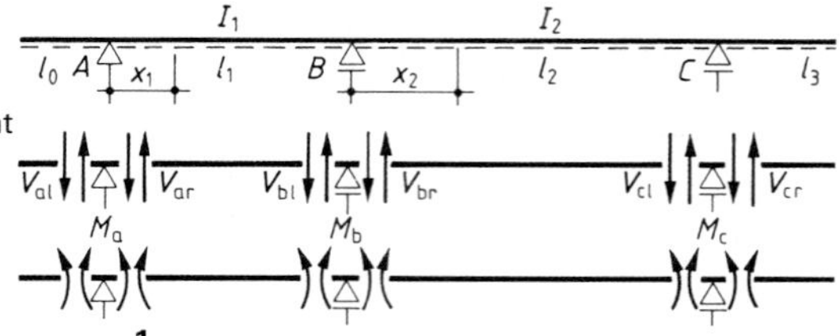

Bild 58 Positivbild

Allgemein gilt (s. S. 334) $M_b = -\dfrac{1}{2(l'_1+l'_2)} [(R_1+M_a) l'_1 + (L_2+M_c) l'_2]$

Für Gleichlast q ergibt sich mit $R_j = L_j = q_j l_j^2/4$

$$M_b = -\frac{1}{2(l'_1+l'_2)} \left[\left(\frac{q_1 l_1^2}{4} + M_a\right) l'_1 + \left(\frac{q_2 l_2^2}{4} + M_c\right) l'_2 \right]$$

Die Quer- und Stützkräfte sowie die größten Feldmomente betragen dann:

$V_{al} = -q_0 l_0$

$V_{ar} = +\frac{1}{2} q_1 l_1 + (-M_a + M_b)/l_1$

$V_{bl} = -\frac{1}{2} q_1 l_1 + (-M_a + M_b)/l_1$

$V_{br} = +\frac{1}{2} q_2 l_2 + (-M_b + M_c)/l_2$

$V_{cl} = -\frac{1}{2} q_2 l_2 + (-M_b + M_c)/l_2$

$V_{cr} = +q_3 l_3$

$A = V_{ar} - V_{al}$

max $M_1 = V_{ar}^2/2q_1 + M_a$ bei $x_1 = V_{ar}/q_1$

$B = V_{br} - V_{bl}$

max $M_2 = V_{br}^2/2q_2 + M_b$ bei $x_2 = V_{br}/q_2$

$C = V_{cr} - V_{cl}$

Ohne Kragarme bzw. für $M_a = M_c = 0$ gilt $\quad M_b = -\dfrac{1}{2(l'_1 + l'_2)} \left[\dfrac{q_1 l_1^2}{4} l'_1 + \dfrac{q_2 l_2^2}{4} l'_2 \right]$

und bei gleichen Flächenmomenten zweiten Grades
in beiden Feldern ($I_1 = I_2 = I_c$) gilt $\quad M_b = -\dfrac{1}{2(l_1+l_2)} \left[\dfrac{q_1 l_1^3}{4} + \dfrac{q_2 l_2^3}{4} \right]$

Tafel 35   Beiwerte für g, p_1 und p_2 zur Berechnung von M_b

$l_1:l_2$	Stützmoment M_b			$l_1:l_2$	Stützmoment M_b		
	aus g	aus p			aus g	aus p	
	Vollast	Feld 1	Feld 2		Vollast	Feld 1	Feld 2
1:1	−0,1250	−0,0625	−0,0625	1:2	−0,3750	−0,0417	−0,3333
1:1,05	−0,1316	−0,0610	−0,0706	1:2,05	−0,3941	−0,0410	−0,3531
1:1,1	−0,1388	−0,0595	−0,0793	1:2,1	−0,4138	−0,0403	−0,3735
1:1,15	−0,1466	−0,0581	−0,0885	1:2,15	−0,4341	−0,0397	−0,3944
1:1,2	−0,1550	−0,0568	−0,0982	1:2,2	−0,4550	−0,0391	−0,4159
1:1,25	−0,1641	−0,0556	−0,1085	1:2,25	−0,4766	−0,0385	−0,4381
1:1,3	−0,1738	−0,0543	−0,1195	1:2,3	−0,4988	−0,0379	−0,4609
1:1,35	−0,1841	−0,0532	−0,1309	1:2,35	−0,5216	−0,0373	−0,4843
1:1,4	−0,1950	−0,0521	−0,1429	1:2,4	−0,5450	−0,0368	−0,5082
1:1,45	−0,2066	−0,0510	−0,1556	1:2,45	−0,5690	−0,0362	−0,5328
1:1,5	−0,2188	−0,0500	−0,1688	1:2,5	−0,5938	−0,0357	−0,5581
1:1,55	−0,2316	−0,0490	−0,1826	1:2,55	−0,6191	−0,0352	−0,5839
1:1,6	−0,2450	−0,0481	−0,1969	1:2,6	−0,6450	−0,0347	−0,6103
1:1,65	−0,2591	−0,0472	−0,2119	1:2,65	−0,6716	−0,0342	−0,6374
1:1,7	−0,2738	−0,0463	−0,2275	1:2,7	−0,6988	−0,0338	−0,6650
1:1,75	−0,2891	−0,0455	−0,2436	1:2,75	−0,7265	−0,0333	−0,6932
1:1,8	−0,3050	−0,0446	−0,2604	1:2,8	−0,7550	−0,0329	−0,7221
1:1,85	−0,3216	−0,0439	−0,2777	1:2,85	−0,7841	−0,0325	−0,7516
1:1,9	−0,3388	−0,0431	−0,2957	1:2,9	−0,8138	−0,0321	−0,7817
1:1,95	−0,3566	−0,0424	−0,3142	1:2,95	−0,8441	−0,0316	−0,8125
1:2	−0,3750	−0,0417	−0,3333	1:3	−0,8750	−0,0313	−0,8437
	$\cdot gl_1^2$	$\cdot p_1 l_1^2$	$\cdot p_2 l_1^2$		$\cdot gl_1^2$	$\cdot p_1 l_1^2$	$\cdot p_2 l_1^2$

6.3 Durchlaufträger mit gleichen Stützweiten und feldweiser Belastung

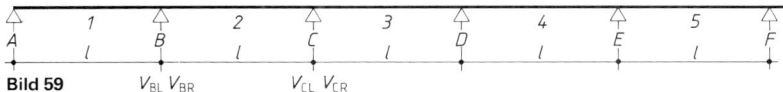

Bild 59 $V_{BL}\ V_{BR}$ $V_{CL}\ V_{CR}$

Die Tafel enthält die Koeffizienten k zur Ermittlung der Größtwerte der Feld- und Stützmomente, Auflager- und Querkräfte. Voraussetzung sind konstantes Träg-

Belastung 1	Belastung 2	Belastung 3	Belastung 4	Belastung 5	Belastung 6
q (gleichmäßig über l)	q, Dreieck $\tfrac{l}{2}\,\tfrac{l}{2}$	q, $0{,}2\,l$	q, $0{,}4\,l$	F bei $\tfrac{l}{2}\,\tfrac{l}{2}$	$F\,F$ bei $\tfrac{l}{3}\,\tfrac{l}{3}\,\tfrac{l}{3}$ [1 2] [···/···]

Es gilt für	Momente	Kräfte	Durchsenkung
Belastung 1…4	$k \cdot q l^2$	$k \cdot q l$	$10^{-2} \cdot k \cdot q l^4 / EI$
Belastung 5…6	$k \cdot F l$	$k \cdot F$	$10^{-2} \cdot k \cdot F l^3 / EI$

Belastungsschema	statische Größe	1	2	3	4	5	6
2 gleiche Felder (0,200 l | 0,200 l)	M_1	0,070	0,048	0,056	0,063	0,156	(0,222/0,111)
	min M_B	−0,125	−0,078	−0,093	−0,106	−0,187	−0,333
	A	0,375	0,172	0,207	0,244	0,313	0,667
	max V_{Bl}	1,250	0,656	0,786	0,912	1,375	2,667
	min V_{Bl}	−0,625	−0,328	−0,393	−0,456	−0,687	−1,333
	f_1	0,542	0,357	0,423	0,476	0,932	1,521
	max M_1	0,096	0,065	0,076	0,085	0,203	(0,278/0,222)
	M_B	−0,062	−0,039	−0,046	−0,053	−0,094	−0,167
	max A	0,438	0,211	0,254	0,297	0,406	0,833
	min C	−0,062	−0,039	−0,046	−0,053	−0,094	−0,167
	f_1	0,915	0,591	0,702	0,793	1,501	2,517
3 gleiche Felder (0,2105 l | 0,2000 l)	M_1	0,080	0,054	0,064	0,071	0,175	(0,244/0,156)
	M_2	0,025	0,021	0,024	0,025	0,100	0,067
	M_B	−0,100	−0,062	−0,074	−0,085	−0,150	−0,267
	A	0,400	0,188	0,226	0,265	0,350	0,733
	B	1,100	0,563	0,674	0,785	1,150	2,267
	V_{Bl}	−0,600	−0,313	−0,374	−0,435	−0,650	−1,267
	V_{Br}	0,500	0,250	0,300	0,350	0,500	1,000
	f_1	0,688	0,449	0,533	0,601	1,157	1,913
	f_2	0,052	0,052	0,060	0,063	0,208	0,216
	max M_1	0,101	0,068	0,080	0,090	0,213	(0,289/0,244)
	M_B	−0,050	−0,031	−0,037	−0,042	−0,075	−0,133
	max A	0,450	0,219	0,263	0,308	0,425	0,867
	f_1	0,992	0,639	0,759	0,858	1,617	2,722
	max M_2	0,075	0,052	0,061	0,068	0,175	0,200
	M_B	−0,050	−0,031	−0,037	−0,042	−0,075	−0,133
	min A	−0,050	−0,031	−0,037	−0,042	−0,075	−0,133
	f_2	0,677	0,443	0,525	0,592	1,146	1,883
	min M_B	−0,117	−0,073	−0,087	−0,099	−0,175	−0,311
	M_C	−0,033	−0,021	−0,025	−0,028	−0,050	−0,089
	max B	1,200	0,625	0,749	0,869	1,300	2,533
	min V_{Bl}	−0,617	−0,302	−0,387	−0,449	−0,675	−1,311
	max V_{Br}	0,583	0,302	0,362	0,421	0,625	1,222
	max M_B	0,017	0,010	0,012	0,014	0,025	0,044
	M_C	−0,067	−0,042	−0,050	−0,056	−0,100	−0,178
	max V_{Bl}	0,017	0,010	0,012	0,014	0,025	0,044
	min V_{Br}	−0,083	−0,052	−0,062	−0,071	−0,125	−0,222

Fortsetzung s. nächste Seiten

heitsmoment und gleiche Stützweite, doch kann die Tafel auch bei ungleichen Stützweiten benutzt werden, wenn min $l \geqq 0,8$ max l ist.

Die statischen Größen an den Innenstützen (Momente, Auflager- und Querkräfte) werden dann mit den Mittelwerten der jeweils benachbarten Stützweiten berechnet, z.B. $C = k q (l_2 + l_3)/2$. Die Koeffizienten k gelten — spiegelbildlich — auch für die rechte Trägerhälfte, für die Querkräfte jedoch mit umgekehrten Vorzeichen; z.B. beim Träger mit 3 gleichen Öffnungen: $M_1 \triangleq M_3$, $A \triangleq D$, $V_{Bl} \triangleq -V_{Cr}$ usw.

Belastungsschema	statische Größe	Belastung					
		1	2	3	4	5	6
4 gleiche Felder	M_1	0,077	0,052	0,062	0,069	0,170	(0,238/0,143)
	M_2	0,036	0,028	0,032	0,035	0,116	(0,079/0,111)
	M_B	−0,107	−0,067	−0,080	−0,091	−0,161	−0,286
	M_C	−0,071	−0,045	−0,053	−0,060	−0,107	−0,190
	A	0,393	0,183	0,220	0,259	0,339	0,714
	B	1,143	0,589	0,706	0,821	1,214	2,381
	C	0,929	0,455	0,547	0,639	0,893	1,810
	V_{Bl}	−0,607	−0,317	−0,380	−0,441	−0,661	−1,286
	V_{Br}	0,536	0,272	0,327	0,380	0,554	1,095
	V_{Cl}	−0,464	−0,228	−0,273	−0,320	−0,446	−0,905
	f_1	0,646	0,422	0,501	0,565	1,092	1,800
	f_2	0,189	0,137	0,162	0,178	0,411	0,581
	max M_1	0,100	0,067	0,079	0,088	0,210	(0,286/0,238)
	M_B	−0,054	−0,033	−0,040	−0,045	−0,080	−0,143
	M_C	−0,036	−0,022	−0,027	−0,030	−0,054	−0,095
	max A	0,446	0,217	0,260	0,305	0,420	0,857
	f_1	0,970	0,626	0,743	0,840	1,584	2,663
	max M_2	0,081	0,055	0,065	0,072	0,183	(0,206/0,222)
	M_B	−0,054	−0,033	−0,040	−0,045	−0,080	−0,143
	M_C	−0,036	−0,022	−0,027	−0,030	−0,054	−0,095
	min A	−0,054	−0,033	−0,040	−0,045	−0,080	−0,143
	f_2	0,744	0,485	0,575	0,649	1,247	2,062
	min M_B	−0,121	−0,075	−0,090	−0,102	−0,181	−0,321
	M_C	−0,018	−0,011	−0,013	−0,015	−0,027	−0,048
	M_D	−0,058	−0,036	−0,043	−0,049	−0,087	−0,155
	max B	1,223	0,640	0,766	0,889	1,335	2,595
	min V_{Bl}	−0,621	−0,325	−0,390	−0,452	−0,681	−1,321
	max V_{Br}	0,603	0,314	0,376	0,437	0,654	1,274
	max M_B	0,013	0,008	0,010	0,011	0,020	0,036
	M_C	−0,054	−0,033	−0,040	−0,045	−0,080	−0,143
	M_D	−0,049	−0,031	−0,037	−0,042	−0,074	−0,131
	min B	−0,080	−0,050	−0,060	−0,068	−0,121	−0,214
	max V_{Bl}	0,013	0,008	0,010	0,011	0,020	0,036
	min V_{Br}	−0,067	−0,042	−0,050	−0,057	−0,100	−0,179
	M_B	−0,036	−0,022	−0,027	−0,030	−0,054	−0,095
	min M_C	−0,107	−0,067	−0,080	−0,091	−0,161	−0,286
	max C	1,143	0,589	0,706	0,821	1,214	2,381
	min V_{Cl}	−0,571	−0,295	−0,353	−0,410	−0,607	−1,190
	M_B	−0,071	−0,045	−0,053	−0,060	−0,107	−0,190
	max M_C	0,036	0,022	0,027	0,030	0,054	0,095
	min C	−0,214	−0,134	−0,159	−0,181	−0,321	−0,571
	max V_{Cl}	0,107	0,067	0,080	0,091	0,161	0,286

Belastungsschema	statische Größe	Belastung 1	2	3	4	5	6
5 gleiche Felder	M_1	0,078	0,053	0,062	0,069	0,171	(0,240/0,146)
	M_2	0,033	0,026	0,030	0,032	0,112	(0,076/0,099)
	M_3	0,046	0,034	0,040	0,043	0,132	0,123
	M_B	−0,105	−0,066	−0,078	−0,089	−0,158	−0,281
	M_C	−0,079	−0,049	−0,059	−0,067	−0,118	−0,211
	A	0,395	0,184	0,222	0,261	0,342	0,719
	B	1,132	0,582	0,698	0,811	1,197	2,351
	C	0,974	0,484	0,580	0,678	0,961	1,930
	V_{Bl}	−0,605	−0,316	−0,378	−0,439	−0,658	−1,281
	V_{Br}	0,526	0,266	0,320	0,372	0,539	1,070
	V_{Cl}	−0,474	−0,234	−0,280	−0,328	−0,461	−0,930
	V_{Cr}	0,500	0,250	0,300	0,350	0,500	1,000
	f_1	0,657	0,429	0,509	0,574	1,109	1,829
	f_2	0,153	0,115	0,135	0,148	0,358	0,484
	f_3	0,315	0,217	0,256	0,285	0,603	0,918
	max M_1	0,100	0,067	0,080	0,089	0,211	(0,287/0,240)
	max M_3	0,086	0,059	0,069	0,077	0,191	0,228
	M_B	−0,053	−0,033	−0,039	−0,045	−0,079	−0,140
	M_C	−0,039	−0,025	−0,029	−0,033	−0,059	−0,105
	max A	0,447	0,217	0,261	0,305	0,421	0,860
	f_1	0,976	0,629	0,747	0,845	1,593	2,679
	f_3	0,809	0,525	0,623	0,703	1,343	2,234
	max M_2	0,079	0,055	0,064	0,071	0,181	(0,205/0,216)
	M_B	−0,053	−0,033	−0,039	−0,045	−0,079	−0,140
	M_C	−0,039	−0,025	−0,029	−0,033	−0,059	−0,105
	min A	−0,053	−0,033	−0,039	−0,045	−0,079	−0,140
	f_2	0,727	0,474	0,562	0,634	1,220	2,015
	min M_B	−0,120	−0,075	−0,089	−0,101	−0,179	−0,319
	M_C	−0,022	−0,013	−0,016	−0,018	−0,032	−0,057
	M_D	−0,044	−0,028	−0,033	−0,037	−0,066	−0,118
	M_E	−0,051	−0,032	−0,038	−0,044	−0,077	−0,137
	max B	1,218	0,636	0,762	0,884	1,327	2,581
	min V_{Bl}	−0,620	−0,325	−0,389	−0,451	−0,679	−1,319
	max V_{Br}	0,598	0,311	0,373	0,433	0,647	1,262
	max M_B	0,014	0,009	0,011	0,012	0,022	0,038
	M_C	−0,057	−0,036	−0,043	−0,049	−0,086	−0,153
	M_D	−0,035	−0,022	−0,026	−0,029	−0,052	−0,093
	M_E	−0,054	−0,034	−0,040	−0,046	−0,081	−0,144
	min B	−0,086	−0,054	−0,064	−0,073	−0,129	−0,230
	max V_{Bl}	0,014	0,009	0,011	0,012	0,022	0,038
	min V_{Br}	−0,072	−0,045	−0,053	−0,061	−1,108	−0,191
	M_B	−0,035	−0,022	−0,026	−0,029	−0,052	−0,093
	min M_C	−0,111	−0,070	−0,083	−0,094	−0,167	−0,297
	M_D	−0,020	−0,013	−0,015	−0,017	−0,031	−0,054
	M_E	−0,057	−0,036	−0,043	−0,049	−0,086	−0,153
	max C	1,167	0,605	0,725	0,842	1,251	2,447
	min V_{Cl}	−0,576	−0,298	−0,357	−0,415	−0,615	−1,204
	max V_{Cr}	0,591	0,307	0,368	0,427	0,636	1,242
	M_B	−0,071	−0,044	−0,053	−0,060	−0,106	−0,188
	max M_C	0,032	0,020	0,024	0,027	0,048	0,086
	M_D	−0,059	−0,037	−0,044	−0,050	−0,088	−0,156
	M_E	−0,048	−0,030	−0,036	−0,041	−0,072	−0,128
	min C	−0,194	−0,121	−0,144	−0,164	−0,291	−0,517
	max V_{Cl}	0,103	0,064	0,077	0,087	0,154	0,274
	min V_{Cr}	−0,091	−0,057	−0,068	−0,077	−0,136	−0,242

6.4 Biegelinien von Durchlaufträgern (Näherungsverfahren)[1])

In einem beliebigen Feld eines Durchlaufträgers ist
die Gesamtdurchbiegung $f = f_0 + f_M$ (s. Bild 60). Hierin
ist

f_0 maximale Durchbiegung eines Trägers auf 2 Stützen
infolge seiner Belastung (Werte s. S. 331f.) und

f_M Verformung infolge der Stützmomente M_B und M_C.

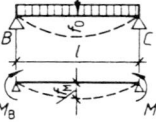

Bild 60

f_M kann bequem nach dem Satz von M o h r ermittelt werden, da die M-Fläche aus
den Stützmomenten schon vorhanden ist (meist ein Trapez, in Grenzfällen ein
Rechteck oder Dreieck). Mit $\mathfrak{F}$ = Inhalt der M-Fläche ist hinreichend genau (s. S. 332,
Fall 14).

max $\mathfrak{M} = \mathfrak{F} \cdot l/8$, bzw. mit $\mathfrak{F} = (M_B + M_C) \cdot l/2$:   max $\mathfrak{M} = (M_B + M_C) \cdot l^2/16$.

Hiermit erhält man folgende allgemeingültige Berechnungsformeln

$$f = f_0 + \frac{l^2}{16\,EI}(M_B + M_C) \quad \text{für beliebige Innenfelder}$$

$$f = f_0 + \frac{l^2}{16\,EI} \cdot M_B \quad \text{für Endfelder mit frei drehbarem Auflager } (M_C = 0)$$

Für den häufig vorkommenden Sonderfall einer Gleichstreckenlast q mit $f_0 = (5/384)\, ql^4/EI$ (Fall 7/S. 331) erhält man folgende Gebrauchsformeln

$$f = \frac{l^2}{48\,EI}\,[5\,M_0 + 3(M_B + M_C)] \quad \text{für beliebige Innenfelder}$$

$$f = \frac{l^2}{48\,EI}\,(5\,M_0 + 3\,M_B) \qquad \text{für Endfelder}$$

$$M_0 = \frac{ql^2}{8}$$

Tafel 36 ω-Zahlen (zur Ermittlung von Momenten und Durchbiegungen[1]))

Belastung	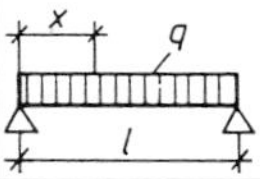	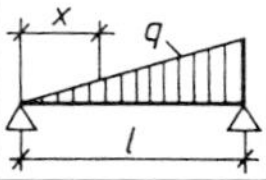	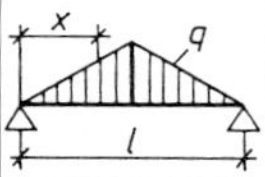	quadratische Parabel 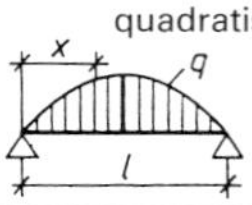	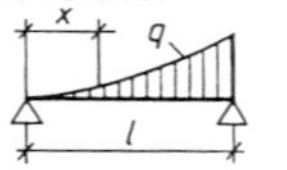
$M_{(x)} =$	$\alpha_R \cdot \omega_R$	$\alpha_D \cdot \omega_D$	$\alpha_G \cdot \omega_G$	$\alpha_B \cdot \omega_B$	$\alpha_P \cdot \omega_P$
$\alpha =$	$q \cdot l^2/2$	$q \cdot l^2/6$	$q \cdot l^2/12$	$q \cdot l^2/3$	$q \cdot l^2/12$
$\xi = x/l$	$\omega_R = \xi - \xi^2$	$\omega_D = \xi - \xi^3$	$\omega_G = 3\xi - 4\xi^3$	$\omega_B = \xi - 2\xi^3 + \xi^4$	$\omega_P = \xi - \xi^4$
0,1	0,09	0,099	0,296	0,0981	0,0999
0,2	0,16	0,192	0,568	0,1856	0,1984
0,3	0,21	0,273	0,792	0,2541	0,2919
0,4	0,24	0,336	0,944	0,2976	0,3744
0,5	0,25	0,375	1,000	0,3125	0,4375
0,6	0,24	0,384	0,944	0,2976	0,4704
0,7	0,21	0,357	0,792	0,2541	0,4599
0,8	0,16	0,288	0,568	0,1856	0,3904
0,9	0,09	0,171	0,296	0,0981	0,2439

[1]) Ersetzt man q durch M, so erhält man mit den α- und ω-Werten die *Durchbiegungen*:
$E \cdot I \cdot f = \alpha \cdot \omega$

[1]) Da f_0 und f_M nicht an der gleichen Stelle im Feld auftreten, enthält das Verfahren eine geringfügige Ungenauigkeit, die jedoch in baupraktisch zulässigen Grenzen liegt. Voraussetzung ist nur eine − wenigstens annähernd − symmetrische Lastanordnung in dem betrachteten Feld.

6.5 Einflußlinien

6.5.1 Allgemeines

Die Einflußlinie einer statischen Größe Z ist eine Kurve, deren Ordinaten η an der Angriffsstelle einer wandernden Einzellast nach Multiplikation mit dem Wert der Last, den zu dieser Laststellung gehörenden Wert der statischen Größe liefert.
Statisch bestimmte Systeme: Einflußlinie (für Kraftgrößen) linear.

m-fach statisch unbestimte Systeme: $\eta_n = \eta_{n0} + \eta_1 \cdot Z_{n1} + \eta_2 \cdot Z_{n2} + \ldots + \eta_m \cdot Z_{nm}$

η_{n0}	Ordinaten der Einflußlinie am statisch bestimmten Grundsystem
η_1 bis η_m	Ordinaten der Einflußlinien für die statisch Unbestimmten
Z_{n1} bis Z_{nm}	Statische Größen im Bezugspunkt n infolge X_1 bis X_m

Beispiel s. S. 368.

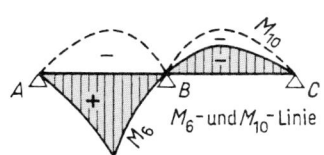

Bild 61 M-Linien

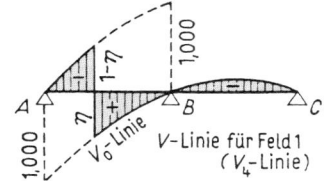

Bild 62 V-Linie

Tafel 37   Einflußzahlen

Steht die Last $F = 1$ kN in den Punkten	x/l	dann entstehen Biegemomente $M = F\eta l$ in kNm in den Punkten						
		1	2	3	4	5	6	7
A → ─ 0	0	0	0	0	0	0	0	0
─ 1	0,1	0,0875	0,0751	0,0626	0,0501	0,0376	0,0252	0,0127
─ 2	0,2	0,0752	0,1504	0,1256	0,1008	0,0760	0,0512	0,0264
─ 3	0,3	0,0632	0,1264	0,1895	0,1527	0,1159	0,0791	0,0422
─ 4	0,4	0,0516	0,1032	0,1548	0,2064	0,1580	0,1096	0,0612
l_1 ─ 5	0,5	0,0406	0,0812	0,1219	0,1625	0,2031	0,1438	0,0844
─ 6	0,6	0,0304	0,0608	0,0912	0,1216	0,1520	0,1824	0,1128
─ 7	0,7	0,0211	0,0422	0,0632	0,0843	0,1054	0,1265	0,1475
─ 8	0,8	0,0128	0,0256	0,0384	0,0512	0,0640	0,0768	0,0896
─ 9	0,9	0,0057	0,0115	0,0172	0,0229	0,0286	0,0344	0,0401
B → ─ 10	1,0	0	0	0	0	0	0	0
─ 11	1,1	−0,0043	−0,0086	−0,0128	−0,0171	−0,0214	−0,0257	−0,0299
─ 12	1,2	−0,0072	−0,0144	−0,0216	−0,0288	−0,0360	−0,0432	−0,0504
─ 13	1,3	−0,0089	−0,0179	−0,0268	−0,0357	−0,0446	−0,0536	−0,0625
─ 14	1,4	−0,0096	−0,0192	−0,0288	−0,0384	−0,0480	−0,0576	−0,0672
l_2 ─ 15	1,5	−0,0094	−0,0188	−0,0281	−0,0375	−0,0469	−0,0563	−0,0656
─ 16	1,6	−0,0084	−0,0168	−0,0252	−0,0336	−0,0420	−0,0504	−0,0588
─ 17	1,7	−0,0068	−0,0137	−0,0205	−0,0273	−0,0341	−0,0410	−0,0478
─ 18	1,8	−0,0048	−0,0096	−0,0144	−0,0192	−0,0240	−0,0288	−0,0336
─ 19	1,9	−0,0025	−0,0050	−0,0074	−0,0099	−0,0124	−0,0149	−0,0173
C → ─ 20	2,0	0	0	0	0	0	0	0

$\cdot l$

6.5.2 Einflußlinien für den durchlaufenden Träger mit gleichen Stützweiten

Einflußlinien sind vorteilhaft anwendbar zur Ermittlung des Einflusses beweglicher Lasten auf statische größen (Biegemomente, Querkräfte, Auflagerkräfte, Durchbiegungen usw.).

Die Einflußlinien der Biegemomente im Feld 2 sind den entsprechenden im Feld 1 spiegelbildlich gleich (z. B. $M_8 \hateq M_{12}$). Ihre Tafelwerte stellen Momente infolge $F = 1$ für die Stützweite $l = 1$ dar, sie müssen daher noch mit dem Faktor l multipliziert werden. Die Ordinaten der V- und A-B-C-Linien sind dagegen unabhängig von der Stützweite.

Um die V-Linie für jeden beliebigen Punkt des 1. Feldes zu erhalten, muß zu allen Ordinaten der V_0-Linie im Feld 1 der Wert -1 addiert werden, d. h., der zweite Kurvenzweig ist um die Größe -1 parallel versetzt. Der Verlauf der jeweiligen V-Linie ist aus Bild „V_4-Linie" ersichtlich. Für das Feld 2 findet man ihren Verlauf analog aus der V_{10}-Linie.

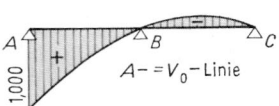

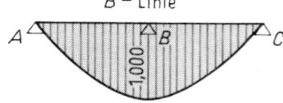

Bild 63 A-Linien   **Bild 64** B-Linie

8	9	10	11	Querkräfte in kN		Auflagerkräfte in kN		
				V_0	V_{10}	A	B	C
0	0	0	0	1,0000	0,0000	1,0000	0,000	$-0,0$
0,0002	$-0,0123$	$-0,0249$	$-0,0223$	0,8753	0,0248	0,8753	0,1495	$-0,0248$
0,0016	$-0,0232$	-00480	$-0,0432$	0,7520	0,0480	0,7520	0,2960	$-0,0480$
0,0054	$-0,0314$	$-0,0683$	$-0,0683$	0,6318	0,0683	0,6318	0,4365	$-0,0683$
0,0128	$-0,0356$	$-0,0840$	$-0,0756$	0,5160	0,0840	0,5160	0,5680	$-0,0840$
0,0250	$-0,0344$	$-0,0938$	$-0,0844$	0,4063	0,0938	0,4063	0,6875	$-0,0938$
0,0432	$-0,0264$	$-0,0960$	$-0,0864$	0,3040	0,0960	0,3040	0,7920	$-0,0960$
0,0686	$-0,0103$	$-0,0893$	$-0,0803$	0,2108	0,0893	0,2108	0,8785	$-0,0893$
0,1024	0,0152	$-0,0720$	$-0,0648$	0,1280	0,0720	0,1280	0,9440	$-0,0720$
0,0458	0,0515	$-0,0428$	$-0,0385$	0,0573	0,0428	0,0573	0,9855	$-0,0428$
0	0	0	0	0	1,0000	0	1,0000	0
$-0,0432$	$-0,0385$	$-0,0428$	0,0515	$-0,0428$	0,9428	$-0,0428$	0,9855	0,0573
$-0,0576$	$-0,0648$	$-0,0720$	0,0152	$-0,0720$	0,8720	$-0,0720$	0,9440	0,1280
$-0,0714$	$-0,0803$	$-0,0893$	$-0,0103$	$-0,0893$	0,7893	$-0,0893$	0,8785	0,2108
$-0,0768$	$-0,0864$	$-0,0960$	$-0,0264$	$-0,0960$	0,6960	$-0,0960$	0,7920	0,3040
$-0,0750$	$-0,0844$	$-0,0938$	$-0,0344$	$-0,0938$	0,5938	$-0,0938$	0,6875	0,4063
$-0,0676$	$-0,0756$	$-0,0840$	$-0,0356$	$-0,0840$	0,4840	$-0,0840$	0,5680	0,5160
$-0,0546$	$-0,0614$	$-0,0683$	$-0,0314$	$-0,0683$	0,3683	$-0,0683$	0,4365	0,6318
$-0,0384$	$-0,0432$	$-0,0480$	$-0,0232$	$-0,0480$	0,2480	$-0,0480$	0,2960	0,7520
$-0,0198$	$-0,0223$	$-0,0248$	$-0,0123$	$-0,0248$	0,1248	$-0,0248$	0,1495	0,8753
0	0	0	0	0	0	0	0	1,0000
				V_0	V_{10}	A	B	C

$\cdot l$

Beispiel Zweifeldträger (zu S. 366)

$$X_1 = -\delta_{m1}/\delta_{11}$$

Die Einflußlinie für die statisch unbestimmte Größe $X_1 = 1$ ergibt sich als Produkt der Biegelinienordinaten am Grundsystem und $-1/\delta_{11}$

Für die Einflußlinien von A, $M_n = M_2$ und $Q_n = Q_{2r}$ gelten folgende Gleichungen:

$$\eta_A = \eta_{A0} + \eta_1 \cdot A_1$$

für das Moment im Punkt 2

$$\eta_2 = \eta_{20} + \eta_1 \cdot M_{21}$$

für die Querkraft im Punkt 2

$$\eta_2 = \eta_{20} + \eta_1 \cdot V_{21}$$

Für Laststellung im Punkt 2

$\eta_A = 0{,}60 - 0{,}6 \cdot 0{,}125 = 0{,}525$
(Auflagerdruck)

$\eta_2 = 1{,}92 - 0{,}6 \cdot 0{,}40 = 1{,}68$ m
(Moment)

$\eta_2 = 0{,}6 - 0{,}6 \cdot 0{,}125 = 0{,}525$
(Querkraft)

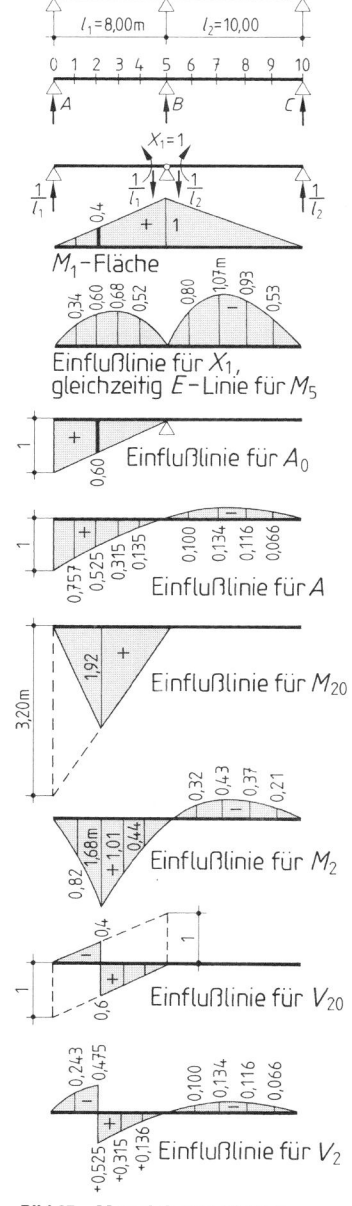

Bild 65 *M*- und *A*- und *V*-Linien

6.6 Methoden zur statischen Berechnung von Durchlaufträgern

6.6.1 Momentenausgleichsverfahren nach Cross

Voraussetzungen

1. Knotenpunkte unter der Belastung unverschieblich[1]); 2. feldweise konstantes I

Vorzeichenregel (Bild 66)

Abweichend von der gebräuchlichen Regel (nach dem Biegesinn) wird vom Drehsinn ausgegangen. Entgegen dem Uhrzeigersinn um den Stab drehende Momente sind positiv.

Bild 66 Positivbild

Rechengang

1. Ermittlung der Einspannmomente mit Hilfe der Tafel 27; die Trägerfelder werden als voll eingespannt angenommen
2. Berechnung der Steifigkeiten $k = I/l$ bzw. $k' = 0,75\,I/l$ bei frei drehbaren Endauflagern
3. Berechnung der Verteilungszahlen $\alpha = k/\sum k$ für die einzelnen Knoten mit Ausnahme der frei drehbaren und fest eingespannten Endauflagerknoten. Kontrolle: $\sum \alpha = 1,00$ an jedem Knoten
4. Momentenausgleich mit Hilfe des Berechnungsschemas (s. Beispiel unten) Übertragungskoeffizient $\gamma = 0,5$; bei frei drehbaren Endauflagern $\gamma = 0$

Beispiel Ermittlung der Stützmomente eines Durchlaufträgers nach Cross

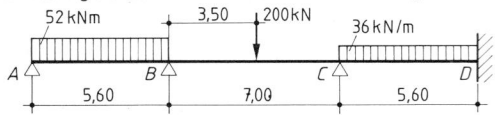

Bild 67

1. Einspannmomente Feld 1 $M_{ab} = 0$ $M_{ba} = -52 \cdot 5,6^2/8 = -203,8$ kNm

   Feld 2 $M_{bc} = 200 \cdot 7,0/8 = +175$ kNm $M_{cb} = -175$ kNm

   Feld 3 $M_{cd} = 36 \cdot 5,6^2/12 = +94,1$ kNm $M_{dc} = -94,1$ kNm

2. Steifigkeiten $k = I/l$ ($I = 10\,\text{m}^4$ angenommen)

   Feld 1 $k_1 = 0,75 \cdot 10/5,60 = 1,34 > 2,77 = \sum k = k_1 + k_2$

   Feld 2 $k_2 = 10/7,00 \qquad = 1,43$

   Feld 3 $k_3 = 10/5,60 \qquad = 1,79 > 3,22 = \sum k = k_2 + k_3$

3. Verteilungszahlen Knoten B: $\alpha_{ba} = 1,34/2,77 = 0,48$ $\alpha_{bc} = 1,43/2,77 = 0,52$

   ($\alpha = k/\sum k$) Knoten C: $\alpha_{cb} = 1,43/3,22 = 0,44$ $\alpha_{cd} = 1,79/3,22 = 0,56$

4. Berechnungsschema

		$0 \leftarrow \gamma \rightarrow 0,5$		$0,5 \leftarrow \gamma \rightarrow 0,5$		
		0,48	0,52	0,44	0,56	
A	B		C		D	
Einspann-momente	$-203,8$	$+175$	-175	$+94,1$	$-94,1$	
1.		$-28,8$	$-80,9$			
		$+17,8 \leftarrow +35,6$	$+45,3 \rightarrow +22,6$			
2.	$-11,0$					
	$0 \leftarrow +5,3$	$+5,7 \rightarrow +2,9$				
3. Aus-gleich		$+2,9$				
		$-0,7 \leftarrow -1,3$	$-1,6 \qquad -0,8$			
4.	$-0,7$					
	$0 \leftarrow +0,3$	$+0,4 \rightarrow +0,2$				
5.		$+0,2$				
		$-0,1$	$-0,1$			
$\sum =$	$-198,2$	$+198,2 \quad -137,7$	$+137,7 \quad -72,3$			

$M_B = -198,2$ kNm $M_C = -137,7$ kNm $M_D = -72,3$ kNm

1. Ausgleich am Knoten C

Das Differenzmoment

$M = -175 + 94,1$

$\quad = -80,9$ kNm

wird durch ein gleich großes Moment mit entgegengesetztem Vorzeichen ausgeglichen, das im Verhältnis der Verteilungszahlen auf die anschließenden Stäbe verteilt wird ($+35,6$ u. $+45,3$ kNm). Diese Momente rufen (mit $\gamma = 0,5$) an den jeweils abliegenden Knoten ein Übertragungsmoment von halber Größe ($+17,8$ und $+22,6$) hervor (kein Vorzeichenwechsel!). Weitere Ausgleiche analog. Die Vorzeichen der endgültigen Einspann- u. Stützmomente (i. allg. negativ) ergeben sich nach den Vorzeichenregeln der Statik.

[1]) Über Systeme mit verschieblichen Knoten s. Wagner/Erlhof, Praktische Baustatik, Teil 2

398

6.6.2 Momentenausgleichsverfahren nach Kani

Voraussetzungen

1. Knotenpunkte unter der Belastung unverschieblich[1]); 2. feldweise konstantes I

Vorzeichenregel (Bild 68)

Im Uhrzeigersinn um den Stab drehende Stabendmomente sind positiv $(+)$

Rechengang. Zu berechnen sind:

Bild 68   Positivbild

1. die Volleinspannmomente $\overline{M}_{ik}$ sowie die Festhaltemomente $\overline{M}_i$, wobei
   $\overline{M}_i = \sum \overline{M}_{ik}$ an jedem Knoten i ist
2. die Steifigkeiten (wie bei C r o s s) $k = I/l$ bzw. $k' = 0{,}75 \cdot I/l$
3. die Drehungsfaktoren $\mu_{ik} = -0{,}5\, k_i/\sum k_{ik}$ für die einzelnen Knoten i
   Kontrolle: $\sum \mu_{ik} = -0{,}5$ an jedem Knoten
4. die Drehungsanteile M'_{ik} durch wiederholtes Anwenden der Grundoperation
   $M'_{ik} = \mu_{ik}(\overline{M}_i + \sum M'_{ki})$ von Knoten zu Knoten in beliebiger Reihenfolge fortschreitend, bis an allen Knoten die gewünschte Genauigkeit erreicht ist
5. die endgültigen Stabendmomente M_{ik}; es ist: $M_{ik} = \overline{M}_{ik} + 2 \cdot M'_{ik} + M'_{ki}$

Beispiel   Es wird das gleiche Beispiel wie beim C r o s s -Verfahren gewählt (s. S. 369)

1. Volleinspannmomente $\overline{M}_{ik}$ (s. C r o s s)   Festhaltemomente $\overline{M}_i = \sum \overline{M}_{ik}$

$\overline{M}_{ab} = 0$	$\overline{M}_{ba} = +203{,}8$ kNm	$\overline{M}_b = +203{,}8 - 175 = +28{,}8$ kNm
$\overline{M}_{bc} = -175$ kNm	$\overline{M}_{cb} = +175$ kNm	$\overline{M}_c = +175 - 94{,}1 = +80{,}9$ kNm
$\overline{M}_{cd} = -94{,}1$ kNm	$\overline{M}_{dc} = +94{,}1$ kNm	

2. Steifigkeiten k (die Werte sind dieselben wie beim C r o s s -Verfahren s. S. 369)
3. Drehungsfaktoren:

Knoten B: $\mu_{ba} = -0{,}5 \cdot 1{,}34/2{,}77 = -0{,}24$ $\mu_{bc} = -0{,}5 \cdot 1{,}43/2{,}77 = -0{,}26$

$(\mu = -0{,}5\, k/\sum k)$ Knoten C: $\mu_{cb} = -0{,}5 \cdot 1{,}43/3{,}22 = -0{,}22$ $\mu_{cd} = -0{,}5 \cdot 1{,}79/3{,}22 = -0{,}28$

4. Drehungsanteile M'_{ik} (mit folgendem Berechnungsschema)

μ $\boxed{\overline{M}_i}$ μ	$-0{,}24$ $\boxed{+28{,}8}$ $-0{,}26$		$-0{,}22$ $\boxed{+80{,}9}$ $-0{,}28$		
i A	B		C		D
$\overline{M}_{ik}$	$+203{,}8$	-175	$+175$	$-94{,}1$	$+94{,}1$
1. Schritt	$-2{,}6$	$-2{,}9$	$-17{,}8$	$-22{,}6$	
2. Schritt	$-2{,}8$	$-3{,}0$	$-17{,}2$	$-21{,}8$	
3. Schritt	$-2{,}8$	$-3{,}0$	$-17{,}2$	$-21{,}8$	

1. Schritt der Iteration.
   Knoten C: $-0{,}22\,(+80{,}9 + 0) = -17{,}8$ Knoten B: $-0{,}24\,(+28{,}8 - 17{,}8) = -2{,}6$
                 $-0{,}28\,(+80{,}9 + 0) = -22{,}6$ $-0{,}26\,(+28{,}8 - 17{,}8) = -2{,}9$
2. Schritt. Knoten C: $-0{,}22\,(+80{,}9 - 2{,}9) = -17{,}2$ Knoten B: $-0{,}24\,(+28{,}8 - 17{,}2) = -2{,}8$
                 $-0{,}28\,(+80{,}9 - 2{,}9) = -21{,}8$ $-0{,}26\,(+28{,}8 - 17{,}2) = -3{,}0$
3. Schritt. Knoten C: $-0{,}22\,(+80{,}9 - 3{,}0) = -17{,}2$ Knoten B: $-0{,}24\,(+28{,}8 - 17{,}2) = -2{,}8$
                 $-0{,}28\,(+80{,}9 - 3{,}0) = -21{,}8$ $-0{,}26\,(+28{,}8 - 17{,}2) = -3{,}0$
5. Endgültige Stabendmomente $\overline{M}_{ik} = \overline{M}_{ik} + 2 \cdot M'_{ik} + M'_{ki}$

$M_{ba} = +203{,}8 - 2 \cdot 2{,}8 + 0 = +198{,}2$ kNm $M_{bc} = -175 - 2 \cdot 3{,}0 - 17{,}2 = -198{,}2$ kNm

$M_{cb} = +175 - 2 \cdot 17{,}2 - 3{,}0 = +137{,}6$ kNm $M_{cd} = -94{,}1 - 2 \cdot 21{,}8 + 0 = -137{,}7$ kNm

$M_{dc} = +94{,}1 - 0 - 21{,}8 = +72{,}3$ kNm

Mithin sind die Stützmomente: $M_B = -198{,}2$ kNm $M_C = -137{,}7$ kNm $M_D = -72{,}3$ kNm

---

[1]) Über Systeme mit verschieblichen Knoten s. Wagner/Erlhof, Praktische Baustatistik, Teil 3

6.6.3 Numerische Iteration (Gauß-Seidel, Wetzell)

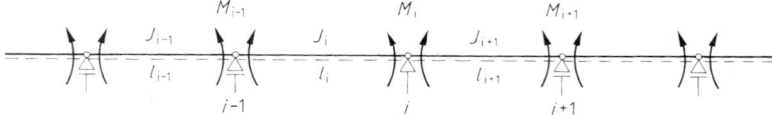

Bild 69

Grundlage ist die Dreimomentengleichung nach Clapeyron (s. S. 385)

$$l'_i M_{i-1} + 2(l'_i + l'_{i+1})M_i + l'_{i+1}M_{i+1} = -l'_i R_i - l'_{i+1}L_{i+1}$$

Für die Momente gilt die übliche Vorzeichendefinition. Ein positives Moment zieht die gestrichelte Faser.

Rechengang

1. Berechnung der Belastungsglieder L und R in allen Feldern, s. S. 336.
2. Berechnung der mechanischen (reduzierten) Feldlängen $l'_{i-1} = (l_c/l_{i-1})l_{i-1}$; $l'_i = (l_c/l_i)l_i$; $l'_{i+1} = (l_c/l_{i+1})l_{i+1}$ (nur bei feldweise unterschiedlichem Flächenmoment 2. Grades erforderlich).
3. Berechnung der Grundwerte $G_i = R_i l'_i + L_{i+1} l'_{i+1}$ für alle Stützen an denen das Stützmoment unbekannt ist.
4. Berechnung der Werte $N_i = 2 (l'_i + l'_{i+1})$ für alle Stützen an denen das Stützmoment unbekannt ist.
5. Gegebenenfalls Berechnung der Kragmomente M_0 und/oder M_n.
6. Iteration: Berechnung von $M_i = \dfrac{-G_i - M_{i-1}l'_i - M_{i+1}l'_{i-1}}{N_i}$ an allen Stützen an denen das Stützmoment unbekannt ist in mehreren Durchgängen.
7. Im Iterationsprozeß werden etwa gemachte Rechenfehler selbständig korrigiert bzw. ausgeglichen.

Beispiel Ermittlung der Stützmomente eines Durchlaufträgers

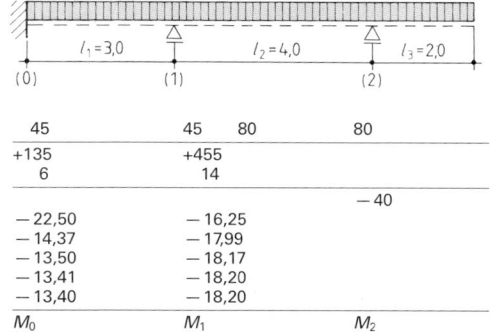

Bild 70
R bzw. L
$G_i = R_i l'_i + L_{i+1} l'_i + 1$
$N_i = 2 (l'_i + l'_i + 1)$
M_n

45	45	80	80
+135	+455	
6	14	
		−40
−22,50	−16,25	
−14,37	−17,99	
−13,50	−18,17	
−13,41	−18,20	
−13,40	−18,20	
M_0	M_1	M_2

Zu 1.   Belastungsglieder: Feld (1) $L = R = 20 \cdot 3{,}0^2/4 = 45\,\text{kNm}$;
        Feld (2) $L = R = 20 \cdot 4{,}0^2/4 = 80\,\text{kNm}$.
Zu 3. $G_0 = 45 \cdot 3{,}0 = 135\,\text{kNm}^2$; $G_1 = 45 \cdot 3{,}0 + 80 \cdot 4{,}0 = 455\,\text{kNm}^2$
Zu 4. $N_0 = 2 \cdot 3{,}0 = 6{,}0$; $N_1 = 2(3{,}0 + 4{,}0) = 14$
Zu 5.   Kragmoment; $M_2 = -20 \cdot 2{,}0^2/2 = -40\,\text{kNm}$

1. Durchgang: $M_0 = -135/6 = -22{,}50\,\text{kNm}$; $M_1 = (-455 + 22{,}5 \cdot 3{,}0 + 40 \cdot 4{,}0)/14 = -16{,}25\,\text{kNm}$
2. Durchgang: $M_0 = (-135 + 16{,}25 \cdot 3{,}0)/6 = -14{,}37\,\text{kNm}$; $M_1 = (-455 + 14{,}37 \cdot 3{,}0 + 40 \cdot 4{,}0)/14 = -17{,}99\,\text{kNm}$
3. Durchgang: $M_0 = (-135 + 17{,}99 \cdot 3{,}0)/6 = -13{,}50\,\text{kNm}$; $M_1 = (-455 + 13{,}5 \cdot 3{,}0 + 40 \cdot 4{,}0)/14 = -18{,}17\,\text{kNm}$
4. Durchgang: $M_0 = (-135 + 18{,}17 \cdot 3{,}0)/6 = -13{,}41\,\text{kNm}$; $M_1 = (-455 + 13{,}41 \cdot 3{,}0 + 40 \cdot 4{,}0)/14 = -18{,}20\,\text{kNm}$
5. Durchgang: $M_0 = (-135 + 18{,}20 \cdot 3{,}0)/6 = -13{,}40\,\text{kNm}$; $M_1 = (-455 + 13{,}4 \cdot 3{,}0 + 40 \cdot 4{,}0)/14 = -18{,}20\,\text{kNm}$

6.6.4 Übertragungsverfahren, Reduktionsverfahren

Obwohl grundsätzlich für jedes Stabwerk anwendbar, eignet sich das Übertragungsverfahren vor allem für den geraden Stab. Geeignet ist es für die Automatenprogrammierung. Lediglich die Schnittgrößenermittlung bei bekannten Fesselkräften läßt sich für kleinere Systeme auch sinnvoll „von Hand" durchführen (Abschnitt 6.6.4.1).

Schnittpunktwahl bei bekannten Fesselkraftgrößen

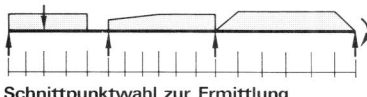

Schnittpunktwahl zur Ermittlung der Fesselkraftgrößen

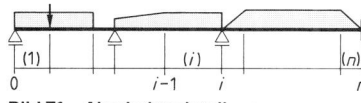

Bild 71 Abschnittseinteilung

Der zu berechnende Stab wird in Abschnitte eingeteilt. Schnittgrößen (allgemeiner: Zustandsgrößen) werden an Abschnittsgrenzen ermittelt. Abschnittsgrenzen können an jeder beliebigen Stelle festgelegt werden, müssen aber dort gesetzt werden, wo Stetigkeitsgrenzen der Belastung liegen, bei statisch unbestimmten Systemen außerdem dort, wo Steifigkeitssprünge liegen (Trägerabschnitte mit jeweils konstanter Steifigkeit angenommen).

6.6.4.1 Schnittgrößen bei vorbestimmten Fesselkraftgrößen

Wenn die Fesselkräfte (Auflagerkräfte, Einspannmomente) bekannt sind, lassen sich die Schnittgrößen V und M von Schnitt zu Schnitt fortschreitend mit Hilfe von Übertragungsbeziehungen berechnen:

Übertragungsbeziehungen

Abschnitt   Punkt

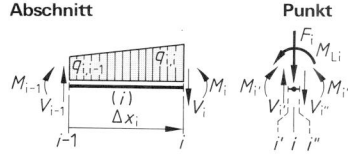

Der Funktionswert der Schnittgrößen an der Stelle $i-1$ sei bekannt. Dann ergibt sich ihr Funktionswert an der Stelle i mittels aus den Gleichgewichtsbedingungen gewonnenen Übertragungsbeziehungen:

Bild 72 Übertragungsbeziehung für Schnittgrößen

Lastanteil eines Stab-**Abschnitts**

$$K = \begin{pmatrix} -(2\,q + q'\,\Delta x)\ \Delta x/2 \\ -(3\,q + q'\,\Delta x)\ \Delta x^2/6 \end{pmatrix} \quad \text{mit}\ \ q_i = q_{i,i-1};\ \ q'_i = \frac{q_{i,i} - q_{i,i-1}}{\Delta x_i};$$

Lastanteil eines Stab-**Punktes**

$$P = \begin{pmatrix} -F \\ -M_\mathrm{L} \end{pmatrix};$$

Übertragungsmatrix $\qquad U = \begin{pmatrix} 1 & 0 \\ \Delta x & 1 \end{pmatrix}.$

Abschnittsübertragung $\quad S_i = U_i\,S_{i-1} + K_i$

Punktübertragung $\qquad S_{i''} = S_{i'} + P_i$

Darin ist S das Schnittgrößentupel $\quad S = \begin{pmatrix} N \\ M \end{pmatrix};$

Der Index i' bezeichnet den Schnitt unmittelbar vor dem Lasteintragungspunkt i, der Index i'' den Schnitt unmittelbar dahinter.

Die Rechnung beginnt mit $\boldsymbol{S}_{0'} = \boldsymbol{0} = \begin{pmatrix} 0 \\ 0 \end{pmatrix}$

unmittelbar vor dem linken Trägerende, einem Auflager oder einer Kragarmspitze,

sie schließt ab mit $\boldsymbol{S}_{n''} = \boldsymbol{0} = \begin{pmatrix} 0 \\ 0 \end{pmatrix}$

unmittelbar hinter dem rechten Trägerende.
Das $\boldsymbol{0}$-Ergebnis ist Rechenkontrolle!

Beispiel 1

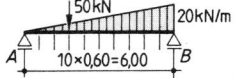

$A = -F_A = 20 \cdot 6{,}00/6 + 0{,}7 \cdot 50 = 55 \text{ kN}$
$B = -F_B = 20 \cdot 6{,}00/3 + 0{,}3 \cdot 50 = 55 \text{ kN}$
$q' = 20/6{,}00 = 3{,}333 \text{ kN/m}$

Bild 73 System zu Beispiel 1

Tafel 38 Rechnung zu Beispiel 1

1	2	3	4	5	6	7	8	9	10
i	x	Δx	q	q'	$-F$	$-M_L$	V	ΔM	M
0'							0,00		0,00
0	0,00				55,00	0,00			
0''							55,00		0,00
		0,60	0,00	3,333	−0,60	−0,12		32,88	
1	0,60						54,40		32,88
		0,60	2,00	3,333	−1,80	−0,48		32,16	
2	1,20						52,60		65,04
		0,60	4,00	3,333	−3,00	−0,84		30,72	
3'							49,60		95,76
3	1,80				−50,00				
3''							−0,40		95,76
		0,60	6,00	3,333	−4,20	−1,20		−1,44	
4	2,40						−4,20		94,32
		0,60	8,00	3,333	−5,40	−1,56		−4,32	
5	3,00						−10,00		90,00
		0,60	10,00	3,333	−6,60	−1,92		−7,92	
6	3,60						−16,60		82,08
		0,60	12,00	3,333	−7,80	−2,28		−12,24	
7	4,20						−24,40		69,84
		0,60	14,00	3,333	−9,00	−2,64		−17,28	
8	4,80						−33,40		52,56
		0,60	16,00	3,333	−10,20	−3,00		−23,04	
9	5,40						−43,60		29,52
		0,60	18,00	3,333	−11,40	−3,36		−29,52	
10'							−55,00		0,00
10	6,00				55,00				
10''							0,00		0,00

(In den Spalten 6 und 7 sind auch die Abschnittslastbeiträge eingetragen)

6.6.4.2 Statisch bestimmt gelagerte Träger

Übertragungsbeziehungen

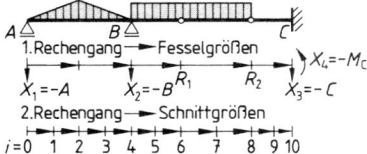

Bild 74 Übertragungsrechnung bei nicht vorbestimmten Fesselgrößen

Wenn die Fesselgrößen nicht vorbestimmt sind, müssen zwei Übertragungs-Rechengänge ablaufen (Bild 74). Der erste dient der Berechnung der Fesselgrößen, der zweite der Berechnung der Schnittgrößen. Beide Rechengänge folgen grundsätzlich dem Vorgehen nach Abschn. 6.6.4.1.

Die Fesselgrößen werden im ersten Rechengang als Unbekannte $X_1 \ldots X_k \ldots X_{nF}$ in die Rechnung eingeführt und genau wie Punktlasten behandelt. Die Übertragungsrechnung erfaßt nur die quer zur Trägerachse wirksamen Fesselarten (achsparallel gleitendes Auflager und Einspannung), so daß ein einfacher Stab im Sinne der Übertragungsrechnung nur zwei Fesseln besitzt: Es können aber mehr als zwei „Quer"fesseln auftreten, wenn punktuell innere Bindungen gelöst sind, z. B. bei Gelenkträgern (Gerberträgern).

Bei statisch bestimmten Systemen können Fesseln im Rahmen der Schnittgrößenermittlung immer als starre Auflager (Wegfessel) oder Einspannungen (Drehfessel) angesehen werden, auch dann, wenn es sich tatsächlich um elastische Elemente handelt. Eine Unterscheidung starrer und elastischer Fesseln ist nicht erforderlich. Man beachte aber, daß e i n e m Fesselelement nur e i n e Fesselkraftgröße entspricht. Die Drehfessel in Bild 75 beispielsweise ist nicht zugleich auch Auflager (Wegfessel). Die Einspannung eines Kragarms enthält also z w e i Fesselelemente: eine Weg- u n d eine Drehfessel (Bild 74).

Die Punktlasttupel an Fesselpunkten haben die Form:

$$-\boldsymbol{P} = \begin{pmatrix} F \\ M_L \end{pmatrix} = \begin{pmatrix} 1 \\ 0 \end{pmatrix} X_k \quad \text{bzw.} \quad \begin{pmatrix} F \\ M_L \end{pmatrix} = \begin{pmatrix} 0 \\ 1 \end{pmatrix} X_k,$$

je nach dem, ob es sich um Weg- oder Drehfesseln handelt. An Doppelfesselpunkten (Krageinspannstellen) ist

$$-\boldsymbol{P} = \begin{pmatrix} F \\ M_L \end{pmatrix} = \begin{pmatrix} 1 & 0 \\ 0 & 1 \end{pmatrix} \begin{pmatrix} X_\alpha \\ X_\beta \end{pmatrix}.$$

α und β stehen für die aktuellen Werte von k in der jeweiligen Berechnungsphase. Unabhängig davon, wie viele Fesseln ein System enthält, übersteigt die Anzahl der Unbekannten in der Rechnung niemals 2. Spätestens ehe eine dritte Fesselgröße eintreten würde, kann an einem „Reduktionspunkt" (Bild 74) eine vorhandene eliminiert werden. Der Zustandsgrößenausdruck hat daher die Form

$$\boldsymbol{S} = \boldsymbol{S}_1 \boldsymbol{X} + \boldsymbol{S}_0,$$

$$\boldsymbol{X} = \begin{pmatrix} X_\alpha \\ X_\beta \end{pmatrix}, \quad \boldsymbol{S}_1 = \begin{pmatrix} V_\alpha & V_\beta \\ M_\alpha & M_\beta \end{pmatrix} = (s_\alpha s_\beta) \quad \text{und} \quad \boldsymbol{S}_0 = \begin{pmatrix} V_0 \\ M_0 \end{pmatrix},$$

wobei der Vektor $\boldsymbol{X}$ keines, ein oder zwei Elemente enthält. Entsprechend ist S_1 entweder nicht vorhanden, oder es ist eine 1×2- oder eine 2×2-Matrix. Im ersten Rechengang ist die Übertragungsoperation demnach auf den Summenausdruck, also sowohl auf $\boldsymbol{S}_1$ als auch auf $\boldsymbol{S}_0$ anzuwenden.

Reduktion

Fesselgrößen

Wegfessel   Drehfessel

Reduktion

Querver-
schieblichkeit   Gelenk

$V = 0$ $M = 0$

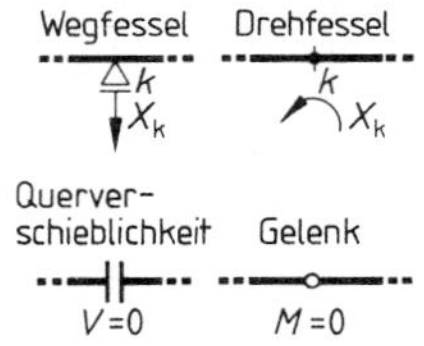

**Bild 75   Unbekannte Fesselkraftgrößen
und Reduktion**

Handelt es sich um einen Mehrscheiben-Träger, etwa einen Gelenkträger (Gerberträger), so kann an den Verbindungspunkten zweier benachbarter „Scheiben" (Gelenke, Querverschieblichkeiten) unter Ausnutzung der Bedingungen $M = 0$ an einem Gelenk bzw. $V = 0$ an einer praktisch allerdings kaum bedeutsamen Querverschieblichkeit („Querkraftgelenk") eine Unbekannte eliminiert werden. Dies ist auch erforderlich, um „Platz zu schaffen" für die an der nächsten Fesselstelle anfallende n e u e Unbekannte. Die Operation wird mit R e d u k t i o n bezeichnet.

$V_i = 0$:

$$V_{\alpha i} X_\alpha + V_{\beta i} X_\beta + V_{0i} = 0 \rightarrow X_\alpha = -(V_{\beta i} X_\beta + V_{0i})/V_{\alpha i}$$

$$\text{oder} \rightarrow X_\beta = -(V_{\alpha i} X_\alpha + V_{0i})/V_{\beta i}$$

Der Schnittgrößenausdruck im Punkt i geht damit über in

$$S_{i''} = S_{i'} - R_i$$

mit

$$R_\alpha = [(V_\alpha V_\beta)X + V_0]s_\alpha/V_\alpha \qquad \text{bei Elimination von } X_\alpha \text{ bzw.}$$

$$R_\beta = [(V_\alpha V_\beta)X + V_0]s_\beta/V_\beta \qquad \text{bei Elimination von } X_\beta$$

$M_i = 0$:

$$M_{\alpha i} X_\alpha + M_{\beta i} X_\beta + M_{0i} = 0 \rightarrow X_\alpha = -(M_{\beta i} X_\beta + M_{0i})/M_{\alpha i}$$

$$\text{oder} \rightarrow X_\beta = -(M_{\alpha i} X_\alpha + M_{0i})/M_{\beta i}$$

$$S_{i''} = S_{i'} - R_i$$

mit

$$R_\alpha = [(M_\alpha M_\beta)X + M_0]s_\alpha/M_\alpha \qquad \text{bei Elimination von } X_\alpha \text{ bzw.}$$

$$R_\beta = [(M_\alpha M_\beta)X + M_0]s_\beta/M_\beta \qquad \text{bei Elimination von } X_\beta$$

s_α und s_β repräsentieren darin die erste bzw. zweite Spalte in S_1.

Welche Unbekannte eliminiert wird, ist im allg. gleichgültig. Grundsätzlich maßgebend ist der Divisor S_α oder S_β (S steht für V oder M). Der Größere läßt das numerisch bessere Endergebnis erwarten.

Berechnungsstart und -abschluß

Die Berechnung beginnt im Punkt $0'$ mit $S_{0'} = 0$ und schließt ab hinter dem letzten Punkt (n) bei „n" mit $S_{n''} = 0$. Diese Bedingung erlaubt die Berechnung der letzten beiden Unbekannten.

Im Rückwärtsgang werden die übrigen Unbekannten als Ergebnis der bei der Reduktion aufgestellten Ausdrücke bestimmt. Die Übertragungsrechnung nach Abschn. 6.6.4.1 liefert anschließend die Schnittgrößen an jeder gewünschten Stelle.

Beispiel 2

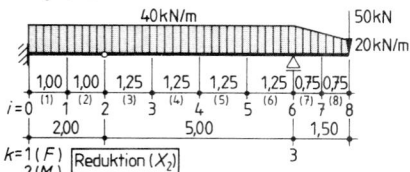

$k = 1\,(F)$
$2\,(M_L)$ Reduktion (X_2) 3

Die Beispielrechnung dient nur der Veranschaulichung des Verfahrens. Für die manuelle Berechnung von Fesselgrößen ist das Übertragungsverfahren praktisch ohne Bedeutung.

Bild 76 Statisches System zu Beispiel 1

Tafel 39 Berechnung der Fesselkräfte und Schnittgrößen von Beispiel 2

1	2	3	4	5	6	7	8	9	10	11	12
i (i)	Δx_i	k	Δx_k	$S_{1,i}$		$q_{i,i-1}$ $q_{i,i}$	q'_i	$K_{0,i}$, P_{0i}	$S_{0,i}$	K_i, P_i	S_i
0'									0,00 / 0,00		0,00 / 0,00
[0]	0,00	1 / 2		−1,00 / 0,00	0,00 / −1,00			0,00 / 0,00		159,00 / −238,00	159,00
0''									0,00 / 0,00		−238,00
(1)	1,00					40,00 / 40,00	0,000			−40,00 / −20,00	
1			2,00	−1,00 / −2,00	0,00 / −1,00			−80,00 / −80,00			119,00 / −99,00
(2)	1,00					40,00 / 40,00	0,000			−40,00 / −20,00	
2'								−80,00 / −80,00			79,00 / 0,00
[2]		−2	Reduktion	0,00 / 2,00	0,00 / 1,00			0,00 / −80,00	−80,00 / 0,00		79,00 / 0,00
2''				−1,00 / 0,00							
(3)	1,25					40,00 / 40,00	0,000			−50,00 / −31,25	
3											29,00 / 67,50
(4)	1,25					40,00 / 40,00	0,000			−50,00 / −31,25	
4			5,00	−1,00 / −5,00				−200,00 / −500,00			−21,00 / 72,50
(5)	1,25					40,00 / 40,00	0,000			−50,00 / −31,25	
5											−71,00 / 15,00
(6)	1,25					40,00 / 40,00	0,000			−50,00 / −31,25	
6'								−280,00 / −900,00		−121,00 / −105,00	
6		3		−1,00 / 0,00					216,00 / 0,00		
6''								−280,00 / −900,00			95,00 / −105,00
(7)	0,75					40,00 / 30,00	−13,333			−26,25 / −10,31	
7			1,50	−1,00 / −6,50	−1,00 / −1,50			−45,00 / −37,50			68,75 / −44,06
(8)	0,75					30,00 / 20,00	−13,333			−45,00 / −37,50	
8'								−325,00 / −1357,50			50,00 / 0,00
[8]								−50,00 / 0,00	−50,00 / 0,00		
8''			Schluß	−0,30 / 1,30	0,20 / −0,20				−375,00 / −1357,50		0,00 / 0,00

6

405

6.6.4.3 Statisch unbestimmte Balken auf starren und elastischen Stützen

Bei statisch unbestimmten Systemen sind die Formänderungen — auch für die Berechnung der Schnittkraftgrößen — von entscheidender Bedeutung. Aus diesem Grund muß die Gruppe der Zustandsgrößen (bisher $Z = S$ mit V und M) um die Durchsenkung der Stabachse w und deren Tangentenneigung w' erweitert werden. Das Tupel der Zustandsgrößen ist jetzt:

$$Z = \begin{pmatrix} V \\ M \\ w' \\ w \end{pmatrix} \quad \begin{array}{l} \text{Querkraft} \\ \text{Biegemoment} \\ \text{Neigung der Stabachse} \\ \text{Durchsenkung der Stabachse} \end{array}$$

Übertragungsbeziehungen

Gegenüber Abschnitt 6.6.4.2 ist lediglich zu berücksichtigen, daß das Zustandsgrößentupel nun 4 Elemente enthält. Außer den Fesselgrößen können jetzt auch unbekannte Formänderungen w_k und w'_k auftreten, die ebenfalls mit X_k bezeichnet werden. Der Index k läuft über alle unbekannten Fesselgrößen und Formänderungsklaffungen. Formänderungsklaffungen sind Knicke und Versetzungen der Stabachse an freien Gelenken und Querverschieblichkeiten. Das gilt auch bei Start mit freier Auflagerung (unbekanntes ΔV und unbekanntes w') oder Kragarmende (unbekanntes w und unbekanntes w'). Ferner müssen die Übertragungsgesetze für die Formänderungen in die Übertragungsmatrizen für Abschnitt und Punkt aufgenommen werden.

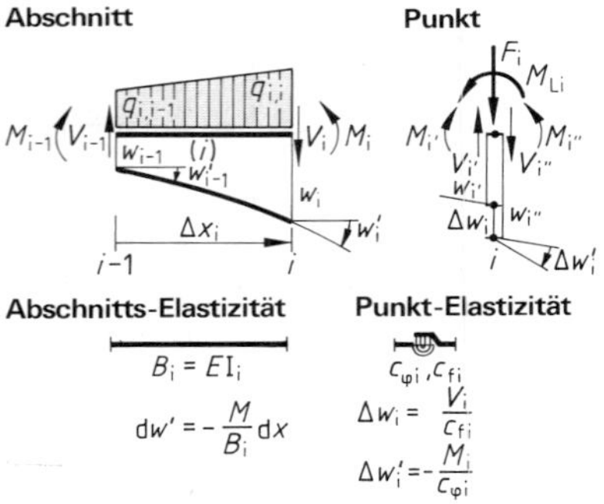

Lastanteil eines Stab-**Abschnitts**

$$K_i = \begin{pmatrix} -(2\,q_i + q'_i\,\Delta x_i)\,\Delta x_i/2 \\ -(3\,q_i + q'_i\,\Delta x_i)\,\Delta x_i^2/6 \\ 0 \\ 0 \end{pmatrix}$$

Lastanteil eines Stab-**Punktes**

$$P_i = \begin{pmatrix} -F_i \\ -M_{Li} \\ \Delta w'_i \\ \Delta w_i \end{pmatrix}$$

Abschnitt   **Punkt**

Bild 77   Stabelemente

Abschnitts-Elastizität

$$B_i = E\,I_i$$

$$dw' = -\frac{M}{B_i}\,dx$$

Punkt-Elastizität

$$\Delta w_i = \frac{V_i}{c_{fi}}$$

$$\Delta w'_i = -\frac{M_i}{c_{\varphi i}}$$

$c_\varphi = 0$:   Gelenk
$c_f = 0$:   Querverschieblichkeit
$c_\varphi = c_f = \infty$:   starre Bindung

Abschnittsübertragungs-Matrix

$$U_i = \begin{pmatrix} 1 & 0 & 0 & 0 \\ \Delta x & 1 & 0 & 0 \\ \Delta x^2/(2B) & -\Delta x/B & 1 & 0 \\ \Delta x^3/(6B) & -\Delta x^2/(2B) & \Delta x & 1 \end{pmatrix}_i$$

Punktübertragungs-Matrix

$$U_i = \begin{pmatrix} 1 & 0 & 0 & 0 \\ 0 & 1 & 0 & 0 \\ 0 & -1/c_\varphi & 1 & 0 \\ 1/c_f & 0 & 0 & 1 \end{pmatrix}_i$$

Im Gegensatz zu elastischen Gelenken und Querverschieblichkeiten sind freie Gelenke und Querverschieblichkeiten keine Punktübertragungsfälle, sondern Ursachen zunächst unbekannter Formänderungsklaffungen (s.o.).

Abschnittsübertragung: $Z_i = U_i\,Z_{i-1} + K_i$

Punktübertragung: $Z_{i''} = U_i\,Z_{i'} + P_i$

Im Zustandsgrößenausdruck sind stets zwei Unbekannte enthalten. Er hat daher folgenden Aufbau:

$$Z = Z_1 X + Z_0 \quad \text{mit} \quad X = \begin{pmatrix} X_\alpha \\ X_\beta \end{pmatrix} ; \quad Z_1 = \begin{pmatrix} V_\alpha & V_\beta \\ M_\alpha & M_\beta \\ w'_\alpha & w'_\beta \\ w_\alpha & w_\beta \end{pmatrix} ; \quad Z_0 = \begin{pmatrix} V_0 \\ M_0 \\ w'_0 \\ w_0 \end{pmatrix}$$

Die Indizes α und β vertreten wieder die in der jeweiligen Übertragungsphase geltenden Werte des Index k der unbekannten Kraft- und Formänderungsgrößen.

Reduktion

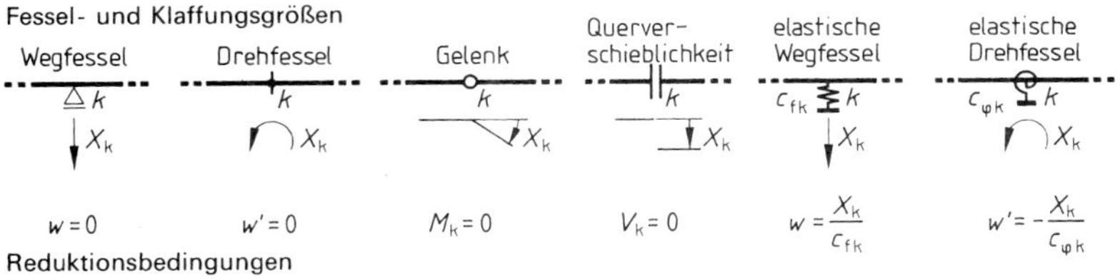

Fessel- und Klaffungsgrößen

Bild 78 Fesselkräfte und Reduktionsbedingungen

Tafel 40 Reduktionsgrößen

1	2	3	4	5
ZNr	Symbol		Ersatz der 1. Unbekannten (α) $k \rightarrow \alpha$	Ersatz der 2. Unbekannten (β) $k \rightarrow \beta$
1	ΔV_k	X R ΔV_k	$-[w_\beta X_\beta + w_0]/w_\alpha$ $[(w_\alpha w_\beta) X + w_0] z_\alpha/w_\alpha$ $\Delta V_\alpha \Leftarrow \Delta V_\alpha - 1$	$-[w_\alpha X_\alpha + w_0]/w_\beta$ $[(w_\alpha w_\beta) X + w_0] z_\beta/w_\beta$ $\Delta V_\beta \Leftarrow \Delta V_\beta - 1$
2	ΔM_k	X R ΔM_k	$-[w'_\beta X_\beta + w'_0]/w'_\alpha$ $[(w'_\alpha w'_\beta) X + w'_0] z_\alpha/w'_\alpha$ $\Delta M_\alpha \Leftarrow \Delta M_\alpha - 1$	$-[w'_\alpha X_\alpha + w'_0]/.w'_\beta]$ $[(w'_\alpha w'_\beta) X + w'_0] z_\beta/w'_\beta$ $\Delta M_\beta \Leftarrow \Delta M_\beta - 1$
3	$\Delta w'_k$	X R $\Delta w'_k$	$-[M_\beta X_\beta + M_0]/M_\alpha$ $[(M_\alpha M_\beta) X + M_0] z_\alpha/M_\alpha$ $\Delta w'_\alpha \Leftarrow \Delta w'_\alpha + 1$	$-[M_\alpha X_\alpha + M_0]/M_\beta$ $[(M_\alpha M_\beta) X + M_0] z_\beta/M_\beta$ $\Delta w'_\beta \Leftarrow \Delta w'_\beta + 1$
4	Δw_k	X R Δw_k	$-[V_\beta X_\beta + V_0]/V_\alpha$ $[(V_\alpha V_\beta) > X + V_0] z_\alpha/V_\alpha$ $\Delta w_\alpha \Leftarrow \Delta w_\alpha + 1$	$-[V_\alpha X_\alpha + V_0]/V_\beta$ $[(V_\alpha V_\beta) X + V_0] z_\beta/V_\beta$ $\Delta w_\beta \Leftarrow \Delta w_\beta + 1$
5	ΔV_k	X R ΔV_k	$-[w_\beta X_\beta + w_0 - X_k/c_{fk}]/w_\alpha$ $[(w_\alpha w_\beta) X + w_0 - X_k/c_{fk}] z_\alpha/w_\alpha$ $\Delta V_\alpha \Leftarrow \Delta V_\alpha - 1$	$-[w_\alpha X_\alpha + w_0 - X_k/c_{fk}]/w_\beta$ $[(w_\alpha w_\beta) X + w_0 - X_k/c_{fk}] z_\beta/w_\beta$ $\Delta V_\beta \Leftarrow \Delta V_\beta - 1$
6	ΔM_k	X R ΔM_k	$-[w'_\beta X_\beta + w'_0 - X_k/c_{fk}]/w'_\alpha$ $[(w'_\alpha w'_\beta) X + w'_0 - X_k/c_{fk}] z_\alpha/w'_\alpha$ $\Delta M_\alpha \Leftarrow \Delta M_\alpha - 1$	$-[w'_\alpha X_\alpha + w'_0 - X_k/c_{fk}]/w'_\beta$ $[(w'_\alpha w'_\beta) X + w'_0 - X_k/c_{fk}] z_\beta/w'_\beta$ $\Delta M_\beta \Leftarrow \Delta M_\beta - 1$
			Im Falle großer Federsteifigkeit c_f oder c_φ nähern sich die Fesseln starrer Lagerung bzw. Volleinspannung. In diesem Fall wird die neue Unbekannte X_k eliminiert:	
5a	ΔV_k	X_k ΔV_0	$c_{fk}[(w_\alpha w_\beta) X + w_0]$ $\Delta V_0 \Leftarrow \Delta V_0 - c_{fk}[(w_\alpha w_\beta) X + w_0]$	
6a	ΔM_k	X_k ΔM_0	$c_{\varphi k}[(w_\alpha w_\beta) X + w_0]$ $\Delta M_0 \Leftarrow \Delta M_0 - c_{\varphi k}[(w_\alpha w_\beta) X + w_0]$	

6

An jedem Punkt i, an dem eine neue Unbekannte X_{k_i} hinzutritt, ermöglicht eine Bedingung die Ablösung einer anderen oder auch der neu hinzutretenden. Am Reduktionspunkt i geht $Z_{i'}$ in $Z_{i''}$ über:

$$Z_{i'} \xrightarrow{R} Z_{i''} \rightarrow Z_{i''} = Z_{i'} - R_{k_i}.$$

Der Reduktionsterm R_{k_i} ergibt sich für die unterschiedlichen Reduktionsbedingungen nach Tafel 40.

Die ersten 6 Hauptzeilen enthalten je 3 Unterzeilen, mit X, R, und Δ... Sie enthalten:

X Ausdruck der ausscheidenden Unbekannten durch die anderen,
R reduktionsterm zur Transformation der Zustandsgrößen (s. o.),
Δ...   Beitrag der neu hinzutretenden Unbekannten in der bezeichneten Position.
     Mit dieser Angabe wird nur erklärt, wie die am erreichten Punkt angreifende neue Unbekannte in die Rechnung eingeht. Die Operation ist nicht Bestandteil der eigentlichen Reduktion.

Doppelfesseln (Auflager und Einspannung) können einzeln nacheinander behandelt werden.

Für welche Unbekannte man sich bei der Elimination entscheidet, ist so lange gleichgültig, wie ihre Koeffizienten in der Bedingungsgleichung von gleicher Größenordnung sind. Bei großen Unterschieden ist die Elimination der Unbekannten mit dem größten Koeffizienten aus numerischen Gründen zu empfehlen, in Extremfällen zwingend geboten.

Beispiel zur Reduktion
Annahmen: Reduktion bei $k = 7$, elastische Auflagerung, aktuelle Unbekannte X_3 und X_6.
     a) normale Feder, $w_6 > w_3$: X_6 eliminieren,
     b) starke Feder: X_7 eliminieren.

a) Reduktion nach Zeile 5:

$$X_6 = [w_3 X_3 + w_0 - X_7/c_{17}]/w_6;$$

$$R = [(w_3 w_6) \, X + w_0 - X_7/c_{17}] \, z_6/w_6 = [w_3 X_3 + w_6 X_6 + w_0 - X_7/c_{17}] \begin{pmatrix} V_6 \\ M_6 \\ w_6' \\ w_6 \end{pmatrix} /w_6$$

$$Z_{i''} = Z_{i'} - R + \mathbf{1}_1 X_7 = \begin{pmatrix} V_3 - w_3 V_6/w_6 & 1 - V_6/(c_{17} w_6) \\ M_3 - w_3 M_6/w_6 & -M_6/(c_{17} w_6) \\ w_3' - w_3 w_6'/w_6 & -w_6'/(c_{17} w_6) \\ 0 & -1/(c_{17} w_6) \end{pmatrix} \begin{pmatrix} X_3 \\ X_7 \end{pmatrix} + \begin{pmatrix} V_0 - w_0 V_6/w_6 \\ M_0 - w_0 M_6/w_6 \\ w_0' - w_0 w_6'/w_6 \\ 0 \end{pmatrix}.$$

b) Reduktion nach Zeile 5a:

$$X_7 = c_{17}[(w_3 w_6) X + w_0] = c_{17}[w_3 X_3 + w_6 X_6 + w_0]$$

$$Z_{i''} = Z_{i'} + \mathbf{1}_1 X_7 = \begin{pmatrix} V_3 + c_{17} w_3 & V_6 + c_{17} w_6 \\ M_3 & M_6 \\ w_3' & w_6' \\ w_3 & w_6 \end{pmatrix} \begin{pmatrix} X_3 \\ X_6 \end{pmatrix} + \begin{pmatrix} V_0 + c_{17} w_0 \\ M_0 \\ w_0' \\ w_0 \end{pmatrix}$$

Berechnungsstart und -abschluß

Die Berechnung beginnt im Punkt 0' mit $Z_0 = 0$, sie schließt ab hinter dem letzten Punkt (n), bei n'' mit $Z_{n''} = 0$. Nach der Reduktion im letzten Punkt verbleiben zwei der vier Bedingungen, aus denen die letzten beiden Unbekannten ermittelt werden.
Im Rückwärtsgang werden die übrigen Unbekannten als Ergebnis der bei der Reduktion aufgestellten Ausdrücke bestimmt. Die Übertragungsrechnung liefert anschließend die Zustandsgrößen an jeder gewünschten Stelle.

6.6.5 Andere Verfahren

Kraft- und Formänderungsgrößenverfahren s. Abschn. 7.

7 Rahmenartige Stabwerke

7.1 Standardsysteme

7.1.1 Einfeldrahmen

Hilfsgröße $c = \dfrac{I_R}{I_S} \cdot \dfrac{h}{l}$ $\quad I_R$ Trägheitsmoment des Riegelquerschnitts $\qquad h$ Höhe
$\qquad\qquad\qquad\qquad\qquad\quad I_S$ Trägheitsmoment des Stielquerschnitts $\qquad l$ Stützweite

1.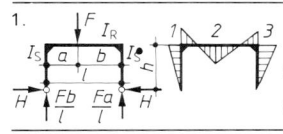

$$H = \frac{3Fab}{2hl} \cdot \frac{1}{2c+3}$$

$$M_1 = M_3 = -Hh$$

$$M_2 = \frac{Fab}{l} - Hh$$

Sonderfall $a = b = l/2$

$$H = \frac{3Fl}{8h} \cdot \frac{1}{2c+3}$$

$$M_1 = M_3 = -Hh \qquad M_2 = \frac{F \cdot l}{4} - Hh$$

2.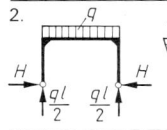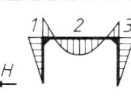

$$H = \frac{ql^2}{4h} \cdot \frac{1}{2c+3}$$

$$M_1 = M_3 = -Hh \qquad \max M_2 = \frac{ql^2}{8} - Hh$$

3.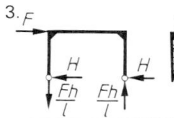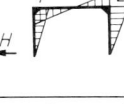

$$H = F/2$$

$$M_1 = -M_2 = \frac{Fh}{2}$$

4.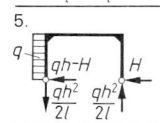

$$H = \frac{3Fh'}{2h}\left[1 - \frac{1}{3}\left(\frac{h'}{h}\right)^2 + \frac{1}{c}\right]\frac{c}{2c+3}$$

$$M_1 = (F-H)h' \qquad M_2 = Fh' - Hh \qquad M_3 = Hh$$

5.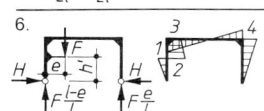

$$H = \frac{qh}{8}(5c+6)\frac{1}{2c+3}$$

$$M_1 = \frac{qh^2}{2} - Hh \qquad M_2 = -Hh$$

6.

$$H = \frac{3Fe}{2h}\left[1 - \left(\frac{h'}{h}\right)^2 + \frac{1}{c}\right]\frac{c}{2c+3}$$

$$M_1 = -Hh' \qquad M_2 = Fe - Hh'$$

$$M_3 = Fe - Hh \qquad M_4 = -Hh$$

7. Belastung durch Moment am Riegel

$$H = \frac{3M}{2h} \cdot \frac{b-a}{l} \cdot \frac{1}{2c+3} \qquad M_2 = M_5 = -H \cdot h$$

$$M_3 = -Hh - M\frac{a}{l} \qquad M_4 = -Hh + M\frac{b}{l}$$

Ist $a > b$, so wird H negativ, d.h. ist von innen nach außen gerichtet, wenn M, wie eingezeichnet, rechtsdrehend.

8. gleichmäßige Erwärmung um $t\,°C$

$$H = \frac{3EI_R\alpha_T t}{h^2} \cdot \frac{1}{2c+3} \qquad M_1 = M_2 = -Hh$$

9.

$$A = \frac{Fb}{l}\left[1 + \frac{a(b-a)}{l^2(6c+1)}\right] \qquad B = F - A \qquad H = \frac{3Fab}{2hl}\cdot\frac{1}{c+2}$$

$$\begin{matrix}M_1 = \\ M_4 = \end{matrix} = \frac{Fab}{2l}\left[\frac{1}{c+2}\mp\frac{b-a}{l(6c+1)}\right]$$

$$\begin{matrix}M_2 = \\ M_3 = \end{matrix} = -\frac{Fab}{l}\left[\frac{1}{c+2}\pm\frac{b-a}{2l(6c+1)}\right]$$

$$M_5 = \frac{1}{l}(Fab + bM_2 + aM_3)$$

Sonderfall $a = b = \dfrac{l}{2}$: $\quad A = B = \dfrac{F}{2} \qquad H = \dfrac{3Fl}{8h}\cdot\dfrac{1}{c+2}$

$$M_1 = M_4 = \frac{H\cdot h}{3} \qquad M_2 = M_3 = -2M_1 \qquad M_5 = \frac{Fl}{4} + M_2$$

10.

$$H = \frac{ql^2}{4h}\cdot\frac{1}{c+2} \qquad M_1 = M_4 = \frac{ql^2}{12}\cdot\frac{1}{c+2}$$

$$M_2 = M_3 = -2M_1 \qquad M_5 = \frac{ql^2}{8} + M_2$$

11.

$$A = -B = \frac{Fh}{l}\cdot\frac{3c}{6c+1}$$

$$M_1 = M_4 = \frac{Fh}{2}\cdot\frac{3c+1}{6c+1}$$

$$M_2 = -M_3 = \frac{Fh}{2}\cdot\frac{3c}{6c+1}$$

12.

$$B = -A = \frac{q\cdot h^2}{l}\cdot\frac{c}{6c+1}; \quad H_A = -\frac{q\cdot h}{8}\cdot\frac{6c+13}{c+2}; \quad H_B = \frac{q\cdot h}{8}\cdot\frac{2c+3}{c+2}$$

$$\begin{matrix}M_1 = \\ M_4 = \end{matrix} = \frac{qh^2}{4}\left[-\frac{c+3}{6(c+2)}\mp\frac{4c+1}{6c+1}\right]$$

$$\begin{matrix}M_2 = \\ M_3 = \end{matrix} = \frac{qh^2}{4}\left[-\frac{c}{6(c+2)}\pm\frac{2c}{6c+1}\right]$$

13.

$$A = -B = \frac{6M}{l}\cdot\frac{c}{6c+1} \qquad\qquad H = -\frac{3M}{2h}\cdot\frac{1}{c+2}$$

$$\begin{matrix}M_1 = \\ M_5 = \end{matrix} = -\frac{M}{2}\left(\frac{1}{c+2}\mp\frac{1}{6c+1}\right)$$

$$\begin{matrix}M_2 = \\ M_4 = \end{matrix} = \frac{M}{2}\left(\frac{2}{c+2}\pm\frac{1}{6c+1}\right) \qquad M_3 = -(M - M_2)$$

14. gleichmäßige Erwärmung um t °C

$$H = \frac{3EI_R\alpha_T t}{h^2}\cdot\frac{2c+1}{c(c+2)}$$

$$M_1 = M_4 = -\frac{3EI_R\alpha_T t}{h}\cdot\frac{c+1}{c(c+2)}$$

$$M_2 = M_3 = M_1 - Hh \text{ (negativ)}$$

Zu S. 378

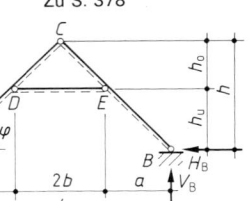

$$\tan\varphi = 2h/l, \; \alpha = h_u/h$$
$$\beta = h_o/h = 1 - \alpha$$
$$\gamma = \alpha\beta$$
$$\varkappa = w_r/w_l$$

7.1.2 Kehlbalkendach (Bezeichnungen s. S. 381 unten)

Belastungen	V_A	V_B	N_{DE}
a)	$\dfrac{g\cdot l}{2}$	$\dfrac{g\cdot l}{2}$	$-\dfrac{1+\gamma}{16\,\gamma\tan\varphi}\,g\cdot l$
b)	$\dfrac{3}{8}s\cdot l$	$\dfrac{1}{8}s\cdot l$	$-\dfrac{1+\gamma}{32\,\gamma\tan\varphi}\,s\cdot l$
c)	$\dfrac{\alpha}{2}g_u\cdot l$	$\dfrac{\alpha}{2}g_u\cdot l$	$-\dfrac{\alpha(3\beta+1)}{16\,\beta\tan\varphi}\,g_u\cdot l$
d)	$\dfrac{3-\tan^2\varphi}{8}w\cdot l$	$\dfrac{1+\tan^2\varphi}{8}w\cdot l$	$-\dfrac{1+\gamma}{32\,\gamma}\cdot\dfrac{1+\tan^2\varphi}{\tan\varphi}\,w\cdot l$
e) $\varkappa=w_r/w_l$	$V_A=\dfrac{3-\tan^2\varphi+\varkappa(1+\tan^2\varphi)}{8}w_l\cdot l$ $V_B=\dfrac{1+\tan^2\varphi+\varkappa(3-\tan^2\varphi)}{8}w_l\cdot l$		$-\dfrac{(1+\gamma)(1+\tan^2\varphi)(1+\varkappa)}{32\,\gamma\cdot\tan\varphi}w_l\cdot l$
f)	$g_k\cdot b=\dfrac{\beta}{2}g_k\cdot l$	$g_k\cdot b=\dfrac{\beta}{2}g_k\cdot l$	$-\dfrac{g_k\cdot b}{\tan\varphi}=-\dfrac{\beta}{2\tan\varphi}g_k\cdot l$
g)	$\dfrac{2b+a}{l}P=\left(\beta+\dfrac{\alpha}{2}\right)P$	$\dfrac{a}{l}P=\dfrac{\alpha}{2}P$	$-\dfrac{P}{2\tan\varphi}$

Belastungen	H_A	H_B	M_D	M_E
a)	$\dfrac{1+4\alpha+\gamma}{16\alpha\tan\varphi}g\cdot l$	$\dfrac{1+4\alpha+\gamma}{16\alpha\tan\varphi}g\cdot l$	$\dfrac{3\gamma-1}{32}g\cdot l^2$	$\dfrac{3\gamma-1}{32}g\cdot l^2$
b)	$\dfrac{1+4\alpha+\gamma}{32\alpha\tan\varphi}s\cdot l$	$\dfrac{1+4\alpha+\gamma}{32\alpha\tan\varphi}s\cdot l$	$\dfrac{7\gamma-1}{64}s\cdot l^2$	$-\dfrac{1+\gamma}{64}s\cdot l^2$
c)	$\dfrac{\alpha(\alpha+4)}{16\tan\varphi}g_u\cdot l$	$\dfrac{\alpha(\alpha+4)}{16\tan\varphi}g_u\cdot l$	$-\dfrac{\alpha^3}{32}g_u\cdot l^2$	$-\dfrac{\alpha^3}{32}g_u\cdot l^2$
d)	$\dfrac{k_1}{16}w\cdot l$ k_1 und k_2 wie unter e)	$\dfrac{k_2}{16}w\cdot l$	$\dfrac{k_3}{64}w\cdot l^2$ k_3 und k_4 wie unter e)	$-\dfrac{k_4}{64}w\cdot l^2$
e) $\varkappa=w_r/w_l$	$\dfrac{k_1+\varkappa k_2}{16}w_l\cdot l$ worin $k_1=\dfrac{2}{\tan\varphi}-6\tan\varphi+\dfrac{1+\gamma}{2\alpha}\cdot\dfrac{1+\tan^2\varphi}{\tan\varphi}$ $k_2=\dfrac{1+\tan^2\varphi}{\tan\varphi}\cdot\left(2+\dfrac{1+\gamma}{2\alpha}\right)$	$\dfrac{k_2+\varkappa k_1}{16}w\cdot l$	$\dfrac{k_3-\varkappa k_4}{64}w_l\cdot l^2$ worin $k_3=(1+\tan^2\varphi)(7\gamma-1)$ $k_4=(1+\tan^2\varphi)(1+\gamma)$	$\dfrac{-k_4+\varkappa k_3}{64}w_l\cdot l^2$
f)	$\dfrac{g_k\cdot b}{\tan\varphi}=\dfrac{\beta}{2\tan\varphi}g_k\cdot l$	$\dfrac{g_k\cdot b}{\tan\varphi}=\dfrac{\beta}{2\tan\varphi}g_k\cdot l$	0	0
g)	$\dfrac{P}{2\tan\varphi}$	$\dfrac{P}{2\tan\varphi}$	$\dfrac{\gamma\cdot l}{4}P$	$-\dfrac{\gamma\cdot l}{4}P$

7.2 Kraftgrößenverfahren

Ein Tragwerk ist statisch bestimmt ($n=0$, s. unten), wenn jede beliebige Kraftgröße allein durch Gleichgewichtsbetrachtungen bestimmt werden kann: Bestimmung der statischen Unbestimmtheit entweder durch Aufbaukriterium oder durch Abzählkriterium.

Aufbaukriterium

Version 1: Das gegebene Tragwerk wird in seiner Geometrie neu aufgebaut aus statisch bestimmten und unverschieblichen Grundstrukturen wie *beidseitig frei drehbar gelagerter Einzelstab, Dreigelenkrahmen* usw. Vergleich des so entstandenen statisch bestimmten Tragwerkes mit dem gegebenen Tragwerk liefert den Grad n der statischen Unbestimmtheit als Anzahl der Bindungen, die das gegebene System vom neu aufgebauten statisch bestimmten System unterscheiden.

Version 2: Wiederholte Prüfung und Reduktion des gegebenen Systems, wie im Ablaufdiagramm Bild 79 gezeigt.

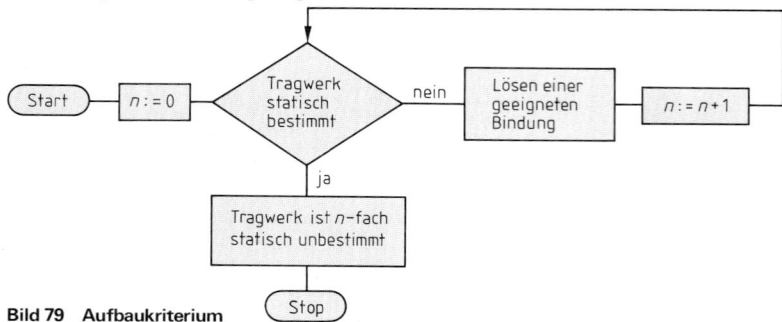

Bild 79   Aufbaukriterium

Abzählkriterium. Grad n der statischen Unbestimmtheit

— bei ebenen Stabwerken $n=a+z-3p$

— bei ebenen Fachwerken $n=a+s-2k$

a die Anzahl der Auflagerreaktionen
k die Anzahl der Fachwerkknoten
s die Anzahl der Fachwerkstäbe
p die Anzahl der einfach zusammenhängenden Stabwerksscheiben
z die Anzahl der Zwischenreaktionen,
  — die beim Auftrennen von mehrfach zusammenhängenden Tragwerksteilen anfallen, und
  — die zwischen den einzelnen Tragwerksteilen wirken.

In einem Gelenk, in dem m Stäbe zusammenlaufen, werden $z=2(m-1)$ Zwischenreaktionen übertragen.

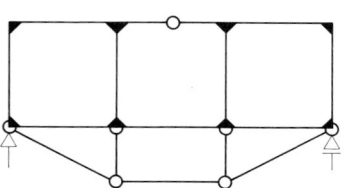

gegebenes Tragwerk

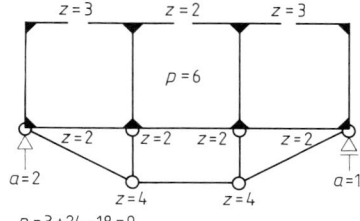

Abzählkriterium

Bild 80   Abzählkriterium

$n=3+24-18=9$

412

Bei Anwendung des Abzählkriteriums ist zusätzlich die Standfestigkeit des Tragwerkes nachzuweisen.

Die unbekannten Kraftgrößen werden an einem statisch bestimmten Ersatzsystem ermittelt, das im Hinblick auf die numerische Regelung möglichst steif zu wählen ist. Auch sollen die Eigenspannungszustände möglichst einfach sein und gegebene Symmetrien erhalten bleiben.[1]

Tafel 41 Beispiel zum Kraftgrößenverfahren

Beispiel	gegebenes System	Ersatzsystem	Lastspannungszustand	Eigenspannungszustand
System (Tragwerk mit Lasten und Reaktionskräften)	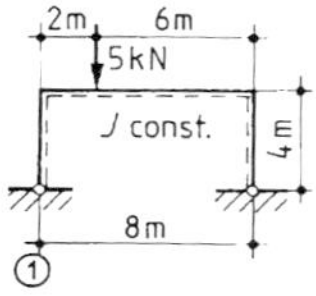 ①	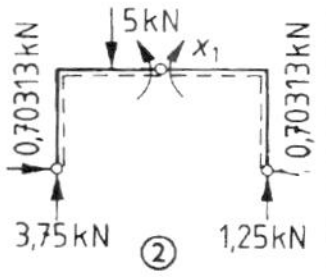 ②	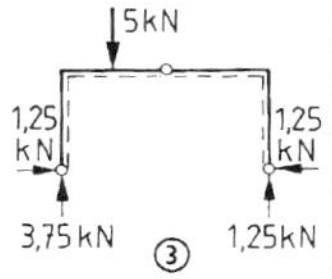 ③	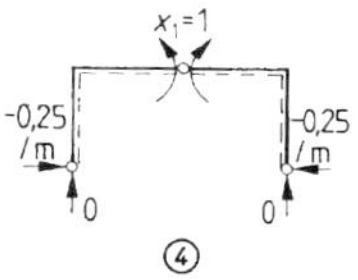 ④
Rechnung	Rechengang: ① gegebenes System aufzeichnen und positive Biegemomente definieren ② Ersatzsystem wählen ③ + ④ Last- und Eigenspannungszustände bestimmen ⑤ Verformungen berechnen ⑥ System der Elastizitätsgleichungen aufstellen und lösen ⑦ Spannungszustand des Ersatz- bzw. des gegebenen System bestimmen ⑧ Verformungskontrollen machen	$\delta_1 = \delta_{10} + X_1 \cdot \delta_{11} = 0$ $X_1 = -\delta_{10}/\delta_{11}$ $= 70/32$ $X_1 = +2,1875$ kNm ⑥	$EJ\delta_{10} = -70/3$ kNm^2 ⑤ 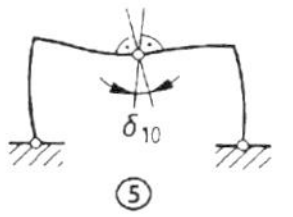	$EJ\delta_{11} = +32/3$ m 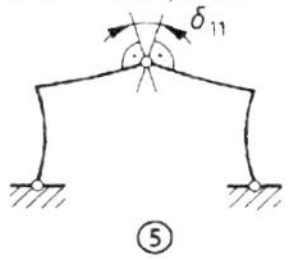 ⑤
M		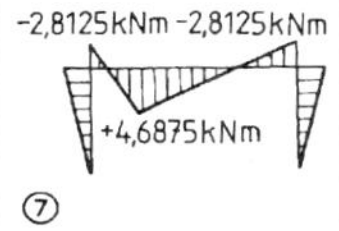 −2,8125 kNm −2,8125 kNm +4,6875 kNm ⑦	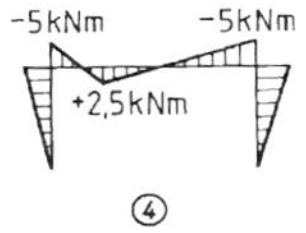 −5 kNm −5 kNm +2,5 kNm ④	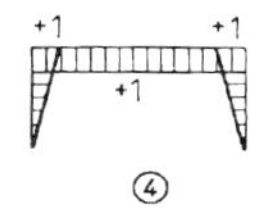 +1 +1 +1 ④
V		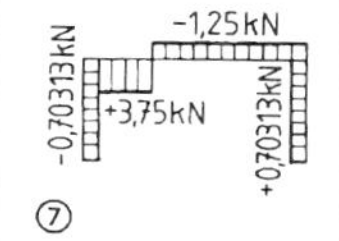 ⑦	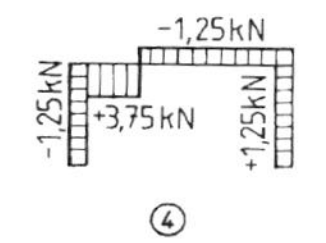 ④	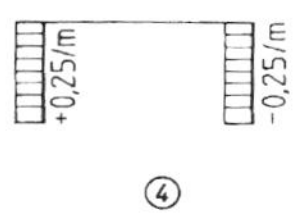 ④
N		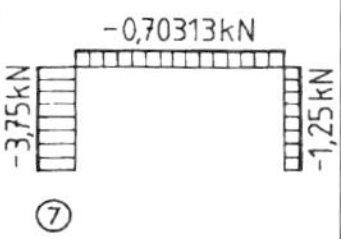 ⑦	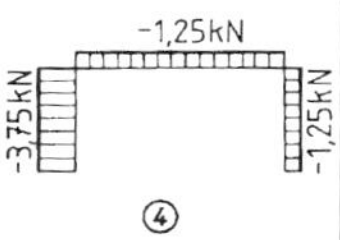 ④	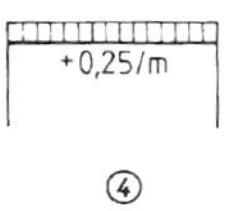 ④

[1] Die besondere Eigenart symmetrischer Tragwerke kann durch Ansatz symmetrischer und antimetrischer Gruppenzustände der statisch Unbestimmten (und Lasten) erfaßt werden. Dadurch wird eine Normalisierung bzw. Orthogonalisierung der Eigenspannungszustände erreicht, die i. allg. zu einer entsprechenden Entkopplung des Systems der Elastizitätsgleichungen führt.

Statik und Festigkeitslehre

Der Spannungs- bzw. Verformungszustand Z eines n-fach statisch unbestimmten Tragwerkes wird ermittelt als Linearkombination der Spannungs- bzw. Verformungszustände des statisch bestimmten Ersatzsystems
— infolge der gegebenen Belastung (Zustand Z_0) und
— infolge der zu den gewählten statisch Überzähligen X_i gehörenden n Einheitslasten „$X_i = 1$" (Zustände Z_i), multipliziert mit den sich tatsächlich einstellenden n Werten X_i dieser statisch Überzähligen:

$$Z = Z_0 + \sum_{i=1}^{n} X_i \cdot Z_i$$

Die n Werte X_i der statisch überzähligen Größen ergeben sich aus der Bedingung, daß die entsprechenden (gegenseitigen) Verformungen δ_j infolge der Gesamtbelastung am Ersatzsystem wie beim gegebenen System verschwinden (Elastizitätsgleichungen erster Art):

$$\delta_j = \delta_{jo} + \sum_{i=1}^{n} X_i \cdot \delta_{ij} \equiv 0 \, ; \, j \text{ von 1 bis } n \, .$$

δ_{jo} Verformungssprung im Ersatzsystem an der Stelle und im Wirkungssinn der Überzähligen X_j infolge der gegebenen Belastung.

δ_{ji} Verformungssprung im Ersatzsystem an der Stelle und im Wirkungssinn der Überzähligen X_j infolge der Einheitslast „$X_i = 1$".

Die Werte der Verformungen δ_{jo} und δ_{ji} werden i. allg. mit Hilfe der Arbeitsgleichung berechnet (Abschn. 5 und 6). Anwendungsbeispiel s. Tafel 41.
Dabei gilt bezüglich des Vorzeichens von δ: Positive X_i erzeugen positive δ_i.
Der gefundene Spannungszustand ist korrekt, wenn die den statisch Überzähligen entsprechenden Verformungssprünge tatsächlich verschwinden. Bei diesen Verformungskontrollen wird mit Vorteil der Reduktionssatz verwendet; er besagt, daß bei Berechnung einer Verformung eines statisch unbestimmten Tragwerkes mit Hilfe der Arbeitsgleichung die betreffende Kerngröße 1 an einem geeignet, aber beliebig erzeugten statisch bestimmten Tragwerksausschnitt aufgebracht werden kann.

Durchlaufträger

Wenn bei der Untersuchung von Durchlaufträgern mit Hilfe des Kraftgrößenverfahrens die Stützmomente als statisch Überzählige gewählt werden, bekommt das System der Elastizitätsgleichungen Bandstruktur: bei elastischer Stützung beträgt die Bandbreite 5, bei unnachgiebiger Stützung 3. Einführung der Belastungsglieder (s. S. 332) ergibt hiermit für das statisch unbestimmte Stützmoment die Dreimomentengleichung in der Clapeyronschen Form (Bild 81)

$$M_i \cdot l_i' + 2 \cdot M_j \cdot (l_i' + l_j') + M_k \cdot l_j' = -R_i \cdot l_i' - L_j \cdot l_j' \, ,$$

mit den mechanischen bzw. reduzierten Stützweiten $l_i' = l_i / I_i$,

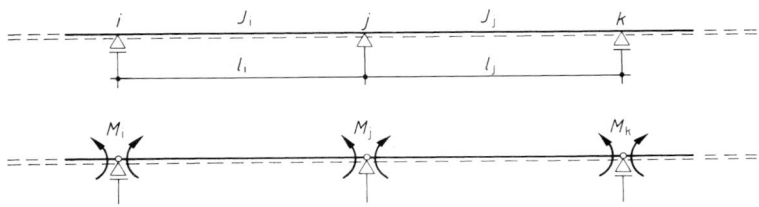

Bild 81 Dreimomentengleichung

414

7.3 Formänderungsgrößenverfahren — Drehwinkelverfahren

7.3.1 Allgemeines

Beim Formänderungsgrößenverfahren werden die möglichen Knotenverrückungen (beim äußerlich ungefesselten Knoten i des ebenen Stabwerks: u_i, w_i, φ_i) so variiert, daß an den freigeschnittenen Knoten Gleichgewicht der Schnittgrößen infolge Einwirkung und Formänderung herrscht. Da der Stabwerkszusammenhang über die Knotenwege erfaßt wird, kann im übrigen jeder Stab als selbständiges Bauteil behandelt werden (geometrisch bestimmtes Hauptsystem).

Knoten ist dabei jeder Verbindungs- und Endpunkt von Stäben. Die Gesamtzahl der entsprechend dem Freiheitsgrad der einzelnen Knoten möglichen Verrückungen ist der Grad der geometrischen Unbestimmtheit des Stabwerks.

7.3.2 Drehwinkelverfahren (s.a. Beispielsammlung auf CD-ROM)

Stablängenänderungen haben bei den Formänderungen rahmenartiger Stabwerke im allg. nur untergeordnete Bedeutung. Auf ihrer Vernachlässigung (Ausnahme: Einwirkungen wie Temperaturdehnung) beruht das Drehwinkelverfahren[1].

Der Vorteil ist die Verminderung geometrisch Unbestimmter durch die kinematische Koppelung von Knotenverschiebungen. Im System nach Bild 82 können z.B. die $2 \cdot 5 = 10$ Verschiebungskomponenten der Knoten $3 - 7$ auf 3 Stabverdrehungen reduziert werden.

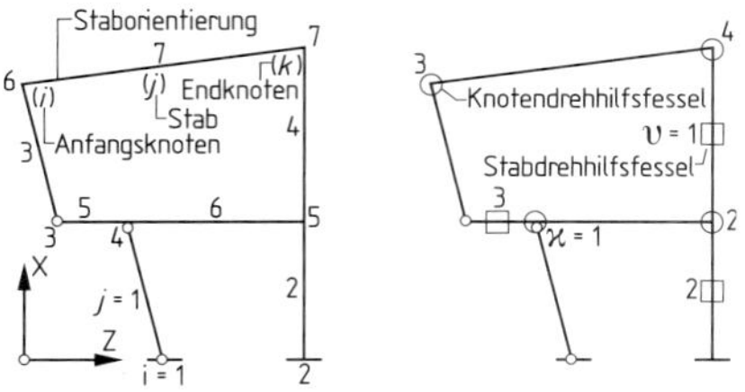

Bild 82 Beispiel Drehwinkelverfahren; System und geometrisch bestimmtes Hauptsystem

Bezeichnungen

n_S	Anzahl der Stäbe
n_K	Anzahl der Knoten
n_F	Anzahl der Fesselkomponenten
n_Φ	Anzahl der nicht drehgefesselten Knoten
n_Ψ	Anzahl der möglichen Stabsehnennetzverzerrungen
i, k	Knotennumerierung; Anfangs-, End-
j	Stabnumerierung
l_i	Stablänge
B_j	Biegesteifigkeit
B_C	Vergleichsbiegesteifigkeit
$\beta_i = B_j/B_C$	Relative Biegesteifigkeit

γ	bezogene Längskraft
φ_i	Knotenverdrehungswinkel
ψ_j	Stabverdrehungswinkel
$\mu_{\Phi i}$	Momentenbeiwerte für Knotendrehung
$\mu_{\Psi j}$	Momentenbeiwerte für Stabdrehung
$^0M_{ji}$	Stabendmoment aus Lasteinwirkung im geometrisch bestimmten Hauptsystem
$^0\varphi_i$	Eingeprägte Knotenverdrehung
$^0\psi_j$	Ungewollte Schiefstellung
$^T\psi_j$	Stabverdrehung infolge Temperatur
$\varkappa$	Index der Knotenverdrehung
υ	Index der Netzverzerrung
$\Phi_\varkappa$	Unbestimmte Knotenverdrehung
Ψ_υ	Unbestimmte Stabnetzverzerrung

Geometrisch Unbestimmte: Die Verdrehungswinkel der verdrehbaren Knoten von biegesteif miteinander verbundenen Stäben $\Phi_\varkappa$, $\varkappa = 1 \ldots n_\Phi$, und die möglichen Stabsehnennetzverzerrungen (Verzerrungen des „Gelenksystems") Ψ_υ, $\upsilon = 1 \ldots n_\Psi$, bilden die $n_{\Phi + \Psi}$ geometrisch Unbestimmten. Sind sie ermittelt, können Formänderungen, Biegemomente und Querkräfte stabweise berechnet werden.

Es gilt: $n_\Psi = 2n_K - n_S - n_F$. Systeme mit $n_\Psi = 0$ heißen unverschieblich. Im geometrisch bestimmten Hauptsystem sind sämtliche Verrückungen $\Phi_\varkappa$ und Ψ_υ Null (Bild 82).

Formänderungszustände einzelner Unbestimmter zeigt Bild 83.

---

[1] Iterativ können auch beim Drehwinkelverfahren die Stablängenänderungen erfaßt werden.

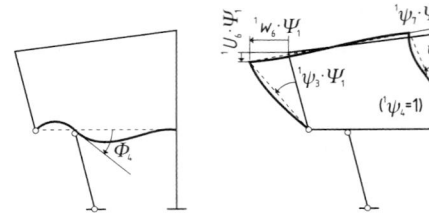

Bild 83
Beispiele für Knotendrehung
und Netzverzerrung

Stab j zwischen Knotenpunkt i und k: Die Funktionen der Biegeverformung, des Biegemoments und der Querkraft lassen sich am Einzelstab in Abhängigkeit von Einwirkung und Verdrehung des Stabes und der anschließenden Knoten angeben. Die Längskraft kann nicht am Einzelstab ermittelt werden, lediglich ihr Zuwachs über die Stablänge. Bei Rechnung nach Theorie II. Ordnung wird sie zunächst geschätzt. Für die Stabendmomente ergibt sich (Bild 84):

Stabendmoment am Knoten i des Stabes j:

$$M_{ij} = {}^0 M_{ji} + {}^i M_{ji} + {}^j M_{ji}$$

$$= {}^{\varkappa(i)}\mu_{\Phi ji} \cdot (B_C \cdot \varphi_i) + {}^{\varkappa(k)}\mu_{\Phi ji} \cdot (B_C \cdot \varphi_k)$$

$$+ \mu_{\Psi ji} \cdot (B_C \cdot \psi_j) + {}^0 M_{ji}$$

mit

$$\varphi_i = {}^0\varphi_i + \Phi_{\varkappa(i)}; \quad \varphi_k = {}^0\varphi_k + \Phi_{\varkappa(k)}$$

$$\psi_j = {}^T\psi_j + \sum_{(v)} {}^v\psi_j \cdot \Psi_v$$

Die Momentenbeiwerte μ_Φ und μ_Ψ können Tafel 42 bzw. 43 entnommen werden.

Als Hilfsgrößen für die Berechnung der Unbestimmten werden eingeführt:

Stabmoment des Stabes j:

$$\mathfrak{M}_j = M_{ji} + M_{jk} + N_j l_j (\psi_j + {}^0\psi_i)$$

$$= \sum_{\varkappa=1}^{n_\Phi} ({}^\varkappa\mu_{\Phi ji} + {}^\varkappa\mu_{\Phi jk}) \cdot (B_C \Phi_\varkappa)$$

$$+ \left(\mu_{\Psi ji} + \mu_{\Psi jk} + \frac{\beta_j \nu_j}{l_j}\right) \sum_{v=1}^{n_\Psi} {}^v\psi_j \cdot (B_C \Psi_v)$$

$$+ {}^0 M_{ji} + {}^0 M_{jk} + N_j l_j ({}^0\psi_j + {}^T\psi_j)$$

Stabmomente sind die insgesamt am Körper „Stab" angreifenden Momente ggf. einschl. der nach Theorie II. Ordnung infolge des entstehenden Längskraftversatzes.

Knotenresultierende am Knoten i:

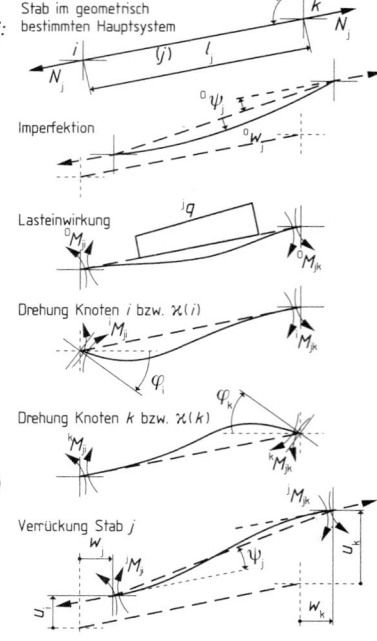

Bild 84
Verformungskomponenten des Stabes j

$\mathfrak{F}_{xi}$, $\mathfrak{F}_{zi}$ sind die Komponenten der Summe der Lastresultierenden aller an den Knoten i anschließenden Stäbe. Die Kraftbeiträge eines Stabes berechnen sich wie die Auflagerkräfte eines frei aufliegenden Trägers:

$$\mathfrak{F}_i = \int_{(l_j)} {}^j q \, dx; \quad \mathfrak{F}_{jk} = \frac{\int qx \, dx}{\mathfrak{F}_j}; \quad \mathfrak{F}_{ji} = \mathfrak{F}_i - \mathfrak{F}_{jk} \quad \mathfrak{F}_{xi} = -\sum_{(j)} \mathfrak{F}_{ji} \sin \alpha_j; \quad \mathfrak{F}_{zi} = -\sum_{(j)} \mathfrak{F}_{ji} \cos \alpha_j$$

(Winkeldefinition siehe Bild 87)

416

Tafel 42   Momentenbeiwerte μ

System des Stabes j	${}^x\mu_{\Phi ij}$	${}^x\mu_{\Phi ik}$	$\mu_{\Psi ji}$	$\mu_{\Psi jk}$
	Druckbeanspruchung ohne Berücksichtigung der Schubverformung			Theorie
	Zugbeanspruchung ohne Berücksichtigung der Schubverformung			I. Ordnung
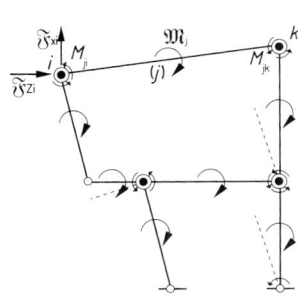 (i=ϰ, $\Phi_\varkappa$, k)	$-\dfrac{\varrho_{1nj}}{\varrho_{0nj}}$	0	0	0
	$\varepsilon_j \tan \varepsilon_j$	0		
	$-\varepsilon_j \tan h\varepsilon_j$			
${}^v\psi_j \cdot \Psi_\upsilon$ (i=ϰ, $\Phi_\varkappa$, k)	$\dfrac{\varrho_{1nj}}{\varrho_{bnj}}$	0	$\dfrac{\varrho_{1nj}}{\varrho_{bnj}}$	0
	$\dfrac{\varepsilon_j^2}{1-\varepsilon_j/\tan \varepsilon_j}$ 3	0	$\dfrac{\varepsilon_j^2}{1-\varepsilon_j/\tan \varepsilon_j}$ 3	0
	$\dfrac{\varepsilon_j^2}{\varepsilon_j/\tanh \varepsilon_j - 1}$		$\dfrac{\varepsilon_j^2}{\varepsilon_j/\tanh \varepsilon_j - 1}$	
${}^v\psi_j \cdot \Psi_\upsilon$ (i=ϰ, $\Phi_\varkappa$, k)	$\dfrac{\varrho_{bnj}}{\varrho_{cnj}}$	$\dfrac{\varrho_{anj}}{\varrho_{cnj}}$	$\dfrac{\varrho_{2nj}}{\varrho_{cnj}}$	$\dfrac{\varrho_{2nj}}{\varrho_{cnj}}$
	$\dfrac{1-\dfrac{\varepsilon_j}{\tan \varepsilon_j}}{\dfrac{\tan(\varepsilon_j/2)}{\varepsilon/2}-1}$ 4	$\dfrac{\dfrac{\varepsilon_j}{\sin \varepsilon_j}-1}{\dfrac{\tan(\varepsilon_j/2)}{\varepsilon/2}-1}$ 2	$-1\dfrac{\varepsilon_j^2/2}{\tan(\varepsilon_j/2)}$ 6	$-1\dfrac{\varepsilon_j^2/2}{\tan(\varepsilon_j/2)}$ 6
	$\dfrac{1-\dfrac{\varepsilon_j}{\tanh \varepsilon_j}}{\dfrac{\tanh(\varepsilon_j/2)}{\varepsilon/2}-1}$	$\dfrac{\dfrac{\varepsilon_j}{\sinh \varepsilon_j}-1}{\dfrac{\tanh(\varepsilon_j/2)}{\varepsilon/2}-1}$	$-1\dfrac{\varepsilon_j^2/2}{\tanh(\varepsilon_j/2)}$	$-1\dfrac{\varepsilon_j^2/2}{\tanh(\varepsilon_j/2)}$
Faktor:	$\dfrac{\beta_j}{l_j}$			

ϱ-Funktionen und ${}^0M_{ji}$ siehe Abschnitt 5.2.3

Die Funktionswerte für Elastizitätstheorie II. Ordnung können auch Tafel 45 entnommen werden!

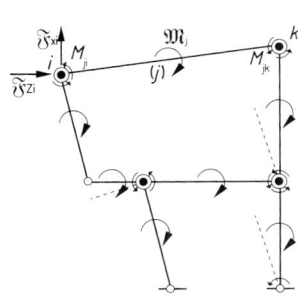

Bild 85
Knotenkraftgrößen und Stabmomente im Gelenksystem

Ermittlung der geometrisch Unbestimmten:

Momentengleichgewicht an den freigeschnittenen Knoten $\varkappa$ und Gleichgewicht im Gelenksystem bilden die $n_\Phi + n_\Psi$ Bedingungen für ebenso viele Unbestimmte (Bild 85). Vor allem die zweite Gruppe wird zweckmäßigerweise mit Hilfe des Prinzips der virtuellen Arbeiten ermittelt.

Gleichgewicht am Knoten $\varkappa$:

$$\sum_{(j)} M_{j\varkappa} = 0$$

Gleichgewicht im Teilgelenksystem υ:

$$\sum_{(j)} \mathfrak{M}_j \, {}^v\psi_j - \sum_{(i)} (\mathfrak{F}_{Xi} \, {}^v u_i + \mathfrak{F}_{Zi} \, {}^v w_i) = 0$$

Das Gleichungssytem wird nach Tafel 47 aufgestellt. Nach Lösung können Stabendmomente und anschließend die Schnittgrößen und Formänderungen des Stabwerks berechnet werden.

Tafel 43   Momentenbeiwerte für Druckbeanspruchung

ε	$\varkappa(i)_{\mu\Phi ji}$	$\varkappa(i)_{\mu\Phi jk}$	$\mu_{\Psi ji} = \mu_{\Psi jk}$	$\varkappa(i)_{\mu\Phi ji} = \mu_{\Psi ji}$	$\mu_{\Phi ji}$
0,00	4,00000	2,00000	6,00000	3,00000	0,00000
0,10	3,99867	2,00033	5,99900	2,99800	0,01003
0,20	3,99466	2,00133	5,99600	2,99199	0,04054
0,30	3,98799	2,00301	5,99099	2,98195	0,09280
0,40	3,97862	2,00536	5,98398	2,96785	0,16912
0,50	3,96656	2,00840	5,97496	2,94964	0,27315
0,60	3,95177	2,01214	5,96391	2,92725	0,41048
0,70	3,93424	2,01658	5,95083	2,90060	0,58960
0,80	3,91394	2,02176	5,93571	2,86959	0,82371
0,90	3,89083	2,02769	5,91853	2,83411	1,13414
1,00	3,86488	2,02439	5,89928	2,79402	1,55741
1,10	3,83604	2,04190	5,87794	2,74916	2,16124
1,20	3,80426	2,05023	5,85449	2,69934	3,08658
1,30	3,76949	2,05943	5,82892	2,64435	4,68273
1,40	3,73167	2,06953	5,80119	2,58394	8,11704
1,50	3,69072	2,08058	5,77129	2,51783	21,15213
1,60	3,64656	2,09262	5,73918	2,44569	
1,70	3,59912	2,10571	5,70484	2,36715	
1,80	3,54831	2,11991	5,66822	2,28178	
1,90	3,49401	2,13529	5,62930	2,18906	
2,00	3,43611	2,15193	5,58804	2,08843	
2,10	3,37450	2,16989	5,54439	1,97919	
2,20	3,30902	2,18929	5,49831	1,86056	
2,30	3,23954	2,21022	5,44976	1,73158	
2,40	3,16587	2,23280	5,39867	1,59114	
2,50	3,08784	2,25716	5,34500	1,43790	
2,60	3,00525	2,28344	5,28869	1,27024	
2,70	2,91785	2,31182	5,22967	1,08619	
2,80	2,82540	2,34247	5,16787	0,88332	
2,90	2,72763	2,37560	5,10323	0,65861	
3,00	2,62420	2,41145	5,03565	0,40824	
3,10	2,51477	2,45030	4,96507	0,12730	
Faktor			$\cdot \dfrac{\beta_j}{l_j}$		

Weichen bei Rechnung nach Theorie II. Ordnung die aus den Gleichgewichtsbedingungen an den Knoten errechneten Längskräfte im ungünstigen Sinne von den der Rechnung zugrunde gelegten Werten ab, muß die Rechnung mit verbesserten Werten erneut durchgeführt werden. Im allg. konvergiert der Iterationsprozeß schnell.

Tafel 44   Gleichungssystem zur Bestimmung der geometrischen Unbestimmten

Bedingung		$B_C \Phi_{\varkappa} \cdot$ $\varkappa : 1 \dots n_\Phi$	$B_C \Psi_{v} \cdot$ $v : 1 \dots n_\Psi$		Belastungsglieder
$i : 1 \dots n_\Phi$	Gleichgewicht ^{a}m Knoten	$\delta_{\varkappa}$ $\displaystyle\sum_{(j)} {}^{\varkappa}\mu_{\Phi ji}$	δ_{w} $\displaystyle\sum_{(j)} \mu_{\Psi ji} {}^{v}\psi_j$		$-\delta_{i0}$ $-\displaystyle\sum_{(j)} ({}^{0}M_{jk} + \mu_{\Psi jk} {}^{\mathsf{T}}\psi_j)$
$i : 1 \dots n_\Psi$	Gleichgewicht im Gelenksystem	$\delta_{i\varkappa}$ $\displaystyle\sum_{(j)} ({}^{\varkappa}\mu_{\Phi ji} + {}^{\varkappa}\mu_{\Phi jk}) {}^{i}\psi_j$	δ_{iw} $\displaystyle\sum_{(j)} \left(\mu_{\Psi ji} + \mu_{\Psi jk} + \dfrac{\beta_j v_j}{l_j} \right) {}^{v}\psi_j {}^{i}\psi_j$	$=$	$-\delta_{i0}$ $-\displaystyle\sum_{(j)} [{}^{0}M_{ji} + {}^{0}M_{jk} + B_C (\mu_{\Psi ji} + \mu_{\Psi jk}) {}^{\mathsf{T}}\psi_j$ $+ N_j l_j ({}^{0}\psi_j + {}^{\mathsf{T}}\psi_j)] {}^{i}\psi_j$ $+ \displaystyle\sum_{(i)} (\mathfrak{F}_{\varkappa i} {}^{i}u_i + \mathfrak{F}_{zi} {}^{i}w_i)$

Verrückungszustände des Gelenksystems (Stabsehnennetz): Im allg. lassen sich die Verrückungszustände des Gelenksystems (an allen Knotenpunkten sind Gelenke eingeführt) leicht durchschauen (Bild 86). In weniger übersichtlichen Fällen (z. B. Bild 82) müssen die von jedem Verrückungszustand Ψ_v abhängigen Stabverdrehungen und Knotenverschiebungen etwa mittels Polplan bestimmt werden.

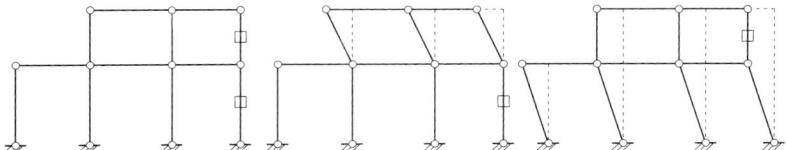

Bild 86 Netzverzerrungszustände bei einem Stockwerkrahmen

Rechnerisch kann man sie mit Hilfe des Gleichungssystems $\boldsymbol{K} \cdot {}^1\boldsymbol{v} = {}^1\boldsymbol{b}$ bestimmen (Tafel **45'**).

Die kinematische Eigenschaft des Gelenksystems wird von seinen inneren Bindungen (der Netzstruktur des Stabwerks) und seinen äußeren Bedingungen (der Fesselung) bestimmt. Ein Stabwerk mit insgesamt n_K Knoten und n_S Stäben hat in der Verrückungsebene $2n_K$ (unbekannte) Knotenverschiebungen (u_i, w_i) und n_S (unbekannte) Stabverdrehungen (ψ_j). Der Innere Zusammenhang des Stabnetzes wird durch $2n_S$

Netzbedingungen (Bild 87 links):

$$-u_i + u_k - (l_{zj} + {}^T\Delta l_{zj}) = 0; \quad l_{zj} = -l_j \sin \alpha_j$$

$$-w_i + w_k + (l_{xj} + {}^T\Delta l_{xj}) = 0; \quad l_{xj} = l_j \cos \alpha_j$$

ausgedrückt. Die n_F Fesselkomponenten liefern n_F

Fesselbedingungen (Bild 87 rechts): $\cos \alpha_{iF} u_{iF} - \sin \alpha_{iF} w_{iF} = 0$.

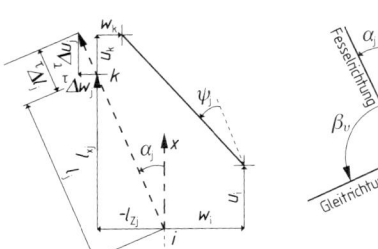

Bild 87
Verrückungsbeziehungen für
Stab *j* und Fesselpunkt *i*

Den $2n_K + n_S$ Unbekannten stehen $2n_S + n_F$ Bedingungsbedingungen gegenüber. Die Differenz ist der kinetmatische Freiheitsgrad des „Gelenksystems": $2n_K - n_S - n_F$. Jeder Freiheit ist eine geometrische Unbekannte (Leitverrückung Ψ_v) zuzuordnen, als die Verdrehung eines geeigneten Stabes bedeutet oder — bei Gleit- oder elastischen Lagern — eine Lagerverschiebung. Die Definition dieser Leitverrückungen ergibt die fehlenden Gleichungen eines Gleichungssystems (Tafel 45), das zur Ermittlung der Knotenverschiebungen und Stabdrehungen in Abhängigkeit von den Leitverrückungen ausgewertet werden kann. Dasselbe Gleichungssystem kann auch zur Ermittlung der Temperaturverzerrungen (${}^T\psi_j$) dienen.

Tafel 45 Gleichungssystem zur Ermittlung Netzverzerrungen

	$K \cdot {}^1\bar{v}$			${}^1b$	${}^Tb$
${}^1\bar{v}$ / ${}^1\bar{v}$	${}^T u_i \cdot {}^v u_i$	${}^T w_i \cdot {}^v w_i$	${}^T \psi_j \cdot {}^v \psi_j$	Bedingung für Einheitsverrückung	Bedingung für Temperaturdehnungsverrückung
	$i : 1 \dots n_K$	$i : 1 \dots n_K$	$j = i \to k : 1 \dots n_S$	$v : 1 \dots n_\psi$	1
$j : 1 \dots n_S$	$k_{ji} = -1;\ k_{jk} = 1$	0	$k_{jj} = -l_{zj}$	0	${}^T \Delta w_j$
$j : 1 \dots n_S$	0	$k_{ji} = -1;\ k_{jk} = 1$	$k_{jj} = l_{xj}$	0	$-{}^T \Delta u_j$
$\iota : 1 \dots n_F (i_F)$	$k_{ii_F} = \cos \alpha_{i_F}$	$k_{ii_F} = -\sin \alpha_{i_F}$	0	0	0
$v : 1 \dots n_\psi$	0 (Stabdrehung)	0	$k_{vj_v} = 1$	${}^1 b_{vv} = 1$	0
	$k_{vi_v} = \cos \beta_{i_v}$ (Fesselpunktverschiebung)	$k_{vi_v} = \sin \beta_{i_v}$	0		

Beispiel zu Drehwinkelverfahren

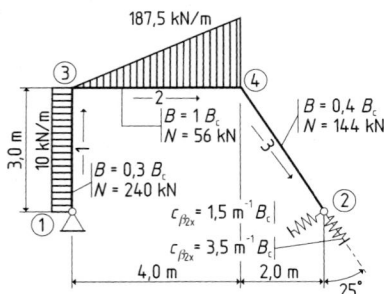

Bild 88 Beispiel zu Drehwinkelverfahren

Der Rahmen soll für den gegebenen Lastzustand nach Theorie II. Ordnung mit einem Sicherheitswert von $\gamma = 1{,}5$ berechnet werden. Eine ungewollte Schiefstellung von 1/150 der Höhe wird (als eigener Lastfall) berücksichtigt. Der geschätzte Längskraftzustand in den Stielen ist aus Bild 88 zu entnehmen, ebenso die auf die Vergleichsbiegesteifigkeit $B_C = 3500$ kNm^2 bezogenen Biege- und Lagerungssteifigkeiten.

Lastresultierende:

$\tilde{\vartheta}_{Z3} = 10 \cdot 3{,}0/2 = 15{,}00$ kN

$\tilde{\vartheta}_{X3} = -187{,}5 \cdot 4{,}0/6 = -125{,}00$ kN

$\tilde{\vartheta}_{X4} = -187{,}5 \cdot 4{,}0/3 = -250{,}00$ kN

Stabdaten:

Stab	l	β	N	ε	$\mu_{\varphi ji}$ / $\mu_{\varphi jk}$	$\mu_{\psi ji}$ / $\mu_{\psi jk}$	$\dfrac{\beta}{l}$	r_ω / r_φ / r_μ (i)	(k)	f_ω / f_φ / f_μ	ql^2
1 : 1–3	3,0	0,3	−240	1,7566	0 / 2,3197	0 / 2,3197	0,1000	0	2,3197 / −2,3197 / −1	0,03761 / 0,14276 / −0,38395	90
2 : 3–4	4,0	1,0	−56	0,6197	3,9485 / 2,0130	5,9615 / 5,9615	0,2500	5,9615 / −2,0130 / 0	5,9615 / −3,9485 / −1	0,00826 / 0,04114 / −0,16350	3000
3 : 4–2	3,606	0,4	−144	1,4162	2,5736 / 0	2,5736 / 0	0,1109	—	—	—	—

Statik und Festigkeitslehre

Einheitsnetzverzerrung (siehe Bild 89)

Gleichungssystem:

$$
\left(
\begin{array}{c}
\left(\begin{array}{cccc}
-1 & 0 & 1 & 0 \\
0 & 0 & -1 & 1 \\
0 & 1 & 0 & -1
\end{array}\right)
\left(\begin{array}{cccc}
0 & 0 & 0 & 0 \\
0 & 0 & 0 & 0 \\
0 & 0 & 0 & 0
\end{array}\right)
\left(\begin{array}{ccc}
0 & 0 & 0 \\
0 & -4{,}0 & 0 \\
0 & 0 & -2{,}0
\end{array}\right) \\[1em]
\left(\begin{array}{cccc}
0 & 0 & 0 & 0 \\
0 & 0 & 0 & 0 \\
0 & 0 & 0 & 0
\end{array}\right)
\left(\begin{array}{cccc}
-1 & 0 & 1 & 0 \\
0 & 0 & -1 & 1 \\
0 & 1 & 0 & -1
\end{array}\right)
\left(\begin{array}{ccc}
3{,}0 & 0 & 0 \\
0 & 0 & 0 \\
0 & 0 & -3{,}0
\end{array}\right) \\[1em]
\left(\begin{array}{cccc}
1 & 0 & 0 & 0 \\
0 & 0 & 0 & 0
\end{array}\right)
\left(\begin{array}{cccc}
0 & 0 & 0 & 0 \\
1 & 0 & 0 & 0
\end{array}\right)
\left(\begin{array}{ccc}
0 & 0 & 0 \\
0 & 0 & 0
\end{array}\right) \\[1em]
\left(\begin{array}{cccc}
0 & 0 & 0 & 0 \\
0 & 0{,}906 & 0 & 0 \\
0 & 0{,}423 & 0 & 0
\end{array}\right)
\left(\begin{array}{cccc}
0 & 0 & 0 & 0 \\
0 & -0{,}423 & 0 & 0 \\
0 & 0{,}906 & 0 & 0
\end{array}\right)
\left(\begin{array}{ccc}
1 & 0 & 0 \\
0 & 0 & 0 \\
0 & 0 & 0
\end{array}\right)
\end{array}
\right)
\cdot
\left(
\begin{array}{ccc}
{}^1u_1 & {}^2u_1 & {}^3u_1 \\
{}^1u_2 & {}^2u_2 & {}^3u_2 \\
{}^1u_3 & {}^2u_3 & {}^3u_3 \\
{}^1u_4 & {}^2u_4 & {}^3u_4 \\
{}^1w_1 & {}^2w_1 & {}^3w_1 \\
{}^1w_2 & {}^2w_2 & {}^3w_2 \\
{}^1w_3 & {}^2w_3 & {}^3w_3 \\
{}^1w_4 & {}^2w_4 & {}^3w_4 \\
{}^1\psi_1 & {}^2\psi_1 & {}^3\psi_1 \\
{}^1\psi_2 & {}^2\psi_2 & {}^3\psi_2 \\
{}^1\psi_3 & {}^2\psi_3 & {}^3\psi_3
\end{array}
\right)
$$

Lösung:

$$
=
\left(
\begin{array}{ccc}
0 & 0 & 0 \\
0 & 0 & 0 \\
0 & 0 & 0 \\
0 & 0 & 0 \\
0 & 0 & 0 \\
0 & 0 & 0 \\
0 & 0 & 0 \\
0 & 0 & 0 \\
1 & 0 & 0 \\
0 & 1 & 0 \\
0 & 0 & 1
\end{array}
\right)
\to \bar{v}_1 =
\left(
\begin{array}{ccc}
0 & 0 & 0 \\
0 & 0{,}9063 & 0{,}4226 \\
0 & 0 & 0 \\
-2{,}0 & 1{,}1881 & -0{,}1816 \\
0 & 0 & 0 \\
0 & -0{,}4226 & 0{,}9063 \\
-3{,}0 & 0 & 0 \\
-3{,}0 & 0 & 0 \\
1 & 0 & 0 \\
-0{,}5 & 0{,}2970 & -0{,}0454 \\
1 & -0{,}1409 & 0{,}3021
\end{array}
\right)
$$

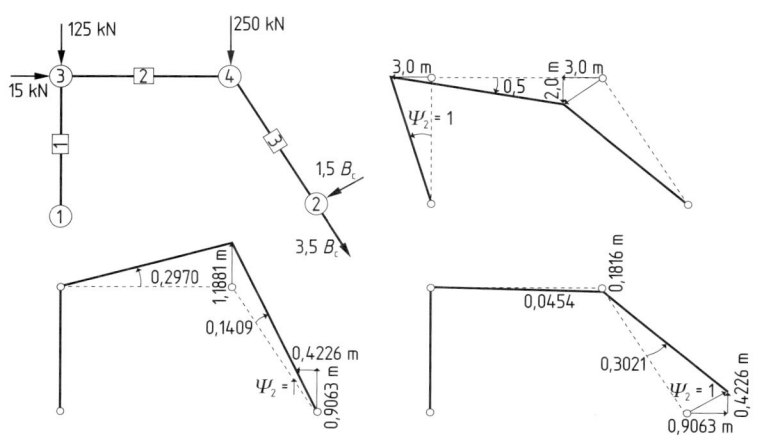

Bild 89 Einheitsnetzverzerrung

Stabendmomente:

$$^0\overline{M}_1 = \begin{pmatrix} 0 & 0 & 12,602 & 0 \\ 0 & 0 & -100,739 & 150,876 \\ 0 & 0 & 0 & 0 \end{pmatrix} \text{kNm};$$

$$^0\overline{M}_2 = \overline{0}$$

$$^1\bar{\mu}_\Phi = \begin{pmatrix} 0 & 0 & 0,23197 & 0 \\ 0 & 0 & 0,98714 & 0,50324 \\ 0 & 0 & 0 & 0 \end{pmatrix};$$

$$^2\bar{\mu}_\Phi = \begin{pmatrix} 0 & 0 & 0 & 0 \\ 0 & 0 & 0,50324 & 0,98714 \\ 0 & 0 & 0 & 0,28552 \end{pmatrix}$$

$$^1\bar{\mu}_\Psi = \begin{pmatrix} 0 & 0 & 0,23197 & 0 \\ 0 & 0 & -0,74519 & -0,74519 \\ 0 & 0 & 0 & 0,28552 \end{pmatrix}; \quad ^2\bar{\mu}_\Psi = \begin{pmatrix} 0 & 0 & 0 & 0 \\ 0 & 0 & 0,44266 & 0,44266 \\ 0 & 0 & 0 & -0,04022 \end{pmatrix};$$

$$^3\bar{\mu}_\Psi = \begin{pmatrix} 0 & 0 & 0 & 0 \\ 0 & 0 & -0,06766 & -0,06766 \\ 0 & 0 & 0 & 0,08625 \end{pmatrix}$$

$$\begin{pmatrix} 1,21910 & 0,50324 & -0,51322 & 0,44266 & -0,06766 \\ 0,50324 & 1,27265 & -0,45967 & 0,40244 & 0,01860 \\ -0,51322 & -0,45967 & 0,89261 & -0,45248 & 0,10765 \\ 0,44266 & 0,40244 & -0,45248 & 3,76003 & -0,04517 \\ -0,06766 & 0,01860 & 0,10765 & -0,04517 & 1,51853 \end{pmatrix} \cdot B_C \begin{pmatrix} \Phi_1 \\ \Phi_2 \\ \Psi_1 \\ \Psi_2 \\ \Psi_3 \end{pmatrix}$$

$$= - \begin{pmatrix} -88,13 & 0 \\ 150,87 & 0 \\ -467,46 & -8,26 \\ 311,90 & 0,48 \\ -47,67 & -1,04 \end{pmatrix} \rightarrow \begin{pmatrix} \Phi_1 \\ \Phi_2 \\ \Psi_1 \\ \Psi_2 \\ \Psi_3 \end{pmatrix} = \frac{1}{3500} \begin{pmatrix} 393,68 & 4,22 \\ 3,05 & 3,03 \\ 730,99 & 13,60 \\ -41,71 & 0,69 \\ -4,16 & -0,10 \end{pmatrix}$$

Stabendmomente: $\quad \overline{M}_{sk} = {}^0\overline{M} + B_C \left(\sum_{\varkappa=1}^{2} {}^\varkappa\bar{\mu}_\Phi \, \Phi_\varkappa + \sum_{\upsilon=1}^{3} {}^\upsilon\bar{\mu}_\Psi \, \Psi_\upsilon \right)$

$$\overline{M}_{sk,1} = \begin{pmatrix} 0 & 0 & 273,49 & 0 \\ 0 & 0 & -273,49 & -210,90 \\ 0 & 0 & 0 & 210,90 \end{pmatrix} \text{kNm};$$

$$\overline{M}_{sk,2} = \begin{pmatrix} 0 & 0 & 4,10 & 0 \\ 0 & 0 & -4,10 & -4,70 \\ 0 & 0 & 0 & 4,70 \end{pmatrix} \text{kNm}$$

Stabendquerkräfte: $\quad V_{ji}^* = {}^0V_{ji}^* + \dfrac{M_{ji} + M_{jk}}{l_j} + N_j \, \psi_j$

$$\overline{V}_{sk,1}^* = \begin{pmatrix} -26,04 & 0 & -56,04 & 0 \\ 0 & 0 & 240,05 & -134,95 \\ 0 & -28,23 & 0 & -28,23 \end{pmatrix} \text{kN}$$

$$\overline{V}_{sk,2}^* = \begin{pmatrix} 1,16 & 0 & 1,16 & 0 \\ 0 & 0 & 2,11 & 2,11 \\ 0 & 0,21 & 0 & 0,21 \end{pmatrix} \text{kN}$$

Stabendlängskräfte: aus Knotengleichgewichtsbedingungen

$$\overline{N}_{sk,1} = \begin{pmatrix} -240,05 & 0 & -240,05 & 0 \\ 0 & 0 & -56,04 & -56,04 \\ 0 & -143,37 & 0 & -143,37 \end{pmatrix} kN$$

$$\overline{N}_{sk,2} = \begin{pmatrix} -2,11 & 0 & -2,11 & 0 \\ 0 & 0 & 1,16 & 1,16 \\ 0 & 2,39 & 0 & 2,39 \end{pmatrix} kN$$

Fesselkräfte: aus Gleichgewicht an den gefesselten Knoten 1 und 2

$$\overline{C}_1 = \begin{pmatrix} C_{1x,1} & C_{1x,2} \\ C_{1z,1} & C_{1z,2} \end{pmatrix} = \begin{pmatrix} 240,05 & 2,11 \\ 26,04 & -1,16 \end{pmatrix} kN$$

$$\overline{C}_2 = \begin{pmatrix} 134,95 & -2,11 \\ -56,04 & 1,16 \end{pmatrix} kN$$

6

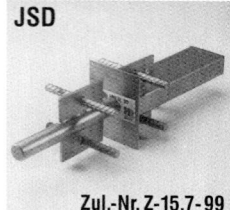
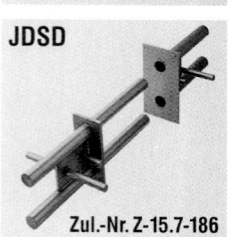
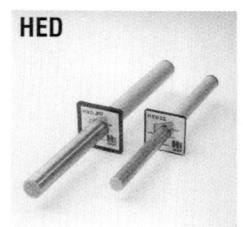

Stahlbeton- und Spannbetonbau nach DIN 1045-1

Bearbeitet von Prof. Dr.-Ing. Wolfgang Krings
Abschnitt **Beton nach DIN EN 206-1 auf S. 571**

Inhalt

7

1 Allgemeines

1.1 Einführung

Die DIN 1045-1 vom Juli 2001 wird die DIN 1045 aus dem Jahre 1988 ersetzen. Die bauaufsichtliche Einführung wird im Jahre 2002 erwartet. Dann sind auch die genauen Übergangstermine bekannt, in denen noch die alte DIN 1045 von 1988 angewandt werden darf.

Die DIN 1045-1 ist aus dem Eurocode 2 hervorgegangen und hat viele Gemeinsamkeiten mit dieser europäischen Norm.

Gegenüber der alten DIN 1045 enthält die neue DIN viele grundlegende Änderungen. Die wichtigsten sind:

— Teilsicherheitskonzept
— Spannbeton, Leichtbeton und Stahlbeton sind in einer Norm geregelt.
— Hochfeste Betonfestigkeitsklassen
— Viele Bezeichnungen sind dem internationalen Gebrauch angelehnt.
— Schubnachweis völlig anders als bisher.
— Gebrauchstauglichkeitsnachweise haben an Wichtigkeit gewonnen.

Die Norm unterscheidet Prinzipien (gerade Schreibweise) und Anwendungsregeln (kursive Schreibweise). Die Prinzipien müssen immer eingehalten werden. Anwendungsregeln folgen den Prinzipien und sind allgemein anerkannte Regeln. Von Anwendungsregeln der Norm darf abgewichen werden, wenn das zugehörige Prinzip eingehalten wird.

1.2 Literatur

DIN 1045-1   Tragwerke aus Beton, Stahlbeton und Spannbeton —
Teil 1: Bemessung und Konstruktion
Berichtigungen 1 zu DIN 1045-1, Juli 2002
Deutsches Institut für Normung e. V., Juli 2001

Weitere Normteile:
DIN 1045-2   Tragwerke aus Beton, Stahlbeton und Spannbeton —
Teil 2: Beton; Festlegung, Eigenschaften, Herstellung und Konformität
Deutsches Institut für Normung e. V., Juli 2001

DIN 1045-3   Tragwerke aus Beton, Stahlbeton und Spannbeton —
Teil 3: Bauausführung
Deutsches Institut für Normung e. V., Juli 2001

DIN 1045-4   Tragwerke aus Beton, Stahlbeton und Spannbeton —
Teil 4: Ergänzende Regeln für die Herstellung und die Konformität von Fertigteilen
Deutsches Institut für Normung e. V., Juli 2001

DafStb   Heft 525, Erläuterungen zur Reihe DIN 1045 — Tragwerke aus Beton, Stahlbeton und Spannbeton; *in Vorbereitung*

DBV   Merkblätter, Betondeckung und Bewehrung — Abstandhalter — Rückbiegen von Betonstahl und Anforderungen an Verwahrkästen

Heydel, Krings, Hermann Stahlbeton im Hochbau nach DIN 1045-1, Ernst & Sohn, Berlin, *in Vorbereitung*

2 Begriffe, Formelzeichen, SI-Einheiten

2.1 Begriffe nach DIN 1045-1, Abschn. 3.1

— üblicher Hochbau

Hochbau mit vorwiegend ruhenden und gleichmäßig verteilten Nutzlasten bis 5 kN/m^2 und Einzellasten bis 7 kN

— vorwiegend auf Biegung beanspruchtes Bauteil

Bauteil mit einer bezogenen Exzentrizität im Grenzzustand der Tragfähigkeit von $e_d/h > 3{,}5$

— Druckglied

Vorwiegend auf Druck beanspruchtes, stab- oder scheibenförmiges Bauteil mit einer bezogenen Exzentrizität im Grenzzustand der Tragfähigkeit von $e_d/h \leq 3{,}5$

— Normalbeton

Beton mit einer Trockenrohdichte zwischen 2000 und 2600 kg/m^3

— Leichtbeton

Trockenrohdichte zwischen 800 und 2000 kg/m^3

— Spannglied mit sofortigem Verbund

Im Spannbett gespanntes Spannglied, das nach dem Spannen einbetoniert wird.

— Spannglied mit nachträglichem Verbund

In einem einbetonierten Hüllrohr liegendes Spannglied, das nach dem Erhärten des Beton gespannt und durch Ankerkörper an den Enden verankert wird. Danach wird der Hohlraum im Hüllrohr durch Einpressmörtel gefüllt.

— Grenzzustände der Tragfähigkeit u. der Gebrauchstauglichkeit.
  Zustände, die den Bereich der Beanspruchung begrenzen, in dem das Tragwerk tragsicher oder gebrauchstauglich ist.

— Einwirkung
  Lasten, die als Kräfte oder Zwänge in Form von Temperatur oder Setzungen auf ein Bauwerk wirken

— charakteristischer Wert
  Werte der Einwirkungen, die in einschlägigen Bestimmungen festgelegt werden

— Bemessungswert
  Werte, die sich durch Multiplikation der charakteristischen Werte mit einem Sicherheitsbeiwert ergeben

— Duktilität
  plastische Dehnfähigkeit von Betonstahl, Spannstahl und Stahlbeton

— Relaxation
  mit Relaxation wird bei Spannstählen das allmähliche Absinken der Spannung bei gleichbleibender Dehnung bezeichnet

7

2.2 Formelzeichen nach DIN 1045-1, Abschn. 3.2

Eine Auswahl wesentlicher Formelzeichen und abgeleiteter Zeichen ist unten aufgeführt.

2.2.1 Einzelne Formelzeichen

Lateinische Großbuchstaben

A	Fläche, Querschnitt
C	Festigkeitsklasse Beton
E	Elastizitätsmodul
F	Kraft
G	Schubmodul; ständige Einwirkung
I	Flächenmoment 2. Grades
LC	Festigkeitsklasse Leichtbeton
M	Moment
N	Normalkraft (Längskraft)
P	Vorspannkraft
Q	veränderliche Einwirkung
R	Tragwiderstand
S	Flächenmoment 1. Grades
T	Torsionsmoment
V	Querkraft

Lateinische Kleinbuchstaben

a	Abstand
b	Breite
c	Betondeckung
d	statische Nutzhöhe; Stabdurchmesser
e	Exzentrizität
f	Festigkeit
h	Höhe; Bauteildicke
i	Trägheitsradius
l	Stützweite
m	Moment je Längeneinheit
n	Normalkraft je Längeneinh.
s	Stababstand
t	Zeitpunkt; Wanddicke
u	Umfang
v	Querkraft je Längeneinheit
x	Druckzonenhöhe
z	Hebelarm der inneren Kräfte

Griechische Buchstaben

α	Abminderungswert Beton; Winkel; Wärmedehnzahl
γ	Teilsicherheitsbeiwert
ε	Dehnung
φ	Kriechbeiwert
μ	bezogenes Moment
ρ	geom. Bewehrungsverhältnis
τ	Schubspannung

β	Abminderung Querkraft Ausbreitungswinkel; Beiwert
δ	Umlagerungsfaktor
θ	Rotation; Winkel
λ	Schlankheit
ν	bezogene Normalkraft
σ	Normalspannung
Δ	Differenz

Indizes

b	Verbund
d	Bemessungswert
g	Ständige Einwirkung
m	mittlerer Wert
q	veränderliche Einwirkung
s	Betonstahl; Schwinden
y	Fließgrenze
col	Stütze
erf	erforderlich
red	reduziert
E	Beanspruchung
G	ständige Einwirkung
R	rechn. Systemwiderstand

c	Beton; Druck; Kriechen
e	Exzentrizität
k	charakteristisch
p	Vorspannung
r	Riss
t	Zug
cal	Rechenwert
dir	direkt
ind	indirekt
vorh	vorhanden
Ed	Bemessungswert Beanspr.
Q	veränderliche Einwirkung
Rd	Bemessungswiderstand

2.2.2 Abgeleitete Formelzeichen

Lateinische Großbuchstaben

A_c	Betonquerschnittsfläche	A_s	Betonstahlfläche
A_{s1}	Zugbewehrungsfläche	A_{s2}	Druckbewehrungsfläche
A_p	Spannstahlfläche	A_{sw}	Schubbewehrungsfläche
N_{Ed}	Bemessungswert der einwirkenden Normalkraft	N_{Rd}	Bemessungswert der aufnehmbaren Normalkraft
V_{Ed}	Bemessungswert der einwirkenden Querkraft	$V_{Rd,ct}$	Bemessungswert der aufnehmbaren Querkraft ohne Schubbewehrung
$V_{Rd,max}$	Bemessungswert der durch die Druckstrebenfestigkeit aufnehmbare Querkraft	$V_{Rd,sy}$	Bemessungswert der durch die Schubbewehrung aufnehmbare Querkraft
M_{Ed}	Bemessungswert des einwirkenden Biegemoments	M_{Rd}	Bemessungswert des aufnehmbaren Biegemoments
T_{Ed}	Bemessungswert des einwirkenden Torsionsmoments	T_{Rd}	Bemessungswert des aufnehmbaren Torsionsmom.

Lateinische Kleinbuchstaben

a_l	Versatzmaß Zugkraftdeckung	b_{eff}	mitwirkende Plattenbreite
b_w	Stegbreite	c_{nom}	Betondeckung Nennmaß
d_g	Größtkorndurchmesser der Gesteinskörnung, in DIN EN 206-1 mit D_{max} bezeichnet	d_s	Stabdurchmesser
		f_{cd}	Bemessungswert der Betonfestigkeit
e_{tot}	Gesamtlastausmitte	l_b	Verankerungslänge
f_{yd}	Bemessungswert der Streckgrenze des Betonstahls	l_s	Übergreifungslänge
		x_d	Druckzonenhöhe nach der Schnittgrößenumlagerung
l_{eff}	effektive Stützweite		
s_w	Abstand der Schubbewehrung		

Griechische Kleinbuchstaben

γ_c	Teilsicherheitsbeiwert für Beton	γ_s	Teilsicherheitsbeiwert für Betonstahl
γ_G	Teilsicherheitsbeiwert für ständige Einwirkungen	γ_Q	Teilsicherheitsbeiwert für veränderliche Einwirkungen
ε_c	Betondehnung		
ρ_l	Längsbewehrungsverhältnis	ε_s	Betonstahldehnung
σ_c	Betonspannung	ρ_w	Schubbewehrungsverhältnis
		σ_s	Betonstahlspannung

2.3 SI-Einheiten nach DIN 1045-1, Abschn. 3.3

Folgende mit der ISO 1000 übereinstimmende SI-Einheiten werden für Berechnungen empfohlen:

- Längen   m, mm
- Querschnittsflächen   cm^2, mm^2
- Kräfte, Einwirkungen   kN, kN/m, kN/m^2
- Wichte   kN/m^3
- Spannungen und Festigkeiten   N/mm^2 (= MN/m^2 = MPa)
- Momente   kN/m

3 Baustoffeigenschaften
DIN 1045-1, Abschn. 9

Die physikalischen Eigenschaften für die zur Verwendung kommenden Baustoffe sind in Tafel 1 zusammengestellt.

Tafel 1   Physikalische Eigenschaften von Beton, Stahlbeton und Spannbeton aus Normalbeton: Betonstahl und Spannstahl

Physikalische Eigenschaft	Normalbeton		Stahl	
	Beton	Stahlbeton Spannbeton	Betonstahl	Spannstahl
Dichte ϱ [kg/m³]	2400	2500	7850	7850
Wärmedehnzahl [K⁻¹]	$10 \cdot 10^{-6}$			
Querdehnzahl μ [/]	0,2 für elastische Dehnungen 0 wenn Rißbildung in Beton unter Zugbeanspruchung zulässig ist			

3.1   Beton nach DIN 1045-1, Abschn. 9.1

Normalbeton ist Beton mit geschlossenem Gefüge, der aus festgelegten Gesteinskörnungen hergestellt wird und so zusammengesetzt und verdichtet ist, dass außer den künstlich erzeugten kein nennenswerter Anteil an eingeschlossenen Luftporen vorhanden ist.

3.1.1   Betondruck- und Betonzugfestigkeit
nach DIN 1045-1, Abschn. 9.1.5 bis 9.1.7

Der Bemessung der Bauteile liegen die charakteristischen Zylinderdruckfestigkeiten f_{ck} zugrunde. Die Betondruckfestigkeit ist als der Bemessungswert definiert, der bei statistischer Auswertung aller Druckfestigkeitsergebnisse von Beton im Alter von 28 Tagen nur in 5 % aller Fälle (5 % Fraktile) unterschritten wird.

Die Druckfestigkeitswerte f_{ck} können entweder an Zylindern (300 mm Höhe, 150 mm Durchmesser) als $f_{ck,zyl}$ oder an Würfeln (150 mm Kantenlänge) als $f_{ck,cube}$ ermittelt werden. Da die Bemessungsregeln auf den Werten der Zylinderfestigkeit basieren, gilt im weiteren $f_{ck,zyl} = f_{ck}$.

Die Betonzugfestigkeit wird für den einachsigen Spannungszustand angegeben. Wegen der großen Streuung der Zugfestigkeitswerte werden hierfür sowohl die Mittelwerte f_{ctm} als auch die unteren und oberen charakteristischen Grenzwerte $f_{ctk;0,05}$ bzw. $f_{ctk;0,95}$ angegeben, wobei folgende Beziehungen bis C 50/60 gelten

$$f_{ctm} = 0,30 f_{ck}^{2/3} \quad (1) \qquad f_{ctk;0,05} = 0,7 f_{ctm} \quad (2) \qquad f_{ctk;0,95} = 1,3 f_{ctm} \quad (3)$$

Tafel 2 Festigkeits- und Formänderungskennwerte von Normalbeton bis C 50/60

Kenngröße		Festigkeitsklassen								
		C 12/15	C 16/20	C 20/25	C 25/30	C 30/37	C 35/45	C 40/50	C 45/55	C 50/60
f_{ck}	in N/mm^2	12	16	20	25	30	35	40	45	50
$f_{ck,cube}$	in N/mm^2	15	20	25	30	37	45	50	55	60
f_{cm}	in N/mm^2	20	24	28	33	38	43	48	53	58
f_{ctm}	in N/mm^2	1,6	1,9	2,2	2,6	2,9	3,2	3,5	3,8	4,1
$f_{ctk;0,05}$	in N/mm^2	1,1	1,3	1,5	1,8	2	2,2	2,5	2,7	2,9
$f_{ctk;0,95}$	in N/mm^2	2	2,5	2,9	3,3	3,8	4,2	4,6	4,9	5,3
E_{cm}	in N/mm^2	25800	27400	28800	30500	31900	33300	34500	35700	36800
ε_{c1}	in ‰	$-1,8$	$-1,9$	$-2,1$	$-2,2$	$-2,3$	$-2,4$	$-2,5$	$-2,55$	$-2,6$
ε_{c1u}	in ‰	$-3,5$								
n	in ‰	2,0								
ε_{c2}	in ‰	$-2,0$								
ε_{c2u}	in ‰	$-3,5$								
ε_{c3}	in ‰	$-1,35$								
ε_{c3u}	in ‰	$-3,5$								

Tafel 3 Festigkeits- und Formänderungskennwerte von hochfestem Beton > C 50/60

Kenngröße		Festigkeitsklassen					
		C 55/67	C 60/75	C 70/85	C 80/95	C 90/105	C 100/115
f_{ck}	in N/mm^2	55	60	70	80	90	100
$f_{ck,cube}$	in N/mm^2	67	75	85	95	105	115
f_{cm}	in N/mm^2	63	68	78	88	98	108
f_{ctm}	in N/mm^2	4,2	4,4	4,6	4,8	5	5,2
$f_{ctk;0,05}$	in N/mm^2	3	3,1	3,2	3,4	3,5	3,7
$f_{ctk;0,95}$	in N/mm^2	5,5	5,7	6	6,3	6,6	6,8
E_{cm}	in N/mm^2	37800	38800	40600	42300	43800	45200
ε_{c1}	in ‰	$-2,65$	$-2,7$	$-2,8$	$-2,9$	$-2,95$	$-3,0$
ε_{c1u}	in ‰	$-3,4$	$-3,3$	$-3,2$	$-3,1$	$-3,0$	$-3,0$
n	in ‰	2,0	1,9	1,8	1,7	1,6	1,55
ε_{c2}	in ‰	$-2,03$	$-2,06$	$-2,1$	$-2,14$	$-2,17$	$-2,2$
ε_{c2u}	in ‰	$-3,1$	$-2,7$	$-2,5$	$-2,4$	$-2,3$	$-2,2$
ε_{c3}	in ‰	$-1,35$	$-1,4$	$-1,5$	$-1,6$	$-1,65$	$-1,7$
ε_{c3u}	in ‰	$-3,1$	$-2,7$	$-2,5$	$-2,4$	$-2,3$	$-2,2$

7

431

3.1.2 Spannungs-Dehnungs-Linien

Es gibt eine Spannungs-Dehnungs-Linie für nichtlineare Schnittgrößenermittlungsverfahren (und Verformungsberechnungen) und noch drei für die Querschnittsbemessung. In den Tafeln 2 und 3 sind die erforderlichen Parameter zur Bestimmung der Spannungsdehnungslinien aufgeführt.

Schnittgrößenermittlung und Verformungsberechnung

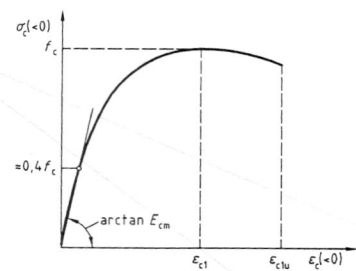

$$\sigma_c = -f_c \left(\frac{k \cdot \eta - \eta^2}{1 + (k - 2)\,\eta} \right) \quad (4)$$

$$\eta = \varepsilon_c / \varepsilon_{c1}$$

$$k = -1{,}1 \cdot E_{cm} \cdot \varepsilon_{c1} / f_c$$

Bei Verformungsberechnungen darf für

$$f_c = f_{cm} = f_{ck} + 8 \quad [\text{N/mm}^2] \quad (5)$$

eingesetzt werden.

Bild 1 Diagramm nur für Verformungsberechnungen

Querschnittsbemessung

Für das Parabel-Rechteck-Diagramm gilt für $0 \geq \varepsilon_c \geq \varepsilon_{c2}$

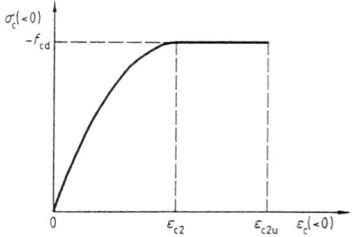

$$\sigma_c = -f_{cd} \left(1 - \left(1 - \frac{\varepsilon_c}{\varepsilon_{c2}} \right)^n \right) \quad (6)$$

und für $\varepsilon_{c2} \geq \varepsilon_c \geq \varepsilon_{c2u}$

$$\sigma_c = -f_{cd}$$

Bild 2a Parabel-Rechteck-Diagramm

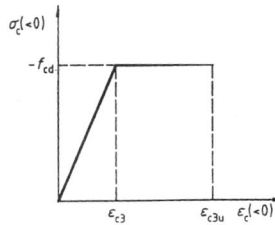

Für Querschnittsbemessungen dürfen aber auch die folgenden Spannungs-Dehnungs-Beziehungen angewandt werden:

Bild 2b Bilineare Spannungs-Dehnungs-Linie

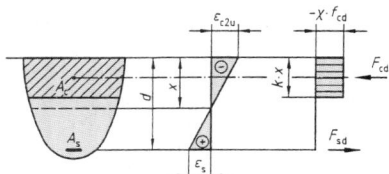

Legende

$\chi \approx 0{,}95$ für $f_{ck} \leq 50$ N/mm²
$\chi = 1{,}05 - f_{ck}/500$ für $f_{ck} > 50$ N/mm²
$k = 0{,}80$ für $f_{ck} \leq 50$ N/mm²
$k = 1{,}0 - f_{ck}/250$ für $f_{ck} > 50$ N/mm²

ANMERKUNG Sofern die Querschnittsbreite zum gedrückten Rand hin abnimmt, ist f_{cd} zusätzlich mit dem Faktor 0,9 abzumindern.

Bild 3 Spannungsblock

Der Festigkeitswert f_{cd} ist durch folgende Formel zu bestimmen

$$f_{cd} = \alpha \cdot \frac{f_{ck}}{\gamma_c \cdot \gamma_c'} \quad (7)$$

$$\gamma_c' = \frac{1}{1,1 - \dfrac{f_{ck} \text{ in N/mm}^2}{500}} \geq 1,0$$

α ist ein Abminderungsbeiwert zur Berücksichtigung von Langzeitwirkungen auf die Druckfestigkeit und zur Umrechnung zwischen der Zylinderdruckfestigkeit f_{ck} und der einaxialen Betondruckfestigkeit. Für Normalbeton ist der Wert 0,85 anzusetzen. Bei Kurzzeitbelastungen darf ein höherer Wert bis zu $\alpha = 1,0$ angesetzt werden.

Der Teilsicherheitsbeiwert γ_c ist für bewehrten Beton gleich 1,5; bei außergewöhnlichen Bemessungssituationen (z. B. Anpralllasten) ist 1,3 zu wählen. Bei unbewehrten Bauteilen ist entsprechend 1,8 bzw. 1,55 zu wählen. Bei ständig überwachten Fertigteilen darf der Teilsicherheitsbeiwert für Beton auf 1,35 reduziert werden. Bei den hochfesten Betonsorten ergibt γ_c' einen Werte $>1,0$. Tafel 4 gibt die Bemessungsfestigkeitswerte für Beton an.

Tafel 4   Teilsicherheitsbeiwerte, Bemessungswerte der Festigkeiten für Beton

	\multicolumn{9}{c}{Festigkeitsklasse}							
	C 12/15*	C 16/20	C 20/25	C 25/30	C 30/37	C 35/45	C 40/50	C 45/55	C 50/60
γ_c	1,8	1,5	1,5	1,5	1,5	1,5	1,5	1,5	1,5
γ_c'	1,0	1,0	1,0	1,0	1,0	1,0	1,0	1,0	1,0
α	0,85	0,85	0,85	0,85	0,85	0,85	0,85	0,85	0,85
f_{cd} in N/mm^2	5,67	9,07	11,33	14,17	17,00	19,83	22,67	25,50	28,33

* Für unbewehrten Beton. Für bewehrten Beton ohne Korrosionsrisiko, dann $\gamma_c = 1,50$ und $f_{cd} = 6,80$ N/mm^2.

	Festigkeitsklasse					
	C 55/67	C 60/75	C 70/85	C 80/95	C 90/105	C 100/115
γ_c	1,5	1,5	1,5	1,5	1,5	1,5
γ_c'	1,01	1,02	1,04	1,06	1,09	1,11
α	0,85	0,85	0,85	0,85	0,85	0,85
f_{cd} in N/mm^2	30,86	33,32	38,08	42,61	46,92	51,00

3.1.3   Kriechen und Schwinden nach DIN 1045-1, Abschn. 9.1.4

Unter der Voraussetzung, dass die Betondruckspannung beim Aufbringen der Belastung zum Zeitpunkt t_0 den Wert von $0,45 \cdot f_{ck}$ nicht überschreitet, die mittlere relative Luftfeuchtigkeit (RH) zwischen 40 % und 100 % und die mittleren Temperaturen zwischen 10 °C und 30 °C liegen, darf die Kriechdehnung des Betons zum Zeitpunkt $t = \infty$ bei einer zeitlich konstanten kriecherzeugenden Spannung σ_c mit der nachfolgenden Formel bestimmt werden:

$$\varepsilon_{cc}(\infty, t_0) = \varphi(\infty, t_0) \cdot \frac{\sigma_c}{1,1 \cdot E_{cm}} \quad (8)$$

Die Endkriechzahl $\varphi(\infty, t_0)$ ist aus Tafel 5 abzulesen. Dabei ist die wirksame Bauteildicke $h_0 = 2 \cdot A_c / u$ mit der Querschnittsfläche A_c und dem Umfang u. Der Elastizitätsmodul E_{cm} des Betons ist aus Tafel 2 oder 3 zu entnehmen.

Die gesamte Schwinddehnung $\varepsilon_{cs\infty}$ zum Zeitpunkt $t = \infty$ ist gleich der Schrumpfdehnung $\varepsilon_{cas\infty}$ plus der Trocknungsschwinddehnung $\varepsilon_{cds\infty}$. Beide Dehnungen sind aus der Tafel 5 abzulesen.

$$\varepsilon_{cs\infty} = \varepsilon_{cas\infty} + \varepsilon_{cds\infty} \quad (9)$$

Für die Bestimmung der Kriech- und der Schwinddehnungen zu beliebigen Zeitpunkten und für kompliziertere Belastungsfälle wird auf das DafStb-Heft 525 verwiesen.

Tafel 5 Endkriechzahlen $\varphi(\infty, t_0)$, Trocknungsschwinddehnung $\varepsilon_{cds\infty}$ und Schrumpfdehnung $\varepsilon_{cas\infty}$ für Normalbeton

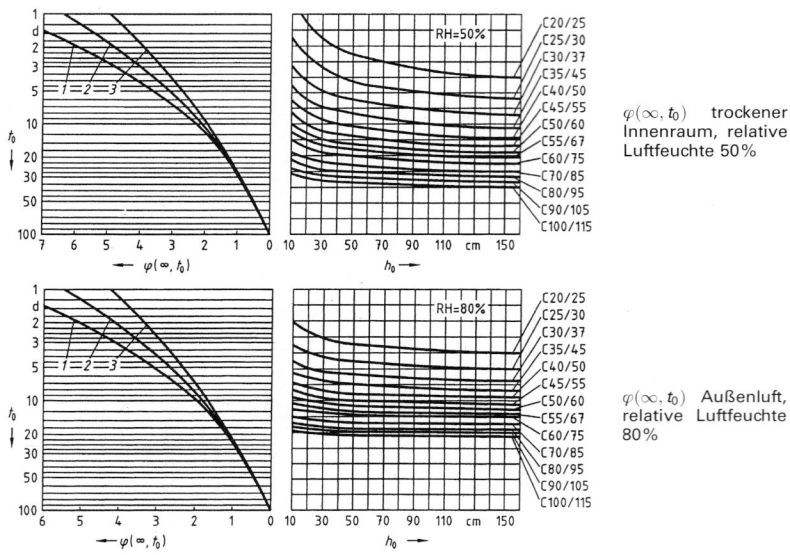

$\varphi(\infty, t_0)$ trockener Innenraum, relative Luftfeuchte 50%

$\varphi(\infty, t_0)$ Außenluft, relative Luftfeuchte 80%

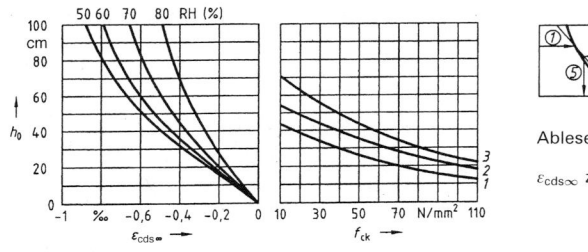

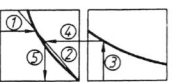

Ablesevorschrift

$\varepsilon_{cds\infty}$ zum Zeitpunkt $t = \infty$

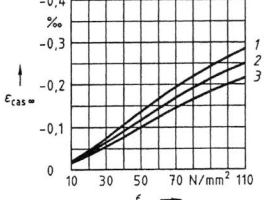

$\varepsilon_{cas\infty}$ zum Zeitpunkt $t = \infty$

Legende

1 Festigkeitsklasse des Zements 32,5 N
2 Festigkeitsklassen des Zements 32,5 R; 42,5 N
3 Festigkeitsklassen des Zements 42,5 R; 52,5 N; 52,5 R

3.2 Betonstahl nach DIN 1045-1, Abschn. 9.2

Betonstahl kann als Stabstahl, vom Ring und als Matten zur Bewehrung von Betonbauten verwendet werden. Er ist nach Stahlsorten, Klasse, Duktilität, Maße, Oberflächenbeschaffenheit und Schweißbarkeit einzuteilen. Die Einordnung kann nach Tafel 6 erfolgen.

Tafel 6   Schweißgeeignete und gerippte Betonstähle

Betonstahl nach	Bezeichnung	Lieferform	Durchmesser in mm	Streckgrenze f_{yk} in N/mm^2	Duktilität
DIN 488	BSt 500 S(A)	Stab	6 bis 28	500	normal
	BSt 500 S(B)	Stab	7 bis 28	500	hoch
	BSt 500 M(A)	Matte	4 bis 12	500	normal
	BSt 500 M(B)	Matte	5 bis 12	500	hoch
bauaufsichtl. Zulassung	BSt 500 WR	Ring	6 bis 14	500	normal
	BSt 500 WR	Ring	6 bis 12	500	hoch

Tafel 7   Erlaubte Schweißverfahren und deren Anwendung nach DIN 1045-1

Belastungsart	Schweißverfahren	Zugstäbe	Druckstäbe
vorwiegend ruhend	Abbrennstumpfschweißen (RA)	Stumpfstoß	
	Lichtbogenhandschweißen (E) und Metall-Lichtbogenschweißen (MF)	Stumpfstoß mit $d_s \geq 20$ mm, Laschen-, Überlapp-, Kreuzungsstoß, Verbindungen	
	Metall-Aktivgasschweißen (MAG)	Laschen-, Überlapp-, Kreuzungsstoß, Verbindungen mit anderen Stahlteilen	
		—	Stumpfstoß $d_s \geq 20$ mm
	Reibschweißen (FR)	Stumpfstoß und Verbindungen mit and. Stahlteilen	
	Widerstandspunktschweißen (RP) (mit Einpunktschweißmaschine)	Überlappstoß bis 28 mm Kreuzungsstoß bis 28 mm	
nicht vorwiegend ruhend	Abbrennstumpfschweißen (RA)	Stumpfstoß	
	Lichtbogenhandschweißen (E)	—	Stumpfstoß $d_s \geq 16$ mm
	Metall-Aktivgasschweißen (MAG)	—	Stumpfstoß $d_s \geq 20$ mm

3.2.1 Festigkeiten nach DIN 1045-1, Abschn. 9.2

Charakteristische Werte sind Streckgrenze f_{yk} und Zugfestigkeit f_{tk}. Für Betonstähle mit nicht ausgeprägter Streckgrenze darf der Wert bei 0,2% Dehnung angesetzt werden ($f_{0,2k}$).

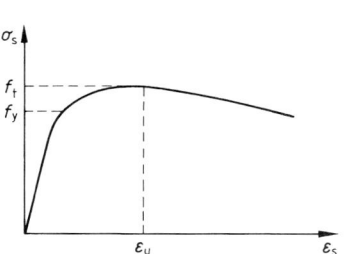

a) Typische Spannungs-Dehnungs-Linie

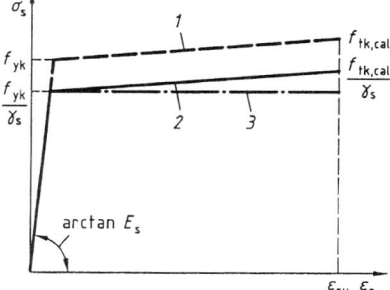

b) Rechnerische Spannungs-Dehnungs-Linie

Bild 4 Typische und rechnerische Spannungs-Dehnungs-Linie für den Betonstahl

Die Bemessungswerte für den Betonstahl ergeben sich durch Division der charakteristischen Werte der Spannungsdehnungslinie durch den Teilsicherheitsbeiwert $\gamma_s = 1{,}15$. Dabei kann entweder die geneigte obere Linie 2 oder die horizontale Linie 3 der Bemessung zugrunde gelegt werden. Für den Betonstahl BSt 500 ist der charakteristische Festigkeitswert $f_{yk} = 500$ N/mm² der Teilsicherheitsbeiwert ist $\gamma_s = 1{,}15$. Die maximale Dehnung für die Bemessung beträgt $\varepsilon_{su} = 0{,}025 = 25‰$. Der maximale Festigkeitswert für die geneigte Linie beträgt $f_{tk,cal} = 1{,}05 \cdot 500 = 525$ N/mm². Der Elastizitätsmodul beträgt $E_s = 200\,000$ N/mm². Damit ergeben sich nachfolgende für die Bemessung relevanten Größen:

Festigkeit zugehörige Dehnung

$$f_{yd} = f_{yk}/\gamma_s = {}^{500}/_{1,15} = 435 \text{ N/mm}^2 \qquad \varepsilon_{yd} = f_{yd}/E_s = {}^{435}/_{200\,000} = 2{,}175‰$$

$$f_{tk,cal}/\gamma_s = {}^{525}/_{1,15} = 456 \text{ N/mm}^2 \qquad \varepsilon_{us} = 25‰$$

3.3 Spannstahl nach DIN 1045-1, Abschn. 9.3

Als Spannstahl können Drähte, Stäbe und Litzen verwendet werden. Er ist nach Stahlsorten, Klasse (Relaxationsverfahren), Maße, Oberflächenbeschaffenheit einzuteilen.

3.3.1 Festigkeiten nach DIN 1045-1, Abschn. 9.3

Charakteristische Werte sind die 0,1%-Dehngrenze $f_{p0,1k}$ und die Zugfestigkeit f_{pk}. Spannstähle müssen eine angemessene Dehnfähigkeit haben, wobei die charakteristische Dehnung bei Höchstlast ε_{uk} vom Hersteller angegeben wird. Die Bemessung kann unter Ansatz des Nenndurchmessers oder des Nennwertes der Querschnittsfläche erfolgen.

Auf Grundlage der typischen Spannungsdehnungslinie für den Spannstahl darf für die Ermittlung der Schnittgrößen und für die Querschnittsbemessung eine idealisierte rechnerische Spannungsverteilung nach Bild 5 angenommen werden.

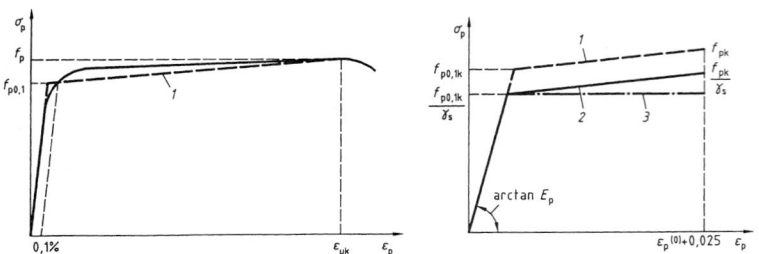

Typische Spannungs-Dehnungs-Linie   **Rechnerische Spannungs-Dehnungs-Linie**

Bild 5   Typische und rechnerische Spannungs-Dehnungs-Linie für den Spannstahl

Die Bemessungswerte für den Spannstahl ergeben sich durch Division der charakteristischen Werte der Spannungsdehnungslinie durch Teilsicherheitsbeiwerte γ_s (s. Abschn. 4). Dabei kann entweder die Linie 2 (geneigter oberer Ast) oder die Linie 3 (horizontaler oberer Ast) der Querschnittsbemessung zugrunde gelegt werden. Die Spannstahldehnung ist dabei auf $\varepsilon_p^{(0)} + 0{,}025$ zu begrenzen. $\varepsilon_p^{(0)}$ ist die Vordehnung des Spannstahls. Falls in den bauaufsichtlichen Zulassungen für den Spannstahl keine anderen Werte angegeben sind, können folgende Werte zwischen $-20\,°C$ und $+200\,°C$ als charakteristische Werte angesetzt werden:

Wärmedehnzahl: $\quad \alpha = 10^{-5}\,\text{K}^{-1}$
Elastizitätsmodul: $\quad E_\text{p} = 195\,\text{kN/mm}^2$ (Litzen)
$\qquad\qquad\quad\; E_\text{p} = 205\,\text{kN/mm}^2$ (Stäbe und Drähte)

Für Spannglieder mit sofortigem Verbund ist normale Duktilität anzusetzen; für andere Fälle darf hohe Duktilität angenommen werden.

3.4 Spannglieder

Bezüglich der Anforderungen an die Eigenschaften, die Prüfverfahren und die Verfahren zur Bescheinigung der Konformität von unten genannten Baustoffen wird auf die einschlägigen Normen verwiesen.

Für Verankerungen (Ankerkörper) und Kopplungen zur Verbindung einzelner Spanngliedabschnitte zu durchlaufenden Spanngliedern von vorgespannten Tragwerken mit nachträglichem Verbund gilt:

— Die Verwendung erfolgt auf Grundlage von Technischen Zulassungsbescheiden
— Für die bauliche Durchbildung gelten die Abschn. 6.4 und 7.3.8
— Die Festigkeits-, Verformungs- und Dauerfestigkeitseigenschaften müssen erfüllt sein durch
   a) entsprechende Wahl der Geometrie und Baustoffeigenschaft
   b) sinnvolle Begrenzung der Bruchdehnung
   c) Verankerung in Bereichen, die nicht anderweitig hochbelastet sind
— Ausreichende Kraftübertragung muß gewährleistet sein.

Für Spannkanäle und Hüllrohre von vorgespannten Tragwerken mit nachträglichem Verbund gilt

— Die Verwendung erfolgt auf Grundlage von Technischen Zulassungsbescheiden
— Hüllrohre sollen aus Baustoffen bestehen, die in einschlägigen Normen festgelegt sind
— Das Profil der Hüllrohre muß eine einwandfreie Kraftübertragung der Kräfte gewährleisten.

4 Allgemeine Grundlagen zur Tragwerksplanung

Einwirkungen auf Tragwerke, Teilsicherheitsbeiwerte und Lastkombinationen werden im Registerabschnitt „Lastannahmen, Einwirkungen" behandelt.

5 Schnittgrößenermittlung nach DIN 1045-1, Abschn. 8

Zur Bestimmung von Schnittgrößen werden Tragwerke idealisiert.
a) Durch Zerlegung der Tragwerke in einzelne Bauteile (geometrische Idealisierung) werden statische Systeme gebildet.
b) Die Idealisierung des Tragverhaltens erfolgt durch Annahme verschiedener Rechenverfahren
   — linear-elastische Berechnung
   — linear-elastische Berechnung mit Umlagerung
   — Plastizitätstheorie
   — nichtlineare Verfahren
c) Im Bereich von örtlich konzentrierten Beanspruchungen (z. B. Auflager, Einzellasten, Verankerungszonen, Kreuzungspunkte von Bauteilen und unstetigen Querschnittsteilen) können weitere Berechnungen erforderlich sein.

Siehe auch Abschnitt 11 „Berechnungsverfahren für Schnittgrößen".

5.1 Lastfälle und Lastfallkombinationen

Die für die Bemessung eines Tragwerkes maßgebende Einwirkungskombination ist durch Untersuchung einer ausreichenden Anzahl von Lastfällen zu bestimmen.

Dabei dürfen Einwirkungskombinationen vereinfacht angenommen werden, wenn sie alle kritischen Bemessungsbedingungen erfassen. Berechnungen erfolgen im Grenzzustand der Tragfähigkeit und auch im Grenzzustand der Gebrauchstauglichkeit.

Durchlaufträger ohne Kragarme (Balken und Platten) mit Belastung durch gleichmäßig verteilte Lasten dürfen in der Regel durch Annahme folgender Lastfälle berechnet werden.

— Belastung der Felder abwechselnd mit den ständigen Bemessungslasten $(\gamma_Q \cdot Q_k + \gamma_G \cdot G_k)$ bzw. $(\gamma_G \cdot G_k)$
— Belastung von zwei beliebig nebeneinander liegenden Feldern mit den ständigen Bemessungslasten $(\gamma_Q \cdot Q_k + \gamma_G \cdot G_k)$ und allen anderen Feldern mit $(\gamma_G \cdot G_k)$ bzw. abwechselnd mit $(\gamma_Q \cdot Q_k + \gamma_G \cdot G_k)$.

5.2 Imperfektionen
nach DIN 1045-1, Abschn. 7.2

Im Grenzzustand der Tragfähigkeit sind die Auswirkungen von möglichen Imperfektionen zu berücksichtigen. Wird der Einfluß der Tragwerksimperfektionen auf geometrische Ersatzimperfektionen zurückgeführt, so kann die Schnittgrößenermittlung am unbelasteten, unverformten Tragwerk als Ganzes über eine Schiefstellung gegen die Vertikale unter dem Winkel α_{a1} im Bogenmaß berücksichtigt werden.

$$\alpha_{a1} = \frac{1}{100\sqrt{h_{ges}}} \leq 1/200 \quad (10)$$

α_{a1} der Winkel der Schiefstellung, in Bogenmaß
h_{ges} die Gesamthöhe des Tragwerks, in m

Wenn n lotrechte durchlaufende Bauteile gemeinsam wirken, so kann Gl. (10) durch Multiplikation mit dem Wert α_n abgemindert werden.

$$\alpha_n = \sqrt{(1 + 1/n)/2}$$

Auf Grundlage der Schiefstellungen werden Ersatzhorizontalkräfte ermittelt und als Beanspruchungsgrößen auf das Tragwerk angesetzt. Der Ansatz dieser Kräfte in

— waagerechte aussteifende Bauteile
— lotrechte aussteifende Bauteile
— nicht ausgesteifte Rahmensysteme
ist in den Bildern 6 bis 8 erläutert.

Waagerechte aussteifende Bauteile (z. B. Decken) übertragen Stabilisierungskräfte von den lotrechten Bauteilen zu den aussteifenden Bauteilen. Sie sind für eine Ersatzhorizontallast H_{fd} zu bemessen. Auf die Weiterleitung dieser Kräfte (z. B. bei der Bemessung von lotrechten aussteifenden Bauteile) kann verzichtet werden.

$$H_{fd} = (N_{bc} + N_{ba}) \cdot \alpha_{a2}$$

mit

$\alpha_{a2} = 0{,}008/\sqrt{2k}$ in Bogenmaß

H_{fd} — Ersatzhorizontalkraft in waagerecht aussteifenden Bauteilen
N_{bc}, N_{ba} — Bemessungswerte der Beanspruchungen
k — die Anzahl der auszusteifenden Tragwerksteile im betrachteten Geschoss

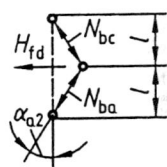

Bild 6
Waagerechte aussteifende Bauteile

Institut für Stahlbetonbewehrung e.V.

Kaiserswerther Str. 137
40474 Düsseldorf

Tel: 0211 4564 256
Fax: 0211 4564 218

mail@isb-ev.de
www.isb-ev.de

Das Institut für Stahlbetonbewehrung e.V. (ISB) ist ein Verband der deutschen Betonstahlindustrie und hat seinen Sitz im „Drahthaus" in Düsseldorf.

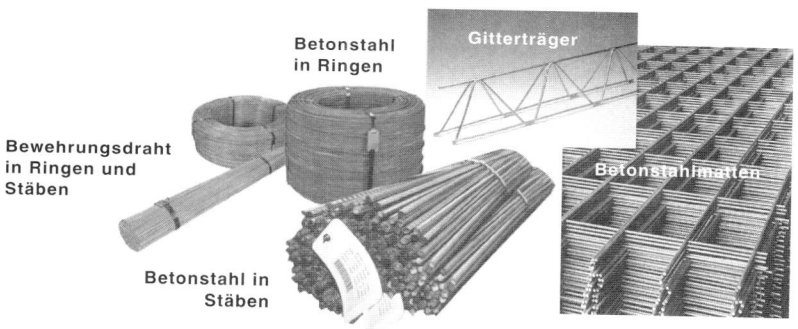

Betonstahl in Ringen

Gitterträger

Bewehrungsdraht in Ringen und Stäben

Betonstahlmatten

Betonstahl in Stäben

Das Arbeitsgebiet des ISB umfaßt alle mit der Anwendung von Betonstählen verbundenen Aspekte:

- Sichern des hohen Qualitätsniveaus der aktuellen Betonstähle
- Entwicklung neuer innovativer Betonstähle
- Förderung der wissenschaftlichen Forschungsarbeit auf dem Gebiet des Stahlbetons
- Mitarbeit in nationalen deutschen und internationalen Normenausschüssen sowie wissenschaftlichen Verbänden

- Beratung
  - ➢ Werkstofftechnik
  - ➢ Bewehrungstechnik
  - ➢ Stahlbetonbauweise
  - ➢ Bewehrungsplanung und Konstruktion

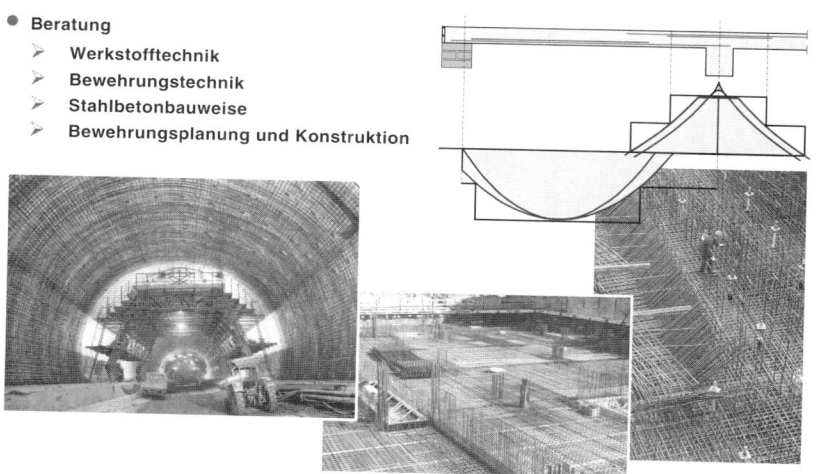

Baukonstruktionen mit Lohmeyer

Lotrechte aussteifende Bauteile sind für Ersatzhorizontalkräfte nach Gl. (11) zu bemessen.

$$\Delta H_j = \sum_{i=1}^{n} V_{ji} \cdot \alpha_{a1} \quad (11)$$

ΔH_j Ersatzhorizontalkraft in der Ebene j

$\sum_{i=1}^{n} V_{ji}$ Summe der vertikalen Bemessungsanteilkräfte in der Ebene j

α_{a1} Schiefstellung nach Gl. (10)

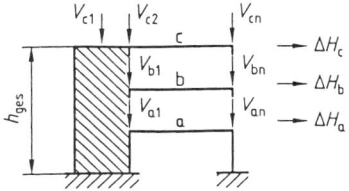

Bild 7   Lotrechte aussteifende Bauteile

Tragwerke ohne lotrechte aussteifende Bauteile (z. B. Rahmen) sind auch für Ersatzhorizontalkräfte nach Gl. (11) zu bemessen.

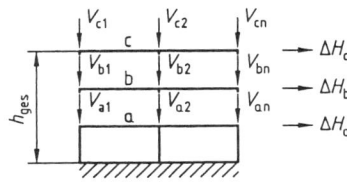

Bild 8   Tragwerke ohne Aussteifung

5.3 Auswirkungen nach Theorie II. Ordnung
nach DIN 1045-1, Abschn. 7.1

Für Hochbauten dürfen Auswirkungen nach Theorie II. Ordnung vernachlässigt werden, wenn das Verhältnis $M_{II}/M_I < 1{,}10$ ist. Ansonsten und bei anderen Bauten, bei denen der Einfluß von Bedeutung ist, müssen die Auswirkungen nach Theorie II. Ordnung in Rechnung gestellt werden (Gleichgewichtszustand unter Berücksichtigung des verformten Tragwerkes).

5.4 Zeitabhängige Wirkungen

Zeitabhängige Wirkungen sind in Rechnung zu stellen, wenn der Einfluß von Bedeutung ist.

5.5 Tragwerksidealisierung
nach DIN 1045-1, Abschn. 7.3

Für die gängigen Formen von Tragwerksteilen gelten die in Tafel 8 aufgezeichneten Bedingungen.

Tafel 8   Einteilung von Tragwerksteilen

Funktion	Bedingung	Bezeichnungen
Balken	$l/h \geq 2$ $b/h \leq 4$	l Stützweite l_{min} kleinste Stützweite h Querschnittshöhe
Stütze	$b_{max}/b_{min} \leq 4$	b Querschnittsbreite
Scheibe/Wand	$b_{max}/b_{min} > 4$	b_{max} größte Querschnittsabmessung b_{min} kleinste Querschnittsabmessung
Wandartiger Träger	$l/h < 2$	
Platte	$l_{min}/h \geq 2$ $b/h \geq 4$	

439

Platten dürfen als einachsig gespannt angenommen werden, wenn die Belastung gleichmäßig verteilt ist und wenn zwei nahezu parallele Ränder ohne Auflagerung oder bei allseitiger Stützung einer Rechteckplatte das Stützweitenverhältnis $l_{max}/l_{min} > 2$ ist.

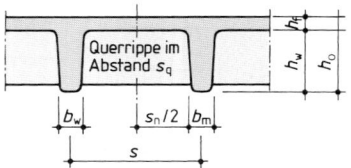

Rippen- oder Kassettendecken dürfen als Vollplatten berechnet werden, wenn die Gurtplatte zusammen mit den Rippen ausreichend torsionssteif ist und die Bedingungen in Bild 9 erfüllt sind.

$$s \leq 150\,cm$$
$$h_w \leq 4\,b_m$$
$$h_f \geq s_n/10$$
$$\geq 5\,cm$$
$$s_q \leq 10\,h_0$$

Bild 9
Berechnung von Rippen- und Kassetten-decken als Vollplatten

5.5.1 Stützweite von Platten und Balken

Für die wirksame Stützweite gilt

$$l_{eff} = l_n + \sum a_i$$

l_n lichte Stützweite
a_i Abstand der Auflagerlinien von der Auflagervorderkante

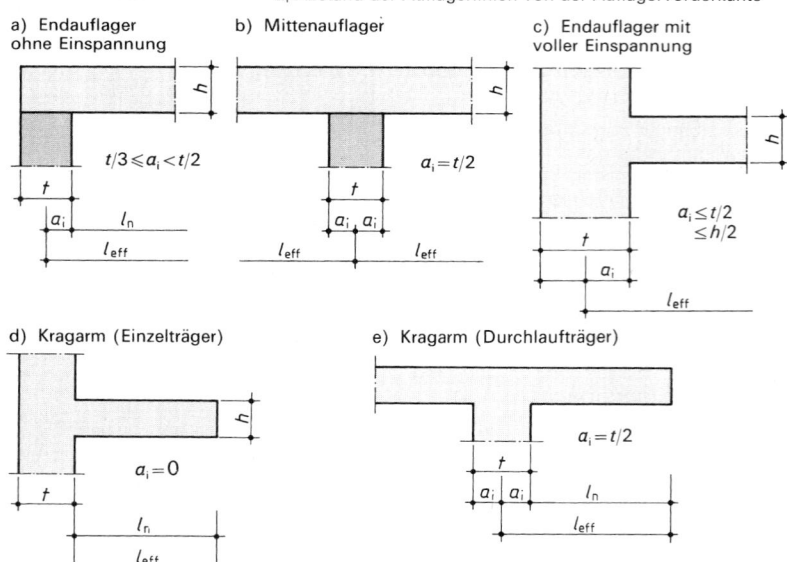

a) Endauflager ohne Einspannung

b) Mittenauflager

c) Endauflager mit voller Einspannung

$t/3 \leqslant a_i < t/2$

$a_i = t/2$

$a_i \leq t/2$
$\leq h/2$

d) Kragarm (Einzelträger)

$a_i = 0$

e) Kragarm (Durchlaufträger)

$a_i = t/2$

Bild 10   Wirksame Stützweiten

5.5.2 Lagerungsart

Bei direkter Lagerung wird die Auflagerkraft des gestützten Bauteils (2) durch senkrechte Druckspannungen an der Unterkante eingeleitet. Das ist günstig für die Querkraftaufnahme und für eine geringe notwendige Verankerungslänge im Auflagerbereich.

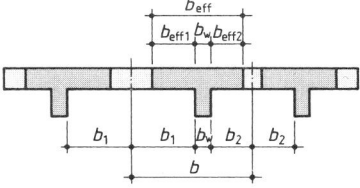

$(h_1 - h_2) \geq h_2$ direkte Lagerung
$(h_1 - h_2) < h_2$ indirekte Lagerung

2 (gestütztes Bauteil)

1 (stützendes Bauteil)

Bild 11   direkte und indirekte Lagerung

5.5.3   Mitwirkende Plattenbreite

Die mitwirkende Plattenbreite b_{eff} von Plattenbalken darf vereinfachend feldweise konstant über die gesamte Feldlänge angenommen werden.

$$b_{\mathrm{eff}} = \sum b_{\mathrm{eff},\,i} + b_{\mathrm{w}}$$

mit

$$b_{\mathrm{eff},\,i} = 0{,}2\,b_{\mathrm{i}} + 0{,}1 l_0 \quad \leq 0{,}2 l_0 \quad (12)$$
$$\leq b_{\mathrm{i}}$$

Dabei ist

l_0 die wirksame Stützweite
b_{i} die tatsächlich vorhandene Gurtbreite
b_{w} die Stegbreite

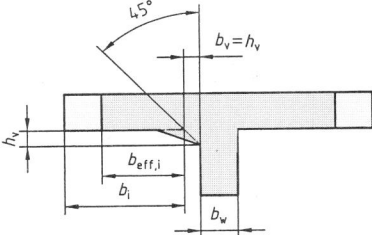

Bild 12   Plattenbalken, mitwirkende Plattenbreite

Bei ungefähr gleichen Steifigkeiten der Einzelfelder und ungefähr gleichmäßig verteilten Belastungen darf die wirksame Stützweite aus Bild 13 entnommen werden.

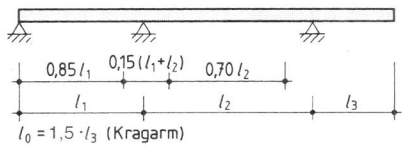

$l_0 = 1{,}5 \cdot l_3$ (Kragarm)

Bild 13   Momentennullpunkte l_0

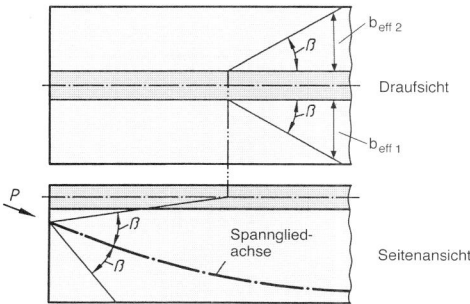

Draufsicht

Seitenansicht

Bild 14   Plattenbalken mit veränderlicher Plattendicke

Bei veränderlicher Plattendicke darf in Formel (12) die Stegbreite b_{w} durch die wirksame Stegbreite $b_{\mathrm{w}} + b_{\mathrm{v}}$ ersetzt werden (Bild 14).

In Lasteinleitungszonen von konzentriert eingeleiteten Vorspannkräften darf der Ausbreitungswinkel in Bild 15 zu $\beta = 35°$ angenommen werden.

Spannglied-achse

Bild 15   Ausbreitung von Vorspannkräften

5.6 Berechnungsverfahren

Grundbedingungen der Anwendung aller Berechnungsverfahren ist, dass der Gleichgewichtszustand jederzeit sichergestellt ist. Dabei genügt in der Regel die Anwendung von Theorie I. Ordnung (Gleichgewichtszustand am nicht verformten Tragwerk). Theorie II. Ordnung s. Abschn. 5.3. Sind Tragwerke durch Fugen in Abschnitte unterteilt (Abschnittslänge im Regelfall < 30 m), so brauchen die Einflüsse aus Zwangsverformungen (Temperatureinwirkung, Schwinden) dann nicht berücksichtigt werden, wenn Verformungen nicht zu Schäden führen.

5.6.1 Grenzzustände der Gebrauchstauglichkeit und Tragfähigkeit

Für die Ermittlung der Schnittgrößen sind zwei Verfahren zulässig:

a) Grenzzustand der Gebrauchstauglichkeit

— Elastizitätstheorie (ungerissener Querschnitt mit Elastizitätsmodul E_{cm})
— Rißbildungen im Beton dürfen bei günstiger Auswirkung und müssen bei deutlich ungünstigem Einfluß auf das Tragverhalten berücksichtigt werden.

b) Grenzzustand der Tragfähigkeit

Hier dürfen verschiedene Berechnungsverfahren angewendet werden

— linear-elastisch mit Umlagerung
— linear-elastisch ohne Umlagerung
— nichtlinear unter Berücksichtigung der nicht linearen Verformungseigenschaften von Stahlbeton- und Spannbetonquerschnitten
— plastisch (Plastizitätstheorie).

5.6.2 Vereinfachungen

Für die Ermittlungen der Schnittgrößen sind folgende Vereinfachungen zulässig:

— Querdehnzahl darf den Wert Null erhalten
— durchlaufende Platten und Balken dürfen als frei drehbar gelagert gerechnet werden
— Das Stützmoment darf bei frei drehbar gelagerter Rechnung ausgerundet und bei monolithischem Verbund des zu stützenden Bauteiles mit dem Auflager am Auflagerrand angenommen werden, wobei letzteres Moment größer als 65% des Auflagermomentes bei Volleinspannung sein sollte. Allgemein ergeben sich die in Bild 16 angegebenen Bemessungswerte.

frei drehbare Lagerung　　　　**monolithischer Verbund**

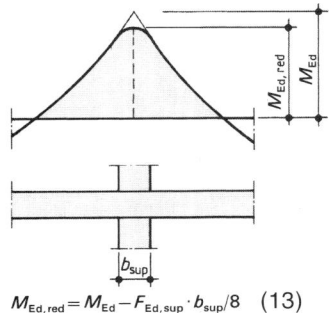 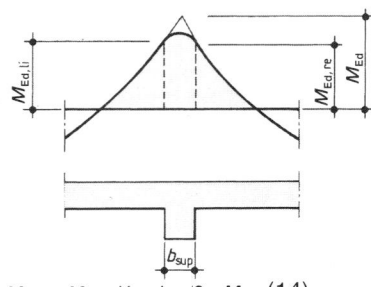

$$M_{Ed,red} = M_{Ed} - F_{Ed,sup} \cdot b_{sup}/8 \quad (13)$$

$$M_{Ed,li} = M_{Ed} - V_{d,li} \cdot b_{sup}/2 > M_d \quad (14)$$

$$M_{Ed,re} = M_{Ed} - V_{d,re} \cdot b_{sup}/2 > M_d \quad (15)$$

Bild 16　Ausrundung des Stützmomentes

Bei gleichmäßig verteilter Einwirkung wird

erste Innenstütze im Endfeld

$$M_d = (q_d + g_d) \cdot l_n^2 / 12 \quad (16)$$

übrige Innenstützen

$$M_d = (q_d + g_d) \cdot l_n^2 / 18 \quad (17)$$

M_{Ed}	Bemessungswert ohne Abminderung
$M_{Ed,red}$	red. Bemessungswerte
$M_{Ed,li}$; $M_{Ed,re}$	red. Bemessungswerte
$F_{Ed,sup}$	Auflagerreaktion (Bemessungswert)
$V_{d,re}$; $V_{d,li}$	Querkraft rechts bzw. links (Bemessungswert)
b_{sup}	Auflagerbreite
l_n	lichte Stützweite

— Auflagerreaktionen bei einachsig gespannten Platten dürfen auf Grundlage einer frei drehbaren Lagerung unter Vernachlässigung der Durchlaufwirkung ermittelt werden.

Ausnahme:

— Erste Innenauflager
— Spannweite der angrenzenden Felder weichen mehr als 50 % voneinander ab.

5.6.3 Schnittgrößenermittlung bei Platten

Abschn. 5.6.3 gilt für alle Platten, die in 2 Achsrichtungen beansprucht sind; für einachsig gespannte Platten gilt Abschn. 5.6.4.

Zulässige Berechnungsverfahren sind

— lineare Berechnung mit oder ohne Umlagerung (Grenzzustände der Gebrauchstauglichkeit und der Tragfähigkeit)
— plastische Berechnung (Grenzzustand der Tragfähigkeit)
— numerische Verfahren auf der Grundlage nicht linearer Baustoffeigenschaften.

Die lineare Berechnung kann unter den in Abschn. 5.6.4 angegebenen Berechnungsverfahren für Balken angewendet werden.

Bei der plastischen Berechnung kommen vor allem 2 Verfahren zur Anwendung, wobei untenstehende Anmerkungen zu beachten sind

— Bruchlinientheorie (kinematisches Verfahren)
— Streifenverfahren (statisches Verfahren).

Auf den direkten Nachweis des Rotationsvermögens darf verzichtet werden, wenn ausreichende Verformungsfähigkeit vorhanden ist. Betonstähle mit hoher Duktilität können ohne weitere Nachweise verwendet werden.

Für das Verhältnis von Stützmoment zu Feldmoment gilt

$$0,5 \leq M_S / M_F \leq 2,0$$

Der Querschnitt der Zugbewehrung soll überall für folgenden Wert bemessen werden

$x/d = 0,15$ ab C 55

$x/d = 0,25$ bis C 50

x Höhe der Druckzone
d Nutzhöhe

5.6.4 Schnittgrößenermittlung bei Balken und Rahmen

Die zulässigen Berechnungsverfahren sind in Abschn. 5.6.1 angegeben.

Bei der linearen Berechnung müssen alle Auswirkungen einer Momentenumlagerung bei der Bemessung berücksichtigt werden. Die sich aus der Momentenumlagerung ergebenden Schnittgrößen müssen mit den aufgebrachten Lasten im Gleichgewicht stehen.

Der Nachweis des Rotationsvermögens braucht für Durchlaufträger mit Stützweitenverhältnissen benachbarter Felder ≤2, in Riegeln von unverschieblichen Rah-

7

men und vorwiegend auf Biegung beanspruchten Bauteilen nicht geführt werden, wenn das Verhältnis δ des umgelagerten Momentes zum Ausgangsmoment vor der Umlagerung folgende Bedingungen in Abhängigkeit der Betonfestigkeitsklassen und der verwendeten Stahlsorten erfüllt.

Tafel 9 Umlagerungsfaktoren $\delta = M_{\text{umgelagert}}/M_{\text{vorher}}$

Betonfestigkeits-klasse	Betonstahl	
	hochduktil (B)	normalduktil (A)
bis C 50/60	$\geq 0{,}64 + 0{,}8 \cdot \dfrac{x_d}{d} \geq 0{,}70$	$\geq 0{,}64 + 0{,}8 \cdot \dfrac{x_d}{d} \geq 0{,}85$
ab C 55/67	$\geq 0{,}72 + 0{,}8 \cdot \dfrac{x_d}{d} \geq 0{,}80$	$= 1{,}0$ (keine Umlagerung)

Bei Eckknoten unverschieblicher Rahmen ist die Umlagerung auf $\delta = 0{,}9$ begrenzt.

Bei verschieblichen Rahmen, bei Tragwerken aus unbewehrtem Beton und bei unbewehrten Kontaktfugen sind keine Umlagerungen der Momente erlaubt.

5.6.5 Schnittgrößenermittlung von Wänden und in ihrer Ebene beanspruchten Bauteilen

Schnittgrößen von Bauteilen, für die die Annahme einer linearen Dehnungsverteilung nicht zutrifft, dürfen nach folgenden Verfahren ermittelt werden:

— lineare Berechnung (Grenzzustände der Gebrauchstauglichkeit und der Tragfähigkeit)
— elastische-plastische Berechnung
— Berechnungen unter Zugrundelegung nichtlineare Materialverhaltens.

Bei der linearen Berechnung müssen die Auswirkungen von Zwang (z. B. Wärmeeinwirkungen oder Auflagersetzungen) und von Theorie II. Ordnung berücksichtigt werden, wenn sie von Bedeutung sind. Kommen numerische Methoden auf Grundlage der Elastizitätstheorie zur Anwendung, so sind die Auswirkungen einer Rißbildung in hochbelasteten Bauteilen zu verfolgen (z. B. durch Verringerung der Steifigkeiten in den betroffenen Bereichen).

Bei der Berechnung nach der Plastizitätstheorie dürfen Bauteile durch Idealisierung in statisch bestimmte Stabwerke mit fiktiven Druck- und Zugstreben betrachtet werden, wobei dann alle Kräfte aus Gleichgewichtsbedingungen ermittelt werden.

Folgende Nachweise sind zu führen:

— Aufnahme der Zugkräfte durch Bewehrung mit ausreichender Verankerung, dabei ist der Bemessungswert der Stahlspannung auf $\sigma_{sd} \leq f_{yd}$ begrenzt.
— Nachweis der Betondruckspannungen in den Druckstreben, wobei für die zulässige Bemessungsdruckspannung von Normalbeton gilt:

$\sigma_{Rd,max} = 1{,}00 \cdot f_{cd}$ für ungerissene Betondruckzone
$\sigma_{Rd,max} = 0{,}75 \cdot f_{cd}$ für Druckstreben parallel zu Rissen

— Kontrolle örtlich auftretender Spannungen (z. B. aus konzentrierten Einzellasten).

5.6.6 Konsolen

Konsolen sind kleine Kragarme mit $a_c \leq h_c$. Sie können unter den in Abschn. 5.6.5 angegebenen Bedingungen für die elastisch-plastische Berechnung berechnet werden, dabei ist der Einfluß dieser Berechnung bei der Bemessung der angrenzenden Bauteile zu berücksichtigen. In DIN 1045-1 sind Konsolen nicht explizit behandelt.

a) Stabwerksmodell bei

$0,4\,h_c \leq a_c \leq h_c$

Bemessung für F_v und $H_c \geq 0,2\,F_v$

b) Stabwerks- oder andere gleichwertige Modelle bei

$a_c < 0,4 \cdot h_c$

c) Konsole nach Balkenstatik (Kragarm) bei
$a_c > h_c$

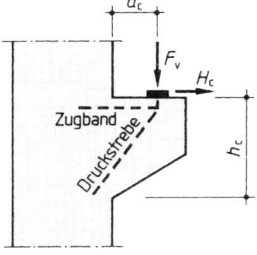

Bild 17   Konsole

5.6.7 Wandartige Träger

Wandartige Träger können unter den in Abschn. 5.6.5 angegebenen Bedingungen für die elastisch-plastische Berechnung unter Verwendung eines einfachen Stabwerksmodells bemessen werden.

5.6.8 Konzentrierte Krafteinleitungen
nach DIN 1045-1, Abschn. 10.6

Bei der Berechnung der Bereiche mit konzentrierten Krafteinleitungen ist insbesondere auf die Einhaltung des Gleichgewichtes aller Kräfte sowie auf die Aufnahme der Querkräfte aus Verankerungen und von Druckstreben aus der Vorspannung mit nachträglichem Verbund zu achten.

5.7 Auswirkungen einer Vorspannung
nach DIN 1045-1, Abschn. 8.7

5.7.1 Vorspannung mit sofortigem oder nachträglichem Verbund

Bei der Ermittlung der Schnittlasten sind folgende Auswirkungen zu berücksichtigen

— statisch bestimmte in statisch bestimmten Tragwerken
— statisch bestimmte und statisch unbestimmte in statisch unbestimmten Tragwerken
— im Verankerungsbereich und in Bereichen, wo Spannglieder umgelenkt werden.

Für den Mittelwert der Vorspannkraft $P_{m,t}$ zur Zeit t an einer beliebigen Stelle im Bauwerk gilt

a) Spannglieder mit sofortigem Verbund
$$P_{m,t} = P_0 - \Delta P_c - \Delta P_t(t) - \Delta P_\mu(x) \quad (18)$$

b) Spannglieder mit nachträglichem Verbund
$$P_{m,t} = P_0 - \Delta P_c - \Delta P_\mu(x) - \Delta P_{sl} - \Delta P_t(t) \quad (19)$$

P_0	Vorspannkraft am Spannende
$\Delta P_\mu(x)$	Spannkraftverlust infolge Reibung
ΔP_{sl}	Spannkraftverlust infolge Schlupf
ΔP_c	Spannkraftverlust infolge elastischer Verformung des Bauteils
$\Delta P_t(t)$	Spannkraftverlust infolge Kriechen, Schwinden und Relaxation zur Zeit t

445

5.7.1.1 Grenzzustände der Gebrauchstauglichkeit
nach DIN 1045-1, Abschn. 8.7.4

Die Schnittgrößen sind nach der Elastizitätstheorie zu ermitteln. Dabei kann normalerweise mit dem Mittelwert der Vorspannung $P_{m,t}$ gerechnet werden (z. B. beim Nachweis der Druckspannungen).

Der charakteristische Wert der Vorspannung ist durch einen oberen Wert $P_{k,sub}$ und einen unteren Wert $P_{k,inf}$ festgelegt

$$P_{k,sup} = r_{sup} P_{m,t} \quad (20)$$

$$P_{k,inf} = r_{inf} P_{m,t} \quad (21)$$

Bei Vorspannung mit sofortigem Verbund oder Vorspannung ohne Verbund $r_{sup} = 1{,}05$ und $r_{inf} = 0{,}95$ und bei Vorspannung mit nachträglichem Verbund $r_{sup} = 1{,}10$ und $r_{inf} = 0{,}90$.

5.7.1.2 Grenzzustände der Tragfähigkeit
nach DIN 1045-1, Abschn. 8.7.5

Die Schnittgrößenermittlung erfolgt linear, nichtlinear oder auf Grundlage der Plastizitätstheorie.

Der Bemessungswert der Vorspannung P_d beträgt

$$P_d = \gamma_p P_{m,t} \quad (22)$$

Bei linearer Berechnung beträgt $\gamma_p = 1{,}0$. Bei nichtlinearer Schnittgrößenermittlung ist der jeweils ungünstigere Wert von $\gamma_{p,sup} = 1{,}20$ oder $\gamma_{p,inf} = 0{,}83$ anzusetzen.

5.8 Zeitabhängiges Betonverhalten
nach EC 2, Anhang 1

Die Einflüsse aus Kriechen und Schwinden müssen im Allgemeinen nur für den Grenzzustand der Gebrauchstauglichkeit berücksichtigt werden. (Ausnahme: Theorie II. Ordnung und wenn der Beton extremen Temperaturen ausgesetzt ist)

Die Abschätzung der Spannkraftverluste kann unter folgenden Annahmen erfolgen:

— getrennte Betrachtung von Kriechen und Schwinden
— Beziehung zwischen Kriechverformungen und kriecherzeugenden Spannungen linear
— Das Superpositionsprinzip bleibt gültig
— ungleichmäßige Temperatur- und Feuchtigkeitsverläufe werden vernachlässigt.

Die Gesamtverformung des Betons zum Zeitpunkt t beträgt bei der ersten Lastaufbringung (σ_0) zum Zeitpunkt t_0:

$$\varepsilon_{tot}(t, t_0) = \varepsilon_n(t) + \sigma_0 J(t, t_0) + \sum J(t, t_0)\,\Delta\sigma(t_i) \quad (23)$$

$\varepsilon_n(t)$ von Lastspannungen unabhängige, aufgezwungene Verformung (z. B. Schwinden, Temperatur)

$\Delta\sigma(t_i)$ Spannungsänderung zum Zeitpunkt t_i

Tafel 10 Schwinden

Schwindfunktion

$$\varepsilon_{cs}(t - t_s) = \varepsilon_{cs0} \cdot \beta_s(t - t_s)$$

Grundschwindmaß

$$\varepsilon_{cs0} = \varepsilon_s(f_{cm}) \cdot \beta_{RH}$$

Beiwert „Umgebungsfeuchtigkeit"

$$\beta_{RH} = \begin{cases} -1{,}55\,\beta_{sRH}: & 40\% \leq RH < 99\% \ \text{(Luftlagerung)} \\ +0{,}25: & RH \geq 99\% \ \text{(Wasserlagerung)} \end{cases}$$

Beiwert „Luftfeuchte" (Relative Humidität)

$$\beta_{sRH} = 1 - (RH/100)^3$$

RH = Relative Luftfeuchte in %

Beiwert „Betonfestigkeit"

$$\varepsilon_s(f_{cm}) = [160 + \beta_{sc}(90 - f_{cm})] \cdot 10^{-6}$$

Beiwert „Zementart"

$$\beta_{sc} = \begin{cases} 4 & \text{Langsam erhärtende Zemente (S)} \\ 5 & \text{Normal und schnell erhärtende Zemente (N, R)} \\ 8 & \text{Schnell erhärtende Zemente (RS)} \end{cases}$$

f_{cm} Betonfestigkeit

Beiwert „Zeitlicher Verlauf"

$$\beta_s(t - t_s) = \sqrt{\dfrac{t - t_s}{0{,}035 h_0^2 + t - t_s}}$$

Wirksame Dicke

$$h_0 = \dfrac{2A_c}{u} \quad \text{in mm}$$

A_c Querschnittsfläche
u Querschnittsumfang
t Betonalter in Tagen
t_s Betonalter in Tagen bei Beginn des Schwindens

7

Tafel 11   Kriechen

Kriechfunktion $J(t,t_0) = \dfrac{1}{E_c(t_0)} + \dfrac{\phi(t,t_0)}{E_c(28)} \cdot \chi$

t_0 Zeitpunkt der ersten Lastaufbringung
t betrachteter Zeitpunkt
$E_c(t_0)$ (Tangenten-) Elastizitätsmodul im Zeitpunkt t_0
$E_c(28)$ (Tangenten-) Elastizitätsmodul nach 28 Tagen

Kriechzahl (bezogen auf elast. Verformung mit $E_c(28)$)

$\phi(t,t_0) = \phi_0 \cdot \beta_c(t-t_0)$

$\beta_c(t-t_0) = \left(\dfrac{t-t_0}{\beta_H + t - t_0}\right)^{0,3}$

mit

$\beta_H \approx 1,5[1 + (0,012\,RH)^{18}]\,h_0 + 250 \leq 1500$

$t-t_0$ Tatsächliche Belastungsdauer in Tagen
h_0 Wirksame Dicke (siehe bei Schwinden)
RH Relative Feuchte in %

Grundkriechzahl $\phi_0 = \phi_{RH} \cdot \beta(f_{cm}) \cdot \beta(t_0)$
mit

$-\phi_{RH} = 1 + \dfrac{1 - RH/100}{0,10\,\sqrt[3]{h_0}}$

$-\beta(f_{cm}) = \dfrac{16,8}{\sqrt{f_{cm}}}$
f_{cm} Betonfestigkeit

$-\beta(t_0) = \dfrac{1}{0,1 + t_0^{0,2}}$

Der Einfluß von Zementart und Temperaturverlauf kann erfaßt werden durch:

$t_0 = t_{0,T}\left\{\left(\dfrac{9}{2+t_{0,T}^{1,2}}+1\right)^{\alpha}\right\} \geq 0,5$

$\alpha = \begin{cases} -1 & \text{langsam erhärtende Zemente (S)} \\ 0 & \text{normal oder schnell erhärtende Zemente (N, R)} \\ 1 & \text{schnell erhärtende hochfeste Zemente (RS)} \end{cases}$

Temperatureinfluß:
$t_{0,T}$ aus (Wirksames Betonalter)

$t_T = \sum_{i=1}^{n} e^{-(4000/(273+T(\Delta t_i))-13,65)} \cdot \Delta t_i$

$T(\Delta t_i)$ Temperatur in °C;

Δt_i Anzahl der Tage mit Temperatur $T(\Delta t_i)$

Man erkennt in Gl. (24) neben dem Platzhalter für die Schwinddehnung die Position der kriech-modifizierten Dehnung infolge der ersten Lastaufbringung und — unter dem Summenzeichen — die kriech-modifizierten Dehnungsbeiträge infolge der nachfolgenden Einwirkungsänderungen.

Diese kriech-modifizierten Dehnungsbeiträge aller nachfolgenden Einwirkungsänderungen lassen sich auch pauschal durch einen von der zeitlichen Entwicklung der Dehnung abhängigen Relaxationswert χ erfassen:

$$\varepsilon_{\text{tot}}(t, t_0) = \varepsilon_n(t) + \sigma(t_0)\, J(t, t_0) + [\sigma(t) - \sigma(t_0)] \left[\frac{1}{E_c(t_0)} + \chi\, \frac{\varphi(t, t_0)}{E_{c(28)}} \right] \quad (24)$$

χ Relaxationswert, darf üblicherweise mit 0,8 angenommen werden

Bei geringer Änderung der Betonspannungen können die Verformungen mit dem wirksamen Elastizitätsmodul (Gl. (25)) berechnet werden.

$$E_{c,\text{eff}} = \frac{E_c(t_0)}{1 + \varphi(t, t_0)} \quad (25)$$

Kriechzahlen und Schwinddehnungen sind in Tafel 5 aufgeführt.

6 Bemessung nach DIN 1045, Abschn. 10

Tragwerke sind derart zu bemessen, daß sie während der vorgesehenen Nutzungsdauer ihre Funktion hinsichtlich der Gebrauchstauglichkeit, Tragfähigkeit und Stabilität voll erfüllen.

6.1 Dauerhaftigkeit und Betondeckung
nach DIN 1045-1, Abschn. 6

Bauten und Bauteile sind nicht nur direkt einwirkenden Lasten — also äußeren Kräften — ausgesetzt sondern auch chemischen und physikalischen Einwirkungen und indirekten Einwirkungen, s. z. B. Tafel 12.

Tafel 12 Beispiele von chemischen und physikalischen Angriffen und indirekten Einwirkungen; Expositionen

chemischer Angriff	— Nutzung eines Gebäudes zur Lagerung von Flüssigkeiten — Umweltbedingungen aggressiv — Tragwerk ist Gasen oder Lösungen (z. B. Säurelösungen) ausgesetzt — ungeeignete Baustoffeigenschaften (z. B. Alkalireaktion von Gesteinskörnungen)
physikalischer Angriff	— Abnutzung — Frost-Tau-Wechselwirkung — Eindringen von Wasser
indirekte Einwirkungen	— Zwangseinwirkungen durch Verformungen durch bes. Lasten, Temperatur, Kriechen und Schwinden, Risse

In Abhängigkeit von den Umweltbedingungen werden Bauten und Bauteile bestimmten Expositionsklassen (DIN 1045-1) zugeordnet, s. Tafel 13.

Von der Umwelt- bzw. Expositionsklasse, der ein Bauwerk oder Bauteil zugehört, hängen die Werte für Betondeckung und Betonfestigkeitsklasse ab, die mindestens einzuhalten sind, Tafeln 14 und 15.

6.1.1 Expositionsklassen und Mindestbetonfestigkeit
nach DIN 1045-1, Abschn. 6.2

Tafel 13 Expositionsklassen

Klasse	Beschreibung der Umgebung	Beispiele für die Zuordnung von Expositionsklassen	Mindestbeton-festigkeitsklasse

1 Kein Korrosions- oder Angriffsrisiko .

Klasse	Beschreibung der Umgebung	Beispiele für die Zuordnung von Expositionsklassen	Mindestbeton-festigkeitsklasse
X 0	Kein Angriffsrisiko	Bauteil ohne Bewehrung in nicht betonangreifender Umgebung, z. B. Fundamente ohne Bewehrung ohne Frost, Innenbauteile ohne Bewehrung	C 12/15 LC 12/13

2 Bewehrungskorrosion, ausgelöst durch Karbonatisierung[a])

Klasse	Beschreibung der Umgebung	Beispiele für die Zuordnung von Expositionsklassen	Mindestbeton-festigkeitsklasse
XC 1	Trocken oder ständig nass	Bauteile in Innenräumen mit normaler Luftfeuchte (einschließlich Küche, Bad und Waschküche in Wohngebäuden); Bauteile, die sich ständig unter Wasser befinden	C 16/20 LC 16/18
XC 2	Nass, selten trocken	Teile von Wasserbehältern; Gründungsbauteile	C 16/20 LC 16/18
XC 3	Mäßige Feuchte	Bauteile, zu denen die Außenluft häufig oder ständig Zugang hat, z. B. offene Hallen; Innenräume mit hoher Luftfeuchte, z. B. in gewerblichen Küchen, Bädern, Wäschereien; in Feuchträumen von Hallenbädern und in Viehställen	C 20/25 LC 20/22
XC 4	Wechselnd nass und trocken	Außenbauteile mit direkter Beregnung; Bauteile in Wasserwechselzonen	C 25/30 LC 25/28

3 Bewehrungskorrosion, ausgelöst durch Chloride, ausgenommen Meerwasser

Klasse	Beschreibung der Umgebung	Beispiele für die Zuordnung von Expositionsklassen	Mindestbeton-festigkeitsklasse
XD 1	Mäßige Feuchte	Bauteile im Sprühnebelbereich von Verkehrsflächen; Einzelgaragen	C 30/37[c]) LC 30/33
XD 2	Nass, selten trocken	Schwimmbecken und Solebäder; Bauteile, die chlordhaltigen Industriewässern ausgesetzt sind	C 35/45[c]) LC 35/38
XD 3	Wechselnd nass und trocken	Bauteile im Spritzwasserbereich von taumittelbehandelten Straßen; direkt befahrene Parkdecks[b])	C 35/45[c]) LC 35/38

4 Bewehrungskorrosion, ausgelöst durch Chloride aus Meerwasser

Klasse	Beschreibung der Umgebung	Beispiele für die Zuordnung von Expositionsklassen	Mindestbeton-festigkeitsklasse
XS 1	Salzhaltige Luft, kein unmittelbarer Kontakt mit Meerwasser	Außenbauteile in Küstennähe	C 30/37[c]) LC 30/33
XS 2	Unter Wasser	Bauteile in Hafenanlagen, die ständig unter Wasser liegen	C 35/45[c]) LC 35/38
XS 3	Tidebereiche, Spritzwasser- und Sprühnebelbereiche	Kaimauern in Hafenanlagen	C 35/45[c]) LC 35/38

Fortsetzung und Fußnoten Tafel 13 siehe nächste Seite

Tafel 13 Expositionsklassen (Fortsetzung)

Klasse	Beschreibung der Umgebung	Beispiele für die Zuordnung von Expositionsklassen	Mindestbeton-festigkeitsklasse
5 Betonangriff durch Frost mit und ohne Taumittel			
XF 1	Mäßige Wassersättigung ohne Taumittel	Außenbauteile	C 25/30 LC 25/28
XF 2	Mäßige Wassersättigung mit Taumittel oder Meerwasser	Bauteile im Sprühnebel- oder Spritzwasserbereich von taumittelbehandelten Verkehrsflächen, soweit nicht XF 4; Bauteile mit Sprühnebelbereich von Meerwasser	C 25/30 LC 25/28
XF 3	Hohe Wassersättigung ohne Taumittel	Offene Wasserbehälter; Bauteile in der Wasserwechselzone von Süßwasser	C 25/30 LC 25/28
XF 4	Hohe Wassersättigung mit Taumittel oder Meerwasser	Bauteile, die mit Taumitteln behandelt werden; Bauteile im Spritzwasserbereich von taumittelbehandelten Verkehrsflächen mit überwiegend horizontalen Flächen, direkt befahrene Parkdecks[b]); Bauteile in der Wasserwechselzone von Meerwasser; Räumerlaufbahnen von Kläranlagen	C 30/37 LC 30/33
6 Betonangriff durch chemischen Angriff der Umgebung[d])			
XA 1	Chemisch schwach angreifende Umgebung	Behälter von Kläranlagen; Güllebehälter	C 25/30 LC 25/28
XA 2	Chemisch mäßig angreifende Umgebung und Meeresbauwerke	Bauteile, die mit Meerwasser in Berührung kommen; Bauteile in betonangreifenden Böden	C 35/45[c]) LC 35/38
XA 3	Chemisch stark angreifende Umgebung	Industrieabwasseranlagen mit chemisch angreifenden Abwässern; Gärfuttersilos und Futtertische der Landwirtschaft; Kühltürme mit Rauchgasableitung	C 35/45[c]) LC 35/38
7 Betonangriff durch Verschleißbeanspruchung			
XM 1	Mäßige Verschleißbeanspruchung	Bauteile von Industrieanlagen mit Beanspruchung durch luftbereifte Fahrzeuge	C 30/37[c]) LC 30/33
XM 2	Schwere Verschleißbeanspruchung	Bauteile von Industrieanlagen mit Beanspruchung durch luft- oder vollgummibereifte Gabelstapler	C 30/37[c]) LC 30/33
XM 3	Extreme Verschleißbeanspruchung	Bauteile von Industrieanlagen mit Beanspruchung durch elastomerbereifte oder stahlrollenbereifte Gabelstapler; Wasserbauwerke in geschiebebelasteten Gewässern, z. B. Tosbecken; Bauteile, die häufig mit Kettenfahrzeugen befahren werden	C 35/45[c]) LC 35/38

[a]) Die Feuchteangaben beziehen sich auf den Zustand innerhalb der Betondeckung der Bewehrung. Im Allgemeinen kann angenommen werden, dass die Bedingungen in der Betondeckung den Umgebungsbedingungen des Bauteils entsprechen. Dies braucht nicht der Fall zu sein, wenn sich zwischen dem Beton und seiner Umgebung eine Sperrschicht befindet.

[b]) Ausführung nur mit zusätzlichen Maßnahmen (z. B. rissüberbrückende Beschichtung).

[c]) Eine Betonfestigkeitsklasse niedriger, sofern aufgrund der zusätzlich zutreffenden Expositionsklasse XF Luftporenbeton verwendet wird.

[d]) Grenzwerte für die Expositionsklassen bei chemischem Angriff siehe DIN 206-1 und DIN 1045-2.

7

6.1.2 Betondeckung nach DIN 1045-1, Abschn. 6.3

Die Betondeckung wird von der Außenkante der außen liegenden Bewehrung bis zur nächsten Betonoberfläche gemessen. Eine Mindestbetondeckung c_{min} ist einzuhalten,

— um die Bewehrung gegen Korrosion zu schützen,
— um die Verbundkräfte sicher zu übertragen und
— um den Feuerwiderstand zu gewährleisten.

Die Betondeckung zur Sicherung des Feuerwiderstandes ist in DIN 4102-2 und DIN 4102-4 geregelt, siehe Abschnitt DIN 1045 (von 1988) Kapitel 19 Brandschutz. Die Mindestbetondeckung zur Sicherstellung der Korrosion ist in Tafel 14 angegeben. Gleichzeitig ist dort auch das Vorhaltemaß Δc angegeben. Die Mindestbetondeckung ist um das Vorhaltemaß zu erhöhen, um Ausführungstoleranzen zu berücksichtigen. Damit ergibt sich dann das Betondeckungsnennmaß c_{nom}. Handelsübliche Abstandhalter zur Sicherstellung der Betondeckung gibt es in gewissen Abmessungen. Dieses Verlegemaß c_v, welches auf den Ausführungsplänen angegeben werden muß, darf nicht kleiner als c_{nom} gewählt werden.

$$c_v \geq c_{nom} = c_{min} + \Delta c \qquad c_{min} \geq d_s \quad \text{oder} \quad d_{sV}$$

Tafel 14 Mindestbetondeckung c_{min} zum Schutz gegen Korrosion und Vorhaltemaß Δc

Expositionsklasse	Mindestbetondeckung c_{min} mm[a][b]		Vorhaltemaß Δc mm
	Betonstahl	Spannglieder im sofortigen Verbund und im nachträglichen Verbund[c]	
XC 1	10	20	10
XC 2	20	30	
XC 3	20	30	
XC 4	25	35	
XD 1		50	15
XD 2	40	50	
XD 3[d]			
XS 1		50	
XS 2	40	50	
XS 3			

[a] Die Werte dürfen für Bauteile, deren Betonfestigkeit um 2 Festigkeitsklassen höher liegt, als nach Tafel 13 mindestens erforderlich ist, um 5 mm vermindert werden. Für Bauteile der Expositionsklasse XC 1 ist diese Abminderung nicht zulässig.

[b] Wird Ortbeton kraftschlüssig mit einem Fertigteil verbunden, dürfen die Werte an den der Fuge zugewandten Rändern auf 5 mm im Fertigteil und auf 10 mm im Ortbeton verringert werden. Die Bedingungen zur Sicherstellung des Verbundes müssen jedoch eingehalten werden, sofern die Bewehrung im Bauzustand ausgenutzt wird.

[c] Die Mindestbetondeckung bezieht sich bei Spanngliedern im nachträglichen Verbund auf die Oberfläche des Hüllrohrs.

[d] Im Einzelfall können besondere Maßnahmen zum Korrosionsschutz der Bewehrung nötig sein.

Um auch noch die Verbundkräfte sicher zu übertragen, darf c_{min} nicht kleiner als der Stabdurchmesser der Bewehrung oder der Vergleichsstabdurchmesser d_{sV} eines Stabbündels oder der 2,5-fache Nenndurchmesser einer Spannstahllitze oder der 3-fache Nenndurchmesser eines gerippten Drahtes im sofortigen Verbund oder der äußere Hüllrohrdurchmesser eines Spanngliedes mit nachträglichem Verbund sein.

In der Tafel 15 kann das Maß c_{nom} direkt in Abhängigkeit der Expositionsklasse und des Stabdurchmessers abgelesen werden!

Tafel 15 Betondeckungsmaße c_{nom} in mm für Betonstahl

Expositionsklasse	Stabdurchmesser d_s in mm						
	≤ 10	12	14	16	20	25	28
XC 1	20	22	24	26	30	35	38
XC 2 und XC 3	35	35	35	35	35	40	43
XC 4	40	40	40	40	40	40	43
XD 1, XD 2, XD 3 und XS 1, XS 2, XS 3	55	55	55	55	55	55	55

7

Bei besonderen Qualitätskontrollen darf das Vorhaltemaß Δc reduziert werden. Die Merkblätter des deutschen Beton- und Bautechnik Vereins (DBV) „Betondeckung und Bewehrung" und „Abstandhalter" enthalten hierzu weitere Angaben.

Das Vorhaltemaß Δc ist zu erhöhen, wenn gegen unebene Flächen betoniert wird. Eine Erhöhung um das Differenzmaß der Unebenheiten ist dann zu wählen, mindestens aber 20 mm. Wird direkt auf den Baugrund betoniert, dann ist das Vorhaltemaß um mindestens 50 mm zu vergrößern.

In die Bestimmung der statischen Nutzhöhe d, die zur Bemessung benötigt wird, ist vom Verlegemaß c_v auszugehen!

Beispiel Balkenhöhe $h = 60$ cm
Expositionsklasse XC 1 (trocken oder ständig nass)
Bügel von 12 mm umschließen die einlagige Zugbewehrung von 28 mm

Aus Tafel 13 Mindestbetonfestigkeitsklasse: C 16/20
Aus Tafel 14 $c_{min} = 10$ mm und $\Delta c = 10$ mm

Betondeckungen:

Bezogen auf die Bügelaußenkante $c_{min} = 12$ mm $= d_{s,Bügel}$ $c_{nom} = 12 + 10 = 22$ mm
(Direkte Ablesung aus Tafel 15 auch möglich!)

Bezogen auf die Zugbewehrung $c_{min} = 28$ mm $= d_{s,Stab}$ $c_{nom} = 28 + 10 = 38$ mm
(Direkte Ablesung aus Tafel 15 auch möglich!)

Bezogen auf die Bügelaußenkante der Bügel ergibt sich dann $c_{nom} = 38 + 12 = 26$ mm
Dieser Wert ist maßgebend!

Es wird unterstellt, dass es nur handelsübliche Betonabstandhalter in Abmessungsschritten von 5 mm gibt.

Dann ist das Verlegemaß von $c_v = 30$ mm zu wählen.

Die statische Nutzhöhe ergibt sich dann hier zu:

$$d = h - c_v - d_{s,Bügel} - {}^1\!/_2 \cdot d_{s,Stab} = 60,0 - 3,0 - 1,2 - {}^1\!/_2 \cdot 2,8 = 54,4 \text{ cm}$$

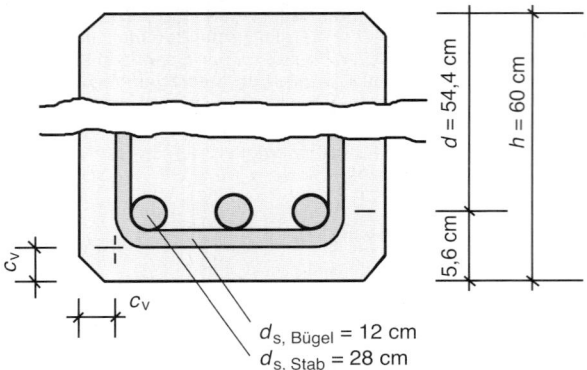

$d_{s, \text{Bügel}} = 12$ cm
$d_{s, \text{Stab}} = 28$ cm

Bild 18

6.2 Unbewehrter Beton

Beton ohne eine Bewehrung oder Beton mit einer geringeren Bewehrung als die erforderliche Mindestbewehrung nach Abschnitt 7 wird als unbewehrter Beton behandelt. Auch für die Bewehrung in diesem „unbewehrten Beton" sind die erforderlichen Betondeckungen einzuhalten!

Die Bemessung erfolgt auf der Grundlage der in Abschnitt 3.1 angegebenen Betonfestigkeitsklassen für lineare Dehnungsverteilungen ohne Ansatz von Betonzugspannungen. Der Teilsicherheitsbeiwert für unbewehrten Beton beträgt $\gamma_c = 1,80$ für außergewöhnliche Bemessungssituationen ist $\gamma_c = 1,55$. Bei Biegung mit Längskraft darf keine höhere Festigkeit als C 35/45 angesetzt werden. Für Druckglieder bis zu einem Verhältnis von Höhe zu kleinster Querschnittsabmessung von 2,5 braucht keine Schnittgrößenermittlung nach der Theorie II. Ordnung zu erfolgen.

6.3 Stahlbeton

Die für die Bemessung maßgebenden Werte sind in den Abschn. 3.1 und 3.2 angegeben.

Die Festigkeitswerte für den Betonstahl dürfen auf Grundlage des Nenndurchmessers und des Nennquerschnittes des Betonstahles erfolgen. Bei der Bemessung für Streckgrenze und Zugfestigkeit können für den Betonstahl die gleichen Festigkeitswerte für Zug und Druck angesetzt werden.

Die rechnischer Stahldehnung ist auf 25‰ begrenzt.

6.4 Spannbeton nach DIN 1045-1, Abschn. 8.7

Die Bemessung erfolgt auf Grundlage der Angaben in Abschn. 3. Darüber hinaus gelten folgende Bedingungen.

6.4.1 Mindestbetonfestigkeitsklassen
nach DIN 1045-1, Abschn. 8.7.2

Beim Vorspannen von Spanngliedern mit nachträglichem Verbund muß der Beton unten stehende Mindestfestigkeiten aufweisen, die durch Erhärtungsprüfung nachgewiesen werden. Die Betonfestigkeitsklassen richten sich nach den jeweiligen Zulassungsbescheiden für das Spannverfahren.

Beim Teilvorspannen ist die Spannkraft des einzelnen Spanngliedes auf 30% des zulässigen Wertes zu begrenzen.

Liegen beim Teilvorspannen die erforderlichen Mindestwerte der Betondruckspannungen, die beim endgültigen Vorspannen erforderlich sind, vor, so darf die Spannkraft 100% der zulässigen Werte betragen.

Zwischenwerte können zwischen 30% und 100% interpoliert werden.

Tafel 16 **Mindestbetondruckfestigkeit** f_{cmj} **beim Vorspannen mit Spanngliedern im nachträglichen oder ohne Verbund zum Zeitpunkt** $t = t_j$

Festigkeitsklasse[a])	Festigkeiten f_{cmj} in N/mm^2 [b])	
	Teilvorspannen	endgültiges Vorspannen
C 25/30	13	26
C 30/37	15	30
C 35/45	17	34
C 40/50	19	38
C 45/55	21	42
C 50/60	23	46
C 55/67	25	50
C 60/75	27	54
C 70/85	31	62
C 80/95	35	70
C 90/105	39	78
C 100/115	43	86

[a]) Gilt sinngemäß auch für Leichtbeton der Festigkeitsklassen LC 25/28 bis LC 60/66.
[b]) Es gilt der Mittelwert der Zylinderdruckfestigkeit (bei Verwendung von Würfeln ist im Verhältnis der Festigkeitsklassen umzurechnen).

6.4.2 Anfängliche Vorspannung
nach DIN 1045-1, Abschn. 8.7.2

Die Bestimmung der anfänglichen Vorspannung erfolgt nach Abschn. 5.7.1. Dabei gilt

— Höchstkraft der Vorspannung P_0 am aktiven Spannende $(x = 0)$

$$P_0 = A_p \sigma_{0,max} \quad (26)$$

A_p Querschnittsfläche der Spannglieder

$\sigma_{0,max}$ Maximale Spannung $\begin{cases} \leq 0,80 \, f_{pk} \\ \leq 0,90 \, f_{p0,1k} \end{cases}$

— Vorspannkraft unmittelbar nach dem Spannen (Vorspannung mit nachträglichem Verbund) bzw. nach dem Lösen der Verankerung (Vorspannung mit sofortigem Verbund)

$$P_{m0} = A_p \sigma_{pm0} \quad (27)$$

$$\leq 0,75 \cdot f_{pk}$$

$\sigma_{pm0} \leq 0,85 \cdot f_{p0,1k}$

Zum Erreichen der erforderlichen Vorspannkraft darf überspannt werden, wenn die Spannpresse mit einer Genauigkeit von $\pm 5\%$ arbeitet. Dabei ist P_{m0} zu begrenzen

$$P_{m0} \leq 0,95 \, f_{p0,1k} A_p \quad (28)$$

6.4.4 Sofortige Spannkraftverluste
nach DIN 1045-1, Abschn. 8.7.3

Spannkraftverluste aus

— Ankerschlupf ΔP_{s1} sind vom verwendeten Spannverfahren abhängig (Zulassungsbescheid beachten)
— elastischer Verformung des Betons ΔP_c sind beim Vorspannen mit sofortigem und nachträglichem Verbund auf Grundlage der E-Moduli des Betons und der Stähle unter Verwendung der Betonspannungen in Höhe der Spannglieder zu berechnen. Bei der Vorspannung mit nachträglichem Verbund ist evtl. der Einfluß aus nicht gleichzeitiger Vorspannung aller Spannglieder zu berücksichtigen.
— Relaxationsverluste $\Delta P_{t(t)}$ bzw. ΔP_{ir} ergeben sich beim Vorspannen mit sofortigem Verbund zwischen dem Spannen der Spannglieder und der Spannungsübertragung auf den Beton und sind abzuschätzen.
— aus Reibung $\Delta P_{\mu(x)}$ in Spanngliedern mit nachträglichem Verbund nach folgender Abschätzung

$$\Delta P_{\mu(x)} = P_0(1 - e^{-\mu(\theta + kx)}) \quad (29)$$

μ Reibungsbeiwert zwischen Spannglied und Hüllrohr
Wenn keine genauen Angaben vorliegen, können für Spannglieder, die ungefähr 50% der Hüllrohre ausfüllen, folgende Werte verwendet werden
0,17 Draht, kaltgezogen   0,33 Rundstab, glatt
0,19 Litzen   0,65 Stab, gerippt
k ungewollter Umlenkwinkel in rad/m nach Zulassungsbescheid, im Allgemeinen
$0,005 < k < 0,01$
θ Summe der Umlenkwinkelbeträge im Bogenmaß

Die angegebenen Werte für μ und k sind Mittelwerte und können beim Vorliegen genauerer Werte korrigiert werden.

6.4.5 Zeitabhängige Spannkraftverluste
nach DIN 1045-1, Abschn. 8.7.3

Die zeitabhängigen Verluste ergeben sich zu

$$P_t(t) = \Delta\sigma_{p,c+s+r}A_p \quad (30)$$

$$\Delta\sigma_{p,c+s+r} = \frac{\varepsilon_{cs\infty} \cdot E_p + \Delta\sigma_{pr} + \alpha_p \cdot \varphi(\infty, t_0) \cdot (\sigma_{cg} + \sigma_{cp0})}{1 + \alpha_p \cdot \dfrac{A_p}{A_c}\left(1 + \dfrac{A_c}{I_c} \cdot z_{cp}^2\right)[1 + 0,8\varphi(\infty, t_0)]} \quad (31)$$

$\Delta\sigma_{p,c+s+r}$ Spannungsverlust infolge Kriechen, Schwinden und Relaxation zur Zeit t_∞
$\varepsilon_{cs\infty}$ Endschwindmaß nach Abschn. 3.1.3
α_p E_p/E_{cm}
E_p Elastizitätsmodul Spannstahl
E_{cm} mittlerer Elastizitätsmodul Beton
$\Delta\sigma_{pr}$ Spannungsverlust infolge Relaxation ($\Delta\sigma_{pr} < 0$), wobei für die Ausgangsspannung gilt

$$\sigma_p = \sigma_{pg0} - 0,3 \cdot \sigma_{p,c+s+r}$$

σ_{pg0} ist die anfängliche Spannung in den Spanngliedern aus ständiger Last und Vorspannung. Für übliche Hochbauten darf $\sigma_p = 0,95\sigma_{pg0}$ angesetzt werden

$\varphi(t, t_0)$ Kriechzahl nach Abschn. 5.8
σ_{cg} Betonspannung in Höhe der Spannglieder aus Eigenlast und anderen ständigen Einwirkungen
σ_{cp0} Betonspannung in Höhe der Spannglieder aus anfänglicher Vorspannung
A_c Betonquerschnitt
A_p Spannstahlquerschnitt
I_c Trägheitsmoment Betonquerschnitt
z_{cp} Abstand Schwerpunkt Betonquerschnitt/Spannglieder

6.4.6 Verankerungsbereiche von Spanngliedern mit sofortigem Verbund nach DIN 1045-1, Abschn. 8.7.6

Es ist nach Bild 19 zu unterscheiden zwischen

- der Übertragungslänge l_{bp}, in deren Bereich die Spannkraft P_0 voll auf den Beton übertragen wird
- der Eintragungslänge $l_{p,eff}$, ab der die Betonspannung aus der Vorspannung linear über den Querschnitt verteilt ist
- der Verankerungslänge l_{ba}, innerhalb der die Vorspannkraft F_{pu} in den Beton eingeleitet werden kann im Grenzzustand der Tragfähigkeit.

a)

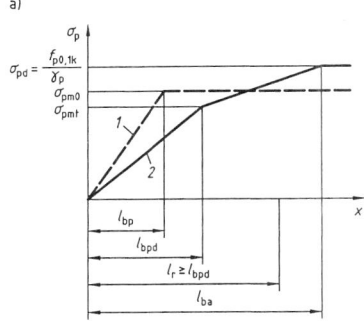

b)

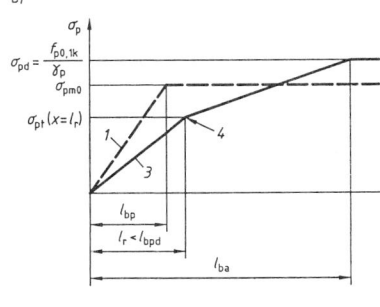

Legende

a) bei der Spannkrafteinleitung (1), im Grenzzustand der Tragfähigkeit ohne Rissbildung in der Übertragungslänge (2)

b) mit Rissbildung in der Übertragungslänge (3), (4) Stelle des ersten Biegerisses

Bild 19 Verlauf der Spannstahlspannungen im Verankerungsbereich von Spanngliedern im sofortigen Verbund

$$l_{bp} = \alpha_1 \cdot \frac{A_p}{\pi \cdot d_p} \cdot \frac{\sigma_{pm0}}{f_{bp} \cdot \eta_1}$$

Dabei ist

α_1 = 1,0 bei stufenweisem Eintragen der Vorspannung
       = 1,25 bei schlagartigem Eintragen der Vorspannung
A_p der Nennquerschnitt der Litze oder des Drahts
d_p der Nenndurchmesser der Litze oder des Drahts
σ_{pm0} die Spannung im Spannstahl nach der Spannkraftübertragung auf den Beton
η_1 = 1,0 für Normalbeton

Tafel 17 Verbundspannung f_{bp} in der Übertragungslänge von Litzen und Drähten im sofortigen Verbund in Abhängigkeit von der Betondruckfestigkeit zum Zeitpunkt der Spannkraftübertragung

Tatsächliche Betondruckfestigkeit bei der Spannkraftübertragung f_{cmj} in N/mm²[a)b)]	Verbundspannung f_{bp} in N/mm²	
	Litzen und profilierte Drähte	gerippte Drähte
25	2,9	3,8
30	3,3	4,3
35	3,7	4,8
40	4,0	5,2

Fortsetzung Tafel 17 siehe nächste Seite

Tafel 17 (Fortsetzung)

Tatsächliche Betondruckfestigkeit bei der Spannkraftübertragung f_{cmj} in N/mm$^{2a)b)}$	Verbundspannung f_{bp} in N/mm^2	
	Litzen und profilierte Drähte	gerippte Drähte
45	4,3	5,6
50	4,6	6,0
60	5,0	6,5
70	5,3	6,9
80	5,5	7,2
≥ 90	5,7	7,4

[a]) Zwischenwerte sind linear zu interpolieren.
[b]) Es gilt der Mittelwert der Zylinderdruckfestigkeit (bei Verwendung von Würfeln ist im Verhältnis der Festigkeitsklassen umzurechnen).

Für den Bemessungswert der Übertragungslänge gilt der jeweils ungünstigere Wert aus nachfolgender Gleichung

$$l_{bpd} \leq 0,8 l_{bp}$$

$$\leq 1,2 l_{bp}$$

Die Eintragungslänge kann für Rechteckquerschnitte und gerader, untenliegender Spanngliedanordnung wie folgt angegeben werden

$$l_{p,\,eff} = \sqrt{l_{bpd}^2 + d^2}$$

Die Länge der Verankerung ist vom Zustand des Verankerungsbereiches im Grenzzustand der Tragfähigkeit abhängig. Bei vorhandenen Zugspannungen gilt

$\sigma_{ct} \leq f_{ct,0,05}$ Übertragungslänge ist ausreichend
$\sigma_{ct} \geq f_{ct,0,05}$ Nachweis erforderlich, daß Zugkraftlinie die Zugkraftdeckungslinie (aus Spannglieder und nicht vorgespannter Bewehrung) nicht überschreitet.

a) *bei Rissbildung au* l_{bpd} *(siehe* Bild 19 a):

$$l_{ba} = l_{bpd} + \frac{A_p}{\pi \cdot d_p} \cdot \frac{\sigma_{pd} - \sigma_{pmt}}{f_{bp} \cdot \eta_1 \cdot \eta_p}$$

b) *bei Rissbildung innerhalb* l_{bpd} *(siehe* Bild19 b):

$$l_{ba} = l_r + \frac{A_p}{\pi \cdot d_p} \cdot \frac{\sigma_{pd} - \sigma_{pt}(x = l_r)}{f_{bp} \cdot \eta_1 \cdot \eta_p}$$

$\qquad\qquad\qquad\qquad\qquad\qquad\qquad\qquad$ (32)

mit

$\eta_p = 0,5$ *für Litzen und profilierte Drähte*
$\eta_p = 0,7$ *für gerippte Drähte*

6.4.7 Verankerungsbereiche von Spanngliedern mit nachträglichem Verbund nach DIN 1045-1, Abschn. 8.7.7

Für die Aufnahme der Vorspannkraft im Bereich hinter der Ankerplatte gelten die Bemessungsregeln für Teilflächenbelastung nach Abschn. 7.3.8.2. Daneben ist die zur Aufnahme der Spaltzugkräfte erforderliche Bewehrung den Zulassungsbescheiden zu entnehmen. Weitere Bewehrung ist nach Abschn. 7.3.7 anzuordnen.

6.5 Nachweis in den Grenzzuständen der Tragfähigkeit
nach DIN 1045-1, Abschn. 10

6.5.1 Biegung mit Längskraft
nach DIN 1045-1, Abschn. 10.2

Für Bauteile mit im Verbund liegende Bewehrung, die mit Biegung, Biegung mit Längskraft oder Längskraft allein belastet sind, erfolgt die Ermittlung der aufnehm-

baren Schnittgrößen unter folgenden Annahmen:
— Ebenbleiben der Querschnitte
— Zug-, Druckbewehrung und Beton haben, wenn sie in gleicher Höhe liegen, gleich große Dehnung
— Zugfestigkeit des Betons wird vernachlässigt
— Für die Betondruckspannungen gelten die rechnerischen Spannungsdehnungslinien nach Bild 2 und 3
— Die Bemessung erfolgt auf Grundlage des Dehnungsdiagrammes nach Bild 20.

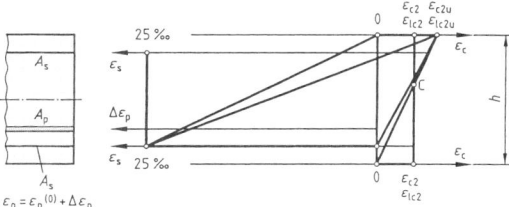

Bild 20
Dehnungsdiagramm

A_s
$\varepsilon_p = \varepsilon_p^{(0)} + \Delta\varepsilon_p$

Bei den anzusetzenden Dehnungen nach Bild 20 ist zu beachten:
a) Die betragsmäßig größten Betondehnungen ε_{c2u} (Normalbeton) bzw. ε_{lc2u} (Leichtbeton) ist für Normalbeton den Tafeln 2 oder 3 zu entnehmen. Die Werte für den Leichtbeton sind in der Norm aufgeführt.
b) Ist der Querschnitt vollständig überdrückt, dann darf die Dehnung im Punkt C von Bild 20 nur den Wert ε_{c2} (Normalbeton) bzw. ε_{lc2} (Leichtbeton) erreichen.
c) Bei einer nur geringen Exzentrizität ($^{e_d}/_h \leq 0{,}1$) darf bei Normalbeton vereinfacht $\varepsilon_{c2} = -0{,}0022 = -2{,}2‰$ angesetzt werden, damit wird die günstige Wirkung des Kriechens berücksichtigt.
d) In vollständig überdrückte Querschnittsteile, wie Platten von Plattenbalken oder Kastenträgern, ist die Dehnung in der Plattenmitte auf den Wert ε_{c2} (Normalbeton) bzw. ε_{lc2} (Leichtbeton) beschränkt. Siehe Tafel 2 oder 3 für Normalbeton. Allerdings braucht die Tragfähigkeit des gesamten Querschnitts nicht kleiner angesetzt zu werden, als die Tragfähigkeit des Steges mit der gesamten Höhe und einer Dehnungsverteilung entsprechend Bild 20.

6.5.1.1 Bemessung für mittigen Zug oder Zugkraft mit kleiner Ausmitte

Bewehrungsermittlung ohne weitere Hilfsmittel durch Anwendung des Hebelgesetzes nach Bild 21 und Gl. (33) bis (35).

$$e_d = \frac{M_{Ed}}{N_{Ed}} \qquad (33)$$

$$A_{s2} = N_{Ed}\,\frac{z_{s1} - e_d}{\sigma_{sd}(z_{s1} + z_{s2})} \qquad (34)$$

$$A_{s1} = N_{Ed}\,\frac{z_{s2} + e_d}{\sigma_{sd}(z_{s1} + z_{s2})} \qquad (35)$$

$$\sigma_{sd} = 1{,}05 \cdot f_{yd} = 456 \text{ MN}/\text{m}^2$$

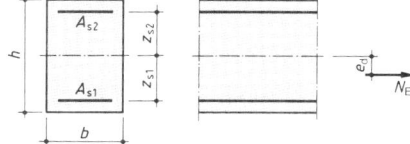

Bild 21   Bemessung für mittigen Zug und Zugkraft mit kleiner Ausmitte

Beispiel Bemessung eines Zugstabes für folgende Vorgaben:
Abmessungen $b/h = 24/40$ cm
Bemessungsschnittgrößen $M_{Ed} = 30$ kNm, $N_{Ed} = 300$ kN
Betonstahl   BSt 500, $z_{s1} = z_{s2} = 15$ cm

Lösung $e_d = 30/300 = 0{,}10$

$$A_{s2} = 0{,}300\,\frac{0{,}15 - 0{,}10}{456(0{,}15 + 0{,}15)} \cdot 10^4 = 1{,}10 \text{ cm}^2$$

$$A_{s1} = 0{,}300\,\frac{0{,}15 + 0{,}10}{456(0{,}15 + 0{,}15)} \cdot 10^4 = 5{,}48 \text{ cm}^2$$

459

6.5.1.2 Bemessung für Biegung mit Längskraft

Bewehrungsermittlung durch Bemessungstabellen bzw. Diagramme. Diese sind im Anhang für Rechteckquerschnitte und Plattenbalken abgedruckt.
Dabei sind die einwirkenden Schnittgrößen in der Regel auf die Lage der Biegezugbewehrung zu beziehen.

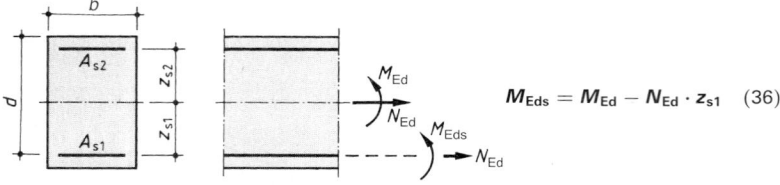

$$M_{Eds} = M_{Ed} - N_{Ed} \cdot z_{s1} \quad (36)$$

Bild 22   Umrechnung Schnittgrößen

Beispiel   Bemessung eines Rechteckquerschnittes für folgende Vorgaben:

Abmessungen $b/d/h = 24/35/40$ cm
Bemessungsschnittgrößen $M_{Ed} = 78,2$ kNm, $N_{Ed} = 0$
Beton   C 20/25
Betonstahl   BSt 500

Lösung $f_{cd} = \alpha \cdot f_{ck}/\gamma_c = 0{,}85 \cdot 20/1{,}5 = 11{,}33 \, \text{MN/m}^2$

$f_{yd} = f_{yk}/\gamma_s = 500/1{,}15 = 435 \, \text{MN/m}^2$

$M_{Eds} = 78{,}20$ kNm ($N_{Ed} = 0$)

$\mu_{Eds} = 0{,}0782 \, \dfrac{1}{0{,}24 \cdot 0{,}35^2 \cdot 11{,}33} = 0{,}235$

$\omega = 0{,}271$ (aus BT 2)

$A_s = 0{,}271 \cdot \dfrac{11{,}33}{435} \cdot 0{,}24 \cdot 0{,}35 \cdot 10^{-4} = 5{,}93 \, \text{cm}^2$ ($A_{s1} = A_s; A_{s2} = 0$)

Beispiel   Bemessung eines Plattenbalkenquerschnittes für folgende Vorgaben

Abmessungen $b_{eff} = 1{,}50$ m
                          $b_w = 30$ cm
                          $h_f = 15$ cm
                          $d = 55$ cm

Bemessungsschnittgrößen $M_{Ed} = 242{,}50$ kNm
                                          $N_{Ed} = 0$
Beton   C 20/25
Betonstahl   BSt 500

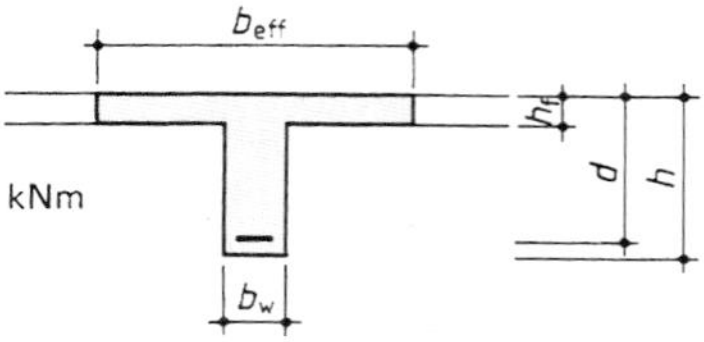

Bild 23

Hinweis: Für die Bemessungstafel BT 6 gilt $f_{cd} = f_{ck}/\gamma_c$!

Lösung $f_{cd} = 20/1{,}5 = 13{,}3 \, \text{MN/m}^2$

$f_{yd} = 500/1{,}15 = 435 \, \text{MN/m}^2$

$M_{Eds} = 242{,}50$ kNm

$\mu_{Eds} = 0{,}2425 \, \dfrac{1}{1{,}50 \cdot 0{,}55^2 \cdot 13{,}3} = 0{,}040$

$h_f/d = 15/55 \approx 0{,}25$

$b_{eff}/b_w = 1{,}50/0{,}30 = 5{,}0$

$1000\omega_{1,M} = 41$ (aus BT 6c)

$A_s = \dfrac{1}{435}(0{,}041 \cdot 1{,}50 \cdot 0{,}55 \cdot 13{,}3 + 0)10^4 = 10{,}35 \, \text{cm}^2$

Beispiele zur Anwendung der Bemessungstabelle BT 1

Plattenbalkenquerschnitt, einfache Bewehrung

Verkehr: $q_k = 45$ kN/m
Eigengewicht: $g_k = 35$ kN/m

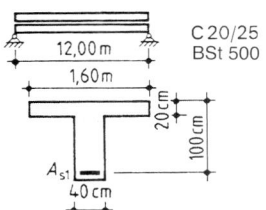

C 20/25
BSt 500

Rechteckquerschnitt mit Druckbewehrung

$M_{Ed} = 1780$ kNm
$N_{Ed} = -1000$ kN
$M_{Ed,s} = 1780 + 1000 \cdot 0{,}348$
$M_{Ed,s} = 2128$ kNm

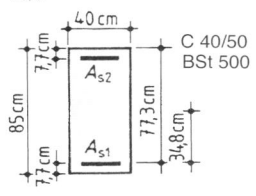

C 40/50
BSt 500

Bemessungsmoment:
$M_{Ed} = (35 \cdot 1{,}35 + 45 \cdot 1{,}50) \cdot 12{,}00^2/8$
$M_{Ed} = 2065{,}5$ kNm

Bemessung:
$k_d = \dfrac{100}{\sqrt{2065{,}6/1{,}60}} = 2{,}78 \rightarrow k_x = 0{,}15$

erf $A_{s1} = 2{,}36 \cdot \dfrac{2065{,}5}{100} = 48{,}7$ cm^2

$x = 0{,}15 \cdot 100 = 15$ cm < 20 cm
$k_{s1} = 2{,}36$

Bemessung:
$k_d = \dfrac{77{,}3}{\sqrt{2128/0{,}40}} = 1{,}06$

oben: $k_{s2} = 0{,}58$; $\varrho_2 = 1{,}08$

erf $A_{s2} = 0{,}58 \cdot \dfrac{2128}{77{,}3} \cdot 1{,}08 = 17{,}2$ cm^2

unten: $k_{s1} = 2{,}71$; $\varrho_1 = 1{,}02$; $\sigma_s = 43{,}7$ kN/cm^2

erf $A_{s1} = 2{,}71 \cdot \dfrac{2128}{77{,}3} \cdot 1{,}02 + \dfrac{-1000}{43{,}7}$

$= 53{,}2$ cm^2

Platte, lineare Berechnung und lineare Berechnung mit Umlagerung

$g_k \cdot 1{,}35 + q_k \cdot 1{,}50 = 70$ kN/m^2

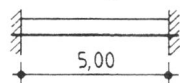

C 25/30
BSt 500 (Stabstahl)
Platte: $d = 20$ cm
(statische Höhe)

lineare Berechnung ohne Umlagerung:

Stützen:

$m_{Ed} = -70 \cdot 5{,}00^2/12$
$= -145{,}83$ kNm/m
$k_d = \dfrac{20}{\sqrt{145{,}83}} = 1{,}656 \rightarrow \delta_{zul} \cong 0{,}909$

(hohe Duktilität)

$k_{s1} = 2{,}71$

erf $a_{s1} = 2{,}71 \cdot \dfrac{145{,}83}{20} = 19{,}8$ cm^2/m

lineare Berechnung mit Umlagerung:

Stützen: (s. links)

$\delta \cdot m_{Ed} = -0{,}909 \cdot 145{,}83 = -132{,}6$ kNm/m

$k_d = \dfrac{20}{\sqrt{132{,}6}} = 1{,}74 \rightarrow k_x = 0{,}335$

$k_{s1} = 2{,}64$

(Kontrolle: $\delta_{zul} = 0{,}64 + 0{,}8 \cdot 0{,}335 = 0{,}908$)

erf $a_{s1} = 2{,}64 \cdot \dfrac{132{,}6}{20} = 17{,}5$ cm^2/m

Feld:

$m_{Ed} = +70 \cdot 5{,}00^2/24 = 72{,}92$ kNm/m

$k_d = \dfrac{20}{\sqrt{72{,}92}} = 2{,}34 \rightarrow k_{s1} = 2{,}41$

erf $a_{s1} = 2{,}41 \cdot \dfrac{72{,}92}{20} = 8{,}8$ cm^2/m

Feld:

$m_{Ed} = 70 \cdot 5{,}00^2/8 - 132{,}6 = 86{,}2$ kNm/m

$k_d = \dfrac{20}{\sqrt{86{,}2}} = 2{,}15 \rightarrow k_{s1} = 2{,}46$

erf $a_{s1} = 2{,}46 \cdot \dfrac{86{,}2}{20} = 10{,}6$ cm^2/m

6.5.1.3 Längsdruckkraft mit kleiner Ausmitte

Bewehrungsermittlung durch Interaktionsdiagramme, welche im Anhang für Rechteckquerschnitte abgedruckt sind.

Für überwiegenden Längsdruck oder Längszug bzw. überwiegende Biegebeanspruchung mit wechselnden Vorzeichen wird in der Regel eine symmetrische Bewehrung angeordnet.

6.5.1.4 Kreisquerschnitte

Kreisquerschnitte werden in der Regel wie Rechteckquerschnitte mit symmetrischer Bewehrung bemessen. Im Anhang ist eine solche Bemessungshilfe für den Vollquerschnitt angegeben.

6.5.1.5 Rechteckquerschnitt mit zweiachsiger Biegung

Die Bewehrungsermittlung durch Anwendung von Interaktionsdiagrammen, welche für zwei verschiedene Bewehrungsanordnungen im Anhang abgedruckt sind.

6.5.1.6 Bemessung von Spannbetonteilen bei Vorspannung mit nachträglichem oder sofortigem Verbund

Die Bemessung kann analog der Bemessung der Stahlbetonbauteile erfolgen.

6.5.2 Querkraft nach DIN 1045-1, Abschn. 10.3

Unabhängig von den nachstehend aufgeführten Nachweisen ist in Balken eine Mindestbewehrung nach Abschn. 7.3 anzuordnen.

Ausnahmen:

— Platten (Voll-, Rippen-, Hohlplatten) mit ausreichendem Querabtrag der Lasten.

— Bauteile von untergeordneter Bedeutung (z. B. Sturz mit Spannweite < 2 m).

6.5.2.1 Bemessungsverfahren

Für die Bemessung gilt

$$V_{Ed} \leq V_{Rd} \quad (37)$$

6.5.2.1.1 Einwirkende Querkraft V_{Ed}

Die einwirkende Querkraft ist nach Abschnitt 4 zu ermitteln. Dabei sind die folgenden Einflüsse zu beachten:

a) **Lagerungsart,** siehe Abschnitt 5.5.2. Bei gleichmäßig verteilter Belastung und direkter Auflagerung ist die einwirkende Querkraft im Abstand d vom Auflagerrand anzusetzen. Bei indirekter Auflagerung ist als einwirkende Querkraft die Querkraft am Auflagerrand zu benutzen. Achtung, gilt nicht für $V_{rd,max}$!

b) **Auflagernahe Einzellast.** Bei direkter Auflagerung darf der einwirkende Querkraftanteil einer im Abstand $x \leq 2{,}5 \cdot d$ vom Auflagerrand wirkenden Einzellast mit dem Beiwert $\beta = \dfrac{x}{2{,}5 \cdot d}$ abgemindert werden. Achtung, gilt nicht für $V_{rd,max}$!

c) **Bauteile mit veränderlicher Höhe oder mit geneigter Spanngliedführung.** Der Bemessungswert der einwirkenden Querkraft ist mit Berücksichtigung der in Richtung der Querkraft verlaufenden Komponenten der geneigten inneren Kräfte zu bestimmen. Siehe Bild 24 und Formel (38).

$$V_{Ed} = V_{Ed0} - V_{ccd} - V_{td} - V_{pd} \quad (38)$$

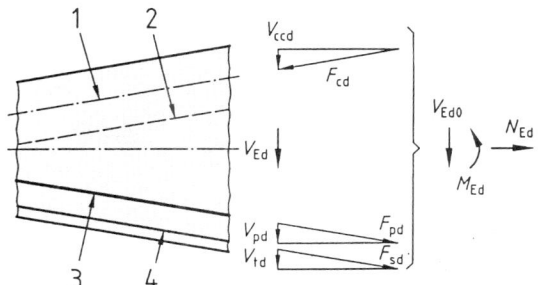

Legende

1 Wirkungslinie der Betondruckkraft
2 Nulllinie

3 Schwerachse der Spannglieder
4 Schwerachse der Betonstahlbewehrung

V_{Ed} Bemessungswert der einwirkenden Querkraft
V_{Ed0} Grundbemessungswert der auf den Querschnitt einwirkenden Querkraft
V_{ccd} Bemessungswert der Querkraftkomponente in der Druckzone
V_{td} Bemessungswert der Querkraftkomponente der Betonstahlzugkraft
V_{pd} Querkraftkomponente der Spannstahlkraft im Grenzzustand der Tragfähigkeit

Bild 24   Querkraftanteile

7

6.5.2.2 Bauteile ohne rechnerisch erforderliche Querkraftbewehrung (Schubbewehrung) ($V_{Ed} \leq V_{Rd,ct}$)
nach DIN 1045-1, Abschn. 10.3.3

$$V_{Rd,ct} = [0{,}10\kappa \cdot \eta_1 \cdot (100\varrho_1 \cdot f_{ck})^{1/3} - 0{,}12\sigma_{cd}] \cdot b_w \cdot d \quad \text{(in N)} \quad (39)$$

mit

$$\kappa = 1 + \sqrt{\frac{200}{d}} \leq 2{,}0$$

Dabei ist

η_1 $= 1{,}0$ für Normalbeton

ϱ_1 der Längsbewehrungsgrad mit $\varrho_1 = \dfrac{A_{s1}}{b_w \cdot d} \leq 0{,}02$

A_{s1} die Fläche der Zugbewehrung, die mindestens um das Maß d über den betrachteten Querschnitt hinaus geführt und dort wirksam verankert wird (siehe Bild 25). Bei Vorspannung mit sofortigem Verbund darf die Spannstahlfläche voll auf A_{s1} angerechnet werden

b_w die kleinste Querschnittsbreite innerhalb der Zugzone des Querschnitts in mm

d die statische Nutzhöhe der Biegebewehrung im betrachteten Querschnitt in mm

f_{ck} der charakteristische Wert der Betondruckfestigkeit in N/mm^2

σ_{cd} der Bemessungswert der Betonlängsspannung in Höhe des Schwerpunkts des Querschnitts mit $\sigma_{cd} = \dfrac{N_{Ed}}{A_c}$ in N/mm^2

N_{Ed} der Bemessungswert der Längskraft im Querschnitt infolge äußerer Einwirkungen oder Vorspannung ($N_{Ed} < 0$ als Längsdruckkraft)

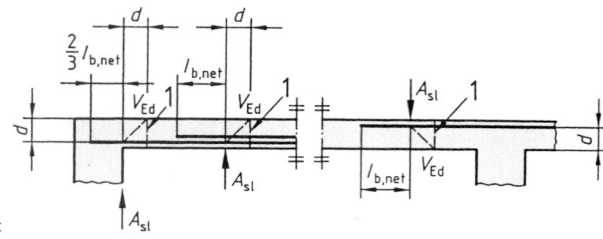

Legende
1 betrachteter Schnitt

Bild 25 Definition von A_{s1} für die Ermittlung von ϱ_1 in Gleichung (39)

Die Norm enthält auch noch eine andere Form der Gleichung (39) für ungerissene Querschnitte; Anwendung nur im Spannbetonbau und bei Druckgliedern sinnvoll.

6.5.2.3 Bauteile mit rechnerisch erf. Querkraftbewehrung (Schubbewehrung)
nach DIN 1045-1, Abschn. 10.3.4

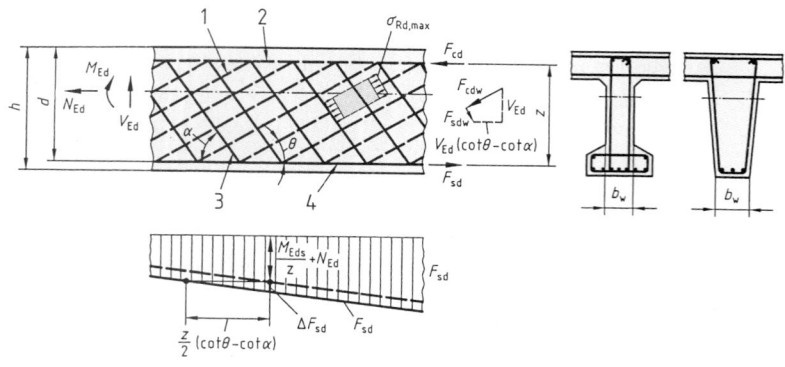

Legende

1 Druckstrebe   3 Zugstrebe; Querkraftbewehrung
2 Druckgurt   4 Zuggurt; Längsbewehrung

α Winkel zwischen Querkraftbewehrung und Bauteilachse
θ Winkel zwischen den Betondruckstreben und der Bauteilachse
F_{sd} Bemessungswert der Zugkraft in der Längsbewehrung
F_{cd} Bemessungswert der Betondruckkraft in Richtung der Bauteilachse
b_w kleinste Querschnittsbreite
z innerer Hebelarm im betrachteten Bauteilabschnitt
ΔF_{sd} Zugkraftanteil in der Längsbewehrung infolge Querkraft mit

$$\Delta F_{sd} = 0{,}5|V_{Ed}|(\cot\theta - \cot\alpha)$$

Bild 26 Fachwerkmodell und Benennungen für querkraftbewehrte Bauteile

6.5.2.3.1 Wahl der Druckstrebenneigung θ

Die Druckstrebenneigung θ (siehe Bild 26) darf zwischen den Winkeln $\theta = 18{,}4°$ (cot $\theta = 3{,}0$) und $\theta = 60°$ (cot $\theta = 0{,}58$) liegen. Außerdem ist noch Formel (40) zu beachten:

$$0{,}58 \leq \cot\theta \leq \frac{1{,}2 - 1{,}4\sigma_{cd}/f_{cd}}{1 - V_{Rd,c}/V_{Ed}} \begin{cases} \leq 3{,}0 & \text{für Normalbeton} \\ \leq 2{,}0 & \text{für Leichtbeton} \end{cases} \quad (40)$$

mit

$$V_{\mathrm{Rd},c} = 0,24 \cdot f_{ck}^{1/3} \left(1 + 1,2 \, \frac{\sigma_{cd}}{f_{cd}} \right) \cdot b_{w} \cdot z \quad \text{(für Normalbeton)} \quad (41)$$

Für den inneren Hebelarm darf angesetzt werden: $z = 0,9 \cdot d$. Ein kleiner Winkel θ, also großer Wert für $\cot\theta$, verursacht eine geringe Schubbewehrung, aber ein großes Versatzmaß a_l, siehe Abschnitt 7.3.1.1!

6.5.2.3.2 maximale Querkrafttragfähigkeit $V_{\mathrm{Rd,max}} \geq V_{\mathrm{Ed}}$

$$V_{\mathrm{Rd,max}} = b_{w} \cdot z \cdot 0,75 \cdot f_{cd} \cdot \frac{\cot\theta + \cot\alpha}{1 + \cot^2\theta} \quad \text{(für Normalbeton)} \quad (42)$$

6.5.2.3.3 erforderliche Querkraftbewehrung (Schubbewehrung)

$$\mathrm{erf}\,\frac{A_{sw}}{s_{w}} = \frac{V_{\mathrm{Ed}}}{f_{yd} \cdot z \cdot (\cot\theta + \cot\alpha) \cdot \sin\alpha} \quad (43)$$

Mit s_{w} Abstand der unter dem Winkel α geneigten Schubbewehrung in Richtung der Bauteilachse gemessen.

6.5.2.4 vereinfachte Formeln

Für den häufig vorkommenden Fall:
— Normalbeton bis C 50/60
— keine Längskraft
— $z = 0,9 \cdot d$
— senkrechte Schubbewehrung (Bügel); $\alpha = 90°$
lassen sich die Formeln (39) bis (43) wie folgt vereinfachen:

$$V_{\mathrm{Rd},ct} = 0,1 \cdot \kappa \cdot \left(100 \cdot \varrho_1 \cdot f_{ck} \right)^{1/3} \cdot b_{w} \cdot d \quad (44)$$

$$0,58 \leq \cot\theta \leq \frac{1,2}{1 - V_{\mathrm{Rd},c}/V_{\mathrm{Ed}}} \leq 3,0 \quad (45)$$

mit

$$V_{\mathrm{Rd},c} = 0,216 \cdot f_{ck}^{1/3} \cdot b_{w} \cdot d \quad (46)$$

$$V_{\mathrm{Rd,max}} = \frac{0,3825}{\cot\theta + \tan\theta} \cdot f_{ck} \cdot b_{w} \cdot d \quad (47)$$

$$\mathrm{erf}\,\frac{A_{sw}}{s_{w}} = \frac{V_{\mathrm{Ed}}}{f_{yd} \cdot 0,9 \cdot d \cdot \cot\theta} \quad (48)$$

Beispiel   Beton C 20/25 $b_{w}/d = 24$ cm/83 cm
Zugbewehrung 3 $\varnothing$ 25 mit 14,7 cm^2 ausreichend verankert!
Einwirkende Querkraft $V_{\mathrm{Ed}} = 250$ kN am Auflagerrand
$V_{\mathrm{Ed}} = 213$ kN im Abstand $d = 83$ cm vom Auflagerrand

$$\kappa = 1 + \sqrt{\frac{200}{830}} = 1,49 < 2,0 \qquad \varrho_1 = \frac{14,7}{24 \cdot 83} = 0,0074 < 0,02$$

$$f_{ck} = 20 \text{ N/mm}^2 \qquad f_{ck}^{1/3} = 2,71$$

$V_{\mathrm{Rd},ct} = 0,1 \cdot 1,49 \cdot (100 \cdot 0,0074 \cdot 20)^{1/3} \cdot 240 \cdot 830 = 72\,900$ N $= 72,9$ kN
$V_{\mathrm{Rd},ct} = 72,9$ kN < 213 kN $= V_{\mathrm{Ed}} \Rightarrow$ Schubbewehrung erforderlich!
Es werden senkrecht stehende Bügel als Schubbewehrung gewählt.
Druckstrebenneigung $V_{\mathrm{Rd},c} = 0,216 \cdot 2,71 \cdot 240 \cdot 830 = 117\,000$ N $= 117$ kN

$$0,58 \leq \cot\theta \leq \frac{1,2}{1 - 117/213} = 2,66 \leq 3,0$$

gewählt $\cot \theta = 2{,}66$ $\theta = 20{,}6°$

$$V_{Rd,max} = \frac{0{,}3825}{2{,}66 + \frac{1}{2{,}66}} \cdot 20 \cdot 240 \cdot 830 = 502\,000\ N = 502\ kN > 250\ kN = V_{Ed}$$

Für diesen Nachweis ist die einwirkende Querkraft vom Auflagerrand zu nehmen!

Schubbewehrung erf $\dfrac{A_{sw}}{s_w} = \dfrac{213\ kN}{43{,}5\ kN/cm^2 \cdot 0{,}9 \cdot 0{,}830\ m \cdot 2{,}66} = 2{,}46\,\dfrac{cm^2}{m}$

gewählt   2-schnittige und senkrecht stehende Bügel $\varnothing\,8/30\ cm$ mit $3{,}35\ cm^2/m > 2{,}46\ cm^2/m$

Mindestbewehrung und Bügelabstand (siehe Abschnitt 7.3.1.2)

$\min \varrho_w = 0{,}0007$ $\min \dfrac{A_{sw}}{s_w} = 0{,}0007 \cdot 24 \cdot 100 = 1{,}68\ \dfrac{cm^2}{m} < 2{,}46\ \dfrac{cm^2}{m}$

$\dfrac{V_{Ed}}{V_{Rd,max}} = \dfrac{213}{502} = 0{,}42 \Rightarrow \max s_w = 30\ cm$

6.5.2.4 Schub zwischen Balkensteg und Gurt
nach DIN 1045-1, Abschn. 10.3.5

Der Anschluß von Gurten an Stegen kann aufgrund des Bemessungsmodells nach Bild 27 berechnet werden.

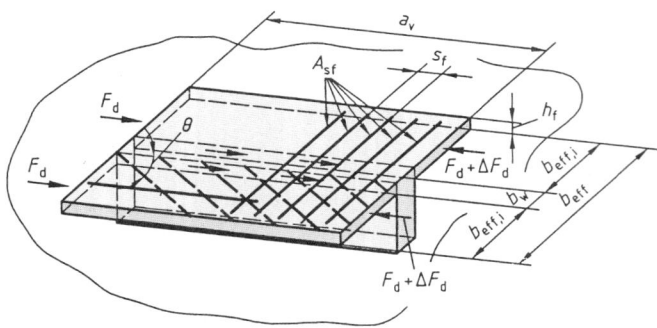

Bild 27   Anschluss zwischen Gurten und Steg

Der Nachweis ist mit den Formeln (40) bis (43) bzw. (45) bis (48) zu führen. Dabei sind folgende Änderungen in den Formeln zu beachten:
einwirkende Längsschubkraft:

$\qquad V_{Ed} = \Delta F_d$ (49)

geometrische Größen:

$\qquad b_w = h_f$ (50)

$\qquad z = 0{,}9 \cdot d = a_v$ (51)

ΔF_d ist die Differenz der Längskraft in einen einseitigen Gurtabschnitt der Länge a_v. a_v darf nicht größer gewählt werden als der halbe Abstand zwischen Momentennullpunkt und Momentenhöchstwert.

6.5.3 Torsion nach DIN 1045-1, Abschn. 10.4

Eine vollständige Torsionsbemessung ist nur erforderlich, wenn das statische Gleichgewicht eines Tragwerkes von der Torsionssteifigkeit seiner einzelnen Bauteile abhängt. Ggf. ist zu berücksichtigen, daß Torsion in stat. unbestimmten Bauteilen auftreten und damit zu Rißbildungen führen kann (Grenzzustand der Gebrauchstauglichkeit).

In jedem Fall sollte immer eine Mindestbewehrung nach Abschn. 6.6.2 und 7.3.1 zur Vermeidung von Rißbildungen angeordnet werden.

Das einwirkende Torsionsmoment T_{Ed} ist nach Abschnitt 4 zu ermitteln. Der Nachweis erfolgt im Grenzzustand der Tragfähigkeit.

Es ist keine Querkraft- (Schub-) und Torsionsbewehrung erforderlich, wenn die beiden nachfolgenden Bedingungen eingehalten sind.

$$T_{Ed} \leq 0{,}222 \cdot V_{Ed} \cdot b_w \qquad (52)$$

$$V_{Ed} \cdot \left(1 + \frac{T_{Ed}}{0{,}222 \cdot V_{Ed} \cdot b_w}\right) \leq V_{Rd,ct} \qquad (53)$$

Das Nachweisverfahren ist ähnlich wie der Nachweis der Querkraftbeanspruchung. Es beruht auf einem Fachwerkmodell nach Bild 28.

Aus dem einwirkenden Torsionsmoment ist für einen fiktiven Hohlkastenquerschnitt mit der Kernfläche A_k – das ist die durch die Mittellinien begrenzte Fläche – nach Bild 28 mit der 1. Bredt'schen Formel die Schubkraft $V_{Ed,T}$ eines Abschnittes der Länge z zu bestimmen:

$$V_{Ed,T} = \frac{T_{Ed} \cdot z}{2 \cdot A_k} \qquad (54)$$

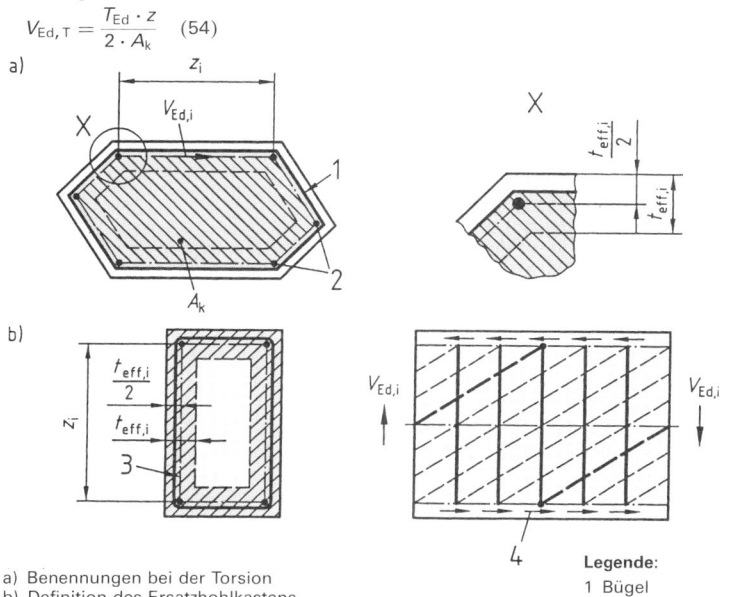

7

a) Benennungen bei der Torsion
b) Definition des Ersatzhohlkastens
   und Fachwerkmodell einer Ersatzwand

Bild 28   Benennungen und Modellbildung bei Torsion

Legende:
1 Bügel
2 Längsstäbe
3 Mittellinie der Wand i
4 Schubfluß $V_{Ed,i}/z_i$

Der Nachweis der Druckstrebentragfähigkeit ist dann zusammen für die Querkraft V_{Ed} und die Kraft $V_{Ed,T}$ aus (54) zu führen:

$$V_{Ed,T+V} = V_{Ed,T} + \frac{V_{Ed} \cdot t_{eff}}{b_w} \qquad (55)$$

Die effektive Wanddicke t_{eff} ergibt sich aus Bild 28; sie ist gleich dem doppelten von der Mittellinie zur Außenfläche, aber nicht größer als die vorhandene Wanddicke bei einem Hohlkasten.

Die Druckstrebenneigung des Fachwerks ist — wie bei der Querkraftbeanspruchung — nach (40), zu begrenzen bzw. zu wählen.

Bedingt durch die beschränkte Druckstrebentragfähigkeit des Fachwerkmodells sind die nachfolgenden Bedingungen einzuhalten:

Reine Torsion $\quad T_{\mathrm{Rd,max}} = \dfrac{\alpha_{\mathrm{c,red}} \cdot f_{\mathrm{cd}} \cdot 2 \cdot A_{\mathrm{k}} \cdot t_{\mathrm{eff}}}{\cot\theta + \tan\theta} \geq T_{\mathrm{Ed}}$ $\quad$ (56)

Mit $\quad \alpha_{\mathrm{c,red}} = 0{,}525$ für Normalbeton und

$\qquad \alpha_{\mathrm{c,red}} = 0{,}75$ bei Kastenquerschnitten aus Normalbeton

Querkraft und Torsion $\qquad \left(\dfrac{T_{\mathrm{Ed}}}{T_{\mathrm{Rd,max}}}\right)^{j} + \left(\dfrac{V_{\mathrm{Ed}}}{V_{\mathrm{Rd,max}}}\right)^{j} \leq 1$ $\quad$ (57)

Mit $j = 2$ für Kompaktquerschnitte und $j = 1$ für Kastenquerschnitte.

Die gesamte Torsionsbewehrung besteht aus einer Bewehrung rechtwinklig zur Bauteilachse A_{sw} (z. B. Bügel) im Abstand s_{w} und einer Torsionslängsbewehrung A_{sl} längs des Umfangs u_{k} der Kernfläche A_{k}. Diese Bewehrungen sind mit den folgenden Formeln zu bestimmen:

$\mathrm{erf}\ \dfrac{A_{\mathrm{sw}}}{s_{\mathrm{w}}} = \dfrac{T_{\mathrm{Ed}}}{f_{\mathrm{yd}} \cdot 2 \cdot A_{\mathrm{k}} \cdot \cot\theta}$ $\quad$ (58)

$\mathrm{erf}\ \dfrac{A_{\mathrm{sl}}}{u_{\mathrm{k}}} = \dfrac{T_{\mathrm{Ed}}}{f_{\mathrm{yd}} \cdot 2 \cdot A_{\mathrm{k}} \cdot \tan\theta}$ $\quad$ (59)

Die erforderliche Bewehrung ist für Biegung, Torsion und Querkraftbeanspruchung getrennt zu ermitteln und zu summieren.

6.5.4 Durchstanzen nach DIN 1045-1, Abschn. 10.5

Für punktförmig gestützte Platten (Platten, Fundamente und Rippendecken mit Vollquerschnitten) ist neben dem Nachweis nach den Abschn. 6.5.1 und 6.5.2 der Nachweis zu erbringen, dass die aufnehmbare Querkraft längs eines kritischen Rundschnittes folgende Bedingungen erfüllt:

$v_{\mathrm{Ed}} = \dfrac{V_{\mathrm{Ed}} \cdot \beta}{u} \leq v_{\mathrm{Rd}}$ $\quad$ (60)

v_{Ed} Bemessungswert der aufzunehmenden Querkraft

u Umfang eines Rundschnittes nach Bild 30 u. 31

β Beiwert zur Berücksichtigung der Auswirkung von Lastausmitten

$\qquad \beta = 1{,}05$ Innenstützen

$\qquad \beta = 1{,}40$ Randstützen

$\qquad \beta = 1{,}50$ Eckstützen

v_{Rd} Bemessungswert der Querkrafttragfähigkeit längs eines Rundschnittes einer Platte mit folgender Grenztragfähigkeit

$v_{\mathrm{Rd,ct}}$ Bemessungswert der Querkrafttragfähigkeit längs des kritischen Rundschnitts ohne Durchstanzbewehrung.

$v_{\mathrm{Rd,ct,a}}$ Bemessungswert der Querkrafttragfähigkeit längs des äußeren Rundschnitts außerhalb des durchstanzbewehrten Bereichs.

$v_{\mathrm{Rd,sy}}$ Bemessungswert der Querkrafttragfähigkeit mit Durchstanzbewehrung längs innerer Nachweisschnitte.

$v_{\mathrm{Rd,max}}$ Bemessungswert der maximalen Querkrafttragfähigkeit längs des kritischen Rundschnitts.

468

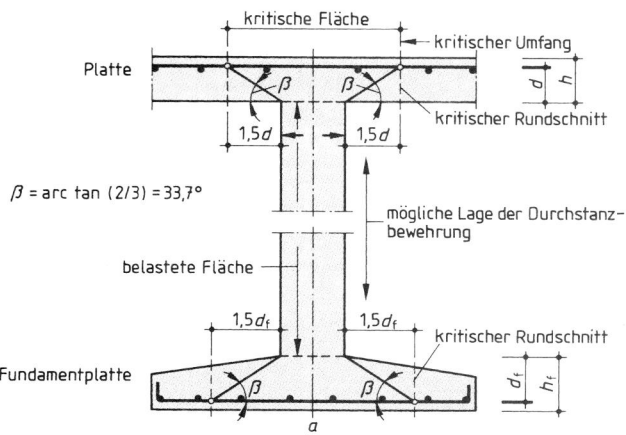

Bild 29 Bemessungsmodell für den Nachweis der Sicherheit gegen Durchstanzen

7

Normalbereich

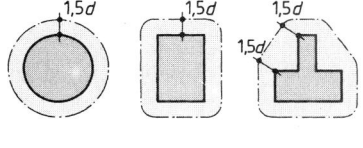

Sonderbereich
Bei Wänden oder Stützen, wenn die Bedingungen für Normalbereich nicht erfüllt sind.
Lastaufstandsfläche $\leq 11\,d$ Länge/Breite $\leq 2,0$

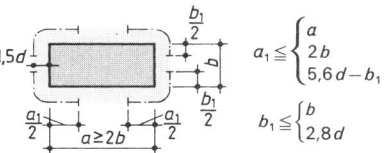

$-\cdot-\cdot-$ maßgebend für den Nachweis gegen Durchstanzen
Restbereich Schub maßgebend

Randbereich

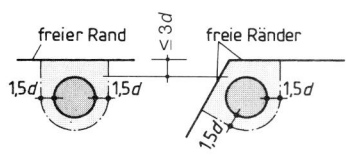

in der Nähe von Öffnungen

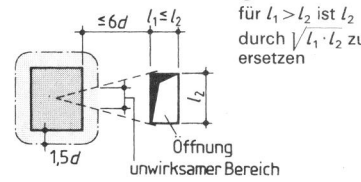

für $l_1 > l_2$ ist l_2 durch $\sqrt{l_1 \cdot l_2}$ zu ersetzen

Bild 30 Darstellung des kritischen Rundschnittes

6.5.4.1 Platten und Fundamente ohne Durchstanzbewehrung

nach DIN 1045-1, Abschn. 10.5.4

Die Querkrafttragfähigkeit $v_{Rd,ct}$ längs des kritischen Rundschnitts ist wie folgt für Normalbeton zu ermitteln:

$$v_{Rd,ct} = [0,14 \cdot \kappa \cdot (100 \cdot \varrho_1 \cdot f_{ck})^{1/3} - 0,12\sigma_{cd}] \cdot d \quad (61)$$

469

Bezeichnungen wie in (39) und

$$\varrho_l = \sqrt{\varrho_{lx} \cdot \varrho_{ly}} \leq 0{,}02$$

$\varrho_{lx}, \varrho_{ly}$ a_{slx}/d bzw. a_{sly}/d \qquad (Längsbewehrungsgrad in x- bzw. y-Richtung)

$$d = (d_x + d_y)/2$$

6.5.4.2 Platten mit Durchstanzbewehrung
nach DIN 1045-1, Abschn. 10.5.5

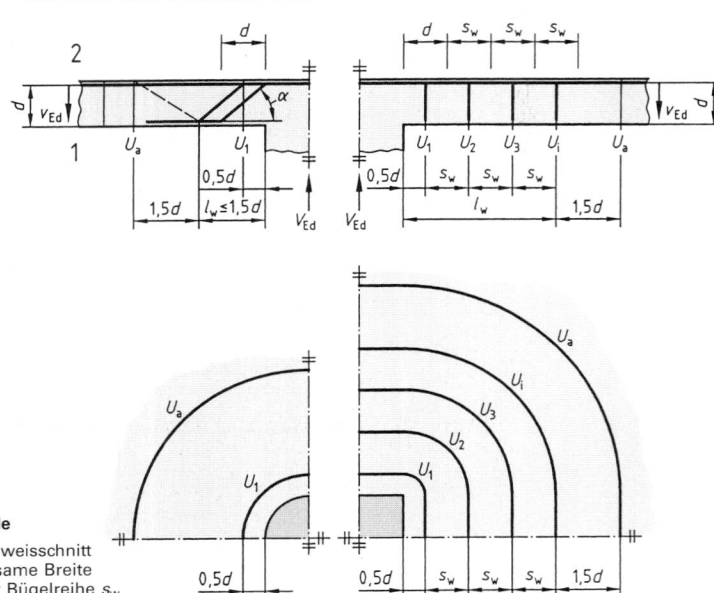

Legende

1 Nachweisschnitt
2 wirksame Breite
einer Bügelreihe s_w

Bild 31 Nachweisschnitte der Durchstanzbewehrung

Bei $v_{Ed} > v_{Rd,ct}$ muß Durchstanzbewehrung angeordnet werden.
Die maximale Querkrafttragfähigkeit einer Platte mit einer Durchstanzbewehrung beträgt:

$$v_{Rd,max} = 1{,}5 \cdot v_{Rd,ct} \qquad (62)$$

Es ist die erforderliche Durchstanzbewehrung rechtwinklig zur Plattenebene für die verschiedenen Reihen der Bewehrung (siehe Bild 31) mit den folgenden Formeln zu bestimmen. Diese Bewehrung ist gleichmäßig über den betrachteten Umfang zu verteilen.

Für die erste Bewehrungsreihe im Abstand $0{,}5 \cdot d$ vom Stützenrand gilt:

$$A_{sw,erf} = \frac{(v_{Ed} - v_{Rd,ct}) \cdot u}{\varkappa_s \cdot f_{yd}} \qquad (63)$$

Für die weiteren Bewehrungsreihen im Abstand $s_w \leq 0{,}75 \cdot d$ untereinander gilt:

$$A_{sw,erf} = \frac{(v_{Ed} - v_{Rd,ct}) \cdot u}{\varkappa_s \cdot f_{yd}} \cdot \frac{s_w}{d} \qquad (64)$$

Dabei bedeuten:

u Umfang des jeweiligen Nachweisschnittes

s_w wirksame Bewehrungsreihenbreite mit $s_w \leq 0,75 \cdot d$

κ_s Beiwert für die Plattenhöhe

$$\kappa_s = 0,7 + 0,3 \cdot \frac{d - 400}{400} \begin{Bmatrix} \geq 0,7 \\ \leq 1,0 \end{Bmatrix} \text{ mit } d \text{ in mm}$$

Der äußere Rundschnitt mit dem Umfang u_a liegt im Abstand $1,5 \cdot d$ von der letzten Bewehrungsreihe entfernt (siehe Bild 31). Die Querkraftfähigkeit an der Stelle des äußeren Rundschnittes ermittelt man mit:

$$v_{Rd,ct,a} = \kappa_a \cdot v_{Rd,ct} \quad (65)$$

Dabei bedeuten:

$v_{Rd,ct}$ Querkrafttragfähigkeit ohne Durchstanzbewehrung mit dem Längsbewehrungsgrad an der Stelle des äußeren Rundschnittes.

l_w Breite des Durchstanzbewehrungsbereiches außerhalb der Lasteinleitungsfläche (s. Bild 31).

$$\kappa_a = 1 - \frac{0,29 \cdot l_w}{3,5 \cdot d} \geq 0,71 \quad \text{Beiwert zur Berücksichtigung des Übergangs vom Durchstanzbereich zur reinen Querkrafttragfähigkeit}$$

Folgende Durchstanzbewehrung des inneren Rundschnittes darf nicht unterschritten werden.

$$\varrho_w = \frac{A_{sw}}{s_w \cdot u} \geq \min \varrho_w = 1,0 \cdot \varrho \quad \text{(siehe Abschn. 7.3.1.2)} \quad (66)$$

7

6.5.4.3   Mindestbemessungsmomente für Platten-Stützen-Verbindungen
nach DIN 1045-1, Abschn. 10.5.6

Zur Sicherung der Querkrafttragfähigkeit ist die Platte für folgende Mindestmomente in x- und y-Richtung zu bemessen, sofern nicht die Schnittgrößenermittlung zu höheren Werten führt:

$$m_{Edx} \geq \eta \cdot V_{Ed} \quad (67)$$

$$m_{Edy} \geq \eta \cdot V_{Ed} \quad (68)$$

V_{Ed} Aufzunehmende Querkraft

η Momentenbeiwert nach Tafel 18

Beim Nachweis der aufnehmbaren Biegemomente können nur Bewehrungsstäbe berücksichtigt werden, die außerhalb der kritischen Querschnittsfläche verankert sind.

Tafel 18   Momentenbeiwerte η

Lage der Stütze	η für m_{Edx}			η für m_{Edy}		
	Platten- oberseite	Platten- unterseite	mitwir- kende Plat- tenbreite	Platten- oberseite	Platten- unter- seite	mitwir- kende Plat- tenbreite
Innenstütze	$-0,125$	0	$0,3\,l_y$	$-0,125$	0	$0,3\,l_x$
Randstütze, Plattenrand parallel zur x-Achse	$-0,25$	0	$0,15\,l_y$	$-0,125$	$+0,125$	(je m Plattenbreite)
Randstütze, Plattenrand parallel zur y-Achse	$-0,125$	$+0,125$	(je m Plattenbreite)	$-0,25$	0	$0,15\,l_x$
Eckstütze	$-0,5$	$+0,5$	(je m Plattenbreite)	$-0,5$	$+0,5$	(je m Plattenbreite)

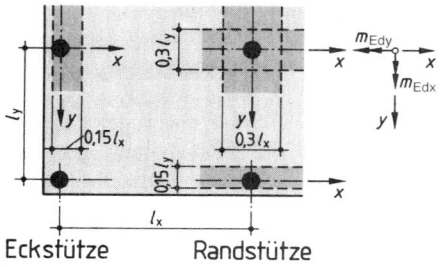

Eckstütze   Randstütze

Bild 32
Biegemomente m_{Edx} und m_{Edy} in Platten-Stützen-Verbindungen und mitwirkende Plattenbreite zur Ermittlung der aufnehmbaren Biegemomente

6.5.5 Knicksicherheitsnachweis nach DIN 1045-1, Abschn. 8.6

Für schlanke Tragwerke oder schlanke Bauteile, die vorwiegend auf Druck beansprucht und deren Tragfähigkeit wesentlich durch ihre Verformung derart beeinflußt werden, dass die Momente aus Theorie II. Ordnung zu einer Erhöhung der Momente aus Theorie I. Ordnung führen, ist ein Nachweis nach diesem Abschnitt erforderlich.

6.5.5.1 Einteilung des Tragwerks und der Tragwerksteile
nach DIN 1045-1, Abschn. 8.6.2

Der zu führende Nachweis hängt in erster Linie von der Nachgiebigkeit des Tragwerkes ab.

Aussteifende Bauteile sind in der Regel nach Theorie I. Ordnung zu bemessen und sollen 100% aller Horizontallasten aufnehmen.

Als unverschieblich gelten

a) Tragwerke, bei denen der Einfluß von Knotenverschiebungen auf die Bemessungsmomente und -kräfte der einzelnen Bauteile vernachlässigt werden können.

b) Tragwerke, die durch massive Wände oder Bauwerkskerne ausgesteift werden können.

c) Tragwerke, bei denen die aussteifenden Bauteile annähernd symmetrisch verteilt sind und folgende Bedingungen erfüllen:

$$h_{tot} \sqrt{\frac{F_v}{E_{cm} I_c}} \leq 0{,}2 + 0{,}1n \quad n \leq 3 \quad (69)$$

$$\leq 0{,}6 \quad n \geq 4$$

h_{tot} Gesamthöhe des Bauwerkes über Einspannebene
F_v Summe aller lotrechten Lasten
$E_{cm} I_c$ Biegesteifigkeit aller vertikalen aussteifenden Bauteile
n Anzahl der Geschosse

d) Rahmen ohne aussteifende Bauteile, bei denen die Schnittgrößen nach Theorie I. Ordnung infolge zugehöriger Verschiebungen um nicht mehr als 10% erhöht werden.

Die Bemessung von einzelnen unverschieblichen Druckgliedern erfolgt als Einzeldruckglieder.

6.5.5.2 Einzeldruckglieder nach DIN 1045-1, Abschn. 8.6.3

Als Einzeldruckglieder werden bezeichnet

— Einzelstehende Stützen
— Druckglieder, die in einem unverschieblichen Tragwerk gelenkig oder biegesteif angeschlossen sind
— Druckglieder, die als aussteifendes Bauteil dienen und schlank sind.

Die Schlankheit von Einzeldruckgliedern kann nach Bild 33 ermittelt werden. Dabei gilt für die Ersatzlänge l_0 eines Druckgliedes

$$l_0 = \beta \cdot l_{col} \quad (70)$$

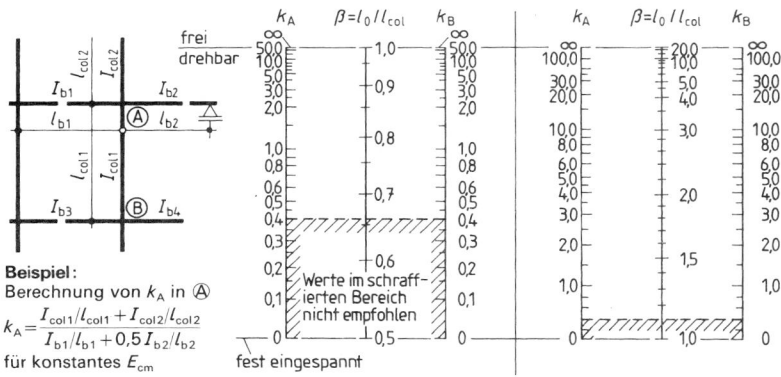

Beispiel:
Berechnung von k_A in Ⓐ

$$k_A = \frac{I_{col1}/l_{col1} + I_{col2}/l_{col2}}{I_{b1}/l_{b1} + 0{,}5\,I_{b2}/l_{b2}}$$

für konstantes E_{cm}

a) **unverschiebliche Rahmen**   b) **verschiebliche Rahmen**

Bild 33 Berechnung der Ersatzlänge von Einzeldruckgliedern

Die Steifigkeit der Einspannung an den Stützenenden kann durch die Beiwerte k_A und k_B angegeben werden.

$$k_A(k_B) = \frac{\sum E_{cm} I_{col}/l_{col}}{\sum E_{cm}\alpha I_b/l_{eff}} \quad (71)$$

E_{cm}	Elastizitätsmodul Beton
$I_{col},\, I_b$	Trägheitsmoment Druckglied, Balken
l_{col}	Stützenlänge zwischen den ideellen Einspannstellen
l_{eff}	wirksame Stützweite Balken
α	Beiwert zur Berücksichtigung der Einspannung am abliegenden Ende eines Balkens
	$\alpha = 1{,}0$ abliegende Ende elastisch oder starr eingespannt
	$\alpha = 0{,}5$ abliegende Ende frei drehbar gelagert
	$\alpha = 0$ Kragbalken

Einzeldruckglieder gelten als schlank, wenn für λ die nachstehende Gl. erfüllt ist, wobei der größte Wert maßgebend ist.

$$\lambda \begin{array}{l} > 25 \\ > 16/\sqrt{|\nu_{Ed}|} \end{array} \quad (72)$$

Für ν_u gilt

$$\nu_{Ed} = N_{Ed}/(f_{cd}A_c) \quad (73)$$

λ	Schlankheit l_0/i
ν_{Ed}	Bezogene Längskraft nach Gl. (73)
l_0	Ersatzlänge des Druckgliedes
i	Flächenträgheitsradius
N_{Ed}	Bemessungswert der aufzunehmenden Normalkraft
A_c	Betonquerschnitt der Stütze
f_{cd}	Bemessungswert der Betondruckfestigkeit

Ein Knicksicherheitsnachweis kann entfallen, wenn für die Schlankheit λ in unverschieblichen Tragwerken folgende Bedingung eingehalten ist:

$\lambda_{crit} \leqq 25(2 - e_{01}/e_{02})$ (74) e_{01}, e_{02} Ausmitten der Normalkraft nach Theorie I.
    Ordnung mit $|e_{02}| \geq |e_{01}|$

Gl. (74) gilt nur für Druckglieder ohne Querlasten zwischen den Enden.
Die Druckglieder sind allerdings für folgende Lastkombination zu bemessen:

$N_{Rd} = N_{Ed}$ (75) $M_{Rd} = N_{Ed} h/20$ (76)

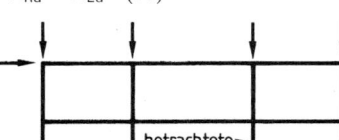
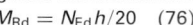
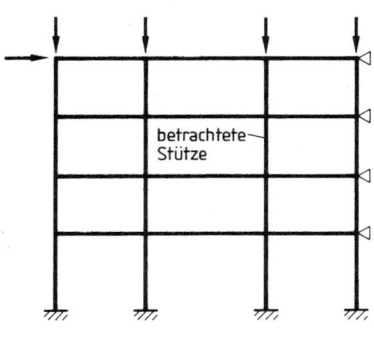
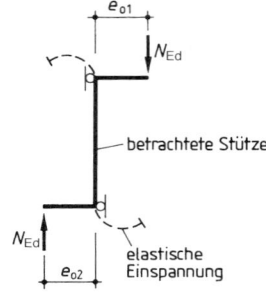
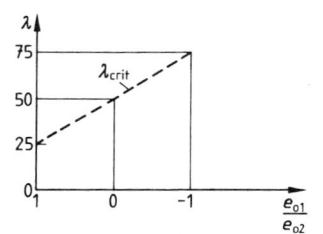

Bild 34
Grenzschlankheit λ_{crit} von Einzeldruckgliedern in unverschieblichen Tragwerken

6.5.5.3 Vereinfachtes Bemessungsverfahren nach DIN 1045-1, Abschn. 8.6.5

Für rechteckige bzw. kreisförmige Druckglieder mit einer Lastausmitte $e_0 \geq 0{,}1 h$ kann auf Grundlage einer fußeingespannten und am Kopf frei verschieblichen Modellstütze nach Bild 35 bemessen werden.

Die Bemessung des kritischen Querschnittes $A - A$ erfolgt unter der Längskraft N_{Ed} und der Gesamtausmitte e_{tot} nach Bild 36

$$e_{tot} = e_0 + e_a + e_2 \quad (77)$$

a) e_0 Lastausmitte nach Theorie I. Ordnung

$$e_0 = M_{Ed0}/N_{Ed}$$

M_{Ed0} Bemessungswert des aufzunehmenden Biegemomentes nach Theorie I. Ordnung
N_{Ed} Bemessungswert der aufzunehmenden Längskraft

Für $e_{01} \neq e_{02}$ wird e_0 durch eine Ersatzausmitte e_0 auf Grundlage von $|e_{02}| \geqq |e_{01}|$ ersetzt, wobei der größere der beiden Werte maßgebend wird

$$e_0 = 0{,}6 e_{02} + 0{,}4 e_{01} \qquad e_0 = 0{,}4 e_{02}$$

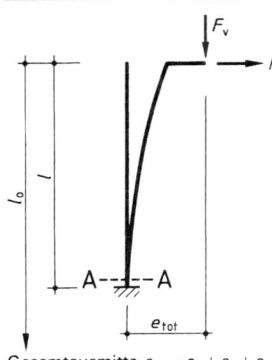

Gesamtausmitte $e_{tot} = e_0 + e_a + e_2$

Bild 35 Modellstütze

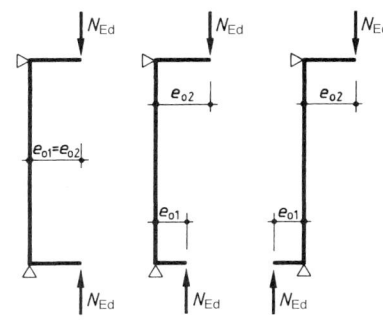

Bild 36 Berechnung der Lastausmitte e_0

b) e_a ungewollte Lastausmitte

$$e_a = \alpha_{a1} \cdot l_0/2$$

l_0 Ersatzlänge der Stütze
α_{a1} Schiefstellung nach Gl. (10)

c) e_2 Stabauslenkung nach Theorie II. Ordnung

$$e_2 = K_1 l_0^2 (1/r)/10$$

$K_1 = \lambda/10 - 2{,}5$ für $25 \leq \lambda \leq 35$

$K_1 = 1$ $\qquad \lambda > 35$

$1/r$ Stabkrümmung im kritischen Querschnitt

$$1/r = 2K_2 \varepsilon_{yd}/(0{,}9d)$$

$\varepsilon_{yd} = f_{yd}/E_s$ Bemessungswert der Dehnung der Bewehrung an der Streckgrenze
d Nutzhöhe des Querschnitts in der Stabilitätsrichtung

$$K_2 = (N_{ud} - N_{Ed})/(N_{ud} - N_{bal}) \leq 1$$

N_{du} Bemessungswert der Grenztragfähigkeit des Querschnitts unter zentrischem Druck $N_{ud} = -(f_{cd} \cdot A_c + f_{yd} \cdot A_s)$
N_{Ed} Bemessungswert der aufzunehmenden Längskraft (Druck negativ)
N_{bal} Längsdruckkraft, unter der die Momentengrenztragfähigkeit eines Querschnittes am größten ist $N_{bal} = -0{,}4 \cdot f_{cd} \cdot A_c$ (Rechteckquerschnitte mit symmetrischer Bewehrung)

6.5.5.4 Berücksichtigung des Kriechens

In unverschieblichen Tragwerken können Kriechverformungen normalerweise vernachlässigt werden.

Bei verschieblichen Rahmen sind Kriechverformungen zu berücksichtigen, wenn hiervon die Tragwerksstabilität wesentlich beeinflußt wird. Dies ist z. B. der Fall, wenn aus Kriecheinwirkung die Momente nach Theorie I. Ordnung unter planmäßigen Lasten um 10 % vergrößert werden.

6.5.5.5 Druckglieder mit zweifacher Lastausmitte
nach DIN 1045-1, Abschn. 8.6.6

Bei zweiachsiger Ausmitte ist für Rechteckquerschnitte ein getrennter Nachweis in Richtung der beiden Hauptachsen erlaubt, wenn die bezogenen Ausmitten e_y/b und

e_z/h nach untenstehenden Gleichungen derart begrenzt sind, dass der Lastangriffspunkt der Längskraft im dunkleren Bereich des Bildes 37 liegt. Die ungewollte Ausmitte e_a (s. oben) braucht bei der Ermittlung von e_y und e_z nicht berücksichtigt werden.

$$\frac{e_z/h}{e_y/b} \leqq 0,2 \quad (78a) \qquad\qquad \frac{e_y/b}{e_z/h} \leqq 0,2 \quad (78b)$$

Zur Erfüllung der Bedingung genügt die Einhaltung eine der beiden Gleichungen. Der getrennte Nachweis kann wie vor beschrieben geführt werden.

Bei $e_z/h > 0,2$ ist ein getrennter Nachweis nur dann erlaubt, wenn für den Nachweis um die schwächere Hauptachse z nach Bild 38 die Dicke h auf h' abgemindert wird. Dabei wird h' auf Grundlage einer linearen Spannungsverteilung nach folgender Formel ermittelt.

$$h' = \frac{h}{2} + \frac{h^2}{12(e_z + e_{az})} \leqq h \quad (79) \qquad e_{az} \quad \text{Zusatzausmitte in } z\text{-Richtung}$$

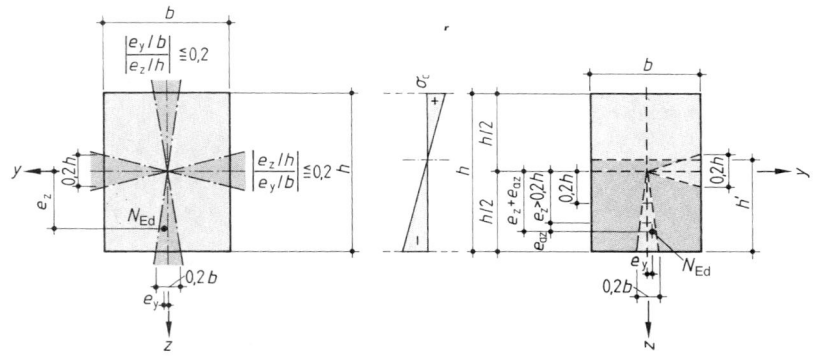

Bild 37 Voraussetzung für getrennten Nachweis

Bild 38 Bedingungen für getrennte Nachweise in Richtung der beiden Hauptachsen

6.5.5.6 Kippen von schlanken Trägern nach DIN 1045-1, Abschn. 8.6.8

Auf einen genauen Nachweis kann bei Stahlbeton- und Spannbetonträgern verzichtet werden, wenn folgende Gleichung erfüllt ist.

$$b \geq \sqrt[4]{\left(\frac{l_{0t}}{50}\right)^3 \cdot h} \quad (80)$$

b Breite des Druckgurtes
h Gesamtdicke des Trägers
l_{0t} Druckgurtlänge zwischen den seitlichen Abstützungen

6.5.5.7 Direkte Bemessung von Stützen

Auf Grundlage des Modellstützenverfahrens kann eine exakte Bemessung unter Anwendung der Nomogramme nach BT 8 (Anhang) durchgeführt werden.

Beispiel Bemessung einer Kragstütze

Abmessungen $b/h = 45/45$ cm, $l_k = 3,30$ m

Beton C 30/37

Betonstahl BSt 500, $d = 40,5$ cm

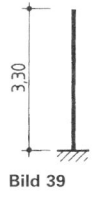

3,30

Bild 39

Einwirkungen an der Einspannstelle

		N [kN]	M_a [kNm]	M_1 [kNm]
ständig	g	−500	4,13	4,13
veränderlich	s	−250	2,06	2,06
	w	0	0	120,0

Imperfektion nach Gl. (10)

$$\alpha_{a1} = \frac{1}{100\,\sqrt{l}} \leq 0,005 \qquad\qquad \alpha_{a1} = \frac{1}{100\,\sqrt{3,30}} = 0,0055 > 0,005$$

Zusatzmoment M_a nach Abschn. 6.5.5.3

$$M_a = |N| \cdot l_0 \cdot \alpha_{a1}/2 = |N| \cdot 3,30 \cdot 0,005/2 \quad [\text{kNm}]$$

Bemessungswerte und bezogene Momente und Längskräfte

Vorwerte $l_0/h = 2 \cdot 3,30/0,45 = 14,66$, Beton $\gamma_c = 1,5$, Betonstahl $\gamma_s = 1,15$

$$A_c \cdot f_{cd} = 0,45^2 \cdot \frac{30}{1,5} = 4,05 \text{ MN}$$

$$h \cdot A_c \cdot f_{cd} = 0,45 \cdot 4,05 = 1,823 \text{ MNm}$$

$$\frac{f_{yd}}{f_{cd}} = \frac{500}{1,15} \cdot \frac{1,5}{30} = \frac{435}{20} = 21,75$$

Kombinationen

1: $1,35 \cdot g + 1,5 \cdot s + 1,5 \cdot 0,6 \cdot w$

$N_{Ed} = -1,35 \cdot 500 - 1,5 \cdot 250 = -1050$ kNm,

$M_{Ed} = 1,35 \cdot 4,13 + 1,5 \cdot 2,06 + 1,5 \cdot 0,6 \cdot 120 = 117$ kNm

$\nu_{Ed} = -1050/4050 = -0,26$

$\mu_{Ed} = 117/1823 = 0,07$

2: $1,35 \cdot g + 1,5 \cdot w + 1,5 \cdot 0,7 \cdot s$

$N_{Ed} = -1,35 \cdot 500 - 1,5 \cdot 0,7 \cdot 250 = -937,50$ kN

$M_{Ed} = +1,35 \cdot 4,13 + 1,5 \cdot 120 + 1,5 \cdot 0,7 \cdot 2,06 = 188$ kNm

$\nu_{Ed} = -937,50/4050 = -0,23$

$\mu_{Ed} = 188/1823 = 0,10$

3: $1,0 \cdot g + 1,50 \cdot w$

$N_{Ed} = -1,0 \cdot 500 = -500$ kN

$M_{Ed} = 1,0 \cdot 4,13 + 1,50 \cdot 120 = 184$ kNm

$\nu_{Ed} = -500/4050 = -0,12$

$\mu_{Ed} = 184/1823 = 0,10$

aus Tafel BT 8b erhält man folgende bezogene Bewehrungsverhältnisse ω
Kombination

1 $\omega = 0,03$ 2 $\omega = 0,14$ 3 $\omega = 0,16$

Die maßgebende Bewehrung ergibt sich zu

$$A_s = \omega \cdot A_c/(f_{yd}/f_{cd}) = 0,16 \cdot 45^2/21,75 = 14,90 \text{ cm}^2$$

6.6 Nachweis in den Grenzzuständen der Gebrauchstauglichkeit
nach DIN 1045-1, Abschn. 11

Die Dauerhaftigkeit und Gebrauchstauglichkeit von Stahlbeton- und Spannbetonbauteilen wird durch Einhaltung von Spannungs- und Verformungsgrenzen und Rissbreiten im Gebrauchszustand sichergestellt.

6.6.1 Begrenzung der Spannungen nach DIN 1045-1, Abschn. 11.1

6.6.1.1 Grenzspannungen im Gebrauchszustand

Die Gebrauchsspannungen sind zu begrenzen

a) Beton

unter seltener Lastkombination	$\sigma_c \leq 0,60 f_{ck}$
unter quasi-ständigen Lasten	$\sigma_c \leq 0,45 f_{ck}$
Anforderungen an Dauerhaftigkeit von Spannbetonbauteilen	volle Überdrückung des Querschnittes

b) Betonstahl unter seltener Lastkombination
wenn Zugspannungen ausschließlich

aus Zwang	$\sigma_s \leq 1,00 f_{yk}$
sonst	$\sigma_s \leq 0,80 f_{yk}$

c) Spannstahl unter quasi-ständiger Lastkombination

nach Abzug der Spannkraftverluste	$\sigma_p \leq 0,65 f_{pk}$
nach dem Lösen der Verankerung $\Big\}$	$\sigma_p \leq 0,90 f_{p0,1k}$
unter seltener Lastkombination	$\sigma_p \leq 0,80 f_{pk}$

O. g. Begrenzungen der Spannungen können als eingehalten gelten, wenn

a) Bemessung für den Grenzzustand der Tragfähigkeit nach Abschn. 6.5
b) Mindestbewehrung nach Abschn. 6.6.2.2
c) Bauliche Durchbildung nach Abschn. 7
d) Schnittgrößen im Grenzzustand der Tragfähigkeit sind und um nicht mehr als 15% umgelagert

6.6.1.2 Spannungsermittlung für einfach bewehrte Rechteckquerschnitte bei reiner Biegung

Der Nachweis wird i. allg. im Zustand I (ungerissener Querschnitt) geführt, $\alpha_e = E_s / E_c = 15$. Die Stahlspannung σ_s darf näherungsweise nach folgender Gleichung angenommen werden:

$$\sigma_s = \frac{1}{A_s} \left(\frac{M_s}{z} + N \right) \qquad M_{s'} \text{ auf die Zugbewehrung bezogenes Moment}$$

Für eine genauere Berechnung der Stahl- und Betonspannungen können die folgenden Gleichungen verwendet werden.

a) Einfach bewehrte Rechteckquerschnitte

$$x = \frac{\alpha_e A_s}{b} \left(-1 + \sqrt{1 + \frac{2bh}{\alpha_e A_b}} \right) \qquad z = h - \frac{x}{3} \qquad \sigma_s = \frac{2M}{bxz} \qquad \sigma_s = \frac{M}{z A_s} \qquad (*)$$

Wenn unter der seltenen Lastkombination die Zugspannungen aus der Rechnung im Zustand I den Mittelwert der Zugspannung f_{ctm} überschreiten, sollte der gerissene Querschnitt (Zustand II) angesetzt werden. Folgendes ist zu berücksichtigen:

a) Einflüsse aus Kriechen und Schwinden und (wenn erforderlich) aus Reißen des Querschnitts unter Gebrauchslast
b) Einflüsse aus Zwangeinwirkungen sobald sie die Spannungen wesentlich beeinflussen
c) Langzeiteinflüsse bei der Bemessung, wenn der Anteil der quasi-ständigen Einwirkung größer als 50% der Gesamteinwirkung ist. Das Verhältnis der E-Module E_s / E_c kann mit 15 angenommen werden.
d) bei Rechnung nach Zustand I: elastisches Verhalten des Querschnittes
e) bei Rechnung nach Zustand II: elastisches Verhalten des auf Druck beanspruchten Betons, dieser kann aber keine Zugspannungen aufnehmen.

478

6.6.1.3 Spannungsermittlung für einfach bewehrte Rechteckquerschnitte bei Biegung mit Längskraft

Die o.a. Formeln gelten auch für Biegung mit Längskraft, wenn man statt A_s den von M_s allein verursachten Bewehrungsanteil A_{sM} aus folgender Gl. und statt M nun M_s (das auf den Schwerpunkt der Zugbewehrung bezogene Moment) einsetzt.

$$A_{sM} = A_s - \frac{N}{\sigma_s}.$$

σ_s ist hier unbekannt und wird deshalb zunächst geschätzt und mit dem aus Gl. (*) sich ergebenden Wert verglichen. Mit einem verbesserten σ_s-Wert wird solange erneut gerechnet, bis beide Werte genügend genau übereinstimmen.

6.6.2 Begrenzung der Rissbreite nach DIN 1045-1, Abschn. 11.2

6.6.2.1 Allgemeine Grundlagen

Die zulässigen Rissbreiten zur Sicherstellung der Dauerhaftigkeit von Stahlbeton- und Spannbetonbauteilen ohne besondere Anforderungen (z. B. Wasserundurchlässigkeit) sind in Tafel 20 angegeben.

Dazu sind die Bauteile in Mindestanforderungsklassen nach Tafel 19 in Abhängigkeit von Expositionsklassen nach Tafel 13 einzuteilen.

Tafel 19 Mindestanforderungsklassen in Abhängigkeit von der Expositionsklasse

Expositionsklasse	Mindestanforderungsklasse			
	Vorspannart			
	Vorspannung im nachträglichem Verbund	Vorspannung im sofortigem Verbund	Vorspannung ohne Verbund	Stahlbetonbauteile
XC 1	D	D	F	F
XC 2, XC 3, XC 4	C[a])	C	E	E
XD 1, XD 2, XD 3[b]), XS 1, XS 2, XS 3	C[a])	B	E	E

[a]) Wird der Korrosionsschutz anderweitig sichergestellt, darf Anforderungsklasse D verwendet werden. Hinweise hierzu sind den allgemeinen bauaufsichtlichen Zulassungen der Spannverfahren zu entnehmen.

[b]) Im Einzelfall können zusätzliche besondere Maßnahmen für den Korrosionsschutz notwendig sein.

Tafel 20 Anforderungen an die Begrenzung der Rissbreite und die Dekompression

Anforderungsklasse	Einwirkungskombination für den Nachweis der		Rechenwert der Rissbreite w_k in mm
	Dekompression	Rissbreitenbegrenzung	
A	selten	—	0,2
B	häufig	selten	
C	quasi-ständig	häufig	
D	—	häufig	
E	—	quasi-ständig	0,3
F	—	quasi-ständig	0,4

Garantiert wird die Einhaltung der zulässigen Rissbreiten durch
— Einlegen einer Mindestbewehrung nach Gl. (81)
und
— Beachtung der Grenzen der Abstände (Tafel 21) und Durchmesser (Tafel 22) der Bewehrung.

6.6.2.2 Mindestbewehrung nach DIN 1045-1, Abschn. 11.2.2

Eine Mindestbewehrung ist im Allgemeinen in oberflächennahen Bereichen von Stahlbeton- und Spannbetonbauteilen einzulegen, in denen Betonzugspannungen, besonders infolge von Zwang entstehen. Dabei muß zwischen Biegung (Zugspannungsverteilung über den Querschnitt dreieckförmig) und Zug (gesamter Querschnitt unter Zug) unterschieden werden.

Die als Mindestbewehrung definierte Querschnittsbewehrung der Zugbewehrung A_s ergibt sich zu

$$A_s = k_c k f_{ct,\,eff} A_{ct}/\sigma_s \quad (81)$$

wobei k_c den Einfluß der Spannungsverteilung innerhalb des Querschnitts bei Erstrissbildung und k nichtlinear verteilte Eigenspannungen berücksichtigt. Im Einzelnen betragen

$$k_c = 0{,}4\left[1 + \frac{\sigma_c}{k_1 \cdot f_{ct,\,eff}}\right] \leq 1$$

σ_c die Betonspannung in Höhe der Schwerlinie des Querschnitts oder Teilquerschnitts im ungerissenen Zustand unter der Einwirkungskombination, die am Gesamtquerschnitt zur Erstrissbildung führt ($\sigma_c < 0$ bei Druckspannungen)

k_1 $= 1{,}5h/h'$ für Drucknormalkraft

     $= 2/3$ für Zugnormalkraft

h die Höhe des Querschnitts oder Teilquerschnitts

h' $= h$ für $h < 1$ m

     $= 1$ m   für $h \geq 1$ m

k a) Zugspannungen infolge im Bauteil selbst hervorgerufenen Zwangs (z. B. Eigenspannungen infolge Abfließen der Hydratationswärme):

     $k = 0{,}8$ für $h \leq 300$ mm

     $k = 0{,}5$ für $h \geq 800$ mm

     Zwischenwerte dürfen linear interpoliert werden. Dabei ist für h der kleinere Wert von Höhe oder Breite des Querschnitts oder Teilquerschnitts zu setzen.

     b) Zugspannungen infolge außerhalb des Bauteils hervorgerufenen Zwangs (z. B. Stützensenkung):

     $k = 1{,}0$

A_{ct} die Fläche der Betonzugzone

$f_{ct,eff}$ die wirksame Zugfestigkeit des Betons zum betrachteten Zeitpunkt.

σ_s die zulässige Spannung in der Betonstahlbewehrung zur Begrenzung der Rissbreite in Abhängigkeit vom Grenzdurchmesser d_s^r nach Tafel 22

6.6.2.3 Begrenzung der Rissbreite ohne besondere Berechnung nach DIN 1045-1, Abschn. 11.2.3

Für Hochbauplatten aus Stahlbeton und Spannbeton mit $h \leq 20$ cm braucht keine besondere Bewehrung eingelegt werden, wenn diese nach Abschn. 7.3.2 ausgebildet sind.

Tafel 21 Höchstwerte der Stababstände von Betonstählen

Stahlspannung σ_s N/mm^2	Höchstabstände der Stäbe in mm in Abhängigkeit vom Rechenwert der Rissbreite w_k		
	$w_k = 0{,}4$ mm	$w_k = 0{,}3$ mm	$w_k = 0{,}2$ mm
160	300	300	200
200	300	250	150
240	250	200	100
280	200	150	50
320	150	100	—
360	100	50	—

Tafel 22 Grenzdurchmesser d_s^* bei Betonstählen

Stahlspannung σ_s N/mm^2	Grenzdurchmesser der Stäbe in mm in Abhängigkeit vom Rechenwert der Rissbreite w_k		
	$w_k = 0{,}4$ mm	$w_k = 0{,}3$ mm	$w_k = 0{,}2$ mm
160	56	42	28
200	36	28	18
240	25	19	13
280	18	14	9
320	14	11	7
360	11	8	6
400	9	7	5
450	7	5	4

Der Grenzdurchmesser der Bewehrungsstäbe nach Tafel 22 darf in Abhängigkeit von der Bauteilhöhe und muss in Abhängigkeit von der wirksamen Betonzugfestigkeit $f_{ct,eff}$ folgendermaßen modifiziert werden:

$$d_s = d_s^* \cdot \frac{\sigma_s \cdot A_s}{4(h-d) \cdot b \cdot f_{ct,0}} \geq d_s^* \cdot \frac{f_{ct,eff}}{f_{ct,0}} \quad (82)$$

Dabei ist

d_s der modifizierte Grenzdurchmesser

d_s^* der Grenzdurchmesser nach Tafel 22

σ_s die Betonstahlspannung im Zustand II

A_s die Querschnittsfläche der Betonstahlbewehrung

h die Bauteilhöhe

d die statische Nutzhöhe

b die Breite der Zugzone

$f_{ct,0}$ die Zugfestigkeit des Betons, auf die die Werte nach Tafel 22 bezogen sind ($f_{ct,0} = 3{,}0$ N/mm^2)

481

6.6.2.4 Berechnung der Rissbreite nach DIN 1045-1, Abschn. 11.2.4

Die in den vorstehenden Kapiteln angegebenen Regeln zur Begrenzung der Rissbreite sind praxisgerecht, so dass eine gesonderte Berechnung der Rissbreiten nur sehr selten erforderlich sein wird.

6.3.3 Begrenzung der Verformung nach DIN 1045-1, Abschn. 11.3

6.3.3.1 Allgemeines

Die Verformung eines Bauteils oder Tragwerks darf seine ordnungsgemäße Funktion und sein Erscheinungsbild — also die Gebrauchstauglichkeit — nicht beeinträchtigen. Deshalb soll die größte auftretende Durchbiegung vorh f von Balken und Platten in der Regel den Grenzwert $l_{eff}/250$ nicht überschreiten, wobei l_{eff} entweder die Länge der Verbindungslinie der Auflager (die Stützweite) oder die Länge des 2,5fachen Kragträgers (gemessen vom Ende des Kragträgers bis zum rechnerischen Auflager) ist.

Es gilt also

$$\max f < l_{eff}/250\,.$$

Überhöhungen bei der Herstellung von Platten und Balken sind zulässig mit einem „Stich" bis zu $l_{eff}/250$.

Wenn das betrachtete Bauteil Elemente zu tragen hat, die bei diesen Verformungen Schaden nehmen (z. B. nichttragende leichte Trennwände oder Verglasungen), so ist eine weitergehende Begrenzung der Verformung nötig. In solchen Fällen soll der Grenzwert $l_{eff}/500$ eingehalten werden.

6.6.3.2 Biegeschlankheit

Der Nachweis vorh $f < l_{eff}/250$ kann ersetzt werden durch den Nachweis, dass der Wert der vorhandenen Biegeschlankheit vorh l_{eff}/d den Grenzwert der zulässigen Biegeschlankheit zul l_{eff}/d nicht überschreitet.

Tafel 23 Beiwerte α zur Bestimmung der Ersatzstützweite

Statisches System	$\alpha = l_i/l_{eff}$
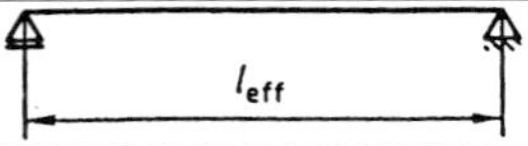 l_{eff}	1,00
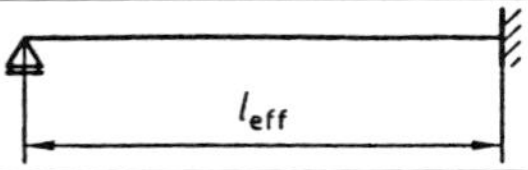 l_{eff}	0,80
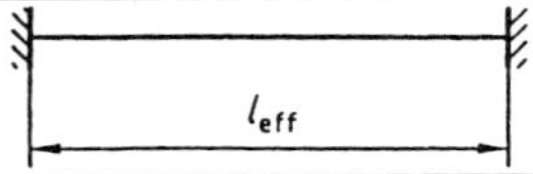 l_{eff}	0,60
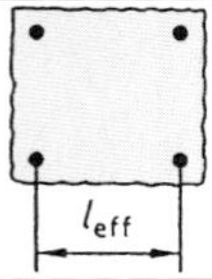 l_{eff}	Innenfeld 0,70[a] Randfeld 0,90[a]
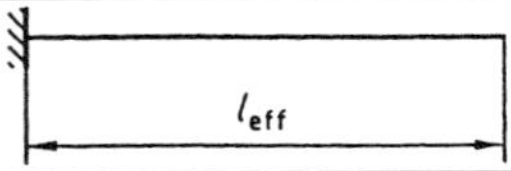 l_{eff}	2,4

[a]) Bei Platten mit Beton ab der Festigkeitsklasse C 30/37 dürfen diese Werte um 0,1 abgemindert werden.

Der Nachweis ist zu führen mit

$$l_i/d = \alpha \cdot l_{\text{eff}}/d \leq 35 \quad (83)$$

Der Beiwert α ist aus Tafel 23 zu entnehmen. Bei zweiachsig gelagerten Platten ist die kleinere Stützweite maßgebend; bei Flachdecken die größere Stützweite.

Von durchlaufenden Systemen dürfen die Zeilen 2 und 3 von Tafel 23 benutzt werden, wenn die Stützweiten benachbarter Felder nicht um mehr als 25% voneinander abweichen.

Bei hohen Anforderungen an die Verformung sollte gelten

$$l_i/d \leq {}^{150}/l_i \; [\text{m}] \quad (83a)$$

7 Bauliche Durchbildung nach DIN 1045-1, Abschn. 12 und 13

Abschn. 7 gilt für Normalbeton mit Bewehrungen aus Betonstabstählen, Betonstahlmatten und Spannstählen bei überwiegender ruhender Belastung.

7.1 Betonstahl

7.1.1 Stababstände und Verbund

Der lichte Abstand a von Betonstahl (Stabdurchmesser d_s) in horizontaler und in vertikaler Richtung darf nicht kleiner als 20 mm sein und muß mindestens gleich dem größeren Stabdurchmesser sein. Wird ein Beton mit einer größten Gesteinskörnung von $d_g > 16$ mm benutzt, so darf der lichte Abstand a auch nicht kleiner als $d_g + 5$ mm sein.

Im Bereich von Übergreifungsstößen gelten andere Werte, siehe Abschnitt 7.1.3.

In jedem Fall soll a so groß gewählt werden, dass der Beton ausreichend verdichtet werden kann und der Verbund gesichert ist. Die Mindestweite der Biegerollen durchmessen sind in Tafel 24 angegeben.

Tafel 24 Mindestwerte der Biegerollendurchmesser d_{Br}

Betonstahl	Haken, Winkelhaken, Schlaufen		Schräge Stäbe und sonst. Krümmungen		
	Stabdurchmesser d_s		Mindestmaß der Betondeckung seitlich		
	< 20 mm	≥ 20 mm	> 100 mm und $> 7d_s$	> 50 mm und $> 3d_s$	≤ 50 mm und $\leq 3d_s$
Rippenstäbe BSt 500	$4d_s$	$7d_s$	$10d_s$	$15d_s$	$20d_s$
geschweißte Bewehrung und Betonstahlmatten	$20d_s{}^{1)}$				

[1]) Wert gilt bei Schweißung innerhalb des Biegebereichs sowie bei einem Abstand von $< 4d_s$ zwischen Biegebeginn und Schweißstelle, bei größerem Abstand können die Werte für Stäbe angewendet werden. Wert gilt für vorwiegend ruhende Einwirkung

Die Verbundbedingungen sind abhängig von den Bauteilabmessungen sowie der Beschaffenheit der Bewehrungsstäbe und deren Lage im Bauteil während des Betonierens. Unterschieden wird zwischen guten (vgl. Tafel 25) und mäßigen (alle anderen) Verbundbedingungen. Der Bemessungswert der Verbundspannungen ist in Tafel 26 angegeben.

Tafel 25   Bedingungen für guten Verbundbereich

Stablage zur Waagerechten während des Betonierens	Bauteildicke h in cm	Stablage[1])
	≤ 30	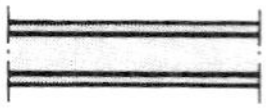 alle Stäbe
0 bis 45°	> 30 ≤ 60	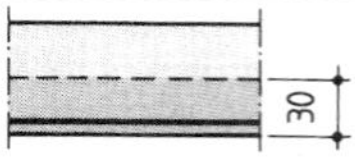 alle Stäbe die 30 cm von unten liegen
	> 60	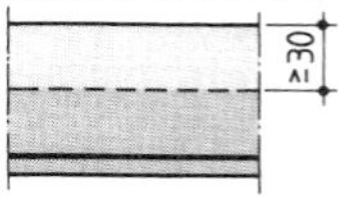 alle Stäbe, die ≥ 30 cm von oben liegen
45 bis 90°	ohne Begrenzung	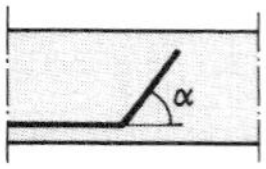 alle Stäbe mit $45 < \alpha \leq 90°$

[1]) Betonierrichtung ist immer von unten nach oben

Bei mäßigen Verbundbedingungen sind die Werte f_{bd} von Tafel 26 mit dem Faktor 0,70 zu multiplizieren.

Bei Stabdurchmessern größer 32 mm sind die Werte mit $(132 - d_s)/100$ zu multiplizieren. Bei gesichertem Querdruck dürfen die Werte f_{bd} erhöht werden.

Bei Querzug müssen sie reduziert werden.

Tafel 26   Bemessungswerte der Verbundspannung f_{bd} für Betonstahl bei guten Verbundbedingungen und $d_s \leq 32$ mm

	charakteristische Betondruckfestigkeit f_{ck} in N/mm²														
	12	16	20	25	30	35	40	45	50	55	60	70	80	90	100
f_{bd} N/mm²	1,6	2,0	2,3	2,7	3,0	3,4	3,7	4,0	4,3	4,4	4,5	4,7	4,8	4,9	4,9

7.1.2   Verankerungen nach DIN 1045-1, Abschn. 12.6

Für das Grundmaß der Verankerungslänge l_b gilt (siehe Tafel 27):

$$l_b = (d_s/4) \cdot (f_{yd}/f_{bd}) \quad (84)$$

Der Nenndurchmesser ist bei geschweißten Betonstahlmatten mit Doppelstäben durch den Vergleichsdurchmesser $d_{sv} = d_s\sqrt{2}$ zu ersetzen.

Die erforderliche Verankerungslänge $l_{b,net}$ von Stäben, Drähten und Betonstahlmatten aus Rippenstäben ist nach Gl. (85) unter Berücksichtigung der Beiwerte α_a nach Tafel 28 und der erforderlichen ($A_{s,erf}$) zur vorhandenen ($A_{s,vorh}$) Querschnittsfläche der Bewehrung zu berechnen.

$$l_{b,net} = \alpha_a l_b A_{s,erf}/A_{s,vorh} \quad (85)$$
$$\geq l_{b,min}$$

Die Mindestlänge $l_{b,min}$ beträgt

— für Zugstäbe

$$l_{b,min} = 0,3 \cdot \alpha_a \cdot l_b \geq 10 d_s$$

— für Druckstäbe

$$l_{b,min} = 0,6 l_b \geq 10 d_s$$

Tafel 27 Grundmaß der Verankerungslänge l_b in cm für Stabstahl BSt 500

(a) guter Verbund

d_s in mm	Betonfestigkeitsklasse													
	C[1] 12/15	C 16/20	C 20/25	C 25/30	C 30/37	C 35/45	C 40/50	C 45/55	C 50/60	C 55/67	C 60/75	C 70/85	C 80/95	C 90/105 100/115
6	41	33	28	24	22	19	18	16	15	15	15	14	14	13
8	54	44	38	32	29	26	24	22	20	20	19	19	18	18
10	68	54	47	40	36	32	29	27	25	25	24	23	23	22
12	82	65	57	48	44	38	35	33	30	30	29	28	27	27
14	95	76	66	56	51	45	41	38	35	35	34	32	32	31
16	109	87	76	64	58	51	47	44	40	40	39	37	36	36
20	136	109	95	81	73	64	59	54	51	49	48	46	45	44
25	170	136	118	101	91	80	73	68	63	62	60	58	57	55
28	190	152	132	113	102	90	82	76	71	69	68	65	63	62

(b) mäßiger Verbund

d_s in mm	Betonfestigkeitsklasse													
	C[1] 12/15	C 16/20	C 20/25	C 25/30	C 30/37	C 35/45	C 40/50	C 45/55	C 50/60	C 55/67	C 60/75	C 70/85	C 80/95	C 90/105 100/115
6	58	47	41	35	31	27	25	23	22	21	21	20	19	19
8	78	62	54	46	41	37	34	31	29	28	28	26	26	25
10	97	78	68	58	52	46	42	39	36	35	35	33	32	32
12	117	93	81	69	62	55	50	47	43	42	41	40	39	38
14	136	109	95	81	73	64	59	54	51	49	48	46	45	44
16	155	124	108	92	83	73	67	62	58	56	55	53	52	51
20	194	155	135	115	104	91	84	78	72	71	69	66	65	63
25	243	194	169	144	129	114	105	97	90	88	86	83	81	79
28	272	218	189	161	145	128	118	109	101	99	97	93	91	89

[1]) Beton C 12/15 darf nur für Bauteile verwandt werden, bei denen keinerlei Korrosionsgefahr besteht! Also im Allgemeinen keine Bauteile aus C 12/15 mit Bewehrung!

Tafel 28 Zulässige Verankerungsarten von Betonstahl und α_a-Werte

Art und Ausbildung der Verankerung	Beiwert α_a	
	Zug- stäbe[a])	Druck- stäbe
a) Gerade Stabenden	1,0	1,0

Fortsetzung und Fußnoten Tafel 28 siehe nächste Seite

Tafel 28 (Fortsetzung)

Art und Ausbildung der Verankerung	Beiwert α_a	
	Zug-stäbe[a])	Druckstä-be
b) Haken c) Winkelhaken d) Schlaufen	0,7[b]) (1,0)	—
e) Gerade Stabenden mit mindestens einem angeschweißten Stab innerhalb $l_{b,net}$	0,7	0,7
f) Haken g) Winkelhaken h) Schlaufen (Draufsicht)	0,5 (0,7)	—
mit jeweils mindestens einem angeschweißten Stab innerhalb $l_{b,net}$ vor dem Krümmungsbeginn		
i) Gerade Stabenden mit mindestens zwei ange-schweißten Stäben innerhalb $l_{b,net}$ (Stababstand $s < 100$ mm und $\geq 5d_s$ und ≥ 50 mm) nur zulässig bei Einzelstäben mit $d_s \leq 16$ mm und bei Doppelstäben mit $d_s \leq 12$ mm	0,5	0,5

[a]) Die in Klammern angegebenen Werte gelten, wenn im Krümmungsbereich rechwinklig zur Krümmungsebene die Betondeckung weniger als $3d_s$ beträgt oder kein Querdruck oder keine enge Verbügelung vorhanden ist.

[b]) Bei Schlaufenverankerungen mit Biegerollendurchmesser $d_{br} \geq 15d_s$ darf der Wert α_a auf 0,5 reduziert werden.

Im Verankerungsbereich von Bewehrungsstäben treten quer zur Stabrichtung Zugspannungen im Beton auf. Diese Querzugspannungen sind durch eine Quer-bewehrung aufzunehmen.

Wenn die üblichen konstruktiven Maßnahmen ergriffen werden, z. B. Bügel bei Stützen und Balken und Querbewehrung bei Platten und Wänden, dann braucht keine zusätzliche Bewehrung angeordnet werden. Für Stabdurchmesser größer als 32 mm sind in der DIN 1045-1 in Abschnitt 12.6.3 weitere Anforderungen an die Querbewehrung aufgeführt.

Bügel und Querkraftbewehrung (z. B. Durchstanzbewehrung) muss durch Haken, Winkelhaken oder durch angeschweißte Querstäbe verankert werden, siehe Tafel 29. Die Verankerung muss in der Druckzone zwischen dem Schwerpunkt der Druckzone und dem Druckrand erfolgen. Bügel müssen die Zugbewehrung umschließen. Eine Verankerung mit angeschweißten Querstäben ist nur zulässig, wenn die seitli-che Betondeckung im Verankerungsbereich mindestens gleich $3d_s$ und mindestens 50 mm beträgt.

Tafel 29 Verankerungen von Bügeln und Schubbewehrungen

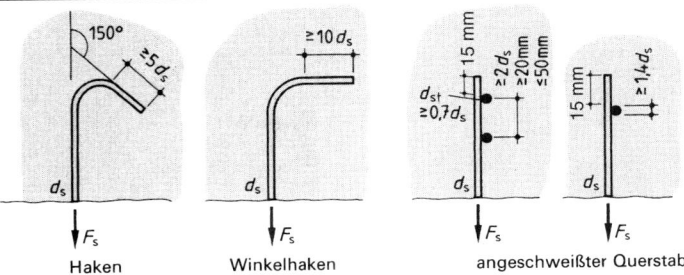

Haken   Winkelhaken   angeschweißter Querstab

Bei Verankerungen mit Ankerkörper dürfen nur allgemein bauaufsichtlich zugelassene Anker verwendet werden.

7.1.3 Bewehrungsstöße nach DIN 1045-1, Abschn. 12.8

Stöße von Bewehrungen sind derart auszubilden, daß die Kraftübertragung sichergestellt ist und im Stoßbereich keine Betonabplatzungen auftreten. Die Rißbreite sollte die Werte aus Abschn. 6.6.2.1 nicht wesentlich überschreiten.

Tafel 30 Ausbildung von Übergreifungsstößen

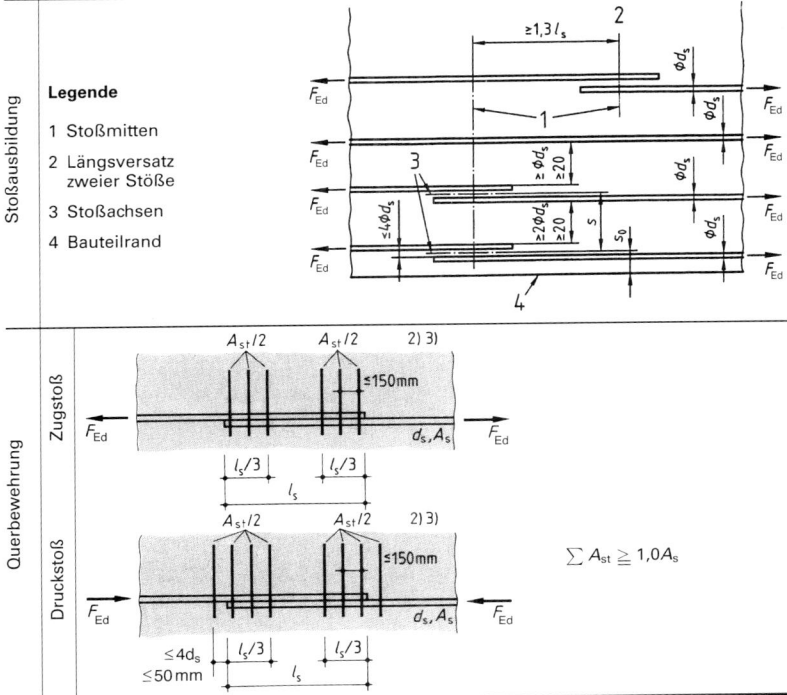

Legende

1 Stoßmitten

2 Längsversatz zweier Stöße

3 Stoßachsen

4 Bauteilrand

$$\sum A_{st} \geqq 1{,}0 A_s$$

Übergreifungsstöße von Stäben und Drähten sind nach Tafel 30 auszubilden. Die Übergreifungslänge l_s ist nach Gl. (86) unter Berücksichtigung von $l_{b,net}$ nach Gl. (85), α_a nach Tafel 28 und α_1 nach Tafel 31 zu berechnen.

$$l_s = l_{b,net}\alpha_1 \geq l_{s,min} \quad (86) \qquad l_{s,min} = 0{,}3\alpha_a\alpha_1 l_b \geq 15 d_s$$
$$\geq 200 \text{ mm}$$

Tafel 31   Beiwerte α_1

Stoßdarstellung			Anteil der ohne Längsversatz gestoßenen Stäbe am Querschnitt einer Bewehrungslage	
			$\leq 30\%$	$> 30\%$
	Zugstoß	$d_s < 16$ mm	$1{,}2^{a})$	$1{,}4^{a})$
		$d_s \geq 16$ mm	$1{,}4^{a})$	$2{,}0^{b})$
	Druckstoß		$1{,}0$	$1{,}0$
	$^{a})$ Falls $s \geq 10 d_s$ und $s_0 \geq 5 d_s$ (siehe Bild) gilt $\alpha_1 = 1{,}0$ $^{b})$ Falls $s \geq 10 d_s$ und $s_0 \geq 5 d_s$ (siehe Bild) gilt $\alpha_1 = 1{,}4$			

Stöße von Betonstahlmatten aus Rippenstäben sind nach Tafel 32 auszubilden. Die Übergreifungslänge l_s der Hauptbewehrung ist nach Gl. (87) zu berechnen.

Tafel 32   Stoßausbildung bei Betonstahlmatten aus Rippenstäben

Stoß	zul. Stoßanteil in %	Bedingung	Übergreifungslänge	
Hauptbewehrung$^{1})$	100	$A_s/a^2) \leq 1200$ mm^2/m	nach Gl. (87)$^{2})^{3})$	
	60	$A_s/a > 1200$ mm^2/m		
Querbewehrung	100	Mindestens 2 Querstäbe sollen im Bereich der Übergreifungsstöße liegen	$d_s \leq 6$ mm	$l_s \geq a_l^{4})$ ≥ 150 mm
			$d_s > 6$ mm $\leq 8{,}5$ mm	$l_s \geq a_l$ ≥ 250 mm
			$d_s > 8{,}5$ mm ≤ 12 mm	$l_s \geq a_l$ ≥ 350 mm

$^{1})$ Stöße sollen in Bereiche liegen, in denen unter sehr seltenen Lastkombinationen die Beanspruchungen nicht größer als 80% des Bemessungswertes der Tragfähigkeit ist.
$^{2})$ A_s/a = Stabquerschnitt/Stababstand in mm^2/m
$^{3})$ a_l = Abstand der Querstäbe
$^{4})$ a_e = Abstand der Längsstäbe

$$l_s = \alpha_2 l_b A_{s,erf}/A_{s,vorh} \geq l_{s,min} \quad (87) \qquad \alpha_2 = 0{,}4 + (1/800)\cdot(A_s/a) \genfrac{}{}{0pt}{}{\geq 1{,}0}{\leq 2{,}0}$$

$$l_{s,min} = 0{,}3\alpha_2 l_b \genfrac{}{}{0pt}{}{\geq 200 \text{ mm}}{\geq a_e}$$

7.1.4   Zusätzliche Regeln für Rippenstäbe mit $d_s \geq 32$ mm

Die wesentlichen Abmessungen, Stababstände und Betondeckung sind in Tafel 33 angegeben. Daneben soll die Rißbeschränkung entweder durch Anordnung einer Hautbewehrung oder durch Nachweis nach Abschn. 6.6.2 erfolgen. Die Bemessungswerte der Verbundspannungen f_{bd} nach Tafel 26 sind mit dem Faktor $(132 - d_s)/100$ zu multiplizieren.

Verankerungen im Zugbereich sind nicht zulässig. Zur Verankerung sind gerade Stabenden oder Anker zu verwenden. Stöße dürfen in auf Zug und Druck beanspruchten Bauteilen nicht verwendet werden. Bei Balken und Platten ohne Querdruck im Verankerungsbereich ist zusätzlich zur Schubbewehrung eine gleichmäßig über den Verankerungsbereich verteilte Querbewehrung nach Tafel 33 erforderlich.

Tafel 33 Zusätzliche Regeln für Rippenstäbe mit $d_s > 32$ mm

Bauteil-abmessungen		Mindestdicke $\quad h > 15 d_s$
		Lichter Abstand $\quad a \begin{array}{l} \geq d_s \\ \geq d_g + 5 \text{ mm} \end{array}$
		Betondeckung $\quad c \geq d_s$

d_g Nennwert des Größtkorndurchmessers des Gesteinskorns

| Zusatzbewehrung im Verankerungs-bereich bei geraden Stabenden | ○ verankerte Bewehrungsstäbe
 ● durchlaufende Bewehrungsstäbe

 Abstand Zusatzbew. $\sim 5 d_s$ | in Richtung zur Bauteilunterseite
 — parallel
 $A_{st} = n_1 \, 0{,}25 A_s$

 — senkrecht
 $A_{sv} = n_2 \, 0{,}25 A_s$ |

A_s Querschnitt eines verankerten Stabes
n_1 Anzahl der Bewehrungslagen, die im gleichen Schnitt verankert werden
n_2 Anzahl der Bewehrungsstäbe, die in jeder Lage verankert werden

| Oberflächen-bewehrung | senkrecht $\quad A_{s,surf} = 0{,}01 A_{ct,ext}$
 parallel $\quad A_{s,surf} = 0{,}02 A_{ct,ext}$
 $A_{ct,ext}$ $\quad$ Querschnittsfläche des auf Zug beanspruchten Bauteils außerhalb der Bügel (vgl. 7.3.1.4) |

7

7.1.5 Zusätzliche Regeln für Stabbündel aus Rippenstäben
nach DIN 1045-1, Abschn. 12.9

Als Bemessungsgrundlage dient ein Ersatzstab mit dem Durchmesser d_{sv} und gleicher Fläche bzw. gleichem Schwerpunkt des Stabbündels nach Gl. (88).

$$d_{sv} = d_s \sqrt{n_b} \leq \begin{cases} 36 \text{ mm} \\ 28 \text{ mm ab C 70/85} \end{cases} \quad (88) \qquad \begin{array}{l} n_b \text{ Anzahl der Einzelstäbe des} \\ \text{Stabbündels} \end{array}$$

Für den Stababstand gilt Abschn. 7.1.1, allerdings wird der Abstand vom äußeren Bündelumfang gemessen. Die Betondeckung soll min $c > d_{sv}$ betragen.

Verankerungen oder Stöße müssen derart ausgebildet sein, dass jeder Einzelstab verankert oder gestoßen wird. Bei der Verankerung sind nur versetzt angeordnete gerade Stabenden zulässig, wobei der Längsversatz bei Bündeln mindestens die 1,3-fache Verankerungslänge betragen muß.

7.2 Spannglieder nach DIN 1045-1, Abschn. 12.10

Die Betondeckung der Spannglieder bzw. Hüllrohre ist nach Abschn. 6.1 und Tafel 14 festzulegen. Für die lichten Abstände untereinander gelten die Werte in Tafel 34.

Ankerkörper (Vorspannung mit nachträglichem Verbund) und Verankerungslängen (Vorspannung mit sofortigem Verbund) sind für die volle Vorspannkraft zu bemessen. Spanngliedkopplungen dürfen bis max. 50 % der Spannglieder in einem Querschnitt liegen, aber nicht im Bereich von Zwischenauflagern angeordnet sein.

Tafel 34   Lichte Mindestabstände von Spanngliedern und Hüllrohren

Vorspannung	Lichte Mindestabstände a		
mit sofortigem Verbund	Spannglieder	senkrecht	$a \geq d_p$ $\geq d_g$ ≥ 10 mm
		waagerecht	$a \geq d_p$ $\geq d_g + 5$ mm ≥ 20 mm
mit nachträglichem Verbund	Hüllrohre	senkrecht waagerecht	$a \geq 40$ mm $a \geq 50$ mm

7.3 Besondere Durchbildung von Bauteilen
nach DIN 1045-1, Abschn. 13

7.3.1 Balken nach DIN 1045-1, Abschn. 13.2

7.3.1.1 Längsbewehrung
nach DIN 1045-1, Abschn. 13.2

Die Längsbewehrung ist mit einem Mindest- bzw. Höchstquerschnitt nach untenstehenden Gleichungen auszubilden, wobei der charakteristische Wert des Betonstahles f_{yk} in N/mm^2 einzusetzen ist.

$$A_{sl,min} \geq 0{,}21 \cdot A_c \cdot \frac{f_{tm}}{f_{yk}} \quad (89)$$

= Mindestbewehrung nach Abschn. 6.6.2

$$A_{sl,max} \leq 0{,}08 A_c \quad (90)$$

auch im Stoßbereich

A_c Gesamtquerschnitt der Betonflächen

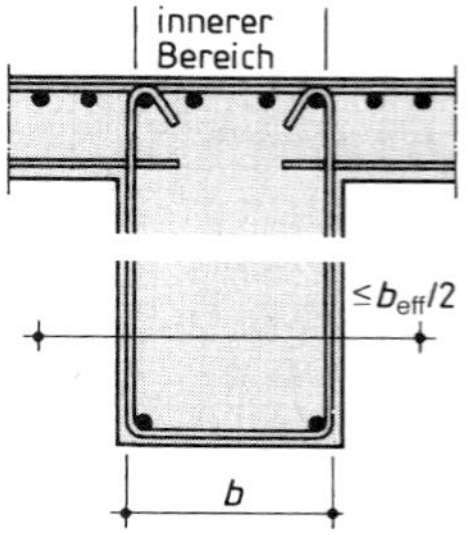

Bild 40   Ausgelagerte Bewehrung im Plattenbalken

Werden Bauteile mit monolithischer Einspannung als frei drehbar gelagert berechnet, sind die unberücksichtigten Einspannungen für ein Stützmoment zu bemessen, welches mindestens 25% des maximalen Feldmomentes entspricht.

Diese Stützbewehrung ist auf der 0,25fachen Feldlänge einzulegen.

An Zwischenauflagern von durchlaufenden Balken darf die Bewehrung A_{sl} ausgelagert werden (vgl. Bild 40).

Die Ermittlung der Zugkraftdeckungslinie und der Verankerungslängen für die Bemessung von Bauteilen bei reiner Biegung erfolgt nach den Tafeln 35 und 36. Das Versatzmaß a_l ist in Abhängigkeit von der Druckstrebenneigung θ vom Schubnachweis zu bestimmen.

$$a_l = 0{,}5z(\cot\theta - \cot\alpha) \geq 0 \quad (91)$$

α Neigung der Schubbewehrung
θ Neigung der Druckstreben
$z \approx 0{,}9d$ (im Allgemeinen ausreichend genau)

Bei End- und Zwischenauflagern ist mindestens 25% der Feldbewehrung über das entsprechende Auflager zu führen und für untenstehende Zugkraft zu bemessen

$$F_{sd} = V_{Ed} \cdot \frac{a_l}{z} + N_{Ed} \geq \frac{V_{Ed}}{2} \quad (92)$$

490

An Zwischenauflagern wird zur Aufnahme positiver Momente infolge außergewöhnlicher Beanspruchung empfohlen, die Bewehrung durchzuführen und kraftschlüssig zu schließen.

Tafel 35 Zugkraftdeckungslinie und Verankerungslängen für die Bemessung von Bauteilen bei reiner Biegung

Bei Auslagerung der Bewehrung im Gurtbereich ist a_l um den Wert des Auslagerungsabstandes nach Bild 40 zu vergrößern

Für Verankerungen außerhalb von Auflagern gilt Verankerungslängen
— Biegebewehrung ab dem rechnerischen Endpunkt E $\quad l \geqq l_{b,net}$
$\qquad\qquad\qquad\qquad\qquad l \geqq d$
— Schrägstäbe zur Aufnahme von Schubkräften
— im Bereich von Zugspannungen $\quad l \geqq 1,3 l_{b,net}$
— im Bereich von Druckspannungen $\quad l \geqq 0,7 l_{b,net}$

Tafel 36 Verankerungslängen im Auflagerbereich

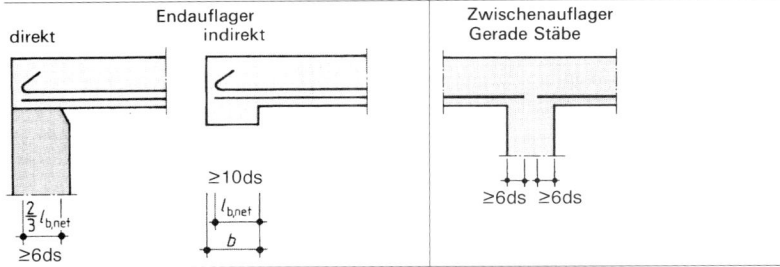

7.3.1.2 Schubbewehrung nach DIN 1045-1, Abschn. 13.2.3

Die Neigung der Schubbewehrung zur Bauteilachse sollte zwischen 45° und 90° liegen. Mögliche Kombinationen von Schubbewehrungen sind in Tafel 37 dargestellt.

Tafel 37 Beispiele von Kombinationen für Schubbewehrungen

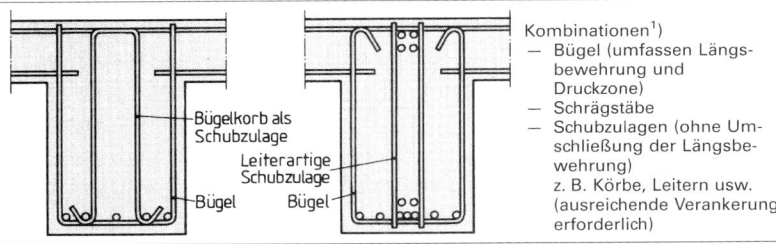

Kombinationen[1]
— Bügel (umfassen Längsbewehrung und Druckzone)
— Schrägstäbe
— Schubzulagen (ohne Umschließung der Längsbewehrung)
z. B. Körbe, Leitern usw.
(ausreichende Verankerung erforderlich)

[1] Der Anteil der Bügel muß $\geqq 50\%$ der notwendigen Schubbewehrung sein

Bügel sind ausreichend zu verankern, an der Außenseite von Stegen dürfen nur Rippenstäbe gestoßen werden. Der Durchmesser von glatten Rundstäben soll 12 mm nicht überschreiten. Für die Mindestbewehrung $A_{sw,min}$ gilt

$$A_{sw,min} = \varrho_w a b_w \sin \alpha \quad (93)$$

A_{sw} Querschnittsfläche der Schubbewehrung je Länge a
ϱ_w Bewehrungsgrad in Abhängigkeit der verwendeten Betonfestigkeitsklasse nach Tafel 38
a Abstand der Schubbewehrung
b_w Stegbreite
α Winkel zwischen Schubbewehrung und Hauptbewehrung

Tafel 38   Mindestbewehrungsgrade ϱ_w

	charakteristische Betondruckfestigkeit f_{ck} in N/mm²														
	12	16	20	25	30	35	40	45	50	55	60	70	80	90	100
ϱ_w in ‰	0,51	0,61	0,70	0,83	0,93	1,02	1,12	1,21	1,31	1,34	1,41	1,47	1,54	1,60	1,66

Der maximale Abstand von Bügeln oder anderen Schubbewehrungen a_{max} ist vom Verhältnis der Schubbeanspruchung V_{Ed} zum höchsten Bemessungswert der Querkraft $V_{Rd,max}$, der ohne Versagen der Druckstreben aufgenommen werden kann, abhängig.

Tafel 39   Maximaler Abstand von Bügeln und anderen Schubbewehrungen

Querkraftausnutzung	≤C 50/60 ≤LC 50/55	>C 50/60 >LC 50/55	≤C 50/60 ≤LC 50/55	>C 50/60 >LC 50/55
	Längsabstand		Querabstand	
$V_{Ed} \leq 0,30 V_{Rd,max}$	0,7h bzw. 300 mm	0,7h bzw. 200 mm	h bzw. 800 mm	h bzw. 600 mm
$0,30 V_{Rd,max} < V_{Ed} \leq 0,60 V_{Rd,max}$	0,5h bzw. 300 mm	0,5h bzw. 200 mm	h bzw. 600 mm	h bzw. 400 mm
$V_{Ed} > 0,60 V_{Rd,max}$	0,25h bzw. 200 mm			

$V_{Rd,max}$ darf näherungsweise mit $\theta = 40°$ ermittelt werden.
Der Längsabstand von Schrägstäben sollte nach folgender Gleichung begrenzt werden

$$a_{max} \leq 0,5 \cdot h \cdot (1 + \cot \alpha) \quad (94)$$

7.3.1.3   Torsionsbewehrung nach DIN 1045-1, Abschn. 13.2.4

Für die Anordnung und Ausbildung der Torsionsbewehrung gelten die folgenden Bedingungen.

Tafel 40   Ausbildung der Torsionsbewehrung

Ausbildung Torsionsbügel	— Winkel zur Bauteilachse 90° — geschlossen — durch Übergreifen verankert
Mindestbewehrung	— Angaben in Abschn. 7.3.1.2 gelten sinngemäß
Bügelabstände	— $a_{max} = u_k/8$ u_k Umfang des Kernquerschnittes — Die Abstände nach Tafel 39 sind einzuhalten
Längsstäbe	— über den inneren Umfang der Bügel verteilen mit $a < 350$ mm, mindestens jedoch 1 Stab je Querschnittsecke

7.3.2 Auf der Baustelle betonierte Vollplatten

nach DIN 1045-1, Abschn. 13.3

Ein- oder zweiachsig gespannte Vollplatten mit $b > 4h$ sind mit einer Mindestdicke von 70 mm auszubilden.
Platten mit aufgebogener Querkraftbewehrung sind mind. 160 mm und Platten mit Bügel als Querkraftbewehrung 200 mm dick auszubilden.

7.3.2.1 Biegebewehrung

Für die Biegebewehrung gelten die Bedingungen der Tafel 41.

Tafel 41   Ausbildung der Biegebewehrung bei Vollplatten

Mindestbewehrung Höchstbewehrung	Gl. (89) und (90) gelten sinngemäß
Hauptbewehrung	Abschn. 7.3.1.1 gilt sinngemäß. Das Versatzmaß ist mit $a_l = d$ anzunehmen $a_{max} = 250$ mm für $h \geq 250$ mm und 150 mm für $h \leq 150$ mm; Zwischenwerte interpolieren!
Querbewehrung	$A_s \geq 20\%$ der Hauptbewehrung $a_{max} = 250$ mm
Bewehrung am Auflager	$\geq 50\%$ der erforderlichen Feldbewehrung durchführen und verankern
	Bei teilweisen, nicht berücksichtigten Endeinspannung ist obere Bewehrung anzuordnen $A_s \geq 0{,}25 A_{SFeld,\,max}$ $l \geq l_w/5$ (vom Auflagerrand)
Drillbewehrung	ist anzuordnen, wenn durch bauliche Durchbildung das Abheben der Platte an einer Ecke verhindert wird
Bewehrung freier Ränder 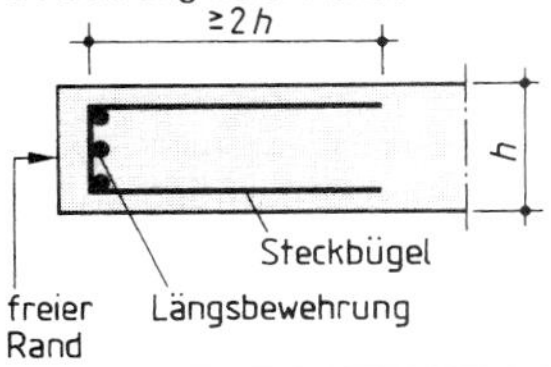 	an ungestützten freien Rändern Längs- und Querbewehrung erforderlich mit $l \geq 2h$. Vorhandene Bewehrung darf angerechnet werden

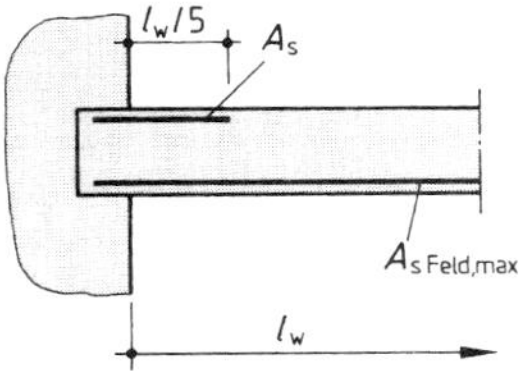

7.3.2.2 Schubbewehrung (Querkraftbewehrung) nach DIN 1045-1, Abschn. 13.3.3

Platten mit Schubbewehrung sollen mindestens 160 mm dick sein; mit Durchstanzbewehrung mindestens 200 mm.
Die bauliche Ausbildung erfolgt sinngemäß wie in Abschn. 7.3.1.2 angegeben, dabei gelten folgende Ausnahmen:
— Bei Platten ohne rechnerisch erforderliche Querkraftbewehrung ist auch keine Mindestquerkraftbewehrung erforderlich.
— In Platten mit $V_{Ed} \leq 0{,}30 \cdot V_{Rd,\,max}$ darf die Querkraftbewehrung vollständig aus Schrägstäben und Querkraftzulagen bestehen.

— In Platten mit $V_{Ed} > 0,30 \cdot V_{Rd,max}$ muß mindestens die Hälfte der Querkraftbewehrung aus Bügeln bestehen.

— Folgende Abstände sind einzuhalten für Bügel:

in Längsrichtung: $V_{Ed} \leq 0,30 \cdot V_{Rd,max}$ $s_{max} = 0,70h$

$0,30 V_{Rd,max} < V_{Ed} \leq 0,60 V_{Rd,max}$ $s_{max} = 0,50h$

$V_{Ed} > 0,60 V_{Rd,max}$ $s_{max} = 0,25h$

in Querrichtung: $s_{max} = 1,00h$

Längsstäbe $s_{max} = 1,00h$

— Der Stabdurchmesser einer Durchstanzbewehrung darf nicht größer als 1/20 der mittleren Nutzhöhe der Platte sein.

Tafel 42 Anordnung der Durchstanzbewehrung (1 = Lasteinleitungsfläche)

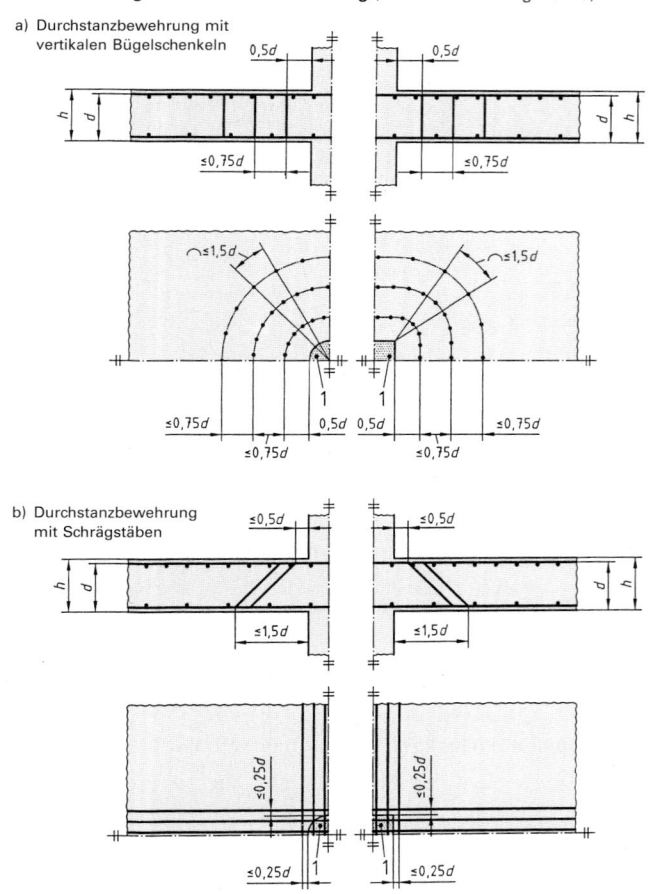

a) Durchstanzbewehrung mit vertikalen Bügelschenkeln

b) Durchstanzbewehrung mit Schrägstäben

7.3.3 Stützen und Druckglieder nach DIN 1045-1, Abschn. 13.5

Stützen und Druckglieder mit dem Seitenverhältnis $b/h \leq 4$ sind nach Tafel 43 auszubilden, der Mindestwert der Zugbewehrung ist nach Gl. (95) und der maximale zulässige Bewehrungsquerschnitt nach Gl. (96) zu ermitteln

$$A_{s,min} = 0,15 N_{Ed}/f_{yd} \quad (95)$$

$$A_{s,max} = 0,09 A_c \quad (96)$$

A_c Gesamtquerschnitt der Betonfläche

N_{Ed} Bemessungswert der aufnehmbaren Längskraft

f_{yd} Bemessungswert des Betonstahles

Tafel 43 Bauliche Durchbildung von Stützen und Druckglieder mit $b/h \leq 4$

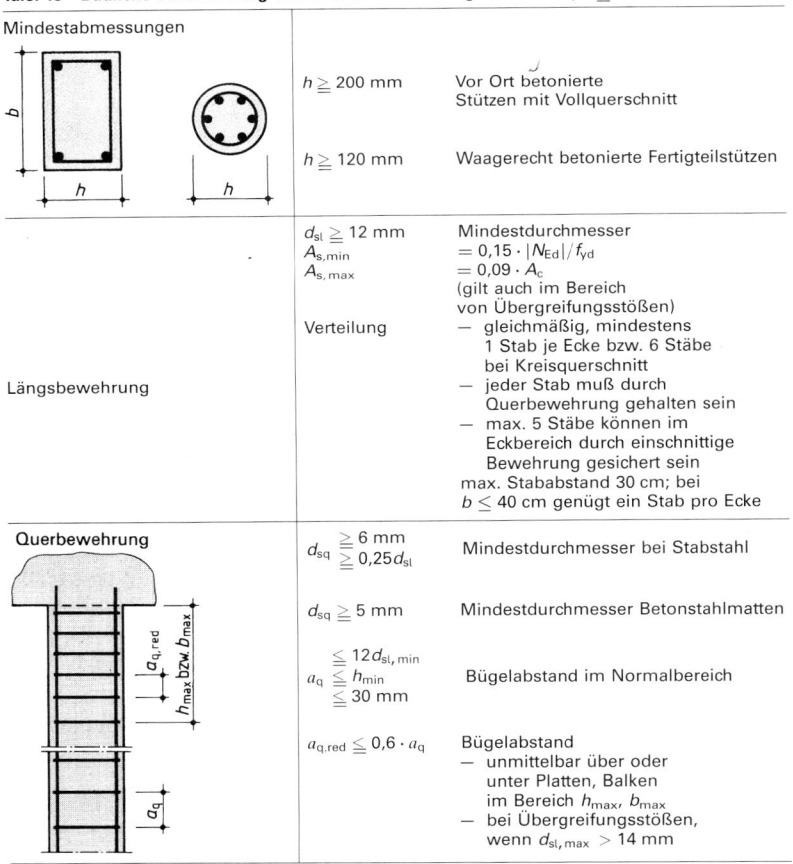

Mindestabmessungen		
	$h \geq 200$ mm	Vor Ort betonierte Stützen mit Vollquerschnitt
	$h \geq 120$ mm	Waagerecht betonierte Fertigteilstützen
Längsbewehrung	$d_{sl} \geq 12$ mm $A_{s,min} = 0,15 \cdot |N_{Ed}|/f_{yd}$ $A_{s,max} = 0,09 \cdot A_c$ (gilt auch im Bereich von Übergreifungsstößen)	Mindestdurchmesser
	Verteilung	— gleichmäßig, mindestens 1 Stab je Ecke bzw. 6 Stäbe bei Kreisquerschnitt — jeder Stab muß durch Querbewehrung gehalten sein — max. 5 Stäbe können im Eckbereich durch einschnittige Bewehrung gesichert sein max. Stababstand 30 cm; bei $b \leq 40$ cm genügt ein Stab pro Ecke
Querbewehrung	$d_{sq} \geq 6$ mm $\quad\;\; \geq 0,25 d_{sl}$	Mindestdurchmesser bei Stabstahl
	$d_{sq} \geq 5$ mm	Mindestdurchmesser Betonstahlmatten
	$a_q \leq 12 d_{sl,min}$ $\quad\; \leq h_{min}$ $\quad\; \leq 30$ mm	Bügelabstand im Normalbereich
	$a_{q,red} \leq 0,6 \cdot a_q$	Bügelabstand — unmittelbar über oder unter Platten, Balken im Bereich h_{max}, b_{max} — bei Übergreifungsstößen, wenn $d_{sl,max} > 14$ mm

7.3.4 Stahlbetonwände nach DIN 1045-1, Abschn. 13.7

Stahlbetonwände mit dem Verhältnis der waagerechten Länge zur Dicke von $l/b \geq 4$ und einer Bewehrung auf Grundlage des Tragfähigkeitsnachweises sind nach Tafel 43 auszubilden.

Tafel 44 Ausbildung von Stahlbetonwänden

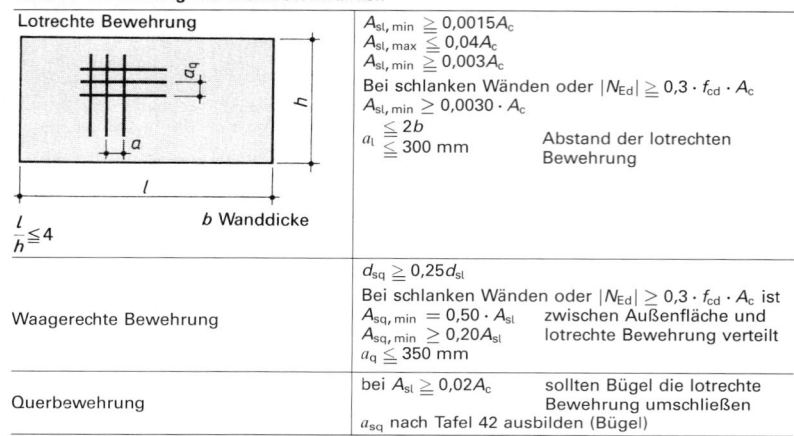

Lotrechte Bewehrung	$A_{sl,min} \geq 0{,}0015 A_c$ $A_{sl,max} \leq 0{,}04 A_c$ $A_{sl,min} \geq 0{,}003 A_c$ Bei schlanken Wänden oder $\lvert N_{Ed} \rvert \geq 0{,}3 \cdot f_{cd} \cdot A_c$ $A_{sl,min} \geq 0{,}0030 \cdot A_c$ $a_l \begin{cases} \leq 2b \\ \leq 300 \text{ mm} \end{cases}$	Abstand der lotrechten Bewehrung
Waagerechte Bewehrung	$d_{sq} \geq 0{,}25 d_{sl}$ Bei schlanken Wänden oder $\lvert N_{Ed} \rvert \geq 0{,}3 \cdot f_{cd} \cdot A_c$ ist $A_{sq,min} = 0{,}50 \cdot A_{sl}$ $A_{sq,min} \geq 0{,}20 A_{sl}$ $a_q \leq 350$ mm	zwischen Außenfläche und lotrechte Bewehrung verteilt
Querbewehrung	bei $A_{sl} \geq 0{,}02 A_c$ a_{sq} nach Tafel 42 ausbilden (Bügel)	sollten Bügel die lotrechte Bewehrung umschließen

7.3.5 Wandartige Träger nach DIN 1045-1, Abschn. 13.6

Pro Seite und pro Richtung sind eine Bewehrung von 1,5 cm²/m oder 0,075 % von A_c als Netzbewehrung anzuordnen. Maschenweite kleiner als 300 mm und nicht größer als die doppelte Wanddicke.

7.3.6 Konsolen nach EC 2, Abschn. 5.4.4

Die Zugbewehrung ist ab dem Knotenpunkt von Druck- und Zugstrebe unter der Auflagerplatte mit U-Bügel oder Ankerkörpern zu verankern, wenn die Verankerungslänge $l_{b,net}$ zwischen Knotenpunkt und Stirn nicht vorhanden ist. Konsolen mit $h_c \geq 300$ mm und einer Hauptbewehrung von

$$A_s \geq 0{,}4 A_c f_{cd}/f_{yd} \quad (97)$$

sind mit einer Zusatzbewehrung als Bügel mit $A_{sb} \geq 0{,}4 A_s$ nach Bild 41 zu bewehren. Diese Bewehrung ist bei $a_c/h_c \leq 0{,}5$ waagerecht und bei $0{,}5 < a_c/h_c \leq 1{,}5$ stets lotrecht einzulegen.

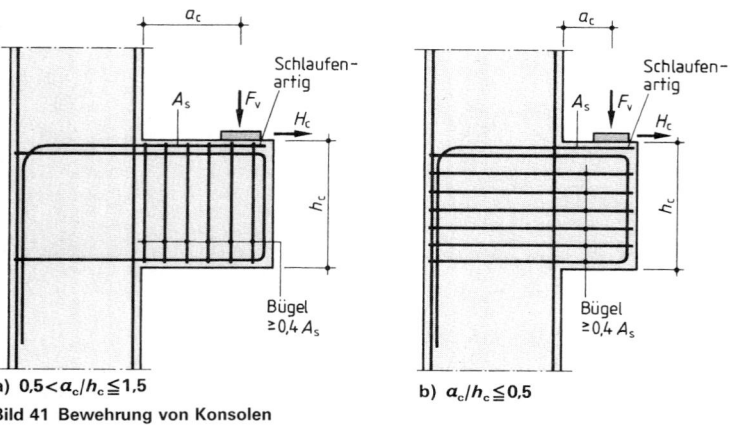

a) $0{,}5 < a_c/h_c \leq 1{,}5$ b) $a_c/h_c \leq 0{,}5$

Bild 41 Bewehrung von Konsolen

7.3.7 Verankerungsbereiche für Vorspannkräfte bei nachträglichem Verbund nach EC 2, Abschn. 5.4.6

Alle Oberflächen von Verankerungsbereichen sind mit einer vertikalen Bewehrung aus rechtwinkligen Bewehrungsnetzen mit einem Bewehrungsgrad von mindestens 0,15% in beiden Richtungen zu bewehren. Zur Aufnahme von Spaltzugkräften sind am Ende der Spannglieder geeignete Bügel anzuordnen.

7.3.8 Sonderfälle

7.3.8.1 Indirekte Auflager nach DIN 1045-1, Abschn. 13.11

In Kreuzungsbereichen von Haupt- und Nebenträgern sind wechselseitige Auflagerreaktionen durch Aufhängebewehrungen vollständig aufzunehmen.

Diese Bewehrung sollte aus Bügeln bestehen, die die Hauptbewehrung des Hauptträgers umfassen, wobei einige Bügel aus dem Kreuzungsbereich nach Bild 42 ausgelagert werden können.

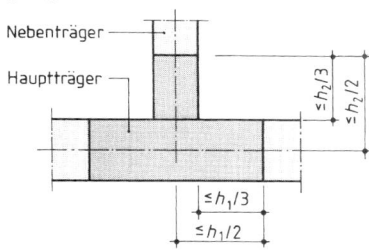

h_1 Dicke des Hauptträgers
h_2 Dicke des Nebenträgers
$(h_2 \leq h_1)$

Bild 42 Kreuzungsbereich bei indirekten Auflagern

7.3.8.2 Teilflächenbelastung nach DIN 1045-1, Abschn. 10.7

Die aufnehmbare Teilflächenbelastung F_{Rdu} aus der Belastung auf einer Teilfläche A_{c0} beträgt

$$F_{Rdu} = A_{c0}f_{cd} \sqrt{A_{c1}/A_{c0}} \leq 3{,}0 f_{cd}A_{c0} \quad (98)$$

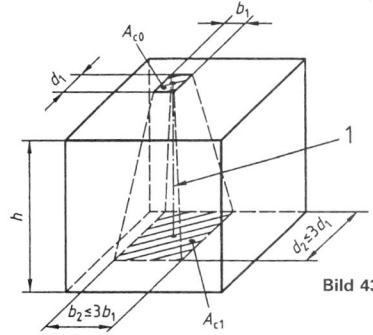

1   Achse in Belastungsrichtung
A_{c0} Belastungsfläche
A_{c1} größte Fläche, die bei gleichem Schwerpunkt wie A_{c0} in das Bauteil eingeschrieben werden kann
$h \geq b_2 - b_1$
$h \geq d_2 - d_1$

Bild 43   Ermittlung der Flächen für Teilflächenbelastung

Spaltzugkräfte sind durch eine Zusatzbewehrung aus Bügeln oder Haarnadeln aufzunehmen.

Bei Verankerungen von Spanngliedern s. Abschn. 5.6.8.

8 Bemessungstabellen

Vom Deutschen Ausschuß für Stahlbeton sind Bemessungshilfen für die Anwendung nach EC 2 T1 erstellt worden, die in der Schriftenreihe des DAfStb veröffentlicht wurden.

Nachfolgende Bemessungstafeln BT 0 und BT 4 bis BT 8 sind als Auszug aus o. g. Literatur abgedruckt. Mit einigen auf den Tafeln angegebenen Änderungen können diese auch für DIN 1045-1 benutzt werden.

Für die Anwendung gibt Tafel 45 einen Überblick. Die weiteren Erläuterungen sollen das Arbeiten mit den einzelnen BT erleichtern.

Tafel 45   Übersicht der Anwendungsbereiche der Bemessungshilfen

Betonquerschnitt	Anwendungsbereich	Bemessungstafeln BT	
		besondere Merkmale	Nr.
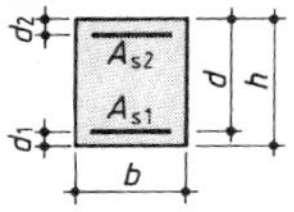		Allg. Bem. Digr. $\leq$ C 50	BT 0
	Reine Biegung und Biegung mit Längskraft	Tab. mit Druckbew. $\leq$ C 50	BT 1
		Tab. ohne Druckbew. $\leq$ C 50	BT 2
		Tab. mit Druckbew. $\leq$ C 50	BT 3a
		Tab. mit Druckbew. C 55–C 80	BT 3b–BT 3e
		Tab. ohne Druckbew. C 90–C 100	BT 3f
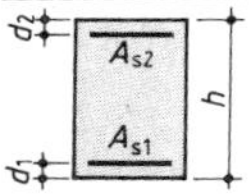	a) Biegung mit überwiegend Längsdruck bzw. Längszug mit geringer Ausmitte b) überwiegend Biegezug mit wechselnden Vorzeichen	Diagramm mit $A_{s1} = A_{s2}$ $d_1/h = 0{,}05; 0{,}10; 0{,}15;$ $0{,}20; 0{,}25$ Bis C 50/60	BT 4a bis 4e
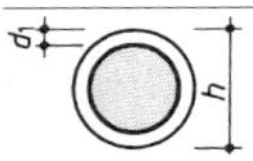	Biegung und Längskraft	Diagramm mit gleichm. über dem Umfang verteilte Bewehrung $d_1/h = 0{,}10$, bis C 50/60	BT 5
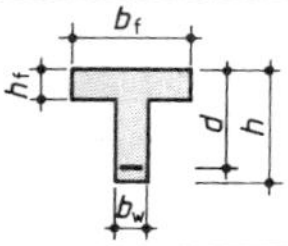	Längskraft mit großer Ausmitte	Tabellen; bis C 50/60	BT 6a bis 6d
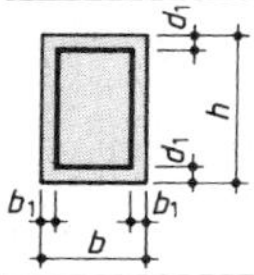	Zweiachsige Biegung und Längskraft	Diagramm mit $d_1/h = b_1/h = 0{,}10$ versch. Bewehrungsanordnung; bis C 50/60	BT 7a bis b
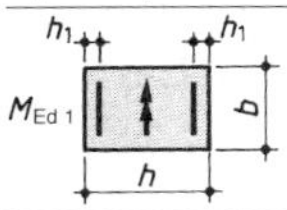			BT 8a bis 8d
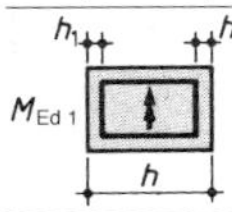	Stabilitätsnachweis Modellstützenverfahren	μ-Nomogramm bzw. e/h-Diagramm $h_1/h = 0{,}05; 0{,}10; 0{,}15; 0{,}20$ bis C 50/60	BT 8e bis 8h
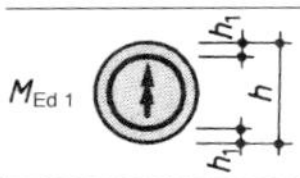			BT 8i bis 8m

BT 0 Allgemeines Bemessungsdiagramm für Rechteckquerschnitte bis C 50/60

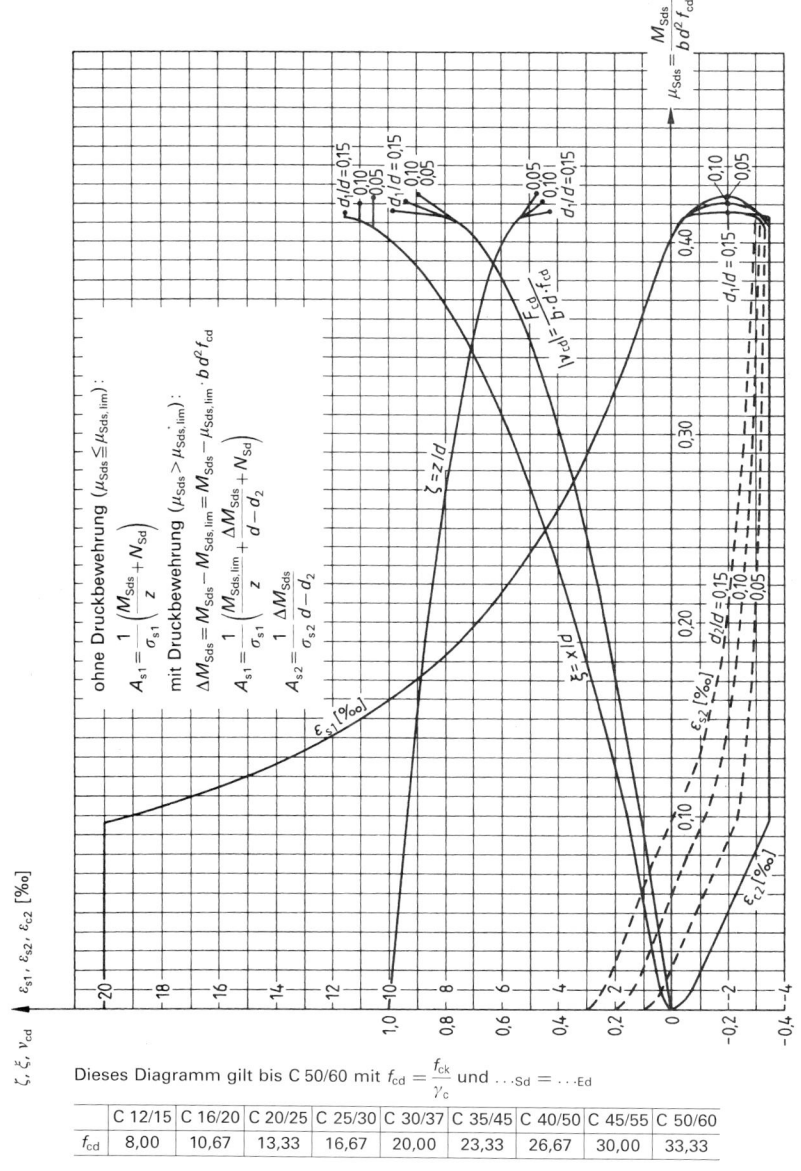

7

Dieses Diagramm gilt bis C 50/60 mit $f_{cd} = \dfrac{f_{ck}}{\gamma_c}$ und $\ldots_{Sd} = \ldots_{Ed}$

	C 12/15	C 16/20	C 20/25	C 25/30	C 30/37	C 35/45	C 40/50	C 45/55	C 50/60
f_{cd}	8,00	10,67	13,33	16,67	20,00	23,33	26,67	30,00	33,33

zu BT 0: Allgemeines Bemessungsdiagramm für Rechteckquerschnitte

Eingangsparameter: ($f_{cd} = f_{ck}/1,5$)
— die auf die Lage der Biegezugbewehrung bezogenen Schnittgrößen in folgender dimensionsloser Form

$$M_{Eds} = M_{Ed} - N_{Ed}z_{s1} \qquad \mu_{Eds} = M_{Eds}/bd^2 f_{cd}$$

zu BT 1: Rechteckquerschnitt ohne und mit Druckbewehrung

Eingangsparameter: ($f_{cd} = 0,85 \cdot f_{ck}/1,5$)

$$M_{Eds} = M_{Ed} - N_{Ed} \cdot z_{s1} \qquad k_d = \frac{d}{\sqrt{M_{Eds}/b}}$$

zu BT 2: Rechteckquerschnitt ohne Druckbewehrung

Eingangsparameter: ($f_{cd} = 0,85 \cdot f_{ck}/1,5$)
— die auf die Lage der Biegezugbewehrung bezogenen Schnittgrößen in folgender dimensionsloser Form

$$M_{Eds} = M_{Ed} - N_{Ed}z_{s1} \qquad \mu_{Eds} = M_{Eds}/bd^2 f_{cd}$$

zu BT 3: Rechteckquerschnitt mit Druckbewehrung und ohne Druckbewehrung

Eingangsparameter: ($f_{cd} = 0,85 \cdot f_{ck}/1,5$)
— die auf die Lage der Biegezugbewehrung bezogenen Schnittgrößen in folgender dimensionsloser Form

$$M_{Eds} = M_{Ed} - N_{Ed}z_{s1} \qquad \mu_{Eds} = M_{Eds}/bd^2 f_{cd}$$
— die bezogenen Randabstände d_2/d

zu BT 4: Rechteckquerschnitt mit symmetrischer Bewehrung

BT 4 gilt für ($f_{cd} = f_{ck}/1,5$)
— alle Betonfestigkeitsklassen bis C 50/60
— Beton mit frei wählbaren Sicherheitsbeiwerten
— Betonstahl BSt 500 mit $\gamma_s = 1,15$

Eingangsparameter:
— die auf die Schwereachse des Rechteckquerschnittes bezogenen Momente μ_{Ed} bzw. Längskräfte ν_{Sd} in folgender dimensionsloser Form

$$\mu_{Ed} = M_{Ed}/bh^2 f_{cd} \qquad \nu_{Ed} = N_{Ed}/bhf_{cd}$$
— die bezogenen Randabstände d_1/h

zu BT 5: Kreisquerschnitte

BT 5 gilt für ($f_{cd} = f_{ck}/1,5$)
— alle Betonfestigkeitsklassen bis C 50/60
— Beton mit frei wählbaren Sicherheitsbeiwerten
— Betonstahl BSt 500 mit $\gamma_s = 1,15$

Eingangsparameter:
— die auf dem Mittelpunkt des Kreisquerschnittes bezogenen Momente μ_{Ed} bzw. Längskräfte ν_{Ed} in folgender dimensionsloser Form

$$\mu_{Ed} = M_{Ed}/A_c hf_{cd} \qquad \nu_{Ed} = N_{Ed}/A_c f_{cd}$$
— die bezogenen Randabstände d_1/h

zu BT 6: Plattenbalken

Eingangsparameter: ($f_{cd} = f_{ck}/1{,}5$)

— die auf die Lage der Biegezugbewehrung bezogenen Schnittgrößen in folgender dimensionsloser Form

$$M_{Eds} = M_{Ed} - N_{Ed}z_{s1} \quad \mu_{Eds} = M_{Eds}/b_{eff}d^2f_{cd} \quad (b_{eff} = b_f)$$

— die Verhältnisse h_f/d und b_f/b_w

Bewehrung:

$$A_s = (\omega b_{eff}df_{cd} + N_{Ed})/f_{yd}$$

zu BT 7: Schiefe Biegung mit Längskraft

BT 7 gilt für ($f_{cd} = f_{ck}/\gamma_c$)

— alle Betonfestigkeitsklassen bis C 50/60
— Beton mit frei wählbaren Sicherheitsbeiwerten
— Betonstahl BSt 500 mit $\gamma_s = 1{,}15$

Eingangsparameter:

— die auf die Schwereachse des Rechteckquerschnittes bezogenen Momente μ_{Ed} bzw. Längskräfte ν_{Ed} in folgender dimensionsloser Form

$$\mu_{Edy} = |M_{Edy}|/bh^2f_{cd} \quad \mu_{Edz} = |M_{Edz}|/bh^2f_{cd} \quad \nu_{Ed} = N_{Ed}/bhf_{cd}$$

— die bezogenen Randabstände d_1/h bzw. b_1/b

zu BT 8: e/h und μ-Diagramme

BT 8 gilt für ($f_{cd} = f_{ck}/\gamma_c$)

— Alle Betonfestigkeitsklassen bis C 50/60
— Beton mit frei wählbaren Sicherheitsbeiwerten
— Betonstahl BSt 500 mit $\gamma_s = 1{,}15$

Die Anwendung erfolgt in 2 Diagrammen, da das μ-Nomogramm im Bereich kleiner bezogener Last-Ausmitten nicht ablesbar ist; hier ist dann das in der Handhabung etwas umständlichere e/h-Diagramm anzuwenden.

Eingangsparameter μ-Nomogramm:

— das bezogene Momente μ_{Ed} (einschließlich zusätzlicher Ausmitte e_a (Imperfektionen) und e_c (Kriechverformungen))
  $\mu_{Edy} = M_{Ed1}/hA_cf_{cd}$
— die bezogenen Längskräfte ν_{Ed}
  $\nu_{Ed} = N_{Ed}/A_cf_{cd}$
— die bezogene Stablänge l_0/h

Eingangsparameter e/h-Diagramm:

— die bezogene Lastausmitte e_1/h (einschließlich zusätzlicher Ausmitte e_a (Imperfektionen) und e_c (Kriechverformungen))
— die bezogenen Längskräfte ν_{Ed}
  $\nu_{Ed} = N_{Ed}/A_cf_{cd}$
— die bezogene Stablänge l_0/h

Stahlbeton- und Spannbetonbau nach DIN 1045-1

BT 1
Bemessung Rechteckquerschnitt
Betonstahl BSt 500
BFK ≤ C 50/60

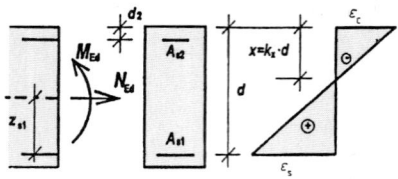

C 16/20	C 20/25	C 25/30	C 30/37	ε_c ‰	ε_s ‰	σ_s kN/cm²	$\xi = k_x$	$\xi = k_z$	k_{s1}	k_{s2}	δ_{zul} hohe	δ_{zul} norm. Duktilität
7,43	6,64	5,94	5,42	−1,15	25,00	45,7	0,04	0,98	2,22		0,700	0,850
5,25	4,70	4,20	3,83	−1,76	25,00	45,7	0,07	0,98	2,24		0,700	0,850
4,29	3,83	3,43	3,13	−2,37	25,00	45,7	0,09	0,97	2,27		0,700	0,850
3,71	3,32	2,97	2,71	−3,01	25,00	45,7	0,11	0,96	2,29		0,706	0,850
3,32	2,97	2,66	2,43	−3,50	23,30	45,5	0,13	0,95	2,32		0,718	0,850
3,03	2,71	2,43	2,21	−3,50	18,55	45,0	0,16	0,93	2,38		0,731	0,850
2,81	2,51	2,25	2,05	−3,50	15,16	44,7	0,19	0,92	2,43		0,750	0,850
2,63	2,35	2,10	1,92	−3,50	12,61	44,5	0,22	0,91	2,47		0,770	0,850
2,48	2,21	1,98	1,81	−3,50	10,62	44,3	0,25	0,90	2,52		0,793	0,850
2,35	2,10	1,88	1,72	−3,50	9,02	44,1	0,28	0,88	2,56		0,817	0,850
2,24	2,00	1,79	1,63	−3,50	7,70	44,0	0,31	0,87	2,61		0,845	0,850
2,14	1,92	1,71	1,57	−3,50	6,60	43,9	0,35	0,86	2,66		0,877	0,877
2,06	1,84	1,65	1,50	−3,50	5,67	43,8	0,38	0,84	2,71		0,914	0,914
1,98	1,77	1,59	1,45	−3,50	4,85	43,7	0,42	0,83	2,77		0,958	0,958
$k_d^* =$ 1,93	1,73	1,54	1,41	−3,50	4,28	43,7	0,45	0,81	2,82		1,000	1,000
1,92	1,71	1,53	1,40						2,81	0,03		
1,86	1,66	1,49	1,36						2,78	0,18		
1,80	1,61	1,44	1,32						2,76	0,31		
1,75	1,57	1,40	1,28						2,74	0,42		
1,70	1,52	1,36	1,24						2,72	0,52		
1,66	1,49	1,33	1,21						2,70	0,62		
1,62	1,45	1,30	1,18						2,68	0,70		
1,58	1,42	1,27	1,16						2,67	0,78		
1,55	1,38	1,24	1,13						2,65	0,84	Keine	
1,52	1,36	1,21	1,11						2,64	0,91	Umlagerung	
1,49	1,33	1,19	1,08						2,63	0,97	möglich!	
1,46	1,30	1,17	1,06						2,62	1,02		
1,43	1,28	1,14	1,04						2,61	1,07		
1,40	1,26	1,12	1,02						2,60	1,12		
1,38	1,23	1,10	1,01						2,59	1,16		
1,36	1,21	1,08	0,99						2,59	1,20		
1,33	1,19	1,07	0,97						2,58	1,24		
1,31	1,17	1,05	0,96						2,57	1,27		
1,29	1,16	1,03	0,94						2,57	1,31		
1,27	1,14	1,02	0,93						2,56	1,34		
1,26	1,12	1,00	0,92	−3,5	4,278	43,7	0,45		2,55	1,37		

d_2/d	— ϱ_1 für k_{s1}					ϱ_2
	2,82	2,70	2,63	2,59	2,55	
0,03	1,00	1,00	1,00	1,00	1,00	1,00
0,05	1,00	1,00	1,01	1,01	1,01	1,02
0,07	1,00	1,01	1,02	1,02	1,02	1,04
0,09	1,00	1,01	1,02	1,03	1,04	1,07
0,11	1,00	1,02	1,03	1,04	1,05	1,09
0,13	1,00	1,03	1,04	1,05	1,06	1,11
0,15	1,00	1,03	1,05	1,07	1,08	1,14
0,17	1,00	1,04	1,06	1,08	1,09	1,17

Dehnungszustand für Druckbewehrung

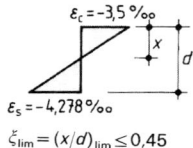

$\varepsilon_c = -3,5\ ‰$
$\varepsilon_s = -4,278\ ‰$
$\xi_{lim} = (x/d)_{lim} \leq 0,45$

Momentenumlagerung:
umgelagertes Moment $= \delta \cdot$ Ausgangsmoment

$$M_{Eds}[kNm] = M_{Ed}[kNm] - N_{Ed}[kN] \cdot z_{s1}[m]$$

$$k_d = \dfrac{d[cm]}{\sqrt{\dfrac{M_{Eds}[kNm]}{b[m]}}}$$

$$\text{erf } A_{s1}[cm^2] = k_{s1} \cdot \dfrac{M_{Eds}[kNm]}{d[cm]} \cdot \varrho_1 + \dfrac{N_{Sd}[kN]}{\sigma_s[kN/cm^2]}$$

$$\text{erf } A_{s2}[cm^2] = k_{s2} \cdot \dfrac{M_{Eds}[kNm]}{d[cm]} \cdot \varrho_2$$

(Beispiel s. S. 461)

k_d-Wert							$\xi = k_x$	$\xi = k_z$			Umlagerungsfaktor δ_{zul}	
C 35/40	C 40/50	C 45/55	C 50/60	ε_c ‰	ε_s ‰	σ_s kN/cm²	k_x	k_z	k_{s1}	k_{s2}	hohe Duktilität	norm.
5,02	4,70	4,43	4,20	−1,15	25,00	45,7	0,04	0,98	2,22		0,700	0,850
3,55	3,32	3,13	2,97	−1,76	25,00	45,7	0,07	0,98	2,24		0,700	0,850
2,90	2,71	2,56	2,42	−2,37	25,00	45,7	0,09	0,97	2,27		0,700	0,850
2,51	2,35	2,21	2,10	−3,01	25,00	45,7	0,11	0,96	2,29		0,706	0,850
2,25	2,10	1,98	1,88	−3,50	23,30	45,5	0,13	0,95	2,32		0,718	0,850
2,05	1,92	1,81	1,71	−3,50	18,55	45,0	0,16	0,93	2,38		0,731	0,850
1,90	1,78	1,67	1,59	−3,50	15,16	44,7	0,19	0,92	2,43		0,750	0,850
1,78	1,66	1,57	1,49	−3,50	12,61	44,5	0,22	0,91	2,47		0,770	0,850
1,67	1,57	1,48	1,40	−3,50	10,62	44,3	0,25	0,90	2,52		0,793	0,850
1,59	1,49	1,40	1,33	−3,50	9,02	44,1	0,28	0,88	2,56		0,817	0,850
1,51	1,42	1,33	1,27	−3,50	7,70	44,0	0,31	0,87	2,61		0,845	0,850
1,45	1,36	1,28	1,21	−3,50	6,60	43,9	0,35	0,86	2,66		0,877	0,877
1,39	1,30	1,23	1,17	−3,50	5,67	43,8	0,38	0,84	2,71		0,914	0,914
1,34	1,26	1,18	1,12	−3,50	4,85	43,7	0,42	0,83	2,77		0,958	0,958
$k_d^* =$ 1,30	1,22	1,15	1,09	−3,50	4,28	43,7	0,45	0,81	2,82		1,000	1,000
1,30	1,21	1,14	1,08						2,81	0,03		
1,26	1,17	1,11	1,05						2,78	0,18		
1,22	1,14	1,07	1,02						2,76	0,31		
1,18	1,11	1,04	0,99						2,74	0,42		
1,15	1,08	1,02	0,96						2,72	0,52		
1,12	1,05	0,99	0,94						2,70	0,62		
1,10	1.02	0,97	0,92						2,68	0,70		
1,07	1,00	0,94	0,90						2,67	0,78		
1,05	0,98	0,92	0,88						2,65	0,84		
1,02	0,96	0,90	0,86						2,64	0,91	Keine	
1,00	0,94	0,89	0,84						2,63	0,97	Umlagerung	
0,98	0,92	0,87	0,82						2,62	1,02	möglich	
0,97	0,90	0,85	0,81						2,61	1,07		
0,95	0,89	0,84	0,79						2,60	1,12		
0,93	0,87	0,82	0,78						2,59	1,16		
0,92	0,86	0,81	0,77						2,59	1,20		
0,90	0,84	0,80	0,75						2,58	1,24		
0,89	0,83	0,78	0,74						2,57	1,27		
0,87	0,82	0,77	0,73						2,57	1,31		
0,86	0,81	0,76	0,72						2,56	1,34		
0,85	0,79	0,75	0,71	−3,5	4,278	43,7	0,45		2,55	1,37		

Momentenumlagerung
umgelagertes Moment $= \delta \cdot$ Ausgangsmoment

7

BT 2 Rechteckquerschnitt ohne Druckbewehrung, Biegung mit Längskraft BSt 500

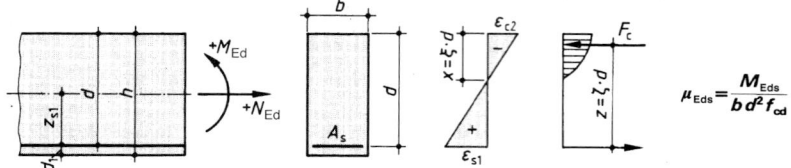

$$\mu_{Eds} = \frac{M_{Eds}}{b\,d^2\,f_{cd}}$$

	C 16/20	C 20/25	C 25/30	C 30/37	C 35/45	C 40/50	C 45/55	C 50/60
f_{cd} in N/mm²	9,07	11,33	14,17	17,00	19,83	22,67	25,50	28,33
f_{yd}/f_{cd}	48,0	38,4	30,7	25,6	21,9	19,2	17,1	15,3

μ_{Eds}	ω	$\xi = k_x$	$\zeta = k_z$	ε_{c2} ‰	ε_{s1} ‰	σ_{sd} N/mm²	δ_{zul}
0,02	0,019	0,044	0,985	−1,15	25,00	457	0,700
0,04	0,039	0,066	0,976	−1,76	25,00	457	0,700
0,06	0,059	0,086	0,967	−2.37	25,00	457	0,700
0,08	0,080	0,107	0,956	−3.01	25,00	457	0,706
0,10	0,101	0,131	0,946	−3,50	23,30	455	0,718
0,12	0,124	0,159	0,934	−3,50	18,55	450	0,731
0,14	0,148	0,188	0,922	−3,50	15,16	447	0,750
0,16	0,172	0,217	0,910	−3,50	12,61	445	0,770
0,18	0,197	0,248	0,897	−3,50	10,62	443	0,793
0,20	0,223	0,280	0,884	−3,50	9,02	441	0,817
0,22	0,250	0,313	0,870	−3,50	7,70	440	0,845
0,24	0,278	0,347	0,856	−3,50	6,60	439	0,877
0,26	0,307	0,382	0,841	−3,50	5,67	438	0,914
0,28	0,337	0,419	0,826	−3,50	4,85	437	0,958
0,30	0,363	0,450	0,813	−3,50	4,28	437	1,000
0,30	0,369	0,458	0,809	−3,50	4,14	437	
0,32	0,402	0,498	0,793	−3,50	3,52	436	
0,34	0,438	0,542	0,774	−3,50	2,96	436	
0,36	0,477	0,590	0,755	−3,50	2,43	435	
0,37	0,499	0,617	0,743	−3,50	2,17	435	
0,38	0,572	0,640	0,734	−3,50	1,97	394	
0,40	0,797	0,695	0,711	−3,50	1,53	307	
0,42	1,190	0,758	0,685	−3,50	1,12	224	
0,44	2,040	0,830	0,655	−3,50	0,72	143	
0,46	5,403	0,921	0,617	−3,50	0,30	60	

$$A_s = \frac{\omega}{f_{yd}/f_{cd}} \cdot b \cdot d + \frac{N_{Ed}}{\sigma_{Sd}}$$

Beispiel s. Seite 460

BT 3a Rechteckquerschnitt mit Druckbewehrung für Biegung mit Längskraft

Betonstahl BSt 500, $\gamma_s = 1{,}15$, $\xi = \dfrac{x}{d} = 0{,}45$, bis C 50/60

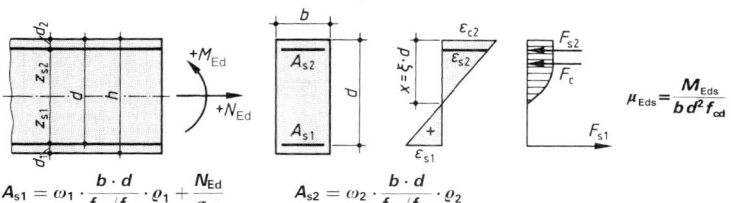

$$A_{s1} = \omega_1 \cdot \frac{b \cdot d}{f_{yd}/f_{cd}} \cdot \varrho_1 + \frac{N_{Ed}}{\sigma_{sd}} \qquad A_{s2} = \omega_2 \cdot \frac{b \cdot d}{f_{yd}/f_{cd}} \cdot \varrho_2 \qquad \mu_{Eds} = \frac{M_{Eds}}{b\,d^2\,f_{cd}}$$

	C 16/20	C 20/25	C 25/30	C 30/37	C 35/45	C 40/50	C 45/55	C 50/60
f_{cd} in N/mm²	9,07	11,33	14,17	17	19,83	22,67	25,5	28,33
f_{yd}/f_{cd}	48	38,4	30,7	25,6	21,9	19,2	17,1	15,3

μ_{Eds}	ω_1	ω_2	$\xi = k_x$	$\zeta = k_z$	ε_{c2} ‰	ε_{s1} ‰	σ_{sd} N/mm²	Umlagerungsfaktor δ_{zul} hohe Duktilität	normale Duktilität
0,02	0,019		0,044	0,985	−1,15	25,00	457	0,700	0,850
0,04	0,039		0,066	0,976	−1,76	25,00	457	0,700	0,850
0,06	0,059		0,086	0,967	−2,37	25,00	457	0,700	0,850
0,08	0,080		0,107	0,956	−3,01	25,00	457	0,706	0,850
0,10	0,101		0,131	0,946	−3,50	25,00	455	0,718	0,850
0,12	0,124		0,159	0,934	−3,50	18,55	450	0,731	0,850
0,14	0,148		0,188	0,922	−3,50	15,16	447	0,750	0,850
0,16	0,172		0,217	0,910	−3,50	12,61	445	0,770	0,850
0,18	0,197		0,248	0,897	−3,50	10,62	443	0,793	0,850
0,20	0,223		0,280	0,884	−3,50	9,02	441	0,817	0,850
0,22	0,250		0,313	0,870	−3,50	7,70	440	0,845	0,850
0,24	0,278		0,347	0,856	−3,50	6,60	439	0,877	0,877
0,26	0,307		0,382	0,841	−3,50	5,67	438	0,914	0,914
0,28	0,337		0,419	0,826	−3,50	4,85	437	0,958	0,958
0,296	0,363		0,450	0,813	−3,50	4,28	437	1,000	1,000
0,30	0,367	0,004	0,450	0,813	−3,50	4,28	437		
0,32	0,387	0,025							
0,34	0,408	0,045							
0,36	0,428	0,066							
0,38	0,449	0,086							
0,40	0,469	0,107							
0,42	0,490	0,128							
0,44	0,510	0,148							
0,46	0,531	0,169							
0,48	0,551	0,190							
0,50	0,572	0,210							
0,52	0,592	0,231							
0,54	0,613	0,251							
0,56	0,633	0,272							
0,58	0,654	0,293							
0,60	0,674	0,313							
0,62	0,695	0,334							
0,64	0,716	0,355							
0,66	0,736	0,375							
0,68	0,757	0,396							
0,70	0,777	0,416	0,450	0,813	−3,50	4,28	437		

d_2/d	ϱ_1 für ω_1					ϱ_2
	0,363	0,469	0,572	0,674	0,777	
0,03	1,00	1,00	1,00	1,00	1,00	1,00
0,05	1,00	1,00	1,01	1,01	1,01	1,02
0,07	1,00	1,01	1,02	1,02	1,02	1,04
0,09	1,00	1,01	1,02	1,03	1,04	1,07
0,11	1,00	1,02	1,03	1,04	1,05	1,09
0,13	1,00	1,03	1,04	1,05	1,06	1,11
0,15	1,00	1,03	1,05	1,07	1,08	1,14
0,17	1,00	1,04	1,06	1,08	1,09	1,17

7

BT 3b Rechteckquerschnitt mit Druckbewehrung für Biegung mit Längskraft

Betonstahl BSt 500, $\gamma_s = 1,15$, $\xi = \dfrac{x}{d} = 0,35$, C 55/67

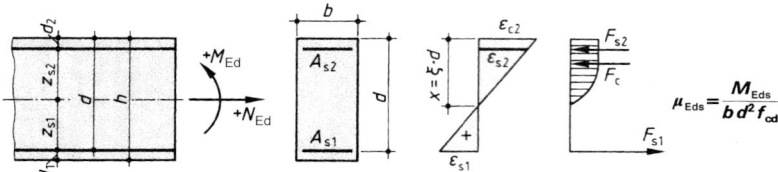

$$A_{s1} = \omega_1 \cdot \frac{b \cdot d}{f_{yd}/f_{cd}} \cdot \varrho_1 + \frac{N_{Ed}}{\sigma_{sd}} \qquad A_{s2} = \omega_2 \cdot \frac{b \cdot d}{f_{yd}/f_{cd}} \cdot \varrho_2$$

C 55/67	BSt 500		$f_{cd} = 30,86 \, \text{N}/\text{mm}^2$			$f_{yd}/f_{cd} = 14,1$			hohe Duktilität

μ_{Eds}	ω_1	ω_2	$\xi = k_x$	$\zeta = k_z$	ε_{c2} ‰	ε_{s1} ‰	σ_{sd} N/mm^2	δ_{zul}
0,02	0,019		0,044	0,984	−1,15	25,00	457	0,800
0,04	0,039		0,066	0,976	−1,77	25,00	457	0,800
0,06	0,059		0,087	0,966	−2,38	25,00	457	0,800
0,08	0,080		0,108	0,956	−3,02	25,00	457	0,800
0,10	0,102		0,135	0,945	−3,10	19,79	457	0,807
0,12	0,125		0,165	0,933	−3,10	15,74	448	0,828
0,14	0,149		0,194	0,921	−3,10	12,84	445	0,851
0,16	0,173		0,225	0,909	−3,10	10,66	443	0,876
0,18	0,198		0,257	0,896	−3,10	8,95	441	0,904
0,20	0,224		0,290	0,882	−3,10	7,59	440	0,935
0,22	0,251		0,324	0,868	−3,10	6,46	439	0,971
0,235	0,271		0,350	0,858	−3,10	5,76	438	1,000
0,24	0,277	0,005	0,350	0,858	−3,10	5,76	438	
0,26	0,297	0,026						
0,28	0,318	0,047						
0,30	0,338	0,067						
0,32	0,359	0,088						
0,34	0,379	0,109						
0,36	0,400	0,129						
0,38	0,420	0,150						
0,40	0,441	0,170						
0,42	0,461	0,191						
0,44	0,481	0,212						
0,46	0,502	0,232						
0,48	0,522	0,253						
0,50	0,543	0,273						
0,52	0,563	0,294						
0,54	0,584	0,315						
0,56	0,604	0,335						
0,58	0,625	0,356						
0,60	0,645	0,377						
0,62	0,666	0,397						
0,64	0,686	0,418						
0,66	0,706	0,438						
0,68	0,727	0,459						
0,70	0,747	0,480	0,350	0,858	−3,10	5,757	438	

d_2/d	ϱ_1 für ω_1						ϱ_2
	0,271	0,338	0,441	0,543	0,645	0,747	
0,03	1,00	1,00	1,00	1,00	1,00	1,00	1,00
0,05	1,00	1,01	1,01	1,01	1,01	1,01	1,02
0,07	1,00	1,02	1,02	1,02	1,03	1,03	1,04
0,09	1,00	1,03	1,03	1,03	1,04	1,04	1,07
0,105	1,00	1,03	1,03	1,04	1,05	1,05	1,08

BT 3c Rechteckquerschnitt mit Druckbewehrung für Biegung mit Längskraft

Betonstahl BSt 500, $\gamma_s = 1{,}15$, $\xi = \dfrac{x}{d} = 0{,}35$, C 60/75

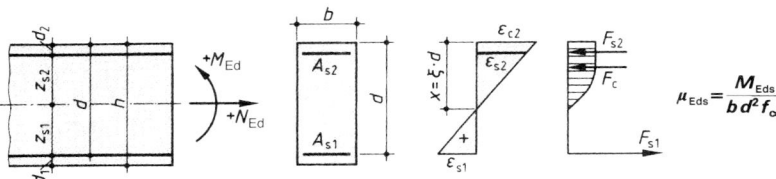

$$A_{s1} = \omega_1 \cdot \frac{b \cdot d}{f_{yd}/f_{cd}} \cdot \varrho_1 + \frac{N_{Ed}}{\sigma_{sd}} \qquad A_{s2} = \omega_2 \cdot \frac{b \cdot d}{f_{yd}/f_{cd}} \cdot \varrho_2$$

C 60/75	BSt 500		$f_{cd} = 33{,}32\ \mathrm{N/mm^2}$			$f_{yd}/f_{cd} = 13{,}0$			hohe Duktilität
μ_{Eds}	ω_1	ω_2	$\xi = k_x$	$\zeta = k_z$	ε_{c2} ‰	ε_{s1} ‰	σ_{sd} N/mm²	δ_{zul}
0,02	0,019		0,045	0,984	−1,18	25,00	457	0,800
0,04	0,039		0,067	0,975	−1,81	25,00	457	0,800
0,06	0,059		0,088	0,966	−2,41	25,00	457	0,800
0,08	0,080		0,114	0,956	−2,70	21,08	453	0,800
0,10	0,103		0,144	0,944	−2,70	16,08	448	0,812
0,12	0,126		0,175	0,932	−2,70	12,74	445	0,835
0,14	0,150		0,207	0,919	−2,70	10,36	443	0,860
0,16	0,174		0,240	0,906	−2,70	8,57	441	0,888
0,18	0,199		0,274	0,893	−2,70	7,17	440	0,919
0,20	0,225		0,309	0,879	−2,70	6,05	438	0,954
0,22	0,256		0,350	0,863	−2,70	5,01	437	1,000
0,24	0,274	0,018	0,350	0,863	−2,70	5,01	437	
0,26	0,295	0,039						
0,28	0,315	0,059						
0,30	0,336	0,080						
0,32	0,356	0,100						
0,34	0,377	0,121						
0,36	0,397	0,142						
0,38	0,418	0,162						
0,40	0,438	0,183						
0,42	0,459	0,204						
0,44	0,479	0,224						
0,46	0,500	0,245						
0,48	0,520	0,265						
0,50	0,541	0,286						
0,52	0,561	0,307						
0,54	0,582	0,327						
0,56	0,602	0,348						
0,58	0,603	0,368						
0,60	0,643	0,389						
0,62	0,663	0,410						
0,64	0,684	0,430						
0,66	0,704	0,451						
0,68	0,725	0,472						
0,70	0,745	0,492	0,350	0,863	−2,70	5,01	437	

d_2/d	ϱ_1 für ω_1						ϱ_2
	0,256	0,336	0,438	0,541	0,643	0,745	
0,03	1,00	1,00	1,00	1,00	1,00	1,00	1,00
0,05	1,00	1,01	1,01	1,01	1,01	1,01	1,02
0,068	1,00	1,01	1,02	1,02	1,03	1,03	1,04

BT 3d Rechteckquerschnitt mit Druckbewehrung für Biegung und Längskraft

Betonstahl BSt 500, $\gamma_s = 1{,}15$, $\xi = \dfrac{x}{d} = 0{,}35$, C 70/85

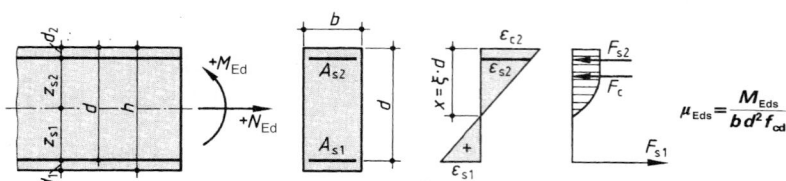

$$A_{s1} = \omega_1 \cdot \frac{b \cdot d}{f_{yd}/f_{cd}} \cdot \varrho_1 + \frac{N_{Ed}}{\sigma_{sd}} \qquad A_{s2} = \omega_2 \cdot \frac{b \cdot d}{f_{yd}/f_{cd}} \cdot \varrho_2$$

C 70/85	BSt 500		$f_{cd} = 38{,}08\,\text{N/mm}^2$			$f_{yd}/f_{cd} = 11{,}4$		hohe Duktilität

μ_{Eds}	ω_1	ω_2	$\xi = k_x$	$\zeta = k_z$	ε_{c2} ‰	ε_{s1} ‰	σ_{sd} N/mm^2	δ_{zul}
0,02	0,019		0,046	0,984	−1,22	25,00	457	0,800
0,04	0,039		0,069	0,975	−1,85	25,00	457	0,800
0,06	0,059		0,090	0,966	−2,41	24,30	456	0,800
0,08	0,081		0,120	0,954	−2,50	18,37	450	0,800
0,10	0,103		0,152	0,942	−2,50	13,99	446	0,818
0,12	0,127		0,184	0,930	−2,50	11,06	443	0,843
0,14	0,150		0,218	0,917	−2,50	8,96	441	0,870
0,16	0,175		0,253	0,904	−2,50	7,39	440	0,900
0,18	0,201		0,289	0,890	−2,50	6,15	439	0,934
0,20	0,227		0,326	0,876	−2,50	5,17	438	0,972
0,212	0,244		0,350	0,867	−2,50	4,64	437	1,000
0,22	0,251	0,008	0,350	0,867	−2,50	4,64	437	
0,24	0,272	0,028						
0,26	0,293	0,049						
0,28	0,313	0,070						
0,30	0,334	0,090						
0,32	0,354	0,111						
0,34	0,375	0,132						
0,36	0,395	0,152						
0,38	0,416	0,173						
0,40	0,436	0,193						
0,42	0,457	0,214						
0,44	0,477	0,235						
0,46	0,498	0,255						
0,48	0,518	0,276						
0,50	0,539	0,297						
0,52	0,559	0,317						
0,54	0,580	0,338						
0,56	0,600	0,358						
0,58	0,621	0,379						
0,60	0,641	0,400						
0,62	0,662	0,420						
0,64	0,682	0,441						
0,66	0,703	0,461						
0,68	0,723	0,482						
0,70	0,744	0,503	0,350	0,867	−2,50	4.64	437	

d_2/d	ϱ_1 für ω_1						ϱ_2
	0,24	0,33	0,44	0,54	0,64	0,74	
0,03	1,00	1,00	1,00	1,00	1,00	1,00	1,00
0,046	1,00	1,01	1,01	1,01	1,01	1,01	1,02

BT 3e Rechteckquerschnitt mit Druckbewehrung für Biegung mit Längskraft
Betonstahl BSt 500, $\gamma_s = 1{,}15$, $\xi = \dfrac{x}{d} = 0{,}35$, C 80/95

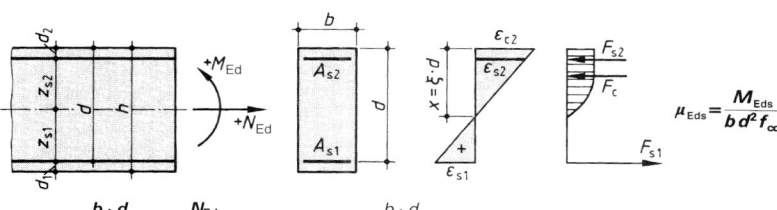

$$A_{s1} = \omega_1 \cdot \frac{b \cdot d}{f_{yd}/f_{cd}} \cdot \varrho_1 + \frac{N_{Ed}}{\sigma_{sd}} \qquad A_{s2} = \omega_2 \cdot \frac{b \cdot d}{f_{yd}/f_{cd}} \cdot \varrho_2$$

| C 80/95 | BSt 500 | $d_2/d = 0{,}03$ | $f_{cd} = 42{,}61\,\text{N/mm}^2$ | $f_{yd}/f_{cd} = 10{,}2$ | hohe Duktilität |

μ_{Eds}	ω_1	ω_2	$\xi = k_x$	$\zeta = k_z$	ε_{c2} ‰	ε_{s1} ‰	σ_{sd} N/mm^2	δ_{zul}
0,02	0,019		0,048	0,983	−1,25	25,00	457	0,800
0,04	0,039		0,070	0,975	−1,89	25,00	457	0,800
0,06	0,059		0,093	0,965	−2,40	23,46	455	0,800
0,08	0,081		0,125	0,953	−2,40	16,75	449	0,800
0,10	0,104		0,159	0,941	−2,40	12,72	445	0,823
0,12	0,127		0,193	0,928	−2,40	10,03	442	0,850
0,14	0,151		0,228	0,915	−2,40	8,11	440	0,879
0,16	0,176		0,265	0,901	−2,40	6,66	439	0,911
0,18	0,201		0,303	0,887	−2,40	5,53	438	0,948
0,20	0,228		0,342	0,873	−2,40	4,61	437	0,991
0,204	0,233		0,350	0,870	−2,40	4,46	437	1,000
0,22	0,250	0,017	0,350	0,870	−2,40	4,46	437	
0,24	0,270	0,037						
0,26	0,291	0,058						
0,28	0,311	0,078						
0,30	0,332	0,099						
0,32	0,352	0,120						
0,34	0,373	0,140						
0,36	0,393	0,161						
0,38	0,414	0,182						
0,40	0,434	0,202						
0,42	0,455	0,223						
0,44	0,475	0,243						
0,46	0,496	0,264						
0,48	0,517	0,285						
0,50	0,537	0,305						
0,52	0,558	0,326						
0,54	0,578	0,347						
0,56	0,599	0,367						
0,58	0,619	0,388						
0,60	0,640	0,408						
0,62	0,660	0,429						
0,64	0,681	0,450						
0,66	0,701	0,570						
0,68	0,722	0,491						
0,70	0,742	0,511	0,350	0,870	−2,40	4,46	437	

7

BT 3f Rechteckquerschnitt ohne Druckbewehrung, Biegung mit Längskraft

Betonstahl BSt 500, $\gamma_s = 1{,}15$, bis $\xi = \dfrac{x}{d} = 0{,}35$, C 90/105 und C 100/115

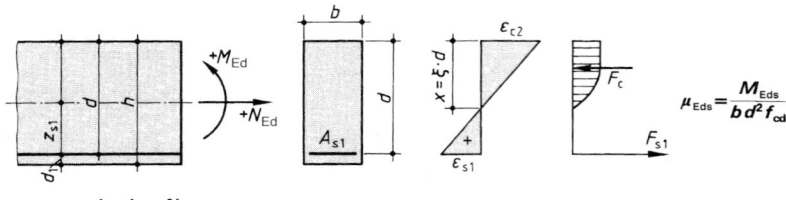

$$A_{s1} = \omega_1 \cdot \frac{b \cdot d}{f_{yd}/f_{cd}} + \frac{N_{Ed}}{\sigma_{sd}}$$

C 90/105 **BSt 500** $f_{cd} = 46{,}92 \ \text{N/mm}^2$ $f_{yd}/f_{cd} = 9{,}27$ hohe Duktilität

μ_{Eds}	ω_1		$\xi = k_x$	$\zeta = k_z$	ε_{c2} ‰	ε_{s1} ‰	σ_{sd} N/mm²	δ_{zul}
0,02	0,019		0,049	0,983	−1,29	25,00	457	0,800
0,04	0,039		0,072	0,974	−1,94	25,00	457	0,800
0,06	0,060		0,098	0,964	−2,30	21,25	453	0,800
0,08	0,082		0,132	0,952	−2,30	15,13	447	0,804
0,10	0,104		0,167	0,939	−2,30	11,46	444	0,830
0,12	0,128		0,203	0,926	−2,30	9,01	441	0,858
0,14	0,152		0,241	0,912	−2,30	7,25	440	0,890
0,16	0,177		0,280	0,898	−2,30	5,93	438	0,925
0,18	0,203		0,320	0,883	−2,30	4,89	437	0,966
0,195	0,222		0,350	0,872	−2,30	4,27	437	1,000

C 100/115 **BSt 500** $f_{cd} = 51{,}00 \ \text{N/mm}^2$ $f_{yd}/f_{cd} = 8{,}53$ hohe Duktilität

μ_{Eds}	ω_1		$\xi = k_x$	$\zeta = k_z$	ε_{c2} ‰	ε_{s1} ‰	σ_{sd} N/mm²	δ_{zul}
0,01	0,010		0,035	0,988	−0,90	25,00	457	0,800
0,02	0,019		0,050	0,983	−1,31	25,00	457	0,800
0,03	0,029		0,062	0,978	−1,66	25,00	457	0,800
0,04	0,039		0,073	0,974	−1,97	25,00	457	0,800
0,05	0,049		0,085	0,970	−2,20	23,73	455	0,800
0,06	0,060		0,102	0,963	−2,20	19,28	451	0,800
0,07	0,071		0,120	0,957	−2,20	16,08	448	0,800
0,08	0,082		0,138	0,950	−2,20	13,69	446	0,809
0,09	0,093		0,157	0,944	−2,20	11,82	444	0,822
0,10	0,105		0,176	0,937	−2,20	10,33	443	0,836
0,11	0,117		0,195	0,930	−2,20	9,10	441	0,851
0,12	0,128		0,214	0,923	−2,20	8,09	440	0,866
0,13	0,140		0,233	0,916	−2,20	7,23	440	0,883
0,14	0,153		0,253	0,909	−2,20	6,48	439	0,900
0,15	0,165		0,274	0,902	−2,20	5,83	438	0,920
0,16	0,178		0,294	0,894	−2,20	5,28	438	0,939
0,17	0,190		0,315	0,887	−2,20	4,78	437	0,961
0,18	0,204		0,337	0,879	−2,20	4,33	437	0,985
0,186	0,212		0,350	0,874	−2,20	4,09	437	1,000

**BT 4a Rechteckquerschnitt
mit symmetrischer Bewehrung**

Betonstahl BSt 500, $\gamma_s = 1,15$, $d_1/h = 0,05$

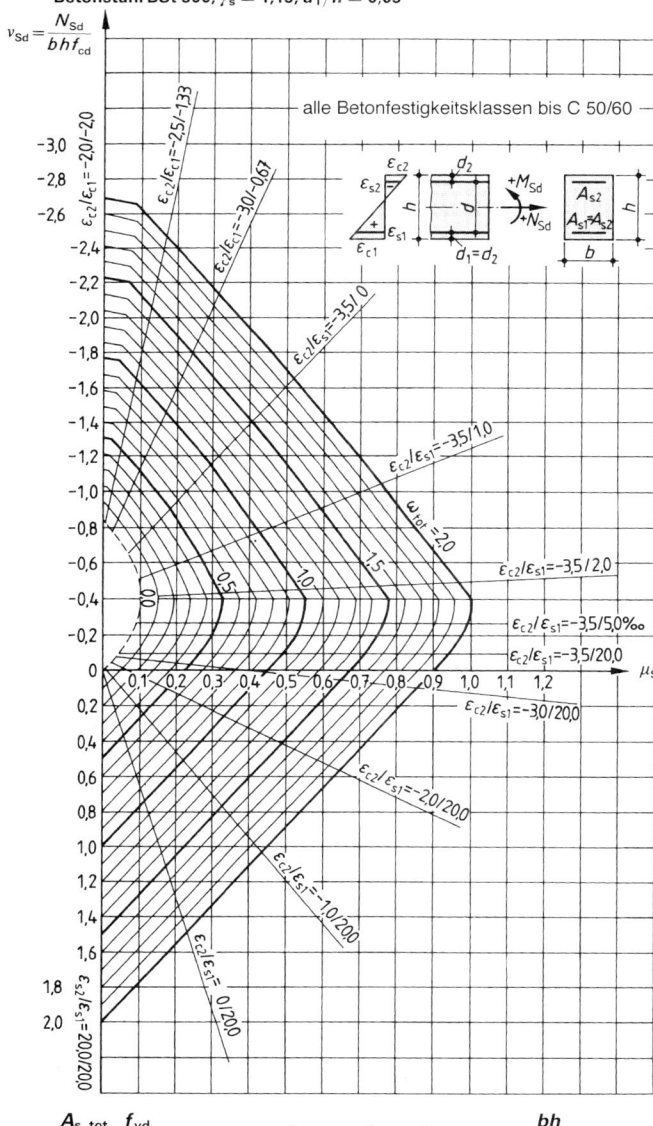

$$\nu_{Sd} = \frac{N_{Sd}}{b\,h\,f_{cd}}$$

alle Betonfestigkeitsklassen bis C 50/60

$$\mu_{Sd} = \frac{M_{Sd}}{b\,h^2\,f_{cd}}$$

Diagramm
gilt bis C 50/60

mit $f_{cd} = \dfrac{f_{ck}}{\gamma_c}$

und $\ldots_{Sd} = \ldots_{Ed}$

	f_{cd}	f_{yd}/f_{cd}
C 12/15	8,00	54,35
C 16/20	10,67	40,76
C 20/25	13,33	32,61
C 25/30	16,67	26,09
C 30/37	20,00	21,74
C 35/45	23,33	18,63
C 40/50	26,67	16,30
C 45/55	30,00	14,49
C 50/60	33,33	13,04

$$\omega_{tot} = \frac{A_{s,tot}}{bh} \cdot \frac{f_{yd}}{f_{cd}} \qquad A_{s,tot} = A_{s1} + A_{s2} = \omega_{tot}\,\frac{bh}{f_{yd}/f_{cd}}$$

BT 4b Rechteckquerschnitt mit symmetrischer Bewehrung

Betonstahl BSt 500, $\gamma_s = 1,15$, $\dfrac{d_1}{h} = 0,10$

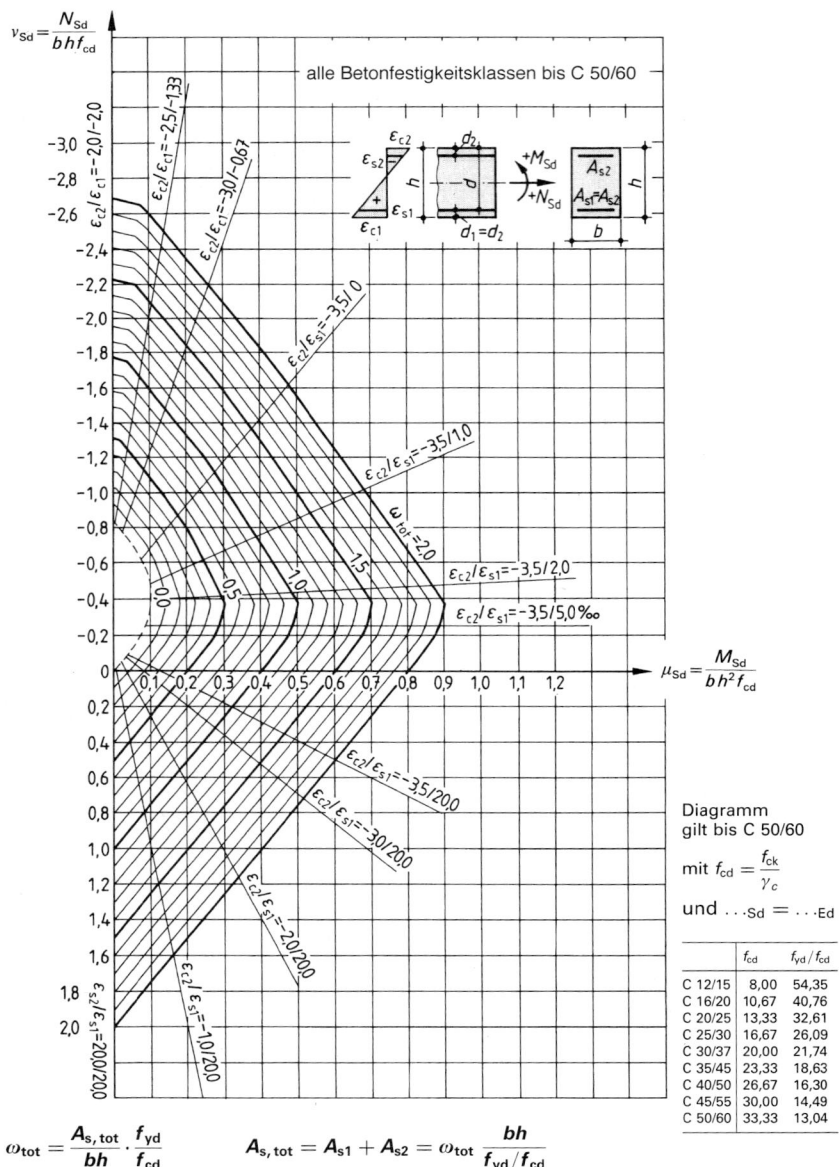

alle Betonfestigkeitsklassen bis C 50/60

$$v_{Sd} = \frac{N_{Sd}}{b\,h\,f_{cd}}$$

$$\mu_{Sd} = \frac{M_{Sd}}{b\,h^2 f_{cd}}$$

Diagramm gilt bis C 50/60

mit $f_{cd} = \dfrac{f_{ck}}{\gamma_c}$

und $\ldots_{Sd} = \ldots_{Ed}$

	f_{cd}	f_{yd}/f_{cd}
C 12/15	8,00	54,35
C 16/20	10,67	40,76
C 20/25	13,33	32,61
C 25/30	16,67	26,09
C 30/37	20,00	21,74
C 35/45	23,33	18,63
C 40/50	26,67	16,30
C 45/55	30,00	14,49
C 50/60	33,33	13,04

$$\omega_{tot} = \frac{A_{s,tot}}{b\,h} \cdot \frac{f_{yd}}{f_{cd}} \qquad A_{s,tot} = A_{s1} + A_{s2} = \omega_{tot} \frac{b\,h}{f_{yd}/f_{cd}}$$

BT 4c Rechteckquerschnitt mit symmetrischer Bewehrung
Betonstahl BSt 500, $\gamma_s = 1{,}15$, $d_1/h = 0{,}15$

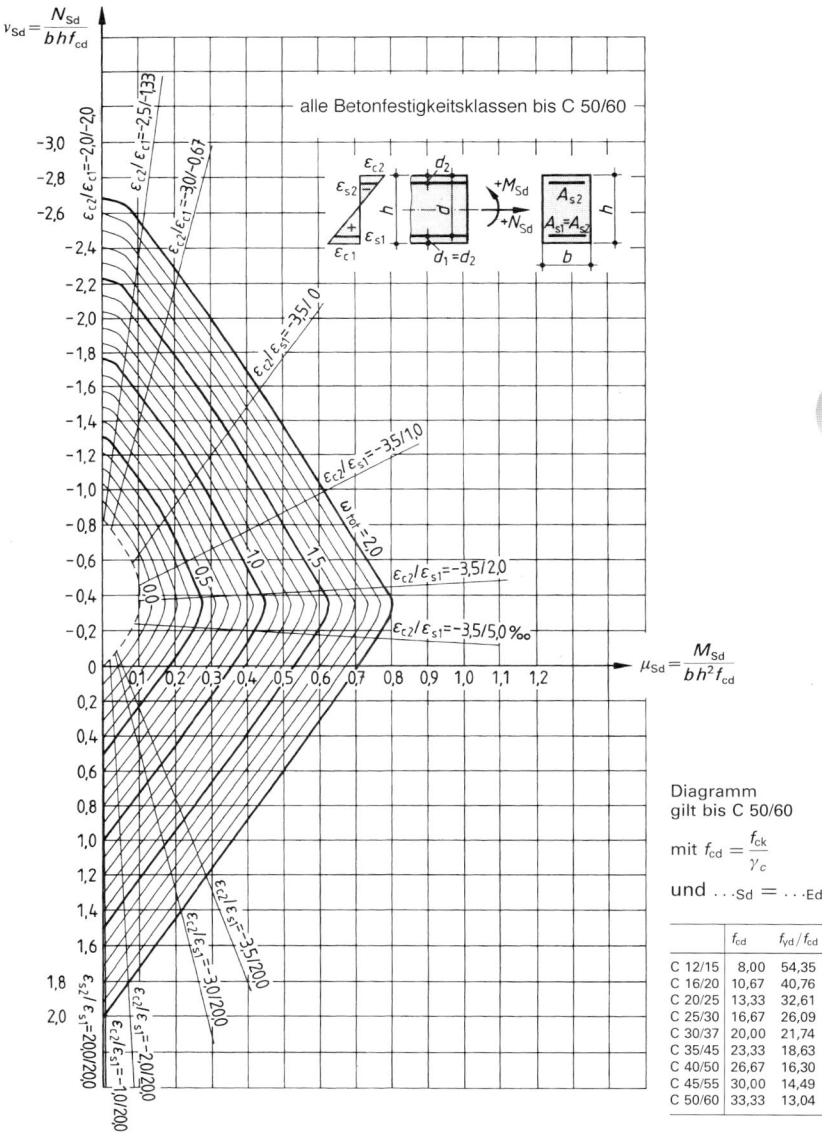

$$\nu_{Sd} = \frac{N_{Sd}}{b\,h\,f_{cd}}$$

$$\mu_{Sd} = \frac{M_{Sd}}{b\,h^2\,f_{cd}}$$

Diagramm
gilt bis C 50/60

mit $f_{cd} = \dfrac{f_{ck}}{\gamma_c}$

und $\ldots_{Sd} = \ldots_{Ed}$

	f_{cd}	f_{yd}/f_{cd}
C 12/15	8,00	54,35
C 16/20	10,67	40,76
C 20/25	13,33	32,61
C 25/30	16,67	26,09
C 30/37	20,00	21,74
C 35/45	23,33	18,63
C 40/50	26,67	16,30
C 45/55	30,00	14,49
C 50/60	33,33	13,04

$$\omega_{tot} = \frac{A_{s,tot}}{bh} \cdot \frac{f_{yd}}{f_{cd}} \qquad A_{s,tot} = A_{s1} + A_{s2} = \omega_{tot}\,\frac{bh}{f_{yd}/f_{cd}}$$

BT 4d Rechteckquerschnitt
mit symmetrischer Bewehrung
Betonstahl BSt 500, $\gamma_s = 1{,}15$, $\dfrac{d_1}{h} = 0{,}20$

BT 4e Rechteckquerschnitt
mit symmetrischer Bewehrung
Betonstahl BSt 500, $\gamma_s = 1{,}15$, $\dfrac{d_1}{h} = 0{,}25$

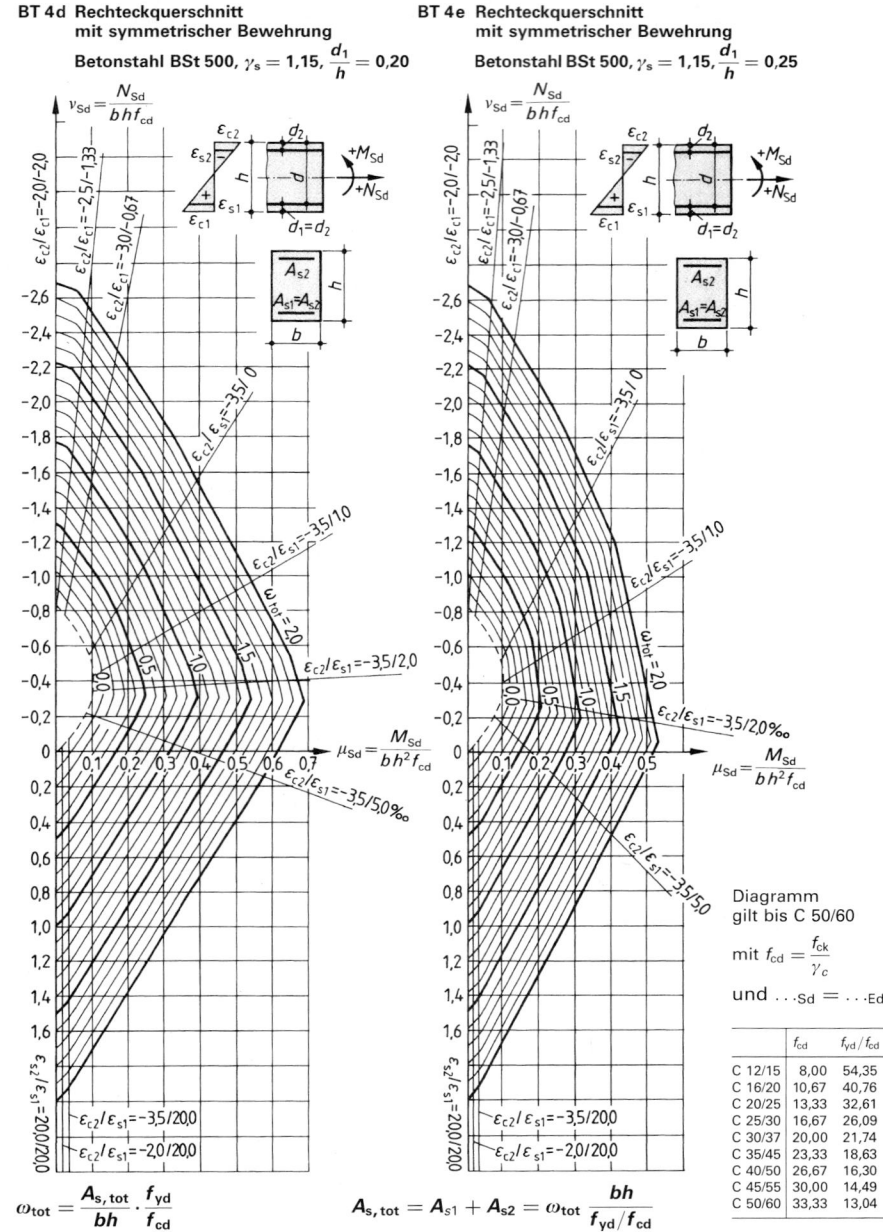

Diagramm
gilt bis C 50/60

mit $f_{cd} = \dfrac{f_{ck}}{\gamma_c}$

und $\dots_{Sd} = \dots_{Ed}$

	f_{cd}	f_{yd}/f_{cd}
C 12/15	8,00	54,35
C 16/20	10,67	40,76
C 20/25	13,33	32,61
C 25/30	16,67	26,09
C 30/37	20,00	21,74
C 35/45	23,33	18,63
C 40/50	26,67	16,30
C 45/55	30,00	14,49
C 50/60	33,33	13,04

$$\omega_{tot} = \frac{A_{s,tot}}{bh} \cdot \frac{f_{yd}}{f_{cd}}$$

$$A_{s,tot} = A_{s1} + A_{s2} = \omega_{tot}\,\frac{bh}{f_{yd}/f_{cd}}$$

BT 5 Kreisquerschnitte (Vollquerschnitt),
Betonstahl BSt 500, $\gamma_s = 1,15$, $d_1/h = 0,10$

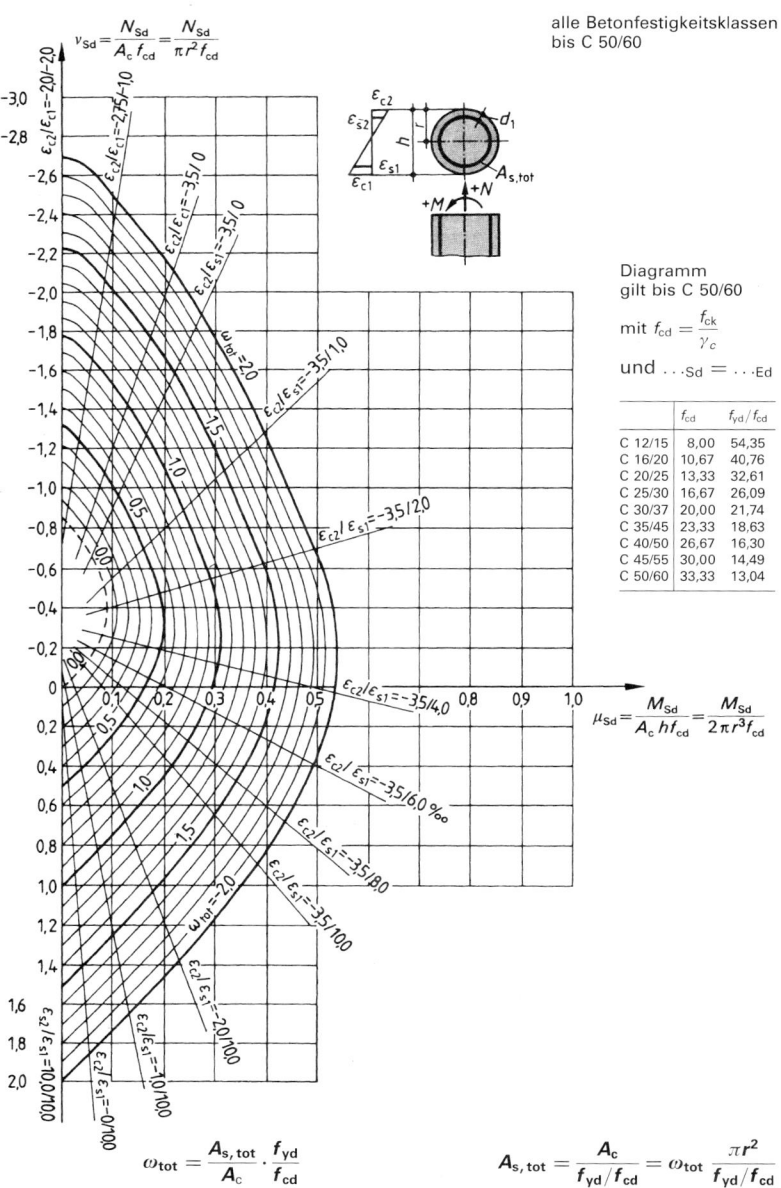

alle Betonfestigkeitsklassen
bis C 50/60

Diagramm
gilt bis C 50/60

mit $f_{cd} = \dfrac{f_{ck}}{\gamma_c}$

und $\ldots_{Sd} = \ldots_{Ed}$

	f_{cd}	f_{yd}/f_{cd}
C 12/15	8,00	54,35
C 16/20	10,67	40,76
C 20/25	13,33	32,61
C 25/30	16,67	26,09
C 30/37	20,00	21,74
C 35/45	23,33	18,63
C 40/50	26,67	16,30
C 45/55	30,00	14,49
C 50/60	33,33	13,04

$$\nu_{Sd} = \frac{N_{Sd}}{A_c\,f_{cd}} = \frac{N_{Sd}}{\pi r^2 f_{cd}}$$

$$\mu_{Sd} = \frac{M_{Sd}}{A_c\,h f_{cd}} = \frac{M_{Sd}}{2\,\pi r^3 f_{cd}}$$

$$\omega_{tot} = \frac{A_{s,tot}}{A_c}\cdot\frac{f_{yd}}{f_{cd}}$$

$$A_{s,tot} = \frac{A_c}{f_{yd}/f_{cd}} = \omega_{tot}\,\frac{\pi r^2}{f_{yd}/f_{cd}}$$

7

BT 6a Plattenbalkenquerschnitt $h_f/d = 0,05$; $0,10$ Beispiel s. Seite 460

Jede Zelle enthält von oben nach unten: $1000\,\omega_{1,M}$ / ξ / ε_{s1}.

μ_{Eds}	$h_f/d = 0,05$, $b_f/b_w =$					$h_f/d = 0,10$, $b_f/b_w =$				
	10	5	3	2	1	10	5	3	2	1
0,02	20 0,05 20,00	20 0,05 20,00	20 0,05 20,00	20 0,05 20,00	20 0,05 20,00	20 0,05 20,00	20 0,05 20,00	20 0,05 20,00	20 0,05 20,00	20 0,05 20,00
0,04	41 0,10 20,00	41 0,09 20,00	41 0,09 20,00	41 0,08 20,00	41 0,08 20,00	41 0,08 20,00	41 0,08 20,00	41 0,08 20,00	41 0,08 20,00	41 0,08 20,00
0,06	65 0,39 5,36	63 0,21 12,84	63 0,15 19,74	63 0,13 20,00	62 0,10 20,00	62 0,10 20,00	62 0,10 20,00	62 0,10 20,00	62 0,10 20,00	62 0,10 20,00
0,08		90 0,41 5,03	87 0,26 10,20	86 0,19 15,23	84 0,13 20,00	84 0,15 20,00	84 0,14 20,00	84 0,14 20,00	84 0,13 20,00	84 0,13 20,00
0,10			114 0,37 5,87	110 0,26 10,06	107 0,16 19,03	111 0,50 3,47	108 0,29 8,45	108 0,22 12,28	107 0,19 15,09	107 0,16 19,03
0,12			146 0,51 3,34	137 0,34 6,94	130 0,19 14,99		138 0,51 3,35	134 0,34 6,94	132 0,26 9,99	130 0,19 14,99
0,14				166 0,42 4,83	154 0,22 12,10			164 0,47 4,01	158 0,34 6,89	154 0,22 12,10
0,16				199 0,52 3,29	179 0,26 9,92				188 0,42 4,80	179 0,26 9,92
0,18					206 0,30 8,22				220 0,52 3,27	206 0,30 8,22
0,20					233 0,34 6,85					233 0,34 6,85
0,22					261 0,38 5,72					261 0,38 5,72
0,24					291 0,42 4,77					291 0,42 4,77
0,26					323 0,47 3,95					323 0,47 3,95
0,28					357 0,52 3,24					357 0,52 3,24
0,30					394 0,57 2,62					394 0,57 2,62

Grenzwerte ($\mu_{Eds,lim}$ / $1000\,\omega_{1M,lim}$):

		10	5	3	2	1	10	5	3	2	1
$\xi = 0,25$	$\mu_{Eds,lim}$ $1000\,\omega_{1M,lim}$	0,053 55	0,064 68	0,079 86	0,098 107	0,154 172	0,088 94	0,095 102	0,105 114	0,117 129	0,154 172
$\xi = 0,35$	$\mu_{Eds,lim}$ $1000\,\omega_{1M,lim}$	0,058 62	0,074 82	0,096 109	0,124 142	0,206 241	0,093 101	0,106 116	0,122 137	0,143 163	0,206 241
$\xi = 0,45$	$\mu_{Eds,lim}$ $1000\,\omega_{1M,lim}$	0,062 69	0,083 96	0,112 132	0,147 176	0,252 310	0,098 107	0,115 130	0,138 160	0,166 197	0,252 310
$\xi = 0,617$	$\mu_{Eds,lim}$ $1000\,\omega_{1M,lim}$	0,069 81	0,096 119	0,133 170	0,179 234	0,316 425	0,104 119	0,128 153	0,159 198	0,198 255	0,316 425

BT 6b Plattenbalkenquerschnitt $h_f/d = 0{,}15$; $0{,}20$

Jede Zelle enthält drei Werte: $1000\,\omega_{1,M}$ / ξ / ε_{s1}

μ_{Eds}	$h_f/d = 0{,}15$, $b_f/b_w =$ 10	5	3	2	1	$h_f/d = 0{,}20$, $b_f/b_w =$ 10	5	3	2	1
0,02	20 / 0,05 / 20,00	20 / 0,05 / 20,00	20 / 0,05 / 20,00	20 / 0,05 / 20,00	20 / 0,05 / 20,00	20 / 0,05 / 20,00	20 / 0,05 / 20,00	20 / 0,05 / 20,00	20 / 0,05 / 20,00	20 / 0,05 / 20,00
0,04	41 / 0,08 / 20,00	41 / 0,08 / 20,00	41 / 0,08 / 20,00	41 / 0,08 / 20,00	41 / 0,08 / 20,00	41 / 0,08 / 20,00	41 / 0,08 / 20,00	41 / 0,08 / 20,00	41 / 0,08 / 20,00	41 / 0,08 / 20,00
0,06	62 / 0,10 / 20,00	62 / 0,10 / 20,00	62 / 0,10 / 20,00	62 / 0,10 / 20,00	62 / 0,10 / 20,00	62 / 0,10 / 20,00	62 / 0,10 / 20,00	62 / 0,10 / 20,00	62 / 0,10 / 20,00	62 / 0,10 / 20,00
0,08	84 / 0,13 / 20,00	84 / 0,13 / 20,00	84 / 0,13 / 20,00	84 / 0,13 / 20,00	84 / 0,13 / 20,00	84 / 0,13 / 20,00	84 / 0,13 / 20,00	84 / 0,13 / 20,00	84 / 0,13 / 20,00	84 / 0,13 / 20,00
0,10	107 / 0,16 / 18,97	107 / 0,16 / 18,98	107 / 0,16 / 18,99	107 / 0,16 / 19,00	107 / 0,16 / 19,03	107 / 0,16 / 19,03	107 / 0,16 / 19,03	107 / 0,16 / 19,03	107 / 0,16 / 19,03	107 / 0,16 / 19,03
0,12	130 / 0,24 / 10,95	130 / 0,22 / 12,29	130 / 0,21 / 13,21	130 / 0,20 / 13,89	130 / 0,19 / 14,99	130 / 0,19 / 14,99	130 / 0,19 / 14,99	130 / 0,19 / 14,99	130 / 0,19 / 14,99	130 / 0,19 / 14,99
0,14		157 / 0,40 / 5,31	155 / 0,31 / 7,90	155 / 0,27 / 9,68	154 / 0,22 / 12,10	154 / 0,23 / 11,57	154 / 0,23 / 11,67	154 / 0,23 / 11,77	154 / 0,23 / 11,87	154 / 0,22 / 12,10
0,16			184 / 0,43 / 4,59	182 / 0,34 / 6,72	179 / 0,26 / 9,92	180 / 0,39 / 5,49	179 / 0,33 / 7,24	179 / 0,30 / 8,22	179 / 0,28 / 8,90	179 / 0,26 / 9,92
0,18			219 / 0,58 / 2,50	211 / 0,43 / 4,68	206 / 0,30 / 8,22		210 / 0,54 / 2,98	207 / 0,41 / 5,03	206 / 0,35 / 6,39	206 / 0,30 / 8,22
0,20				244 / 0,52 / 3,18	233 / 0,34 / 6,85			241 / 0,56 / 2,80	236 / 0,44 / 4,47	233 / 0,34 / 6,85
0,22					261 / 0,38 / 5,72				270 / 0,54 / 3,02	261 / 0,38 / 5,72
0,24					291 / 0,42 / 4,77					291 / 0,42 / 4,77
0,26					323 / 0,47 / 3,95					323 / 0,47 / 3,95
0,28					357 / 0,52 / 3,24					357 / 0,52 / 3,24
0,30					394 / 0,57 / 2,62					394 / 0,57 / 2,62

		10	5	3	2	1	10	5	3	2	1
$\xi = 0{,}25$	$\mu_{Eds,lim}$	0,121	0,124	0,129	0,136	0,154	0,145	0,146	0,147	0,149	0,154
	$1000\omega_{1M,lim}$	131	136	142	149	172	160	162	163	165	172
$\xi = 0{,}35$	$\mu_{Eds,lim}$	0,127	0,136	0,147	0,162	0,206	0,158	0,163	0,170	0,179	0,206
	$1000\omega_{1M,lim}$	139	150	165	184	241	176	183	193	205	241
$\xi = 0{,}45$	$\mu_{Eds,lim}$	0,131	0,145	0,163	0,185	0,252	0,163	0,173	0,186	0,202	0,202
	$1000\omega_{1M,lim}$	146	164	188	219	310	184	198	217	240	240
$\xi = 0{,}617$	$\mu_{Eds,lim}$	0,138	0,157	0,184	0,217	0,316	0,169	0,186	0,207	0,234	0,316
	$1000\omega_{1M,lim}$	157	187	227	276	425	195	221	255	297	425

7

BT 6c Plattenbalkenquerschnitt $h_f/d = 0{,}25$; $0{,}30$

μ_{Eds}	$1000\,\omega_{1,M}$ ξ ε_{s1}		$h_f/d = 0{,}25$ $b_f/b_w =$			$1000\,\omega_{1,M}$ ξ ε_{s1}		$h_f/d = 0{,}30$ $b_f/b_w =$		
	10	5	3	2	1	10	5	3	2	1
0,02	20 0,05 20,00	20 0,05 20,00	20 0,05 20,00	20 0,05 20,00	20 0,05 20,00	20 0,05 20,00	20 0,05 20,00	20 0,05 20,00	20 0,05 20,00	20 0,05 20,00
0,04	41 0,08 20,00	41 0,08 20,00	41 0,08 20,00	41 0,08 20,00	41 0,08 20,00	41 0,08 20,00	41 0,08 20,00	41 0,08 20,00	41 0,08 20,00	41 0,08 20,00
0,06	62 0,10 20,00	62 0,10 20,00	62 0,10 20,00	62 0,10 20,00	62 0,10 20,00	62 0,10 20,00	62 0,10 20,00	62 0,10 20,00	62 0,10 20,00	62 0,10 20,00
0,08	84 0,13 20,00	84 0,13 20,00	84 0,13 20,00	84 0,13 20,00	84 0,13 20,00	84 0,13 20,00	84 0,13 20,00	84 0,13 20,00	84 0,13 20,00	84 0,13 20,00
0,10	107 0,16 19,03	107 0,16 19,03	107 0,16 19,03	107 0,16 19,03	107 0,16 19,03	107 0,16 19,03	107 0,16 19,03	107 0,16 19,03	107 0,16 19,03	107 0,16 19,03
0,12	130 0,19 14,99	130 0,19 14,99	130 0,19 14,99	130 0,19 14,99	130 0,19 14,99	130 0,19 14,99	130 0,19 14,99	130 0,19 14,99	130 0,19 14,99	130 0,19 14,99
0,14	154 0,22 12,10	154 0,22 12,10	154 0,22 12,10	154 0,22 12,10	154 0,22 12,10	154 0,22 12,10	154 0,22 12,10	154 0,22 12,10	154 0,22 12,10	154 0,22 12,10
0,16	179 0,26 9,87	179 0,26 9,88	179 0,26 9,88	179 0,26 9,89	179 0,26 9,92	179 0,26 9,92	179 0,26 9,92	179 0,26 9,92	179 0,26 9,92	179 0,26 9,92
0,18	205 0,33 7,07	205 0,32 7,34	205 0,32 7,59	205 0,31 7,81	206 0,30 8,22	206 0,30 8,22	206 0,30 8,22	206 0,30 8,22	206 0,30 8,22	206 0,30 8,22
0,20		234 0,46 4,03	233 0,41 5,14	233 0,37 5,85	233 0,34 6,85	233 0,35 6,48	233 0,35 6,54	233 0,35 6,61	233 0,34 6,69	233 0,34 6,85
0,22			266 0,54 2,98	263 0,46 4,16	261 0,38 5,72	261 0,49 3,68	261 0,45 4,36	261 0,42 4,82	261 0,40 5,17	261 0,38 5,72
0,24				298 0,56 2,80	291 0,42 4,77			293 0,54 2,99	292 0,48 3,75	291 0,42 4,77
0,26					323 0,47 3,95				328 0,58 2,51	323 0,47 3,95
0,28					357 0,52 3,24					357 0,52 3,24
0,30					394 0,57 2,62					394 0,57 2,62
$\xi = 0{,}25$ $\mu_{Eds,lim}$ $1000\omega_{1M,lim}$	0,154 172	0,154 172	0,154 172	0,154 172	0,154 172	0,154 172	0,154 172	0,154 172	0,154 172	0,154 172
$\xi = 0{,}35$ $\mu_{Eds,lim}$ $1000\omega_{1M,lim}$	0,183 209	0,186 212	0,189 217	0,193 223	0,206 241	0,200 232	0,200 233	0,201 234	0,202 236	0,206 241
$\xi = 0{,}45$ $\mu_{Eds,lim}$ $1000\omega_{1M,lim}$	0,192 221	0,202 240	0,207 244	0,219 261	0,252 310	0,217 256	0,252 310	0,226 270	0,232 280	0,252 310
$\xi = 0{,}617$ $\mu_{Eds,lim}$ $1000\omega_{1M,lim}$	0,199 234	0,212 255	0,229 283	0,251 319	0,316 425	0,227 272	0,236 289	0,250 311	0,266 340	0,316 425

BT 6d   Plattenbalkenquerschnitt $h_f/d = 0{,}35;\ 0{,}40$

μ_{Eds}	$1000\,\omega_{1,M}$ / ξ / ε_{s1} — $h_f/d = 0{,}35$, $b_f/b_w =$ 10	5	3	2	1	$1000\,\omega_{1,M}$ / ξ / ε_{s1} — $h_f/d = 0{,}40$, $b_f/b_w =$ 10	5	3	2	1
0,02	20 / 0,05 / 20,00	20 / 0,05 / 20,00	20 / 0,05 / 20,00	20 / 0,05 / 20,00	20 / 0,05 / 20,00	20 / 0,05 / 20,00	20 / 0,05 / 20,00	20 / 0,05 / 20,00	20 / 0,05 / 20,00	20 / 0,05 / 20,00
0,04	41 / 0,08 / 20,00	41 / 0,08 / 20,00	41 / 0,08 / 20,00	41 / 0,08 / 20,00	41 / 0,08 / 20,00	41 / 0,08 / 20,00	41 / 0,08 / 20,00	41 / 0,08 / 20,00	41 / 0,08 / 20,00	41 / 0,08 / 20,00
0,06	62 / 0,10 / 20,00	62 / 0,10 / 20,00	62 / 0,10 / 20,00	62 / 0,10 / 20,00	62 / 0,10 / 20,00	62 / 0,10 / 20,00	62 / 0,10 / 20,00	62 / 0,10 / 20,00	62 / 0,10 / 20,00	62 / 0,10 / 20,00
0,08	84 / 0,13 / 20,00	84 / 0,13 / 20,00	84 / 0,13 / 20,00	84 / 0,13 / 20,00	84 / 0,13 / 20,00	84 / 0,13 / 20,00	84 / 0,13 / 20,00	84 / 0,13 / 20,00	84 / 0,13 / 20,00	84 / 0,13 / 20,00
0,10	107 / 0,16 / 19,03	107 / 0,16 / 19,03	107 / 0,16 / 19,03	107 / 0,16 / 19,03	107 / 0,16 / 19,03	107 / 0,16 / 19,03	107 / 0,16 / 19,03	107 / 0,16 / 19,03	107 / 0,16 / 19,03	107 / 0,16 / 19,03
0,12	130 / 0,19 / 14,99	130 / 0,19 / 14,99	130 / 0,19 / 14,99	130 / 0,19 / 14,99	130 / 0,19 / 14,99	130 / 0,19 / 14,99	130 / 0,19 / 14,99	130 / 0,19 / 14,99	130 / 0,19 / 14,99	130 / 0,19 / 14,99
0,14	154 / 0,22 / 12,10	154 / 0,22 / 12,10	154 / 0,22 / 12,10	154 / 0,22 / 12,10	154 / 0,22 / 12,10	154 / 0,22 / 12,10	154 / 0,22 / 12,10	154 / 0,22 / 12,10	154 / 0,22 / 12,10	154 / 0,22 / 12,10
0,16	179 / 0,26 / 9,92	179 / 0,26 / 9,92	179 / 0,26 / 9,92	179 / 0,26 / 9,92	179 / 0,26 / 9,92	179 / 0,26 / 9,92	179 / 0,26 / 9,92	179 / 0,26 / 9,92	179 / 0,26 / 9,92	179 / 0,26 / 9,92
0,18	206 / 0,30 / 8,22	206 / 0,30 / 8,22	206 / 0,30 / 8,22	206 / 0,30 / 8,22	206 / 0,30 / 8,22	206 / 0,30 / 8,22	206 / 0,30 / 8,22	206 / 0,30 / 8,22	206 / 0,30 / 8,22	206 / 0,30 / 8,22
0,20	233 / 0,34 / 6,85	233 / 0,34 / 6,85	233 / 0,34 / 6,85	233 / 0,34 / 6,85	233 / 0,34 / 6,85	233 / 0,34 / 6,85	233 / 0,34 / 6,85	233 / 0,34 / 6,85	233 / 0,34 / 6,85	233 / 0,34 / 6,85
0,22	261 / 0,39 / 5,58	261 / 0,38 / 5,60	261 / 0,38 / 5,63	261 / 0,38 / 5,65	261 / 0,38 / 5,72	261 / 0,38 / 5,72	261 / 0,38 / 5,72	261 / 0,38 / 5,72	261 / 0,38 / 5,72	261 / 0,38 / 5,72
0,24	290 / 0,48 / 3,83	290 / 0,46 / 4,06	291 / 0,45 / 4,27	291 / 0,44 / 4,45	291 / 0,42 / 4,77	291 / 0,43 / 4,71	291 / 0,43 / 4,72	291 / 0,43 / 4,73	291 / 0,42 / 4,74	291 / 0,42 / 4,77
0,26		323 / 0,56 / 2,79	323 / 0,52 / 3,27	323 / 0,47 / 3,95		322 / 0,50 / 3,43	322 / 0,50 / 3,54	322 / 0,49 / 3,65	323 / 0,48 / 3,75	323 / 0,47 / 3,95
0,28			360 / 0,62 / 2,17	357 / 0,52 / 3,24			357 / 0,59 / 2,44	357 / 0,56 / 2,76	357 / 0,52 / 3,24	
0,30				394 / 0,57 / 2,62					394 / 0,57 / 2,62	
$\xi = 0{,}25$ $\mu_{Eds,lim}$ / $1000\omega_{1M,lim}$	0,154 / 172	0,154 / 172	0,154 / 172	0,154 / 172	0,154 / 172	0,154 / 172	0,154 / 172	0,154 / 172	0,154 / 172	0,154 / 172
$\xi = 0{,}35$ $\mu_{Eds,lim}$ / $1000\omega_{1M,lim}$	0,206 / 241	0,206 / 241	0,206 / 241	0,206 / 241	0,206 / 241	0,206 / 241	0,206 / 241	0,206 / 241	0,206 / 241	0,206 / 241
$\xi = 0{,}45$ $\mu_{Eds,lim}$ / $1000\omega_{1M,lim}$	0,236 / 284	0,238 / 287	0,240 / 290	0,243 / 295	0,252 / 310	0,248 / 303	0,248 / 303	0,249 / 304	0,249 / 306	0,252 / 310
$\xi = 0{,}617$ $\mu_{Eds,lim}$ / $1000\omega_{1M,lim}$	0,252 / 309	0,259 / 322	0,268 / 339	0,280 / 360	0,316 / 425	0,273 / 343	0,278 / 352	0,284 / 364	0,292 / 379	0,316 / 425

7

BT 7a Schiefe Biegung mit Längsdruckkraft
Betonstahl BSt 500, $\gamma_s = 1{,}15$, $d_1/h = b_1/b = 0{,}10$
Für alle Betonfestigkeitsklassen bis C 50/60

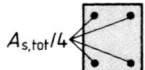

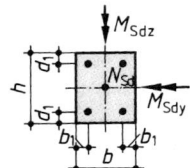

Diagramm gilt bis C 50/60 mit $f_{cd} = \dfrac{f_{ck}}{\gamma_c}$ und $\ldots_{Sd} = \ldots_{Ed}$

	C 12/15	C 16/20	C 20/25	C 25/30	C 30/37	C 35/45	C 40/50	C 45/55	C 50/60
f_{cd}	8,00	10,67	13,33	16,67	20,00	23,33	26,67	30,00	33,33
f_{yd}/f_{cd}	54,35	40,76	32,61	26,09	21,74	18,63	16,30	14,49	13,04

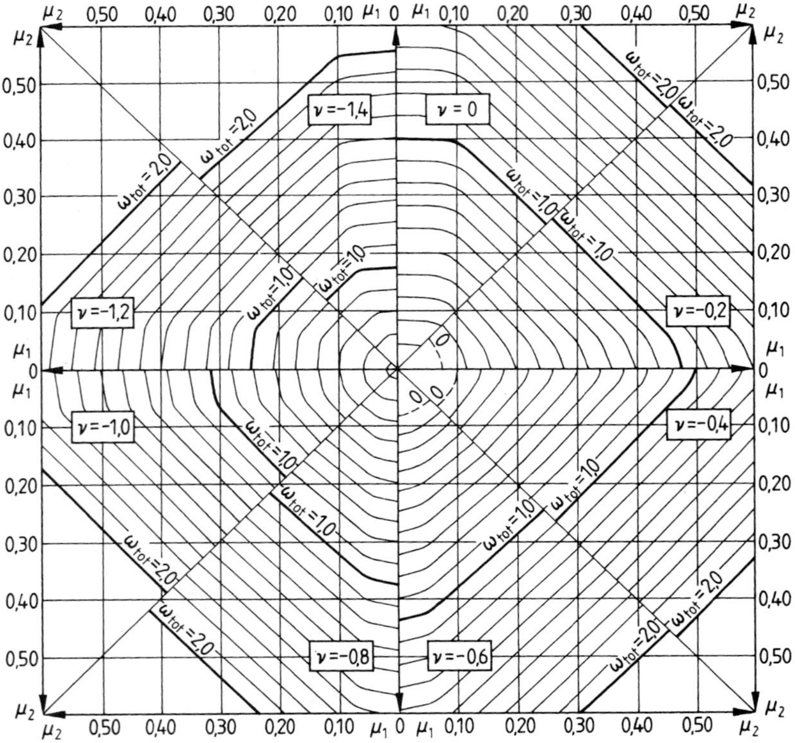

$$\mu_{Sdy} = \frac{|M_{Sdy}|}{bh^2 f_{cd}} \qquad \text{wenn } \mu_{Sdy} > \mu_{Sdz} \qquad \mu_1 = \mu_{Sdy}; \mu_2 = \mu_{Sdz}$$

$$\mu_{Sdz} = \frac{|M_{Sdz}|}{b^2 h f_{cd}} \qquad \text{wenn } \mu_{Sdy} < \mu_{Sdz} \qquad \mu_1 = \mu_{Sdz}; \mu_2 = \mu_{Sdy}$$

$$\nu = \nu_{Sd} = \frac{N_{Sd}}{bh f_{cd}} \qquad \omega_{tot} = \frac{A_{s,\,tot}}{bh} \cdot \frac{f_{yd}}{f_{cd}} \qquad A_{s,\,tot} = \omega_{tot}\, \frac{bh}{f_{yd}/f_{cd}}$$

BT 7b Schiefe Biegung mit Längsdruckkraft
Betonstahl BSt 500, $\gamma_s = 1{,}15$, $d_1/h = b_1/b = 0{,}10$
Für alle Betonfestigkeitsklassen bis C 50/60

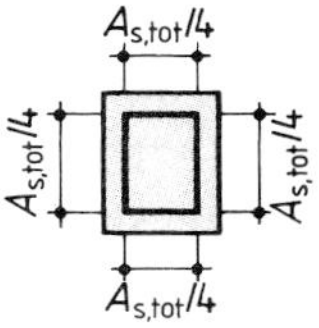

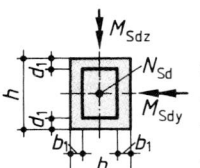

Diagramm gilt bis C 50/60 mit $f_{cd} = \dfrac{f_{ck}}{\gamma_c}$ und $\ldots_{Sd} = \ldots_{Ed}$

	C 12/15	C 16/20	C 20/25	C 25/30	C 30/37	C 35/45	C 40/50	C 45/55	C 50/60
f_{cd}	8,00	10,67	13,33	16,67	20,00	23,33	26,67	30,00	33,33
f_{yd}/f_{cd}	54,35	40,76	32,61	26,09	21,74	18,63	16,30	14,49	13,04

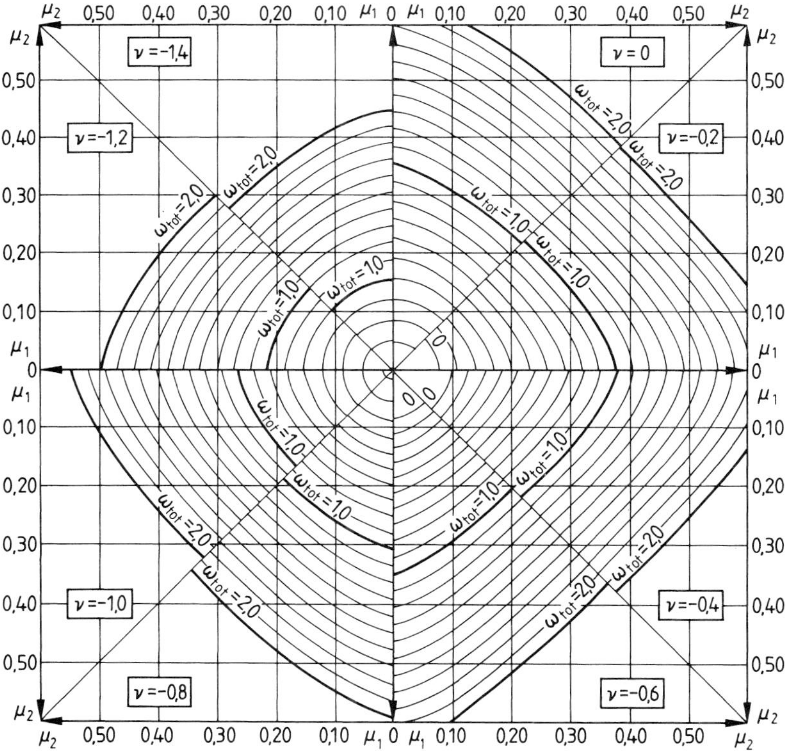

$$\mu_{Sdy} = \frac{|M_{Sdy}|}{bh^2 f_{cd}} \qquad \text{wenn } \mu_{Sdy} > \mu_{Sdz} \qquad \mu_1 = \mu_{Sdy}; \ \mu_2 = \mu_{Sdz}$$

$$\mu_{Sdz} = \frac{|M_{Sdz}|}{b^2 h f_{cd}} \qquad \text{wenn } \mu_{Sdy} < \mu_{Sdz} \qquad \mu_1 = \mu_{Sdz}; \ \mu_2 = \mu_{Sdy}$$

$$\nu = \nu_{Sd} = \frac{N_{Sd}}{bh f_{cd}} \qquad \omega_{tot} = \frac{A_{s,\,tot}}{bh} \cdot \frac{f_{yd}}{f_{cd}} \qquad A_{s,\,tot} = \omega_{tot} \frac{bh}{f_{yd}/f_{cd}}$$

BT 8a   e/h Diagramm und μ-Nomogramm
R 2-05
$h_1/h = 0,05$

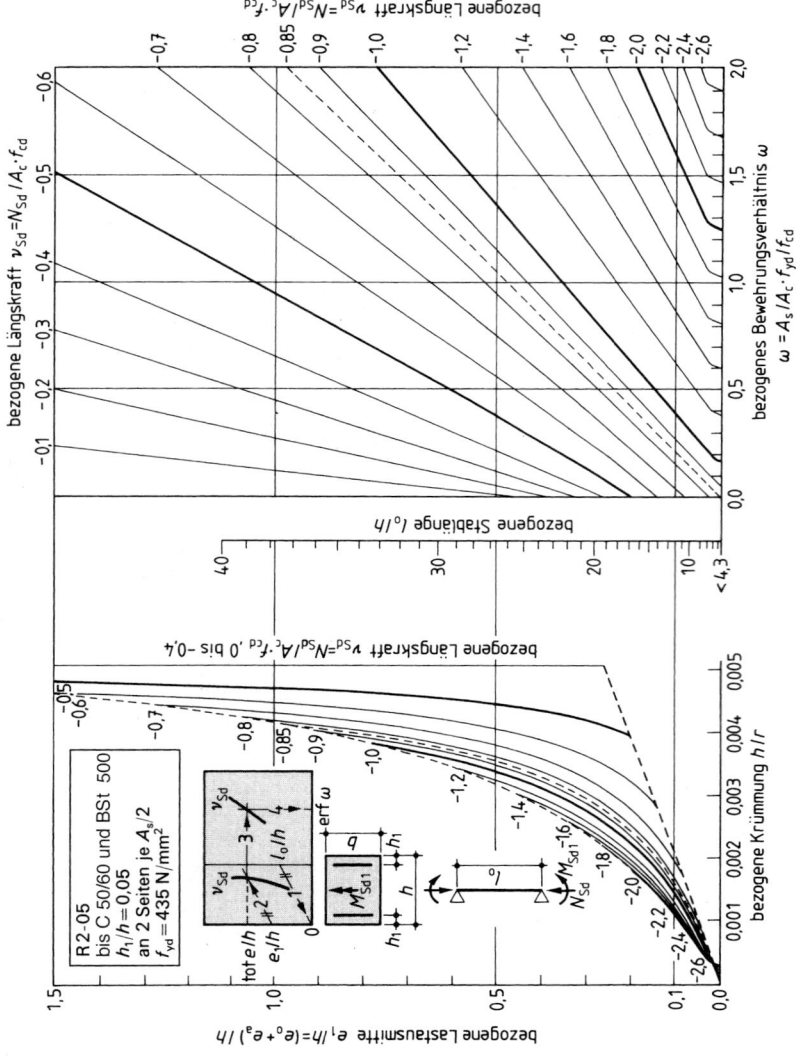

Beispiel s. Seite 477

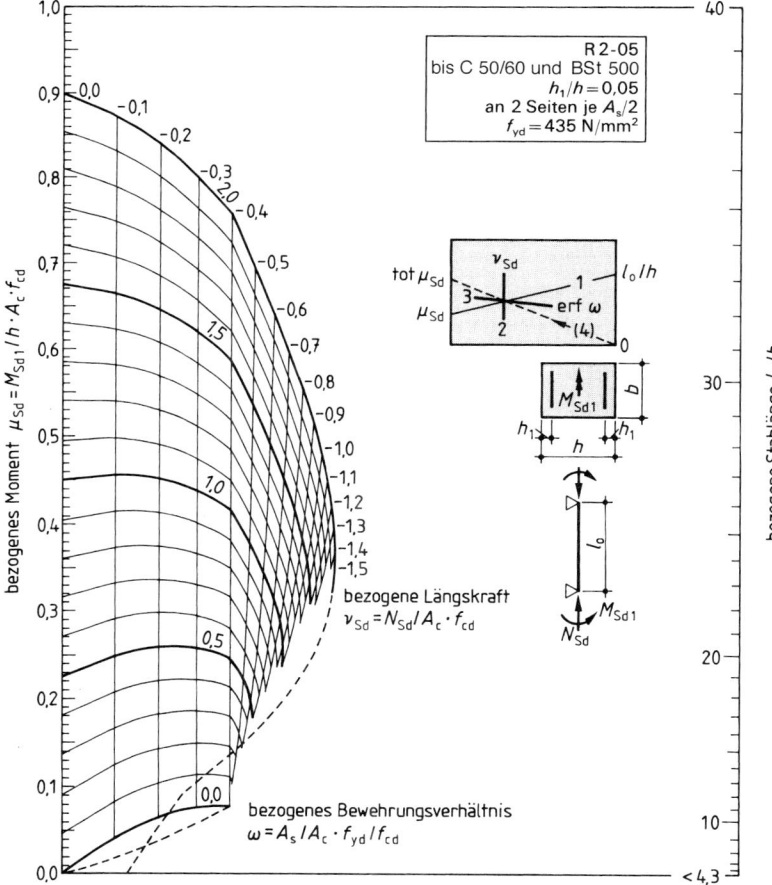

Diagramm und Nomogramm gelten bis C 50/60 mit $f_{cd} = \dfrac{f_{ck}}{\gamma_c}$ und $\ldots_{Sd} = \ldots_{Ed}$

	C 12/15	C 16/20	C 20/25	C 25/30	C 30/37	C 35/45	C 40/50	C 45/55	C 50/60
f_{cd}	8,00	10,67	13,33	16,67	20,00	23,33	26,67	30,00	33,33
f_{yd}/f_{cd}	54,35	40,76	32,61	26,09	21,74	18,63	16,30	14,49	13,04

BT 8b *e/h* Diagramm und *μ*-Nomogramm
R 2-10
$h_1/h = 0,10$

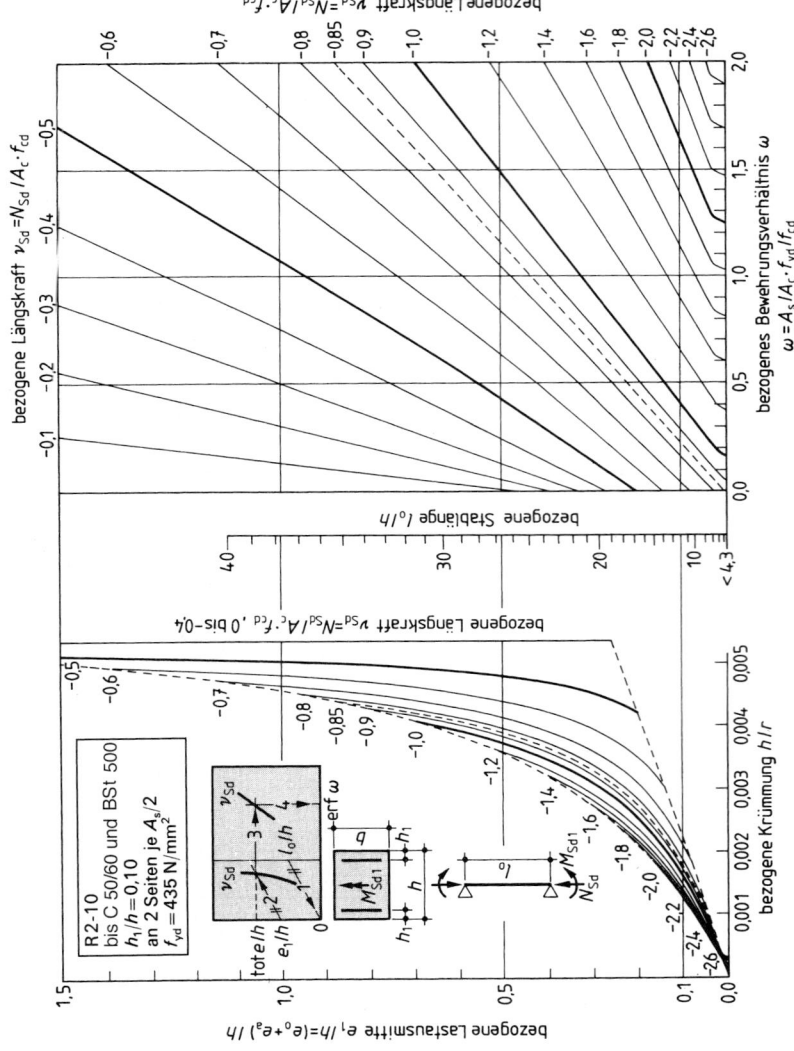

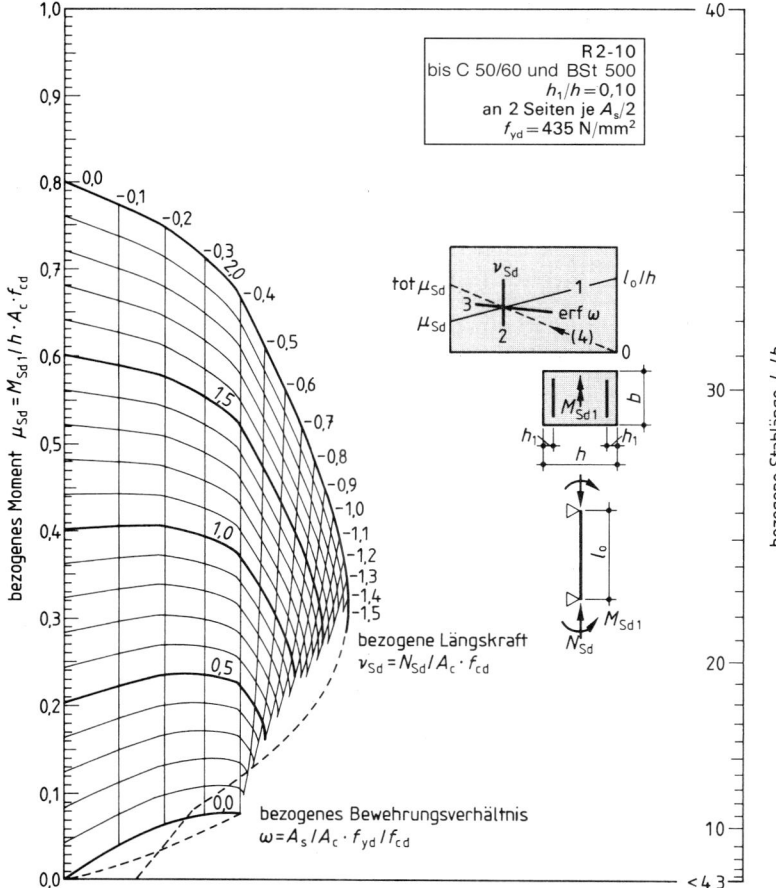

Diagramm und Nomogramm gelten bis C 50/60 mit $f_{cd} = \dfrac{f_{ck}}{\gamma_c}$ und $\ldots_{Sd} = \ldots_{Ed}$

	C 12/15	C 16/20	C 20/25	C 25/30	C 30/37	C 35/45	C 40/50	C 45/55	C 50/60
f_{cd}	8,00	10,67	13,33	16,67	20,00	23,33	26,67	30,00	33,33
f_{yd}/f_{cd}	54,35	40,76	32,61	26,09	21,74	18,63	16,30	14,49	13,04

BT 8c   *e/h* Diagramm und μ-Nomogramm
R 2-15
$h_1/h = 0,15$

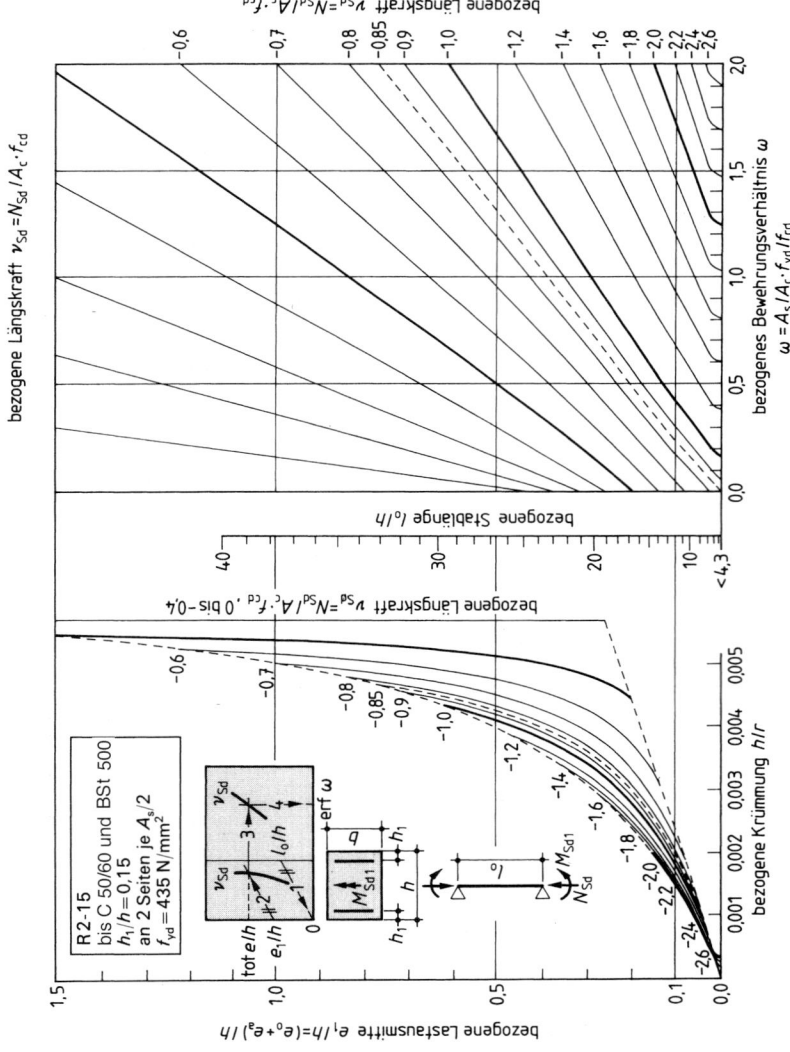

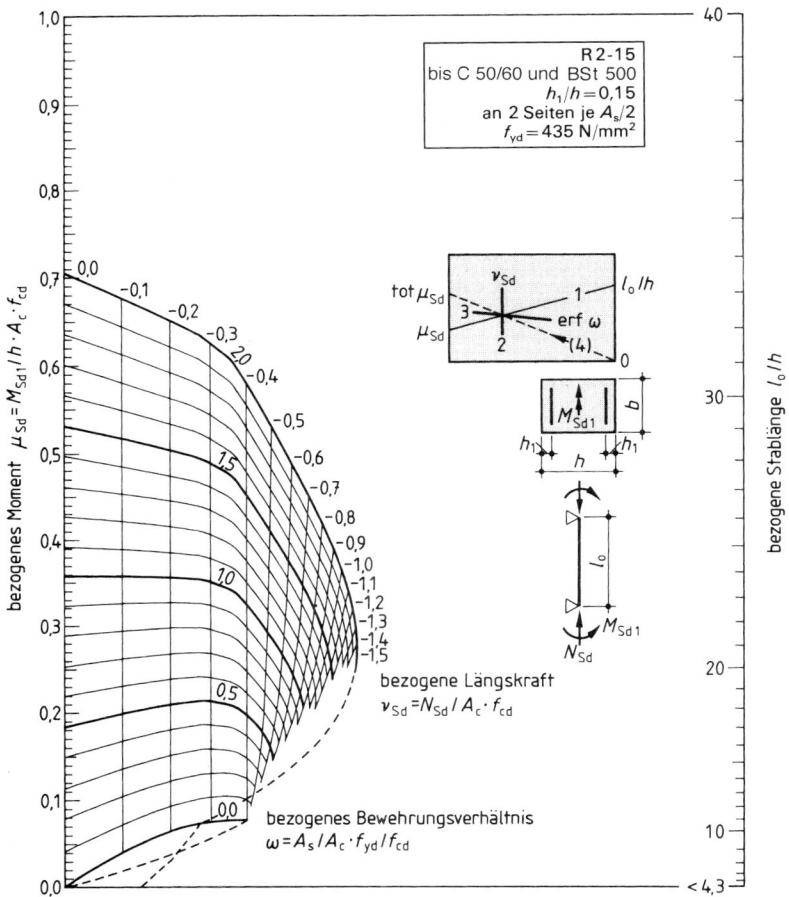

Diagramm und Nomogramm gelten bis C 50/60 mit $f_{cd} = \dfrac{f_{ck}}{\gamma_c}$ und $\ldots_{Sd} = \ldots_{Ed}$

	C 12/15	C 16/20	C 20/25	C 25/30	C 30/37	C 35/45	C 40/50	C 45/55	C 50/60
f_{cd}	8,00	10,67	13,33	16,67	20,00	23,33	26,67	30,00	33,33
f_{yd}/f_{cd}	54,35	40,76	32,61	26,09	21,74	18,63	16,30	14,49	13,04

BT 8d *e/h* Diagramm und *μ*-Nomogramm
R 2-20
$h_1/h = 0,20$

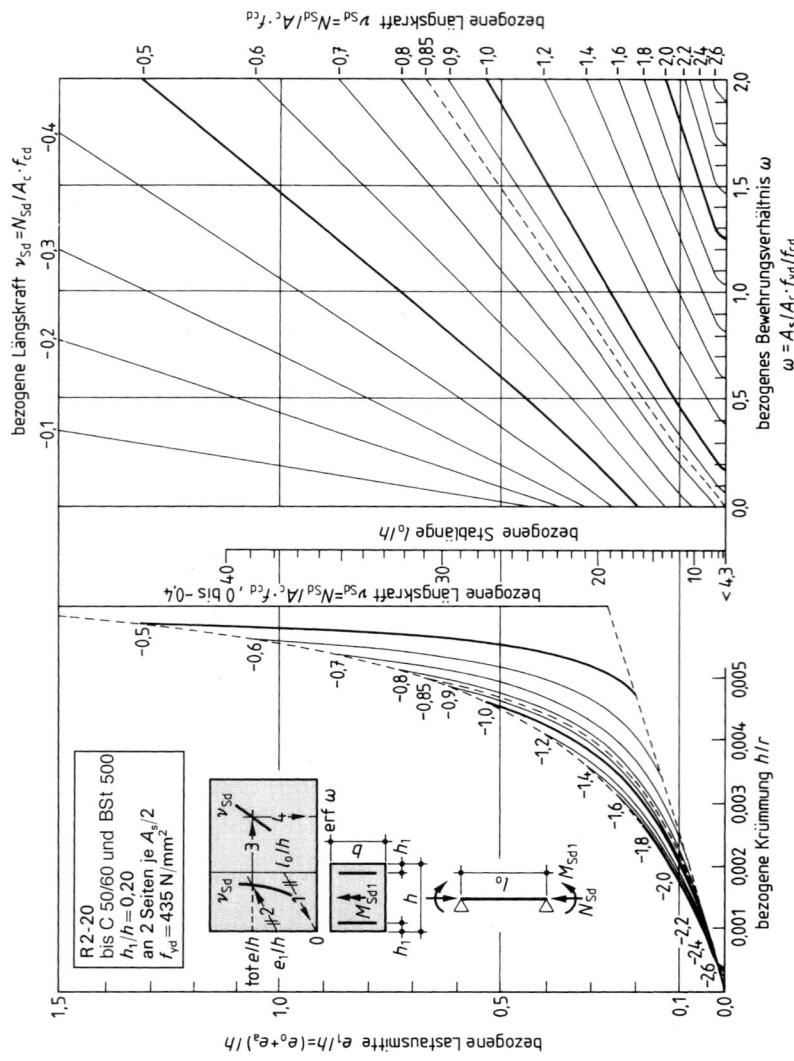

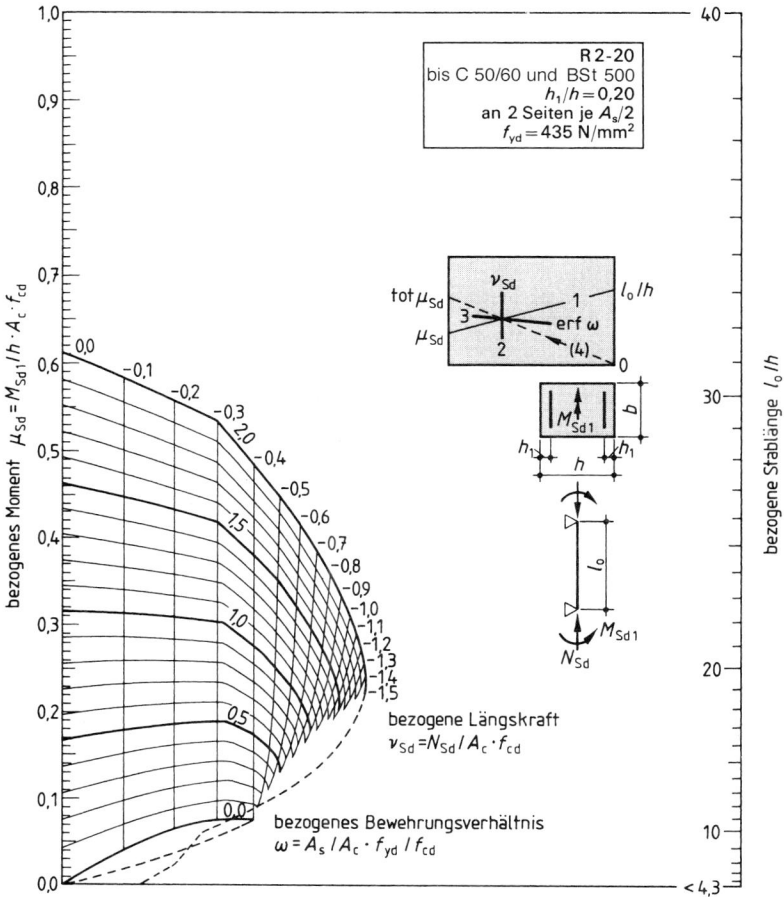

Diagramm und Nomogramm gelten bis C 50/60 mit $f_{cd} = \dfrac{f_{ck}}{\gamma_c}$ und $\ldots_{Sd} = \ldots_{Ed}$

	C 12/15	C 16/20	C 20/25	C 25/30	C 30/37	C 35/45	C 40/50	C 45/55	C 50/60
f_{cd}	8,00	10,67	13,33	16,67	20,00	23,33	26,67	30,00	33,33
f_{yd}/f_{cd}	54,35	40,76	32,61	26,09	21,74	18,63	16,30	14,49	13,04

BT 8e e/h Diagramm und μ-Nomogramm
R 4-05
$h_1/h = 0{,}05$

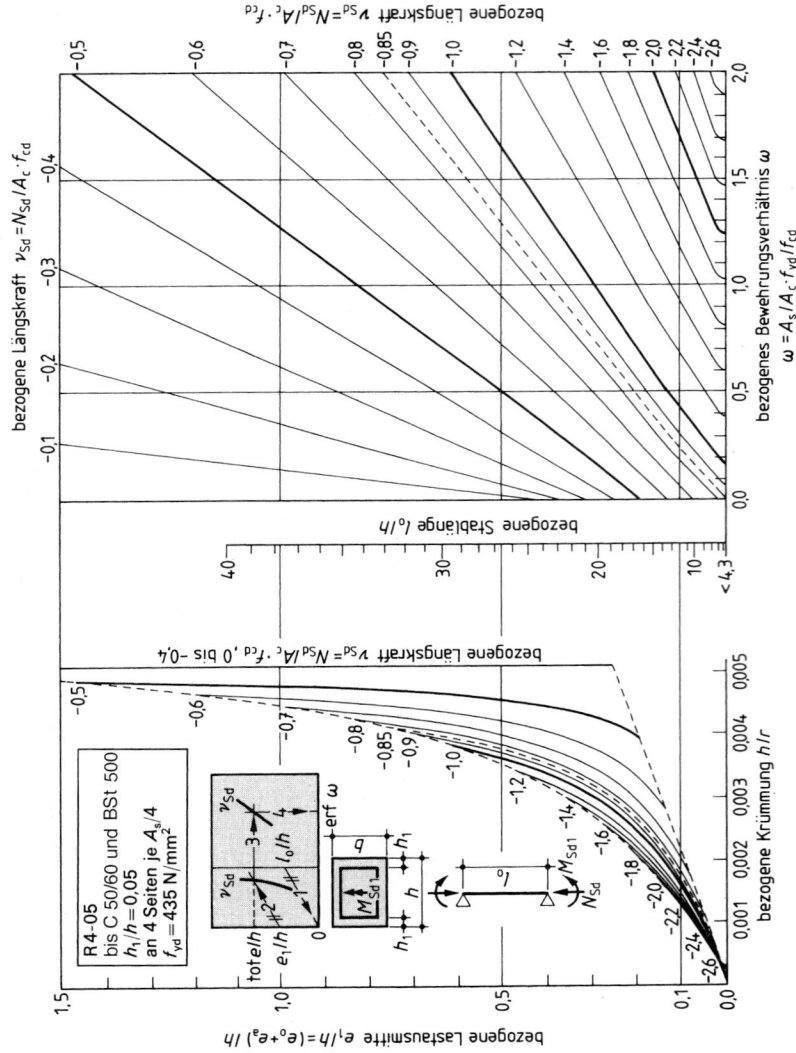

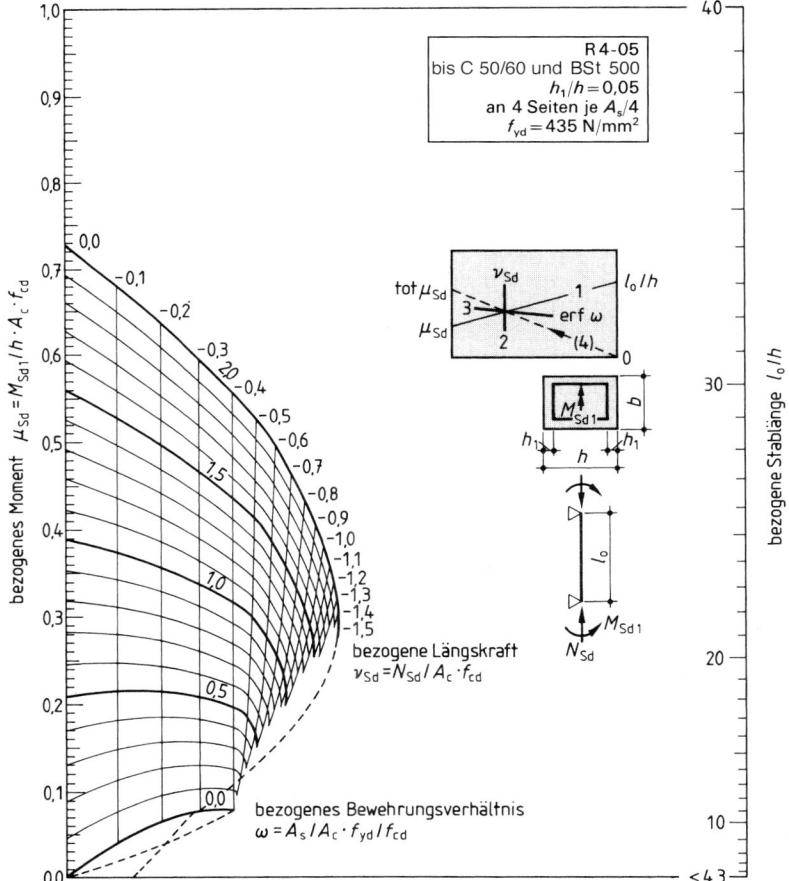

Diagramm und Nomogramm gelten bis C 50/60 mit $f_{cd} = \dfrac{f_{ck}}{\gamma_c}$ und $\ldots_{Sd} = \ldots_{Ed}$

	C 12/15	C 16/20	C 20/25	C 25/30	C 30/37	C 35/45	C 40/50	C 45/55	C 50/60
f_{cd}	8,00	10,67	13,33	16,67	20,00	23,33	26,67	30,00	33,33
f_{yd}/f_{cd}	54,35	40,76	32,61	26,09	21,74	18,63	16,30	14,49	13,04

BT 8f *e/h* Diagramm und μ-Nomogramm
     R 4-10
     $h_1/h = 0{,}10$

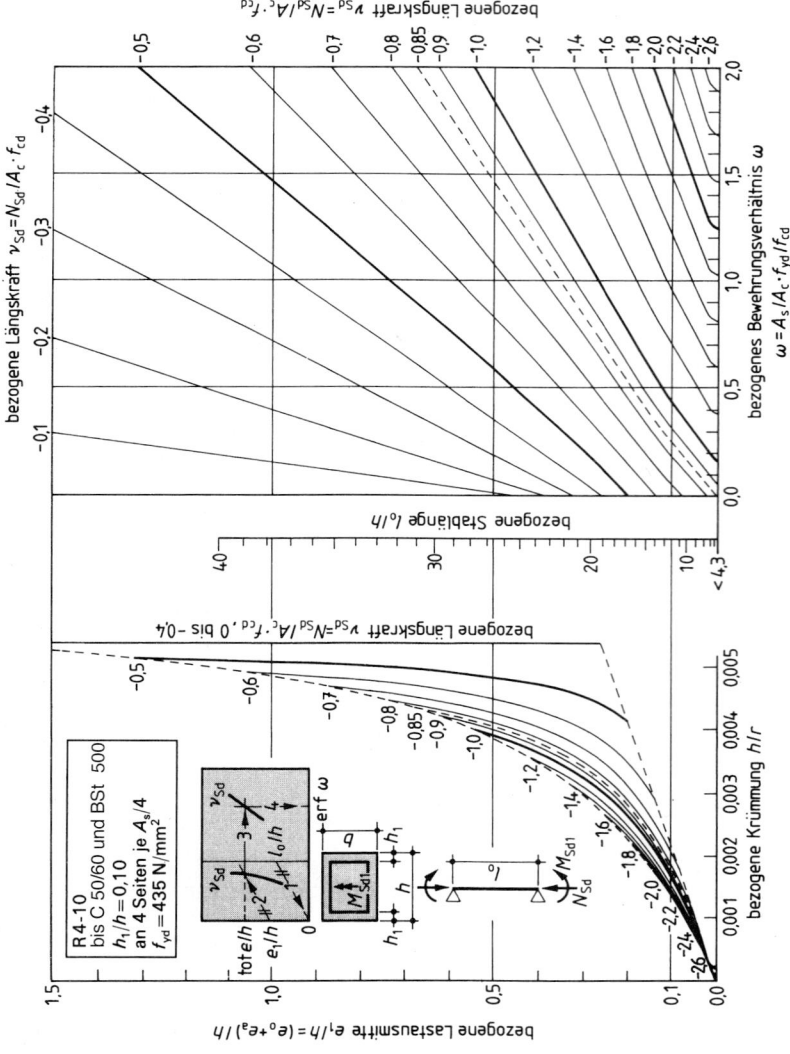

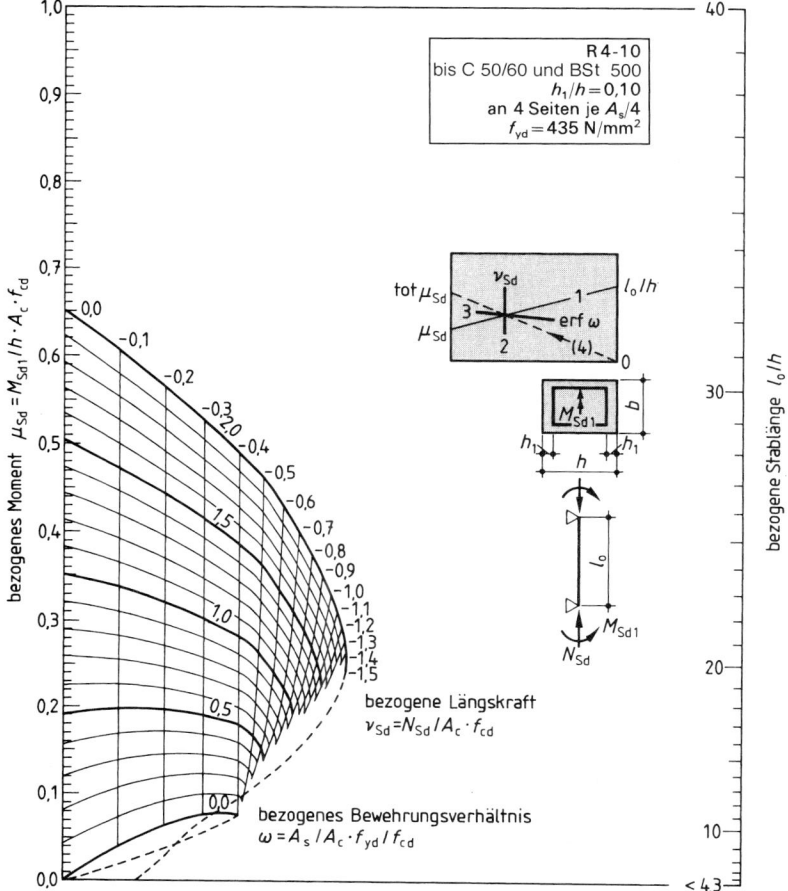

7

Diagramm und Nomogramm gelten bis C 50/60 mit $f_{cd} = \dfrac{f_{ck}}{\gamma_c}$ und $\ldots_{Sd} = \ldots_{Ed}$

	C 12/15	C 16/20	C 20/25	C 25/30	C 30/37	C 35/45	C 40/50	C 45/55	C 50/60
f_{cd}	8,00	10,67	13,33	16,67	20,00	23,33	26,67	30,00	33,33
f_{yd}/f_{cd}	54,35	40,76	32,61	26,09	21,74	18,63	16,30	14,49	13,04

BT 8g *e/h* Diagramm und μ-Nomogramm
R 4-15
$h_1/h = 0,15$

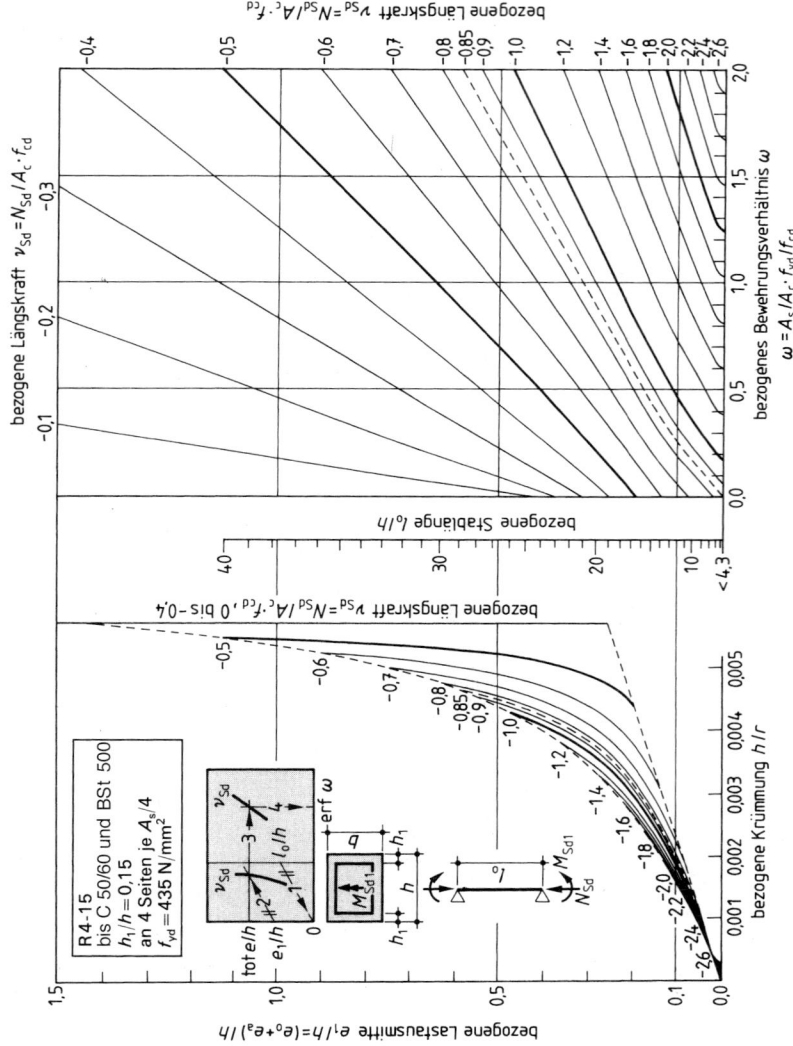

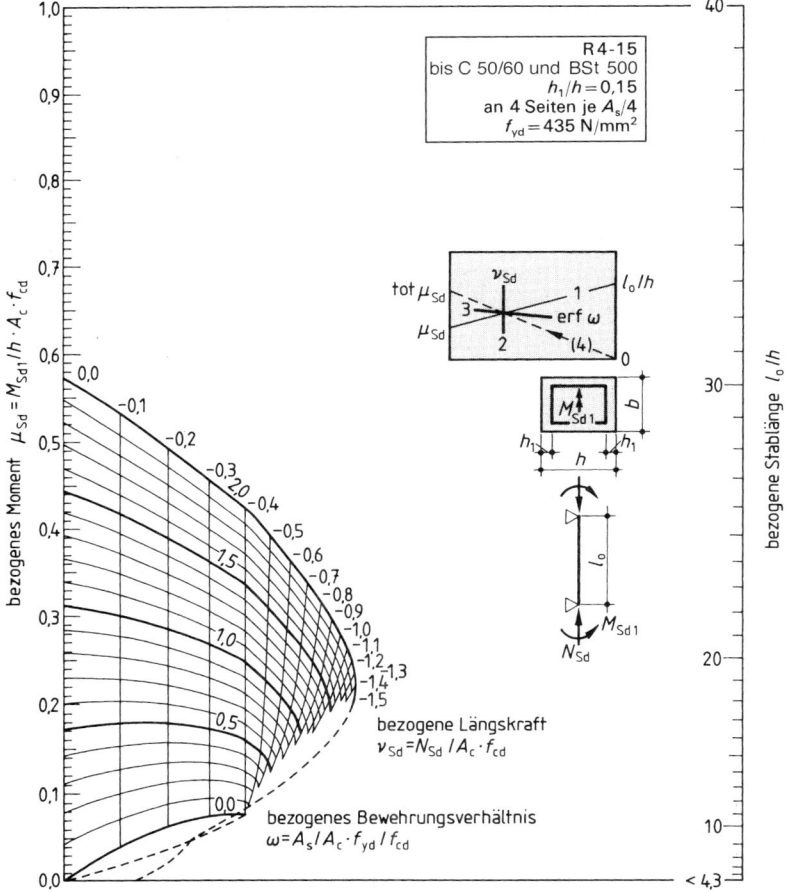

Diagramm und Nomogramm gelten bis C 50/60 mit $f_{cd} = \dfrac{f_{ck}}{\gamma_c}$ und $\ldots_{Sd} = \ldots_{Ed}$

	C 12/15	C 16/20	C 20/25	C 25/30	C 30/37	C 35/45	C 40/50	C 45/55	C 50/60
f_{cd}	8,00	10,67	13,33	16,67	20,00	23,33	26,67	30,00	33,33
f_{yd}/f_{cd}	54,35	40,76	32,61	26,09	21,74	18,63	16,30	14,49	13,04

BT 8h e/h Diagramm und μ-Nomogramm
R 4-20
$h_1/h = 0{,}20$

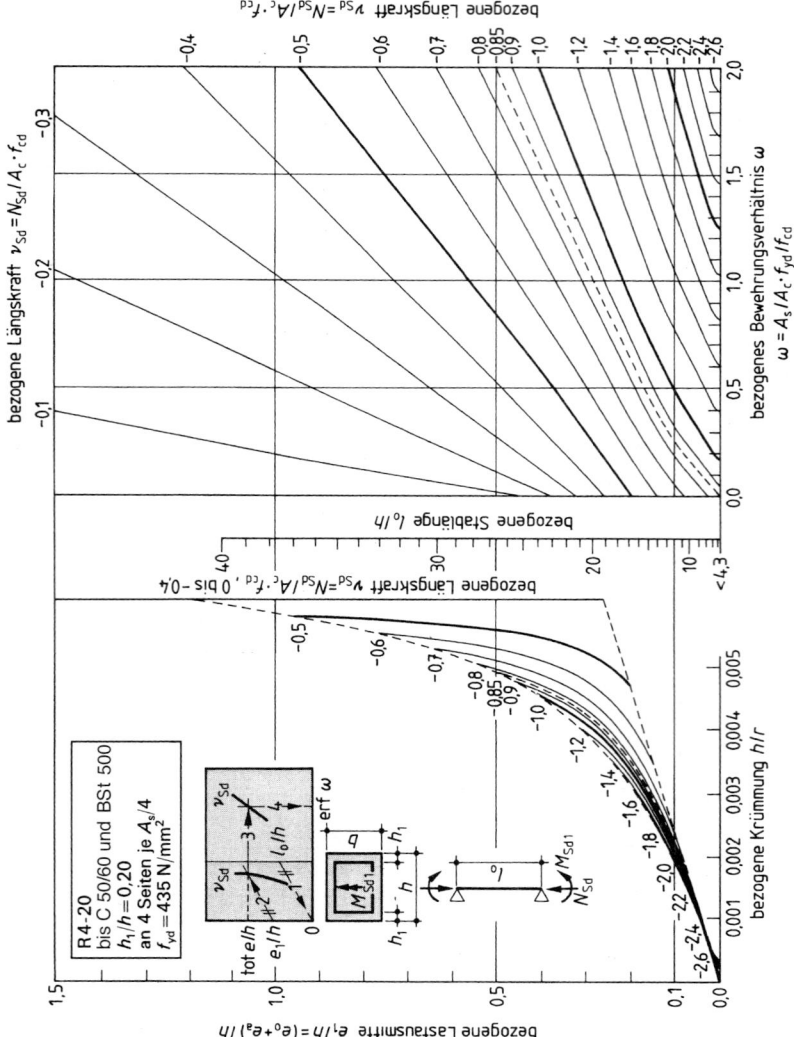

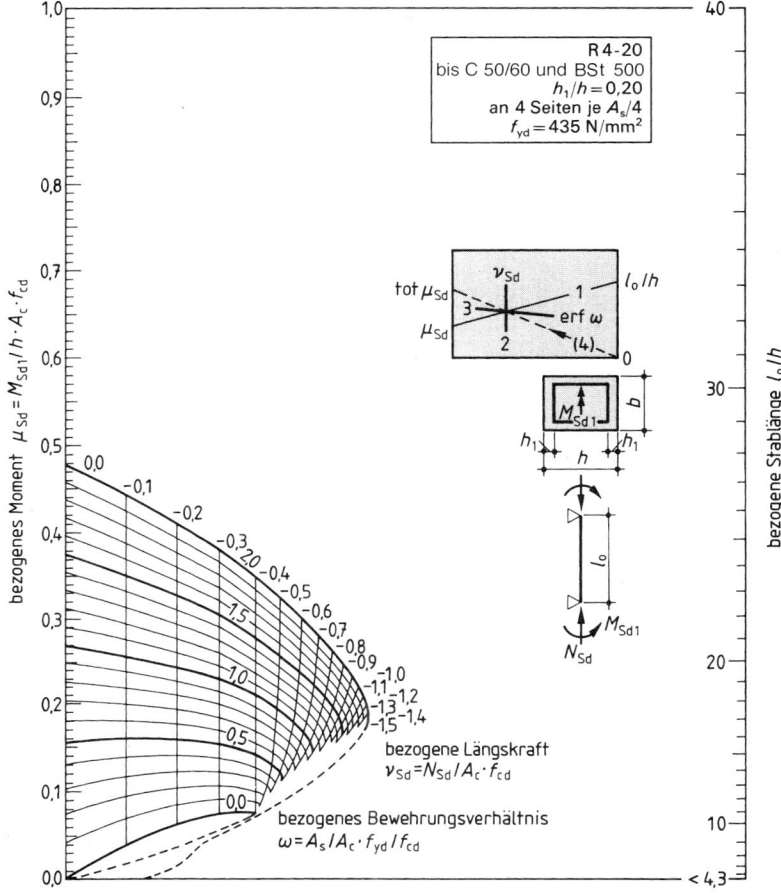

Diagramm und Nomogramm gelten bis C 50/60 mit $f_{cd} = \dfrac{f_{ck}}{\gamma_c}$ und $\ldots_{Sd} = \ldots_{Ed}$

	C 12/15	C 16/20	C 20/25	C 25/30	C 30/37	C 35/45	C 40/50	C 45/55	C 50/60
f_{cd}	8,00	10,67	13,33	16,67	20,00	23,33	26,67	30,00	33,33
f_{yd}/f_{cd}	54,35	40,76	32,61	26,09	21,74	18,63	16,30	14,49	13,04

BT 8i e/h Diagramm und µ-Nomogramm
  K-05
  $h_1/h = 0{,}05$

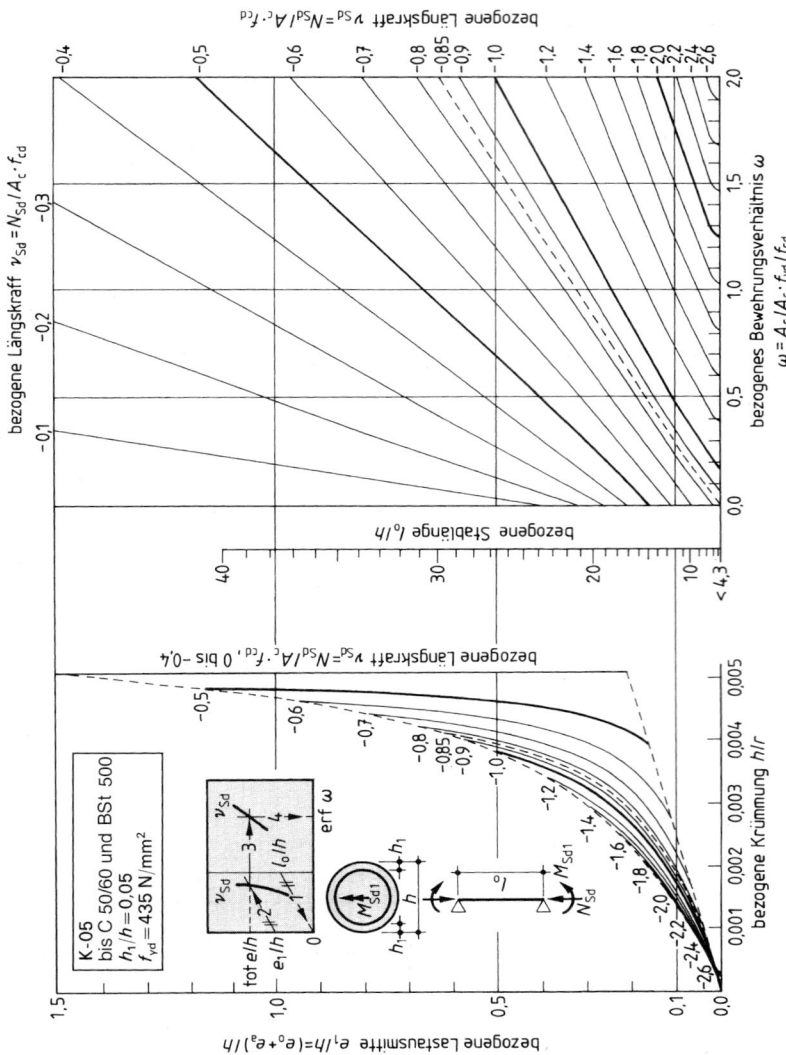

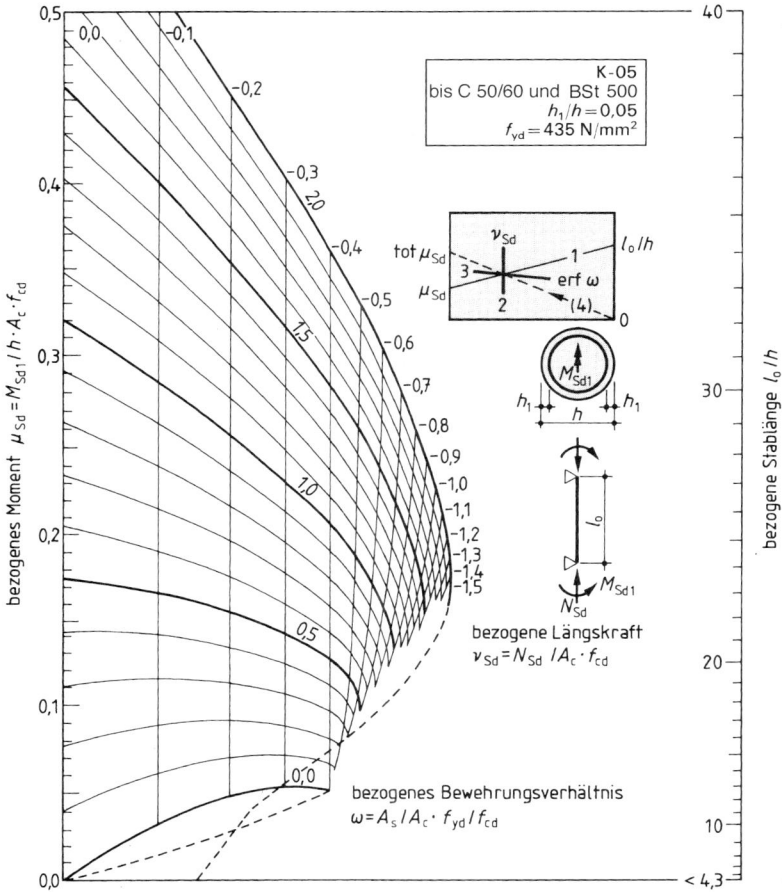

Diagramm und Nomogramm gelten bis C 50/60 mit $f_{cd} = \dfrac{f_{ck}}{\gamma_c}$ und $\ldots_{Sd} = \ldots_{Ed}$

	C 12/15	C 16/20	C 20/25	C 25/30	C 30/37	C 35/45	C 40/50	C 45/55	C 50/60
f_{cd}	8,00	10,67	13,33	16,67	20,00	23,33	26,67	30,00	33,33
f_{yd}/f_{cd}	54,35	40,76	32,61	26,09	21,74	18,63	16,30	14,49	13,04

BT 8k e/h Diagramm und μ-Nomogramm
K-10
$h_1/h = 0,10$

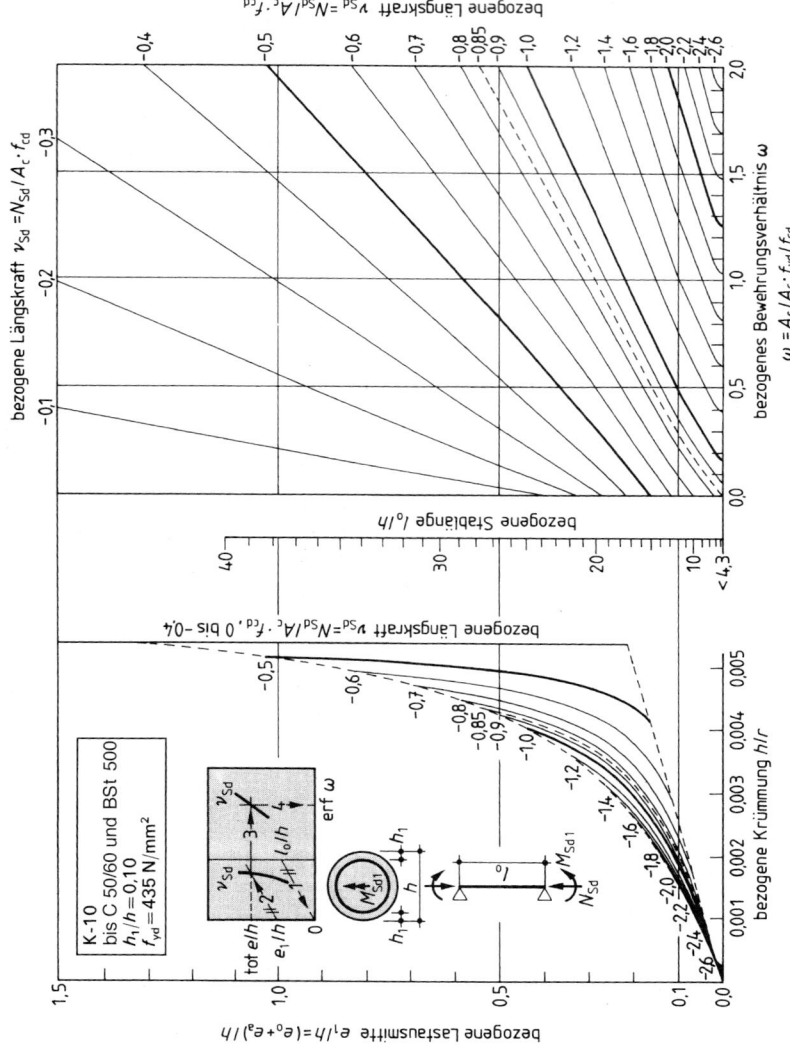

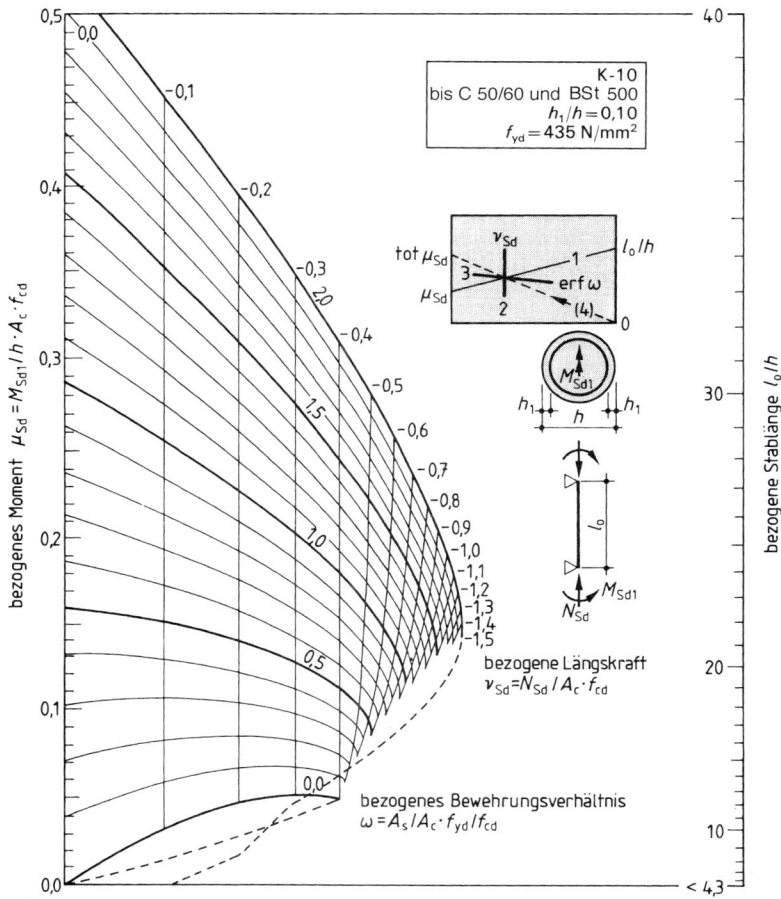

Diagramm und Nomogramm gelten bis C 50/60 mit $f_{cd} = \dfrac{f_{ck}}{\gamma_c}$ und $\ldots_{Sd} = \ldots_{Ed}$

	C 12/15	C 16/20	C 20/25	C 25/30	C 30/37	C 35/45	C 40/50	C 45/55	C 50/60
f_{cd}	8,00	10,67	13,33	16,67	20,00	23,33	26,67	30,00	33,33
f_{yd}/f_{cd}	54,35	40,76	32,61	26,09	21,74	18,63	16,30	14,49	13,04

BT 81   e/h Diagramm und μ-Nomogramm
       K-15
       $h_1/h = 0{,}15$

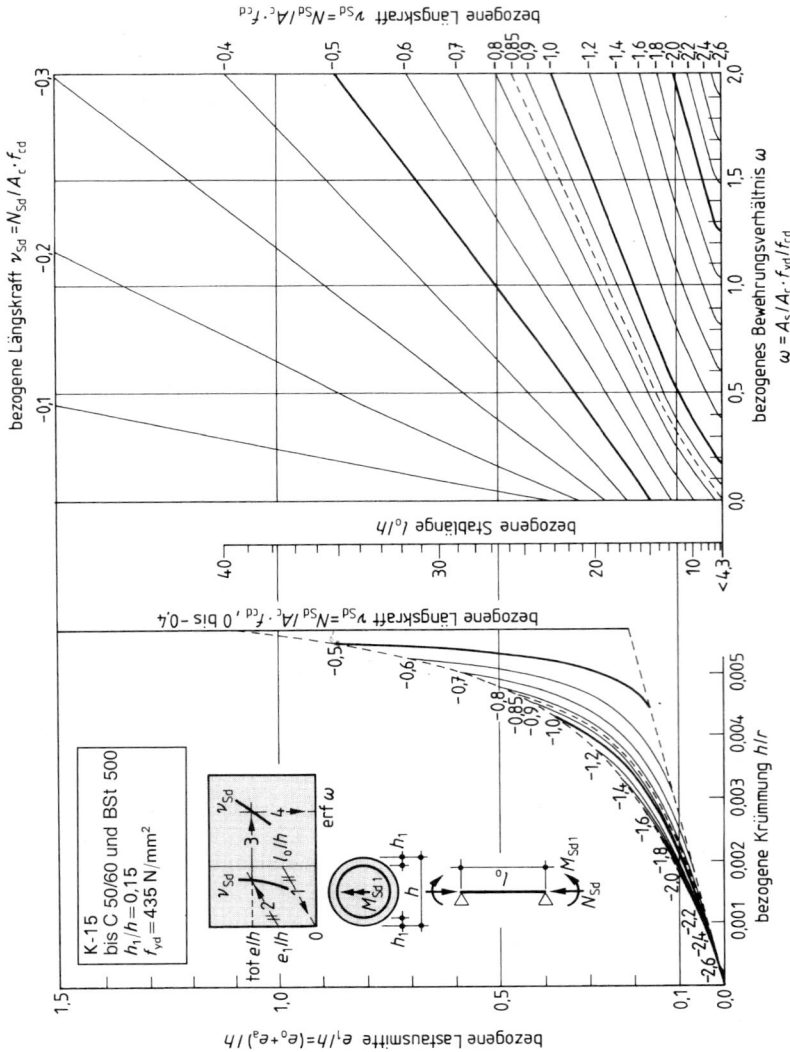

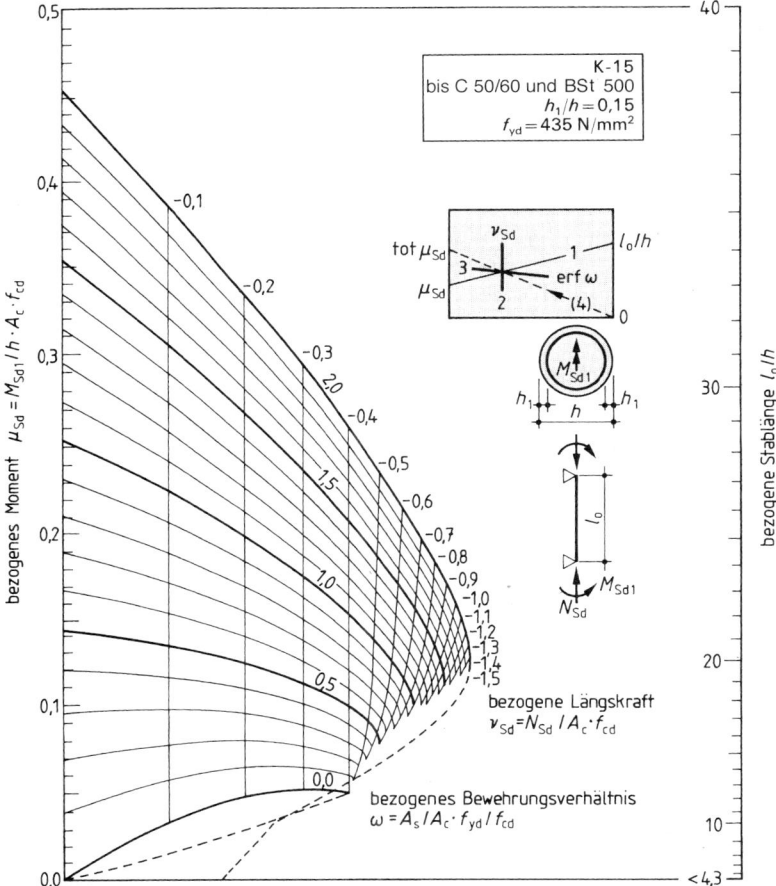

Diagramm und Nomogramm gelten bis C 50/60 mit $f_{cd} = \dfrac{f_{ck}}{\gamma_c}$ und $\ldots_{Sd} = \ldots_{Ed}$

	C 12/15	C 16/20	C 20/25	C 25/30	C 30/37	C 35/45	C 40/50	C 45/55	C 50/60
f_{cd}	8,00	10,67	13,33	16,67	20,00	23,33	26,67	30,00	33,33
f_{yd}/f_{cd}	54,35	40,76	32,61	26,09	21,74	18,63	16,30	14,49	13,04

BT 8m *e/h* Diagramm und *μ*-Nomogramm
K-20
$h_1/h = 0{,}20$

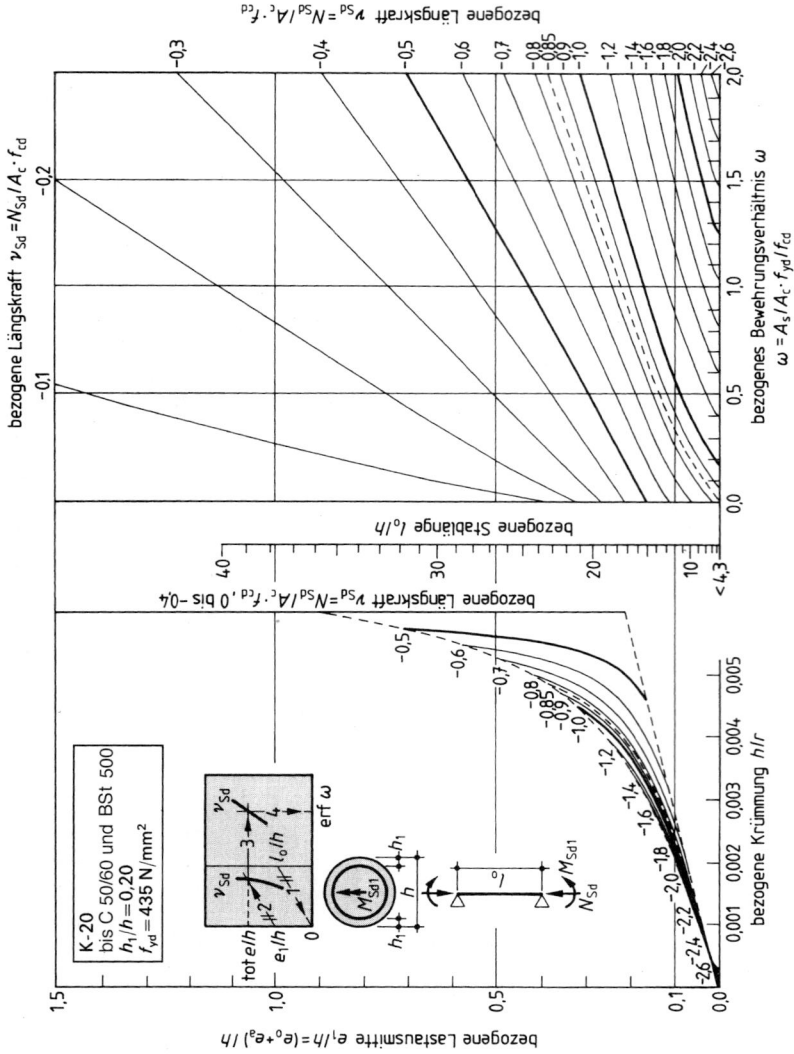

7

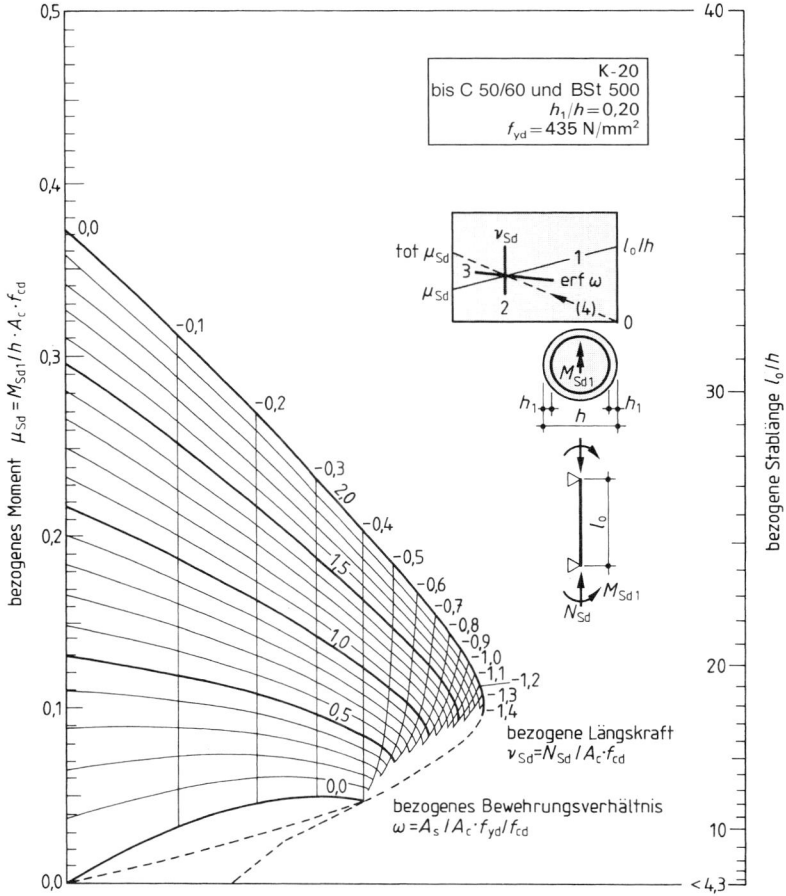

Diagramm und Nomogramm gelten bis C 50/60 mit $f_{cd} = \dfrac{f_{ck}}{\gamma_c}$ und $\ldots_{Sd} = \ldots_{Ed}$

	C 12/15	C 16/20	C 20/25	C 25/30	C 30/37	C 35/45	C 40/50	C 45/55	C 50/60
f_{cd}	8,00	10,67	13,33	16,67	20,00	23,33	26,67	30,00	33,33
f_{yd}/f_{cd}	54,35	40,76	32,61	26,09	21,74	18,63	16,30	14,49	13,04

9. Berechnungsverfahren für Schnittgrößen

9.1 Biegemomente in Rahmentragwerken
nach DAfStb-Heft 240

Der bei Außerachtlassen einer ggf. vorhandenen elastischen Einspannung der Durchlaufkonstruktion in das Endauflager (z. B. Unterzug/Stahlbetonstütze oder Deckenplatte/Wand oder Deckenplatte/Randunterzug) sich im Endfeld rechnerisch ergebende Momentenverlauf tritt im wirklichen Bauteil nicht auf. Er muß ggf. nachträglich den wirklichen Verhältnissen angepaßt werden. Für rahmenartige Tragwerke ist das sog. c_o/c_u-Verfahren anwendbar:

Mit dem Einspannmoment M_R^o des beidseitig voll eingespannten Endfeldes unter Vollast und den Verteilungszahlen

$$c_o = \frac{l_R}{h_o} \cdot \frac{I_{So}}{I_R} \quad \text{und} \quad c_u = \frac{l_R}{h_u} \cdot \frac{I_{Su}}{I_R} \quad \text{und dem Lastwert} \quad \alpha = \frac{q_d}{g_d + q_d}$$

ergeben sich das Riegel-End-Moment

$$M_R = \frac{c_o + c_u}{3(c_o + c_u) + 2{,}5} \cdot (3 + \alpha) \cdot M_R^o$$

und die Stützen-Momente

$$M_{So} = \frac{c_o}{3(c_o + c_u) + 2{,}5} \cdot (3 + \alpha) \cdot M_R^o$$

$$M_{Su} = \frac{c_u}{3(c_o + c_u) + 2{,}5} \cdot (3 + \alpha) \cdot M_R^o$$

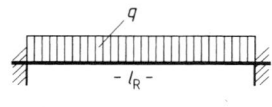

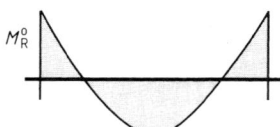

Bild 44   Rahmenartiges Tragwerk c_o/c_u-Verfahren

9.2 Schnitt- und Stützgrößen von vierseitig gelagerten Platten unter Gleichlast

Vierseitig gelagerte Rechteckplatten, deren größere Stützweite nicht größer als das Zweifache der kleineren ist, sind als zweiachsig gespannt zu berechnen und auszubilden.

9.2.1 Die vierseitig gestützte Einfeldplatte

Als Bezugssystem dient ein rand-paralleles x-y-System, wobei die x-Achse dem kürzeren Rand parallel ist. Der kürzere Rand hat die Länge l_x. Das Biegemoment m_x erzeugt Spannungen in x-Richtung, das Biegemoment m_y erzeugt Spannungen in y-Richtung. Die Lastabtragung in x-Richtung liefert die Stützkräfte $\bar{q}_x$ entlang dem längeren Rand; die Lastabtragung in y-Richtung liefert die Stützkräfte $\bar{q}_y$ entlang dem kürzeren Rand.

Allgemein gilt: Größen in direktem Zusammenhang
— mit der Lastabtragung in x-Richtung tragen den Index x;
— mit der Lastabtragung in y-Richtung tragen den Index y.

Die einzelnen Ränder der Einfeldplatte können frei drehbar gelagert oder fest eingespannt sein. Bild 45 zeigt die möglichen Lagerungsfälle. Ecken, in denen zwei frei drehbare Ränder zusammenstoßen, nennt man freie Ecken.

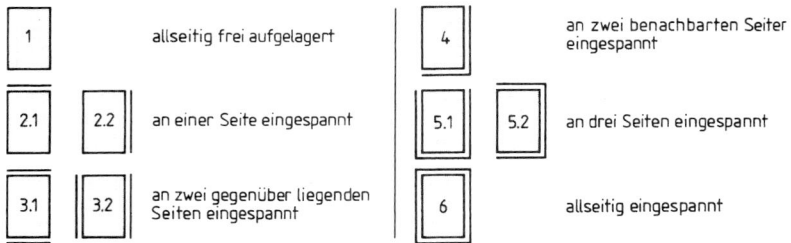

Bild 45   Stützungen

Plattenmomente werden angegeben in der allgemeinen Form

$$m_i = \frac{q \cdot l_x^2}{k_i}$$

m_{xm}	Plattenmoment m_x in Feldmitte (maximal)
$m_{y\,max}$	größtes Feldmoment m_y
$m_{x\,erm}$	Einspannmoment in der Mitte des längeren Randes (minimal)
$m_{y\,erm}$	Einspannmoment in der Mitte des kürzeren Randes (minimal)
$m_{x\,er\,min}$	kleinstes Einspannmoment entlang dem eingespannten längeren Rand
$m_{y\,er\,min}$	kleinstes Einspannmoment entlang dem eingespannten kürzeren Rand
k_i	Tafel 45

Tafel 45 enthält die k_i-Werte für
b) herabgesetzte Drilltragfähigkeit,

a) volle Drilltragfähigkeit (drillsteife Platte)
c) Drilltragfähigkeit = 0 (drillweiche Platte).

Volle Drilltragfähigkeit ist bei Stahlbetonvollplatten gegeben, wenn
— die freien Ecken gegen Abheben gesichert sind (Nachweis),
— im Bereich der freien Ecke(n) in der Platte die geforderte Drillbewehrung angeordnet wird
und
— in den Eckbereichen der Platte keine größeren Aussparungen vorhanden sind.

Die Sicherheit gegen Abheben ist z. B. gegeben, wenn die dauernd vorhandene Auflast im Eckbereich mindestens 1/16 der Gesamtlast der Platte beträgt.

Ist eine der o. g. Bedingungen nicht erfüllt, so sind die k_i-Werte für (b) herabgesetzte Drilltragfähigkeit zu verwenden, was zu größeren Feldmomenten führt (Stützmomente einfachheitshalber wie bei (a)).

Fertigteilplatten mit statisch mitwirkender Ortbetonschicht und zweiachsig gespannte Rippendecken sind als (c) drillweich (Drilltragfähigkeit = 0) zu berechnen. Gleichwohl können auch hier Abhebekräfte in den Ecken auftreten, da die Drilltragfähigkeit nicht vollständig ausfällt (Ecken konstruktiv verankern).

Ein Bild über den Verlauf der aus Tafel 45 errechneten Plattenmomente gibt Tafel 48.

Die Werte der Tafel 45 gelten für isotrope Platten, also für Platten mit gleicher Plattensteifigkeit in allen Richtungen. Haben z. B. bei zweiachsig gespannten Rippendecken die Rippen in Längs- und Querrichtung unterschiedliche Abstände,

Tafel 45 Beiwerte k_i zur Berechnung der Biegemomente in Einfeldplatten

Stützung	Drillträgfähig	k_i	Beiwerte k_i — $\varepsilon = l_y/l_x$											
			1,0	1,10	1,20	1,30	1,40	1,50	1,60	1,70	1,80	1,90	2,0	∞
1	a	k_{xm}	27,2	22,4	19,1	16,8	15,0	13,7	12,7	11,9	11,3	10,8	10,4	
		k_{ymax}	27,2	27,9	29,1	30,9	32,8	34,7	36,1	37,3	38,5	39,4	40,3	
	b	k_{xm}	20,0	16,6	14,5	13,0	11,9	11,1	10,6	10,2	9,8	9,5	9,3	
		k_{ymax}	20,0	20,7	22,1	24,0	26,2	28,3	30,2	31,9	33,4	34,7	35,9	
	c	k_{xm}	13,1	10,9	9,6	8,7	8,2	7,8	7,5	7,3	7,2	7,2	7,1	
		k_{ymax}	13,1	13,5	14,4	15,8	17,7	19,9	21,7	23,5	24,2	24,9	25,5	
2.1	a	k_{xm}	41,2	31,9	25,9	21,7	18,8	16,6	15,0	13,8	12,8	12,0	11,4	
		k_{ymax}	29,4	28,8	28,9	29,7	30,8	32,3	33,6	34,9	36,2	37,5	38,8	
		k_{yerm}	−11,9	−10,9	−10,1	−9,6	−9,2	−8,9	−8,7	−8,5	−8,4	−8,3	−8,2	
	b	k_{xm}	34,3	25,9	20,6	17,0	14,10	12,8	11,6	10,8	10,1	9,6	9,3	
		k_{ymax}	23,5	22,7	22,4	23,1	24,1	25,5	26,9	28,5	30,2	31,7	33,2	
	c	k_{xm}	22,6	17,2	13,9	11,8	10,4	9,5	8,8	8,3	8,0	7,8	7,6	
		$k_{y,max}$	16,9	15,5	15,3	15,6	16,3	17,2	18,4	19,9	21,6	23,7	23,5	
		k_{yerm}	−8,4	−7,7	−7,3	−7,1	−7,1	−7,1	−7,1	−7,1	−7,2	−7,3	−7,4	−7,5
2.2	a	k_{xm}	31,4	27,3	24,5	22,4	21,0	19,8	19,0	18,3	17,8	17,4	17,1	
		k_{ymax}	41,2	45,1	48,8	51,8	54,3	55,6	56,8	57,8	58,6	59,0	59,2	
		k_{xerm}	−11,9	−10,9	−10,2	−9,7	−9,3	−9,0	−8,8	−8,6	−8,4	−8,3	−8,3	
	b	k_{xm}	25,1	22,4	20,6	19,2	18,4	17,7	17,3	16,8	16,5	16,3	16,1	
		k_{ymax}	34,3	38,7	43,2	46,5	49,4	51,2	53,1	54,3	55,3	55,9	56,4	
	c	k_{xmax}	16,3	14,8	13,8	13,2	12,8	12,6	12,5	12,5	12,5	12,6	12,7	
		k_{ymax}	22,6	25,6	29,7	33,3	36,4	37,7	38,9	40,0	41,0	42,0	42,0	
		k_{xerm}	−8,4	−7,8	−7,3	−7,1	−6,9	−6,8	−6,8	−6,8	−6,8	−6,8	−6,9	
3.1	a	k_{xm}	63,3	46,1	35,5	28,5	23,7	20,4	17,9	16,0	14,6	13,4	12,5	
		k_{ymax}	35,1	32,9	31,7	31,2	31,4	32,1	33,3	34,9	37,1	39,7	42,4	
		k_{yerm}	−14,3	−12,7	−11,5	10,7	10,0	−9,5	−9,2	−8,9	−8,7	−8,5	−8,4	
	c	k_{xm}	41,0	28,8	21,8	17,3	14,4	11,7	11,0	10,0	9,3	8,8	8,4	
		k_{ymax}	23,1	20,7	19,2	18,5	18,3	18,6	19,4	20,5	22,1	24,2	26,8	
		k_{yerm}	−10,8	−9,6	−8,7	−8,1	−7,7	−7,5	−7,4	−7,3	−7,3	−7,3	−7,5	
3.2	a	k_{xm}	35,1	31,7	29,4	27,8	26,6	25,8	25,2	24,7	24,4	24,3	24,1	
		k_{ymax}	61,7	67,2	71,5	73,5	74,6	75,8	77,0	77,0	77,0	77,0	77,0	
		k_{xerm}	−14,3	−13,5	−13,0	−12,6	−12,3	−12,2	−12,0	−12,0	−12,0	−12,0	−12,0	
	c	k_{xm}	23,1	21,8	21,1	20,9	20,8	20,8	20,9	21,2	21,4	21,7	22,0	
		k_{ymax}	41,0	48,1	52,1	54,2	55,8	57,5	59,0	60,0	59,2	57,9	57,5	
		k_{xerm}	−10,8	−10,4	−10,2	−10,0	−10,0	−10,0	−10,1	−10,2	−10,3	−10,3	−10,5	
4	a	k_{xm}	42,7	35,1	30,0	26,5	24,1	22,2	21,0	19,9	19,1	18,4	17,9	
		k_{ymax}	40,2	42,0	44,0	46,2	51,0	53,0	54,8	56,3	57,7	59,0	60,2	
		k_{xermin}	−14,3	−12,7	−11,5	−10,7	−10,0	−9,6	−9,2	−8,9	−8,7	−8,5	−8,4	
		k_{yermin}	−14,3	−13,6	−13,1	−12,8	−12,6	−12,4	−12,3	−12,2	−12,2	−12,2	−12,2	
	b	k_{xm}	37,1	30,7	26,3	23,5	21,5	20,0	19,1	18,3	17,7	17,2	16,9	
		k_{ymax}	35,0	36,7	38,6	41,2	45,5	47,8	49,8	51,7	53,4	55,1	56,8	
	c	k_{xmax}	23,4	19,4	17,0	15,5	14,5	13,8	13,4	13,1	13,0	12,9	12,9	
		k_{ymax}	23,4	24,3	26,3	28,3	31,2	33,9	35,7	37,5	39,1	40,8	42,3	
5.1	a	k_{xm}	44,1	37,9	33,8	31,0	29,0	27,6	26,5	25,7	25,1	24,7	24,5	
		k_{ymax}	55,9	60,3	66,2	69,0	72,0	75,2	78,7	82,5	86,8	91,7	97,0	
		k_{xermin}	−16,2	−14,8	−13,9	−13,2	−12,7	−12,5	−12,3	−12,2	−12,1	−12,0	−12,0	
		k_{yerm}	−18,3	−17,7	−17,5	−17,5	−17,5	−17,5	−17,5	−17,5	−17,5	−17,5	−17,5	
	c	k_{xmax}	28,8	25,6	23,7	22,6	21,9	21,6	21,4	21,4	21,4	21,6	21,7	
		k_{ymax}	36,3	40,0	46,1	49,0	51,9	54,7	57,4	59,9	59,1	58,2	57,5	
		k_{xermin}	−12,9	−11,8	−11,1	−10,7	−10,5	−10,3	−10,3	−10,3	−10,3	−10,3	−10,3	
		k_{yerm}	−15,3	−15,5	−15,9	−16,2	−16,6	−16,9	−17,1	−17,4	−17,6	−17,9	−18,1	

Fortsetzung und Hinweise s. nächste Seite

Tafel 45, Fortsetzung

Stützung	Drilltragfähig	Beiwerte k_i $\varepsilon = l_y/l_x$	1,0	1,10	1,20	1,30	1,40	1,50	1,60	1,70	1,80	1,90	2,00	∞
5.2	a	k_{xm}	59,5	46,1	37,5	31,8	28,0	25,2	23,3	21,7	20,5	19,5	18,7	
		k_{ym}	44,1	43,7	44,8	46,9	50,3	55,0	61,6	70,4	79,6	89,8	101,0	
		k_{xerm}	−18,3	−15,4	−13,5	−12,2	−11,2	−10,6	−10,1	−9,7	−9,4	−9,0	−8,8	
		k_{yermin}	−110,2	−14,8	−13,9	−13,3	−13,0	−12,7	−12,6	−12,5	−12,4	−12,3	−12,3	
	c	k_{xmax}	36,3	27,9	22,7	19,4	17,3	15,9	14,9	14,2	13,8	13,5	13,3	
		k_{ymax}	28,8	27,8	28,1	29,5	31,8	35,2	39,9	46,0	52,7	57,6	60,8	
		k_{xerm}	−15,3	−12,7	−10,9	−9,7	−8,9	−8,3	−7,9	−7,6	−7,4	−7,2	−7,1	
		k_{yesmin}	−12,9	−12,0	−11,5	−11,3	−11,2	−11,3	−11,4	−11,6	−11,8	−11,9	−12,2	
6	a	k_{xm}	56,8	46,1	39,4	34,8	31,9	29,6	28,1	26,9	26,0	25,4	25,0	
		k_{ymax}	56,8	60,3	65,8	73,6	83,4	93,5	98,1	101,3	103,3	104,6	105,0	
		k_{xerm}	−19,4	−17,1	−15,5	−14,5	−13,7	−13,2	−12,8	−12,5	−12,3	−12,1	−12,0	
		k_{yerm}	−19,4	−18,4	−17,9	−17,6	−17,5	−17,5	−17,5	−17,5	−17,5	−17,5	−17,5	
	c	k_{xm}	39,1	32,2	28,2	25,6	24,0	23,0	22,3	22,0	21,9	21,9	21,9	
		k_{ymax}	39,1	41,4	45,6	52,0	61,1	72,5	81,2	86,5	92,6	97,5	94,5	
		k_{xerm}	−16,3	−14,2	−12,8	−11,9	−11,3	−10,9	−10,6	−10,5	−10,5	−10,5	−10,5	
		k_{yerm}	−16,3	−15,9	−15,9	−16,1	−16,3	−16,6	−17,0	−17,3	−17,6	−17,8	−18,1	

a: volle Drilltragfähigkeit; b: verminderte Drilltragfähigkeit; c: Drilltragfähigkeit = 0

7

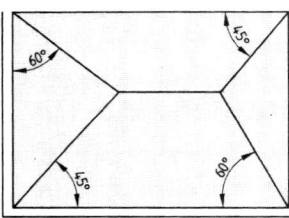

Bild 46   Lastaufteilung zur Berechnung der Stützkräfte

dann ist die Platte orthogonal anisotrop, man sagt auch orthotrop. Für solche Platten dürfen die Werte der Tafel 45 nicht verwendet werden.

Bei der Berechnung der Werte der Tafel 45 wurde die Querdehnzahl $\mu = 0$ gesetzt. Feldmomente für $\mu \neq 0$ (z. B. $\mu = 0,2$) lassen sich aus den mit Tafel 45 errechneten Werten so berechnen:

$$m_{x,\mu} = \frac{1}{(1-\mu^2)}\,(m_{y,\mu=0} + \mu \cdot m_{x,\mu=0})$$

$$m_{y,\mu} = \frac{1}{(1-\mu^2)}\,(m_{x,\mu=0} + \mu \cdot m_{y,\mu=0})$$

$$m_{xy,\mu} = (1-\mu)\,m_{xy,\mu=0}\,.$$

Zur Ermittlung der Schnittgrößen in Randunterzügen dürfen die Stützkräfte von Platten näherungsweise mit den Lastbildern berechnet werden, die sich aus der Zerlegung der Plattenfläche in Trapeze und Dreiecke ergeben, Bild 46: Stoßen an einer Ecke Plattenränder mit gleichartiger Stützung zusammen, so beträgt der Zerlegungswinkel 45°; stößt ein voll eingespannter mit einem frei drehbar gelagerten Rand zusammen, so beträgt der am eingespannten Rand anliegende Zerlegungswinkel 60°. Für die verschiedenen Stützungen ergeben sich die maximalen Lastordinaten des freien und eingespannten Randes in der Form

$$\max \bar q = m \cdot q \cdot l_x \qquad m \text{ aus Tafel 46}$$

Tafel 46   Koeffizienten m für maximale Lastordinaten

	1	2.1	2.2	3.1	3.2	4	5.1	5.2	6
frei drehbar gelagerter Rand	0,50	0,50	0,365	0,50	0,29	0,365	0,29	0,365	–
fest eingespannter Rand	–	0,865	0,635	0,865	0,50	0,635	0,50	0,635	0,50

Wenn die Gleichlast q einer zweiachsig gespannten Platte auf die beiden Tragrichtungen aufgeteilt werden muß, so kann das mit den Lastaufteilungsfaktoren k_x und k_y nach Tafel 47 erfolgen

$$q_x = k_x \cdot q; \quad q_y = k_y \cdot q.$$

Tafel 47 Lastaufteilungsfaktoren k_x und k_y

$\begin{array}{c}y\\\llcorner x\end{array}$	1 4 6	2.1	2.2 l_y	3.1	3.2 l_y	5.1 l_y	5.2 l_y
$\varepsilon = l_y/l_x$		l_x		l_x		l_x	l_x
k_x	$\left(1+\dfrac{1}{\varepsilon^4}\right)^{-1}$	$\left(1+\dfrac{1}{0,4\cdot\varepsilon^4}\right)^{-1}$	$\left(1+\dfrac{1}{2,5\cdot\varepsilon^4}\right)^{-1}$	$\left(1+\dfrac{1}{0,2\cdot\varepsilon^4}\right)^{-1}$	$\left(1+\dfrac{1}{5\cdot\varepsilon^4}\right)^{-1}$	$\left(1+\dfrac{1}{2\cdot\varepsilon^4}\right)^{-1}$	$\left(1+\dfrac{1}{0,5\cdot\varepsilon^4}\right)^{-1}$
k_y	$(1+\varepsilon^4)^{-1}$	$(1+0,4\cdot\varepsilon^4)^{-1}$	$(1+2,5\cdot\varepsilon^4)^{-1}$	$(1+0,2\cdot\varepsilon^4)^{-1}$	$(1+5\cdot\varepsilon^4)^{-1}$	$(1+2\cdot\varepsilon^4)^{-1}$	$(1+0,5\cdot\varepsilon^4)^{-1}$

Tafel 48 Verlauf der Plattenmomente

Volle Drilltragfähigkeit (drillsteif) Verlauf der Biege- und Drillmomente für $\varepsilon = 1,5$	Drilltragfähigkeit $= 0$ (drillweich) Verlauf der Biegemomente

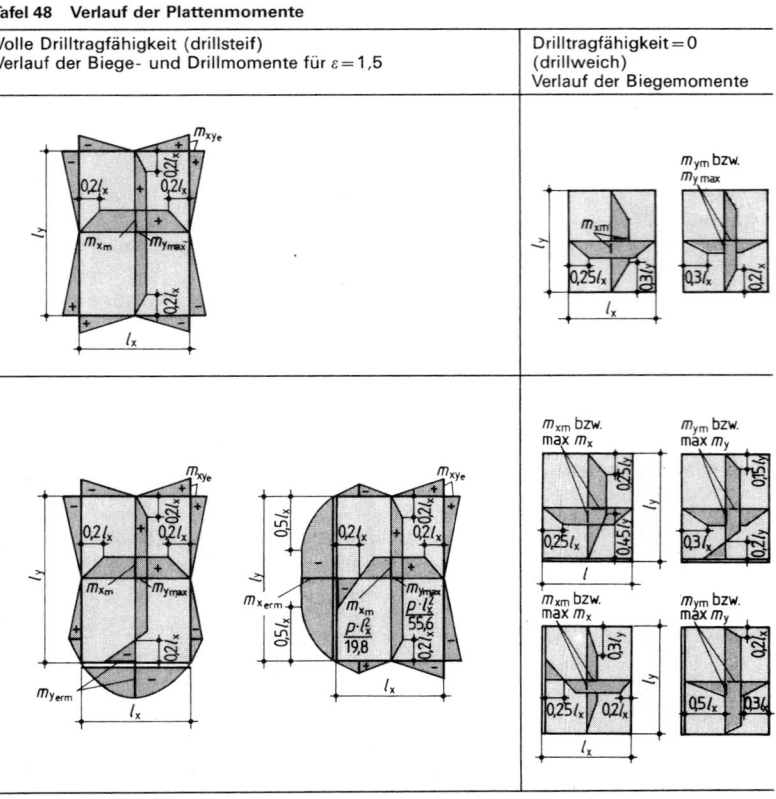

Fortsetzung s. nächste Seite

Tafel 48, Fortsetzung

Volle Drilltragfähigkeit (drillsteif) Verlauf der Biege- und Drillmomente für $\varepsilon = 1{,}5$	Drilltragfähigkeit $= 0$ (drillweich) Verlauf der Biegemomente

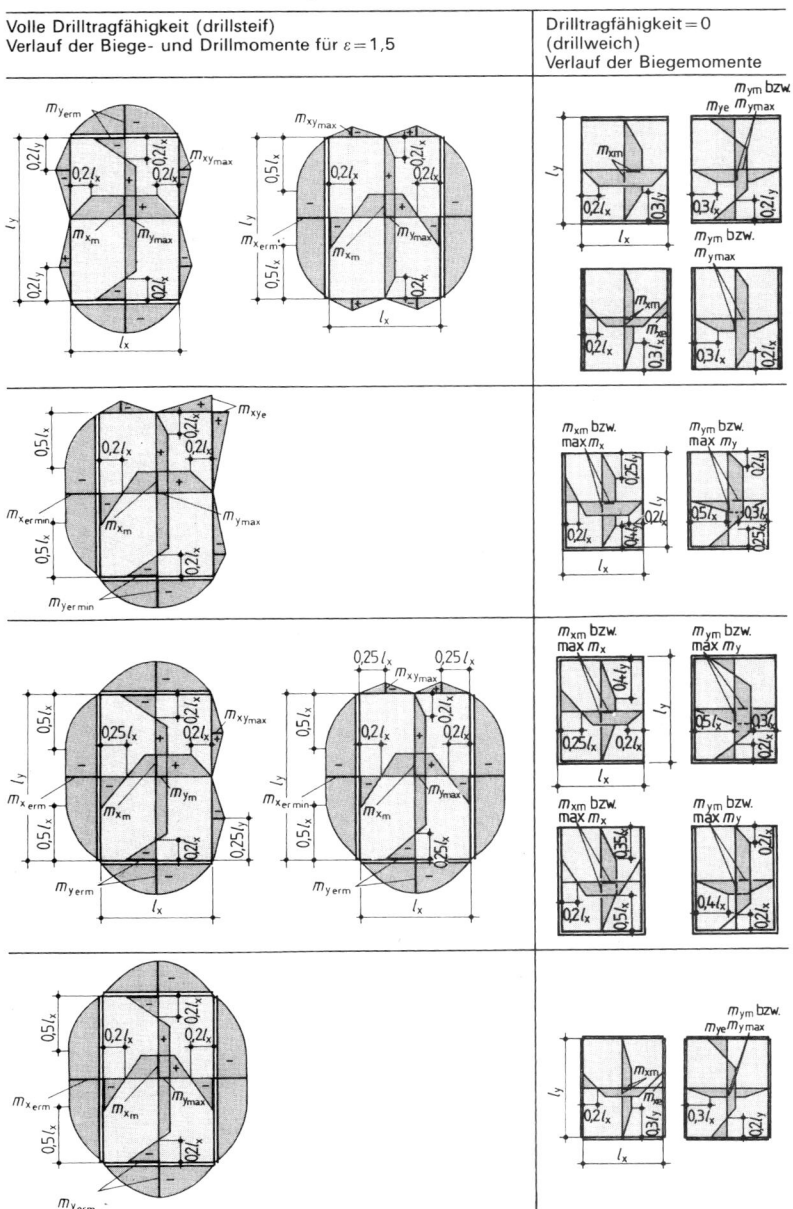

9.2.2 Zweiachsig gespannte durchlaufende Platten

In der Baupraxis sind Einfeldplatten (z. B. Garagendecke) die Ausnahme und Mehr-feldplatten — Plattensysteme (z. B. Geschoßdecke) — die Regel.

Platten zwischen Stahlträgern oder Stahlbetonfertigbalken dürfen nur dann als durchlaufend gerechnet werden, wenn die Oberkante der Platte mindestens 4 cm über die Trägeroberkante liegt und die Bewehrung zur Deckung der Stützmomente über die Träger hinweggeführt wird.

Bei der Berechnung eines Systems von zweiachsig gespannten Platten wird ausge-gangen von den bekannten Ergebnissen der Analyse von Einfeldplatten.

Die Plattenmomente durchlaufender zweiachsig gespannter Platten, deren Stütz-weitenverhältnis min l/max l in einer Durchlaufrichtung nicht kleiner als 0,75 ist, dürfen nach dem Verfahren der Belastungsumordnung berechnet werden:

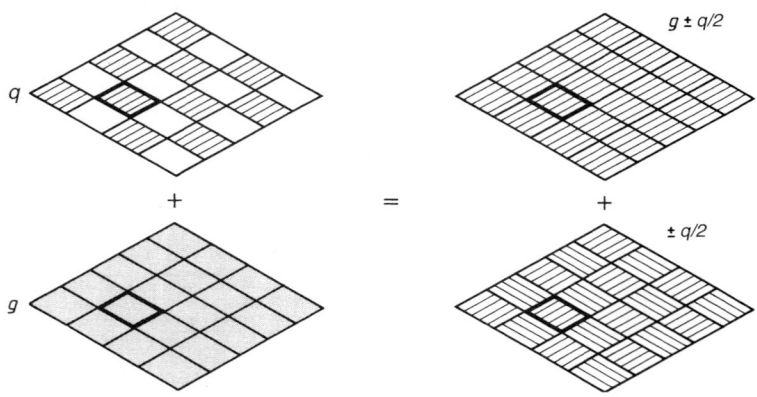

Bild 47   Belastungsumordnung

Maximale Feldmomente des stärker umrandeten Feldes von Bild 47 ergeben sich unter der links dargestellten Belatung (schraffierte Felder belastet). Rechts wirkt die gleiche Belastung in anderer Aufteilung. Wie man sieht, lassen sich die **maximalen Feldmomente** des elastisch eingespannten Plattenfeldes des Plattensystems an ei-ner Einfeldplatte mit fest eingespannten und frei drehbar gelagerten Rändern er-mitteln, die man wie folgt belastet:

$g + q/2$ auf Einfeldplatte, die an allen $q/2$ auf Einfeldplatte, die an allen Rändern
Rändern fest eingespannt ist,   frei drehbar gelagert ist, liefert m''_{Feld}
wo Nachbarfelder anschließen,
liefert m'_{Feld}

max $m_{\text{Feld}} = m'_{\text{Feld}} + m''_{\text{Feld}}$

Das **minimale Stützmoment** zwischen zwei Plattenfeldern eines Plattensystems darf wie folgt berechnet werden:

(a) Man berechnet die beiden (Voll-)Einspannmomente m_{S1} und m_{S2} der beiden benachbarten Einfeldplatten.
(b) Man berechnet das arithmetische Mittel $m_S = \frac{1}{2}(m_{S1} + m_{S2})$
(c) Man berechnet den Wert „75 Prozent des betragsmäßig größeren (Voll-)Ein-spannmomentes".
(d) Man vergleicht die unter (b) und (c) berechneten Werte miteinander und wählt den betragsmäßig größeren Wert als maßgebendes Stützmoment.
(e) bei $l_1/l_2 > 5$ ist zwischen m_{S1} und m_{S2} nicht zu mitteln:
der betragsmäßig größere Wert ist allein für die Bemessung maßgebend.

Ein Kragarm kann hinsichtlich der Stützungsart des angrenzenden Feldes dann als einspannend angesetzt werden, wenn das Kragmoment aus Eigenlast größer ist als das halbe Volleinspannmoment des Feldes bei Belastung durch $g + q$. Sinngemäß ist zu verfahren, wenn andere einspannende Systeme, z. B. dreiseitig gelagerte Platten angrenzen.

Tafel 49 Momentenzahlen nach Pieper und Martens

Stützungsart	Drilltragfähigkeit	Beiwerte	\multicolumn{12}{c}{Stützweitenverhältnis l_y/l_x}											
			1,0	1,1	1,2	1,3	1,4	1,5	1,6	1,7	1,8	1,9	2,0	$> \infty$
1	a	k_{xm}	27,2	22,4	19,1	16,8	15,0	13,7	12,7	11,9	11,3	10,8	10,4	8,0
		k_{ymax}	27,2	27,9	29,1	30,9	32,8	34,7	36,1	37,3	38,5	39,4	40,3	•
	b	k_{xm}	20,0	16,6	14,5	13,0	11,9	11,1	10,6	10,2	9,8	9,5	9,3	8,0
		k_{ymax}	20,0	20,7	22,1	24,0	26,2	28,3	30,2	31,9	33,4	34,7	35,9	•
2	a	k_{xm}	32,8	26,3	22,0	18,9	16,7	15,0	13,7	12,8	12,0	11,4	10,9	8,0
		k_{ymax}	29,1	29,2	29,8	30,6	31,8	33,5	34,8	36,1	37,3	38,4	39,5	•
		k_{yerm}	−11,9	−10,9	−10,1	−9,6	−9,2	−8,9	−8,7	−8,5	−8,4	−8,3	−8,2	−8,0
	b	k_{xm}	26,4	21,4	18,2	15,9	14,3	13,0	12,1	11,5	10,9	10,4	10,1	8,0
		k_{ymax}	22,4	22,8	23,9	25,1	26,7	28,6	30,4	32,0	33,4	34,8	36,2	•
2'	a	k_{xm}	29,1	24,6	21,5	19,2	17,5	16,2	15,2	14,4	13,8	13,3	12,9	10,2
		k_{ymax}	32,8	34,5	36,8	38,8	40,9	42,7	44,1	45,3	46,5	47,2	47,9	•
		k_{xerm}	−11,9	−10,9	−10,2	−9,7	−9,3	−9,0	−8,8	−8,6	−8,4	−8,3	−8,3	−8,0
	b	k_{xm}	22,4	19,2	17,2	15,7	14,7	13,9	13,2	12,7	12,3	12,0	11,8	10,2
		k_{ymax}	26,4	28,1	30,3	32,7	35,1	37,3	39,1	40,7	42,2	43,3	44,8	•
3	a	k_{xm}	38,0	30,2	24,8	21,1	18,4	16,4	14,8	13,6	12,7	12,0	11,4	8,0
		k_{ymax}	30,6	30,2	30,3	31,0	32,2	33,8	35,9	38,3	41,1	44,9	46,3	•
		k_{yerm}	−14,3	−12,7	−11,5	−10,7	−10,0	−9,5	−9,2	−8,9	−8,7	−8,5	−8,4	8,0
3'	a	k_{xm}	30,6	26,3	23,2	20,9	19,2	17,9	16,9	16,1	15,4	14,9	14,5	12,0
		k_{ymax}	38,0	39,5	41,4	43,5	45,6	47,6	49,1	50,3	51,3	52,1	52,9	•
		k_{xerm}	−14,3	−13,5	−13,0	−12,6	−12,3	−12,2	−12,0	−12,0	−12,0	−12,0	−12,0	−12,0
4	a	k_{xm}	33,2	27,3	23,3	20,6	18,5	16,9	15,8	14,9	14,2	13,6	13,1	10,2
		k_{ymax}	33,2	34,1	35,5	37,7	39,9	41,9	43,5	44,9	46,2	47,2	48,3	•
		k_{xermin}	−14,3	−12,7	−11,5	−10,7	−10,0	−9,6	−9,2	−8,9	−8,7	−8,5	−8,4	−8,0
		k_{yermin}	−14,3	−13,6	−13,1	−12,8	−12,6	−12,4	−12,3	−12,2	−12,2	−12,2	−12,2	−11,2
	b	k_{xm}	26,7	22,1	19,2	17,2	15,7	14,6	13,8	13,2	12,7	12,3	12,0	10,2
		k_{ymax}	26,7	27,6	29,2	31,4	33,8	36,2	38,1	39,8	41,4	42,8	44,2	•
5	a	k_{xm}	33,6	28,2	24,4	21,8	19,8	18,3	17,2	16,3	15,6	15,0	14,6	12,0
		k_{ymax}	37,3	38,7	40,4	42,7	45,1	47,5	49,5	51,4	53,3	55,1	58,9	•
		k_{xermin}	−16,2	−14,8	−13,9	−13,2	−12,7	−12,5	−12,3	−12,2	−12,1	−12,0	−12,0	−12,0
		k_{yerm}	−18,3	−17,7	−17,5	−17,5	−17,5	−17,5	−17,5	−17,5	−17,5	−17,5	−17,5	−17,5
5'	a	k_{xm}	37,3	30,3	25,3	22,0	19,5	17,7	16,4	15,4	14,6	13,9	13,4	10,2
		k_{ym}	33,6	34,1	35,1	37,3	39,8	43,1	46,6	52,3	55,5	60,5	66,1	•
		k_{xerm}	−18,3	−15,4	−13,5	−12,2	−11,2	−10,6	−10,1	−9,7	−9,4	−9,0	−8,9	−8,0
		k_{yermin}	−16,2	−14,8	−13,9	−13,3	−13,0	−12,7	−12,6	−12,5	−12,4	−12,3	−12,3	−11,2
6	a	k_{xm}	36,8	30,2	25,7	22,7	20,4	18,7	17,5	16,5	15,7	15,1	14,7	12,0
		k_{ymax}	36,8	38,1	40,4	43,5	47,1	50,6	52,8	54,5	56,1	57,3	58,3	•
		k_{xerm}	−19,4	−17,1	−15,5	−14,5	−13,7	−13,2	−12,8	−12,5	−12,3	−12,1	12,0	−12,0
		x_{yerm}	−19,4	−18,4	−17,9	−17,6	−17,5	−17,5	−17,5	−17,5	−17,5	−17,5	−17,5	−17,5

a: volle Drilltragfähigkeit

Auf die oben beschriebene Weise können auch die Plattenmomente eines Plattensystems mit Hilfe der k-Werte von Tafel 45 berechnet werden. Die hierbei erforderlich werdende Überlagerung haben Pieper und Martens überflüssig gemacht, in-
dem sie generell eine 50prozentige Einspannung $\left(\dfrac{g + q/2}{g + q} = 0,50 \right)$ annehmen und
dafür die Koeffizienten angeben, Tafel 49. Die Koeffizienten dieser Tafel dürfen bei
annähernd gleicher Dicke d aller Platten benutzt werden, solange q nicht größer
als $\frac{2}{3}$ $(g + q)$ ist.

Folgt in einem Plattensystem auf zwei kleine Felder ein großes (Bild 17), dann werden die Verhältnisse z. B. in Feld 1 nicht nur durch Feld 2, sondern auch durch Feld
3 beeinflußt.

Tafel 50   Momentenzahlen f_x[1])

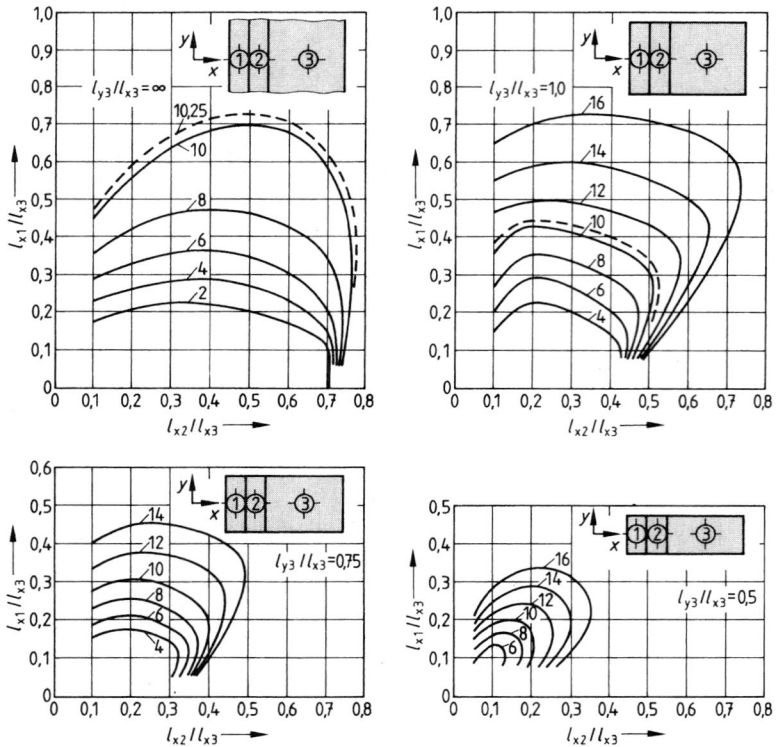

---

[1]) Zwischenwerte können innerhalb einer Tafel und zwischen zwei Tafeln linear eingeschaltet
werden. Im Allgemeinen genügt es jedoch die Tafel zu verwenden, deren Seitenverhältnis
im Feld 3 dem vorhandenen am nächsten liegt. Wird die Tafel mit dem niedrigen Wert
l_{y3}/l_{x3} gewählt, so ist etwas reichlicher zu bewehren.

Man verfährt dann so:
— Tafel 50 Momentenzahl f_{x1} entnehmen;
— wenn $f_{x1} > 10,25$ oder das Stützweitenverhältnis nicht mehr notiert, dann wie im Normalfall Tafel 45 oder Tafel 49 verwenden;
— anderenfalls ergibt sich

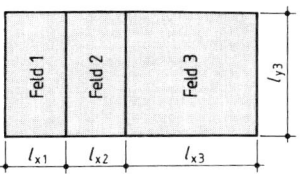

das Feldmoment
in Feld 1
$$m_{fx1} = \frac{(g+q) \cdot l_{x1}^2}{f_{x1}}$$

die Endauflagerkraft des Feldes 1 $A = \sqrt{2(g+q) \cdot m_{fx1}}$

das Stützmoment zwischen den Feldern 1 und 2 $m_b = Al_{x1} - \dfrac{(g+q) \cdot l_{x1}^2}{2}$

das Feldmoment in Feld 2 $m_{fx2} = \dfrac{(g+q) \cdot l_{x2}^2}{12}$

(wenn $m_b > m_{fx2}$, dann ist m_b im Feld 2 maßgebend).

Bild 48 Auf zwei kleine Felder folgt ein großes

Beispiel $g = 4,0$ kN/m²; $q = 1,50$ kN/m²
$g + q = 5,50$ kN/m² $q < 5,5/3$.
Berechnung der Momente s. Tabelle unten
zur Platte 6 $\varepsilon' = l_y'/l_x' = 1,13$
zur Platte 4 $l_{y3}/l_{x3} = 4,80/5,40 = 0,88 \approx 1,0$
$l_{x1}/l_{x3} = 1,60/5,40 = 0,296$;
$l_{x2}/l_{x3} = 2,0/5,40 = 0,37$;
nach Tafel 50 $f_{x1} = 7,9$. Die Indizes geben hier nicht die Plattennummer sondern das 1. bzw. 3. Feld an.
zu Platte 2 Kragmoment $m_{sxo} = -5,5 \cdot 1,7^2/2$
$= -7,95$ kNm/m. Das Plattenfeld 2 kann auch in andere statische Systeme aufgelöst werden z. B. in dreiseitig gelagerte Platten.

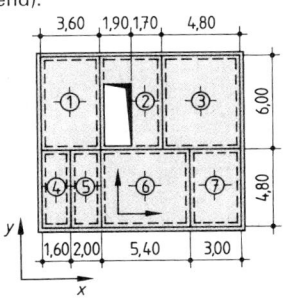

Bild 49 Plattensystem, Beispiel

Feldmomente in kNm/m

Platten-Nr.	Stüt-zung	l_x l_y'	l_y l_x'	$\varepsilon = l_y/l_x$ $\varepsilon' = l_y'/l_x'$	f_x	f_y	s_x	s_y	m_{fx}	m_{fy}	m_{sox}	m_{soy}
1	2	3,60 —	6,00	1,67	13,1	35,7	—	8,7	5,45	2,00	—	−8,20
2	Krag	1,70	—	—	—	—	2,0	—	—	—	− 7,95	—
3	4	4,80 —	6,00	1,25	22,0	36,6	11,1	13,0	5,75	3,46	−11,40	−9,75
4	4	1,60 —	4,80	3,00	7,9	*	8,0	11,2	1,79	*	− 1,75	−1,25
5	5	2,00 —	4,80	2,40	12,0	*	12,0	17,5	1,84	*	− 1,84	−1,26
6	5'	5,40 —	4,80	1,13	34,4	28,8	14,5	14,8	3,68	4,38	− 8,70	−8,52
7	4	3,00 —	4,80	1,60	15,8	43,5	9,2	12,3	3,14	1,14	− 5,40	−4,04

f_x und m_{fx} für Platte 4 nach Tafel 50. f_x und m_{fx} für Platte 5 nach oberer Gleichung für Feld 2. Alle anderen Werte nach Tafel 45.

Stützmomente in kN/m

m	$Rand$ $i-k$	x-Richtung				y-Richtung			
		2 − 3	4 − 5	5 − 6	6 − 7	1 − 4	1 − 5	(2) 3 − 6	3 − 7
$m_{so} = m_{ik}$		−7,95	−1,75	−1,84	−8,70	−8,20	−8,20	−9,75	−9,75
$m_{so} = m_{ki}$		−11,4	−1,84	−8,70	−5,40	−1,25	−1,26	−8,52	−4,04
$\dfrac{m_{ik} + m_{ki}}{2}$			−1,80	−5,27	−7,05	wegen der			
0,75 min m_{so}			−1,38	−6,52	−6,52	T-förmigen Wandstücke Volleinspannung maßgebend			
min m_s		−7,95	−1,80	−6,52	−7,05	−8,20	−8,20	−9,75	−9,75

Stahlbeton- und Spannbetonbau nach DIN 1045-1

9.3 Dreiseitig gelagerte Platten nach Hahn

9.3.1 Dreiseitig frei drehbar gestützte Platte

$\varepsilon = l_y/l_x\,;\quad D = \bar{\omega}_r \cdot E \cdot d^3$

Lastfall 1 Gleichlast q
$$K = q \cdot l_x l_v$$
Momente $\quad m_i = K : f_i$
Durchbiegung $\quad \omega_r = K \cdot l_x^2 : D$
Auflagerkräfte: $\quad K_x = v_x \cdot K;\ K_y = v_y \cdot K_i$
verteilung der Auflagerkräfte s. Bild 50
Eckkräfte: $R_1 = 2m_{xy1};\ R_2 = 2m_{xy2}$ (Zug)

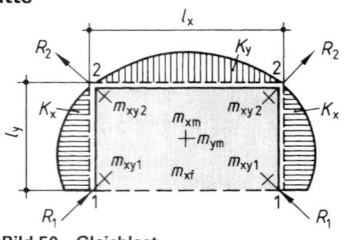

Bild 50 Gleichlast

Lastfall 2 Randlast q_x
$$S = q_x l_x$$
Momente $\quad m_i = S : f_i$
Durchbiegung $\quad \omega_r = S \cdot l_x^2 : D$

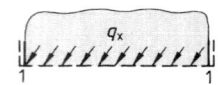

Bild 51 Randlast

Lastfall 3 Randmoment μ
Momente $\quad m_i = \mu : f_i$
Durchbiegung $\quad \omega_r = \mu l_x^2 : D$
Auflagerkräfte: $\quad K_x = v_x \cdot \mu;\ K_y = v_y \cdot \mu;$
Verteilung der Auflagerkräfte s. Bild 52.
Eckkräfte: $R_1 = |\varrho_1 \cdot \mu|;\quad R_2 = \varrho_2 \cdot \mu$

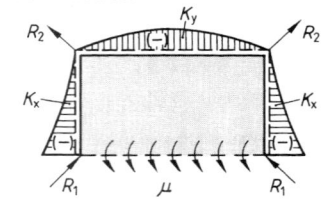

Bild 52 Randmoment

Tafel 51 Dreiseitig frei drehbar gestützte Platte

Fall	$\varepsilon =$	1,5	1,4	1,3	1,2	1,1	1,0	0,9	0,8	0,7	0,6	0,5	0,4	0,3	0,25
1 Gleichlast	f_{xr}	12,6	11,9	11,3	10,7	10,2	9,8	9,4	9,1	9,1	9,2	9,8	11,0	13,7	16,2
	f_{xm}	15,3	14,9	14,5	14,1	13,8	13,7	13,6	13,8	14,2	15,2	17,0	20,2	26,3	31,5
	f_{ym}	62,4	58,4	54,2	50,0	45,9	41,7	37,1	33,2	29,9	27,4	25,9	26,3	29,7	33,7
	$\pm f_{xy2}$	22,3	20,6	19,3	17,9	16,7	15,4	14,1	12,9	11,8	10,8	10,1	9,4	8,8	8,6
	$\pm f_{xy1}$	412	300	220	161	118	86,5	63,6	47,0	35,0	26,3	20,2	15,8	12,8	11,6
	$\bar{\omega}_r$	9,10	8,70	8,35	8,05	7,80	7,60	7,45	7,35	7,35	7,40	7,65	8,25	9,90	11,60
	v_x	0,45	0,45	0,44	0,43	0,42	0,39	0,39	0,37	0,34	0,31	0,28	0,22	0,16	0,13
	v_y	0,28	0,30	0,32	0,34	0,36	0,44	0,44	0,49	0,54	0,59	0,64	0,72	0,80	0,84
2 Randlast	f_{xr}	4,1	4,1	4,1	4,1	4,1	4,1	4,1	4,2	4,3	4,5	4,9	5,6	6,9	8,1
	f_{xm}	18,0	16,1	14,3	13,1	11,9	10,9	10,2	9,6	9,4	9,3	9,7	10,8	13,1	16,1
	f_{ym}	36,2	33,0	30,8	29,2	27,9	27,2	27,2	29,3	32,8	39,4	52,5	91,0	200	500
	$\pm f_{xy2}$	65,0	51,5	40,5	32,4	25,6	20,4	16,0	12,6	10,2	8,3	6,9	5,8	5,2	4,9
	$\bar{\omega}_r$	3,10	3,10	3,10	3,10	3,10	3,10	3,05	3,05	3,10	3,35	3,70	4,45	5,75	7,00
3 Randmoment	f_{xr}	2,95	2,94	2,93	2,92	2,91	2,90	2,85	2,80	2,74	2,65	2,50	2,35	2,20	2,08
	f_{xm}	−18,2	−18,4	−18,8	−20,5	−23,2	−31,0	−69	105	30,0	12,5	7,9	5,7	4,6	4,2
	$-f_{ym}$	32,1	22,4	16,5	12,8	9,8	7,6	6,1	4,8	3,4	3,1	2,5	2,2	2,1	2,0
	$\bar{\omega}_r$	2,00	2,00	2,00	2,00	2,00	2,00	1,95	1,90	1,85	1,78	1,71	1,63	1,54	1,49
	$-v_x$						1,19	1,39	1,52	1,55	1,52	1,49	1,46	1,36	1,20
	$-v_y$						0,62	0,64	0,70	0,78	0,80	0,80	0,70	0,50	0,28
	ϱ_1						1,25	1,55	1,78	1,94	1,03	2,15	2,35	2,65	2,96
	$-\varrho_2$						−0,25	−0,16	−0,09	−0,01	0,11	0,26	0,54	1,04	1,52

Beispiel $l_y = 2,10$ m; $l_x = 3,00$ m; $\varepsilon = 0,70$; Gleichlast $q = 8,5$ kN/m² Lastfall 1; Randlast
$q_x = 7,2$ kN/m Lastfall 2; $K = 8,50 \cdot 2,10 \cdot 3,0 = 53,55$ kN; $S = 7,2 \cdot 3,0 = 21,6$ kN;
$m_{xr} = 53,55/9,1 + 21,6/4,3 = 10,90$ kNm/m;
$m_{xm} = 53,55/14,2 + 21,6/9,4 = 6,07$ kNm/m;
$m_{ym} = 53,55/29,9 - 21,6/32,8 = 1,13$ kNm/m;
$m_{xy2} = \pm 53,55/11,8 \pm 21,6/10,2 = \pm 6,66$ kNm/m;
$m_{xy1} = 53,55/35 = 1,53$ kNm/m.

9.3.2 Dreiseitig gestützte Platte mit Einspannung der drei Ränder

$\varepsilon = l_y / l_x$

Lastfall 1 Gleichlast: q
$K = q \cdot l_x \cdot l_y$; $\quad m_i = K / f_i$;
$K_x = v_x \cdot K$; $\quad K_y = v_y \cdot K$;

Lastfall 2 Dreieckslast; max q am Rand $2 - 2$; $\quad q = 0$ am Rand $1 - 1$;
$K = 0,5 \cdot \max q \cdot l_x \cdot l_y$; $\quad m_i = K : f_i$

Lastfall 3 Randlast: $S_{1-1} = q_{1-1} \cdot l_x$; $\quad m_i = S_{1-1} / f_i$

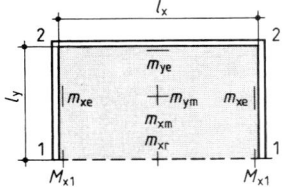

Bild 53 Biegemomente

Bild 54 Stützkräfte

Tafel 52 Dreiseitig gestützte Platte mit Einspannung der drei Ränder

Fall	$\varepsilon =$	1,5	1,4	1,3	1,2	1,1	1,0	0,9	0,8	0,7	0,6	0,5	0,4	0,3	0,25
1 Gleichlast	f_{xr}	35,8	33,4	31,0	28,6	26,4	24,3	22,4	20,9	19,9	19,8	21,3	26,8	46,4	77,0
	f_{xm}	39,8	38,3	37,0	35,8	34,9	34,3	34,0	34,3	35,6	38,6	45,6	63,6	126	228
	f_{ym}	163	152	141	130	119	109	99,5	91,0	83,4	80,0	83,4	108	208	417
	$-f_{x1}$	17,8	16,6	15,3	14,1	12,8	11,6	10,4	9,3	8,2	7,4	6,8	6,8	7,6	8,6
	$-f_{xe}$	18,7	17,8	17,0	16,2	15,6	15,0	14,5	14,3	14,2	14,7	15,8	18,1	23,0	27,2
	$-f_{ye}$	26,4	24,6	22,8	21,1	19,3	17,6	15,8	14,2	12,6	11,1	9,8	9,0	9,0	9,6
	v_x	0,42	0,41	0,40	0,39	0,38	0,37	0,35	0,34	0,32	0,30	0,27	0,23	0,19	0,17
	v_y	0,16	0,18	0,20	0,22	0,24	0,26	0,30	0,32	0,36	0,40	0,46	0,54	0,62	0,66
2 Dreieckslast max q. Rand 2 – 2	f_{xr}	115	100	86,3	73,7	63,0	54,1	46,8	41,4	37,9	36,6	38,9	48,7	85,5	143
	f_{xm}	42,4	41,5	41,1	41,0	41,3	42,2	44,0	46,8	51,4	59,2	74,2	110	230	430
	f_{ym}	80,6	76,2	71,3	66,7	62,5	58,8	56,9	54,0	56,5	59,1	69,0	91,0	172	313
	$-f_{x1}$	85,8	74,8	64,0	54,1	45,1	37,1	30,0	24,6	20,2	17,0	15,0	14,3	15,7	17,7
	$-f_{xe}$	19,1	18,4	17,8	17,3	16,9	16,6	16,5	16,7	17,2	18,3	20,3	23,9	30,7	36,5
	$-f_{ye}$	17,8	17,0	16,3	15,6	14,9	14,2	13,5	13,0	12,5	12,0	11,7	11,7	12,6	13,8
3 Randlast S_{1-1}	f_{xr}	7,0	7,0	7,1	7,1	7,2	7,2	7,3	7,3	7,4	7,9	9,2	13,0	21,2	33,5
	f_{xm}	143	112	85	63	47,5	35,5	28,2	24,0	22,1	23,3	27,1	34,3	54	84
	$-f_{ym}$	22	22	22	22	22	22	22	21	21	19	17	15	13	12
	$-f_{x1}$	2,3	2,3	2,3	2,2	2,2	2,2	2,1	2,1	2,1	2,2	2,2	2,6	3,3	4,1
	$-f_{xe}$	262	165	102	68		35,8	27,0	20,5	15,8	13,2	12,1	12,5	13,9	15,6
	$-f_{ye}$	$\sim\infty$	—	—	—	250	120	59	35	20	12,4	8,6	5,9	5,3	5,2

Beispiel $l_y = 4,80$ m; $l_x = 6,00$ mm; $\varepsilon = 0,80$; Dreieck max $q = 12,5$ kN/m^2
Lastfall 2; $K = 0,5 \cdot 12,5 \cdot 6,00 \cdot 4,80 = 180$ KN

$m_{xr} = 180/41,4 = 4,35$ kNm/m
$m_{xm} = 180/46,8 = 3,85$ kNm/m
$m_{ym} = 180/54,0 = 3,33$ kNm/m
$m_{x1} = -180/24,6 = -7,32$ kNm/m
$m_{xe} = -180/16,7 = -10,78$ kNm/m
$m_{ye} = -180/13,0 = -13,85$ kNm/m

9.4 Punkt- und Linienlasten auf einachsig gespannten Platten; rechnerische Lastverteilungsbreite b_m

Ohne genaueren Nachweis darf die rechnerische Lastverteilungsbreite b_m nach Tafel 53 ermittelt werden. Dabei gilt für die Lasteintragungsbreite t

$$t = b_0 + 2d_1 + d$$

b_0 Lastaufstandsbreite
d_1 lastverteilende Deckschicht
d Plattendicke

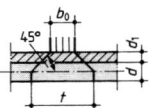

Die Bilder 56a und b zeigen Beispiele für b_m. Für Lasten in Randnähe ergibt sich eine reduzierte rechnerische Lastverteilungsbreite red b_m nach Bild 56c.

Bild 55
Lasteintragungsbreite t

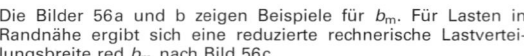

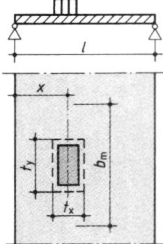

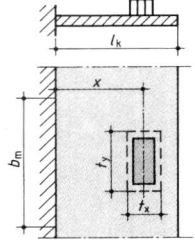

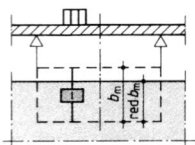

Bild 56a b_m für Feldmomente

Bild 56b b_m für Stützmoment bei Kragplatten

Bild 56c Reduzierte b_m bei Lasten in Randnähe

Tafel 53   Rechnerische Lastverteilungsbreite

	statisches System Schnittgröße	rechnerische Lastverteilungsbreite b_m	Gültigkeitsgrenzen			Mitwirkende Breite b_m. gültig für durchgehende Linienlast ($t_x = l$)	
			x	t_y	t_x	$t_y = 0{,}05\,l$	$t_y = 0{,}1\,l$
1	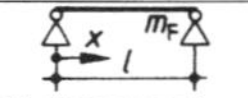	$t_y + 2{,}5\,x\left(1 - \dfrac{x}{l}\right)$	$0 < x < l$	$0{,}8\,l$	l	$b_m = 1{,}36\,l$	
2	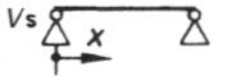	$t_y + 0{,}5\,x$	$0 < x < l$	$0{,}8\,l$	l	$b_m = 0{,}25\,l$	$b_m = 0{,}30\,l$
3	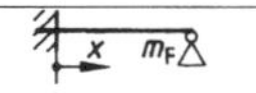	$t_y + 1{,}5\,x\left(1 - \dfrac{x}{l}\right)$	$0 < x < l$	$0{,}8\,l$	l	$b_m = 1{,}01\,l$	
4	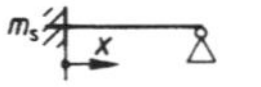	$t_y + 0{,}5\,x\left(2 - \dfrac{x}{l}\right)$	$0 < x < l$	$0{,}8\,l$	l	$b_m = 0{,}67\,l$	
5	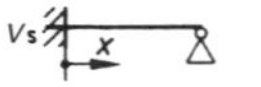	$t_y + 0{,}3\,x$	$0{,}2\,l < x < l$	$0{,}4\,l$	$0{,}2\,l$	$b_m = 0{,}25\,l$	$b_m = 0{,}30\,l$
6	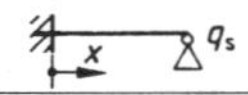	$t_y + 0{,}4\,(l - x)$	$0 < x < 0{,}8\,l$	$0{,}4\,l$	$0{,}2\,l$	$b_m = 0{,}17\,l$	$b_m = 0{,}21\,l$
7	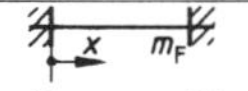	$t_y + x\left(1 - \dfrac{x}{l}\right)$	$0 < x < l$	$0{,}8\,l$	l	$b_m = 0{,}86\,l$	
8	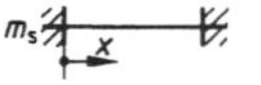	$t_y + 0{,}5\,x\left(2 - \dfrac{x}{l}\right)$	$0 < x < l$	$0{,}4\,l$	l	$b_m = 0{,}52\,l$	
9	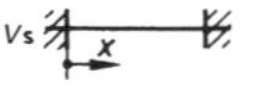	$t_y + 0{,}3\,x$	$0{,}2\,l < x < l$	$0{,}4\,l$	$0{,}2\,l$	$b_m = 0{,}21\,l$	$b_m = 0{,}25\,l$
10	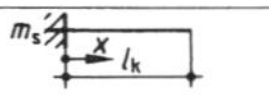	$t_y + 1{,}5\,x$	$0 < x < l_k$	$0{,}8\,l_k$	l_k	$b_m = 1{,}35\,l_k$	
11	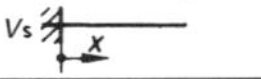	$t_y + 0{,}4\,(l - x)$	$0 < x < 0{,}8\,l$	$0{,}4\,l$	$0{,}2\,l$	$b_m = 0{,}36\,l_k$	$b_m = 0{,}43\,l_k$

Für die Berechnung des Biegemomentes m und der Querkraft v gilt

$$m = \frac{M}{b_m} \qquad\qquad v = \frac{V}{b_m}$$

l	Stützweite der Platte	M	größtes Balkenmoment (Feldmoment
l_k	Kragweite der Platte		M_F bzw. Stützmoment M_s) der auf die
x	Abstand des Lastschwerpunktes vom Auflager		Länge t_x gleichmäßig verteilten Gesamtlast
t_x	Lasteintragungsbreite in x-Richtung	V	Balkenquerkraft am Auflager
t_y	Lasteintragungsbreite senkrecht zur x-Richtung	v	Plattenquerkraft je m Breite am Auflager
m	Plattenmoment je m Breite (m_F bzw. m_s)	b_m	rechnerische Lastverteilungsbreite a. d. Stelle des max. Feldmomentes bzw. am Auflager

9.5 Flach- und Pilzdecken mit punktförmiger Stützung

9.5.1 Allgemeine Grundlagen

Platten sind punktförmig gestützt, wenn sie unmittelbar auf Stützen aufgelagert sind. Dabei können die Stützköpfe verstärkt (Pilzdecken) oder unverstärkt (Flachdecken) ausgebildet werden. Die Stützen können gelenkig oder biegesteif an die Platte angeschlossen werden.

9.5.2 Schnittgrößen

Bei rechteckigem Stützenraster mit Stützweiten

$$0{,}75 \leq l_x/l_y \leq 1{,}33$$

und vorwiegend lotrechter Belastung gilt für die Ermittlung der Schnittgrößen das unten dargestellte Näherungsverfahren. Die Pilzdecke wird durch zwei sich kreuzende Scharen von Durchlaufträgern oder bei biegesteifer Unterstützung Rahmen ersetzt. Als Stützweite wird der Abstand der Unterstützungen und als Systembreite der entsprechende Stützenabstand senkrecht zur Trägerrichtung angenommen. Die Systeme werden in beide Richtungen jeweils mit der gesamten Last feldweise in ungünstiger Stellung belastet.

Der Einfluß der Stützenkopfverstärkungen ist zu berücksichtigen, wenn der Durchmesser der Verstärkung $\geq 0{,}3$ min l und die Neigung der Unterseiten $\geq 1:3$ ist.

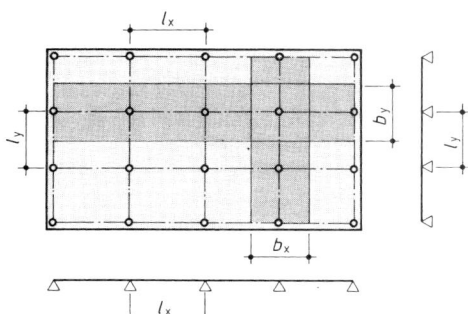

b_y Belastungsbreite in x-Richtung
b_x Belastungsbreite in y-Richtung

Bild 57 Ersatzträger als Durchlaufträger bei gelenkigen Anschlüssen Stützen/Platte

Die Schnittgrößen sind im Bereich der jeweiligen Systembreite zu verteilen, wobei das Deckenfeld in einen inneren Feldstreifen und zwei äußeren Gurtstreifen zerlegt wird.

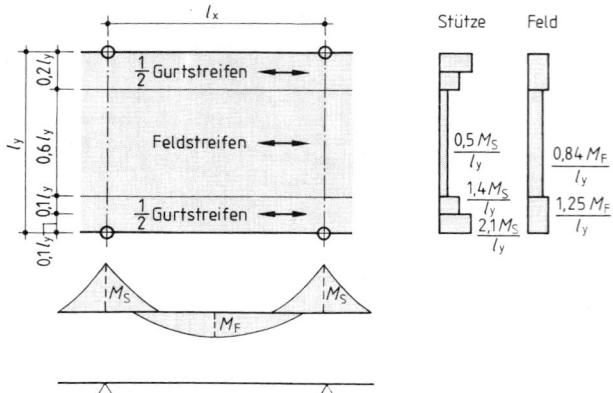

Bild 58   Schnittgrößen in Pilz- und Flachdecken (dargestellt für die *x*-Richtung)

10   Betonstahltabellen

Tafel 54   Nennwerte von Betonstahl BSt 500 S; BSt 500 M

Nenndurch-messer d_s in mm	Nennquer-schnitt A_s in cm²	Nenn-gewicht in kg/m	Nenndurch-messer d_s in mm	Nennquer-schnitt A_s in cm²	Nenn-gewicht in kg/m
4,0	0,126	0,099	9,5	0,709	0,556
4,5	0,159	0,125	10,0	0,785	0,617
5,0	0,196	0,154	10,5	0,866	0,680
5,5	0,238	0,187	11,0	0,950	0,746
6,0	0,283	0,222	11,5	1,039	0,815
6,5	0,332	0,260	12,0	1,131	0,888
7,0	0,385	0,302	14,0	1,54	1,21
7,5	0,442	0,347	16,0	2,01	1,58
8,0	0,503	0,395	20,0	3,14	2,47
8,5	0,567	0,445	25,0	4,91	3,85
9,0	0,636	0,499	28,0	6,16	4,83

Tafel 55   Querschnitte von Plattenbewehrungen a_s in cm²/m s = Stababstand n = Stabzahl

s in cm	6	8	10	12	14	16	20	25	28	n je m
	Stabdurchmesser d_s in mm									
7,5	3,77	6,70	10,47	15,08	20,52	26,81	41,9	65,4	82,1	13,3
8,0	3,53	6,28	9,82	14,14	19,24	25,1	61,4	61,4	77,0	12,5
8,5	3,33	5,91	9,24	13,31	18,11	23,7	57,9	57,9	72,5	11,8
9,0	3,14	5,59	8,73	12,57	17,10	22,34	54,5	54,5	68,4	11,1
9,5	2,98	5,29	8,27	11,90	16,20	21,2	51,6	51,6	64,8	10,5
10,0	2,83	5,03	7,85	11,31	15,39	20,1	49,1	49,1	61,6	10,0
10,5	2,69	4,79	7,48	10,77	14,66	19,15	29,9	46,6	58,7	9,5
11,0	2,57	4,57	7,14	10,28	13,99	18,28	28,6	44,7	56,0	9,1
11,5	2,46	4,37	6,83	9,84	13,39	17,49	27,3	42,7	53,6	8,7
12,0	2,36	4,19	6,54	9,42	12,83	16,76	26,2	40,8	51,3	8,3
12,5	2,26	4,02	6,28	9,05	12,32	16,09	25,1	39,3	49,3	8,0
13,0	2,17	3,87	6,04	8,70	11,84	15,47	24,2	37,8	47,4	7,7
13,5	2,09	3,72	5,82	8,38	11,40	14,90	23,3	36,3	45,6	7,4
14,0	2,02	3,59	5,61	8,08	11,00	14,36	22,4	35,1	44,0	7,1
14,5	1,95	3,47	5,42	7,80	10,62	13,87	21,7	33,9	42,5	6,9
15,0	1,89	3,35	5,24	7,54	10,26	13,41	20,9	32,7	41,1	6,7
15,5	1,82	3,24	5,07	7,30	9,93	12,97	20,3	31,7	39,7	6,5
16,0	1,77	3,14	4,91	7,07	9,62	12,57	19,64	30,7	38,5	6,3
16,5	1,71	3,05	4,76	6,85	9,33	12,19	19,04	29,7	37,3	6,1
17,0	1,66	2,96	4,62	6,65	9,05	11,83	18,48	29,0	36,2	5,9
17,5	1,62	2,87	4,49	6,46	8,79	11,49	17,95	28,0	35,2	5,7
18,0	1,57	2,79	4,36	6,28	8,55	11,17	17,46	27,3	34,2	5,6
18,5	1,53	2,72	4,25	6,11	8,32	10,87	16,94	26,5	33,3	5,4
19,0	1,49	2,65	4,13	5,95	8,10	10,58	16,54	25,8	32,4	5,3
19,5	1,45	2,58	4,03	5,80	7,89	10,31	16,11	25,2	31,6	5,1
20,0	1,41	2,51	3,93	5,65	7,69	10,05	15,72	24,6	30,8	5,0
20,5	1,38	2,45	3,83	5,52	7,50	9,80	15,32	23,9	30,0	4,9
21	1,35	2,39	3,74	5,39	7,33	9,57	14,96	23,4	29,3	4,8
21,5	1,32	2,34	3,65	5,26	7,16	9,35	14,61	22,8	28,6	4,6
22	1,29	2,28	3,57	5,14	7,00	9,14	14,28	22,3	28,0	4,5
22,5	1,26	2,23	3,49	5,03	6,84	8,94	13,96	21,8	27,4	4,4
23	1,23	2,19	3,41	4,92	6,69	8,74	13,66	21,3	26,8	4,3
23,5	1,20	2,14	3,34	4,81	6,55	8,56	13,37	20,9	26,2	4,2
24	1,18	2,09	3,27	4,71	6,41	8,38	13,09	20,4	25,7	4,2
24,5	1,15	2,05	3,21	4,61	6,28	8,21	12,82	20,0	25,1	4,1
25	1,13	2,01	3,14	4,52	6,16	8,04	12,57	19,6	24,6	4,0

Tafel 56   Querschnitte von Balkenbewehrungen A_s in cm²

d_s in mm	Stabanzahl											
	1	2	3	4	5	6	7	8	9	10	11	12
6	0,28	0,57	0,85	1,13	1,42	1,70	1,98	2,26	2,55	2,83	3,11	3,40
8	0,50	1,01	1,51	2,01	2,52	3,02	3,52	4,02	4,53	5,03	5,53	6,04
10	0,79	1,57	2,36	3,14	3,93	4,71	5,50	6,28	7,07	7,85	8,64	9,42
12	1,13	2,26	3,39	4,52	5,65	6,78	7,91	9,04	10,17	11,30	12,43	13,56
14	1,54	3,08	4,62	6,16	7,70	9,24	10,78	12,32	13,86	15,40	16,94	18,48
16	2,01	4,02	6,03	8,04	10,05	12,06	14,07	16,08	18,09	20,10	22,11	24,12
20	3,14	6,28	9,42	12,56	15,70	18,84	21,98	25,12	28,26	31,40	34,54	37,68
25	4,91	9,82	14,73	19,64	24,55	29,46	34,37	39,28	44,19	49,10	54,01	58,92
28	6,16	12,32	18,48	24,64	30,80	36,96	43,12	49,28	55,44	61,60	67,76	73,92

Stahlbeton- und Spannbetonbau nach DIN 1045-1

Tafel 57 Größte Anzahl von Stahleinlagen in einer Lage (b_0 = Balkenbreite)

b_0 in cm	Durchmesser der Stahleinlagen d_s in mm						
	10	12	14	16	20	25	28
10	1	1	1	1	1	1	1
15	3	3	2	2	2	1	1
20	(5)	4	4	4	3	2	2
25	6	6	5	5	4	3	3
30	8	7	7	(7)	6	5	4
35	(10)	9	8	8	7	5	5
40	11	(11)	10	9	8	6	6
45	13	12	11	11	(10)	7	7
50	(15)	14	13	12	11	8	8
60	18	17	16	15	13	10	9
⌀ Bügel	6 mm				8 mm	10 mm	

Betondeckung der Bügel $c_{bü}$ = 3,0 cm. Bei den Werten in Klammern werden die geforderten Abstände geringfügig unterschritten.

Tafel 58 Querschnitte von Schrägstäben unter 45° $A_s \cdot \sqrt{2}$ in cm²

d_s in mm	Anzahl der Schubaufbiegungen									
	1	2	3	4	5	6	7	8	9	10
10	1,1	2,2	3,3	4,4	5,6	6,7	7,8	8,9	10,0	11,1
12	1,6	3,2	4,8	6,4	8,0	9,6	11,2	12,8	14,4	16,0
14	2,2	4,4	6,5	8,7	10,9	13,1	15,2	17,4	19,6	21,8
16	2,8	5,7	8,5	11,4	14,2	17,1	19,9	22,8	25,6	28,4
20	4,4	8,9	13,3	17,8	22,2	26,7	31,3	35,5	40,0	44,4
25	6,9	13,9	20,8	27,8	34,7	41,7	48,6	55,5	62,5	69,4
28	8,7	17,4	26,1	34,8	43,5	52,3	61,0	69,7	78,4	87,1

Für Aufbiegungen unter 60° sind die Tafelwerte mit cos 15° = 0,966 zu vervielfachen.

Tafel 59 Querschnitte $A_{sbü}$ in cm² für zweischnittige Bügel

d_s in mm	Anzahl der Bügel														
	1	2	3	4	5	6	7	8	9	10	11	12	13	14	15
5	0,4	0,8	1,2	1,6	2,0	2,4	2,7	3,1	3,5	3,9	4,3	4,7	5,1	5,5	5,9
6	0,6	1,1	1,7	2,3	2,8	3,4	4,0	4,5	5,1	5,7	6,2	6,8	7,4	7,9	8,5
8	1,0	2,0	3,0	4,0	5,0	6,0	7,0	8,0	9,0	10,1	11,1	12,1	13,1	14,1	15,1
10	1,6	3,1	4,7	6,3	7,9	9,4	11,0	12,6	14,1	15,7	17,3	18,8	20,4	22,0	23,6
12	2,3	4,5	6,8	9,0	11,3	13,6	15,8	18,1	20,4	22,6	24,9	27,1	29,4	31,7	33,9
14	3,1	6,2	9,2	12,3	15,4	18,5	21,6	24,6	27,7	30,8	33,9	36,9	40,0	43,1	46,2
16	4,0	8,0	12,1	16,1	20,1	24,1	28,1	32,2	36,2	40,2	44,2	48,3	52,3	56,3	60,3

Baustahlgewebe-Lagermatten nach Tafel 60. In Sonderausführung mit einer Mattenlänge bis zu 12 m. Lagermatten werden — mit Ausnahme von Q 131, Q 188, R 188 und R 221 — als Randsparmatten ausgebildet.

mit Dick / Dünn - Stäben:

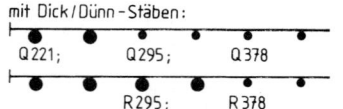

Q 221; Q 295; Q 378

R 295; R 378

mit Doppelstäben:

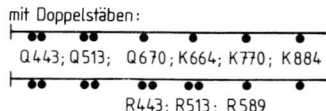

Q 443; Q 513; Q 670; K 664; K 770; K 884

R 443; R 513; R 589

Bild 59 Randausbildung der Randsparmatten

Tafel 60   BAUSTAHLGEWEBE®-Lagermatten

Matten-bezeich-nung	Quer-schnitte längs / quer cm²/m	Länge Breite m	Ge-wichte je Matte kg	Stab-ab stände mm	Stabdurchmesser Innen-bereich / Rand-bereich mm		Anzahl der Längsrandstäbe (Randeinsparung) links	rechts	Überstände Anfang/Ende links/rechts mm
Q 131	1,31 / 1,31	5,00 / 2,15	22,5	150 / 150	· 5,0 · 5,0				100 / 25
Q 188	1,88 / 1,88	5,00 / 2,15	32,4	150 / 150	· 6,0 · 6,0				100 / 25
Q 221	2,21 / 2,21		33,7	150 / 150	· 6,5 / · 6,5	5,0	− 4 /	4	100 / 25
Q 295	2,95 / 2,95		44,2	150 / 150	· 7,5 / · 7,5	5,5	− 4 /	4	100 / 25
Q 378[1])	3,78 / 3,78		66,7	150 / 150	· 8,5 / · 8,5	6,0	− 4 /	4	150 / 25
Q 443	4,43 / 4,42	6,00 / 2,15	78,3	150 / 100	· 6,5 d / · 6,5	6,5	− 4 /	4	100 / 25
Q 513	5,13 / 5,03		90,0	150 / 100	· 7,0 d / · 6,5	7,0	− 4 /	4	100 / 25
Q 670	6,70 / 6,36		115,4	150 / 100	· 8,0 d / · 6,5	8,0	− 4 /	4	100 / 25
R 188	2,21 / 0,78	5,00 / 2,15	23,3	150 / 250	· 6,0 / · 5,0	5,0	− 4 /	4	125 / 25
R 221	2,21 / 0,78		26,1	150 / 250	· 6,5 / · 5,0	5,0	− 4 /	4	125 / 25
R 295	2,95 / 0,78		29,4	150 / 250	· 7,5 / · 5,0	5,5	− 2 /	2	125 / 25
R 378[1])	3,78 / 0,78		42,6	150 / 250	· 8,5 / · 5,0	6,0	− 2 /	2	125 / 25
R 443	4,43 / 0,95		50,2	150 / 250	· 6,5 d / · 5,5	6,5	− 2 /	2	125 / 25
R 513	5,13 / 1,13		58,6	150 / 250	· 7,0 d / · 6,0	7,0	− 2 /	2	125 / 25
R 589	5,89 / 1,33	6,00 / 2,15	67,5	150 / 250	· 7,5 / · 6,5	7,5	− 2 /	2	125 / 25
K 664	6,64 / 1,33		69,6	100 / 250	· 6,5 d / · 6,5	6,5	− 4 /	4	125 / 25
K 770	7,70 / 1,54		80,8	100 / 250	· 7,0 d / · 6,5	7,0	− 4 /	4	125 / 25
K 884	8,84 / 1,77		92,9	100 / 250	· 7,5 d / · 6,5	7,5	− 4 /	4	125 / 25
N 94	0,94 / 0,94	5,00 / 2,15	15,9	75 / 75	· 3,0 · 3,0		◆ Kein Betonstahl nach DIN 488 ◆ Nur für nicht-statische Zwecke		
N 141	1,41 / 1,41		23,7	50 / 50	· 3,0 · 3,0		◆ Glatte Drähte		

[1]) Wird zu Q 377 bzw. R 377, falls $d_s = 8{,}5$ mm durch $d_s = 6{,}0$ d (Doppelstab) ersetzt wird.

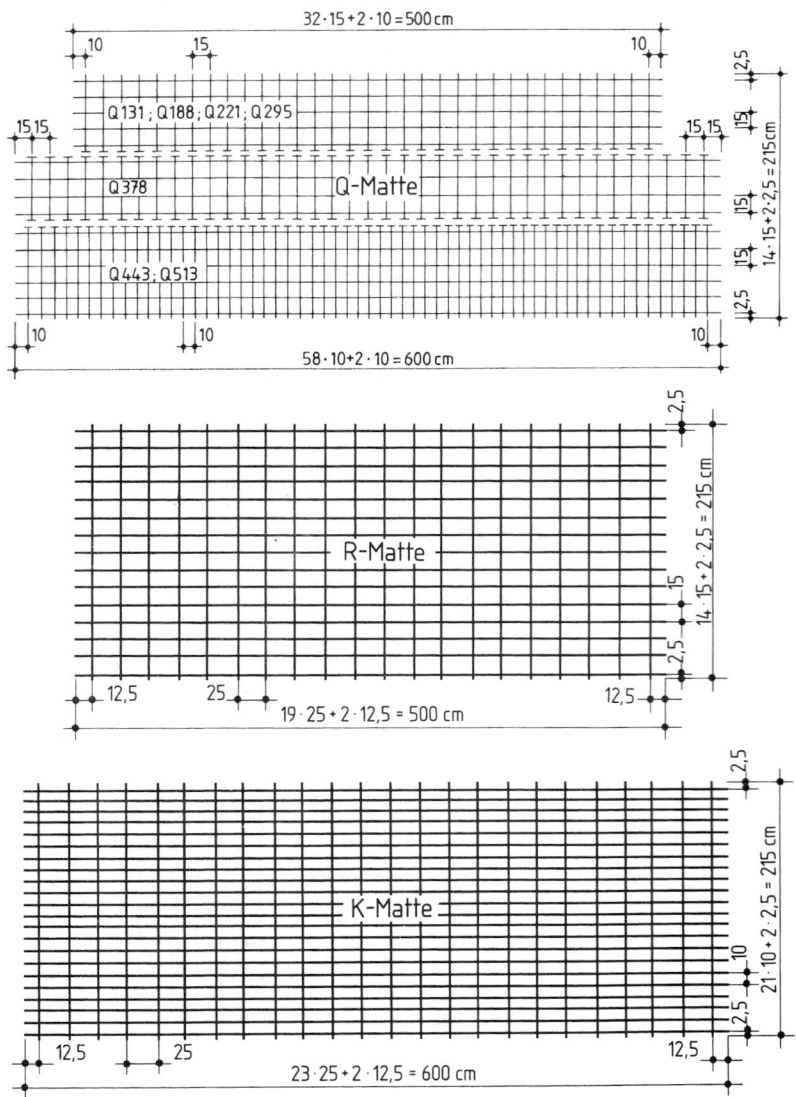

Bild 60 Baustahlgewebe Lagermatten

Baustahlgewebe-Listenmatten werden als Einfach- oder Doppelstabmatten bei freier Wahl der Stabdurchmesser, Stababstände und Querschnitte geliefert.

Mattenlänge bis zu 12 m. Mattenbreite bis zu 3 m.

7

Tafel 61 BAUSTAHLGEWEBE® Listenmatten — mögliche Querschnitte, Verschweißbarkeitsverhältnisse, Gewichte

Querschnitt der Längsstäbe $a_{S \text{ längs}}$ / Querschnitt der Querstäbe $a_{S \text{ quer}}$

vorrangig verwendete Querschnitte unterlegt — Längsstababstand / Querstababstand in mm (Werte in cm²/m)

Gewicht eines Stabes (kg/m)	Längsstabdurchmesser (mm)	Querschnitt eines Stabes (cm²)	50 / 100 d*	75 / 150 d*	100 / 200 d*	125	150	175	200	225	250	275	300	325	350
0,099	4,0**	0,126	2,52	1,68	1,26	1,01	0,84	0,72	0,63	0,56	0,50	0,46	0,42	0,39	0,36
0,125	4,5**	0,159	3,18	2,12	1,59	1,27	1,06	0,91	0,80	0,71	0,64	0,58	0,53	0,49	0,45
0,154	5,0	0,196	3,93	2,62	1,96	1,57	1,31	1,12	0,98	0,87	0,78	0,71	0,65	0,60	0,56
0,187	5,5	0,238	4,75	3,17	2,38	1,90	1,58	1,36	1,19	1,06	0,95	0,86	0,79	0,73	0,68
0,222	6,0	0,283	5,65	3,77	2,82	2,26	1,88	1,62	1,41	1,26	1,13	1,03	0,94	0,87	0,81
0,260	6,5	0,332	6,64	4,43	3,31	2,65	2,21	1,90	1,65	1,47	1,33	1,21	1,11	1,02	0,95
0,302	7,0	0,385	7,70	5,13	3,85	3,08	2,57	2,20	1,92	1,71	1,54	1,40	1,28	1,18	1,10
0,347	7,5	0,442	8,84	5,89	4,42	3,53	2,95	2,52	2,20	1,96	1,77	1,61	1,47	1,36	1,26
0,395	8,0	0,503	10,05	6,70	5,03	4,02	3,35	2,87	2,51	2,23	2,01	1,83	1,67	1,55	1,44
0,445	8,5	0,567	11,35	7,57	5,67	4,54	3,78	3,24	2,84	2,52	2,27	2,06	1,89	1,74	1,62
0,499	9,0	0,636	12,72	8,48	6,36	5,09	4,24	3,63	3,18	2,83	2,54	2,31	2,12	1,96	1,82
0,556	9,5	0,709	14,18	9,45	7,09	5,67	4,73	4,05	3,54	3,15	2,83	2,58	2,36	2,18	2,02
0,617	10,0	0,785	15,71	10,47	7,85	6,28	5,24	4,49	3,92	3,49	3,14	2,85	2,61	2,42	2,24
0,680	10,5	0,866	17,32	11,55	8,66	6,93	5,77	4,95	4,33	3,85	3,46	3,15	2,89	2,66	2,47
0,746	11,0	0,950	19,01	12,67	9,50	7,60	6,34	5,43	4,74	4,22	3,80	3,45	3,16	2,92	2,71
0,815	11,5	1,039	20,77	13,85	10,39	8,31	6,92	5,93	5,19	4,61	4,16	3,78	3,46	3,19	2,97
0,888	12,0	1,131	22,62	15,08	11,31	9,04	7,54	6,46	5,66	5,02	4,52	4,11	3,76	3,48	3,23

*Doppelstäbe nur als Längsstäbe

Verschweißbarkeit

Einfach-längsstäbe ⌀ (mm)	verschweißbar mit Einfachquerstäben ⌀ von – bis (mm)	Doppel-längsstäbe ⌀ (mm)	verschweißbar mit Einfachquerstäben ⌀ von – bis (mm)
4,0**	4,0 – 6,5	4,0 d**	4,0 – 5,5
4,5**	4,0 – 8,5	4,5 d**	4,0 – 6,0
5,0	4,0 – 8,5	5,0 d	4,5 – 7,0
5,5	4,0 – 9,0	5,5 d	4,5 – 7,5
6,0	4,5 – 10,0	6,0 d	5,0 – 8,5
6,5	5,0 – 10,5	6,5 d	5,5 – 9,0
7,0	5,0 – 11,0	7,0 d	6,0 – 10,0
7,5	5,0 – 12,0	7,5 d	6,0 – 10,5
8,0	6,5 – 11,0	8,0 d	6,5 – 11,0
8,5	7,0 – 12,0	8,5 d	7,0 – 12,0
9,0	7,0 – 12,0	9,0 d	7,5 – 12,0
9,5	7,0 – 12,0	9,5 d	8,0 – 12,0
10,0	7,0 – 12,0	10,0 d	8,0 – 12,0
10,5	7,5 – 12,0	10,5 d	8,5 – 12,0
11,0	8,0 – 12,0	11,0 d	9,0 – 12,0
11,5	8,5 – 12,0	11,5 d	9,5 – 12,0
12,0	8,5 – 12,0	12,0 d	10,0 – 12,0

** Betonstahlmatten mit Nenndurchmessern von 4,0 mm und 4,5 mm dürfen nur bei vorwiegend ruhender Belastung und mit Ausnahme von untergeordneten vorgefertigten Bauteilen, wie einschlossigen Einzelgaragen – nur als Querbewehrung bei einachsig gespannten Platten, bei Rippendecken und bei Wänden verwendet werden (DIN 1045, Juli 1988, Tabelle 6).

Achsengetrennte Schreibweise

Mattenaufbau

		Länge L / Breite B	Überstände Anfang ($\ddot u_1$ links $\ddot u_3$)	Ende ($\ddot u_2$ rechts $\ddot u_4$)
Längsrichtung	$a_L \cdot d_{s1}/d_{s2}$	L Länge	$\ddot u_1$ links	$\ddot u_2$ rechts
Querrichtung	$a_Q \cdot d_{s3}(d_{s4}{}^{**})$	B Breite	$\ddot u_3$ links	$\ddot u_4$ rechts

Bemerkungen:
A_K = Abstand der kurzen Stäbe vom Materialanfang in m
L_K = Länge der kurzen Stäbe in m

a_L = Abstand der Längsstäbe in mm
a_Q = Abstand der Querstäbe in mm
d_{s1}/d_{s2} = Durchmesser der Längsstäbe im Innenbereich/Randbereich in mm
d_{s3}/d_{s4} = Durchmesser der Querstäbe im Innenbereich/Randbereich in mm
d = Doppelstäbe (nur in Längsrichtung) in mm
n_{links}/n_{rechts} = Anzahl der Längs-Randstäbe d_{s2} links/rechts in Fertigungsrichtung
m_{Anfang}/m_{Ende} = Anzahl der Quer-Randstäbe d_{s4} am Anf./Ende der Fertigungsrichtung
L = Mattenlänge in m
B = Mattenbreite in m
$\ddot u_1/\ddot u_2$ = Längsstab-Überstände am Mattenanfang/ende
$\ddot u_3/\ddot u_4$ = Querstab-Überstände am Mattenanfang links/rechts in Fertigungsrichtung

Tafel 62   BAUSTAHLGEWEBE® Listenmatten, häufig verwendete Ausführungen

Listenmatten mit tragenden Längs- und Querstäben

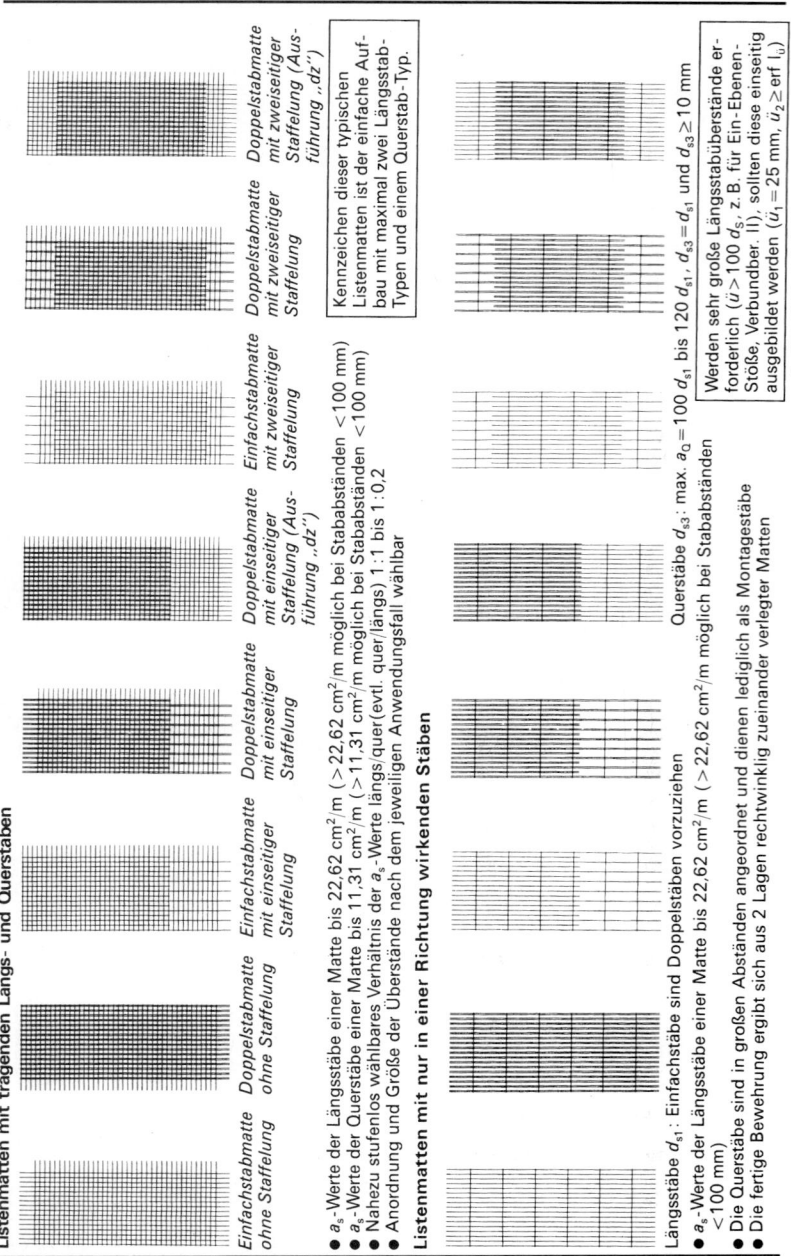

Einfachstabmatte ohne Staffelung   *Doppelstabmatte ohne Staffelung*   *Einfachstabmatte mit einseitiger Staffelung*   *Doppelstabmatte mit einseitiger Staffelung*   *Doppelstabmatte mit einseitiger Staffelung (Ausführung „dz")*   *Einfachstabmatte mit zweiseitiger Staffelung*   *Doppelstabmatte mit zweiseitiger Staffelung*   *Doppelstabmatte mit zweiseitiger Staffelung (Ausführung „dz")*

Kennzeichen dieser typischen Listenmatten ist der einfache Aufbau mit maximal zwei Längsstab-Typen und einem Querstab-Typ.

- a_s-Werte der Längsstäbe einer Matte bis 22,62 cm²/m (>22,62 cm²/m möglich bei Stababständen <100 mm)
- a_s-Werte der Querstäbe einer Matte bis 11,31 cm²/m (>11,31 cm²/m möglich bei Stababständen <100 mm)
- Nahezu stufenlos wählbares Verhältnis der a_s-Werte längs/quer(evtl. quer/längs) 1:1 bis 1:0,2
- Anordnung und Größe der Überstände nach dem jeweiligen Anwendungsfall wählbar

Listenmatten mit nur in einer Richtung wirkenden Stäben

Längsstäbe d_{s1}: Einfachstäbe sind Doppelstäben vorzuziehen

- a_s-Werte der Längsstäbe einer Matte bis 22,62 cm²/m (>22,62 cm²/m möglich bei Stababständen <100 mm)
- Die Querstäbe sind in großen Abständen angeordnet und dienen lediglich als Montagestäbe
- Die fertige Bewehrung ergibt sich aus 2 Lagen rechtwinklig zueinander verlegter Matten

Querstäbe d_{s3}: max. $a_Q = 100\, d_{s1}$ bis $120\, d_{s1}$, $l_{s3} = d_l = d_{s1}$ und $d_{s3} \geq 10$ mm

Querstäbe d_{s3} möglich bei Stababständen

Werden sehr große Längsstabüberstände erforderlich ($\ddot{u} > 100\, d_s$, z. B. für Ein-Ebenen-Stöße, Verbundber. II), sollten diese einseitig ausgebildet werden ($\ddot{u}_1 = 25$ mm, $\ddot{u}_2 \geq$ erf $l_\ddot{u}$.)

nach: DN 1045, Juli 1988

Tafel 63   Listenmatten für stabförmige Bauteile

Einsatzbereiche: Bügelkörbe, Schubzulagen, Bügelleitern für Balken, Plattenbalken, Stützen.
Zur Anwendung kommen vorwiegend einachsige Listenmatten

In der Regel:
— Bügelstäbe gleich Mattenlängsstäbe
— Montagestäbe (Bügelkorblänge) gleich Mattenquerstäbe $\leq 3,00$ m
— Durchmesser $\varnothing_L$ und Stababstände der Bügelstäbe entsprechend Tafel 61 wählen.
— Durchmesser $\varnothing_Q$ und Anordnung der Montagestäbe (= Querstäbe) nach statischen (Verankerung der Bügelstäbe) und konstruktiven (Stabilität, Einbau, Stapelfähigkeit) Gesichtspunkten festlegen.

Biegeformen: Biegeformen und Biegerollendurchmesser d_{br} können weitgehend nach den statisch-konstruktiven-Anforderungen festgelegt werden. Möglichst einfache, stapelfähige Formen wählen.

Anordnung: Bügelkörbe werden normalerweise in Korblänge auf Lücke gelegt oder stumpf gestoßen.

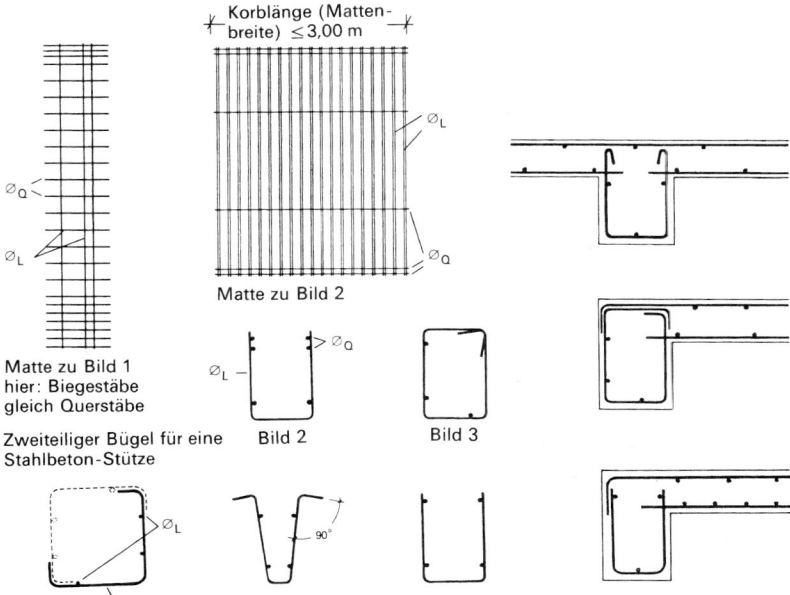

Korblänge (Matten-breite) $\leq 3,00$ m

Matte zu Bild 2

Matte zu Bild 1
hier: Biegestäbe
gleich Querstäbe

Zweiteiliger Bügel für eine
Stahlbeton-Stütze

Bild 2   Bild 3

Bild 1   Bild 4   Bild 5

Stapelbarkeit von Bügelkörben

Beispiele für die Anordnung der Montagestäbe in Bügelkörben im Hinblick auf eine gute Stapelbarkeit.

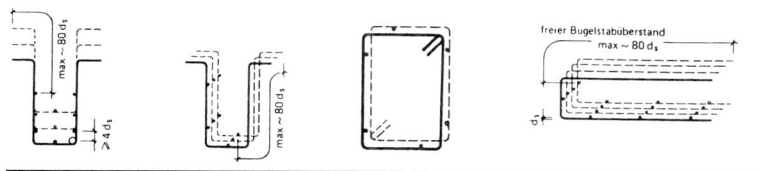

Tafel 64   Listenmatten für Randbereiche von Flächentragwerken

Einsatzbereiche: Bügelkörbe für Einfassungen an Plattenrändern, Anschlußbewehrung Wand/Wand, Wand/Boden u. ä. Zur Anwendung kommen vorwiegend einachsige Listenmatten.

In der Regel:
— Bügelstäbe gleich Mattenlängsstäbe
— Montagestäbe (Länge der Körbe) gleich Mattenquerstäbe $\leq 3,00$ m
— Durchmesser $\varnothing_L$ und Stababstände der Bügelstäbe/Einfassung entsprechend Tafel 61 wählen.
— Durchmesser $\varnothing_Q$ und Anordnung der Montagestäbe ($=$ Querstäbe) nach konstruktiven Gesichtspunkten festlegen [Stabilität, Einbau der Körbe (Durchdringungen), Stapelfähigkeit].

Biegeformen: Biegeformen und Biegerollendurchmesser d_{br} können weitgehend nach den statisch-konstruktiven Anforderungen festgelegt werden. Möglichst einfache, stapelfähige Formen wählen.

Anordnung: Bügelkörbe werden normalerweise in Korblänge auf Lücke gelegt oder stumpf gestoßen.

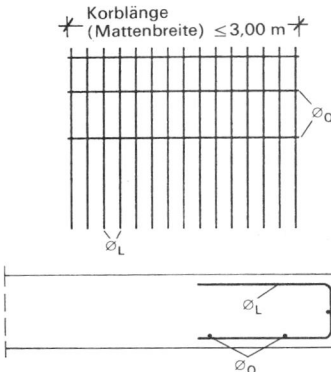

Standardisierte Listenmatten („HS-Typen")

für Durchdringungen und Eckverbindungen/hier: Biegestäbe gleich Querstäbe/ Korblänge $= 5$ m

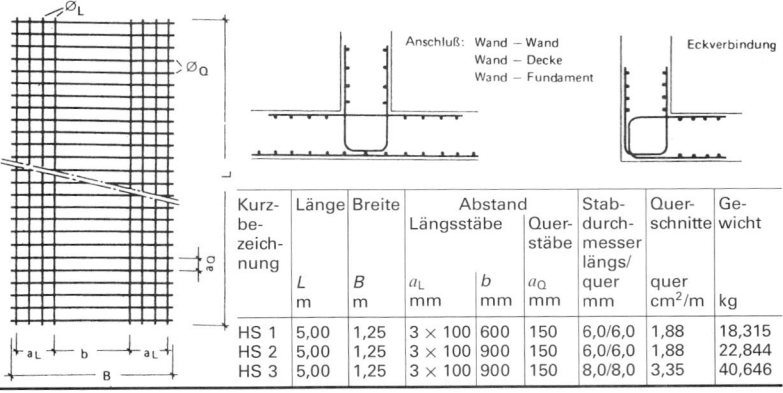

Kurz-be-zeich-nung	Länge	Breite	Abstand Längsstäbe	Quer-stäbe	Stab-durch-messer längs/quer	Quer-schnitte	Ge-wicht
	L m	B m	a_L mm	b mm	a_Q mm	quer cm²/m	quer kg
HS 1	5,00	1,25	3 × 100	600	150	6,0/6,0	1,88	18,315
HS 2	5,00	1,25	3 × 100	900	150	6,0/6,0	1,88	22,844
HS 3	5,00	1,25	3 × 100	900	150	8,0/8,0	3,35	40,646

568

Tafel 65   Baustahlgewebe — Unterstützungskörbe

APSTA®	SBA	SCHLANGE
stehen auf der Schalung	stehen auf der unteren Bewehrung	stehen auf der unteren Bewehrung
Korblänge=2,00 m Standfüße mit Kunststoff gegen Korrosion geschützt	Korblänge=2,00 m	Stützlänge=2,00 m, Stützbreite=0,20 m

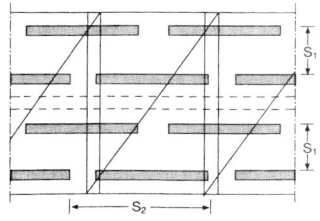

H=Unterstützungshöhe =lichter Abstand zwischen Schalung und oberer Bewehrung	H=Unterstützungsabstand =lichter Abstand zwischen unterer und oberer Bewehrung	H=Unterstützungsabstand =lichter Abstand zwischen unterer und oberer Bewehrung

Typenbezeichnung U .... gibt Unterstützungshöhe H in cm an | **Typenbezeichnung SBA .... gibt Unterstützungshöhe in cm an** | **Typenbezeichnung S .... gibt Unterstützungshöhe H in cm an**

Typ	Gewicht je Korb kg	Typ	Gewicht je Korb kg	Typ	Gewicht je Korb kg	Typ	Gewicht je Korb kg	Typ	Gewicht je Korb kg	Typ	Gewicht je Korb kg
U 8	0,658	U 26	1,425	SBA 5	0,650	SBA 23	1,350	S 2	0,421	S 24	1,284
U 9	0,762	U 27	1,458	SBA 6	0,676	SBA 24	1,383	S 3	0,436	S 26	1,319
U 10	0,788	U 28	1,491	SBA 7	0,702	SBA 25	1,609	S 4	0,452	S 28	1,355
U 11	0,845	U 29	1,748	SBA 8	0,728	SBA 26	1,646	S 5	0,468	S 30	1,390
U 12	0,874	U 30	1,785	SBA 9	0,753	SBA 27	1,684	S 6	0,484	S 32	1,517
U 13	0,903	U 31	1,823	SBA 10	0,779	SBA 28	1,722	S 7	0,567	S 34	1,558
U 14	0,931	U 32	1,861	SBA 11	0,804	SBA 29	1,760	S 8	0,583	S 36	1,559
U 15	0,960	U 33	2,198	SBA 12	0,831	SBA 30	1,798	S 9	0,599	S 38	1,640
U 16	0,988	U 34	2,242	SBA 13	0,857	SBA 31	1,836	S 10	0,615		
U 17	1,017	U 35	2,287	SBA 14	0,882	SBA 32	1,873	S 11	0,631		
U 18	1,046	U 36	2,332	SBA 15	0,953	SBA 33	2,237	S 12	0,670		
U 19	1,074			SBA 16	1,034	SBA 34	2,282	S 13	0,687		
U 20	1,103			SBA 17	1,063	SBA 35	2,326	S 14	0,705		
U 21	1,259			SBA 18	1,091	SBA 36	2,371	S 15	0,723		
U 22	1,292			SBA 19	1,120	SBA 37	2,416	S 16	0,862		
U 23	1,325			SBA 20	1,148	SBA 38	2,460	S 18	0,898		
U 24	1,359			SBA 21	1,284	SBA 39	2,505	S 20	1,212		
U 25	1,392			SBA 22	1,317	SBA 40	2,550	S 22	1,248		

Größere Höhen und Sonderanfertigungen insbesondere stabilere Ausführungen auf Anfrage

Verlegeanordnung (Deckendraufsicht)

Richtwerte für Verlegeabstände und Bedarf je m²

Stabdurchmesser der oberen Bewehrung mm	Abstand s_1 m	s_2 m	Stück/m² obere Bewehrung
4,0 bis 6,0	0,5	2,0	1,0
6,5 bis 9,0	0,6	2,0	0,8
9,5 bis 12,0	0,7	2,1	0,7

Begehen und Befahren leichter Bewehrungen über Bohlen

Tafel 66   Neue Lagermatten

Neues Lieferprogramm für Lagermatten ab 10/2001
(Info: FACHVERBAND BETONSTAHLMATTEN e. V.)

Typ	Aufbau längs Aufbau quer Abstand · ∅	Querschnitt längs quer [cm²/m]	Länge Breite [mm]	Überstände [mm]		Gewicht je Matte | pro m² [kg]
				oben links	unten rechts	
Q 188 A	150 · 6,0 150 · 6,0	1,88 1,88	5000 2150	100 25	100 25	32,4 | 3,01
Q 257 A	150 · 7,0 150 · 7,0	2,57 2,57	5000 2150	100 25	100 25	44,1 | 4,10
Q 335 A	150 · 8,0 150 · 8,0	3,35 3,35	5000 2150	100 25	100 25	57,7 | 5,37
Q 377 A	150 · 6,0d 100 · 7,0	3,77 3,85	6000 2150	100 25	100 25	67,6 | 5.24
Q 513 A	150 · 7,0d 150 · 8,0	5,13 5,03	6000 2150	100 25	100 25	90,0 | 6,98
R 188 A	150 · 6,0 250 · 6,0	1,88 1,13	5000 2150	125 25	125 25	26,2 | 2,44
R 257 A	150 · 7,0 250 · 6,0	2,57 1,13	5000 2150	125 25	125 25	32,2 | 3,00
R 335 A	150 · 8,0 250 · 6,0	3,35 1,13	5000 2150	125 25	125 25	39,2 | 3,65
R 377 A	150 · 6,0d 250 · 6,0	3,77 1,13	6000 2150	125 25	125 25	46,1 | 3,57
R 513 A	150 · 7,0d 250 · 6,0	5,13 1,13	6000 2150	125 25	125 25	58,6 | 4,54

Zur Unterscheidung der neuen Lagermatten in Bewehrungsplänen, bei Bestellung und auf der Baustelle wird zur gewohnten Bezeichnung der Lagermatten (Q ... und R ...) der Zusatz A (= normalduktil gemäß DIN 1045-1) eingeführt (z. B. Q 513 A).

Beton nach DIN EN 206-1

Bearbeitet nach Prof. Dr.-Ing. Wolfgang Krings

Inhalt

8

Literatur

DIN EN 206-1	07.01	Beton — Teil 1: Festlegung, Eigenschaften, Herstellung und Konformität
DIN 1045-1	07.01	Tragwerke aus Beton, Stahlbeton und Spannbeton Teil 1: Bemessung und Konstruktion
DIN 1045-2	07.01	Tragwerke aus Beton, Stahlbeton und Spannbeton Teil 2: Beton — Festlegung, Eigenschaften, Herstellung und Konformität
DIN 1045-2	07.01	Tragwerke aus Beton, Stahlbeton und Spannbeton Teil 3: Bauausführung

1 Allgemeines

Die europäische Norm EN 206-1 hat den Status einer deutschen Norm. Sie ist mit der nationalen Anwendungsregel zu verwenden. Diese nationale Anwendungsregel ist die DIN 1045-2 vom Juli 2001. In den nachstehenden Abschnitten sind die aus dieser nationalen Anwendungsregel vorgegebenen Änderungen eingebaut. Die Beziehung zwischen den verschiedenen Normen und Richtlinien ergibt sich aus Bild 1.

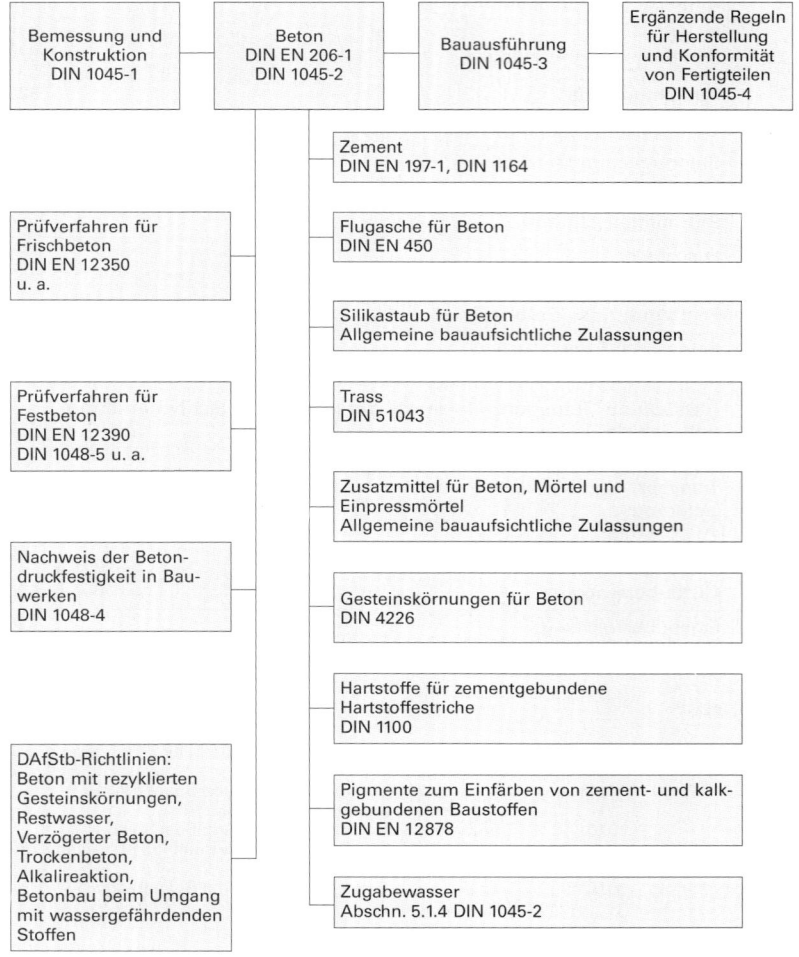

Bild 1   Beziehung zwischen den Normen DIN 206-1 und DIN 1045-2 sowie Richtlinien

2 Begriffe, Symbole, Abkürzungen

2.1 Begriffe

- Gesteinskörnung (alte Bezeichnung: Zuschlag)
  aus natürlichen oder künstlich gebrochenen, mineralischen Stoffen. Auch aus Recyclingmaterial.
- Zement
  Hydraulisches Bindemittel. Fein gemahlener, anorganischer Stoff. Ergibt mit Wasser gemischt Zementleim, der auch unter Wasser erhärtet und raumbeständig bleibt.
- wirksamer Wassergehalt
  Gesamtwassermenge minus von der Gesteinskörnung aufgenommene Wassermenge im Frischbeton.
- Wasserzementwert
  Masseverhältnis wirksamen Wassermenge zur Zementmenge im Frischbeton.
- Zusatzmittel
  Kleine Menge (bezogen auf den Zementgehalt) eines Stoffes, der beim Mischen zugegeben wird.
- Zusatzstoff
  Fein verteilter anorganischer Stoff im Beton.
- äquivalenter Wasserzementwert
  Masseverhältnis des wirksamen Wassergehalts zur Summe aus dem Zementgehalt und k-fach anrechenbaren Anteil von Zusatzstoffen.
- Mehlkorngehalt
  Summe aus Zementgehalt, Zusatzstoffgehalt und dem Kornanteil der Gesteinskörnung bis 0,125 mm.
- Beton
  Durch Mischen von Zement, Gesteinskörnung, Wasser und eventuell Zusatzmitteln und Zusatzstoffen erzeugter Baustoff.
- Frischbeton
  Fertig gemischter Beton, der noch verarbeitet und verdichtet werden kann.
- Festbeton
  Erhärteter Beton mit einer gewissen Festigkeit.
- Beton nach Eigenschaften
  Beton, dessen geforderte Eigenschaften und Anforderungen dem Hersteller angegeben sind. Der Hersteller ist für die Einhaltung verantwortlich.
- Beton nach Zusammensetzung
  Beton, dessen Zusammensetzung dem Hersteller vorgegeben werden.
- Standardbeton
  Beton nach Zusammensetzung nach Norm.
- Kubikmeter Beton
  Frischbetonmenge, die nach EN 12530-6 verdichtet, 1 m^3 ergibt.
- Charakteristische Festigkeit
  Erwarteter Festigkeitswert. 5% der Grundgesamtheit aller Festigkeitswerte fallen unterhalb dieses Festigkeitswertes.
- Erstprüfung
  Prüfung vor Herstellung des Betons, um alle Anforderungen im frischen und im erhärteten Zustand zu überprüfen.
- Expositionsklasse
  Klassifizierung der chemisch und physikalisch relevanten Umgebungsbedingungen des Betons oder der Bewehrung.

8

2.2 Symbole und Abkürzungen

Expositionsklassen   X 0   kein Korrosions- oder Angriffsrisiko
                                        XC . . .   Korrosionsgefahr durch Karbonatisierung
                                        XD . . .   Korrosionsgefahr durch Chloride, kein Meerwasser
                                        XS . . .   Korrosionsgefahr durch Chloride aus Meerwasser
                                        XF . . .   Gefahr von Frostangriff mit oder ohne Taumittel
                                        XA . . .   chemischer Angriff (acid)
                                        XM . . .   mechanischer Angriff des Betons durch Verschleiß

Konsistenzklassen   S 1 bis S 5   Setzmaß
                                     V 0 bis V 4   Setzzeitmaß (Vebe)
                                     C 0 bis C 3   Verdichtungsmaß
                                     F 1 bis F 6   Ausbreitmaß

$C \ldots / \ldots$	Druckfestigkeitsklassen für Normal- und Schwerbeton
$LC \ldots / \ldots$	Druckfestigkeitsklassen für Leichtbeton
$f_{ck,cyl}$	charakteristische Betondruckfestigkeit, geprüft am Zylinder
$f_{c,cyl}$	Betondruckfestigkeit, geprüft am Zylinder
$f_{ck,cube}$	charakteristische Betondruckfestigkeit, geprüft am Würfel
$f_{c,cube}$	Betondruckfestigkeit, geprüft am Würfel
f_{cm}	mittlere Druckfestigkeit des Betons
$f_{cm,j}$	mittlere Druckfestigkeit des Betons im Alter von (j) Tagen
f_{ci}	einzelnes Prüfergebnis für die Druckfestigkeit von Beton
f_{tk}	charakteristische Spaltzugfestigkeit von Beton
f_{tm}	mittlere Spaltzugfestigkeit von Beton
f_{ti}	einzelnes Prüfergebnis für die Spaltzugfestigkeit von Beton
$D \ldots$	Rohdichteklasse von Leichtbeton
D_{max}	Nennwert des Größtkorns der Gesteinskörnung
$CEM \ldots$	Zementart nach den Normen der Reihe EN 197
σ	Schätzwert für die Standardabweichung einer Gesamtheit
s_n	Standardabweichung von aufeinander folgenden Prüfergebnissen
w/z	Wasserzementwert
k	Faktor für die Berücksichtigung der Mitwirkung eines Zusatzstoffes
z	Zementgehalt im Beton
f	Flugaschegehalt im Beton
s	Silikastaubgehalt im Beton
k_f	k-Wert zur Anrechnung von Flugstaub
k_s	k-Wert zur Anrechnung von Silikastaub
$(w/z)_{eq}$	äquivalenter Wasserzementwert

3 Ausgangsstoffe

Für die Verwendung der Ausgangsstoffe gelten die Bedingungen von Bild 1.
Zur deutlichen Unterscheidung von Zementen ist die Farbe des Sackes bzw. bei lose geliefertem Zement die Farbe des Siloheftblattes festgelegt. Ebenso ist die Farbe des Aufdruckes festgelegt. Siehe untenstehende Auflistung:

Festigkeits-klasse	Druckfestigkeit [N/mm²]				Kennfarbe	Farbe des Aufdrucks
	Anfangsfestigkeit		Normfestigkeit			
	2 Tage	7 Tage	28 Tage			
32,5 N	−	≥ 16	$\geq 32,5$	$\leq 52,5$	hellbraun	schwarz
32,5 R	≥ 10	−				rot
42,5 N	≥ 10	−	$\geq 42,5$	$\leq 62,5$	grün	schwarz
42,5 R	≥ 20	−				rot
52,5 N	≥ 20	−	$\geq 52,5$	−	rot	schwarz
52,5 R	≥ 30	−				weiß

4 Anforderungen an den Beton

4.1 Betonzusammensetzung

Beton besteht aus
— Zement
— Gesteinskörnung (alt: Zuschlag)
— Wasser
— evtl. Zusatzmittel, Zusatzstoffe.

Die Zusammensetzung soll entsprechend den Anforderungen gewählt und auf die Verarbeitbarkeit abgestimmt werden. Dabei sind folgende Anforderungen einzuhalten:

Betongefüge
Geschlossen, Luftgehalt des Gesteinskorns
< 16 mm ≤ 4 VOL %
≥ 16 mm ≤ 3 VOL %

Zementart
entsprechend der Verwendungsart, der Bauteilabmessungen, der Umweltbedingungen des Bauwerkes und der Wärmeentwicklung des Betons im Bauwerk

Zementgehalt
Für Nennwert des Gesteinskorns ≤ 32 mm nach Tafel 2

max. Wasserzementwert nach Tafel 2

Korngröße des Gesteinskorns
so wählen, daß beim Einbringen des Betons kein Entmischen stattfindet, der maximale Nennwert beträgt:
— 25 % der kleinsten Bauteilabmessung
— lichte Abstand der Bewehrungsstäbe abzüglich 5 mm
— um 30 % vergrößerte Betondeckung der Bewehrung

Chloridgehalt des Betons
Werte der nationalen Normen oder der am Verwendungsort des Betons geltenden Bestimmungen sind einzuhalten; wenn keine Werte vorliegen, gilt für den Cl-Massenanteil in % bezogen auf den Zementgehalt:

8

Unbewehrter Beton $\leq 1,0\%$
Stahlbeton $\leq 0,4\%$
Spannbeton $\leq 0,2\%$

Konsistenz beim Betonieren

sollte zum Zeitpunkt der Verarbeitung der Setzmaß-Klasse S 3 oder der Ausbreitklasse F 3 entsprechen, um eine sachgem. Verdichtung zu erzielen.

Alkali-Kieselsäure-Reaktion

Zur Vermeidung von Auswirkungen sind folgende Maßnahmen erforderlich

— Einschränkung des Gesamtalkaligehaltes der Betonmischung
— geeignete Wahl des Zementes (mit geringem Anteil an reaktionsfähigem Alkali)
— geeignete Wahl der Gesteinskörnung
— Einschränkung des Sättigungsgrades des Betons

Zusatzmittel

Bei Verwendung sind folgende Gewichtsanteile einzuhalten
2 g/kg Zement $\leq$ g Zusatzmittel/kg Zement $\leq$ 50 g/kg Zement

Zusatzstoffe

Werte der nationalen Normen oder der am Verwendungsort des Betons geltenden Bestimmungen sind einzuhalten, Dauerhaftigkeit des Betons darf nicht beeinträchtigt werden

Betontemperatur

Frischbeton $\leq 30°$
Beim Mischen und Einbringen $\geq 5°$

4.2 Dauerhaftigkeit

Beton mit ausreichender Dauerhaftigkeit soll

— den Bewehrungsstahl vor Korrosion schützen
— den Umweltbedingungen standhalten
— den Arbeitsbedingungen standhalten.

Hierfür sind folgende Maßnahmen sicherzustellen

— Wahl der Ausgangsstoffe
— Wahl der Betonzusammensetzung
— Sicherung des Betons gegen mechanische Angriffe
— Ausreichende Verarbeitung des Betons bei der Herstellung (Mischen, Einbringen, Verdichten)
— Ausreichende Nachbehandlung.

Umwelteinflüsse wirken wie chemische und physikalische Einwirkungen auf den Beton. Zur Erfassung werden die Umweltbedingungen in Expositionsklassen nach Tafel 1 eingestuft.

Eine ähnliche Tafel befindet sich auch in DIN 1045-1, siehe Abschnitt „Stahlbeton und Spannbeton nach DIN 1045-1", Tafel 13. Eine gute Übersicht zur Festlegung der Expositionsklassen gibt auch die Darstellung in Bild 2 (entnommen aus der Zeitschrift Beton vom Verlag Bau + Technik und aus einem Merkblatt der Bauberatung Zement).

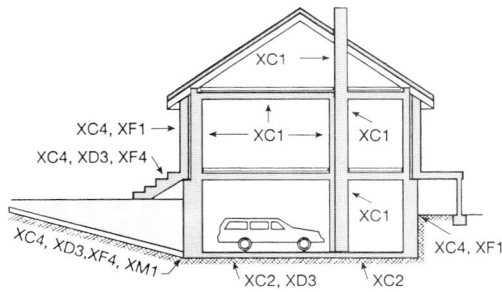

Beispiele für mehrere, gleichzeitig zutreffende Expositions-klassen an einem Wohnhaus

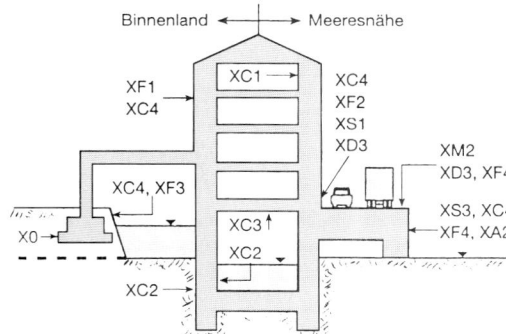

Bild 2
Expositionsklassen

Beispiele für mehrere, gleichzeitig zutreffende Expositions-klassen im Hoch- und Ingenieurbau [16]

8

Tafel 1   Expositionsklassen

Klasse	Beschreibung der Umgebung	Beispiele für die Zuordnung von Expositionsklassen
1 Kein Korrosions- oder Angriffsrisiko		
Für Bauteile ohne Bewehrung oder eingebettetes Metall in nicht betonangreifender Umgebung kann die Expositionsklasse X 0 zugeordnet werden.		
X 0	Für Beton ohne Bewehrung oder eingebettetes Metall: alle Umgebungsbedingungen, ausgenommen Frostangriff, Verschleiß oder chemischer Angriff	Fundamente ohne Bewehrung ohne Frost Innenbauteile ohne Bewehrung

Fortsetzung s. nächste Seite

Beton nach DIN EN 206-1

Tafel 1 (Fortsetzung)

Klasse	Beschreibung der Umgebung	Beispiele für die Zuordnung von Expositionsklassen

2 Bewehrungskorrosion, ausgelöst durch Karbonatisierung

Wenn Beton, der Bewehrung oder anderes eingebettetes Metall enthält, Luft und Feuchte ausgesetzt ist, muss die Expositionsklasse wie folgt zugeordnet werden:

ANMERKUNG 1 Die Feuchtebedingung bezieht sich auf den Zustand innerhalb der Betondeckung der Bewehrung oder anderen eingebetteten Metalls; in vielen Fällen kann jedoch angenommen werden, dass die Bedingungen in der Betondeckung den Umgebungsbedingungen entsprechen. In diesen Fällen darf die Klasseneinteilung nach der Umgebungsbedingung als gleichwertig angenommen werden. Dies braucht nicht der Fall zu sein, wenn sich zwischen dem Beton und seiner Umgebung eine Sperrschicht befindet.

XC 1	trocken oder ständig nass	Bauteile in Innenräumen mit üblicher Luftfeuchte (einschließlich Küche, Bad und Waschküche in Wohngebäuden); Beton, der ständig in Wasser getaucht ist
XC 2	nass, selten trocken	Teile von Wasserbehältern; Gründungsbauteile
XC 3	mäßige Feuchte	Bauteile, zu denen die Außenluft häufig oder ständig Zugang hat, z. B. offene Hallen, Innenräume mit hoher Luftfeuchtigkeit z. B. in gewerblichen Küchen, Bädern, Wäschereien, in Feuchträumen von Hallenbädern und in Viehställen
XC 4	wechselnd nass und trocken	Außenbauteile mit direkter Beregnung

3 Bewehrungskorrosion, verursacht durch Chloride, ausgenommen Meerwasser

Wenn Beton, der Bewehrung oder anderes eingebettetes Metall enthält, chloridhaltigem Wasser, einschließlich Taumittel, ausgenommen Meerwasser, ausgesetzt ist, muss die Expositionsklasse wie folgt zugeordnet werden:

XD 1	mäßige Feuchte	Bauteile im Sprühnebelbereich von Verkehrsflächen; Einzelgaragen
XD 2	nass, selten trocken	Solebäder: Bauteile, die chloridhaltigen Industrieabwässern ausgesetzt sind
XD 3	wechselnd nass und trocken	Teile von Brücken mit häufiger Spritzwasserbeanspruchung; Fahrbahndecken; Parkdecks

4 Bewehrungskorrosion, verursacht durch Chloride aus Meerwasser

Wenn Beton, der Bewehrung oder anderes eingebettetes Metall enthält, Chloriden aus Meerwasser oder salzhaltiger Seeluft ausgesetzt ist, muss die Expositionsklasse wie folgt zugeordnet werden:

XS 1	salzhaltige Luft, aber kein unmittelbarer Kontakt mit Meerwasser	Außenbauteile in Küstennähe
XS 2	unter Wasser	Bauteile in Hafenanlagen, die ständig unter Wasser liegen
XS 3	Tidebereiche, Spritzwasser- und Sprühnebelbereiche	Kaimauern in Hafenanlagen

Fortsetzung s. nächste Seite

Tafel 1 (Fortsetzung)

Klasse	Beschreibung der Umgebung	Beispiele für die Zuordnung von Expositionsklassen

5 Frostangriff mit und ohne Taumittel

Wenn durchfeuchteter Beton erheblichem Angriff durch Frost-Tau-Wechsel ausgesetzt ist, muss die Expositionsklasse wie folgt zugeordnet werden:

Klasse	Beschreibung der Umgebung	Beispiele für die Zuordnung von Expositionsklassen
XF 1	mäßige Wassersättigung, ohne Taumittel	Außenbauteile
XF 2	mäßige Wassersättigung, mit Taumittel	Bauteile im Sprühnebel- oder Spritzwasserbereich von taumittelbehandelten Verkehrsflächen, soweit nicht XF 4; Betonbauteile im Sprühnebelbereich von Meerwasser
XF 3	hohe Wassersättigung, ohne Taumittel	offene Wasserbehälter; Bauteile in der Wasserwechselzone von Süßwasser
XF 4	hohe Wassersättigung, mit Taumittel	Verkehrsflächen, die mit Taumitteln behandelt werden; Überwiegend horizontale Bauteile im Spritzwasserbereich von taumittelbehandelten Verkehrsflächen; Räumerlaufbahnen von Kläranlagen; Meerwasserbauteile in der Wasserwechselzone

6 Betonkorrosion durch chemischen Angriff

Wenn Beton chemischem Angriff durch natürliche Böden, Grundwasser, Meerwasser nach DIN EN 206-1: 2001-07, Tabelle 2, und Abwasser ausgesetzt ist, muss die Expositionsklasse wie folgt zugeordnet werden:

ANMERKUNG 2 Bei XA 3 und unter Umgebungsbedingungen außerhalb der Grenzen von DIN EN 206-1: 2001-07, Tabelle 2, bei Anwesenheit anderer angreifender Chemikalien, chemisch verunreinigtem Boden oder Wasser, bei hoher Fließgeschwindigkeit von Wasser und Einwirkung von Chemikalien nach DIN EN 206-1: 2001-07, Tabelle 2, sind Anforderungen an den Beton oder Schutzmaßnahmen in DIN 1045-2 Abschn. 5.3.2 vorgegeben.

Klasse	Beschreibung der Umgebung	Beispiele für die Zuordnung von Expositionsklassen
XA 1	chemisch schwach angreifende Umgebung nach DIN EN 206-1: 2001-07, Tabelle 2	Behälter von Kläranlagen; Güllebehälter
XA 2	chemisch mäßig angreifende Umgebung nach DIN EN 206-1: 2001-07, Tabelle 2, und Meeresbauwerke	Betonbauteile, die mit Meerwasser in Berührung kommen; Bauteile in betonangreifenden Böden
XA 3	chemisch stark angreifende Umgebung nach DIN EN 206-1: 2001-07, Tabelle 2	Industrieabwasseranlagen mit chemisch angreifenden Abwässern; Gärfuttersilos und Futtertische der Landwirtschaft; Kühltürme mit Rauchgasableitung

7 Betonkorrosion durch Verschleißbeanspruchung

Wenn Beton einer erheblichen mechanischen Beanspruchung ausgesetzt ist, muss die Expositionsklasse wie folgt zugeordnet werden:

Klasse	Beschreibung der Umgebung	Beispiele für die Zuordnung von Expositionsklassen
XM 1	mäßige Verschleißbeanspruchung	Tragende oder aussteifende Industrieböden mit Beanspruchung durch luftbereifte Fahrzeuge
XM 2	starke Verschleißbeanspruchung	Tragende oder aussteifende Industrieböden mit Beanspruchung durch luft- oder vollgummibereifte Gabelstapler
XM 3	sehr starke Verschleißbeanspruchung	Tragende oder aussteifende Industrieböden mit Beanspruchung durch elastomer- oder stahlrollenbereifte Gabelstapler; Oberflächen, die häufig mit Kettenfahrzeugen befahren werden; Wasserbauwerke in geschiebebelasteten Gewässern, z. B. Tosbecken

8

Tafel 2a   Grenzwerte für Zusammensetzung und Eigenschaften von Beton

Expositionsklassen	Kein Angriffsrisiko durch Korrosion	Bewehrungskorrosion									
		durch Karbonatisierung verursachte Korrosion				durch Chloride verursachte Korrosion					
						Chloride außer aus Meerwasser			Chloride aus Meerwasser		
	X 0[a]	XC 1	XC 2	XC 3	XC 4	XD 1	XD 2	XD 3	XS 1	XS 2	XS 3
Höchstzulässiger w/z	—	0,75		0,65	0,60	0,55	0,50	0,45	Siehe XD 1	Siehe XD 2	Siehe XD 3
Mindestdruckfestigkeitsklasse[c]	C 8/10	C 16/20		C 20/25	C 25/30	C 30/37[e]	C 35/45[e]	C 35/45[e]	Siehe XD 1	Siehe XD 2	Siehe XD 3
Mindestzementgehalt[d] in kg/m³	—	240		260	280	300	320[b]	320[b]	Siehe XD 1	Siehe XD 2	Siehe XD 3
Mindestzementgehalt[d] bei Anrechnung von Zusatzstoffen in kg/m³	—	240		240	270	270	270	270	Siehe XD 1	Siehe XD 2	Siehe XD 3

a) Nur für Beton ohne Bewehrung oder eingebettetes Metall.

b) Für massige Bauteile (kleinste Bauteilabmessung 80 cm) gilt der Mindestzementgehalt von 300 kg/m³.

c) Gilt nicht für Leichtbeton.

d) Bei einem Größtkorn der Gesteinskörnung von 63 mm darf der Zementgehalt um 30 kg/m³ reduziert werden. In diesem Fall darf[b] nicht angewendet werden.

e) Bei Verwendung von Luftporenbeton, z. B. aufgrund gleichzeitiger Anforderungen aus der Expositionsklasse XF, eine Festigkeitsklasse niedriger.

Tafel 2b Grenzwerte für Zusammensetzung und Eigenschaften von Beton

Expositionsklassen	Frostangriff				Betonangriff — Aggressive chemische Umgebung			Verschleißangriff[l]		
	XF 1	XF 2	XF 3	XF 4	XA 1	XA 2	XA 3	XM 1	XM 2	XM 3
Höchstzulässiger w/z	0,60	0,55[g]	0,50	0,50[g]	0,60	0,50	0,45	0,55	0,45	0,45
Mindestdruckfestigkeitsklasse[c]	C 25/30	C 35/45[g]	C 35/45	C 30/37	C 25/30	C 35/45[e]	C 35/45[e]	C 30/37[e]	C 35/45[e]	C 35/45[e]
Mindestzementgehalt[d] in kg/m³	280	320	320	320	280	320	320	300[i]	320[i]	320[i]
Mindestzementgehalt[d] bei Anrechnung von Zusatzstoffen in kg/m³	270	270[g]	270	270[g]	270	270	270	270	270	270
Mindestluftgehalt in %	—	[f]	[f]	[f]	—	—	—	—	—	—
Andere Anforderungen	Gesteinskörnungen mit Regelanforderungen und zusätzlich Widerstand gegen Frost bzw. Frost und Taumittel (siehe DIN 4226-1)				—	—	[l]	—	Oberflächenbehandlung des Betons[k]	Hartstoffe nach DIN 1100
	F_4	MS_{25}	F_2	MS_{18}						

[c] Siehe Fußnoten in Tafel 2a.

[d] Siehe Fußnoten in Tafel 2a.

[e] Siehe Fußnoten in Tafel 2a.

[f] Der mittlere Luftgehalt im Frischbeton unmittelbar vor dem Einbau muss bei einem Größtkorn der Gesteinskörnung von 8 mm ≥ 5,5% Volumenanteil, 16 mm ≥ 4,5% Volumenanteil, 32 mm ≥ 4,0% Volumenanteil und 63 mm ≥ 3,5% Volumenanteil betragen. Einzelwerte dürfen diese Anforderungen um höchstens 0,5% Volumenanteil unterschreiten.

[g] Zusatzstoffe des Typs II dürfen bis 4 mm Größtkorn zugesetzt, aber nicht auf den Zementgehalt oder den w/z angerechnet werden.

[h] Die Gesteinskörnungen bis 4 mm Größtkorn müssen überwiegend aus Quarz oder aus Stoffen mindestens gleicher Härte bestehen, das gröbere Korn aus Gestein oder künstlichen Stoffen mit hohem Verschleißwiderstand. Die Körner aller Gesteinskörnungen sollen mäßig raue Oberfläche und gedrungene Gestalt haben. Das Gesteinskorngemisch soll möglichst grobkörnig sein.

[i] Höchstzementgehalt 360 kg/m³, jedoch nicht bei hochfesten Betonen.

[j] Erdfeuchter Beton mit w/z ≤ 0,40 darf ohne Luftporen hergestellt werden.

[k] Z. B. Vakuumieren und Flügelglätten des Betons.

[l] Schutzmaßnahmen siehe 5.3.2 von DIN 1045-2

Tafel 3 Anwendungsbereiche für Zemente nach DIN EN 197-1 und DIN 1164 zur Herstellung von Beton nach DIN 1045-2ᵃ⁾

		Kein Angriffsrisiko durch Korrosion	Bewehrungskorrosion										Spannstahl-verträglichkeit
			durch Karbonatisierung verursachte Korrosion				durch Chloride verursachte Korrosion						
							andere Chloride als Meerwasser			Chloride aus Meerwasser			
Expositionsklassen		X0	XC1	XC2	XC3	XC4	XD1	XD2	XD3	XS1	XS2	XS3	
CEM I		×	×	×	×	×	×	×	×	×	×	×	×
CEM II	A/B S	×	×	×	×	×	×	×	×	×	×	×	×
	A D	×	×	×	×	×	×	×	×	×	×	×	x^f)
	A/B P/Q	×	×	×	×	×	×	×	×	×	×	×	○
	A V	×	×	×	×	×	×	×	×	×	×	×	×
	B V	×	×	×	×	×	×	×	×	×	×	×	×
	A W	×	×	×	○	○	○	○	○	○	○	○	○
	B W	×	○	×	○	○	○	○	○	○	○	○	○
	A/B T	×	×	×	×	×	×	×	×	×	×	×	×
	A LL	×	×	×	×	×	×	×	×	×	×	×	×
	B LL	×	×	×	○	×	○	×	×	○	○	○	×
	A L	×	×	×	×	×	×	×	×	×	×	×	×
	B L	×	×	×	○	×	○	×	×	×	×	×	×
	A Mᵉ⁾	×	×	×	×	×	×	×	×	×	×	×	×
	B Mᵉ⁾	×	○	×	○	○	○	○	○	○	○	○	○
CEM III	A	×	×	×	×	×	×	×	×	×	×	×	×
	B	×	×	×	×	×	×	×	×	×	×	×	×
	C	×	○	×	○	○	○	○	○	○	○	○	○
CEM IVᵉ⁾	A	×	○	×	○	○	○	○	○	○	○	○	○
	B	×	○	×	○	○	○	○	○	○	○	○	○
CEM Vᵉ⁾	A	×	○	×	○	○	○	○	○	○	○	○	○
	B	×	○	×	○	○	○	○	○	○	○	○	○

Für Expositionsklassen
x = gültiger Anwendungsbereich
○ = für die Herstellung nach dieser Norm nicht anwendbar

Fußnoten siehe übernächste Seite

Tafel 3 (fortgesetzt)

Expositionsklassen			Frostangriff				Betonangriff – Aggressive chemische Umgebung			Verschleiß			Spannstahl-verträglichkeit
			XF 1	XF 2	XF 3	XF 4	XA 1	XA 2[d]	XA 3[d]	XM 1	XM 2	XM 3	
CEM I			x	x	x	x	x	x	x	x	x	x	x
CEM II	A/B	S	x	x	x	x	x	x	x	x	x	x	x
	A	D	x	x	x	x	x	x	x	x	x	x	x[f]
	A/B	P/Q	x	○	x	○	x	x	x	x	x	x	○
	A	V	x	○	x	○	x	x	x	x	x	x	x
	B	V	○	○	○	○	○	○	○	○	○	○	x
	A	W	○	○	○	○	○	○	○	○	○	○	○
	B	W	x	x	x	x	x	x	x	x	x	x	○
	A/B	T	x	x	x	x	x	x	x	x	x	x	x
	A	LL	○	○	○	○	○	○	○	○	○	○	x
	B	LL	x	○	○	○	x	x	x	x	x	x	x
	A	L	○	○	○	○	○	○	○	○	○	○	x
	B	L	○	○	○	○	○	○	○	○	○	○	x
	A	M[e]	○	○	○	○	○	○	○	○	○	○	○
	B	M[e]	x	x	x	○	x	x	x	x	x	x	○
CEM III	A		x	x	x	x[b]	x	x	x	x	x	x	x
	B		x	x	x	x[c]	x	x	x	x	x	x	x
	C		○	○	○	○	x	x	x	○	○	○	○
CEM IV[e]	A		○	○	○	○	○	○	○	○	○	○	○
	B		○	○	○	○	○	○	○	○	○	○	○
CEM V[e]	A		○	○	○	○	○	○	○	○	○	○	○
	B		○	○	○	○	○	○	○	○	○	○	○

Fußnoten zu Tafel 3 siehe nächste Seite

8

583

Fußnoten zu Tafel 3

[a]) Einige nach dieser Tabelle nicht anwendbare Zemente können durch einen Nachweis nach den Deutschen Anwendungsregeln zu DIN EN 197-1 angewendet werden.

[b]) Festigkeitsklasse $\geq$ 42,5 oder Festigkeitsklasse $\geq$ 32,5 R mit einem Hüttensand-Massenanteil von $\leq$ 50%

[c]) CEM III/B darf nur für die folgenden Anwendungsfälle verwendet werden:
a) Meerwasserbauteile: $w/z \leq$ 0,45; Mindestfestigkeitsklasse C 35/45 und $z \geq$ 340 kg/m^3
b) Räumerlaufbahnen $w/z \leq$ 0,35; Mindestfestigkeitsklasse C 40/50 und $z \geq$ 360 kg/m^3; Beachtung von DIN 19569-1
Auf Luftporen kann in beiden Fällen verzichtet werden.

[d]) Bei chemischem Angriff durch Sulfat (ausgenommen bei Meerwasser) muss oberhalb der Expositionsklasse XA 1 Zement mit hohem Sulfatwiderstand (HS-Zement) verwendet werden. Zur Herstellung von Beton mit hohem Sulfatwiderstand darf bei einem Sulfatgehalt des angreifenden Wassers von $SO_4^{2-} \leq$ 1500 mg/l anstelle von HS-Zement eine Mischung aus Zement und Flugasche verwendet werden.

[e]) Spezielle Kombinationen können günstiger sein. Für CEM-II-M-Zemente mit drei Hauptbestandteilen und für CEM-IV- und CEM-V-Zemente mit zwei bzw. drei Hauptbestandteilen siehe DIN 1045-2.

[f]) Der verwendete Silikastaub muss die Anforderungen der Zulassungsrichtlinien des Deutschen Instituts für Bautechnik (DIBt) für anorganische Betonzusatzstoffe („Mitteilungen" DIBt 24 (1993), Nr. 4, S. 122—132) bzgl. des Gehaltes an elementarem Silicium Si erfüllen.

5 Betoneigenschaften

5.1 Frischbeton

Klassifizierung entsprechend seiner Konsistenz nach Tafel 4 anhand folgender Prüfungen:

— Setzmaß nach EN 12350-2
— Setzzeit (Vebe) nach EN 12350-3
— Verdichtungsmaß nach EN 12350-4
— Ausbreitmaß nach EN 12350-5

Weitere Eigenschaften:

— Luftgehalt nach EN 12350-7
— Wasserzementwert und Zementgehalt nach Gewichtsanteilen.

Tafel 4 Konsistenzklassen des Betons

Prüfung	Klasse	Kennzeichnung	
Setzmaß	S 1￼S 2￼S 3￼S 4￼S 5	in mm￼(auf 10 mm gerundet)	10 bis 40￼50 bis 90￼100 bis 150￼160 bis 210￼$\geq$ 220
Setzzeit (Vebe)	V 0￼V 1￼V 2￼V 3￼V 4	Vebe in Sekunden	$\geq$ 31￼30 bis 21￼20 bis 11￼10 bis 6￼5 bis 3
Verdichtungsmaß	C 0￼C 1￼C 2￼C 3	Verdichtungsmaß	$\geq$ 1,46￼1,45 bis 1,26￼1,25 bis 1,11￼1,10 bis 1,04
Ausbreitklassen	F 1￼F 2￼F 3￼F 4￼F 5￼F 6	Ausbreitmaß in mm￼(Durchmesser)	$\leq$ 340￼350 bis 410￼420 bis 480￼490 bis 550￼560 bis 620￼$\geq$ 630

5.2 Festbeton

a) Druckfestigkeit

Charakteristische Festigkeit mit dem Wert, unter dem erwartungsgemäß 5% der Gesamtheit aller möglichen Festigkeitsmessungen liegen.

Bestimmung an Probekörpern nach EN 12390-1 mit Nachbehandlung nach EN 12390-2 im Alter von 28 Tagen
— Würfel ($f_{ck,cube}$) mit 150 mm Kantenlänge
— Zylinder ($f_{ck,cyl}$) mit $d = 150$ mm Durchmesser und $h = 300$ mm Höhe.
Für die Betonfestigkeit des Betons gelten folgende Werte

Tafel 5 Druckfestigkeitsklassen für Normal- und Schwerbeton

Druckfestigkeitsklasse	Charakteristische Mindestdruckfestigkeit von Zylindern $f_{ck,cyl}$ N/mm²	Charakteristische Mindestdruckfestigkeit von Würfeln $f_{ck,cube}$ N/mm²
C 8/10	8	10
C 12/15	12	15
C 16/20	16	20
C 20/25	20	25
C 25/30	25	30
C 30/37	30	37
C 35/45	35	45
C 40/50	40	50
C 45/55	45	55
C 50/60	50	60
C 55/67	55	67
C 60/75	60	75
C 70/85	70	85
C 80/95	80	95
C 90/105	90	105
C 100/115	100	115

$f_{ck,cyl}$ wird in DIN 1045-1 mit f_{ck} bezeichnet.
Bei Würfeln mit einer Lagerung abweichend von EN 12390-2 nach DIN 1048 Teil 1 gilt für die Druckfestigkeit
$$f_{c,cube} = 0{,}92 \cdot f_{c(DIN)} \quad \text{bis} \quad C\,50/60$$
und
$$f_{c,cube} = 0{,}95 \cdot f_{c(DIN)} \quad \text{ab} \quad C55/67$$

b) Zugfestigkeit

Bestimmung durch
— Spaltzugfestigkeit nach EN 12390-6

c) Festigkeitsentwicklung

Wird zeitabhängig anhand von Druckfestigkeitsprüfungen bestimmt

d) Verschleißwiderstand

Druckfestigkeitsklasse, Zementgehalt, Wasserzementwert und die Gesteinskörnung nach Tafel 2b ist einzuhalten.

Der Mehlkorngehalt ist auf 400 kg/m^3 bei einem Zementgehalt $\leq$300 kg/m^3 und auf 450 kg/m^3 bei einem Zementgehalt $\geq$350 kg/m^3 begrenzt.

e) Wassereindringwiderstand

Wenn der Beton einen hohen Wassereindringwiderstand haben muss, so muss er
— bei Bauteildicken über 0,40 m einen Wasserzementwert $w/z \leq 0,70$ aufweisen;
— bei Bauteildicken bis 0,40 m einen Wasserzementwert $w/z \leq 0,60$ sowie mindestens einen Zementgehalt von 280 kg/m^3 (bei Anrechnung von Zusatzstoffen 270 kg/m^3) aufweisen. Die Mindestdruckfestigkeitsklasse C 25/30 ist einzuhalten.

f) Rohdichte

Kennzeichnung entsprechend der Trockenrohdichte des Betons
— C Normalbeton: 2000 bis 2600 kg/m^3 (ofentrocken)
— LC Leichtbeton: nach Tafel 6
— HC Schwerbeton: >2600 kg/m^3 (ofentrocken)

Tafel 6   Klasseneinteilung von Leichtbeton nach der Rohdichte

Rohdichteklasse	D 1,0	D 1,2	D 1,4	D 1,6	D 1,8	D 2,0
Rohdichte- bereich kg/m^3	$\geq$800 und $\leq$1000	>1000 und $\leq$1200	>1200 und $\leq$1400	>1400 und $\leq$1600	>1600 und $\leq$1800	>1800 und $\leq$2000

6   Festlegung des Betons

Beton darf als „Beton nach Eigenschaften" oder als „Beton nach Zusammensetzung" beschrieben werden, wobei jeweils Mindestangaben und, wenn besondere Bedingungen zu erfüllen sind, zusätzliche Angaben erforderlich sind.

6.1   Beton nach Eigenschaften

Die Festlegung der Angaben liegt beim Bauausführenden, der Hersteller des Betons ist für die Erfüllung bei der Herstellung verantwortlich.

Mindestangaben sind:
— Festigkeitsklasse
— Größtkorn der Gesteinskörnung (Nennwert)
— Expositionsklasse
— Chloridgehalt oder Verwendungsangabe (unbew. Beton, Stahlbeton, Spannbeton)
— Konsistenzklasse

Zusätzliche Angaben für die Eigenschaften der Mischung können sein:
— Zementart
— Konsistenz
— zeitlich abhängige Festigkeitsentwicklung
— verzögerte Hydratation
— besondere Anforderungen an die Gesteinskörnung
— besondere Anforderungen an die Temperatur des Frischbetons
— andere zusätzliche technische Anforderungen.

6.2   Beton nach Zusammensetzung

Die Ausgangsstoffe und deren Zusammensetzung werden vom Bauausführenden festgelegt, der Hersteller liefert nach diesen Angaben, übernimmt aber keine Verantwortung für die Eigenschaften des Betons.

Mindestangaben sind:
— Zementgehalt/m^3 Beton
— Art und Festigkeitsklasse des Zements
— Konsistenzbereich von Frischbeton oder Wasserzementwert

— Gesteinskörnung (Art, Größtkorn, Sieblinie)
— Zusatzmittel und Zusatzstoffe (Art und Menge)
— Herkunft und Ausgangsstoffe des Betons bei Verwendung von Zusatzmitteln der Zusatzstoffe.

Zusätzliche Angaben für Eigenschaften der Betonzusammensetzung können sein:

— Herkunft der Ausgangsstoffe
— andere zusätzliche technische Anforderungen

Zusätzliche Angaben für Transport, Förderung und Verarbeitung von Transportbeton können sein:

— Lieferzeit
— Liefermenge
— Fahrzeugart (mit/ohne Rührwerk)
— Fahrzeugabmessungen, Fahrzeuggewicht.

7 Herstellung, Transport, Lieferung, Verarbeitung, Nachbehandlung und Schutz

Grundsätzlich muß Personal mit entsprechender Kenntnis, Ausbildung und Erfahrung vorhanden sein.

7.1 Herstellung

Anforderung an das Personal

a) Herstellung. Eine Person mit o. g. Qualifikation muß anwesend sein.
b) Eigenüberwachung. Eine Person mit o. g. Qualifikation auf dem Gebiet der Betontechnologie muß verantwortlich sein.

Anforderung an Anlagen und Einrichtungen

a) Lager
— Zur Einhaltung der Lieferungen müssen genügend Ausgangsstoffe vorhanden sein
— Unterschiedliche Ausgangsstoffe sind getrennt zu lagern
— Verschmutzung der Ausgangsstoffe muß vermieden werden
— Vorrichtungen zur Probeentnahme müssen vorhanden sein
b) Dosiervorrichtungen und Mischer
— Mischanweisung muß vorliegen
— Zulässige Wäge- bzw. Messvorrichtung muß bei der Dosierung vorhanden sein. Dabei ist die Meßunsicherheit wie folgt zu beschränken:
  Zement, Wasser, Gesteinskörnungen insgesamt, Zusatzstoffe $\pm 3\%$ der erforderlichen Menge
— Zusatzmittel $\pm 3\%$ der erforderlichen Menge
— Gleichmäßige Mischung muß in einem mechanischen Mischer erfolgen
— Zusatzmittel sind bei kleiner Dosierung im Zugabewasser aufzulösen
— vor und nach Zugabe von Fließmittel ist der Beton ausreichend lange zu mischen.

7.2 Transport

— Beton darf sich während des Transportes nicht entmischen, keine Bestandteile verlieren und nicht verunreinigen.
— Die Transportdauer ist zu beachten.

7.3 Lieferung

Besonders sorgfältig ist die Konsistenz des Betons zu überprüfen, ggf. muß der Beton zurückgewiesen werden.

Vom Hersteller sind dem Verwender alle wichtigen Angaben zum Beton anzugeben (evtl. Betonsortenverzeichnis).

— Zementart und -Festigkeit
— Art der Gesteinskörnung
— Zusatzmittel
— Zusatzstoffe
— Wasserzementwert
— Prüfergebnisse von früheren Prüfungen

a) Transportbeton

Vor dem Entladen ist vom Lieferbeauftragten ein Lieferschein mit den folgenden Mindestangaben zu übergeben

— Name des Transportwerkes
— Lieferscheinnummer
— Beladezeit, Zeitpunkt des ersten Kontakts zwischen Zement und Wasser
— Fahrzeugnummer
— Name des Abnehmers
— Baustellenbezeichnung und -lage
— Betonmenge
— Spezielle Angaben zum Beton.

Zusätzliche Angaben bei einem „Beton nach Eigenschaften"

— Betonfestigkeitsklasse
— Expositionsklasse
— Konsistenzklasse
— Zementart und Zementfestigkeit
— Zusatzmittel
— Zusatzstoffe
— besondere Eigenschaften.

Zusätzliche Angaben bei einem „Beton nach Zusammensetzung"

— Zementzusammensetzung
— Konsistenzbereich.

b) Auf der Baustelle gemischter Beton

Obengenannte Angaben gelten auch hier sinngemäß, eine Angabe kann erforderlich sein.

7.4 Verarbeitung

— baldmögliches Einbringen des Betons ist sicherzustellen
— das Entmischen ist zu verhindern
— auf sorgfältiges Einbringen und Verdichten ist zu achten (bei Einsatz von Rüttlern ist so lange zu rütteln bis sich keine Luftblasen mehr bilden).

7.5 Nachbehandlung und Schutz

Durch Nachbehandlung und Schutzmaßnahmen soll folgendes verhindert werden:

a) Nachbehandlung
— vorzeitiges Austrocknen (Sonne, Wind)

b) Schutzmaßnahmen
— Auswaschungen (Regen, fließendes Wasser)
— rasches Abkühlen des jungen Betons
— zu hohes Temperaturgefälle oder zu niedrige Temperatur (Frost)
— Verhinderung von Erschütterungen oder Stöße (Gefahr von Rißbildungen oder Beeinträchtigung der Verbundwirkung).

Maßnahmen

a) Nachbehandlung
— Verlängerung der Ausschalfristen
— Besprühung mit Wasser
— Abdeckung mit feuchtem Material bzw. mit Kunststofffolien
— Auftragen von Nachbehandlungsmitteln.
Die Dauer der Nachbehandlung richtet sich dabei nach folgenden Kriterien:
— örtliche Anforderungen
— Reifegrad des Betons (Hydrationsgrad der Betonmischung bzw. Umgebungsbedingungen) in der Randzone
— Bei Expositionsklassen X 0 und XC 1 ist mindestens ein halber Tag nachzubehandeln.
— Bei Expositionsklasse XM muß solange nachbehandelt werden, bis der oberflächennahe Beton 70 % der charakt. Festigkeit hat. Oder Zeiten nach Tafel 7 verdoppeln.

Tafel 7   Mindestnachbehandlungsdauer in Tagen; außer X 0, XC 1 und XM

Oberflächentemperatur ϑ in °C[e])	Festigkeitsentwicklung des Betons[c]) $r = f_{cm2}/f_{cm28}$[d])			
	$r \geq 0{,}50$	$r \geq 0{,}30$	$r \geq 0{,}15$	$r < 0{,}15$
$\vartheta \geq 25$	1	2	2	3
$25 > \vartheta \geq 15$	1	2	4	5
$15 > \vartheta \geq 10$	2	4	7	10
$10 > \vartheta \geq 5$[b])	3	6	10	15

Bei mehr als 5 h Verarbeitbarkeitszeit ist die Nachbehandlungsdauer angemessen zu verlängern.
[b]) Bei Temperaturen unter 5 °C ist die Nachbehandlungsdauer um die Zeit zu verlängern, während den die Temperatur unter 5 °C lag.
[c]) Die Festigkeitsentwicklung des Betons wird durch das Verhältnis der Mittelwerte der Druckfestigkeiten nach 2 Tagen und nach 28 Tagen (ermittelt nach DIN 1048-5) beschrieben, das bei der Eignungsprüfung oder auf der Grundlage eines bekannten Verhältnisses von Beton vergleichbarer Zusammensetzung (d. h. gleicher Zement, gleicher w/z-Wert) ermittelt wurde.
[d]) Zwischenwerte dürfen eingeschaltet werden.
[e]) Anstelle der Oberflächentemperatur des Betons darf die Lufttemperatur angesetzt werden.

Tafel 8   Anhaltswerte für die Betonfestigkeitsentwicklung

Zementfestigkeitsklasse	ständige Lagerung bei	Entwicklung der Druckfestigkeit in % nach				
		3 Tagen	7 Tagen	28 Tagen	90 Tagen	180 Tagen
32,5 N	+20 °C	30 ... 40	50 ... 65	100	100 ... 125	115 ... 130
	+ 5 °C	10 ... 20	20 ... 40	60 ... 75		
32,5 R; 42,5 N	+20 °C	50 ... 60	65 ... 80	100	105 ... 115	110 ... 120
	+ 5 °C	20 ... 40	40 ... 60	75 ... 90		
42,5 R; 52,5 N; 52,5 R	+20 °C	70 ... 80	80 ... 90	100	100 ... 105	105 ... 110
	+ 5 °C	40 ... 60	60 ... 80	90 ... 105		

8 Güteüberwachung

Die Herstellung, Verarbeitung und Nachbehandlung des Betons sind einer Güteüberwachung, bestehend aus
- Eigenüberwachung
- Fremdüberwachung

zu unterwerfen.

8.1 Eigenüberwachung

Die Eigenüberwachung ist eine Fertigungskontrolle und ist durchzuführen vom:
- Bauausführenden
- Subunternehmer
- Zulieferer.

Die Eigenüberwachung umfaßt
- Maßnahmen, um eine Übereinstimmung der Betonqualität mit den festgelegten Anforderungen zu erzielen
- eine Kontrolle vor dem Betonieren
- eine Kontrolle des Transports, Einbringens, Verdichtens und der Nachbehandlung des Frischbetons.

Zur Durchführung der Eigenüberwachung müssen alle erforderlichen Geräte und Einrichtungen zur Verfügung stehen.

Als Ergebnisse sind zu dokumentieren (Tagebuch)
- Name der Zulieferer und Nummer der Lieferscheine von Zement, Gesteinskörnung, Zusatzmitteln und Zusatzstoffen
- Herkunft des Zugabewassers
- Konsistenz des Betons
- Rohdichte des Frischbetons
- Wasserzementwert des Frischbetons
- Gehalt des Zugabewassers im Frischbeton
- Zementgehalt
- Datum und Uhrzeit der Probenahme
- Anzahl der Proben
- Arbeitsvorgänge während der Verarbeitung und Nachbehandlung (zeitlicher Verlauf)
- Temperatur und Witterung während der Verarbeitung und Nachbehandlung des Betons
- Bauteilangaben
- Name des Zulieferers und Nummer des Lieferscheins (nur bei Transportbeton).

Alle Abweichungen sind dem Verantwortlichen zu melden.

Die Eigenüberwachung kann als Teil des Gütenachweises (Abschn. 8.2) überprüft werden. Bei Transportbeton dürfen die Versuchsergebnisse der Eigenüberwachung auf die erforderlichen Versuche im Rahmen der Güteprüfung angerechnet werden.

a) Prüfung des Betons

- Ausgangsstoffe:
  Prüfung nach Tafel 9. Wenn an der Produktionsstätte der Ausgangsstoffe keine angemessenen Qualitätskontrollen vorgenommen werden, muß die Konformität der Ausgangsstoffe mit den einschlägigen Stoffnormen überprüft werden (Bauausführender)
- Einrichtungen und Geräte:
  Prüfung nach Tafel 10
- Betoneigenschaften, Prüfungen während d. Herstellung:
  Prüfung nach Tafel 11.
- Transportbeton
  Prüfung nach Tafel 12 (durch den Bauausführenden)

— Transportbeton und Betonfertigteile, Prüfungen während der Herstellung: Prüfung nach Tafel 9 bis 11. Bei Herstellung von mehr als einer Betonsorte innerhalb eines fortlaufenden Herstellungsvorganges ist die Mindestanzahl der Druckfestigkeit auf Grundlage von Familien von Betonmischungen zu bestimmen. Voraussetzung der Zugehörigkeit von Betonsorten zur gleichen Familie ist die Herstellung mit folgenden Eigenschaften

— Zement der gleichen Art, der gleichen Festigkeitsklasse und der gleichen Herkunft

— Gesteinskörnungen mit der gleichen geologischen Herkunft und Art

— (bei Zugabe von Zusatzmitteln und Zusatzstoffen werden versch. Familien gebildet).

Tafel 9   Kontrolle der Betonausgangsstoffe

Betonausgangsstoff	Überprüfung/ Prüfung	Zweck	Mindesthäufigkeit
Zemente[a])	Überprüfung des Lieferscheins[d]) vor dem Entladen	Sicherstellen, dass die Lieferung der Bestellung entspricht und die richtige Herkunft hat	Jede Lieferung
Gesteinskörnung	Überprüfung des Lieferscheins[a]) [b]) vor dem Entladen	Sicherstellen, dass die Lieferung der Bestellung entspricht und die richtige Herkunft hat	Jede Lieferung
	Überprüfung der Gesteinskörnung vor dem Entladen	Vergleich mit üblichem Aussehen hinsichtlich Kornverteilung, Kornform und Verunreinigungen	Jede Lieferung. Bei Lieferung über Förderband in regelmäßigen Abständen, abhängig von örtlichen Bedingungen oder Lieferbedingungen
	Siebversuch nach EN 933-1	Beurteilen der Übereinstimmung mit der genormten oder einer anderen vereinbarten Kornverteilung	Erstlieferung von einer neuen Herkunft, wenn diese Angabe durch den Lieferer der Gesteinskörnung nicht verfügbar ist. Im Zweifelsfall nach Augenscheinprüfung. In regelmäßigen Abständen, abhängig von örtlichen Bedingungen oder Lieferbedingungen[e])
	Prüfung auf Verunreinigungen	Beurteilen auf Vorhandensein und Menge von Verunreinigungen	Erstlieferung neuer Herkunft, wenn diese Angabe durch den Lieferer der Gesteinskörnung nicht verfügbar ist. Im Zweifelsfall nach Augenscheinprüfung. In regelmäßigen Abständen, abhängig von örtlichen Bedingungen oder Lieferbedingungen[e])
	Prüfung der Wasseraufnahme nach EN 1097-6	Beurteilen des tatsächlichen Wassergehalts des Betons	Erstlieferung von einer neuen Herkunft, wenn diese Angabe durch den Lieferanten nicht verfügbar ist. Im Zweifelsfall

Fortsetzung und Fußnoten Tafel 9 siehe nächste Seite

Beton nach DIN EN 206-1

Tafel 9 (Fortsetzung)

Betonausgangsstoff	Überprüfung/ Prüfung	Zweck	Mindesthäufigkeit
zusätzliche Überwachung der Gesteinskörnungen für Leichtbeton oder Schwerbeton	Prüfung nach EN 1097-3	Messen der Schüttdichte	Erstlieferung von einer neuen Herkunft, wenn diese Angabe durch den Lieferanten nicht verfügbar ist. Im Zweifelsfall nach Augenscheinprüfung. In regelmäßigen Abständen, abhängig von örtlichen Bedingungen oder Lieferbedingungen[e])
Zusatzmittel[c])	Überprüfung des Lieferscheins und der Bezeichnung auf dem Behälter[d]) vor dem Entladen	Sicherstellen, dass die Lieferung der Bestellung entspricht und ordnungsgemäß bezeichnet ist	Jede Lieferung
	Überprüfungen zur Identifizierung nach EN 934-2, z. B. Rohdichte, Infrarotspektrum usw.	Vergleich mit den Daten des Herstellers	Im Zweifelsfall
Zusatzstoffe[c]) pulverförmig	Überprüfung des Lieferscheins[d]) vor dem Entladen	Sicherstellen, dass die Fracht der Bestellung entspricht und die richtige Herkunft hat	Jede Lieferung
	Prüfung des Glühverlustes	Erkennen von Änderungen des Kohlenstoffgehalts, der Luftporenbeton beeinflussen könnte	Jede Lieferung bei Luftporenbeton, sofern die Information vom Lieferanten nicht verfügbar ist
Zusatzstoff als Suspension	Überprüfung des Lieferscheins[d]) vor dem Entladen	Sicherstellen, dass die Fracht der Bestellung entspricht und die richtige Herkunft hat	Jede Lieferung
	Dichtebestimmung	Sicherstellen der Gleichmäßigkeit	Jede Lieferung und in regelmäßigen Abständen während der Betonherstellung
Wasser	Prüfung nach prEN 1008: 1997	Sicherstellen, dass das Wasser frei von betonschädlichen Bestandteilen ist, sofern es sich nicht um Trinkwasser handelt	Wenn Nicht-Trinkwasser von einer neuen Herkunft erstmalig verwendet wird

[a]) Es wird empfohlen, einmal je Woche von jeder Zementart Proben zu nehmen und diese für Prüfungen im Zweifelsfall aufzubewahren.

[b]) Der Lieferschein muss auch Angaben über den höchstzulässigen Chloridgehalt enthalten und sollte eine Klassifizierung der Empfindlichkeit gegen Alkali-Silika-Reaktion nach den am Verwendungsort des Beton geltenden Vorschriften angeben.

[c]) Es wird empfohlen, von jeder Lieferung Proben zu entnehmen und aufzubewahren.

[d]) Eine Konformitätserklärung oder ein Konformitätszertifikat, wie sie in der einschlägigen Norm oder Festlegung gefordert wird, muss auf dem Lieferschein stehen oder beigefügt sein.

[e]) Dies ist nicht erforderlich, wenn die Produktionskontrolle für die Gesteinskörnung zertifiziert wurde.

Tafel 10   Kontrolle der Ausstattung

Ausstattung	Überprüfung/ Prüfung	Zweck	Mindesthäufigkeit
Lager, Behälter usw.	Augenscheinprüfung	Sicherstellen der Konformität mit den Anforderungen	Einmal wöchentlich
Wägeeinrichtung	Augenscheinprüfung der Funktion	Sicherstellen, dass die Wägeeinrichtung in sauberem Zustand ist und einwandfrei funktioniert	Täglich
	Prüfung der Wägegenauigkeit	Sicherstellen der Genauigkeit	Nach Aufstellung. In regelmäßigen Abständen[a], abhängig von nationalen Regelungen. Im Zweifelsfall
Zugabegerät für Zusatzmittel (einschließlich solcher auf Fahrmischern)	Augenscheinprüfung der Funktion	Sicherstellen, dass die Messeinrichtung in sauberem Zustand ist und einwandfrei funktioniert	Für jedes Zusatzmittel bei der ersten Mischerfüllung des Tages
	Prüfung der Genauigkeit	Vermeiden ungenauer Zugabe	Nach Aufstellung. In regelmäßigen Abständen[a] nach Aufstellung. Im Zweifelsfall
Wasserzähler	Prüfung der Messgenauigkeit	Sicherstellen der Genauigkeit	Nach Aufstellung. In regelmäßigen Abständen[a] nach Aufstellung. Im Zweifelsfall
Gerät zur stetigen Messung des Wassergehaltes der feinkörnigen Zuschläge	Vergleich der tatsächlichen Menge mit der Anzeige des Messgeräts	Sicherstellen der Genauigkeit	Nach Aufstellung. In regelmäßigen Abständen[a] nach Aufstellung. Im Zweifelsfall
Dosiersystem	Augenscheinprüfung	Sicherstellen, dass das Dosiersystem einwandfrei funktioniert	Täglich
	Vergleich (durch ein geeignetes Verfahren je nach Dosiersystem) der tatsächlichen Masse der Ausgangsstoffe der Mischung mit der Zielmasse und, bei selbsttätiger Aufzeichnung, auch der ausgedruckten Menge	Sicherstellen der Genauigkeit	Nach Aufstellung. Im Zweifelsfall. In regelmäßigen Abständen[a] nach der Aufstellung
Prüfgeräte	Kalibrierung nach einschlägigen nationalen Normen oder EN-Normen	Überprüfen der Konformität	In regelmäßigen Abständen[a]. Festigkeitsprüfgerät mindestens jedes Jahr
Mischer (einschließlich Fahrmischer)	Augenscheinprüfung	Überprüfen des Verschleißes der Mischausrüstung	In regelmäßigen Abständen[a]

[a] Die Häufigkeit hängt von der Art der Ausrüstung, ihrer Empfindlichkeit beim Gebrauch und den Produktionsbedingungen der Anlage ab.

8

Beton nach DIN EN 206-1

Tafel 11 Kontrolle der Herstellverfahren und der Betoneigenschaften

Prüfgegenstand	Überprüfung/ Prüfung	Zweck	Mindesthäufigkeit
Eigenschaften von Beton nach Eigenschaften	Erstprüfung	Nachweis, dass die festgelegten Eigenschaften des vorgeschlagenen Entwurfs mit einem angemessenen Vorhaltemaß erfüllt werden	Vor Verwendung einer neuen Betonzusammensetzung
Wassergehalt der feinen Gesteinskörnung	kontinuierliches Messsystem, Darrversuch oder Gleichwertiges	Bestimmen der Trockenmasse der Gesteinskörnung und des noch erforderlichen Zugabewassers	Wenn nicht kontinuierlich, dann täglich; abhängig von örtlichen Bedingungen und Wetterbedingungen können mehr oder weniger häufige Prüfungen erforderlich sein
Wassergehalt der groben Gesteinskörnung	Darrversuch oder Gleichwertiges	Bestimmen der Trockenmasse der Gesteinskörnung und des noch erforderlichen Zugabewassers	Abhängig von örtlichen Bedingungen und Wetterbedingungen
Wassergehalt des Frischbetons	Überprüfung der Menge des Zugabewassers[a])	Bereitstellen von Daten für den Wasserzementwert	Jede Mischung oder Ladung
Chloridgehalt des Betons	Erstbestimmung durch Berechnung	Sicherstellen, dass der höchstzulässige Chloridgehalt nicht überschritten wird	Wenn Erstprüfungen durchgeführt werden. Bei Anstieg des Chloridgehalts der Ausgangsstoffe
Konsistenz	Augenscheinprüfung	Vergleich mit dem üblichen Aussehen	Jede Mischung oder Ladung
	Konsistenzprüfung nach EN 12350-2, EN 12350-3, EN 12350-4 oder EN 12350-5	Nachweisen des Erzielens der festgelegten Werte für die Konsistenz und Überprüfen möglicher Änderungen des Wassergehaltes	Wenn die Konsistenz festgelegt ist, wie für die Druckfestigkeit. Bei Prüfung des Luftgehalts. Im Zweifelsfall nach Augenscheinprüfung
Rohdichte des Frischbetons	Rohdichteprüfung nach EN 12350-6	Überwachen des Mischens und der Rohdichte von Leichtbeton und Schwerbeton	Täglich
Zementgehalt des Frischbetons	Überprüfen der Masse des zugegebenen Zements[a])	Überprüfen des Zementgehalts und Bereitstellen von Daten für den Wasserzementwert	Jede Mischung
Gehalt an Zusatzstoffen im Frischbeton	Überprüfen der Masse der zugegebenen Zusatzstoffe[a])	Überprüfen des Zusatzstoffgehalts und Bereitstellen von Daten für den Wasserzementwert	Jede Mischung

Fortsetzung Tafel 11 und Fußnoten siehe nächste Seite

Tafel 11 (Fortsetzung)

Prüfgegenstand	Überprüfung/ Prüfung	Zweck	Mindesthäufigkeit
Gehalt an Zusatzmittel im Frischbeton	Überprüfung der Masse oder des Volumens des zugegebenen Zusatzmittels[a])	Überprüfen des Gehalts an Zusatzmittel	Jede Lieferung
Wasserzementwert von Frischbeton	Durch Berechnung oder durch Prüfung	Nachweis des Erzielens des festgelegten Wasserzementes	Täglich, wenn festgelegt
Luftgehalt des Frischbetons, wenn festgelegt	Prüfung nach EN 12350-7 für Normalbeton und Schwerbeton sowie ASTM C 173 für Leichtbeton	Nachweisen des Erzielens des festgelegten Gehalts an künstlich eingeführten Luftporen	Für Betone mit künstlich eingeführter Luft: erste Mischerfüllung oder Ladung jeder Tagesproduktion, bis sich die Werte stabilisiert haben
Temperatur des Frischbetons	Messen der Temperatur	Nachweis des Erzielens des Mindesttemperatur von 5 °C oder des festgelegten Grenzwerts	Im Zweifelsfall. Wenn die Temperatur festgelegt ist: — in regelmäßigen Abständen je nach Situation; — jede Mischung oder Ladung, wenn die Betontemperatur nahe am Grenzwert ist
Rohdichte von erhärtetem Leichtbeton oder Schwerbeton	Prüfung nach EN 12390-7[b])	Nachweisen des Erzielens der festgelegten Rohdichte	Wenn die Rohdichte festgelegt ist, so häufig wie die Druckfestigkeitsprüfung
Druckfestigkeitsprüfung an in Formen hergestellten Betonprobekörpern	Prüfung nach prEN 12390-3: 1999	Nachweisen des Erzielens der festgelegten Festigkeit	Wenn die Druckfestigkeit festgelegt ist, so häufig wie für die Konformitätskontrolle

[a]) Wird kein Aufzeichnungsgerät verwendet und sind die Toleranzen für die Mischung oder Ladung überschritten, ist die Menge der Mischung in den Aufzeichnungen über die Herstellung anzugeben.
[b]) Dies darf auch unter gesättigten Bedingungen geprüft werden, wenn eine sichere Beziehung zur Trockenrohdichte festgestellt wurde.

Tafel 12 Prüfung des Betons bei Verwendung von Transportbeton durch den Bauausführenden

Gegenstand	Prüfung	Zweck	Mindesthäufigkeit
Lieferschein	Augenscheinprüfung	Um sicherzustellen, daß die Lieferung der Bestellung entspricht	Jede Lieferung
Konsistenz des Betons	Augenscheinprüfung	Um Aussehen mit üblichem Aussehen zu vergleichen	Jede Lieferung
	Konsistenzprüfung nach Tafel 4	Um Übereinstimmung mit der geforderten Konsistenzklasse zu beurteilen	Bei der Herstellung von Probekörpern zur Prüfung von Festbeton In Zweifelsfällen nach der Augenscheinprüfung

Fortsetzung siehe nächste Seite

Tafel 12 (Fortsetzung)

Gegenstand	Prüfung	Zweck	Mindesthäufigkeit
Homogenität des Betons	Augenscheinprüfung	Um Aussehen mit üblichem Aussehen zu vergleichen	Jede Lieferung
	Vergleichende Prüfungen der Eigenschaften von Teilproben von unterschiedlichen Stellen einer Mischerfüllung	Um die Homogenität einer Mischung nachzuweisen	In Zweifelsfällen nach der Augenscheinprüfung
Aussehen des Betons im Allgemeinen	Augenscheinprüfung	Um Aussehen mit üblichem Aussehen zu vergleichen, z. B. Farbe	Jede Lieferung
Eigenüberwachung (Fertigungskontrolle) des Betonherstellers	Kontrolle der Zertifikationsbescheinigung oder Inspektion des Transportbetonwerkes	Um sich zu vergewissern, dass eine Fertigungskontrolle durchgeführt wird	Bei erstem Vertrag mit neuem Lieferanten In Zweifelsfällen
Druckfestigkeit der auf der Baustelle entnommenen Betonprobe	Prüfung nach prEN 12390-3: 1999	Um die Festigkeitseigenschaften der Mischung nachzuweisen	So häufig wie für den Gütenachweis erforderlich
Luftgehalt von Frischbetonmischungen mit festgelegtem Luftgehalt	Prüfung nach EN 12350-7	Um die Übereinstimmung mit dem geforderten Luftgehalt zu beurteilen	So häufig wie für den Gütenachweis erforderlich Mindestens täglich und je nach den Umwelteinflüssen häufiger In Zweifelsfällen
Weitere Eigenschaften	Nach den einschlägigen Normen oder nach Vereinbarung	Um die Übereinstimmung mit den geforderten Eigenschaften nachzuweisen	Nach Vereinbarung

b) Überprüfungen vor dem Betonieren

Folgende Punkte sind zu überprüfen (Inspektion)
— Schalung (Festigkeit, Steifigkeit, Geometrie, Oberflächenvorbereitung, Fugendichtigkeit)
— Bewehrung (Lage, Sauberkeit)
— Entfernen von Fremdkörpern (Staub, Sägemehl, Schnee, Eis, Reste an Schalung, Bindedraht am Untergrund)
— erhärtete Oberflächen der Arbeitsfugen (Behandlung)
— Benutzung von Schalung/Untergrund
— Kontrollöffnungen
— Befestigungen aller Art
— Transportmittel, Geräte und Einrichtungen (Verfügbarkeit)
— fachkundiges Personal (Verfügbarkeit).

c) Kontrollen während des Transports, Einbringens, während der Verdichtung und Nachbehandlung des Frischbetons

Folgende Punkte sind zu überprüfen (Inspektion)
— Zeitraum zwischen Mischen, Lieferung und Betonieren

- Beton (Gleichmäßigkeit während des Transports und der Verarbeitung, gleichmäßige Verteilung in der Schalung, gleichmäßige Verdichtung)
- maximale Freifallhöhe des Betons
- Schichttiefen
- Betoniergeschwindigkeit, Anstieg des Betons in der Schalung
- besondere Vorkehrungen bei Frost/Hitze/extremer Witterung (schwere Regenfälle)
- Arbeitsfugen (insbes. Behandlung vor dem Erhärten)
- Oberflächenbeschaffenheiten
- Betonierverfahren, Nachbehandlung
- vermeiden von Erschütterungen bzw. Schwingungen.

8.2 Fremdüberwachung

Die Konformität der festgelegten Anforderungen wird durch eine Kombination von
- Maßnahmen
- Entscheidungen

als Gütenachweis überprüft.

Dabei führt die

- Konformität zur Abnahme
- Nichtkonformität zu weiteren erforderlichen Maßnahmen (z. B. zusätzliche Prüfungen an Bohrkernen aus dem fertigen Bauwerk, oder eine Kombination aus Bohrkernprüfungen und zerstörungsfreien Prüfungen).

8.2.1 Gütenachweissysteme

Als Gütenachweis für

- Transportbetonwerke
- Betonfertigteilwerke
- Baustellen

kommen folgende Systeme in Frage

- Fall 1: Nachweis durch Zertifizierungsstelle
  Zertifizierungsverfahren nach der Normenreihe DIN 1084, Abschn. 3.1
  Dieser Nachweis gilt für die Überwachung
  - in Transportwerken
  - in Fertigteilwerken
  - für Baustellenbeton $\geq$ C 30/37 (C 25/30)
- Fall 2: Nachweis durch den Auftraggeber
  Dieser Nachweis gilt für die Überwachung
  - in den Fällen, in denen kein zugelassenes Zertifizierungssystem existiert
  - für Baustellenbeton $\leq$ C 20/25
- Fall 3: Abnahmeprüfung
  Sie kann vom Auftraggeber zusätzlich gewünscht werden, wobei die Probenahme zu vereinbaren ist.

8.2.2 Probenahmepläne und Konformitätskriterien

Die Verantwortung für die Probenahme trägt der für den Gütenachweis Zuständige. Die Proben sind unabhängig getrennt zu entnehmen.

8.2.2.1 Druckfestigkeit von Beton

a) Einzelne Baustelle. Die verwendete Betonmenge für ein Gebäude, Bauwerk oder Bauteil wird in Lose unterteilt. Dabei gilt als Los die gelieferte Betonmenge für
- jedes Geschoß eines Gebäudes
- Gruppen von Balken/Platten eines Geschosses/Gebäudes

— Gruppen von Stützen/Wänden eines Geschosses/Gebäudes
— maximal 450 m³, jedoch nicht mehr als die Menge, die in einer Woche verarbeitet werden kann (geringere Menge ist maßgebend).

Für Baustellenbeton gilt:

Proben ≥ 6	für jedes Los
3	für jedes Los bis zu einer Betonfestigkeitsklasse C 20/25 und Lose bis 150 m³
Nachweis Konformität	Kriterium 1 für $\geq$ 6 Proben
	Kriterium 2 für 3 Proben

Für auf der Baustelle verwendeten Transportbeton gilt:
Möglichkeit 1: Konformität aufgrund Probenahme (auf der Baustelle) durch Lose

Proben ≥ 6	für jedes Los
3	für jedes Los bis zu einer Betonfestigkeitsklasse C 20/25 und Lose bis 150 m³
Nachweis Konformität	Kriterium 1 für $\geq$ 6 Proben
	Kriterium 2 für 3 Proben

Wenn die Konformität bereits durch Zertifizierungsstelle nachgewiesen wurde (Abschn. 8.2.1, Fall 1), und der Nachweis auf Grundlage von ≥ 15 Prüfergebnissen erfolgte so gilt:

	Kriterium 1	Kriterium 2
Nachweis Konformität	für ≥ 6 Proben	für 3 Proben
	($\lambda = 1{,}48$)	(mit $\bar{x}_3 \geq f_{ck} + 3\ x_{min} \geq f_{ck} - 1$)

Möglichkeit 2: Konformität aufgrund einer anerkannten Zertifizierung des Betons bei einer Stichprobe aus einer Betonmenge ≤ 150 m³ Beton der Festigkeitsklasse $\leq$ C 20/25

Auf der Baustelle ist eine Prüfung unter folgenden Bedingungen nicht erforderlich

— Konformität des gelieferten Transportbetons wurde von einer zugelassenen zertifizierenden Stelle für den Konformitätsnachweis für fortlaufende Betonherstellung in Transportbetonwerken nachgewiesen
— Lieferer des Transportbetons kann Prüfergebnisse vorlegen, die zufriedenstellend und nicht älter als 7 Tage sind.

b) Fortlaufende Betonherstellung in Transportbetonwerken

Probeentnahme an jeder Familie (vgl. Abschn. 8.1 a) auf Grundlage des Gesamtvolumens des hergestellten Betons oder Gesamtdauer für dessen Herstellung.

Proben 1/150 m³, jedoch nicht mehr als 6/Tag	Betonfestigkeitsklasse $\leq$ C 20/25
1/75 m³, jedoch nicht mehr als 15/Tag	Betonfestigkeitsklasse $>$ C 20/25
Nachweis Konformität	Kriterium 1

c) Fortlaufende Betonherstellung in Betonfertigteilwerken

Proben und Nachweis Konformität
wie b) wenn Fertigteilwerk dem Zertifizierungssystem einer zugelassenen Stelle unterliegt
sonst wie a)

d) Konformitätskriterien für die Betonfestigkeit

Kriterium 1:
Gilt für $n \geq 6$ aufeinanderfolgende Proben mit den Festigkeiten $x_1, x_2, \ldots x_n$.

Für die bei der Durchführung der Prüfung festgestellte Festigkeit gilt:
- das Prüfergebnis, wenn Prüfung nur an einem Probekörper
- der Mittelwert der Prüfergebnisse, wenn Prüfung an mindestens zwei aus einer einzelnen Probe hergestellten Probekörpern

Dabei muß die Druckfestigkeit folgende Bedingungen erfüllen

$$\bar{x}_n \geq f_{ck} + \lambda s_n$$

$$x_{min} \geq f_{ck} - k$$

x_{min} niedrigster Einzelwert der Probereihe
$\bar{x}_n$ Mittlere Festigkeit der Probereihe
s_n Standardabweichung der Reihe der Prüfergebnisse für die Festigkeit
f_{ck} charakteristische Betonfestigkeit
λ, k Beiwerte nach Tafel 13

Tafel 13   Beiwerte λ und k

n	6	7	8	9	10	11	12	13	14	15
λ	1,87	1,77	1,72	1,67	1,62	1,58	1,55	1,52	1,50	1,48
k	3	3	3	3	4	4	4	4	4	4

Kriterium 2:
Gilt für $n = 3$ aufeinanderfolgende Proben mit den Festigkeiten x_1, x_2 und x_3.
Für die bei der Durchführung der Prüfung festgestellte Festigkeit gilt:
- das Prüfergebnis, wenn Prüfung nur an einem Probekörper
- der Mittelwert der Prüfergebnisse, wenn Prüfung an mindestens zwei aus einer einzelnen Probe hergestellten Probekörpern

Dabei muß die Druckfestigkeit folgende Bedingungen erfüllen

$\bar{x}_3 \geq f_{ck} + 5$ $x_{min} \geq f_{ck} - 1$ $\bar{x}_3$ Mittlere Festigkeit der drei Proben

8.2.2.2 Betonkonsistenz

Anzahl
- jede Mischerfüllung oder Ladung
- jede Lieferung (Transportbeton)
- wenn Proben entnommen werden müssen, müssen sie repräsentativ sein

Nachweis Konformität nach Augenschein (Augenscheinprüfung)

8.2.2.3 Rohdichte von Leichtbeton

Anzahl
Häufigkeit wie bei Druckfestigkeitsprüfungen (vgl. Abschn. 8.2.2.1)
Nachweis Konformität
Mittelwerte der Trockenrohdichte muß innerhalb der Werte der Tafel 6 liegen

8.2.2.4 Wasserzementwert

Anzahl
mindestens 1/Tag (Ergebnisse der Fertigungskontrolle können anerkannt werden)
Nachweis Konformität
- mittlerer Wasserzementwert darf den festgelegten Wert nicht überschreiten und
- Einzelwerte dürfen den festgelegten Wert um max. 0,02 überschreiten.

8

8.2.2.5 Zementgehalt

Anzahl

Häufigkeit ist zu vereinbaren

Nachweis Konformität

Mittelwert des Zementgehaltes sollen

— mit dem festgelegten Wert übereinstimmen oder
— den festgelegten Wert überschreiten (Einzelne Werte dürfen den festgelegten Wert um max. 5 Gewichtsprozente unterschreiten).

8.2.2.6 Luftgehalt von Frischbeton

Anzahl

mindestens

1/Tag

$1/150\ m^3$ Frischbeton (größerer Wert ist maßgebend)

Nachweis Konformität

Prüfergebnisse müssen über dem festgelegten Wert liegen, dürfen ihn aber nicht um mehr als 3% überschreiten.

8.2.2.7 Wassereindringwiderstand

Anzahl

Häufigkeit ist zu vereinbaren

Nachweis Konformität

Werte für den Höchstwert und Mittelwert der Wassereindringtiefe jedes Probekörpers sind nach Abschn. 5.2e) einzuhalten (Ergebnisse der Fertigungskontrolle können anerkannt werden).

8.2.2.8 Chloridgehalt

Anzahl

Häufigkeit ist zu vereinbaren

Bestimmung

— für jeden Mischungsentwurf
— wenn sich der Chloridgehalt der Ausgangsstoffe ändert

Umfang

— Berechnung anhand der gemessenen Chloridgehalte der Ausgangsstoffe
— Berechnung anhand der Nennhöchstwerte der Chloridgehalte der Ausgangsstoffe
— Prüfungen des Frischbetons für den Chloridgehalt

Nachweis Konformität

maximale Werte nach Abschn. 4.1 sind einzuhalten.

Stahlbau

Bearbeitet von Prof. Dr.-Ing. Wolfram Lohse

Inhalt

9

Technische Baubestimmungen

[1]	DIN V ENV 1993-1-1	04.93	Eurocode 3: Bemessung und Konstruktion von Stahlbauten — Allgemeine Bemessungsregeln, Bemessungsregeln für den Hochbau
[2]	DIN V ENV 1994-1-1	02.94	Eurocode 4: Bemessung und Konstruktion von Verbundtragwerken aus Stahl und Beton — Allgemeine Bemessungsregeln, Bemessungsregeln für den Hochbau
[2a]	DIN V ENV 1994-1-2	06.97	Eurocode 4: Bemessung und Konstruktion von Verbundtragwerken aus Stahl und Beton — Allgemeine Regeln — Tragwerksbemessung für den Brandfall
[3]	DIN 4132	02.81	Kranbahnen, Stahltragwerke, Grundsätze für Berechnung, bauliche Durchbildung und Ausführung
[4]	DIN 15018-1	11.84	Krane; Grundsätze für Stahltragwerke, Berechnung
[5]	DIn 15018-2	11.84	—, Grundsätze für die bauliche Durchbildung
[6]	DIN 18800-1	11.90	Stahlbauten, Bemessung und Konstruktion
[7]	DIN 18800-2	11.90	—, Stabilitätsfälle, Knicken von Stäben und Stabwerken
[8]	DIN 18800-3	11.90	—, Stabilitätsfälle, Plattenbeulen
[9]	DIN 18800-4	11.90	—, Stabilitätsfälle, Schalenbeulen
[10]	DIN 18800-7	05.83	—, Herstellen, Eignungsnachweise zum Schweißen
[10a]	DIN V 18800-7	10.00	—, Ausführung und Herstellerqualifikation
	mit Anpassungs- und Herstellungsrichtlinie Stahlbau-korrigierte Ausgabe 10.98		
[11]	DIN 18801	09.83	Stahlhochbau; Bemessung, Konstruktion, Herstellung

Stahlbau

[12]	DIN 18806-1	03.84	Verbundkonstruktionen, Verbundstützen
[12a]	EDIN 18800-5	01.99	Verbundtragwerke aus Stahl und Beton. Bemessung und Konstruktion
[13]	DIN 18807-1	06.87	Trapezprofile im Hochbau; Stahltrapezprofile, Allg. Anforderungen, Ermittlung der Tragfähigkeitswerte durch Berechnung
[14]	DIN 18807-2	06.87	—, Durchführung und Auswertung von Tragfähigkeitsversuchen
[15]	DIN 18807-3	06.87	—, Festigkeitsnachweis und konstruktive Ausbildung
[16]	DIN 18808	10.84	Stahlbauten, Tragwerke aus Hohlprofilen unter vorwiegend ruhender Beanspruchung
[17]	DIN 18809	09.87	Stählerne Straßen- und Wegbrücken; Bemessung, Konstruktion, Herstellung
[18]	DS 804	07.88	Vorschrift für Eisenbahnbrücken und sonstige Ingenieurbauwerke (VEI)
[19]	DASt-Ri 006	01.80	Überschweißen von Fertigungsbeschichtungen (FB) im Stahlbau
[20]	DASt-Ri 007	05.93	Wetterfeste Baustähle
[21]	DASt-Ri 009	04.73	Empfehlungen zur Wahl der Stahlgütegruppen für geschweißte Stahlbauten
[22]	DASt-Ri 014	01.81	Empfehlungen zum Vermeiden von Terrassenbrüchen in geschweißten Konstruktionen aus Baustahl
[23]	DASt-Ri 016	07.88	Bemessung und konstruktive Gestaltung von Tragwerken aus dünnwandigen kaltgeformten Bauteilen
[24]	DASt-Ri 103	11.93	Nationales Anwendungsdokument (NAD) — Richtlinie zur Anwendung von DIN V ENV 1993 Teil 1-1 (Eurocode 3)
[25]	DASt-Ri 104	02.94	Nationales Anwendungsdokument (NAD) — Richtlinie zur Anwendung von DIN V ENV 1994 Teil 1-1 (Eurocode 4)
[26]	DStV/DASt		Typisierte Verbindungen im Stahlhochbau. Köln 1984
[27]			Richtlinien für die Bemessung und Ausführung von Stahlverbundträgern (3.81) mit ergänzenden Bestimmungen, 1984 und 1991
[28]	VDI 2388	07.95	Kräne in Gebäuden — Planungsgrundlagen

[3], [6]−[11], [13]−[16] mit Anpassungs- und Herstellungsrichtlinie Stahlbau-korrigierte Ausgabe 08. 99

Weiterführende Literatur

[29] *v. Berg, D.*: Krane und Kranbahnen, 2. Aufl. Stuttgart: B. G. Teubner 1989
[30] *Klöppel/Scheer* und *Klöppel/Möller*: Beulwerte ausgesteifter Rechteckplatten. Band I und II, Berlin — München: Wilhelm Ernst & Sohn
[31] *Lindner, J.* und *Gregull, T.*: Drehbettungswerte für Dachdeckungen mit untergelegter Wärmedämmung. Stahlbau **58** (1989)
[32] *Lindner, J.* und *Habermann, W.*: Zur Weiterentwicklung des Beulnachweises für Platten bei mehrachsiger Beanspruchung. Stahlbau 1988 und 1989
[33] *Oberegge, O./Hockelmann, H. P.*: Bemessungshilfen für profilorientiertes Konstruieren, 3. Aufl. Köln: Stahlbau-Verlagsges. mbH 1997
[34] *Oxfort, J.*: Zur Biegebeanspruchung des Stegblechanschlusses infolge exzentrischer Radlasten auf dem Obergurt von Kranbahnträgern. Der Stahlbau **50** (1981)
[35] *Petersen, Ch.*: Statik und Stabilität der Baukonstruktionen. Braunschweig 1982
[36] *Protte, W.*: Zum Scheiben- und Beulproblem längsversteifter Stegblechfelder bei örtlicher Lasteinleitung und bei Belastung aus Haupttragwirkung. Der Stahlbau **45** (1976)
[37] *Rose, G.*: Ein Beitrag zur Berechnung von Kranbahnen. Der Stahlbau **27** (1958)
[38] *Rubin, H.*: Interaktionsbeziehungen zw. Biegemoment, Quer- und Normalkraft für einfachsymmetrische I- und Kasten-Querschnitte bei Biegung um die starke und für doppeltsymmetrische I-Querschnitte bei Biegung um die schwache Achse. Der Stahlbau **47** (1978)
[39] *Rubin, H.*: Näherungsweise Bestimmung der Knicklängen und Knicklasten von Rahmen nach DIN 18800 Teil 2. Stahlbau **58** (1989)
[40] *Siebert, G.*: Biegesteife Stirnplattenverbindungen nach DSTV — Berechnung nach alter und neuer Norm, Stahlbau **64** (1995)
[41] *Thiele, A./Lohse, W.*: Stahlbau Teil 1, 23. Aufl. Stuttgart: B. G. Teubner 1997
[42] *Thiele, A./Lohse, W.*: Stahlbau Teil 2, 19. Aufl. Stuttgart: B. G. Teubner 2000
[43] *Heil, W.*: Stabilisierung von biegedrillknickgefährdeten Trägern durch Trapezbleche. Stahlbau **63** (1994)
[44] *Stahlbaukalender 1999:* 1. Jahrg. Berlin: Ernst & Sohn

Formelzeichen

a) Schnittgrößen und Spannungen

N	Normalkraft, als Zug positiv
M_y, M_z	Biegemomente
M_x	Torsionsmoment
V_y, V_z	Querkräfte
σ	Normalspannung
$\Delta\sigma$	Spannungsschwingbreite
τ	Schubspannung
f_y	Streckgrenze
f_u	Zugfestigkeit
μ	Reibungszahl
ψ	Verhältnis von Spannungen oder Schnittgrößen

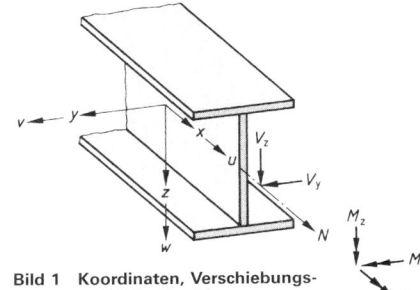

Bild 1 Koordinaten, Verschiebungs- und Schnittgrößen

b) Querschnittsgrößen

A	Querschnittsfläche
A_{Steg}	Stegfläche (zwischen den Gurtschwerlinien)
S	Statisches Moment
I	Flächenmoment 2. Grades
$i = \sqrt{I/A}$	Trägheitsradius
I_T	Torsionsflächenmoment 2. Grades (St. Venantscher Torsionswiderstand)
I_ω	Wölbflächenmoment 2. Grades (Wölbwiderstand)
W	elastisches Widerstandsmoment
N_{pl}	Normalkraft im vollplastischen Zustand

M_{pl}	Biegemoment im vollplastischen Zustand
M_{el}	Biegemoment, bei dem die Spannung σ_x an der ungünstigsten Stelle des Querschnitts f_y erreicht
$\alpha_{pl} = M_{pl}/M_{el}$	plastischer Formbeiwert (1)
V_{pl}	Querkraft im vollplastischen Zustand
d_L	Lochdurchmesser
d_{Sch}	Schaftdurchmesser
Δd	Nennlochspiel
A_{Sch}	Schaftquerschnitt einer Schraube
A_{Sp}	Spannungsquerschnitt einer Schraube
a	rechnerische Schweißnahtdicke

c) Systemgrößen

l Systemlänge eines Stabes

$N_{Ki} = \pi^2 \cdot E \cdot I/(\beta_K \cdot l)^2$ Normalkraft unter der kleinsten Verzweigungslast nach Elastizitätstheorie, Druck positiv

$s_K = \beta_K \cdot l = \pi \cdot \sqrt{(E \cdot I)/N_{Ki}}$ zu N_{Ki} gehörende Knicklänge eines Stabes; β_K s. Abschn. 4.4   (2)

$\lambda_K = s_K/i$ Schlankheitsgrad   (3)

$\lambda_a = \pi \cdot \sqrt{E/f_{y,k}}$ Bezugsschlankheitsgrad $\lambda_a = 92{,}9$ für St 37 (S 235) mit $f_{y,k} = 240 \,\text{N/mm}^2$ (4)
                                                       $\lambda_a = 75{,}9$ für St 52 (S 355) mit $f_{y,k} = 360 \,\text{N/mm}^2$

$\bar\lambda_K = \lambda_K/\lambda_a = \sqrt{N_{pl}/N_{Ki}}$ bezogener Schlankheitsgrad bei Druckbeanspruchung   (5)

$\varkappa$ Abminderungsfaktor nach den Europäischen Knickspannungslinien

$\varepsilon = l \cdot \sqrt{N/(E \cdot I)_d}$ Stabkennzahl   (6)

$\eta_{Ki} = N_{Ki,d}/N$ Verzweigungslastfaktor des Systems   (7)

$M_{Ki,y}$ Biegedrillknickmoment nach der Elastizitätstheorie bei Wirkung von M_y ohne N

$\lambda_M = \sqrt{M_{pl,y}/M_{Ki,y}}$ bezogener Schlankheitsgrad bei Biegemomentenbeanspruchung   (8)

$\varkappa_M$ Abminderungsfaktor für das Biegedrillknicken

A n m e r k u n g : Für Zähler und Nenner in den Gln. (2), (5) und (8) sind einheitlich entweder deren charakteristische Werte oder aber ihre Bemessungswerte einzusetzen.

d) Einwirkungen, Widerstandsgrößen, Sicherheitselemente

F	Einwirkung (allg. Formelzeichen; engl.: **F**orce)	γ_F	Teilsicherheitsbeiwert für die Einwirkungen
G	ständige Einwirkung	γ_M	Teilsicherheitsbeiwert für die Widerstandsgrößen
Q	veränderliche Einwirkung		
F_A	außergewöhnliche Einwirkung	ψ	Kombinationsbeiwert für Einwirkungen
F_E	Erddruck	S_d	Beanspruchung (allg. Formelzeichen engl.: **S**tress)
M	Widerstandsgröße (allg. Formelzeichen)	R_d	Beanspruchbarkeit (allg. Formelzeichen; engl. **R**esistance)

e) Indizes

k	ch(k)arakteristischer Wert einer Größe	S, d	Beanspruchung
d	Bemessungswert einer Größe (engl.: **d**esign)	w	Schweißen (engl.: **w**eld)
		b	Schrauben, Niete, Bolzen (engl.: **b**olt)
P	Platte	a	Stahl (**a**cier)
R, d	Beanspruchbarkeit	K	Knicken

9

1 Werkstoffe, charakteristische Werte, Walzprofile

Bezeichnungssystem unlegierter Stähle für den Stahlbau

Die Bezeichnung kann auf zwei Arten erfolgen:
a) Nach der Werkstoff-Nummer gem. DIN EN 10027-2, z. B. 1.0116
b) Mit dem Kurznamen nach DIN EN 10027-1 (9.92) und DIN V 17006-100:

Beispiel

Zusatzsymbole
für Stähle   für Stahlerzeugnisse

S235 J 2 G 3 H + Z

Hauptsymbol   Gruppe 1   Gruppe 2

Beispiele für die Bedeutung
der *Hauptsymbole*:

S = Stähle für den allg. Stahlbau, gefolgt von dem Mindeststreckgrenzenwert in N/mm^2
B = Betonstähle mit charakt. Streckgrenzenwert in N/mm^2

Tafel 1   Zusatzsymbole Gruppe 1 für Nenndicken $10 < t \leq 150$ mm (Auszug)

Prüftemperatur in °C		+20	0	−20	−30	−40	−50	−60
Kerbschlagarbeit, min	27 J	JR	JO	J2	J3	J4	J5	J6
	40 J	KR	KO	K2	K3	K4	K5	K6

Der Angabe der Kerbschlagarbeit folgt ggf. eine zusätzliche Gütekennzeichnung G, evtl. mit 1 oder 2 Ziffern, mit der die Vergießungsart beschrieben wird.

Zusatzsymbole der Gruppe 2 werden erforderlichenfalls an die Gruppe 1 angehängt.

Beispiele   C = mit besonderer Kaltumformbarkeit, H = für Hohlprofile
L = für niedrige Temperatur, W = wetterfest
Zusatzsymbole für Stahlerzeugnisse s. Normblätter.

Tafel 2   Bezeichnung der Stähle, Auswahl

Stähle nach DIN EN	Bezeichnung der Stahlsorten			
	neu nach		früher nach	
	EN 10027-1 (9.92)	EN 10027-2 (9.92)	DIN 17100	EN 10025: 1990
	S235JR	1.0037	St 37-2	Fe 360 B
	S235JRG1	1.0036	USt 37-2	Fe 360 BFU
	S235JRG2	1.0038	RSt 37-2	Fe 360 BFN
	S235JO	1.0114	St 37-3 U	Fe 360 C
	S235J2G3	1.0116	St 37-3 N	Fe 360 D1
	S275JR	1.0044	St 44-2	Fe 430 B
10025 (3.94)	S275JO	1.0143	St 44-3 U	Fe 430 C
	S275J2G3	1.0144	St 44-3 N	Fe 430 D1
	S355JO	1.0553	St 52-3 U	Fe 510 C
	S355J2G3	1.0570	St 52-3 N	Fe 510 D1
10155 (8.93)	S235J2W	1.8961	WTSt 37-3	Fe 360 D KI
	S355J2G1W	1.8963	WTSt 52-3	Fe 519 D2 KI
10113-2 (4.93)	S355N	1.0545	StE 355	FeE 355 KGN
	S355NL	1.0546	TStE 355	FeE 355 KTN

Tafel 3   Charakteristische Werte für Werkstoffe von Kopf- und Gewindebolzen
nach DIN 18800-1 [6] Tab. 4

	Bolzen	Streckgrenze $f_{y,b,k}$ in N/mm^2	Zugfestigkeit $f_{u,b,k}$ in N/mm^2
1	nach DIN EN ISO 13918, Festigkeitsklasse 4.8	320	400
2	nach DIN EN ISO 13918 mit der chemischen Zusammensetzung des S235J2G3 nach DIN EN 10025	350	450

Bei den Bolzen-Werkstoffen S235JR, S235J2G3, S355J2G3 gelten für $f_{y,b,k}$ und $f_{u,b,k}$ die Werte aus Tafel 4, Zeilen 1 bis 4; dabei entspricht t dem Bolzendurchmesser d.

Werkstoffe, charakteristische Werte, Walzprofile

Tafel 4 Charakteristische Werte für Walzstahl und Stahlguß nach DIN 18800-1 [6] Tab. 1

	Stahl	Erzeugnisdicke t mm	Streckgrenze $f_{y,k}$ N/mm²	Zugfestigkeit $f_{u,k}$ N/mm²	Hertzsche Pressung $\sigma_{H,k}$ N/mm²	E-Modul E N/mm²	Schubmodul G N/mm²	Temperaturdehnzahl α_T κ^{-1}
1	S235	$t \le 40$	240[1]	360[1] [2]				
2		$40 < t \le 100$	215		800			
3	Baustahl S275	$t \le 40$	275					
4		$40 < t \le 80$	255	410				
5	S355	$t \le 40$	360[1]					
6		$40 < t \le 80$	335	510[1] [2]				
7	S275N u. NL	$t \le 40$	275		370			
8	Feinkornbaustahl	$40 < t \le 80$	255					
9	S355N u. NL	$t \le 40$	360[1]		510[1]	1000		
10		$40 < t \le 80$	335					
11	C35 + N	$t \le 16$	300	550	950	210000	81000	$12 \cdot 10^{-6}$
12	Vergütungsstahl	$16 < t \le 100$	270	520				
13	C45 + N	$t \le 16$	340	620				
14		$16 < t \le 100$	305	580				
15	GS200 + N		200	380				
16	GS240 + N	$t \le 100$	240	450				
17	G17Mn5 + QT	$t \le 50$						
18	Gußwerkstoffe G20Mn5 + QT	$t \le 100$	300	500				
19	GJS400 – 15		250					
20	GJS400 – 18 – LT	$t \le 60$	230	390		169000	46000	$12{,}5 \cdot 10^{-6}$
21	GJS400 – 18 – RT		250					

Bedingungen für die Verwendung anderer Stahlsorten s. Normblatt!
Zur Auswahl der Stahlgütegruppen s. Tafel 56 bis 58 und [22]

Tafel 5 Mechanische Eigenschaften der Flach- und Langerzeugnisse[1]
Auszug aus DIN EN 10025 (3.94) und DIN EN 10113-2 (4.93)

Stahlsorte Kurzname nach EN 10027-1	Desoxidationsart[2]	Stahlart[3]	Streckgrenze R_{eH} in N/mm², min. für Nenndicken					Zugfestigkeit R_m N/mm²	Bruchdehnung %, min. für Nenndicke		
			≤ 16	> 16 ≤ 40	> 40 ≤ 63	> 63 ≤ 80	> 80 ≤ 100		≥ 3 ≤ 40	> 40 ≤ 63	> 63 ≤ 100
S235JR	freig.	BS	235	225	—	—	—	340 bis 470	26	25	24
S235JRG2 S235J2G3	FN FF	BS QS	235	225	215	215	215		(24)	(23)	(22)
S275JR S275J2G3	FN FF	BS QS	275	265	255	245	235	410 bis 560	22 (20)	21 (19)	20 (18)
S355J2G3	FF	QS	355	345	335	325	315	490 bis 630			
S355N[4] S355NL[4]	GF	QS						470 bis 630	22		

[1]) Für Nenndicken $t < 3$ mm und $t > 100$ mm s. Normblätter, Kerbschlagarbeit s. Norm
[2]) FU Unberuhigter Stahl, FN Unberuhigter Stahl nicht zulässig, FF Vollberuhigter Stahl, GF Vollberuhigter Stahl mit ausreichendem Gehalt an Elementen zur Bindung des Stickstoffs und mit feinkörnigem Gefüge.
[3]) BS Grundstahl, QS Qualitätsstahl
[4]) Normalgeglühte/normalisierend gewalzte (N), schweißgeeignete Feinkornbaustähle.

Warmgewalzte schmale I-Träger

I-Reihe nach DIN 1025-1 (5.95)

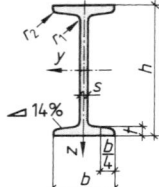

Bezeichnung eines warmgewalzten I-Trägers aus einem Stahl mit dem Kurznamen S235JR bzw. der Werkstoffnummer 1.0037 nach DIN EN 10025 mit dem Kurzzeichen I360:

I-Profil DIN 1025 — S235JR — I360   oder
I-Profil DIN 1025 — 1.0037 — I360

Kurz-zei-chen[1])	Maße[2]) in mm					[3])	[3])	für Biegung um die[4])					
								y-Achse			z-Achse		
	h	b	$s = r_1$	t	r_2	A	G	I_y	W_y	i_y	I_z	W_z	i_z = min i
I						cm²	kg/m	cm⁴	cm³	cm	cm⁴	cm³	cm
80	80	42	3,9	5,9	2,3	**7,57**	5,94	77,8	**19,5**	3,20	6,29	3,00	**0,91**
100	100	50	4,5	6,8	2,7	**10,6**	8,34	171	**34,2**	4,01	12,2	4,88	**1,07**
120	120	58	5,1	7,7	3,1	**14,2**	11,1	328	**54,7**	4,81	21,5	7,41	**1,23**
140	140	66	5,7	8,6	3,4	**18,2**	14,3	573	**81,9**	5,61	35,2	10,7	**1,40**
160	160	74	6,3	9,5	3,8	**22,8**	17,9	935	**117**	6,40	54,7	14,8	**1,55**
180	180	82	6,9	10,4	4,1	**27,9**	21,9	1450	**161**	7,20	81,3	19,8	**1,71**
200	200	90	7,5	11,3	4,5	**33,4**	26,2	2140	**214**	8,00	117	26,0	**1,87**
220	220	98	8,1	12,2	4,9	39,5	31,1	3060	278	8,80	162	33,1	2,02
240	240	106	8,7	13,1	5,2	**46,1**	36,2	4250	**354**	9,59	221	41,7	**2,20**
260	260	113	9,4	14,1	5,6	**53,3**	41,9	5740	**442**	10,4	288	51,0	**2,32**
280	280	119	10,1	15,2	6,1	61,0	47,9	7590	542	11,1	364	61,2	2,45
300	300	125	10,8	16,2	6,5	**69,0**	54,2	9800	**653**	11,9	451	72,2	**2,56**
320	320	131	11,5	17,3	6,9	77,7	61,0	12510	782	12,7	555	84,7	2,67
340	340	137	12,2	18,3	7,3	**86,7**	68,0	15700	**923**	13,5	674	98,4	**2,80**
360	360	143	13,0	19,5	7,8	**97,0**	76,1	19610	**1090**	14,2	818	114	**2,90**
380	380	149	13,7	20,5	8,2	107	84,0	24010	1260	15,0	975	131	3,02
400	400	155	14,4	21,6	8,6	**118**	92,4	29210	**1460**	15,7	1160	149	**3,13**
450	450	170	16,2	24,3	9,7	**147**	115	45850	**2040**	17,7	1730	203	**3,43**
500	500	185	18,0	27,0	10,8	**179**	141	68740	**2750**	19,6	2480	268	**3,72**
550	550	200	19,0	30,0	11,9	212	166	99180	3610	21,6	3490	349	4,02

Fett gedruckte Profile sind zur bevorzugten Verwendung empfohlen (DStV-Profilliste).

[1]) Kurzzeichen nach DIN ISO 5261.
[2]) Zul. Abweichungen s. DIN EN 10034.
[3]) A Querschnitt, G Masse ($\gamma = 7{,}85$ kg/dm³).
[4]) I Flächenmoment 2. Grades, W elastisches Widerstandsmoment, i Trägkeitshalbmesser, jeweils für die Bezugsachsen y, z.
[5]) S_y = Flächenmoment 1. Grades des halben Querschnitts um die y-Achse. $W_{pl,y} = 2\, S_y$ plastisches Widerstandsmoment für die y-Achse.
[6]) $s_y = I_y/S_y$ = Abstand der Druck- und Zugmittelpunkte.
[7]) S_f = Flächenmoment 1. Grades des Trägerflansches (einschl. Ausrundung) um die y-Achse.
[8]) A_{Steg} = Stegfläche zwischen den Flanschmitten zur näherungsweisen Berechnung der Schubspannung τ infolge Querkraft V_z. Bei kursiv gedruckten Werten ist $A_{Flansch}/A_{Steg} \leq 0{,}6$ und es ist τ erforderlichenfalls genauer nachzuweisen.
[9]) i_{zg} = Trägheitsradius eines Flansches einschl. 1/5 der Stegfläche nach DIN 18800-2, Abschn. 3.3.3.

Werkstoff vorzugsweise aus Stahlsorten nach DIN EN 10025; er ist in der Bezeichnung anzugeben.

Die gewünschte Nennlänge ist bei Bestellung anzugeben. Die Profile werden mit folgenden Grenzabmaßen von der bestellten Länge geliefert:

a) ± 50 mm

oder, auf Vereinbarung

b) $^{+100}_{0}$ mm

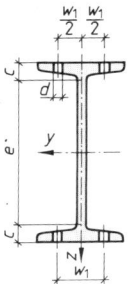

$^{5})$	$^{6})$	$^{7})$	$^{8})$	$^{9})$	$^{10})$	$^{11})$	$^{12})$	Maße nach DIN 997 in mm					Kurzzeichen
								Größt-$\varnothing$	Anreiß-maß $^{13})$				
$\frac{1}{2} W_{\text{pl.y}}$ s_y	s_y	S_f	A_{Steg}	i_{zg}	I_T	$\dfrac{I_\omega}{1000}$	U	d	w_1	c	e		I
cm³	cm	cm³	cm²	cm	cm⁴	cm⁶	m²/m						
11,4	6,84	9,65	2,89	1,02	0,869	0,0875	0,304	6,4	22	10,5	59		**80**
19,9	8,57	16,6	4,19	1,21	1,60	0,268	0,370	6,4	28	12,5	75		**100**
31,8	10,3	26,3	5,73	1,39	2,71	0,685	0,439	8,4	32	14	92		**120**
47,7	12,0	39,1	7,49	1,58	4,32	1,54	0,502	11	34	15,5	109		**140**
68,0	13,7	55,5	9,48	1,76	6,57	3,14	0,575	11	40	17,5	125		**160**
93,4	15,5	75,8	11,7	1,95	9,58	5,92	0,640	13⁺)	44	19	142		**180**
125	17,2	101	14,2	2,14	13,5	10,52	0,709	13	48	20,5	159		**200**
162	18,9	130	16,8	2,31	18,6	17,76	0,775	13	52	22	176		**220**
206	20,6	165	19,7	2,51	25,0	28,73	0,844	17 | 13	56	24	192		**240**
257	22,3	205	23,1	2,66	33,5	44,07	0,906	17	60	26	208		**260**
316	24,0	251	26,7	2,81	44,2	64,58	0,966	17	60	27,5	225		**280**
381	25,7	302	30,7	2,94	56,8	91,85	1,03	21 | 17	64	29,5	241		**300**
457	27,4	361	34,8	3,08	72,5	128,8	1,09	21 | 17	70	31	258		**320**
540	29,1	425	39,2	3,22	90,4	176,3	1,15	21	74	33	274		**340**
638	30,7	500	44,3	3,36	115	240,1	1,21	23 | 21	76	35	290		**360**
741	32,4	579	49,3	3,50	141	318,7	1,27	23 | 21	82	37	306		**380**
857	34,1	668	54,5	3,64	170	419,6	1,33	23	86	38,5	323		**400**
1200	38,3	929	69,0	3,99	267	791,1	1,48	25 | 23	94	43,5	363		**450**
1620	42,4	1250	85,1	4,33	402	1403	1,63	28	100	48	404		**500**
2120	46,81	1640	98,8	4,71	544	2389	1,80	28	110	52,5	445		**550**

$^{10})$ Torsionsflächenmoment 2. Grades (St. Venantscher Torsionswiderstand)

$$I_T = 2\left[\frac{1}{3}bt^3\left(1-0{,}63\frac{t}{b}\right)\right] + \frac{1}{3}(h-2t)\,s^3 + 2\alpha D^4$$

mit $D \doteq$ Durchmesser des zwischen den Rundungen und der Flanschaußenkante einbeschriebenen Kreises und $\alpha = (0{,}145 + 0{,}1\,r/t)\cdot s/t$.

$^{11})$ $I_\omega =$ Wölbflächenmoment 2. Grades (Wölbwiderstand).

$^{12})$ $U =$ Mantelfläche (Anstrichfläche) für 1 m Stablänge.

$^{13})$ Für Niete und Schrauben mit kleinerem als dem Größtdurchmesser können die gleichen Anreißmaße verwendet werden. Bei 2 Werten gilt für HV-Verbindungen der kleinere d.

$^{+})$ Genormte Schrauben für HV-Verbindungen sind hier nicht anwendbar.

Bemerkung Die Angaben entsprechend den Fußnoten 7 bis 11 sind nicht genormt.

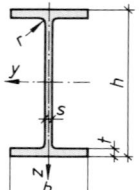

Warmgewalzte mittelbreite I-Träger

IPE-Reihe nach DIN 1025-5 (3.94).

Diese Reihe entspricht der Euronorm 19−57.

Bezeichnung eines I-Trägers aus einem Stahl mit dem Kurznamen S235JR nach DIN EN 10025 mit dem Kurzzeichen IPE 360:

I-Profil DIN 1025 − S235JR − IPE 360

Kurz-zei-chen IPE	Maße in mm					A	G	für Biegung um die					
								y-Achse			z-Achse		
	h	b	s	t	r			I_y	W_y	i_y	I_z	W_z	i_z = min i
						cm²	kg/m	cm⁴	cm³	cm	cm⁴	cm³	cm
80	80	46	3,8	5,2	5	7,64	6,00	80,1	20,0	3,24	8,49	3,69	1,05
100	100	55	4,1	5,7	7	10,3	8,10	171	34,2	4,07	15,9	5,79	1,24
120	120	64	4,4	6,3	7	**13,2**	10,4	318	**53,0**	4,90	27,7	8,65	**1,45**
140	140	73	4,7	6,9	7	**16,4**	12,9	541	**77,3**	5,74	44,9	12,3	**1,65**
160	160	82	5,0	7,4	9	**20,1**	15,8	869	**109**	6,58	68,3	16,7	**1,84**
180	180	91	5,3	8,0	9	**23,9**	18,8	1320	**146**	7,42	101	22,2	**2,05**
200	200	100	5,6	8,5	12	**28,5**	22,4	1940	**194**	8,26	142	28,5	**2,24**
220	220	110	5,9	9,2	12	33,4	26,2	2770	252	9,11	205	37,3	2,48
240	240	120	6,2	9,8	15	**39,1**	30,7	3890	**324**	9,97	284	47,3	**2,69**
270	270	135	6,6	10,2	15	**45,9**	36,1	5790	**429**	11,2	420	62,2	**3,02**
300	300	150	7,1	10,7	15	**53,8**	42,2	8360	**557**	12,5	604	80,5	**3,35**
330	330	160	7,5	11,5	18	**62,6**	49,1	11770	**713**	13,7	788	98,5	**3,55**
360	360	170	8,0	12,7	18	**72,7**	57,1	16270	**904**	15,0	1040	123	**3,79**
400	400	180	8,6	13,5	21	**84,5**	66,3	23130	**1160**	16,5	1320	146	**3,95**
450	450	190	9,4	14,6	21	**98,8**	77,6	33740	**1500**	18,5	1680	176	**4,12**
500	500	200	10,2	16,0	21	**116**	90,7	48200	**1930**	20,4	2140	214	**4,31**
550	550	210	11,1	17,2	24	134	106	67120	2440	22,3	2670	254	4,45
600	600	220	12,0	19,0	24	**156**	122	92080	**3070**	24,3	3390	308	**4,66**
IPEo IPEv	Mittelbreite I-Träger (nicht genormt)												
180o	182	92	6,0	9,0	9	**27,1**	21,3	1510	**165**	7,45	117	25,5	**2,08**
200o	202	102	6,2	9,5	12	**32,0**	25,1	2210	**219**	8,32	169	33,1	**2,30**
220o	222	112	6,6	10,2	12	37,4	29,4	3130	282	9,16	240	42,8	2,53
240o	242	122	7,0	10,8	15	**43,7**	34,3	4370	**361**	10,0	329	53,9	**2,74**
270o	274	136	7,5	12,2	15	**53,8**	42,3	6950	**507**	11,4	514	75,5	**3,09**
300o	304	152	8,0	12,7	15	**62,8**	49,3	9990	**658**	12,6	746	98,1	**3,45**
330o	334	162	8,5	13,5	18	**72,6**	57,0	13910	**833**	13,8	960	119	**3,64**
360o	364	172	9,2	14,7	18	**84,1**	66,0	19050	**1050**	15,1	1250	146	**3,86**
400o	404	182	9,7	15,5	21	**96,4**	75,7	26750	**1320**	16,7	1560	172	**4,03**
400v	408	182	10,6	17,5	21	**107**	84,0	30140	**1480**	16,8	1770	194	**4,06**
450o	456	192	11,0	17,6	21	**118**	92,4	40920	**1790**	18,7	2090	217	**4,21**
450v	460	194	12,4	19,6	21	**132**	104	46200	**2010**	18,7	2400	247	**4,26**
500o	506	202	12,0	19,0	21	**137**	107	57780	**2280**	20,6	2620	260	**4,38**
500v	514	204	14,2	23,0	21	**164**	129	70720	**2750**	20,8	3270	321	**4,46**
550o	556	212	12,7	20,2	24	156	123	79160	2850	22,5	3220	304	4,55
550o	566	216	17,1	25,2	24	202	159	102300	3620	22,5	4260	395	4,59
600o	610	224	15,0	24,0	24	**197**	154	118300	**3880**	24,5	4520	404	**4,79**
600v	618	228	18,0	28,0	24	**234**	184	141600	**4580**	24,6	5570	489	**4,88**

Fett gedruckte Profile sind zur bevorzugten Anwendung empfohlen (DStV-Profilliste).

Werkstoff vorzugsweise aus Stahlsorten nach DIN EN 10025; er ist in der Bezeichnung anzugeben.
Die gewünschte Nennlänge ist bei Bestellung anzugeben.
Die Profile werden mit folgenden Grenzabmaßen von der bestellten Länge geliefert:
a) ±50 mm oder
b) $^{+100}_{\ \ \ 0}$ mm, wenn bestimmte Mindestlängen gefordert werden.

Anmerkungen sinngemäß wie auf S. 606/607.

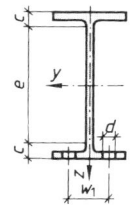

$S_y = \frac{1}{2}W_{pl,y}$ cm³	s_y cm	S_f cm³	A_{Steg} cm²	i_{zg} cm	I_T cm⁴	$\frac{I_\omega}{1000}$ cm⁶	U m²/m	Größt-∅ d^1)	Anreiß-maß w_1	c	e	Kurzzeichen IPE
11,6	6,90	9,92	2,84	1,18	0,698	0,118	0,328	6,4	26	10,5	59	**80**
19,7	8,68	16,9	3,87	1,40	1,20	0,351	0,400	8,4	30	13	74	**100**
30,4	10,5	25,6	5,00	1,63	1,74	0,890	0,475	8,4	36	13,5	93	**120**
44,2	12,3	36,8	6,26	1,87	2,45	1,98	0,551	11	40	14	112	**140**
61,9	14,0	51,8	7,63	2,08	3,60	3,96	0,623	13⁺)	44	16,5	127	**160**
83,2	15,8	69,1	9,12	2,32	4,79	7,43	0,698	13	50	17	146	**180**
110	17,6	92,6	10,7	2,52	6,98	12,99	0,768	13	56	20,5	159	**200**
143	19,4	119	12,4	2,79	9,07	22,67	0,848	17	60	21,5	177	**220**
183	21,2	155	14,3	3,03	12,9	37,39	0,922	17	68	25	190	**240**
242	23,9	202	17,1	3,41	15,9	70,58	1,04	21 | 17	72	25,5	219	**270**
314	26,6	259	20,5	3,79	20,1	125,9	1,16	23	80	26	248	**300**
402	29,3	333	23,9	4,02	28,1	199,1	1,25	25 | 23	86	29,5	271	**330**
510	31,9	420	27,8	4,29	37,3	313,6	1,35	25	90	31	298	**360**
654	35,4	536	33,2	4,49	51,1	490,0	1,47	28 | 25	96	34,5	331	**400**
851	39,7	682	40,9	4,72	66,9	791,0	1,61	28	106	36	378	**450**
1100	43,9	866	49,4	4,96	89,3	1249	1,74	28	110	37	426	**500**
1390	48,2	1090	59,1	5,16	123	1884	1,88	28	120	41,5	467	**550**
1760	52,4	1360	69,7	5,41	165	2846	2,01	28	120	43	514	**600**

Mittelbreite I-Träger (nicht genormt)   **IPEo IPEv**

S_y cm³	s_y cm	S_f cm³	A_{Steg} cm²	i_{zg} cm	I_T cm⁴	$\frac{I_\omega}{1000}$ cm⁶	U m²/m	d^1)	w_1	c	e	IPE
94,6	15,9	78,6	10,4	2,35	6,76	8,74	0,705	13	50	18	146	**180o**
125	17,7	105	11,9	2,59	9,45	15,57	0,779	13	56	21,5	159	**200o**
161	19,5	135	14,0	2,85	12,3	26,79	0,858	17	62	22,5	177	**220o**
205	21,3	173	16,2	3,09	17,2	43,68	0,932	17	68	26	190	**240o**
287	24,2	242	19,6	3,47	24,9	87,64	1,051	21 | 17	72	27,5	219	**270o**
372	26,9	310	23,3	3,88	31,1	157,7	1,174	23	80	28	248	**300o**
471	29,5	393	27,2	4,10	42,2	245,7	1,268	25 | 23	86	31,5	271	**330o**
593	32,1	491	32,1	4,36	55,8	380,3	1,367	25	90	33	298	**360o**
751	35,6	618	37,7	4,57	73,1	587,6	1,481	28 | 25	98	36,5	331	**400o**
841	35,8	695	41,4	4,60	99,0	670,3	1,487	28 | 25	98	38,5	331	**400v**
1020	40,0	826	48,2	4,81	109	997,6	1,622	28	106	39	378	**450v**
1150	40,2	928	54,6	4,88	150	1156	1,635	28	106	41	378	**450v**
1310	44,2	1030	58,4	5,04	143	1548	1,760	28	110	40	426	**500o**
1580	44,6	1260	69,7	5,13	243	1961	1,780	28	110	44	426	**500v**
1630	48,5	1280	68,0	5,25	188	2302	1,893	28	120	44,5	467	**550o**
2100	48,7	1640	92,5	5,34	380	3095	1,921	28	120	49,5	467	**550v**
2240	52,9	1740	87,9	5,56	318	3860	2,045	28	120	48	514	**600o**
2660	53,2	2070	106	5,66	512	4813	2,071	28	120	52	514	**600v**

¹) und ⁺) s. S. 607 Fußnoten ¹³) und ⁺).

Warmgewalzte breite I-Träger, leichte Ausführung
IPBl-Reihe nach DIN 1025-3 (3.94).

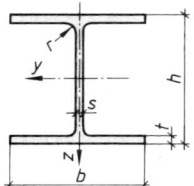

Diese Reihe entspricht der Euronorm 53 − 62 (HE-A).

Träger mit parallelen Flanschflächen, deren Stege und Flansche d ü n n e r und deren Höhen h damit k l e i n e r als die der IPB-Reihe nach DIN 1025-2 sind.

Bezeichnung eines Trägers dieser Reihe aus einem Stahl mit dem Kurznamen S235JR nach DIN EN 10025 mit dem Kurzzeichen IPBl 360:

I-Profil DIN 1025 − S235JR − IPBl 360

Das Kurzzeichen HE 360 A nach Euronorm 53–62 entspricht IPBl 360.

Kurz-zeichen[1]) IPBl HE-A	Maße in mm					A cm²	G kg/m	für Biegung um die					
								y-Achse			z-Achse		
	h	b	s	t	r			I_y cm⁴	W_y cm³	i_y cm	I_z cm⁴	W_z cm⁴	i_z = min/i cm
100	96	100	5	8	12	**21,2**	16,7	349	**72,8**	4,06	134	26,8	**2,51**
120	114	120	5	8	12	**25,3**	19,9	606	**106**	4,89	231	38,5	**3,02**
140	133	140	5,5	8,5	12	**31,4**	24,7	1030	**155**	5,73	389	55,6	**3,52**
160	152	160	6	9	15	**38,8**	30,4	1670	**220**	6,57	616	76,9	**3,98**
180	171	180	6	9,5	15	**45,3**	35,5	2510	**294**	7,45	925	103	**4,52**
200	190	200	6,5	10	18	**53,8**	42,3	3690	**389**	8,28	1340	134	**4,98**
220	210	220	7	11	18	64,3	50,5	5410	515	9,17	1950	178	5,51
240	230	240	7,5	12	21	**76,8**	60,3	7760	**675**	10,1	2770	231	**6,00**
260	250	260	7,5	12,5	24	**86,8**	68,2	10450	**836**	11,0	3670	282	**6,50**
280	270	280	8	13	24	97,3	76,4	13670	1010	11,9	4760	340	7,00
300	290	300	8,5	14	27	**112**	88,3	18260	**1260**	12,7	6310	421	**7,49**
320	310	300	9	15,5	27	124	97,6	22930	1480	13,6	6990	466	7,49
340	330	300	9,5	16,5	27	**133**	105	27690	**1680**	14,4	7440	496	**7,46**
360	350	300	10	17,5	27	**143**	112	33090	**1890**	15,2	7890	526	**7,43**
400	390	300	11	19	27	**159**	125	45070	**2310**	16,8	8560	571	**7,34**
450	440	300	11,5	21	27	**178**	140	63720	**2900**	18,9	9470	631	**7,29**
500	490	300	12	23	27	**198**	155	86970	**3550**	21,0	10370	691	**7,24**
550	540	300	12,5	24	27	212	166	111900	4150	23,0	10820	721	7,15
600	590	300	13	25	27	**226**	178	141200	**4790**	25,0	11270	751	**7,05**
650	640	300	13,5	26	27	242	190	175200	5470	26,9	11720	782	6,97
700	690	300	14,5	27	27	**260**	204	215300	**6240**	28,8	12180	812	**6,84**
800	790	300	15	28	30	**286**	224	303400	**7680**	32,6	12640	843	**6,65**
900	890	300	16	30	30	320	252	422100	9480	36,3	13550	903	6,50
1000	990	300	16,5	31	30	**347**	272	553800	**11190**	40,0	14000	934	**6,35**

I-Träger mit besonders breiten Flanschen, leichte Ausführung

HL 1000A	990	400	16,5	31	30	409	321	696400	14070	41,3	33120	1656	9,00
HX 1000A	992	450	18	32	30	463	363	799800	16130	41,6	48670	2163	10,3

Fett gedruckte Profile sind zur bevorzugten Anwendung empfohlen (DStV-Profilliste).

Anmerkungen sinngemäß wie auf S. 606/607

Werkstoff vorzugsweise aus Stahlsorten nach DIN EN 10025; er ist in der Bezeichnung anzugeben.

Die gewünschte Nennlänge ist bei Bestellung anzugeben. Die Profile werden mit folgenden Grenzabmaßen von der bestellten Länge geliefert:

a) ± 50 mm oder

b) $^{+100}_{0}$ mm, wenn bestimmte Mindestlängen gefordert werden.

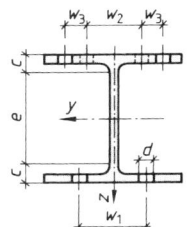

$S_y = \frac{1}{2} W_{pl,y}$ cm³	s_y cm	S_f cm³	A_{Steg} cm²	i_{zg} cm	I_T cm⁴	$\dfrac{I_\omega}{1000}$ cm⁶	U m²/m	Maße nach DIN 997 in mm Größt-∅ d	Anreiß-maß $w_{1,2}$	w_3	c	e	Kurz-zeichen¹) IPEl HE-A
41,5	8,41	39,5	4,40	2,66	5,24	2,58	0,561	13	56	—	20	56	**100**
59,7	10,1	56,3	5,30	3,21	5,99	6,47	0,677	17	66	—	20	74	**120**
86,7	11,9	80,9	6,85	3,76	8,13	15,06	0,794	21	76	—	20,5	92	**140**
123	13,6	114	8,58	4,26	12,2	31,41	0,906	23	86	—	24	104	**160**
162	15,5	151	9,69	4,82	14,8	60,21	1,02	25	100	—	24,5	122	**180**
215	17,2	200	11,7	5,32	21,0	108,0	1,14	25	100	—	28	134	**200**
284	19,0	264	13,9	5,88	28,5	193,3	1,26	25	120	—	29	152	220
372	20,9	347	16,4	6,40	41,6	328,5	1,37	25	94	35	33	164	240
460	22,7	431	17,8	6,91	52,4	516,4	1,48	25	100	40	36,5	177	260
556	24,6	518	20,6	7,46	62,1	785,4	1,60	25	110	45	37	196	280
692	26,4	646	23,5	7,98	85,2	1200	1,72	28	120	45	41	208	300
814	28,2	757	26,5	7,99	108	1512	1,76	28	120	45	42,5	225	320
925	29,9	855	29,8	7,99	127	1824	1,79	28	120	45	43,5	243	**340**
1040	31,7	959	33,3	7,98	149	2177	1,83	28	120	45	44,5	261	**360**
1280	35,2	1160	40,8	7,94	189	2942	1,91	28	120	45	46	298	**400**
1610	39,6	1440	48,2	7,93	244	4148	2,01	28	120	45	48	344	**450**
1970	44,1	1750	56,0	7,91	309	5643	2,11	28	120	45	50	390	**500**
2310	48,4	2010	64,5	7,86	352	7189	2,21	28	120	45	51	438	550
2680	52,8	2290	73,5	7,82	398	8978	2,31	28	120	45	52	486	**600**
3070	57,1	2590	82,9	7,77	448	11030	2,41	28	120	45	53	534	650
3520	61,2	2900	96,1	7,70	514	13350	2,50	28	120	45	54	582	**700**
4350	69,8	3500	114	7,58	597	18290	2,70	28	130	40	58	674	**800**
5410	78,1	4220	138	7,49	737	24960	2,90	28	130	40	60	770	900
6410	86,4	4860	*158*	7,41	822	32070	3,10	28	130	40	61	868	**1000**

Nicht genormt (nach dem Walzprogramm der ARBED)

													HL
7899	88,2	6345	158	10,2	1021	76030	3,50				61	868	1000A

													HX
9026	88,6	7331	173	11,6	1268	112000	3,70				62	868	1000A

¹) Von den mit gleichen Zahlen bezeichneten IPB-Trägern nach DIN 1025-2 (S. 612) abgeleitete Profile. Trägerbezeichnung entspricht nicht der Trägerhöhe.

9

Stahlbau

Warmgewalzte breite I-Träger (I-Breitflanschträger)

IPB-Reihe nach DIN 1025-2 (11.95)

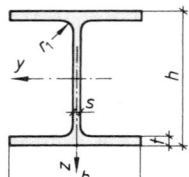

Diese Reihe entspricht der Euronorm 53 − 62 (HE-B).
Bezeichnung eines warmgewalzten I-Trägers aus einem Stahl mit dem Kurznamen S235JR bzw. der Werkstoffnummer 1.0037 nach DIN EN 10025 mit dem Kurzzeichen IPB 360:

I-Profil DIN 1025 − S235JR − IPB 360

oder   I-Profil DIN 1025 − 1.0037 − IPB 360

Das Kurzzeichen HE 360 B nach Euronorm 53 − 62 entspricht IPB 360.

Breite I-Träger mit parallelen Flanschflächen (IPB-Reihe)

Kurz-zei-chen	Maße in mm							für Biegung um die					
								y-Achse			z-Achse		
	h	b	s	t	r_1	A	G	I_y	W_y	i_y	I_z	W_z	i_z = min i
IPB **HE-B**						cm^2	kg/m	cm^4	cm^3	cm	cm^4	cm^3	cm
100	100	100	6	10	12	**26,0**	20,4	450	**89,9**	4,16	167	33,5	**2,53**
120	120	120	6,5	11	12	**34,0**	26,7	864	**144**	5,04	318	52,9	**3,06**
140	140	140	7	12	12	**43,0**	33,7	1510	**216**	5,93	550	78,5	**3,58**
160	160	160	8	13	15	**54,3**	42,6	2490	**311**	6,78	889	111	**4,05**
180	180	180	8,5	14	15	**65,3**	51,2	3830	**426**	7,66	1360	151	**4,57**
200	200	200	9	15	18	**78,1**	61,3	5700	**570**	8,54	2000	200	**5,07**
220	220	220	9,5	16	18	91,0	71,5	8090	736	9,43	2840	258	5,59
240	240	240	10	17	21	**106**	83,2	11260	**938**	10,3	3920	327	**6,08**
260	260	260	10	17,5	24	**118**	93,0	14920	**1150**	11,2	5130	395	**6,58**
280	280	280	10,5	18	24	131	103	19270	1380	12,1	6590	471	7,09
300	300	300	11	19	27	**149**	117	25170	**1680**	13,0	8560	571	**7,58**
320	320	300	11,5	20,5	27	161	127	30820	1930	13,8	9240	616	7,57
340	340	300	12	21,5	27	**171**	134	36660	**2160**	14,6	9690	646	**7,53**
360	360	300	12,5	22,5	27	**181**	142	43190	**2400**	15,5	10140	676	**7,49**
400	400	300	13,5	24	27	**198**	155	57680	**2880**	17,1	10820	721	**7,40**
450	450	300	14	26	27	**218**	171	79890	**3550**	19,1	11720	781	**7,33**
500	500	300	14,5	28	27	**239**	187	107200	**4290**	21,2	12620	842	**7,27**
550	550	300	15	29	27	254	199	136700	4970	23,2	13080	872	7,17
600	600	300	15,5	30	27	**270**	212	171000	**5700**	25,2	13530	902	**7,08**
650	650	300	16	31	27	286	225	210600	6480	27,1	13980	932	6,99
700	700	300	17	32	27	**306**	241	256900	**7340**	29,0	14440	963	**6,87**
800	800	300	17,5	33	30	**334**	262	359100	**8980**	32,8	14900	994	**6,68**
900	900	300	18,5	35	30	371	291	494100	10980	36,5	15820	1050	6,53
1000	1000	300	19	36	30	**400**	314	644700	**12890**	40,1	16280	1090	**6,38**

I-Träger mit besonders breiten Flanschen (nicht genormt)

HL 1000 B	1000	400	19	36	30	472	371	812100	16240	41,5	38480	1924	9,03
HX 1000 B	1000	451	19	36	30	509	399	897400	17950	42,0	55120	2444	10,4

Fett gedruckte Profile sind zur bevorzugten Anwendung empfohlen (DStV-Profilliste).

Werkstoff vorzugsweise aus Stahlsorten nach DIN EN 10025; er ist in der Bezeichnung anzugeben.

Die gewünschte Nennlänge ist bei Bestellung anzugeben. Die Profile werden mit folgenden Grenzabmaßen von der bestellten Länge geliefert:

a) ± 50 mm oder

b) $^{+100}_{\ \ 0}$ mm, wenn bestimmte Mindestlängen gefordert werden.

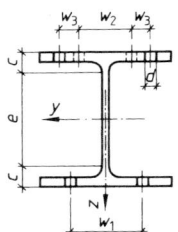

$S_y = \frac{1}{2} W_{pl,y}$	s_v	S_f	A_{Steg}	i_{zg}	I_T	$\dfrac{I_\omega}{1000}$	U	Maße nach DIN 997 in mm Größt-$\varnothing$ d	Anreiß-maße $w_{1,2}$	w_3	c	e	Kurz-zeichen IPB HE-B
cm³	cm	cm³	cm²	cm	cm⁴	cm⁶	m²/m						
52,1	8,63	49,8	5,40	2,69	9,25	3,38	0,567	13	56	–	22	56	**100**
82,6	10,5	78,2	7,09	3,24	13,8	9,41	0,686	17	66	–	23	74	**120**
123	12,3	115	8,96	3,80	20,1	22,48	0,805	21	76	–	24	92	**140**
177	14,1	166	11,8	4,31	31,2	47,94	0,918	23	86	–	28	104	**160**
241	15,9	225	14,1	4,87	42,2	93,75	1,04	25	100	–	29	122	**180**
321	17,7	301	16,7	5,39	59,3	171,1	1,15	25	110	–	33	134	**200**
414	19,6	386	19,4	5,95	76,6	295,4	1,27	25	120	–	34	152	220
527	21,4	493	22,3	6,47	103	486,9	1,38	25	96	35	38	164	**240**
641	23,3	602	24,3	6,99	124	753,7	1,50	25	106	40	41,5	177	**260**
767	25,1	717	27,5	7,54	144	1130	1,62	25	110	45	42	196	280
934	26,9	875	30,9	8,06	185	1688	1,73	28	120	45	46	208	**300**
1070	28,7	1000	34,4	8,06	225	2069	1,77	28	120	45	47,5	225	320
1200	30,4	1120	38,2	8,05	257	2454	1,81	28	120	45	48,5	243	**340**
1340	32,2	1240	42,2	8,03	292	2883	1,85	28	120	45	49,5	261	**360**
1620	35,7	1470	50,8	7,99	356	3817	1,93	28	120	45	51	298	**400**
1990	40,1	1780	59,4	7,97	440	5258	2,03	28	120	45	53	344	**450**
2410	44,5	2130	68,4	7,94	538	7018	2,12	28	120	45	55	390	**500**
2800	48,9	2440	78,2	7,89	600	8856	2,22	28	120	45	56	438	550
3210	53,2	2750	88,4	7,84	667	10970	2,32	28	120	45	57	486	**600**
3660	57,5	3090	99,0	7,80	739	13360	2,42	28	120	45	58	534	650
4160	61,7	3440	114	7,73	831	16060	2,52	28	120	45	59	582	**700**
5110	70,2	4120	134	7,61	946	21840	2,71	28	130	40	63	674	**800**
6290	78,5	4920	160	7,52	1137	29460	2,91	28	130	40	65	770	900
7430	86,8	5640	*183*	7,43	1254	37640	3,11	28	130	40	66	868	**1000**

Nach dem Walzprogramm der ARBED

													HL
9163	88,6	7373	183	10,2	1565	89210	3,51				66	868	1000 B

													HX
10050	89,3	8258	183	11,7	1724	127900	3,71				66	868	1000 B

Anmerkungen sinngemäß wie auf S. 606/607.

Warmgewalzte breite I-Träger, verstärkte Ausführung

IPBv-Reihe nach DIN 1025-4 (3.94)

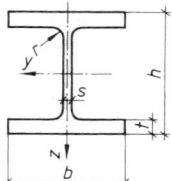

Diese Reihe entspricht der Euronorm 53 – 62 (HE-M).

Träger mit parallelen Flanschflächen, deren Stege und Flansche d i c k e r und deren Höhen h damit g r ö ß e r als die der IPB-Reihe nach DIN 1025-2 sind.

Bezeichnung eines Träger dieser Reihe aus einem Stahl mit dem Kurznamen S235JR nach

DIN EN 10025–S235JR–IPBv 360:

I-Profil DIN 1025 — S235JR — IPBv 360

Das Kurzzeichen HE 360 M nach Euronorm 53 – 62 entspricht IPB 360.

Kurzzeichen [1] IPBv HE-M	Maße in mm					A	G	für Biegung um die					
								y-Achse			z-Achse		
	h	b	s	t	r			I_y	W_y	i_y	I_z	W_z	i_z =min i
						cm²	kg/m	cm⁴	cm³	cm	cm⁴	cm³	cm
100	120	106	12	20	12	**53,2**	41,8	1140	**190**	4,63	399	75,3	**2,74**
120	140	126	12,5	21	12	**66,4**	52,1	2020	**288**	5,51	703	112	**3,25**
140	160	146	13	22	12	**80,6**	63,2	3290	**411**	6,39	1140	157	**3,77**
160	180	166	14	23	15	**97,1**	76,2	5100	**566**	7,25	1760	212	**4,26**
180	200	186	14,5	24	15	**113**	88,9	7480	**748**	8,13	2580	277	**4,77**
200	220	206	15	25	18	**131**	103	10640	**967**	9,00	3650	354	**5,27**
220	240	226	15,5	26	18	149	117	14600	1220	9,89	5010	444	5,79
240	270	248	18	32	21	**200**	157	24290	**1800**	11,0	8150	657	**6,39**
260	290	268	18	32,5	24	**220**	172	31310	**2160**	11,9	10450	780	**6,90**
280	310	288	18,5	33	24	240	189	39550	2550	12,8	13160	914	7,40
300	340	310	21	39	27	**303**	238	59200	**3480**	14,0	19400	1250	**8,00**
320/305	320	305	16	29	27	225	177	40950	2560	13,5	13740	901	7,81
320	359	309	21	40	27	312	245	68130	3800	14,8	19710	1280	7,95
340	377	309	21	40	27	**316**	248	76370	**4050**	15,6	19710	1280	**7,90**
360	395	308	21	40	27	**319**	250	84870	**4300**	16,3	19520	1270	**7,83**
400	432	307	21	40	27	**326**	256	104100	**4820**	17,9	19330	1260	**7,70**
450	478	307	21	40	27	**335**	263	131500	**5500**	19,8	19340	1260	**7,59**
500	524	306	21	40	27	**344**	270	161900	**6180**	21,7	19150	1250	**7,46**
550	572	306	21	40	27	354	278	198000	6920	23,6	19160	1250	7,35
600	620	305	21	40	27	**364**	285	237400	**7660**	25,6	18970	1240	**7,22**
650	668	305	21	40	27	374	293	281700	8430	27,5	18980	1240	7,13
700	716	304	21	40	27	**383**	301	329300	**9200**	29,3	18800	1240	**7,01**
800	814	303	21	40	30	**404**	317	442600	**10870**	33,1	18630	1230	**6,79**
900	910	302	21	40	30	424	333	570400	12540	36,7	18450	1220	6,60
1000	1008	302	21	40	30	**444**	349	722300	**14330**	40,3	18460	1220	**6,45**

I-Träger mit besonders breiten Flanschen, verstärkte Ausführung

HL 1000 M	1008	402	21	40	30	524	412	909800	18050	41,7	43410	2160	9,10
HX 1000 M	1008	453	21	40	30	565	444	1005400	19950	42,2	62070	2740	10,5

Fett gedruckte Profile sind zur bevorzugten Anwendung empfohlen (DStV-Profilliste).

Anmerkungen sinngemäß wie auf S. 606/607.

Werkstoff vorzugsweise aus Stahlsorten nach DIN EN 10025; er ist in der Bezeichnung anzugeben.

Die gewünschte Nennlänge ist bei Bestellung anzugeben. Die Profile werden mit folgenden Grenzabmaßen von der bestellten Länge geliefert:

a) ± 50 mm oder

b) $^{+100}_{\;\;\;0}$ mm, wenn bestimmte Mindestlängen gefordert werden.

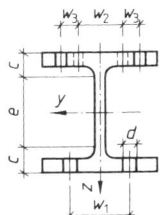

$S_v = \frac{1}{2} W_{pl.y}$	s_y	S_f	A_{Steg}	i_{zg}	I_T	$\dfrac{I_\omega}{1000}$	U	Maße nach DIN 997 in mm					Kurzzeichen[1])
								Größt- ∅ d^2)	Anreißmaße $w_{1,2}$	w_3	c	e	
cm³	cm	cm³	cm²	cm	cm⁴	cm⁶	m²/m						IPBv HE-M
118	9,69	113	12,0	2,90	68,2	9,93	0,619	13	60	–	32	56	**100**
175	11,5	167	14,9	3,45	91,7	24,79	0,738	17	68	–	33	74	**120**
247	13,3	233	17,9	4,00	120	54,33	0,857	21	76	–	34	92	**140**
337	15,1	318	22,0	4,52	162	108,1	0,970	23	86	–	38	104	**160**
442	16,9	415	25,5	5,08	203	199,3	1,09	25	100	–	39	122	**180**
568	18,7	534	29,3	5,61	259	346,3	1,20	25	110	–	43	134	**200**
710	20,6	665	33,2	6,16	315	572,7	1,32	25	120	–	44	152	220
1060	22,9	998	42,8	6,78	628	1152	1,46	25 | 23	100	35	53	164	**240**
1260	24,8	1190	46,4	7,31	719	1728	1,57	25	110	40	56,5	177	**260**
1480	26,7	1390	51,2	7,86	807	2520	1,69	25	116	45	57	196	280
2040	29,0	1930	63,2	8,47	1408	4386	1,83	25	120	50	66	208	**300**
1460	28,0	1380	46,6	8,29	598	2903	1,78	28	120	50	56	208	320|305
2220	30,7	2080	67,0	8,43	1501	5004	1,87	28	126	47	67	225	320
2360	32,4	2200	70,8	8,41	1506	5584	1,90	28	126	47	67	243	**340**
2490	34,0	2320	74,6	8,36	1507	6137	1,93	28	126	47	67	261	**360**
2790	37,4	2550	82,8	8,29	1515	7410	2,00	28	126	47	67	298	**400**
3170	41,5	2850	92,0	8,23	1529	9251	2,10	28	126	47	67	344	**450**
3550	45,7	3150	102	8,15	1539	11190	2,18	28	130	45	67	390	**500**
3970	49,9	3460	112	8,09	1554	13520	2,28	28	130	45	67	438	550
4390	54,1	3770	122	8,01	1564	15910	2,37	28	130	45	67	486	**600**
4830	58,3	4080	132	7,95	1579	18650	2,47	28	130	45	67	534	650
5270	62,5	4380	142	7,87	1589	21400	2,56	28	130	42	67	582	**700**
6240	70,9	5050	163	7,72	1646	27780	2,75	28	132	42	70	674	**800**
7220	79,0	5660	183	7,60	1671	34750	2,93	28	132	42	70	770	900
8280	87,2	6310	203	7,50	1701	43010	3,13	28	132	42	70	868	**1000**

Nicht genormt (nach dem Walzprogramm der ARBED)

													HL
10220	89,0	8242	203	10,3	2128	101500	3,53				70	868	**1000 M**

													HX
11210	89,7	9230	203	11,8	2346	145200	3,73				70	868	**1000 M**

[1]) Von den mit gleichen Zahlen bezeichneten IPB-Trägern nach DIN 1025-2 (S. 612) abgeleitete Profile. Trägerbezeichnung entspricht nicht der Trägerhöhe.
[2]) s. S. 607 Fußnote [13])

9

Warmgewalzte Breitflansch-Stützenprofile

HD-Reihe 360/400 nach ASTM A6/A6 M (Amerikanische Norm)

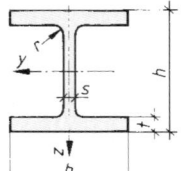

Dieses Profil hat nahezu quadratische Außenabmessungen.
Bezeichnung eines Profiles dieser Reihe aus S235JR bzw. mit der Werkstoffnummer 1.0037 nach DIN EN 10025 mit dem Kurzzeichen HD 320 × 245

HD-Profil EN 10034-S235JR   320 × 245

Kurz-zei-chen		Maße in mm						für Biegung um die				
							y-Achse			z-Achse		
	G	h	b	s	t	r	A	I_y	W_y	i_y	I_z	W_z	i_z
HD	kg/m						cm²	cm⁴	cm³	cm	cm⁴	cm³	cm
260 × 93	260	260	10	17,5	24	118,4	14920	1148	11,22	5135	395	6,58
260 × 114	268	262	12,5	21,5	24	145,7	18910	1411	11,39	6456	492,8	6,66
260 × 142	278	265	15,5	26,5	24	180,3	24330	1750	11,62	8236	621,6	6,76
260 × 172	290	268	18	32,5	24	219,6	31310	2159	11,94	10450	779,7	6,9
320 × 97,6	310	300	9	15,5	27	124,4	22930	1479	13,58	6985	465,7	7,49
320 × 127	320	300	11,5	20,5	27	161,3	30820	1926	13,82	9239	615,9	7,57
320 × 158	330	303	14,5	25,5	27	201,2	39640	2403	14,04	11840	781,7	7,67
320 × 198	343	306	18	32	27	252,3	51900	3026	14,34	15310	1001	7,79
320 × 245	359	309	21	40	27	312	68130	3796	14,78	19710	1276	7,95
360 × 147	360	370	12,3	19,8	15	187,9	46290	2572	15,7	16720	903,9	9,43
360 × 162	364	371	13,3	21,8	15	206,3	51540	2832	15,81	18560	1001	9,49
360 × 179	368	373	15	23,9	15	228,3	57440	3122	15,86	20680	1109	9,52
360 × 196	372	374	16,4	26,2	15	250,3	63630	3421	15,94	22860	1222	9,56
400 × 187	368	391	15	24	15	237,6	60180	3271	15,91	23920	1224	10,03
400 × 216	375	394	17,3	27,7	15	275,5	71140	3794	16,07	28250	1434	10,13
400 × 237	380	395	18,9	30,2	15	300,9	78780	4146	16,18	31040	1572	10,16
400 × 262	387	398	21,1	33,3	15	334,6	89410	4620	16,35	35020	1760	10,23
400 × 287	393	399	22,6	36,6	15	366,3	99710	5074	16,5	38780	1944	10,29
400 × 314	399	401	24,9	39,6	15	399,2	110200	5525	16,62	42600	2125	10,33
400 × 347	407	404	27,2	43,7	15	442	124900	6140	16,81	48090	2380	10,43
400 × 382	416	406	29,8	48	15	487,1	141300	6794	17,03	53620	2641	10,49
400 × 421	425	409	32,8	52,6	15	537,1	159600	7510	17,24	60080	2938	10,58
400 × 463	435	412	35,8	57,4	15	589,5	180200	8283	17,48	67040	3254	10,66
400 × 509	446	416	39,1	62,7	15	648,9	204500	9172	17,75	75400	3625	10,78
400 × 551	455	418	42	67,6	15	701,4	226100	9939	17,95	82490	3947	10,85
400 × 592	465	421	45	72,3	15	754,9	250200	10760	18,2	90170	4284	10,93
400 × 634	474	424	47,6	77,1	15	808	274200	11570	18,42	98250	4634	11,03
400 × 677	483	428	51,2	81,5	15	863,4	299500	12400	18,62	106900	4994	11,13
400 × 744	498	432	55,6	88,9	15	948,1	342100	13740	19	119900	5552	11,25
400 × 818	514	437	60,5	97	15	1043	392200	15260	19,39	135500	6203	11,4
400 × 900	531	442	65,9	106	15	1149	450200	16960	19,79	153300	6938	11,55
400 × 990	550	448	71,9	115	15	1262	518900	18870	20,27	173400	7739	11,72
400 × 1086	569	454	78	125	15	1386	595700	20940	20,73	196200	8645	11,9

Werkstoff vorzugsweise aus Stahlsorten nach DIN EN 10025; er ist in der Bezeichnung anzugeben: Es sind nur Profile angegeben, die bei S235 dem Nachweisverfahren Plastisch-Plastisch, s. Tafel 12 entsprechen. Bei anderen Stahlsorten siehe Werkstoffangaben (Klassifizierung nach DIN ENV 1993-1-1-EC3).

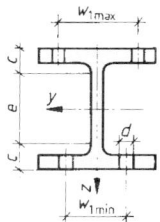

Walztoleranzen:
HD 260/320   nach EN 10034
HD 360/400   nach ASTM A6/A6M

$S_y = \tfrac{1}{2} W_{pl,y}$	s_y	S_f	A_{Steg}	i_{zg}	I_T	$\dfrac{I_\omega}{1000}$	U	Maße nach DIN 997 in mm					Kurz-zei-chen
								Größt-∅ d	Anreißmaße				
									W_{1min}	W_{1max}	c	e	
cm³	cm	cm³	cm²	cm	cm⁴	cm⁶	m²/m						HD¹)
641	23,3	602	24,3	6,99	123,8	753,7	1,499	28	108/111	170	41,5	177	**260 ×**
800	23,6	751	30,8	7,08	222,4	979	1,518	28	111/114	172	45,5	177	**260 ×**
1010	24,1	947	39,0	7,19	406,8	1300	1,544	28	114/117	175	50,5	177	**260 ×**
1260	24,8	1191	46,4	7,31	719	1728	1,575	28	116/119	178	56,5	177	**260 ×**
814	28,2	757	26,5	7,99	108	1512	1,756	28	113/116	210	42,5	225	**320 ×**
1070	28,7	1002	34,4	8,06	225,1	2069	1,771	28	115/119	210	47,5	225	**320 ×**
1360	29,2	1267	44,2	8,18	420,5	2741	1,797	28	118/122	213	52,5	225	**320 ×**
1740	29,8	1626	56	8,30	805,3	3695	1,828	28	122/125	216	59	225	**320 ×**
2220	30,7	2085	67	8,44	1501	5004	1,866	28	125/128	219	67	225	**320 ×**
1420	32,6	1289	41,8	10,1	223,7	4836	2,15	28	102	280	34,8	290,4	**360 ×**
1570	32,8	1429	45,5	10,1	295,5	5432	2,16	28	103	281	36,8	290,4	**360 ×**
1740	33,0	1583	51,6	10,2	393,8	6119	2,172	28	105	283	38,9	290,2	**360 ×**
1920	33,2	1747	56,7	10,2	517,1	6829	2,181	28	106	284	41,2	289,6	**360 ×**
1820	33,0	1663	51,6	10,7	414,6	7074	2,244	28	105	301	39	290	**400 ×**
2130	33,4	1950	60,1	10,8	637,3	8515	2,266	28	107	304	42,7	289,6	**400 ×**
2340	33,6	2145	66,1	10,8	825,5	9489	2,276	28	109	305	45,2	290,4	**400 ×**
2630	34,0	2407	74,6	10,9	1116	10940	2,298	28	111	308	48,3	290,4	**400 ×**
2910	34,3	2669	80,5	11	1464	12300	2,311	28	113	309	51,6	289,8	**400 ×**
3190	34,6	2926	89,5	11	1870	13740	2,326	28	115	311	54,6	289,8	**400 ×**
3570	35,0	3284	98,8	11,1	2510	15850	2,35	28	117	314	58,7	289,6	**400 ×**
3980	35,5	3669	110	11,2	3326	18130	2,371	28	120	316	63	290	**400 ×**
4440	35,9	4096	122	11,3	4398	20800	2,395	28	123	319	67,6	289,8	**400 ×**
4940	36,5	4562	135	11,3	5735	23850	2,421	28	126	322	72,4	290,2	**400 ×**
5520	37,1	5104	150	11,5	7513	27630	2,452	28	129	326	77,7	290,6	**400 ×**
6030	37,5	5584	163	11,5	9410	30870	2,472	28	132	328	82,6	289,8	**400 ×**
6570	38,1	6095	177	11,6	11560	34670	2,498	28	135	331	87,3	290,4	**400 ×**
7110	38,6	6611	189	11,7	14020	38570	2,523	28	138	334	92,1	289,8	**400 ×**
7670	39,0	7135	206	11,8	16790	42920	2,55	28	141	338	96,5	290	**400 ×**
8580	39,9	7998	227	11,9	21840	49980	2,587	28	146	342	103,9	290,2	**400 ×**
9630	40,7	8992	252	12,1	28510	58650	2,629	28	151	347	112	290	**400 ×**
10810	41,6	10121	280	12,2	37350	68890	2,672	28	156	352	121	289	**400 ×**
12140	42,7	11385	313	12,4	48210	81530	2,722	28	162	358	130	290	**400 ×**
13610	43,8	12791	346	12,6	62290	96080	2,722	28	168	364	140	289	**400 ×**

¹) Hinter dem × folgt die Angabe des Gewichts/m

9

Warmgewalzter rundkantiger U-Stahl

Stabstahl und Formstahl nach DIN 1026-1 (03.00)

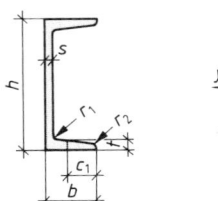 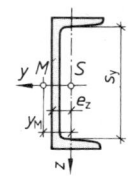

Neigung der inneren Flanschflächen
8% bei $h \leq 300$ mm
5% bei $h > 300$ mm

Diese Norm gilt bevorzugt für Stahlsorten nach DIN EN 10025 (s. Taf. 2). Die Stahlsorte ist bei der Bestellung anzugeben.

Bezeichnung eines U-Stahls mit $h = 300$ mm aus S235JR nach DIN EN 10025:

U 300 DIN 1026-1 — S235JR   oder
U 300 DIN 1026-1 — 1.0037

$$c_1 = \frac{b}{2} \quad \text{bei} \quad h \leq 300 \text{ mm}$$

$$c_1 = \frac{b-s}{2} \quad \text{bei} \quad h > 300 \text{ mm}$$

Kurzzei-chen	Maße in mm⁵)					A	G	für Biegung um die						¹)	²)
								y-Achse			z-Achse				
	h	b	s	$t = r_1$	r_2			I_y	W_y	i_y	I_z	W_z	i_z = min i	e_z	y_M
U						cm²	kg/m	cm⁴	cm³	cm	cm⁴	cm³	cm	cm	cm
30 × 15	30	15	4	4,5	2	2,21	1,74	2,53	1,69	1,07	0,38	0,39	0,42	0,52	0,7
30	30	33	5	7	3,5	5,44	4,27	6,39	4,26	1,08	5,33	2,68	0,99	1,31	2,2
40 × 20	40	20	5	5,5³)	2,5	3,66	2,87	7,58	3,79	1,44	1,14	0,86	0,56	0,67	1,0
40	40	35	5	7	3,5	6,21	4,87	14,1	7,05	1,50	6,68	3,08	1,04	1,33	2,3
50 × 25	50	25	5	6	3	4,92	3,86	16,8	6,73	1,85	2,49	1,48	0,71	0,81	1,3
50	50	38	5	7	3,5	7,12	5,59	26,4	10,6	1,92	9,12	3,75	1,13	1,37	2,4
60	60	30	6	6	3	6,46	5,07	31,6	10,5	2,21	4,51	2,16	0,84	0,91	1,5
65	65	42	5,5	7,5	4	9,03	7,09	57,5	17,7	2,52	14,1	5,07	1,25	1,42	2,6
80	80	45	6	8	4	**11,0**	8,64	106	**26,5**	3,10	19,4	6,36	**1,33**	1,45	2,6
100	100	50	6	8,5	4,5	**13,5**	10,6	206	**41,2**	3,91	29,3	8,49	**1,47**	1,55	2,9
120	120	55	7	9	4,5	**17,0**	13,4	364	**60,7**	4,62	43,2	11,1	**1,59**	1,60	3,0
140	140	60	7	10	5	**20,4**	16,0	605	**86,4**	5,45	62,7	14,8	**1,75**	1,75	3,3
160	160	65	7,5	10,5	5,5	**24,0**	18,8	925	**116**	6,21	85,3	18,3	**1,89**	1,84	3,5
180	180	70	8	11	5,5	**28,0**	22,0	1350	**115**	6,95	114	22,4	**2,02**	1,92	3,7
200	200	75	8,5	11,5	6	**32,2**	25,3	1910	**191**	7,70	148	27,0	**2,14**	2,01	3,9
220	220	80	9	12,5	6,5	37,4	29,4	2690	245	8,48	197	33,6	2,30	2,14	4,2
240	240	85	9,5	13	6,5	**42,3**	33,2	3600	**300**	9,22	248	39,6	**2,42**	2,23	4,3
260	260	90	10	14	7	**48,3**	37,9	4820	**371**	9,99	317	47,7	**2,56**	2,36	4,6
280	280	95	10	15	7,5	53,3	41,8	6280	448	10,9	399	57,2	2,74	2,53	5,0
300	300	100	10	16	8	**58,8**	46,2	8030	**535**	11,7	495	67,8	**2,90**	2,70	5,4
320	320	100	14	17,5	8,75	75,8	59,5	10870	679	12,1	597	80,6	2,81	2,60	4,8
350	350	100	14	16	8	**77,3**	60,6	12840	**734**	12,9	570	75,0	**2,72**	2,40	4,4
380	380	102	13,5	16	8	80,4	63,1	15760	829	14,0	615	78,7	2,77	2,38	4,5
400	400	110	14	18	9	**91,5**	71,8	20350	**1020**	14,9	846	102	**3,04**	2,65	5,1

Fett gedruckte Profile sind zur bevorzugten Verwendung empfohlen (DStV-Profilliste).

¹) e_z = Abstand der z-Achse von der Stegaußenkante.
²) y_M = Abstand des Schubmittelpunktes M von der z-Achse.
³) Bei U 40 × 20 ist $t = 5,5$ mm, $r_1 = 5$ mm.

Lieferart:
Bei Bestellung nach Gewicht darf die Länge zwischen 3000 und 15000 mm schwanken. Zul. Maßabweichung bei Längen ≤ 15000 mm: Bei Bestellung in Festlänge ±50 mm; bei Bestellung in Genaulänge zwischen ±50 und ±5 mm, zu bevorzugen ±25, ±10, ±5 mm.

Bestellbeispiel:
200 Stäbe U 300 DIN 1026 − S235JR in Festlänge 6000

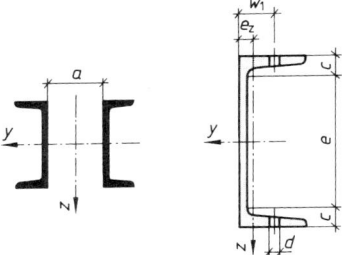

$S_y = \frac{1}{2}W_{pl,y}$	s_y	S_f	A_{Steg}	I_T	I_ω	U	4)	Maße nach DIN 997 in mm				Kurzzeichen
								Größt- ⌀	Anreiß- maß			
								d	w_1	c	e	
cm³	cm	cm³	cm²	cm⁴	cm⁶	m²/m	mm					U
–	–	–	1,02	0,165	0,408	0,103	9	4,3	10	9	12	30 × 15
–	–	–	1,15	0,912	4,36	0,174	–	8,4	20	14,5	14	30
–	–	–	1,73	0,363	2,12	0,142	13	6,4	11	11	18	40 × 20
–	–	–	1,65	1,00	11,9	0,199	–	8,4	20	14,5	11	40
–	–	–	2,20	0,878	8,25	0,181	18	8,4	16	12,5	25	50 × 25
–	–	–	2,15	1,12	27,8	0,232	4	11	20	15	20	50
–	–	–	3,24	0,939	21,9	0,215	23	8,4	18	12,5	35	60
–	–	–	3,16	1,61	77,3	0,273	15	11	25	16	33	65
15,9	6,65	14,3	4,32	2,16	168	0,312	27	13⁺)	25	17	46	**80**
24,5	8,42	21,4	5,49	2,81	414	0,372	41	13	30	18	64	**100**
36,3	10,0	30,4	7,77	4,15	900	0,434	55	17|13.	30	19	82	**120**
51,4	11,8	43,0	9,10	5,68	1800	0,489	68	17	35	21	98	**140**
68,8	13,3	56,4	11,2	7,39	3260	0,546	82	21|17.	35	22,5	115	**160**
89,6	15,1	71,9	13,5	9,55	5570	0,611	94	21	40	23,5	133	**180**
114	16,8	89,8	16,0	11,9	9070	0,661	108	23|21.	40	24,5	151	**200**
146	18,5	115	18,7	16,0	14600	0,718	120	23	45	26,5	167	220
179	20,1	139	21,6	19,7	22100	0,775	133	25|23.	45	28	184	**240**
221	21,8	171	24,6	25,5	33300	0,834	146	25	50	30	200	**260**
266	23,6	208	26,5	31,0	48500	0,890	159	25	50	32	216	280
316	25,4	249	28,4	37,4	69100	0,950	172	28	55	34	232	**300**
413	26,3	307	42,4	66,7	96100	0,982	181	28	58	37	246	320
459	28,6	320	46,8	61,2	114000	1,05	204	28	58	34	282	**350**
507	31,1	342	49,1	59,1	146000	1,11	227	28	60	33,5	313	380
618	32,9	434	53,5	81,6	221000	1,18	239	28	60	38	324	**400**

4) = Stegabstand zweier U-Profile, für die das Flächenmoment 2. Grades für die y-Achse und z-Achse gleich groß und gleich 2_y wird (Angaben nicht genormt).
5) Zul. Abweichungen s. DIN EN 10279.

Weitere Anmerkungen sinngemäß wie auf S. 606/607.

Warmgewalzter U-Stahl mit parallelen Flanschflächen

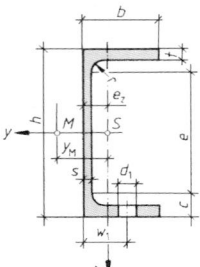

Formstahl nach PSAG 03 1996 (Preussag) UPE bzw. nach NFA 45-255 (Arbed) UAP

Diese Querschnitte gelten bevorzugt für Stahlsorten nach DIN EN 10025 (s. Tafel 2). Die Stahlsorte ist bei der Bestellung anzugeben.

Bezeichnung eines U-Stahls mit $h = 300$ mm aus S235JR nach DIN EN 10025:

| UPE 300 | PSAG 95 | -S 235 JR oder |
| UPE 300 | PSAG 95 | -1.0037 |

Kurz- zei- chen	Maße in mm					A	G	I_y	für Biegung um die					^{1})	^{2})
									y-Achse			z-Achse			
	h	b	s	t	r				W_y	i_y	I_z	W_z	$i_z =$ min i	e_z	y_M
						cm²	kg/m	cm⁴	cm³	cm	cm⁴	cm³	cm	cm	cm
UAP	**U-Stahl mit parallelen inneren Flanschflächen** (Arbed) UAP-Reihe (genormt gemäß NFA45-255)														
80	80	45	5	8	8	10,7	8,38	107	26,8	3,17	21,3	7,38	1,41	1,61	3,17
100	100	50	5,5	8,5	8,5	13,4	10,5	210	41,9	3,96	32,8	9,95	1,57	1,7	3,38
130	130	55	6	9,5	9,5	17,5	13,7	460	70,7	5,12	51,3	13,8	1,71	1,77	3,56
150	150	65	7	10,25	10,5	22,8	17,9	796	106	5,90	93,3	21,0	2,02	2,05	4,15
175	175	70	7,5	10,75	10,75	27,1	21,2	1270	145	6,85	126	25,9	2,16	2,12	4,32
200	200	75	8	11,5	11,5	32,0	25,1	1946	195	7,80	170	32,1	2,30	2,22	4,53
220	220	80	8	12,5	12,5	36,3	28,5	2710	246	8,64	222	39,7	2,48	2,4	4,94
250	250	85	9	13,5	13,5	43,8	34,4	4137	331	9,72	295	48,9	2,60	2,45	5,04
300	300	100	9,5	16	16	58,6	46,0	8171	545	11,8	562	79,9	3,10	2,96	6,17
UPE³)	**U-Stahl mit parallelen inneren Flanschflächen** (Preussag Stahl AG) UPE-Reihe (nach Werksnormen)														
80	80	50	4	7	10	10,1	7,9	107	26,8	3,26	25,5	8	1,59	1,82	3,71
100	100	55	4,5	7,5	10	12,5	9,8	207	41,4	4,07	38,3	10,6	1,75	1,91	3,93
120	120	60	5	8	12	15,4	12,1	364	60,6	4,86	55,5	13,8	1,90	1,98	4,12
140	140	65	5	9	12	18,4	14,5	600	85,6	5,71	78,8	18,2	2,07	2,17	4,54
160	160	70	5,5	9,5	12	21,7	17,0	911	114	6,48	107	22,6	2,22	2,27	4,76
180	180	75	5,5	10,5	12	25,1	19,7	1354	150	7,34	144	28,6	2,39	2,47	5,19
200	200	80	6	11	13	29,0	22,8	1909	191	8,11	187	34,5	2,54	2,56	5,41
220	220	85	6,5	12	13	33,9	26,6	2683	244	8,90	247	42,5	2,70	2,70	5,70
240	240	90	7	12,5	15	38,5	30,2	3599	300	9,67	311	50,1	2,84	2,79	5,91
270	270	95	7,5	13,5	15	44,8	35,2	5255	389	10,8	401	60,7	2,99	2,89	6,14
300	300	100	9,5	15	15	56,6	44,4	7823	522	11,8	538	75,6	3,08	2,89	6,03
330	330	105	11	16	18	67,8	53,2	11008	667	12,7	682	89,7	3,17	2,90	6,00
360	360	110	12	17	18	77,9	61,2	14826	824	13,8	844	105	3,29	2,97	6,12
400	400	115	13,5	18	18	91,9	72,2	20981	1049	15,1	1045	123	3,37	2,98	6,06

^{1}) $e_z =$ Abstand der z-Achse von der Stegaußenkante
^{2}) $y_M =$ Abstand des Schubmittelpunktes M von der z-Achse
^{3}) Die Profilhöhen dieser Reihe sind die gleichen wie der IPE-Reihe. UPE-Profile sind zukünftig genormt in DIN 1026-2 (Entwurf 05.99)

Bei Bestellung nach Gewicht darf die Länge zwischen den für die Herstellängen angegebenen größten und kleinsten Maßen schwanken. Zulässige Maßabweichungen:

Bestellänge: ± 100 mm; bei Bestellung in
Fixlänge: + 100/− 0 mm
Bestellbeispiel:
200 Stäbe UPE 300 PSAG 95   -S235JR in
Fixlänge 6000 mm

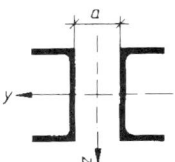

$S_z=\frac{1}{2}W_{pl,y}$ cm³	s_y cm	S_f cm³	A_{Steg} cm²	I_T cm⁴	I_ω cm⁶	U m²/m	$a^4)$ mm	Maße nach DIN 997 in mm Größt-⌀ $d^5)$	Anreiß-maß w_1	c	e	Kurz-zei-chen
												UAP
15,9	6,72	14,5	3,60	1,9	180	0,323	24	13⁶)	25	16	48	**80**
24,8	8,45	21,8	5,03	2,65	450	0,382	39	13	30	17	66	**100**
41,8	11,00	35,4	7,23	4,15	1220	0,46	61	17/13	30	19	92	**130**
62,7	12,70	52,2	9,78	6,51	2990	0,537	70	21/17	35	20,5	109	**150**
85,8	14,80	69,4	12,3	8,43	5620	0,606	88	21	40	21,5	132	**175**
115	16,92	91,3	15,1	11,24	9980	0,674	105	23/21	40	23	154	**200**
145	18,69	116	16,6	14,4	15820	0,733	118	23	45	25	170	**220**
196	21,11	153	21,3	20,4	27430	0,81	138	25/23	45	27	196	**250**
320	25,53	254	27,0	36,3	75040	0,967	169	28	55	32	236	**300**
												UPE
15,6	6,87	14,6	2,92	1,50	223	0,343	20	13	30	17	46	**80**
24,0	8,62	21,6	4,16	2,07	536	0,402	35	13	30	18	65	**100**
35,2	10,34	31,2	5,60	3,00	1136	0,460	50	17/13	35	20	80	**120**
49,4	12,13	43,4	6,55	4,11	2190	0,520	63	17	35	21	98	**140**
65,8	13,85	56,4	8,28	5,31	3935	0,579	76	21/17	40	22	117	**160**
86,5	15,65	74,0	9,32	7,11	6671	0,639	89	21	40	23	135	**180**
110,0	17,35	92,7	11,3	9,04	10826	0,697	103	23/21	45	24	152	**200**
140,7	19,06	117	13,5	12,3	17221	0,756	116	23	45	25	170	**220**
173,4	20,75	143	15,9	15,4	26025	0,813	129	25/23	50	28	185	**240**
225,5	23,30	183	19,2	20,3	42595	0,892	150	25	50	29	213	**270**
306,7	25,51	238	27,1	32,4	71165	0,968	169	28	55	30	240	**300**
395,9	27,80	302	34,5	46,8	110564	1,043	189	28	60	34	262	**330**
491,2	30,18	365	41,2	60,6	164167	1,121	209	28	60	35	290	**360**
631,3	33,23	450	51,6	82,2	255351	1,218	235	28	60	36	328	**400**

[4]) a = Stegabstand zweier U-Profile, für die das Flächenmoment 2. Grades für die y-Achse und z-Achse gleich groß und gleich $2I_y$ wird (Angaben nicht genormt)
[5]) Bei mehreren Werten für d_1 gilt der kleinere für HV-Schrauben
[6]) HV-Schrauben nicht verwendbar

Weitere Angaben sinngemäß wie auf S. 606.

9

Stahlbau

Warmgewalzter gleichschenkliger rundkantiger Winkel-Stahl
nach DIN 1028 (3.94), Fortsetzung s. folgende Seiten.

Werkstoff vorzugsweise aus Stahlsorten nach DIN EN 10025; er ist in der Bezeichnung anzugeben.

Bezeichnung eines gleichschenkligen Winkels aus Stahl S235JO nach DIN EN 10025:

Winkel DIN 1028 $-$ S235JO $-$ 80 × 8

Die gewünschte Nennlänge ist bei Bestellung anzugeben. Die Grenzabmaße der bestellten Länge betragen:

a) ± 100 mm oder

b) $^{+200}_{\ \ 0}$ mm, wenn eine Mindestlänge gefordert wird. Bei der Bestellung können kleinere Grenzabmaße vereinbart werden.

Kurz-zeichen	Maße in mm							Randabstände			
	a	s	r_1	r_2	A	G	U	e	w	v_1	v_2
L $a×s$					cm²	kg/m	m²/m	cm	cm	cm	cm
20 × 3	20	3	3,5	2	**1,12**	0,88	0,077	0,60	1,41	0,85	0,70
25 × 3 / 4	25	3 / 4	3,5	2	**1,42** / 1,85	1,12 / 1,45	0,097	0,73 / 0,76	1,77	1,03 / 1,08	0,87 / 0,89
3 / **30 × 4** / 5	30	3 / 4 / 5	5	2,5	**1,74** / 2,27 / 2,78	1,36 / 1,78 / 2,18	0,116	0,84 / 0,88 / 0,92	2,12	1,18 / 1,24 / 1,30	1,04 / 1,05 / 1,07
35 × 4 / 5	35	4 / 5	5	2,5	**2,67** / 3,28	2,1 / 2,57	0,136	1,00 / 1,04	2,47	1,41 / 1,47	1,24 / 1,25
40 × 4 / 5	40	4 / 5	6	3	**3,08** / 3,79	2,42 / 2,97	0,155	1,12 / 1,16	2,83	1,58 / 1,64	1,40 / 1,42
45 × 4 / 5	45	4 / 5	7	3,5	3,49 / **4,3**	2,74 / 3,38	0,174	1,23 / 1,28	3,18	1,75 / 1,81	1,57 / 1,58
5 / **50 × 6** / 7	50	5 / 6 / 7	7	3,5	**4,8** / 5,69 / 6,56	3,77 / 4,47 / 5,15	0,194	1,40 / 1,45 / 1,49	3,54	1,98 / 2,04 / 2,11	1,76 / 1,77 / 1,78
55 × 6	*55*	*6*	*8*	*4*	*6,31*	*4,95*	*0,213*	*1,56*	*3,89*	*2,21*	*1,94*
5 / **60 × 6** / 8	60	5 / 6 / 8	8	4	5,82 / **6,91** / 9,03	4,57 / 5,42 / 7,09	0,233	1,64 / 1,69 / 1,77	4,24	2,32 / 2,39 / 2,50	2,11 / 2,11 / 2,14
65 × 7	65	7	9	4,5	8,7	6,83	0,252	1,85	4,60	2,62	2,29
6 / **70 × 7** / 9	70	6 / 7 / 9	9	4,5	*8,13* / **9,4** / 11,9	*6,38* / 7,38 / 9,34	0,272	*1,93* / 1,97 / 2,05	4,95	*2,73* / 2,79 / 2,90	*2,46* / 2,47 / 2,50
75 × 7 / 8	75	7 / 8	10	5	10,1 / 11,5	7,94 / 9,03	0,291	2,09 / 2,13	5,30	2,95 / 3,01	2,63 / 2,65
6 / **80 × 8** / 10	80	6 / 8 / 10	10	5	9,35 / **12,3** / 15,1	7,34 / 9,66 / 11,9	0,311	2,17 / 2,26 / 2,34	5,66	3,07 / 3,20 / 3,31	2,80 / 2,82 / 2,85
90 × 7 / 9	90	7 / 9	11	5,5	12,2 / **15,5**	9,61 / 12,2	0,351	2,45 / 2,54	6,36	3,47 / 3,59	3,16 / 3,18
8 / **100 × 10** / 12	100	8 / 10 / 12	12	6	15,5 / **19,2** / 22,7	12,2 / 15,1 / 17,8	0,390	2,74 / 2,82 / 2,90	7,07	3,87 / 3,99 / 4,10	3,52 / 3,54 / 3,57
110 × 10	110	10	12	6	**21,2**	16,6	0,430	3,07	7,78	4,34	3,89
10 / *120 × 11* / **12**	120	10 / *11* / 12	13	6,5	23,2 / *25,4* / **27,5**	18,2 / *19,9* / 21,6	0.469	3,31 / *3,36* / 3,40	8,49	4,69 / *4,75* / 4,80	4,22 / *4,24* / 4,26

Fett gedruckte Winkel sind zu bevorzugen.

Für jeden Abstand a_1 (s. Bild) wird I_z größer als I_y.
└ mit größter Schenkeldicke s und für einteilige Knickstäbe unwirtschaftlich. Der nächstgrößere Winkel mit kleinerer Schenkeldicke hat bei geringerem Metergewicht größere Tragfähigkeit.

Für Schrauben mit $\varnothing < d$ können die gleichen Anreißmaße w angewendet werden. Für $a \leq 100$ mm eine Lochreihe, für $a \leq 110$ mm zwei Lochreihen mit versetzten Bohrungen.

Andere Loch-$\varnothing$ sowie -abstände nach DIN 999 (10.70) s. nächste Seite.

Anmerkungen sinngemäß wie auf S. 606/607.

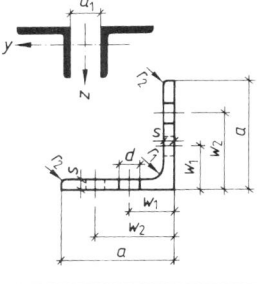

für Biegung um die								Maße nach DIN 997			Kurzzeichen
y-Achse $= z$-Achse			η-Achse		ζ-Achse						
I_y	W_y	i_y	I_η	i_η	I_ζ	W_ζ	i_ζ $=\min i$	I_{yz} [2])	d	w_1 w_2	L $a \times s$
cm⁴	cm³	cm	cm⁴	cm	cm⁴	cm³	cm	cm⁴	mm	mm mm	
0,39	0,28	0,59	0,62	0,74	0,15	0,18	**0,37**	0,23	4,3	12 −	**20** × **3**
0,79	0,45	0,75	1,27	0,95	0,31	0,30	**0,47**	0,48	6,4	15 −	**25** × **3**
1,01	0,58	0,74	1,61	0,93	0,40	0,37	0,47	0,60			**4**
1,41	0,65	0,90	2,24	1,14	0,57	0,48	**0,57**	0,84	8,4	17 −	**3**
1,81	0,86	0,89	2,85	1,12	0,76	0,61	0,58	1,05			**30** × **4**
2,16	*1,04*	*0,88*	*3,41*	*1,11*	*0,91*	*0,70*	*0,57*	*1,25*			*5*
2,96	1,18	1,05	4,68	1,33	1,24	0,88	**0,68**	1,72	11	18 −	**35** × **4**
3,56	1,45	1,04	5,63	1,31	1,49	1,10	0,67	2,07			**5**
4,48	1,55	1,21	7,09	1,52	1,86	1,18	**0,78**	2,62	11	22 −	**40** × **4**
5,43	1,91	1,20	8,64	1,51	2,22	1,35	0,77	3,21			**5**
6,43	1,97	1,36	10,2	1,71	2,68	1,53	0,88	3,75	13	25 −	**45** × **4**
7,83	2,43	1,35	12,4	1,70	3,25	1,80	**0,87**	4,58			**5**
11,0	3,05	1,51	17,4	1,90	4,59	2,32	**0,98**	6,41	13	30 −	**5**
12,8	3,61	1,50	20,4	1,89	5,24	2,57	0,96	7,56			**50** × **6**
14,6	4,15	1,49	23,1	1,88	6,02	2,85	0,96	8,58			**7**
17,3	*4,40*	*1,66*	*27,4*	*2,08*	*7,24*	*3,28*	*1,07*	*10,1*	*17*	*30* −	*55* × *6*
19,4	4,45	1,82	30,7	2,30	8,03	3,46	1,17	11,3	17	35 −	**6**
22,8	5,29	1,82	36,1	2,29	9,43	3,95	**1,17**	13,4			**60** × **6**
29,1	6,88	1,80	46,1	2,26	12,1	4,84	1,16	17,0			**8**
33,4	7,18	1,96	53,0	2,47	13,8	5,27	1,26	19,6	21	35 −	65 × 7
36,9	*7,27*	*2,13*	*58,5*	*2,68*	*15,3*	*5,60*	*1,37*	*21,6*	*21*	*40* −	*6*
42,4	8,43	2,12	67,1	2,67	17,6	6,31	**1,37**	24,8			**70** × **7**
52,6	10,6	2,10	83,1	2,64	22,0	7,59	1,36	30,6			**9**
52,4	9,67	2,28	83,6	2,88	21,1	7,15	1,45	31,3	23	40 −	**6**
58,9	11,0	2,26	93,3	2,85	24,4	8,11	1,46	34,5			**75** × **7** **8**
55,8	9,57	2,44	88,5	3,08	23,1	7,54	1,57	32,7	23	45 −	**6**
72,3	12,6	2,42	115	3,06	29,6	9,25	**1,55**	42,7			**80** × **8**
87,5	15,5	2,41	139	3,03	35,9	10,9	1,54	51,6			**10**
92,6	14,1	2,75	147	3,46	38,3	11,0	1,77	54,3	25	50 −	**7**
116	18,0	2,74	184	3,45	47,8	13,3	**1,76**	68,2			**90** × **9**
145	19,9	3,06	230	3,85	59,9	15,5	1,96	85,1	25	55 −	**8**
177	24,7	3,04	280	3,82	73,3	18,4	**1,95**	104			**100** × **10**
207	29,2	3ˑ02	328	3,80	86,2	21,0	1,95	121			**12**
239	30,1	3,36	379	4,23	98,6	22,7	**2,16**	140	25	45 70	**110** × **10**
313	36,0	3,67	497	4,63	129	27,5	2,36	184	25	50 80	**10**
341	*39,5*	*3,66*	*541*	*4,62*	*140*	*29,5*	*2,35*	*201*			**120** × **11**
368	42,7	3,65	584	4,60	152	31,6	**2,35**	216			**12**

Kursiv gedruckte Winkel sind möglichst zu vermeiden.
[2]) Zentrifugalmoment; Angaben nicht genormt.

9

Stahlbau

Kurz-zeichen	Maße in mm							Randabstände			
	a	s	r_1	r_2	A	G	U	e	w	v_1	v_2
L $a \times s$					cm²	kg/m	m²/m	cm	cm	cm	cm
130 × 12	130	12	14	7	30	23,6	0,508	3,64	9,19	5,15	4,60
140 × 13	140	13	15	7,5	35	27,5	0,547	3,92	9,90	5,54	4,96
150 × _12_ _14_ 15	150	12 _14_ 15	16	8	34,8 _40,3_ **43**	27,3 _31,6_ 33,8	0,586	4,12 _4,21_ 4,25	10,6	5,83 _5,95_ 6,01	529 _5,31_ 5,33
160 × _15_ _17_	160	15 _17_	17	8,5	46,1 _51,8_	36,2 _40,7_	0,625	4,49 _4,57_	11,3	6,35 _6,46_	5,67 _5,70_
180 × _16_ **18**	180	16 **18**	18	9	55,4 **61,9**	43,5 48,6	0,705	5,02 5,10	12,7	7,11 7,22	6,39 6,41
200 × 16 _18_ **20** 24	200	16 _18_ **20** 24	18	9	61,8 69,1 **76,3** 90,6	48,5 54,3 59,9 71,1	0,785	5,52 _5,60_ 5,68 5,84	14,1	7,80 _7,92_ 8,04 8,26	7,09 _7,12_ 7,15 7,21

Fett gedruckte Winkel sind zu bevorzugen.

Lochabstände in gleichschenkligen Winkelstählen in mm nach DIN 999 (10.70)

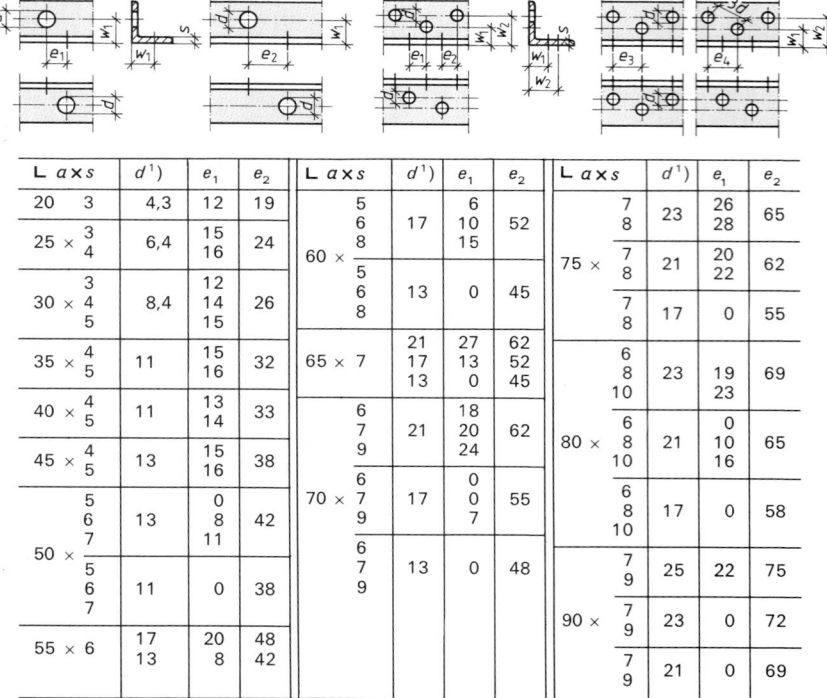

L $a \times s$	d^{1})	e_1	e_2	L $a \times s$	d^{1})	e_1	e_2	L $a \times s$	d^{1})	e_1	e_2
20 × 3	4,3	12	19	60 × 5 6 8	17	6 10 15	52	75 × 7 8	23	26 28	65
25 × 3 4	6,4	15 16	24	60 × 5 6 8	13	0	45	75 × 7 8	21	20 22	62
30 × 3 4 5	8,4	12 14 15	26	65 × 7	21 17 13	27 13 0	62 52 45	75 × 7 8	17	0	55
35 × 4 5	11	15 16	32	70 × 6 7 9	21	18 20 24	62	80 × 6 8 10	23	19 23	69
40 × 4 5	11	13 14	33	70 × 6 7 9	17	0 0 7	55	80 × 6 8 10	21	0 10 16	65
45 × 4 5	13	15 16	38	70 × 6 7 9	13	0	48	80 × 6 8 10	17	0	58
50 × 5 6 7	13	0 8 11	42					90 × 7 9	25	22	75
50 × 5 6 7	11	0	38					90 × 7 9	23	0	72
55 × 6	17 13	20 8	48 42					90 × 7 9	21	0	69

¹) Für Niete und Schrauben mit noch kleinerem als dem hier angegebenen Durchmesser können die gleichen Anreißmaße und Lochabstände angewendet werden.

für Biegung um die								Maße nach DIN 997			Kurz-zeichen
y-Achse = z-Achse			η-Achse		ζ-Achse						
I_y	W_y	i_y	I_η	i_η	I_x	W_ζ	$i_\zeta = \min i$	I_{yz}	d	$w_1{}^2)$	w_2
cm^4	cm^3	cm	cm^4	cm	cm^4	cm^3	cm	cm^4	mm	mm	mm	L $a \times s$
472	50,4	3,97	750	5,00	194	37,7	2,54	278	25	50	90	130 × 12
638	63,3	4,27	1010	5,38	262	47,3	2,74	376	28	55	95	140 × 13
737	67,7	4,60	1170	5,80	303	52,0	2,95	434				12
845	78,2	4,58	1340	5,77	347	58,3	2,94	498	28	60	105	150 × 14
898	83,5	4,57	1430	5,76	370	61,6	2,93	528				15
1100	95,6	4,88	1750	6,15	453	71,3	3,14	647				14
1230	108	4,86	1950	6,13	506	78,3	3,13	724	28	60	115	160 × 17
1680	130	5,51	2690	6,96	679	95,5	3,50	1000	28	60	135	180 × 16
1870	145	5,49	2970	6,93	757	105	3,49	1110		60 | 65		18
2340	162	6,15	3740	7,78	943	121	3,91	1400				16
2600	181	6,13	4150	7,75	1050	133	390	1550	28	65	150	18
2850	199	6,11	4540	7,72	1160	144	3,89	1690				200 × 20
3330	235	6,06	5280	7,64	1380	167	3,90	1950		65 | 70		24

Kursiv gedruckte Winkel sind möglichst zu vermeiden.

s = Schenkeldicke, d = Lochdurchmesser in mm

Haben die Löcher in beiden Schenkeln mindestens den Abstand

— e_1, so lassen sich die Niete mit Rücksicht auf den Döpper- und Kopf-⌀ schlagen;
— e_2, so braucht bei Zugstäben nur ein Loch abgezogen zu werden;
— e_3, so ist der Abstand 3d gewahrt, und bei Zugstäben brauchen nur zwei Löcher abgezogen zu werden;
— e_4, so ist der Abstand 3d gewahrt.

Anreißmaße w_1 und w_2 nach DIN 997 s. S. 623 und 625

9

L $a \times s$	$d^1)$	e_1	e_2	e_3	e_4	L $a \times s$	$d^1)$	e_1	e_2	e_3	e_4	L $a \times s$	$d^1)$	e_1	e_2	e_3	e_4
8		0					25	24	99	64	64		16	28	26	127	71	38
10	25	10	79	—	—	130×12	23	17	94	57	57		18		30			
12		18					21	0	90	49	49	180× 16	16	25	15	119	67	0
8							28	30	107	74	74		18		20			
100×10	23	0	75	—	—	140×13	25	20	101	64	64		16	23	0	114	55	0
12							23	0	100	57	57		18					
							21	0	92	49	49							
8													16		13			
10	21	0	72	—	—		12		17				18	28	20	133	75	0
12							14	28	22	112	71	71	20		25			
	25	32	88	71	71		15		25				24		32			
110×10	23	23	84	65	65		12		0				16		0			
	21	16	80	58	58	150×	14	25	0	106	60	60	200×18	25	0	125	70	0
10							15		10				20		10			
11	25	26	93	69	69		12		0				24		22			
12		28					14	23	0	101	53	53	16					
							15						18	23	0	120	67	0
10		14					15	28	25	117	64	64	20					
120×11	23	89	63	63		17		28				24					
12		17				160×	15	25	10	111	59	51						
10		0					17		18									
11	21	0	85	56	56		15	23	0	106	56	42						
12							17											

$^2)$ s. links, Fußnote $^1)$.

Stahlbau

Warmgewalzter ungleichschenkliger rundkantiger Winkel-Stahl
nach DIN 1029 (3.94). Fortsetzung s. folgende Seiten.

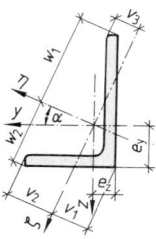

Werkstoff vorzugsweise aus Stahlsorten nach DIN EN 10025; er ist in der Bezeichnung anzugeben.

Bezeichnung eines ungleichschenkligen Winkels aus Stahl S235JO nach DIN EN 10025 von Schenkellänge $a = 80$ mm, Schenkellänge $b = 40$ mm und Schenkeldicke $s = 6$ mm:

$$\text{Winkel DIN 1029} - \text{S235JO} - 80 \times 40 \times 6$$

Die gewünschte Nennlänge ist bei Bestellung anzugeben. Die Grenzabmaße der bestellten Länge betragen

a) ± 100 mm oder

b) $^{+200}_{\ \ 0}$ mm, wenn eine Mindestlänge gefordert wird.

Bei der Bestellung können kleinere Grenzabmaße vereinbart werden.

Kurz-zeichen	Maße in mm						Randabstände							Lage der ζ-Achse
	r_1	r_2	a_1	A	G	U	e_y	e_z	w_1	w_2	v_1	v_2	v_3	
$L\,a \times b \times s$				cm²	kg/m	m²/m	cm	cm	cm	cm	cm	cm	cm	tan α
$30 \times 20 \times \genfrac{}{}{0}{}{3}{4}$	3,5	2	5,2 4,2	**1,42** **1,85**	1,11 1,45	0,097	0,99 1,03	0,50 0,54	2,04 2,02	1,51 1,52	0,86 0,91	1,04 1,03	0,56 0,58	0,431 0,423
$40 \times 20 \times \genfrac{}{}{0}{}{3}{4}$	3,5	2	14,6 13,8	**1,72** **2,25**	1,35 1,77	0,117	1,43 1,47	0,44 0,48	2,61 2,57	1,77 1,80	0,79 0,83	1,19 1,18	0,46 0,50	0,259 0,252
$40 \times 25 \times 4$	4	2	8,7	2,46	1,93	0,127	1,36	0,62	2,69	1,90	1,10	1,35	0,68	0,381
$45 \times 30 \times \genfrac{}{}{0}{}{3}{4}{5}$	4,5	2	9,0 8,0 7,2	2,19 **2,87** **3,53**	1,72 2,25 2,77	0,146	1,43 1,48 1,52	0,70 0,74 0,78	3,09 3,07 3,05	2,23 2,26 2,27	1,21 1,27 1,32	1,59 1,58 1,58	0,80 0,83 0,85	0,436 0,436 0,430
$50 \times 30 \times \genfrac{}{}{0}{}{4}{5}$	4,5	2	13,1 12,2	**3,07** **3,78**	2,41 2,96	0,156	1,68 1,73	0,70 0,74	3,36 3,33	2,35 2,38	1,24 1,28	1,67 1,66	0,78 0,80	0,356 0,353
$50 \times 40 \times \genfrac{}{}{0}{}{4}{5}$	4	2	– –	3,46 **4,27**	2,71 3,35	0,177	1,52 1,56	1,03 1,07	3,50 3,49	2,85 2,88	1,67 1,73	1,84 1,84	1,26 1,27	0,629 0,625
$60 \times 30 \times 5$	6	3	21,4	**4,29**	3,37	0,175	2,15	0,68	3,90	2,67	1,20	1,77	0,72	0,256
$60 \times 40 \times \genfrac{}{}{0}{}{5}{6}{7}$	6	3	11,2 10,2 9,2	**4,79** **5,68** 6,55	3,76 4,46 5,14	0,195	1,96 2,00 2,04	0,97 1,01 1,05	4,08 4,06 4,04	3,01 3,02 3,03	1,68 1,72 1,77	2,09 2,08 2,07	1,10 1,12 1,14	0,437 0,433 0,429
$65 \times 50 \times \genfrac{}{}{0}{}{5}{7}{9}$	6	3	3,6 1,8 –	**5,54** 7,60 9,58	4,35 5,97 7,52	0,224	1,99 2,07 2,15	1,26 1,33 1,41	4,52 4,50 4,48	3,61 3,62 3,63	2,08 2,19 2,28	2,38 2,37 2,36	1,50 1,52 1,57	0,583 0,574 0,567
$70 \times 50 \times 6$	6	3	8,4	**6,88**	5,40	0,235	2,24	1,25	4,82	3,68	2,20	2,52	1,42	0,497
$75 \times 50 \times \genfrac{}{}{0}{}{7}{9}$	6,5	3,5	13,0 11,0	**8,30** 10,5	6,51 8,23	0,244	2,48 2,56	1,25 1,32	5,10 5,06	3,77 3,80	2,13 2,22	2,63 2,62	1,38 1,44	0,433 0,427
$75 \times 55 \times \genfrac{}{}{0}{}{5}{7}{9}$	7	3,5	8,4 6,6 5,0	**6,30** **8,66** 10,9	4,95 6,80 8,59	0,254	2,31 2,40 2,47	1,33 1,41 1,48	5,19 5,16 5,14	4,00 4,02 4,04	2,27 2,37 2,46	2,71 2,70 2,70	1,58 1,62 1,66	0,530 0,525 0,518

Fett gedruckte Winkel sind zu bevorzugen; die anderen sollten für Neukonstruktionen nicht mehr verwendet werden.
Der Hinweis auf unwirtschaftliche Knickstäbe am Kopf der gleichschenkligen Winkel gilt auch für ungleichschenklige Winkel.

$a_1 = $ Abstand zweier **L**-Profile, für den das Flächenmoment 2. Grades für die y-achse und z-Achse gleich groß und gleich $2I_y$ wird (Angaben nicht genormt). 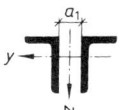 Für Schrauben mit $\varnothing < d_1$ bzw. d_2 können die gleichen Anreißmaße w_1, w_2 bzw. w_3 angewendet werden. Andere Lochdurchmesser sowie Lochabstände nach DIN 998 (10.70) s. S. 630/631

Anmerkungen sinngemäß wie auf S. 606/607.

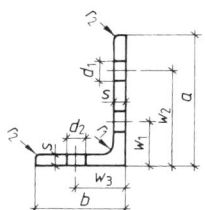

für Biegung um die											Maße nach DIN 997 in mm				Kurzzeichen
y-Achse			z-Achse			η-Achse		ζ-Achse							
I_y	W_y	i_y	I_z	W_z	i_z	I_η	i_η	I_ζ	$i_\zeta = \min i$	I_{yz} ²)	d_1 ¹)	d_2	w_1	w_3 ¹)	$L\ a \times b \times s$
cm⁴	cm³	cm	cm⁴	cm³	cm	cm⁴	cm	cm⁴	cm	cm⁴					
1,25	0,62	0,94	0,44	0,29	0,56	1,43	1,00	0,25	**0,42**	0,43	8,4	4,3	17	12	$30 \times 20 \times \frac{3}{4}$
1,59	0,81	0,93	0,55	0,38	0,55	1,81	0,99	0,33	**0,42**	0,53					
2,79	1,08	1,27	0,47	0,30	0,52	2,96	1,31	0,30	**0,42**	0,65	11	4,3	22	12	$40 \times 20 \times \frac{3}{4}$
3,59	1,42	1,26	0,60	0,39	0,52	3,79	1,30	0,39	**0,42**	0,81					
3,89	1,47	1,26	1,16	0,62	0,69	4,35	1,33	0,70	0,53	1,21	11	6,4	22	15	$40 \times 25 \times 4$
4,47	1,46	1,43	1,60	0,70	0,86	5,15	1,53	0,93	0,65	1,54	13	8,4	25	17	$45 \times 30 \times \frac{3}{4}$
5,78	1,91	1,42	2,05	0,91	0,85	6,65	1,52	1,18	**0,64**	2,00					5
6,99	2,35	1,41	2,47	1,11	0,84	8,02	1,51	1,44	**0,64**	2,39					
7,71	2,33	1,59	2,09	0,91	0,82	8,53	1,67	1,27	**0,64**	2,30	13	8,4	30	17	$50 \times 30 \times \frac{4}{5}$
9,41	2,88	1,58	2,54	1,12	0,82	10,4	1,66	1,56	**0,64**	2,77					
8,54	2,47	1,57	4,86	1,64	1,19	10,9	1,78	2,46	0,84	3,82	13	11	30	22	$50 \times 40 \times \frac{4}{5}$
10,4	3,02	1,56	5,89	2,01	1,18	13,3	1,76	3,02	**0,84**	4,60					
15,6	4,04	1,90	2,60	1,12	0,78	16,5	1,96	1,69	0,63	3,56	17	8,4	35	17	$60 \times 30 \times 5$
17,2	4,25	1,89	6,11	2,02	1,13	19,8	2,03	3,50	**0,86**	5,98	17	11	35	22	$60 \times 40 \times \frac{5}{7}$
20,1	5,03	1,88	7,12	2,38	1,12	23,1	2,02	4,12	0,85	6,92					6
23,0	5,79	1,87	8,07	2,74	1,11	26,3	2,00	4,73	0,85	7,81					
23,1	5,11	2,04	11,9	3,18	1,47	28,8	2,28	6,21	**1,06**	9,80	21	13	35	30	$65 \times 50 \times \frac{5}{9}$
31,0	6,99	2,02	15,8	4,31	1,44	38,4	2,25	8,37	1,05	13,0					7
38,2	8,77	2,00	19,4	5,39	1,42	47,0	2,22	10,5	1,05	15,7					
33,5	7,04	2,21	14,3	3,81	1,44	39,9	2,41	7,94	**1,07**	12,7	21	13	40	30	$70 \times 50 \times 6$
46,4	9,24	2,36	16,5	4,39	1,41	53,3	2,53	9,56	**1,07**	16,0	23	13	40	30	$75 \times 50 \times \frac{7}{9}$
57,4	11,6	2,34	20,2	5,49	1,39	65,7	2,50	11,9	1,07	19,4					
35,5	6,84	2,37	16,2	3,89	1,60	43,1	2,61	8,68	**1,17**	14,2	23	17	40	30	$75 \times 55 \times \frac{5}{9}$
47,9	9,39	2,35	21,8	5,32	1,59	57,9	2,59	11,8	**1,17**	19,0					7
59,4	11,8	2,33	26,8	6,66	1,57	71,3	2,55	14,8	1,16	23,1		17/13			

¹) Bei 2 Werten gelten für HV-Verbindungen das größere w_3 und der kleiner d_2. Ist dieser noch mit einem · gekennzeichnet, dann gilt er für a l l e Schrauben und der größere d_2 nur für Niete

²) Zentrifugalmoment; Angaben nicht genormt.

9

627

Stahlbau

Fortsetzung der vorhergehenden Seiten

Kurzzeichen $L\ a×b×s$	r_1 mm	r_2 mm	a_1	A cm²	G kg/m	U m²/m	e_y cm	e_z cm	w_1 cm	w_2 cm	v_1 cm	v_2 cm	v_3 cm	Lage der ζ-Achse $\tan\alpha$
80 × 40 × 6	7	3,5	29,0	**6,89**	5,41	0,234	2,85	0,88	5,21	3,53	1,55	2,42	0,89	0,259
80 × 40 × 8			27,2	**9,01**	7,07		2,94	0,95	5,15	3,57	1,65	2,38	1,04	0,253
80 × 60 × 7	8	4	5,7	**9,38**	7,36	0,274	2,51	1,52	5,55	4,42	2,70	2,92	1,68	0,546
80 × 65 × 8	8	4	—	**11,0**	8,66	0,283	2,47	1,73	5,59	4,65	2,79	2,94	2,05	0,645
80 × 65 × 10			—	13,6	10,7		2,55	1,81	5,56	4,68	2,90	2,95	2,11	0,640
90 × 60 × 6	7	3,5	17,8	**8,69**	6,82	0,294	2,89	1,41	6,14	4,50	2,46	3,16	1,60	0,442
90 × 60 × 8			16,0	11,4	8,96		2,97	1,49	6,11	4,54	2,56	3,15	1,69	0,437
100 × 50 × 6	9	4,5	37,6	**8,73**	6,85	0,292	3,49	1,04	6,50	4,39	1,91	2,98	1,15	0,263
100 × 50 × 8			35,4	**11,5**	8,99		3,59	1,13	6,48	4,44	2,00	2,95	1,18	0,258
100 × 50 × 10			33,8	14,1	11,1		3,67	1,20	6,43	4,49	2,08	2,91	1,22	0,252
100 × 65 × 7	10	5	21,8	**11,2**	8,77	0,321	3,23	1,51	6,83	4,91	2,66	3,48	1,73	0,419
100 × 65 × 9			19,8	**14,2**	11,1		3,32	1,59	6,78	4,94	2,76	3,46	1,78	0,415
100 × 65 × 11			17,8	17,1	13,4		3,40	1,67	6,74	4,97	2,85	3,45	1,83	0,410
100 × 75 × 7	10	5	8,8	11,9	9,32	0,341	3,06	1,83	6,96	5,42	3,10	3,61	2,18	0,553
100 × 75 × 9			7,0	**15,1**	11,8		3,15	1,91	6,91	5,45	3,22	3,63	2,22	0,549
100 × 75 × 11			5,2	18,2	14,3		3,23	1,99	6,87	5,49	3,32	3,65	2,27	0,545
120 × 80 × 8	11	5,5	24,0	**15,5**	12,2	0,391	3,83	1,87	8,23	5,99	3,27	4,20	2,16	0,441
120 × 80 × 10			22,2	**19,1**	15,0		3,92	1,95	8,18	6,03	3,37	4,19	2,19	0,438
120 × 80 × 12			20,2	22,7	17,8		4,00	2,03	8,14	6,06	3,46	4,18	2,25	0,433
130 × 65 × 8	11	5,5	48,6	**15,1**	11,9	0,381	4,56	1,37	8,50	5,71	2,49	3,86	1,47	0,263
130 × 65 × 10			46,8	**18,6**	14,6		4,65	1,45	8,43	5,76	2,58	3,82	1,54	0,259
130 × 65 × 12			44,6	22,1	17,3		4,74	1,53	8,37	5,81	2,66	3,80	1,60	0,255
130 × 90 × 12	12	6	18,6	25,1	19,7	0,430	4,24	2,26	8,88	6,72	3,85	4,60	2,56	0,468
150 × 75 × 9	10,5	5,5	56,4	**19,5**	15,3	0,441	5,28	1,57	9,79	6,62	2,90	4,46	1,72	0,265
150 × 75 × 11			54,4	23,6	18,6		5,37	1,65	9,73	6,66	2,97	4,44	1,77	0,261
150 × 100 × 10	13	6,5	29,8	**24,2**	19,0	0,489	4,80	2,34	10,3	7,50	4,10	5,25	2,68	0,442
150 × 100 × 12			28,0	**28,7**	22,6		4,89	2,42	10,2	7,53	4,19	5,24	2,73	0,439
150 × 100 × 14			26,2	33,2	26,1		4,97	2,50	10,2	7,56	4,28	5,23	2,77	0,435
160 × 80 × 12	13	6,5	57,9	27,5	21,6	0,469	5,72	1,77	10,4	7,10	3,15	4,75	1,89	0,259
180 × 90 × 10	14	7	69,0	**26,2**	20,6	0,528	6,28	1,85	11,8	7,89	3,38	5,42	2,00	0,262
180 × 90 × 12			67,0	31,2	24,5		6,37	1,93	11,7	7,95	3,48	5,38	2,07	0,261
200 × 100 × 10	15	7,5	77,4	**29,2**	23,0	0,587	6,93	2,01	13,2	8,76	3,75	5,98	2,22	0,266
200 × 100 × 12			75,2	**34,8**	27,3		7,03	2,10	13,1	8,82	3,84	5,95	2,26	0,264
200 × 100 × 14			73,0	40,3	31,6		7,12	2,18	13,0	8,88	3,93	5,92	2,32	0,262

Fett gedruckte Winkel sind zu bevorzugen; die anderen sollten für Neukonstruktionen nicht mehr verwendet werden.

I_y	W_y	i_y	I_z	W_z	i_z	I_η	i_η	I_ζ	$i_\zeta =$ min i	I_{yz}	d_1	d_2[1])	w_1	w_2	w_3[1])	Kurzzeichen
cm⁴	cm³	cm	cm⁴	cm³	cm	cm⁴	cm	cm⁴	cm	cm⁴						L $a \times b \times s$
44,9	8,73	2,55	7,59	2,44	1,05	47,6	2,63	4,90	**0,84**	10,4	23	11	45	—	22	**80 × 40 ×** $\frac{6}{8}$
57,6	11,4	2,53	9,68	3,18	1,04	60,9	2,60	6,41	**0,84**	12,9						
59,0	10,7	2,51	28,4	6,34	1,74	72,0	2,77	15,4	**1,28**	23,8	23	17	45	—	35	**80 × 60 × 7**
68,1	12,3	2,49	40,1	8,41	1,91	88,0	2,82	20,3	**1,36**	30,8	23	21	45	—	35	**80 × 65 ×** $\frac{8}{10}$
82,2	15,1	2,46	48,3	10,3	1,89	106	2,79	24,8	1,35	36,7		21 17				
71,7	11,7	2,87	25,8	5,61	1,72	82,8	3,09	14,6	**1,30**	25,2	25	17	50	—	35	**90 × 60 ×** $\frac{6}{8}$
92,5	15,4	2,85	33,0	7,31	1,70	107	3,06	19,0	1,29	32,1						
89,7	13,8	3,20	15,3	3,86	1,32	95,2	3,30	9,78	**1,06**	21,0	25	13	55	—	30	**100 × 50 ×** $\frac{6}{8}$
116	18,0	3,18	19,5	5,04	1,31	123	3,28	12,6	1,05	26,7						
141	22,2	3,16	23,4	6,17	1,29	149	3,25	15,5	1,04	31,5		13 +)				10
113	16,6	3,17	37,6	7,54	1,84	128	3,39	21,6	**1,39**	38,2	25	21	55	—	35	**100 × 65 ×** $\frac{7}{9}$
141	21,0	3,15	46,7	9,52	1,82	160	3,36	27,2	**1,39**	47,1		21 17				
167	25,3	3,13	55,1	11,4	1,80	190	3,34	32,6	1,38	55,0		17			35 37	11
118	17,0	3,15	56,9	10,0	2,19	145	3,49	30,1	**1,59**	48,5	25	23	55	—	40	**100 × 75 ×** $\frac{7}{9}$
148	21,5	3,13	71,0	12,7	2,17	181	3,47	37,8	**1,59**	60,5		23 21				
176	25,9	3,11	84,0	15,3	2,15	214	3,44	45,4	1,58	71,0						11
226	27,6	3,82	80,8	13,2	2,29	261	4,10	45,8	**1,72**	79,4	25	23	50	80	45	**120 × 80 ×** $\frac{8}{10}$
276	34,1	3,80	98,1	16,2	2,27	318	4,07	56,1	**1,71**	96,1						
323	40,4	3,77	114	19,1	2,25	371	4,04	66,1	**1,71**	111						12
263	31,1	4,17	44,8	8,72	1,72	280	4,31	28,6	**1,38**	61,6	25	17	50	90	35	**130 × 65 ×** $\frac{8}{10}$
321	38,4	4,15	54,2	10,7	1,71	340	4,27	35,0	**1,37**	74,1		21 17 •			35 36	
376	45,5	4,12	63,0	12,7	1,69	397	4,24	41,2	1,37	85,4		38				12
420	48,0	4,09	165	24,4	2,56	492	4,43	92,6	1,92	154	25	25	50	90	50	**130 × 90 × 12**
455	46,8	4,83	78,3	13,2	2,00	484	4,98	50,0	**1,60**	107	28	23	60	105	40	**150 × 75 ×** $\frac{9}{11}$
545	56,6	4,80	93,0	15,9	1,98	578	4,95	59,8	**1,59**	127		23 21				
552	54,1	4,78	198	25,8	2,86	637	5,13	112	**2,15**	194	28	25	60	105	55	**150 × 100 ×** $\frac{12}{14}$
650	64,2	4,76	232	30,6	2,84	749	5,10	132	**2,15**	227						
744	74,1	4,73	264	35,2	2,82	856	5,07	152	2,14	257						
720	70,0	5,11	122	19,6	2,10	763	5,26	78,9	1,69	166	28	23	60	115	45	**160 × 80 × 12**
880	75,1	5,80	151	21,2	2,40	934	5,97	97,4	**1,93**	205	28	25	60	135	50	**180 × 90 ×** $\frac{10}{12}$
1040	89,3	5,77	177	25,1	2,38	1100	5,94	114	1,92	241						
1220	93,2	6,46	210	26,3	2,68	1300	6,66	133	**2,14**	289	28	25	65	150	55	**200 × 100 ×** $\frac{10}{12}$
1440	111	6,43	247	31,3	2,67	1530	6,63	158	**2,13**	338						
1650	128	6,41	282	36,1	2,65	1760	6,60	181	**2,12**	385						14

1) s. S. 627 Fußnote 1)
+) Genormte Schrauben für HV-Verbindungen sind hier nicht anwendbar.

9

Lochabstände in ungleichschenkligen Winkelstählen. Auszug aus DIN 998 (10.70), Maße in mm. Anreißmaße w_1, w_2, w_3 nach DIN 997 s. S. 627 und 629

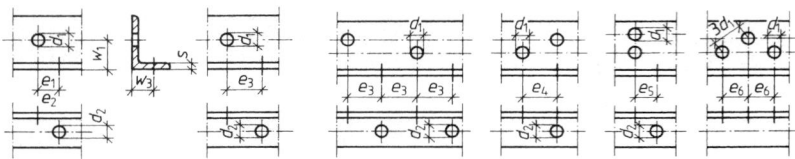

s = Schenkeldicke; d_1, d_2 = Lochdurchmesser. Haben die Löcher in beiden Schenkeln mindestens den Abstand

— e_1 (e_2), so läßt sich mit Rücksicht auf den Döpper- und Niet-$\varnothing$ der Niet im kleinen (großen) Schenkel schlagen, wenn der Niet im großen (kleinen) Schenkel bereits sitzt;

— e_3, so braucht in Zugstäben nur ein Loch abgezogen zu werden;

— e_4 (e_5), so ist der Abstand $3d_1$ gewahrt, und in Zugstäben brauchen nur zwei Löcher abgezogen zu werden;

— e_6, so ist der Abstand $3d_1$ gewahrt.

L	s	d_1	d_2	e_1	e_2	e_3
30×20	3	8,4	4,3	10	0	17
	4			11		
40×20	3	11	4,3	12	0	18
	4			13		
45×30	3	13	8,4	16	0	29
	4			17		
	5			18		
50×30	5	13	8,4	18	0	30
50×40	4	13		18	0	36
	5	13		19		
	4	11	11	13		
	5	11		14		
60×30	5	17	8,4	22	0	31
	5	13		18		
60×40	5	17		20	0	38
	6	17		21		
	7			22		
	5	13	11	16		
	6	13		17		
	7			18		
65×50	5	21	13	19	13	44
	7			22	18	
	9			24	21	
	5	17		13	0	
	7			16	0	
	9			19	11	
	5	21	11	14	10	40
	7			18	15	
	9			20	19	
	5	17		0	0	
	7			11	0	
	9			15	8	

L	s	d_1	d_2	e_1	e_2	e_3
75×50	7	23		24	9	
	9			26	15	
	7	21	13	22	0	45
	9			24	10	
	7	17		16	0	
	9			19		
	7	23		20	0	
	9			22	13	
	7	21	11	18		41
	9			20	0	
	7	17		11		
	9			15		
75×55	5	23		26	13	
	7			28	18	
	9			30	22	
	5	21	17	24	0	52
	7			26	13	
	9			28	17	
	5	17		19		
	7			22	0	
	9			24		
	5	23		21	0	
	7			24	11	
	9			26	16	
	5	21	13	19	0	45
	7			22	0	
	9			24	11	
	5	17		13		
	7			16	0	
	9			19		
80×40	6	23		27		
	8			28		
	6	21	11	26	0	40
	8			27		
	6	17		21		
	8			23		

L	s	d_1	d_2	e_1	e_2	e_3
80×65	8	23		30	16	
	10			32	21	
	8	21	21	29	9	62
	10			31	16	
	8	23	17	23	0	55
	10			26	13	
	8	21		21	0	
	10			24		
90×60	6	25		24		
	8			27		
	6	23	17	21		57
	8			23		
	6	21		18	0	
	8			21		
	6	25		18		
	8			22		
	6	23	13	14		49
	8			18		
	6	21		10		
	8			16		
100×50	6	25		26		
	8			28		
	10			30		
	6	23	13	22	0	49
	8			25		
	10			27		
	6	21		20		
	8			23		
	10			25		

L	s	d_1	d_2	e_1	e_2	e_3
100×65	7	25		32		
	9			34		
	11			36		
	7	23	21	29	0	65
	9			31		
	11			33		
	7	21		27		
	9			30		
	11			32		
	7	25		25		
	9			28		
	11			30		
	7	23	17	22	0	63
	9			25		
	11			27		
	7	21		20		
	9			23		
	11			25		
100×75	7	25		30		
	9			32		
	11			34		
	7	23	23	29	0	70
	9			31		
	11					
	7	21		24		
	9			27		
	11			29		
	7	25		26		
	9			29		
	11			31		
	7	23	21	26	0	67
	9					
	11			28		
	7	21		20		
	9			26		
	11					

Tabelle 1

L	s	d_1	d_2	e_1	e_2	e_3	e_4	e_6
120×80	8	25		24	14		69	69
	10			27	20			
	12			30	24			
	8	23	23	19	0	80	63	63
	10			23	10			
	12			26	17			
	8	21		16	0		56	56
	10			21	0			
	12			24	10			
	8	25		19	10		69	69
	10			23	17			
	12			26	21			
	8	23	21	14	0	76	63	63
	10			19	0			
	12			23	14			
	8	21		10	0		56	56
	10			16				
	12			20				
	8	25		33	10		64	64
	10			35	17			
	12			37	21			
130×65	8	23	21	30	0	76	57	57
	10			32	0			
	12			34	14			
	8	21		29	0		49	49
	10			31				
	12			32				

Tabelle 2

L	s	d_1	d_2	e_1	e_2	e_3	e_4	e_6
130×65	8	25		27	0		64	64
	10			29	0			
	12			31	13			
	8	23	17	23	0	68	57	57
	10			26				
	12			28				
	8	21		21	0		49	49
	10			24				
	12			26				
130×90	12	25		28	28	88	64	64
		23		24	22		57	57
130×90	12	25	23	22	19	84	64	64
				17	17		57	57
150×75	9	28		34			71	71
	11			36				
	9	25	23	32	0	85	60	60
	11			34				
	9	23		29			53	53
	11			31				
150×100	10	28	25	15	0	93	71	71
	12			20	13			
	14			25	20			
	10	25		10	0		60	60
	12			18	0			
	14			22				
	10	28	23	0	0	89	71	71
	12			10	0			
	14			17	13			
	10	25		0	0		60	60
	12			10	0			
	14			17				

Tabelle 3

L	s	d_1	d_2	e_1	e_2	e_3	e_4	e_5	e_6
160×80	12	28	23	31			64		64
		25		30	0	89	51	–	51
		23		26			42		42
	12	28	21	28			64		64
		25		24	0	86	51	–	51
		23		23			42		42
180×90	10	28	25	27	0		53	–	38
	12			30	13				
	10	25		24		100	49	79	0
	12			28					
	10	23		20			47		
	12			24					
	10	28	23	20			53	–	38
	12			24					
	10	25		17		96	49	76	0
	12			22					
	10	23		10			47		
	12			17					
200×100	10	28	25	20	0	105	55	82	
	12			25					
	14								
	10	25		18	0		52		
	12			22					
	14								
	10	28	23	0	0	100	55	78	0
	12			10	0				
	14			17	13				
	10	25		0	0		52		
	12			10	0				
	14			17					

9

Warmgewalzter Breitflachstahl nach DIN 59200 (05.01)

Werkstoff: Stahl nach DIN EN 10025.

Bezeichnung für Breitflachstahl von 10 mm Dicke, 200 mm Breite in Herstellängen ohne Angabe eines Längenbereichs, aus Stahl S235JRG2 (Werkstoffnummer 1.0038) nach DIN EN 10025:

  Breitflachstahl DIN 59200 − 10 × 200 − S235JRG2

oder

  BrFl DIN 59200 − 10 × 100 − 1.0038

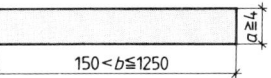
150 < b ≤ 1250

Lieferart:
Bei Bestellung nach Gewicht darf die Länge zwischen 2000 und 12000 mm schwanken. Zulässige Maßabweichung bei Bestellung in Genaulänge: +200 mm; nach Vereinbarung kleinere Maßabweichungen, zu bevorzugen sind +50, +25 mm.

Dicke: Die zu bevorzugenden Nenndicken a sind:
5, 6, 8, 10, 12, 15, 20, 25, 30, 40, 50, 60, 80 mm

Breite: Die zu bevorzugenden Nennbreiten b sind:
160, 180, 200, 220, 240, 250, 260, 280, 300, 320, 340, 350, 360, 380, 400, 450, 500, 550, 600, 650, 700, 750, 800, 900, 1000, 1100, 1200 mm.

Warmgewalzter gleichschenkliger T-Stahl mit gerundeten Kanten und Übergängen nach DIN EN 10055:1995-12

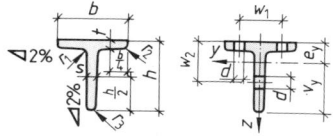

Werkstoff vorzugsweise aus Stahlsorten nach DIN EN 10025; er ist in der Bezeichnung anzugeben.

Bezeichnung eines warmgewalzten gleichschenkligen rundkantigen T-Stahls mit $h = 40$ mm aus einem Stahl S235JR nach DIN 10025:

T-Profil EN 10055 − T40 − Stahl EN 10025 − S235JR

Die gewünschte Nennlänge ist bei Bestellung anzugeben.

Übliches Grenzabmaß ± 100 mm. Eingeschränkte Grenzabmaße ± 50, ± 25, ± 10 mm.

Auf Vereinbarung bei der Bestellung können die Gesamtspannen für die Grenzabmaße ganz auf die Plusseite oder ganz auf die Minusseite gelegt werden.

Kurzzeichen T	Maße in mm			A	G	U	e_y	für Biegung um die						Maße in mm nach DIN 997		
								y-Achse			z-Achse					
	h	b	$s=t$ $=r_1$					I_y	W_y[1])	i_y^2)	I_z	W_z	i_z^2)	Größt-Ø	Anreißmaße	
				cm^2	kg/m	m^2/m	cm	cm^4	cm^3	cm	cm^4	cm^3	cm	d	w_1	w_2
30	30	30	4	2,26	1,77	0,114	0,85	1,72	**0,80**	0,87	0,87	0,58	**0,62**	4,3	17	17
35	35	35	4,5	2,97	2,33	0,133	0,99	3,10	**1,23**	1,04	1,57	0,90	**0,73**	4,3	19	19
40	40	40	5	3,77	2,96	0,153	1,12	5,28	**1,84**	1,18	2,58	1,29	**0,83**	6,4	21	22
50	50	50	6	5,66	4,44	0,191	1,39	12,1	**3,36**	1,46	6,06	2,42	**1,03**	6,4	30	30
60	60	60	7	7,94	6,23	0,229	1,66	23,8	**5,48**	1,73	12,2	4,07	**1,24**	8,4	34	35
70	70	70	8	10,6	8,32	0,268	1,94	44,5	**8,79**	2,05	22,1	6,32	**1,44**	11	38	40
80	80	80	9	13,6	10,7	0,307	2,22	73,7	**12,8**	2,33	37,0	9,25	**1,65**	11	45	45
100	100	100	11	20,9	16,4	0,383	2,74	179	**24,6**	2,92	88,3	17,7	**2,05**	13	60	60
120	120	120	13	29,6	23,2	0,459	3,28	366	**42,0**	3,51	178	29,7	**2,45**	17	70	70
140	140	140	15	39,9	31,3	0,537	3,80	660	**64,7**	4,07	330	47,2	**2,88**	21	80	75

[1]) $W_y = I_y/v_y$ [2]) **Fett** gedruckte Werte sind min i.

Warmgewalzter rundkantiger breitfüßiger T-Stahl. Nicht genormt

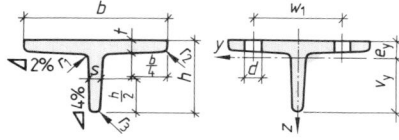

Diese Profilreihe (früher DIN 1024) wurde in DIN EN 10055 gestrichen. Vor ihrer Verwendung ist die Lieferbarkeit zu prüfen.

Kurzzeichen TB	Maße in mm			A	G	U	e_y	für Biegung um die						Maße in mm nach DIN 997		
								y-Achse			z-Achse					
	h	b	$s=t$ $=r_1$					I_y	W_y[1])	i_y^2)	I_z	W_z	i_z^2)	Größt-Ø	Anreißmaße	
				cm^2	kg/m	m^2/m	cm	cm^4	cm^3	cm	cm^4	cm^3	cm	d	w_1	w_2
30	30	60	5,5	4,64	3,64	0,171	0,67	2,58	**1,11**	0,75	8,62	2,87	1,36	8,4	34	−
35	35	70	6	5,94	4,66	0,201	0,77	4,49	**1,65**	0,87	15,1	4,31	1,59	11	37	−
40	40	80	7	7,91	6,21	0,233	0,88	7,81	**2,50**	0,99	28,5	7,13	1,90	11	45	−
50	50	100	8,5	12,0	9,42	0,287	1,09	18,7	**4,78**	1,25	67,2	13,5	2,38	13	55	−
60	60	120	10	17,0	13,4	0,345	1,30	38,0	**8,09**	1,49	137	22,8	2,84	17	65	−

[1]) $W_y = I_y/v_y$ [2]) **Fett** gedruckte Werte sind min i.

Halbierte I-Träger

Bezeichnungen und Maße b, s, t, r, r_1 und r_2 s. die entsprechenden Tafeln der Walzprofile.

e_y Abstand der y-Achse von der Flansch-Kante

1/2 IPE   1/2 I   1/2 IPB

Kurz-zeichen					für Biegung um die						2)	3)
					y-Achse			z-Achse				
	h	e_y	A	G	I_y	W_{yu} 1)	W_{yo} 1)	i_y *)	I_z	W_z	i_z *)	I_T	i_p	i_M
	mm	cm	cm²	kg/m	cm⁴	cm³	cm³	cm	cm⁴	cm³	cm	cm⁴	cm	cm

$^1/_2$ IPE — Halbierte mittelbreite I-Träger mit parallelen Flanschflächen, nach DIN 1025-5

	h	e_y	A	G	I_y	W_{yu}	W_{yo}	i_y	I_z	W_z	i_z	I_T	i_p	i_M
140	70	1,62	**8,21**	6,45	33,0	**6,14**	20,4	2,01	22,4	6,15	**1,65**	1,22	2,60	2,90
160	80	1,84	**10,0**	7,89	52,9	**8,57**	28,8	2,29	34,1	8,34	**1,84**	1,80	2,94	3,29
180	90	2,05	**12,0**	9,40	80,3	**11,5**	39,1	2,59	50,4	11,1	**2,05**	2,39	3,30	3,69
200	100	2,25	**14,2**	11,2	117	**15,1**	51,9	2,87	71,2	14,2	**2,24**	3,48	3,64	4,07
220	110	2,45	**16,7**	13,1	165	**19,3**	67,6	3,15	102	18,6	**2,48**	4,52	4,01	4,47
240	120	2,63	**19,6**	15,4	227	**24,3**	86,6	3,41	142	23,6	**2,69**	6,42	4,34	4,84
270	135	2,97	**23,0**	18,0	346	**32,8**	117	3,88	210	31,1	**3,02**	7,95	4,92	5,50
300	150	3,32	**26,9**	21,1	509	**43,6**	153	4,35	302	40,3	**3,35**	10,0	5,49	6,16
330	165	3,65	**31,3**	24,6	717	**55,8**	196	4,78	394	49,3	**3,55**	14,0	5,96	6,70
360	180	3,99	**36,4**	28,5	992	**70,8**	249	5,22	522	61,4	**3,79**	18,6	6,45	7,27
400	200	4,52	**42,2**	33,2	1450	**93,7**	320	5,86	659	73,2	**3,95**	25,5	7,06	8,05
450	225	5,28	**49,4**	38,8	2220	**129**	420	6,70	838	88,2	**4,12**	33,4	7,86	9,08
500	250	6,01	**57,8**	45,3	3260	**172**	543	7,52	1070	107,	**4,31**	44,5	8,66	10,1
550	275	6,77	**67,2**	52,8	4670	**225**	690	8,33	1330	127	**4,45**	61,5	9,45	11,1
600	300	7,48	**78,0**	61,2	6500	**288**	868	9,13	1690	154	**4,66**	82,5	10,2	12,2

$^1/_2$ IPEo / $^1/_2$ IPEv — Halbierte mittelbreite I-Träger, verstärkte Ausführung, nicht genormt

	h	e_y	A	G	I_y	W_{yu}	W_{yo}	i_y	I_z	W_z	i_z	I_T	i_p	i_M
180o	91	2,12	**13,5**	10,6	92,3	**13,2**	43,6	2,61	58,6	12,7	**2,08**	3,36	3,34	3,73
200o	101	2,30	**16,0**	12,6	132	**17,0**	57,6	2,88	84,4	16,6	**2,30**	4,71	3,68	4,11
220o	111	2,51	**18,7**	14,7	188	**21,9**	74,8	3,17	120	21,4	**2,53**	6,12	4,06	4,52
240o	121	2,71	**21,9**	17,2	259	**27,6**	95,5	3,44	164	26,9	**2,74**	8,57	4,40	4,91
270o	137	3,02	**26,9**	21,1	407	**38,1**	134	3,89	257	37,7	**3,09**	12,4	4,96	5,52
300o	152	3,36	**31,4**	24,7	594	**50,2**	177	4,35	373	49,1	**3,45**	15,5	5,55	6,18
330o	167	3,72	**36,3**	28,5	835	**64,3**	225	4,79	480	59,3	**3,64**	21,0	6,02	6,74
360o	182	4,10	**42,1**	33,0	1160	**82,5**	284	5,26	626	72,7	**3,86**	27,8	6,52	7,34
400o	202	4,61	**48,2**	37,8	1670	**107**	361	5,88	782	85,9	**4,03**	36,5	7,13	8,10
400v	204	4,69	**53,5**	42,0	1860	**119**	397	5,90	883	97,0	**4,06**	49,4	7,16	8,12
450o	228	5,41	**58,8**	46,2	2670	**153**	493	6,73	1040	109	**4,21**	54,7	7,94	9,14
450v	230	5,57	**66,0**	51,8	3040	**174**	546	6,79	1200	124	**4,26**	74,6	8,01	9,23
500o	253	6,19	**68,4**	53,7	3920	**205**	633	7,57	1310	130	**4,38**	71,5	8,74	10,2
500v	257	6,39	**82,0**	64,4	4770	**247**	747	7,63	1640	160	**4,46**	121	8,84	10,3
550v	278	6,89	**78,0**	61,3	5460	**261**	793	8,36	1610	152	**4,55**	93,5	9,52	11,2
550o	283	7,48	**101**	79,3	7400	**355**	989	8,56	2130	197	**4,59**	198	9,71	11,5
600o	305	7,78	**98,4**	77,3	8350	**368**	1070	9,21	2260	202	**4,79**	159	10,4	12,3
600v	309	8,13	**117**	91,8	10160	**446**	1250	9,32	2780	244	**4,88**	255	10,5	12,5

*) **Fettgedruckte Werte** sind min$i$.

1) W_{yu}, W_{yo} auf den unteren bzw. oberen Querschnittsrand bezogenes Widerstandsmoment.

2) $i_p = \sqrt{i_y^2 + i_z^2}$ auf den Schwerpunkt bezogener polarer Trägheitsradius.

3) $i_M = \sqrt{i_p^2 + z_M^2}$ mit $z_M = e_y - t/2$ auf den Schubmittelpunkt bezogener polarer Trägheitsradius. Alle I-Träger können nicht nur in der Stegmitte, sondern auch an anderen Stegstellen geteilt werden. Es entstehen dann mehr oder weniger hochstegige oder breitfüßige T-Stähle. Auch können zwischen die halbierten I-Träger Stegbleche eingeschweißt werden.

Fortsetzung s. folgende Seiten

633

Kurz-zeichen	h mm	e_y cm	A cm²	G kg/m	I_y cm⁴	W_{yu} cm³	W_{yo} cm³	i_y *) cm	I_z cm⁴	W_z cm³	i_z *) cm	I_T cm⁴	i_p cm	i_M cm
½ I														

für Biegung um die y-Achse / z-Achse

Kurzzeichen	h mm	e_y cm	A cm²	G kg/m	I_y cm⁴	W_{yu} cm³	W_{yo} cm³	i_y cm	I_z cm⁴	W_z cm³	i_z cm	I_T cm⁴	i_p cm	i_M cm
½ I Halbierte I-Träger nach DIN 1025-1														
140	70	1,79	**9,15**	7,20	37,9	**7,26**	21,2	2,03	17,6	5,35	**1,40**	2,15	2,47	2,82
160	80	2,04	**11,4**	8,95	62,2	**10,5**	30,5	2,34	27,4	7,40	**1,55**	3,27	2,81	3,21
180	90	2,30	**14,0**	11,0	99,7	**14,9**	43,3	2,65	40,7	9,90	**1,71**	4,77	3,15	3,62
200	100	2,56	**16,7**	13,1	144	**19,4**	56,3	2,94	58,2	12,9	**1,87**	6,72	3,48	4,02
220	110	2,83	**19,8**	15,5	208	**25,4**	73,5	3,24	81,0	16,6	**2,02**	9,26	3,82	4,42
240	120	3,09	**23,0**	18,1	289	**32,5**	93,5	3,54	110	20,8	**2,20**	12,4	4,17	4,83
260	130	3,37	**26,7**	20,9	396	**41,1**	118	3,85	144	25,4	**2,32**	16,7	4,49	5,23
280	140	3,66	**30,5**	23,9	528	**51,1**	144	4,16	182	30,5	**2,45**	22,0	4,83	5,63
300	150	3,96	**34,5**	27,1	691	**62,6**	174	4,47	225	36,0	**2,56**	28,3	5,15	6,04
320	160	4,26	**38,9**	30,5	888	**75,7**	208	4,78	277	42,3	**2,67**	36,1	5,48	6,44
340	170	4,56	**43,3**	34,0	1130	**90,6**	248	5,10	336	49,1	**2,80**	45,0	5,82	6,87
360	180	4,86	**48,5**	38,1	1420	**108**	292	5,40	408	57,1	**2,90**	57,2	6,13	7,26
400	200	5,46	**58,9**	46,2	2140	**147**	392	6,02	578	74,6	**3,13**	84,6	6,79	8,08
450	225	6,21	**73,4**	57,6	3400	**209**	548	6,80	861	101	**3,43**	133	7,92	9,11
500	250	6,96	**89,7**	70,4	5150	**286**	740	7,58	1240	134	**3,72**	200	8,44	10,1
½ IPB ½ HE-B Halbierte Breitflanschträger mit parallelen Flanschflächen nach DIN 1025-2														
140	70	1,29	**21,5**	16,9	53,5	**9,36**	41,6	**1,58**	275	39,3	3,58	10,0	3,91	3,97
160	80	1,48	**27,1**	21,3	91,3	**14,0**	61,9	**1,83**	445	55,6	4,05	15,6	4,44	4,52
180	90	1,62	**32,6**	25,6	139	**18,9**	86,0	**2,07**	681	75,7	4,57	21,0	5,02	5,10
200	100	1,77	**39,0**	30,6	204	**24,8**	115	**2,29**	1000	100	5,07	29,6	5,56	5,65
220	110	1,92	**45,5**	35,7	289	**31,8**	151	**2,52**	1420	129	5,59	38,2	6,13	6,23
240	120	2,06	**53,0**	41,6	397	**40,0**	193	**2,74**	1960	163	6,08	51,2	6,67	6,78
260	130	2,17	**59,2**	46,5	512	**47,3**	236	**2,94**	2570	197	6,58	61,8	7,21	7,33
280	140	2,32	**65,7**	51,6	673	**57,7**	290	**3,20**	3300	236	7,09	71,7	7,78	7,90
300	150	2,47	**74,5**	58,5	871	**69,5**	353	**3,42**	4280	285	7,58	92,4	8,31	8,45
320	160	2,68	**80,7**	63,3	1100	**82,3**	409	**3,69**	4620	308	7,57	112	8,42	8,58
340	170	2,91	**85,4**	67,1	1360	**96,7**	468	**3,99**	4840	323	7,53	128	8,52	8,64
360	180	3,15	**90,3**	70,9	1670	**113**	531	**4,30**	5070	338	7,49	146	8,64	8,87
400	200	3,66	**98,9**	77,6	2440	**149**	666	**4,96**	5410	361	7,40	178	8,91	9,24
450	225	4,23	**109**	85,6	3570	**195**	843	**5,72**	5860	391	7,33	220	9,30	9,75
500	250	4,82	**119**	93,7	5020	**249**	1040	**6,49**	6310	421	7,27	269	9,75	10,3
550	275	5,49	**127**	99,7	6830	**311**	1240	7,33	6540	436	**7,17**	300	10,3	11,0
600	300	6,20	**135**	106	9060	**381**	1460	8,19	6770	451	**7,08**	333	10,8	11,8
650	325	6,94	**143**	112	11750	**459**	1690	9,06	6990	466	**6,99**	369	11,4	12,6
700	350	7,82	**153**	120	15280	**562**	1950	9,99	7220	481	**6,87**	415	12,1	13,6
800	400	9,39	**167**	131	23000	**751**	2450	11,7	7450	497	**6,68**	472	13,5	15,6
900	450	11,1	**186**	146	33770	**996**	3040	13,5	7910	527	**6,53**	568	15,0	17,7
1000	500	12,9	**200**	157	46560	**1250**	3620	15,3	8140	543	**6,38**	626	16,5	19,9

*) **Fettgedruckte Werte** sind min i.

Anmerkungen s. vorige Seite

Werkstoffe, charakteristische Werte, Walzprofile

| Kurz-zei-chen | | | | für Biegung um die | | | | | | | | | |
| | | | | | y-Achse | | | | z-Achse | | | | |
h mm	e_y cm	A cm²	G kg/m	I_y cm⁴	W_{yu} cm³	W_{yo} cm³	i_y *) cm	I_z cm⁴	W_z cm³	i_z *) cm	I_T cm⁴	i_p cm	i_M cm
¹/₂ IPBl	**¹/₂ HE-A** Halbierte breite I-Träger, leichte Ausführung, nach DIN 1025-3												
140	66,5	**15,7**	12,3	37,5	**6,79**	33,3	**1,55**	195	27,8	3,52	4,06	3,84	3,91
160	76,0	**19,4**	15,2	61,5	**9,72**	48,1	**1,78**	308	38,5	3,98	6,08	4,36	4,44
180	85,5	**22,6**	17,8	89,1	**12,4**	65,0	**1,98**	462	51,4	4,52	7,39	4,94	5,02
200	95,0	**26,9**	21,1	133	**16,6**	87,3	**2,22**	668	66,8	4,98	10,5	5,45	5,55
220	105	**32,2**	25,3	194	**21,9**	116	**2,45**	977	88,8	5,51	14,2	6,03	6,14
240	115	**38,4**	30,2	273	**28,2**	151	**2,67**	1380	115	6,00	20,7	6,57	6,68
260	125	**43,4**	34,1	355	**33,5**	186	**2,86**	1830	141	6,50	26,2	7,10	7,22
280	135	**48,6**	38,2	477	**41,8**	231	**3,13**	2380	170	7,00	31,0	7,67	7,80
300	145	**56,3**	44,2	630	**51,2**	285	**3,35**	3150	210	7,49	42,5	8,20	8,34
320	155	**62,2**	48,8	808	**61,7**	335	**3,60**	3490	233	7,49	53,9	8,32	8,47
340	165	**66,7**	52,4	1020	**73,5**	387	**3,91**	3720	248	7,46	63,5	8,42	8,62
360	175	**71,4**	56,0	1270	**86,7**	442	**4,22**	3940	263	7,43	74,3	8,54	8,77
400	195	**79,5**	62,4	1890	**118**	559	**4,88**	4280	285	7,34	94,4	8,81	9,14
450	220	**89,0**	69,9	2820	**156**	715	**5,62**	4730	316	7,29	122	9,21	9,65
500	245	**98,8**	77,5	4020	**201**	891	**6,38**	5180	346	7,24	154	9,65	10,2
550	270	**106**	83,1	5530	**253**	1070	7,23	5410	361	**7,15**	176	10,2	10,9
600	295	**113**	88,9	7400	**313**	1260	8,08	5640	376	**7,05**	199	10,7	11,7
650	320	**121**	94,8	9670	**381**	1460	8,95	5860	391	**6,97**	224	11,3	12,5
700	345	**130**	102	12740	**472**	1700	9,89	6090	406	**6,84**	258	12,0	13,5
800	395	**143**	112	19330	**635**	2130	11,6	6320	421	**6,65**	298	13,4	15,4
900	445	**160**	126	28710	**851**	2670	13,4	6770	452	**6,50**	368	14,9	17,5
1000	495	**173**	136	39840	**1080**	3180	15,2	7000	467	**6,35**	410	16,4	19,8
¹/₂ IPBv	**¹/₂ HE-M** Halbierte breite I-Träger, verstärkte Ausführung, nach DIN 1025-4												
140	80	**40,3**	31,6	132	**21,5**	70,6	**1,81**	572	78,4	3,77	59,7	4,18	4,25
160	90	**48,5**	38,1	205	**29,5**	99,9	**2,05**	879	106	4,26	80,8	4,73	4,81
180	100	**56,6**	44,5	296	**37,9**	134	**2,29**	1290	139	4,77	101	5,29	5,39
200	110	**65,6**	51,5	413	**47,8**	176	**2,51**	1830	177	5,27	129	5,84	5,94
220	120	**74,7**	58,7	561	**59,1**	224	**2,74**	2510	222	5,79	157	6,41	6,52
240	135	**99,8**	78,3	918	**86,5**	317	**3,03**	4080	329	6,39	313	7,07	7,19
260	145	**110**	86,2	1160	**101**	384	**3,24**	5220	390	6,90	358	7,62	7,75
280	155	**120**	94,3	1460	**119**	464	**3,49**	6580	457	7,40	402	8,18	8,32
300	170	**152**	119	2170	**161**	612	**3,78**	9700	626	8,00	702	8,85	8,99
320/305	160	**113**	88,3	1450	**111**	483	**3,59**	6870	450	7,81	299	8,60	8,73
320	179,5	**156**	122	2550	**179**	682	**4,04**	9850	638	7,95	748	8,92	9,08
340	188,5	**158**	124	2950	**198**	754	**4,32**	9860	638	7,90	751	9,01	9,21
360	197,5	**159**	125	3390	**217**	827	**4,61**	9760	634	7,83	752	9,08	9,32
400	216	**163**	128	4430	**259**	985	**5,22**	9670	630	7,70	755	9,30	9,63
450	239	**168**	132	6000	**318**	1190	**5,98**	9670	630	7,59	762	9,66	10,1
500	262	**172**	135	7880	**382**	1410	6,76	9580	626	7,46	767	10,1	10,7
550	286	**177**	139	10210	**456**	1640	7,59	9580	626	**7,35**	775	10,6	11,4
600	310	**182**	143	12920	**536**	1880	8,43	9490	622	**7,22**	780	11,1	12,1
650	334	**187**	147	16070	**622**	2130	9,27	9490	622	**7,13**	787	11,7	13,0
700	358	**192**	150	19650	**714**	2370	10,1	9400	618	**7,01**	793	12,3	13,8
800	407	**202**	159	28430	**920**	2900	11,9	9310	615	**6,79**	821	13,7	15,7
900	455	**212**	166	39050	**1150**	3420	13,6	9230	611	**6,60**	833	15,1	17,8
1000	504	**222**	174	52170	**1400**	3980	15,3	9230	611	**6,45**	849	16,6	20,0

*) **Fettgedruckte Werte** sind min i.

9

Hohlprofile für den Stahlbau nach DIN EN 10210-1,2 (9.94 u. 11.97) (Auszug)

Werkstoffe aus unlegierten Baustählen und aus Feinkornbaustählen nach DIN EN 10210-1.

Bezeichnung eines quadratischen Hohlprofils mit den Seitenlängen $B = 80$ mm und der Nenndicke $T = 5$ mm aus einem Stahl S235JRH (bzw. Werkstoffnummer 1.0039):
Hohlprofil $80 \times 80 \times 5$ DIN EN 10210 $-$ S235JRH (oder 1.0039)

Grenzmaße der Länge: Bei Bestellung nach Herstellänge darf die Länge im vereinbarten Bereich schwanken, s. Norm

Warmgefertigte[1]) quadratische Hohlprofile, nahtlos oder geschweißt

B	T	A	M	U	I[2])	W[2])	i[2])	I_T[2])	$C_1 = W_T$[2])
mm	mm	cm²	kg/m	m²/m	cm⁴	cm³	cm	cm⁴	cm³
40	3	4,34	3,41	0,152	9,78	4,89	1,50	15,7	7,10
	4	5,59	4,39	0,150	11,8	5,91	1,45	19,5	8,54
50	3	5,54	4,35	0,192	20,2	8,08	1,91	32,1	11,8
	4	7,19	5,64	0,190	25,0	9,99	1,86	40,4	14,5
60	3	6,74	5,29	0,232	36,2	12,1	2,32	56,9	17,7
	4	8,79	6,90	0,230	45,4	15,1	2,27	72,5	22,0
	5	10,7	8,42	0,227	53,3	17,8	2,23	86,4	25,7
70	3	7,94	6,24	0,272	59,0	16,9	2,73	92,2	24,8
	4	10,4	8,15	0,270	74,7	21,3	2,68	118	31,2
	5	12,7	9,99	0,267	88,5	25,3	2,64	142	36,8
80	4	12,0	9,41	0,310	114	28,6	3,09	180	41,9
	5	14,7	11,6	0,307	137	34,2	3,05	217	49,8
	6,3	18,1	14,2	0,304	162	40,5	2,99	262	58,7
90	4	13,6	10,7	0,350	166	37,0	3,50	260	54,2
	5	16,7	13,1	0,347	200	44,4	3,45	316	64,8
	6,3	20,7	16,2	0,344	238	53,0	3,40	382	77,0
100	4	15,2	11,9	0,390	232	46,4	3,91	361	68,2
	5	18,7	14,7	0,387	279	55,9	3,86	439	81,8
	6,3	23,2	18,2	0,384	336	67,1	3,80	534	97,8
120	5	22,7	17,8	0,467	498	83,0	4,68	777	122
	8	35,2	27,6	0,459	726	121	4,55	1160	176
	10	42,9	33,7	0,454	852	142	4,46	1382	206
140	5	26,7	21,0	0,547	807	115	5,50	1253	170
	8	41,6	32,6	0,539	1195	171	5,36	1892	249
	10	50,9	40,0	0,534	1416	202	5,27	2272	294
160	6,3	38,3	30,1	0,624	1499	187	6,26	2333	275
	10	58,9	46,3	0,614	2186	273	6,09	3478	398
	12,5	72,1	56,6	0,608	2576	322	5,98	4158	467
180	6,3	43,3	34,0	0,704	2168	241	7,07	3361	355
	10	66,9	52,5	0,694	3193	355	6,91	5048	518
	12,5	82,1	64,4	0,688	3790	421	6,80	6070	613
200	6,3	48,4	38,0	0,784	3011	301	7,89	4653	444
	10	74,9	58,8	0,774	4471	447	7,72	7031	655
	12,5	92,1	72,3	0,768	5336	534	7,61	8491	778
220	6,3	53,4	41,9	0,864	4049	368	8,71	6240	544
	10	82,9	65,1	0,854	6050	550	8,54	9473	807
	12,5	102	80,1	0,848	7254	659	8,43	11481	963
260	8	80,0	62,8	1,020	8423	648	10,3	13006	956
	10	98,9	77,7	1,010	10242	788	10,2	15932	1159
	16	153	120	0,999	15061	1159	9,91	23942	1689
300	8	92,8	72,8	1,180	13128	875	11,9	20194	1294
	10	115	90,2	1,170	16026	1068	11,8	24807	1575
	16	179	141	1,160	23850	1590	11,5	37622	2325

[1]) Kaltgefertigte, geschweißte Hohlprofile nach DIN EN 10219 weisen bei gleichen Seitenlängen und Nenndicken andere Querschnittswerte auf.
[2]) Die Querschnittswerte wurden mit $1,5 T$ für r_0 und $1,0 T$ für r_i errechnet; r_0, r_i äußerer bzw. innerer Rundungshalbmesser.

Hohlprofile für den Stahlbau nach DIN EN
(9.94 u. 11.97) (Auszug)

Werkstoffe aus unlegierten Baustählen und aus Feinkornbaustählen nach DIN EN 10210-1. Bezeichnung
eines rechteckigen Hohlprofils mit den Seitenlängen
$B = 100$ mm und $H = 60$ mm so wie der Nenndicke
$T = 5$ mm, aus einem Stahl S 355 NLH nach DIN EN
10210 (bzw. Werkstoffnummer 1.0549): Hohlprofil
$100 \times 60 \times 5$ DIN EN 10210-S 355 NLH (oder 1.0549)

Grenzmaße der Länge: Bei Bestellung nach Herstellänge darf
die Länge im vereinbarten Bereich schwanken, s. Norm

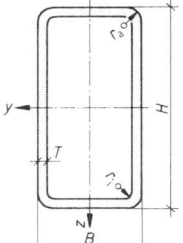

Warmgefertigte[1]) rechteckige Hohlprofile, nahtlos oder geschweißt

$H \times B$	T	A	M	U	I_y[2])	W_y[2])	i_y[2])	I_z[2])	W_z[2])	i_z[2])	I_T[2])	$C_1 = W_T$[2])
mm	mm	cm²	kg/m	m²/m	cm⁴	cm³	cm	cm⁴	cm³	cm	cm⁴	cm³
50 × 30	3	**4,34**	3,41	0,152	13,6	**5,43**	1,77	5,94	3,96	**1,17**	13,5	6,51
	4	**5,59**	4,39	0,150	16,5	**6,60**	1,72	7,08	4,72	**1,13**	16,6	7,77
60 × 40	3	**5,54**	4,35	0,192	26,5	**8,82**	2,18	13,9	6,95	**1,58**	29,2	11,2
	4	**7,19**	5,64	0,190	32,8	**10,9**	2,14	17,0	8,52	**1,54**	36,7	13,7
80 × 40	3	**6,74**	5,29	0,232	54,2	**13,6**	2,84	18,0	9,00	**1,63**	43,8	15,3
	4	**8,79**	6,90	0,230	68,2	**17,1**	2,79	22,2	11,1	**1,59**	55,2	18,9
	5	**10,7**	8,42	0,227	80,3	**20,1**	2,74	25,7	12,9	**1,55**	65,1	21,9
90 × 50	3	**7,94**	6,24	0,272	84,4	**18,8**	3,26	33,5	13,4	**2,05**	76,5	22,4
	4	**10,4**	8,15	0,270	107	**23,8**	3,21	41,9	16,8	**2,01**	97,5	28,0
	5	**12,7**	9,99	0,267	127	**28,3**	3,16	49,2	19,7	**1,97**	116	32,9
100 × 50	4	**11,2**	8,78	0,290	140	**27,9**	3,53	46,2	18,5	**2,03**	113	31,4
	5	**13,7**	10,8	0,287	167	**33,3**	3,48	54,3	21,7	**1,99**	135	36,9
	6,3	**16,9**	13,3	0,284	197	**39,4**	3,42	63,0	25,2	**1,93**	160	42,9
100 × 60	4	**12,0**	9,41	0,310	158	**31,6**	3,63	70,5	23,5	**2,43**	156	38,7
	5	**14,7**	11,6	0,307	189	**37,8**	3,58	83,6	27,9	**2,38**	188	45,9
	6,3	**18,1**	14,2	0,304	225	**45,0**	3,52	98,1	32,2	**2,33**	224	53,8
120 × 60	4	**13,6**	10,7	0,350	249	**41,5**	4,28	83,1	27,7	**2,47**	201	47,1
	5	**16,7**	13,1	0,347	299	**49,9**	4,23	98,8	32,9	**2,43**	242	56,0
	6,3	**20,7**	16,2	0,344	358	**59,7**	4,16	116	38,8	**2,37**	290	65,9
120 × 80	4	**15,2**	11,9	0,390	303	**50,4**	4,46	161	40,2	**3,25**	330	65,0
	5	**18,7**	14,7	0,387	365	**60,9**	4,42	193	48,2	**3,21**	401	77,9
	6,3	**23,2**	18,2	0,384	440	**73,3**	4,36	230	57,6	**3,15**	487	92,9
140 × 80	4	**16,8**	13,2	0,430	441	**62,9**	5,12	184	46,0	**3,31**	411	76,5
	5	**20,7**	16,3	0,427	534	**76,3**	5,08	221	55,3	**3,27**	499	91,9
	6,3	**25,7**	20,2	0,424	646	**92,3**	5,01	265	66,2	**3,21**	607	110
160 × 80	6,3	**28,2**	22,2	0,464	903	**113**	5,66	299	74,8	**3,26**	730	127
	8	**35,2**	27,6	0,459	1091	**136**	5,57	356	89,0	**3,18**	883	151
	10	**42,9**	33,7	0,454	1284	**161**	5,47	411	103	**3,10**	1041	175
180 × 100	6,3	**33,3**	26,1	0,544	1407	**156**	6,50	557	111	**4,09**	1277	186
	8	**41,6**	32,6	0,539	1713	**190**	6,42	671	134	**4,02**	1560	224
	10	**50,9**	40,0	0,534	2036	**226**	6,32	787	157	**3,93**	1862	263
200 × 100	8	**44,8**	35,1	0,579	2234	**223**	7,06	739	148	**4,06**	1804	251
	10	**54,9**	43,1	0,574	2664	**266**	6,96	869	174	**3,98**	2156	295
	12,5	**67,1**	52,7	0,568	3136	**314**	6,84	1004	201	**3,87**	2541	341
200 × 120	8	**48,0**	37,6	0,619	2529	**253**	7,26	1128	188	**4,85**	2495	310
	10	**58,9**	46,3	0,614	3026	**303**	7,17	1337	223	**4,76**	3001	367
	12,5	**72,1**	56,6	0,608	3576	**358**	7,04	1562	260	**4,66**	3569	428
260 × 180	8	**67,2**	52,7	0,859	6390	**492**	9,75	3608	401	**7,33**	7221	644
	10	**82,9**	65,1	0,854	7741	**595**	9,66	4351	483	**7,24**	8798	775
	12,5	**102**	80,1	0,848	9299	**715**	9,54	5196	577	**7,13**	10643	924
300 × 200	8	**76,8**	60,3	0,979	9717	**648**	11,3	5184	518	**8,22**	10562	840
	10	**94,9**	74,5	0,974	11819	**788**	11,2	6278	628	**8,13**	12908	1015
	12,5	**117**	91,9	0,968	14273	**952**	11,0	7537	754	**8,02**	15677	1217
350 × 250	10	**115**	90,2	1,170	20102	**1149**	13,2	11937	955	**10,2**	23354	1525
	12,5	**142**	112	1,170	24419	**1395**	13,1	14444	1156	**10,1**	28526	1842
	16	**179**	141	1,160	30011	**1715**	12,9	17654	1412	**9,93**	35325	2246

9

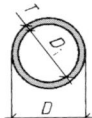

Kreisfömige Hohlprofile für den Stahlbau (Auswahl)

DIN EN 10210-1,2: Warmgefertigt, nahtlos oder geschweißt

DIN EN 10210-1,2: Kaltgefertigt, geschweißt

Bemerkungen

Diese Tafel enthält eine Auswahl von bisher meist verwendeten Rohr-Außenchmessern D (der älteren Normen DIN 2448, 2458). Weitere Außendurchmesser sind $D = 177{,}8$; 244,5; 457; 610; 711; 762; ...

Die Wanddicken sind wie folgt abgestuft: 2,6; 3,2; 4,0; 5,0; 6,0; 6,3; 8,0; 10,0; 12,5; 16,0; 20,0; 25,0; 30,0; 40,0; 50,0

In dieser Tafel sind folgende Dicken berücksichtigt: Kleinste, mittlere und größte Dicke.

Querschnittswerte für nicht angegebene Nenndicken T errechnen sich mit $D_i = D - 2T$ zu

$$A = \pi(D^2 - D_i^2)/4$$
$$I = \pi(D^4 - D_i^4)/64$$
$$I_T = 2I; \quad W_T = 2W$$
$$W = 2I/D; \quad i = \sqrt{I/A}$$

Werkstoff:

Unlegierte Baustähle und Feinkornbaustähle nach DIN EN 10210.

Bezeichnung eines geschweißten Stahlrohres von 273 mm Außendurchmesser und 6,3 mm Wanddicke aus Stahl S355JOH nach DIN EN 10219.

Rohr 273 × 6,3 DIN EN 10219-S355JOH

D mm	T mm	A cm²	M kg/m	U m²/m	I cm⁴	W cm³	i cm
33,7	2,6	2,54	1,99	0,106	3,09	1,84	1,10
	3,2	3,07	2,41		3,60	2,14	1,08
	4	3,73	2,93		4,19	2,49	1,06
42,4	2,6	3,25	2,55	0,133	6,46	3,05	1,41
	3,2	3,94	3,09		7,62	3,59	1,39
	4	4,83	3,79		8,99	4,24	1,36
48,3	2,6	3,73	2,93	0,152	9,78	4,05	1,62
	3,2	4,53	3,56		11,6	4,80	1,60
	4	5,57	4,37		13,8	5,70	1,57
60,3	3,2	5,74	4,51	0,189	23,5	7,78	2,02
	4	7,07	5,55		28,2	9,34	2,00
	5	8,69	6,82		33,5	11,1	1,96
76,1	3,2	7,33	5,75	0,239	48,8	12,8	2,58
	4	9,06	7,11		59,1	15,5	2,55
	5	11,2	8,77		70,9	18,6	2,52
88,9	3,2	8,62	6,76	0,279	79,2	17,8	3,03
	4	10,7	8,38		96,3	21,7	3,00
	6,3	16,3	12,8		140	31,5	2,93
101,6	4	12,3	9,63	0,319	146	28,8	3,45
	5	15,2	11,9		177	34,9	3,42
	6,3	18,9	14,8		215	42,3	3,38
114,3	4	13,9	10,9	0,359	211	36,9	3,90
	5	17,2	13,5		257	45,0	3,87
	8	26,7	21,0		379	66,4	3,77
139,7	4	17,1	13,4	0,439	393	56,2	4,80
	6,3	26,4	20,7		589	84,3	4,72
	12,5	50,0	39,2		1020	146	4,52
168,3	5	25,7	20,1	0,529	856	102	5,78
	8	40,3	31,6		1297	154	5,67
	12,5	61,2	48,0		1868	222	5,53
193,7	6,3	37,1	29,1	0,609	1630	168	6,63
	10	57,7	45,3		2442	252	6,50
	16	89,3	70,1		3554	367	6,31
219,1	6,3	42,1	33,1	0,688	2386	218	7,53
	10	65,7	51,6		3598	328	7,40
	20	125	98,2		6261	572	7,07
273	6,3	52,8	41,4	0,858	4696	344	9,43
	16	129	101		10707	784	9,10
	25	195	153		15127	1108	8,81
323,9	8	79,4	62,3	1,02	9910	612	11,2
	16	155	121		18390	1136	10,9
	25	235	184		26400	1630	10,6
355,6	8	87,4	68,6	1,12	13201	742	12,3
	16	171	134		24663	1387	12,0
	25	260	204		35677	2007	11,7
406,4	10	125	97,8	1,28	24476	1205	14,0
	20	243	191		45432	2236	13,7
	40	460	361		78186	3848	13,0

Warmgewalzter rundkantiger ⌐-Stahl nach DIN 1027 (10.63)

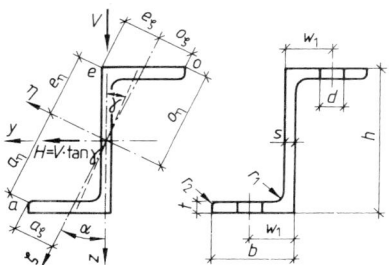

Bezeichnung eines ⌐-Stahles mit $h =$ 100 mm aus einem Stahl mit dem Kurznamen S235JRG1 bzw. der Werkstoffnummer 1.0036 nach DIN EN 10025:

Z100 DIN 1027 − S235JRG1   oder
Z100 DIN 1027 − 1.0036

Lieferart: Bei Bestellung nach Gewicht darf die Länge zwischen 3000 und 15000 mm schwanken. Zul. Maßabweichung bei Längen $\leq$ 15000 mm: Bei Bestellung in Festlänge ±100 mm; bei Bestellung in Genaulänge zwischen ±100 und ±5 mm, zu bevorzugen ±50, ±25, ±10, ±5 mm.

Bestellbeispiel:
1 t Z100 DIN 1027 − S235JRG1

Kurz-zei-chen ⌐	Maße in mm					A	G	U	Achs-lage	Koordinaten der Punkte a, e und o						DIN 997	
	h	b	s	$t = r_1$	r_2	A cm²	G kg/m	U m²/m	$\tan\alpha$	o_η cm	o_ζ cm	e_η cm	e_ζ cm	a_η cm	a_ζ cm	$d^1)$ mm	w_1 mm
30	30	38	4	4,5	2,5	**4,32**	3,39	0,198	1,655	3,86	0,58	0,61	1,39	3,54	0,87	11	20
40	40	40	4,5	5	2,5	**5,43**	4,26	0,225	1,181	4,17	0,91	1,12	1,67	3,82	1,19	11	22
50	50	43	5	5,5	3	**6,77**	5,31	0,253	0,939	4,60	1,24	1,65	1,89	4,21	1,49	11	25
60	60	45	5	6	3	**7,91**	6,21	0,282	0,779	4,98	1,51	2,21	2,04	4,56	1,76	13	25
80	80	50	6	7	3,5	**11,1**	8,71	0,339	0,588	5,83	2,02	3,30	2,29	5,35	2,25	13	30
100	100	55	6,5	8	4	**14,5**	11,4	0,397	0,492	6,77	2,43	4,34	2,50	6,24	2,65	17	30
120	120	60	7	9	4,5	**18,2**	14,3	0,454	0,433	7,75	2,80	5,37	2,70	7,16	3,02	17	35
140	140	65	8	10	5	**22,9**	18,0	0,511	0,385	8,72	3,18	6,39	2,89	8,08	3,39	17	35
160	160	70	8,5	11	5,5	**27,5**	21,6	0,569	0,357	9,74	3,51	7,39	3,09	9,04	3,72	21 17	35
180	*180*	*75*	*9,5*	*12*	*6*	*33,3*	*26,1*	*0,626*	*0,329*	*10,7*	*3,86*	*8,40*	*3,27*	*9,99*	*4,08*	*23 21*	*40*
200	*200*	*80*	*10*	*13*	*6,5*	*38,7*	*30,4*	*0,683*	*0,313*	*11,8*	*4,17*	*9,39*	*3,47*	*11,0*	*4,39*	*23*	*45*

Kurz-zei-chen ⌐	für Biegung um die												Zentrifugal-moment	bei lotrechter Belastung V und bei Verhinderung seitlicher Ausbiegung durch H	freier Ausbiegung zur Seite
	y-Achse			z-Achse			η-Achse			ζ-Achse					
	I_y cm⁴	W_y cm³	i_y cm	I_z cm⁴	W_z cm³	i_z cm	I_η cm⁴	W_η cm³	i_η cm	I_ζ cm⁴	W_ζ cm³	$i_\zeta = \min i$ cm	I_{yz} cm⁴	W_y cm³	$H/V = \tan\gamma$	W cm³
30	5,96	**3,97**	1,17	13,7	3,80	1,78	18,1	4,69	2,04	1,54	1,11	**0,60**	7,35	3,97	1,227	**1,26**
40	13,5	**6,75**	1,58	17,6	4,66	1,80	28,0	6,72	2,27	3,05	1,83	**0,75**	12,2	6,75	0,913	**2,26**
50	26,3	**10,5**	1,97	23,8	5,88	1,88	44,9	9,76	2,57	5,23	2,76	**0,88**	19,6	10,5	0,752	**3,64**
60	44,7	**14,9**	2,38	30,1	7,09	1,95	67,2	13,5	2,81	7,60	3,73	**0,98**	28,8	14,9	0,647	**5,24**
80	109	**27,3**	3,13	47,4	10,1	2,07	142	24,4	3,58	14,7	6,44	**1,15**	55,6	27,3	0,509	**10,1**
100	222	**44,4**	3,91	72,5	14,0	2,24	270	39,8	4,31	24,6	9,26	**1,30**	97,2	44,4	0,438	**16,8**
120	402	**67,0**	4,70	106	18,8	2,42	470	60,6	5,08	37,7	12,5	**1,44**	158	67,0	0,392	**25,6**
140	676	**96,6**	5,43	148	24,3	2,54	768	88,0	5,79	56,4	16,6	**1,57**	239	96,6	0,353	**38,0**
160	1060	**132**	6,20	204	31,0	2,72	1180	121	6,57	79,5	21,4	**1,70**	349	132	0,330	**52,9**
180	*1600*	*178*	*6,92*	*270*	*38,4*	*2,84*	*1760*	*164*	*7,26*	*110*	*27,0*	*1,82*	*490*	*178*	*0,307*	*72,4*
200	*2300*	*230*	*7,71*	*357*	*47,6*	*3,04*	*2510*	*213*	*8,06*	*147*	*33,4*	*1,95*	*674*	*230*	*0,293*	*94,1*

Kursiv gedruckte Profile möglichst vermeiden, da geplant ist, sie bei der nächsten Ausgabe der Norm zu streichen.
[1]) s. S. 607, Fußnote [13]). Anmerkungen und Werkstoffe sinngemäß wie S. 606/607

Trapezprofile (nicht genormt)

Auszug aus dem Prüfbescheid für HOESCH-Stahltrapezprofile (mit Umbezeichnungen)

| | Maßgebende Querschnittswerte | | | | Charakteristische Tragfähigkeitswerte[1] | | | | | |
| | | | | | Feldmoment und Endauflagerkraft | | Elastische Schnittgrößen an Zwischenauflagern | | | |
Profil	t_N[2] mm	A_g[3] cm²/m	I_{ef} cm⁴/m	L_{gr}[4] m	$M_{m,Fk}$ kNm/m	$R_{A,T,k}$ kN/m	$M_{B,k}^0$ kNm/m	C_k [5]	max $M_{B,k}$ kNm/m	max $R_{B,k}$ kN/m
E40	0,75	9,41	21,6	1,20	2,57	8,50	3,32	11,2	2,70	15,3
5×183=915	0,88	11,1	27,7	2,70	3,31	16,0	4,32	12,4	3,63	26,5
11964 40 143	1,00	12,7	35,2	3,90	4,04	23,1	5,24	13,5	4,50	37,0
	1,25	16,0	44,1	5,10	5,51	37,7	7,16	15,9	6,12	58,8
	1,50	19,4	52,9	6,20	6,98	52,4	9,07	18,3	7,74	80,6
E85	0,75	9,30	91,0	3,50	6,03	9,40	6,12	10,6	6,12	21,3
4×280=1120	0,88	11,0	108	4,93	8,12	13,1	7,97	13,5	7,97	30,7
119 161	1,00	12,6	123	5,63	9,23	16,4	9,59	15,6	9,59	38,9
240 40	1,25	15,9	155	7,10	11,6	21,6	12,0	18,5	12,0	51,9
	1,50	19,2	187	8,57	14,0	26,0	14,4	20,3	14,4	62,6
E106[*]	0,75	11,7	185	5,50	9,37	12,1	7,65	11,0	6,75	22,8
3×250=750	0,88	13,8	218	8,75	11,7	17,7	9,30	11,9	9,00	27,2
140 110	1,00	15,8	250	10,0	13,8	23,6	11,0	13,5	11,0	33,2
40	1,25	19,9	315	12,6	17,5	34,5	15,8	18,4	15,8	51,5
	1,50	24,0	380	15,2	21,1	41,5	21,6	24,6	21,6	77,6
E160[*]	0,75	13,9	458	7,75	13,2	11,4	13,6	7,2-3	9,92	25,5
3×250=750	0,88	16,5	542	10,0	17,5	17,0	17,0	9,0-0	13,2	36,5
119 131	1,00	18,8	619	11,4	22,1	22,3	20,9	10,8	18,0	46,2
209 41	1,25	23,8	780	14,4	27,8	28,1	26,3	12,1	22,8	58,2
	1,50	28,7	942	17,4	33,6	33,8	31,7	13,3	27,3	70,2

[*]) Auch als Akustikprofil 106A bzw. 160A mit gelochten Stegen lieferbar, verminderte Tragfähigkeit; min $b_B = 120$ mm.

[1]) Die Zahlenangaben gelten unter folgenden Voraussetzungen: Trapezprofile in Positivlage (Längsstoß unten), nach unten gerichtete und andrückende Flächenbelastung ohne Normalkraft, Endauflagerbreite einschl. Profilüberstand $b_A + \ddot{u} = 40$ mm, Zwischenauflagerbreite $b_B = 60$ mm. Bei anderen Voraussetzungen s. Prüfbescheid.

[2]) Nennblechdicke einschl. Verzinkung. $t_N > 1$ mm i. allg. für lokal auftretende Mehrbeanspruchung. Bei Decken $t_N > 0,88$ mm; $t_N = 0,75$ mm nur als verlorene Schalung.

[3]) Nicht reduzierter Querschnitt. Mit A_g in cm²/m wird das Blechgewicht in kN/m² angenähert $g \approx (0,83\,A_g + 0,35)/100$.

[4]) Maximale Grenzstützweite bei Decken und Dächern für Einfeldträger; bei Mehrfeldträgern ist L_{gr} um 25% größer.

[5]) Dimension von C_k:[kN$^{(\varepsilon-1)/\varepsilon}$ m^{-1}]; $\varepsilon = 1$ für Profil E40; $\varepsilon = 2$ für die anderen Profile

Nachweis der Tragsicherheit für Belastung ohne Normalkraft $\perp$ Profiltafelebene (Positivlage). Der Nachweis erfolgt mit den Schnitt- und Auflagergrößen aus den γ_F-fachen Lasten (S_d) gegen die durch γ_M dividierten charakteristischen Tragfähigkeitswerte (R_d).

γ_F und γ_M siehe Tafel 8 und Seite 644. Für den Gebrauchstauglichkeitsnachweis (nach plastischer Bemessung) gilt $\gamma_{FG} = 1,0$, $\gamma_{FQ} = 1,15$ und $\gamma_M = 1,1$.

Wird der Tragfähigkeitsnachweis nach der Elastizitätstheorie geführt, ist damit auch der Gebrauchsfähigkeitsnachweis erbracht. — Nachweise über Reststützmomente bei Durchlaufträgern s. Prüfbescheid.

Endauflagerkraft: $R_{A,d} \leq R_{A,T,d}$; Endauflagerbreite einschl. Profilüberstand $b_A + \ddot{u} = 40$ mm.

Feldmoment: $M_{F,d} \leq M_{m,F,d}$

Zwischenauflagerkraft: $R_{B,d} \leq$ max $R_{B,d}$; Auflagerbreite $b_B = 60$ mm.

Stützmoment: $M_{B,d} \leq$ max $M_{B,d}$ **und** $M_{B,d} < M_{B,d}^0 - (R_{B,d}/C_d)^\varepsilon$

Maximale Lieferlänge je nach Profil 18 oder 24 m.
Berechnung und Durchbiegung gem. Prüfbescheid und DIN 18807 [15] [12]

minL_S[7]	$T_{1,k}$	$T_{2,k}$[8]	L_G[9]	charakteristische Schubfeldwerte für Normalbefestigung[6] und $L_S \geq$ min L_S $T_{3,k} = G_{S,k}/750...$[10] in kN/m $G_{S,k} = 10^4/$ $(K_{1,k} + K_{2,k}/L_S)$			$F_{t,k}$[11] Einleitungslänge a_E		Profil
				$K_{1,k}$	$K_{2,k}$	$K_{3,k}$	≥ 130 mm	≥ 280 mm	t_N	
m	kN/m	kN/m	m	m/kN	m²/kN		kN/Rippe	kN/Rippe	mm	
1,90	2,04	2,86	1,90	0,234	10,2	0,17	6,50	10,0	0,75	
1,70	2,62	4,35	1,70	0,198	6,71	0,18	7,70	11,8	0,88	
1,60	3,21	6,07	1,60	0,173	4,80	0,19	8,80	13,5	1,00	E40
1,50	4,54	10,8	1,50	0,137	2,69	0,22	11,1	17,0	1,25	
1,30	6,01	17,3	1,30	0,114	1,69	0,24	13,4	20,6	1,50	
3,00	1,77	3,14	3,00	0,229	18,0	0,42	9,00	11,0	0,75	
2,70	2,27	4,78	2,70	0,193	11,8	0,45	10,6	13,0	0,88	
2,60	2,78	6,67	2,60	0,169	8,48	0,48	12,2	14,8	1,00	E85
2,30	3,93	11,9	2,30	0,134	4,75	0,54	15,3	18,7	1,25	
2,10	5,21	19,0	2,10	0,111	2,97	0,60	18,5	22,6	1,50	
4,20	1,67	1,57	5,70	0,285	46,6	0,40	9,00	12,0	0,75	
3,80	2,15	2,39	5,10	0,241	30,6	0,43	10,6	14,2	0,88	
3,60	2,63	3,34	4,50	0,211	21,9	0,46	12,2	16,2	1,00	E106
3,20	3,72	5,95	3,60	0,167	12,3	0,52	15,3	20,5	1,25	
2,90	4,93	9,52	3,00	0,139	7,69	0,57	18,5	24,7	1,50	
5,00	1,60	1,73	8,60	0,343	68,3	0,69	9,00	12,0	0,75	
4,60	2,06	2,64	7,30	0,290	44,9	0,76	10,6	14,2	0,88	
4,30	2,51	3,69	6,40	0,254	32,1	0,81	12,2	16,2	1,00	E160
3,80	3,56	6,57	5,10	0,201	18,0	0,91	15,3	20,5	1,25	
3,50	4,72	10,5	4,30	0,167	11,3	1,00	18,5	24,7	1,50	

[6]) 1 Befestigung je anliegendem Gurt. (Schubfeldwerte für Sonderbefestigungen s. Prüfbescheid).
[7]) Die Schubfeldlänge L_S ist immer in Profilierungsrichtung gemessen. Bei $L_S <$ minL_S müssen die charakteristischen Schubfeldwerte reduziert werden.
[8]) Nur bei Dächern mit bituminös verklebtem Dachaufbau zu berücksichtigen.
[9]) Für $L_S > L_G$ wird T_3 nicht maßgebend.
[10]) $G_S =$ Idealler Schubmodul
[11]) Einzellast je Rippe für die Einleitung in Trapezprofile in Spannrichtung ohne Lasteinleitungsträger. Einleitungslänge $a_E =$ Abstand des letzten Verbindungsmittels vom Blechrand; Randabstände $a_R \geq 30$ mm. Weitere Abstandsregeln für Verbindungsmittel s. [15]
[12]) Unter Beachtung der Anpassungsrichtlinie

Durchbiegungsnachweis mit I_{ef} und $E = 2,1 \cdot 10^5$ N/mm²; $\gamma_F = \gamma_M = 1,0$.
Dächer unter Vollast: mit oberseitiger Abdichtung (Warmdach) $f_{voll} \leq l/300$, sonst $f_{voll} \leq l/500$
Geschoßdecken mit $l > 3,0$ m unter Verkehrslast nur im untersuchten Feld:
Mit ausbetonierten Rippen $f_P \leq l/300$, sonst $f_P \leq l/500$

Schubfeld-Nachweise erfolgen unabhängig von den Vertikallasten mit $\gamma_F = \gamma_M = 1,0$.
Mittlerer Schubfluß: $T_k = V_k/b$

mit $V_k =$ Querkraft unter $\gamma_F = 1,0$-facher Last; $b =$ Länge des Schubfeldes in Richtung der Querkraft.

Es muß sein: $T_k \leq T_{i,k}$ mit $i = 1$ bis 3 (s. Tafel)
Die vertikalen Auflager-Kontaktkräfte $R_{S,d} = \gamma_M K_{3,k} T_d$ belasten die Stege der Profiltafeln und die Verbindungsmittel zusätzlich und sind dabei zu berücksichtigen; γ_F, γ_M wie im Tragsicherheitsnachweis.
Weitere Nachweise, z. B. Verbindungsmittel, Wirkung und Durchleitung von Normalkräften, Stabilitätsnachweise und Einzellasten s. [15] und Prüfbescheid.

9

Stahlbau

Kranschienen nach DIN 536-1 (9.91) und -2 (12.74)

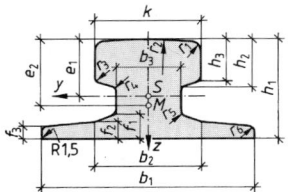 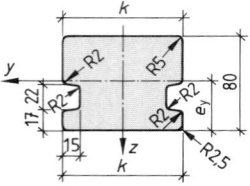

Form A (mit Flußflansch)

Form F (flach)
für spurkranzlose Laufräder

Bezeichnung einer Kranschiene:

Form A mit Kopfbreite $k = 100$ mm
aus Stahl mit $f_{u,k} \geq 690$ N/mm²:
Kranschiene DIN 536 – A 100 – 690

Form F mit Kopfbreite $k = 100$ mm:

Kranschiene F 100 DIN 536

Werkstoff: Stahl mit Zugfestigkeit $f_{u,k} \geq 690$ N/mm²,
bei A 75, A 100, A 120 und A 150 auch $f_{u,k} \geq 880$ N/mm².

Kurz-zeichen	k	b_1	b_2	b_3	f_1	f_2	f_3	h_1	h_2	h_3	r_1	r_2	r_3	r_4	r_5	r_6
							Maße in mm									
A 45	45	125	54	24	14,5	11	8	55	24	20	4	400	3	4	5	4
A 55	55	150	66	31	17,5	12,5	9	65	28,5	25	5	400	5	5	6	5
A 65	65	175	78	38	20	14	10	75	34	30	6	400	5	5	6	5
A 75	75	200	90	45	22	15,4	11	85	39,5	35	8	500	6	6	8	6
A100	100	200	100	60	23	16,5	12	95	45,5	40	10	500	6	6	8	6
A120	120	220	120	72	30	20	14	105	55,5	47,5	10	600	6	10	10	6
A150	150	220	–	80	31,5	–	14	150	64,5	50	10	800	10	30	30	6
F100	100	–	–	–	–	–	–	–	–	–	5	–	–	–	–	–
F120	120	–	–	–	–	–	–	–	–	–	5	–	–	–	–	–

Kurz-zeichen	Gewicht kg/m	e_1 cm	e_2 cm	A cm²	A_y cm²	A_z cm²	I_x cm⁴	I_y cm⁴	I_z cm⁴	S_y cm³	S_z cm³
						Stabstatische Querschnittswerte					
A 45	22,1	3,33	4,24	28,2	17,0	9,6	39	90	170	22,88	26,12
A 55	31,8	3,90	4,91	40,5	24,8	14,6	88	178	337	38,45	48,64
A 65	43,1	4,47	5,61	54,9	33,7	20,2	173	319	606	60,18	69,22
A 75	56,2	5,04	6,29	71,6	44,1	26,9	311	531	1011	88,41	102,09
A100	74,3	5,29	6,27	94,7	65,8	41,6	666	856	1345	128,78	141,58
A120	100,0	5,79	6,53	127,4	97,1	58,5	1302	1361	2350	187,23	222,35
A150	150,3	7,73	8,48	191,4	153,6	107,1	2928	4373	3605	412,00	342,60
F100	57,5	4,09	–	73,2	–	–	–	414	541	–	–
F120	70,1	4,07	–	89,2	–	–	–	499	962	–	–

A Querschnittsfläche, A_y und A_z Schubflächen, I_x Flächenmoment 2. Grades für Torsion (I_T), S_y und S_z Statische Momente der durch die Hauptachsen begrenzten Querschnittsteile bezogen auf diese Hauptachsen

Zulässiger Raddruck des Laufkrans in N nach DIN 15070 (12.77):

$$R \leq \text{zul } p \cdot c_2 \cdot c_3 \cdot d_1 \cdot (k - 2r_1) \quad \text{mit} \quad R = (\min R + 2 \max R)/3$$

$k =$ Kopfbreite und $r_1 =$ Rundungshalbmesser der Kranschiene in mm; $d_1 =$ Laufraddurchmesser in mm; zul $p =$ zulässige Pressung in N/mm² (s. Tafel 7).

Tafel 6   Betriebsdauer-Beiwert c_3

	Betriebsdauer des Fahrantriebs (bezogen auf 1 Stunde)				
	≤16%	17 bis 25%	26 bis 40%	41 bis 63%	>63%
$c_3 =$	1,25	1,12	1	0,9	0,8

Beiwert c_2

$c_2 \approx 1/(0,803 + 0,0169\, n^{0,7})$
mit Laufrad-Drehzahl n in min^{-1}

Tafel 7   Zulässige Laufradpressung zul p

Werkstoffzugfestigkeit $f_{u,k}$ des Laufrads in N/mm²	≤330	410	490	590	≥740
Zulässige Laufradpressung zul p in N/mm²	2,8	3,6	4,5	5,6	7,0

2 Bemessung und Konstruktion der Stahlbauten

nach DIN 18800-1 [6] sowie der Anpassungs- und Herstellungsrichtlinie (10.98)

Zur Bemessung und Konstruktion von Stahlbauten stehen zwei Regelwerke zur Verfügung:
— DIN 18800 (11.90) [6 bis 9]. Diese Norm liegt diesem Buch zugrunde.
— Vornorm DIN V ENV 1993 Teil 1-1 (4.93), Eurocode 3. Der Regelungsgegenstand des EC 3 entspricht weitgehend DIN 18800 (11.90). Die probeweise Anwendung war zeitlich befristet, jedoch werden einzelne Regelungen, die DIN 18800 ergänzen oder erläutern können, mit entsprechenden Hinweisen übernommen.

2.1 Einwirkungen, Widerstandsgrößen, Nachweise

Einwirkungen
Bemessungswert der Einwirkung

$$\mathbf{F}_d = \gamma_F \cdot \psi \cdot \mathbf{F}_k \quad (9)$$

F_k ch(k)arakteristischer Wert der Einwirkung
   = Wert der einschlägigen Lastnorm DIN 1055
γ_F Teilsicherheitsbeiwert
ψ Kombinationsbeiwert

Mit den ständigen (G) aus Schwerkraft und (P) aus Vorspannung, veränderlichen (Q) und außergewöhnlichen (F_A) Einwirkungen sind Einwirkungskombinationen zu bilden (Tafel 8).
Einwirkungen Q_i können aus mehreren Einzelwirkungen bestehen; z. B. gelten die Lastkombinationen ($s + w/2$) und ($s/2 + w$) ebenso wie die Summe aller vertikalen Verkehrslasten nach DIN 1055-3 als jeweils **eine** Einwirkung Q_i. Die Beanspruchungen vergrößernde, wahrscheinliche Baugrundbewegungen sind den ständigen, Temperaturänderungen den veränderlichen Einwirkungen zuzuordnen. Kontrollierte ständige Einwirkungen dürfen mit einem um 10% kleineren γ_F-Wert berücksichtigt werden.
Relativ kleine Beanspruchungen
Bei lokal geringen Beanspruchungen (z. B. Stöße im Bereich der Momentennullpunkte oder bei kleinen Normalkräften in Fachwerkstäben) sind ggf. additive Zuschläge zu den Beanspruchungen vorzusehen.

Tafel 8 Teilsicherheits- und Kombinationsbeiwerte γ_F und ψ; Einwirkungskombinationen nach DIN 18800-1 [6], 7.2.2

			γ_F bzw. ($\gamma_F \cdot \psi$) für die Einwirkungskombinationen		
			1	2	3
1	Ständige Einwirkungen[2])	$G_d = \gamma_F \cdot G_k$	1,35 (1,0)[1])	1,35 (1,0)[1])	1,0
2	Berücksichtigung jeweils **einer** ungünstig wirkenden veränderlichen Einwirkung Q_i	$Q_{i,d} = \gamma_F \cdot Q_{i,k}$	—	1,50	—
3	Berücksichtigung **aller** ungünstig wirkenden veränderlichen Einwirkungen	$Q_{i,d} = (\gamma_F \cdot \psi) \cdot Q_{i,k}$	1,35	—	0,9
4	**Eine** außergewöhnliche Einwirkung	$F_{A,d} = \gamma_F \cdot F_{A,k}$	—	—	1,0

[1]) Klammerwerte, wenn die ständigen Einwirkungen die Beanspruchungen aus veränderlichen Einwirkungen verringern (z. B. bei Windsog).
Wenn die Einwirkung Erddruck F_E die Beanspruchung aus veränderlichen Einwirkungen verringert, gilt dafür $\gamma_F = 0,6$.
[2]) Wenn ständige Einwirkungen bereichsweise günstig und ungünstig wirken, sind zusätzliche Grundkombinationen zu bilden. In ihnen ist anstelle von $\gamma_F = 1,35$ gleichzeitig anzusetzen:
Im Teilbereich mit ungünstiger Wirkung $\gamma_F = 1,1$, in dem bei günstiger Wirkung $\gamma_F = 0,9$. (Nicht erforderlich bei Durchlaufträgern und Rahmen, jedoch bei Tragwerken vom Typ „Waagebalken".)

Fortsetzung s. nächste Seite

9

Stahlbau

Widerstandsgrößen

Bemessungswert der Widerstandsgrößen $M_d = M_k/\gamma_M$ (10)

$\gamma_M = 1,1$ für die Berechnung der Bemessungswerte der Festigkeiten (Gl. 19 und 20) und der Steifigkeiten beim Tragsicherheitsnachweis, jedoch

$\gamma_M = 1,0$ — für die Steifigkeiten, wenn kein Nachweis des Biege- oder Biegedrillknickens erforderlich ist, oder wenn $\gamma_M = 1,1$ die Beanspruchungen verringert

— beim Nachweis der Gebrauchstauglichkeit.

Die charakteristischen Werte der Festigkeiten gehen aus den Tafeln 4,71 und 72 hervor. Die charakteristischen Werte der Steifigkeiten $(E \cdot I)_k$ sind aus den Nennwerten der Querschnitte und E bzw. G aus Tafel 4 zu berechnen.

Nachweise

Mit den Beanspruchungen S_d aus den Einwirkungen F_d nach Gl. (9) und den Beanspruchbarkeiten R_d aus den Widerstandsgrößen M_d nach Gl. (10) muß sein

$S_d/R_d \leq 1$

Abweichend von vorstehendem Nachweis darf auch mit den γ_M ($= 1,1$)-fachen Beanspruchungswerten der Einwirkungen gerechnet werden; für die Bemessungswerte des Widerstandes sind dann die charakteristischen Werte (z. B. $(E \cdot I)_k$, $f_{y,k}$) zu verwenden.

Tafel 9 Nachweisverfahren, Bezeichnungen nach DIN 18800-1 [6], Tab. 11

| | Nachweisverfahren | Berechnung der | |
		Beanspruchungen S_d nach	Beanspruchbarkeiten R_d nach
1	Elastisch-Elastisch (E-E)	Elastizitätstheorie	Elastizitätstheorie
2	Elastisch-Plastisch (E-P)	Elastizitätstheorie	Plastizitätstheorie
3	Plastisch-Plastisch (P-P)	Plastizitätstheorie	Plastizitätstheorie

2.2 Nachweis der Tragsicherheit

2.2.1 Grundlagen

Die Tragsicherheit ist nach einem der drei Verfahren aus Tafel 9 nachzuweisen.

Imperfektionen

Für alle durch Druckkräfte beanspruchten Stäbe, die am verformten Stabwerk Stabdrehwinkel aufweisen können, sind Vorverdrehungen der Stabachsen so anzusetzen, daß sie sich am ungünstigsten auf die jeweils betrachtete Beanspruchung auswirken (Bild 2 und Abschn. 3.1).

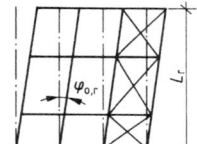 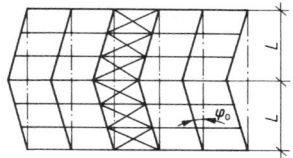

a) Aussteifung, $n=4$ b) Anschlußkraft H, $n=4$ c) Dachverband $n=6$

Bild 2 Beispiele für Imperfektionen

Stabdrehwinkel:

$$\varphi_0 = \frac{1}{400} \cdot r_1 \cdot r_2 \quad (11)$$

Hierin ist: $r_1 = \sqrt{5/L}$ jedoch $r_1 \leq 1$.
L = Länge des vorverdrehten Stabes in m
$r_2 = (1 + \sqrt{1/n})/2$ mit n = Anzahl der voneinander unabhängigen Ursachen, die zu einem imperfekten stat. System führen (z. B. Zahl der normalkraftbeanspruchten Stiele in einem Stockwerk eines Rahmens, ohne die Stiele mit $N < 0,25 \max N$)

Wirken auf das Tragwerk oder seine stabilisierenden Bauteile Horizontallasten, deren Summe $\leq 1/400$ der ungünstig beanspruchenden Vertikallasten ist, ist φ_0 aus Gl. (11) zu verdoppeln.

Lochschwächungen

K e i n e Berücksichtigung von Lochschwächungen
— bei Berechnung von Formänderungen, Stütz- und Schnittgrößen
— im Druckbereich und bei Schub, wenn das Lochspiel $\Delta d \leq 1$ mm ist, oder, bei $\Delta d > 1$ mm, wenn Tragwerksverformungen (z. B. durch Zusammenquetschen des Lochspiels) nicht begrenzt werden müssen.
— in zugbeanspruchten Querschnittsteilen, wenn

$$\frac{A_{\text{Brutto}}}{A_{\text{Netto}}} \leq \begin{cases} 1{,}2 & \text{für S235} \\ 1{,}15 & \text{für S275} \quad (12) \\ 1{,}1 & \text{für S355} \end{cases}$$

In allen anderen Fällen sind Löcher für Verbindungsmittel und andere Querschnittsöffnungen von der Bruttofläche abzuziehen. Bei Löchern für Senkschrauben ist die Senkung zu berücksichtigen. Bei versetzten Löchern ist außer dem Schnitt senkrecht zur Bauteillängsachse auch ein Schnitt längs einer Diagonalen oder Zick-Zack-Linie zu untersuchen (Bild 3); der kleinere Nettoquerschnitt ist maßgebend. Nach EC 3 ist für jeden schrägen Zwischenraum in der Lochkette von der Lochabzugsfläche ein zusätzlicher Flächenanteil $s^2 \cdot t/(4\,p)$ abzuziehen.

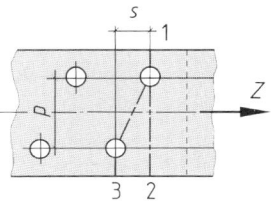

Bild3 Schnittführung bei versetzten Bohrungen

1 — 2: senkrecht zur Bauteillängsachse,
1 — 3: diagonal oder im Zick-Zack

In zugbeanspruchten Querschnitten oder Querschnittsteilen aus S235 und S355 darf die Grenzzugkraft im Nettoquerschnitt — unabhängig von der Art der Locherstellung — mit der Zugfestigkeit nach Gl. (13) berechnet werden. Für andere Stähle gilt dies nur bei gebohrten Löchern.

$$N_{\text{R,d}} = A_{\text{Netto}} \cdot f_{\text{u,k}}/(1{,}25 \cdot \gamma_{\text{M}}) \quad (13)$$

Tafel 10 Querschnittswerte bei näherungsweiser Berücksichtigung von Löchern für Verbindungsmittel

Zeile	Schnittgröße	Spannungsart	Maßgebende Querschnittswerte zur Ermittlung der Spannungen aus	
			N und V	M_{B} und M_{T}
1	Längskraft N	Druck	A	
2		Zug	$A - \Delta A$	
3	Biegemoment M_{B}	Druck		$W_{\text{D}} = I/z_{\text{D}}$
4		Zug		$W_{\text{Z}} = (I - \Delta I)/z_{\text{Z}}$
5	Längskraft N und Biegemoment M_{B}	Druck	A	$W_{\text{D}} = I/z_{\text{D}}$
6		Zug	$A - \Delta A$	$W_{\text{Z}} = (I - \Delta I)/z_{\text{Z}}$
7	Querkraft V	Schub	A_{Steg}, S, I, t	
8	Torsionsmoment M_{T}			[1]

Tafel nur anwenden, wenn Beanspruchbarkeiten mit Streckgrenze berechnet werden.
A Fläche des ungelochten Querschnittes
ΔA Summe aller abzuziehenden Lochflächen, die in derjenigen Rißlinie liegen, die den kleinsten Wert $A - \Delta A$ ergibt
A_{Steg} Querkraftfläche, die bei näherungsweiser Berechnung der Schubspannungen infolge Querkraft zu deren Aufnahme geeignet ist; t = Dicke des Querschnittsteils
S Flächenmoment 1. Grades (statisches Moment) von ungelochten Querschnittsteilen[2]
I Flächenmoment 2. Grades (Trägheitsmoment) des ungelochten Querschnittes
ΔI Summe der I der in ungünstigste Rißlinie fallenden Löcher im Biegezugbereich[2]
$z_{\text{D}}, z_{\text{Z}}$ Abstand der Randfaser am Druckrand bzw. Zugrand[2]
$W_{\text{D}}, W_{\text{Z}}$ Maßgebendes Widerstandsmoment für die Randdruck- bzw. Randzugspannung

[1] Querschnittswerte des ungelochten Querschnittes
[2] bezogen auf die Schwerachse des ungelochten Querschnittes

Wenn in zugbeanspruchten Querschnittsteilen (Querschnitten) die Beanspruchbarkeiten mit der Streckgrenze ($f_{\text{y,k}}$) berechnet werden oder Gl. (12) erfüllt ist, darf der

Stahlbau

durch die Lochschwächung verursachte Versatz der Querschnittsschwerachsen vernachlässigt werden. Lochschwächungen werden näherungsweise nach Tafel 10 berücksichtigt.

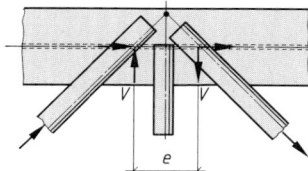

Bild 4 Berücksichtigung planmäßiger Außermittigkeiten in der Bildebene

Planmäßige Außermittigkeiten sind zu berücksichtigen, z. B. Bild 4, jedoch nicht, wenn bei Fachwerkgurten mit über die Länge veränderlichen Querschnitten die gemittelte Schwerachse der Einzelquerschnitte in die Systemlinie des Gurtes gelegt wird.

Tragwerksverformungen sind zu berücksichtigen, wenn sie zur Vergrößerung der Beanspruchungen führen (Theorie II. Ordnung). Sie brauchen nicht berücksichtigt zu werden (Theorie I. Ordnung), wenn Biegeknick- und Biegedrillknicknachweise nicht erforderlich sind.

Die Biegeknicksicherheit braucht nicht nachgewiesen zu werden, wenn eine der folgenden Bedingungen erfüllt ist:
1. Normalkräfte des Systems $N \leqq 0,1\ N_{Ki,d}$ (14)
2. Bezogene Schlankheitsgrade $\bar{\lambda}_K \leqq 0,3 \sqrt{f_{y,d} \cdot A/N}$ (14a)
3. $s_K \cdot \sqrt{N/(E \cdot I)_d} \leqq 1$ (14b)

Biegedrillknicken ist nicht nachzuweisen bei
1. Stäben mit Hohlquerschnitten mit oder ohne Druckkraft
2. Biegung um die z-Achse von Stäben mit I-Querschnitt, mit/ohne Druckkraft
3. Biegung um die y-Achse ohne Druckkraft von Stäben mit I-förmigem, zur Stegachse symmetrischem Querschnitt, deren Druckgurt im Abstand c seitlich unverschieblich gehalten ist:

$$c \leqq 0,5\ \lambda_a \cdot i_{z,g} \cdot M_{pl,y,d}/\max|M_y| \qquad (15)$$

$i_{z,g}$ s. Gl. (50) und Profiltafeln; statt dessen darf auch i_z eingesetzt werden.

Weitere ausführliche Angaben hierzu s. Abschn. 3.2.2.

Schlupf in Verbindungen ist zu berücksichtigen, wenn er nicht offenbar vernachlässigt werden darf (wie z. B. in Fachwerkträgern, die nicht der Stabilisierung dienen).

Schlupf von Schraubenverbindungen = Nennlochspiel Δd

Betriebsfestigkeit braucht nicht nachgewiesen zu werden, wenn als veränderliche Einwirkungen nur Schnee, Temperatur, Verkehrslasten nach DIN 1055-3, Abschn. 1.4 und Windlasten ohne periodische Anfachung des Bauwerks auftreten,
oder wenn $\Delta\sigma < 26$ N/mm² (16)
oder wenn die Zahl der Spannungsspiele $n < 5 \cdot 10^6 (26/\Delta\sigma)^3$ (17).

2.2.2 Detailregelungen nach DIN 18800-1 und DIN 18801

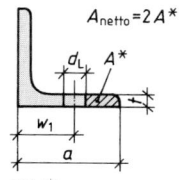

Bild 5
Anschluß eines Winkels durch nur 1 Schraube

a) Ausmittige Anschlüsse von Zugstäben

Mehrere Anschlußschrauben: Bei einem Winkelquerschnitt mit $\geqq 2$ Schrauben in Kraftrichtung hintereinander oder Flankenkehlnähten mit Länge $l_w \geqq$ Schenkelbreite darf die Ausmittigkeit infolge unmittelbaren Anschlusses eines Schenkels unberücksichtigt bleiben, wenn $\sigma \leqq 0,8\ \sigma_{R,d}$ ist.

Nur eine Anschlußschraube: Der Tragsicherheitsnachweis ist mit dem doppelten Wert des kleineren Teils des Nettoquerschnitts zu führen. Bei einem Winkelanschluß nach Bild 5 wird z. B.

$$\sigma = N/A_{Netto} \quad \text{mit } A^* \approx t \cdot (a - w_1 - d_L/2)$$

b) Auf Biegung beanspruchte vollwandige Tragwerksteile

Stützweite bei unmittelbarer Lagerung auf Mauerwerk oder Beton:

$$l = 1{,}05\, w \geq w + 120 \text{ mm} \quad \text{mit } w = \text{Lichtweite}$$

Auflagerkräfte von Durchlaufträgern mit ≥ 3 Feldern:
Wie für Träger auf 2 Stützen, falls min $l \geq 0{,}8$ max l ist.

Steifenlose Krafteinleitungen in I-förmige Querschnitte (Bild 6)

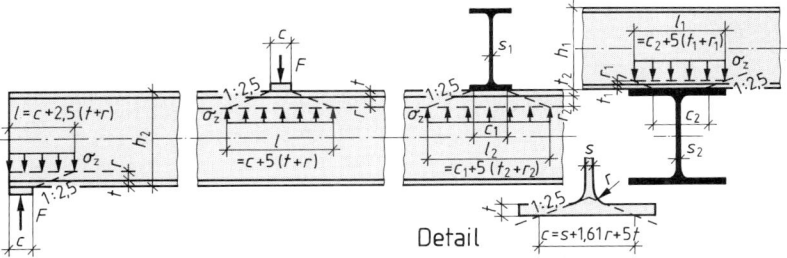

Bild 6   Rippenlose Lasteinteilung bei I-Profilen

Wenn die Betriebsfestigkeit nicht maßgebend und der Träger gegen Verdrehen und seitliches Ausweichen gesichert ist, wird die einleitbare Grenzkraft bei geschweißten Profilen mit einer Stegschlankheit $h/s \leq 60$ sowie bei Walzprofilen wie folgt berechnet:

a) σ_x und σ_z mit unterschiedlichen Vorzeichen und $|\sigma_x| > 0{,}5 f_{y,k}$:

$$F_{R,d} = s \cdot l \cdot f_{y,k}\,(1{,}25 - 0{,}5 \cdot |\sigma_x|/f_{y,k})/\gamma_M \qquad (18)$$

b) Für alle anderen Fälle:

$$F_{R,d} = s \cdot l \cdot f_{y,k}/\gamma_M \qquad (18a)$$

Hierin bedeuten:
σ_x Normalspannung im Träger in der maßgebenden Faser aus Biegung und/oder Normalkraft
σ_z Normalspannung aus der lokalen Lasteinleitung in der maßgebenden Faser
s Stegdicke des Trägers
l Mittragende Länge nach Bild 6; bei geschweißten Trägern ist die Schweißnahtdicke a anstelle von r zu setzen.

Im Bereich der Krafteinleitung braucht die Vergleichsspannung σ_V nach Gl. (22) nicht nachgewiesen zu werden.

Bei $h/s > 60$ ist zusätzlich die Beulsicherheit mit Gl. (83) nachzuweisen.

2.2.3 Tragsicherheitsnachweis nach dem Verfahren Elastisch-Elastisch

Die Beanspruchungen und Beanspruchbarkeiten sind nach der Elastizitätstheorie zu berechnen (Taf. 9, Z. 1); das System muß im stabilen Gleichgewicht sein.

a) Nachweis ausreichender Bauteildicke

Die Dicke der Querschnittsteile muß entweder den Grenzwerten grenz (b/t) bzw. grenz (d/t) nach Tafel 11 bzw. Bild 7 genügen, oder es ist ausreichende Beulsicherheit nach Abschn. 4 nachzuweisen.

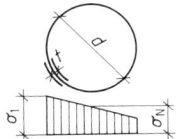

$$\text{grenz}\,(d/t) = \left(90 - 20\,\frac{\sigma_N}{\sigma_1}\right) \cdot \frac{240}{\sigma_1 \cdot \gamma_M}$$

Bild 7   Grenzwerte grenz (d/t) für Kreiszylinderquerschnitte für volles Mittragen unter Druckspannungen σ_x beim Tragsicherheitsnachweis nach dem Verfahren Elastisch-Elastisch

$\sigma_1 = $ Größtwert der Druckspannungen in N/mm²
$\sigma_N = $ Druckspannungsanteil aus Normalkraft in N/mm²

Stahlbau

b) Sicherheit gegen Fließen

Grenznormalspannung: $\sigma_{R,d} = f_{y,d} = f_{y,k}/\gamma_M$ mit $\gamma_M = 1,1$ (19)

Grenzschubspannung: $\tau_{R,d} = f_{y,d}/\sqrt{3}$ (20)

Die **Nachweise** lauten

— für σ_x, σ_y, σ_z: $\qquad\qquad\qquad\qquad\qquad \sigma/\sigma_{R,d} \leqq 1$ (21)

— für τ_{xy}, τ_{xz}, τ_{yz}: $\qquad\qquad\qquad\qquad\qquad \tau/\tau_{R,d} \leqq 1$ (21 a)

— bei gleichzeitiger Wirkung mehrerer Spannungen: $\qquad \sigma_V/\sigma_{R,d} \leqq 1$ (21 b)

mit der Vergleichsspannung σ_V

$$\sigma_V = \sqrt{\sigma_x^2 + \sigma_y^2 + \sigma_z^2 - \sigma_x \cdot \sigma_y - \sigma_x \cdot \sigma_z - \sigma_y \cdot \sigma_z + 3\tau_{xy}^2 + 3\tau_{xz}^2 + 3\tau_{yz}^2}$$ (22)

Wenn σ_V nur in kleinen Bereichen des Querschnitts auftritt, darf gesetzt werden:

$$\sigma_V \leqq 1,1\,\sigma_{R,d}, \quad \text{so z. B. wenn gleichzeitig gilt} \quad \begin{cases} \left|\dfrac{N}{A} + \dfrac{M_y}{I_y}z\right| \leqq 0,8\,\sigma_{R,d} \\[2mm] \left|\dfrac{N}{A} - \dfrac{M_z}{I_z}y\right| \leqq 0,8\,\sigma_{R,d} \end{cases}$$ (21 c)

Beim Nachweis nach dem Verfahren Elastisch-Elastisch dürfen $\sigma_{R,d}$ und $\tau_{R,d}$ in den Gln. (21, 21 a, b) um 10% erhöht werden, wenn

— Biegeknicken und Biegedrillknicken nicht nachzuweisen sind (s. Abschn. 2.2.1),

— die Bedingungen von Tafel 11 und Bild 7 eingehalten sind,

— kein Gebrauch von den Gln. (21 c) und (24) gemacht wird.

Spannungen in Stäben infolge Normalkraft und/oder Biegung

$$\sigma_x = \left|\frac{N}{A} + \frac{M_y}{I_y}z - \frac{M_z}{I_z}y\right|$$ (23)

Besondere Regelungen für Zugstäbe s. Abschn. 2.2.1 und 2.2.2.

Für Stäbe mit doppeltsymmetrischem **I-Querschnitt**, die die Bedingungen der Tafel 12, Zeile 1 erfüllen, darf σ_x nach Gl. (24) berechnet werden:

$$\sigma_x = \left|\frac{N}{A} \pm \frac{M_y}{\alpha_{pl,y}^* \cdot W_y} \pm \frac{M_z}{\alpha_{pl,z}^* \cdot W_z}\right|$$ (24)

α_{pl}^* der jeweilige plast. Formbeiwert α_{pl}, jedoch $\alpha_{pl} \leqq 1,25$; α_{pl} s. Gl. (1). Für I-förmige Walzprofile gilt vereinfacht $\alpha_{pl,y}^* = 1,14$ und $\alpha_{pl,z}^* = 1,25$.

Werden bei **Stäben mit Winkelprofil** schenkelparallele Querschnittsachsen anstelle der Trägheitshauptachsen benutzt, ist σ_x um 30% zu erhöhen.

Spannungen in Stäben infolge von Querkräften

$$\tau = \left|\frac{V_z \cdot S_y}{I_y \cdot t} \pm \frac{V_y \cdot S_z}{I_z \cdot t}\right|$$ (25)

Vereinfachter Nachweis von τ für Stäbe mit I-förmigem Querschnitt, bei denen $A_{Gurt}/A_{Steg} \geqq 0,6$ ist und die Wirkungslinie von V_z mit dem Steg zusammenfällt.

$$\tau = \left|\frac{V_z}{A_{Steg}}\right|$$ (26)

Bei der Berechnung von A_{Steg} darf die Steghöhe h_{Steg} gleich dem Abstand der Gurtschwerlinien gesetzt werden.

Beispiel Nachweis ausreichender Bauteildicke für den Flansch einer Stütze aus HE300A — S355 mit den Bemessungsgrößen $N_d = 1890$ kN, $M_{y,d} = 70$ kNm, $M_{z,d} = 32$ kNm.

An der Kante: $\sigma_1 = 1890/112 + 7000/1260 + 3200/421 = 16,88 + 5,56 + 7,60$

$\sigma_1 = 30,04$ kN/cm$^2 = 300,4$ N/mm$^2 < 360/1,1 = 327,3$ N/mm$^2 = \sigma_{R,d}$

An der Rundung: $\sigma_2 = 16,88 + 5,56 + 3200\,(0,85/2 + 2,7)/6310 = 24,02$ kN/cm^2

$\psi = 24,02/30,04 = 0,8$; $\quad k_\sigma = 0,57 - 0,21 \cdot 0,8 + 0,07 \cdot 0,8^2 = 0,447$

grenz $(b/t) = 305\sqrt{0,447/(300,4 \cdot 1,1)} = 11,2$

$> b/t = (30 - 0,85 - 2 \cdot 2,7)/(2 \cdot 1,4) = 8,48$

Bei Walzprofilen aus S235 ist die Bedingung für grenz (b/t) fast immer erfüllt.

Tafel 11 Grenzwerte grenz (b/t) für ein- und beidseitig gelagerte Plattenstreifen für volles Mittragen unter Druckspannungen σ_x beim Tragsicherheitsnachweis nach dem Verfahren Elastisch-Elastisch mit zugehörigen Beulwerten k_σ
nach DIN 18800-1 [6], Tab. 12 u. 13
$\sigma_1 = $ Größwert der Druckspannungen σ_x in N/mm^2

ψ	k_σ	k_σ	k_σ
1	4	0,43	0,43
$1 > \psi > 0$	$\dfrac{8,2}{\psi + 1,05}$	$\dfrac{0,578}{\psi + 0,34}$	$0,57 - 0,21 \cdot \psi + 0,07 \cdot \psi^2$
0	7,81	1,70	0,57
$0 > \psi > -1$	$7,81 - 6,29 \cdot \psi + 9,78 \cdot \psi^2$	$1,70 - 5 \cdot \psi + 17,1 \cdot \psi^2$	$0,57 - 0,21 \cdot \psi + 0,07 \cdot \psi^2$
-1	23,9	23,8	0,85

	grenz(b/t)[1]	grenz(b/t)
$0 < \psi \leq 1$	$(1 - 0,278\psi - 0,025\psi^2)$ $\cdot 420,4 \cdot \sqrt{k_\sigma/(\sigma_1 \cdot \gamma_M)}$	$305 \cdot \sqrt{\dfrac{k_\sigma}{\sigma_1 \cdot \gamma_M}}$
$\psi \leq 0$	$420,4 \cdot \sqrt{k_\sigma/(\sigma_1 \cdot \gamma_M)}$	

Vereinfachend kann $\sigma_1 \cdot \gamma_M = f_{y,k}$ gesetzt werden. $f_{y,k}$ s. Tafel 4.

[1] Bei gleichzeitiger Wirkung von σ_x und τ ist ein Beulsicherheitsnachweis erforderlich, wenn
$b/t > 0,64\sqrt{k_\sigma \cdot E/f_{y,k}}$ (27)

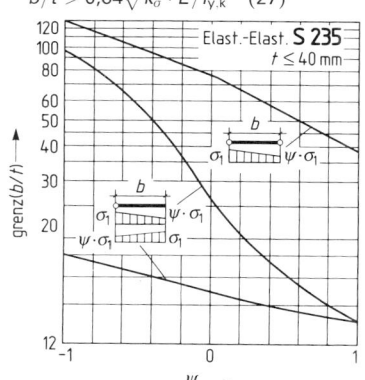

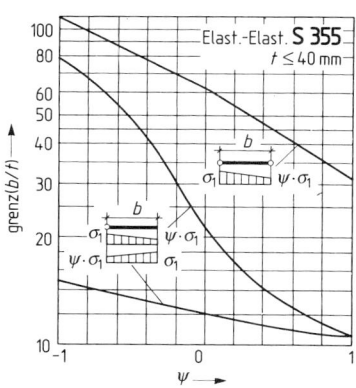

Bild 8 Diagramm zu Tafel 11 mit $\sigma_1 = f_{y,k}/\gamma_M$. Wenn σ_1 kleiner ist als dieser Wert, wird grenz(b/t) größer

2.2.4 Tragsicherheitsnachweis nach dem Verfahren Elastisch-Plastisch

Die Beanspruchungen sind nach der Elastizitätstheorie, die Beanspruchbarkeiten unter Ausnutzung plastischer Tragfähigkeiten zu berechnen (Taf. 9, Z. 2); das System muß im stabilen Gleichgewicht sein.

a) Momentenumlagerung

Wenn Biegeknicken und Biegedrillknicken nicht berücksichtigt werden müssen (s. Abschn. 2.2.1 und 3.2), dürfen die nach Elastizitätstheorie ermittelten Stützmomente unter Beachtung der Gleichgewichtsbedingungen um $\leq 15\%$ abgemindert oder erhöht werden. Zusätzlich gilt für Verbindungen Abschn. 2.2.5, Punkt d).

b) Nachweis ausreichender Bauteildicke

Die Dicke der Querschnittsteile muß den Grenzwerten nach Tafel 12, Zeile 1 genügen.

Für die Bereiche des Tragwerks, in denen die Schnittgrößen den Bedingungen des Abschnitts 2.2.3 entsprechen, ist Tafel 11 maßgebend.

c) Nachweis der plastischen Tragfähigkeit

Grenzschnittgrößen im vollplastischen Zustand

Berechnung s. Bild 9. Dabei ist $\alpha_{pl} \cdot W$ das plastische Widerstandsmoment

$$W_{pl} = S_o + S_u \qquad (28)$$

mit S_o bzw. S_u = Flächenmoment 1. Grades über bzw. unter der Flächenhalbierenden des Querschnitts.

Bei doppelsymmetrischen Profilen ist

$$W_{pl,y} = 2S_y \quad \text{bzw.}$$
$$W_{pl,z} = 2S_z \qquad (28a, b)$$

S_y für Walzprofile s. Profiltafeln.

$W_{pl,y}$ und $W_{pl,z}$ sind i. allg. auf den Wert $1,25 \cdot W_{el}$ zu begrenzen!

α_{pl} nach Gl. (1) sowie Grenzschnittgrößen im vollplastischen Zustand für I-förmige Walzprofile s. Tafel 15.

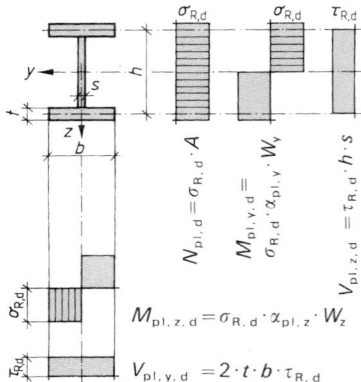

$$N_{pl,d} = \sigma_{R,d} \cdot A$$
$$M_{pl,y,d} = \sigma_{R,d} \cdot \alpha_{pl,y} \cdot W_y$$
$$V_{pl,z,d} = \tau_{R,d} \cdot h \cdot s$$
$$M_{pl,z,d} = \sigma_{R,d} \cdot \alpha_{pl,z} \cdot W_z$$
$$V_{pl,y,d} = 2 \cdot t \cdot b \cdot \tau_{R,d}$$

Bild 9 Spannungsverteilung für doppelt-symmetrische I-Querschnitte für Schnittgrößen im vollplastischen Zustand

Es ist nachzuweisen, daß die Beanspruchungen unter Beachtung der I n t e r a k t i o n nicht zu einer Überschreitung der Grenzschnittgrößen im plastischen Zustand führen:

Grenzspannungen: s. Gl. (19) und (20).

Interaktion von Grenzschnittgrößen im plastischen Zustand

Die Tragsicherheitsnachweise für Stäbe mit doppelsymmetrischen I- und einfachsymmetrischen Querschnitten können vereinfacht geführt werden bei gleichzeitiger Wirkung von

N, M_y, V_z nach Tafel 13a (doppelsymmetrisch)
$\qquad\qquad$ nach Tafel 13b (einfachsymmetrisch)
N, M_z, V_y nach Tafel 14
N, M_y, M_z nach Gl. (29), (30) oder Bild 13,
$\qquad$ falls $V_{z,d} \leq 0,33\ V_{pl,z,d}$ und $V_{y,d} \leq 0,25\ V_{pl,y,d}$ ist. $\Bigg\}$ (doppelsymmetrisch)

Tafel 12 Grenzwerte grenz(b/t) und grenz(d/t) für volles Mitwirken von Querschnittsteilen unter Druckspannungen σ_x beim Tragsicherheitsnachweis nach dem Verfahren Elastisch-Plastisch und Plastisch-Plastisch n. [6], Tab. 15. $f_{y,k}$ in N/mm^2

Zeile	Nachweis-Verfahren	Plattenstreifen			Kreiszylinder
					d und t s. Bild 7
		grenz(b/t)	**grenz(b/t)**	**grenz(b/t)**	**grenz(d/t)**
1	Elast.-Plast.	$\dfrac{37}{\alpha}\sqrt{\dfrac{240}{f_{y,k}}}$	$\dfrac{11}{\alpha\cdot\sqrt{\alpha}}\sqrt{\dfrac{240}{f_{y,k}}}$	$\dfrac{11}{\alpha}\sqrt{\dfrac{240}{f_{y,k}}}$	$70\cdot\dfrac{240}{f_{y,k}}$
2	Plast.-Plast.	$\dfrac{32}{\alpha}\sqrt{\dfrac{240}{f_{y,k}}}$	$\dfrac{9}{\alpha\cdot\sqrt{\alpha}}\sqrt{\dfrac{240}{f_{y,k}}}$	$\dfrac{9}{\alpha}\sqrt{\dfrac{240}{f_{y,k}}}$	$50\cdot\dfrac{240}{f_{y,k}}$

Druckspannungen sind durch Schraffur gekennzeichnet.

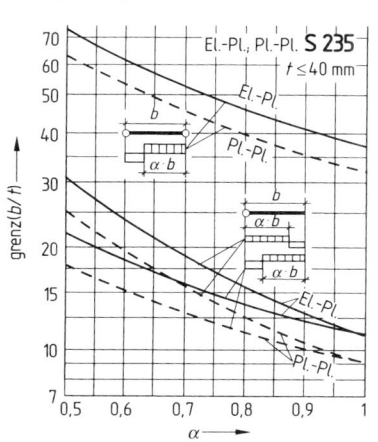

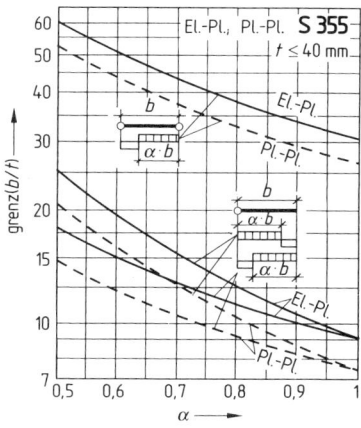

Bild 10 Diagramm zur Tafel 12

Stahlbau

Tafel 13a Vereinfachte Tragsicherheitsnachweise für doppeltsymmetrische I-Querschnitte mit N, M_y, V_z nach DIN 18800-1 [6], Tab. 16

Momente um y-Achse z 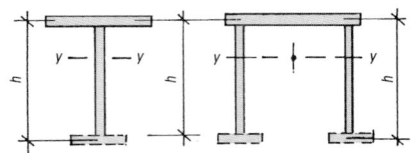 y ---I--- y z	Gültigkeits-bereich	$\dfrac{V}{V_{pl,d}} \leq 0{,}33$	$0{,}33 < \dfrac{V}{V_{pl,d}} \leq 1{,}0^1)$
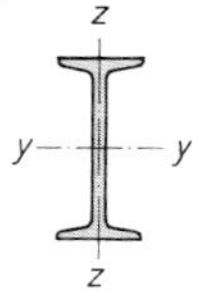	$\dfrac{N}{N_{pl,d}} \leq 0{,}1$	$\dfrac{M}{M_{pl,d}} \leq 1$	$0{,}88\dfrac{M}{M_{pl,d}} + 0{,}37\dfrac{V}{V_{pl,d}} \leq 1$
	$0{,}1 < \dfrac{N}{N_{pl,d}} \leq 1$	$0{,}9\dfrac{M}{M_{pl,d}} + \dfrac{N}{N_{pl,d}} \leq 1$	$0{,}8\dfrac{M}{M_{pl.d}} + 0{,}89\dfrac{N}{N_{pl.d}}$ $+0{,}33\dfrac{V}{V_{pl,d}} \leq 1$

[1]) Bei voller Ausnutzung der Querschnittsinteraktion darf $V_{pl,d}$ nur zu 90% des rechnerischen Wertes angenommen werden.

Interaktionsbeziehung für einfachsymmetrische Querschnitte
bei Biegung um die y-Achse (nach [38])

Bild 11 Querschnitte 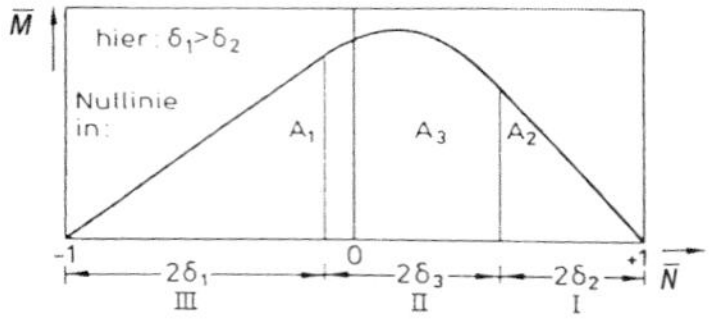   **Bild 12** Interaktionsdiagramm

Vorwerte

$V_{pl,d} = A_3 \cdot \tau_{R,d}$ mit

$V/V_{pl,d} \leq 1/3 : \eta = 1$

$V/V_{pl,d} > 1/3 : \eta = \sqrt{1 - (V/V_{pl,d})^2}$

$A_r = A_1 + A_2 + \eta \cdot A_3;$ $\delta_1 = A_1/A_r;$

$\delta_2 = A_2/A_r;$ $\delta_3 = \eta \cdot A_3/A_r$

A_1 = Momentendruckgurtfläche
A_2 = Momentenzuggurtfläche
A_3 = Steg bzw. beide Stege
N ist positiv (negativ)
bei Druck (Zug)

Tafel 13b Tragsicherheitsnachweis für einfachsymmetrische Querschnitte mit N, M_y, V_z nach [38]

$N_{pl,V,d} = A_r \cdot \sigma_{R,d}$	$\bar{N} = N/N_{pl,V,d}$	$\bar{M} = M/(h \cdot N_{pl,V,d})$
$1 - 2 \cdot \delta_2 \leq \dfrac{N}{N_{pl,V,d}} \leq 1$	$2 \cdot \delta_1 - 1 \leq \dfrac{N}{N_{pl,V,d}} \leq 1 - 2 \cdot \delta_2$	$-1 \leq \dfrac{N}{N_{pl,V,d}} \leq 2 \cdot \delta_2 - 1$
$\bar{M} \leq (\delta_1 + 0{,}5 \cdot \delta_3) \cdot (1 - \bar{N})$	$\bar{M} \leq (\delta_1 + 0{,}5 \cdot \delta_3) \cdot (1 - \bar{N})$ $-0{,}25 \cdot (1 - 2 \cdot \delta_2 - \bar{N})^2/\delta_3$	$\bar{M} \leq (\delta_2 + 0{,}5 \cdot \delta_3) \cdot (1 + \bar{N})$
I	II	III

Tafel 14 Vereinfachte Tragsicherheitsnachweise für doppeltsymmetrische I-Querschnitte mit N, M_z, V_y nach DIN 18800-1 [6], Tab. 17

Momente um z-Achse y z-+-z y	Gültigkeitsbe-reich	$\dfrac{V}{V_{pl,d}} \leq 0{,}25$	$0{,}25 < \dfrac{V}{V_{pl,d}} \leq 0{,}9$
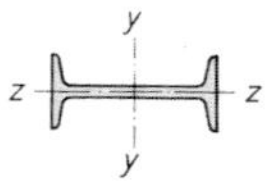	$\dfrac{N}{N_{pl,d}} \leq 0{,}3$	$\dfrac{M}{M_{pl,d}} \leq 1$	$0{,}95\dfrac{M}{M_{pl,d}} + 0{,}82\left(\dfrac{V}{V_{pl,d}}\right)^2 \leq 1$
	$0{,}3 < \dfrac{N}{N_{pl,d}} \leq 1$	$0{,}91\dfrac{M}{M_{pl,d}} + \left(\dfrac{N}{N_{pl,d}}\right)^2 \leq 1$	$0{,}87\dfrac{M}{M_{pl,d}} + 0{,}95\left(\dfrac{N}{N_{pl,d}}\right)^2$ $+0{,}75\left(\dfrac{V}{V_{pl,d}}\right)^2 \leq 1$

Es ist $M_{pl,z,d} = 1{,}25 \cdot \sigma_{R,d} \cdot W_z$ (für Walzprofile = $M_{pl,z,d}$ aus Taf. 15)

Mit $M_y^* = M_{pl,y,d} \cdot [1 - (N/N_{pl,d})^{1,2}]$;

$M_{pl,z,d} = 1{,}25\sigma_{R,d} \cdot W_z = M_{pl,z,d}^*$

$c_1 = (N/N_{pl,d})^{2,6}$

und $\quad c_2 = (1 - c_1)^{-N_{pl,d}/N}$

gilt für $M_y \leq M_y^*$:

$\quad M_z/M_{pl,z,d} + c_1$

$\qquad + c_2 \cdot (M_y/M_{pl,y,d})^{2,3} \leq 1 \quad$ (29)

für $M_y > M_y^*$:

$\quad \dfrac{1}{40}\left(\dfrac{M_z}{M_{pl,z,d}} - \dfrac{M_z^*}{M_{pl,z,d}}\right)$

$\qquad + \left(\dfrac{N}{N_{pl,d}}\right)^{1,2} + \dfrac{M_y}{M_{pl,y,d}} \leq 1 \quad$ (30)

mit
$M_z^* = [1 - c_2 \cdot (M_y^*/M_{pl,y,d})^{2,3} - c_1] \cdot M_{pl,z,d}$

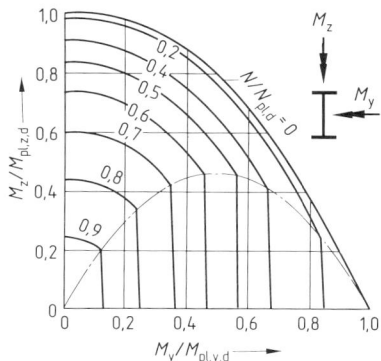

Bild 13 Interaktion für N, M_y, M_z für doppeltsymmetrische I-Querschnitte

2.2.5 Tragsicherheitsnachweis nach dem Verfahren Plastisch-Plastisch

Nachweisverfahren s. Tafel 9, Zeile 3.

a) Es ist nachzuweisen, daß das System im stabilen Gleichgewicht ist.

b) **Grenzschnittgrößen** im plastischen Zustand und **Interaktion** wie beim Verfahren Elastisch-Plastisch (Abschn. 2.2.4).

c) Die **Dicke der Querschnittsteile** muß im Bereich der Fließgelenke Taf. 12, Zeile 2 genügen.

Für die Bereiche des Tragwerks, in denen die Schnittgrößen nicht größer sind als die Grenzschnittgrößen im plastischen Zustand nach dem Verfahren Elastisch-Plastisch, gilt Abschn. 2.2.4, Punkt b).

d) Für **Verbindungen** ist die Auswirkung eines oberen Grenzwertes der Streckgrenze $\sigma_{R,d}^{oben} = 1{,}3\,\sigma_{R,d}$ nachzuweisen, oder sie müssen die 1,25fachen Grenzschnittgrößen im plastischen Zustand der durch sie verbundenen Teile konstanten Querschnitts aufnehmen. Diese Erhöhungen bleiben unberücksichtigt beim Lochleibungsnachweis der Schrauben und bei Schweißnähten mit nachgewiesener Güte nach Taf. 55, Zeilen 1 bis 4.

Es dürfen nicht verwendet werden:

Einschnittige ungestützte Verbindungen mit einer Schraube in Kraftrichtung; Schweißnähte im Bereich von Fließgelenken n. Taf. 55, Zeilen 5, 6, 10, 12 und 15 bei Beanspruchung durch $\sigma_\perp$ und $\tau_\perp$.

e) **Vereinfachte Bemessung von Durchlaufträgern** nach DIN 18801 [11], 6.1.2.3
Biegemomente des Durchlaufträgers:

Endfelder	$M_E = q \cdot l^2/11$	(31)
Innenfelder	$M_I = q \cdot l^2/16$	(32)

$\}$ q und l des jeweiligen Feldes einsetzen.

Innenstützen $M_s = -q \cdot l^2/16$ (33)

q und l des angrenzenden Feldes einsetzen, das den größeren Wert liefert.

Der Tragsicherheitsnachweis erfolgt mit den **elastischen** Querschnittswerten nach Abschn. 2.2.3.

Bedingungen: Träger mit doppelt-symmetrischem Querschnitt; Belastung mit feldweise konstanter Gleichstreckenlast $q \geq 0$; min $l \geq 0{,}8$ max l; Nachweis des Biegedrillknickens; Mindestdicken nach Tafel 12, Zeile 2.

9

Beispiel 1 Durchlaufträger über zwei Felder mit je $L = 6{,}0$ m und $E \cdot I = \text{const.}$; gleichmäßig
verteilte Streckenlast $G = 20$ kN/m, $Q = 11$ kN/m.

$$G_d = 1{,}35 \cdot 20 \quad = 27{,}0 \text{ kN/m}$$
$$Q_d = 1{,}50 \cdot 11 \quad = 16{,}5 \text{ kN/m}$$
$$G_d + Q_d \quad = 43{,}5 \text{ kN/m}$$

Berechnung der Biegemomente mit Hilfe der Tafeln aus dem BZ-Abschn. Statik:

$$\max M_F = (0{,}070 \cdot 27 + 0{,}096 \cdot 16.5) \cdot 6{,}0^2 \quad = 125{,}1 \text{ kNm}$$
$$\min M_B = -0{,}125 \cdot 43{,}5 \cdot 6{,}0^2 \quad = -195{,}8 \text{ kNm}$$

a) Tragsicherheitsnachweis nach dem Verfahren Elastisch-Plastisch mit Momentenumlagerung -15%:

$$M_B = -0{,}85 \cdot 195{,}8 = -166{,}4 \text{ kNm}; \qquad V_A = 43{,}5 \cdot 6{,}0 \, 2 - 166{,}4 \, 6{,}0 = 102{,}8 \text{ kN}$$
$$M_F = 102{,}8^2/(2 \cdot 43{,}5) = 121{,}4 \text{ kNm} < \max M_F; \qquad V_{B,l} = 102{,}8 - 43{,}5 \cdot 6{,}0 = 158{,}2 \text{ kN}$$

HE260A-S235: $\qquad M_B/M_{pl,y,d} = 166{,}4/201 = 0{,}8279 \qquad (M_{pl,y,d}, V_{pl,z,d} \text{ s. Taf. 15})$

$$V_{B,l}/V_{pl,z,d} = 158{,}2/224 = 0{,}7063$$

Interaktion (Taf. 13a): $0{,}88 \cdot 0{,}8279 + 0{,}37 \cdot 0{,}7063 = 0{,}99 < 1$

b) Vereinfachte Bemessung nach Abschn. 2.2.5e:

$$M_E = 43{,}5 \cdot 6{,}0^2/11 = 142{,}4 \text{ kNm}$$

HE240A $-$ S235: $\sigma = M_E/W_{el,y} = 14240/675 = 21{,}1 \text{ kN/cm}^2$

$$< \sigma_{R,d} = 24/1{,}1 = 21{,}8 \text{ kN/cm}^2$$

Beispiel 2 Interaktion für den Querschnitt HE300B–S235 mit den Schnittgrößen $N = 1000$ kN,
$M_y = 250$ kNm, $M_z = 80$ kNm, $V_z = 80$ kN, $V_y = 30$ kN.
Vollplastische Schnittgrößen s. Taf. 15.

$$N/N_{pl,d} \quad = 1000/3253 = 0{,}3074$$
$$M_y/M_{pl,y,d} = 250/408 = 0{,}6127; \qquad M_z/M_{pl,z,d} = 80/156 = 0{,}5128$$
$$V_y/V_{pl,y,d} = 30/1436 = 0{,}02 < 0{,}25; \qquad V_z/V_{pl,z,d} = 80/389 = 0{,}206 < 0{,}33$$

Die Interaktion nach Bild 13 ist zulässig.

$$M_y^* = 408 \, (1 - 0{,}3074^{1,2}) = 308{,}9 \text{ kNm} > M_y \text{ es ist Gl. (29) maßgebend}$$
$$c_1 = 0{,}3074^{2,6} = 0{,}0466; \qquad c_2 = (1 - 0{,}0466)^{-1 \, 0.3074} = 1{,}168$$

Interaktion mit Gl. (29): $0{,}5128 + 0{,}0466 + 1{,}168 \cdot 0{,}6127^{2,3} = 0{,}94 < 1$

Tafel 15 **Schnittgrößen der I-förmigen Walzprofile aus St 37 (S235) im vollplastischen**
Zustand (Bemessungswerte)

Profil Nr.	$N_{pl,d}$ in kN	$\alpha_{pl,y}$	$M_{pl,y,d}$ in kNm	$V_{pl,z,d}$ in kN	$\alpha_{pl,z}$	$M_{pl,z,d}$ in kNm	$M_{pl,z,d}^*$ in kNm	$V_{pl,y,d}$ in kN
HE − B; IPB								
100	568	1,159	22,7	68,0	1,537	11,2	9,12	252
120	742	1,147	36,0	89,2	1,530	17,7	14,4	333
140	937	1,138	53,5	113	1,525	26,1	21,4	423
160	1184	1,136	77,2	148	1,528	37,1	30,3	524
180	1424	1,131	105	178	1,526	50,4	41,3	635
200	1704	1,128	140	210	1,527	66,7	54,6	756
220	1986	1,124	180	244	1,523	85,9	70,5	887
240	2313	1,122	230	281	1,525	109	89,2	1028
260	2583	1,118	280	305	1,525	131	108	1146
280	2867	1,115	335	347	1,524	157	128	1270
300	3253	1,114	408	389	1,524	190	156	1436
320	3519	1,116	469	434	1,525	205	168	1549
340	3729	1,117	525	481	1,526	215	176	1625
360	3940	1,118	585	531	1,527	225	184	1701
400	4316	1,121	705	639	1,531	241	197	1814
450	4756	1,121	869	748	1,533	261	213	1965
500	5206	1,123	1050	862	1,535	282	230	2116
550	5544	1,125	1220	984	1,538	293	238	2192
600	5891	1,127	1402	1113	1,542	303	246	2267
650	6247	1,130	1597	1248	1,546	314	254	2343
700 `	6685	1,135	1817	1431	1,553	326	263	2419
800	7292	1,139	2232	1690	1,563	339	271	2494
900	8101	1,146	2746	2015	1,573	362	287	2645
1000	8727	1,152	3241	2308	1,582	374	296	2721

Tafel 15, Fortsetzung

Profil Nr.	$N_{pl,d}$ in kN	$\alpha_{pl,y}$	$M_{pl,y,d}$ in kNm	$V_{pl,z,d}$ in kN	$\alpha_{pl,z}$	$M_{pl,z,d}$ in kNm	$M^*_{pl,z,d}$ in kNm	$V_{pl,y,d}$ in kN
HE−A; IPBl								
100	463	1,141	18,1	55,4	1,537	8,98	7,30	202
120	553	1,124	26,1	66,8	1,530	12,8	10,5	242
140	686	1,116	37,9	86,3	1,525	18,5	15,2	300
160	846	1,114	53,5	108	1,529	25,7	21,0	363
180	987	1,106	70,9	122	1,524	34,1	28,0	431
200	1174	1,105	93,7	147	1,525	44,5	36,4	504
220	1404	1,103	124	175	1,523	59,0	48,5	610
240	1677	1,103	162	206	1,524	76,7	62,9	726
260	1894	1,100	201	224	1,525	93,9	76,9	819
280	2122	1,098	243	259	1,523	113	92,8	917
300	2455	1,098	302	296	1,524	140	115	1058
320	2714	1,101	355	334	1,524	155	127	1171
340	2913	1,103	404	375	1,525	165	135	1247
360	3116	1,104	456	419	1,526	175	143	1323
400	3469	1,109	559	514	1,529	190	156	1436
450	3884	1,110	702	607	1,530	211	172	1587
500	4309	1,112	861	706	1,532	231	188	1738
550	4621	1,115	1008	812	1,535	242	197	1814
600	4942	1,118	1167	925	1,538	252	205	1890
650	5271	1,121	1339	1044	1,541	263	213	1965
700	5684	1,127	1534	1211	1,548	274	221	2041
800	6236	1,133	1898	1440	1,557	286	230	2116
900	6993	1,140	2359	1733	1,566	309	246	2267
1000	7567	1,146	2798	1993	1,574	321	255	2343
HE−M; IPBv								
100	1162	1,238	51,4	151	1,545	25,4	20,5	534
120	1449	1,217	76,5	187	1,538	37,4	30,4	667
140	1758	1,200	108	226	1,534	52,5	42,8	809
160	2117	1,191	147	277	1,536	71,0	57,8	962
180	2472	1,181	193	321	1,533	92,8	75,7	1125
200	2865	1,173	248	368	1,532	119	96,7	1297
220	3260	1,166	310	418	1,530	148	121	1480
240	4355	1,176	462	540	1,530	219	179	1999
260	4791	1,169	551	584	1,529	260	213	2194
280	5241	1,163	647	646	1,528	305	249	2394
300	6613	1,171	890	796	1,528	417	341	3046
320/ 305	4911	1,143	638	587	1,526	300	246	2228
320	6807	1,169	968	844	1,529	426	348	3114
340	6890	1,164	1029	891	1,530	426	348	3114
360	6956	1,161	1089	939	1,532	424	346	3104
400	7108	1,156	1215	1037	1,535	422	344	3094
450	7318	1,151	1382	1159	1,539	423	344	3094
500	7512	1,148	1548	1280	1,543	422	341	3084
550	7732	1,146	1731	1407	1,547	423	341	3084
600	7935	1,145	1914	1534	1,552	421	339	3074
650	8153	1,145	2107	1662	1,555	422	340	3074
700	8356	1,146	2299	1789	1,559	421	337	3064
800	8821	1,148	2725	2047	1,569	421	335	3053
900	9242	1,152	3151	2301	1,578	421	333	3043
1000	9692	1,156	3615	2561	1,587	423	333	3043

9

Tafel 15, Fortsetzung

Profil Nr,	$N_{pl,d}$ in kN	$\alpha_{pl,y}$	$M_{pl,y,d}$ in kNm	$V_{pl,z,d}$ in kN	$\alpha_{pl,z}$	$M_{pl,z,d}$ in kNm	$M^*_{pl,z,d}$ in kNm	$V_{pl,y,d}$ in kN
IPE								
80	167	1,159	5,07	35,8	1,576	1,27	1,01	60,3
100	225	1,152	8,60	48,7	1,580	2,00	1,58	79,0
120	288	1,147	13,2	63,0	1,571	2,96	2,36	102
140	358	1,143	19,3	78,8	1,563	4,20	3,36	127
160	438	1,139	27,0	96,1	1,567	5,69	4,54	153
180	523	1,138	36,3	115	1,561	7,55	6,04	183
200	621	1,135	48,1	135	1,567	9,74	7,76	214
220	728	1,133	62,3	157	1,560	12,7	10,2	255
240	854	1,130	80,0	180	1,564	16,1	12,9	296
270	1003	1,128	106	216	1,559	21,2	17,0	347
300	1174	1,128	137	259	1,556	27,3	22,0	404
330	1366	1,128	176	301	1,560	33,5	26,9	464
360	1587	1,128	222	350	1,556	41,7	33,5	544
400	1843	1,131	285	419	1,564	50,0	39,9	612
450	2156	1,135	371	516	1,567	60,3	48,1	699
500	2520	1,138	479	622	1,568	73,3	58,4	806
550	2932	1,142	608	745	1,577	87,4	69,3	910
600	3404	1,144	766	878	1,577	106	84,0	1053
IPEo/v								
180o	591	1,144	41,3	131	1,565	8,71	6,95	209
200o	697	1,139	54,4	150	1,568	11,3	9,03	244
220o	816	1,138	70,1	176	1,562	14,6	11,7	288
240o	954	1,136	89,5	204	1,567	18,4	14,7	332
270o	1175	1,133	125	247	1,559	25,7	20,6	418
300o	1371	1,131	162	294	1,555	33,3	26,8	486
330o	1584	1,132	206	343	1,560	40,4	32,3	551
360o	1836	1,133	259	405	1,560	49,5	39,7	637
400o	2103	1,135	328	475	1,565	58,7	46,9	711
400v	2335	1,138	367	521	1,566	66,3	52,9	802
450o	2568	1,140	446	607	1,570	74,4	59,2	851
450v	2880	1,146	502	688	1,575	84,9	67,4	958
500o	2983	1,144	570	736	1,574	89,1	70,8	967
500v	3580	1,151	691	878	1,580	111	87,5	1182
550o	3406	1,146	712	857	1,580	105	83,0	1079
550v	4407	1,163	917	1165	1,601	138	108	1371
600o	4294	1,153	976	1107	1,586	140	110	1354
600v	5101	1,162	1162	1338	1,597	170	133	1608

Wenn das Nachweisverfahren Elastisch-Elastisch angewendet wird und wenn die in den Abschnitten 2.2.1 und 2.2.3 genannten Bedingungen für die Erhöhung von $\sigma_{R,d}$ erfüllt sind, dürfen die Tafelwerte um 10% erhöht werden.

Für Walzprofile aus S355 sind die Tafelwerte mit 1,5 zu multiplizieren.

Die Grenzschnittgrößen sind nach Bild 9 und den Gln. (19), (20), (28a und b) berechnet; dabei wurden abweichend von den Angaben der Profiltafeln Querschnittswerte mit größerer Stellenzahl verwendet.

$M_{pl,z,d} = 2 S_z \cdot \sigma_{R,d}$; *kursiv* gedruckte Werte nur zulässig beim Tragsicherheitsnachweis nach der Plastizitätstheorie bei Einfeldträgern und Durchlaufträgern mit über die gesamte Länge gleichbleibendem Querschnitt.

$M^*_{pl,z,d}$ mit $\alpha^*_{pl,z} = 1,25$ beschränkt auf $1,25 M_{el,z} = 1,25 W_z \cdot \sigma_{R,d}$

2.3 Nachweis der Lagesicherheit

Die Nachweise sind als Tragsicherheitsnachweise mit γ_F und γ_M aus Abschn. 2.1 in der Regel nur für Lagerfugen zu führen. Evtl. nach Theorie II. Ordnung ermittelte Schnittkräfte gelten auch für den Lagesicherheitsnachweis; beim Verfahren Plast.- Plast. sind Zwischenzustände zu berücksichtigen, ebenso auch, wenn alle oder einige Einwirkungen noch nicht ihren Bemessungswert erreicht haben.

2.3.1 Gleiten

Es muß sein:

Gleitkraft $V_d \leq$ Grenzgleitkraft $V_{R,d}$ bzw. $V_d / V_{R,d} \leq 1$

Bei der Berechnung der Grenzgleitkraft dürfen Reibwiderstand und Scherwiderstand mechanischer Schubsicherungen als gleichzeitig wirkend angesetzt werden:

$$V_{R,d} = \mu_d \cdot N_{z,d} / 1,5 + V_{a,R,d} \quad (34)$$

$N_{z,d}$ result. Druckkraft normal zur Lagerfuge
$\mu_{z,d}$ Reibungszahl in der Fuge (Bem.-wert):
     $\mu_d = 0,2$ für Stahl/Stahl;
     $\mu_d = 0,5$ für Stahl/Beton und Beton/Beton
     $\mu_d = 0$ bei dynamischen Einwirkungen
$V_{a,R,d}$ Grenzabscherkraft der mechanischen Schubsicherung

2.3.2 Abheben

$$Z_d / Z_{A,R,d} \leq 1 \quad (35)$$

Z_d Zugkraft normal zur Lagerfuge
$Z_{A,R,d}$ Grenzwert des Widerstands der Verankerung

Bei unverankerter Lagerfuge darf keine abhebende Kraftkomponente rechtwinklig zur Lagerfuge auftreten.

2.3.3 Umkippen

Die Kräfte in der Lagerfuge sind bei einer konstant angenommenen Pressung σ in einer Teilfläche der Fuge mit den Gleichgewichtsbedingungen zu ermitteln (Bild 14). Es muß sein:

Ankerzugkraft $Z_A \leq Z_{A,R,d}$ (36)   und $\sigma \leq f_{cd}$ (37)

Für Beton ist $f_{cd} = f_{ck}/1,5$ mit f_{ck} nach DIN 1045-1 (7.01).

Beispiel (Bild 14) Die charakteristischen Werte der Einwirkungen (H wird nicht betrachtet) sind:

Ständige Einwirkung: $N_{g,k} = 40$ kN; $M_{g,k} = 0$
Verkehrslast: $N_{p,k} = 100$ kN; $M_{p,k} = 30$ kNm
Wind: $N_{w,k} = 0$; $M_{w,k} = 80$ kNm

Ankerzugkraft Z_A ($\Sigma M = 0$ um D):
Ständ. Einwirkung mit $\gamma_F = 1,0$ (Tafel 8, Fußn. 1):
   $Z_{A,d} = -1,0 \cdot 40 \cdot 0,4/0,8 = -20$ kN
Wind mit $\gamma_F = 1,5$ (Taf. 8, Z. 2):
   $Z_{A,d} = 1,5 \cdot 80/0,8 \qquad = 150$ kN
         max $Z_{A,d} = 130$ kN

2 Zuganker M 22−4,6 mit $N_{R,d} = 2 \cdot 75,4 = 150,8$ kN (Taf. 66)
Nachweis: $130/150,8 = 0,862 < 1$

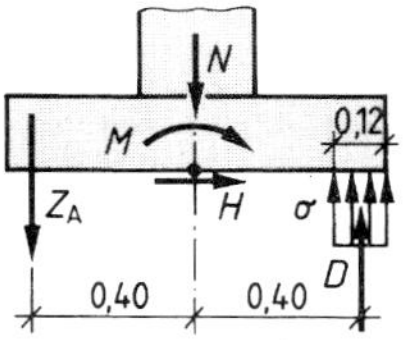

Druckkraft D ($\Sigma M = 0$ um Z_A):
Ständ. Einwirkung mit $\gamma_F = 1,35$: $D_d = 1,35 \cdot 40 \cdot 0,4/0,8$ $27,0$ kN
Verkehrslast mit $\gamma_F \cdot \psi = 1,35$: $D_d = 1,35 (100 \cdot 0,4 + 30)/0,8$ $= 118,1$ kN
Wind mit $\gamma_F \cdot \psi = 1,35$: $D_d = 1,35 \cdot 80/0,8$ $= 135,0$ kN
                       max $D_d = 280,1$ kN

Bild 14 Kraftwirkung in der Lagerfuge

9

Beispiel, Beton C 12/15 mit $f_{ck} = 12\ \text{N/mm}^2$; $f_{cd} = 12/1,5 = 8,0\ \text{N/mm}^2 = 0,8\ \text{kN/cm}^2$.
Forts. Mit der Breite des Stützfußes $b = 30\text{cm}$ ist $\sigma = 280,1/(12 \cdot 30) = 0,778\ \text{kN/cm}^2$.
Nachweis: $0,778/0,8 = 0,97 < 1$

2.3.4 Lagerteile und Gelenke

Berührungsdruck nach den Formeln von Hertz

Walze gegen Ebene

$$\sigma_H = 0,418\ \sqrt{\frac{F \cdot E}{l \cdot r}} \tag{38}$$

Vollkugel gegen Hohlkugel

$$\sigma_H = 0,388\ \sqrt[3]{F \cdot E^2 \left(\frac{1}{r_1} - \frac{1}{r_2}\right)^2} \tag{39}$$

Vollkugel gegen Ebene

$$\sigma_H = 0,388\ \sqrt[3]{\frac{F \cdot E^2}{r^2}} \tag{40}$$

F	Auflagerkraft	r, r_1, r_2	Walzen- bzw. Kugelhalbmesser
E	Elastizitätsmodul	l	tragende Länge der Walze
$\sigma_{H,k}$	s. Taf. 4		

2.4 Nachweis der Gebrauchstauglichkeit

Er ist in der Regel ein Nachweis der Größe der Verformungen; Querschnittswerte ohne Lochabzug, Steifigkeiten $E \cdot I/\gamma_m$ (i. allg. mit $\gamma_m = 1,0$). Die Einwirkungskombinationen sind zu vereinbaren. Es sind anzusetzen: $\gamma_F = 1,0$ und $\psi = 0,9$; kann der Verlust der Gebrauchstauglichkeit eine Gefahr für Leib und Leben bedeuten, gelten γ_F, ψ und γ_M nach Abschn. 2.1. Beim Verfahren Plast.-Plast. ist das plastische Verhalten zu berücksichtigen.

Maximale Durchbiegung: $\partial_{max} = \partial_G + \partial_Q - \partial_O$

mit
∂_G = Verformung des Trägers unter ständiger Last unmittelbar nach Aufbringen der Last
∂_Q = Verformung infolge veränderlicher Lasten und der zeitabhängigen verformungen aus ständiger Last
∂_O = Vorkrümmung des Trägers im unbelasteten Zustand (Überhöhung)

Im Eurocode 3 (4.93) werden folgende Grenzwerte empfohlen (die Länge von Kragträgern ist mit der doppelten Bauteillänge anzusetzen):

Lotrechte Verformungen	$\partial_{max} \leqq$	$\partial_Q \leqq$
Dächer generell	$L/200$	$L/250$
Decken allgemein und begehbare Dächer	$L/250$	$L/300$
Decken und Dächer mit Putz oder anderen spröden Deckschichten	$L/250$	$L/350$
Decken, die Stützen tragen	$L/400$	$L/500$
Wenn das Aussehen des Gebäudes beeinträchtigt wird	$L/250$	–
Waagerechte Auslenkungen am oberen Ende der Stützen		
Portalrahmen ohne Krangerüst	$h/150$	
andere eingeschossige Gebäude	$h/300$	
Mehrgeschossige Gebäude: In jedem Stockwerk	$h/300$	
Im gesamten Tragwerk	$h_{ges}/500$	
Berücksichtigung dynamischer Auswirkungen bei Tragwerken für öffentliche Bauten	Eigen-frequenz	$\partial_G + \partial_Q{}^1)$
regelmäßig begangene Decken (Wohnungen, Büros u.ä.)	$\geqq 3\ \text{Hz}$	$\leqq 28\ \text{mm}$
Decken mit rhythm. Einwirkungen (z. B. Turnhallen, Tanzsäle)	$\geqq 5\ \text{Hz}$	$\leqq 10\ \text{mm}$

[1]) Unter Verwendung der häufigsten Kombination berechnet. Diese Grenzwerte dürfen bei Nachweis hoher Dämpfungswerte überschritten werden.

3 Knicken von Stäben und Stabwerken nach DIN 18800-2

Die Stabquerschnitte werden nach Tafel 17 den Knickspannungslinien zugeordnet. Falls die Dicke der Querschnittsteile nicht Tafel 11 oder 12 entspricht, sind für diese dünnwandigen Teile Nachweise unter Berücksichtigung des Zusammenwirkens von Knicken und Beulen zu führen (s. Normblatt [7]).

Die Berechnung erfolgt entweder nach Theorie II. Ordnung (Berücksichtigung der Verformungen) nach Abschn. 3.1, oder mit vereinfachten Tragsicherheitsnachweisen nach Abschn. 3.2.

In Stabilitätsnachweisen sind Normalkräfte N als **Druckkräfte positiv** einzusetzen.

3.1 Berechnung nach Theorie II. Ordnung

Anwendung, wenn Theorie I. Ordnung nicht zulässig ist (s. Abschn. 2.2.1); hierbei Ansatz von **Ersatzimperfektionen** nach Tafel 16:

1. V o r k r ü m m u n g von Stäben: Stich w_o ($\perp$ y-Achse) oder v_0 ($\perp$ z-Achse) für den Nachweis des Biegeknickens; Stich $0{,}5 \cdot v_0$ für Biegedrillknicken
2. V o r v e r d r e h u n g φ_0 der Stabsehne

Ersatzimperfektionen sind entsprechend der Verformungsfigur beim Knicken anzusetzen (Bild 15). An ihrer Stelle können Ersatzbelastungen eingeführt werden (Bild 16). Der Schlupf von SL- und SLV-Verbindungen ist zusätzlich zu berücksichtigen. Der Tragsicherheitsnachweis ist nach einem der Verfahren aus Tafel 9 entsprechend Abschn. 2.2 zu führen. Die Verformungen sind mit dem Bemessungswert der Steifigkeit $(E \cdot I)_d = (E \cdot I)/\gamma_M$ mit $\gamma_M = 1{,}1$ zu berechnen.

Ein Beispiel s. S. 674.

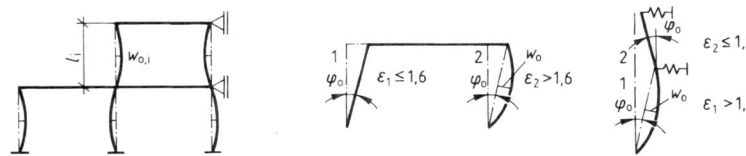

Bild 15 Beispiele für Vorkrümmung und Vorverdrehung

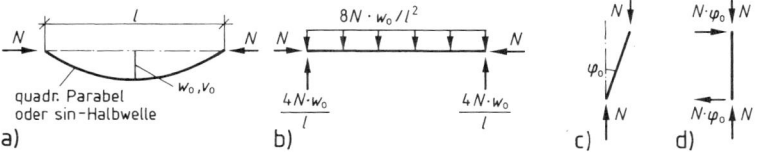

Bild 16a) Vorkrümmung des Stabes mit b) Ersatzbelastung bei quadratischer Parabel, c) Vorverdrehung φ_0 eines Stabes mit d) Ersatzbelastung

Tafel 16 Imperfektionen beim Stabilitätsnachweis nach [7], Tab. 3 und Element (205)

| | | Einteilige Stäbe mit Querschnitten gemäß den Knickspannungslinien | | | | Mehrteilige Stäbe beim Nachweis nach Abschn. 3.3 |
		a	b	c	d	
Stich der Vorkrümmung	w_o, v_0[1])	$l/300$	$l/250$	$l/200$	$l/150$	$l/500$
Vordrehung	φ_0[2])		$r_1 \cdot r_2/200$[3])			$r_1 \cdot r_2/400$[3])

Bei Berechnung nach dem Verfahren Elast.-Elast. brauchen bei den einteiligen Stäben nur 2/3 der Tafelwerte angesetzt zu werden; eine 10%-ige Erhöhung von $\sigma_{R,d}$ und Anwendung von Gl. (24) ist dann nicht erlaubt.

[1]) Bei Stäben mit $\varepsilon > 1{,}6$ (ε n. Gl. 6) sind w_0 bzw. v_0 zusätzlich zu φ_0 anzusetzen (Bild 15). w_0 bzw. v_0 entfallen, wenn nach Theorie I. Ordnung gerechnet werden darf (s. Abschn. 2.2.1). Beim Biegedrillknicknachweis genügt der alleinige Ansatz von $0{,}5 v_0$.
[2]) Für Stäbe, die am verformten Tragwerk Stabdrehwinkel aufweisen.
[3]) r_1 und r_2 s. bei Gl. (11). Mögliche Abminderung von r_1 bei mehrgeschossigen Rahmen s. Normblatt

Tafel 17 Zuordnung der Querschnitte zu den Knickspannungslinien
nach DIN 18800-2 [7], Tab. 5

	Querschnitt		Ausweichen ⊥ zur Achse	Knickspannungslinie
1	Hohlprofile 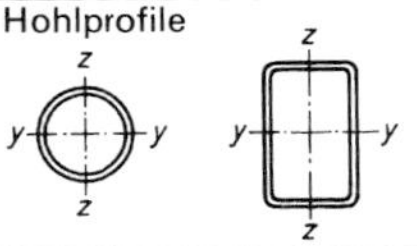	warm gefertigt	$y-y$ $z-z$	a
		kalt gefertigt	$y-y$ $z-z$	b
2	geschweißte Kastenquerschnitte 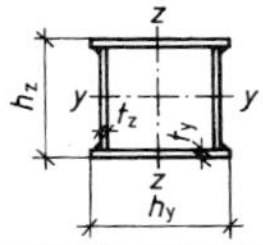		$y-y$ $z-z$	b
		dicke Schweißnaht ($a \geqq \min t$) und $h_y/t_y < 30$ $h_z/t_z < 30$	$y-y$ $z-z$	c
3	gewalzte I-Profile 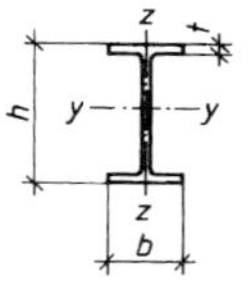	$h/b > 1,2$; $t \leqq 40$ mm	$y-y$ $z-z$	a b
		$h/b > 1,2$; $40 < t \leqq 80$ mm $h/b \leqq 1,2$; $t \leqq 80$ mm	$y-y$ $z-z$	b c
		$t > 80$ mm	$y-y$ $z-z$	d
4	geschweißte I-Querschnitte 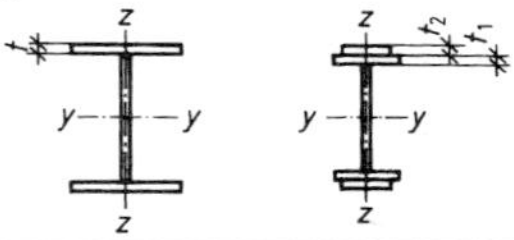	$t_i \leqq 40$ mm	$y-y$ $z-z$	b c
		$t_i > 40$ mm	$y-y$ $z-z$	c d
5	U-, L-, T- und Vollquerschnitte		$y-y$ $z-z$	c
	und mehrteilige Stäbe nach Abschnitt 3.3			
6	Hier nicht aufgeführte Profile sind sinngemäß einzuordnen. Die Einordnung soll dabei nach den möglichen Eigenspannungen und Blechdicken erfolgen.			

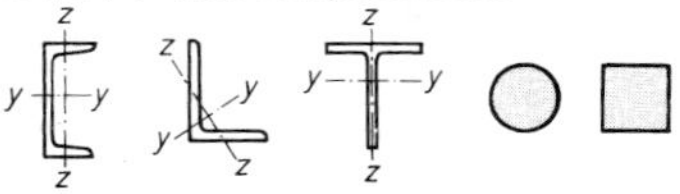

3.2 Vereinfachte Nachweise für einteilige Stäbe

Geltungsbereich: Einzelstäbe und aus einem Gesamtsystem mit zugehöriger Knicklänge herausgelöste Stäbe. Biegeknicken und Biegedrillknicken werden getrennt untersucht. bei druckbeanspruchten Querschnittsteilen dürfen die Grenzwerte grenz (b/t) und grenz (d/t) (nach Tafel 12) nicht überschritten werden.

Biegeknicken: Momente nach Theorie I. Ordnung ohne Ansatz von Imperfektionen.

Biegedrillknicken: Stabendmomente erf. nach Theorie II. Ordnung, Feldmomente mit diesen Stabendmomenten nach Theorie I. Ordnung. Nachweis erforderlich, wenn die Bedingungen aus Abschn. 2.2.1 nicht erfüllt sind oder wenn $\bar{\lambda}_M > 0,4$ ist.

3.2.1 Planmäßig mittiger Druck (N)

a) Biegeknicken

$$\frac{N}{\varkappa \cdot N_{pl,d}} \leq 1 \quad (41)$$

$N_{pl,d}$ s. Tafel 15 und Bild 9;
$\varkappa = \min(\varkappa_v; \varkappa_z)$ aus Tafel 18, abhängig von $\bar{\lambda}_K$ nach Gl. (5).

Grenzdruckkräfte $N_{R,d}$ für einige Querschnittsformen s. Tafel 19 bis 25.

Bei veränderlichen Querschnitten und/oder Normalkräften ist Gl. (41) für alle maßgebenden Querschnitte mit den zugehörigen Schnittgrößen, Querschnittswerten und zugehörigem N_{Ki} nachzuweisen; dabei müssen folgende Bedingungen erfüllt sein:

$$\eta_{Ki} = N_{Ki,d}/N \geqq 1{,}2 \quad (42) \quad \text{und} \quad \min M_{pl} \geqq 0{,}05 \max M_{pl} \quad (43)$$

Biegesteif angeschlossene Fachwerkfüllstäbe aus einem Einzelwinkel dürfen mit Gl. (41) ohne Einfluß der Exzentrizität mit einem erhöhten bezogenen Schlankheitsgrad $\bar{\lambda}_K'$ nach Tafel 26 nachgewiesen werden.

b) Biegedrillknicken

Der Nachweis erfolgt mit Gl. (41). $\varkappa$ ist für Ausweichen $\perp$ zur z-Achse dem Schlankheitsgrad $\bar{\lambda}_K = \lambda_{Vi}/\lambda_a$ mit λ_{Vi} aus Gl. (44) zuzuordnen.

$$\lambda_{Vi} = \frac{\beta \cdot s}{i_z} \sqrt{\frac{c^2 + i_M^2}{2c^2} \left\{ 1 + \sqrt{1 - \frac{4c^2 \left[i_p^2 + 0{,}093 \left(\beta^2/\beta_0^2 - 1\right) z_M^2 \right]}{(c^2 + i_M^2)^2}} \right\}} \quad (44)$$

mit

$I_T = \frac{1}{3}\sum b_i \cdot t_i^3$ Torsionsflächenmoment 2. Grades in cm⁴ (für Walzprofile s. Profiltafeln) (45)

I_ω auf den Schubmittelpunkt M bezogener Wölbwiderstand in cm⁶ (s. Bild 17; für Walzprofile s. Profiltafeln)

i_p, i_M, z_M s. Fußnoten 2 und 3 in der Profiltafel der halbierten I-Träger und Bild 17.

s Netzlänge des Stabes in cm; $s_0 =$ Abstand der Stabanschlüsse an den Stabenden in cm

β Einspannungswert für Biegung ($\beta = 1$: frei drehbare Lagerung; $\beta = 0{,}5$: volle Einspannung).

β_0 Kennwert für Verwölbung ($\beta_0 = 1$: freie Verwölbung; $\beta_0 = 0{,}5$: Wölbbehinderung der Endstirnflächen).

$$c = \sqrt{\frac{I_\omega \,(\beta \cdot s)^2/(\beta_0 \cdot s_0)^2 + 0{,}039\,(\beta \cdot s)^2 \, I_T}{I_z}} \quad \text{Drehradius des Querschnitts in cm} \quad (46)$$

Bei punkt- und doppelsymmetrischen Querschnitten wird für $i_p > c$:

$$\lambda_{Vi} = \frac{\beta \cdot s}{i_z} \cdot \frac{i_p}{c} \quad (44\,a)$$

Für T-Profile (Bild 17) ist in der Regel Biegedrillknicken maßgebend.

Für Einzelwinkel (Bild 17) wird Biegedrillknicken maßgebend, wenn $s \leqq b^2/t$ ist; Gl. (44) vereinfacht sich näherungsweise zu

$$\lambda_{Vi} \approx \left(\frac{b}{t} - 0{,}34\right) \cdot \left[4{,}93 + 0{,}32 \left(\frac{s}{b} \cdot \frac{t}{b}\right)^2 \right] \quad (44\,b)$$

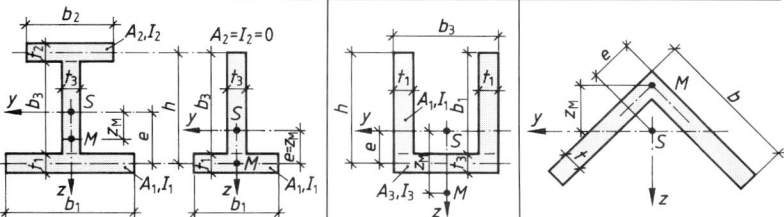

S Schwerpunkt M Schubmittelpunkt

$z_M =$	$[e \cdot I_1 - (h-e)\, I_2]/I_z$	$e + I_1 \cdot h/I_z$	$(e - t/2)\sqrt{2}$
$I_\omega =$	$I_1 \cdot I_2 \cdot h^2/(I_1 + I_2)$	$h^2 \,(I_1^2 + 2\,I_1 \cdot I_3)/(3\,I_z)$	0
$I_T =$	$(b_1 \cdot t_1^3 + b_2 \cdot t_2^3 + b_3 \cdot t_3^3)/3$	$(2\,b_1 \cdot t_1^3 + b_3 \cdot t_3^3)/3$	$t^3\,(2b - t)/3$

I_1, I_2, I_3 Auf die Symmetrieachse (z-Achse) bezogenes Flächenmoment 2. Grades einer Teilfläche

Bild 17 Torsionskennwerte einfachsymmetrischer Querschnitte

9

Stahlbau

Tafel 18 Abminderungsfaktoren $\varkappa$ für den Biegeknicknachweis; Parameter α zur Berechnung von $\varkappa$.
Abminderungsfaktoren $\varkappa_M$ für Biegemomente beim Biegedrillknicknachweis

$\bar{\lambda}_K$ $\bar{\lambda}_M$	$\varkappa$ für die Knickspannungslinien				$\varkappa_M$ für die Systemfaktoren n[1])		
	a	b	c	d	1,5	2,0	2,5
0,2	1,0000	1,0000	1,0000	1,0000	1,0000	1,0000	1,0000
0,3	0,9775	0,9641	0,9491	0,9235	1,0000	1,0000	1,0000
0,4	0,9528	0,9261	0,8973	0,8504	1,0000	1,0000	1,0000
0,5	0,9243	0,8842	0,8430	0,7793	0,9245	0,9701	0,9878
0,6	0,8900	0,8371	0,7854	0,7100	0,8778	0,9409	0,9705
0,7	0,8477	0,7837	0,7247	0,6431	0,8215	0,8980	0,9398
0,8	0,7957	0,7245	0,6622	0,5797	0,7591	0,8423	0,8928
0,9	0,7339	0,6612	0,5998	0,5208	0,6942	0,7771	0,8306
1,0	0,6656	0,5970	0,5399	0,4671	0,6300	0,7071	0,7579
1,1	0,5960	0,5352	0,4842	0,4189	0,5688	0,6370	0,6813
1,2	0,5300	0,4781	0,4338	0,3762	0,5122	0,5704	0,6067
1,3	0,4703	0,4269	0,3888	0,3385	0,4608	0,5092	0,5379
1,4	0,4179	0,3817	0,3492	0,3055	0,4147	0,4545	0,4766
1,5	0,3724	0,3422	0,3145	0,2766	0,3738	0,4061	0,4230
1,6	0,3332	0,3079	0,2842	0,2512	0,3377	0,3639	0,3766
1,7	0,2994	0,2781	0,2577	0,2289	0,3058	0,3270	0,3367
1,8	0,2702	0,2521	0,2345	0,2093	0,2777	0,2949	0,3023
1,9	0,2449	0,2294	0,2141	0,1920	0,2530	0,2670	0,2727
2,0	0,2229	0,2095	0,1962	0,1766	0,2311	0,2425	0,2469
2,1	0,2036	0,1920	0,1803	0,1630	0,2118	0,2211	0,2246
2,2	0,1867	0,1765	0,1662	0,1508	0,1946	0,2023	0,2050
2,3	0,1717	0,1628	0,1537	0,1399	0,1793	0,1857	0,1879
2,4	0,1585	0,1506	0,1425	0,1302	0,1657	0,1711	0,1727
2,5	0,1467	0,1397	0,1325	0,1214	0,1535	0,1580	0,1593
2,6	0,1362	0,1299	0,1234	0,1134	0,1426	0,1463	0,1474
2,7	0,1267	0,1211	0,1153	0,1062	0,1327	0,1359	0,1368
2,8	0,1182	0,1132	0,1079	0,0997	0,1238	0,1265	0,1273
2,9	0,1105	0,1060	0,1012	0,0937	0,1158	0,1181	0,1187
3,0	0,1036	0,0994	0,0951	0,0882	0,1084	0,1104	0,1109
$\alpha =$	0,21	0,34	0,49	0,76			

Es ist für

$-\ \bar{\lambda}_K \leq 0,2:\quad \varkappa = 1$

$-\ \bar{\lambda}_K > 0,2:\quad \varkappa = \dfrac{1}{k + \sqrt{k^2 - \bar{\lambda}_K^2}}$ \quad (47)

mit $k = 0,5[1 + \alpha(\bar{\lambda}_K - 0,2) + \bar{\lambda}_k^2]$ \quad (47a)

$\bar{\lambda}_K$ nach Gln. (2) bis (5)

Es ist für

$-\ \bar{\lambda}_M \leq 0,4:\quad \varkappa_M = 1$

$-\ \bar{\lambda}_M > 0,4:\quad \varkappa_M = \left(\dfrac{1}{1 + \bar{\lambda}_M^{2n}}\right)^{1/n}$ \quad (48)

mit $\bar{\lambda}_M$ nach Gl. (8)

[1]) $n = 2,5$ für gewalzte Träger
$n = 2,0$ für geschweißte oder ausgeklinkte Träger
$n = 1,5$ für Wabenträger; für Voutenträger s. Normblatt

Sind Stabendmomente vorhanden, so ist n vor dem Einsetzen in die Formeln bzw. Ablesen der Tafel mit dem Faktor k_n nach Bild 18 zu multiplizieren

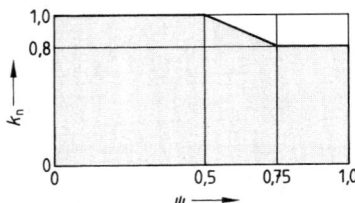

Bild 18 Faktor k_n für den Trägerbeiwert n

Tafel 19 Grenz-Druckkräfte $N_{R.d} = \varkappa \cdot N_{pl.d}$ von planmäßig mittig gedrückten Stäben aus einem Breitflanschträger aus S235 in kN (Bemessungswerte)

IPB HE–B	Knicklänge s_K in m										
	3,00	3,50	4,00	4,50	5,00	5,50	6,00	6,50	7,00	7,50	8,00
100	227	181	147	121	101	85,0	72,8	63,0	55,0	*48,4*	*43,0*
120	377	311	257	214	181	154	132	115	101	89,0	79,2
140	561	478	405	344	294	252	219	191	168	149	133
160	786	688	597	516	446	387	338	297	263	234	209
180	1026	921	818	721	633	557	490	434	386	345	309
200	1300	1188	1075	964	860	765	681	607	543	487	439
240	1910	1790	1665	1537	1410	1286	1169	1060	962	874	795
260	2192	2071	1945	1815	1683	1551	1424	1304	1192	1089	996
300	2874	2748	2616	2479	2337	2193	2048	1906	1768	1637	1514
340	3289	3143	2991	2832	2669	2502	2335	2171	2013	1862	1722
360	3471	3316	3154	2985	2811	2634	2457	2283	2116	1957	1808
400	3933	3798	3651	3490	3314	3126	2928	2726	2526	2333	2149
450	4327	4177	4012	3832	3635	3425	3204	2980	2758	2544	2342
500	4728	4561	4379	4179	3960	3727	3483	3235	2991	2756	2536
600	5321	5124	4907	4670	4411	4136	3850	3562	3282	3015	2766
IPBl	**(HE–A) Breitflanschträger, leichte Ausführung**										
100	183	146	118	96,7	80,6	68,2	58,3	50,4	*44,0*	*38,8*	*34,4*
120	277	228	188	157	132	112	96,6	83,9	73,5	64,9	57,7
140	404	343	290	246	209	180	156	136	120	106	94,5
160	555	484	419	361	312	270	236	207	183	162	145
180	707	633	561	493	433	380	335	296	263	235	211
200	889	810	731	653	581	516	459	408	365	327	295
240	1377	1289	1197	1103	1009	919	834	756	685	621	565
260	1600	1511	1417	1320	1221	1124	1030	942	860	785	717
300	2162	2065	1964	1859	1751	1640	1530	1421	1317	1218	1125
340	2563	2448	2328	2202	2073	1942	1810	1681	1557	1440	1330
360	2739	2615	2485	2351	2212	2070	1929	1791	1658	1532	1415
400	3157	3047	2927	2796	2653	2499	2339	2175	2013	1857	1710
450	3529	3405	3270	3121	2959	2786	2604	2420	2238	2063	1898
500	3911	3772	3619	3453	3271	3076	2873	2667	2465	2270	2088
600	4460	4292	4111	3911	3693	3460	3219	2977	2742	2518	2309
IPBv	**(HE–M) Breitflanschträger, verstärkte Ausführung**										
100	516	416	340	281	235	199	171	148	129	114	*101*
120	789	658	549	461	390	334	288	251	220	195	173
140	1102	950	813	695	596	515	447	392	345	306	274
160	1457	1290	1130	984	856	747	655	577	511	455	408
180	1827	1654	1480	1314	1162	1026	908	806	718	643	578
200	2229	2051	1868	1687	1513	1354	1210	1083	971	874	789
240	3659	3448	3227	2999	2769	2543	2326	2122	1934	1763	1609
260	4124	3914	3694	3466	3232	2998	2768	2548	2340	2148	1971
300	5922	5682	5433	5173	4905	4629	4350	4072	3800	3537	3288
340	6357	6162	5952	5722	5473	5204	4918	4620	4318	4020	3730
360	6407	6207	5991	5756	5500	5223	4930	4626	4319	4015	3722
400	6529	6320	6094	5846	5577	5287	4981	4664	4345	4032	3731
450	6703	6483	6245	5984	5699	5394	5071	4739	4406	4081	3771
500	6857	6626	6373	6097	5796	5472	5132	4784	4438	4102	3783
600	7197	6940	6659	6350	6014	5654	5279	4898	4524	4166	3830

Bei *kursiv* gedruckten Werten ist $\bar{\lambda}_K > 3$.

Bei der Berechnung wurden abweichend von den Angaben der Profiltafeln Querschnittswerte mit größerer Stellenzahl verwendet.

Stahlbau

Tafel 20a Grenzdruckkräfte $N_{R,d,y} = \kappa \cdot N_{pl,d}$ von planmäßig mittig gedrückten Stäben aus einem mittelbreiten I-Träger beim Ausweichen rechtwinklig zur y-Achse in kN (Bemessungswerte)

IPE	Knicklänge s_K in m												
	1,50	2,00	2,50	3,00	3,50	4,00	4,50	5,00	5,50	6,00	6,50	7,00	8,00
80	154	144	130	111	92,3	75,7	62,4	51,9	43,8	37,3	32,2	28,0	21,7
100	214	206	195	180	161	141	121	103	88,3	76,1	66,1	57,8	45,2
120	280	271	262	250	234	216	194	172	152	133	117	103	81,5
140	351	343	334	323	310	295	276	254	230	207	185	166	133
160	434	426	417	407	395	381	364	344	322	297	272	248	204
180	519	511	502	492	481	468	453	436	416	393	368	342	290
200	622	613	604	594	583	570	556	540	522	501	477	451	395
220	732	723	713	703	692	680	666	651	634	615	593	568	513
240	860	850	840	829	818	806	792	778	761	743	723	700	646
270	1014	1003	993	982	970	959	946	932	917	901	882	862	815
300	1192	1181	1169	1158	1147	1135	1122	1108	1094	1078	1061	1043	1000
330	1390	1379	1367	1355	1343	1331	1318	1304	1290	1274	1258	1240	1201
360	1618	1605	1593	1581	1568	1555	1542	1528	1513	1498	1482	1464	1426
400	1885	1872	1859	1846	1832	1819	1805	1791	1776	1761	1745	1729	1692
450	2208	2195	2181	2167	2154	2140	2126	2112	2097	2082	2066	2049	2014
500	2597	2583	2568	2554	2539	2525	2510	2495	2480	2464	2448	2431	2396
550	3005	2989	2974	2959	2944	2928	2913	2898	2882	2866	2849	2832	2797
600	3502	3486	3469	3453	3437	3421	3404	3388	3371	3354	3337	3319	3282

Tafel 20b Grenzdruckkräfte $N_{R,d,z} = \kappa \cdot N_{pl,d}$ von planmäßig mittig gedrückten Stäben aus einem mittelbreiten I-Träger beim Ausweichen rechtwinklig zur z-Achse in kN (Bemessungswerte)

IPE	Knicklänge s_K in m												
	1,0	1,25	1,5	1,75	2,0	2,25	2,5	2,75	3,0	3,5	4,0	4,5	5,0
80	97,3	73,1	55,1	42,5	33,6	27,2	22,4	18,8	15,9	11,9	9,21	7,4	6,0
100	153	123	96,0	75,6	60,5	49,3	40,8	34,3	29,2	21,9	17,0	13,6	11,1
120	219	185	152	123	100	82,4	68,7	58,1	49,6	37,4	29,1	29,3	19,1
140	290	256	219	183	153	127	107	92,2	78,3	59,3	46,4	37,3	30,5
160	371	336	297	256	217	184	157	134	116	88,4	69,4	55,9	45,9
180	456	422	382	339	296	256	220	190	166	127	101	81,2	66,9
200	555	520	479	433	385	338	295	258	225	175	139	113	92,0
220	665	630	590	546	496	445	369	350	310	244	195	159	132
240	790	755	714	669	619	565	510	457	409	326	263	216	179
270	945	909	870	827	778	725	669	612	557	455	373	308	258
300	1122	1086	1047	1004	957	905	848	789	728	611	510	426	359
330	1315	1276	1234	1189	1139	1084	1024	960	894	763	643	542	459
360	1538	1496	1452	1404	1352	1295	1233	1166	1096	951	813	692	590
400	1796	1750	1701	1649	1593	1531	1465	1393	1316	1156	998	856	734
450	2109	2057	2003	1946	1885	1818	1746	1667	1584	1406	1227	1061	915
500	2485	2428	2368	2304	2236	2163	2084	1999	1907	1710	1507	1313	1139
550	2881	2817	2751	2682	2608	2529	2443	2351	2252	2038	1812	1591	1389
600	3366	3296	3223	3146	3066	2980	2887	2788	2681	2449	2199	1948	1713

Die Berechnungen wurden durchgeführt mit den Tabellenwerten der Profiltafeln. Die grenz(b/t)-Werte sind für alle Profile eingehalten. Drillknicken ist berücksichtigt.

Tafel 21 Grenzdruckkräfte $N_{R,d} = \kappa \cdot N_{pl,d}$ von planmäßig mittig gedrückten Stäben aus einem U-, UEP-, bzw. UAP-Stahl aus S235 in kN (Bemessungswerte)

Knicklänge s_K in m

U	0,75	1,0	1,5	2,0	2,5	3,0	3,5	4,0	5,0	5,5	6,0	6,5	7,0
80	187	157	102	66,8	46,1	33,4	25,3	19,8	13,0	10,9	9,23	7,92	6,87
100	240	208	143	96,5	67,4	49,3	37,5	29,4	19,4	16,3	13,8	11,8	10,3
120	311	275	198	137	96,7	71,2	54,4	42,8	28,4	23,7	20,2	17,3	15,1
140	385	346	261	187	135	100	77,1	60,9	40,6	34,0	28,9	24,9	21,6
160	462	420	328	242	178	133	103	81,5	54,6	45,8	39,0	33,6	29,2
180	548	504	405	307	229	174	135	107	72,0	60,5	51,6	44,5	38,7
200	638	591	486	378	287	220	172	137	92,4	77,8	66,3	57,2	49,9

s_K	2,0	2,5	3,0	3,5	4,0	4,5	5,0	5,5	6,0	6,5	7,0	7,5	8,0
220	471	365	283	223	179	146	121	102	87,3	75,4	65,7	57,8	51,2
240	560	442	346	274	221	181	151	127	109	94,1	82,1	72,2	64,1
260	671	539	428	342	277	228	190	161	138	119	104	91,6	81,3
280	780	639	516	416	340	280	235	199	171	148	129	114	101
300	896	748	613	500	410	341	286	243	209	181	159	140	124
320	1129	933	758	614	503	416	349	296	254	220	193	170	151
350	1125	920	741	597	487	402	336	285	244	212	185	163	145
380	1186	975	789	638	521	431	361	306	263	228	199	176	156
400	1437	1216	1008	830	686	572	482	410	353	307	269	237	211

Knicklänge s_K in m

UPE	0,75	1,0	1,5	2,0	2,5	3,0	3,5	4,0	5,0	5,5	6,0	6,5	7,0
80	173	162	117	80,7	57,1	42,0	32,1	25,2	16,7	14,0	11,9	10,2	8,9
100	221	207	160	114	82,6	61,4	47,1	37,2	24,8	20,8	17,7	15,2	13,2
120	282	264	212	157	115	86,6	66,8	53,0	35,5	29,8	25,3	21,8	19,0
140	343	320	271	208	156	119	92,4	73,6	49,5	41,7	35,5	30,6	26,7
160	413	386	335	264	203	156	122	97,8	66,2	55,8	47,6	41,1	35,8
180	486	455	406	329	258	202	160	129	87,6	73,9	63,1	54,6	47,6
200	571	536	478	400	321	254	203	164	112	95,0	81,4	70,4	61,5

s_K	2,0	2,5	3,0	3,5	4,0	4,5	5,0	5,5	6,0	6,5	7,0	7,5	8,0
220	490	400	322	259	211	174	146	123	106	91,7	80,2	70,6	62,7
240	579	480	391	318	260	216	181	154	132	114	100	88,3	78,5
270	697	587	484	397	328	273	230	195	168	146	128	113	100
300	896	761	633	523	433	361	305	260	224	194	170	150	134
330	1091	934	782	650	540	452	382	326	281	245	215	190	169
360	1280	1107	937	784	655	551	467	399	345	300	263	233	207
400	1529	1331	1133	953	800	674	572	490	424	369	324	287	256

Knicklänge s_K in m

UAP	0,75	1,0	1,5	2,0	2,5	3,0	3,5	4,0	5,0	5,5	6,0	6,5	7,0
80	187	160	108	71,5	50,0	36,2	27,5	21,5	14,2	11,9	10,1	8,65	7,51
100	244	214	153	105	74,0	54,4	41,4	32,6	21,6	18,1	15,3	13,2	11,5
130	326	293	219	156	112	82,8	63,5	50,1	33,3	27,9	23,7	20,4	17,7
150	435	410	330	251	187	142	110	87,7	58,9	49,5	42,2	36,4	31,7
175	527	497	411	320	243	187	146	116	78,6	66,2	56,4	48,7	42,4
200	632	597	506	404	314	244	192	154	105	88,1	75,3	65,0	56,7

s_K	2,0	2,5	3,0	3,5	4,0	4,5	5,0	5,5	6,0	6,5	7,0	7,5	8,0
220	490	389	306	243	196	161	134	113	97,0	83,9	73,2	64,5	57,2
250	615	496	395	316	256	211	176	149	128	111	96,6	85,1	75,5
300	931	792	659	545	451	377	318	271	233	203	178	157	140

Die Berechnung wurde durchgeführt mit den Querschnittswerten der Profiltabellen; die Drillknicklast als kleinste Verzweigungslast ist berücksichtigt.

9

Stahlbau

Tafel 22 Grenzdruckkräfte $N_{R,d} = \kappa \cdot N_{pl,d}$ von planmäßig mittig gedrückten Stäben aus warmgewalzten, quadratischen Rechteckrohren aus S 235 in kN (Bemessungswerte)

B [mm]	T [mm]	1,50	2,00	2,50	3,00	3,50	4,00	4,50	5,00	5,50	6,00	6,50
						Knicklänge s_K in m						
40	3,0	57,6	37,9	25,7	18,4	13,8	10,7	8,52	6,95	5,77	4,87	4,17
40	4,0	71,3	46,3	31,3	22,4	16,7	13,0	10,3	8,42	7,00	5,91	5,05
50	3,0	91,7	69,3	49,8	36,5	27,6	21,5	17,2	14,1	11,7	9,93	8,51
50	4,0	117	87,1	62,1	45,3	34,2	26,7	21,4	17,5	14,6	12,3	10,5
60	3,0	123	104	81,1	61,7	47,6	37,5	30,2	24,8	20,7	17,5	15,0
60	4,0	159	133	103	78,0	59,9	47,2	37,9	31,2	26,0	22,0	18,9
60	5,0	193	160	122	92,1	70,6	55,5	44,6	36,6	30,6	25,9	22,2
70	3,0	152	137	116	93,0	73,7	58,9	47,9	39,5	33,1	28,1	24,2
70	4,0	198	177	149	119	93,8	74,9	60,8	50,1	42,0	35,7	30,6
70	5,0	241	215	179	142	112	89,1	72,2	59,6	49,9	42,3	36,4
80	4,0	235	218	194	164	135	110	90,1	74,9	63,0	53,7	46,2
80	5,0	288	267	236	199	162	132	108	89,6	75,4	64,2	55,3
80	6,3	354	326	287	239	194	157	129	107	89,6	76,3	65,7
90	4,0	272	257	237	211	180	151	126	105	89,3	76,4	66,0
90	5,0	334	316	290	256	218	182	152	127	108	91,9	79,4
90	6,3	412	388	355	312	264	219	182	152	129	110	95,0
100	4,0	308	295	278	255	226	196	167	142	121	104	90,2
100	5,0	380	363	341	312	276	238	202	172	146	126	109
100	6,3	469	448	420	383	337	289	245	207	176	152	131
120	5,0	470	455	438	416	387	353	315	277	242	211	185
120	8,0	725	701	672	636	589	533	471	412	358	312	273
120	10,0	884	854	817	770	710	638	562	489	424	368	322
140	5,0	559	546	531	512	490	462	430	393	354	316	282
140	8,0	868	846	821	792	755	709	655	595	534	475	422
140	10,0	1063	1036	1004	966	919	861	792	717	641	569	504
160	6,3	808	792	774	754	730	701	667	626	581	532	484
160	10,0	1241	1216	1187	1154	1115	1068	1011	945	872	795	719
160	12,5	1517	1484	1448	1406	1356	1296	1224	1140	1047	951	858
180	6,3	921	905	888	869	848	823	795	761	722	678	630
180	10,0	1420	1395	1368	1338	1303	1263	1216	1161	1097	1026	950
180	12,5	1740	1708	1674	1636	1593	1542	1482	1412	1330	1240	1144
200	6,3	1033	1018	1001	984	964	942	917	888	855	817	774
200	10,0	1598	1574	1548	1519	1488	1453	1412	1365	1311	1248	1179
200	12,5	1963	1932	1899	1864	1824	1780	1728	1668	1599	1520	1432
220	6,3	1141	1130	1114	1097	1079	1059	1036	1011	982	949	911
220	10,0	1772	1752	1727	1700	1671	1638	1602	1561	1514	1460	1399
220	12,5	2181	2155	2123	2090	2053	2012	1966	1914	1854	1786	1709
260	8,0	1708	1705	1686	1665	1644	1621	1596	1569	1539	1505	1468
260	10,0	2113	2109	2085	2059	2032	2003	1972	1938	1900	1858	1811
260	16,0	3277	3267	3227	3186	3143	3096	3046	2990	2928	2859	2781
300	8,0	1982	1982	1971	1951	1931	1909	1887	1862	1836	1808	1777
300	10,0	2455	2455	2442	2417	2391	2364	2336	2305	2272	2237	2198
300	16,0	3824	3824	3799	3759	3718	3674	3628	3579	3526	3468	3404
350	8,0	2323	2323	2323	2308	2289	2268	2247	2225	2201	2176	2150
350	12,0	3433	3433	3433	3409	3379	3348	3316	3283	3247	3210	3170
350	16,0	4508	4508	4508	4473	4433	4392	4349	4305	4257	4207	4153
400	10,0	3310	3310	3310	3309	3285	3260	3234	3208	3180	3152	3122
400	14,0	5192	5192	5192	5187	5148	5108	5067	5024	4980	4934	4886
400	20,0	6130	6130	6130	6127	6082	6035	5987	5938	5887	5833	5777

Bei der Berechnung wurden die genauen Querschnittswerte und die Streckgrenzen nach DIN EN 10210-1 zugrunde gelegt. S 235: $t < 16$ mm: $f_{y,k} = 235$ N/mm²; $t > 16$ mm: $f_{y,k} = 225$ N/mm².

Tafel 23   Grenzdruckkräfte $N_{R,d} = \kappa \cdot N_{pl,d}$ von planmäßig mittig gedrückten Stäben aus warmgewalzten, quadratischen Rechteckrohren aus S 355 in kN (Bemessungswerte)

B [mm]	T [mm]	Knicklänge s_k in m 1,50	2,00	2,50	3,00	3,50	4,00	4,50	5,00	5,50	6,00	6,50
40	3,0	65,3	40,1	26,6	18,9	14,0	10,8	8,63	7,03	5,83	4,92	4,20
40	4,0	80,0	48,8	32,3	22,9	17,0	13,1	10,5	8,52	7,07	5,96	5,09
50	3,0	116	77,3	52,8	37,9	28,4	22,0	17,6	14,3	11,9	10,05	8,60
50	4,0	146	96,5	65,6	47,0	35,2	27,3	21,7	17,7	14,7	12,4	10,6
60	3,0	167	125	89,7	65,6	49,6	38,7	30,9	25,3	21,1	17,8	15,3
60	4,0	215	159	113	82,5	62,3	48,6	38,9	31,8	26,5	22,4	19,2
60	5,0	258	189	134	97,2	73,3	57,1	45,7	37,4	31,1	26,3	22,5
70	3,0	215	178	136	102	78,4	61,6	49,5	40,6	33,9	28,7	24,6
70	4,0	279	229	173	130	99,5	78,1	62,8	51,5	43,0	36,4	31,2
70	5,0	339	276	207	155	118	92,8	74,6	61,1	51,0	43,2	37,0
80	4,0	339	297	242	188	147	117	94,2	77,6	64,9	55,0	47,2
80	5,0	415	361	292	226	176	140	113	92,8	77,6	65,8	56,5
80	6,3	508	439	351	271	210	166	134	110	92,1	78,1	67,0
90	4,0	396	361	312	255	204	164	134	111	92,7	78,8	67,8
90	5,0	487	442	379	308	246	198	161	133	112	94,8	81,5
90	6,3	599	542	461	372	296	237	193	159	133	113	97,5
100	4,0	453	422	379	325	268	220	181	151	127	108	93,3
100	5,0	557	519	464	395	326	266	219	182	153	131	113
100	6,3	688	639	568	481	395	322	264	219	185	157	136
120	5,0	695	664	622	567	499	428	363	307	262	225	195
120	8,0	1071	1020	951	859	749	637	536	453	385	330	286
120	10,0	1305	1239	1151	1034	895	756	635	535	454	389	336
140	5,0	831	804	769	725	669	603	531	462	401	349	304
140	8,0	1289	1244	1188	1116	1024	915	801	694	600	520	454
140	10,0	1578	1521	1450	1357	1240	1102	961	830	716	620	540
160	6,3	1204	1172	1134	1087	1029	957	873	783	695	613	542
160	10,0	1849	1797	1735	1659	1563	1445	1310	1167	1030	906	798
160	12,5	2258	2192	2114	2017	1894	1744	1572	1395	1227	1077	946
180	6,3	1375	1344	1309	1268	1218	1158	1086	1003	914	824	739
180	10,0	2119	2070	2014	1947	1867	1769	1651	1517	1374	1234	1103
180	12,5	2596	2534	2463	2379	2277	2151	2001	1831	1653	1480	1320
200	6,3	1545	1515	1482	1444	1401	1349	1288	1216	1133	1044	954
200	10,0	2389	2341	2289	2229	2158	2075	1974	1856	1723	1581	1439
200	12,5	2933	2873	2807	2732	2643	2536	2408	2258	2090	1912	1736
220	6,3	1715	1685	1654	1619	1579	1534	1480	1418	1345	1263	1175
220	10,0	2659	2612	2562	2506	2442	2369	2282	2180	2062	1930	1789
220	12,5	3270	3212	3149	3079	2999	2905	2795	2665	2515	2348	2172
260	8,0	2580	2549	2511	2470	2426	2377	2321	2258	2186	2103	2010
260	10,0	3193	3152	3105	3054	2998	2936	2867	2787	2695	2591	2473
260	16,0	4951	4880	4804	4722	4632	4531	4417	4285	4134	3961	3766
300	8,0	2993	2980	2943	2905	2864	2820	2771	2718	2658	2591	2516
300	10,0	3709	3691	3645	3597	3546	3490	3430	3362	3287	3203	3108
300	16,0	5777	5743	5669	5592	5509	5420	5321	5212	5089	4950	4793
350	8,0	3510	3510	3483	3446	3407	3366	3323	3276	3226	3171	3110
350	12,0	5186	5186	5143	5087	5029	4968	4902	4832	4755	4672	4579
350	16,0	6810	6810	6749	6674	6596	6514	6427	6332	6229	6116	5991
400	10,0	5000	5000	4993	4948	4901	4853	4802	4748	4691	4630	4565
400	14,0	7843	7843	7827	7754	7679	7601	7519	7433	7341	7243	7136
400	20,0	9400	9400	9382	9295	9205	9112	9015	8912	8803	8685	8558

Bei der Berechnung wurden die genauen Querschnittswerte und die Streckgrenzen nach DIN EN 10210-1 zugrunde gelegt. S 355: $t < 16$ mm: $f_{y,k} = 355$ N/mm²; $t > 16$ mm: $f_{y,k} = 345$ N/mm².

9

Stahlbau

Tafel 24   Grenzdruckkräfte $N_{R,d} = \kappa \cdot N_{pl,d}$ von planmäßig mittig gedrückten Stäben aus einem gleichschenkligen L-Stahl aus S235 in kN (Bemessungswerte) bei biegesteifen Stabendanschlüssen (berechnet mit $\bar{\lambda}'_K$ nach Taf. 26); z.B.: Winkel geschlitzt, oder Schweißnähte

L axs	Knicklänge s_K in m														
	0,50	0,75	1,00	1,25	1,50	1,75	2,00	2,25	2,50	2,75	3,00	3,25	3,50	3,75	4,00
40×4	41,5	31,4	23,6	18,7	15,1	12,5	10,4	–	–	–	–	–	–	–	–
40×5	50,9	38,4	28,9	22,9	18,5	15,2	12,7	–	–	–	–	–	–	–	–
45×4	49,8	39,2	30,4	24,2	19,8	16,5	13,9	11,8	–	–	–	–	–	–	–
45×5	61,2	48,1	37,3	29,6	24,2	20,1	17,0	14,5	–	–	–	–	–	–	–
50×5	71,6	58,1	46,3	36,9	30,6	25,7	21,9	18,8	16,3	–	–	–	–	–	–
50×6	84,7	68,7	54,7	43,5	36,1	30,3	25,8	22,1	19,2	–	–	–	–	–	–
50×7	97,5	79,0	62,8	50,0	41,5	34,8	29,6	25,4	22,0	–	–	–	–	–	–
55×6	97,2	80,9	65,9	53,5	44,3	37,6	32,2	27,8	24,2	21,3	–	–	–	–	–
60×5	84,9	78,7	65,7	54,3	45,1	38,5	33,2	28,9	25,3	22,4	19,9	17,8	–	–	–
60×6	107	93,2	77,7	64,2	53,2	45,5	39,2	34,1	29,9	26,4	23,4	21,0	–	–	–
60×8	143	121	101	83,3	69,0	59,0	50,8	44,2	38,7	34,2	30,3	–	–	–	–
65×7	138	122	103	86,7	72,8	62,0	53,9	47,1	41,5	36,8	32,8	29,4	26,5	–	–
70×6	120	118	102	86,9	73,8	62,9	54,9	48,4	42,8	38,1	34,1	30,7	27,8	25,2	–
70×7	146	136	118	100	85,0	72,4	63,2	55,7	49,3	43,9	39,3	35,3	31,9	29,0	–
70×9	196	172	148	126	107	90,9	79,4	69,8	61,8	55,0	49,2	44,3	40,0	36,3	–

s_K in m	1,50	1,75	2,00	2,25	2,50	2,75	3,00	3,25	3,50	3,75	4,00	4,50	5,00	5,50	6,00
75×7	97,8	84,1	73,1	64,7	57,6	51,5	46,2	41,7	37,8	34,4	31,5	–	–	–	–
75×8	111	94,9	82,6	73,1	65,0	58,1	52,2	47,1	42,7	38,8	35,5	–	–	–	–
80×6	96,3	83,6	72,7	64,5	57,7	51,8	46,7	42,3	38,4	35,1	32,1	–	–	–	–
80×8	126	109	94,6	84,0	75,0	67,3	60,7	54,9	49,9	45,5	41,7	–	–	–	–
80×10	154	133	116	103	91,8	82,4	74,2	67,2	61,0	55,7	51,0	–	–	–	–
90×7	139	122	108	95,2	85,5	77,3	70,2	63,9	58,4	53,6	49,3	42,0	–	–	–
90×9	175	154	136	120	108	97,3	88,3	80,4	73,4	67,3	61,9	52,8	–	–	–
100×8	189	169	151	135	121	109	99,9	91,5	84,0	77,4	71,5	61,4	53,3	–	–
100×10	232	208	185	165	148	134	123	112	103	94,8	87,5	75,2	65,2	–	–
100×12	275	245	219	195	174	158	145	132	122	112	103	88,6	76,8	–	–

s_K in m	2,50	2,75	3,00	3,25	3,50	3,75	4,00	4,25	4,50	4,75	5,00	5,50	6,00	–	–
110×10	182	164	150	138	128	118	109	102	94,5	88,1	82,4	72,4	64,1	–	–
120×10	217	198	180	166	154	143	133	124	116	108	101	89,6	79,6	–	–
120×11	237	216	197	181	168	156	145	135	126	118	111	97,7	86,8	–	–
120×12	257	234	213	196	182	169	157	146	137	128	120	106	93,9	–	–
130×12	301	276	253	232	215	201	187	175	164	154	145	128	114	92,5	–
140×13	374	345	318	293	271	253	236	222	208	196	184	164	147	120	–
150×12	395	366	339	315	292	271	254	239	225	212	200	179	161	132	110
150×14	455	422	391	363	336	312	293	275	259	244	230	206	185	152	126
150×15	485	450	417	386	358	333	312	293	276	260	245	219	197	161	134
160×15	545	508	473	441	410	383	357	336	317	299	283	254	229	189	158
160×17	611	570	531	494	460	429	400	376	355	335	317	285	257	211	176
180×16	708	666	626	588	552	518	487	457	430	407	387	350	317	264	223
180×18	789	743	698	656	616	578	542	510	479	453	431	389	353	294	248
200×16	839	796	754	714	675	638	603	570	538	509	482	437	400	336	286
200×18	936	889	842	796	753	712	672	635	600	568	537	488	445	375	318
200×20	1033	980	928	878	830	784	741	700	661	625	592	537	490	412	351
200×24	1223	1160	1098	1038	981	927	875	827	781	738	698	634	579	487	413

Bei fehlender Zahlenangabe ($-$) ist $\bar{\lambda}_K > 3$. Drillknicken ist über λ_{Vi} erfaßt. Bei der Berechnung wurden abweichend von den Angaben der Profiltafeln Querschnittswerte mit größerer Stellenzahl verwendet. Die grenz (b/t)-Werte sind bei allen Querschnitten eingehalten.

Tafel 25   Grenzdruckkräfte $N_{R,d} = \kappa \cdot N_{pl,d}$ von planmäßig mittig gedrückten Stäben aus halbierten mittelbreiten und breiten I-Trägern aus S235 in kN (Bemessungswerte)

1/2 IPE	1,00	1,25	1,50	1,75	2,00	2,25	2,50	2,75	3,00	3,50	4,00
					Knicklänge s_K in m						
140	116	103	90,0	78,8	68,5	57,8	49,1	42,0	36,3	27,9	22,0
160	150	135	121	108	96,5	82,7	70,9	61,2	53,3	41,1	32,6
180	176	163	150	139	127	113	98,5	85,9	75,2	58,7	46,8
200	210	194	179	164	153	141	131	116	102	80,2	64,4

s_K in m	1,50	1,75	2,00	2,25	2,50	2,75	3,00	3,50	4,00	4,50	5,00
220	206	191	178	164	152	141	130	110	89,4	73,5	61,4
240	243	228	213	198	185	172	160	139	120	99,1	83,0
270	274	259	245	231	218	206	194	172	152	135	118
300	313	298	285	271	257	245	233	210	189	171	154
330	359	344	329	315	300	288	276	252	230	209	191
360	407	393	378	363	349	335	323	297	274	252	231
400	468	450	437	423	409	395	380	355	331	308	286
450	530	513	500	485	472	459	446	420	396	372	351
500	600	586	571	558	543	530	515	488	467	443	421
550	703	687	672	655	644	625	615	587	559	536	512
600	807	792	776	760	744	729	710	686	658	631	606

1/2-HE-A	1,00	1,25	1,50	1,75	2,00	2,25	2,50	2,75	3,00	3,50	4,00
140	249	212	176	146	121	101	84,9	72,4	62,3	47,5	37,3
160	331	292	252	215	182	154	132	113	98,0	75,3	59,5
180	404	364	323	281	243	209	181	157	137	106	84,1
200	499	459	416	371	328	287	252	220	194	152	122
220	590	572	527	479	431	384	341	302	268	213	172
240	708	705	656	604	551	499	448	402	360	289	235
260	642	584	531	481	438	397	361	328	300	250	211
280	746	686	629	576	527	483	442	405	372	314	267

s_K in m	1,50	1,75	2,00	2,25	2,50	2,75	3,00	3,50	4,00	4,50	5,00
300	749	691	636	585	539	496	458	390	334	289	251
320	862	799	741	686	636	589	546	470	406	352	308
340	965	902	840	784	732	681	636	552	482	421	371
360	1066	999	939	882	826	775	725	638	560	493	437
400	1207	1156	1108	1056	1009	964	920	822	733	656	588
450	1280	1227	1175	1126	1078	1032	988	904	827	755	690
500	1336	1288	1243	1198	1155	1114	1074	998	925	857	795
550	1342	1307	1265	1229	1192	1156	1120	1052	990	925	871
600	1359	1317	1289	1252	1222	1186	1158	1099	1041	985	930

1/2-HE-B	1,00	1,25	1,50	1,75	2,00	2,25	2,50	2,75	3,00	3,50	4,00
140	345	295	247	205	170	142	120	103	88,4	67,4	53,0
160	469	417	362	310	264	225	193	166	144	111	87,7
180	592	537	480	422	368	319	276	240	210	164	130
200	732	675	614	551	490	432	379	333	294	231	185
220	877	818	756	690	624	559	498	443	394	314	254
240	1042	980	915	847	776	705	636	572	513	414	338
260	1165	1119	1053	983	911	836	763	693	627	513	422
280	1276	1271	1205	1135	1063	988	913	838	767	638	531

s_K in m	1,50	1,75	2,00	2,25	2,50	2,75	3,00	3,50	4,00	4,50	5,00
300	1396	1324	1248	1170	1090	1010	931	786	661	558	474
320	1544	1473	1399	1322	1243	1162	1082	928	791	674	577
340	1669	1601	1530	1457	1381	1303	1224	1069	924	797	688
360	1784	1728	1661	1590	1518	1442	1366	1211	1063	927	808
400	1589	1512	1436	1359	1293	1227	1163	1042	934	837	752
450	1835	1760	1679	1612	1544	1475	1411	1287	1172	1065	970
500	2000	1927	1868	1809	1753	1695	1641	1527	1408	1295	1196
550	2011	1955	1886	1837	1772	1725	1670	1566	1464	1367	1279
600	2024	1972	1919	1861	1819	1764	1722	1630	1540	1455	1376

Kursiv gedruckte Werte wurden unter Berücksichtigung des lokalen Beulens der Stege nach [8] mit Spannungen nach Theorie II. O. ermittelt. Diese Grenzlasten liegen z.T. deutlich über den Grenzlasten nach [7] bei Einhaltung der grenz(b/t)-Werte.

Stahlbau

Beispiel Stütze HE200A−S235 mit $N_d = 700$ kN, $s_{Ky} = 7,00$ m, $s_{Kz} = 4,00$ m; $A = 53,8$ cm², $h/b = 190/100 < 1,2$; $N_{pl,d} = 1174$ kN (Taf. 15).

Knicken ⊥ y-Achse	Knicken ⊥ z-Achse	nach
$\bar\lambda_{K,y} = 700/(8,28 \cdot 92,93)$	$\bar\lambda_{K,z} = 400/(4,98 \cdot 92,93)$	
$= 0,9097 > 0,2$	$= 0,8643 > 0,2$	Gl. (5)
Knickspannungslinie b; $\alpha = 0,34$	Knickspannungslinie c; $\alpha = 0,49$	Taf. 17
$k = 0,5 \cdot [1 + 0,34 \cdot (0,9097 - 0,2)$	$k = 0,5 \cdot [1 + 0,49 \cdot (0,8643 - 0,2)$	
$+ 0,9097^2]$	$+ 0,8643^2]$	Gl. (47a)
$k = 1,0344$	$k = 1,0363$	
$\varkappa_y = 1/(1,0344$	$\varkappa_z = 1/(1,0363$	
$+ \sqrt{1,0344^2 - 0,9097^2})$	$+ \sqrt{1,0363^2 - 0,8643^2})$	Gl. (47)
$\varkappa_y = 0,6549$	$\varkappa_z = 0,6219 = \min \varkappa$	
	$700/(0,6219 \cdot 1174) = 0,96 < 1$	Gl. (41)

Für I-förmige Profile braucht Biegedrillknicken bei mittigem Druck nicht nachgewiesen zu werden.

Tafel 26 **Bezogener Schlankheitsgrad $\bar\lambda'_K$ bei biegesteif angeschlossenem einteiligen Winkelprofil bei Vernachlässigung der Exzentrizität** nach DIN 18800-2 [7], Tab. 16

$\bar\lambda_K = l/(i_1 \cdot \lambda_a)$ mit $l =$ Systemlänge; $i_1 = \min i$ des Winkelquerschnitts

			1	2
	1	$0 < \bar\lambda_K \leqq \sqrt{2}$	$\bar\lambda'_K = 0,35 + 0,753\,\bar\lambda_K$	
	2	$\sqrt{2} < \bar\lambda_K \leqq 3,0$	$\bar\lambda'_K = 0,50 + 0,646\,\bar\lambda_K$	

Beispiel zu Taf. 26: L90 × 9 − S235, min $i = 1,76$ cm, $A = 15,5$ cm², $N_{pl,d} = 15,5 \cdot 24/1,1 = 338$ kN. Systemlänge $l = 175$ cm, $N_d = 154$ kN.

$$\bar\lambda_K = \frac{175}{1,76 \cdot 92,93} = 1,07 < \sqrt{2} \quad \text{nach Gl. (5)}$$

$\bar\lambda'_K = 0,35 + 0,753 \cdot 1,07 = 1,1557$ (Taf. 26); Knicksp.linie c; $\varkappa = 0,4554$ (Taf. 18)

$$\frac{154}{0,4554 \cdot 338} = 1,0 \quad \text{nach Gl. (41), vgl. Tafel 24}$$

$l = 175$ cm $> b^2/t = 9,0^2/0,9 = 90$ cm, daher Biegedrillknicken nicht maßgebend.

3.2.2 Einachsige Biegung ohne Normalkraft (M_y)

Nachweise entfallen bei ausreichender Behinderung der Träger-Verformungen oder wenn die Voraussetzungen für Biegedrillknicken gem. Abschn. 2.2.1 erfüllt sind.

a) Behinderung der Verformung

Behinderung der seitlichen Ver schie bu ng:

Ausreichende Behinderung durch ständig am Druckgurt anschließendes Mauerwerk nach DIN 1053 s. Bild 19.

Wenn an Träger Trapezprofile (oder andere Bekleidungen) angeschlossen sind, gilt die Anschlußstelle in Trapezblechebene als unverschieblich (gebundene Drehachse), wenn die Größe des auf den Träger entfallenden Anteils der Schubsteifigkeit S des Trapezblechs (s. Profiltafel) bei Befestigung in jeder Rippe ist:

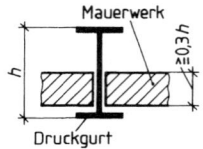

Mauerwerk

$\approx 0,3\,h$

Druckgurt

Bild 19 Aussteifung durch Mauerwerk

$$S \geqq (E \cdot I_\omega \cdot \pi^2/l^2 + G \cdot I_T + 0,25E \cdot I_z \cdot \pi^2 \cdot h^2/l^2) \cdot 70/h^2 \quad (49)$$

Behinderung der Ver d reh u ng:

Siehe Normblatt [7], [31] und [43]. Mit Trapezblechen verbundene IPE-Profile mit $h \leqq 200$ mm gelten ohne Nachweis als gegen Biegedrillknicken gesichert.

670

b) Nachweis des Druckgurtes als Druckstab

Bei I-Trägern mit zur z-Achse symmetrischem Querschnitt muß sein:

$$\bar{\lambda} \leq 0{,}5 \frac{M_{pl,y,d}}{M_y} \quad \text{mit} \quad \bar{\lambda} = \frac{c \cdot k_c}{i_{z,g} \cdot \lambda_a} \quad (50)$$

c Abstand der seitlich unverschieblich gehaltenen Punkte des Druckgurts
$i_{z,g}$ Trägheitsradius um die Stegachse des Druckgurt-Querschnitts nach Bild 20
k_c Beiwert für den Verlauf der Druckkraft im Druckgurt nach Tafel 27, 28

Ist Bedingung (50) nicht erfüllt, kann folgender Nachweis
geführt werden:

$$\frac{0{,}843 \cdot \max |M_y|}{\varkappa \cdot M_{pl,y,d}} \leq 1 \quad (51)$$

$\varkappa$ aus Tafel 18 für $\bar{\lambda}$ aus Gl. (50). Hierbei gilt:
Knickspannungslinie **d** für geschweißte Träger mit Lasten q_z am Obergurt; zusätzlich gilt mit der größten Trägerhöhe h und der Druckgurtdicke t (s. Bild 20) die Bedingung:

$$h/t \leq 44 \cdot \sqrt{240/f_{y,k}}$$

Knickspannungslinie **c** in den übrigen Fällen.

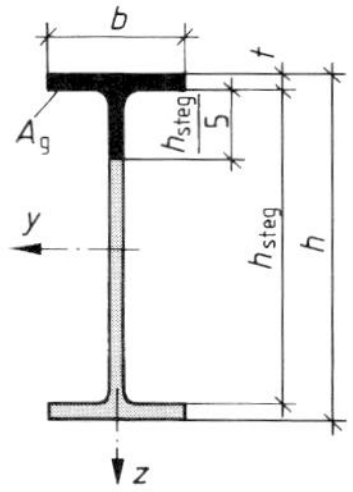

Bild 20 Druckgurt

Tafel 27 Druckkraftbeiwert k_c und   **Tafel 28 Momentenverteilung ζ**
nach DIN 18800-2 [7], Tab. 8   nach Tab. 10 (Zeile 1 – 4) und nach [2]) (Zeile 5 – 8)

	Normalkraftverlauf [1]) bzw. Momentenverlauf	k_c	ζ		Normalkraftverlauf [1]) bzw. Momentenverlauf	k_c	ζ
1	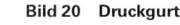 max N (M)	1,0	1,0	5	$a \cdot l$ $a \cdot l$ max N(M)		$1 + 2{,}8 \cdot a^3$ $0 \leq a \leq 0{,}5$
2	max N(M)	0,94	1,12	6	$\psi \cdot$max N(M) max N(M)	$k_c \approx 1/\sqrt{\zeta}$	$1{,}35 - 0{,}35 \cdot \psi$ $-1 \leq \psi \leq 1$
3	max N (M)	0,86	1,35	7	max N(M) (0,5625)		1,25
4	max N $-1 \leq \psi \leq 1$ ψ max N(M)	$\dfrac{1}{1{,}33 - 0{,}33 \cdot \psi}$	$1{,}77 - 0{,}77 \cdot \psi$	8	max N(M) (0,5)		1,30

[1]) Der Normalkraftverlauf entspricht der M_y-Linie, Beispiel s. S. 691
[2]) *Kroll:* Rechenbehelfe für ideale Biegedrillknickmomente, Verlag Stahleisen, Düsseldorf 1998

c) Biegedrillknicknachweis,

falls für I-Träger die Gln. (50) und (51) nicht erfüllt sind, sowie für U- und C-Profile
ohne planmäßige Torsion:

$$\frac{\max |M_y|}{\varkappa_M \cdot M_{pl,y,d}} \leq 1 \quad (52)$$

$\varkappa_M$ aus Tafel 18 mit $\bar{\lambda}_M = \sqrt{M_{pl,y}/M_{Ki,y}}$
$M_{pl\bar{n}ko,y}$ und $M_{Ki,y}$ müssen beide entweder ihre charakteristischen oder ihre Bemessungswerte sein.

Charakteristische Werte für das **Biegedrillknickmoment** $M_{Ki,y}$ bei Wirkung von M_y
ohne Normalkräfte für frei drehbar gelagerte Einfeldträger mit Gabellagerung der
Stabenden und gleichbleibendem doppelsymmetrischem Querschnitt:

1. Träger mit Momentenverlauf nach Tafel 27, 28

$$M_{Ki,y} = \zeta \cdot \frac{\pi^2 \cdot E \cdot I_z}{l^2} \cdot \left(\sqrt{c^2 + 0{,}25\, z_p^2} + 0{,}5\, z_p\right) \quad (53)$$

ζ Momentenbeiwert nach Tafel 27, 28
c nach Gl. (46) mit $\beta = \beta_0 = 1$
z_p Abstand der Querbelastung vom Schwerpunkt; z_p ist negativ, wenn die Last zum Schwerpunkt weist, sonst positiv.

Bei Trägerhöhen $h \leq 60$ cm darf mit den Bezeichnungen in Bild 20 gesetzt werden:

$$M_{Ki,y} = \frac{1{,}32\, b \cdot t(E \cdot I_y)}{l \cdot h^2} \quad (53a)$$

Beispiel s. S. 675.

Stahlbau

2. Träger mit Streckenlast und Stabendmomenten [35] (Bild 21a)

$$M_{Ki,y} = \max |M_y| \cdot \frac{\pi^2 \cdot E \cdot I_z}{G_1} \cdot (G_2 \pm \sqrt{G_2^2 + G_1 \cdot G_3}) \quad (53b)$$

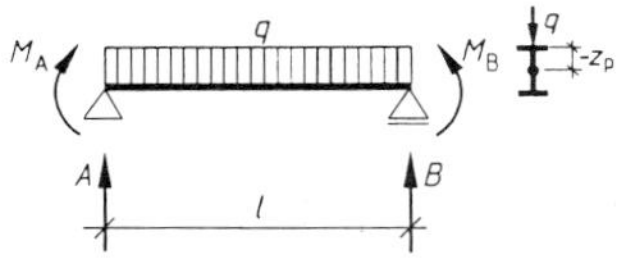

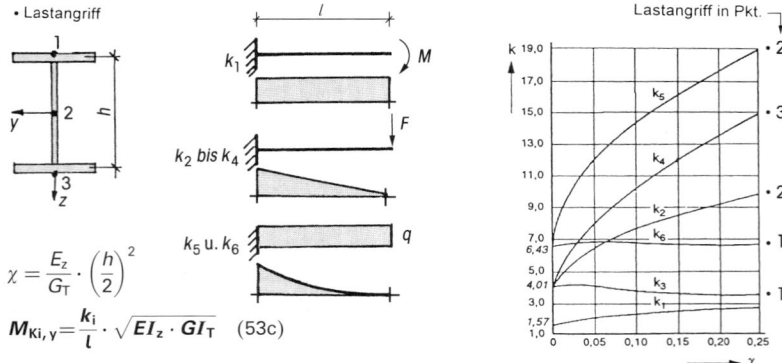

mit $G_1 = (\frac{M_A + M_B}{2} + \frac{q \cdot l^2}{9,2})^2$ es muß sein:

$M_A/M_B \geq 0$

$G_2 = \frac{q \cdot z_p}{2\pi^2} \qquad G_3 = \frac{c^2}{l^4}$

Bild 21a Träger mit Streckenlast und c und z_p wie bei Gl. (53).
Stabendmomenten

Eine sichere Abschätzung der Tragfähigkeit von Durchlaufträgern erhält man, wenn der Durchlaufträger in eine Kette von gabelgelagerten Einfeldträgern mit Stabendmomenten (= Stützmomenten) zerlegt wird und für alle Felder — unter Beachtung der feldweise wechselnden veränderlichen Einwirkungen — mit Gl. (53b) die Nachweise nach Gl. (52) geführt werden.

3. Kragträger mit unterschiedlicher Lagerung der Kragarmspitze (Bild 21b)

Fall A: Kragarmspitze frei

$$\chi = \frac{E_z}{G_T} \cdot \left(\frac{h}{2}\right)^2$$

$$M_{Ki,y} = \frac{k_i}{l} \cdot \sqrt{EI_z \cdot GI_T} \quad (53c)$$

Fall B: Kragarmspitze seitlich gehalten und gabelgelagert

$$\left.\begin{array}{l} k_1 \cong 4,5 \cdot [1 + 7,85 \cdot \chi \cdot (1 - \chi)] \\ k_2 \cong k_3 \cong k_4 \cong 10,45 \cdot [1 + 9,0 \cdot \chi \cdot (1 - \chi)] \\ k_5 \cong 16,65 \cdot [1 + 1,65 \cdot \chi \cdot (1 - \chi)] \end{array}\right\} \quad (53d)$$

Bild 21b Kragarm mit Einzelmoment, Einzellast und Streckenlast

Beispiel Träger IPBl 400: $I_z = 8560$ cm^4, $I_\omega = 2942 \cdot 10^3$ cm^6, $I_T = 189$ cm^4, $l = 5,2$ m, (vgl. Bild 21a) $M_{pl,y,d} = 559$ kNm (Taf. 15), $z_p = -0,195$ m (Obergurt), $q_d = 175$ kN/m.
$M_A = 0$, $M_B = -295$ kNm, $V_A = 398,3$ kN, max $M = 398,3^2/(2 \cdot 175) = 453,2$ kNm
$c^2 = (2\,942\,000 + 0,039 \cdot 520^2 \cdot 189)/(8560 \cdot 10^4) = 0,05765$ m^2 Gl. (46)
$G_1 = (-295/2 + 175 \cdot 5,2^2/9,2)^2 = 134,6 \cdot 10^3$ kN^{2}m^2
$G_2 = -175 \cdot 0,195/(2 \cdot \pi^2) = -1,729$ kN $G_3 = 0,05765/5,2^4 = 0,07885 \cdot 10^{-3}$ m^{-2}

$$M_{Ki,y} = 453,2 \cdot \frac{\pi^2 \cdot 2,1 \cdot 8560}{134,6 \cdot 10^3} \cdot (-1,729 \pm \sqrt{(-1,729)^2 + 134,6 \cdot 0,07885})$$

$M_{Ki,y} = 1170$ kNm $M_{Ki,y,d} = 1170/1,1 = 1064$ kNm

$\bar{\lambda}_M = \sqrt{559/1064} = 0,7248;$ $\psi = M_A/M_B = 0;$ $k_n = 1$ $n = 1 \cdot 2,5 = 2,5$

$\varkappa_M = (\frac{1}{1 + 0,7248^{2 \cdot 2,5}})^{1/2,5} = 0,9296$ Gl. (49)

$453,2/(0,9296 \cdot 559) = 0,87 < 1$ (52)

672

3.2.3 Einachsige Biegung mit Normalkraft (N, M)

N darf vernachlässigt werden, wenn $N/(\varkappa \cdot N_{\mathrm{pl,d}}) < 0,1$ ist; die Nachweise sind dann nach Abschn. 3.2.2 zu führen.

a) Biegeknicken

Vereinfachter Nachweis
Für den beidseitig gelenkig gelagerten Stab mit Querbelastung durch Strecken- oder Einzellast darf der Nachweis mit Gl. (41) geführt werden, wenn zur Berechnung von $\varkappa$ der Parameter k von Gl. (47 a) ersetzt wird durch

$$k = 0,5[1 + \alpha(\bar{\lambda}_{\mathrm{K}} - 0,2) + \bar{\lambda}_{\mathrm{K}}^2 + (M/M_{\mathrm{pl,d}})/(N/N_{\mathrm{pl,d}})] \quad (54)$$

Sind A und/oder N veränderlich, sind die Hinweise in Abschn. 3.2.1 und die Gln. (42) und (43) zu beachten.

Ersatzstabverfahren

$$\frac{N}{\varkappa \cdot N_{\mathrm{pl,d}}} + \frac{\beta_{\mathrm{m}} \cdot M}{M_{\mathrm{pl,d}}} + \Delta n \leqq 1 \quad (55)$$

$\varkappa$ Abminderungsfaktor aus Tafel 18 für die maßgebende Knickspannungslinie entsprechend $\bar{\lambda}_{\mathrm{K}}$ nach Gl. (5) für Ausweichen **in** der Momentenebene

β_{m} Momentenbeiwert nach Tafel 29, Spalte 2
     $\beta_{\mathrm{m}} < 1$ nur bei unverschieblicher Lagerung der Stabenden, konstantem Querschnitt, konstanter Druckkraft ohne Querlasten.

$M = \max |M|$ nach Theorie I. Ordnung ohne Ansatz von Imperfektionen

$$\Delta n = \frac{N}{\varkappa \cdot N_{\mathrm{pl,d}}} \left(1 - \frac{N}{\varkappa \cdot N_{\mathrm{pl,d}}}\right) \cdot \varkappa^2 \cdot \bar{\lambda}_{\mathrm{K}}^2, \text{ jedoch } \Delta n \leqq 0,1 \quad (56)$$

vereinfacht: $\Delta n = (\varkappa \cdot \bar{\lambda}_{\mathrm{K}}/2)^2$ oder $\Delta n = 0,1$ (56a)

Bei doppeltsymmetrischen Querschnitten, bei denen $A_{\mathrm{Steg}} \geq 0,18\,A$ sowie $N/N_{\mathrm{pl}} > 0,2$ ist, darf $M_{\mathrm{pl,d}}$ in Gl. (55) durch $1,1\,M_{\mathrm{pl,d}}$ ersetzt werden.

Tafel 29   Momentenbeiwerte β_{m} und β_{M} nach [7], Tab. 11

	1	2	3
	Momentenverlauf	β_{m} für Biegeknicken	β_{M} für Biegedrillknicken
1	Stabendmomente $-1 \leq \psi \leq 1$	$\beta_{\mathrm{m},\psi} = 0,66 + 0,44\psi$ jedoch $\beta_{\mathrm{m},\psi} \geqq 1 - \dfrac{1}{\eta_{\mathrm{Ki}}}$ und $\beta_{\mathrm{m},\psi} \geq 0,44$ η_{Ki} nach Gl. (7)	$\beta_{\mathrm{M},\psi} = 1,8 - 0,7\psi$
2	Momente aus Querlast	$\beta_{\mathrm{m,Q}} = 1,0$	$\beta_{\mathrm{M,Q}} = 1,3$ $\beta_{\mathrm{M,Q}} = 1,4$
3	Momente aus Querlasten mit Stabendmomenten	$\psi \leq 0,77: \beta_{\mathrm{m}} = 1,0$ $\psi > 0,77:$ $\beta_{\mathrm{m}} = \dfrac{M_{\mathrm{Q}} + |M_1| \cdot \beta_{\mathrm{m},\psi}}{M_{\mathrm{Q}} + |M_1|}$	$\beta_{\mathrm{M}} = \beta_{\mathrm{M},\psi} + \dfrac{M_{\mathrm{Q}}}{\Delta M}(\beta_{\mathrm{M,Q}} - \beta_{\mathrm{M},\psi})$ $M_{\mathrm{Q}} = |\max M|$ nur aus Querlast ΔM: Bei nicht durchschlagendem Momentenverlauf: $\Delta M = |\max M|$ Bei durchschlagendem Momentenverlauf: $\Delta M = |\max M| + |\min M|$

Bei veränderlichen Querschnitten und/oder Normalkräften muß Gl. (55) für alle maßgebenden Querschnitte mit den zugehörigen Schnittgrößen. Querschnittswerten und zugehörigem N_{Ki} bei Beachtung von Gl. (42) und (43) nachgewiesen werden.

Der Einfluß von Querkräften kann durch Reduktion der vollplastischen Schnittgrößen mittels der Tafeln 13 und 14 berücksichtigt werden.

Bei der Bemessung biegesteifer Verbindungen ist $M_{pl,d}$ anstelle von vorh M zu berücksichtigen, oder es ist das Biegemoment nach Th.II.O. zugrunde zu legen.

An druckbeanspruchte Stäbe angeschlossene Stabschnitte ohne Druckkräfte (z. B. Rahmenriegel) sind bei gleich großer Streckgrenze nach Gl. (57) nachzuweisen:

$$(M/M_{pl,d})/(1-1,15/\eta_{Ki}) \leqq 1 \quad (57) \quad \text{mit } \eta_{Ki} = N_{Ki,d}/N > 1,15$$

b) Biegedrillknicken

Für Stäbe ohne planmäßige Torsion mit konstanter Normalkraft, einfach- oder doppeltsymmetrischem I-Querschnitt, deren Abmessungsverhältnisse den Walzprofilen entsprechen, sowie für U- und C-Profile gilt

$$\frac{N}{\varkappa_z \cdot N_{pl,d}} + \frac{M_y}{\varkappa_M \cdot M_{pl,y,d}} k_y \leqq 1 \quad (58)$$

$\varkappa_z$ nach Tafel 18 mit $\bar{\lambda}_{K,z}$ nach Gl. (5); darin ist N_{Ki} entweder die kleinste Verzweigungslast für Ausweichen $\perp$ z-Achse, oder die Drillknicklast.

$k_y = 1 - a_y \cdot N/(\varkappa_z \cdot N_{pl,d})$, jedoch $k_y \leqq 1$, mit $a_y = 0,15 \bar{\lambda}_{K,z} \cdot \beta_{M,y} - 0,15$, jedoch $a_y \leqq 0,9$

$\beta_{M,y}$ Momentenbeiwert β_M nach Tafel 29, Spalte 3 zur Erfassung der Form von M_y

$\varkappa_M$ nach Tafel 18 in Abhängigkeit von $\bar{\lambda}_M$ nach Gl. (8); $M_{Ki,y}$ s. Gl. (53)

Beispiel Stab HE 200 B − S235, Balken auf zwei Stützen mit Gabellagerung.
(Bild 22) $I_y = 5700 \text{ cm}^4$, $I_z = 2000 \text{ cm}^4$, $i_z = 8,54 \text{ cm}$, $I_\omega = 171 100 \text{ cm}^6$, $I_T = 59,3 \text{ cm}^4$
$N_{pl,d} = 1704 \text{ kN}$, $M_{pl,y,d} = 140 \text{ kNm}$, $V_{pl,z,d} = 210 \text{ kN}$ nach Taf. 15

$h/b < 1,2$: Knickspannungslinie b für Ausweichen $\perp$ y-Achse (Taf. 17);
$\alpha = 0,34$ (Taf. 18). KSL c für Ausw. $\perp$ z-Achse; $\alpha = 0,49$.

Ständige Einwirkung:
$F_{g,k} = 20 \text{ kN}$; $F_{g,d} = 1,35 \cdot 20 = 27 \text{ kN}$ (Taf. 8)
Veränderliche Einwirkung:
$F_{p,k} = 10 \text{ kN}$; $F_{p,d} = 1,50 \cdot 1 \cdot 10 = 15 \text{ kN}$
$\overline{F_d = 42 \text{ kN}}$

Ständige Einwirkung:
$N_{g,k} = 205 \text{ kN}$; $N_{g,d} = 1,35 \cdot 205 = 277 \text{ kN}$
Veränderliche Einwirkung:
$N_{p,k} = 160 \text{ kN}$; $N_{p,d} = 1,50 \cdot 1 \cdot 160 = 240 \text{ kN}$
$\overline{N_d = 517 \text{ kN}}$

$N/N_{pl,d} = 517/1704 = 0,3034 > 0,2$;
$M/M_{pl,y,d} = 52,5/140 = 0,3750$
$V/V_{pl,z,d} = 42/(2 \cdot 210) = 0,1 < 0,33$;
Reduktion von $M_{pl,y}$ nicht erforderlich.

Der Biegeknick-Nachweis wird nach 3 verschiedenen Verfahren durchgeführt.

1. Nachweis nach Theorie II. Ordnung, Verfahren Elastisch-Plastisch.

$w_0 = 500/250 = 0,02 \text{ m}$ (Taf. 16)

Mit Bild 22 läßt sich f aus der Arbeitsgleichung berechnen (s. Abschn. Statik):

$f \cdot (E \cdot I_y)/\gamma_M = 5,0 \cdot 52,5 \cdot 1,25/3 + 5,0 \cdot 1,25 (10,34 + 517 f) \cdot 5/12$
$f \cdot 2,1 \cdot 10^8 \cdot 5700 \cdot 10^{-8}/1,1 = 109,4 + 26,9 + 1346 f$
$f(10882 - 1346) = 136,3$; $f = 0,0143 \text{ m}$

In Trägermitte ist: $M_y^{II} = 52,5 + 10,34 + 517 \cdot 0,0143 = 70,23 \text{ kNm}$;

Nachweis nach Taf. 13:
$0,9 \cdot 70,23/140 + 517/1704 = 0,4515 + 0,3034 = 0,75 < 1$

Beispiel, Forts. 2. Vereinfachter Nachweis

$\bar\lambda_{K,y} = 500/(8,54 \cdot 92,93) = 0,6300$ Gl. (5);

$k = 0,5 \cdot [1 + 0,34(0,6300 - 0,2) + 0,6300^2 + 0,3750/0,3034] = 1,3895$ Gl. (54)

$\varkappa = 1/(1,3895 + \sqrt{1,3895^2 - 0,6300^2}) = 0,3805$ Gl. (47)

Nachweis nach Gl. (41): $(N/N_{pl,d})/\varkappa = 0,3034/0,3805 = 0,80 < 1$

3. Ersatzstabverfahren

$\bar\lambda_{K,y} = 0,6300; \quad \varkappa = 0,8217$ Taf. 18, KSL b

$\Delta n = (0,8217 \cdot 0,6300/2)^2 = 0,067 < 0,1$ n. Gl. (56a); $\beta_{m,Q} = 1$ nach Taf. 29.

$A_{Steg}/A = 16,7/78,1 = 0,214 > 0.18$

Nachweis nach Gl. (55):

$0,3034/0,8217 + 1 \cdot 52,5/(1,1 \cdot 140) + 0,067 = 0,3692 + 0,3409 + 0,067$
$= 0,78 < 1$

4. Biegedrillknicken

$N_{Ki,z} = \pi^2 \cdot E \cdot I_z/s_K^2 = \pi^2 \cdot 21\,000 \cdot 2000/500^2 = 1658$ kN;

$\bar\lambda_{K,z} = \sqrt{1704 \cdot 1,1/1658} = 1,0633$ Gl. (5); $\varkappa_z = 0,5041$ Taf. 18, KSL c

$\beta = \beta_0 = 1; \quad c^2 = (171100 + 0,039 \cdot 500^2 \cdot 59,3)/2000 = 374,6$ cm^2 Gl. (46)

Lasteinleitung am Obergurt − Last weist zum Schwerpunkt: $z_p = -10$ cm

$M_{Ki,y} = 1,35 \cdot 1658 \cdot (\sqrt{374,6 + 0,25 \cdot 10^2} - 0,5 \cdot 10)/100 = 335,5$ kNm Gl. (53)

$\bar\lambda_M = \sqrt{140/(335,5/1,1)} = 0,6775$ Gl. (8);

$\varkappa_M = [1/(1 + \bar\lambda_M^{2 \cdot 2,5})]^{1/2,5} = 0,9480$ Taf. 18

Nachweis nach Gl. (58):

$\beta_{M,y} = 1,4$ Taf. 29; $a_y = 0,15 \cdot 1,0633 \cdot 1,4 - 0,15 = 0,0733 < 0,9$

$k_y = 1 - 0,0733 \cdot 517/(0,5041 \cdot 1704) = 0,9559 < 1$

$0,3034/0,5041 + 0,3750 \cdot 0,9559/0,9480 = 0,6019 + 0,3781 = 0,98 < 1$

3.2.4 Zweiachsige Biegung mit oder ohne Normalkraft (M_y, M_z, N)

Die im Abschn. 3.2.3 gemachten Angaben über veränderliche Querschnitte und Normalkräfte, Berücksichtigung von Querkräften, biegesteife Verbindungen sowie Stababschnitte ohne Druckkräfte sind sinngemäß anzuwenden.

a) Biegeknicken

Nachweismethode 1:

$$\frac{N}{\varkappa \cdot N_{pl,d}} + \frac{M_y}{M_{pl,y,d}} k_y + \frac{M_z}{M_{pl,z,d}} k_z \leq 1 \qquad (59)$$

$\varkappa = \min(\varkappa_y, \varkappa_z)$ nach Tafel 18

M_y, M_z max $|M|$ nach Theorie 1. Ordnung ohne Ansatz von Imperfektionen

$\beta_{M,y}$, $\beta_{M,z}$ nach Taf. 29, Spalte 3 zur Erfassung der Form von M_y bzw. M_z

$\alpha_{pl,y}$, $\alpha_{pl,z}$ n. Gl. (1); die Begrenzung auf $\alpha_{pl} \leq 1,25$ ist hier nicht anzuwenden!

$k_y = 1 - a_y \cdot N/(\varkappa_y \cdot N_{pl,d})$, jedoch $k_y \leq 1,5$

$a_y = \bar\lambda_{K,y}(2\beta_{M,y} - 4) + (\alpha_{pl,y} - 1)$, jedoch $a_y \leq 0,8$

$k_z = 1 - a_z \cdot N/(\varkappa_z \cdot N_{pl,d})$, jedoch $k_z \leq 1,5$

$a_z = \bar\lambda_{K,z}(2\beta_{M,z} - 4) + (\alpha_{pl,z} - 1)$, jedoch $a_z \leq 0,8$

$M_{pl,z,d}$ nach Tafel 15 ohne Begrenzung auf 1,25 M_{el}!

Nachweismethode 2:

$$\frac{N}{\varkappa \cdot N_{pl,d}} + \frac{\beta_{m,y} \cdot M_y}{M_{pl,y,d}} k_y + \frac{\beta_{m,z} \cdot M_z}{M_{pl,z,d}} k_z + \Delta n \leq 1 \quad (60)$$

$\varkappa$ min $(\varkappa_y, \varkappa_z)$; Abminderungsfaktor der maßg. Knickspannungslinie n. Taf. 18

$\beta_{m,y}$, $\beta_{m,z}$ Momentenbeiwerte β_m nach Taf. 29, Spalte 2 zur Erfassung der Form von M_y bzw. M_z

$M_{pl} \leq 1,25 M_{el}$

Für $\varkappa_y < \varkappa_z$: $k_y = 1$, $k_z = c_z$ mit

$\varkappa_y = \varkappa_z$: $k_y = 1$, $k_z = 1$ $c_z = 1/c_y = (1 - \bar\lambda_{K,y}^2 \cdot N/N_{pl,d})/(1 - \bar\lambda_{K,z}^2 \cdot N/N_{pl,d})$

$\varkappa_y > \varkappa_z$: $k_y = c_y$, $k_z = 1$

Δn wie bei Gl. (55); es ist das zu $\varkappa$ gehörige $\bar\lambda_K$ einzusetzen.

9

b) Biegedrillknicken

Für Stäbe mit konstanter Normalkraft, ohne Torsion, mit doppelt- oder einfach-symmetrischem I-Querschnitt, deren Abmessungen denen der Walzprofile entsprechen:

$$\frac{N}{\varkappa_z \cdot N_{pl,d}} + \frac{M_y}{\varkappa_M \cdot M_{pl,y,d}} k_y + \frac{M_z}{M_{pl,z,d}} k_z \leq 1 \quad (61)$$

k_v wie Gl. (58); Näherung: $k_v = 1$
k_z wie Gl. (59); Näherung: $k_z = 1,5$
Übrige Größen s. Abschn. 3.2.2,
3.2.3 und bei Gl. (59).

3.3 Mehrteilige, einfeldrige Stäbe

3.3.1 Ausweichen rechtwinklig zur Stoffachse

Die Stäbe sind wie einteilige Stäbe nach Abschn. 3.2.1 oder 3.2.3 zu berechnen; für N und M_y gilt das nur, wenn $M_z = 0$ ist. Übereck gestellte Winkel (Bild 23) brauchen nur für Ausweichen $\perp$ zur Stoffachse mit $\lambda_{K,y} = s_{K,y}/i_v$ nachgewiesen zu werden; im Fall zweier verschiedener Knicklängen gilt für $s_{K,y}$ deren arithmetisches Mittel. Bei ungleichschenkligen Winkeln (Bild 23b) ist $i_v = i_0/1{,}15$; i_0 bezieht sich auf die zum langen Schenkel parallele Achse.

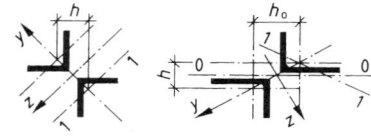

a) gleichschenklig   b) ungleichschenklig

Bild 23   Übereck gestellte Winkel

3.3.2 Ausweichen rechtwinklig zur stoffreien Achse

Bei Querschnitten mit zwei stoffreien Achsen (Bild 24) gilt das folgende sinngemäß für beide Achsen.

a) Schnittgrößen des Gesamtstabes (Bild 25):

Sie sind unter Beachtung der Randbedingungen zu ermitteln; bei einem mittig gedrückten Stab mit gelenkiger, unverschieblicher Lagerung dürfen die Gln. (62) bis (67) angewendet werden.

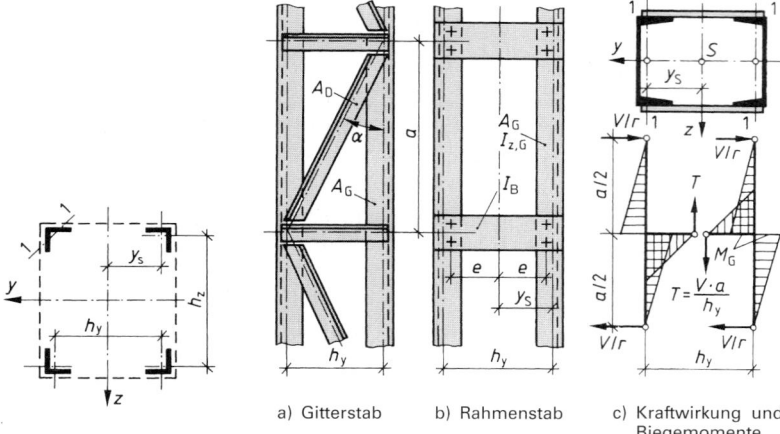

a) Gitterstab   b) Rahmenstab   c) Kraftwirkung und Biegemomente im Einzelfeld und Bindeblech bei $r = 2$ Gurten

Bild 24   Querschnitt mit 2 stoffreien Achsen   **Bild 25   Bezeichnungen**

In Stabmitte $\quad M_z = \dfrac{N \cdot v_0}{1 - \dfrac{N}{N_{Ki,z,d}}}$ (62) $\qquad N_{Ki,z,d} = \dfrac{1}{\dfrac{l^2}{\pi^2 \cdot (E \cdot I_z^*)_d} + \dfrac{1}{S_{z,d}^*}}$ (63)

v_0 s. Tafel 16.

Rechenwert I_z^* für das Flächenmoment 2. Grades des Gesamtquerschnitts:

bei Rahmenstäben: $I_z^* = \sum (A_G \cdot y_S^2 + \eta \cdot I_{z,G})$ (64)

bei Gitterstäben: $\quad I_z^* = \sum (A_G \cdot y_S^2)$ (64a)

$I_{z,G}$ Flächenmoment 2. Grades eines Gurtquerschnitts um seine zur stofffreien Achse parallele Schwerachse.

η Korrekturwert für Rahmenstäbe:

$\eta = 1$ für $\lambda_{K,z} \leqq 75$; $\eta = 2 - \lambda_{K,z}/75$ für $75 < \lambda_{K,z} \leqq 150$; $\eta = 0$ für $\lambda_{K,z} > 150$

$\lambda_{K,z} = s_{K,z}/\sqrt{I_z/A}$ Schlankheitsgrad des Rahmenstabes ohne Querkraftverformungen

I_z aus Gl. (64) mit $\eta = 1$; Flächenmoment 2. Grades des Gesamtquerschnitts um die stofffreie Achse bei Annahme schubstarrer Verbindung der Gurte.

Bemessungswert der Schubsteifigkeit des Ersatzstabes:

bei Rahmenstäben: $\quad S_{z,d}^* = 2\pi^2 \cdot (E \cdot I_{z,G}/\gamma_M)/a^2$, wenn $r \cdot I_B/h_y \geqq 10\, I_{z,G}/a$

bei Gitterstäben: $\quad S_{z,d}^* = m \cdot (E \cdot A_D/\gamma_M) \cdot \cos\alpha \cdot \sin^2\alpha$

$\qquad\qquad\qquad m =$ Anzahl der zur stofffreien Achse rechtwinkligen Verbände

Am Stabende: $\quad \max V_y = \pi \cdot M_z/l$ (65)

Verlauf von M und V über die Stablänge:

$M_z(x) = M_z \cdot \sin(\pi \cdot x/l)$ (66)

$V_y(x) = \max V_y \cdot \cos(\pi \cdot x/l)$ (67)

b) Einzelstäbe von Gitter- und Rahmenstäben

Kraft des meistbeanspruchten Gurtes:

$N_G = \dfrac{N}{r} \pm \dfrac{M_z}{W_z^*} A_G$ (68)

$\quad W_z^* = I_z^*/y_S$

$r \quad$ Anzahl der einzelnen Gurte.

$s_{K,1} = a$ Knicklänge des Gurtabschnitts s. Bild 25.

$s_{K,1}$ für Gitterstäbe mit 2 stofffreien Achsen s. Normblatt.

Mit N_G und $\lambda_{K1} = s_{K,1}/i_1$ ist der Gurtabschnitt nach Abschn. 3.2.1 nachzuweisen.

Füllstäbe von Gitterstäben sind unter Annahme beidseitiger gelenkiger Lagerung für ihre Normalkräfte infolge V_y nach Gl. (65) entspr. Abschn. 3.2.1 nachzuweisen. Knicklänge s. Abschn. 3.4.

c) Einzelfelder von Rahmenstäben

Das zwischen zwei Bindeblechen liegende Einzelfeld, das $\max V_y$ nach Gl. (72) aus der Berechnung des Gesamtsystems erhält, ist mit folgenden Schnittgrößen nachzuweisen (Bild 25):

Stabend- $M_G = \dfrac{\max V_y}{r} \cdot \dfrac{a}{2}$ (69) $\qquad$ Querkraft $\quad V_G = \max V_y/r$

moment $\qquad\qquad\qquad\qquad\qquad\qquad$ Normalkraft $N_G = \dfrac{N}{r} \pm \dfrac{M_z(x_B)}{W_z^*} A_G$ (70)

$M_z(x_B)$ Moment des Gesamtsystems an der Längskoordinate x_B des Bindeblechs nach Gl. (66).

d) Bindebleche

Anordnung der Bindebleche an den Stabenden sowie mindestens in den Drittelspunkten der Stablänge; ihre Lichtabstände sollen gleich groß sein. Es muß sein:

$a/i_1 \leqq 70$. (71)

Die in einem Bindeblech bei m Verbänden wirkende Schubkraft $T' = V \cdot a/(m \cdot h_y)$ erzeugt im Schwerpunkt des Bindeblechanschlusses das Moment $M = T' \cdot e$. Für T' und M sind das Bindeblech und sein Anschluß nachzuweisen (Bild 25).

9

3.4 Knicklänge von Stäben und Rahmenstielen

Die folgenden Ausführungen, Formeln, Tafeln und Bilder setzen eine elastische Berechnung des Tragwerkes voraus.

$s_k = \beta_K \cdot L$ mit β_K = Knicklängenbeiwert und l = Stablänge

3.4.1 Fachwerke

Die Stabkräfte dürfen unter Annahme gelenkiger Knotenpunkte ohne Berücksichtigung von Nebenspannungen berechnet werden. Druckstäbe können nach Abschn. 3.2 bzw. 3.3 mit folgenden Knicklängen nachgewiesen werden:

Knicken in Fachwerkebene:
Für Gurte: $\quad s_K = l$ (Netzlänge);
für Füllstäbe: $\quad s_K = 0,9 l$

Knicken $\perp$ Fachwerkebene:
Für Gurte: $\quad s_K$ = Abstand der unverschieblich (z. B. durch Pfetten im Zusammenwirken mit Verbänden) unverschieblich gehaltenen Punkte.
für Füllstäbe: $\quad s_K = l$

Fachwerkstäbe, die durch einen anderen Fachwerkstab gestützt werden:
Knicken in Fachwerkebene: $s_K = l$ (Netzlänge)
Knicken $\perp$ Fachwerkebene: s_K nach Tafel 31.

An der Kreuzungsstelle müssen beide Fachwerkstäbe unmittelbar oder über ein Knotenblech miteinander verbunden werden; wenn beide Stäbe durchlaufen, ist deren Verbindung für eine rechtwinklig zur Fachwerkebene wirkende Kraft von 10% der größeren Druckkraft zu bemessen.

Auf N_1 bezogene Knicklängenbeiwerte β_K für Druckstäbe mit veränderlicher Normalkraft bei konstantem Querschnitt s. Tafel 30. Weitere Angaben s. Abschn. 3.2.1, [7] und [35].

Tafel 30 Knicklängenbeiwerte β_K für Druckstäbe mit gleichbleibendem Querschnitt und veränderlicher Normalkraft

Zeile	Normalkraftverteilung	Lagerungsbedingungen der Stabenden			
1	N — N	1	0,7	0,7	0,5
2	N_0 — N_1	$\sqrt{\dfrac{1+0,88\frac{N_0}{N_1}}{1,88}}$	$\sqrt{\dfrac{1+1,65\frac{N_0}{N_1}}{5,42}}$	$\sqrt{\dfrac{1+0,51\frac{N_0}{N_1}}{3,09}}$	$\sqrt{\dfrac{1+0,93\frac{N_0}{N_1}}{7,72}}$
3	N_0 — N_1 — N_0	$\sqrt{\dfrac{1+2,18\frac{N_0}{N_1}}{3,18}}$	N_0 ... N_1 *) $s/2$		$\sqrt{\dfrac{1+0,93\frac{N_0}{N_1}}{7,72}}$
4	Parabel N_0 — N_1 — N_0	$\sqrt{\dfrac{1+1,09\frac{N_0}{N_1}}{2,09}}$	**) N_0 ... N_1		$\sqrt{\dfrac{1+0,35\frac{N_0}{N_1}}{5,40}}$
5	$s/2$ $s/2$ N_0 — N_1	$0,75 + 0,25\frac{N_0}{N_1}$	—	—	—

Die Zeilen 2, 3 und 4 gelten auch, wenn N_0 eine Zugkraft ist mit $N_0 \leqq 0,2 \cdot |N_1|$; in den Formeln ist dann + durch − zu ersetzen. Die Formeln * und ** gelten auch für den einseitig eingespannten Stab. Für s ist dann die doppelte Stablänge einzusetzen.

Tafel 31 Knicklängen von Fachwerkstäben mit konstanten Querschnitten für das Ausweichen rechtwinklig zur Fachwerkebene

	1	2	3
1	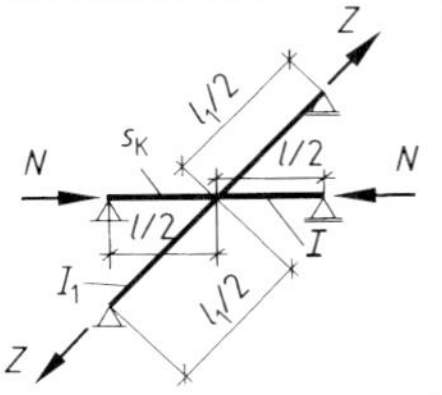	$$s_K = l\sqrt{\dfrac{1 - \dfrac{3\,Z\cdot l}{4\,N\cdot l_1}}{1 + \dfrac{I_1\cdot l^3}{I\cdot l_1^3}}}$$ jedoch $s_K \geq 0,5\,l$	
2	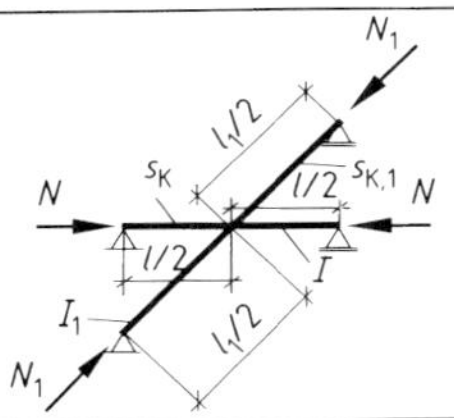	$$s_K = l\sqrt{\dfrac{1 + \dfrac{N_1\cdot l}{N\cdot l_1}}{1 + \dfrac{I_1\cdot l^3}{I\cdot l_1^3}}}$$ jedoch $s_K \geq 0,5\,l$	$$s_{K,1} = l_1\sqrt{\dfrac{1 + \dfrac{N\cdot l_1}{N_1\cdot l}}{1 + \dfrac{I\cdot l_1^3}{I_1\cdot l^3}}}$$ jedoch $s_{K,1} \geq 0,5\,l_1$
3	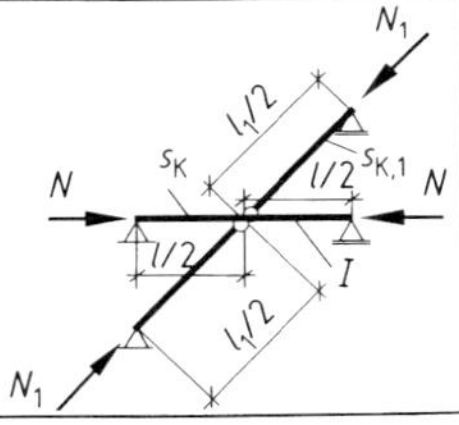	durchlaufender Druckstab $$s_K = l\sqrt{1 + \dfrac{\pi^2}{12}\cdot\dfrac{N_1\cdot l}{N\cdot l_1}}$$	gelenkig angeschlossener Druckstab $s_{K,1} = 0,5\,l_1$ wenn $$(E\cdot I)_d \geq \dfrac{N_1\cdot l^3}{\pi^2\cdot l_1}\left(\dfrac{\pi^2}{12} + \dfrac{N\cdot l_1}{N_1\cdot l}\right)$$
4	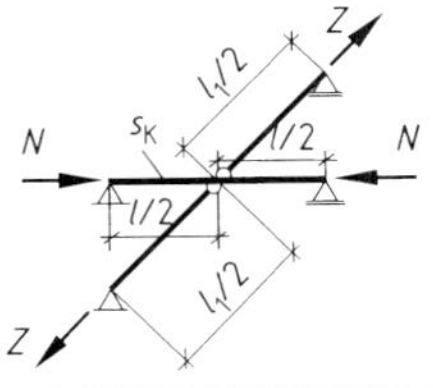	$$s_K = l\sqrt{1 - 0,75\,\dfrac{Z\cdot l}{N\cdot l_1}}$$ jedoch $s_K \geq 0,5\,l$	
5	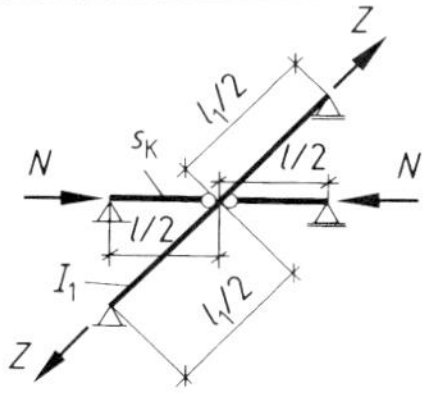	$s_K = 0,5\,l$ wenn $\dfrac{N\cdot l_1}{Z\cdot l} \leq 1$ oder wenn gilt $$(E\cdot I_1)_d \geq \dfrac{3Z\cdot l_1^2}{4\pi^2}\left(\dfrac{N\cdot l_1}{Z\cdot l} - 1\right)$$	
6	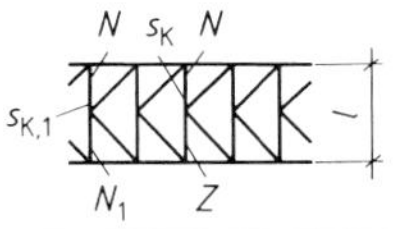	$$s_K = l\left(0,75 - 0,25\left|\dfrac{Z}{N}\right|\right)$$ jedoch $s_K \geq 0,5\,l$	$$s_{K,1} = l\left(0,75 + 0,25\,\dfrac{N_1}{N}\right)$$ $N_1 < N$

3.4.2 Rahmen

Mit η_{Ki} nach Gl. (7) erfolgt die Berechnung für

$\eta_{Ki} \geqq 10$ nach Theorie I. Ordnung

$\eta_{Ki} < 10$ nach Theorie II. Ordnung oder vereinfacht nach dem Ersatzstabverfahren entsprechend Abschnitt 3.2; s_K ist am Gesamtsystem zu ermitteln.

a) Rahmen und Durchlaufträger mit unverschieblichen Knotenpunkten
Das System muß unverschieblich, die Normalkraftverformungen müssen vernachlässigbar sein. Kriterien s. Normblatt.
Berechnung von s_K näherungsweise nach Bild 27.
Die Aufteilung der Riegelsteifigkeiten auf die einstieligen Teilsysteme erfolgt iterativ, bis η_{Ki} in allen Teilsystemen möglichst gleich groß ist. min η_{Ki} gilt für alle Teilsysteme; daher ist β für den Stiel j im Teilsystem r noch zu korrigieren:

$$\beta_j = \beta_r \sqrt{\eta_{Ki,r}/\min \eta_{Ki}} \quad (72)$$

Beim Biegeknicknachweis der Stiele nach Abschn. 3.2.3 darf für Momentenanteile aus Querlast auf den Riegeln β_m aus Tafel 29, Zeile 2 verwendet werden. Bei geringen Druckkräften im Riegel darf max M beim Nachweis des Riegels nach Gl. (57) mit dem Faktor $(1 - 0{,}8/\eta_{Ki})$ abgemindert werden.

b) Rahmen und Durchlaufträger mit verschieblichen Knotenpunkten

Beim Nachweis nach dem Ersatzstabverfahren kann der Knicklängenbeiwert β_K für den mit F belasteten Stiel nach Tafel 32 ermittelt werden (Normalkraftverformungen vernachlässigt).

Angenäherte Berechnung anderer Rahmenformen nach Bild 28; die Stielfüße müssen gleich hoch und gleichartig gelagert sein. Die Berechnung erfolgt geschoßweise, ebenso die eventuelle Zerlegung in Teilsysteme mit Aufteilung der Riegelsteifigkeiten auf das jeweils obere und untere Geschoß.

Vorhandene Pendelstützen sind bei allen Verfahren wie folgt zu berücksichtigen:

— Ansatz von Horizontalkräften der Pendelstützen infolge ihrer Schiefstellung φ_0 (Taf. 16 und Bild 16d) bei der Berechnung der Schnittgrößen.

— Bei der Ermittlung von η_{Ki} und β_j nach Bild 28 ist ΣN_j durch $\Sigma N_j + \Sigma I_S \cdot N_i/l_i$ zu ersetzen.

N_i, l_i Druckkraft und Länge der einzelnen Pendelstützen
l_S Stockwerkhöhe

Für die Berechnung von Knicklängen gibt es umfangreiche Literatur, z. B. [35].

Beispiel 1   Die Knicklängen der Stiele des verschieblichen Rahmens, jedoch ohne Belastung
(Bild 26)   der Pendelstütze, sind mit Hilfe von Bild 28 näherungsweise zu berechnen.

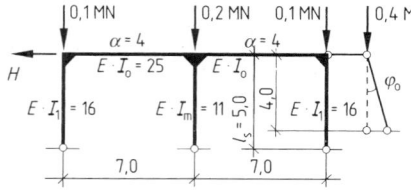

Bild 26 Rahmen zu Beispiel 1 und 2

$N = 2 \cdot 0{,}1 + 0{,}2 = 0{,}4$ MN
$E \cdot K_S = (2 \cdot 16 + 11)/5{,}0 = 8{,}6$ MNm

$$c_0 = \frac{1}{1 + \dfrac{2 \cdot 4 \cdot 25/7{,}0}{8{,}6}} = 0{,}231; \quad c_u = 1$$

Bild 28: $\beta = 2{,}2$

$$\eta_{Ki} = \leqq ft(\frac{\pi}{2{,}2})^2 \cdot \frac{8{,}6}{0{,}4 \cdot 5{,}0} = 8{,}77 < 10$$

Berechnung mit dem Ersatzstabverfahren ist erforderlich.

$$\beta_1 = 2{,}2 \cdot \sqrt{\frac{0{,}4 \cdot 16/5{,}0}{0{,}1 \cdot 8{,}6}} = 2{,}68 \ (2{,}79)$$

$$\beta_m = 2{,}2 \cdot \sqrt{\frac{0{,}4 \cdot 11/5{,}0}{0{,}2 \cdot 8{,}6}} = 1{,}57 \ (1{,}64)$$

Klammerwerte aus der Berechnung nach Tafel 32.

$s_{K1} = 2{,}68 \cdot 5{,}0 = 13{,}4$ m $s_{Km} = 1{,}57 \cdot 5{,}0 = 7{,}85$ m
Fortsetzung der Beispiele s. S. 684

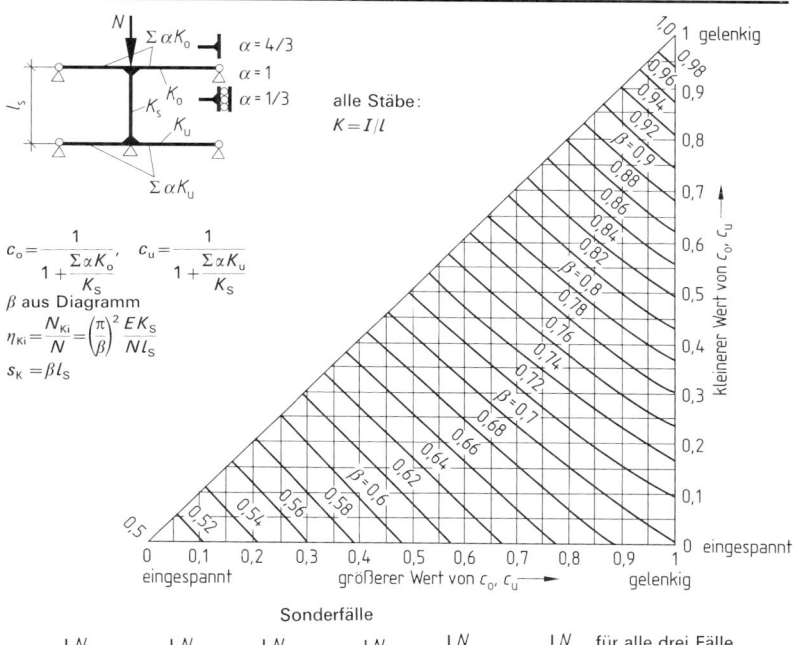

alle Stäbe:
$$K = I/l$$

$$c_o = \frac{1}{1 + \dfrac{\Sigma \alpha K_o}{K_S}}, \quad c_u = \frac{1}{1 + \dfrac{\Sigma \alpha K_u}{K_S}}$$

β aus Diagramm

$$\eta_{Ki} = \frac{N_{Ki}}{N} = \left(\frac{\pi}{\beta}\right)^2 \frac{E K_S}{N l_S}$$

$$s_K = \beta l_S$$

Sonderfälle

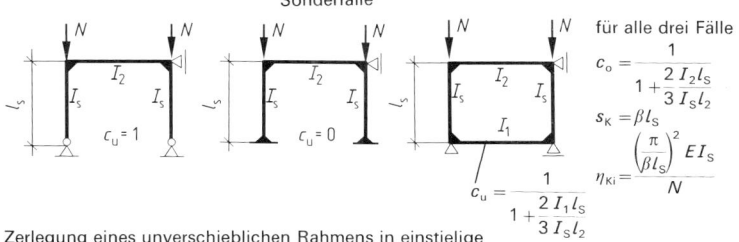

für alle drei Fälle

$$c_o = \frac{1}{1 + \dfrac{2 I_2 l_S}{3 I_S l_2}}$$

$$s_K = \beta l_S$$

$$c_u = \frac{1}{1 + \dfrac{2 I_1 l_S}{3 I_S l_2}}$$

$$\eta_{Ki} = \frac{\left(\dfrac{\pi}{\beta l_S}\right)^2 E I_S}{N}$$

Zerlegung eines unverschieblichen Rahmens in einstielige
Teilrahmen, für die das Diagramm angewendet werden kann

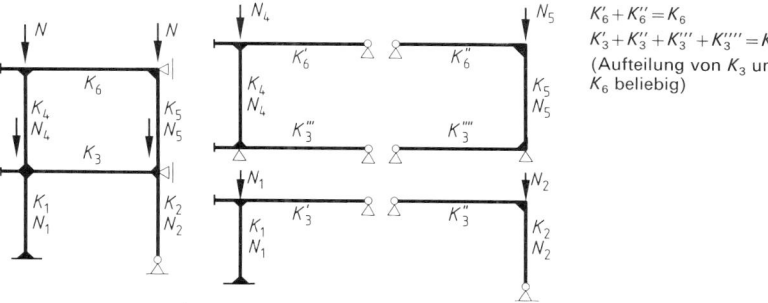

$$K_6' + K_6'' = K_6$$
$$K_3' + K_3'' + K_3''' + K_3'''' = K_3$$
(Aufteilung von K_3 und K_6 beliebig)

Bild 27 Diagramm zur Bestimmung des Verzweigungslastfaktors η_{Ki} und der Knicklänge s_K für Stiele unverschieblicher Rahmen mit $\varepsilon_{Riegel} \leqq 0,3$

Tafel 32   Knicklängenbeiwerte β_K der Stiele freistehender Rechteckrahmen

$s_K = \beta_K \cdot h$. Der Knicklängenbeiwert β_K ist von folgenden Hilfsgrößen abhängig:

$$c = \frac{I \cdot b}{I_0 \cdot h} \leq 10 \ (\leq 5) \qquad m = \frac{F_1}{F} \leq 1 \qquad n = \frac{F_2}{F} \leq 2$$

($n = 0$, wenn die Pendelstütze unbelastet oder nicht vorhanden ist).

$$p = \frac{F_m}{F} \qquad t = \frac{I_m}{I};$$

der Einfluß der Normalkräfte auf die Rahmenwirkung wird vernachlässigt ($\alpha = 0$).

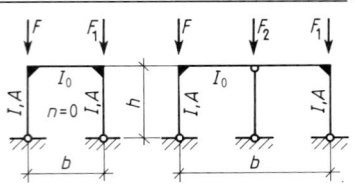

$$\beta_K = \sqrt{1 + 0,48 n} \cdot \sqrt{\tfrac{1}{2}(1 + m)}$$
$$\cdot \sqrt{4 + 1,4 c + 0,02 c^2}$$

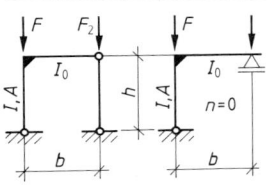

$$\beta_K = \sqrt{1 + 0,96 n}$$
$$\cdot \sqrt{4 + 2,8 c + 0,08 c^2}$$

(mit $c \leq 5$)

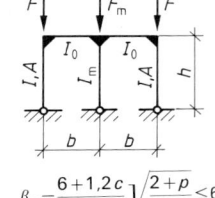

$$\beta_K = \frac{6 + 1,2 c}{3 + 0,1 c} \sqrt{\frac{2 + p}{2 + t}} \leq 6$$

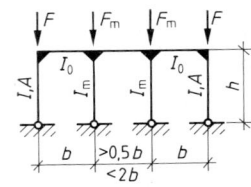

$$\beta_K = \frac{6 + 1,2 c}{3 + 0,1 c} \sqrt{\frac{1 + p}{1 + t}} \leq 6$$
$$\beta_m = \beta_K \sqrt{t/p}$$

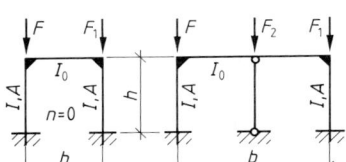

$$\beta_K = \sqrt{1 + 0,43 n} \cdot \sqrt{\tfrac{1}{2}(1 + m)}$$
$$\cdot \sqrt{1 + 0,35 c - 0,017 c^2}$$

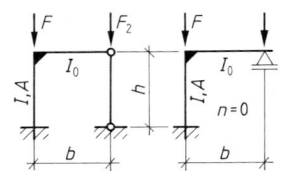

$$\beta_K = \sqrt{1 + 0,86 n} \cdot \sqrt{1 + 0,7 c - 0,068 c^2}$$

(mit $c \leq 5$)

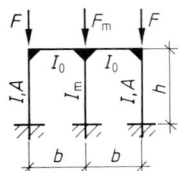

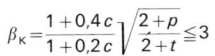

$$\beta_K = \frac{1 + 0,4 c}{1 + 0,2 c} \sqrt{\frac{2 + p}{2 + t}} \leq 3$$

$$\beta_K = \frac{1 + 0,4 c}{1 + 0,2 c} \sqrt{\frac{1 + p}{1 + t}} \leq 3$$
$$\beta_m = \beta_K \sqrt{t/p}$$

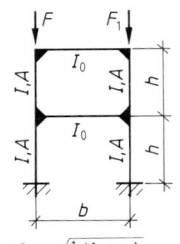

$$\beta_K = \sqrt{\tfrac{1}{2}(1 + m)}$$
$$\cdot \sqrt{1 + 0,89 c - 0,003 c^3}$$

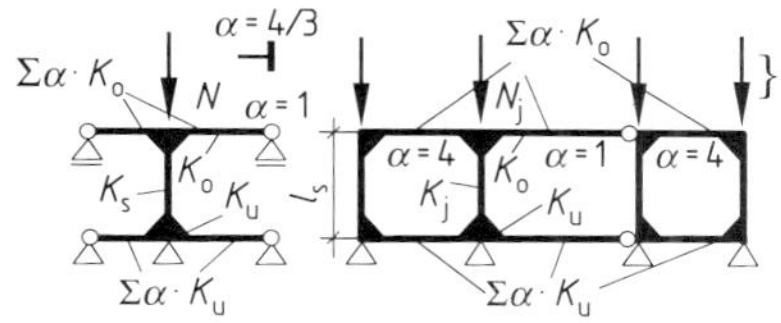

$\alpha = 4/3$

$\Sigma \alpha \cdot K_o$ N $\alpha = 1$

$\Sigma \alpha \cdot K_o$ N_j

alle Stäbe: $K = I/l$

$\left. \begin{array}{l} N = \Sigma N_j \\ K_S = \Sigma K_j \end{array} \right\}$

$\alpha = 4$ K_o $\alpha = 1$ $\alpha = 4$

K_S K_o K_u

K_j K_u

$\Sigma \alpha \cdot K_u$

$\Sigma \alpha \cdot K_u$

gelenkig

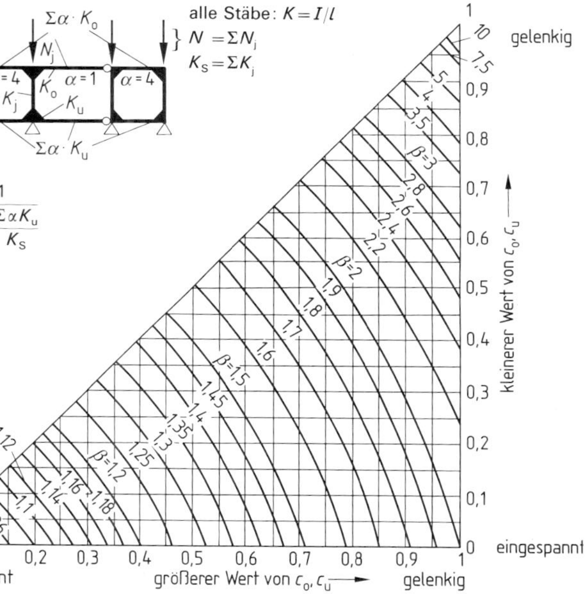

$c_o = \dfrac{1}{1 + \dfrac{\Sigma \alpha K_o}{K_S}}$, $\quad c_u = \dfrac{1}{1 + \dfrac{\Sigma \alpha K_u}{K_S}}$

β aus Diagramm

$\eta_{Ki} = \dfrac{N_{Ki}}{N} = \left(\dfrac{\pi}{\beta}\right)^2 \dfrac{E K_S}{N l_S}$

$\beta_j = \sqrt{\dfrac{N K_j}{N_j K_S}} \, \beta$

$s_K = \beta l_S$ bzw.

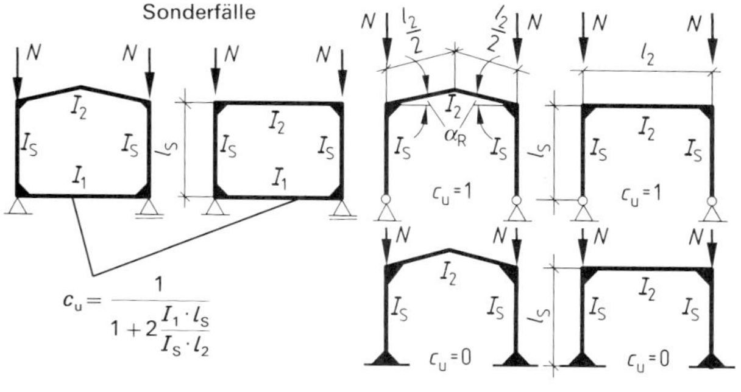

$s_{Kj} = \beta_j l_S$

kleinerer Wert von c_o, c_u ⟶

eingespannt

größerer Wert von c_o, c_u ⟶ gelenkig

Sonderfälle

für alle sechs Fälle

$c_o = \dfrac{1}{1 + 2\dfrac{I_2 \cdot l_S}{I_S \cdot l_2}}$

$s_K = \beta l_S$

$\eta_{Ki} = \dfrac{N_{Ki}}{N} = \dfrac{\left(\dfrac{\pi}{\beta l_S}\right)^2 E I_S}{N}$

unabhängig von a_R

$c_u = \dfrac{1}{1 + 2\dfrac{I_1 \cdot l_S}{I_S \cdot l_2}}$

Mehrgeschossiger Rahmen: die Formeln für c_o, c_u sind zu ersetzen durch

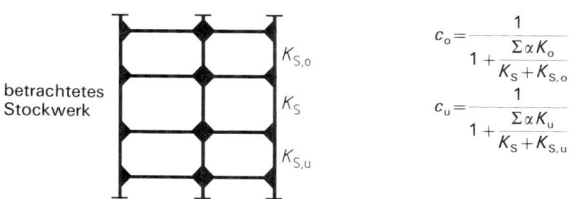

betrachtetes Stockwerk

$K_{S,o}$

K_S

$K_{S,u}$

$c_o = \dfrac{1}{1 + \dfrac{\Sigma \alpha K_o}{K_S + K_{S,o}}}$

$c_u = \dfrac{1}{1 + \dfrac{\Sigma \alpha K_u}{K_S + K_{S,u}}}$

Bild 28 Diagramm zur Bestimmung des Verzweigungslastfaktors η_{Ki} und der Knicklänge s_K für Stiele verschieblicher Rahmen mit $\varepsilon_{Riegel} \leqq 0,3$

Beispiel 2
(Bild 26)
Die Knicklängen sind mit Berücksichtigung der Pendelstütze zu berechnen.
Aus Beispiel 1 übernommen: $E \cdot K_S = 8,6$ MNm; $\beta = 2,2$

$$N = 0,4 + 0,4 \cdot 5,0/4,0 = 0,9 \text{ MN}; \quad \eta_{Ki} = \left(\frac{\pi}{2,2}\right)^2 \cdot \frac{8,6}{0,9 \cdot 5,0} = 3,90$$

$$\beta_1 = 2,2 \cdot \sqrt{\frac{0,9 \cdot 16/5,0}{0,1 \cdot 8,6}} = 4,03 \qquad \beta_m = 2,2 \cdot \sqrt{\frac{0,9 \cdot 11/5,0}{0,2 \cdot 8,6}} = 2,36$$

$$s_{K1} = 4,03 \cdot 5,0 = 20,1 \text{ m} \qquad s_{Km} = 2,36 \cdot 5,0 = 11,8 \text{ m}$$

Horizontalkraft aus Schiefstellung der Pendelstütze:
Mit $r_1 = 1$ und $r_2 = (1 + \sqrt{1/3})/2 = 0,789$ wird nach Taf. 16: $\varphi_0 = 0,789/200 = 1/254$
$H = 0,4/254 = 0,0016$ MN (Bild 16d).
H ist zusätzlich zu den übrigen Einwirkungen anzusetzen.

Beispiel 3
(Bild 29)
Die Knicklängen der Stiele des unverschieblichen Rahmens sind mit Hilfe des Bildes 27 zu berechnen.

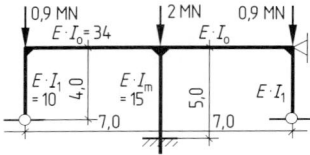

Das Rahmensystem wird in einstielige Teilsysteme zerlegt. Wegen der Symmetrie von System und Belastung genügt es, zwei Stiele zu betrachten. Die Steifigkeit des Riegels wird auf die beiden Teilsysteme aufgeteilt; der Teilungsfaktor ξ wird so lange verändert, bis η_{Ki} in beiden Systemen angenähert gleich groß ist. Die iterative Berechnung erfolgt tabellarisch.

Teilsystem 1:

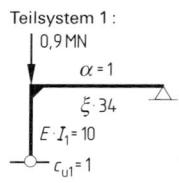

$$c_{01} = \frac{1}{1 + \dfrac{1 \cdot 1 \cdot \xi \cdot 34/7,0}{10/4,0}} = \frac{1}{1 + 1,94\,\xi}$$

Aus Bild 27 $\to \beta_1 \to \eta_{Ki} = \left(\frac{\pi}{\beta}\right)^2 \cdot \frac{10/4,0}{0,9 \cdot 4,0} = \frac{6,85}{\beta^2}$

Teilsystem 2:

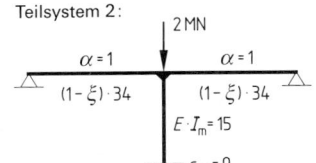

$$c_{02} = \frac{1}{1 + \dfrac{2 \cdot 1 \cdot (1 - \xi)\,34/7,0}{15/5,0}} = \frac{1}{1 + 3,24\,(1 - \xi)}$$

Bild 27 $\to \beta_2 \to \eta_{Ki} = \left(\frac{\pi}{\beta}\right)^2 \cdot \frac{15/5,0}{2 \cdot 5,0} = \frac{2,96}{\beta^2}$

Bild 29   Rahmen zu Beispiel 3

ξ	Teilsystem 1			Teilsystem 2		
	c_{01}	β_1	$\eta_{Ki,1}$	c_{02}	β_2	$\eta_{Ki,2}$
0,5	0,508	0,843	9,64	0,382	0,58	8,80
0,3	0,632	0,883	8,79	0,306	0,562	9,37
0,4	0,563	0,861	**9,24**	0,340	0,57	**9,11**

Nach Gl. (72):

$$\beta_{K,1} = 0,861 \cdot \sqrt{\frac{9,24}{9,11}} = 0,87$$

$$s_{K,1} = 0,87 \cdot 4,0 = 3,48 \text{ m}$$

$$\beta_{K,m} = 0,57; \quad s_{K,m} = 0,57 \cdot 5,0 = 2,85 \text{ m}$$

4 Plattenbeulen nach DIN 18800-3 [8]

a) Definitionen

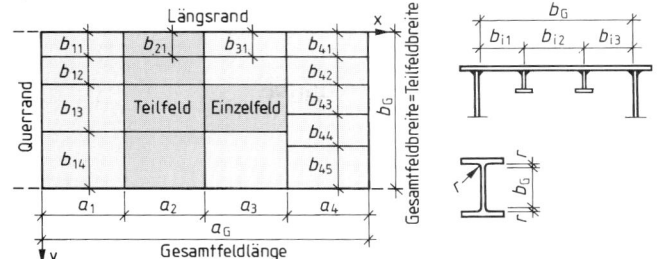

Bild 30 Definition der Beulfelder
Gesamtfeld = Feld $a_G \cdot b_G$
Teilfelder = Felder $a_i \cdot b_G$
Einzelfelder = Felder $a_i \cdot b_{ik}$

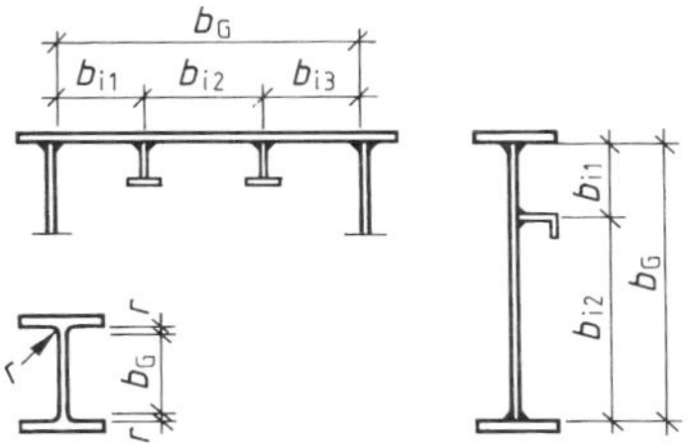

Bild 31 Maßgebende Querrandlänge b_G

Es bedeuten:
a Längsrandlänge, b Querrandlänge eines
Beulfeldes, $\alpha = a/b$ Seitenverhältnis
$\mu = 0{,}3$ Querdehnzahl, $f_{y,k}$ Streckgrenze des
Plattenwerkstoffs (s. Tafel 4)
t Plattendicke
σ_1 größte Drucknormalspannung am Rand
des untersuchten Beulfeldes (positiv)
σ_2 Normalspannung am anderen Beulfeld-
rand (als Zugspannung negativ)
$\psi = \sigma_2/\sigma_1$ Randspannungsverhältnis
$\tau = Q/(b_G \cdot t)$ über die Breite b_G oder b_{ik} kon-
stant angenommene Schubspannung

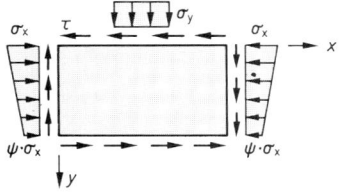

Bild 32 Spannungen im Beulfeld

b) Spannungen infolge Einwirkungen

Sie sind mit den Bemessungswerten der Einwirkungen und mit den geometrisch
vorhandenen Querschnittsflächen nach Abschn. 2.2.3 zu ermitteln.

Sind σ_x oder τ bei gleichbleibenden Plattenkennwerten über die Beulfeldlänge a
veränderlich, sind in der Regel Nachweise mit den einander zugeordneten Span-
nungen (max σ_x, τ) und (max τ, σ_x) zu führen. Diese Spannungszustände sind in der
Regel konstant über die Länge a anzunehmen.

Treten max σ_x oder max τ an Querrändern auf, dürfen anstelle der Größtwerte die
Spannungen in Beulfeldmitte benutzt werden, jedoch nicht weniger als die Span-
nungswerte im Abstand $b/2$ vom Querrand mit dem jeweiligen Größtwert und nicht
weniger als der Mittelwert der über der Beulfeldlänge a vorh. Spannungen.

Bei über die Beulfeldlänge veränderlichen Plattenkennwerten sind zusätzliche
Nachweise mit den Plattenkennwerten und den Spannungen an den Querrändern
und an den Stellen der Veränderungen zu führen.

4.1 Beulsicherheitsnachweise

4.1.1 Vereinfachte Nachweise

Ohne Nachweise bleiben

— Stege von Walzprofilen mit den Be-
dingungen nach Tafel 33.
— Platten, deren Ausbeulen durch an-
grenzende Bauteile verhindert wird.
— Durch σ_x und τ beanspruchte, unversteifte Platten mit gedrungenen
Querschnitten, für die $b/t \leq 0{,}64 \sqrt{k_{\sigma x} \cdot E/f_{y,k}}$ ist.

Tafel 33 Stege von Walzprofilen ohne
Beulsicherheitsnachweis bei Beanspruchung durch σ_x und τ

Profil	$f_{y,k}$ in N/mm²	$\psi = \sigma_2/\sigma_1$
I, U	≤ 360	beliebig
HE-A, HE-B,	240	$\leq 0{,}7$
HE-M, IPE	360	$\leq 0{,}4$

9

685

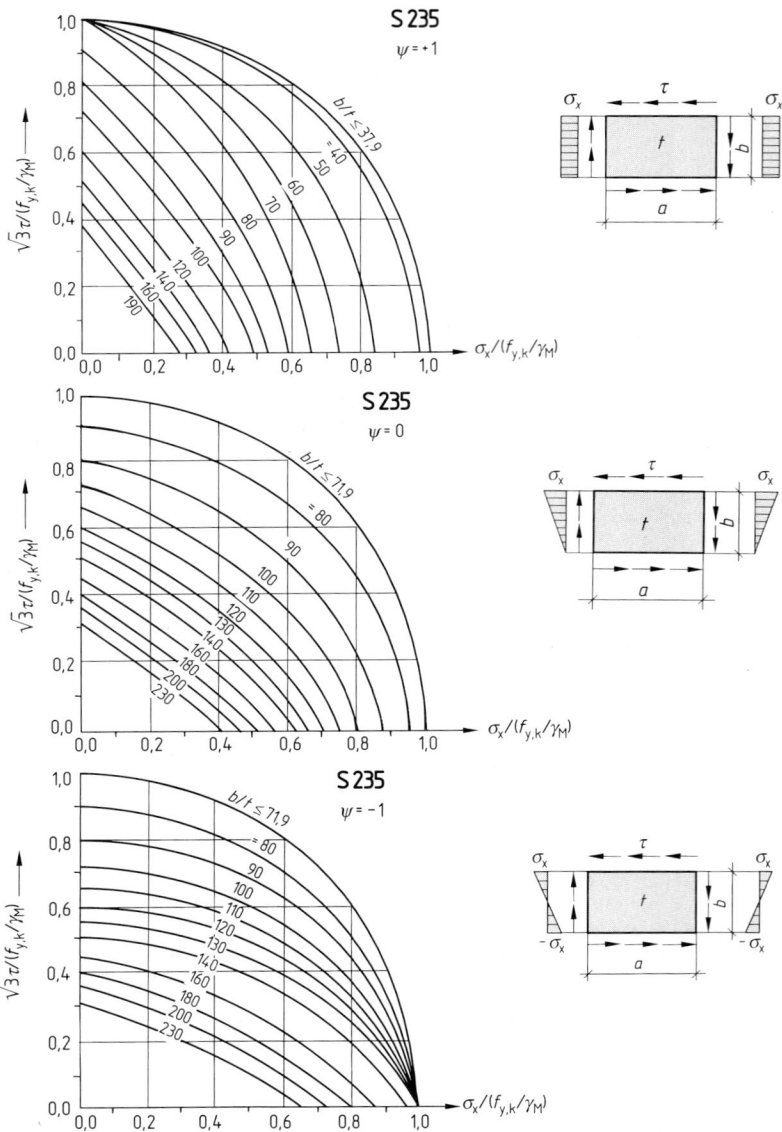

Bild 33 Beulsicherheitsnachweis für unversteifte Platten aus Stahl S235 (S355) bei Beanspruchung durch σ_x und τ durch Nachweis von grenz(b/t)

[1]) Voraussetzungen: $\sigma_y = 0$, $\gamma_M = 1,1$, $\alpha = a/b \geqq 1$; kein knickstabähnliches Verhalten, kein Beulknicken. Der Nachweis mit dem vorhandenen α kann günstiger sein.

Bild 33, Fortsetzung

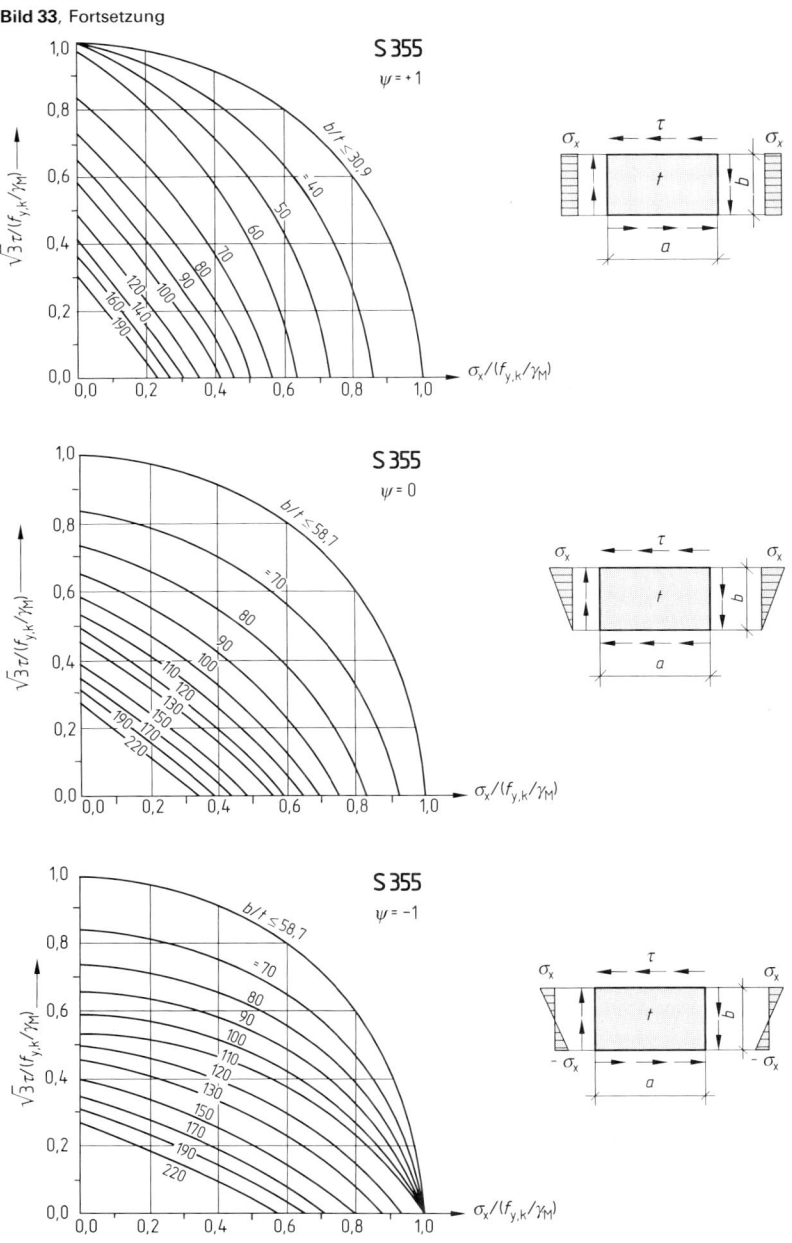

Nachweis durch Einhalten von b/t-Werten

$$b/t \leq \text{grenz}(b/t) \quad (73)$$

grenz (b/t) für unversteifte allseitig gelagerte Teil- und Gesamtfelder bei gleichzeitiger Wirkung von σ_x und τ s. Bild 33.

4.1.2 Nachweise

Nachfolgende Nachweise beschränken sich auf unversteifte Gesamtfelder. Es sind der Reihe nach zu berechnen:

Bezugsspannung

$$\sigma_e = \frac{\pi^2 \cdot E}{12(1-\mu^2)} \left(\frac{t}{b}\right)^2 = 18,98 \left(\frac{100\,t}{b}\right)^2 \quad \text{in N/mm}^2 \quad (74)$$

Ideale Einzelbeulspannungen:

$$\sigma_{xPi} = k_{\sigma x} \cdot \sigma_e \quad (75) \qquad \sigma_{yPi} = k_{\sigma y} \cdot \sigma_e \quad (76) \qquad \tau_{Pi} = k_\tau \cdot \sigma_e \quad (77)$$

Beulwerte k bei alleiniger Wirkung von Randspannungen σ_x, σ_y oder τ s. Tafeln 34, 35 und 11. Für ausgesteifte Platten s. [30].

Grenzbeulspannungen:

Ohne Knickeinfluß:

$$\sigma_{P,R,d} = \varkappa \cdot f_{y,k}/\gamma_M \quad (78) \qquad \tau_{P,R,d} = \varkappa_\tau \cdot f_{y,k}/(\sqrt{3} \cdot \gamma_M) \quad (79)$$

Abminderungsfaktoren $\varkappa$, $\varkappa_\tau$ für das Plattenbeulen s. Tafel 36.

Mit Knickeinfluß, wenn für das Bauteil, in dem das Beulfeld liegt, der Nachweis des Biegeknickens erforderlich ist:

$$\sigma_{xP,R,d} = \varkappa_K \cdot \varkappa_x \cdot f_{y,k}/\gamma_M \quad (80) \qquad \begin{array}{l}\varkappa_K \text{ Abminderungsfaktor für das}\\ \text{Biegeknicken nach Abschn. 3.2.1}\end{array}$$

Beim Beulen mit knickstabähnlichem Verhalten sind die Gln. (84) und (85) zu beachten.

Nachweise

Bei alleiniger Wirkung von σ_x oder σ_y oder τ muß sein:

$$\sigma/\sigma_{P,R,d} \leq 1 \quad (81) \qquad \tau/\tau_{P,R,d} \leq 1 \quad (82)$$

Bei gleichzeitiger Wirkung mehrerer Spannungen gilt die Interaktionsbedingung

$$\left(\frac{|\sigma_x|}{\sigma_{xP,R,d}}\right)^{e_1} + \left(\frac{|\sigma_y|}{\sigma_{yP,R,d}}\right)^{e_2} - V\left(\frac{|\sigma_x \cdot \sigma_y|}{\sigma_{xP,R,d} \cdot \sigma_{yP,R,d}}\right) + \left(\frac{\tau}{\tau_{P,R,d}}\right)^{e_3} \leq 1 \quad (83)$$

Hierin bedeuten:

$$e_1 = 1 + \varkappa_x^4; \quad e_2 = 1 + \varkappa_y^4; \quad e_3 = 1 + \varkappa_x \cdot \varkappa_y \cdot \varkappa_\tau^2$$

$V = (\varkappa_x \cdot \varkappa_y)^6$ wenn σ_x und σ_y Druckspannungen sind, sonst $V = \dfrac{\sigma_x \cdot \sigma_y}{|\sigma_x \cdot \sigma_y|}$.

Wenn einzelne Spannungen nicht vorhanden oder wenn σ_x oder σ_y Zugspannungen sind, sind die zugehörigen Abminderungsfaktoren $\varkappa = 1$ zu setzen.

Knickstabähnliches Verhalten nicht ausgesteifter Bleche im Fall von Spannungen σ_x ist zu berücksichtigen, wenn Gl. (84) erfüllt ist:

$$\varrho = \frac{\Lambda - \sigma_{Pi}/\sigma_{Ki}}{\Lambda - 1} \geq 0 \quad (84) \qquad \begin{array}{l}\text{mit } \sigma_{Pi}/\sigma_{Ki} = k_\sigma \cdot \alpha^2, \text{ jedoch } \geq 1\\ \text{und } \Lambda = \bar{\lambda}_P^2 + 0,5, \text{ jedoch } 2 \leq \Lambda \leq 4\end{array}$$

In Gl. (78) ist dann an Stelle von $\varkappa$ einzusetzen:

$$\varkappa_{PK} = (1 - \varrho^2)\,\varkappa + \varrho^2 \cdot \varkappa_K \quad (85) \qquad \begin{array}{l}\text{mit } \varkappa \text{ nach Tafel 36 und } \varkappa_K \text{ aus Tafel 18 nach}\\ \text{Knickspannungslinie b für einen gedachten}\\ \text{Stab mit dem bezogenen Plattenschlankheits-}\\ \text{grad } \bar{\lambda}_P.\end{array}$$

Tafel 34 Beulwerte k_σ und k_τ vierseitig gelagerter Beulfelder

1		2	3	4
Belastung		Beulspannung	Gültigkeitsbereich	Beulwert
Geradlinig verteilte Druckspannungen $0 \leq \psi \leq 1$	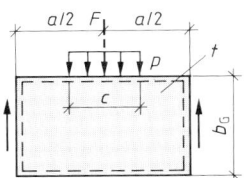 σ_1 ... $\psi\cdot\sigma_1$ $a=\alpha\cdot b$ $\psi\cdot\sigma_1$	$\sigma_{xPi} = k_\sigma \cdot \sigma_e$	$\alpha \geq 1$	$k_\sigma = \dfrac{8,4}{\psi + 1,1}$
			$\alpha < 1$	$k_\sigma = \left(\alpha + \dfrac{1}{\alpha}\right)^2 \cdot \dfrac{2,1}{\psi + 1,1}\, k_\sigma$
Geradlinig verteilte Druck- u. Zugspannungen mit überwiegendem Druck $-1 < \psi < 0$	σ_1 ... $\psi\cdot\sigma_1$ $a=\alpha\cdot b$ $\psi\cdot\sigma_1$	$\sigma_{xPi} = k_\sigma \cdot \sigma_e$		$k_\sigma = (1+\psi)\cdot k' - \psi\cdot k''$ $+ 10\psi\cdot(1+\psi)$, worin k' den Beulwert für $\psi = 0$ (nach Reihe 2) und k'' den Beulwert für $\psi = -1$ (nach Reihe 4) bedeuten
Geradlinig verteilte Druck- u. Zugspannungen mit gegengleichen Randwerten $\psi = -1$ oder mit überwiegendem Zug[1]) $\psi < -1$	σ_1 ... $-\sigma_1$ $a=\alpha\cdot b$ $-\sigma_1$; σ_1 ... $\psi\cdot\sigma_1$ $a=\alpha\cdot b$ $\psi\cdot\sigma_1$	$\sigma_{xPi} = k_\sigma \cdot \sigma_e$	$\alpha \geq \dfrac{2}{3}$	$k_\sigma = 23,9$
			$\alpha < \dfrac{2}{3}$	$k_\sigma = 15,87 + \dfrac{1,87}{\alpha^2} + 8,6\cdot\alpha^2$
Gleichmäßig verteilte Schubspannungen	τ ... τ τ τ $a=\alpha\cdot b$	$\tau_{Pi} = k_\tau \cdot \sigma_e$	$\alpha \geq 1$	$k_\tau = 5,34 + \dfrac{4,00}{\alpha^2}$
			$\alpha < 1$	$k_\tau = 4,00 + \dfrac{5,34}{\alpha^2}$

[1]) Bei der Berechnung des Seitenverhältnisses α und der Eulerspannung σ_e ist hier b durch den ideellen Wert $b_i = 2 b_D$ zu ersetzen, wobei $b_D < 0{,}5\,b$ die Breite der Druckzone ist. Dies ist jedoch nicht zulässig für die Berechnung des Beulwertes k_τ gleichzeitig wirkender Schubspannungen und der Bezugspannung σ_e zur Ermittlung der Beulspannung τ_{Pi}.

Tafel 35 Beulwerte $k_{\sigma,y}$ für eine Einzellast in der Mitte des oberen Blechrandes [36]

c/a	Seitenverhältnis $\alpha = a/b_G$											
	0,7	0,8	0,9	1,0	1,25	1,50	1,75	2,00	2,5	3,0	3,5	4,0
0,0	6,42	4,91	3,92	3,23	2,23	1,70	1,39	1,17	0,90	0,73	0,61	0,52
0,2	6,65	5,09	4,06	3,35	2,32	1,79	1,48	1,27	1,02	0,86	0,76	0,68
0,4	7,28	5,57	4,45	3,67	2,55	1,99	1,66	1,45	1,21	1,06	0,97	0,91
0,6	8,35	6,40	5,11	4,22	2,94	2,30	1,94	1,72	1,47	1,33	1,25	1,19
0,8	9,93	7,61	6,07	5,02	3,50	2,75	2,34	2,08	1,80	1,65	1,57	1,51
1,0	12,1	9,23	7,36	6,08	4,25	3,35	2,85	2,55	2,21	2,03	1,92	1,84

Hierbei gilt:

$$\sigma_y = F/(c \cdot t)$$
$$\sigma_{y,Pi} = k_{\sigma,y} \cdot \sigma_e \cdot \left(\dfrac{a}{c}\right)$$
$$\overline{\lambda}_{P,y} = \sqrt{f_{y,k}/\sigma_{y,Pi}}\,; \quad \varkappa \text{ nach Tafel 36, Zeile 1 bzw. 3}$$
$$\text{mit } \psi_T = \psi = 1$$

9

Stahlbau

Tafel 36 Abminderungsfaktoren $\varkappa$ (=bezogene Tragbeulspannungen) bei alleiniger Wirkung von σ_x, σ_y oder τ nach DIN 18800-3 [8], Tab. 1

	Beulfeld	Lagerung	Beanspruchung	bezogene Schlankheitsgrad	Abminderungsfaktor
1	Einzelfeld	allseitig gelagert	Normalspannungen σ mit dem Randspannungsverhältnis $\psi_T \leqq 1$ *)	$\bar{\lambda}_P = \sqrt{\dfrac{f_{y,k}}{\sigma_{Pi}}}$	$\varkappa = c\left(\dfrac{1}{\bar{\lambda}_P} - \dfrac{0{,}22}{\bar{\lambda}_P^2}\right) \leqq 1$ mit $c = 1{,}25 - 0{,}12\,\psi_T$ $\leqq 1{,}25$
2		allseitig gelagert	Schubspannungen τ	$\bar{\lambda}_P = \sqrt{\dfrac{f_{y,k}}{\tau_{Pi}\cdot\sqrt{3}}}$	$\varkappa_\tau = \dfrac{0{,}84}{\bar{\lambda}_P} \leqq 1$
3	Teil- und Gesamtfeld	allseitig gelagert	Normalspannungen σ mit dem Randspannungsverhältnis $\psi \leqq 1$	$\bar{\lambda}_P = \sqrt{\dfrac{f_{y,k}}{\sigma_{Pi}}}$	$\varkappa = c\left(\dfrac{1}{\bar{\lambda}_P} - \dfrac{0{,}22}{\bar{\lambda}_P^2}\right) \leqq 1$ mit $c = 1{,}25 - 0{,}25\,\psi$ $\leqq 1{,}25$
4		dreiseitig gelagert	Normalspannungen σ	$\bar{\lambda}_P = \sqrt{\dfrac{f_{y,k}}{\sigma_{Pi}}}$ **)	$\varkappa = \dfrac{1}{\bar{\lambda}_P^2 + 0{,}51} \leqq 1$
5		dreiseitig gelagert	konstante Randverschiebung u [1])	$\bar{\lambda}_P = \sqrt{\dfrac{f_{y,k}}{\sigma_{Pi}}}$ **)	$\varkappa = \dfrac{0{,}7}{\bar{\lambda}_P} \leqq 1$
6		allseitig gelagert, ohne Längssteifen	Schubspannungen τ	$\bar{\lambda}_P = \sqrt{\dfrac{f_{y,k}}{\tau_{Pi}\cdot\sqrt{3}}}$	$\varkappa_\tau = \dfrac{0{,}84}{\bar{\lambda}_P} \leqq 1$
7		allseitig gelagert, mit Längssteifen	Schubspannungen τ	$\bar{\lambda}_P = \sqrt{\dfrac{f_{y,k}}{\tau_{Pi}\cdot\sqrt{3}}}$	$\varkappa_\tau = \dfrac{0{,}84}{\bar{\lambda}_P} \leqq 1$ für $\bar{\lambda}_P \leqq 1{,}38$ $\varkappa_\tau = \dfrac{1{,}16}{\bar{\lambda}_P^2}$ für $\bar{\lambda}_P > 1{,}38$

*) Bei Einzelfeldern ist ψ_T das Randspannungsverhältnis des Teilfeldes, in dem das Einzelfeld liegt. **) Zur Ermittlung von σ_{Pi} ist der Beulwert $\min k_\sigma\,(\varkappa)$ für $\psi = 1$ einzusetzen.
[1]) Nur für Flansche symmetrischer I-Profile mit Biegung um die y-Achse.

4.2 Quersteifen

I_Q Flächenmoment 2. Grades einer Quersteife, berechnet mit der wirksamen Gurtbreite a' (Bild 34)

$a' = (a'_i + a'_k)/2$ (86) einem Steifensteg zugeordnete wirksame Gurtbreite

mit $a'_i = 0{,}605\,t\cdot\lambda_a\,(1 - 0{,}133\,t\cdot\lambda_a/a_i)$, jedoch $a'_i \leqq a_i$ und $a'_i \leqq b_G/3$; λ_a s. Gl. (4)

Unter alleiniger Wirkung von Spannungen σ_x kann die Steife bei beliebigen Randbedingungen vereinfacht nach dem Verfahren Elast.-Elast. nach Theorie I. Ordnung mit einer auf der Länge b_G konstanten Querlast q nachgewiesen werden:

$q = \pi \cdot \sigma_m \cdot (w_0 + w_{el})/4$ (87) mit

$$\sigma_m = \frac{\sigma_x \cdot t \cdot (1 + \psi)}{2 \cdot \sigma_{Pi}/\sigma_{Ki}} \cdot \left(\frac{1}{a_1} + \frac{1}{a_2}\right) \quad (88)$$

σ_{Pi}/σ_{Ki} s. bei Gl. (84); $\psi =$ Randspannungsverhältnis, jedoch $\psi \geqq 0$
a_1, a_2 Längen der angrenzenden Teilfelder
$w_0 = b_G/300$, jedoch $w_0 \leqq \min a_i/300$ und $w_0 \leqq 10$ mm
w_{el} elast. Durchbiegung; sie ist iterativ zu berechnen oder mit ihrem Größtwert grenz $w_{el} = b_G/300$ einzusetzen.

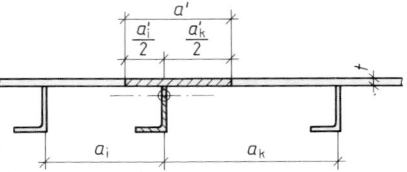

Bild 34 Wirksame Gurtbreiten von Quersteifen

Nachweise für Endquersteifen, wenn für sie $V > b_G \cdot t \cdot \tau_{Pi}$ ist, sowie Nachweise für Schubspannungen τ oder planmäßige Quersteifenbelastung s. [8].

Beispiel
(Bild 35)

Für das Stegblech-Endfeld aus S235 ist für die angegebenen Schnittgrößen unter Bemessungslasten die Beulsicherheit nachzuweisen.

$\sigma_x = 200\,300 \cdot 55/707\,700 = 15{,}57 \,\text{kN/cm}^2$; $\quad \tau = 706{,}6/(1{,}2 \cdot 110) = 5{,}35 \,\text{kN/cm}^2$

$\qquad\qquad \psi = -1$; $\quad \alpha = a_G/b_G = 350/110 = 3{,}18$

nach Gl. (74) $\qquad \sigma_e = 18\,980 \cdot (1{,}2/110)^2 = 2{,}259 \,\text{kN/cm}^2$

Alleinige Wirkung von σ_x:

nach Taf. 34, Z.4: $\qquad k_{\sigma x} = 23{,}9$

nach Gl. (75): $\qquad \sigma_{x\text{Pi}} = 23{,}9 \cdot 2{,}259 = 53{,}98 \,\text{kN/cm}^2$

Aus Taf. 36, Z. 3: $\qquad \bar\lambda_P = \sqrt{24/53{,}98} = 0{,}6668$;

$\qquad\qquad c = 1{,}25 - 0{,}25\,(-1) = 1{,}5 > 1{,}25$; $\quad c = 1{,}25$

$\qquad\qquad \varkappa_x = 1{,}25\,(1/0{,}6668 - 0{,}22/0{,}6668^2) = 1{,}256 > 1$; $\quad \varkappa_x = 1$

nach Gl. (78): $\qquad \sigma_{x\text{P,R,d}} = 1 \cdot 24/1{,}1 = 21{,}82 \,\text{kN/cm}^2$

nach Gl. (81): $\qquad \sigma_x/\sigma_{x\text{P,R,d}} = 15{,}57/21{,}82 = 0{,}7136 < 1$

nach Gl. (84): $\qquad \Lambda = 0{,}6668^2 + 0{,}5 = 0{,}9446 < 2$; $\quad \Lambda = 2$

$\qquad\qquad \sigma_{\text{Pi}}/\sigma_{\text{Ki}} = 23{,}9 \cdot 3{,}18^2 = 242$; $\quad \varrho = (2-242)/(2-1) \ll 0$

Es liegt kein knickstabähnliches Verhalten vor.

Alleinige Wirkung von τ:

Aus Taf. 34, Z.5: $\qquad k_\tau = 5{,}34 + 4{,}00/3{,}18^2 = 5{,}74$

nach Gl. (77): $\qquad \tau_{\text{Pi}} = 5{,}74 \cdot 2{,}259 = 12{,}96 \,\text{kN/cm}^2$

Aus Taf. 36, Z.6: $\qquad \bar\lambda_P = \sqrt{24/(12{,}96 \cdot \sqrt{3})} = 1{,}034$; $\quad \varkappa_\tau = 0{,}84/1{,}034 = 0{,}812 < 1$

nach Gl. (79): $\qquad \tau_{\text{P,R,d}} = 0{,}812 \cdot 24/(1{,}1 \cdot \sqrt{3}) = 10{,}23 \,\text{kN/cm}^2$

nach Gl. (82): $\qquad \tau/\tau_{\text{P,R,d}} = 5{,}35/10{,}23 = 0{,}5230 < 1$

Gemeinsame Wirkung von σ_x und τ ($\sigma_y = 0$):

nach Gl. (83): $\qquad e_1 = 1 + 1^4 = 2$; $\quad e_3 = 1 + 1 \cdot 1 \cdot 0{,}812^2 = 1{,}6593$

$\qquad\qquad 0{,}7136^2 + 0 - 0 + 0{,}5230^{1{,}6593} = 0{,}5092 + 0{,}3411 = 0{,}85 < 1$

Vereinfachter Nachweis mit grenz (b/t):

$\sigma_x/(f_{y,k}/\gamma_M) = 15{,}57/(24/1{,}1) = 0{,}7136$

$\sqrt{3}\,\tau/(f_{y,k}/\gamma_M) = \sqrt{3} \cdot 5{,}35/(24/1{,}1) = 0{,}425$; $\psi = -1$

Bild 33:
grenz$(b/t) \approx 104 > b/t$
$= 1100/12 = 91{,}7$

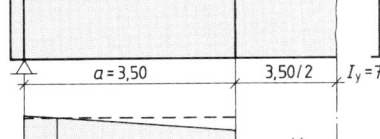

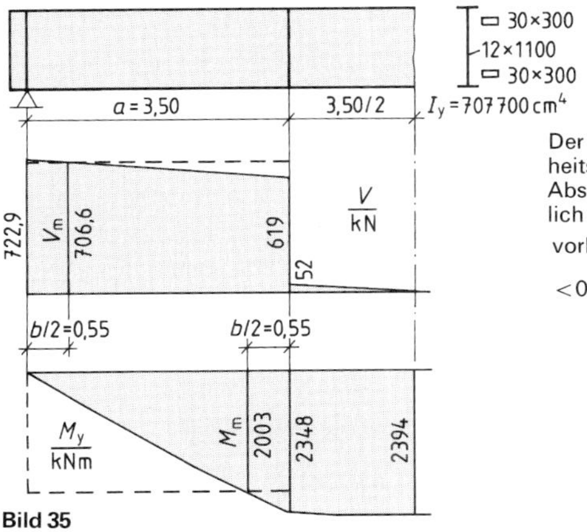

□ 30×300
⌐ 12×1100
□ 30×300

$a = 3{,}50$ $\qquad 3{,}50/2$ $\qquad I_y = 707\,700 \,\text{cm}^4$

722,9 $\quad V_m$ 706,6 $\quad$ 619 $\quad$ 52 $\qquad \dfrac{V}{\text{kN}}$

$b/2 = 0{,}55$ $\qquad b/2 = 0{,}55$

$\dfrac{M_y}{\text{kNm}}$ $\quad M_m$ 2003 $\quad$ 2348 $\quad$ 2394

Bild 35

Der obige Beulsicher-heitsnachweis wäre nach Abschn. 4.1.1 nicht erforder-lich gewesen:

vorh $(b/t) = 91{,}67$

$< 0{,}64 \cdot \sqrt{\dfrac{23{,}9 \cdot 21\,000}{24{,}0}} = 92{,}55$

Biegedrillknicknachweis des Trägers im Innenfeld.

max $M = 2394 \,\text{kNm}$; Abstand der seitlich unverschieblich gehaltenen Punkte des Druckgurts $c = 350 \,\text{cm}$.

Nach Taf. 27: $\quad k_c \approx 1{,}00$

$S_y = 1{,}2 \cdot 55^2/2 + 3 \cdot 30 \cdot 56{,}5 = 6900 \,\text{cm}^3$ $\quad M_{\text{pl,y,d}} = 2 \cdot 6900 \cdot 24/1{,}1 = 301\,090 \,\text{kNcm}$

Für den Druckgurt nach Bild 20: $\quad A_{\text{Gurt}} = 3 \cdot 30 + 1{,}2 \cdot 110/5 = 116{,}4 \,\text{cm}^2$

$I_{z,\text{Gurt}} \approx 3 \cdot 30^3/12 = 6750 \,\text{cm}^4$; $\qquad i_{z,g} = \sqrt{6750/116{,}4} = 7{,}62 \,\text{cm}$

Nach Gl. (50): $\bar\lambda = 350 \cdot 1{,}00/(7{,}62 \cdot 92{,}93) = 0{,}494 < 0{,}5 \cdot 301\,090/239\,400 = 0{,}629$

5 Verbundtragwerke

Dieser Abschnitt basiert auf DIN V ENV 1994 Teil 1-1, Eurocode 4 (EC 4): „Bemessung und Konstruktion von Verbundtragwerken aus Stahl und Beton" [2] mit der zugehörigen Richtlinie zu seiner Anwendung [25].
Der Regelungsgegenstand des EC 4 entspricht weitgehend dem Entwurf der DIN 18800-5 (01.99) [12a] — Verbundtragwerke aus Stahl und Beton, Bemessung und Konstruktion —, welcher lediglich einige Ergänzungen und nur wenige, vom EC 4 abweichende Regelungen enthält. Sie sind hier bereits teilweise über [25] eingearbeitet.
Es werden behandelt: Verbundträger und mittig belastete Stützen aus Normalbeton in unverschieblichen Tragwerken des Hochbaus. — Andere Fälle sowie Verbunddecken mit Profilblechen und Fertigteilen s. Normblatt.

5.1 Grundlagen

5.1.1 Formelzeichen

f_{ck}, f_{sk}, f_{yp} Charakteristischer Wert der Betondruckfestigkeit, der Streckgrenze des Betonstahls, der Streckgrenze der Profilbleche
m Beiwert für Verbunddecken
n Reduktionszahl
P_R Dübeltragfähigkeit
P_{Rd} Bemessungswert der Dübeltragfähigkeit (Grenzscherkraft eines Dübels)
δ Stahlanteil bei Verbundstützen; Verformung

Indizes

c	Druck; Beton; Verbundquerschnitt	s	Betonstahl
cs	Schwinden des Betons	t	Zug; dehnbar; quer; oben
eff	wirksam	ten	Zug (Zugbeanspruchung)
e	wirksam (mit Ziffer)	u	Versagenszustand
f	Flansch; volltragfähig; vorne	v	vertikal; bezogen auf Schubverbindung
p	profiliertes Stahlblech	w	Steg
r	reduziert		

Weitere Formelzeichen am Anfang des Abschn. Stahlbau.

5.1.2 Werkstoffe

Beton

Charakteristische Werkstoffe s. Tafel 37.
Reduktionszahlen: Bei einfachen Hochbauten wird die Betonfläche A_c rechnerisch ersetzt durch eine äquivalente wirksame Stahlfläche A_c/n mit

$$n = E_a/E_c' \quad (89)$$

Kurzzeitbelastung: $E_c' = E_{cm}$; E_{cm} nach Tafel 37.
Langzeitbelastung (Kriechen): $E_c' = E_{cm}/3$
Betonstahl s. BZ-Abschnitt Beton- und Stahlbetonbau, EC 2.

Tafel 37   Betonfestigkeitsklassen, charakteristische Werte für Zylinder-Druckfestigkeit f_{ck}, Zugfestigkeit f_{ct}, Bemessungsschubfestigkeit τ_{Rd} in N/mm², Elastizitätsmodul (Sekantenmodul) E_{cm} in kN/mm²

Betonfestigkeitsklasse	(12)	(16)	C20/25	C25/30	C30/37	C35/45	C40/50	C45/55	C50/60
f_{ck}	12	16	20	25	30	35	40	45	50
f_{ctm}	1,6	1,9	2,2	2,6	2,9	3,2	3,5	3,8	4,1
τ_{Rd}	0,206	0,227	0,244	0,263	0,280	0,294	0,308	0,320	0,332
E_{cm}	26	27,5	29	30,5	32	33,5	35	36	37

Die Spalten (12) und (16) dienen zur Beurteilung von Betonen mit einem Alter von weniger als 28 Tagen. (C30/37 ≈ B 35; C35/45 ≈ B 45, C45/55 ≈ B 55)

Baustahl (Taf. 38)

Für 40 mm $< t \leq$ 100 mm sind die Tafelwerte um 20 N/mm² zu ermäßigen, $f_{y,k}$ ist hier abweichend von DIN 18800 festgelegt!

Die Werkstoffkennwerte E, G und α_T s. Tafel 4.

Tafel 38 Charakteristische Werte der Streckgrenze $f_{y,k}$ und der Zugfestigkeit $f_{u,k}$ in N/mm² für Baustahl nach EN 10025 für Nenndicke $t \leq$ 40 mm

Stahl	S235	S275	S355
Streckgrenze $f_{y,k}$	235	275	355
Zugfestigkeit $f_{u,k}$	360	430	510

Profilbleche für Verbunddecken

Stahlsorten nach Tafel 4; weitere Werkstoffe s. Normblatt. Blechdicke $t \geq$ 0,75 mm, außer bei Verwendung als verlorene Schalung. Die charakteristischen Werte der Streckgrenze f_{yp} entsprechen der Stahlbezeichnung.

5.1.3 Einwirkungen, Teilsicherheitsbeiwerte

Bemessungswerte der Einwirkungen, Teilsicherheitsbeiwerte γ_F, Kombinationsbeiwerte ψ sowie Einwirkungskombinationen s. Abschn. 2.1.

Teilsicherheitsbeiwerte γ_M der Widerstandsgrößen s. Tafel 39.

Beim Nachweis der Tragfähigkeit dürfen Beanspruchungen aus Temperatur und aus dem Schwinden des Betons vernachlässigt werden.

Ein Ermüdungsnachweis ist nur erforderlich bei Beanspruchung durch
— Hebevorrichtungen, Aufzüge oder Radlasten,
— Maschinenschwingungen,
— windinduzierte Schwingungen,
— rhythmische Bewegungen von Personengruppen.

Tafel 39 Teilsicherheitsbeiwerte γ_M für Tragfähigkeiten und Werkstoffeigenschaften

Kombination	Baustahl	Beton	Betonstahl	profiliertes Stahlblech	Dübel; Reibungsverbund
	γ_a	γ_c	γ_s	γ_{ap}	γ_v
grundlegend	1,10	1,5	1,15	1,10	1,25
außergewöhnlich (ausgenommen Erdbeben)	1,0	1,3	1,0	1,0	1,0

5.1.4 Berechnungsgrundlagen

Stahlquerschnitte werden in vier Klassen eingestuft; alle nachfolgenden Berechnungsverfahren sind beschränkt auf die Querschnittsklassen 1 und 2; für die Klassen 3 und 4 bestehen abweichende Regelungen (s. EC 4).

Klasse 1: Diese Querschnitte können plastische Gelenke mit ausreichendem Rotationsvermögen für eine plastische Berechnung des Systems ausbilden (entspricht dem Verfahren plastisch-plastisch nach DIN 18800).

Klasse 2: Diese Querschnitte können bei eingeschränktem Rotationsvermögen die volle plastische Querschnittstragfähigkeit entwickeln (Verfahren elastisch-platisch nach DIN 18800).

Die Einstufung in die jeweils ungünstigste Klasse hängt von den Abmessungen gedrückter Teile des Stahlquerschnitts ab (Tafel 40). Wird der Kammerbeton berücksichtigt, muß er in Längsrichtung in Kombination mit Bügeln oder Betonstahlmatten bewehrt werden und mit angeschweißten Bügeln oder mit Steckhaken $d_s \geq$ 6 mm oder mit Kopfbolzendübeln $d \geq$ 10 mm angeschlossen sein; Längsabstände $\leq$ 400 mm.

Grenzspannungen

Baustahl	$\sigma_{a,Rd} = f_{yk}/\gamma_a$	(90)
Beton	$\sigma_{c,Rd} = \mathbf{0,85} f_{ck}/\gamma_c$	(91)
Betonstahl	$\sigma_{s,Rd} = f_{sk}/\gamma_s$	(92)

Teilsicherheitbeiwert γ s. Tafel 39.

9

Stahlbau

Querschnitts-		druckbeanspruchte Flansche		Stegteile	
klasse	typ	ohne	mit		
		Kammerbeton			
		gewalztes geschweißtes Profil	kammerbe-toniertes Profil	$d = h - 3\,t_w$	
				$\alpha \leq 0{,}5$	$\alpha > 0{,}5$
		grenz c/t_f		grenz d/t_w	
1	gewalzt	10ε	10ε	$36\varepsilon/\alpha$	$396\varepsilon/(13\alpha-1)$
	geschweißt	9ε	9ε		
2	gewalzt	11ε	15ε	$41{,}5\varepsilon/\alpha$	$456\varepsilon/(13\alpha-1)$
	geschweißt	10ε	14ε		

$\varepsilon = \sqrt{235/f_{y,k}}$ mit $f_{y,k}$ nach Tafel 38 in N/mm². Druckspannungen sind schraffiert. Wenn $d/t_w > 69\varepsilon$ und bei kammerbetonierten Trägern $d/t_w > 124\varepsilon$ ist, sind an den Auflagern Quersteifen anzuordnen. Werden diese Grenzen nicht überschritten, ist kein Schubbeulnachweis erforderlich.

5.2 Verbundträger

Für Verbundträger (Bild 36) sind folgende Nachweise zu führen:
— Querschnittstragfähigkeit in kritischen Schnitten
— Biegedrillknicken
— Schubbeulen und Einknicken der Flansche (s. Fußnote zu Tafel 40)
— Längsschubtragfähigkeit in der Verbundfuge bzw. im Betongurt
— Nachweis der Gebrauchstauglichkeit

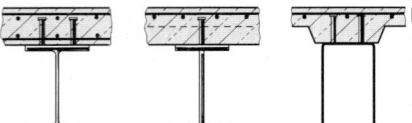

Kritische Schnitte sind:
— Stellen extremaler Biegemomente
— Angriffspunkte von Einzellasten und Auflagerpunkte
— Stellen mit Querschnittssprüngen, die nicht durch Rißbildung im Betongurt hervorgerufen werden.

Bild 36   Typische Verbundträgerquerschnitte

Beim Nachweis der Längsschubtragfähigkeit wird die maßgebende kritische Länge L_{cr} durch zwei benachbarte kritische Schnitte begrenzt.

5.2.1 Tragfähigkeit der Trägerquerschnitte

Soll der Kammerbeton in Rechnung gestellt werden, sind [2] und [25] zu beachten. Profilbleche im Druckbereich dürfen nicht berücksichtigt werden.

Mittragende Breite des Betongurts $b_e = l_0/8 < b$

$b_{eff} = b_{e1} + b_{e2}$ (Bild 37b) l_0 Nullpunktabstand, nach Bild 37a.

Plastische Momententragfähigkeit $M_{pl,Rd}$ bei vollständiger Verdübelung

Wenn die Betonplatte im Biegedruckbereich liegt, hängt $M_{pl,Rd}$ von der Lage der Biegenullinie ab (Bild 38, a bis c).

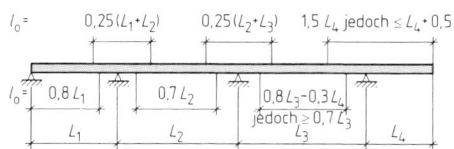

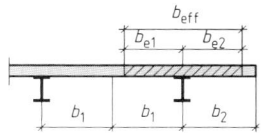

a) Äquivalente Stützweiten l_0

b) Mittragende Gurtbreite b_{eff}

Bild 37 Berechnung der mittragenden Gurtbreite
genauere Regelungen s. EDIN 18800-5 [12a]

Im Biegezugbereich ist die Betonplatte als gerissen anzusehen. $M_{pl,Rd}$ wird berechnet mit dem Baustahlquerschnitt und mit dem in der mittragenden Betonplatte vorhandenen und in der Druckzone verankerten Betonstahl A_s (Bild 38 d).
Grenzspannungen s. Abschn. 5.1.4; γ_M nach Tafel 39.

Es muß sein: $\mathbf{M_{Sd} \leq M_{pl,Rd}}$ (93)

$$Z_a = A_a \cdot \sigma_{a,Rd}$$

$$x = \frac{Z_a}{b_{eff} \cdot \sigma_{c,Rd}} \quad x \leq h_c$$

$$D_c = x \cdot b_{eff} \cdot \sigma_{c,Rd}$$

$$M_{pl,Rd} = Z_a \left(h_{a,d} - \frac{x}{2} \right)$$

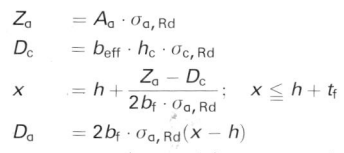

a) Plastische Nullinie in der Betonplatte

$$Z_a = A_a \cdot \sigma_{a,Rd}$$

$$D_c = b_{eff} \cdot h_c \cdot \sigma_{c,Rd}$$

$$x = h + \frac{Z_a - D_c}{2b_f \cdot \sigma_{a,Rd}} ; \quad x \leq h + t_f$$

$$D_a = 2b_f \cdot \sigma_{a,Rd}(x - h)$$

$$M_{pl,Rd} = Z_a \left(h_{a,d} - \frac{h_c}{2} \right) - D_a \cdot \frac{x + h}{2}$$

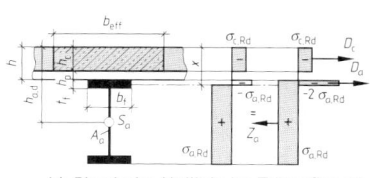

b) Plastische Nullinie im Trägerflansch

$$Z_a = A_a \cdot \sigma_{a,Rd}$$

$$D_c = b_{eff} \cdot h_c \cdot \sigma_{c,Rd}$$

$$D_{a,f} = 2b_f \cdot t_f \cdot \sigma_{a,Rd}$$

$$x = h + t_f + \frac{Z_a - D_c - D_{a,f}}{2t_w \cdot \sigma_{a,Rd}} ; \quad x \geq h + t_f$$

$$D_{a,w} = 2t_w \cdot \sigma_{a,Rd}(x - h - t_f)$$

$$M_{pl,Rd} = Z_a \cdot \left(h_{a,d} - \frac{h_c}{2} \right) - D_{a,f} \cdot \frac{t_f + h + h_p}{2}$$

$$- D_{a,w} \cdot \frac{x + h_p + t_f}{2}$$

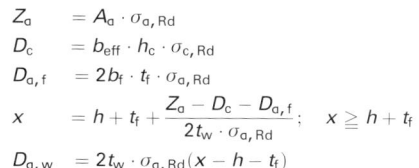

c) Plastische Nullinie im Trägersteg

$$Z_s = A_s \cdot \sigma_{s,Rd}$$

$$h_d = \frac{Z_s}{t_w \cdot \sigma_{a,Rd}} ; \quad h_d \leq h_w$$

$$M_{pl,Rd} = -M_{pl,a} - Z_s \left(z - \frac{h_d}{4} \right)$$

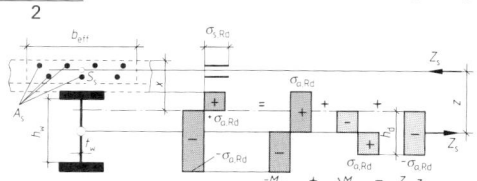

d) Innere Kräfte bei negativem Moment

Bild 38 Berechnung der plastischen Grenzmomente für Verbundquerschnitte bei vollständiger Verdübelung

Stahlbau

Querkraft

Es muß sein $V_{Sd} \leq V_{pl,Rd}$ (94)

$V_{pl,Rd} = A_v \cdot \sigma_{a,Rd}/\sqrt{3}$ (95)

Wirksame Schubfläche

Bei Walzprofilen $\qquad A_v = 1{,}04h \cdot t_w$ (96) $\qquad h$ Trägerhöhe

Bei geschweißten Trägern $\quad A_v = \Sigma d \cdot t_w$ (97) $\qquad d$ Steghöhe

Biegung und Querkraft

Wenn $V_{Sd} > 0{,}5V_{pl,Rd}$ ist, muß das Grenzmoment M_{Rd} abgemindert werden:

$$M_{Sd} \leq M_{f,Rd} + (M_{Rd} - M_{f,Rd}) \cdot \left[1 - \left(\frac{2V_{Sd}}{V_{pl,Rd}} - 1 \right)^2 \right] \quad (98)$$

M_{Sd}, V_{Sd} Bemessungswerte für moment und Querkraft
$V_{pl,Rd}$ nach Gl. (95)
M_{Rd} Grenzmoment nach Bild 38
$M_{f,Rd}$ plastisches Grenzmoment des wirksamen Querschnitts zur Berechnung von M_{Rd} (Bild 38), jedoch ohne Berücksichtigung des Steges: $A_a = A - A_v$

Schubbeulen

Ein Nachweis ist nicht erforderlich, wenn für den Trägersteg $d/t_w \leq 69\varepsilon$, bei kammerbetonierten Trägern $d/t_w \leq 124\varepsilon$ ist (s. Tafel 40).

Andernfalls ist der Nachweis entsprechend dem Normblatt zu führen.

Biegedrillknicken bei Durchlaufträgern

Zusätzliche seitliche Halterungen des Druckgurtes sind entbehrlich, wenn folgende Bedingungen erfüllt sind:

— Für je zwei benachbarte Felder muß sein max $L \leq 1{,}2$ min L. Die Länge eines Kragarms muß kleiner sein als 15% der Stützweite des benachbarten Feldes

— Beanspruchungen nur durch Gleichstreckenlasten mit $G_d > 0{,}4\,(G_d + Q_d)$

— An den Auflagerpunkten ist der Steg ausgesteift und der Untergurt seitlich gehalten.

— Die Profilhöhen der Stahlträger dürfen die Maße nach Tafel 41 nicht überschreiten.

— EC4 gibt einzuhaltende Werte für Dübelabstände und Betonplattenmaße an, die bei üblichen Ausführungen in der Regel erfüllt sind.

Sind diese Bedingungen nicht erfüllt, ist das Grenzmoment unter Berücksichtigung des Biegedrillknickens nach EC4 nachzuweisen.

Tafel 41   Maximale Profilhöhen h für Träger beim Biegedrillknicknachweis in mm

Baustahl	S235	S275	S355
IPE oder vergleichbare Profile	≤ 600	≤ 550	≤ 400
HE oder vergleichbare Profile	≤ 800	≤ 700	≤ 650

Bei Trägern mit Kammerbeton darf h jeweils um 200 mm größer sein.

5.2.2   Schnittgrößenermittlung für Durchlaufträger

a) Berechnung nach dem Fließgelenkverfahren I. Ordnung

Bedingungen:

— Der Baustahlquerschnitt muß symmetrisch zur Stegachse sein und um Bereich von Fließgelenken der Klasse 1, sonst der Klasse 2 angehören.

696

— Für je zwei benachbarte Felder muß sein max$L \leq 1.5$min$L$. Wenn max$L > 1.2$min$L$ ist, muß die Sicherheit gegen Biegedrillknicken nachgewiesen werden.

— Für das Endfeld muß sein $L_1 \leq 1,15\,L_2$.

— Der Druckflansch muß im Bereich von Fließgelenken seitlich gehalten sein.

— Die Abmessungen des Stahlträgers und ggf. stabilisierende Bauteile müssen Biegedrillknicken ausschließen.

— Es darf nur Betonstahl hoher Duktilität verwendet werden.

Bei konzentriert auftretenden Lasten siehe Normblatt.

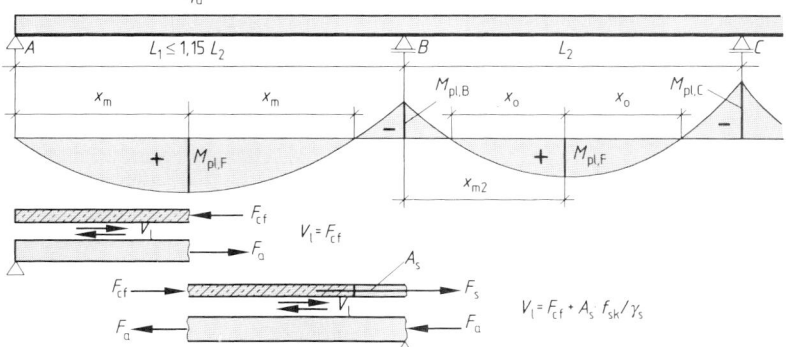

Bild 39 Berechnung von Durchlaufträgern nach dem Fließgelenkverfahren I. Ordnung mit vollständiger Verdübelung

Im Versagenszustand (Bild 39) sind bei vollständiger Verdübelung sowohl an den Innenstützen als auch in den Feldbereichen die jeweiligen plastischen Grenzmomente — ggf. um den Einfluß der Querkräfte reduziert — erreicht.

In einem **Innenfeld**:

$$x_m = \frac{L}{1 + \sqrt{1 - \dfrac{M_{pl,r} - M_{pl,l}}{M_{pl,F} - M_{pl,l}}}} \quad (99) \qquad q_u = 2(M_{pl,F} - M_{pl,l})/x_m^2 \quad (100)$$

$$x_o = \sqrt{2M_{pl,F}/q_u} \qquad (101)$$

Es muß sein

$$q_d \leq q_u \qquad (102)$$

Die plastischen Grenzmomente werden nach Abschn. 5.2.1 berechnet und sind mit ihrem Vorzeichen einzusetzen.

Es ist:

$M_{pl,l}, M_{pl,r}$ plastische Momententragfähigkeit am linken/rechten Stabende (Stützmoment) nach Bild 38d, mit Vorzeichen

$M_{pl,F}$ ($\equiv M_{pl,Rd}$)   plastische Momententragfähigkeit im Feld (Bild 38a − c)

Im **Endfeld:** In den Gleichungen (99) und (100) ist das Stützmoment am frei drehbaren Auflager $= 0$ zu setzen.

Beim **Balken** auf zwei Stützen wird mit $M_{pl,l} = M_{pl,r} = 0$:

$$x_m = L/2 \text{ und } q_u = 8M_{pl,F}/l^2 \quad (103), (104)$$

b) Elastische Tragwerksberechnung

Bei der elastischen Tragwerksberechnung mit den Bemessungslasten unter Berücksichtigung der wechselnden Lastanordnungen darf die Biegesteifigkeit des Verbundträgers alternativ nach zwei Verfahren angesetzt werden:

Ohne Berücksichtigung der Rißbildung nach Bild 40a,
mit Berücksichtigung der Rißbildung nach Bild 40b.

I_1 Betonquerschnittsteile mit Zugspannungen werden als ungerissen angenommen
I_2 berechnet mit dem Stahl- und Betonstahlquerschnitt; Beton unter Zugspannungen wird nicht berücksichtigt.

Bei der Berechnung der Flächenmomente 2. Grades I des ideellen Stahlquerschnitts sind die Betonflächen durch die Reduktionszahl n Gl. (89) zu dividieren.

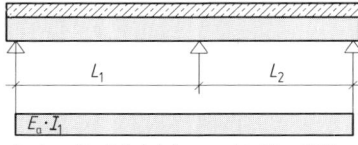 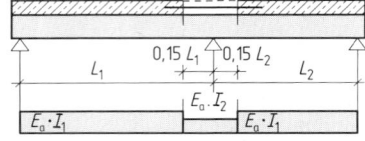

a) ohne Berücksichtigung der Rissebildung   b) mit Berücksichtigung der Rissebildung

Bild 40   **Anzusetzende Biegesteifigkeiten bei der elastischen Berechnung von Durchlaufträgern**

An jeder Stelle des Tragwerks muß sein

$$M_{Sd} \leq M_{pl,Rd} \qquad (105)$$

Momentenumlagerung

Bei Trägern mit konstanter Bauhöhe der Klassen 1 und 2 dürfen die Stützmomente entsprechend Tafel 42 prozentual abgemindert oder vergrößert werden; für jeden Lastfall müssen die Schnittgrößen mit den Lasten im Gleichgewicht stehen.

Tafel 42   **Maximal zulässige Momentenumlagerungen von elastisch ermittelten Stützmomenten**

Querschnittsklasse im negativen Momentenbereich	1	2
elast. Berechnung **ohne** Berücksichtigung der Rißbildung	−40% bis +10%	−30% bis +10%
elast. Berechnung **mit** Berücksichtigung der Rißbildung	−25% bis +20%	−15% bis +20%

5.2.3 Tragfähigkeit der Verbundmittel

a) Bolzendübel in Vollbetonplatten

$$P_{Rd} = 0{,}2 \, \pi d^2 \cdot f_u/\gamma_v \qquad (106\,a)$$

bzw.

$$P_{Rd} = 0{,}29 \, \alpha \cdot d^2 \cdot \sqrt{f_{ck} \cdot E_{cm}}/\gamma_v \qquad (106\,b)$$

Der kleinere Wert ist maßgebend

$d \leq 22$ mm   Schaftdurchmesser des Dübels
$f_u \leq 500$ N/mm^2 Zugfestigkeit des Bolzenmaterials; üblich $f_u = 450$ N/mm^2
f_{ck}, E_{cm} s. Tafel 37
$\alpha = 0{,}2 \, (h/d + 1)$, jedoch ≤ 1 mit $3 \leq h/d \leq 4$ und Gesamtlänge des Bolzens h
γ_v s. Tafel 39

b) Kopfbolzendübel bei Profilblechen

P_{Rd} nach Gl. (106a, b) ist mit einem Beiwert k zu multiplizieren.

Blechrippen parallel zur Trägerachse (Bild 41):

$$k_l = 0{,}6 \, b_0/h_p \, (h/h_p - 1) \leq 1 \qquad (107)$$

Größte rechnerische Dübellänge $h \leq h_p + 75$ mm

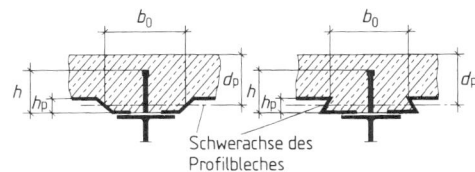

Bild 41
Profilbleche mit Rippen
parallel zum Träger

Schwerachse des
Profilbleches

Blechrippen quer zur Trägerachse:

$$k_t = \frac{0{,}7 b_0}{\sqrt{N_r} \cdot h_p} \left(\frac{h}{h_p} - 1\right) \quad (108)$$

$N_r \leq 2$ Anzahl der Bolzendübel/Rippe;
$h_p < 85$ mm, $b_0 \leq h_p$, $d \leq 20$ mm.

grenz $k_t = 0{,}85$ für $N_r = 1$ und grenz $k_t = 0{,}7$ für $N_r = 2$, wenn die Dübel durch das Blech mit $t \leq 1{,}0$ mm geschweißt werden.

Bei vorgelochten Profilblechen ist grenz k_t um 0,1 zu vermindern; $d = 19$ u. 22 mm.

c) Andere Dübelformen s. EC 4

5.2.4 Längsschubkräfte in der Verbundfuge

Kopfbolzen- und Bolzendübel

Schaftdurchmesser: $d = 19$ bzw. 22 mm (DIN EN ISO 13918); Länge $h \geq 3d$

Achsabstände in Kraftrichtung: $5d \leq e_l \leq 6h_c$, jedoch ≤ 800 mm
quer zur Kraftrichtung: $e_t \geq 2{,}5d$ bei Vollbetonplatten, sonst $\leq 4d$
Lichter Abstand zur Gurtkante: $e_r \geq 20$ mm
Weitere Maße s. Bild 42.

Die nachfolgende Berechnung gilt für Träger, deren Tragfähigkeit plastisch ermittelt wurde (Abschn. 5.2.2 a). Bei elastischer Berechnung (Abschn. 5.2.2 b) sind die Längsschubkräfte aus den Querkräften in einer elastischen Berechnung zu ermitteln und die elastischen Querschnittseigenschaften der Biegebemessung zugrunde zu legen.

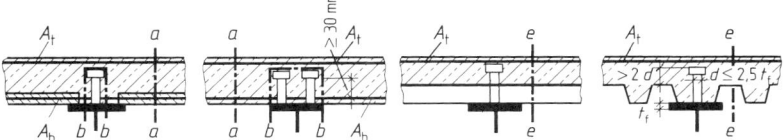

Bild 42 Typische Schnitte bei Längsschubversagen des Betongurts; Maße für Kopfbolzendübel

a) Vollständige Verdübelung (Bild 39)

Längsschubkraft zwischen einem gelenkigen Auflager und dem benachbarten maximalen Feldmoment:

$$V_l = F_{cf} = A_a \cdot \sigma_{a,Rd} \quad (109a)$$

oder

$$F_{cf} = A_c \cdot \sigma_{c,Rd} \quad (109b)$$

A_a Baustahlquerschnitt
$A_c = b_{eff} \cdot h_c$ Querschnittsfläche des mittragenden Betongurts ohne Kammerbeton
$\sigma_{a,Rd}, \sigma_{c,Rd}, \sigma_{s,Rd}$ Grenzspannungen s. Abschn. 5.1.4.

Der kleinere Wert von F_{cf} ist maßgebend.

Längsschubkraft zwischen dem maximalen Feldmoment und dem benachbarten Zwischenauflager:

$$V_l = F_{cf} + A_s \cdot \sigma_{s,Rd} \quad (110)$$

A_s anrechenbare Querschnittsfläche der Längsbewehrung des Betongurts am Zwischenauflager
F_{cf} nach Gl. (109)

Anzahl der Dübel im betrachteten Trägerabschnitt: $N_f = F_{cf}/P_{Rd}$ (111)

b) Teilweise Verdübelung

Ist die Versagenslast des Verbundträgers q_u größer als die Bemessungslast q_d, kann in Gl. (99) bis (104) anstelle von $M_{pl,F}$ ($\equiv M_{pl,Rd}$) iterativ ein reduzierter Wert $M_{Sd} < M_{pl,Rd}$ eingesetzt werden, bis $q_u \approx q_d$ ist; Gl. (102) muß erfüllt sein. In Gln. (109), (110) darf anstelle von F_{cf} der kleinere Wert F_c eingesetzt werden:

$$F_c = \frac{M_{Sd} - M_{a\,pl,\,Rd}}{M_{pl,\,Rd} - M_{a\,pl,\,Rd}} \cdot F_{cf} \quad (112)$$

$M_{a\,pl,Rd}$ plastisches Grenzmoment des Baustahlquerschnitts allein

$M_{pl,Rd}$ plastisches Grenzmoment des Verbundquerschnitts bei vollständiger Verdübelung

Dübelanzahl im betrachteten Trägerabschnitt: $N = F_c / P_{Rd}$ (113)

Voraussetzung für die Anwendung der teilweisen Verdübelung sind duktile Verbundmittel; ferner darf der Verdübelungsgrad

$$\eta_v = N/N_f = F_c/F_{cf} \quad (114)$$

die Grenzwerte nach Tafel 43 nicht unterschreiten.
Mindest-Verdübelungsgrad bei Profilblech-Verbunddecken s. EC 4.

Tafel 43 Grenzwerte für Verdübelungsgrad η_v und Abmessungen der Kopfbolzendübel

Kopfbolzendübel	Trägerquerschnitt	Mindest-Verdübelungsgrad η_v[1])
d ⊥ $h \geq 4\,d$ 16 mm $\leq d \leq$ 22 mm	doppelsymmetrisch A_f	$\geq (0{,}25 + 0{,}03\,L)$, jedoch $0{,}4 \leq \eta_v \leq 1$
	$\leq 3\,A_f$	$\geq (0{,}4 + 0{,}03\,L)$, jedoch $\eta_v \leq 1$

Anforderungen bei Profilblechverbunddecken s. EC 4.
[1]) Stützweite L in m

5.2.5 Verteilung der Verbundmittel

Die Dübel sind im allg. entsprechend dem in elastischer Rechnung ermittelten Verlauf der Bemessungsschubkraft über die Länge L_{cr} zu verteilen.

Bei Querschnitten der Klasse 1 und 2 dürfen Kopfbolzendübel über die Länge L_{cr} zwischen zwei kritischen Schnitten **äquidistant** angeordnet werden, wenn der Verdübelungsgrad — mit L_{cr} statt mit L berechnet — den Bedingungen der Tafel 43 genügt. Falls $M_{pl,Rd} > 2{,}5 M_{a,pl,Rd}$ ist, sind zur Ermittlung der Dübelzahl zusätzliche Schnitte zwischen den kritischen Schnitten zu untersuchen.

5.2.6 Längsschubbeanspruchung im Betongurt

Der Bemessungswert der Längsschubkraft v_{Sd} je Längeneinheit darf die Längsschubtragfähigkeit v_{Rd} in maßgebenden Schnitten (Bild 42) nicht überschreiten:

$$v_{Sd} \leq v_{Rd} \quad (115)$$

v_{Sd} ist aus der für den Grenzzustand der Tragfähigkeit erforderlichen Dübelzahl zu berechnen. Für v_{Rd} ist der kleinere Wert aus Gl. (116) maßgebend:

$$v_{Rd} = 2{,}5 A_{cv} \cdot \tau_{Rd} + A_e \cdot \sigma_{s,\,Rd} + v_{pd} \quad (116a)$$

oder

$$v_{Rd} = 0{,}2 A_{cv} \cdot \sigma_{c,\,Rd} \quad (116b)$$

$\tau_{Rd} = 0{,}09 \sqrt[3]{f_{ck}}$ in N/mm^2 Grundwert der Bemessungsschubfestigkeit (Tafel 37)

$\sigma_{s,Rd}, \sigma_{c,Rd}$ s. Abschn. 5.1.4

A_{cv} mittlere Querschnittsfläche je Längeneinheit des Trägers, die für das jeweils betrachtete Schubversagen maßgebend ist (Bild 42). Der Beton in Rippen von Profilblechen, die senkrecht zum Träger verlaufen, darf nur in Gl. (116a) berücksichtigt werden.

A_e Gesamtquerschnittsfläche je Längeneinheit der senkrecht zum Träger verlaufenden Bewehrung (einschl. vorhandener Plattenbewehrung), die die jeweils betrachtete Schnittebene (Bild 42) kreuzt.

Für senkrecht zur Trägerachse ungestoßen durchlaufende Profilbleche ist ein Traganteil auf v_{Rd} anrechenbar:

$$v_{pd} = A_p \cdot f_{yp}/\gamma_{ap} \quad (117)$$

A_p Querschnittsfläche des Profilblechs je Längeneinheit

f_{yp} Streckgrenze des Profilblechs

v_{pd} für auf dem Träger gestoßene Profilbleche mit durchgeschweißten Dübeln s. EC 4.

Die rechnerisch erforderliche Querbewehrung ist so zu verankern, daß sie entsprechend EC 2 bis zur Streckgrenze beansprucht werden kann. Die Verankerung darf mit Schlaufen erfolgen, die die Dübel umfassen.

5.2.7 Nachweis der Gebrauchstauglichkeit

Die Nachweise erfolgen in elastischer Berechnung unter Gebrauchslasten mit den Teilsicherheitsbeiwerten nach Abschn. 2.4.

a) Nachweis der Durchbiegung

Empfohlene Grenzwerte der Durchbiegung s. Abschn. 2.4.

Die gesamte Durchbiegung setzt sich zusammen aus der Durchbiegung δ_a infolge der Lasten, die auf den Stahlträger allein einwirken, und δ_c aus Einwirkungen auf den Verbundträger.

Zur Berechnung der Steifigkeiten des Verbundträgers sind die Querschnittswerte der Betonplatte durch n aus Gl. (89) zu dividieren. Für den Anteil aus ständigen Einwirkungen ist E_c' für Langzeitbelastung zu verwenden.

Bei Tragwerken ohne Eigengewichtsverbund darf die Nachgiebigkeit der Verbundfuge vernachlässigt werden, wenn der Verdübelungsgrad $N/N_f \geq 0{,}5$ und bei senkrecht zum Träger verlaufenden Profilblechen $h_p \leq 80$ mm ist. Andernfalls ist δ_c auf den Wert δ zu vergrößern:

$$\delta = \delta_c \cdot [1 + k_v \cdot (1 - N/N_f) \cdot (\delta_a/\delta_c - 1)] \quad (118)$$

δ_a Durchbiegung bei Ansatz der Steifigkeiten des Stahlträgers allein

δ_c Durchbiegung bei Ansatz der Steifigkeiten des Verbundträgers ohne Nachgiebigkeit der Verbundfuge

$N/N_f \geq 0{,}4$ Verdübelungsgrad gem. Gl. (114)

$k_v = 0{,}5$ bei Trägern mit, $k_v = 0{,}3$ bei Trägern ohne Eigengewichtsverbund

Wenn die Betonzugspannung an einer Innenstütze eines Durchlaufträgers $\sigma_{ct} > 0{,}15 f_{ck}$ ist, muß die Rißbildung berücksichtigt werden. Statt des genaueren Nachweises nach [2] darf das Stützmoment mit f_1 multipliziert werden, wobei die beiderseitigen Feldmomente entsprechend zu vergrößern sind:

$$f_1 = \left(\frac{E_a \cdot I_1}{E_a \cdot I_2}\right)^{-0{,}35} \geqq 0{,}6 \quad (119) \qquad E_a \cdot 1, \; E_a \cdot 2 \text{ s. Abschn. 5.2.2 b.}$$

S c h w i n d e n braucht in der Regel nicht berücksichtigt zu werden.

b) Rißbildung im Betongurt

Wird kein Nachweis der Rißbreitenbeschränkung nach [2] geführt, soll im Bereich negativer Biegemomente innerhalb der mittragenden Breite b_{eff} eine Längsbewehrung angeordnet werden mit mindestens

0,4 % der Betonfläche bei Trägern mit Eigengewichtsverbund

0,2 % bei Trägern ohne Eigengewichtsverbund.

Diese Bewehrung soll über eine Länge von 25 % der an die Innenstütze anschließenden Stützweiten bzw. über 50 % der Länge eines Kragarms geführt werden.

Bei Bauteilen der Umweltklasse 1 (s. Abschn. 10, EC 2 bzw. DIN 1045-1) braucht kein Nachweis geführt zu werden, siehe hierzu auch DIN 1045-1, Abschn. 11 und 13. In anderen Fällen ist zusätzlich auch die Zwangsbeanspruchung in statisch unbestimmten Systemen infolge Schwindens zu berücksichtigen.

5.3 Verbundstützen

Dieser Abschnitt gilt für planmäßig mittig beanspruchte Verbundstützen in seiten-steifen Tragwerken. Bei Beanspruchung durch *N* **und** *M* siehe EC4.

5.3.1 Normalkrafttragfähigkeit

Voraussetzung für die Anwendung des vereinfachten Bemessungsverfahrens:
— Doppelsymmetrischer, konstanter Verbundquerschnitt
— Die Bedingungen nach Bild 43 und Tafel 46 müssen erfüllt sein
— $0,003 A_c \leqq A_s \leqq 0,04 A_c$ rechnerisch berücksichtigte Längsbewehrung; wird A_s nicht in Rechnung gestellt, ist eine konstruktive Bewehrung anzuordnen (s. EC4)

betongefüllte Hohlprofile   einbetonierte Stahlprofile

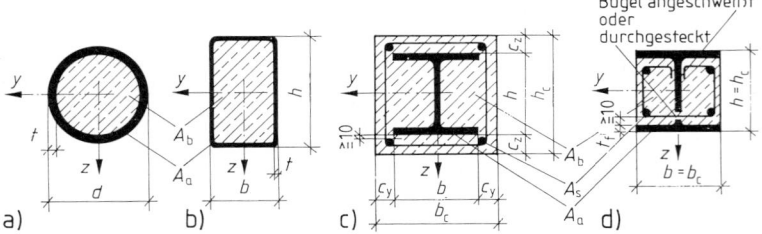

Bild 43

Es muß sein:

$$N_{Sd} \leqq \kappa \cdot N_{pl,Rd} \tag{120}$$
$$N_{pl,Rd} = A_a \cdot f_y / \gamma_{Ma} + A_c \cdot k_c \cdot f_{ck} / \gamma_c + A_s \cdot f_{sk} / \gamma_s \tag{121}$$

Bei betongefüllten **Rundrohren** mit $\bar{\lambda} \leqq 0,5$ darf angesetzt werden:

$$N_{pl,Rd} = A_a \cdot \eta_{20} \frac{f_y}{\gamma_{Ma}} + A_c \frac{f_{ck}}{\gamma_c} \left(1 + \eta_{10} \frac{t}{d} \cdot \frac{f_y}{f_{ck}}\right) + A_s \cdot \frac{f_{sk}}{\gamma_s} \tag{122}$$

$\gamma_{Ma} = \gamma_a, \gamma_c, \gamma_s$ s. Tafel 39
$k_c = 0,85$; bei betongefüllten Hohlprofilen ist $k_c = 1$
$\eta_{10} = 4,9 - 18,5 \bar{\lambda} + 17 \bar{\lambda}^2$, jedoch $\geqq 0$
$\eta_{20} = 0,75 + 0,5 \bar{\lambda}$, jedoch $\leqq 1$

$\delta = \dfrac{A_a \cdot f_y / \gamma_a}{N_{pl,Rd}}$ Querschnittsparameter. Es muß sein: $0,2 \leqq \delta \leqq 0,9$

$(E \cdot I)_{eff} = E_a \cdot I_a + 0,8 E_{cm} \cdot I_c / \gamma_c + E_s \cdot I_s$ Wirksame Biegesteifigkeit

$\gamma_c = 1,35$ Sicherheitsbeiwert für die Steifigkeit

Falls $\bar\lambda > \lim \bar\lambda$ (Tafel 44), ist E_{cm} mit $(1 - 0{,}5 N_{G,Sd}/N_{Sd})$ zu multiplizieren. $N_{G,Sd}$ ist der ständig wirkende Anteil der Bemessungsnormalkraft N_{Sd}.

$N_{cr} = \pi^2 \cdot (E \cdot I)_{eff}/s_K^2$ kritische Normalkraft (ideelle Knicklast)

$\bar\lambda = \sqrt{N_{pl,R}/N_{cr}}$ bezogener Schlankheitsgrad; es muß sein: $\bar\lambda \le 2{,}0$

$N_{pl,R}$ aus Gl. (121) bzw. (122) mit $\gamma_{Ma} = \gamma_c = \gamma_s = 1$

$\varkappa$ Abminderungsfaktor aus Tafel 18 (α s. Tafel 44)

Tafel 44 Abmessungen und Rechenwerte für Verbundstützen

		Querschnitte nach Bild 43		
	a	b	c	d
Seitenverhältnis nach [12]			$0{,}2 \le h/b \le 5$	
Wanddicke und rechnerisch berücksichtigte Betondeckung der Stahlprofile $\varepsilon = \sqrt{\dfrac{235}{f_y}}$	$d/t \le 90\varepsilon^2$	$h/t \le 52\varepsilon$	$40 \le c_z \le 0{,}3\,h$ $c_z \ge b/6$ $40 \le c_y \le 0{,}4\,b$	$b/t_f \le 44\varepsilon$
Maßg. Knickspannungskurve; Beiwert α bei Knicken um die y-Achse / z-Achse	a; $\alpha = 0{,}21$		b; $\alpha = 0{,}34$ / c; $\alpha = 0{,}49$	
Grenzschlankheit zur Berücksichtigung von Schwinden und Kriechen	$\lim \bar\lambda = 0{,}8/(1-\delta)$		$\lim \bar\lambda = 0{,}8$	

5.3.2 Schub zwischen Stahlprofil und Betonteil

In den Endbereichen der Stützen ist die Einleitung der Lasten bzw. Schnittgrößen aus angrenzenden Bauteilen in das Stahlprofil und in den Betonteil nachzuweisen, ohne daß nennenswerter Schlupf auftritt. Die Lasteinleitungslänge sollte den zweifachen Wert der zugehörigen Außenabmessungen des Querschnitts nicht überschreiten. Die Schubtragfähigkeit der Verbundfuge zwischen Stahlprofil und Beton kann sichergestellt werden durch:

a) Einhalten von Verbundspannungen τ_v. Grenzwerte von τ_v s. Tafel 45.

b) Mechanische Verbundmittel und bei Kopfbolzendübeln am Steg ggf. zusätzlich Aktivierung von Reibungskräften (Bild 44).

P_{Rd} nach Gl. (106).

$\mu = 0{,}5$ für $t_f \ge 10$ mm; $\mu = 0{,}55$ für $t_f \ge 15$ mm.

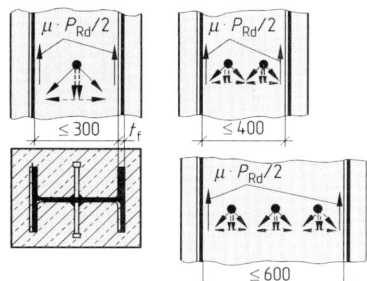

Bild 44 Kopfbolzendübel im Krafteinleitungsbereich der Verbundstütze; Reibungskräfte an den Flanschen

Tafel 45 Grenzwerte der Verbundspannungen im Lasteinleitungsbereich

	Querschnitte nach Bild 43			
	a, b	c	d Flansch	Steg
τ_v in N/mm² $\le$	0,4	0,6	0,2	0

6 Kranbahnen nach DIN 4132 [3]

6.1 Einwirkungen

Belastungsvorschriften nach DIN 4132 siehe BZ-Abschnitt Lastannahmen.

Genormte Tragfähigkeiten der Lrane in t:
0,125; 0,16; 0,2; 0,25; 0,32; 0,4; 0,5; 0,63; 0,8; 1,0 sowie das 10-fache, 100-fache und 1000-fache dieser Werte.

Bezeichnungen der Kransysteme: EFF; EFL; WFF; WFL.

W Laufradpaar durch mechanische oder elektrische **W**elle gekoppelt
E Einzelantrieb des Laufradpaares
F Festlager ⎫
L Loslager ⎭ des Laufradpaars hinsichtlich seitlicher Verschiebung

Beispiele für die Einstufung von Kranarten in Hubklassen und Beanspruchungsgruppen s. [4].

Randlasten und Abmessungen eines 2-Träger-Brückenkrans mit Elektroseilzug s. Bild 45 sowie die Tafeln 46 und 47. Für andere Kranarten s. [28] und [29].

Tafel 46   Maße zu Bild 45

Trag-last in t	Maße in mm				
	b	g	h	k	d
5	200	750	300	550	300
10	250	800	400	700	350
16	260	900	600	900	400
20	300	1350	1000	1100	500

Weitere Maße und Anmerkung s. Taf. 41.

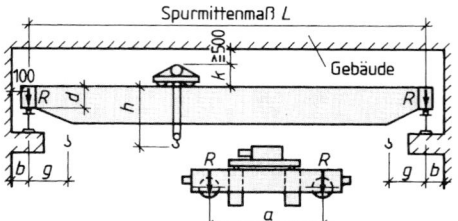

Bild 45   Zweiträger-Brückenlaufkran

Tafel 47   Radlasten R und Radabstand a für Zweiträger-Brückenlaufkran mit Elektroseilzug, Hubklasse H2, Beanspruchungsgruppe B3 nach [29]

Trag-last in t		Spannweite L des Laufkrans in m								
		12	14	16	18	20	22	24	26	28
5	max R in kN	36,0	37,0	38,0	40,5	42,5	48,0	50,5	54,2	59,8
	min R in kN	8,5	11,0	12,5	14,0	15,5	19,8	22,3	24,9	30,1
	a in m	2,0	2,5	3,2	3,2	4,0	4,0	4,0	4,0	4,0
10	max R in kN	62,0	65,0	66,0	71,4	73,4	80,0	82,1	85,8	90,4
	min R in kN	14,0	15,0	15,5	20,1	21,6	25,4	27,1	30,5	34,2
	a in m	2,0	2,5	2,5	3,2	4,0	4,0	4,0	4,0	4,0
16	max R in kN	95,0	98,0	100,2	103,4	106,3	111,2	114,4	117,9	127,2
	min R in kN	20,0	21,5	22,2	24,1	26,2	28,7	31,2	34,3	41,9
	a in m	2,5	3,2	3,2	3,2	3,2	4,0	4,0	4,0	4,0
20	max R in kN	115,0	118,0	122,0	129,0	132,0	137,0	142,0	147,0	153,0
	min R in kN	23,0	24,0	25,5	27,0	30,0	32,0	36,0	40,0	49,0
	a in m	3,2	3,2	3,2	3,2	3,2	4,0	4,0	4,0	4,0

Lastangaben ohne Eigenlast-, Hublast- und Schwingbeiwerte.
Die Angaben der Tafel sind nur für Vorplanungen anzuwenden; zur Ausführung und Berechnung sind die Konstruktionsmaße und Lasten vom Bauherrn anzugeben.

6.1.1 Lotrechte Einwirkungen auf die Kranbahn

Der Kranbahnträger wird neben den ständigen Einwirkungen durch das wandernde Lastenpaar der Kranlaufräder belastet. An der Stelle x im Feldbereich des Trägers tritt das größte Biegemoment $M(x)$ auf, wenn die größere der Einzellasten P_1 über dieser Stelle steht.

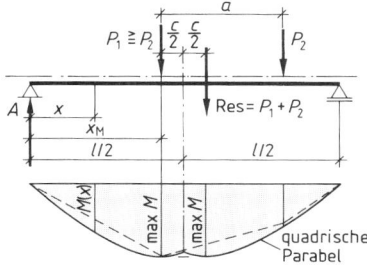

Beim **Einfeldträger** ist die Funktion der Momentenhüllkurve (Bild 46)

$$M(x) = A \cdot x = (P_1 + P_2)$$
$$\cdot x \cdot [(1 - c/l) - x/l], \quad x \leqq l/2$$

mit $\quad c = \dfrac{P_2 \cdot a}{P_1 + P_2}$

Rückt P_1 bis x_M vor, tritt hier das größte Biegemoment im ganzen Träger auf:

$$\max M_P = \frac{(P_1 + P_2) \cdot l}{4}\left(1 - \frac{c}{l}\right)^2,$$

jedoch   (123)

$$\max M_P \geqq \frac{P_1 \cdot l}{4}$$

Bild 46 Einfeldträger unter wanderndem Lastenpaar.
Momentenhüllkurve und Last-stellung für größtes Biegemoment

Auflagerlasten und Biegemomente des 2-feldrigen **Durchlaufträgers** mit $E \cdot I = $ const für ein Lastenpaar gleicher Größe ($P_1 = P_2$) s. Tafel 48 mit den jeweils maßgebenden Laststellungen entsprechend Bild 47.

Auflagerlasten und Biegemomente infolge eines Lastenpaares unterschiedlicher Größe s. [37].

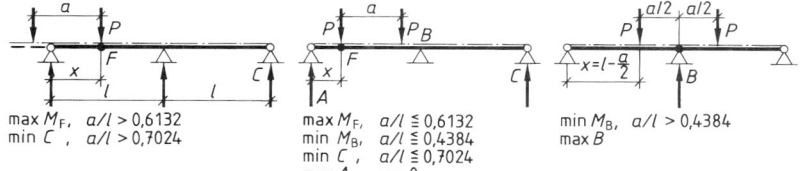

$\max M_F$, $a/l > 0{,}6132$
$\min C$, $a/l > 0{,}7024$

$\max M_F$, $a/l \leqq 0{,}6132$
$\min M_B$, $a/l \leqq 0{,}4384$
$\min C$, $a/l \leqq 0{,}7024$
$\max A$, $x = 0$

$\min M_B$, $a/l > 0{,}4384$
$\max B$

Bild 47 Zweifeldträger unter wanderndem gleichen Lastenpaar.
Maßgebende Laststellungen für Auflagerlasten und Biegemomente

Tafel 48 Auflagerlasten und Biegemomente des 2-Feld-Trägers mit $E \cdot I = $ const unter einem wandernden Paar gleich großer Lasten P (Bild 47)

a/l	$M_F/(P \cdot l)$	x_F/l	$M_B/(P \cdot l)$	x_B/l	$\max A/P$	$\min C/P$	$x_{\min C}/l$	$\max B/P$
0	0,4149	0,4323	−0,1925	0,5774	2,0000	−0,1925	0,5774	2,0000
0,1	0,3692	0,4119	−0,1903	0,5252	1,8753	−0,1903	0,5252	1,9926
0,2	0,3281	0,3934	−0,1839	0,4686	1,7520	−0,1839	0,4686	1,9710
0,3	0,2916	0,3772	−0,1733	0,4075	1,6317	−0,1733	0,4075	1,9359
0,4	0,2597	0,3637	−0,1589	0,3416	1,5160	−0,1589	0,3416	1,8880
0,4384	0,2487	0,3594	−0,1524	0,3149	1,4731	−0,1524	0,3149	1,8664
0,5	0,2325	0,3536	−0,1641	0,7500	1,4063	−0,1409	0,2704	1,8281
0,6	0,2100	0,3479	−0,1785	0,7000	1,3040	−0,1200	0,1933	1,7570
0,6132	0,2074	0,3476	−0,1800	0,6934	1,2911	−0,1171	0,1826	1,7468
0,7	0,2074	0,4323	−0,1877	0,6500	1,2107	−0,0968	0,1092	1,6754
0,7024	0,2074	0,4323	−0,1878	0,6488	1,2086	−0,0962	0,1070	1,6733
0,8	0,2074	0,4323	−0,1920	0,6000	1,1280	−0,0962	0,5774	1,5840
0,9	0,2074	0,4323	−0,1918	0,5500	1,0572	−0,0962	0,5774	1,4836
1	0,2074	0,4323	−0,1875	0,5000	1,0000	−0,0962	0,5774	1,3750

x ist der Abstand der maßgebenden Last des Lastenpaares vom linken Auflager

705

Spannungen aus der Radlasteinleitung. Zur Berechnung von $\bar{\sigma}_z$ (z. B. im Trägersteg) im Abstand h unter Oberkante der um 25% der Schienenkopfhöhe abgefahrenen Kranschiene darf die Radlast in Längsrichtung auf $2h + 50$ mm verteilt werden.

Schubspannung: $\bar{\tau}_{zx} = 0,2\bar{\sigma}_z$

Ein auf den Lastgurt einwirkendes Torsionsmoment $M_{x,\text{Gurt}}$ (z. B. aus exzentrischem Lastangriff) verursacht im Steg mit Dicke t_s die Biegespannung [34]

$$\bar{\sigma}_{z,\text{B}} = \frac{6}{t_s^2} \cdot M_{x,\text{Gurt}} \cdot \frac{\lambda}{2} \cdot \tanh\left(\frac{\lambda \cdot a}{2}\right) \qquad (124)$$

$$\text{mit } \lambda = \sqrt{\frac{2,98\,t_s^3}{a \cdot I_\text{T}} \cdot \frac{\sinh^2\left(\dfrac{\pi \cdot b}{a}\right)}{\sinh\left(\dfrac{2\pi \cdot b}{a}\right) - \dfrac{2\pi \cdot b}{a}}} \qquad (125)$$

a Quersteifenabstand
b Stegblechhöhe
$I_\text{T} = I_{\text{T,Gurt}} + I_{\text{T,Schiene}}$
  St. Venantscher Torsionswiderstand
$I_{\text{T,Schiene}}$
  Bei nicht schubfester Befestigung ist
  $I_{\text{T,Schiene}} = 0$ zu setzen

6.1.2 Waagerechte Einwirkungen quer zur Kranbahn

Der Angriff der horizontalen Einwirkungen H_S und H_M wird in der Aufstandsfläche der Lauräder (Schienenoberkante) angenommen; dadurch entstehen im Kranbahnträger Torsionsmomente, die beim Spannungsnachweis und beim Biegedrillknicknachweis berücksichtigt werden müssen [35].

Die nachfolgenden Berechnungen beziehen sich auf Laufkrane mit Spurkranzführung. Bei anderen Führungsmitteln s. [4] und [29].

Weitere Angaben hierzu sowie über waagerechte Einwirkungen längs der Fahrbahn s. BZ-Abschn. Lastannahmen.

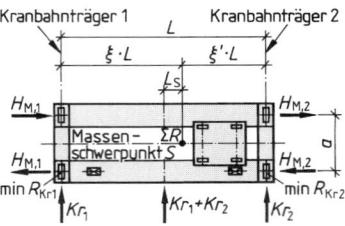

Bild 48 Horizontallast H_M für Laufkran EFF beim Anfahren mit Katze in äußerster Stellung

Massenkräfte aus Antrieben (Bild 48)

$$H_{\text{M},1} = \frac{\xi'}{a}(Kr_1 + Kr_2) \cdot L_\text{s} \quad \text{und} \quad H_{\text{M},2} = \frac{\xi}{a}(Kr_1 + Kr_2) \cdot L_\text{s} \qquad (126)$$

Darin ist:

$\xi' = \sum \min R / \sum R$ Summe aller Radlasten auf dem minderbelasteten Kranbahnträger bezogen auf die Summe aller Radlasten ($\sum \max R + \sum \min R$) einschließlich Hublast, aber ohne Schwingbeiwert

$\xi = 1 - \xi'$

$L_\text{s} = (\xi - 0,5) \cdot L$

$(Kr_1 + Kr_2) = 1,5 \cdot 0,2 \cdot \min(R_{\text{Kr}1} + R_{\text{Kr}2})$ Summe der Antriebskräfte

$\min(R_{\text{Kr}1} + R_{\text{Kr}2})$ Summe der kleinsten Radlasten $\min R$ der angetriebenen Räder, ohne Schwingbeiwert, ohne Hublastanteil.

Gl. (126) für System E darf näherungsweise auch beim System W angewendet werden.

Wenn H_M in einem bestimmten Kranbahnbereich regelmäßig wiederholt auftritt, bildet H_M zusammen mit den lotrechten Einwirkungen aus den Kranlaufrädern **eine** Einwirkung.

Kräfte aus Schräglauf

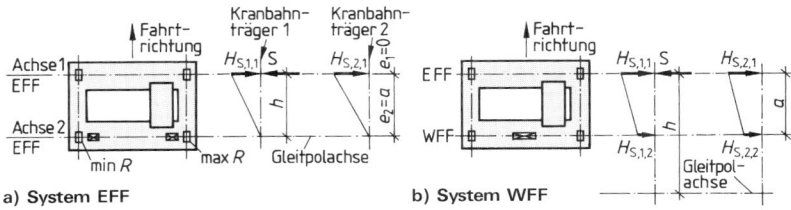

a) System EFF   **b) System WFF**

Bild 49   Schräglaufkraft S und Horizontallasten H_S des Brückenkrans

Schräglaufkraft S am Führungselement (Spurkranz) der in Fahrtrichtung vorderen Kranräder (Bild 49):

$$S = f \cdot \sum R \cdot \left(1 - \frac{\sum e_i}{n \cdot h}\right) \qquad (127) \qquad\qquad n \quad \text{Zahl der Laufradpaare}$$

S erzeugt in der Aufstandfläche der Kranlaufräder Horizontalkräfte H_S:

$$H_{S,1,i} = f \cdot \sum R \, \frac{\xi'}{n}\left(1 - \frac{e_i}{h}\right) \qquad (128)$$

$$\xi = \frac{\sum \max R}{\sum R} \quad \text{und} \quad \xi' = 1 - \xi$$

$$H_{S,2,i} = f \cdot \sum R \, \frac{\xi}{n}\left(1 - \frac{e_i}{h}\right) \qquad (128a)$$

mit

$f = 0,3\,(1 - e^{-0,25\,\alpha})$ Kraftschlußbeiwert, abhängig vom Schräglaufwinkel α in ‰; es wird zweckmäßig mit max $f = 0,3$ gerechnet (s. unten).

$\sum R = \sum \max R + \sum \min R$; $\sum \max R$ bzw. $\sum \min R$: Summe der Radlasten auf dem mehr/minderbelasteten Kranbahnträger einschl. Hublast, ohne Schwingbeiwert

$e_i =$ Abstand des Radpaares i vom anlaufenden Führungsmittel

$h = (m \cdot \xi \cdot \xi' \cdot L^2 + \sum e_i^2) / \sum e_i$ Gleitpolabstand

$m =$ Anzahl der drehzahlgekoppelten Laufradpaare beim System W; beim System E ist $m = 0$.

S und H_S wirken gleichzeitig und können auch in umgekehrter Richtung wirken.

Überlagerung von H_M und H_S

Die gleichzeitige Wirkung von H_M, S und H_S wird bei Bildung von Einwirkungskombinationen näherungsweise durch einen Zuschlag von 10% zu S und H_S berücksichtigt; dieser Zuschlag entfällt, wenn mit max $f = 0,3$ gerechnet wird.

Beispiel   2-Träger-Brückenkran, System EFF, Traglast 10 t, Spurmittenmaß $L = 18$ m, Kranbahnstützweite $l = 6,4$ m.

Nach Taf. 47: max $R = 71,4$ kN; min $R = 20,1$ kN; Radabstand $a = 3,2$ m.

Biegemomente und Auflagerlasten des Kranbahnträgers infolge Verkehrslast

$P_1 = P_2 = \max R = 71,4$ kN; $c = a/2 = 1,6$ m; $a/l = 3,2/6,4 = 0,5$

Einfeldträger (Bild 46):

max $M = 2 \cdot 71,4 \cdot 6,4 \cdot (1 - 1,6/6,4)^2/4 = 128,5$ kNm

$> 71,4 \cdot 6,4/4 = 114,2$ kNm   (Gl. 123)

max $A = 71,4 \cdot [1 + (6,4 - 3,2)/6,4] = 107,1$ kN

Durchlaufträger über 2 Felder (Bild 47): Nach Tafel 48 ist

max $A = 1,4063 \cdot 71,4 = 100,4$ kN; min $A = -0,1409 \cdot 71,4 = -10,1$ kN

max $B = 1,8281 \cdot 71,4 = 130,5$ kN; min $M_B = -0,1641 \cdot 71,4 \cdot 6,4 = -75,0$ kNm

max $M_{Feld} = 0,2325 \cdot 71,4 \cdot 6,4 = 106,2$ kNm an der Stelle $x_F = 0,3536 \cdot 6,4 = 2,263$ m

Das bei x_F auftretende und bei der Betriebsfestigkeitsuntersuchung benötigte kleinste Feldmoment ist

min $M_F = \min A \cdot x_F = -10,1 \cdot 2,263 = -22,9$ kNm.

9

Beispiel Die Größen infolge Verkehrslast sind mit dem Schwingbeiwert zu multiplizieren, die
Forts. Größen aus Ständiger Last sind zu addieren.

Horizontale Einwirkungen quer zur Kranbahn (Bild 49a)

$f = \max f = 0{,}3$; $\quad e_1 = 0$; $\quad e_2 = a = 3{,}2$ m; $\quad \sum e_i = 3{,}2$ m; $\quad \sum e_i^2 = 0 + 3{,}2^2 = 10{,}24$ m^2

$n = 2$; $\quad m = 0$; $\quad h = (0 + 10{,}24)/3{,}2 = 3{,}2$ m

$\sum \max R = 2 \cdot 71{,}4 = 142{,}8$ kN; $\quad \sum R = 142{,}8 + 2 \cdot 20{,}1 = 183$ kN

$S = 0{,}3 \cdot 183 \cdot [1 - 3{,}2/(2 \cdot 3{,}2)] = 27{,}45$ kN $\qquad$ (Gl. 127)

$\xi = 142{,}8/183 = 0{,}7803$; $\quad \xi' = 1 - 0{,}7803 = 0{,}2197$

$H_{S,1,1} = 0{,}3 \cdot 183 \cdot 0{,}2197 \cdot (1 - 0)/2 = 6{,}03$ kN $\qquad$ (Gl. 128)

$H_{S,2,1} = 0{,}3 \cdot 183 \cdot 0{,}7803 \cdot (1 - 0)/2 = 21{,}42$ kN $\qquad$ (Gl. 128a)

Die am Kranbahnträger 1 wirkende resultierende Kraft ist

$S - H_{S,1,1} = 27{,}45 - 6{,}03 = 21{,}42$ kN

Die Berechnung von H_M erübrigt sich, wenn der Kran nicht wiederholt in einem bestimmten Kranbahnbereich arbeitet. S und H_S brauchen zur Berücksichtigung des Zusammenwirkens mit H_M nicht um 10% erhöht zu werden, weil mit $\max f = 0{,}3$ gerechnet wurde.

6.2 Nachweise

Nachweise der Tragsicherheit, Lagesicherheit, Gebrauchstauglichkeit sind nach DIN 18800-1 (s. Abschn. 2) durchzuführen.

Stabilitätsnachweise Nach DIN 18800-2 und -3 (s. Abschn. 3 und 4)

Betriebsfestigkeitsuntersuchung
Für Bauteile und Verbindungsmittel ist sie für Ständige Einwirkungen sowie Einwirkungen aus Kranlaufrädern mit Schwingbeiwert (Abschn. 3.1.1) ggf. zusammen mit H_M (s. Abschn. 3.1.2) durchzuführen.

Teilsicherheitsbeiwerte $\gamma_F = \gamma_M = 1{,}0$.

Beanspruchungsgruppe der Kranbahn ist i. allg. gleich der des einzeln verkehrenden Laufkrans; beim Zusammenwirken von 2 Kranen die um 2 Stufen, bei 3 Kranen die um 3 Stufen ermäßigte Beanspruchungsgruppe des Krans mit der niedrigsten Gruppe.

Spannungsverhältnis

$$\varkappa_\sigma = \frac{\sigma_u}{\max \sigma_o}, \quad \varkappa_\tau = \frac{\tau_u}{\max \tau_o} \qquad (129)$$

Es muß sein

$$\max{}^\sigma_\tau \leqq \text{grenz}{}^\sigma_\tau \text{ Be} \qquad (130)$$

$\max \sigma_o$, $\max \tau_o$ die dem Betrag nach größte Spannung (Oberspannung);

für σ_u, τ_u ist die Unterspannung einzusetzen, die das algebraisch kleinste $\varkappa$ ergibt.

Beanspruchbarkeiten grenz $\sigma_{Be, \varkappa = -1}$ für $\varkappa = -1$ aus Tafel 49 können nach Tafel 50 für beliebige $\varkappa$-Werte umgerechnet werden (DIN 4132 enthält ausführliche Tabellen). Maßgebende Kerbfälle s. Tafel 51; anstelle der jeweils vorliegenden Kerbfälle ist Kerbfall W0 zu untersuchen, wenn dessen Beanspruchbarkeiten niedriger sind.

Tafel 49 Beanspruchbarkeiten grenz $\sigma_{Be, \varkappa = -1}$ für Spannungsverhältnisse $\varkappa = -1$ in N/mm^2

Bean-spru-chungs-gruppe	S235			S355			S235 und S355[1])				
	W0	W1	W2	W0	W1	W2	K0	K1	K2	K3	K4
B1	285,4	228,3	199,8	388,4	308,9	247,2	[475,2]	[424,2]	(356,4)	254,6	152,7
B2	240,0	192,0	168,0	313,0	249,0	199,2	[336,0]	(300,0)	(252,0)	180,0	108,0
B3	201,8	161,4	141,3	252,2	200,6	160,5	(237,6)	(212,1)	178,2	127,3	76,4
B4	169,7	135,8	118,8	203,2	161,7	129,3	168,0	150,0	126,0	90,0	54,0
B5	142,7	114,2	99,9	163,8	130,3	104,2	118,8	106,1	89,1	63,6	38,2
B6	120,0	96,0	84,0	132,0	105,0	84,0	84,0	75,0	63,0	45,0	27,0

( ): grenz σ_{Be} des Kerbfalles W0 ist überschritten bei S235; [ ]: grenz σ_{Be} des Kerbfalles W0 ist überschritten bei S235 und S355

[1]) s. Fußnote [1]) bei Tafel 50

Zusätzliche Bedingung bei Verkehr von **mehreren** Kranen

$$\Sigma\left(\frac{\max_{\tau}^{\sigma}}{\mathrm{grenz}_{\tau}^{\sigma}\,\mathrm{Be}}\right)^{\!k}+\left(\frac{\max_{\tau}^{\sigma}}{\mathrm{grenz}_{\tau}^{\sigma}\,\mathrm{Be}}\right)^{\!k}\leqq 1 \quad (131)$$

Einzel-   Krane
krane i gemeinsam

Es bedeuten
unter dem Summenzeichen

$\max_{\tau}^{\sigma}$ Höchstspannung infolge des Einzel-krans i

$\mathrm{grenz}_{\tau}^{\sigma}\,\mathrm{Be}$ Beanspruchbarkeit der Beanspru-chungsgruppe für den Einzelkran i

beim letzten Ausdruck

$\max_{\tau}^{\sigma}$ Höchstspannung aus mehreren Kranen gemeinsam

$\mathrm{grenz}_{\tau}^{\sigma}\,\mathrm{Be}$ Beanspruchbarkeit der Beanspru-chungsgruppe für mehrere Krane

$k = 6{,}635$ (5,366) für die Kerbfälle W0 bis W2 bei S235 (S355)

$k = 3{,}323$ für die Kerbfälle K0 bis K4

Bei der Überfahrt eines Krans sind einzelne Kranräder oder Radgruppen in Gl. (131) je für sich wie Einzelkrane i zu berücksichtigen, wenn zwischen 2 aufeinanderfol-genden Spannungshöchstwerten die zum Größtwert gehörige Mittelspannung un-terschritten wird.

Tafel 50   Umrechnung der Beanspruchbarkeiten[1]) für beliebige Spannungsverhältnisse $\varkappa$

		$\max\sigma_0$ ist eine	
		Zugspannung	Druckspannung
Wechselbereich $-1 < \varkappa < 0$		$\mathrm{grenz}\,\sigma_{\mathrm{Be,Z},\varkappa<0}=\dfrac{1{,}45}{3-2\varkappa}\cdot\mathrm{grenz}\,\sigma_{\mathrm{Be},-1}$	$\mathrm{grenz}\,\sigma_{\mathrm{Be,D},\varkappa<0}=\dfrac{2}{1-\varkappa}\cdot\mathrm{grenz}\,\sigma_{\mathrm{Be},-1}$
$\varkappa = 0$		$\mathrm{grenz}\,\sigma_{\mathrm{Be},0}=\dfrac{5}{3}\cdot\mathrm{grenz}\,\sigma_{\mathrm{Be},-1}$	$\mathrm{grenz}\,\sigma_{\mathrm{Be,D},0}=2\cdot\mathrm{grenz}\,\sigma_{\mathrm{Be},-1}$
Schwellbereich $0 < \varkappa < +1$		$\mathrm{grenz}\,\sigma_{\mathrm{Be,Z},\varkappa>0}=$ $=\dfrac{\mathrm{grenz}\,\sigma_{\mathrm{Be,Z},0}}{1-\left(1-\dfrac{\mathrm{grenz}\,\sigma_{\mathrm{Be,Z},0}}{\mathrm{grenz}\,\sigma_{\mathrm{Be,Z},+1}}\right)\cdot\varkappa}$	$\mathrm{grenz}\,\sigma_{\mathrm{Be,D},\varkappa>0}=$ $=\dfrac{\mathrm{grenz}\,\sigma_{\mathrm{Be,D},0}}{1-\left(1-\dfrac{\mathrm{grenz}\,\sigma_{\mathrm{Be,D},0}}{\mathrm{grenz}\,\sigma_{\mathrm{Be,D},+1}}\right)\cdot\varkappa}$
$\varkappa = +1$ S235		$\mathrm{grenz}\,\sigma_{\mathrm{Be,Z},+1}=$ $277{,}5\ \mathrm{N/mm^2}$	$\mathrm{grenz}\,\sigma_{\mathrm{Be,D},+1}=$ $333{,}0\ \mathrm{N/mm^2}$
S355		$390{,}0\ \mathrm{N/mm^2}$	$468{,}0\ \mathrm{N/mm^2}$
Schub-spannung	Bauteil	$\mathrm{grenz}\,\tau_{\mathrm{Be},\varkappa}=\mathrm{grenz}\,\sigma_{\mathrm{Be,Z},\varkappa}/\sqrt{3}$ mit $\mathrm{grenz}\,\sigma_{\mathrm{Be,Z},\varkappa}$ nach Kerbfall W0	
	Schweiß-naht[2])	$\mathrm{grenz}\,\tau_{\mathrm{Be},\varkappa}=\mathrm{grenz}\,\sigma_{\mathrm{Be,Z},\varkappa}/\sqrt{2}$ mit $\mathrm{grenz}\,\sigma_{\mathrm{Be,Z},\varkappa}$ nach Kerbfall K0 (nach W0), wenn niedriger)	
Niete und Paßschrauben		$\mathrm{grenz}\,\tau_{\mathrm{Be},\varkappa}=$ $0{,}8\cdot\mathrm{grenz}\,\sigma_{\mathrm{Be,Z},\varkappa}$ $\mathrm{grenz}\,\sigma_{\mathrm{l,Be},\varkappa}=$ $2{,}0\cdot\mathrm{grenz}\,\sigma_{\mathrm{Be,Z},\varkappa}$ } mit $\mathrm{grenz}\,\sigma_{\mathrm{Be,Z},\varkappa}$ nach Kerb-fall W2	Für einschnittige, ungestützte Verbindungen sind vorstehende Werte auf 75% abzumindern

[1]) Die Beanspruchbarkeiten sind zu begrenzen auf $\mathrm{grenz}\,\sigma_{\mathrm{Be}}\leqq 160\ (240)\ \mathrm{N/mm^2}$ bei S235 (S355). Darüber hinausgehende Werte von $\mathrm{grenz}\,\sigma_{\mathrm{Be}}$ sind nur verwendbar,
— wenn Zwängungsspannungen berücksichtigt werden, z. B. bei der Radlasteinleitung in die Krahnbahnträger oder bei Fachwerk-Kranbahnträgern
— bei Anwendung der Gl. (131)
[2]) Für **Kehlnähte** ist $\mathrm{grenz}\,\tau_{\mathrm{Be},\varkappa}$ mit dem Faktor 0,6 abzumindern. Für $\varkappa\geqq 0$ darf gerechnet werden mit

$$\mathrm{grenz}\,\sigma_{\mathrm{Be},\varkappa>0}=\frac{0{,}6\cdot\mathrm{grenz}\,\sigma_{\mathrm{Be,Z},0}/\sqrt{2}}{1-\left(1-\dfrac{0{,}6\cdot\mathrm{grenz}\,\sigma_{\mathrm{Be,Z},0}}{\mathrm{grenz}\,\sigma_{\mathrm{Be,Z},+1}}\right)\cdot\varkappa}$$

mit $\mathrm{grenz}\,\sigma_{\mathrm{Be,Z},0}$ nach Kerbfall K0 (nach W0, wenn niedriger).

9

Stahlbau

Ordnungs-Nummer	Beschreibung und Darstellung

Tafel 51 | Kerbfälle für Bauteile, geschraubte, genietete und geschweißte Verbindungen [1]). Fortsetzung auf den nachfolgenden Seiten

Kerbfall W 0 und Kerbfall W 1

| W 01 | *Teile* mit normaler Oberflächenbeschaffenheit und mit Seitenflächen als Walzkanten oder durch Sägeschnitte, wenn überlagerte geometrische Kerbwirkungen nicht vorhanden oder bei der Spannungsermittlung berücksichtigt sind, z.B. bei Ausschnitten. Brenngeschnittene Flächen müssen mindestens die Güte DIN 2310-12A nach DIN 2310-3 (11.87) haben. | |

| W 11 | *Teile* mit Scherenschnitt- oder mit Brennschnittflächen mit mindestens Güte DIN 2310-23A nach DIN 2310-3 (11.87), wenn überlagerte geometrische Kerbwirkungen nicht vorhanden oder bei der Spannungsermittlung berücksichtigt sind, z.B. bei Ausschnitten. | |

| W 12 | *Gelochte Teile* auch mit Nieten und Schrauben bei Beanspruchung der Niete und Schrauben bis höchstens 20%, der hochfesten Schrauben in GV-Verbindungen bis 100% der zulässigen Werte.

Für einschnittige Verbindungen gelten die Einschränkungen der Kerbfälle W 22 und W 23 auch hier. | |

| W 13 | *Stegansatz* von Walzprofilen bei Angriff von Radlasten | |

Kerbfall W 2 — Nietung, Paßschrauben nach DIN 7968, SLP- und GVP-Verbindungen

| W 21 | *Gelochte Teile* bei zweischnittigem Niet- oder Schraubenanschluß | |

| W 22 | *Gelochte Teile* bei einschnittigem, aber gestütztem Niet- oder Schraubenanschluß; die Stützung darf nur für die Breite $b \leq 15\,t$ angenommen werden. | |

[1]) Durch *Kursivdruck* ist angegeben, ob die Schweißnaht, das durch Schweißung beeinflußte durchlaufende Teil oder beide in den jeweiligen Kerbfall eingeordnet sind. Für Schweißnaht oder Teil ergeben sich ggf. unterschiedliche Kerbfälle.

710

Ordnungs-Nummer	Beschreibung und Darstellung

Kerbfall W2 ...

W 23	*Gelochte Teile* bei einschnittigem, aber nicht gestütztem Niet- oder Schraubenanschluß mit Nachweis der außermittigen Kraftwirkungen

Kerbfall K 0 — Geringe Kerbwirkung

011	Mit *Stumpfnaht*-Sondergüte quer zur Kraftrichtung *verbundene Teile*
012	Mit *Stumpfnaht*-Sondergüte quer zur Kraftrichtung *verbundene Teile* verschiedener Dicken mit unsymmetrischem Stoß und Schräge ≦1:4 oder mit symmetrischem Stoß und Schräge ≦1:3
021	Mit *Stumpfnaht*-Normalgüte, *HV-Naht* oder *K-Naht* längs zur Kraftrichtung *verbundene Teile*
022	Mit *Stumpfnaht*-Normalgüte *verbundene Stegbleche* und *Gurtprofile* aus Form- und Stabstahl

Kerbfall K 1 — Mäßige Kerbwirkung

111	Mit *Stumpfnaht*-Normalgüte quer zur Kraftrichtung *verbundene Teile*
112	Mit *Stumpfnaht*-Normalgüte quer zur Kraftrichtung *verbundene Teile* verschiedener Dicken mit unsymmetrischem Stoß und Schräge ≦1:4 oder mit symmetrischem Stoß und Schräge ≦1:3
123	Mit *DHY-Naht mit Doppelkehlnaht, HY-Naht mit Kehlnaht, Doppelkehlnaht* oder *Kehlnaht* längs zur Kraftrichtung *verbundene Teile*
131	*Durchlaufendes Teil*, an das quer zur Kraftrichtung Teile mit durchlaufender K-Naht angeschweißt sind.
151	Mit *K-Naht* quer zur Kraftrichtung *verbundene Teile*[2])

[2]) Auf Freiheit von Lamellenrissen ist bei den in Dickenrichtung beanspruchten Bauteilen besonders zu achten.

711

Ordnungs-Nummer	Beschreibung und Darstellung	
Kerbfall K1 ...		
152	*K-Naht* in Anschlüssen mit Biegung	
153	*K-Naht* zwischen Gurt und Steg bei Angriff von Einzellasten. Druck und Zug quer zur Naht (gilt nur für Querbeanspruchung der Naht)	
Kerbfall K2 — Mittlere Kerbwirkung		
211	Mit *Stumpfnaht*-Normalgüte quer zur Kraftrichtung *verbundene Teile* aus Form- oder Stabstahl außer Flachstahl. (Beim Tragsicherheitsnachweis ist DIN 18801 (9.83), Abschn. 7.2.4 zu beachten.)	
212	Mit *Stumpfnaht*-Normalgüte quer zur Kraftrichtung *verbundene Teile* verschiedener Dicken mit unsymmetrischem Stoß und Schräge $\leq 1:3$ oder mit symmetrischem Stoß und Schräge $\leq 1:2$	
231	*Durchlaufendes Teil,* an das quer zur Kraftrichtung Teile mit durchlaufender Doppelkehlnaht-Sondergüte angeschweißt sind. Nahtübergänge kerbfrei.	
233	*Gurt- und Stegbleche,* an die quer zur Kraftrichtung Schotte oder Steifen mit abgeschnittenen Ecken mit Doppelkehlnaht-Sondergüte angeschweißt sind. Nahtübergänge kerbfrei. Die Einstufung in den Kerbfall gilt nur für den Bereich der Querkehlnähte.	
241	*Durchlaufendes Teil,* an dessen Kante an den Enden abgeschrägte oder ausgerundete Teile längs zur Kraftrichtung mit Stumpfnaht-Normalgüte angeschweißt sind. Nahtenden kerbfrei bearbeitet.	
242	*Durchlaufendes Teil,* an das an den Enden abgeschrägte oder ausgerundete Teile oder Steifen längs zur Kraftrichtung angeschweißt sind. Die Endnähte sind im Bereich $\geq 5\,t$ als K-Naht ausgeführt. Nahtübergänge kerbfrei.	
244	*Durchlaufendes Teil,* auf das ein am Ende mit Neigung $\leq 1:3$ abgeschrägtes Gurtblech aufgeschweißt ist. Die Endnähte sind im Bereich $\geq 5\,t$ in Kehlnaht-Sondergüte mit $a_W = 0,5\,t$ ausgeführt. Nahtübergänge kerbfrei.	

Ordnungs-Nummer	Beschreibung und Darstellung

Kerbfall K 3 − Starke Kerbwirkung

311	Mit einseitig auf Wurzelunterlage ge- schweißter *Stumpfnaht* quer zur Kraftrich- tung *verbundene Teile*
312	Mit *Stumpfnaht*-Normalgüte quer zur Kraft- richtung *verbundene Teile* verschiedener Dicken mit unsymmetrischem Stoß und Schräge $\leq 1:2$, mit unsymmetrischem Stoß ohne Schräge mit Dickenunterschieden ≤ 3 mm oder mit symmetrischem Stoß ohne Schräge
313	*Stumpfnaht*-Normalgüte und *durchlaufen- des Teil*, beide quer zur Kraftrichtung, z.B. an Kreuzungsstellen von Gurtblechen mit Querschnittsverbreiterungen, die durch Stumpfnaht-Normalgüte angeschweißt sind. Nahtenden kerbfrei bearbeitet.
331	*Durchlaufendes Teil*, an das quer zur Kraft- richtung Teile mit durchlaufender Doppel- kehlnaht angeschweißt sind
333	*Gurt- und Stegbleche*, an die quer zur Kraft- richtung Schotte oder Steifen mit ununter- brochener Doppelkehlnaht angeschweißt sind. Die Einordnung in den Kerbfall gilt nur für den Bereich der Querkehlnähte.
341	*Durchlaufendes Teil*, an dessen Kante an den Enden abgeschrägte Teile längs zur Kraftrichtung mit Kehlnaht oder Doppel- kehlnaht angeschweißt sind. Nahtenden kerbfrei bearbeitet.
342	*Durchlaufendes Teil*, auf das an den Enden abgeschrägte Teile oder Steifen längs zur Kraftrichtung mit Doppelkehlnaht ange- schweißt sind. Die Endnähte sind im Be- reich $\geq 5\,t$ kerbfrei bearbeitet.
343	*Durchlaufendes Teil*, mit dem ein an den Enden abgeschrägtes oder ausgerundetes und durchgestecktes Blech verschweißt ist. Die Endnähte sind im Bereich $\geq 5\,t$ als Doppel HY-Naht mit Doppelkehlnaht ausgeführt und kerbfrei bearbeitet.
344	*Durchlaufendes Teil*, an das ein Gurtblech mit $t_0 \leq 1,5\,t_u$ aufgeschweißt ist. Die End- nähte sind im Bereich $\geq 5\,t_0$ als Kehlnaht- Sondergüte ausgeführt.

9

713

Ordnungs-Nummer	Beschreibung und Darstellung

Kerbfall K3 ...

346	*Durchlaufendes Teil,* an das *Längssteifen* mit unterbrochener Doppelkehlnaht oder durch Ausschnittsschweißung mit Doppelkehlnaht angeschweißt sind. Die Einordnung in den Kerbfall gilt nur für die Bereiche der kurzen Nahtabschnitte zwischen den Endnähten; für diese siehe Ordnungs-Nummer 242, 342 oder 442, je nach Ausbildung.
351	Mit *DHY-Naht mit Doppelkehlnaht* quer zur Kraftrichtung *verbundene Teile*
352	*DHY-Naht mit Doppelkehlnaht* in Anschlüssen mit Biegung
353	*DHY-Naht mit Doppelkehlnaht* zwischen Gurt und Steg bei Angriff von Einzellasten in Stegebene Druck und Zug quer zur Naht (gilt nur für Querbeanspruchung der Naht)

Kerbfall K4 — Besonders starke Kerbwirkung[2])

412	Mit *Stumpfnaht-*Normalgüte quer zur Kraftrichtung *verbundene Teile* verschiedener Dicken mit unsymmetrischem Stoß, ohne Schräge, gestützt.
	Nichtgestützte Stöße bei Berücksichtigung der Außermittigkeit
413	Mit *Stumpfnaht-*Normalgüte quer zur Kraftrichtung *verbundene Teile* an Kreuzungsstellen, z.B. von Gurtblechen
433	*Gurt- und Stegbleche,* an die Schotte mit ununterbrochener einseitiger Kehlnaht quer zur Kraftrichtung angeschweißt sind
441	*Durchlaufendes Teil,* an dessen Kante längs zur Kraftrichtung rechtwinklig endende Teile angeschweißt sind
442	*Durchlaufendes Teil,* auf das rechtwinklig endende Teile, z.B. Steifen oder Knaggen zur Schienenbefestigung, längs zur Kraftrichtung mit Doppelkehlnaht aufgeschweißt sind

[2]) Bauformen mit noch ungünstigeren Kerbfällen sind unzulässig.

Ordnungs-Nummer	Beschreibung und Darstellung

Kerbfall K 4 — Besonders starke Kerbwirkung (Fortsetzung)

443	*Durchlaufendes Teil,* mit dem ein rechtwinkliges durchgestecktes Blech mit Doppelkehlnaht verschweißt ist
444	*Durchlaufendes Teil,* auf dem ein mit umlaufender Kehlnaht aufgeschweißtes Gurtblech endet
446	*Durchlaufende Teile,* zwischen denen Bindebleche mit Kehlnaht oder Stumpfnaht-Normalgüte eingeschweißt sind
447	*Durchlaufende Teile,* auf die *Stäbe* mit Kehlnähten ringsumlaufend aufgeschweißt sind
448	*Stäbe aus Rohren,* die mit Kehlnähten ringsumlaufend verschweißt sind
449	*Stoßlaschen,* die auf Teile von $t_u \geqq t_o$ mit Stirn- und Flankenkehlnähten aufgeschweißt sind
451	Durch *Doppelkehlnaht* oder *HV-Naht* auf Wurzelunterlage quer zur Kraftrichtung *verbundene Teile* (Kreuzstoß)
452	Durch *Doppelkehlnaht*-Anschluß mit Biegung angeschlossenes Teil
453	*Doppelkehlnaht* zwischen Gurt und Steg bei Angriff von Einzellasten in Stegebene Druck und Zug quer zur Naht (gilt nur für Querbeanspruchung der Naht)

9

715

7 Verbindungen

Allgemeines. Die Beanspruchung der Verbindungen wird aus den Schnittgrößenanteilen des jeweiligen Querschnittsteils bestimmt.

Fällt der Schwerpunkt der Verbindungsmittel nicht mit der Schwerachse des anzuschließenden Querschnittsteils zusammen, ist die Exzentrizität zu berücksichtigen; Ausnahmen s. Abschn. 2.2.2.a und Tafel 53.

Bei doppeltsymmetrischen I-Profilen dürfen die Verbindungen vereinfacht mit folgenden Schnittgrößen berechnet werden, wenn auch die Flansche für N_z und N_D nachgewiesen werden:

Zugflansch: $\quad N_z = N/2 + M_y/h_F \quad$ (132)

Druckflansch: $N_D = N/2 - M_y/h_F \quad$ (133) $\qquad h_F =$ Schwerpunktabstand der Flansche.

Steg: $\qquad V_{St} = V_z \qquad$ (134)

Zusammenwirken verschiedener Verbindungsmittel in einem Anschluß oder Stoß darf angenommen werden für
— Niete und Paßschrauben
— GVP-Verbindungen und Schweißnähte
— Schweißnähte in einem oder beiden Gurten und Niete oder Paßschrauben in allen übrigen Querschnittsteilen bei vorwiegender Beanspruchung durch M_y.
Die Grenzschnittgrößen ergeben sich durch Addition der Grenzschnittgrößen der einzelnen Verbindungsmittel.

Kein Zusammenwirken von SL- oder SLV-Verbindungen mit Paßschrauben oder Schweißnähten.

Druckkräfte $\perp$ zur Kontaktfuge dürfen bei Berücksichtigung von Verformungen, Toleranzen und evtl. Klaffen der Fuge vollständig durch **Kontakt** übertragen werden, wenn die Sicherheit der gegenseitigen Lage der Bauteile ohne den Ansatz von Reibungskräften nachgewiesen wird. Es ist $\sigma_{R,d,Fuge} = \sigma_{R,d,Bauteil}$.

Eingeschränkte Verwendung und zusätzliche Nachweise von Verbindungsmitteln bei Anwendung der Verfahren Elastisch-Plastisch mit Momentenumlagerung bzw. Plastisch-Plastisch s. Abschn. 2.2.4 und 2.2.5.

7.1 Schweißverbindungen

Die für das jeweilige Bauteil geeignete Stahlgütegruppe der Stahlsorten nach Tafel 4 ist mit den Tafeln 56 bis 59 zu wählen. Bei Fertigung und Konstruktion ist DASt-Ri 014 [22] zu beachten; Nahtanhäufungen und Kerben sind zu vermeiden.

7.1.1 Abmessungen der Schweißnähte

Rechnerische Schweißnahtdicke a s. Tafel 55.

Rechnerische Schweißnahtlänge l ist ihre geometrische Länge, bei Kehlnähten ist sie die Länge der Wurzellinie.

Kleinste rechnerische Kehlnahtlänge: $l \geq 6\,a$, jedoch $l \geq 30$ mm.

Größte rechnerische Flankenkehlnaht in unmittelbaren Laschen- und Stabanschlüssen: $l \leq 150\,a$, jedoch ist eine obere Begrenzung von l nicht erforderlich bei kontinuierlicher Krafteinleitung über die Anschlußlänge, wie z.B. bei Querkraftübertragung vom Trägersteg zur Stirnplatte.

Rechnerische Schweißnahtfläche: $\quad A_w = \sum(a \cdot l) \quad$ (135)

Die Summe erstreckt sich über die Nähte, die einwandfrei ausgeführt werden können und die vorzugsweise imstande sind, die Schnittgrößen zu übertragen, z.B.:
— bei Längskraft alle Nähte mit gleicher Steifigkeit der Anschlußebene
— bei Querkraft nur die Stegnähte von I-, U- und ähnl. Profilen.

Für Kehlnähte ist A_w konzentriert in der Wurzellinie anzunehmen.

Wird die Nahtlänge Σl nach Taf. 53 bestimmt, dürfen Ausmittigkeiten des Anschlusses unberücksichtigt bleiben.

7.1.2 Schweißnahtspannungen und Nachweise

Nachweis für Stumpf- und Kehlnähte:

$$\sigma_{w,v}/\sigma_{w,R,d} \leq 1 \qquad (136)$$

mit dem Vergleichswert

$$\sigma_{w,v} = \sqrt{\sigma_\perp^2 + \tau_\perp^2 + \tau_\parallel^2} \qquad (137)$$

Die in Gl. (137) einzusetzenden einzelnen Schweißnahtspannungen (Bild 50) errechnen sich aus folgenden Gleichungen bei der Einwirkung

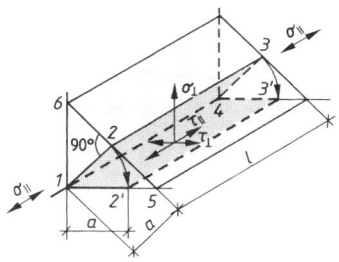

— einer Normalkraft $N\sigma_\perp$
  oder einer $\tau_\perp$ $\left.\begin{array}{c}\\\\\end{array}\right\} = \dfrac{F}{A_w}$ (138)
  Querkraft V $\tau_\parallel$

— eines Biegemoments M

$$\sigma_\perp = M \cdot z / I_w \qquad (139)$$

Bild 50 Schweißnahtspannungen in Kehlnähten

In Längsnähten von Biegeträgern ist die Schweißnahtschubspannung

$$\tau_\parallel = \frac{V \cdot S}{I \cdot \sum a} \qquad (140)$$

Gl. (140) ist bei unterbrochenen Nähten mit $(e + l)/l$ zu multiplizieren.

Es bedeuten:

I Flächenmoment 2. Grades des Gesamtquerschnitts
I_w Flächenmoment 2. Grades des Schweißnahtquerschnitts
S Flächenmoment 1. Grades der angeschlossenen Querschnittsteilflächen
e Nahtfreie Länge bei unterbrochenen Nähten (l = Nahtlänge)
$\sigma_\parallel$ bleibt unberücksichtigt.

Grenzschweißnahtspannungen für alle Nähte:

$$\sigma_{w,R,d} = \alpha_w \cdot f_{y,k}/\gamma_M \qquad (141)$$

$f_{y,k}$ aus Tafel 4, Zeile 1 oder 3 für $t \leq 40$ mm;
α_w aus Tafel 52.

Bei **Stumpfstößen von Formstählen** aus S235JR, S275JR und S235JRG1 mit Erzeugnisdicke $t > 16$ mm ist bei Zugbeanspruchung $\alpha_w = 0{,}55$ zu setzen.
Längsnähte in Hohlkehlen von Walzprofilen aus unberuhigt vergossenen Stählen sind unzulässig.
Kehlnähte ohne weitere Nachweise s. Tafel 54.

Tafel 52 α_w-**Werte für Grenzschweißnahtspannungen** nach DIN 18800-1 [6] Tab. 21

	Nähte nach Tafel 55	Nahtgüte	Beanspruchungsart	S235 S275	S355 S355N
1		alle Nahtgüten	Druck		
2	Zeile 1 bis 4	Nahtgüte nachgewiesen	Zug	1,0[1])	1,0[1])
3		Nahtgüte nicht nachgewiesen		0,95	0,80
4	Zeile 5 bis 15	alle Nahtgüten	Druck, Zug		
5	Zeile 1 bis 15		Schub		

[1]) Diese Nähte brauchen im allgemeinen rechnerisch nicht nachgewiesen zu werden, da der Bauteilwiderstand maßgebend ist. — Werden die Schnittgrößen nach dem Nachweisverfahren Elastisch-Plastisch mit Umlagerung von Momenten oder nach dem Nachweisverfahren Plastisch-Plastisch ermittelt, darf der Nachweis mit einem oberen Grenzwert der Streckgrenze entfallen.

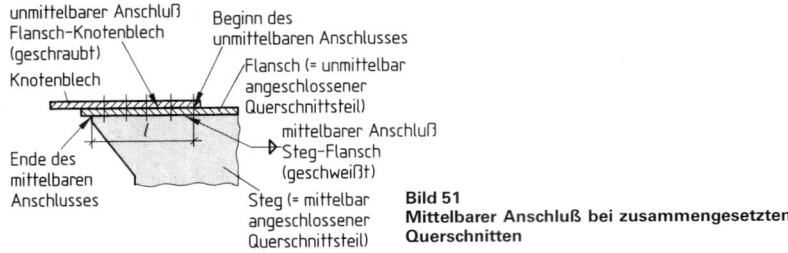

Bild 51
Mittelbarer Anschluß bei zusammengesetzten Querschnitten

Die Schweißverbindung zwischen mittelbar und unmittelbar angeschlossenen Querschnittsteilen zusammengesetzter Querschnitte ist nachzuweisen (Bild 51), sofern die Teile innerhalb des Anschlußbereichs zur Aufnahme der Schnittgrößen erforderlich sind.

Einige Besonderheiten der Abmessungen und Ausführung von Stumpfnähten siehe Bild 52, von Kehlnähten siehe Bild 54. Beim Eckstoß ist die Schweißverbindung zur Beseitigung der Terrassenbruchneigung so auszuführen, daß die Schweißnaht möglichst die volle Dicke **beider** Teile anschließt [1], [22] (Bild 53).

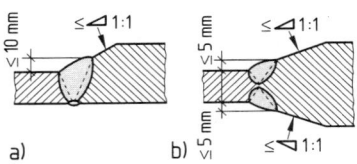

Verbindung von Teilen verschiedener Dicke

Bild 52   Stumpfstöße von Querschnittsteilen

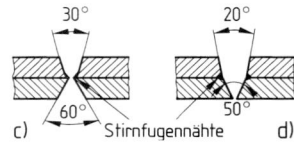

Stirnfugennähte

Nahtvorbereitung eines Stumpfstoßes aufeinanderliegender Gurtplatten

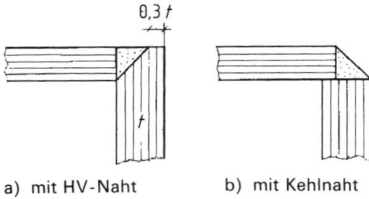

a) mit HV-Naht   b) mit Kehlnaht

Bild 53   Empfohlene Schweißverbindung an einem Eckstoß

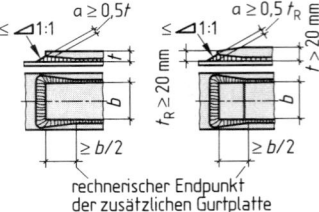

rechnerischer Endpunkt der zusätzlichen Gurtplatte

Bild 54   Vorbinden zusätzlicher Gurtplatten

Tafel 54   Kehlnahtdicken ohne weiteren Nachweis am Trägeranschluß oder -querstoß

Werkstoff	Nahtdicken
S235	$a_F \geq 0,5\,t_F$ $a_S \geq 0,5\,t_S$
S275	$a_F \geq 0,6\,t_F$ $a_S \geq 0,6\,t_S$
S355 S355N	$a_F = 0,7\,t_F$ $a_S = 0,7\,t_S$

Tafel 54 Rechnerische Schweißnahtlängen Σl bei unmittelbaren Stabanschlüssen (nach [6], Tab. 20

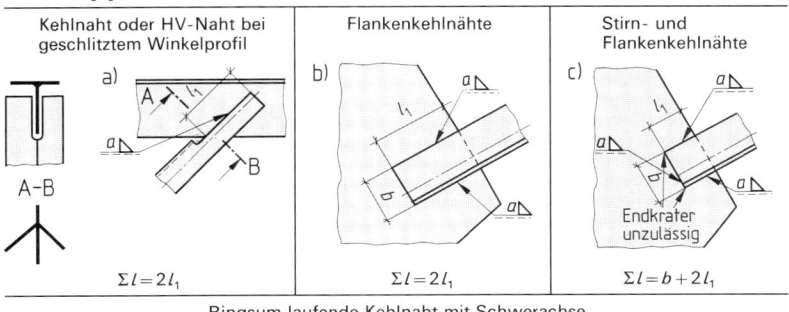

Kehlnaht oder HV-Naht bei geschlitztem Winkelprofil	Flankenkehlnähte	Stirn- und Flankenkehlnähte
a)	b)	c) Endkrater unzulässig
$\Sigma l = 2 l_1$	$\Sigma l = 2 l_1$	$\Sigma l = b + 2 l_1$

Ringsum laufende Kehlnaht mit Schwerachse

näher zur kürzeren Naht — näher zur längeren Naht

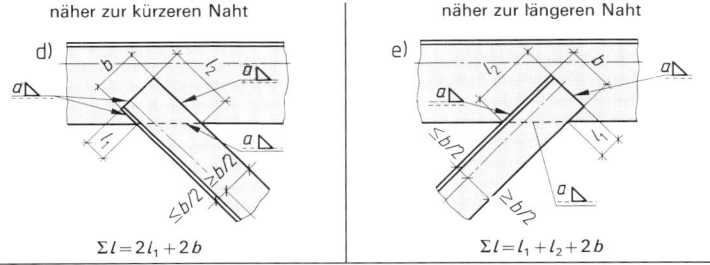

d)	e)
$\Sigma l = 2 l_1 + 2 b$	$\Sigma l = l_1 + l_2 + 2 b$

Wenn Σl nach dieser Tafel bestimmt wird, dürfen die Momente aus den Außermittigkeiten des Schweißnahtschwerpunktes zur Stabachse unberücksichtigt bleiben.

9

Beispiele für Schweißnahtberechnung

Beispiel Nachweis des Anschlusses eines Zugstabes aus $1/2$ IPE 400 über Stumpf- und Kehl-
(Bild 55) nähte

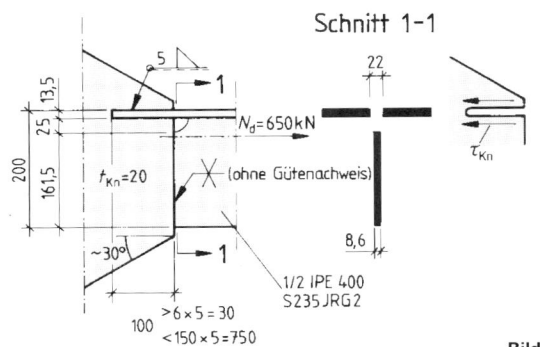

Schnitt 1-1

$N_d = 650 \, kN$

(ohne Gütenachweis)

$t_{Kn} = 20$

τ_{Kn}

$1/2$ IPE 400
S235 JRG 2

$>6 \times 5 = 30$
$<150 \times 5 = 750$

Bild 55

719

Beispiel $A_{Fl} = (18 - 2,2) \cdot 135 \quad = 21,33 \text{ cm}^2$
Forts. $A_{St} = 16,15 \cdot 0,86 \quad = 13,89 \text{ cm}^2$

$$A = 35,22 \text{ cm}^2$$

Kraftaufteilung flächenanteilig

$N_{Fl} = 650 \cdot 21,33/35,22 \approx 394 \text{ kN}$
$N_{St} = 650 - 394 \quad = 256 \text{ kN}$

Für die Stumpf- und Kehlnähte gilt nach Tafel 52 $\sigma_{w,R,d} = 0,95 \cdot 24,0/1,1 = 20,7 \text{ kN/cm}^2$

Steg: $= \min t, A_{w,St} = A_{st}$
$\quad \sigma_w = 256/13,89 = 18,43 \text{ kN/cm}^2 \qquad \sigma_w/\sigma_{w,R,d} = 0,89 < 1$
Flansch: $A_w = 4 \cdot 0,5 \cdot 10 = 20 \text{ cm}^2$
$\quad \tau_\parallel = 394/20 = 19,7 \text{ kN/cm}^2 \qquad \tau_\parallel/\sigma_{w,R,d} = 0,95 < 1$

Da die Schubverzerrungen in der Kehlnaht mit dem G-Modul ($\approx 1/3 \cdot E-$Modul), die Dehnungen der Stumpfnaht jedoch mit dem E-Modul korrespondieren, sollte die Kehlnaht etwas länger als rechnerisch erforderlich ausgeführt werden (z. B. 120 mm).

Knotenblechkontrolle: $\tau_{Kn} \approx 394/(2 \cdot 2, \cdot 10) = 9,85 \text{ kN/cm}^2$
$\tau_{R,d} = 24,0/(1,1 \cdot \sqrt{3}) = 12,6 \text{ kN/cm}^2 \qquad \tau_{Kn}/\tau_{R,d} = 0,78 < 1$

Beispiel Nachweis der Schweißnähte eines biegesteifen Anschlusses eines IPE 400, z. B. an
(Bild 56) eine Stirnplatte

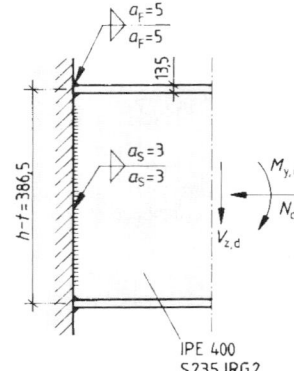
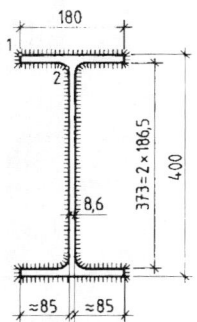

IPE 400
S235JRG2

Bild 56

$N_d = 50 \text{ kN}$
$V_{z,d} = 250 \text{ kN}$
$M_{y,d} = 130 \text{ kNm}$
$\sigma_{w,R,d} = 0,95 \cdot 24/1,1 = 20,7 \text{ kN/cm}^2$

a) Bei $_F \geq t/2 = 7 \text{ mm}$ und $_s \geq s/2 = 4 \text{ mm}$ ist ein Nachweis nicht erforderlich.

b) „vereinfachter Nachweis": N, M werden nur den Flanschnähten, V_z den Stegnähten zugewiesen.
$\quad A_{w,Fl} = (18 + 2 \cdot 8,5) \cdot 0,5 = 9,0 + 8,5 = 17,5 \text{ cm}^2 \quad A_{w,St} = 2 \cdot 37,3 \cdot 0,3 = 22,4 \text{ cm}^2$
$\quad \max N_{Fl} = N_d/2 + M_{y,d}/(h - t) = 50/2 + 13\,000/38,65) = 361 \text{ kN}$
$\quad \sigma_\perp = 361/17,5 = 20,6 \text{ kN/cm}^2 \qquad \sigma_\perp/\sigma_{w,Rd} = 1,0$
$\quad \tau_\parallel = 250/22,4 = 11,2 \text{ kN/cm}^2 \qquad \tau_\parallel/\sigma_{w,R,d} = 0,54 < 1$

c) „genauer Nachweis" über A_w, I_w
$\quad A_w = 2 \cdot 17,5 + 22,4 = 57,4 \text{ cm}^2$
$\quad I_w = 2 \cdot 0,3 \cdot 37,3^3/12 + 2 \cdot (9,0 \cdot 20^2 + 8,5 + 18,65^2) = 15\,708 \text{ cm}^4$
$\quad W_{w,1} = 15\,708/20 = 785 \text{ cm}^3 \qquad W_{w,2} = 15,708/18,65 = 842 \text{ cm}^3$
$\quad \sigma_{\perp,1} = 50/57,4 + 13\,000/785 = 17,4 \text{ kN/cm}^2 \quad \sigma_{\perp,1}/\sigma_{w,R,d} = 0,84 < 1$
$\quad \sigma_{\perp,2} = 50/57,4 + 13\,000/842 = 16,3 \text{ kN/cm}^2$
$\quad \tau_{\parallel,2} = 11,2 \text{ kN/cm}^2 \qquad \sigma_{w;v} = \sqrt{16,3^2 + 11,2^2} = 19,8 \text{ kN/cm}^2$

Tafel 55 Rechnerische Schweißnahtdicken a nach DIN 18800-1 [6], Tab. 19
Symbolische Darstellung der Schweißnähte nach DIN EN 22553 (3.97)

Zeile	1		2	3
	Nahtart[1]), Symbole		Bild	Rechnerische Nahtdicke a
1	 $\bigvee$	Stumpfnaht (Beispiel V-Naht)		$a = t_1$ wenn $t_1 \leqq t_2$
2	 K	D(oppel)-HV-Naht (K-Naht) 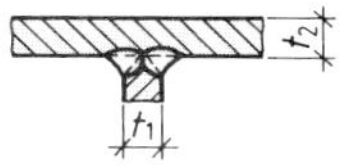		
3	$\bigvee$ (HV-Naht)	Kapplage gegengeschweißt	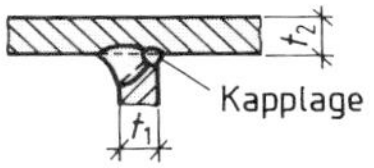 Kapplage	$a = t_1$
4		Wurzel durchgeschweißt	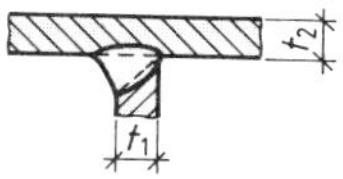	
5	 Y	HY-Naht mit Kehlnaht[2])	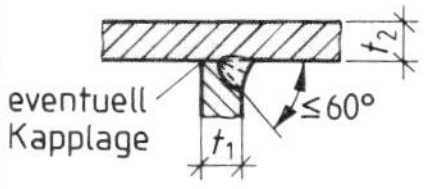 eventuell Kapplage $\leq 60°$	a: vgl. Zeile 7
6		HY-Naht[2])	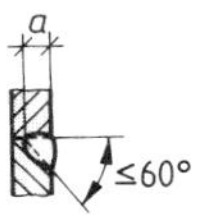 $\leq 60°$	Die Nahtdicke a ist gleich dem Abstand vom theoretischen Wurzelpunkt zur Nahtoberfläche
7	 K	D(oppel)HY-Naht mit Doppelkehlnaht[2]) 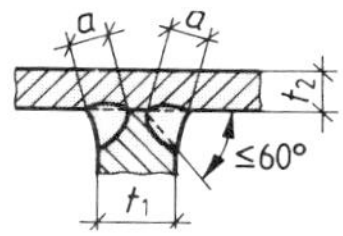	$\leq 60°$	
8		D(oppel)HY-Naht[2]) 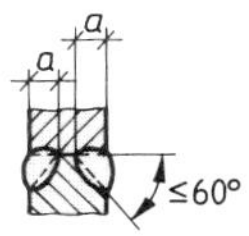	$\leq 60°$	

Durch- oder gegengeschweißte Nähte (Zeilen 1–4)

Nicht durchgeschweißte Nähte (Zeilen 5–8)

Fortsetzung s. nächste Seite

9

Tafel 55, Fortsetzung

Zeile	1			2	3	
	Nahtart[1]), Symbole			Bild	Rechnerische Nahtdicke a	
9	Nicht d. Nähte	||	Doppel I-Naht ohne Nahtvorbereitung (Vollmech. Naht)		Nahtdicke a mit Verfahrensprüfung festlegen Spalt b ist verfahrensabhängig UP-Schweißung: $b=0$	
10	Kehlnähte	◿	Kehlnaht	theoretischer Wurzelpunkt 	Nahtdicke a ist gleich der bis zum theoretischen Wurzelpunkt gem. Höhe des einschreibbaren gleichschenkligen Dreiecks	Empfohlene Grenzwerte für a bei $t \geqq 3$ mm:
11		▷	Doppelkehlnaht	theoretische Wurzelpunkte 		$\min a$ $\geqq 2\,\mathrm{mm}$ $\geqq \sqrt{\max t} - 0,5$
12		◿	Kehlnaht	mit tiefem Einbrand	 theor. Wurzelpunkt	$a = \bar{a} + e$ $\bar{a}$: entspricht Nahtdicke a nach Zeile 10 und 11 e: aus Verfahrensprüfung (s. DIN 18800-7, (5.83) Abschn. 3.4.3.2a, hier: $\min e$)	$\max a$ $\leqq 0,7 \min t$ (a und t in mm)
13		▷	Doppelkehlnaht		 theoretischer Wurzelpunkt	
14		⋁	Dreiblechnaht Steilflankennaht	$b \geqq 6$mm 	Kraftübertragung von: t_2 nach t_3	$a = t_2$ für $t_2 < t_3$
15					t_1 nach t_2 und t_3	$a = b$

[1]) Ausführung nach [10], Abschnitt 3.4.3.
[2]) Bei Nähten nach Zeilen 5 bis 8 mit einem Öffnungswinkel $< 45°$ ist das rechnerische a-Maß um 2 mm zu vermindern oder durch eine Verfahrensprüfung festzulegen. Ausgenommen hiervon sind Nähte, die in Position w (Wannenposition) und h (Horizontalposition) mit Schutzgasschweißung ausgeführt werden.

Wahl der Stahlgütegruppen für geschweißte Stahlbauten
nach DASt-Richtlinie 009 [21], sowie Herstellungsrichtlinie Stahlbau

Tafel 56   Beispiele für die Klassifizierung der Bauteile nach ihrem Spannungszustand

Spannungs-zustand	Bauteile	ferner
niedrig		Aussteifungen, Schotte, Verbände; spannungsarm geglühte Bauteile des Spannungszustandes „mittel"
mittel	orthotrope Platte	Knotenbleche an Zuggurten; spannungsarm geglühte Bauteile des Spannungszustandes „hoch"
hoch		Bauteile im Bereich von schroffen Querschnittsübergängen, Spannungsspitzen, konzentrierten Krafteinleitungen, räumlichen Zugspannungszuständen

Die zu klassifizierenden Bauteile sind durch Schwärzung oder Schraffur gekennzeichnet. Gleichwertige Fälle sind sinngemäß einzuordnen.

Tafel 57   Bestimmung der Klassifizierungsstufen

Spannungs-zustand (s. Tafel 56)	Bedeutung des Bauteils[1])	Beanspruchung bei Gebrauchslast			
		Druck		Zug	
		angenommene tiefste Temperatur			
		bis $-10\,°C$	von $-10\,°C$ bis $-30\,°C$	bis $-10\,°C$	von $-10\,°C$ bis $-30\,°C$
hoch	1. Ordnung	IV	III	II	I
	2. Ordnung	V	IV	III	II
mittel	1. Ordnung	V	IV	III	II
	2. Ordnung	V	V	IV	III
niedrig	1. Ordnung	V	V	IV	III
	2. Ordnung	V	V	V	IV

[1]) 1. Ordnung: Bauteile, von deren Funktionsfähigkeit der Bestand oder der Verwendungszweck des Gesamttragwerks oder seiner wichtigsten Teile abhängen oder bei denen zul σ langzeitig und ständig zu mehr als 70% ausgenutzt ist. Die übrigen sind Bauteile 2. Ordnung.

Tafel 58   Wahl der Stahlgütegruppe
für Stähle nach DIN EN 10025

Klassifizierungsstufe (s. Taf. 57)	zulässige Bauteildicke in mm bis einschließlich[1]) [2])						
	10	20	30	40	50	60	70
I							
II							K2
III		JR JRG1		J0		J2	
IV			JRG2				
V							

[1]) Bauteildicken sind nur in dem Rahmen zulässig, wie die Fachnormen dies ausweisen.
[2]) Der in Fachnormen zusätzlich geforderte Sprödbruchnachweis, z. B. durch den Aufschweißbiegeversuch nach SEP 1390 (96) ist ab den dort genannten Grenzwanddicken zu führen.

Tafel 59   Grenzwerte min(r/t) für das Schweißen in kaltgeformten Bereichen nach DIN 18800-1 [6], Tab. 9

	max t in mm	min (r/t)	
1	50	10	
2	24	3	
3	12	2	
4	8	1,5	*) 6 mm
5	4*)	1	bei S235J2G3
6	<4*)	1	

Zwischen den Zeilen 1 bis 5 darf linear interpoliert werden.

Im Anwendungsbereich der DIN 18809 gelten strengere Bedingungen.

9

723

Tafel 60   Symbolische Darstellung von Schweißnähten Beispiele nach DIN EN 22553 (3.97)

Benennung	Darstellung		Benennung	Darstellung	
	erläuternd	symbolisch		erläuternd	symbolisch
V-Naht mit Gegenlage Nahtlänge = Stoßlänge	Obere Werkstückfläche		**Kehlnähte** einseitig, auf der Pfeilseite mit hohler Oberfläche a = 4 mm, auf der Gegenseite a = 6 mm Nahtlänge 60 mm		
D(oppel)-V-Naht (X-Naht) Gewölbte Oberfläche, Nahtlänge = Stoßlänge; hergestellt durch Lichtbogenhandschweißen (Kennzahl 111) — gef. Bewertungsgruppe D nach ISO 5817 — Wannenposition PA nach ISO 6947 — umhüllte Stabelektrode ISO 2560–E512RR22	/111 ISO 5817-D/ISO 6947-PA/ ISO 2560-E 51 2 RR 22		**Doppel-Kehlnaht** mit verschiedenen Nahtdicken, a₁ = 8 mm, a₂ = 5 mm, Montagenähte; die Bezugsangabe für Gruppen gleicher Nähte kann nahe dem Schriftfeld unter dem angegebenen Buchstaben erläutert werden		
HV-Naht mit Gegennaht und beidseitig ebener Oberfläche, Nahtlänge = 800 mm ≠ Stoßlänge	Bem.: Die Pfeillinie weist gegen die schräge Fugenflanke			erläuternd	symbolisch
D(oppel)-HV-Naht (K-Naht) Montagenaht, Nahtlänge = Stoßlänge	Bem.: Die Pfeillinie weist gegen die schräge Fugenflanke		**Doppelkehlnaht** unterbrochen, gegenüberliegend; n = 3 Nähte, Nahtdicke a = 4 mm, Nahtlänge je 70 mm, Zwischenraum e = 50 mm	70, 50, 70, 50, 70	4 3×70 (50) 4 3×70 (50)
U-Naht mit ebener Oberfläche auf der oberen Werkstückfläche; Nahtlänge = Stoßlänge			**Doppelkehlnaht** unterbrochen, versetzt mit Vormaß v = 50 mm, a = 4 mm		4 2×40 (60) 4 2×40 (60)
Y-Naht Nahtdicke s = 6 mm, Nahtlänge = Stoßlänge			**Kehlnaht** ringsumverlaufend a = 5 mm		

Die Seite des Stoßes, auf die die Pfeillinie weist, ist die Pfeilseite, die andere Seite ist die Gegenseite. Bei unsymmetrischen Nähten muß der Pfeil auf das Teil zeigen, an dem die Nahtvorbereitung vorgenommen wird. Befindet sich die Naht (Nahtoberseite) auf der Pfeilseite des Stoßes, wird das Symbol auf der Seite der Bezugs-Vollinie angeordnet; befindet sich die Naht auf der Gegenseite, wird das Symbol auf der Seite der Bezugs-Strichlinie angeordnet, gleichgültig, ob die Strichlinie oberhalb oder unterhalb der Vollinie gezeichnet ist. Bei symmetrischen Nähten entfällt die Bezugs-Strichlinie.

Die Nahtdicke wird vor dem Symbol angegeben. Bei Kehlnähten wird der Nahtdicke a der Buchstabe a vorangesetzt; bei Stumpfnähten ist die Nahtdicke nur dann anzugeben, wenn der Querschnitt nicht voll durchgeschweißt wird (z. B. Y-Naht). Die Nahtlänge (hinter dem Symbol) ist nur anzugeben, wenn die Naht nicht durchgehend über die gesamte Länge des Werkstücks verläuft.

7.2 Verbindungen mit Schrauben

Sechskantschrauben (rohe Schrauben) nach DIN 7990 (12.99)

Sechskant-Paßschrauben nach DIN 7968 (12.99)

für Stahlkonstruktionen
Festigkeitsklassen nach DIN EN ISO 898-1 (11.99)

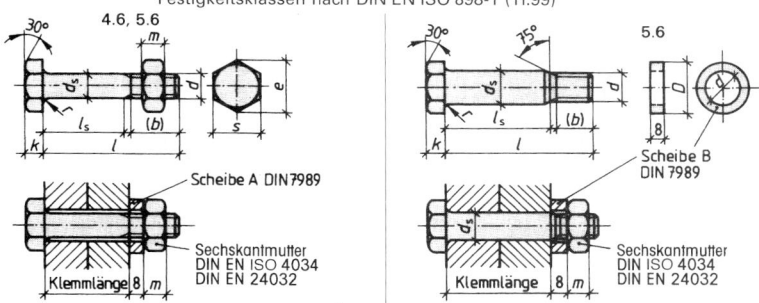

Längenmaße in mm, Querschnitte in cm². Klammerwerte für Paßschrauben

Gewinde	Schaft	Querschnitt					e		Länge l		Scheiben DIN 7989	
d	d_s	A_{Sp}[1])	Schaft	b	k	m	min	s	von	bis	d	D
M 12	13	0,843	1,13 (1,33)	17,75(17,12)	8	10	19,85	18	30	120	13,5	24
M 16	17	1,57	2,01 (2,27)	21 (20,5)	10	13	26,17	24	35	150 (160)	17,5	30
M 20	21	2,45	3,1 (3,46)	23,5 (23,75)	13	16	32,95	30	40	175 (180)	21,5	36
(M 22	23	3,03	3,80 (4,15)	25,5 (25,75)	14	18	37,29	34	40 (45)	200	24	40)[2])
M 24	25	3,53	4,52 (4,91)	26,0 (26,5)	15	19	39,55	36	45 (50)	200	26	44
M 27	28	4,59	5,73 (6,16)	29 (29,5)	17	22	45,20	41	60	200	29	50
M 30	31	5,61	7,07 (7,55)	30,5 (31,25)	19	24	50,85	46	80 (70)	200	32	56

[1]) Spannungsquerschnitt nach DIN 267-3 (8.83): $A_{Sp} = \frac{\pi}{4}\left(\frac{d_{Fl} + d_K}{2}\right)^2$ mit $d_{Fl} =$ Flanken- und d_K = Kerndurchmesser des Gewindes.

[2]) In den neuen Ausgaben der Schraubennormen nicht mehr enthalten.

Sechskantschrauben mit großen Schlüsselweiten DIN 6914 (10.89) — HV-Schrauben in Stahlkonstruktionen

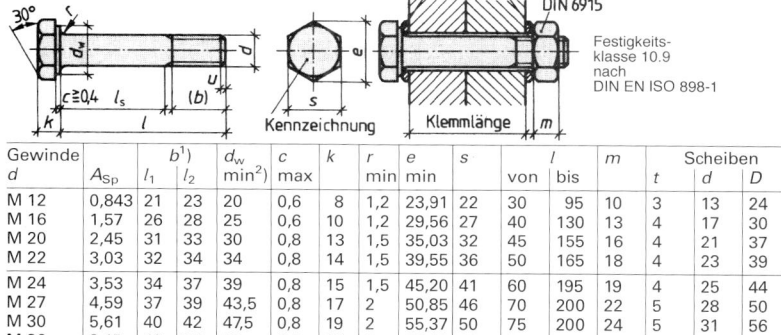

Gewinde	A_{Sp}	b[1])		d_w	c	k	r	e	s	l		m	Scheiben		
d		l_1	l_2	min[2])	max		min	min		von	bis		t	d	D
M 12	0,843	21	23	20	0,6	8	1,2	23,91	22	30	95	10	3	13	24
M 16	1,57	26	28	25	0,6	10	1,2	29,56	27	40	130	13	4	17	30
M 20	2,45	31	33	30	0,8	13	1,5	35,03	32	45	155	16	4	21	37
M 22	3,03	32	34	34	0,8	14	1,5	39,55	36	50	165	18	4	23	39
M 24	3,53	34	37	39	0,8	15	1,5	45,20	41	60	195	19	4	25	44
M 27	4,59	37	39	43,5	0,8	17	2	50,85	46	70	200	22	5	28	50
M 30	5,61	40	42	47,5	0,8	19	2	55,37	50	75	200	24	5	31	56
M 36	8,17	48	50	57	0,8	23	2	66,44	60	85	200	29	6	37	66

[1]) Schaftlängenbereiche l_1 und l_2 s. DIN 6914.

[2]) Größtmaß $d_w \leq$ Istmaß s.

9

Stahlbau

Sechskant-Paßschrauben, hochfest, mit großen Schlüsselweiten für Stahlkonstruktionen nach DIN 7999 (12.83)
Sie sind für GVP- oder SLP-Verbindungen bestimmt. Sie dürfen nur mit Sechskantmuttern nach DIN 6915 und mit Scheiben nach DIN 6916, 6917 oder 6918 verwendet werden.

Festigkeitsklasse 10.9 nach DIN EN 20898-1

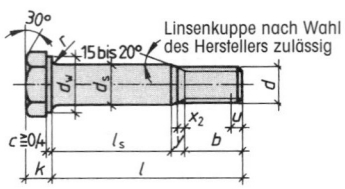

Gewinde d		M 12	M 16	M 20	M 22	M 24	M 27	M 30	Bemerkung
d_s	b11	13	17	21	23	25	28	31	Nennlängen l je nach Durchmesser 40 bis 200 mm.
b		18,5	22	26	28	29,5	32,5	35	
r	min.	0,8	0,8	1,2	1,2	1,2	1,5	1,5	
d_w	min.	19	25	32	34	39	43,5	47,5	Übrige Maße wie Schrauben nach DIN 6914
s		21	27	34	36	41	46	50	
e	min.	22,78	29,56	37,29	39,55	45,20	50,85	55,37	

Für die Festigkeitsklasse 8.8 dürfen auch Schrauben mit den Abmessungen nach DIN EN 24014 und DIN EN 24017 verwendet werden.

Niete

Halbrundniete nach DIN 124 (5.93) und Senkniete nach DIN 302 (5.93) aus den Stahlsorten USt 36 und RSt 38 nach DIN 17111 s. Normblätter!

Tafel 61   Zuordnung der Loch- und Schraubendurchmesser

Loch-$\emptyset\ d_L^1)$	8,4	11	13	15	17	19	21	23	25	28	31	34	37
Gewinde-$\emptyset^2)$	M 8	M 10	M 12	M 14	M 16	M 18	M 20	M 22	M 24	M 27	M 30	M 33	M 36

[1] Maßgebend für die Ausführung der Paßschrauben und ihre Berechnung auf Abscheren und Lochleibungsdruck.
Ferner maßgebend für die Ausführung der Schrauben nach DIN 7990 und DIN 6914 mit Lochspiel $\Delta d = 1$ mm. Bei Schrauben mit $\Delta d = 2$ mm ist der Lochdurchmesser um 1 mm größer. Der jeweils ausgeführte Lochdurchmesser ist für die Berechnung der Querschnittsschwächung maßgebend.
[2] = Schaft-$\emptyset$ der rohen Schrauben. Maßgebend für die Berechnung der Schrauben mit ≤ 2 mm Lochspiel.

Tafel 62   Symbol für eingebaute Schraube nach DIN ISO 5261 (4.97)

Schraube	Darstellung in der Zeichenebene				
	senkrecht zur Achse			parallel zur Achse	
	nicht gesenkt	Senkung auf der Vorderseite	Rückseite	nicht gesenkt	Senkung auf einer Seite
in der Werkstatt eingebaut					
auf der Baustelle eingebaut					
auf der Baustelle gebohrt und eingebaut					

Die Symbole für Löcher sind ohne Punkt in der Mitte auszuführen; der Durchmesser der Löcher wird in der Nähe des Symbols angegeben. Die Bezeichnung der Schrauben soll mit ihren DIN-Bezeichnungen übereinstimmen. Die Bezeichnung von Löchern oder Schrauben, die auf eine Gruppe gleicher Verbindungselemente bezogen ist, braucht nur an einem äußeren Element (mit Hinweispfeil) angebracht zu werden; in diesem Fall soll die Anzahl der Löcher oder Schrauben, die die Gruppe bilden, vor der Bezeichnung eingetragen werden (z. B. 10 M 16 DIN 7990).

726

7.2.1 Ausführung der Schraubenverbindungen

Bei tragenden Verbindungen in Scher-/Lochleibungsverbindungen darf das Gewinde bei n i c h t vorwiegend ruhender Belastung nicht in das Bauteil hineinragen; bei hochfesten Schrauben können unter der Mutter 2 Unterlegscheiben erforderlich werden.

Bei schiefen Auflageflächen sind keilförmige Unterlegscheiben notwendig.

Tafel 63 Ausführungsformen von Schraubenverbindungen

Nennlochspiel $\Delta d = d_L - d_{Sch}$ in mm	nicht planmäßig vorgespannt	planmäßig[2]) vorgespannt ohne gleitfeste Reibfläche	planmäßig[2]) vorgespannt mit[3]) gleitfester Reibfläche
1	$0,3 < \Delta d \leq 2,0^1)$	SL	SLV	GV
2	$\Delta d \leq 0,3$	SLP	SLVP	GVP

[1]) $\Delta d \leq 1$ mm in geschraubten Endanschlüssen zusätzlicher Gurtplatten, bei Senkschrauben im Bauteil mit dem Senkkopf oder wenn Verformungen begrenzt werden müssen.
[2]) Vorspannkraft F_v s. Tafel 72
[3]) Behandlung der Reibflächen und Vorspannverfahren s. [10], 3.3.3

SL Scher-Lochleibungsverbindungen
SLP Scher-Lochleibungs-Paßverbindungen
SLV planmäßig vorgespannte Scher-Lochleibungsverbindungen
SLVP planmäßig vorgespannte Scher-Lochleibungs-Paßverbindungen
GV gleitfeste planmäßig vorgespannte Verbindungen
GVP gleitfeste planmäßig vorgespannte Paßverbindungen

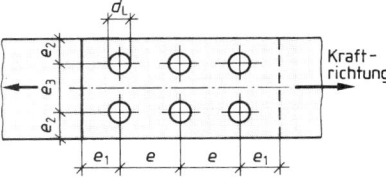

Bild 57 Rand- und Lochabstände

Tafel 64 Rand- und Lochabstände von Schrauben und Nieten nach DIN 18800-1, Tab. 7

Randabstände				Lochabstände		
Kleinster Randabstand	in Kraftrichtung	e_1	$1,2d_L$	Kleinster Lochabstand	in Kraftrichtung e	$2,2d_L$
	$\perp$ Kraftrichtung	e_2			$\perp$ Kraftrichtung e_3	$2,4d_L$
Größter Randabstand	∥ und $\perp$ zur Kraftrichtung e_1 bzw. e_2		$3d_L$ oder $6t$	Größter Lochabstand e bzw. e_3	Zur Sicherung gegen lokales Beulen	$6d_L$ oder $12t$
Am freien, durch die Profilform versteiften Rand darf der Randabstand $8t$ betragen:					wenn lokale Beulgefahr nicht besteht*)	$10d_L$ oder $20t$

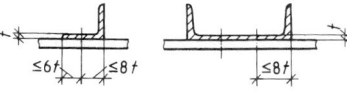

*) In Anschlüssen mit > 2 Lochreihen ∥ und $\perp$ zur Kraftrichtung brauchen e bzw. e_3 nur für die äußeren Lochreihen eingehalten zu werden; e und e_3 dürfen vergrößert werden, wenn durch besondere Maßnahmen ein ausreichender Korrosionsschutz sichergestellt ist.

Bei gestanzten Löchern sind die kleinsten Randabstände $1,5d_L$, die kleinsten Lochabstände $3,0d_L$. Bei den vom Lochdurchmesser d_L und der Dicke t des dünnsten außenliegenden Teiles abhängigen Werten ist der kleinere maßgebend.

7.2.2 Berechnung der Schraubenverbindungen

Beim Nachweis unmittelbarer Laschen- und Stabanschlüsse dürfen in Kraftrichtung hintereinanderliegend rechnerisch ≤ 8 Schrauben berücksichtigt werden.
Weitere allgemeine Angaben s. Abschn. 7!

a) Abscheren

Grenzabscherkraft für eine Scherfuge $V_{a,R,d} = A \cdot \alpha_a \cdot f_{u,b,k} / \gamma_M$ (142)

mit $\alpha_a = 0,60$ für Schrauben der Festigkeitsklasse 4.6, 5.6 und 8.8, sowie für Niete und Bolzen
$\quad \alpha_a = 0,55$ für Schrauben der Festigkeitsklasse 10.9
$\quad \alpha_a = 0,44$ für Schrauben 10.9, wenn der Gewindeteil in der Scherfuge liegt
$\quad f_{u,b,k}$ Zugfestigkeit des Schraubenwerkstoffs s. Tafel 71
$\quad \gamma_M = 1,1$ jedoch $\gamma_M = 1,25$ bei einschnittigen ungestützten Verbindungen

9

Für den Abscherquerschnitt A ist einzusetzen:
- Schaftquerschnitt $A_{Sch} = d^2_{Sch} \cdot \pi/4$, wenn der glatte Teil des Schafts in der Scherfuge liegt;
- Spannungsquerschnitt A_{Sp}, wenn der Gewindeteil in der Scherfuge liegt (A_{Sp} s. Tafel 72).

$V_{a,R,d}$ s. Tafel 71.

Mit der je Schraube und je Scherfuge vorhandenen Abscherkraft V_a muß sein

$$V_a / V_{a,R,d} \leq 1 \quad (143)$$

Die Grenzabscherkräfte dürfen innerhalb eines Anschlusses addiert werden.

Betriebsfestigkeit

Es gilt Abschn. 2.2.1, jedoch sind an Stelle von Gl. (16) und (17) zu setzen:

$$\Delta \tau_a = \max \tau_a - \min \tau_a \leq 46 \ N/mm^2 \quad (144)$$

$$n \leq 10^8 \cdot (46/\Delta \tau_a)^5 \quad (145)$$

Scherspannungsschwingbreite im Schaftquerschnitt

Das Gewinde darf nicht in die zu verbindenden Teile hineinragen.

b) Lochleibung

Für Blechdicken $t \geq 3$ mm ist die **Grenzlochleibungskraft**

$$V_{l,R,d} = t \cdot d_{Sch} \cdot \alpha_L \cdot f_{y,k}/\gamma_M \quad (146)$$

$f_{y,k}$ Streckgrenze des Bauteil-Werkstoffs s. Tafel 4.

α ist mit den Gleichungen aus Tafel 65 zu berechnen; dabei sind e_1/d_L und e/d_L rechnerisch auf die Werte der Spalte 1 zu begrenzen.

$V_{l,R,d}$ für gebräuchliche Rand- und Lochabstände s. Tafel 74.

Mit der je Schraube an einer Lochwandung vorhandenen Lochleibungskraft V_l muß sein:

$$V_l / V_{l,R,d} \leq 1 \quad (147)$$

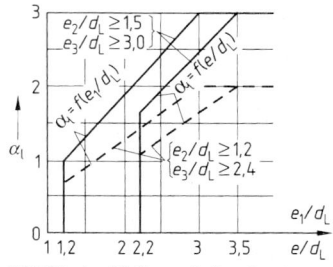

Bild 58 Lochleibungsbeiwerte α_l nach Tafel 59

Tafel 65 Beiwerte α_L nach [6], Element (805)

1	2	3
Rechnerischer Höchstwert	Gültigkeitsbereich	
	$e_2 \geq 1,5 d_L$ und $e_3 \geq 3,0 d_L$	$e_2 = 1,2 d_L$ und $e_3 = 2,4 d_L$
Randabstand $e_1/d_L \leq 3,0$	$\alpha_l = 1,1 e_1/d_L - 0,3 \leq 3,0$	$\alpha_l = 0,73 e_1/d_L - 0,20 \leq 2,0$
Lochabstand $e/d_L \leq 3,5$	$\alpha_l = 1,08 e/d_L - 0,77 \leq 3,0$	$\alpha_l = 0,72 e/d_L - 0,51 \leq 2,0$

Für Zwischenwerte von e_2 und e_3 darf — getrennt für e_2 und e_3 — linear interpoliert werden. Maßgebend ist der kleinere der beiden Werte von α_l.

Besondere Regelungen

Wenn im Nettoquerschnitt des Bauteils $\sigma < \sigma_{R,d}$ ist, darf bei GV- und GVP-Verbindungen in Gl. (146) anstelle von α_l eingesetzt werden:

$\alpha_l + 0,5$, jedoch höchstens 3,0.

Für einschnittige, ungestützte Verbindungen mit nur einer Schraube in Kraftrichtung muß sein:

$e_1 \geq 2 d_L$; $e_2 \geq 1,5 d_L$ und anstelle von Gl. (147) gilt: $V_l/V_{l,R,d} \leq 1/1,2$.

c) Beanspruchbarkeit einer Verbindung

Für jede einzelne Schraube sind zu berechnen:

— Die Summe der $V_{a,R,d}$,
— die Summe der für die maßgebenden Rand- und Lochabstände für eine Kraftrichtung ermittelten $V_{l,R,d}$ und
— die entsprechende Summe für die entgegengesetzte Kraftrichtung.

Der Kleinstwert ist die Beanspruchbarkeit der betrachteten Schraube. Die Beanspruchbarkeit der ganzen Verbindung ist die Summe der Beanspruchbarkeiten der einzelnen Schrauben.

Mit der vereinfachenden Annahme gleichmäßiger Aufteilung der Anschlußkraft auf die einzelnen Schrauben liegt man gegenüber obigem Rechnungsgang auf der sicheren Seite. Maßgebend ist dann die Schraube mit der kleinsten Beanspruchbarkeit.

Erhöhung der Schraubenzahl bei mittelbarem Stoß oder Anschluß s. Bild 59.

Wenn beim Nachweisverfahren Plastisch-Plastisch

— Schrauben 8.8 und 10.9 in SL-Verbindungen mit $\Delta d > 1$ mm verwendet werden
— und die Beanspruchbarkeit der Verbindung kleiner ist als die der anzuschließenden Querschnitte
— und $V_a/V_{a,R,d} > 0{,}5$ ist

muß für alle Schrauben der Verbindung die Bedingung erfüllt sein:

$$V_L/V_{L,R,d} \geqq V_a/V_{a,R,d} \qquad (148)$$

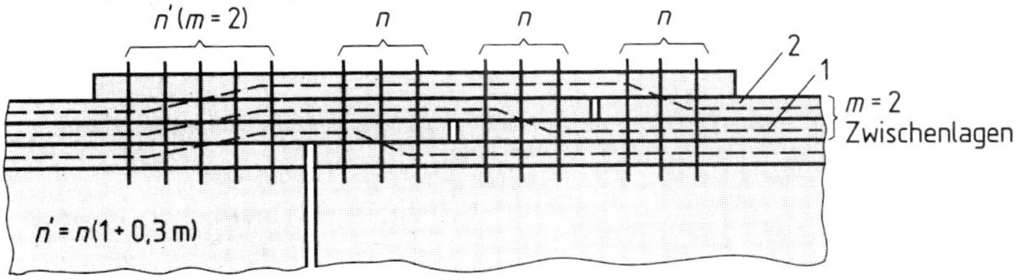

Bild 59 Erhöhung der Anzahl der Verbindungsmittel bei mittelbarer Stoßdeckung

d) Zug

Die Grenzzugkraft ist der kleinere der beiden Werte

$$N_{R,d} = \min \begin{cases} A_{Sch} \cdot f_{y,b,k}/(1{,}1\gamma_M) \\ A_{Sp} \cdot f_{u,b,k}/(1{,}25\gamma_M) \end{cases} \qquad (149)$$

Bei Gewindestangen, Schrauben mit bis zum Kopf reichendem Gewinde bzw. mit $l_s \leqq d_{Sch}$ (l_s = glatter Teil des Schaftes) und aufgeschweißten Gewindebolzen ist A_{Sp} anstelle von A_{Sch} einzusetzen.

Es muß für die in der Schraube vorhandene Zugkraft N sein:

$$N/N_{R,d} \leqq 1 \qquad (150) \qquad\qquad f_{y,b,k}, f_{u,b,k} \text{ und Grenzzugkräfte } N_{R,d} \text{ s. Tafel 72.}$$

Bei Gewindestangen und Sackschrauben muß das Verhältnis ξ von Einschraubtiefe zum Außendurchmesser des Gewindes mindestens $\xi = (600/f_{u,k}) \cdot [0{,}3 + 0{,}4(f_{u,b,k}/500)]$ mit $f_{u,k}$ charakteristischer Wert der Zugfestigkeit des Teils mit Innengewinde und $f_{u,b,k}$ charakteristischer Wert der Zugfestigkeit des Teils mit Außengewinde, jeweils in N/mm², und $f_{u,b,k} \geq f_{u,k}$ sein.

Betriebsfestigkeit

In die Gln. (16) und (17) ist für $\Delta\sigma$ die Spannungsschwingbreite der Schraubenkraft im Spannungsquerschnitt A_{Sp} einzusetzen. Gl. (16) ist i. allg. nur mit planmäßig vorgespannten Schrauben erfüllbar.

e) Zug und Abscheren

$$\left(\frac{N}{N_{R,d}}\right)^2 + \left(\frac{V_a}{V_{a,R,d}}\right)^2 \leqq 1 \quad (151)$$

Für $N_{R,d}$ ist der in der Scherfuge liegende Querschnitt zugrunde zu legen. Gl. (151) gilt als erfüllt, wenn $N/N_{R,d}$ oder $V_a/V_{a,R,d} < 0{,}25$ ist.

Stahlbau

f) Nachweis der Gebrauchstauglichkeit für GV- und GVP-Verbindungen

Grenzgleitkraft

$$V_{g,R,d} = \mu \cdot F_v (1 - N/F_v)/(1{,}15\gamma_M) \quad (152)$$

$V_{g,R,d}$ für $N = 0$ s. Tafel 73.

$\mu = 0{,}5$ Reibungszahl nach Vorbehandlung der Reibflächen entspr. [10]
F_v Vorspannkraft s. Tafel 72
N die auf die Schraube entfallende Zugkraft für den Gebrauchstauglichkeitsnachweis

$$\gamma_M = 1{,}0$$

Mit der im Gebrauchstauglichkeitsnachweis auf eine Schraube in einer Scherfuge entfallenden Kraft V_g muß sein

$$V_g/V_{g,R,d} \leqq 1 \quad (153)$$

g) Berechnung der Schrauben eines Stegstoßes

Bei über die Stegblechhöhe h_{Steg} gleichbleibender Blechdicke t_{Steg} wirken im Schwerpunkt des symmetrischen Schraubenbildes die Schnittgrößen

$$N_S = t_{Steg} \cdot h_{Steg} (\sigma_o + \sigma_u)/2 \quad (154) \qquad V_S = V_z \quad (155)$$
$$M_S = t_{Steg} \cdot h_{Steg}^2 (\sigma_u - \sigma_o)/12 + V_z \cdot a \quad \text{oder} \quad M_S = M_y \cdot I_{Steg}/I + V_z \cdot a \quad (156)$$

Mit den Komponenten

$$\max V_{b,h} = M_S \cdot \max z/I_p + N_S/n \quad (157)$$
$$\max V_{b,v} = M_S \cdot \max x/I_p + V_z/n \quad (158)$$

wird die größte Schraubenkraft

$$\max V_b = \sqrt{\max V_{b,h}^2 + \max V_{b,v}^2} \quad (159)$$

$\sigma_o (\sigma_u)$	Spannungen am oberen (unteren) Rand des Stegblechs an der Stoßstelle
M_y, V_z	Biegemoment und Querkraft an der Stoßstelle
a	waagerechter Abstand des Schraubenschwerpunkts von der Stoßstelle
$I_p = \sum_1^n x_i^2 + \sum_1^n z_i^2$	polares Flächenmoment 2. Grades für das Schraubenbild, bezogen auf dessen Schwerpunkt
$x_i (z_i)$	Abszisse (Ordinate) der Schrauben, bezogen auf den Schraubenschwerpunkt
n	Anzahl der Schrauben im Anschluß
h_1	Abstand zwischen der oberen und unteren Schraubenreihe

Bei gleichmäßigem, hohem und schmalem Schraubenbild ($\max x \ll \max z$) vereinfachen sich die Gln. (157) und (158) zu

$$\max V_{b,h} = M_S \cdot f/h_1 + N_S/n \quad (157\,a) \qquad \max V_{b,v} = V_z/n \quad (158\,a)$$

Beiwert f s. Tafel 66.

Tafel 66 f-Werte zur Berechnung des Stegblechstoßes

Bohrungen	einreihig	zweireihig		dreireihig		vierreihig	
größte Schraubenzahl in **einer** Reihe							
n_1	f_1	f_{2v}	f_{2p}	f_{3v}	f_{3p}	f_{4v}	f_{4p}
2	1,0000	1,0000	0,5000	0,5000	0,3333	0,5000	0,2500
3	1,0000	0,8000	0,5000	0,4444	0,3333	0,4000	0,2500
4	0,9000	0,6429	0,4500	0,3750	0,3000	0,3214	0,2250
5	0,8000	0,5333	0,4000	0,3200	0,2667	0,2667	0,2000
6	0,7143	0,4545	0,3571	0,2778	0,2381	0,2273	0,1786
7	0,6429	0,3956	0,3214	0,2449	0,2143	0,1978	0,1607
8	0,5833	0,3500	0,2917	0,2188	0,1944	0,1750	0,1458
9	0,5333	0,3137	0,2667	0,1975	0,1778	0,1569	0,1333
10	0,4909	0,2842	0,2455	0,1800	0,1636	0,1421	0,1227
Formeln für f-Werte $f =$	$\dfrac{6(n_1-1)}{n_1(n_1+1)}$	$\dfrac{6(n_1-1)}{n_1(2n_1-1)}$	$\dfrac{3(n_1-1)}{n_1(n_1+1)}$	$\dfrac{2(n_1-1)}{n_1^2}$	$\dfrac{2(n_1-1)}{n_1(n_1+1)}$	$\dfrac{3(n_1-1)}{n_1(2n_1-1)}$	$\dfrac{1{,}5(n_1-1)}{n_1(n_1+1)}$

7.2.3 Typisierte Verbindungen nach [26][1]) und [33]

a) Querkraftbeanspruchte Trägeranschlüsse mit Winkeln

Tafel 67 Abmessungen der Anschlußwinkel; Schrauben in SL-Verbindung

Ein- oder zweireihiger Steganschluß mit Schrauben nach DIN 7990	Winkel, Schraubenbild, Schraubendurchmesser			Maße in mm				
				w	w_1	w_2	e_1	e
	L90 × 9	A	M 16	50	–	50	35	50
	L100 × 10	A	M 20	60	–	60	40	70
	L120 × 12	A	M 24	70	–	70	50	80
	L150 × 75 × 9	B	M 16	50	60	50	35	50
	L180 × 90 × 12	B	M 20	60	70	60	40	70
	L200 × 100 × 12	B	M 24	70	80	60	50	80

b) Biegesteife Stirnplatten-Anschlüsse mit GV-Verbindungen — 10.9[2])

Die Berechnung des elastischen Grenzbiegemoments $M_{el,y,Rd}$ des Anschlusses erfolgt nach [26] und [40]. Ausführliche Tragfähigkeitstafeln s. [33]. Die Anwendung der Tafel 68 setzt die Ausführung nach Tafel 69 und Bild 60 voraus.

Bündige Stirnplatten weisen größere Verformungen auf, die bei der Ermittlung von Schnittgrößen und Knicklängen zu berücksichtigen sind; sie sollten in diesen Fällen möglichst vermieden werden.

Nachweis der Gebrauchstauglichkeit nach [40]:

$$M_{y,Sd} \leqq \begin{cases} M_{el,y,Rd} \\ 1,35 n^* \cdot F_v \cdot h_s \end{cases} \quad (160)$$

F_v Schraubenvorspannkraft s. Tafel 72

h_S Abstand der Druckflanschmitte vom Schwerpunkt der Schrauben am Zugflansch (Bild 60)

n^* zu berücksichtigende Anzahl der Schrauben am Zugflansch (Bild 60):
Bei bündiger Stirnplatte: $n^* = 2$ bei $n = 2$; $n^* = 3,6$ bei $n = 4$.
Bei überstehender Stirnplatte ist n^* zu verdoppeln auf $n^* = 4$ bzw. 7,2.

$M_{y,Sd}$ Bemessungsmoment am Anschluß mit γ_F und ψ nach Tafel 8.

Die Querkraft V_z wird nur von den Schrauben am Druckflansch aufgenommen. Der Nachweis des Trägersteges erfolgt nach Gl. (26).

Tafel 68 Profilhöhe von Trägern aus S235 zum Anschluß des elast. Grenzbiegemoments $M_{el,y,d} = W_y \cdot \sigma_{R,d}$ mit biegesteifen Stirnplatten

Schrauben-∅ d	IPE-Profile			HE-A (IPBI)-Profile			HE-B (IPB)-Profile	
M 16 −10.9	120 bis 160	–	200 bis 300	120 bis 160	120 bis 200	–	120 bis 160	–
M 20 −10.9	180 bis 220	300 bis 330	330 bis 360	180 bis 200	220	300 bis 360	180	240 bis 300
M 24 −10.9	240 bis 270	360 bis 450	400 bis 450	220	240 bis 280	400 bis 500	200 bis 220	320 bis 400
M 27 −10.9	300 bis 330	500 bis 550	500 bis 550	240 bis 280	300 bis 320	550 bis 800	240 bis 260	450 bis 600
M 30 −10.9	360	600	600	300 bis 320	340 bis 400	900 bis 1000	280 bis 300	650 bis 900

Das zulässige Anschlußmoment bündiger Stirnplatten ist zum Vorzeichen unabhängig.

Der überstehende Teil von Stirnplatten muß auf der Biegezugseite liegen; liegt er in der Biegedruckzone oder werden kleinere als in der Tafel angegebene Schrauben ausgeführt, sind die dann verminderten elastischen Grenzmomente der Anschlüsse den „Typisierten Verbindungen im Stahlhochbau" bzw. [33] zu entnehmen.

[1]) Die „Typisierten Verbindungen im Stahlbau" werden momentan unter Berücksichtigung der Regelungen des EC 4 [1] überarbeitet. Die vollständige Ausgabe lag bei Drucklegung noch nicht vor.
[2]) Siehe hierzu auch [44].

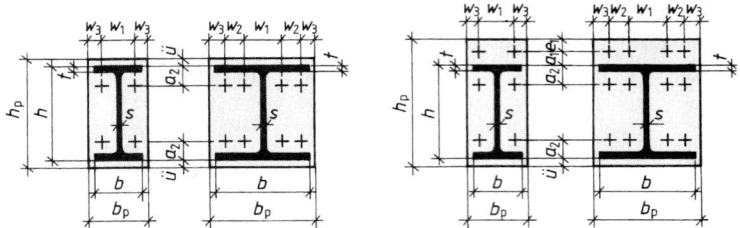

Bild 60 Bemaßung bündiger und überstehender Stirnplatten mit $n=2$ bzw. $n=4$ senkrechten Schraubenreihen

Tafel 69 Mindestmaße für die Stirnplatten aus S235JRG2 oder S235J2G3 in mm (s. Bild 60)

Schrauben-$\varnothing$ d	Schraubenlochbild[1])					Plattendicke t_P			
	a_1	e_1	w_1[2])	w_2	w_3	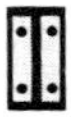			
M16−10.9	30	25	70	40	25	25	20	25	−
M20−10.9	40	30	90	45	30	30	20	35	25
M24−10.9	50	35	110	55	35	35	25	40	30
M27−10.9	60	40	130	65	40	45	30	50	35
M30−10.9	60	45	130	70	45	45	30	50	35

[1]) Die aus den Mindestmaßen w_1, w_2, w_3 berechnete Plattenbreite b_P muß mindestens in Flanschbreite b ausgeführt werden.
[2]) Für $s>10$ mm ist w_1 um 10 mm zu vergrößern. Beim Anschluß an eine Stütze ist zusätzlich die Anmerkung zu Tafel 70 zu beachten. Bei 2 Schraubenreihen und ausreichender Plattenbreite b_P ist $w_1 \approx b/2$ zu wählen.

Weitere Maße für die Stirnplatten:

$a_2 = a_1 + t - 1$ (auf volle 5 mm aufrunden)

$\ddot{u} = 10$ mm für $h \leq 200$ (<200 bei IPB)

$\ddot{u} = 20$ mm für $200 < h < 400$ ($200 \leq h < 400$ bei IPB)

$\ddot{u} = 30$ mm für $h \geq 400$

Kehlnähte zwischen Träger und Stirnplatte (auf volle mm aufrunden) s. Tafel 54.

Nach [26] kann man a_s ggfs. außerhalb eines begrenzten Stegbereichs der Zugzone vermindern.

Stützenflanschdicke bei Stirnplattenanschlüssen

Tafel 70 Mindestdicke t_f der Stützenflansche bei Stirnplattenanschlüssen in Rahmenkonstruktionen

Anschlußart	Stirnplatte			
	bündig		überstehend	
	$n=2$	$n=4$	$n=2$	$n=4$
rippenlos	$1,0d$	$1,3d$	$1,1d$	$1,4d$
ausgesteift	$1,0d$	$1,25d$	$0,8d$	$1,0d$

Es muß sein $t_f \gtrsim 0,5 t_P$. Wegen Stegdicke s und Rundungsradius r des Stützenprofils muß sein $w_1 \gtrsim 2r + s + 1,87 d$.

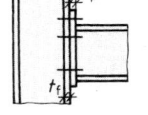 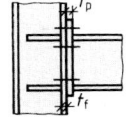

a) rippenlos   b) ausgesteift

Bild 61 Stirnplattenanschluß an Stütze

Reicht die Dicke t_f des Stützenflanschs bei ausgesteiftem Anschluß nicht aus, sind unter den Schrauben im Zugbereich auf der Innenseite der Flansche möglichst große Futter mit Dicke $t_{Fu} = t_P$ anzuordnen.

Ein Beispiel s. am Ende des Abschnitts.

Tafel 71 Grenzabscherkraft $V_{a,R,d}$ **in kN einer Schraube für eine Scherfuge**

	Schrauben-		$f_{u,b,k}$	Lochdurchmesser für Paßschrauben (Niete) in mm, Schraubengröße							
	Ausführungsform	Werkstoff	in N/mm²	13 M12	17 M16	21 M20	23 M22	25 M24	28 M27	31 M30	37 M36
Glatter Teil des Schafts in der Scherfuge	SL	4.6	400	24,68	43,87	68,54	82,94	98,70	124,9	154,2	222,1
		5.6	500	30,84	54,84	85,68	103,7	123,4	156,2	192,8	277,6
	SL, SLV, GV	8.8	800	49,35	87,74	137,1	165,9	197,4	249,8	308,4	444,2
		10.9	1000	56,55	100,5	157,1	190,1	226,2	286,3	353,4	508,9
	SLP	5.6	500	36,20	61,90	94,46	113,3	133,9	167,9	205,8	293,2
	SLP, SLVP, GVP	8.8	800	57,92	99,05	151,1	181,3	214,2	268,7	329,4	469,2
		10.9	1000	66,37	113,5	173,2	207,7	245,4	307,9	377,4	537,6
Gewinde in der Scherfuge	SL	4.6	400	18,39	34,18	53,41	66,20	76,91	100,2	122,3	178,2
		5.6	500	22,98	42,73	66,76	82,75	96,14	125,3	152,9	222,7
	SL, SLV, GV	8.8	800	36,77	68,36	106,8	132,4	153,8	200,5	244,6	356,4
		10.9	1000	33,71	62,67	97,92	121,4	141,0	183,8	224,2	326,7

Die Grenzabscherkräfte dürfen innerhalb eines Anschlusses addiert werden.

Tafel 72 Grenzzugkraft $N_{R,d}$ **in kN für eine Schraube; Vorspannkraft** F_V **in kN**

Schrauben-		$f_{u,b,k}$	$f_{v,b,k}$	Schraubengröße							
Ausführungsform	Werkstoff	in N/mm²	in N/mm²	M12	M16	M20	M22	M24	M27	M30	M36
SL	4.6	400	240	22,43	39,88	62,31	75,40	89,73	113,6	140,2	201,9
	5.6	500	300	28,04	49,85	77,89	94,25	112,2	142,0	175,3	252,4
SLV, GV, (SL)[1]	8.8	800	640	49,03	91,15	142,4	176,5	205,1	267,3	326,2	475,2
	10.9	1000	900	61,28	113,9	178,0	220,7	256,4	334,1	407,7	594,0
SLP	5.6	500	300	30,64	56,28	85,87	103,0	121,7	152,7	187,1	266,6
SLVP, GVP, (SLP)[1]	8.8	800	640	49,03	91,15	142,4	176,5	205,1	267,3	326,2	475,2
	10.9	1000	900	61,28	113,9	178,0	220,7	256,4	334,1	407,7	594,0

Vorspannkraft F_V in kN für die Festigkeitsklasse 10.9[2]				50	100	160	190	220	290	350	510
Spannungsquerschnitt A_{Sp} in cm²[3]				0,843	1,567	2,448	3,034	3,525	4,594	5,606	8,167

Wenn $N > 0,25 N_{R,d}$ ist, muß die Interaktion mit Abscheren n. Gl. (151) nachgewiesen werden.
[1] SL- bzw. SLP-Verbindungen nur zulässig, wenn Verformungen (Klaffen) im Tragsicherheitsnachweis berücksichtigt werden und im Gebrauchszustand in Kauf genommen werden können. Bei GV- und GVP-Verbindungen sind Gln. (152) und (153) zu beachten.
[2] Für Festigkeitsklasse 8.8 gelten 70% dieser Werte.
[3] Bei größeren Schraubendurchmessern ist $A_{Sp} \approx 0,005 d^{2.064}$ in cm² mit d in mm.

Tafel 73 Grenzgleitkraft $V_{g,R,d}$ **in kN von GV- und GVP-Verbindungen für eine Scherfuge beim Gebrauchstauglichkeitsnachweis** bei der Schraubenzugkraft $N = 0$

Festigkeitsklasse der Schrauben	Schraubengröße							
	M12	M16	M20	M22	M24	M27	M30	M36
10.9	21,74	43,48	69,57	82,61	95,65	126,1	152,2	221,7

Für die Festigkeitsklasse 8.8 gelten 70% der Tafelwerte

9

Stahlbau

Tafel 74 Grenzlochleibungskraft $V_{l,R,d}$ in kN/cm je 1 cm Werkstoffdicke
für gebräuchliche Lochabstände e oder Randabstände e_1

Bau-teil-Werk-stoff	Bei-wert α_L	Schrauben-Ab-stand e/k_L ≥	Rand-abst. e_1/d_L ≥	Ausführungs-form	Lochdurchmesser für Paßschrauben (Niete) in mm, Schraubengröße							
					13	17	21	23	25	28	31	37
					M 12	M 16	M 20	M 22	M 24	M 27	M 30	M 36
S235	1,9	2,5	2,0	SL, SLV, GV	49,75	66,33	82,91	91,20	99,49	111,9	124,4	149,2
				SLP, SLVP, GVP	53,89	70,47	87,05	95,35	103,6	116,1	128,5	153,4
	2,47	3,0	2,52	SL, SLV, GV	64,67	86,23	107,8	118,6	129,3	145,5	161,7	194,0
				SLP, SLVP, GVP	70,06	91,61	113,2	123,9	134,7	150,9	167,1	199,4
	3,0 (= max)	3,5	3,0	SL, SLV, GV	78,55	104,7	130,9	144,0	157,1	176,7	196,4	235,6
				SLP, SLVP, GVP	85,09	111,3	137,5	150,5	163,6	183,3	202,9	242,2
S275	1,9	2,5	2,0	SL, SLV, GV	57,00	76,00	95,00	104,5	114,0	128,3	142,5	171,0
				SLP, SLVP, GVP	61,75	80,75	99,75	109,3	118,8	133,0	147,3	175,8
	2,47	3,0	2,52	SL, SLV, GV	74,1	98,8	123,5	135,8	148,2	166,7	185,3	222,3
				SLP, SLVP, GVP	80,28	105,0	129,7	142,0	154,4	172,9	191,4	228,5
	3,0 (= max)	3,5	3,0	SL, SLV, GV	90,00	120,0	150,0	165,0	180,0	202,5	225,0	270,0
				SLP, SLVP, GVP	97,50	127,5	157,5	172,5	187,5	210,0	232,5	277,5
[1]) S355 S355N	1,9	2,5	2,0	SL, SLV, GV	74,62	99,49	124,4	136,8	149,2	167,9	186,5	223,9
				SLP, SLVP, GVP	80,84	105,7	130,6	143,0	155,5	174,1	192,8	230,1
	2,47	3,0	2,52	SL, SLV, GV	97,00	129,3	161,7	177,8	194,0	218,3	242,5	291,0
				SLP, SLVP, GVP	105,1	137,4	169,8	185,9	202,1	226,3	250,6	299,1
	3,0 (= max)	3,5	3,0	SL, SLV, GV	117,8	157,1	196,4	216,0	235,6	265,1	294,5	353,5
				SLP, SLVP, GVP	127,6	166,9	206,2	225,8	245,5	274,9	304,4	363,3

Die Tafelwerte sind mit der maßgebenden Bauteildicke min Σt (in cm) und gegebenenfalls mit dem Verhältnis der Streckgrenzen (bei $t \geq 40$ mm) zu multiplizieren.

Die Tafel gilt für: $e_2/d_L \geq 1,5$ und $e_3/d_L \geq 3,0$, Blechdicke 3 mm $\leq t \leq 40$ mm, glatter Teil des Schafts in der Lochleibung.

Die Grenzlochleibungskräfte dürfen innerhalb einer Verbindung addiert werden, wenn die einzelnen Schraubenkräfte beim Nachweis auf Abscheren berücksichtigt werden.

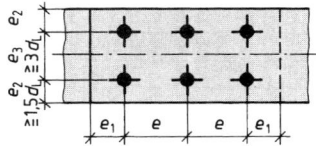

[1]) Festigkeitsklasse der Schrauben mindestens 5.6.

734

Beispiel (Bild 62)

Stegblechstoß des Vollwandträgers vom Beispiel in Abschn. 4.
An der Stoßstelle ($x = 2,95$ m) unter Bemessungslasten vorhandene Schnittgrößen:

$M_{y,d} = 2003$ kNm, $V_z = 635,3$ kN, $N = 0$

Stoß des Stegblechs 12×1100 mit Stoßdeckungslaschen 2 Bl 8 und $n = 2 \cdot 12 = 24$ Schrauben M 22 − 4.6 in SL-Verbindung; Loch-$\varnothing$ $d_L = 23$ mm.

$\sigma_u = -\sigma_o = 200\,300 \cdot 55/707\,700 = 15,57$ kN/cm²; $N_S = 0$ nach Gl. (154)

$M_S = 1,2 \cdot 110^2 [15,57 - (-15,57)]/12 + 635,3 \cdot 8,75 = 43\,230$ kN/cm   Gl. (156)

$h_1 = 99$ cm; $f_{2p} = \dfrac{3(12-1)}{12(12+1)} = 0,2115$ n. Tafel 66.

max $V_{b,h} = 43\,230 \cdot 0,2115/99 = 92,36$ kN   Gl. (157a)

max $V_{b,v} = 635,3/24 = 26,47$ kN   Gl. (158a)

max $V_b = \sqrt{92,36^2 + 26,47^2} = 96,08$ kN   Gl. (159)

Für die 2schnittige Schraube ist

$V_a = 96,08/2 = 48,04$ kN

$V_a/V_{a,R,d} = 48,04/82,94 = 0,58 < 1$ Gl. (143) und Tafel 71

Für die obere Schraube neben dem Stegstoß werden wegen ihrer schräg gerichteten Kraft in Tafel 65 für e_1 und e_2 bzw. e_3 und e jeweils gleiche Kleinstwerte eingesetzt:

$e_1 = e_2 = 45$ mm $> 1,5 \cdot 23 = 34,5$ mm;

$e = e_3 = 80$ mm $> 3 \cdot 23 = 69$ mm

Maßgebend ist Spalte 2 der Tafel 65:

$\alpha_l = 1,1 \cdot 45/23 - 0,3 = 1,852$ (maßgebend);

$\alpha_l = 1,08 \cdot 80/23 - 0,77 = 2,987$

min $t = t_{Steg} = 1,2$ cm;

$V_{l,R,d} = 1,2 \cdot 2,2 \cdot 1,852 \cdot 24/1,1 = 106,7$ kN   Gl. (146)

$V_l/V_{l,R,d} = 96,08/106,7 = 0,90 < 1$ Gl. (147)

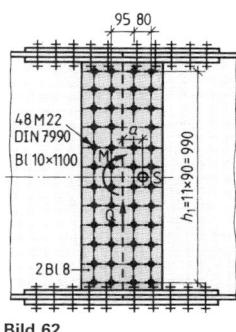

Bild 62

9

Beispiel (Bild 63)

Nachweis der Schrauben M 20 − 4.6 in SL-Verbindung mit $\Delta d = 2$ mm im Trägersteg des IPE 360 für die Anschlußgrößen $M = N = 0$; $C = V_d = 300$ kN.

Nach Gl. (156): $M_S = 0 + 300 \cdot 9,5 = 2850$ kNcm

$\Sigma x_i^2 = 8 \cdot 3,5^2 \qquad\qquad = 98$ cm²

$\Sigma z_i^2 = 4 \cdot 3,5^2 + 4 \cdot 10,5^2 = 490$ cm²

$\qquad\qquad\qquad\qquad\quad p = 588$ cm²

Nach Gl. (157) bis (159):

max $V_{b,h} = 2850 \cdot 10,5/588 = 50,89$ kN

max $V_{b,v} = 2850 \cdot 3,5/588 + 300/8 = 54,46$ kN

max $V_b = \sqrt{50,89^2 + 54,46^2} = 74,54$ kN

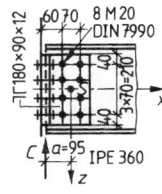

Bild 63

Abscheren der 2schnittigen Schraube: $V_a = 74,54/2 = 37,27$ kN nach Tafel 71: $V_{a,R,d} = 68,54$ kN
Nachweis nach Gl. (143): $37,27/68,54 = 0,54 < 1$

Lochleibung. Im Steg des Trägers mit $s = 0,8$ cm Dicke:

$e_2/d_L = e_1/d_L = 57/22 = 2,59 \approx 2,52$; $e/d_L = 70/22 = 3,18 > 3,0$

Nach Taf. 74: $V_{l,R,d} = 0,8 \cdot 107,8 = 86,24$ kN

Nachweis nach Gl. (147): $74,54/86,24 = 0,86 < 1$

Im Winkel: $e_1/d = 40/22 = 1,82$; nach Taf. 65: $\alpha_l = 1,1 \cdot 1,82 - 0,3 = 1,70$

Nach Gl. (146): $V_{l,R,d} = 2 \cdot 1,2 \cdot 2,0 \cdot 1,70 \cdot 24/1,1 = 178$ kN $> 86,24$ kN

Ein Nachweis erübrigt sich.

Fortsetzung s. nächste Seite

Beispiel
(Bild 64) Ein Träger HE 260 A – S235 ist für sein elastisches Grenzmoment mit Stirnplatte und Schrauben in GV-Verbindung an eine Stütze HE 340 B anzuschrauben.

Nach Tafel 68 wird eine überstehende Stirnplatte mit 2reihig angeordneten Schrauben HV M 24 – 10.9 gewählt.

Plattendicke nach Tafel 69: $t_P = 25$ mm

Das Stützenprofil IPB 340 ergibt n. Tafel 70
$w_1 \geq 2 \cdot 27 + 12 + 1{,}87 \cdot 24 = 111$ mm > 110 mm
nach Tafel 69.

Mindestplattenbreite:
$b_P \geq w_1 + 2 \cdot w_3 = 111 + 2 \cdot 35 = 181$ mm

Ausgeführt wird
$b_P = b = 260$ mm und$_1 = b/2 = 130$ mm

Wegen der reichlichen Plattenbreite wird w_3 vergrößert auf $w_3 = 65$ mm > 35 mm (Tafel 69).
Die übrigen Maße entsprechen Tafel 69.

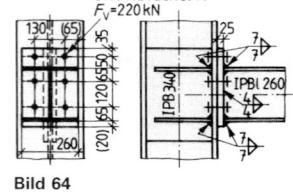

Bild 64

Flanschnähte: $a_w = 7$ mm $> t/2 = 12{,}5/2 = 6{,}25$ mm

Stegnähte: $a_w = 4$ mm $> s/2 = 7{,}5/2 = 3{,}75$ mm

Bei ausgesteifter Stütze ist die Mindestdicke des Stützenflanschs nach Tafel 70
$t \geq 0{,}8d = 0{,}8 \cdot 24 = 19{,}2$ mm $<$ vorh $t = 21{,}5$ mm.

7.2.4 Sonderschrauben

a) Sackschrauben (Einschraubtiefe)

Nach DIN 19704-1 (5.98) – Stahlwasserbauten darf die Einschraubtiefe von Sackschrauben nach Gl. (161) bestimmt werden.

$$t_E \geq 1{,}2 \cdot d \cdot \alpha_y \quad (161)$$

$\alpha_y \geq 1$ größerer Wert aus dem Verhältnis der Streckgrenzen des Schraubenwerkstoffes und Bauteilwerkstoff

$t_{E,\text{rechn}} \leq 2d$
d Gewindedurchmesser

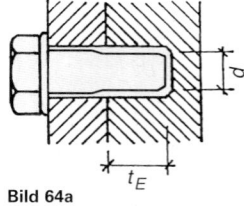

Bild 64a

b) Hammerschrauben (DIN 7992)

Die Grenzlast des Hammerkopfes $N_{H,d}$ bestimmt sich nach Tafel 75 und Gl. (162), siehe DASt-Ri.-018.

Tafel 75   Tragfähigkeitsbeiwert n_H

Festigkeits-klasse	Kontrollierter Einbau[1]			
	4,6 + 5,6		8,8 + 10,9	
k/d	0,70	0,85	0,70	0,85
M 24	0,59	0,82	0,54	0,74
M 30	0,61	0,84	0,56	0,76
M 36	0,62	0,86	0,57	0,78
M 42	0,64	0,88	0,58	0,80
M 48	0,66	0,89	0,60	0,81
M 56	0,67	0,91	0,61	0,83
M 64	0,69	0,93	0,63	0,84
M 72	0,71	0,94	0,64	0,85
M 80	0,72	0,95	0,65	0,86
M 90	0,73	0,96	0,66	0,87
M 100	0,73	0,96	0,66	0,87

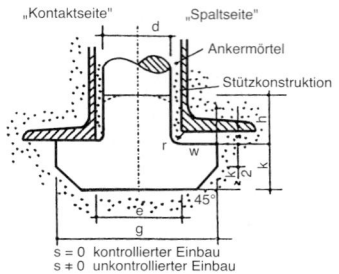

Bild 65

$$N_{H,d} = n_H \cdot f_{y,b,d} \cdot \pi \cdot d^2/4 \quad (162)$$

$f_{y,b,d}$ Bemessungswert der Fließgrenze des Schraubenwerkstoffes

[1] Für den unkontrollierten Einbau ($s \neq 0$) sinkt der Wert n_H bis auf 75% der Werte nach Tafel 75 ab, siehe DASt-Ri 018. Die Hammerschraube, die Einbauteile und die Betonpressung sind zusätzlich nachzuweisen.

Holzbau nach DIN 1052

DIN 1052-1, -2 (04.88) und DIN 1052-1/A1 (10.96)
Bearbeitet von Prof. Dr.-Ing. Helmuth Neuhaus

Inhalt

Fortsetzung s. nächste Seite

10

Holzbau nach DIN 1052

Inhalt, Fortsetzung

Technische Baubestimmungen

DIN 1052-1	04.88	Holzbauwerke; Berechnung und Ausführung
DIN 1052-2	04.88	—, Mechanische Verbindungen
DIN 1052-3	04.88	—; Holzhäuser in Tafelbauart; Berechnung und Ausführung
DIN 1052-1/A1	10.96	—; Berechnung und Ausführung; Änderung 1
DIN 1052-2/A1	10.96	—; Mechanische Verbindungen; Änderung 1
DIN 1052-3/A1	10.96	—; Holzhäuser in Tafelbauart, Berechnung und Ausführung; Änderung 1
DIN 1074	05.91	Holzbrücken
DIN 4074-1	09.89	Sortierung von Nadelholz nach der Tragfähigkeit; Nadelschnittholz
DIN 4074-2	12.58	Bauholz für Holzbauteile; Gütebed. für Baurundholz (Nadelholz)
DIN 4102-4	03.94	Brandverhalten von Baustoffen und Bauteilen; Zusammenstellung und Anwendung klassifizierter Baustoffe, Bau- und Sonderbauteile
DIN 18334	06.96	VOB Verdingungsordnung für Bauleistungen; Teil C: Allgemeine Technische Vertragsbedingungen für Bauleistungen (ATV); Zimmer- und Holzbauarbeiten
DIN 68705-3	12.81	Sperrholz; Bau-Furniersperrholz
DIN 68705-5	10.80	—; Bau-Furniersperrholz aus Buche
DIN 68754-1	02.76	Harte und mittelharte Holzfaserplatten für das Bauwesen; Holzwerkstoffklasse 20
DIN 68763	09.90	Spanplatten; Flachpreßplatten für das Bauwesen; Begriffe, Anforderungen, Prüfung, Überwachung
DIN 68800-2	05.96	Holzschutz im Hochbau; Vorbeugende bauliche Maßnahmen
DIN 68800-3	04.90	—; Vorbeugender chemischer Holzschutz (teilweise ersetzt durch DIN EN 335-1, -2, DIN EN 350-1, -2, DIN EN 460)
DIN 68800-5	05.78	— im Hochbau; Vorbeugender chemischer Schutz von Holzwerkstoffen
DIN E 68800-5	01.90	—; Vorbeugender chemischer Schutz von Holzwerkstoffen
DIN EN 335-1	09.92	Dauerhaftigkeit von Holz und Holzprodukten; Definition der Gefährdungsklassen für einen biologischen Befall; Teil 1: Allgemeines; Deutsche Fassung EN 335-1: 1992
DIN EN 335-2	10.92	—; —; Teil 2: Anwendung bei Vollholz; Deutsche Fassung EN 335-2: 1992
DIN EN 350-1	10.94	Dauerhaftigkeit von Holz und Holzprodukten; Natürliche Dauerhaftigkeit von Vollholz; Teil 1: Grundsätze für die Prüfung und Klassifikation der natürlichen Dauerhaftigkeit von Holz; Deutsche Fassung EN 350-1: 1994
DIN EN 350-2	10.94	—; —; Teil 2: Leitfaden für die natürliche Dauerhaftigkeit und Tränkbarkeit von ausgewählten Holzarten von besonderer Bedeutung in Europa; Deutsche Fassung EN 350-2: 1994
DIN EN 460	10.94	Dauerhaftigkeit von Holz und Holzprodukten; Natürliche Dauerhaftigkeit von Vollholz; Leitfaden für die Anforderungen an die Dauerhaftigkeit von Holz für die Anwendung in den Gefährdungsklassen; Deutsche Fassung EN 460: 1994

Weiterführende Literatur

[1] *Andresen, K.; Scheer, C.*: Ingenieurholzbau, Beispiele, Berechnung und Konstruktion. Düsseldorf: Holzwirtschaftlicher Verlag der Arbeitsgemeinschaft Holz, 1985

[2] *Brüninghoff, H.; Cyron, G.; Ehlbeck, J.; Franz, J.; Heimeshoff, B.; Milbrandt, E.; Möhler, K.; Radović, B.; Scheer, C.; Schulze, H.; Steck, G.*: Holzbauwerke. Ausführliche Erläuterung zu DIN 1052 T1 bis 3, Ausg. Apr. 1988. Berlin/Köln und Wiesbaden/Berlin: Beuth, Bauverlag, 1989

[3] *Brüninghoff, H.; Schmidt, K.*: Verbände und Abstützungen. Teil 2. In: Informationsdienst Holz. Arbeitsgemeinschaft Holz. Düsseldorf: 1989

[4] *Cziesielski, E.; Friedmann, M.; Schelling, W.*: Holzbau, statische Berechnungen. Düsseldorf: Holzwirtschaftlicher Verlag der Arbeitsgemeinschaft Holz, 1988

[5] *Dröge, G.*: Grundzüge des Holzbaus. Berlin: Ernst & Sohn.
Bd. 1: Konstruktionselemente. 2. Aufl., 1993.
Bd. 2: Holztragwerke und Holzbauten. 2. Aufl., 1995

[6] *Ehlbeck, J. (Hrsg.); Steck, G. (Hrsg.):* Ingenieurholzbau in Forschung und Praxis, Karl Möhler gewidmet. Karlsruhe: Bruder, 1982

[7] *Ehlbeck, J.; Görlacher, R.; Werner, H.*: Empfehlungen zum einheitlichen genaueren Querzugnachweis für Anschlüsse mit mechanischen Verbindungsmitteln. Bauen mit Holz (1991), S. 825 – 828

[8] *Fritzen, K.; Hemmer, K.; Hinkes, F.-J.; Kessel, M.; König, H.; Kuhlenkamp, D.; Speich, M.; Steinmetz, D.*: Holzbau-Praxis. Hinweise für die Ausführung nach DIN 1052. Bund Deutscher Zimmermeister (Hrsg.). Karlsruhe: Bruder, 1991

[9] *Göggel, M.*: Bemessung im Holzbau
Bd. 1: Grundlagen, Holz als Baustoff, Festigkeitsberechnungen und Konstruktion der Tragglieder. 4. Aufl., 1999
Bd. 2: Verbindungen und Verbindungsmittel. 3. Aufl., 1989. Wiesbaden/Berlin: Bauverlag

[10] *Götz, K.-H.; Hoor, D.; Möhler, K.; Natterer, J.*: Holzbau-Atlas. München: Institut für internationale Architektur-Dokumentation GmbH, 1980

[11] *v. Halász, R. (Hrsg.); Scheer, C. (Hrsg.):* Holzbau-Taschenbuch
Bd. 1: Grundlagen, Entwurf, Bemessung und Konstruktionen. 9. Aufl., 1996
Bd. 2: DIN 1052 und Erläuterungen, Formeln, Tabellen, Nomogramme. 8. Aufl., 1989
Bd. 3: Bemessungsbeispiele nach DIN 1052. 8. Aufl., 1991. Berlin: Wilhelm Ernst & Sohn

[12] *Heimeshoff, B.*: Probleme der Stabilitätstheorie und Spannungstheorie II. Ordnung im Holzbau. In: Holzbau-Statik-Aktuell, Folge 9. Arbeitsgemeinschaft Holz. Düsseldorf: 1987

[13] *Hempel, G.*: 100 Statikbeispiele aus dem Holzbau. 9. Aufl. Karlsruhe: Bruder, 1988

[14] Informationsdienst Holz:
Berichte über Berechnungen, Konstruktionen, Planungen, in mehreren Heften.
Holzbau-Statik-Aktuell, Schriftenreihe. holzbau handbuch. Düsseldorf: Arbeitsgemeinschaft Holz

[15] *Kordina, K.; Meyer-Ottens, C.*: Holz-Brandschutz-Handbuch. 2. Aufl. München: Deutsche Gesellschaft für Holzforschung, 1994

[16] *Natterer, J.; Herzog, Th.; Volz, M.*: Holzbau Atlas Zwei. München: Institut für internationale Architektur-Dokumentation (Hrsg.), Düsseldorf: Arbeitsgemeinschaft Holz (Hrsg.): 1996

[17] *Neuhaus, H.*: Lehrbuch des Ingenieurholzbaus. Stuttgart: B. G. Teubner, 1994

[18] *Scheer, C.; Kolberg, R.; Muszala, W.*: Der Holzbau. Material, Konstruktion, Detail. 3. Aufl. Leinfelden-Echterdingen: Alexander Koch, 1993

[19] *Werner, G.; Steck, G.*: Holzbau. 4. Aufl. Teil 1: Grundlagen 1991; Teil 2: Dach- und Hallentragwerke, 1993. Düsseldorf: Werner

[20] *Werner, G.; Zimmer, K.*: Berlin: Springer, 1999.
Teil 1: Grundlagen DIN 1052/Eurocode 5
Teil 2: Dach- und Hallentragwerke nach DIN und Eurocode

10

Fachzeitschriften

[21] bauen mit holz. Karlsruhe: Bruder

[22] Holz als Roh- und Werkstoff. Berlin: Springer

[23] Mikado. Augsburg: WEKA Baufach

1 Zulässige Spannungen

Tafel 1 Zulässige Spannungen für Vollholz in MN/m² im Lastfall H
nach DIN 1052-1/A1:1996-10, Tab. 5[1]) [2])

Zeile	Art der Beanspruchung		Vollholz (Nadelhölzer)[8]) Fichte, Kiefer, Tanne, Lärche, Douglasie, Southern Pine, Western Hemlock, Yellow Cedar Sortierklasse nach DIN 4074-1[3])					Vollholz (Laubhölzer) Eiche, Buche, Teak, Keuring (Yang)	Afzelia, Merbau, Angélique (Basra-locus)	Azobé (Bon-gossi) Green-heart
									Holzartgruppe	
			S7/ MS7	S10/ MS10	S13	MS13	MS17	A	B	C
									mittlere Güte[4])	
1	Biegung	zul σ_B	7	10	13	15	17	11	17	25
2	Zug	zul $\sigma_{Z\parallel}$	0[5])	7	9	10	12	10	10	15
3	Zug	zul $\sigma_{Z\perp}$	0[5])	0,05	0,05	0,05	0,05	0,05	0,05	0,05
4	Druck	zul $\sigma_{D\parallel}$	6	8,5	11	11	12	10	13	20
5a 5b	Druck	zul $\sigma_{D\perp}$	2 2,5[6])	2 2,5[6])	2 2,5[6])	2,5 3[6])	2,5 3[6])	3 4[6])	4 –	8 –
6	Ab-scheren	zul τ_a	0,9	0,9	0,9	1	1	1	1,4	2
7	Schub aus Querkraft	zul τ_Q	0,9	0,9	0,9	1	1	1	1,4	2
8	Torsion[7])	zul τ_T	0	1	1	1	1	1,6	1,6	2

Fußnoten s. nächste Seite oben

Tafel 2 Zulässige Spannungen für Brettschichtholz in MN/m² im Lastfall H
nach DIN 1052-1/A1:1996-10, Tab. 16[1])

	Art der Beanspruchung		Brettschichtholz aus Holzarten (Nadelhölzer) der Tafel 1, Spalte 2			
			BS 11	BS 14	BS 16	BS 18
			Sortierklasse der Lamellen nach DIN 4074-1			
			S 10/MS 10	S 13	MS 13	MS 17
1	Biegung	zul σ_B	11	14	16	18
2	Zug ∥	zul $\sigma_{Z\parallel}$	8,5	10,5	11	13
3	Zug ⊥	zul $\sigma_{Z\perp}$	0,2	0,2	0,2	0,2
4	Druck ∥	zul $\sigma_{D\parallel}$	8,5	11	11,5	13
5a 5b	Druck ⊥	zul $\sigma_{D\perp}$	2,5 3[2])	2,5 3[2])	2,5 3[2])	2,5 3[2])
6	Abscheren	zul τ_a	0,9	0,9	1	1
7	Schub aus Querkraft	zul τ_Q	1,2	1,2	1,3	1,3
8	Torsion[3])	zul τ_T	1,6	1,6	1,6	1,6

Fußnoten s. nächste Seite oben

Fußnoten zu Tafel 1

[1]) Zulässige Erhöhungen und erforderliche Ermäßigungen s. Tafel 7
[2]) Bei Sparren, Pfetten und Deckenbalken aus Kanthölzern oder Bohlen dürfen in der Regel die zulässigen Spannungen der Sortierklasse S 13 nicht angewendet werden.
[3]) Den Sortierklassen S 7, S 10 und S 13 entsprechen die Güteklassen III, II bzw. I von DIN 4074-2.
[4]) Mindestens Sortierklasse S 10 im Sinne von DIN 4074-1 bzw. Güteklasse II im Sinne von DIN 4074-2.
[5]) Für MS 7 gilt: zul $\sigma_{Z\parallel} = 4$ MN/m², zul $\sigma_{Z\perp} = 0{,}05$ MN/m².
[6]) Bei Anwendung dieser Werte ist mit größeren Eindrückungen zu rechnen, die erforderlichenfalls konstruktiv zu berücksichtigen sind. Bei Anschlüssen mit verschiedenen Verbindungsmitteln dürfen diese Werte nicht angewendet werden.
[7]) Für Kastenquerschnitte sind die Werte nach Zeile 7 einzuhalten.
[8]) Die botanischen Namen der Nadelhölzer sind in DIN 4076-1 angeführt.

Fußnoten zu Tafel 2

[1]) Zulässige Erhöhungen und erforderliche Ermäßigungen s. Tafel 7.
[2]) Bei Anwendung dieser Werte ist mit größeren Eindrückungen zu rechnen, die erforderlichenfalls konstruktiv zu berücksichtigen sind. Bei Anschlüssen mit verschiedenen Verbindungsmitteln dürfen diese Werte nicht angewendet werden.
[3]) Für Kastenquerschnitte sind die Werte nach Zeile 7 einzuhalten.

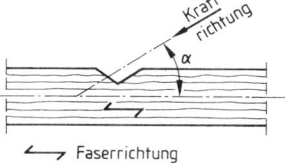

Zul. Druckspannungen bei Kraftrichtung schräg zur Faserrichtung (s. Bild 1) nach Gl. (1)

$$\text{zul } \sigma_{D\nwarrow} = \text{zul } \sigma_{D\parallel} - (\text{zul } \sigma_{D\parallel} - \text{zul } \sigma_{D\perp}) \sin \alpha \quad (1)$$

können für ausgewählte Holzarten auch Tafel 3 entnommen werden. Über zul. Erhöhungen und erf. Ermäßigungen s. Tafel 7.

Bild 1 Winkel α zwischen Kraft- und Faserrichtung

Tafel 3 Zul. Druckspannungen in MN/m² bei schrägem Kraftangriff für ausgewählte Holzarten, Lastfall H

Holzart	α: Winkel zwischen Kraft- und Faserrichtung in °									
	0	10	20	30	40	50	60	70	80	90
Nadelholz, S 10/MS 10	8,5	7,4	6,3	5,2	4,3	3,5	2,9	2,4	2,1	2,0
BS-Holz, BS 11	8,5	7,5	6,4	5,5	4,6	3,9	3,3	2,9	2,6	2,5
BS-Holz, BS 14	11	9,5	8,1	6,8	5,5	4,5	3,6	3,0	2,6	2,5
BS-Holz, BS 16	11,5	9,9	8,4	7,0	5,7	4,6	3,7	3,0	2,6	2,5
BS-Holz, BS 18	13	11,2	9,4	7,8	6,3	5,0	3,9	3,1	2,7	2,5

Überstand $\ddot{u}$ von Trägern und Schwellen bei Druck $\perp$ Faserrichtung.

Der Überstand $\ddot{u}$ in Faserrichtung nach Bild 2 muß einseitig und beidseitig betragen:

$\ddot{u} \geq 100$ mm bei $h > 60$ mm
$\ddot{u} \geq 75$ mm bei $h \leq 60$ mm
$a \geq 150$ mm zwischen zwei Druckflächen

$$k_{D\perp} = \sqrt[4]{\frac{150}{l}} \leq 1{,}8 \quad (l \text{ in mm}) \quad (2)$$

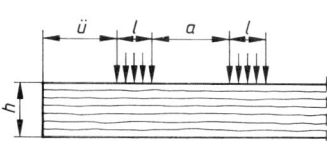

Bild 2 Belastungsanordnung für kurze Druckflächen

Über zul. Erhöhungen und erf. Ermäßigungen der zul. Druckspannung $\perp$ Faser nach Tafel 1 bzw. 2, Zeile 5a, mit dem Faktor $k_{D\perp}$ nach Gl. (2) s. Tafel 7.

Tafel 4 Zulässige Spannungen für Holzwerkstoffe in MN/m², Lastfall H
nach DIN 1052-1, Tab. 6[1])

Zeile	Art der Beanspruchung (PE: Plattenebene)		Bau-Furniersperrholz nach DIN 68705-3,5 [2]) [3]) parallel | senkrecht zur Faserrichtung der Deckfurniere Lagenanzahl				Flachpreßplatten nach DIN 68763 Plattennenndicken in mm					
							bis 13	>13 bis 20	>20 bis 25	>25 bis 32	>32 bis 40	>40 bis 50
			3	≧5	3	≧5						
1	Biegung	⊥ PE zul σ_{Bxy}	13		5		4,5	4,0	3,5	3,0	2,5	2,0
2	Biegung	in PE zul σ_{Bxz}	9		6		3,4	3,0	2,5	2,0	1,6	1,4
3	Zug	in PE zul σ_{Zx}	8		4		2,5	2,25	2,0	1,75	1,5	1,25
4	Druck	in PE zul σ_{Dx}	8		4		3,0	2,75	2,5	2,25	2,0	1,75
5	Druck	⊥ PE zul σ_{Dz}	3 [4,5]		3 [4,5]		2,5	2,5	2,5	2,0	1,5	
6	Abscheren[4]) [5]) in PE zul τ_{zx}		0,9 [1,2]		0,9 [1,2]		0,4			0,3		
7	Abscheren[5]) ⊥ PE zul τ_{yx}		1,8 [3]	3 [4]	1,8 [3]	3 [4]	1,8			1,2		
8	Lochleibungsdruck[6]) zul σ_L		8		4		6,0					

[1]) zul. Erhöhungen und erf. Ermäßigungen s. Tafel 7
[2]) Die Werte in [ ] gelten für Bau-Furniersperrholz aus Buche nach DIN 68705-5. Die übrigen Werte für die zul. Spannungen dürfen nach DIN 68705-5 mit Sicherheitsbeiwert 3 berechnet werden.
[3]) zul. Spannungen in Plattenebene bei schrägem Kraftangriff s. Tafel 6
[4]) und in Leimfugen
[5]) auch für Schub aus Querkraft
[6]) für Bolzen und Stabdübel, für ≧5lagiges Bau-Furniersperrholz aus Buche nach DIN 68705-5 ist zul $\sigma_L = 2 \cdot$ zul σ_D

Tafel 5 Beanspruchungsarten von Bau-Furniersperrholz der Tafel 4

(PE: Platten-ebene)	Biegung ⊥ PE	Biegung in PE	Zug/Druck in PE
1	parallel zur Faser-richtung der Deckfurniere 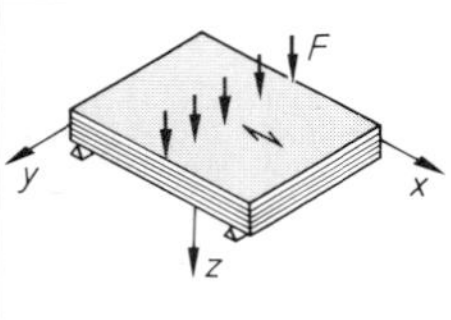 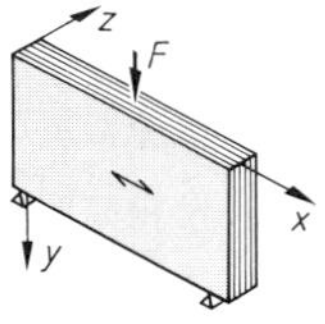 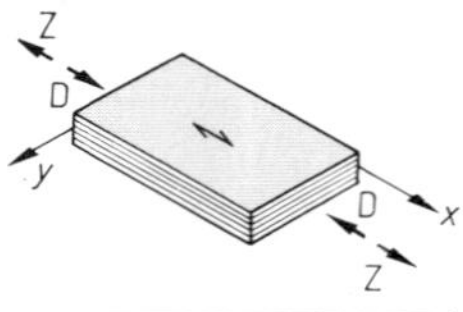		
2	rechtwinklig zur Faser-richtung der Deckfurniere 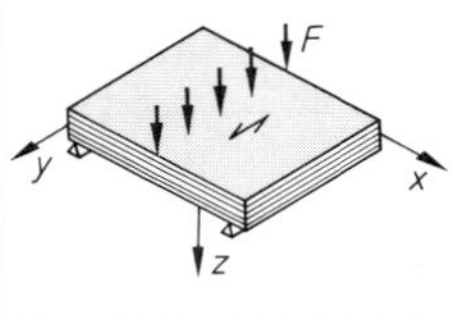 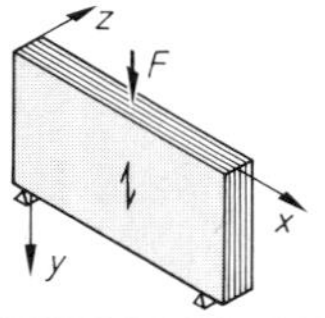 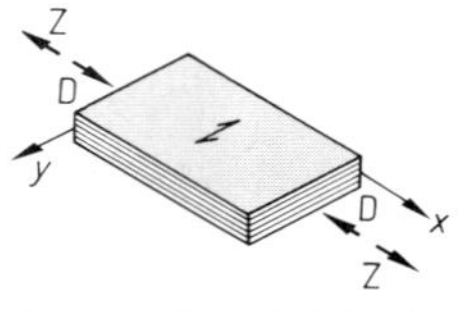		

Tafel 6 Zul. Spannungen in Plattenebene bei schrägem Kraftangriff für Bau-Furniersperrholz nach DIN 68705-3 in MN/m², Lastfall H[1]) [2])

	α: Winkel zwischen Kraft- und Faserrichtung der Deckfurniere in °									
	0	10	20	30	40	50	60	70	80	90
zul $\sigma_{Z, D}$	8,0	6,0	4,0	2,0	2,0	2,0	2,0	2,7	3,3	4,0

[1]) Zwischenwerte dürfen geradlinig interpoliert werden.
[2]) zul. Erhöhungen und erf. Ermäßigungen s. Tafel 7.

Tafel 7 Zul. Erhöhungen und erf. Ermäßigungen von zul. Spannungen nach DIN 1052-1, 5.1 und 5.2

Zeile	BSH Brettschichtholz	zul. Spannungen von Voll- und BSH in Tafel 1, 2 und 3		zul. Spannungen von Holzwerkstoffen in Tafel 4, 5 und 6	
	Erhöhungen	Erhöhung um	Span-nungsart	Erhöhung um	Span-nungsart
1	**Lastfall HZ**	25%	alle	25%	alle
2	**Transportzustand**	50%	alle	50%	alle
3	**Montagezustand**	50%	alle	50%	alle
4	**waagerechte Stoßlasten** nach DIN 1055-3	100%	alle	100%	alle
5	**Erdbebenlasten** nach DIN 4149-1	100%	alle	100%	alle
6	bei **Durchlaufträgern ohne Gelenke** über Innenstützen	10%[1])	zul σ_B		
7	bei **Rundhölzern** in Bereichen ohne Schwächung der Randzone	20%	zul σ_B zul $\sigma_{D\parallel}$		
8	bei durchlaufenden oder auskragenden **Biegebalken** aus NH und LH, Gr. A, in Bereichen, die mind. 1,50 m vom Stirnende entfernt liegen	auf 1,2 MN/m^2	zul τ_Q		
9	bei **Druckflächen** $\perp$ **Faserrichtung** mit einer Länge l in Faserrichtung <150 mm, s. Bild 2	$k_{D\perp}$[2]) nach Gl. (2)	zul $\sigma_{D\perp}$[4])		
	Ermäßigungen	Ermäßi-gung um	Span-nungsart	Ermäßi-gung um	Span-nungsart
10	bei **genagelten Zugstößen oder -anschlüssen** für diejenigen Stoß- und Anschlußteile, die nicht für die 1,5fache anteilige Zugkraft bemessen sind	20%	zul $\sigma_{Z\parallel}$		
11	bei **Druckflächen** $\perp$ **Faserrichtung**, wenn die Überstände nach Bild 2 unterschritten werden	$k_{D\perp}=0,8$	zul $\sigma_{D\perp}$		
12	bei **Bauteilen, die der Witterung allseitig ausgesetzt** sind oder bei denen mit einer Gleichgewichtsfeuchte >18% zu rechnen ist, nicht bei Gerüsten	$1/_6$[3])	alle		
13	bei **Bauteilen u. Gerüsten, die dauernd im Wasser stehen,** bei Gerüsten aus Hölzern, die zum Zeitpunkt der Belastung noch nicht halbtrocken sind (DIN 4074)	$1/_3$[3])	alle		
14	bei folgenden **Platten, in denen eine Feuchte >18%** über mehrere Wochen zu erwarten ist: — Bau-Furniersperrholzplatten BFU 100 G			$1/_4$	alle
	— Flachpreßplatten V 100 G			$1/_3$	alle

[1]) Gilt nicht bei Sparren von Kehlbalkenbindern mit verschieblichen Kehlbalken.
[2]) Überstand $\ddot{u}$ nach Bild 2 beachten.
[3]) Gilt nicht für LH, Gr. C, und nicht für Fliegende Bauten mit Schutzanstrich, der in Abständen von höchstens zwei Jahren zu erneuern ist.
[4]) in Tafel 1, 2: nur Zeile 5a

Zulässige Spannungen für Stahlteile

1. Für Bauteile aus Stahl gilt DIN 18800. 2. Bei fehlendem Gütenachweis gilt für gerade Bauteile aus Flach- und Rundstahl im Lastfall H und HZ: zul $\sigma_{B,Z} \leqq$ 110 MN/m^2, im Kernquerschnitt der Rundstähle: zul $\sigma_z \leqq$ 100 MN/m^2.

Zulässige Spannungen für Aluminiumteile nach DIN 4113-1

Korrosionsschutz für Teile aus Stahl und Aluminium

für Stahl nach DIN 55928, für Aluminium nach DIN 4113.

10

2 Materialkennwerte

Tafel 8 Rechenwerte für Elastizitäts-, Schub- und Torsionsmoduln in MN/m² für Vollholz
(Holzfeuchte $\leq$ 20%) nach DIN 1052-1/A1, Tab. 1[1])

Zeile	Holzart	Sortier- klasse nach DIN 4074-1[2])	Elastizitätsmodul parallel zur Faser- richtung $E_{\parallel}$	rechtwinklig zur Faser- richtung $E_{\perp}$	Schub- modul G	Torsions- modul G_T
1	Fichte, Kiefer, Tanne, Lärche, Douglasie, Southern Pine, Western Hemlock, Yellow Cedar	S 7/MS 7	8000	250	500	333
		S 10/MS 10	10000[3])[4])	300	500	333
		S 13	10500[3])[4])	350	500	333
		MS 13	11500[3])	350	550	367
		MS 17	12500[3])	400	600	400
2	Laubhölzer der Gruppe					
	A Eiche, Buche, Teak, Keruing (Yang)	mittlere Güte[5])	12500	600	1000	667
	B Afzelia, Merbau, Angélique (Basralocus)	mittlere Güte[5])	13000	800	1000	667
	C Azobé (Bongossi), Greenheart	mittlere Güte[5])	17000[6])	1200[6])	1000[6])	667[6])

[1]) erforderliche Ermäßigungen s. Tafel 12
[2]) Sortierklassen S 7, S 10 und S 13 $\hat{=}$ Güteklassen III, II bzw. I von DIN 4074-2.
[3]) Für Holz, das mit einer Holzfeuchte $\leq$ 15% eingebaut wird, dürfen die Werte um 10% für Durchbiegungsberechnungen erhöht werden.
[4]) Für Baurundholz: $E_{\parallel} = 12000$ MN/m².
[5]) Mind. Sortierklasse S 10 $\hat{=}$ DIN 4074-1 bzw. Güteklasse II $\hat{=}$ DIN 4074-2.
[6]) Diese Werte gelten unabhängig von der Holzfeuchte.

Tafel 9 Rechenwerte für Elastizitäts-, Schub- und Torsionsmoduln in MN/m² für Brett-schichtholz (Holzfeuchte $\leq$ 20%) nach DIN 1052-1/A1, Tab. 15

Zeile	Art der Bean- spruchung		BS 11	BS 14	BS 16	BS 18
1	Biegung	$E_{\parallel}$	11000	11000[1])	12000[1])	13000[1])
2	Zug/Druck $\parallel$	$E_{\parallel}$	11000	12000	13000	14000
3	Zug/Druck $\perp$	$E_{\perp}$	350	400	400	450
4	Schubmodul	G	550	600	650	700
5	Torsionsmodul	G_T	550	600	650	700

[1]) Wenn bei Biegeträgern die Lamellen in den äußeren Sechsteln der Zug- und Druckzone der zugehörigen Sortierklasse nach Tafel 2, im übrigen Bereich der nächstniedrigen Sortierklasse entsprechen, darf ein um 1000 MN/m² erhöhter E-Modul in Rechnung gestellt werden.

Tafel 10 Rechenwerte für Elastizitäts- und Schubmoduln für Bau-Furniersperrholz der DIN 68705-3,5 in MN/m² nach DIN 1052-1/A1, Tab. 2[1])

Zeile	Beanspruchungsart (PE: Plattenebene)	Elastizitätsmodul $E^{[2])}$ [3])[4]) parallel $\parallel$	rechtwinklig $\perp$	Schubmodul $G^{[2])}$ [3])[5]) $\parallel$ und $\perp$
		zur Faserrichtung der Deckfurniere		
		Lagenanzahl 3 / $\geq$ 5	Lagenanzahl 3 / $\geq$ 5	Lagenanzahl $\geq$ 3
1	Biegung $\perp$ PE	8000 / 5500	400 / 1500	250 [400]
2	Biegung, Druck, Zug in PE	4500 / 1000	2500	500 [700]

[1]) erf. Ermäßigungen s. Tafel 12.
[2]) Größere Werte dürfen verwendet werden, wenn durch Prüfzeugnis nachgewiesen.
[3]) Bei Platten aus Okoumé und Pappel Werte um $^1/_5$ abmindern.
[4]) Für Platten aus Buche gelten die Werte des Beiblatts 1 zu DIN 68705-5.
[5]) Werte in [ ] gelten für Platten aus Buche nach DIN 68705-5.

Tafel 11 Rechenwerte für Elastizitäts- und Schubmoduln für Flachpreßplatten der
DIN 68763 in MN/m² nach DIN 1052-1, Tab. 3[1])

Zeile	Beanspruchungsart (PE: Plattenebene)		Elastizitätsmodul E[2])						Schubmodul G[2])				
			Plattennenndicke in mm						Plattennenndicke in mm				
			bis 13	>13 bis 20	>20 bis 25	>25 bis 32	>32 bis 40	>40 bis 50	bis 13	>13 bis 20	>20 bis 25	>25 bis 32	>32 bis 40	>40 bis 50
1	Biegung	⊥ PE	3200	2800	2400	2000	1600	1200	200			100		
2		in PE	2200	1900	1600	1300	1000	800	1100	1000	850	700	550	450
3	Druck, Zug	in PE	2200	2000	1700	1400	1100	900	—					

[1]) erf. Ermäßigungen s. Tafel 12.
[2]) Größere Werte dürfen verwendet werden, wenn durch Prüfzeugnis nachgewiesen.

Tafel 12 Erforderliche Ermäßigungen von Elastizitäts-, Schub- und Torsionsmodul
nach DIN 1052-1, 4.1.2

Zeile		Voll- u. Brettschichtholz nach Tafel 8 und 9		Holzwerkstoffe nach Tafel 10 und 11	
		Ermäßigung um	Materialkennwert	Ermäßigung um	Materialkennwert
1	bei **Bauteilen, die der Witterung allseitig** ausgesetzt sind oder bei denen mit einer vorübergehenden Durchfeuchtung zu rechnen ist	$1/6$[1])	alle		
2	bei **dauernder Durchfeuchtung**, z.B. dauernd im Wasser befindlichen Bauteilen	$1/4$[1])	alle		
3	bei folgenden **Platten, in denen eine Feuchte >18%** über mehrere Wochen zu erwarten ist — Bau-Furniersperrholzplatten BFU 110 G — Flachpreßplatten V 100 G			$1/4$ $1/3$	alle alle

[1]) keine Abminderung notwendig für Laubholz, Gr. C.

Tafel 13 Feuchte (Gleichgewichtsfeuchte) von Holz und Holzwerkstoffen, die sich im fertigen Bauwerk nach einer gewissen Zeitspanne im Mittel einstellt

1	bei allseitig geschlossenen Bauwerken mit Heizung ohne Heizung	$9+3$ in % $12+3$ in %
2	bei überdeckten, offenen Bauwerken	$15+3$ in %
3	bei Konstruktionen, die der Witterung allseitig ausgesetzt sind	$18+6$ in %

Beispiel **Berechnung einer Schwindverformung** Kantholz
$b/h=18/20$ cm,
NH $\alpha_s=0,24$
— Holzfeuchte beim Einbau:
$u_1=30\%$
— zu erwartende Gleichgewichtsfeuchte:
i. Bauwerk: $u_2=12\%$
— Rechenwert der Klaffung Δ:
$\Delta=(u_1-u_2)\cdot\alpha_s\cdot h$
$=(30-12)\cdot\dfrac{0,24}{100}\cdot 20$
$=0,86$ cm $=8,6$ mm
$\Delta/2=4,3$ mm an Ober- und Unterkante
— bei Einbau von trockenem Holz $u_1=20\%$ beträgt $\Delta/2=1,9$ mm
— gleichzeitig tritt eine Schwindverformung über b auf, Berechnung sinngemäß

Tafel 14 Rechenwerte der Schwind- und Quellmaße in % nach DIN 1052-1, Tab. 4[1])[2])[3])

	Baustoff	für Änderung der Holzfeuchte um 1%
1	Fichte, Kiefer, Tanne, Lärche, Douglasie, S. Pine, W. Hemlock, Brettschichtholz, Eiche	0,24[4])
2	Buche, Keruing, Angelique, Greenheart	0,3[4])
3	Teak, Afzelia, Merbau	0,2[4])
4	Azobé (Bongossi)	0,36[4])
5	Bau-Furniersperrholz	0,020[5])
6	Flachpreßplatten	0,035[5])

[1]) unterhalb des Fasersättigungsbereiches
[2]) halbe Werte bei behindertem Quellen/Schwinden
[3]) in Faserrichtung (im Mittel 0,01%) nur in Sonderfällen
[4]) ⊥ zur Faserrichtung (Mittel aus tangent./radial)
[5]) in Plattenebene, ⊥ Plattenebene vernachlässigbar

Einfluß von Temperaturänderungen darf bei Holz und Holzwerkstoffen in Holzkonstruktionen vernachlässigt werden.

Tafel 15 Wärmeausdehnungskoeffizienten von Holz[1]) nach *Christoph/Brettel*

in Faserrichtung	in Radialrichtung	in Tangentialrichtung
2,5 bis $5,0 \cdot 10^{-6} K^{-1}$	25 bis $45 \cdot 10^{-6} K^{-1}$	45 bis $60 \cdot 10^{-6} K^{-1}$

[1]) Richtwerte, nur bei bes. Verhältnissen und sehr hohen Anforderungen berücksichtigen.

Berücksichtigung von Kriechverformungen für $g/q > 0,5$. Beim Durchbiegenachweis sowie bei Verdrehungsberechnungen ist die Kriechverformung infolge ständiger Last zu berücksichtigen, wenn die ständige Last g mehr als 50% der Gesamtlast q beträgt. Die Kriechverformung darf bei auf Biegung beanspruchten Bauteilen proportional zur elastischen Verformung angenommen werden, z.B. für die

$$f_\varphi = \varphi \cdot f_{el} \qquad (3) \qquad\qquad \varphi = \frac{1}{\eta_k} - 1 \qquad (4)$$

Durchbiegung nach Gl. (3). Die Kriechzahl φ darf für Einfeldträger (und sinngemäß bei anderen Tragsystemen) nach Gl. (4) berechnet werden. Für Bauteile aus Holz und Bau-Furniersperrholz ist η_k nach Gl. (5)

$$\eta_k = \frac{3}{2} - \frac{g}{q} \quad \text{für } u \leq 18\% \quad (5) \qquad\qquad \eta_k = \frac{5}{3} - \frac{4}{3} \cdot \frac{g}{q} \quad \text{für } u > 18\% \qquad (6)$$

und (6) je nach Gleichgewichtsfeuchte u einzusetzen. Für Flachpreßplatten sind die 2fachen φ-Werte anzunehmen, sofern ihre Holzfeuchte nicht ständig unter 15% liegt.

Bei Dächern ist der Anteil der Schneelast von $0,5 \cdot (s_0 - 0,75) \cdot s/s_0$ für $s_0 > 0,75$ kN/m² als ständig wirkend anzusetzen mit s, s_0 als Rechenwert der Schneelast bzw. Regelschneelast in kN/m² nach DIN 1055-5. Bei Wohnhausdächern, ausgenommen Flachdächer, dürfen Kriechverformungen für den Durchbiegungsnachweis vernachlässigt werden (Beispiel s. Abschn. 3.4.12).

3 Allgemeine Bemessungsregeln

3.1 Lastannahmen

Hauptlasten (H): ständige Lasten, Verkehrslasten (einschl. Schnee-, ohne Windlasten), freie Massenkräfte von Maschinen, Seitenlasten auf Aussteifungskonstruktionen, soweit sie aus Hauptlasten entstehen

Zusatzlasten (Z): Windlasten, Bremskräfte, waagerechte Seitenkräfte (z.B. von Kranen), Zwängungen aus Temperatur- und Feuchteänderungen, Seitenlasten auf Aussteifungskonstruktionen, soweit sie aus Zusatzlasten entstehen

Sonderlasten (S): waagerechte Stoßlasten, Erdbebenlasten

Lastfälle: H Summe der Hauptlasten, HZ Summe der Haupt- und Zusatzlasten. Wird ein Bauteil außer von seiner Eigenlast nur durch Zusatzlasten beansprucht, so gilt die größte davon als Hauptlast. Die Einzellast (Mannlast) nach DIN 1055-3 ist stets Zusatzlast.

3.2 Mindestquerschnitte, Querschnittsschwächungen

Tafel 16 Mindestquerschnitte von tragenden Einzelquerschnitten aus Holz und Holzwerkstoffen nach DIN 1052-1, 6.3[1])

	Vollholz[2])[3]) d Dicke A Querschnittsfläche	Brettschichtholz, Einzelbrett	Bau-Furniersperrholz- platten aus ≥ 5 Lagen[4])	Flachpreß- platten
1	$d \geq 24$ mm, $A \geq 14$ cm²	$d \geq 6$ mm (gehobelt)	$d \geq 6$ mm	$d \geq 8$ mm

Fußnoten s. nächste Seite

Fußnoten zu Tafel 16
[1]) Mindestdicken bei Tafeln siehe DIN 1052-1, 11.1.1.
[2]) Soweit die Verbindungsmittel kein größeres Mindestmaß erfordern.
[3]) Für Lattungen $A \geq 11$ cm^2.
[4]) Zu Aussteifungszwecken aus ≥ 3 Lagen.

Querschnittsschwächungen sind beim Spannungsnachweis folgender Holzbauteile zu berücksichtigen:

— in Zugstäben,
— in der Zugzone von auf Biegung beanspruchten Bauteilen,
— in Druckstäben und in der Druckzone von auf Biegung beanspruchten Bauteilen nur dann, wenn

   — die geschwächte Stelle nicht satt ausgefüllt ist oder
   — der ausfüllende Baustoff einen geringeren Elastizitätsmodul als der geschwächte Baustoff aufweist.

Alle Querschnittsschwächungen, die rechtwinklig zur Kraftrichtung in einer Reihe nebeneinander liegen, sind beim Spannungsnachweis zu berücksichtigen. Liegen mehrere Querschnittsschwächungen in einem Holzstab in Faserrichtung hintereinander, so sind sie nur einmal in Rechnung zu stellen. Bei versetzt zur Faserrichtung angeordneten Querschnittsschwächungen dürfen die Schwächungen nur einmal berücksichtigt werden, wenn der lichte Abstand >15 cm beträgt, oder wenn bei stabförmigen verbindungsmitteln wie Stabdübel, Paßbolzen, Bolzen, Nägel oder Holzschrauben ein lichter Abstand $\geq 4d$ vorliegt. Bei kleineren lichten Abständen sind mehr Querschnittsschwächungen in Rechnung zu stellen.

Querschnittsschwächen durch Verbindungsmittel und Keilzinkungen können Tafel 17 entnommen werden.

Tafel 17 Querschnittsschwächungen durch Verbindungsmittel und Keilzinkungen
nach DIN 1052-1, 6.4.[1])

Verbindungsmittel		Fehlfläche	Erläuterungen
Stabdübel, Passbolzen		$d_{st} \cdot b$	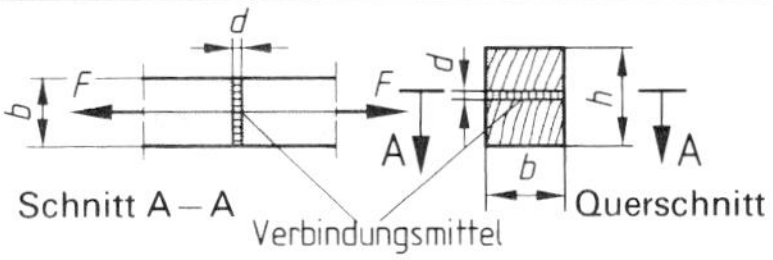
Bolzen		$(d_b + 1 \text{ mm}) \cdot b$	
Nägel[2])	nicht vorgebohrt[3])	$d_n \cdot b$, nur bei $d_n > 4,2$ mm	
	vorgebohrt[4])	$d_n \cdot b$	
Holzschrauben		$d_s \cdot b$	
Dübel besonderer Bauart[5])	Mittelholz	$2 \cdot \Delta A + (d_b + 1 \text{ mm}) \cdot b_2$	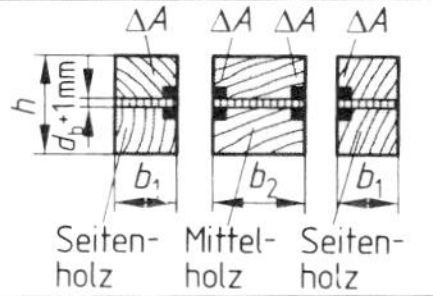
	Seitenholz	$\Delta A + (d_b + 1 \text{ mm}) \cdot b_1$	
Keilzinkung[6])[7])		$\nu \cdot A = \dfrac{b}{t} \cdot A$	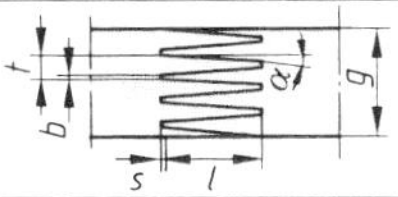

[1]) nach DIN 4074-1 zulässige Baumkanten brauchen nicht berücksichtigt zu werden
[2]) bei sich überschneidenden Nägeln mit $d_n > 4,2$ mm sollten beide Nagelschwächungen berücksichtigt werden
[3]) bei Douglasie ist abweichend vom Text der DIN 1052-2 gemäß Einführungserlaß bei allen d_n vorzubohren
[4]) gilt stets für vorgebohrten Nägeln in Bau-Furniersperrholz
[5]) Dübelfehlfläche ΔA und zugehöriger Bolzendurchmesser d_b s. Tafel 77
[6]) Verschwächungsgrad νs. *Neuhaus* [17]; im allgemeinen wird beim Spannungsnachweis von Vollstößen mit $\nu = 0,20$ gerechnet, s. auch Abschn. 3.10.2
[7]) Keilzinkungen der Einzelbretter dürfen bei Brettschichtholz vernachlässigt werden

3.3 Bemessungsregeln für Zugstäbe

Mittiger Zug

$$\frac{N/A_n}{\text{zul } \sigma_{z\parallel}} \leq 1 \quad (7)$$

Ausmittiger Zug (Zug und Biegung)

$$\frac{N/A_n}{\text{zul } \sigma_{z\parallel}} + \frac{M/W_n}{\text{zul } \sigma_B} \leq 1 \quad (8)$$

N größte Zugkraft
M mit N auftretendes Moment
A_n nutzbare Querschnittsfläche (Nettoquerschnitt)
W_n nutzbares Widerstandsmoment (Widerstandsmoment des Nettoquerschnitts)
zul $\sigma_{z\parallel}$ und zul σ_B zulässige Spannungen für Zug und Biegung nach Tafel 1, 2 bzw. 4

Stöße und Anschlüsse sind in der Regel symmetrisch zu den Stabachsen auszuführen. Einseitig beanspruchte Holz- und Holzwerkstoffteile sind für die 1,5fache anteilige Zugkraft zu bemessen (s. Bild 3), die Verbindungsmittel nur für die anteiligen Kräfte.

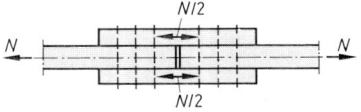
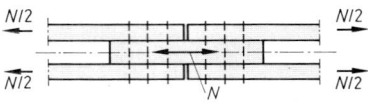

a) Bemessung der außenliegenden Laschen für 1,5·N/2, des Stabes für 1,0·N

b) Bemessung der innenliegenden Lasche für 1,0·N, der Stäbe für 1,5·N/2

Bild 3   Beispiele für die Bemessung von Zugstößen

Beispiel   **Bemessung eines Zugstabes, mittiger Zug**

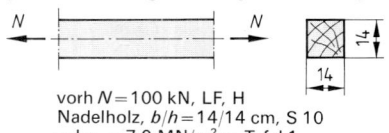

vorh N = 100 kN, LF, H
Nadelholz, b/h = 14/14 cm, S 10
zul $\sigma_{z\parallel}$ = 7,0 MN/m² n. Tafel 1
           = 0,70 kN/cm²

Querschnittsschwächung des Zugstabes durch einen Dübelanschluß, hier nicht dargestellt:

A_n = 157,6 cm²

$$\frac{100/157,6}{0,70} = 0,91 < 1$$

3.4 Bemessungsregeln für Biegeträger aus Voll- und Brettschichtholz

3.4.1 Bemessung für Biegung

$$\text{einaxial } \frac{M/W_n}{\text{zul } \sigma_B} \leq 1 \quad (9)$$

M auftretendes Moment
W_n nutzbares Widerstandsmoment (Widerstandsmoment des Nettoquerschnitts)
zul σ_B zulässige Biegespannung nach Tafel 1, 2

Beispiel   **Bemessung eines Parallelträgers aus Brettschichtholz** (s. auch Tafel 20)

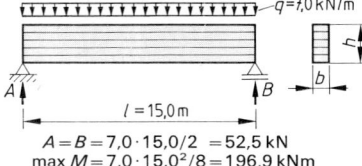

$A = B = 7,0 \cdot 15,0/2 = 52,5$ kN
max $M = 7,0 \cdot 15,0^2/8 = 196,9$ kNm

Brettschichtträger b/h = 16/90 cm, BS 14
LFH, zul σ_B = 14 MN/m² n. Tafel 2
         = 1,4 kN/cm²

$W_n = 16 \cdot 90^2/6$
     = 21 600 cm³

$$\frac{19690/21600}{1,4} = 0,65 < 1$$

Bemessung für Querkraft (Schub) s. Beispiel Abschn. 3.4.2, **Durchbiegungsnachweis und Überhöhung** s. Beispiel Abschn. 3.4.12, **Stabilisierung** gegen seitliches Ausweichen (Kippen) s. Beispiel Abschn. 3.4.13, **Aussteifungsverband** s. Beispiel Abschn. 3.6.4

3.4.2 Bemessung für Querkraft (Schub)

Die zu einer Querkraft Q gehörenden Schubspannungen τ werden allgemein nach Gl. (10) berechnet:

$$\tau = \frac{Q \cdot S}{I \cdot b} \quad (10)$$

S Flächenmoment 1. Grades
I Flächenmoment 2. Grades
b Dicke des Querschnittes

Bei einem Rechteckquerschnitt beträgt die größte Schubspannung:

$$\max \tau = 1{,}5 \cdot Q/(b \cdot h) \quad (11)$$

Die vorhandene Schubspannung darf die zulässige nicht überschreiten:

$$\frac{\text{vorh } \tau}{\text{zul } \tau} \leq 1 \quad (12)$$

Beispiel **Bemessung für Querkraft,** s. auch Beispiel Abschn. 3.4.1 (Fortführung):

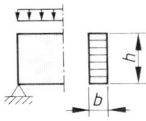

Brettschichtträger
$b/h = 16/90$ cm, BS 14
zul $\tau_Q = 1{,}2$ MN/m$^2 = 0{,}12$ kN/cm^2
max Q im Beispiel an den Auflagern:
max $Q = A = B = 52{,}5$ kN

$$\frac{1{,}5 \cdot 52{,}5/(16 \cdot 90)}{0{,}12} = 0{,}46 < 1$$

Abminderung der Querkraft an End- und Zwischenauflagern. Beim Nachweis der Schubspannungen oder Schubverbindungsmittel darf die Querkraft im Bereich von End- und Zwischenauflagern abgemindert werden, wenn (s. Bild 4)

— die Auflagerung am unteren Trägerrand,
— der Lastangriff am oberen Trägerrand,
— keine Ausklinkungen und keine Durchbrüche im Bereich der Auflager angeordnet sind.

Maßgebend ist dann

— bei Gleichlast (nach Bild 4): Q_q im Abstand von $h/2$ vom Auflagerrand
— bei Einzellast (nach Bild 4): wenn F im Abstand von $a < 2h$ von Auflagermitte angreift, der Querkraftanteil, der mit $a_0 = 2h$ ermittelt und im Verhältnis $a/(2h)$ abgemindert wird.

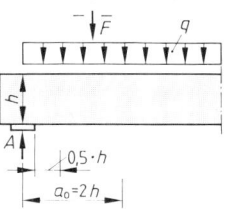

Bild 4 **Abminderungsbereiche für die Querkraft am Endauflager**

10

3.4.3 Bemessung für Torsion

Die zu einem Torsionsmoment M_T gehörenden Tangentialspannungen τ_T werden vereinfacht nach der Elastizitätstheorie isotroper Werkstoffe berechnet (Saint-Venantsche Torsion):

$$\max \tau_T = \frac{M_T}{W_T}. \quad (13)$$

Für das Torsionswiderstandsmoment gilt bei Rechteckquerschnitten

$$W_T = \frac{h \cdot b^2}{3\,\eta} \quad (14)$$

mit η nach Tafel 15.

Die vorhandene Torsionsspannung vorh τ_T darf die zulässige nicht überschreiten:

Tafel 18 η-Werte nach *Möhler/Hemmer*

h/b	η	h/b	η
1	1,609	6	1,117
1,5	1,433	7	1,099
2	1,356	8	1,086
3	1,247	9	1,075
4	1,183	10	1,067
5	1,144	12	1,055

Zwischenwerte geradlinig einschalten

$$\frac{\text{vorh } \tau_T}{\text{zul } \tau_T} \leq 1 \quad (15)$$

3.4.4 Bemessung für Torsion und Querkraft

Bei gleichzeitiger Wirkung von Torsion und Querkraft ist Gl. (16) einzuhalten.

$$\frac{\text{vorh } \tau_T}{\text{zul } \tau_T}+\left(\frac{\text{vorh } \tau_Q}{\text{zul } \tau_Q}\right)^m \leq 1 \quad (16)$$

$m=1$ für Laubholz
$m=2$ für Nadelholz
τ_T Schubspannungen aus Torsion
τ_Q Schubspannungen aus Querkraft

3.4.5 Spannungskombination bei Brettschichtträgern

Spannungen am geneigten Trägerrand. Verläuft bei Biegeträgern aus Brettschichtholz die Faserrichtung nicht parallel zum Trägerrand (s. z. B. Satteldachträger in Tafel 20, 21, 22), so treten zusätzlich zu den Längsspannungen $\sigma_\parallel$ noch Querspannungen $\sigma_\perp$ und Schubspannungen τ auf, s. Bild 5. Für die Spannungskombination am Biegezugrand ist Gl. (17), am Biegedruckrand Gl. (18) einzuhalten. Für $\gamma \leq 3°$

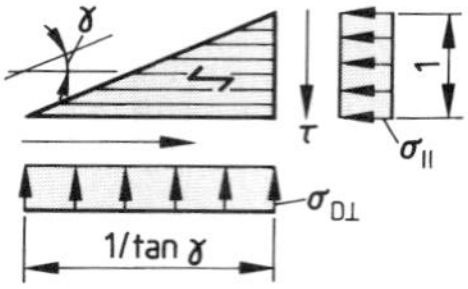

$$\sigma_\parallel = \frac{F}{A_n}\pm\frac{M}{W_n}$$
$$\tau = \sigma_\parallel \cdot \tan \gamma$$
$$\sigma_{D\perp} = \sigma_\parallel \cdot \tan^2 \gamma$$

γ Winkel zwischen Trägerrand und Faserrichtung

Bild 5 Druckbeanspruchtes Randelement

braucht die Spannungskombination bei druckbeanspruchten Rändern nicht berücksichtigt werden. Bei Satteldachträgern ist die größte außerhalb des Firstbereiches auftretende Längsspannung $\sigma_\parallel$ zu berücksichtigen. Im Nenner sind in Gl. (17) und (18) die entsprechenden zul. Spannungen für Brettschichtholz der jeweils verwendeten Sortierklasse, mindestens jedoch der Sortierklasse S 13 nach Tafel 2 einzusetzen.

Biegezugrand

$$\left(\frac{\text{vorh } \sigma_\parallel}{\text{zul } \sigma_B}\right)^2+\left(\frac{\text{vorh } \sigma_{Z\perp}}{1{,}25\cdot\text{zul } \sigma_{Z\perp}}\right)^2+\left(\frac{\text{vorh } \tau}{1{,}33\cdot\text{zul } \tau_a}\right)^2 \leq 1 \quad (17)$$

Biegedruckrand

$$\left(\frac{\text{vorh } \sigma_\parallel}{\text{zul } \sigma_B}\right)^2+\left(\frac{\text{vorh } \sigma_{D\perp}}{\text{zul } \sigma_{D\perp}}\right)^2+\left(\frac{\text{vorh } \tau}{2{,}66\cdot\text{zul } \tau_a}\right)^2 \leq 1 \quad (18)$$

Gl. (17) und (18) lassen sich nach [2] rechnerisch vereinfachen zu Gl. (19).

$$\frac{\text{vorh } \sigma_B}{\text{zul } \sigma_{B(a)}}=\frac{M/W}{k_{Z,D}\cdot\text{zul } \sigma_B} \leq 1 \quad (19)$$

zul σ_B zulässige Biegespannung
$k_{Z,D}$ Beiwerte für Biegezug- bzw. Biegedruckrand nach Tafel 19

Tafel 19 Beiwerte $k_{Z,D}$ der Gl. (19) für Brettschichtholz BS 11 und BS 14 in Abhängigkeit von der Neigung γ des Trägerrandes[1])

γ in°	1	2	3	4	5	6	7	8	9	10	11	12	13	14	15	16	17	18	19	20
Beiwert k_Z für den Biegezugrand [2])																				
	0,98	0,92	0,85	0,76	0,67	0,59	0,52	0,45	0,40	0,35	0,31	0,27	0,24	0,22	0,19	0,17	0,16	0,14	0,13	0,12
Beiwert k_D für den Biegedruckrand																				
	1,0		0,93	0,89	0,85	0,81	0,77	0,73	0,69	0,65	0,62	0,59	0,56	0,53	0,50	0,47	0,45	0,43	0,41	

[1]) Zwischenwerte können geradlinig interpoliert werden
[2]) es wird empfohlen, die Neigung γ bei Biegezugrändern möglichst „klein" auszuführen, um den Anteil der Querzugspannungen zu mindern.

Beispiel Nachweis der Spannungskombination bei einem Satteldachträger s. Beispiel Abschn. 3.4.6 (Fortführung); oberer, druckbeanspruchter Rand, Dachneigung $\gamma=5°$, größte Längsspannung an der Stelle $\bar{x}$, s. auch Bild 5:

Nachweis nach Gl. (18):
vorh $\sigma_\parallel = M_{\bar{x}}/W_{\bar{x}}=1{,}01$ kN/cm²
vorh $\tau=1{,}01 \cdot \tan \gamma=0{,}088$ kN/cm²
vorh $\sigma_{D\perp}=1{,}01 \cdot \tan^2 \gamma=0{,}0077$ kN/cm²

$$\left(\frac{1{,}01}{1{,}4}\right)^2+\left(\frac{0{,}0077}{0{,}25}\right)^2+\left(\frac{0{,}088}{2{,}66\cdot0{,}09}\right)^2$$
$$=0{,}52+0{,}001+0{,}14=0{,}66<1$$

Nachweis nach Gl. (19):
$$\frac{27\,281/27\,075}{0{,}89\cdot1{,}4}=0{,}81<1$$

3.4.6 Biegeträger aus Brettschichtholz mit geraden Trägerkanten

Tafel 20 Biegeträger aus Brettschichtholz mit geraden Trägerkanten und Rechteckquerschnitt

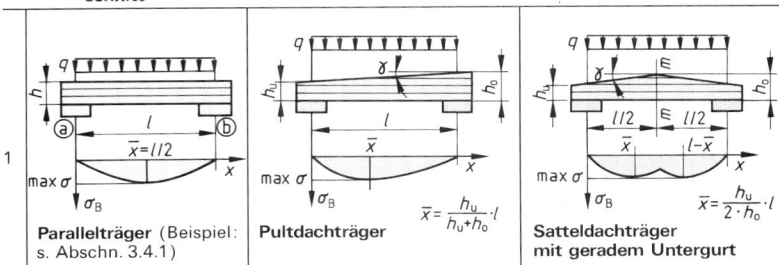

1	Parallelträger (Beispiel: s. Abschn. 3.4.1)	Pultdachträger $\bar{x}=\dfrac{h_u}{h_u+h_o}\cdot l$	Satteldachträger mit geradem Untergurt $\bar{x}=\dfrac{h_u}{2\cdot h_o}\cdot l$

Biegespannungsnachweis

2	$\dfrac{\max M/W}{\text{zul }\sigma_B}\le 1$ (20)	$\dfrac{M_{\bar{x}}/W_{\bar{x}}}{\text{zul }\sigma_B}\le 1$ (25)	$\dfrac{M_{\bar{x}}/W_{\bar{x}}}{\text{zul }\sigma_B}\le 1$ (31)

Schubspannungsnachweis

3	$\dfrac{1,5 Q_a/A}{\text{zul }\tau_Q}\le 1$ (21)	$\dfrac{1,5 Q_u/A_u}{\text{zul }\tau_Q}\le 1$ (26)	$\dfrac{1,5 Q_u/A_u}{\text{zul }\tau_Q}\le 1$ (32)

Nachweis der Spannungskombination am geneigten Trägerrand an der Stelle $\bar{x}$

4	—	$\left(\dfrac{\text{vorh }\sigma_\parallel}{\text{zul }\sigma_B}\right)^2+\left(\dfrac{\text{vorh }\sigma_{D\perp}}{\text{zul }\sigma_{D\perp}}\right)^2$ $+\left(\dfrac{\text{vorh }\tau}{2,66\cdot\text{zul }\tau_a}\right)^2\le 1$ (27) oder nach Gl. (19)	$\left(\dfrac{\text{vorh }\sigma_\parallel}{\text{zul }\sigma_B}\right)^2+\left(\dfrac{\text{vorh }\sigma_{D\perp}}{\text{zul }\sigma_{D\perp}}\right)^2$ $+\left(\dfrac{\text{vorh }\tau}{2,66\cdot\text{zul }\tau_a}\right)^2\le 1$ (33) oder nach Gl. (19)

Durchbiegungsnachweis (k_M und k_τ s. Bild 13 und 14), Kriechverformungen s. Tafel 31

5	$\dfrac{f_M+f_\tau}{\text{zul }f}\le 1$ (22)	$\dfrac{f_M+f_\tau}{\text{zul }f}\le 1$ (28)	$\dfrac{f_M+f_\tau}{\text{zul }f}\le 1$ (34)
	$f_M=\dfrac{5 q\cdot l^4}{384 E_\parallel I}$ (23)	$f_M=\dfrac{5 q\cdot l^4}{384 E_\parallel I_u}\cdot k_M$ (29)	$f_M=\dfrac{5 q\cdot l^4}{384 E_\parallel I_u}\cdot k_M$ (35)
	$f_\tau=1,2\,\dfrac{q\cdot l^2}{8 G\cdot A}$ (24)	$f_\tau=1,2\,\dfrac{q\cdot l^2}{8 G\cdot A_u}\cdot k_\tau$ (30)	$f_\tau=1,2\,\dfrac{q\cdot l^2}{8 G\cdot A_u}\cdot k_\tau$ (36)

Nachweis im Firstquerschnitt $m-m$ ($\varkappa_L$ und $\varkappa_q$ nach Gl. (42) oder Gl. (43) oder Bild 7 und 8)

6	—	—	$\dfrac{\varkappa_L\cdot M/W_m}{\text{zul }\sigma_B}\le 1$ (37)
	—	—	$\dfrac{\varkappa_q\cdot M/W_m}{\text{zul }\sigma_{Z\perp}}\le 1$ (38)

Kriechverformungen nach Abschn. 2 und Tafel 31; Überhöhungen nach Abschn. 3.4.12; Stabilisierung nach Abschn. 3.4.13

Beispiel   Bemessung eines Satteldachträgers mit geradem Untergurt (s. Tafel 20, 21)

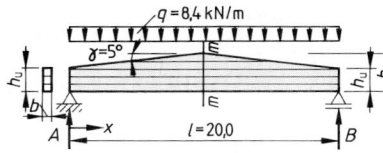

Brettschichtholz, $b/h_u = 18/60$ cm, BS 14

LF H, zul $\sigma_B = 14$ MN/m² $= 1,4$ kN/cm²

$$\text{zul } \sigma_{Z\perp} = 0,2 \text{ MN/m}^2 = 0,02 \text{ kN/cm}^2$$

max $M = 420$ kNm; max $A = B = 84$ kN

$h_0 = 0,60 + 10,0 \cdot \tan \gamma = 1,47$ m

Nachweis im Firstquerschnitt $m - m$

$W_m = 18,0 \cdot 147^2/6 = 64827$ cm³

$\gamma = 5°$; $r_m = \infty$; $h_m/r_m = 0$

$\varkappa_L = 1,16$ aus Gl. (42), od. Bild 8

$\varkappa_q = 0,0175$ aus Gl. (43), od. Bild 7

Längsspannungen:

$$\frac{1,16 \cdot 42000/64827}{1,4} = 0,54 < 1$$

Querspannungen (hier: Querzug, s. Bild 6):

$$\frac{0,0175 \cdot 42000/64827}{0,02} = 0,57 < 1$$

Biegespannungsnachweis an der Stelle $\bar{x}$:

$$\bar{x} = \frac{0,60 \cdot 20,0}{2 \cdot 1,47} = 4,08 \text{ m}$$

$h_{\bar{x}} = 0,60 + 4,08 \cdot \tan \gamma \simeq 0,95$ m

$M_{\bar{x}} = 84,0 \cdot 4,08 - 8,40 \cdot 4,08^2/2$

$\qquad = 272,81$ kNm

$W_{\bar{x}} = 18,0 \cdot 95,0^2/6 = 27075$ cm³

$$\frac{27281/27075}{1,4} = 0,72 < 1$$

Bemessung für **Querkraft (Schub)** nach Abschn. 3.4.2, Nachweis der **Spannungskombination** s. Beispiel Abschn. 3.4.5 (Fortführung), **Durchbiegungsnachweis und Überhöhung** nach Abschn. 3.4.12, **Stabilisierung** nach Abschn. 3.4.13

3.4.7   Gekrümmte Träger und Satteldachträger aus Brettschichtholz

Der Nachweis der maximalen Quer- und Längsspannungen max $\sigma_\perp$ und max $\sigma_\parallel$ infolge Moment

— im gekrümmten Bereich von Trägern mit konstanter Höhe h und

— im Firstquerschnitt $m - m$ von Satteldachträgern (s. Tafel 20, 21)

kann für $\gamma \leqq 20°$ bei Rechteckquerschnitten wie folgt geführt werden:

Längsspannung	Querzugspannung	Querdruckspannung
$\dfrac{\varkappa_L \cdot M/W_m}{\text{zul } \sigma_B} \leqq 1$ (39)	$\dfrac{\varkappa_q \cdot M/W_m}{\text{zul } \sigma_{Z\perp}} \leqq 1$ (40)	$\dfrac{\varkappa_q \cdot M/W_m}{\text{zul } \sigma_{D\perp}} \leqq 1$ (41)

Die Beiwerte $\varkappa_L$ und $\varkappa_q$ lassen sich nach Gl. (42), (43) und Tafel 21 ermitteln, sie können auch den Bildern 7 und 8 entnommen werden.

$$\varkappa_L = A_L + B_L \left(\frac{h_m}{r_m}\right) + C_L \left(\frac{h_m}{r_m}\right)^2 + D_L \left(\frac{h_m}{r_m}\right)^3 \quad (42) \qquad \varkappa_q = A_q + B_q \left(\frac{h_m}{r_m}\right) + C_q \left(\frac{h_m}{r_m}\right)^2 \quad (43)$$

Die maximalen Längsspannungen treten am inneren bzw. unteren Trägerrand auf. Die Querspannungen sind (s. auch Bild 6):

— Querzugspannungen, wenn die innere bzw. untere Randfaser gezogen wird,

— Querdruckspannungen, wenn die innere bzw. untere Randfaser gedrückt wird.

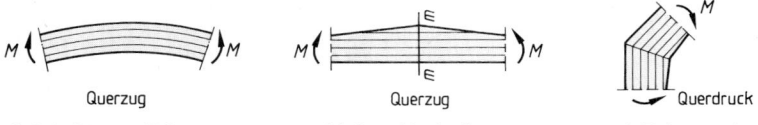

a) Gekrümmter Träger   b) Satteldachträger   c) Rahmenecke

Bild 6   Beispiele für Querzug- und Querdruckbeanspruchungen

Tafel 21 Beiwerte zur Berechnung von $\varkappa_L$ und $\varkappa_q$ für Träger mit Rechteckquerschnitt nach Gl. (42), (43) für $\gamma \leqq 20°$ nach DIN 1052-1, 8.2.3

	a	b	c
	gekrümmter Träger mit konstanter Höhe	Satteldachträger mit gekrümmtem Untergurt [1]	Satteldachträger mit geradem Untergurt
A_q	0	$0,2 \cdot \tan \gamma$	
B_q	0,25	$0,25 - 1,5 \cdot \tan \gamma + 2,6 \cdot \tan^2 \gamma$	
C_q	0	$2,1 \cdot \tan \gamma - 4 \cdot \tan^2 \gamma$	
A_L	1,0	$1,0 + 1,4 \cdot \tan \gamma + 5,4 \cdot \tan^2 \gamma$	
B_L	0,35	$0,35 - 8 \cdot \tan \gamma$	
C_L	0,6	$0,6 + 8,3 \cdot \tan \gamma - 7,8 \cdot \tan^2 \gamma$	
D_L	0	$6 \cdot \tan^2 \gamma$	

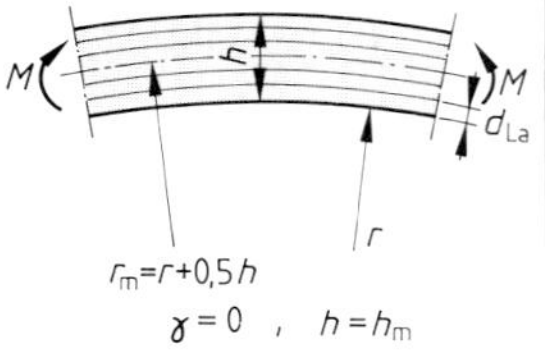

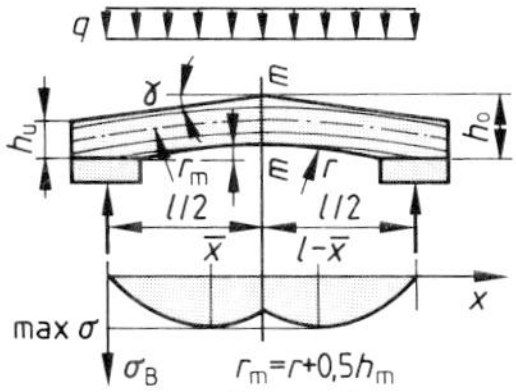

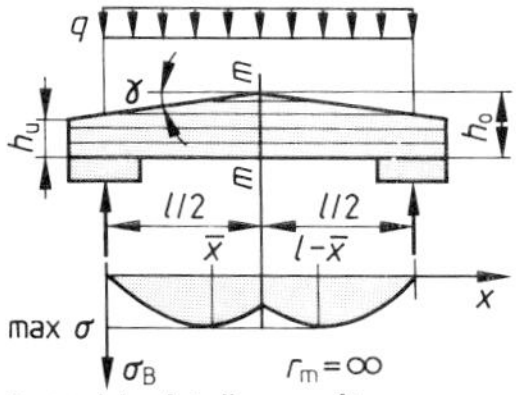

(right side labels: Querspannungen / Längsspannungen)

For column a: $r_m = r + 0,5\,h$, $\gamma = 0$, $h = h_m$

For column b: $r_m = r + 0,5\,h_m$

For column c: $r_m = \infty$

[1] über Geometrie s. Tafel 19

Die $\varkappa_q$ und $\varkappa_L$-Werte nach Bild 7 und 8 gelten nur für Träger mit Rechteckquerschnitt. Bei anderen Trägerquerschnitten können die $\varkappa_q$- und $\varkappa_L$-Werte wesentlich zur ungünstigen Seite abweichen.

Bild 7
$\varkappa_q$ bei Satteldachträgern im Firstquerschnitt nach *Möhler*

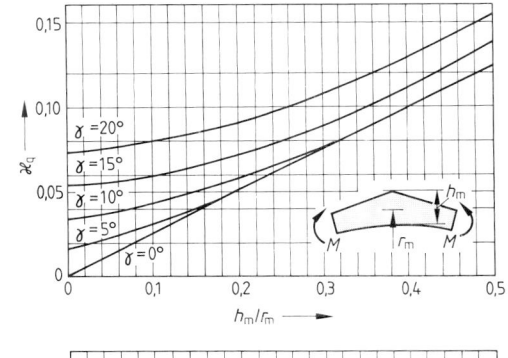

Die Längsspannungen am äußeren bzw. oberen Trägerrand dürfen mit $\varkappa_L = 1,0$ berechnet werden.

Bild 8
$\varkappa_L$ bei Satteldachträgern im Firstquerschnitt nach *Möhler*

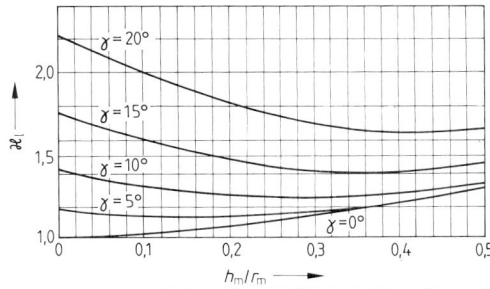

10

Tafel 22 Geometrie von Satteldachträgern mit gekrümmtem Untergurt

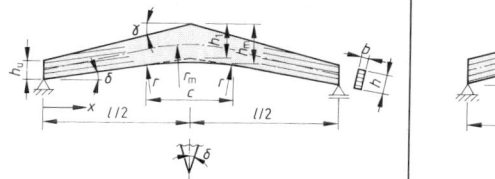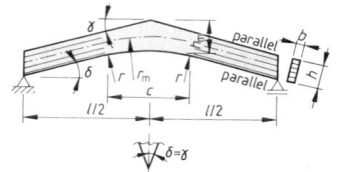

veränderliche Trägerhöhe h	konstante Trägerhöhe h
$\varphi = \gamma - \delta$; $r = \dfrac{c}{2 \cdot \sin \delta}$	$\gamma = \delta$; $r = \dfrac{c}{2 \cdot \sin \delta}$
$h_1 = h_u + \dfrac{l}{2} \cdot (\tan \gamma - \tan \delta)$	$h_m = \dfrac{c}{2} \cdot \tan \delta + h/\cos \delta - r\,(1 - \cos \delta)$
$h_m = h_1 + \dfrac{c}{2} \cdot \tan \delta - r\,(1 - \cos \delta)$	$r_m = r + h_m/2$
$r_m = r + h_m/2$	

Bei Satteldachträgern können die Querzugspannungen verringert werden, wenn der Firstsattel „lose" durch leichte Nagelung anstatt Leimfuge aufgebracht wird.

3.4.8 Ausklinkungen und Zapfen bei Biegeträgern mit Rechteckquerschnitt aus Nadelholz

3.4.8.1 Unten ausgeklinkte Trägerenden und Träger mit Zapfen nach Tafel 23

Die zulässige Querkraft ist nach Gl. (44) zu berechnen.

zul $Q = \dfrac{2}{3} b \cdot h_1 \cdot k_A \cdot$ **zul** τ_Q (44)   mit zul τ_Q nach Tafel 1, 2 und k_A nach Tafel 23

Tafel 23 Unten ausgeklinkte Trägerenden und Zapfen bei Biegeträgern mit Rechteckquerschnitt aus Nadelholz nach DIN 1052-1, Bild 6

rechtwinklige Ausklinkung
$a \leqq 0.5 \cdot h$
$a \leqq 50$ cm

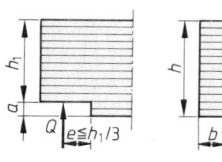

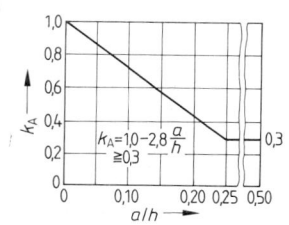

$k_A = 1.0 - 2.8 \dfrac{a}{h}$
$\geqq 0.3$

Zapfen, $a \leqq h/3$

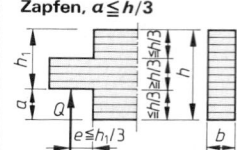

Träger mit Zapfen dürfen für $h \leqq 30$ cm nach Gl. (44) berechnet werden, dabei ist $h_1 = (2/3) \cdot h$ zu setzen.

schräge Ausklinkung
$a \leqq 0.5 h$

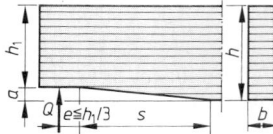

Bei Ausklinkungen mit geneigtem Trägerrand darf $k_A = 1$ gesetzt werden, wenn folgende Bedingungen eingehalten werden:

Sortierklasse S13, MS13, MS17	Sortierklasse S10, MS10
$s \geqq 14 \cdot a$ bzw. $s \geqq 2.5 \cdot h$	$s \geqq 10 \cdot a$ bzw. $s \geqq 2.5 \cdot h$

kleinerer Wert maßgebend.
Die Bedingung $a \leqq 50$ cm gilt für Ausklinkungen mit geneigtem Trägerrand nicht. Die Spannungskombination am geneigten Trägerrand nach Abschn. 3.4.5 ist zu beachten.

3.4.8.2 Oben ausgeklinkte oder abgeschrägte Trägerenden nach Tafel 24

Die zulässige Querkraft ist nach Gl. (45) zu berechnen. Folgende Bedingungen sind einzuhalten:

$$\text{zul } Q = \frac{2}{3} b \cdot \left(h - \frac{a}{h_1} e \right) \cdot \text{zul } \tau_Q \quad (45)$$

$a \leqq 0{,}5 \, h$ für $h > 30$ cm

$a \leqq 0{,}7 \, h$ für $h \leqq 30$ cm

Tafel 24 Oben ausgeklinkte oder abgeschrägte Trägerenden bei Biegeträgern mit Rechteckquerschnitt aus Nadelholz nach DIN 1052-1, Bild 7

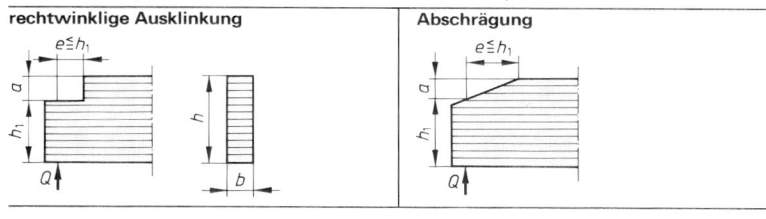

rechtwinklige Ausklinkung | Abschrägung

3.4.8.3 Unten ausgeklinkte Trägerenden mit Verstärkung nach Tafel 25

Die unten rechtwinklig ausgeklinkten Trägerenden dürfen durch beidseitig aufgeleimte Laschen aus Bau-Furniersperrholz aus mindestens fünf Lagen nach DIN 68705 T5 der Klasse 100 verstärkt werden.

Die zulässige Querkraft ist nach Gl. (46) zu berechnen.

$$\text{zul } Q = \frac{2}{3} b \cdot h_1 \cdot \text{zul } \tau_Q \quad (46)$$

Tafel 25 Unten rechtwinklig ausgeklinkte Trägerenden mit Verstärkung bei Biegeträgern mit Rechteckquerschnitt aus Nadelholz[1]) nach DIN 1052-1, Bild 6b und [2]

Beidseitig aufgeleimte Verstärkungslaschen, $a \leqq h/2$, $a \leqq 50$ cm

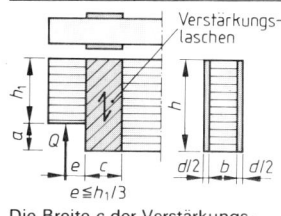

Verstärkungs-laschen

Die Breite c der Verstärkungslaschen muß der Bedingung $0{,}25\,a \leqq c \leqq 0{,}50\,a$ genügen.

Die Verstärkung ist näherungsweise für die Zugkraft nach Gl. (47) zu bemessen.

$$Z = 1{,}3 \cdot Q \left[3 \cdot (a/h)^2 - 2 \cdot (a/h)^3 \right] \quad (47)$$

Die Zugspannung in der Verstärkung beträgt

$$\sigma_{Z\parallel} = \frac{Z}{c \cdot d} \leqq \text{zul } \sigma_{Z\parallel}^* \quad (48)$$

Die Scherspannung in der Leimfläche beträgt

$$\tau_a = \frac{Z}{2a \cdot c} \leqq \text{zul } \tau_a^* \quad (49)$$

zulässige Spannungen:

zul $\sigma_{Z\parallel}^* = 4{,}0$ MN/m² zul $\tau_a^* = 0{,}25$ MN/m²

[1]) Verleimung nur mit Resorcinharzleim, Nagelpreßleimung nach DIN 1052 zulässig.

3.4.9 Durchbrüche bei Biegeträgern mit Rechteckquerschnitt aus Brettschichtholz

Durchbrüche sind Öffnungen mit einer lichten Abmessung $d > 50$ mm nach Bild 9, sie sollen möglichst symmetrisch zur Trägerachse angeordnet werden.

Für Durchbrüche mit und ohne Verstärkung sind folgende Abmessungen und Abstände einzuhalten, s. auch Bild 9:

$l_v \geqq h$	$l_z \geqq h$	$a \leqq h$	$h_{ro} \geqq 0{,}3h$	$h_{ru} \geqq 0{,}3h$	$h_d \leqq 0{,}4h$
$l_A \geqq h/2$	$l_F \geqq h/2$ von größeren Einzellasten		$l_o \geqq h/2$ von Auflagermitte		$r \geqq 15$ mm

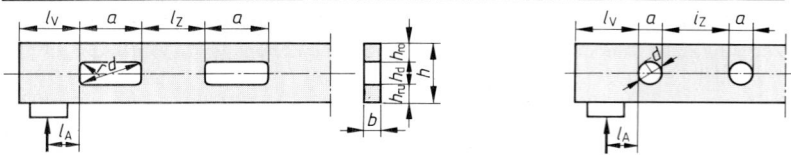

Bild 9 Abmessungen und Anordnung von Durchbrüchen nach DIN 1052-1, Bild 8

Durchbrüche müssen verstärkt werden, wenn die größte lichte Abmessung d die Gl. (50) oder (51) erfüllt. Dabei ist τ_Q die vorhandene auf den ungeschwächten Querschnitt bezogene Schubspannung in Durchbruchsmitte.

$$\tau_Q = \frac{1,5 \cdot Q}{h \cdot b} \text{ in MN/m}^2 \text{ (oder in N/mm}^2)$$

$$d > 100 - 42 \cdot \tau_Q \qquad \text{in mm} \quad (50)$$
$$d > (0,1 - 0,042 \cdot \tau_Q) \cdot h \quad \text{in mm} \quad (51)$$

h, b Höhe, Breite des Brettschichtholzträgers in mm

Q Querkraft in Durchbruchsmitte, eine Abminderung nach Abschn. 3.4.2 ist nicht zulässig.

Verstärkungen dürfen durch aufgeleimte Bau-Furniersperrholzplatten, Klasse 100, nach DIN 68705-5 gem. Bild 10 erfolgen. Die Gesamtdicke der Verstärkung t (je Seite $t/2$) berechnet sich aus Gl. (52)

$$t \geqq (0,15 + 0,4 \cdot \tau_Q) \cdot b \quad \text{in mm}$$
$$\text{jedoch} \geqq 20 \text{ mm} \qquad\qquad (52)$$

τ_Q vorhandene Schubspannung in MN/m² in Durchbruchsmitte
b Trägerbreite in mm

Die Faserrichtung des Deckfurniers ist parallel zur Faserrichtung der Trägerlamellen anzuordnen. Verleimung mit Resorcinharzleim, Nagelpreßleimung nach DIN 1052 zulässig.

Für Durchbrüche mit Verstärkung sind zusätzlich zu den Abmessungen und Abständen nach Bild 9 diejenigen nach Bild 10 einzuhalten:

$a_1 \geqq 0,25 \cdot a$	$a_1 \geqq h_1$	$h_1 \geqq 0,25 h_d$	$h_1 \geqq 0,1 h$	$b \leqq 220$ mm

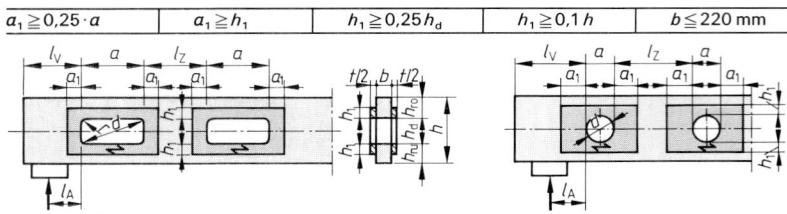

Bild 10 Abmessungen und Anordnung der Verstärkungen nach DIN 1052-1, Bild 9

3.4.10 Biegeträger als zusammengesetzter Querschnitt mit nachgiebig verbundenen Querschnittsteilen

Bei der Bemessung ist die Nachgiebigkeit der Verbindungsmittel zu berücksichtigen; für doppelt-symmetrische Querschnitte s. Tafel 26, für einfach-symmetrische Querschnitte Tafel 27.

Werden die Abstände der Verbindungsmittel (s. Tafel 26 und 27) analog zur Querkraftlinie abgestuft und erfüllen die maximalen Abstände die Gl. (87), so darf in den Gl. (55) und (72), (73) der jeweilige Abstand nach Gl. (88) eingesetzt werden.

$$\max e'_{1,3} \leqq 4 \cdot \min e'_{1,3} \quad (87) \qquad \bar{e}'_{1,3} = 0,75 \cdot \min e'_{1,3} + 0,25 \cdot \max e'_{1,3} \quad (88)$$

Tafel 26 Bemessung von Biegeträgern mit doppelt-symmetrischem Querschnitt und nachgiebig verbundenen Querschnittsteilen nach DIN 1052-1, 8.3[1])

1	Entsprechendes gilt auch für Typ 2 nach Tafel 28 Typ 1　　　　　　　　　　　Typ 3

	wirksames Flächenmoment 2. Grades[2])	**Bezeichnungen**
2	$\text{ef } I = \sum_{i=1}^{3} (n_i \cdot I_i + \gamma_i \cdot n_i \cdot A_i \cdot a_i^2)$　(53) mit $a_2 = 0$	M — Biegemoment, hier: positiv I_i, I_{in} — Flächemomente 2. Grades der ungeschwächten bzw. geschwächten Querschnittsteile A_i, A_{in} — Querschnittsflächen, ungeschwächt bzw. geschwächt
	Abminderungswerte[3])	E_i — Elastizitätsmodul der einzelnen Querschnittsteile
3	$\gamma = \gamma_1 = \dfrac{1}{1 + k_1};\quad \gamma_2 = 1$　(54) $k = k_1 = \dfrac{\pi^2 \cdot E_1 \cdot A_1 \cdot e_1'}{l^2 \cdot C_1}$　(55)	E_V — beliebiger Vergleichs-E-Modul n_i — E_i / E_V e_1' — mittlere Abstände der in eine Reihe geschobenen Verbindungsmittel, mit denen die Gurte an den Steg angeschlossen sind, s. Bild 11
	Schwerpunktspannung σ_{si}; Randspannung σ_{ri}	C_1 — Verschiebungsmoduln der Verbindungsmittel nach Tafel 25
4	$\sigma_{s1} = +\dfrac{M}{\text{ef } I} \cdot \gamma \cdot a_1 \cdot \dfrac{A_1}{A_{1n}} \cdot n_1$　(56) $\sigma_{r1} = \pm\dfrac{M}{\text{ef } I}\left(\gamma \cdot a_1 \cdot \dfrac{A_1}{A_{1n}} + \dfrac{h_1}{2} \cdot \dfrac{I_1}{I_{1n}}\right) n_1$　(57) $\sigma_{r2} = \pm\dfrac{M}{\text{ef } I}\left(\dfrac{h_2}{2} \cdot \dfrac{I_2}{I_{2n}}\right) n_2$　(58) $\dfrac{\sigma_{s1}}{\text{zul }\sigma_{Z\parallel}} \leq 1$　(59)　　　$\dfrac{\sigma_{ri}}{\text{zul }\sigma_B} \leq 1$　(60)	l — maßgebende Stützweite; $0{,}8 \cdot l$ bei Durchlaufträgern, $2 \cdot l_k$ bei Kragträgern mit l_K als Kraglänge zul N_1 — zul. Belastung der Verbindungsmittel max Q — größte Querkraft
	Schubfluß in den Anschlußfugen der Gurte	
5	$\text{ef } t_1 = \dfrac{\max Q}{\text{ef } I} \cdot \gamma_1 \cdot n_1 \cdot S_1$　(61)	**Flächenmoment 1. Grades der Gurte** bezogen auf $y - y$: $S_1 = b_1 \cdot h_1 \cdot a_1$　(63)
	erf. Abstand der Verbindungsmittel[4])	**Flächenmoment 1. Grades des halben Stegteils**
6	$\text{erf } e_1' = \dfrac{\text{zul } N_1}{\text{ef } t_1}$　(62)	bezogen auf $y - y$ $S_2 = b_2 \cdot h_2^2 / 8$　(65)
	Schubspannung in der Ebene $y - y$	**Durchbiegungsnachweis führen mit:**
7	$\max \tau = \dfrac{\max Q}{b_2 \cdot \text{ef } I} \cdot (\gamma_1 \cdot n_1 \cdot S_1 + n_2 S_2)$　(64) $\dfrac{\max \tau}{\text{zul }\tau_Q} \leq 1$　(66)	ef I aus Gl. (53) u. E_V; in Gl. (55) ist max C_1 einzusetzen: entweder der 1,25fache Wert aus Tafel 28 oder der Wert aus Tafel 79
	Stabilisierung nach Abschn. 3.4.13	

[1]) Über den Beulnachweis bei Vollwandträgern mit I- oder Kastenquerschnitt und Stegen aus Holzwerkstoffplatten s. Abschn. 3.4.11

[2]) Darf bei geschwächten Querschnittsteilen auf die Schwerachsen der ungeschwächten Querschnittsteile bezogen werden.

[3]) Bei der Berechnung der k-Werte sind für E- und C-Moduln Ermäßigungen nach Tafel 12 nicht zu berücksichtigen (Witterung, Durchfeuchtung).

[4]) Verbindungsmittel i. allg. gleichmäßig über Trägerlänge anordnen, bei Abstufung der Abstände analog der Querkraftlinie s. Gl. (87), (88).

10

Tafel 27 Bemessung von Biegeträgern mit einfach-symmetrischen Querschnitt und nachgiebig verbundenen Querschnittsteilen nach DIN 1052-1, 8.3[1])[2])

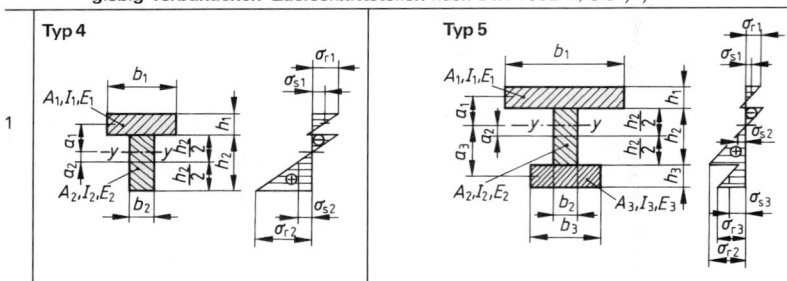

Typ 4   **Typ 5**

---

wirksames Flächenmoment 2. Grades[3])

2    $\mathrm{ef}\,I = \sum\limits_{i=1}^{3} (n_i \cdot I_i + \gamma_i \cdot n_i \cdot A_i \cdot a_i^2)$; $\gamma_2 = 1$ (67)

Abstand a_2

3    $a_2 = \dfrac{1}{2} \dfrac{\gamma_1 \cdot n_1 \cdot A_1 (h_1 + h_2)}{(\gamma_1 \cdot n_1 \cdot A_1 + n_2 \cdot A_2)}$ (68) $a_2 = \dfrac{1}{2} \dfrac{\gamma_1 \cdot n_1 \cdot A_1 (h_1 + h_2) - \gamma_3 \cdot n_3 \cdot A_3 (h_2 + h_3)}{(\gamma_1 \cdot n_1 \cdot A_1 + n_2 \cdot A_2 + \gamma_3 \cdot n_3 \cdot A_3)}$ (69)

Abminderungswerte[4])

4    $\gamma_1 = \dfrac{1}{1 + k_1}$; $\gamma_2 = 1$ (70) $\gamma_{1,3} = \dfrac{1}{1 + k_{1,3}}$; $\gamma_2 = 1$ (71)

   $k_1 = \dfrac{\pi^2 \cdot E_1 \cdot A_1 \cdot e_1'}{l^2 \cdot C_1}$ (72) $k_{1,3} = \dfrac{\pi^2 \cdot E_{1,3} \cdot A_{1,3} \cdot e_{1,3}'}{l^2 \cdot C_{1,3}}$ (73)

Schwerpunktspannung σ_{si}, Randspannung σ_{ri}

5    $\sigma_{si} = \pm \dfrac{M}{\mathrm{ef}\,I} \cdot \gamma_i \cdot a_i \cdot \dfrac{A_i}{A_{in}} \cdot n_i$ (74) $\dfrac{\sigma_{si}}{\mathrm{zul}\,\sigma_{Z\parallel}} \leq 1$ in den gezogenen   (75)

   $\sigma_{ri} = \pm \dfrac{M}{\mathrm{ef}\,I} \cdot \left(\gamma_i \cdot a_i \cdot \dfrac{A_i}{A_{in}} + \dfrac{h_i}{2} \cdot \dfrac{I_i}{I_{in}} \right) \cdot n_i$ (76)   Querschnittsteilen

                   $\dfrac{\sigma_{ri}}{\mathrm{zul}\,\sigma_B} \leq 1$ (77)

Flächenmoment 1. Grades der Gurte bezogen auf $y-y$

6    $S_1 = b_1 \cdot h_1 \cdot a_1$ (78) $S_{1,3} = b_{1,3} \cdot h_{1,3} \cdot a_{1,3}$ (79)

Flächenmoment 1. Grades des halben Stegteils bezogen auf $y-y$

7    $S_2 = b_2 \cdot \left(\dfrac{h_2}{2} - a_2 \right)^2 \Big/ 2$ (80)

Schubfluß in den Anschlußfugen der Gurte

8    $\mathrm{ef}\,t_1 = \dfrac{\max Q}{\mathrm{ef}\,I} \cdot \gamma_1 \cdot n_1 \cdot S_1$ (81) $\mathrm{ef}\,t_{1,3} = \dfrac{\max Q}{\mathrm{ef}\,I} \cdot \gamma_{1,3} \cdot n_{1,3} \cdot S_{1,3}$ (82)

---

erforderlicher Abstand der Verbindungsmittel[5])

9    $\mathrm{erf}\,e_1' = \dfrac{\mathrm{zul}\,N_1}{\mathrm{ef}\,t_1}$ (83) $\mathrm{erf}\,e_{1,3}' = \dfrac{\mathrm{zul}\,N_{1,3}}{\mathrm{ef}\,t_{1,3}}$ (84)

Schubspannung in der Ebene $y-y$

10    $\max \tau = \dfrac{\max Q}{b_2 \cdot \mathrm{ef}\,I} \cdot (\gamma_1 \cdot n_1 \cdot S_1 + n_2 \cdot S_2)$ (85) $\dfrac{\max \tau}{\mathrm{zul}\,\tau_Q} \leq 1$ (86)

Durchbiegungsnachweis führen mit

11    $\mathrm{ef}\,I$ aus Gl. (67) u. E_v; in Gl. (72), (73) ist max C einzusetzen: entweder der 1,25fache Wert aus Tafel 28 oder der Wert aus Tafel 79

---

[1]) Bezeichnungen s. Tafel 26, Stabilisierung nach Abschn. 3.4.13.
[2]), [3]), [4]) und [5]): siehe Fußnoten [1]), [2]), [3]) und [4]) zur Tafel 26.

Tafel 28 Querschnittstypen und Rechenwerte für Verschiebungsmoduln C in N/mm nach DIN 1052-1, Tab. 8

für Biegung bzw. Knickung maßgebende Schwerachse	Verbindungsmittel	Typ 1	2	3	4	5
		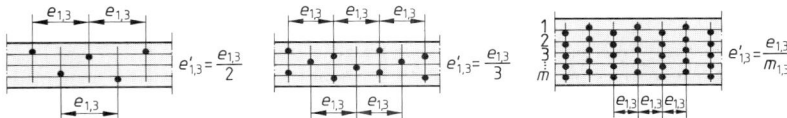				

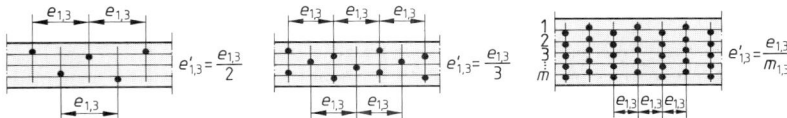

A_1 (für Achse y–y)
A_1 (für Achse z–z)

			1schnittig	600	600	900	600	600

$y-y$	Nagel	1schnittig	600	600	900	600	600
		2schnittig	700	700	900 je Fuge		700
$z-z$		1schnittig	–	900	600	–	–
		2schnittig		900 je Fuge	700		
$y-y$ und $z-z$	Dübel nach DIN 1052-2 s. Abschn. 4.5	15000 $\leqq$16 kN 22500 für zul. Belastung[1]) >16 bis 30 kN 30000 >30 kN				
$y-y$ und $z-z$	Paßbolzen Stabdübel	0,7 · zul N je Fuge mit zul N = zul. Belastung in N je Anschlußfuge[2])				

[1]) Als zul. Belastung sind die Werte je Dübel für den Lastfall H maßgebend.
[2]) Für Laubholz, Gruppe C: 1,0 · zul N.

$e'_{1,3} = \dfrac{e_{1,3}}{2}$ $e'_{1,3} = \dfrac{e_{1,3}}{3}$ $e'_{1,3} = \dfrac{e_{1,3}}{m_{1,3}}$

Bild 11 Maßgebender Abstand $e'_{1,3}$ bei mehrreihiger Anordnung der Verbindungsmittel

3.4.11 Fachwerkträger und Vollwandträger mit Plattenstegen

Bei parallelgurtigen oder trapezförmigen Fachwerkträgern mit nachgiebigen Stabanschlüssen sind die Biegespannungen in den Gurten nachzuweisen, wenn die Gurthöhe $>1/7$ Trägerhöhe beträgt.

Vollwandträger mit Stegen aus Bau-Furniersperrholz- oder Flachpreßplatten müssen unter Berücksichtigung der verschiedenen E-Moduln der Steg- und Gurtwerkstoffe berechnet werden. Bei nachgiebigem Anschluß s. Abschn. 3.4.10.

Wird kein genauerer Beulnachweis geführt, ist für annähernd gleichmäßig belastete verleimte Vollwandträger die folgende Bedingung zu erfüllen:

$\dfrac{h_{SL}}{b_S}$ $\leqq 50$ bei Plattenstegen aus Flachpreß-platten nach DIN 68763

$\leqq 35$ bei Plattenstegen aus mindestens 5-lagigen Bau-Furniersperrholzplatten nach DIN 68705-3, -5.

h_{SL} lichte Höhe des Plattensteges

h_{Sg} Mittenabstand der Gurtquerschnittsflächen

b_S Dicke des Plattensteges

Bei genagelten Trägern ist h_{SL} durch h_{Sg} zu ersetzen, s. Bild 12.
Mindestens im Auflager- und Einleitungsbereich von Einzellasten sind Aussteifungen erforderlich. Bei Trägerhöhen $h>50$ cm sollte der Steifenabstand $\leqq$3fache Trägerhöhe h sein.

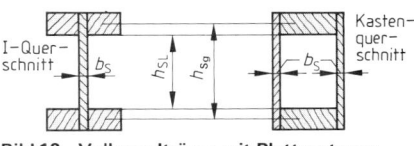

Bild 12 Vollwandträger mit Plattenstegen

3.4.12 Durchbiegungen und Überhöhungen

Durchbiegungen. Zur Sicherung insbesondere der Gebrauchsfähigkeit von Konstruktionen und Bauteilen sind Grenzwerte für die Durchbiegungen aus Verkehrs- und Gesamtlast einzuhalten. Dabei wird unterschieden:

— Verkehrslasten: einschl. Wind- und Schneelast, ohne Schwing- und Stoßbeiwert,

— Gesamtlast: ständige Last und Verkehrslasten einschließlich Wind- und Schneelast, ohne Schwing- und Stoßbeiwert.

Die zulässigen rechnerischen Durchbiegungen von biegebeanspruchten Trägern sind Tafel 29 zu entnehmen. Bei bestimmten biegebeanspruchten Bauteilen gelten die Werte der Tafel 30.

Tafel 29 **Zulässige rechnerische Durchbiegungen von biegebeanspruchten Trägern** nach DIN 1052-1, Tab. 9[1])

1	Trägerart		mit Überhöhung		ohne Überhöhung Gesamtlast
			Verkehrslast	Gesamtlast	
2	BSH-Träger, Vollwandträger, zusammengesetz. Träger		$l/300$	$l/200$	$l/300$
3	Fachwerkträger[2])	{ bei Näherungsberechnung	$l/600$	$l/400$	$l/600$
		{ bei genauer Berechnung	$l/300$	$l/200$	$l/300$

[1]) Durchbiegung von Aussteifungskonstruktionen s. Abschn. 3.6
[2]) Einschließlich einsinnig verbretteter Vollwandträger

Tafel 30 **Zulässige rechnerische Durchbiegungen bestimmter biegebeanspruchter Bauteile** nach DIN 1052-1, 8.5

1	biegebeanspruchte Bauteile	Gesamtlast
2	**Decken** — unter/über Wohn-, Büro- und ähnlichen Räumen — unter Fabrik- und Werkstatträumen	$l/300$
3	**Pfetten, Sparren, Balken** — im Bereich des oberen Raumabschlusses von Wohn-, Büro- und ähnlichen Räumen	$l/300$
4	**Pfetten, Sparren,** allgemein	$l/200$
5	**Balken von Stalldecken, Scheunen** und dergleichen	$l/200$
6	**biegebeanspruchte Träger im landwirtschaftlichen Bauwesen** — Vollwand- und Fachwerkträger ohne Überhöhung — Näherungsberechnung von Fachwerkträgern ohne Überhöhung	$l/200$ $l/400$
7	**Stützen, Riegel in Außenwänden** geschlossener Gebäude — unter horizontaler Last, z. B. Windlast	$l/200$
8	**Dach-** und unmittelbar belastete **Deckenschalungen**[1]), **obere Dach-** und **Deckenbeplankungen**[1]), — unter Eigenlast und Einzellast 1 kN (Mannlast)	$l/200$; $\leq 1{,}0$ cm $l/200$; $\leq 1{,}0$ cm $l/100$; $\leq 2{,}0$ cm
9	bei **Kragenden** von auskragenden Bauteilen dürfen bezogen auf die Kraglänge die Werte der Tafel 29 um 100% überschritten werden.	

[1]) Der Durchbiegungsanteil aus Schubverformung darf vernachlässigt werden

Berechnung der Durchbiegung. Bei der Berechnung darf der ungeschwächte Querschnitt eingesetzt werden. Die vorhandenen rechnerischen Durchbiegungen setzen sich i. a. aus folgenden Anteilen zusammen: aus **Biegemoment** f_M, aus **Schub (Querkraft)** f_τ, aus **Kriechen** f_φ, aus der **Nachgiebigkeit der Verbindungen und Verbindungsmittel** sowie aus der **Holzfeuchtigkeit**. Tafel 31 gibt einen Überblick über die Berücksichtigung der Durchbiegungsanteile f_M, f_τ und f_φ bei Biegeträgern mit verschiedenen Querschnittsformen; der Einfluß der Nachgiebigkeit von Verbindungsmitteln bei zusammengesetzten Querschnitten kann nach Tafel 26 und 27 ermittelt werden, der Einfluß der Holzfeuchtigkeit wird durch erf. Ermäßigungen der Materialkennwerte nach Tafel 12 in Rechnung gesetzt. Die **Näherungs-** und **genaue Berechnung** der Durchbiegungen bei **Fachwerkträgern** kann Tafel 32 entnommen werden. Die Gl. zur Berechnung der Durchbiegungsanteile f_M und f_τ bei **Parallel-, Pult- und Satteldachträgern** sind in Tafel 20 zusammengestellt; die Beiwerte k_M und k_τ zur Berechnung der Durchbiegungsanteile aus Biegemoment und Schub (Querkraft) bei Pult- und Satteldachträgern können aus den Bildern 13 und 14 ermittelt werden.

Tafel 31   Rechnerische Durchbiegung unter Gesamtlast bei Biegeträgern mit verschiedenen Trägerformen [1][2][4]

rechnerische Gesamtdurchbiegung	Vollholzträger mit Rechteckquerschnitt	Brettschichtholzträger mit Rechteckquerschnitt und Spannweitenverhältnis $\sim l/h \geqq 15$ $\quad \sim l/h < 15$ [3]	Pult- und Satteldachträger mit Rechteckquerschnitt	Vollwandträger mit Vollholz- oder Plattenstegen Beispiel:

für $g/q \leqq 0,5$ (ohne Kriechverformung), $q = g + p$

1	$f_{ges} =$	f_{Mq} (89)	$f_{Mq} + f_{\tau q}$ (90)

für $g/q > 0,5$ (mit Kriechverformung) $q = g + p$

2	$f_{ges} =$	$f_{Mg}(1 + \varphi) + f_{Mp}$ (91)	$(f_{Mg} + f_{\tau g}) \cdot (1 + \varphi) + (f_{Mp} + f_{\tau p})$ (92)

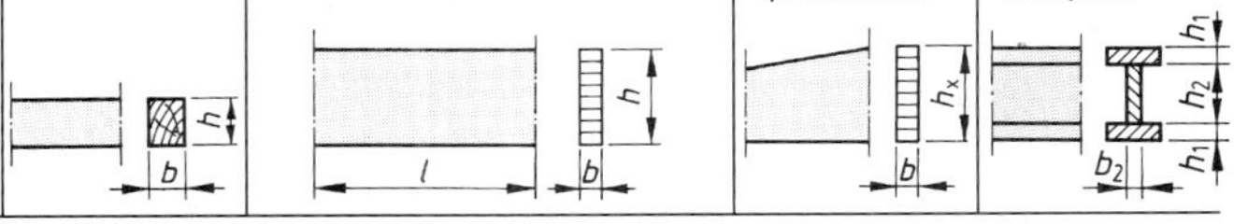

[1] Hierin bedeuten

   f_M, f_τ Durchbiegungsanteile infolge Biegemoment M bzw. Schub (Querkraft) τ
   q, g, p Gesamtlast, ständige Last, Verkehrslast
   φ Kriechzahl nach Gl. (4)
   l/h Spannweitenverhältnis: Stützweite l/Trägerhöhe h

[2] Über die Durchbiegungsberechnung von Fachwerken s. Tafel 32
[3] Empfehlung nach [2]
[4] die rechnerische Durchbiegung unter Verkehrslast allein ist i. allg. zusätzlich nachzuweisen

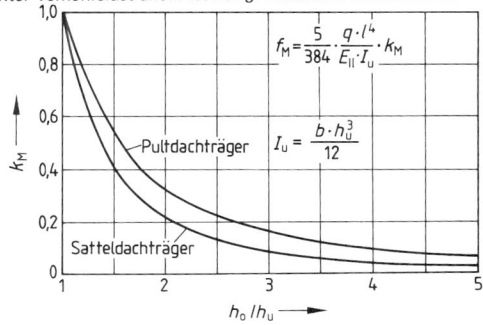

$$f_M = \frac{5}{384} \cdot \frac{q \cdot l^4}{E_\parallel \cdot I_u} \cdot k_M$$

$$I_u = \frac{b \cdot h_u^3}{12}$$

Bild 13
k_M-Werte zur Berechnung von Durchbiegungen aus Biegemomenten für Träger mit Rechteckquerschnitt

I0

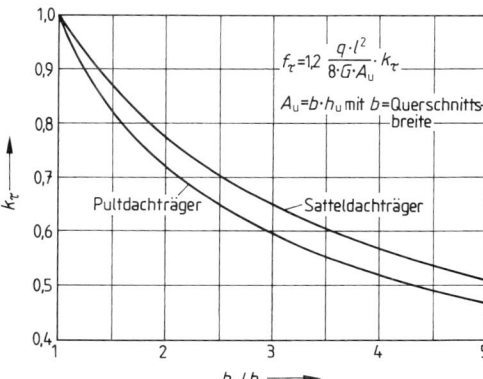

$$f_\tau = 1,2 \frac{q \cdot l^2}{8 \cdot G \cdot A_u} \cdot k_\tau$$

$A_u = b \cdot h_u$ mit $b = $ Querschnittsbreite

Bild 14
k_τ-Werte zur Berechnung von Schubdurchsenkungen für Träger mit Rechteckquerschnitt

761

Für Vollwandträger auf zwei Stützen mit gleichbleibendem Querschnitt darf die Schubverformung in Balkenmitte näherungsweise nach Gl. (93) berechnet werden. Dies gilt auch

$$\max f_\tau = \frac{q \cdot l^2}{8 \cdot G \cdot A_{Steg}} \quad (93)$$

G	Schubmodul des Stegmaterials
A_{Steg}	Stegfläche
q	Belastung
l	Stützweite

für Durchlaufträger mit l als gesamter Feldweite des betrachteten Feldes.

Tafel 32 Näherungs- und genauere Berechnung der Durchbiegung bei Fachwerkträgern nach [2][1][2][3]

Durchbiegung	Erläuterungen
Näherungsberechnung	
allgemein	
$f = \sum_{i=1}^{n} \frac{N_i \cdot \bar{N}_i}{E_\parallel \cdot A_i} \cdot s_i \quad (94)$	nur über die Gurtstäbe des Fachwerkes aufsummieren
bei parallelgurtigen Fachwerkträgern	
Beispiel Einfeldträger, in Feldmitte: $f = \frac{5}{384} \cdot \frac{q \cdot l^4}{E_\parallel \cdot I} \quad (95)$	$I = \sum_{i=1}^{n} A_i \cdot a_i^2$ A_i ungeschwächte Gurt-Querschnittsflächen
genauere Berechnung	
$f = \sum_{i=1}^{n} \left(\frac{N_i}{E_\parallel \cdot A_i} \cdot s_i + \Delta_i \right) \bar{N}_i \quad (96)$	über sämtliche Stäbe des Fachwerkes (Gurt- und Füllstäbe) einschl. Verschiebungen aller Anschlüsse und Stöße aufsummieren
Verschiebungen Δ_i von Anschlüssen und Stößen	
— bei **Dübel- und Nagelanschlüssen** mit gleicher Ausbildung an beiden Stabenden: $\Delta_i = \frac{2 \cdot N_i}{n \cdot C} \quad (97)$ — bei **Versätzen** für jeden Anschluß und bei **Bolzenverbindungen**: $\Delta_i = 1{,}5 \text{ mm} \quad (98)$ — bei **unmittelbarem Anschluß von Druckpfosten** durch Kontakt je Stabende (senkrecht zur Faserrichtung) $\Delta_i = \frac{N_i \cdot h_g}{2 \cdot E_\perp \cdot A_i} \quad (99)$	

[1]) Hierin bedeuten

N_i	Stabkräfte aus äußerer Belastung mit Vorzeichen ($-$) für Druck und ($+$) für Zug
$\bar{N}_i$	Stabkräfte aus einer virtuellen Last „1", die an der Stelle der zu berechnenden Durchbiegung angreift, mit Vorzeichen ($-$) für Druck und ($+$) für Zug
s_i	Netzlinien-Längen der einzelnen Stäbe
$E_\parallel$; $E_\perp$	Elastizitätsmodul nach Tafel 8, 9 mit erf. Ermäßigungen nach Tafel 12
A_i	ungeschwächte Querschnittsflächen der einzelnen Stäbe
Δ_i	Verschiebungen aus Anschlüssen und Stößen infolge Nachgiebigkeit der Verbindungsmittel
a_i	Abstände der Gurtschwerpunkte von der Schwerachse des Fachwerkes
n	Anzahl der Verbindungsmittel je Anschluß und Nägel) je Anschluß oder Stoß
C	Verschiebungsmoduln der Verbindungsmittel (Dübel oder Nägel) nach Tafel 79
h_g	Gurthöhe

[2]) Verschiebungen aus Schwindverformungen sind zu berücksichtigen, wenn die Einbau-Holzfeuchtigkeit wesentlich über der zu erwartenden Gleichgewichtsholzfeuchtigkeit nach Tafel 13 liegt.

[3]) bei hohen Dauerlasten sind Kriechverformungen sinngemäß nach Abschn. 2 zu berücksichtigen.

Überhöhungen. Brettschichtholzträger, zusammengesetzte Biegebauteile und Fachwerkträger sind in der Regel parabelförmig zu überhöhen. Die Mindestwerte der Überhöhungen der Gesamtsysteme sind Tafel 33 zu entnehmen.

Tafel 33 Mindestwerte der Überhöhungen für Brettschichtträger, zusammengesetzte Biegebauteile und Fachwerkträger nach DIN 1052-1, 8.5.5

		ohne Berechnung der Überhöhung[2])		
1	Bei Berechnung der Überhöhung[1])[2])	allgemein	bei Verwendung von halbtrockenem oder frischem Holz	bei Kragträgern
2	rechnerische Durchbiegung aus Gesamtlast mit Kriechverformungen	$l/300$	$l/200$	$l/150$

[1]) Bei Konstruktionen mit nachgiebigen Verbindungsmitteln soll der Einfluß der Nachgiebigkeit berücksichtigt werden
[2]) Bei Rahmen ist sinngemäß zu verfahren

Beispiel rechnerische Durchbiegung und Überhöhung eines Parallelträgers aus Brettschichtholz, s. Beispiel Abschn. 3.4.1 (Fortführung), s. auch Tafel 20.

zul. $f = l/300 = 1500/300 = 5{,}0$ cm
(im Beispiel)
$I = 16 \cdot 90^3/12 = 972\,000$ cm^4
$E = 12\,000$ MN/m$^2 = 1200$ kN/cm^2
(BS 14, Lamellen S 13)
$G = 600$ MN/m$^2 = 60$ kN/cm^2
(BS 14, Lamellen S 13)

Aufteilung Gesamtlast
(im Beispiel): $q = g + p$
$g = 0{,}55 \cdot q = 0{,}55 \cdot 7{,}0 = 3{,}85$ kN/m
$p = 0{,}45 \cdot q = 0{,}45 \cdot 7{,}0 = 3{,}15$ kN/m

Spannweitenverhältnis
$l/h = 15{,}0/0{,}90 = 16{,}7 > 15$
f_τ braucht nicht berücksichtigt
zu werden,
hier: f_τ wird i. d. Beispiel jedoch
weiter verfolgt, um den Rechengang aufzuzeigen

Anteile aus Biegemoment
$f_{Mg} = \dfrac{5 \cdot 0{,}0385 \cdot 1500^4}{384 \cdot 1200 \cdot 972\,000} = 2{,}18$ cm
$f_{Mp} = 2{,}18 \cdot 3{,}15/3{,}85 = 1{,}78$ cm

Anteile aus Schubverformung
$f_{\tau g} = 1{,}2 \cdot \dfrac{0{,}0385 \cdot 1500^2}{8 \cdot 60 \cdot 16 \cdot 90} = 0{,}15$ cm
$f_{\tau p} = 0{,}15 \cdot 3{,}15/3{,}85 = 0{,}12$ cm

Kriechzahl
$g/q = 0{,}55 > 0{,}5;\ u \leqq 18\%$
$\eta_K = 1{,}5 - 0{,}55 = 0{,}95$
$\varphi = \dfrac{1}{0{,}95} - 1 = 0{,}05$

Gesamtdurchbiegung
$f_{ges} = f_g + f_\varphi + f_p$
$= (f_{Mg} + f_{\tau g}) \cdot (1 + \varphi) + (f_{Mp} + f_{\tau p})$

$\dfrac{(2{,}18 + 0{,}15) \cdot (1 + 0{,}05) + (1{,}78 + 0{,}12)}{5{,}0}$
$= \dfrac{4{,}4}{5{,}0} = 0{,}88 < 1$

Überhöhung
parabelförmig, max $\ddot{u}$ in Feldmitte,
gewählt:
max $\ddot{u} = 7{,}0$ cm $>$ min $\ddot{u} = 4{,}4$ cm
(rechn. Durchbiegung)

I0

3.4.13 Stabilisierung biegebeanspruchter Bauteile

Biegebeanspruchte Bauteile müssen gegen seitliches Ausweichen gesichert sein.

3.4.13.1 Träger mit Rechteckquerschnitt

Sind Träger mit Rechteckquerschnitt b/h nach Bild 15 im Abstand a seitlich praktisch unverschieblich festgehalten, so darf der Nachweis einer ausreichenden Kippstabilität nach Gl. (100) geführt werden, wobei ein konstantes Biegemoment M über die Länge a angenommen wird.

$$\dfrac{M/W}{k_B \cdot 1{,}1 \cdot \text{zul } \sigma_B} \leqq 1 \quad (100)$$

mit dem Kippbeiwert k_B (101)

$k_B = 1$ für $\lambda_B \leqq 0{,}75$
$k_B = 1{,}56 - 0{,}75 \cdot \lambda_B$ für $0{,}75 \leqq \lambda_B \leqq 1{,}4$
$k_B = 1/\lambda_B^2$ für $\lambda_B > 1{,}4$

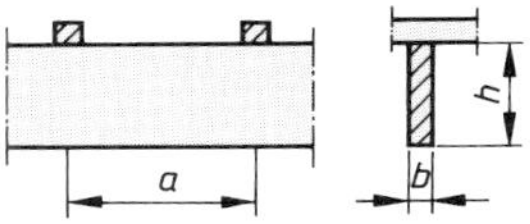

Bild 15 Träger mit Rechteckquerschnitt

Holzbau nach DIN 1052

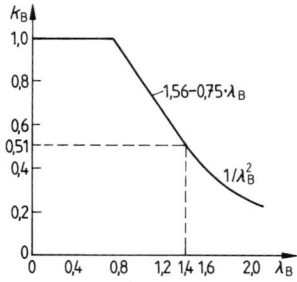

Bild 16 Kippbeiwert k_B in Abhängigkeit vom Kippschlankheitsgrad λ_B

und dem Kippschlankheitsgrad λ_B

$$\lambda_B = \sqrt{\frac{a \cdot h \cdot \gamma_1 \cdot \text{zul } \sigma_B}{\pi \cdot b^2 \cdot \sqrt{E_\parallel \cdot G_T}}} \qquad (102)$$

Als Lasterhöhungsbeiwert ist für beide Lastfälle H und HZ $\gamma_1 = 2,0$ einzusetzen. Der Kippbeiwert k_B nach Gl. (101) kann auch Tafel 34 oder Bild 16 entnommen werden.

Tafel 34 Kippbeiwert k_B nach Gl. (101)

λ_B	Kippbeiwert k_B bei einem Kippschlankheitsgrad λ_B von										λ_B
	0,00	0,01	0,02	0,03	0,04	0,05	0,06	0,07	0,08	0,09	
$\leq 0,75$	1,000										$\leq 0,75$
0,70	1,000	1,000	1,000	1,000	1,000	1,000	0,990	0,983	0,975	0,968	0,70
0,80	0,960	0,953	0,945	0,938	0,930	0,923	0,915	0,908	0,900	0,893	0,80
0,90	0,885	0,878	0,870	0,863	0,855	0,848	0,840	0,833	0,825	0,818	0,90
1,00	0,810	0,803	0,795	0,788	0,780	0,773	0,765	0,758	0,750	0,743	1,00
1,10	0,735	0,728	0,720	0,713	0,705	0,698	0,690	0,683	0,675	0,668	1,10
1,20	0,660	0,653	0,645	0,638	0,630	0,623	0,615	0,608	0,600	0,593	1,20
1,30	0,585	0,578	0,570	0,563	0,555	0,548	0,540	0,533	0,525	0,518	1,30
1,40	0,510	0,503	0,496	0,489	0,482	0,476	0,469	0,463	0,457	0,450	1,40
1,50	0,444	0,439	0,433	0,427	0,422	0,416	0,411	0,406	0,401	0,396	1,50
1,60	0,391	0,386	0,381	0,376	0,372	0,367	0,363	0,359	0,354	0,350	1,60
1,70	0,346	0,342	0,338	0,334	0,330	0,327	0,323	0,319	0,316	0,312	1,70
1,80	0,309	0,305	0,302	0,299	0,295	0,292	0,289	0,286	0,283	0,280	1,80
1,90	0,277	0,274	0,271	0,269	0,266	0,263	0,260	0,258	0,255	0,253	1,90
2,00	0,250	0,248	0,245	0,243	0,240	0,238	0,236	0,233	0,231	0,229	2,00

Beispiel Stabilisierung eines Parallelträgers aus Brettschichtholz, s. Beispiel Abschn. 3.4.1 (Fortführung)

vorh. Aussteifungsabstand
$a = 5,0$ m (Abstützung gegen Aussteifungsverband s. Beispiel Abschn. 3.6.4)

Kippschlankheitsgrad
$$\sqrt{E_\parallel \cdot G_T} = \sqrt{1200 \cdot 60} = 268,3 \text{ kN/cm}^2$$
$$\lambda_B = \sqrt{\frac{500 \cdot 90 \cdot 2,0 \cdot 1,4}{\pi \cdot 16^2 \cdot 268,3}} = 0,76$$

Kippbeiwert
$k_B = 1,56 - 0,75 \cdot 0,76 = 0,990$
oder aus Tafel 31

Nachweis der Kippstabilität
$$\frac{19\,690/21\,600}{0,990 \cdot 1,1 \cdot 1,4} = 0,60 < 1$$

3.4.13.2 Vollwandträger mit I- oder Kastenquerschnitt

Tafel 35 Nachweise gegen seitliches Ausweichen[1])

Vollwandträger mit	Nachweis kann entfallen für	vereinfachter Nachweis für	genauer Nachweis
I- oder Kastenquerschnitt	$i \geq a/40$	$i < a/40$ nach Gl. (103)	s. Fachliteratur[2])

[1]) a = Abstand der seitlich unverschieblich gehaltenen Punkte des Druckgurtes
[2]) z. B. *Brüninghoff/Schmidt* [3]

$$\frac{\text{vorh } \sigma_s}{k_s \cdot \text{zul } \sigma_K} \leq 1 \qquad (103)$$

σ_s Schwerpunktspannung des gedrückten Querschnittsteiles
σ_K nach Gl. (105) mit $\lambda = a/i$
k_S Knickzahl ω für $\lambda = 40$ (Tafel 39 bis 42)
i Trägheitsradius des Gurtquerschnittes

3.5 Bemessungsregeln für Druckstäbe

3.5.1 Knicklängen, Knickzahlen und Schlankheitsgrade

Der Einfluß der Nachgiebigkeit der Verbindungen auf die Knicklänge ist erforderlichenfalls zu berücksichtigen. Über Einzelabstützungen (Queraussteifungen) zur Unterteilung der Knicklänge s. Abschn. 3.7.

Tafel 36 Maßgebende Knicklänge s_K nach DIN 1052-1, 9.1[1])

Tragwerksebene	Kehlbalkendach	Fachwerk	Rahmen mit Fachwerkriegel	Zwei- und Dreigelenkbogen
		s = Länge Netzlinie	$h_o \leqq h_u$	
$\parallel$ (in)	verschieblich: $s_k = 0,8 \cdot s$ für $0,3\,s < s_u < 0,7\,s$ andernfalls $s_K = s$	Füllstab: angeschlossen mit — Versatz, Bolzen, Dübel + 1 Bolzen: $s_K = s$ — Nägel, Dü + $\geqq$ 2 Bo, and.: $s_K = 0,8\,s$	$s_K = $ $2 \cdot h_u \cdot \left(1 + 0,35 \dfrac{h_o}{h_u}\right)$ Nachweis so führen, als ob die größere der beiden Stabkräfte N_o und N_u über $h = h_o + h_u$ auftreten würde.	$0,15 \leqq f/l \leqq 0,5$ und wenig veränderl. Querschnitt: $s_K = 1,25 \cdot s$ mit s als halbe Bogenlänge, Knicknachweis für Druckkraft im Viertelspunkt
	unverschieblich: $s_K = s_u$ und $s_K = s_o$	Gurtstab: $s_K = s$		
$\perp$ (aus)	$s_K = a$	Füllstab: $s_K = s$ Gurtstab: $s_K = a$	$s_K = a$	$s_K = a$

[1]) a Abstand der Queraussteifungen

Tafel 37 Maßgebende Knicklänge s_K nach DIN 1052-1, 9.1 [1]) [2])

Tragwerksebene (in) Symmetrischer Zwei- und Dreigelenkrahmen [4])	$\perp$ (aus) Fachwerkrahmen
$c = \dfrac{I \cdot 2\,s}{I_o \cdot h}$; $k_R = \dfrac{I_o \cdot N}{I \cdot N_o}$, N, N_o: mittlere Stabkraft des Stieles/Riegels	wenn Punkt A seitlich nicht gehalten: $s_{k,\text{Stiel}} = s_1$ [3])
Stiel: $s_K = 2\,h \cdot \sqrt{1 + 0,4\,c}$	in allen anderen Fällen $s_K = a$
Riegel: $s_K = 2\,h \cdot \sqrt{1 + 0,4\,c} \cdot \sqrt{k_R}$	
Nachweis bei veränderlichem I, I_o: — Knicklängen: — I, I_o bei 0,65 h bzw. 0,65 s — Stabilitätsnachweis: — i, A bei 0,65 h bzw. 0,65 s — W an der Stelle von max M — max N, max M des Rahmenteiles	

[1]) a Abstand der Queraussteifungen
[2]) weitere Knicklängen s. *Heimeshoff* [12]
[3]) Ansatz einer zusätzlichen Seitenkraft in A von 1/100 der max. Stabkraft in A
[4]) Nach [2] sollte bei weitgespannten Rahmen, z.B. $l > 40$ m, die Knicklänge der Stiele auch unter Berücksichtigung der Riegellängskraft bestimmt werden, hierüber s. *Heimeshoff* [12]

Tafel 38 Maßgebende Knicklängen s_K nach *Heimeshoff* [12], [2] und [11][1])

1	Eingespannte Stütze $F\downarrow$	Elastisch eingespannte Stütze $F\downarrow$ C_D	Eingespannte Stütze mit angehängten Pendelstützen $F_i\downarrow\ F_{i+1}\downarrow\ F_{i+2}\downarrow\ F_{i+n}\downarrow$ $N_i\ N_{i+1}\ N_{i+2}\ N_{i+n}$	Elastisch eingespannte Stütze mit angehängten Pendelstützen $F_i\downarrow\ F_{i+1}\downarrow\ F_{i+2}\downarrow\ F_{i+n}\downarrow$ $N_i\ N_{i+1}\ N_{i+2}\ N_{i+n}$
2	$2\cdot h$	$h\cdot\sqrt{4+\dfrac{\pi^2\cdot E\cdot I}{h\cdot C_D}}$ Drehfederkonstante C_D s. Abschn. 4.7	$h\cdot\sqrt{4\cdot\left(1+\dfrac{\sum\limits_{k=i+1}^{i+n}N_k}{N_i}\right)}$	$h\cdot\sqrt{\left(4+\dfrac{\pi^2\cdot E\cdot I}{h\cdot C_D}\right)\cdot\left(1+\dfrac{\sum\limits_{k=i+1}^{i+n}N_k}{N_i}\right)}$

[1]) Weitere Knicklängen s. Kapitel Stahlbau

Tafel 39 Knickzahlen ω nach DIN 1052-1, Tab. 10[1])

Schlankheitsgrad λ	Vollholz aus Nadelhölzern nach Tafel 1 Spalte 2 s. auch Tafel 40 S 7/MS 7 bis MS 17	Brettschichtholz aus Nadelhölzern nach Tafel 2, s. auch Tafel 41 u. 42 BS 14, BS 16, BS 18	BS 11	Vollholz aus Laubhölzern nach Tafel 1 Gruppe A	B	C	Flachpreßplatten nach DIN 68763 Plattendicke in mm ≤ 25	> 25	Baufurniersperrholzplatten nach DIN 68705-3, -5 ‖ zur Faserrichtung der Deckfurniere Lagenanzahl 3	≥ 5
0	1,00	1,00	1,00	1,00	1,00	1,00	1,00	1,00	1,00	1,00
10	1,04	1,00	1,00	1,04	1,03	1,03	1,03	1,02	1,02	1,01
20	1,08	1,00	1,00	1,08	1,08	1,07	1,07	1,07	1,05	1,04
30	1,15	1,00	1,00	1,15	1,15	1,15	1,15	1,16	1,11	1,12
40	1,26	1,03	1,03	1,25	1,27	1,29	1,28	1,34	1,22	1,28
50	1,42	1,13	1,11	1,40	1,45	1,50	1,49	1,61	1,38	1,54
60	1,62	1,28	1,25	1,59	1,69	1,79	1,78	1,99	1,61	1,91
70	1,88	1,51	1,45	1,83	2,00	2,17	2,15	2,48	1,92	2,53
80	2,20	1,92	1,75	2,13	2,38	2,67	2,60	3,24	2,30	3,30
90	2,58	2,43	2,22	2,48	2,87	3,38	3,22	4,10	2,87	4,18
100	3,00	3,00	2,74	2,88	3,55	4,17	3,98	5,07	3,55	5,16
110	3,63	3,63	3,32	3,43	4,29	5,05	4,82	6,13	4,29	6,24
120	4,32	4,32	3,95	4,09	5,11	6,01	5,73	7,30	5,11	7,43
130	5,07	5,07	4,63	4,79	5,99	7,05	6,73	8,56	5,99	8,72
140	5,88	5,88	5,37	5,56	6,95	8,18	7,80	9,93	6,95	10,11
150	6,75	6,75	6,17	6,38	7,98	9,39	8,96	11,40	7,98	11,61
160	7,68	7,68	7,02	7,26	9,08	10,68	10,19	12,97	9,08	13,20
170	8,67	8,67	7,92	8,20	10,25	12,06	11,50	14,64	10,25	14,91
180	9,72	9,72	8,88	9,19	11,49	13,52	12,90	16,41	11,49	16,71
190	10,83	10,83	9,89	10,24	12,80	15,06	14,37	18,29	12,80	18,62
200	12,00	12,00	10,96	11,35	14,18	16,69	15,92	20,26	14,18	20,63
210	13,23	13,23	12,08	12,51	15,64	18,40	17,55	22,34	15,64	22,75
220	14,52	14,52	13,26	13,73	17,16	20,19	19,27	24,52	17,16	24,97
230	15,87	15,87	14,50	15,01	18,76	22,07	21,06	26,80	18,76	27,29
240	17,28	17,28	15,78	16,34	20,43	24,03	22,93	29,18	20,43	29,71
250	18,75	18,75	17,13	17,73	22,16	26,08	24,88	31,66	22,16	32,24

[1]) Zwischenwerte dürfen geradlinig interpoliert werden

Tafel 40 Knickzahlen ω für Vollholz aus Nadelhölzern Sortierklasse S 7/MS 7 bis MS 17[1])

λ	0	1	2	3	4	5	6	7	8	9	λ
0	1,00	1,00	1,01	1,01	1,02	1,02	1,02	1,03	1,03	1,04	0
10	1,04	1,04	1,05	1,05	1,06	1,06	1,06	1,07	1,07	1,08	10
20	1,08	1,09	1,09	1,10	1,11	1,11	1,12	1,13	1,13	1,14	20
30	1,15	1,16	1,17	1,18	1,19	1,20	1,21	1,22	1,24	1,25	30
40	1,26	1,27	1,29	1,30	1,32	1,33	1,35	1,36	1,38	1,40	40
50	1,42	1,44	1,46	1,48	1,50	1,52	1,54	1,56	1,58	1,60	50
60	1,62	1,64	1,67	1,69	1,72	1,74	1,77	1,80	1,82	1,85	60
70	1,88	1,91	1,94	1,97	2,00	2,03	2,06	2,10	2,13	2,16	70
80	2,20	2,23	2,27	2,31	2,35	2,38	2,42	2,46	2,50	2,54	80
90	2,58	2,62	2,66	2,70	2,74	2,78	2,82	2,87	2,91	2,95	90
100	3,00	3,06	3,12	3,18	3,24	3,31	3,37	3,44	3,50	3,57	100
110	3,63	3,70	3,76	3,83	3,90	3,97	4,04	4,11	4,18	4,25	110
120	4,32	4,39	4,46	4,54	4,61	4,68	4,76	4,84	4,92	4,99	120
130	5,07	5,15	5,23	5,31	5,39	5,47	5,55	5,63	5,71	5,80	130
140	5,88	5,96	6,05	6,13	6,22	6,31	6,39	6,48	6,57	6,66	140
150	6,75	6,84	6,93	7,02	7,11	7,21	7,30	7,39	7,49	7,58	150
160	7,68	7,78	7,87	7,97	8,07	8,17	8,27	8,37	8,47	8,57	160
170	8,67	8,77	8,88	8,98	9,08	9,19	9,29	9,40	9,51	9,61	170
180	9,72	9,83	9,94	10,05	10,16	10,27	10,38	10,49	10,60	10,72	180
190	10,83	10,94	11,06	11,17	11,29	11,41	11,52	11,64	11,76	11,88	190
200	12,00	12,12	12,24	12,36	12,48	12,61	12,73	12,85	12,98	13,10	200

[1]) entspricht Tafel 39, Spalte 2

Tafel 41 Knickzahlen ω für Brettschichtholz BS 14, BS 16 und BS 18 nach Tafel 2[1])

λ	0	1	2	3	4	5	6	7	8	9	λ
0											0
10					1,00						10
20											20
30	1,00	1,00	1,01	1,01	1,01	1,02	1,02	1,02	1,02	1,03	30
40	1,03	1,04	1,05	1,06	1,07	1,08	1,09	1,10	1,11	1,12	40
50	1,13	1,15	1,16	1,18	1,19	1,21	1,22	1,24	1,25	1,27	50
60	1,28	1,30	1,33	1,35	1,37	1,40	1,42	1,44	1,46	1,49	60
70	1,51	1,55	1,59	1,63	1,67	1,72	1,76	1,80	1,84	1,88	70
80	1,92	1,97	2,02	2,07	2,12	2,18	2,23	2,28	2,33	2,38	80
90	2,43	2,49	2,54	2,60	2,66	2,72	2,77	2,83	2,89	2,94	90
100	3,00	3,06	3,12	3,18	3,24	3,31	3,37	3,44	3,50	3,57	100
110	3,63	3,70	3,76	3,83	3,90	3,97	4,04	4,11	4,18	4,25	110
120	4,32	4,39	4,46	4,54	4,61	4,68	4,76	4,84	4,92	4,99	120
130	5,07	5,15	5,23	5,31	5,39	5,47	5,55	5,63	5,71	5,80	130
140	5,88	5,96	6,05	6,13	6,22	6,31	6,39	6,48	6,57	6,66	140
150	6,75	6,84	6,93	7,02	7,11	7,21	7,30	7,39	7,49	7,58	150
160	7,68	7,78	7,87	7,97	8,07	8,17	8,27	8,37	8,47	8,57	160
170	8,67	8,77	8,88	8,98	9,08	9,19	9,29	9,40	9,51	9,61	170
180	9,72	9,83	9,94	10,05	10,16	10,27	10,38	10,49	10,60	10,72	180
190	10,83	10,94	11,06	11,17	11,29	11,41	11,52	11,64	11,76	11,88	190
200	12,00	12,12	12,24	12,36	12,48	12,61	12,73	12,85	12,98	13,10	200

[1]) entspricht Tafel 39, Spalte 3, Zwischenwerte sind geradlinig interpoliert

Schlankheitsgrad λ nach DIN 1052-1, 9.2

$\leq$ 150 bei einteiligen Druckstäben

$\leq$ 175 bei zusammengesetzten nicht verleimten Druckstäben

$\leq$ 200 bei Verbandstäben sowie Zugstäben mit geringer Druckkraft aus Zusatzlast

$\leq$ 200 bei Fliegenden Bauten nach DIN 4112 (vorwiegend ruhende Lasten).

$\leq$ 250 bei Zeltstangen zur Minderung des freien Durchhanges der Zeltplane.

I0

Tafel 42　Knickzahlen ω für Brettschichtholz BS 11 nach Tafel 2[1])

λ	0	1	2	3	4	5	6	7	8	9	λ
0											0
10						1,00					10
20											20
30	1,00	1,00	1,01	1,01	1,01	1,02	1,02	1,02	1,02	1,03	30
40	1,03	1,04	1,05	1,05	1,06	1,07	1,08	1,09	1,09	1,10	40
50	1,11	1,12	1,14	1,15	1,17	1,18	1,19	1,21	1,22	1,24	50
60	1,25	1,27	1,29	1,31	1,33	1,35	1,37	1,39	1,41	1,43	60
70	1,45	1,48	1,51	1,54	1,57	1,60	1,63	1,66	1,69	1,72	70
80	1,75	1,80	1,84	1,89	1,94	1,99	2,03	2,08	2,13	2,17	80
90	2,22	2,27	2,32	2,38	2,43	2,48	2,53	2,58	2,64	2,69	90
100	2.74	2,80	2,86	2,91	2,97	3,03	3,09	3,15	3,20	3,26	100
110	3,32	3,38	3,45	3,51	3,57	3,64	3,70	3,76	3,82	3,89	110
120	3,95	4,02	4,09	4,15	4,22	4,29	4,36	4,43	4,49	4,56	120
130	4,63	4,70	4,78	4,85	4,93	5,00	5,07	5,15	5,22	5,30	130
140	5,37	5,45	5,53	5,61	5,69	5,77	5,85	5,93	6,01	6,09	140
150	6,17	6,26	6,34	6,43	6,51	6,60	6,68	6,77	6,85	6,94	150
160	7,02	7,11	7,20	7,29	7,38	7,47	7,56	7,65	7,74	7,83	160
170	7,92	8,02	8,11	8,21	8,30	8,39	8,50	8,59	8,69	8,78	170
180	8,88	8,98	9,08	9,18	9,28	9,39	9,49	9,59	9,69	9,79	180
190	9,89	10,00	10,10	10,21	10,32	10,43	10,53	10,64	10,75	10,85	190
200	10,96	11,07	11,18	11,30	11,41	11,52	11,63	11,74	11,86	11,97	200

[1]) entspricht Tafel 39, Spalte 4, Zwischenwerte sind geradlinig interpoliert

3.5.2　Knicknachweis für einteilige Stäbe (mittiger Druck)

$$\frac{N/A}{\text{zul }\sigma_K} \leqq 1 \qquad (104)$$

$$\text{zul }\sigma_K = \frac{\text{zul }\sigma_{D\parallel}}{\omega} \qquad (105)$$

N　größte im Stab auftretende Druckkraft
A　ungeschwächter Stabquerschnitt
ω　die von λ abhängige Knickzahl nach Tafel 39 bis 42
λ　maßgebender Schlankheitsgrad des Stabes, d. h. der größere Wert von $\lambda_y = s_{Ky}/i_y$ und $\lambda_z = s_{Kz}/i_z$, wobei s_{Ky} und s_{Kz} die Knicklängen für Ausknicken $\perp$ zu den Schwerachsen bzw. i_y und i_z die zugeordneten Trägheitsradien sind.

allgemein:
Knicklänge s_K n. Tafel 36 bis 38
Trägheitsradius $i = \sqrt{I/A}$　(106)

für Rechteckquerschnitt:
$i_y = 0,289 \cdot h$
$i_z = 0,289 \cdot b$

Beispiel　Knicknachweis eines einteiligen Druckstabes

Pendelstütze, mittiger Druck
Brettschichtholz $b/h =$
16/32 cm, BS 14, LFH,
zul $\sigma_{D\parallel} = 11$ MN/m² n. Tafel 2
　　　$= 1,1$ kN/cm²
　　$A = 16 \cdot 32 = 512$ cm²

Das Eigengewicht der Pendelstütze ist im Verhältnis zur Kraft F sehr klein und wird hier vernachlässigt.

Knicken um die y-Achse
　$s_{Ky} = 1,0 \cdot 5,0 = 5,0$ m
　　(gelenkige Lagerung)
　$\lambda_y = 500/(0,289 \cdot 32) = 54$
　　$< 150 = $ zul λ
　$\omega_y = 1,19$ nach Tafel 41
　zul $\sigma_K = 1,1/1,19 = 0,92$ kN/cm²
　$\dfrac{150/(16 \cdot 32)}{0,92} = 0,32 < 1$

Knicken um die z-Achse
　$s_{Kz} = 1,0 \cdot 5,0 = 5,0$ m
　　(gelenkige Lagerung)
　$\lambda = 500/(0,289 \cdot 16) = 108$
　　$< 150 = $ zul λ
　$\omega_z = 3,50$ nach Tafel 41
　zul $\sigma_K = 1,1/3,50 = 0,31$ kN/cm²
　$\dfrac{150/(16 \cdot 32)}{0,31} = 0,95 < 1$

$F = 150$ kN

3.5.3 Knicknachweis für mehrteilige Stäbe (mittiger Druck)

Knicknachweis nicht gespreizter Druckstäbe. Bei Sräben mit kontinuierlicher, nachgiebiger Verbindung gilt Tafel 43. Bei verleimten Stäben mit Querschnittstypen nach Tafel 43 darf das Flächenmoment 2. Grades $I = I_\text{starr}$ mit $\gamma_i = 1$ und der Schlankheitsgrad $\lambda = \lambda_\text{starr}$ berechnet werden. Der Knicknachweis erfolgt sinngemäß nach Tafel 43. **Rahmen- und Gitterstäbe** (gespreizte Druckstäbe) sind nach DIN 1052-1, 9.3.3.3, nachzuweisen.

Tafel 43 Bemessung zusammengesetzter, nicht gespreizter Druckstäbe mit kontinuierlicher, nachgiebiger Verbindung nach DIN 1052-1, 9.3.3[1])

		Typ 1	Typ 2	Typ 3	Typ 4	Typ 5
1	für Knickung maßgebende Schwerachse					

Wirksames Flächenmoment 2. Grades ef I

2	$y-y$	ef I_y nach Gl. (53) oder (67), Tafel 26, 27, anstelle von l ist s_K zu setzen		
	$z-z$	$I_z = \sum\limits_{i=1}^{n} I_{zi}$ (107)	ef I_z nach Gl. (53), Tafel 26, anstelle von l ist s_K zu setzen	$I_z = \sum\limits_{i=1}^{n} I_{zi}$ (108)

wirksamer Schlankheitsgrad ef λ, Trägheitsradius ef i, zugehörige Knickzahl ef ω

3	$y-y$	ef $\lambda_y = s_{Ky}/$ef i_y (109)	ef $i_y = \sqrt{\text{ef } I_y / \bar A}$ (110)	ef ω_y nach Tafel 39 bis 42
	$z-z$	ef $\lambda_z = s_{Kz}/$ef i_z (111)	ef $i_z = \sqrt{\text{ef } I_z / \bar A}$ (112)	ef ω_z nach Tafel 39 bis 42

Knicknachweis für alle Querschnittsteile

4	$y-y$	$\dfrac{N \cdot n_i / \bar A}{\text{zul } \sigma_K} \leq 1$ (113)	$\bar A = \sum\limits_{i=1}^{3} n_i \cdot A_i$ (114)	zul $\sigma_K = \dfrac{\text{zul } \sigma_{D\parallel}}{\text{ef } \omega_y}$ (115)
	$z-z$	$\dfrac{N \cdot n_i / \bar A}{\text{zul } \sigma_K} \leq 1$ (116)	$\bar A = \sum\limits_{i=1}^{3} n_i \cdot A_i$ (117)	zul $\sigma_K = \dfrac{\text{zul } \sigma_{D\parallel}}{\text{ef } \omega_z}$ (118)

über die Stablänge angenommene Querkraft Q_i

5	$Q_i = \dfrac{\text{ef } \omega \cdot N}{60}$ (119)	Q_i darf mit $\lambda/60 \leq 0{,}5$ abgemindert werden, wenn ef $\lambda < 60$ ist.

Schubfluß ef t, erforderlicher Abstand $e'_{1,3}$ der Verbindungsmittel

6	ef t nach Gl. (61), (81), (82)	$e'_{1,3}$ nach Gl. (62), (83), (84)	Tafel 26, 27

[1]) Hierin bedeuten:
I_{zi} I des Einzelstabes, bezogen auf die Schwerachse $z-z$ der Querschnittsfläche
ef ω die dem wirksamen Schlankheitsgrad ef λ zugehörige Knickzahl nach Tafel 39 bis 42
N die größte vorhandene Druckkraft des Stabes
Weitere Bezeichnungen s. Tafel 26

3.5.4 Stabilitätsnachweis bei ausmittigem Druck (Druck und Biegung)

Zunächst **gewöhnlichen Spannungsnachweis** nach Gl. (120) führen, danach **Stabilitätsnachweis** nach Gl. (121) mit zul σ_K nach Gl. (105), dabei ist für ω stets der größte Wert ohne Rücksicht auf die Richtung der Ausbiegung und k_B nach Gl. (101) oder Tafel 34 einzusetzen.

$$\frac{N/A_n}{\text{zul } \sigma_{D\parallel}} + \frac{M/W_n}{\text{zul } \sigma_B} \leq 1 \quad (120) \qquad \frac{N/A}{\text{zul } \sigma_K} + \frac{M/W}{k_B \cdot 1{,}1 \cdot \text{zul } \sigma_B} \leq 1 \quad (121)$$

3.5.5 Tragsicherheitsnachweis nach Spannungstheorie II. Ordnung

Der Tragsicherheitsnachweis nach Spannungstheorie II. Ordnung darf anstelle der Knicksicherheitsnachweise (Stabilitätsnachweise nach Abschn. 3.5.2 bis 3.5.4) bei Tragsystemen angewandt werden, die in ihrer Ebene nicht durch Verbände, Scheiben oder dgl. mehr ausgesteift sind, z. B. bei Rahmensystemen nach Bild 17. Der Tragwerksplaner entscheidet den Einsatz eines der beiden Verfahren; bei den meisten Holzbauwerken liefern die Knicksicherheitsnachweise (Ersatzstabverfahren) ausreichende und wirtschaftliche Ergebnisse, der Tragsicherheitsnachweis nach Spannungstheorie II. Ordnung sollte z. B. bei den Stabilitätsproblemen eingesetzt werden, die durch das Ersatzstabverfahren nur unzureichend erfaßt werden.

Der Nachweis ausreichender Tragsicherheit ist erbracht, wenn die Bedingungen in der Tafel 44 eingehalten werden. Die Schnittgrößen nach Spannungstheorie II. Ordnung sind unter γ_1- bzw. γ_2-fachen Lasten zu ermitteln; dabei sind die Vorverformungen planmäßig gerader Holzbauteile (baupraktisch unvermeidbare Imperfektionen) nach Tafel 45, die Nachgiebigkeit von Verbindungsmitteln und Kriechverformungen zu berücksichtigen. Die Federsteifigkeiten nachgiebiger Anschlüsse, z. B. Drehfederkonstanten C_d nach Tafel 80, sind mit dem 0,8fachen Werten der Verschiebungsmoduln nach Tafel 79 zu berechnen, während Biege-, Dehn- und Schubsteifigkeiten mit den Elastizitäts- und Schubmoduln nach Tafel 8 bis 11 zu ermitteln sind. Die Kriechverformung aus Dauerlast, sinngemäß nach Abschn. 2 berechnet, darf zur Vorverformung aus ungewollter Ausmitte e und ungewollter Schrägstellung ψ addiert werden. Die Durchbiegungsnachweise dürfen für den Gebrauchszustand nach Theorie I. Ordnung geführt werden. Die Schnittkraftermittlung nach Spannungstheorie II. Ordnung kann z. B. nach *Scheer/Bauer*, Bd. 2 [11] oder rechnergestützt mit geeigneter Software vorgenommen werden. Hierüber s. auch *Heimeshoff* [12].

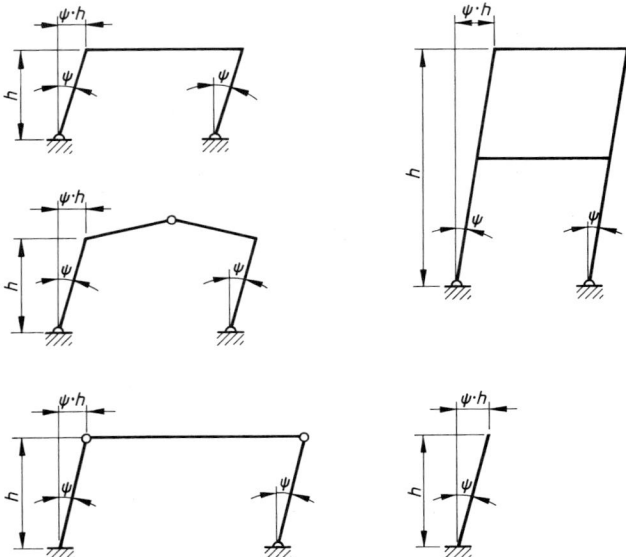

Bild 17 Ungewollte Schrägstellung der Stiele bei Rahmentragwerken, Einzelstützen und Stützenreihen nach DIN 1052-1, Bild 25

Tafel 44 Tragsicherheitsnachweis nach Spannungstheorie II. Ordnung der DIN 1052-1, 9.6

Spannungen

Normal- und Biegespannungen	Schubspannungen
$\dfrac{N^{II}/A}{\gamma_1 \cdot \text{zul}\,\sigma_{D\parallel}} + \dfrac{M^{II}/W}{\gamma_1 \cdot \text{zul}\,\sigma_B} \leq 1 \quad (122)$	$\dfrac{\tau_Q^{II}}{\gamma_1 \cdot \text{zul}\,\tau_Q} \leq 1 \quad (123)$

Verbindungsmittel	Verformungen	Schlankheit
$\dfrac{F^{II}}{\gamma_1 \cdot \text{zul}\,F} \leq 1 \quad (124)$	$\dfrac{f^{II}(\gamma_2)}{f^{II}(\gamma_1)} \leq 4,5 \quad (125)$	$\dfrac{\min i}{\text{vorh}\,i} \leq 1 \quad (126)$

N^{II}	Normalkräfte nach Spannungstheorie II. Ordnung (unter γ_1-fachen Lasten),
M^{II}	Biegemomente nach Spannungstheorie II. Ordnung (unter γ_1-fachen Lasten),
A	Querschnitt des Stabes,
W	Widerstandsmoment des Stabes,
zul $\sigma_{D\parallel}$; zul σ_B; zul τ_Q	zulässige Druck-, Biege- und Schubspannung nach Tafel 1, 2 und 4
τ_Q^{II}	Schubspannungen nach Spannungstheorie II. Ordnung (unter γ_1-fachen Lasten),
γ_1, γ_2	Lasterhöhungsbeiwerte für beide Lastfälle H und HZ, $\gamma_1 = 2{,}0$; $\gamma_2 = 3{,}0$;
F^{II}	Belastung der Verbindungsmittel nach Spannungstheorie II. Ordnung (unter γ_1-fachen Lasten),
zul F	zulässige Belastung der Verbindungsmittel,
f^{II}	maßgebende Verformung unter γ_2-fachen Lasten bzw. entsprechende Verformung unter γ_1-fachen Lasten; als maßgebende Verformungen gelten i. allg. die Höchstwerte von Horizontalverschiebungen und Durchbiegungen,
$\min i$	Mindest-Trägheitsradius des Einzelstabes in Tragwerksebene bezogen auf die Stablänge l

$$\min i \geq l/150 \quad \text{bei Einzelstäben,}$$
$$\geq l/175 \quad \text{bei zusammengesetzten, nicht verleimten Stäben,}$$
$$\geq l/200 \quad \text{bei Verbandsstäben und bei Zugstäben mit geringfügigen Kräften aus Zusatzlasten}$$

vorh i	vorhandener Trägheitsradius des Stabes

Tafel 45 Vorverformungen für Tragsicherheitsnachweis nach Spannungstheorie II. Ordnung der DIN 1052-1, 9.6

Planmäßig gerade Druckstäbe mit		Rahmentragwerke, Einzelstützen und Stützenreihen, s. Bild 17
planmäßig mittiger Belastung	planmäßig ausmittiger Belastung	
rechnerische (ungewollte) Ausmitte e in Stabmitte		ungewollte Schrägstellung ψ
$e = \eta \cdot k \cdot s/i \quad (127)$	$e = \eta \cdot k \cdot s/i \quad (128)$	$\psi = \pm \dfrac{1}{100 \cdot \sqrt{h}} \quad (129)$
mit $\eta = 0{,}003$ für Brettschichtholz $= 0{,}006$ für Vollholz[2])	e berücksichtigen für $M/N < 20 \cdot e$ [1]) e vernachlässigen für $M/N \geq 20 \cdot e$	ψ berücksichtigen für $M/N < \frac{1}{5}\sqrt{h}$ ψ vernachlässigen für $M/N \geq \frac{1}{5}\sqrt{h}$

e	ungewollte Ausmitte der Stabachse bei unbelastetem Stab (wahlweise eine sinus- oder parabelförmige Vorkrümmung der Stabachse)
s	Netzlänge des Stabes
i, k	Trägheitsradius bzw. Kernweite des Querschnitts, bei zusammengesetzten Stäben ohne Berücksichtigung etwaiger Nachgiebigkeiten der Verbindungsmittel
η	Vorkrümmungsbeiwert
ψ	rechnerische Abweichung von der Sollage des Stieles (ungewollte Schrägstellung)
h	Stiel- oder Stützenhöhe in m, bei mehrgeschossigen Rahmen die gesamte Trägerhöhe
M/N	planmäßige Ausmitte eines Druckstabes, der durch eine Normalkraft N und ein Biegemoment M belastet wird

[1]) rechnerische Ausmitte e ist bei planmäßig ausmittig gedrückten Stäben zusätzlich zur planmäßigen Ausmitte M/N zu berücksichtigen
[2]) Vollholz aus Nadelholz Sortierklassen S 10/MS 10 bis MS 17 und Vollholz aus Laubholz mittlerer Güte

3.6 Aussteifung von Druckgurten biegebeanspruchter Bauteile

Biegeträger sowie Druckgurte von Fachwerkträgern müssen gegen seitliches Ausweichen gesichert sein. Bei Biegeträgern ist der Nachweis nach Abschn. 3.4.13, bei Fachwerkträgern der Nachweis für den gedrückten Gurt nach Abschn. 3.5 zu führen.

Aussteifungskonstruktionen wie Aussteifungsverbände (s. Abschn. 3.6), -scheiben (s. Abschn. 3.8) und -träger sind anzuordnen, wenn keine Einzelabstützungen gegen feste Punkte oder durch Stäbe (s. Abschn. 3.7), Halbrahmen und dgl. mehr vorgenommen werden.

3.6.1 Druckgurte von Fachwerkträgern

Zur Bemessung der Aussteifungskonstruktion ist eine gleichmäßig verteilte Seitenlast nach beiden Richtungen wirkend

$$q_s = \frac{m \cdot N_{\text{Gurt}}}{30 \cdot l} \quad (130)$$

rechtwinklig zur Trägerebene anzusetzen. Hierin bedeuten:

m Anzahl der auszusteifenden Fachwerk-Druckgurte

N_{Gurt} mittlere Gurtkraft für den ungünstigsten Lastfall

l Stützweite der Aussteifungskonstruktion

Horizontale Durchbiegungsbeschränkung der Aussteifungskonstruktion: zul $f \leq l/1000$. Durchbiegungsnachweis kann entfallen, wenn das Verhältnis Höhe/Spannweite der Aussteifungskonstruktion $\geq 1/6$ ist.

Bild 18 zeigt als Beispiel einen Aussteifungsverband. Aus q_s können die Lasten H_i, aus diesen die Stabkräfte des Verbandes berechnet werden.

Ansicht der Fachwerke

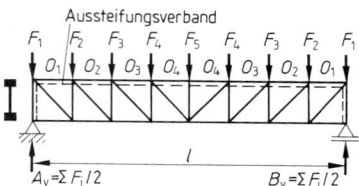

Draufsicht auf Aussteifungsverband

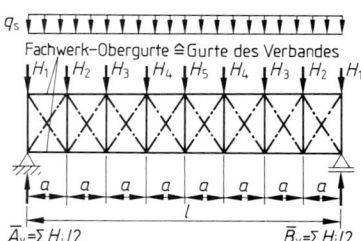

Bild 18 Fachwerkträger

3.6.2 Biegeträger mit Rechteckquerschnitt

Zur Bemessung der Aussteifungskonstruktion ist bei einem Verhältnis $h/b \leq 10$ eine gleichmäßig verteilte Seitenlast nach beiden Richtungen wirkend

$$q_s = \frac{m \cdot \max M}{350 \cdot l \cdot b} \quad (131)$$

rechtwinklig zur Trägerebene anzusetzen. Hierin bedeuten:

Ansicht der Brettschichtträger

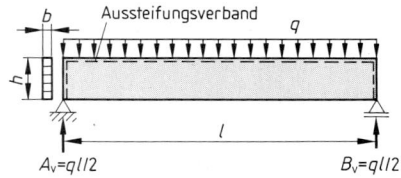

Bild 19 Brettschichtträger

m Anzahl der auszusteifenden Träger

$\max M$ max. Biegemoment des Einzelträgers aus senkrechter Belastung

l Stützweite der Aussteifungskonstruktion

b, h Trägerbreite bzw. -höhe

Für $h/b > 10$ gilt Gl. (131) nicht, es ist der genaue Nachweis z. B. nach *Brüninghoff/ Schmidt* [3] zu führen. Horizontale Durchbiegungsbeschränkung der Aussteifungskonstruktion: zul $f \leq l/1000$. Der Durchbiegungsnachweis kann entfallen, wenn Verhältnis Höhe/Spannweite der Aussteifungskonstruktion $\geq 1/6$. Bild 19 zeigt als Beispiel einen Brettschichtträger mit Aussteifungsverband, dieser kann Bild 18 entnommen werden.

3.6.3 Aussteifungskonstruktionen mit Wind- und Seitenlast

Für Bauteile (z. B. Verbände u. Scheiben), die zur Aussteifung von Druckgurten von Fachwerk- oder Biegeträgern und gleichzeitig zur Aufnahme von Windlasten herangezogen werden, sind die Wirkungen aus Seitenlast q_s (s. Abschn. 3.6.1 und 3.6.2) und der Windlast w nach Tafel 46 zu überlagern. Die Zuordnung zu den Lastfällen H oder HZ kann Tafel 47 entnommen werden.

Tafel 46 Lastannahmen für Aussteifungskonstruktionen im Überlagerungsfall Wind- und Seitenlast nach DIN 1052-1, 10.2.4 [1])

	Stützweite l der Aussteifungskonstruktion	Lastannahmen aus Seitenlast q_s und Windlast w	
1			
2	$l \leq 30$ m	$q_s + \dfrac{w}{2}$	(132)
3	30 m $< l < 40$ m	$q_s + \dfrac{w}{2}\left(1 + \dfrac{l-30}{10}\right)$	(133)
4	$l \geq 40$ m	$q_s + w$	(134)

Tafel 47 Lastfälle für Aussteifungskonstruktionen nach DIN 1052-1, 10.2.4 [1])

	Belastung der Aussteifungskonstruktion	Lastfall
1		
2	q_s aus LF H	LF H
3	q_s aus LF HZ	LF HZ
4	w	LF H [2]) LF HZ [3])
5	$q_s + w$ [4])	LF HZ

[1]) für die einzelnen Tragteile der Aussteifungskonstruktion ist der maßgebende Fall aus Tafel 47 jeweils getrennt zu ermitteln
[2]) für Tragteile, die nur als Teil der Aussteifungskonstruktionen belastet werden, z. B. Diagonalen, nach *W. Gerold*
[3]) für Tragteile mit weiteren Lasten (Binder, Pfetten u. dgl.), nach *W. Gerold*
[4]) nach Tafel 46

3.6.4 Anzahl und Abstand von Aussteifungskonstruktionen

Bei Gebäudelängen > 25 m sind mindestens zwei Aussteifungskonstruktionen anzuordnen. Der lichte Abstand der Aussteifungskonstruktionen sollte ≤ 25 m sein.

Beispiel Berechnung der Seitenlast q_s und Überlagerungslast q für einen Aussteifungsverband zwischen Brettschichtträgern, s. auch Beispiel Abschnitt 3.4.1 (Fortführung)

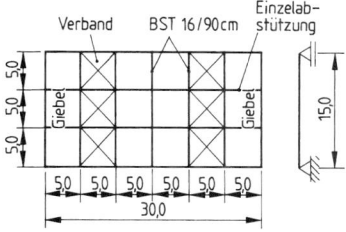

Draufsicht auf Lageplan der Binder und Verbände eines Flachdaches

vorh. Aussteifungsabstand a in der Ebene der Binder-Druckgurte: (s. Beispiel Abschn. 3.4.13)

$a = 5,0$ m
$\triangleq$ Abstand der Verbandspfosten
$\triangleq$ Abstand der Einzelabstützungen in Binderbereichen ohne Verband

Anzahl auszusteifender BST-Druckgurte:
$m = 5$ (in Giebelwänden keine BST).
Anzahl der Aussteifungsverbände:
$n = 2$, lichter Abstand $l_w = 10,0$ m < 25 m
Seitenlast q_s (für 1 Verband)
$$q_s = \frac{5/2 \cdot 196,9}{350 \cdot 15,0 \cdot 0,16} = 0,59 \text{ kN/m}$$
anteilige Windlast w auf Giebelwand (hier nicht gesondert berechnet)
$w = 1,2$ kN/m
Überlagerungslast q
Stützweite l des Aussteifungsverbandes
$l = 15,0$ m < 30 m
$q = 0,59 + 1,2/2 = 1,19$ kN/m
Einzelabstützungen sind für die anteilige Windlast w und die anteilige Seitenlast q_s zu bemessen, wenn ein Ausgleich der inneren Kräfte möglich ist, mindestens jedoch für Lasten nach Tafel 48.

10

3.7 Einzelabstützungen

sind Bauteile, die ein Druckglied zur Unterteilung der Knicklänge in Zwischenpunkten abstützen (s. Abschn. 3.5.1). Sie werden auch zur Abstützung der Druckgurte biegebeanspruchter Bauteile eingesetzt (s. Abschn. 3.6).

Die anzunehmenden Stützeinzellasten dieser Einzelabstützungen sind Tafel 48 zu entnehmen. Werden mehrere Druckglieder durch solche Einzelabstützungen abgestützt, sind sie für die jeweilige Summe K zu bemessen, s. Bild 20. Anschlüsse der Stützeinzellasten sind zug- und druckfest vorzunehmen.

Tafel 48 Stützeinzellasten für Einzelabstützungen, die Druckglieder abstützen nach DIN 1052-1, 10.5 [1])

	Bauteile zur Unterteilung der Knicklänge	Stützeinzellasten K, abzustützende Druckglieder aus	
		Vollholz	Brettschichtholz
1			
2	in Zwischenpunkten	$K = N/50$ (135)	$K = N/100$ (136)
3	gegen Aussteifungsverbände	anteilige Seitenlast q_s, $\geqq N/50$	anteilige Seitenlast q_s, $\geqq N/100$

[1]) N größte Stabkraft (ohne Knickzahl) der an die Abstützung angrenzenden Druckstäbe

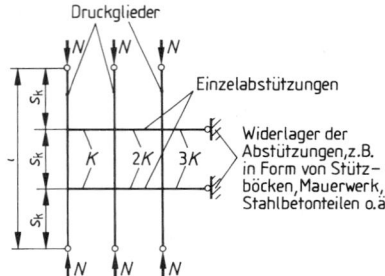

Bild 20 Einzelabstützungen von Druckgliedern nach DIN 1052-1, Bild 27

3.8 Scheiben

Scheiben dürfen zur Aufnahme und Weiterleitung von vorwiegend ruhenden Lasten einschl. Windlasten und Erdbebenkräften in Scheibenebene beansprucht werden. Scheiben bestehen aus:

— Holztafeln, Stützweite $l_s < 30$ m oder
— Platten aus Holzwerkstoffen, die mit der Unterkonstruktion (z. B. Träger, Binder mit Sparrenpfetten) kraftschlüssig zu einer Scheibe verbunden werden.

Eine Berechnung von Scheiben aus Holzwerkstoffplatten ist nicht erforderlich, wenn die Ausführungsbedingungen des Abschn. 3.8.1 eingehalten werden. Damit können die meisten in der Praxis auftretenden aussteifenden Scheiben ausgelegt werden. Scheiben, die den Ausführungsbedingungen nach Abschn. 3.8.1 nicht entsprechen, sind nach DIN 1052-1, 11 rechnerisch nachzuweisen.

3.8.1 Scheiben ohne rechnerischen Nachweis

Ein rechnerischer Nachweis ist nicht erforderlich, wenn die Ausführungsbedingungen der Tafel 49 und Bild 21 eingehalten werden. Die Platten aus Holzwerkstoffen sind auf jedem Binder und auf jeder Sparrenpfette mit den angegebenen Nägeln zu befestigen. Der erforderliche Nagelabstand ist konstant einzuhalten. Dabei sollten die Oberkanten der Binder und Sparrenpfetten in einer Ebene liegen.

Die Breite der Sparrenpfetten am Scheibenrand ist $\geqq 1,5$fach so breit wie die innenliegenden Sparrenpfetten auszuführen. Sind $\|$ zur Spannrichtung l_s mehr als zwei nicht unterstützte Stöße vorhanden (s. Bild 21), so ist die Scheibenstützweite auf $l_s \leqq 12,50$ m zu mindern.

Die rechnerische Durchbiegung der Holzwerkstoffplatten infolge vertikaler Flächenlast $(g + s)$ oder $(g + p)$ muß $\leqq l/400$ sein. Spannungen aus Scheibenwirkung in den Platten und der zugehörigen Unterkonstruktion dürfen beim Nachweis $\perp$ zur Scheibenebene vernachlässigt werden.

Tafel 49 Ausführungsbedingungen für Scheiben ohne rechnerischen Nachweis
nach DIN 1052-1, Tab. 12

	Gleich-mäßig verteilte Hori-zontal-last q_h	Schei-ben-stütz-weite l_s	Mindestdicken der Platten [1])		Erforderlicher Nagelabstand e für Nageldurchmesser 3,4 mm [2]) bei einer Scheibenhöhe h_s			
			Flach-preß-platten	Bau-Furnier-sperrholz	$\geq 0{,}25\,l_s$	$\geq 0{,}50\,l_s$	$\geq 0{,}75\,l_s$	$1{,}0\,l_s$
1	in kN/m	in m	in mm	in mm	in mm	in mm	in mm	in mm
2	$\leq 2{,}5$	≤ 25	19	12	60	120	180	200
3	$\leq 3{,}5$	≤ 30	22	12	40	90	130	180

[1]) Kleinste Seitenlänge der Platten $\geq 1{,}0$ m
[2]) Bei Verwendung anderer Nageldurchmesser bis 4,2 mm ist der erforderliche Nagelabstand e im Verhältnis der zulässigen Nagelbelastungen umzurechenen; der Nagelabstand darf 200 mm nicht überschreiten.

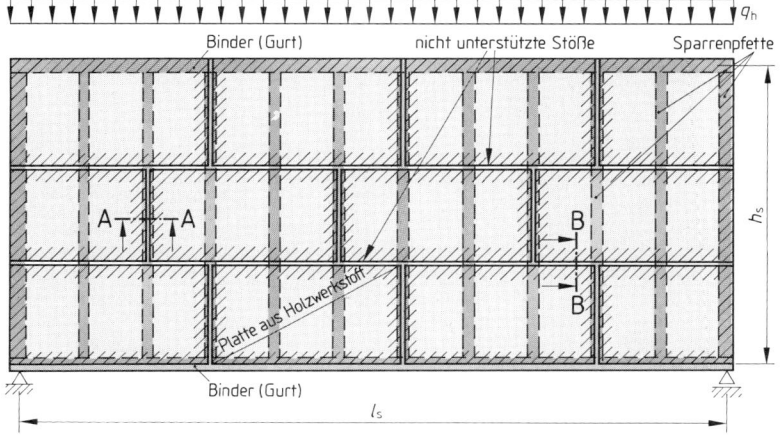

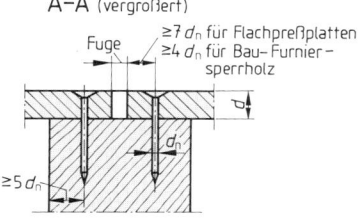

A–A (vergrößert)

Unterstützter Plattenstoß in Lastrichtung

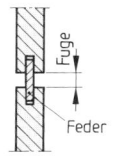

B–B (vergrößert)

Nicht unterstützter Plattenstoß parallel zur Spannrichtung

Bild 21 Aussteifende Scheibe aus Holzwerkstoffplatten nach DIN 1052-1, Bild 26

3.9 Sparrenfetten

Sparrenfetten tragen i. allg. die Dachhaut und liegen auf Bindern. Bei geneigten Dächern werden sie auf Doppelbiegung beansprucht.

3.9.1 Einfeld- und Durchlaufpfetten

Einfeldpfetten werden i. allg. nur bei kleineren Stützweiten und in Sonderbauweisen verwandt. Bei Durchlaufpfetten ohne Gelenke wird die Anzahl der zu überspannenden Felder durch die Lieferlängen beschränkt. Zul. Erhöhung der Biegespannung über Innenstützen nach Tafel 7. Die Durchbiegung von Durchlaufträgern ist bei gleichem Lastfall und gleicher Stützweite geringer als bei Einfeldträgern.

3.9.2 Gelenkpfetten (Gerberträger)

Die Momente und Auflagerkräfte können bei gleicher Stützweite und Gleichlast dem Kapitel Statik, Abschn. 6.1 entnommen werden. Dabei ist die Lage der Momentengelenke bezüglich des Momentenausgleiches (Stütz-, Feldmomente) günstig gewählt worden. Die Ausbildung einer kinematischen Kette sollte vermieden werden. Im Bereich von Verbänden sollten keine Gelenke liegen.

3.9.3 Koppelpfetten (Koppelträger)

Koppelpfetten bestehen aus Einfeldträgern, die über den Stützen durch Nagelung oder Verdübelung biegesteif zu Durchlaufträgern verbunden werden, s. Bild 22. Die Bemessung kann nach Tafel 50 erfolgen, Momente und Auflagerkräfte können für gleiche Stützweiten dem Kapitel Statik, Abschn. 6.1 entnommen werden.

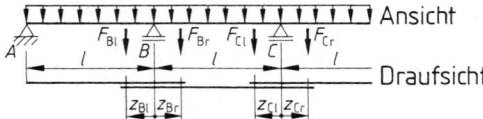

Bild 22
Koppelpfette mit gleicher Stützweite und Gleichlast

Tafel 50 Kopplungskräfte F, Übergreifungslängen z und Durchbiegungen f bei Koppelträgern mit gleichen Stützweiten l und Gleichlast q

Felderanzahl	Belastungsfall	Kopplungskräfte F = Tafelwert $\cdot q \cdot l$ Übergreifungslänge z = Tafelwert $\cdot l$					Durchbiegungen in Feldmitte[1]) f = Tafelwert $\cdot \dfrac{q \cdot l^4}{I}$			
		F_{Bl} z_{Bl}	F_{Br} z_{Br}	F_{Cl} z_{Cl}	F_{Cr} z_{Cr}	F_{Dl} z_{Dl}	k_1	k_2	k_3	k_4
2	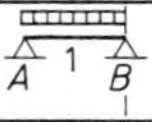	0,625 0,10	0,625 0,10				5,21			
3	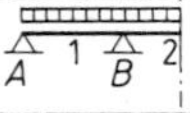	0,250 0,10	0,420 0,18				6,77	0,52		
4	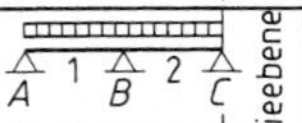	0,360 0,10	0,442 0,16	0,354 0,10	0,354 0,10		6,32	1,86		
5	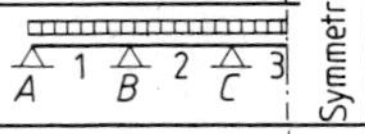	0,330 0,10	0,425 0,17	0,460 0,10	0,330 0,10		6,44	1,51	3,16	
6	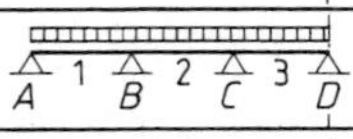	0,340 0,10	0,423 0,17	0,430 0,10	0,340 0,10	0,430 0,10	6,41	1,60	2,81	
$\geqq 7$	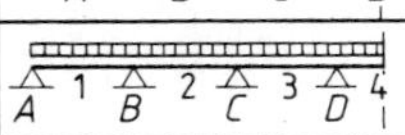	0,340 0,10	0,423 0,17	0,430 0,10	0,340 0,10	0,430 0,10	6,42	1,58	2,90	2,46

[1]) q in kN/m; l in m; I in cm^4; f in cm; E = 10000 MN/m^2, für andere E-Modul ist f sinngemäß umzurechnen

3.10 Rahmenecken aus Brettschichtholz

Rahmenecken sind gegen seitliches Ausweichen aus der Binderebene zu stabilisieren. Bei negativen Eckmomenten können Abstützungen des auf Druck beanspruchten Untergurtes z. B. durch Kopfbänder erforderlich werden. Eine geeignete, gabelgelagerte Rahmenfußkonstruktion stellt eine weitere Stabilisierungsmaßnahme dar.

3.10.1 Rahmenecken mit Dübelanschluß (Dübelkreis) nach *Heimeshoff*

Stabdübel als Verbindungsmittel sind den Dübeln besonderer Bauart vorzuziehen. Zusammenhang der Schnittgrößen von Stiel und Riegel:

$$N_R = N_S \cdot \sin\gamma + Q_S \cdot \cos\gamma \qquad (137)$$
$$Q_R = Q_S \cdot \sin\gamma - N_S \cdot \cos\gamma \qquad (138)$$

Dübelbelastung D bei 2 Dübelkreisen aus

Moment M: $\quad |D_M| = \dfrac{|M| \cdot r_1}{n_1 \cdot r_1^2 + n_2 \cdot r_2^2} \qquad (139)$

Längskraft N_R: $\quad |D_{NR}| = |N_R|/(n_1 + n_2) \quad (140)$

$ N_S$: $\quad |D_{NS}| = |N_S|/(n_1 + n_2) \quad (141)$

Querkraft $\quad Q_R$: $\quad |D_{QR}| = |Q_R|/(n_1 + n_2) \quad (142)$

$ Q_S$: $\quad |D_{QS}| = |Q_S|/(n_1 + n_2) \quad (143)$

Maßgebende Dübelbelastung bezogen auf den

Riegel $\tilde{D}_R = D_{QR} + \sqrt{D_M^2 - D_{NR}^2} \leqq \text{zul}\,D \quad (144)$

Stiel $\tilde{D}_S = D_{QS} + \sqrt{D_M^2 - D_{NS}^2} \leqq \text{zul}\,D \quad (145)$

Querkraftbeanspruchung im

Riegel $Q_{Ri} = Q_M + Q_R/2 \qquad (146)$

Stiel $Q_{St} = -Q_M + Q_S/2 \qquad (147)$

mit $\quad Q_M = \dfrac{M}{\pi} \cdot \dfrac{n_1 \cdot r_1 + n_2 \cdot r_2}{n_1 \cdot r_1^2 + n_2 \cdot r_2^2} \qquad (148)$

Schubspannung im

Riegel $\dfrac{1{,}5 \cdot Q_{Ri}/A_{Ri}}{\text{zul}\,\tau_a} \leqq 1 \qquad (149)$

Stiel $\dfrac{1{,}5 \cdot Q_{St}/A_{St}}{\text{zul}\,\tau_a} \leqq 1 \qquad (150)$

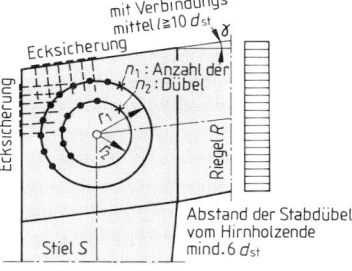

Bild 23 Rahmenecke mit Dübelanschluß (2 Dübelkreise)

Bei Anordnung von 2 Dübelkreisen ist die zul. Belastung der Stabdübel um 15% abzumindern. Andernfalls ist eine Ecksicherung durch Schraubnägel oder Schrauben je in Stiel und Riegel mit

$$N_D = n_1 \cdot |D_M|/12 \qquad (151)$$

vorzusehen.

3.10.2 Rahmenecken mit Kleinzinkenverbindungen nach *Heimeshoff*

Spannungsnachweis bei negativem Eckmoment mit Gl. (152) führen, N und M sind auf die Stellen B zu beziehen. Die Querschnittswerte sind mit Rücksicht auf die Keilzinkungen um 20% abzumindern. Größere positive Eckmomente sind zu vermeiden, andernfalls ist zul $\sigma_{D\measuredangle}$ höchstens zu 20% auszunutzen.

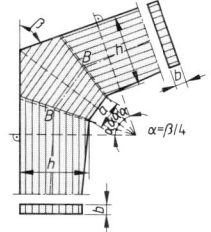

Bild 24 Rahmenecke mit zwei Zinkungen

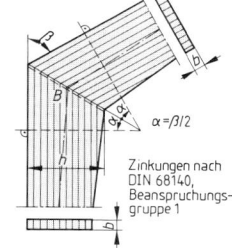

Bild 25 Rahmenecke mit einer Zinkung

$$\frac{N/\bar{A}}{\text{zul}\,\sigma_K} + \frac{M/\bar{W}}{k_B \cdot 1{,}1 \cdot \text{zul}\,\sigma_B} \leqq 1 \quad (152)$$

$$\text{zul}\,\sigma_K = \frac{\text{zul}\,\sigma_{D\,\ast}}{\omega} \quad (153) \quad \text{nach Gl. (105)}$$

$\text{zul}\,\sigma_{D\,\ast}$ nach Gl. (1) für Nadelholz S10
k_B nach Gl. (101)
$\bar{A} = 0{,}8 \cdot b \cdot h$
$\bar{W} = 0{,}8 \cdot b \cdot h^2/6$
$\text{zul}\,\sigma_B \triangleq \text{zul}\,\sigma_{D\,\ast}$ für den Druckbereich

Geknickte dachförmige Brettschichtträger dürfen in Feldmitte nicht durch Keilzinkenverbindungen gestoßen werden, da hier i. allg. positive Momente auftreten.

3.10.3 Rahmenecken mit gekrümmten Lamellen

Die Bemessung kann wie für gekrümmte Träger nach Abschn. 3.4.7 vorgenommen werden, jedoch treten bei Rahmenecken i. allg. negative Eckmomente auf.

3.11 Wechselbeanspruchte Bauteile

Wenn der Vorzeichenwechsel der Beanspruchung nicht allein aus Wind- und Schneelasten erfolgt, sind Bauteile nach Gl. (154) zu bemessen.

$$\text{zul}\,\sigma' = k_W \cdot \text{zul}\,\sigma \quad (154) \qquad \text{mit} \quad k_W = 1 - 0{,}25\,\frac{\min |\sigma|}{\max |\sigma|} \quad (155)$$

Bei Stößen und Anschlüssen ist sinngemäß zu verfahren. Wechselbeanspruchte Holzbauteile liegen nach diesem Abschn. demnach nur vor, wenn z.B. bewegliche Verkehrslasten wie Gabelstapler-, Fahrzeug- und Kranlasten auftreten.

4 Mechanische Verbindungsmittel

4.1 Zulässige Erhöhungen und erforderliche Ermäßigungen

Tafel 51 Zulässige Erhöhungen und erforderliche Ermäßigungen von zulässigen Belastungen der Verbindungsmittel des Abschn. 4 nach DIN 1052-2, 3

		zul. Belastung im LFH um
Erhöhungen		
1	Lastfall HZ	25%
2	Transportzustand	25%
3	Montagezustand	25%
4	waagerechte Stoßlasten nach DIN 1055-3	100%
5	Erdbebenlasten nach DIN 4149-1	100%
6	Windsogspitzen nach DIN 1055-4	80%
Ermäßigungen		
7	bei **Bauteilen aus Voll- u. Brettschichtholz, die der Witterung allseitig ausgesetzt** sind oder bei denen mit einer Gleichgewichtsfeuchte >18% zu rechnen ist, nicht bei Gerüsten	1/6[1])
8	bei **Bauteilen aus Voll- u. Brettschichtholz, die dauernd im Wasser stehen**, bei Gerüsten aus Hölzern, die zum Zeitpunkt der Belastung noch nicht halbtrocken sind (DIN 4074)	1/3[1])
9	bei folgenden **Platten, in denen eine Feuchte >18%** über mehrere Wochen zu erwarten ist: – Bau-Furniersperrholzplatten BFU 100 G – Flachpreßplatten V 100 G	1/4 1/3

[1]) Gilt nicht für Laubholz, Gr. C nach Tafel 1 und nicht für Fliegende Bauten mit Schutzanstrich, der in Abständen von höchstens zwei Jahren zu erneuern ist.

Verbindungsmittel in Hirnholz dürfen nicht als tragend in Rechnung gestellt werden, Ausnahme: Einlaßdübel Typ A nach Abschn. 4.5.3.

4.2 Bolzen-, Paßbolzen- und Stabdübelverbindungen

Tragende Bolzen dürfen bei Beanspruchung auf Abscheren in Dauerbauten nur dann herangezogen werden, wenn besondere Maßnahmen einen Schlupf verhindern (z. B. trockene Hölzer beim Einbau). Bei Fliegenden Bauten, Gerüsten und untergeordneten Bauten/Bauteilen sind tragende Bolzenverbindungen zulässig. Tragende Bolzen müssen Scheiben nach Tafel 74 besitzen, wenn keine Stahllaschen verwendet werden.

Stabdübel- und Paßbolzenverbindungen sind in allen Bauten/Bauteilen zulässig. Paßbolzen sind Stabdübel mit Kopf/Mutter, bei ihnen genügen Scheiben nach DIN 436 oder DIN 440.

Heftbolzen werden nur zur Lagesicherung eingesetzt, sie übertragen keine Beanspruchungen, bei ihnen genügen Scheiben nach DIN 436 oder DIN 440.

Tafel 52 Zul. Durchmesser, Anzahl und Scherflächen von Bolzen, Stabdübel und Paßbolzen nach DIN 1052-2, 5 [1])

	Durchmesser in mm min	max	Anzahl min	Scherflächen min	Bohrloch-durchmesser	Mindestabstände nach Bild/Tafel
Bolzen	$d_b = 12$		$n \geqq 2$ [2])	$m \geqq 2$	$d_b + 1$ mm	26/54
Stabdübel	$d_{st} = 8$	d_b, d_{st} $\leqq 30$	$n \geqq 2$ [1])	$m \geqq 4$	d_{st}	27/54
Paßbolzen			$n \geqq 2$ [1]) [2])	$m \geqq 2$		

[1]) In Stößen und Anschlüssen: $n > 6$ Stabdübel oder Paßbolzen in Kraftrichtung hintereinander vermeiden. Für $6 < n \leqq 12$ wirksame Anzahl ef $n = 6 + 0,666 \, (n-6)$ annehmen; $n > 12$ hintereinander nicht in Rechnung stellen
[2]) Bei gelenkigen Anschlüssen ist ein Bolzen oder ein Paßbolzen ausreichend, wenn er nur bis zu $0,5 \cdot$ zul N beansprucht und lagegesichert ist

Zulässige Belastung N eines Bolzens, Paßbolzens oder Stabdübels im Lastfall H

Unabhängig von der Sortierklasse des Holzes gilt im Lastfall H Gl. (156) für Kraftangriff $\parallel$ zur Faserrichtung; bei Winkel zwischen Kraft- und Faserrichtung $0° < \alpha \leqq 90°$ ist zul $N_{st,b}$ mit η nach Gl. (157) abzumindern.

$$\text{zul } N_{st,b} \genfrac{}{}{0pt}{}{= \text{zul } \sigma_l \cdot a \cdot d_{st,b}}{\leqq B \cdot d_{st,b}^2} \qquad (156)$$

$$\eta_{st} = \eta_b = 1 - \alpha/360 \qquad (157)$$

zul N in N
zul σ_l zul. mittl. Lochleibungsspannung des Holzes nach Tafel 53 bzw. des Holzwerkstoffes nach Tafel 4, Zeile 6 in MN/m²
a Holzdicke in mm
$d_{st,b}$ Durchmesser des Stabdübels, Paßbolzens, Bolzens in mm
B Festwert nach Tafel 53

Bei Verbindungen von Voll- oder Brettschichtholz mit Stahlteilen darf zul $N_{st,b}$ nach Gl. (156) um 25% erhöht werden, dabei ist die Lochleibungsspannung im Stahl nachzuweisen. Weitere zul. Erhöhungen und erf. Ermäßigungen nach Tafel 51.

Tafel 53 Werte für zul σ_l und B nach Gl. (156) in MN/m² nach DIN 1052-2, Tab. 10

NH[1]) BSH[1]) LH[1])	nach Tafel 1, 2	einschnittig				zweischnittig							
						Mittelholz				Seitenholz			
		NH BSH	LH A	LH B	LH C	NH, BSH	LH A	LH B	LH C	NH, BSH	LH A	LH B	LH C
Bolzen	zul σ_l	4,0	5,0	6,1	9,4	8,5	10,0	13,0	20,0	5,5	6,5	8,4	13,0
	B	17,0	20,0	24,0	30,0	38,0	45,0	52,0	65,0	26,0	30,0	34,0	42,0
Stabdübel, Paßbolzen	zul σ_l	4,0	5,0	6,1	9,4	8,5	10,0	13,0	20,0	5,5	6,5	8,4	13,0
	B	23,0	27,0	30,0	36,0	51,0	60,0	65,0	80,0	33,0	39,0	42,0	52,0

[1]) NH (Nadelholz), BSH (Brettschichtholz), LH (Laubholz, Gruppe A, B, C)

Beispiel **Berechnung der zul.** **Belastung** N von 4 Stabdübeln $\varnothing$ 16 mm,
einschnittig, LF HZ, Winkel Kraft-Faserrichtung $\alpha = 45°$, kleinste Holzdicke
$a = 100$ mm, Nadelholz,

für 1 Stabdübel $\varnothing$ **16 mm:**

zul $N_{st} = 4,0 \cdot 100 \cdot 16 = 6400$ N   LF HZ: zul. Erhöhung um 25%

$\leq 23,0 \cdot 16^2 = 5888$ N $\alpha = 45°$: erf. Abminderung

maßgebend: zul $N_{st} = 5888$ N $\eta_{st} = 1 - 45/360 = 0,875$

für 4 Stabdübel $\varnothing$ **16 mm:**

zul $N_{st} = 4 \cdot 1,25 \cdot 0,875 \cdot 5888 = 25760$ N $\cong 25,8$ kN

Mindestabstände von Bolzen, Paßbolzen oder Stabdübeln

Tafel 54   Mindestabstände von tragenden Bolzen, Paßbolzen oder Stabdübeln
nach DIN 1052-2, Tab. 9

		Mindestabstände[1] $\parallel$ Kraftrichtung bei	
		Stabdübeln, Paßbolzen	Bolzen
untereinander	$\parallel$ Faserrichtung	$5\,d_{st}$	$7\,d_b$, ≥ 100 mm
	$\perp$ Faserrichtung	$3\,d_{st}$	$5\,d_b$
vom beanspruchten Rand	$\parallel$ Faserrichtung	$6\,d_{st}$	$7\,d_b$, ≥ 100 mm
	$\perp$ Faserrichtung	$3\,d_{st}$	$4\,d_b$
vom unbeanspruchten Rand	$\parallel$ Faserrichtung	$3\,d_{st}$	$3\,d_b$
	$\perp$ Faserrichtung	$3\,d_{st}$	$3\,d_b$

[1]) bei Schräganschlüssen Zwischenwerte geradlinig einschalten

Stabdübel und Paßbolzen, die in Faserrichtung hintereinander liegen, sind um
$d_{st}/2$ gegenüber der Rißlinie zu versetzen, wenn der Abstand untereinander in
Faserrichtung $< 8\,d_{st}$ ist.
Beim Anschluß von Stäben an Biegeträger (oder ähnliche Anschlüsse) müssen
in den Biegeträgern Randabstände in Faserrichtung von Hirnholzende nach Bild 26
und 27 eingehalten werden.
Für den rechtwinklig zur Faserrichtung beanspruchten Stab z. B. nach Bild 26 oder
27 ist im allgemeinen ein **Querzugnachweis** nach Abschn. 4.8 zu führen. Der
Nachweis kann entfallen, wenn der rechtwinklig zur Faserrichtung beanspruchte
Stab eine Höhe $h \leq 30$ cm besitzt und der Anschlußschwerpunkt S aller Verbindungsmittel in der Stabachse oder darüber liegt.

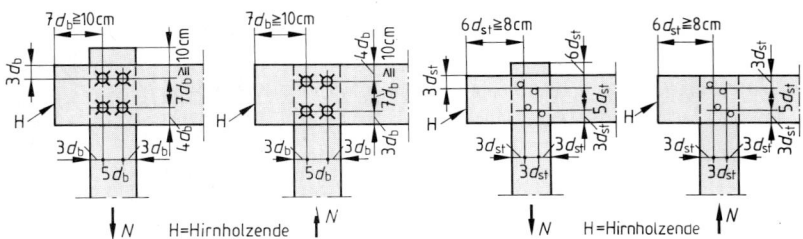

Bild 26   **Mindestabstände von tragenden Bolzen** nach DIN 1052-2, Bild 12

Bild 27   **Mindestabstände von Stabdübeln und Paßbolzen** nach DIN 1052-2, Bild 11

4.3 Nagelverbindungen von Holz und Holzwerkstoffen

In Nagelverbindungen können runde Drahtstifte, Form B nach DIN 1151 und runde Maschinenstifte nach DIN 1143 sowie Sondernägel (z. B. Schraub- oder Rillennägel mit Eignungsnachweis) verwandt werden.

4.3.1 Beanspruchung rechtwinklig zur Nagellängsachse (Abscheren)

Zulässige Nagelbelastung N_1 im Lastfall H. Die zulässige Belastung im Lastfall H ist für Nadelholz nach Tafel 1, 2 unabhängig von der Sortierklasse bei Beanspruchung senkrecht zur Nagellängsachse ohne Rücksicht auf den Faserverlauf des Holzes für eine Scherfläche nach Gl. (158) zu berechnen.

$$\text{zul } N_1 = 500 \cdot d_n^2/(10 + d_n) \quad \text{in N} \quad (158) \qquad d_n \text{ Nageldurchmesser in mm}$$

Zul. Erhöhungen von zul N_1 nach Gl. (158) können die Tafel 55 entnommen werden. Weitere zul. Erhöhungen und erf. Ermäßigungen nach Tafel 51.

Tafel 55 Zul. Erhöhungen von zul N_1 nach Gl. (158) bei Nagelverbindungen von Holz und Holzwerkstoffen nach DIN 1052-2, 6.2

1	NH Nadelholz LH Laubholz BSH Brett-schicht-holz	zul. $\bar{N}_1 =$ Tafelwert $\cdot$ zul N_1 bei Verbindungen von							
		Nadel- und Brettschichtholz nach Tafel 1 a, b mit				Laubholz[1]) nach Tafel 1 a mit			BFU[2]) [3]) mit
		NH/BSH	BFU[2])	BFU[3])	FPP[4])	LH	BFU[3])	FPP[4])	FPP[4])
2	nicht vorgebohrt	1,0	1,0	1,2	1,0	−	−	−	1,0
3	vorgebohrt[5])	1,25	1,25	1,5	1,25	1,5	1,5	1,25	1,25

[1]) Runde Drahtstifte sind mit etwa $0{,}9 \cdot d_n$ vorzubohren
[2]) Bau-Furniersperrholz nach DIN 68705-3
[3]) Bau-Furniersperrholz nach DIN 68705-5, mind. sieben Lagen
[4]) Flachpreßplatten nach DIN 68763 und Holzfaserplatten nach DIN 68754-1, wenn die Nagelspitze $\geqq 2 d_n$ in NH, BSH, LH oder BFU eindringt,
[5]) Mit etwa $0{,}9 \cdot d_n$ auf erf. Nagellänge nach Tafel 59 vorbohren, jedoch für Sondernägel Klasse II, III in einschnittigen Verbindungen Einschlagtiefe $s \geqq 12 d_n$

Die zul. Nagelbelastungen sowie Mindestholzdicken und -einschlagtiefen für runde Drahtstifte können auch Tafel 57 a, für Sondernägel Tafel 57 b und für Sondernägel mit außenliegenden Stahlblechen Tafel 58 entnommen werden.

Mindestanzahl von Nägeln und Mindestholzdicken

In jeder zur Kraftübertragung herangezogenen Fuge sind mind. 4 Nagelscherflächen erforderlich, Ausnahmen: Befestigung von Schalungen, Trag- und Konterlatten, Windrispen sowie Befestigung von Sparren, Pfetten und dgl. mehr auf Bindern, Rähmen oder Querriegeln an Rahmenhölzern.

Tafel 56 Mindestholzdicken a für Nagelverbindungen bei Holz und Holzwerkstoffen

1	d_n Nagel-durch-messer in mm	allgemein	Laubholz und Laubholz mit BFU[1])	Bau-Furnier-sperrholz nach DIN 68705-3,5 [4])	Flachpreß-platten nach DIN 68763, mittelharte Holzfaser-platten[4])	harte Holzfaser-platten nach DIN 68754[4])
2	nicht vorgebohrt	$a \geqq d_n (3 + 0{,}8 d_n)$ $\geqq 24$ mm	−	für $d_n \leqq 4{,}2$ mm $a \geqq 3 d_n$	$a \geqq 4{,}5 d_n$[3])	$a \geqq 2 d_n$
3	vorgebohrt	für $d_n \geqq 4{,}2$ mm $a \geqq 6 d_n$[2])	$a \geqq 6 d_n$[2])	für $d_n > 4{,}2$ mm $a \geqq 4 d_n$		

[1]) Bau-Furniersperrholz nach DIN 68705-5, mind. sieben Lagen
[2]) Bei geringeren Holzdicken gilt: zul $N_1 \cdot a/(6 d_n)$
[3]) Für $d_n \leqq 4{,}2$ mm gilt: $3 d_n \leqq a < 4{,}5 d_n$, wenn zul $N_1 \cdot a/(4{,}5 d_n)$ abgemindert
[4]) die Mindestdicken für Bau-Furniersperrholz $d \geqq 6$ mm und für Flachpreßplatten $d \geqq 8$ mm nach Tafel 16 sind stets einzuhalten

10

Tafel 57 Runde Drahtstifte und Sondernägel in Nagelverbindungen von Nadelholz, Brettschichtholz und Laubholz; Holzdicken, Einschlagtiefen und zulässige Belastungen je Nagel und Scherfläche (Abscheren) im Lastfall H nach DIN 1052-2, 6.2
Fußnoten s. unten und nächste Seite oben

a) runde Drahtstife nach DIN 1151

Nagelgröße[1] d_n in 1/10 mm mal l_n in mm	Mindestholzdicke a[2] in mm bei Nagellöchern ohne Vorbohrung	mit Vorbohrung	Mindesteinschlagtiefe s[3] in mm ein- schnittig	mehr- schnittig	zul. Nagelbelastung N_1 in N für eine Scherfläche bei Nadel[7] und Brettschichtholz nach Tafel 1,2 ohne Vorbohrung	mit Vorbohrung	Laubholz nach Tafel 1 stets vorgebohrt
18 × 35[4]	24	20[6]	22	15	135	170	205
20 × 40[4] / 45[5]	24	20[6]	24	16	165	210	250
22 × 45 / 50[4]	24	20[6]	27	18	200	250	300
25 × 55[4] / 60[4]	24	20[6]	30	20	250	310	375
28 × 65[4]	24	20[6]	34	23	305	380	460
31 × 65 / 70[4] / 80[4]	24	20[6]	38	25	365	460	550
34 × 80 / 90[4]	24	22[6]	41	27	430	540	650
38 × 100	24		46	30	525	655	785
42 × 100 / 110 / 120	26		51	34	620	775	930
46 × 130	30	28	56	37	725	905	1090
55 × 140 / 160	40	35	66	44	975	1220	1465
60 × 180	50	35	72	48	1125	1405	1690
70 × 210	60	45	84	56	1440	1800	2160
76 × 230 / 260	70	45	92	62	1640	2050	2460
88 × 260	90	55	106	70	2060	2570	3090

b) Sondernägel der Tragfähigkeitsklassen I, II und III nach DIN 1052-2, 6.2

d_n in mm[8]	Mindestholzdicke ohne Vorbohrung	mit Vorbohrung	Mindesteinschlagtiefe ein- schnittig	mehr- schnittig	zul. Nagelbelastung ohne Vorbohrung	mit Vorbohrung	Laubholz stets vorgebohrt
2,5	24	20[6]	I:30 / II/III:20[9]	20	250	310[10]	375[10]
2,9	24	20[6]	I:35 / II/III:23[9]	23	325	405[10]	490[10]
3,1	24	20[6]	I:38 / II/III:25[9]	25	365	460[10]	550[10]
4,0	24		I:48 / II/III:32[9]	32	570	715[10]	860[10]
5,1	36	30	I:61 / II/III:41[9]	41	860	1075[10]	1290[10]
6,0	50	35	I:72 / II/III:48[9]	48	1125	1405[10]	1690[10]

[1] nur die in DIN 1151 nach DIN 1143 angegebenen Nageldurchmesser und Längen.
[2] s. auch Tafel 56   [3] s. auch Tafel 59
[4] und als runder Maschinenstift nach DIN 1143-1   [5] bis [10] s. nächste Seite oben

Fußnoten zu Tafel 57, Fortsetzung

[5]) nur als runder Maschinenstift nach DIN 1143-1

[6]) Mindestholzdicke bei Schalungen; bei gehobelten Schalungen können die Werte um 2 mm verringert werden nach [2]

[7]) Bei Douglasie stets vorbohren gemäß Einführungserlaß zu DIN 1052, abweichend vom Normtext für alle Nageldurchmesser d_n

[8]) Nagellängen gemäß Einstufungsschein

[9]) bei Sondernägeln der Tragfähigkeitsklasse II und III darf nur der profilierte Schafteil l_g in Rechnung gestellt werden

[10]) für Sondernägel der Tragfähigkeitsklasse II und III muß bei vorgebohrten, einschnittigen Verbindungen die Mindesteinschlagtiefe $s = 12\,d_n$ eingehalten werden, d. h. wie bei Sondernägeln der Tragfähigkeitsklasse I

Tafel 58 Sondernägel in Nagelverbindungen von Nadelholz, Brettschichtholz und Laubholz mit außenliegenden Stahlblechen (Dicken $\geqq 2\,mm$); Holzdicken, Einschlagtiefen und zulässige Belastungen je Nagel und Scherfläche (Abscheren) im Lastfall H nach DIN 1052-2, 7 [1])

Nagelnenn-durchmesser d_n[8])	Mindestholzdicke a bei Nagellöchern		Mindesteinschlag-tiefe s einschnittig		zul. Nagelbelastung N_1 für eine Scherfläche bei		
				Tragfähigkeitsklasse	Nadel[7]- und Brettschichtholz nach Tafel 1, 2		Laubholz nach Ta-fel 1
	ohne	mit Vorbohrung	I	II, III[9])	ohne	mit[10]) Vorbohrung	stets vor-gebohrt[10])
in mm	in mm	in mm	in mm	in mm	in N	in N	in N
2,5	24 20[6])		30	20	310	390	470
2,9	24 20[6])		35	23	405	510	610
3,1	24 20[6])		38	25	460	575	690
4,0	24		48	32	715	895	1070
5,1	36	30	61	41	1075	1345	1615
6,0	50	35	72	48	1405	1760	2110

[1]) Fußnoten [6]) bis [10]) s. entsprechende Fußnoten zur Tafel 57

Ein- und mehrschnittige Nagelverbindungen, Einschlagtiefen

Tafel 59 Einschlagtiefe s [1]) [2]) und zulässige Nagelbelastung zul N_1 für runde Draht- und Maschinenstifte (DN) sowie Sondernägel (SN) der Tragfähigkeitsklassen I, II, III

		Einschlagtiefe s	zul. Nagelbelastung	
ein-schnittig	DN, SN I	$s \geqq 12\,d_n$	zul N_1	
		$6\,d_n \leqq s_w < 12\,d_n$	zul $N_1 \cdot s_w / 12\,d_n$	
		$s < 6\,d_n$	0	
	SN II, III	$s \geqq 8\,d_n$	zul N_1	
		$4\,d_n \leqq s_w < 8\,d_n$	zul $N_1 \cdot s_w / 8\,d_n$	
		$s < 4\,d_n$	0	
m-schnittig	DN, SN I, II, III	$s \geqq 8\,d_n$	$m \cdot$ zul N_1	
		$4\,d_n \leqq s_w < 8\,d_n$	$[(m-1) + s_w/8\,d_n] \cdot$ zul N_1	
		$s < 4\,d_n$	$(m-1) \cdot$ zul N_1	

[1]) s = Solltiefe, s_w = tatsächliche Tiefe, bei Sondernägel II und III nur profilierter Schaftteil l_g

[2]) Bei runden Draht- und Maschinenstiften sowie bei Sondernägeln der Tragfähigkeitsklasse I sind zwei- und mehrschnittige Verbindungen von beiden Seiten zu nageln

10

Nagelanzahl in Stößen und Anschlüssen. Die wirksame Anzahl ef n der Nägel ist in Stößen und Anschlüssen bei mehr als 10 Nägel hintereinander nach Gl. (159) anzunehmen.

ef $n = 10 + 0,666 \cdot (n-10)$ (159) n Anzahl der hintereinanderliegenden Nägel

$n > 30$ Nägel hintereinander dürfen als tragend nicht in Rechnung gestellt werden.

Mindest- und maximale Nagelabstände

Tafel 60 Mindestnagelabstände bei Holz[1])[2])[3])

Werte in ( ) gelten für $d_n > 4,2$ mm	Lage zur Faser-rich-tung	Nagelabstände parallel der Kraftrichtung	
		nicht vorgebohrt	vorge-bohrt
unterein-ander	∥	$10\,d_n\ (12\,d_n)$	$5\,d_n$
	⊥	$5\,d_n$	
vom bean-spruchten Rand	∥	$15\,d_n$	$10\,d_n$
	⊥	$7\,d_n\ (10\,d_n)$	$5\,d_n$
vom unbean-spruchten Rand	∥		
	⊥	$5\,d_n$	$3\,d_n$

[1]) Im dünnsten Holz, Nägel versetzt anordnen
[2]) s. Bild 28 a, b
[3]) bei Douglasie für alle Nageldurchmesser d_n vorbohren gemäß Einführungserlaß zu DIN 1052, abweichend vom Normtext

Bei biegesteifen Stößen und bei der Stoßdeckung von Koppelträgern gelten alle Ränder als beansprucht, dabei sind die Werte nach Tafel 60 ungeachtet der Kraftrichtung nur auf die Faserrichtung des Holzes zu beziehen.

Tafel 61 Mindestnagelabstände bei Holzwerkstoffplatten[1])

	unter-ein-ander	vom beanspr. Rand	vom un-beanspr. Rand
Bau-Furnier-sperrholz		$4\,d_n$	$2,5\,d_n$
Flachpreß-platten	$5\,d_n$		
mittelharte Holzfaser-platten		$7\,d_n$	$3\,d_n$
harte Holz-faserplatten		$7,5\,d_n$	

[1]) Soweit nicht die Nagelabstände im Holz nach Tafel 60 maßgebend werden.

Tafel 62 Maximale Nagelabstände[1])

	Lage zur Faser-richtung	Nagelabstände bei	
		Holz	Holzwerk-stoffplatten
unter-einander	∥	$40\,d_n$	$40\,d_n$[2])
	⊥	$20\,d_n$	$40\,d_n$[2])

[1]) Auch bei Heftnägeln
[2]) Bei Platten mit nur aussteifender Funktion: $80\,d_n$

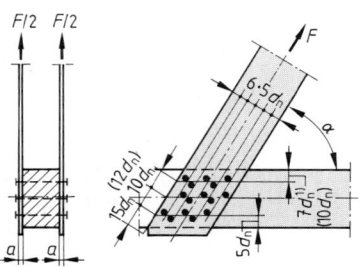

a) einschnittige Nagelung   b) zweischnittige Nagelung

Bild 28 Mindestnagelabstände nicht vorgebohrter Nägel
[1]) bei $\alpha < 30°$: $5\,d_n\ (7\,d_n)$

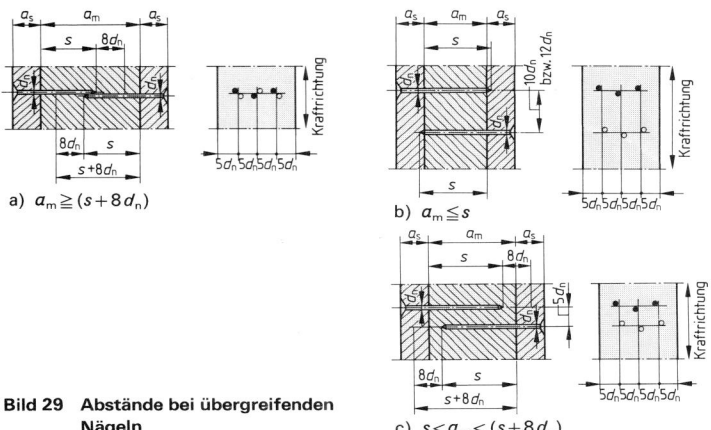

a) $a_m \geqq (s + 8d_n)$

b) $a_m \leqq s$

c) $s < a_m < (s + 8d_n)$

Bild 29 Abstände bei übergreifenden Nägeln

4.3.2 Beanspruchung in Richtung der Nagellängsachse (Herausziehen)

Die zulässige Belastung auf Herausziehen im Lastfall H ist nach Gl. (160)

$$\text{zul } N_z = B_z \cdot d_n \cdot s_w \quad \text{in N} \qquad (160)$$

B_z Festwert nach Tafel 63
d_n Nageldurchmesser in mm (glatter Schaft bei Sondernägeln)
s_w wirksame Einschlagtiefe in mm einschl. Nagelspitze nach Tafel 63

zu berechnen. Sie kann für Nägel und Sondernägel auch der Tafel 64 entnommen werden.

Über Beanspruchungsart, Einschlagtiefen und erf. Ermäßigungen s. Tafel 63.

Tafel 63 Nagelbeanspruchung auf Herausziehen: Beanspruchungsart, Mindest- und maximale Einschlagtiefen, Werte B_z nach Gl. (160)

1		Beanspruchungsart	Einschlagtiefen		Werte B_z nach Gl. (160) in MN/m²
			Mindest-	maximal in Rechnung zu stellen	
2	runde Draht- und Maschinenstifte[1]	nur kurzfristig (z. B. Windsog-kräfte)	$12d_n$	$20d_n$	1,3[6]
3	Sondernägel[2] [3] Tragfähigkeitsklasse I				1,8
4	Sondernägel[2] [3] [4] Tragfähigkeitsklasse II	kurzfristig und ständig	$8d_n$	l_g[5]	2,5
5	Sondernägel[2] [3] [4] Tragfähigkeitsklasse III				3,2

[1]) zul N_z abmindern auf 2/3, wenn in halbtrockenes oder frisches Holz eingeschlagen, auch dann, wenn Holz nachtrocknen kann. Gilt nicht für Laubhölzer, Gr. C.
[2]) zul N_z abmindern auf 2/3, wenn in frisches Holz eingeschlagen und Holzfeuchte im Fasersättigungsbereich bleibt. Gilt nicht, wenn Nachtrocknung möglich und nicht für Laubhölzer, Gr. C.
[3]) Vorgebohrte Sondernägel dürfen auf Herausziehen nicht in Rechnung gestellt werden.
[4]) Mindestdicken von Holzwerkstoffplatten $\geqq 12$ mm beim Anschluß von Platten an Holz, wenn zul. Belastung nach Gl. (160) berechnet, bei Plattendicken < 12 mm max. $N_z \leqq 150$ N wegen der Kopfdurchziehgefahr in Rechnung stellen
[5]) Länge des profilierten Schaftteiles.
[6]) Im Anschluß von Koppelpfetten mit $B_z = 0,8$ MN/m², wenn infolge Dachneigung ständig auf Herausziehen beansprucht bis Dachneigung $\gamma \leqq 30°$.

Tafel 64   Zulässige Nagelbelastung N_z auf Herausziehen je Nagel in Nagelverbindungen von
Nadelholz, Brettschichtholz, Laubholz und Holzwerkstoffplatten der DIN 1052 im
Lastfall H nach DIN 1052-2, 6.3 für [1])

runde Draht- und Maschinenstifte nach DIN 1052-2 nur kurzfristige Beanspruchung z.B. durch Windsogkräfte						**Sondernägel** gemäß Einstufungsschein nach DIN 1052-2 kurzfristige und ständige Beanspruchung					
Nagel-durch-messer [2]) d_n	Einschlagtiefe[4])		zul. Nagelbelastung N_z			Nagel-durch-messer [3]) d_n	Einschlagtiefe[4])		zul. Nagelbelastung N_z		
	min s_w (12 d_n)	max s_w (20 d_n)	je mm Ein-schlagtiefe	bei min s_w	bei max s_w		min s_w [5])	max s_w (20 d_n)	je mm Ein-schlagtiefe	bei min s_w	bei max s_w
in mm	in mm	in mm	in N/mm	in N	in N	in mm	in mm	in mm	in N/mm	in N	in N
1,8	22	36	2,34	51	84	**Tragfähigkeitsklasse I** (nur kurzfristige Beanspruch.)					
2,0	24	40	2,60	62	104	2,5	30	50[6])	4,50	135	225[7])
						2,9	35	58[6])	5,22	183	303[7])
2,2	27	44	2,86	77	126	3,1	37	62[6])	5,58	206	346[7])
2,5	30	50	3,25	98	163	4,0	48	80[6])	7,20	346	576[7])
						5,1	61	102[6])	9,18	560	734[7]) [8])
2,8	34	56	3,64	124	204	6,0	72	120[6])	10,8	778	864[7]) [8])
3,1	37	62	4,03	149	250	**Tragfähigkeitsklasse II**					
3,4	41	68	4,42	181	301	2,5	20	50[6])	6,25	125	313[7])
						2,9	23	58[6])	7,25	167	421[7])
3,8	46	76	4,94	227	375	3,1	25	62[6])	7,75	194	481[7])
4,2	51	84	5,46	278	459	4,0	32	80[6])	10,00	320	800[7])
						5,1	41	102[6])	12,75	523	1020[7]) [8])
4,6	55	92	5,98	329	550	6,0	48	120[6])	15,00	720	1200[7]) [8])
5,5	66	110	7,15	472	787	**Tragfähigkeitsklasse III**					
6,0	72	120	7,80	562	936	2,5	20	50[6])	8,00	160	400[7])
						2,9	23	58[6])	9,28	213	538[7])
7,0	84	140	9,10	764	1274	3,1	25	62[6])	9,92	248	615[7])
7,6	91	152	9,88	899	1502	4,0	32	80[6])	12,80	410	1024[7])
						5,1	41	102[6])	16,32	669	1306[7]) [8])
8,8	106	176	11,44	1213	2013	6,0	48	120[6])	19,20	922	1536[7]) [8])

[1]) s. auch Fußnoten [1]) bis [4]) der Tafel 63
[2]) Nagellängen s. Tafel 57
[3]) Nagellängen bzw. Länge des profilierten Schaftteiles l_g gemäß Einstufungsschein
[4]) min s_w: Mindesteinschlagtiefe; max s_w: maximal in Rechnung zu stellende Einschlagtiefe
[5]) Tragfähigkeitsklasse I: min $s_w = 12\,d_n$, Tragfähigkeitsklasse II, III: min $s_w = 8\,d_n$
[6]) jedoch höchstens $\leq l_g$; l_g als Länge des profilierten Schaftteiles gemäß Einstufungsschein
[7]) jedoch höchstens zul N_z für l_g
[8]) zul N_z für $l_g = 80$ mm

4.3.3   Kombinierte Nagelbeanspruchung

Bei gleichzeitiger Beanspruchung auf Abscheren und Herausziehen gilt Gl. (161).

$$\left(\frac{\text{vorh } N_1}{\text{zul } N_1}\right)^m + \left(\frac{\text{vorh } N_z}{\text{zul } N_z}\right)^m \leq 1 \quad (161)$$

N_1 Nagelbeanspruchung auf Abscheren nach Abschn. 4.3.1
N_z Nagelbeanspruchung auf Herausziehen nach Abschn. 4.3.2
m Potenzexponent nach Tafel 65

Tafel 65   Potenzexponenten m in Gl. (161)

1		runde Draht- und Maschinenstifte		Sondernägel mit Tragfähigkeitsklasse		
		allgemein	bei Koppelpfetten-anschlüssen	I	II	III
2	m	1	1,5	1	2	2

4.3.4 Nagelung von Stahlblechformteilen mit bauaufsichtlicher Zulassung oder Typenprüfung

Die in Abschn. 4.3.4 angeführten Stahlblechformteile dürfen nur zur Verbindung von Holzbauteilen aus Nadelvollholz mind. der Sortierklasse S 10 oder aus Brettschichtholz in Tragwerken mit vorwiegend ruhenden Lasten verwandt werden. Die Stahlblechformteile müssen den Korrosionsschutz nach DIN 1052-2, Tab. 1, besitzen.

4.3.4.1 Sparrenpfettenanker mit Typenprüfung

Tafel 66 Zul. Zugkräfte für 1 Paar *Bilo*-Standard-Sparrenpfettenanker mit einreihiger Nagelung im Lastfall H[1] [2] [3]

Höhe h (Typ) in mm	Bilokammnägel, Tragfähigkeitsklasse III	Nagelanzahl je Schenkel	zul F in kN für 1 Ankerpaar bei kleinerer Holzdicke b in cm				
			$b = 6$	7	8	9	10
170	$4,0 \times \geq 40$	3			3,6		
210	$4,0 \times \geq 40$	4	4,5			5,1	
250	$4,0 \times \geq 50$	5	—	6,1		6,7	

[1]) Stets paarweise nach Bild 30 anordnen (symmetrisch, möglichst über Eck).
[2]) Nur auf Zug beansprucht, Zusatzbeanspruchungen (Verdrehen, Biegung u. dgl. mehr) ausschließen.
[3]) Achsabstand $e \geq 50$ cm zum nächsten Ankerpaar.

Schnitt A A

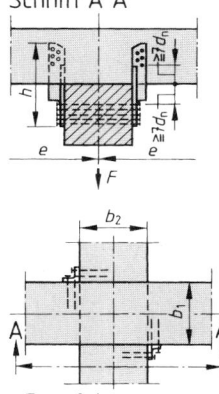

Draufsicht

Bild 30
Paarweise, diagonale Anordnung von *Bilo*-Sparrenpfettenankern

Tafel 67 Zul. Zugkräfte für 1 Paar *GH*-Sparrenpfettenanker RL (2-reihig) bei diagonaler Anordnung a/H $< 0,7$[1]) [2]) [3])

Ankertyp $\hat{=}$ Höhe h in mm	Nagelanzahl je Anker in Stück	Zulässige Zugkraft F_z in kN für 1 Ankerpaar			
		im Lastfall H		im Lastfall HZ	
		NH	BS-Holz	NH	BS-Holz
Holzbreite $B_{1,2} \geq 2 s = 38$ mm, Rillennägel $4,0 \times 40$ mm, mit reduzierten Holzbreiten					
170 RL	4 + 5	2,5	3,7	3,2	4,6
210 RL	6 + 7	3,3	5,5	4,2	6,9
250 RL	8 + 9	4,1	6,8	5,1	8,5
Holzbreite $B_{1,2} \geq 2 s = 48$ mm, Rillennägel $4,0 \times 50$ mm, mit reduzierten Holzbreiten					
170 RL	4 + 5	3,3	3,7	4,1	4,6
210 RL	6 + 7	4,3	5,8	5,4	7,3
250 RL	8 + 9	5,3	8,2	6,6	9,1

Fortsetzung und Fußnoten s. nächste Seite

10

Tafel 67, Fortsetzung

Ankertyp $\hat{=}$ Höhe h_s	Nagel-anzahl je Anker	Zulässige Zugkraft F_z in kN für 1 Ankerpaar			
		im Lastfall H		im Lastfall HZ	
in mm	in Stück	NH	BS-Holz	NH	BS-Holz
Holzbreite $B_{1,2} \geq 2 s = 76$ mm, Rillennägel 4,0 × 40 mm, mit empfohlenen Mindestholzbreiten					
170 RL	4 + 5	3,4	3,7	4,2	4,6
210 RL	6 + 7	4,6	5,8	5,8	7,3
250 RL	8 + 9	5,9	8,2	7,3	9,1
Holzbreite $B_{1,2} \geq 2 s = 96$ mm, Rillennägel 4,0 × 50 mm, mit empfohlenen Mindestholzbreiten					
170 RL	4 + 5	3,7	3,7	4,6	4,6
210 RL	6 + 7	5,8	5,8	7,3	7,3
250 RL	8 + 9	7,2	8,2	9,1	9,1

[1]) Stets paarweise in diagonaler Anordnung und symmetrisch nach Bild 30a anordnen.
[2]) Nur auf Zug beanspruchen, Zusatzbeanspruchungen (aus Verdrehen oder aus Seitenkräften) vermeiden.
[3]) $s \hat{=}$ Nageleinschlagtiefe.

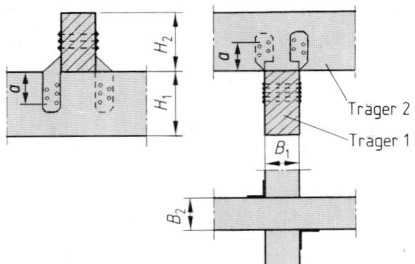

Bild 30a
Paarweise, diagonale Anordnung von *GH*-Sparrenpfettenankern RL

4.3.4.2 Balkenschuhe mit bauaufsichtlicher Zulassung (Vollausnagelung)

Tafel 68 Abmessungen und zul. Belastungen von Balkenschuhen nach Bild 31[1]) [2])

Abmessungen in mm			Nägel $d_n × l_n$	Nagel-anzahl		A_w	Form-faktor	zul. Belastung in kN		
								F_1[4]) in Rich-tung der Symme-trieachse	F_2[3]) [4]) rechtwink-lig zur Symme-trieachse	$F_{z\perp}$[5]) Quer-zug im Haupt-träger
$B × H$	A	H'	mm × mm	n_H	n_N	in cm^2	c[3])			
Bilo-Balkenschuhe mit Sondernägeln der Tragfähigkeitsklasse III (Vollausnagelung)										
(Auszug) (Zulassungsbescheid Z-9.1-80, Geltungsdauer bis 31.05.00)										
60 × 100	140	94	4,0 × 40	14	8	46,1		5,7	2,3 · H/H_N	1,84 · f[5])
80 × 120	160	113	4,0 × 50	20	10	68,1		7,2	2,9 · H/H_N	2,72 · f
100 × 140	180	132		24	12	80,6	0,4	8,6	3,4 · H/H_N	3,22 · f
120 × 160	208	152		26	14	93,1		10,0	4,0 × H/H_N	3,72 · f
140 × 180	228	172	4,0 × 60	30	16	102,7		11,4	4,6 · H/H_N	4,11 · f
180 × 200	264	190		36	18	117,1		12,9	5,1 · H/H_N	4,68 · f
100 × 320	184	310		60	30	78,7	—	21,5	—	3,15 · f

Fortsetzung und Fußnoten s. nächste Seite

Tafel 68, Fortsetzung

Abmessungen in mm			Nägel $d_n \times l_n$ in mm × mm	Nagelanzahl		A_w in cm²	Formfaktor $c^3)$	zul. Belastung in kN		
$B \times H$	A	H'		n_H	n_N			$F_1{}^4)$ in Richtung der Symmetrieachse	$F_2{}^3){}^4)$ rechtwinklig zur Symmetrieachse	$F_{z\perp}{}^5)$ Querzug im Hauptträger

BMF-Balkenschuhe mit Sondernägeln der Tragfähigkeitsklasse III (Vollausnagelung)
(Zulassungsbescheid Z-9.1-255, Geltungsdauer bis 31. 08. 00)

$B \times H$	A	H'	$d_n \times l_n$	n_H	n_N	A_w	$c^3)$	F_1	F_2	$F_{z\perp}$
60 × 100	135	92,5	16	8		45,6	0,4	5,7	$2,3 \cdot H/H_N$	$1,82 \cdot f^5)$
60 × 130	140	122,5				47,5	—		—	$1,90 \cdot f$
70 × 125	150	117,5		20	10	51,3		7,2		$2,05 \cdot f$
76 × 122	156	114,5	4,0 × 40			53,5	0,4		$2,9 \cdot H/H_N$	$2,14 \cdot f$
80 × 120	160	112,5				55,1				$2,20 \cdot f$
60 × 160	140	152,5		24	12	47,5				$1,90 \cdot f$
76 × 152	156	144,5				53,5	—	8,6	—	$2,14 \cdot f$
80 × 150	160	142,5	4,0 × 50			69,6				$2,78 \cdot f$
100 × 140	180	132,5				79,2	0,4		$3,4 \cdot H/H_N$	$3,17 \cdot f$
60 × 190	144	170,0	4,0 × 40	26	14	49,0	—		—	$1,96 \cdot f$
80 × 180	164	160,0				56,6		10,0	—	$2,26 \cdot f$
100 × 170	184	150,0	4,0 × 50			81,1	0,4		$4,0 \cdot H/H^N$	$3,24 \cdot f$
120 × 160	204	140,0				90,7				$3,63 \cdot f$
80 × 210	158	200	4,0 × 40	30	16	54,3	—		—	$2,17 \cdot f$
100 × 200	178	190				78,2		11,4		$3,13 \cdot f$
120 × 190	198	180	4,0 × 50			87,8	0,4		$4,6 \cdot H/H^N$	$3,51 \cdot f$
140 × 180	218	170				97,4				$3,90 \cdot f$

_GH_-Balkenschuhe Typ _GH 04_ mit Sondernägeln der Tragfähigkeitsklasse III$^6)$ (Vollausnagelung)
(Zulassungsbescheid Z-9.1-65, Geltungsdauer bis 31. 08. 00)

$B \times H$	A	H'	$d_n \times l_n$	n_H	n_N	A_w	$c^3)$	F_1	F_2	$F_{z\perp}$
80 × 100	158	92	4,0 × 50	14	8	66,7		5,7	$2,3 \cdot H/H_N$	$2,67 \cdot f$
80 × 140	158	132		22	12			8,6	$3,4 \cdot H/H_N$	
100 × 120	184	112	4,0×50 − 75	18	10	79,0		7,2	$2,9 \cdot H/H_N$	$3,16 \cdot f$
100 × 160	184	152		26	14		0,4	10,0	$4,0 \cdot H/H_N$	
120 × 140	204	132	4,0×50 − 75	22	12	88,4		8,6	$3,4 \cdot H/H_N$	$3,54 \cdot f$
120 × 180	204	172		30	16			11,4	$4,6 \cdot H/H_N$	
140 × 160	224	152		26	14	97,8		10,0	$4,0 \cdot H/H_N$	$3,91 \cdot f$

$^1)$ nur Nadelholz $\geq$ S 10 oder BS-Holz, s. auch Gl. (162) bis (165).

$^2)$ Korrosionsschutz nach DIN 1052-2, Tab. 1; Balkenschuhe aus nichtrostendem Stahl dürfen in chlorhaltiger und chlorwasserstoffhaltiger Atmosphäre nicht verwendet werden.

$^3)$ Balkenschuhe, für die ein c-Faktor oder keine zul. Belastung F_2 angegeben ist, dürfen rechtwinklig zu ihrer Systemachse nicht belastet werden.

$^4)$ bei gleichzeitiger Belastung in Richtung und rechtwinklig zu der Systemachse des Balkenschuhs ist ein Nachweis nach Gl. (164) zu führen.

$^5)$ Geometriefaktor f s. Gl. (166), Nachweis kann für $a/H_H \geq 0,7$ entfallen.

$^6)$ weitere _GH_-Balkenschuhe Typ _GH 05_ und Typ _GH 04_/Kombi s. Zulassungsbescheid.

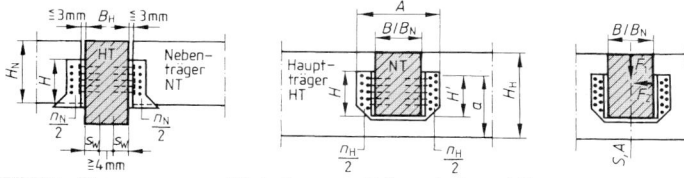

Bild 31   Abmessungen und Belastung von Balkenschuhanschlüssen

I0

789

Tafel 69 Breite und Höhe von Haupt- und Nebenträgern bei Balkenschuhanschlüssen

	Breite		Höhe
Hauptträger	$B_H \geq 2 \cdot s_w + 4$ mm $B_H \geq B_N$	bei zweiseitigem Anschluß bei einseitigem Anschluß	H_H: Mindestrand- abstand des obersten Nagels beachten
Nebenträger	$B_N = B$, mindestens: $B_N = B - 3$ mm beim Einbau		$H_N \geq H' + 20$ mm

Die zulässige Belastung eines Balkenschuhs kann nach Gl. (162) bis (165) berechnet oder auch Tafel 68 entnommen werden, s. auch Bild 31 und Tafel 69.

Bei Balkenschuhen dürfen nur Sondernägel der Tragfähigkeitsklassen III mit Einstufungsschein nach DIN 1052-2, 6.1, verwendet werden, für Balkenschuhe aus nichtrostendem Stahl nur Sondernägel aus nichtrostendem Stahl.

Beanspruchung in Richtung der Symmetrieachse:

$$\text{zul } F_1 = n_N \cdot \text{zul } N_1 \quad (162)$$

Beanspruchung rechtwinklig zur Symmetrieachse:

$$\text{zul } F_2 = c \cdot \text{zul } F_1 \cdot H/H_N \quad (163)$$

Bei gleichzeitiger Beanspruchung in Richtung der Symmetrieachse und rechtwinklig dazu:

$$\left(\frac{\text{vorh } F_1}{\text{zul } F_1}\right)^2 + \left(\frac{\text{vorh } F_2}{\text{zul } F_2}\right)^2 \leq 1 \quad (164)$$

Die Komponente der Auflagerkraft des Nebenträgers, die im Hauptträger Querzug erzeugt, darf zul $F_{z\perp}$ nicht überschreiten, wenn kein genauerer Nachweis geführt wird:

$$\text{zul } F_{z\perp} = 0,04 \cdot A_w \cdot f \quad \text{in kN} \quad (165)$$

Der Nachweis nach Gl. (165) darf für $a/H_H \geq 0,7$ entfallen.

$$f \cong 1/(1 - 0,93 \cdot a/H_H) \quad \text{nach } Gerold \quad (166)$$

mit (s. Tafel 68):

n_N	Anzahl der Nägel im Nebenträger	H_N	Nebenträgerhöhe
zul N_1	zul. Belastung eines Nagels $\perp$	c	Formfaktor
	zur Schaftrichtung nach Tafel 58	f	Geometriefaktor nach Gl. (166)
H	Höhe des Balkenschuhs	A_w	Wert aus Tafel 68
		s_w	Einschlagtiefe

Der Mindest-Achsabstand l der Balkenschuhe am Hauptträger beträgt $l \geq A + 100$ mm. Wird Gl. (165) maßgebend, beträgt $l \geq A + 200$ mm und am Trägerende $l \geq (A + 300$ mm$)/2$. A kann Tafel 68 entnommen werden.

Der Nebenträger muß vollflächig auf der Bodenplatte aufliegen. Der Balkenschuh darf nicht über Zwischenhölzer an den Hauptträger angeschlossen werden. Alle vorhandenen Nagellöcher sind mit den zugeordneten Nägeln nach Tafel 68 auszunageln. Die Kippsicherheit des Nebenträgers ist für $H_N > 1,5H$ nachzuweisen.

Die Balkenschuhe dürfen nur für Balkenschuhanschlüsse an verdrehungssteifen oder gegen Verdrehen ausreichend gesicherten Hauptträgern verwendet werden. Dazu kann wie folgt vorgegangen werden: 1. Die Torsionsbeanspruchung des Hauptträgers durch das Versatzmoment $M_V = F_N \cdot B_H/2$ ist bei einseitigem Nebenträgeranschluß zu berücksichtigen; dies gilt auch für beidseitige Anschlüsse, wenn sich die Auflagerkräfte gegenüberliegender Nebenträger $> 20\%$ unterscheiden. 2. Der Torsionsnachweis zu 1. kann entfallen, wenn konstruktive Maßnahmen ein Verdrehen der Konstruktion verhindern; dabei müssen die Kräfte aus dem Versatzmoment durch eine Aussteifungskonstruktion aufgenommen und abgeleitet werden können.

Beispiel **Anschluß von zwei gegenüberliegenden Nebenträgern an einen Hauptträger mit Balkenschuhen**

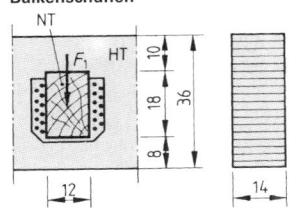

Auflagerkraft je Nebenträger:
vorh $F_1 = 8,0$ kN, LFH
Hauptträger: 14/36 cm, BS 14
Nebenträger: 12/18 cm, NH S10
gewählt:
   Bilo-Balkenschuh 120×160,
   Kamm-Nägel $4,0 \times 60$
$a = H' + 8$ cm $= 15,2 + 8 = 23,2$ cm
(s. Tafel 68)
$a/H_H = 23,2/36 = 0,64 < 0,7$
$f = 1/(1 - 0,93 \cdot 0,64) = 2,47$
zul $F_{z\perp} = 0,04 \cdot 93,1 \cdot 2,47 =$
        $= 3,72 \cdot 2,47 = 9,2$ kN (maßgebend)
zul $F_1 = 14 \cdot 0,715 = 10,0$ kN
$\dfrac{8,0}{9,2} = 0,87 < 1$

$B_H = 14$ cm $\geq 2 \cdot 6,0 + 0,4 = 12,4$ cm
$H_N = 18$ cm $\geq 15,2 + 2,0 = 17,2$ cm
$H_N = 18$ cm $< 1,5 \cdot 16,0 = 24$ cm

4.3.4.3 Balkenanschluß mit bauaufsichtlicher Zulassung

GH-Integralverbinder sind nach Bild 31a anzuordnen, weitere Festlegungen und die zulässigen Belastungen können Tafel 70 entnommen werden. Sie dienen der Verbindung von Haupt- und Nebenträger oder von Stütze und Nebenträger aus Voll- und Brettschichtholz. Am Nebenträgeranschluß gilt für $H_N \geq 135$ mm Gl. (167). Beim Anschluß an Hauptträger ist zusätzlich Gl. (168) für die im Hauptträger Querzug erzeugende Komponente $F_{z\perp}$ der Anschlußkraft einzuhalten. Für $a_H/H_H \geq 0,7$ darf dieser Nachweis entfallen.

$$\frac{a_N}{H_N} \geq 0,7 \quad (167)$$

$$\text{zul} F_{z\perp} = \left[6,5 + 18 \left(\frac{a_H}{H_H} \right)^2 \right] \cdot (t_{ef} \cdot H_H)^{0,8}$$

$$\cdot \left(1 + \frac{H^*}{H_H - a_H} \right) \cdot \text{zul } \sigma_{z\perp} \quad (168)$$

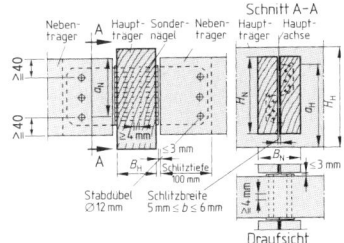

Bild 31a Anordnung und Bezeichnungen bei *GH*-Integralverbindern; am Beispiel des Typ *I*

H_H Höhe des Hauptträgers
H_N Höhe des Nebenträgers
a_H Abstand des obersten Nagels von der Trägerunterkante im Hauptträger
a_N Abstand des untersten Stabdübels von der Trägeroberkante im Nebenträger
t_{ef} Einschlagtiefe der Nägel bzw. Einschraubtiefe der Schrauben im Hauptträger in mm, anrechenbar: ≤ 48 mm
H^* Abstand zwischen oberer und unterer Nagelreihe im Hauptträger nach Tafel 70
zul $\sigma_{z\perp}$ zul. Zugspannung $\perp$ zur Faser im Hauptträger nach Tafel 1,2

GH-Integralverbinder dürfen nur für Anschlüsse an verdrehungssteife oder gegen Verdrehen ausreichend gesicherte Hauptträger verwendet werden. Die Integralverbinder dürfen nur in Richtung der Hauptachse nach Bild 31a belastet werden.
Beim einseitigen Anschluß von Integralverbindern muß das Versatzmoment $M_V = F_N \cdot B_H/2$, das den Hauptträger auf Torsion beansprucht, bei der Bemessung des Hauptträgers berücksichtigt werden. Es kann auch durch geeignete konstruktive Maßnahmen z. B. Aussteifungskonstruktionen, aufgenommen werden. Das Versatzmoment ist bei zweiseitigen Anschlüssen zu berücksichtigen, bei denen sich

10

die Auflagerkräfte F_N einander gegenüberliegender Nebenträger um $> 20\%$ unterscheiden.

Korrosionsschutz der *GH*-Integralverbinder nach DIN 1052-2, Tafel 1. Integralverbinder aus nichtrostendem Stahl dürfen in chlorhaltiger und chlorwasserhaltiger Atmosphäre, wie z. B. über gechlortem Wasser in Schwimmhallen, nicht verwendet werden.

Tafel 70 *GH*-**Integralverbinder zur Verbindung von Nadelvollholz, mind. S10, und Brettschichtholz; Abmessungen und zulässige Belastungen in Richtung der Hauptachse im Lastfall** *H*, $a_H/H_H \geq 0{,}7$; Zulassungsbescheid Z-9.1-263 (gültig bis 01. 02. 03)

GH-Integralverbinder			Sondernägel im Hauptträger[2]) [3])		Stabdübel Ø 12 mm[6]) im Nebenträger	Nebenträger		zul. Belastung	
Typ	H	H*	Größe $d_n \times l_n$[4])	Anzahl[5])	Anzahl[7]) [8])	Höhe H_N[1])	Breite B_N[1])	Nebenträger Hauptträger zul F_N	Nebenträger Stütze zul F_N
	in mm		in mm × mm	in Stück	in Stück	in mm	in mm	in kN	in kN
0[9])	84	70		8	2	≥ 120	60	3,3	2,3
							80	3,3	2,4
							≥ 120	3,3	2,4
I	124	110		12	3	≥ 160	60	5,3	4,6
			$4{,}0 \times l_n$				80	5,7	4,9
			$l_n \geq 50$ mm				≥ 120	7,4	5,7
I	164	150		16	4	≥ 200	60	8,4	5,7
							80	9,0	5,7
							≥ 120	11,4	5,7
III	204	190		20	5	≥ 240	60	12,0	8,6
							80	12,8	8,6
			$4{,}0 \times l_n$				120	12,8	8,6
IV	244	230	$l_n \geq 60$ mm	24	6	≥ 280	60	15,4	8,6
							80	17,1	8,6
							≥ 120	17,1	8,6

[1]) Die Breite B_N des Nebenträgers muß mindestens 60 mm betragen, Nebenträgerhöhe $H_N \geq 120$ mm.
[2]) Die Breite B_H des Hauptträgers muß mindestens sein:
— bei beidseitiger Anordnung von Integralverbindern: $B_H \geq 2 \cdot s + 4$ mm
— bei einseitiger Anordnung von Integralverbindern: $B_H \geq B_N$
[3]) Die Höhe H_H des Hauptträgers ist unter Berücksichtigung der Mindestrandabstände der Nägel festzulegen.
[4]) Nur Sondernägel der Tragfähigkeitsklasse III mit Eignungsnachweis „Nagelverbindungen mit Stahlblechen und Stahlteilen", auch für entsprechende *GH*-Schrauben mit Zulassung Nr. Z-9.1-375.
[5]) Alle vorhandenen Nagellöcher am Hauptträger sind auszunageln, an Stützen nur die gekennzeichneten.
[6]) Bohrlochdurchmesser im Nebenträger mit Nenndurchmesser der Stahldübel von 12 mm.
[7]) Im Nebenträger sind ebensoviele Stabdübel anzuordnen wie Stabdübellöcher im Integralverbinder vorhanden sind.
[8]) Der Nebenträger ist am Stirnende mittig mit einem Schlitz, Tiefe: $l = 100$ mm, Breite b: 5 mm $\leq b \leq 6$ mm zu versehen, in den der Integralverbinder eingelassen wird, s. Bild 31a.
[9]) Für kleinere Nebenträgerhöhen beim Typ 0 ist der obere und untere Mindestrandabstand der Stabdübel von je 40 mm nach Bild 31a einzuhalten.

4.4 Holzschraubenverbindungen

Holzschraubenverbindungen mit Holzschrauben nach DIN 96, DIN 97 und DIN 571 werden i. allg. einschnittig ausgeführt. Nach [2] können auch Halbrund-Holzschrauben mit Kreuzschlitz nach DIN 7996 und Senk-Holzschrauben mit Kreuzschlitz nach

DIN 7997 mit $d_s = 4\,mm$, $5\,mm$ und $6\,mm$ als tragende Schraubenverbindungen verwendet werden. Die zu verbindenden Teile sind vorzubohren. Holzschrauben sind stets von der Hand oder maschinell einzudrehen; in das Holz eingeschlagene Holzschrauben dürfen nicht als tragend in Rechung gestellt werden. Über zul. Erhöhungen und erf. Ermäßigungen s. Tafel 51.

Beanspruchung rechtwinklig zur Schraubenachse (Abscheren). Die zulässige Belastung im Lastfall H ist für Nadel- und Laubholz nach Tafel 1, 2 sowie für Bau-Furniersperrholz nach DIN 68705-3,5 aus Gl. (169) für Kraftangriff in Faserrichtung zu errechnen, beim Aufschrauben von Stahlteilen auf Holz gilt Gl. (170).

$$\text{zul } N = 4 \cdot a_1 \cdot d_s \leq 17\, d_s^2 \text{ in N} \qquad (169)$$

a_1 Holz- bzw. Bau-Furniersperrholzdicke in mm des anzuschließenden Teiles

$$\text{zul } N = 1{,}25 \cdot 17 \cdot d_s^2 \text{ in N} \qquad (170)$$

d_s Nenndurchmesser in mm

Für Holzschrauben $d_s < 10\,mm$ gilt zul N auch für Kraftangriff $\perp$ oder schräg zur Faserrichtung, für $d_s \geq 10\,mm$ ist zul N nach Gl. (157) abzumindern.

Gl. (169) gilt auch, wenn Flachpreßplatten und mittelharte Holzfaserplatten von $a \geq 6\,mm$ sowie harte Holzfaserplatten von $a \geq 4\,mm$ auf Holz aufgeschraubt werden. Dabei muß die Länge des glatten Schaftes $\geq a$ der Platten sein. Über weitere Festlegungen s. Tafel 71.

Tafel 71   Nenndurchmesser, Scherflächen, Abstände, Vorbohren, Einschraubtiefen von Holzschrauben in Nadel-/Laubholz und Bau-Furniersperrholzplatten
nach DIN 1052-2, 9

Nenndurchmesser			$d_s \geq 4\,mm$
Mindestanzahl der Scherflächen [1])	für $d_s < 10\,mm$		4
	für $d_s \geq 10\,mm$		2
Schraubenabstände	minimal		wie bei vorgebohrten Nägeln
	maximal [2])	in Faserrichtung des Holzes, Holzwerkstoffplatten	$40\,d_s$
		senkrecht zur Faserrichtung	$20\,d_s$
Vorbohren der zu verbindenden Teile	glatter Schaft		d_s
	Gewindeteil		$0{,}7\,d_s$
zulässige Beanspruchung in Abhängigkeit von Einschraubtiefe ($s_w =$ tatsächliche Tiefe)		$s \geq 8\,d_s$	zul N
		$4\,d_s \leq s_w < 8\,d_s$	zul $N \cdot s_w/8\,d_s$
		$s < 4\,d_s$	0

[1]) Gilt nicht für die Befestigung von Einzeltragteilen, von denen mind. vier zum Anschluß eines Bauteils zusammenwirken (z. B. Kreuzungspunkt v. Lattenrosten, Abhänger für untergehängte Decken).
[2]) gilt auch für Heftschrauben

Beanspruchung in Richtung der Schraubenachse (Herausziehen). Die zulässige Belastung im Lastfall H ist bei Vorbohrung für trockenes Holz ($u < 20\%$) unabhängig von der Holzfeuchte beim Einschrauben aus Gl. (171) zu errechnen.

$$\text{zul } N_z = 3 \cdot s_g \cdot d_s \text{ in N} \qquad (171)$$

s_g Einschraubtiefe in mm des Gewindeteiles im Holz mit der Dicke a_2 (s. Bild 32), Einschraubtiefen nur $4\,d_s \leq s_g \leq 12\,d_s$ in Rechnung stellen.

Beträgt die Holzwerkstoffplatten-Dicke $a_1 < 12\,mm$ beim Anschluß an Holz, so ist wegen der Kopfdurchziehgefahr zul $N_z \leq 150\,N$ zu setzen.

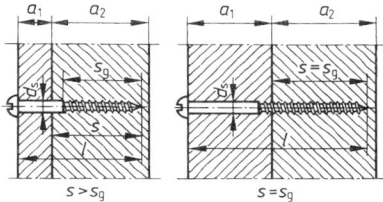

Bild 32   Holzdicken und Einschraubtiefen bei Holzschrauben

Kombinierte Holzschraubenbeanspruchung. Bei gleichzeitiger Beanspruchung auf Abscheren und Herausziehen gilt Gl. (161) mit $m = 2$.

4.5 Dübelverbindungen

Als Dübel werden folgende Verbindungsmittel bezeichnet:
— rechteckige Dübel nach Abschnitt 4.5.1,
— Dübel besonderer Bauart nach Abschnitt 4.5.2.

(Stabdübelverbindungen werden in Abschnitt 4.2 geregelt.)
Die Anwendung von Dübeln kann Tafel 72 entnommen werden. Über zul. Erhöhungen und erf. Ermäßigungen s. Tafel 51.

Alle Dübelverbindungen müssen durch nachspannbare Schraubenbolzen aus Stahl zusammengehalten werden, jeder einzelne Dübel ist durch einen Bolzen zu sichern. Bei Dübel-$\varnothing$ bzw. -seitenlängen von mindestens 130 mm sind an den Enden der Außenhölzer oder -laschen zusätzliche Klemmbolzen (Schraubenbolzen) anzuordnen, wenn $n \geq 2$ Dübel in Kraftrichtung hintereinander liegen, s. Bild 33.

Alle Bolzen sind so anzuziehen, daß die notwendigen Unterlegscheiben geringfügig (etwa 1 mm) in das Holz eingedrückt werden. Bei bestimmten Dübeln bes. Bauart dürfen die Bolzen auch durch Holzschrauben oder Sondernägel ersetzt werden (s. Abschn. 4.5.2).

Tafel 72 Anwendungsbereiche von Dübeln für Verbindungen von Nadel- und Brettschichtholz, mind. der Sortierklasse S10/MS10, sowie von Laubholz (nach Tafel 1, 2)

rechteckige Dübel	Dübel besonderer Bauart, Dübeltyp A–E nach Tafel 77		Nadelholz (NH), Laubholz (LH), Brettschichtholz (BSH)				
Einlaßdübel aus Hartholz oder Stahl		A Einlaß-dübel System *Appel*	B Einlaß-dübel aus Eichenholz System *Kübler*	C Einpreß-dübel System *Bilo Bulldog*	D Einpreß-dübel System *Bilo Geka*	E Einlaß-Einpreß-dübel, System *Siemens Bauunion*
Verbindungen von						
NH, BSH		NH, BSH	NH, BSH	NH, BSH	NH, BSH	NH, BSH
LH	zwei-seitig[1])	LH	LH	—	—	—
—		in Hirnholz von BSH	—	—	—	—
Stahlteilen[3]) mit NH, BSH, LH	ein-seitig[2])	Stahlteilen mit NH, BSH, LH	—	Stahlteilen mit NH, BSH[4])	Stahlteilen mit NH, BSH[4])	Stahlteilen mit NH, BSH

[1]) Dübel bes. Bauart: zweiseitige Verbinder zur Verbindung Holz/Holz.
[2]) Dübel bes. Bauart: einseitige Verbinder zur Verbindung Holz/Stahl.
[3]) Nur bei Flachstahldübel, s. Abschnitt 4.5.1.
[4]) einseitige Dübel Typ C und D auch zur Verbindung Holz/Holz

4.5.1 Rechteckige Dübel

Rechteckige Dübel nach Bild 34 können aus trockenem Hartholz oder aus Stahl hergestellt werden. Faserrichtung hölzerner Dübel ist parallel zu den Fasern der zu verbindenden Hölzer anzuordnen. In Anschlüssen oder Stößen dürfen höchstens vier Rechteckdübel hintereinander in Rechnung gestellt werden. Die zul. Belastung ist rechnerisch zu ermitteln. Dazu kann die zul. Leibungsspannung im Holz Tafel 73, die zul. Scherspannungen in den Holzdübeln und im Holz Tafel 1, 2, Zeile 6, entnommen werden.

Die Bolzen (s. Bild 34) werden zur Aufnahme des Kippmomentes benötigt, sie sind beidseitig mit Unterlegscheiben aus Stahl nach Tafel 74 einzubauen.

Tafel 73 Zul. Leibungsspannungen in MN/m² ‖ zur Faser im Lastfall H nach DIN 1052-2, Tab. 2

Verhältnis l_d/t_d (Bild 34)	Anzahl der in Kraftrichtung hintereinanderliegenden Dübel			
	1 und 2 sowie in verdübelten Balken		3 und 4	
	Nadel-hölzer[1])	Laub-hölzer[1])	Nadel-hölzer[1])	Laub-hölzer[1])
$\geqq 5$	8,5	10,0	7,5	9,0
$3 \leqq l_d/t_d < 5$	4,0	5,0	3,5	4,5

[1]) Hölzer nach Tafel 1, 2

Tafel 74 Scheibenmaße für Dübel- und tragende Bolzenverbindungen in mm nach DIN 1052-2, Tab. 3

Bolzen-$\varnothing$	M 12	M 16	M 20	M 24
Scheibendicke	6		8	
Scheibenaußen-$\varnothing$	58	68	80	105
Seitenlänge bei quadrat. Scheibe	50	60	70	95

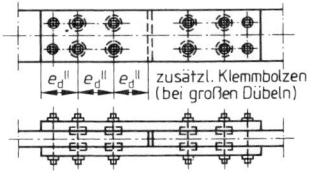

Bild 33 Bolzenanordnung bei Dübelverbindungen nach DIN 1052-2, Bild 1

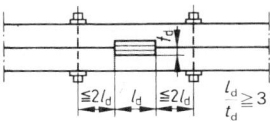

Bild 34 Anordnung eines rechteckigen Holzdübels nach DIN 1052-2, Bild 2

Flachstahldübel, die auf durchgehende Stahlbleche oder -profile geschweißt (nur Flankenkehlnähte zulässig) oder aus dem vollen Material herausgearbeitet sind (z. B. Stützenverankerungen), können auch bei $l_d/t_d < 5$ mit den Werten der Tafel 73 Zeile 1 berechnet werden, wenn durch ausreichende Laschendicke (Flachstahl $\geqq$ 10 mm oder U-Profil) und ausreichende Sicherungen durch Bolzen ein Kippen der Dübel verhindert wird. Dabei sind bei einer Dübelbreite von mehr als 18 cm die Bolzen zweireihig anzuordnen.

4.5.2 Dübel besonderer Bauart

Zulässige Belastungen

Die zulässige Belastung im Lastfall H kann für $n \leqq 2$ in Kraftrichtung hintereinanderliegende Dübel je nach Neigung Kraft zur Faserrichtung Tafel 77 entnommen werden. Liegen in Stößen und Anschlüssen mehr als zwei Dübel in Kraftrichtung hintereinander, so ist die wirksame Anzahl ef n nach Gl. (172) zu ermitteln, sie kann auch Tafel 75 entnommen werden. $n > 10$ Dübel hintereinander dürfen nicht in Rechnung gestellt werden.

$$\text{ef } n = 2 + \left(1 - \frac{n}{20}\right) \cdot (n - 2) \quad (172)$$

n Anzahl der hintereinanderliegenden Dübel $2 < n \leqq 10$

Tafel 75 Wirksame Anzahl ef n von in Kraftrichtung hintereinanderliegenden Dübeln ($n > 2$) nach Gl. (172)

Anzahl n der hintereinander-liegenden Dübel	3	4	5	6	7	8	9	10
Wirksame Dübelanzahl ef n	2,85	3,6	4,25	4,8	5,25	5,6	5,85	6,0

Dübelabstände und Vorholzlängen. Mindestdübelabstände und -vorholzlängen sind Tafel 76 zu entnehmen.

Der Dübelendabstand in Faserrichtung (Vorholzlänge) darf $0,5 \cdot e_d\|$ herabgesetzt werden, wenn der Rand unbeansprucht ist.

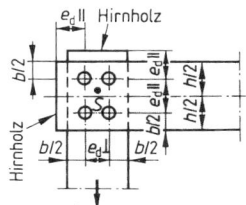

Bild 35 Mindestdübelabstände bei Queranschlüssen nach DIN 1052-2, Bild 10

Tafel 76 Mindestabstände der Dübel nach DIN 1052-2, Tab. 8 und Bild 9

Anordnung der Dübel	nicht gegeneinander versetzt	gegeneinander versetzt[1]
d_d, h_d, $e_d \parallel$, $e_d \perp$, b sind Werte aus Tafel 77		

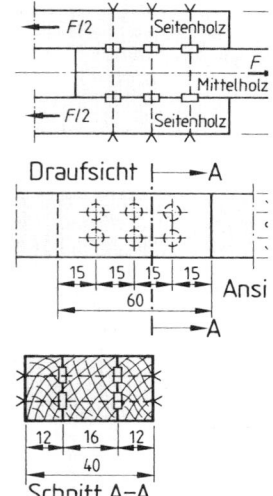

Einschnittiefe t_d des Dübels		
Dübel-Typ	**zwei-seitige**	**ein-seitige Dübel**
A		$h_d/2$
B	$\cong h_d/2$	–
C		$\cong h_d$
D		
E		$h_d/2$

Mindestabstand				
$e_d \perp$ zwischen benachbarten Dübelreihen	$d_d + t_d$	$d_d + t_d$	d_d	$0,5\,(d_d + t_d)$
$e_d \parallel$ und $e_{d1} \parallel$ parallel zur Faserrichtung	$e_d \parallel$	$e_d \parallel$	$1,1\,e_d \parallel$	$1,8\,e_d \parallel$
von der Holzkante	$b/2$			

[1]) Zwischenwerte geradlinig einschalten

Beispiel Dübelverbindung eines Zugstoßes mit Ringkeildübel Typ A

Draufsicht ⊢──A

Ansi

⊢──A

Schnitt A–A

Querschnittsschwächungen in cm²

	Mittelholz 1 × 16/20 cm	Seitenholz 1 × 12/20 cm
A	$16 \cdot 20 = 320$	$12 \cdot 20 = 240$
ΔA	$4 \cdot 7,8 = 31,2$	$2 \cdot 7,8 = 15,6$
Bolzen	$2 \cdot 16 \cdot (1,2 + 0,1) = 41,6$	$2 \cdot 12 \cdot (1,2 + 0,1) = 31,2$
A_n	$320\text{-}31,2\text{-}41,6 = 247,2$	$240\text{-}15,6\text{-}31,2 = 193,2$

2 Seitenhölzer 2 × 12/20 cm
1 Mittelholz   1 × 16/20 cm
2 × 6 = 12 Dübel Typ A, ⌀ 65,
  mit 6 Bolzen M 12,
  U.S., 58/6

Kanzhölzer, Nadelholz S 10

Belastung: $F = 120$ kN, LFH

Gewählt: 2 × 6 = 12 Dübel Typ A,
      ⌀ 65, zweiseitig,
      $\Delta A = 7,8$ cm²,

Mindestabstände: (s. Tafel 76, 77)
$e_d \parallel = 14$ cm < 15 cm
$e_d \perp = 6,5 + 3,0/2 = 8$ cm ≤ 8 cm
$b/2 = 10/2$ $= 5$ cm $<$ 6 cm
$b/a = 10/4$ cm $<$ 20/12 cm für Seitenholz
  $= 10/6$ cm $<$ 20/16 cm für Mittelholz (beidseitige Dübelanordnung)

Winkel α Kraft-Faserrichtung: $\alpha = 0°$

Dübelmessung:
zul N eines Dübels:
zul $N_1 = 11,5$ kN

wirksame Anzahl ef n
für 3 Dübel hintereinander:
ef $n = 2 + (1 - \frac{3}{20}) \cdot (3 - 2) = 2,85$
zul N aller 12 Dübel:
zul $N_{12} = 4 \cdot 2,85 \cdot 11,5 = 131,1$ kN
$120/131,1 = 0,92 < 1$

Spannungsnachweise der Hölzer
nicht dargestellt.

Tafel 77 Dübel bes. Bauart, Mindestanforderungen und zul. Belastungen eines Dübels im Lastfall H bei $n \leqq 2$ in Kraftrichtung hintereinanderliegenden Dübeln nach DIN 1052-2, Tab. 4, 6 und 7[1])

1	2	3	4	5	6	7	8	9	10	11	12	13	14	15
	Abmessungen der				Verbolzung			Mindestabmessungen der Hölzer bei einer Dübelreihe und Neigung der Kraft- zur Faserrichtung (bei beidseitiger Dübelanordnung Mindestholzdicke $d_d < 80$ mm, $a \geqq 8$ cm für Dübel mit $d_d \geqq 80$ mm)		Mindestdübel-abstand u. -vorholzlänge bei einer Dübelreihe e_d	Mindestabstand zweier benachbarter Dübelreihen $e_{d\perp}$[2])	zul. Belastung eines Dübels im Lastfall H bei Neigung der Kraft- zur Faserrichtung		
Dübelform System	Seitenlänge bzw. Außen-⌀ d_d	Höhe h_d	Dicke s	Dübel-Fehlfläche ΔA	Sechskant-schrauben nach DIN 601 Bl. 1 d_b	runde Scheiben Durchmesser/ Dicke	Vierkantscheiben Seitenlänge/ Dicke	0 bis 30° b/a	>30 bis 90° b/a			Anzahl der in der Kraftrichtung hintereinander liegenden Dübel		
												0 bis 30° (1 od. 2)	>30 bis 60° (1 od. 2)	>60 bis 90° (1 od. 2)
	in mm	in mm		cm²		in mm		in cm		in cm	in cm	in kN		
Einlaßdübel Typ A, Ringkeildübel *Appel* — ein- und zweiseitig	65	30	5	7,8	M12	58/6	50/6	10/4	11/4	14	8,0	11,5	10,0	9,0
	80		6	10,1				11/5	13/5	18	9,5	14,0	12,5	11,0
	95		8	12,3	M16	68/6	60/6	12/6	15/6	22	11,0	17,0	14,5	12,5
	126	45	10	17,0				16/6	20/6	25	14,1	20,0	17,0	14,0
	128			25,9				20/10	24/10	30	15,0	28,0	23,5	19,0
	160			32,2				23/10	28/10	34	18,2	34,0	27,5	21,5
	190			39,9						43	21,2	48,0	38,5	29,0
Rundholzdübel Typ B, *Kübler* — zweiseitig	66	32		8,2	M12	58/6	50/6	10/4 od. 9/6	10/4 od. 9/6	13	8,2	11,0	9,5	9,0
	100	40		16,8				13/6	16/6	20	12,0	18,0	15,5	13,5
Einpreßdübel Typ C, *Bilo*, *Bulldog* — zweiseitig	48	12,5	1,00	0,9	M12	58/6	50/6	10/4	10/4	12	5,4	5,0	4,5	4,5
	62	16	1,20	2,0				10/5	11/4		7,0	7,0	6,5	6,0
	75	19,5	1,25	2,6	M16	68/6	60/6	10/5	12/5	14	8,4	9,0	8,5	8,0
	95	24	1,35	4,7	M20	80/8	70/8	15/8	14/5	17	10,6	12,0	11,0	10,5
	117[4])	29,5	1,50	6,9	M24	105/8	95/8	17/8	18/8	20	13,2	16,0	15,0	14,0
	165[4])	31	1,65	8,7	M24	105/8	95/8	17/8	20/10	23	15,5	22,0	20,0	18,5
		32	1,80	11,0				19/8	23/10		18,0	30,0	27,0	24,0
rund — ein-seitig, zwei-seitig	48	6,6	1,00	0,9	M12	58/6	50/6	10/4 od. 8/6	10/4	12	5,4	5,0	4,5	4,5
	62	8,7	1,20	2,0				10/4 od. 9/6	11/4		7,0	7,0	6,5	6,0
	75	10,3	1,25	2,6	M16	68/6	60/6	10/5	12/5	14	8,4	9,0	8,5	8,0
	95	12,8	1,35	4,7	M20	80/8	70/8	12/5	14/5	17	10,6	12,0	11,0	10,5
	117	16,0	1,50	6,9	M24	105/8	95/8	15/8	18/8	20	13,2	16,0	15,0	14,0
	140[3])			8,7	M24	105/8	95/8	17/8	20/10	23	15,5	22,0	20,0	18,5
	165[3])			11,0				19/8	23/10		18,0	30,0	27,0	24,0
quadratisch — zwei-seitig	100/100	16	1,35	2,7	M20	80/8	70/8	13/6	16/6	17	10,8	17,0	15,5	14,5
	130/130	20	1,50	4,5	M24	105/8	95/8	16/6	19/8	23	14,0	23,0	21,0	19,0
Einpreßdübel Typ D, *Bilo*, *Geka* — zwei-seitig	50	27	3	2,8	M12	58/6	50/6	10/4 od. 8/6	10/4 od. 9/6	12	6,2	8,0	7,5	7,0
	65			3,6	M16	68/6	60/6	10/4 od. 9/6	10/4 od. 10/6	14	7,7	11,5	11,0	10,0
	85			4,6	M20	80/8	70/8	11/5	13/5	17	9,7	13,0	16,0	14,5
	95			5,6	M24	105/8	95/8	12/6	14/6	20	10,7	17,0	19,5	17,5
	115			7,0	M24	105/8	95/8	14/6	17/6	23	12,7	27,0	24,5	21,5
— ein-seitig	50	15	3	3,4	M12	58/6	50/6	10/4 od. 8/6	10/4 od. 9/6	12	6,2	8,0	7,5	7,0
	65			4,5	M16	68/6	60/6	10/4 od. 9/6	10/4 od. 10/6	14	7,7	11,5	11,0	10,0
	85			5,5	M20	80/8	70/8	11/5	13/5	17	9,7	17,0	16,0	14,5
	95			6,9	M24	105/8	95/8	12/6	14/6	20	10,7	21,0	19,5	17,5
	115			8,6	M24	105/8	95/8	14/6	17/6	23	12,7	27,0	24,5	21,5
Einlaß-Einpreß-dübel, Typ E, *Siemens*, *Bauunion* — zwei-seitig	55	30	3,5	3,9	M12	58/6	50/6	11/5	12/5	12	6,7	9,5	9,5	9,0
	80	37	5	7,9				11/5	12/5	15	9,4	15,0	13,5	12,0
— ein-seitig	55	15	3,5	3,9	M12	58/6	50/6	10/4 od. 8/6 11/5	10/4 od. 9/6 12/5	12	6,7	10,0	9,5	9,0
	80	18,5	5	7,9				11/5	12/5	15	9,4	15,0	13,5	12,0

[1]) Weiteres s. DIN 1052-2.   [2]) $e_{d\perp} = d_d + t_d$, andere e_d s. Tafel 76   [3]) wird nicht hergestellt;   [3]) *Bulld./Bilo*,   [4]) *Bilo*

10

Bei **Queranschlüssen** nach Bild 35 gelten auch die Mindestdübelabstände $e_d \perp$ nach Tafel 76. Hierbei ist erforderlichenfalls ein **Querzugnachweis** nach Abschn. 4.8 in dem Stab zu führen, der rechtwinklig zur Faserrichtung beansprucht wird. Auf diesen Nachweis kann verzichtet werden, wenn die Höhe des querbeanspruchten Holzes $h \leq 300$ mm ist und der Anschlußschwerpunkt S in der Stabachse oder darüber liegt.

Querschnittsschwächungen durch Dübel sind in Tafel 77 als Dübelfehlflächen ΔA angegeben, sie sind zusätzlich zur gesamten Schwächung durch Bohrlöcher für die Verbolzung bzw. Sechskant-Holzschrauben (oder Schraubnägel) zu berücksichtigen.

Bei zweiseitigen Einlaßdübeln Typ A (Appel) mit $d_d \leq 95$ mm und zweiseitigen, runden Einpreßdübeln Typ C (Bulldog) mit $d_d \leq 95$ mm dürfen die Bolzen M 12 und M 16 durch eine Sechskantholzschraube nach DIN 571 gleichen $\varnothing$ mit einer Einschraubtiefe in das BS-Holz von $s \geq 120$ mm ersetzt werden, wenn Vollholz oder BS-Holz an BS-Holz angeschlossen wird, s. Bild 36. Die Bolzen dürfen auch durch eine gleichwertige Sondernägelverbindung ersetzt werden.

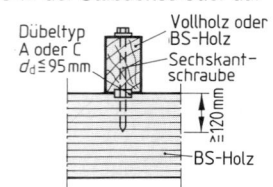

Bild 36 Sechskantschraube anstelle Bolzen bei bestimmten Dübeln Typ A und C für Anschluß von Voll- und BS-Holz an BS-Holz

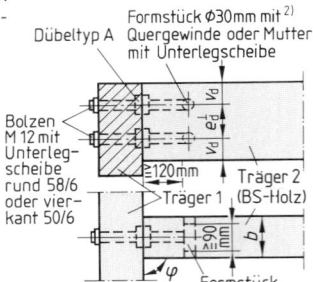

Bild 37 Hirnholzanschluß bei Brettschichtholz (BS-Holz) nach DIN 1052-2, Bild 5

[1] s. auch Tafel 77
[2] oder auch Rundstahl $\varnothing$ 24 bis 40 mm, $l \geq 90$ mm

Tafel 78 Zul. Belastung und Mindestabstände für Einlaßdübel Dübeltyp A[1]) in rechtwinklig oder schräg ($\varphi \geq 45°$) zur Faserrichtung liegenden Hirnholzflächen von Brettschichtholz im Lastfall H nach DIN 1052-2, Tab. 5

Außen-$\varnothing$	Mindest-breite des Trägers 2 nach Bild 37	Min-dest-rand-abstand	zul. Belastung eines Dübels bei	
			1 oder 2 Dü. hintereinander	3, 4 oder 5 Dü. hintereinander
d_d	b	v_d		
in mm	in cm	in cm	in kN	in kN
65	11	5,5	6,0	7,2
80	13	6,5	7,3	8,7
95	15	7,5	8,5	10,2
126	20	10,0	11,4	13,7

Tafel 79 Rechenwerte für Verschiebungsmodul C in N/mm sowie für die Verschiebungen v in mm bei zul N von Verbindungsmitteln in Anschlüssen und Stößen nach DIN 1052-2, Tab. 13

Verbindungs-mittel		Art der Verbindung		Verschie-bungs-modul C[1]) in N/mm	Verschie-bung v bei zul N in mm
1	Einlaß- und Ein-preßdübel	Dübelverbindungen	–	$1,0 \cdot$ zul N	1,0
2	Stabdübel und Paß-bolzen	Verbindungen in Nadelholz, auch mit Bau-Furniersperr-holz und Flachpreßplatten	–	$1,2 \cdot$ zul N	0,80
3		Verbindungen in Laubholz	–	$1,5 \cdot$ zul N	0,67
4		Verbindungen von Brett-schichtholz mit Stahlteilen	Löcher im Stahl-teil vorgebohrt	$0,70 \cdot$ zul N	1,4

Fortsetzung und Fußnoten s. nächste Seite

Tafel 79, Fortsetzung

Verbindungs-mittel		Art der Verbindung		Verschie-bungs-modul C [1]) in N/mm	Verschie-bung v bei zul N in mm
5		Einschnittige Verbindungen in Nadelholz	Nagellöcher nicht vorgebohrt [2])	$5{,}0 \cdot \dfrac{\text{zul}\,N}{d_n}$	$0{,}20 \cdot d_n$
6			Nagellöcher vorgebohrt	$10 \cdot \dfrac{\text{zul}\,N}{d_n}$	$0{,}10 \cdot d_n$
7		Mehrschnittige Verbindungen in Nadelholz	Nagellöcher nicht vorgebohrt oder vorgebohrt	$10 \cdot \dfrac{\text{zul}\,N}{d_n}$	$0{,}10 \cdot d_n$
8		Ein- und mehrschnittige Verbindungen von Bau-Furniersperrholz mit Nadelholz [2])	—	$5{,}0 \cdot \dfrac{\text{zul}\,N}{d_n}$	$0{,}20 \cdot d_n$
9	Nägel	Einschnittige Verbindungen von Flachpreß- und Holzfaserplatten mit Nadelholz [2])	—	$6{,}7 \cdot \dfrac{\text{zul}\,N}{d_n}$	$0{,}15 \cdot d_n$
10		Einschnittige Verbindungen von Stahlteilen mit Nadelholz	Nagellöcher im Holz nicht vorgebohrt [2])	$5{,}0 \cdot \dfrac{\text{zul}\,N}{d_n}$	$0{,}20 \cdot d_n$
11			Nagellöcher im Holz vorgebohrt	$10 \cdot \dfrac{\text{zul}\,N}{d_n}$	$0{,}10 \cdot d_n$
12		Mehrschnittige Verbindungen von Stahlteilen mit Nadelholz	Nagellöcher im Holz vorgebohrt [2])	$20 \cdot \dfrac{\text{zul}\,N}{d_n}$	$0{,}05 \cdot d_n$
13		Verbindungen in Nadelholz	Winkel zwischen Holzfaserrichtung und Klammerrücken $\geqq 30°$ [2])	$2{,}5 \cdot \dfrac{\text{zul}\,N}{d_n}$	$0{,}40 \cdot d_n$
14	Klammern		Winkel zwischen Holzfaserrichtung und Klammerrücken $< 30°$	$1{,}4 \cdot \dfrac{\text{zul}\,N}{d_n}$	$0{,}70 \cdot d_n$
15		Verbindungen von Holzwerkstoffen mit Nadelholz	—	$6{,}2 \cdot \dfrac{\text{zul}\,N}{d_n}$	$0{,}16 \cdot d_n$
16		Einschnittige Verbindungen in Nadelholz	—	$10 \cdot \dfrac{\text{zul}\,N}{d_s}$ $\leqq 1{,}25 \cdot \text{zul}\,N$	$0{,}10 \cdot d_s \leqq 0{,}8$
17	Holz-schrauben	Einschnittige Verbindungen von Holzwerkstoffen mit Nadelholz	—	$12{,}5 \cdot \dfrac{\text{zul}\,N}{d_s}$ $\leqq 1{,}25 \cdot \text{zul}\,N$	$0{,}08 \cdot d_s \leqq 0{,}8$
18		Einschnittige Verbindungen von Stahlteilen mit Nadelholz	Löcher im Stahlteil vorgebohrt mit $d_s + 1$ mm	$0{,}70 \cdot \text{zul}\,N$	$1{,}4$

[1]) Für zul N ist die zulässige Belastung in N im Lastfall H einzusetzen. Dabei sind alle maßgebenden Abminderungen und Erhöhungen zu berücksichtigen, z. B. sind gegebenenfalls Feuchteeinwirkungen und der Winkel zwischen Kraft- und Faserrichtung zu beachten, ebenso die Abminderung bei mehreren in Kraftrichtung hintereinanderliegenden Verbindungsmitteln, die Erhöhung bei Vorbohren der Nagellöcher und dergleichen.

[2]) Die Werte dieser Zeile gelten auch, wenn die Nagel- oder Klammerverbindungen bei einer Holzfeuchte von mehr als 20% (halbtrocken oder frisch) hergestellt werden und die Gleichgewichtsfeuchte im Gebrauchszustand höchstens 18% beträgt. Ist eine höhere Gleichgewichtsfeuchte zu erwarten, so ist bei Nagelverbindungen $C = 10 \cdot \dfrac{\text{zul}\,N}{d_n}$ und $v = 0{,}10 \cdot d_n$ anzusetzen.

799

4.5.3 Einlaßdübel Dübeltyp A in Hirnholzflächen von Brettschichtholz

Einlaßdübel dürfen auch in rechtwinklig oder schräg ($\varphi \geq 45°$) zur Faserrichtung verlaufenden Hirnholzflächen von Brettschichtholz eingebaut und zur Übertragung von Auflagerkräften herangezogen werden, Mindestabstände und zul. Belastungen nach Bild 37 und Tafel 78. Die Dübel sind mittig zur Trägerbreite anzuordnen. Im lastaufnehmenden Träger, der rechtwinklig zur Faserrichtung beansprucht wird, ist erforderlichenfalls ein **Querzugnachweis** nach Abschn. 4.8 zu führen. Auf einen Querzugnachweis kann verzichtet werden, wenn die Höhe des querbeanspruchten Holzes $h \leq 30$ cm ist und der Anschlußschwerpunkt S in der Stabachse oder darüber liegt.

4.6 Verschiebungswerte für Durchbiegungsberechnungen

Die in Tafel 79 angegebenen Verschiebungsmoduln bzw. rechnerischen Verschiebungen dürfen für die Berechnung von Durchbiegungen und Überhöhungen nachgiebig zusammengesetzter biegebeanspruchter Bauteile und für die Berechnung der Verschiebungen von Stößen und Anschlüssen mit mechanischen Verbindungsmitteln unter den Lasteinwirkungen im LF H und HZ verwandt werden, mindestens jedoch die 1,25fachen Werte der Tafel 28. Die Verschiebung v nach Tafel 79 ist im Verhältnis vorhandener zu zulässiger Belastung zu erhöhen, wenn die rechnerische Belastung einer Verbindung größer als die zulässige Belastung im LF H ist (z. B. LF HZ). Eine entsprechende Abminderung von v bei geringerer Belastung ist zulässig.

4.7 Drehfederkonstanten

Tafel 80 Berechnung für verschiedene Anschlüsse nach *Heimeshoff* u. *Franz/Scheer* in [6][1])

	Anschluß: allgemein	Binder-Stütze	Stütze-Fundament	Rahmenecke (Dübelkreis)
1				
2	$c_d = \sum\limits_{i=1}^{n} C_i \cdot r_i^2$; $r_i^2 = y_i^2 + z_i^2$ Schwerpunkt S des Anschlusses: $y_S = \dfrac{\sum\limits_{i=1}^{n} C_i \cdot y_{si}}{\sum\limits_{i=1}^{n} C_i}$ $z_S = \dfrac{\sum\limits_{i=1}^{n} C_i \cdot z_{si}}{\sum\limits_{i=1}^{n} C_i}$	$c_d = \dfrac{c_{d1} \cdot c_{d2}}{c_{d1} + c_{d2}}$ $c_{d1,2} = C \cdot \sum\limits_{i=1}^{n} r_i^2$ $r_i^2 = \sum\limits_{i=1}^{n} (y_i^2 + z_i^2)$ c_{d1} Drehfederkonstante Binder-Knotenplatte c_{d2} Drehfederkonwstante Stütze-Knotenplatte Voraussetzungen: $C =$ konstant, $y_S = 0$, $z_S = 0$, symmetrische Anordnung der Verbindungsmittel, beidseitig gleiche Ausführung	$c_d = C \cdot \sum\limits_{i=1}^{n} r_i^2$ $r_i^2 = \sum\limits_{i=1}^{n} (y_i^2 + z_i^2)$	Ein Dübelkreis: $c_{d1} = C \cdot n_1 \cdot r_i^2$ Zwei Dübelkreise: $c_{d2} = C \cdot (n_1 \cdot r_1^2 + n_2 \cdot r_2^2)$ $n_{1,2}$ Anzahl der Dübel im jeweiligen Dübelkreis

[1]) Die Federsteifigkeiten nachgiebiger Anschlüsse sind mit den 0,8fachen Werten der Verschiebungsmoduln C nach Tafel 79 zu ermitteln. Über genauere Festlegungen s. z.B. *Neuhaus* [17]

4.8 Querzugnachweis bei Anschlüssen

Der Querzugnachweis für Anschlüsse mit mechanischen Verbindungsmitteln an Bauteile aus Voll- und Brettschichtholz kann nach Empfehlungen von *Ehlbeck/Görlacher/Werner* [7] nach Tafel 81 und Bild 38 geführt werden; in DIN 1052 werden keine Angaben über einen Querzugnachweis gemacht. Der Querzugnachweis nach Tafel 81 gilt nicht für Anschlüsse mit Nagelplatten.

Tafel 81 Berechnungsgrößen für die zulässige Querzuglast zul $F_{Z\perp}$ der Gl. (173) nach *Ehlbeck/Görlacher/Werner* [7], s. Bild 38[1]) [2]) [3])

wirksame Anschlußfläche ef A in mm²

1	ef A = ef $W \cdot$ ef b

wirksame Anschlußbreite ef W (ideelle Ausdehnung der querzugbeanspr. Fläche in Träger-längsrichtung)

2	für $W_S < (0,8 \cdot H - a)$: ef $W = \sqrt{W^2 + (C \cdot H)^2}$ $\geqq (0,8 \cdot H - a)$: ef $W = C \cdot H \cdot \left[1 + (m-1) \cdot \dfrac{W}{W+a} \right]$ mit $C = \dfrac{4}{3} \sqrt{a/H \cdot (1 - a/H)^3}$

wirksame Anschlußtiefe ef b (ideelle Ausdehnung der querzugbeanspr. Fläche in Trägerquer-richtung)

3	bei einseitiger Anordnung der Verbindungsmittel gilt für: — Nägel, Holzschrauben: ef $b = s \leqq 12\,d_{n,s}$ und $\leqq b$ — Nägel bei Stahlblechformteilen: ef $b = s \leqq 15\,d_n$ und $\leqq b$ — Stabdübel, Bolzen: ef $b = 6 \cdot d_{st,b}$ und $\leqq b$ — Dübel besonderer Bauart: ef $b = 5$ cm und $\leqq b$ bei zweiseitiger Anordnung der Verbindungsmittel: — die Werte für einseitige Anordnung können verdoppelt werden, jedoch: ef $b \leqq b$

zulässige Querzugspannung zul $\sigma_{Z\perp}$ in N/mm² (mit ef A in mm²)

4	für Vollholz: zul $\sigma_{Z\perp} = 2,00 \cdot (\text{ef}\,A)^{-0,2}$ ist ef $A < 10\,000$ mm², ist trotzdem für Brettschichtholz: zul $\sigma_{Z\perp} = 3,33 \cdot (\text{ef}\,A)^{-0,2}$ ef $A = 10\,000$ mm² in Zeile 4 einzusetzen

Faktor $f_1(a/H)$, berücksichtigt die Lage der am stärksten querzuggefährdeten Fuge bez. der Trägerhöhe

5	$f_1(a/H) = \dfrac{1}{1 - 3 \cdot (a/H)^2 + 2\,(a/H)^3}$

Faktor $f_2(h_1/h_i)$, berücksichtigt den Einfluß mehrerer Verbindungsmittelreihen

6	$f_2(h_1/h_i) = \dfrac{n}{\sum\limits_{i=1}^{i=n} (h_1/h_i)^2}$

Faktor $f_3(W_m/a)$, berücksichtigt den Einfluß einer weiteren benachbarten Verbindungsmittel-gruppe

7	$f_3(W_m/a) = 1 + \dfrac{W_m}{W_m + a}$ z.B. die beiden Schenkel eines Balkenschuhanschlusses

Faktor f_4(VM), berücksichtigt den Einfluß des Verbindungsmitteltyps

8	f_4(VM) = 1,0 für stiftförmige Verbindungsmittel = 1,1 für Dübel besonderer Bauart

Bezeichnungen, s. Bild 38

9	H	Trägerhöhe	s	Einschlagtiefe der Nägel
	b	Trägerbreite	d_n	Nagelnenndurchmesser
	a	Abstand der obersten Verbindungs-mittelreihe vom beanspruchten Rand	d_s	Holzschraubennenndurchmesser
			d_{st}	Stabdübeldurchmesser
	h_i	Abstand der i-ten Verbindungsmittel-reihe vom unbeanspruchten Rand	d_b	Bolzendurchmesser
			n	Anzahl der Verbindungsmittelreihen
	W	Abstand der äußersten Verbindungs-mittel einer Reihe (für eine Spalte ist $W = 0$)	m	Anzahl der Verbindungsmittelspalten
			W_S	Abstand von zwei in einer Verbindungs-mittelreihe unmittelbar nebeneinander-liegenden Verbindungsmitteln (Abstand der Spalten)
	W_m	Abstand der Schwerpunkte zweier be-nachbarter Verbindungsmittelgruppen, die zu einem Queranschluß gehören		

[1]) für Queranschlüsse an Bauteile aus Voll- und Brettschichtholz mit mechanischen Verbin-dungsmitteln nach Abschn. 4 (für Anschlüsse mit Nagelplatten gilt ein gesonderter Querzug-nachweis)
[2]) bei $a/H > 0,7$ wird der Querzugnachweis im allgemeinen nicht maßgebend
[3]) bei $a/H < 0,2$ sollte ein Anschluß nicht ausgeführt werden

10

Die zulässige Querzuglast zul $F_{Z\perp}$ eines Queranschlusses an Bauteile aus Voll- und Brettschichtholz mit mechanischen Verbindungsmitteln nach Abschn. 4 kann nach Gl. (173) berechnet werden, erforderliche Bezeichnungen und Größen nach Bild 38 und Tafel 81.

$$\text{zul } F_{Z\perp} = \text{zul } \sigma_{Z\perp} \cdot \text{ef } A \cdot f_1(a/H) \cdot f_2(h_1/h_i) \cdot f_3(W_m/a) \cdot f_4(VM) \quad \text{in N} \tag{173}$$

Der Querzugnachweis wird im allgemeinen für $a/H > 0{,}7$ nicht maßgebend, Anschlüsse mit $a/H < 0{,}2$ sollten nach den oben angegebenen Empfehlungen nicht ausgeführt werden. Da die zulässige Querzuglast zul $F_{Z\perp}$ nach Gl. (173) mit wachsendem Verhältnis a/H größer wird, sollten Queranschlüsse nach Bild 38 einen möglichst großen Abstand a vom beanspruchten Rand des lastaufnehmenden Stabes aufweisen.

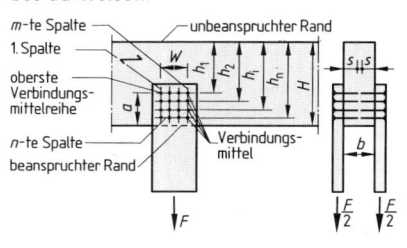

Bild 38
Queranschluß mit mechanischen Verbindungsmitteln nach *Ehlbeck/Görlacher/Werner* [7]

H Trägerhöhe b Trägerbreite
a Abstand der obersten Verbindungsmittelreihe vom beanspruchten Rand
h_i Abstand der i-ten Verbindungsmittelreihe vom unbeanspruchten Rand
W Abstand der äußersten Verbindungsmittel einer Reihe (für eine Spalte ist $W = 0$)

5 Versätze

Tafel 82   Einschnittiefen t_v, Vorholzlängen L_v und Ausmitten e[1]) bei Versätzen

Versätze	genauere Berechnung	Näherungsberechnung für Nadelholz S 10
Stirnversatz		
1	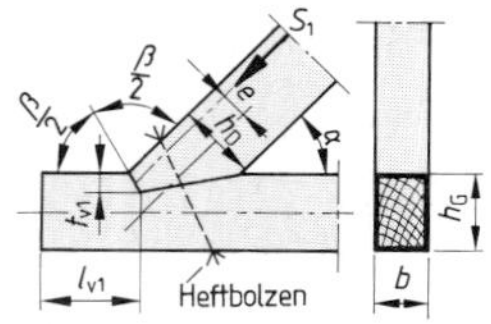 $t_{v1} = \dfrac{S_1 \cdot \cos^2(\alpha/2)}{b \cdot \text{zul } \sigma_{D \nless \alpha/2}}$ $L_{v1} = \dfrac{S_1 \cdot \cos \alpha}{b \cdot \text{zul } \tau_\alpha}$[3]) $e = 0{,}5\,(h_D - t_{v1})$	$t_{v1} \cong \dfrac{S_1}{0{,}7 \cdot b}$[2])
Brustversatz		
2	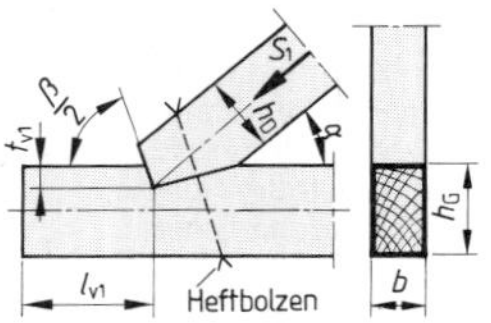 $t_{v1} = \dfrac{S_1 \cdot \cos^2(\alpha/2)}{b \cdot \text{zul } \sigma_{D \nless \alpha/2}}$ $L_{v1} = \dfrac{S_1 \cdot \cos \alpha}{b \cdot \text{zul } \tau_\alpha}$[3]) $e \cong 0$	$t_{v1} \cong \dfrac{S_1}{0{,}7 \cdot b}$[2])
Fersenversatz		
3	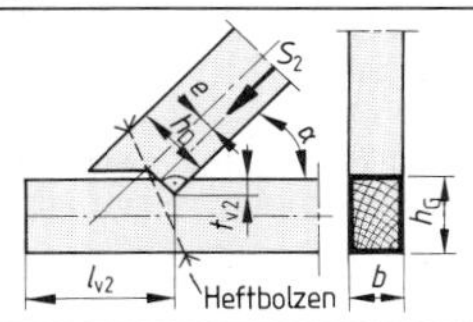 $t_{v2} = \dfrac{S_2 \cdot \cos \alpha}{b \cdot \text{zul } \sigma_{D \nless \alpha}}$ $L_{v2} = \dfrac{S_2 \cdot \cos \alpha}{b \cdot \text{zul } \tau_\alpha}$[3]) $e = 0{,}5\left(h_D - \dfrac{t_{v2}}{\cos \alpha}\right)$	$t_{v2} \cong \dfrac{S_2}{0{,}56 \cdot b}$[2])

In der Figur zu Tafel 82: m-te Spalte, 1. Spalte, oberste Verbindungsmittelreihe, n-te Spalte, beanspruchter Rand, unbeanspruchter Rand, Verbindungsmittel, W, h_1, h_2, h_i, h_n, H, a, s, b, F, $\frac{F}{2}$, $\frac{F}{2}$.

Tafel 82, Fortsetzung

Stirn-Fersenversatz (doppelter Versatz)

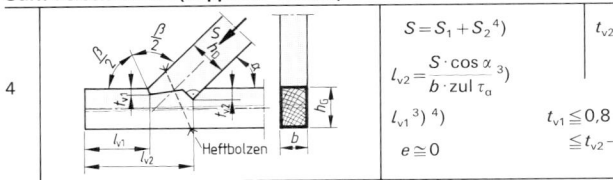

4

$$S = S_1 + S_2 \, {}^4)$$

$$l_{v2} = \frac{S \cdot \cos \alpha}{b \cdot \text{zul } \tau_a} \, {}^3)$$

$$l_{v1} \, {}^3) \, {}^4)$$

$$e \cong 0$$

$$t_{v2} \cong \frac{S}{1{,}12 \cdot b} \, {}^2)$$

$$t_{v1} \leq 0{,}8 \cdot t_{v2}$$

$$\leq t_{v2} - 1{,}0 \text{ cm}$$

zulässige Einschnittiefen nach DIN 1052-2

einseitiger Versatz											zweiseitiger Versatz
α	$\leq 50°$	$51°$	$52°$	$53°$	$54°$	$55°$	$56°$	$57°$	$58°$	$59°$	$\geq 60°$
zul t_v	$\frac{0{,}250}{h}$	$\frac{0{,}242}{h}$	$\frac{0{,}233}{h}$	$\frac{0{,}225}{h}$	$\frac{0{,}217}{h}$	$\frac{0{,}209}{h}$	$\frac{0{,}200}{h}$	$\frac{0{,}192}{h}$	$\frac{0{,}184}{h}$	$\frac{0{,}175}{h}$	$\frac{0{,}167}{h}$

5

α Anschlußwinkel
h Höhe des eingeschnittenen Holzes, entspricht in den Zeilen 1
bis 4 der Höhe h_G
t_v Einschnittiefe

[1]) Ausmitten nach *Heimeshoff*
[2]) S in kN; t_v, b in cm
[3]) Vorholzlängen l_v: 20 cm $\leq l_v \leq 8 \cdot t_v$, Empfehlung nach
Heimeshoff
[4]) s. Zeile 1 bzw. 3 (Stirn- bzw. Fersenversatz)

$t_v \leq \frac{h}{6}$ $\qquad$ $t_v \leq \frac{h}{6}$

unabhängig vom
Anschlußwinkel

Stirn- und Fersenversatz können mit Tafel 83 nach $S = c \cdot t_v \cdot b$ bemessen werden.

Tafel 83 $\quad$ Werte c in kN/cm^2 für Stirn- (S_1) und Fersenversatz (S_2) bei $\alpha = 10°$ bis $60°$ für
Nadelholz, S 10/MS 10

α	$10°$	$15°$	$20°$	$25°$	$30°$	$35°$	$40°$	$45°$	$50°$	$55°$	$60°$
S_1	0,799	0,778	0,760	0,744	0,731	0,720	0,711	0,704	0,700	0,699	0,700
S_2	0,749	0,706	0,668	0,635	0,606	0,583	0,564	0,552	0,548	0,554	0,574

I0

6 $\quad$ Holzbauteile der Feuerwiderstandsklasse F 30-B und F 60-B nach DIN 4102-4:1994-03, Auszug

Die Angaben dieses Abschnitts gelten nur für die Brandschutzbemessung. Im allg.
sind alle Holzbauteile und Verbindungen dieses Abschn. 6 zunächst nach
DIN 1052-1 und -2 infolge statischer Beanspruchungen („kalte Bemessung") zu
bemessen, s. vorherige Abschnitte. Werden Holzbauteile und Verbindungen für die
Feuerwiderstandsklassen F 30-B bzw. F 60-B ausgelegt, sind die Festlegungen dieses Abschn. 6 zusätzlich einzuhalten („heiße Bemessung"). Weitere Festlegungen
und Beispiele s. DIN 4102-4, Abschn. 5 und *Kordina/Meyer-Ottens* [15].

6.1 $\quad$ Feuerwiderstandsklassen F 30-B und F 60-B unbekleideter Holzbalken und -stützen aus Voll- und Brettschichtholz

Die Mindestabmessungen unbekleideter Holzbalken und -stützen F 30-B aus Nadelvollholz können Tafel 85 entnommen werden. Die Werte der Tafel 85 gelten auch
für Vollholz aus Buche; für Vollholz aus Laubhölzern (außer Buche) mit einer Rohdichte $\varrho > 600$ kg/m^3 dürfen alle Werte der Tafel 85 mit 0,8 multipliziert werden, dies
sind die Laubhölzer (außer Buche) der Tafel 1.

Die Mindestabmessungen unbekleideter Holzbalken und -stützen F 30-B und
F 60-B aus Brettschichtholz können Tafel 86 bis 89 entnommen werden.

Tafel 84 Berechnung der Breite $b(t_f)$ und Höhe $h(t_f)$ des Restquerschnitts in Abhängigkeit von der Abbrandgeschwindigkeit v nach DIN 4102-4, 5.5.2.4

Abbrandgeschwindigkeit v

Vollholz: $v = 0,8$ mm/min	Brettschichtholz: $v = 0,7$ mm/min

Breite $b(t_f)$ und Höhe $h(t_f)$ des Restquerschnitts [1])

bei 3seitiger Brandbeanspruchung:	bei 4seitiger Brandbeanspruchung:
$b(t_f) = b - 2v \cdot t_f$ $h(t_f) = h - v \cdot t_f$	$b(t_f) = b - 2v \cdot t_f$ $h(t_f) = h - 2v \cdot t_f$

[1]) Hierin bedeuten
b, h Breite bzw. Höhe in mm des gewählten Querschnitts der statischen Berechnung
t_f Feuerwiderstandsdauer in min

Tafel 85 Mindestbreite b unbekleideter Stützen und Balken aus Nadelvollholz mit einem Seitenverhältnis $h/b = 1,0$ und 2,0 bei 3seitiger und 4seitiger Brandbeanspruchung für F30-B nach DIN 4102-4, Tab. 74 und 75[2]) [3]) [4])

Zeile	Brand-beanspru-chung	Statische Beanspruchung		Mindestbreite b in mm bei einem Seitenverhältnis h/b									
		Druck	Bie-gung	1,0					2,0				
		$\sigma_{D\parallel}$ zul σ_k	σ_B zul σ_B^*	und einem **Abstützungsabstand** s bzw. einer **Knicklänge** s_k in m									
			[1])	2,0	3,0	4,0	5,0	6,0	2,0	3,0	4,0	5,0	6,0
1		1,0	0	163	181	194	203	206	151	169	182	190	185
2		0,8	0	144	159	168	171	171	135	149	157	157	157
3			0,2	155	171	182	188	188	144	159	168	173	173
4	3seitig	0,6	0	127	136	143	143	143	120	130	132	132	132
5			0,4	148	160	168	171	171	135	147	154	154	154
6		0,4	0	110	117	117	117	117	104	110	110	110	110
7			0,6	139	148	153	153	153	125	134	137	137	139
8		0,2	0	91	93	93	93	93	87	88	88	88	88
9			0,8	128	133	135	135	135	113	118	122	125	128
10		0	0,2	80	80	80	80	83	80	80	80	80	83
11			1,0	114	114	114	114	114	96	103	109	114	120
12		1,0	0	187	204	219	229	237	161	179	193	202	204
13		0,8	0	164	179	189	196	196	143	158	167	170	170
14			0,2	182	197	209	217	222	154	170	180	187	187
15	4seitig	0,6	0	143	155	161	161	161	126	137	142	142	142
16			0,4	177	189	198	204	205	146	159	167	169	169
17		0,4	0	123	131	133	133	133	110	116	116	116	116
18			0,6	172	180	186	190	190	138	147	152	152	152
19		0,2	0	102	105	105	105	105	91	92	92	92	92
20			0,8	166	171	174	175	175	127	132	134	135	138
21		0	0,2	86	86	86	86	87	80	80	80	82	84
22			1,0	160	160	160	160	160	113	113	118	123	128

[1]) zul $\sigma_B^* = 1,1 \cdot k_B \cdot$ zul σ_B mit $1,1 \cdot k_B \leq 1,0$, s. Gl. (101)
[2]) gilt für Vollholz aus Nadelhölzern und aus Buche der Tafel 1; für Vollholz aus Laubhölzern (außer Buche) mit einer Rohdichte $\varrho > 600$ kg/m^3 dürfen alle Werte dieser Tafel mit 0,8 multipliziert werden, dies sind die Laubhölzer (außer Buche) der Tafel 1
[3]) die Auflagertiefe von Balken auf Beton oder auf Mauerwerk muß bei der Feuerwiderstandsklasse F30 ≥ 40 mm sein
[4]) bei Balken, bei denen die Bemessung auf Schub- bzw. Scherspannungen nach DIN 1052-1 maßgebend ist (und nicht die Nachweise auf Biegung oder Biegung mit Längskraft), muß Gl. (174) eingehalten werden

Tafel 86   Mindestbreite b unbekleideter Stützen und Balken aus Brettschichtholz der Tafel 2 mit einem Seitenverhältnis $h/b = 1,0$; $2,0$; $4,0$ und $6,0$ bei 3seitiger Brandbeanspruchung für F30-B nach DIN 4102-4, Tab. 76 und 77 [2]) [3]) [4])

Zeile	Brandbeanspruchung	Druck $\sigma_{D\parallel}$ / zul σ_k	Biegung σ_B / zul σ_B^* [1])	| 1,0 2,0	| 3,0	| 4,0	| 5,0	| 6,0	2,0	3,0	4,0	5,0	6,0
1		1,0	0	148	168	169	169	169	139	158	158	158	158
2		0,8	0	132	146	146	146	146	124	134	134	134	134
3			0,2	141	157	157	157	157	132	147	147	147	147
4		0,6	0	116	119	119	119	119	110	110	110	110	110
5			0,4	134	146	146	146	146	124	131	131	131	131
6		0,4	0	100	100	100	100	100	95	95	95	95	95
7			0,6	125	131	131	131	131	114	116	116	116	118
8		0,2	0	80	80	80	80	83	80	80	80	80	83
9			0,8	115	116	116	116	116	102	102	104	108	111
10		0	0,2	80	80	80	80	83	80	80	80	80	83
11	3seitig		1,0	100	100	100	100	100	84	90	95	100	105

bei einem Seitenverhältnis h/b: 4,0 | 6,0   und einem **Abstützungsabstand** s bzw. einer **Knicklänge** s_k in m

Zeile		Druck	Biegung	2,0	3,0	4,0	5,0	6,0	2,0	3,0	4,0	5,0	6,0
12		1,0	0	135	153	153	153	153	134	151	151	151	151
13		0,8	0	121	128	128	128	128	120	126	126	126	126
14			0,2	127	142	142	142	142	127	143	143	143	143
15		0,6	0	107	107	107	107	107	106	106	106	106	106
16			0,4	119	128	128	130	134	121	132	135	139	142
17		0,4	0	92	92	92	92	92	91	91	91	91	91
18			0,6	111	117	121	126	132	114	124	132	139	143
19		0,2	0	80	80	80	80	83	80	80	80	80	83
20			0,8	102	109	116	123	130	107	119	130	138	145
21		0	0,2	80	80	80	80	83	80	80	80	80	83
22			1,0	92	102	111	120	129	101	115	128	138	146

[1]) zul $\sigma_B^* = 1,1 \cdot k_B \cdot$ zul σ_B mit $1,1 \cdot k_B \leq 1,0$, s. Gl. (101)

[2]) die Kippaussteifung von biegebeanspruchten Bauteilen muß für die geforderte Feuerwiderstandsklasse ausgeführt werden; andernfalls muß das Seitenverhältnis $h/b \leq 3,0$ sein; über die Bemessung der Kippsteifen s. Tafel 85 bis 89, ihrer Anschlüsse s. Abschn. 6.5

[3]) die Auflagertiefe von Balken auf Beton oder auf Mauerwerk muß bei der Feuerwiderstandsklasse F 30 $\geq$ 40 mm und bei F 60 $\geq$ 80 mm sein, hierüber s. auch Abschn. 6.5

[4]) bei Balken, bei denen die Bemessung auf Schub- bzw. Scherspannungen nach DIN 1052-1 maßgebend ist (und nicht die Nachweise auf Biegung oder Biegung mit Längskraft bzw. Druck mit Biegung), muß Gl. (174) eingehalten werden

Die Angaben in den Tafeln 85 bis 89 gelten für Holzbalken mit Rechteckquerschnitt unter Biegebeanspruchung oder unter Biegebeanspruchung mit Längskraft und für Holzstützen nach DIN 1052-1 mindestens der Sortierklasse S 10/MS 10 mit 3seitiger und 4seitiger Brandbeanspruchung. Die Angaben gelten nur für Holzbalken ohne Aussparungen (Zapfen- und Bolzenlöcher sind keine Aussparungen) und nur für Holzstützen ohne Aussparungen, Ausfräsungen, Stöße und dgl. mehr. Die

10

Tafel 87 Mindestbreite *b* unbekleideter Stützen und Balken aus Brettschichtholz der Tafel 2 mit einem Seitenverhältnis *h/b* =1,0; 2,0; 4,0 und 6,0 bei 4seitiger Brandbeanspruchung für **F 30-B** nach DIN 4102-4, Tab. 78 und 79[2])[3])[4])

Zeile	Brandbeanspruchung	Statische Beanspruchung Druck $\sigma_{D\parallel}$ zul σ_k	Biegung σ_B zul σ_B^*	Mindestbreite *b* in mm bei einem Seitenverhältnis *h/b* 1,0 und einem **Abstützungsabstand** *s* bzw. einer **Knicklänge** s_k in m					2,0				
			[1])	2,0	3,0	4,0	5,0	6,0	2,0	3,0	4,0	5,0	6,0
1		1,0	0	169	188	202	202	202	147	167	168	168	168
2		0,8	0	148	164	164	164	164	131	145	145	145	145
3			0,2	164	180	190	190	190	140	157	157	157	157
4		0,6	0	130	139	139	139	139	116	118	118	118	118
5			0,4	158	171	173	173	173	133	145	145	145	145
6		0,4	0	112	112	112	112	112	100	100	100	100	100
7			0,6	153	162	162	162	162	125	130	130	130	130
8		0,2	0	90	90	90	90	90	80	80	80	80	83
9			0,8	147	151	151	151	151	114	115	115	116	119
10		0	0,2	80	80	80	80	83	80	80	80	80	83
11	4seitig		1,0	140	140	140	140	140	99	99	103	108	112

bei einem Seitenverhältnis *h/b* 4,0 | 6,0 und einem **Abstützungsabstand** *s* bzw. einer **Knicklänge** s_k in m

Zeile		Druck	Biegung	4,0					6,0				
				2,0	3,0	4,0	5,0	6,0	2,0	3,0	4,0	5,0	6,0
12		1,0	0	139	157	157	157	157	136	154	154	154	154
13		0,8	0	124	134	134	134	134	122	130	130	130	130
14			0,2	131	146	146	146	146	130	145	145	145	145
15		0,6	0	110	110	110	110	110	108	108	108	108	108
16			0,4	123	133	133	134	137	123	135	137	142	145
17		0,4	0	95	95	95	95	95	93	93	93	93	93
18			0,6	114	121	125	129	135	116	127	134	141	146
19		0,2	0	80	80	80	80	83	80	80	80	80	83
20			0,8	105	112	119	126	133	109	121	132	140	147
21		0	0,2	80	80	80	80	83	80	80	80	80	83
22			1,0	95	105	114	123	131	103	117	130	140	148

[1]) [2]) [3]) [4]) s. Fußnoten zu Tafel 86

Mindestanforderungen dieser Details sind in Abschn. 6.5 für die hier angeführten Verbindungsmittel dargestellt, weitere Angaben s. DIN 4102-4, 5.8 und [15].

Eine maximal 3seitige Brandbeanspruchung liegt bei Holzbalken vor, wenn deren Oberseite nach DIN 4102-4, 5.5.1.2, abgedeckt ist; sie liegt bei Holzstützen vor, wenn deren vierte Seite nach DIN 4102-4, 5.6.1.1, abgedeckt ist. Eine 4seitige Brandbeanspruchung liegt vor, wenn die Anforderungen für 3seitige Brandbeanspruchung nicht eingehalten werden oder wenn die Ober- bzw. vierte Seite freiliegt.

Holzbauteile der Feuerwiderstandsklasse F 30-B und F 60-B

Tafel 88 Mindestbreite b unbekleideter Stützen und Balken aus Brettschichtholz der Tafel 2 mit einem Seitenverhältnis $h/b = 1{,}0;\ 2{,}0;\ 4{,}0$ und $6{,}0$ bei 3seitiger Brandbeanspruchung für **F 60-B** nach DIN 4102-4, Tab. 80 und 81 [2] [3] [4])

Zeile	Brandbeanspruchung	Statische Beanspruchung Druck $\sigma_{D\parallel}$ zul σ_k	Biegung σ_B zul σ_B^*	Mindestbreite b in mm bei einem Seitenverhältnis h/b 1,0					2,0				
			[1])	2,0	3,0	4,0	5,0	6,0	2,0	3,0	4,0	5,0	6,0
1		1,0	0	230	259	284	307	324	214	243	269	290	306
2		0,8	0	207	233	255	272	282	194	220	242	257	258
3			0,2	224	249	272	291	305	206	232	255	273	284
4		0,6	0	187	209	226	236	236	177	199	214	219	219
5			0,4	217	239	258	272	281	198	221	239	252	252
6		0,4	0	167	184	195	195	195	159	176	184	184	184
7			0,6	210	226	241	251	251	188	206	220	226	226
8		0,2	0	145	155	156	156	156	139	149	149	149	149
9			0,8	201	211	220	223	223	176	188	196	196	197
10		0	0,2	120	120	120	120	121	120	120	121	124	127
11	3seitig		1,0	189	189	189	189	189	156	158	165	170	176

Zeile		Druck	Biegung	Mindestbreite b in mm bei einem Seitenverhältnis h/b 4,0					6,0				
				2,0	3,0	4,0	5,0	6,0	2,0	3,0	4,0	5,0	6,0
12		1,0	0	207	236	262	282	298	205	234	259	280	295
13		0,8	0	189	215	236	250	250	187	213	234	248	248
14			0,2	199	225	248	265	273	198	225	248	266	275
15		0,6	0	173	194	209	212	212	171	193	208	209	209
16			0,4	190	213	233	247	247	190	215	236	251	257
17		0,4	0	156	172	179	179	179	155	171	177	177	177
18			0,6	180	201	216	225	228	183	205	223	237	244
19		0,2	0	137	146	146	146	146	136	145	145	145	145
20			0,8	170	186	199	206	213	176	195	211	224	235
21		0	0,2	120	125	130	135	139	125	132	138	143	146
22			1,0	158	170	181	191	201	168	184	200	214	228

[1]) [2]) [3]) [4]) s. Fußnoten zu Tafel 86

Bei Holzbalken und -stützen, bei denen die Bemessung auf Schub- bzw. Scherspannungen nach DIN 1052-1, s. Abschn. 3.4.2, maßgebend ist (und nicht die Nachweise auf Biegung oder Biegung mit Längskraft bzw. Druck mit Biegung), muß Gl. (174) eingehalten werden.

$b(t_f)$; Breite bzw. Höhe des Restquer-
$h(t_f)$ schnitts in Abhängigkeit von der Abbrandgeschwindigkeit v nach Tafel 84

b, h Breite bzw. Höhe in mm des gewählten Querschnitts der statischen Berechnung

$$\frac{\alpha_Q \cdot b \cdot h}{1{,}5 \cdot b(t_f) \cdot h(t_f)} \leq 1 \quad (174)$$

α_Q Ausnutzungsgrad der Schub- bzw. Scherspannungen nach DIN 1052-1

$$\alpha_Q = \frac{\text{vorh } \tau_Q}{\text{zul } \tau_Q} \quad \text{bzw.} \quad \alpha_Q = \frac{\text{vorh } \tau_a}{\text{zul } \tau_a}$$

10

Tafel 89 Mindestbreite b unbekleideter Stützen und Balken aus Brettschichtholz der Tafel 2 mit einem Seitenverhältnis h/b = 1,0; 2,0; 4,0 und 6,0 bei 4seitiger Brandbeanspruchung für F60-B nach DIN 4102-4, Tab. 82 und 83[2])[3])[4])

Zeile	Brandbeanspruchung	Druck $\sigma_{D\parallel}$ zul σ_k	Biegung σ_B[1]) zul σ_B^*	Mindestbreite b in mm bei einem Seitenverhältnis h/b 1,0					2,0					
				2,0	3,0	4,0	5,0	6,0	2,0	3,0	4,0	5,0	6,0
1		1,0	0	269	296	320	342	362	228	257	283	305	323
2		0,8	0	238	262	284	302	317	206	232	254	271	280
3			0,2	268	291	311	330	347	222	248	271	289	303
4		0,6	0	211	232	250	264	267	186	208	225	235	235
5			0,4	268	285	302	318	330	216	237	257	271	279
6		0,4	0	186	204	217	221	221	166	184	195	195	195
7			0,6	268	280	292	303	312	208	225	240	250	250
8		0,2	0	159	172	176	176	176	144	155	156	156	156
9			0,8	267	274	281	287	291	199	210	219	222	222
10		0	0,2	146	146	146	146	146	120	120	124	128	131
11	4seitig		1,0	267	267	267	267	267	188	188	188	188	192

bei einem Seitenverhältnis h/b 4,0 | 6,0 und einem **Abstützungsabstand** s bzw. einer **Knicklänge** s_k in m

Zeile		Druck	Biegung	2,0	3,0	4,0	5,0	6,0	2,0	3,0	4,0	5,0	6,0
12		1,0	0	213	242	268	290	306	209	238	264	285	300
13		0,8	0	194	220	241	257	258	190	216	237	252	252
14			0,2	206	232	255	272	285	202	229	252	270	283
15		0,6	0	176	198	214	219	219	174	195	211	214	214
16			0,4	197	220	239	254	257	194	219	240	256	263
17		0,4	0	159	176	184	184	184	157	173	181	178	178
18			0,6	187	207	223	234	236	187	209	227	242	248
19		0,2	0	139	149	149	149	149	137	147	147	147	147
20			0,8	176	192	205	213	219	179	199	215	228	238
21		0	0,2	121	127	132	137	141	126	133	140	145	148
22			1,0	164	175	186	196	206	171	188	202	217	230

[1]) [2]) [3]) [4]) s. Fußnoten zu Tafel 86

6.2 Feuerwiderstandsklassen F30-B und F60-B unbekleideter Holz-Zugglieder aus Voll- und Brettschichtholz

Die Mindestabmessungen unbekleideter Zugglieder F30-B und F60-B aus Nadelvoll- und Brettschichtholz können Tafel 90 entnommen werden. Die Werte der Tafel 90 gelten auch für Vollholz aus Buche; für Vollholz aus Laubhölzern (außer Buche) mit einer Rohdichte ϱ > 600 kg/m^3 dürfen alle Werte der Tafel 90 mit 0,8 multipliziert werden; dies sind die Laubhölzer (außer Buche) der Tafel 1.

Die Angaben der Tafel 90 gelten für Holz-Zugglieder mit Rechteckquerschnitt unter reiner Zugbeanspruchung oder unter Zug- und Biegebeanspruchung nach DIN 1052-1 mindestens der Sortierklasse S10/MS10; sie gelten für Zugglieder ohne Aussparungen, Ausfräsungen, Stöße, Anschlüsse und dgl. mehr. Die Mindestanforderungen dieser Details sind in Abschn. 6.5 für die hier angeführten Verbindungsmittel dargestellt, weitere Angaben s. DIN 4102-4, 5.8 und [15].

Tafel 90 Mindestbreite b unbekleideter Zugglieder aus Nadelvoll- und Brettschichtholz mit einem Seitenverhältnis $h/b = 1,0$ und $2,0$ bei 3seitiger und 4seitiger Brandbeanspruchung für F 30-B und F 60-B nach DIN 4102-4, Tab. 85

Zeile	Statische Beanspruchung Zug $\sigma_{Z\parallel}$ zul $\sigma_{Z\parallel}$ [1])	Biegung σ_B zul σ_B^*	Nadelholz Vollholz[2]) F 30-B 3seitig h/b 1,0	2,0	4seitig h/b 1,0	2,0	Brettschichtholz F 30-B 3seitig h/b 1,0	2,0	4seitig h/b 1,0	2,0	F 60-B 3seitig h/b 1,0	2,0	4seitig h/b 1,0	2,0
			Mindestbreite b in mm Brandbeanspruchung											
1	1,0	0	89	80	110	88	80	80	96	80	149	134	188	149
2	0,8	0	81	80	99	80	80	80	87	80	135	123	168	134
3		0,2	96	97	123	103	84	85	107	90	158	151	208	163
4	0,6	0	80	80	89	80	80	80	80	80	123	120	149	122
5		0,4	102	105	133	112	89	92	117	98	167	159	225	173
6	0,4	0	80	80	80	80	80	80	80	80	120	120	134	120
7		0,6	106	111	143	118	93	97	125	103	175	166	240	180
8	0,2	0	80	80	80	80	80	80	80	80	120	120	120	120
9		0,8	110	116	151	124	96	101	132	108	182	171	254	186
10	0	0,2	80	81	87	84	80	80	80	80	121	127	146	131
11		1,0	114	120	160	128	100	105	140	112	189	176	267	192

[1]) zul $\sigma_B^* = 1,1 \cdot k_B \cdot$ zul σ_B mit $1,1 \cdot k_B \leq 1,0$, s. Gl. (101)
[2]) gilt für Vollholz aus Nadelhölzern und aus Buche der Tafel 1; für Vollholz aus Laubhölzern (außer Buche) mit einer Rohdichte $\varrho > 600$ kg/m³ dürfen alle Werte dieser Tafel mit 0,8 multipliziert werden, dies sind die Laubhölzer (außer Buche) der Tafel 1

6.3 Feuerwiderstandsklassen F 30-B und F 60-B unbekleideter Holzbalken aus Brettschichtholz mit Durchbrüchen (Öffnungen)

Die Angaben der Tafeln 86 bis 89 gelten auch für unbekleidete Holzbalken aus Brettschichtholz mit Durchbrüchen (Öffnungen) bis zu einem Normalkraftanteil von 20%, wenn die Abmessungen und Anordnungen für Verstärkungen des Bildes 10, Abschn. 3.4.9, und die Gl. (175) für die Gesamtverstärkungsdicke t in mm (je Seite $t/2$) eingehalten werden.

$t \geqq (0,15 + 0,4 \cdot \tau_Q) \cdot b$ in mm (175)
jedoch $\geqq 40$ mm

τ_Q vorhandene Schubspannung in MN/m² in Durchbruchsmitte
b Trägerbreite in mm

Durchbrüche in unbekleideten Holzbalken aus Brettschichtholz der Feuerwiderstandsdauer F 30-B und F 60-B sind demnach stets zu verstärken. Die Verstärkungen sind aus Bau-Furniersperrholz aus Buche BFU-BU 100 nach DIN 68 705-5 herzustellen, weitere Angaben zur Verstärkung s. Abschn. 3.4.9.

6.4 Feuerwiderstandsklassen F 30-B und F 60-B von Holzbalkendecken mit vollständig freiliegenden, 3seitig dem Feuer ausgesetzten Holzbalken

Der Aufbau und die Mindestabmessungen von Holzbalkendecken F 30-B und F 60-B mit vollständig freiliegenden Holzbalken und 3seitiger Brandbeanspruchung sind in Tafel 91 dargestellt. Die Angaben gelten für Holzbalkendecken, die nach

10

DIN 1052-1 beansprucht sind, mit Holzbalken mindestens der Sortierklasse S 10/MS 10. Weitere Holzbalkendecken s. DIN 4102-4, 5.3 und [15].

Tafel 91 Holzbalkendecken F 30-B und F 60-B mit 3seitig dem Feuer ausgesetzten Holzbalken mit schwimmendem Estrich oder schwimmendem Fußboden nach DIN 4102-4, Tab. 62[1])

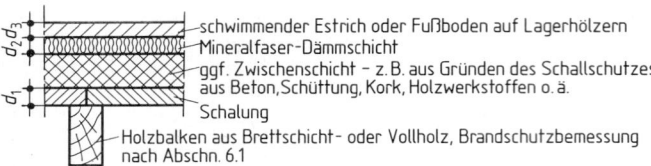

schwimmender Estrich oder Fußboden auf Lagerhölzern
Mineralfaser-Dämmschicht
ggf. Zwischenschicht – z.B. aus Gründen des Schallschutzes
aus Beton, Schüttung, Kork, Holzwerkstoffen o. ä.
Schalung
Holzbalken aus Brettschicht- oder Vollholz, Brandschutzbemessung
nach Abschn. 6.1

Zeile	Schalung[1]) Mindestdicke bei Verwendung von		Mineralfaser-Dämmschicht mit $\varrho \geq 30 \ kg/m^3$	Fußboden[3]) Mindestdicke bei Verwendung von		Feuer-widerstands-klasse-Benennung
	Holzwerkstoff-platten mit $\varrho \geq 600 \ kg/m^3$	Brettern oder Bohlen	Mindestdicke	Holzwerkstoff-platten mit $\varrho \geq 600 \ kg/m^3$	Brettern, gespundet	
	d_1 in mm	d_1[2]) in mm	d_2 in mm	d_3 in mm	d_3 in mm	
1	25	28	15	16	21	F 30-B
2	19 + 16[4])	22 + 16[4])	15	16	21	
3	45	50	30	25	28	F 60-B
4	35 + 19[4])	40 + 19[4])	30	25	28	

[1]) als Schalungen dürfen verwendet werden: Bau-Furniersperrholzplatten nach DIN 68 705-3,5, Spanplatten nach DIN 68 763 und gespundete Bretter aus Nadelholz nach DIN 4072; alle Platten und Schalungen müssen eine geschlossene Fläche bilden
[2]) mit Dicken $d_D \geq d_1$ nach DIN 4102-4, Bild 47
[3]) anstelle der hier angegebenen Fußböden dürfen auch schwimmende Estriche oder schwimmende Fußböden mit folgenden Mindestdicken verwendet werden:
— Estrich aus Mörtel, Gips oder Asphalt:
 $d_3 \geq 20$ mm für F 30-B und F 60-B
— Fußboden aus Holzwerkstoffplatten, Brettern oder Parkett:
 $d_3 \geq 16$ mm für F 30-B
 ≥ 25 mm für F 60-B
[4]) die erste Zahl gilt für die tragende Schulung; die zweite Zahl gilt für eine zusätzliche, raumseitige Bretterschalung mit einer Dicke $d_D \geq d_1$ nach DIN 4102-4, Bild 47

6.5 Feuerwiderstandsklassen F 30-B und F 60-B von Verbindungen

Die Angaben dieses Abschnittes gelten nur für mechanische Verbindungen zwischen Holzbauteilen nach Abschn. 4 in den Verbindungs-, Anschluß- und Stoßbereichen, die anzuschließenden Bauteile sind nach den Abschn. 6.1 bis 6.4 zu bemessen.

Die Angaben gelten nur für auf Druck, Zug oder Abscheren beanspruchte Verbindungen, deren Kräfte symmetrisch übertragen werden, z. B. nach Bild 39 in einer zweischnittigen Verbindung (sie gelten z. B. nicht für einschnittige Verbindungen). Die Angaben gelten ebenfalls nicht für Verbindungen mit Verbindungsmitteln, die in Axialrichtung beansprucht werden. Über weitere Angaben s. DIN 4102-4, 5.8 und *Kordina/Meyer-Ottens* [15].

6.5.1 Allgemeine Regeln zum Schutz der Verbindungsmittel bei den Feuerwiderstandsklassen F30-B und F60-B (Holzabmessungen)

Tragende Verbindungen und Verbindungen zur Lagesicherung müssen für die Feuerwiderstandsklassen F30-B und F60-B durch die in Tafel 92 angegebenen Randabstände und Seitenhölzer geschützt werden, sofern im folgenden keine Zusatzangaben gemacht werden.

Wenn Verbindungsmittel durch eingeleimte Holzscheiben, Pfropfen oder Decklaschen für die Feuerwiderstandsklassen F30-B und F60-B geschützt werden, sind die Maßangaben der Tafel 93 einzuhalten. Werden innenliegende Stahl- und Stahlblechformteile durch Holz mit der Dicke c_f nach Tafel 93 überdeckt, gelten sie als brandschutztechnisch ausreichend bekleidet.

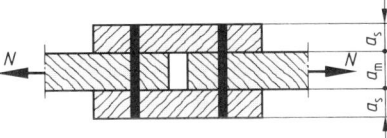

Bild 39 Symmetrische Verbindung rechtwinklig zur Kraftrichtung; Darstellung von Stabdübeln ohne Überstand nach DIN 4102-4, Bild 50

Tafel 92 Schutz der Verbindungsmittel durch Randabstände und Seitenhölzer bei den Feuerwiderstandsklassen F30-B und F60-B für tragende Verbindungen und Verbindungen zur Lagesicherung nach DIN 4102-4, 5.8.2.1 [1]) [2])

Randabstände e der Verbindungsmittel und Seitenholzdicken a

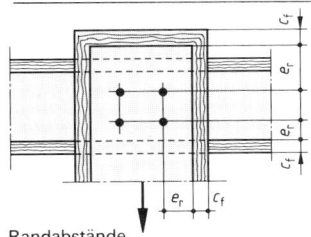

Randabstände

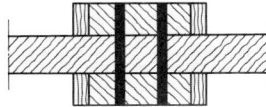

Beispiel: Stabdübel ohne Überstand

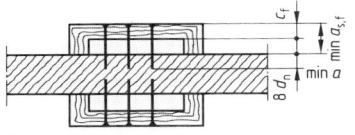

Beispiel: Nägel

Randabstände der Verbindungsmittel vom beanspruchten und unbeanspruchten Rand: [3]) [4])

min $e_{r,f} = e_r + c_f$ in mm

e_r Randabstand ($\parallel$ oder $\perp$ zur Kraftrichtung) nach Abschn. 4

$c_f = 10$ mm für F30
   $= 30$ mm für F60

Mindestseitenholzdicke: [5])

min $a_{s,f} = 50$ mm für F30
   $= 100$ mm für F60

für Verbindungen mit Mindestholzdicken min a nach Abschn. 4 ist für das Seitenholz zusätzlich einzuhalten:

min $a_{s,f} = $ min $a + c_f$ in mm

[1]) einzuhaltende Holzabmessungen
[2]) Bei Rändern, die gegenüber Brandeinwirkung geschützt sind, gelten die Randabstände nach Abschn. 4
[3]) für Stabdübel und Bolzen mit einem Durchmesser $d_{st,b} \geq 20$ mm genügt für F30 der Randabstand nach Abschn. 4.2 und für F60 eine Vergrößerung um 20 mm
[4]) der Randabstand von Verbindungsmitteln, die zur Befestigung von Decklaschen dienen, muß mindestens c_f betragen
[5]) Mindestseitenholzdicken dürfen unter Einbeziehung der Scheiben- bzw. Laschendicke nachgewiesen werden

Tafel 93 Schutz der Verbindungsmittel durch eingeleimte Holzscheiben, Pfropfen und vorgeheftete Decklaschen bei den Feuerwiderstandsklassen F30-B und F60-B nach DIN 4102-4, 5.8.2.3[1]) [2]) [3]) [4])

Eingeleimte Holzscheiben, eingeleimte Pfropfen und vorgeheftete Decklaschen	
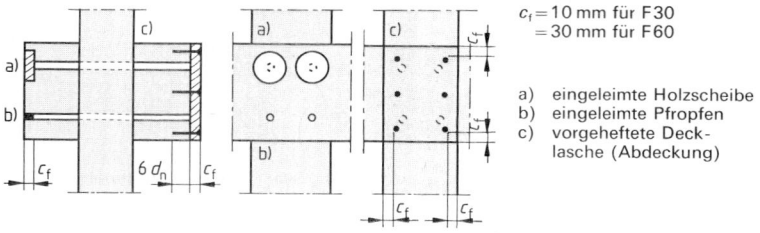	$c_f = 10$ mm für F30 $= 30$ mm für F60 a) eingeleimte Holzscheibe b) eingeleimte Pfropfen c) vorgeheftete Deck- lasche (Abdeckung)

[1]) die Randabstände und Seitenholzdicken der Tafel 92 sind einzuhalten

[2]) Verbindungsmittel zur Befestigung von Decklaschen müssen einen Randabstand von mindestens c_f besitzen

[3]) die Einschlagtiefe von Nägeln zur Befestigung von Decklaschen muß $s \geq 6 d_n$ betragen; je 150 cm² Decklasche ist ein Befestigungsmittel anzuordnen

[4]) werden innenliegende Stahl- und Stahlblechformteile durch Holz mit der Dicke c_f überdeckt, gelten sie als brandschutztechnisch ausreichend bekleidet

6.5.2 Zulässige Belastungen von Stabdübel- und Paßbolzenverbindungen der Feuerwiderstandsklassen F30-B und F60-B

Die zulässige Belastung **ungeschützter Stabdübel** bei Anschlüssen der Feuerwiderstandsklasse F30-B mit innenliegenden Stahlblechen kann Tafel 94, diejenigen bei Anschlüssen ohne Stahlbleche Tafel 95 entnommen werden. Werden Stabdübel nach Tafel 93 mit eingeleimten Holzscheiben oder Pfropfen oder vorgehefteten Decklaschen für die Feuerwiderstandsklassen F30-B bzw. F60-B geschützt, brauchen die Bedingungen der Tafeln 94 und 95 nicht eingehalten zu werden.

Tafel 94 Zulässige Belastung von ungeschützten Stabdübeln mit innenliegenden Stahlblechen in Stabdübelanschlüssen der Feuerwiderstandsklasse F30-B nach DIN 4102-4, 5.8.4[1]) [2]) [3]) [4])

zulässige Belastung zulN_f je Stabdübel (mit innenliegenden Stahlblechen)

$$\text{zul}N_f \leq 1{,}25 \cdot \text{zul}\, \sigma_l \cdot (a_s - 30 \cdot v) \cdot d_{st} \cdot 1{,}25 \cdot \eta \cdot \left(1 - \frac{\alpha}{360}\right)$$

$v = 0{,}8$ mm/min für Vollholz
$= 0{,}7$ mm/min für Brettschichtholz

$$\eta = \frac{(d_{st}/a_s)}{\min(d_{st}/a_s)} \leq 1$$

Abminderung von zulN_f mit η

nicht erforderlich, wenn	erforderlich, wenn
— Mindestlänge der Stabdübel eingehalten[5]) für Stabdübel ohne Überstand: $l_{st} = 2 \cdot a_s + a_m \geq 120$ mm für Stabdübel mit Überstand $l_{st} = 2 \cdot a_s + a_m + 2 \cdot \ddot{u} \geq 200$ mm — Verhältnis $d_{st}/a_s \geq \min(d_{st}/a_s)$	— Verhältnis $d_{st}/a_s < \min(d_{st}/a_s)$ vorzunehmende Abminderung $\text{zul}\overline{N}_f = \text{zul}N_f \dfrac{d_{st}/a_s}{\min(d_{st}/a_s)}$

$$\min(d_{st}/a_s) = 0{,}08 \left(1 + \left[\frac{110}{l'_{st}}\right]^4\right) \cdot \left(1 - \frac{\alpha}{360}\right)$$

Fußnoten s. nächste Seite

Fußnoten zu Tafel 94

[1]) Hierin bedeuten

a_s, a_m Breiten des Seitenholzes bzw. innenliegenden Stahlblechs nach Bild 40 (bzw. des Mittelholzes nach Bild 41)

d_{st} Durchmesser des Stabdübels

l_{st} Länge des Stabdübels

l'_{st} $= l_{st}$ für Stabdübel ohne Überstand
$= 0,6 \cdot l_{st}$ für Stabdübel mit Überstand

$\ddot{u}$ Überstand der Stabdübel, $\ddot{u} \leq 20$ mm

α Winkel zwischen Kraftangriff und Faserrichtung des Mitten- oder Seitenholzes ($\alpha \leq 90°$)

v Abbrandgeschwindigkeit

zul σ_l zulässige Lochleibungsspannung nach Abschn. 4.2

[2]) die Bedingungen der Tafel 92 sind stets einzuhalten

[3]) Werden Stabdübel mit eingeleimten Holzscheiben oder Pfropfen oder vorgehefteten Decklaschen nach Tafel 93 für die Feuerwiderstandsdauer F 30-B bzw. F 60-B geschützt, brauchen die Bedingungen der Tafel 94 nicht eingehalten werden

[4]) Paßbolzenverbindungen mit ungeschützten Schraubenbolzen dürfen nur mit maximal 25% der entsprechenden zulässigen Stabdübelbelastungen beansprucht werden

[5]) eine Fase von ≤ 5 mm am Stabdübelende gilt nicht als Überstand

Tafel 95 Zulässige Belastung von ungeschützten Stabdübeln (ohne Stahlbleche) in Stabdübelanschlüssen der Feuerwiderstandsklasse F 30-B nach DIN 4102-4, 5.8.4[1])[2])[3])[4])

zulässige Belastung zul N_f je Stabdübel (ohne Stahlbleche)

$$zul\, N_f \leq 1,25 \cdot zul\, \sigma_l \cdot (a_s - 30 \cdot v) \cdot d_{st} \cdot \eta \cdot \left(1 - \frac{\alpha}{360}\right)$$

$v = 0,8$ mm/min für Vollholz

$= 0,7$ mm/min für Brettschichtholz $\eta = \dfrac{(d_{st}/a_s)}{\min(d_{st}/a_s)} \leq 1$

Abminderung von zul N_f mit η

nicht erforderlich, wenn

— Mindestlänge der Stabdübel eingehalten[5])

für Stabdübel ohne Überstand:

$l_{st} = 2 \cdot a_s + a_m \geq 120$ mm

für Stabdübel mit Überstand:

$l_{st} = 2 \cdot a_s + a_m + 2 \cdot \ddot{u} \geq 200$ mm

— Verhältnis

$d_{st}/a_s \geq \min(d_{st}/a_s)$

erforderlich, wenn

— Verhältnis

$d_{st}/a_s < \min(d_{st}/a_s)$

vorzunehmende Abminderung:

$zul\, \bar{N}_f = zul\, N_f \cdot \dfrac{d_{st}/a_s}{\min(d_{st}/a_s)}$

$$\min(d_{st}/a_s) = 0,16 \cdot \sqrt{a_m/a_s} \cdot \left(1 + \left[\frac{110}{l'_{st}}\right]^4\right) \cdot \left(1 - \frac{\alpha}{360}\right)$$

[1])[2])[3])[4])[5]) s. Fußnoten der Tafel 94 und Bild 41; Fußnote [3]) gilt sinngemäß für Tafel 95

Paßbolzenverbindungen mit ungeschützten Schraubenbolzen dürfen nur mit maximal 25% der entsprechenden zulässigen Stabdübelbelastungen der Tafeln 94 und 95 beansprucht werden.

Bei mit Stabdübeln verdübelten Balken der Feuerwiderstandsklassen F 30-B und F 60-B sind nur die Holzabmessungen der Tafel 92 einzuhalten.

Beispiele für Mindestabmessungen von Stabdübelverbindungen bei Anschlüssen der Feuerwiderstandsklasse F 30-B sind in den Bildern 40 und 41 dargestellt; Beispiele der Feuerwiderstandsklasse F 60-B können DIN 4102-4, 5.8.11, entnommen werden.

10

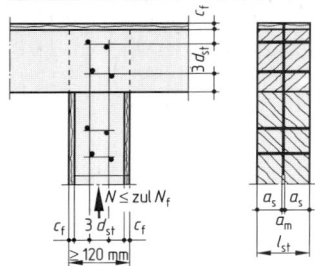

$N \leq$ zul N_f

$c_f \quad 3\,d_{st} \quad c_f$

≥ 120 mm

Blechbreite bei bündiger Anordnung (ungeschützt) $a_s \geq 50$ mm $a_m \geq 2$ mm $c_f \geq 10$ mm
$l_{st} \geq 120$ mm
d_{st} nach rechtsstehender Zusammenstellung

Bild 40 Mindestabmessungen für Stabdübelverbindungen mit innenliegenden Stahlblechen bei Anschlüssen der Feuerwiderstandsklasse F30-B (Beispiele; Stabdübel ohne Überstand) nach DIN 4102-4, Bild 60

Seitenholz-dicke a_s in mm	Stabdübel-durchmesser d_{st} in mm
60 und 80	8
100	10
120 und 140	12
160 und 180	16
200 und 220	20

Seitenholzdicken a_s und zugehörige Stabdübeldurchmesser d_{st} unter Berücksichtigung von Vorzugsmaßen für $N \leq$ zul$N$

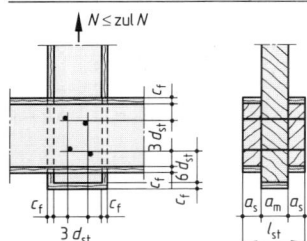

$N \leq$ zul N

$c_f \quad c_f$

$3\,d_{st}$

$a_s \quad a_m \quad a_s$

l_{st}

Bild 41 Mindestabmessungen für Stabdübelverbindungen ohne Stahlbleche bei Anschlüssen der Feuerwiderstandsklasse F30-B (Beispiele; Stabdübel ohne Überstand) nach DIN 4102-4, Bild 62

$a_s \geq 50$ mm $c_f \geq 10$ mm $l_{st} \geq 120$ mm
d_{st} in Abhängigkeit von a_s und a_m nach untenstehenden Zusammenstellungen

Seiten-holz-dicke a_s in mm									
	Mittelholzdicke a_m in mm								
	40	60	80	100	120	140	160	180	200
60	10	12							
80	10	12	16						
100		16	16	20	20	20			
120		16	16	20	20	24	24	24	28
140			20	20	24	24	28	28	28
160			20	24	24	28	28	28	32
180				24	24	28	28	32	32
200				24	28	28	32	32	36

Erforderliche Stabdübeldurchmesser d_{st} (Vorzugsmaße) in Abhängigkeit von den Holzdikken a_s und a_m für $\alpha = 0°$, bei denen eine Abminderung der maximal zulässigen Belastung zul$N$ nicht erforderlich ist.

Seiten-holz-dicke a_s in mm									
	Mittelholzdicke a_m in mm								
	40	60	80	100	120	140	160	180	200
60	8	10							
80	8	10	12	12					
100		10	12	16	16	16	16	20	20
120		12	12	16	16	16	20	20	20
140			16	16	16	20	20	20	24
160			16	16	20	20	20	24	24
180		·	20	20	20	24	24	24
200			20	20	24	24	24	28

Erforderliche Stabdübeldurchmesser d_{st} (Vorzugsmaße) in Abhängigkeit von den Holzdikken a_s und a_m für $\alpha = 90°$, bei denen eine Abminderung der maximal zulässigen Belastung zul$N$ nicht erforderlich ist.

6.5.3 Zulässige Belastungen von Bolzenverbindungen der Feuerwiderstandsklassen F30-B und F60-B

Die zulässige Belastung ungeschützter Bolzen bei Anschlüssen der Feuerwiderstandsklasse F30-B kann Tafel 96 entnommen werden. Werden Bolzen nach Tafel 93 mit eingeleimten Holzscheiben oder vorgehefteten Decklaschen für die Feuerwiderstandsklassen F30-B bzw. F60-B geschützt, brauchen die Bedingungen der Tafel 96 nicht eingehalten zu werden.

Tafel 96 Zulässige Belastung ungeschützter Bolzen in Bolzenanschlüssen der Feuerwiderstandsklasse F 30-B nach DIN 4102-4, 5.8.5[1] [2] [3])

Zulässige Belastung zul N_f je Bolzen	
ohne zusätzliche Sondernägel:	zul $N_f \leq 0{,}25 \cdot$ zul N_b
mit zusätzlichen, ungeschützten Sondernägeln:	zul $N_f =$ zul N_b

unter folgenden Bedingungen, wenn
– die Einschlagtiefe der Sondernägel ins Mittelholz $s \geq 8\,d_n$ beträgt,
– mindestens die Hälfte der Sondernägel, die bei einem Anschluß nur mit Sondernägeln allein erforderlich wären, angeordnet werden,
  jedoch: mindestens 4 Sondernägel bei 1 Bolzen und
     mindestens 6 Sondernägel bei 2 Bolzen erforderlich

[1]) Hierin bedeuten:
d_n Durchmesser des Sondernagels (glatter Schaftteil)
zul N_b zulässige Bolzenbelastung nach Abschn. 4.2
[2]) die Bedingungen der Tafel 92 sind stets einzuhalten
[3]) Werden Bolzen mit eingeleimten Holzscheiben oder vorgehefteten Decklaschen nach Tafel 93 für die Feuerwiderstandsklassen F 30-B bzw. F 60-B geschützt, brauchen die Bedingungen der Tafel 96 nicht eingehalten zu werden.

6.5.4 Zulässige Belastungen von Dübelverbindungen mit Dübeln besonderer Bauart der Feuerwiderstandsklasse F 30-B und F 60-B

Die zulässige Belastung von Dübeln besonderer Bauart mit ungeschützten Schraubenbolzen (bzw. Sechskant- oder Sechskantholzschrauben) bei Anschlüssen der Feuerwiderstandsklasse F 30-B kann Tafel 97 entnommen werden. Werden bei Dübeln besonderer Bauart die Schraubenbolzen (bzw. Sechskant- oder Sechskantholzschrauben) nach Tafel 93 mit eingeleimten Holzscheiben oder Pfropfen oder vorgehefteten Decklaschen für die Feuerwiderstandsklassen F 30-B bzw. F 60-B geschützt, brauchen die Bedingungen der Tafel 97 nicht eingehalten werden.

Bei mit Dübeln besonderer Bauart verdübelten Balken der Feuerwiderstandsklassen F 30-B bzw. F 60-B sind nur die Holzabmessungen der Tafel 92 einzuhalten.

Tafel 97 Zulässige Belastung von Dübelverbindungen mit Dübel besonderer Bauart und ungeschützten Schraubenbolzen[1]) bei Anschlüssen der Feuerwiderstandsklasse F 30-B nach DIN 4102-4, 5.8.3[2]) [3]) [4])

Zulässige Belastung zul N_f je Dübel	
ohne zusätzliche Sondernägel[5]):	zul $N_f \leq 0{,}25 \cdot$ zul $N_D \cdot a_s / \min a_{s,f} \leq 0{,}5 \cdot$ zul N_D
Mindestseitenholzdicke:	$\min a_{s,f} = \min a + 10$ mm
mit zusätzlichen, ungeschützten Sondernägeln:	zul $N_f =$ zul N_D

unter folgenden Bedingungen, wenn
– die Einschlagtiefe der Sondernägel ins Mittelholz $s \geq 8\,d_n$ beträgt,
– mindestens die Hälfte der Sondernägel, die bei einem Anschluß nur mit Sondernägeln allein erforderlich wären, angeordnet werden,
  jedoch: mindestens 4 Sondernägel bei 1 Dübel besonderer Bauart und
     mindestens 6 Sondernägel bei 2 Dübeln besonderer Bauart

[1]) oder ungeschützten Sechskantschrauben oder ungeschützten Sechskantholzschrauben
[2]) Hierin bedeuten:
$\min a$ Mindestholzdicke bei Dübeln besonderer Bauart nach Abschn. 4.5.2, Tafel 77
a_s Seitenholzdicke nach Bild 42
d_n Durchmesser des Sondernagels (glatter Schaftteil)
zul N_D zulässige Belastung des Dübels besonderer Bauart nach Abschn. 4.5.2, Tafel 77
[3]) die Bedingungen der Tafel 92 sind stets einzuhalten
[4]) Werden bei Dübeln besonderer Bauart die Schraubenbolzen (bzw. Sechskantschrauben oder Sechskantholzschrauben) nach Tafel 93 mit eingeleimten Holzscheiben oder Pfropfen oder vorgehefteten Decklaschen für die Feuerwiderstandsklassen F 30-B bzw. F 60-B geschützt, brauchen die Bedingungen der Tafel 97 nicht eingehalten werden
[5]) bei Anordnung von Klemmbolzen nach Abschn. 4.5, Bild 33, darf zul $N = 0{,}5 \cdot$ zul N_D in Rechnung gestellt werden

10

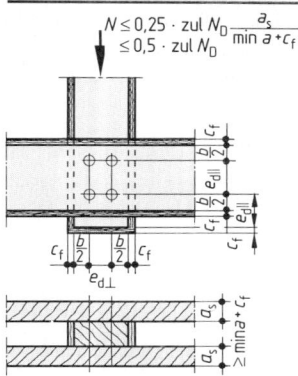

$$N \leq 0,25 \cdot \text{zul } N_D \frac{a_s}{\min a + c_f}$$
$$\leq 0,5 \cdot \text{zul } N_D$$

Beispiele für Mindestabmessungen von Dübelverbindungen mit Dübeln besonderer Bauart und ungeschützten Schraubenbolzen der Feuerwiderstandsklasse F30-B sind in Bild 42 dargestellt.

$c_f = 10$ mm

$e_{d\perp}, e_{d\parallel}, b$ und min a sowie zul N_D nach Abschn. 4.5.2

Bild 42
Mindestabmessungen und zulässige Belastung für Dübelverbindungen mit Dübeln besonderer Bauart und ungeschützten Schraubenbolzen (ohne zusätzliche Sondernägel) bei Anschlüssen der Feuerwiderstandsklasse F30-B (Beispiel) nach DIN 4102-4, Bild 59

6.5.5 Zulässige Belastungen von Nagelverbindungen der Feuerwiderstandsklasse F30-B und F60-B

Die zulässige Belastung ungeschützter Nägel bei Anschlüssen der Feuerwiderstandsklasse F30-B mit und ohne innenliegenden Stahlblechen kann Tafel 98 entnommen werden. Werden Nägel mit vorgehefteten Decklaschen nach Tafel 93 für die Feuerwiderstandsklassen F30-B bzw. F60-B geschützt, brauchen die Bedingungen der Tafel 98 nicht eingehalten werden, s. auch Bild 44.

Tafel 98 Zulässige Belastung von ungeschützten Nägeln bei Anschlüssen der Feuerwiderstandsklasse F30-B nach DIN 4102-4, 5.8.6[1] [2] [3] [5])

Nagelanschluß ohne innenliegende Stahlbleche

Zulässige Belastung zul N_f je Nagel:	zul N_f = zul N_1
unter der Bedingung:	— Einschlagtiefe $s \geq 8 d_n$

Abminderung von zul N_f je Nagel[4])

nicht erforderlich, wenn	erforderlich, wenn
— Verhältnis $d_n/a_s \geq \min (d_n/a_s)$	— Verhältnis $d_n/a_s < \min (d_n/a_s)$
	vorzunehmende Abminderung:
	zul $\bar{N}_f$ = zul $N_f \cdot \dfrac{d_n/a_s}{\min (d_n/a_s)}$

$$\min (d_n/a_s) = 0,05 \cdot \left(1 + \left[\frac{110}{l_n}\right]^4\right)$$

Nagelanschluß mit innenliegenden Stahlblechen

zulässige Belastung zul N_f je Nagel:	zul N_f = zul N_1
unter den Bedingungen	— Nagellänge $l_n \geq 90$ mm
	— Stahlbleche nach DIN 4102 T4, 5.8.7

[1]) Hierin bedeuten:
a_s Seitenholzbreite nach Bild 43 bzw. 44
d_n Nageldurchmesser
l_n Nagellänge
zul N_1 zulässige Belastung des Nagels auf Abscheren nach Abschn. 4.3.1
[2]) die Bedingungen der Tafel 92 sind stets einzuhalten
[3]) werden Nägel mit vorgehefteten Decklaschen nach Tafel 93 für die Feuerwiderstandsklassen F30-B bzw. F60-B geschützt, brauchen die Bedingungen der Tafel 98 nicht eingehalten werden, als Beispiel s. Bild 44
[4]) für Sondernägel genügt es, nur die Bedingung $s \geq 8 d_n$ einzuhalten
[5]) bei Nagelverbindungen zur Lagesicherung der Feuerwiderstandsklassen F30-B bzw. F60-B sind nur die Holzabmess. der Tafel 92 und zusätzlich eine Einschlagtiefe $s \geq 8 d_n$ einzuhalten

Beispiele für Mindestabmessungen von Nagelverbindungen ohne innenliegende Stahlbleche mit ungeschützten Nägeln der Feuerwiderstandsklasse F 30-B sind in Bild 43, derartige mit geschützten Nägeln der Feuerwiderstandsklasse F 60-B in Bild 44 dargestellt.

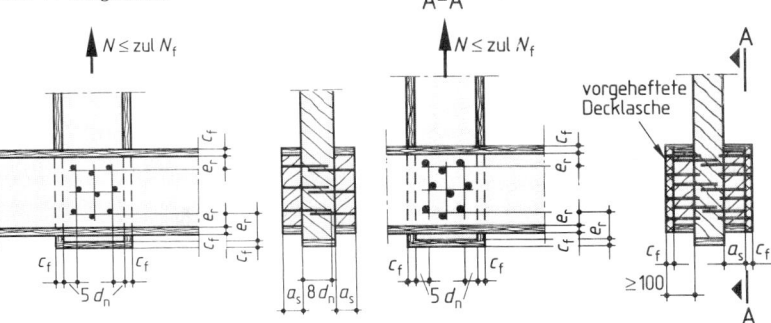

$a_s \geq 50$ mm
$a_s \geq$ min $a + c_f$
$c_f = 10$ mm
d_n nach untenstehender Zusammenstellung
Einschlagtiefe: $8 d_n$

a_s in mm	Mindest-Nagelgröße $d_n \times l_s$
60	46×130
80	55×140
100	60×180
120	70×210
160	88×260

Seitenholzdicken a_s und zugehörige Mindest-Nagelgrößen unter Berücksichtigung von Vorzugsmaßen für $N \leq$ zul N_f

Bild 43 Mindestabmessungen für Nagelverbindungen ohne innenliegende Stahlbleche mit ungeschützten Nägeln bei Anschlüssen der Feuerwiderstandsklasse F 30-B (Beispiel) nach DIN 4102-4, Bild 66

$a_s \geq 100$ mm − Laschendicke ⎫ bei Schutz der
$\quad \geq$ min a ⎬ Nägel durch
$c_f = 30$ mm ⎭ Holzlaschen

Bild 44 Mindestabmessungen für Nagelverbindungen ohne innenliegende Stahlbleche mit geschützten Nägeln bei Anschlüssen der Feuerwiderstandsklasse F 60-B (Beispiel; s. auch Tafel 92) nach DIN 4102-4, Bild 67

Nagelverbindungen zur Lagesicherung

Bei Nagelverbindungen zur Lagesicherung, z. B. bei Auflagern, Kontaktstößen und dgl. mehr der Feuerwiderstandsklassen F 30-B bzw. F 60-B sind nur die Holzabmessungen der Tafel 92 und zusätzlich eine Einschlagtiefe $s \geq 8 d_n$ einzuhalten.

7 Holzschutz

Neben der Auswahl geeigneter Holzarten sind für einen wirksamen Holzschutz baulich (konstruktive), in vielen Fällen chemische und gegebenenfalls Oberflächen-Schutzmaßnahmen notwendig. Von diesen drei Schutzmaßnahmen ist der bauliche Holzschutz der weitaus wichtigste; der chemische Holzschutz und der Oberflächenschutz sind oft notwendige Schutzmaßnahmen, die den baulichen Holzschutz ergänzen.

7.1 Baulicher (konstruktiver) Holzschutz

Der bauliche Holzschutz beinhaltet vorbeugende bauliche Maßnahmen zur Vermeidung erhöhter Feuchtebeanspruchungen tragender und aussteifender Holzbauteile und daraus resultierender Schäden sowie zur Verhinderung des Zutritts holzzerstörender Insekten zu verdeckt angeordnetem Holz, hierüber s. DIN 68800-2. Das Eindringen von Feuchte, bes. in tropfbarer Form, sowie stehende Feuchte ist zu verhindern, ein schnelles Abfließen von Wasser und ungehinderte Luftzufuhr sicherzustellen. Beispiele zum Schutz gegen Feuchtebeanspruchung sind in Tafel 99 dargestellt.

Tafel 99 Beispiele baulich (konstruktiven) Holzschutzes wetterbeanspruchter Holzbauteile zur Vermeidung erhöhter Feuchtebeanspruchung

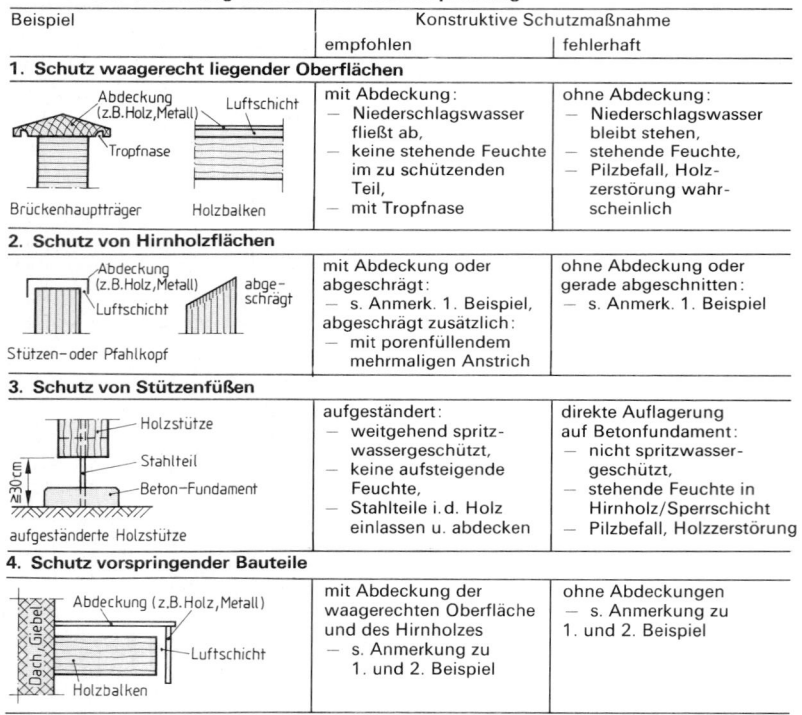

Beispiel	Konstruktive Schutzmaßnahme	
	empfohlen	fehlerhaft
1. Schutz waagerecht liegender Oberflächen		
Abdeckung (z.B.Holz,Metall) Luftschicht Tropfnase Brückenhauptträger Holzbalken	mit Abdeckung: — Niederschlagswasser fließt ab, — keine stehende Feuchte im zu schützenden Teil, — mit Tropfnase	ohne Abdeckung: — Niederschlagswasser bleibt stehen, — stehende Feuchte, — Pilzbefall, Holzzerstörung wahrscheinlich
2. Schutz von Hirnholzflächen		
Abdeckung (z.B.Holz,Metall) abgeschrägt Luftschicht Stützen-oder Pfahlkopf	mit Abdeckung oder abgeschrägt: — s. Anmerk. 1. Beispiel, abgeschrägt zusätzlich: — mit porenfüllendem mehrmaligen Anstrich	ohne Abdeckung oder gerade abgeschnitten: — s. Anmerk. 1. Beispiel
3. Schutz von Stützenfüßen		
Holzstütze Stahlteil Beton-Fundament ≥30cm aufgeständerte Holzstütze	aufgeständert: — weitgehend spritzwassergeschützt, — keine aufsteigende Feuchte, — Stahlteile i. d. Holz einlassen u. abdecken	direkte Auflagerung auf Betonfundament: — nicht spritzwassergeschützt, — stehende Feuchte in Hirnholz/Sperrschicht — Pilzbefall, Holzzerstörung
4. Schutz vorspringender Bauteile		
Abdeckung (z.B.Holz,Metall) Dach,Giebel Luftschicht Holzbalken	mit Abdeckung der waagerechten Oberfläche und des Hirnholzes — s. Anmerkung zu 1. und 2. Beispiel	ohne Abdeckungen — s. Anmerkung zu 1. und 2. Beispiel

7.2 Chemischer Holzschutz nach DIN 68800-3

Der chemische Holzschutz beinhaltet vorbeugende Schutzmaßnahmen für Holzbauteile, die der Gefahr von Bauschäden durch Insekten und/oder Pilze sowie durch Auswaschungen und Moderfäule ausgesetzt sind.

Tragende und/oder aussteifende Holzbauteile müssen einen vorbeugenden chemischen Schutz durch geeignete, zugelassene Holzschutzmittel mit Prüfzeichen erhalten, Ausnahmen s. Tafel 101; hingegen ist bei **nichttragenden, nicht maßhaltigen Hölzern** ohne statische Funktion i.allg. ein chemischer Schutz entbehrlich.

Die chemischen Holzschutzmaßnahmen richten sich nach der Zuordnung zu einer Gefährdungsklasse, s. Tafel 100. Schutzmaßnahmen sind nicht erforderlich in der Gefährdungsklasse 0, oder wenn in anderen Gefährdungsklassen die Bedingungen der Tafel 101 eingehalten werden.

Durch **bauliche Maßnahmen** nach DIN 68800-2 kann auch die Einstufung in eine niedrigere Gefährdungsklasse erreicht werden. Auf chemische Schutzmaßnahmen kann ebenso verzichtet werden, wenn Hölzer entsprechender **Dauerhaftigkeitsklassen** eingesetzt werden, s. DIN EN 350-2 und DIN EN 460.

Tafel 100 Gefährdungsklassen, Zuordnung von Holzbauteilen zu Gefährdungsklassen, Anforderungen an Holzschutzmittel sowie Prüfprädikate für tragende/aussteifende Holzbauteile nach DIN 68800-3, Tab. 1, 2 und 3[1]), s. auch Tafel 101

Gefährdungsklasse	0	1	2	3	4

a) Gefährdungsklassen

	0	1	2	3	4
Bean-spruchungen		Innen verbautes Holz, ständig trocken	Holz, das weder dem Erdkontakt noch direkt der Witterung oder Auswaschung ausgesetzt ist, vorübergehende Befeuchtung möglich	Holz der Witterung oder Kondensation ausgesetzt, aber nicht in Erdkontakt	Holz in dauerndem Erdkontakt oder ständiger starker Befeuchtung ausgesetzt[2])
Gefährdung durch Insekten	nein[3])	ja	ja	ja	ja
Pilze	nein	nein	ja	ja	ja
Auswaschung	nein	nein	nein	ja	ja
Moderfäule	nein	nein	nein	nein	ja

b) Zuordnung von Holzbauteilen zu Gefährdungsklassen

	Holzbauteile, die durch Niederschläge, Spritzwasser oder dgl. **nicht** beansprucht werden			Holzbauteile, die durch Niederschläge, Spritzwasser und dgl. beansprucht werden	
Anwendungs-bereiche	wie Gefährdungsklasse 1 unter Berücksichtigung der Tafel 98, Gefährdungsklasse 1	Innenbauteile bei einer mittleren rel. Luftfeuchte bis 70% und gleichartig beanspruchte Bauteile[4])	Innenbauteile bei einer mittleren rel. Luftfeuchte über 70% und gleichartig beanspruchte Bauteile / Innenbauteile in Naßbereichen, Holzteile wasserabweisend abgedeckt / Außenbauteile ohne unmittelbare Wetterbeanspruchung	Außenbauteile mit Wetterbeanspruchung ohne ständigen Erd- und/oder Wasserkontakt / Innenbauteile in Naßräumen	Holzteile mit ständigem Erd- und/oder Süßwasserkontakt[2]), auch bei Ummantelung

c) Anforderungen an Holzschutzmittel, Prüfprädikate

Anforderungen	keine Holzschutzmittel erforderlich	insektenvorbeugend	insektenvorbeugend, pilzwidrig	insektenvorbeugend, pilzwidrig, witterungsbeständig	insektenvorbeugend, pilzwidrig, witterungsbeständig, moderfäulewidrig
Prüfprädikate	–	Iv	Iv, P	Iv, P, W	Iv, P, W, E

[1]) vorbeugender chemischer Schutz von Holzwerkstoffen wird in DIN 68800-5 geregelt
[2]) besondere Bedingungen gelten für Kühltürme sowie Holz im Meerwasser
[3]) vgl. Tafel 101
[4]) Holzfeuchte $u < 20\%$ sichergestellt

Tafel 101 Nicht erforderliche chemische Holzschutzmaßnahmen in den einzelnen Gefährdungsklassen nach DIN 68800-3, 2.2

Gefährdungs-klasse	Holzschutzmaßnahmen nicht erforderlich, wenn in den einzelnen Gefähr-dungsklassen folgende Hölzer verwendet werden:
0	—
1	Farbkernhölzer mit einem Splintholzanteil <10%, oder Holz in Räumen mit üblichem Wohnklima oder vergleichbaren Räumen verbaut und – gegen Insektenbefall allseitig durch eine geschlossene Bekleidung abgedeckt oder – Holz zum Raum hin so offen angeordnet ist, daß es kontrollierbar bleibt
2	splintfreie Farbkernhölzer der Resistenzklasse 1, 2 oder 3 nach DIN 68364
3	splintfreie Farbkernhölzer der Resistenzklasse 1 oder 2 nach DIN 68364
4	splintfreie Farbkernhölzer der Resistenzklasse 1 nach DIN 68364

7.3 Oberflächenschutz nach Informationsdienst Holz und *Willeitner* in [11], Bd. 1

Oberflächenbehandlungen (Anstriche) wetterbeanspruchter Holzbauteile zielen auf dekorative Gestaltung und Schutz vor Verfärbung, Verschmutzung, Feuchte und Pilzbefall. In der Regel sind der chemische Holzschutz und geeignete, aufeinander abgestimmte Oberflächenbehandlungen vorzunehmen.

Die Oberflächenbehandlung besteht aus einem Grundier-, einem od. mehreren Zwischen- und einem Deckanstrich mit z.B. pigmentierten Lasuren (offenporig) oder deckenden Alkydharz-Lackfarben. Die Anstriche sind je nach Bewitterung nach 1 bis 2 Jahren und danach in weiteren Zeitabständen zu wiederholen. Helle Anstriche eignen sich wegen der stärkeren Reflektion besser als dunklere.

8 Sortiermerkmale und -klassen für Nadelschnittholz
nach DIN 4074-1

DIN 4074-1 unterscheidet eine **visuelle und maschinelle Sortierung**. Die maschinelle Sortierung darf nur mit geeigneten und geprüften Sortiermaschinen vorgenommen werden, während die visuelle Sortierung nur erfahrene Fachleute durchführen können. Sortierklassen und -merkmale für Nadelschnittholz sind in Tafel 102 und 103 zusammengestellt. Weitere Anforderungen an Nadelschnittholz sind:

Tafel 102 Sortierklassen bei visueller und maschineller Sortierung von Nadelschnittholz nach DIN 4074-1

Sortierklassen[1]) bei visueller Sortierung	maschineller Sortierung	Bezeichnung der Tragfähigkeit des Schnittholzes	entspricht den Güteklassen der DIN 1052: 1988-04
S 7	MS 7	gering	III
S 10	MS 10	üblich	II
S 13	MS 13	überdurchschnittlich	I
—	MS 17	besonders hoch	—

[1]) die Ziffern der Sortierklassen 7, 10, 13 und 17 entsprechen den jeweils zulässigen Biegespannungen für Nadelholz nach Tafel 1 (außer MS 13)

– **Maßhaltigkeit**
Abweichungen von den vorgesehenen Querschnittsmaßen nach unten sind, bezogen auf eine mittlere Holzfeuchte von 30%, zulässig bis 3% bei 10% der Menge (bei maschineller Sortierung gelten z.T. geringere Abweichungen)

– **Toleranzen**
Bei nachträglicher Inspektion einer Lieferung sortierten Holzes sind ungünstige Abweichungen von den geforderten Grenzwerten zulässig bis 10% bei 10% der Menge

– **Kennzeichnung**
Schnitthölzer der Sortierklassen S 13, MS 7 bis MS 17 sind dauerhaft, eindeutig und deutlich mit vorgeschriebenem Text zu kennzeichnen.

Tafel 103 Sortierkriterien für Kanthölzer aus Nadelholz bei visueller Sortierung nach DIN 4074-1[1])

Sortiermerkmale			Sortierklassen[2])	
		S7	S10	S13

Baumkante

| 1 | | 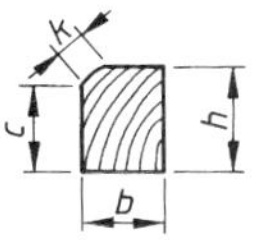 k Breite der Baumkante
$K = k/h$, bezogen auf die größere Querschnittsseite
c verbleibende Sägekante
b/h rechnerischer Querschnitt | $c>0$, alle vier Seiten müssen durchgehend von Schneidwerkzeugen gestreift sein | $K \leq 1/3$
je Querschnittsseite:
c/h und $c/b \geq 1/3$ | $K \leq 1/8$
je Querschnittsseite
c/h und $c/b \geq 2/3$ |

Äste oder Astlöcher (einschl. Astrinde)

| 2 | | 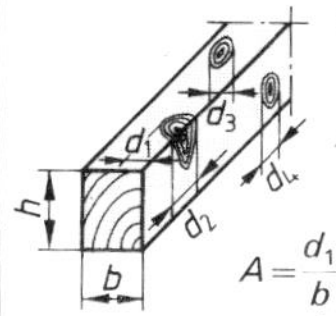 d kleinste sichtbare Durchmesser der Äste
A Ästigkeit, maßgebend ist der größte Ast
$A = \dfrac{d_1}{b}$ oder $A = \dfrac{d_2}{h}$ oder $A = \dfrac{d_3}{b}$ oder $A = \dfrac{d_4}{h}$ | $A \leq 3/5$ | $A \leq 2/5$
≤ 70 mm | $A \leq 1/5$
≤ 50 mm |

Jahrringbreite (als mittlere Jahrringbreite nach DIN 52181)

| 3 | | 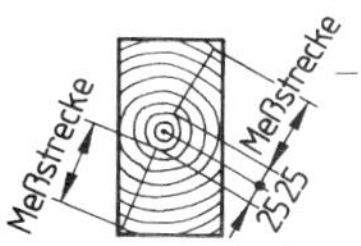 — gemessen in radialer Richtung, bei Querschnitten mit Mark bleibt ein Bereich von 25 mm, ausgehend von der Markröhre, außer Betracht | — | allgemein:
≤ 6 mm
bei Douglasie:
≤ 8 mm | allgemein:
≤ 4 mm
bei Douglasie:
≤ 6 mm |

Faserneigung

| 4 | | 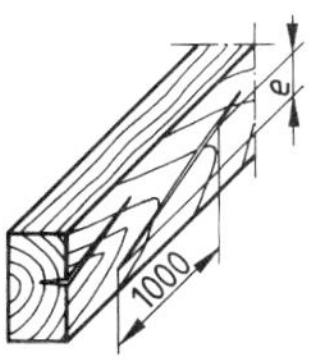 e Abweichung der Fasern auf 1000 mm Länge,
— örtliche Faserabweichungen z. B. durch Äste bleiben unberücksichtigt,
— gemessen wird nach Jahrringverlauf, Schwindrissen od. mit geeignetem Ritzgerät | $e \leq 200$ mm/m | $e \leq 120$ mm/m | $e \leq 70$ mm/m |

Risse[3])[4])

| 5 |  Frostriß    Blitzriß
Ringschäle (ein Riß längs Jahrringe) | | nicht zulässig | nicht zulässig | nicht zulässig |
| | radiale Schwindrisse (Trockenrisse) | | zulässig | zulässig | zulässig |

Fortsetzung und Fußnoten s. nächste Seite

IO

Tafel 103, Fortsetzung

Sortiermerkmale	S7	Sortierklassen[2]) S10	S13

Krümmung [5])

Längskrümmung

6	Pfeilhöhe *h* − Pfeilhöhe *h* an der Stelle der größten Verformung bezogen auf 2000 mm Meßlänge Verdrehung:	≤15 mm/2 m	≤8 mm/2 m	≤5 mm/2 m

Druckholz

7	− wird im lebenden Baum als Reaktion auf äußere Beanspruchung gebildet, − ist durch eine Struktur gekennzeichnet, die vom üblichen Holz verschieden ist, − kann erhebliche Krümmung des Schnittholzes verursachen	bis zu 3/5 des Querschnitts oder der Oberfläche zulässig	bis zu 2/5 des Querschnitts oder der Oberfläche zulässig	bis zu 1/5 des Querschnitts oder der Oberfläche zulässig

Verfärbungen (als Veränderung der natürlichen Holzfarbe)

8	**Bläue** entsteht durch Bläuepilze, diese leben von Inhaltsstoffen, nicht von Zellwänden, keine Festigkeitsminderungen	zulässig	zulässig	zulässig
	braune und rote Streifen entstehen durch Pilzbefall, keine Festigkeitsminderung, solange sie nagelfest sind (Härte)	bis zu 3/5 des Querschnitts oder der Oberfläche zulässig	bis zu 2/5 des Querschnitts oder der Oberfläche zulässig	bis zu 1/5 des Querschnitts oder der Oberfläche zulässig
	Rot- und Weißfäule entstehen durch holzzerstörende Pilze, erkennbar durch fleckige Verfärbung und reduzierte Oberflächenhärte	nicht zulässig	nicht zulässig	nicht zulässig

Insektenfraß

9	− stehende Bäume und frisches Rundholz können von Frischholzinsekten befallen werden, − Befall ist an den Fraßgängen (Bohrlöchern) auf der Holzoberfläche erkennbar	Fraßgänge bis 2 mm Durchmesser von Frischholzinsekten zulässig		

Mistelbefall

10	− Misteln sind Halbschmarotzerpflanzen, die auf Bäumen wachsen, − ihre Senkerwurzeln (-löcher, ca. 5 mm Durchmesser) verursachen meist eine enge Durchlöcherung des Holzes	nicht zulässig	nicht zulässig	nicht zulässig

[1]) Sortierkriterien für Bohlen, Bretter und Latten sowie zusätzliche Sortierkriterien bei maschineller Sortierung s. DIN 4074-1,
[2]) die Sortierklassen S7, S10, S13 entsprechen den früheren und in DIN 1052:1988-04 angeführten Güteklassen III, II, I,
[3]) Blitz- und Frostrisse entstehen am stehenden Baum; an einer Nachdunkelung des angrenzenden Holzes und Frostrisse zusätzlich an einer örtlichen Krümmung der Jahrringe erkennbar
[4]) übliche Schwindrisse (Trockenrisse) beeinträchtigen die Tragfähigkeit nicht
[5]) Krümmung ist vorwiegend von der Holzfeuchte abhängig, bei frischem Schnittholz i. a. nicht zu erkennen, größtes Ausmaß bei getrocknetem Holz

9 Konstruktionsbeispiele

Die in diesem Abschnitt angeführten Beispiele sind gebräuchliche Konstruktionen des Ingenieurholzbaus. Querschnitte und Verbindungen/Verbindungsmittel sind in jedem Fall statisch und erforderlichenfalls brandschutztechnisch nachzuweisen; in einigen Fällen bestimmen bauphysikalische Erfordernisse die Querschnittsabmessungen. Derartige Konstruktionen sind bereits mehrfach in der o.a. Fachliteratur dargestellt worden; eine eingehendere Beschreibung der folgenden Beispiele kann u.a. *Neuhaus* [17] entnommen werden.

9.1 Auflager von Balken und Bindern

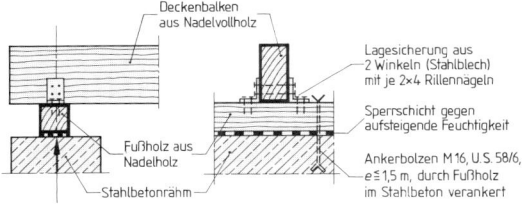

Bild 45
Auflager eines Deckenbalkens aus Nadelvollholz; Beispiel

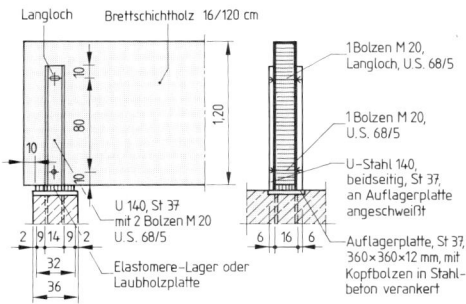

Bild 46
Auflager eines Parallelträgers aus Brettschichtholz; Beispiel; Ausbildung eines Gabellagers durch beidseitigen U-Stahl, angeschweißt auf Auflagerplatte

I0

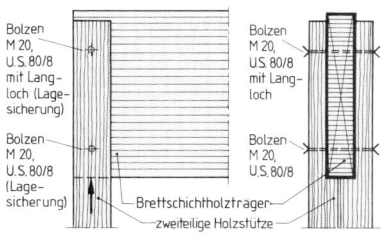

Bild 47 Auflager eines Brettschichtholzträgers auf eine zweiteilige Holzstütze; Beispiel; Ausbildung eines Gabellagers durch beidseitige Holzstege

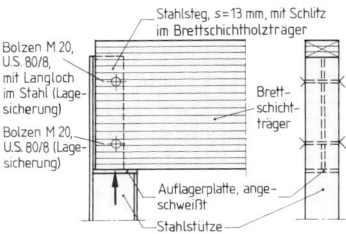

Bild 48 Auflager eines Brettschichtholzträgers auf eine Stahlstütze; Beispiel; Ausbildung einer Gabellagerung durch innenliegenden Stahlsteg

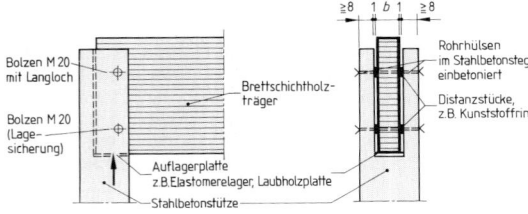

Bild 49
Auflager eines Brett-
schichtholzträgers auf
eine Stahlbetonstütze;
Beispiel; Ausbildung
einer Gabellagerung
durch beidseitige Stahl-
betonstege

9.2 Auflager von Holzstützen, Rahmen und Bögen

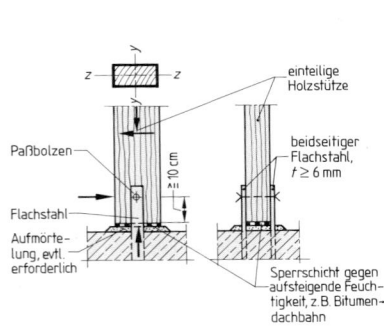

Bild 50 Auflager des Fußes einer Pendel-
stütze im allseits geschlossenen
Bauwerk (gelenkige Lagerung);
Beispiel

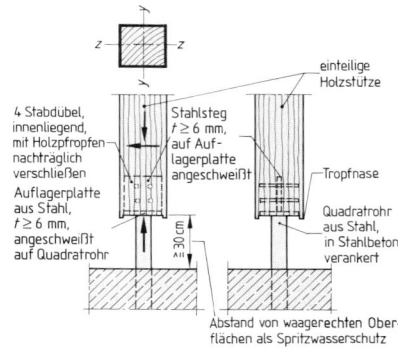

Bild 51 Auflager des Fußes einer Pendelstütze im Freien („gelenkige" Lagerung); Beispiel

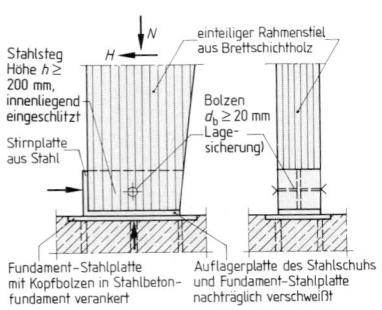

Bild 52 Auflager eines einteiligen Rah-
menstiels aus Brettschichtholz mit
Stahlschuh bei kleinerer bis mittlerer Stützweite in allseits geschlossenen Bauwerken (gelenkige Lagerung); Beispiel; Stahlteile
$t \geq 8$ mm

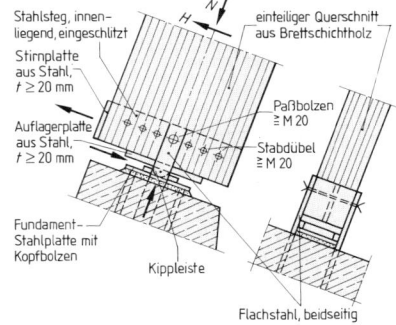

Bild 53 Bogen- oder Rahmenauflager als
Stahlschuh mit Kippleiste bei großen Stützweiten (Stahlgelenk) in
allseits geschlossenen Bauwerken;
Beispiel; weitere Stahlteile
$t \geq 10$ mm

9.3 Verbandsanschlüsse

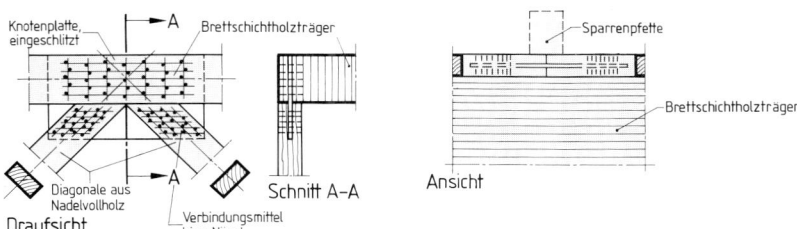

Bild 54 Anschluß von Diagonalen aus Nadelvollholz an einen Brettschichtholzträger mit eingeschlitzter Knotenplatte und Verbindungsmitteln (mittiger Anschluß); Beispiel

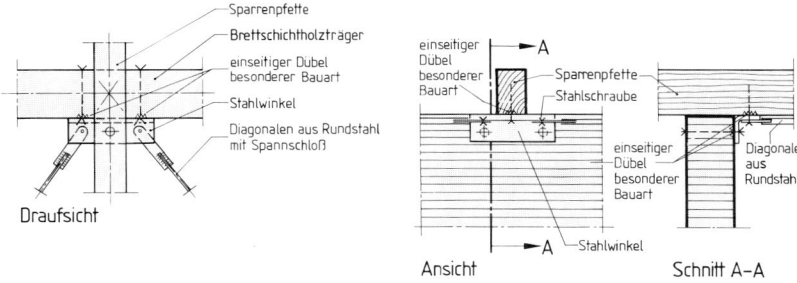

Bild 55 Anschluß von Stahldiagonalen an einen Brettschichtholzträger mit Stahlwinkel, Schrauben und einseitigen Dübeln besonderer Bauart (mittiger Anschluß); Beispiel

10

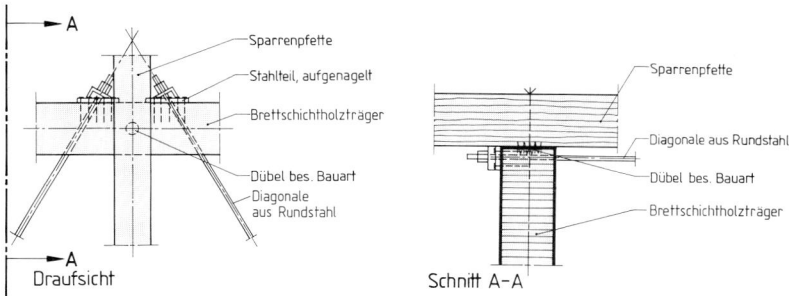

Bild 56 Anschluß von Stahldiagonalen, die durch einen Brettschichtholzträger durchgeführt werden (ausmittiger Anschluß); Beispiel

9.4 Firstgelenke von Bögen und Rahmen

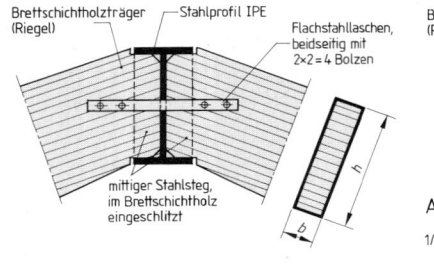

Blld 57 Firstgelenk bei Dreigelenkrahmen mit kleiner bis mittlerer Stützweite (Stahlprofil); Beispiel

Bild 58 Firstgelenk bei Dreigelenkrahmen oder Bögen mit großer und sehr großer Stützweite (Stahlgelenk mit Gelenkbolzen); Beispiel

9.5 Hausdächer

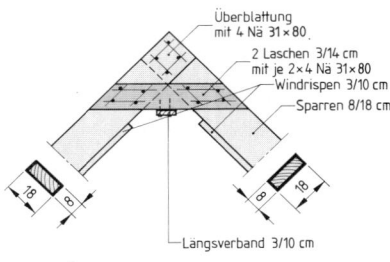

a) mit Überblattung und Laschen

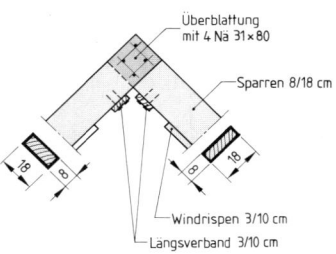

b) mit Überblattung

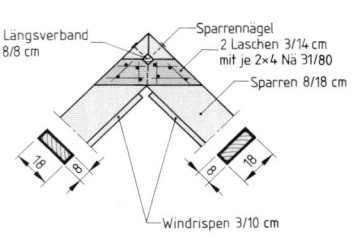

c) mit Stumpfstoß und Laschen

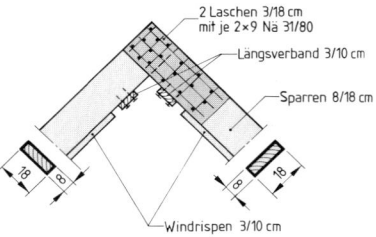

d) mit Laschen

Bild 59 Firstpunktausbildungen bei Sparren-, Kehlbalken- und Pfettendächern; Beispiele

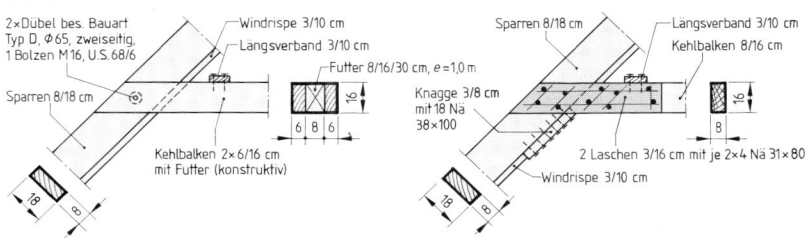

a) mit Dübeln besonderer Bauart b) mit Knagge und Laschen

Bild 60 Kehlbalkenanschlüsse an Sparren; Beispiele

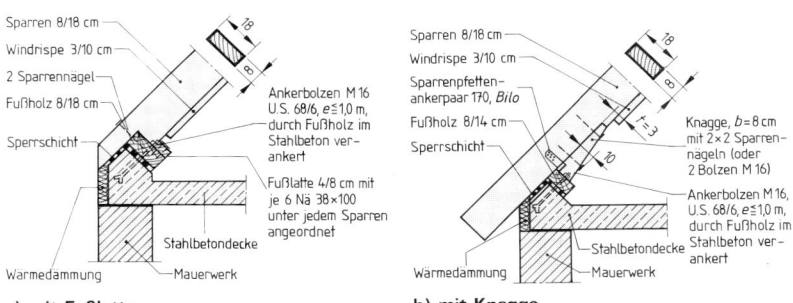

a) mit Fußlatte b) mit Knagge

Bild 61 Fußpunktausbildung von Sparren bei Sparren- und Kehlbalkendächern; Beispiele

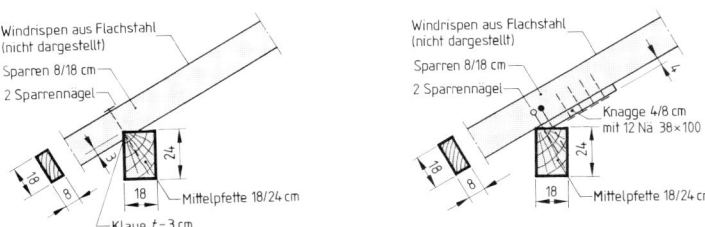

a) mit Klaue b) mit untergenagelter Knagge

Bild 62 Anschlüsse Sparren/Mittelpfette bei Pfettendächern; Beispiele

827

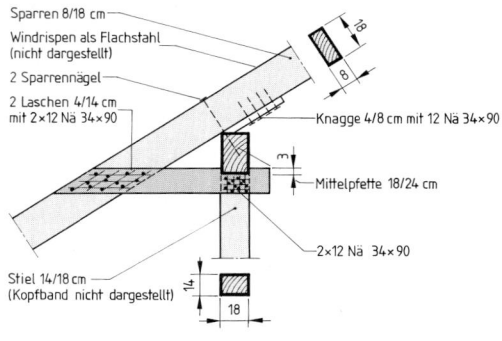

Sparren 8/18 cm

Windrispen als Flachstahl
(nicht dargestellt)

2 Sparrennägel

2 Laschen 4/14 cm
mit 2×12 Nä 34×90

Knagge 4/8 cm mit 12 Nä 34×90

Mittelpfette 18/24 cm

2×12 Nä 34×90

Stiel 14/18 cm
(Kopfband nicht dargestellt)

Bild 63
**Anschluß Sparren/Mittel-
pfette/Stiel beim strebenlosen Pfettendach; Beispiel**

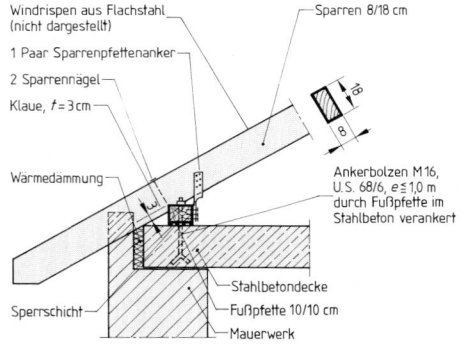

Windrispen aus Flachstahl
(nicht dargestellt)

1 Paar Sparrenpfettenanker

2 Sparrennägel

Klaue, $t = 3$ cm

Wärmedämmung

Sparren 8/18 cm

Ankerbolzen M 16,
U.S. 68/6, $e \leqq 1,0$ m
durch Fußpfette im
Stahlbeton verankert

Stahlbetondecke

Sperrschicht

Fußpfette 10/10 cm

Mauerwerk

Bild 64
**Anschluß Sparren/Fußpfet-
te beim strebenlosen Pfettendach; Beispiel**

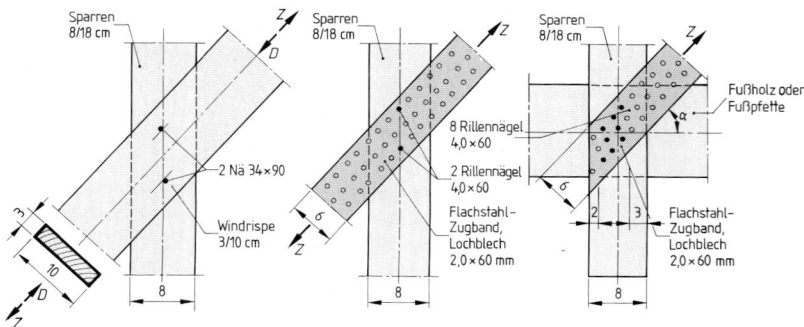

**a) Anschluß einer Windrispe
aus Holz unter einem
Sparren (Untersicht),**

**b) Anschluß eines Flach-
stahl-Zugbandes (Loch-
blech) auf einem
Sparren (Draufsicht),**

**c) Anschluß eines Flachstahl-
Zugbandes (Lochblech) an
einem Sparrenfußpunkt
(Draufsicht)**

○ vorhandene Nagellöcher im Lochblech („Windrispenband")
● ausgenagelte Nagellöcher im Lochblech („Windrispenband")

Bild 65 Anschlüsse von Windrispen; Beispiele

828

10 Tafeln

Tafel 104 Tragfähigkeit einteiliger Rundholzstützen aus Nadelholz, S10, mittiger Druck, beidseitig gelenkige Lagerung, Lastfall H[1]) (Fußnoten s. Tafel 105)

d	max N in kN bei einer Knicklänge s_K in m											
in cm	2,00	2,50	3,00	3,50	4,00	4,50	5,00	5,50	6,00	6,50	7,00	8,00
10	36,4	26,6	18,5	13,6	10,4	8,2	6,7	5,5	4,6	–	–	–
12	64,3	49,7	38,4	28,2	21,6	17,0	13,8	11,4	9,6	8,1	7,1	–
14	101	81,8	65,2	52,3	40,1	31,7	25,7	21,2	17,9	15,2	13,1	10,0
16	144	121	101	82,7	68,4	54,0	43,8	36,1	30,4	25,9	22,3	17,0
18	196	169	145	122	102	86,4	70,0	57,8	48,5	41,4	35,6	27,4
20	254	226	198	170	146	124	107	88,2	74,2	63,2	54,5	41,6[2])
22	320	289	256	227	198	171	148	129	108	92,5	79,6	61,1
24	391	360	325	290	258	227	199	174	154	131	113	86,3
26	467	435	401	361	326	291	258	228	203	181	156	119
28	552	519	483	442	403	363	327	292	261	234	209	160
30	638	611	572	530	484	445	403	364	328	294	266	211

Für Rundholz mit ungeschwächter Randzone ist: zul $\sigma_D\| = 1,2 \cdot 8,5 = 10,2$ MN/m^2, s. Tafel 7

Tafel 105 Tragfähigkeit einteiliger quadratischer Holzstützen aus Nadelholz, S10, mittiger Druck, beidseitig gelenkige Lagerung, Lastfall H[1])

d	max N in kN bei einer Knicklänge s_K in m											
in cm	2,00	2,50	3,00	3,50	4,00	4,50	5,00	5,50	6,00	6,50	7,00	8,00
10	45,7	34,8	26,3	19,3	14,8	11,7	9,4	7,8	6,6	5,6	4,8	–
12	78,0	62,8	50,0	39,9	30,5	24,1	19,5	16,1	13,6	11,6	9,9	7,6
14	118	100	83,0	68,3	56,5	44,8	36,3	30,0	25,2	21,4	18,5	14,2
16	166	145	125	106	89,2	75,3	62,0	51,2	43,0	36,6	31,6	24,2
18	222	200	175	152	131	113	97,3	82,0	68,9	58,8	50,6	38,8[2])
20	283	260	233	209	183	160	139	122	105	89,2	77,1	59,1
22	353	329	301	271	243	215	191	169	149	131	113	86,6
24	429	405	377	342	311	281	252	226	201	179	160	122
26	510	487	460	423	388	355	321	292	261	235	212	169
28	600	574	546	513	473	436	401	366	332	302	272	226
30	695	671	638	607	567	523	484	447	411	377	345	285

[1]) erf. Ermäßigungen der Tragfähigkeit bei Feuchtigkeitseinwirkungen s. Tafel 7
[2]) Die Werte oberhalb der Stufenlinie gehören zu Schlankheitsgraden $\lambda > 150$.

I0

Tafel 106 Kanthölzer und Balken aus Nadelholz, Querschnittsmaße und statische Werte
nach DIN 4070-1:1958-01 und DIN 4070-2:1963-10

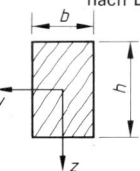

b/h	A	G	W_y	I_y	W_z	I_z	i_y	i_z
in cm/cm	in cm^2	in N/m	in cm^3	in cm^4	in cm^3	in cm^4	in cm	in cm
6/6*	36	21,6	36	108	36	108	1,73	1,73
6/8*	48	28,8	64	256	48	144	2,31	1,73
6/10	60	36,0	100	500	60	180	2,89	1,73
6/12*	72	43,2	144	864	72	216	3,46	1,73
6/14	84	50,4	196	1372	84	252	4,04	1,73
6/16	96	57,6	256	2048	96	288	4,62	1,73
6/18	108	64,8	324	2916	108	324	5,20	1,73
6/20	120	72,0	400	4000	120	360	5,77	1,73
6/22	132	79,2	484	5324	132	396	6,35	1,73
6/24	144	86,4	576	6912	144	432	6,93	1,73
6/26	156	93,6	676	8788	156	468	7,51	1,73
7/12	84	50,4	168	1008	98	343	3,46	2,02
7/14	98	58,8	229	1601	114	400	4,04	2,02
7/16	112	67,2	299	2389	131	457	4,62	2,02
7/18	126	75,6	378	3402	147	515	5,20	2,02
7/20	140	84,0	467	4667	163	572	5,77	2,02
7/22	154	92,4	565	6211	180	629	6,35	2,02
7/24	168	100,8	672	8064	196	686	6,93	2,02
7/26	182	109,2	789	10253	212	743	7,51	2,02
8/8*	64	38,4	85	341	85	341	2,31	2,31
8/10*	80	48,0	133	667	107	427	2,89	2,31
8/12*	96	57,6	192	1152	128	512	3,46	2,31
8/14	112	67,2	261	1829	149	597	4,04	2,31
8/16*	128	76,8	341	2731	171	683	4,62	2,31
8/18	144	86,4	432	3888	192	768	5,20	2,31
8/20	160	96,0	533	5333	213	853	5,77	2,31
8/22	176	105,6	645	7099	235	939	6,35	2,31
8/24	192	115,2	768	·9216	256	1024	6,92	2,31
8/26	208	124,8	901	11717	277	1109	7,51	2,31
9/9	81	48,6	121	·547	121	547	2,60	2,60
9/10	90	54,0	150	750	135	608	2,89	2,60
9/16	144	86,4	384·	3072	216	972	4,62	2,60
9/18	162	97,2	486	4374	243	1094	5,20	2,60
9/20	180	108,0	600	6000	270	1215	5,77	2,60
9/22	198	118,8	726	7986	297	1337	6,35	2,60
9/24	216	129,6	864	10368	324	1458	6,93	2,60
9/26	234	140,4	1014	13182	351	1580	7,51	2,60
10/10*	100	60,0	167	833	167	833	2,89	2,89
10/12*	120	72,0	240	1440	200	1000	3,46	2,89
10/14	140	84,0	327	2287	233	1167	4,04	2,89
10/16	160	96,0	427	3413	267	1333	4,62	2,89
10/18	180	108,0	540	4860	300	1500	5,20	2,89
10/20*	200	120,0	667	6667	333	1667	5,77	2,89
10/22*	220	132,0	807	8873	367	1833	6,35	2,89
10/24	240	144,0	960	11520	400	2000	6,93	2,89
10/26	260	156,0	1127	14647	433	2167	7,51	2,89

Tafel **106**, Fortsetzung

b/h	A	G	W_y	I_y	W_z	I_z	i_y	i_z
in cm/cm	in cm²	in N/m	in cm³	in cm⁴	in cm³	in cm⁴	in cm	in cm
12/12 *	144	86,4	288	1728	288	1728	3,46	3,46
12/14 *	168	100,8	392	2744	336	2016	4,04	3,46
12/16 *	192	115,2	512	4096	384	2304	4,62	3,46
12/18	216	129,6	648	5832	432	2592	5,20	3,46
12/20 *	240	144,0	800	8000	480	2880	5,77	3,46
12/22	264	158,4	968	10648	528	3168	6,35	3,46
12/24	288	172,8	1152	13824	576	3456	6,93	3,46
12/26	312	187,2	1352	17576	624	3744	7,51	3,46
14/14 *	196	117,6	457	3201	457	3201	4,04	4,04
14/16 *	224	134,4	597	4779	523	3659	4,62	4,04
14/18	252	151,2	756	6804	588	4116	5,20	4,04
14/20	280	168,0	933	9333	653	4573	5,77	4,04
14/22	308	184,8	1129	12423	719	5031	6,35	4,04
14/24	336	201,6	1344	16128	784	5488	6,93	4,04
14/26	364	218,4	1577	20505	849	5945	7,51	4,04
14/28	392	235,2	1829	25611	915	6403	8,08	4,04
16/16 *	256	153,6	683	5461	683	5461	4,62	4,62
16/18 *	288	172,8	864	7776	768	6144	5,20	4,62
16/20 *	320	192,0	1067	10667	853	6827	5,77	4,62
16/22	352	211,2	1291	14197	939	7509	6,35	4,62
16/24	384	230,4	1536	18432	1024	8192	6,93	4,62
16/26	416	249,6	1803	23435	1109	8875	7,51	4,62
16/28	448	268,8	2091	29269	1195	9557	8,08	4,62
16/30	480	288,0	2400	36000	1280	10240	8,66	4,62
18/18	324	194,4	972	8748	972	8748	5,20	5,20
18/20	360	216,0	1200	12000	1080	9720	5,77	5,20
18/22 *	396	237,6	1452	15972	1188	10692	6,35	5,20
18/24	432	259,2	1728	20736	1296	11664	6,93	5,20
18/26	468	280,8	2028	26364	1404	12636	7,51	5,20
18/28	504	302,4	2352	32928	1512	13608	8,08	5,20
18/30	540	324,0	2700	40500	1620	14580	8,66	5,20
20/20 *	400	240,0	1333	13333	1333	13333	5,77	5,77
20/22	440	264,0	1613	17747	1467	14667	6,35	5,77
20/24 *	480	288,0	1920	23040	1600	16000	6,93	5,77
20/26	520	312,0	2253	29293	1733	17333	7,51	5,77
20/28	560	336,0	2613	36587	1867	18667	8,08	5,77
20/30	600	360,0	3000	45000	2000	20000	8,66	5,77
22/22	484	290,4	1775	19521	1775	19521	6,35	6,35
22/24	528	316,8	2112	25344	1936	21296	6,93	6,35
22/26	572	343,2	2479	32223	2097	23071	7,51	6 35
22/28	616	369,6	2875	40245	2259	24845	8,08	6,35
22/30	660	396,0	3300	49500	2420	26620	8,66	6,35
24/24	576	345,6	2304	27648	2304	27648	6,93	6,93
24/26	624	374,4	2704	35152	2496	29952	7,51	6,93
24/28	672	403,2	3136	43904	2688	32256	8,08	6,93
24/30	720	432,0	3600	54000	2880	34560	8,66	6,93
26/26	676	405,6	2929	38081	2929	38081	7,51	7,51
26/28	728	436,8	3397	47563	3155	41011	8,08	7,51
26/30	780	468,0	3900	58500	3380	43940	8,66	7,51
28/28	784	470,4	3659	51221	3659	51221	8,08	8,08
28/30	840	504,0	4200	63000	3920	54880	8,66	8,08
30/30	900	540,0	4500	67500	4500	67500	8,66	8,66

I0

Tafel 107   Rechteckquerschnitte aus Brettschichtholz; Querschnittsmaße
und statische Werte für $b = 10$ cm[1])[2])

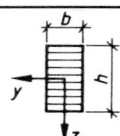

b/h cm/cm	A cm²	G[3]) kN/m	W_y cm³	I_y cm⁴	i_y[4]) cm	b/h cm/cm	A cm²	G[3]) kN/m	W_y cm³	I_y cm⁴	i_y[4]) cm
10/30	300	0,150	1500	22500	8,66	10/80	800	0,400	10670	426700	23,09
10/31	310	0,155	1602	24830	8,95	10/81	810	0,405	10940	442900	23,38
10/32	320	0,160	1707	27310	9,24	10/82	820	0,410	11210	459500	23,67
10/33	330	0,165	1815	29950	9,53	10/83	830	0,415	11480	476500	23,96
10/34	340	0,170	1927	32750	9,81	10/84	840	0,420	11760	493900	24,25
10/35	350	0,175	2042	35730	10,10	10/85	850	0,425	12040	511800	24,54
10/36	360	0,180	2160	38880	10,39	10/86	860	0,430	12330	530000	24,83
10/37	370	0,185	2282	42210	10,68	10/87	870	0,435	12620	548800	25,11
10/38	380	0,190	2407	45730	10,97	10/88	880	0,440	12910	567900	25,40
10/39	390	0,195	2535	49430	11,26	10/89	890	0,445	13200	587500	25,69
10/40	400	0,200	2667	53330	11,55	10/90	900	0,450	13500	607500	25,98
10/41	410	0,205	2802	57430	11,84	10/91	910	0,455	13800	628000	26,27
10/42	420	0,210	2940	61740	12,12	10/92	920	0,460	14110	648900	26,56
10/43	430	0,215	3082	66260	12,41	10/93	930	0,465	14420	670300	26,85
10/44	440	0,220	3227	70990	12,70	10/94	940	0,470	14730	692200	27,13
10/45	450	0,225	3375	75940	12,99	10/95	950	0,475	15040	714500	27,42
10/46	460	0,230	3527	81110	13,28	10/96	960	0,480	15360	737300	27,71
10/47	470	0,235	3682	86520	13,57	10/97	970	0,485	15680	760600	28,00
10/48	480	0,240	3840	92160	13,86	10/98	980	0,490	16010	784300	28,29
10/49	490	0,245	4002	98040	14,14	10/99	990	0,495	16340	808600	28,58
10/50	500	0,250	4167	104200	14,43	10/100	1000	0,500	16670	833300	28,87
10/51	510	0,255	4335	110500	14,72	10/101	1010	0,505	17000	858600	29,16
10/52	520	0,260	4507	117200	15,01	10/102	1020	0,510	17340	884300	29,44
10/53	530	0,265	4682	124100	15,30	10/103	1030	0,515	17680	910600	29,73
10/54	540	0,270	4860	131200	15,59	10/104	1040	0,520	18030	937400	30,02
10/55	550	0,275	5042	138600	15,88	10/105	1050	0,525	18380	964700	30,31
10/56	560	0,280	5227	146300	16,17	10/106	1060	0,530	18730	992500	30,60
10/57	570	0,285	5415	154300	16,45	10/107	1070	0,535	19080	1021000	30,89
10/58	580	0,290	5607	162600	16,74	10/108	1080	0,540	19440	1050000	31,18
10/59	590	0,295	5802	171100	17,03	10/109	1090	0,545	19800	1079000	31,47
10/60	600	0,300	6000	180000	17,32	10/110	1100	0,550	20170	1109000	31,75
10/61	610	0,305	6202	189200	17,61	10/111	1110	0,555	20540	1140000	32,04
10/62	620	0,310	6407	198600	17,90	10/112	1120	0,560	20910	1171000	32,33
10/63	630	0,315	6615	208400	18,19	10/113	1130	0,565	21280	1202000	32,62
10/64	640	0,320	6827	218500	18,47	10/114	1140	0,570	21660	1235000	32,91
10/65	650	0,325	7042	228900	18,76	10/115	1150	0,575	22040	1267000	33,20
10/66	660	0,330	7260	239600	19,05	10/116	1160	0,580	22430	1301000	33,49
10/67	670	0,335	7482	250600	19,34	10/117	1170	0,585	22820	1335000	33,77
10/68	680	0,340	7707	262000	19,63	10/118	1180	0,590	23210	1369000	34,06
10/69	690	0,345	7935	273800	19,92	10/119	1190	0,595	23600	1404000	34,35
10/70	700	0,350	8167	285800	20,21	10/120	1200	0,600	24000	1440000	34,64
10/71	710	0,355	8402	298300	20,50	10/121	1210	0,605	24400	1476000	34,93
10/72	720	0,360	8640	311000	20,78	10/122	1220	0,610	24810	1513000	35,22
10/73	730	0,365	8882	324200	21,07	10/123	1230	0,615	25220	1551000	35,51
10/74	740	0,370	9127	337700	21,36	10/124	1240	0,620	25630	1589000	35,80
10/75	750	0,375	9375	351600	21,65	10/125	1250	0,625	26040	1628000	36,08
10/76	760	0,380	9627	365800	21,94	10/126	1260	0,630	26460	1667000	36,37
10/77	770	0,385	9882	380400	22,23	10/127	1270	0,635	26880	1707000	36,66
10/78	780	0,390	10140	395500	22,52	10/128	1280	0,640	27310	1748000	36,95
10/79	790	0,395	10400	410900	22,80	10/129	1290	0,645	27740	1789000	37,24

[1]) im Regelfall sollte $h/b \leq 10$ betragen
[2]) für andere Querschnittsbreiten $b \neq 10$ cm: $\eta = b/b_{\text{Tafel}}$; $A, G, W_y, I_y = \eta \cdot$ Tafelwert

Beispiel für $b/h = 14/80$ cm: $\eta = 14/10 = 1,4$ $i_y =$ Tafelwert
$A = 1,4 \cdot 800 = 1120$ cm² $W_y = 1,4 \cdot 10670 = 14940$ cm³ $i_z = \eta \cdot 0,28867 \cdot 10,0$
$G = 1,4 \cdot 0,400 = 0,56$ kN/m $I_y = 1,4 \cdot 426700 = 597400$ cm⁴
$i_y = 23,09$ cm $i_z = 1,4 \cdot 0,28867 \cdot 10 = 4,04$ cm
[3]) Wichte $\gamma = 5,0$ kN/m³   [4]) $i_z = 0,28867 \cdot 10 = 2,89$ cm

Tafel 108 Rundhölzer, Querschnittsmaße und statische Werte

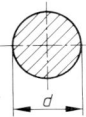

d ist in Stammitte bei entrindetem Holz gemessen. Die Eigenlast G gilt für halbtrockenes Kiefernholz ($\gamma = 6{,}5$ kN/m^3). Es ist bei Tanne und Fichte mit 0,85, bei Buche mit 1,15, bei Eiche mit 1,3 zu vervielfachen.

max s_K für max $\lambda = 150$

d	U	A	G	I	W	i	max s_K
in cm	in cm	in cm^2	in N/m	in cm^4	in cm^3	in cm	in m
10	31,4	78,5	51,1	491	98,2	2,50	3,75
12	37,7	113	73,5	1020	170	3,00	4,50
14	44,0	154	100	1890	269	3,50	5,25
16	50,3	201	131	3220	402	4,00	6,00
18	56,5	254	165	5150	573	4,50	6,75
20	62,8	314	204	7850	785	5,00	7,50
22	69,1	380	247	11500	1050	5,50	8,25
24	75,4	452	294	16290	1360	6,00	9,00
26	81,7	531	345	22430	1730	6,50	9,75
28	88,0	616	400	30170	2160	7,00	10,50
30	94,2	707	459	39760	2650	7,50	11,25

Tafel 109 Dachlatten aus Nadelholz, Querschnittsmaße und statische Werte
nach DIN 4070-1:1958-01

b/h	A	G	W_v	I_v	W_z	I_z	i_v	i_z
in mm/mm	in cm^2	in N/m	in cm^3	in cm^4	in cm^3	in cm^4	in cm	in cm
24/48 *	11,5	6,9	9,2	22,1	4,57	5,5	1,39	0,69
30/50 *	15,0	9,0	12,5	31,3	7,5	11,3	1,45	0,87
40/60 *	24,0	14,4	24,0	72,0	16,0	32,0	1,73	1,16

Tafel 110 Ungehobelte Bretter und Bohlen aus Nadelholz, Maße[1])
nach DIN 4071-1:1977-04

Dicken in mm	Bretter	16	18	22	24	28	38				
	Bohlen	44	48	50	63	70	75				
Breiten in mm	Bretter[2])	75	80	100	115	120	125	140	150	160	175	180
	und Bohlen[2])	200	220	225	240	250	260	275	280	300		
Längen in mm	Bretter und Bohlen	von 1500, Stufung 250 bis 6000, Stufung 300									

[1]) gelten für eine Holzfeuchtigkeit von 14 bis 20%
[2]) parallel besäumt

Tafel 111 Vorschlag für Vorzugsquerschnitte von Konstruktionsvollholz (KVH)
nach Tafel 112 (Verwendungsbereich: Hausbau) [1]) [2])

Dicke in cm	Breite in cm					
	12	14	16	18	20	24
6	●	●	●	●	●	●
8	●	●	●		●	●
10	●				●	
12	●				●	●

[1]) auf Querschnitte mit Dicken von mehr als 12 cm wird aus Gründen der technischen Trocknung verzichtet
[2]) Tabelle ist als Orientierungshilfe anzusehen

10

Tafel 112 Vereinbarung über Konstruktionsvollholz (KVH) aus Nadelholz (Fichte/Tanne/Kiefer/Lärche), Stand: 06/97[1]) [2]) [3]) [4])

Sortier-merkmale	KVH-Si sichtbarer Bereich	KVH-NSi nicht sichtbarer Bereich
Holzfeuchte	15% ± 3%	
Einschnittart	herzfrei bei Dicken ≤ 100 mm	herzgetrennt
	herzgetrennt bei Dicken > 100 mm	
Baumkante	nicht zulässig	schräg gemessen ≤ 10% der kleineren Querschnittsseite
Maßhaltigkeit des Querschnitts	± 1 mm	
Tragfähigkeit	DIN 4074-1, S10	
Astzustand	lose Äste und Durchfalläste nicht zulässig; vereinzelt angeschlagene Äste oder Astteile von Ästen bis max. 20 mm Ø sind zulässig	DIN 4074-1, S10
Ästigkeit	$A \leq 2/5$ und ≤ 70 mm	
Rindeneinschluß	nicht zulässig	nach DIN 4074-1, S10
Risse, radiale Schwindrisse (Trockenrisse)	Rißbreite $b \leq 3\%$ der jeweiligen Querschnittsseite, nicht mehr als 6 mm	nach DIN 4074-1, S10
Harzgallen	Breite $b \leq 5$ mm	−
Verfärbungen, Bläue	nicht zulässig	zulässig
Insektenbefall	nicht zulässig	Fraßgänge bis 2 mm Ø von Frischholzinsekten zulässig
Verdrehungen[5])	−	−
Längskrümmung	bei herzfreiem Einschnitt ≤ 4 mm/2 m bei herzgetrenntem Einschnitt ≤ 8 mm/2 m	
Bearbeitung der Enden	rechtwinklig gekappt	
Oberflächenbeschaffenheit	gehobelt und gefast	egalisiert und gefast

[1]) Vereinbarung zwischen: Vereinigung Deutscher Sägewerksverbände e. V. (VDS) und Bund Deutscher Zimmermeister (BDZ) im Zentralverband des Deutschen Baugewerbes e. V.
[2]) wenn nicht ausdrücklich anders festgelegt, gelten mindestens die Anforderungen nach DIN 4074-1, s. Tafel 103.
[3]) Keilzinkungen sind zugelassen, Näheres regelt DIN 1052-1.
[4]) höhere Anforderungen, als in dieser Vereinbarung festgelegt, können zwischen Besteller und Lieferanten ergänzend vereinbart werden.
[5]) kein Maß definiert, da bei Einhaltung aller anderen Kriterien keine untolerierbaren Verdrehungen zu erwarten sind.

Mauerwerk und Putz

Bearbeitet von Prof. Dr.-Ing. Walther Mann

Inhalt

Weiterführende Literatur

Cziesielski: Lehrbuch der Hochbaukonstruktionen, 3. Aufl. B. G. Teubner 1997

Mann: Grundlagen der vereinfachten und der genaueren Bemessung von Mauerwerk nach DIN 1053-1, Mauerwerk-Kalender 2000

Mann: Zahlenbeispiele zur Bemessung von druck- und schubbeanspruchten, gemauerten Wänden nach DIN 1053-1, Mauerwerk-Kalender 1999

Reeh u. a.: DIN 1053 Teil 1, Rezeptmauerwerk, Berechnung und Ausführung, Beton-Verlag 1990

DGfM, Deutsche Gesellschaft für Mauerwerksbau, Bonn: Verschiedene Merkblätter zum Mauerwerksbau

Wesche: Baustoffe für tragende Bauteile, Bd. 2, Bauverlag 1981

Schubert und *Wesche*: Verformung und Rißsicherheit von Mauerwerk, Mauerwerk-Kalender 1988

Pfefferkorn: Dachdecken und Mauerwerk. Verlagsges. R. Müller 1980

Schild und *Oswald*: Mauerwerkswände u. Putz. Aachener Bausachverständigentage 1989. Bauverlag 1989

Mann und *Zahn*: Bewehrung von Mauerwerk zur Rissesicherung und Lastabtragung. Mauerwerk-Kalender 1990

Mann und *Zahn*: Bewehrtes Mauerwerk — ein Leitfaden für die Praxis, N. V. Bekaert S. A. 1991

Mauerwerk-Atlas, Deutsche Gesellschaft für Mauerwerk, Bonn

Kalksandstein, Planung, Konstruktion, Ausführung. KS-Information Hannover

Weber, *H.*: Das Porenbetonhandbuch, Bauverlag Wiesbaden

II

1 Maßordnung im Hochbau nach DIN 4172 (7.55)

Tafel 1 Baunormzahlen

			Reihen vorzugsweise für					
den Rohbau			Einzel-maße	den Ausbau				
a	b	c	d	e	f	g	h	i
25	$\frac{25}{2}$	$\frac{25}{3}$	$\frac{25}{4}$	$\frac{25}{10} = \frac{5}{2}$	5	2×5	4×5	5×5
			$6^{1}/_{4}$	2,5 5 7,5	5			
	$8^{1}/_{3}$		$12^{1}/_{2}$	10 12,5	10	10		
	$12^{1}/_{2}$	$16^{2}/_{3}$	$18^{3}/_{4}$	15 17,5	15			
25	25	25	25	20 22,5 25	20 25	20	20	25
		$33^{1}/_{3}$	$31^{1}/_{4}$	27,5 30 32,5	30	30		
	$37^{1}/_{2}$		$37^{1}/_{2}$	35 37,5	35			
	$41^{2}/_{3}$		$43^{3}/_{4}$	40 42,5 45	40 45	40	40	
50	50	50	50	47,5 50	50	50		50

Tafel 2 Kleinmaße nach DIN 323 Bl. 1 (8.74)

in cm	2,5		2	1,6		1,25	1		
in mm	8	6,3	5	4	3,2	2,5	2	1,6 1,25	1

z. B. Betonbau   Wanddicke: Richtmaß = 25 cm,   Nennmaß = 25 cm
                   Raumbreite: Richtmaß = 400 cm,   Nennmaß = 400 cm
       Mauerwerk   Wanddicke: Richtmaß = 25 cm,   Nennmaß = 24 cm
                   Raumbreite: Richtmaß = 400 cm,   Nennmaß = 401 cm

Baunormzahlen sind die Zahlen für Baurichtmaße und die daraus abgeleiteten Einzel-, Rohbau- und Ausbaumaße. Sie sind anzuwenden, wenn nicht besondere Gründe dies verbieten.

Baurichtmaße (s. Tafel 1) sind die theoretischen Grundlagen für die Baumaße der Praxis. Sie sind nötig, um alle Bauteile planmäßig zu verbinden.

Nennmaße sind Maße, die die Bauten haben sollen. Sie sind bei Bauarten ohne Fugen gleich den Baurichtmaßen. Bei Bauarten mit Fugen ergeben sie sich aus den Baurichtmaßen durch Abzug oder Zuschlag des Fugenanteils.

Fugen und Verband. Bauteile (Mauersteine, Bauplatten usw.) sind so zu bemessen, daß ihre Baurichtmaße im Verband Baunormzahlen sind. Verbandsregeln, Verarbeitungsfugen und Toleranzen sind dabei zu beachten.

Tafel 3 Beispiele von Steinmaßen in cm

	Baurichtmaß	Fuge	Nennmaß
Steinlänge	25	1	24
Steinbreite	25/2	1	11,5
Steinhöhe	25/3	1,23	7,1
	25/4	1,05	5,2

2 Mauersteine

Nach der **Materialart** werden unterschieden:

Mauerziegel   DIN 105-1 und -2 (8.89), -3, -4 und -5 (5.84)
Kalksandsteine   DIN 106-1 (9.80), -2 (11.80)
Porenbetonsteine DIN 4165 (11.96)
Leichtbetonsteine DIN 18151 (9.87) und DIN 18152 (4.87)
Normalbetonsteine DIN 18153 (9.89)

Nach der **Steinart** werden unterschieden:

Mauersteine mit Höhen $\leq$ 113 mm
   Vollsteine, Lochanteil einschl. Grifflöcher $\leq$ 15%
   Lochsteine, Lochanteil einschl. Grifflöcher $>$ 15%
Mauerblöcke mit Höhen $>$ 113, vorwiegend mit 238 mm
   Vollblöcke, Lochanteil einschl. Grifflöcher $\leq$ 15%
   Vollblöcke mit Schlitzen, Schlitzanteil einschl. Grifflöcher $\leq$ 10%
   Hohlblöcke mit Kammern
   Planblöcke für Dünnbettvermauerung

Steinmaße

Für **Steine mit vermörtelten Stoßfugen** können die Maße der Tafel 4 miteinander kombiniert werden.

Tafel 4   Steinmaße in mm mit vermörtelter Stoßfuge[1]

Länge[2] [3]	Breite	Höhe[3]
240	115	52
300	175	71
365	240	113
490	300	175
	365	238

[1]) für einige Steinsorten auch abweichende Maße, u. a. größere Längen
[2]) **Steine mit Knirschvermauerung** sind 5 mm länger und haben an den Stirnseiten Mörteltaschen
Steine mit Nut- und Federsystem (Verzahnung an den Stirnseiten) sind 7 bis 9 mm länger. Die Stoßfugen bleiben unvermörtelt
[3]) **Plansteine** für Dünnbettvermauerung sind je 9 mm länger und höher

Tafel 5   Format-Kurzzeichen (Beispiele)

Format-Kurzzeichen	Maße in mm bzw.		
	l	b	h
1 DF (Dünnformat)	240	115	52
NF (Normalformat)	240	115	71
2 DF	240	115	113
3 DF	240	175	113
4 DF	240	240	113
5 DF	240	300	113
6 DF	240	365	113
8 DF	240	240	238
10 DF	240	300	238
12 DF	240	365	238
15 DF	365	300	238
18 DF	365	365	238
16 DF	490	240	238
20 DF	490	300	238

Steinformate werden als Vielfache des Dünnformats angegeben. Beispiele praxisüblicher Formate enthält Tafel 5. Die Steinbreite entspricht immer der Wanddicke. Wo Längen und Breiten austauschbar sind, ist dem Kurzzeichen die Steinbreite hinzuzufügen.

Z. B.: 10 DF (240) entspricht Steinformat 300 × 240 × 238

Tafel 6   Planungsmaße für Mauerwerk

Kopf-zahl	Längenmaße[1] in m			Schich-ten	Höhenmaße in m bei Steindicken in mm					
	A	Ö	V		52	71	113	155	175	238
1	0,115	0,135	0,125	1	0,0625	0,0833	0,125	0,1666	0,1875	0,250
2	0,240	0,260	0,250	2	0,1250	0,1667	0,250	0,3334	0,3750	0,500
3	0,365	0,385	0,375	3	0,1875	0,2500	0,375	0,5000	0,5625	0,750
4	0,490	0,510	0,500	4	0,2500	0,3333	0,500	0,6666	0,7500	1,000
5	0,615	0,635	0,625	5	0,3125	0,4167	0,625	0,8334	0,9375	1,250
6	0,740	0,760	0,750	6	0,3750	0,5000	0,750	1,0000	1,1250	1,500
7	0,865	0,885	0,875	7	0,4375	0,5833	0,875	1,1666	1,3125	1,750
8	0,990	1,010	1,000	8	0,5000	0,6667	1,000	1,3334	1,5000	2,000
9	1,115	1,135	1,125	9	0,5625	0,7500	1,125	1,5000	1,6875	2,250
10	1,240	1,260	1,250	10	0,6240	0,8333	1,250	1,6666	1,8750	2,500
11	1,365	1,385	1,375	11	0,6875	0,9175	1,375	1,8334	2,0625	2,750
12	1,490	1,510	1,500	12	0,7500	1,0000	1,500	2,0000	2,2500	3,000
13	1,615	1,635	1,625	13	0,8125	1,0833	1,625	2,1666	2,4375	3,250
14	1,740	1,760	1,750	14	0,8750	1,1667	1,750	2,3334	2,6250	3,500
15	1,865	1,885	1,875	15	0,9375	1,2500	1,875	2,5000	2,8125	3,750
16	1,990	2,010	2,000	16	1,0000	1,3333	2,000	2,6666	3,0000	4,000
17	2,115	2,135	2,125	17	1,0625	1,4167	2,125	2,8334	3,1875	4,250
18	2,240	2,260	2,250	18	1,1250	1,5000	2,250	3,0000	3,3750	4,500
19	2,365	2,385	2,375	19	1,1875	1,5833	2,375	3,1666	3,5625	4,750
20	2,490	2,510	2,500	20	1,2500	1,6667	2,500	3,3334	3,7500	5,000

[1]) A = Außenmaße, Ö = Öffnungsmaße, V = Vorsprungsmaße

Mauerwerk und Putz

Tafel 7 Rohdichten und Festigkeiten handelsüblicher genormter Mauersteine[1])

Steinart	Rohdichteklasse in kg/dm³	2	4	6	8	12	20	28	36	48	60
Mauerziegel DIN 105 Mz Vollziegel HLz Hochlochziegel VMz Vormauer-Vollziegel VHLz Vormauer-Hochlochziegel KMz Vollklinker KHLz Hochlochklinker HLzW Leichthochlochziegel[2])	0,6			×							
	0,7	×	×								
	0,8	×	×	×	×						
	0,9		×	×	×						
	1,0		×	×	×	×					
	1,2				×	×					
	1,4				×	×	×				
	1,6				×	×	×				×
	1,8				×	×	×	×	×	×	×
	2,0				×	×	×	×			×
	2,2							×			×
Kalksandsteine DIN 106 KS Vollsteine, Vollblöcke KSL Lochsteine, Hohlblöcke KS Vm Vormauersteine KS Vb Verblender	0,7		×	×							
	0,8		×	×							
	0,9		×	×							
	1,2					×	×	×			
	1,4						×	×			
	1,6						×	×	×		
	1,8						×	×	×	×	
	2,0							×	×	×	×
Porenbetonsteine DIN 4165 (alte Bezeichnung: Gasbetonsteine) PB Blocksteine (früher G) PP Plansteine (früher GP)	0,4	×									
	0,5	×									
	0,6		×								
	0,7		×	×							
	0,8		×	×	×						
	0,9				×						
Leichtbeton-Hohlblöcke DIN 18151 1 K Hbl bis 6 K Hbl nK = Anzahl der Kammern	0,5	×									
	0,6	×									
	0,7	×	×								
	0,8	×	×	×							
	0,9	×	×	×	×						
	1,0	×	×	×	×						
	1,2		×	×	×						
	1,4		×	×	×						
Leichtbeton-Vollsteine DIN 18152 V Vollsteine	0,6	×									
	0,7	×	×								
	0,8	×	×	×							
	0,9	×	×	×	×						
	1,0	×	×	×	×						
	1,2	×	×	×	×						
	1,4		×	×	×						
	1,6			×	×	×					
	1,8			×	×	×					
	2,0				×	×	×				
Leichtbeton-Vollblöcke DIN 18152 Vbl Vollblöcke Vbl S Vollblöcke, geschlitzt Vbl S-W Vollblöcke, geschlitzt[2])	0,5	×									
	0,6	×									
	0,7	×	×								
	0,8		×	×							
	0,9		×	×							
	1,0		×	×	×						
Steine aus Normalbeton DIN 18153 Hbn Hohlblocksteine	1,2		×								
	1,4			×	×						
	1,6			×	×	×					
	1,8			×	×	×					
	2,0			×	×	×					
	2,2			×	×	×					
	2,4			×	×	×					

Fußnoten und Anmerkungen s. nächste Seite

Fußnoten zu Tafel 7
[1]) genormte Steine oder Steine mit bauaufsichtlicher Zulassung
[2]) mit zusätzlichen Anforderungen an die Wärmedämmung

Auf Anfrage sind auch weitergehende Zuordnungen erhältlich
Die Zuordnung der einzelnen Steinarten sowie der Eigenlast von Mauerwerk zur Steinrohdichte

Tafel 8   Baustoffbedarf (Steine und Mörtel) für Maurerarbeiten

Steinformat		Maße in cm	Anzahl der Schicht. je 1 m Höhe	Wand-dicke in cm	je m² Wand		je m³ Mauerwerk	
		Länge Breite Höhe			Steine Stück	Mörtel Liter	Steine Stück	Mörtel Liter
Lochsteine (für Vollsteine bis zu 10% Mörtel weniger)	DF	24 × 11,5 × 5,2	16	11,5 24 36,5	66 132 198	29 68 109	573 550 541	242 284 300
	NF	24 × 11,5 × 7,1	12	11,5 24 36,5	50 99 148	26 64 101	428 412 406	225 265 276
	2 DF	24 × 11,5 × 11,3	8	11,5 24 36,5	33 66 99	19 49 80	286 275 271	163 204 220
	3 DF	24 × 17,5 × 11,3	8	17,5 24	33 45	28 42	188 185	160 175
	4 DF	24 × 24 × 11,3	8	24	33	39	137	164
	8 DF	24 × 24 × 23,8	4	24	16	20	69	99
Block- und Hohlblock-steine		49,5 × 17,5 × 23,8	4	17,5	8	16	46	84
		49,5 × 24 × 23,8	4	24	8	22	33	86
		49,5 × 30 × 23,8	4	30	8	26	27	88
		37 × 24 × 23,8	4	24	12	26	50	110
		37 × 30 × 23,8	4	30	12	32	42	105
		24,5 × 36,5 × 23,8	4	36,5	16	36	45	100

3   Mauerwerk, Berechnung und Ausführung
nach DIN 1053-1 (11.96)

Mauerwerk kann nach dem vereinfachten Verfahren nach Abschn. 3.2 oder nach dem genaueren Verfahren nach Abschn. 3.3 (in Anlehnung an DIN 1053-1, Abschn. 6 bzw. 7) berechnet werden.

Beim vereinfachten Verfahren wird die Druckfestigkeit des Mauerwerks durch die Grundwerte σ_0 der zulässigen Druckspannungen charakterisiert. Sie sind in den Tafeln 16a bis c in Abhängigkeit von der Steinfestigkeit, der Mörtelart und Mörtelgruppe festgelegt. Der Spannungsnachweis erfolgt für den Gebrauchszustand.

Beim genaueren Verfahren ist nachzuweisen, daß die γ-fachen Lasten im Bruchzustand aufnehmbar sind.

3.1   Baustoffe

3.1.1   Mauermörtel
Normalmörtel sind Baustellenmörtel oder Werkmörtel mit Trockenrohdichten $\geqq 1,5$ kg/dm³ und Zusammensetzungen nach Tafel 9.

Mauerwerk und Putz

Tafel 9   Mischungsverhältnisse für Normalmörtel in Raumteilen

Mörtelgruppe		I			II		II a	III	III a[2])
Luft- und Wasserkalk — Kalkteig	1			1,5					
Luft- und Wasserkalk — Kalkhydrat	1				2		1		
Hydraulischer Kalk		1				2			
Hochhydraulischer Kalk, PM-Binder			1				1	2	
Zement				1	1	1	1	1	1	1
Natursand[1])	4	3	3	4,5	8	8	8	3	6	8	4	4

[1]) Die Werte des Sandanteils beziehen sich auf den lagerfeuchten Zustand.
[2]) Die gegenüber der Gruppe III größere Festigkeit (s. Tafel 10,) soll nicht durch mehr Bindemittel, sondern durch Auswahl geeigneter Sande erreicht werden.

Einschränkungen für den Einsatz der Mörtelgruppen:

MGr I ist nicht zulässig für

— Gewölbe, Kellermauerwerk (mit Ausnahme bei der Instandsetzung von altem Mauerwerk) und Außenschalen zweischaliger Außenwände

— mehr als zwei Vollgeschosse

— Wanddicken < 240 mm (bei zweischaligen Außenwänden Innenschale maßgebend)

— Mauerwerk EM

MGr II und IIa keine Einschränkung

MGr III und IIIa nicht zulässig für das Vermauern von Außenschalen (Ausnahme bewehrte Bereiche und nachträgliches Verfugen).

Tafel 10   Anforderungen an Normalmörtel im Alter von 28 Tagen

Mörtelgruppe	Güteprüfung min β_D in N/mm²	Eignungsprüfung min β_D in N/mm²	min β_{HS}[1]) in N/mm²
I	—	—	—
II	2,5	3,5	0,10
II a	5	7	0,20
III	10	14	0,25
III a	20	25	0,30

[1]) Haftscherfestigkeit

Eignungsprüfungen für Normalmörtel sind erforderlich:

— für Werkmörtel aller Gruppen

— für Baustellenmörtel III a

— für Baustellenmörtel II, II a und III, die von Tafel 9 abweichen

— wenn Zusatzstoffe oder Zusatzmittel verwendet werden

— wenn Brauchbarkeit des Zuschlags nachzuweisen ist

— bei Bauwerken mit mehr als 6 Vollgeschossen

Dabei sind die Anforderungen der Tafel 10 zu erfüllen.

Leichtmörtel sind Werk-Trocken- oder Werk-Frischmörtel mit einer Trockenrohdichte < 1,5 kg/dm³, die stets einer Eignungsprüfung bedürfen. Einteilung in die Gruppen LM 21 und LM 36. Anforderungen nach Tafel 11 (Auszug aus Tabelle A3 der Norm).

Leichtmörtel sind nicht zulässig für Gewölbe und der Witterung ausgesetztes Sichtmauerwerk.

Tafel 11   Anforderungen an Leichtmörtel im Alter von 28 Tagen

		Eignungsprüfung		Güteprüfung	
		LM 21	LM 36	LM 21	LM 36
Druckfestigkeit	in N/mm²	≥7	≥7	≥5	≥5
Querdehnungsmodul E_q	in N/mm²	≥7,5·10³	>15·10³	[1])	[1])
Haftscherfestigkeit	in N/mm²	≥0,20	≥0,20	—	—
Trockenrohdichte	in kg/dm³	≤0,7	≤1,0	[2])	[2])

[1]) Trockenrohdichte als Ersatzprüfung
[2]) Abweichung von der Eignungsprüfung ≤ ±10%

Wienerberger

Die Rohbau-Systematiker.

EnEV-Planungs-Programm

Bestellung unter www.wienerberger.de

(50 €, zzgl. MwSt.)

EnEV

■ **Mit eingebauter Wohlfühl-Garantie.**

Die neue **Energieeinsparverordnung (EnEV)** ist für uns kein Grund zur Aufregung. Mühelos erfüllt das **Planziegel-System** von Wienerberger die strengen Anforderungen der EnEV 2002 nach Luftdichtheit und wärmebrückenfreiem Bauen. Und weil POROTON Ziegel mit viel Erfahrung aus gutem Ton gebrannt werden, sorgen sie für ein wunderbares **Wohlfühlklima** im ganzen Haus. Ziegel von Wienerberger – und Sie bauen auf die Zukunft.

POROTON
ZIEGELSYSTEME

TERCA
VERBLENDER

KAMTEC
KAMINSYSTEME

Wienerberger Ziegelindustrie GmbH · Oldenburger Allee 26 · 30659 Hannover · Telefon (0511) 610 70-0 · Fax (0511) 61 44 03 · info@wzi.de · www.wienerberger.de

Standardwerk der Baukonstruktionslehre

Teubner

Dünnbettmörtel sind Werk-Trockenmörtel mit Größtkorn 1 mm. Sie werden der Mörtelgruppe III zugeordnet und bedürfen stets einer Eignungsprüfung. Anforderungen auszugsweise nach Tafel 12.

Dünnbettmörtel dürfen nur für Plansteine verwendet werden. Nicht zulässig für Gewölbe.

Tafel 12 Anforderungen an Dünnbettmörtel im Alter von 28 Tagen

		Eignungsprüfung	Güteprüfung
Druckfestigkeit	in N/mm²	≥ 14	≥ 10
Druckfestigkeit bei Feuchtlagerung	in N/mm²	70% vom Istwert der ersten Zeile	
Verarbeitbarkeitszeit	in h	≥ 4	—
Korrigierbarkeitszeit	in min	≥ 7	—

3.1.2 Mauersteine

Es dürfen nur genormte Steine oder solche mit bauaufsichtlicher Zulassung verwendet werden. Bei letzteren Auflagen für die Anwendung im Zulassungsbescheid beachten! (s. Abschn. 2)

3.2 Berechnung nach dem vereinfachten Verfahren

3.2.1 Voraussetzungen für die Anwendung des vereinfachten Verfahrens

Der Standsicherheitsnachweis nach dem vereinfachten Verfahren ist zulässig für
— Gebäudehöhe über Gelände ≤ 20 m (bei geneigten Dächern Mittel aus First- und Traufhöhe)
— Deckenstützweite $l \leq 6,0$ m (für zweiachsig gespannte Decken ist l die kürzere Stützweite). $l > 6,0$ m möglich mit Zentrierleisten.
— Bedingungen nach Tafel 13
— Keine größeren horizontalen Lasten oder Exzentrizitäten außer Wind und Erddruck.

Tafel 13 Voraussetzungen für die Anwendung des vereinfachten Verfahrens

	Innenwände		einschalige Außenwände		Tragschale zweischaliger Außenwände und zweischalige Haustrennwände		
Wanddicke d in mm	≥ 115 < 240	≥ 240	$\geq 175^{1)}$ < 240	≥ 240	$\geq 115^{2)}$ $< 175^{2)}$	≥ 175	≥ 240
lichte Wandhöhe in m	$\leq 2,75$	—	$\leq 2,75$	$\leq 12 \cdot d$	$\leq 2,75$		$\leq 12 \cdot d$
Verkehrslast in kN/m²	≤ 5			$\leq 3^{3)}$		≤ 5	

[1]) Bei eingeschossigen Garagen und vergleichbaren Bauwerken, die nicht zum dauernden Aufenthalt von Menschen vorgesehen sind, auch $d \geq 115$ mm zulässig.
[2]) Geschoßanzahl maximal zwei Vollgeschosse zuzüglich ausgebautes Dachgeschoß; aussteifende Querwände im Abstand $\leq 4,50$ m bzw. Randabstand von einer Öffnung $\leq 2,0$ m.
[3]) Einschließlich Zuschlag für nichttragende innere Trennwände.

3.2.2 Auflagerkräfte

Für die Auflagerkräfte von Decken und Balken ist Durchlaufwirkung bei der ersten Innenstütze zu berücksichtigen. Bei anderen Innenstützen dann, wenn Verhältnis der angrenzenden Stützweiten $< 0,7$. Tragende Wände parallel zur Spannrichtung einachsig gespannter Decken sind mit einem Deckenstreifen angemessener Breite zu belasten. Auflagerkräfte aus zweiachsig gespannten Decken nach DIN 1045.

3.2.3 Knotenmomente

Sie bleiben in Wänden, die als Innenauflager von durchlaufenden Decken dienen, unberücksichtigt. Für Wände, die als einseitiges Endauflager von Decken dienen, werden sie ohne Nachweis durch den Faktor k_3 nach Abschn. 3.2.9.1 berücksichtigt.

3.2.4 Wind

Windlast rechtwinklig zur Wandebene darf bei Decken mit Scheibenwirkung oder bei statisch nachgewiesenen Ringbalken im Abstand der zulässige Geschoßhöhen (Tafel 13) vernachlässigt werden.

3.2.5 Räumliche Steifigkeit

Auf einen rechnerischen Nachweis darf verzichtet werden, wenn die Geschoßdecken Scheiben sind oder wenn statisch nachgewiesene Ringbalken (s. Abschn. 3.4.6) vorliegen und wenn in Längs- und Querrichtung offensichtlich ausreichend aussteifende Wände vorhanden sind, die ohne Versprünge bis auf die Fundamente geleitet sind.

Bestehen Zweifel über die vertikale und horizontale Gebäudeaussteifung, so ist ein rechnerischer Nachweis erforderlich. Dabei sind Lotabweichungen des Systems und ggf. Formänderungen der Bauteile zu berücksichtigen. Verfahren s. Abschn. 2.3 Beton- und Stahlbetonbau nach DIN 1045.

3.2.6 Formänderungen und Zwängungen

Tafel 14 Verformungskennwerte für Kriechen, Schwinden, Temperaturänderung sowie Elastizitätsmoduln

Mauersteinart	Endwert der Feuchtedehnung (Schwinden, chemisches Quellen)[1]		Endkriechzahl		Wärmedehnungskoeffizient		Elastizitätsmodul	
	$\varepsilon_{f\infty}$[1]		φ_∞[2]		a_T		E[3]	
	Rechenwert	Wertebereich	Rechenwert	Wertebereich	Rechenwert	Wertebereich	Rechenwert	Wertebereich
	in mm/m				in 10^{-6}/K		in MN/m^2	
1	2	3	4	5	6	7	8	9
Mauerziegel	0	+0,3 bis −0,2	1,0	0,5 bis 1,5	6	5 bis 7	$3500 \cdot \sigma_0$	3000 bis 4000 $\cdot \sigma_0$
Kalksandsteine[4]	−0,2	−0,1 bis −0,3	1,5	1,0 bis 2,0	8	7 bis 9	$3000 \cdot \sigma_0$	2500 bis 4000 $\cdot \sigma_0$
Leichtbetonsteine	−0,4	−0,2 bis −0,5	2,0	1,5 bis 2,5	10[5]	8 bis 12	$5000 \cdot \sigma_0$	4000 bis 5500 $\cdot \sigma_0$
Betonsteine	−0,2	−0,1 bis −0,3	1,0	−	10	8 bis 12	$7500 \cdot \sigma_0$	6500 bis 8500 $\cdot \sigma_0$
Porenbetonsteine	−0,2	+0,1 bis −0,3	1,5	1,0 bis 2,5	8	7 bis 9	$2500 \cdot \sigma_0$	2000 bis 3000 $\cdot \sigma_0$

[1]) Verkürzung (Schwinden): Vorzeichen minus; Verlängerung (chemisches Quellen): Vorzeichen plus
[2]) $\varphi_\infty = \varepsilon_{k\infty}/\varepsilon_{el}$; $\varepsilon_{k\infty}$ = Endkriechdehnung, $\varepsilon_{el} = \sigma/E$
[3]) E = Sekantenmodul aus Gesamtdehnung bei etwa 1/3 der Mauerwerkdruckfestigkeit; Grundwert σ_0 nach Tafeln 16a bis c.
[4]) Gilt auch für Hüttensteine
[5]) Für Blähton gilt $a_T = 8 \cdot 10^{-6}$/K

Verformungskennwerte für Mauerwerk mit Normalmörtel s. Tafel 14. Sie dürfen auch für Mauerwerk mit Dünnbett- und Leichtmörtel angewendet werden. Zur Berechnung der Knotenmomente nach Abschn. 3.3.1 darf vereinfachend $E_M = 3000\,\sigma_0$ angenommen werden.

Der Wertebereich gibt den üblichen Streubereich an. Er kann in Ausnahmefällen größer sein. Sofern in den Steinnormen der Nachweis anderer Streubereiche gefordert wird, gelten diese als Wertebereiche.

Durch konstruktive Maßnahmen (Wärmedämmung, Baustoffauswahl, Fugen u.a.) ist sicherzustellen, daß Zwängungen die Standsicherheit und Gebrauchsfähigkeit nicht unzulässig beeinträchtigen. So ist z. B. bei weitgespannten Dachdecken ohne Auflast Rißschäden an Deckenkanten durch Fugen, Zentrierleisten, Kantennut, Ausbildung der Außenhaut o. ä. entgegenzuwirken.

3.2.7 Aussteifung der Wände, Öffnungen in Wänden und mittragende Breiten

Zur Aussteifung von tragenden Wänden dienen horizontal gehaltene Deckenscheiben, aussteifende Querwände oder andere ausreichend steife Bauteile. Mindestmaße der aussteifenden Wände nach Bild 1. Unabhängig davon ist das Bauwerk als Ganzes auszusteifen.

Bei großen Öffnungen (Höhe $> 0,25 \cdot$ Geschoßhöhe, Breite $> 0,25 \cdot$ Wandbreite, Fläche $> 0,10 \cdot$ Wandfläche) sind benachbarte Wandteile als 3- oder 2seitig gehalten anzusehen.

Als zusammengesetzte Querschnitte gelten nur Querschnitte aus Steinen gleicher Art, Höhe und Festigkeit, die gleichzeitig im Verband mit gleichem Mörtel gemauert sind, ohne Brüstungs- und Sturzmauerwerk. Mitwirkende Breite nach Elastizitätstheorie, vereinfacht beidseits je $1/4$ der über dem untersuchten Schnitt liegenden Höhe des zusammengesetzten Querschnitts.

einbindende Wände

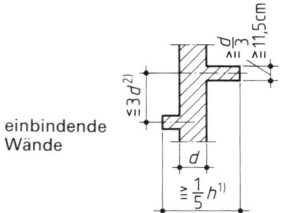
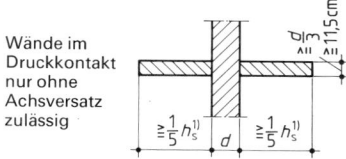

Wände im Druckkontakt nur ohne Achsversatz zulässig

Bild 1 Aussteifung der Wände, Mindestmaße der Aussteifungen

[1]) $\geqq \frac{1}{5} h_1$, wenn in aussteifender Wand Türöffnung mit lichter Höhe h_1.
[2]) Wenn Wandabstand größer, ist Wand einseitig ausgesteift. Dann Halterung nur unverschieblich bei zug- und druckfester Verbindung.

3.2.8 Knicklängen

$$h_K = \beta \cdot h_s \quad (1)$$

a) Zweiseitig gehaltene Wände

Allgemein $\beta = 1,0$.

Für flächig aufgelagerte Massivdecken, auch für Stahlbetonbalken- und -rippendecken mit Zwischenbauteilen und Auflagerung durch Randbalken, kann gesetzt werden:

$\beta = 0,75$ für $d \leqq 175$ mm
$\beta = 0,90$ für $175 < d \leqq 250$ mm
$\beta = 1,00$ für $d > 250$ mm
oder β nach Abschn. 3.3.2

$\beta < 1,0$ jedoch nur zulässig, wenn Horizontallast senkrecht zur Wandfläche $\leqq$ Windlast und Mindestauflagertiefe a auf Wanddicke d:
$d \geqq 240$ mm $a \geqq 175$ mm
$d < 240$ mm $a = d$

b) Drei- und vierseitig gehaltene Wände

Tafel 15 Faktor β zur Bestimmung der Knicklänge von drei- und vierseitig gehaltenen Wänden

dreiseitig gehaltene Wand				vierseitig gehaltene Wand	
Wanddicke in mm	b' in	β	b in	Wanddicke in mm	
240 175 115	m		m	115 175 240 300	
	0,65	0,35	2,00		
	0,75	0,40	2,25		
	0,85	0,45	2,50		
	0,95	0,50	2,80		
	1,05	0,55	3,10		
	1,15	0,60	3,40	$b \leq$ 3,45 m	
	1,25	0,65	3,80		
	1,40	0,70	4,30		
$b' \leq$ 1,75 m	1,60	0,75	4,80	$b \leq 5,25$ m	
	1,85	0,80	5,60		
$b' \leq 2,60$ m	2,20	0,85	6,60	$b \leq 7,20$ m	
$b' \leq 3,60$ m	2,80	0,90	8,40	$b \leq 9,00$ m	

β nach Tafel 15 und Bild 2, wenn Geschoßhöhe $h_s \leq 3,50$ m. Ein Faktor β ungünstiger als bei einer zweiseitig gehaltenen Wand braucht nicht angesetzt zu werden. Ist $b > 30\,d$ bei vierseitig bzw. $b > 15\,d$ bei dreiseitig gehaltenen Wänden, so gelten diese als zweiseitig gehalten. Bei vertikalen Schlitzen oder Nischen im mittleren Wanddrittel ist für d die Restwanddicke anzusetzen oder ein freier Rand anzunehmen. Ist, unabhängig von der Lage, die Restwanddicke kleiner als $d/2$ oder als 11,5 cm, so ist ein freier Rand anzunehmen. Bei Öffnungen mit lichter Höhe $>1/4$ Geschoßhöhe oder lichter Breite $>1/4$ der Wandbreite oder Gesamtfläche $>1/10$ der Wandfläche gelten die Wandteile zwischen Öffnung und aussteifender Wand als dreiseitig, die Wandteile zwischen den Öffnungen als zweiseitig gehalten.

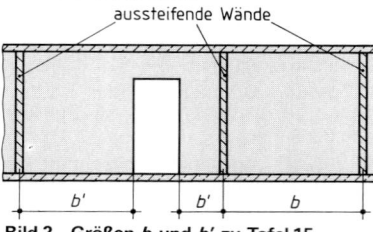

Bild 2 Größen b und b' zu Tafel 15

3.2.9 Bemessung nach dem vereinfachten Verfahren

Mauerwerk, das den Voraussetzungen nach Abschn. 3.2.1 entspricht, darf nach dem folgenden vereinfachten Verfahren bemessen werden.

3.2.9.1 Spannungsnachweis bei zentrischer und exzentrischer Druckbeanspruchung

Nachweis auf der Grundlage linearer Spannungsverteilung unter Ausschluß von Zugspannungen.

$$\text{vorh}\,\sigma_D \leq \text{zul}\,\sigma_D = k \cdot \sigma_0 \quad (2)$$

$\sigma_0 = $ Grundwert nach Tafel 16a bis c
$k = $ Abminderungsfaktor

$k = k_1 \cdot k_2$ für Wände als Zwischenauflager
$k = k_1 \cdot k_2$ oder $k = k_1 \cdot k_3$ für Wände als einseitiges Endauflager, der kleinere Wert ist maßgebend

$k_1 = 1,0$ für Wände
$k_1 = 1,0$ für kurze Wände (Querschnitt weniger als 1000 cm²) ohne Aussparungen, aus ungeteilten Steinen oder aus geteilten Steinen mit Lochanteil $< 35\%$
$k_1 = 0,8$ für alle anderen Pfeiler und kurzen Wände mit Querschnitt weniger als 1000 cm². Aussparungen sind zu berücksichtigen. Querschnitte < 400 cm² sind als tragende Teile unzulässig.

$k_2 = 1,0$ für $h_K/d \leq 10$
$k_2 = \dfrac{25 - h_K/d}{15}$ für $10 < h_K/d < 25$; Schlankheiten $h_K/d > 25$ sind unzulässig.

$k_3 = 1,0$ für $l \leq 4,20$ m
$k_3 = 1,7 - l/6$ für $4,20 \leq l \leq 6,00$ m $l = $ Deckenstützweite nach Abschn. 3.2.1
$k_3 = 1,0$ bei Einbau von Zentrierleisten unabhängig von l
$k_3 = 0,5$ für Decken über dem obersten Geschoß

Bei Wandbreite $b < 2,0$ m, $d < 175$ mm und $h_K/d > 12$ ist zusätzlich eine Einzellast $H = 0,5$ KN in halber Geschoßhöhe anzusetzen. Für diesen Lastfall gilt vorh$\sigma_D \leq 1,33$ zulσ_D.

Tafel 16a Grundwerte σ_0 der zulässigen Druckspannungen für Mauerwerk mit Normalmörtel in MN/m²

Mörtelgruppe	Grundwerte σ_0 bei Steinfestigkeitsklass									
	2	4	6	8	12	20	28	36	48	60
I	0,3	0,4	0,5	0,6	0,8	1,0	–	–	–	–
II	0,5	0,7	0,9	1,0	1,2	1,6	1,8	–	–	–
IIa	0,5[1])	0,8	1,0	1,2	1,6	1,9	2,3	–	–	–
III	–	0,9	1,2	1,4	1,8	2,4	3,0	3,5	4,0	4,5
IIIa	–	–	–	–	1,9	3,0	3,5	4,0	4,5	5,0

[1]) $\sigma_D = 0,6$ MN/m² bei Außenwänden mit Dicken $d = 300$ mm. Diese Erhöhung gilt jedoch nicht für den Nachweis der Auflagerpressung nach Abschn. 3.3.2.3.

Tafel 16b Grundwerte σ_0 der zulässigen Druckspannungen für Mauerwerk mit Dünnbett- und Leichtmörtel in MN/m²

Mörtel		Grundwerte σ_0 bei Steinfestigkeitsklasse						
		2	4	6	8	12	20	28
Dünnbettmörtel[1])		0,6	1,1	1,5	2,0	2,2	3,2	3,7
Leichtmörtel	LM 21	0,5[2])	0,7[4])	0,7	0,8	0,9	0,9	0,9
	LM 36	0,5[2]) [3])	0,8[5])	0,9	1,0	1,1	1,1	1,1

[1]) Verwendung nur bei Gasbeton-Plansteinen nach DIN 4165 und bei Kalksand-Plansteinen. Die Werte gelten für Vollsteine. Für Kalksand-Lochsteine und Kalksand-Hohlblocksteine nach DIN 106-1 gelten die entsprechenden Werte der Tafel 15 bei Mörtelgruppe III bis Steinfestigkeitsklasse 20.
[2]) Für Mauerwerk mit Mauerziegeln nach DIN 105-1 bis -4 gilt $\sigma_0 = 0,4$ MN/m².
[3]) $\sigma_0 = 0,6$ MN/m² bei Außenwänden mit Dicken ≥ 300 mm. Diese Erhöhung gilt jedoch nicht für den Nachweis der Auflagerpressung nach Abschn. 3.3.2.3.
[4]) Für Kalksandsteine nach DIN 106-1 der Rohdichteklasse $\geq 0,9$ und Mauerziegel nach DIN 105-1 bis -4 gilt $\sigma_0 = 0,5$ MN/m².
[5]) Für Mauerwerk mit den in [4]) genannten Mauersteinen gilt $\sigma_0 = 0,7$ MN/m².

Tafel 16c Grundwerte σ_0 der zulässigen Druckspannungen für Mauerwerk nach Eignungsprüfung (EM)

Nennfestigkeit β_M in N/mm²	1,0 bis 9,0	11,0 und 13,0	16,0 bis 25,0
σ_0 in MN/m² [1])	0,35 β_M	0,32 β_M	0,30 β_M

[1]) σ_0 abrunden auf 0,01 MN/m²

Im Falle ausmittiger Last dürfen sich die Fugen rechnerisch nur bis zum Schwerpunkt öffnen. Das gilt sowohl bei Ausmitte in Richtung der Wandebene (Scheibenbeanspruchung) als auch senkrecht dazu (Plattenbeanspruchung). Bei Scheibenbeanspruchung durch Wind ist zusätzlich $\varepsilon_R \leq 10^{-4}$ nach Bild 3 nachzuweisen. Hierzu darf $E = 3000 \cdot \sigma_0$ angenommen werden.

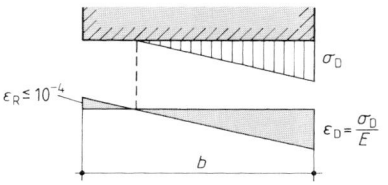

Bild 3 Zulässige rechnerische Randdehnungen bei Scheiben

3.2.9.2 Knicksicherheit

Sie wird im vereinfachten Verfahren mit dem Faktor k_2 berücksichtigt. Für Horizontallasten $>$ Windlast oder Vertikallasten mit größerer Exzentrizität ist Knicknachweis nach Abschn. 3.3.3.2 erforderlich. Ein Versatz der Wandachsen gilt dann nicht als größere Exzentrizität, wenn der Querschnitt der dickeren Wand den der dünneren Wand umschreibt.

3.2.9.3 Auflagerpressung

Druckausbreitung unter Einzellasten unter 60°. Die Auflagerpressung unter Einzellasten darf gleichmäßig verteilt mit $1,3 \cdot \sigma_0$ angenommen werden, wenn in halber Wandhöhe die Mauerwerksspannung $<$ zul σ_D nach Gl. (2) ist.

Bei Teilflächenpressung rechtwinklig zur Wandebene muß $\sigma_D \leqq 1,3 \cdot \sigma_0$ sein. Ist die Einzellast $F \geqq 3$ kN, so ist zusätzlich die Schubspannung in den Lagerfugen der belasteten Steine nachzuweisen. Bei Loch- und Kammersteinen ist die Druckkraft auf mindestens 2 Stege zu übertragen.

3.2.9.4 Zug- und Biegezugspannungen

Sie dürfen in tragenden Wänden rechtwinklig zur Lagerfuge nicht in Rechnung gestellt werden. Zug- und Biegezugspannungen parallel zur Lagerfuge in Wandrichtung:

$$\text{zul} \, \sigma_z = 0,4 \cdot \sigma_{0\,HS} + 0,12 \cdot \sigma_D \leqq \max \sigma_z \quad (3)$$

σ_z	Zug- und Biegespannung parallel zur Lagerfurche	$\sigma_{0\,HS}$ nach Tafel 17
σ_D	zugehörige Druckspannung rechtwinklig zur Lagerfuge	$\max \sigma_z$ nach Tafel 18

3.2.9.5 Schubnachweis

Falls Schubnachweis erforderlich, darf für Rechteckquerschnitte (keine zusammengesetzten Querschnitte) unter Scheibenschub vereinfacht angesetzt werden:

$$\tau = \frac{c \cdot Q}{A} \leqq \text{zul} \, \tau \quad (4) \qquad \text{zul} \, \tau = \sigma_{0\,HS} + 0,2 \cdot \sigma_{Dm} \leqq \max \tau$$

Q	Querkraft
A	überdrückte Querschnittsfläche
c	Faktor zur Berücksichtigung der τ-Verteilung über den Querschnitt. Für hohe Wände $H/L \geq 2$ gilt $c = 1,5$; für Wände $H/L \leq 1$ gilt $c = 1,0$; dazwischen interpolieren.
$\sigma_{0\,HS}$	s. Tafel 17
σ_{Dm}	mittlere zugehörige Druckspannung rechtwinklig zur Lagerfuge im ungerissenen Querschnitt A
$\max \tau$	$= 0,010 \cdot \beta_{N\,St}$ für Hohlblocksteine
	$= 0,012 \cdot \beta_{N\,St}$ für Hochlochsteine und Steine mit Grifföffnungen oder -löchern
	$= 0,014 \cdot \beta_{N\,St}$ für Vollsteine ohne Grifföffnungen oder -löcher
$\beta_{N\,St}$	Nennwert der Steindruckfestigkeit (Steinfestigkeitsklasse)

Tafel 17 Werte $\sigma_{0\,HS}$ in MN/m²

Mörtelgruppe	I	II	IIa	III	IIIa
$\sigma_{0\,HS}$	0,01	0,04	0,09²⁾	0,11³⁾	0,13

¹⁾ Für Mauerwerk mit unvermörtelten Stoßfugen sind die Werte zu halbieren. Stoßfuge ist vermörtelt, wenn mindestens die halbe Wanddicke verfüllt ist.
²⁾ Dieser Wert gilt auch für Leichtmörtel.
³⁾ Dieser Wert gilt auch für Dünnbettmörtel.

Tafel 18 Werte $\max \sigma_z$ in MN/m²

Steinfestigkeitsklasse	2	4	6	8	12	20	$\geqq 28$
$\max \sigma_z$	0,01	0,02	0,04	0,05	0,10	0,15	0,20

3.3 Berechnung nach dem genaueren Verfahren

Das genauere Berechnungsverfahren darf auf einzelne Bauteile, einzelne Geschosse oder ganze Bauwerke angewendet werden. Wird im folgenden nichts anderes gesagt, gelten die Regeln für das vereinfachte Verfahren nach Abschn. 3.2.

3.3.1 Knoten- und Wandmomente

Der Einfluß der Decken-Auflagerdrehwinkel auf die Ausmitte der Lasteintragung in die Wände ist zu berücksichtigen.

a) Rahmenrechnung. Zulässige Annahmen: ungerissene Querschnitte, elastisches Materialverhalten, $E_M = 3000\,\sigma_0$, Hälfte der Verkehrslast wie ständige Last. Die so ermittelten Knotenmomente dürfen auf 2/3 ihres Wertes ermäßigt werden.

Vereinfachtes Rechenverfahrens s. „Mann: Grundlagen der vereinfachten und der genaueren Bemessung von Mauerwerk nach DIN 1053-1, Mauerwerkskalender 2000.

b) Vereinfachte Berechnung nach Bild 4 zulässig für $p \leq 5\,\text{kN/m}^2$

Ausmitten e der Deckenauflagerkräfte wie Bild 4

$M_D = A_D \cdot e_D$ ist voll in den Wandkopf einzuleiten

$M_z = A_z \cdot e_z$ ist je zur Hälfte in Wandkopf und Wandfuß einzuleiten

N_0 aus oberen Geschossen zentrisch

Bei zweiachsig gespannten Decken mit $l_1 : l_2 \geq 1 : 2$ kann mit $e = 0,05\,l_1 \cdot 2/3$ gerechnet werden.

Ist (vorwiegend bei Dachdecken) $e = f(N_0 + A) > 1/3\,d$, so darf $e = 1/3\,d$ angenommen werden. In diesem Falle ist Rißschäden vorzubeugen, z.B. durch Fugen, Zentrierleisten, Kantennut, Rißüberdeckung.

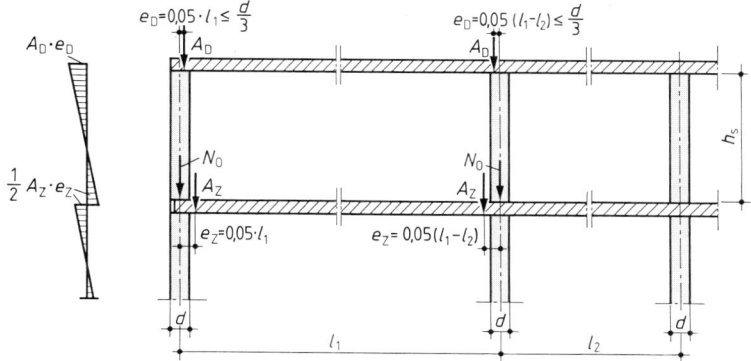

Bild 4 Vereinfachende Annahmen zur Berechnung von Knoten- und Wandmomenten

Wandmomente. Momentenverlauf aus Vertikallasten s. Bild 4. Momente aus Horizontallasten können zwischen den Grenzfällen Volleinspannung und gelenkige Lagerung umgelagert werden, wobei die klaffende Fuge höchstens bis zum Wandschwerpunkt entstehen darf.

Momente aus Windlast dürfen bis zu einer Höhe von 20 m vernachlässigt werden, wenn $d \geq 24$ cm und $h_s \leq 3,0$ m.

3.3.2 Knicklängen h_K

a) frei stehende Wände

$$h_K = 2 \cdot h_s \sqrt{\frac{1 + 2 N_0/N_u}{3}} \quad (5)$$

b) zweiseitig gehaltene Wände

$$h_K = \beta \cdot h_s \quad (6)$$

N_0 Längskraft am Wandkopf N_u Längskraft am Wandfuß h_s lichte Geschoßhöhe

$\beta = 1$ wenn Decken nicht flächig aufgelagert (s. Tafel 19) oder e in Knotenanschnitt $> d/3$ oder e in Wandmitte $= d/3$; $e =$ planmäßige Ausmitte der Last

$\beta = 1 - 0,15 \cdot \dfrac{E_b I_b}{E_{mw} I_{mw}} \cdot h_s \cdot \left(\dfrac{1}{l_1} + \dfrac{1}{l_2}\right) \geq 0,75$ wenn Bedingungen nach Tafel 19 eingehalten

$\quad\quad E_{mw}$ nach Tafel 14
$\quad\quad l_1$ und $l_2 =$ angrenzende Deckenstützweiten, bei Außenwänden $1/l_2 = 0$

$\beta = 0,75$ für Wanddicken $\leq 17,5$ cm, wenn Bedingungen nach Tafel 19 eingehalten.

Tafel 19   Reduzierte Knicklänge zweiseitig gehaltener Wände mit flächig aufgelagerten Massivdecken und erforderliche Tiefe des Deckenauflagers

Wanddicke d in cm	< 24	≥ 24 ≤ 30	> 30	Planmäßige Ausmitte e [1]) der Last in halber Geschoßhöhe (für alle Wanddicken)	$\leq \dfrac{d}{6}$	$\dfrac{d}{3}$
Erforderliche Auflagertiefe a der Decke auf der Wand	d	$\geq \dfrac{3}{4} d$	$\geq \dfrac{2}{3} d$	Reduzierte Knicklänge h_K [2])	$\beta \cdot h_s$	$1,0 \, h_s$

[1]) Ausmitte ohne f_1 und f_2 nach Abschn. 3.3.3.2, jedoch gegebenenfalls infolge Wind.
[2]) Zwischenwerte dürfen geradlinig eingeschaltet werden.

c) dreiseitig gehaltene Wände (mit einem freien vertikalen Rand)

$$h_K = \frac{1}{1 + \left(\dfrac{\beta \cdot h_s}{3 b}\right)} \cdot \beta \cdot h_s \geq 0,3 \cdot h_s \quad (7)$$

d) vierseitig gehaltene Wände

$$h_K = \frac{1}{1 + \left(\dfrac{\beta \cdot h_s}{b}\right)} \cdot \beta \cdot h_s \quad \text{für } h_s \leq b \quad (8) \qquad h_K = \frac{b}{2} \quad \text{für } h > b \quad (8a)$$

b Abstand des freien Randes von der Mitte der aussteifenden Wand, bzw. Mittenabstand der aussteifenden Wände.

zu c) und d): Ist $b > 30 d$ bei vierseitig bzw. $b > 15 d$ bei dreiseitig gehaltenen Wänden, so gelten diese als zweiseitig gehalten. Bei vertikalen Schlitzen oder Nischen im mittleren Wanddrittel ist für d die Restwanddicke anzusetzen oder ein freier Rand anzunehmen. Ist, unabhängig von der Lage, die Restwanddicke kleiner als $d/2$ oder als 11,5 cm, so ist ein freier Rand anzunehmen. Bei Öffnungen mit lichter Höhe $> 1/4$ Geschoßhöhe oder lichter Breite $> 1/4$ der Wandbreite oder Gesamtfläche $> 1/10$ der Wandfläche gelten die Wandteile zwischen Öffnung und aussteifender Wand als dreiseitig, die Wandteile zwischen den Öffnungen als zweiseitig gehalten.

3.3.3   Bemessung im genaueren Verfahren

3.3.3.1   Tragfähigkeit bei zentrischer und exzentrischer Druckbeanspruchung

Die Tragfähigkeit der Wand ist für den ungünstigsten der Schnitte I Wandkopf, II halbe Wandhöhe, III Wandfuß, auf der Grundlage linearer Spannungsverteilung und ebenbleibender Querschnitte nachzuweisen.

Zentrische Beanspruchung

$$\gamma \cdot \text{vorh}\,\sigma \leqq \beta_R \quad (9)$$

β_R Rechenwert der Druckfestigkeit. Es gilt $\beta_R = 2{,}67\,\sigma_0$, mit σ_0 nach Tafel 16a bis c.

γ Sicherheitsbeiwert nach Tafel 20.

Exzentrische Beanspruchung: Im Bruchzustand darf die Kantenpressung den Wert 1,33 β_R, die mittlere Spannung den Wert 1,0 β_R nicht überschreiten.

[1]) Pfeiler = kurze Wände mit Querschnitt weniger als 1000 cm², jedoch mehr als 400 cm².

[2]) Für Pfeiler aus ungetrennten Steinen oder aus getrennten Steinen mit Lochanteil < 35% gilt $\gamma_P = 2{,}0$.

Tafel 20   Sicherheitsbeiwerte

Wand	$\gamma_W = 2{,}0$
Pfeiler[1])	$\gamma_P = 2{,}5$ [2])

Querschnitte < 400 cm² sind als tragende Teile unzulässig.

Klaffende Fugen aus planmäßiger Exzentrizität e sind höchstens bis zum Schwerpunkt des Gesamtquerschnitts zulässig. Bei Abweichung vom Rechteckquerschnitt ist außerdem 1,5fache Kippsicherheit nachzuweisen. Bei Scheibenbeanspruchung ist zusätzlich der Nachweis für $\varepsilon_R \leqq 10^{-4}$ gem. Bild 3 erforderlich.

3.3.3.2   Knicksicherheit

Die Knicksicherheit kann näherungsweise durch Bemessung der Wand in halber Wandhöhe (Schnitt II) nachgewiesen werden mit

$$\text{Gesamtexzentrizität} = e_{II} + f_1 + f_2$$

e_{II} planmäßige Exzentrizität durch Wandmomente

$f_1 = h_K/300 =$ ungewollte Ausmitte

$f_2 =$ Stabauslenkung

Näherungsweise kann gesetzt werden

$$f_1 + f_2 = f = \bar{\lambda}\,\frac{1+m}{1800} \cdot h_K \quad (10)$$

$$m = \frac{6 \cdot e_{II}}{d} \qquad \bar{\lambda} = \frac{h_K}{d} \qquad \bar{\lambda} > 25 \text{ nicht zulässig}$$

Zusatzforderung für zweiseitig gehaltene Wände mit $\bar{\lambda} > 12$ und Wandbreite $b < 2{,}0$ m: Horizontalkraft $H = 0{,}5$ kN zusätzlich als Linienlast über ganze Wandbreite verteilt in halber Wandhöhe ansetzen. Dafür Sicherheit $\gamma = \beta_R/\text{vorh}\,\sigma \geqq 1{,}5$ erforderlich. Dieser Nachweis darf entfallen, wenn

$$\bar{\lambda} \leqq 20 - 1000\,\frac{H}{A \cdot \beta_R}$$

mit $A =$ Wandquerschnitt $b \cdot d$

Beispiel   System wie Bild 4 mit $l_1 = 4{,}80$ m, $l_2 = 3{,}0$ m, $h_s = 2{,}60$ m

B 25; $d_b = 16$ cm, M 2,5; $d_m = 24$ cm, Steinrohdichte = 1,40 g/cm³

Gesucht: Bemessung der ersten Innenwand im 3. Geschoß von oben.

Decke + Putz + $p = 7{,}0$ kN/m²   = 35,7 kN/m

Wand + Putz $G_W = 10{,}8$ kN/m

je Geschoß, erste Innenwand $N_0 = 46{,}5$ kN/m

$N_I = 128{,}7$ kN/m

$$e_I = \frac{0{,}5 \cdot 35{,}7 \cdot 0{,}05(4{,}8 - 3{,}0)}{2 \cdot 46{,}5 + 35{,}7} = 0{,}012 \text{ m} < d/6$$

$$e_{III} \cong -e_I \qquad e_{II} = (e_I + e_{III}) \cdot 0{,}5 \cong 0$$

$$\beta = 1{,}0 - 0{,}15 \cdot \frac{30000 \cdot 0{,}16^3}{1000 \cdot 2{,}5 \cdot 0{,}24^3} \cdot 2{,}60 \cdot \left(\frac{1}{4{,}8} + \frac{1}{3{,}0}\right) = 0{,}25 < 0{,}75 \rightarrow \beta = 0{,}75$$

$$h_K = 0{,}75 \cdot 2{,}60 = 1{,}95 \text{ m} \qquad \bar{\lambda} = \frac{1{,}95}{0{,}24} = 8{,}1 < 25$$

$$e_{II} + f = 0 + \frac{1{,}95^2}{0{,}24 \cdot 1800} \cdot (1 + 0) = 0{,}009 \text{ m} < e_I = 0{,}012 \text{ m}$$

Schnitt I maßgebend, ungerissener Querschnitt

Beispiel, Forts.

$$\sigma_I = 2{,}0 \cdot \frac{128{,}7}{0{,}24} \cdot \left(1 + \frac{0{,}012 \cdot 6}{0{,}24}\right) = 1073\,(1 + 0{,}3) = 1394\ \text{kN/m}^2$$

gewählt: M 2,5; $\beta_M = 2{,}5$; $\sigma_0 = 0{,}35 \cdot 2{,}5 = 0{,}88$ MN/m²

$\beta_R = 2{,}67 \cdot 0{,}88 = 2{,}35$ MN/m²

Mittig: 1,073 < 2,35 MN/m²; Kantenpressung: 1,394 < 1,33 · 2,35 MN/m²

oder RM mit Stein 4, MGr. IIa:

$\sigma_0 = 0{,}8$ MN/m²; $\beta_R = 2{,}67 \cdot 0{,}8 = 2{,}1$ MN/m²

Mittig: 1,073 < 2,1 MN/m²; Kantenpressung: 1,394 < 1,33 · 2,1 MN/m²

3.3.3.3 Einzellasten und Teilflächenpressung

Druckverteilung im Mauerwerk unter 60°.

Teilflächenpressung σ_1 in Fläche A_1 gemäß Bild 5 für mittige und ausmittige Belastung zulässig mit

$$A_1 \leqq 2 \cdot d^2 \qquad e \leqq \frac{d}{6}$$

$$\sigma_1 = \frac{\beta_R}{\gamma}\left(1 + 0{,}1 \cdot \frac{a_1}{l_1}\right) \leqq 1{,}5 \cdot \frac{\beta_R}{\gamma} \quad (11)$$

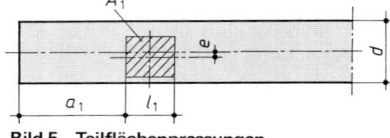

Bild 5 Teilflächenpressungen

Bei Teilflächenpressung senkrecht zur Wandebene muß $\sigma \leqq 0{,}5\,\beta_R$ sein. Ist die Einzellast > 3 kN, so ist zusätzlich die Schubspannung in den Lagerfugen der belasteten Einzelsteine nachzuweisen.

3.3.3.4 Zug- und Biegezugspannungen

In tragenden Wänden dürfen Zug- und Biegezugspannungen rechtwinklig zur Lagerfuge nicht in Rechnung gestellt werden. Zug- und Biegezugspannungen σ_z parallel zur Lagerfuge in Wandrichtung:

$$\text{zul}\,\sigma_z \leqq \frac{1}{\gamma}\,(\beta_{RHS} + \mu \cdot \sigma_d)\,\frac{\ddot{u}}{h} \quad (12) \qquad\qquad \text{zul}\,\sigma_z \leqq \frac{\beta_{Rz}}{2\gamma} \leqq 0{,}3\ \text{MN/m}^2 \quad (13)$$

der kleinere Wert ist maßgebend.

3.3.3.5 Schubnachweis

Rechnerisch klaffende Teile der Fugen sind nicht in Rechnung zu stellen. Es gilt:

Scheibenschub: $\gamma \cdot \tau \leqq \beta_{RHS} + \bar{\mu} \cdot \sigma_d \leqq 0{,}45 \cdot \beta_{Rz} \cdot \sqrt{1 + \sigma_d/\beta_{Rz}}$ (14 a)

Plattenschub: $\gamma \cdot \tau \leqq \beta_{RHS} + \mu \cdot \sigma_d$ (14 b)

In Gl. (12) bis (14) bedeuten

σ_z	Zugspannung parallel zur Lagerfuge
σ_d	Druckspannung rechtwinklig zur Lagerfuge
β_{RHS}	Rechenwert der Haftscherfestigkeit. Es gilt $\beta_{RHS} = 2{,}0 \cdot \sigma_{0HS}$ nach Abschn. 3.2.9.5.
β_{Rz}	Rechenwert der Steinzugfestigkeit, Tafel 21
μ	Reibungsbeiwert = 0,6
$\bar{\mu}$	abgeminderter Reibungsbeiwert = 0,4 für alle Mörtelgruppen
h	Steinhöhe
$\ddot{u}$	Überbindemaß im Steinverband, Soll $\geqq 0{,}4 \cdot h \geqq 4{,}5$ cm
γ	Sicherheitsbeiwert nach Tafel 20

Tafel 21 Rechenwerte β_{Rz} der Steinzugfestigkeit

	β_{Rz}
Hohlblocksteine	0,025 β_{NSt}[1])
Hochlochziegel, Lochsteine und Vollsteine mit Grifföffnungen	0,033 β_{NSt}
Vollsteine ohne Grifföffnungen	0,040 β_{NSt}

[1]) β_{NSt} = Nennwert der Steindruckfestigkeit (Steindruckfestigkeitsklasse)

3.4 Bauteile und Konstruktionsdetails

3.4.1 Tragende Wände und Pfeiler

Wände mit mehr als Eigenlast aus einem Geschoß sind stets tragende Wände. Mindestdicke 115 mm.

Aussteifende Wände gelten immer als tragende Wände. Pfeiler sind kurze Wände mit einem Querschnitt $A < 1000$ cm^2. Mindestquerschnitt 400 cm^2.

3.4.2 Kellerwände

Nachweis auf Erddruck darf entfallen, wenn

— $h_s \leq 2,60$ m $d \geq 240$ mm
— Kellerdecke = Scheibe
— $h_e \leq h_s$, Gelände horizontal, $p \leq 5$ kN/m^2 mit $\max N_0 = 0,45 \cdot d \cdot \sigma_0$
— $\max N_0 \geq N_0 \geq \min N_0$ $\min N_0$ nach Tafel 22

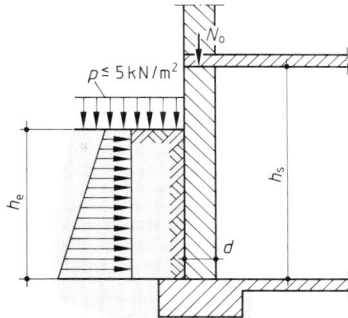

Bild 6 Lastannahmen für Kellerwände

Tafel 22 Min N_0 für Kellerwände ohne rechnerischen Nachweis in kN/m

Wand-dicke d	$\min N_0$ bei einer Höhe der Anschüttung h_e			
in mm	1,0 m	1,5 m	2,0 m	2,5 m
240	6	20	45	75
300	3	15	30	50
365	0	10	25	40
490	0	5	15	30

Zwischenwerte sind geradlinig zu interpolieren.

Anstelle des Nachweises von N_0 darf nachgewiesen werden:

$$\frac{d \cdot \beta_R}{3\gamma} \geq N_1 \geq \min N \quad (15) \qquad \text{mit} \quad \min N = \frac{\varrho_e \cdot h_s \cdot h_e^2}{20\,d} \quad (16)$$

N_1 = Normalkraft in halber Anschütthöhe h_e; $\beta_R = 2,67 \cdot \sigma_0$; γ nach Tafel 20.

Für ausgesteifte Kellerwände mit zweiachsiger Lastabtragung gilt mit $b = $ Achsabstand der Aussteifungen:

$b \leq h_s$: $N_0 \geq 1/2 \min N_0$ bzw. $N_1 \geq 1/2 \min N$ (17a)

$b \geq 2h_s$: $N_0 \geq \min N_0$ bzw. $N_1 \geq \min N$ (17b)

Zwischenwerte geradlinig interpolieren

3.4.3 Nichttragende Wände

Bei nichttragenden Außenwänden als Ausfachungen von Fachwerk-, Skelett-
und Schottensystemen darf auf einen statischen Nachweis verzichtet werden, wenn
— die Wände vierseitig gehalten sind
— Normalmörtel Mörtelgruppe II a verwendet wird
— die Bedingungen nach Tafel 23 erfüllt sind.
Für nichttragende Innenwände ohne Windbelastung gilt DIN 4103-1.

Tafel 23 Größte zulässige Ausfachungsfläche von nichttragenden Außenwänden ohne
rechnerischen Nachweis in m^2

Höhe der Ausfachungsfläche über Gelände	Verhältnis ε der größeren zur kleineren Stützweite	Größte zul. Ausfachungsfläche in m^2 [1]) bei einer Wanddicke in mm von			
		115 [2])	175	240	300
0 bis 8 m	1,0 $\geq$ 2,0 [3])	12 8	20 14	36 25	50 33
8 bis 20 m	1,0 $\geq$ 2,0 [3])	8 5	13 9	23 16	35 23
20 bis 100 m	1,0 $\geq$ 2,0 [3])	6 4	9 6	16 12	25 17

[1]) für $1,0 \leq \varepsilon \leq 2,0$ darf geradlinig interpoliert werden
[2]) für Steine ≥ 12 dürfen die Werte dieser Spalte um 1/3 vergrößert werden
[3]) für Steine ≥ 20 und gleichzeitig $\varepsilon = h/l \geq 2,0$ dürfen die Werte dieser Spalten verdoppelt werden.

3.4.4 Anschluß der Wände an Decken und Dachstuhl

Bei Massivdecken Anschluß durch Reibung ausreichend, wenn Auflagertiefe
≥ 100 mm. Bei anderen Decken Zuganker, die nur in belasteten Wandbereichen
angeordnet werden dürfen. Abstand allgemein ≤ 2 m, in Ausnahmefällen ≤ 4 m.
Bei Wänden parallel zur Deckenspannrichtung Verankerungsbreite ≥ 1 m und mind.
2 Deckenrippen, bei Holzbalkendecken mind. 3 Balken. Verankerung in Querrippen
ist möglich. Werden mit den Umfassungswänden verankerte Balken über einer
Innenwand gestoßen, so sind sie hier zugfest miteinander zu verbinden.
Giebelwände sind durch Querwände oder Pfeilervorlagen auszusteifen oder kraftschlüssig mit dem Dachstuhl zu verbinden.

3.4.5 Ringanker

In alle Außenwände und in die Querwände, die der Abtragung horizontaler Lasten
dienen, sind Ringanker zu legen
a) bei Bauten mit mehr als 2 Vollgeschossen oder Längen > 18 m
b) bei Wänden mit vielen oder besonders großen Öffnungen, besonders dann,
   wenn die Summe der Öffnungsbreiten 60% der Wandlänge oder bei Fensterbrei-
   ten von mehr als 2/3 der Geschoßhöhe 40% der Wandlänge übersteigt.
c) wenn die Baugrundverhältnisse es erfordern.
Anordnung in jeder Deckenlage oder unmittelbar darunter. Stahlbetonringanker
sind mit mind. 2 durchlaufenden Stäben zu bewehren, die eine Zugkraft von 30 kN
aufnehmen können. Stöße nach DIN 1045. Ringanker aus bewehrtem Mauerwerk
sind gleichartig zu bewehren. Zum Ringanker parallel liegende durchlaufende
Bewehrungen dürfen angerechnet werden, wenn sie in Decken oder Fensterstürzen
einen Abstand von ≤ 50 cm von der Mittelebene der Wand bzw. der Decke haben.

3.4.6 Ringbalken

Bei Decken ohne Scheibenwirkung oder bei Anordnung von Gleitschichten unter den Deckenauflagern ist die horizontale Aussteifung der Wände durch Ringbalken sicherzustellen. Sie wie auch ihre Anschlüsse an die aussteifenden Wände sind für eine horizontale Last von 1/100 der vertikalen Last der Wände und ggfs. aus Wind zu bemessen. Bei Ringbalken unter Gleitschichten sind außerdem die Zugkräfte aus der verbleibenden Reibung zu berücksichtigen.

3.4.7 Schlitze und Aussparungen

Sie dürfen bei der Bemessung unberücksichtigt bleiben, wenn sie Tafel 24 entsprechen. Sie sind auch dann ohne Nachweis zulässig, wenn die Querschnittsschwächung, bezogen auf 1 m Wandlänge, nicht mehr als 6% beträgt und die Wand nicht drei- oder vierseitig gehalten gerechnet ist. Restwanddicke nach Tafel 24, 7. Zeile und Mindestabstand nach Tafel 24, 8. Zeile sind einzuhalten.

Alle übrigen Schlitze und Aussparungen sind bei der Bemessung zu berücksichtigen.

Tafel 24   Ohne Nachweis zulässige Schlitze und Aussparungen in tragenden Wänden

		Wanddicke in mm				
		≥ 115	≥ 175	≥ 240	≥ 300	≥ 365
Schlitztiefe horizontaler und schräger nachträglich hergestellter Schlitze in mm[1])	Schlitzlänge unbeschränkt[3])	–	0	≤ 15	≤ 20	≤ 20
	Schlitzlänge $l \leq 1{,}25\,\text{m}$[2])	–	≤ 25	≤ 25	≤ 30	≤ 30
Vertikale Schlitze und Aussparungen nachträglich hergestellt	Schlitztiefe in mm[4])	≤ 10	≤ 30	≤ 30	≤ 30	≤ 30
	Einzelschlitzbreite in mm[5])	≤ 100	≤ 100	≤ 150	≤ 200	≤ 200
	Abstand der Schlitze und Aussparungen von Öffnungen in mm	≥ 115				
Vertikale Schlitze und Aussparungen in gemauertem Verband	Schlitzbreite in mm[5])	–	≤ 260	≤ 385	≤ 385	≤ 385
	Restwanddicke in mm	–	≥ 115	≥ 115	≥ 175	≥ 240
	Mindestabstand der Schlitze und Aussparungen — von Öffnungen	$\geq$ 2fache Schlitzbreite bzw. ≥ 365 mm				
	untereinander	$\geq$ Schlitzbreite				

[1]) Horizontale und schräge Schlitze sind nur zulässig in einem Bereich $\leq 0{,}4$ m ober- oder unterhalb der Rohdecke sowie jeweils an einer Wandseite. Sie sind nicht zulässig bei Langlochziegeln.

[2]) Mindestabstand in Längsrichtung von Öffnungen ≥ 490 mm, vom nächsten Horizontalschlitz zweifache Schlitzlänge.

[3]) Die Tiefe darf um 10 mm erhöht werden, wenn Werkzeuge verwendet werden, mit denen die Tiefe genau eingehalten werden kann. Bei Verwendung solcher Werkzeuge dürfen auch in Wänden ≥ 240 mm gegenüberliegende Schlitze mit jeweils 10 mm Tiefe ausgeführt werden.

[4]) Schlitze, die bis maximal 1 m über den Fußboden reichen, dürfen bei Wanddicken ≥ 240 mm bis 80 mm Tiefe und 120 mm Breite ausgeführt werden.

[5]) Die Gesamtbreite von Schlitzen nach der 4. und 6. Zeile darf je 2 m Wandlänge die Maße in der 6. Zeile nicht überschreiten. Bei geringeren Wandlängen als 2 m sind die Werte in der 6. Zeile proportional zur Wandlänge zu verringern.

3.4.8 Außenwände

3.4.8.1 Einschalige Außenwände

Geputzte Außenwände bewohnter Räume sollen mind. 240 mm dick sein. Einschaliges Verblendmauerwerk muß den Mindestmaßen des Bildes 7 entsprechen. Alle Fugen sind hohlraumfrei zu vermörteln. Die Verblendung gehört zum tragenden Querschnitt. Für die zulässige Beanspruchung ist die niedrigste Steinfestigkeitsklasse im Querschnitt maßgebend. Fugen der Sichtflächen mit Fugenglattstrich oder 15 mm tief auskratzen und verfugen.

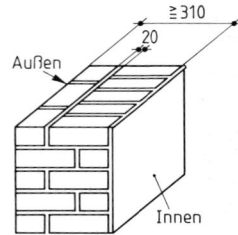

Bild 7   Einschaliges Verblendmauerwerk

3.4.8.2 Zweischalige Außenwände

Allgemeines

a) Nur die Innenschale darf belastet werden. Mindestmaße nach Abschn. 3.4.1. Für den vereinfachten Nachweis ist Abschn. 3.2.1 zu beachten.

b) Mindestdicke der Außenschale 90 mm. Sie soll auf ganzer Länge vollflächig aufgelagert oder es muß jeder Einzelstein abgefangen sein (Konsolen).

c) Außenschalen von 115 mm Dicke sollen in Höhen von 12 m abgefangen werden. Für eine maximale Abfanghöhe von 2 Geschossen ist ein Auflagerüberstand von ≦ 40 mm, bei größerer Höhe von 25 mm zulässig.

d) Außenschalen < 115 mm Dicke dürfen nicht höher als 20 m über Gelände geführt werden. Abfangungen in Höhen von 6 m. Bei Gebäuden bis zu 2 Vollgeschossen darf ein Giebeldreieck ≦ 4 m Höhe ohne zusätzliche Abfangung ausgeführt werden. Auflagerüberstand ≦ 15 mm.

e) Mindestanzahl und Durchmesser von Drahtankern aus nichtrostendem Stahl nach Tafel 25. Form und Maße nach Bild 8. Vertikaler Abstand der Anker ≦ 500 mm, horizontaler Abstand ≦ 750 mm. An allen freien Rändern (Öffnungen, Gebäudeecken, Dehnungsfugen, oberer Schalenrand) zusätzlich drei Anker je m Randlänge.

f) Feuchtigkeitssperre nach Bild 9 an Fußpunkten, über Fenstern und Türen sowie im Bereich von Sohlbänken.

Tafel 25   Mindestanzahl und Durchmesser von Drahtankern je m² Wandfläche

		Drahtanker	
		Mindestanzahl	Durchmesser
1	mindestens, sofern nicht Zeilen 2 und 3 maßgebend	5	3
2	Wandbereich höher als 12 m über Gelände oder Abstand der Mauerwerksschalen über 70 bis 120 mm	5	4
3	Abstand der Mauerwerksschalen über 120 bis 150 mm	7 oder 5	4 oder 5

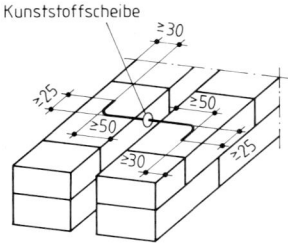

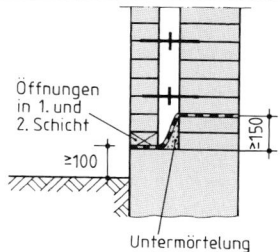

Bild 8 Drahtanker für zweischaliges Mauerwerk für Außenwände

Bild 9 Fußpunktausführung bei zweischaligem Verblendmauerwerk (Prinzipskizze)

Zweischalige Außenwände mit Luftschicht

Maße nach Bild 10 a. Luftschicht darf 40 mm sein, wenn der Mörtel auf mind. einer Seite abgestrichen wird.

Lüftungsöffnungen unten und oben je 7500 mm² je 20 m² Wandfläche (Fenster und Türen eingerechnet). Beginn der Luftschicht ≥ 100 mm über Erdgleiche.

Vertikale Dehnungsfugen anordnen. Abstände je nach Klima (Temperatur, Feuchte), Steinart und Farbe.

Richtwerte:

max $L = 8{,}0$ m bei KS und

max $L = 10$ bis 12 m bei MZ.

Horizontale Fugen unter Abfangungen und Auskragungen.

Mauerschalen an Berührungspunkten (z. B. Fenster) durch Sperrschicht trennen.

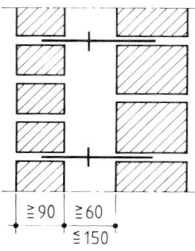

Bild 10 a Außenwand mit Luftschicht

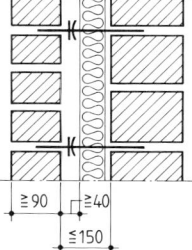

Bild 10 b Außenwand mit Luftschicht und Wärmedämmung

Zweischalige Außenwände mit Luftschicht und Wärmedämmung

Maße nach Bild 10 b. Luftschicht darf nicht durch Unebenheiten der Dämmschicht eingeengt werden. Für Luftschichtdicken < 40 mm gelten die Anforderungen an zweischalige Außenwände mit Kerndämmung.

Zweischalige Außenwand mit Kerndämmung

Maße nach Bild 10 c. Außenschale ≥ 115 mm. Bei glasierten oder beschichteten Steinen ist die Frostwiderstandsfähigkeit der Steine unter verstärkter Beanspruchung nachzuweisen.

Nur dauerhaft wasserabweisende, genormte oder bauaufsichtlich zugelassene „Kerndämmstoffe" dürfen verwendet werden.

Mineralfaserdämmstoffe dicht stoßen. Hartschaumplatten müssen Stufenfalz oder Nut und Feder haben oder zweilagig mit versetzten Fugen eingebaut werden. Bei losen Dämmstoffen oder Ortschaum lückenlose Füllung.

Entwässerungsöffnungen am Fußpunkt $\geq 5000\ mm^2$ auf $20\ m^2$ Wandfläche (einschl. Fenster und Türen).

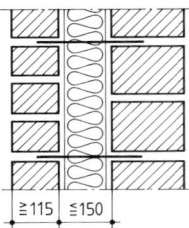

Bild 10 c Außenwand mit Kerndämmung

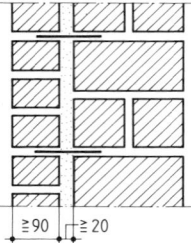

Bild 10 d Außenwand mit Putzsperre

Zweischalige Außenwände mit Putzschicht

Putzschicht auf Außenseite der Innenschale. Außenschale dicht dagegen (Fingerspalt), s. Bild 10 d.

Für Drahtanker genügt abweichend von Tafel 25 Dicke von 3 mm. Entwässerungsöffnungen wie Wand mit Kerndämmung.

3.4.9 Gewölbewirkung

Vorausgesetzt, daß sich neben und oberhalb des Trägers und der Lastfläche eine Gewölbewirkung ausbilden kann (keine Öffnungen, Aufnahme des Gewölbeschubs), darf die Belastung nach den Bildern 11 und 12 angenommen werden. Verteilung von Einzellasten unter 60°.

Einzellasten außerhalb des Lastdreiecks brauchen nur berücksichtigt zu werden, wenn sie innerhalb der Stützweite und weniger als 250 mm über der Dreiecksspitze liegen.

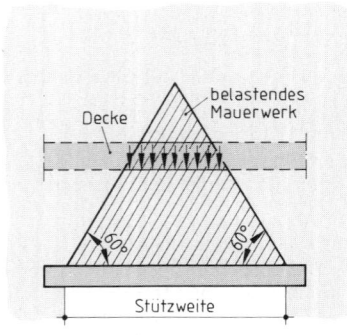

Bild 11 Deckenlast über Wandöffnungen bei Gewölbewirkung

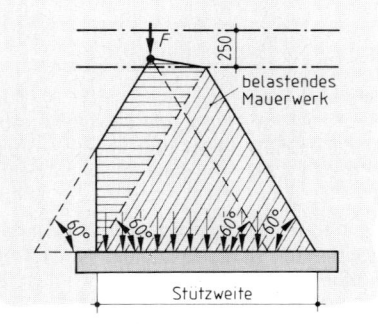

Bild 12 Einzellast über Wandöffnungen bei Gewölbewirkung

856

3.4.10 Ausführung

Vermauerung mit Stoßfugenvermörtelung

Übliche Fugendicken bei Normalmörtel: Stoßfuge 10 mm, Lagerfuge 12 mm. Mit Dünnbettmörtel muß die Fugendicke 1 bis 3 mm betragen.

Steine mit Mörteltaschen: entweder die Steine knirsch (Fugendicke ≤ 5 mm) verlegen und Mörteltaschen verfüllen (Bild 13) oder die Steinflanken vermörteln (Bild 14). Bei nicht knirsch verlegten Steinen mit Stoßfugen >5 mm müssen die Stoßfugen auf beiden Wandseiten vermörtelt sein.

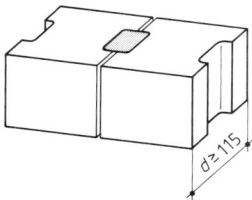
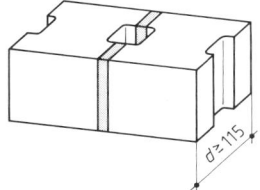

Bild 13 Steine mit Mörteltaschen, Knirschverlegung

Bild 14 Steine mit Mörteltaschen, Steinflanken vermörtelt

Vermauerung ohne Stoßfugenvermörtelung

Hierzu geeignete Steine mit glatter Stirnfläche oder mit Nut- und Federsystem sind knirsch zu verlegen (Bild 15). Bei nicht knirsch verlegten Steinen mit Fugendicken >5 mm müssen die Fugen auf beiden Wandseiten vermörtelt sein.

Die Anforderungen an Schlagregenschutz, Wärmeschutz, Schallschutz und Brandschutz sind zu beachten.

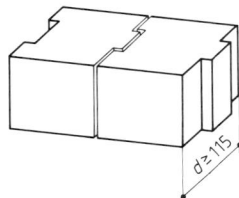
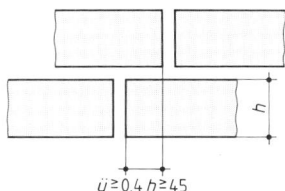

$$\ddot{u} \geq 0,4\, h \geq 45$$

Bild 15 Vermauerung von Steinen ohne Stoßfugenvermörtelung (Prinzipskizze)

Bild 16 Überbindemaß für Stoß- und Längsfugen

Verband: Die Stoß- und Längsfugen übereinanderliegender Schichten müssen gemäß Bild 16 versetzt sein. Steine einer Schicht sollen gleich hoch sein. In Schichten mit Längsfugen dürfen die Steine nicht höher als breit sein.

3.4.11 Güteprüfungen

Bei Mörteln der Gruppe III a ist an jeweils 3 Prismen aus 3 verschiedenen Mörtelmischungen je Geschoß, aber mindestens je 10 m³ Mörtel, die Druckfestigkeit nachzuweisen.

Bei Gebäuden mit mehr als 6 gemauerten Vollgeschossen ist die geschoßweise Prüfung, mindestens aber je 20 m³ Mörtel, auch bei Normalmörteln der Gruppen II, II a und III erforderlich. Bei den obersten 3 Geschossen kann darauf verzichtet werden.

4 Mauerwerk nach Eignungsprüfung
Mauerwerksfestigkeitsklassen nach DIN 1053-2 (11.96)

4.1 Begriffe

Mauerwerksfestigkeitsklassen sind klassifizierte Druckfestigkeiten von Mauerwerk. Die Einstufung erfolgt aufgrund von Eignungsprüfungen nach DIN 1053-2.

Hinweis Die neue Fassung von DIN 1053-2 (11.96) enthält die Regeln für die Eignungsprüfungen und für die Einstufung. Die Regeln für das genauere Berechnungsverfahren von Mauerwerk, die bisher in diesem Normteil enthalten waren, sind nun in DIN 1053-1 aufgenommen (s. oben Abschn. 3.3).

4.2 Baustoffe

Mauersteine müssen den Steinnormen entsprechen. Variationskoeffizient $V \leq 15\%$. Kennzeichnung der Steine zusätzlich mit den Buchstaben EM.

Mauermörtel nach DIN 1053-1. Mörtel der Gruppe I ist nicht zulässig.

4.3 Mauerwerksfestigkeitsklassen

Für die Einstufung des Mauerwerks EM aufgrund von Eignungsprüfungen gelten die Anforderungen nach Tafel 26. Die Ergebnisse sind in einem Einstufungsschein festgelegt. Er hat eine Gültigkeit von 5 Jahren.

Tafel 26 Anforderungen an die Mauerwerksdruckfestigkeit von Mauerwerk nach Eignungsprüfung (EM)

1	2	3	4
Mauerwerks-festigkeitsklasse	Nennfestigkeit des Mauerwerks	Mindestdruckfestigkeit	
		kleinster Einzelwert	Mittelwert
M	$\beta_M{}^1)$ in N/mm²	β_{MN} in N/mm²	β_{MS} in N/mm²
1	1,0	1,0	1,2
1,2	1,2	1,2	1,4
1,4	1,4	1,4	1,6
1,7	1,7	1,7	2,0
2	2,0	2,0	2,4
2,5	2,5	2,5	2,9
3	3,0	3,0	3,5
3,5	3,5	3,5	4,1
4	4,0	4,0	4,7
4,5	4,5	4,5	5,3
5	5,0	5,0	5,9
5,5	5,5	5,5	6,5
6	6,0	6,0	7,0
7	7,0	7,0	8,2
9	9,0	9,0	10,6
11	11,0	11,0	12,9
13	13,0	13,0	15,3
16	16,0	16,0	18,8
20	20,0	20,0	23,5
25	25,0	25,0	29,4

^{1}) Der Nennfestigkeit liegt das 5%-Quantil der Grundgesamtheit zugrunde.

5 Bewehrtes Mauerwerk, Berechnung und Ausführung
nach DIN 1053-3 (2.90)

5.1 Baustoffe

5.1.1 Mauersteine

Zulässig sind alle genormten Mauersteine, jedoch mit den Einschränkungen:
— Lochanteil $\leq 35\%$; (Aussparungen bei Formsteinen zählen nicht mit)
— Stege zwischen nicht kreisförmigen Löchern dürfen nicht gegeneinander versetzt sein
sowie Steine mit bauaufsichtlicher Zulassung.

5.1.2 Mauermörtel

Bereiche mit Bewehrung: Mörtel der Gruppe III oder III a
Bereiche ohne Bewehrung: Alle Mörtel nach DIN 1053-1 mit Ausnahme von MGr I.

5.1.3 Bewehrung

Gerippter Betonstahl nach DIN 488-1. In Fugen $\varnothing \leq 8$ mm, in Aussparungen (Formsteine) $\varnothing \leq 14$ mm, größere $\varnothing$ nur in betonverfüllten Aussparungen. Außerdem Bewehrung nach Zulassung, z.B. Fugenbewehrung mit Murfor-Bewehrungselementen der Bekaert S.A. gemäß Tafel 27, die zum Korrosionsschutz mit Duplex-Beschichtung überzogen sind.

Tafel 27 Murfor-Bewehrungsträger als Beispiel einer Mauerwerksbewehrung nach Zulassung

Murfor-Abmessungen		Nenndurch-messer d_1 in mm	Nennquer-schnitt A_s in cm²	Diagonal-draht-$\varnothing$ d_2 in mm	Nenn-gewicht G in kg/m	Anwendung
a in mm	b in mm					
50	406	5	$2 \times 0{,}196$	3,75	0,397	für
100	406	5			0,405	tragende Bauteile in
150	406	5			0,416	bewehrtem
180	406	5			0,430	Mauerwerk

5.2 Bemessung von bewehrtem Mauerwerk

5.2.1 Allgemeine Regeln

Bemessung erfolgt im wesentlichen nach DIN 1045 mit spezifischen Abweichungen und Ergänzungen.
Biegeschlankheit $l/h \leq 20$; statische Nutzhöhe $h \leq l/2$.

5.2.2 Bemessung auf Biegung

Rechenwert der Druckfestigkeit β_R:

- Biegedruck in Lochrichtung der Steine: $\beta_R = 2{,}67 \cdot \sigma_0$, mit σ_0 nach Tafeln 16a bis c (Abschn. 3.2.9.1)
- Biegedruck quer zur Lochrichtung der Steine: Abminderung $\bar{\beta}_R = \frac{1}{2} \cdot \beta_R$, Voraussetzung: Stoßfugen voll vermörtelt.

Die Bemessung erfolgt analog zu Stahlbeton mit k_h-Verfahren.

- Nachweis der Drucktragfähigkeit: $k_h \geqq k_h^*$
- Nachweis der erforderlichen Bewehrung über die Beiwerte k_S
- Grenzwerte k_h^* und Beiwerte k_S sind in Tafel 28 in Abhängigkeit von β_R und den k_h-Werten angegeben.

Tafel 28   Bemessungstafel für Biegung

	β_R in MN/m²											k_s		k_x	k_z
	0,7	1,0	1,5	2,0	3,0	4,0	6,0	8,0	10,0	12,0	17,5	BSt 420	BSt 500		
	39,1	32,7	26,7	23,1	18,9	16,4	13,4	11,6	10,3	9,44	7,82	4,3	3,6	0,08	0,97
	20,9	17,5	14,3	12,4	10,1	8,75	7,14	6,19	5,53	5,05	4,18	4,4	3,7	0,16	0,95
	15,1	12,7	10,3	8,95	7,31	6,33	5,17	4,47	4,00	3,65	3,03	4,5	3,8	0,22	0,92
	12,5	10,4	8,52	7,38	6,03	5,22	4,26	3,69	3,30	3,01	2,49	4,6	3,9	0,28	0,90
k_h	11,1	9,28	7,57	6,56	5,36	4,64	3,79	3,28	2,93	2,68	2,22	4,8	4,0	0,32	0,87
	10,2	8,56	6,99	6,05	4,94	4,28	3,49	3,03	2,71	2,47	2,05	4,9	4,1	0,36	0,85
	9,63	8,06	6,58	5,70	4,65	4,03	3,29	2,85	2,55	2,33	1,93	5,0	4,2	0,40	0,83
	9,21	7,71	6,29	5,45	4,45	3,85	3,15	2,72	2,44	2,22	1,84	5,1	4,3	0,45	0,81
	8,89	7,43	6,07	5,26	4,29	3,72	3,03	2,63	2,35	2,15	1,72	5,2	4,4	0,49	0,80
k_h^*	8,60	7,19	5,87	5,09	4,15	3,60	2,94	2,54	2,27	2,08	1,72	5,4	4,5	0,54	0,78

Biegemoment M ohne Normalkraft

$$k_h = \frac{h\,[\text{cm}]}{\sqrt{\dfrac{M\,[\text{kNm}]}{b\,[\text{m}]}}} \geqq k_h^* \qquad A_s\,[\text{cm}^2] = k_s \cdot \frac{M_s\,[\text{kNm}]}{h\,[\text{cm}]}$$

$$k_h = \frac{h\,[\text{cm}]}{\sqrt{\dfrac{M_s\,[\text{kNm}]}{b\,[\text{m}]}}} \geqq k_h^*$$

Biegemoment M und Normalkraft N (Druck $= -$)

$$A_s\,[\text{cm}^2] = k_2 \cdot \frac{M_s\,[\text{kNm}]}{h\,[\text{cm}]} + \frac{N\,[\text{kN}]}{\beta_s/\gamma\,[\text{kN/cm}^2]}$$

$$M_s = M - N \cdot z_s$$

$\beta_s/\gamma = 24{,}0 \text{ kN/cm}^2$ für BSt420
$28{,}6 \text{ kN/cm}^2$ für BSt500

5.2.3 Nachweis der Knicksicherheit

Der Nachweis der Knicksicherheit erfolgt im mittleren Wanddrittel.

- $h_k/d \leqq 20$: zusätzliche Ausmitte $f = \dfrac{h_k}{46} - \dfrac{d}{8}$
- $20 < h_k/d \leq 25$: Nachweis nach DIN 1045
- $h_k/d > 25$: unzulässig

mit $h_k/d = $ Knicklänge/Dicke der Wand

5.2.4 Bemessung auf Scheibenschub

Die Schubkraft wirkt parallel zur Wandebene.

Nachweis der Schubspannung τ in Höhe der Null-Linie und im Abstand $0,5\,h$ von der Auflagerkante. Es ist nachzuweisen, daß die aufnehmbaren Werte von τ nach DIN 1053-1, Abschn. 3.3.3.5, Gl. (14), eingehalten sind. Dabei darf die rechnerische Normalspannung σ in der Lagerfuge angenommen werden zu:

$$\sigma = \frac{2\,F_A}{b \cdot l}$$

F_A Auflagerkraft
b Querschnittsbreite
l Stützweite des Trägers

5.2.5 Bemessung auf Plattenschub

Die Schubkraft wirkt senkrecht zur Wandebene.

Bemessung nach DIN 1045 mit dem Grenzwert $\tau_{011} = 0,015\,\beta_R$

Hierbei $\beta_R = 2,67\,\sigma_0$ sowohl für Biegedruck in Lochrichtung als auch senkrecht zur Lochrichtung der Steine.

Zusätzliche Bewehrungsregeln: Biegezugbewehrung ungestaffelt über volle Stützweite (Bogenmodell); Schubbewehrung rechnerisch nicht anzusetzen.

5.3 Bewehrungsregeln

Grundsatz: Es gelten singemäß die Regeln für Stahlbeton. Mindestbewehrung:

a) Horizontale Bewehrung in Lagerfugen oder Aussparungen: mindestens 4 Stäbe $\varnothing$ 6 je stgdm
b) Vertikale Bewehrung als Hauptbewehrung in Aussparungen und Sonderverbänden:
$\mu_H = A_S/A_M \geqq 0,1\%$
zugehörige Querbewehrung:
Für $\mu_H \leqq 0,5\%$: $\mu_Q = 0$
$\mu_H \geqq 0,6\%$: $\mu_Q = 0,2\,\mu_H$
dazwischen interpolieren.
c) durchgehend ummauerte Aussparungen (wandartige Aussparungen):
$\mu_H \geqq 0,1\%$
$\mu_Q \geqq 0,2\,\mu_H$

Maximale Stababstände in plattenartig beanspruchten Bauteilen:
Hauptbewehrung: $a_H \leqq 250$ mm
Querbewehrung: $a_Q \leqq 375$ mm
Mindestabstand der Stäbe nach DIN 1045

5.4 Verankerung der Bewehrung

Grundsatz: Es gelten sinngemäß die Regeln für Stahlbeton. Bei Einbettung in Mörtel gelten folgende Grundwerte der Verbundspannungen τ_1:

Mörtelgruppe	Grundwerte der Verbundspannungen τ_1	
	in der Lagerfuge	in Formsteinen und Aussparungen
III	$\tau_1 = 0,35\ \text{MN/m}^2$	$\tau_1 = 1,0\ \text{MN/m}^2$
III a	$\tau_1 = 0,70\ \text{MN/m}^2$	$\tau_1 = 1,4\ \text{MN/m}^2$

5.5 Korrosionsschutz der Bewehrung

Ungeschützte Bewehrung nur bei trockenem Raumklima, z.B. in Innenwänden. In allen anderen Fällen, z.B. bei Außenwänden: Einbettung in betonverfüllte Aussparungen mit Betonüberdeckung nach DIN 1045 oder besonderer Korrosionsschutz erforderlich, z.B. Feuerverzinkung, Kunststoff-Beschichtung, Duplex-Beschichtung (s. Zulassung für Murfor). Einbettung in Zementmörtel nicht ausreichend.

5.6 Ausführungsregeln

Grundsatz: Es gilt DIN 1053-1.
— Mindestdicke bewehrter Wände: $d = 115\ \text{mm}$;
— Lagerfugen: vollfugig, maximal 20 mm dick;
— Stoßfugen: bei horizontaler Spannrichtung vollfugig, bei vertikaler Spannrichtung vollfugig oder knirsch verlegt,
— Bewehrung in Mörtel: allseitig eingebettet, kein Überdeckungsmaß vorgeschrieben;
— Bewehrung in Beton: Überdeckung nach DIN 1045;
— Abstand Bewehrung zur Wandoberfläche: mindestens 30 mm.
— Verfüllen von vertikalen Aussparungen: bei kleinen Aussparungen bis zu 135/135 mm in jeder Steinlage. Bei größeren Aussparungen nach jedem m Wandhöhe.

5.7 Bewehrung von Mauerwerk zur konstruktiven Rissesicherung

Risse, die nicht die Standsicherheit der Wände beeinträchtigen, können dennoch unangenehm sein. Übliche Ursachen: Schwindverkürzung der Wände, Durchbiegung der Decken, Temperaturänderungen der Konstruktion. Zur Rissesicherung kann Bewehrung in die Lagerfugen eingelegt werden. Hierfür ist DIN 1053-3 nicht verbindlich, jedoch Anhaltspunkt. Insbesondere sind die Regeln für Korrosionsschutz hier nicht verbindlich. Die Hersteller von Bewehrungselementen haben Empfehlungen entwickelt.

Beispiel Empfehlung für Murfor-Bewehrungsgitter 2 $\varnothing$ 5 mm in den Lagerfugen zur Rissesicherung gegen Schwindspannungen und Deckendurchbiegung: vertikaler Abstand der Gitter im unteren Wandbereich $\Delta h = 25\ \text{cm}$, darüber $\Delta h = 50\ \text{cm}$.

Siehe hierzu auch die Empfehlungen und Bemessungsansätze, die in der angegebenen weiterführenden Literatur enthalten sind.

6 Mauerwerk nach Eurocode EC 6

Der Eurocode EC 6 für Mauerwerk ist zusammen mit einem Nationalen Anwendungsdokument (NAD) als ENV 1996-1-1 bauaufsichtlich eingeführt worden und steht damit zur Erprobung neben den vorhandenen DIN-Vorschriften zur Verfügung.

Wesentliche Änderungen gegenüber DIN 1053-1:

— Die Bemessung von Mauerwerk erfolgt nach dem für alle Eurocodes gültigen Bemessungskonzept. Mit Hilfe von Teilsicherheitsbeiwerten wird der Grenzzustand der Tragfähigkeit nachgewiesen.
— Die Spannungsverteilung im Bruchzustand darf als rechteckiger Spannungsblock angenommen werden. Dadurch ergibt sich eine Erhöhung der Traglast von bis zu 33% gegenüber linearer Spannungsverteilung.
— Ermittlung der Knotenmomente über ein vereinfachtes Rahmensystem. Hiermit
— Nachweis der Wand am Wandkopf und an Wandfuß.
— Knicksicherheit durch Nachweis der Wand im ungünstigsten Schnitt im mittleren Fünftel der Wandhöhe. Der Abminderungsfaktor für die Traglast ist aus Kurven, Tabellen oder Formeln in Abhängigkeit von der Wandschlankheit und von der Exzentrizität der Last zu entnehmen. Dabei sind die planmäßigen Exzentrizitäten, die ungewollte Ausmitte sowie Verformungen infolge Kriechen zu berücksichtigen.

Hinweis Die im EC 6 enthaltenen Regeln für bewehrtes, vorgespanntes und umschlossenes Mauerwerk werden im NAD nicht für die Anwendung in Deutschland übernommen. Für bewehrtes Mauerwerk gilt daher ausschließlich DIN 1053-3.

Inzwischen wurde ein vereinfachtes Berechnungsverfahren als Teil 3 von EC 6 erarbeitet. Es ist vergleichbar mit dem vereinfachten Berechnungsverfahren nach DIN 1053-1. ENV 1996-1-1 wird z.Z. überarbeitet. Dieser Teil 3 ist bisher nicht bauaufsichtlich eingeführt worden. Er wird z.Z. überarbeitet.

7 Putz, Baustoffe und Ausführung

nach DIN 18550-1 (1.85), -2 (1.85), -3 (3.91), -4 (8.93)

II

Putze können mehrlagig (aus einer oder mehreren Lagen Unterputz und einer Lage Oberputz) oder einlagig sein.

Unterputze bestehen immer aus Mörteln mit mineralischen Bindemitteln.

Oberputze können mineralisch gebunden oder Kunstharzputze sein.

Spritzbewurf ist keine Lage, sondern eine Vorbehandlung des Putzgrunds.

Putzsystem ist die Gesamtheit aus Unter- und Oberputz. Es werden Putzsysteme für Außenputze und Innenputze nach DIN 18550-1, Tab. 3 bis 6, unterschieden.

Mineralische Putze bestehen aus mineralischen Bindemitteln und mineralischen oder organischen Zuschlägen. Beide Zuschlagarten können dichtes oder poriges Gefüge haben. Die Mörtel können Baustellen- oder Werkmörtel sein. Putzmörtel werden in die Mörtelgruppen PI bis PV mit Untergruppen gemäß Tafel 30 und DIN 1855-2, Tab. 3, eingeteilt. Für die Mörtelgruppen werden Mindestfestigkeiten nach Tafel 29 verlangt. Für den Zuschlag werden in DIN 18550-2, Tab. 1, Korngruppen empfohlen. Der Massenanteil an Körnung 0 bis 0,25 mm soll 10 bis 30% sein. Mörtel nach DIN 18550-2, Tab. 3, gelten ohne Nachweis als b e w ä h r t e M ö r t e l, abweichende Zusammensetzungen bedürfen einer Eignungsprüfung.

Wärmedämmputzsystem ist ein Putzsystem aus aufeinander abgestimmten, wärmedämmendem Unterputz und wasserabweisendem Oberputz. Der wärmedämmende Unterputz ist aus Mörteln mit mineralischen Bindemitteln und expandiertem Polystyrol (EPS) als überwiegendem Zuschlag, der wasserabweisende Oberputz aus Werk-Trockenmörteln nach DIN 18557 herzustellen.
Die Wärmeleitfähigkeit $\lambda_{10,tr}$ des Festmörtels darf bei Prüfung nach DIN 18550-3, Abschn. 6.4.3 die Werte der Tafel 31 für die jeweilige Wärmeleitfähigkeitsgruppe nicht überschreiten.

Kunstharzputze bestehen aus organischen Bindemitteln (Polymerisatharze als Dispersionen oder Lösungen) und aus Zuschlägen mit überwiegendem Kornanteil $>0,25$ mm. Sie erfordern immer einen Grundanstrich und können auf Beton ohne, sonst nur mit einem mineralischen Unterputz (Mörtelgr. P II oder P III) hergestellt werden. Beschichtungsstoffe für Kunstharzputze werden nach DIN 18550-1, Tab. 2, in den Typen **P Org 1** (für Außen- und Innenputz) und **P Org 2** (nur für Innenputz) als Werkmörtel geliefert und unterliegen der Überwachungspflicht.

Putzdicke, Angabe als mittlere Dicke und Mindestdicke (an einzelnen Stellen) in mm: Nach DIN 18550-2.5 Außenputz 20/15, Innenputz 15/10, einlagiger Innenputz aus Werktrockenmörtel 10/5, einlagiger wasserabweisender Putz aus Werkmörtel 15/10, Wärmedämmputz mind. 20.

Putzgrundvorbehandlung. Putzgrund normal saugend: keine Vorbehandlung, schwach saugend: warzenförmiger Spritzbewurf, stark saugend: vornässen und volldeckender Spritzbewurf, unterschiedliche Wandbaustoffe: volldeckender Spritzbewurf, Beton: Spritzbewurf P III

Wichtigste Putzregel: Die Festigkeit soll vom Putzgrund bis zum Oberputz abnehmen oder gleich bleiben (Ausnahmen Kellerwandaußenputz und Sockelputz).

Tafel 29 Mindestdruckfestigkeit für Putzmörtel

Putzmörtel-gruppe	Mindestdruckfestigkeit in N/mm²
P I a, b	keine Anforderungen
P I c	1,0
P II	2,5
P III	10
P IV a, b, c	2,0
P IV d	keine Anforderungen
P V	2,0

Tafel 31 Wärmeleitfähigkeitsgruppen

Gruppe	Anforderungen an die Wärmeleitfähigkeit $\lambda_{10,tr}$ in W/(m·K) max.
060	0,057
070	0,066
080	0,075
090	0,085
100	0,094

Tafel 30 Putzmörtelgruppen

Mörtel-gruppe		Mörtelart
P I	a	Luftkalkmörtel
	b	Wasserkalkmörtel
	c	Mörtel mit hydraulischem Kalk
P II	a	Mörtel mit hochhydraulischem Kalk oder Mörtel mit Putz- u. Mauerbinder
	b	Kalkzementmörtel
P III	a	Zementmörtel mit Zusatz von Kalkhydrat
	b	Zementmörtel
P IV	a	Gipsmörtel
	b	Gipssandmörtel
	c	Gipskalkmörtel
	d	Kalkgipsmörtel
P V	a	Anhydritmörtel
	b	Anhydritkalkmörtel

Räumliche Aussteifung von Geschoßbauten

Bearbeitet von Prof. Dr.-Ing. Gerhard Haße

Inhalt

I2

Literatur

[1] *Bornscheuer, F.W.*: Systematische Darstellung des Biege- und Verdrehvorganges unter besonderer Berücksichtigung der Wölbkrafttorsion. Stahlbau **21** H. 1, 1−9

[2] *König, G.; Liphardt, S.*: Hochhäuser aus Stahlbeton. Betonkalender 1990. Verlag Ernst & Sohn

[3] *Kollbrunner, C.F.; Hajdin, N.*: Dünnwandige Stäbe. Springer-Verlag 1972

[4] *Pflüger, A.*: Beitrag zur Ermittlung der Schubspannungen in mehrzelligen Hohlquerschnitten. Ing.-Archiv **8** (1937) 25

[5] *Wlassow, W.S.*: Dünnwandige elastische Stäbe. VEB Verlag für Bauwesen

1 Statisch bestimmte Gebäudeaussteifung

Eine statisch bestimmte Gebäudeaussteifung liegt vor, wenn das Bauwerk durch genau 3 Wandscheiben (Bild 1) ausgesteift ist; zwei davon dürfen an einer Kante miteinander verbunden sein und so einen abgewinkelten, T-förmigen oder gekreuzten Querschnitt bilden. Die Scheibenebenen dürfen sich nicht in einer Spur schneiden und nicht parallel angeordnet sein.

Zwar liegt auch dann eine statisch bestimmte Aussteifung vor, wenn alle drei Scheiben zu einem einzigen zusammenhängenden Querschnitt verbunden sind, in diesem Fall ist aber eine Schubmittelpunktsbestimmung erforderlich, die in den folgenden Abschnitten behandelt wird.

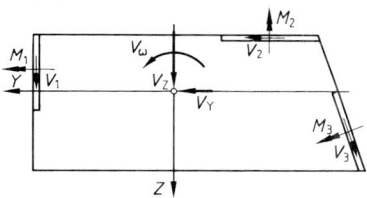 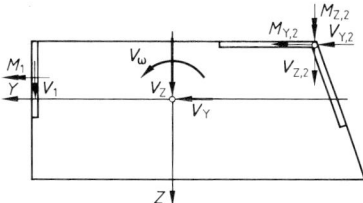

a) getrennte Wandscheiben *2* und *3* b) winkelartige Wandscheiben *2* und *3*

Bild 1 Statisch bestimmte Aussteifung; Berechnung durch Anwenden der Äquivalenzbedingung

Aus den Schnittkräften des Gesamtquerschnitts kann man zunächst mit Hilfe der Äquivalenzbedingung die in Scheibenrichtung orientierten Querkräfte in den Teilquerschnitten berechnen:

$$\sum V_{Y,i} = V_Y$$
$$\sum V_{Z,i} = V_Z$$
$$\sum (Y_i \cdot V_{Z,i} - Z_i \cdot V_{Y,i}) = V_\omega$$

Y_i und Z_i sind darin die Koordinaten der Schubmittelpunkte der Teilquerschnitte i.

Das Gesamtbiegemoment verteilt sich wie die Querkraft auf die einzelnen Wandscheiben

$$M_i = \frac{V_i}{V} \cdot M$$

Mit Hilfe der folgenden Formeln läßt sich der Rechenablauf zur Bestimmung der Schnittkräfte in den einzelnen Wandscheiben formalisieren. Die X-Achse des globalen Koordinatensystems ist dabei in die Spur der Scheiben *2* und *3* zu legen (Bild 2). Die natürlichen Lastangriffsachsen schneiden sich in L.

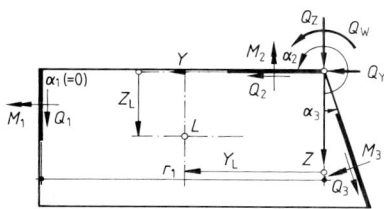 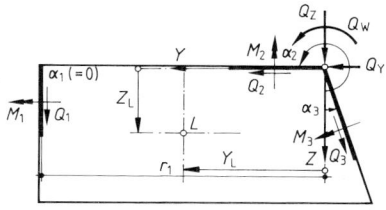

a) Wandscheiben *2* und 3 b) Scheiben *2* und *3*
   bilden selbständige Querschnitte   bilden einen Querschnitt

Bild 2 Statisch bestimmte Gebäudeaussteifung; formalisierte Berechnung

12

$$\varrho = \cos\alpha_2 \sin\alpha_3 - \sin\alpha_2 \cos\alpha_3 \qquad \beta_1 = \frac{\cos\alpha_1}{r_1}; \quad \gamma_1 = \frac{\sin\alpha_1}{r_1};$$

$$\beta_2 = \frac{\cos\alpha_2}{\varrho}; \quad \gamma_2 = \frac{\sin\alpha_2}{\varrho}; \quad \delta_2 = \gamma_1\beta_2 - \beta_1\gamma_2$$

$$\beta_3 = \frac{\cos\alpha_3}{\varrho}; \quad \gamma_3 = \frac{\sin\alpha_3}{\varrho}; \quad \delta_3 = \gamma_1\beta_3 - \beta_1\gamma_3$$

$$V_\omega = Y_L \cdot V_Z - Z_L \cdot V_Y; \qquad M_\omega = -Y_L \cdot M_Y - Z_L \cdot M_Z$$

α_i ist in allen Fällen der Winkel zwischen der Z-Achse und der Scheibenquerkraft-richtung V_i. Alle Größen sind vorzeichengerecht zu verwenden!

$$V_1 = \frac{1}{r_1}V_\omega \qquad\qquad\qquad M_1 = -\frac{1}{r_1}M_\omega$$

$$V_2 = \beta_3 V_Y + \gamma_3 V_Z + \delta_3 V_\omega \qquad M_2 = -(\beta_3 M_Z - \gamma_3 M_Y + \delta_3 M_\omega)$$

$$V_3 = -(\beta_2 V_Y + \gamma_2 V_Z + \delta_2 V_\omega) \qquad M_3 = \beta_2 M_Z - \gamma_2 M_Y + \delta_2 M_\omega$$

Bilden die Wandscheiben 2 und 3 einen zusammengesetzten Querschnitt (Bild 1 b), so sind die entsprechenden Schnittkräfte vektoriell zu addieren:

$$\vec{V}_2 = \begin{pmatrix} V_{y2} \\ V_{z2} \end{pmatrix} = V_2 \begin{pmatrix} -\sin\alpha_2 \\ \cos\alpha_2 \end{pmatrix}; \quad \vec{V}_3 = \begin{pmatrix} V_{y3} \\ V_{z3} \end{pmatrix} = V_3 \begin{pmatrix} -\sin\alpha_3 \\ \cos\alpha_3 \end{pmatrix};$$

$$\to \vec{V}_{2+3} = \begin{pmatrix} V_{y2+3} \\ V_{z2+3} \end{pmatrix} = \begin{pmatrix} V_{y2} + V_{y3} \\ V_{z2} + V_{z3} \end{pmatrix};$$

$$\vec{M}_2 = \begin{pmatrix} M_{y2} \\ M_{z2} \end{pmatrix} = M_2 \begin{pmatrix} \cos\alpha_2 \\ \sin\alpha_2 \end{pmatrix}; \quad \vec{M}_3 = \begin{pmatrix} M_{y3} \\ M_{z3} \end{pmatrix} = M_3 \begin{pmatrix} \cos\alpha_3 \\ \sin\alpha_3 \end{pmatrix};$$

$$\to \vec{M}_{2+3} = \begin{pmatrix} M_{y2+3} \\ M_{z2+3} \end{pmatrix} = \begin{pmatrix} M_{y2} + M_{y3} \\ M_{z2} + M_{z3} \end{pmatrix}$$

Die Spannungsermittlung kann an den Teilquerschnitten 1, 2, 3 bzw. 1 und 2+3 wie bei Einzelquerschnitten durchgeführt werden. Die Scheiben 2 und 3 können auch T-förmig verbunden sein oder sich im Querschnitt kreuzen.

Beispiel Die globalen Schnittgrößen V_Y, V_Z, $V_\omega = 0$, M_Y, M_Z und $M_\omega = 0$ seien für den Quer-schnitt in Höhe x bezogen auf den Schnittpunkt der Lastwirkungslinien berechnet. Umrechnung auf den Ursprung im Schnittpunkt $\bar{O}$ der Wandquerschnitte 2 und 3

$$V_Y = V_Y \qquad\qquad M_Z = M_Z$$

$$V_Z = V_Z \qquad\qquad M_Y = M_Y$$

$$V_\omega = 10 \cdot V_Z - 5 \cdot V_Y; \quad M_\omega = -10 \cdot M_Y - 5 \cdot M_Z$$

$\alpha_1 = \alpha_3 = 0°; \quad \alpha_2 = -90°; \quad r_1 = 20\,\text{m}; \quad \varrho = 0 \cdot 0 - (-1) \cdot 1 = 1;$

$\beta_1 = 1/20 = 0{,}05\,\text{m}^{-1}; \quad \gamma_1 = 0/20 = 0\,\text{m}^{-1}$

$\beta_2 = 0/1 = 0; \quad \gamma_2 = -1/1 = -1; \quad \delta_2 = 0 \cdot 0 - 0{,}05 \cdot (-1) = 0{,}05\,\text{m}^{-1};$

$\beta_3 = 1/1 = 1; \quad \gamma_3 = 0/1 = 0; \quad \delta_3 = 0 \cdot 1 - 0{,}05 \cdot 0 = 0.$

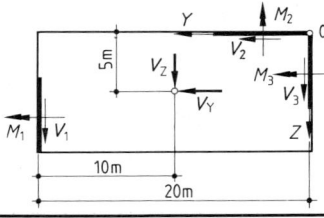

Bild 3
Beispiele zu „Statisch bestimmte Bauwerks-aussteifung"

Beispiel,
Forts.

$$V_1 = \frac{1}{20}(10 \cdot V_Z - 5 \cdot V_Y) = \qquad\qquad 0{,}5 \cdot V_Z - 0{,}25 \cdot V_Y$$

$$V_2 = 1 \cdot V_Y + 0 \cdot V_Z + 0 \cdot V_\omega = V_Y + 0 \cdot (10 \cdot V_Z - 5 \cdot V_Y) = \mathbf{Q_Y}$$

$$V_3 = -(0 \cdot V_Y + (-1) \cdot V_Z + 0{,}05 \cdot V_\omega) = V_Z - 0{,}05 \cdot (10 \cdot V_Z - 5 \cdot V_Y) =$$
$$0{,}5 \cdot V_Z + 0{,}25 \cdot V_Y$$

$$M_1 = -\frac{1}{20}(-10 \cdot M_Y - 5 \cdot M_Z) = \qquad\qquad 0{,}5 \cdot M_Y + 0{,}25 \cdot M_Z$$

$$M_2 = -(1 \cdot M_Z - 0 \cdot M_Y + 0 \cdot M_\omega) = \qquad\qquad -M_Z$$

$$M_3 = 0 \cdot M_Z - (-1) \cdot M_Y + 0{,}05 \cdot M_\omega = M_Y + 0{,}05 \cdot (-10 \cdot M_Y - 5 \cdot M_Z) =$$
$$0{,}5 \cdot M_Y - 0{,}25 \cdot M_Z$$

Da die Teilquerschnitte *2* und *3* zusammenhängen, gilt in diesem Fall:

$$\vec{V}_{2+3} = \begin{pmatrix} V_{y2+3} \\ V_{z2+3} \end{pmatrix} = \begin{pmatrix} V_Y \\ 0{,}5 \cdot V_Z + 0{,}25 \cdot V_Y \end{pmatrix};$$

$$\vec{M}_{2+3} = \begin{pmatrix} M_{y2+3} \\ -M_{z2+3} \end{pmatrix} = \begin{pmatrix} 0{,}5 \cdot M_Y - 0{,}25 \cdot M_Z \\ M_Z \end{pmatrix}.$$

Mit diesen Schnittgrößen werden die Spannungen in den Querschnitten *1* und *2+3* nach dem üblichen Verfahren der Festigkeitslehre berechnet (s. Abschn. Statik und Festigkeitslehre).

2 Grundlagen der Behandlung statisch unbestimmter Gebäudeaussteifung

2.1 Problem

Die vertikalen Bauteile eines Geschoßbaus werden im allg. durch Längskraft und Biegung beansprucht. Bei den Längskräften handelt es sich überwiegend um Druckkräfte, so daß bei Eintreffen der weiteren Kriterien (Abschn. 7) der Bruchsicherheitsnachweis nach der Elastizitätstheorie II. Ordnung geführt werden muß. Die Frage der Fesselung der einzelnen Bauteile (Aussteifung) spielt dabei eine wichtige Rolle.

Die Konstruktion des Geschoßbaus besteht i.w. aus den sich in der Horizontalen erstreckenden Decken und Balken und den vertikal orientierten Wänden und Stützen. Zwei typische Tragwerksarten sind zu unterscheiden:

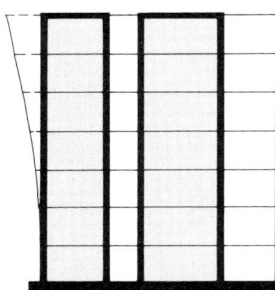
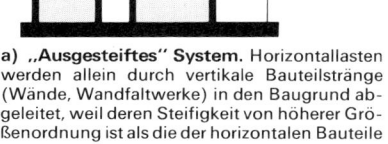
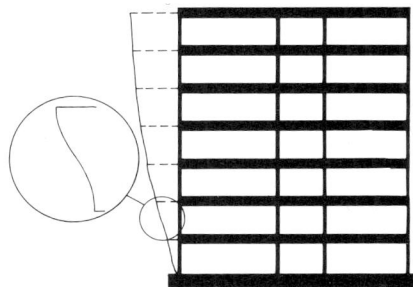

a) „**Ausgesteiftes**" **System.** Horizontallasten werden allein durch vertikale Bauteilstränge (Wände, Wandfaltwerke) in den Baugrund abgeleitet, weil deren Steifigkeit von höherer Größenordnung ist als die der horizontalen Bauteile

b) „**Verschiebliches**" **System.** Horizontallasten werden über Stockwerkrahmen in den Baugrund abgeleitet, weil die Steifigkeiten der horizontalen und der vertikalen Bauteilstränge von gleicher Größenordnung sind

Bild 4 „Ausgesteifte" und „verschiebliche" Systeme

(1) Wände (in Plattenrichtung) und Stützen können durch die Geschoßdecken als horizontal gefesselt betrachtet werden,

(2) Wände (in Plattenrichtung) und Stützen bilden in biegesteifem Anschluß an das Balken-Decken-System ein rahmenartiges Tragwerk zur Aufnahme horizontaler Kräfte.

Die Unterscheidung beruht auf der mit der Querschnittshöhe sehr rasch anwachsenden Steifigkeit eines Bauteils. So ist die Steifigkeit einer 20 cm dicken und 2,0 m langen Wand (in Scheibenrichtung) bereits mehr als 60mal so groß wie die einer Stütze mit dem Querschnitt 40×40 cm^2 und 100mal so groß wie ihre eigene Steifigkeit in Plattenrichtung. Bei gemischter Verwendung von Wänden und Stützen spielt die Steifigkeit der Stützen und der Wände in ihrer Plattenrichtung keine nennenswerte Rolle gegenüber der Wandsteifigkeit in Scheibenrichtung. Werden daher die Geschoßdecken durch ein System von Wandscheiben horizontal gefesselt, so bilden sie ihrerseits dank ihrer großen horizontalen Steifigkeit ein System von Fesseln für die Wandplatten und Stützen.

Ein Hochbau ist ausgesteift, wenn jede einzelne Geschoßdecke des Gebäudes gegen Verschieben in zwei verschiedenen horizontalen Richtungen und gegen Verdrehen gefesselt ist. Bei geraden Wänden ist dies dann gegeben, wenn mindestens drei aussteifende Wände vorhanden sind, deren Wandquerschnittsmittellinien sich im Grundriß nicht in einem Punkt (einschließlich eines unendlich weit entfernten) schneiden.

In diesem Abschnitt wird die Berechnung der Linien-Normalkräfte in den Wänden ausgesteifter Geschoßbauten behandelt, die zur Aussteifung im oben erklärten Sinne herangezogen werden sollen. Grundsätzlich sind dies alle tragfähigen Wände eines Gebäudes.

2.2 Tragwerksmodell

In der Massivbauweise versteht man unter Aussteifungen großflächige steife Bauelemente wie Decken und Wände. Deckenscheiben sorgen für die horizontale Formerhaltung der Geschoßquerschnitte; mit den Decken schubfest verbundene Wandscheiben oder — bei zusammenhängenden Wandzügen — Wandfaltwerke bilden die vertikale Aussteifung. Eine beliebige Deckenscheibe in einem gut ausgesteiften Gebäude ist gegen Verschieben (Translation) in beiden Horizontalrichtungen Y und Z und gegen Verdrehen (Rotation) um die vertikale Bauwerksachse X durch die vertikal aussteifenden Bauteile elastisch gefesselt.

In einem „nicht ausgesteiften" Gebäude müssen aus Stützen und Balken gebildete Stockwerkrahmen die auf das Gebäude einwirkenden Horizontalkräfte aufnehmen. Da sie sich gegenüber horizontalem Kraftangriff verhältnismäßig „weich" verhalten ist im allg. ein Nachweis nach Theorie II. Ordnung erforderlich.

Aus diesen Überlegungen ergibt sich für den Nachweis der Gesamtbeanspruchung eines ausgesteiften Bauwerks ein Tragwerksmodell, das durch folgende Eigenschaften gekennzeichnet ist:

— Wände besitzen in Scheibenrichtung eine ihrem Querschnitt entsprechende Steifigkeit,

— Decken werden in Scheibenrichtung unendlich steif angenommen,

— Decken und Wände besitzen in Plattenrichtung keine Steifigkeit,

— Stützen besitzen keine Steifigkeit und können als an beiden Enden gelenkig an Decken und Balken angeschlossene Stäbe (Pendelstützen) angesehen werden.

Behandlung statisch unbestimmter Gebäudeaussteifung

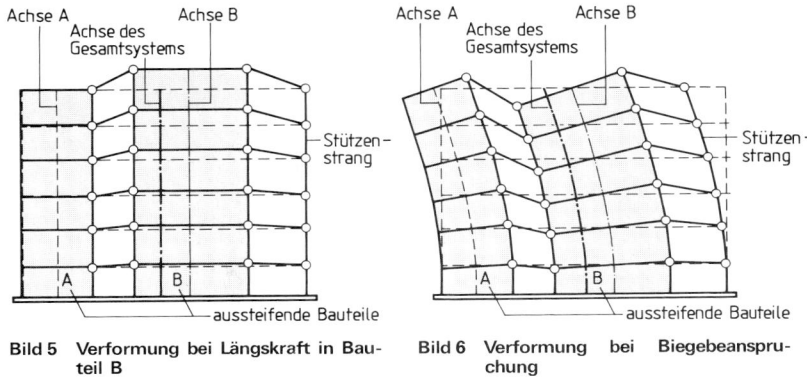

Bild 5 Verformung bei Längskraft in Bauteil B

Bild 6 Verformung bei Biegebeanspruchung

Die Bilder 5 und 6 zeigen das grundsätzliche Verformungsverhalten eines solchen Modells unter Längskraft- bzw. Biegebeanspruchung. Der symbolisch gelenkige Anschluß der Decken an die Wände und Wandfaltwerke drückt aus, daß die Decken in Plattenrichtung biegeweich sind und keine nennenswerte Verdübelungswirkung zwischen solchen Wandbauteilen herstellen, die ausschließlich über die Geschoßdecken miteinander verbunden sind. Hinsichtlich reiner Längsverformungen beeinflussen sich solche nicht unmittelbar verbundenen Wandbauteile daher nicht. So dehnt sich das mittig längs belastete Bauteil B in Bild 5, ohne daß Bauteil A oder der Stützenstrang davon betroffen werden. In der Querrichtung sind die einzelnen Wandbauteile durch die steifen Deckenscheiben in der Weise gekoppelt, daß sich ihre relative Lage im Grundriß nicht verändern kann: die Wandbauteile verformen sich parallel.

Das mechanische Verhalten eines solchen Tragwerks ist das eines Bündels einzelner Stäbe (Teilstäbe), das als Gesamtstab einen in das Fundament oder eine steife Kellergeschoßbasis eingespannten Kragträger bildet.

Das Verhältnis von Kraglänge zu Querschnittsausdehnung überschreitet beim einzelnen Teilstab schon bei kleinen Geschoßzahlen die Grenze zum schlanken Stab, so daß bei der Berechnung der Längsspannungen und Verformungen infolge Biegung mit der Bernoulli-Hypothese gearbeitet werden darf (Querschnitte bleiben bei der Verformung eben und senkrecht zur Stabachse). Für den Beanspruchungsfall der Torsion ist diese Annahme allerdings sinnvoll zu erweitern (Abschn. 3).

Nach den bisherigen Überlegungen sind die Teilquerschnitte (Querschnitte eines Teilstabs) dort begrenzt, wo der Zusammenhang mit benachbarten Wandbauteilen nur noch über die schubweiche Verbindung der Geschoßdecke besteht, d.h. wo die Verbindung zu den übrigen Wänden geschoßhoch unterbrochen ist. Das läßt die Frage offen, welche Bedeutung vertikale Öffnungsketten wie übereinanderliegende Tür-, Fenster- und sonstige Öffnungen in diesem Zusammenhang haben. Hier ist von Fall zu Fall zu beurteilen, ob die Schubsteifigkeit der verbleibenden Verbindungen zwischen den Stabteilen (Stürze, Brüstungen) groß genug ist, um das „Ebenbleiben" des Querschnitts über die Öffnung hinweg nicht entscheidend zu stören. Wird die Öffnung aber in den Teilstabquerschnitt einbezogen, dann ist die Öffnungsumgebung, insbesondere der Sturz oder die Brüstung entsprechend zu bemessen. In Mauerwerksbauten ist eine Teilquerschnittsabgrenzung über Öffnungsketten hinweg im allg. nicht zulässig.

12

2.3 Querschnittstypen

Allgemein tritt Torsion gleichzeitig in zweierlei Gestalt auf, nämlich als reine oder St.-Venant-Torsion und als Wölbkrafttorsion. Die Anteile beider Torsionsformen sind durch die folgende Differentialgleichung miteinander verknüpft.

$$\vartheta''' - \frac{\varkappa^2}{H^2} \cdot \vartheta' = -\frac{M_T}{W}$$

$\varkappa$	Torsionseigenwert (s. unten)
ϑ	Querschnittsdrehung in x-Richtung
H	Gebäudehöhe
M_T	Torsionsmoment
$W = E \cdot A_{\omega\omega}$	Wölbkrafttorsionssteifigkeit
E	Elastizitätsmodul
$A_{\omega\omega}$	Flächenbimoment 2. Grades

Die Lösung der Differentialgleichung liefert die Torsionsmomentenanteile M_{Tr} (Reine Torsion) und V_ω (Wölbkrafttorsion), die sich zum Gesamttorsionsmoment ergänzen ($M_T = M_{Tr} + V_\omega$). Unter bestimmten Verhältnissen von Querschnittsgestalt und Bauwerkshöhe dominiert aber eine der beiden Torsionsformen so stark, daß die andere jeweils vernachlässigt werden kann. Das maßgebende Kriterium ist der Torsionseigenwert:

Erscheinungsformen der Torsion

$$\varkappa = H \cdot \sqrt{T/W}$$

(a) $\varkappa \leq 0,5$	Wölbkrafttorsion dominiert
(b) $0,5 < \varkappa \leq 10$	gemischte Torsion
(c) $\varkappa > 10$	reine Torsion dominiert

h	Bauwerkshöhe
$T = G \cdot I_T$	Reine Torsionssteifigkeit
$W = E \cdot A_{\omega\omega}$	Wölbkrafttorsionssteifigkeit

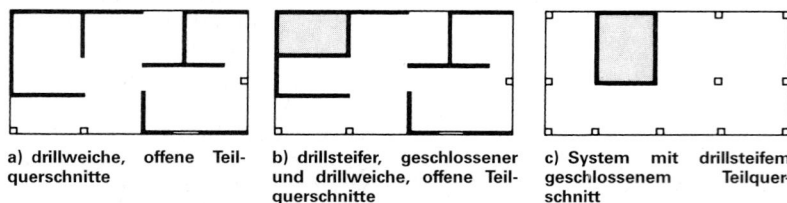

a) drillweiche, offene Teilquerschnitte

b) drillsteifer, geschlossener und drillweiche, offene Teilquerschnitte

c) System mit drillsteifem geschlossenem Teilquerschnitt

Bild 7   Querschnittstypen

Die Schwierigkeit der Spannungsberechnung hängt sehr davon ab, mit welchem Stabtyp man es zu tun hat. Sie gestaltet sich verhältnismäßig einfach in den Fällen (a) und (c) und wird aufwendig im Fall (b). Bei „offenen" Querschnitten (Bild 7a) ist im allg. die Bedingung (a) erfüllt und der Anteil der reinen Torsion kann vernachlässigt werden. Bei teilweise „offenen" Querschnitten (Bild 7b) gilt im allg. Bedingung (b). Auf diese Fälle bezieht sich das hier gezeigte Verfahren der Spannungsermittlung.

2.4   Längsspannungsermittlung bei $\varkappa \leq 0,5$

Die Längsspannungen in einem prismatischen Stab mit unregelmäßigem homogenem Querschnitt erhält man allgemein aus der Beziehung:

Berechnung der Längsspannungen

Längsspannung

$$\sigma_k = \frac{N_i}{A_i} + {}^{iM}\vec{a}_k^T \cdot {}^M\bar{A}^{-1} \cdot {}^M\vec{S}_o$$

Linienlängskraft

$$n_k = {}^i t_j \cdot \left[\frac{N_i}{A_i} + {}^{iM}\vec{a}_k^T \cdot {}^M\bar{A}^{-1} \cdot {}^M\vec{S}_o \right]$$

i	Teilquerschnitts-Nr.	A_i	Fläche des Teilquerschnitts i
j	Wand-Nr. innerhalb i	${}^M\bar{A}$	Matrix der Flächenmomente 2. Gra-
k	Punkt-Nr. innerhalb i		des, auf Schubmittelpunkt bezogen
σ_k	Längsspannung im Punkt k	${}^M\bar{A}^{-1}$	-, invertiert
n_k	Linienlängskraft im Punkt k	N_i	Längskraft im Teilquerschnitt i
${}^{iM}\vec{a}_k$	Einheitsverschiebungen, auf	${}^M\vec{S}_o$	Längsspannungen verursachende
	Schubmittelpunkt bezogen		statische Schnittmomente, auf
${}^{iM}\vec{a}_k^T$	-, transponiert		Schubmittelpunkt bezogen

Die Berechnung der Längsspannungen (bzw. Linienlängskräfte) im Wandskelett erfordert demnach Vorarbeiten: Berechnung der Querschnittswerte, Berechnung der Normalkräfte für jeden Teilstab und die Berechnung der übrigen Schnittkraftgrößen für den Gesamtstab (s. Abschn. 5). Bild 8 beschreibt den ganzen Arbeitsgang.

Abgrenzen und Bezeichnen ($i = 1, \dots n$) der Teilquerschnitte

Abschnitte 2, 3, 4

Einrichten lokaler Koordinatensysteme $^i(x, y, z)$ für die Teilquerschnitte und eines globalen Koordinatensystems (X, Y, Z) für den Gesamtquerschnitt

Abschnitt 3

Berechnen der Einheitsverschiebungen $^i a$ in den Teilquerschnitten $i = 1 \dots n$

Abschnitt 3

Berechnen der Querschnittswerte $^i\bar{A}$ der Teilquerschnitte und S-Normierung der Teilquerschnittswerte ($^{iS}\bar{A}$)

Abschnitt 4.1

Berechnen der Gesamtquerschnittswerte $\bar{A}$ und **M**-Normierung ($^M\bar{A}$)

Abschnitt 4.2

Berechnen der Längskräfte N_i in den Teilquerschnitten, der Biegemomente M_Y, M_Z und des auf den Schubmittelpunkt bezogenen Wölbbimoments $^MM_{\omega}$, im Gesamtquerschnitt

Abschnitt 5

Berechnen der Längsspannungen σ_k bzw. der Linienlängskräfte n_k in den Wandquerschnittspunkten k

Abschnitte 2.4 und 6

Prüfen der Gesamtstabilität und der Zulässigkeit der Rechenannahmen unter dem Gesichtspunkt der höchstzulässigen Zugspannungen

Abschnitt 7

Bild 8   Ablauf der Längsspannungsberechnung

12

873

3 Koordinatensysteme, Einheitsverschiebungen

3.1 Koordinatensysteme

Für jeden Teilstab i wird ein lokales kartesisches Koordinatensystem (^ix, ^iy, ^iz) einge-führt, dessen Ursprung und Richtung beliebig gewählt werden dürfen. Die ^ix-Achse des Systems bildet die Längsachse des Teilquerschnitts i und gleichzeitig seine lokale Drillbezugsachse. Ihr Ursprung fällt mit der Einspannstelle des Kragträgers zusammen. Außer diesem U r s y s t e m besteht ein zweites Koordinatensystem (^{iS}x, ^{iS}y, ^{iS}z), dessen x-Achse ^{iS}x mit der biegeneutralen Faser des Stabes i zusammen-fällt.

Weiter wird ein globales kartesisches Koordinatensystem (X, Y, Z) beliebig festge-legt, mit dessen Hilfe der „Gesamtquerschnitt" zusammengestellt wird. Auch für den Gesamtquerschnitt wird ein weiteres, parallel versetztes Koordinatensystem (^MX, ^MY, ^MZ) verwendet, dessen X-Achse ^MX mit der D r i l l r u h e a c h s e des Gebäu-des zusammenfällt.

Lokale Systeme (Teilstab i)

Bezugssystem i1: ^iy, ^iz, willkürlich gewähltes kartesisches Koordinatensystem mit dem Ursprung O_i,

Bezugssystem i2: ^{iS}y, ^{iS}z, zu (i1) paralleles System mit dem Ursprung im Biege-ruhepunkt (Schwerpunkt) S_i des Teilquerschnitts.

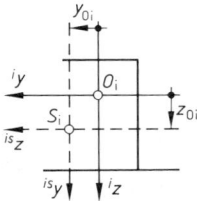

Bild 9   Lokale Koordinatensysteme für
Teilquerschnitt „i"

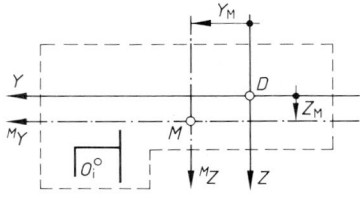

Bild 10   Globale Koordinatensysteme für
Gesamtquerschnitt (Stabbündel)

Globale Systeme (Gesamtstab)

Bezugssystem 1: Y, Z, willkürlich gewähltes kartesisches Koordinatensystem mit dem Ursprung im Gesamtdrehpunkt D.

Bezugssystem 2: ^MY, ^MZ, parallel zu (1) mit dem Ursprung im Gesamtschubmittel-punkt M.

3.2 Einheitsverschiebungen

Unter Wirkung der Schnittkraftzustände (N_i, M_z, M_y, M_ω; Abschn. 5) verformt sich die Stabachse des Teilstabs i. An der Stelle ^ix stellen sich die vier Verrückungen ein:

v_s	Verschiebung in Richtung ^ix,	$\psi_y = -v_z'$	Verdrehung in Richtung ^iy,
$\psi_z = v_y'$	Verdrehung in Richtung ^iz,	ϑ'	Drillung in Richtung ^ix.

Auf der Grundlage der Bernoulli-Hypothese (Querschnitte bleiben bei der Verformung eben und senkrecht zur Stabachse) verschiebt sich ein Punkt $P(^i y, ^i z)$ auf dem Querschnittsskelett (Wandquerschnitts-Mittellinie) aufgrund der Achspunktverrückungen $v_x = 1$, $v'_y = -1$ und $v'_z = -1$ um die Wege u_x, u_y und u_z in x-Richtung:

$$u_x = u(v_x = 1) = 1; \qquad u_y = u(v'_y = -1) = {}^i y; \qquad u_z = u(v'_z = -1) = {}^i z.$$

Dies sind die E i n h e i t s v e r s c h i e b u n g e n eines Punktes auf dem Querschnittsskelett i n f o l g e L ä n g s d e h n u n g u n d B i e g u n g.
Die E i n h e i t s v e r s c h i e b u n g i n f o l g e W ö l b d r i l l u n g ergibt sich aus der Verallgemeinerung der Bernoulli-Hypothese:

Die Neigung eines Querschnittselements in Wandrichtung bleibt bei Verformung (einschließlich Drillverformung) senkrecht zu den Stabfasern dieses Elements (Bild 11).

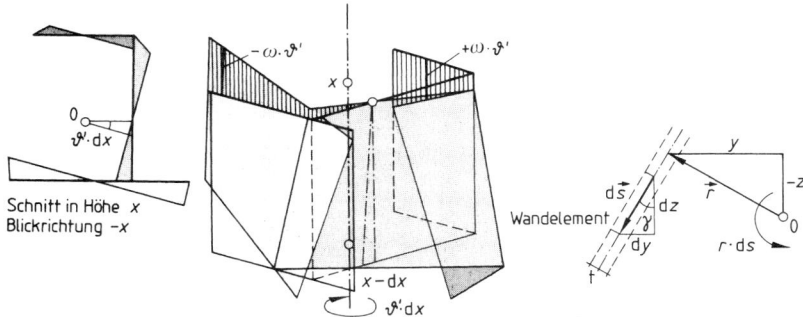

Bild 11 Verwindung eines Stabelements infolge $\vartheta' \cdot dx$

Bild 12 Einheitsverwölbung $d\omega = \vec{r} \times d\vec{s}$

Daraus folgt (Bild 11):

$$u_\vartheta = u(\vartheta' = -1) = {}^i\omega,$$

mit

$${}^i\omega = \int_{s=0}^{s} |\vec{r} \times d\vec{s}| = \int_{s=0}^{s} ({}^i y \cdot dz - {}^i z \cdot dy) = \int_{s=0}^{s} ({}^i y \cdot \cos\gamma + {}^i z \cdot \sin\gamma) \cdot ds$$

Die Integration zur Berechnung der Einheitsverwölbung $^i\omega$ beginnt an einer beliebigen Stelle $s = 0$ auf dem Wandskelett (Bild 11), zweckmäßigerweise an einem Skelettknoten.

Für einen geradlinigen Wandabschnitt j mit der Länge s_j, dem Anfangsknoten $j.a$ und dem Endknoten j, e ergibt sich $^i\omega_{j,e}$ aus dem im vorangehenden Berechnungsschritt gewonnenen $^i\omega_{j,a}$ wie folgt:

12

Berechnung der Einheitsverwölbung ω

$${}^i\omega_{j,e} = {}^i\omega_{j,a} + {}^i y_{j,a} \cdot {}^i z_{j,e} - {}^i z_{j,a} \cdot {}^i y_{j,e}$$

$^i\omega_{j,a}$ Einheitsverwölbung am Abschnittsanfang. Die Berechnung beginnt am Segmentpunkt $s = 0$ mit $^i\omega_{j,a} = 0$	$^i\omega_{j,e}$ Einheitsverwölbung am Abschnittsende. Das Ergebnis ist der Anfangswert des anschließenden Wandabschnitts bzw. der anschließenden Wandabschnitte, wenn mehrere Segmente vom erreichten Knoten ausgehen.
$^i y_{j,a}$ y-Wert am Abschnittsanfang	
$^i z_{j,a}$ z-Wert am Abschnittsanfang	
$^i y_{j,e}$ y-Wert am Abschnittsende	
$^i z_{j,e}$ z-Wert am Abschnittsende	

Mit diesem „Übertragungsverfahren" kann die Funktion ω im gesamten Querschnittsskelett in einfacher Weise aufgestellt werden.

Trägt man die Funktionsgraphen sämtlicher Einheitsverschiebungen an der Querschnittsskelettlinie auf, so erhält man die vier Einheitsverschiebungszustände „1", „y", „z", „ω" für jeden Teilquerschnitt i:

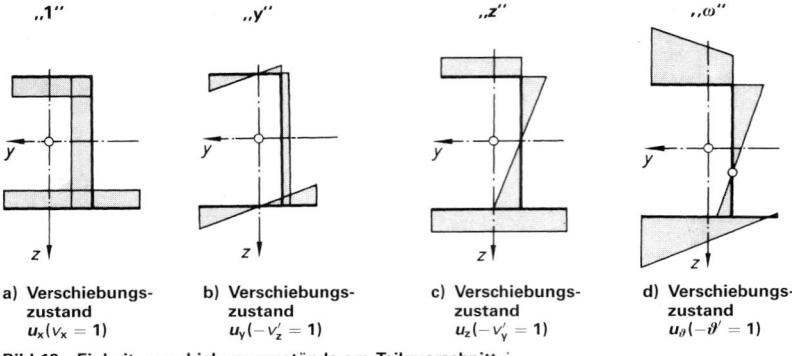

| „1" | „y" | „z" | „ω" |

a) Verschiebungs-
zustand
$u_x(v_x = 1)$

b) Verschiebungs-
zustand
$u_y(-v_z' = 1)$

c) Verschiebungs-
zustand
$u_z(-v_y' = 1)$

d) Verschiebungs-
zustand
$u_\vartheta(-\vartheta' = 1)$

Bild 13   Einheitsverschiebungszustände am Teilquerschnitt i

Die Einheitsverschiebungszustände sind Grundlage der Querschnittswerteermittlung. Die Einheitsverschiebungen eines Punktes auf dem Querschnittsskelett werden zweckmäßig zusammengefaßt zu dem Tupel

$$^i\vec{a} = \begin{pmatrix} 1 \\ y \\ z \\ \omega \end{pmatrix}^i = \begin{pmatrix} 1 \\ {}^i y \\ {}^i z \\ {}^i \omega \end{pmatrix} \qquad \text{(Einheitsverschiebungstupel)}.$$

4   Querschnittswerte

4.1   Querschnittswerte des Teilquerschnitts i

4.1.1   Urquerschnittswerte

Allgemein gilt für die Berechnung der Querschnittswerte:

$$\bar{A}_i = \int\limits_{(A)} {}^i\vec{a} \cdot {}^i\vec{a}^T \cdot dA,$$

so daß sich die Q u e r s c h n i t t s w e r t e m a t r i x ergibt:

$$\bar{A}_i = \begin{pmatrix} \int 1 \cdot 1 \cdot dA & \int 1 \cdot y \cdot dA & \int 1 \cdot z \cdot dA & \int 1 \cdot \omega \cdot dA \\ \int y \cdot 1 \cdot dA & \int y \cdot y \cdot dA & \int y \cdot z \cdot dA & \int y \cdot \omega \cdot dA \\ \int z \cdot 1 \cdot dA & \int z \cdot y \cdot dA & \int z \cdot z \cdot dA & \int z \cdot \omega \cdot dA \\ \int \omega \cdot 1 \cdot dA & \int \omega \cdot y \cdot dA & \int \omega \cdot z \cdot dA & \int \omega \cdot \omega \cdot dA \end{pmatrix}_{(A_i)}$$

$$= \begin{pmatrix} A & A_y & A_z & A_\omega \\ A_y & A_{yy} & A_{yz} & A_{y\omega} \\ A_z & A_{zy} & A_{zz} & A_{z\omega} \\ A_\omega & A_{\omega y} & A_{\omega z} & A_{\omega\omega} \end{pmatrix}_i$$

Ein beliebig herausgegriffenes Matrixelement $A_{pq,i}$ (z. B. $p = y$, $q = z$: $A_{yz,i}$) setzt sich aus den Beiträgen aller Wandabschnitte j zusammen, aus denen sich der Teilquerschnitt i aufbaut:

$$A_{pq,i} = \sum_{(j)} t_j \cdot \int_{(s_j)} p \cdot q \cdot ds, \quad \text{z. B.} \quad A_{y\omega,i} = \sum_{(j)} t_j \cdot \int_{(s_j)} y \cdot \omega \cdot ds.$$

$\int p \cdot q \cdot ds$ ist darin bei geraden Wandabschnitten stets ein Produktintegral aus zwei linearen Funktionen p und q über die Wandabschnittslänge s_j. Man berechnet es allgemein mit der Formel

$$A_{pq,j} = (2p_{j,a}q_{j,a} + p_{j,a}q_{j,e} + p_{j,e}q_{j,a} + 2p_{j,e}q_{j,e}) \cdot A_j/6.$$

wobei die Teilfläche

$$A_j = t_j \cdot s_j = t_j \cdot \sqrt{(y_{j,e} - y_{j,a})^2 + (z_{j,e} - z_{j,a})^2}$$

ist. Selbstverständlich gilt $A_{pq,j} = A_{qp,j}$.
Für die Flächenmomente und das Flächenbimoment 1. Grades ($p = 1$ bzw. $q = 1$) vereinfacht sich die Formel. Dasselbe gilt für den Fall $p = q$. Tafel 1 zeigt die Querschnittswerteberechnung im Zusammenhang:

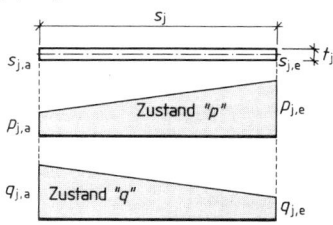

Bild 14 Beitrag des Wandabschnitts j zum Produktintegral A_{pq}

Tafel 1 Querschnittswerteberechnung für Teilquerschnitt j

$A_{pq,i} = \sum_{(j)} A_{pq,j}$ Summe über alle Wandabschnitte im Teilquerschnitt i

A_j	$t_j \cdot \sqrt{(y_{j,e} - y_{j,a})^2 + (z_{j,e} - z_{j,a})^2}$
$A_{y,j}$	$(y_{j,a} + y_{j,e}) \cdot A_j/2$
$A_{z,j}$	$(z_{j,a} + z_{j,e}) \cdot A_j/2$
$A_{\omega,j}$	$(\omega_{j,a} + \omega_{j,e}) \cdot A_j/2$
$A_{yy,j}$	$(y_{j,a}^2 + y_{j,a} \cdot y_{j,e} + y_{j,e}^2) \cdot A_j/3$
$A_{yz,j}$	$(2y_{j,a} \cdot z_{j,a} + y_{j,a} \cdot z_{j,e} + y_{j,e} \cdot z_{j,a} + 2y_{j,e} \cdot z_{j,e}) \cdot A_j/6$
$A_{zz,j}$	$(z_{j,a}^2 + z_{j,a} \cdot z_{j,e} + z_{j,e}^2) \cdot A_j/3$
$A_{y\omega,j}$	$A_{y\omega,j} \quad (2y_{j,a} \cdot \omega_{j,a} + y_{j,a} \cdot \omega_{j,e} + y_{j,e} \cdot \omega_{j,a} + 2y_{j,e} \cdot \omega_{j,e}) \cdot A_j/6$
$A_{z\omega,j}$	$A_{z\omega,j} \quad (2z_{j,a} \cdot \omega_{j,a} + z_{j,a} \cdot \omega_{j,e} + z_{j,e} \cdot \omega_{j,a} + 2z_{j,e} \cdot \omega_{j,e}) \cdot A_j/6$
$A_{\omega\omega,j}$	$A_{\omega\omega,j} \quad (\omega_{j,a}^2 + \omega_{j,a} \cdot \omega_{j,e} + \omega_{j,e}^2) \cdot A_j/3$

4.1.2 S-Normierung

Um die Bildung der Gesamtquerschnittswerte und die Spannungsberechnung zu erleichtern, werden die Nebenelemente der ersten Zeile und Spalte der Querschnittswertematrix ($A_{y,i}, A_{z,i}, A_{\omega,i}$) durch Parallelverschieben der Einheitsverschiebungshorizonte um die zunächst unbekannten Größen ${}^i y_0$, ${}^i z_0$ und ${}^i \omega_0$ eliminiert. Bezüglich ${}^i y$ und ${}^i z$ bedeutet dies einer Verlegung des Koordinatenursprungs von O_i in den Biegeruhepunkt (Schwerpunkt) S_i, bezüglich ${}^i \omega$ bedeutet es eine Veränderung der Lage des anfangs willkürlich gewählten Nullpunkts der Einheitsverwölbung. Zur Transformation dient die Matrix Ψ_i:

$$\Psi_i = \begin{pmatrix} 1 & 0 & 0 & 0 \\ -{}^i y_0 & 1 & 0 & 0 \\ -{}^i z_0 & 0 & 1 & 0 \\ -{}^i \omega_0 & 0 & 0 & 1 \end{pmatrix} : \qquad {}^{iS}\vec{a} = \Psi_i \cdot {}^i\vec{a} \quad \text{und} \quad {}^S\bar{A}_i = \Psi_i \cdot \bar{A}_i \cdot \Psi_i^\mathsf{T}.$$

12

Dabei ergeben sich je ein neuer Satz Einheitsverschiebungen und Querschnittswerte

$$^{iS}\vec{a} = \begin{pmatrix} 1 \\ ^{iS}y \\ ^{iS}z \\ ^{iS}\omega \end{pmatrix} \quad \text{und}$$

$$^{S}\bar{A}_i = \begin{pmatrix} A & 0 & 0 & 0 \\ 0 & ^{S}A_{yy} & ^{S}A_{yz} & ^{S}A_{y\omega} \\ 0 & ^{S}A_{yz} & ^{S}A_{zz} & ^{S}A_{z\omega} \\ 0 & ^{S}A_{y\omega} & ^{S}A_{z\omega} & ^{S}A_{\omega\omega} \end{pmatrix}_i \cdot$$

Die Berechnung der einzelnen Werte zeigt die Tafel 2.

Tafel 2 Biegeruhepunktstransformation

$^i y_0$	$A_{y,i}/A_i$
$^i z_0$	$A_{z,i}/A_i$
$^i \omega_0$	$A_{\omega,i}/A_i$
^{iS}y	$^i y - {^i y_0}$
^{iS}z	$^i z - {^i z_0}$
$^{iS}\omega$	$^i \omega - {^i \omega_0}$
$^S A_{yy,i}$	$A_{yy,i} - A_{y,i} \cdot A_{y,i}/A_i$
$^S A_{yz,i}$	$A_{yz,i} - A_{y,i} \cdot A_{z,i}/A_i$
$^S A_{zz,i}$	$A_{zz,i} - A_{z,i} \cdot A_{z,i}/A_i$
$^S A_{y\omega,i}$	$A_{y\omega,i} - A_{y,i} \cdot A_{\omega,i}/A_i$
$^S A_{z\omega,i}$	$A_{z\omega,i} - A_{z,i} \cdot A_{\omega,i}/A_i$
$^S A_{\omega\omega,i}$	$A_{\omega\omega,i} - A_{\omega,i} \cdot A_{\omega,i}/A_i$

4.2 Querschnittswerte des Gesamtquerschnitts

4.2.1 Urquerschnittswerte

Die „Urquerschnittswerte" des Stabbündels werden mit in einem beliebig gewählten globalen Koordinatensystem mit dem Ursprung D berechnet. Für die „Querschnittsmontage" müssen die Koordinatensysteme der verschiedenen Teilquerschnitte parallel zum festgelegten globalen Koordinatensystem ausgerichtet und auf den gemeinsamen Drehpunkt D bezogen werden. Außerdem werden die Querschnittswerte jetzt auf die Gruppe der Flächenmomente 2. Grades reduziert, da eine Gesamtquerschnittsfläche nicht definiert ist.

Ausrichten und Drehpunkt-Transformation werden mit Hilfe der Transformationsmatrix $\bar{\bar{\Gamma}}_i$ durchgeführt:

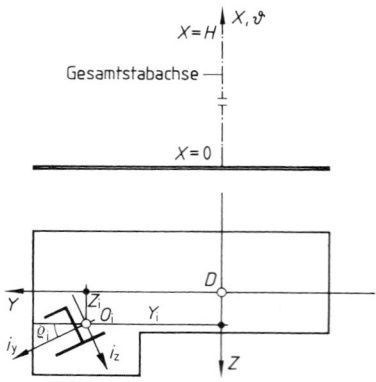

Bild 15   Lokalisierung des Teilquerschnitts im Gesamtquerschnitt

$$\bar{\bar{\Gamma}}_i = \begin{pmatrix} 1 & 0 & 0 \\ 0 & 1 & 0 \\ -Z_i & Y_i & 1 \end{pmatrix} \cdot \begin{pmatrix} 0 & \cos\varrho_i & -\sin\varrho_i & 0 \\ 0 & \sin\varrho_i & \cos\varrho_i & 0 \\ 0 & 0 & 0 & 1 \end{pmatrix}$$

$$= \begin{pmatrix} 0 & \cos\varrho_i & -\sin\varrho_i & 0 \\ 0 & \sin\varrho_i & \cos\varrho_i & 0 \\ 0 & Y_i\sin\varrho_i - Z_i\cos\varrho_i & Y_i\cos\varrho_i - Z_i\sin\varrho_i & 1 \end{pmatrix}$$

Dabei ergeben sich die Einheitsverschiebungen und Querschnittswerte

$$^{iD}\vec{a} = \bar{\bar{\Gamma}}_i{}^{iS}\vec{a} = \begin{pmatrix} ^{iD}y \\ ^{iD}z \\ ^{iS}\omega \end{pmatrix}; \quad ^D\bar{\bar{A}}_i = \bar{\bar{\Gamma}}_i{}^S\bar{A}_i\bar{\bar{\Gamma}}_i^T = \begin{pmatrix} ^D\bar{\bar{A}}_{YY,i} & ^D\bar{\bar{A}}_{YZ,i} & ^D\bar{\bar{A}}_{YW,i} \\ ^D\bar{\bar{A}}_{YZ,i} & ^D\bar{\bar{A}}_{ZZ,i} & ^D\bar{\bar{A}}_{ZW,i} \\ ^D\bar{\bar{A}}_{YW,i} & ^D\bar{\bar{A}}_{ZW,i} & ^D\bar{\bar{A}}_{WW,i} \end{pmatrix}$$

^{iD}y und ^{iD}z behalten ihren Ursprung im Schwerpunkt des Teilquerschnitts bei, nehmen aber Richtung und Orientierung des globalen Y-Z-System auf.

Tafel 3 Praktische Berechnung der Gesamtquerschnittswerte

Ausrichten des Teilquerschnitts i		D-Transformation des Teilquerschnitts i
$^{iD}y = {}^{iS}y \cos \varrho_i - {}^{iS}z \sin \varrho_i$ $^{iD}z = {}^{iS}y \sin \varrho_i - {}^{iS}z \cos \varrho_i$		$^{D}\omega = {}^{iS}\omega - Z_i{}^{iD}y + Y_i{}^{iD}z$
$^{S}A_{YY,i} = \dfrac{{}^{S}A_{zz,i} + {}^{S}A_{YY,i}}{2}$ $\qquad - \left[\dfrac{{}^{S}A_{zz,i} - {}^{S}A_{YY,i}}{2} \cos 2\varrho_i + {}^{S}A_{yz,i} \sin 2\varrho_i \right]$ $^{S}A_{YZ,i} = {}^{S}A_{yz,i} \cos 2\varrho_i - \dfrac{{}^{S}A_{zz,i} - {}^{S}A_{YY,i}}{2} \sin 2\varrho_i$ $^{S}A_{ZZ,i} = \dfrac{{}^{S}A_{zz,i} + {}^{S}A_{YY,i}}{2}$ $\qquad + \left[\dfrac{{}^{S}A_{zz,i} - {}^{S}A_{YY,i}}{2} \cos 2\varrho_i + {}^{S}A_{yz,i} \sin 2\varrho_i \right]$	$\rightarrow$	$\Delta^{D}A_{YW,i} = Y_i{}^{D}A_{YZ,i} - Z_i{}^{D}A_{YY,i}$ $\Delta^{D}A_{ZW,i} = Y_i{}^{D}A_{ZZ,i} - Z_i{}^{D}A_{YZ,i}$
$^{S}A_{Y\omega,i} = {}^{S}A_{y\omega,i} \cos \varrho_i - {}^{S}A_{z\omega,i} \sin \varrho_i$ $^{S}A_{Z\omega,i} = {}^{S}A_{y\omega,i} \sin \varrho_i + {}^{S}A_{z\omega,i} \cos \varrho_i$		$^{D}A_{YW,i} = \Delta^{D}A_{YW,i} + {}^{S}A_{Y\omega,i}$ $^{D}A_{ZW,i} = \Delta^{D}A_{ZW,i} + {}^{S}A_{Z\omega,i}$ $^{D}A_{WW,i} = Y_i\Delta^{D}A_{ZW,i} - Z_i\Delta^{D}A_{YW,i} + {}^{S}A_{\omega\omega,i}$

Die Summe der Teilquerschnittswerte ergibt die D-bezogenen Gesamtquerschnittswerte:

$$\vec{\vec{A}} = \sum_{(i)} {}^{D}\vec{\vec{A}}_i = \begin{pmatrix} A_{YY} & A_{YZ} & A_{YW} \\ A_{YZ} & A_{ZZ} & A_{ZW} \\ A_{YW} & A_{ZW} & A_{WW} \end{pmatrix}$$

4.2.2 M-Normierung der Gesamtquerschnittswerte

Bei der M-Normierung werden die Matrix-Elemente A_{YW} und A_{ZW} eliminiert und damit Biegung und Drillung entkoppelt. Mit den im D-System definierten Schubmittelpunktskoordinaten Y_M und Z_M wird die Transformation mit Hilfe der Transformationsmatrix $\vec{\vec{\Theta}}$ durchgeführt:

$$\vec{\vec{\Theta}} = \begin{pmatrix} 1 & 0 & 0 \\ 0 & 1 & 0 \\ Z_M & -Y_M & 1 \end{pmatrix} : \quad {}^{iM}\vec{a} = \vec{\vec{\Theta}} {}^{iD}\vec{a} \quad \text{und} \quad {}^{M}\vec{\vec{A}} = \vec{\vec{\Theta}} \vec{\vec{A}} \vec{\vec{\Theta}}^{T}$$

Das Bezugssystem hat nun im Schubmittelpunkt M seinen Ursprung und die Einheitsverwölbungen ^{M}W beziehen sich jetzt auf die durch M verlaufende Stabachse, die Drillruheachse oder natürliche Drillachse die Einheitsverschiebungen ^{iS}Y und ^{iS}Z bleiben jedoch auf die Schwerachsen der Teilquerschnitte bezogen.

$$^{iM}\vec{a} = \begin{pmatrix} {}^{iD}y \\ {}^{iD}z \\ {}^{M}\omega \end{pmatrix} \quad \text{und}$$

$$^{M}\vec{\vec{A}} = \begin{pmatrix} A_{YY} & A_{YZ} & 0 \\ A_{YZ} & A_{ZZ} & 0 \\ 0 & 0 & {}^{M}A_{WW} \end{pmatrix}$$

Tafel 4 Durchführung der M-Transformation (Schubmittelpunktstransformation)

$D = A_{YY}A_{ZZ} - A_{YZ}^2$	$^{M}\omega = {}^{D}\omega + Z_M{}^{iD}y - Y_M{}^{iD}z$
$Y_M = \dfrac{A_{YY}A_{ZW} - A_{YZ}A_{YW}}{D}$ $Z_M = \dfrac{A_{YZ}A_{ZW} - A_{ZZ}A_{YW}}{D}$	$^{M}A_{WW} = A_{WW} + Z_M A_{YW} - Y_M A_{ZW}$

12

4.2.3 H-Transformation

Die Transformation der Querschnittswerte in die Hauptbiegerichtungen φ_H ist im Hinblick auf die Spannungsermittlung weder nötig noch zweckmäßig. Die Hauptflächenmomente können jedoch zur Abschätzung der Gesamtstabilität von Interesse sein. Die Transformation wird mit der Transformationsmatrix $\ddot{\Phi}_H$ durchgeführt:

$$\ddot{\Phi}_H = \begin{pmatrix} \cos\varphi_H & \sin\varphi_H & 0 \\ -\sin\varphi_H & \cos\varphi_H & 0 \\ 0 & 0 & 1 \end{pmatrix}$$

mit dem Ergebnis

$$^{iHM}\vec{a} = \ddot{\Phi}_H\,{}^{iM}\vec{a} = \begin{pmatrix} {}^{iH}y \\ {}^{iH}z \\ {}^{M}\omega \end{pmatrix} \quad \text{und} \quad {}^{HM}\ddot{A} = \ddot{\Phi}_H\,{}^{M}\ddot{A}\,\ddot{\Phi}_H^{\mathsf{T}} = \begin{pmatrix} {}^{H}A_{YY} & 0 & 0 \\ 0 & {}^{H}A_{ZZ} & 0 \\ 0 & 0 & {}^{M}A_{WW} \end{pmatrix}$$

Tafel 5   Durchführung der Hauptachsentransformation

	$A_{YY} \neq A_{ZZ}$	$A_{YY} = A_{ZZ}$	
		$A_{YZ} \neq 0$	$A_{YZ} = 0$
$\varphi_H = \dfrac{1}{2}\arctan\dfrac{2A_{YZ}}{A_{YY} - A_{ZZ}}$		$\varphi_H = \pm\dfrac{\pi}{4}$	$\varphi_H = \text{beliebig}$
$^{H}A_{YY} = \dfrac{A_{YY} + A_{ZZ}}{2} + \dfrac{A_{YY} - A_{ZZ}}{2}\sqrt{1 + \tan^2 2\varphi_H}$		$^{H}A_{YY} = A_{YY} + A_{YZ}$	$^{H}A_{YY} = A_{YY} = A_{ZZ}$
$^{H}A_{ZZ} = \dfrac{A_{YY} + A_{ZZ}}{2} - \dfrac{A_{YY} - A_{ZZ}}{2}\sqrt{1 + \tan^2 2\varphi_H}$		$^{H}A_{ZZ} = A_{YY} - A_{YZ}$	$^{H}A_{ZZ} = A_{ZZ} = A_{YY}$
$^{iH}y = {}^{iD}y\cos\varphi_H + {}^{iD}z\sin\varphi_H\,;$		$^{iH}z = {}^{iD}z\cos\varphi_H - {}^{iD}y\sin\varphi_H$	

5   Schnittkraftgrößen

5.1   Schnittkraftgrößen infolge Querlast

Die Berechnung der Schnittkräfte im „Gesamtstab" unterscheidet sich nicht von der Schnittkraftberechnung des Kragarms als Einzelstab. Bei der Spannungsberechnung müssen die Schnittkräfte auf dasselbe Koordinatensystem bezogen sein wie die Querschnittswerte. Zweckmäßigerweise wird daher zunächst die Querschnitts-

werteberechnung (Abschn. 4) durchgeführt, um der Schnittkraftberechnung unmittelbar die Drillruheachse als Stabachse zugrunde legen zu können. Andernfalls
müssen die Querschnittswerte und/oder die Schnittkraftgrößen auf das gewählte
System transformiert werden.

$$^M\vec{V} = \int\limits_H^X {}^M\bar{r}_q \cdot \vec{q} \cdot dX \qquad\qquad {}^M\vec{M} = -\int\limits_H^X {}^M\vec{V} \cdot dX$$

Darin bedeuten:

$$\vec{q} = \begin{pmatrix} q_Y \\ q_Z \end{pmatrix}$$

Belastung in Richtung Y bzw. Z

$$^M\bar{r}_q = \begin{pmatrix} 1 & 0 \\ 0 & 1 \\ -{}^MZ_q & {}^MY_q \end{pmatrix}$$

Lastausmitte bezogen auf das zugrunde gelegte Koordinatensystem, vorzugsweise das
M-System

$$^M\vec{V} = \begin{pmatrix} V_Y \\ V_Z \\ {}^MV_\omega \end{pmatrix}$$

Querkräfte in Richtung Y bzw. Z und Wölbtorsionsmoment

$$^M\vec{M} = \begin{pmatrix} -M_Z \\ M_Y \\ -{}^MM_\omega \end{pmatrix}$$

Biegemomente um die Z- bzw. Y-Achse und
Wölbbimoment

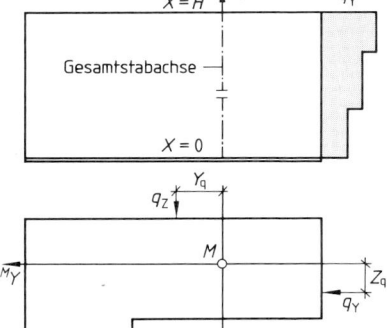

**Bild 16 Belastungsbeispiel am Schubmit-
telpunkts-Koordinatensystem**

Für die praktische Berechnung gilt:

Tafel 6 Schnittkraftgrößen V und M infolge Querlasten

$V_Y = -\int\limits_H^X q_Y \cdot dX + \sum\limits_H F_Y$	$-M_Z = \int\limits_H^X V_Y \cdot dX$
$V_Z = -\int\limits_H^X q_Z \cdot dX + \sum\limits_H F_Z$	$M_Y = \int\limits_H^X V_Z \cdot dX$
$V_\omega = -\int\limits_H^X (q_Z \cdot Y_q - q_Y \cdot Z_q) \cdot dX$ $\quad + \sum\limits_H (F_Z \cdot Y_F - F_Y \cdot Z_F)$	$-M_\omega = \int\limits_H^X V_Z \cdot dX$

Im allg. sind die Lastausmitten Y_q und Z_q der Streckenlast mindestens abschnittweise konstant
und Einzellasten treten nicht auf.
Dann gilt für $X_1 > X_2$:

$$V_{\omega 2} = V_{Z2} \cdot Y_{q2} - V_{Y2} \cdot Z_{q2} \qquad\qquad | \; -M_{\omega 2} = -M_{\omega 1} + M_{Y2} \cdot Y_{q2} + M_{Z2} \cdot Z_{q2}$$

Fortsetzung s. nächste Seite

12

Tafel 6, Fortsetzung

$\int\limits_H^X$, $\sum\limits_H^X$	Integral, Summe über den Bereich H bis X
q_Y, Z_q q_Z, Y_q	Streckenquerlasten in den Richtungen Y und Z in Abständen Z_q bzw. Y_q von der Stabachse
F_Y, Z_F F_Z, Y_F	Einzelquerlasten in den Richtungen Y und Z in Abständen Z_F bzw. Y_F von der Stabachse
$\vec{V} = \begin{pmatrix} V_Y \\ V_Z \\ V_\omega \end{pmatrix}$	Querkraft im Stabbündel in Richtung Y Querkraft im Stabbündel in Richtung Z Wölbtorsionsmoment
$\vec{M} = \begin{pmatrix} -M_Z \\ M_Y \\ -M_\omega \end{pmatrix}$	Biegemoment im Stabbündel in Richtung Z Biegemoment im Stabbündel in Richtung Y Wölbbimoment
V_{YK}, V_{ZK}, $V_{\omega K}$ M_{YK}, M_{ZK}, $M_{\omega K}$	Querkräfte, Torsionsmoment, Biegemomente und Wölbbimoment im Stabbündel im Schnitt X_K

5.2 Schnittkraftgrößen infolge Längslast

Wandeigengewicht und Auflagerkräfte von Decken und Balken ergeben die Längslasten. Im Rahmen der Gesamtbeanspruchungen interessieren die in die Wandmittelfläche eingeleitete Einzel- und Streckenlasten in Richtung „x" ($F_x \cdot q_x$) Im allg. können Biegung und Torsion infolge Vertikallasten im Gesamtstab unbeachtet bleiben; es genügt, wenn der reine Längskrafteinfluß ($N_i = \int\limits_{(i)} q_x\, ds + \sum\limits_{(g)} F_x$) bei der Spannungsermittlung Berücksichtigung findet. Die genaue Berechnung erfaßt die Verteilung der durch die Decke im Geschoß g in der Wandskelettlinie eingeleiteten Längslast $q_{xg}(s)$:

Tafel 7 Schnittkraftgrößen N_i und M_i infolge Längslast

$\int\limits_{(ig)}$, $\sum\limits_{(ig)}$	Integral, Summe über Geschoß g im Teilstab i
$\int\limits_{(g)}$, $\sum\limits_{(g)}$	Integral, Summe über Geschoß g im Gesamtstab
$\int\limits_H^X$, $\sum\limits_H^X$	Integral, Summe über Stababschnitt $H-X$
$^{iM}\vec{a}$	Auf den Schubmittelpunkt bezogene Einheitsverschiebungen (s. Abschn. 4.2). Die Produktintegrale können mit Hilfe Tafel 29 Abschn. „Statik und Festigkeitslehre" berechnet werden
$^{iM}\vec{a}_F$	Auf den Schubmittelpunkt bezogene Einheitsverschiebungen am Aufpunkt von F
q_{xg}	Streckenlängslast im Schnitt g des Teilstabs i
F_{xg}	Einzellängslast im Schnitt g des Teilstabs i
F_{gi}	Resultierende Längslast im Schnitt g des Teilstabs i
$\vec{M}_{Lg} = \begin{pmatrix} -M_{ZLg} \\ M_{YLg} \\ -M_{\omega Lg} \end{pmatrix}$	Lastmoment in Richtung Z $\Big\}$ im Schnitt g Lastmoment in Richtung Y Lastbimoment
N_i	Längskraft im Teilstab i
$\vec{M} = \begin{pmatrix} -M_Z \\ M_Y \\ -M_\omega \end{pmatrix}$	Biegemoment im Stabbündel in Richtung Z Biegemoment im Stabbündel in Richtung Y Wölbbimoment

6 Längsspannungen

Man berechnet die Längsspannungen am besten im M-System (Abschn. 4). In diesem Bezugssystem müssen die Koordinaten der Querschnittspunkte, für die die Spannungsermittlung durchgeführt werden soll, lediglich der S-Normierung unterworfen, nicht aber auf das schiefe Hauptachsensystem bezogen werden. Die Ergebnisse der Querschnittswerte- und Schnittkraftgrößenrechnung müssen für das M-System vorliegen.

Längsspannung bzw. Linienlängskraft werden mithilfe der in Abschnitt 2.4 angegebenen Beziehungen berechnet. Die darin auftretende Inverse der Querschnittswertematrix $^M\!A$ lautet mit der Determinante

$$D = {}^D\!A_{YY} \cdot {}^D\!A_{ZZ} - {}^D\!A_{YZ}^2: \qquad {}^M\!\bar{A}^{-1} = \begin{pmatrix} \dfrac{{}^D\!A_{ZZ}}{D} & -\dfrac{{}^D\!A_{YZ}}{D} & 0 \\[2ex] -\dfrac{{}^D\!A_{YZ}}{D} & \dfrac{{}^D\!A_{YY}}{D} & 0 \\[2ex] 0 & 0 & \dfrac{1}{{}^M\!A_{\omega\omega}} \end{pmatrix}$$

Damit ergibt sich die Linienlängskraft wie folgt:

Linienlängskraft im Punkt k im Wandabschnitt j des Teilquerschnitts i

$$n_k = \left[\frac{N_i}{A_i} - \frac{{}^D\!A_{ZZ} \cdot {}^D\!M_Z + {}^D\!A_{YZ} \cdot {}^D\!M_Y}{D} \cdot {}^{iD}\!y_k \right.$$

$$\left. + \frac{{}^D\!A_{YZ} \cdot {}^D\!M_Z + {}^D\!A_{YY} \cdot {}^D\!M_Y}{D} \cdot {}^{iD}\!z_k - \frac{{}^M\!M_\omega}{{}^M\!A_{\omega\omega}} \cdot {}^{iM}\!\omega_k \right] \cdot {}^i t_j$$

n_k	Linienlängskraft im Punkt k im Wandabschnitt j des Teilquerschnitts i
N_i	Längskraft im Teilquerschnitt i
${}^D\!M_Y$	Biegemoment in Richtung Y im D- bzw. M-System
${}^D\!M_Z$	Biegemoment in Richtung Z im D- bzw. M-System
${}^M\!M_\omega$	Wölbbimoment im M-System
A_i	Querschnittsfläche des Teilquerschnitts i

${}^D\!A_{YY}$
${}^D\!A_{YZ}$ $\Big\}$ Flächenmomente 2. Grades im D- bzw. M-System
${}^D\!A_{ZZ}$

${}^M\!A_{\omega\omega}$	Flächenbimoment 2. Grades (Wölbflächenmoment) im M-System

${}^{iD}\!y_k$ $\Big\}$ Einheitsverschiebungen (Koordinaten) des Punktes k im D- bzw. M-System
${}^{iD}\!z_k$

${}^{iM}\!\omega_k$	Einheitsverwölbung im M-System
${}^i t_j$	Dicke des Wandabschnitts j bei k

I2

7 Gesamtstabilität

Als Ganzes betrachtet ist ein Geschoßbau ein D r u c k s t a b, genauer ein D r u c k - s t a b b ü n d e l, da er im allg. aus einer größeren Anzahl nicht zusammenhängender Wandfaltwerke besteht, die durch die Geschoßdecken g e b ü n d e l t werden. S c h l a n k e Druckstäbe müssen nach der Elastizitätstheorie II. Ordnung untersucht werden, d.h. es muß ein K n i c k - und ggf. ein B i e g e d r i l l k n i c k n a c h w e i s geführt werden. Bei g e d r u n g e n e n Druckstäben genügt dagegen ein vereinfachter Nachweis. Bei offensichtlich fehlender Knickgefahr kann er ganz entfallen. Welcher Nachweis für einen Geschoßbau zu führen ist, richtet sich nach folgenden Kriterien:

Räumliche Aussteifung von Geschoßbauten

(1) Ein Nachweis der Beanspruchungen aus Horizontallasten und nach Theorie II. Ordnung kann völlig entfallen bei Gebäuden mit bis zu sechs Stockwerken, wenn die aussteifenden Wände von Außenwand zu Außenwand durchgehen (DIN 1053, sinngemäß auf Beton- und Stahlbetonbauten anwendbar).

(2) Ein Biegenachweis nach Theorie II. Ordnung kann entfallen, solange die folgende Bedingung erfüllt ist (DIN 1045, 15.8.1):

Kriterium für Biegeknicknachweis

$$\alpha = H \cdot \sqrt{\sum V / \min B} \quad \begin{matrix} \leq 0,6 & \text{für} & n \geq 4 \\ \leq 0,2 + 0,1 \cdot n & \text{für} & n < 4 \end{matrix}$$

α	Labilitätszahl der Biegung
H	Gebäudehöhe über Einspannstelle (Fundament oder steifes Kellergeschoß)
n	Anzahl der Geschosse
$\sum V$	Summe aller Vertikallasten
$\min B = E \cdot \min I$	$= E \cdot \text{Min} \{^H A_{YY}, {}^H A_{ZZ}\}$

Steifigkeit des Gebäudequerschnitts im Zustand I nach der Elastizitätstheorie. Zustand I kann nur dann als gegeben angesehen werden, wenn die Biegezugspannungen in den aussteifenden Bauteilen die Größenordnung von $\beta_{WS}/10$ nicht überschreiten. Ist ein Gebäude durch Deckenfugen in mehrere Abschnitte geteilt, so ist der Nachweis für jeden Abschnitt zu führen.

E	Elastizitätsmodul
$\min I$	kleinstes Flächenmoment 2. Grades
${}^H A_{YY}, {}^H A_{ZZ}$	Hauptflächenmomente 2. Grades (Abschn. 4)

(3) Ein Torsionsnachweis nach Theorie II. Ordnung (Drillknicknachweis) kann entfallen, solange die folgende Bedingung (Brandt, Beton- und Stahlbetonbau 7/76 und 3/77) erfüllt ist:

Kriterium für Drillknicknachweis

$$\varkappa \leq 10: \quad \alpha_T = \varphi \cdot H \cdot \sqrt{\frac{\sum V}{W} \cdot \left(\frac{d^2}{12} + c^2\right)} \quad \bigg\} \quad \alpha_T \leq 0,6 \qquad \text{für} \quad n \geq 4$$

$$\varkappa > 10: \quad \alpha_T = 2,28 \cdot \sqrt{\frac{\sum V}{W} \cdot \left(\frac{d^2}{12} + c^2\right)} \quad \bigg\} \quad \alpha_T \leq 0,2 + 0,1 \cdot n \quad \text{für} \quad n < 4$$

Bild 17 Größen *l, b, d, c*

α_T	Labilitätszahl der Verdrillung
$\varkappa = H \cdot \sqrt{T/W}$	Torsionseigenwert
H	Gebäudehöhe über Einspannstelle
$T = G \cdot I_T$	Torsionssteifigkeit (St.-Venant-Torsion)
$W = E \cdot {}^M A_{\omega\omega}$	Wölbtorsionssteifigkeit
G	Schubmodul
I_T	Torsionsflächenmoment 2. Grades
E	Elastizitätsmodul
${}^M A_{\omega\omega}$	Wölbtorsionsflächenmoment
$\sum V$	Summe aller vertikalen Lasten
φ	Beiwert in Abhängigkeit von $\varkappa$ nach folgender Tabelle

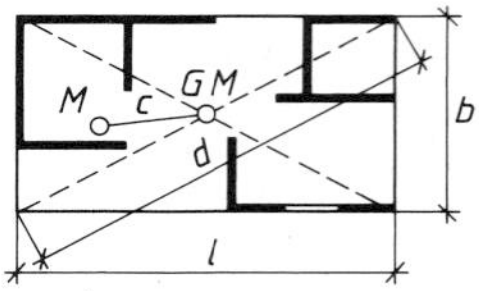

GM = Geometrischer Mittelpunkt;
M = Schubmittelpunkt

$\varkappa$	0	0,5	1,0	2	3	4	5	6	7	8	9	10	>10
φ	1,00	0,96	0,85	0,64	0,51	0,42	0,36	0,31	0,28	0,25	0,22	0,20	$\varphi \cdot H = 2,28$

$d = \sqrt{l^2 + b^2}$	Diagonale des rechteckigen Grundrisses
c	Abstand des Schubmittelpunkts vom Grundrißmittelpunkt als angenommener Wirkungspunkt der resultierenden Vertikallast (s. Bild 17).

Zur Ermittlung der Lage des Schubmittelpunkts s. Abschn. 4.

8 Beispiel

8.1 System und Belastung

Konstruktion
Wanddicke: $t = 20$ cm
Gebäudehöhe über Einspannstelle:
  $H = 10 \cdot 3{,}00 = 30$ m

Belastung
Lastfall 1:
In Richtung Z: $q = 1{,}5$ kN/m²
  $q_Z = 1{,}5 \cdot 11{,}0 = 16{,}5$ kN/m

Lastfall 2:
In Richtung Y: $q = 1{,}5$ kN/m²:
  $q_Y = 1{,}5 \cdot 8{,}0 = 12{,}0$ kN/m

Lastfall 3:
Vertikale Last je Geschoß:
  Wandabschnitt 1–2:
  $q_x = -2{,}0$ kN/m
  Punkt 7:
  $F_x = -15{,}0$ kN

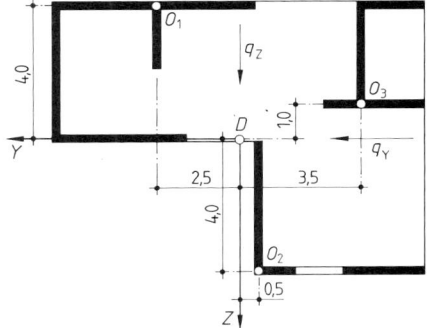

Bild 18   Anordnung der Teilquerschnitte

8.2 Querschnittswerte und Einheitsverschiebungen

8.2.1 Lokale Koordinatensysteme

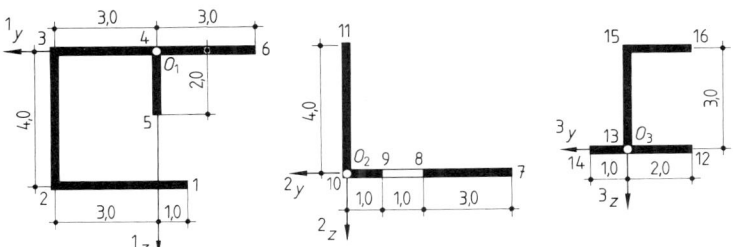

Bild 19   Teilquerschnitte

8.2.2 Berechnung der Querschnittswerte

Die Querschnittswerte werden mit Hilfe eines Tabellenkalkulationsprogramms berechnet (Tafeln 8 und 9). Die Tabellenrechnung kann natürlich auch von Hand erfolgen. Allerdings ist der Aufwand bei größeren Systemen nicht unbeträchtlich. Man wird daher die Benutzung von Rechenprogrammen, die auch für programmierbaren Taschenrechner existieren, vorziehen.

Tafel 8 Querschnittswerte-Berechnung (Erläuterungen s. S. 1023)

1	2	3	4	5	6	7	8	9	10	11	12	13	14	15	16	17	18	19	20	21
i	j	k	t	y	$z_{i,a}$	ω	y	$z_{i,e}$	ω	A	A_y	A_z	A_ω	A_{yy}	A_{yz}	A_{zz}	$A_{y\omega}$	$A_{z\omega}$	$A_{\omega\omega}$	Zeile
			in m	in m	in m	in m^2	in m	in m	in m^2	in m^2	in m^3	in m^3	in m^4	in m^4	in m^4	in m^4	in m^5	in m^5	in m^6	
1	4	6	0,200	0,000	0,000	0,000	−3,000	0,000	0,000	0,600	−0,900	0,000	0,000	1,800	0,000	0,000	0,000	0,000	0,000	1
1	4	5	0,200	0,000	2,000	0,000	0,000	0,000	0,000	0,400	0,000	0,400	0,000	0,000	0,000	0,533	0,000	0,000	0,000	2
1	4	3	0,200	0,000	0,000	0,000	3,000	0,000	0,000	0,600	0,900	0,000	0,000	1,800	0,000	0,000	0,000	0,000	0,000	3
1	3	2	0,200	3,000	4,000	0,000	3,000	4,000	12,000	0,800	2,400	1,600	4,800	7,200	4,800	4,267	14,400	12,800	38,400	4
1	2	1	0,200	3,000	4,000	12,000	−1,000	4,000	28,000	0,800	0,800	3,200	16,000	1,867	3,200	12,800	11,733	64,000	337,067	5
2	10	11	0,200	0,000	0,000	0,000	−4,000	0,000	0,000	0,800	0,000	−1,600	0,000	0,000	0,000	4,267	0,000	0,000	0,000	6
2	10	9	0,200	0,000	0,000	0,000	−1,000	0,000	0,000	0,200	−0,100	0,000	0,000	0,067	0,000	0,000	0,000	0,000	0,000	7
2	9	8	0,200	−1,000	0,000	0,000	−2,000	0,000	0,000	0,600	0,000	0,000	0,000	0,000	0,000	0,000	0,000	0,000	0,000	8
2	8	7	0,200	−2,000	0,000	0,000	−5,000	0,000	0,000	0,600	−2,100	0,000	0,000	7,800	0,000	0,000	0,000	0,000	0,000	9
3	13	14	0,200	0,000	0,000	0,000	1,000	0,000	0,000	0,200	0,100	0,000	0,000	0,067	0,000	0,000	0,000	0,000	0,000	10
3	13	12	0,200	0,000	0,000	0,000	−2,000	0,000	0,000	0,400	−0,400	0,000	0,000	0,533	0,000	0,000	0,000	0,000	0,000	11
3	13	15	0,200	0,000	0,000	0,000	0,000	−3,000	0,000	0,600	0,000	−0,900	0,000	0,000	0,000	1,800	0,000	0,000	0,000	12
3	15	16	0,200	0,000	−3,000	0,000	−2,000	−3,000	−6,000	0,400	−0,400	−1,200	−1,200	0,533	1,200	3,600	1,600	3,600	4,800	13
S-Normierung																				
1				1,000	1,625	6,500				3,200	3,200	5,200	20,800	12,667	8,000	17,600	26,133	76,800	375,467	14
														−3,200	−5,200	−8,450	−20,800	−33,800	−135,200	15
														9,467	2,800	9,150	5,333	43,000	240,267	16
2				−1,375	−1,000	0,000				1,600	−2,200	−1,600	0,000	7,867	0,000	4,267	0,000	0,000	0,000	17
														−3,025	−2,200	−1,600	0,000	0,000	0,000	18
														4,842	−2,200	2,667	0,000	0,000	0,000	19
3				−0,438	−1,313	−0,750				1,600	−0,700	−2,100	−1,200	1,133	1,200	5,400	1,600	3,600	4,800	20
														−0,306	−0,919	−2,756	−0,525	−1,575	−0,900	21
														0,827	0,281	2,644	1,075	2,025	3,900	22
Gesamtquerschnitt																				
1				2,500	−4,000									9,467	2,800	9,150	50,200	77,075	762,587	23
2				−0,500	4,000									4,842	−2,200	2,667	−18,267	7,467	69,333	24
3				−3,500	−1,000									0,827	0,281	2,644	0,918	−6,947	23,119	25
M-Normierung																				
				5,252	−1,865									15,135	0,881	14,460	32,851	77,595	−468,813	26
																			386,227	27

$D = 218{,}0878$

886

Bedeutung der Inhalte von Tafel 8, Fortsetzung s. S. 1030

Spalte	Inhalt	Berechnung
Zeilen 1 bis 13 (Wandabschnittswerte)		
1 i	Index des Teilquerschnitts	
2 j,a	Anfangspunkt des Wandabschnitts j	
3 j,e	Endpunkt des Wandabschnitts j	
4 t	Wanddicke im Abschnitt j	Urdatum
	Einheitsverschiebungen infolge	
5 $j,a\,y$	$\psi_z=1$ in Punkt j,a	y im O_i-System
6 $j,a\,z$	$\psi_y=-1$ in Punkt j,a	z im O_i-System
7 $j,a\,\omega$	$\vartheta=1$ in Punkt j,a	ω im O_i-System
		(1. Punkt 0, Folgepunkte von je)
8 $j,e\,y$	Einheitsverschiebungen	y im O_i-System
9 $j,e\,z$	entsprechend 5 bis 7	z im O_i-System
10 $j,e\,\omega$	in Punkt j,e	$\omega_{ja}+y_{ja}\cdot z_{je}-z_{ja}\cdot y_{je}$
11 A	Querschnittsfläche des Wandabschnitts j	$t_i\cdot\sqrt{(y_{je}-y_{ja})^2+(z_{je}-z_{ja})^2}$
12 A_y	Flächenmomente 1. Grades	$(y_{ja}+y_{je})\cdot A_j/2$
13 A_z	des Wandabschnitts j	$(z_{ja}+z_{je})\cdot A_j/2$
14 A_ω		$(y_{ja}+y_{je})\cdot A_j/2$
15 A_{yy}		$(y_{ja}^2+y_{ja}\cdot y_{je}+y_{je}^2)\cdot A_j/3$
16 A_{yz}		$(2\cdot y_{ja}\cdot z_{ja}+y_{ja}\cdot z_{je}+y_{je}\cdot z_{ja}+2\cdot y_{je}\cdot z_{je})\cdot A_j/6$
17 A_{zz}	Flächenmomente 2. Grades	$(z_{ja}^2+z_{ja}\cdot z_{je}+z_{je}^2)\cdot A_j/3$
18 $A_{y\omega}$	des Wandabschnitts j	$(2\cdot y_{ja}\cdot\omega_{ja}+y_{ja}\cdot\omega_{je}+y_{je}\cdot\omega_{ja}+2\cdot y_{je}\cdot\omega_{je})\cdot A_j/6$
19 $A_{z\omega}$		$(2\cdot z_{ja}\cdot\omega_{ja}+z_{ja}\cdot\omega_{je}+z_{je}\cdot\omega_{ja}+2\cdot z_{je}\cdot\omega_{je})\cdot A_j/6$
20 $A_{\omega\omega}$		$(\omega_{ja}^2+\omega_{ja}\cdot\omega_{je}+\omega_{je}^2)\cdot A_j/3$
21 Zeile	Zeilen-Nr.	
Zeilen 14, 17, 20:		
11 A	Summen der Wandabschnittswerte	Spaltensummen über
⋮ ⋮	$=O_i$-Querschnittswerte A_i bis $A_{\omega\omega i}$	Teilquerschnitte 1, 2, 3
20 $A_{\omega\omega}$	der Teilquerschnitte 1, 2, 3	
5 $j,a\,y$	Normierungsdifferenzen	A_{yi}/A_i
6 $j,a\,z$	der Einheitsverschiebungen	A_{zi}/A_i
7 $j,a\,\omega$	der Teilquerschnitte 1, 2, 3	$A_{\omega i}^2/A_i$
Zeilen 15, 18, 21:		
15 A_{yy}		$-A_{yi}^2/A_i$
16 A_{yz}		$-A_{yi}\cdot A_{zi}/A_i$
17 A_{zz}	Normierungsdifferenzen für	$-A_{zi}^2/A_i$
18 $A_{y\omega}$	S-Normierung der Querschnittswerte	$-A_{yi}\cdot A_{\omega i}/A_i$
19 $A_{z\omega}$	Teilquerschnitte 1, 2, 3	$-A_{zi}\cdot A_{\omega i}/A_i$
20 $A_{\omega\omega}$		$-A_{\omega i}^2/A_i$
Zeilen 16, 19, 22:		
15 A_{yy}	Normierte Querschnittswerte	Zeile [16] = Zeile [14] + Zeile [15]
⋮	A_{yyi} bis $A_{\omega\omega i}$	Zeile [19] = Zeile [17] + Zeile [18]
20 $A_{\omega\omega}$	der Teilquerschnitte 1, 2, 3	Zeile [22] = Zeile [20] + Zeile [21]
Zeilen 23 bis 25:		
5 $j,a\,y$	$=Y_i$ Koordinaten der O_i-Punkte	Urdatum
6 $j,a\,z$	$=Z_i$ im globalen D-System	Urdatum
15 A_{yy}	$=A_{YYi}$	Übertrag Zeilen 16, 19 bzw. 21
16 A_{yz}	$=A_{YZi}$	
17 A_{zz}	$=A_{ZZi}$	
19 $A_{y\omega}$	$=A_{Y\omega i}$ Flächenmomente 2. Grades	$^SA_{yzi}\cdot Y_i-^SA_{yyi}\cdot Z_i+^SA_{y\omega i}$
20 $A_{z\omega}$	$=A_{Z\omega i}$ der Teilquerschnitte im D-System	$^SA_{zzi}\cdot Y_i-^SA_{yzi}\cdot Z_i+^SA_{z\omega i}$
21 $A_{\omega\omega}$	$=A_{\omega\omega i}$	$(A_{Z\omega i}+^SA_{z\omega i})\cdot Y_i-(A_{Y\omega i}+^SA_{y\omega i})\cdot Z_i+^SA_{\omega\omega i}$

Bedeutung der Inhalte von Tafel 8, Fortsetzung

Spalte	Inhalt		Berechnung
Zeile 26:			
15 A_{yy}	$=A_{YY}$		
16 A_{yz}	$=A_{YZ}$	Flächenmomente 2. Grades	Summe der Zeilen 23 bis 25
17 A_{zz}	$=A_{ZZ}$	des Gesamtquerschnitts	
18 $A_{y\omega}$	$=A_{Y\omega}$	im D-System	
19 $A_{z\omega}$	$=A_{Z\omega}$		
20 $A_{\omega\omega}$	$=A_{\omega\omega}$		$-(A_{Y\omega}^2 \cdot A_{ZZ} + A_{Z\omega}^2 \cdot A_{YY}$
			$-2A_{YZ}\cdot A_{Y\omega}\cdot A_{Z\omega})/D$
Zeile 27:			
5 $j, a\,y$	$=Y_M$	Koordinaten des Schub-	$(A_{YY}\cdot A_{Z\omega} - A_{YZ}\cdot A_{Y\omega})/D$
6 $j, a\,z$	$=Z_M$	mittelpunktes im D-System	$(A_{YZ}\cdot A_{Z\omega} - A_{ZZ}\cdot A_{Y\omega})/D$
15 A_{yy}	$={}^M A_{YY}$		Übertrag Zeile 26
16 A_{yz}	$={}^M A_{YZ}$	Flächenmomente 2. Grades	
17 A_{zz}	$={}^M A_{ZZ}$	des Gesamtquerschnitts	
20 $A_{\omega\omega}$	$={}^M A_{\omega\omega}$	im M-System	$A_{\omega\omega} - \dfrac{A_{YY}\cdot A_{Z\omega} - A_{YZ}\cdot A_{Y\omega}}{D}$

Rechts über die Tabelle vertikal: $D = A_{YY}\cdot A_{ZZ} - A_{YZ}^2$

8.2.3 Normierte Einheitsverschiebungen

Tafel 9   Normierte Einheitsverschiebungen

1	2	3	4	5	6	7	8
i	k	${}^i y$	${}^i z$	${}^i \omega$	${}^{iS} y$	${}^{iS} z$	${}^{iM}\omega$
		in m	in m	in m^2	in m	in m	in m^2
1	1	$-1,000$	$4,000$	$28,000$	$-2,000$	$2,375$	$10,692$
1	2	$3,000$	$4,000$	$12,000$	$2,000$	$2,375$	$3,234$
1	3	$3,000$	$0,000$	$0,000$	$2,000$	$-1,625$	$2,243$
1	4	$0,000$	$0,000$	$0,000$	$-1,000$	$-1,625$	$-4,163$
1	5	$0,000$	$2,000$	$0,000$	$-1,000$	$0,375$	$-9,667$
1	6	$-3,000$	$0,000$	$0,000$	$-4,000$	$-1,625$	$-10,569$
2	7	$-5,000$	$0,000$	$0,000$	$-3,625$	$1,000$	$15,507$
2	8	$-2,000$	$0,000$	$0,000$	$-0,625$	$1,000$	$-2,087$
2	9	$-1,000$	$0,000$	$0,000$	$0,375$	$1,000$	$-7,952$
2	10	$0,000$	$0,000$	$0,000$	$1,375$	$1,000$	$-13,816$
2	11	$0,000$	$-4,000$	$0,000$	$1,375$	$-3,000$	$9,193$
3	12	$-2,000$	$0,000$	$0,000$	$-1,563$	$1,313$	$-9,386$
3	13	$0,000$	$0,000$	$0,000$	$0,438$	$1,313$	$-11,116$
3	14	$1,000$	$0,000$	$0,000$	$1,438$	$1,313$	$-11,980$
3	15	$0,000$	$-3,000$	$0,000$	$0,438$	$-1,688$	$15,141$
3	16	$-2,000$	$-3,000$	$-6,000$	$-1,563$	$-1,688$	$10,871$

Es ergibt sich beispielsweise für Punkt 9 im Teilquerschnitt 2:

„Urwerte" nach Tafel 8:

$$^2 y_9 = -1,000 \text{ m}; \quad ^2 z_9 = 0,000 \text{ m}; \quad ^2\omega_9 = 0,000 \text{ m}$$

S-Normierung (Abschn. 4.1.2 und Tafel 8):

$$^{2S} y_9 = -1,000 - (-1,375) = 0,375 \text{ m}$$
$$^{2S} z_9 = 0,000 - (-1,000) = 1,000 \text{ m}$$
$$^{2S}\omega_9 = 0,000 - 0,000 = 0,000 \text{ m}^2$$

D-Transformation (Abschn. 4.2.1 und Tafel 8):

$$^{2D}\omega_9 = 0,000 - 0,375 \cdot 4,000 + 1,000 \cdot (-0,500) = -2,000 \text{ m}^2$$

M-Normierung (Abschn. 4.2.2 und Tafel 8):

$$^{2M}\omega_9 = -2,000 + (-1,865)\cdot 0,375 - 5,252 \cdot 1,000 = -7,952 \text{ m}^2$$

8.3 Schnittkraftgrößen

8.3.1 Lastfall 1 ($q_z = 16,5$ kN/m)

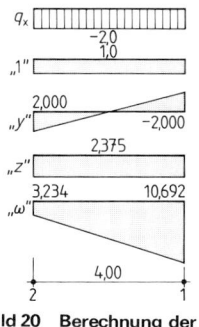

$$N_1 = N_2 = N_3 = 0$$

$-^D M_z =$	0 kNm
$^D M_Y = -16,5 \cdot 30,0^2/2 =$	-7425 kNm
$-^M M_\omega = (-7425) \cdot (-5,252) =$	38996 kNm²

8.3.2 Lastfall 2 ($q_y = 12,0$ kN/m)

$N_1 = N_2 = N_3 = 0$	
$-^D M_z = -12,0 \cdot 30,0^2/2$	-5400 kNm
$^D M_Y =$	0 kNm
$^M M_\omega = 5400 \cdot 1,865 =$	10071 kNm²

Bild 20 Berechnung der Schnittkraftgrößen infolge q_x

8.3.3 Lastfall 3 (s. S. 1021)
(Einheitsverschiebungen nach Tafel 9)
Je Geschoß:

$N_{1g} = -2,0 \cdot 4,0 =$	$-8,0$ kN/Geschoß
$N_{2g} =$	$-15,0$ kN/Geschoß
$-^D M_{zg} = 0 - 15,0 \cdot (-3,625) =$	54,375 kNm/Geschoß
$^D M_{Yg} = -2,0 \cdot 2,375 \cdot 4,0 - 15,0 \cdot 1,000 =$	$-34,000$ kNm/Geschoß

$$-^M M_{\omega g} = -2,0 \cdot \frac{3,234 + 10,692}{2} \cdot 4,0$$

$-15,0 \cdot 15,507 \qquad =$	$-288,309$ kNm²
$N_1 = 10 \cdot (-8,0) =$	$-80,0$ kN
$N_2 = 10 \cdot (-15,0) =$	$-150,0$ kN
$-^D M_z = 10 \cdot 54,375 =$	544 kNm
$^D M_Y = 10 \cdot (-34,000) =$	-340 kNm
$-^M M_\omega = 10 \cdot (-288,309) =$	-2883 kNm²

8.4 Längsspannungen

Die Längsspannungen werden entsprechend Abschn. 6 berechnet. Die Linien-längskraft geht durch Multiplikation der Spannungen mit der Wanddicke aus diesen hervor ($n_k = \sigma_k \cdot t_j$).

Die Spannungen im Teilquerschnitt 2 aus Lastfall 1 erhält man beispielsweise zu:

$$\sigma_k = \frac{0}{1,600} - \frac{14,460 \cdot 0 + 0,881 \cdot (-7425)}{218,0878} \cdot {}^{2D}y_k$$

$$+ \frac{0,881 \cdot 0 + 15,135 \cdot (-7425)}{218,0878} \cdot {}^{2D}z_k - \frac{-38996}{386,227} \cdot {}^{2M}\omega_k$$

$$\sigma_k = 29,886 \cdot {}^{2D}y_k - 513,425 \cdot {}^{2D}z_k + 100,967 \cdot {}^{2M}\omega_k$$

Für Punkt 9 des Teilquerschnitts 2 erhält man daraus:

$$\sigma_9 = 29,886 \cdot 0,375 - 513,425 \cdot 1,000 + 100,967 \cdot (-7,952) = -1307 \text{ kN/m}^2$$

Tafel 10 Längsspannungen

		Lastfall 1	Lastfall 2	Lastfall 3
N_1		0	0	−80
N_2		0	0	−150
N_3		0	0	0
$−M_z$		0	−5400	544
M_Y		−7425	0	−340
$−^M M_\omega$		−38996	−10071	−2883
i	k		σ in kN/m²	
1	1	−204	1047	−241
1	2	−837	−580	−36
1	3	1124	−693	75
1	4	387	214	11
1	5	−1199	114	0
1	6	−350	1121	−54
2	7	942	1724	−371
2	8	−745	191	−127
2	9	−1307	−320	−46
2	10	−1869	−831	35
2	11	2515	−318	−34
3	12	−1671	343	−22
3	13	−1786	−418	66
3	14	−1843	−798	109
3	15	2411	201	−53
3	16	1920	806	−96

Der Verlauf der Längsspannungen σ [kN/m²] für die drei betrachteten Lastfälle ist in Bild 21 über den Wandmittellinien aufgetragen.

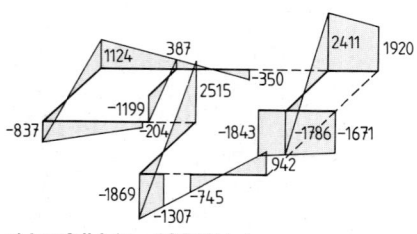

a) Lastfall 1 ($q_z = 16{,}5$ kN/m)

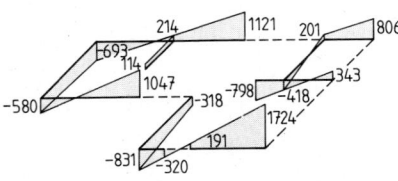

b) Lastfall 2 ($q_v = 12{,}0$ kN/m)

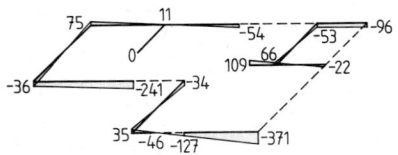

c) Lastfall 3 (s. S. 1027)

Bild 21 Längsspannungszustand σ in kN/cm²

9 Vereinfachte Berechnungsverfahren in Sonderfällen

In vielen Fällen können vereinfachte Berechnungsverfahren angewandt werden:

Schnittkraftermittlung

(L1) das Gebäude läßt sich in Höhenabschnitte so einteilen, daß die kontinuierliche Achsbelastung innerhalb eines Abschnitts konstant ist und etwa vorhandene Einzellasten (z. B. über die Deckenränder eingeleitete Windlasten) in den Abschnittsgrenzpunkten angreifen.

(L2) Die L a s t w i r k u n g s f l ä c h e n sind e b e n und parallel zur Gebäude-X-Achse.

Querschnittswerte- und Spannungsermittlung

(Q1) die Teilquerschnitte des Gebäudequerschnitts sind torsionsweich.

(Q2) der Gebäudequerschnitt und die Belastung sind doppelt symmetrisch.

(Q3) die Gebäudeaussteifung ist „statisch bestimmt" (d. h. die Deckenscheiben sind durch 3 gerade Wände oder durch eine gerade Wand und einen aus zwei geraden Wänden zusammengesetzten Querschnitt gefesselt).

(Q4) die Querschnittsverhältnisse bleiben über die Gebäudehöhe gleich. In den folgenden Abschnitten werden die vereinfachten Berechnungsverfahren für die wichtigsten Kombinationen der aufgezählten Sonderfälle behandelt.

9.1 Schnittkraftzustände bei Abschnittsgleichlast und Einzellasten

Bezeichnungen (s. auch Bilder 22 und 23)

$q_{Y,\lambda}$, $q_{Z,\lambda}$	Gleichlasten in Y- und Z-Richtung im Gebäudeabschnitt λ
$q_{\omega,\lambda}$	Torsionsgleichlast im Gebäudeabschnitt λ, bezogen auf D
$F_{Y,\lambda}$, $F_{Z,\lambda}$	Einzellasten in Y- und Z-Richtung im Abschnittsgrenzpunkt λ
$F_{\omega,\lambda}$	Torsionseinzellast im Abschnittsgrenzpunkt λ, bezogen auf D
$Y_{q,\lambda}$, $Z_{q,\lambda}$	Lage der Gleichlastwirkungsebenen im Basiskoordinatensystem
$Y_{F,\lambda}$, $Z_{F,\lambda}$	Lage der Einzellastwirkungslinien im Basiskoordinatensystem
V_Y, V_Z; M_Y, M_Z	Querkräfte und Biegemomente im Gesamtquerschnitt
V_ω, M_ω	Torsions- und Wölbbimoment im Gesamtquerschnitt, auf D bezogen
$^M M_Y$, $^M M_Z$, $^M M_\omega$	Auf den Schubmittelpunkt M bezogene Biegemomente und Wölbbimoment im Gesamtquerschnitt
$^S V_Y$, $^S V_Z$; $^S M_{Y,i}$, $^S M_Z$	Auf den Biegeruhepunkt (Schwerpunkt) bezogene Schnittkräfte des Teilquerschnitts i
N_i	Längskraft in der Biegeruheachse des Teilquerschnitts i
$^M \vec{M}$	Momententupel (Tafel 6)

Bei den Querlasten im Hochbau handelt es sich hauptsächlich um die über die Gebäudehöhe gestaffelte Gleichlast aus Wind, die entweder als auf die Bauwerksachse wirkende Linienlast oder als resultierende Einzellasten der Deckenrandlasten angesetzt wird (Bild 22).

I2

In diesem Fall berechnet man die Schnittkräfte vorteilhaft rekursiv. An jeder Laststufe und bei jedem Einzellastangriffspunkt wird ein Achsabschnittspunkt λ eingerichtet. Die Abschnittsgrenzpunkte werden von der Kragarmspitze beginnend mit $0, 1, 2 \ldots \ell$ durchnumeriert, die Abschnittsnumerierung beginnt bei 1 (s. Bild 22). Im allg. wird die Spur der Lastwirkungsflächen in Y- und Z-Richtung nicht mit der Gebäudeachse zusammenfallen, so daß sich auch Torsionsmomente einstellen. Bild 23 zeigt die Abschnittssituation.

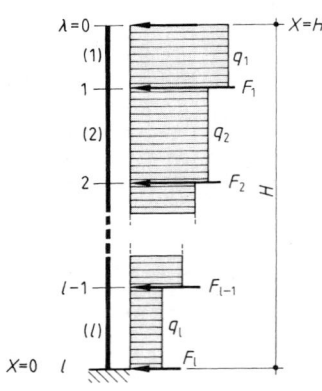

Bild 22 Kragarm mit Abschnittsgleichlasten und Einzellasten

Torsionslast

$$q_{\omega,\lambda} = Y_{q,\lambda} q_{Z,\lambda} - Z_{q,\lambda} q_{Y,\lambda}$$
$$F_{\omega,\lambda} = Y_{F,\lambda} F_{Z,\lambda} - Z_{F,\lambda} F_{Y,\lambda}$$

Schnittkräfte bei Punkt $\lambda = 0$ ($X = H$)

$$V_{Y,0} = F_{Y,0}; \quad V_{Z,0} = F_{Z,0}; \quad V_{\omega,0} = F_{\omega,0}$$
$$M_{Y,0} = M_{Z,0} = 0; \quad M_{\omega,0} = 0$$

In Bild 24 sind die am Abschnitt λ angreifenden Schnittkräfte dargestellt. Die Schnittkräfte im Schnitt λ ergeben sich mit den Abschnittslasten nach Bild 23:

$$V_{Y,\lambda} = V_{Y,\lambda-1} + q_{Y,\lambda} \Delta X_\lambda + F_{Y,\lambda}$$
$$V_{Z,\lambda} = V_{Z,\lambda-1} + q_{Z,\lambda} \Delta X_\lambda + F_{Z,\lambda}$$
$$M_{Y,\lambda} = M_{Y,\lambda-1} - V_{Z,\lambda-1} \Delta X_\lambda - q_{Z,\lambda} \Delta X_\lambda^2/2$$
$$M_{Z,\lambda} = M_{Z,\lambda-1} + V_{Y,\lambda-1} \Delta X_\lambda + q_{Y,\lambda} \Delta X_\lambda^2/2$$
$$V_{\omega,\lambda} = V_{\omega,\lambda-1} + q_{\omega,\lambda} \Delta X_\lambda + F_{\omega,\lambda}$$
$$M_{\omega,\lambda} = M_{\omega,\lambda-1} + V_{\omega,\lambda-1} \Delta X_\lambda + q_{\omega,\lambda} \Delta X_\lambda^2/2$$

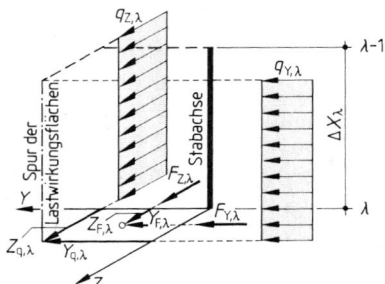

Bild 23 Stabschnitt λ mit außerhalb der Achse angreifenden Gleich und Einzellasten

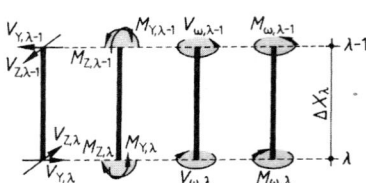

Bild 24 Schnittkräfte am Stababschnitt λ

Der Rekursionsprozeß endet mit der Ermittlung der Schnittkräfte bei $\lambda = \ell$. Im Falle (L2) und (Q4) gilt auch:

$$M_{\omega,\lambda} = M_{\omega,\lambda-1} + Y_q M_{Y,\lambda} + Z_q M_{Z,\lambda}$$

9.2 Gebäudequerschnitte mit torsionsweichen Teilquerschnitten

Bezeichnungen

A_i	Querschnittsfläche des Teilquerschnitts i
$^SA_{yy,i}$, $^SA_{yz,i}$, $^SA_{zz,i}$	Auf den Biegeruhepunkt S_i bezogene Flächenmomente 2. Grades des Teilquerschnitts i
Y_i, Z_i	Koordinaten des Schubmittelpunktes M_i des Teilquerschnitts i im Basiskoordinatensystem
Y_M, Z_M	Koordinaten des Gesamtschubmittelpunktes im Basiskoordinatensystem (D)
$^MY_i = Y_i - Y_M$ $^MZ_i = Z_i - Z_M$	Koordinaten des Teilquerschnitts-Schubmittelpunkts M, im M-Koordinatensystem
^{iS}y, ^{iS}z	Einheitsverschiebung eines Punktes des Teilquerschnitts i infolge Biegung, bezogen auf den Biegeruhepunkt (auf den „Teilquerschnitts-Schwerpunkt" S_i, bezogene Koordinaten des Punktes)
$^{iS}\omega = Y_i{}^{iS}z - Z_i{}^{iS}y$	Einheitsverwölbung eines Punktes des Teilquerschnitts i, bezogen auf M
$\vec{a}_k$, $(\vec{a}_k^T = (y_k z_k \omega_k))$	Einheitsverschiebungstupel eines Punktes k
A_{YY}, A_{ZZ}, $A_{\omega\omega}$	Flächenmomente des Gesamtquerschnitts, auf M bezogen
$^M\bar{A}$	Matrix der Flächenmomente 2. Grades, auf M bezogen (Abschn. 4.2.2)
σ	Längsspannung im Punkt y, z des Teilquerschnitts i

Bei Querschnittsbündeln mit wölbfreien Teilquerschnitten vereinfacht sich die Berechnung der Teilquerschnittswerte, weil deren Wölbflächenmoment verschwindet. Näherungsweise kann man dies auch bei Teilquerschnitten mit offensichtlich geringer Wölbsteifigkeit annehmen. Für solche Teilquerschnitte sind daher nur die auf den Biegeruhepunkt S_i bezogenen Querschnittswerte

$$A_i, \qquad ^SA_{yy,i} = I_{z,i}, \qquad ^SA_{yz,i} = I_{yz,i}, \qquad ^SA_{zz,i} = I_{y,i}$$

zu berechnen. Die globalen Koordinaten der Drillruhepunkte der Teilquerschnitte i sind Y_i, Z_i; das globale Koordinatensystem wird dabei nach zweckmäßig gewählten Kriterien frei festgelegt.

Ermittlung der auf D bezogenen Gesamtquerschnittswerte

$$A_{YY} = \sum_{(i)} {}^SA_{yy,i}$$

$$A_{YZ} = \sum_{(i)} {}^SA_{yz,i}$$

$$A_{ZZ} = \sum_{(i)} {}^SA_{zz,i}$$

$$^SA_{y\omega,i} = Y_i{}^SA_{yz,i} - Z_i{}^SA_{yy,i}; \qquad A_{Y\omega} = \sum_{(i)} {}^SA_{y\omega,i}$$

$$^SA_{z\omega,i} = Y_i{}^SA_{zz,i} - Z_i{}^SA_{yz,i}; \qquad A_{Z\omega} = \sum_{(i)} {}^SA_{z\omega,i}$$

$$A_{\omega\omega} = \sum_{(i)} (Y_i{}^SA_{z\omega,i} - Z_i{}^SA_{y\omega,i})$$

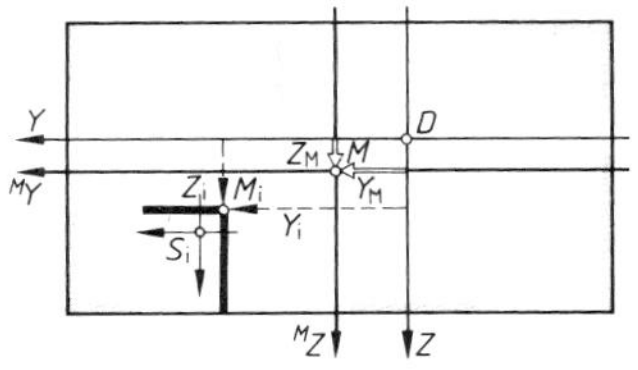

Bild 25 Querschnitt mit wölbfreien Teilquerschnitten

Zur Berechnung der auf M normierten Querschnittswerte und der Längsspannungen berechnet man ferner die Determinante

$$D = A_{YY}A_{ZZ} - A_{YZ}^2$$

12

Räumliche Aussteifung von Geschoßbauten

Ermittlung von Y_M und Z_M und des auf M bezogenen Wölbflächenmoments
(nach Tafel 4, S. 1020)

$$Y_M = \frac{A_{YY}A_{Z\omega} - A_{YZ}A_{Y\omega}}{D} \; ; \quad Z_M = \frac{A_{YZ}A_{Z\omega} - A_{ZZ}A_{Y\omega}}{D} \, ,$$

$$^M A_{\omega\omega} = A_{\omega\omega} - \frac{A_{YY}A_{Z\omega}^2 - 2A_{YZ}A_{Y\omega}A_{Z\omega} + A_{ZZ}A_{Y\omega}^2}{D} = A_{\omega\omega} - A_{Z\omega}Y_M + A_{Y\omega}Z_M$$

Ermittlung der Schnittkräfte und der Längsspannungen

Nach der Ermittlung der Querschnittswerte einschließlich der Lage des Schubmittelpunktes M berechnet man die Schnittkräfte nach Abschn. 9.1, wobei die Drillmomente $V_{\omega,j}$ und die Wölbbimomente $M_{\omega,j}$ zweckmäßigerweise sofort auf die Drillruheachse M bezogen werden. Die Längsspannungen berechnet man dann aus

$$\sigma = \frac{N_i}{A_i} + {}^{iS}\vec{a}^{TM}\ddot{A}^{-1}\,{}^M\vec{M}$$

$$= \frac{N_i}{A_i} + ({}^{iS}y \; {}^{iS}z \; {}^{iS}\omega)\begin{pmatrix} A_{ZZ}/D & -A_{YZ}/D & 0 \\ -A_{YZ}/D & A_{YY}/D & 0 \\ 0 & 0 & 1/{}^M A_{\omega\omega} \end{pmatrix}\begin{pmatrix} -{}^M M_Z \\ {}^M M_Z \\ -{}^M M_\omega \end{pmatrix}$$

oder

$$\sigma = \frac{N_i}{A_i} - \frac{A_{ZZ}M_Z + A_{YZ}M_Y}{D}{}^{iS}y + \frac{A_{YZ}M_Z + A_{YY}M_Y}{D}{}^{iS}z - \frac{{}^M M_\omega}{{}^M A_\omega}{}^{iM}\omega$$

oder mit ${}^{iS}\omega = {}^M Y_i \, {}^{iS}z - {}^M Z_i \, {}^{iS}y$ bei wölbfreien Teilquerschnitten

$$\sigma = \frac{N_i}{A_i} - \left[\frac{A_{ZZ}M_Z + A_{YZ}M_Y}{D} - \frac{{}^M M_\omega}{{}^M A_\omega}{}^M Z_i\right]{}^{iS}y + \left[\frac{A_{YZ}M_Z + A_{YY}M_Y}{D} - \frac{{}^M M_\omega}{{}^M A_\omega}{}^M Y_i\right]{}^{iS}z$$

wobei die Schnittkräfte des jeweiligen Schnittes j einzusetzen sind.
Sind die Voraussetzungen (L2) und (Q4) erfüllt, gilt:

$$\sigma = \frac{N_i}{A_i} - \left[\left(\frac{A_{ZZ}}{D} - \frac{Z_M}{{}^M A_\omega}{}^M Z_i\right)M_Z + \left(\frac{A_{YZ}}{D} - \frac{Y_M}{{}^M A_\omega}{}^M Z_i\right)M_Y\right]{}^{iS}y$$

$$+ \left[\left(\frac{A_{YZ}}{D} - \frac{Z_M}{{}^M A_\omega}{}^M Y_i\right)M_Z + \left(\frac{A_{YY}}{D} - \frac{Y_M}{{}^M A_\omega}{}^M Y_i\right)M_Y\right]{}^{iS}z$$

Beispiel „Querschnitte aus torsionsweichen Teilquerschnitten"
Schnittkräfte aus Lastfall 1
$M_Y = \pm 4500$ kNm
$M_Z = 0$
$M_\omega = 0$
Schnittkräfte aus Lastfall 2
$M_Y = 0$
$M_Z = \pm 3000$ kNm
$M_\omega = 0$
Querschnittswerte
Teilquerschnitte 1 bis 5
${}^S A_{YY,1...5} = {}^S A_{YZ,1...5} = 0$
${}^S A_{ZZ,1...5} = 0,18 \cdot 5,0^2/12 = \mathbf{1,875} \ \text{m}^4$

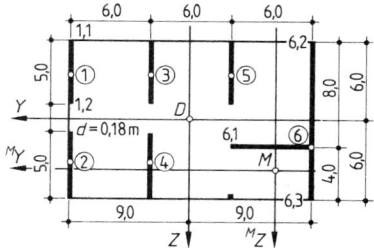

Bild 26 Querschnitt zu Beispiel für torsionsweiche Teilquerschnitte

894

Beispiel Teilquerschnitt 6
Forts.

$A_6 = 0,18 \cdot 6,0 + 0,18 \cdot 4,0 + 0,18 \cdot 8,0 = 1,080 + 0,720 + 1,440 = \mathbf{3,240}$ m^2

a) bezogen auf M_6

$A_{y,6} = (6,0/2) \cdot 1,080 =$ **3,240** m^3

$A_{z,6} = (4,0 - 12,0/2) \cdot 2,160 =$ **−4,320** m^3

$A_{yy,6} = 6,0^2/3 \cdot 1,080 =$ **12,960** m^4

$A_{yz,6} =$ **0** m^4

$A_{zz,6} = 4,0^2/3 \cdot 0,720 + 8,0^2/3 \cdot 1,440 = \mathbf{34,560}$ m^4

b) bezogen auf S_6

$y_{S,6} = 3,240/3,240 =$ **1,000** m

$z_{S,6} = -4,320/3,240 =$ **−1,333** m

$^SA_{yy,6} = 12,960 - 3,240^2/3,240 =$ **9,720** m^2

$^SA_{yz,6} = 0 - 3,240 \cdot (-4,320)/3,240 =$ **4,320** m^2

$^SA_{zz,6} = 34,450 - (-4,320)^2/3,240 =$ **28,800** m^2

Gesamtquerschnittswerte

i	$^SA_{yy,i}$	$^SA_{yz,i}$	$^SA_{zz,i}$	Y_i	Z_i	$A_{Y\omega,i}$	$A_{Z\omega,i}$	$A_{\omega\omega,i}$
		Rechenergebnisse von oben		Schubmittel-punktslagen im D-Koordina-tensystem		$Y_i \, ^SA_{yz,i} - Z_i \, ^SA_{yy,i}$	$Y_i \, ^SA_{zz,i} - Z_i \, ^SA_{yz,i}$	
1	0	0	1,875	9,0	−3,5	0	16,875	151,875
2	0	0	1,875	9,0	3,5	0	16,875	151,875
3	0	0	1,875	3,0	−3,5	0	5,625	16,875
4	0	0	1,875	3,0	3,5	0	5,625	16,875
5	0	0	1,875	−3,0	−3,5	0	− 5,625	16,875
6	9,720	4,320	28,800	−9,0	2,0	−58,320	−267,840	2527,200
$\sum$	**9,720**	**4,320**	**38,175**			**−58,320**	**−228,465**	**2881,575**
	A_{YY}	A_{YZ}	A_{ZZ}			$A_{Y\omega}$	$A_{Z\omega}$	$A_{\omega\omega}$

$D = 9,720 \cdot 38,175 - 4,320^2 =$ **352,399** m^8

$Y_M = \dfrac{9,720 \cdot (-228,465) - 4,320 \cdot (-58,320)}{352,399} =$ **−5,587** m

$Z_M = \dfrac{4,320 \cdot (-228,465) - 38,175 \cdot (-58,320)}{352,399} =$ **3,517** m

$^MA_{\omega\omega} = 2881,575 - (-228,465) \cdot (-5,587) + (-58,320) \cdot 3,517 =$ **1400,101** m^6

Spannungen:

$\sigma = \left[-\left(\dfrac{4,320}{352,4} - \dfrac{(-5,587)}{1400,1} \cdot {}^MZ_i \right) \cdot {}^{iS}y + \left(\dfrac{9,720}{352,4} - \dfrac{(-5,587)}{1400,1} \cdot {}^MY_i \right) \cdot {}^{iS}z \right] \cdot (\pm 4500)$ (Lastfall 1)

$\quad + \left[-\left(\dfrac{38,175}{352,4} - \dfrac{3,517}{1400,1} \cdot {}^MZ_i \right) \cdot {}^{iS}y + \left(\dfrac{4,320}{352,4} - \dfrac{3,517}{1400,1} \cdot {}^MY_i \right) \cdot {}^{iS}z \right] \cdot (\pm 3000)$ (Lastfall 2)

$= \pm [-(55,165 + 17,956 \cdot {}^MZ_i) \cdot {}^{iS}y + (124,121 + 17,956 \cdot {}^MY_i) \cdot {}^{iS}z]$ (Lastfall 1)

$\quad \pm [-(324,987 - 7,536 \cdot {}^MZ_i) \cdot {}^{iS}y + (36,777 - 7,536 \cdot {}^MY_i) \cdot {}^{iS}z]$ (Lastfall 2)

Teilquerschnitt 1, ${}^MY_1 = 9,00 - (-5,587) =$ 14,587 m

$\qquad\qquad\qquad {}^MZ_1 = -3,50 - 3,517 =$ 7,017 m

$\qquad\qquad\qquad {}^{1S}y_{1/2} = 0; \quad {}^{1S}z_{1/2} = \mp 2,50$ m

12

Beispiel Forts.

Lastfall 1:

$${}^1\sigma_{k(1)} = \pm[-(55{,}165 + 17{,}956 \cdot (-7{,}017)) \cdot {}^{iS}y + (124{,}121 + 17{,}956 \cdot 14{,}587) \cdot {}^{iS}z]$$

$$= \pm[-70{,}83 \cdot {}^{iS}y + 386{,}04 \cdot {}^{iS}z]$$

$${}^1\sigma_{1(1)} = \pm[-70{,}83 \cdot 0 + 386{,}04 \cdot (-2{,}50)] = \mp965 \text{ kN/m}^2$$

$${}^1\sigma_{2(1)} = \pm[-70{,}83 \cdot 0 + 386{,}04 \cdot 2{,}50] = \pm965 \text{ kN/m}^2$$

Lastfall 2:

$${}^1\sigma_{k(2)} = \pm[-(324{,}987 - 7{,}536 \cdot (-7{,}017)) \cdot {}^{iS}y + (36{,}777 - 7{,}536 \cdot 14{,}587) \cdot {}^{iS}z]$$

$$= \pm[-377{,}87 \cdot {}^{iS}y - 73{,}15 \cdot {}^{iS}z]$$

$${}^1\sigma_{1(2)} = \pm[-377{,}87 \cdot 0 - 73{,}15 \cdot (-2{,}50)] = \pm183 \text{ kN/m}^2$$

$${}^1\sigma_{2(2)} = \pm[-377{,}87 \cdot 0 - 73{,}15 \cdot 2{,}50] = \mp183 \text{ kN/m}^2$$

Teilquerschnitt 6:

$${}^M Y_6 = -9{,}000 - (-5{,}587) = -3{,}413 \text{ m}$$

$${}^M Z_1 = 2{,}000 - 3{,}517 = -1{,}517 \text{ m}$$

$${}^{6S}y_1 = 6{,}000 - 1{,}000 = 5{,}000 \text{ m}; \quad {}^{6S}z_1 = 0{,}000 + 1{,}333 = 1{,}333 \text{ m}$$

$${}^{6S}y_2 = 0{,}000 - 1{,}000 = -1{,}000 \text{ m}; \quad {}^{6S}z_2 = -8{,}000 + 1{,}333 = -6{,}667 \text{ m}$$

$${}^{6S}y_3 = 0{,}000 - 1{,}000 = -1{,}000 \text{ m}; \quad {}^{6S}z_3 = 4{,}000 + 1{,}333 = 5{,}333 \text{ m}$$

Lastfall 1:

$${}^6\sigma_{k(1)} = \pm[-(55{,}165 + 17{,}956 \cdot (-1{,}517)) \cdot {}^{iS}y + (124{,}121 + 17{,}956 \cdot (-3{,}413)) \cdot {}^{iS}z]$$

$$= \pm[-27{,}93 \cdot {}^{iS}y + 62{,}83 \cdot {}^{iS}z]$$

$${}^6\sigma_{1(1)} = \pm[-27{,}93 \cdot 5{,}000 + 62{,}83 \cdot 1{,}333] = \mp56 \text{ kN/m}^2$$

$${}^6\sigma_{2(1)} = \pm[-27{,}93 \cdot (-1{,}000) + 62{,}83 \cdot (-6{,}667)] = \pm391 \text{ kN/m}^2$$

$${}^6\sigma_{3(1)} = \pm[-27{,}93 \cdot (-1{,}000) + 62{,}83 \cdot 5{,}333] = \pm363 \text{ kN/m}^2$$

Lastfall 2:

$${}^6\sigma_{k(2)} = \pm[-(324{,}987 - 7{,}536 \cdot (-1{,}517)) \cdot {}^{iS}y + (36{,}777 - 7{,}536 \cdot (-3{,}413)) \cdot {}^{iS}z]$$

$$= \pm[-336{,}42 \cdot {}^{iS}y + 62{,}50 \cdot {}^{iS}z]$$

$${}^6\sigma_{1(2)} = \pm[-336{,}42 \cdot 5{,}000 + 62{,}50 \cdot 1{,}333] = \mp1599 \text{ kN/m}^2$$

$${}^6\sigma_{2(2)} = \pm[-336{,}42 \cdot (-1{,}000) + 62{,}50 \cdot (-6{,}667)] = \mp80 \text{ kN/m}^2$$

$${}^6\sigma_{3(2)} = \pm[-336{,}42 \cdot (-1{,}000) + 62{,}50 \cdot 5{,}333] = \pm670 \text{ kN/m}^2$$

9.3 Doppeltsymmetrische Querschnitte und Belastungen

Bezeichnungen (s. Abschn. 9.2)

Sind die Querschnittsstruktur und die Belastung bezüglich zweier orthogonaler Achsen — vorzugsweise Y und Z — symmetrisch, dann kann keine Torsionsbeanspruchung auftreten.

Querschnittswerte

Nach der Berechnung der Querschnittswerte der Teilquerschnitte

$$A_i, \quad {}^S A_{yy,i} = I_{z,i}, \quad {}^S A_{zz,i} = I_{y,i}$$

berechnet man die Gesamtquerschnittswerte

$$A_{YY} = \sum_{(i)} {}^S A_{YY,i} \quad \text{und} \quad A_{ZZ} = \sum_{(i)} {}^S A_{ZZ,i}$$

Anteilige Schnittkräfte in den Teilquerschnitten

Auf den Teilquerschnitt i entfallen folgende Anteile der Gesamtschnittkräfte

$${}^S V_{Y,i} = \frac{{}^S A_{YY,i}}{A_{YY}} V_Y; \quad {}^S V_{Z,i} = \frac{{}^S A_{ZZ,i}}{A_{ZZ}} V_Z; \quad {}^S M_{Z,i} = \frac{{}^S A_{YY,i}}{A_{YY}} M_Z; \quad {}^S M_{Y,i} = \frac{{}^S A_{ZZ,i}}{A_{ZZ}} M_Y$$

$$V_{Y,i} = \frac{I_{z,i}}{I_Z} V_Y; \quad V_{Z,i} = \frac{I_{y,i}}{I_Y} V_Z; \quad M_{Z,i} = \frac{I_{z,i}}{I_Z} M_Z; \quad M_{Y,i} = \frac{I_{y,i}}{I_Y} M_Y.$$

Längsspannungen

Die Längsspannungen können mit den anteiligen Biegemomenten und den entsprechenden Querschnittswerten der Teilquerschnitte berechnet werden; sie lassen sich aber auch ohne den Umweg über die Teilquerschnitts-Schnittkräfte berechnen:

$$\sigma = \frac{N_i}{A_i} - \frac{M_Z}{A_{YY}}{}^{is}y + \frac{M_Y}{A_{ZZ}}{}^{is}z \quad \text{bzw.} \quad \sigma = \frac{N_i}{A_i} - \frac{M_Z}{I_Z}{}^iy + \frac{M_Y}{I_Y}{}^iz.$$

10 Problem bei nicht vernachlässogbarer St. Venantscher Torsion

Überschreitet der Eigenwert $\varkappa$ (s. Abschn. 2.3) den Wert 0,5, wird der Einfluß der St. Venantschen (reinen) Torsion bedeutender, bei $\varkappa > 10$ ist er dominierend. Im letzteren Fall spielt zwar die Wölbkrafttorsion keine erhebliche Rolle, d. h. es gibt keinen nennenswerten Längsspannungsbeitrag aus Torsion, zur Berechnung der torsionsbedingten Schubspannungen müssen aber die Querschnittswerte ermittelt werden, weil die Kenntnis der Lage der Drillruheachse (Schubmittelpunktsachse) zur Berechnung des Torsionsmomentes erforderlich ist. Die Querschnittswerte werden aber auch zur Ermittlung des Eigenwertes $\varkappa$ selbst benötigt.

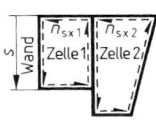 

Querschnitt   Ansicht einer Wand

Bild 27
Zellengruppe und umlaufender Schubfluß

Die St. Venantsche Torsion erlangt im allgemeinen dann Bedeutung, wenn der Grundriß zellenartige Querschnittsformen (Hohlquerschnitte, geschlossene Querschnitte) enthält; sie wächst mit zunehmender umschlossener Fläche dieser Querschnitte. Die St. Venantsche Torsion überwiegt vor allem dann, wenn eine einzige Zelle oder eine zusammenhängende Zellengruppe in einem kernartigen Grundrißbereich (z. B. Fahrstuhlschächte) vorhanden ist und andere davon entfernte Aussteifungselemente (Wände) fehlen.

In Zellwänden treten neben den Schubspannungen infolge Biegung und Wölbkrafttorsion auch „umlaufende Schubflüsse" n_{xs} auf.

10.1 Einheitsverwölbungen

Zellenartige Querschnitte können sich nicht frei verwölben. Durch geeignete Wandschnitte entstehen offene Querschnitte, deren Verwölbung nach Abschn. 3.2 berechnet wird. An der Schnittstelle der Zelle k ergibt sich dabei ein Verwölbungssprung, der durch parallelogrammartige Schubverzerrung der Zellenwandscheiben wieder aufgehoben wird,

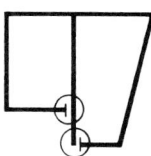

Bild 28 Zellenöffnung zur Berechnung der Einheitsverwölbung

Die Einheitsverwölbung am Ende des Zellen-Wandabschnitts j ist

$$\omega_{j,e} = \omega_{j,a} + y_{j,a}z_{j,e} - z_{j,a}y_{j,e} - y_j^* s_j$$

mit
$\omega_{j,e}$	Einheitsverwölbung im Endpunkt des Wandabschnitts j,
$\omega_{j,a}$	Einheitsverwölbung im Anfangspunkt des Wandabschnitts j,
$y_{j,a}, z_{j,a}$	Koordinaten des Anfangspunkts des Wandabschnitts j,
$y_{j,e}, z_{j,e}$	Koordinaten des Endpunkts des Wandabschnitts j,
y_j^*	Einheitsschubverzerrung des Wandabschnitts j.

897

10.1.1 Einheitsverzerrung und Schubfluß einzelliger Querschnitte

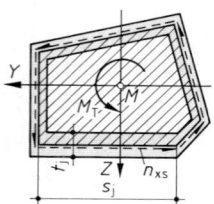

Bild 29   Einzelliger Querschnitt

Torsionsflächenmoment

$$I_T = \frac{4A_m^2}{\sum\limits_{(j)} (s_j/t_j')} \left[+\tfrac{1}{3}\sum\limits_{(j)} (s_j \, t_j'^3) \right]$$

[ ] enthalten den Beitrag des „offenen Quer-schnitts"; er ist im allg. vernachlässigbar klein.

Einheitsschubverzerrung des Wandabschnitts j

$$\gamma_j^* = \frac{I_T}{2A_m} \cdot \frac{1}{t_j'}$$

Schubfluß

$$n_{xs} = \frac{M_T}{2A_m}$$

Schubspannung

$$\tau_{xs,j} = \frac{n_{xs}}{t_j}$$

$\sum\limits_{(j)}$ Summe über alle Wandabschnitte der Zelle,

A_m Fläche zwischen den Zellenwand-Mittellinien,

s_j Länge des Wandabschnitts j,

t_j Dicke des Wandabschnitts j,

t_j' Ideelle Dicke des Wandabschnitts j (Abschn. 10.1.3),

$M_T = {}^M M_T$, auf den Schubmittelpunkt bezogenes Torsionsmoment.

10.1.2 Einheitsverzerrung und Schubfluß mehrzelliger Querschnitte

Bei einer Gruppe zusammenhängender Zellen umläuft jede Teilzelle k ein eigener Schubfluß n_k. In benachbarten Teilzellen gemeinsamen Trennwänden überlagern sich die Schubflüsse der beteiligten Zellen (je nach Aufteilung des Zellensystems können es zwei und mehr sein):

$$n_{xs,j} = \sum\limits_{(k)} \pm n_{k,j} ,$$

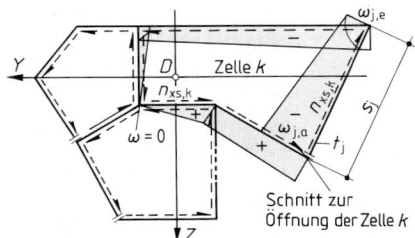

Bild 30   Mehrzelliger Querschnitt

wobei das Vorzeichen davon abhängt, ob die Schubflußorientierung mit der der betrachteten Zelle übereinstimmt $(+)$ oder nicht $(-)$.

Anders als beim einzelligen Querschnitt beeinflussen wegen der gemeinsamen Wände mehrere Zellenschubflüsse das Gesamtmaß des Schubverzerrungssprunges an der Zellenauftrennung. Die Schubflußwerte folgen deshalb aus der Lösung des Gleichungssystems

$$\begin{pmatrix} g_{11} \cdots g_{1l} \cdots g_{1n_z} \\ \cdots \\ g_{k1} \cdots g_{kl} \cdots g_{kn_z} \\ \cdots \\ g_{n_z1} \cdots g_{n_zl} \cdots g_{n_zn_z} \end{pmatrix} \cdot \begin{pmatrix} \Gamma_1 \\ \cdots \\ \Gamma_k \\ \cdots \\ \Gamma_{n_z} \end{pmatrix} = - \begin{pmatrix} \Delta\omega_1 \\ \cdots \\ \Delta\omega_k \\ \cdots \\ \Delta\omega_{n_z} \end{pmatrix} = -2 \begin{pmatrix} A_{m1} \\ \cdots \\ A_{mk} \\ \cdots \\ A_{mn_z} \end{pmatrix}$$

Torsionsflächenmoment	Zellen-Schubfluß	Wand-Schubfluß
$$I_T = 2\sum_{(k)} A_{mk}\,\Gamma_k$$	$$n_k = \frac{M_T}{I_T}\,\Gamma_k$$	$$n_{xs,j} = \sum_{(k)} \pm n_{k,j},$$

n_z Anzahl der Zellen in der Gruppe,

$g_{kl} = \sum_{(j=k \wedge l)} (\pm)\,s_j/t_j$ Elastizitätsbeiwerte zur Berechnung des bezogenen Schubflusses Γ_k

     $j = k \wedge l$ als Laufbereich der Summe bedeutet, daß alle Wandabschnitte einzubeziehen sind, in denen sowohl n_k als auch n_l auftreten. Das Vorzeichen ist im Falle $k = l$ stets $+$, im Fall $k \neq l$ richtet es sich danach, ob die Schubflüsse n_k und n_l dieselbe ($+$) oder entgegengesetzte Orientierung ($-$) haben.

$\Gamma_k = n_k^*/G$ auf den Schubmodul bezogener Einheitsschubfluß. Der Schubmodul G wird als konstant im gesamten Gebäudequerschnitt vorausgesetzt.

$\Delta\omega_k$ Einheitsverwölbungssprung an der Schnittstelle der Zelle k,

A_{mk} Fläche zwischen den Wandmittellinien der Zelle k,

n_k^* Einheitsschubfluß in Zelle k,

$n_{xs,j}$ Schubfluß in Wandabschnitt j,

10.1.3 Ideelle Wanddicke

Bei der Berechnung der Einheitsverwölbungen nach Abschn. 3.2 wurden die Wandscheiben als s c h u b s t a r r angesehen. Gebäudegrundrisse, die geschlossene Teilquerschnitte enthalten, wären unter dieser Voraussetzung w ö l b f r e i ! Bei großen Torsionseigenwerten $\varkappa > 10$ ist diese Annahme weitgehend gerechtfertigt. Der Längsspannungsbeitrag der Torsion wird unter diesen Umständen völlig unterdrückt.

In der Regel ist die Schubelastizität der Wandscheiben zu beachten. Bei nicht durchbrochenen Wänden gilt für die Schubverzerrung $\gamma = n_{xs}/(G\,t)$ mit dem Schubmodul G und der Wanddicke t. Bei durchbrochenen Wänden (Bild 31 a) ist die geringere Schubsteifigkeit im Bereich der Öffnungskette zu berücksichtigen. Man kann die Steifigkeit der Stürze oft näherungsweise durch eine über die Höhe gleichmäßig gespannte Membran aus demselben Material mit (geringerer) ideeller Wanddicke t' darstellen (Bild 31 b).

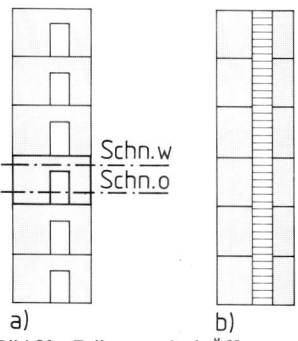

a)   b)

Bild 31   Zellenwand mit Öffnungskette

Für die Querschnittswerte zur Normalspannungsermittlung ist selbstverständlich der Schnitt durch die Öffnungen (Schn o, $t = 0$) maßgebend.

Grundsätzlich sind die ideellen Wanddicken unter Einbeziehung der gesamten Öffnungsumgebung so zu bemessen, daß der idealisierte Verzerrungszustand mit dem realen möglichst genau übereinstimmt.

Bei gedrungenen Restwandflächen im Riegelabschnitt (j) und seitlich davon ($j-1$), ($j+1$) kann man sich auf den Schubverformungsanteil beschränken und die Schubkraft gleichmäßig über die Abschnittsflächen annehmen (das entspricht unendlich steifen Gurten längs der Öffnungsränder). In diesem Fall ergibt sich:

$$t'_j = t_{j\omega}\cdot h_j/h_g$$

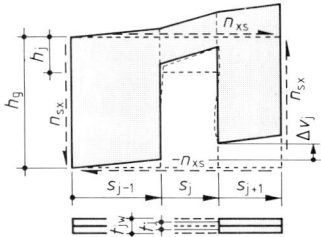

Bild 32   Wandstück mit Öffnung

10.2 Querschnittswerte

Für die Berechnung der Querschnittswerte zur Normalspannungsermittlung und den auf Längsfaserdehnung beruhenden Formänderungen gilt Abschn. 4. Dabei sind die Einheitsverwölbungen nach Abschn. 10.1 zu verwenden.

10.3 Schnittkraftgrößen

Die Berechnung der Schnittkraftgrößen V_Y, V_Z, M_T, M_Y und M_Z erfolgt nach Abschn. 5 bzw. 9.1. Das Torsionsmoment M_T ersetzt die früher verwendete Größe V_ω, die nicht mehr mit dem Gesamttorsionsmoment gleichgesetzt werden darf, wenn St. Venantsche Torsion und Wölbkrafttorsion gleichzeitig auftreten.

Die Funktionen der Torsions-Schnittkraftgrößen:

M_{Tr} St. Venantsches Torsionsmoment (Anteil der „reinen" Torsion),

V_ω Wölbtorsionsmoment (Anteil der Wölbkrafttorsion),

M_ω Wölbbimoment.

müssen durch Lösen der Torsions-Differentialgleichung (Abschn. 2.3) gewonnen werden. Bei über die Höhe wechselnden Querschnitten ist dies ein aufwendigerer Prozeß. Für gleichbleibenden Querschnitt aus einheitlichem Material (E, G) und abschnittweise linearem Verlauf des Gesamttorsionsmoments M_T wird in diesem Abschnitt der Lösungsweg angegeben.

Die Bilder 33 und 34 zeigen den charakteristischen Verlauf von Wölbtorsionsmoment und Wölbbimoment in Abhängigkeit von $\varkappa$ für den Fall einer ausmittigen Gleichlast über die Gebäudehöhe.

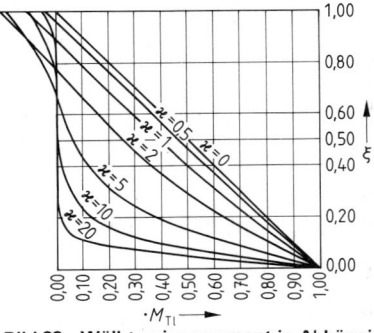

Bild 33 Wölbtorsionsmoment in Abhängigkeit von $\varkappa$

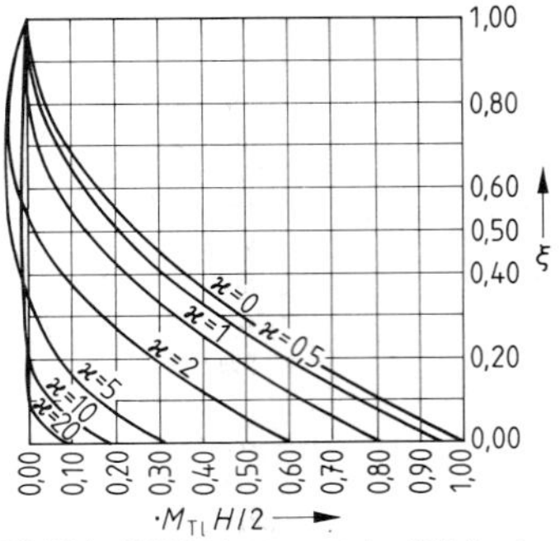

Bild 34 Wölbbimoment in Abhängigkeit von $\varkappa$

Bei unstetigem, abschnittweise linearem Torsionsmomentenverlauf wird der Stab von oben beginnend in Höhenabschnitte $\lambda = (1) \dots (l)$ eingeteilt, in denen das Torsionsmoment jeweils geradlinig verläuft (das entspricht gegebenenfalls mehreren Abschnitten mit konstanter Belastung unterschiedlicher Größe). Im Abschnitt λ gilt:

Wölbtorsionsmoment $\quad {}^\lambda V_\omega = -\dfrac{T}{2\varkappa H}(C_{2\lambda}e^{\varkappa\xi} - C_{3\lambda}e^{\varkappa(1-\xi)})$

Reines Torsionsmoment $\quad {}^\lambda M_{Tr} = {}^\lambda M_T - {}^\lambda V_\omega$

Wölbbimoment $\quad {}^\lambda M_\omega = \dfrac{T}{2\varkappa^2}(C_{2\lambda}e^{\varkappa\xi} + C_{3\lambda}e^{(1-\xi)} + 2\mu_{2\lambda})$

Verdrehung $\quad \vartheta = \dfrac{1}{2\varkappa^2}[C_{1\lambda} + C_{2\lambda}(e^{\varkappa\xi}-1) + C_{3\lambda}(e^{\varkappa(1-\xi)}-1)] + \mu_{1\lambda}\xi + \tfrac{1}{2}\mu_{2\lambda}\xi^2$

Darin bedeuten:

$$C_{1\lambda} = C'_{1\lambda} + (e^{-\varkappa}-1)\mu_{\text{ol}}; \quad C_{2\lambda} = C'_{2\lambda} + e^{-\varkappa}\mu_{\text{ol}}; \quad C_{3\lambda} = C'_{3\lambda} + \mu_{\text{ol}}$$

mit dem Parameter

$$\mu_{\text{ol}} = \frac{H^2 M_{\text{ol}}}{W}; \quad M_{\text{ol}} \text{ ist das Wölbbimoment an der Einspannstelle (bei } \xi = 0).$$

μ_{ol} wird gemäß Tafel 11 bestimmt.

Tafel 11 enthält das Berechnungsschema für den Wölbeinspannungs-Parameter μ_{ol} für den Fall eines gleichbleibenden Gebäudequerschnitts. Bei veränderlichem Querschnitt ist das Verfahren etwas aufwendiger.

Tafel 11 Berechnung des Wölbeinspannungsparameters μ_{ol} bei gleichbleibendem Gebäudequerschnitt

Die Übertragungsrechnung beginnt im Punkt l an der Einspannstelle $\xi = \xi_l = 0$.

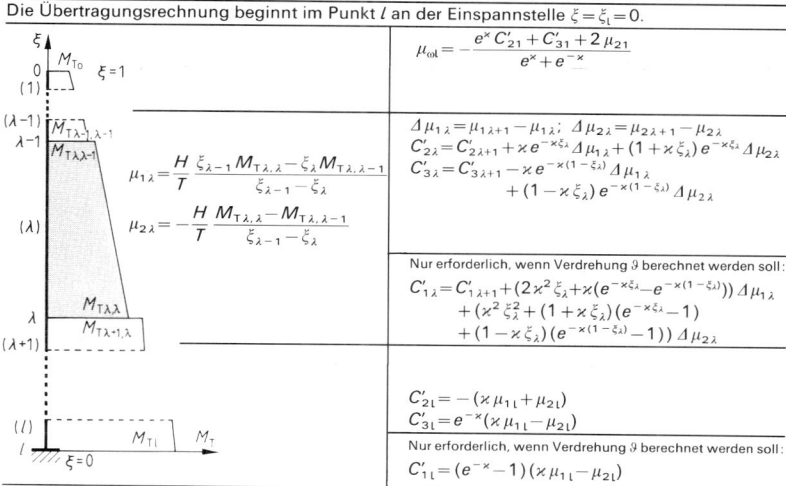

$$\mu_{\text{ol}} = -\frac{e^{\varkappa} C'_{21} + C'_{31} + 2\mu_{21}}{e^{\varkappa} + e^{-\varkappa}}$$

$$\mu_{1\lambda} = \frac{H}{T} \frac{\xi_{\lambda-1} M_{T,\lambda,\lambda} - \xi_{\lambda} M_{T\lambda,\lambda-1}}{\xi_{\lambda-1} - \xi_{\lambda}}$$

$$\mu_{2\lambda} = -\frac{H}{T} \frac{M_{T\lambda,\lambda} - M_{T\lambda,\lambda-1}}{\xi_{\lambda-1} - \xi_{\lambda}}$$

$$\Delta\mu_{1\lambda} = \mu_{1\lambda+1} - \mu_{1\lambda}; \quad \Delta\mu_{2\lambda} = \mu_{2\lambda+1} - \mu_{2\lambda}$$
$$C'_{2\lambda} = C'_{2\lambda+1} + \varkappa e^{-\varkappa\xi_\lambda} \Delta\mu_{1\lambda} + (1+\varkappa\xi_\lambda) e^{-\varkappa(1-\xi_\lambda)} \Delta\mu_{2\lambda}$$
$$C'_{3\lambda} = C'_{3\lambda+1} - \varkappa e^{-\varkappa(1-\xi_\lambda)} \Delta\mu_{1\lambda}$$
$$\qquad + (1-\varkappa\xi_\lambda) e^{-\varkappa(1-\xi_\lambda)} \Delta\mu_{2\lambda}$$

Nur erforderlich, wenn Verdrehung ϑ berechnet werden soll:
$$C'_{1\lambda} = C'_{1\lambda+1} + (2\varkappa^2\xi_\lambda + \varkappa(e^{-\varkappa\xi_\lambda} - e^{-\varkappa(1-\xi_\lambda)})) \Delta\mu_{1\lambda}$$
$$\qquad + (\varkappa^2\xi_\lambda^2 + (1+\varkappa\xi_\lambda)(e^{-\varkappa\xi_\lambda}-1)$$
$$\qquad + (1-\varkappa\xi_\lambda)(e^{-\varkappa(1-\xi_\lambda)}-1)) \Delta\mu_{2\lambda}$$

$$C'_{2l} = -(\varkappa\mu_{1l} + \mu_{2l})$$
$$C'_{3l} = e^{-\varkappa}(\varkappa\mu_{1l} - \mu_{2l})$$

Nur erforderlich, wenn Verdrehung ϑ berechnet werden soll:
$$C'_{1l} = (e^{-\varkappa}-1)(\varkappa\mu_{1l} - \mu_{2l})$$

10.4 Beispiel zur Berechnung der Torsions-Querschnittswerte und -Schnittgrößen

Bild 35 zeigt den Grundriß des in Y-Richtung windbelasteten Gebäudes. Die Lastfunktion über die Gebäudehöhe ist in Bild 37 (linkes Teilbild) dargestellt.

Zunächst sind die Querschnittswerte zu ermitteln, wobei zu beachten ist, daß die Einheitsverwölbungen im geschlossenen Teilquerschnitt 1 nach den Regeln für geschlossene Querschnitte zu bestimmen sind.

Die einzelnen Berechnungsschritte sind demnach:

— Ermittlung der Einheitsverwölbungen,
— Berechnung der Querschnittswerte,
— Berechnung der Schnittkraftgrößen.

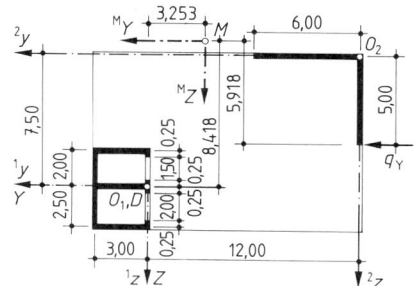

Trennwand im Fahrstuhlschacht: $d = 15$ cm, andere Wände: $d = 20$ cm
Sturzhöhe/Geschoßhöhe: 1,00/3,00 (m)
Gebäudehöhe: 20,0 m

Bild 35 Gebäudegrundriß

10.4.1 Einheitsverwölbungen

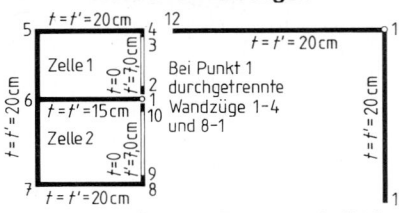

Teilquerschnitt 1   Teilquerschnitt 2

Bild 36 Punktbezeichnungen für Querschnittswerte-Berechnung

Lediglich für den zweizelligen Teilquerschnitt 1 ändert sich der Berechnungs-
gang gegenüber dem Vorgehen nach
Abschn. 3.2. Für diesen Teilquerschnitt
wird die Berechnung in Tafel 12 durchgeführt; im übrigen wird auf das Beispiel in Abschn. 8 verwiesen.

Tafel 12   Einheitsverwölbungen des Teilquerschnitts 1

1	2	3	4	5	6,1	6,2	7,1	7,2	8	9	10
Pkt. Nr. j	y	z	s	t'	$\Delta\omega_0$		s/t'		ω_0	$\sum s/t'$	ω
					Zelle 1	Zelle 2	Zelle 1	v Zelle 2			
1,0	0,00	0,00	0,25	0,20	0,00		1,250		0,000	0,000	0,000
2	0,00	−0,25	1,50	0,07	0,00		21,429		0,000	−0,310	−0,310
3	0,00	−1,75	0,25	0,20	0,00		1,250		0,000	−5,619	−5,619
4	0,00	−2,00	3,00	0,20	6,00		15,000		0,000	−5,929	−5,929
5	3,00	−2,00	2,00	0,20	6,00		10,000		6,000	−9,646	−3,646
6	3,00	0,00	3,00	0,15	0,00		20,000 (−)	20,000	12,000	−12,124	−0,124
1,1	0,00	0,00							12,000	−12,000	(0,000)
(6)	Daten s. 6−1,1										
7	3,00	2,50	2,50	0,20		7,50		12,500	19,500	−15,299	4,201
8	0,00	2,50	3,00	0,20		7,50		15,000	27,000	−19,108	7,892
9	0,00	2,25	0,25	0,20		0,00		1,250	27,000	−19,426	7,574
10	0,00	0,25	2,00	0,07		0,00		28,571	27,000	−26,683	0,317
1,2	0,00	0,00	0,25	0,20		0,00		1,250	27,000	−27,000	(0,000)
$\sum$					12,00	15,00	68,929	78,571			

Der Teilquerschnitt 1 besitzt 2 Zellen. Zelle 1 wird aus dem Wandzug 1,0−2−3−
4−5−6−1,1 (oberer Tabellenteil) gebildet und Zelle 2 aus dem Wandzug 1,1−6−
7−8−9−10−1,2 (unterer Tabellenteil). Durch das Auftrennen der geschlossenen
Wandzüge am Punkt 1 zur Bildung des „statisch bestimmten Hauptsystems" entstehen dort zunächst 3 Wandenden: 1,0, 1,1, 1,2. Die Verwölbung des nun offenen
Querschnitts erzeugt dort Verwölbungsklaffungen von 12,000 m² zwischen 1,0
und 1,1 der Zelle 1 und 15 000 m² zwischen 1,1 und 1,2 der Zelle 2. Diese Klaffun-
gen werden durch die entgegengesetzten Schubverzerrungen der Zellenwandflä-
chen wieder aufgehoben. Die dafür erforderlichen bezogenen Einheitsschubflüsse
Γ_1 und Γ_2 werden als Lösung des Gleichungssystems:

$$68{,}929\,\Gamma_1 - 20{,}000\,\Gamma_2 = -12{,}000 \qquad -20{,}000\,\Gamma_1 + 78{,}571\,\Gamma_2 = -15{,}000$$

Die Koeffizienten $g_{11} \cdot g_{22}$ und „Belastungsglieder" erhält man aus den Spaltensum-
men 7,1 und 7,2 bzw. 6,1 und 6.2. Der Koeffizient g_{12} ergibt sich als $\sum s/t'$ über die
gemeinsamen Zellenwände, im vorliegenden Fall ist dies der Wandabschnitt 1,1−6.
Das Vorzeichen ist negativ, weil Γ_1 und Γ_2 entgegengesetzt gerichtet sind.

Die Lösung für die Einheitsschubflüsse lautet

$$\Gamma_1 = -0{,}2478 \text{ m}^2 \quad \text{und} \quad \Gamma_2 = -0{,}2540 \text{ m}^2.$$

Die Einheitsschubverzerrungen können nun als Summenlinie der mit den entsprechenden Einheitsschubflüssen multiplizierten Wandverzerrungen s/t' (Spalte 7)
über die Zellenwandzüge berechnet werden (Spalte 9). Mit der Einheitsverwölbung
des offenen Querschnitts (Spalte 8) überlagert ergeben sich die Einheitsverwölbungen des geschlossenen Querschnitts (Spalte 10).

10.4.2 Querschnittswerte

Nach der Berechnung der Einheitsverwölbungen des Teilquerschnitts 1 läuft die Berechnung der Querschnittswerte nach dem in Abschn. 8.2.2 gezeigten Schema ab. Zusätzlich ist aber das Torsionsflächenmoment I_T gemäß Abschn. 10.1.2 zu bestimmen. Vernachlässigt man den Anteil des offenen Querschnitts, so ergibt sich dafür

$$I_T = 2 \cdot (2,00 \cdot 3,00 \cdot (-0,2478) + 2,50 \cdot 3,00 \cdot (-0,2540)) = 6,784 \text{ m}^4.$$

In der weiteren Berechnung wird der „offene Anteil" berücksichtigt:

$$I_T = 6,847 \text{ m}^4.$$

Die übrigen auf den Schubmittelpunkt bezogenen Querschnittswerte ergeben sich wie folgt:

$$A_1 = 2,75 \text{ m}^2; \quad A_2 = 2,20 \text{ m}^2$$
$$A_{YY} = 11,8207 \text{ m}^4; \quad A_{YZ} = -4,00097 \text{ m}^4; \quad A_{ZZ} = 13,5678 \text{ m}^4; \quad A_{\omega\omega} = 851,16 \text{ m}^6;$$

Bezogen auf den Punkt 1 des Teilquerschnitts 1 erhält man die Schubmittelpunktskoordinaten zu

$$Y_M = 3,253 \text{ m}; \quad Z_M = -8,418 \text{ m}.$$

Mit den Materialkennwerten $E = 30\,000$ MN/m^2 und $G = 12\,000$ MN/m^2 erhält man die Torsionssteifigkeiten zu

$$T = 12\,000 \cdot 6,847 = 82\,159 \text{ MN m}^2 \quad \text{und}$$
$$W = 30\,000 \cdot 851,16 = 25\,534\,781 \text{ MN m}^4$$

Mit der Gebäudehöhe von 20 m ergibt sich der Eigenwert $\varkappa$ zu

$$\varkappa = 20{,}0 \sqrt{82\,159/25\,534\,781} = 1{,}134464$$

10.4.3 Torsions-Schnittkraftgrößen

Die Berechnung der Querkräfte und Biegemomente unterscheidet sich nicht von der nach Abschn. 5 bzw. 9.1. Das gilt auch für das Torsionsmoment mit der Maßgabe, daß V_ω durch M_T zu ersetzen ist. Für die Berechnung von V_ω, M_T und M_ω gilt hier Abschn. 10.2.

Würde man beim vorliegenden Problem vollständig nach Abschn. 9.1 verfahren, so erhielt man als Ergebnis für V_ω den Funktionsverlauf von M_T in Bild 37 und für M_ω den von $M_{\omega 0}$.

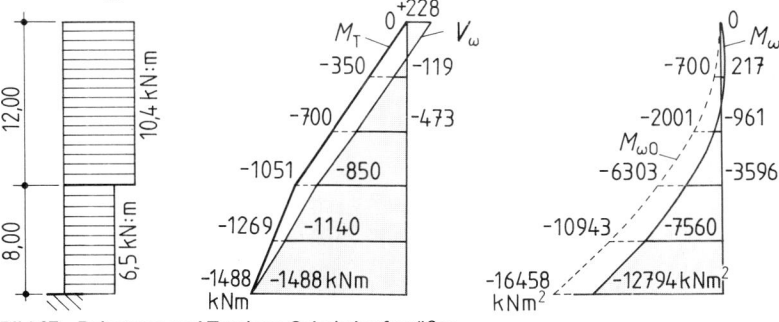

Bild 37 Belastung und Torsions-Schnittkraftgrößen

Die Belastung besteht aus einem 8,0 m hohen unteren Abschnitt mit $q_Y = 6{,}5$ kN/m und einem 12,0 m hohen oberen Abschnitt mit $q_Y = 10{,}4$ kN/m. In jedem Abschnitt folgt daraus ein linearer M_T-Verlauf. Wegen der Unstetigkeit bei $\xi = 0{,}4$ ($\varkappa = 8{,}0$ m) ist die Stablänge für die Berechnung der Torsionsschnittgrößen ebenfalls in zwei Abschnitte einzuteilen, einen oberen ($\lambda = 1$) und einen unteren ($\lambda = 2$).

Räumliche Aussteifung von Geschoßbauten

Tafel 13   Berechnung der Integrationskonstanten der Torsionsfunktionen

1	2	3	4	5	6	7	8	9	10	11	12
λ	(λ)	ξ	M_T	μ_1	μ_2	$e^{-\varkappa\xi}$	$e^{-\varkappa(1-\xi)}$	C'_2	C'_3	C_2	C_3
0		0	0,0								
	1			$-0,4262$	$0,4262$	$0,6352$	$0,5063$	$0,0431$	$-0,2988$	$-0,1573$	$-0,3632$
1		0,4	$-1050,5$ $-1050,5$								
	2			$-0,3623$	$0,2664$	$1,0000$	$0,3216$	$0,1446$	$-0,2178$	$-0,0558$	$-0,2823$
2		1	$-1488,2$								

$$\mu_{wL} = -\frac{e^{1,134464}\cdot 0,0431 + (-0,2988) + 2\cdot 0,4262}{e^{1,134464}+e^{-1,134464}} = -0,20042$$

Bereich 1 (oben):

$${}^1V_\omega = -82159/(2\cdot 1,134464\cdot 20,0)\,(-0,1573\,e^{\varkappa\xi}+0,3632\,e^{\varkappa(1-\xi)})$$
$${}^1M_{Tr} = {}^1M_T - {}^1V_\omega$$
$${}^1M_\omega = 82159/(2\cdot 1,134464^2)\,(-0,1573\,e^{\varkappa\xi}+0,3632\,e^{\varkappa(1-\xi)})$$

Bereich 2 (unten):

$${}^2V_\omega = -82159/(2\cdot 1,134464\cdot 20,0)\,(-0,0588\,e^{\varkappa\xi}+0,2823\,e^{\varkappa(1-\xi)})$$
$${}^2M_{Tr} = {}^2M_T - {}^2V_\omega$$
$${}^2M_\omega = 82159/(2\cdot 1,134464^2)\,(-0,0588\,e^{\varkappa\xi}-0,2823\,e^{\varkappa(1-\xi)})$$

Geotechnik

Bearbeitet von Prof. Dr.-Ing. Christoph Heckötter

Inhalt

Fortsetzung s. nächste Seite

13

Geotechnik

Technische Baubestimmungen

Grundsätzliche Normen

DIN 1054	11.76	Baugrund; Zulässige Belastung des Baugrundes mit Bbl. (11.76)
DIN 1055-2	02.76	Lastannahmen für Bauten: Bodenkenngrößen
DIN 1080-6	03.80	Begriffe, Formelzeichen und Einheiten im Bauingenieurwesen: Bodenmechanik und Grundbau
DIN V ENV 1991-1	12.95	Eurocode 1: Grundlagen der Tragwerksplanung
DIN V ENV 1997-1	04.96	Eurocode 7: Entwurf, Berechnung und Bemessung in der Geotechnik, Allgemeine Regeln[1])
DIN V 1054-100	04.96	Sicherheitsnachweise im Erd- und Grundbau[1])
E DIN V 1054	12.00	Sicherheitsnachweise im Erd- und Grundbau[2])

Baugrunderkundung

DIN 4020	10.90	Geotechnische Untersuchungen für bautechnische Zwecke mit Bbl. 1
DIN 4021	10.90	Baugrund; Erkundung durch Schürfe, Bohrungen sowie Entnahme von Proben
DIN 4022-1	09.87	Baugrund und Grundwasser; Benennen und Beschreiben von Boden und Fels; Schichtenverzeichnis für Bohrungen ohne durchgehende Gewinnung von gekernten Proben im Boden und Fels
DIN 4022-2	03.81	—; Schichtenverzeichnis für Bohrungen im Fels
DIN 4022-3	05.82	—; Schichtenverzeichnis für Bohrungen mit durchgehender Gewinnung von gekernten Proben im Boden (Lockergestein)
DIN 4023	03.84	Baugrund- und Wasserbohrungen; Zeichnerische Darstellung der Ergebnisse
DIN 4094	12.90	Baugrund; Erkunden durch Sondierungen mit Bbl. 1
DIN 4096	05.80	Baugrund; Flügelsondierung, Maße des Gerätes, Arbeitsweise, Auswertung
DIN 18196	10.88	Erd- und Grundbau; Bodenklassifikation für bautechnische Zwecke

Berechnungsnormen

DIN 4017-1	08.79	Grundbruchberechnung von lotrecht, mittig belasteten Flachgründungen mit Bbl. 1
DIN 4017-2	08.79	Grundbruchberechnung von schräg und außermittig belasteten Flachgründungen mit Bbl.
DIN 4018	09.74	Berechnung des Sohldruckes unter Flachgründungen mit Bbl. 1 (5.81)
DIN 4019-1	04.79	Setzungsberechnung bei lotrechter mittiger Belastung mit Bbl. 1
DIN 4019-2	02.81	Setzungsberechnung bei schräg und außermittig wirkender Belastung mit Bbl. 1
DIN 4084	07.81	Gelände- und Böschungsbruchberechnungen mit Bbl. 1 (7.81) und Bbl. 2 (9.83)
DIN 4085	02.87	Berechnung des Erddruckes für starre Stützwände und Widerlager mit Bbl. 1 (2.87) und Bbl. 2 (6.89)
DIN V 4017-100	04.96	Berechnung des Grundbruchwiderstandes von Flachgründungen[1]) m. Bbl. 1 (12.96)
DIN V 4019-100	04.96	Setzungsberechnungen
DIN V 4084-100	04.96	Böschungs- und Geländebruchberechnungen mit Bbl. 1 (4.97)
DIN V 4085-100	04.96	Berechnung des Erddruckes mit Bbl. 1 (01.97)
DIN V 4126-100	04.96	Berechnung von Schlitzwänden

[1]) DIN V ENV 1997-1 und „Normenpaket-100" (s. u.) sind als Vornormen keine technischen Baubestimmungen.
[2]) als Normentwurf nicht „bauaufsichtlich eingeführt"; die in der Geotechnik als verbindlich eingeführten Technischen Baubestimmungen basieren auf dem Konzept der globalen Sicherheiten. Aus diesem Grunde werden im Abschnitt Geotechnik die Standsicherheiten nach der „alten Normung" (globales Sicherheitskonzept) behandelt, zumal mit einer baldigen Einführung des Eurocode 7 (Entwurf, Berechnung und Bemessung in der Geotechnik) noch nicht zu rechnen ist [20]

Gründungselemente und Gründungsverfahren

DIN 4014	03.90	Bohrpfähle; Herstellung, Bemessung und Tragverhalten
DIN 4026	08.75	Rammpfähle; Herstellung, Bemessung und zulässige Belastung mit Bbl.
DIN 4093	09.87	Einpressungen in Untergrund und Bauwerke; Richtlinie für Planung und Bauausführung
DIN 4107	01.78	Setzungsbeobachtungen an entstehenden und fertigen Bauwerken
DIN 4123	09.00	Gebäudesicherungen im Bereich von Ausschachtungen, Gründungen und Unterfangungen
DIN 4124	08.81	Baugruben und Gräben; Böschungen, Arbeitsraumbreiten, Verbau
DIN 4125	11.90	Verpreßanker; Kurzzeitanker und Daueranker; Bemessung, Ausführung und Prüfung
DIN 4126	08.86	Ortbetonschlitzwände; Konstruktion und Ausführung
DIN 4127	08.86	Schlitzwandtone für stützende Flüssigkeiten
DIN 4128	04.83	Verpreßpfähle (Ortbeton- u. Verbundpfähle) mit kleinem Durchmesser

Europäische Ausführungsnormen Spezialtiefbau

DIN EN 1536	06.99	Bohrpfähle
DIN EN 12063	05.99	Spundwandkonstruktionen
EN 1537	01.01	Verpreßanker
EN 1538	07.00	Schlitzwände
EN 12699	05.01	Verdrängungspfähle
EN 12715	07.00	Injektionen
EN 12716	04.97	Hochdruckinjektionen

Schutz der Bauwerke gegen Wasserangriff

DIN 4030-1	06.91	Beurteilung betonangreifender Wässer, Böden und Gase; Grundlagen und Grenzwerte
DIN 4030-2	06.91	—; Entnahme und Analyse von Wasser- und Bodenproben
DIN 4095	06.90	Dränung zum Schutz baulicher Anlagen; Planung, Bemessung, Ausführung
DIN 18195-1	08.00	Bauwerksabdichtungen — Teil 1: Grundsätze, Definitionen, Zuordnung der Abdichtungsarten
DIN 18195-2	08.00	— Teil 2: Stoffe
DIN 18195-3	08.00	— Teil 3: Anforderungen an den Untergrund und Verarbeitung der Stoffe
DIN 18195-4	08.00	— Teil 4: Abdichtungen gegen Bodenfeuchte und nicht stauendes Sickerwasser an Bodenplatten und Wänden
DIN 18195-5	08.00	— Teil 5: Abdichtungen gegen nicht drückendes Wasser auf Deckenflächen u. in Nassräumen
DIN 18195-6	08.00	— Teil 6: Abdichtungen gegen von außen drückendes Wasser und aufstauendes Sickerwasser
DIN 18195-7	06.89	Bauwerksabdichtungen: Abdichtung gegen von innen drückendes Wasser
DIN 18195-8	08.83	—; Abdichtung über Bewegungsfugen
DIN 18195-9	12.86	—; Durchdringungen, Übergänge, Anschlüsse
DIN 18195-10	08.83	—; Schutzschichten und Schutzmaßnahmen
DIN 50929-3	09.85	Korrosion der Metalle, Rohrleitungen und Bauteile in Böden und Wässern

Schutz der Bauwerke gegen Erschütterungen

DIN 4024-1	04.88	Maschinenfundamente: Elast. Stützkonstruktionen für Maschinen mit rotierenden Massen
DIN 4024-2	04.91	—; Steife (starre) Stützkonstruktionen für Maschinen mit periodischer Erregung
DIN 4025	10.58	Fundamente für Amboß-Hämmer, Hinweise für die Bemessung und Ausführung
DIN 4150-1	06.01	Erschütterungen im Bauwesen; Grundsätze, Vorermittlung und Messung von Schwingungsgrößen
DIN 4150-2	06.99	—; Einwirkungen auf Menschen in Gebäuden
DIN 4150-3	02.99	—; Einwirkungen auf bauliche Anlagen

Untersuchung von Bodenproben (Versuchsnormen)

DIN 18121-1	04.98	Wassergehalt, Bestimmung durch Ofentrocknung
DIN 18121-2	08.01	—; Bestimmung durch Schnellverfahren
DIN 18122-1	07.97	Zustandsgrenzen (Konsistenzgrenzen); Bestimmung der Fließ- und Ausrollgrenze
DIN 18122-2	09.00	—; Bestimmung der Schrumpfgrenze
DIN 18123	11.96	Bestimmung der Korngrößenverteilung
DIN 18124	07.97	Bestimmung der Korndichte
DIN 18125-1	08.97	Bestimmung der Dichte des Bodens, Labormethoden

13

Geotechnik

DIN 18125-2	08.99	—; Feldmethoden
DIN 18126	11.96	Bestimmung der Dichte nicht bindiger Böden bei lockerster und dichtester Lagerung
DIN 18127	11.97	Proctor-Versuch
DIN 18128	11.90	Bestimmung des Glühverlustes
DIN 18129	11.96	Kalkgehaltsbestimmung
DIN 18130-1	05.98	Bestimmung des Wasserdurchlässigkeitsbeiwertes; Laborversuche
DIN 18130-2		Bestimmung der Wasserdurchlässigkeit im Felde (i. Vorber.)
DIN 18132	12.95	Bestimmung des Wasseraufnahmevermögens
DIN 18134	09.01	Plattendruckversuch
E DIN 18135	06.99	Eindimensionaler Kompressionsversuch
DIN 18136	08.96	Bestimmung der einaxialen Druckfestigkeit
DIN 18137-1	08.90	Bestimmung der Scherfestigkeit, Begriffe und grundsätzliche Versuchsbedingungen
DIN 18137-2	12.90	—, Dreiaxialversuch
E DIN 18137-3	10.97	—, Direkter Scherversuch

Allgemeine Techn. Vertragsbedingungen (ATV)

DIN 18300	12.00	Erdarbeiten
DIN 18301	12.00	Bohrarbeiten
DIN 18303	12.00	Verbauarbeiten
DIN 18304	12.00	Ramm-, Rüttel- und Preßarbeiten

Empfehlungen mit normativem Charakter, herausgegeben von der Deutschen Gesellschaft für Geotechnik (Auswahl)

EAB	Empfehlungen des Arbeitskreises „Baugruben", 3. Aufl. Berlin: Wilhelm Ernst & Sohn, 1994
EAU	Empfehlungen des Arbeitsausschusses „Ufereinfassungen 1996", 8. Aufl. Berlin: Wilhelm Ernst & Sohn, 1997
DGEG	Empfehlungen für den Bau und die Sicherung von Böschungen, Die Bautechnik, **12** (1962)
DGEG	Empfehlungen für die Anlage und Ausbildung von Bermen, Geotechnik, S. 225, 1989
GDA	Empfehlungen des Arbeitskreises Geotechnik der Deponien und Altlasten, 3. Auflage Berlin: Wilhelm Ernst & Sohn, 1997
ETB	Empfehlungen des Arbeitskreises Tunnelbau. Berlin: W. Ernst & Sohn, 1995
EVB	Empfehlungen, Verformung des Baugrundes bei baulichen Anlagen. Berlin: Ernst & Sohn, 1996
AK5	Empfehlungen des Arbeitskreises 5: Statisch axiale Probebelastungen, Geotechnik **16**, H. 3 (1993)
	—: Dynamische Pfahlprüfungen, Geotechnik **14**, H. 3 (1991)
	—: statische Probebelastungen quer zur Pfahlachse, Geotechnik **17**, H. 2 (1994)

Weiterführende Literatur

[1] Grundbautaschenbuch (GBT): 6. Aufl. Teil 1: 2001, Teil 2: 2001 und Teil 3: 2001, Berlin: Ernst & Sohn

[2] — 5. Aufl. Teil 1: Teil 2: 1991, Berlin: Ernst & Sohn

[3] *Weissenbach, A.*: Baugruben, Teil 2. Berlin: Wilhelm Ernst & Sohn, 1975

[4] *Türke, H.*: Statik im Erdbau, 3. Aufl., Berlin: Wilhelm Ernst & Sohn, 1998

[5] *Simmer, K.*: Grundbau 1, 19. Aufl. 1994 Grundbau 2, 18. Aufl. Stuttgart: B. G. Teubner 1999

[6] *Floss, R.*: ZTVE-StB 76, Kommentar, 2. Aufl. Bonn: Kirschbaum, 1997

[7] *Hilmer, K.*: Dränung zum Schutz baulicher Anlagen: Planung, Bemessung und Ausführung; Kommentar zur DIN 4095, Geotechnik **13**, H. 4 (1990)

[8] *Franke, E.*: Ruhedruck in kohäsionslosen Böden. Die Bautechnik **51** (1974)

[9] *Kany, M.*: Berechnung von Flächengründungen, Bd. 1 u. 2, Berlin, München, Düsseldorf: Wilhelm Ernst & Sohn, 1974

[10] *Wölfer, K.-H.*: Elastisch gebettete Balken und Platten, Zylinderschalen, 4. Aufl., Wiesbaden und Berlin: Bauverlag GmbH, 1978

[11] *Smoltczyk, U.*: Die Einspannung im beliebig geschichteten Baugrund. Der Bauingenieur **38**, H. 10 (1963)

[12] *Titze, E.*: Über den seitlichen Bodenwiderstand bei Pfahlgründungen, Bauingenieur-Praxis, H. 77. Berlin: Wilhelm Ernst & Sohn, 1970

[13] *Sherif, G.*: Elastisch eingespannte Bauwerke, Tafeln zur Berechnung nach dem Bettungsmodulverfahren mit variablen Bettungsmoduln, Berlin, München, Düsseldorf: Wilhelm Ernst & Sohn, 1974

[14] *Ranke, A., Ostermayer, H.*: Beitrag zur Stabilitätsuntersuchung mehrfach verankerter Baugrubenumschließungen. Die Bautechnik **45**, H. 10 (1968)

[15] *Fischer, K.*: Beispiele zur Bodenmechanik, Berlin, München: Wilhelm Ernst & Sohn, 1965

[16] *Franke, E.*: „Pfähle", Abschn. 3.2 im Grundbautaschenbuch (GBT), Teil 3, 6. Aufl.: Berlin: Ernst & Sohn, 2001

[17] *Schmidt, H.-H.*: Grundlagen der Geotechnik, Stuttgart: B. G. Teubner, 1996

[18] *Sadgorski, W., Smoltczyk, U.*: Sicherheitsnachweise im Erd- und Grundbau, Beuth-Kommentare, Berlin — Wien — Zürich: Beuth-Verlag, 1996

[19] Geotechnik, Sonderheft: Beiträge zur Europäischen Normung, Essen: Verlag Glückauf, 1999

[20] *Möller, G.*: Geotechnik Kompakt Bodenmechanik, Berlin: Bauwerk, 2001

[21] Wissensspeicher Geotechnik, Bauhaus-Universität Weimar, 11. Auflage 1999

[22] Dörken/Dehne, Grundbau in Beispielen – Teil 2, Werner Verlag Düsseldorf, 1. Auflage 1995

1 Geotechnische Kategorien

In der **europäischen Normung** werden die geotechnischen Aufgaben zwecks Mindestanforderungen an Baugrunduntersuchung, rechnerische Nachweise und Überwachung der Ausführung künftig in drei Klassen (Kategorien) eingeteilt. Sie richten sich nach der zu erwartenden Reaktion von Boden und Fels, nach dem geotechnischen Schwierigkeitsgrad des Tragwerks und seiner Einflüsse auf die Umgebung.

In **DIN 4020** (10.90) wurde die Einteilung bezüglich Art und Umfang der geotechnischen Untersuchungen bereits verbindlich eingeführt.

Tafel 1 Einstufung von Erd- und Grundbauwerken bzw. geotechn. Baumaßnahmen in geotechnische Kategorien nach DIN 4020 (10.90)

Geotechn. Kategorie	Geotechn. Risiko	Einstufungskriterien und Klassifizierungsmerkmale	Einschaltung von Sachverständigen
GK 1	gering	wenn Standsicherheit und Gebrauchstauglichkeit sowie die geotechn. Auswirkungen aufgrund gesicherter Erfahrungen beurteilt werden können	im Zweifelsfall erforderlich
GK 2	normal	wenn Grenzzustände durch rechnerische Nachweise zu untersuchen sind	im Regelfall hinzuziehen
GK 3	hoch	wenn Bauobjekte mit schwieriger Konstruktion und/oder schwierigem Baugrund vertiefte geotechnische Kenntnisse und Erfahrungen verlangen	zwingend erforderlich

Die Einordnung in eine geotechnische Kategorie erfolgt ggf. zu Beginn der Arbeiten vorläufig. Eine Änderung ist aufgrund der Befunde möglich und ggf. notwendig.

2 Geotechnische Untersuchungen

Allgemeine Anforderungen. Für jede Bauaufgabe müssen Schichtgrenzen, Einschlüsse und Kennwerte von Boden und Fels sowie die Grundwasserverhältnisse ausreichend bekannt sein (DIN V 1054-100).

Spätestens zum Zeitpunkt der Ausschreibung müssen die bis dahin vorhandenen Untersuchungsergebnisse für eine zuverlässige Planung der Bauleistung ausreichen. Ggf. ist eine zeitweise Aufteilung der Untersuchungen in Abhängigkeit vom Baugrundrisiko zweckmäßig (DIN 4020).

Art und Umfang der dafür erforderlichen geotechnischen Untersuchungen werden in DIN 4020 (10.90) für GK 1 bis 3 mit gegenüber Tafel 1 erweiterten Klassifizierungsmerkmalen festgelegt.

Maßgebend für die Einstufung in GK 1 bis 3 ist jeweils das Klassifizierungsmerkmal, das den größten Schwierigkeitsgrad beschreibt. Sie ist später aufgrund der Ergebnisse der geotechnischen Untersuchungen zu überprüfen und ggf. zu berichtigen.

13

Geotechnik

Geotechnische Kategorie 1 (GK 1) liegt vor

a) bei einfachen baulichen Anlagen

Beispiel Setzungsunempfindliche Bauwerke mit Stützenlasten bis 250 kN und Streifenlasten bis 100 kN/m, Stützmauern und Baugrubenwände $h \leq 2{,}0$ m ohne hohe Geländeauflasten, Gründungsplatten, die ohne Berechnung nach empirischen Regeln bemessen werden, Gräben $h \leq 2{,}0$ m über dem Grundwasser,

b) bei waagerechtem oder schwach geneigtem Gelände, wenn die Baugrundverhältnisse nach gesicherten örtlichen Erfahrungen und geologischen Bedingungen als tragfähig und setzungsarm bekannt sind,

c) wenn das Grundwasser unterhalb der Aushubsohle liegt oder durch örtliche Bauerfahrung nachgewiesen ist, daß der Aushub unter dem Grundwasserspiegel oder ein späterer Grundwasseranstieg ohne schädliche Auswirkungen bleiben,

d) wenn das Bauwerk gegen die örtliche Seismizität unempfindlich ist,

e) wenn die Umgebung (Nachbargebäude, Verkehrswege, Leitungen usw.) durch das Bauwerk selbst oder die dafür erforderlichen Bauarbeiten nicht beeinträchtigt oder gefährdet werden kann,

f) wenn schädliche oder erschwerende äußere Einflüsse, wie benachbarte offene Gewässer, Böschungen, Auslaugungen, Erdfälle nicht zu erwarten sind.

Mindestanforderungen an die Baugrunderkundung und -untersuchung bei GK 1.
— Einholen von Informationen über die allgemeinen Baugrundverhältnisse und die örtlichen Bauerfahrungen der Nachbarschaft.
— Erkunden der Bodenarten bzw. Gesteinsarten und ihrer Schichtung, z. B. durch Schürfe, Kleinbohrungen und Sondierungen.
— Abschätzen der Grundwasserverhältnisse vor und während der Bauausführung.
— Besichtigung der ausgehobenen Baugrube.

Art und Umfang dieser geotechn. Untersuchungen müssen eine Bestätigung der Verhältnisse nach den Aufzählungen b) bis f) ermöglichen.

Geotechnische Kategorie 2 (GK 2) liegt vor, wenn die baulichen Anlagen und geotechnischen Gegebenheiten nicht in die geotechnische Kategorie 1 eingeordnet werden können, und sie wegen ihres Schwierigkeitsgrades nicht in die Kategorie 3 eingeordnet werden müssen.

Mindestanforderungen an die Baugrunderkundung und -untersuchung bei GK 2. Es sind immer direkte Aufschlüsse erforderlich. Die für Beurteilung und Berechnungen notwendigen Bodenkenngrößen müssen versuchstechnisch bestimmt oder mit Hilfe von Korrelationen abgeschätzt werden.

Direkte Aufschlüsse[1]) sind natürliche oder künstliche Aufschlüsse, in der Regel Bohrungen, die eine Besichtigung von Boden oder Fels, die Entnahme von Boden- oder Felsproben sowie die Durchführung von Feldversuchen ermöglichen, z. B. auch Schürfe.

Geotechnische Kategorie 3 (GK 3) liegt vor

a) bei baulichen Anlagen wie Bauwerke mit besonders hohen Lasten, tiefe Baugruben (z. B. Tiefgaragen), Staudämme sowie Deiche und andere Bauwerke, die durch hohe Wasserdrücke $\Delta h > 2$ m belastet werden, Einrichtungen zur vorübergehenden oder dauernden Grundwasserabsenkung, die damit ein Risiko für benachbarte Bauten bewirken, Flugplatzbefestigungen, Hohlraumbauten, weitgespannte Brücken, Schleusen und Siele, Maschinenfundamente mit hohen dynamischen Lasten, kerntechnische Anlagen, Offshore-Bauten, Chemiewerke

---

[1]) Anordnung nach Tafel 2. Indirekte Aufschlüsse sind Sondierungen nach DIN 4094 sowie geophysikalische Meßverfahren (zur Voruntersuchung großer Flächen)

und Anlagen mit gefährlichen chemischen Stoffen, Deponien aller Art mit Ausnahme nicht kontaminierter Boden- und Felsaushübe, hohe Türme, Antennen, Schornsteine, Großwindanlagen,

b) bei besonders schwierigen Baugrundverhältnissen, z. B. geologisch junge Ablagerungen mit regelloser Schichtung, rutschgefährdete Böschungen, geologisch wechselhafte Formationen, quell- und schrumpffähige Böden,

c) bei gespanntem oder artesischem Grundwasser, wenn beim Ausfall der Entlastungsanlagen hydraulischer Grundbruch möglich ist,

d) bei Erdbeben,

e) wenn von der baulichen Anlage oder der Bauausführung besondere Gefährdungen auf die Umgebung ausgehen oder die Bauwerke selbst durch sonstige Einflüsse einer besonderen Gefährdung hinsichtlich Standsicherheit und eventuell auch Betriebssicherheit unterliegen,

f) in Bergsenkungsgebieten, Gebieten mit Erdfällen, bei unkontrolliert geschütteten Geländeauffüllungen.

Mindestanforderungen an die Baugrunderkundung und -untersuchung bei GK 3. Es ist zu prüfen, ob über den für GK 2 erforderlichen Umfang hinaus weitere Untersuchungen erforderlich sind, die sich aus den besonderen Abmessungen, Eigenschaften und Beanspruchungen des Objektes oder aus Sonderfragen des Baugrundes, des Grundwassers oder der Umgebung ergeben (z. B. Pumpversuche, Proberammungen, Dichtigkeitsprüfungen).

Die Rechenwerte werden unter Einschaltung eines Sachverständigen festgelegt.

Anzahl, Abstände und Tiefe der Aufschlüsse nach DIN 4020

Die Anordnung erfolgt im Raster oder auf Schnitten, beginnend an den Eckpunkten des Bauwerks.

Tafel 2   Anzahl oder Rasterabstände a **direkter Aufschlüsse in Böden,** Richtwerte nach DIN 4020 (10.90) in Abhängigkeit vom Bauwerkstyp

Kleinflächige oder einfache Bauwerke bei einfachem Baugrund: mind. 1 direkter Aufschluß	Hoch- und Ingenieurbauten: Rasterabstand $a = 20$ bis 40 m	Großflächige Bauwerke: Rasterabstand $a \leq 60$ m
Linienbauwerke (z. B. Landverkehrswege, Leitungen, Stützmauern): $a = 50$ bis 200 m	Sonderbauwerke (z. B. Brücken, Schornsteine, Maschinenfundamente): 2 bis 4 Aufschlüsse/Fundament	Staumauern, -dämme und Wehre: $a = 25$ bis 75 m in charakteristischen Schnitten

Tafel 3   Aufschlußtiefe z_a ab Bauwerksunterkante oder Aushubsohle in Böden, Richtwerte nach DIN 4020 (10.90) in Abhängigkeit vom Bauwerkstyp

Hoch- und Ingenieurbauten: $z_a \geqq 3{,}0 \cdot b_F$ oder $z_a \geqq 6{,}0$ m b_F kleinere Fundamentabmessung	Plattengründungen sowie mehrere Gründungskörper mit Überschneidung des Einflusses: $z_a \geqq 1{,}5\, b_B$ b_B kleinere Bauwerksabmessungen	Dämme: $0{,}8 \cdot h < z_a < 1{,}2 \cdot h^1)$ oder $z_a \geqq 6{,}0$ m Einschnitte: $z_a \geqq 2{,}0$ m oder $z_a \geqq 0{,}4\, h$
Landverkehrswege: $z_a \geqq 2{,}0$ m unter Aushubsohle. Kanäle u. Leitungen: $z_a \geqq 2{,}0$ m unter Aushubsohle $z_a \geqq 1{,}5$ m $b_{Ah}{}^2)$	Baugruben: $z_a \geqq 0{,}4\, h$ oder $z_a \geqq$ Einbindetiefe des Verbaus $+ 2{,}0$ m	Pfähle: $z_a \geqq 1{,}0\, b_G{}^3)$ oder $z_a \geqq 3 \cdot D_F$ D_F Pfahldurchmesser

[1]) h Dammhöhe bzw. Einschnittiefe oder Baugrubentiefe
[2]) b_{Ah} Aushubbreite
[3]) b_G kleinere Seite des die Pfahlgründung umschließenden Rechteckes

13

Bei Alternativangaben gilt jeweils der größere Wert der Aufschlußtiefe z_a.

Grundsätzlich muß der Aufschluß alle Schichten erfassen, die durch das Bauwerk beansprucht werden (DIN 1054, Abschn. 3.2.2).

Aufschluß durch Schürfe und Bohrungen sowie Entnahme von Proben nach DIN 4021

Sie regelt Bohrverfahren, Bohrwerkzeug, Durchführung der Baugrundaufschlüsse, Entnahme von Boden- und Wasserproben, Beobachtung des Grundwassers, Anlage von Grundwassermeßstellen im Baugrund, Transport und Aufbewahren der Proben. Das Bohrverfahren richtet sich danach, ob damit Proben unter Beachtung der im Einzelfall erforderlichen Güteklasse entnommen werden können. Diese sind dadurch gekennzeichnet, daß sich an ihnen bestimmte Kenngrößen und Eigenschaften ermitteln lassen. Güteklasse 1 entspricht weitgehend ungestörten, Güteklasse 5 völlig gestörten Proben.

Tafel 4   Güteklasse für Bodenproben (DIN 4021 Teil 1)

Güte-klasse	Bodenproben unverändert in	feststellbar sind im wesentlichen	
1[1])	Z, w, γ, E_s, τ	Feinschichtgrenzen Kornzusammensetzung Konsistenzgrenzen Grenzen der Lagerungsdichte Kornwichte organische Bestandteile Wassergehalt	Wichte des feuchten Bodens (Raumgewicht) Porenanteil Wasserdurchlässigkeit Steifemodul (Steifezahl) Scherfestigkeit
2	Z, w, γ	Feinschichtgrenzen Kornzusammensetzung Konsistenzgrenzen Grenzen der lagerungsdichte Kornwichte organische Bestandteile	Wassergehalt Wichte des feuchten Bodens (Raumgewicht) Porenanteil Wasserdurchlässigkeit
3	Z, w	Schichtgrenzen Kornzusammensetzung Konsistenzgrenze	Grenzen der Lagerungsdichte Kornwichte organische Bestandteile
4	Z	Schichtgrenzen Kornzusammensetzung Konsistenzgrenzen	Grenzen der Lagerungsdichte Kornwichte organische Bestandteile
5	— (auch z verändert, unvollständige Bodenprobe)	Schichtenfolge	

Hierin bedeuten
Z Kornzusammensetzung
w Wassergehalt
γ Wichte des feuchten Bodens (Raumgewicht)

E_s Steifemodul (Steifezahl)
τ Scherfestigkeit

[1]) Güteklasse 1 zeichnet sich gegenüber Güteklasse 2 dadurch aus, daß auch das K o r n g e f ü g e unverändert bleibt.

Berücksichtigung der Grundwasserstände. Wenn das Bauwerk einschließlich seiner Hilfsmaßnahmen in das Grundwasser hineinreicht, ist die Höhenlage der Grundwasser-Oberfläche oder Grundwasser-Druckfläche der Grundwasserstockwerke und ihre zeitliche Schwankung festzustellen. (DIN 1054-100: 04.96)

Hinweis: Bei Dauerbauwerken hat der Planverfasser seine Planung des Bauvorhabens nach dem höchsten bekannten Grundwasserstand auszurichten, auch wenn dieser seit Jahren nicht mehr erreicht worden ist.

Benennung und Beschreibung von Boden und Fels nach DIN 4022-1 bis -3 (09.87)

Der Boden wird von dem Geräteführer oder von einem Beauftragten an der Bohrstelle insbesondere nach Haupt- und Nebenanteil, Beschaffenheit und Farbe mit Hilfe visueller und manueller Unterscheidungsmerkmale in einem Schichtenverzeichnis nach DIN 4021-1 beschrieben.

Hauptanteil ist entweder die Bodenart, die nach Massenanteilen am stärksten vertreten ist, oder jene, die die bestimmende Eigenschaft des Bodens prägt.

Haupt- und Nebenanteile werden nach Korngrößenunterbereichen als Kies, Sand und Schluff mit der jeweiligen Unterteilung grob, mittel, fein, sowie als Ton (Korn $\varnothing < 0.002$ mm) benannt (s. Bild 7). Bei der visuellen Bestimmung ist z. B. Feinkies kleiner als Erbsen, aber größer als Streichholzköpfe, Feinsand kleiner als Gries, aber als Einzelkorn noch sichtbar.

Übergeordnet sind die Korngrößenbereiche Grobkorn (Kies und Sand) und Feinkorn (Schluff und Ton). Anstelle von grob- und feinkörnigen Böden wird auch der Begriff nicht bindige und bindige Böden benutzt.

Da bei feinkörnigen Böden das Einzelkorn nicht mehr mit bloßem Auge zu erkennen ist, werden Schluff und Ton durch Reib- und Schneidversuche unterschieden. Tonige Böden fühlen sich im Reibversuch seifig, schluffige mehlig an. Beim Schneidversuch weisen glänzende Schnittflächen auf Ton, stumpfes Aussehen auf Schluff hin.

Bei feinkörnigen Nebenanteilen wird dem Adjektiv „tonig" oder „schluffig" das Beiwort „schwach" oder „stark" dann vorausgesetzt, wenn sie von besonders geringem oder besonders hohem Einfluß auf das Verhalten des Bodens sind, aber das Verhalten nicht vom Feinkornanteil geprägt wird.

Um entsprechende Unterteilungen „schwach" oder „stark" bei grobkörnigen Böden vorzunehmen, ist eine Körnungslinie (s. Bild 7) erforderlich („schwach" bei weniger als 15%, „stark" bei mehr als 30% Massenanteil).

Die Beschaffenheit feinkörniger Böden wird durch die Konsistenz mit Handprüfung nach Tafel 5 beschrieben.

Bei der Beschreibung der Böden ist von besonderer Wichtigkeit eine dunkle Färbung, da hierdurch oft organische Beimengungen angezeigt werden (Tafel 6).

Aus dem Trockenfestigkeitsversuch (Widerstand der getrockneten Probe gegen Zerbröckeln oder Pulverisieren zwischen den Fingern) ergeben sich Hinweise auf die Plastizität des Bodens und damit auf das Verhalten als Schluff oder Ton. Bei Schluff reicht geringer Druck. Bei Ton kann die Probe nicht zerbröckelt werden.

Die Empfindlichkeit einer breiigen Masse des Bodens gegen Schütteln im Schüttelversuch in der Hand ist eine Eigenschaft, die für schluffige Böden charakteristisch ist.

Tafel 5   Bestimmung der Konsistenz im Feldversuch nach DIN 4022-1

Konsistenzzahl	Liquiditätszahl	Benennung	Verhalten des Bodens in der Hand
<0,00	>1,00	flüssig	fließt aus der Hand
0,00–0,50	1,00–0,50	breiig	quillt beim Pressen in der Faust zwischen den Fingern durch
0,50–0,75	0,50–0,25	weich	läßt sich leicht kneten
0,75–1,00	0,25–0,00	steif	schwer knetbar; zu 3 mm dicken Walzen ausrollbar, ohne zu brechen
$1,0 < I_C < \dfrac{w_L - w_S}{w_L - w_P}$	<0,00	halbfest	bröckelt und reißt beim Versuch, ihn zu 3 mm dicken Walzen ausrollen, läßt sich aber erneut zu Klumpen formen

13

Tafel 6   Humusgehalt bei Böden nach DIN 4022-1

Benennung	Sand und Kies		Ton und Schluff	
	Humusgehalt[1])	Farbe	Humusgehalt[1])	Farbe
schwach humos	1 bis 3	grau	2 bis 5	Mineralfarbe
humos	über 3 bis 5	dkl. grau	über 5 bis 10	dkl. grau
stark humos	über 5	schwarz	über 10	schwarz

[1]) Massenanteil in %

Die zeichnerische Darstellung der Ergebnisse ist in DIN 4023 (3.84) geregelt. Die Aufschlußpunkte sind in einem Lageplan, die Ergebnisse maßstäblich und höhengerecht in Schnitten 1:100 (Säulen) mit Symbolen und Kurzzeichen der DIN 4023 darzustellen und ggf. durch Gruppensymbole nach DIN 18196 (Tafel 24) zu ergänzen.

Tafel 7   Bodenarten nach DIN 4022 **und Darstellung** nach DIN 4023

Benennung	Feinstkorn oder Ton	Schluff	Sand	Kies	Steine und Blöcke
Korngrößenbereich in mm	< 0,002	0,002 bis 0,06	> 0,06 bis 2	> 2 bis 63	> 63
Kurzzeichen	T	U	S	G	X und Y
Symbol	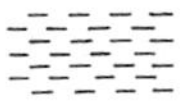		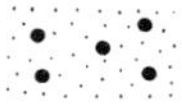		

Bei **gemischten Bodenarten** ist das Kurzzeichen des Hauptanteils in Großbuchstaben voranzustellen, die der Nebenanteile in der Reihenfolge ihrer Bedeutung anzufügen.

Beispiel   schluffig, toniger Sand: S, u, t

Erkunden durch Sondierungen nach DIN 4094 (12.90). Sie regelt die indirekten Aufschlüsse des Bodens durch Ramm- (DPL; DPH), Standard- (SPT) und Drucksondierungen (CPT) (Einsatzmöglichkeiten, Durchführung der Sondierungen, Messung und Darstellung, Einflüsse auf Sondierergebnisse). Sie enthält auch Hinweise zur Auswertung (s. Bild 3 bis 6 als Auswahl).

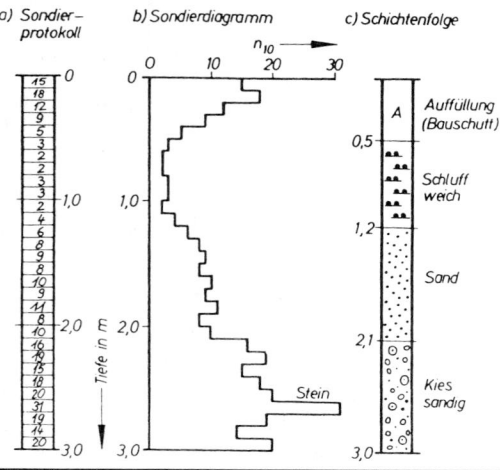

Bild 1
Ergebnis einer Rammsondierung

914

Tafel 8 Arten und Einsatztiefen von Sondiergeräten

Benennung	Kurzzeichen	A[1])	m[2]) [kg]	h[3])	t[4])
leichte Ramm- sonde	DPL DPL-5	10 5	10 10	N_{10} N_{10}	10 8
schwere Ramms.	DPH	15	50	N_{10}	25
Stand.-Penetr.-T	SPT	20	63,5	N_{30}	0,45

[1]) Spitzenquerschnitt in cm^2
[2]) Masse Rammbär
[3]) Fallhöhe
[4]) maximale Untersuchungstiefe ab Ansatzpunkt, bei SPT ab Bohrlochsohle

Tafel 9 Umrechnungsfaktoren zwischen dem Sondierspitzendruck q_s in MN/m^2 der Druck-sonde und der Schlagzahl N_{30} (Schlagzahl je 30 cm Eindringtiefe) beim Standard-Penetrations-Test (SPT)

Bodenart	Fein-, Mittelsand oder leicht schluffiger Sand	Sand oder Sand mit etwas Kies	Weitgestufter Sand	Sandiger Kies oder Kies
q_s/N_{30} in MN/m^2	0,3 bis 0,4	0,5 bis 0,6	0,5 bis 1,0	0,8 bis 1,0

Tafel 10 Zusammenhang zwischen den Schlagzahlen N_{10} und der Konsistenz bindiger Böden (Auszug) aus [17]

Konsistenz	breiig	weich	steif	halbfest	fest
DPH	0 bis 2	2 bis 5	5 bis 9	9 bis 17	> 17
DPL	0 bis 3	3 bis 10	10 bis 17	17 bis 37	> 37

Die Schlagzahlen N_{10} können in Schlagzahlen N_{30} der Standardrammsonde umge-rechnet werden (Bild 3) und aus dieser die einaxiale Druckfestigkeit abgeleitet wer-den (Tafel 11).

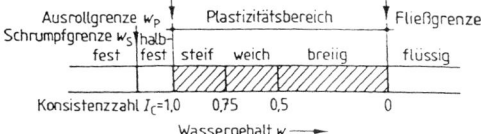

Bild 2
Konsistenz bindiger Böden
nach DIN 18122

Tafel 11 Konsistenz I_c und Zylinderdruckfestigkeit q_u in Abhängigkeit von der Schlagzahl N_{30} (SPT)

N_{30}	Konsistenz	I_c	q_u in KN/m^2
0 bis 2	breiig	0 bis 0,50	< 25
2 bis 4	weich	0,50 bis 0,75	25 bis 50
4 bis 8 8 bis 15	steif	0,75 bis 1,00	100 bis 200 100 bis 200
15 bis 30	halbfest	> 1,00	200 bis 400
> 30	fest		> 400

Berechnung des spannungsabhängigen Steifemoduls nach *Ohde* (s. DIN 4094, Beibl. 1) mit Steifebeiwerten v und Steifeexponenten w nach Bild 5 und 6

$$E_s = v \cdot p_a \left(\frac{\sigma_\ddot{u} + 0{,}5\,\Delta\sigma_z}{p_a} \right)^w \quad (1)$$

v Steifebeiwert (dimensionslos) aus Bild 5 u. 6
w Steifeexponent (dimensionslose, vom Boden abh. Konstante, s. Bild 5 und 6)
$\sigma_\ddot{u} = \gamma(d + z)$ ⎫
$\Delta\sigma_z = i_1 \cdot \sigma_1$ ⎭ s. Bild 23a auf S. 948
p_a Mittlerer Atmosphärendruck (100 kN/m^2)

13

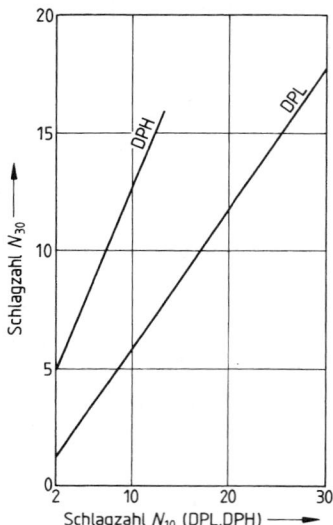

Bild 3 Vergleich, zwischen den Schlagzahlen von Rammsondierungen in leicht plastischen und mittelplastischen Tonen (TL, TM)

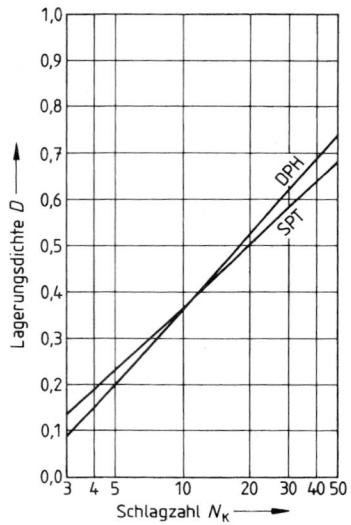

Bild 4 Zusammenhang zwischen den Schlagzahlen und der Lagerungsdichte bei weitgespannten Sand-Kies-Gemischen (GW)

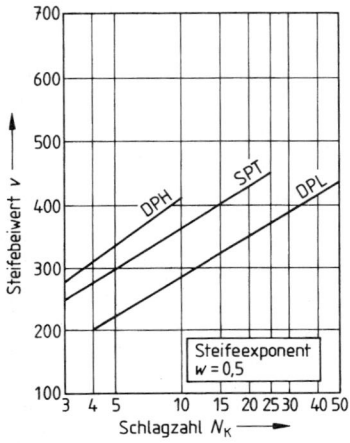

Bild 5 Zusammenhang zwischen den Schlagzahlen und dem Steifebeiwert in enggestuften Sanden (SE) über Grundwasser

In Bild 3 bis 6 bedeuten:
DPH   Schwere Rammsonde
DPL   Leichte Rammsonde
SPT   Standard-Penetration-Test

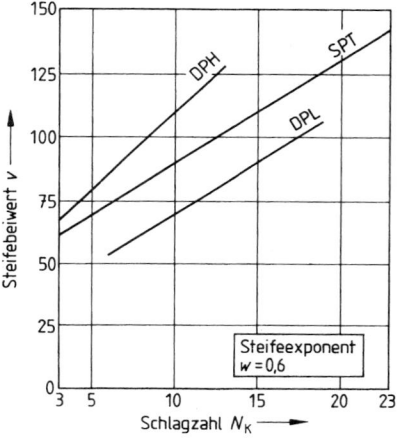

Bild 6 Zusammenhang zwischen den Schlagzahlen und dem Steifebeiwert v in leicht plastischen und mittelplastischen Tonen (TL, TM) über Grundwasser

N_K Schlagzahlen: nämlich
N_{30} bei SPT je 30 cm
N_{10} bei DPL oder DPH je 10 cm

3 Geotechnische Kennwerte[1])

Die Baugrundeigenschaften einer Bodenschicht (Homogenbereich) werden durch Bodenkenngrößen[2]) beschrieben.

Es sind entweder dimensionslose Kenngrößen, sog. Indexwerte, mit denen bautechnische Eigenschaften abgeschätzt werden können, oder Rechenwerte mit Einheiten von Wichten oder Spannungen, die unmittelbar in Bemessungsgleichungen eingehen, aber auch bei der rechn. Ermittlung anderer Bodenparameter Verwendung finden [2].

Bodenkenngrößen werden mit genormten Laborversuchen (s. Tafel 12) an gestörten oder ungestörten Bodenproben oder mit Feldversuchen an stehenden Böden ermittelt.

Man unterscheidet Klassifizierungsversuche (Ermittlung der Korngrößenverteilung, der Plastizitätsgrenzen w_L und w_p, sowie der organischen Bestandteile), die bei Zuordnung des Wassergehaltes w zu den Plastizitätsgrenzen (s. Bild 2) sowie der Dichte zu den Grenzen der Lagerungsdichte (s. Tafel 17) auch zustandsbeschreibende Versuche genannt werden, ferner Festigkeits- und Verformungsversuche (Scherfestigkeit, Steifemodul) sowie spezielle Versuche für erdbautechnische Zwecke (Proctor-Dichte, Plattendruckversuch). In kohäsionslosen Böden werden die Festigkeits- und Verformungswerte mit Sondierungen festgelegt (s. Bild 5).

Um den Versuchsaufwand zu vermeiden, lassen sich bestimmte Bodenkenngrößen auch durch Korrelation insbesondere mit der Korngrößenverteilung sowie dem Wassergehalt und den Plastizitätsgrenzen bestimmen [2, S. 149] (Beisp. s. Tafel 19).

Die Bodenkenngrößen einer Schicht streuen mehr oder weniger je nach ihrer geologischen Entstehung. Die Untersuchung einer einzelnen Probe ist daher nicht ausreichend [2]. Die neue euroäische Normung trägt dem Rechnung, indem für rechnerische Nachweise vorsichtig geschätzte Mittelwerte als sog. charakteristische Werte zugrunde gelegt werden.

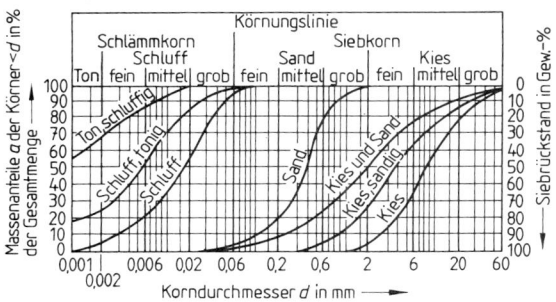

Bild 7
Korngrößenverteilung bindiger und nicht-bindiger Bodenarten mit Benennung nach DIN 4022

Eine Übersicht über die Bodenkenngrößen und die für ihre Ermittlung gebräuchlichen Laborversuche liefert Tafel 12.

Auf Klassifizierungsversuche kann verzichtet werden, wenn der Boden eindeutig nach den Erkennungsmerkmalen und Beispielen der DIN 18196 (s. Tafel 24) klassifiziert und die Konsistenz durch Handprüfung nach DIN 4022-1 sicher festgelegt werden kann (s. Tafel 5). In diesem Fall ist es auch möglich, Rechenwerte für die Berechnung der Standsicherheit und der Abmessung baulicher Anlagen, die durch die Eigenlast des Bodens oder durch Erddruck belastet werden, aus Tabellen der DIN 1055-2 (s. Tafel 13 und 14) zu entnehmen.

Bei größeren Bauvorhaben wird man auf Laborversuche nicht verzichten.

Bezeichnung nach [1]) ENV 1997-1 [2]) DIN V 1054-100

I3

Geotechnik

Tafel 12 Bodeneigenschaften, Bezeichnung, Formelzeichen und Einheiten der Bodenkenngrößen nach DIN 1080-6, Fortsetzung s. nächste Seite

	Bezeichnung	Formelz.	Einheit	Formelmäßiger Zusammenhang	Prüfnorm	Erklärung der Formelzeichen, Anwendung
1	Wassergehalt	w	$^1)$	$w = \dfrac{m_w}{m_d}$	DIN 18121 -1 (4.98) -2 (08.01)	m Masse in g oder t m_w des Porenwassers m_d der trockenen Probe
2	Konsistenzzahl	I_c	$^1)$	$I_c = \dfrac{w_L - w}{w_L - w_p}$	DIN 18122 -1 (7.97)	w_L Fließgrenze$^1)$ w_p Ausrollgrenze$^1)$ (s. Bild 2, S. 915) Klassifikation; Korrelationsgröße
3	Plastizitätszahl	I_p	$^1)$	$I_p = w_L - w_p$	wie 2	s. 2
4	Ungleichförmigkeitszahl	U	$^1)$	$U = d_{60}/d_{10}$	DIN 18123 (11.96)	d_{60}, d_{10}: Korngröße bei 60% u. 10% Siebdurchgang in mm $^2)$
5	Krümmungszahl	C_c	$^1)$	$C_c = \dfrac{(d_{30})^2}{d_{10} \cdot d_{60}}$	wie 4	d_{60}, d_{30}, d_{10}: Korngröße bei 60%, 30% und 10% Siebdurchgang in mm $^3)$
6	Korndichte	ϱ_s	t/m³ g/cm³	$\varrho_s = \dfrac{m_d}{V_k}$	DIN 18124 (7.97)	m_d Masse der trockenen Probe in g V_k Volumen der Einzelbestandteile in cm³
7	Dichte des feuchten Bodens	ϱ	t/m³ g/cm³	$\varrho = \dfrac{m}{V}$	DIN 18125-1 (8.97)	m Masse der feuchten Probe in t oder g V Volumen der Probe in m³ oder cm³
8	Trockendichte	ϱ_d	t/m³	$\varrho_d = \dfrac{m_d}{V} = \dfrac{\varrho}{1+w}$	wie 7	s. 6, 7 und 1 Bezugsgröße für 12
9	Wichte des Bodens: feucht unter Auftrieb wassergesättigt	γ γ' γ_r	kN/m³	$\gamma = (1-n)$ $\cdot (1+w)\gamma_s$ $\gamma' = (1-n)$ $\cdot (\gamma_s - \gamma_w)$ $\gamma_r = (1-n)$ $\cdot \gamma_s + n\gamma_w$	wie 7	γ_s Kornwichte (Hilfsgröße) γ_w Wichte des Wassers $n = 1 - \dfrac{\varrho_d}{\varrho_s}$ Porenanteil (Porenvol., bez. auf Gesamtvol.) $n = n_w + n_a$ n_w vgl. 25 n_a Anteil luftgef. Poren$^1)$
10	Lagerungsdichte	D	$^1)$	$D = \dfrac{\max n - n}{\max n - \min n}$	DIN 18126 (11.96)	$\max n$ bei lockerster Lagerung$^1)$ $\min n$ bei dichtester Lagerung$^1)$ } nur für grobk. Böden
11	Bezogene Lagerungsdichte	I_D	$^1)$	$I_D = \dfrac{\max e - e}{\max e - \min e}$ $e = \dfrac{n}{1-n}$	wie 10	$e = \dfrac{\varrho_s}{\varrho_d} - 1$ Porenzahl (Porenvol.), bez. auf Feststoffvolumen$^1)$ $\max e$ bei lockerster Lagerung$^1)$ $\min e$ bei dichtester Lagerung$^1)$ } nur für grobk. Böden
12	Verdichtungsgrad (Proctordichte)	D_{Pr}	$^1)$	$D_{Pr} = \dfrac{\varrho_d}{\varrho_{Pr}}$	DIN 18127 (11.97)	ϱ_{Pr} einfache Proctordichte in t/m³; Prüfung d. Verdichtung
13	Optimaler Wassergehalt	w_{Pr}	$^1)$	—	wie 12	Wassergehalt bei ϱ_{Pr} nach dem einfachen Verdichtungsversuch
14	Verformungsmodul	E_v	kN/m² (MN/m²)	$E_v = 1{,}5 \cdot r \dfrac{\Delta\sigma_0}{\Delta s}$	DIN 18134 (09.01)	r Radius der Lastplatte Δ Differenzwerte$^4)$ $\Delta\sigma_0$ der Spannung Δs der Setzung

$^1)$ Verhältnisgröße
$^2)$ Maß der Steilheit der Körnungslinie
$^3)$ gibt Verlauf zw. d_{10} und d_{60} an
$^4)$ im Mittelbereich 0,3 bis 0,7 von $\max \sigma_0$

918

Tafel 12, Fortsetzung

	Bezeichnung	Formelz.	Einheit	Formelmäßiger Zusammenhang	Prüfnorm	Erklärung der Formelzeichen, Anwendung
15	Einaxiale Druckfestigkeit des ungestörten Bodens	q_u	kN/m²	$q_u = \max \sigma$	DIN 18136 (8.96)	$\max \sigma$ Höchstwert der einachsigen Druckspannung bei unbehinderter Seitendehnung, Korrelationsgröße
16	Innerer Reibungswinkel des dränierten (entwässerten) Bodens	φ'	°	—	DIN 18137 -1 (8.90) -2 (12.90) -3 E (10.97)	φ'; c' zur Berechnung der Endstandsicherheit. $\tau_f = c' + \sigma' \cdot \tan \varphi'$ τ_f Maximalwert der Scherfestigkeit
17	des undränierten Bodens	φ_u	°	—	wie 16	σ' effektive Spannung $\sigma' = \sigma - u$ σ totale Spannung u Porenwasserdruck $\sigma' = \sigma$ bei $u = o$
18	Kohäsion des dränierten Bodens	c'	kN/m²	—	wie 16	φ_u; c_u zur Berechnung der Anfangsstandsicherheit mit:
19	des undränierten Bodens	c_u	kN/m²	—	wie 16	$\tau_{fu} = c_u + \sigma \cdot \tan \varphi_u$
20	Steifemodul	E_s	kN/m²	$E_s = \dfrac{d\sigma}{d\varepsilon}$	E DIN 18135 (06.99)	$d\varepsilon$ auf die Höhe des Volumenelementes bezogene Zusammendrückung
21	Durchlässigkeitsbeiwert	k	m/s	$k = \dfrac{v}{I}$ $= \dfrac{Q}{A \cdot t} \cdot \dfrac{\Delta l}{\Delta h_w}$	DIN 18130 -1 (5.98) -2 (Proj.)	Filtergeschwindigkeit $v = k \cdot I$ in m/s I hydraulisches Gefälle[1]) A = Querschnittsfläche d. Pr.
22	Bettungsmodul	k_s	kN/m³	$k_s = \sigma_0 / s$	wie 14	σ_0 Sohlnormalspannung s Setzung (Endwert)
23	Kapillare Steighöhe	h_k	m	—	ungenormt	$u = h_K \cdot \varrho_w$ Kapillardruck bei scheinbarer Kohäsion
24	Schrumpfgrenze	w_s	¹)	$w_s = \left(\dfrac{V_d}{m_d} - \dfrac{1}{\varrho_s} \right) \varrho_w$	DIN 18122-2 (09.00)	V_d Volumen des trockenen Probekörpers in cm³ ϱ_w Dichte des Wassers in g/cm³
25	Sättigungszahl	S_r	¹)	$S_r = \dfrac{n_w}{n} = \dfrac{e_w}{e}$	DIN 18132 (12.95)	n Porenvol.¹) bezogen auf Gesamtvolumen n_w Anteil der wassergefüllten Poren¹)
26	Glühverlust	V_{gl}	¹)	$V_{gl} = \dfrac{m_d - m_g}{m_d}$	DIN 18128 (11.90)	Verhältnis des Gewichtsverlustes beim Glühen (Org.-Substanz zur Trockenmasse m_d)
27	Aktivitätszahl	I_A	¹)	$I_A = \dfrac{I_p}{m_T / m_d}$	wie 2 und 6	m_T Masse der Tonfraktion (tr.) m_d Gesamtmasse in g oder t
28	Liquiditätszahl	I_L	¹)	$I_L = \dfrac{w - w_p}{I_p}$ $= 1 - I_c$	wie 2	s. 2 Wie 2 Maß für Zustandsform; im Ausland verwendet
29	Kalkgehalt	V_{Ca}	¹)	$V_{Ca} = \dfrac{m_{Ca}}{m_d}$	DIN 18129 (11.96)	m_{Ca} Massenanteil an Gesamt-Karbonaten in g oder t m_d s. 27
30	Wasseraufnahmevermögen	w_A	¹)	$w_A = \dfrac{m_{Wg}}{m_d}$	DIN 18132 (12.95)	m_{Wg} Grenzwert der im Versuch aufgesaugten Masse des Wassers in g m_d Masse des getrockneten Bodens in g

¹) Verhältnisgröße

13

Tafel 13 Bodenkenngrößen nichtbindiger Böden (Rechenwerte nach DIN 1055-2, EAU, DIN 4017 sowie charakteristische Werte nach DIN V 1054-100[1]))

Bodenart	Kurz-zeichen nach DIN 18196	Lage-rung	DIN 1055-2 DIN V 1054-100		EAU 1990		DIN 4017 (8.79)
			Wichte feucht cal γ^2); $\gamma_K{}^3$) in kN/m³	Reibungs-winkel[3]) cal φ' in °	Wichte feucht cal[2]) γ in kN/m³	Reibungs-winkel[5]) cal φ' in °	Reibungs-winkel cal φ' in °
Sand, schwach schluffiger Sand, Kies-Sand, eng gestuft	SE sowie SU mit $U \leqq 6$	locker mittel-dicht dicht	17 18 19	30 32,5 35	18 19 −	30 32,5 −	32,5 35 37,5
Kies, Geröll, Stei-ne, mit geringem Sandanteil, eng gestuft	GE	locker mittel-dicht dicht	17 18 19	32,5 (32)[4]) 35 (36) 37,5 (40)	16 (Kies ohne Sand)	37,5	−
Sand, Kies-Sand, Kies, weit oder intermittierend gestuft	SW, SI, SU, GW, GI mit $6 < U \leq 15$	locker mittel-dicht dicht	18 19 20	30 32,5 (34) 35 (38)	−	−	32,5 35 37,5
Sand, Kies-Sand, Kies, schwach schluffiger Kies, weit oder inter-mittierend gestuft	SW, SI, SU, GW, GI mit $U > 15$ sowie GU	locker mittel-dicht dicht	18 20 22	30 32,5 (34) 35 (38)	−	−	−

Tafel 14 Bodenkenngrößen bindiger Böden und organischer Böden (Rechenwerte nach DIN 1055-2, sowie charakteristische Werte nach DIN V 1054-100[1]))

Bodenart	Kurz-zeichen nach DIN 18196	Kon-sistenz-bereich	Wichte über Wasser cal γ^2); $\gamma_K{}^3$) in kN/m³	Wichte unter Wasser cal γ^2); $\gamma_K{}^3$) in kN/m³	Rei-bungs-winkel cal φ in kN/m³	Kohäsion cal[2]) c' in kN/m³	cal[2]) c_u in kN/m³
Anorganische bindige Böden mit ausgeprägt plastischen Eigen-schaften ($w_L > 50\%$)	TA	weich steif halbfest	18,0 19,0 20,0	8,0 9,0 10,0	17,5 (*) 17,5 (*) 17,5 (*)	0 (*) 10 (*) 25 (*)	15 (*) 35 (*) 75 (*)
Anorganische bindige Böden mit mittelpla-stischen Eigenschaften ($50\% \geq w_L \geq 35\%$)	TM und UM	weich steif halbfest	19,0 19,5 20,5	9,0 9,5 10,5	22,5 (20)[4]) 22,5 (20) 22,5 (20)	0 5 10	5 25 60
Anorganische bindige Böden mit leicht pla-stischen Eigenschaften ($w_L < 35\%$)	TL und UL	weich steif halbfest	20,0 20,5 21,0	10,0 10,5 11,0	27,5 (27) 27,5 (27) 27,5 (27)	0 2 5	0 15 40
Organischer Ton, organischer Schluff	OT und OU	weich steif	14,0 17,0	4,0 7,0	15 (*) 15 (*)	0 (*) 0 (*)	10 (5) 20 (15)
Torf ohne Vorbe-lastung, Torf unter mäßiger Vorbelastung	HN und HZ		11,0 13,0	1,0 3,0	15 (*) 15 (*)	2 (*) 5 (*)	10 (5) 20

[1]) Soweit die Werte der DIN V 1054-100 gegenüber DIN 1055 abweichen, sind sie in Klammern beigefügt; (*) n. DIN V 1054-100 nur anhand von Versuchen zu ermitteln.
[2]) cal = Rechenwert s. DIN 1080-1
[3]) γ_K Oberer charakteristischer Wert n. Tabelle A 1 bzw. A 2 der DIN V 1054-100
[4]) Die Klammerwerte sind untere Werte n. Tabelle B 1 bzw. B 2 der DIN V 1054-100
[5]) Für runde Kornform, bei eckiger Kornform 2,5° mehr.

Tafel 15 Richtwerte für Bodenkenngrößen

Bodenkennwerte von Bodenarten nach v. Soos [2]

a	b	c		d	e			f		g
Bodenart	Boden-Gruppe nach DIN 18196	Korngrößen-verteilung		Ungleich-förmig-keitszahl	Plastizitätsgrenzen des Kornanteils <0,04 mm			Wichte		
		$<0,06$ mm %	$<2,0$ mm %	U	w_L %	w_P %	I_P %	γ kN/m³	γ' kN/m³	w %
Kies, gleichkörnig	GE	<5	<60	2 5	—	—	—	16,0 19,0	9,5 10,5	4 1
Kies, sandig, mit wenig Feinkorn	GW, GI	<5	<60	10 100	—	—	—	21,0 23,0	11,5 13,5	6 3
Kies, sandig, mit Schluff- oder Tonbeimengungen, die das Korngerüst nicht sprengen	GU, GT	8 15	<60	30 300	20 45	16 25	4 25	21,0 24,0	11,5 14,5	9 3
Kies-Sand-Feinkorn-Gemisch. Das Feinkorn sprengt das Korngerüst.	GU, GT	20 40	<60	100 1000	20 50	16 25	4 30	20,0 22,5	10,5 13,0	13 6
Sand, gleich- a) Feinsand körnig	SE	<5	100	1,2 3	—	—	—	16,0 19,0	9,5 11,0	22 8
b) Grobsand	SE	<5	100	1,2 3	—	—	—	16,0 19,0	9,5 11,0	16 6
Sand, gut abgestuft und Sand, kiesig	SW, SI	<5	>60	6 15	—	—	—	18,0 21,0	10,0 12,0	12 5
Sand mit Feinkorn, das das Korngerüst nicht sprengt	SU, ST	8 15	>60	10 50	20 45	16 25	4 25	19,0 22,5	10,5 13,0	15 4
Sand kir Feinkorn, das das Korngerüst sprengt	SU, ST	20 40	>60 >70	30 500	20 50	16 30	4 30	18,0 21,5	9,0 11,0	20 8
Schluff, geringplastisch	UL	>50	>80	5 50	25 35	21 28	4 11	17,5 21,0	9,5 11,0	28 15
Schluff, mittel- und ausgeprägt plastisch	UM, UA	>80	100	5 50	35 60	22 25	7 25	17,0 20,0	8,5 10,5	35 20
Ton, geringplastisch	TL	>80	100	6 20	25 35	15 25	7 16	19,0 22,0	9,5 12,0	28 14
Ton, mittelplastisch	TM	>90	100	5 40	40 50	18 25	16 28	18,0 21,0	8,5 11,0	38 18
Ton, ausgeprägt plastisch	TA	100	100	5 40	60 85	20 35	33 55	16,5 20,0	7,0 10,0	55 20
Schluff oder Ton, organisch	OU, OT	>80	100	5 30	45 70	30 45	10 30	15,5 18,5	5,5 8,5	60 26
Torf	HN, HZ	—	—	—	—	—	—	10,4 12,5	0,4 2,5	800 80
Mudde	F	—	—	—	100 250	30 80	50 170	12,5 16,0	2,5 6,0	160 50

Für die Grenzwerte wurde vorausgesetzt, daß I_c etwa zwischen 0,6 und 1,0 und D zwischen 0,4 und 0,9 schwanken.

In Spalte i bedeutet σ_{at} den mittleren Atmosphärendruck, $\sigma_{at} = $ **100 kN/m²**

Geotechnik

Tafel 15, Fortsetzung
Richtwerte für Bodenkenngrößen

a	b	h		i		j	k			l
Bodenart	Boden-Gruppe nach DIN 18196	Proctorwerte		Zusammendrückbarkeit erstverdichteter Böden $E_S = v_e \cdot \sigma_{at}\left(\dfrac{\sigma}{\sigma_{at}}\right)^{w_e}$ [kN/m²]			Scherparameter			Durchlässigkeits-Koeffizient
		ρ_{Pr} t/m³	w_{Pr} %	v_e	w_e	Δu	φ' Grad	c' kN/m²	φ'_r Grad	k m/s
Kies, gleichkörnig	GE	1,70	8	400	0,6	0	34	—	32	$2{,}10^{-1}$
		1,90	5	900	0,4		42	—	35	$1{,}10^{-2}$
Kies, sandig, mit wenig Feinkorn	GW, GI	2,00	7	400	0,7	0	35	—	32	$1{,}10^{-2}$
		2,25	4	1100	0,5		45	—	35	$1{,}10^{-6}$
Kies, sandig, mit Schluff- oder Tonbeimengungen, die das Korngerüst nicht sprengen	GU, GT	2,10	7	400	0,7	0	35	7	32	$1{,}10^{-5}$
		2,35	4	1200	0,5	+	43	0	35	$1{,}10^{-6}$
Kies-Sand-Feinkorn-Gemisch. Das Feinkorn sprengt das Korngerüst.	GU, GT	1,90	10	150	0,9	++	28	15	22	$1{,}10^{-7}$
		2,20	5	400	0,7		35	5	30	$1{,}10^{-11}$
Sand, gleich- a) Feinsand körnig	SE	1,60	15	150	0,75	0	32	—	30	$1{,}10^{-4}$
		1,75	10	300	0,60		40	—	32	$2{,}10^{-5}$
b) Grobsand	SE	1,60	13	250	0,70	0	34	—	30	$1{,}10^{-3}$
		1,75	8	700	0,55		42	—	34	$5{,}10^{-4}$
Sand, gut abgestuft und Sand, kiesig	SW, SI	1,90	10	200	0,70	0	33	—	32	$5{,}10^{-4}$
		2,15	6	600	0,55		41	—	34	$2{,}10^{-5}$
Sand mit Feinkorn, das das Korngerüst nicht sprengt	SU, ST	2,00	11	150	0,80	+	32	7	30	$2{,}10^{-5}$
		2,20	7	500	0,65		40	0	32	$5{,}10^{-7}$
Sand mit Feinkorn, das das Korngerüst sprengt	SU, ST	1,70	19	50	0,90	++	25	25	22	$2{,}10^{-6}$
		2,00	12	250	0,75		32	7	30	$1{,}10^{-9}$
Schluff, geringplastisch	UL	1,60	22	40	0,80	+	28	10	30	$1{,}10^{-5}$
		1,80	15	110	0,60		35	5	30	$1{,}10^{-7}$
Schluff, mittel- und ausgeprägt plastisch	UM, UA	1,55	24	30	0,90	++	25	20	22	$2{,}10^{-6}$
		1,75	18	70	0,70		33	7	29	$1{,}10^{-9}$
Ton, geringplastisch	TL	1,65	20	20	1,00	++	24	35	20	$1{,}10^{-7}$
		1,85	15	50	0,90		32	10	28	$2{,}10^{-9}$
Ton, mittelplastisch	TM	1,55	23	10	1,00	++	20	45	10	$5{,}10^{-8}$
		1,75	17	30	0,95		28	15	20	$1{,}10^{-10}$
Ton, ausgeprägt plastisch	TA	1,45	27	6	1,00	+++	14	60	6	$1{,}10^{-9}$
		1,65	20	20	1,00		22	20	15	$1{,}10^{-12}$
Schluff oder Ton, organisch	OU, OT	1,45	27	5	1,00	+++	18	35	15	$1{,}10^{-9}$
		1,70	18	20	0,85		26	10	22	$2{,}10^{-11}$
Torf	HN, HZ	—		3	1,00	++	24	15		$1{,}10^{-5}$
				8	1,00		30	5		$1{,}10^{-8}$
Mudde	F	—		4	1,00	+++	18	15		$1{,}10^{-7}$
				10	0,90		26	5		$1{,}10^{-9}$

Die Symbole in Spalte j weisen darauf hin, ob in der Bodenart bei statischen Spannungsänderungen die Scherfestigkeit beeinflussende Porenwasserdifferenzdrücke Δu entstehen:

0	= kein oder sehr geringer	++	= mittlerer bis starker
+	= geringer	+++	= sehr starker Einfluß des Porenwasserdifferenzdruckes auf die Scherfestigkeit

Tafel 16 Rechnerische Beziehungen zwischen Bodenkenngrößen nach [2] (Auszug)

gesucht \ vorgegeben	$n; n_w$	$e; e_w$	ϱ_s und ϱ_w sowie		
			ϱ_r	$\varrho; w$	$\varrho_d; w$
n	n	$\dfrac{e}{1+e}$	$\dfrac{\varrho_s - \varrho_r}{\varrho_r - \varrho_w}$	$1 - \dfrac{\varrho}{(1+w)\varrho_s}$	$1 - \dfrac{\varrho_d}{\varrho_s}$
ϱ_r	$(1-n)\varrho_s + n \cdot \varrho_w$	$\dfrac{\varrho_s + e \cdot \varrho_w}{1+e}$	ϱ_r	$\dfrac{\varrho_s - \varrho_w}{1+w}\dfrac{\varrho}{\varrho_s} + \varrho_w$	$\left(1 - \dfrac{\varrho_w}{\varrho_s}\right)\varrho_d + \varrho_w$
ϱ	$(1-n)\varrho_s + n_w \cdot \varrho_w$	$\dfrac{\varrho_s + e_w \cdot \varrho_w}{1+e}$	—	ϱ	$(1+w)\varrho_d$
ϱ_d	$(1-n)\varrho_s$	$\dfrac{\varrho_s}{1+e}$	$\varrho_s\dfrac{\varrho_r - \varrho_w}{\varrho_s - \varrho_w}$	$\dfrac{\varrho}{1+w}$	ϱ_d
S_r	$\dfrac{n_w}{n}$	$\dfrac{e_w}{e}$	1	$\dfrac{w \cdot \varrho \cdot \varrho_s}{\varrho_w((1+w)\varrho_s - \varrho)}$	$\dfrac{w \cdot \varrho_d \cdot \varrho_s}{\varrho_w(\varrho_s - \varrho_d)}$

Tafel 17 Lagerungszustand[1] nichtbindiger Böden nach DIN 1054 Bbl. (11.76)

Lagerung	sehr locker	locker	mitteldicht[2]	dicht
gleichförmig $U \leq 3$	$D < 0,15$	$0,15 \leq D < 0,3$	$0,3 \leq D \leq 0,5$ $D_{pr} \geq 95\%$	$D > 0,5$ $D_{pr} \geq 98\%$
ungleichförmig $U > 3$	$D < 0,2$	$0,2 \leq D < 0,45$	$0,45 \leq D \leq 0,65$	$D > 0,65$
Spitzenwiderstand der Drucksonde in MN/m²	$q_s < 2,5$	2,5 bis 7,5	7,5 bis 15	15 bis 25

[1] s. Tafel 12, Zeile 10
[2] Mindestlagerung für tragfähigen Boden nach DIN 1054 (11.76)

Tafel 18 Kriterien für mitteldichte und dichte Lagerung (Voraussetzungen für die Anwendung der zulässigen Bodenpressungen nach Tafel 28 sowie für die Erhöhung der Tafelwerte um 50%)

Bodengruppe nach DIN 18196	U	D	D_{Pr}	q_s MN/m² [*]
SE, GE, SU, GU, GT	≤ 3	$\geq 0,3$ $(\geq 0,5)$	$\geq 95\%$ $(\geq 98\%)$	$\geq 7,5$ (≥ 15)
SE, SW, SI, GE, GW, GT, SU, GU	> 3	$\geq 0,45$ $(\geq 0,65)$	$\geq 98\%$ $(\geq 100\%)$	$\geq 7,5$ (≥ 15)

Die angegebenen Mindestwerte entsprechen etwa einer mitteldichten Lagerung, die in Klammern gesetzten Werte etwa einer dichten Lagerung (s. Tafel 17).
[*] Spitzendruck q_s von Drucksondierungen nach DIN 4094

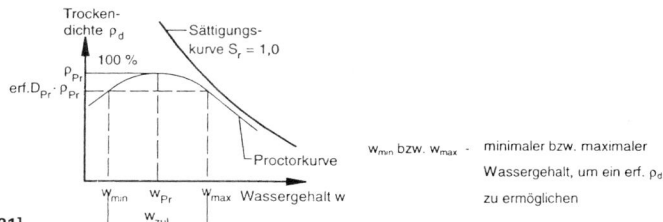

Bild 8 Proctorkurve [21]

w_{min} bzw. w_{max} - minimaler bzw. maximaler Wassergehalt, um ein erf. ρ_d zu ermöglichen

Tafel 19 Näherungsweiser Zusammenhang zwischen Scherfestigkeit c_u und Konsistenz I_c[1]

c_u in MN/m²	0	0,025	0,1	0,2
I_c	$< 0,5$	0,5	1	> 1

[1] s. Tafel 12, Zeile 2

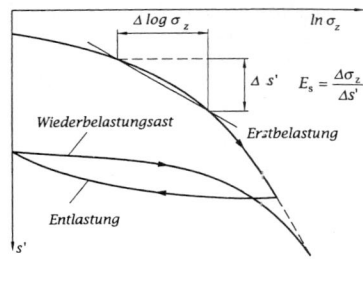

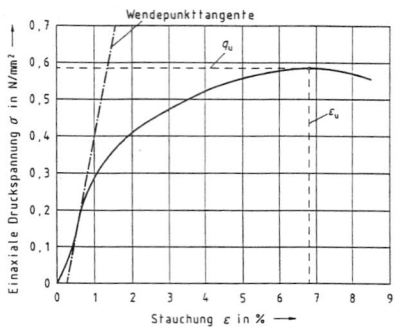

Bild 9 Drucksetzungsdiagramm
in halblogarithmischer Auftragung

Bild 10 Drucksetzungsdiagramm
bei einaxialem Druckversuch

Verformungsverhalten. Das Maß der Verformungen des Bodens (Setzungen) in Abhängigkeit von Druckspannungen wird im Kompressionsgerät (Ödometer) ermittelt. Gemessen wird die Zeitsetzung s (t) der Probe mit der Genauigkeit von 0,01 mm in mehreren Laststufen solange, bis jeweils die Endsetzung erreicht ist, d. h. die Probe in der jeweiligen Laststufe konsolidiert ist. Der Porendruck ist dann $u = 0$ und die äußere totale Spannung ($\sigma_z = F_z/A$) gleich der effektiven Spannung σ' in der Probe ($\sigma_z = \sigma'$). Erst dann darf die nächst höhere Laststufe aufgebracht werden, die die vorherige Belastung jeweils verdoppelt.

Für den Entwert der Setzung jeder Laststufe Δh wird die auf die Anfangshöhe h_a der Probe bezogene Setzung $s' = \Delta h/h_a$ berechnet und als Funktion der Spannung σ in einem Drucksetzungsdiagramm dargestellt (Bild 9). Der über dem Spannungsbereich gemittelte Anstieg $\Delta s/\Delta s'$ wird als Steifemodul bezeichnet, d. h. $E_s = \Delta\sigma'/\Delta s'$. An der gekrümmten Drucksetzungslinie erkennt man, daß keine lineare Abhängigkeit zwischen Spannungen und Verformungen besteht und der Boden keinen konstanten E-Modul besitzt. Der Steifemodul muß also für Setzungsberechnungen spannungsabhängig ermittelt werden. $E_s = \Delta\sigma/\Delta s' = (\sigma_2 - \sigma_1)/(s'_2 - s'_1)$ in MN/m² wobei aus praktischen Gründen dem Sekantenmodul der Vorzug gegeben wird, der dann als bereichsweiser Verformungsmodul genutzt wird.

Die **einaxiale Druckfestigkeit** q_u ist der Höchstwert der einaxialen Druckspannung σ, der beim Abscheren von zylindrischen Probekörpern bei konstanter Lastzunahme bzw. konstanter Stauchungsgeschwindigkeit und bei unbehinderter Seitendehnung im einaxialen Druckversuch nach DIN 18136 (8.96) ermittelt wird (Bild 10). Daneben liefert der Versuch den Modul der einaxialen Druckfestigkeit q_u. q_u ist auch Eingangswert in verschiedenen Tafeln (s. z. B. Tafel 49).

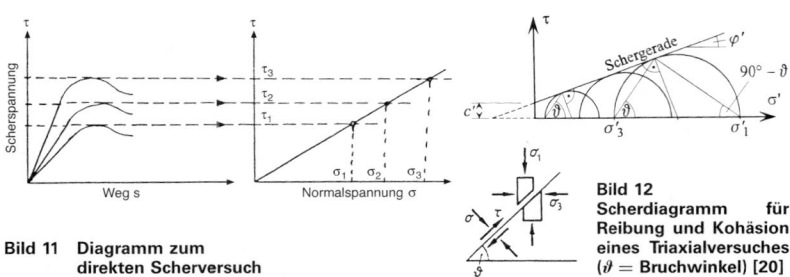

Bild 11 Diagramm zum
direkten Scherversuch

Bild 12
Scherdiagramm für
Reibung und Kohäsion
eines Triaxialversuches
($\vartheta =$ Bruchwinkel) [20]

Scherfestigkeit. Sie wird nach DIN 18137 als die Schubspannung definiert, bei der eine Scherfuge aufreißt und der Boden versagt. Sie ist also der Größtwert der Schubspannung $\max \tau$ in einer bestimmten Scherfuge, auch Grenzzustand genannt. Untersucht werden solche Grenzzustände rechnerisch in den Sicherheitsnachweisen.

Die Scherfestigkeit setzt sich zusammen aus Reibung und Kohäsion (Tafel 12, Zeile 16 bis 19). Sie läßt sich nach Coulomb für Scherfugen im Grenzzustand auch durch die lineare Beziehung $\tau_t = \sigma' \cdot \tan \varphi' + c'$ erfassen (Grenzbedingung nach Coulomb) und als Schergerade im τ/φ-Diagramm darstellen, d. h. die Wertepaare τ und φ, bei denen ein Boden abschert, liegen auf einer Geraden (Bild 11).

Die Grenzbedingung kann aber auch durch die zugehörigen Hauptspannungen nach Mohr beschrieben werden, wobei das Verhältnis σ_1 und σ_3 im Grenzzustand durch Mohr'sche Spannungskreise (Bruchzustand) wiedergegeben werden. Die gemeinsame Umhüllende (Grenzbedingung nach Mohr) wird in der Bodenmechanik als Gerade angenommen (Tangente an den Hauptkreis).

4 Bodenklassifikation für bautechnische Zwecke

nach DIN 18196 (10.88)

Zweck: Zusammenfassung von Bodenarten in Bodengruppen mit annähernd gleichem stofflichen Aufbau und ähnlichen bodenphysikalischen Eigenschaften mit Hilfe von zwei Kennbuchstaben für die Beurteilung ihrer bautechnischen Eigenschaften und Eignung sowie für die an sie zu stellenden Güteanforderungen (s. Tafel 24); benutzt auch als Eingang in Tafeln (s. Tafel 29).

Der erste Kennbuchstabe gibt den Hauptbestandteil, der zweite den Nebenanteil oder eine bezeichnende bodenphysikalische Eigenschaft an und zwar

— bei den feinkörnigen den Grad der Plastizität (Tafel 23), z. B. TL
— bei den gemischtkörnigen die Art der feinkörnigen Beimengung (Tafel 22), z. B. SU
— bei den grobkörnigen die Form der Körnungslinie (Tafel 21), z. B. GW.

Mit Hilfe der Kennbuchstaben werden die Bodenarten auf Tafel 24 in 29 Gruppen eingeteilt. Die Spalten 10 bis 21 dieser Tafel enthalten Angaben über die bautechnischen Eigenschaften und die bautechnische Eignung der jeweiligen Gruppe. Diese Angaben, die mit großer Wahrscheinlichkeit zu erwarten sind, stellen keine Klassifizierungsmerkmale dar. Sie sind lediglich als Information gedacht.

Das Erkennen der Böden nach DIN 4022 wird durch DIN 18196 nicht ersetzt.

Wenn eine eindeutige Einordnung nach den Erkennungsmerkmalen oder Beispielen der Spalten 8 und 9 in Tafel 24 nicht möglich ist, können zur genaueren Einordnung Laborversuche ausgeführt werden (Korngrößenverteilung, Wassergehalte w, w_L und w_p, Glühverluste und Kalkgehalt) und auf dieser Grundlage die Kennbuchstaben mit den Tafeln 20 bis 23 in Verbindung mit Bild 13 festgelegt werden:

a) Bei **grobkörnigen Böden** (95% Massenanteil $> 0,06$ mm) ist der erste Kennbuchstabe (Hauptbestandteil) an Hand der Kornverteilung aus Tafel 20, der zweite an Hand der Ungleichförmigkeits- und Krümmungszahl (s. S. 926) aus Tafel 21 zu bestimmen (Beispiele: GW, SW, SE, GI, SI).

b) Bei **gemischtkörnigen Böden** (5 bis 40% Massenanteil $\leq 0,06$ mm) ist der erste Kennbuchstabe wie unter a), der zweite anhand der Kornverteilung aus Tafel 22 zu bestimmen, wobei die endgültige Einordnung in die Untergruppe an Hand der Zustandsgrenzen w_L und I_p nach Bild 13 erfolgt (s. Anmerkung unter Tafel 23).

c) Bei **feinkörnigen Böden** (über 40% Massenanteil $\leq 0,06$ mm) werden die Hauptbestandteile Ton und Schluff (erster Kennbuchstabe T oder U) anhand der Fließgrenze w_L und Plastizitätszahl I_p (s. S. 926) in Bild 13 über oder unterhalb der A-

Tafel 20   Hauptgruppen nach den Hauptbestandteilen

Hauptbestandteile	Kurz-zeichen	Massen-anteil des Korns $\leq 2\,mm$
Kieskorn (Grant)	**G**	bis 60%
Sandkorn	**S**	über 60%

Tafel 22   Unterteilung gemischtkörniger Böden nach dem Massenanteil des Feinkorns

Benen-nung	Kurzzeichen	Massenanteil des Feinkorns $\leq 0{,}06\,mm$
gering	**U** oder **T**	5 bis 15%
hoch	$\mathbf{U^*}$ oder $\mathbf{T^*}$	über 15 bis 40%

Statt des Querbalkens über **U** oder **T** darf auch das nachgestellte *-Symbol benutzt werden $\mathbf{U^*}$ oder $\mathbf{T^*}$

Tafel 21   Unterteilung grobkörniger Böden in Abhängigkeit von der Ungleichförmigkeitszahl U und der Krümmungszahl C_c

Benennung	Kurz-zeichen	$U^1)$	$C_c{}^1)$
enggestuft	**E**	< 6	beliebig
weitgestuft	**W**	≥ 6	1 bis 3
intermittierend gestuft	**I**	≥ 6	< 1 oder > 3

Tafel 23   Einstufung feinkörniger Böden in Abhängigkeit vom Wassergehalt an der Fließgrenze w_L

Benennung	Kurz-zeichen	w_L Massenanteil
leicht plastisch	**L**	kleiner 35%
mittelplastisch	**M**	35 bis 50%
ausgeprägt plastisch	**A**	über 50%

$^1)$ U bzw. C_c s. Tafel 12, Zeile 4 u. 5

Linie bestimmt, wobei der zweite Kennbuchstabe auch an Hand der Fließgrenze aus Tafel 23 entnommen werden kann (Beispiele: TL, TM).

d) Bezüglich organischer und organogener Böden vgl. Tafel 24 auf S. 929.

Anmerkung: DIN 18196 unterscheidet Schluff und Ton nicht mehr nach Korngrößen. Maßgebend dafür sind die plastischen Eigenschaften. Ob sich eine Bodenart bautechnisch mehr als Schluff oder Ton verhält, ergibt sich aus Bild 13.

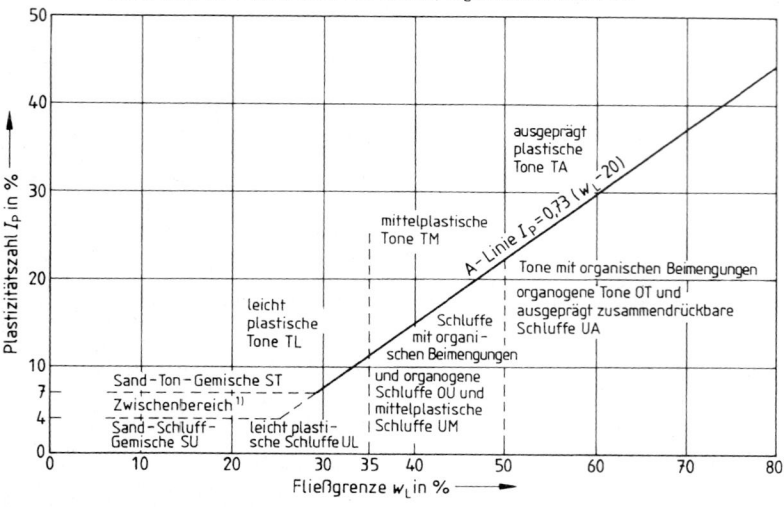

Bild 13 Klassifizierung nach DIN 18196

$^1)$ Die Plastizitätszahl von Böden mit niedriger Fließgrenze ist versuchsmäßig nur ungenau zu ermitteln. In den Zwischenbereich fallende Böden müssen daher nach anderen Verfahren, z. B. nach DIN 4022-1 (9.87), Abschn. 8.5 bis 8.9, dem Ton- und Schluffbereich zugeordnet werden.

Tafel 24 Bodenklassifikation für bautechnische Zwecke

Sp.	1	2	3	4	5	6	7	8	9	10	11	12	13	14	15	16	17	18	19	20	21
	Hauptgruppen	Definition und Benennung		Lage zur A-Linie (siehe Bild¹³)		Gruppen	Kurzzeichen (Gruppensymbol²⁾)	Erkennungsmerkmale unter anderem für Zeilen 16 bis 21: (Trockenfestigkeit / Reaktion beim Schüttelversuch / Plastizität beim Knetversuch)	Beispiele	Bautechnische Eigenschaften (Anmerkungen¹⁾)						Bautechnische Eignung als					
		Korngrößen-Massenanteil, Korndurchmesser ≤ 0,06 mm	Korndurchmesser ≤ 2 mm							Scherfestigkeit	Verdichtungsfähigkeit	Zusammendrückbarkeit	Durchlässigkeit	Witterungs- und Erosionsempfindlichkeit	Frostempfindlichkeit	Baugrund für Gründungen	Baustoff für Erd- und Baustraßen	Baustoff für Straßen- und Bahndämme	Baustoff für Erd-Staudämme Dichtung	Baustoff für Erd-Staudämme Stützkörper	Baustoff für Dränagen
Zeile																					
1	Grobkörnige Böden	kleiner 5 %	bis 60 %	—	Kies (Grant)	engestufte Kiese	GE	Steile Körnungslinie infolge Vorherrschens eines Korngrößenbereichs	Fluß- und Strandkies Terrassenschotter	+	+0	++	−	+	++	+	−	+	−	+	++
2						weitgestufte Kies-Sand-Gemische	GW	über mehrere Korngrößenbereiche kontinuierlich verlaufende Körnungslinie	vulkanische Schlacke	++	++	++	−0	+	++	++	+	+	−	+	+0
3						intermittierend gestufte Kies-Sand-Gemische	GI	meist treppenartig verlaufende Körnungslinie infolge Fehlens eines oder mehrerer Korngrößenbereiche	Dünen- und Flugsand Fließsand Berliner Sand Beckensand Tertiärsand	++	+	++	−	0	++	++	+	+	−	+	+0
4			über 60 %	—	Sand	engestufte Sande	SE	steile Körnungslinie infolge Vorherrschens eines Korngrößenbereiches	Moränensand Terrassensand Granitgrus	+	+0	++	−	−	++	+	−	+0	−	0	+
5						weitgestufte Sand-Kies-Gemische	SW	über mehrere Korngrößenbereiche kontinuierlich verlaufende Körnungslinie		++	++	++	−0	+0	++	++	+	+	−	+	+0
6						intermittierend gestufte Sand-Kies-Gemische	SI	meist treppenartig verlaufende Körnungslinie infolge Fehlens eines oder mehrerer Korngrößenbereiche		+	+	++	−0	+0	++	++	0	+	−	+	+0

Fortsetzung s. nächste Seiten, Fußnoten und Tafellegenden s. S. 930 und 931

I3

Tafel 24, Fortsetzung

Sp.	1 Hauptgruppen	2 Korndurchm. ≤0,06mm	3 ≤2mm	4 Lage zur A-Linie (siehe Bild 13)	5	6 Gruppen	7 Gruppensymbol (Kurzzeichen)	8 Trockenfestigkeit	8 Reaktion beim Schüttelversuch	8 Plastizität beim Knetversuch	9 Beispiele	10 Scherfestigkeit	11 Verdichtungsfähigkeit	12 Zusammendrückbarkeit	13 Durchlässigkeit	14 Witterungs- und Erosionsempfindlichkeit	15 Frostempfindlichkeit	16 Baugrund für Gründungen	17 Baustoff für Erd- und Straßenbau	18 Baustoff für Straßen- und Bahndämme	19 Baustoff für Erd-Staudämme Dichtung	20 Baustoff für Erd-Staudämme Stützkörper	21 Baustoff für Dränagen
Zeile		Korngrößen-Massenanteil			Definition und Benennung			Erkennungsmerkmale unter anderem für Zeilen 16 bis 21				Bautechnische Eigenschaften (Anmerkungen[1])							Bautechnische Eignung als				
15	Feinkörnige Böden	über 40 %	—	$I_p ≤ 4\%$ oder unterhalb der A-Linie	Schluff	leicht plastische Schluffe $w_L < 35\%$	UL	niedrige	schnelle	keine bis leichte	Löß Hochflutlehm	– 0	– 0	+ 0	+ 0	–	– –	+ 0	–	– 0	0	–	–
16						mittelplastische Schluffe $35\% ≤ w_L ≤ 50\%$	UM	niedrige bis mittlere	langsame	leicht bis mittlere	Seeton beckenschluff	– 0	–	– 0	+	–	– –	0	–	– 0	+ 0	–	–
17						ausgeprägt zusammendrückbarer Schluff $w_L > 50\%$	UA	hohe	keine bis langsame	mittlere bis ausgeprägte	vulkanische Böden Bimsböden	–	—	–	+ +	– 0	– 0	– 0	–	–	– 0	—	–
18				$I_p ≥ 7\%$ und oberhalb der A-Linie	Ton	leicht plastische Tone $w_L < 35\%$	TL	mittlere bis hohe	keine bis langsame	leichte	Geschiebemergel Bänderton	– 0	– 0	0	+ +	–	– 0	0	–	– 0	+ +	+	–
19						mittelplastische Tone $35\% ≤ w_L ≤ 50\%$	TM	hohe	keine	mittlere	Lößlehm Beckenton Keuperton Seeton	–	–	– 0	+ +	– 0	–	–	–	–	+	–	–
20						ausgeprägte plastische Tone $w_L > 50\%$	TA	sehr hohe	keine	ausgeprägte	Tarras Lauenburger Ton, Beckenton	– 0	—	– 0	+ +	0	+ 0	–	–	–	–	–	–
21	organogene[3] und Böden mit organischen Beimengungen	über 40 %	—	—	nicht brenn- oder nicht schweißbar	Schluffe mit organischen Beimengungen u. organogene[3] Schluffe $35\% ≤ w_L ≤ 50\%$	OU	mittlere	langsame bis sehr schnelle	mittlere	Seekreide Kieselgur Mutterboden	– –	– –	– –	+ 0	–	– 0	– –	– –	–	—	—	—
22						Tone mit organischen Beimengungen u. organogene[3] Tone $w_L > 50\%$	OT	hohe	keine	ausgeprägte	Schlick Klei, tertiäre Kohletone	0	–	–	+ +	+ 0	– 0	–	– –	–	—	—	—
23		bis 40 %	—	—		grob- bis gemischtkörnige Böden mit Beimengungen humoser Art	OH	Beimengungen pflanzlicher Art, meist dunkle Färbung, Modergeruch, Glühverlust bis etwa 20% Massenanteil			Mutterboden Palaeoboden	+	– 0	– 0	0	+ 0	+ 0	– 0	0	–	—	—	—
24						grob- bis gemischtkörnige Böden mit kalkigen, kieseligen Bildungen	OK	Beimengungen nicht pflanzlicher Art, meist helle Färbung, leichtes Gewicht, große Porosität			Kalk-Tuffsand Wiesenkalk	+	0	– 0	– 0	0	+ 0	– 0	0	– 0	—	—	—

Fortsetzung siehe nächste Seiten

Tafel 24, Fortsetzung

Sp. 1 Hauptgruppen / Zeile	2–3 Korngrößen-Massenanteil (Korndurchmesser ≤ 0,06 mm / ≤ 2 mm)	4 Lage zur A-Linie (siehe Bild 13)	5	6 Gruppen	7 Kurzzeichen (Gruppensymbol)	8 Erkennungsmerkmale (Trockenfestigkeit / Reaktion beim Schüttelversuch / Plastizität beim Knetversuch)	9 Beispiele	10 Scherfestigkeit	11 Verdichtungsfähigkeit	12 Zusammendrückbarkeit	13 Durchlässigkeit	14 Witterungs- und Erosionsempfindlichkeit	15 Frostempfindlichkeit	16 Baugrund für Gründungen	17 Baustoff für Erd- und Baustraßen	18 Baustoff für Straßen- und Bahndämme	19 Baustoff für Erd-Staudämme Dichtung	20 Baustoff für Erd-Staudämme Stützkörper	21 Baustoff für Dränagen
15 Feinkörnige Böden	über 40 %	$I_p \le 4\%$ oder unterhalb der A-Linie	Schluff	leicht plastische Schluffe $w_L < 35\%$	UL	niedrige / schnelle / keine bis leichte	Löß, Hochflutlehm	− 0	− 0	+ 0	+ 0	−	−	+ 0	−	− 0	0	−	−
16	über 40 %			mittelplastische Schluffe $35\% \le w_L \le 50\%$	UM	niedrige bis mittlere / langsame / leicht bis mittlere	Seeton, beckenschluff	− 0	−	− 0	+	−	−	0	−	− 0	0	−	−
17	über 40 %			ausgeprägt zusammendrückbarer Schluff $w_L > 50\%$	UA	hohe / keine bis langsame / mittlere bis ausgeprägte	vulkanische Böden, Bimsboden	−	−	−	+ +	− 0	− 0	− 0	−	−	+ 0	−	−
18	über 40 %	$I_p \ge 7\%$ und oberhalb der A-Linie	Ton	leicht plastische Tone $w_L < 35\%$	TL	mittlere bis hohe / keine bis langsame / leichte	Geschiebemergel, Bänderton	− 0	− 0	0	+ +	−	−	0	−	− 0	− 0	−	−
19	über 40 %			mittelplastische Tone $35\% \le w_L \le 50\%$	TM	hohe / keine / mittlere	Lößlehm, Beckenton, Keuperton, Seeton	−	−	−	+	−	−	−	−	− 0	+ +	−	−
20	über 40 %			ausgeprägte plastische Tone $w_L > 50\%$	TA	sehr hohe / keine / keine geprägte	Tarras, Lauenburger Ton, Beckenton	− −	−	− 0	+ +	− 0	+ 0	− 0	−	−	+	−	−
21 organogene und Böden mit organischen Beimengungen	über 40 %	$I_p \ge 7\%$ und unterhalb der A-Linie	nicht brenn- oder nicht schweißbar	Schluffe mit organischen Beimengungen u. organogene Schluffe $35\% \le w_L \le 50\%$	OU	mittlere / langsame bis sehr schnelle / mittlere	Seekreide, Kieselgur, Mutterboden	− 0	−	−	+ 0	0	−	−	−	−	−	−	−
22	über 40 %			Tone mit organischen Beimengungen u. organogene Tone $w_L > 50\%$	OT	hohe / keine / ausgeprägte	Schlick, Klei, tertiäre Kohleletone	− −	−	− 0	+ +	− 0	− 0	−	−	−	−	−	−
23	bis 40 %	—		grob- bis gemischtkörnige Böden mit Beimengungen humoser Art	OH	Beimengungen pflanzlicher Art, meist dunkle Färbung, Modergeruch, Glühverlust bis etwa 20% Massenanteil	Mutterboden, Paläoboden	0	− 0	− 0	0	+ 0	− 0	0	0	−	−	−	−
24	bis 40 %			grob- bis gemischtkörnige Böden mit kalkigen, kieseligen Bildungen	OK	Beimengungen nicht pflanzlicher Art, meist helle Färbung, leichtes Gewicht, große Porosität	Kalk-Tuffsand, Wiesenkalk	+	0	− 0	− 0	0	+ 0	− 0	0	− 0	−	−	−

Fortsetzung siehe nächste Seiten

13

929

Tafel 24, Fortsetzung

Sp.	1	2	3	4	5	6	7	8			9	10	11	12	13	14	15	16	17	18	19	20	21
	Hauptgruppen	Korngrößen-Massenanteil ≤0,06 mm	≤2 mm	Lage zur A-Linie (siehe Bild 13)	brenn- oder schwelbar	Gruppen	Kurzzeichen Gruppensymbol[2]	Erkennungsmerkmale unter anderem für Zeilen 16 bis 21: Trockenfestigkeit	Reaktion beim Schüttelversuch	Plastizität beim Knetversuch	Beispiele	Scherfestigkeit	Verdichtungsfähigkeit	Zusammendrückbarkeit	Durchlässigkeit	Witterungs- und Erosionsempfindlichkeit	Frosterupfindlichkeit	Baugrund für Gründungen	Baustoff für Erd- und Baustraßen	Baustoff für Straßen- und Bahndämme	Baustoff für Erd-Staudämme Dichtung	Baustoff für Erd-Staudämme Stützkörper	Baustoff für Dränagen
																	Anmerkungen[1]			Bautechnische Eigenschaften			Bautechnische Eignung als	
Zeile								Definition und Benennung															
25	organische Böden	—	—	—		nicht bis mäßig zersetzte Torfe (Humus)	HN	an Ort und Stelle aufgewachsene Humusbildungen	Zersetzungsgrad 1 bis 5, faserig, holzreich, hellbraun bis braun		Niedermoortorf, Hoormoortorf, Bruchwaldtorf	–	–	–	0	+ 0	–	–	–	–	–	–	–
26					brenn- oder schwelbar	zersetzte Torfe	HZ		Zersetzungsgrad 6 bis 10, schwarzbraun bis schwarz			– –	–	–	+ 0	–	–	–	–	–	–	–	–
27						Schlamme als Sammelbegriff für Faulschlamm, Mudde, Gyttja, Dy und Sapropel	F	unter Wasser abgesetzte (sedimentäre) Schlamme aus Pflanzenresten, Kot und Mikroorganismen, oft von Sand, Ton und Kalk durchsetzt. blauschwarz oder grünlich bis gelbbraun, gelegentlich dunkelgraubraun bis blauschwarz, federnd, weichschwammig			Mudde, Faulschlamm	– –	–	–	+ 0	–	–	–	–	–	–	–	–
28	Auffüllung	—	—			Auffüllung aus natürlichen Böden; jeweiliges Gruppensymbol in eckigen Klammern	[ ]										–						
29						Auffüllung aus Fremdstoffen	A				Müll, Schlacke, Bauschutt, Industrieabfall												

[1] Die Spalten 10 bis 21 enthalten als grobe Leitlinie Hinweise auf bautechnische Eigenschaften und auf die bautechnische Eignung nebst Beispielen in Spalte 9. Diese Angaben sind keine normativen Festlegungen.
[2] Der Querbalken für die Kurzzeichen U und T oder das danebengestellte *-Symbol darf entfallen.
[3] Unter Mitwirkung von Organismen gebildete Böden.

Legende zu Tafel 24   Bedeutung der qualitativen und wertenden Angaben

Spalte 10		Spalte 11		Spalten 12 bis 15		Spalten 16 bis 21	
− −	sehr gering	− −	sehr schlecht	− −	sehr groß	− −	ungeeignet
−	gering	−	schlecht	−	groß	−	weniger geeignet
− 0	mäßig	− 0	mäßig	− 0	groß bis mittel	− 0	mäßig geeignet
0	mittel	0	mittel	0	mittel	0	brauchbar
+ 0	groß bis klein	+ 0	gut bis mittel	+ 0	gering bis mittel	+ 0	geeignet
+	groß	+	gut	+	sehr gering	+	gut geeignet
+ +	sehr groß	+	sehr gut	+ +	vernachlässigbar klein	+ +	sehr gut geeignet

Anmerkung: Es ist zu beachten, daß bestimmte in Tafel 24, Spalte 9, genannte Beispiele für Bodenarten, wie Mutterboden, Mudden, Geschiebemergel, Geschiebelehm entsprechend ihrer stofflichen Zusammensetzung gegebenenfalls verschiedenen Bodengruppen zugehören können.

5   Sicherheitsnachweise im Erd- und Grundbau nach globalem Sicherheitskonzept gemäß DIN 1054 (11.76)

Mit den Sicherheitsnachweisen werden die äußeren Abmessungen von Erd- und Grundbauwerken festgelegt (sog. „äußere" oder geotechnische Bemessung).

Nachgewiesen wird die Sicherheit eines Bauwerks oder Bauteils gegen das Versagen des Bodens durch Überschreiten der Grenztragfähigkeit mit globalen Sicherheitsgraden in Verbindung mit Lastfällen (Tafel 26).

Der Berechnung ist der ungünstigste Lastfall zugrunde zu legen, da davon die erforderlichen Sicherheiten abhängen. Im allgemeinen genügt es, den Lastfall 1 zu wählen.

Maßgebend sind DIN 1054 und/oder die nachgeordneten Berechnungsnormen (s. Tafel 25). Bezüglich der Nachweise mit europäischen Vornormen mit Teilsicherheitsbeiwerten s. Anhang auf S. 1004.

Tafel 25   Zusammenstellung der Sicherheitsnachweise mit zugehörigen Sicherheitsgraden (Auswahl)

Bauwerk oder Bauteil	Nachzuweisende Sicherheiten	Zugehörige Normen oder Empfehlungen	s. S.	Erforderliche Sicherheitsgrade		
				LF1	LF2	LF3
Flachgründungen Gewichts- und Winkelstützwände	Grundbruchsicherheit η_g	DIN 1054 DIN 4017	938	2,0	1,5	1,3
	Gleitsicherheit η_s	DIN 1054	943	1,5	1,35	1,2
Bauwerke im Grundwasser	Auftriebssicherheit η_a	DIN 1054	943	1,1	1,1	1,05
Pfahlgründungen	Sicherheit η gegen die Grenzlast	DIN 1054 DIN 4014	951	2,0	1,75	1,5
Verpreßanker	Sicherheit η_k gegen die Grenzlast (Verpreßkörper), Standsicherheit η der tiefen Gleitfuge	DIN 4125 (Regelfall)	967	1,5	1,33	1,25
		DIN 4125 EAU E10	966	1,5		
Böschungen, Bauwerke in oder über einem Geländesprung	Böschungs- oder Geländebruchsicherheit η	DIN 4084	970	1,4	1,3	1,2

Fortsetzung s. nächste Seite

Tafel 25 (Fortsetzung)

Bauwerk oder Bauteil	Nachzuweisende Sicherheiten	Zugehörige Normen oder Empfehlungen	s. S.	Erforderliche Sicherheitsgrade		
				LF1	LF2	LF3
Dämme	Sicherheit η gegen Dammgleiten	ungenormt Vorschlag [4]	974	1,3	1,25	1,2
Unterströmte Baugrubenwände	Sicherheit η gegen Versagen curch hydr. Grundbruch des Bodens vor den Wänden	ungenormt Vorschlag [4]	–	3,0	2,5	2,0

Tafel 26 Lastfälle nach DIN 1054 (11.76)

Lastfall 1	Ständige Lasten und regelmäßig auftretende Verkehrslasten, auch Wind. (Normalfall)
Lastfall 2	Außer den Lasten des Lastfalls 1, gleichzeitig aber nicht regelmäßig auftretende große Verkehrslasten und Belastungen während der Bauzeit. (Ungünstiger Fall)
Lastfall 3	Außer den Lasten des Lastfalls 2, gleichzeitig mögliche außerplanmäßige Lasten, z. B. durch Ausfall von Betriebs- und Sicherheitsvorrichtungen oder bei Unfällen. (Außergewöhnlicher Fall)

Untersucht werden die Grenzzustände der Tragfähigkeit des Bodens auf ebenen, spiralförmigen und kreiszylindrischen Gleitfugen, die im Grenzzustand „aufreißen".

6   Flach- und Flächengründungen

6.1   Abgrenzung

Flachgründungen sind Einzel- oder Streifenfundamente mit geringer Einbindetiefe, bei denen die Lasten überwiegend in der Gründungssohle übertragen werden.

Flächengründungen sind Gründungsplatten und Träger-(Gitter-)rostfundamente mit beliebiger Einbindetiefe.

6.2   Lage und Ausbildung der Gründungssohle

Die Gründungssohle muß frostfrei liegen, mindestens aber 0,8 m unter Gelände. Hiervon darf abgewichen werden: a) bei Bauwerken von untergeordneter Bedeutung (z. B. Einzelgaragen, einstockige Schuppen, Bauwerke für vorübergehende Zwecke o. ä. und geringer Flächenbelastung, b) bei Gründungen auf nicht angewittertem Fels in gleichmäßig fest gelagertem Verband (DIN 1054, 4.1.1).

Der Baugrund muß gegen Auswaschen (Erosion) oder Verringerung seiner Lagerungsdichte durch strömendes Wasser (Einwirkung von Strömungsdruck) sowie bindiger Boden während der Bauzeit gegen Aufweichen und Auffrieren gesichert sein (DIN 1054. 4.1.1).

6.3   Berechnungsgrundlagen

Nach **DIN 1054, Abschn. 2.2**, wird der Baugrund durch **ständige Lasten** (u. a. Eigenlasten des Bauwerkes, ständig wirkende Erddrücke, Erdlasten und Wasserdrücke) sowie **Verkehrslasten** (Lasten nach DIN 1055-3 und DIN 1072, wechselnde Erd- und Wasserdrücke, Eisdruck) beansprucht. Lasten, die durch Veränderung der Umgebung des Bauwerkes, z. B. durch Baumaßnahmen, durch Belastungsänderungen oder durch Grundwassersenkungen entstehen, zählen je nach ihrer Dauer zu den ständigen Lasten oder zu den Verkehrslasten.

Ständige und Verkehrslasten bilden die Gesamtlast

In der Regel genügt es, die Flachgründungen für den Normalfall der Gesamtlast aus ständigen Lasten und regelmäßig auftretenden Verkehrslasten, auch Wind (Lastfall 1 der Tafel 26) zu bemessen.

Bezüglich der Unterscheidung von Lastfällen s. Tafel 26 (S. 932).

Nach **Abschn. 4.1.2** ist beim Entwurf der Gründungskörper die Verteilung der Lasten a) beim Nachweis der zulässigen Bodenpressung mit Hilfe von Tabellenwerten sowie beim Grundbruchnachweis als gleichmäßig verteilt, b) bei der Ermittlung der Schnittkräfte sowie beim Setzungsnachweis als geradlinig verteilt (Tafel 27) sowie c) bei der Bemessung von biegeweichen Gründungsplatten und -balken nach DIN 4018 anzunehmen (Rechenverfahren s. [9], [10], [13]).

Stoßzahlen und Schwingbeiwerte brauchen nur bei der Schnittkraftermittlung unmittelbar befahrener Fundamente in die Vertikallasten eingerechnet zu werden.

Bei der Bestimmung der resultierenden Kräfte in der Gründungssohle darf auch die lotrecht wirkende Komponente des aktiven Erddruckes berücksichtigt werden.

Der Erdwiderstand darf nur dann als Reaktionskraft angesetzt werden, wenn das Fundament ohne Gefahr eine Verschiebung erfahren kann, die hinreicht, den erforderlichen Erdwiderstand wachzurufen.

6.4 Geotechnische Bemessung nach DIN 1054 (11.76)

6.4.1 Nachweis der Tragfähigkeit

Die zulässige Belastung des Baugrundes ist bei lotrechter Belastung begrenzt durch die für das Bauwerk erträglichen Setzungen bzw. Setzungsunterschiede und durch die Grundbruchsicherheit unter Beachtung der Ausmittigkeit und Neigung der Resultierenden sowie der Belastungsgeschwindigkeit. Bei Schrägbelastung muß außerdem eine ausreichende Sicherheit gegen Gleiten vorhanden sein (DIN 1054 (11.76), Abschn. 4).

Erklärung: *Grundbruch tritt ein, wenn ein Gründungskörper so stark belastet wird, daß sich unter ihm im Baugrund Gleitbereiche bilden, in denen der Widerstand des Bodens (Grundbruchwiderstand) überwunden wird.*

Nachgewiesen wird die Grundbruchsicherheit im herkömmlichen Sicherheitskonzept mit Bemessungsgleichungen der DIN 4017-1 und -2 (8.79) und globalen Sicherheitswerten der DIN 1054 (11.76), im neuen Sicherheitskonzept probeweise nach DIN V 4017-100 oder DIN EN V 1997-1 (EC 7) mit Teilsicherheitsbeiwerten für GZ 1 B der DIN V 1054-100 oder 1 C der EC 7 (s. Anhang).

Der Nachweis der Gleitsicherheit erfolgt mit Bemessungsgleichungen und globalen Sicherheitsbeiwerten der DIN 1054 (11.76) oder probeweise mit solchen der DIN V 1054-100 oder DIN EN V 1997-1 mit Teilsicherheitsbeiwerten für GZ 1 B oder 1 C.

Im Regelfall kann die zulässige Belastung des Baugrundes auch mit Hilfe von Tabellenwerten nach Abschnitt 6.4.2 ermittelt werden, wobei eine Grundbruchberechnung entfällt.

Bei außermittiger Belastung sind unabhängig von dem Nachweisverfahren zusätzlich die nachfolgenden Bedingungen a) und b) zu erfüllen.

Zulässige Lage der Resultierenden

Die Exzentrizität der resultierenden Einwirkung V oder R_v darf höchstens so groß werden, daß
a) infolge der Gesamtbelastung die Gründungssohle des Fundaments bis zu ihrem Schwerpunkt durch Druck belastet bleibt (2. Kernweite, s. Bild 15), d. h. $e_x \leq a/3$ bzw. $e_y \leq b/3$. Für Kreisfundamente gilt $e \leq 0{,}59\,r$

13

b) infolge ständiger Last keine klaffende Fuge auftritt (1. Kernweite), d. h. $e_x \leq a/6$ bzw. $e_y \leq b/6$. Für Kreisfundamente gilt $e \leq 0{,}25\,r$

Nach DIN V 1054-100 ist der Nachweis der zulässigen Lage der Resultierenden ein Gebrauchstauglichkeitsnachweis im GZ 2.

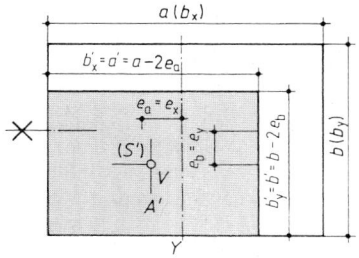

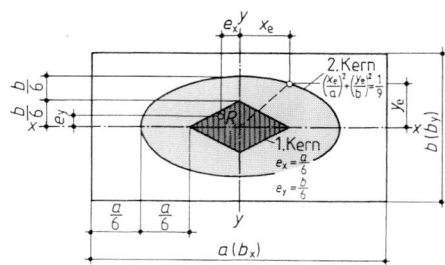

Bild 14 Teilfläche A' für doppelte Ausmittigkeit von V

Bild 15 Kernflächen eines rechteckigen Fundamentes nach DIN 1054

Tafel 27 Berechnung der gleichmäßig oder geradlinig verteilten Sohlnormalspannung σ_{vorh} von biegesteifen Fundamenten

Belastung	Lage von $V = R_v$ (vgl. Bild 14 bis 16)	Größe und Verteilung des rechnerischen Sohldruckes		
mittig	$e_x = 0 \quad u = b/2$ $e_y = 0$	$\sigma_{0m} = \dfrac{F}{A} = \dfrac{V}{a \cdot b}$	(2)	rechteckförmig (gleichmäßig)
einfach außermittig (einachsige Momentenwirkung)	$e_x \leq b/6$ $e_y = 0$	$\begin{array}{c}\max\\\min\end{array}\;\sigma_0 = \dfrac{R_v}{a \cdot b}\left(1 \pm \dfrac{6 \cdot e}{b}\right)$	(3)	trapezförmig (geradlinig)
	$e_x = b/6$ $u = b/3$ $e_y = 0$	$\max \sigma_0 = \dfrac{2 \cdot R_v}{a \cdot b}$	(4)	dreieckförmig über volle Breite (geradlinig)
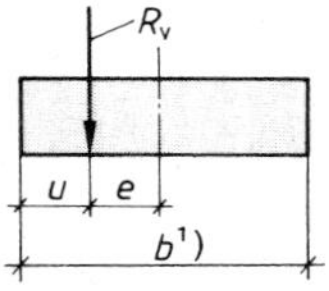	$b/6 < e_x \leq b/3$ $e_y = 0$	$\max \sigma_0 = \dfrac{2 \cdot R_v}{3 \cdot u \cdot a}$	(5)	dreieckförmig, klaffende Fuge
	$e_x = b/3$ $u = b/6$	$\max \sigma_0 = \dfrac{4 \cdot R_v}{a \cdot b}$	(6)	dreieckförmig, über halbe Breite
doppelt außermittig (Einwirkung von Momenten um zwei Hauptachsen, s. Bild 14)	$e_x \neq 0 \quad e_y \neq 0$ innerhalb des 1. Kerns	$\max \sigma_0 = \dfrac{F}{A} \pm \dfrac{M_x}{W_x} \pm \dfrac{M_y}{W_y}$	(7)	
	$e_x \neq 0 \quad e_x \neq 0$ innerhalb des 2. Kerns (Bild 15)	$\max \sigma_0 = \mu\,\dfrac{R_v}{a \cdot b}$	(8)	μ aus Nomogramm von *Hülsdünker* (Bild 16)

[1]) bzw. a s. Bild 15

934

Solange die Ablesegerade die Grenzlinie nicht schneidet, ist mindestens die halbe Grundfläche an der Lastabtragung beteiligt. Bezüglich der Nullinie des Sohldruckkörpers s. [1], T3.

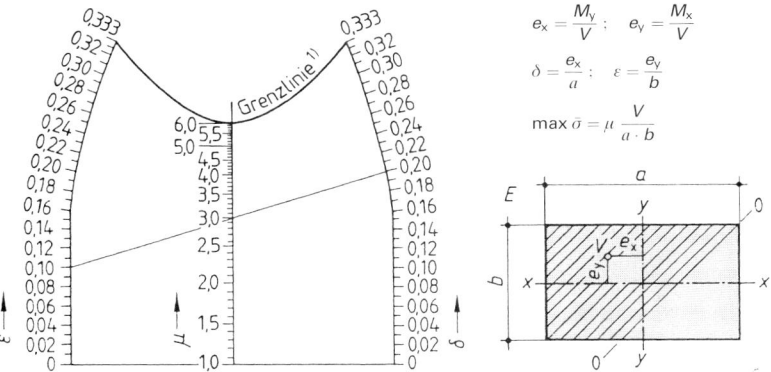

$$e_x = \frac{M_y}{V} \; ; \quad e_y = \frac{M_x}{V}$$

$$\delta = \frac{e_x}{a} \; ; \quad \varepsilon = \frac{e_y}{b}$$

$$\max \bar{\sigma} = \mu \, \frac{V}{a \cdot b}$$

Bild 16 Maximale Sohlnormalspannung σ_{0E} **unter der Ecke** E **bei doppelter Ausmittigkeit** (nach *Hülsdünker*)

6.4.2 Bemessung mit zulässigen Sohldrücken der DIN 1054 (11.76)

Wenn

a) die maßgebenden Eigenschaften des Bodens (Lagerungsdichte gemäß Tafel 18 oder mindestens steife Konsistenz) aufgrund von Baugrunderkundungen zuverlässig eingeschätzt werden können, ferner

b) der Baugrund bis zu einer Tiefe von $2b$ (b = Fundamentbreite) unter der Gründungssohle nicht schlechter wird, die Geländeoberfläche und Schichtgrenzen annähernd waagerecht verlaufen und

c) das Fundament nicht überwiegend oder regelmäßig dynamisch beansprucht wird, kann für diesen Regelfall als Ersatz für die Nachweise der Grundbruchsicherheit und der zulässigen Setzungen angesetzt werden:

1) Bei **mittigem Lastangriff** auf die Fundamentsohle

vorh $\sigma_0 = V/A = V/b_x \cdot b_y \leq$ zul σ_0 (9)

wobei zul σ in Gl. (9) aus den Tafeln 28 und 29 entnommen wird, ggf. erhöht oder abgemindert

2) Bei **außermittigem Lastangriff** auf die Fundamentsohle wird nur derjenige Teil A' von ihr angesetzt, für den die Resultierende der Einwirkungen im Schwerpunkt steht (Bild 14), d. h.

$A' = b_x' \cdot b_y' = (b_x - 2e_x)(b_y - 2e_y)$ (10)

Das Klaffen der Sohlfuge muß überprüft werden. Eine Setzungsberechtigung ist nur dann erforderlich, wenn der Einfluß benachbarter Fundamente zu berücksichtigen ist. Ist die Einbindetiefe auf allen Seiten des Gründungskörpers größer als 2 m, so darf die Bodenpressung um die Spannung erhöht werden, die sich aus der der Mehrtiefe entsprechenden Bodenbelastung ergibt (DIN 1054, Abschn. 4.2).

Die Tabellenwerte beruhen auf Grundbruch- und Setzungsberechnungen sowie auf Erfahrungen.

6.4.2.1 Zulässiger Sohldruck (Bodenpressung) für nichtbindigen Boden

Erforderliche Lagerungsdichte für den Ansatz der Tafelwerte

Vorausgesetzt wird mindestens mitteldicht gelagerter Baugrund. Dieser ist vorhanden, wenn die in Tafel 18 (S. 923) angegebenen Bedingungen eingehalten werden.

Nach DIN 1054 Bblt (11.76) sind gewachsene Sand- und Kiesablagerungen in der Regel ausreichend dicht gelagert. Liegen diesbezüglich keine örtlichen Erfahrungen vor, kann der Nachweis durch Sondierungen erbracht werden (S. 914).
Ähnlich wie bei nichtbindigem kann die Tragfähigkeit von gemischtkörnigem Boden mit geringem Feinkornanteil bis 15% beurteilt werden (SU, GU, GT).

Setzungen

Nach DIN 1054 (11.76) können Bodenpressungen der Tabelle 1 der Tafel 28 zu Setzungen führen, die bei Fundamentbreiten bis 1,5 m ein Maß von 1 cm, bei breiteren Fundamenten ein Maß von 2 cm nicht übersteigen.
Die Setzungsbeträge beziehen sich auf alleinstehende Fundamente und können sich bei gegenseitiger Beeinflussung vergrößern. Eine nennenswerte gegenseitige Beeinflussung tritt nur auf, wenn der lichte Abstand benachbarter Fundamente kleiner als die dreifache Fundamentbreite ist.

Tafel 28   **Zulässige mittlere Bodenpressungen in kN/m² für Streifenfundamente auf nichtbindigen und schwach feinkörnigen Böden (Bodengruppe GE, GW, GI, SE, SW, SI, GU, GT, SU, ST) nach DIN 1054 (11.76)**

DIN 1054	Tabelle 1						Tabelle 2			
Bauwerk	setzungsempfindlich						setzungsunempfindlich			
Breite des Streifenfundaments b bzw. b' in m	0,5	1	1,5	2	2,5	3	0,5	1	1,5	2
Einbindetiefe t in m 0,5	200	300	330	280	250	220	200	300	400	500
1	270	370	360	310	270	240	270	370	470	570
1,5	340	440	390	340	290	260	340	440	540	640
2	400	500	420	360	310	280	400	500	600	700
bei kleinen Bauwerken	150 mit Breiten $\geq$ 0,3 m und Gründungstiefen $\geq$ 0,3 m									

Verkantungen außermittig belasteter Fundamente müssen erforderlichenfalls nachgewiesen werden (s. S. 943).
Die angegebenen Bemessungswerte dürfen überschritten werden, wenn die Grenzzustände der Tragfähigkeit und der Gebrauchstauglichkeit (s. S. 1075) rechnerisch nachgewiesen werden. Diese Nachweise sind auch dann zu führen, wenn die Voraussetzungen für die Anwendung der Tabellenwerte nicht gegeben sind.

Erhöhung der Werte von Tafel 28 bei Rechteckfundamenten und dichter Lagerung

Wenn $b \geq$ 0,5 m und $t \geq$ 0,5 ist:
a) Um 20% bei Rechteckfundamenten, wenn $a/b <$ 2, sowie bei Kreisfundamenten; die auf der Grundlage des Grundbruchs ermittelten Werte jedoch nur dann, wenn die Einbindetiefe $t \geq$ 0,6 · b bzw. b' ist, d. h. die Werte der Tabelle 2 und die der beiden ersten Spalten der Tabelle 1 der Tafel 28.
b) Um 50% bei nachgewiesener dichter Lagerung der Tafel 18 bis $t = 2b$, jedoch $\geq$ 2 m unter Gründungssohle.
Anmerkung: Die Entscheidung bei b) erfolgt durch Sondierungen oder durch den Nachweis an Sonderproben.

Abminderung der Werte von Tafel 26 bei Grundwasser

Die dort angegebenen Bemessungswerte gelten nur für den Abstand zwischen Gründungssohle und Grundwasser d, der mindestens so groß ist wie b bzw. b', sonst gilt:
a) Liegt der Grundwasserspiegel in Höhe der Gründungssohle, ist der Tafelwert um 40% zu vermindern ($d = 0$).

b) Ist der Abstand zur Gründungssohle $d < b$ bzw. b', darf zwischen dem um 40% abgeminderten und dem vollen Tafelwert entsprechend dem tatsächlichen Abstand interpoliert werden.

c) Liegt der Grundwasserspiegel über der Gründungssohle, reicht die Abminderung um 40% aus, wenn die Einbindetiefe $t > 0,8$ m und $b < t$ ist, sonst ist der Grundbruchnachweis nach DIN 4017 zu führen.

Abminderung der Werte von Tafel 28 bei waagerechten Einwirkungen

Fundamente, bei denen außer senkrechten Lasten V auch waagerechte Lasten H angreifen, dürfen nur dann mit Gl. (9 u. 10) bemessen werden, wenn die Einbindetiefe $t \geq 1,4 \cdot b' \cdot \tan \delta_s$ ist. Dann sind die Werte der Tabelle 2 der Tafel 28 bzw. die erhöhten oder herabgesetzten Tabellenwerte mit dem Faktor $(1 - H/V)$ abzumindern, wenn H parallel zur langen Fundamentseite $a(b_x)$ wirkt und $a/b > 2$ ist, in allen anderen Fällen mit dem Faktor $(1 - H/V)^2$.

Hierin ist H die Summe der angreifenden Horizontalkräfte ohne Berücksichtigung des Erdwiderstandes, $\tan \delta_s = H/V$.

Die Werte nach Tabelle 1 von Tafel 28, dürfen unverändert verwendet werden, solange sie nicht größer sind als die herabgesetzten, auf der Grundlage einer ausreichenden Grundbruchsicherheit angegebenen Werte der Tabelle 2 der Tafel 28. Maßgebend ist stets der kleinere Wert.

Zulässige Bodenpressungen bei verdichteten Schüttungen aus nichtbindigen Bodenarten. Wenn die Voraussetzungen der Lagerungsdichte nach Tafel 18 erfüllt sind, was nach dem Beiblatt zur DIN 1054, Abschnitt 4.2.3, durch Sondierungen, Probebelastungen und Probenahme nachzuweisen ist, und ferner der Gehalt an organischen Stoffen $< 3\%$ ist, dürfen die Werte der Tafel 28 bei der Bemessung der auf ihnen gegründeten Fundamente verwendet werden.

6.4.2.2 Zulässiger Sohldruck für bindigen Baugrund ($I_p \geq 10\%$)

Tafel 29 Zulässige mittlere Bodenpressung für Streifenfundamente bei bindigem und gemischtkörnigem Baugrund in kN/m^2

DIN 1054	Tabelle 3	Tabelle 4			Tabelle 5			Tabelle 6		
Bodenart	reiner Schluff	gemischtkörniger Boden, der Korngrößen vom Ton- bis in den Sand-, Kies- oder Steinbereich enthält			tonig-schluffiger Boden			fetter Ton		
Bodengruppe	UL	SU, ST, ST̄, GU, GT̄			UM, TL, TM			TA		
Konsistenz	steif bis halbfest	steif	halbfest	fest	steif	halbfest	fest	steif	halbfest	fest
Einbinde-tiefe[1) in m 0,5	130	150	220	330	120	170	280	90	140	200
1	180	180	280	380	140	210	320	110	180	240
1,5	220	220	330	440	160	250	360	130	210	270
2	250	250	370	500	180	280	400	150	230	300

[1) Zwischenwerte können geradlinig eingeschaltet werden.

Voraussetzungen für den Regelfall bei der Benutzung von Tafel 29

1. Bindiger Boden mindestens von steifem Zustand ($I_c > 0,75$).
2. Verhältnis $H : V \leq 0,25$.
3. Allmähliche Lastaufbringung bei steifer Konsistenz, bei schneller Belastung oder weicher Konsistenz Nachweis der zul. Bodenpressung mit Setzungs- und Grundbruchuntersuchungen.
4. Verträglichkeit der Setzungen von 2 bis 4 cm für das Bauwerk.
5. Fundamentbreiten $< 5,0$ m.

13

Erhöhung der Tafelwerte (Tabelle 3 bis 6, Tafel 29) bei Rechteckfundamenten mit einem Seitenverhältnis $a/b < 2$ und bei Kreisfundamenten um 20%.

Abminderung der Tafelwerte (Tabelle 3 bis 6, Tafel 29) bei Fundamentbreiten zwischen 2 und 5 m um 10% der Tafelwerte je m zusätzlicher Fundamentbreite.

Anmerkung: Die Zustandsform eines bindigen Bodens kann nach Feldversuchen der Tafel 5 ermittelt werden.

Die Anwendung der Tafelwerte bei geschütteten bindigen Böden setzt eine Proctordichte von 100% voraus (DIN 1054, Abschn. 4.3.2).

Als Ergänzung zu den Tabellen 3 bis 6 darf für kleinere Bauten (s. 6.2) bei Streifenfundamenten mit Breiten von $b \geq 0,2$ m und Einbindetiefen von $t \geq 0,5$ m mit einer mittleren Bodenpressung von 80 kN/m^2 gerechnet werden (DIN 1054, 4.2.2).

6.4.2.3 Zulässiger Sohldruck für Fels

Tafel 30 Zulässige Bodenpressung (Sohlnormalspannung) in kN/m^2 bei Flächengründungen **auf Fels** nach DIN 1054 (11.76)

Lagerungszustand des Gesteins	Zustand des Gesteins	
	nicht brüchig, nicht oder nur wenig angewittert	brüchig oder mit deutlichen Verwitterungsspuren
Fels in gleichmäßig festem Verband	4000	1500
Fels in wechselnder Schichtung oder klüftig	2000	1000

Die Bodenpressung der Tafel 30 gilt nicht, wenn der Fels stark gestört ist, die Neigung der Gebirgsschichtung und -klüftung nur wenig von der des Geländes abweicht und die Felsoberfläche mehr als 30° geneigt ist.

6.4.3 Geotechnische Bemessung mit Sicherheitsnachweisen

Wenn die Tabellenwerte der zulässigen Bodenpressung nach Abschnitt 6.4.2 überschritten werden oder die dafür erforderliche Einstufung als Regelfall nicht in Frage kommt, ist die zulässige Belastung des Baugrundes dann den Nachweis ausreichender Grundbruchsicherheit und ggf. Gleitsicherheit zu ermitteln.

Zusätzlich ist nachzuweisen, daß die Grenzwerte von Setzungsdifferenzen nicht überschritten werden, und ggf., daß die Lage der Resultierenden zulässig ist.

Hinweis: In der Regel werden die Tafelwerte aus wirtschaftlichen Gründen nur bei Fundamenten kleinerer Bauwerke mit geringen Lasten angewendet. Bodenkennwerte sind im Gegensatz zur geotechnischen Bemessung nicht erforderlich.

6.4.3.1 Nachweis der Grundbruchsicherheit nach DIN 4017 (8.79)
mit globalen Sicherheitswerten der DIN 1054 (11.76)

Die Sicherheit ist nach einem der folgenden Ansätze nachzuweisen:

1) Bezugsgröße Last: $\text{zul } V = V_b / \text{erf } \eta_p \geq \text{vorh } V$ (11)

2) Bezugsgröße Scherbeiwerte: $V_b \geq \text{zul } V$ (12)

zul V Zulässige lotrechte Komponente der angreifenden Lasten (s. Bild 17 u. 19)

V_b Lotrechte Komponente der Grundbruchlast, berechnet nach Gl. (15) oder (17)

Im Fall 1) η_p aus Tafel 25
Im Fall 2) wird V_b mit den nach Gl. (13) und (14) abgeminderten Scherbeiwerten berechnet. Werte für die Sicherheitsbeiwerte sind Tafel 33 zu entnehmen.

$$\tan \text{zul } \varphi = \tan \varphi' / \eta_r \quad (13) \qquad \text{zul } c = c' / \eta_c \quad (14)$$

Es darf der Ansatz 1) oder 2) gewählt werden, der zu den wirtschaftlichsten Fundamentabmessungen führt (DIN 4017-1, Abschn. 11).

Hinweis: Da der Nachweis im Sinne von $\sum V = 0$ auf die Sohlfläche bezogen ist, sind alle oberhalb der Sohlfläche angreifenden Schnittkräfte Einwirkungen, also auch die Eigenlast des Gründungskörpers, Lasten aus Erddruck, der Sohlwasser- und seitliche Wasserdruck sowie sonstige Horizontallasten am Gründungskörper (Windlasten, Lasten aus Temperaturveränderungen, Brems- und Verzögerungslasten, Lasten aus Verankerungen, Schwinden und Kriechen von Beton, die als äußere Lasten zusammenzufassen sind), erforderlichenfalls zusätzliche Massenkräfte wie Strömungskraft, Erdbebenkraft und dynamische Einwirkungen, soweit sie durch statische Lasten ersetzt werden können und das Fundament unmittelbar dynamisch belastet wird.

Die Exzentrizität der Resultierenden wird vereinfacht dadurch berücksichtigt, daß mit der Ersatzfläche A' (s. Bild 19) gerechnet wird.

Gl. (16) und (18) können bei zweischichtigen Böden nur dann verwendet werden, wenn die Gleitfläche nicht bis zum Schichtwechsel reicht (s. Bild 18). Sonst Berechnung nach Beisp. 2, Beibl. DIN 4017-1.

Für die Berechnung ist derjenige Scherparameter zugrunde zu legen, welcher die kleinste Bruchlast ergibt. Die Scherparameter für den wirksamen Reibungswinkel φ' und die etwaige Kohäsion c' gelten für einen Zustand, bei dem der Boden nach seiner Konsolidation unter dem Bauwerkslasten langsam auf Scheren beansprucht wird (Endzustand). Die Werte für die Kohäsion c_u und die etwaigen Reibungswinkel φ_u gelten für einen Zustand, bei welchem ein bindiger, schwach durchlässiger Boden im Verhältnis zu seiner Wasserdurchlässigkeit schnell belastet wird (Anfangszustand). Bei wassergesättigtem Ton ist $\varphi_u = 0$ (DIN 4017-1, Bbl. 1).

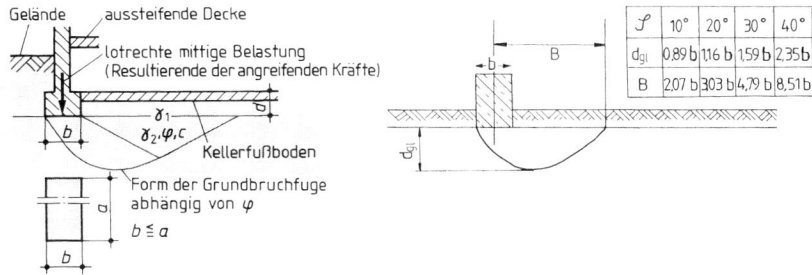

$\mathcal{G}$	10°	20°	30°	40°
d_{gl}	0,89 b	1,16 b	1,59 b	2,35 b
B	2,07 b	3,03 b	4,79 b	8,51 b

Bild 17 Grundbruch unter einem lotrecht und mittig belasteten Gründungskörper bei einheitlicher Schichtung im Bereich des Gleitkörpers

Bild 18 Lage der ungünstigsten Gleitfläche für mittige und lotrechte Last bei einheitlicher Schichtung

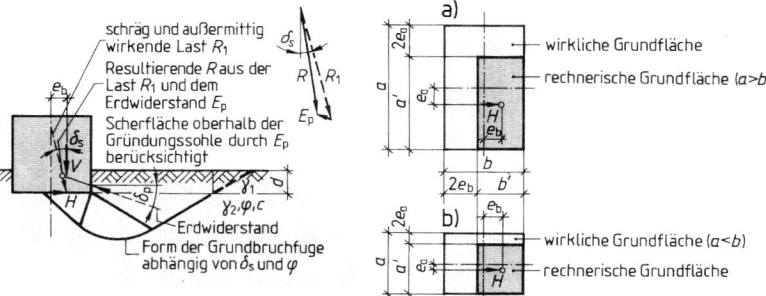

Bild 19 Grundbruch unter einem schräg und außermittig belasteten Fundament

13

Berechnung der Grundbruchlast V_b (eingesetzt in Gl. (11) oder (12))

a) für **lotrecht, mittig belastete Flachgründungen** nach DIN 4017-1, Bild 17, mit:

$$V_b = a \cdot b \cdot \sigma_{0f} \tag{15}$$

$$\sigma_{0f} = \underbrace{c \cdot N_c \cdot \nu_c}_{\substack{\text{Einfluß der} \\ \text{Kohäsion}}} + \underbrace{\gamma_1 \cdot d \cdot N_d \cdot \nu_d}_{\substack{\text{Gründungs-} \\ \text{tiefe}}} + \underbrace{\gamma_2 \cdot b \cdot N_b \cdot \nu_b}_{\substack{\text{Gründungs-} \\ \text{breite}}} \tag{16}$$

b) für **schräg und außermittig belastete Flachgründungen** nach DIN 4017-2, Bild 19, mit:

$$V_b = a' \cdot b' \cdot \sigma_{0f} \tag{17}$$

$$\sigma_{0f} = \underbrace{c \cdot N_c \cdot \varkappa_c \cdot \nu'_c}_{\substack{\text{Einfluß der} \\ \text{Kohäsion}}} + \underbrace{\gamma_1 \cdot d \cdot N_d \cdot \varkappa_d \cdot \nu'_d}_{\substack{\text{Gründungs-} \\ \text{tiefe}}} + \underbrace{\gamma_2 \cdot b' \cdot N_b \cdot \varkappa_b \cdot \nu'_b}_{\substack{\text{Gründungs-} \\ \text{breite}}} \tag{18}$$

V_b	Lotrechte Bruchlast (Grundbruchwiderstand)
b, a[1])	Breite und Länge bzw. Durchmesser des Gründungskörpers in m ($b < a$)
σ_{0f}	mittlere Bodenspannung in der Gründungsfuge beim Grundbruch in kN/m^2
c	Kohäsion des Bodens in kN/m^2
N	Tragfähigkeitswerte aus Tafel 31 abhängig von φ
$\gamma_1 (\gamma_2)$	Wichte des feuchten Bodens ober-(unter-)halb der Gründungssohle in kN/m^3

d	geringste Gründungstiefe unter Geländeoberfläche bzw. Kellerfußboden in m
a'	größere Seite der rechnerischen Grundfläche A'
b'	kleinere Seite der rechnerischen Grundfläche A' (vgl. Bild 14)
$\varkappa$	Lastneigungsbeiwert aus Tafel 34 bis 37
ν, ν'	Formbeiwerte aus Tafel 32 abhängig von a und b bzw. a' und b'

---

[1]) Für mittig und lotrecht belastete, unendlich lange Streifenfundamente wird $a = 1{,}0$ m

Tafel 31   Tragfähigkeitsbeiwerte N

φ	$0°$	$5°$	$10°$	$15°$	$20°$	$22{,}5°$	$25°$	$27{,}5°$	$30°$	$32{,}5°$	$35°$	$37{,}5°$	$40°$	$42{,}5°$
N_c	5,0	6,5	8,5	11,0	15,0	17,5	20,5	25	30	37	46	58	75	99
N_d	1,0	1,5	2,5	4,0	6,5	8,0	10,5	14	18	25	33	46	64	92
N_b	0	0	0,5	1,0	2,0	3,0	4,5	7	10	15	23	34	53	83

Tafel 32   Formbeiwerte ν[1]); ν'

	Streifen	Rechteck	Quadrat/Kreis
$\nu_c \ (\varphi \neq 0)$	1,0	$\dfrac{\nu_d \cdot N_d - 1}{N_d - 1}$ (19)	$\dfrac{\nu_d \cdot N_d - 1}{N_d - 1}$ (23)
$\nu_c \ (\varphi = 0)$	1,0	$1{,}0 + 0{,}2 \dfrac{b}{a}$ (20)	1,2
ν_d	1,0	$1{,}0 + \dfrac{b}{a} \sin \varphi$ (21)	$1 + \sin \varphi$ (24)
ν_b	1,0	$1{,}0 - 0{,}3 \dfrac{b}{a}$ (22)	0,7

Tafel 33   Mindestwerte für η_p, η_r **und** η_c

Lastfall nach DIN 1054	η_p	η_r	η_c
1	2,0	1,25	2,00
2	1,5	1,15	1,50
3	1,3	1,10	1,30

[1]) Bei außermittiger Belastung treten für die Ermittlung von ν' an Stelle von a und b die reduzierten Seiten a' und b'

Die Neigung der Kraft wird mit Neigungsbeiwerten erfaßt, die im wesentlichen von der Neigung der Res. δ_s, von der wirksamen Fundamentfläche, vom Bodenreibungswinkel φ und der Kohäsion c abhängen, wobei die Scherparameter nach Anfangs- und Entstandsicherheit unterschieden werden müssen.

Tafel 34   Lastneigungsbeiwerte für den Fall $\varphi > 0$; $c = 0$ (nicht bindige Böden)

Richtung von H	$\varkappa_{\mathrm{d}}$	$\varkappa_{\mathrm{b}}$
parallel b'	$(1 - 0{,}7 \cdot \tan \delta_{\mathrm{s}})^3$ (25)	$(1 - \tan \delta_{\mathrm{s}})^3$ (26)
parallel a'	$1 - \tan \delta_{\mathrm{s}}$ (27)[1])	$1 - \tan \delta_{\mathrm{s}}$ (28)[1])

[1]) gültig für $a'/b' > 2$, andernfalls gelten Werte des Falls H parallel b'. $\varkappa_{\mathrm{c}}$ entfällt.

Daraus ergeben sich für Streifenfundamente (H parallel zu b') folgende Größen:

Tafel 35   Größen von Lastneigungsbeiwerten für Streifen ($\varphi > 0$; $c = 0$) mit außermittig geneigten Lasten parallel zu b' in kN/m

δ_{s}	5°	10°	15°	20°	25°	30°	35°	40°	45°
$\varkappa_{\mathrm{d}}$	0,827	0,674	0,536	0,413	0,306	0,212	0,133	0,070	0,027
$\varkappa_{\mathrm{b}}$	0,760	0,559	0,392	0,257	0,152	0,075	0,027	0,004	0

Tafel 36   Lastneigungsbeiwerte für den Fall $\varphi > 0$; $c > 0$

Richtung von H	$\varkappa_{\mathrm{c}}$	$\varkappa_{\mathrm{d}}$	$\varkappa_{\mathrm{b}}$
parallel b'	$\varkappa_{\mathrm{d}} - \dfrac{1 - \varkappa_{\mathrm{d}}}{N_{\mathrm{d}} - 1}$ (29)	$\left(1 - 0{,}7\,\dfrac{H_{\mathrm{b}}}{V_{\mathrm{b}} + A' \cdot c \cdot \cot \varphi}\right)^3$ (30)	$\left(1 - \dfrac{H_{\mathrm{b}}}{V_{\mathrm{b}} + A' \cdot c \cdot \cot \varphi}\right)^3$ (31)
parallel a'	$\varkappa_{\mathrm{d}} - \dfrac{1 - \varkappa_{\mathrm{d}}}{N_{\mathrm{d}} - 1}$ (32)[2])	$1 - \dfrac{H_{\mathrm{b}}}{V_{\mathrm{b}} + A' \cdot c \cdot \cot \varphi}$ (33)	

[2]) gültig für $a'/b' > 2$, sonst $\varkappa$-Werte für den Fall H parallel b'

In die Berechnung der $\varkappa_{\mathrm{d}}$- und $\varkappa_{\mathrm{b}}$-Werte muß die zunächst unbekannte Bruchlast H_{b} und V_{b} geschätzt werden. Dies geschieht, indem die tatsächliche Belastung mit der jeweils geforderten Sicherheit η_{p} nach Tafel 25 oder 33 (s. oben) multipliziert wird (Probierverfahren). Ergibt sich in der Berechnung mit Gl. (18) eine andere Sicherheit als die geforderte, so muß die Berechnung bis zur Übereinstimmung wiederholt werden.

Tafel 37   Lastneigungsbeiwerte für den Fall $\varphi_{\mathrm{u}} = 0$; $c_{\mathrm{u}} > 0$ (Anfangszustand)

$\varkappa_{\mathrm{c}} = 0{,}5 + 0{,}5\sqrt{1 - \dfrac{H_{\mathrm{b}}}{A' \, c_{\mathrm{u}}}}$ mit $\dfrac{H_{\mathrm{b}}}{A' \cdot c_{\mathrm{u}}} \le 1$[1]) (34)	$\varkappa_{\mathrm{d}} = 1{,}0$	$\varkappa_{\mathrm{b}}$ entfällt

Diese Werte gelten für die Anfangsstandsicherheit bindiger Böden, insbesondere Tone, mit sogenannter Nullreibung (s. Tafel 40) für H parallel b' und a'.

[1]) ggf. A' größer wählen

In Tafel 37 wird kein Neigungsbeiwert für den Einfluß der Breite angegeben, weil in Gl. (18) der Wert N_{b} für $\varphi = 0$ ebenfalls zu Null wird und damit das ganze Glied über den Einfluß der Gründungsbreite entfällt.

Tafel 38   Böschungsbeiwerte für Streifen von Bauten an Hängen

Bezeichnung	ω_{d}	ω_{b}
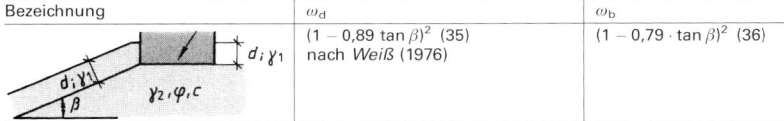	$(1 - 0{,}89 \tan \beta)^2$ (35) nach *Weiß* (1976)	$(1 - 0{,}79 \cdot \tan \beta)^2$ (36)

Böschungsbeiwerte werden als zusätzliche Faktoren in die entsprechenden Glieder der Gl. (16) oder (18) eingesetzt, wobei für die Streifen $\nu = 1$ wird. Ihre Größen ergeben sich aus Tafel 39. Bedingung: Böschungen müssen nach DIN 4084 (Abschn. 10.3.3) ausreichend standsicher sein.

13

Geotechnik

Tafel 39 Größen von Böschungsbeiwerten für Streifen auf nichtbindigen Böden ($\varphi \neq 0$; $c = 0$) nach den Formeln von Tafel 35

β	5°	0°	15°	20°	25°	30°	35°
ω_d	0,84	0,71	0,58	0,46	0,34	0,24	0,14
ω_b	0,87	0,74	0,62	0,510,40	0,40	0,30	0,20

Für Tone gibt *Terzaghi* die folgenden Erfahrungswerte für verschiedene Konsistenzbereiche an (DIN 4017-1, Beibl.).

Tafel 40 Erfahrungswerte für die Kohäsion von Tonen nach *Terzaghi* (Eingang in Tafel 37)

Konsistenz	c_u in kN/m²	Konsistenz	c_u in kN/m²
breiig	12,5	steif	50 bis 100
sehr weich	12,5 bis 25	halbfest	100 bis 200
weich	25 bis 50	hart	200

Tafel 41 Erfahrungswerte für mittlere Reibungswinkel φ nichtbindiger Böden nach DIN 4017-1 (Eingangswert in Tafel 31)

Lagerung	locker	mitteldicht	dicht
Rechenwert cal φ	32,5°	35°	37,5°

Beispiel 1 Ermittlung der zulässigen Bodenpressung mit dem Nachweis ausreichender Grundbruchsicherheit für ein Fundament mit den Abmessungen 4,0 × 2,0 m.

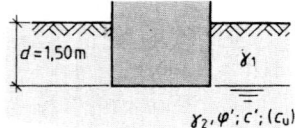

a) Baugrund: Sand (SE), mitteldicht aus Tafel 13: $\gamma_1 = 18$ kN/m³ $\varphi = 32,5°$

$\gamma_2 = 10$ kN/m³ $c = 0$

Tragfähigkeitswerte aus Tafel 31:

$N_\text{d} = 25,0$ $N_\text{b} = 15,0$

Formbeiwerte mit Gl. (21) und (22) aus Tafel 32

$$\nu_\text{d} = 1 + \sin\varphi \; \frac{b}{a} = 1 + \sin 32,5° \; \frac{2,00}{4,00} = 1 + 0,5373 \cdot \frac{1}{2} = 1,27$$

$$\nu_\text{b} = 1 - 0,3 \; \frac{b}{a} = 1 - 0,3 \cdot \frac{2,00}{4,00} = 0,85$$

Ermittlung der mittleren Bodenspannung beim Grundbuch:

$\sigma_\text{of} = \gamma_1 \cdot d \cdot N_\text{d} \cdot \nu_\text{d} + \gamma_2 \cdot b \cdot N_\text{b} \cdot \nu_\text{b}$

$= 18 \cdot 1,50 \cdot 25,0 \cdot 1,27 + 10,0 \cdot 2,0 \cdot 15,0 \cdot 0,85$

$= 857,3 + 255,0 = 1112,3$ kN/m²

zul $\sigma_0 = \sigma_\text{of}/\eta_\text{p} = \dfrac{1112,3}{2,0} = 556,2$ kN/m²

zul $V =$ zul $\sigma_0 \cdot a \cdot b = 556,2 \cdot 4,00 \cdot 2,00 = 4449,2$ kN

b) Baugrund: Ton (TM), steif (normal konsolidiert, d. h. erstverdichtet)

aus Tafel 14: $\gamma_1 = 19,5$ kN/m³ $\varphi' = 22,5°$ $\varphi_\text{u} = 0$

$\gamma_2 = 9,5$ kN/m³ $c' = 5$ kN/m² $c_\text{u} = 25$ kN/m²

Hinweis: Bei normal konsolidierten Böden ist die Scherfestigkeit des unentwässerten Versuches maßgebend, d. h. $c_\text{u} = 25$ kN/m², $\varphi_\text{u} = 0$

Tragfähigkeitswerte aus Tafel 31: $N_\text{d} = 1,0$ $N_\text{b} = 0$ $N_\text{c} = 5,0$

Formbeiwerte mit Gl. (20) der Tafel 32: $\nu_\text{c} = 1 + 0,2 \; \dfrac{b}{a} = 1,1$ $\nu_\text{d} = 1,0$

Beispiel 1, 1) Nachweis mit Bezugsgröße: Last
Forts.
$$\sigma_{of} = c \cdot N_c \cdot \nu_c + \gamma_1 \cdot d \cdot N_d \cdot \nu_d$$
$$= 25 \cdot 5{,}0 \cdot 1{,}1 + 19{,}5 \cdot 1{,}5 \cdot 1{,}0 \cdot 1{,}0 = 137{,}5 + 29{,}2 = 166{,}8 \text{ kN/m}^2$$

zul $\sigma_0 = \sigma_{of}/\eta_b = 166{,}8/2{,}0 = 83{,}4 \text{ kN/m}^2$

zul $V = $ zul $\sigma_0 \cdot a \cdot b = 83{,}4 \cdot 4{,}00 \cdot 2{,}00 = 667{,}2 \text{ kN}$

2) Nachweis mit Bezugsgröße: Scherbeiwert: zul $c = 25/2 = 12{,}5 \text{ kN/m}^2$
N_d und ν_c wie 1)

zul $\sigma_0 = 12{,}5 \cdot 5{,}0 \cdot 1{,}1 + 19{,}5 \cdot 1{,}5 \cdot 1{,}0 \cdot 1{,}0 = 98 \text{ kN/m}^2$

zul $V = $ zul $\sigma_0 \cdot a \cdot b = 98 \cdot 4{,}0 \cdot 2{,}0 = 784 \text{ kN}$

Sonderfall: Auftriebssicherheit nach DIN 1054 (11.76)

$$\frac{G}{F_A} \geq \eta_a \quad \text{oder} \quad \frac{G}{\eta_a} + \frac{E_{a_v}}{\eta + \Delta\eta_a} \geq F_A \quad (37)$$

G	Summe der Eigenlasten über der Gründungssohle
F_A	Resultierender der Auftriebskräfte
η_a	nach Tafel 25
$\Delta\eta_a$	= 0,3 im Lastfall 1 und 2
	= 0,15 im Lastfall 3

6.4.3.2 Berechnung der Gleitsicherheit mit globalen Sicherheitswerten der DIN 1054 (11.76)

Das Bauwerk gleitet, wenn die waagerechte Komponente der in der Sohlschnittfläche oder in einer darunter befindlichen Schnittfläche angreifenden resultierenden Kraft größer ist als die entgegenwirkende Scherkraft.

$$\frac{H_s + E_{phr}}{H} \geqq \text{erf } \eta_g \quad (38)$$

E_{phr}	Teil der Erdwiderstandskraft
H	Resultierender der horizontalen Aktionskraft (bei zweiachsiger Beanspruchung $H = \sqrt{H_x^2 + H_y^2}$)
H_s	Sohlwiderstandskraft (bei konsolidierten Böden[1]): $H_s = V \cdot \tan \delta_{sf}$
δ_{sf}	Sohlreibungswinkel (im Grenzzustand), $\delta_{sf} = \varphi'$ bei Ortbetonfundamenten $\delta_{sf} = 2/3 \, \varphi'$ bei Fertigteilfundamenten
η_g	Erforderliche Gleitsicherheit nach Tafel 25

Der volle Erdwiderstand darf nur herangezogen werden, falls die Fundamentverschiebung zur Mobilisierung von E_p ungefährlich und $D > 3$ ist. In den meisten Fällen ist $E_{phr} = {}^1/_2 E_{ph}$ zu vertreten. Bei vorübergehender Abgrabung, wie Leitungsverlegung im Bereich des Erddruckkeils, ist Zusatznachweis $E_{phr} = 0$ für Lastfall 2 (s. Tafel 26) zu führen.

6.5 Berechnung der Setzungen und Verkantungen
nach DIN 4019-1 und -2 in Verbindung mit den EVB[2])

Berechnet wird in der Regel die **Gesamtsetzung**. Sie ist die Summe folgender Setzungsanteile, die in der Berechnung mit erfaßt werden:

---

[1]) Bei rascher Beanspruchung eines wassergesättigten bindigen Bodens (undränierte Bedingung) gilt: $H_s = A \cdot c_u$ bzw. $A' \cdot c_u$.
[2]) Weil die neuen Normen allgemeiner gefaßt sind und weniger Details enthalten als die bisherigen, wurde die z. Zt. der Ausgabe von EVB (1996) vorhandene DIN 4019-1 und -2 sowie die damals in Vorbereitung befindliche Neufassung der DIN 4019-100 in Form von Empfehlungen herausgegeben, wobei darauf geachtet wurde, daß den derzeit gültigen Normen nicht widersprochen wird.

I3

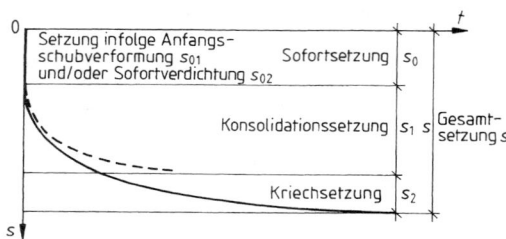

Bild 20
Setzungsanteile (Setzungen infolge einer plötzlich auf nicht vorbelastetem Boden aufgebrachten Last) nach EVB

Sofortsetzung ist der zeitunabhängige Setzungsanteil S_{01} durch Anfangsschubverformung (volumengetreue Gestaltänderung) bei wassergesättigten bindigen Böden und/oder Sofortverdichtung S_{02} (Volumenverringerung) bei nicht wassergesättigten bindigen Böden. Falls dieser Anteil in seltenen Fällen von Bedeutung ist, kann er nach EVB, S. 52, gesondert ermittelt werden.

Konsolidationssetzung S_1 ist der zeitlich vergrößerte Setzungsanteil infolge Auspressen von Porenwasser und -luft bei bindigen Böden. Als Hauptanteil der Gesamtsetzung kann er nach dem Verfahren in 6.5.2 gesondert berechnet werden.

Hinweis: Bei nichtbindigen Böden besteht der Hauptanteil der Gesamtsetzung aus Sofortsetzungen.

Kriechsetzungen infolge plastischen Fließens des Korngerüstes bindiger Böden haben nur bei hochbelasteten Gründungen oder weichen wassergesättigten Böden Bedeutung. Ihr in der Gesamtsetzung enthaltener Anteil kann nicht gesondert berechnet, jedoch bei der Berechnung der Konsolidationssetzungen nach 6.5.2 bei der Festlegung des Steifemoduls berücksichtigt werden (EVB, S. 53).

Hinweis: Bei sehr weichen organischen oder teilweise organischen Böden können Kriechsetzungen nach Ablauf der Konsolidationssetzungen über Jahre und Jahrzehnte auftreten. Ihr Endwert ist praktisch nicht berechenbar und mithin in der berechneten Gesamtsetzung nicht enthalten.

Berechnungsmodell des Baugrundes ist das vereinfachte Schichtenbild auf der Grundlage von Aufschlüssen und Untersuchungen nach DIN 4020 (S. 1049), unterteilt in eine oder wenige Schichten, für die beim Rechenverfahren mit Setzungsformeln (6.5.1) die Kenngröße für die Zusammendrückbarkeit ggf. durch Mittelbildung oder beim Rechenverfahren mit dem Druckstauchungsdiagramm (6.5.2) eine kennzeichnende Drucksetzungslinie festgelegt wird.

Die Setzungen werden in der Regel für den kennzeichnenden Punkt K ermittelt, in dem sich für starre und schlaffe Lasten der gleiche rechnerische Setzungswert ergibt (s. Bild 25c).

Grenztiefe bis zu der die Setzungen zu ermitteln sind. Von den folgenden Kriterien ist die jeweils geringste Grenztiefe t_s anzusetzen.
a) Grenze zwischen zusammendrückbarem und im Vergleich dazu unzusammendrückbarem Baugrund
b) Beim Verhältnis $i \cdot \sigma_1/\sigma_u = 0{,}2$ (s. Bild 23)
c) Näherungsweise darf als Grenztiefe die zweifache Fundamentbreite b bei sich nicht beeinflussenden Einzelfundamenten oder Plattengründungen angenommen werden (DIN 4019-100); nach DIN 4019, Abschnitt 1.8, gilt bei Plattengründungen noch die einfache Plattenbreite.

Ansatz der Lasten: Da im bindigen Baugrund im Unterschied zum nichtbindigen kurzfristig wirkende Lasten keine Konsolidierung hervorrufen, genügt es, nur die ständigen und wahrscheinlich langfristig wirkenden Verkehrslasten bei der Ermittlung der Setzungen anzusetzen. Ferner sind die Bodenspannungen aus benachbarten Fundamenten, Bauwerken oder Schüttungen bei der Setzungsberechnung mit zu berücksichtigen.

Dynamische Kräfte verursachen im bindigen Boden um so geringere Setzungen, je größer die Konsistenzzahl und die Plastizitätszahl des Bodens sowie die Belastungsgeschwindigkeiten sind. Ihr Einfluß auf die Setzungen kann deshalb im allgemeinen außer Betracht bleiben, jedoch nicht der Einfluß der Baugrundelastizität auf die Schwingungen bei Schornsteinen und Türmen (DIN 1054 (9.96)).

6.5.1 Berechnung der Gesamtsetzung mit Setzungsformeln

Lotrechte mittige Lasten:

$$s_m = \sigma_z \cdot b \cdot f / E_m \quad (39)$$

s_m Setzungsanteil aus mittiger Last
σ_z mittlere Zusatzspannung unter dem Gründungskörper, ggf. $\sigma_1 = \sigma_z - \gamma \cdot t$, d. h. abzüglich Aushub
b Breite des Gründungskörpers
f Setzungsbeiwert, für den kennzeichnenden Punkt K einer Rechtecklast f_K aus Tafel 44 bzw. für den Eckpunkt einer schlaffen Rechtecklast f aus Tafel 43
E_m Mittlerer Zusammendrückungsmodul, für die ganze zusammendrückbare Schicht einheitlich festgelegt

Für **starre Kreisplatten** auf unendlich ausgedehntem homogen elastisch-isotropen Halbraum mit konstanten Steifemoduln gilt:

$$s = 1{,}5 \cdot \sigma_z \cdot r / E_v \quad (40) \qquad r = \text{Radius der Kreisplatte}$$

Gl. (40) aufgelöst nach E_v dient zur Auswertung von Plattendruckversuchen.

Tafel 42 Setzungsbeiwert f_K für den kennzeichnenden Punkt K einer Rechtecklast nach Kany [9][1])

z/b	$a/b = 1{,}0$	$a/b = 1{,}5$	$a/b = 2{,}0$	$a/b = 3{,}0$	$a/b = 5{,}0$
0,2	0,1764	0,1816	0,1842	0,1865	0,1870
0,4	0,2891	0,3072	0,3203	0,3288	0,3340
0,6	0,3711	0,3997	0,4213	0,4401	0,4545
0,8	0,4361	0,4737	0,5023	0,5307	0,5563
1,0	0,4881	0,5347	0,5693	0,6066	0,6430
1,5	0,5796	0,6472	0,6963	0,7505	0,8073
2,0	0,6381	0,7242	0,7848	0,8530	0,9280
3,0	0,7031	0,8192	0,8948	0,9860	1,0890

Tafel 43 Einflußwerte f für die Setzungen des Eckpunkts einer schlaffen Rechtecklast (nach Kany)

z/b	$a/b = 1{,}0$	$a/b = 1{,}5$	$a/b = 2{,}0$	$a/b = 3{,}0$	$a/b = 5{,}0$	$a/b = 10{,}0$	$a/b = \infty$
0,000	0,0000	0,0000	0,0000	0,0000	0,0000	0,0000	0,0000
0,125	0,0313	0,0313	0,0313	0,0313	0,0313	0,0313	0,0313
0,375	0,0931	0,0933	0,0933	0,0934	0,0934	0,0934	0,0934
0,625	0,1512	0,1528	0,1531	0,1533	0,1533	0,1534	0,1534
0,875	0,2027	0,2073	0,2085	0,2096	0,2093	0,2094	0,2094
1,250	0,2684	0,2799	0,2835	0,2859	0,2858	0,2861	0,2861
1,750	0,3289	0,3525	0,3615	0,3678	0,3691	0,3696	0,3696
2,500	0,3919	0,4328	0,4517	0,4665	0,4713	0,4726	0,4726
3,500	0,4366	0,4940	0,5249	0,5525	0,5672	0,5713	0,5716
5,000	0,4771	0,5514	0,5961	0,6431	0,6740	0,6850	0,6862
7,000	0,5025	0,5884	0,6437	0,7077	0,7602	0,7862	0,7904
9,000	0,5171	0,6098	0,6717	0,7467	0,8168	0,8596	0,8692
11,000	0,5267	0,6238	0,6901	0,7725	0,8564	0,9154	0,9324
13,500	0,5350	0,6361	0,7064	0,7960	0,8926	0,9702	0,9984
16,500	0,5413	0,6454	0,7190	0,8143	0,9217	1,0176	1,0617
19,000	0,5450	0,6509	0,7263	0,8251	0,9390	1,0471	1,1060
20,000	0,5462	0,6537	0,7286	0,8286	0,9447	1,0570	1,1219

[1]) Weitere Tafeln und Tabellen sowie Literaturhinweise auf solche siehe EVB

13

Kenngrößen für die Zusammendrückbarkeit mit Eingang in Gl. (39) und (40) sind der

a) Zusammendrückungsmodul E_m, zurückgerechnet aus Setzungsbeobachtungen nach DIN 4107 vergleichbarer Gründungen auf vergleichbarem Baugrund durch Umformung der Gl. (39).

b) Steifemodul E_s aus eindimensionalen Kompressionsversuchen an bindigen Böden nach E DIN 18135, Ermittlung nach Bild 23.

c) Elastizitätsmodul E aus Triaxialversuchen an bindigen Böden nach DIN 18137-2.

d) Verformungsmodul E_v aus Plattendruckversuchen nach E DIN 18134 (8.95), wenn zuverlässige Vergleiche mit anderen Versuchen gezogen werden können,

e) ferner, insbesondere bei nicht bindigen Böden, aus Sondierungen (DIN 4094, s. Gl. (1) auf S. 915) sowie Erfahrungswerte aus Tabellen, wenn keine Setzungsmeßergebnisse, Sondierergebnisse und Bodenproben vorliegen (EVB), z. B. aus [1], T1, S. 123.

Tafel 44 Näherungsweise Beziehungen zwischen E, E_s und E_v nach EVB (Poisson-Zahl $0 \leq \nu \leq 0,5$)

		1	2	3
		Elastizitätsmodul E	Steifemodul E_s	Verformungsmodul E_v
1	E	1	$E = \dfrac{1-\nu-2\nu^2}{1-\nu} \cdot E_s$	$E = (1-\nu^2) \cdot E_v$
2	E_s	$E_s = \dfrac{1-\nu}{1-\nu-2\nu^2} \cdot E$	1	$E_s = \dfrac{(1-\nu)(1-\nu^2)}{1-\nu-2\nu^2} \cdot E_v$
3	E_v	$E_v = \dfrac{1}{-\nu^2} \cdot E$	$E_v = \dfrac{1-\nu-2\nu^2}{(1-\nu)(1-\nu^2)} \cdot E_s$	1

Durch zahlreiche Auswertungen von Setzungsberechnungen ist belegt, daß die tatsächlichen Setzungen kleiner ausfallen als die auf der Basis von Kompressionsversuchen berechneten. Nach EVB sollen Korrekturfaktoren zur Anpassung der Berechnungsergebnisse zweckmäßig aufgrund von Erfahrungen und Beobachtungen vom Bodengutachter festgelegt werden. Sofern nicht genauere Erfahrungen vorhanden sind, können nach DIN 4019-1 die Beiwerte nach Tafel 45 eingesetzt werden.

Tafel 45 Mittlere Korrekturbeiwerte nach DIN 4019-1

Bodenart	$\varkappa$
Sand und Schluff	2/3
einfach verdichteter und leicht überverdichteter Ton (nicht od. leicht vorbelastet)	1
stark überverdichteter Ton (stark geol. vorbelastet)	1/2 bis 1

Beispiel 2 Berechnung der Setzung einer Hallenstütze

Gründungslasten: $\Sigma V = 600$ kN (Schnittkraft auf OK Fundament)

Fundamentabmessung: $a = b = 2,50$ m, $d = 1,0$ m Gründungstiefe: $t = 2,5$ m u. OK Gelände

Baugrund: Geschiebelehm $\gamma = 19$ kN/m^3; $\gamma' = 9$ kN/m^3 ab $t = 1,5$ m (u. GW)

Berechnung n. Gl. (39): $s = \sigma_1 \cdot b \cdot f_k / E_m$ mit $E_m = 8$ MN/m^2 (Zusammendrückungsmodul)

Angesetzt wird E_m als Erfahrungswert, der aus Setzungsberechnungen rückgerechnet wurde. Da es sich um einen einfach verdichteten Boden handelt, ist die Vorbelastung σ_v zu berücksichtigen.

$\sigma_v = \gamma \cdot t = 1,5 \cdot 19 + 1,0 \cdot 9 = 37,5$ kN/m^2 $\quad \sigma_1 = \sigma_z - \sigma_v$

$\sigma_z = V/(a \cdot b) + (\gamma_B - \gamma_w) \cdot 1,0 = 600/(2,5 \cdot 2,5) + (25,0 - 10,0) \cdot 1,0 = 111$ kN/m^2

$\sigma_1 = 111,0 - 37,5 = 73,5$ kN/m^2

Um den Setzungsfaktor f_k zu bestimmen, ist die Grenztiefe t_s zu ermitteln. Sie ist erreicht, wenn $i \cdot \sigma_1/\sigma_{\ddot{u}} = 0{,}2$ ist; i aus Tafel 47 für $a/b = 1$; $\sigma_{\ddot{u}} = \sigma_v + \gamma \cdot z$

Ordinate	z	$\gamma \cdot z$	$\sigma_{\ddot{u}}$	$0{,}2 \cdot \sigma_{\ddot{u}}$	z/b	i	$i \cdot \sigma_1$
$-2{,}50$	0	0	37,5	7,5	0	1,000	73,5
$-3{,}50$	1,00	9,0	46,5	9,3	0,4	0,4827	35,5
$-4{,}50$	2,00	18,0	55,5	11,1	0,8	0,2947	21,7
$-5{,}50$	3,00	27,0	64,5	12,9	1,2	0,1980	14,6
$-5{,}80$	3,30	29,7	67,2	13,44	1,32	0,1763	13,0

Die Grenztiefe beträgt $t_s = 3{,}30$ m. Der Setzungseinflußfaktor f_k ergibt sich mit dem Tiefenverhältnis $t_s/b = 3{,}30/2{,}50 = 1{,}32$ aus Tafel 42 (interpoliert) zu $f_k = 0{,}547$. Damit

$$s = \sigma_1 \cdot b \cdot f_k / E_m = 73{,}5 \cdot 2{,}50 \cdot 0{,}547/8000 = 0{,}0126 \text{ m} = 1{,}3 \text{ cm}$$

Lotrechte ausmittige Lasten:

Ermittlung der Schiefstellung eines rechteckigen Gründungskörpers durch Überlagerung der Ergebnisse von Gl. (39), (42) oder (43)

$$s = s_m \pm \Delta s_x \pm \Delta s_y \quad (41)$$

s Gesamtsetzung der Eck- oder Randpunkte
s_m Setzungsanteil aus mittiger Last (nach Gl. (39))

Δs Setzungsanteil der Eck- oder Randpunkte aus $V \cdot e_a = M_y$ oder $V \cdot e_b = M_x$

$$\Delta s_x = \frac{2 \cdot V \cdot e_a}{a^2 \cdot E_m} f_s(s . \Delta s) \quad (42) \quad \text{für ein Moment um die } y\text{-Achse (Bild 21)}$$

$$\Delta s_y = \frac{2 \cdot V \cdot e_b}{b^2 \cdot E_m} f_s(s . \Delta s) \quad (43) \quad \text{für ein Moment um die } x\text{-Achse (Bild 22)}$$

Für die Berechnung der Verkantung auf geschichtetem Baugrund s. [15]

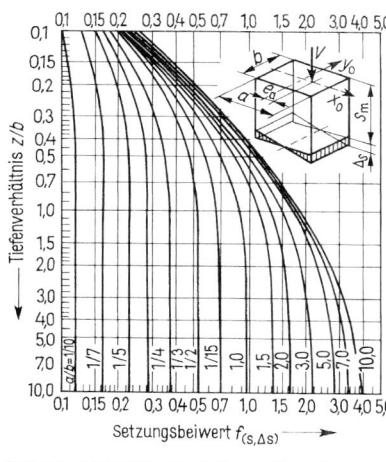

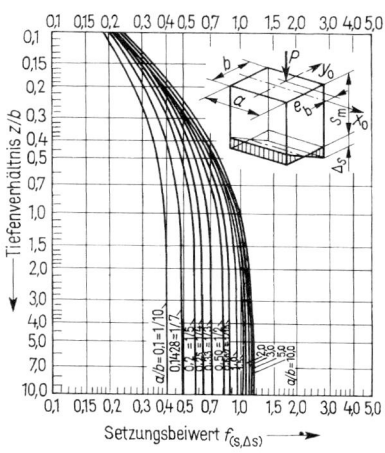

Bild 21 Beiwerte $f(s, \Delta s)$ zur Berechnung der Verkantung $\pm \Delta s$ bei in x-Richtung ausmittiger Belastung des Fundamentes (Gl. (42))

Bild 22 Beiwerte $f(s, \Delta s)$ zur Berechnung der Verkantung $\pm \Delta s$ bei in y-Richtung ausmittiger Belastung des Fundamentes (Gl. (43))

Sonderfälle:

Ermittlung der Schiefstellung von Gründungsstreifen oder kreisförmigen Gründungskörpern mit geschlossenen Formeln:

$$\tan \alpha = \frac{12 \cdot M}{\pi \cdot b^2 E_m} \qquad (44) \quad \text{für Gründungsstreifen } (e \leq b/4)$$

$$\tan \alpha = \frac{9M}{16 \cdot r^3 \cdot E_m} \qquad (45) \quad \text{für Kreisplatten und flächengleiche Quadrate } \left(e \leq \frac{r}{3}\right)$$

6.5.2 Berechnung der Gesamtsetzung mit Hilfe der lotrechten Spannungen und des Druck-Setzungs-Diagramms

Bei diesem Verfahren wird vom Kompressionsversuch ausgegangen, sofern keine örtlichen Erfahrungswerte aus Rückrechnung auf der Grundlage von Setzungsmessungen vorliegen.

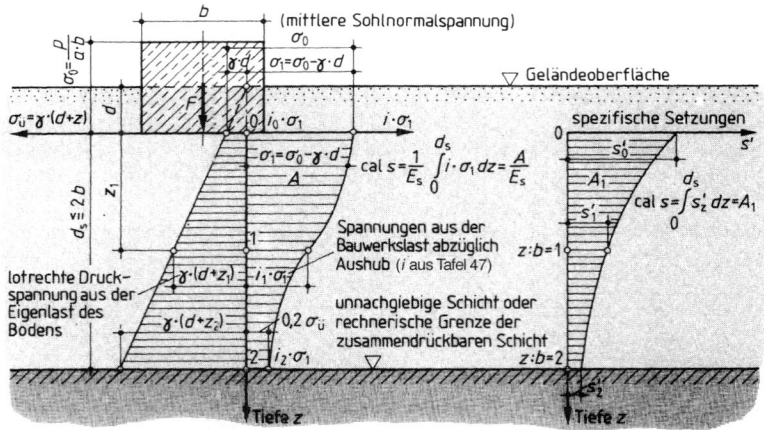

a) Druckverteilung im Baugrund aus Eigenlast des Bodens und Bauwerkslast

b) Verteilung der spezifischen Setzungen aus a) und e)

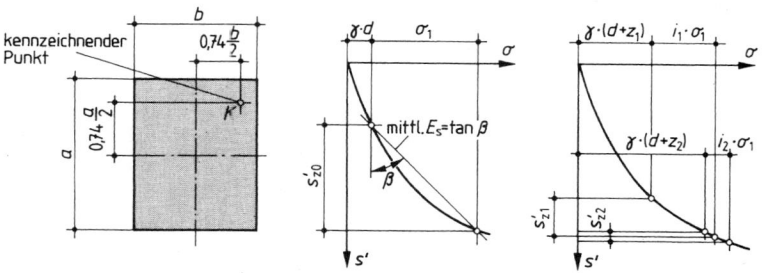

c) Lage des kennzeichnenden Punktes

d) Drucksetzungslinie mit Bestimmung des mittleren Steifemoduls E_s

e) Drucksetzungslinie mit Ermittlung der spezifischen Setzungen für die Punkte 1 und 2

Bild 23 Schema einer allgemeinen Setzungsberechnung für eine einheitliche Schicht

Die in der Berechnung berücksichtigten Schichten sind soweit in Teilschichten zu unterteilen, daß die Spannungslinien einigermaßen stetig verlaufen.

Der für die Setzung einer Teilschicht maßgebende Druck ist die Differenz zwischen der Belastung vor Beginn (i. d. R. die Eigenlast des Bodens) und nach Vollendung der Baumaßnahmen (s. Bild 23). Aus dem Produkt der Höhe der Teilschichten mit den zugehörigen Einheitssetzungen ergibt sich die Setzung der Teilschicht als Inhalt der Setzungsfläche ΔA_1. Die Summe dieser Setzungen der Teilschichten ergibt die gesamte rechn. Konsolidationssetzung cal s.

Statt der unmittelbaren Verwendung der Drucksetzungslinie kann für den in Betracht kommenden Druckbereich auch mit einem unveränderlichen Steifemodul E_s gerechnet werden, indem die linear oder halblogarithmisch aufgetragene Drucksetzungslinie in diesem Druckbereich durch eine Gerade ersetzt wird (s. Bild 23d) oder geschätzte Werte verwendet werden. Die Teilsetzung jeder Schicht ist dann gleich der zugehörigen Spannungsfläche ΔA, geteilt durch den mittleren Steifemodul E_s dieser Schicht. Die Summe der Setzungen der Teilschichten ergibt die gesamte rechn. Konsolidationssetzung cal s (s. Bild 23b).

Zeitlicher Verlauf der Setzungen. Ist t_1 die Setzungszeit eines Versuchskörpers von der Höhe h_1, so ergibt sich die Setzungszeit t_2 einer Schicht von der Höhe h_2 unter einem Bauwerk zu $t_2 = t_1(h_2/h_1)^2$, sofern die Entwässerungsbedingungen im Versuch und in situ gleich sind. Bei einseitiger Entwässerung ist die Schichtdicke h_2 rechnerisch zu verdoppeln.

Setzungsbeobachtungen. Es gilt DIN 4107 (1.78)

Grenzwerte für Verformungen s. S. 915.

Tafel 46 Tabellenberechnung bei Verwendung von Drucksetzungslinien

Berechnung der Druckverteilung im Baugrund nach Bild 23a

Ordinate	z	$\sigma_{ü} = \gamma(d + z)$	z/b	i	$\sigma_1 = i \cdot \sigma_0'$	$\sigma_{ü} + \sigma_1$
in m	in m	in kN/m²	—	—	in kN/m²	in kN/m²

Ermittlung der Einheitssetzung u. Berechnung der Gesamtsetzung nach Bild 22e

Ordiante	z	s_{z2}'	$s_{ü}'$	$s_1' = s_{z2}' - s_{ü}'$	$\sum \Delta s_1'$
in m	in m	in %	in %	in %	in m

i Einflußwerte für lotrechte Spannungen unter dem charakteristischen Punkt aus Tafel 47
s_1' Maßgebende spezifische Setzung (s. Bild 23e)

Tafel 47 Einflußwerte i für die lotrechten Spannungen unter dem kennzeichnenden Punkt einer Rechtecklast nach *Kany* [9]

z/b	a/b						
	1,0	1,5	2,0	3,0	5,0	10,0	∞
0,05	0,9811	0,9819	0,9884	0,9894	0,9895	0,9897	0,9896
0,10	0,8984	0,9280	0,9372	0,9425	0,9443	0,9447	0,9447
0,15	0,7898	0,8351	0,8623	0,8755	0,8824	0,8830	0,8839
0,20	0,6947	0,7570	0,7883	0,8127	0,8335	0,8262	0,8264
0,30	0,5566	0,6213	0,6628	0,7053	0,7301	0,7376	0,7387
0,50	0,4088	0,4622	0,5032	0,5550	0,6032	0,6264	0,6299
0,70	0,3249	0,3706	0,4041	0,4527	0,5066	0,5473	0,5552
1,00	0,2342	0,2786	0,3078	0,3488	0,4008	0,4504	0,4674
1,50	0,1438	0,1830	0,2098	0,2387	0,2779	0,3303	0,3604
2,00	0,0939	0,1279	0,1475	0,1749	0,2057	0,2479	0,2883
3,00	0,0473	0,0672	0,0823	0,1043	0,1280	0,1575	0,2025

I3

Tafel 48 Einflußwerte *i* für die lotrechten Baugrundspannungen unter dem Eckpunkt einer schlaffen Rechtecklast (nach Steinbrenner)

Tiefe/Breite z/b	Dimensionslose Beiwerte *i*						
	$a/b = 1,0$	$a/b = 1,5$	$a/b = 2,0$	$a/b = 3,0$	$a/b = 5,0$	$a/b = 10,0$	$a/b = \infty$
0,25	0,2473	0,2482	0,2483	0,2484	0,2485	0,2485	0,2485
0,50	0,2325	0,2378	0,2391	0,2397	0,2398	0,2399	0,2399
0,75	0,2060	0,2182	0,2217	0,2234	0,2239	0,2240	0,2240
1,00	0,1752	0,1936	0,1999	0,2034	0,2044	0,2046	0,2046
1,50	0,1210	0,1451	0,1561	0,1638	0,1665	0,1670	0,1670
2,00	0,0840	0,1071	0,1202	0,1316	0,1363	0,1374	0,1374
3,00	0,0447	0,0612	0,0732	0,0860	0,0959	0,0987	0,0990
4,00	0,0270	0,0383	0,0475	0,0604	0,0712	0,0758	0,0764
6,00	0,0127	0,0185	0,0238	0,0323	0,0431	0,0506	0,0521
8,00	0,0073	0,0107	0,0140	0,0195	0,0283	0,0367	0,0394
10,00	0,0048	0,0070	0,0092	0,0129	0,0198	0,0279	0,0316
12,00	0,0033	0,0049	0,0065	0,0094	0,0145	0,0219	0,0264
15,00	0,0021	0,0031	0,0042	0,0061	0,0097	0,0158	0,0211
18,00	0,0015	0,0022	0,0029	0,0043	0,0069	0,0118	0,0177

Teilt man die Gründungsfläche in Rechtecke auf, so können die Spannungen unter jedem beliebigen Punkt P innerhalb und außerhalb dieser Fläche ermittelt werden.

Besonderheiten bei Pfählen: Da es nicht möglich ist, bei Pfählen die aufzunehmenden Lasten eindeutig über Mantelreibung und Spitzendruck aufzuteilen und die Lastverteilung im Baugrund anzugeben, gibt es kein anerkanntes Berechnungsverfahren für die Ermittlung der Setzungen von Einzelpfählen und Pfahlgruppen. Die lotrechten Verschiebungen eines Pfahls lassen sich nur mit Hilfe von Widerstands-Setzungslinien aufgrund von statischen Probebelastungen oder von Erfahrungswerten bestimmen (s. 7.3 1).

7 Pfahlgründungen

7.1 Abgrenzung und Schutzanforderungen
nach DIN V 1054-100 (4.96)

Dieser Abschnitt bezieht sich auf Bohrpfähle, Verdrängungs- sowie auf Verpreßpfähle mit kleinerem Durchmesser. Er gilt nicht für pfahlähnliche Gründungselemente, wie z. B. Betonrüttelsäulen, Brunnengründungen oder im Düsenstrahlverfahren hergestellte Säulen.

Für die sachgemäße Herstellung gelten DIN 4014 (Bohrpfähle), DIN 4026 (Verdrängungspfähle) und DIN 4128 (Verpreßpfähle mit kleinerem Durchmesser).

Bei der Wahl des Herstellungsverfahrens sind Zustand und Abstand benachbarter, vorhandener baulicher Anlagen insbesondere hinsichtlich Verformungs- und Erschütterungsempfindlichkeit (s. DIN 4150) zu beachten.

Anmerkung: Die Durchführung eines Beweissicherungsverfahrens wird empfohlen.

7.2 Untersuchungen nach DIN V 1054-100 (4.96)

Über DIN 4020 hinaus sind folgende Untersuchungen erforderlich:

— Untersuchung des Grundwassers und des Bodens auf betonangreifende (DIN 4030) und/oder stahlkorrosionsfördernde Stoffe (DIN 50929-3) sowie des Bodens auf Ramm- und Bohrhindernisse, ferner
— für mit Suspensionsstützung hergestellte Bohrpfähle die Untersuchung des Grundwassers und des Bodens auf Eigenschaften, welche die Stabilität einer stützenden Flüssigkeit beeinträchtigen können, ferner
— für Verdrängungspfähle die Untersuchung, ob ggf. durch den Ramm- oder Rüttelvorgang die Scherfestigkeit der Böden beeinträchtigt wird (Porenwasserüber-

druck mit Herabsetzung der Scherfestigkeit bzw. bleibender Festigkeitsverlust in sensitiven bindigen Böden) insbesondere bei der Beurteilung der Auswirkung der Maßnahme auf benachbarte bauliche Anlagen; des weiteren, ob bei den gegebenen Baugrundfestigkeiten die Pfähle überhaupt auf planmäßige Tiefe gebracht werden können,

— für Ortbetonpfähle, ob die anstehenden Böden den Druck des Frischbetons aufnehmen können.

Weitere bauartspezifischen Unterlagen s. DIN 4014, DIN 4026 und DIN 4128.

7.3 Nachweis der Tragfähigkeit axial belasteter Pfähle

7.3.1 Bohrpfähle nach DIN 4014

DIN 1054 (11.76) geht von Widerstands-Setzungslinien (Last-Setzungsdiagramm) aus (Bild 24), die möglichst aufgrund von statischen Probebelastungen oder Erfahrungen mit vergleichbaren Probebelastungen festgelegt werden sollen. Wenn solche nicht vorliegen, darf der Pfahlwiderstand mit Erfahrungswerten der DIN 4014 bestimmt werden, indem mit Tabellenwerten (Tafel 49 und 50) theoretische Lastsetzungskurven rechnerisch ermittelt werden (Bild 25).

Der zulässige Pfahlwiderstand zul Q ist aus der Widerstandsetzungslinie nach der im Einzelfall zulässigen Setzung zu ermitteln, d. h. zul $Q = Q(s)$ (1. Nachweis), wobei die Sicherheitswerte von Tafel 25 gegenüber der auf Bild 24 definierten tatsächlichen Grenzlast (Probebelastung) oder der auf Bild 25 dargestellten fiktiven Grenzlast (konstruierte Widerstandsetzungslinien) eingehalten werden müssen, d. h. zul $Q = Q_g/\eta$ (2. Nachweis) (η aus Tafel 25)[1]. Der kleinere Wert ist maßgebend.

Kann bei einem Versuch die Grenzlast nicht erreicht werden, so gilt die aufgebrachte höchste Last Q_{max} als Grenzlast (Bild 24).

Bei der **Konstruktion der Widerstandssetzungslinie** mit Erfahrungswerten werden statt der Bruchwerte s_f und Q_f deren Ersatzwerte s_g und s_{rg} bzw. Q_g, Q_{sg} und Q_{rg} verwendet, von denen an die Widerstandsetzungslinien senkrecht verlaufen, siehe Bild 25. Für den Pfahlspitzenwiderstand gilt die Grenzsetzung:

$$s_g = 0{,}1\ D \quad \text{bzw.} \quad s_g = 0{,}1\ D_F \quad (46)$$

D Pfahlschaftdurchmesser
D_F Pfahlfußdurchmesser

Für die Mantelreibung gilt im Bruchzustand die Grenzsetzung:

$$s_{rg} = 0{,}5\ Q_{rg}\ (\text{in MN}) + 0{,}5 \leq 3\ \text{cm} \qquad (47)$$

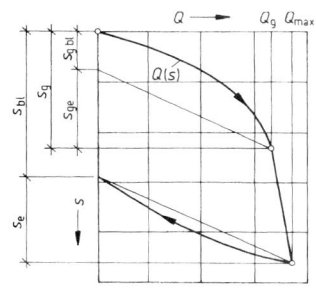
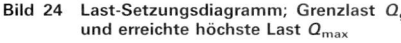

Bild 24 Last-Setzungsdiagramm; Grenzlast Q_g und erreichte höchste Last Q_{max}

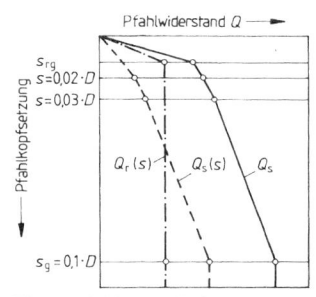

Bild 25 Widerstands-Setzungs-Linie mit Tafelwerten (Erfahrungswerten)

I3

---

[1] Bei 2 oder mehr ausgeführten Probebelastungen $\eta = 1{,}75$

Bis zur Grenzsetzung s_{rg} ist mit einem linearen Verlauf des Pfahlmantelwiderstandes zu rechnen. Die Lastsetzungslinie wird mit Tabellenwerten wie folgt ermittelt:

$$Q(s) = Q_s(s) + Q_r(s) = A_F \sigma_s(s) + \sum_1^i A_{mi} \cdot \tau_{mi}(s) \quad (48)$$

$Q_s(s)$ Pfahlfußwiderstand in Abhängigkeit von der Pfahlkopfsetzung s

$Q_r(s)$ Pfahlmantelwiderstand in Abhängigkeit von der Pfahlkopfsetzung s

$$Q_{rg} = \sum_1^i A_{mi} \cdot \tau_{mf,i}$$

A_F Pfahlfußfläche

$\sigma_s(s)$ Pfahlspitzenwiderstand in Abhängigkeit von der Pfahlkopfsetzung s (aus Tafel 49)

A_{mi} Pfahlmantelfläche im Bereich der Bodenschicht

$\tau_{mi}(s)$ Mantelreibung in Abhängigkeit von der Pfahlkopfsetzung s (aus Tafel 50)

i Nummer der Bodenschicht

Bei dieser Ermittlung darf die Eigenlast der Pfähle vernachlässigt werden.

Tafel 49   Pfahlspitzenwiderstand $\sigma_s(s)$ in Abhängigkeit vom Verhältnis s/D

			für nichtbindigen Boden q_s in MN/m²*)			für bindigen Boden c_u in MN/m²*)	
		10	15	20	25	0,1	0,2
	0,02 Ø	0,7	1,05	1,4	1,75	0,35	0,9
Setzung	0,03 Ø	0,9	1,35	1,8	2,25	0,45	1,1
	0,10 Ø ($\hat{=} s_g$)	2,0	3,0	3,5	4,0	0,8	1,5

*) q_s = Sondierwiderstand der Drucksonde; c_u = Kohäsion des undränierten Bodens. Zwischenwerte linear einschalten.

Tafel 50   Bruchwert τ_{mf} der Mantelreibung

a)   in nichtbindigem Boden

q_s in MN/m²*)	τ_{mf} in MN/m²
5	0,04
10	0,08
≥ 15	0,12

b)   in bindigem Boden

c_u in MN/m²	τ_{mf} in MN/m²
0,025	0,025
0,1	0,04
≥ 0,2	0,06

*) Zwischenwerte dürfen linear interpoliert werden.

Bei Bohrpfählen mit Fußverbreiterung sind die Werte auf 75% abzumindern.

Voraussetzung ist, daß die Pfähle mindestens 2,5 m in eine tragfähige Schicht einbinden, ferner, daß die Mächtigkeit der tragfähigen Schicht nicht weniger als $3 \times \varnothing$, mindestens 1,5 m beträgt und in diesem Bereich $q_s \geq 10$ MN/m² bzw. $c_u \geq 0,1$ MN/m² nachgewiesen ist und sie verrohrt oder unverrohrt unter Verwendung einer Stützflüssigkeit hergestellt werden. Wenn die genannte Mächtigkeit der tragfähigen Schicht unterschritten ist, ist Nachweis gegen Durchstanzen zu führen.

Tafel 51   Bruchwerte für Pfahlspitzendruck σ_{sf} und Pfahlmantelreibung τ_{mf} in Fels in Abhängigkeit von der einaxialen Druckfestigkeit q_u

q_u in MN/m²	σ_{sf} in MN/m²	τ_{mf} in MN/m²
0,5	1,5	0,08
5,0	5,0	0,5
20	10,0	0,5

Zwischenwerte dürfen geradlinig interpoliert werden

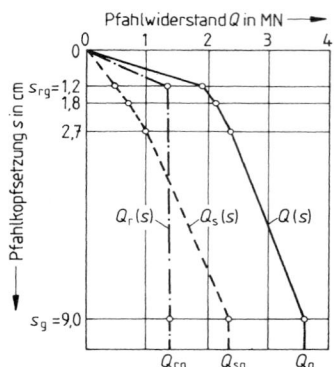

Bild 26   Widerstandsetzungslinie des Beispiels 3

Ersatzweise darf der Spitzenwiderstand der Drucksonde q_s in MN/m^2 für den Eingang in die Tafeln 49 u. 50 aus Sondierergebnissen der schweren Rammsonde nach DIN 4094 mit $q_c \approx N_{10}$ (N_{10} Schläge je 10 cm Eindringung) abgeleitet werden. Für die Umrechnung der Sondierungen nach dem Standard-Penetration Test (SPT) gilt Tafel 8. Die undränierte Kohäsion des Eingangswertes in die Tafeln 49 u. 50 kann nach Tafeln 19 oder 40 abgeschätzt werden.

DIN 4014 regelt ferner die Betonzusammensetzung (mindestens Festigkeitsklasse B 25, eine höhere darf rechnerisch nicht in Ansatz gebracht werden), den Zementgehalt (mindestens 400 kg/m^3 Beton), die Betondeckung (mindestens 6 cm), die Längsbewehrung (mindestens 5 $\varnothing$ 14). Wenn Längsbewehrung statisch nicht erforderlich ist, dann Anschlußbewehrung bis 2 m im Pfahlschaft.

Bei der Bemessung sind aus herstellungstechnisch bedingten Gründen eine Exzentrizität $e = 0,05\,D$, mindestens aber 5 cm, und eine Pfahlneigung von $n = 0,015$ gegenüber dem Sollwert zu berücksichtigen. Auf die ungewollte Biegebeanspruchung darf bei lastverteilender Wirkung, z. B. von Pfahljochen, verzichtet werden.

Beispiel 3 **Ermittlung einer Widerstands-Setzungslinie für Pfahl-$\varnothing$ 0,90 m; Pfahllänge 10,2 m** nach DIN 4014
Berechnung von s_{rg} nach Gl. (47) $s_{rg} = 0,5 \cdot 1,357 + 0,5 = 1,2$ cm (Q_{rg} aus Tafel 54)

Tafel 52 **Bohrprofil und Sondierwiderstände für Beispiel 3** (Erg. Baugrundunters.)

Tiefe (m)	Bodenart	Kurzzeichen DIN 4023	N_{30}	q_s/N_{30}	c_u bzw. q_s in MN/m^2
0,0 bis 2,2	Auffüllung	A	12	—	
2,2 bis 5,2	Ton, halbfest ($I_c = 1,1$)	T	12	—	0,1
5,2 bis 7,7	Schwach schluffiger Sand	S, u'	20	0,35	7
7,7 bis 10,2 (Pfahlsohle)	Schwach kiesiger Sand	S, g'	20	0,55	11
10,2 bis 13,0 $= 3 \times D$ unter Pfahlsohle	Stark sandiger Kies	G, $\bar{s}$	22	0,80	17,5

Tafel 53 **Pfahlfußwiderstand (Beispiel 3)**

bezogene Setzung s/D	$\sigma_s(s)$ MN/m^2	$Q_s(s)$ MN
0,02	1,2	0,76
0,03	1,6	1,02
0,1	3,2	2,04

Aus der Widerstandssetzungslinie nach Bild 26 ergibt sich zu jedem Pfahlwiderstand die zugehörige Setzung des Pfahlkopfes.
Zur Ermittlung von $\sigma_s(s)$ (Tafel 51) wird der Spitzendruck $q_s = 17,5$ MN/m^2 bis 3 D unter Pfahlfuß angesetzt und σ_s aus Tafel 49 gemittelt.

13

Tafel 54 **Bruchwert für den Pfahlmantelwiderstand (Beispiel 3)**

Schicht i m	A_{mi} m^2	c_{ui} bzw. q_{si} MN/m^2	$\tau_{mf,i}$ MN/m^2	$Q_{rg,i}$ MN
2,2 bis 5,2	8,48	0,1	0,04	0,339
5,2 bis 7,7	7,07	7	0,056	0,396
7,7 bis 10,2	7,07	11	0,088	0,622

$$Q_{rg} = 1,357 \text{ MN}$$

Tafel 55 **Pfahlwiderstand in Abhängigkeit von der Pfahlkopfsetzung (Beispiel 3)**

bezogene Setzung s/D	Pfahlkopfsetzung cm	$Q_r(s)$ MN	$Q_s(s)$ MN	$Q(s)$ MN
	$s_{rg} = 1,2$	1,36	0,51	1,87
0,02	1,8	1,36	0,76	2,12
0,03	2,7	1,36	1,02	2,38
0,10	9,0	1,36	2,04	3,40

7.3.2 Rammpfähle nach DIN 4026

Die zulässigen Belastungen von Rammpfählen können unmittelbar aus Tafeln abgelesen werden. Sie gelten für Druckpfähle, die mindestens 5 m in den Baugrund einbinden.

Tafel 56   Pfähle aus Holz, Stahlbeton und Spannbeton

Einbinde-tiefe in den tragfähigen Boden m	Pfähle aus Holz mit $d_{Fuß}$ in cm					Pfähle aus Stahlbeton und Spannbeton mit quadratischem Querschnitt Seitenlänge a^1) in cm				
	15	20	25	30	35	20	25	30	35	40
3	100	150	200	300	400	200	250	350	450	550
4	150	200	300	400	500	250	350	450	600	700
5	—	300	400	500	600	—	400	550	700	850
6	—	—	—	—	—	—	—	650	800	1000

[1]) Gilt auch für annähernd quadratische Querschnitte mit a = mittlere Seitenlänge

Tafel 57   Pfähle aus Stahl

Einbindetiefe in den tragfähigen Boden	3	4	5	6	7	8
Strahlträgerpfähle[1]) Breite oder Höhe in cm	30	—	450	550	600	700
	35		550	650	750	850
Stahlrohr- und Stahlkastenpfähle[2]) d bzw. a in cm[3])	35 bzw. 30	350	450	550	650	700	800
	40 bzw. 35	450	600	700	800	900	1000
	45 bzw. 40	550	700	850	1000	1100	1200

[1]) Breite I-Träger mit $b:h = 1:1$, z. B. I PB- oder Psp.-Profile. [2]) Für Pfähle mit geschlossener Spitze. Bei unten offenen Pfählen dürfen 90% der Tafelwerte angesetzt werden, wenn sich mit Sicherheit ein fester Bodenpropfen bildet. [3]) d = äußerer $\varnothing$ eines Stahlrohr- bzw. mittlerer $\varnothing$ eines zusammengesetzten, radialsymmetrischen Pfahles; a = mittlere Seitenlänge von annähernd quadratischen oder flächeninhaltsgleichen rechteckigen Kastenpfählen.

Voraussetzung für die Anwendung der Werte in Tafel 54 und 55 (Erfahrungswerte) ist, daß ausreichend dichtgelagerte nichtbindige Böden oder annähernd halbfeste bindige Böden in ausreichender Mächtigkeit den tragfähigen Baugrund bilden. Wenn die tragenden Schichten aus besonders dichtgelagerten nichtbindigen Böden oder festen bindigen Böden bestehen, können die Tafelwerte ohne Probebelastung bis zu 25% überschritten werden. Zwischenwerte sind geradlinig einzuschalten.

7.3.3 Verpreßpfähle nach DIN 4128

Begriffe nach DIN 4128 (Ortbeton- und Verbundpfähle mit kleinem Durchmesser)

Verpreßpfahl bewirkt Kraftübertragung zum umgebenden Baugrund vorwiegend über Mantelreibung durch Verpressen mit Beton oder Zementmörtel.

Ortbetonpfahl hat durchgehende Längsbewehrung nach DIN 1045 aus Betonstahl, **Verbundpfahl** durchgehendes, vorgefertigtes Tragglied aus Stahlbeton oder Stahl (runder Vollstab, Rohr oder Profilstahl).

Anwendungsbereich: Schaft $\varnothing < 300$ mm, bei Ortbetonpfähle mind. 150 mm, bei Verbundpfählen mind. 100 mm.

Tafel 58 Mindestmaße der Betondeckung der Bewehrung bzw. des Stahltraggliedes

Zeile	Betonangriff nach DIN 4030	Betondeckung[1]) in mm
1	nicht angreifend	30
2	nicht angreifend, jedoch mit einem Sulfatgehalt, der nach DIN 4030 als schwach angreifend klassifiziert ist	30[2])
3	schwach angreifend	35
4	stark angreifend	45

[1]) bei Verwendung von Zementmörtel und bei Pfählen für vorübergehende Zwecke Abminderung um 10 mm zulässig
[2]) HS-Zement erforderlich

Tafel 59 Grenzmantelreibungswerte für Verpreßpfähle

Bodenart	Druckpfähle MN/m^2	Zugpfähle MN/m^2
Mittel- und Grobkies	0,20	0,10
Sand und Kiessand	0,15	0,08
bindiger Boden	0,10	0,05

Tafel 60 Sicherheitsbeiwerte η für Verpreßpfähle

Verpreßpfähle als		η bei Lastfall nach DIN 1054		
		1	2	3
Druckpfähle		2,0	1,75	1,5
Zugpfähle mit	0 bis 45° Abweichung zur Vertikalen	2,0	1,75	1,5
	80° Abweichung zur Vertikalen	3,0	2,5	2,0

Bei Zugpfählen sind die Werte zwischen 45 und 80° zu interpolieren

Nachweis der äußeren Tragfähigkeit.

Krafteintragungslänge der Verpreßpfähle in ausreichend tragfähigen Baugrund $\geq 3,0$ m, in Fels oder felsähnlichen Boden $\geq 0,5$ m. Falls im Ausnahmefall keine Probebelastungen ausgeführt werden, darf der Pfahlwiderstand mit den Werten der Tafel 59 für Druck- und Zugpfähle ermittelt werden.

Die zulässigen Mantelreibungswerte ergeben sich nach Teilung der Grenzmantelreibungswerte nach Tafel 59 durch den Sicherheitsbeiwert η nach Tafel 60.

7.4 Nachweis der Tragfähigkeit quer zur Achse belasteter Pfähle

Bei Bauwerkspfählen, die im Boden keinen Druckzustand verursachen, hat sich die Anwendung der Bettungsmodultheorie zur Pfahlberechnung als zweckmäßig erwiesen [16]. Die Berechnung erfolgt nach [12] oder [13].

Der Bettungsmodul kann aus Probebelastungsergebnissen zurückgerechnet, oder wenn es nur auf die Ermittlung der Schnittgrößen ankommt, für die beteiligten Bodenschichten nach der Gleichung

$$k_s = E_s / D \quad (49)$$

angesetzt werden.

E_s Charakteristischer Wert des Steifemoduls
D Pfahl $\varnothing$, solange $D \leq 1$ m ist.

Bei $D \geq 1$ m wird rechnerisch weiter nur 1 m angesetzt.
Bei stoßartigen horizontalen Einwirkungen im Sinne von Anprall-Lasten darf k_s auf dreifache Größe des bei statischen Einwirkungen verwendeten Wertes erhöht werden.

Der Anwendungsbereich der Gl. (49) ist durch eine rechnerische maximale Horizontalverschiebung von entweder 2 cm oder $0,03 D$ begrenzt; kleinerer Wert ist maßgebend. Die Einwirkungen auf den Boden aus der Normalspannung zwischen Pfahl und Boden darf näherungsweise die ebene Erdwiderstandsspannung nicht überschreiten.

I3

8 Erddruck

8.1 Berechnung des Erddrucks nach DIN 4085 mit Beibl. 1 (2.87) und Beibl. 2 (6.89)

Tafel 61   Erddruck- und Erdwiderstandsformeln für ebene Gleitflächen

		infolge Bodeneigenlast (index g)		
		allgemein		Sonderfall $\alpha=\beta=\delta=0$
aktiv — horizontal	Erddruck-beiwert[1])	$K_{agh}=$ (50) $$\frac{\cos^2(\text{cal }\varphi'+\alpha)}{\cos^2\alpha\left[1+\sqrt{\dfrac{\sin(\text{cal }\varphi'+\delta_a)\cdot\sin(\text{cal }\varphi'-\beta)}{\cos(\alpha-\delta_a)\cdot\cos(\alpha+\beta)}}\right]^2}$$		$K_{agh}=\tan^2(45°-\text{cal }\varphi'/2)$ (51)
	Erddruck-ordinate	$e_{agh}=\text{cal }\gamma\cdot h\cdot K_{agh}$ (52)		
	resultierender Erddruck	$E_{agh}=\dfrac{h^2}{2}\text{cal }\gamma\cdot K_{agh}$ (53)		
vert.	resultierender Erddruck	$E_{agv}=E_{agh}\cdot\tan(\delta_a-\alpha)$ (54)		
passiv — horizontal	Erddruck-beiwert[1])	$K_{pgh}=$ (55) $$\frac{\cos^2(\text{cal }\varphi'-\alpha)}{\cos^2\alpha\left[1-\sqrt{\dfrac{\sin(\text{cal }\varphi'-\delta_p)\cdot\sin(\text{cal }\varphi'+\beta)}{\cos(\alpha-\delta_p)\cdot\cos(\alpha+\beta)}}\right]^2}$$		$K_{pgh}=\tan^2(45°+\text{cal }\varphi'/2)$ (56)
	Erddruck-ordinate	$e_{pgh}=\text{cal }\gamma\cdot h\cdot K_{pgh}$ (57)		
	resultierender Erddruck	$E_{pgh}=\dfrac{h^2}{2}\text{cal }\gamma\cdot K_{pgh}$ (58)		
vert.	resultierender Erddruck	$E_{pgv}=E_{pgh}\cdot\tan(\delta_p-\alpha)$ (59)		

		infolge Kohäsion[2]) (index c)		
		allgemein		Sonderfall $\alpha=\beta=\delta=0$
aktiv — horizontal	Erddruck-beiwert[1])	$K_{ach}=$ (60) $$\frac{2\cdot\cos\text{ cal }\varphi'\cdot\cos\beta\cdot(1-\tan\alpha\cdot\tan\beta)\cdot\cos(\alpha-\delta_a)}{1+\sin(\text{cal }\varphi'+\delta_a-\alpha-\beta)}$$		$K_{ac}=K_{ach}=$ (61) $2\cdot\tan(45°-\text{cal }\varphi'/2)$ für $\text{cal }\varphi'=\text{cal }\varphi_u=0$ wird $K_{ach}=2$
	Erddruck-ordinate	$e_{ach}=-c\cdot K_{ach}$ (62)		$e_{ach}=-2\cdot c\sqrt{K_{agh}}$ [3]) (63)
	resultierender Erddruck	$E_{ach}=-h\cdot\text{cal }c'\cdot K_{ach}$ (64)		$E_{ach}=-2\cdot c\sqrt{K_{agh}}\cdot h$ [3]) (65)
passiv — horizontal	Erddruck-beiwert[1])	$K_{pch}=$ (66) $$\frac{2\cdot\cos\text{ cal }\varphi'\cdot\cos\beta\cdot(1-\tan\alpha\cdot\tan\beta)\cdot\cos(\alpha-\delta_p)}{1-\sin(\text{cal }\varphi'-\delta_p+\alpha+\beta)}$$		$K_{pc}=K_{pch}=$ $2\cdot\tan(45°+\text{cal }\varphi'/2)$ für $\text{cal }\varphi'=\text{cal }\varphi_u=0$ wird $K_{pch}=2$ (67)
	Erddruck-ordinate	$e_{pch}=+c\cdot K_{pch}$ (68)		$e_{pch}=+2\cdot c\sqrt{K_{pgh}}$ [3]) (69)
	resultierender Erddruck	$E_{pch}=+h\cdot\text{cal }c'\cdot K_{pch}$ (70)		$E_{pch}=+2\cdot c\sqrt{K_{pgh}}\cdot h$ [3]) (71)
vert.	resultierender Erddruck	$E_{pcv}=E_{pch}\cdot\tan(\delta_p-\alpha)$ (72)		

[1]) Einzusetzende Vorzeichen s. Bild 28. Die Erddruckbeiwerte K_{agh} und K_{pgh} sind in Tafel 64 u. 65 tabelliert.   [2]) Sie verkleinert die aktive und vergrößert die passive Erddrucklast. Hinsichtlich Ansatz s. DIN 1055-2 sowie E2 und E3 der EAU.   [3]) Ungenormt, Fehler bei $\varphi\leq30°$ und $\delta_a\leq2/3\varphi$ ist $\leq3\%$

Bedeutung der Fußanzeiger in Tafel 61

a	aktiv	g	aus Bodeneigenlast
p	passiv	v	vertikal

h horizontal
c aus Kohäsion

Bedeutung der Formelzeichen in Tafel 61

E Erddrucklast, bezogen auf die Wandlänge in kN/m
K Erddruckbeiwert
cal γ jeweils in Betracht kommender Rechenwert der Wichte des Bodens in kN/m³
h in der Lotrechten gemessene Höhe der Wand, auf die die Erddrucklast wirkt, bzw. die Tiefe h des Erddruckes e_{agh} und e_{pgh} in m
α Neigungswinkel der Wand in °
β Neigungswinkel der Geländeoberfläche in °
δ Wandreibungswinkel in °
cal φ' Rechenwert des inneren Reibungswinkels des dränierten (entwässerten) Bodens in °
Die Winkel sind mit ihren Vorzeichen in die Gleichungen einzusetzen (s. Bild 28).
cal c' Rechenwert der Kohäsion des entwässerten Bodens   } s. Tafel 14
cal c_u Rechenwert der Kohäsion des nicht entwässerten Bodens }

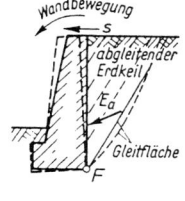
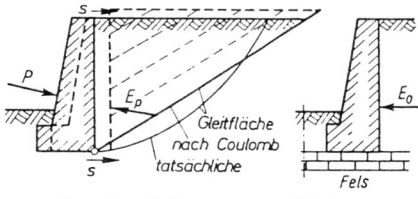
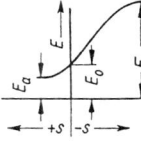

a) aktiver Erddruck   b) passiver Erddruck   c) Erdruhedruck   d) Wandbewegung und Erddruck

Bild 27   Grenzfälle des Erddrucks und Erdruhedruck

Tafel 62   Gültigkeitsbereich der Formeln für aktiven Erddruck in Tafel 59

	Wandneigung α	Geländeneigung β	Grenzwinkel min α aus:
$\delta_a \geq 0$	$+20° \geq \alpha > 10°$	$0 \leq \beta \leq$ cal φ'	$\min\tan\alpha = \dfrac{\cos(\text{cal }\varphi')}{\sin(\text{cal }\varphi') + \sqrt{\dfrac{\sin(\text{cal }\varphi'+\beta)}{\sin(\text{cal }\varphi'-\beta)}}}$ (73)
	$+10° \geq \alpha \geq \min\alpha$	$-$cal $\varphi \leq \beta \leq$ cal φ'	
$\delta_a < 0$	$+20° \geq \alpha \geq$ min α	$-$cal $\varphi' \leq \beta \leq \dfrac{2}{3}$ cal φ'	

Gültigkeitsbereich der Formeln für passiven Erddruck in Tafel 61:
— für cal $\varphi' \leq 30°$ bei Wandflächen aus Beton oder Stahl,
— für cal $\varphi' \leq 35°$ bei verzahnten Wandflächen.

Tafel 63   Maximale Wandreibungswinkel
nach DIN 4085

Wand-beschaffenheit	ebene Gleitfläche	gekrümmte Gleitfläche
verzahnt	$\delta = \dfrac{2}{3}$ cal φ'	$\delta =$ cal φ'
rauh[1]	$\delta = \dfrac{2}{3}$ cal φ'	$27,5° \geq \delta \leq$ cal $\varphi' - 2,5°$
weniger rauh	$\delta = \dfrac{1}{3}$ cal φ'	$\delta = \dfrac{1}{2}$ cal φ'
glatt	$\delta = 0$	$\delta = 0$

[1] Im allgemeinen können unbehandelte Oberflächen von Stahl, Beton und Holz als rauh angesehen werden

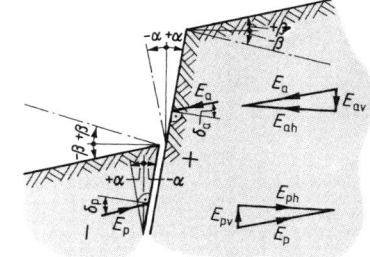

Bild 28   Vorzeichenregeln für die Berechnung des aktiven und passiven Erddruckes

I3

Geotechnik

Tafel 64 Erddruckbeiwerte K_{agh} für ebene Gleitflächen nach *Blum*, s. a. nächste Seiten

$a=$	$\delta_a=$ \ $\beta=$	$\varphi=$ 17,5° 0	$\frac{1}{3}\varphi$	$\frac{2}{3}\varphi$	20° 0	$\frac{1}{3}\varphi$	$\frac{2}{3}\varphi$	22,5° 0	$\frac{1}{3}\varphi$	$\frac{2}{3}\varphi$	25° 0	$\frac{1}{3}\varphi$	$\frac{2}{3}\varphi$
	−20°	0,50	0,45	0,40	0,47	0,42	0,37	0,44	0,39	0,35	0,42	0,36	0,32
	−15°	0,53	0,48	0,43	0,50	0,45	0,40	0,47	0,42	0,37	0,44	0,39	0,34
	−10°	0,57	0,51	0,47	0,53	0,48	0,43	0,50	0,45	0,40	0,47	0,42	0,37
	− 5°	0,60	0,55	0,51	0,57	0,51	0,47	0,53	0,48	0,43	0,50	0,45	0,40
−20°	0°	0,65	0,60	0,55	0,61	0,56	0,51	0,57	0,52	0,47	0,53	0,48	0,43
	5°	0,70	0,65	0,61	0,66	0,61	0,56	0,61	0,56	0,52	0,57	0,52	0,47
	10°	0,78	0,73	0,69	0,72	0,67	0,63	0,67	0,62	0,57	0,62	0,57	0,52
	15°	0,90	0,87	0,84	0,82	0,77	0,74	0,75	0,70	0,66	0,69	0,64	0,59
	20°				1,13	1,13	1,13	0,88	0,84	0,81	0,78	0,74	0,70
	−20°	0,47	0,43	0,39	0,44	0,40	0,36	0,41	0,37	0,33	0,38	0,34	0,30
	−15°	0,50	0,45	0,42	0,46	0,42	0,38	0,43	0,39	0,35	0,40	0,36	0,32
	−10°	0,53	0,48	0,45	0,49	0,44	0,41	0,45	0,41	0,37	0,42	0,38	0,34
	− 5°	0,56	0,51	0,48	0,52	0,47	0,44	0,48	0,44	0,40	0,44	0,40	0,37
−10°	0°	0,59	0,55	0,52	0,55	0,51	0,47	0,51	0,47	0,43	0,47	0,43	0,39
	5°	0,64	0,60	0,57	0,59	0,55	0,51	0,55	0,50	0,47	0,50	0,46	0,42
	10°	0,70	0,67	0,64	0,64	0,61	0,57	0,59	0,55	0,52	0,54	0,50	0,46
	15°	0,81	0,79	0,76	0,73	0,69	0,66	0,65	0,62	0,58	0,59	0,55	0,52
	20°				1,00	1,00	1,00	0,77	0,74	0,71	0,67	0,64	0,61
	−20°	0,44	0,40	0,37	0,40	0,36	0,34	0,37	0,33	0,30	0,34	0,30	0,28
	−15°	0,46	0,42	0,39	0,42	0,38	0,35	0,38	0,35	0,32	0,35	0,32	0,29
	−10°	0,48	0,44	0,41	0,44	0,40	0,37	0,40	0,37	0,34	0,37	0,33	0,31
	− 5°	0,51	0,47	0,44	0,46	0,43	0,40	0,42	0,39	0,36	0,39	0,35	0,32
0°	0°	0,54	0,50	0,47	0,49	0,45	0,43	0,45	0,41	0,38	0,41	0,37	0,35
	5°	0,58	0,54	0,52	0,52	0,49	0,46	0,48	0,44	0,41	0,43	0,40	0,37
	10°	0,63	0,60	0,58	0,57	0,54	0,51	0,51	0,48	0,45	0,46	0,43	0,40
	15°	0,73	0,71	0,69	0,64	0,61	0,59	0,57	0,54	0,51	0,50	0,47	0,45
	20°				0,88	0,88	0,88	0,66	0,64	0,62	0,57	0,55	0,52
	−20°	0,39	0,36	0,34	0,35	0,33	0,30	0,32	0,29	0,27	0,29	0,26	0,24
	−15°	0,41	0,38	0,35	0,37	0,34	0,32	0,33	0,30	0,28	0,30	0,27	0,25
	−10°	0,43	0,40	0,37	0,39	0,36	0,33	0,35	0,32	0,30	0,31	0,28	0,26
	5°	0,45	0,42	0,40	0,40	0,37	0,35	0,36	0,33	0,31	0,32	0,30	0,28
10°	0°	0,48	0,45	0,42	0,43	0,40	0,37	0,38	0,35	0,33	0,34	0,31	0,29
	5°	0,51	0,48	0,46	0,45	0,43	0,40	0,40	0,38	0,36	0,36	0,33	0,31
	10°	0,56	0,53	0,51	0,49	0,47	0,44	0,43	0,41	0,39	0,38	0,36	0,34
	15°	0,65	0,63	0,61	0,55	0,53	0,51	0,48	0,46	0,44	0,42	0,39	0,38
	20°				0,77	0,77	0,77	0,56	0,55	0,53	0,47	0,45	0,44
	−20°	0,34	0,32	0,30	0,30	0,28	0,26	0,26	0,24	0,23	0,23	0,21	0,20
	−15°	0,36	0,33	0,31	0,31	0,29	0,27	0,27	0,25	0,24	0,24	0,22	0,21
	−10°	0,37	0,34	0,33	0,33	0,30	0,28	0,28	0,26	0,25	0,25	0,23	0,22
	− 5°	0,39	0,36	0,34	0,34	0,32	0,30	0,30	0,28	0,26	0,26	0,33	0,22
20°	0°	0,41	0,38	0,37	0,36	0,33	0,32	0,31	0,29	0,27	0,27	0,25	0,24
	5°	0,44	0,41	0,40	0,38	0,36	0,34	0,33	0,31	0,29	0,28	0,27	0,25
	10°	0,48	0,48	0,44	0,41	0,39	0,37	0,35	0,33	0,32	0,30	0,29	0,27
	15°	0,56	0,54	0,53	0,46	0,45	0,43	0,39	0,37	0,36	0,33	0,31	0,30
	20°				0,66	0,66	0,66	0,46	0,45	0,44	0,38	0,36	0,35

Tafel 64, Fortsetzung

27,5°			30,0°			32,5°			35,0°			40°		
0	$\frac{1}{3}\varphi$	$\frac{2}{3}\varphi$	0	$\frac{1}{3}\varphi$	$\frac{2}{3}\varphi$	0	$\frac{1}{3}\varphi$	$\frac{2}{3}\varphi$	0	$\frac{1}{3}\varphi$	$\frac{2}{3}\varphi$	0	$\frac{1}{3}\varphi$	$\frac{2}{3}\varphi$
0,39	0,34	0,30	0,37	0,32	0,27	0,34	0,30	0,25	0,32	0,28	0,24	0,28	0,24	0,20
0,42	0,36	0,32	0,39	0,34	0,30	0,37	0,32	0,27	0,34	0,29	0,25	0,30	0,26	0,21
0,44	0,39	0,34	0,41	0,36	0,32	0,39	0,34	0,29	0,36	0,31	0,27	0,32	0,27	0,23
0,47	0,42	0,37	0,44	0,39	0,34	0,41	0,36	0,31	0,38	0,33	0,29	0,33	0,29	0,24
0,50	0,45	0,40	0,47	0,41	0,37	0,44	0,38	0,34	0,41	0,36	0,31	0,35	0,31	0,26
0,54	0,48	0,43	0,50	0,45	0,40	0,47	0,41	0,36	0,43	0,38	0,33	0,37	0,32	0,28
0,58	0,52	0,48	0,54	0,48	0,43	0,50	0,45	0,40	0,46	0,41	0,36	0,40	0,35	0,30
0,63	0,58	0,53	0,58	0,53	0,48	0,54	0,49	0,44	0,50	0,44	0,40	0,42	0,37	0,33
0,71	0,66	0,61	0,65	0,59	0,55	0,59	0,54	0,49	0,54	0,49	0,44	0,45	0,40	0,36
0,35	0,31	0,28	0,33	0,29	0,26	0,30	0,27	0,24	0,28	0,24	0,22	0,24	0,21	0,18
0,37	0,33	0,30	0,34	0,30	0,27	0,32	0,28	0,25	0,29	0,26	0,23	0,25	0,22	0,19
0,39	0,35	0,31	0,36	0,32	0,29	0,33	0,30	0,26	0,31	0,27	0,24	0,26	0,23	0,20
0,41	0,37	0,33	0,38	0,34	0,31	0,35	0,31	0,28	0,32	0,29	0,25	0,27	0,24	0,21
0,43	0,39	0,36	0,40	0,36	0,33	0,37	0,33	0,30	0,34	0,30	0,27	0,28	0,25	0,22
0,46	0,42	0,39	0,42	0,38	0,35	0,39	0,35	0,32	0,36	0,32	0,29	0,30	0,26	0,24
0,50	0,45	0,42	0,45	0,41	0,38	0,41	0,38	0,34	0,38	0,34	0,31	0,31	0,28	0,25
0,54	0,50	0,46	0,49	0,45	0,42	0,45	0,41	0,37	0,40	0,37	0,33	0,33	0,30	0,27
0,60	0,56	0,53	0,54	0,50	0,47	0,49	0,45	0,41	0,44	0,40	0,37	0,35	0,32	0,29
0,31	0,28	0,25	0,28	0,25	0,23	0,25	0,23	0,21	0,23	0,21	0,19	0,19	0,17	0,15
0,32	0,29	0,26	0,29	0,26	0,24	0,26	0,24	0,22	0,24	0,21	0,19	0,19	0,17	0,16
0,33	0,30	0,28	0,30	0,27	0,25	0,28	0,25	0,23	0,25	0,22	0,20	0,20	0,18	0,16
0,35	0,32	0,29	0,32	0,29	0,26	0,29	0,26	0,24	0,26	0,23	0,21	0,21	0,19	0,17
0,37	0,34	0,31	0,33	0,30	0,28	0,30	0,27	0,25	0,27	0,25	0,22	0,22	0,20	0,18
0,39	0,36	0,33	0,35	0,32	0,30	0,32	0,29	0,27	0,28	0,26	0,24	0,23	0,21	0,19
0,42	0,38	0,36	0,37	0,34	0,32	0,34	0,31	0,28	0,30	0,27	0,25	0,24	0,22	0,20
0,45	0,42	0,39	0,40	0,37	0,35	0,36	0,33	0,31	0,32	0,29	0,27	0,25	0,23	0,21
0,50	0,47	0,45	0,44	0,41	0,39	0,39	0,36	0,34	0,34	0,32	0,30	0,27	0,24	0,23
0,26	0,23	0,22	0,23	0,21	0,19	0,20	0,18	0,17	0,18	0,16	0,15	0,14	0,13	0,12
0,27	0,24	0,22	0,24	0,22	0,20	0,21	0,19	0,18	0,19	0,17	0,16	0,14	0,13	0,12
0,28	0,25	0,23	0,25	0,22	0,21	0,22	0,20	0,18	0,19	0,17	0,16	0,15	0,13	0,12
0,29	0,26	0,25	0,25	0,23	0,22	0,23	0,21	0,19	0,20	0,18	0,17	0,15	0,14	0,13
0,30	0,28	0,26	0,27	0,25	0,23	0,23	0,22	0,20	0,21	0,19	0,18	0,16	0,14	0,13
0,32	0,29	0,28	0,28	0,26	0,24	0,25	0,23	0,21	0,21	0,20	0,18	0,16	0,15	0,14
0,34	0,31	0,30	0,30	0,27	0,26	0,26	0,24	0,22	0,23	0,21	0,19	0,17	0,16	0,14
0,36	0,34	0,32	0,32	0,30	0,28	0,28	0,26	0,24	0,24	0,22	0,21	0,18	0,16	0,15
0,41	0,38	0,37	0,35	0,33	0,31	0,30	0,28	0,26	0,26	0,24	0,23	0,19	0,17	0,16
0,20	0,19	0,17	0,17	0,16	0,15	0,15	0,14	0,13	0,13	0,12	0,11	0,09	0,08	0,08
0,21	0,19	0,18	0,18	0,17	0,16	0,15	0,14	0,13	0,13	0,12	0,11	0,09	0,09	0,08
0,21	0,20	0,19	0,19	0,17	0,16	0,16	0,15	0,14	0,13	0,12	0,12	0,09	0,09	0,08
0,22	0,21	0,19	0,19	0,18	0,17	0,16	0,15	0,14	0,14	0,13	0,12	0,10	0,09	0,09
0,23	0,22	0,20	0,20	0,19	0,17	0,17	0,16	0,15	0,14	0,13	0,13	0,10	0,09	0,09
0,24	0,23	0,22	0,21	0,19	0,18	0,18	0,16	0,16	0,15	0,14	0,13	0,10	0,10	0,09
0,26	0,24	0,23	0,22	0,21	0,19	0,19	0,17	0,16	0,16	0,15	0,14	0,11	0,10	0,09
0,28	0,26	0,25	0,24	0,22	0,21	0,20	0,19	0,18	0,16	0,15	0,15	0,11	0,10	0,10
0,31	0,30	0,28	0,26	0,24	0,23	0,21	0,20	0,19	0,18	0,17	0,16	0,12	0,11	0,10

13

Tafel 65   Erdwiderstandsbeiwerte K_{pgh} für ebene Gleitflächen nach *Blum*, s. a. nächste Seiten

		17,5°			20°			22,5°			25°		
	$\delta_p =$	0	$-\tfrac{1}{3}\varphi$	$-\tfrac{2}{3}\varphi$	0	$-\tfrac{1}{3}\varphi$	$-\tfrac{2}{3}\varphi$	0	$-\tfrac{1}{3}\varphi$	$-\tfrac{2}{3}\varphi$	0	$-\tfrac{1}{3}\varphi$	$-\tfrac{2}{3}\varphi$
$a =$	$\beta =$												
−20°	−20°				0,67	0,67	0,67	0,86	0,90	0,93	0,95	1,01	1,08
	−15°	0,94	0,98	1,01	1,03	1,10	1,16	1,11	1,21	1,30	1,19	1,32	1,45
	−10°	1,17	1,26	1,35	1,25	1,37	1,49	1,33	1,49	1,66	1,41	1,62	1,85
	− 5°	1,36	1,51	1,65	1,45	1,64	1,83	1,54	1,78	2,04	1,64	1,94	2,28
	0°	1,54	1,75	1,96	1,64	1,91	2,19	1,75	2,09	2,45	1,87	2,29	2,76
	5°	1,72	2,00	2,29	1,84	2,19	2,58	1,97	2,41	2,92	2,11	2,66	3,32
	10°	1,90	2,25	2,64	2,04	2,50	3,01	2,20	2,77	3,45	2,38	3,09	3,98
	15°	2,09	2,53	3,04	2,26	2,83	3,50	2,45	3,17	4,07	2,66	3,57	4,77
	20°	2,28	2,84	3,48	2,49	3,20	4,08	2,72	3,63	4,82	2,98	4,13	5,75
−10°	−20°				0,77	0,77	0,77	0,99	1,04	1,08	1,10	1,18	1,26
	−15°	1,05	1,09	1,13	1,16	1,23	1,30	1,26	1,37	1,48	1,36	1,52	1,68
	−10°	1,29	1,39	1,48	1,39	1,53	1,67	1,49	1,68	1,88	1,61	1,85	2,12
	− 5°	1,49	1,65	1,81	1,60	1,81	2,04	1,72	2,00	2,31	1,86	2,22	2,63
	0°	1,68	1,91	2,15	1,82	2,11	2,44	1,96	2,35	2,79	2,12	2,62	3,21
	5°	1,88	2,18	2,52	2,04	2,44	2,90	2,21	2,73	3,35	2,41	3,07	3,91
	10°	2,08	2,48	2,94	2,27	2,80	3,42	2,49	3,16	4,02	2,73	3,60	4,78
	15°	2,30	2,81	3,42	2,53	3,20	4,05	2,79	3,67	4,85	3,08	4,23	5,89
	20°	2,54	3,19	3,99	2,82	3,68	4,82	3,13	4,28	5,90	3,50	5,01	7,35
0°	−20°				0,89	0,89	0,89	1,14	1,19	1,24	1,28	1,37	1,47
	−15°	1,17	1,21	1,26	1,30	1,39	1,47	1,43	1,56	1,70	1,57	1,76	1,96
	−10°	1,42	1,53	1,65	1,55	1,71	1,88	1,69	1,92	2,17	1,85	2,15	2,50
	− 5°	1,64	1,83	2,02	1,79	2,04	2,32	1,96	2,30	2,68	2,14	2,59	3,13
	0°	1,86	2,13	2,42	2,04	2,40	2,81	2,24	2,72	3,30	2,46	3,09	3,91
	5°	2,09	2,45	2,87	2,30	2,79	3,39	2,55	3,20	4,04	2,82	3,69	4,89
	10°	2,33	2,82	3,40	2,60	3,25	4,09	2,89	3,78	4,99	3,24	4,42	6,19
	15°	2,60	3,25	4,05	2,93	3,80	4,98	3,30	4,49	6,24	3,72	5,34	8.00
	20°	2,91	3,76	4,87	3,31	4,48	6,16	3,78	5,39	7,99	4,32	6,57	10,68
10°	−20°				1,00	1,00	1,00	1,30	1,37	1,44	1,48	1,61	1,74
	−15°	1,30	1,35	1,41	1,47	1,57	1,68	1,64	1,80	1,99	1,82	2,07	2,35
	−10°	1,58	1,72	1,86	1,76	1,96	2,18	1,95	2,23	2,57	2,16	2,56	3,05
	− 5°	1,84	2,06	2,31	2,04	2,36	2,73	2,27	2,71	3,25	2,53	3,13	3,93
	0°	2,10	2,43	2,82	2,35	2,81	3,38	2,63	3,26	4,11	2,95	3,82	5,08
	5°	2,38	2,85	3,42	2,69	3,34	4,19	3,04	3,94	5,23	3,44	4,70	6,68
	10°	2,70	3,35	4,18	3,08	3,99	5,27	3,52	4,80	6,80	4,04	5,85	9,04
	15°	3,07	3,96	5,18	3,54	4,82	6,76	4,11	5,95	9,12	4,79	7,45	12,85
	20°	3,52	4,75	6,57	4,13	5,94	8,99	4,87	7,56	12,89	5,78	9,85	19,76
20°	−20°				1,13	1,13	1,13	1,50	1,59	1,68	1,75	1,91	2,10
	−15°	1,45	1,52	1,60	1,68	1,81	1,96	1,91	2,13	2,39	2,17	2,50	2,92
	−10°	1,79	1,96	2,15	2,03	2,30	2,60	2,30	2,69	3,18	2,61	3,18	3,95
	− 5°	2,11	2,40	2,74	2,39	2,82	3,36	2,73	3,35	4,20	3,11	4,00	5,35
	0°	2,44	2,90	3,43	2,80	3,46	3,34	3,22	4,17	5,59	3,71	5,09	7,41
	5°	2,83	3,49	4,37	3,28	4,25	5,69	3,81	5,25	7,64	4,46	6,58	10,72
	10°	3,28	4,25	5,65	3,86	5,32	7,69	4,57	6,77	10,97	5,45	8,82	16,74
	15°	3,85	5,28	7,54	4,62	6,84	10,96	5,59	9,08	17,13	6,82	12,48	30,00
	20°	4,60	6,77	10,67	5,66	9,20	17,13	7.04	13,00	31,17	8,88	19,37	71,54

Tafel 65, Fortsetzung

27,5°			30,0°			32,5°			35,0°		
0	$-\tfrac{1}{3}\varphi$	$-\tfrac{2}{3}\varphi$	0	$-\tfrac{1}{3}\varphi$	$-\tfrac{2}{3}\varphi$	0	$-\tfrac{1}{3}\varphi$	$-\tfrac{2}{3}\varphi$	0	$-\tfrac{1}{3}\varphi$	$-\tfrac{2}{3}\varphi$
1,02	1,12	1,22	1,10	1,24	1,38	1,17	1,35	1,54	1,25	1,48	1,74
1,26	1,44	1,62	1,34	1,57	1,81	1,43	1,71	2,03	1,52	1,87	2,29
1,50	1,77	2,06	1,60	1,93	2,31	1,70	2,11	2,61	1,81	2,32	2,96
1,74	2,12	2,56	1,86	2,33	2,89	1,98	2,56	3,29	2,12	2,82	3,77
2,00	2,51	3,13	2,14	2,77	3,58	2,29	3,07	4,12	2,45	3,42	4,80
2,27	2,95	3,81	2,44	3,28	4,42	2,63	3,67	5,17	2,83	4,12	6,12
2,57	3,45	4,63	2,77	3,88	5,45	3,01	4,38	6,50	3,26	4,98	7,87
2,89	4,04	5,65	3,15	4,59	6,78	3,44	5,25	8,27	3,76	6,05	10,29
3,26	4,73	6,95	3,58	5,45	8,55	3,94	6,34	10,72	4,34	7,43	13,80
1,20	1,32	1,45	1,30	1,47	1,65	1,41	1,63	1,89	1,52	1,81	2,16
1,47	1,68	1,90	1,58	1,85	2,16	1,70	2,05	2,47	1,83	2,28	2,85
1,73	2,05	2,42	1,86	2,27	2,76	2,01	2,52	3,19	2,16	2,82	3,71
2,00	2,46	3,01	2,16	2,74	3,49	2,34	3,07	4,07	2,54	3,46	4,82
2,30	2,93	3,73	2,50	3,29	4,38	2,71	3,72	5,21	2,96	4,23	6,29
2,63	3,47	4,62	2,87	3,94	5,53	3,14	4,51	6,72	3,44	5,20	8,33
2,99	4,12	5,76	3,29	4,74	7,05	3,63	5,51	8,81	4,02	6,45	11,30
3,41	4,91	7,27	3,79	5,74	9,16	4,22	6,79	11,87	4,71	8,12	15,93
3,91	5,91	9,36	4,38	7,05	12,26	4,93	8,52	16,67	5,58	10,46	23,85
1,41	1,56	1,72	1,55	1,76	2,00	1,69	1,98	2,34	1,85	2,24	2,74
1,71	1,97	2,27	1,87	2,22	2,64	2,04	2,50	3,10	2,22	2,83	3,68
2,02	2,42	2,91	2,20	2,73	3,43	2,41	3,10	4,08	2,64	3,54	4,92
2,35	2,93	3,70	2,58	3,34	4,42	2,83	3,83	5,37	3,12	4,42	6,64
2,72	3,54	4,70	3,00	4,08	5,74	3,32	4,74	7,15	3,69	5,56	9,15
3,14	4,28	6,02	3,49	5,01	7,56	3,90	5,92	9,77	4,37	7,09	13,06
3,63	5,21	7,85	4,08	6,22	10,25	4,61	7,51	13,88	5,23	9,22	19,78
4,22	6,44	10,56	4,81	7,87	14,49	5,50	9,78	21,01	6,33	12,41	32,99
4,96	8,13	14,87	5,74	10,25	21,96	6,67	13,22	35,37	7,82	17,58	65,65
1,66	1,86	2,08	1,85	2,14	2,49	2,06	2,46	2,99	2,29	2,84	3,64
2,02	2,37	2,80	2,25	2,72	3,36	2,49	3,14	4,09	2,77	3,65	5,07
2,40	2,95	3,68	2,68	3,42	4,50	2,98	3,99	5,61	3,34	4,69	7,16
2,83	3,65	4,83	3,17	4,28	6,07	3,56	5,07	7,82	4,01	6,08	10,43
3,32	4,52	6,43	3,76	5,40	8,37	4,26	6,53	11,30	4,86	8,03	16,05
3,92	5,66	8,79	4,48	6,92	12,02	5,14	8,61	17,35	5,95	10,93	27,14
4,65	7,24	12,55	5,40	9,12	18,45	6,30	11,77	29,59	7,41	15,66	54,67
5,61	9,54	19,27	6,63	12,54	31,78	7,90	17,06	61,40	9,51	24,31	
6,92	13,22	33,60	8,37	18,45	68,31	10,25	27,21		12,75	43,47	
2,00	2,26	2,60	2,27	2,67	3,23	2,57	3,16	4,06	2,91	3,77	5,23
2,46	2,95	3,62	2,78	3,49	4,57	3,16	4,17	5,90	3,59	5,03	7,88
2,97	3,77	5,01	3,38	4,53	6,51	3,86	5,51	8,78	4,43	6,79	12,45
3,57	4,84	7,02	4,10	5,94	9,58	4,74	7,40	13,80	5,51	9,42	21,49
4,30	6,30	10,24	5,02	7,96	15,00	5,89	10,28	23,96	6,96	13,70	44,05
5,25	8,44	16,01	6,24	11,10	26,27	7,46	15,11	50,50	9,03	21,54	
6,55	11,84	28,32	7,96	16,53	57,28	9,79	24,38		12,22	38,97	
8,43	17,96	64,32	10,57	27,58		13,51	46,80		17,68	94,01	
11,41	31,26		15,00	57,28		20,32			28,63		75,13

Berechnung von Erddrucklasten außerhalb des Gültigkeitsbereiches der Formeln nach Tafel 61

a) Aktiver Erddruck
Mit gekrümmten oder gebrochenen Gleitflächen ([3], S. 208/209), ferner für nichtbindige Böden mit der Culmannschen E-Linie (Bild 35),
für bindige Böden mit der Culmann-/Schmidtschen E-Linie.

b) Passiver Erddruck bei $\varphi > 30°$ (s. o.) bzw. $>35°$ mit Erdwiderstandsbeiwert für gekrümmte Gleitflächen nach *Caquot/Kérisel* auf Tafel 66.
Erdwiderstandsbeiwert nach dem Gleitschema von *Streck* auf Tafel 67 u. a. für den Sonderfall des Erdwiderstandes vor Bohlträgern.

Gleitflächenwinkel für den allg. Fall $(\alpha = \beta \neq 0)$:

$$\vartheta_{a,p} = \pm\varphi' + \text{arc cot}\left[\tan(\alpha \pm \varphi') + \frac{1}{\cos(\alpha \pm \varphi')}\sqrt{\frac{\sin(\delta_{a,p} \pm \varphi')\cos(\alpha + \beta)}{-\sin(\beta \mp \varphi')\cos(\delta_{a,p} - \alpha)}}\right] \quad (74)$$

Für $\alpha = \beta = 0$ sind die Gleitflächenwinkel auf Tafel 69 zu finden.

Tafel 66 Erdwiderstandsbeiwerte K_{pgh} für gekrümmte Gleitflächen (nach *Caquot-Kérisel*) für $\alpha = \beta = 0$

$\varphi°$	10	12,5	15	17,5	20	22,5	25	27,5	30	32,5	35	37,5	40	42,5	45
$\delta_p° = -\varphi°$	1,62	1,85	2,12	2,44	2,83	3,30	3,89	4,63	5,56	6,77	8,36	10,49	13,44	17,61	23,71
$\delta_p° = -\frac{2}{3}\varphi°$	1,59	1,80	2,05	2,36	2,71	3,15	3,68	4,35	5,17	6,22	7,59	9,36	11,74	15,03	19,66

Tafel 67 Erdwiderstandsbeiwerte K_{ph} nach dem Gleitschema von *Streck*

δ_p	φ											
	$15°$	$17,5°$	$20°$	$22,5°$	$25°$	$27,5°$	$30°$	$32,5°$	$35°$	$37,5°$	$40°$	$42,5°$
$0°$	1,70	1,86	2,04	2,24	2,46	2,72	3,00	3,32	3,69	4,11	4,60	5,16
$-2,5°$	1,79	1,95	2,17	2,39	2,63	2,90	3,23	3,60	4,00	4,48	5,04	5,69
$-5°$	1,87	2,05	2,28	2,51	2,79	3,08	3,45	3,86	4,31	4,85	5,48	6,22
$-7,5°$	1,94	2,14	2,38	2,64	2,94	3,26	3,66	4,11	4,61	5,22	5,92	6,75
$-10°$	2,01	2,22	2,48	2,75	3,08	3,43	3,87	4,35	4,91	5,59	6,36	7,28
$-12,5°$	2,11	2,30	2,58	2,87	3,22	3,60	4,07	4,59	5,21	5,95	6,80	7,82
$-15°$		2,38	2,67	2,98	3,35	3,76	4,27	4,83	5,50	6,31	7,24	8,38
$-17,5°$			2,77	3,09	3,48	3,92	4,46	5,07	5,80	6,67	7,69	8,95
$-20°$				3,23	3,62	4,08	4,66	5,31	6,10	7,03	8,15	9,53
$-22,5°$					3,81	4,27	4,86	5,56	6,41	7,41	8,62	10,10
$-25°$						4,51	5,11	5,84	6,72	7,82	9,12	10,70
$-27,5°$							5,46	6,15	7,12	8,27	9,64	11,40

Hinweis: Wenn im Grenzzustand eine überwiegend parallele Verschiebung erwartet wird, sind Erdwiderstandsbeiwerte K_{pt} bei Translation zu verwenden, s. [2], Teil 1

Tafel 68 Erdruhedruckbeiwerte K_o für $\alpha = 0$ sowie $\beta = 0$ und $\beta \neq 0$

	$20°$	$25°$	$27,5°$	$30°$	$32,5°$	$35°$	$37,5°$
$\beta = 0$	0,66	0,58	0,54	0,50	0,46	0,43	0,39
$\beta = \frac{1}{3}\varphi$	0,75	0,69	0,65	0,62	0,59	0,56	0,52
$\beta = \frac{2}{3}\varphi$	0,85	0,80	0,77	0,75	0,71	0,69	0,66
$\beta = \varphi$	0,94	0,91	0,89	0,87	0,84	0,82	0,79

Tafel 69 Gleitflächenwinkel ϑ_a für $\alpha = \beta = 0$

δ_a	$\varphi°$	$15°$	$17,5°$	$20°$	$22,5°$	$25°$	$27,5°$	$30°$	$32,5°$	$35°$	$37,5°$	$40°$
0		52,5	53,8	55,0	56,3	57,5	58,8	60,0	61,3	62,5	63,8	65,0
$+\frac{1}{3}\varphi$		49,4	50,8	52,5	53,6	55,0	56,4	57,8	59,2	60,6	62,0	63,3
$+\frac{2}{3}\varphi$		47,0	48,5	50,0	51,5	53,0	54,5	56,0	57,5	58,9	60,4	61,9

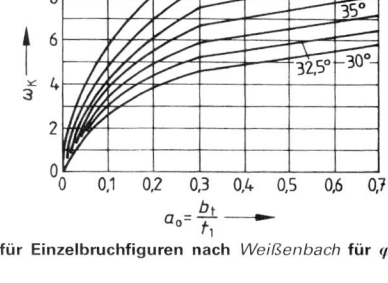

Bild 29 Erdwiderstandsbeiwerte ω_R und ω_K für Einzelbruchfiguren nach *Weißenbach* für φ-Werte $< 30°$ siehe Weißenbach [3]

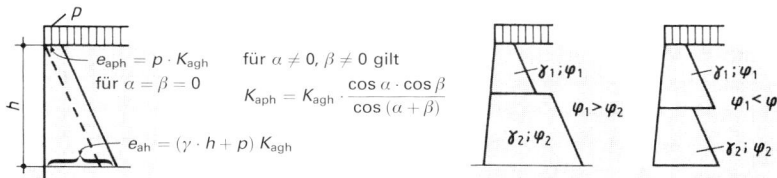

$e_{aph} = p \cdot K_{agh}$

für $\alpha = \beta = 0$

für $\alpha \neq 0, \beta \neq 0$ gilt

$K_{aph} = K_{agh} \cdot \dfrac{\cos \alpha \cdot \cos \beta}{\cos (\alpha + \beta)}$

$e_{ah} = (\gamma \cdot h + p) \, K_{agh}$

Bild 30 Hydrostatische Erddruckverteilung bei gleichmäßiger Geländeauflast

Bild 31 Auswirkung des Reibungswinkels

$\gamma_1 ; \varphi_1$ $\varphi_1 > \varphi_2$ $\gamma_2 ; \varphi_2$

$\gamma_1 ; \varphi_1$ $\varphi_1 < \varphi_2$ $\gamma_2 ; \varphi_2$

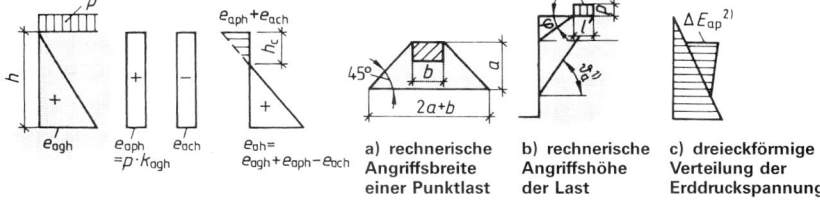

e_{agh} e_{aph} e_{ach} $e_{ah} = $
   $= p \cdot K_{agh}$ $e_{agh} + e_{aph} - e_{ach}$

Bild 32 Berücksichtigung der Kohäsion

a) rechnerische Angriffsbreite einer Punktlast

b) rechnerische Angriffshöhe der Last

c) dreieckförmige Verteilung der Erddruckspannung

Bild 33 Druckverteilung bei Einzel- und Linienlasten

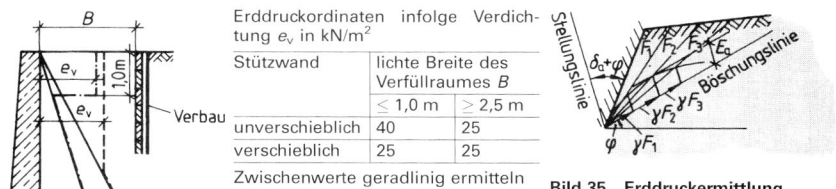

Bild 34 Erddrücke bei Verdichtung des Verfüllbodens

Erddruckordinaten infolge Verdichtung e_v in kN/m^2

Stützwand	lichte Breite des Verfüllraumes B	
	$\leq 1{,}0$ m	$\geq 2{,}5$ m
unverschieblich	40	25
verschieblich	25	25

Zwischenwerte geradlinig ermitteln

$(-\cdot-\cdot-)$ bei verschieblicher Wand,
$(---)$ bei unverschieblicher Wand)

Bild 35 Erddruckermittlung nach *Culman*

$^{1)}$ für $\alpha = 0$ $\tan \vartheta_a = \tan \varphi + \sqrt{(1 + \tan^2 \varphi)\dfrac{\tan \varphi - \tan \beta}{\tan \varphi + \tan \delta_a}}$ (75)

$^{2)}$ $\Delta E_{ap} \cong \dfrac{\sin (\vartheta_a - \varphi)}{\cos (\vartheta_a - \varphi - \delta_a)} \cdot P$ $p = p \cdot l$ (s. Bild 33 b u. c)   (76)

I3

Eine **Änderung der Wichte** ergibt in der Erddruckfigur einen **Knick,** eine **Änderung des Reibungswinkels** einen **Sprung.** Die **Verkehrslast** p vergrößert den Erddruck um den konstanten Wert $p \cdot K_{agh}$ über die Gesamthöhe des Bauwerkes (Bild 28).
Linienlast bewirkt eine dreieckförmige Ausweitung der Erddruckfigur (Bild 31). Soweit keine Versuchsergebnisse vorliegen, sind die für den Erddruck maßgebenden Kenngrößen in den Tafeln 12 und 13 zusammengestellt.

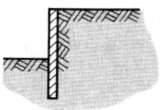 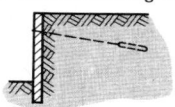 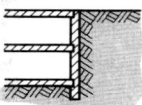

a) Im Boden eingespannte Spund- oder Ortbetonwand
b) Rückverankerte Spundwand oder Ortbetonwand
c) In ein Bauwerk einbezogene Spundwand oder Ortbetonwand

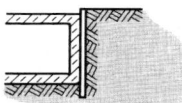 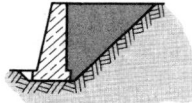 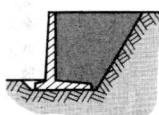

d) Gegen eine Baugrubenwand betoniertes Bauwerk
e) Schwergewichtsmauer
f) Winkelstützmauer

Bild 36   In der Regel für aktiven Erddruck zu bemessende Bauwerke (n. DIN 4085, Bbl. 1)

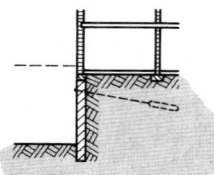 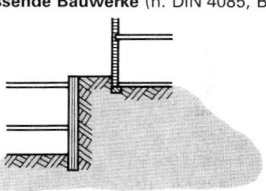

a) Unterfangungswand
b) Spundwand oder Ortbetonwand

Bild 37   In der Regel für erhöhten Erddruck zu bemessende Bauwerke (n. DIN 4085, Bbl. 1)

 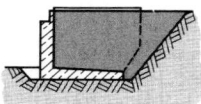 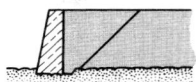

a) Tunnelbauwerk in abgeböschter Baugrube
b) Widerlagerbauwerk
c) Stützmauer auf Fels

Bild 38   In der Regel für Erdruhedruck zu bemessende Bauwerke (n. DIN 4085, Bbl. 1)

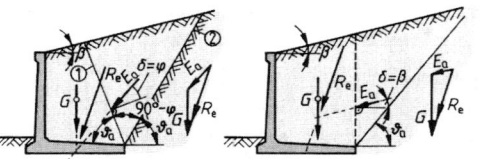 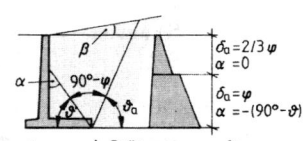

a) Tatsächlicher Gleitflächenverlauf
b) Vereinfachter Ansatz
c) Stützmauer mit kurzem Schenkel

Bild 39   Erddruck auf Winkelstützmauer (Erl. s. 8.3)

Voraussetzung für b): Keine gebrochene Geländeoberfläche, keine begrenzten Geländelasten, kein geschichteter Baugrund, sonst Erddruck auf 1. Gleitfläche als Rückwand, wie in Bild 39a

8.2 Zwischenwerte des Erddrucks

8.2.1 Erdruhedruck

Mit Erdruhedruck muß bei unverschieblichen Bauwerken nach Bild 38 und ferner auch noch bei kleinen Verdrehungen bis zu einem Tangenswert von 0,00005 entsprechend einem horizontalen Verschiebungsweg von 1/20000 der Wandhöhe gerechnet werden.

Bei **waagerechtem Gelände** ($\alpha = \beta = 0$) darf die Erdruhedrucklast näherungsweise als horizontal angreifend nach Gl. (77) angesetzt werden.

$$E_{og} = E_{ogh} = \tfrac{1}{2}\,h^2\,\text{cal}\,\gamma \cdot k_{og} \quad (77) \qquad k_{og} = 1 - \sin\text{cal}\,\varphi' \quad (78)$$

Bei **ansteigendem Gelände** ($\alpha = 0$; $\beta \neq 0$) kann die Kraftrichtung parallel zur Geländeoberfläche angenommen werden, sofern bei verzahnter, rauher oder weniger rauher Wand die in Tafel 63 genannten Wandreibungswinkel nicht überschritten werden. Im Grenzfall $\delta = \beta = \text{cal}\,\varphi'$ erhält man für eine unendliche Ausdehnung der Böschung $k_{og} = \cos\text{cal}\,\varphi'$. Im Falle $0 < \beta < \text{cal}\,\varphi'$ kann näherungsweise geradlinig in Abhängigkeit von der Geländeneigung β interpoliert werden (s. Tafel 68). Für $\alpha \neq 0$; $\beta = 0$ s. [8]. Die **Kohäsion** bleibt unberücksichtigt, da sie im Ruhezustand nicht wirksam werden kann. **Geländeauflasten** können bei $\beta = 0$ mit Formeln für den elastischen Halbraum berücksichtigt werden (s. [2], S. 221 sowie EAB, EB 23), bei unbegrenzter Flächenlast mit $e_0 = p \cdot k_0$ (s. Bild 76).

8.2.2 Erhöhter aktiver Erddruck

Reichen die Bewegungen der Wand nicht aus, um aktiven Erddruck auszulösen, oder werden sie durch Maßnahmen verhindert, ist **erhöhter aktiver Erddruck** anzusetzen, der größer als der aktive Erddruck, aber kleiner als der Erdruhedruck ist (s. EB 8 und 22 der EAB).

8.2.3 Verminderter passiver Erddruck

Durch Einführung eines Sicherheitsbeiwertes bei der Berechnung des passiven Erddrucks werden die zu erwartenden Bewegungen der Wand verringert.

8.2.4 Verdichtungserddruck (Bild 34)

Bei starker Verdichtung des hinterfüllten Bodens kann es erforderlich sein, Verdichtungserddruck anzusetzen, der größer ist als der Erdruhedruck (s. DIN 4085 Beiblatt 1).

8.3 Erddruck auf Winkelstützwände (Bild 39)

Standsicherheit. Für die Ermittlung der Erddrucklast im Rahmen von Standsicherheitsberechnungen des Gesamtsystems (Gleit- und Grundbruchsicherheit) darf vereinfacht eine fiktive senkrechte Wandfläche durch die Hinterkante des waagerechten Schenkels angenommen werden (Bild 39b). Die Neigung der Erddrucklast ist dabei parallel zur Neigung der Geländeoberfläche anzusetzen. Vereinfacht darf der Erddruck auf den Sporn in der vorgenannten Erddrucklast miterfaßt werden.

Bemessung. Der Erddruck hinter dem senkrechten Schenkel wird näherungsweise als aktiver Erddruck unter Berücksichtigung der inneren Schenkelhöhe mit $\delta_a = \beta$ ermittelt und näherungsweise trapezförmig über die Wand verteilt, wobei die untere Erddruckkoordinate doppelt so groß anzusetzen ist wie die obere. Verdichtungserddruck ist ggf. unmittelbar auf die Rückwand anzusetzen und mit der vorgenannten Erddrucklast zu vergleichen. Die ungünstigere Beanspruchung ist für die Bemessung maßgebend.

13

9 Verankerungen

Schutzanforderungen nach DIN V 1054-100 (4.96)

— Die Dauerhaftigkeit der Verpreßanker ist durch sachgemäße Herstellung nach DIN 4125 sicherzustellen.

— Abstand und Zustand benachbarter baulicher Anlagen sind bei der Anordnung und Festlegung der Länge von Verankerungen zu beachten und dafür ihre Abmessungen, Konstruktion und die Festigkeit der Gründungskörper sowie die Sohldrücke im Einflußbereich der Verpreßkörper zu erkunden.

— Über DIN 4020 hinausgehend sind Beton und Grundwasser auf betonangreifende nach DIN 4030 und/oder stahlkorrosionsfördernde Stoffe nach DIN 50929-3 zu untersuchen.

Anmerkung Eine Beweissicherung der Nachbarbebauung wird empfohlen.

Größe und Verteilung des Erddruckes verankerter Baugrubenwände nach EB 42

Man erhält eine vom klassischen Erddruck abweichende Erddruckermittlung nur dann, wenn die Anker bei aktivem Erddruck auf wenigstens 80%, bei höherem als der aktive Erddruck auf 100% der errechneten Kräfte festgelegt werden.

Bei der Festlegung auf wesentlich geringere Kräfte ist die Verteilung des Erddruckkes weitgehend vom Zusammenwirken von Nutz- und Bauwerklasten, von Bodenart, Steifigkeit der Wand, Länge und Dehnung der Anker, Nachgiebigkeiten des Fußauflagers u. a. abhängig und nicht mehr eindeutig bestimmbar.

Bei näherungsweisem Ansatz einer rechteckigen Lastfigur des Erddruckes (s. Bild 74) darf auf die bei ausgesteiften Baugruben geforderte rechnerische Vergrößerung der Quer- und Auflagerkräfte verzichtet werden. Eine Abminderung der mit dem Erddruckrechteck ermittelten Biegemomente ist dann jedoch nicht mehr zulässig.

Ermittlung der Ankerkräfte

Allen Zuggliedern (Verankerungen) einer gleichartigen Gruppe bzw. Verankerungslage werden gleich große Einwirkungen (Kräfte) zugewiesen. Für den darin enthaltenen Einzelanker ergibt sich die Ankerkraft als Auflagerreaktion aus dem statischen Nachweis des verankerten Bauwerkes, indem der Ankerabstand so gewählt wird, daß vorh F_A aufgrund von Erfahrungen in etwa zul F_A aus den späteren Zugversuchen (Eignungs- und Abnahmeprüfungen) entspricht (Gl. 84). Vorab festgelegt wird ferner die Ankerlänge, der Neigungswinkel α der Anker (α in der Regel = 15°, wenn die örtlichen Verhältnisse keine stärkere Neigung erfordern) sowie der Durchmesser, d. h. die Querschnittsfläche des Stahlzuggliedes, und dafür die Nachweise der Tragfähigkeit nach DIN 4125 (11.90) geführt. Da die zu erwartende Verpreßkraft im allgemeinen nur abgeschätzt werden kann, sind die Anker so anzuordnen, daß der Einbau von Zusatzankern möglich ist.

Nachweise der Tragfähigkeit der Anker nach DIN 4125 (11.90)

Es sind drei Nachweise zu führen:

1) Indirekte Bestimmung der Ankerlänge mit dem **Nachweis der Standsicherheit der tiefen Gleitfuge** (Nachweis des Tragfähigkeitsverlustes infolge Verschiebungen und/oder Verdrehungen der Verankerungen).

Sie wird bei einfacher Verankerung nach dem Verfahren von Kranz untersucht, wobei nach EAU E 10 in der Mitte der rechnerischen Krafteintragsstrecke eine Ersatzwand angesetzt wird (s. Bild 40).

Die Ankerlänge wird für den Fall $\eta = 1{,}5$ bestimmt (Tafel 70) und EAU E 10

$$\eta = \frac{\text{mögl. } F_{Ah}}{\text{vorh } F_{Ah}} \geq 1{,}5 \quad (79)$$

graphisch nach Bild 40 oder analytisch mit Gl. (82)

Aus $\Sigma H = 0$ (Bild 40) mit

$$\text{mögl. } F_{Ah} = \frac{E_{ah} + E_{rh} - E_{1h}}{1 + \tan \alpha \cdot \tan (\varphi - \vartheta)} \quad (80) \quad \text{und} \quad f_A = \frac{1}{1 + \tan \alpha \cdot \tan (\varphi - \vartheta)} \quad (81)$$

ergibt sich

$$\text{mögl. } F_{Ah} = f_A (E_{ah} + E_{rh} - E_{1h}) \quad (82)$$

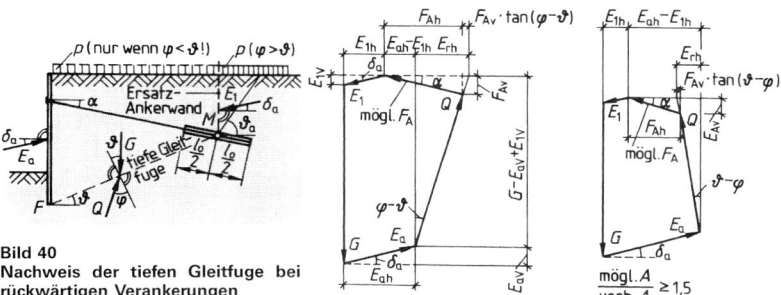

Bild 40
Nachweis der tiefen Gleitfuge bei rückwärtigen Verankerungen

Bei mehrfacher Verankerung wird die Standsicherheit nach [14] bestimmt.

Bei Wänden mit erhöhten aktiven Erddruck oder Ruhedruck ist der Bruchzustand des Bodens zugrunde zu legen, d. h. die Erddruckkräfte und Ankerkräfte sind bei dem Nachweis der tiefen Gleitfuge aus dem Grenzzustand des aktiven Erddruckes zu ermitteln.

Fußpunkt der tiefen Gleitfläche ist bei freier Auflagerung die Höhe von U. K. Wand bzw. Bohlträger, bei Einspannung der Querkraftnullpunkt im Einspannungsbereich.

Ferner ist nach EB 45 der Nachweis der Geländebruchsicherheit auf kreisförmigen Kreisflächen nach DIN 4084 zu führen (s. S. 973), bei aktivem Erddruck mit der Sicherheit für den Lastfall 2, bei erhöhtem Erddruck oder Ruhedruck (s. S. 965) für Lastfall 1 (s. S. 932).

2) **Zulässige Ankerkraft für das Stahlzugglied** (Tragfähigkeitsverlust durch Bauteilversagen des Ankermaterials)

$$\text{zul } F_A \leq F_s / \eta_s \quad (83) \qquad F_s = A_s \cdot \beta_s \quad (84)$$

A_s Querschnittsfläche des Stahlzuggliedes

β_s Streckgrenze des für das Zugglied verwendeten Stahls

η_s Sicherheitsbeiwert aus Tafel 70

Tafel 70 Sicherheitsbeiwerte η_K und η_S

Lastfall nach DIN 1054	Verpreßkörper: η_K		Stahlzugglied: η_S	
	Regelfall	Erdruhedruck	Regelfall	Erdruhedruck
1	1,50	1,33	1,75	1,33
2	1,33	1,25	1,50	1,25
3	1,25	1,20	1,33	1,20

3) **Zulässige Ankerkraft für den Verpreßkörper** aus Eignungs- und Abnahmeprüfungen (Tragfähigkeitsverlust des Bodens in der Ankerumgebung).

$$\text{zul } F_A \leq F_K / \eta_K \quad (85)$$

F_K Grenzkraft des Verpreßkörpers bei der Eignungsprüfung

η_K Sicherheitsbeiwert aus Tafel 68

Die Grenzkraft des Verpreßkörpers ist diejenige Kraft, die im Zugversuch ein zeitabhängiges Kriechmaß $k_S \leq 2,0$ mm erzeugt (Tafel 71).

13

967

Auf eine **Eignungsprüfung** darf bei Kurzzeitankern verzichtet werden, wenn eine solche schon in einem anderen vergleichbaren Baugrund ausgeführt worden ist. Sonst ist sie auf jeder Baustelle an mindestens drei Verpreßankern dort auszuführen, wo die ungünstigsten Ergebnisse zu erwarten sind (Darstellung Bild 42). Jeder Verpreßanker ist einer **Abnahmeprüfung** zu unterziehen. Ausgehend von einer Vorlast F_i sind die Anker mit den Zwischenstufen von Bild 41 bzw. 42, jedoch höchstens bis $F_P \leq 0{,}9F_S$ zu belasten. Bei Dauerankern ist die Eignungsprüfung unter Aufsicht eines sachverständigen Instituts durchzuführen.

Tafel 71 Beobachtungszeiten und zulässige Verschiebungen unter der Prüfkraft F_P bei Eignungs- und Abnahmeprüfungen von Kurzzeitankern (Bild 41 u. 42)

	Nichtbindiger Boden und Fels		Bindiger Boden	
	Beobachtungszeit $\Delta t = t_2 - t_1$ min	Verschiebung $\Delta s = s_2 - s_1$ mm	Beobachtungszeit $\Delta t = t_2 - t_1$ min	Verschiebung $\Delta s = s_2 - s_1$ mm
Eignungsprüfung mit $F_P = \eta_K \cdot F_W$	5 bis 15	$\leq 0{,}5$ ($k_S \leq 1{,}0$)	5 bis 30	$\leq 0{,}8$ ($k_S \leq 1{,}0$)
	oder Nachweis $k_s \leq 2{,}0$ mm für $t_1 \leq \Delta t \leq 10t_1$			
Abnahmeprüfung mit $F_P = 1{,}25 \cdot F_W \leq 0{,}9F_S$	2 bis 5	$\leq 0{,}2$ ($k_S \leq 0{,}5$)	5 bis 15	$\leq 0{,}25$ ($k_s \leq 0{,}5$)
	oder Nachweis $k_s \leq 1{,}0$ mm für $t_1 \leq \Delta t \leq 10t_1$			

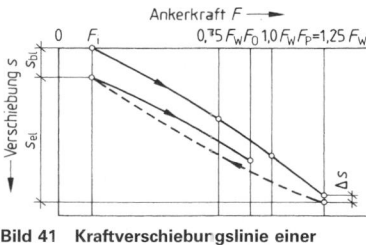

Bild 41 Kraftverschiebungslinie einer Abnahmeprüfung

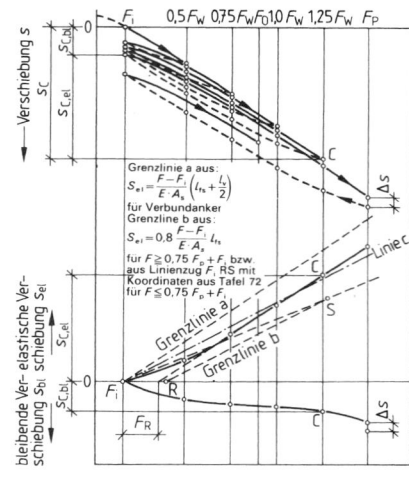

Bild 42 Kraftverschiebungslinie einer Eignungsprüfung

Tafel 72 Koordinaten der Punkte R und S nach Bild 40

Punkt	Verschiebungsachse s_{el}	Kraftachse F
R	0	$0{,}15F_P + F_i$
S	$0{,}6F_P \cdot \dfrac{l_{fS}}{E \cdot A_S}$	$0{,}75F_P + F_i$

10 Böschungen und Hänge

10.1 Begriffe und Schutzanforderungen nach DIN V 4084-100 (4.96)

Böschung: Erdkörper mit einer durch Abtrag oder Auffüllen künstlich hergestellter geneigter Geländeoberfläche.
Hang: Erdkörper mit einer natürlich entstandenen geneigten Geländeoberfläche.

Freie Erdoberflächen von Böschungen sind gegen Erosion durch Begrünung oder sonstige Maßnahmen zu schützen.

10.2 Sicherheitsnachweise gegen Grenzzustände der Tragfähigkeit

10.2.1 Spreizversagen von Böschungen

Nach DIN V 1054-100 (4.96) dürfen im Grenzzustand die aufnehmbaren Spreiz-schubkräfte von Böschungen nicht überschritten werden. Insbesondere ist bei geneigten Sohlflächen von geschütteten Böschungen, in denen Dichtungslagen aus bindigen Mineralstoffen und/oder Geokunststoffen eingebracht werden, der Nachweis gegen Überschreiten der aufnehmbaren Spreizschubkräfte (Böschungsgleiten) zu führen.

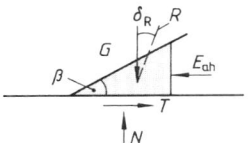

$$\eta = \frac{\tan \varphi}{\tan \delta_R} = \frac{\tan \varphi}{K_{ah} \cdot \tan \beta} \qquad (86)$$

Erf. Sicherheit η s. Tafel 25

Bild 43 Reaktionskräfte an der Sohle

10.2.2 Böschungsgrundbruch

Nach DIN V 1054-100 (4.96) ist bei Böschungen von Schüttungen auf wenig scherfestem Untergrund stets die Sicherheit gegen Versagen auf tiefliegenden Gleitflächen zu untersuchen, wobei je nach Bodenschichtung und sonstigen Randbedingungen (z. B. Geokunststoffe in der Sohlfläche von Dämmen) nach DIN 4017 oder nach DIN 4084 zu verfahren ist.

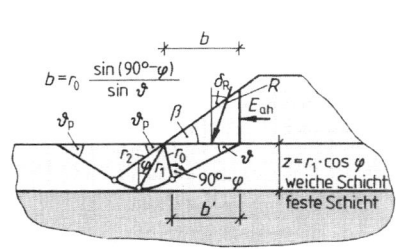

Bild 44 Grundbruchgleitlinie unter einem Damm bei begrenzter Tiefe der weichen Schicht des Untergrundes

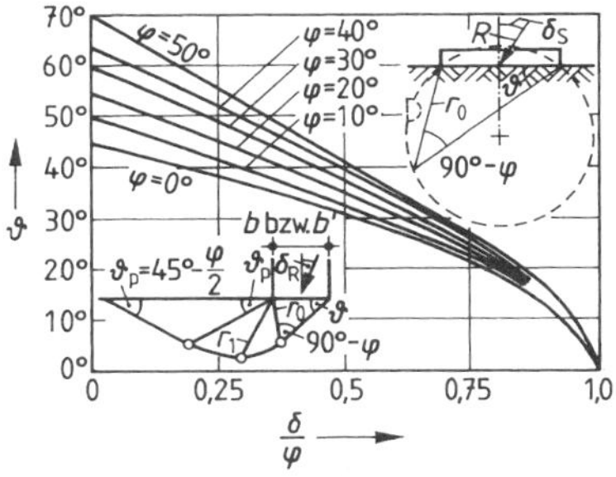

Bild 45 Gleitliniendreieck und Diagramm zur Bestimmung des Abgangswinkels nach DIN 4017-2, Beibl. (8.79)

Berechnung der Böschungsgrundbruchsicherheit nach [4]

$$r_0 = b \frac{\sin \vartheta}{\sin (90° - \varphi)} \quad (87); \quad r_1 = r_0 \cdot e^{\vartheta \cdot \tan \varphi \, [2]} \quad (88); \quad r_2 = r_0 \cdot e^{(\vartheta + \vartheta_p) \tan \varphi \, [2]} \quad (89)$$

Wirksame Breite: $\quad b' = \frac{2}{3} b (1 + \tan \beta \cdot \tan \delta_R)^{[1]}$ Breite $b = r_0 \frac{\sin (90° - \varphi)}{\sin \vartheta}$ (90)

Bruchspannung: $\quad \sigma_{of} = c \cdot N_c \cdot \varkappa_c + 0 + \gamma \cdot b' \cdot N_b \cdot \varkappa_b \quad (N_c \text{ u. } N_b \text{ aus T. 31})$ (91)

Vorh. Sohlspannung: $\sigma_{or} = G/b' \qquad (\varkappa_c \text{ u. } \varkappa_b \text{ aus T. 36})$ (92)

Sicherheit: $\quad \eta = \sigma_{of}/\sigma_{or} \geq 2 \text{ (Lastfall 1)}$ (93)

[1]) für mittige Resultierende   [2]) ϑ bzw. $\vartheta + \vartheta_p$ im Bogenmaß

I3

10.2.3 Gelände- und Böschungsbruch

10.2.3.1 Gelände- und Böschungsbruchberechnungen

nach DIN 4084 mit Beibl. 1 (7.81) und Beibl. 2 (9.83)

1) Sonderfall für gerade, unbelastete Böschungen aus nichtbindigen Böden

nicht durchströmt

$$\eta = \frac{\tan \varphi}{\tan \beta} \qquad (94)$$

durchströmt (parallel zur Böschung)

$$\eta = \frac{\gamma'}{\gamma' + \gamma_w} \cdot \frac{\tan \varphi}{\tan \beta} \qquad (95)$$

2) Berechnung der Böschungsbruchsicherheit nach dem Lamellenverfahren (Bild 47, 48 und Tafel 73) mit der vereinfachten Formel von *Bishop* (1954)

$$\eta = \frac{r \cdot \sum_i T_i + \sum M_s}{r \cdot \sum_i G_i \cdot \sin \vartheta_i + \sum M} \qquad (96) \qquad T_i = \frac{[G_i - (u_i + \Delta u_i) \cdot b_i] \tan \varphi_i + c_i \cdot b_i}{\cos \vartheta_i + \dfrac{1}{\eta^{1)}} \tan \varphi_i \cdot \sin \vartheta_i} \qquad (97)$$

η Gelände- oder Böschungsbruchsicherheit aus Tafel 74

G_i Eigenlast der Lamelle in kN/m

M Momente der in G nicht enthaltenen Lasten und Kräfte um 0 in kNm/m

M_s Momente von in T_i nicht berücksichtigten Schnittkräfte in kNm/m

T_i für die einz. Lamelle vorh. widerst. tangentiale Kraft des Bodens in kN/m

u_i Porenwasserdruck für die einzelnen Lamellen in kN/m² (s. Bild 53)

Δu_i Porenwasserüberdruck infolge Konsolidation in kN/m²

$\eta^{1)}$ Auf der rechten Seite von Gl. (97) muß man η schätzen und mit dem berechneten Sicherheitsbeiwert η vergleichen. Bei stärkerer Abweichung ist die Berechnung mit dem ermittelten Wert als neuem Schätzwert zu wiederholen.

Erklärungen: Das Berechnungsverfahren nach Gl. (96) geht davon aus, daß versuchsweise mehrere Gleitflächen durch den Boden gelegt werden und für jede einzelne die Sicherheit gesondert ermittelt wird. Der kleinste Wert der Sicherheit, welcher sich auf diese Weise ergibt, wird als Gelände- oder Böschungsbruchsicherheit bezeichnet. Im allgemeinen genügt es, für die Gleitlinie einen Kreis, d. h. eine vereinfachte geometrische Form mit höchstens drei freien Parametern anzunehmen. Wenn die gewählte Gleitlinienform in ihren Parametern ausreichend variiert wird, ist diese Vereinfachung von untergeordneter Bedeutung. Bei der Variation ist zu prüfen, ob die gewählte Form überhaupt möglich ist.

Die ungünstigste Gleitlinie geht in der Regel bei Böschungen in einheitlichem Boden mit $\varphi > 5°$ durch den Fußpunkt, bei massiven Stützbauwerken durch den hinteren Fußpunkt. Die Mittelpunktskoordinaten des ungünstigsten Gleitkreises können nach Bild 46 bestimmt werden.

In den Sicherheitsnachweisen wird eine Scheibe von einem Meter Dicke des Gleitkörpers betrachtet. Dabei sind folgende **Lasten** zu berücksichtigen:

a) Lasten in oder auf dem Gleitkörper, wobei Verkehrslasten nur insoweit angesetzt werden, als sie ungünstig wirken.

b) Eigenlast des Gleitkörpers, bei Geländebruchberechnungen einschließlich des Stützbauwerks, unter Berücksichtigung des Grund- und Außenwasserspiegels sowie des nach 10.2.3.1 (4) gewählten Ansatzes für die Wasserdrucklasten (Wichte γ, γ_r oder γ').

c) Porenwasserüberdruck infolge Konsolidation

d) ggf. Scherkräfte in oder infolge von Konstruktionsteilen, die durch die Gleitfläche geschnitten werden.

Die maßgebenden Scherkräfte sind nach DIN 1055-2 (2.76) s. Tafel 13 u. 14 oder aus Scherversuchen zu ermitteln. Bei bindigem Boden ist dem Nachweis der Sicherheit die Anfangs- und Endfestigkeit zugrunde zu legen. Die Scherfestigkeit, die zur geringsten Sicherheit führt, ist maßgebend. Im allgemeinen werden die bei Laboratoriumsversuchen festgestellten Bodenkennwerte für die Scherfestigkeit maßgebend sein. Geschätzte bodenmechanische Kennwerte dürfen nur dann verwendet werden, wenn die Bodenschichten eindeutig bewertet werden können. Die Schätzungen sollten von Baugrundsachverständigen vorgenommen werden.

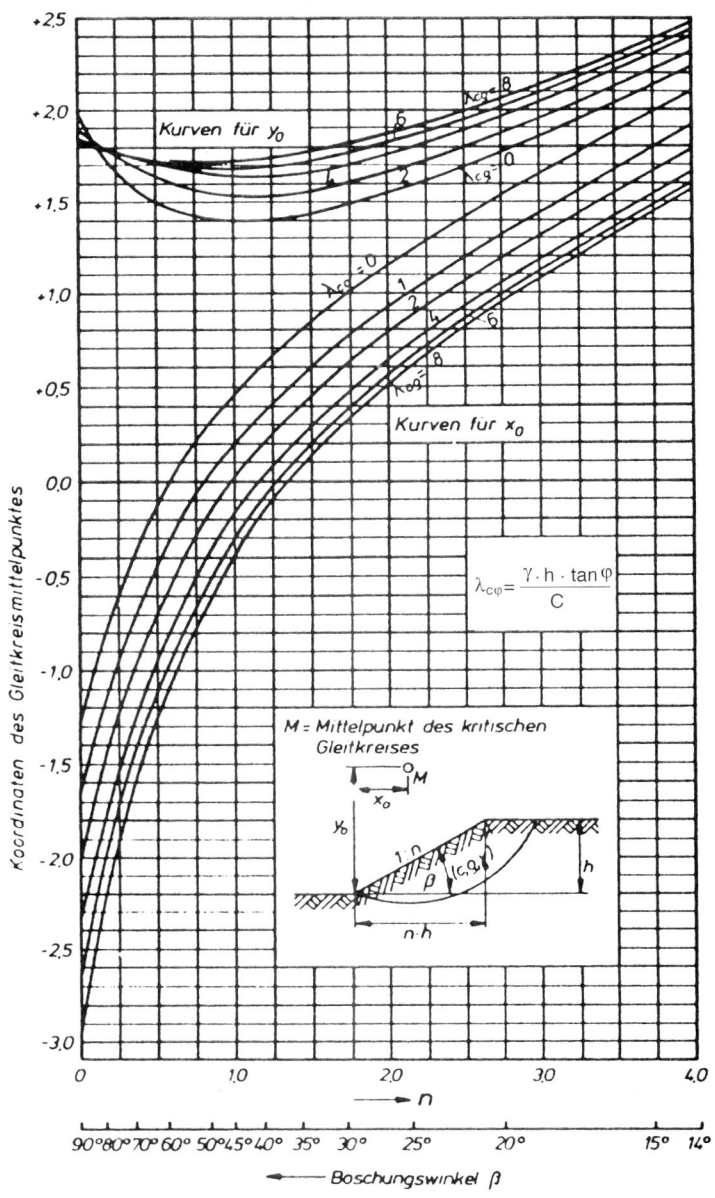

Bild 46 Diagramm zur Ermittlung der Mittelpunktsordinaten des kritischen Gleitkreises x_0, y_0 nach Janbu

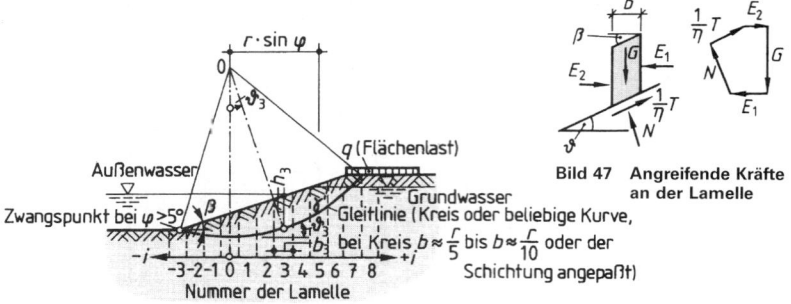

Bild 47 Angreifende Kräfte an der Lamelle

Bild 48 Gleitlinie bei dem Lamellenverfahren nach DIN 4084

Tafel 73 Berechnungstabelle für Gleichung (95) und (96) nach DIN 4084, Beibl. 2 (9.83)

1	2	3	4	5	6
Nr. der Lamelle	Nr. der Bodenschicht	Schichthöhe	Wichte der Schicht	Lamellen-breite b_i	Lamellen-eigenlast
—	—	in m	in kN/m³	in m	in kN/m

7	8	9	10	11	12	13	14
Verkehrs-last d. Lam. in kN/m	$G_i =$ (6) + (7) in kN/m	ϑ_i in °	$G_i \cdot \sin \vartheta_i$ in kN/m	φ_i in °	c_i in kN/m²	u_i in kN/m²	T_i für d. gew. Wert η[1]) in kN/m

3) Berechnung der Böschungsbruchsicherheit nach dem lamellenfreien Verfahren von *Borowicka*

Neben dem Lamellenverfahren empfiehlt DIN 4084 insbesondere zur überschläglichen Berechnung bei probeweise angenommenen kreisförmigen Gleitlinien und höchstens zwei Bodenschichten das **lamellenfreie Verfahren** mit der längsbezogenen Kraft F_c aus der Kohäsion:

$$F_c = l \cdot c \cdot \eta_r / \eta_c \cdot \cot \varphi \text{ in kN/m.}$$

Diese in der Winkelha bierende angreifende Kraft wird mit der Resultierenden der äußeren Lasten R zur Gesamtresultierenden R_c zusammengefaßt, der Winkel φ_0 wird gemessen. Damit beträgt die Sicherheit für die Reibung (Bild 49) $\eta_r = \tan \varphi / \tan \varphi_0$.

Tafel 74 Sicherheiten nach DIN 4084 (7.81)

Lastfall	η[1])	η_r[2])	η_r / η_c[3])
1	1,4	1,3	
2	1,3	1,2	0,75
3	1,2	1,1	

[1]) für Berechnungsverfahren (2)
[2]) für (1) und (3)
[3]) für (3), jedoch nur, wenn $c > 20$ kN/m², andernfalls $\eta_r / \eta_c = 1,0$

Maßgebend bei Verfahren 2) und 3) ist der Gleitkreis mit der kleinsten Sicherheit, der durch Iteration mit anderen angenommenen Gleitkreisen (Fuß-punkt s. Bild 48) gefunden wird.

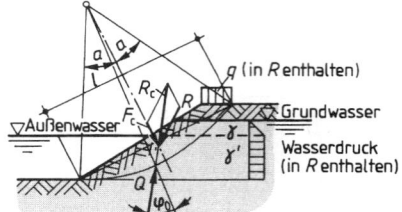

Bild 49 Böschungsbruch, Ansatz der Kräfte bei dem lamellenfreien Verfahren nach DIN 4084

4) Ansatz der Wasserdrucklasten
a) Porenwasserdruck u auf die Gleitfläche bei verfeinerten Berechnungen aus dem Strömungsnetz auf Bild 53

b) Ansatz der Wasserlasten als Lamellenkräfte G_w unterhalb der Sickerlinie nach Bild 50. Daraus

$$G' + G_w = G_r \text{ (gesättigt } \gamma_r\text{)} \qquad (98)$$

Der radial gerichtete Sohlwasserdruck U ergibt kein Moment.

c) Ansatz der Strömungskraft S_w nach Bild 51

$$S_w = \Sigma G_w \cdot \sin \varepsilon_s = \gamma_w \cdot A_w \cdot \sin \varepsilon_s \qquad (99)$$

A_w durchströmter Querschnitt

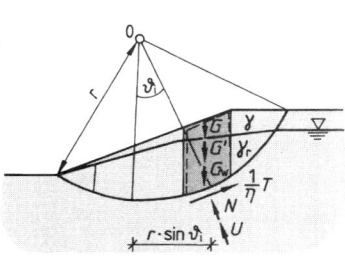

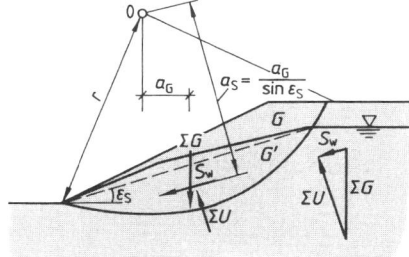

Bild 50 Ansatz des Porenwasserdruckes in Gl. (96)

Bild 51 Ansatz der Strömungskraft in ΣM der Gl. (95) und Ermittlung von R im lamellenfreien Verfahren (3)

Für **einfache Fälle** kann die Sicherheit bei Böden mit Reibung und Kohäsion auch nach Diagrammen von *Schultze* und *Janbu* berechnet werden (Bild 49).

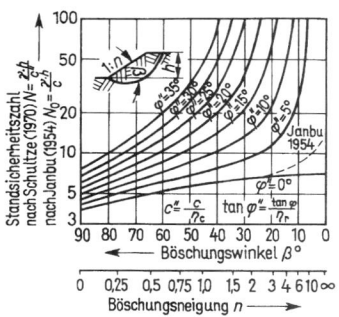

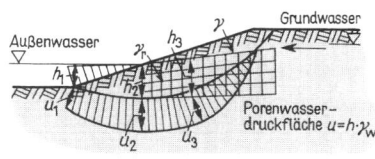

Bild 52 Diagramm zur Bestimmung des zulässigen Böschungswinkels nach *Janbu/Schultze*

Bild 53 Strömungsnetz, Wasser- und Porenwasserdruck nach DIN 4084

5) **Berechnung der Geländebruchsicherheit** nach DIN 4084 (7.81) bei Stützbauwerken. Er wird als Sonderfall des Böschungsbruches wie dieser bei der Wahl der Gleitflächen und Berechnung der Standsicherheit behandelt, wobei der ungünstigste Gleitkreis den Fußpunkt der Stützwand schneidet. S. Beispiel 1 in Beibl. 2 (9.83).

Vereinfachung des Schichtenbildes

In den meisten Fällen kann das Schichtenbild durch geradlinige Schichtgrenzen wiedergegeben werden.

10.3 Grenzzustandsnachweise für Dämme

Dammgleiten

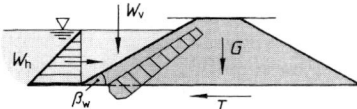

Bild 54 bei Böschungsdichtung **Bild 55** bei Kerndichtung

$$\eta = \frac{\max T}{\text{vorh } T} = \frac{(G + W_v) \tan \varphi}{W_h} \qquad (100)$$

$$W_h = \gamma_w \cdot \frac{H_w^2}{2} \qquad (101)$$

$$W_v = \gamma_w \cdot \frac{H_w^2}{2} \cot \beta_w \qquad (102)$$

$$\eta = \frac{\max T}{W_h + E_{ah}} \qquad (103)$$

$$= \frac{\Delta G \cdot \tan \varphi}{W_h + E_{ah}} \qquad (104)$$

In Gl. (100) und (104) ist φ der Reibungswinkel des Untergrundes

11 Baugruben

11.1 Baugruben und Gräben, Böschungen, Arbeitsraumbreiten, Verbau nach DIN 4124 (8.81)

In mindestens sieben bindigen Böden bis zur **Baugrubentiefe**

$t < 1,25$ m ohne Verbau, falls die Neigung der anschließenden Geländeoberfläche bei nicht bindigen Böden (Korn-$\varnothing$ 0,06 mm $<$ 15 Gew.-%) $<$1:10, bei bindigen Böden $<$1:2 ist. Bei Grabentiefen

$t = 1,25$ bis 1,75 m abgeböschte oder teilweise gesicherte Gräben (vgl. Bild 56 bis 58). Bei

$t > 1,75$ m geschlossener Verbau.

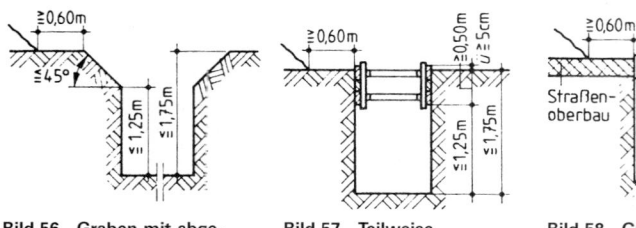

Bild 56 Graben mit abgeböschten Kanten **Bild 57** Teilweise gesicherter Graben **Bild 58** Graben mit Saumbohle

Zulässige **Böschungswinkel** ohne rechnerische Nachweise der Standsicherheit bis zu $h = 5,0$ m, bei einer begrenzten Geländeneigung wie bei unverbauten Baugruben $t < 1,25$ m sowie bei einem Mindestabstand der Verkehrslasten nach Tafel 77 für

a) nicht bindigen oder weichen bindigen Boden $\beta = 45°$
b) steifen oder halbfesten[1]) bindigen Boden $\beta = 60°$
c) Fels $\beta = 80°$

Bei waagerechter Geländeoberfläche, nicht bindigem oder steifem bis halbfestem bindigem Boden, fehlenden Gebäudelasten und Regelabständen der Verkehrslasten nach Tafel 77 kann im Kanalgraben Normverbau nach Tafel 75 und 76 eingebracht werden.

Tafel 75 Waagerechter Normverbau

Brusthölzer (Rundholzsteifen)	8×16 cm ($\varnothing$ 10 cm)					12×16 cm ($\varnothing$ 12 cm)				
Bemessungsgröße	Bohlendicke s					Bohlendicke s				
	5 cm	6 cm			7 cm	5 cm	6 cm			7 cm
1	Größte Wandhöhe h in m	3,00	3,00	4,00	5,00	5,00	3,00	3,00	4,00	5,00	5,00
2	Größte Stützweite l_1 der Bohlen in m	1,90	2,10	2,00	1,90	2,10	1,90	2,10	2,00	1,90	2,10
3	Größte Kraglänge l_2 der Bohlen in m	0,50	0,50	0,50	0,50	0,50	0,50	0,50	0,50	0,50	0,50
4	Größte Stützweite l_3 der Brusthölzer in m	0,70	0,70	0,65	0,60	0,60	1,10	1,10	1,00	0,90	0,90
5	Größte Kraglänge l_4 der Brusthölzer in m	0,30	0,30	0,30	0,30	0,30	0,40	0,40	0,40	0,40	0,40
6	Größte Kraglänge l_u der Brusthölzer in m	0,60	0,60	0,55	0,50	0,50	0,80	0,80	0,75	0,70	0,70
7	Größte Knicklänge s_k von Rundholzsteifen in m	1,65	1,55	1,50	1,45	1,35	1,95	1,85	1,80	1,75	1,65
8	Größte Steifenkraft F in kN	31	34	37	40	43	49	54	57	59	64

---

[1]) Handversuche zum Erkennen der Konsistenz Tafel 5

Tafel 76 Senkrechter Normverbau

Gurthölzer (Rundholzsteifen)	16×16 cm ($\varnothing$ 12 cm)					20×20 cm ($\varnothing$ 14 cm)				
Bemessungsgröße	Bohlendicke s					Bohlendicke s				
	5 cm	6 cm			7 cm	5 cm	6 cm			7 cm
1	Größte Wandhöhe h in m	3,00	3,00	4,00	5,00	5,00	3,00	3,00	4,00	5,00	5,00
2	Größte Kraglänge l_0 der Bohlen in m	0,50	0,60	0,60	0,60	0,70	0,50	0,60	0,60	0,60	0,70
3	Größte Stützweite l_1 der Bohlen in m	1,60	1,80	1,80	1,80	2,00	1,60	1,80	1,80	1,80	2,00
4	Größte Kraglänge l_u der Bohlen in m	1,00	1,20	1,20	1,20	1,40	1,00	1,20	1,20	1,20	1,40
5	Größte Stützweite l_2 der Gurthölzer in m	1,80	1,50	1,30	1,20	1,15	2,50	2,00	1,80	1,70	1,60
6	Größte Kraglänge l_3 der Gurthölzer in m	0,90	0,75	0,65	0,60	0,55	1,25	1,00	0,90	0,85	0,80
7	Größte Knicklänge s_k der Holzsteifen in m	1,70	1,40	1,20	1,00	0,85	2,00	1,70	1,40	1,10	0,90
8	Größte Steifenkraft F in kN	56	70	75	84	89	78	93	104	119	124

Tafel 77 Mindestabstand a in m von Verkehrslasten

	①	②	③	④
Nicht verbaute Wände	$\geq 1,0$	$\geq 2,0$	$\geq 1,0$	$\geq 2,0$
Waagerechter Normverbau	$\geq 0,6$	$\geq 1,0$	$\geq 0,6$	$\geq 1,0$
Senkrechter Normverbau	$\geq 0,6$	$\geq 0,6$	$\geq 0,0$	$\geq 1,0$

a lichter Abstand zwischen Böschungskante bzw. Hinterkante des Normverbaus und Aufstandsfläche von
① nach StVZO allgemein zugelassenen Straßenfahrzeugen
② schweren Straßenfahrzeugen, z. B. Straßenrollern und Schwertransportfahrzeugen,
③ nach StVZO zugelassenen Baufahrzeugen sowie Baggern und Hebezeugen bis 12 t im Einsatz
④ von schweren Baufahrzeugen sowie Baggern und Hebezeugen von 12 bis 18 t im Einsatz

Für Straßenfahrzeuge nach 1 und 2 ist kein Mindestabstand erforderlich, falls Maßnahmen nach DIN 4021, Ziffer 6 und 7, wie Verdoppelung der Bohlen und Verringerung der Stützweiten, getroffen werden.

13

Tafel 78 Grabenbreiten ohne betretbaren Arbeitsraum

Regelverlegetiefe	<0,70 m	>0,7 m bis 0,90 m	>0,9 m bis 1,0 m	>1,0 m bis 1,2 m
Lichte Grabenbreite	0,30 m	0,40 m	0,50 m	0,60 m

Anstelle von Holzbohlen und Gurten dürfen auch Kanaldielen mit Stahlprofilen gleichen Widerstandsmomentes, anstelle von Holzsteifen auch andere Steifen mit gleicher zulässiger Steifenkraft F verwendet werden.

Tafel 79 Grabenbreiten in m mit betretbarem Arbeitsraum

Baugruben-sicherung	Äußerer Leitungs- bzw. Rohrschaft-durchmesser d in m	Lichte Grabenbreite in m
Verbau	$d < 0,40$	$b = d + 0,40$
	$0,4 < d \leq 0,8$	$b = d + 0,70$
	$0,8 < d \leq 1,40$	$b = d + 0,85$
	$d > 1,4$	$b = d + 1,00$
Geböscht	$d < 0,40$	$b = d + 0,40$
$\beta \leq 60°$	$0,4 < d > 1,40$	$b = d + 0,40$
$\beta > 60°$	$d < 0,40$	$b = d + 0,40$
	$0,4 < d > 1,40$	$b = d + 0,70$

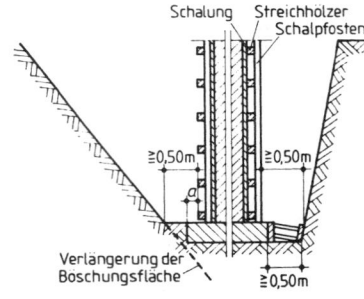

Bild 59 Arbeitsraumbreiten

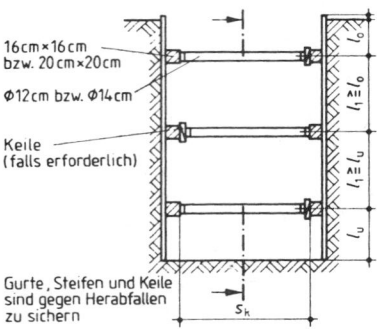

Gurte, Steifen und Keile sind gegen Herabfallen zu sichern

Bild 60 Senkrechter Normverbau

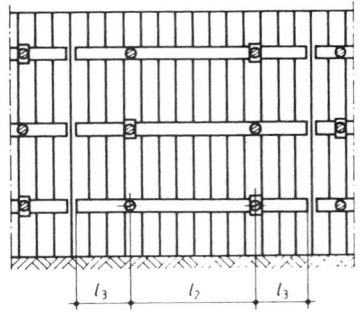

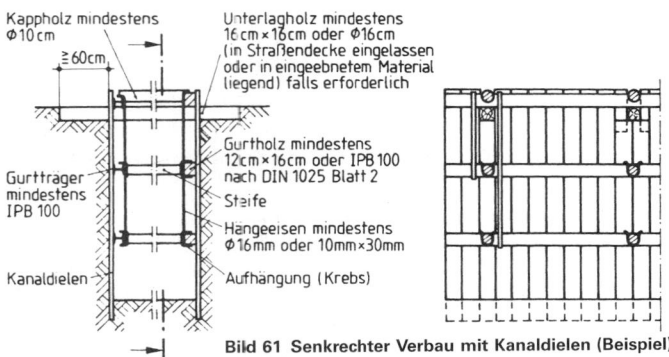

Bild 61 Senkrechter Verbau mit Kanaldielen (Beispiel)

Verbauarten nach DIN 4124

Entsprechend den Anforderungen der Baugrube: Spundwände, Trägerbohlwände aus gerammten oder in Bohrlöchern eingebrachten Strahlträgern mit waagerecht gespannter Ausfachung aus Holz, Beton, Spritzbeton oder Stahl. Massive Bauarten, wie Schlitzwände[1]) und Pfahlwände[2]), wenn schädliche Auswirkungen durch Mitziehen des Bodens und Erschütterungen beim Rammen insbesondere unvermeidliche Bewegungen von Wand und Boden zu befürchten sind (Tafel 80), ferner Verfestigung des Bodens durch Injektionen[3]) oder Vereisung.

[1]) DIN 4126 Ortbetonwände; Konstruktion und Ausführung (8.86), DIN 4127 Vornorm (1.84) Schlitzwandtone für stützende Flüssigkeiten
EAU E 144 Anwendung und Ausbildung von Schlitzwänden
EAU E 150 Anwendung und Herstellung von Dichtungsschlitz- und Dichtungsschmalwänden
[2]) Für Pfahlwände gilt DIN 4014 (3.90)
[3]) DIN 4093 Einpressungen in Untergrund und Bauwerke; Richtlinien für Planung und Bauausführung (9.87)

Tafel 80 Sicherungsmaßnahmen neben Bauwerken nach Weißenbach (Auszug)

	Zustand des Bauwerkes	starke Vorspannung der Steifen	Anordnung einer Schlitz- oder Bohrpfahlwand	Unterfangung des Bauwerkes
	Bauwerke in gutem baulichem Zustand	$60° < \vartheta_F < 75°$	$\vartheta_F > 75°$	
	Bauwerke setzungsempfindlich oder in schlechtem baulichem Zustand	$45° < \vartheta_F < 60°$	$60° < \vartheta_F < 75°$	$\vartheta_F > 75°$

11.2 Berechnung von Baugrubenumschließungen
nach EAB (Auswahl)[1])

11.2.1 Berechnungsgrundlagen

Berechnungslastfälle: Im allgemeinen genügt es, den Standsicherheitsnachweis für den Lastfall H (Summe der Hauptlasten) im Sinne von DIN 18800-1 bzw. DIN 1052 zu erbringen (Regelfall). In Sonderfällen kann es erforderlich sein, auch den Lastfall HZ (Summe der Haupt- und Zusatzlasten) zu untersuchen, ferner in besonders gelagerten Ausnahmefällen auch außerplanmäßige Lasten zu berücksichtigen.

Hauptlasten (H) sind:

a) Eigenlasten der Baugrubenkonstruktion, ggf. unter Berücksichtigung von Hilfsbrücken und Baugrubenabdeckungen sowie von
b) unmittelbar wirksamen Nutzlasten,
c) Erddruck aus Bodeneigenlast, Bauwerks- und Nutzlasten, ggf. unter Berücksichtigung der Kohäsion,
d) Wasserdruck

Zusatzlasten (Z) sind:

a) Bremskräfte und
b) selten auftretende Lasten sowie unwahrscheinliche oder selten auftretende Kombinationen von Lastgrößen und Lastangriffspunkten, wie z. B. ungewöhnliche Wasserstände, Temperatureinwirkungen, z. B. auf Stahlsteifen aus I-Profilen ohne Knickhaltung oder bei schmalen Baugruben in frostgefährdeten Böden

Außerplanmäßige Lasten sind Ausnahmefälle, die unter normalen Umständen nicht auftreten, z. B. durch Überspannung von Ankern, Anprall von Baugeräten, Ausfall von Betriebs- und Sicherheitsvorkehrungen, Ausfall besonders gefährdeter Tragglieder. Im allgemeinen genügt es, den Standsicherheitsnachweis für den Lastfall H zu erbringen. Zugehörige zulässige Spannungen s. Tafel 87.

[1]) Die Anpassung der EAB an das neue Sicherheitskonzept erfolgt nach EAB-100 (1996)

I3

Für die Lastfälle H und HZ sowie für kurzzeitig auftretende Sonderlasten (s. o.) gelten beim Nachweis der Einzelteile die erhöhten zulässigen Spannungen nach DIN 4124 (s. Tafel 84). Für die übrigen außerplanmäßigen Lasten sind sie im Einvernehmen mit den Bauaufsichtsbehörden festzulegen.

Wahl der Bodenkenngrößen. Wenn keine Versuchsergebnisse oder Bodenkenngrößen aufgrund örtlicher Erfahrungen von früheren Bodenuntersuchungen vorliegen, darf mit den Größen der Tafel 12 und 13 gerechnet werden.

Dabei ist nach DIN 1055-2, Abschn. 5.2, bei der Ermittlung des Erddruckes aus der Eigenlast nichtbindiger Böden lockere Lagerung und aus Auflasten mitteldichte Lagerung anzunehmen, dichte Lagerung nur aufgrund von Druck- und Rammsondierungen. Wenn keine Ergebnisse von Feld- oder Laborversuchen vorliegen, ist nach Abschn. 6.2 für bindige Böden die jeweils ungünstigste Annahme zugrunde zu legen.

Kapillarkohäsion von Sandböden darf bis $c' = 2$ kN/m^2 berücksichtigt werden, sofern sie nicht durch Austrocknung, Überfluten des Baugrundes (Ansteigen des Grundwassers oder Wasserzulauf von oben) während der Bauzeit verlorengeht. $c' > 2,0$ kN/m^2 nur, wenn durch örtliche Erfahrung bestätigt oder durch Messungen am Baugrubenverbau überprüft.

Ansatz des Wandreibungswinkels [EB 4]. Sofern die Vertikalkräfte einwandfrei in den Untergrund abgeleitet werden können (S. 981), i. allg. $\delta_a = +2,3\varphi$, davon abweichend bei Schlitzwänden $\delta_a = +1/2\varphi$. Läßt sich $\Sigma V = 0$ nicht anders nachweisen, z. B. bei Hilfsbrücken und starker Neigung der Verankerung, so ist ein kleinerer oder negativer Wandreibungswinkel, höchstens jedoch $\delta_a = -2/3\varphi'$ bzw. $\delta_a = -1/2\varphi'$ bei Schlitzwänden einzuführen.

Ansatz von Mindesterddruck bei Böden mit Kohäsion [EB 4]. Bei durchgehend bindigen sowie bei wechselnden Bodenschichten ist die Erddrucklast einmal a) mit den jeweils gewählten Scherfestigkeiten und zum anderen b) mit den gewählten Scherfestigkeiten im Bereich der nichtbindigen und mit einem Mindesterddruckbei-

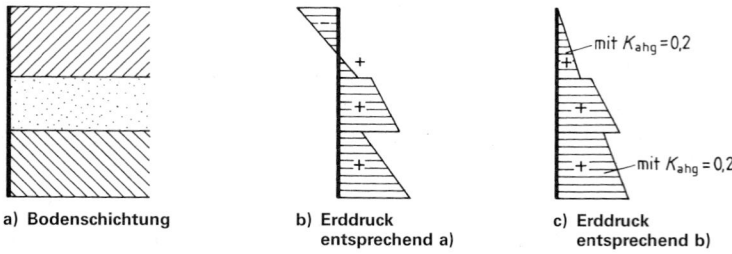

a) Bodenschichtung   b) Erddruck   c) Erddruck
                            entsprechend a)   entsprechend b)

Bild 62 Ermittlung der aktiven Erddrucklast bei teilweise bindigen Bodenschichten

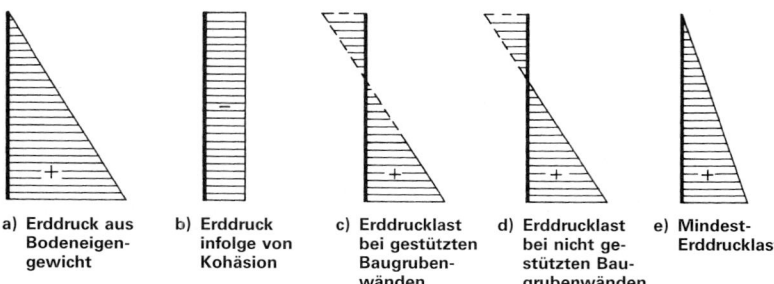

a) Erddruck aus   b) Erddruck   c) Erddrucklast   d) Erddrucklast   e) Mindest-
   Bodeneigen-   infolge von   bei gestützten   bei nicht ge-   Erddrucklast
   gewicht   Kohäsion   Baugruben-   stützten Bau-
                                             wänden   grubenwänden

Bild 63 Ermittlung der aktiven Erddrucklast bei bindigem Boden

wert $K_{agh} = 0{,}20$ im Bereich der bindigen Schichten (Mindesterddruck s. Bilder 62 u. 63) zu ermitteln. Der ungünstigste Lastansatz ist maßgebend.

Ist eine Umlagerung des Erddruckes nicht zu erwarten, müssen die rechnerischen Zugspannungen außer Ansatz bleiben (Bild 63 d).

Ansatz von erhöhtem Erddruck (EB 8) bei ausgesteiften Spund- und Trägerbohlwänden nur dann, wenn bei geringem Abstand der Unterstützung die Steifen der Spundwände mit mehr als 30% und die Steifen der Trägerbohlwände mit mehr als 60% vorgespannt werden. Bei ausgesteiften Ortbetonwänden ist generell erhöhter Erddruck anzusetzen.

Bei verankerten Baugruben richtet sich die Größe des Erddruckes danach, mit welcher Kraft die Anker festgelegt werden (siehe Abschnitt 9).

Ansatz von Nutzlasten in Form von Ersatzlasten

a) bei Straßenverkehr (EB 55) nach Bild 64 und 65

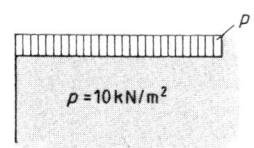

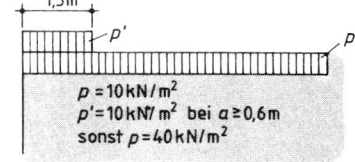

Bild 64 Ersatzlast für Straßenverkehr
bei $a^{1)} > 1{,}0$ m

Bild 65 Ersatzlast für Straßenverkehr
bei $a^{1)} < 0{,}6$ m

---

[1]) a Abstand zwischen der Aufstandsfläche der Räder und der Hinterkante der Baugrube

Voraussetzung für den Ansatz der Ersatzlasten

a) bei Straßenverkehr gemäß Bild 64 und 65:

Fahrbahndecke $d > 15$ cm sowie Achslasten im zulässigen Bereich der Straßenverkehrszulassungsordnung vom 16. 7. 86 sowie Ansatz von Einzellasten.

Wird gegen die Baugrubenwand ein Schrammbord abgestützt, so ist darauf ein waagerechter Seitenstoß nach DIN 1072 anzusetzen.

b) bei Schienenverkehr (EB 55)

Die Nutz- und Ersatzlasten sind nach den Vorschriften der jeweiligen Verkehrsbetriebe anzusetzen. Bei Straßenbahnen genügt eine unbegrenzte Flächenlast $p = 10$ kN/m² entsprechend Bild 64, wenn der Abstand zwischen Schwellenenden und Baugrubenwand $\geq 0{,}6$ m beträgt. Ggf. sind Fliehkräfte und Seitenstoß zu berücksichtigen.

c) bei Baustellenverkehr (EB 56)

Für Lasten im Rahmen der Straßenverkehrszulassung gelten die Bilder 64 und 65, auch dann, wenn ein Straßenbelag fehlt.

d) bei Stapellasten (EB 56)

wird eine unbegrenzte Flächenlast $p = 10$ kN/m², wie in Bild 64 dargestellt, angesetzt.

e) bei Bagger und Hebezeugen (EB 57) nach Bild 66
1. Wenn die folgenden Abstände eingehalten werden, genügt der Ansatz einer unbegrenzten Flächenlast von 10 kN/m² entsprechend Bild 64.

   1,5 m bei $G = 10$ t   3,5 m bei $G = 50$ t
   2,5 m bei $G = 30$ t   4,5 m bei $G = 70$ t
2. Sonst sind Ersatzlasten nach Bild 66 in Verbindung mit Tafel 81 anzusetzen.

13

Tafel 81 Größe und Breite der Streifenlast p' in Bild 66 in Abhängigkeit von Gesamtgewicht G

Gesamt-gewicht des Gerätes	Zusätzliche Streifenlast p'		Breite der Streifen-last p'
	Kein Abstand	Abstand 0,60 m	
10 t	50 kN/m²	20 kN/m²	1,50 m
30 t	110 kN/m²	40 kN/m²	2,00 m
50 t	140 kN/m²	50 kN/m²	2,50 m
70 t	150 kN/m²	60 kN/m²	3,00 m

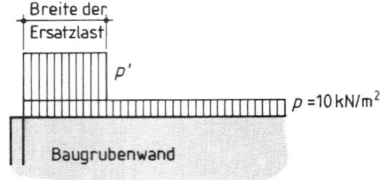

Bild 66 Ersatzlast für Bagger und Hebezeuge

Verteilung des aktiven Erddruckes aus Nutzlast

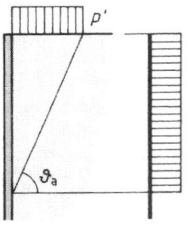 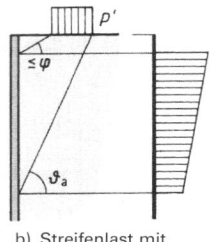 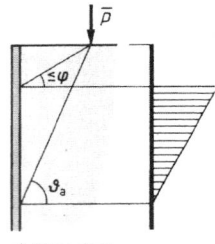

a) Streifenlast bis zur Wand   b) Streifenlast mit Abstand von der Wand   c) Linienlast

Bild 67 Ansatz des Erddruckes aus Nutzlasten bei nicht gestützten Wänden

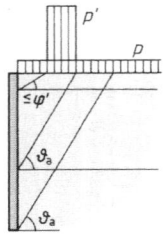 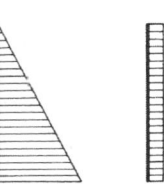 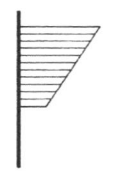 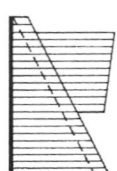

a) Belastung   b) Bodeneigenlast c) Flächenlast p   d) Streifenlast p'   e) Überlagerung

Bild 68 Verteilung des Erddruckes auf eine nicht gestützte, im Boden eingespannte Baugrubenwand in nichtbindigem Boden bei Annahme von Gleitflächen unter dem Winkel ϑ_a (Beispiel)

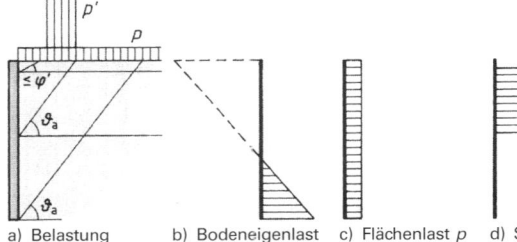

a) Belastung   b) Bodeneigenlast und Kohäsion   c) Flächenlast p   d) Streifenlast p'   e) Überlagerung

Bild 69 Verteilung des Erddruckes auf eine nicht gestützte, im Boden eingespannte Baugrubenwand in bindigem Boden bei Annahme von Gleitflächen unter dem Winkel ϑ_a (Beispiel)

980

11.2.2 Allgemeine Festlegung für die Berechnung

Gleichgewicht der Vertikalkräfte (EB 9) $\Sigma V = 0$

In der Regel ist der Nachweis zu erbringen, daß die auftretenden Vertikalkräfte innerhalb des Systems aufgenommen oder einwandfrei in den Untergrund abgeleitet werden können.

Bei **freier Auflagerung** von Trägerbohlwänden, Spund- und Ortbetonwänden und Baugrubentiefen ≤ 10 m genügt i. a. eine Einbindetiefe $t = 1{,}5$ m, sofern nur die Eigenlast der Wand und die Vertikal-Komponente des Erddruckes abzutragen sind, sonst:

$$\eta_v = T_g / (E_{av} + G + P) \geq 1{,}5 \quad \text{(EB 9)} \tag{105}$$

E_{av} Vertikalkomponente des aktiven Erddruckes
G Eigengewicht der Wand.
P Zus. vertikale Belastungen, z. B. aus Überbauten und vertikalen Ankerkraftkomponenten.
T_g Grenztragfähigkeit der Wand, bei gerammten Bohrträgern nach DIN 4026 (S. 954), bei einbetoniertem Bohlträgerfuß nach DIN 4014, S. 952.

Bei **eingespannten Wänden** ist das Gleichgewicht der Vertikalkräfte mit

$$E_{av} + G + C_v \geq E_{rv} \quad \text{(EB 9)} \tag{106}$$

nachzuweisen. E_{av} aus dem Lastansatz von Blum bei entsprechender Wahl des Wandreibungswinkels. Ansatz der Gegenkraft C_v am theoretischen Fußpunkt höchstens mit $\delta_p = +\frac{1}{3}\,\varphi$. Beim Überwiegen der nach unten gerichteten Vertikalkräfte ist der Nachweis wie bei freier Auflagerung unter Einbeziehung der nach oben gerichteten Gegenkraft am theoretischen Fußpunkt zu führen. Läßt sich damit das Gleichgewicht der Vertikalkräfte nicht nachweisen, ist der positive Wandreibungswinkel für den aktiven Erddruck zu verringern (s. Bild 71).

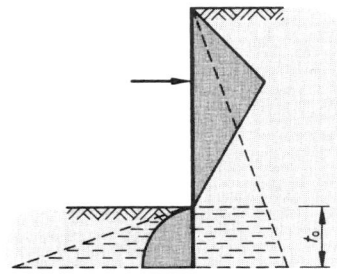

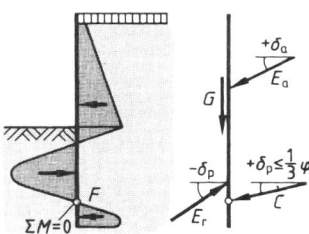

Bild 70 Nachweis $\Sigma H = 0$ bei Trägerbohlwänden nach EAB

Bild 71 Nachweis $\Sigma V = 0$ bei eingespannten Trägerbohlwänden nach [3]

Ermittlung der Schnittgrößen (EB 11)

1. Es sind alle beim Ausheben und beim Verfüllen der Baugrube auftretenden Vorbau- und Rückbauzustände zu untersuchen. Unter Vorbauzuständen werden alle Bauzustände bis zum Erreichen der endgültigen Baugrubensohle verstanden, unter Rückbauzuständen alle Bauzustände beim Verfüllen der Baugrube und beim Ausbau von Steifen bzw. beim Umsteifen.
2. Bei der Berechnung mehrmals gestützter Baugrubenwände darf als statisches System ein Träger auf unnachgiebigen Stützen zugrunde gelegt werden. Die Verformungen in den verschiedenen Bauzuständen und ihre Auswirkungen auf den jeweils folgenden Bauzustand brauchen in der Regel nicht untersucht zu werden.

13

3. Die Wahl des Berechnungsverfahrens ist freigestellt. Für die Ermittlung der Schnittgrößen kann bei mehrfach gestützten Bohlträgern, Spundwänden, Gurten und Leitungsbrücken neben den Verfahren auf der Grundlage der Elastizitätstheorie auch ein Traglastverfahren nach EB 27 (Abschnitt 4.4) angewendet werden.

4. Ergibt sich aus der Schnittgrößenermittlung nach der Elastizitätstheorie an einem einzelnen Auflagerpunkt eine rechnerische Überbeanspruchung der Bohlträger oder der Spundwand, dann darf der Anteil des Biegemomentes, der über das zulässige Maß hinausgeht, umgelagert werden (Bild 72), sofern der Schnittgrößenermittlung eine möglichst zutreffende Lastfigur zugrunde gelegt worden ist, s. Bild 73. Die Auswirkungen auf die Biegemomente in den benachbarten Feldern und an den benachbarten Auflagerpunkten sind nachzuweisen, die Quer- und Auflagerkräfte an der untersuchten Stützung dürfen jedoch nicht abgemindert werden. Nach der Momentenumlagerung dürfen unter Berücksichtigung der Normalkräfte die zulässigen Spannungen an keiner Stelle überschritten werden. Außerdem sind die Mindestdicken für die Flansche und die Stege entsprechend EB 27, Absatz 7 (Abschnitt 4.4), nachzuweisen.

5. In Anlehnung an DIN 1045, Ausgabe Juli 1988, Abschnitt 15.1, darf die Momentenumlagerung nach Absatz 4 auch bei Ortbetonwänden und bei auf Biegung beanspruchten Bohrpfählen vorgenommen werden; die Abminderung des Stützenmomentes darf jedoch nicht größer sein als 15%. Wird eine Ortbetonwand später als tragendes Glied in ein Dauerbauwerk einbezogen, so kann es zweckmäßig sein, auch im Bauzustand auf die Abminderung des Stützenmomentes zu verzichten.

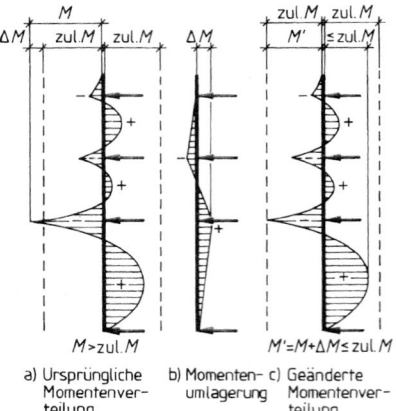

a) Ursprüngliche Momentenverteilung b) Momentenumlagerung c) Geänderte Momentenverteilung

Bild 72 Umlagerung von Biegemomenten (EB 11)

11.2.3 Berechnungsansätze

Zutreffende Lastfiguren für gestützte Baugrubenwände nach EB 69

Wenn a) die Geländeoberfläche waagerecht, b) der Boden mindestens mitteldicht oder steif ist, c) die Steifen zumindestens kraftschlüssig verkeilt oder Verpreßanker auf mindestens 80% der für den nächsten Bauzustand errechneten Kraft vorgespannt werden und d) unter der einzubauenden Stützung nicht tiefer als 1/3 h der verbleibenden Restmächtigkeit h des Aushubs abgebaggert wird, können **bei Trägerbohlwänden** die in Bild 73 dargestellten Lastfiguren verwendet werden.

Bei gestützten Spund- und Ortbetonwänden können für die Stützungsfälle a) bis c) von Bild 73 die dort dargestellten Lastfiguren mit folgenden Änderungen verwendet werden:

Anstelle von H tritt H' (s. Bild 75); im Fall b) beträgt abweichend $e_{ho} : e_{hu} \geq 1,2$; im Fall c) $e_{ho} : e_{hu} \geq 1,5$.

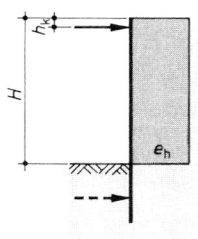

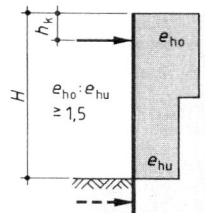

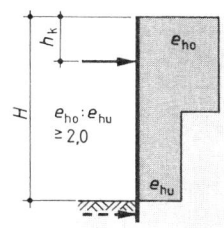

a) Stützung bei
$h_k \leq 0,1 \cdot H$

b) Stützung bei
$0,1 \cdot H < h_k \leq 0,2 \cdot H$

c) Stützung bei
$0,2 \cdot H < h_k \leq 0,3 \cdot H$

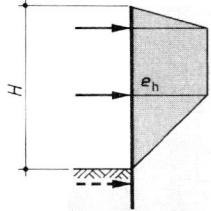

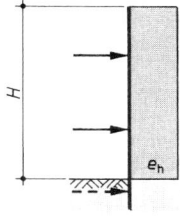

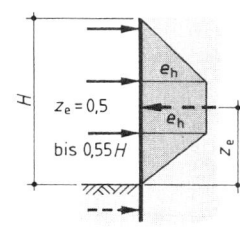

d) Mittlere Anordnung
der Stützungen

e) Tiefe Anordnung
der Stützungen

f) Dreimal gestützte Wand

Bild 73 Lastfiguren für gestützte Trägerbohlwände nach EB 69 (Auswahl)

Vereinfachte Lastfiguren für gestützte Baugrubenwände nach EB

Unter den Voraussetzungen a) bis c) von Abschnitt 11.2.3 kann vereinfachter Lastfall ein flächengleiches Rechteck mit $e_h = \Sigma E_{ah}/H$ bei Trägerbohl- und $e_h = \Sigma E_{ah}/H'$ bei Spund- und Ortbetonwänden angesetzt werden (Bilder 74 und 75).

Auflasten aus Linien- oder Streifenlasten sowie Wasserdruck dürfen nicht in das Lastbild für Bodeneigengewicht einbezogen, sondern müssen als zusätzliche Rechteckfigur (Bild 79) angesetzt werden.

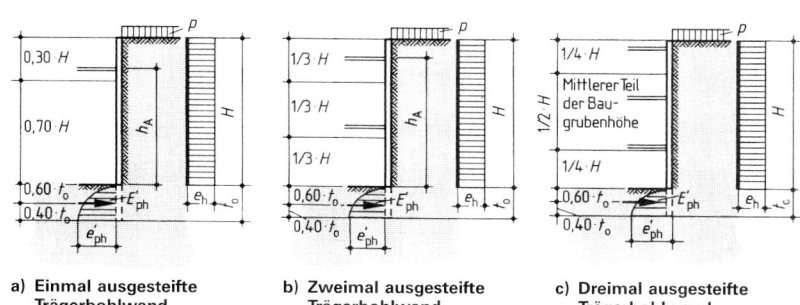

a) Einmal ausgesteifte
Trägerbohlwand

b) Zweimal ausgesteifte
Trägerbohlwand

c) Dreimal ausgesteifte
Trägerbohlwand

Bild 74 Rechteckförmiger Erddruckansatz bei ausgesteiften Trägerbohlwänden

13

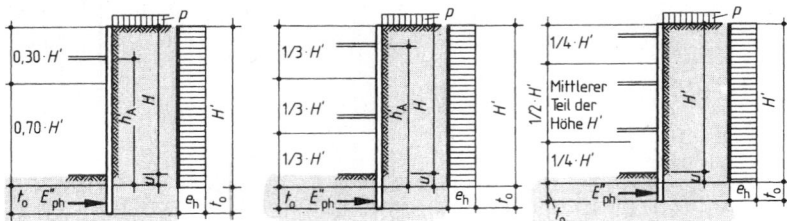

Bild 75   Rechteckförmiger Erddruckansatz bei ausgesteiften Spund- und Ortbetonwänden

Bei **ausgesteiften Wänden** ist der mit dem Ansatz des **vereinfachten Lastbildes** verbundene Fehler bei der Schnittkraftermittlung wie folgt zu korrigieren:

1) **bei einfacher Abstützung** nach Tafel 81

Tafel 82   Korrektur der Schnittkräfte von einmal gestützten Baugrubenwänden nach EAB (EB 13 und EB 17)

	Auflagerkraft	Feldmoment	Lastfigur zweckmäßig bis
Trägerbohlwände	$A' = (H/h_A)\,A$ (107)	$M'_F = (h_A/H)\,M_F$ (108)	$h_A \geq 0{,}7\,H$
Spund- und Ortbetonwände	$A' = \sqrt{H'/h'_A} \cdot A$ (109)	$M'_F = \sqrt{h'_A/H'}\,M_F$ (110)	$h'_A \geq 0{,}7\,H'$

Die Abminderung eines Kragmomentes am Kopf der Wand ist nicht zulässig. Bei Steifen oberhalb der Geländeoberfläche ist eine Umrechnung der Auflagerkräfte nicht vorzunehmen.
Bei Trägerbohlwänden ist h_A der Abstand von der Abstützung bis zur Baugrubensohle. H ist die Gesamttiefe der Baugrube.

2) bei zweifacher Abstützung gilt:
Wenn die untere Abstützung B im unteren Drittel von H' bei Spund- oder von H bei Trägerbohlwänden liegt, wird das obere Auflager A wie in Tafel 82 korrigiert (Bezeichnungen s. Bild 74 bzw. 75).

Wenn die untere Stützkraft B im mittleren Drittel von H' bzw. H liegt, wird bei Spundwänden $B' = 1{,}15\,B$ und bei Trägerbohlwänden $B' = 1{,}30\,B$.
Eine Abminderung der Biegemomente ist nicht zulässig.

3) bei drei- oder mehrfacher Abstützung gilt:
Wenn die Abstützungen im mittleren Teil der Höhe H' bzw. H liegen (s. Bild 74 bzw. 75c), werden alle Stützkräfte bei Spundwänden mit dem Faktor 1,15 und bei Trägerbohlwänden mit dem Faktor 1,30 verbessert (EB 13), jedoch nicht bei Rückbauzuständen. Ein Kragmoment am Kopf darf um 20% abgemindert werden.

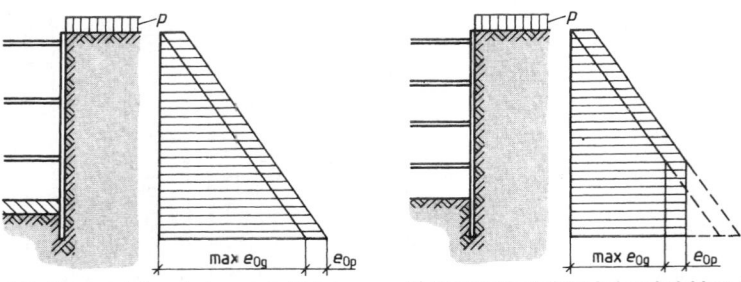

a) **Erddruckverteilung bei unnachgiebiger Stützung des Wandfußes**

b) **Erddruckverteilung bei nachgiebiger Stützung des Wandfußes**

Bild 76   Lastbilder für Spund- und Ortbetonwände bei Ansatz des Erdruhedruckes (EB 22)

Bei **rückwärts verankerten Wänden** darf auf die rechnerische Vergrößerung der Quer- und Auflagerkräfte verzichtet werden.

Lastfiguren des Erdruhedruckes nach EAB (EB 23)

Er ist dreieckförmig verteilt nach Bild 76a) anzusetzen. Falls sich die Wand bei mindestens zwei Abstützungen unten gegen das Erdreich stützt, darf er von der untersten Abstützung ab als konstant angesehen werden (s. Bild 76b).

Ansatz des Erdwiderstandes bei Trägerbohlwänden

Aufnahme der unteren Auflagerkraft. Für eine *im Boden frei aufgelagerte, einmal oder mehrmals gestützte Trägerbohlwand* ist bei nichtbindigen Böden und bei mindestens steifen bindigen Böden die Sicherheit $\eta_p = 2{,}0$ nachzuweisen oder bei der Ermittlung der Schnittgrößen und der Einbindetiefe der Erdwiderstand nur mit dem entsprechenden $1 : \eta_p$-fachen des im Grenzwiderstand möglichen Wertes in die Berechnung einzuführen. Bei der Ermittlung der Schnittgrößen darf die Sicherheit auf $\eta_p = 1{,}5$ angesetzt werden.

Der Angriffspunkt des nutzbaren Erdwiderstandes darf im Fall nichtbindiger bzw. mindestens steifer bindiger Böden bei $0{,}60 \cdot t_0$ unterhalb der Baugrubensohle angenommen werden (s. Bild 74).

Bei **Fußeinspannung** mit Hilfe des Lastansatzes von Blum erhält man ein Lastbild gemäß Bild 81. Bei der Ermittlung der Schnittgrößen darf die sonst zweifache Sicherheit auf $\eta_p = 1{,}5$ herabgesetzt werden. Die erforderliche theoretische Einbindetiefe ist zur Aufnahme der statisch erforderlichen Ersatzkraft C_h mindestens um $\Delta t = 0{,}20\, t_1$ zu vergrößern (s. Tafel 84).

$\Sigma H = 0$ **Bei Trägerbohlwänden ist stets der Nachweis $\Sigma H = 0$ mit Gl. (111) zu führen.**

$$\eta = E_{p1}/(B + \Delta E_{ah}) \geq 1{,}5 \quad \text{(EB 15)} \tag{111}$$

B Auflagerkraft des Bohlträgers bei freier Auflagerung aus der Schnittgrößenermittlung. Sie ist bei Einspannung gleich dem rechnerisch nach dem Lastansatz von Blum erforderlichen Erdwiderstand von der Baugrubensohle bis zum theoretischen Auflagerpunkt oder dem Erdwiderstand aus E_{ph}, der näherungsweise um die Hälfte der errechneten Ersatzkraft C_h verringert wird.

ΔE_{ah} Differenzbetrag des Erddruckes bei freier Auflagerung zwischen Baugrubensohle und Unterkante Bohlträger, bei Einspannung bis zum theoretischen Auflagerpunkt.

E_{p1} Erdwiderstand vor einer durchgehenden Wand (kN/m) mit $\delta_p = -\varphi$ für gekrümmte Gleitflächen (s. Tafel 66 u. [3], S. 209).

Damit wird nachgewiesen, daß der bei der Berechnung der Trägerbohlwände unterhalb der Baugrubensohle vernachlässigte Erddruck zusammen mit der Auflagerkraft aus dem Bohlträger von dem gesamten zur Verfügung stehenden Erdwiderstand mit einer Sicherheit $\eta > 1{,}5$ aufgenommen wird (s. Bild 70).

Berechnung des Erdwiderstandes vor Bohlträgern nach *Weißenbach* [3]

Für den Lastansatz nach *Blum* ist der Erdwiderstand mit ideellen Erdwiderstandsbeiwerten ω_{ph} für zwei Fälle a) und b) wie vor einer durchgehenden Wand zu berechnen.

a) **Falls die Wirkungen des Erdwiderstandes sich nicht überschneiden,** ist

$$E_{ph} = E_{pgh} + E_{pch} \quad (112)$$

$E_{pgh} = \frac{1}{2}\gamma \cdot \omega_R \cdot t_1^3$ für Reibungsböden $\omega_R;\ \omega_k$ aus Bild 29 mit geschätzten

$E_{pch} = 2 \cdot c \cdot \omega_k \cdot t_1^2$ für Kohäsionsböden   Eingangswerten b_t/t_1 sowie mit φ.

Bei kohäsionslosen Böden wird $\omega_{ph} = \dfrac{\omega_R \cdot t_1}{a_t}$

13

b) **Falls die Wirkungen des Erdwiderstandes vor benachbarten Bohlträgern sich überschneiden,** wird ω_{ph} unmittelbar aus Gl. (114) berechnet.

$$\omega_{ph} = \frac{2E_{ph}}{\gamma \cdot a_t\, t_1^2} \qquad (113)$$

a_t Bohlträgerabstand
t_1 geschätzte Einbindetiefe unter Baugrubensohle
b_t Bohlträgerbreite

$$\omega_{ph} = \frac{b_t}{a_t}\, k_{ph}(\delta_p \neq 0) + \frac{a_t - b_t}{a_t}\, k_{ph}(\delta_p = 0) + \frac{4 \cdot c}{\gamma \cdot t_1}\sqrt{k_{ph}(\delta_p \neq 0)} \qquad (114)$$

Bei Böden mit $\varphi \leq 30°$ ist $\delta_p = -(\varphi - 2{,}5°)$, mit $\varphi \geq 30°$ ist $\delta_p = -27{,}5°$ unter Verwendung von Erdwiderstandsbeiwerten nach dem Gleitschema von *Streck* (Tafel 67) anzusetzen.

Bei kohäsionslosen Böden entfällt das 3. Glied in Gl. (114).

Für die weitere Berechnung von K'_{rh} mit den nach a) und b) berechneten ideellen Erdwiderstandsbeiwerten ist der kleinste Wert ω_{ph} maßgebend. Dieser ist nach EB 14 mit $\eta_p = 2{,}0$ abzumindern.

$$\omega'_{ph} = \frac{\omega_{ph}}{\eta_p} \qquad (115)$$

$$K'_{rh} = f_w \cdot \omega'_{ph} \qquad (116)$$

f_w Korrekturbeiwert (näherungsweise $= 1$, bezüglich zutreffender Werte siehe Tafel 83 oder *Weißenbach*[1]))

K'_{rh} in den Rechenverfahren für Spundwände nach Blum benötigter Erdwiderstandsbeiwert (s. Erkl. d. Formelzeichen von Tafel 84 u. 85).

Ergibt sich in der Berechnung nach Blum eine andere Einbindetiefe t_1 als die geschätzte, ist die Berechnung bis zur Übereinstimmung zu wiederholen. Ferner ist ein Standsicherheitsnachweis nach Gl. (104) oder (105) zu führen.

Tafel 83   Korrekturbeiwert f_w für die Berechnung des Erdwiderstandsbeiwertes K_{rh} bei der Berechnung von Trägerhohlwänden nach *Weißenbach*

Bodenart	Fall a) keine Überschneidung	Fall b) bei Überschneidung
Trockener Sand oder Kies Sand oder Kies unter Wasser	0,85	0,95
Feuchter Sand oder Kies	0,90	1,00
Leicht bindiger Boden[1])	0,95	1,05
Stark bindiger Boden[2])	1,00	1,10

[1]) Erdwiderstand aus Kohäsion wenigstens ein Viertel
[2]) Wenigstens die Hälfte des ges. Erdwiderstandes

Ansatz des Erdwiderstandes bei Spund- und Ortbetonwänden

a) Bei im Boden frei aufgelagerten Spund- und Pfahlwänden (EB 13) kann, falls die Bedingung $V = 0$ dies zuläßt (s. S. 981), der Wandreibungswinkel bei gekrümmten Gleitflächen mit $\delta_p = -\varphi$ angesetzt werden. Ebene Gleitflächen dürfen nur zugrunde gelegt werden, wenn die Geländeoberfläche nicht ansteigt sowie $\varphi \leq 35°$ und $\delta_p = -2/3\,\varphi$ sind. Im Falle von Schlitzwänden sind die Wandreibungswinkel bei gekrümmten Gleitflächen auf $\delta_p = -1/2\,\varphi$ und bei ebenen Gleitflächen auf $\delta_p = -1/3\,\varphi$ herabzusetzen. Für die Aufnahme der Auflagerkräfte im Boden ist mindestens die Sicherheit $\eta = 1{,}5$ nachzuweisen oder mit $K_{ph}/1{,}5$ zu rechnen. Bei der Ermittlung der Schnittgrößen darf bei $D > 0{,}3$ und $I_c \geq 0{,}75$ die Sicherheit auf $\eta = 1{,}2$ herabgesetzt werden.

b) Bei Fußeinspannung von Spund- und Ortbetonwänden (EB 26) mit dem Lastansatz nach *Blum* mit $k_{ph}/1{,}5$. Die theoretische Einbindetiefe t_1 ist zur Aufnahme der Ersatzkraft C_h um $\Delta t = 0{,}2\, t_1$ zu vergrößern. Bei der Ermittlung der Schnittgrößen darf bei gestützten Wänden die 1,5fache Sicherheit auf $\eta = 1{,}2$ herabgesetzt werden.

11.2.4   Baugruben neben Bauwerken

Berechnung der Baugrubenumschließung mit erhöhtem aktivem Erddruck (EB 22)

Nicht gestützte, im Boden eingespannte Wände sind im Ausstrahlungsbereich von Fundamenten nicht zulässig. Für gestützte oder verankerte Wände ist der Erddruck wie folgt anzusetzen:

[1]) s. [3], Teil III, 1977, S. 36, 37 und 87

1. **Bei großem Abstand der Bebauung** (s. Bild 77a) ist im allgemeinen der Mittelwert $E_h = 0,50$ $(E_{oh} + E_{ah})$ ausreichend. In einfachen Fällen genügt $E_h = 0,25E_{oh} + 0,75E_{ah}$. In schwierigen Fällen ist $E_h = 0,75E_{oh} + 0,25E_{ah}$ anzusetzen.

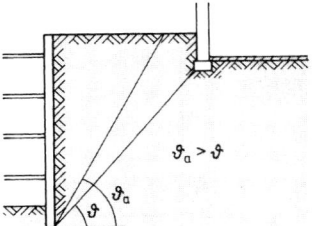 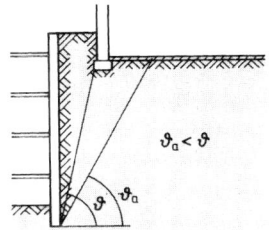

a) Großer Abstand der Bebauung   b) Kleiner Abstand der Bebauung

Bild 77 Abstand zwischen Baugrubenwand und Bebauung

2. **Bei kleinem Abstand der Bebauung** (s. Bild 77b) gilt:

a) $E_h = 0,25E_{ogh} + 0,75E_{ah} + E_{ap'h}$ in einfachen Fällen   (117)

b) $E_h = 0,50E_{ogh} + 0,50E_{ah} + E_{ap'h}$ im Normalfall   (118)

c) $E_h = 0,75E_{ogh} + 0,25E_{ah} + E_{ap'h}$ in schwierigen Fällen   (119)

Bezüglich der Ermittlung der aktiven Erddrucklast s. Bild 78 u. 79, der Erdruhedrucklast E_{ogh} s. Bild 76.

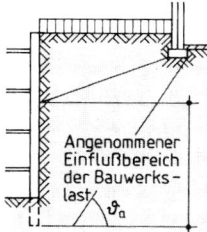 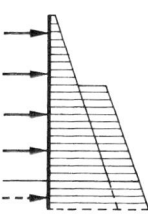 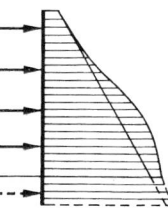

a) Baugrube, Bauwerk und   b) Aktiver Erddruck aus   c) Erdruhedruck aus
Lastausbreitung   Bodeneigengewicht,   Bodeneigengewicht,
                          Nutzlast   Nutzlast und
                      und Bauwerkslast   Bauwerkslast

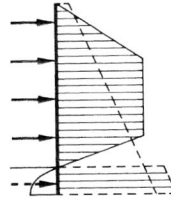 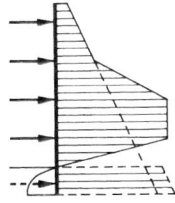

d) Erddruckverteilung bei   e) Erddruckverteilung bei
Vorspannung aller   Vorspannung der beiden unteren Stützungen
Stützungen   teren Stützungen

Bild 78
Verteilung eines erhöhten aktiven Erddruckes unter Berücksichtigung einer Bauwerkslast bei großem Abstand zwischen Baugrubenwand und Bauwerk (Beispiel für eine im Boden frei aufgelagerte Trägerbohlwand)

13

987

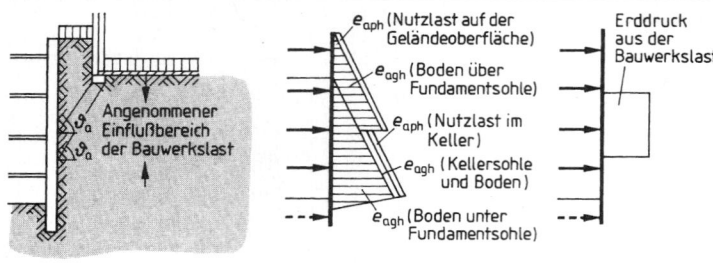

a) **Baugrube, Bauwerk und Lastausbreitung**

b) **Nicht umgelagerter Erddruck aus Bodeneigengewicht und Nutzlast**

c) **Erddruck aus der Bauwerkslast als Rechteck**

Bild 79
Verteilung des aktiven Erddruckes unter Berücksichtigung des Einflusses einer Bauwerkslast bei geringem Abstand zwischen Baugrubenwand und Bauwerk (Beispiel für eine im Boden frei aufgelagerte Spundwand oder Ortbetonwand)

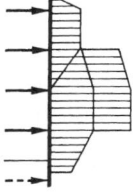

d) **Gesamterddruck in einer Lastfigur mit Lastsprung**

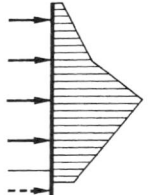

e) **Gesamterddruck in einer Lastfigur ohne Lastsprung**

3. Es kann angenommen werden, daß in ähnlicher Weise eine Erddruckumlagerung auftritt wie beim aktiven Erddruck. Der Bemessungserddruck darf daher ebenfalls in eine einfache Lastfigur umgewandelt werden, deren Knickpunkte oder Lastsprünge im Bereich der Auflagerpunkte liegen.

4. Bei **Trägerbohlwänden** ist der Nachweis $\Sigma H = 0$. Gl. (111) zu führen. Der unterhalb der Baugrube wirkende Erddruck ist dazu im gleichen Verhältnis (s. 1. u. 2. oben) zusammenzusetzen. Reicht der Einfluß der Bauwerkslast bis unter die Baugrubensohle, so ist dies zu berücksichtigen.

5. Zur Verringerung der Fußverschiebung ist bei nichtbindigen oder zumindest steifen bindigen Böden im Fall von Trägerbohlwänden $\eta_p = 3{,}0$, im Fall von Spund- und Ortbetonwänden $\eta_p = 2{,}0$ gegen den Grenzzustand einzuhalten.

   Es ist ferner nachzuweisen, daß die Vertikalkomponente des Bemessungserddruckes mit einer mindestens 2,0fachen Sicherheit in den Untergrund abgeleitet werden kann und daß die dabei auftretenden Setzungen keine schädlichen Auswirkungen auf das Bauwerk haben.

6. Der **Erdruhedruck aus unbegrenzter Flächenlast** kann näherungsweise mit dem Ansatz $e_o = k_o \cdot p$, der Erddruck aus senkrechten oder waagerechten Bauwerkslasten nach der Theorie des elastischen Halbraumes ermittelt werden (i. allg. $\nu = 4$, bei vorbelasteten und bindigen Böden $\nu = 3$). Näherungsweise darf die waagerechte Erddrucklast E_{oph} im Falle von $\nu = 4$ mit 25%, im Falle $\nu = 3$ mit 30% der senkrechten Gesamtlast P angenommen werden. Die senkrechte Komponente E_{opv} der Erdruhedrucklast ist in beiden Fällen mit 50% der senkrechten Gesamtlast P anzusetzen (EB 23).

11.2.5 Ermittlung von Schnittgrößen und Einbindetiefen nach *Blum*

Bei gleichmäßigem Boden (γ und φ) unterhalb des Belastungsnullpunktes u — bei Spundwänden — oder unterhalb der Baugrubensohle — bei Trägerbohlwänden[1]) — kann die Einbindetiefe von freistehenden eingespannten Wänden (Bild 81) oder von einmal gestützten Wänden mit freier Fußauflagerung (Bild 84) bzw. im Boden eingespannt bei Ansatz einer dreieckförmigen Erdwiderstandsfigur[2]) mit **Nomogrammen von *Blum*** (Bild 80, 82 u. 83) und die Schnittkräfte mit den Gleichungen der Tafel 84 u. 85 ermittelt werden, im Fall d) auf Bild 73 mit Nomogramm von *Hoffmann*[3]), im Fall f) mit den Methoden der Stabstatik, für Verbau aus Stahl auch mit Traglastverfahren.

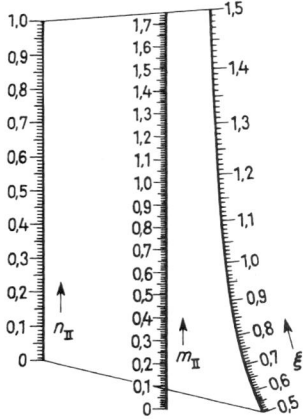

Bild 80 Nomogramm zur Berechnung frei stehender, im Boden eingespannter Spundwände nach *Blum*

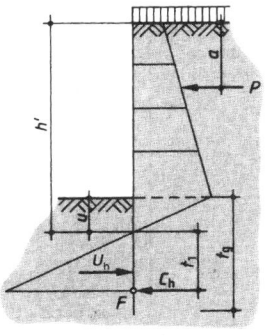

Bild 81 Freistehende, im Boden eingespannte Wand

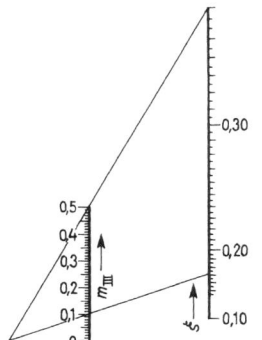

Bild 82 Nomogramm zur Berechnung einmal gestützter und im Boden frei gelagerter Spundwände nach *Blum*

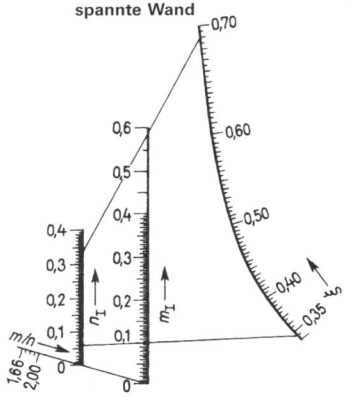

Bild 83 Nomogramm zur Berechnung einmal gestützter und im Boden eingespannter Spundwände nach *Blum*

---

[1]) sonst: Graphische Ermittlung der Einbindetiefe und Schnittkräfte
[2]) Bei 0,6 · t_0 in Bild 74a s. [5] 2, S. 68
[3]) Hoffmann, H.: Nomografische Berechnung doppelt verankerter Bohlwerke. In: Die Bautechnik **35** (1958) H 2, Wilhelm Ernst & Sohn, Berlin

Geotechnik

Tafel 84   Einbindetiefe und Maximalmoment freistehender eingespannter Wände
nach *Blum* (Bild 81)

Eingangswerte in Bild 80	$m_{\mathrm{II}} = \dfrac{6}{\gamma \cdot K'_{\mathrm{rh}} \cdot h'^2} \sum P \quad n_{\mathrm{II}} = \dfrac{6}{\gamma \cdot k'_{\mathrm{rh}} \cdot h'^3} \sum P \cdot a$	(120)
Einbindetiefe unter Baugrubensohle	$t_{\mathrm{g}} = u + 1{,}2 \cdot t_1 \quad t_1 = \xi \cdot h'$	(121)
max M in Tiefe x_{m}	$x_{\mathrm{m}} = \sqrt{2 \cdot \sum P / \gamma \cdot k'_{\mathrm{rh}}}$	
unter u	$\max M = h' \cdot \sum P - \sum Pa + 0{,}9428 (\sum P)^{3/2} \cdot (\gamma k'_{\mathrm{rh}})^{-1/2}$	(122)

Tafel 85   Einbindetiefen und Schnittkräfte einmal gestützter Baugrubenwände nach *Blum*

	Freie Bodenauflagerung (s. Bild 84)		Im Boden eingespannt (s. Bild 81)	
Eingangswerte in Bild 73 und 74	$m_{\mathrm{III}} = \dfrac{6 \cdot M_{\mathrm{e}}}{\gamma \cdot K'_{\mathrm{rh}} \cdot h_{\mathrm{A}}^3}$ (Blld 82)	(123)	$m_{\mathrm{I}} = \dfrac{6 \cdot M_{\mathrm{e}}}{\gamma \cdot K'_{\mathrm{rh}} \cdot h_{\mathrm{A}}^3}$ (Bild 83)	(124)
			$n_{\mathrm{I}} = \dfrac{6 \cdot N_{\mathrm{e}}}{\gamma \cdot K'_{\mathrm{rh}} \cdot h_{\mathrm{A}}'^5}$	(125)
Einbindetiefe unter Baugrubensohle	$t_{\mathrm{g}} = u + t_{\mathrm{o}}$	(126)	$t_{\mathrm{g}} \cong u + 1{,}2 \cdot t_1$	(127)
	$t_{\mathrm{o}} = \xi \cdot h'_{\mathrm{A}}$	(128)	$t_1 = \xi \cdot h'_{\mathrm{A}}$	(129)
Auflagerkräfte	$U_{\mathrm{h}} = \dfrac{M_{\mathrm{e}}}{h'_{\mathrm{A}} + \frac{2}{3} t_{\mathrm{o}}}$	(130)	$U_{\mathrm{h}} = \frac{1}{2}\gamma \cdot K'_{\mathrm{rh}} \cdot t_1^2$	(131)
	$A_{\mathrm{h}} = E_{\mathrm{ah}} - U_{\mathrm{h}}$	(132)	$C_{\mathrm{h}} = \dfrac{U_{\mathrm{h}} \cdot (h'_{\mathrm{A}} + \frac{2}{3} t_1) - M_{\mathrm{e}}}{h'_{\mathrm{A}} + t_1}$	(133)
			$A_{\mathrm{h}} = E_{\mathrm{ah}} - U_{\mathrm{h}} + C_{\mathrm{h}}$	(134)
Momente	$M_{\mathrm{A}} = \sum\limits_{a_{\mathrm{i}}=0}^{a_{\mathrm{i}}=h_{\mathrm{k}}} Q_{\mathrm{i}} \cdot \Delta a_{\mathrm{i}}$	(135)	$M_{\mathrm{A}} = \sum\limits_{a_{\mathrm{i}}=0}^{a_{\mathrm{i}}=-h_{\mathrm{k}}} Q_{\mathrm{i}} \cdot \Delta a_{\mathrm{i}}$	(136)
	$M_{\mathrm{F}} = \sum\limits_{a_{\mathrm{i}}=x_{\mathrm{F}}}^{a_{\mathrm{i}}=-h_{\mathrm{k}}} Q_{\mathrm{i}} \cdot \Delta a_{\mathrm{i}}$	(137)	$M_{\mathrm{F}} = \sum\limits_{a_{\mathrm{i}}=x_{\mathrm{F}}}^{a_{\mathrm{i}}=-h_{\mathrm{k}}} Q_{\mathrm{i}} \cdot \Delta a_{\mathrm{i}}$	(138)
	$a_{\mathrm{i}} = x_{\mathrm{F}}$ bei $Q = 0$		$a_{\mathrm{i}} = x_{\mathrm{F}}$ bei $Q = 0$	

Erklärung der Formelzeichen der Tafel 84 und 85

M_{e} Summe der Momente der Erddruckkräfte E_{ah} um den Unterstützungspunkt A (Lastfigur beliebig)

$M_{\mathrm{e}} = \sum\limits_{a_{\mathrm{i}}=h'_{\mathrm{A}}}^{a_{\mathrm{i}}=-h_{\mathrm{k}}} E_{\mathrm{ahi}} \cdot a_{\mathrm{i}}$ bei Lastfigur nach Bild 84 (EAU)

$M_{\mathrm{e}} = E_{\mathrm{ah}} \left(h'_{\mathrm{A}} - \frac{1}{2} H' \right)$ bei rechteckiger Lastfigur nach Bild 75a (EAB)

$M_{\mathrm{e}} = E_{\mathrm{ah}} (h'_{\mathrm{A}} - z_{\mathrm{e}})$ bzgl. z_{e} s. Bild 73f

$N_{\mathrm{e}} = \sum\limits_{a_{\mathrm{i}}=0}^{a_{\mathrm{i}}=h'_{\mathrm{A}}} E_{\mathrm{ahi}} \cdot a_{\mathrm{i}}^3$ bei Lastfigur nach Bild 84 (EAU)

$N_{\mathrm{e}} = \frac{1}{4} e_{\mathrm{ahu}} \cdot h'^4_{\mathrm{A}}$ bei rechteckiger Lastfigur nach Bild 75 (EAB)

$u = \dfrac{e_{\mathrm{ahu}} - e_{\mathrm{pch}}}{\gamma \cdot K'_{\mathrm{rh}}}$ Belastungsnullpunkt

$e_{\mathrm{ahu}} - e_{\mathrm{pch}}$ Erddruckordinate in der Höhe der Baugrubensohle[1])

e_{pch} s. Tafel 61

$K'_{\mathrm{rh}} = K'_{\mathrm{ph}} - K_{\mathrm{ah}}$ Res. Erddruckbeiwert

$K'_{\mathrm{ph}} = \dfrac{K_{\mathrm{ph}}}{\eta}$ (EAB)[2])

$\eta = 2$ für Trägerbohlwände

$\eta = 1{,}5$ für Spundwände

$K'_{\mathrm{ph}} = K_{\mathrm{ph}}$ (EAU) mit Sicherheitsbeiwerten für die Scherparameter
$\operatorname{cal} c_{\mathrm{u}} = c_{\mathrm{u}}/1{,}3$; $\operatorname{cal} c' = c'/1{,}3$; $\operatorname{cal} \tan \varphi = \tan \varphi / 1{,}1$

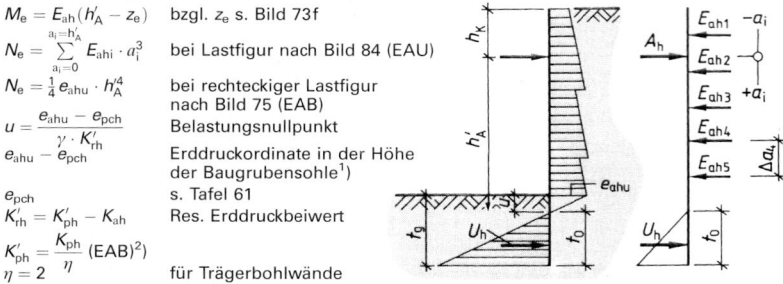

Bild 84   Gestützte, freiaufgelagerte Wand

[1]) Bei Schichtwechsel in Höhe der Baugrubensohle gilt die untere Erddruckordinate
[2]) Bezüglich der Sicherheit bei der Ermittlung der Schnittkraft s. 11.2.3

11.2.6 Spannungsnachweis für Bohlträger

$$\frac{M \cdot a_t}{W} + \frac{N \cdot a_t}{A} \leqq \text{zul } \sigma^1) \quad (139) \qquad\qquad \frac{Q \cdot a_t}{A_{\text{Steg}}} \leqq \text{zul } \tau \quad (140)$$

Wenn vorh $\tau > 0{,}5$ zul τ Nachweis der Vergleichsspannungen im Steg erforderlich

$$\sigma_v = \sqrt{\sigma_1^2 + 3 \cdot \tau_1^2} \leqq \text{zul } \sigma_v \quad (141) \qquad\qquad \sigma_1 = \frac{M \cdot a_t}{W} \cdot \frac{h - 2c}{h} \quad (142)$$

M in kNm/m
N aus Vertikalkomponente des Erddruckes[1]) in kN/m
a_t Achsabstand der Bohlträger in m

h Trägerhöhe
c Flanschdicke

Doppelte [-Profile sind in ausreichend engem Abstand durch Bindebleche auf der Baugruben- und Erdseite zu verbinden. Auf einen Nachweis der Torsionsspannungen darf verzichtet werden, wenn der Bindeblechabstand nicht größer gewählt wird als 1,50 m. Sind die Profile — mit Ausnahme der Ansichtsflächen — voll in Beton eingebettet, dann darf auf einen Stabilitätsnachweis verzichtet werden.

---

[1]) Eigenlast der Baugrubenkonstruktion darf vernachlässigt werden (EB 48)

11.2.7 Spannungsnachweis für Spundwände

a) mit

$$\frac{P}{A} + \frac{M}{W} \leqq \text{zul } \sigma^2) \qquad\qquad (143) \qquad\qquad \omega \frac{P}{A} + 0{,}9 \frac{M}{W} \leqq \text{zul } \sigma \qquad (144)$$

Größter Wert ist maßgebend, oder

b) nach **EAU (E44)** bei vorwiegender Biegebeanspruchung:

$$\frac{P}{A} + \frac{\max M}{W} + \frac{P \cdot f}{W} \leqq \text{zul } \sigma.^2) \qquad\qquad\qquad (145)$$

In Gl. (144) und (145) bedeuten

zul σ zulässige Spundwandspannung nach E20, Abschn. 8.2.4 der EAU in MN/m² (s. Tafel 86)
P Auflast in der Spundwandachse in MN/m (Eigenlast darf vernachlässigt werden)
$\max M$ Größtmoment der Spundwand infolge waagerechter Belastung in MNm/m,
f größte Durchbiegung der Spundwand infolge waagerechter Belastung in m,
A Querschnitt der Spundwand in m²/m,
W Widerstandsmoment der Spundwand in m³/m.
ω Knickzahl

Tafel 86 Zulässige Spannungen für Spundwände nach EAU (1990) in MN/m²

	Stahl			Stahlbeton	Holz
Spundwandstähle	St Sp 37	St Sp 45	St Sp S		
Stähle nach DIN 17100	R St 37-2 u. St 37-3	—	St 52-3		
Lastfall 1	160	180	240	DIN 1045	DIN 1052
Lastfall 2	Zuschlag: +15% zu den Spannungen nach Lastfall 1[1])				
Lastfall 3	Zuschlag: +30% zu den Spannungen nach Lastfall 1				

[1]) Bei vorübergehenden ungünstigen Bauzuständen können im Einvernehmen mit der Bauaufsichtsbehörde höhere Spannungen zugelassen werden, sonst s. Tafel 90
[2]) s. Fußnote S. 993

13

Lastfälle (LF) nach EAU (E 18)

LF 1: Erddruck und Wasserüberdruck aus häufig auftretenden Außen- und Innenwasserständen, Erddruckeinflüsse aus normalen Nutzlasten, Kranbahnen und Pfahllasten, unmittelbar einwirkende Auflasten aus Eigengewicht und normaler Nutzlast.

LF 2: wie LF 1, jedoch mit außergewöhnlichem Wasserüberdruck, z. B. nach Überflutung, mit Sogeinfluß vorbeifahrender Schiffe, Erddruckeinflüsse außergewöhnlicher örtlicher Auflasten, Trossenzug und Schiffsstoß, vorübergehende ungünstige Belastungen im Bauzustand.

LF 3: wie LF 2, jedoch unter Berücksichtigung aller nur erdenklichen Umstände, z. B. restloser Ausfall einer Entwässerungsanlage u. dgl.

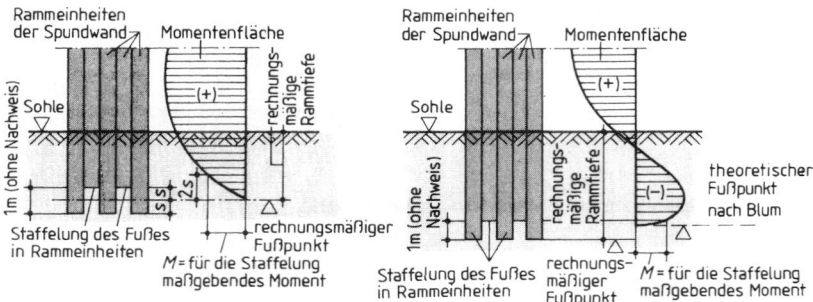

Bild 85   Staffelung des Spundwandfußes bei frei aufgelagerter Wand

Bild 86   Staffelung des Spundwandfußes bei eingespannter Wand

Tafelprofile

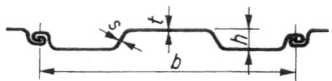

Leichtprofile

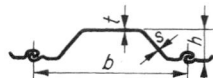

Kanaldielen HKD VI/6 und VI/8

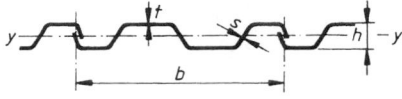

Bild 87   Benennung der Querschnitte von Tafel- und Leichtprofilen sowie Kanaldielen

System Larssen

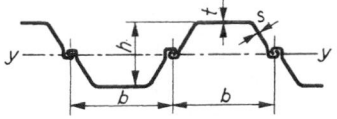

System HOESCH

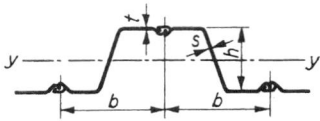

Bild 88   Benennung der Spundwandquerschnitte

Tafel 87 Zulässige Spannungen für Bauteile aus Stahl
nach DIN 4124 (8.81)[1]) und DIN 18800-1 (3.81)[1])

a) Zulässige Spannungen im Lastfall H (Hauptlasten)

Art der Beanspruchung	Stahlgüte		
	St 37 (S 235) StSp 37	StSp 45	St 52 (S 355) StSpS
Druck, wenn Nachweis auf Knicken und Kippen nach DIN 4114 erforderlich ist	140 N/mm²	160 N/mm²	210 N/mm²
Zug allgemein sowie Biegedruck: a) bei Bohlträgern mit der Verbohlung hinter den rückwärtigen Flanschen und nicht ausreichender Sicherung gegen Verdrehen der Flansche	160 N/mm²	180 N/mm²	240 N/mm²
b) bei Gurten und bei Trägern von Hilfsbrücken mit ausreichender Stegaussteifung	160 N/mm²	180 N/mm²	240 N/mm²
Biegezug allgemein sowie Biegedruck: a) bei Spundwänden	180 N/mm² ²)	204 N/mm²	270 N/mm²
b) bei Bohlträgern mit der Verbohlung hinter den vorderen Flanschen	180 N/mm²	204 N/mm²	270 N/mm²
c) bei Gurten und bei Trägern von Hilfsbrücken mit ausreichender Stegaussteifung	180 N/mm²	204 N/mm²	270 N/mm²
Schub	104 N/mm²	117 N/mm²	156 N/mm²
Vergleichsspannung	192 N/mm²	216 N/mm²	288 N/mm²

b) Zulässige Spannungen im Lastfall HZ (Haupt- und Zusatzlasten)

Druck, wenn Nachweis auf Knicken und Kippen nach DIN 4114 erforderlich ist	160 N/mm²	180 N/mm²	240 N/mm²
Zug allgemein sowie Biegedruck: a) bei Bohlträgern mit der Verbohlung hinter den rückwärtigen Flanschen und nicht ausreichender Sicherung gegen Verdrehen der Flansche	180 N/mm²	204 N/mm²	270 N/mm²
b) bei Gurten und bei Trägern von Hilfsbrücken ohne ausreichende Stegaussteifung	180 N/mm²	204 N/mm²	270 N/mm²
Biegezug allgemein sowie Biegedruck: a) bei Spundwänden	192 N/mm²	216 N/mm²	288 N/mm²
b) bei Bohlträgern mit der Verbohlung hinter den vorderen Flanschen	192 N/mm²	216 N/mm²	288 N/mm²
c) bei Gurten und bei Trägern von Hilfsbrücken mit ausreichender Stegaussteifung	192 N/mm²	216 N/mm²	288 N/mm²
Schub	111 N/mm²	124 N/mm²	166 N/mm²
Vergleichsspannung	204 N/mm²	230 N/mm²	306 N/mm²

Beim Prüfen, Überspannen oder Lösen von Steifen oder Ankern dürfen die Biege-druck-, Biegezug- und Vergleichsspannungen bis zu 90% der Streckgrenze erreichen. Zu den zulässigen Spannungen für Anschlüsse s. DIN 18800-1 „Stahlbauten; Bemessung und Konstruktion" (3.81).

---

[1]) Bis zur Anpassung der EAB an das neue Sicherheitskonzept muß bei dem Spannungsnachweis an Stelle der neuen DIN 18800 (11.90) mit Sicherheitsbeiwerten die herkömmliche Stahlbaunorm mit Lastfall H und HZ Verwendung finden.
[2]) Zulässige Spannungen für Stahlsorten der EN 10248-1 s. Tafel 90

I3

Tafel 88   Zulässige Spannungen für Verbauteile aus Holz
nach DIN 4124 (8.81) und DIN 1052-1 (4.88)

Art der Beanspruchung	Europäisches Nadelholz			Eiche und Buche mittlerer Güte
	Güte-klasse III[1])	Güte-klasse II	Güte-klasse I	
Biegung bei Schnittholz im allgemeinen:				
a) bei Ansatz des Erddruckes als Rechteck über die ganze Höhe der Baugrubenwand	8,4 N/mm^2	12,0 N/mm^2	15,6 N/mm^2	13,2 N/mm^2
b) bei Ansatz des Erddruckes mit einer wirklichkeitsnahen Lastfigur	10,5 N/mm^2	15,0 N/mm^2	19,5 N/mm^2	16,5 N/mm^2
c) bei Baugrubenabdeckung und bei Abdeckbohlen von Hilfsbrücken	—	12,0 N/mm^2	15,6 N/mm^2	13,2 N/mm^2
Biegung bei Schnittholz über Innenstützen:				
a) bei Ansatz des Erddruckes als Rechteck über die ganze Höhe der Baugrubenwand	—	13,2 N/mm^2	17,2 N/mm^2	14,5 N/mm^2
b) bei Ansatz des Erddruckes mit einer wirklichkeitsnahen Lastfigur	—	16,5 N/mm^2	21,5 N/mm^2	18,2 N/mm^2
c) bei Baugrubenabdeckung und bei Abdeckbohlen von Hilfsbrücken	—	13,2 N/mm^2	17,2 N/mm^2	14,5 N/mm^2
Biegung bei Rundholz ohne Schwächung der Randzone:				
a) bei Ansatz des Erddruckes als Rechteck über die ganze Höhe der Baugrubenwand	10,1 N/mm^2	14,4 N/mm^2	18,7 N/mm^2	15,9 N/mm^2
b) bei Ansatz des Erddruckes mit einer wirklichkeitsnahen Lastfigur	12,6 N/mm^2	18,0 N/mm^2	23,4 N/mm^2	19,8 N/mm^2
c) bei Steifen	—	14,4 N/mm^2	18,7 N/mm^2	15,9 N/mm^2
Druck in Faserrichtung:				
a) bei Schnittholz	—	8,5 N/mm^2	11,0 N/mm^2	10,0 N/mm^2
b) bei Rundholz ohne Schwächung der Randzone	—	10,2 N/mm^2	13,2 N/mm^2	12,0 N/mm^2
Druck rechtwinklig zur Faserrichtung:				
a) mit weniger als 10 cm Überstand	—	4,0 N/mm^2	4,0 N/mm^2	6,4 N/mm^2
b) mit 10 cm oder mehr Überstand	—	5,0 N/mm^2	5,0 N/mm^2	8,0 N/mm^2
Abscheren in Faserrichtung:	—	1,1 N/mm^2	1,1 N/mm^2	1,2 N/mm^2

[1]) Nur bei Ausfachungen von Trägerbohlwänden zulässig

Die angegebenen zulässigen Spannungen setzen die Verwendung von neuen oder neuwertigen Hölzern voraus.

Die angegebenen zulässigen Spannungen gelten für den Lastfall H (Hauptlasten). Im Lastfall HZ (Haupt- und Zusatzlasten) dürfen die angegebenen zulässigen Spannungen um 25% erhöht werden. Zur Definition der Lastfälle H und HZ s. Berechnungslastfälle s. Abschnitt 11.

Die beim Prüfen, Überspannen und Lösen von Steifen oder Ankern auftretenden Spannungen brauchen nicht nachgewiesen zu werden.

11.3 Spundwandprofile

Tafel 89 Tafel- und Leichtprofile, Kanaldielen der Hoesch-Hüttenwerke AG (Querschnittbenennung s. S. 992)

Profil	Profil-breite b mm	Wand-höhe h mm	Rüken-dicke t mm	Steg-dicke s mm	Eigenlast kg/m Einzel-bohle	Eigenlast kg/m² Wand	Wider-stands-moment W_y cm³/m Wand	Zul. Biegemomente je m Wand für Lastfall 2[1]) S 275 JRC[2]) $\sigma=213$ MN/m² kNm/m
Hoesch								
Leichtprofil HL 3/6	700	148	6	6	46,2	66	410	87,5
Leichtprofil HL 3/8	700	150	8	8	61,5	88	540	115
Kanaldiele HKD VI/6	600	78	6	6	37,5	62	182	38,7
Kanaldiele HKD VI/8	600	80	8	8	50	83	242	51,5
Hoesch								je m Wand für Lastfall 1[1]) $\sigma=185$ MN/m²
Tafelprofil HT 45			4,5	4,5	45	45	159	29,4
Tafelprofil HT 50	1000	90	5	5	50	50	175	32,4
Tafelprofil HT 60	1000	90	6	6	60	60	208	38,5
Tafelprofil HT 70			7	7	70	70	240	44,4

Tafel 90 Spundwandnormalprofile System Larssen und Hoesch, Union-Flachprofile

Profil	Wider-stands-moment W_y cm³/m Wand	Eigenlast kg/m² Wand	Eigenlast kg/m Einzel-bohle	Profil-breite b mm	Wand-höhe h mm	Rüken-dicke t mm	Steg-dicke s mm	Zul. Biegemomente je m Wand für Lastfall 1[1]) S 240 GP $\sigma=160$ MN/m² kNm/m	S 270 GP $\sigma=180$ MN/m² kNm/m	S 355 GP[3]) $\sigma=240$ MN/m² kNm/m
Larssen										
22	1250	122	61	340	10	9		200	225	300
23	2000	155	77,5	420	11,5	10		320	360	480
24	2500	175	87,5	500	420	15,6	10	400	450	600
24/12	2550	185	92,7	420	15,6	12		408	459	612
25	3040	206	103	420	20	11,5		486	547	730
43	1660	166	83	500	420	12	12	266	299	398
430[2])	6450	235[3])	83	708	750	12	12	1032	1161	1548
600	510	94	56,4	150	9,5	9,5		82	92	122
600 K	540	99	59,4	150	10	10		86	97	130
601	745	77	46,3	310	7,5	6,4		119	134	179
602	830	89	53,4	310	8,2	8		133	149	199
603	1200	108	64,8	310	9,7	8,2		192	216	288
603 K	1240	113	68,1	310	10	9		198	223	298
604	1620	124	74,5	600	380	10,5	9	259	292	389
605	2020	139	83,5	420	12,5	9		323	364	485
605 K	2030	144	86,7	420	12,2	10		325	365	487
606	2500	157	94,4	435	15,6	9,2		400	450	600
606 K	2540	162	97,5	435	15,6	10		406	457	610
607	3200	191	114,4	435	21,5	9,8		512	576	768
607 K	3220	192	115,2	435	21,5	10		515	580	773
703	1210	96,5	67,5	700	400	9,5	8	193	218	290
703 K	1300	103	72,1	400	10	9		208	234	312
Hoesch										
1200	1140	107	61,5	260	9,5	9,5		182	205	274
1700	1720	116	66,7	350	10	9		275	310	413
1700 K	1700	117	67,3	575	350	9,5	9,5	272	306	408
2500	2480	152	87,4	350	12,5	9,5		397	446	595
2500 K	2540	155	89,1	350	12,8	10		406	457	610
3600	3580	192	110,4	415	16	12		573	645	860
Union-Flachprofile										
FL 511			11	—	67,5	135	90	Mindest-Schloßzugfestigkeit =2000 kN/m (Grenzbelastung). Höhere Werte (bis 5000 kN/m) in Abhängigkeit vom Drehwinkel möglich.		
FL 512[2])	500	88	12	—	70,5	141	90			
FL 512,7[2])			12,7	—	72,5	145	90			

[1]) Bei Druck und Biegedruck für den Stabilitätsnachweis gelten verminderte zulässige Spannungen (sinngemäß nach E 20 der EAU 1996)
[2]) Stahlsorte für kaltgeformte Spundbohlen nach DIN EN 10249-1
[3]) Stahlsorte für warmgewalzte Spundbohlen nach DIN EN 10248-1

13

Geotechnik

Tafel 91 U-Profile, ARBED, Vertrieb Krupp GfT

Profil	b E-Bohle mm	h Wand mm	t_1 Rük-ken mm	t_2 Steg mm	Um-fang cm je m Wand	Stahl-quer-schnitt cm^2 je m Wand	Gewicht kg je m EB	Gewicht kg je m^2 Wand	Wider-stands-moment cm^3 je m Wand	Träg-heits-moment cm^4 je m Wand	Träg-heits-radius $i = \sqrt{\frac{I}{F}}$ cm
PU 6	600	226	7,5	6,4	237	97	45,6	76	600	6780	8,37
PU 8	600	280	8,0	8,0	250	116	54,5	91	830	11620	10,02
PU 12	600	360	9,8	9,0	264	140	66,1	110	1200	21600	12,41
PU 16	600	380	12,0	9,0	275	159	74,7	124	1600	30400	13,85
PU 20	600	430	12,4	10,0	291	179	84,3	140	2000	43000	15,50
PU 25	600	452	14,2	10,0	303	199	93,6	156	2500	56490	16,86
PU 32	600	452	19,5	11,0	303	242	114,1	190	3200	72320	17,28
L 2 S	500	340	12,3	9,0	292	177	69,7	139	1600	27200	12,38
L 3 S	500	400	14,1	10,0	304	201	78,9	158	2000	40010	14,11
L 4 S	500	440	15,5	10,0	322	219	86,2	172	2500	55010	15,83
JSP 2	400	200	10,5	—	277	153	48,0	120	874	8740	7,56
JSP3	400	250	13,0	—	298	191	60,0	150	1340	16800	9,38

Tafel 92 AZ-Profile, ARBED, Vertrieb Krupp GfT

Profil	b E-Bohle mm	h Wand mm	t_1 Rük-ken mm	t_2 Steg mm	Um-fang cm je m Wand	Stahl-quer-schnitt cm^2 je m Wand	Gewicht kg je m EB	Gewicht kg je m^2 Wand	Wider-stands-moment cm^3 je m Wand	Träg-heits-moment cm^4 je m Wand	Träg-heits-radius $i = \sqrt{\frac{I}{F}}$ cm
AZ 13	670	303	9,5	9,5	245	137	72,0	107	1300	19700	11,99
AZ 18	630	380	9,5	9,5	270	150	74,4	118	1800	34200	15,07
AZ 26	630	427	13,0	12,2	282	198	97,8	155	2600	55510	16,75
AZ 36	630	460	18,0	14,0	293	247	122,2	194	3600	82800	18,30
AZ 48	580	482	19,0	15,0	326	307	139,6	241	4800	115670	19,43

Tafel 93 Leichtprofile Krupp

Profil	b E-Bohle mm	h Wand mm	t_1 Rük-ken mm	t_2 Steg mm	Um-fang cm je m Wand	Stahl-quer-schnitt cm^2 je m Wand	Gewicht kg je m EB	Gewicht kg je m^2 Wand	Wider-stands-moment cm^3 je m Wand	Träg-heits-moment cm^4 je m Wand	Träg-heits-radius $i = \sqrt{\frac{I}{F}}$ cm
KL 3/6	700	148	6,0	6,0	243	84,0	46,2	66	410	3080	5,90
KL 3/8	700	150	8,0	8,0	243	111,9	61,5	88	540	4050	6,00

Tafel 94 Kanaldielen Krupp

| KD VI/6 | 600 | 80 | 6,0 | 6,0 | 250 | 80,0 | 37,5 | 62 | 182 | 726 | 3,02 |
| KD VI/8 | 600 | 80 | 8,0 | 8,0 | 250 | 106,0 | 50,0 | 83 | 242 | 968 | 3,02 |

11.4 Gebäudesicherungen im Bereich von Ausschachtungen, Gründungen und Unterfangungen nach DIN 4123 (9/00)

Der Baugrund ist bis an die Wände bestehender Fundamente durch schmale Schürfgruben auf ausreichende Tragfähigkeit sowie Grund- und Schichtenwasserführung zu erkunden. Ferner sind Art, Abmessung, Zustand und Gründungstiefe der bestehenden Fundamente und die von diesen eingeleiteten Kräfte, besonders waagerechte Kräfte festzustellen.

Vor Baubeginn werden Beweissicherungsverfahren empfohlen. Besonders bei ungenügendem Verbund von Wänden sind Sicherungsmaßnahmen erforderlich.

Bestehende Gründungen werden gegen Grundbruch durch Einhalten der Aushubgrenzen von Bild 91 und der Aushubabschnitte nach Bild 90 gesichert. Gleiche Gründungstiefe wie die der bestehenden Fundamente erforderlich. Diese sind zu unterfangen, wenn neue Fundamente tiefer als bestehende herabgeführt werden. Die Gründungssohlen dürfen nicht aufgelockert oder aufgeweicht sein. Abschnitte mit höchster Belastung müssen zuerst unterfangen werden. Kraftschluß z. B. durch großflächige Stahldoppelkeile, hydraulische Anpressung und dgl. Die neuen Fundamente sind gleichzeitig mit der Unterfangung herzustellen.

Für Zwischenbauzustände sind bei Einhaltung der Ausführungsbedingungen (Aushubgrenzen, Aushubabschnitte, Unterfangung) keine besonderen Nachweise für die Standsicherheit zu führen.

Für den Endzustand müssen für den Unterfangungskörper alle nach DIN 1054 erforderlichen Standsicherheitsnachweise (Nachweis gegen Kippen, Gleiten, Grundbruch bzw. Einhaltung der zulässigen Bodenpressung, Geländebruch, bei rückverankerten

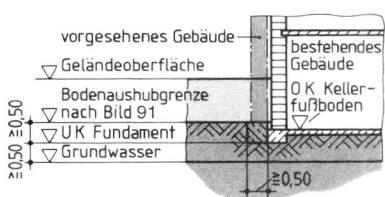

Bild 89   Aushubgrenzen nach DIN 4123

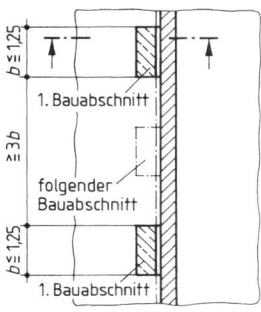

Bild 90   Aushubabschnitte nach DIN 4123

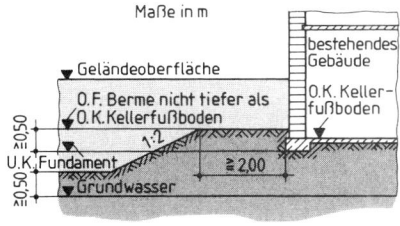

Bild 91   Bodenaushubgrenzen

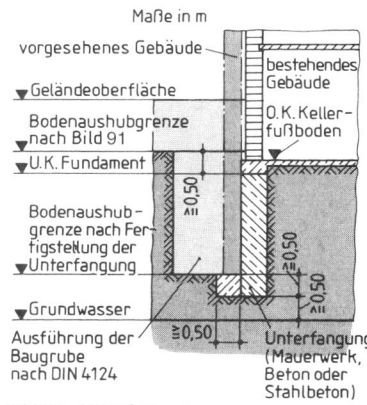

Bild 92   Unterfangung

13

997

Unterfangungskörpern Sicherheit gegen Versagen in den tiefen Gleitfugen, Nachweis der zulässigen Spannungen im Unterfangungskörper) geführt werden.

Die Nachweise und Maßnahmen nach DIN 4123 schließen auch bei sorgfältiger Planung und Ausführung geringfügige Verformungen der bestehenden Gebäudeteile im Allgemeinen nicht aus.

Als weitgehend unvermeidbar gelten Haarrisse und Setzungen der umfangenen Gebäudeteile bis 5 mm.

12 Dränung zum Schutz baulicher Anlagen nach DIN 4095 (6.90)

Dränung ist die Entwässerung des Bodens durch Dränschicht und Dränleitung (Bild 93), um das Entstehen von drückendem Wasser zu vermeiden.

Planung: Die Dränanlage ist in den Entwässerungsplan aufzunehmen. Dränschicht und Dränleitung müssen alle erdberührten Wände erfassen. Die Dränleitung ist entlang der Außenfundamente anzuordnen (Bild 94). Die Auflagerung auf Fundamentvorsprüngen ist unzulässig. Bei unregelmäßigen Grundrissen ist ein größerer Abstand von den Streifenfundamenten zulässig.

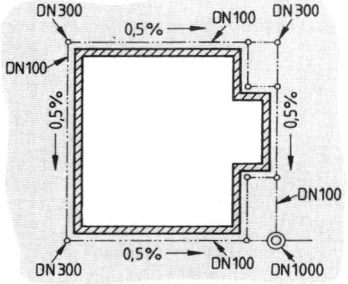

Bild 93 Beispiel einer Anordnung von Dränleitungen, Kontroll- und Reinigungs-
einrichtungen bei einer Ringdränung
(Mindestabmessungen)

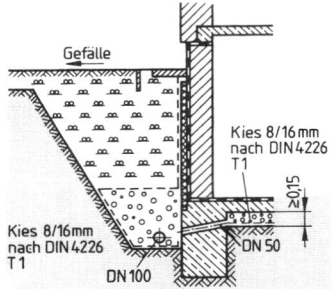

Bild 94 Beispiel einer Dränanlage mit
Dränelementen

Tafel 95 Angaben über Bauteile und Zeichen (Sinnbilder)

Bauteil	Art	Zeichen	Bauteil	Art	Zeichen
Filterschicht	Sand		Trennschicht	z. B. Folie	
	Geotextil		Abdichtung	z. B. Anstrich, Bahn	
Sickerschicht	Kies		Dränleitung	Rohr	
	Einzelelement (z. B. Dränstein, -platte)		Spülrohr Kontrollrohr	Rohr	
Dränschicht	Kiessand		Spülschacht Kontrollschacht, Übergabeschacht	Fertigteil	
	Verbundelement (z. B. Dränmatte)				

Tafel 96 Einschätzung der Durchlässigkeit von Böden nach DIN 18130-1

$k < 10^{-8}$	m/s	sehr schwach durchlässig
10^{-8} bis 10^{-6}	m/s	schwach durchlässig
$> 10^{-6}$ bis 10^{-4}	m/s	durchlässig
$> 10^{-4}$ bis 10^{-2}	m/s	stark durchlässig
$> 10^{-2}$	m/s	sehr stark durchlässig

Die Rohrsohle ist am Hochpunkt mindestens 0,2 m unter Oberfläche Rohbodenplatte (OFR) anzuordnen (Bild 94). Der Rohrgraben darf nicht unter die Fundamentsohlen geführt werden (notfalls Vertiefung der Fundamente oder Verlegung der Dränrohre außerhalb ihres Druckausbreitungsbereiches).

Kontrollrohre (DN 300) sind bei Richtungswechsel sowie im Abstand von höchstens 20 m, Spül-, Kontroll- und Sammelschächte (DN 1000) an Hoch- und Tiefpunkten sowie im Abstand von höchstens 60 m anzuordnen. Die Darstellung erfolgt mit Sinnbildern der Tafel 95. Für die Bemessung unterscheidet DIN 4095 den Regelfall (Einstufung nach Tafel 97) für den kein besonderer Nachweis erforderlich ist (Ausführungsempfehlung mit Dicken s. Bild 95), sowie den Einzelnachweis im Sonderfall

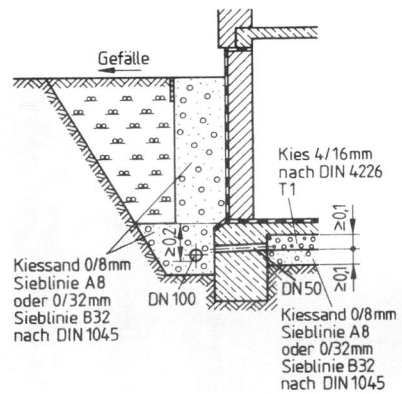

Bild 95 Beispiel einer Dränanlage mit mineralischer Dränschicht

Tafel 97 Bedingungen vor Wänden und unter Bodenplatten für die Einstufung als Regelfall

Richtwerte vor Wänden

Einflußgröße	Richtwert
Gelände	eben bis leicht geneigt
Durchlässigkeit des Bodens	schwach durchlässig
Einbautiefe	bis 3 m
Gebäudehöhe	bis 15 m
Länge der Dränleitung zwischen Hochpunkt mit Tiefpunkt	bis 60 m

Richtwerte unter Bodenplatten

Einflußgröße	Richtwert
Durchlässigkeit des Bodens	schwach durchlässig
Bebaute Fläche	bis 200 m^2

Tafel 98 Abflußspende zu der Bemessung nichtmineralischer, verformbarer Dränelemente

Lage	Abflußspende
vor Wänden	0,30 l/(s · m)
auf Decken	0,03 l/(s · m^2)
unter Bodenplatten	0,005 l/(s · m^2)

Tafel 99 Abflußspende vor Wänden

Bereich	Bodenart und Bodenwasser Beispiel	Abflußspende q in l/(s · m)
gering	sehr schwach durchlässige Böden* ohne Stauwasser kein Oberflächenwasser	unter 0,05
mittel	schwach durchlässige Böden* mit Sickerwasser kein Oberflächenwasser	von 0,05 bis 0,10
groß	Böden mit Schichtwasser oder Stauwasser wenig Oberflächenwasser	über 0,10 bis 0,30

*) s. Einschätzung Tafel 96

Im Regelfall ist für den Wasserabfluß bei nichtmineralischen, verformbaren Dränelementen mit Abflußspenden nach Tafel 98 zu rechnen.

Im Sonderfall sind folgende Untersuchungen auszuführen: Geländeaufnahme, Bodenprofilaufnahme, Ermittlung des Wasseranfalls, statischer Nachweis der Dränschichten und Dränleitungen, hydraulische Bemessung aller Dränelemente, Bemessung der Sickeranlage, Auswirkung auf Bodenwasserhaushalt, Vorfluter, Nachbarbebauung.

Die Abflußspende für die Bemessung der flächigen Dränelemente darf nach den Tafeln 98 und 99 geschätzt werden.

I3

Tafel 100 Abflußspende unter Bodenplatten

Bereich	Bodenart Beispiel	Abflußspende q' in $l/(s \cdot m^2)$
gering	sehr schwach durchlässige Böden[*])	unter 0,001
mittel	schwach durchlässige Böden[*])	von 0,001 bis 0,005
groß	durchlässige Böden[*])	über 0,005 bis 0,010

[*]) s. Einschätzung auf Tafel 94

Tafel 102 Beispiele von Baustoffen für Dränelemente

Bauteil	Art	Baustoff
Filterschicht	Schüttung	Mineralstoffe (Sand und Kiessand)
	Geotextilien	Filtervlies (z. B. Spinnvlies)
Sickerschicht	Schüttung	Mineralstoffe (Kiessand und Kies)
	Einzelelemente	Dränsteine (z. B. aus haufwerksporigem Beton) Dränplatten (z. B. aus Schaumkunststoff) Geotextilien (z. B. aus Spinnvlies)
Dränschicht	Schüttungen	Kornabgestufte Mineralstoffe Mineralstoffgemische (Kiessand, z. B. Körnung 0/8 mm, Sieblinie A2 nach DIN 1043 oder Körnung 0,32 mm Sieblinie B32 nach DIN 1045)
	Einzelelemente	Dränsteine (z. B. aus haufwerksporigen Beton ggf. ohne Filtervlies) Dränplatten (z. B. aus Schaumkunststoffe, ggf. ohne Filtervlies)
	Verbundelemente	Dränmatten aus Kunststoff z. B. aus Höckerprofilen mit Spinnvlies, Wirrgelege mit Nadelvlies, Gitterstrukturen mit Spinnvlies
Dränrohr	gewellt oder glatt	Beton, Faserzement Kunststoff, Steinzeug, Ton mit Muffen
	gelocht oder geschlitzt	allseitig (Vollsickerrohr) seitlich und oben (Teilsickerrohr)
	mit Filtereigenschaften	Kunststoffrohre mit Ummantelung, Rohre aus haufwerksporigem Beton

Tafel 101 Beispiele für die Ausführung mit Geotextilien nach [7]

wirksame Öffnungsweite $D_W < 0,10$ mm
Naue SECUTEX 351-4
Polyfelt TS 700
Hoechst TREVIRA SPUNBOND 13/150, 11/360
Rhone-Poulenc BIDIM B3, B4
Heidelberger Vlies HV 7220

wirksame Öffnungsweite
$0,10 \le D_W \le 0,12$ mm
Naue SECUTEX 151-1
Polyfelt TS 500, TS 600
Hoechst TREVIRA SPUNBOND 11/300
Rhone-Poulenc BIDIM B1

wirksame Öffnungsweise $D_W \ge 0,13$ mm
Polyfelt TS 22
Hoechst TREVIRA SPUNBOND 11/180
Rhone-Poulenc BIDIM B2
Heidelberger Vlies HV 7270

Für die hydraulische Bemessung der Sickerschicht gilt $q' = k \cdot i \cdot d$, wobei für die Bemessung vor der Wand $i = 1$ ist, bei Decken deren Gefällen. Die erforderliche Nennweite der Dränage ergibt sich aus Bild 96.

Bauausführung: Dränageleitungen werden i. d. R. am Tiefpunkt beginnend geradlinig zwischen den Kontrolleinrichtungen auf einem stabilen Rohrleitungsplanum verlegt. Sie sind gegen Lageveränderungen zu sichern, z. B. durch beidseitigen Einbau der Sickerschicht. Die erste Lage bis 0,15 m über Rohrscheitel ist von Hand leicht zu verdichten. Darüber darf ein Verdichtungsgerät eingesetzt werden.

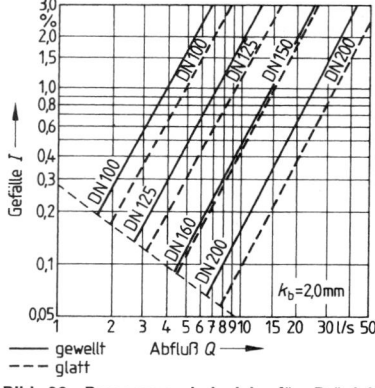

Bild 96 Bemessungsbeispiele für Dränleitungen

13 Erdbau nach DIN 18300 (6.96) und ZTVE — StB 94 (Fassung 1997)

13.1 Boden- und Felsklassen

Sie gelten nur für das Lösen, Laden, Fördern, Einbauen und Verdichten von Boden und Fels.

Die ZTVE-StB 94 ergänzen DIN 18300 durch Bodengruppen.

Tafel 103 Bodenklassen nach DIN 18300, ZTVE und [6]

Klasse	Bezeichnung	Körnung, Plastizität und Konsistenz	Gruppe DIN 18196
1	Oberboden Mutterboden	Oberste Schicht des Bodens, die neben anorganischen Stoffen, z. B. Kies-, Sand-, Schluff- und Tongemische, auch Humus und Bodenlebewesen enthält.	—
2	Fließende Bodenarten	Bindige und gemischtkörnige stark bindige Bodenarten von flüssiger bis breiiger Beschaffenheit, die das Wasser schwer abgeben ($I_c < 0,5$).	(1) HN, HZ, F (2) OU, OT, OH, OK, SU. ST. GU. GT bei $I_c < 0,5$
3	Leicht lösbare Bodenarten	Nicht- bis schwachbindige Sande, Kiese und Sand-Kies-Gemische mit $\leq$ 15 Gew.-% Schluff und Ton (Korngröße $<0,06$ mm) und mit $\leq$ 30 Gew.-% Steinen von >63 mm Korngröße bis zu 0,01 m^3 Rauminhalt[1]). Organische Bodenarten mit geringem Wassergehalt (z. B. feste Torfe).	GE, GW, GI, SE, SW, SI, GU, SU, GT, ST sowie HN im Trockenen
4	Mittelschwer lösbare Bodenarten	Gemische von Sand, Kies, Schluff und Ton mit >15 Gew.-% Korngröße $<0,06$ mm. Bindige Bodenarten von leichter bis mittlerer Plastizität, die je nach Wassergehalt weich bis fest sind und höchstens 30 Gew.-% Steine von über 63 mm Korngröße bis zu 0,01 m^3 Rauminhalt[1]) enthalten.	GU, SU, GT, ST, UL, UM, TL, TM, OU
5	Schwer lösbare Bodenarten	Bodenarten nach 3 und 4, jedoch mit >30 Gew.-% Steinen von >63 mm Korngröße bis zu 0,01 m^3 Rauminhalt[1]). Nichtbindige und bindige Bodenarten mit <30 Gew.-% Steinen von über 0,01 m^3 bis 0,1 m^3 Rauminhalt[2]). Ausgeprägte plastische Tone, die je nach Wassergehalt weich bis fest sind.	wie 3 und 4, sowie TA
6	Leicht lösbarer Fels und vergleichbare Bodenarten	Felsarten, die einen inneren, mineralisch gebundenen Zusammenhalt haben, jedoch stark klüftig, brüchig, bröckelig, schiefrig, weich oder verwittert sind, sowie vergleichbare verfestigte nichtbindige und bindige Bodenarten[6]). Nichtbindige und bindige Bodenarten mit >30 Gew.-% Steinen von über 0,01 m^3 bis 0,1 m^3 Rauminhalt[2]), entfestigt, zersetzt [6].[4])	eng/dicht[3]) $<1,0$ m [6] säulig, plattig, schiefrig[5]) [6] s. Tafel 104
7	Schwer lösbarer Fels	Felsarten, die einen inneren, mineralisch gebundenen Zusammenhalt und hohe Gefügefestigkeit haben und die nur wenig klüftig oder verwittert sind. Festgelagerter, unverwitterter Tonschiefer, Nagelfluhschichten, Schlackenhalden der Hüttenwerke und dergleichen. Steine von über 0,1 m^3 Rauminhalt, unverwittert angewittert [6].[4])	weit[3]) $>1,0$ m [6] blockig, würfelig, quaderig — bankig[5]) [6]

[1]) entspricht einer Kugel mit $\varnothing$ bis 0,30 m
[2]) entspricht einer Kugel mit $\varnothing$ von rund 0,30 m bis 0,6 m
[3]) Abstand der Trennflächen ⎫
[4]) Verwitterungsgrad ⎬ s. Tafel 104
[5]) Raumteile (s. Bild 97) ⎭
[6]) z. B. durch Austrocknung, Gefrieren, chem. Bindungen

säulig	$\dfrac{d_1}{d_3}; \dfrac{d_2}{d_3}$	$< 1 : 5$
blockig		$1 : 2$ bis $1 : 5$
würfelig		$1 : 2$ bis $2 : 1$
quaderig-bankig		$2 : 1$ bis $5 : 1$
plattig-schiefrig		$>5 : 1$

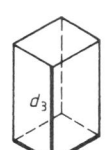

Bild 97
Geometrische Einteilung der durch Trennflächen begrenzten Raumteile vom Fels nach [6]

13

Tafel 104 Zuordnung der Merkmale des Verwitterungszustands und Trennflächengefüges zu den Felsklassen 6 und 7 nach [6]

Merkmal	Klasse 6	Klasse 7
Verwitterungsgrad	entfestigt zersetzt	unverwittert (frisch) angewittert
Einfallrichtung der Trennflächen	söhlig, flach geneigt, steil	söhlig, flach geneigt, steil
Abstand der Trennflächen	eng/dicht $< 1,0$ m	weit $> 1,0$ m
Raumteile (s. Bild 97)	säulig plattig-schiefrig	blockig, würfelig quaderig-bankig

13.2 Frostempfindlichkeitsklassen nach ZTVE

Tafel 105 Klassifikation der Frostempfindlichkeit von Bodenarten (ZTVE-StB 94, Tabelle 1)

	Frostempfindlichkeit	Kurzzeichen nach DIN 18186
F1	nicht frostempfindlich	GW, GI, GE, SW, SI, SE
F2	gering bis mittel frostempfindlich	TA, OT, OH, OK, ST, GT, SU, GU[1])
F3	sehr frostempfindlich	TL, TM, UL, UM, OU, ST, GT, SU, GU

[1]) Zu F1, wenn Körnungskriterien nach Abschn. 2.3.3.1 der ZTVE-StB 94 nicht erfüllt sind.

13.3 Klassifizierung kontaminierter Böden

Der Handlungsbedarf für eine Bodensanierung ist nach Abschn. Abfallwirtschaft einzuschätzen. Dabei werden die von einem chemischen Labor ermittelten chem. Inhaltsstoffe des Bodens mit den Werten eines Standard- oder Referenzbodens verglichen, bei dem noch keine Sanierung erforderlich ist.

13.4 Verdichtung

Tafel 106 Anforderungen an das 10%-Mindestquantil*) für den Verdichtungsgrad D_{Pr} bei grobkörnigen Böden

	Bereich	Bodengruppen	D_{Pr} in %
1	Planum bis 1,0 m Tiefe bei Dämmen und 0,5 m Tiefe bei Einschnitten	GW, GI, GE SW, SI, SE	100
2	1,0 m unter Planum bis Dammsohle	GW, GI, GE, SW, SI, SE	98

Tafel 107 Anforderungen an das 10%-Mindestquantil*) für den Verdichtungsgrad D_{Pr} bei gemischt- und feinkörnigen Böden

	Bereich	Bodengruppen	D_{Pr} in %
1	Planum bis 0,5 m Tiefe	GU, GT, SU, ST	100
		GU*, GT*, SU*, ST*, U, T, OK, OU, OT	97
2	0,5 m unter Planum bis Dammsohle	GU, GT, SU, ST, OH, OK	97
		GU*, GT*, SU*, ST*, U, T, OU, OT	95

*) Das Mindestquantil ist das kleinste zugelassene Quantil (früher: Fraktile), unter dem nicht mehr als der vorgegebene Anteil von Merkmalswerten (z. B. für den Verdichtungsgrad) der Verteilung zugelassen ist (s. auch Abschnitt 14.1.2 und TP BF-StB, Teil E1).

Tafel 108 Erforderlicher Verformungsmodul des Erdplanums als zusätzliche Anforderung zu den Werten der Tafel 106 und 107, Zeile 1

Zeile	Untergrund bzw. Unterbau	Tragschicht	Bauklasse	erf E_{v2}
1	frostsicher	ohne	I bis IV	120
2			V	100
3	frostempfindlich	ungebunden (meist Frostschutzschicht) oder gebunden (ohne Frostschutzschicht)	I bis V	45

Läßt sich der erforderliche Verformungsmodul auf dem Planum durch Verdichten nicht erreichen, ist entweder (1) der Untergrund bzw. Unterbau zu verbessern oder zu verfestigen oder (2) die Dicke der ungebundenen Tragschicht zu vergrößern. Die Maßnahmen sind in der Leistungsbeschreibung anzugeben.

Bei Böden und Felsschüttungen, bei denen die Ermittlung der Dichte schwierig oder nicht möglich ist, kann als Hilfskriterium der Verformungsmodul E_{v2} oder E_{v1} für das Überprüfen der nach Tafel 106 u. 107 vorgeschriebenen Verdichtungsanforderungen herangezogen werden (ZTVE-StB 94, Tabelle 8 und 9).

Tafel 109 Richtwerte für die Zuordnung von Verdichtungsgrad D_{Pr} und Verformungsmodul E_{v2} bei grobkörnigen Bodenarten

Bodenart	GW — GI			GE — SE — SW — SI		
D_{Pr} in % $\geq$	100	98	97	100	98	97
E_{v2} in MN/m^2 $\geq$	100	80	70	80	70	60

Tafel 110 Richtwerte für den Verhältniswert E_{v2}/E_{v1} in Abhängigkeit vom Verdichtungsgrad

Verdichtungsgrad D_{Pr} in %	≥ 100	≥ 98	≥ 97
Verhältniswert E_{v2}/E_{v1}	$\leq 2,3$	$\leq 2,5$	$\leq 2,6$

Tafel 111 Wahl der Schütthöhen beim Verdichten von Leitungsgräben oder engen Baugruben

1	Ort	Geräte	Schütthöhe (in cm) bei den Bodengruppen		
			GW, GE, GI SW, SE, SI	GU, GT, SU, ST, GU*, GT*, SU*, ST*	U, T, OH, OU, OT, OK
2	Leitungszone und enge Baugrube	leichte Verdichtungsgeräte	20 bis 30	15 bis 25	10 bis 20
3	oberhalb der Leitungszone	mittlere und schwere Verdichtungsgeräte	30 bis 50	20 bis 40	20 bis 30

Tafel 112 Mindestanzahl der Eigenüberwachungsprüfungen

Zeile	Bereich	Mindestanzahl
1	Planum	3 je 4000 m^2
2	Unterbau	3 je 5000 m^2
3	Untergrund	3 je 5000 m^2
4	Bauwerkshinterfüllung	3 je 500 m^3
5	Bauwerksüberschüttung	3 innerhalb des ersten Meters der Überschüttung
6	Leitungsgraben	3 je 150 m Länge pro m Grabentiefe
7	bei kommunalen Straßen und bei abschnittsweisem Bauen	1 je 2000 m^2 mindestens aber je 100 m

Tafel 113 Zusammenhang zwischen Radeinsenkungs- und Verformungsmodul E_{v2} bei einer statistischen Sicherheit von 95% nach [6]

E_{v2}-Modul in MN/m^2	s in mm	s_{95} in mm
30	$3,0 \leq s \leq 22,2$	8,1
45	$2,0 \leq s \leq 14,7$	5,4
60	$1,3 \leq s \leq 9,7$	3,6
120	$0,2 \leq s \leq 1,9$	0,7

I3

Tafel 114 Auflockerungsfaktor beim Wiedereinbau der Böden in % nach [4]

Boden, Fels	Ton	Lehm, Sand	Kiessand	Kies	Tonstein, Mergelstein	Kalkstein Sandstein, Granit u. a.
nach dem Lösen	+20 bis +30	+15 bis +25	+20 bis +25	+25 bis +30	+25 bis +30	+35 bis +60
nach dem Verdichten	+2 bis −10	−5 bis −15	−5 bis −15	+8 bis 0	+2 bis +15	+10 bis +35

Es bedeuten: + Auflockerung, − Überverdichtung

Anhang

Sicherheitsnachweise mit europäischen Vornormen

Bisher verabschiedet sind DIN V ENV 1991-1 mit allgemeinen Vorgaben und DIN V ENV 1997-1 mit geotechnischen Regeln, die durch ein nationales Anwendungsdokument (NAD) mit deutschen Normen verbunden und detailliert werden (DIN V 1054-100 sowie die mit −100 gekennzeichneten Berechnungsnormen E-DIN 1054, 12.00).

Hinweis: Diese Vornormen sowie der Entwurf der DIN 1054, 12.00 sind weder Teil des deutschen Normenwerkes und entsprechend auch keine Technischen Baubestimmungen.

Zur Zeit wird DIN V ENV 1997-1 (früher: Eurocode EC-7) überarbeitet.

Bis zum Erscheinen der Erstnorm pr EN 1997-1 besteht die Möglichkeit, die Sicherheiten probeweise nach der zur Zeit gültigen Fassung mit NAD nachzuweisen.

Nachzuweisen sind folgende Grenzzustände:

Grenzzustände

Grenzzustände sind Zustände, bei deren Überschreitung die Entwurfsanforderungen nicht mehr erfüllt sind (EN V 1991-1). Man unterscheidet:

GZ 1 Grenzzustand der Tragfähigkeit, bei dessen Eintreten das Bauwerk infolge zu großer Verformung des Baugrundes versagt, oder der Baugrund versagt, ohne daß ein Bauwerk beteiligt ist.

Überschreitungen des GZ 1 sind z. B. Grund- und Geländebruch.

GZ 2 Grenzzustand der Gebrauchstauglichkeit, bei dessen Eintreten das Bauwerk z. B. durch zu große Baugrundverformung, Erschütterungen oder Vernässungen z. T. oder ganz unbrauchbar wird, ohne daß es versagt.

Nachweis der Sicherheiten im GZ 1

Die Sicherheitsnachweise werden mit Ungleichungen geführt, in denen Bemessungswerte für einwirkende und widerstehende Größen gegenübergestellt werden, z. B.

$$S_d \leq R_d \quad (1)\,^{[1]}$$

R_d Bemessungswert des Widerstandes (z. B. Materialfestigkeit, wie Streckgrenze des Stahls bei Verpreßankern)

S_d Bemessungswert der Einwirkungen (z. B. Bemessungswert der Ankerkraft)

Die Bemessungswerte von Einwirkungen werden durch Multiplikation und die Bemessungswerte von Widerständen durch Division der charakteristischen Werte mit Teilsicherheitsbeiwerten (Tafel 1) ermittelt.

Die Sicherheit ist nachgewiesen, wenn die Ungleichungen für Grenzzustände mit Bemessungswerten (Bemessungssituation) nicht verletzt sind.

Bemessungswerte für Einwirkungen nach EN V 1991-1

EN V 1991-1 „Grundlagen der Tragwerksplanung" gilt auch für den Erd- und Grundbau, also sowohl für die Lastabtragung von Hoch- und Brückenbauten als auch für den Entwurf von eigenständigen Grundbauwerken (z. B. Stützbauwerke, Baugrubenkonstruktionen, Dämme)

Die bei der Berechnung von Tragwerken mit Kombinationsregeln gefundenen Einwirkungen (s. Hauptabschnitt Lastermittlung auf S. 241f.) werden mit Teilsicherheitsbeiwerten für „Hochbauten im Grenzzustand der Tragfähigkeit" (GZ 1) der Tabelle 9.2 der En V 1991-1 multipliziert.

Sie sind nach Bemessungssituationen P/T und A sowie nach Grenzzustandfällen 1A, 1B und 1C abgestuft.

Die Bemessungssituationen sind wie folgt eingeteilt:

P ständige Situationen, die normalen Nutzungsbedingungen des Tragwerkes entspricht

---

[1] Tafel- und Bildnummern, Gleichungs- und Beispielnummern im Anhang mit 1 beginnend

T vorübergehende Situationen, die sich auf zeitlich begrenzte Zustände des Tragwerkes beziehen, z. B. im Bauzustand oder Instandsetzung

A außergewöhnliche Situationen, die sich auf außergewöhnliche Einwirkungen des Tragwerkes oder seiner Umgebung beziehen, z. B. Feuer oder Brand, Explosion, Anprall.

Sie entsprechen sinngemäß den bisher in der DIN 1054 (11.76) verwendeten Lastfällen.

Die Grenzzustandsfälle 1 A, 1 B und 1 C sind in EN V 1991-1 folgendermaßen definiert:

1 A Grenzzustand der Lagesicherheit

1 B Grenzzustand, bei dem ein Bruchmechanismus in der Konstruktion aufgrund von Baugrundbewegungen auftritt, ohne daß der Boden versagt.

1 C Grenzzustand durch Baugrundversagen

Hinweis zum Stand der Überarbeitung der EN V 1991-1

1. Nach einem neuen deutschen Vorschlag sollen für den Nachweis der Tragfähigkeit einer Gründung (geotechnische Bemessung) die maßgebenden Berechnungen vom vorgegebenen Bauwerksentwurf mit charakteristischen Kräften durchgeführt werden und die Teilsicherheitsbeiwerte erst bei der Bemessung der Gründungskörer in die darauf getrennt nach den einzelnen Ursachen wirkenden Schnittkräfte eingeführt werden. Diese werden ohnehin auch für den Nachweis der Gebrauchstauglichkeit GZ 2 benötigt [19].

2. Auch wenn bei Bauwerken für vorübergehende Zwecke oder vorübergehende Situationen die Teilsicherheitsbeiwerte für veränderliche Einwirkungen allerdings ohne Angabe von Zahlenwerten herabgesetzt werden können und für außergewöhnliche Situationen der Teilsicherheitsbeiwert immer zu 1,0 gesetzt werden darf, ergeben sich dadurch, daß dies für die Teilsicherheitsbeiwerte für Bodenwiderstände in keinem Fall erlaubt ist, in diesen Fällen unwirtschaftliche Abmessungen. Im neuen deutschen Vorschlag wird deshalb die Beibehaltung der im Grundbau üblichen Lastfälle vorgeschlagen, die ausführlicher als in DIN 1054 beschrieben werden und den Belangen des Grundbaus besser entsprechen als die Kombinationsregeln.

Bemessungswert für Einwirkungen nach EN V 1997-1

Die dafür maßgebenden Teilsicherheitsbeiwerte finden sich in Tafel 1.

Auch EN V 1997-1 führt die Fälle A, B und C ein, um in Übereinstimmung mit Tafel 9.2 der EN V 1991-1 sowohl im Bauwerk wie im Untergrund Standsicherheit und eine ausreichende Tragfähigkeit zu gewährleisten.

In Fall B und C sind die Teilsicherheitsbeiwerte für ständige und veränderliche Einwirkungen identisch mit der Situation P/T in Tabelle 9.2 der EN V 1991-1.

Die Teilsicherheitsbeiwerte der Tafel 1 sind deshalb sowohl für Einwirkungen aus dem Tragwerk auf Gründungen (s. o.) als auch für grundbauspezifische Einwirkungen auf Gründungen anwendbar. Sie erscheinen (abgesehen von GZ 1 A) lediglich zusammengefaßter und in übersichtlicherer Form als in DIN V ENV 1991-1 [18].

Fall A: Er betrifft nur den Grenzzustand des Aufschwimmens, wo die hydrostatische Kraft die ungünstigste Einwirkung ist. Die in Tafel 1 angegebenen Werte sind nur für solche Fälle gültig.

Fall B: Er erfaßt nur den Bruch des Baustoffes und ist deshalb immer dann maßgebend, wenn ein Konstruktionsteil hinsichtlich seiner inneren Tragfähigkeit bemessen werden soll.

Fall C: Er erfaßt alle Nachweise, die den Bruch des Bodens betreffen. Dazu gehören der Böschungs- und Geländebruch, der Nachweis der Standsicherheit der tiefen Gleitfuge, ferner der Nachweis der Sicherheit gegen Gleiten und der Grundbruchnachweis. Er ist also immer dann maßgebend, wenn der Boden versagt, im Gegensatz zur DIN V 1054-100, egal ob mit oder ohne eingebettete Bauwerks- und Konstruktionsteile.

Beispiel: Die Einbindetiefe einer Spundwand wird mit Teilsicherheitsbeiwerten nach Fall C, der Widerstandsmoment der Bohlen und der Ankerstahlquerschnitt mit solchen nach Fall B bestimmt.

Jedoch werden abweichend von dieser Regel bei der Berechnung des Bemessungs-Erddruckes im Fall B die Teilsicherheitsbeiwerte der Tafel 1 auf die charakte-

I3

ristischen Erddrücke angewendet, wobei alle ständigen beiderseits einer Wand mit [1,35] zu multiplizieren sind, wenn die insgesamt resultierende Einwirkung ungünstig ist, wenn sie günstig ist mit [1,0]. D. h. der Erdwiderstand geht wie eine Einwirkung in die Bemessung ein.

Indizes zur Unterscheidung der einzelnen Sicherheitsbeiwerte fehlen im Gegensatz zur DIN V 1054-100.

Bei den Einwirkungen entsprechen die Teilsicherheitsbeiwerte den Regelungen der DIN V 1054-100 für den Regelfall. Eine weitere Abstufung nach Lastfällen ist nicht gegeben. Bei Bauwerken für vorübergehende Situationen dürfen jedoch nach EC 7 günstigere Werte angenommen werden, „wenn dies auf der Grundlage der möglichen Folgen gerechtfertigt ist", was in DIN V 1054-100 als Lastfall 2 geregelt ist. Jedoch darf nach EN V 1997-1 wie im Lastfall 3 der DIN V 1054-100 bei außergewöhnlichen Einwirkungen, insbesondere bei Unfällen oder Katastrophen, der Teilsicherheitsbeiwert $\gamma_E = \gamma_G = \gamma_Q = 1,0$ gesetzt werden.

In der Regel beginnt man mit dem Nachweisfall 1 C, um geometrische Größen wie Fundamentfläche, Länge und Ansatzhöhe von Ankern, Einbindetiefe von Baugrubenwänden zu erhalten. Danach erfolgt die Bauteilbemessung nach 1 B, wobei eine Bemessung nach 1 C nicht grundsätzlich ausgeschlossen ist, wenn eine Bemessung nach 1 B zu einer deutlichen Unterschreitung des bisherigen globalen Sicherheitsniveaus führt [18].

Bemessungswerte für Bodenwiderstände nach EN V 1997-1

Bei den Bodenwiderständen werden die Teilsicherheitsbeiwerte im Fall C auf die Scherfestigkeit bezogen (tan $\varphi_d = $ tan $\varphi_K/1,25$ und $c_d = c'_K/1,60$). Eine Herabsetzung der Teilsicherheitsbeiwerte für Bauzustände, Unfallsituationen oder Katastrophenfälle ist nicht vorgesehen.

Ein typischer Bodenwiderstand ist der Sohldruckwiderstand (Grundbuch), der mit einer gesonderten Gleichung rechnerisch ermittelt wird (s. Beispiel 2). Dafür werden bereits die Bodenkenngrößen mit $X_d = X_k/\gamma$ in Bemessungswerte umgewandelt. Im Gegensatz dazu wird nach DIN V 1054-100 erst das Ergebnis der Berechnung durch Division mit dem Teilsicherheitsbeiwert in einen Bemessungswert umgewandelt.

Materialwiderstände werden wie günstige Einwirkungen behandelt und mit [1,0] multipliziert.

Tafel 1 **Teilsicherheitsbeiwerte für Grenzzustände der Tragfähigkeit für ständige und vorübergehende Situationen** nach DIN V EN V 1997-1

Fall	Einwirkungen			Bodenkenngrößen			
	ständige		veränderliche				
	ungünstig	günstig	ungünstig	tan φ	c'	c_u	q_u[1])
A	[1,00]	[0,95]	[1,50]	[1,1]	[1,3]	[1,2]	[1,2]
B	[1,35]	[1,00]	[1,50]	[1,0]	[1,0]	[1,0]	[1,0]
C	[1,00]	[1,00]	[1,30]	[1,25]	[1,6]	[1,4]	[1,4]

[1]) Druckfestigkeit von Boden und Fels

Hinweis zur Überarbeitung

Nach dem neuen deutschen Vorschlag zur Bemessung der Konstruktionsteile (GZ 1 B) nach EN V 1997-1 sollen die entsprechenden Teilsicherheitsbeiwerte insbesondere nicht auf die charakteristische Scherfestigkeit angewendet werden, d. h. die charakteristischen Lasten dadurch nicht vergrößert werden, sondern erst die mit der charakteristischen Scherfestigkeit ermittelten Schnittgrößen bzw. Beanspruchungen mit den Teilsicherheitsbeiwerten multipliziert und der Bodenwiderstand entsprechend dividiert werden, um sie dann als Bemessungseinwirkungen gegenüberzustellen.

Der Ablauf der Berechnungen deckt sich dann mit dem Vorgehen im übrigen konstruktiven Ingenieurbau. Der Unterschied dazu liegt in der Beibehaltung der bisherigen Lastfälle (siehe oben) anstelle der neuen Kombinationsbeiwerte nach EN V 1991-1, die ohnehin ausdrücklich nur für Hochbauten gelten. (19)

Bemessungswerte für Einwirkungen und Widerstände nach DIN V 1054-100

Auch beim Sicherheitskonzept nach DIN V 1054-100 ergeben sich die Einwirkungen auf Gründungskörper von Tragwerken nach den dafür geltenden Regeln und Normen, wie bei EN V 1997-1, mit den Teilsicherheitsbeiwerten und Einwirkungskombinationen nach EN V 1991-1.

Im übrigen werden die Anwendungsregeln der DIN EN V 1997-1 bezüglich der Grenzzustände der Tragfähigkeit und Lastfälle so ergänzt und modifiziert, daß sich in Einzelfällen alternative Bemessungsansätze ergeben.

Bemessungswerte für grundbauspezifische Einwirkungen auf die Gründungskörper ergeben sich in den GZ 1 B und C durch Multiplikation der charakteristischen Werte mit Teilsicherheitsbeiwerten, die im Gegensatz zu ENV 1997-1 von Lastfällen (LF1 bis LF3) abhängen (Tafel 4).

Für die Einstufung in den Lastfall sind im Gegensatz zu alten DIN 1054 zwei Gesichtspunkte maßgebend:
a) Die Häufigkeit, mit der eine Bemessungssituation sich ereignet. Diese wird durch die Einwirkungskombination (EK) erfaßt.
b) Das Sicherheitsbedürfnis, das durch den aus der Versicherungswirtschaft entnommenen Begriff der Sicherheitsklasse abgedeckt werden soll [18].

DIN V 1054-100 unterteilt den Grenzzustand 1 (GZ 1) bezüglich der möglichen Art des Versagens wie folgt:

GZ 1 A Grenzzustand der Lage. Er beschreibt das Versagen von Bauwerken und/oder Boden durch Verlust des Gleichgewichtes (Nachweis der Lagesicherheit).

Mit Teilsicherheitsbeiwerten für GZ 1 A werden z. B. die Sonderfälle der Sicherheit trogartiger Gründungskörper gegen Auftrieb ermittelt, wenn außer der Eigenlast keine anderen Bemessungswerte, wie z. B. Zugwiderstände aus Verankerungen R_{zd} und/oder der Vertikalkomponente der Erddrucklast E_{Vd} berücksichtigt werden (reine Aufschwimmprobleme).

GZ 1 B Grenzzustand der Tragfähigkeit von Konstruktionsteilen oder des stützenden Bodens (Bemessung von Konstruktionsteilen).

Mit der Bemessung von Konstruktionsteilen wird belegt, daß deren Abmessungen ausreichend gewählt worden sind; z. B. Sohlbreite, Einbindetiefe und Bewehrung von Fundamenten; Einbindetiefe und Profile von Spundwänden.

Damit ist GZ 1 B sowohl für die „äußere" als auch die „innere" Bemessung von Konstruktionsteilen und Bauwerken maßgebend. (Äußere und innere statische Tragfähigkeit.) Um dem gerecht zu werden, wurden für den GZ 1 B auf der einwirkenden Seite die Teilsicherheitsbeiwerte aus dem konstruktiven Ingenieurbau übernommen.

Erdstatische Nachweise im GZ 1 B sind z. B.: Gleitsicherheitsnachweis, Grundbruchnachweis, Ermittlung von Erddruck und Erdwiderstand. Darüber hinaus richten sich die Nachweise nach den werkstoffspezifischen Normen.

Dabei werden der Sohlschub- (Gleiten) und Sohldruckwiderstand (Grundbruch) sowie der Erdwiderstand zunächst mit den charakteristischen Werten der Scherfestigkeit (φ_K'; c_K') ermittelt und anschließend mit Teilsicherheitsbeiwerten abgemindert (s. Tafel 5).

GZ 1 C Grenzzustand der Gesamttragfähigkeit des Bodens. Er beschreibt das Versagen des Bodens, ggf. einschließlich der auf ihm oder in ihm befindlichen Bauwerke, durch Bruch.

Der Nachweis der Gesamttragfähigkeit belegt, daß Erd- und Baukörper als Ganzes standsicher sind[1]. Als erdstatische Verfahren kommen u. a. in Frage: Gelände- und Böschungsbruchbachweis, Nachweis der Standsicherheit der tiefen Gleitfuge sowie der Grundbruchnachweis von Einzel- und Streifenfundamenten, die als Trägerrost-

---

[1]) Die Einführung von GZ 1 A und 1 C wurde erforderlich, weil die in GZ 1 B übernommenen Teilsicherheitsbeiwerte des konstruktiven Ingenieurbaus, die alle möglichen Unsicherheiten, z. B. im statischen System, in der Schnittgrößenermittlung und in der Herstellung abdecken, für die im Grenzzustand GZ 1 A und C zu berücksichtigende Streuung der Eigengewichte zu hoch sind.

fundamente oder durch einen steifen Oberbau zu Fundamentgruppen verbunden sind und über die gesamte Grundfläche des Bauwerkes als einheitlicher Gründungskörper wirken.

Anmerkung: GZ 1 C ist auch bei verankerten oder verdübelten Gleitkörpern maßgebend. Übergänge zwischen GZ 1 A, GZ 1 B und GZ 1 C sind möglich, z. B. Auftrieb mit Ankerbruch.

Übergangs- und Sonderfälle des Grenzzustandes GZ 1. Übergänge zwischen den Grenzzuständen 1 A, 1 B und 1 C sind auf einen dieser Fälle zurückzuführen oder gesondert nachzuweisen. Dazu gehören: Auftrieb einer verankerten Sohle (1 A, 1 B, 1 C s. o.); Gleiten eines verankerten Tragkörpers (1 B, 1 C); Bruch von Bauteilen an einer Böschung (1 B, 1 C); Grundbruch mit gleichzeitigem Bruch des Bauwerkes (1 B, 1 C); Kippen schlanker Bauwerke (1 A, 1 C).

Durch Zurückführen auf die Fälle 1 A, 1 B oder 1 C erübrigen sich die jeweiligen beiden anderen Nachweise nur, wenn dies ausdrücklich begründet ist. Die Wechselwirkung von Baugrund und Bauwerk ist soweit wie möglich auf getrennte Nachweise nach GZ 1 A, 1 B, 1 C und GZ 2 zurückzuführen. In Sonderfällen sind Kombinationen dieser Grenzzustände zu verfolgen.

Bei der Bemessung nach GZ 1 B weichen die Abmessungen von Konstruktionsteilen von EN V 1997-1 ab, wenn sie sich bei dieser Norm aufgrund von Versagenszuständen im Boden ergeben (GZ 1 C).

Einwirkungskombinationen nach DIN V 1054-100 (4.96)
Einwirkungs-Kombinationen (EK) sind Zusammenstellungen der an den Grenzzuständen des Bauwerks beteiligten, gleichzeitig möglichen Einwirkungen nach Ursache, Größe, Richtung und Häufigkeit.

Es werden unterschieden:

1. Regel-Kombination (EK 1). Ständige sowie während der Funktionszeit des Bauwerks regelmäßig auftretende veränderliche Einwirkungen. Sie entspricht der „persistent/transient situation" in Tabelle 9.2 EN V 1991-1 (Situation: ständig oder vorübergehend).

2. Seltene Kombination (EK 2). Außer den Einwirkungen der Regel-Kombination seltene oder einmalige planmäßige Einwirkungen.

3. Außergewöhnliche Kombination (EK 3). Außer den Einwirkungen der Regelkombination eine gleichzeitig mögliche außergewöhnliche Einwirkung, insbesondere bei Katastrophen oder Unfällen. Sie entspricht der „accidental situation" nach EN V 1991-1 (Unfallsituation).

Sicherheitsklassen nach DIN V 1054-100 (4.96)
Sicherheitsklassen (SK) berücksichtigen den unterschiedlichen Sicherheitsanspruch bei den Widerständen in Abhängigkeit von Dauer und Häufigkeit der maßgebenden Einwirkungen.

Tafel 2 Sicherheitsklassen für Widerstände (SK) nach DIN V 1054-100 (4.96)

SK 1	Auf die Funktionszeit des Bauwesens angelegte Zustände
SK 2	Bauzustände bei der Herstellung oder Reparatur des Bauwerkes und Bauzustände durch Baumaßnahmen neben dem Bauwerk
SK 3	Während der Funktionszeit einmalig oder voraussichtlich nie auftretende Zustände

Lastfälle nach DIN V 1054-100 (4.96)
Die bisher gebräuchlichen Lastfälle (LF) ergeben sich aus den Einwirkungs-Kombinationen in Verbindung mit den Sicherheitsklassen.

Tafel 3 Lastfälle (LF) nach DIN V 1054-100 (4.96)

LF 1	Regel-Kombination in Verbindung mit Zustand der Sicherheitsklasse 1 (SK 1)
LF 2	Seltene Kombination in Verbindung mit Zustand der Sicherheitsklasse 1 (SK 1) oder Regelkombination in Verbindung mit Zustand der Sicherheitsklasse 2 (SK 2)
LF 3	Außergewöhnliche Kombination in Verbindung mit Zustand der Sicherheitsklasse 2 (SK 2) oder seltene Kombination in Verbindung mit Zustand der Sicherheitsklasse 3 (SK 3)

Die auf die Lastfälle bezogenen Teilsicherheitsbeiwerte für Einwirkungen sind in Tafel 4 für grundbauspezifische Einwirkungen (z. B. Eigenlasten des Bodens, Erddruck), für Widerstände in Tafel 5 zusammengestellt. Für Einwirkungen aus Tragwerken gelten, wie gesagt, die Teilsicherheitsbeiwerte der EN V 1991-1.

Tafel 4 Teilsicherheitsbeiwerte für Einwirkungen nach DIN V 1054-100 (4.96)

GZ	Einwirkungen	Formel- zeichen	Lastfälle (LF)		
			1	2	3
1 A	ständige Einwirkungen, ungünstig	$\gamma_{G\,sup}$	1,00	1,00	1,00
	ständige Einwirkungen, günstig	$\gamma_{G\,inf}$	0,90	0,90	0,95
	Flüssigkeitsdruck	γ_F	1,00	1,00	1,00
	veränderliche Einwirkungen, ungünstig	$\gamma_{Q\,sup}$	1,05	1,00	1,00
1 B	ständige Einwirkungen, ungünstig	$\gamma_{G\,sup}$	1,35	1,20	1,00
	ständige Einwirkungen, günstig	$\gamma_{G\,inf}$	1,00	1,00	1,00
	Flüssigkeitsdruck	γ_F	1,35	1,20	1,00
	veränderliche Einwirkungen, ungünstig	$\gamma_{Q\,sup}$	1,50	1,30	1,00
	Seitendruck, ständig	γ_H	1,35	1,20	1,00
	Mantelreibung, ständig	γ_M	1,35	1,20	1,00
	Erddruck, ständig	γ_{Eg}	1,35	1,20	1,00
	Erddruck, veränderlich, ungünstig	γ_{Eq}	1,50	1,30	1,00
	Erdruhedruck, ständig	γ_{E0g}	1,20	1,10	1,00
	Erdruhedruck, veränderlich, ungünstig	γ_{E0q}	1,35	1,20	1,00
1 C	ständige Einwirkungen	γ_G	1,00	1,00	1,00
	Flüssigkeitsdruck	γ_F	1,00	1,00	1,00
	veränderliche Einwirkungen, ungünstig	$\gamma_{G\,sup}$	1,30	1,00	1,00
	Seitendruck, ständig	γ_H	1,00	1,00	1,00
	Mantelreibung, ständig	γ_M	1,00	1,00	1,00
	Erddruck, ständig	über Scherparameter mit Teilsicherheitsbeiwerten nach Tafel 5			
	Erddruck, veränderlich, ungünstig				
2	1,00 für ständige Einwirkungen, günstig oder ungünstig 1,00 für veränderliche Einwirkungen, ungünstig				

Tafel 5 Teilsicherheitsbeiwerte für Bodenwiderstände nach DIN V 1054-100 (4.96)

GZ	Widerstand	Formel- zeichen	Lastfälle (Lastkombinationen)		
			1	2	3
1 B	Erdwiderstand	γ_{Ep}	1,40	1,30	1,20
	Sohlschubwiderstand (Gleiten)	γ_{St}	1,50	1,35	1,20
	Sohldruckwiderstand (Grundbruch)	γ_s	1,40	1,30	1,20
	Einzelpfähle (Druck und Zug, axial)	γ_P	1,40	1,20	1,10
	Verpreßanker	γ_A	1,10	1,10	1,10
	Bodennägel	γ_N	1,20	1,10	1,05
	Flexible Bewehrungselemente	γ_B	1,40	1,30	1,20
1 C	Reibungswert (tan φ)	γ_φ	1,25	1,15	1,10
	Kohäsion, dränierter Boden	γ_c	1,60	1,50	1,40
	Scherfestigkeit, undränierter Boden	γ_{cu}	1,40	1,30	1,20
	Einzelpfähle (Druck und Zug, axial)	γ_P	1,60	1,40	1,20
	Verpreßanker	γ_A	1,30	1,20	1,10
	Bodennägel	γ_N	1,30	1,20	1,10
	Flexible Bewehrungselemente	γ_B	1,40	1,30	1,20

Beobachtungsmethode

In Fällen, in denen eine Vorhersage des Baugrundverhaltens allein aufgrund von vorab durchgeführten Baugrunduntersuchungen und von rechnerischen Nachweisen nicht mit ausreichender Zuverlässigkeit möglich ist, sollte die Beobachtungsmethode angewendet werden.

13

Anmerkung: Die Beobachtungsmethode ist eine Kombination der üblichen Untersuchungen und Nachweise (Prognosen) mit der laufenden meßtechnischen Kontrolle des Bauwerkes während dessen Herstellung, wobei kritische Situationen durch die Anwendung vorbereiteter technischer Maßnahmen beherrscht werden. Die Unsicherheit der Prognose wird dabei soweit wie möglich durch deren ständige Anpassung an die tatsächlichen Verhältnisse ausgeglichen.

Beobachtungen allein können die Prognose nicht ersetzen, da ohne diese keine Ausführungsplanung möglich ist. Grenzzustände, die weder ausreichend genau berechnet noch durch Beobachtung rechtzeitig erkannt werden können, sind durch Arbeiten auf der sicheren Seite und durch konstruktive Maßnahmen zu verhindern. Rechnerische Prognosen sind, so weit möglich, durch Erfahrungen mit vergleichbaren Baumaßnahmen zu ergänzen.

Anmerkung: Die Beobachtungsmethode genügt allein als Sicherheitsnachweis nicht, wenn — z. B. beim hydraulischen Grundbruch oder Setzungsfließen — das Versagen nicht erkennbar ist und sich nicht rechtzeitig ankündigt.

Sicherheitsnachweise für Flachgründungen in GZ 1 B.

Es muß abgewartet werden, ob die neuen pr EN 1997-1 in ihrem Anhang so eingehend ist, daß auf die an die DIN V 1054-100 angeschlossenen Berechnungsnormen -100 verzichtet werden kann.

Nachweis der Gebrauchstauglichkeit GZ 2. Er wird wie folgt geführt: Bei Flachgründungen durch Beschränkung der Exzentrizität der resultierenden Einwirkungen (S. 933), ferner bei Flach- und Pfahlgründungen mit Hilfe festgelegter Grenzwerte von Setzungsdifferenzen (S. 1017) und schließlich bei Flach- und Pfahlgründungen sowie Stützbauwerken durch den Nachweis, daß das Bauwerk unter Gebrauchslast bei Inanspruchnahme von Erdwiderstand keine unzuträgliche Verschiebung erleidet.

Anmerkung: Im Grenzzustand GZ 2 betragen die Teilsicherheitsbeiwerte für Einwirkungen stets $\gamma = 1$, d. h. es wird praktisch wie mit charakteristischen Werten gerechnet.

Berechnung der Grundbruchsicherheit nach DIN V 4017-100 (4.96)

Eine ausreichende Sicherheit gegen Grundbruch ist eingehalten, wenn nach DIN V 1054-100 für GZ 1 B und GZ 1 C die Bedingung der Gl. (2) erfüllt ist.

$$N_d \leq R_{nd} \quad (2)$$

N_d Bemessungswert der rechtwinklig zur Sohlfläche gerichteten Komponente der Resultierenden, berechnet aus der ungünstigsten Kombination vertikaler und horizontaler Einwirkungen, wobei ggf. der Bemessungswert des Erdwiderstandes als günstige Einwirkung berücksichtigt wird.

R_{nd} Bemessungswert des Sohldruckwiderstandes, der nach DIN V 4017-100 berechnet wird, wobei die Neigung der Resultierenden der Einwirkungen zur Sohlfläche und ihre Exzentrizität zu berücksichtigen sind.

Bei Einzel- und Streifenfundamenten sind die Bemessungswerte der einwirkenden Größen mit Teilsicherheitsbeiwerten der EN 1991-1 und die einwirkenden grundbauspezifischen Größen mit Teilsicherheitsbeiwerten der DIN V 1054-100, bei Untersuchungen der Gesamtstandsicherheit, d. h. der über die gesamte Grundbruchfläche des Bauwerkes als Einheit wirkenden Fundamente mit Teilsicherheitsbeiwerten für GZ 1 C der Tafel 4 zu berechnen (s. Beisp. 1).

Die einwirkenden Erddrücke werden mit charakteristischen Scherparametern tan φ_K; c_K ermittelt und anschließend durch Multiplikation mit $\gamma_{G\ sup} = 1{,}35$ bzw. $\gamma_{Q\ sup} = 1{,}50$ in Bemessungswerte umgewandelt.

Bei der Ermittlung des Wasserdruckes werden die charakteristischen Werte der Spiegelhöhen durch additive Sicherheitselemente zur sicheren Seite erhöht.

Da Einwirkungen und Widerstände getrennt zu behandeln sind, ist die Einwirkung von E_p wie bei der Berechnung nach DIN 4017 (8.79), s. Bild 19 oder hier als E_{pd} in die Resultierende der Einwirkungen aus formalen Gründen ohne weiteres nicht möglich. Die bisherigen Vorschläge sehen vor, einen Teil der einwirkenden waagerechten Bemessungslast gegen den abgeminderten Erdwiderstand aufzurechnen und dann erst die Resultierende der verbleibenden Einwirkungen zu ermitteln, oder E_{pd} wie eine günstig ständige Einwirkung mit $\gamma_{Q\ inf} = 1,0$ anzusetzen.

Berechnung des Sohldruckwiderstandes R_{nd} (Grundbruchwiderstand Q_d) (eingesetzt in Gl. 2)

Der Bemessungswert Q_d ergibt sich nach DIN V 4017-100 (4.96) unter Berücksichtigung der Neigung und Exzentrizität für die geotechnische Bemessung von Einzel- und Streifenfundamenten im GZ 1 B aus

$$Q_d = a' \cdot b' \cdot \sigma_d \;^1) \tag{3}$$

$$\sigma_d = \underbrace{c_d \cdot N_c}_{} + \underbrace{\gamma_{1d} \cdot d \cdot N_d}_{} + \underbrace{\gamma_{2d} \cdot b' \cdot N_b}_{} \tag{4}$$

Einfluß Kohäsion   Gründungs-   Gründungs-
                        tiefe   breite

Hinweis: In DIN V 4017-100 wird der Grundbruchwiderstand abweichend von DIN V 1054-100 mit Q_d bezeichnet. Da er für GZ 1 B aus den charakteristischen Werten der Scherparameter und anschließender Abminderung mit dem Teilsicherheitsbeiwert γ_s der Tafel 5, GZ 1 B, zu berechnen ist, werden in Gl. (5) für die Bemessungswerte c_d und γ_d die charakteristischen Werte c_k und γ_k gesetzt.

$$\sigma_d = (c_k \cdot N_c + \gamma_{1k} \cdot d \cdot N_d + \gamma_{2k} \cdot b' \cdot N_b)/\gamma_s \tag{5}$$

Benennung der charakteristischen Werte s. S. 938.

Zur Ermittlung des Bemessungsbeiwertes des Grundbruchwiderstandes Q_d ist mit dem effektiven Scherparameter φ' und c' zu rechnen. Bei bindigem Boden ist zu entscheiden, ob die Scherparameter des undränierten Bodens (φ_u, c_u) und/oder des dränierten Bodens (φ', c') zugrunde zu legen sind.

Hinweis: Für den Nachweis des Gesamtstandsicherheit mehrerer untereinander verbundener Gründungskörper wird Q_d mit den Bemessungswerten des Reibungswertes $\tan \varphi/\gamma_\varphi$ und der Kohäsion c/γ_c ermittelt, d. h. durch Division mit den Teilsicherheitswerten für GZ 1 C.

Außermittig belastete Streifen- und Einzelfundamente sind wie mittig belastete Fundamente mit einer rechnerischen Breite b' bzw. rechnerischen Länge a' zu berechnen (bezüglich der Ermittlung von a' bzw. b' s. S. 934). Bei Streifenfundamenten wird a' bzw. $a = 1,0$ m.

In Gl. (5) sind

$$N_c = N_{c0} \cdot \nu_c \cdot \varkappa_c \cdot \lambda_c \cdot \xi_c \tag{6}$$

$$N_d = N_{d0} \cdot \nu_d \cdot \varkappa_d \cdot \lambda_d \cdot \xi_d \tag{7}$$

$$N_b = N_{b0} \cdot \nu_b \cdot \varkappa_b \cdot \lambda_b \cdot \xi_b \tag{8}$$

N_{c0}; N_{d0}; N_{b0} sind **Tragfähigkeitsbeiwerte** für den Einfluß der Kohäsion, der seitlichen Auflast und der Gründungsbreite. Sie hängen vom Reibungswinkel φ ab

$$N_{d0} = \tan^2(45 + \varphi'_d/2) \cdot e^{\pi \cdot \tan \varphi'_d} \tag{9}$$

$$N_{b0} = (N_{d0} - 1) \cdot \tan \varphi'_d \tag{10}$$

$$N_{c0} = (N_{d0} - 1)/\tan \varphi'_d \tag{11}$$

Gl. (9) bis (11) entsprechen DIN 4017-1 (8.79). Da der Rechtenwert φ ein charakteristischer Bodenkennwert ist, können die Tragfähigkeitsbeiwerte anstelle einer Berechnung mit Gl. (9) bis (11) aus Tafel 31 mit Eingangswert φ entnommen werden.

I3

---

^{1}) Bei mittiger Belastung: $a' = a$; $b' = b$

Ferner sind:

$\nu_c; \nu_d; \nu_b$	Formbeiwert aus Tafel 32
$\varkappa_c; \varkappa_d; \varkappa_b$	Lastneigungsbeiwerte aus Tafel 6 und für Fall $\varphi_u = 0$; $c_u > 0$ aus Tafel 37
$\lambda_c; \lambda_d; \lambda_b$	Geländeneigungsbeiwert aus Tafel 7
$\xi_c = \xi_d = \xi_b = e^{0,045 \cdot \alpha \cdot \tan\varphi'}$	Sohlneigungsbeiwerte (α Neigungswinkel der Gründungssohle, s. Bild 2)

Bei fehlender Außermittigkeit der Last, bei waagerechter Geländeoberfläche und waagerechter Sohle werden:

$$\varkappa_c = \varkappa_d = \varkappa_b = 1 \qquad \lambda_c = \lambda_d = \lambda_b = 1 \qquad \xi_c = \xi_d = \xi_b = 1$$

Tafel 6   Lastneigungsbeiwerte für den Fall $\varphi' > 0$; $c' \geq 0$

Richtung v. H	$\varkappa_d$		$\varkappa_b$		$\varkappa_c$	
parallel b; b'	$(1 - 0,7 \tan\delta)^3$ (12)		$(1 - \tan\delta)^3$ (13)		$(\varkappa_d \cdot N_{d0} - 1)/(N_{d0} - 1)$	(14)
parallel a; a' (s. Bild 19)	wenn $a'/b' \geq 2$; bzw. $a/b \geq 2$ und $d/b = 1$[1])				entfällt	
	$1 - \tan\delta$ (15)		$1 - \tan\delta$ (16)			
	wenn $a'/b' \geq 2$; bzw. $a/b \geq 2$ und $d/b = 1$[1]), (keine Einbindetiefe)					
	$(1 - \tan\delta)^2$ (17)		$(1 - \tan\delta)^2$ (18)		$(\varkappa_d \cdot N_{d0} - 1)/(N_{d0} - 1)$	(19)
	mit $\tan\delta = H/(V + A' + c' \cot\varphi')$					(20)

Voraussetzungen für die Benutzung der Tafel 6:
a) im Fall $c' = 0$ muß $\delta < \varphi'$ sein   b) im Fall $\alpha = 0$ ($\alpha =$ Neigung der Gründungssohle) ist $|\delta|$ einzusetzen   c) im Fall $\alpha > 0$ muß $\delta > 0$ sein (Definition nach Bild 2).

Tafel 7   Geländeneigungsbeiwerte

Fall	λ_b		λ_d		λ_c	
$\varphi'_d > 0$; $c' \geq 0$	$(1 - 0,5 \tan\beta)^6$	(21)	$(1 - \tan\beta)^{1,9}$	(22)	$(N_{d0} \cdot e^{-0,0349\,\beta \cdot \tan\varphi'} - 1)/(N_{d0} - 1)$	(23)
$\varphi'_d = 0$; $c_u > 0$	entfällt		entfällt		$1 - 0,4 \tan\beta$	(24)

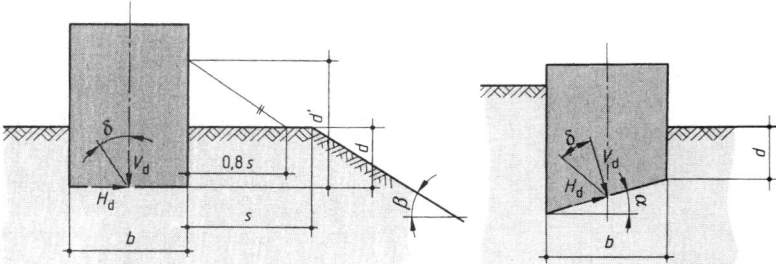

Bild 1   Berücksichtigung einer Berme

Bild 2   Formelzeichen bei der Berücksichtigung einer geneigten Sohle

Berücksichtigung einer Bermenbreite. Es ist der Tragfähigkeitsnachweis nach Gl. (2 u. 3) mit einer Ersatzeinbindetiefe d' nach Gleichung (25) zu führen (s. Bild 1).

$$d' = d + 0,8 \cdot s \cdot \tan\beta \quad (25)$$

Eine Vergleichsrechnung mit $\beta = 0$ und $d' = d$ ist erforderlich. Der kleinere Wert für den Grundbruchwiderstand ist maßgebend.

---

[1]) bei $0 < d/b < 1$ linear interpolieren, bei a/b bzw. $a'/b' \geq 1$ und < 2 ist zwischen den Formeln für H parallel a bzw. a' und H parallel b bzw. b' linear zu interpolieren.

Durchstanzen. Wenn der Baugrund aus gesättigtem bindigen Boden und einer kohäsionslosen Deckschicht besteht (Bild 3), deren Dicke geringer ist als die zweifache Fundamentbreite *b*, dann muß der Bemessungswert des Grundbruchwiderstands nach der Durchstanzbedingung ermittelt werden. Dabei darf zur Ermittlung der Ersatzfundamentfläche auf der bindigen Schicht in der körnigen Deckschicht unter der Fundamentfläche ein Lastverteilungswinkel von 7° gegen die Lotrechte angesetzt werden. Mit dieser Ersatzfläche ist der Grundbruchnachweis unter Berücksichtigung des Gewichts der Deckschicht als Einwirkung und deren Dicke bei der Einbindetiefe mit den Bodenkenngrößen der unterlagernden Schicht zu führen.

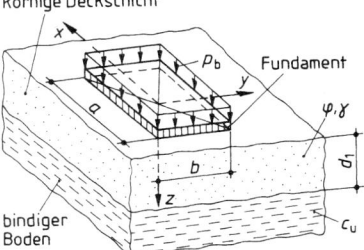

Bild 3   Fundament auf geschichtetem Untergrund (Durchstanzen)

Berechnung der Bemessungsgrundbruchlast nach EN V 1997-1

Die Bemessungswerte für Baugrundkennwerte X_d werden im Gegensatz zu DIN V 4017-100 mit

$$X_d = X_k / \gamma_m \quad (26)$$

ermittelt.

Nach Ziffer 2.4.2 ENV 1997-1 gilt für den Nachweis des Grenzzustandes Versagen durch Grundbruch der Fall C, für den in der Tabelle 2.1 folgende Teilsicherheitsbeiwerte festgelegt sind (s. Tafel 1)

$$\gamma_q = 1{,}25$$

$$\gamma_c = 1{,}6$$

Nach B 3 im Anhang B der ENV 1997-1 gilt für dränierte Bedingungen

$$R/A' = c' \cdot N_c \cdot s_c \cdot i_c + q' \cdot N_q \cdot s_q \cdot i_q + 0{,}5 \cdot \gamma' \cdot B' \cdot N_\gamma \cdot s_\gamma \cdot i_\gamma \quad (27)$$

In dieser Beziehung sind:

δ Bemessungssohlreibungswinkel

q' effektiver Bemessungs-Überlagerungsdruck in der Kote der Gründungssohle

γ' effektive Bemessungswichte des Bodens unter der Gründungssohle

B' effektive Bemessungsbreite des Fundamentes

L' effektive Bemessungslänge des Fundamentes

$A' = B' \cdot L'$ effektive Bemessungsgründungsfläche

s, i die Bemessungswerte der dimensionslosen Form- und Neigungsbeiwerte

Die Indizes verweisen auf Anteile Kohäsion, Auflast und Eigengewicht des Bodens.

Bemessungswerte der dimensionslosen Beiwerte für die Grundbruchlast

$$N_c = (N_q - 1) \cdot \cot \varphi' \quad (28) \qquad N_q = e^{\pi \cdot \tan \varphi'} \cdot \tan^2(45 + \varphi'/2) \quad (29)$$

$$N_\gamma = 2 \cdot (N_q - 1) \cdot \tan \varphi' \quad (30) \qquad \text{wenn } \delta \geq \varphi'/2$$

Bemessungswerte der dimensionslosen Beiwerte für die

Neigung der Resultierenden infolge Horizontallast *H* parallel zu *L'*

$$i_q = i_\gamma = 1 - H/(V + A' \cdot c' \cot \varphi') \quad (31)$$

$$i_c = (i_q \cdot N_q - 1)/(N_q - 1) \quad (32)$$

Neigung der Resultierenden infolge Horizontallast *H* parallel zu *B'*

$$i_q = (1 - 0{,}7 H/(V + A' \cdot c' \cot \varphi))^3 \quad (33)$$

$$i_\gamma = (1 - H/(V + A' \cdot c' \cot \varphi))^3 \quad (34)$$

$$i_c = (i_q \cdot N_q - 1)/(N_q - 1) \quad (35)$$

13

Zusätzlich zu berücksichtigen sind die Einflüsse der Gründungstiefe, der Neigung der Sohlfläche und die Geländeneigung.

Bei fehlender Ausmittigkeit werden $i_q = i_c = i_r = 1$.

Bemessungswerte der dimensionslosen Beiwerte für die Grundrißform:

$s_\gamma = 1 - 0,3 (B'/L')$	(36)	für rechteckigen Grundriß
$s_\gamma = 0,7$		für quadratischen oder kreisrunden Grundriß
$s_c = (s_q \cdot N_q - 1)/(N_q - 1)$	(37)	für rechteckigen, quadratischen oder kreisrunden Grundriß
$s_q = 1 + (B'/L') \sin \phi'$	(38)	für rechteckigen Grundriß
$s_q = 1 + \sin \phi'$	(39)	für quadratischen oder kreisrunden Grundriß

Beispiel 1 Nachweis der Grundbruchsicherheit GZ 1 B nach DIN V 4017-100 (4.96)

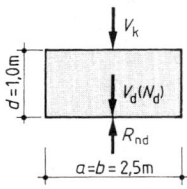

$d = 1,0$ m
V_k
$V_d (N_d)$
R_{nd}
$a = b = 2,5$ m

Gründungslasten (Schnittkräfte auf OK, Fundament) aus ungünstigster Kombination der Einwirkungen nah EN V 1991-1 (Abs. 9.5.2) für den Nachweis der Gebrauchstauglichkeit:

Ständig, vertikal	$V_{GK} = 1000$ kN
Veränderl., vertikal	$V_{QK} = 500$ kN
Eigengew. Fundament	$V_{GK} = 156$ kN
	$\Sigma V_k = 1156$ kN

Fundamentfläche $A = 2,5 \times 2,5$ m

Baugrund: Bodengruppe UL, steif

Charakteristische geot. Größen aus Tafel 14

$\gamma_{1k} = \gamma_{2k} = 20,5$ kN/m^3 $\varphi_k' = 27,5°$ $c_k' = 2$ kN/m^2

Eine ausreichende Sicherheit ist eingehalten, wenn $V_d \le Q_d$

Bemessungswert der Einwirkungen $V_d (N_d)$

Der Teilsicherheitsbeiwert für die Umwandlung der charakteristischen Einwirkungen in Bemessungswerte betragen nach EN-1991-1, Tab. 9.2 (Situation P/T) für GZ 1 B.

$\gamma_{G\,sup} = 1,35$ für ständige Einwirkungen, ungünstig

$\gamma_{Q\,sup} = 1,50$ für veränderliche Einwirkungen, ungünstig

$V_d = 1156 \cdot 1,35 + 500 \cdot 1,5 = 2310,6$ kN

Bemessungswert des Grundbruchwiderstandes Q_d
nach DIN V 4017-100 (4.96) mit

$Q_d = a' \cdot b' \cdot \sigma_d$ $a' = a$ $b' = b$

$\sigma_d = c_d \cdot N_c + \gamma_{1d} \cdot d \cdot N_d + \gamma_{2d} \cdot b \cdot N_b$ (vgl. Gl. (4))

Tragfähigkeitsbeiwerte und Formbeiwerte. Wegen der fehlenden Lastaußermittigkeit, waagerechtem Gelände und waagerechter Sohle werden die Lastneigungs-, Sohlneigungs- und Geländeneigungsbeiwerte gleich 1.

Die Rechenwerte sind die charakteristischen Größen. Damit sind

$N_{d0} = \tan^2(45 + \varphi_k'/2) \cdot e^{\pi \tan \varphi_k'} = \tan^2(45 + 27,5/2) \cdot e^{\pi \tan(27,5)} = 13,94$

$N_{b0} = (N_{d0} - 1) \cdot \tan \varphi_k' = (13,94 - 1)0,521 = 6,74$

$N_{c0} = (N_{d0} - 1)/\tan \varphi_k' = (13,94 - 1)/0,521 = 24,86$

$\nu_d = 1 + \sin \varphi_k' = 1 + \sin(27,5) = 1,46$

$\nu_b = 0,7$

$\nu_c = (\nu_d \cdot N_{d0} - 1)/(N_{d0} - 1) = (1,46 \cdot 13,94 - 1)/(13,94 - 1) = 1,50$

$N_c = 24,86 \cdot 1,50 = 37,29$

$N_d = 13,94 \cdot 1,46 = 20,35$

$N_b = 6,74 \cdot 0,7 = 4,72$

$\sigma_d = 2,0 \cdot 37,29 + 20,5 \cdot 1,0 \cdot 20,35 + 20,5 \cdot 2,5 \cdot 4,72 = 733,66$ kN/m^2

$Q_d = a \cdot b \cdot \sigma_d = 2,5 \times 2,5 \cdot 733,66 = 4585,4$ kN

Fortsetzung s. nächste Seite

Beispiel 1, **Sohldruckwiderstand** R_{nd}. Der Teilsicherheitsbeitrag γ_s für den Sohldruckwider-
Forts. stand (Grundbruch) beträgt nach Tafel 5 (DIN V 1054-100) $\gamma_s = 1{,}4$. Damit wird

$R_{nd} = Q_d / \gamma_s = 4585{,}3 / 1{,}4 = 3275{,}0$ kN

Sicherheitsnachweis

$R_{nd} - V_d = 3275{,}2 - 2310{,}4 = 964{,}4$ kN > 0

oder $V_d = 2310{,}6 < R_{nd} = 3275{,}0$ kN

Damit ist eine ausreichende Sicherheit gegen GZ 1 B nachgewiesen.

Bei der Berechnung des einwirkenden Sohldruckes (Bodenpressung) für die Ermittlung der Bemessungsschnittgrößen des Fundamentes wird die Gesamtbelastung bzw. der Bemessungswert V_d um den Eigengewichtsanteil bzw. den Bemessungswert des Eigengewichtsanteils des Fundamentes reduziert.

$$\sigma_{0d} = \frac{N_d - G_d}{A} = \frac{2310{,}6 - 156 \cdot 1{,}35}{2{,}5 \times 2{,}5} = 336{,}0 \text{ kN/m}^2$$

Beispiel 2 **Nachweis der Grundbruchsicherheit GZ 1 C** nach EN V 1997-1

Fundament Gründungslasten und Baugrund wie im Beispiel 1

$V_d \leq R_d$

Für die **Ermittlung von** R_d werden die geotechnischen, charakteristischen Größen
durch Division mit den Teilsicherheitsbeiwerten

$\gamma_q = 1{,}25$ $\gamma_c = 1{,}6$ (Tafel 1)

in Bemessungswerte umgewandelt

$\varphi_d = \arctan(\tan \varphi' / \gamma_q) = \arctan(\tan(27{,}5) / 1{,}25) = 22{,}6°$

$c_d = c' / \gamma_c = 2{,}0 / 1{,}6 = 1{,}25 \text{ kN/m}^2$

Bemessungswerte der dimensionslosen Beiwerte für die Grundbruchlast

$N_q = e^{\pi \tan \varphi'_d} \cdot \tan^2(45 + \varphi'_d / 2) = e^{\pi \tan(22{,}6)} \cdot \tan^2(45 + 22{,}6/2) = 8{,}31$

$N_c = (N_q - 1) \cot \varphi'_d = (8{,}31 - 1) \cot(22{,}6) = 17{,}56$

$N_\gamma = 2(N_q - 1) \tan \varphi'_d = 2(8{,}31 - 1) \tan(22{,}6) = 6{,}09$. wenn $\delta \geq \varphi'_d / 2$
(rauhe Sohlfläche)

Bemessungswerte für die dimensionslosen Beiwerte der Grundrißform

$s_q = 1 + \sin \varphi' = 1 + \sin(22{,}6) = 1{,}38$ $s_\gamma = 0{,}7$

$s_c = (s_q \cdot N_q - 1) / (N_q - 1) = (1{,}38 \cdot 8{,}31 - 1) / (8{,}31 - 1) = 1{,}43$

Effektiver Überlagerungsdruck q'

$q' = q = \gamma \cdot d = 20{,}5 \cdot 1{,}0 = 20{,}5 \text{ kN/m}^2$

eingesetzt in Gl. 26 $R_d / A = c' \cdot N_c \cdot s_c \cdot i_c + q \cdot N_q \cdot s_q \cdot i_q + 0{,}5 \gamma \cdot B \cdot N_\gamma \cdot s_\gamma \cdot i_\gamma$

$i_q = i_\gamma = i_c = 1$ wegen fehlender Ausmittigkeit.

$R_d = 2{,}5 \cdot 2{,}5(1{,}25 \cdot 17{,}56 \cdot 1{,}43 \cdot 1{,}0 + 20{,}5 \cdot 8{,}31 \cdot 1{,}38 \cdot 1{,}0 +$

$0{,}5 \cdot 20{,}5 \cdot 2{,}5 \cdot 6{,}09 \cdot 0{,}7 \cdot 1{,}0) = 2{,}5 \cdot 2{,}5 \cdot 375{,}7 = 2348{,}2$ kN

Bemessungsgrundbruchlast

Nach Tafel 1 gilt für den Fall C

$\gamma_q = 1{,}0$ für ständige Einwirkungen, ungünstig

$\gamma_q = 1{,}3$ für veränderliche Einwirkungen

$V_d = 1156 \cdot 1{,}0 + 500 \cdot 1{,}3 = 1806$ kN

Nachweis

$V_d = 1806 < R_d = 2348{,}2$ kN

Mit der erfüllten Ungleichung ist eine ausreichende Sicherheit zum Grenzzustand
Grundbruch nachgewiesen.

13

Berechnung der Gleitsicherheit mit Teilsicherheitsbeiwerten

Tafel 8 Bemessungsgleichungen (s. Beispiel 3)

DIN V 1054-100 (4.96)	$T_d \leq R_{td}$ (40) $T_d = T_{Gd} + T_{Qd} + E_{ptd}$ (41)	EN V 1997-1	$H_d \leq S_d + E_{pd}$ (42) $S_d = V_d \cdot \tan \delta_d$ (43) $= A \cdot c_u$ (44)

Bedeutung der Bemessungswerte in Tafel 8:

T_d Bemessungswert der Einwirkungen in Richtung des Gleitens.

E_{ptd}; E_{pd} Bemessungswert der sohlparallelen Komponente des Erdwiderstandes als günstige ständige Einwirkung ($\gamma_{G\ inf} = 1,00$)

R_{td}; S_d Bemessungswert des Sohlschubwiderstandes, berechnet nach DIN V 1054-100 mit den charakteristischen Werten $R_{tk} = N_K \cdot \tan \delta_{sk}$ oder $R_{tk} = A \cdot c_{uk}$ bei rascher Beanspruchung eines gesättigten bindigen Bodens, umgewandelt in R_{td} durch Division mit γ_{st} (Tafel 5)

N_d wird berechnet aus der ungünstigsten Kombination senkrechter und waagerechter Einwirkungen mit Teilsicherheitsbeiwerten wie bei der Grundbruchsicherheit. Bei Ortbetonfundamenten ist $\delta_{sk} = \varphi$, bei vorgefertigten Fundamenten $\delta_{sk} = (2/3)\varphi$

Beispiel 3 Gleitsicherheit einer Stützmauer im GZ 1 B (Ansatz der Teilsicherheitsbeiwerte)

Hinweise: Die senkrecht zur Fundamentsohle gerichteten Einwirkungen einschließlich Erdauflast G_E sind wie beim Nachweis der Grundbruchsicherheit als ungünstig wirkende Einwirkungen zu betrachten (Tafel 4). Der Sohlschubwiderstand R_h wird mit dem charakteristischen Wert für den Sohlreibungswinkel $\delta_{sk} = \varphi$ berechnet und durch Division mit dem Teilsicherheitsbeiwert $\gamma_{St} = 1,50$ (s. Tafel 5) in den Bemessungswert R_{hd} umgewandelt. Wenn vor dem Wandfuß ein Erdwiderstand berücksichtigt wird, ist dieser als günstige ständige Einwirkung mit dem Teilsicherheitsbeiwert $\gamma_{G\ inf} = 1,00$ anzusetzen.

Nachweisbedingung im GZ 1 B: $T_d \leq R_{td}$

$$E_{ahd}(b) + \Delta E_{ahd}(b) - (E_{prtd}) \leq R_{td} \quad (45) \Rightarrow b \text{ mit}$$

$E_{agd} = 1,35\ E_{ag}(\varphi_{1K}; \gamma_{1K}; \beta)$ $\Delta E_{agd} = 1,35\ \Delta E_{ag}$

$E_{apd} = 1,50\ E_{ap}(\varphi_{1K}; p_K; \beta)$ $\Delta E_{apd} = 1,50\ \Delta E_{ap}$

$E_{ad} = E_{agd} + E_{apd}$ $\Delta E_{ad} = \Delta E_{agd} + \Delta E_{apd}$

$G_{Ed} = 1,35 \cdot \gamma_{1K} \cdot V_E$ $G_{Wd} = 1,35 \cdot \gamma_{bk} \cdot V_W$

$$R_{td} = \frac{1}{1,50} \left[E_{avd}(b) + \Delta E_{avd}(b) + G_{Ed}(b) + G_{Wd}(b) \right] \tan \delta_{sk}$$

$$(46)$$

$$\left(E_{prtd} = 1,0\ \frac{1}{2}\ E_p(\varphi_{1K}; \gamma_{1K}; \delta_p) \right) \quad (47)$$

Nachweis der Gebrauchstauglichkeit (GZ 2) nach DIN V 1054-100

Er wird wie folgt geführt: Bei Flachgründungen durch Beschränkung der Exzentrizität der resultierenden Einwirkungen (S. 933), ferner bei Flach- und Pfahlgründungen mit Hilfe festgelegter Grenzwerte von Setzungsdifferenzen (s. Bild 4) und schließlich bei Flach- und Pfahlgründungen sowie Stützbauwerken durch den Nachweis, daß das Bauwerk unter Gebrauchslast bei Inanspruchnahme von Erdwiderstand keine unzuträgliche Verschiebung erleidet (s. n. Seite).

Anmerkung: Im Grenzzustand GZ 2 betragen die Teilsicherheitsbeiwerte für Einwirkungen stets $\gamma = 1$, d. h. es wird praktisch wie mit charakteristischen Werten gerechnet.

Zulässige Lage der Resultierenden

Für die Exzentrizität der resultierenden Einwirkung gelten in GZ 2 die gleichen Einschränkungen wie bisher in DIN 1054 (11.76) für die Gesamtlast (s. S. 933).

Erläuterung: Nach DIN V 1054-100 (4.96) ist der Nachweis der zulässigen Lage der Resultierenden nicht mehr ein Nachweis der Sicherheit gegen Kippen, da ein solches Versagen immer durch Grundbruch eintritt. Weil lediglich nachgewiesen werden muß, daß die zu erwartende Schiefstellung hinreichend klein ist, handelt es sich nur noch um einen Nachweis der Gebrauchstauglichkeit (GZ 2). Dagegen ist bei Gründungen auf Fels wie bisher ein Nachweis gegen Kippen als GZ 1 B zu führen.

Da die Bemessungswerte in GZ 2 mit dem Teilsicherheitsbeiwert 1,0 ermittelt werden, besteht in der Regel zwischen dem bisherigen Nachweis und dem Nachweis nach dem neuen Sicherheitskonzept praktisch kein Unterschied.

In den entsprechenden Nachweisen sind die Bemessungswerte mit Teilsicherheitsbeiwerten gleich 1,00 anzusetzen.

Beispiel 3 **Nachweis der zulässigen Lage der Resultierenden**
Forts.   Nachweisbedingung in GZ 2:

$$M_{\mathrm{GEd}}(b) + M_{\mathrm{GWd}}(b) + M_{\mathrm{Ead}}(b) + M_{\Delta \mathrm{Ead}}(b) \leq R_{\mathrm{vd}}(b) \cdot \frac{b}{6} \Rightarrow b \qquad (48)$$

$$\text{mit } E_{\mathrm{ad}} = 1,00 \cdot E_{\mathrm{ag}}(\varphi_{1\mathrm{K}}, \gamma_{1\mathrm{K}}, \beta) \qquad \Delta E_{\mathrm{ad}} = 1,00 \, \Delta E_{\mathrm{ag}}(\varphi_{1}\mathrm{K}, p_{\mathrm{K}}, \delta_{\mathrm{a}})$$

$$G_{\mathrm{Ed}} = 1,00 \, \gamma_{1\mathrm{K}} \cdot V_{\mathrm{E}} \qquad\qquad G_{\mathrm{Wd}} = 1,00 \, \gamma_{\mathrm{bk}} \cdot V_{\mathrm{W}}$$

$$R_{\mathrm{vd}} = E_{\mathrm{avd}}(b) + \Delta E_{\mathrm{avd}}(b) + G_{\mathrm{Ed}}(b) + G_{\mathrm{Wd}}(b) \qquad\qquad (49)$$

Verschiebungen

Es ist nachzuweisen, daß das Bauwerk unter Gebrauchslast bei Inanspruchnahme von Erdwiderstand keine unzuträglichen Verschiebungen erleidet. Wird beim Nachweis der Gleitsicherheit nach Tafel 8 der Erdwiderstand nur mit 50 % seines charakteristischen Wertes angesetzt, darf bei mindestens mitteldicht gelagerten nichtbindigen Böden bzw. mindestens steifen bindigen Böden in der Regel auf einen Nachweis der Gebrauchstauglichkeit verzichtet werden.

Setzungsnachweis

Der Setzungsnachweis ist auf der Grundlage der DIN 4019 zuführen (6.4.1). Die Bemessungswerte des einwirkenden Sohldruckes sind mit den Teilsicherheitsbeiwerten für GZ 2, d. h. $\gamma_{\mathrm{G}} = \gamma_{\mathrm{Q}} = 1,0$ zu ermitteln.

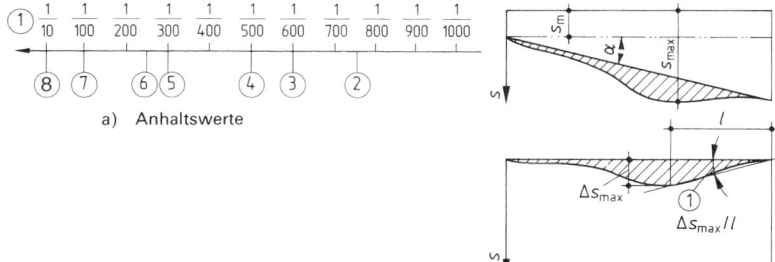

a) Anhaltswerte

b) Beispiel für eine Winkelverdrehung

① Winkelverdrehung
② Grenze für setzungsempfindliche Maschinen
③ Schadensgrenze für Rahmen mit Ausfachung
④ Sicherheitsgrenze für Vermeidung jeglicher Risse
⑤ Grenze für erste Risse in tragenden Wänden; Schwierigkeiten bei ausladenden Kränen
⑥ Augenscheinliche Schiefstellung hoher starrer Bauwerke
⑦ Erhebliche Risse in tragenden Wänden; Sicherheitsgrenze für Ziegelwände $h/l < 1/4$; Schadensgrenze für Hochbauten allgemein
⑧ Schiefer Turm von Pisa

Bild 4 **Schadenskriterien für Winkelverdrehungen infolge lotrechter Verschiebungen bei Muldenlagerung nach DIN 4019 V-100 (2.96)**

Bemessung von Fundamenten mit zulässigen Sohldrücken

Nach DIN V 1054-100 ist weiterhin die Bemessung von Fundamenten mit zulässigen Sohldrücken möglich (Gl. 50)

$$\sigma_{\text{vorh}} \leq \sigma_{\text{zul}} \quad (50)$$

In Gl. (50) sind

σ_{vorh} Bemessungswert für den einwirkenden Sohldruck, ermittelt für den Anteil aus Gründungslasten mit den Einwirkungskombinationen und Teilsicherheitsbeiwerten für GZ 2 nach DIN V ENV 1991-1, ermittelt für den Anteil aus grundbauspezifischen Einwirkungen mit den Teilsicherheitsbeiwerten für GZ 2 nach Tafel 4.

σ_{zul} Bemessungswert für den aufnehmbaren Sohldruck, praktisch aus den alten Tafelwerten, ggf. erhöht oder abgemindert.

Die Teilsicherheitsbeiwerte für den GZ 2 sind gleich 1,0.

Anmerkung: DIN V 1054-100 (4.96) konnte die alten Tafelwerte als charakteristische Werte übernehmen, da sie bereits so ermittelt wurden, daß der GZ 1 ausgeschlossen ist.

Auch in den Anforderungen an die Lagerungsdichte sowie bezüglich der Erhöhung oder Abminderung der Tafelwerte und der Berücksichtigung waagerechter Einwirkungen ergeben sich keine Änderungen.

Beispiel 4   **Bemessung des Einzelfundamentes einer Stütze mittels zulässigem Sohldruck** nach DIN V 1054-100 (4.96)

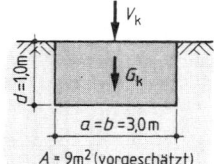

$A = 9\,m^2$ (vorgeschätzt)

Gründungslasten (Schnittkräfte auf OK Fundament) aus ungünstigster Kombination der Einwirkungen nach EN V 1991-1 (Abs. 9.5.2) für den Nachweis der Gebrauchstauglichkeit:

Ständig, vertikal	$V_{\text{GK}} = 1000$ kN
Veränderl., vertikal	$V_{\text{QK}} = 500$ kN
Eigengew. Fundament	$V_{\text{GK}} = 225$ kN
	$\Sigma V_k = 1725$ kN

Baugrund: Bodengruppe UL, steif

Bemessungswert des einwirkenden Sohldruckes σ_{vorh}

Zu berechnen mit Teilsicherheitsbeiwerten für Grenzzustände der Gebrauchstauglichkeit GZ 2, die nach EN V 1991-1:1994, Abs. 9.5.3, mit $\gamma_G = \gamma_Q = 1,0$ anzunehmen sind.

$$N_d = 1225 \cdot 1,0 + 500 \cdot 1,0 = 1725 \text{ kN} \qquad \sigma_{\text{vorh}} = N_d / A = 191,7 \text{ kN/m}^2$$

Bemessungswert des aufnehmbaren Sohldruckes σ_{zul}

Grundwert aus Tafel 29, Tabelle 3: $\sigma_{\text{zul}} = 180$ kN/m^2

Erhöhung für Rechteckfundament $a/b < 2$ um 20%:

$$\sigma_{\text{zul}} = 180 \cdot 1,2 = 216 \text{ kN/m}^2$$

Abminderung für $a = b > 2$ m um 10% des Tafelwertes je m zusätzlicher Breite:

$$\Delta b = 3,0 - 2,0 = 1,0 \text{ m} \quad \text{Abminderungsfaktor } u = 1,0 - 0,1 = 0,9$$

$$\sigma_{\text{zul}} = 180(1 + 0.2 - 0.1) = 198,0 \text{ kN/m}^2$$

Nachweis

$\sigma_{\text{vorh}} = 191,7$ kN/m^2 $< \sigma_{\text{zul}} = 198,0$ kN/m^2

Damit ist auch die Sicherheit gegen GZ 1 B nachgewiesen. Bezüglich der möglichen Setzungen s. S. 937.

Wasserwirtschaft

Bearbeitet von Prof. Dr.-Ing. Ekkehard Heinemann
und Prof. Dr.-Ing. Andreas Strohmeier

Inhalt

14

Wasserwirtschaft

Literatur

[1] ATV-DVWK-Regelwerke (Arbeits- und Merkblätter), GFA, Hennef

[2] ATV-Handbuch „Planung der Kanalisation", Ernst & Sohn-Verlag, Berlin, 4. Auflage 1995

[3] ATV-Handbuch „Bau und Betrieb der Kanalisation", Ernst & Sohn-Verlag, Berlin, 4. Auflage 1996

[4] ATV-Handbuch „Mechanische Abwasserreinigung", Ernst & Sohn-Verlag, Berlin, 4. Auflage 1997

[5] ATV-Handbuch „Biologische und weitergehende Abwasserreinigung", Ernst & Sohn-Verlag, Berlin, 4. Auflage 1996

[6] ATV-Handbuch „Klärschlamm", Ernst & Sohn-Verlag, Berlin, 4. Auflage 1996

[7] *Barjenbruch, M.*, Kapitel: Filtrationsverfahren, Hütte — Umweltschutztechnik, 1999

[8] *Barjenbruch, M., Boll, R.*: Stand und Verbreitung der Biofiltrationstechnik in Deutschland, Berichte aus Wassergüte- und Abfallwirtsch. TU München Bd. 158, 2000

[9] DVWK Merkbl. 220/1991 Hydraulische Berechnung von Fließgewässern, Verlag Paul Parey

[10] DWD: Starkniederschlagshöhen für Deutschland, KOSTRA, Selbstverlag des Deutschen Wetterdienstes, Offenbach am Main, 1997

[11] *Franke P. G.*: Hydraulik für Bauingenieure, Berlin 1974

[12] *Geiger W./Dreiseitl H.*: Neue Wege für das Regenwasser, Handbuch zum Rückhalt von Regenwasser in Baugebieten, 2. Auflage, 2001 Oldenbourg Industrieverlag

[13] *Günthert F. W., Reicherter E.* et al.: Kommunale Kläranlagen, Bemessung, Erweiterung, Optimierung und Kosten, 2. Auflage, expert Verlag 2001

[14] *Heinemann E., Paul R.*: Hydraulik für Bauingenieure, B. G. Teubner, Stuttgart u. Leipzig 1998

[15] *Herth W., Arndts E.*: Theorie und Praxis der Grundwasserabsenkung, Ernst & Sohn, Berlin 1985

[16] *Hosang W., Bischof W.*: Abwassertechnik, 11. Auflage B. G. Teubner, Stuttgart u. Leipzig 1998

[17] *Imhoff, K. und K. R.*: Taschenbuch der Stadtentwässerung 29. Auflage, R. Oldenbourg Verlag München, Wien, 1999

[18] Klärschlammverordnung (AbfKlärV), BGBl. Nr. 21/92 v. 28. 4. 92

[19] *Lindner K.*: Der Strömungswiderstand von Pflanzenbeständen, Mitt. Leichtweiß-Inst. TU Braunschweig, H. 75, 1982

[20] *Lutz W.*: Berechnungen von Hochwasserabflüssen unter Anwendung von Gebietskenngrößen, Diss. Univ. Karlsruhe (TH) 1984

[21] *Mutschmann J., Stimmelmayer F.* bearb. Von *Brendel G.*: Taschenbuch der Wasserversorgung, 12. Auflage, Vieweg, Braunschweig, Wiesbaden 1999

[22] *Pöpel H. J.*: Genügen unsere Abwasserbehandlungsanlagen den europäischen Anforderungen, ATV-Fortbildungskurs I/2 Oktober in Fulda (1997)

[23] *Pöpel H. J., Wagner M.*: Leistung und Bemessung von Belüftungseinrichtungen, ATV-Fortbildungskurs 1/2 Oktober in Fulda (1997)

[24] *Press H., Schröder R.*: Hydromechanik im Wasserbau, W. Ernst & Sohn, Berlin u. München 1966

[25] *Reimann D. O.*: Klärschlammentsorgung, Beiheft zu Müll und Abfall; Nr. 28, Berlin 1989

[26] *Schütz M.*: Praxis der Abwasserhydraulik in Excel, Band 1 — 6, Abwasser-Verlag. Buch und Disketten, Hamburg 1996

[27] *Timm J.*: Hydromechanisches Berechnen, 2. Aufl., Stuttgart 1970

[28] VDLUFA: Nähr- und Schadstoffgehalte in Klär- und Flußschwämmen, Müll und Müllkomposten; Datensammlung und Bewertung, VDLUFA-Projekt 1985

1 Allgemeines

Tafel 1 Physikalische Kennwerte des Wassers

Tempe-ratur T °C	Dichte ϱ_W kg/m³	Wichte γ_W kN/m³	kinem. Visko-sität[3]) ν_W m²/s	spez. Wärme-kapazität[1]) c kJ/(kg · K)	Wärmeleit-fähigk. λ_W W/(m · K)	Siede-druck p_s kN/m²	Elastizität E_W[5]) kN/m²
0	999,8[4])	9,8047[2])	$1,78 \cdot 10^{-6}$	4,2058	0,552	0,61	$1,9308 \cdot 10^6$
10	999,6	9,8027	$1,30 \cdot 10^{-6}$	4,1908	0,578	1,23	$2,0271 \cdot 10^6$
20	998,2	9,7890	$1,00 \cdot 10^{-6}$	4,1811	0,598	2,33	$2,0646 \cdot 10^6$
30	995,6	9,7635	$8,06 \cdot 10^{-7}$	4,1765	—	4,24	—
40	992,2	9,7302	$6,57 \cdot 10^{-7}$	4,1774	0,628	7,37	—
50	988,0	9,6890	$5,50 \cdot 10^{-7}$	4,1836	0,641	12,33	—
60	983,2	9,6419	$4,78 \cdot 10^{-7}$	—	0,651	19,91	—
80	971,8	9,5301	$3,66 \cdot 10^{-7}$	—	0,669	47,33	—
100	958,3	9,3977	$2,94 \cdot 10^{-7}$	—	0,682	101,30	—

[1]) Bei atmosphärischem Druck [2]) Ostseewasser ca. 0,7% und Nordseewasser ca. 2,6% mehr
[3]) dyn. Viskosität $\eta_W = \nu_W \cdot \varrho$ in kg/(m · s) [4]) Eis 916,7 kg/m³ [5]) gültig für $0,1 < p < 25$ kN/m²

Verdampfungswärme steigt annähernd linear von 2257 kJ/kg bei 100 °C auf 2500 kJ/kg bei 0 °C (1 kJ $\cong$ 1000 Ws) **Schmelzwärme** 331 kJ/kg bei 0 °C

Volumenänderung
— infolge Temperaturänderung: $\Delta V = \alpha \cdot V \cdot \Delta T$; $\alpha = 1,8 \cdot 10^{-4}$/K; (K $\cong$ °C)
— infolge Druckveränderung: $\Delta V = (-1/E_W) V \cdot \Delta p$

Druckwellenfortpflanzungsgeschwindigkeit a in m/s

in Rohrleitungen $a = \sqrt{(g/\gamma_W)/[1/E_W + d/(s \cdot E_r)]}$ im freien Wasser $a = \sqrt{(E_W \cdot g/\gamma_W)}$

g 9,80665 m/s² Fallbeschleunigung E_r E-Modul des Rohrmaterials in kN/m²
d Rohrdurchmesser s Rohrwandstärke in m E_W, γ_W und ϱ_W s. Tafel 1

Joukowski-Stoß: $\Delta p = a \cdot v_o \cdot \varrho_W$ in N/m²

v in m/s vor Schließvorgang Δp Druckanstieg bei schnellem Schließen der Leitung

Kapillare Steighöhe s in mm
zwischen Platten im Abstand a (mm): $s \approx 15/a$ in Röhren mit d_i (mm): $s \approx d_i/30$

Tafel 2 Höhe des Kapillarsaumes über dem Grundwasser in cm (praktische Werte)

Geröll	kiesiger Sand	Sand	lehmiger Sand	sandiger Lehm	Schluff	Lehm	Ton
0 bis 1	5 bis 10	10 bis 20	40 bis 50	50 bis 60	50 bis 100	30 bis 50	>500

2 Hydrostatik DIN 4044 (7.80) Hydromechanik im Wasserbau, Begriffe

Formelzeichen und Einheiten (s. a. Bild 2)

A gedrückte Flächen in m²
D Kraftangriffspunkt
S Flächenschwerpunkt
I Flächenträgheitsmoment in bezug auf die Schwerachse durch S in m⁴

p Wasserdruck in N/m² oder kN/m²
es gilt 1 bar = $10 \dfrac{N}{cm^2} = 100 \dfrac{kN}{m^2}$
z Höhe der Wassersäule in m

In der Wassertiefe z wirkt der Wasserdruck

$$p_i = \varrho_W g \cdot z_i = \gamma_W \cdot z_i \;(\varrho_W, \gamma_W \text{ s. Tafel 1})$$

In der praktischen Anwendung wird teilweise mit $\gamma_W = 10$ kN/m³ gerechnet. Der Wasserdruck ist stets senkrecht auf das gedrückte Flächenelement gerichtet; bei Mantelflächen von Kreiszylindern verläuft die Wirkungslinie der Resultierenden durch den Mittelpunkt bzw. die Mittellinie.

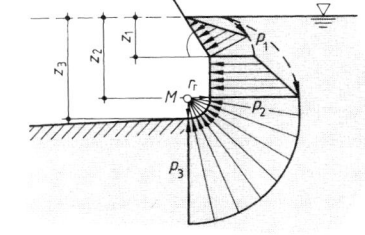

Bild 1 Wasserdruck

I4

2.1 Wasserdruck auf beliebig geneigte ebene Flächen

Die Größe der resultierenden Wasserdruckkraft F_W beträgt

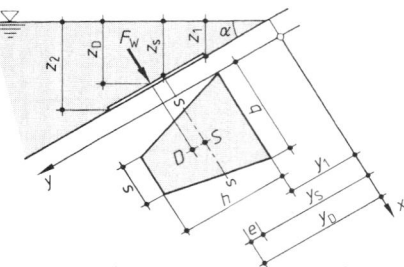

$$F_W = p_s \cdot A = \gamma_W \cdot z_s \cdot A = \gamma_W \cdot V$$

mit
p_s = Wasserdruck im Flächenschwerpunkt
A = Inhalt der gedrückten Fläche
z_s = Wassertiefe über
dem Flächenschwerpunkt
V = Inhalt des Wasserkörpers
über der gedrückten Fläche

Der Angriffspunkt D der resultierenden Wasserdruckkraft heißt Druckmittelpunkt. Bei einfachsymmetrischen Druckflächen hat D vom Flächenschwerpunkt S den Abstand

Bild 2 Resultierender Wasserdruck auf eine ebene Fläche

$$e = \frac{I_s}{A \cdot y_s}$$

I_s Trägheitsmoment der gedrückten Fläche um die Schwerachse $s - s$
y_s in der Flächenebene gemessener Abstand des Flächenschwerpunktes von der Wasserlinie

Tafel 3 Wasserdruckkräfte, Schwerpunktabstände, Kraftangriffspunkte

gedrückte Fläche	F_W	$y_s{}^1)$	e
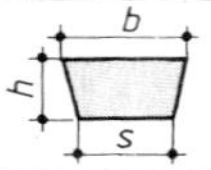 b / h / s (Trapez)	$\gamma_W \cdot \sin\alpha \cdot h \left[y_1 \left(\frac{b+s}{2} \right) + h \left(\frac{b+2s}{6} \right) \right]$	$y_1 + \frac{h}{3} \cdot \frac{b+2s}{b+s}$	$\frac{h^2}{18} \cdot \frac{(b+s)^2 + 2b \cdot s}{y_s (b+s)^2}$
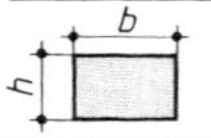 b / h (Rechteck)	$\gamma_W \cdot \sin\alpha \cdot b \cdot h \left(y_1 + \frac{h}{2} \right)$	$y_1 + \frac{h}{2}$	$\frac{h^2}{12 \cdot y_s}$
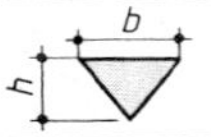 b / h (Dreieck)	$\frac{1}{2} \gamma_W \cdot \sin\alpha \cdot b \cdot h \left(y_1 + \frac{h}{3} \right)\,^2)$	$y_1 + \frac{h}{3}\,^2)$	$\frac{h^2}{18 \cdot y_s}$
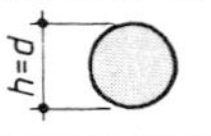 $h = d$ (Kreis)	$\gamma_W \cdot \sin\alpha \cdot r^2 \pi (y_1 + r)$	$y_1 + r$	$\frac{r^2}{4 \cdot y_s}$
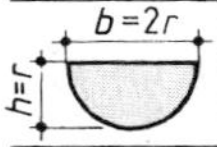 $b = 2r$ / $h = r$ (Halbkreis)	$\frac{1}{2} \gamma_W \cdot \sin\alpha \cdot r^2 \cdot \pi (y_1 + 0{,}4244 r)$	$y_1 + 0{,}4244 r$	$\frac{r^2}{14{,}3 \cdot y_s}$

$^1)$ y_1 s. Bild 2
$^2)$ Beim Dreieck mit unten liegender Basis: $2/3\,h$ statt $h/3$

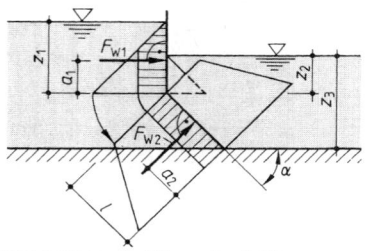

Bild 3 Wirksame Wasserdruckdifferenzen

Entgegengerichtete Wasserdruckpressungen heben einander auf. F_W ergibt sich durch Subtraktion gegenüber liegender Wasserdruckfiguren. In Bild 3 z. B. ergeben sich die folgenden wirksamen Wasserdruckkräfte.

$$F_{W1} = \gamma_W (z_1^2 - z_2^2)/2 \quad \text{je m Breite}$$
$$a_1 = 1/3 \left[(z_1^2 + z_1 \cdot z_2 + z_2^2)/(z_1 + z_2) \right]$$
$$F_{W2} = \gamma_W (z_1 - z_2) \cdot l \quad \text{je m Breite}$$
$$a_2 = l/2 = (z_3 - z_2)/(2 \cdot \sin\alpha)$$

2.2 Wasserdruck auf einfach gekrümmte Flächen

Ermittlung durch Aufteilung in a) Horizontalkraft und b) Vertikalkraft

a) Horizontalkraft = Inhalt des Wasserdruckdreieckes. $F_{WH} \approx 5\,z_1^2$ kN/m Breite
b) Vertikalkraft = Inhalt des Wasserdruckkörpers begrenzt durch die benetzte Wandfläche, die Lotrechte durch den Fußpunkt und die Horizontale in Höhe des Wasserspiegels.

Wird Wasser abgeschnitten $\Rightarrow$ Auflast; wird „Körper" abgeschnitten $\Rightarrow$ Auftrieb.

Tafel 4   Wasserdruckkräfte auf Walzenwehr und Segment je m Breite

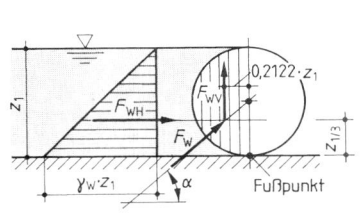 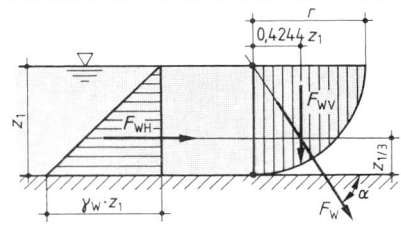

Walzenwehr	**Segment**
$F_{WH} = \gamma_W z_1^2/2$	$F_{WH} = \gamma_W z_1^2/2 \approx 5\,z_1^2$
Auftrieb $F_{WV} = \gamma_W \cdot z_1^2 \cdot \pi/8$	Auflast $F_{WV} = -\gamma_W z_1^2 \pi/4 \approx -7,85\,z_1^2$
$F_W = \sqrt{F_{WH}^2 + F_{WV}^2} = \tfrac{1}{2}\gamma_W z_1^2 \sqrt{1 + \pi^2/16}$ $\approx 6,36\,z_1^2$	$F_W = \tfrac{1}{2}\gamma_W \cdot z_1^2 \cdot \sqrt{1 + \pi^2/4} \approx 9,31\,z_1^2$
$\tan\alpha = F_{WV}/F_{WH} = \pi/4; \quad \alpha = 38,15°$	$\tan\alpha = -\pi/2; \quad \alpha = -57,52°$

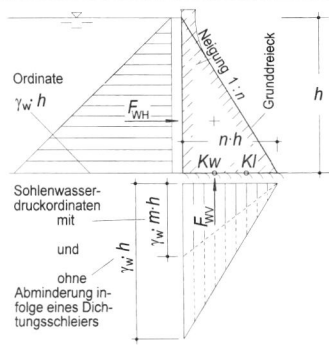

Bild 4
Wasserdruckkräfte auf eine Gewichtsstaumauer als sogenanntes Grunddreieck mit wasser- und luftseitigen Kernpunkten K_W und K_l (Beispiel)

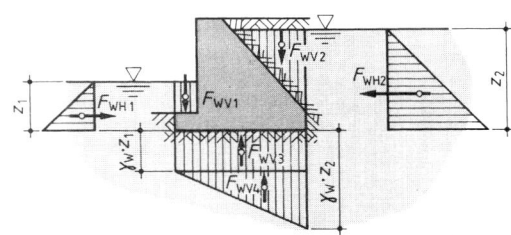

Bild 5
Wasserdruckkräfte auf Stützmauer auf durchlässigem Untergrund (Beispiel)

1023

2.3 Wasserdruck auf doppelt gekrümmte Flächen

Ermittlung durch Aufteilung in a) Horizontal- und b) Vertikalkraft

a) Horizontalkraft = Wasserdruck auf die horizontale Projektion des Körpers auf eine vertikale Wand;

b) Vertikalkraft kann Auftrieb und/oder Auflast sein.

Auftrieb = Gewicht des verdrängten Wassers;

Auflast = Gewicht desjenigen Wasserkörpers, der durch die benetzte Fläche und ihre vertikale Projektion auf den Wasserspiegel begrenzt wird.

In beiden Fällen gilt $F = V \cdot \gamma_\mathrm{W}$.

5 Wasserdruckkräfte auf Halbkugel und Halbrohr mit Viertelkugel

Halbkugel

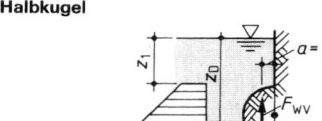

$\alpha = 90°; \quad y_1 = z_1$

$F_\mathrm{WH} = \gamma_\mathrm{W} \cdot r^2 \cdot \pi\,(z_1 + r)$

$z_\mathrm{D} = z_1 + r + r^2 / [4\,(z_1 + r)]$

$F_\mathrm{WV} = \gamma_\mathrm{W} \cdot 2 \cdot \pi \cdot r^3 / 3$

Halbrohr mit Viertelkugel

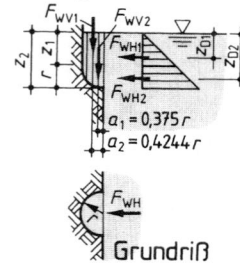

Grundriß

$F_\mathrm{WH1} = \gamma_\mathrm{W} \cdot 2r \cdot z_1^2 / 2 \approx 10\,r \cdot z_1^2; \quad z_\mathrm{D1} = 2 \cdot z_1 / 3$

$F_\mathrm{WH2} = \tfrac{1}{2}\gamma_\mathrm{W} \cdot r^2 \cdot \pi\,(z_1 + 0{,}4244\,r)$

$z_\mathrm{D2} = z_1 + 0{,}4244\,r + r^2 / [14{,}3\,(z_1 + 0{,}4244\,r)]$

$F_\mathrm{WV1} = \tfrac{1}{2}\gamma_\mathrm{W} r^2 \cdot \pi \cdot z_1$

$F_\mathrm{WV2} = \gamma_\mathrm{W} \pi \cdot r^3 / 3$

2.4 Schwimmstabilität — Kentersicherheit

Ein Körper schwimmt, wenn sich Gleichgewicht einstellen kann zwischen den Vertikalkräften Eigenlast G und Auftrieb F_A.

Aus der Gleichung

$G = F_\mathrm{A}$ bzw. $G = V \cdot \gamma_\mathrm{W}$

läßt sich wegen $V = f(z_\mathrm{T})$ die Eintauchtiefe z_T des schwimmenden Körpers ermitteln. Beispiel s. Tafel 6.

Die Stabilität der Schwimmlage eines schwimmenden Körpers hängt davon ab, wie der Körperschwerpunkt S_K, der Schwerpunkt S_V des verdrängten Volumens (in Ruhelage) und das Metazentrum M zueinander liegen (im Metazentrum M schneidet der Wirkungslinie der Auftriebskraft F_A im geneigten Zustand die Symmetrielinie des zugehörigen Schwimmkörper-Querschnittes):

— liegt S_K unter S_V, so ist der Körper schwimmstabil;

— liegt S_K nicht unter S_V, so ist der Körper nur schwimmstabil, wenn das Metazentrum M über S_K liegt.

Die Höhe des Metazentrums M über dem Körperschwerpunkt S_K, die metazentrische Höhe, beträgt

$$h_m = (I_{min}/V) - e \quad \begin{matrix} > & 0\text{: Schwimmlage ist stabil;} \\ = & 0\text{: Schwimmlage ist indifferent (z. B. Kugel, Walze);} \\ < & 0\text{: Schwimmlage ist labil.} \end{matrix}$$

Hierbei ist

I_{min} das kleinste Flächenmoment 2. Grades des Wasserlinienrisses (Schnittfläche von Schwimmkörper und Wasserspiegel)

V das Volumen der verdrängten Flüssigkeit

e die Höhe des Körperschwerpunktes S_K über dem Schwerpunkt S_V des Verdrängungsvolumens in Ruhelage (positiv, wenn S_K oberhalb von S_V).

Tafel 6   Eintauchtiefe und metazentrische Höhe eines Senkkastens

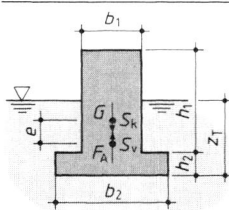 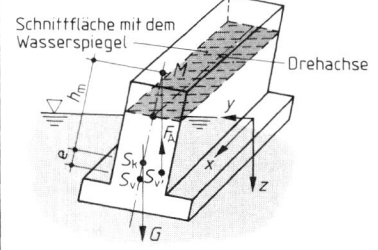

geg.: $b_1 = 4,00$ m $h_1 = 8,00$ m
      $b_2 = 6,00$ m $h_2 = 2,00$ m
Länge $L = 15,00$ m
Eigenlast $G = 4800$ kN;
ges.: Eintauchtiefe z_T;

Rechnung
erf $V = G/\gamma_w = 480$ m^3;
$480 = (b_2 h_2 + b_1 (z_T - h_2)) L$
liefert $z_T = 7,00$ m;

geg.: $e = 0,50$ m;
ansonsten wie links angeg.;
ges.: h_m;

Rechnung
$I_{min} = L \, b_1^3/12 = 80,00$ m^4
$V = 4800/10 = 480$ m^3
$h_m = 80,00/480,00 - 0,5 = -0,33$ m;

die Schwimmlage ist labil; der Senkkasten ist nicht kentersicher;

3   Hydrodynamik

Formelzeichen und Einheiten

Q	Abfluß, Durchfluß	m^3/s		p	Wasserdruck	kN/m^2
	in Tafeln für Rohrleitungen	l/s		k/d	relative Rauheit	—
A	Abfluß- bzw. Durchflußquer-	m^2		$h_d = p_d/(\varrho \cdot g)$	hydr. Druckhöhe	m
	schnitt, begrenzt			h_v	Verlusthöhe	m
l_u	benetzer Umfang (U)	m		L	Leitungs- bzw. Gerinnelänge	m
$r_{hy} = A/l_u$	hydraulischer Radius (R)	m		λ	Widerstandsbeiwert	—
	(für Kreisprofile gilt $r_{hy} = d/4$)			d bzw. d_{hy}	Rohrdurchmesser	m
v	mittlere Fließgeschwindigkeit	m/s		$Re = v \cdot d/\nu_W$	Reynolds-Zahl	—
C	Chezy-Beiwert	m$^{1/2}$/s		ν_W	kinetmatische Viskosität (für Wasser	
k_{St}	Rauheit nach Strickler,	m$^{1/3}$/s			von 10 °C und Abwasser von 12 °C	
	Tafel 31				$\nu_W = 1,31 \cdot 10^{-6}$) s. Tafel 1	m^2/s
$I_E = h_v/L$	Energiehöhengefälle			k_i, k_b, k	Rauheit s. Tafeln 8 bis 10	mm

14

Vereinfachungen. $\gamma_W = \varrho \cdot g = 10$ kN/m³; Wasser sei imkompressibel (gleichbleibende Dichte); keine temperaturbedingten Volumenänderungen.

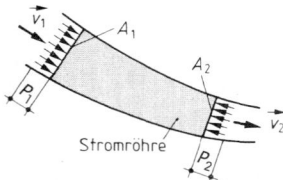

Bild 6

Grundlagen

Impulssatz. Impuls = Masse $\cdot$ Geschwindigkeit = Kraft $\cdot$ Zeit; keine Reibkräfte zwischen Flüssigkeit und Wandung.

Bei stationärer Strömung ist der mit der Flüssigkeit in ein abgegrenztes Raumgebiet durch dessen Kontrollfläche A_1 in der Zeiteinheit eintretende Impuls (austretenden Impuls negativ rechnen) mit den auf das Gebiet wirkenden Kräften im Gleichgewicht.

Damit gilt z. B. für die gedachte Stromröhre von Bild 6 die Vektorgleichung

$$\sum \vec{F}_1 = \varrho \cdot Q(\vec{v}_1 - \vec{v}_2) \qquad (1)$$

$$\sum \vec{F}_W = \vec{p}_1 \cdot A_1 - \vec{p}_2 \cdot A_2 \qquad (2) \qquad \text{mit} \quad p_i = \gamma_W \cdot z_i \text{ (normal zum Fließquerschnitt)}$$

Bei der praktischen Anwendung des Impulssatzes werden nur kurze Abschnitte der Leitung betrachtet. Die Reibung wird vernachlässigt. Die Kräfte auf die Wandung werden aber wirksam.

Tafel 7   Kraft auf Rohrwiderlager

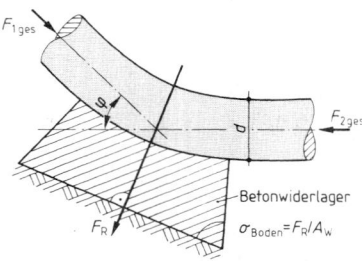

Anmerkung In der Wasserversorgung gilt $v \approx 1$ m/s und $z_s \ll z_{wü}$. Dann können die dynamischen Kräfte gegenüber den statischen vernachlässigt werden und es gilt näherungsweise $F_{ges} \approx z_{wü} \cdot \gamma_W \cdot A$; „Prüfdruck 15 bar" bedeutet $p_W = 1500$ kN/m².

liegender Krümmer

geg. $Q = 15,00$ m³/s; $d = 1,50$ m

$z_{wü} = 8,00$ m Wassersäule (Überdruck);

ges. result. Kraft F_R;

Rechnung

a) Wasserdruckkräfte

$F_{W1} = F_{W2} = F_W = p_{WS} \cdot A = (z_{wü} + z_s)\,\gamma_W \cdot A$

liefert mit $z_s = d/2 = 0,75$ m

und $A = \pi d^2/4 = 1,77$ m²

die Druckkraft $F_W = 154,63$ kN;

b) Impulskräfte

$v_1 = v_2 = v = 15,00/1,77 = 8,49$ m/s;

$\varrho \cdot Q \cdot v = 127,35$ kN;

c) insgesamt

$F_{ges} = 154,63 + 127,35 = 281,98$ kN;

$F_R = 2 \cdot F_{ges} \cdot \sin \dfrac{\varphi}{2} = 215,82$ kN

Die an Krümmern, T-Stücken und Rohrenden von Muffenleitungen erforderlichen Betonwiderlager müssen mit dem Prüfdruck als Innendruck und dem Rohraußendurchmesser so dimensioniert werden, daß der von ihnen infolge F_R auf den Boden ausgeübte Druck die zulässige Bodenpressung nicht übersteigt.

DVGW-Merkblätter GW 310/1 (7.1971) und GW 310/2 (3.1973)

$$F_R = z_{wA} \cdot \gamma_w \cdot d_a^2 \cdot \pi/4 \quad \text{bzw.}$$

$$F_R = p \cdot d_a^2 \cdot \pi/4$$

$$\gamma_w = \varrho_w \cdot g$$

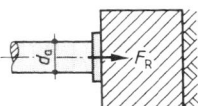
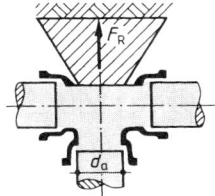

Bild 7 Rohrwiderlager

Im offenen Gerinne heißt die allgemeine Form des Impulssatzes **Stützkraftsatz**.

Stützkraft $\quad S = F_{W1} + \varrho \cdot Q \cdot v_1 = F_{W2} + \varrho \cdot Q \cdot v_2 = \textbf{const}$ (3)
und mit den Abmessungen nach Bild 8

$$\gamma_w \frac{(h_1 + h_w)^2}{2} b_2 + \varrho \cdot Q \cdot v_1 = \gamma_w \frac{h_2^2}{2} \cdot b_2 + \varrho \cdot Q \cdot v_2 \quad (4)$$

Beachte die Schnittführung ①: Der Druck auf die Stirnflächen geht mit ein, aber $v_1 = Q/(h_1 \cdot b_1)$.

Mit glatter Sohle ($h_w = 0$) und mit $b_1 = b_2$ ergeben sich die **konjugierten Wechselsprungtiefen** aus

$$h_1 = -\frac{h_2}{2} + \sqrt{\frac{h_2^2}{4} + \frac{2 h_2 \cdot v_2^2}{g}} \quad (5)$$

Die Indizes 1 und 2 sind vertauschbar. Es ist $2 h_2 \cdot v_2^2/g = 2 h_{gr}^3/h_2 = 2 h_2^2 \cdot F_{r2}^2$ mit der Froude-Zahl

$$Fr = \frac{v}{\sqrt{gh}} = \frac{v}{\sqrt{g \cdot A/b}}$$

$$h_1/h_2 = \sqrt{1/4 + 2 Fr_2^2} - 0,5$$

Im teilgefüllten Kreisquerschnitt ist $F_w = \gamma_w z_s A$ bzw. mit den Werten des Abschn. 1.3 im Kapitel Mathematik

$$F_w = \gamma_w e \cdot A$$

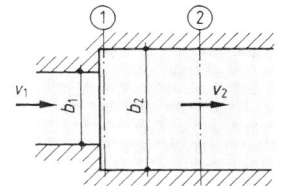
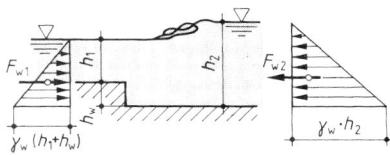

Bild 8 Impulssatz

Die Lösung von Gl. (4) führt auf eine kubische Gleichung, die entweder mit den bekannten Standardverfahren oder iterativ nach Newton gelöst werden kann.

Beispiel $\quad b_1 = 40,0$ m; $b_2 = 55,0$ m; $h_2 = 4,5$ m; $Q = 500$ m³/s; $h_w = 0,5$ m; nach Abschn. 3.3.3 ist Durchfluß ohne Fließwechsel festgestellt worden.

Lösung $\quad$ Durch Umformen von Gl. (4) ergibt sich $f(h_1)$ wie folgt:

$$f(h_1) = h_1^3 + 2 h_w \cdot h_1^2 + (h_w^2 - 2 v_2^2 \cdot h_2/g - h_2^2) \cdot h_1 + 2 Q^2/(g \cdot b_1 \cdot b_2) = 0 \quad (6)$$

und $\quad f'(h_1) = 3 h_1^2 + 4 \cdot h_w \cdot h_1 + h_w^2 - 2 v_2^2 \cdot h_2/g - h_2^2$ (7)

Nach Newton findet man aus dem geschätzten Wert h_1^* den verbesserten Wert h_1^{**} wie folgt: $h_1^{**} = h_1^* - f(h_1^*)/f'(h_1^*)$.

Erste Schätzung: $h_1^* = h_2 - 2 h_w = 4,5 - 2 \cdot 0,5 = 3,5$ m;

$v_2 = Q/A_2 = Q/b_2 \cdot h_2 = 500/(55,0 \cdot 4,5) = 2,02$ m/s

mit Gl. (6) und (7) wird:

$f'(h^*) = 3 \cdot 3,5^2 + 4 \cdot 0,5 \cdot 3,50 + (0,5^2 - 2 \cdot 2,02^2 \cdot 4,5/9,81 - 4,5^2) = 20,01$

$f(h^*) = 3,5^3 + 2 \cdot 0,5 \cdot 3,5^2 + (-23,743) \cdot 3,5 + 2 \cdot 500^2/(9,81 \cdot 40 \cdot 55) = -4,81$

$h^{**} = 3,5 - (-4,81/20,01) = 3,74$ m; $h^{***} = 3,71$ m; $v = 500/(3,71 \cdot 40) = 3,37$ m/s.

14

3.1 Geschlossene Rohrleitungen

3.1.1 Kontinuitätsgleichung

$Q = A \cdot v =$ **konst** daraus $v_1 = v_2 \cdot A_2/A_1$; bei kreisförmigen Rohren $v_1 = v_2 \cdot d_2^2/d_1^2$

3.1.2 Bernoullische Druck- und Energiegleichung

Die Kontinuitätsgleichung dient der Berechnung der Lage der Drucklinie in voll gefüllten Leitungen, die der Wasserspiegellage in offenen Gerinnen entspricht (Energieverluste nach 3.1.3).

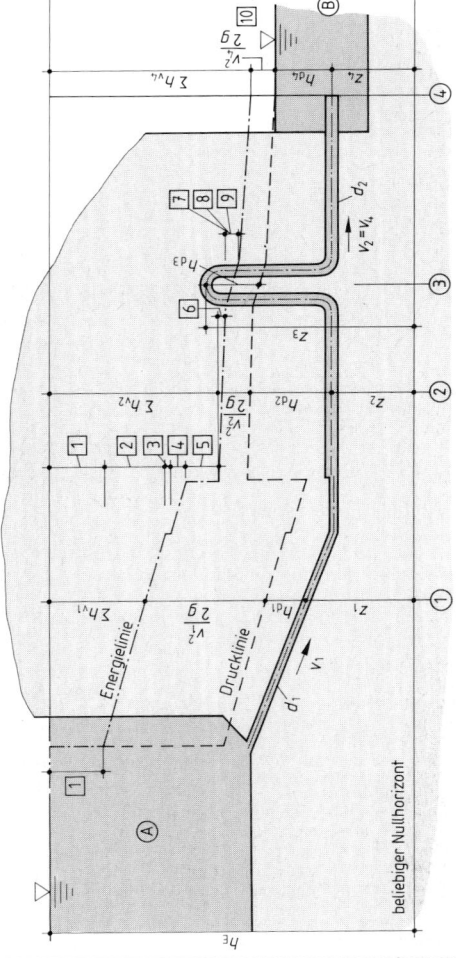

Bild 9 Druck- und Energielinienverlauf

Für alle Schnitte gilt

$$h_E = z_i + h_{di} + (v_i^2/2g) + \sum h_{vi}$$

Ⓐ, Ⓑ = große Becken ohne Geschwindigkeit. Bei Ⓐ liegen die Energielinie und die Drucklinie im Wasserspiegel. Bei Ausfluß ins Freie würde die Drucklinie bei Ⓑ in der Rohrachse am Auslauf enden. Hier endet sie im Wasserspiegel.

h_{d3} ist negativ (Unterdruck), weil die Drucklinie unter der Rohrachse liegt.

Allgemein gilt für die Druckhöhe

$$h_d = p_d/(\varrho \cdot g) \approx p_d/10 \quad \text{in m}$$

mit p kN/m² Wasserdruck im Rohr.

1 Eintrittsverlust
2 Reibungsverlust bis Mitte Krümmer
3 Krümmungsverlust (hier für 22,5°)
4 Reibungsverlust bis zur Erweiterung
5 Erweiterungsverlust
6 Reibungsverlust bis zum Krümmer
7 1 × 90° Krümmerverlust + Reibungsverlust senkr. Rohr zw. den Krümmern
8 2 × 90° Krümmerverlust + Reibung über die Bogenlänge
9 wie 7; Anm.: Die Rohrlängen werden über die Krümmer durchgerechnet: $v_2 = v_3 = v_4$ wegen $d = $ const. $= d_2$
10 Austrittsverlust s. Abschn. 3.1.3.10

Bohrt man z. B. die Leitung in Bild 9a von oben an, so würde in einem aufgesetzten Rohr im Schnitt ② das Wasser um das Maß h_{d2} über die Rohrachse bis zur Drucklinie ansteigen, während bei einer Bohrung von unten im Schnitt ③ in einem angesetzten U-Rohr der Wasserstand im freien Schenkel um das Maß des Unterdrucks h_{d3} absinken würde.

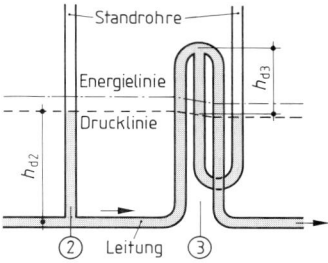

Bild 9a

Bei gegebener Rohrgeometrie sind entweder Energie- bzw. Wasserspiegellage oder der Durchfluß gegeben oder gesucht.

Nach dem Satz von der Erhaltung der Energie bleibt h_E immer gleich. Im Becken Ⓐ, Bild 9, ist $v = 0$, also liegt die Energielinie im Wasserspiegel $h_E = 42{,}0$. Im Schnitt ④ am Rohrende liegt die Energiehöhe $v_4^2/2g$ über dem Wasserspiegel und um die $\sum$-Verluste unter 42,0. Beim Austritt geht $v_4^2/2g$ verloren, wenn im Becken Ⓑ $v = 0$ ist (dann Wasserspiegel = E-Linie).

Gibt es hinter dem Austritt eine Geschwindigkeit, dann liegt bei ④ die Energielinie um den Austrittsverlust, der vermutlich ein Erweiterungsverlust (Abschn. 3.1.3.3) ist, höher als die E-Linie im weiterführenden Gerinne.

Beispiel

Gegeben: System u. Bild 9. Wasserspiegel A oben +42,00, B unten +36,00, Rohrachse ④ +34,00, Rohrachse ③ +38,00, $d_1 = 200$ mm, $d_2 = d_3 = d_4 = 300$ mm, $\sum\limits_1^4 L_1 = 4{,}20$ m, $\sum\limits_2 L_i = 8{,}20$ m, Krümmer 1 mit 22,5°, $r/d = 2$, sowie 4 Krümmer 90°, $k = 0{,}1$ mm, $\nu = 1{,}31 \cdot 10^{-6}$.

Gesucht Wassermenge Q, Druck in der Rohrachse bei ③ mit $\Delta L = 3{,}50$ m vor dem Rohrende.

Lösung

$h_E = h_{E4} = 42{,}00 = 36{,}0 + v_4^2/2g + \sum$ Verluste, wobei $z_4 + h_{d4} = 36{,}00$.
Verluste mit v_1: $(\zeta_E + \sum L_1 \cdot \lambda_1/d_1 + \zeta_{kr}) \cdot v_1^2/2g$
Verluste mit $v_2 = v_3 = v_4$: $(\zeta_{ERW} + 4\zeta_{kr} + \sum L_2 \cdot \lambda_2/d_2) \cdot v_4^2/2g$.
nach Abschn. 3.1.3.2: $\zeta_E = 0{,}5$; nach 3.1.3.6 $\zeta_{kr90} = 0{,}3$;
$\zeta_{kr22{,}5} = 0{,}3 \cdot 22{,}5/90 = 0{,}075$; nach 3.1.3.3 $\zeta_{ERW} = 1{,}0(1 - 0{,}3^2/0{,}2^2)^2 = 1{,}563$;
nach Bild 10 mit $d_1/k = 200/0{,}1 = 2000 \rightarrow \lambda_1 \approx 0{,}017$; mit $d_2/k = 3000 \rightarrow \lambda_2 \approx 0{,}016$

Mit Hilfe der Kontinuitätsgleichung wird die Geschwindigkeit v_1 ersetzt durch v_4:
$A_1 \cdot v_1 = A_4 \cdot v_4 = Q$; $v_1 = v_4 \cdot d_4^2/d_1^2 = 2{,}25 v_4$; $v_1^2 = 5{,}063 v_4^2$; $42{,}0 = 36{,}0 + v_4^2/2g +$
$+ [(0{,}5 + 0{,}017 \cdot 4{,}20/0{,}2 + 0{,}075) \cdot 5{,}063 + (1{,}563 + 0{,}016 \cdot 8{,}2/0{,}3 + 4 \cdot 0{,}3)] v_4^2/2g$;

$v_4 = \sqrt{(42 - 36) \cdot 2g/(1 + 7{,}919)} = 3{,}63$ m/s; $v_1 = 3{,}63 \cdot 2{,}25 = 8{,}17$ m/s
Kontrolle von λ: $R_{e1} = 8{,}17 \cdot 0{,}2/1{,}31 \cdot 10^{-6} = 1{,}25 \cdot 10^6 \rightarrow \lambda = 0{,}017$ s.o.
$R_{e2} = 3{,}63 \cdot 0{,}3/1{,}31 \cdot 10^{-6} = 8{,}32 \cdot 10^5 \rightarrow \lambda = 0{,}016$ s.o.
$Q = A \cdot v = 0{,}1^2 \cdot \pi \cdot 8{,}17 = 0{,}15^2 \cdot \pi \cdot 3{,}63 = 0{,}257$ m³/s;
Die Druckhöhe h_{d3} ist 42,0 abzüglich der Verluste, $v_3^2/2g$ und der Achshöhe 38,0.
Verluste: $[(0{,}5 + 0{,}017 \cdot 4{,}2/0{,}2 + 0{,}075) \cdot 5{,}063 + 1{,}563$
$+ 0{,}016 \cdot (8{,}3 - 3{,}5)/0{,}3 + 2 \cdot 0{,}3] \cdot 3{,}63^2/19{,}62 = 7{,}138 \cdot 0{,}672 = 4{,}79$ m;
$h_{d3} = 42{,}0 - 4{,}79 - 0{,}67 - 38{,}0 = -1{,}46$ m $\hat{=}$ 14,60 kN/m² Unterdruck.
oder von B her gerechnet, mit den Verlusten $(7{,}919 - 7{,}138) \cdot 0{,}672 = 0{,}53$ m:
$h_{d3} = 36{,}0 + 0{,}53 - 38{,}0 = 1{,}47$ m mit 36,0 = Austrittsdruck am Rohrende = Wasserstand B.

Bei offenen Gerinnen beginnt man mit einer bekannten Energiehöhe (z. B. an einer Strecke mit stat. gleichförmigem Abfluß, s. Abschn. 3.2.2, wo h meist iterativ ermittelt wird, oder an einer Engstelle mit Fließwechsel, s. Abschn. 3.2.1, wo sich h als h_{gr} einstellt) und ermittelt von dort aus bei strömendem Abfluß gegen und bei schießendem Abfluß mit der Fließrichtung die Energieverluste und damit das neue h_E. Die zugehörige Wassertiefe erhält man wieder iterativ.
(geg. $h_E = h + v^2/2g \pm$ Verluste $\Rightarrow$ neues h_E: Abzügl. $v^2/2g =$ neuer Wasserspiegel).

14

3.1.3 Energieverluste

Energieverluste werden als Verlusthöhe $h_v = \zeta \cdot v^2/2g$ in m dargestellt.

3.1.3.1 Reibungsverlust

Nach de Chezy ist $v = C\sqrt{r_{hy} \cdot I}$ in m/s, mit $C = \sqrt{8g/\lambda}$ wird nach Weisbach
für **Kreisrohre** $h_{vr} = (\lambda \cdot L/d)(v^2/2g)$ in m, $\xi_r = \lambda \cdot L/d$ λ s. Bild 10.

Fließformel für kreisförmige Rohre im turbulenten Bereich

$$v = \{-2\lg[2{,}51 \cdot v/(d \cdot \sqrt{2g \cdot I \cdot d}) \div k_i^i(3{,}71 \cdot d)]\} \cdot \sqrt{2g \cdot I \cdot d} \quad \text{in m/s}$$

Für nicht kreisförmige Rohre steht statt $d \Rightarrow 4\,r_{hy} = 4A/l_u$

Bei Teilfüllung gilt $v_T/v_V = (r_{hyT}/r_{hyV})^{0{,}625}$ v s. Tafel 1

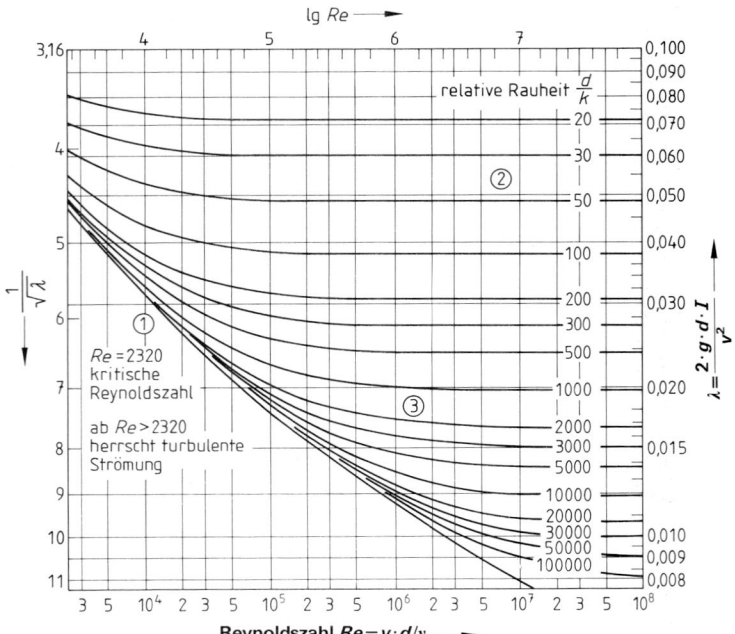

Bild 10 Moody-Diagramm: Widerstandsbeiwerte λ nach Prandtl-Colebrook

① hydraulisch glatt ② rauher Bereich ③ Übergangsbereich

$$\lambda_0 = \left[2\lg\frac{Re \cdot \sqrt{\lambda_0}}{2{,}51}\right]^{-2} \qquad \lambda = \left[2\lg\frac{3{,}71 \cdot d}{k}\right]^{-2} \qquad \lambda = \left[-2\lg\left(\frac{2{,}51}{Re\sqrt{\lambda}} + \frac{k}{3{,}71\,d}\right)\right]^{-2}$$

bzw.

$$\lambda = \left\{-2\lg\left(\frac{2{,}51 \cdot v}{v \cdot d}\left[-2\lg\left(\frac{k_b}{d \cdot 3{,}71}\right)\right] + \frac{k_b}{d \cdot 3{,}71}\right)\right\}^{-2}$$

Tafel 8 **Integrale Rauheiten für Wasserleitungen** nach DVGW Arb. Bl. W 302 | k_i in mm

	k_i in mm
Fern- u. Zubringerleitungen, gestreckte Linienführung, Stahl- oder Gußrohre mit Zementmörtel oder Bitu-Auskleidung oder Spannbeton oder AZ-Rohre	0,1
Hauptleitungen wie vor oder Stahl bzw. Guß-Rohre ohne Ablagerungen	0,4
Neue Netze	1,0

Tafel 9 Pauschal-Werte für die betriebliche Rauheit k_b in mm nach ATV-A110 [1]

k_b	Anwendung für		Bem.
0,25	Drosselstrecken[1]), Druckrohrleitungen[1, 2]), Düker[1]) und Reliningstrecken ohne Schächte		alle DN
0,50	Transportkanäle mit Schächten gem.[3])		alle DN
0,75	Sammelkanäle und -leitungen gem.[3]) dto. mit angeformten Schächten gem.[4]) Transportkanäle gem.[5]) bzw. mit angeformten Schächten[4])	s. ATV-A 241, Abschn. 1.1.5	bis DN 1000 alle DN alle DN
1,50	Sammelkanäle und -leitungen gem.[5]) Mauerwerkskanäle, Ortbetonkanäle, Kanäle aus nicht genormten Rohren ohne bes. Nachweis der Wandrauheit		alle DN alle DN

[1]) Ohne Einlauf-, Auslauf und Krümmungsverluste   [2]) Ohne Drucknetze   [3]) DN $\leq$ 500: $h_F = $ DN; DN $>$ 500: $h_{2Q_t} \leq h_F \geq 500$ [4]) Fertigteile, s. ATV-A241.8.1.2.3   [5]) h_F ca. $\leq$ DN/2

Tafel 10 Rauheiten für verschiedene Rohrwandungen

	k in mm		
Gezogene Rohre, Glas, Kupfer, Messing	0,001		
Geschweißte Rohre, handelsüblich	0,05	bis	0,2 mm
mäßig verrostet	0,4		
starke Verkrustung	3,0		
Genietete Blechrohre	1,0	bis	9,0 mm
Rohre mit Zementmörtel-Auskleidung geschleudert	0,03	bis	0,4 mm
Angerostete Rohre	0,15	bis	1,0 mm
Stark verkrustete Leitungen	2,0	bis	4,0 mm
Neue PVC- und PE-Rohre	0,002	bis	0,01 mm
Steinzeug-Rohre und Leitungen	0,05	bis	0,16 mm
Holzrohre	0,3	bis	1,0 mm
Schleuderbeton-Rohre	0,1	bis	0,8 mm
Spannbeton-Rohre	0,04	bis	0,25 mm
Holzgeschalte Stollen, gehobelt oder rauh	1,0	bis	10,0 mm
Dränrohre aus Ton (DIN 1185-1 bis -5)		0,7	mm
Gewellte Kunststoff-Dränrohre (DIN 1185-1 bis -5)		2,0	mm

3.1.3.2 Eintrittsverluste $h_v = \zeta \cdot v^2/2g$

Tafel 11 Eintrittsverlustbeiwerte ζ

						45°	60°	75°
Einlauf-Kante	scharf	0,5	1 bis 3	—	—	0,8	0,7	0,6
	gebrochen	0,25	0,55	0,25	0,06 bis 0,1	—		

3.1.3.3 Erweiterungsverluste $h_v = \zeta \cdot v_2^2/2g$

Tafel 12 Erweiterungsverlustbeiwerte ζ

d_1/d_2	8°	16°	20°	24°	30° $\leq \alpha \leq$ 90°
0,5	1,3	2,7	3,6	5,3	9,0 bis 10,8
0,6	0,44	0,95	1,16	1,86	3,16 bis 3,79
0,7	0,15	0,33	0,43	0,64	1,08 bis 1,30
0,8	0,04	0,10	0,13	0,19	0,32 bis 0,38
0,9	0,01	0,02	0,02	0,03	0,06 bis 0,07

allgemein: $\zeta = (1,0$ bis $1,2) \, (1 - A_2/A_1)^2$

14

3.1.3.4 Einschnürungsverluste $h_v = \zeta \cdot v_2^2/2g$

Tafel 13 Einschnürungsverlustbeiwert ζ

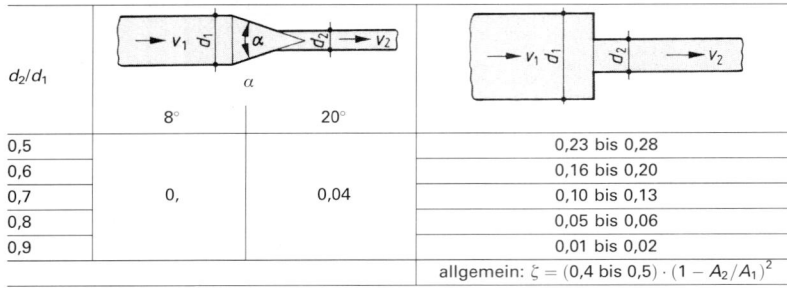

d_2/d_1	α		
	8°	20°	
0,5			0,23 bis 0,28
0,6			0,16 bis 0,20
0,7	0,	0,04	0,10 bis 0,13
0,8			0,05 bis 0,06
0,9			0,01 bis 0,02
			allgemein: $\zeta = (0{,}4 \text{ bis } 0{,}5) \cdot (1 - A_2/A_1)^2$

3.1.3.5 Verlustbeiwerte von Mengenmeßgeräten $h_v = \zeta \cdot v_2^2/2g$

Tafel 14 Verlustbeiwerte ζ bei Mengenmeßgeräten

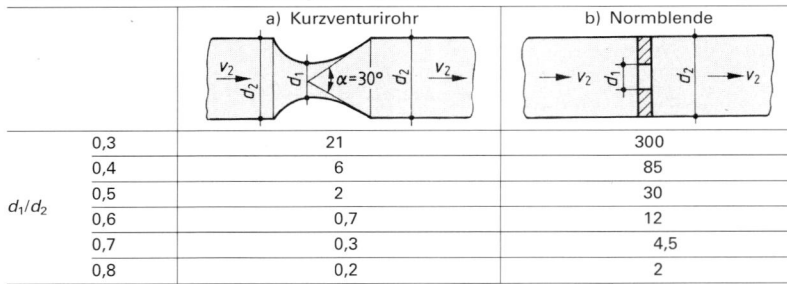

		a) Kurzventurirohr	b) Normblende
d_1/d_2	0,3	21	300
	0,4	6	85
	0,5	2	30
	0,6	0,7	12
	0,7	0,3	4,5
	0,8	0,2	2

Normale Wasserzähler $\zeta \approx 10$

3.1.3.6 Kreisrohrkrümmerverluste $h_v = \left(\zeta + \dfrac{\lambda \cdot l}{d}\right) \cdot v^2/2g$

Tafel 15 Verlustbeiwerte ζ bei Rohrkrümmern

(Im Krümmer wirkt zusätzlich der Reibungs- verlust)	r/d	$Re = 2 \cdot 10^5$ $\alpha = 90°$ hydraulisch		$Re > 2 \cdot 10^5$, $15° < \beta \leq 180°$ und $1 < r/d \leq 10$ nach [14]
		glatt	rauh	
	1	0,21	0,51	
	2	0,14	0,30	
	4	0,10	0,23	$\zeta = \left(0{,}051 + 0{,}12 \cdot \dfrac{d}{r}\right) \cdot \left(\dfrac{\alpha}{60°}\right)^{0{,}7}$
	6	0,08	0,17	
	10	0,10	0,19	

Bei zusammengesetzten Krümmern und Rohrbögen wird der ζ-Wert des einfachen Krümmers

verdoppelt | verdreifacht | vervierfacht

Dehnungsausgleicher	ζ
Wellrohr- mit Leitrohr ausgleicher	0,3
ohne Leitrohr	2,0
Glattrohr-Lyrabogen	0,6 bis 0,8
Faltenrohr-Lyrabogen	1,3 bis 1,6
Wellrohr-Lyrabogen	3,2 bis 4,0

3.1.3.7 Kreisrohrkniestückverluste $h_\mathrm{v} = \left(\zeta + \dfrac{\lambda \cdot l}{d}\right) \cdot v^2/2g$

Tafel 16 Verlustbeiwerte ζ bei Kreisrohrkniestücken

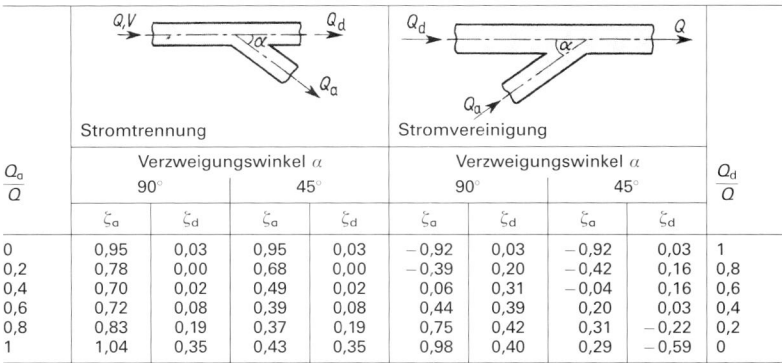

Im Kniestück wirkt zusätzlich der Reibungsverlust		glatt	rauh			
α	15°	0,04	0,06			
	22,5°	0,07	0,10			
	30°	0,10	0,15	2,5	3,0	5
	45°	0,24	0,32			
	60°	0,45	0,55			
	90°	1,20	1,24			

3.1.3.8 Stromtrennungs- und -vereinigungsverluste

Alle Durchmesser sind gleich

$$h_\mathrm{va} = \zeta_\mathrm{a} \cdot v^2/2g\,; \qquad h_\mathrm{vd} = \zeta_\mathrm{d} \cdot v^2/2g\,; \qquad Q = Q_\mathrm{a} + Q_\mathrm{d}\,; \qquad v = Q/(\pi d^2/4)$$

Tafel 17 Verlustbeiwerte ζ bei Stromtrennung und -vereinigung
(Berechnung nach GARDEL [14])

$\dfrac{Q_\mathrm{a}}{Q}$	Stromtrennung				Stromvereinigung				$\dfrac{Q_\mathrm{d}}{Q}$
	Verzweigungswinkel α				Verzweigungswinkel α				
	90°		45°		90°		45°		
	ζ_a	ζ_d	ζ_a	ζ_d	ζ_a	ζ_d	ζ_a	ζ_d	
0	0,95	0,03	0,95	0,03	−0,92	0,03	−0,92	0,03	1
0,2	0,78	0,00	0,68	0,00	−0,39	0,20	−0,42	0,16	0,8
0,4	0,70	0,02	0,49	0,02	0,06	0,31	−0,04	0,16	0,6
0,6	0,72	0,08	0,39	0,08	0,44	0,39	0,20	0,03	0,4
0,8	0,83	0,19	0,37	0,19	0,75	0,42	0,31	−0,22	0,2
1	1,04	0,35	0,43	0,35	0,98	0,40	0,29	−0,59	0

Die Durchdringungskanten sind mit $d/20$ ausgerundet.

3.1.3.9 Armaturenverluste $h_\mathrm{v} = \zeta \cdot v^2/2g$

v gilt für den vollen Rohrquerschnitt (Nennweite DN)
Klappe, vollgeöffnet $\zeta = 0,2$

Tafel 18 Verlustbeiwerte ζ für Stahl-, Oval- und Flachschieber

Nennweite DN	50	100	200	300	400	500	600 bis 1200
Stahlschieber nach Stradtmann	0,45	0,60					
Ovalschieber aus Guß (VAG)	—	0,2	0,15	0,12	0,10	0,09	0,08
Flachschieber aus Guß (VAG)	—	0,11	0,08	0,07	0,06	0,05	0,045

14

Tafel 19 Rückschlagklappen aus Guß, ohne Hebel und Gewicht nach VAG.
Mit Hebel und Gewicht steigen die Werte auf ein Mehrfaches

DN		50	200	300	500	600	700	800	1000	1200
	$v = 1$ m/s	3,05	2,95	2,90	2,85	2,70	2,55	2,40	2,30	2,25
ζ bei	$v = 2$ m/s	1,35	1,30	1,20	1,15	1,05	0,95	0,85	0,80	0,75
	$v = 3$ m/s	0,86	0,76	0,71	0,66	0,61	0,54	0,46	0,41	0,36

Tafel 20 Verlustbeiwert für Drosseln $d = $ Durchmesser der Anschlußstutzen

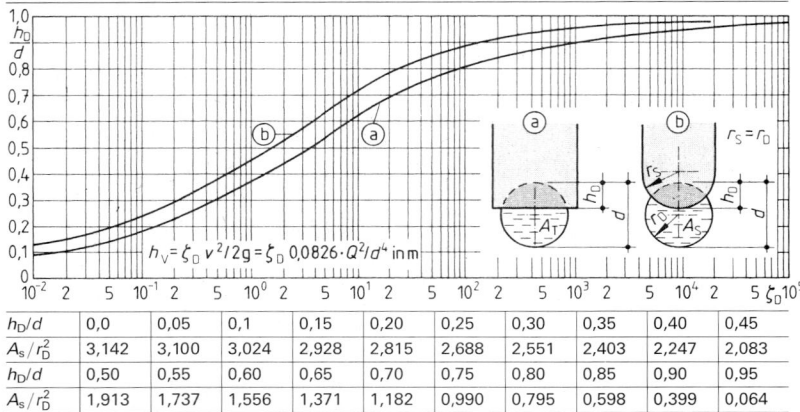

$$h_V = \zeta_D \cdot v^2/2g = \zeta_D \cdot 0{,}0826 \cdot Q^2/d^4 \text{ in m}$$

h_D/d	0,0	0,05	0,1	0,15	0,20	0,25	0,30	0,35	0,40	0,45
A_s/r_D^2	3,142	3,100	3,024	2,928	2,815	2,688	2,551	2,403	2,247	2,083
h_D/d	0,50	0,55	0,60	0,65	0,70	0,75	0,80	0,85	0,90	0,95
A_s/r_D^2	1,913	1,737	1,556	1,371	1,182	0,990	0,795	0,598	0,399	0,064

Ringschieber $\zeta = 0{,}75$ bis 2; **Kegelstrahlscheiber** $\zeta = 0{,}38$ bis 0,50
Fußventile mit Saugkorb $\zeta = 1{,}1$ bis 2,5 je nach Bauart.

3.1.3.10 Austrittsverluste $h_v = \zeta \cdot v^2/2g$

Austritt in ein großes Becken $\zeta = 1{,}0$. Beim Austritt in ein weiterführendes größeres Gerinne wird ζ wie ein Erweiterungsverlust berechnet. Beim Austritt ins Freie ist $\zeta = 0$, die Energielinie liegt $v^2/2g$ über der Rohrachse; so kommt z. B. beim Auftreffen auf eine Platte $v^2/2g$ voll zur Wirkung.

3.1.4 Tafeln zur Rohrleitungsberechnung nach Prandtl-Colebrook

Bei der hydraulischen Berechnung von Wasserversorgungs- und Abwasserkanalnetzen berücksichtigt man nur die Reibungsverluste. Man benutzt Tafelwerke, z. B. von Lautrich für Rohre mit Innendurchmesser = Nennweite, auch von den Steinzeug- oder Betonrohrverbänden bzw., bei anderen Lichtweiten als die Nennweite, spezielle Tabellen für z. B. Kunststoffrohre oder duktile Gußrohre mit und ohne Zementmörtelauskleidung. Für gelegentliche Berechnungen genügen die nachfolgenden Tafeln 21 bis 27. Sie gelten für den Übergangsbereich mit

$$Q = d^2\pi/4\{-2 \lg [2{,}51 v/(d \cdot \sqrt{2g \cdot I \cdot d}) + k/(3{,}71 \cdot d)]\} \cdot \sqrt{2g \cdot I \cdot d} \text{ in m}^3/\text{s}$$

mit $v_{Ta} = 1{,}31 \cdot 10^{-6}$

bei abweichendem v gilt mit Index Ta $\Rightarrow$ Tafel

$$v = v_{Ta}(v/v_{Ta}); \quad Q = Q_{Ta}(v/v_{Ta}); \quad I = I_{Ta}(v/v_{Ta})^2; \quad \text{bzw.} \quad v_{Ta} = v(v_{Ta}/v) \text{ usw}.$$

Durchfluß und Geschwindigkeiten von Eiprofilen mit $b : h = 2 : 3$ und Maulprofilen mit $b : h = 2 : 1{,}5$ nach DIN 4263 (4.91) können aus den Kreistafelwerten mit b als Durchmesser wie folgt umgerechnet werden.

$$Q_{Ei} = 1{,}602\, Q_{Kreis}; \quad v_{Ei} = 1{,}096\, v_{Kreis}; \quad Q_{Maul} = 0{,}683\, Q_{Kreis}; \quad v_{Maul} = 0{,}902\, v_{Kreis}$$

Tafel 21 Bemessung von Kreisprofilen mit voller Füllung $k_i = 0,1$ mm s. Abschn. 3.1.3.1.
DVGW-Arb. Bl. W302 (8.91) Lichtw. d. wälzisol. Rohre < DN

Wasserversorgung, Fern- oder Zubringerleitungen. v in m/s
Ablesebeispiel: Geg.: $Q = 120$ l/s, DN 400 ① — · — · → $I_E = 2,14‰$, $v = 1,0$ m/s

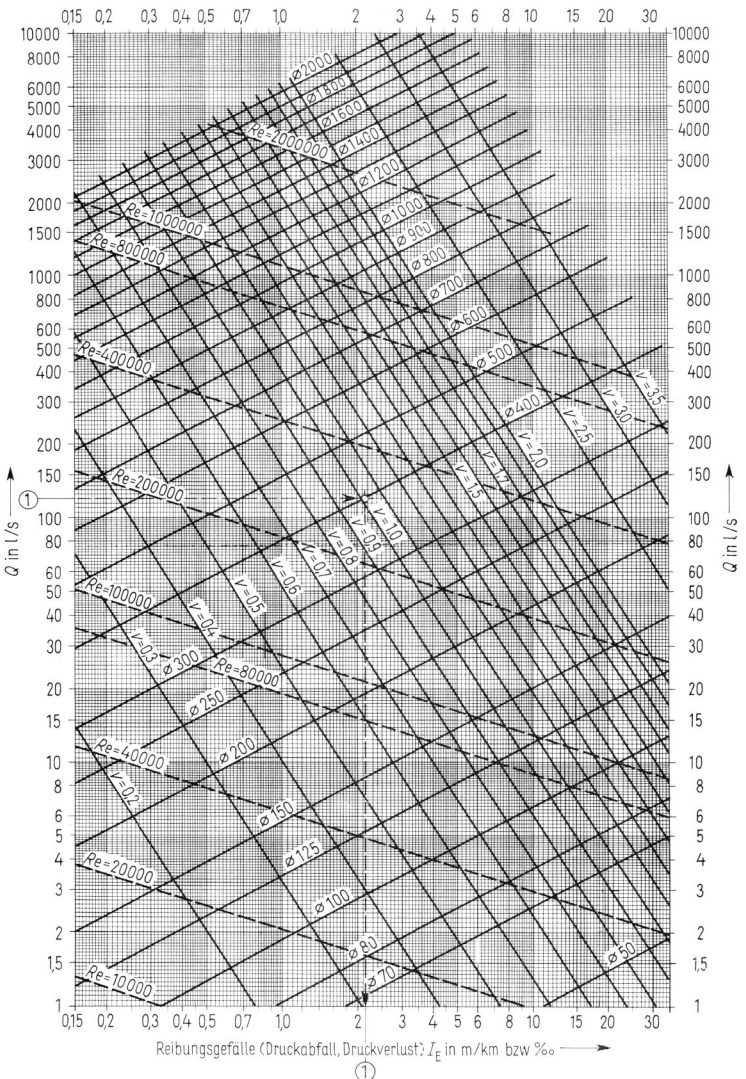

Reibungsgefälle (Druckabfall, Druckverlust) I_E in m/km bzw ‰ ⟶
①

Tafel 22 Bemessung von Kreisprofilen mit voller Füllung $k_i = 0,4$ mm s. Abschn. 3.1.3.1.
DVGW-Arb. Bl. W302 Lichtweite = DN

Wasserversorgung, Hauptleitungen ohne Auskleidung v in m/s
Ablesebeispiel: Geg.: $Q = 120$ l/s, DN400, ①– · – · → $I_E = 2,4$‰, $v = 0,9$ m/s

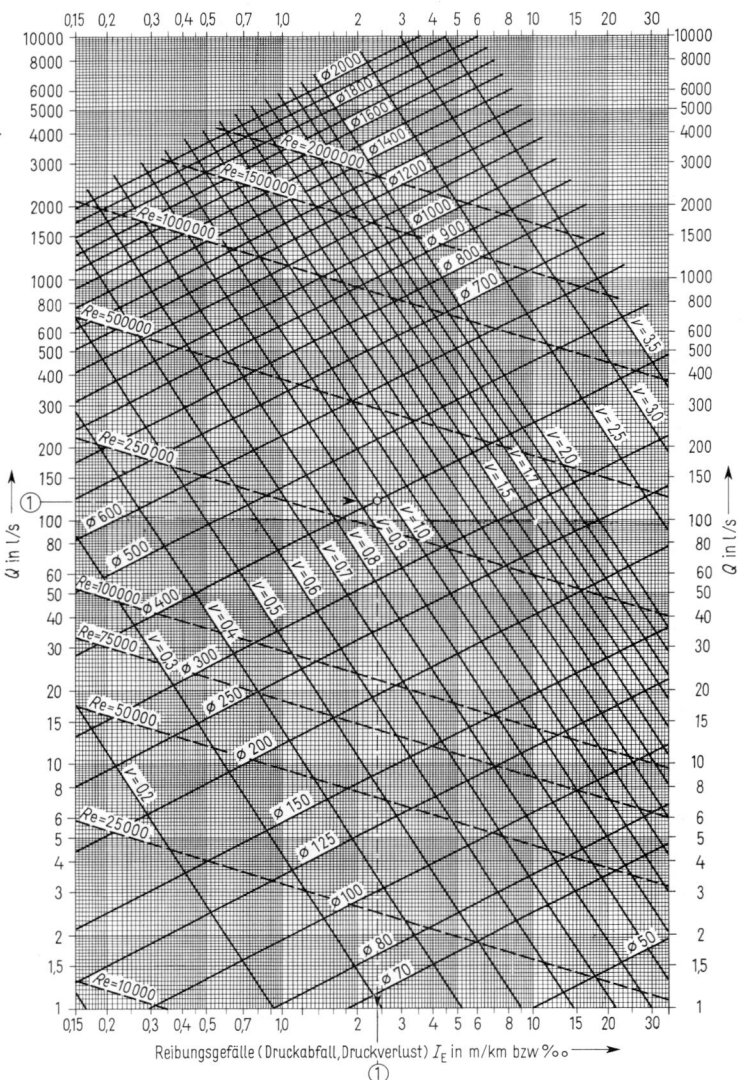

Reibungsgefälle (Druckabfall, Druckverlust) I_E in m/km bzw ‰ ⟶
①

Tafel 23 **Bemessung von Kreisprofilen mit voller Füllung** $k_i = $ **1,0 mm** s. Abschn. 3.1.3.1.
Lichtweite = DN, nach DVGW-Arb. Bl. W302 für

Wasserversorgung, neue Netze v in m/s
Ablesebeispiel: Geg.: $Q = 2150\,l$/s, DN 1000, $I_E = 7,6\%$, $v = 2,74$ m/s

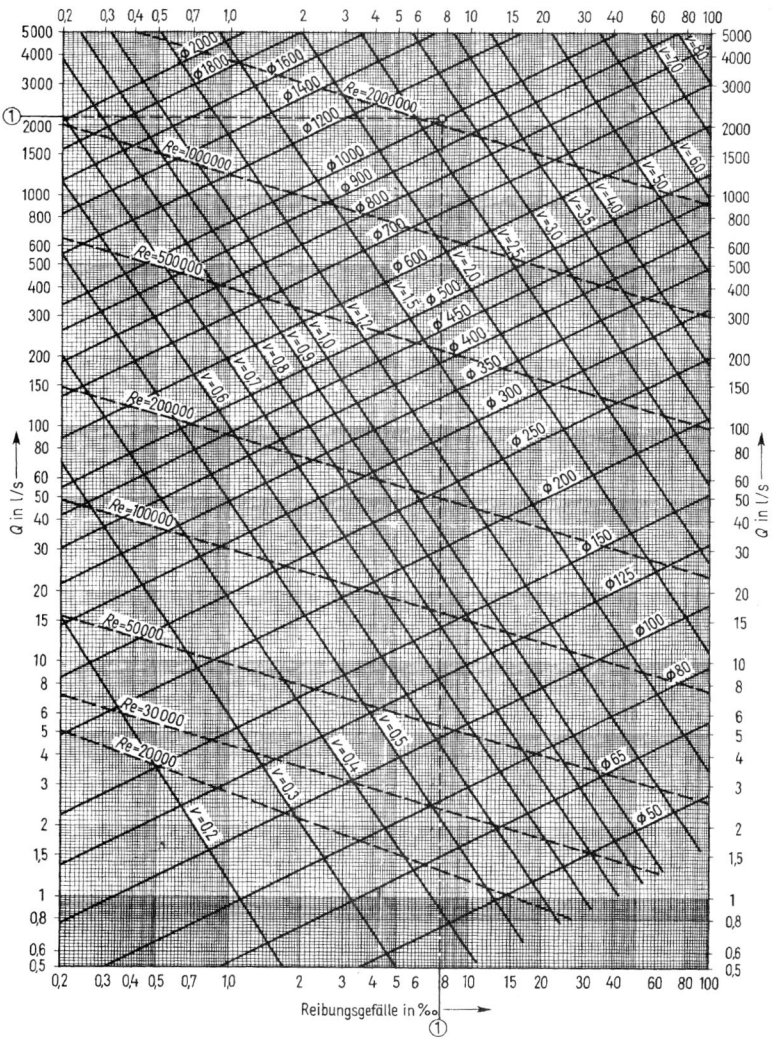

Tafel 24 Bemessung von Kreisprofilen mit voller Füllung $k_b = 0,25$ mm ATV-Arb. Bl. A110
s. Tafel 9 für **Abwasserkanäle ohne Schächte, Drosselstrecken, Druckrohrleitungen, Düker, Reliningstrecken**
Ablesebeispiel: Geg.: $Q = 1350$ l/s, DN 700, ① –·–·→ $I_E = I_S = 14,2$‰,
$v = 3,51$ m/s

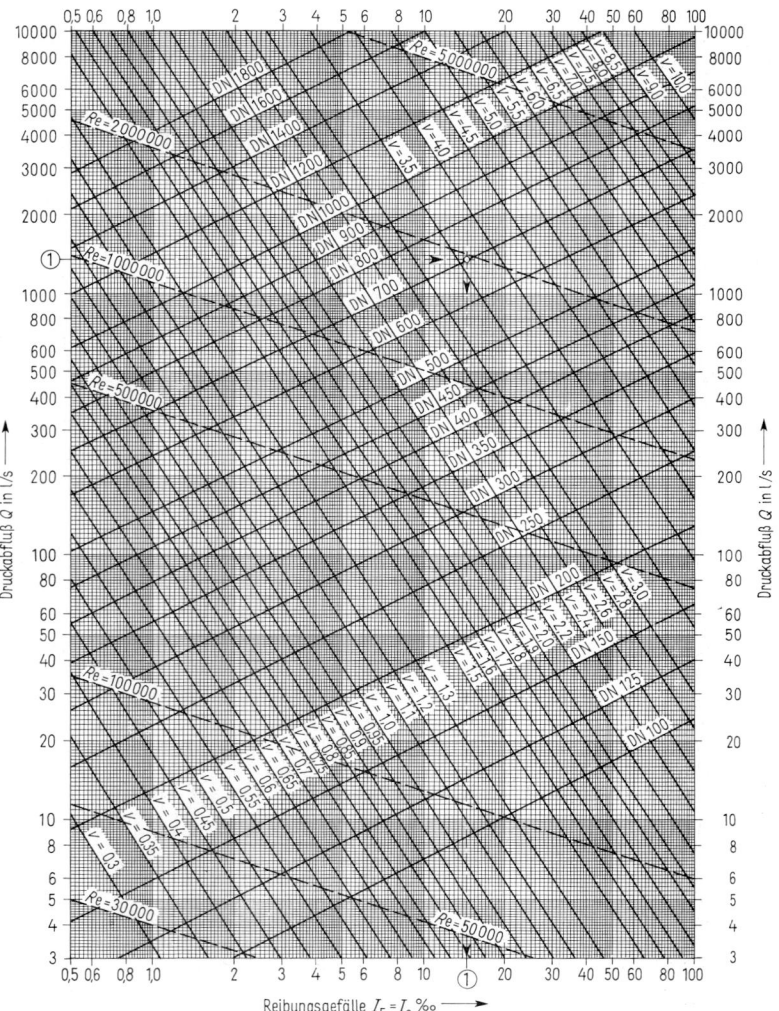

Reibungsgefälle $I_E = I_S$ ‰ ⟶

Tafel 25 **Bemessung von Kreisprofilen mit voller Füllung** $k_b = 0,5$ mm ATV-Arb. Bl. A110, s. Tafel 9

Transportkanäle m. Schächten n. A241, Abschn. 1.1.5
Ablesebeispiel: Geg.: $Q = 1200$ l/s. DN 700; ① $-\cdot-\cdot\rightarrow I_E = I_S = 13‰$, $v = 3,1$ m/s

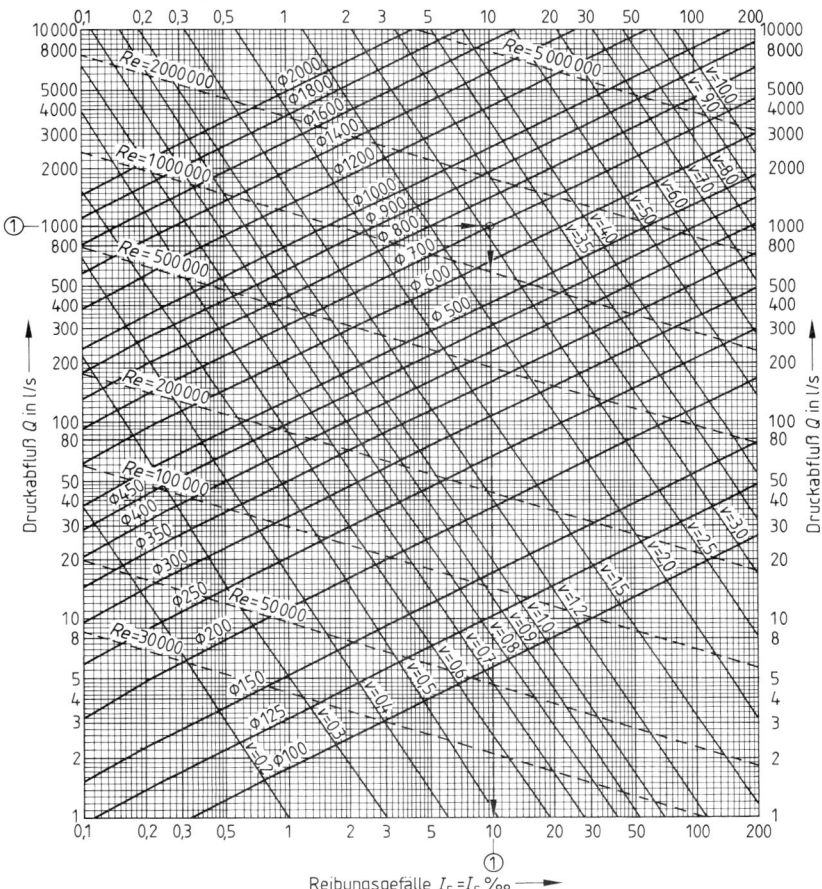

Reibungsgefälle $I_E = I_S$ ‰ ⟶

Druckabfluß Q in l/s ⟶

14

Tafel 26 Bemessung von Kreisprofilen mit voller Füllung $k_b = 0{,}75$ mm ATV-Arb. Bl. A110, s. Tafel 9

Sammelkanäle bis DN 1000 mit Schächten nach A 241, Abschn. 1.1.5

Transportkanäle mit Schächten nach Bild 8, A110, oder angeformten Schächten

Ablesebeispiel: Geg.: $Q = 1004$ l/s, DN 700; ① $-\cdot-\cdot\rightarrow I_E = I_S = 10$‰, $v = 2{,}6$ m/s

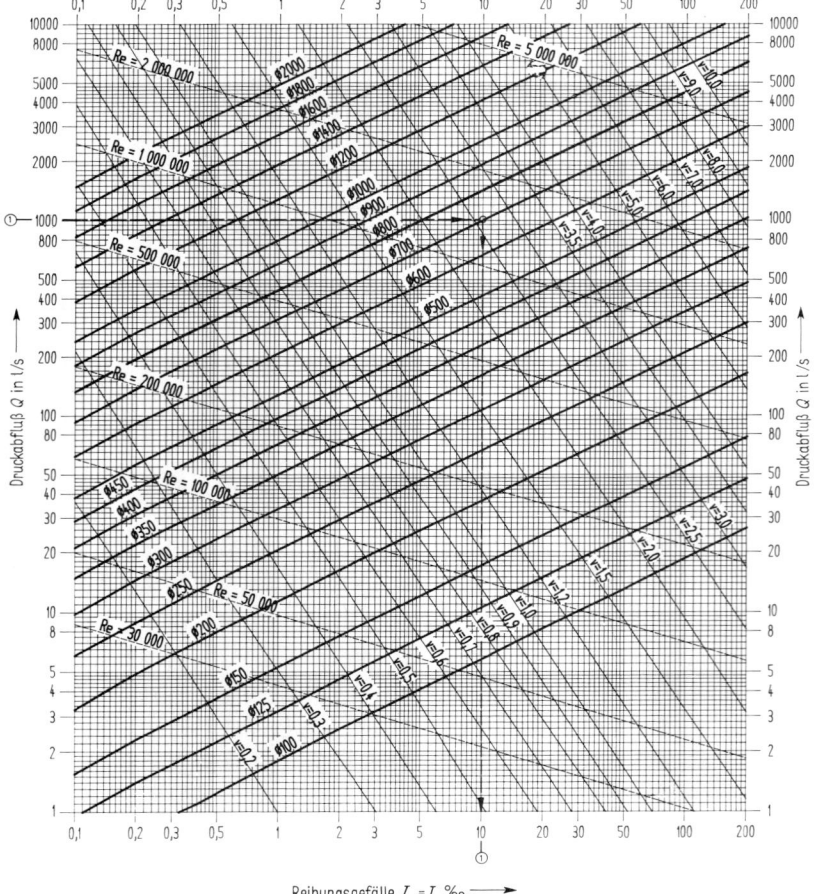

Reibungsgefälle $I_E = I_S$ ‰ ⟶

Tafel 27 **Bemessung von Kreisprofilen mit voller Füllung** $k_b = 1,5$ mm ATV-Arb. Bl. A110

Sammelkanäle mit Sonderschächten nach Bild 8, A110, Kanäle a. Mauerwerk und Ortbeton s. Tafel 9

Ablesebeispiel: Geg.: $Q = 2150$ l/s, DN 1000, ① $-\cdot-\cdot\rightarrow I_E = 8,4‰$, $v = 2,75$ m/s

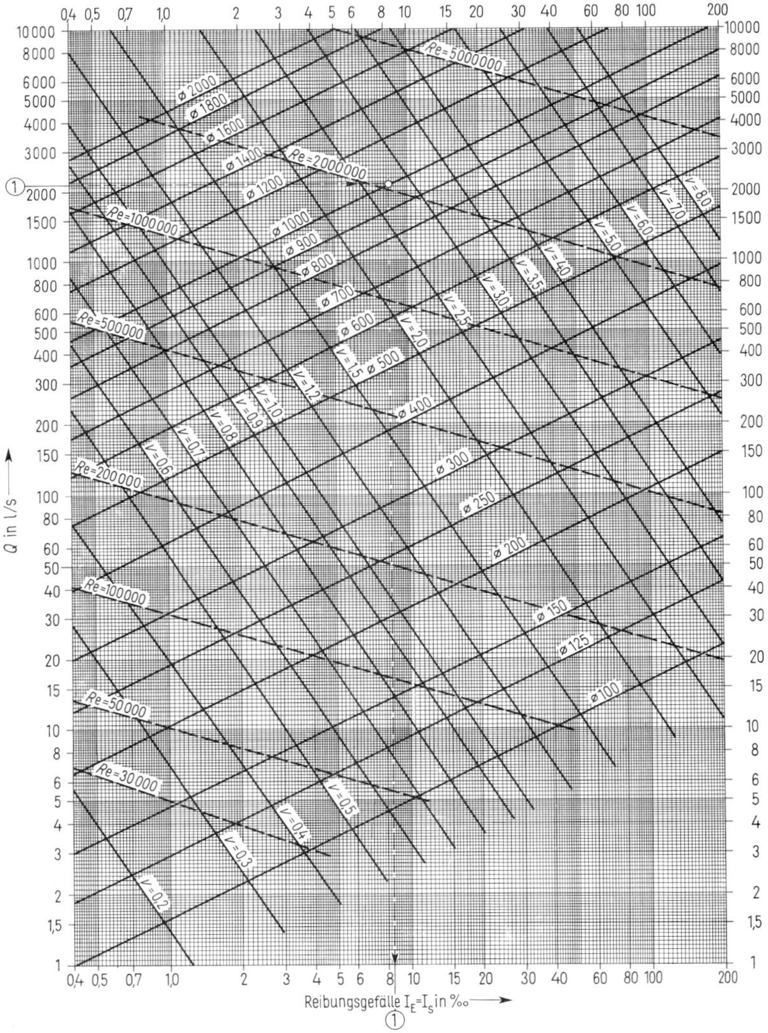

Q in l/s

Reibungsgefälle $I_E = I_s$ in ‰ ⟶

14

Teilfüllung — Füllungskurven

Berechnung der rel. Füllhöhen mit

$$\frac{Q_T}{Q_v} = \frac{A_T}{A_v}\left(\frac{R_T}{R_v}\right)^{5/8} \quad\text{bzw.}\quad \frac{v_T}{v_v} = \left(\frac{R_T}{R_v}\right)^{5/8}$$

(Indizes für **T**eil- und **V**ollfüllung)

Die Teilfüllungskurven werden nach A 110 bei $Q_T/Q_v = 1{,}0$ abgebrochen, um die Gefahr des „Vollschlagens" zu berücksichtigen.
h senkrecht zur Rohrachse

Tafel 28a Teilfüllung in Rohren mit Kreisprofil

Q_T/Q_v	h/d	v_T/v_v	Q_T/Q_v	h/d	v_Tv_v	Q_TQ_v	h/d	v_T/v_v	Q_T/Q_v	h/d	v_T/v_v	Q_T/Q_v	h/d	v_T/v_v
0,001	0,023	0,17	0,060	0,163	0,57	0,17	0,276	0,76	0,44	0,464	0,97	0,74	0,643	1,09
0,002	0,032	0,21	0,065	0,170	0,58	0,18	0,285	0,77	0,46	0,476	0,98	0,76	0,655	1,10
0,004	0,044	0,26	0,070	0,176	0,59	0,19	0,293	0,78	0,48	0,488	0,99	0,78	0,667	1,10
0,006	0,053	0,29	0,075	0,182	0,60	0,20	0,301	0,79	0,50	0,500	1,00	0,80	0,680	1,11
0,008	0,061	0,32	0,080	0,188	0,61	0,22	0,316	0,81	0,52	0,512	1,01	0,82	0,693	1,11
0,010	0,068	0,34	0,085	0,194	0,62	0,24	0,331	0,83	0,54	0,524	1,02	0,84	0,706	1,11
0,015	0,083	0,38	0,090	0,200	0,63	0,26	0,346	0,85	0,56	0,536	1,03	0,86	0,719	1,12
0,020	0,085	0,41	0,095	0,205	0,64	0,28	0,360	0,86	0,58	0,547	1,04	0,88	0,733	1,12
0,025	0,106	0,44	0,100	0,211	0,65	0,30	0,374	0,88	0,60	0,559	1,04	0,90	0,747	1,12
0,030	0,116	0,46	0,110	0,221	0,67	0,32	0,387	0,89	0,62	0,571	1,05	0,92	0,761	1,13
0,035	0,125	0,48	0,120	0,231	0,69	0,34	0,401	0,91	0,64	0,583	1,06	0,94	0,776	1,13
0,040	0,134	0,50	0,130	0,241	0,70	0,36	0,414	0,92	0,66	0,595	1,07	0,96	0,792	1,13
0,045	0,141	0,52	0,140	0,250	0,72	0,38	0,426	0,93	0,68	0,607	1,07	0,98	0,809	1,13
0,050	0,149	0,54	0,150	0,259	0,73	0,40	0,439	0,95	0,70	0,619	1,08	1,00	0,827	1,13
0,055	0,156	0,55	0,160	0,268	0,74	0,42	0,451	0,96	0,72	0,631	1,08			

Beispiel 1 Ei 500/700, $Q_v = 480$ l/s; $k_b = 0{,}25$; ges. I erf u. v: $Q_{Kr} = Q_{Ei}/1{,}602 = 480/1{,}602 = 300$ l/s; → Tafel 24 DN 500 $I_{erf} = 4{,}15$ ‰, $v_{Kr} = 1{,}52$ m/s → $v_{Ei} = 1{,}096 \cdot v_{Kr} = 1{,}67$ m/s; Teilfüllung bei 144 l/s: $Q_T/Q_v = 144/480 = 0{,}3$ → Tafel 28b; $h/H = 0{,}41$ → $h_T = 0{,}41 \cdot 0{,}70 = 0{,}29$ m, $v_T/v_v = 0{,}89$, $v_T = 0{,}89 \cdot 1{,}67 = 1{,}49$ m/s

Tafel 28b Teilfüllung in Rohren mit Eiprofil: $b:H = 2:3 = d:1{,}5\,d$ Form s. Abschn. 5.1

Q_T/Q_v	h/H	v_T/v_v	Q_T/Q_v	h/H	v_T/v_v	Q_T/Q_v	h/H	v_T/v_v	Q_T/Q_v	h/H	v_T/v_v	Q_T/Q_v	h/H	v_T/v_v
0,001	0,023	0,20	0,060	0,177	0,61	0,17	0,306	0,78	0,44	0,511	0,96	0,74	0,693	1,07
0,002	0,032	0,24	0,065	0,185	0,62	0,18	0,315	0,79	0,46	0,524	0,97	0,76	0,705	1,07
0,004	0,044	0,30	0,070	0,192	0,63	0,19	0,324	0,80	0,48	0,536	0,98	0,78	0,717	1,08
0,006	0,054	0,33	0,075	0,199	0,64	0,20	0,333	0,81	0,50	0,549	0,99	0,80	0,729	1,08
0,008	0,062	0,36	0,080	0,206	0,65	0,22	0,350	0,83	0,52	0,562	1,00	0,82	0,741	1,09
0,010	0,070	0,38	0,085	0,212	0,66	0,24	0,367	0,84	0,54	0,574	1,01	0,84	0,753	1,09
0,015	0,086	0,43	0,090	0,219	0,67	0,26	0,383	0,86	0,56	0,586	1,01	0,86	0,766	1,09
0,020	0,100	0,46	0,095	0,225	0,68	0,28	0,399	0,87	0,58	0,598	1,02	0,88	0,779	1,10
0,025	0,112	0,49	0,100	0,231	0,69	0,30	0,414	0,89	0,60	0,610	1,03	0,90	0,792	1,10
0,030	0,123	0,51	0,110	0,243	0,70	0,32	0,428	0,90	0,62	0,622	1,03	0,92	0,805	1,10
0,035	0,134	0,53	0,120	0,255	0,72	0,34	0,443	0,91	0,64	0,634	1,04	0,94	0,819	1,11
0,040	0,143	0,55	0,130	0,265	0,73	0,36	0,457	0,92	0,66	0,646	1,05	0,96	0,834	1,11
0,045	0,152	0,57	0,140	0,276	0,75	0,38	0,470	0,93	0,68	0,658	1,05	0,98	0,850	1,11
0,050	0,161	0,58	0,150	0,286	0,76	0,40	0,484	0,94	0,70	0,670	1,06	1,00	0,867	1,11
0,055	0,169	0,60	0,160	0,296	0,77	0,42	0,498	0,95	0,72	0,682	1,06			

Tafel 28c Teilfüllung in Rohren mit Maulprofil: $b:H = 2:1{,}5 = d:0{,}75\,d$
Form s. Abschn. 5.1

Q_T/Q_v	h/H	v_T/v_v	Q_T/Q_v	h/H	v_T/v_v	Q_T/Q_v	h/H	v_T/v_v	Q_TO_v	h/H	v_T/v_v	Q_T/Q_v	h/H	v_T/v_v
0,001	0,021	0,15	0,060	0,149	0,52	0,17	0,251	0,72	0,44	0,428	0,96	0,74	0,611	1,09
0,002	0,030	0,19	0,065	0,155	0,53	0,18	0,257	0,74	0,46	0,440	0,97	0,76	0,624	1,10
0,004	0,041	0,23	0,070	0,160	0,55	0,19	0,265	0,75	0,48	0,452	0,98	0,78	0,637	1,10
0,006	0,050	0,26	0,075	0,166	0,56	0,20	0,272	0,76	0,50	0,464	0,99	0,80	0,650	1,11
0,008	0,057	0,28	0,080	0,171	0,57	0,22	0,287	0,78	0,52	0,477	1,00	0,82	0,664	1,11
0,010	0,064	0,30	0,085	0,176	0,58	0,24	0,300	0,80	0,54	0,489	1,01	0,84	0,677	1,12
0,015	0,077	0,34	0,090	0,181	0,59	0,26	0,314	0,82	0,56	0,501	1,02	0,86	0,691	1,12
0,020	0,088	0,37	0,095	0,186	0,60	0,28	0,328	0,84	0,58	0,513	1,03	0,88	0,706	1,12
0,025	0,098	0,40	0,100	0,191	0,61	0,30	0,341	0,86	0,60	0,525	1,04	0,90	0,721	1,13
0,030	0,107	0,42	0,110	0,200	0,63	0,32	0,353	0,88	0,62	0,537	1,05	0,92	0,736	1,13
0,035	0,115	0,44	0,120	0,209	0,65	0,34	0,366	0,89	0,64	0,549	1,06	0,94	0,752	1,13
0,040	0,123	0,46	0,130	0,218	0,67	0,36	0,379	0,91	0,66	0,561	1,06	0,96	0,769	1,13
0,045	0,130	0,47	0,140	0,226	0,68	0,38	0,391	0,92	0,68	0,574	1,07	0,98	0,787	1,13
0,050	0,136	0,49	0,150	0,234	0,70	0,40	0,404	0,93	0,70	0,586	1,08	1,00	0,807	1,13
0,055	0,143	0,51	0,160	0,242	0,71	0,42	0,416	0,95	0,72	0,598	1,08			

3.2 Stationärer Abfluß in offenen Gerinnen

Alle Betrachtungen gelten für einen zeitlich konstanten Abfluß $dQ/dt = 0$
Der Fließzustand wird durch die dimensionslose Froude-Zahl charakterisiert:

allgemein: $Fr = v / \sqrt{g \cdot A / b}$ (8)

Rechteckquerschnitt $Fr = v / \sqrt{g \cdot h}$

A Fließquerschnitt
b Spiegelbreite

3.2.1 Fließzustand und theoretische Grenztiefe

Man unterscheidet

a) Wasserbewegung strömend $v < v_{gr}$; $h > h_{gr}$; $Fr < 1$
Alle störenden Einflüsse [(Wehre, Verschlechterung der Rauheit k_{st}, geringeres Gefälle $\Rightarrow$ Staukurven): (Abstürze, Verbesserung der Rauheit k_{st}, größeres Gefälle $\Rightarrow$ Senkungskurven)] pflanzen sich gegen die Strömung (nach oberhalb) fort.

Größere Energiehöhe über der Gerinnesohle $H = h + v^2/2g$ ergibt eine größere Wassertiefe. Man rechnet von einer bekannten Energiehöhe ausgehend gegen die Strömungsrichtung. Nach DIN 4044: $H = h_E$

b) Wasserbewegung schießend $v > v_{gr}$; $h < h_{gr}$; $Fr > 1$. Störungen pflanzen sich in Strömungsrichtung fort. Eine Abnahme der Energiehöhe ergibt eine größere Wassertiefe. Man rechnet in Strömungsrichtung.

c) Fließwechsel $h = h_{gr}$; $Fr = 1$. Die Energiehöhe wird ein Minimum: $H = H_{min}$; für gegeb. H wird $Q = Q_{gr} = Q_{max}$. Ein Fließwechsel tritt immer dort auf, wo sich die Energiehöhe frei einstellen kann (z. B. Absturzkanten ohne Rückstau), oder an Einschnürungen, wenn H_{min} für die am weitesten unterhalb liegende Engstelle eine höhere Lage der Energiehöhe ergibt als sie im nichteingeschnürten Querschnitt unterhalb vorhanden ist.

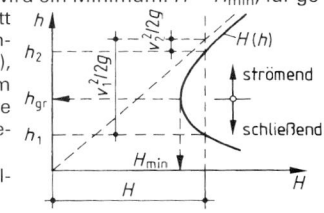

Bild 11   H-Linie für Q = const.

Extremalprinzip. Allgemein gilt mit b = Spiegelbreite

$$Q_{gr} = \sqrt{\frac{A^3 \cdot g}{\alpha \cdot b}} \quad (9) \qquad v_{gr} = \sqrt{\frac{A \cdot g}{\alpha \cdot b}} \quad (10)$$

$\alpha \geq 1$ berücksichtigt die Geschwindigkeitsverteilung. In allen offenen regelmäßigen Gerinnen ist $\alpha = 1,0$ bis $1,1$.

Es wird $Q_{max} = Q_{gr} \cdot \sqrt{1/\alpha}$. Im folgenden wird $\alpha = 1,0$ gesetzt. In beliebig geformten Querschnitten ermittelt man h_{gr} für ein gegebenes Q, indem man entweder die Gleichung $H = h + Q^2/(A^2 \cdot 2g)$ für verschiedene Höhen h graphisch auswertet (s. Bild 11 H-Linie), und h_{gr} bei H_{min} abgreift oder in Gl. (8) variiert, bis $Q_{gr} = Q$ gegeben. (Zielwertsuche)

Grenztiefe und Abfluß Q_{max} für geometrisch geformte Querschnitte

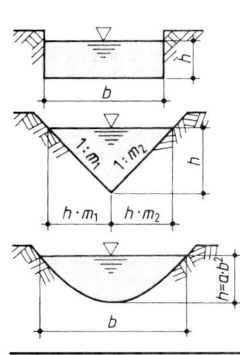

Bild 12 Rechteck	$h_{gr} = \sqrt[3]{Q^2/(b^2 \cdot g)}$; $H_{min} = 3/2 \, h_{gr}$
	$v_{gr} = \sqrt{g \cdot h_{gr}}$; $Q_{gr} = 1,705 \, b \cdot H_{min}^{1,5}$
	$h_{gr} = \sqrt[5]{\dfrac{2Q^2}{g \cdot m^2}}$; $H_{min} = 5/4 \, h_{gr}$;
Bild 13 Dreieck	$v_{gr} = \sqrt{g \cdot h_{gr}/2}$
	$Q_{gr} = 1,268 \, m \cdot H_{min}^{2,5}$; $m = 0,5 (m_1 + m_2)$
	$h_{gr} = \sqrt[4]{\dfrac{27a \cdot Q^2}{8g}}$; $H_{min} = 4/3 \, h_{gr}$;
Bild 14 Parabel	$v_{gr} = \sqrt{2g \cdot h_{gr}/3} \quad a = h/b^2$
	$Q_{gr} = 1,705 \, h_{gr}^2/\sqrt{a}$; $\alpha = 4ah$

14

Für Kreis- und Trapezquerschnitte lassen sich die Extremwerte H_{min} und Q_{gr} nicht explizit angeben. Lösungshilfen bieten die Tafeln 25 und 26.
a) Für gegebenes Q ermittelt man mit den Querschnittswerten s und m bzw. d den Wert von β. Damit gilt Tafel 29: $h_{gr} = d \cdot \eta$ und $H_{min} = d\varrho$. Tafel 30 gibt $H_{min} = \eta \cdot s/m$ und $h_{gr} = H_{min} \cdot \varrho$.
b) Für gegebenes h_{gr} gibt η beim Kreis sofort ϱ und β, d. h. H_{min} und Q_{gr}. Beim Trapezprofil führen Gl. (8) und Gl. (9) von der Vorseite schneller zum Ziel. $H_{min} = h_{gr} + v_{gr}^2/2g$.
c) Für gegebenes $H_{min}/d = \varrho$ geben η und β beim Kreis h_{gr} und $Q_{gr} = \beta d^{2,5}$, während beim Trapez $\eta = m \cdot H_{min}/s$ zu $h_{gr} = \varrho \cdot H_{min}$ und $Q_{gr} = \beta s(s/m)^{1,5}/0,2258$ führt.

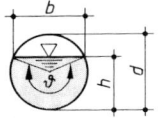

Bild 15   Kreis

Im folgenden ist $\vartheta \triangleq \vartheta_{gr}$; $h \triangleq h_{gr} = d \cdot \sin^2(\vartheta/4)$; $b = d \cdot \sin(\vartheta/2)$

$\vartheta = 4 \arcsin \sqrt{h/d}$; $A = (\text{arc } \vartheta - \sin \vartheta) \, d^2/8$; $\iota_u = (\text{arc } \vartheta) \, d/2$;

$Q_{gr} = 0{,}1384(\text{arc } \vartheta - \sin \vartheta)^{1,5} \cdot d^{2,5}/[\sin(\vartheta/2)]^{0,5}$; $v_{gr} = (g \cdot A/b)^{0,5}$

mit Excel gibt $4 \cdot \arcsin((h_{gr}/d)^{0,5})$ sofort arc $\vartheta \triangleq \vartheta$

$H_{min} = h_{gr} + 0{,}5A/b = h_{gr} + d(\text{arc } \vartheta - \sin \vartheta)/[16 \sin(\vartheta/2)]$

Tafel 29 h_{gr}; H_{min}; Q_{gr} für Kreisprofile; $\eta = h_{gr}/d$; $\varrho = H_{min}/d$; $\beta = Q_{gr}/d^{2,5}$

η	ρ	Δ	β	Δ	η	ρ	Δ	β	Δ
0,01	0,0133		0,00034		0,35	0,4784		0,3888	
0,02	0,0267	0,0134	0,00136	0,00102	0,40	0,5497	0,0713	0,5028	0,1140
0,03	0,0401	0,0134	0,00305	0,00169	0,50	0,6963	0,1466	0,7708	0,2680
0,04	0,0534	0,0133	0,00541	0,00236	0,60	0,8511	0,1548	1,0921	0,3213
0,05	0,0668	0,0134	0,00840	0,00299	0,70	1,0204	0,1693	1,4722	0,3801
0,06	0,0803	0,0135	0,01213	0,00373	0,80	1,2210	0,2006	1,9358	0,4636
0,08	0,1071	0,0268	0,02147	0,00934	0,85	1,3482	0,1272	2,2245	0,2887
0,10	0,1341	0,0270	0,03340	0,01193	0,90	1,5204	0,1722	2,5976	0,3731
0,12	0,1611	0,0270	0,04790	0,01450	0,95	1,8341	0,3137	3,2099	0,6123
0,14	0,1882	0,0271	0,06500	0,01710	0,97	2,1109	0,2768	3,6835	0,4736
0,16	0,2153	0,0271	0,0845	0,0195	0,98	2,3758	0,2649	4,0905	0,4070
0,20	0,2699	0,0546	0,1310	0,0465	0,99	2,9600	0,5843	4,8746	0,7841
0,25	0,3386	0,0687	0,2025	0,0715	0,995	3,7771	0,8171	5,7992	0,9246
0,30	0,4081	0,0695	0,2886	0,0861	0,996	4,1054	0,3283	6,1319	0,3327
		0,0703		0,1002					

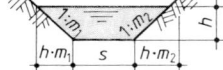

Bild 16   Trapez

$m = 0{,}5(m_1 + m_2)$; $A = s \cdot h + m \cdot h^2$; $\iota_u \simeq s + 2h\sqrt{1 + m^2}$

$H_{min} = \dfrac{5m \cdot h_{gr} + 3s}{4m \cdot h_{gr} + 2s} \cdot h_{gr}$; $Q_{gr} = \sqrt{9{,}81 \cdot h_{gr}^3 \cdot \dfrac{(m \cdot h_{gr} + s)^3}{2m \cdot h_{gr} + s}}$

$v_{gr} = \sqrt{g \cdot h_{gr}} \cdot \sqrt{\dfrac{m \cdot h_{gr} + s}{2m \cdot h_{gr} + s}}$

Alternativ: h_{gr} als veränderbare Größe bei Excel — Zielwertsuche mit vorgegebenem $Q \triangleq Q_{gr}$ als Zielwert.

Tafel 30 h_{gr}; H_{min}; Q_{gr} im Trapezprofil nach Flierl
$\eta = m \cdot H_{min}/s$; $\varrho = h_{gr}/H_{min}$; $\beta = 0{,}2258 \, Q_{gr}/[s(s/m)^{1,5}]$

η	ρ	Δ	β	Δ	η	ρ	Δ	β	Δ
0,00	0,6667		Rechteck		1,3	0,7492		1,0978	
0,05	0,6738	0,0071	0,0044	0,0044	1,4	0,7516	0,0024	1,2735	0,1757
0,075	0,6771	0,0033	0,0083	0,0039	1,7	0,7576	0,0060	1,8916	0,6181
0,10	0,6802	0,0031	0,0130	0,0047	2,0	0,7623	0,0047	2,6539	0,7623
0,15	0,6862	0,0060	0,0246	0,0116	2,5	0,7683	0,0068	4,2697	1,6158
0,20	0,6916	0,0054	0,0391	0,0145	3,0	0,7726	0,0043	6,3516	2,0819
0,25	0,6967	0,0051	0,0563	0,0172	3,5	0,7759	0,0033	8,9364	2,5848
0,30	0,7013	0,0046	0,0762	0,0199	4,0	0,7785	0,0026	12,0587	3,1223
0,40	0,7095	0,0082	0,1242	0,0480	5,0	0,7823	0,0038	20,0434	7,9847
0,50	0,7165	0,0070	0,1832	0,0590	6,0	0,7849	0,0026	30,5458	10,5024
0,60	0,7226	0,0061	0,2536	0,0704	8,0	0,7884	0,0035	59,9640	29,4182
0,70	0,7279	0,0053	0,3357	0,0821	10,0	0,7906	0,0022	101,8891	41,9251
0,80	0,7325	0,0046	0,4299	0,0942	12,5	0,7924	0,0018	173,9998	72,1107
0,90	0,7367	0,0042	0,5368	0,1069	15,0	0,7936	0,0012	270,2824	96,2826
1,00	0,7403	0,0036	0,6566	0,1198	17,0	0,7945	0,0009	392,9637	122,6813
1,10	0,7436	0,0033	0,7897	0,1331	20,0	0,7952	0,0007	544,0964	151,1327
1,20	0,7465	0,0029	0,9367	0,1470	⋮			⋮	
		0,0027		0,1611	∞	0,8000		∞	
								(Dreieck)	

3.2.2 Stationär gleichförmiger Abfluß, Fließformel, s. auch Abschn. 3.1.2

Kriterien

$\mathrm{d}v/\mathrm{d}s = 0$; d.h. $v_1 = v_2$; $h_1 = h_2 = h_n$; $I_s = I_w = I_E$:

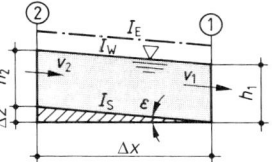

Bild 17 Stat. gleichförm. Abfluß

3.2.2.1 Fließformel nach Gauckler-Manning-Strickler

$$Q = A \cdot v \quad \text{in m}^3/\text{s} \tag{11}$$

$$v = k_{St} \cdot r_{hy}^{2/3} \cdot I^{1/2} \quad \text{in m/s} \tag{12}$$

$$r_{hy} = A/l_u \quad (R = A/U) \quad (13) \qquad I_s = \Delta z/\Delta x = \tan \varepsilon \quad (14)$$

Bei Gefällen > 20% mit $I_s = \sin \varepsilon$ rechnen.
Für kompakte Profile mit unterschiedlichen Rauheiten ermittelt man eine **Durchschnittsrauheit** k_{Stm} nach Einstein

$$k_{Stm} = \left[\sum_{(i)} \frac{l_{ui}}{l_{u\,ges} \cdot k_{Sti}^{1,5}} \right]^{-2/3} \quad \text{in m}^{1/3}/\text{s} \quad (15)$$

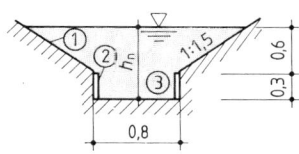

Bild 18

Beispiel Gegeben Profil s. Bild 18; $I_s = 1‰$
① = Rasen; $k_{St1} = 40$;
② = Bongossiwand, $k_{St2} = 25$;
③ = Kiessohle, $k_{St3} = 35$

Lösung $l_{u1} = 2 \cdot 0,6 \cdot \sqrt{1 + 1,5^2} = 2,16$; $l_{u2} = 2 \cdot 0,3$; $l_{u3} = 0,8$; $l_{u\,ges} = 3,56$ m

$$k_{Stm} = \left[\frac{2,16}{3,56 \cdot 40^{1,5}} + \frac{0,6}{3,56 \cdot 25^{1,5}} + \frac{0,8}{3,56 \cdot 35^{1,5}} \right]^{-2/3} = 35$$

$A = 0,8(0,3 + 0,6) + 1,5 \cdot 0,6^2 = 1,26$ m^2; $l_{u\,ges} = 3,56$ m; $r_{hy} = 1,26/3,56 = 0,354$ m

Abfluß: $Q = A \cdot v = 1,26 \cdot 35 \cdot 0,354^{2/3} \cdot 0,001^{1/2} = 1,26 \cdot 0,554 = 0,698$ m^3/s

Stark gegliederte Profile werden in unabhängige Einzelquerschnitte aufgeteilt

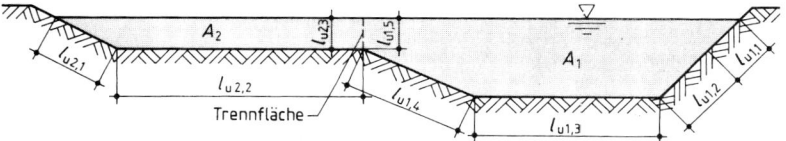

Bild 19 Gegliedertes Profil

In der Regel wird die Trennfläche nur für den Flußschlauch zum Umfang gerechnet (d.h. $l_{u2,3} = 0$). Für $l_{u1,5}$ wird das k_{St} des Mittelwasserbettes (hier $k_{St1,2}$ bis $k_{St1,4}$) angesetzt.

$$Q = Q_1 + Q_2 = A_1 \cdot k_{St1} \cdot r_{hy1}^{2/3} \cdot I_1^{1/2} + A_2 \cdot k_{St2} \cdot r_{hy2}^{2/3} \cdot I_2^{1/2} \tag{16}$$

14

Wasserwirtschaft

Tafel 31 Rauheitsbeiwert k_{St} (nach Strickler in m$^{1/3}$/s)

Art des Gerinnes	Wandbeschaffenheit	k_{St}
Natürliche Flußbetten	feste, regelmäßige Sohle mäßig Geschiebe oder verkrautet stark geschiebeführend	40 15 bis 35 20 bis 30
Bewachsenes Vorland	Buschwerk bis Rasen	15 bis 25
Wildbäche	grobes Geröll (kopfgroße Steine) in Ruhe grobes Geröll in Bewegung	25 bis 28 19 bis 22
Erdkanäle	fester Sand mit etwas Ton oder Schotter Sohle Sand u. Kies, Böschungen gepflastert Grobkies etwa 50/100/150 mm scholliger Lehm Sand, Lehm oder Kies, stark bewachsen	50 45 bis 50 35 30 20 bis 25
Gemauerte Kanäle	Ziegelmauerwerk, auch Klinker, gut gefugt Mauerwerk normal Grobes Bruchsteinmauerwerk und Pflaster	75 60 50
Betonkanäle	Stahlschalung oder Zementglattstrich Holzschalung, ohne Verputz Alter Beton, saubere Flächen Ungleichmäßige Betonflächen	90 bis 95 65 bis 70 60 50
Einzelne Wandformen	Buschreihen parallel zur Strömung Bongossi-Flechtzäune Stahlspundwände (nur grober Anhaltswert) Wellblechwände (Armco-Thyssen)	25 bis 30 25 30 bis 50 50 bis 55

$k_{St} = 82/k_b^{1/6}$ in m$^{1/3}$/s $k_b = 3,1 \cdot 10^{11}/k_{St}^6$ in mm   *unterschiedliche*
Dimensionen beachten

3.2.2.2 Fließformel nach dem universellen Fließgesetz

In zunehmendem Maße gewinnt heute, auch unter dem Aspekt verstärkten EDV-Einsatzes, dieses Rechenverfahren an Bedeutung [9, 14].

An die Stelle von Gl. (11) tritt auf der Grundlage der Gl. n. *Darcy-Weisbach* Gl. (17) mit 8 g = 78,48

$$v_m = [78,45 \cdot r_{hy} \cdot I/(\lambda_w + \lambda_p)]^{0,5} \quad \text{in m/s} \tag{17}$$

mit dem Widerstandsbeiwert

$$\lambda_w = 1/[2,343 - 2 \lg (k_s/r_{hy})]^2 \tag{18}$$

hierin ist die Kornrauheit nach [9]

$$k_s = d_{90} \quad \text{in m} \tag{19}$$

Die Gerinnesohlenunebenheit wird grob berücksichtigt nach *Kamphuis* und *van Rijn* durch

$$k_s = 2,5 \text{ bis } 3,0 d_{90} \quad \text{in m} \tag{20}$$

Tafel 32a Einzelrauheiten k_s nach dem universellen Fließgesetz in m

Bereich	Material	Einzelrauheit k_s
Hauptgerinne	Sand schlammig Feinkies Sand mit größeren Steinen Kies Grobkies bis Schotter schwere Steinschüttung Sohlpflasterung Grobe Steine und Fels Fels	0,015 bis 0,03 0,035 bis 0,05 0,07 bis 0,11 $\approx$0,08 0,06 bis 0,20 0,20 bis 0,30 0,03 bis 0,05 0,50 bis 0,70 $\approx$0,8

Tafel 32a   Fortsetzung

Bereich	Material	Einzelrauheit k_s
Vorland	Asphalt	0,003
	Rasen	0,06
	Steinschütt. 80/450 mit Gras	0,3
	Gras	0,10 bis 0,35
	Gras und Stauden	0,13 bis 0,40
	Rasengittersteine	0,015 bis 0,03
	Ackerboden	0,02 bis 0,25
	Acker mit Kulturen	0,25 bis 0,8
	Waldboden	0,16 bis 0,32

Die folgende Tafel bietet Erfahrungswerte für die Fließgewässerrauheit:

Tafel 32b   Fließgewässerrauheit k_s in m

Beschaffenheit	k_s
ohne Unregelmäßigkeiten	0,05 bis 0,25
mit Unregelmäßigkeiten in der Sohle	0,15 bis 0,35
feste Sohle u. Unregelmäßigkeiten in Sohle u. Böschung	0,30 bis 0,70
Entwässerungsgräben und Bäche	0,10 bis 0,35

Eine genaue Bestimmung des Rauheitsmaßes erreicht man durch die Bestimmung der Riffel- oder Dünenentwicklung (Transportkörper). Ihre Höhe wird als Formrauheit zusätzlich zur Kornrauheit angesetzt.

Der **Bewuchs** wird als **Kleinbewuchs** (Höhe im Verhältnis zur Wassertiefe klein) wie eine Wandrauheit (Tafel 32) berücksichtigt.
Mittelbewuchs wird sowohl durch- als auch überströmt. Durch vollständiges Umlegen wird er zu Kleinbewuchs (s. o.). Sonst wird er wie starrer **Großbewuchs** berücksichtigt, dessen Höhe größer oder gleich der Wassertiefe ist. Mit den Bezeichnungen von Bild 20 gilt:

$$\lambda_{p,i} = c_{w,i} \cdot 4 \cdot h_p \cdot d_{pi}/(a_x \cdot a_y) \tag{21}$$

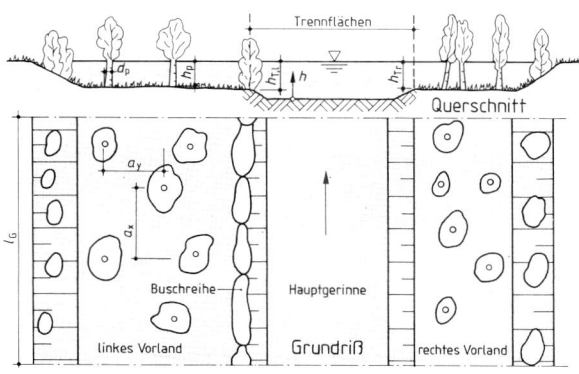

Bild 20 Berücksichtigung des Einflusses von Bewuchs

Die **Widerstandszahl** c_{wi} wird angenähert **zu 1,5** angenommen [9].
In **kompakten Querschnitten** mit längslaufendem Bewuchs wird für l_{uB} bei λ ein $k_s = 0,4$ bis 1,0 m eingesetzt.
In **gegliederten Querschnitten** ohne Mittel oder Großbewuchs werden analog Bild 19 die Trennflächen nur dem Flußschlauch und mit dem k_s der Sohle zugewiesen.

14

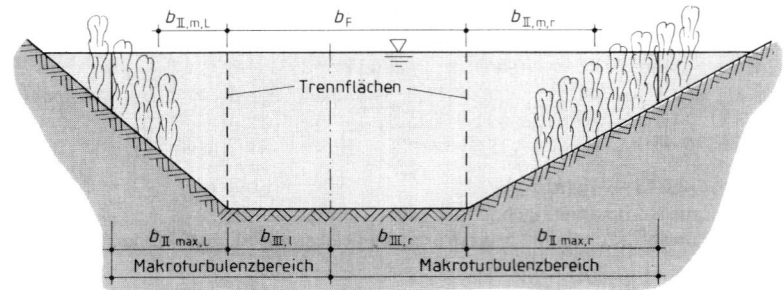

Bild 21 **Wirksame Breiten der Teilfläche** nach Mertens [9]

Trennflächenrauheit $k_T = c \cdot b_{II,m} + 1{,}5 \cdot d_p$ in m   (22)

Bewuchsabhängiger Beiwert: $c = 1{,}2 - 0{,}3 \cdot B/1000 + 0{,}06 \cdot (B/1000)^{1,5}$ (23)
gültig für B ≤ 6000

Bewuchsparameter $B = (a_x/d_p - 1)^2 \cdot (a_y/d_p)$ mit $0 \le (a_y/d_p) \le 10$ (24)

Es ist die mittlere Breite des Bereichs II: $b_{II,m} = A_{II}/h_T$ (25)

mit einer Begrenzung für lichten Bewuchs (B ≥ 16) auf $b_{II,max} = b_{III}$ (26)

und für dichten Bewuchs (B < 16) auf $b_{II,max} = 0{,}25 B^{0,5} \cdot b_{III}$ (27)

Bei symmetrischen Querschnitten ist $b_{III} = b_F/2$ sonst iterativ aus der Bedingung
$b_{III,l}/\lambda_{T,l} \approx b_{III,r}/\lambda_{T,r}$. Dabei wird nach der ersten Versuchsrechnung verbessert mit
$b_{III,l} = b_F \cdot \lambda_{T,l}/(\lambda_{T,l} + \lambda_{T,r})$ und $b_{III,r} = b_F - b_{III,l}$.

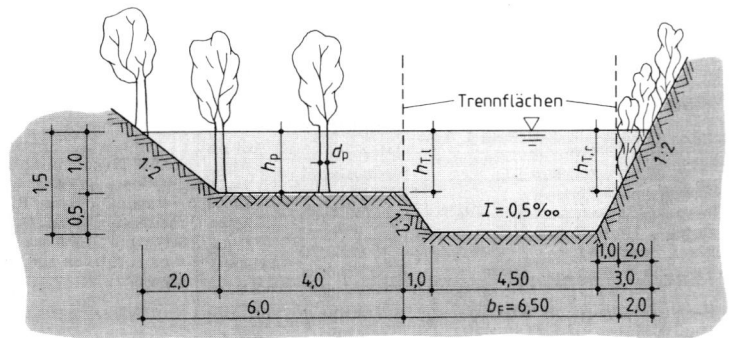

Bild 22 **Gerinne mit Bewuchs**

Erlen	$d_p = 0{,}1$ m		Weiden	$d_p = 0{,}03$ m
	$a_x = a_y = 2{,}0$ m			$a_x = 0{,}3$ m; $a_y = 0{,}2$ m
Größe	Vorland	Hauptgerinne		Böschung
A	5,00 m^2	9,25 m^2		1,00 m^2
l_u	6,236 m	$6{,}736 + 2 \cdot 1{,}0 = 8{,}736$ m		2,236 m
r_{hy}	0,802 m	mit Trennfl. 1,059 m		0,447 m
		ohne Trennfl. 1,373 m		
k_w, k_{so}	$k_w = 0{,}20$ m	$k_{so} = 0{,}03$ m		$k_w = 0{,}20$ m

Beispiel | Bestimmung der **Rauheitsmaße für die Trennflächen**

Gegenstand	Trennfläche links	Trennfläche rechts
$B = (a_x/d_p - 1)^2 \cdot (a_y/d_p)$	3610 m ($a_y/d_p = 10$)	540
Schätzung: $b_{III} = b_F/2$	3,25 m	3,25
$b_{II,max} = b_{III,i}$	**3,25** < 6 m	**3,25** > **2,0 m**
oder wenn $B < 16 : b_{II,max} = 0,25 \cdot B^{0,5} \cdot b_{III}$	entfällt hier	
mittleres $b_{II,m} = A_{II}/h_T$	**3,25**	1,0
$c = 1,2 - 0,3B/1000 + 0,06(B/1000)^{1,5}$	0,528	1,062
Trennfläche:		
$k_T = c \cdot b_{II,m} + 1,5 \cdot d_p$	1,866 m	1,107 m
$\lambda_T = 1/[2,343 - 2 \lg(k_T/b_{III})]^2$	0,125	0,093
Verbesserung:		
$b_{III,l} = b_F \cdot \lambda_{T,l}/(\lambda_{T,l} + \lambda_{T,r})$	3,727 m	
$b_{III,r} = b_F - b_{III,l}$		2,773 m
Verbesserung $b_{II,max}$	**3,727** < 6 m	2,772 > **2,0 m**
Verbesserung $b_{II,m}$	3,727 m	1,0 m
Verbesserung k_T	2,118 m	1,107 m
Verbesserung λ_T	0,125	0,101
2. Verbesserung b_{III}	3,595 m	2,905 m
2. Verbesserung $b_{II,max}$	**3,595** < 6 m	2,905 > **2,0 m**
2. Verbesserung $b_{II,m}$	3,595 m	1,0 m
2. Verbesserung k_t	2,048 m	1,107 m
2. Verbesserung λ_T	0,125	0,099
3. Verbesserung b_{III}	3,623 m	2,877 m
Fehler: $\|b_{III,3} - b_{III,2}\|/b_{III,3} \le 0,01$?	0,008	0,010
hinreichend genau! damit k_T	2,05 m	1,11 m

Zur **Berechnung des Gesamtabflusses** muß zuerst der Abfluß im Hauptgerinne und anschließend in den Vorländern ermittelt werden. Voraus geht die **Berechnung der mittleren Fließgeschwindigkeiten im Hauptgerinne, als kompaktem Querschnitt mit unterschiedlichen Rauheiten** nach folgendem **Ablaufschema:**

1. Schätzungen: Mittlere Rauheit und mittlerer hydraulischer Radius

$$k_{s,m} = \sum (l_{u,i}^2 \cdot k_{s,i})/\sum l_{u,i}^2 ; \qquad r_{hy,ges} = A/l_u$$

2. Schätzung einer mittleren Geschwindigkeit $v_{m,a}$ auf der Basis der mittleren Rauheit

$$\lambda_m = 1/[2,343 - 2 \lg(k_{s,m}/r_{hy,ges})]^2 ; \qquad v_{m,a} = (8 \cdot g \cdot r_{hy,ges} \cdot l/\lambda_m)^{0,5}$$

3. Iterative Bestimmung der hydraulischen Radien für die Teilflächen

3a: Als erste Annahme — a — für den jeweiligen hydraulischen Radius

$r_{hy,i,a} = r_{hy,Sohle}$ oder $b_{III,l}$ oder $b_{III,r}$

3b: Berechnung — r — des hydraulischen Radius $r_{hy,i,r}$ mit

$r_{hy,i,r} = v_{m,a}^2/\{[2,343 - 2 \lg(k_{s,i}/r_{hy,i,a})]^2 \cdot 8 \cdot g \cdot l\}$

3c: Neue Annahme für den hydraulischen Radius $r_{hy,i,a}$

$r_{hy,i,a} = (2r_{hy,i,r} + r_{hy,i,a})/3$

3d: *Lösung* erreicht ($r_{hy,i} = r_{hy,i,a}$), wenn eine ausreichende Genauigkeit gegeben ist, z. B. $\|r_{hy,i,a} - r_{hy,i,r}\|/r_{hy,i,a} \le 0,01$ — wenn nein, erneut 3b

4. Bestimmung der Teilflächen $A_i = r_{hy,i} \cdot l_{u,i}$

5. Bestimmung einer rechnerischen Geschwindigkeit aufgrund des Verhältnisses der Gesamtfläche zur Summe der Teilflächen

$v_{m,r} = v_{m,a} \cdot A_{gesamt}/\sum A_i$

6. Neue Annahme für die mittlere Geschwindigkeit $v_{m,a} = (2v_{m,r} + v_{m,a})/3$

7. *Ergebnis* für mittlere Geschwindigkeit erreicht ($v_m = v_{m,a}$), wenn eine hinreichende Genauigkeit gegeben ist, z. B. $\|v_{m,a} - v_{m,r}\|/v_{m,a} \le 0,02$ sonst mit — neuem — $v_{m,a}$ und dem jeweiligen $r_{hy,i,a}$ der vorangegangenen Berechnung zurück nach 3b.

8. Bestimmung des Abflusses $Q = A_{gesamt} \cdot v_m$

14

Beispiel Bestimmung des **Abflusses im Hauptgerinne** nach vorstehendem Ablauf:

1. Schätzungen: Mittlere Rauheit und mittlerer hydraulischer Radius

$$k_{s,m} = (k_{r,l} \cdot h_{T,l}^2 + k_{so} \cdot l_{u,so}^2 + k_{T,r} \cdot h_{T,r}^2)/(h_{T,l}^2 + l_{u,so}^2 + h_{T,l}^2)$$
$$= (2{,}05 \cdot 1{,}0^2 - 0{,}03 \cdot 6{,}736^2 + 1{,}11 \cdot 1{,}0^2)/(1{,}0^2 + 6{,}736^2 + 1{,}0^2) = 0{,}0954 \text{ m}$$

2. Schätzen einer mittleren Geschwindigkeit

$$\lambda_m = 1/[2{,}343 - 2 \lg (0{,}0954/1{,}509)]^2 = 0{,}0509$$
$$V_{m,a} = (8 \cdot 9{,}81 \cdot 1{,}509 \cdot 0{,}0005/0{,}0509)^{0{,}5} = 0{,}904 \text{ m/s}$$

3. Iterative Bestimmung der hydraulischen Radien

   3.1 Linke Trennfläche (1. Annahme: $r_{hy,T,l} = b_{III,l}$)
   $$r_{hy,T,l} = 0{,}904^2/\{[2{,}343 - 2 \lg (2{,}05/3{,}63)]^2 \cdot 8 \cdot 9{,}81 \cdot 0{,}0005\} = 2{,}581 \text{ m} \Rightarrow \text{ für n.}$$
   Versuch $r_{hv} = 2{,}931$ m $= (2 \cdot 2{,}581 + 3{,}63)/3$ geschätzt und statt 3,63 m einge-
   setzt $\Rightarrow= 2{,}96$ m: hinreichende Übereinstimmung mit dem Schätzwert!

   3.2 Rechte Trennfläche (1. Annahme: $r_{hy,T,r} = b_{III,r}$)
   $$r_{hy,T,r} = 0{,}904^2/\{[2{,}343 - 2 \lg (1{,}11/2{,}87)]^2 \cdot 8 \cdot 9{,}81 \cdot 0{,}0005\} = 2{,}075 \text{ m}$$
   $\Rightarrow$ für n. Versuch $r_{hy} = 2{,}340$ m $\Rightarrow = 2{,}33$ m: hinreichende Übereinstimmung

   3.3 Sohle (1. Annahme: $r_{hy,so} = r_{hy}$ im Hauptgerinne unter Berücksichtigung der Trennflächen
   $$r_{hy,so} = 0{,}904^2/\{[2{,}343 - 2 \lg (0{,}03/1{,}059)]^2 \cdot 8 \cdot 9{,}81 \cdot 0{,}0005\} = 0{,}704 \text{ m}$$
   $\Rightarrow$ für n. Versuch $r_{hy} = 0{,}822$ m $\Rightarrow = 0{,}765$ m
   $\Rightarrow$ für n. Versuch $r_{hy} = 0{,}784$ m $\Rightarrow = 0{,}78$ m: hinreichende Übereinstimmung

4. Bestimmung der Querschnittsteilflächen
$$\sum A = A_{T,l} + A_{T,r} + A_{So} = \sum (r_{hy,i} \cdot l_{u,i}) = 2{,}96 \cdot 1{,}0 + 2{,}33 \cdot 1{,}0 + 0{,}78 \cdot 6{,}736$$
$$= 10{,}54 \text{ m}^2 \text{ weicht erheblich von der vorh. Fläche mit } 9{,}25 \text{ m}^2 \text{ ab}$$

5. Rechnerische Geschwindigkeit:
$$v_{m,r} = v_{m,a} \cdot A_{F,vorh}/\sum A = 0{,}904 \cdot 9{,}25/10{,}54 = 0{,}793 \text{ m/s}$$

6. Neue Annahme für die mittlere Geschwindigkeit:
$$v_{m,a} = (2 \cdot 0{,}793 + 0{,}904)/3 = 0{,}83 \text{ m/s}$$

7. Überprüfung der Abweichung: Die neu geschätzte Geschwindigkeit weicht etwa 4,5% von der rechnerischen Geschwindigkeit ab, deshalb Wiederholung der Rechnung mit dem neuen Wert für $v_{m,a}$. Die wiederholten Berechnungen führen zu folgenden Ergebnissen:

$r_{hy,T,l}$	2,66 m
$r_{hy,T,r}$	2,10 m
$r_{hy,so}$	0,69 m
$\sum A$	9,376 m^2
$v_{m,r}$	0,819 m/s
$v_{m,a}$	0,823 m/s

   Abweichung ca. 1% (hinreichend genau)

8. Abfluß im Hauptgerinne $Q_F = v_m \cdot A_F = 0{,}82 \cdot 9{,}25 = 7{,}58 \text{ m}^3/\text{s}$

9.
		Vorland	Böschung
Abflußbestimmung für			
Widerstandsbeiwert für Wandung	$\lambda_w = 1/[2{,}343 - 2 \lg (k_w/r_{hy})]^2$	0,0794	0,108
Widerstandsbeiwert für Bewuchs	$\lambda_p = 1{,}5 \cdot 4 \cdot h_{p,m} \cdot d_p/(a_x \cdot a_y)$	0,15	1,50
Mittlere Geschwindigkeit	$v_m = [8 \cdot g \cdot r_{hy} \cdot I/(\lambda_w + \lambda_p)]^{0{,}5}$	0,37 m/s	0,10 m/s
Abfluß	$Q = v_m \cdot A$	1,85 m^3/s	0,10 m^3/s

10. Gesamtabfluß $Q = Q_F + Q_{Vorl} + Q_{Bö} = 7{,}58 + 1{,}85 + 0{,}10 = 9{,}53 \text{ m}^3/\text{s} \approx 9{,}5 \text{ m}^3/\text{s}$

3.2.3 Stationär ungleichförmiger Abfluß

Stau- oder Senkungslinien. Weichen bei gleichbleibendem Abfluß Q Sohl- und Energieliniengefälle voneinander ab, so spricht man von stationär ungleichförmigem Abfluß. Die Wassertiefe h ist verschieden von der Normalwassertiefe h_n, $h \neq h_n$. Ursache sind Abstürze, Ausfluß unter Schützen, Aufstau vor Wehren, Wechsel von Sohlgefälle und Fließrichtung, Rauheit und Querschnittsform. Bei seitlichen Zuflüssen gehört zum größeren Q ein größeres h_n, das im oberhalb liegenden Gerinneabschnitt einen Aufstau erzeugt usw. Hydraulisch besteht das Bestreben, wieder h_n zu erreichen. Dessen Größe ermittelt man für ein vorgegebenes Q in m³/s iterativ (Zielwertabfrage) aus:

$$Q = A \cdot k_{St} \cdot r_{hy}^{2/3} \cdot I^{1/2} \quad \text{(Gl. 11 u. Gl. 12) oder}$$

$$Q = A \cdot \left[78,45 \cdot r_{hy} \cdot I/(\lambda w + \lambda p)\right]^{0,5} \quad \text{(Gl. 17, 18, 21) oder für Rohrquerschnitte aus}$$

$$Q = A \cdot \left\{ -2 \lg \left[2,51 \cdot \nu/(4r_{hy} \cdot \sqrt{2g \cdot 4r_{hy} \cdot I_E}) + k_b/(3,71 \cdot 4r_{hy})\right] \cdot \sqrt{2g \cdot 4r_{hy} \cdot I_E} \right.$$

nach 3.1.4

mit $d_{hy} = 4 \cdot r_{hy}$ und bei Kreisprofilen mit den Querschnittswerten zu Bild 15, 3.2.1.

Die auftretenden Spiegellinien sind vom Sohlgefälle abhängig. Ihre Berechnung beginnt mit der bekannten Wassertiefe am Kontrollquerschnitt und erfolgt bei strömendem Abfluß ($h_n > h_{gr}$) gegen und bei schießendem Abfluß ($h_n < h_{gr}$) mit der Fließrichtung.

Tafel 33 Formen von Stau- und Senkungslinien

Spiegellinien je nach Sohlgefälle	Spiegellinienart	[1])	[2])
M1 horizontale Asymptote / M2 / M3	Mildes Gefälle M_1 = Staulinie M_2 = Senkungslinie M_3 = Staulinie	gegen gegen mit	unten unten oben
S1 horizontale Asymptote / S2 / S3	Steiles Gefälle S_1 = Staulinie S_2 = Senkungslinie S_3 = Staulinie	gegen mit mit	unten oben oben
horizontale Asymptote / A2 / A3	Adverses Gefälle o. waagerechte Sohle A_2 = Senkungslinie A_3 = Staulinie	gegen mit	unten oben
C1 / C3 / $h_n = h_{gr}$	Kritisches Gefälle C_1 = Staulinie C_3 = Staulinie	gegen mit	unten oben

[1]) Rechenrichtung, bezogen auf die Fließrichtung   [2]) Lage des Kontrollquerschnittes

Nähert sich bei den Spiegellinien M_3 und S_1 die Wassertiefe h dem Wert h_{gr}, tritt ein Wechselsprung auf. Die Berechnung der Stau-Senkungs-Linie endet zweckmäßig bei den konjugierten Wechselsprungtiefen (h_1 oder h_2 s. 3. Gl. 5) wie folgt: M_3 endet bei dem h_1, das zu $h_2 = h_n$ gehört. S_1 endet bei dem h_2, das zu $h_1 = h_n$ gehört.

Bei A_3 und C_3 wird die Wasserspiegellage ab Fr ca. 2 sehr unruhig, u. U. entstehen stehende Wellen, d. h. man bricht mit diesem Hinweis die Berechnung ab.

Die Wasserspiegellage der Kontrollquerschnitte ermittelt sich bei Querschnittsänderungen im Aufriß entweder nach dem Extremalprinzip (s. 3.3.2) oder mit dem Impulssatz (s. 3.3.3) oder mit den Wehrformeln (s. 3.3.5). Für Veränderungen im Grundriß gelten folgende **Einzelverluste für strömenden Abfluß.** Sie werden, insbesondere bei Profilen nach DIN 4263 zwischen die Streckenabschnitte der Berechnung nach Tafel 36 geschoben, wobei die Längen der angrenzenden Reibungsstrecken jeweils bis in die Mitte des Störabschnittes reichen.

Bei strömendem Fließzustand wird gegen die Fließrichtung gerechnet (Bild 23) $h_o = h_u + \Delta h_w - \Delta z$ (18)

14

3.2.3.1 Verlustbeiwerte für gekrümmte Rechteckgerinne

Energieverlust $\quad h_\mathrm{v} = \zeta \cdot v_\mathrm{u}^2/2g$ $\hfill$ (19)

Mit $I_E \approx I_s$ *kann durch Probieren die Wasserspiegeldifferenz gefunden werden.*

$$\Delta h_\mathrm{w} = h_\mathrm{v} + (1/A_\mathrm{u}^2 - 1/A_\mathrm{o}^2) \cdot Q^2/2g \hfill (20)$$

Beispiel $\quad B = 0{,}80$ m; $Q = 0{,}50$ m³/s; $h_\mathrm{u} = 0{,}50$ m; $r = 0{,}80$ m; $\beta = 90°$ $r/B = 0{,}8/0{,}8 = 1$; $\zeta = 0{,}3$;
$\qquad h_\mathrm{v} = 0{,}3 \cdot 0{,}5^2/((0{,}5 \cdot 0{,}8)^2 \cdot 19{,}62) = 0{,}024$ m;
$\qquad \Delta h_\mathrm{w} = 0{,}024 + (1/(0{,}5 \cdot 0{,}8)^2 - 1/(0{,}524 \cdot 0{,}8)^2) \cdot 0{,}5^2/19{,}62$
$\qquad = 0{,}024 + 0{,}007 = 0{,}031 > 0{,}024$ m
$\qquad$ neue Schätzung: $\Delta h_\mathrm{w} = 0{,}034$ m; $\quad h_\mathrm{o} = 0{,}5 + 0{,}034 = 0{,}534$ m; $\quad \Delta h_\mathrm{w} = 0{,}034 + (1/(0{,}5 \cdot 0{,}8)^2 - (1/(0{,}534 \cdot 0{,}8)^2) \cdot 0{,}5^2/19{,}62 = 0{,}0338 \approx 0{,}034$ m.

Tafel 34 Verlustbeiwert ζ für gekrümmte Rechteckgerinne

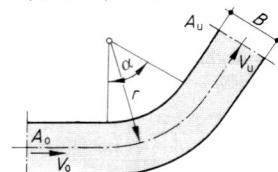

	r/B	0,5	0,75	1,0	1,5	2,0
	45°	0,15	0,1	0,05		
α	90°	0,8	0,45	0,3	0,15	0,1
	135°	0,9	0,5	0,35	0,17	0,12
	180°	1,0	0,6	0,4	0,2	0,13

3.2.3.2 Verlustbeiwerte für Querschnittsänderungen

Hier wird in einem überschläglichen Ansatz mit C_E = Eintritts- und C_A = Austrittsverlustbeiwert iterativ ermittelt:

Beispiel $\quad B_\mathrm{u} = 1{,}0$ m; $B_\mathrm{o} = 0{,}6$ m; $h_\mathrm{u} = 0{,}6$ m;
$\qquad Q = 0{,}5$ m³/s; $v_\mathrm{u} = 0{,}5/1{,}0 \cdot 0{,}6 = 0{,}83$ m/s;
$\qquad v_\mathrm{u}^2/2g = 0{,}035$ m; $C_A = 0{,}75$;
$\qquad$ Erste Schätzung: $v_\mathrm{o} = 0{,}5/0{,}6 \cdot 0{,}6 = 1{,}39$ m/s;
$\qquad v_\mathrm{o}^2/2g = 0{,}098$; $\Delta h_\mathrm{w} = (1 - 0{,}75)$
$\qquad (0{,}035 - 0{,}098) = -0{,}016$ m;
$\qquad h_\mathrm{o} = 0{,}6 - 0{,}016 = 0{,}584$ m; $v_\mathrm{o} = 1{,}43$ m/s;
$\qquad v_\mathrm{o}^2/2g = 0{,}104$; $\Delta h_\mathrm{w} = 0{,}25(0{,}035 - 0{,}104)$
$\qquad = 0{,}017$ m; $h_\mathrm{o} = 0{,}583$ m; $v_\mathrm{o} = 1{,}43$ m/s

Tafel 35 Verlustbeiwerte für Querschnittsänderungen

Ausbildung des Übergangs	C_E	C_A
Verwindungsstrecke	0,10	0,20
Gute Ausrundung am kleineren Querschnitt	0,15	0,25
Vereinfachte Verwindung	0,20	0,30
Geradlinige Verziehung	0,30	0,50
Scharfkantiger Übergang	>0,30	0,75

3.2.3.3 Berechnung der Stau- oder Senkungskurve

Insbesondere bei natürlichen Gewässerquerschnitten erfolgt die Berechnung der Wasserspiegellagenänderung Δh_w mit vorgegebenen Schrittlängen l (Bild 23) auf der Grundlage der Gleichungen (10 und 11 oder 17, 18 und 21). Nachstehend wird die Vorgehensweise, bezogen auf Gleichung (10 und 11) dargestellt. Hierbei werden der Reibungsverlust und der Erweiterungsverlust ($C_A = 0{,}33$) berücksichtigt.

Staukurve $\quad I_E > I_\mathrm{w}$; $v_\mathrm{o} > v_\mathrm{u} \rightarrow \delta = 2/3$
Senkungskurve $\quad I_E < I_\mathrm{w}$; $v_\mathrm{o} < v_\mathrm{u} \rightarrow \delta = 1{,}0$
Wasserspiegeländerung

$$\Delta h_\mathrm{w} = I_{E,m} \cdot l + \delta \frac{v_\mathrm{u}^2 - v_\mathrm{o}^2}{2g} = h_\mathrm{r} + \delta \cdot \Delta k_\mathrm{v} \quad (21)$$

Energiehöhengefälle I_E aus Umstellung der Reibungsansätze (s. 3.2.2), z. B. für Gauckler-Manning-Strickler:

$$I_E = \left(\frac{Q}{k_{St} \cdot A \cdot r_\mathrm{hy}^{2/3}}\right)^2; \quad I_{E,m} = \frac{I_{E,o} + I_{E,u}}{2}$$

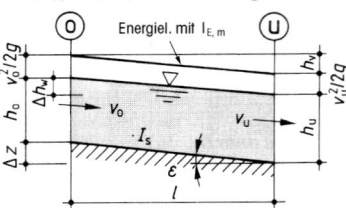

Bild 23

$v = Q/A$

Die Berechnung der Wasserspiegellage erfolgt schrittweise (s. Tafelkopf). Ausgehend von einer bekannten Höhe schätzt man Δh_w und prüft es mit der vorstehenden Gleichung. Ist der Rechenwert größer oder kleiner, wählt man Δh_w erneut, bei strömendem Abfluß größer oder kleiner (bei Schießen kleiner oder größer). Bei Übereinstimmung geht man zum nächsten Profil (bei Strömen flußaufwärts). Für natürliche Flüsse ist es zweckmäßig, für jedes Profil A und l_u als Kurve f (NN-Höhe) darzustellen. (Vorzeichen Spalte 16 beachten)

Tafel 36 Berechnung der Wasserspiegellage
(Beispiel m. Reibungsansatz n. Gauckler-Manning-Strickler)

1	2	3	4	5	6	7	8	9	10	11	12	13	14	15	16	17	18
Profil Nr.	Station	Abstand l. zw. Profilen	Δh_w geschätzt	Wasserspiegel	Sohle	$h = \textcircled{5} \cdot \textcircled{6}$	A	l_u	$r_{hy}^{2/3} = \left(\dfrac{\textcircled{8}}{\textcircled{9}}\right)^{2/3}$	$I_E = \left(\dfrac{Q}{k_{St} \cdot \textcircled{8} \cdot \textcircled{10}}\right)^2$	$I_{E,m} = (I_{E,i} + I_{E,u})/2$	$h_t = I_{E,m} \cdot l = \textcircled{12} \cdot \textcircled{3}$	$\dfrac{v^2}{2g} = \dfrac{Q^2}{A^2 \cdot 2g}$	δ	$\delta \cdot \Delta k_v = \delta \cdot \dfrac{v_u^2 - v_o^2}{2g}$	$\Delta h_w = h_t + \delta \cdot \Delta k_v$	gerechneter Wasserspiegel
-	km	m	m	m + NN	m + NN	m	m²	m	m²/³	-	-	m	m	-	m	m	m + NN

Für stark gegliederte Fließquerschnitte erfolgt eine Teilung durch Anordnung von Trennflächen [9, 14].
Vor allem bei prismatischen Gerinnen (Rohre) wird die universelle Fließformel verwendet. [26] teilt z. B. die betrachtete Strecke L (Kanalhaltung) in 10 Abschnitte Δx und iteriert bei bekanntem h_1 (z. B. $= h_u$) durch Zielwertabfrage nach vorgegebenem Δx als Variable h_2 (z. B. h_o). Dabei werden folgende Algorithmen verwendet:

$$\vartheta_1 = 4 \cdot \arcsin\left(\sqrt{h_1/d}\right) = \text{arc } \vartheta_1 \qquad v_1 = Q/A_1 = 8Q/(\text{arc } \vartheta_1 - \sin \vartheta_1)/d^2$$

$$r_{hy,1} = (\text{arc } \vartheta_1 - \sin \vartheta_1) \cdot d/4/\text{arc } \vartheta_1 \qquad I_{E,m} = (\lambda_m \cdot v_m^2)/(4 \cdot r_{hy,m} \cdot 2g)$$

$$v_m = (v_1 + v_2)/2; \ r_{hy,m} = (r_{hy,1} + r_{hy,2})/2 \quad \Delta x = (h_1 + v_1^2/2g - h_2 - v_2^2/2g)/(I_{E,m} - I_s)$$

$$\lambda_m = \left\{-2 \lg \left[2{,}51 \cdot v/(v_m \cdot 4 \cdot r_{hy,m}) \cdot (-2 \lg (k_b/(4 \cdot r_{hy,m} \cdot 3{,}71)))\right]\right.$$
$$\left. + k_b/(4 \cdot r_{hy,m} \cdot 3{,}71)\right]\right\}^{-2} \text{ (ist hier genau genug)}$$

Der nachstehende Tabellenkopf nach [26] gilt für eine M_1-Linie mit folgenden Ausgangswerten: DN 1000, $k_b = 0{,}75$ mm, $I_s = 3‰$, $Q = 0{,}95$ m³/s, $h_n = 0{,}607$ m, $h_{gr} = 0{,}558$ m, $h_1 = 0{,}85$ m, $v_1 = 1{,}335$ m/s.

h_{gr}	h_n	$h_1 > h_n$	$h_n < h_2 < h_1$	$r_{hy,m}$	v_m	λ_m	$I_{E,m}$	dx	$\Sigma dx = L$
m	m	m	m	m	m/s	—	m	m	m
0,558	0,607	0,850	0,840	0,304	1,342	0,018	0,0014	5,0	5
0,558	0,607	0,850	0,830	0,304	1,356	0,018	0,0014	5,0	10

Berechnung von Stau- und Senkungskurven mit Hilfe von Funktionswerten

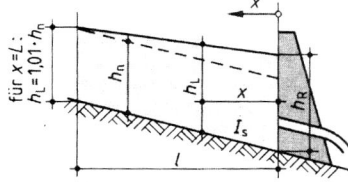

Bild 24 Staukurve

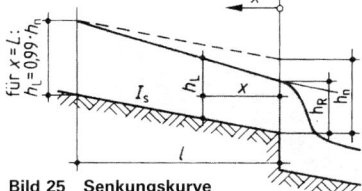

Bild 25 Senkungskurve

l Stauweite h_n Wassertiefe bei Normalabfluß, d. h., ohne Aufstau oder Absenkung

Gleichung der Wasserspiegellinie $x = \dfrac{h_n}{I_s}\{\eta_R - \eta_L - (1 - r)[\varphi(\eta_R) - \varphi(\eta_L)]\}$ in m,   (22)

Es ist für Rechteckgerinne $r = h_{gr}^3/h_n^3$;
für Parabelgerinne $r = h_{gr}^4/h_n^4$; $\eta_L = h_L/h_n$; $\eta_R = h_R/h_n$;
Für Staukurven gilt bei Vernachlässigung der kinetischen Energie:

$$x = \dfrac{h_n}{I_s}[(\Phi_R) - (\Phi_L)] \text{ in m} \qquad (23)$$

Φ und φ s. Tafel 37

14

Tafel 37 Funktionswerte für die Berechnung der Wasserspiegellage

a) Staukurvenberechnung

Rechteckprofile						Parabelprofile					
η	φ	Φ	η	φ	Φ	η	φ	Φ	η	φ	Φ
10,00	0,9116	9,0884	1,39	1,2166	0,1734	10,0	0,7857	9,2143	1,39	0,9268	0,4632
9,00	0,9131	8,0869	1,38	1,2228	0,1572	9,0	0,7859	8,2141	1,38	0,9305	0,4495
8,00	0,9147	7,0853	1,37	1,2291	0,1409	8,0	0,7861	7,2139	1,37	0,9344	0,4356
7,00	0,9171	6,0829	1,36	1,2355	0,1245	7,0	0,7864	6,2136	1,36	0,9385	0,4215
6,00	0,9206	5,0794	1,35	1,2422	0,1078	6,0	0,7869	5,2131	1,35	0,9427	0,4073
5,00	0,9270	4,0730	1,34	1,2491	0,0909	5,0	0,7881	4,2119	1,34	0,9471	0,3929
4,50	0,9317	3,5683	1,33	1,2564	0,0736	4,5	0,7891	3,7109	1,33	0,9517	0,3783
4,00	0,9384	3,0616	1,32	1,2639	0,0561	4,0	0,7906	3,2094	1,32	0,9565	0,3635
3,50	0,9481	2,5519	1,31	1,2718	0,0382	3,5	0,7932	2,7068	1,31	0,9615	0,3485
3,00	0,9633	2,0367	1,30	1,2800	0,0200	3,0	0,7978	2,2022	1,30	0,9668	0,3332
2,90	0,9674	1,9326	1,29	1,2885	0,0015	2,9	0,7991	2,1009	1,29	0,9723	0,3177
2,80	0,9719	1,8281	1,28	1,2974	−0,0174	2,8	0,8007	1,9993	1,28	0,9781	0,3019
2,70	0,9769	1,7231	1,27	1,3067	−0,0367	2,7	0,8025	1,8975	1,27	0,9842	0,2858
2,60	0,9826	1,6174	1,26	1,3165	−0,0565	2,6	0,8045	1,7955	1,26	0,9906	0,2694
2,50	0,9890	1,5110	1,25	1,3267	−0,0767	2,5	0,8070	1,6930	1,25	0,9973	0,2527
2,40	0,9963	1,4037	1,24	1,3375	−0,0975	2,4	0,8098	1,5902	1,24	1,0045	0,2355
2,30	1,0047	1,2953	1,23	1,3488	−0,1188	2,3	0,8132	1,4868	1,23	1,0121	0,2179
2,20	1,0143	1,1857	1,22	1,3607	−0,1407	2,2	0,8173	1,3827	1,22	1,0200	0,2000
2,10	1,0255	1,0745	1,21	1,3733	−0,1633	2,1	0,8222	1,2778	1,21	1,0285	0,1815
2,00	1,0387	0,9613	1,20	1,3867	−0,1867	2,00	0,8282	1,1718	1,20	1,0375	0,1625
1,95	1,0462	0,9038	1,19	1,4009	−0,2109	1,95	0,8317	1,1138	1,19	1,0471	0,1429
1,90	1,0543	0,8457	1,18	1,4159	−0,2359	1,90	0,8357	1,0643	1,18	1,0574	0,1226
1,85	1,0634	0,7866	1,17	1,4320	−0,2620	1,85	0,8401	1,0099	1,17	1,0685	0,1015
1,80	1,0731	0,7269	1,16	1,4492	−0,2892	1,80	0,8450	0,9550	1,16	1,0803	0,0797
1,75	1,0840	0,6660	1,15	1,4677	−0,3177	1,75	0,8506	0,8994	1,15	1,0932	0,0568
1,70	1,0961	0,6039	1,14	1,4877	−0,3477	1,70	0,8570	0,8430	1,14	1,1071	0,0329
1,65	1,1096	0,5404	1,13	1,5093	−0,3793	1,65	0,8643	0,7857	1,13	1,1223	0,0077
1,60	1,1248	0,4752	1,12	1,5329	−0,4129	1,60	0,8727	0,7273	1,12	1,1389	−0,0189
1,55	1,1421	0,4079	1,11	1,5589	−0,4489	1,55	0,8824	0,6676	1,11	1,1571	−0,0471
1,50	1,1617	0,3383	1,10	1,5875	−0,4875	1,50	0,8938	0,6062	1,10	1,1776	−0,0776
1,49	1,1660	0,3240	1,09	1,6195	−0,5295	1,49	0,8963	0,5937	1,09	1,2005	−0,1105
1,48	1,1704	0,3096	1,08	1,6555	−0,5755	1,48	0,8988	0,5812	1,08	1,2264	−0,1464
1,47	1,1749	0,2951	1,07	1,6969	−0,6269	1,47	0,9015	0,5685	1,07	1,2563	−0,1863
1,46	1,1796	0,2804	1,06	1,7451	−0,6851	1,46	0,9043	0,5557	1,06	1,2913	−0,2313
1,45	1,1844	0,2656	1,05	1,8027	−0,7527	1,45	0,9072	0,5428	1,05	1,3333	−0,2833
1,44	1,1893	0,2507	1,04	1,8738	−0,8338	1,44	0,9101	0,5299	1,04	1,3855	−0,3455
1,43	1,1944	0,2356	1,035	1,9167	−0,8817	1,43	0,9132	0,5168	1,035	1,4170	−0,3820
1,42	1,1997	0,2203	1,03	1,9665	−0,9365	1,42	0,9164	0,5036	1,03	1,4537	−0,4237
1,41	1,2052	0,2048	1,02	2,0983	−1,0783	1,41	0,9198	0,4902	1,02	1,5514	−0,5314
1,40	1,2108	0,1892	1,01	2,3261	−1,3161	1,40	0,9232	0,4768	1,01	1,7210	−0,7110

b) Senkungskurve

η	Rechteckprofil φ	Parabelprofil φ
0,995	2,452	1,889
0,99	2,319	1,714
0,98	2,085	1,536
0,97	1,946	1,431
0,96	1,847	1,355
0,95	1,769	1,296
0,94	1,705	1,246
0,93	1,650	1,204
0,92	1,602	1,166
0,91	1,559	1,133
0,90	1,521	1,103
0,85	1,367	0,980
0,80	1,253	0,887
0,75	1,159	0,808
0,70	1,078	0,739
0,65	1,006	0,676
0,60	0,939	0,617
0,50	0,819	0,506
0,40	0,789	0,402

Die **Stauweite** L ermittelt man mit:

— $\eta_L = 1,01$ bei Staukurven;

— $\eta_L = 0,99$ bei Senkungskurven.

Beispiele

Staukurve, Rechteckprofil $h_n = 2,00$ m, Aufstau 1,50 m, $I_s = 1‰$
Wie groß sind Stauweite und Wassertiefe im Abstand $x = 300$ m
$\eta_R = (2,0 + 1,5)/2,0 = 1,75$; Tafel 37a: $\Phi_R = 0,666$; für $\eta_L = 1,01$:
$\Phi_L = -1,3161$; $\Phi_L = 0,666 - 300 \cdot 0,001/2,0 = 0,516 \rightarrow \eta_L = 1,631$;
$h_L = 1,631 \cdot 2,0 = 3,26$ m; $L = [0,666 - (-1,3161)] \cdot 2,0/0,001 = 3964$ m

Senkungskurve, Trapezprofil $h_R = 1,6$ m; $s = 20,0$ m; $m = 2$, $I_s = 2‰$;
$h_n = 2,4$ m, $Q = 124\,\text{m}^3/s$
In welchem Abstand stellt sich die Wassertiefe $h_L = 1,90$ m ein?
Wassertiefe einer Parabel gleicher Fläche und gleicher Spiegelbreite b
$h_p = 3 \cdot A_{TR}/2 \cdot b$, Parabelparameter $a = h_p/b^2$; $h_{P.R} = 3 \cdot 37,12/2 \cdot 26,40$
$= 2,11$ m; $a = 2,11/26,4^2 = 0,003$; $h_{P.L} = 2,46$ m; $h_{P.n} = 3,02$ m;
$h_{PGr} = \sqrt[4]{27 \cdot 0,003 \cdot 124,0^2/(8 \cdot 9,81)} = 2,00$ m; (Bild 14);
$\eta_R = h_{P.R}/h_{P.n} = 2,11/3,02 = 0,699$; Tafel 37b: $\varphi_R = 0,738$; $\eta_L = 0,815$;
$\varphi_L = 0,915$; $r = (h_{PGr}/h_{Pn})^4 = (2,0/3,02)^4 = 0,193$;
$x = \dfrac{3,02}{0,002} [0,699 - 0,815 - (1 - 0,193)(0,738 - 0,915)] = 40,53$ m

3.2.4 Ungleichförmiger Abfluß in Ablaufrinnen von Klärbecken

Der Abfluß nimmt zu von Null auf Q (s. Bild 26)
a) Horizontale Sohle und h_{gr} am Ablauf:

$$h_o = h_{gr} \cdot \sqrt{3}$$

b) Horizontale Sohle und vom Unterwasser her bestimmte Ablauftiefe h_u

$$h_o = h_u \cdot \sqrt{2(h_{gr}/h_u)^3 + 1}$$

c) geneigte Sohle und beliebige Unterwassertiefe h_u, mit $h_u \geq h_{gr}$

$$h_o = h_u \left\{ \sqrt{2(h_{gr}/h_u)^3 + [1 - I \cdot l/(3 \cdot h_u)]^2} - 2 \cdot I \cdot l/(3 \cdot h_u) \right\}$$

Eventuelle Reibungseinflüsse können mit Bild 27 abgeschätzt werden.

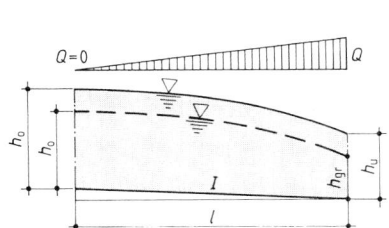

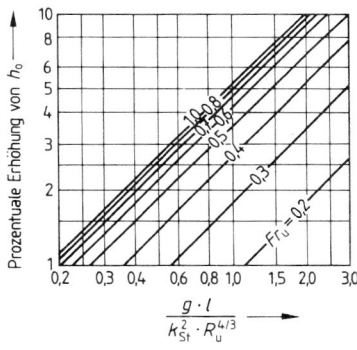

Bild 26 Sammelrinnen an Klärbecken

Bild 27 Reibungseinfluß bei Sammelrinnen mit Rechteckquerschnitt ohne bzw. mit sehr geringem Gefälle

3.3 Durchfluß an Wehren und Engstellen

3.3.1 Pfeilerstau nach Rehbock (strömender Durchfluß)

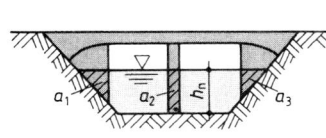

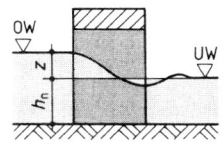

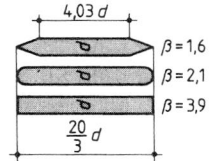

Bild 28 Pfeilereinbauten

Σa Querschnittsfläche der eintauchenden Verbauung im ungestauten Fluß mit $h = h_n$
A Durchflußquerschnitt des ungestauten Flusses ohne Einbauten (mit h_n)
$\alpha = \Sigma a/A$ Verbauungsverhältnis
$v = Q/A$ mittlere Geschwindigkeit im Fluß ohne Einbauten

Die Formel von Rehbock gibt nur bei **strömendem Durchfluß** brauchbare Aufstauwerte. Strömender Abfluß herrscht bei

$$\alpha < [1/(0,97 + 21\,\omega)] - 0,13 \quad (24) \qquad\qquad \text{mit } \omega = v^2/(2g \cdot h_n)$$

Der **Aufstau** z beträgt dann

$$\boldsymbol{z = \alpha[\beta - \alpha(\beta-1)] \cdot (0,4 + \alpha + 9\,\alpha^3)\,(1 + 2\,\omega)\,v^2/2g \text{ in m}} \qquad (25)$$

3.3.2 Durchfluß mit Fließwechsel (Extremalprinzip)

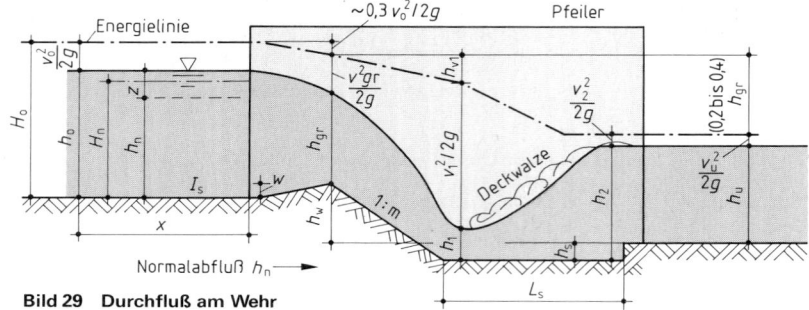

Bild 29 Durchfluß am Wehr

bei Durchfluß ohne Fließwechsel steht h für h_{gr} s. Abschn. 3.3.3

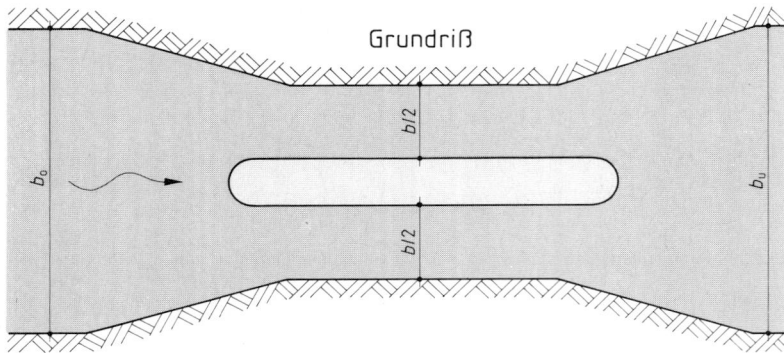

Bild 30 Grundriß

Die Ermittlung der Wasserspiegellage vor dem Wehr geht davon aus, daß in der am weitesten unterhalb gelegenen Engstelle ein Fließwechsel mit der Energiehöhe $H_{min} = h_{gr} + v_{gr}^2/2g$ auftritt. Nach Böss gilt:

a) steiler Absturz, d.h. $m < 4$: Ein Fließwechsel tritt auf bei

$$h_w \geqq h_w^* = h_{gr} \left(-3,97 + \sqrt{(n+5,47)^2 - 14,15} \right) \text{ in m} \tag{26}$$

Hierin ist

$$n_o = h_u/h_{gr}; \quad n = -1 + \sqrt{n_o^2 - 2 + 2/n_o}$$

b) flacher Absturz, d.h. $m = 4$ bis 12. Fließwechsel bei

$$h_w \geqq h_w^* = n \cdot h_{gr} \tag{27}$$

Überschlägige Abschätzung: Fließwechsel tritt auf bei

$$h_w + h_{gr} + v_{gr}^2/2g = h_w + H_{min} \geqq h_u + v_u^2/2g + (0,2 \text{ bis } 0,4) h_{gr} \tag{28}$$

Bei Einengungen ohne Absturz gilt mit dem **Extremalprinzip:**

Fließwechsel wenn $H_{min} = h_{gr} + v_{gr}^2/2g > H_n = h_n + v_n^2/2g$. $\tag{29}$

<u>**Beachte**</u> In H_{min} geht nur die tatsächlich durchströmte Breite der Engstelle ein.

Die Oberwassertiefe h_o ermittelt man nach Bernoulli aus

$$h_o + 0,7\,Q^2/(A_0^2 \cdot 2\,g) = w + H_{min} - x\,I_s \qquad (30)$$

in der Regel durch schrittweise Annäherung mit $x \approx 3$ bis $4\,h_o$ und $h_o \approx w + H_{min}$. Die Gleichung hat zwei positive Lösungen. Bei strömendem Zufluß, d.h. $h_n > h_{gr}$ ist $h_o > h_{gr}$. Bei Schießen umgekehrt, aber ggf. ist eine Untersuchung mit dem Stützkraftsatz, Gl. (3), oder Gl. (4), Abschn. 3, erforderlich.

Der **Aufstau** ist $z = h_o - h_n$ \qquad (31)

3.3.3 Durchfluß ohne echten Fließwechsel

Fließwechsel tritt nicht auf bei

$$\alpha > \frac{1}{0,97 + 21\,\omega} - 0,13 \text{ (s. Abschn. 3.3.1)} \qquad\qquad h_w < h_w^* \text{ (s. Abschn. 3.3.2)}$$

Mit den Bezeichnungen von Bild 29 lautet gemäß Gl. (4) die Bestimmungsgleichung für die **Wassertiefe** h, die sich **anstelle von** h_{gr} in Bild 29 einstellt:

$$\varrho \cdot Q \cdot v + \gamma_w (h + h_w)^2 \cdot b_u/2 = \varrho \cdot Q \cdot v_u + \gamma_w \cdot h_u^2 \cdot b_u/2 \quad \text{Impulssatz} \qquad (32)$$

Die Oberwassertiefe wird wie in Gl. (28) ermittelt.

$$h_0 + 0,7\,Q^2/(A_0^2 \cdot 2\,g) = w + h + v^2/2\,g - x \cdot I_s \qquad (33)$$

Für den Aufstau gilt Gl. (31). Zur Lösung von Gl. (32), d.h. zur Ermittlung von h auf der Absturzkante, dienen Gl. (6) und (7) Abschn. 3.

Beispiel OW = Trapez: $m = 3$; $s_o = 60$ m; $w = 0,5$ m; s. Bild 35, Wehr: $b = 2 \cdot 20 = 40$ m; $m = 5$; UW: Rechteck: $b_u = 55$ m; $h_u = 4,5$ m; $Q = 500$ m³/s; $v_u = 2,02$ m/s; $h_w = 0,5$ m

1. Mit Gl. (26) Abfrage: Fließwechsel? $h_{gr} = \sqrt[3]{500^2/(40^2 \cdot 9,81)} = 2,52$ m;

$n_o = 4,5/2,52 = 1,79$; $n = -1 + \sqrt{1,79^2 - 2 + 2/1,79} = 0,52$;
Gl. (27): $h_w^* = 0,52 \cdot 2,52 = 1,32$ m; $h_w < h_w^*$ kein Fließwechsel

2. Im Beispiel Abschn. 3 wird mit den oben angegebenen Werten nach Gl. (6) u. (7) die Wassertiefe h über der Wehrschwelle zu $h = 3,71$ m mit $v = 3,37$ m/s ermittelt.

3. Die Oberwassertiefe h_o ermittelt sich mit $x \cdot I_s \approx 0$ nach Gl. (33) wie folgt.
$h_o + 0,7 \cdot 500^2/(19,62 \cdot A_0^2) =$
$= h_o + 8919/A_0^2 = 0,5 + 3,71 + 3,37^2/19,62 = 4,79$ m $= H_0$
1. Näherung: $h_o^* = 4,79$ m: $A_0^* = 60 \cdot 4,79 + 3 \cdot 4,79^2 = 356,2$ m.
$H_0^* = 4,79 + 8919/356,2^2 = 4,86 > 4,79$: 2. Näherung $h_0^{**} = H_0^* - v_0^{*2}/2\,g = 4,79 - 0,07$
$= 4,72$ m; $\rightarrow A_0^{**} = 350$ m²; $H_0^{**} = 4,72 + 8919/350^2 = 4,792 \approx 4,79$ also $h_o = 4,72$ m

4. Aufstau z: mit $h_n = 4,50$ wäre $z = 4,72 - 4,50 = 0,22$ m.

5. Zum Vergleich: Aufstau nach Rehbock nach Abschn. 3.3.1
$\sum a = (60 - 40) \cdot 4,5 + 3 \cdot 4,5^2 + 40 \cdot 0,50 = 170,75$ m²; $A = 60 \cdot 4,5 + 3 \cdot 4,5^2 = 330,75$ m²
$\alpha = 0,516$; $\omega = 500^2/(330,75^2 \cdot 19,62 \cdot 4,5) = 0,026$; $v^2/2\,g = \omega \cdot h_n = 0,116$;
$\alpha = 0,516 < [1/(0,97 + 21 \cdot 0,026)] - 0,13 = 0,53 \rightarrow$ strömender Durchfluß:
Aufstau mit $\beta = 2,1$; $z = 0,516\,[2,1 - 0,516\,(2,1 - 1)] \cdot (0,4 + 0,516 + 9 \cdot 0,516^3)$
$(1 + 2 \cdot 0,026) \cdot 0,116 = 0,21$ m

3.3.4 Tosbecken — Sturzbetten DIN V 19661-2 (08.91)

Für eine Vordimensionierung genügen die nachstehenden Ansätze. In der Regel werden die Kosten für einen wasserbaulichen Modellversuch durch die Einsparungen bei der Ausführung bei weitem aufgewogen.

Funktionsbedingungen (s. Bild 29)

1. Beim Absturz soll ein Fließwechsel auftreten $h \leq h_{gr}$ (s. Abschn. 3.3.2).

2. Es soll eine Wechselsprungwalze erzeugt werden, die im Tosbecken bleiben muß, das hierfür ausreichend lang und tief genug sein muß bzw. eine genügend hohe Endschwelle h_s haben muß. $h_2 =$ konjugierte **Wechselsprungtiefe** zu h_1, s. Bild 8

14

Alle Bemessungen gehen von h_1 aus:

$$h_1 + v_1^2/2g + h_{v1} = H_{min} + h_w + h_s \quad \text{mit} \quad h_{v1} = 1,1 \lambda \cdot v_1^2/2g \quad \text{nach Bild 31}$$

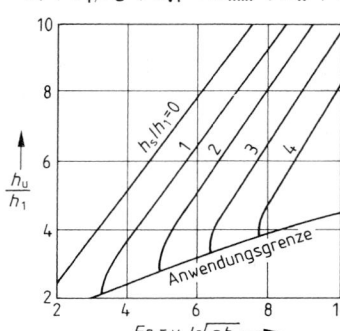

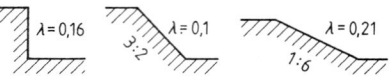

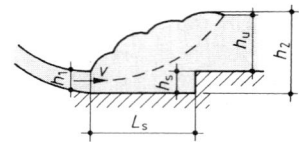

Bild 31 Verlustbeiwerte für Schußböden

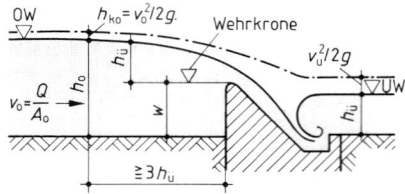

Bild 32 Tosbecken mit Stufe h_s und gleichbleibender Gerinnebreite [16]

Für die gegebenen Werte von h_u/h_1 und Fr_1 wählt man die erforderliche Tosbeckentiefe h_s. **Faustwert:** $h_s = 1,05 \cdot h_2 - h_u + v_2^2/2g - v_u^2/2g$

Beispiel $h_u/h_1 = 5$, $Fr_1 = 4,5 \rightarrow h_s/h_1 = 0,63$

Tosbeckenlänge $L_s = 5(h_u + h_s)$

Bei Tosbecken nach Bild 32 muß $Fr_u < 1$ sein, d. h. im UW strömender Abfluß. Wenn man die UW-Tiefe beeinflussen kann, ist auch die Wahl anderer Verhältnisse h_s/h_1 möglich.

3.3.5 Wehre — Überfallwehr

3.3.5.1 Vollkommener Überfall

Kriterium. Durchfluß mit Fließwechsel, d. h. der UW-Stand beeinflußt den OW-Stand nicht. Das ist immer der Fall, wenn das Unterwasser tiefer als die Wehrkrone steht (s. a. Abschn. 3.5.2).

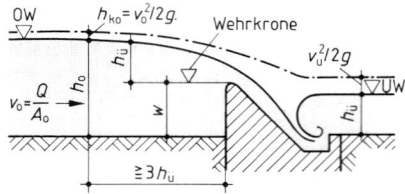

Bild 33 Vollkommener Überfall

Bei rechteckigen Durchflußquerschnitten gilt Gl. (34) für $v_0 \leq 1,0$ m/s bzw. Gl. (35).

$$Q = \frac{2}{3} \mu b \sqrt{2g} \, h_u^{3/2} \quad \text{in m}^3/\text{s} \quad (34) \quad \text{nach Poleni}$$

$$Q = \frac{2}{3} \mu b \sqrt{2g} \left[(h_{\{ueh\}} + h_{k0})^{3/2} - h_{k0}^{3/2} \right] \quad \text{in m}^3/\text{s für } v_0 > 1,0 \text{ m/s} \quad (35)$$

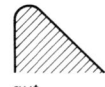

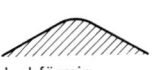

| breit, scharfkantig, waagerecht $\mu = 0,49$ bis 0,51 | breit waagerecht, Kanten abgerundet $\mu = 0,50$ bis 0,55 | scharfkantig, schräg (s. 3.3.5.4) Überfallmessung) $\mu = 0,64$ | gut abgerundeter Querschnitt $\mu = 0,73$ bis 0,75 | dachförmig, gut abgerundet, $\mu < 0,79$ |

Bild 34 Kronenform und Überfallbeiwerte μ

Wehr mit kreisförmiger oder elliptischer Krone nach Rehbock mit Gl. (36)

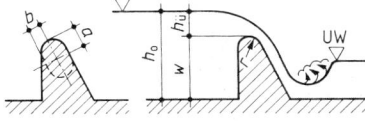

$$\mu = 0,312 + \sqrt{0,3 - 0,01(5 - h_{\ü}/r)^2}$$
$$+ 0,09 h_{\ü}/w \qquad (36)$$

Voraussetzungen: Angeschmiegter Strahl, vollkommener Abfluß am Wehr,

$$0,02 \text{ m} < r < w; \qquad h_{\ü} < r\left(6 - \frac{20r}{w + 3r}\right)$$

Bild 35 Ersatzradien

wegen möglicher Strahlbelüftung $\mu \leq$ **0,75**

Bei elliptischer Krone mit Ersatzradius rechnen:

$$r = b\left(\frac{4,57b}{2a + b} + \frac{a}{20b} - 0,573\right) \quad (37) \quad \text{mit} \quad 6 > \frac{a}{b} > 0,05$$

Trapezwehr

Es gelten die vorstehenden Überfallbeiwerte. In Gl. (38) wird wie in Gl. (34) für $v_0 \geq 1,0$ m/s die kinetische Energie im Zulauf vernachlässigt.

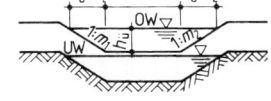

$$m = 0,5(m_1 + m_2); \qquad h_{k0} = v_0^2/2g$$

$$Q = \frac{2}{3} \cdot \mu \cdot \sqrt{2g} \cdot h_{\ü}^{3/2}(s + 4 \cdot m \cdot h_{\ü}/5) \text{ in m}^3/\text{s} \quad (38)$$

Bild 36 Trapezwehr

$$Q = \frac{2}{3} \cdot \mu \cdot \sqrt{2g} \cdot \left\{ s[(h_{\ü}+h_{k0})^{3/2} - h_{k0}^{3/2}] \right.$$
$$\left. + \left(\frac{4}{5}\right) \cdot m\left[(h_{\ü}+h_{k0})^{5/2} - \left(\frac{5}{2}\right) \cdot h_{\ü} \cdot h_{k0}^{3/2} - h_{k0}^{5/2}\right] \right\} \text{ in m}^3/\text{s} \quad (39)$$

3.3.5.2 Unvollkommener Überfall — Grundwehr

Der Unterwasserspiegel steht höher als die Wehrkrone. Eine Beeinflussung des Oberwasserspiegels erfolgt erst, wenn der Beiwert c nach Bild 38 kleiner als 1,0 wird. μ-Werte wie Abschn. 3.3.5.1.

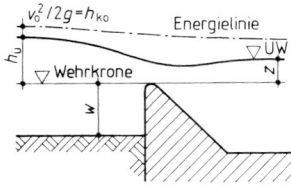

Bild 37

$$Q = c \cdot \frac{2}{3} \mu b \sqrt{2g} h_{\ü}^{3/2} \text{ in m}^3/\text{s} \quad (40)$$

Ermittlung von $h_{\ü}$ iterativ, indem für verschiedene $h_{\ü} \rightarrow Q$ ermittelt und mit dem Sollwert verglichen wird.

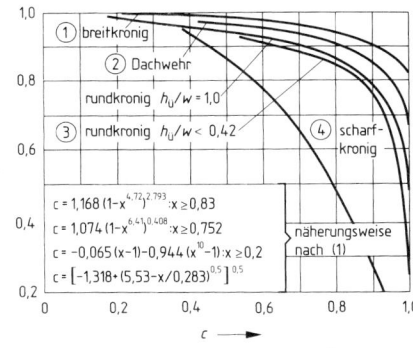

$c = 1,168 (1-x^{4,72})^{2,793}$: $x \geq 0,83$
$c = 1,074 (1-x^{6,41})^{0,408}$: $x \geq 0,752$
$c = -0,065 (x-1)-0,944 (x^{10}-1)$: $x \geq 0,2$
$c = [-1,318+(5,53-x/0,283)^{0,5}]^{0,5}$

Bild 38 c-Werte für den unvollk. Überfall

3.3.5.3 Streichwehr

$$Q = \mu(2/3) \cdot \sqrt{2g} \cdot L[(h_{\ü1} + h_{\ü2})/2]^{1,5} \quad (41)$$

mit $\mu^* = 0,95 \mu_{\text{normal}}$ (s. Abschn. 3.3.5.1) \quad (42)

$$L = Q/[\mu^* \cdot 1,044(h_{\ü1}+h_{\ü2})^{1,5}] \quad (43)$$

14

Die Gln. gelten nur für $v'_0 = Q_0/(b_0 \cdot h'_0)$ bzw. bei nicht rechteckigen Querschnitten mit $v'_0 = Q_0/A'_0 < 0{,}75\,v_{gr}$ d. h. sicher strömendem Zufluß an der Vorderkante der Wehrschwelle.

Q_u und damit $Q = Q_0 - Q_u$ sowie h_u sind meist gegeben.

Mit dem Q'_u, das noch voll, d. h. ohne Überschlag weiterläuft, wird $w = h'_u$.

Lösungsweg h_u aus den Profilkennwerten des UW (evtl. auch Staukurvenberechnung).

h'_0 aus:

$h'_0 3 - [\zeta \cdot 1{,}1 \cdot Q_u^2/(b_u^2 \cdot h_u^2 \cdot 2g) + h_u$
$+ \zeta \cdot h_v - I_s \cdot L]h'_0 2 + \zeta \cdot 1{,}1 Q_0^2/(b_0^2 \cdot 2g) = f(h'_0)$

und

$3h'_0 2 - 2[\zeta \cdot 1{,}1 \cdot Q_u^2/(b_u^2 \cdot h_u^2 \cdot 2g) + h_u$
$+ \zeta \cdot h_v - I_s \cdot L]\, h'_0 = f'(h'_0);$

(nach Newton, s. Abschn. 3); $\zeta \cdot h_v \approx I_s \cdot L$
Erster Schätzwert für $h'_0 \approx h_u$ bzw. w; ζ aus Bild 41 mit $h_m \approx h\ddot{u}2$
Mit dem ersten Wert für h'_0 Ermittlung von L aus Gl. (43) und $h_v = L(v'_0 + v_u)^2/(4R_m^{4/3} \cdot k_s^2)$. Es muß ζ_0 aus der Gl. $\zeta_0 = (h_u - h'_0)/(1{,}1v'_0 2/2g - 1{,}1v_u^2/2g - h_v + I_s \cdot L)$ mit ζ_{Tafel} übereinstimmen. Wenn nicht, bei $(h_u - h'_0)$ das h'_0 so ändern, daß $\zeta_0 \approx \zeta_{\text{Tafel}}$. Damit ermittelt man ggf. weitere Werte für h'_0 usw. Meistens reicht $\zeta \cdot h_v = I_s \cdot L$ aus.
Bei $b_0 > b_u$ ist $\zeta = 1$.

Überschlagsformel $L = 0{,}8Q/h_{\ddot{u}2}^{1,5}$ (44)

(gibt lange Wehre)

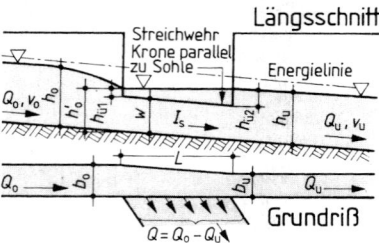

Bild 39 Streichwehr

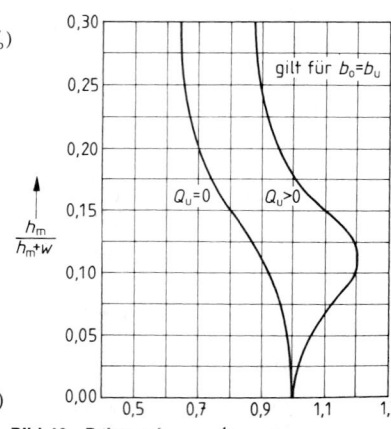

Bild 40 Beiwert ζ $\zeta \longrightarrow$

3.3.5.4 Meßwehre und Venturikanal

Rechtecküberfall

Nach R e h b o c k gilt:
a) O h n e s e i t l i c h e E i n s c h n ü r u n g des Überfalls $b = B$;

$Q = (1{,}782 + 0{,}24 \cdot h_e/w) \cdot b \cdot h_e^{1,5}$ in m^3/s

mit $h_e = h_{\ddot{u}} + 0{,}0011$ m   (45)

Gültig für $w > 0{,}30$ m;

$0{,}02 \leqq h_e \leqq 1{,}25$ m, $h_e/w \leqq 0{,}65$

b) M i t s e i t l i c h e r E i n s c h n ü r u n g des Überfalls $b < B$
nach Schweizer. Ing. und Architektenverein

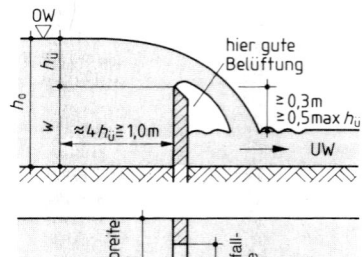

Bild 41 Rechteckmeßwehr

$$Q = 2{,}95 \cdot b \cdot \left[0{,}578 + 0{,}037\left(\frac{b}{B}\right)^2 + \frac{3{,}615 - 3\left(\frac{b}{B}\right)^2}{1000h_{\ddot{u}} + 1{,}6}\right] \cdot \left[1 + 0{,}5\left(\frac{b}{B}\right)^4 \cdot \left(\frac{h_{\ddot{u}}}{h_0}\right)^2\right] \cdot h_{\ddot{u}}^{1,5} \; (46)$$

Gültig für $w \geqq 0{,}30$ m, $b/w \leqq 1$; $0{,}025 \cdot B/b \leqq h_{\ddot{u}} \leqq 0{,}80$ m

Dreiecküberfall (Thomson-Meßwehr)

$$Q = \frac{8}{15}\,\mu \tan\frac{\alpha}{2}\,\sqrt{2g}\,h_{\ddot{u}}^{2,5} \text{ in m}^3/\text{s} \qquad (47)$$

mit $\mu = 0,565 + 0,0087/\sqrt{h_{\ddot{u}}}$ nach Strickland
Für $B > 8h_{\ddot{u}}$, $\alpha = 90°$, $w \geq 3h_{\ddot{u}}$
Für Abläufe aus breiten Becken mit $\alpha = 90°$

$$Q = 1,34 \cdot h_{\ddot{u}}^{2,48} \text{ in m}^3/\text{s} \qquad (48)$$

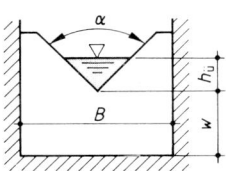

Bild 42 Dreieckmeßwehr

Venturikanal mit Fließwechsel

$$Q = \alpha \cdot \mu \cdot b \cdot h_o^{1,5} \text{ in m}^3/\text{s} \qquad (49)$$

Tafel 38 [1]

b/B	μ	h_u/h_o	b/B	μ	h_u/h_o
0,25	1,729	0,561	0,50	1,813	0,754
0,30	1,740	0,607	0,55	1,840	0,784
0,35	1,754	0,649	0,60	1,872	0,812
0,40	1,770	0,687	0,65	1,909	0,839
0,45	1,790	0,722	0,70	1,954	0,865
0,50	1,813	0,754	0,75	2,009	0,889

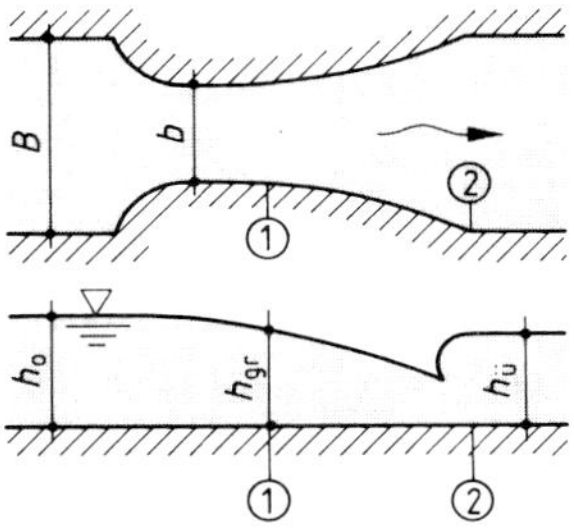

Bild 43 Venturikanal

$\alpha = 0,95$ bis $1,0$ je nach OW-seitiger Ausrundung
i. M. $\alpha = 0,97$

Es **muß sein** $h_u \leq h_o \cdot (h_u/h_o)_{\text{Tafel}}$, sonst Sohlsprung von ① nach ② anordnen.
Sinnvoller Bereich für die Einschnürung: $0,25 \leq b/B \leq 0,75$
Es ist $\mu = \sqrt{g}\,[2 \cdot (B/b) \cdot \cos(60° + \psi/3)]^{1,5}$ (50)   mit $\psi = \arccos(b/B)$ (51);

$$\frac{h_u}{h_o} = \frac{\cos(60° + \psi/3)}{2 \cdot \cos(60° - \psi/3)}\,[-1 + \sqrt{1 + 64(B/b) \cdot \cos^3(60° - \psi/3)}] \qquad (52)$$

3.3.5.5 Durchfluß an Schwellen

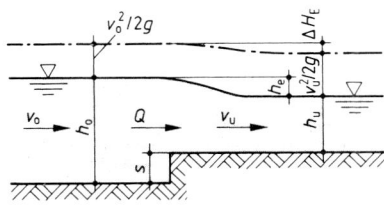

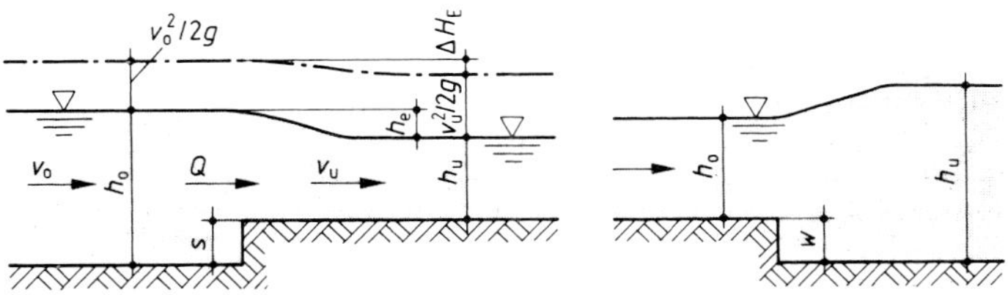

a) positive Schwelle

b) negative Schwelle

Bild 44 Schwellen

$$h_o^3 - \left(\frac{2Q^2}{h_u \cdot b^2 \cdot g} + h_u^2 + c(2 \cdot h_u + s) \cdot s\right) \cdot h_o + \frac{2Q^2}{b^2 \cdot g} = h_o^3 - c_1 \cdot h_o + c_2 = 0 \Rightarrow f(h_o) \qquad (53)$$

$$3h_o^2 - c_1 = 0 = f'(h_o) \qquad (54);$$

Iteration mit $h_{o1} = h_u + v_u^2/2g \pm s$; $h_{o2} = h_{o1} - \dfrac{f(h_{o1})}{f'(h_{o1})}$
oder Zielwertabfrage $f(h_o) = 0$; veränderlich: h_o

bei negativer Schwelle gilt das untenstehende $(-)$, für s steht w und in der Klammer:

$$(2 \cdot h_o + w) \qquad (55)$$

Der Beiwert $c \approx 1$ bis $1,1$ berücksichtigt den dynamischen Anteil des Wasserdruckes auf die Schwelle. Zur Kontrolle: der Energieverlust $h_v = (v_o^2 - v_u^2)/2g + h_o - h_u - s$ (bzw. $+w$ bei negativer Schw.) muß >0 sein.

14

3.3.5.6 Ausfluß unter Schützen

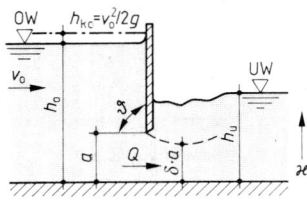

Bild 45 Schütz

$$Q = \varkappa \cdot \mu \cdot a \cdot b \cdot \sqrt{2gh_0} \text{ in m}^3/\text{s} \qquad (56)$$

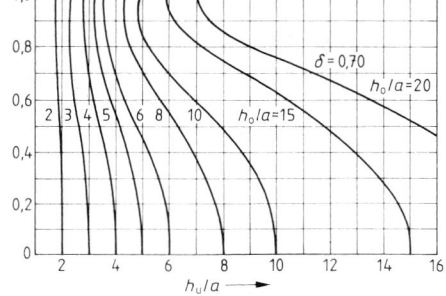

Bild 46 $\varkappa$-Werte für unvollkommenen Ausfluß

b = Öffnungsbreite

$\mu = \delta/\sqrt{1 + \delta \cdot a/h_0}$; δ — Einschnürungsbeiwert

$\varkappa = 1$: vollkommener Ausfluß, z. B. bei $h_u/a \leq 5{,}9$ und $h_0/a = 15$

$\delta \approx 0{,}45^*$) bei scharfkantigen Holzbalkentafeln mit $\vartheta = 90^{\circ}{}^*$) aus Großversuch

$\delta \approx 0{,}59^*$) bis 0,62 bei senkrechten scharfkantigen Schützen mit $\vartheta = 90^{\circ}$ $\delta \approx 0{,}75$ bei $\vartheta = 45^{\circ}$;

$\delta \approx 0{,}70$ bei $\vartheta = 60^{\circ}$ und bei $\vartheta = 90^{\circ}$ mit abgerundeter Ablösungskante $\delta \approx 0{,}81$ bei $\vartheta = 30^{\circ}$

Unvollkom. Ausfl. bei $h_u/a \leq \delta/2 \cdot (-1 + [16 \cdot h_0^2 \cdot a^2/\delta/(\delta + h_0/a) + 1]^{0{,}5})$. Dann wird $\varkappa = (m - (m^2 - 1 + h_u^2/h_0^2)^{0{,}5})^{0{,}5}$; mit: $m = 1 - 2 \cdot \delta \cdot a/h_0/(1 + \delta \cdot a/h_0) + 2 \cdot \delta^2 \cdot a^2/h_0/h_u/(1 + \delta \cdot a/h_0)$

3.3.5.7 Tauchwandverluste

Aufstau vor der Tauchwand

$$h_v = [Q/(\mu \cdot b \cdot a \cdot \sqrt{2g})]^2 \text{ in m} \quad (57)$$

$\mu = 0{,}73$ bis 0,90; mit h_v zunehmend; im Mittel $\approx 0{,}85$

Bei einer exakteren Berechnung durch Iteration setzt man Erweiterungs- und Einschnürungsverluste an.

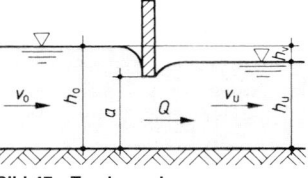

Bild 47 Tauchwand

3.3.6 Freier Ausfluß aus einer Öffnung über UW

a) h_0/d bzw. **$h_0/a \geq 4$** $\qquad Q = \alpha A \cdot \sqrt{2g(h_0 + h_{k0})}$ in m^3/s

Tafel 39 Ausflußzahl α nach Torricelli (58)

Öffnung	sehr schlecht	scharfkantig	abgeschrägt	abgerundet
α	0,66 bis 0,82	0,83 bis 0,86	0,89	0,96 bis 0,97

Für Rechtecköffnungen ist $\alpha \cong \mu$, siehe b)

b) $h_0/a < 4$, Rechtecköffnungen

$$Q = \frac{2}{3} \cdot \mu \cdot b \cdot \sqrt{2g} \left[(h_2 + h_{k0})^{1{,}5} - (h_1 + h_{k0})^{1{,}5}\right] \qquad (59)$$

a/b	0	0,5	1	1,5	2
μ	0,67	0,64	0,58	0,50	0,44

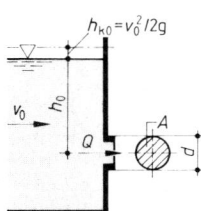

Bild 48 Runde Ausflußöffnung

3.3.7 Aufstau vor Rechen

$$z \approx 4(s/a) \cdot \delta \cdot \sin a \cdot v_0^2/2g \quad \text{in m} \qquad (60)$$

$[0{,}125 \leq s/a \leq 1{,}0]$

a = li. Stababstand, s = Stabdicke, δ Formbeiwert: ▨▨ $\delta = 1$; ◣◢ $\delta = 0{,}5$; a = Rechenneigung gegen die Sohle; v_0 = Zulaufgeschwindigkeit bezogen auf die Projektion der Rechenfläche in Fließrichtung in m/s.

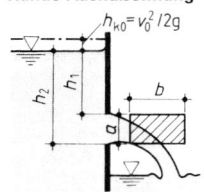

Bild 49 Rechtecköffnung

Bei Verlegung des Rechens, z. B. um 40 %, steigt s/a auf $s/(1 - 0{,}4)a$ an. Evtl. Einschnürungsverluste nach Abschn. 3.1.3.4 ansetzen, s. a. [1].

3.4 Schleppwirkung in Wasserläufen

3.4.1 Feststoffbewegung und Sohlabpflasterung

Die nachfolgende Zusammenstellung erleichtert den Einstieg in die Berechnung der transportierten Massen und die mit aufgeführten dimensionslosen Parameter vereinfachen die anzuwendenden Formeln:
Sohl- bzw. Wandschubspannung in N/m²:

$$\tau_0 = \varrho \cdot g \cdot r_{hy} \cdot I_E \tag{61}$$

Relativer Dichteunterschied (ϱ_F als Dichte des Feststoffs):

$$\varrho' = (\varrho_F - \varrho_w)/\varrho_w, \quad \text{f. Sand in Wasser} \quad \varrho' \approx 1{,}65$$

Schubspannungsgeschwindigkeit an der Sohle in m/s:

$$v^* = \sqrt{\tau_0/\varrho_w}$$

Maßgebender Korndurchmesser d_m lt. Bild 50 (für die Formeln d_m in m)
Relative Schubspannung (auch Feststoff-FROUDE-Zahl):

$$\theta = \frac{v^{*2}}{\varrho' \cdot g \cdot d_m} = \frac{\tau_0}{(\varrho_F - \varrho_w) \cdot g \cdot d_m}$$

Feststoff-REYNOLDS-Zahl

$$\mathrm{Re}^* = \frac{v^* \cdot d_m}{\nu}$$

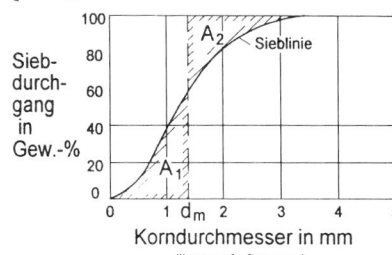

Sieb-durchgang in Gew.-%

Bild 50 Ermittlung von d_m ($A_1 = A_2$)

Dimensionslose Transportgröße (mit $\dot{m}$ als breitenbez. Massenstrom in kg/(m · s):

$$\phi = \frac{\dot{m}}{\varrho_F} \cdot \frac{1}{\sqrt{\varrho' \cdot g \cdot d_m^3}}$$

aus der benetzten Fläche herrührender Spannungsanteil:

$$\tau_0' = c_\tau \cdot \tau_0 \quad \text{und} \quad \theta' = c_\tau \cdot \theta \quad \text{mit} \quad c_\tau = \left(\frac{k_{St,\,So}}{k_{St,\,r}}\right)^{1{,}5}$$

mit

$k_{St,\,So}$ — Gesamtrauheitsbeiwert nach STRICKLER mit Unebenheiten (wie Riffel)

$k_{St,\,r}$ — Rauheitsbeiwert des Korns; Überschlag $k_{St,\,r} = \dfrac{26}{\sqrt[6]{d_{90}}}$ mit dem Korndurchmesser d_{90} in m.

Normalfall nach JÄGGI $c_\tau \approx 0{,}85$; bei ebener Sohle $c_\tau \approx 1$.
Dimensionslose Transportgrößen:
Geschiebe nach MEYER-PETER und MÜLLER: $\quad \phi_G = 8 \cdot (\theta' - \theta_{crit})^{3/2}$

Geschiebe nach ZANKE: $\quad \phi_G = 0{,}04 \cdot \sqrt{\dfrac{8 \cdot \varrho' \cdot d_m}{\lambda \cdot h}} \cdot \dfrac{\theta^{2,5}}{\theta_{crit}^{1,5}} \cdot \dfrac{1}{1 + 10 \cdot (\theta_{crit}/\theta)^7}$ mit θ_{crit} aus
Bild 51

Der Geschiebetrieb als transportierte Masse je Zeit- und Breiteneinheit errechnet sich aus der dimensionslosen Transportgröße zu

$$\dot{m}_G = \varrho_F \cdot \sqrt{\varrho' \cdot g \cdot d_m^3} \cdot \phi_G \, .$$

Feststoff nach PERNECKER-VOLLMERS: $\quad \phi_F = \dfrac{\theta^{1,5}}{0{,}04} \cdot (\theta - 0{,}04)$

Feststoff nach ENGELUND-HANSEN: $\quad \phi_F = \dfrac{2}{5} \dfrac{\theta^{5/2}}{\lambda}$
Erforderliche Korndurchmesser für eine Abpflasterung der Sohle (mit 1,55-facher Sicherheit).

$$d_m \approx d_{50} = 20 \cdot (b/l_u) \cdot h \cdot I_E \quad \text{in m} \tag{62}$$

Schichtdicke s bei einheitlichem Korn,

$$s = (2 \text{ bis } 3)\, d_{erf} \quad 0{,}9\, d_m \leqq d_{erf} \leqq 1{,}1\, d_m \tag{63}$$

14

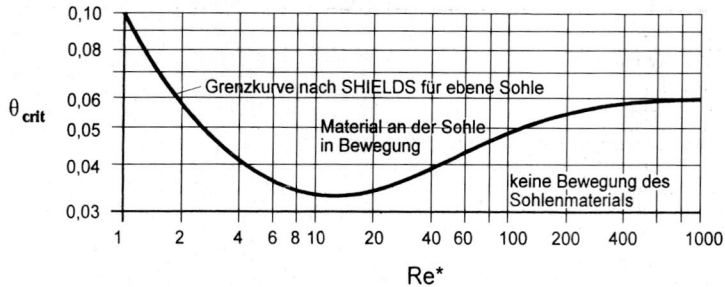

Bild 51 Kritischer Wert der relativen Schubspannung θ_{crit} nach SHIELDS als Abhängige der Feststoff-REYNOLDS-Zahl für ebene Sohle

Schichtdicke bei gemischtem Korn,

$$s = 1{,}6 \, d_{erf} \qquad 0{,}6 \, d_m \leq d_{erf} \leq 1{,}6 \, d_m \qquad (64)$$

Auf den Böschungen gerade verlaufender Kanäle beträgt einerseits die Schubspannung nur etwa 75% der Sohlschubspannung, andererseits muß die geringere Stabilität der Körnung berücksichtigt werden. Bei naturnah gestalteten Fließgewässern sollte wegen des mäandernden Verlaufs für die Böschungen zumindest die Sohlschubspannung angesetzt werden. Der Abminderungsfaktor K ist [nach Lane, ASCE, 1953] definiert zu

$$K = \cos \alpha \cdot \sqrt{1 - (\tan^2 \alpha / \tan^2 \varphi)} \quad (65) \text{ mit } \alpha = \text{Böschungs-}$$

neigung, $\varphi =$ Winkel der inneren Reibung unter Wasser n. Bild 52. Mit K ist die zulässige Schubspannung abzumindern oder der Korndurchmesser mit dem Kehrwert zu vergrößern. $\tau_{zul, Bö} = \tau_{zul} \cdot K; \, d_{m, Bö} = d_m / K$

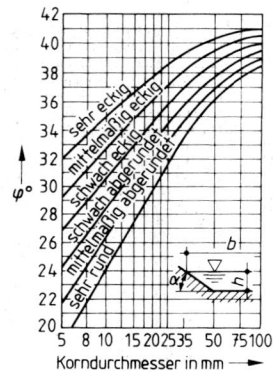

Bild 52 Reibungswinkel φ in nichtbindigem Material

3.4.2 Grenzschleppspannung — Grenzgeschwindigkeit

Für den praktischen Gebrauch sind die Grenzschleppspannung τ_0 oder die Grenzgeschwindigkeit v_0 nach DIN V 19661-2 (8.91), Sohlbauwerke in Tafel 40 sowie in Bild 53a und 53b angegeben.

Tafel 40 Grenzwerte für Schleppspannung τ_0 und zul. Höchstgeschwindigkeit v_0

	Sohlenbeschaffenheit	τ_0 in N/m²	v_0 in m/s
Einzelkorngefüge vorherrschend	Feinsand, Korngröße 0,063 bis 0,2 mm	1,0	0,20 bis 0,35
	Mittelsand, Korngröße 0,2 bis 0,63 mm	2,0	0,35 bis 0,45
	Grobsand, Korngröße 0,63 bis 1 mm	3,0	—
	Grobsand, Korngröße 1 bis 2 mm	4,0	—
	Grobsand, Korngröße 0,63 bis 2 mm	6,0	0,45 bis 0,60
	Kies-Sand-Gemisch, Korngröße 0,63 bis 6,3 mm festgelagert, langanhaltend überströmt	9,0	—
	Kies-Sand-Gemisch, Korngröße 0,63 bis 6,3 mm, festgelagert, vorübergehend überströmt	12,0	—
	Feinkies, Korngröße 2 bis 6,3 mm	—	0,60 bis 0,80
	Mittelkies, Korngröße 6,3 bis 20 mm	15,0	0,80 bis 1,25
	Grobkies, Korngröße 20 bis 63 mm	45,0	1,25 bis 1,60
	Steine, Korngröße 63 bis 100 mm	—	1,60 bis 2,00
	plattiges Geschiebe, 1 bis 2 cm hoch, 4 bis 6 cm lang	50,0	—

Tafel 40   (Forsetzung)

	Sohlenbeschaffenheit	τ_0 in N/m²	v_0 in m/s
Boden we-nig kolloidal	lehmiger Sand	2,0	–
	lehmhaltige Ablagerungen	2,5	–
	lockerer Schlamm	2,5	0,10 bis 0,15
	lehmiger Kies, langanhaltend überströmt	15,0	–
	lehmiger Kies, vorübergehend überströmt	20,0	–
Boden stark-kolloidal	lockerer Lehm	3,5	0,15 bis 0,20
	festgelagerter sandiger Lehm	–	0,40 bis 0,60
	festgelagerter Lehm	12,0	0,70 bis 1,00
	Ton	12,0	–
	festgelagerter Schlamm	12,0	–
	fester Klei	–	0,90 bis 1,30
	Rasen verwachsen, langanhaltend überströmt	15,0	1,5
	Rasen verwachsen, vorübergehend überströmt	30,0	2,0

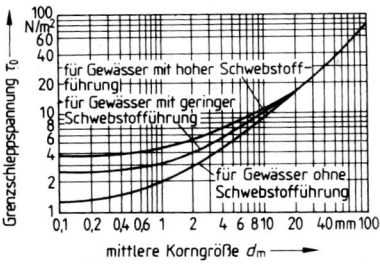

Bild 53a Grenzschleppspannung für nicht-bindige Sohlenmaterialien in Abhängigkeit von der mittleren Korngröße d_m

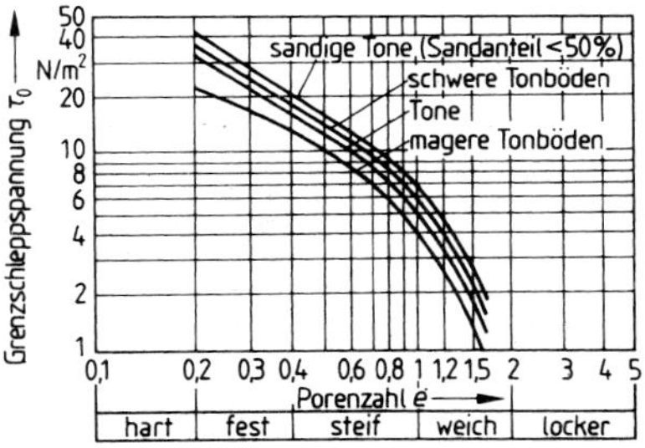

Bild 53b Grenzschleppspannung für bindige Sohlenmaterialien in Abhängigkeit von der Porenzahl e

Die Porenzahl $e = (V - V_s)/V_s$ ermittelt sich aus dem Gesamtvolumen V der bindigen Bodenprobe und V_s dem Feststoffvolumen derselben.

3.5 Grundwasserbewegung [15]

3.5.1 Freier Grundwasserspiegel

Zulauf zum Einzelbrunnen   (66)

$$Q = [\pi \cdot k_f(h_{Gr}^2 - h^2)]/(\ln R - \ln r) \quad \text{in m}^3/\text{s}$$

Fassungsvermögen eines Brunnens

$$q = 2 \cdot \pi \cdot r \cdot h \cdot \sqrt{k_f}/15 \quad \text{in m}^3/\text{s} \quad (67)$$

optimale Absenkung s_{opt} bei: $Q = q \triangleq Q_{max}$

Betriebsabsenkung bei der Wassergewinnung

$s \leq h_{Gr}/3 \quad$ bzw. $\leq 0,6$ bis $0,75\, s_{opt}$

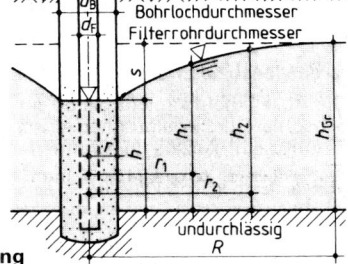

Bild 54 Einzelbrunnen mit freiem Grundwasserspiegel

nach SICHARDT: $R = 3000 \cdot s \cdot \sqrt{k_f}$ in m; (68)
k_f = Durchlässigkeitsbeiwert m/s aus Pumpversuch mit verschiedenen $Q = \text{const}$ bis $s = \text{const}$. Ablesungen an mindestens zwei Pegelbrunnen mit Abstand r_1 und r_2, üblich 6 bis 12 Pegel: $k_f = Q(\ln r_2 - \ln r_1)/[(h_2^2 - h_1^2) \cdot \pi]$ in m/s

Ein besseres Bild von der Abhängigkeit von k_f von der Größe der Absenkung s, vor allem bei unterschiedlich geschichteten Boden, gibt die graphische raumzeitliche Auswertung [15].

14

Aus der Kornverteilungskurve gilt nach H a z e n und B e y e r [15] bei mittlerer natürlicher Lagerungsdichte $k_f \approx 0{,}0116 \cdot U^{-0{,}201} \cdot d_{10}^2$ [m/s]; für $1 \leq U \leq 30$ mit $U = d_{60}/d_{10}$; (d_{10} ist der Korndurchmesser in mm bei 10% Siebdurchgang;) bei dichtester Lagerung reduziert sich k_f um 20%; bis zur lockersten Lagerung steigt k_f um 20% bei $U = 1$, um 40% bei $U = 5$ und um 50% bei $U = 15$ bis 30.

Beachte bei Wasserversorgungsbrunnen: Filtereintrittsmenge nach T r u e l s e n wegen Verockerung $q_F \leq 28{,}3/d_{WK}$ in m^3/(m$^2 \cdot$ h) mit d_{WK} in mm = größtes Filterkorn direkt am Filterrohr.

Filterregel: $d_F = (4 \text{ bis } 5)d_{80}$ für $U < 3$; $d_F = (4 \text{ bis } 5)d_{90}$ für $3 \leq U \leq 5$. Bei $U > 5$ wird aus der Probe so lange Grobkorn entfernt, bis $U \leq 5$.

Einige grobe Anhaltswerte für k_f in m/s verschiedener Bodenarten

Bodenart	k_f	Bodenart	k_f
Kies 4 bis 8 mm ohne Beimengung	$3{,}5 \cdot 10^{-2}$	Dünensand (Nordsee)	$2 \cdot 10^{-4}$
Kies 2 bis 4 mm ohne Beimengung	$2{,}5 \cdot 10^{-2}$	teils feste Sande m. Fein-	1 bis $1{,}5 \cdot 10^{-4}$
Diluvialterrasse, Donau b. Straubing	$1{,}5 \cdot 10^{-2}$	kiestonige Sande	$1 \cdot 10^{-4}$
Grobkies mit Mittelkies u. Feinsand	$7{,}0 \cdot 10^{-3}$	Grobkies mit Sand	$5 \cdot 10^{-3}$
Mittelsand, Langen, Ffm	$1{,}5 \cdot 10^{-3}$	Grob-, Mittelsand, Feinkies	3 bis $4 \cdot 10^{-3}$

Ein Brunnen wird zum u n v o l l k o m - m e n e n B r u n n e n bei

$h_{Gr} > H = h + s$.

In die Gleichung für Q tritt H an die Stelle von h_{Gr} und die Leistung des Brunnens erhöht sich um den Faktor ε_B nach Bild 55

$$Q_{unv} = \varepsilon_B \cdot Q_{vollk} \qquad (69)$$

Bei undurchlässiger Brunnensohle verringert sich der Zufluß um den Faktor

$$m_s = 2h/(2h+r) \qquad (70)$$

Hierbei gilt ein unten verschlossenes Filterrohr mit Kiesunterschüttung noch als durchlässig.

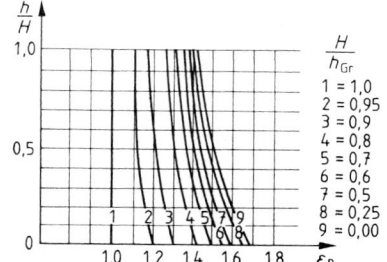

Bild 55 Vergrößerungsfaktor ε_B für einen unvollkommenen Brunnen nach Breitenöder

Bei **Baugruben** [15] tritt in der Gleichung für Q an die Stelle von r der Ersatzradius $A \approx b[0{,}2(a/b) + 0{,}4]$. [Für Kanalstrecken gilt $A \approx L/3$.]

$$Q = \pi \cdot k_f(h_{Gr}^2 - h^2)/(\ln R - \ln A) \quad \text{in m}^3/\text{s} \qquad (66\,a)$$

Die Absenktiefe s reicht bis 50 cm unter die Baugrubensohle. Der Einzelbrunnen leistet weniger, da $h' < h$. Es muß sein: Anzahl der Brunnen $n = Q/q'$;

$$q' = 2 \cdot r \cdot \pi \cdot h' \cdot \sqrt{k_f}/15 \, ; \quad \text{in m}^3/\text{s} \qquad (67\,a)$$

ferner $_{\text{vorh}} h' \geq h - s_{EB}$ \qquad (71)

mit $s_{EB} = h - \sqrt{h^2 - 1{,}5 \cdot q'[\ln(c/r)]/(\pi \cdot k_f)}$. \qquad (72)

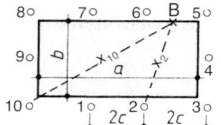

Der Beiwert 1,5 gilt für Einzelbrunnenabstände $2c > 10 \cdot \pi \cdot r$. Sonst wird statt 1,5 der Wert 2 eingesetzt.

In der Regel wird aus der Zahl n der Einzelbrunnen q' und damit h' ermittelt. Hierbei ist dann, wenn $h_{Gr} > H = s + s_{EB} + h'$ ist, (also unvollkommener Brunnen) bei zunehmender Brunnentiefe der Wasserandrang deutlich höher. Durch Proberechnung wird erreicht, daß einerseits Q klein bleibt und andererseits h' nicht zu klein bzw. h zu groß wird. Die vorstehenden Gleichungen gelten nur für $\ln(R/A) \geq 1$.

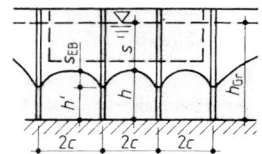

Bild 56 Brunnenanordnung

Für den gespannten GW-Spiegel (s. unten) gilt analog

$$s_{EB} = \frac{1{,}5 \cdot q' \cdot \ln(c/r)}{\pi \cdot k_f \cdot 2m} \quad \text{in m} \tag{73}$$

Bei Baugruben entsprechend Bild 56 sind zunächst an den von der Mitte des Ersatzkreises entferntesten Stellen Brunnen anzuordnen und die übrigen Brunnen gleichmäßig um die Baugrube zu verteilen. Eine Nachrechnung der gewählten Anordnung erfolgt für den ungünstigsten Punkt B, der sich meist nahe einer außenliegenden Ecke zwischen zwei Brunnen befindet. Dort erreicht die Summe aller Abstände zwischen allen Brunnen und dem Punkt B und damit auch der Ausdruck $\frac{1}{n} \cdot \sum_{i=1}^{n} \ln x_i$ sein Maximum. Der wirkliche Wasserandrang für die gewählte Absenkung s errechnet sich zu

$$Q = \pi \cdot k_f \cdot (h_{gr}^2 - h^2) \Big/ \left(\ln R - \frac{1}{n} \cdot \sum_{i=1}^{n} \ln x_i \right). \tag{74}$$

Das Fassungsvermögen des einzelnen Brunnens ist um 10 % größer auszulegen. Zulauf zu einem **Sickerschlitz** von **einer** Seite her:

$$q = k_f (h_{Gr}^2 - h^2)/2R' \quad \text{in m}^3/\text{s} \tag{75}$$

je lfm mit

$$R' = (1500 \text{ bis } 2000)\, s\sqrt{k_f} \quad \text{in m} \tag{76}$$

3.5.2 Gespannter Grundwasserspiegel

Zulauf zum Einzelbrunnen

$$Q = 2\pi \cdot k_f \cdot m (h_{Gr} - h)/(\ln R - \ln r) \text{ in m}^3/\text{s} \tag{66 b}$$

Fassungsvermögen des Brunnens

$$q = 2\pi \cdot r \cdot m \cdot \sqrt{k_f}/15 \quad \text{in m/s} \tag{67 b}$$

$k_f =$ aus Pumpversuchen: $\hspace{2cm}$ (77)

$k_f = Q(\ln r_2 - \ln r_1)/[2\pi \cdot m(h_2 - h_1)]$ in m/s

Zulauf zu einem **Sickerschlitz** je lfdm von **einer** Seite her:

$$q = k_f \cdot m (h_{Gr} - h)/R' \quad \text{in m}^3/(\text{m} \cdot \text{s}) \tag{78}$$

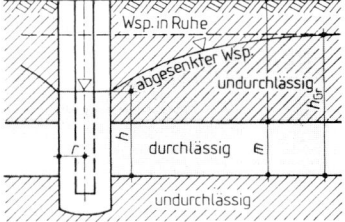

Bild 57 Einzelbrunnen mit gespanntem Grundwasserspiegel

3.5.3 Erforderliche Antriebsleistung für die Pumpe

$$P_m = \varrho \cdot g \cdot h_{man} \cdot Q/\eta' \quad \text{in kW} \tag{79}$$

Damit für Grundwasserpumpen

$$\text{erf } P \approx 16 \cdot Q \cdot h_{man} \quad \text{in kW} \tag{80}$$

$$K_F = K_E \cdot P_m/(3600 \cdot Q) \tag{81}$$

in DM/m^3

erforderliche elektrische Arbeit für die Förderung eines Volumens V in m^3

$$W = P_m \cdot V/(3600 \cdot Q)$$
$$= 10 \cdot h_{man} \cdot V/(\eta' \cdot 3600) \text{ in kWh} \tag{82}$$

$\varrho \cdot g \approx 10$;

$h_{man} =$ Höhenunterschied der Wasserspiegel (bzw. zum Austritt) zuzüglich Energieverlust (nach Abschn. 3.1.3) in m

$Q =$ Förderstrom der Pumpe in m^3/s

$\eta' =$ Gesamtwirkungsgrad $= \eta_{Motor} \cdot \eta_p$

$\eta_{Motor} \approx 0{,}85$ bis $0{,}90$

$\eta_p \approx 0{,}60$ bis $0{,}80$, i. M. $0{,}70$ bei Reinwasserpumpen

$\eta_p \approx 0{,}35$ bis $0{,}70$, i. M. $0{,}50$ bei Abwasserpumpen

$K_E =$ Strompreis in €/kWh

$K_F =$ Förderkosten in €/m^3.

14

4 Hydrologie — Hochwasserabflußspenden

DIN 4049-1 (12.92) Hydrologie, Grundbegriffe, quantitativ

Alle nachfolgend aufgeführten Ansätze zur Ermittlung von HHq ergeben bestenfalls Schätzwerte. Sie sollten nach Möglichkeit immer mit Hilfe der Daten benachbarter Einzugsgebiete „geeicht" werden. Die Formeln sollten vergleichend, d. h. parallel benutzt werden. Die Häufigkeit des Ereignisses n wird üblicherweise mit 0,01 bis 0,02 angesetzt.

Ab Einzugsgebietgrößen A_E von 100 bis 200 km^2 sind meist Pegelaufzeichnungen vorhanden, die zur Eichung von Niederschlags-Abflußmodellen unerläßlich sind und aus denen mit Hilfe statistischer Methoden HHq ermittelt werden kann. Hierbei werden in der Regel Ganglinien gewonnen, die für die Bemessung der Gewässer besser geeignet und für die der Rückhalte-becken unumgänglich sind.

überschlägig gilt für die J ä h r l i c h k e i t   d e s   H o c h w a s s e r s :

$$HQ_x = HQ_{100} \cdot f_x \quad \text{bzw.} \quad HQ_{100} = HQ_x / f_x \quad \text{mit} \quad f_x = 10^{(0,2962 \cdot \lg x - 0,5924)} \tag{83}$$

Eine statistische Analyse von Datenreihen erlaubt eine genauere Zuordnung der Jährlichkeit $T_n = \Delta t / P_{\ddot{u}}$ mit $P_{\ddot{u}}$ als Überschreitungswahrscheinlichkeit aus einer geeigneten statistischen Verteilung. Bekannt ist die Gauß-Normalverteilung. Während Niederschlagsreihen meist der Normalverteilung entsprechen, sind für Abfluß- und Wasserstandsreihen nach Fechner logarithmierte Ereigniswerte in Verbindung mit der Normalverteilung zu verwenden. Werte der Überschreitungswahrscheinlichkeit lassen sich für die sogenannte normierte Gauß-Verteilung unmittelbar aus Tabellen als Abhängige von $z = (x - \bar{x})/s$ entnehmen (siehe: Mathematik, Tafel 3), mit x als Einzelwert (Ereigniswert oder entsprechender Logarithmus), $\bar{x}$ als zugehöriger Mittelwert und s als Standardabweichung. Für eine Reihe von jährlichen Hochwasser-ereignissen (Wasserstände oder Abflüsse) werden beispielsweise für das 100-jähr-liche Ereignis einer Überschreitungswahrscheinlichkeit $P_{\ddot{u}} = \Delta t / T_n = 1/100 = 0,01$ und der zugehörige z-Wert aus Tabelle 3 des Kapitels Mathematik mit $z_{100} = 2,326$ (interpoliert) bestimmt. Der Einzelwert für das 100-jährliche Ereignis errechnet sich zu $x_{100} = \bar{x} + s \cdot z_{100}$. Je nach Verwendung logarithmierter Werte wäre noch die Um-rechnung mit entsprechenden Basis (e oder 10) erforderlich.

Neben der Log-Normalverteilung werden in der Wasserwirtschaft vor allem die Pearson-III- und die Gumbel-Verteilung verwendet.

4.1 Höchstabflußspende nach Wundt

Tafel 41 c- und m-Werte nach Wundt

	Ebene in ozeanischer Lage (I)		Bergland in kontinentaler Lage (II)	
	$\log c$	m	$\log c$	m
100%	3,180	−0,178	5,699	−0,632
90%	2,701	−0,118	4,140	−0,406
80%	2,535	−0,096	3,933	−0,376
70%	2,369	−0,074	3,726	−0,346
60%	2,203	−0,052	3,519	−0,316
50%	2,037	−0,031	3,312	−0,286

Höchstabflußspende

$$HHq = c \cdot A_E^m \quad \text{in } l/(s \cdot km^2) \tag{84}$$

A_E Einzugsgebiet in km^2

$c = 10^{\log c}$ und m aus Tafel 41.

100% = absolute, weltweit gemessene Spitzenwer-te, für die man nicht bemessen wird. Für Bergland scheinen Werte um 90% in der Regel zutreffender zu sein.
Die Prozentzahlen geben die Wahrschein-lichkeit der Nichtüberschreitung an (nicht n).

4.2 Verfahren nach LUTZ

Mit Hilfe eines Niederschlag-Abfluß-Modells ermittelte LUTZ [20] Kurven für einen normierten HW-Scheitelabfluß Q_S^*, der auf einen Effektivniederschlag von $N_{eff} = 10$ mm und ein Einzugsgebiet von $A_E = 10$ km^2 bezieht. Der Zeitschritt Δt wur-de je nach Anstiegszeit t_A zu 0,25 h, 0,50 h und 1,00 h gewählt. Nachstehendes Dia-gramm gibt Q_S^* als Abhängige der Niederschlagsdauer D für unterschiedliche An-stiegszeiten t_A wieder.

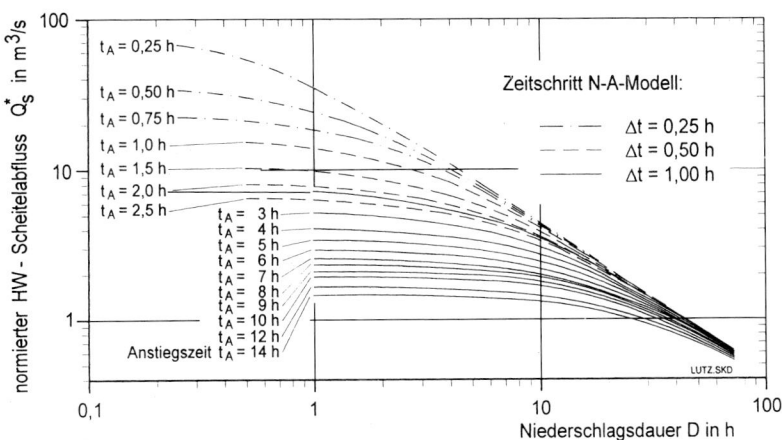

Bild 58 a   Normierter HW-Scheitelabfluß als Abhängige der Niederschlagsdauer nach [20]

Der Scheitelabfluß für eine Wiederholungszeitspanne T_n ergibt sich aus dem Ansatz

$$Q_S(T_n) = Q_S^*(t_A, D) \cdot \frac{A_E \cdot N_{eff}(T_n, D)}{100} + Mq \cdot A_E \tag{85}$$

mit folgenden Variablen

T_n — Wiederholungszeitspanne in Jahren
t_A — Anstiegszeit der Einheitsganglinie in h
D — Niederschlagsdauer in h
A_E — Einzugsgebiet in km^2
N_{eff} — Effektiver (abflußwirksamer) Niederschlag in mm
Mq — mittlere Abflußspende, hier in m^3/(s · km^2).

Die Anstiegszeit t_A ergibt sich aus dem Ansatz

$$t_A = P1 \cdot \left(\frac{L \cdot L_c}{I_G^{1,5}}\right)^{0,26} \cdot e^{-0,016 \cdot U} \cdot e^{0,004 \cdot W} \tag{86}$$

mit

$P1$ — Parameter, abhängig von der Gebietsbebauung und der Vorfluterrauheit:
    0,25 — natürl. unbebaute Einzugsgeb., Vorfluter nicht od. nur wenig ausgeb.
    0,20 — schwach bebaute Einzugsgeb., U = 5 bis 10 %, Vorfl. teilw. ausgebaut
    0,15 — stark bebaute Einzugsgeb. $U \approx 30\%$, Vorfluter teilweise ausgebaut
    0,10 — stark bebaute Einzugsgeb. $U > 30\%$, Vorfluter größtenteils naturfern;
    $P1$ kann auch durch Vergleiche mit bekannten Ganglinien bestimmt werden.
L — Länge des Hauptvorfluters in km von der Wasserscheide bis zum Kontrollpunkt (z. B. Pegelstation)
L_c — Länge des Hauptvorfluters in km vom A_E-Schwerpunkt bis z. Kontrollpkt., näherungsweise gilt $L_c \approx 0,5 \cdot L$
I — Gefälle des Hauptvorfluters von der Wasserscheide bis zum Kontrollpunkt
I_G — gewogenes Gefälle des Hauptvorfluters entsprechend Bild 58 b
U — bebauter Flächenanteil in %
W — bewaldeter Flächenanteil in %.

Der Effektivniederschlag N_{eff} setzt sich aus Anteilen für die unversiegelten Flächen $N_{eff,u}$ und für die versiegelten Flächen $N_{eff,s}$ zusammen:

$$N_{eff,u} = \left[(N - A_v) \cdot c + \frac{c}{a} \cdot (e^{-a \cdot (N - A_v)} - 1)\right] \cdot \frac{A_E - A_S}{A_E} \tag{87}$$

$$N_{eff,s} = (N - A_v') \cdot \varphi_s \cdot \frac{A_S}{A_E} ; \qquad N_{eff} = N_{eff,u} + N_{eff,s} \tag{88}$$

14

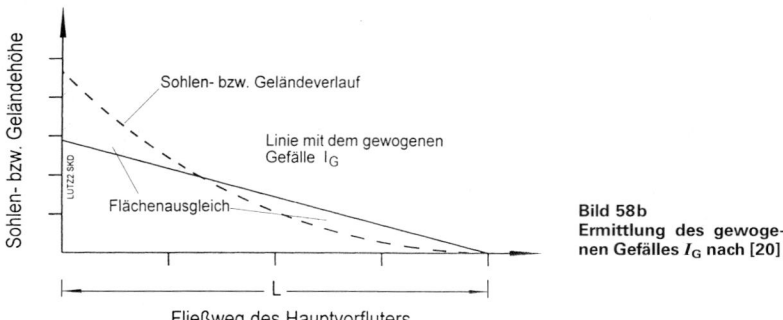

Bild 58b
Ermittlung des gewogenen Gefälles I_G nach [20]

Fließweg des Hauptvorfluters

mit
$N(T_n, D)$ — Gebietsniederschlag in mm, abhängig von T_n und D, z. b. aus [10]
N_{eff} — abflußwirksamer Niederschlag in mm
$N_{eff,u}$ — abflußwirksamer Niederschlag von unversiegelten Flächen in mm
$N_{eff,s}$ — abflußwirksamer Niederschlag von versiegelten Flächen in mm
A_v — Anfangsverlust für unversiegelte Flächen in mm
A_v' — Anfangsverlust für versiegelte Flächen in mm (meist nur ca. 1 mm)
A_s — versiegelte Fläche in km², etwa 30% der bebauten Fläche
c — maximaler Abflußbeiwert nach Tafel 42 nach sehr hohen Niederschlägen, bei Unterschieden im unversiegelten Bereich gilt als gewichtetes Mittel $c = \sum (A_i \cdot c_i)/\sum A_i$

Tafel 42   Maximaler Abflußbeiwert bei sehr hohen Niederschlägen

Landnutzung	max. Abflußbeiwert c Bodentyp			
	A	B	C	D
Waldgebiet	0,17	0,48	0,62	0,70
Ödland	0,71	0,83	0,89	0,93
Reihenkultur/Hackfr./Weinbau etc.	0,62	0,75	0,84	0,88
Getreideanbau (Weizen, Roggen u. ä.)	0,54	0,70	0,80	0,85
Leguminosen, Klee, Luzerne, Ackerfr.	0,51	0,68	0,79	0,84
Weideland	0,34	0,60	0,74	0,80
Dauerwiese	0,10	0,46	0,63	0,72
Haine, Obstanlagen etc.	0,17	0,48	0,66	0,77

Bodentyp:
A: Schotter, Kies, Sand (kleinster Abfluß aus dem Einzugsgebiet)
B: Feinsand, Löß, leicht tonige Sande
C: Bindige Böden mit Sand: lehmiger Sand, sandiger Lehm, tonig-lehmiger Sand
D: Ton, Lehm, wenig klüftiger Fels, stauender Untergrund
(größter Abfluß aus dem Einzugsgebiet)

a — Proportionalitätsfaktor $a = C1 \cdot e^{-C2/WZ} \cdot e^{-C3/q_B}$ (89)
mit den Beiwerten
$C1 \approx 0,02$ oder durch Kalibrierung mit verfügbaren Daten
$C2 = 2,0$ für Weideland und Nadelwald
$= 4,62$ für Laubwald und intensiv genutzte landw. Flächen
$C3 = 2,0$
und der Wochenzahl WZ zur Beschreibung der Jahreszeit
$WZ = 5$ im Sommer
$= 15$ für Frühjahr und Herbst
$= 23$ im Winter
in Verbindung mit der Basisabflußspende q_B in l/(s · km²), z. B. aus einem Gewässerkundlichen Jahrbuch
φ_s — Abflußbeiwert für den versiegelten Anteil (nach Abzug des Anfangsverlusts A_v' liegt φ_s nahe 1)

4.3 Die rationale Methode

gilt für kleine A_E bis 50 ha

$$HHq = \psi \cdot 38(n^{-0,25} - 0,369) \cdot r/(T + 9) \quad \text{in } l/(s \cdot ha) \tag{90}$$

r = Regenspende des 15-Minuten-Regens mit $n = 1$. In der Klammer ist n = Häufigkeit des Ereignisses 1/a. T = Regendauer wird wie bei Abschn. 4.2 ermittelt; ψ = Abflußbeiwert nach Tafel 43.

Tafel 43 Abflußbeiwerte ψ für Hochwasserspitzen

Untergrund Vegetation	Sand Wald	Gras	ohne	Ton Wald	Gras	ohne	Fels
Gelände eben	0,10	0,15	0,20	0,25	0,35	0,50	0,60
hügelig	0,15	0,22	0,30	0,40	0,55	0,65	0,70
gebirgig	0,25	0,30	0,40	0,60	0,77	0,80	0,80

5 Binnenwasserstraßen

R_i Krümmungshalbm., in m, innerer Fahrbahnrand

α Zentriwinkel der Fahrbahnkrümmung

l Schiffslänge in m

R Krümmungshalbm. in Fahrbahnachse in m

a Gesamtverbreiterungsmaß in Fahrwasserkrümmungen nach der international festgelegten Verbreiterungsformel

$$a = \frac{l^2}{2R} \quad \text{in m} \tag{91}$$

Nach Graewe, Die Bautechnik 1 (1971) können für Kanäle und staugeregelte Flüsse, ähnlich dem Main, die Richtwerte der nebenstehenden Tafel nach Prüfung der jeweiligen Verhältnisse angewendet werden.

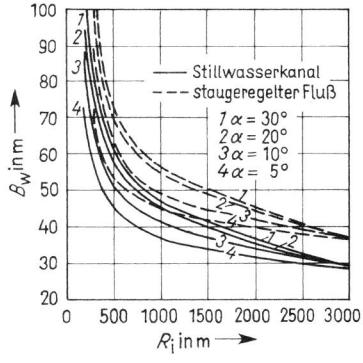

Bild 59 Nutzbare Fahrwasserbreite B_w für verschiedene α

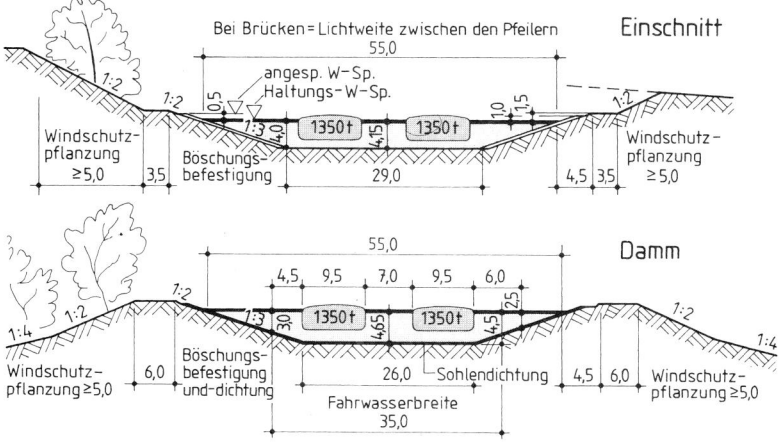

Bild 60 Kanalquerschnitte für das Europaschiff (Elbe-Seitenkanal)

Tafel 118 Klassifizierung der Europäischen Binnenwasserstraßen (Auszug aus BMV-BW 20-Anl. zu TRANS./SC 3/R153)

Typ der Binnenwasserstraße	Klasse der Binnenwasserstraße	Motorschiffe und Schleppkähne					Schubverbände				Brückendurchfahrtshöhe[2]
		maxim. Länge L (m)	maxim. Breite B (m)	Tiefgang d (m)[7]	Tonnage	Formation	Länge L (m)	Breite B (m)	Tiefgang d (m)[7]	Tonnage T (t)	
1	2	4	5	6	7	8	9	10	11	12	13
westlich der Elbe / von regionaler Bedeutung	I	38,5	5,05	1,8–2,2	250–400						4,0
	II	50–55	6,6	2,5	400–650						4,0–5,0
	III	67–80	8,2	2,5	650–1000						4,0–5,0
östlich der Elbe / von regionaler Bedeutung	I	41	4,7	1,4	180						3,0
	II	57	7,5–9,0	1,6	500–630						3,0
	III	67–70	8,2–9,0	1,6–2,0	470–700		118–132[1]	8,2–9,0[1]	1,6–2,0	1000–1200	4,0
von internationaler Bedeutung	IV	80–85	9,50	2,50	1000–1500		85	9,50[5]	2,50–2,80	1250–1450	5,25 od. 7,00[4]
	Va	95–110	11,40	2,50–2,80	1500–3000		95–110[1]	11,40[1]	2,50–4,50	1600–3000	5,25 od. 7,00[4]
	Vb						172–185[1]	11,40	2,50–4,50	3200–6000	9,10
	VIa						95–110[1]	22,80	2,50–4,50	3200–6000	7,00 od. 9,10
	VIb	140[3]	15,00[3]	3,90[3]			185–195[1]	22,80	2,50–4,50	6400–12000	7,00 od. 9,10
	VIc						270–280[1]	22,80	2,50–4,50	9600–18000	7,00 od. 9,10
	VIc						195–200[1]	33,00–	2,50–4,50	9600–18000	9,10
	VII						285[8]	33,00–34,20	2,50–4,50	14500–27000	9,10[4]

Bemerkungen

1) 1. Zahl ≙ aktuell geltender Wert; 2. Zahl ≙ zukünftig geltender Wert
2) incl. Sicherheitsabstand von 0,3 m zwischen höchstem Punkt des Schiffes und Brücke
3) incl. Fahrzeuge im Ro-Ro- und Containerverkehr
4) 5,25 m ≙ 2 Lagen Container, 7,00 m ≙ 3 Lagen Container, 9,10 m ≙ 4 Lagen Container; bei > 50% Leercontainer Ballastierung erforderlich
5) Wegen max zul L im Einzelfall Zuordnung zu Kl. IV möglich obwohl B=11,4 m und d=4,0 m
6) entfällt
7) Tiefgangswert ggf. im Einzelfall nach örtlichen Gegebenheiten festlegen
8) Im Einzelfall bei Mehrreihiger auch größere horizontale Abmessungen möglich

6 Wasserversorgung

DIN 2000 (10.00) Leitsätze für die zentrale Trinkwasserversorgung
DIN 2001 (2.83) Leitsätze für die Einzel-Trinkwasserversorgung
DIN 4046 (9.83) Wasserversorgung, Begriffe

6.1 Wasserbedarf

Im DVWG Arbeitsblatt W410 (01.95) werden die Wasserbedarfszahlen für Wohnge-
bäude, Krankenhäuser, Schulen, Verwaltungsgebäude, Hotels, landwirtschaftliche
Anwesen und Versorgungsgebiete nach dem neuesten Literaturstand vorgestellt.
Der dort aufgeführte Spitzenwasserbedarf ist Bemessungsgrundlage für Anlagen der
Wasserverteilung. Seine Größe wird einer geringeren Veränderung unterliegen, als
der ebenfalls aufgeführte spezifische Wasserbedarf. Die Bemessungsgröße ‚Durch-
fluß' gibt den Wasserbedarf für Bezugszeiten ≤ 1 Stunde an. Dem Spitzenwert des
Durchflusses liegen Bezugszeiten von $t_B \leq 5$ min und auch 10 s zugrunde, die zum
Beispiel für die Auslegung von Meßeinrichtungen (bzw. Anschlußleitungen) gelten.

Für die Dimensionierung von Wasserversorgungseinrichtungen sind vor allem der
höchste Tagesverbrauch, der sich aus dem einwohnerbezogenen Tagesmittel des
Jahresbedarfs mal dem Spitzenfaktor f_d ermittelt und der maximale Stundenverbrauch beim maximalen Tagesverbrauch von Bedeutung, der sich aus dem durchschnittlichen Stundenverbrauch $Q_d/24$ mal dem Stundenspitzenfaktor f_h ermittelt.

6.1.1 Versorgungsgebiete

**Tafel 45 Gesamtwasserbedarf nach Siedlungsstrukturen, Tagesmittelwert Q_d des Jahresbe-
darfes**

Gebäude	Tagesmittelwert
Altbauten, mehrgeschossig	130 l/(E · d)
gemischte Bebauung, sowohl Ein- als auch Mehrfamilienhäuser	140 − 150 l/(E · d)
Villenbebauung	200 − 500 l/(E · d)

Hierin sind der Wasserbedarf für Haushalte, öffentliche Einrichtungen und Kleinge-
werbe enthalten. Industrie- und Löschwasserbedarf sind nicht berücksichtigt. Im Extremfall können die einwohnerbezogenen Tagesmittelwerte zwischen 60 − 500 l/
(E · d) schwanken.

Tafel 46 Spitzenfaktoren f_h und f_d

Einwohnerzahl		>5000	>10000	>20000	>50000	>100000	>200000	>500000
	≤5000	≤10000	≤20000	≤50000	≤100000	≤200000	≤500000	≤1000000
Spitzenfaktor f_h	5,5	4,5	4,0	3,5	3,0	2,7	2,4	2,2
Spitzenfaktor f_d	2,2	2,0	1,9	1,8	1,8	1,7	1,6	1,5

Ab 20000 E/Versorgungsgebiet ist der Industriebedarf enthalten.
Für kleinere Bereiche gilt z. B. für die Bemessung von Druckerhöhungsanlagen
usw. der Spitzendurchfluß in Abhängigkeit von der Einwohnerzahl (E) mit dem Be-
zugszeitraum von 5 min in den Grenzen zwischen 200 bis 5000 E:

$$Q_s = -51{,}36 + 10{,}19 \cdot \ln (E) \quad \text{in l/s}$$

Wegen der unterschiedlichen Herleitung können die Werte nach den beiden Ansätzen zum Teil beträchtlich voneinander differieren.

Beispiel 5100 E, Tagesbedarf 140 l/(E · d), $f_h = 4{,}5$: $Q_s = 5100 \cdot 140 \cdot 4{,}5/24/3600 = 37{,}19$ l/s.
Demgegenüber ist $Q_s = -51{,}36 + 10{,}19 \cdot \ln 5100 = 35{,}63$ l/s. Bei 5000 E ist der Abstand deutlich größer.

14

6.1.2 Wohngebäude

Die einwohnerbezogenen Tagesmittelwerte liegen bei $140 - 150$ l/(E · d). Die Spitzenfaktoren betragen $f_d = 1{,}6$ und $f_h = 5{,}5$.

In W 410 werden noch verschiedene Spitzendurchflüsse angegeben, die wie folgt gegliedert sind:

6.1.2.1 Spitzendurchfluß (Q_s) in Abhängigkeit von den Einwohnern (E) je Wohngebäude (WG)

Der im folgenden ermittelte Spitzenbedarf ist nicht abhängig von der Anzahl der installierten Entnahmearmaturen, wenn die Wohngebäude über eine standardgemäße Sanitärausrüstung verfügen. Es gilt für 2 bis 200 E/WG:

Bezugszeit 10 s: $Q_s = 1{,}11 + 0{,}43 \cdot \ln{(E/WG)}$ l/s
Bezugszeit 5 min: $Q_s = 0{,}27 + 0{,}32 \cdot \ln{(E/WG)}$ l/s

6.1.2.2 Spitzendurchfluß (Q_s) in Abhängigkeit von den Wohneinheiten (WE) je Wohngebäude (WG)

Für die hydraulische Bemessung von Hausanschlußleitungen/Hauswasserzählern kann auch von den Wohneinheiten ausgegangen werden, wobei der Wohneinheit 2,5 E zugewiesen worden sind. Es gilt für $1 - 80$ WE/WG:

Bezugszeit 10 s: $Q_s = 1{,}50 + 0{,}43 \cdot \ln{(WE/WG)}$ l/s
Bezugszeit 5 min: $Q_s = 0{,}56 + 0{,}32 \cdot \ln{(WE/WG)}$ l/s

6.1.2.3 Spitzendurchfluß (Q_s) – bezogen auf den installierten Summendurchfluß (ΣQ_R)

Die Hausinstallation selbst wird gem. DIN 1988 bemessen. Der installierte Summendurchfluß ist dabei der Bezugsparameter für die Bemessung der Hausinstallation. Für den Geltungsbereich von $\Sigma Q_R = 1 - 300$ l/s gilt:

Bezugszeit 10 s: $Q_s = 1{,}19 + 0{,}46 \cdot \ln{(\Sigma Q_R)}$ l/s
Bezugszeit 5 min: $Q_s = 0{,}47 + 0{,}32 \cdot \ln{(\Sigma Q_R)}$ l/s

6.1.3 Landwirtschaftliche Anwesen

Im dörflichen Raum spielen landwirtschaftliche Anwesen mit Tierhaltung eine bemessungsrelevante Rolle. Ausgehend von der Bezugsgröße **V = Verbraucher** werden die Personen (Bedarf ca. 100 l/(E · d) mit den **Großvieheinheiten (GV)** zusammengefaßt: V = GV + 2 P in GVGW (Großviehgleichwert). Damit ermittelt sich der Spitzendurchfluß mit den Ansätzen von **52 l/(GVGW · d)** und den Spitzenfaktoren $f_d = 1{,}5$ und $f_h = 7{,}6$.

Für eine Bezugszeit von 10 s kann der Spitzendurchfluß in einem Geltungsbereich von $10 - 180$ GVGW ermittelt werden zu: $Q_s = 1{,}0 + 0{,}02 \cdot (GVGW)$ l/s.

Die Gewichtung der unterschiedlichen Tierarten kann bezogen auf GV (äquivalent für ein Tier mit 500 kg Lebendgewicht) nach W 410 erfolgen:

Tafel 47 Tierartbezogene Wichtung mit Bezug auf eine GV

Tierarten	Faktor	Tierarten	Faktor
Schafe	0,1	Kühe	1,0
Ziegen	0,1	weibliche Rinder über 2 Jahre	1,0
10 Hühner	0,04	weibliche Rinder 1 – 2 Jahre	0,7
10 Gänse	0,04	weibliche Rinder unter 1 Jahr	0,3
10 Enten	0,04	Kälber bis 4 Wochen	0,1
Pferde	1,0	Mastkalb bis 100 kg Lebendgewicht	0,15
Fohlen	0,3	Mastkalb bis 180 kg Leb.gew.	0,23
Zuchteber	0,3	Mastbullen bis 350 kg Leb.gew.	0,5
Zuchtsauen	0,3	Mastbullen 350 – 550 kg Leb.gew.	0,9
Zuchtsauen mit Ferkeln	0,5	Mastschweine 20 – 110 kg Leb.gew.	0,13

6.1.4 Löschwasserbedarf

Der **Löschwasserbedarf** wird nach DVGW-W 405 (07.78) zur Dimensionierung neuer und zur Nachprüfung bestehender Wasserversorgungsnetze nach Tafel 48 angesetzt. Bei Löschwasserentnahme soll der Netzdruck an keiner Stelle des Netzes unter 1,5 bar sinken.

Für kleine ländliche Orte werden unabhängig davon 48 m³/h angesetzt. Einzelanwesen werden mit Hilfe von Tankfahrzeugen versorgt. Ein LW-Vorrat von 50 m³ je Anwesen wird empfohlen.

Tafel 48   Richtwerte für den Löschwasserbedarf (m³/h)

Bauliche Nutzung nach § 17 der Baunutzungsverordnung	Kleinsied-lung (WS) Wochen-endhaus-gebiete (SW)	reine Wohngebiete (WR) allg. Wohngebiete (WA) bes. Wohngebiete (WB) Mischgebiete (MI) Dorfgebiete (MD) Gewerbegebiet (GE)		Kerngebiete (MK) Gewerbegebiete (GE)		Industrie-gebiete (GI)
Zahl der Vollgeschosse	≤ 2	≤ 3	>3	1	>1	Baumassen-zahl (BMZ) ≤ 9
Geschoßflächenzahl (GFZ)	$\leq 0,4$	$\leq 0,3$ bis 0,6	0,7 bis 1,2	0,7 bis 1,0	1,0 bis 2,4	

Löschwasserbedarf in m³/h (in ⇒ l/s) für mindestens 2 Stunden

Gefahr der Brandaus-breitung	klein[1]	24 (6,7)	48 (13,3)	96 (26,7)	96 (26,7)
	mittel[2]	48 (13,3)	96 (26,7)	96 (26,7)	192 (53,3)
	groß[3]	96 (26,7)	96 (26,7)	192 (53,3)	192 (53,3)

Gefahr der Brandausbreitung:

[1] klein: feuerbeständige oder feuerhemmende Umfassungen, harte Bedachungen
[2] mittel: Umfassungen feuerbeständig oder nicht feuerhemmend, harte Bedachungen oder Umfassungen feuerbeständig oder feuerhemmend, weiche Bedachungen
[3] groß: Umfassungen nicht feuerbeständig oder nicht feuerhemmend; weiche Bedachungen, Umfassungen aus Holzfachwerk (ausgemauert). Stark behinderte Zugänglichkeit, Häufung von Feuerbrücken usw.

6.2   Wasseraufbereitung

Zahl, Art und Kombination der erforderlichen Aufbereitungsschritte und -verfahren sind von der jeweiligen Rohwasserqualität abhängig und erfordern entsprechend individuelle Auswahl. Wertvolle Hilfe bieten hierbei die einschlägigen Merk- bzw. Arbeitsblätter des DVGW, wie z. B. die Blätter **W 210** (08.83), **211** (09.87) und **212** (05.92) (*Filtration*), **W 214** (02.93 – 10.98) (*Entsäuerung*), **W 217** (09.87) (*Flockung*), **W 224** (04.86) (*Einsatz von Chlordioxid*), **W 225** (12.87) (*Einsatz von Ozon*), **W 226** (06.90) (*Einsatz von Sauerstoff*), **W 239** (07.91) (*Aktiv-Kohle-Filterung*) und **W 240** (12.87) (*Beurteilung von Aktivkohlen für die Wasseraufbereitung*).

Eine bedeutsame Funktion fällt der Filtration zu, auf die in kaum einer Aufbereitungsanlage verzichtet werden kann.

I 4

6.2.1 Einschichtfilter (Langsam- und Schnellfilter)

Tafel 49 Bemessungs- und Betriebswerte für Langsam- und Schnellfilter

	Einheit	Langsamfilter[1])	Filterart Offene Schnellfilter (= rückspülbare Filter)	Geschlossene
Höhe der Tragschicht	m	0,4 bis 0,6	0,3 bis 0,4	0,3 bis 0,4
Höhe der Filtersandschicht	m	0,6 bis 1,5	1,0 bis 2,0 (i. M. 1,5)	1,0 bis 4,0 (i. M. 2,0 bis 3,0)
Wasserhöhe über der Filterschicht	m	0,9 bis 1,5	0,3 bis 0,7	
Wirksamer Korndurchmesser d_w[2])	mm	0,3 bis 0,5	0,6 bis 1,2 (i. M. 1,0)	0,6 bis 4,0 (i. M. 1,0 bis 2,0)
Ungleichförmigkeitsgrad d_{60}/d_{10}[2])	Gew.- % / Gew.- %	1,5 bis 3,2	1,2	1,2
Filtergeschwindigkeit	m/h	0,1 bis 0,2 (selten >0,2)	3 bis 15 (i. M. 4 bis 6)	5 bis 30 (i. M. 8 bis 15)
Filterleistung	m^3 je m^2 u. d	2,4 bis 3,0	i. M. 100 bis 150	i. M. 200 bis 360
Bakteriologische Wirkung	Keimzahl vor/nach Filtration	1000:1 bis 10000:1	10:1 bis 20:1	10:1
Einarbeitungszeit		12 bis 48 h	10 bis 30 min	10 bis 30 min
Art der Filterreinigung		Abheben der oberen 20 bis 40 mm des Filtersandes	Luft-/Wasserrückspülung	Luft-/Wasserrückspülung
Filterwiderstand	m	<1	0,5 bis 4,5 (i. M. 2 bis 3)	bis 15

[1]) Werden in Deutschland in der Trinkwasserversorgung nicht mehr gebaut
[2]) DIN 19623

6.3 Druckerhöhungsanlagen

DVGW-W610 (05.81) Förderanlagen, Bau u. Betrieb
DVGW-W612 (05.89) Planung u. Gestaltung von Förderanlagen

An der höchsten Zapfstelle im Versorgungsgebiet sollte ein „bürgerlicher Versorgungsdruck" p_B von 1,0 bis 1,5 bar eingehalten werden, d. h. Netzdruck $p_e = 2,0$ bis 4,5 bar am Hausanschluß. Bei Ruhedrücken über 8 bar, Aufteilung in einzelne Druckzonen mit jeweils ≤ 5 bar. Hochhäuser und kleine hochgelegene Teile des Versorgungsgebietes erhalten eine eigene Druckerhöhungsanlage.

6.3.1 Windkessel (Hydrophor-Anlagen)

Erforderliche **Windkesselinhalt** (auch für große Pumpstationen):

$$V = 1,2 \cdot q_f \cdot p_A / [n \cdot (p_A - p_E)] \tag{92}$$

V Kesselvolumen in m^3
q_f Förderleistung der größten druckabhängig geschalteten Pumpe in l/s
p_A Ausschaltdruck in bar absolut (= Überdruck + atmosphärischer Druck ($\approx$1 bar))
p_E Einschaltdruck in bar absolut
n Zahl der Schaltspiele/h (bis 7,5 kW Motorleistung: $n \leq 15$, bis 30 kW: $n \leq 12$ und >30 kW: $n \leq 10$)

6.3.2 Arbeitsbereich einer Kreiselpumpe

Beispiel Aus einem Tiefbehälter sollen i. M. 200 m³/h mit einer **Kreiselpumpe** in einen Hochbehälter gepumpt werden. In welchem Bereich arbeitet die Pumpe?

Leitungen:

saugseitig: $l_S = 8$ m (= 0,008 km); DN 300

druckseitig: $l_D = 1200$ m (= 1,2 km); DN 250

$H_{man;min} = 90,00 - 55,00 = 35,00$ m
$H_{man;max} = 94,00 - 53,00 = 41,00$ m

Die Rauheit für die neuen Rohrleitungen werden mit $k_2 = 0,4$ angesetzt. Im Laufe der Zeit wird die Rauheit auf $k_1 = 1,5$ steigen.

Die Druckhöhenverluste in den Leitungen können näherungsweise den Rohrreibungsverlusten gleichgesetzt werden, weil die Geschwindigkeitdruckhöhe sowie die Druckhöhenverluste durch Armaturen und Formstücke vernachlässigbar klein sind.

$$H_V = h_v = c \cdot l \cdot Q^2/1000 \qquad (93)$$
$$H_{V1} = (c_{S1} \cdot l_s + c_{D1} \cdot l_D) Q^2/1000 \qquad (94)$$
$$H_{V2} = (c_{S2} \cdot l_s + c_{D2} \cdot l_D) Q^2/1000 \qquad (95)$$

Die zugehörigen c-Werte werden der **Tafel 51** entnommen.

$$H_{V1} = (1,0455 \cdot 0,008 + 2,756 \cdot 1,2) Q^2 \cdot 10^{-3}$$
$$= 3,316 \cdot Q^2/1000$$
$$H_{V2} = (0,7448 \cdot 0,008 + 1,950 \cdot 1,2) Q^2 \cdot 10^{-3}$$
$$= 2,346 \cdot Q^2/1000$$

Die Rohrleitungskennlinien werden zweckmäßig in Tabellenform errechnet (s. unten).

Die Pumpenkennlinie wird vom Pumpen-Hersteller geliefert.

Leistungsaufnahme einer Pumpe (s. 3.5.3).

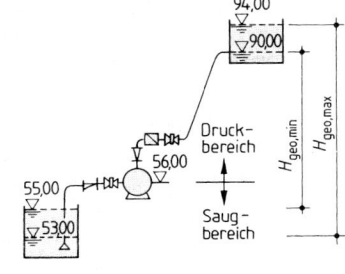

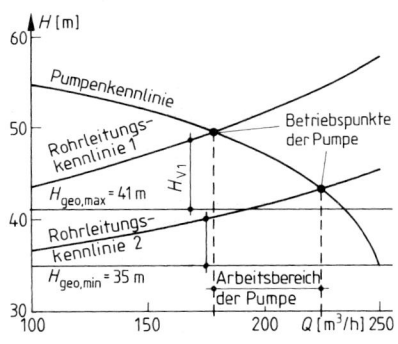

Bild 61   Arbeitsbereich einer Pumpe

Tafel 50   Beispiel für die tabellarische Ermittlung von Rohrleitungskennlinien

Q	m³/h	100	150	200	250	
Q	l/s	27,78	41,67	55,56	69,44	
$Q^2/1000$	l²/s²	0,772	1,763	3,086	4,822	
$H_{V1} = 3,316\, Q^2/1000$	m	2,56	5,76	10,23	15,99	
$H_{V2} = 2,346\, Q^2/1000$	m	1,81	4,07	7,24	11,31	
$H_{man;max} + H_{V1}$	m	43,56	46,76	51,23	56,99	Rohrleitungskennlinie 1
$H_{man;min} + H_{V2}$	m	36,81	39,07	42,24	46,31	Rohrleitungskennlinie 2

6.4   Wasserspeicherung

W311 (02.88) Planung u. Bau v. Wasserbehältern. Grundlag. u. Ausführungsbeispiele

W312 (11.93) Wasserbehälter, Maßnahmen zur Instandhaltung

W315 (02.83) Bauen von Wassertürmen, Grundlagen u. Ausführungsbeispiele

W318 (02.83) Wasserbehälter, Kontrolle und Reinigung

Trinkwasserbehälter als Erd- oder Turmbehälter gewährleisten einen konstanten Ruhedruck. Sie dienen dem Ausgleich zwischen Bedarfs- und Fördermengen (Tagesausgleich) sowie der Bevorratung von Feuerlöschwasser-Reserven.

14

6.4.1 Bemessung eines Trinkwasserbehälters

6.4.1.1 Rechnerisches Verfahren

Tafel 51   Tabellarische Ermittlung des Speicherinhaltes
$A=$ stündl. Abgabe, $Z=$ stündl. Zugabe (in % der **maximalen** Tagesabgabe + Löschwasser-Reserve)

Uhrzeit	A	$\sum A$	24-h-Betrieb			intermittierender Betrieb			16-h-Betrieb		
			Z	Z−A	$\sum (Z-A)$	Z	Z−A	$\sum (Z-A)$	Z	Z−A	$\sum (Z-A)$
(1)	(2)	(3)	(4)	(5)	(6)	(4)	(5)	(6)	(4)	(5)	(6)
0 bis 1	1,5	1,5	4,17	+2,67	2,67	8,34	+6,84	6,84		−1,50	13,00
1 bis 2	1,0	2,5	4,17	+3,17	5,84	8,33	+7,33	**14,17**		−1,00	12,00
2 bis 3	1,0	3,5	4,16	+3,16	9,00		−1,00	13,17		−1,00	11,00
3 bis 4	1,5	5,0	4,17	+2,67	11,67		−1,50	11,67		−1,50	9,50
4 bis 5	2,0	7,0	4,17	+2,17	13,84		−2,00	9,67		−2,00	7,50
5 bis 6	3,0	10,0	4,16	+1,16	**15,00**		−3,00	6,67		−3,00	4,50
6 bis 7	4,5	14,5	4,17	−0,33	14,67		−4,50	2,17		−4,50	**0,00**
7 bis 8	5,3	19,8	4,17	−1,13	13,54	8,33	+3,03	5,20	6,25	+0,95	0,95
8 bis 9	4,8	24,6	4,16	−0,64	12,90	8,34	+3,54	8,74	6,25	+1,45	2,40
9 bis 10	4,0	28,6	4,17	+0,17	13,07	8,33	+4,33	13,07	6,25	+2,25	4,65
10 bis 11	5,1	33,7	4,17	−0,93	12,14		−5,10	7,97	6,25	+1,15	5,80
11 bis 12	7,2	40,9	4,16	−3,04	9,10	8,33	+1,13	9,10	6,25	−0,95	4,85
12 bis 13	10,5	51,4	4,17	−6,33	2,77	8,34	−2,16	6,94	6,25	−4,25	0,60
13 bis 14	6,8	58,2	4,17	−2,63	0,14	8,33	+1,53	8,47	6,25	−0,55	0,05
14 bis 15	5,3	63,5	4,16	−1,14	−1,00	8,33	+3,03	11,50	6,25	+0,95	1,00
15 bis 16	4,8	68,3	4,17	−0,63	−1,63		−4,80	6,70	6,25	+1,45	2,45
16 bis 17	4,0	72,3	4,17	+0,17	−1,46		−4,00	2,70	6,25	+2,25	4,70
17 bis 18	4,8	77,1	4,16	−0,64	−2,10	8,34	+3,54	6,24	6,26	+1,45	6,15
18 bis 19	5,0	82,1	4,17	−0,83	−2,93	8,33	+3,33	9,57	6,25	+1,25	7,40
19 bis 20	4,3	86,4	4,17	−0,13	−3,06	8,33	+4,03	13,60	6,25	+1,95	9,35
20 bis 21	5,0	91,4	4,16	−0,84	**−3,90**		−5,00	8,60	6,25	+1,25	10,60
21 bis 22	4,0	95,4	4,17	−0,17	−3,73		−4,00	4,60	6,26	+2,25	12,85
22 bis 23	3,0	98,4	4,17	+1,17	−2,56		−3,00	1,60	6,25	+3,25	**16,10**
23 bis 24	1,6	100,0	4,16	+2,65	0,00		−1,60	**0,00**		−1,60	14,50
Behältergröße*)					**18,90**			**14,17**			**16,10**

*) Behältergröße $= \max \sum (A-Z) + |\min \sum (A-Z)|$

6.4.1.2 Graphisches Verfahren

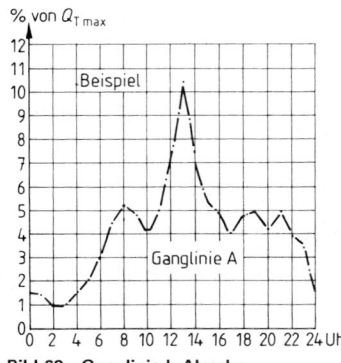

Bild 62   Ganglinie h-Abgabe

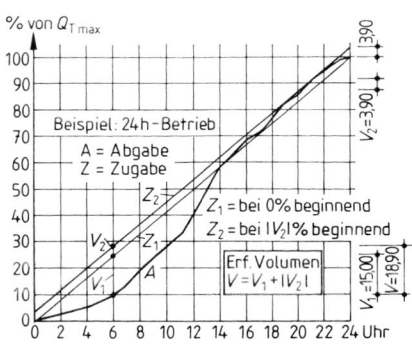

Bild 63   Ab- und Zugabe-Summenlinien

6.4.2 Schieberkammerausbildung

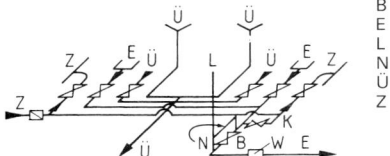

B = Brandschieber (kaum noch üblich)
E = Entnahme(-leitung)
L = Be- und Entlüftung
N = Umgang für Normalentnahme
Ü = Überlauf- bzw. Entleerung
Z = Zulauf(-leitung)

Bild 64   Rohrschema für einen Zweikammerbehälter

6.5   Wasserverteilung

DVGW–W302 (08.91) Hydraulische Berechnung von Rohrleitungen und Rohrnetzen
DVGW–W403 (01.88) Planungsregeln für Wasserleitungen und Wasserrohrnetze

6.5.1   Berechnung von Wasserversorgungsnetzen

6.5.1.1   Einfache Netze

Einfache Netze werden als sog. Verästelungsnetze berechnet. Hierbei wird das Ringnetz durch gedachte „Schnittstellen" so weit aufgelöst, bis Rohrstränge mit eindeutiger Fließrichtung entstehen. An den Schnittstellen sollte die Druckdifferenz $\Delta p \leq 10\,\%$ des Netzdruckes p_e sein und bei kleinen Netzen 0,2 bar nicht überschreiten. Liegen bei der Berechnung die Drücke an den Schnittstellen mehr auseinander, sind diese in Richtung auf den niedrigen Druck zu verschieben.
In der Tafel 52 werden die Durchflüsse entgegen und die Druckverluste mit der Fließrichtung aufsummiert. Für ungünstige Netzknoten (Hochpunkte, Netzendpunkte) wird vorab aus der Summe (Geländehöhe in m ü. NN + erforderlicher Netzdruck + h_v) der Ausgangsdruck ab Werk H_w ermittelt, ehe Druckhöhe und Versorgungsdruck über Gelände bestimmt werden können.

Metermengenwert $m = \max Q / \sum L$ in $l/(s \cdot m)$

$\sum L$ Gesamtlänge der Rohrleitungen im betrachteten Teil des Versorgungsgebietes in m.

Tafel 52   Listenkopf mit $Q = \max Q_h$ bei Q_d + Löschwasser

1	2	3		4	5	6	7	8	9	10	11
Lfd. Nr.	Name der Straße	Strecke		Strang-länge	Strangabnahme			Strangbelastung ohne Löschwasser		Lösch-wasser	Strang-bela-stung
		von	bis								
				L	Meter-mengen-wert m	Durch-fluß $Q = L \cdot m$	Über-nahme aus Lfd. Nr.	Durch-fluß Q aus Sp. 7	Gesamt-durchfluß Q	Q_L	Gesamt-durchfluß mit Lösch-wasser $Q + Q_L$ Sp. 9 + 10
—	—	—	—	m	$l/(s \cdot m)$	l/s	—	l/s	l/s	l/s	l/s

12	13	14	15	16	17	18	19	20	21	22
Bemessung			Verlust-höhe $h_v = L \cdot I_p$	Über-nahme aus Lfd. Nr.	Verlust-höhe h_v aus Sp. 16	Gesamt-verlust-höhe $\sum h_v$ Sp. 15 + 17	Druck-höhe $H =$ Werks-druck $- \sum h_v$	Gelände-höhe H_{geo}	Netz-druck $p_e = \dfrac{H - H_{geo}}{10}$	Be-mer-kun-gen
Nenn-weite DN	Fließge-schwin-digkeit v	Druck-gefälle I_p								
	m/s	m/km	m	—	m	m	m ü NN	m ü NN	bar	

6.5.1.2 Vermaschte Netze

Bei vermaschten Rohrnetzen wird in der Regel das iterative Rechenverfahren nach Hardy-Cross angewendet.

Für die vorhandenen bzw. vorher bemessenen Rohrleitungen sind noch unbekannt Durchfluß Q und Druckhöhenverlust hv. Diese können mittels zweier verschiedener aber ähnlicher Verfahren ermittelt werden und zwar nach dem Verfahren des Druckhöhenausgleiches bzw. des Durchflußausgleiches.

Verfahrensbeispiel mit Druckhöhenausgleich

Druckverlust im Einzelstrang

$$h_i = c_i \cdot l_i \cdot Q_i |Q_i| \cdot 10^{-3} \quad \text{mit} \quad c_i \cdot l_i = a_i \quad (96)$$

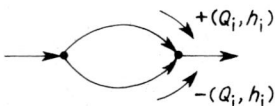

Bild 65 Vorzeichenregelung

Tafel 53 c-Werte

DN	100	150	200	250	300	400	500	600	700
$k_i = 0,1$ mm	196,6	22,70	4,939	1,518	0,5800	0,1276	0,03951	0,01519	0,006774
$k_i = 0,4$ mm	252,7	29,18	6,348	1,950	0,7448	0,1636	0,05061	0,01943	0,008658
$k_i = 1,0$ mm	324,6	37,13	8,023	2,452	0,9329	0,2037	0,06272	0,02399	0,01066
$k_i = 1,5$ mm	370,4	42,06	9,046	2,756	1,0455	0,2274	0,06980	0,02664	0,01181

Zunächst wird der Durchfluß in den Einzelsträngen geschätzt. Dann wird die Korrektur

$$\Delta Q = -\sum (a_i \cdot Q_i |Q_i|)/(2\sum |a_i \cdot Q_i|) \quad (97)$$

vorgenommen.

Beispiel Integrale Rauheit $k_i = 0,4$ mm

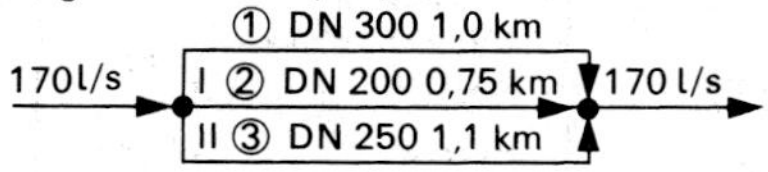

Geschätzte Durchflüsse:

Ergebnisse:

① DN 300 1,0 km

170 l/s → I ② DN 200 0,75 km ↓170 l/s

II ③ DN 250 1,1 km ↑

①: 85,0 l/s
②: 35,0 l/s
③: 50,0 l/s

①: 85,8 l/s
②: 33,8 l/s
③: 50,4 l/s

Tafel 54

Ma-sche Strang	d_i	l_i	c_i $k_i =$ 0,4	$a_i =$ $c_i \cdot l_i$	a_i	$h_i =$ $a_i Q_i |Q_i|$ 10^3	$\sum|a_i \cdot Q_i|$ 10^3	ΔQ	Q_i'	$h_i' =$ $a_i Q_i' |Q_i'|$ 10^3	$\sum|a_i \cdot Q_i'|$ 10^3	$\Delta Q_i'$	Q_i''	$h_i'' =$ $a_i Q_i'' |Q_i''|$ 10^3
1	2	3	4	5	6	7	8	9	10	11	12	13	14	15
–	mm	km	–	–	l/s	m	–	l/s	l/s	m	–	l/s	l/s	m
I ①	300	1,0	0,7448	0,7448	85	5,38	0,0633	+1,0	86,0	5,51	0,0641	–0,2	85,8	5,48
I ②	200	0,75	6,348	4,761	–35	–5,83	0,1666	+1,0 +0,3	–33,7	–5,41	0,1604	–0,2 +0,1	–338	–5,44
					$\sum$:	–0,45	0,2299		$\sum$:	+0,10	0,2245			
						$\Delta Q = -\dfrac{-0,45}{2 \cdot 0,2299} = +1,0$				$\Delta Q = -\dfrac{0,10}{2 \cdot 0,2245} = -0,2$				
II ②	200	0,75	6,348	4,761	–1,0 35	5,50	0,1619	+0,2 –0,3	33,9	5,47	0,1614	–0,1	33,8	+5,44
II ③	250	1,1	1,950	2,145	–50	–5,36	0,1073	–0,3	–50,3	–5,43	0,1079	–0,1	–50,4	–5,45
					$\sum$:	+0,14	0,2692		$\sum$:	+0,04	0,2693			
						$\Delta Q = -\dfrac{0,14}{2 \cdot 0,2692} = -0,3$				$\Delta Q = -\dfrac{0,04}{2 \cdot 0,2693} = -0,1$				

Zuerst wird Masche I bis Spalte 9 korrigiert, dann Masche II, wobei schon ΔQ von I, d. h. 1,0 l s im gemeinsamen Strang ② berücksichtigt wird. Es folgt Masche I bis Sp. 13 mit Berücksichtigung von Masche II (0,3 in Sp. 9), dann wieder Masche II bis Spalte 15 und Masche I Sp. 14 + 15 mit 0,1 in Sp. 13. Zu beachten ist jeweils die Vorzeichenregelung nach Bild 65 bei ΔQ.

6.5.2 Formstücke für Rohrleitungen (Auszug aus DIN 2430-01 und 02 (09.01))

Benennung	Kurz-zeichen	Sinnbild	Benennung	Kurz-zeichen	Sinnbild
Muffenstück mit Flanschstutzen	A		Flanschmuffen-krümmer	EQ	
zwei Flansch-stutzen	AA		Fußkrümmer	N	
Muffenstutzen	B		Hydrantenfuß-krümmer	EN	
zwei Muffen-stutzen	BB		Flanschmuffenfuß-krümmer	EQN	
Muffenabzweig	C		Muffenübergangs-stück	R	
zwei Muffen-abzweigen	CC		mit Muffe am weiten Ende	Rw	
Flanschmuffenstück	E		exzentrisch	Re	
Flanschmuffen-Übergangsstück	ER		mit Muffe am weiten Ende, exzentrisch	Rwe	
Muffenflansch-Übergangsstück mit Muffe am weiten Ende	ERw		Einflanschüber-gangsstück	FR	
Einflanschstück	F		exzentrisch	FRe	
mit Flanschstutzen	FA		mit Flansch am weiten Ende	FRw	
zwei Flansch-stutzen	FAA		mit Flansch am weiten Ende, exzentrisch	FRWe	
Muffenstutzen	FB		Flanschübergangs-stück	FFR	
zwei Muffen-stutzen	FBB		exzentrisch	FFRe	
Muffenabzweig	FC		S-Stück	S	
zwei Muffen-abzweigen	FCC		T-Stück Kreuzstück	T TT	
Hosenstück	H		T-Stück geschweift Kreuzstück geschweift	Tg TTg	
Hosenmuffenstück	HC		Überschiebmuffe	U	
Muffenbogen $R = 10D$	K		Doppelmuffe	MM	
Muffenbogen $R = 5D$			mit Flansch-stutzen	MMA	
Einflanschbogen $R = 10D$	FK		mit zwei Flansch-stutzen	MMAA	
$R = 5D$	FL		mit Muffen-stutzen	NMMB	
Einflanschkrümmer	FQ		Stopfen	P	
Flanschkrümmer	Q		Kappe	O	
Muffenkrümmer	MQ		Blindflansch, flach	X	

14

6.5.3 Druckrohre für die Wasserversorgung

Tafel 55 Abmessungen und Nenndrücke PN [bar] von Druckrohren für die Wasserversorgung

Nennweite DN		80	100	125	150	200	250	300	400	500	600	700	800	900	1000	1200
Geschweißte Stahlrohre nach DIN 2458, 2451	d_i	81,7	100,8	125	150	209,1	261,8	311,3	393,8	495,4	597	697	796,8	894,4	996	—
Nahtlose Stahlrohre nach DIN 2448, 2460[2])	d_a	88,9	108	133	159	219	273	323,9	406,4	508	609,6	711,2	812,8	914,4	1016	—
Wasserleitungen St33 Handelsgüte	PN_1[1])	25	25	25	25	20[3])	20[3])	20	16	12,5	10	10	6	6	6	6
St37-2 ohne Abnahme	PN_2[1])	50[3])	40[3])	32[3])	32[3])	32[3])	25[3])	25[3])	20[3])	16[3])	16	16	12	16	16	16
Duktile Gußrohre mit Zementmörtelauskleidung K 8	s_z	3	3	3	3	3	3	3	5	5	5	6	6	6	6	6
	d_a	98	118	144	170	222	274	326	429	532	635	738	842	945	1048	1255
	d_i	80	100	126	152	204	256	307,2	404,6	506	607,4	706,8	809,2	910,6	1012	1215,8
	PN[1])	40	40	40	40	32	25	25	25	20	20	20	20	20	20	20
(DIN 28610-1) K 9	d_i	80	100	126	152	203,4	254,4	305,6	402,8	504	605,2	704,4	806,6	907,8	1009	1212,4
	PN[1])	40	40	40	40	40	32	32	25	25	25	25	25	20	20	20
Ersatz: EN 545 / EN 969 K 10	d_i	80	100	125,6	151	202	253	304	401	502	603	702	804	905	1006	—
	PN[1])	40	40	40	40	40	40	40	32	32	32	25	25	25	25	—
Duktile Gußrohre mit Muffen nach (DIN 28610-2)	d_a	98	118	144	170	222	274	326	429	532	635	738	842	945	1048	1255
	d_i	86	105,8	131,6	157	208	259	310	411	512	613	714	816	917	1018	1224
Ersatz: EN 969	PN[1])	40	40	40	40	32	32	32	25	25	25	16	16	16	16	16
Duktile Gußrohre mit angegossenen Flanschen nach (DIN 28614) bis PN[1])	d_i	81,6	101,2	126,4	151,8	202,4	253	314,8	403,8	504	604,2	704,4	805,6	905,8	1006	1207,4
Ersatz: EN 545 u. EN 696	PN[1])	40	40	40	40	40	40	40	25	25	25	16	16	16	16	16
Faserzementrohre[4]) nach DIN 19800-1, d_i = DN, PN 20	min d_a	97	119	148	176	232	284	340	453	563	677	Ab DN 700 Anpassung an innere und äußere Belastung. Von DN 1000 bis DN 2000 auch 100 mm Zwischengrößen				
PN 16	min d_a	103	128	157	188	250	306	367	488	606	726					
Rohre aus PE-HD nach DIN 19533 PN 10	d_i	73,6	102,2	130,8	147,2	204,4	257,6	290,4	—							
	d_a	90	125	160	180	250	315	355	—							
Rohre aus PVC-hart nach DIN 19532 PN 10	d_a	90	110	140	160	225	280	315	450							
PN 10	d_i	81,4	99,4	126,6	144,6	203,4	253,2	285	407							
PN 16	d_i	76,6	93,6	119,2	136,2	191,6	238,4	268,2	—							

Legende:
s_z — Zementmörteldicke in mm
d_a — Außendurchmesser in mm
d_i — Innendurchmesser in mm
PN — Nenndruck in bar
K 8, K 9, K 10 — Wandstärkenklassen

[1]) Die Nenndrücke gelten für das Rohr, nicht immer für die Verbindung [2]) nur bis DN 500

Stahlbetonrohre, Stahlbeton-Druckrohre und -Formstücke nach DIN 4035 (8.95) und **Spannbetonrohre** nach DIN 4227 (11.99) werden entsprechend den örtlichen Einbaubedingungen für praktisch jede Belastung, auch für das Rohrvertriebsverfahren, berechnet, bemessen und ausgeführt. Sie werden bezeichnet mit K für kreisrund/GM für Glockenmuffe/FM für Falzmuffe für Nennweiten von DN 250 bis DN 4000 und größer. Die Regelbaulänge beträgt mind. 2,5 m und soll durch 0,5 und bei DN 1600 und mehr durch 0,1 teilbar sein.

Die **Druckprüfung** wird nach DIN 4279 (6.90), Teil 1 – 10, durchgeführt. Der Prüfdruck beträgt in der Regel bis PN 10: $1,5 \times$ Nenndruck, über PN 10: Nenndruck $+ 5$ bar, und am höchsten Punkt der Prüfstrecke $1,1 \times$ PN. Bei Stahlbetonleitungen bis PN 2,5: $1,4 \times$ Nenndruck und über PN 2,5: Nenndruck $+ 1$ bar. Bei PVC-Hart und PE-Hart: $1,5 \times$ PN für die Vorprüfung und $1,3 \times$ PN für die Hauptprüfung. Gemessen wird nach gewissen Standzeiten der Druckabfall und bei zementgebundenen Innenwänden auch die Wasseraufnahme. (Siehe auch DVGW-W341 7.90).

Druckrohrleitungen mit nicht zugfesten Verbindungen müssen an Krümmern, Endpunkten und T-Stücken durch **Betonwiderlager** festgelegt werden. (Siehe Hydrodynamik, Abschn. 3, DVGW Merkblätter GW 310/I und GW 310/II)

7 Kanalisation

Die Begriffe zur Kanalisation sind in der DIN 4045 (04.91) festgelegt.

7.1 Querschnittsformen und -abmessungen nach DIN 4263 (4.91)

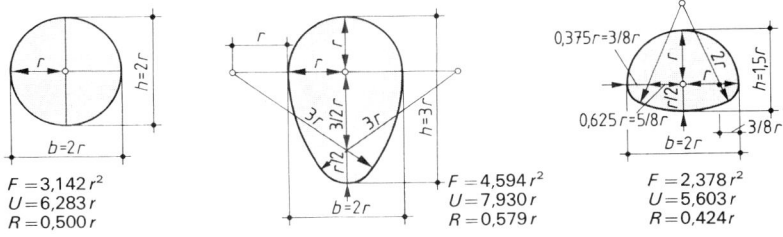

$F = 3,142 \, r^2$
$U = 6,283 \, r$
$R = 0,500 \, r$

$F = 4,594 \, r^2$
$U = 7,930 \, r$
$R = 0,579 \, r$

$F = 2,378 \, r^2$
$U = 5,603 \, r$
$R = 0,424 \, r$

Bild 66 Kreisform   **Bild 67** Eiform   **Bild 68** Maulform

Genormte Nennweiten DN = Durchmesser in cm.

Kreis: 15[1]), 20, 25, 30, 35, 40, 45, 50, 60, 70, 80[2]), 90, 100[3]), 120, 140, 160, 180, 200, 220, 240

Eiform: $b \times h$ cm: 20×30, 25×37^5, 30×45, 35×52^5, 40×60, 50×75, 60×90[2]), 70×105[3]), 80×120, 90×135, 100×150, 110×165, 120×180, 130×195, 140×210, 150×225, 160×240, 170×255, 180×270, 200×300

Maulform: $b \times h$ cm: 80×60, 100×75, 120×90, 140×105, 160×120, 180×135, 200×150, 240×180, 280×210, 320×240

Armaturen (Absperrschieber, Klappen usw.) werden für alle Querschnittsformen hergestellt, ferner für folgende R e c h t e c k f o r m e n :

$b:h = 2:3$ 60×90, 80×120, 100×150, 120×180, 140×210, 160×240

$b:h = 2:2$ Seitenlänge 20, 30, 40, 50, 60, 80, 100, 120, 140, 160, 180, 200, 220, 240, 260, 280, 300

$b:h = 2:1,5$ 100×75, 120×90, 140×105, 160×120, 180×135, 200×150, 240×180, 280×210, 320×240

[1]) Nur für Grundstücks-Anschlußkanäle, [2]) bekriechbar, [3]) kl. begehbarer Querschnitt.

14

7.2 Hydraulische Berechnung von Abwasserkanälen

7.2.1 Dimensionierungsrichtwerte

Ausnutzung der Querschnitte bis etwa $Q_T/Q_v = 0,9$ gemäß Tafel 56. Aus betrieblichen Gründen sind folgende M i n d e s t q u e r s c h n i t t e einzuhalten: S c h m u t z -

w a s s e r k a n a l: DN 250; in begründeten Ausnahmen DN 200; R e g e n - oder M i s c h w a s s e r k a n a l: DN 300; in begründeten Ausnahmen DN 250; grobe Anhalte für M i n d e s t f ü l l t i e f e 2 bis 3 cm bzw. 9% des Durchmessers u. für M i n d e s t g e s c h w i n d i g k e i t etwa 0,6 m/s.

Bei der Planung ist zu beachten:

a) Zur Vermeidung von Ablagerungen ist eine ausreichende Schleppspannung $\tau_{min} = 1 - 2 \, N/m^2$ einzuhalten. Nach Macke [KA 1983, H7] Ablagerungsfreiheit bei $Q = 0,6866 \cdot r_{hy,T}^3 \cdot I_{krit}^3 / c_T$ mit c_T = Transportkonzentration bei Schmutzwasser-Kanälen $c_T = 0,03‰$ und bei MW-Kanälen $c_T = 0,05‰$. Besonders bei kleinen Teilfüllungsverhältnissen h/d weist man zur Abschätzung nur das kritische Sohlgefälle mit folgendem Ansatz nach:

$$I_{\tau,krit} = \tau_{min}/(\varrho \cdot g \cdot r_{hy,T}) \quad \text{oder mit} \quad I \text{ in ‰ ca.:} \; I_{\tau,krit} = 1 - 2/(10 \cdot r_{hy,T}) \quad (98)$$

Hierin ist $r_{hy,T} = d \cdot (arc \, \vartheta - sin \, \vartheta)/(4 \cdot arc \, \vartheta)$ mit $\vartheta = 4 \cdot arcsin (h/d)^{0,5}$ Näherungsweise nach Schütz für $DN \geq 800 \Rightarrow I_{min} = 4,7 \cdot 10^{-3} \cdot DN^{-0,13}$ und für $DN \leq 800 \Rightarrow I_{min} = 1,6/DN$.

b) Im Hinblick auf den Abrieb der Sohle wird nach A118 eine Begrenzung auf $v = 6 - 8$ m/s empfohlen. Je nach Rohrwerkstoff sind zulässig: bei Steinzeug 10 m/s; bei Beton nach DIN 4032 und Stahlbeton nach DIN 4035 (8.95) 10 m/s; bei Faserzement 4 m/s bzw. bei Schmutzwasserleitungen 5 m/s.

c) Insbesondere bei angefaultem Abwasser kommt es bei den häufig im Schmutz- und Mischwasserkanal vorkommenden Gefällwechseln zu starken Ausgasungen. Dies ist der Fall schon bei gewelltem Wechselsprung, (schießendes) $Fr_1 \geq 1,3$

Tafel 56 Hilfswerte

Wert	Kreis-profil	Eiprofil	Maulprofil
Profilbreite	$B = 2r = d$	$B = 2r$	$B = 2r$
Profilhöhe	$H = 2r = d$	$H = 3r$	$H = 3/2 * r$
Erf. B für $Q_T/Q_v < 0,9$	$0,477^* X$	$0,398^* X$	$0,551^* X$
Näherungsweise ist $Fr_T =$	Y	$1,8^* Y$	$0,62^* Y$
Fr_{max} bei $h_T/H =$	0,247	0,124	0,255
v_{max} bei $h_T/H =$	0,813	0,854	0,795
Q_{max} bei $h_T/H =$	0,941	0,955	0,933

$$X = (Q_{max} * k_b^{1/6} / I^{1/2})^{3/8}$$
$$Y = Q_T/(g^* d^4 h_T^4)^{0,5}$$

und besonders bei vollem Wechselsprung, $Fr_1 \geq 1,6$. Mit den Werten der Tafel 56 kann man die Teilfüllung ermitteln, bei der Fr_{max} auftritt und das zugehörige Fr_T. Hierin wird $Q_v = f(d \, (bzw. \, H), \, I_s$ und $k_b)$ wie üblich errechnet.

d) Bei Steilstrecken ist ab gewissen Geschwindigkeiten mit einer Luftaufnahme des Wassers zu rechnen. Hierdurch kann sich die Fülltiefe zusätzlich um bis zu 50% vergrößern. Der Lufteintrag beginnt bei Gefällen, die größer sind als

$$I_{Luft} = 36 \cdot g/(k_{St}^2 \cdot (d/4)^{1/3}) \quad \text{mit} \quad k_{St} = 22,32 \cdot lg \, (3,71 \cdot d/k_b)/d^{1/6}$$

Diese Gleichung ist genau genug für den Bereich $0,4 \leq h/d \leq 1,0$. Bei geringeren Teilfüllungen steht in der vorstehenden Gleichung $r_{hy,T}$ statt $d/4$.
Die mittlere Luftkonzentration wird nach Volkart ermittelt aus

$$C \cong 1 - 1/(0,02 \cdot (Bou_T - 6,0)^{1,5} + 1)$$

T steht als Index für die Teilfüllung. Luftaufnahme ab $Bou_T > 6$ mit der Boussinescq-Zahl $Bou_T = v_T/(g \cdot r_{hy,T})^{0,5}$. Damit werden die Veränderungen des Wasser-Luft-Gemisches gegenüber dem reinen Wasserabfluß wie folgt nachvollzogen:

$$v_{Gem} = v_T \cdot (1 - C^2), \quad \text{der Luftanteil beträgt} \quad Q_{Luft} = Q_T \cdot C/(1 - C).$$

Der Fließquerschnitt des Wasser-Luft-Gemisches wird $A_{Gem} = (Q_T + Q_{Luft})/v_{Gem}$. Aus $A = (arc \, \vartheta - sin \, \vartheta) \cdot d^2/8$ kann man mit A_{Gem} als Zielwert h_{Gem}/d ermitteln.

e) Bei der Dimensionierung der Leitungen ist immer $v^2/2g$ zu beachten. Eine Lage der Energielinie oberhalb der Geländeroberfläche sollte vermieden werden. Auf jeden Fall schließt die Energiehöhe des ankommenden flachen Abschnittes an die Energiehöhe der weiterführenden Teilstrecke an. In der Flachstrecke liegt die Drucklinie (Wasserspiegel), wie immer, nur $v^2/2g$ unter der Energielinie!

7.2.2 Trockenwetterabfluß Q_t

Der Trockenwetterabfluß wird bestimmt aus der Summe der Einzelkomponenten von häuslichem Schmutzwasserabfluß, betrieblichem Schmutzwasserabfluß und Fremdwasserabfluß.

$$Q_t = Q_h + Q_g + Q_f \tag{99}$$

Häuslicher Schmutzwasserabfluß Q_h

In der Regel entspricht Q_h dem Wasserverbrauch, der örtlich stark schwankend ist. Nach den bisherigen Erfahrungen können die in der Tafel 57 angegebenen spezifischen Belastungsdaten zugrunde gelegt werden. Bei fehlenden ortsspezifischen Angaben wird für den stündlichen Spitzenwert des häuslichen Schmutzwasserabflusses ein Bemessungswert von $q_h = 4$ l/(s 1000 E) empfohlen. Für die Bemessung von Grundstücksentwässerungsanlagen gilt die DIN 1986. Für Kläranlagen errechnet sich der Trockenwetterabfluß gemäß Abschnitt 8.3.

Tafel 57   Häuslicher Schmutzwasserabfluß

Einwohner in Tausend		<5	5 bis 10	10 bis 50	50 bis 250	>250
Schmutzwasseranfall w_s in l/ED		150	175–180	200–220	225–260	250–300
Spezifischer	(l/x) w_s	1/8	1/10	1/12	1/14	1/16
Spitzenabfluß	q_h in l/(s 1000 E)			ca. 4		

Gewerblicher und industrieller Schmutzwasserabfluß Q_g

Für die Bemessung von Kanälen in Gewerbe- und Industriegebieten wird ein flächenspezifischer Ansatz mit den in der Tafel 58 angegebenen betrieblichen Abflußspenden q_g empfohlen.

Tafel 58   Gewerblicher und industrieller Schmutzwasserabfluß

Wasserverbrauch Gewerbe und Industrie	gering	mittel bis hoch
Schmutzwasserabflußspende q_g in l/s ha	0,2 bis 0,5	0,5–1,0

Fremdwasserabfluß Q_f

Fremdwasser umfaßt unerwünscht in die Kanalisation gelangende Abflüsse, die durch eindringendes Grundwasser, zufließendes Drän- und Quellwasser und je nach Kanalart durch unterschiedliche Fehleinleitungen verursacht sein können. Der Fremdwasserabfluß Q_f bei Trockenwetter kann nach A 118 (1999) ortsspezifisch über eine Fremdwasserspende vorgegeben werden. Für Neuplanungen ist eine Fremdwasserabflußspende q_f von 0,05 bis 0,15 l/s ha ausreichend. Der Fremdwasserabfluß errechnet sich aus $Q_f = q_f A_{E,K}$, wobei die Fläche des durch die Kanalisation erfaßten Einzugsgebietes mit $A_{E,K}$ in ha berücksichtigt wird. Bei unzureichenden Kenntnissen kann der Fremdwasserabfluß in Schmutzwasserkanälen pauschal als Vielfaches $m = 0,1$ bis $1,0$ (in begründeten Fällen auch >1) des Schmutzwasserabflusses abgeschätzt werden.

Bei der Bemessung von Schmutzwasserkanälen in Trenngebieten sollte der unvermeidbare Regenabfluß durch eindringendes Regenwasser über Schachtabdeckungen zusätzlich durch eine Regenabflußspende von $q_r = 0,2$ bis $0,7$ l/(s ha) berücksichtigt werden. Dieser Ansatz kann zusätzlich zum Fremdwasserabfluß bei Trockenwetter erfolgen.

I4

7.2.3 Regenabfluß Q_r

Der Regenabfluß wird bestimmt durch die Regenspende, $r_{D,N}$ in l/(s ha), die örtlich verschieden ist und sich mit der Regendauer T bzw. D in min sowie der Häufigkeit des jährlichen Auftretens n in l/a ändert. Bei den herkömmlichen Verfahren zur Kanalnetzberechnung (Fließzeitverfahren, z. B. Zeitbeiwertverfahren) wird der maßgebliche Regenabfluß mit vorgegebenen oder aus dem Befestigungsgrad und weiteren Einflußparametern abgeleiteten Abflußbeiwerten ψ berechnet.

$$Q_{r,D,n} = r_{D,n} \cdot A_{red} \quad (100) \quad \text{bzw.} \quad Q_r = r_{D,n} \cdot \psi \cdot A_{E,K} \quad (101)$$

Regenspenden

Die Regenspende $r_{D,n}$ in l/(s ha), die früher aus der Bezugsregenspende $r_{15,1}$ und dem Zeitbeiwert φ einer bestimmten Regendauer D und Regenhäufigkeit n gebildet wurde, kann derzeit aus den Starkniederschlagsdaten des DWDs (1997) bzw. örtlich verfügbaren Niederschlagsdaten gewonnen werden. Im Atlas des DWDs „Starkniederschlagshöhen für Deutschland — Kostra" (DWD, 1997) ist ein EDV-Programm zur Ermittlung der ortspezifischen Niederschlagshöhen und Regenspenden enthalten.

Sofern diese Daten nicht verfügbar sind, können näherungsweise die in Bild 69 angegebenen Werte berücksichtigt werden. Eine Regenspende von $r = 100$ l/(s ha) entspricht einem Niederschlag von 9 mm mit 10.000 m^2 pro 15 min zu 60 s. Beliebige Regen, z. B. mit $D = x$ und $n = y$ werden mit dem Zeitbeiwert φ wie folgt umgerechnet

$$r_{x,n=y} = r_{i,n=k} \cdot \frac{\varphi_{x,n=y}}{\varphi_{i,n=k}} \quad \text{mit } \varphi \text{ nach Reinhold} \quad (102) \qquad \varphi_{T,n} = \frac{38}{T+9}(n^{-0,25} - 0,3684) \quad (103)$$

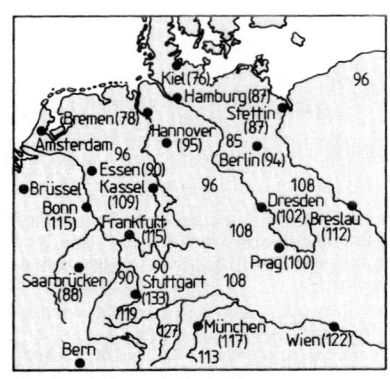

Bild 69 Regenkarte nach Reinhold

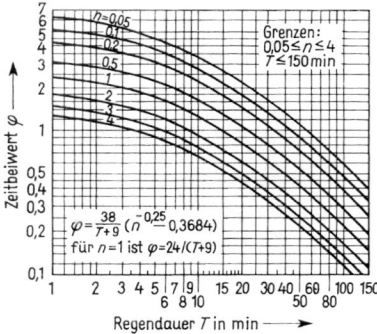

Bild 70 Zeitbeiwertlinien nach Reinhold bezogen auf r_{15}

Die für die Bemessung eines Kanals maßgebende Regendauer D ist gleich der Fließzeit t_f zu setzen. Dabei wird eine Mindestregendauer zugrunde gelegt, bis zu der die Regenspende r konstant gehalten wird, d. h. für diesen Fall ist $D = t_f$. Erst bei $t_f > D_{min}$ wird r mit dem Zeitbeiwert φ entsprechend der Fließzeit angepaßt. Die kürzeste zu betrachtende Regendauer sollte nach A 118, (1999) in Abhängigkeit von der Geländeneigung und dem Befestigungsgrad entsprechend der Tafel 59 angesetzt werden.

Tafel 59 Maßgebende kürzeste Regendauer in Abhängigkeit der mittleren Geländeneigung und des Befestigungsgrades nach A 118, 1999

mittlere Geländeneigung	Befestigung	kürzeste Regendauer
<1%	≤ 50%	15 min
	>50%	10 min
1% bis 4%		10 min
>4%	≤ 50%	10 min
	>50%	5 min

Die **Bemessungsregenspende** wird bei Fließzeiten $t_f \leq \min T$ und gewählter Häufigkeit n:

$$r_{T,n} = r_{15,n=1} \cdot \varphi_{\min T,n} \qquad (104)$$

und bei Fließzeiten $t_f > \min T$:

$$r_{tf,n} = r_{T,n} \cdot (\min T + 9)/(t_f + 9) \qquad (105)$$

Beispiel $r_{15:1} = 100\ l/(s \cdot ha)$; gewählt $T = 10$ min, $n = 0,5$
a) Fließzeit $t_f \leq 10$ min: $r_{10:0,5} = 100 \cdot 38(0,5^{-0,25} - 0,3684)/(10 + 9) = 164,2\ l/(s \cdot ha)$
b) Fließzeit $t_f = 18$ min: $r_{18:0,5} = 164,2(10 + 9)/(18 + 9) = 115,5\ l/(s \cdot ha)$

Die **maßgeblichen Regenhäufigkeiten n** aus der DIN EN 752-2, 1996 sind für die Bemessung der Kanäle auf **(90%) Vollfüllung** im A 118 (1999) übernommen worden. Die in Tafel 60 a) angegebenen Häufigkeiten von Bemessungsregen gelten für die Anwendung von Fließzeitverfahren. Dabei dürfen die ermittelten Maximalabflüsse das jeweilige Abflußvermögen bei Vollfüllung nicht überschreiten. Für größere Entwässerungssysteme und generell bei der Anwendung von Abflußsimulationsmodellen, insbesondere dort, wo bedeutende Schäden oder Gefährdungen auftreten können, empfiehlt DIN EN 752, das Maß des Überflutungsschutzes über die Vorgabe zulässiger **Überflutungshäufigkeiten** festzulegen. Der Vorgang der Überflutung ist jedoch in hohem Maße von den lokalen Verhältnissen abhängig (z. B. Tiefenlage der einzelnen Grundstücke in bezug auf das Straßenniveau). Die tatsächliche Überflutungshäufigkeit läßt sich überwiegend nur durch Beobachtungen und Erfahrungen in bestehenden Kanalnetzen feststellen und ggf. durch konstruktive Maßnahmen verbessern (z. B. Erhöhung der Bordsteine, Entwässerung von Tiefpunkten mit Hebeanlagen).

Tafel 60 Maßgebende Regen-, Überflutungs- und Überstauhäufigkeiten

a) In DIN EN 752 empfohlene Häufigkeiten für den Entwurf (aus DIN EN 752-2, 1996)

Häufigkeit der Bemessungsregen[1] (1-mal in „n" Jahren)	Ort	Überflutungshäufigkeit (1-mal in „n" Jahren)
1 in 1	Ländliche Gebiete	1 in 10
1 in 2	Wohngebiete	1 in 20
1 in 2	Stadtzentren, Industrie- und Gewerbegebiete: — mit Überflutungsprüfung,	1 in 30
1 in 5	— ohne Überflutungsprüfung	—
1 in 10	Unterirdische Verkehrsanlagen, Unterführungen	1 in 50

[1]) Für Bemessungsregen dürfen keine Überlastungen auftreten.

b) Empfohlene Überstauhäufigkeiten für den rechnerischen Nachweis bei Neuplanungen bzw. nach Sanierung (hier: Bezugsniveau Geländeoberkante) nach A 118 (1999)

Ort	Überstauhäufigkeiten-Neuplanung bzw. nach Sanierung (1-mal in „n" Jahren)
ländliche Gebiete	1 in 2
Wohngebiete	1 in 3
Stadtzentren, Industrie- und Gewerbegebiete	seltener als 1 in 5
Unterirdische Verkehrsanlagen, Unterführungen	seltener als 1 in 10[1])

[1]) Bei Unterführungen ist zu beachten, daß bei Überstau über Gelände i. d. R. unmittelbar eine Überflutung einhergeht, sofern nicht besondere örtliche Sicherungsmaßnahmen bestehen. Hier entsprechen sich Überstau- und Überflutungshäufigkeit mit dem in Tabelle 60 a) genannten Wert „1 in 50"!

14

Da die modelltechnische Nachbildung der Überflutung nach dem gegenwärtigen Stand jedoch nicht möglich ist, wird der rechnerische Nachweis von Entwässerungsnetzen über die **Überstauhäufigkeit** festgelegt. Als Überstau ist das Überschreiten eines bestimmten Bezugsniveaus durch den rechnerischen Maximalwasserstand zu verstehen. Vielfach wird die Geländeoberkante (z. B. Höhe der Schachtabdeckungen) als Bezugsniveau des rechnerischen Maximalwasserstandes gewählt, da es bei Überschreiten dieses Wertes zu einem Austritt von Wasser auf die Geländeoberfläche (Straßenfläche) kommt und die Möglichkeit einer Überflutung besteht. In der Tafel 60 b) sind die Werte aus dem A 118 (1999) für den Nachweis der Überstauhäufigkeit bei **Neuplanungen** bzw. nach **Sanierungen** zusammengestellt. Für die rechnerische Nachweisführung wird empfohlen, im **ersten Schritt** den rechnerischen Nachweis nach der Zielgröße **Überstauhäufigkeit** zu führen und im **zweiten Schritt** den jeweils geforderten **Überflutungsschutz** unter Beachtung der örtlichen Gegebenheiten zu prüfen und gegebenenfalls durch bauliche Maßnahmen sicherzustellen.

Spitzenabflußbeiwerte ψ_s

Für die Kanalnetzberechnung ist der Spitzenabflußbeiwert ψ_s maßgebend, der das Verhältnis zwischen der resultierenden maximalen Abflußspende und der zugehörigen Regenspende beschreibt. Für die Anwendung von Fließzeitverfahren werden Spitzenabflußbeiwerte ψ_s in Abhängigkeit vom Anteil der befestigten Flächen, der Geländeneigungsgruppe und der maßgeblichen Bezugsregenspende r_{15} nach Tafel 61 empfohlen. Sie beziehen sich auf die Fläche des kanalisierten Einzugsgebietes $A_{E,K}$.

Tafel 61 Empfohlene Spitzenabflußbeiwerte für unterschiedliche Regenspenden bei einer Regendauer von **15 min** (r_{15}) in Abhängigkeit von der mittleren Geländeneigung I_G und dem Befestigungsgrad nach A 118, 1977

Befesti-gungs-grad [%]	Gruppe 1 $I_G < 1\%$				Gruppe 2 $1\% \leq I_G \leq 4\%$				Gruppe 3 $4\% < I_G \leq 10\%$				Gruppe 4 $I_G > 10\%$			
	für r_{15} [l/(s · ha)] von															
	100	130	180	225	100	130	180	225	100	130	180	225	100	130	180	225
0[*])	0,00	0,00	0,10	0,31	0,10	0,15	0,30	(0,46)	0,15	0,20	(0,45)	(0,60)	0,20	0,30	(0,55)	(0,75)
10[*])	0,09	0,09	0,19	0,38	0,18	0,23	0,37	(0,51)	0,23	0,28	0,50	(0,64)	0,28	0,37	(0,59)	(0,77)
20	0,18	0,18	0,27	0,44	0,27	0,31	0,43	0,56	0,31	0,35	0,55	0,67	0,35	0,43	0,63	0,80
30	0,28	0,28	0,36	0,51	0,35	0,39	0,50	0,61	0,39	0,42	0,60	0,71	0,42	0,50	0,68	0,82
40	0,37	0,37	0,44	0,57	0,44	0,47	0,56	0,66	0,47	0,50	0,65	0,75	0,50	0,56	0,72	0,84
50	0,46	0,46	0,53	0,64	0,52	0,55	0,63	0,72	0,55	0,58	0,71	0,79	0,58	0,63	0,76	0,87
60	0,55	0,55	0,61	0,70	0,60	0,63	0,70	0,77	0,62	0,65	0,76	0,82	0,65	0,70	0,80	0,89
70	0,64	0,64	0,70	0,77	0,68	0,71	0,76	0,82	0,70	0,72	0,81	0,86	0,72	0,76	0,84	0,91
80	0,74	0,74	0,78	0,83	0,77	0,79	0,83	0,87	0,78	0,80	0,86	0,90	0,80	0,83	0,87	0,93
90	0,83	0,83	0,87	0,90	0,86	0,87	0,89	0,92	0,86	0,88	0,91	0,93	0,88	0,89	0,93	0,96
100	0,92	0,92	0,95	0,96	0,94	0,95	0,96	0,97	0,94	0,95	0,96	0,97	0,95	0,96	0,97	0,98

[*]) Befestigungsgrade $\leq 10\%$ bedürfen i. d. R. einer gesonderten Betrachtung

Berechnungsmethode: Zeitbeiwertverfahren

Die Ermittlung des für die hydraulische Bemessung der Kanäle maßgeblichen Gesamtabflusses für regelmäßige Gebietsformen erfolgt, vor allem bei Neuplanungen, in Form von Listenrechnungen über Abflußspende und Einzugsflächen $A_{E,K}$ nach dem Zeitbeiwertverfahren: $Q_{ges} = Q_t + Q_r$ l/s. Der Trockenwetterabfluß wird nach Abschn. 7.2.2 ermittelt. Für den Regenabfluß gilt

$$Q_r = \varphi \cdot r_{15} \cdot \psi_s \cdot A_{E,K} = \varphi \cdot Q_{r15} \quad \text{in l/s} \quad (106)$$

φ und r_{15} werden nach Bild 69 bzw. 70 ausgewählt.

Tafel 62 Listenrechnung zum Zeitbeiwertverfahren

Leitung Nr. (1)	Straßenname (2)	Schacht von (3)	bis (4)	Länge m (5)	Fläche Nr. (6)	40% ha (7)	50% ha (8)	ha (9)	$I_g<1\%$ (10)	$1\%\leq I_g\leq4\%$ (11)	$4\%<I_g\leq10\%$ (12)	$I_g>10\%$ (13)	Dichte D E/ha (14)	Anzahl E (15)	Zufluß aus Fläche Nr. (16)	einz. Q_h l/s (17)	zus. ΣQ_h l/s (18)	einz. Q_g l/s (19)	zus. ΣQ_g l/s (20)
1	Große	1	5	180	1		1.28	1.28		0.52			200	256	—	1.28	1.28	—	—
2	Kleine	6	5	290	2	2.16		2.16		0.44			80	173	—	0.87	0.87	—	—
1	Große	5	14	120	3		0.48	0.48		0.52			200	96	1,2	0.48	2.63	—	—

Q_f l/s (21)	Q_t l/s (22)	φ (23)	einz. Q_{r15} l/s (24)	ΣQ_{r15} l/s (25)	max $Q_r=\varphi\cdot\Sigma Q_{r15}$ l/s (26)	einz. t_f s (27)	zus. Σt_f min (28)	Q_{ges} l/s (29)	Sohle I_s ‰ (30)	Wsp. I_w ‰ (31)	Form u. Größe mm (32)	k_b mm (33)	Leist. Q_v l/s (34)	v_v m/s (35)	v_t m/s (36)	Q_{ges}/Q_v (37)	v_m m/s (38)	h_m cm (39)	Bemerkungen (40)
0.13	1.41	1.26	67	67	84	94	1.56	85.4	21		Ø300	1.5	142	2.0	0.60	0.68	2.08	17	
0.22	1.09	1.26	95	95	120	143	2.38	121.1	19		Ø300	1.5	135	1.9	0.90	0.58	2.03	24	
0.05	3.03	1.26	25	187	236	50	3.22	239.0	15		Ø500	1.5	464	2.4	0.52	0.72	2.38	26	Spülen

Beispiel

$T_{min} = 10$ min,
$r_{15.1} = 100$ l/(s · ha);
$q_t = 0.1$ l/(s · ha),
$q_h = 0.005$ l/(s · E)

Bei unregelmäßigen Gebietsformen und großen Schwankungen von I_g bzw. ψ_s tritt der Größtabfluß nicht immer bei $T = t_f$ auf, s. Bild 71.

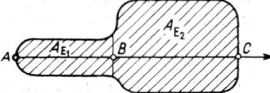

Bild 71

Es ist zu prüfen, ob mit der Regendauer T gleich t_{fBC} der Abfluß von A_{E2} nicht größer ist als der Gesamtabfluß von $A_{E1} + A_{E2}$ mit $T = t_{fAC}$. Faustregel: max Q_R aus $1/2\,A_{E1} + A_{E2}$ mit $1/2\,t_{fAB} + t_{fBC}$.

Nicht zusammenhängende Gebiete werden nach dem Summenlinienverfahren berechnet. Näherungsweise gilt, wenn beim Zusammenfluß von 2 Kanälen $Q_{r2} \leq t_{f2} \cdot Q_{r1}/9$ ist, die Verbesserung:

$Q_r = (Q_{r1} + Q_{r2} \cdot t_{f1}/t_{f2}) \cdot \varphi_1$.

Der Index 1 steht für die kürzere Fließzeit. Im weiteren Verlauf der Rechnung werden Q_r und t_{f1} eingesetzt. Q_{r1} und Q_{r2} sind die Abflüsse aus dem 15-min-Regen. Bei $Q_{r2} > t_{f2} \cdot Q_{r1}/9$ wird mit t_{f2} weiter gerechnet.

14

Berechnungsmethode: Zeitabflußfaktorverfahren

Bisher wurde mit konstantem ψ_s gerechnet. Es kann auch mit veränderlichem Abflußbeiwert gerechnet werden. Der Zeitabflußfaktor ε, der an die Stelle von φ tritt, berücksichtigt Geländeneigung und Regenhäufigkeit

$$Q_r = 100 \cdot \varepsilon_{(n)} \cdot \psi_s \cdot A_{E,K} \quad \text{in } l/s \quad (107)$$

max Q wird wie beim Zeitbeiwertverfahren für $T = t_f$ ermittelt.

Fließzeiten kleiner als die Berechnungsregendauer sind in ε berücksichtigt. Auch hier gilt: Nimmt Q_r im Kanal ab, ist der größere Wert von oberhalb einzusetzen.

In der Listenrechnung gemäß Tafel 62 tritt an die Stelle der Spalten 23 bis 26 der untenstehende Ausschnitt.

Tafel 63

Zeitabflußfaktor ε				Regenabfluß						
				unvermindert (ohne ε) $Q_{r15} = r_{15} \cdot \psi_s A_E$				vermindert (mit ε) max $Q_r = \sum (\varepsilon \cdot \sum Q_{r15})$		
mittlere Geländeneigung			einzeln	zusammen $\sum Q_{r15}$ mittlere Geländeneigung				zusammen $\varepsilon \cdot \sum Q_{r15}$ mittlere Geländeneigung		zus.
$I_g < 1\%$	$1\% \leq I_g \leq 10\%$	$I_g > 10\%$	Q_{r15}	$I_g < 1\%$	$1\% \leq I_g \leq 10\%$	$I_g > 10\%$		$I_g < 1\%$	$1\% \leq I_g \leq 10\%$	$I_g > 10\%$	max Q_r
$[-]$	$[-]$	$[-]$	$[l/s]$	$[l/s]$	$[l/s]$	$[l/s]$		$[l/s]$	$[l/s]$	$[l/s]$	$[l/s]$
23	24	25	26	27	28	29		30	31	32	33

Tafel 64 Zeitabflußfaktor $\varepsilon_{(n)}$ in Abhängigkeit von der Regenspende $r_{15(n)}$ bei 15 min Regendauer bzw. Regenhäufigkeit n und der Neigung I_g des Einzugsgebietes

Regendauer T (min)	Gruppe 1 $I_g < 1\%$ für $r_{15(n)}$ in $l/(s \cdot ha)$				Gruppe 2 und 3 $1\% \leq I_g \leq 10\%$ für $r_{15(n)}$ in $l/(s \cdot ha)$				Gruppe 4 $I_g > 10\%$ für $r_{15(n)}$ in $l/(s \cdot ha)$			
	100 $n=1$	130 0,5	180 0,2	225 0,1	100 $n=1$	130 0,5	180 0,2	225 0,1	100 $n=1$	130 0,5	180 0,20	225 0,1
0	1,070	1,400	1,540	1,585	1,200	1,410	1,730	2,600	1,190	1,420	2,130	2,840
5	1,070	1,400	1,540	1,585	1,200	1,410	1,730	2,600	1,190	1,420	2,130	2,840
7	1,070	1,400	1,540	1,585	1,150	1,410	1,730	2,600	1,155	1,420	2,130	2,840
10	1,070	1,350	1,540	1,585	1,075	1,370	1,730	2,600	1,085	1,390	2,080	2,760
15	0,945	1,160	1,350	1,400	0,947	1,175	1,595	2,195	0,945	1,190	1,700	2,245
20	0,790	0,995	1,140	1,185	0,794	1,000	1,415	1,780	0,805	1,025	1,435	1,830
25	0,680	0,865	0,992	1,050	0,684	0,880	1,225	1,520	0,700	0,900	1,240	1,550
30	0,605	0,765	0,886	0,950	0,610	0,775	1,055	1,315	0,615	0,785	1,070	1,330
40	0,485	0,610	0,751	0,815	0,490	0,618	0,812	1,020	0,500	0,625	0,820	1,040
50	0,395	0,500	0,640	0,710	0,400	0,510	0,660	0,835	0,410	0,520	0,670	0,855
60	0,325	0,425	0,550	0,625	0,330	0,435	0,560	0,692	0,340	0,445	0,570	0,712
70	0,285	0,370	0,470	0,545	0,290	0,379	0,480	0,585	0,300	0,388	0,495	0,605
80	0,240	0,320	0,415	0,480	0,245	0,328	0,420	0,502	0,255	0,336	0,440	0,522
90	0,210	0,285	0,365	0,420	0,215	0,292	0,375	0,430	0,225	0,300	0,390	0,450
100	0,185	0,245	0,321	0,365	0,190	0,252	0,335	0,375	0,200	0,260	0,350	0,395
110	0,165	0,220	0,290	0,320	0,170	0,225	0,295	0,330	0,180	0,228	0,310	0,355
120	0,150	0,200	0,255	0,290	0,155	0,202	0,265	0,296	0,165	0,205	0,277	0,322

7.3 Werkstoffe der Kanalisation

Bei der Auswahl der Werkstoffe von Kanalisationsanlagen sind unterschiedliche Beanspruchungen
— physikalischer Art wie z. B. Erdlasten, Verkehrslasten, Auftrieb, Temperatur, Setzungen, Abfluß,
— chemischer Art wie z. B. Säuren, Laugen, aggressive Wasserinhaltsstoffe und
— biologischer Art wie z. B. organische Abwasserinhaltsstoffe mit Korrosion durch biogene Schwefelsäurekorrosion
detailliert zu berücksichtigen.

Das Bild 72 zeigt in der Übersicht die in der Praxis verwendeten unterschiedlichen Werkstoffe in der Kanalisation.

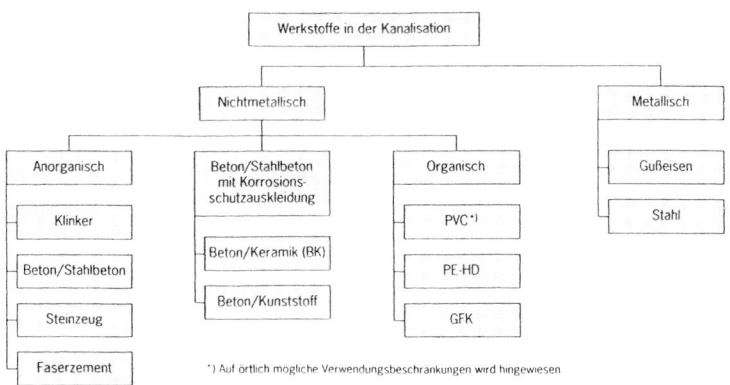

Bild 72   Werkstoffe in der Kanalisation gemäß ATV-Handbuch (1995)

Im Folgenden werden einige ausgewählte bewährte Bauwerkstoffe in der Kanalisation hinsichtlich der technischen Eigenschaften und Kennwerte vorgestellt. Hierbei ist zu berücksichtigen, daß der Innendurchmesser der Rohre mit DN/ID oder der Außendurchmesser mit DN/OD angegeben wird.

DN/ID: 30, 40, 50, 60, 70, 80, 90, 100, 125, 150, 200, 225, 250, 300, 400, 500, 600, 800, 1000, 1200, 1400, 1600, 1800, 2000, 2200, 2500, 2800, 3000, 3500, 4000

DN/OD: 32, 40, 50, 63, 75, 90, 100, 110, 125, 160, 200, 250, 315, 400, 500, 630, 800, 1000, 1200, 1400, 1600, 1800, 2000

Tafel 65   Grenzabmaße für Innendurchmesser

Nennweite	Toleranz mm[1])	Toleranz mm[2])
DN ≤ 100	± 0,05 DN	± 0,1 DN
100 < DN ≤ 250	± 5	± 10
250 < DN ≤ 600	± 0,02 DN	± 0,04 DN
DN < 600	± 15	± 30

[1]) Grenzabmaße für mittlere Innendurchm., mm
[2]) Grenzabmaße für Einzelwerte der Innendurchm., mm

Bei **Bogen** DN > 200 und einer Abwinklung > 70 : Achsradius > 0,7 DN

Tafelwerte gelten für DN/ID oder DN/OD

Steinzeugrohre

Rohre und Formstücke aus Steinzeug nach DIN EN 295-1 (05.99) Anforderungen, -2 (05.99) Güteüberwachung, -3 (02.99) Prüfverfahren, -4 (05.95) Zubehörteile, -6 (12.95) Schächte, -7 (12.95) Vortriebsrohre werden in den Tragfähigkeitsklassen L (DN 600 bis 1200), 95 (DN 400 bis 1000), 120 (DN 200 bis 800), 160 (DN 200 bis 500) und 200 (DN 200 bis 350) angeboten.

Die Scheiteldruckkraft beträgt bei Kl. L, DN 600 = 48 kN/m, DN 700 bis 1200 = 60 kN/m und sonst = Tragfähigkeitsklasse × Nennweite/1000. Die deutsche Steinzeugindustrie bietet eine Normallastreihe, eine Hochlastreihe und Vorpreßrohre an.

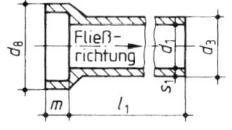

Bild 73

Dazu auf 2,4 bar Innendruck geprüfte Rohre. Verbindungssysteme nach DIN EN 295 (Steckmuffen K und S entspr. Verbindungssystem C. Steckmuffe L, Ver. F). Rohre nach DIN 1230 sind weitestgehend kompatibel mit DIN EN 295 bis auf DN 200 V, 300 V, 350 N, 400 N und 500 V, für die es Adapter gibt. $\lambda_R = 220$ kN/m³; $E_R = 50\,000$ N/mm².

Kreisprofil $\sigma_R = 0{,}9 \cdot F_N \cdot (d_1 + s_1)/s_1^2 \cdot (3 \cdot d_1 + 5 \cdot s_1)/(3 \cdot d_1 + 3 \cdot s_1)$ in N/mm²

14

Wasserwirtschaft

Tafel 66   Mindestwerte der Scheiteldruckfestigkeit von Steinzeugrohren nach EN 295. F_N in kN/m; Gewicht in kg/m; Abmessungen und Toleranzen in mm

	DN	100	125	150	200	250	300	350	400	450	500	600	700	800	900	1000	1200	1400
N	F_N[1]	34 L	34 L	34 L	32 L/K	40 K	48 K	56 K	64 K/S	—	60 K/S	57 K	60 K	60 K	60 K	60 K	60 K	60 K
	d_1[2]	100/4	126/4	151/5	200/5	250/6	300/7	348/7	410/8	—	496/9	597/12	697/15	797/17	897/20	998/23	1198/28	1396/31
	d_3[2]	131/3	159/3,5	186/4	242/5	296/6	351/7	417/7	484/8	—	581/9	687/12	790/15	895/17	1002/20	1109/23	1320/28	1550/31
	d_3	200	230	260	330	390	460	525	620	—	730	860	970	1090	1240	1360	1600	1850
	kg/m	15	19	24	37	53	72	101	136	—	174	230	304	367	431	555	693	820
H	F_N[1]	—	—	—	48 K	60 K	72 K/S	70 K	80 K/S	72 K	80 K/S	96 K	84 K	96 K	—	—	—	—
	d_1[2]	—	—	—	200/5	250/6	300/7	348/7	398/8	447/8	496/9	597/12	697/15	797/17	—	—	—	—
	d_3[2]	—	—	—	251/5	318/6	374/7	430/7	490/8	548/8	507/9	721/12	831/15	941/17	—	—	—	—
	d_3	—	—	—	370	440	510	570	650	720	790	930	1060	1190	—	—	—	—
	kg/m	—	—	—	48	75	100	116	152	196	230	326	405	473	—	—	—	—

[1]) und Art der Dichtung (L, K oder S);   [2]) Durchmesser/± Toleranz

Wasseraufnahme nach DIN 4033 (11.79) der 1 Std. gefüllten Leitung bei 5 m WS-Prüfdruck in 15 min je m^2 benetzte Innenfläche: 0,1 l/m^2. Einzelrohre nach EN 295 0,07 l/m^2, nach RAL 0,04 l/m^2.

Betonrohre

Betonrohre und -formstücke nach DIN 4032 (1.81) haben in der Regel Kreis- oder Eiquerschnitte. Sie werden ohne oder mit Fuß, mit normaler Wanddicke, Formen K und KF, oder mit verstärkter Wanddicke, Formen KW und KFW, sowie als Eiquerschnitt mit der Form EF hergestellt. Ausführungen mit Muffe oder Falz werden durch Anfügen von -M und -F gekennzeichnet.

Die Baulänge l_1 in mm muß ein durch 500 ganzzahlig teilbares Maß sein. Sie beträgt für Betonrohre in der Regel 2000 mm, für Stahlbetonrohre mindestens 2500 mm.

Bezeichnung: z. B. kreisförmiges Rohr DIN 4032 K-M oder KW-M 800 × 2000 oder eiförmiges Rohr EF-M 600/900 × 1000 DIN 4032, oder Stahlbetonrohr, K-GM 1000 × 2500, DIN 4035

Tafel 67   Scheiteldruckkräfte von kreisförmigen Betonrohren F_N in kN/m Baulänge, zul Q_B in l/m^2 $E_R = 30000$ N/mm^2; $\gamma_R = 24$ kN/m^3; $\sigma_{VR} = 6,0$ N/mm^2

DN = d_1		100	150	200	250	300	400	500	600	700	800	900	1000	1200	1400
K, KF	F_N	24	26	27	28	30	32	35	38	41	43				
	min d_a	144	198	252	310	380	490	600	720	840	950				
KW, KFW	F_N					50	63	80	98	111	125	138	152	181	207
KW	min d_a					400	530	670	800	930	1060	1190	1320	1580	1840
KFW	min d_a					400	500	640	770	900	1030	1160	1290	1540	1840
K, KF	zul Q_B			0,40			0,30			0,25			0,20		
KW, KFW	zul Q_B						0,15			0,13			0,10		
	zul Q_{sB}						0,15			0,13			0,10		

zul Q = Wasserzugabe in l/m^2 der benetzten Innenfläche der Rohrleitung während der Prüfzeit von 15 min bei einem Prüfdruck von 0,5 bar, Vorfüllzeit: 24 Stunden.

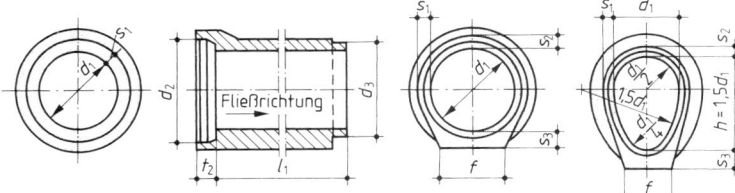

Bild 74   Betonrohrabmessungen und -formen

Tafel 68   Betonrohre mit Eiquerschnitt, Scheiteldruckkräfte F_N in kN/m Baulänge, zul Q_B und zul Q_{SB} in L/m^2

DN	500/750	600/900	700/1050	800/1200	900/1350	1000/1500	1200/1800
F_N	61	69	75	77	80	83	86
min d_a	628	748	868	988	1104	1220	1444
zul Q_B			0,25			0,20	
zul Q_{SB}				0,10			

Stahlbetonrohre

Stahlbetonrohre sind Rohre aus Stahlbeton nach DIN 4035 (08.95) für im Betrieb drucklose Kanäle und Leitungen mit kreisförmigen Durchflußquerschnitten nach DIN 2402 (02.76) und Querschnitten nach DIN 4263 (07.77) oder Sonderquerschnitten. Sie werden bemessen und bewehrt nach den allgemeinen Regeln des Stahlbetons. (Kenndaten: $E_R = 30\,000$ N/mm^2; $\gamma_R = 25$ kN/m^3, $\sigma_{VR} = 6,0$ N/mm^2)

Spannbetonrohre

Spannbetonrohre und Spannbetondruckrohre werden wie Ingenieurbauwerke für die jeweiligen Belastungsfälle nach den allgemeinen Regeln des Spannbetons gemäß DIN 4227-1/-2 (11.99) bemessen und vorgespannt. (Kenndaten: $E_R = 39\,000$ N/mm^2; $\gamma_R = 25$ kN/m^3)

Faserzementrohre

Der Werkstoff Faserzement ist ein Zementstein mit Faserarmierung. Die Anforderungen an Faserzementrohre sind in DIN 19840 (05.89) und DIN 19850-1 (11.96) bzw. EN 588-1 (11.96) festgelegt. (Kenndaten: $E_R = 25\,000$ N/mm^2; $\gamma_R = 20$ kN/m^3)

Tragfähigkeitsklassen A (Standardklasse) und B (schwere Klasse). Formstücke nur Klasse B. Rohrverbindung durch Überschiebmuffen mit Lippendichtung

Tafel 69   Scheiteldruckkräfte von FZ-Leitungen F_N in kN/m Baulänge und σ_R in N/mm^2

DN = d_1		150	200	250	300	400	500	600	700	800	900	1000	1100	1200	1300	1400	1500
Kl. A	F_N					35	44	47	50	55	59	63	68	73	81	88	97
	d_a					432	540	646	750	856	962	1068	1174	1282	1390	1496	1602
	σ_R					44,1	45,9	45,2	46	46,8	46,6	45,2	45,7	44,2	43,7	45,2	45,9
Kl. B	F_N	30	30	34	37	47	53	58	65	73	82	90	98	106	116	126	135
	d_a	168	220	274	324	432	540	646	758	866	974	1082	1190	1298	1408	1516	1624
	σ_R	55	58,5	57,4	54,9	50,6	48,5	49,7	45,8	46	46,8	45,9	46,1	46,3	44,8	45,8	46,3

14

Wasserdichtheit. Bei der Prüfung der Rohre mit einem Innendruck von 2 bar (Formteile mit 0,5 bar) und 15 min Dauer dürfen sich an den Außenflächen keine Tropfen bilden. Rohrbezeichnung z. B. FZ = Rohr DIN 19850 B 250 × 4000 mit 4000 = Rohrlänge. Ab DN 200 auch $l = 5000$ mm möglich.

Gußeisenrohre

Die maßgebenden Vorschriften für Rohre aus duktilem Gußeisen (Kurzbezeichnung GGG) sind in DIN EN 598 (11.94) bzw. DIN 19690 bis 19692 festgelegt.

Rohre und Formstücke sind braun, rot oder grau gestrichen. Sie haben einen metallischen Zinküberzug von i. M. 130 g/m^2 (örtlicher Mindestwert 110 g/m^2), auf den außen ein Anstrich auf Epoxy-Basis mit i. M. 70 µm (örtlich mind. 50 µm) und innen eine eingeschleuderte Auskleidung aus Tonerde-Zement-Mörtel, Festigkeit 50 MPa, aufgebracht wird. Bei besonders aggressiven Böden, z. B. pH < 6, niedrigem Bodenwiderstand, Auftreten von Streuströmen usw., wird zweckmäßig ein äußerer Schutz (Polyethylen-Folie) vorgesehen. Die transportierten Medien sollen einen pH-Wert zwischen 4 und 12 aufweisen. Die Abwinkelbarkeit, bei der die Dichtheit noch gewährleistet sein muß, beträgt 3°30′ für DN 100 bis DN 300, 2°30′ für DN 350 bis DN 600 und 1°30′ für DN 700 bis DN 2000.

Tafel 70 Aufnehmbare Drücke in bar

Betriebsart	dauernd	kurz-zeitig	dauernd
	Innendruck		Außendr.
Freispiegel.	0 bis 0,5	2	1
Druckltg.	6	9	1
Unterdruckl.	−0,5	−0,8	1

Tafel 71 Lieferlängen

	Genormte Längen in m
DN 100 bis 600	5 oder 5,5 oder 6
DN 700 bis 800	5,5 oder 6 oder 7
DN 900 bis 1400	6 oder 7 oder 8,15
DN 1500 bis 2000	8,15

Tafel 72 Abmessungen in mm, Prüflasten F in kN/m und Ringsteifigkeit S in kN/m

DN = di[1])	100	125	150	200	250	300	350	400	450	500	600
da = DE	118	144	170	222	274	326	378	429	480	532	635
Toleranz	+1/ −2,8	+1/ −2,8	+1/ −2,9	+1/ −3,0	+1/ −3,1	+1/ −3,3	+1/ −3,4	+1/ −3,5	+1/ −3,6	+1/ −3,8	+1/ −4,0
min e	2,5	2,5	2,5	3	3,5	4	4,3	4,6	4,9	5,2	5,8
$s_{\text{Mört}}$	3,5	3,5	3,5	3,5	3,5	3,5	5	5	5	5	5
S	250	130	80	60	54	47	36	30	26	22	18
F	25,5	18,2	15,4	17,3	21,6	24,8	22,8	22,2	22,2	21,5	22,2
DN = di[1])	700	800	900	1000	1100	1200	1400	1500	1600	1800	2000
da = DE	738	842	945	1048	1152	1255	1462	1565	1668	1875	2082
Toleranz	+1/ −4,3	+1/ −4,5	+1/ −4,8	+1/ −5,0	+1/ −6,0	+1/ −5,8	+1/ −6,6	+1/ −7,0	+1/ −7,4	+1/ −8,2	+1/ −9,0
min e	7,6	8,3	9	9,7	12	12,8	14,4	15,1	16	17,6	19,2
$s_{\text{Mört}}$	6	6	6	6	6	6	9	9	9	9	9
S	24	20	18	16	22	20	18	17	17	16	16
F	36,4	36,4	36,8	36,2	54,7	54,3	56,9	57,5	61,3	64,9	72

e = Gußwandstärke $s_{\text{Mört}}$ = Mörtelstärke
S = Ringsteifigkeit in kN/m^2 = $1000^* E^* I / D^3 = 1000^* E / 12^* (e/D)^3$
E = El.modul = 170000 MPa, $D = DE - e$ in mm.
I = Widerstandsmoment d. Rohrwand in mm^3
F = Prüflast in kN/m R_m = Mindest-Zugfestigkeit = 420 MPa

[1]) zulässige di = Innendurchmesserabweichung: 100< = DN < = 1000 : max − 10 mm.
1100 < = DN < = 2000 : max − 0,01*DN.

Kunststoffrohre

Kunststoffrohre sind je nach Zusammensetzung zusätzlich gekennzeichnet entweder PVC (Polyvinylchlorid), PE (Polyäthylen), PP (Polypropylen) oder GFK (glasfaserverstärkter Kunststoff).

PVC-U-hart-Rohre und Formstücke mit Steckmuffen aus weichmacherfreiem Polyvenilchlorid für Entwässerungskanäle nach DIN 19534-1 u. -2 (11.92), sind genormt. Elastizitätsmodul E_{RK} = 3600 N/mm^2 (Kurzzeitwert) bzw. E_{RL} = 1750 N/mm^2 (Langzeitwert). Biegezugspannungsrechenwert $\sigma_{RK} \leq$ 90 N/mm^2 (Kurzzeitwert) und $\sigma_{RL} \leq$ 50 N/mm^2 (Langzeitwert). γ_R = 13,8 kN/m^3

Tafel 73 PVC-U Rohre DIN V 19534-1 und -2 (11.92) und DIN 8062

	DN	100	125	150	200	250	300	400	500	600
	di	104	119	152,8	191	237,8	299,6	380,4	475,6	599,2
	da	110	125	160	200	250	315	400	500	630
Reihe 2 PN4	di					240,2	302,6	384,2	480,4	605,2
	da					250	315	400	500	630
Reihe 3 PN6	di	103,6	131,8	150,6	211,8	235,4	296,6	376,6	470,8	593,2
	da	110,0	140,0	160,0	225,0	250,0	315,0	400,0	500,0	630,0
1)	di					201,6	250,2	299,4	402,2	500,4
1)	da					225	280	335	450	560

1) Rohre mit profilierter Wandung nach DIN 16961

Polyethylen-hart-Rohre, PE-HD, nach DIN 19537-1 (10.83); -2 (01.88) und -3 (11.90), 3 Nenndruckstufen PN 3,2 – 4 – 6 nach DIN 8074 E (08.97). Elastizitätsmodul $E_{R\text{-}K}$ = 1000 N/mm² (Kurzzeitwert) bzw. E_{RL} = 150 N/mm² (Langzeitwert). γ_R = 9,5 kN/m³.

Tafel 74 Polyethylen-hart-Rohre, PE-HD nach DIN 19537 und DIN 8074*

	DN	100	125	125	150	150	200	200	250	250	300	300	350
Reihe 2 PN 3,2	di	103,0	117,2	131,2	150,0	168,8	187,6	211,0	234,4	262,6	295,4		332,8
	da	110	125	140	160	180*	200	225	250	280	315*		355*
Reihe 3 PN 4	di	101,4	115,2	129,2	147,6	166	184,6	207,6	230,6	258,4	290,6		327,6
	da	110	125	140	160	180*	200*	225	250	280	315*		355
Reihe 4 PN 6	di	97,4	110,8	124	141,8	159,6	177,2	199,4	221,6	248,2	279,2	314,8	354,6
	da	110*	125	140	160*	180	200*	225	250*	280	315*	355	400*

	DN	350	400	400	450	500	550	600	700	800	900	1000	1200
Reihe 2 PN 3,2	di		375,2	422,0	469,0	525,2		590,8	655,8	750,2	844,0	937,8	1125,4
	da		400*	450	500*	560		630	710	800	900	1000	1200
Reihe 3 PN 4	di	369,2	415,2		461,4	516,8		581,4	655,2	738,4	830,6	923,0	1107,6
	da	400*	450		500*	560		630	710	800	900	1000	1200
Reihe 4 PN 6	di			399,4	443,4	496,6	558,6	629,6	709,4	798,0	886,8		
	da			450	500*		630	710	800	900*	1000*		

Edelstahlrohre

Zunehmend werden in der Ausrüstung von Pumpstationen, Regenbecken und Abwasserreinigungsanlagen Edelstahlrohre verwendet. Maßgebende DIN-Vorschrift ist die DIN EN 1127. Eine erste Abschätzung der Werkstoffauswahl kann über das Bild 75 erfolgen. Zu beachten ist die Gefahr der Spaltkorrosion.

Temperaturgrenze für die Gefährdung durch Spannungsrißkorrosion

Temperatur: 60°C — 20°C

Werkstoffe: 1.4529 1.4539 1.4462 1.4439 2.4856 1.4571 1.4401 CuNi 1.4541 1.4301 1.4435 1.4436

lg (Chloridgehalt): 100 ppm   1000 ppm   10000 ppm

ungünstige Zusatzfaktoren: Bakterien, Bewuchs, Spalte, niedriger pH-Wert

günstige Zusatzfaktoren: Strömung, Sauerstoff, hoher pH-Wert, Sauberkeit

**Bild 75
Beständigkeit
von Edelstählen
in Wässern**

Spaltweite um 0,3 mm sollte vermieden werden. Des weiteren sollten z. B. für Rohre aus Werkstoff 1.4571 Vorschweißbördeln in 1.4439 verwendet werden. Bearbeitungswerkzeuge sollen immer aus nichtrostendem Stahl sein. Geringste (selbst staubförmige) Verunreinigungen mit Eisen führen zu Rost. Die Oberflächen sollten durch Bürsten oder Schleifen (seltener durch Strahlen) metallisch blank gemacht und durch Beizen passiviert werden. Schweißen erfolgt praktisch immer unter Schutzgas oder als Lichtbogenschweißen mit umhüllten Elektroden. Mischbauweisen mit anderen Metallen, z. B. bei der Aufhängung, sollen vermieden werden. Gängige Abmessungen sind aus Tafel 75 zu entnehmen.

14

Tafel 75 Geschweißte Edelstahlrohre nach DIN EN 1127 (Abmessungen in mm)

DN	50	65	80	100	150	200	250	300	350	400	500	600	700	800	900	1000
di	53	66	84,9	102	153	211,1	259	315,9	345,6	409	498	597,6	699,2	800,8	902,4	1000
da	57	70	88,9	108	159	219,1	267	323,9	355,6	419	508	609,6	711,2	812,8	914,4	1016

7.4 Schachtbauwerke

Einstiegschächte mit Zugang für Personal für Instandhaltungsarbeiten gem. Bild a)
und b). Einstiegschächte zum Einbringen von Reinigungsgerät, Inspektions- und Prü-
fungsausrüstung mit gelegentlicher Zugangsmöglichkeit für angegurtete Personen
wie c). Bei Nennweiten unter DN/ID 800 ist der Zugang von Personal nicht erlaubt.

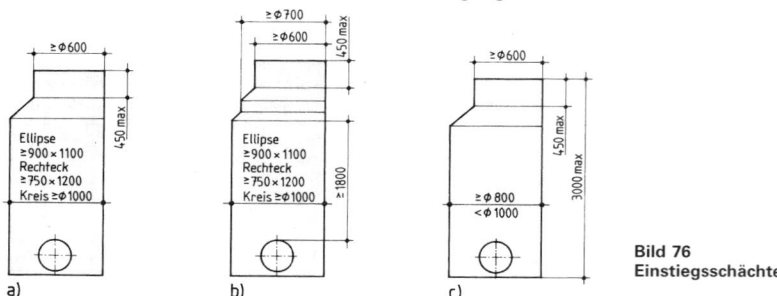

**Bild 76
Einstiegsschächte**

Schächte aus Beton- und Stahlbetonfertigteilen nach DIN 4034-1 (9.93); -2 (10.90)

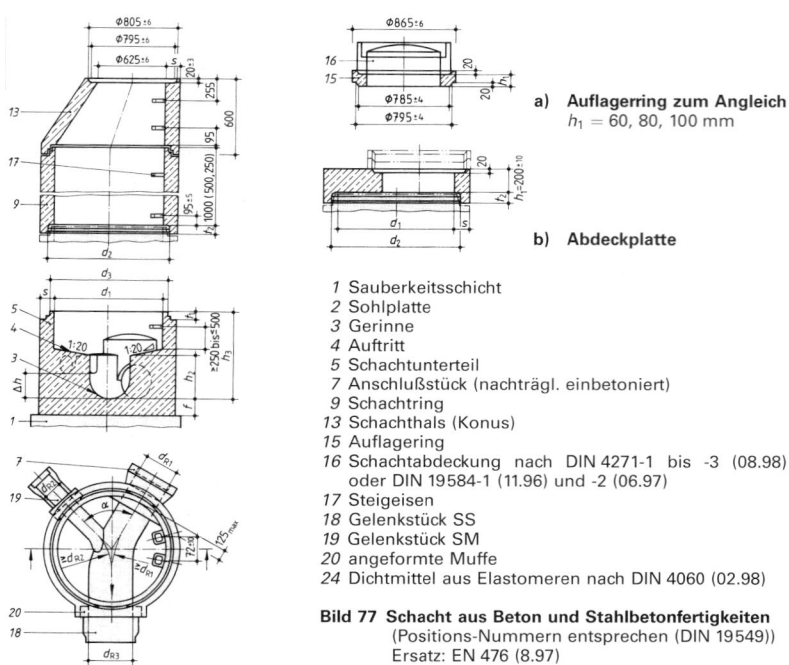

a) Auflagerring zum Angleich
$h_1 = 60, 80, 100$ mm

b) Abdeckplatte

1 Sauberkeitsschicht
2 Sohlplatte
3 Gerinne
4 Auftritt
5 Schachtunterteil
7 Anschlußstück (nachträgl. einbetoniert)
9 Schachtring
13 Schachthals (Konus)
15 Auflagering
16 Schachtabdeckung nach DIN 4271-1 bis -3 (08.98)
   oder DIN 19584-1 (11.96) und -2 (06.97)
17 Steigeisen
18 Gelenkstück SS
19 Gelenkstück SM
20 angeformte Muffe
24 Dichtmittel aus Elastomeren nach DIN 4060 (02.98)

Bild 77 Schacht aus Beton und Stahlbetonfertigkeiten
   (Positions-Nummern entsprechen (DIN 19549))
   Ersatz: EN 476 (8.97)

Tafel 76 Maße für Schachtunterteile, Schachtringe und Schachthälse nach DIN 4033

DN	d_1	$s^{2)}$ min	d_{R3} max	h_2	h_3 min	f min	$\dfrac{d_2}{d_3}$	$\dfrac{t_1}{t_2}$	$\dfrac{w}{s}$
1000 und 1200	1000 ± 8 1200 ± 10	150 150	150 200 250 300 400 500 600	150 200 250 300 400 500 500	500 500 600 700 800 900 1000	150	$\dfrac{1113 \pm 1,0^{1)}}{1090 \pm 2,0^{1)}}$	$\dfrac{65 \pm 2,0^{1)}}{70 \pm 1,0^{1)}}$	$\dfrac{11,5 \pm 1,5^{1)}}{120^{1)}}$
1200	1200 ± 10	150	700 800	500 500	1100 1200		$\dfrac{1327 \pm 1,0}{1300 \pm 3,0}$	$\dfrac{75 \pm 3,0}{80 \pm 1,0}$	$\dfrac{13,5 \pm 2,0}{135}$
1500	1500 ± 10	150	900 1000	500 500	1300 1400	200 200	$\dfrac{1652 \pm 1,0}{1650 \pm 3,5}$	$\dfrac{85 \pm 3,5}{90 \pm 1,5}$	$\dfrac{16,0 \pm 2,5}{150}$

Maße in mm   [1]) Angaben für Schacht DN 1000   [2]) für Schachtunterteile

Bei der Überprüfung auf Wasserdichtigkeit dürfen bei 0,5 bar Innendruck und 15 min Dauer nicht mehr als $0,07 \ l/m^2$ benetzter Innenfläche aufgenommen werden, s. DIN 4032 u. 4033 bzw. Abschn. 5.3.3.

7.5 Bau der Kanalisation

Für den Bau von Abwasserkanälen bzw. -leitungen sind nachfolgende Vorschriften zu beachten:

— DIN 1610 EN (10.97) Technische Regeln für die Bauausführung von Abwasserleitungen und -kanälen
— DIN 4033 (11.79) bzw. EN 1610 (11.97) Entwässerungskanäle und Leitungen; Richtlinien für die Ausführung
— DIN 4124 (08.81) Baugruben und Gräben; Böschungen und Arbeitsraumbreiten, Verbau
— ATV-Arbeitsblatt A 139 (10.88) Richtlinien für die Herstellung von Entwässerungskanälen und -leitungen
— ATV-Arbeitsblatt A 241 (03.94) Bauwerke von Entwässerungsanlagen
— ATV-DVWK Arbeitsblatt A 157 (11.00) Bauwerke der Kanalisation
— ATV-Arbeitsblatt A 127 (08.00) Statische Berechnung von Abwasserkanälen und -leitungen
— ATV-Arbeitsblatt A 125 (09.96) Rohrvortrieb
— ATV-Arbeitsblatt A 161 (01.90) Statische Berechnung von Vortriebsrohren

Die genannten Vorschriften und Regelwerke enthalten wichtige Hinweise wie z. B. Auflagerung, Einbettung, Überschüttung, Prüfung der Lage und Wasserdichtheit.

7.5.1 Rohrgraben

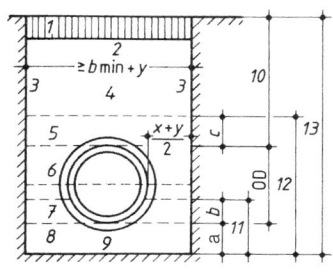

Bild 78 Definitionen zum Rohrgraben

1 Oberfläche
2 Unterkante der Straßen- oder Gleiskonstruktion, soweit vorhanden
3 Grabenwände   4 Hauptverfüllung
5 Abdeckung   6 Seitenverfüllung
7 Obere Bettungsschicht   8 Untere Bettungsschicht
9 Grabensohle   10 Überdeckungszone
11 Dicke der Bettung   12 Dicke der Leitungszone
13 Grabentiefe
a Dicke der unteren Bettungsschicht
b Dicke der oberen Bettungsschicht
c Dicke der Abdeckung
$b = k \cdot OD$ (ersetzt a als Bettungswinkel aus der stat. Berechnung)
$y/2 =$ Verbaudicke
$x/2 =$ Mindestarbeitsraum

14

Tafel 77 Mindestgrabenbreite in Abhängigkeit von der Nennweite DN nach DIN EN 1610

DN	Mindestbreite m		
	verbauter Graben	nicht verbauter Graben	
		$\beta > 60°$	$\beta \leq 60°$
≤225	OD + 0,40	OD + 0,40	
> 225 bis ≤ 350	OD + 0,50	OD + 0,50	OD 0,40
> 350 bis ≤ 700	OD + 0,70	OD + 0,70	OD + 0,40
> 700 bis ≤1200	OD + 0,85	OD + 0,85	OD + 0,40
>1200	OD + 1,00	OD + 1,00	OD + 0,40

Bei den Angaben OD + x entspricht x/2 dem Mindestarbeitsraum zwischen Rohr und Graben-
wand bzw. Grabenverbau (Pölzung).
Dabei sind:
OD der Außendurchmesser, in m
β der Böschungswinkel des unverbauten Grabens, gemessen gegen die Horizontale

Tafel 78 Lichte Mindestbreiten für Gräben mit betretbarem Arbeitsraum nach DIN 4124

Äußerer Rohrschaft-durchmesser d_a in mm	Lichte Mindestbreite b bzw. b_{So} in m			
	Verbauter Graben		Nicht verbauter Graben	
	Regelfall	mit Umsteifung	$\beta \leq 60°$	$\beta > 60°$
bis 0,40	$b = d_a + 0,40$	$b = d_a + 0,70$	$b_{So} = d_a + 0,40$	
über 0,40 bis 0,80	$b = d_a + 0,70$			
über 0,80 bis 1,40	$b = d_a + 0,85$		$b_{So} = d_a + 0,40$	$b_{So} = d_a + 0,70$
über 1,40	$b = d_a + 1,00$			

7.5.2 Prüfung

Eine Sichtprüfung (Richtung und Höhenlage, Verbindungen, Beschädigungen oder
Deformationen, Anschlüsse, Auskleidungen und Beschichtungen), Prüfung der
Dichtheit, der Verdichtung der Bettung, der Seitenverfüllung, der Hauptverfüllung
und, wenn gefordert, der vertikalen Veränderung im Durchmesser, sind auf jeden
Fall nach Abschluß der Verlegung falls gefordert auch vor der Einbringung der Verfüllung durchzuführen.
In EN 1610 wird besonders die Prüfung auf Dichtheit von Rohrleitungen, Schächten
und Inspektionsöffnungen mit Luft (Verfahren ‚L') oder mit Wasser (Verfahren ‚W')
gefordert. Sie sind nach folgendem Schema durchzuführen.

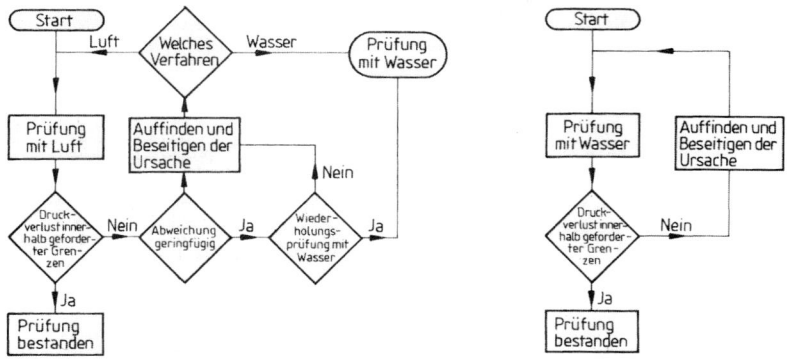

Bild 79a Fließdiagramm (Verfahren L)   **Bild 79b** Fließdiagramm (Verfahren W)

Die Abnahmeprüfung erfolgt nach Verhüllung und Entfernung des Verbaus. Eine Vorprüfung vor Einbau der Seitenverfüllung kann gefordert werden. Die Art der Prüfung ‚L' oder ‚W' wird vom Auftraggeber gefordert. Erfolgt nach Bild 79b auch die ‚W'-Prüfung, ist diese abschließend allein entscheidend. Mischprüfungen, z. B. Rohre mit ‚L' und Schächte mit ‚W' sind zulässig.

Wegen der explosionsartigen Erscheinungen beim Versagen von Endverschlüssen oder spröden Rohrleitungen ist bei Luftdruckprüfungen besondere Vorsicht geboten. Prüfung von Schäden und Inspektionsöffnungen sind mit dieser Methode schwierig durchzuführen. Bei Vorliegen ausreichender Erfahrung wird vorgeschlagen, die Prüfzeiten zu halbieren. Wegen mangelnder Erfahrungen sind in EN 1610 (10.97) keine Prüfanforderungen für die Prüfung mit **negativem Druck** enthalten. Die Fehlergrenze der Meßgeräte ist mit 10 % für Δp und 5 s bei t einzuhalten.

Die **Prüfung mit Wasser** (Verfahren ‚W', Bild 79b) erfolgt mit einem Prüfdruck entsprechend der Füllung des Prüfabschnittes bis zum Geländeniveau des, je nach Vorgabe, stromaufwärts oder stromabwärts gelegenen Schachtes. Die Grenzen liegen bei 50 kPa (5 m WS) $\leq$ Prüfdruck $\leq$ 10 kPa (1 m WS), gemessen am Rohrscheitel. Für Druckleitungen oder gezielt zeitweilig bzw. dauernd überstaute Freispiegelleitungen können höhere Drücke vorgegeben werden (s. pr. EN 805). Die vollgefüllten unter Prüfdruck stehenden Rohre können zur Wassersättigung eine Stunde (bei trockenen Betonrohren auch mehr) vor der eigentlichen Prüfzeit stehen. Die eigentliche **Prüfdauer** beträgt (30 $\pm$ 1) Minute.

Prüfungsanforderungen

Der Prüfdruck wird mit einer Schwankung von ein kPa aufrechterhalten. Hierfür zugeführtes Wasservolumen und die jeweilige Druckhöhe sind zu messen und aufzuzeichnen. Die Prüfungsanforderung ist erfüllt, wenn die Wasserzugabe während der Prüfzeit nicht größer ist als: 0,15 l/m^2 benetzte Fläche für Rohrleitungen, 0,2 l/m^2 für Rohrleitungen einschl. Schächte, und 0,40 l/m^2 für Schächte und Inspektionsöffnungen.

Die **Prüfung einzelner Verbindungen** kann, falls nicht anders angegeben, bei Rohrleitungen von üblicherweise >DN 1000 anerkannt werden. Es gelten die vorstehenden Anforderungen mit einem Prüfdruck von 50 kPa und mit der entsprechenden Wasserzugabe für einen 1 m langen Rohrabschnitt.

Bei **Luftdruckprüfungen** gelten die Werte der Tafel 79. Diese sind im Einzelfall festzulegen.

Tafel 79   Prüfdruck p_0, Druckabfall Δp und Prüfzeiten t für die Prüfung mit Luft.

Werkstoff	Prüfverfahren	p_0 **)	Δp	Prüfzeit t in min						
		mbar*		DN 100	DN 200	DN 300	DN 400	DN 600	DN 800	DN 1000
a) Trockene Betonrohre	LA	10	2,5	5	5	5	7	11	14	18
	LB	50	10	4	4	4	6	8	11	14
	LC	100	15	3	3	3	4	6	8	10
	LD	200	15	1,5	1,5	1,5	2	3	4	5
b) feuchte Bet.rohre u. alle ander. Werkstoffe	LA	10	2,5	5	5	7	10	14	19	24
	LB	50	10	4	4	6	7	11	15	19
	LC	100	15	3	3	4	5	8	11	14
	LD	200	15	1,5	1,5	2	2,5	4	5	7

*) 10 mbar = 1 kPa = 100 mmWS   **) Druck über Atmosphärendruck $t = \ln(p_0/(p_0 - \Delta p))/K_p$, darin ist für a): 0,058 > = Kp = 16/DN und für b): 0,058 > = Kp = 12/DN. Rundung von t bei $t < = 5$ min auf nähere 0,5 min und bei $t > 5$ min auf nähere min.

7.6   Regenentlastungen in Mischwasserkanälen

Die Regenwasserbehandlung begrenzt den Regenabfluß zur Kläranlage, so daß deren Wirkungsgrad nicht unzulässig sinkt und die stoßweise Belastung des Gewässers in vertretbaren Grenzen bleibt. — Jedes Bauwerk muß ohne Bewertung der

14

örtlichen Gewässersituation mindestens **Normalanforderungen** erfüllen. Hierbei wird für den „Bezugslastfall" (mit dem Schmutzabtrag von 600 kg CSB/(ha · a) und der Jahresniederschlagshöhe $h_{Na} = 800$ mm sowie mit $\psi = 0{,}70$ errechnet sich der CSB im RW-Abfluß $c_r = 600/(0{,}7 \cdot 800) = 107$ mg/l, CSB im TW-Abfluß $c_t = 600$ mg/l, CSB im KA-Ablaufe bei RW $c_K = 70$ mg/l) ein Speichervolumen ermittelt, das die Entlastung in das Gewässer auf die zulässige CSB-Jahresfracht begrenzt. — Maßgebliche Kenngröße ist der chemische Sauerstoffbedarf CSB. Größere Verschmutzungen und stärkere Niederschläge führen zu Zuschlägen.

Mit den Indizes h für häuslich, g für gewerblich, i für industriell, f für Fremdwasser, 24 für den auf 24 Stunden verteilten und x für den auf x Stunden verteilten Abfluß sowie $a_{g,i}$(h) = Arbeitsstunden pro Tag (eine Schicht = 8 Stunden) und $b_{g,i}$(d) = Produktionstage pro Jahr, ergibt sich der

Trockenwetterabfluß im Tagesmittel

$$Q_{t24} = Q_{s24} + Q_{f24} = (Q_{h24} + Q_{g24} + Q_{i24}) + Q_{f24} \qquad (l/s) \qquad (108)$$

$$Q_{sx} = Q_{h24} \cdot 24/x + Q_{g24} \cdot 24 \cdot 365/(a_g \cdot b_g) + 24 \cdot 365 \cdot Q_{i24}/(a_i \cdot b_i) \quad (l/s) \quad (109)$$

Tagesstundenmittel des Trockenwetterabflusses

$$Q_{tx} = Q_{sx} + Q_{f24} \quad (l/s) \qquad (110)$$

Kritischer Regenabfluß

$$Q_{rkrit} = r_{krit} \cdot A_u \quad (l/s) \qquad (111)$$

kritische Regenabflußspende $7{,}5 \leq r_{krit} \leq 15 \cdot 120/(t_f + 120) \quad (l/s\,ha) \qquad (112)$

t_f in min = Fließzeit im Kanal bis zur jeweiligen Entlastung

Kritischer Mischwasserabfluß

$$Q_{krit} = Q_{tx} + Q_{rkrit} + \sum Q_{d,i} \quad (l/s) \qquad (113)$$

mit

$\sum Q_{d,i}$ in l/s = Summe aller unmittelbar von oberhalb zufließenden Drosselabflüsse.

Q_{rkrit} in l/s = kritischer Regenabfluß aus dem unmittelbaren Zwischeneinzugsgebiet.

Fremdwasser Q_{f24} wird aus Nachtmessungen in Misch- oder Trennsystemen ermittelt oder ersatzweise zu $[0{,}03$ bis $0{,}15 \; l/(s \cdot ha)] \cdot A_u$ oder im Extremfall mit bis zu 100% Q_{h24} angesetzt.

In Tafel 81 kann der mittlere Entlastungszufluß Q_{re} nur für $q_r \leq 2 \; l/s$ ha näherungsweise ermittelt werden. Bei $q_r \geq 2 \; l/s$ ha sind Langzeitsimulationen erforderlich und der Ansatz

$$Q_{re} = VQ_e/(T_e \cdot 3{,}6) + Q_{f24} \quad (l/s) \qquad (114)$$

VQ_e in m³ in einem Jahr entlastete Mischwasserabflußsumme

T_e in h in einem Jahr aufsummierte Entlastungsdauer

Mittlere Neigungsgruppe $NG_m = \sum (A_{E,i} \cdot N_{Gi})/\sum A_{E,i}$ (115)

Trockenwetterkonzentration des *CSB*

$c_t = (Q_h \cdot c_h + Q_g \cdot c_g + Q_i \cdot c_i)/(Q_h + Q_g + Q_i + Q_{f24})$ (mg/l) (116)

Trockenwetterabflußspende $q_{t24} = Q_{t24}/A_u$ (l/s ha) (117)

Regenabflußspende $q_r = Q_{r24}/A_u$ (l/s ha) (118)

Weitere Begriffe sind der Tafel 81 zu entnehmen.

7.6.1 Regenüberläufe RÜ

RÜ begrenzen hohe Regenabflußspitzen. Stark verschmutzte gewerbliche und industrielle Abwässer sowie die Entleerungsabläufe aus RÜB sollen nur über RÜ entlastet werden, wenn $m_{RÜ}$ eingehalten wird. Hinter einem RÜ muß immer noch ein RÜB liegen. Der Mischwasserabfluß **Q_{krit} muß in voller Höhe weitergeleitet werden**, bevor Wasser in den Vorfluter abgeschlagen wird. Es darf keine Entlastung in trockene Vorflutgräben stattfinden.

Das erforderliche Mindestmischverhältnis im Überlaufwasser

$$m_{RU} = (Q_d - Q_{t24})/Q_{t24} \quad \text{mit } Q_d \geq Q_{krit} \qquad (119)$$

wird mit einer *CSB*-Konzentration c_t im Trockenwetterabfluß bei einem Drosselabfluß Q_d beim Anspringen des RÜ eingehalten

in den Grenzen $7 \leq m_{RÜ} \geq (c_t - 180)/60$ mg/l $\quad (120)$

Q_d sollte ≥ 50 l/s sein, i. d. Praxis häufig wesentlich kleiner. A_u sollte >2 ha betragen. Seitliche Einmündungen im RÜ-Bereich sind zu vermeiden. Der Einsatz von Tauchwänden ist anzustreben. Die Bemessung der Abschlagsleitung erfolgt für die Leistungsfähigkeit der bis OK Decke eingestauten Zulaufleitung. Die Nachrüstung zum RÜB soll durch einen Sohlabsturz berücksichtigt werden.

Zulaufleitung

Der Fließzustand soll bei Q_{krit} sicher strömend sein. $v \leq 0,75\, v_{gr}$ bzw. $Q \leq 0,75\, Q_{gr}$. (Nachweis entfällt wenn OK-W $\geq$ OK-Rohr.) Länge der Beruhigungsstrecke $L_0 \geq 20 \cdot d_0$

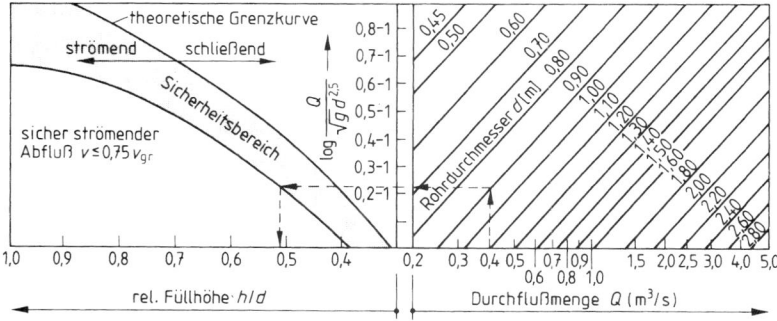

Bild 80 Nachweis von sicher strömendem Abfluß nach Wagner-Kallwass

Ablesebeispiel $Q_{krit} = 0,40$ m³/s $\rightarrow d_0 = 0,90 \rightarrow h/d = 0,51$, nach Tafel 28a ist $Q_T/Q_v = 0,52$. Hieraus wird die erforderliche Leistung der Zulaufleitung: $Q_v \leq \max Q_{zul}/(Q_T/Q_v) \leq 0,40/0,52 = 0,77$ m³/s und das zul. Gefälle nach Tafel 24 $I_s \leq 1,55‰$ (evtl. d_0 variieren).

Bei Q_t sei $v_{zu} \geq 0,5$ m/s; die OK-Wehrschwelle $s_0 \geq 0,5\, d_0$ und über dem Bemessungs-HW des Vorfluters.

Drosselstrecke

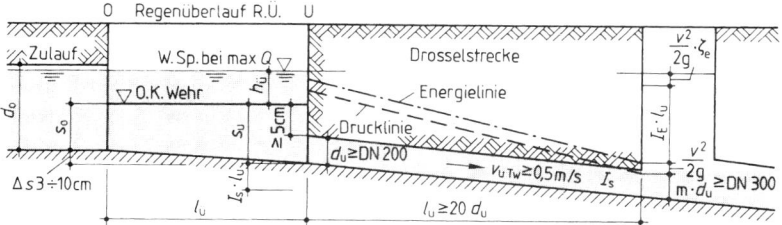

Bild 81 Längsschnitt durch eine Regenentlastung mit Drosselstrecke

DN 200 $\leq d_u \leq$ DN 500 bei freiem Ausfluß. Nachfolgende Ablaufleitung DN $\geq d_u + 100$; Länge $l_u \geq 20\, d_u$, Sohlgefälle $I_s \leq 3‰$; Nachweis der Vollfüllung der Drosselstrecke nur bei $I_s > 3‰$ oder bei $l_u < 20\, d_u$ erforderlich. Bei Q_{tx} sei $v_u \geq 0,5$ m/s. Man wählt d_u für I_s und ca. (0,4 bis 0,6) Q_{krit}; außerdem Δs so, daß Q_{tx} ohne Aufstau abfließt. $h_{E_o} + \Delta s \geq h_{E_u}$. ζ für Drosselblenden s. Abschn. 3.1.3.9.

14

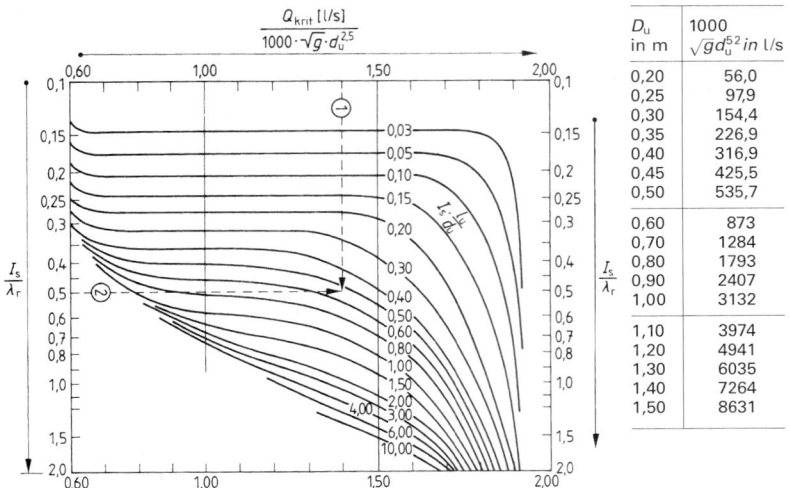

$$\frac{Q_{krit}\,[l/s]}{1000\cdot\sqrt{g}\cdot d_u^{2,5}}$$

D_u in m	$\dfrac{1000}{\sqrt{gd_u^{5,2}}}$ in l/s
0,20	56,0
0,25	97,9
0,30	154,4
0,35	226,9
0,40	316,9
0,45	425,5
0,50	535,7
0,60	873
0,70	1284
0,80	1793
0,90	2407
1,00	3132
1,10	3974
1,20	4941
1,30	6035
1,40	7264
1,50	8631

Bild 82 Nachweis der Vollfüllung der Drosselstrecke

Ablesebeispiel $Q_{krit}/(3130\cdot d_u^{2,5})=1,4-①\rightarrow$; $I_s/\lambda_r=0,5-②\rightarrow$ Schnittpunkt $I_s\cdot l_u/d_u=0,525$; also für alle $I_s\cdot l_u/d_u\geq 0,525\rightarrow$ Vollfüllung

Man erhält das für die Vollfüllung erforderliche l_u mit dem Ablesewert aus

$$l_u=(I_s\cdot l_u/d_u)\cdot(d_u/I_s)\quad\text{also z. B. }0,525\cdot d_u/I_s$$

Im zunehmenden Maße setzen sich mechanische Drosselsysteme durch. Empfohlen wird: Rohrdrossel $>50\,l/s$, Wirbel- und Strahldrossel $>30\,l/s$, Waagedrossel $>10\,l/s$, Förderschnecken $Q=>10\,l/s$, Kreiselpumpen $Q=>20\,l/s$, geregelte Schieber ohne Grenze. Im Einzelfall mit Hersteller Rücksprache halten; starke Orientierung an Untergrenzen bedingt höhere Störanfälligkeit.

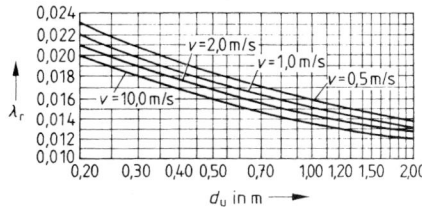

Bild 83 λ_r-Werte für $k_b=0,20$ mm

Bei anderen k_b ggf. λ_r nach Bild 10 oder mit I_E und v nach Tafel 21 bis 27 bzw. Tabellenwerten aus

$$\lambda_r=19,6\cdot I_e\cdot d/v^2\quad(121)$$

Trennschärfe bei höchstem Zufluß

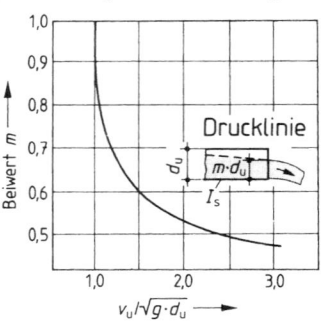

Bild 84 Drucklinie am Kreisrohrende für eine freie Strahlunterkante

Die Leistung Q_d der Rohrdrosselstrecke bei max Q_{zu} wird mit $h_ü$ gemäß Berechnung Überfallwehr

$$\max Q_d=\pi\frac{d_u^2}{4}\cdot\sqrt{\frac{(h_ü+s_u+I_s\cdot l_u-m\cdot d_u)\cdot 19,62}{1+\zeta_e+\lambda_r\cdot l_u/d_u}}\cdot 1000\quad\text{in }l/s\quad(122)$$

Die Trennschärfe $=\max Q_d/Q_{krit}$ soll $\leq 1,2$ sein. $\zeta_e=0,45$

Überfallwehr

Die **erforderliche Wehrhöhe** s_u für Q_{krit} bei Vollfüllung ($m = 1$) ist

$$s_u = m \cdot d_u + (1 + \zeta_e) \cdot v_u^2/2g + (I_E - I_s) l_u; \quad (123) \quad (I_E \text{ nach Tafel 21 bis 27}).$$

Ergibt sich hieraus ein zu großes Δs, müssen entweder s_o oder d_u größer werden. Aber: $\Delta s \geq 3$ bis 5, besser 10 cm.

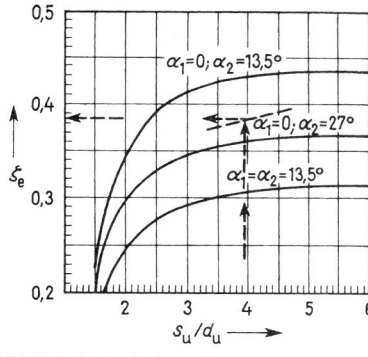

Bild 85 Einlaufbeiwert ζ_e

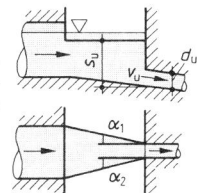

$Q_A = \max Q_{zu} - Q_{krit}$
Wählbar sind Wehrlänge $l_ü$ oder Überfallhöhe $h_ü$ je nach Örtlichkeit.

Grundriß

Bild 86 Schnitte

$$l_A = Q_A/(2950 \cdot c \cdot \mu \cdot h_A^{1,5}); \quad \text{in m} \quad (124)$$
$$h_A = [Q_A/(2950 \cdot c \cdot \mu \cdot l_A)]^{2/3} \quad \text{in m} \quad (125)$$
mit $Q_ü$ in l/s

bei einseitigem Überfall $\mu \approx 0,6$;
bei beidseitigem Überfall $\mu \approx 0,50$

Wehrform	n
scharfkantig	2
rundkronig	3
rechteckig	4

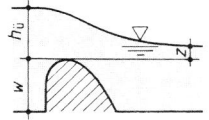

Bild 87 Skizze zur Bestimmung der Abminderungsbeiwerte c für rückgestaute Überfälle

$$c = \sqrt{1 - (z/h_A)^n} \quad (126)$$

7.6.2 Regenüberlaufbecken RÜB

1. **Becken im Hauptschluß HS:** Der Abfluß zur Kläranlage $Q_d = Q_{ab} + Q_t$ wird durch das Becken geführt.
2. **Becken im Nebenschluß NS:** $Q_d = Q_{ab} + Q_t$ werden am Becken vorbeigeführt, das bei $Q_{zu} > Q_{ab} + Q_t$ über ein Trennbauwerk TB beschickt wird. Beckenentleerung mit Pumpe vor das TB. Becken im qualifizierten Nebenschluß werden gezielt entleert.
3. **Fangbecken FB** nach 1. oder 2. speichern den Spülstoß. Sie werden nicht von der Überfallwassermenge durchflossen. Anwendung ist vorteilhaft, im wesentlichen für nicht vorentlastete Entwässerungsflächen, aber nur zulässig
   a) wenn Fließzeit im Netz zum Becken $t_f \leq$ **15** bis **20** min;
   b) wenn die Abläufe oberhalb liegender Becken so gesteuert werden, daß sie erst bei leerem Fangbecken öffnen.
4. **Durchlaufbecken DB** nach 1. oder 2. besitzen einen Klärüberlauf (KÜ), der erst nach Beckenfüllung anspringt und den Durchlauf durch das Becken bis zum Erreichen von $h_{kü\,krit}$ auf maximal Q_{krit} bei HS-Becken und auf $Q_{krit} - Q_s - Q_t$ bei NS-Becken beschränkt.
   Der Beckenüberlauf BÜ soll erst bei vollem Becken anspringen.
5. **Verbundbecken** werden bei Auftreten von FB und DB Verhältnissen eingesetzt. Der FB-Teil (FT) wird zuerst gefüllt und anschließend der durchströmte DB-Teil (KT).

14

Tafel 80 Überfallwassermengen an den Entlastungsorganen

Bau-werk	Fangbecken		Durchlaufbecken DB	
	Hauptschluß	Nebenschluß	Hauptschluß HS	Nebenschluß NS
Q_{TB}	—	$Q_{zu} - Q_d$	—	$Q_{zu} - Q_d$
Q_{Bu}	$Q_{zu} - Q_d$	$Q_{zu} - Q_d$	$Q_{zu} - Q_{Kü} - Q_d$	$Q_{zu} - Q_{Kü} - Q_d$
$Q_{Kü}$	—	—	$\geqq Q_{krit} - Q_d$	$\geqq Q_{krit} - Q_d$

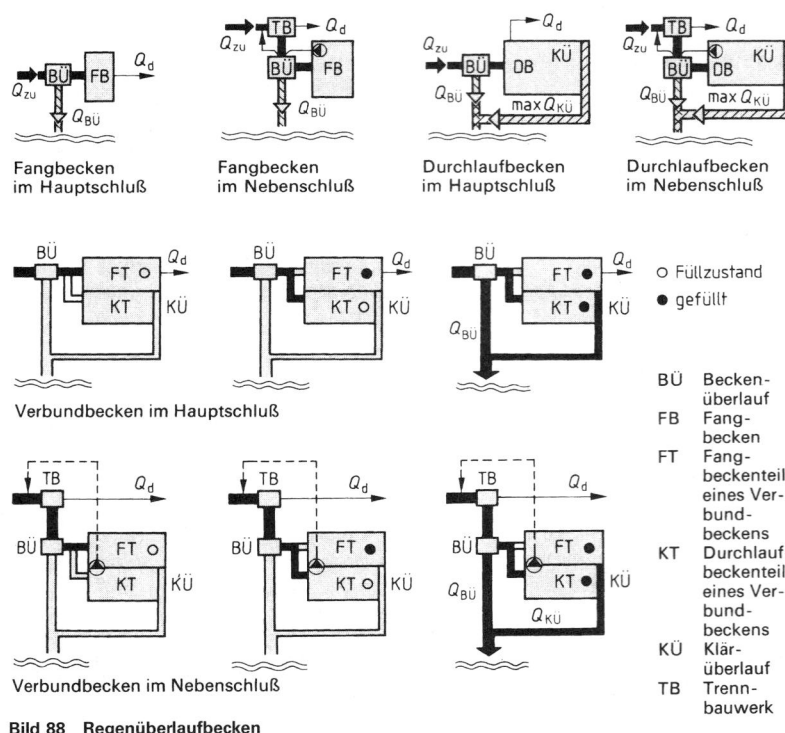

Fangbecken im Hauptschluß

Fangbecken im Nebenschluß

Durchlaufbecken im Hauptschluß

Durchlaufbecken im Nebenschluß

o Füllzustand
● gefüllt

Verbundbecken im Hauptschluß

Verbundbecken im Nebenschluß

BÜ Becken-überlauf
FB Fang-becken
FT Fang-beckenteil eines Ver-bund-beckens
KT Durchlauf-beckenteil eines Ver-bund-beckens
KÜ Klär-überlauf
TB Trenn-bauwerk

Bild 88 **Regenüberlaufbecken**

Die **Bemessung der RÜB** erfolgt bei $q_r \leq 2\,l/s \cdot ha$ mit den genannten Ansätzen gemäß Tafel 81, die gleichzeitig ein Zahlenbeispiel mit folgenden Ansätzen enthält:

$X = 13,8$; $Q_f = 7,6\,l/s$; $Q_{s24} = 11\,200\,EW \cdot 180\,l/(E \cdot d)/86\,400\,s = 23,5\,l/s$; $Q_{sx} = 24 \cdot 23,46/13,8$ $= 40,8\,l/s$; $Q_{tx} = 40,8 + 7,6 = 48,4\,l/s$. Die ersten 10 Zeilen werden aufgrund von Messungen oder Berechnungen ermittelt. Nach der Berechnung des Volumens für das Gesamteinzugsgebiet werden die Beckenvolumen für die Einzelbecken ebenso bestimmt, wobei z. B. für das $n$te Becken V_n für das gesamte oberhalb liegende Einzugsgebiet mit seinem A_u bestimmt wird abzüglich oberhalb liegender Speichervolumen. Für Q_{mn} steht das tatsächliche Q_{dn} usw., als ob das $n$te Becken alleine für das ges. oberhalb liegende EG bemessen würde.

Jedes einzelne Becken muß ein Mindestspeichervolumen $V_{min} = A_u \cdot V_{s\,min}$ in m^3 einhalten mit $V_{s\,min} = 3,60 + 3,84 \cdot q_r$ in m^3/ha. Im allg. DB $\geq 100\,m^3$, FB $\geq 50\,m^3$. Andererseits sollte $V_s \leq 40\,m^3/ha$ als Gesamtspeichervolumen eingehalten werden.

Tafel 81   Ermittlung des Volumens von Regenüberlaufbecken

1	Mittlere Jahresniederschlagshöhe	Deutscher Wetterdienst	h_{Na}	722	mm
2	undurchlässige Gesamtfläche	85 bis 100% d. bef. Fläche	A_u	66	ha
3	längste Fließzeit im Gesamtgebiet	nur bedeuts. Flächen	t_t	37	min
4	mittlere Geländeneigungsgruppe	$\sum(NG_i \cdot A_{E,i})/\sum(A_{E,i})$	NG_m	1,26	—
5	MW-Abfluß der Kläranlage	Biologie b. Regenwetter $2Q_{sx} + Q_{f24}$ oder $2(Q_{sx} + Q_{f24})$	Q_m	98	l/s
6	TW-Abfluß, 24-h-Tagesmittel	aus Misch- u. Trenngeb. $Q_{h24} + Q_{g24} + Q_{i24} + Q_{f24}$	Q_{t24}	31	l/s
7	mittlerer Fremdwasserzufluß	in Q_{t24} enthalten	Q_{f24}	7,6	l/s
8	TW-Abfluß, Tagesstundenmittel	aus Misch- u. Trenngeb. $24 \cdot Q_{h24}/x$ + $24 \cdot 365$ $\cdot Q_{g24}/(ag \cdot b_g) + 24 \cdot 365$ $\cdot Q_{i24}/(a_i \cdot b_i) + Q_{f24}$	Q_{tx}	48,4	l/s
9	RW-Abfluß aus Trenngeb.	100% Q_{s24} aus Trenng.	Q_{rT24}	2,3	l/s
10	CSB-Konzentration i. TW-Abfluß Jahresmittel incl. Q_{f24}	$\dfrac{\text{CSB — Jahresfracht kg}}{31,54 \cdot Q_{f24}}$	c_t	475	mg/l
11	Regenabfluß, 24-h-Tagesmittel	$Q_m - Q_{t24} - Q_{rT24}$	Q_{r24}	64,7	l/s
12	Regenabflußspende	Q_{r24}/A_u; Soll $\leq 2,0$	q_r	0,98	l/(s · ha)
13	Fließzeitabminderung	$0,5 + 50/(t_f + 100) \geq 0,885$	a_f	0,885	—
14	mittl. Entlastungszufluß für $q_r \leq 2$	$a_f \cdot (3,0 \cdot A_u + 3,2 Q_{r24})$	Q_{re}	358	l/s
15	mittleres Mischverhältnis	$(Q_{re} + Q_{rT24})/Q_{t24}$	m_{RUB}	11,6	—
16	x_a-Wert für Kanalablagerungen	$24 Q_{t24}/Q_{tx}$	x_a	15,4	—
17	Einflußwert TW-Konzentration	$c_t/600$ mindestens 1,0	a_c	1,0	—
18	Einflußwert Jahresniederschl.	$-0,25 \leq h_{NA}/800 - 1$ $\leq +0,25$	a_h	$-0,097$	—
19	Einflußwert Kanalablagerungen	aus A 127, s. Bild 83	a_a	0,372	—
20	Bemessungskonzentration	$600(a_c + a_h + a_a)$	c_b	765	mg/l
21	rechn. Entlastungskonzentrat	$107 m_{RUB} + c_b)/(m_{RUB} + 1)$	c_e	159	mg/l
22	zulässige Entlastungsrate	$3700/(c_e - 70)$	e_o	41,6	%
23	spezifisches Speichervolumen	aus A 128, s. Bild 84	V_s	21,6	m³/ha
24	spez. Mind. Speichervolumen	$\geq 3,60 + 3,84 \cdot q_r$	$min V_s$	7,36	m³/ha
25	erforderliches Gesamtvolumen	$V_s \cdot A_u$	V	1426	m³
26	TW-Abflußspende, Gesamtgebiet	Q_{t24}/A_u	q_{t24}	0,47	l/(s · ha)
27	Auslastungswert der Kläranl.	$(Q_m - Q_{t24})/(Q_{tx} - Q_{t24})$	n	2,22	—

Es ist immer zu prüfen, ob auch bei Einzelbecken folgende Kriterien eingehalten werden: Entleerungsdauer $= V_s/q_r \leq 10$ bis 15 h; ferner $7 \leq m_{RÜB} \geq (c_t - 180)/60$; $q_r(RÜB) \leq 1,2\, q_r$ (KA) mit $Q_{r24} = Q_d - Q_{t24} - Q_{rT24}$

Hierbei wird von oben nach unten jedes Becken mit dem gesamten bis dahin auf das Becken hin entwässernde Einzugsgebiet bemessen. Es gelten ferner folgende Bedingungen:

max. 5 RÜB in einer Reihe; max. 5 RÜ in einem Einzugsgebiet; RRB müssen $q_r \geq 5$ l/(s · ha) einhalten; RRB-Volumen wird vernachlässigt.

Auf das Gesamtspeichervolumen anrechenbar ist
1. vorhandenes RÜB-Volumen, wenn $q_{r\text{ vorhanden}} \leq 1,2 \cdot q_r$
2. bei RW aktivierbares Speichervolumen auf der Kläranlage
3. statisches Kanalvolumen V_{Stat} in $\geq$ DN 800 (oberhalb der horizontalen Verlängerung der tiefsten Überlaufschwelle), abgemindert zu

$$V_s = (V_{Stat}/A_u)/1,5 \quad \text{in m}^3/\text{ha.} \quad (127)$$

Bei freier Wahl der Beckenstandorte sind Verschmutzungsschwerpunkte zu suchen; Aufteilung in parallel geschaltete FB, meist teurer, aber effektiver für den Gewäs-

14

serschutz. Beckensteuerung und Abrufschaltung bei Wahl der Drossel für zukünftigen Ausbau berücksichtigen. Trennbauwerk und Beckenüberlauf in einem Bauwerk Richtung Oberstrom anordnen.

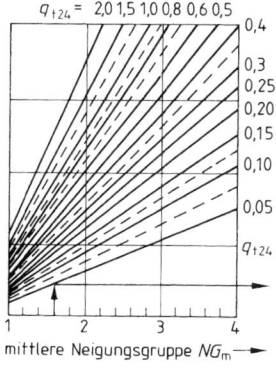

mittlere Neigungsgruppe NG_m →

$q_{t24} = Q_{t24}/A_u \, [\text{l/s} \cdot \text{ha}]$
$x_a = 24 \cdot Q_{t24}/Q_{tx} \, [-]$
Beispiel:
$NG_m = 1,8$, $x_a = 10$
$a_a = 1,0$

Einfluß Kanalablagerungen $a_a \, [-]$ →

Bild 89   Einfluß der Kanalablagerungen

Berechnungsformeln für den Einfluß der Kanalablagerungen

$$dI = 0,001 \cdot [1 + 2(NG_m - 1)] \quad (128) \qquad \tau = 430 \cdot q_{t24}^{0,45} \cdot dI \quad (129)$$

$$x_a = 24 \cdot Q_{t24}/Q_{tx} \qquad\qquad a_a = (24/x_a)^2 \cdot (2 - \tau)/10 \quad \text{aber: } a_a \geq 0 \quad (130)$$

Berechnungsformeln zur Ermittlung des spezifischen Speichervolumens $V_s \, [\text{m}^3/\text{ha}]$ aus der Regenabflußspende $q_r[\text{l}/(\text{s} \cdot \text{ha})]$ und der zulässigen Jahresentlastungsrate $e_o \, [\%]$:

$H_1 = (4000 + 25 \, q_r)/(0,551 + q_r)$

$H_2 = (36,8 + 13,5 \, q_r)/(0,5 + q_r)$

$V_s = H_1/(e_o + 6) - H_2$

aber: $V_{s, min} \geq 3,60 + 3,84 \, q_r$

Anwendungsbereich der letzten Formel:

$0,2 \quad \leq q_r \leq 2,0 \, \text{l}/(\text{s} \cdot \text{ha})$,

$25 \quad \leq e_o \leq 75\%$,

$V_{s, min} \leq V_s \leq 40 \, \text{m}^3/\text{ha}$.

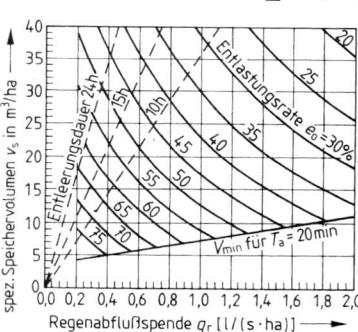

Bild 90   Spezifisches Speichervolumen in Abhängigkeit von der Regenabflußspende und der zulässigen Entlastungsrate

Gestaltungsgrundsätze: $v_{zu} \geq 0,8 \, \text{m/s}$ bei Q_{tx}; mit $Q_d = (\text{min } Q_d + \text{max } Q_d)/2$ sei $Q_d \geq 2 \, Q_s + Q_f$.

Bei Neuanlagen: Weiterführende Kanäle für $(1 + 2) \, Q_s + Q_f$ auslegen.

Beachte! Durchlaufbecken Beckenlänge $l_B \geq 2 \cdot$ Beckenbreite b_B. Bei Becken mit flacher Sohle soll das Längsgefälle 1 bis 2%, das Quergefälle ≥ 3 bis 5% betragen. Bei Wirbeljetreinigung in RÜB $I_s \geq 1\%$ und im KS $\geq 0,2$ bis 0,8%. Sohlgerinne im Hauptschlußbecken für $Q \geq 3 \, Q_{sx} + Q_{t24}$ und $v \geq 0,5 \, \text{m/s}$ bemessen. Drossel $\varnothing \geq \text{DN } 300$, in Ausnahmefällen $\geq \text{DN } 200$. Bei Drosselblenden sei $A_{Drossel} \geq 0,06 \, \text{m}^2$ und die Mindestöffnungshöhe 20 cm. Luftgeschwindigkeit in den Be- und Entlüftungen $v \leq 10 \, \text{m/s}$. Die Luftmenge entspricht max Q_{zu}.

Hydraulische Nachweise am Durchlaufbecken DB

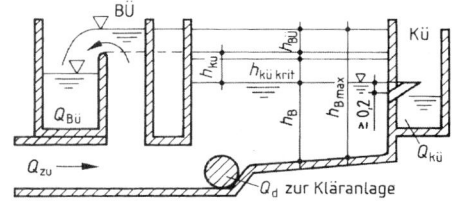

Man gibt den Aufstau $h_{Kü}$ und $h_{Bü}$ zu je ca. 15 bis 30 cm vor und dimensioniert damit die Größe der KÜ-Drossel und $l_{Bü}$. Beachte: Mit der zulässigen Fließgeschwindigkeit im Becken $v_{h\,max} \leq 0{,}05$ m/s bei $r_{krit} = 15$ l/s ha ist max $Q_{Kü} \leq 1000 \cdot b_B \cdot h_{B\,max} \cdot v_{h\,max}$ in l/s. Mit $\mu = 0{,}6$ und der Überfallänge $l_{Bü}$ wird $h_{Bü} = 0{,}0068\,(Q_{Bü}/l_{Bü})^{2/3}$ in m.

Bild 91 Durchlaufbecken Längsschnitt

$$Q \text{ in l/s} \quad V = l_B \cdot b_B \cdot h_B \text{ in m}^3 \quad (131)$$

Damit können die Abmessungen des Klärüberlaufs festgelegt werden.

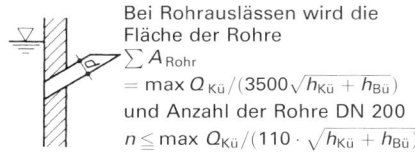

Bei Rohrauslässen wird die Fläche der Rohre

$$\sum A_{Rohr} = \text{max } Q_{Kü}/(3500\sqrt{h_{Kü} + h_{Bü}})$$

und Anzahl der Rohre DN 200

$$n \leq \text{max } Q_{Kü}/(110 \cdot \sqrt{h_{Kü} + h_{Bü}})$$

Bild 92

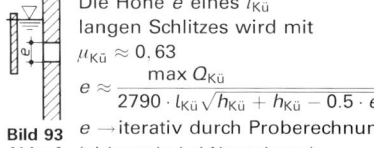

Bild 93 Ablaufschlitz

Die Höhe e eines $l_{Kü}$ langen Schlitzes wird mit $\mu_{Kü} \approx 0.63$

$$e \approx \frac{\text{max } Q_{Kü}}{2790 \cdot l_{Kü}\sqrt{h_{Kü} + h_{Kü} - 0.5 \cdot e}}$$

$e \rightarrow$ iterativ durch Proberechnung (nicht mehr bei Neuanlagen)

Nachweis von $h_{Kükrit}$ mit $v = (Q_{krit} - Q_d)/(1000 \cdot$ Austrittsfläche)   (132)

$$h_{Kükrit} = (1 + \zeta_e + \lambda \cdot l_{Rohr}/d) \cdot v^2/2g \qquad h_{Kükrit} = v^2/(\mu_{Kü}^2 \cdot 2g) + 0{,}5\,e$$

$$h_{Kükrit} \approx 0{,}08\,v^2$$

Die Oberflächenbeschickung bei vollem Becken und $r_{krit} = 15$ l/s ha soll $q_A \leq$ **10 m/h** sein. Es gilt

$$q_A = 3{,}6 \cdot (Q_{krit} - Q_d)/(l_B \cdot b_B) \text{ in m/h} \quad (133)$$

Beachte: Je nach Beckenkonstruktion läuft bei HS-Becken das volle Q_{krit} durch. Schwellenbeschickung einer Überlaufschwelle am Klärüberlauf $q_l \leq 75$ m³/(m · h). Rohre des KÜ auf volle Breite des Beckens verteilen.

Schlitz: $Q_{Kü} = 1000 \cdot e \cdot l_{Kü} \cdot \mu_{Kü} \cdot \sqrt{2g(h_{Kü} - 0{,}5\,e)}$ (134a)

Rohre: $Q_{Kü} \approx 3500 \cdot \sum A_{Rohr} \cdot \sqrt{h_{Kü}}$ (134b)

7.6.3 Kanalstauräume SK

Es sollten Kreisrohre $>$ DN 1500 oder Profile mit stark geneigter Sohle mit $v \geq 0{,}8$ m/s und $h_T \geq 0{,}05$ m bei Q_t gewählt werden. Es sollte die Schleppspannung $\tau = 2$ bis 3 aber immer $> 1{,}3$ N/m² sein. Bei $v_{tw} < 0{,}5$ m/s ist eine Spülmöglichkeit vorzusehen.

Kanalstauräume mit oben liegender Entlastung SK_o (Regelfall)

Die Bemessung erfolgt wie bei RÜB. Als Nutzvolumen gilt der Kanalinhalt von der Drossel bis zur Horizontalen der Wehroberkante a b z ü g l i c h des Volumens für den Abfluß $Q_d \cdot A_e$ reicht bis zur Drossel.

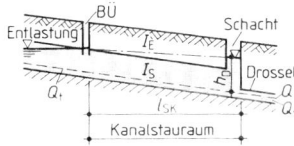

Bild 94 Kanalstauraum mit oben liegender Entlastung SK_o

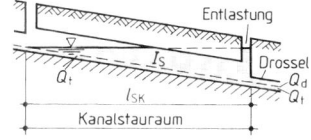

Bild 95 Kanalstauraum mit unten liegender Entlastung SK_u

Kanalstauräume mit unten liegender Entlastung SK_u

Das **erforderliche Nutzvolumen** wird **50% größer als beim** normalen **RÜB.**

Beispiel Geg.: $V = 120$ m^3, $Q_t = 20$ l/s, max $Q_{zu} = 1250$ l/s; $Q_d = 60$ l/s; Stauraum: DN 1500, $I_s = 4$‰; $k_b = 0,5$ mm, oben liegende Entlastung. Leistung DN 1500: $Q_v = 4870$ l/s; $v_v = 2,76$ m/s; $Q_d/Q_v = 60/4870 = 0,012$; $v_T = 0,36 \cdot 2,76 = 0,99$ m/s $> 0,8$; $A_T = Q_T/$ ($v_T \cdot 1000$) $=$ Fläche für $Q_d = 60/(0,99 \cdot 1000) = 0,06$ m^2, Stauraumquerschnitt: $A_\psi - A_T = 1,77 - 0,06 = 1,71$ m^2; $l_{SK} = 120/1,71 = 70,2$ m. Überfall Bü auf Scheitelhöhe. $l_{Bü} \approx 4 Q_{Bü}/(1000 \cdot d_0) = 4 \cdot (1259 - 60)/(1000 \cdot 1,50) = 3,11$ gew. $\approx 4,00$ m. $h_{Bü} = [Q_B/(2950 \cdot \mu \cdot l_{ü})]^{2/3} = [1190/(2950 \cdot 0,6 \cdot 4,0)]^{2/3} = 0,30$ m. Nachweis der Drosselblende $d_D = $ DN 200 mit 4/8 Öffnung nach Abschn. 3.1.3.9, $\zeta = 2,06$; $A_D/A_O = 0,61$, $\zeta_D = 0,61^2 \cdot 2,06 = 0,766$. Die Druckhöhe der Drossel h_D ist $d_{SK} + (I_s - I_E) \cdot l_{SK}$; I_E vernachlässigbar klein: $I_E = I_{Tafel}(Q/Q_T)^2$; nach Tabellen $I_{min} = 0,13$‰, $Q_{Tafel} = 836$ l/s $\rightarrow I_E = 3,8 \cdot 10^{-6}$; $h_D = 1,50 + 0,004 \cdot 70,2 = 1,78$ m. $v_D = \sqrt{2g(h_D - 2d_D/8)}/(1 + \zeta_D) = \sqrt{19,62(1,78 - 2 \cdot 0,2/8)}/(1 + 0,76) = 4,39$ m/s; $Q_D = 1000 \, v_D \cdot A_D = 1000 \cdot 4,39 \cdot 0,61 \cdot 0,2^2 \cdot \pi/4 = 84$ l/s $\rightarrow$ ausreichend.

7.7 Regenklärbecken

Regenklärbecken (RKB) sind Absetzbecken für verschmutztes Regenwasser. Sie finden nur in den Regenwasserleitungen einer Trennentwässerung Anwendung. Die Regenklärbecken besitzen i. d. R. einen BÜ, einen KÜ und einen Schlammabzug. Man unterscheidet 2 Arten

— ständig gefüllte und
— nicht ständig gefüllte Becken

Ständig gefüllte Regenklärbecken werden in der Regel angeordnet, wenn der RW-Kanal bei Trockenwetter ständig oder zeitweilig Wasser führt. Sie besitzen einen Überlauf und einen Schlammabzug.

Bemessungszufluß	$Q_{bem} = r_{krit} \cdot A_{red} + Q_f$ in l/s	(135)
kritische Regenspende	$r_{krit} = 15$ l/(s $\cdot$ ha)	
zul. Oberflächenbeschickung	$q_A \leq 10$ m/h	
Nutzbare Beckentiefe	$h_B \approx 2,0$ m	
erf. Oberfläche	$A_O = 3,6 \cdot Q_{bem}/q_A$ in m^2	
erf. Beckenvolumen	$V = A_O \cdot h_B$ in m^3 ≥ 50 m^3	

Nicht ständig gefüllte Regenklärbecken werden angeordnet, wenn der RW-Kanal bei Trockenwetter kein oder nur wenig Wasser führt. Konstruktive Ausbildung wie Fangbecken oder Durchlaufbecken in Mischsystemen. Die Beckenfüllung wird vollständig in die Schmutzwasserkanalisation übernommen.

erf. Beckenvolumen: $V = A_{red} \cdot 10$ m^3/ha$_{red}$ + $A_{red\,Wohn} \cdot 5$ m^3/ha$_{red}$ (136)

7.8 Regenrückhalteräume

Regenrückhalteräume speichern bei starken Niederschlägen einen Teil der ankommenden großen Wassermassen und geben sie verzögert wieder an das Kanalnetz oder auch in den Vorfluter ab.

Regenrückhalteräume können als Becken in offener, geschlossener, technischer oder naturnaher Bauweise als Rückhaltekanäle, Rückhaltegräben oder -teiche und in Kombination von Versickerungsanlagen gestaltet werden.

Die **Anordnung** von Regenrückhalteräumen erfolgt in der Praxis z. B. durch Begrenzung von Gebietsabflüssen, Kosteneinsparungen beim Bau von Entwässerungssystemen, beim Anschluß von Neubaugebieten an vorhandene, ausgelastete Entwässerungssysteme, bei Sanierung überlasteter Kanalnetze, zum Schutz des Gewässers vor hydraulischen Stoßbelastungen oder zum Schutz der Kläranlage vor Überlastung.

Die **Ermittlung des erforderlichen Volumens** von Regenrückhalteräumen (RRR) erfolgt nach dem Arbeitsblatt ATV-DVWK-A 117 (03.01). Es stehen grundsätzlich zwei Verfahren zur Verfügung und zwar

— Bemessung von RRR mittels statistischer Niederschlagsdaten (Näherungsverfahren) für kleine und einfach strukturierte Entwässerungssysteme und

— Nachweis der Leistungsfähigkeit von RRR mittels Niederschlag-Abfluß-Langzeitsimulation für alle Anwendungsfälle.

Die **Bemessung** nach dem einfachen Näherungsverfahren erfolgt in Übereinstimmung mit der DIN EN 752. Unter Beachtung wirtschaftlicher und ingenieurtechnischer Aspekte gelten folgende Bedingungen:

— Das Einzugsgebiet $A_{E,k}$ hat eine Fläche von maximal 200 ha oder die Fließzeit bis zum RRR beträgt maximal 15 Minuten. Dies entspricht i. d. R. einem Einzugsgebiet mit einer befestigten Fläche $A_{E,b}$ von maximal 60 bis 80 ha.

— Die gewählte bzw. zulässige Überschreitungshäufigkeit des Speichervolumens V des RRR beträgt $n \geq 0,1/a$ ($T_n \leq 10a$).

— Der Regenanteil der Drosselabflußspende ist $q_{dr,r,u} \geq 2\,l/(s \cdot ha)$.

Vorgehensweise zur Bemessung der RRR (Näherungsverfahren)

Das erforderliche Speichervolumen wird aus der maximalen Differenz der in einem Zeitraum gefallenen Niederschlagsmenge und dem in diesem Zeitraum über die Drossel weitergeleiteten Abflußvolumen ermittelt. (Bild 96)

Das spezifische Volumen kann für den vorgegebenen Regenanteil der Drosselabflußspende aufgrund der Zusammenhänge zwischen Regenspende und Dauerstufe analytisch ermittelt werden. Für die praktische Anwendung ist es jedoch ausreichend, in Abhängigkeit des vorgegebenen Regenanteils der Drosselabflußspende $q_{dr,r,u}$ das jeweilige spezifische Volumen für die in einer Starkniederschlagstabelle üblicherweise angegebenen Dauerstufen zu errechnen. Für die jeweilige Dauerstufe ergibt sich das spezifische Volumen zu:

$$V_{s,u} = (r_{D,n} - q_{dr,r,u}) \cdot D \cdot f_z \cdot f_A \cdot 0,06 \quad (m^3/ha) \qquad (137)$$

mit

$V_{s,u}$ spezifisches Speichervolumen, bezogen auf A_u [m³/ha]

$r_{D,n}$ Regenspende der Dauerstufe D und der Häufigkeit n [l/s · ha]

$q_{dr,r,u}$ Regenanteil der Drosselabflußspende, bezogen auf A_u [l/s · ha]

D Dauerstufe [min]

f_z Zuschlagfaktor, Risikomaßes nach A 117 (03.01) $f_z = 1,2$ (gering), 1,15 mittel, 1,1 (hoch) [—]

f_A Abminderungsfaktor in Abhängigkeit von t_f, $q_{dr,r,u}$ und n nach Bild 97 [—]

0,06   Dimensionsfaktor zur Umrechnung von l/s in m³/min

Das erforderliche Volumen in m³ des RRR wird durch Multiplikation mit der undurchlässigen Fläche des Einzugsgebietes (A_u) berechnet zu:

$$V = V_{s,u} \cdot A_u \qquad (138)$$

Wird der Drosselabfluß eines vorgeschalteten Entlastungsbauwerkes dem zu bemessenden RRR zugeleitet, so kann das einfache Verfahren angewendet werden,

14

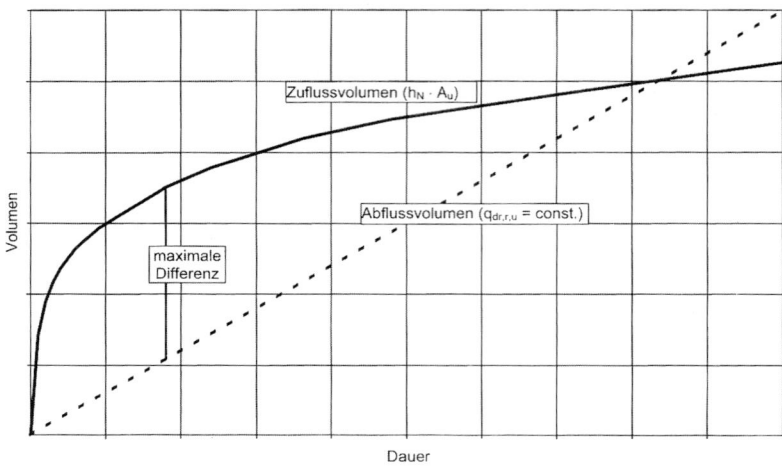

Bild 96   Prinzipskizze zur Ermittlung des Volumens

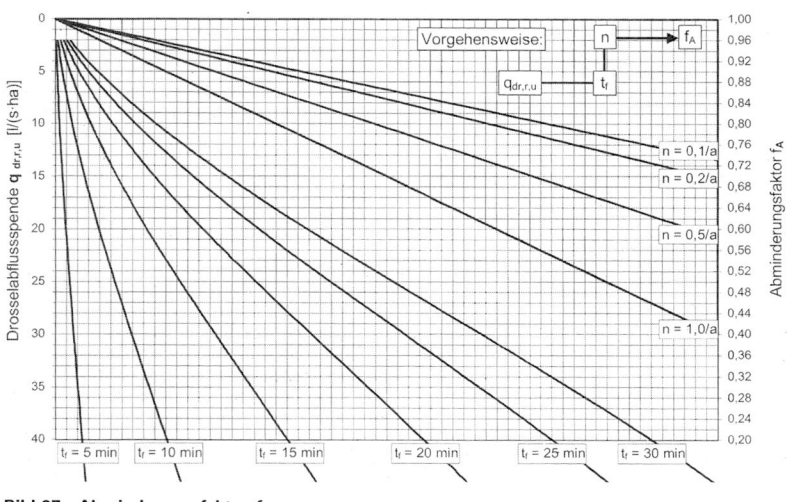

Bild 97   Abminderungsfaktor f_A

indem die Drosselabflußspende berechnet wird zu

$$q_{dr,r,u} = (Q_{dr} - Q_{dr,v} - Q_{t24})/A_u \quad [l/s \cdot ha] \quad (139)$$

mit

Q_{dr} Drosselabfluß des RRR in [l/s ha]

Q_{t24} Trockenwetterabfluß des direkten Einzugsgebietes [l/s]

$Q_{dr,v}$ Summe der Drosselabflüsse aller oberhalb liegenden [l/s]

A_u undurchlässige Fläche des direkten Einzugsgebietes [ha]

Der Drosselabfluß oberhalb liegender Entlastungsbauwerke ist während der für die Bemessung des RRR verwendeten Dauerstufe D als konstante Zuflußspende zum RRR anzusetzen. Ist dieser Wert größer als die statistische Regenspende der verwendeten Dauerstufe, ist die statistische Regenspende zu verwenden. Fließt dem RRR der Überlauf eines Entlastungsbauwerkes zu (z. B. RÜ, RÜB), so kann das Volumen des vorgeschalteten Entlastungsbauwerkes berücksichtigt werden.

Der **Nachweis** der Leistungsfähigkeit des RRR wird mittels Niederschlags-Abfluß-Langzeit-Simulation vorgenommen. Durch die Langzeitsimulation kann die natürliche Abfolge von Niederschlagsereignissen und mögliche Überlagerung von Füll- und Entleerungsvorgängen in Rückhalteräumen rechnerisch erfaßt werden. Zusätzlich können bei diesem Verfahren befestigte und nicht befestigte Flächen in ihrem ereignisabhängigen Abflußverhalten simuliert werden.

Vorgehensweise zur Langzeitsimulation von RRR

Wird das Verfahren zur Ermittlung des erforderlichen Volumens angewendet, ist das Volumen zunächst sinnvoll abzuschätzen (etwa $100 - 300$ m³/ha befestigte Fläche $A_{E,b}$) und die Überschreitungshäufigkeit zu ermitteln. Das Volumen ist iterativ zu verändern bis die ermittelte Überschreitungshäufigkeit der geforderten entspricht. Den Langzeitsimulationen sollte das vollständige Niederschlagskontinuum einschließlich aller Trockenzeiten zugrunde gelegt werden (Langzeit-Kontinuumsimulation). Im ATV-DVWK-A 117 (03.01) werden die modelltechnischen Mindestanforderungen an die Simulation der Niederschlag-Abfluß-Prozesse im Einzelnen aufgelistet.

Beispiel   zur Anwendung des einfachen Bemessungsverfahren:

Gegeben:

— Fläche des kanalisierten Einzugsgebietes $A_{E,k} = 6$ ha

— befestigte Fläche $A_{E,b} = 6$ ha,

— mittlerer Abflußbeiwert $\psi_{m,b} = 0,833$

— Trockenwetterabfluß $Q_{t24} = 1,6$ l/s

— vorgegebene Drosselabflußspende $q_{dr,k} = 10$ l/s · ha

— vorgegebene Überschreitungshäufigkeit $n = 0,2/a$

— Fließzeit t_f bis zum RRR $t_f = 7$ min

— Niederschlagsdaten für Einzugsgebiet nach Kostra-Atlas gemäß Punkt 7 (Lösung)

14

Lösung nach einfachem Verfahren für RRR (A 117, 03.01)

1. Ermittlung der für die Berechnung maßgebenden „undurchlässigen" Fläche A_u
   $A_u = A_{E,b} \cdot \psi_{m,b}$
   $A_u = 6{,}0 \cdot 0{,}833 = 5{,}0$ ha

2. Ermittlung der Drosselabflußspenden
   $Q_{dr,max} = q_{dr,k} \cdot A_{E,k} = 10 \cdot 6 = 60$ l/s
   $q_{dr,r,u} = (Q_{dr} - Q_{t24})/A_u = (60 - 1{,}6)/5{,}0$
   $= 11{,}7$ l/(s · ha)

3. Ermittlung des Abminderungsfaktors f_A
   Mit der Fließzeit $t_f = 5 + 2 = 7$ min und der Häufigkeit $n = 0{,}2$/a ergibt sich aus Bild 97 der Abminderungsfaktor zu $f_A = 1{,}0$

4. Festlegung des Zuschlagsfaktors f_Z
   Der Zuschlagsfaktor wird gewählt für ein geringes Risikomaß zu $f_Z = 1{,}20$

5. Bestimmung der statistischen Niederschlagshöhen und Regenspenden für die Überschreitungshäufigkeit $n = 0{,}2$/a für gegebenes Entwässerungsgebiet gemäß KOSTRA (DWD, 1997).

6. Anwendung von Gleichung für ausgewählte Dauerstufen:
   $V_{s,u} = (r_{D,n} - q_{dr,r,u}) \cdot D \cdot f_Z \cdot f_A \cdot 0{,}06$ [m³/ha]

7.

Dauerstufe D	Niederschlagshöhe h_N für $n = 0{,}2$/a	Zugehörige Regenspende r	Drosselabflußspende $q_{dr,r,u}$	Differenz zw. r und $q_{dr,r,u}$	spezifisches Speichervolumen $V_{s,u}$
[min]	[mm]	[l/(s · ha)]	[l/(s · ha)]	[l/(s · ha)]	[m³/ha]
45	23,2	85,9	11,7	74,2	239
60	24,8	68,9	11,7	57,2	246
90	27,0	50,0	11,7	38,3	247
120	29,5	41,0	11,7	29,3	**252**
150	31,5	35,0	11,7	23,3	250
180	33,2	30,7	11,7	19,0	246
240	35,9	24,9	11,7	13,2	227

Größtwert bei $D = 120$ min: Erforderliches spezifisches Volumen $V_{s,u} = 252$ m³/ha

8. Bestimmung des erforderlichen Rückhaltevolumens
   $V = V_{s,u} \cdot A_u = 252$ m³/ha $\cdot 5$ ha $= 1260$ m³

7.9 Dezentrale Versickerung von Niederschlagswasser

Versickert wird nur nicht schädlich verunreinigtes Niederschlagswasser von Dach und Terrassenflächen von Wohn- und Bürogebäuden, die nicht durch Immissionen oder Lösungsvorgänge chemisch, physikalisch oder biologisch belastet sind. Maßgebende Vorschrift ist das ATV-Regelwerk Arbeitsblatt A 138 (01.90) „Bau und Bemessung von Anlagen zur dezentralen Versickerung von nicht schädlich verunreinigtem Niederschlagswasser". Weitere wichtige Planungshilfen, Ausführungs- und Betriebshinweise sind im Handbuch „Neue Wege für das Regenwasser" (W. Geiger et al., 2001) zusammengestellt.

Je flächenhafter die Versickerung stattfindet, desto besser kommen die reinigenden Wirkungen wie Filtration, Adsorption, Fällung, biologischer Abbau und Ionenaustausch (besonders in der Deckschicht (belebte Bodenzone, $d = 30$ cm, $k_f = 10^{-4}$ bis 10^{-5} m/s) zum Tragen. Es eignen sich Lockergesteine wie relativ einkörnige, grobe Schluffe mit $k_f = 5 \cdot 10^{-6}$ m/s, Schluff-Sande $5 \cdot 10^{-6} - 5 \cdot 10^{-5}$ m/s, Feinsande $10^{-5} - 10^{-4}$ m/s, Mittel- bis Grobsand $8 \cdot 10^{-5} - 3 \cdot 10^{-3}$ m/s und sandige bis Mittelkiese $5 \cdot 10^{-4} - 5 \cdot 10^{-3}$ m/s zur Versickerung.

Beim hydraulischen Nachweis wird die Wirkung der luftgefüllten Poren in der ungesättigten Zone durch den Ansatz $k_{fu} = 0{,}5 \cdot k_f$ berücksichtigt.

Kluftgrundwasserleiter bergen die Gefahr schneller Durchleitung ohne nennenswerte Reinigung.

k_f natürl. Durchläss.beiwert in m/s
$r_{T,n}$ Regenspende in l/(s · ha)
s Speicherkoeffizient
I hydraulisches Gefälle in m/m
Q_z Zufluß in m³/s

Q_s Versickerungsrate in m³/s
V_s Speichervolumen in m³
A_{red} angeschl. befestigte Fläche in m²
A_s Versickerungsfläche in m²

Als Häufigkeit wird angesetzt $n = 0{,}2$ in 1/a. Die Regendauer in Fällen ohne Speichermöglichkeit ist in der Regel $T = 10$ min, bei großen flachen Flächen auch $T = 15$ min. Die maßgebliche Regendauer für die Speicherbemessung beträgt näherungsweise $T = 30$ min.

7.9.1 Flächenversickerung

Geeignet besonders bei unbedenklichen Hofflächen, Rettungszufahrten, Campingplätzen, Sportanlagen, Park- und ländlichen Wegen. Befestigung z. B. durch Rasengittersteine, poriges Pflaster, Pflaster mit durchlässigen Fugen, (alles im Sandbett) sowie Mineralbeton. Unterbau: Kiestragschicht. Für die gleichmäßige Überleitung von befestigten Flächen z. B. Tiefbordrinnen anordnen. In der Regel ist die Versickerungsintensität größer, als die Niederschlagsintensität, d. h. keine Speicherung erforderlich.
Die für die Versickerung erforderliche Fläche beträgt:

$$A_s = A_{red}/[(10^7 \cdot k_f)/(2 \cdot r_{T,n}) - 1] \quad \text{in m}^2 \qquad (140)$$

Das für die direkte Versickerung erforderliche k_f ist mit $A_s = A_{red}$:

$$k_f = 4 \cdot 10^{-7} r_{T,n} \quad \text{in m/s}$$

7.9.2 Muldenversickerung

Reicht die Versickerungsfläche nicht aus, so wird der Niederschlag z. B. in Mulden zwischengespeichert. Für $n = 0{,}2$, eine Regenreihe nach Reinhold, und $I = 1$ wird das erforderliche Muldenvolumen

$$V_s = 2{,}57 \cdot 10^{-4}(A_{red} + A_s)\, r_{15,1} \cdot T/(T+9)$$
$$-A_s \cdot T \cdot 30 \cdot k_f \quad \text{in m}^3 \qquad (141)$$

mit der maßgeblichen Regendauer in min

$$T = [7{,}7 \cdot 10^{-5}(A_{red} + A_s) \cdot r_{15,1}/$$
$$(A_s \cdot k_f)]^{0,5} - 9\,.$$

Bei örtlich gemessenen Regenreihen steht $6 \cdot 10^{-6}\, r_{T,n}$ statt $2{,}57 \cdot 10^{-4} \cdot r_{15,n}/(T+9)$; T ergibt sich aus $dV_s/dT = 0$, ggf. iterativ.

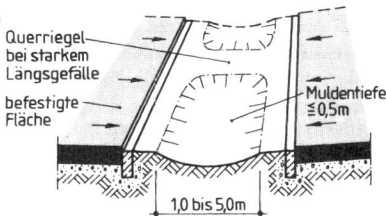

Querriegel bei starkem Längsgefälle
befestigte Fläche
Muldentiefe ≦0,5m
1,0 bis 5,0m

Bild 98 Muldenversickerung

7.9.3 Rigolen oder Rohrversickerung

Kiesgefüllte Gräben, Rigolen, werden von oben und/oder über eingelegte perforierte Rohre mit Wasser beschickt, das von dort nach Zwischenspeicherung versickert wird. Wegen der zu befürchtenden Verschlammung sollten die oberen 15 cm der Rigole etwas feinkörniger (grober Sand) abgedeckt werden der bei Bedarf abgeschält wird. Zwischen Sand und Kies liegt als Trennschicht z. B. eine PVC-Bodenarmierungsmatte, die das Abschälen begrenzt. Bei Rohrversickerung sollte ein Absetzraum für die absetzbaren Stoffe vorgeschaltet werden.

14

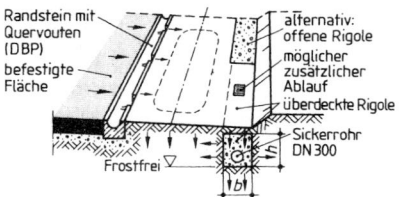

Die Versickerungsrate beträgt

Bild 99 Rigolenversickerung, kombiniert mit Rohrversickerung und Versickerungsmulde

$Q_s = (b + h/2) \, L \cdot k_f/2$ in m^3/s.

$V_s = A_{red} \cdot 10^{-7} r_{T,n} T \cdot 60 - (b + h/2) \, L \cdot k_f \cdot T \cdot 30$ in m^3.

Der Speicherkoeffizient s_k ist bei Rigolen gleich der Porenziffer n_p (z. B. $30 - 40\%$). Bei der kombinierten Versickerung ist er mit r_i und r_a des Rohres $s_k = [r_i^2 \cdot \pi + n_p(h \cdot b - r_a^2 \pi)]/(h \cdot b)$.

Für Regenreihen nach Reinhold und $n = 0{,}2$ gilt $L = [2{,}57 \cdot 10^{-4} \cdot A_{red} \cdot r_{15,1} T/T + 9]/ [b \cdot h \cdot s_k + (b + h/2) \cdot T \cdot k_f \cdot 30]$ in m, $T = \{9 \cdot b \cdot h \cdot s_k/[(b + h/2) \cdot 30 \cdot k_f]\}^{0,5}$ in min.

7.9.4 Schachtversickerung

Die Versickerungsfähigkeit ist durch Standardmaße der durchlässigen Brunnenringe (DIN 4034) begrenzt. Anwendung bei kleinen A_{red}. Vorschaltung eines Absetzschachtes sinnvoll. Regelmäßig halbjährliche Wartung (Laubfall) mit Reinigung oder Austausch der Vliesschicht.

Als wirksame Versickerungsfläche gilt ein Kreisring der Breite $z/2$ außen um das Rohr. Mit Tafel 83 wird nach Reinhold für $n = 0{,}2$ mit dem 15 min Regen $n = 1$, zwischen 80 (Extrapolation) und 200 l/s/ha, sowie $A_{red} = 100$ (Extrapolation) bis 400 m^2 bemessen. In diesen Bereichen kann geradlinig interpoliert werden. Der Einfluß von L_s ist vernachlässigbar.

$$V_{s\,max} = r_i^2 \cdot \pi \cdot z_{max} \qquad (142)$$

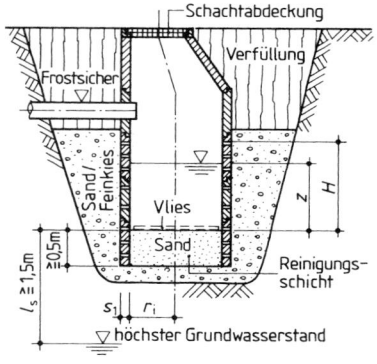

Bild 100 Schachtversickerung

7.9.5 Hinweise für die Anwendung von Versickerungsanlagen

Der Einsatz von Versickerungsanlagen ist in den Schutzzonen I u. II nicht tragbar. Sonst gilt die nebenstehende Tafel 82 mit:

*) nach DVGW-W 101
**) Bei Heilquellenschutzgebieten
[1]) in Einzelfällen in IIIA bzw. III: Abstand zur Fassung >1 km und Abstandsgeschwindigkeit <3 m/Tag; F = Flächenversickerung, bewachsen; M = Muldenversickerung, bewachsen; R = Rohr- und Rigolenversickerung; S = Schachtversickerung

Tafel 82

Schutzzone	Untergrundbeschaffenheit*)	Art der Versickerung
IIIA III**)	ungünstig mittel günstig	F M F M R[1]) F M R S[1])
IIIB IV**)	ungünstig mittel günstig	F M R[1]) F M R[1]) S[1]) F M R[1]) S[1])
Außerhalb	jede	F M R S

Tafel 83 Erforderliche Sickerzonenhöhen als $f(r_{15,1}, A_{red}, DN)$

Schachtgröße	DN 1000				DN 1200				DN 1500				DN 2000			
A_{red}	200 m²		400 m²		200 m²		400 m²		200 m²		400 m²		200 m²		400 m²	
k_f in m/s	z_{max} in m	$Q_{s,max}$ in l/s	z_{max} in m	$Q_{s,max}$ in l/s	z_{max} in m	$Q_{s,max}$ in l/s	z_{max} in m	$Q_{s,max}$ in l/s	z_{max} in m	$Q_{s,max}$ in l/s	z_{max} in m	$Q_{s,max}$ in l/s	z_{max} in m	$Q_{s,max}$ in l/s	z_{max} in m	$Q_{s,max}$ in l/s
$r_{15,1}$ = 100 l/(s·ha)																
$5 \cdot 10^{-3}$	0,86	5,77	1,47	11,95	0,74	5,33	1,32	11,32	0,58	4,63	1,08	9,96	0,40	3,82	0,76	7,93
10^{-3}	1,93	3,59	3,24	8,17	1,58	2,93	2,82	6,99	1,20	2,28	2,19	5,29	0,79	1,66	1,50	3,72
$5 \cdot 10^{-4}$	2,50	2,67	4,33	6,75	2,02	2,09	3,60	5,20	1,49	1,52	2,75	3,73	0,95	1,04	1,83	2,43
10^{-4}	3,89	1,12	6,94	3,20	2,98	0,77	5,49	2,17	2,08	0,49	3,96	1,33	1,26	0,30	2,46	0,73
$5 \cdot 10^{-5}$	4,43	0,70	8,06	2,13	3,33	0,46	6,23	1,37	2,28	0,28	4,38	0,79	1,35	0,16	2,66	0,41
10^{-5}	5,41	0,20	10,22	0,68	3,92	0,12	7,55	0,39	2,59	0,07	5,08	0,20	1,49*	0,04	2,97	0,10
$5 \cdot 10^{-6}$	5,70	0,11	10,92	0,39	4,09*	0,06	7,94	0,22	2,67*	0,04	5,27*	0,11	1,52*	0,02	3,02*	0,05
10^{-6}	6,06	0,02	11,97	0,09	4,24*	0,01	8,43*	0,05	2,73*	0,01	5,44*	0,02	1,54*	0,01	3,07*	0,01
$r_{15,1}$ = 200 l/(s·ha)																
$5 \cdot 10^{-3}$	1,47	11,95	2,36	24,34	1,32	11,32	2,20	23,77	1,08	9,96	1,92	21,75	0,76	7,93	1,42	17,33
10^{-3}	3,24	8,17	5,40	20,08	2,82	6,99	4,66	16,23	2,19	5,29	3,90	12,99	1,50	3,72	2,80	8,90
$5 \cdot 10^{-4}$	4,33	6,75	6,98	16,19	3,60	5,20	6,15	13,33	2,75	3,73	4,92	9,61	1,83	2,43	3,42	6,03
10^{-4}	6,94	3,20	11,86	9,11	5,49	2,17	9,72	6,34	3,96	1,33	7,29	3,88	2,46	0,73	4,71	2,01
$5 \cdot 10^{-5}$	8,06	2,13	14,06	6,42	6,23	1,37	11,26	4,23	4,38	0,79	8,20	2,41	2,66	0,41	5,14	1,16
10^{-5}	10,22	0,68	18,82	2,33	7,55	0,39	14,23	1,35	5,08	0,20	9,80	0,68	2,97*	0,10	5,84*	0,29
$5 \cdot 10^{-6}$	10,92	0,39	20,48	1,39	7,94	0,22	15,19	0,77	5,27	0,11	10,27	0,37	3,02*	0,04	6,00*	0,15
10^{-6}	11,97*	0,09	23,25	0,36	8,43*	0,05	16,63*	0,18	5,44	0,02	10,82	0,08	3,07*	0,01	6,13	0,03

* = die Regendauer $T \geq 150$ min.

Beispiele Geg.: Rigolen-Rohrversickerung, A_{red} = 2100 m²; $k_f = 6 \cdot 10^{-5}$ m/s; b = 1,20 m; h = 1,40 m; $r_{15,1}$ = 90 l/s/ha; n = 0,2; Regenreihe n. Reinhold, Porenziffer n_p = 0,35

Lösung: a) nur Rigole, $s_k = n_p = 0,35$; $T = \{9 \cdot 1,2 \cdot 1,4 \cdot 0,35/[(1,20 + 1,4/2) \cdot 30 \cdot 6 \cdot 10^{-5}]\}^{0,5} = 39,3$ min:

$L = [2,57 \cdot 10^{-4} \cdot 2100 \cdot 90 \cdot 39,3/(39,3 + 9)]/[1,2 \cdot 1,4 \cdot 0,35 + (1,2 + 1,4/2) \cdot 39,3 \cdot 6 \cdot 10^{-5} \cdot 30] = 54,7$ m

Lösung: b) mit Sickerrohr DN 800; s_1 = 7,5 cm; $s_k = [0,4^2 \pi + 0,35/((1,2 \cdot 1,4 - (0,4 + 0,075)^2 \cdot \pi)]/(1,2 \cdot 1,4) = 0,5$:

$T = \{9 \cdot 1,2 \cdot 1,4 \cdot 0,5/[(1,2 + 0,7) \cdot 30 \cdot 6 \cdot 10^{-5}]\}^{0,5} = 47,0$ min:

$L = [2,57 \cdot 10^{-4} \cdot 2100 \cdot 90 \cdot 47/56]/[1,2 \cdot 1,4 \cdot 0,5 + (1,2 + 0,7) \cdot 47,0 \cdot 6 \cdot 10^{-5} \cdot 30] = 40,7$ m

Geg.: Schachtversickerung: A = 140 m²; $r_{15,1}$ = 90 l/s/ha; $k_f = 5 \cdot 10^{-5}$ m/s: Schacht DN 1000, 200 l/s/ha und 140 m²:

$4,43 - 60(8,06 - 4,43)/200 = 3,34$; $8,06 - 60(11,04 - 8,06)//200 = 7,17$: extrapoliert auf 90 l/s ha: $3,34 - 10 \cdot (7,17 - 3,34)/100 = 2,96$ m.

Erforderliche Schachttiefe: Zulaufsohle 1,0 m + 2,96 m + 0,5 m ca. 4,50 m. Soll-Grundwassertiefe unter Gelände mehr als 4,50 m + 1,0 m = 5,50 m.

14

1115

8 Abwasserreinigung

DIN 4045 (12.85) Abwassertechnik, Begriffe; ATV A 106 (10.95) „Entwurf und Bauplanung von Abwasserbehandlungsanlagen"; einschlägige DIN-Normen und ATV-Arbeitsblätter sowie die entsprechenden ATV-Handbücher.

8.1 Gewässergüte

Ziel einer jeden Abwasserreinigung ist die Erhaltung oder Schaffung einer umweltverträglichen Qualität des Gewässers, in das eingeleitet wird (Vorfluter). Als Qualitätsmaßstab werden heute in der BRD 7 Gewässergüteklassen verwendet. Sie werden je nach dem Auftreten bestimmter Leitorganismen biologisch gefunden und basieren auf dem sog. Saprobienindex. Natürliche, nicht anthropogen beeinflußte Gewässer weisen in aller Regel die Gewässergüteklasse I auf. Aus hygienischen Gründen ist eine Ableitung der Abwässer erforderlich. Damit bringt jede Einleitung — auch von gereinigtem Abwasser — eine Verschlechterung der Gewässergüte mit sich. Als bundeseinheitliches Ziel der Gewässergüte wird die Gewässergüteklasse II angesehen, bzw. die etwas schlechtere Gewässergüteklasse II bis III, die zwischenzeitlich in weiten Bereichen der Bundesrepublik eingehalten wird. Die nachfolgenden Ausführungen insbesondere über die Einflüsse von Einleitungen in ein Gewässer gelten überwiegend für Fließgewässer. Stehende Gewässer reagieren sehr viel empfindlicher, man vermeidet daher meistens nach Möglichkeit Abwassereinleitungen (z. B. durch Ringleitungen). Die Einhaltung der Gewässergüteklasse II bzw. die Erhaltung einer besseren Gewässergüteklasse können durchaus Einleitungsanforderungen an Zufluß (l/s) und/oder Qualität der Kläranlagenableitung nach sich ziehen, die über die gesetzlichen Anforderungen hinausgehen.

Das systematische Werkzeug zur Einordnung eines biologischen Zustandes in eine Gewässergüteklasse ist der Saprobienindex S. Er ermittelt sich aus der relativen Häufigkeit des Auftretens h einer bestimmten Art und dem einem spezifischen Leitorganismus zugeordneten Saprobienindex S_1 zu:

$$S = \sum (h \cdot s_1)/\sum h \qquad (143)$$

Hierbei werden die Häufigkeitswerte h wie folgt gestuft:

1 = Einzelfund, 2 = wenig, 3 = wenig bis mittel, 4 = mittel, 5 = mittel bis viel, 6 = viel, 7 = massenhaft

Beispiel

	h	S	$h \cdot S_1$
Rote Zuckmückenlarven	6	3,6	21,6
Tubifex	6	3,8	22,8
Wasserasseln	2	3	6,0
Rollegel	2	3	6,0
Summe	16		56,4

$S = 56,4/16 = 3,53$

Gewässergüteklassen der Fließgewässer

Die nachstehende Tafel 84 gibt einen Überblick über die Beurteilungsparameter nach Saprobienindex und zusätzlich einige üblicherweise in den Güteklassen angetroffene chemische Meßgrößen, die durchaus je nach Art des Gewässers über- oder unterschritten werden können.

Güteanforderungen an Gewässer

Die Parameter, die unter Beachtung der Gewässergüteklasse II bei den Fließgewässern aufgrund chemischer Nachweise einzuhalten sind, werden nachstehend so weit aufgeführt, als sie durch die im weiteren Verlauf des Kapitels 8 beschriebenen Reinigungsverfahren überhaupt beeinflußbar sind. Hierbei stellt sich die Frage nach der Temperatur nur bei industriellen Einleitern, da die Temperaturwerte des häuslichen Abwassers immer deutlich unter den Grenzwerten liegen. Vor allem die Gehalte an Schwermetallen und an AOX sind nicht aufgeführt, da sie zwar zu einem großen Teil bei der Abwasserreinigung zurückgehalten werden, ihre gezielte Entfernung aber sinnvollerweise am Anfallort (Gewerbe, Industrie) erfolgt, und nicht schon in den stark verdünnten Kläranlagenzuläufen. Die mit AGA bezeichneten Werte sind dem Min.Bl. NW Nr. 42 vom 03. 07. 1991 entnommen. Als Abkürzung steht G für Guide = Leitwert und I für imperativ = zwingend einzuhaltender Wert. Δt_g ist die höchstzulässige Aufwärmung an einer Einleitungsstelle.

Tafel 84   Gütegliederung der Fließgewässer

Güte-klasse	Grad der organi-schen Belastung	Saprobität (Saprobiestufe)	Saprobien-index	Chemische Meßgrößen BSB$_5$ (mg/l)	NH$_4$ — N (mg/l)	O$_2$- Minima (mg/l)
I	unbelastet bis sehr gering belastet	Oligosaprobie	1,0 – < 1,5	1	höchstens Spuren	>8
I – II	gering belastet	oligo-betamesosa-probe Übergangszone	1,5 – < 1,8	1 – 2	um 0,1	>8
II	mäßig belastet	Betamesosaprobie	1,8 – < 2,3	2 – 6	<0,3	>6
II – III	kritisch belastet	beta-alphamesosa-probe Übergangszone	2,3 – < 2,7	5 – 10	<1	>4
III	stark verschmutzt	Alphamesosaprobie	2,7 – < 3,2	7 – 13	0,5 bis mehrere mg/l	>2
III – IV	sehr stark verschmutzt	alphamesopolysa-probe Übergangszone	3,2 – < 3,5	10 – 20	mehrere mg/l	<2
IV	übermäßig verschmutzt	Polysaprobie	3,5 – < 4,0	>15	mehrere mg/l	<2

Tafel 85   Güteanforderung an Gewässer

Anforderungen	Allg. Güte-anforde-rungen	Fischgewässer gemäß EG-Richtlinie				Badegewässer (EG-Richtlinie)		Trinkwassergewinnung			
		Salmoniden-Gewässer		Cypriniden-Gewässer				Kat. A2 der EG-Richt-linie		Kat. A1 der EG-Richt-linie	
Kenngrößen	AGA	G	I	G	I	G	I	G	I	G	I
Temperatur T.max, °C/ΔT_G, K sommerkühle Gew.: sommerwarme Gew.:	25/3 28/5	21,5[1])		28[1])				22	25	22	25
Sauerstoff (mg/l) Sättigung (%)	≥6	50%>9 100%>7	50%>9 100%>7	50%>8 100%>5	50%>7	80–120		>50		>70	
pH-Wert	6,5–9	6–9		6–9		6–9	5,5–9		6,5–8,5		
Ammonium NH$_4$–N (mg/l)	≤1	<0,03	<0,78[2])	<0,16	<0,78[2])			0,78	1,17	0,04	
Ammoniak NH$_3$–N (mg/l)		<0,004	<0,02	<0,004	<0,02						
BSB$_5$ m. ATH (mg/l)	≤5	<3[3])		<6[3])				<5[3])		<3[3])	
CSB (mg/l)	≤20										
Phosphor ges. (mg/l)	≤0,3							0,3		0,17	
Nitrate, NO$_3$–N (mg/l)	≤8								11,5	5,75	11,5
Nitrite, NO$_2$–N (mg/l)		<0,003		<0,009							
Kjeldahl-Stickstoff, N (mg/l)								2		1	
Suspendierte Stoffe (mg/l)		<25		<25							
Gesamtcoliforme Bakterien /100 mL						500	10 000	5 000		50	
Faekalcoliforme Bakterien /100 mL						100	2 000	2 000		20	
Streptococcus faec./100 mL						100		1 000		20	
Salmonellen /l						0		0		keine in 5 l	
Darmviren PFU/10 l						0					

[1]) Regelungen für Aufwärmspanne + Laichzeit vorhanden. [2]) u.U. können Werte über 1 mg/l festgesetzt werden. [3]) ohne ATH

14

8.2 Rechtliche Anforderungen

Grundlage für die Auflagen an die Abwasserreinigung sind das Wasserhaushaltsgesetz (WHG) des Bundes, die Anforderungen der Europäischen Gemeinschaft mit der Richtlinie des Rates vom 21. Mai 1991 über die Behandlung von kommunalem Abwasser (91/271/EWG) und die Abwasserverordnung (AbwV vom 29. 05. 2000).

Tafel 86   EU-Anforderungen an Einleitungen kommunalem Abwassers in Gewässer nach Pöpel

Grundanforderungen („Normalgebiet")	**CSB** $\leq$ 125 mg/l (75%)
	BSB₅ $\leq$ 25 mg/l (70 − 90%)
Anforderungen in **„empfindlichen Gebieten"**	zusätzlich **Nahrstoffelimination**

Anforderungen nach der EU-Richtlinie für „empfindliche Gebiete"

Parameter	jahresmittlere Konzentration bei		prozentuale Verringerung
	10^4 bis 10^5 EW	>100.000 EW	
Gesamt-P	2	1	80%
Gesamt-N	15	10	70 − 80%

Probenart	abfluß- oder zeitproportionale **24-Stunden-Mischprobe**
Mindestprobenzahl	$\leq$50.000 EW: 12 pro Jahr >50.000 EW: 24 pro Jahr
Einhaltungskriterium BSB₅, CSB	zulässige **Anzahl** der Proben **über Grenzwert** hängt vom Probenumfang ab Höchstüberschreitung der einzelnen Probe: **100%**
Nährstoffe N, P	Jahresmittelwert der Proben
eigene Regelungen	eigene Regelungen der Mitgliedstaaten **möglich**, sofern diese den Anforderungen der **EU-Richtlinien gerecht** werden

Tafel 87   deutsche Abwasserverordnung (AbwV vom 29. 05. 2000)

Größenklasse	EW auf Basis von 60 g BSB₅/(EW · d)	CSB mg/l	BSB₅ mg/l	$NH_4 − N^*$) mg/l	anorg. N^*) mg/l	gesamt-P mg/l
1	<60	150	40	−	−	−
2	60 bis 300	110	25	−	−	−
3	>300 bis 600	90	20	10	−	−
4	>600 bis 6000	90	20	10	18**)	2
5	>6000	75	15	10	18**)	1

*) Diese Anforderung gilt bei einer Abwassertemperatur von 12 °C und größer im Ablauf des biologischen Reaktors der Abwasserbehandlungsanlage. An die Stelle von 12 °C kann auch die zeitliche Begrenzung vom 1. Mai bis 31. Oktober treten.

) **25 mg/l wenn die *Gesamt-N-Tagesfracht* um $\geq$70% reduziert wird.

Überwachungswerte	2-Stunden-Mischprobe oder qualifizierte Stichprobe
Einhaltungskriterium	höchstens **eine** der letzten fünf Überprüfungen übersteigt den Grenzwert, **höchstens** um 100%

8.3 Belastungswerte

8.3.1 Abwasseranfall

Sofern Messungen keine höheren Werte ergeben, gilt die Tafel 88 einschließlich der Abwasserabflüsse aus kleingewerblichen Betrieben. Größere Industriebetriebe sind besonders zu erfassen. Abflüsse aus Gewerbe und Industriegebieten sind mit **0,5** $l/(s \cdot ha)$ anzusetzen.

Tafel 88   Abwasseranfall

Kläranlagenanschlußwert in E	Schmutzwasseranfall in $l/(E \cdot d)$	durchschnittliche Spitzenbelastung in $l/(s \cdot E)$	$1/x$
<5000	150		1/10
5000 bis 10000	180	0,004	1/12
10000 bis 50000	210		1/14
>50000	240		1/16

Fremdwasser darf nicht zur Kläranlage (KA) geleitet werden. Es ist im Kanal durch mehrere Nachtmessungen zu bestimmen. Für nicht erschlossene Gebiete gilt $q_f = 0,15$ in $l/(s \cdot ha_{red})$.

Bei Mischsystemen werden in der Regel $2Q_s + Q_f$ vollbiologisch behandelt. (Trennschärfe der Regenwasserbehandlung beachten.) Bei Trennsystemen werden $2Q_s$ hydraulisch in der KA berücksichtigt. Die hydraulische Berechnung der Anlagenteile erfolgt für die Nachtwassermenge Q_n, die Trockenwettermenge Q_t und die Regenwettermenge Q_r.

8.3.2 Abwasserfracht

Der maßgebende Belastungswert ist nach A 131 (05.00) die an 85 % der Trockenwettertage im Zulauf zur Kläranlage unterschrittene BSB₅-Fracht zuzüglich einer eingeplanten Kapazitätsreserve.

Wenn der Bemessungswert aufgrund der anschlossenen Einwohner ermittelt wird, ist die einwohnerspezifische BSB5-Fracht für Rohabwasser aus Tabelle 89 zu verwenden.

Wenn mangels unzureichender Probendichte (mindestens vier verwertbare Tagesfrachten pro Woche) Wochenmittel nicht gebildet werden können, sind die an 85 % der Tage unterschrittenen Frachten maßgebend, dabei sollten mindestens 40 Frachtwerte herangezogen werden. Wenn die Daten nicht ausreichen, oder der Untersuchungsaufwand z. B. bei kleinen Anlagen in keinem Verhältnis zum Nutzen steht, können die Frachten und Konzentrationen

Tafel 89   Einwohnerspezifische Fragen in g/(E · d) die an 85 % der Tage unterschritten werden, ohne Berücksichtigung des Schlammwassers, A 131

Parameter	Rohabwasser	Durchflußzeit in der Vorklärung bei Q_t	
		0,5 bis 1,0 h	1,5 bis 2,0 h
BSB₅	60	45	40
CSB	120	90	80
TS	70	35	25
TKN	11	10	10
P	1,8	1,6	1,6

auf der Grundlage der angeschlossenen Einwohner zuzüglich industriell-gewerblicher und sonstiger Fragen ermittelt werden. Details zur Ermittlung der maßgebenden Frachten und Konzentrationen sind im ATV-Merkblatt M 260 (07.01) „Erfassen, Darstellen, Auswerten und Dokumentieren der Betriebsdaten von Abwasserbehandlungsanlagen mit Hilfe der Prozessdatenverarbeitung" zu finden.

Wenn die maßgebenden Frachten anhand der angeschlossenen Einwohner geschätzt werden müssen, können die Werte aus Tafel 89 benutzt werden.

Wasser aus der Eindickung und Entwässerung ausgefaulter Schlämme enthält Ammonium in hohen Konzentrationen. Es kann angenommen werden, daß 50 % des in die Schlammfaulung eingebrachten organischen Stickstoffs als Ammoniumstickstoff freigesetzt wird. Wenn Schlammwasser täglich nur an wenigen Stunden oder wöchentlich nur an einzelnen Tagen anfällt, ist eine Zwischenspeicherung zur dosierten Zugabe erforderlich.

14

Die Rückbelastung mit Phosphor und organischen Stoffen (BSB5 und CSB) ist bei ausgefaulten Schlämmen in der Regel gering. Daher darf eine Rückbelastung nicht z. B. als Prozentsatz pauschal allen Frachten aus dem Abwasser zugeschlagen werden.

8.4 Mechanische Reinigung

8.4.1 Rechenanlagen

DIN 19554-1 (4.77) Kläranlagen; Rechenbauwerk mit geradem Rechen
DIN 19554-3 (12.84) Kläranlagen; Gegenstromrechen
DIN V 19555 (D8.94) Steigeisen für einläufige Steigeisengänge — Steigeisen zum Einbau in Beton
DIN 19556 (8.78) Kläranlagen; Rinne mit Absperrorgan

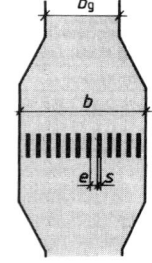

Bild 101

a) Rechenkammerbreite b in m so daß $\sum e = b_g$. Mit e = Spaltweite in m und s = Stabdicke in m wird $b = b_g + b_g \cdot s/e - s$ in m und die Stabanzahl $n = b_g/e - 1$.
b) Geschwindigkeit **v** zwischen den Rechenstäben (0,8 bis 1,1 m/s). Mit einem Belegungsgrad η (bei Maschinenreinigung etwa 0,8 bis 2 Q_t und 0,6 bei 5 bis 6 Q_t, bei Handreinigung etwa 0,6), h_t Wassertiefe vor dem Rechen in m und Q_t Durchfluß in m^3/s, wird $b = Q(e + s)/(h \cdot v \cdot e \cdot \eta) - s$ in m.
Achtung: Möglichst $v_t = Q_t/(h_t \cdot b) \geq 0,5$ m/s wegen Sandablagerungen

	roh	gepreßt
Rechengutanfall	10 l/E/a	4 l/E/a
Siebgutanfall	30 l/E/a	12 l/E/a

Beispiel Rechteckgerinne, $b_g = 0,6$ m, $I_s = 0,003$; $k_{St} = 70$; $Q_r = 195$ l/s; $h_r = 0,30$ m; $Q_t = 100$ l/s; $h_t = 0,185$ m; $e = 0,015$ m; $s = 0,006$ m; $v = 1,05$ m/s; $\eta = 0,8$;
a) $b = 0,60 + 0,6 \cdot 0,006/0,015 - 0,006 = 0,834$ m $\approx 0,84$ m; $n = 0,60/0,015 - 1 = 39$; $v = 0,195/(0,30 \cdot 0,60 \cdot 0,8) = 1,35$ m/s! $v_t = 0,100/(0,185 \cdot 0,84) = 0,64$ m/s $> 0,5$ ms;
b) $b = 0,195(0,015 + 0,006)/(0,3 \cdot 1,05 \cdot 0,015 \cdot 0,8) - 0,006 = 1,074$ m, $v_t = 0,100/(0,185 \cdot 1,074) = 0,5$ m/s.

8.4.2 Sandfänge

DIN 19551-3 (8.78) Rechteckbecken als Sandfänge mit Saugräumer

Langsandfänge

Bemessungsgrundlagen. Die Oberflächenbeschickung q_A muß den Werten in Tafel 90 gemäß ATV-Handbuch entsprechen. Die Fließgeschwindigkeit soll bei **0,3 m/s** liegen. Der Sandsammelraum soll den Sandanfall etwa einer Woche **(0,04 bis 0,23** l/E/Wo.) speichern.

Tafel 90 zul q_A in m/h

Sandkorn-durchmesser	Sandabscheidegrad		
in mm	100%	90%	80%
	q_A in m/h		
0,125	6	9,4	11
0,16	10	16	20
0,20	17	28	36
0,25	27	45	58

Die Einhaltung einer konstanten Geschwindigkeit von 0,3 m/s erreicht man z. B. durch einen parabelförmigen Querschnitt, $z = a \cdot x^2$, dessen Wassertiefe durch einen Venturikanal der Breite b_v gesteuert wird ($a = 0,16 \cdot h_{max}^3/Q_{max}^2$).
Im allgemeinen wählt man eine Sandfanglänge L (zwischen 5 m und 30 m) und ein q_A. Damit ergeben sich mit $v = 0,3$ m/s die maximal zulässige Wassertiefe h_{max} und die Venturikanalbreite b_v in m.

$$h_{max} = L \cdot q_A/1080 \quad \text{in m} \quad (144) \qquad b_v = Q_{max}/(1,85 \cdot h_{max}^{1,5}) \quad \text{in m} \quad (145)$$

Der Sandanfall je Woche V_{SW} in m^3/Wo bestimmt die Abmessungen des Sandsammelraumes

$$h_S \cdot b_S = V_{SW}/L; \quad \text{mit} \quad b_S \geq 20 \text{ cm} \quad (146)$$

Breite des Sandfanges $B_p = 5 \cdot Q_{max}/h_{max}$ (147) $\quad B_{Tr} = Q_{max}/(0,15 \cdot h_{max}) - b_S$ (148)

Beispiel 20 000 E + EGW; $Q_{max} = 0,195$ m^3/s, $q_A = 17$ m/h (100 % Abscheidung des Korns 0,2 mm), $L = 30$ m, $h_{max} = 30 \cdot 17/1080 = 0,472$ m, $b_v = 0,195/(1,85 \cdot 0,472^{1,5}) = 0,325$ m Wöchentlicher Sandanfall $20\,000 \cdot 0,103$ l/E/Wo. $= 2060$ l $= 2,06$ m^3/Wo. $b_s \cdot h_s = 2,06/30,0 = 0,069$ m^2, gewählt $b_s = 2 \cdot 0,25$ m, $h_s = 0,15$ m

Spiegelbreite des Parabelgerinnes: $B_P = 5 \cdot 0,195/0,472 = 2,07$ m, gewählt 2 Rinnen je 1,05 m breit. Doppeltrapezquerschnitt: $B_{Tr} = 0,195/(0,15 \cdot 0,472) - 2 \cdot 0,25 = 2,25$ m, gewählt zweimal 1,15 m.

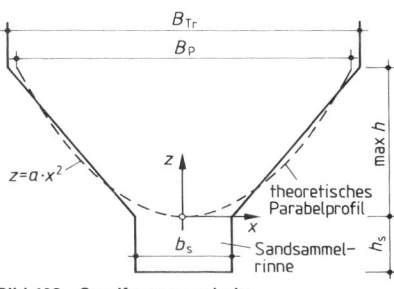

Bild 102   Sandfangquerschnitt

Belüftete Sandfänge

Durch die Konstruktion des belüfteten Sandfanges kann weitgehend eine Konstante von der Zuflußwassermenge unabhängige Fließgeschwindigkeit eingehalten werden. Der Durchflußquerschnitt wird hier so groß gewählt, daß die horizontale Fließgeschwindigkeit bei maximalem Zufluß nicht über 20 cm/s liegt.

Bemessungsgrundlagen

In Tafel 91 sind die wichtigsten Bemessungsdaten für belüftete Sandfänge zusammengestellt.

Tafel 91
a)   Bemessungsdaten für belüftete Sandfänge

horizontale Fließgeschwindigkeit	< 0,20 m/s
Breiten-/Tiefenverhältnis bei Trockenwetterzufluß	< 1,0
Breiten-/Tiefenverhältnis bei Regenwetterzufluß	> 0,8
Querschnittsfläche Beckenlänge	1 – 15 m^2 mindestens 10fache Breite, max. 50 m
Durchflußzeit bei Regenwetterzufluß	ca. 10 min
Einblastiefe	30 cm über Rinnenoberkante
Sohlneigung	35 – 45°
spez. Lufteintrag für Querschnittsflächen < 3 m^2	zwischen 0,5 – 0,9 m^3/(m$^3 \cdot$ h)
spez. Lufteintrag für Querschnittsflächen 3 – 5 m^2	zwischen 0,5 – 1,1 m^3/(m$^3 \cdot$ h)
spez. Lufteintrag für Querschnittsflächen > 5 m^2	zwischen 0,5 – 1,3 m^3/(m$^3 \cdot$ h)

b)   Mittlere erreichbare Wirkungsgrade in belüfteten Sandfängen

Korndurchmesser	Rückhalt
0,3 mm	95 %
0,2 mm	85 %
0,15 mm	75 %
0,1 mm	50 %
< 0,07 mm	< 10 %

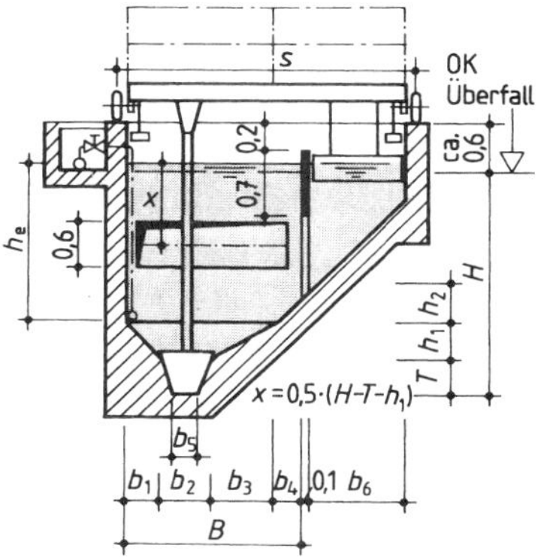

Bild 103   Belüfteter Sandfang mit Fettfang

Tafel 92   Sandfangabmessungen nach Passavant

Typ	A in m²	B	H	T	S	b_1	b_2	b_3	b_4	b_5	b_6	h_1	h_2	L
									in m					
SFbS 2-1.4	2,0	1,4	1,90	0,3	2,3	0,3	0,4	0,55	0,15	0,3	0,5	0,35	0,1	10 bis 20
SFbS 4-2.0	4,0	2,0	2,65	0,4	3,5	0,4	0,6	0,80	0,20	0,3	1,1	0,50	0,1	15 bis 25
SFbS 6-2.4	6,0	2,4	3,30	0,5	4,3	0,6	0,6	1,00	0,20	0,4	1,5	0,55	0,2	15 bis 30
SFbS 8-2.8	8,0	2,8	3,80	0,6	5,2	0,6	0,8	1,15	0,25	0,4	2,0	0,65	0,2	15 bis 35
SFbS 10-3.2	10,0	3,2	4,20	0,7	6,0	0,7	0,9	1,25	0,35	0,5	2,4	0,75	0,3	15 bis 40
SFbS 12-3.6	12,0	3,6	4,60	0,8	7,0	0,8	1,0	1,40	0,40	0,5	3,0	0,85	0,3	15 bis 40

Beispiel $Q_r = 0{,}195$ m³/s, gewählte Durchflußzeit $t_R = 600$ s; erf. Volumen $V = 600 \cdot 0{,}195$ $= 117$ m³, gew. Sandf. Typ 6-2,4; erf. Länge $L = V/A = 117/6{,}0 = 19{,}5$; gew. 20 m.
$h_e = 3{,}3 - 0{,}5 - 0{,}55 = 2{,}25$ m;   Belüftung: $Q_L = 1{,}3$ m³/(m³ · h);   Gesamtmenge $V_L = 1{,}3 \cdot 6{,}00$ m² · 20 m $= 156$ Nm³/h;
Nachweise: $V_L = 0{,}195/6 = 0{,}033$ m/s $< 0{,}20$ m/s, $t_R = 6 \cdot 20/0{,}195 = 615$ s $q_A = 0{,}195 \cdot 3600/(2{,}4 \cdot 20) = 14{,}6$ m/h < 17 m/h Sandabscheidung Korngruppe   KG $0{,}125 - 0{,}16$: $S_A = 42{,}7 \lg 615 - 30 = 89\%$;   KG $0{,}16 - 0{,}20$: $S_A = 45{,}6 \lg 615 - 30 = 97\%$. Bei Trockenwetter werden alle Korngruppen zu 100% abgeschieden.

8.4.3   Absetzbecken

DIN 19551-1 (12.75) Kläranlagen; Rechteckbecken mit Schildräumer
DIN 19551-2 (11.75) Rechteckbecken mit Bandräumer
DIN 19551-4 (05.84) (Entw.) Rechteckbecken mit Saugräumer
DIN 19552-1 (09.72) Kläranlagen; Rundbecken mit Schildräumer
DIN 19552-2 (12.75) Rundbecken mit Saugräumer
DIN 19552-3 (08.78) Rundbecken als Eindicker mit Zentralantrieb
DIN 19558 (09.90) Überfallwehr und Tauchwand

In der Abwasserreinigung werden Absetzbecken in folgenden Bereichen eingesetzt:
— in der Vorreinigung
— in Belebungsanlagen
— nach Tropfkörperanlagen
— nach Fällungsanlagen

8.4.3.1   Vorklärbecken

Die Bemessung der Vorklärbecken erfolgt sowohl nach der Flächenbeschickung q_A in m/h als auch nach der Durchflußzeit t_R in h bei Trockenwetterabfluß Q_t. Die Beckentiefe h_{ges} beträgt üblicherweise 2 bis 3 m. Die Durchflußzeit ergibt sich aus Beckentiefe und Flächenbeschickung zu

$$t_R = \frac{h_{ges}}{q_A} \quad \text{in h} \tag{149}$$

Die rechnerische mittlere Fließgeschwindigkeit im Rechteckbecken wird für den Trockenwetterzufluß mit etwa 1 cm/s gewählt. Die Abnahme der Verschmutzung des kommunalen Abwassers in Abhängigkeit von der Durchflußzeit zeigt die Tafel 89.

Bemessungsgrundlagen:

Die Tafel 93 gibt in Abhängigkeit des Einsatzbereiches Bemessungsempfehlungen. Es ist zu beachten, daß bei Belebungsanlagen im Hinblick auf eine nachfolgende Denitrifikation die Durchflußzeit nicht zu groß gewählt wird. Bei Tropfkörper mit Schlammrückführung aus der Trichterspitze des Nachklärbeckens ist für Q_t der Wert $(1 + RV) \cdot Q_t$ anzusetzen.

Tafel 93   erf. t_R in h und zul. q_A in m/h

	Vorklärbecken	
	t_R	q_A
mechanische Reinigung	1,7 bis 2,5	1,5 bis 0,8
chemische Fällung	0,5 bis 0,8	4 bis 2,5
Tropfkörperanlagen	1,7 bis 2,5	1,5 bis 0,8
Belebungsanlagen	0,5 bis 1,0	4 bis 2,5

Weitere Hinweise: Ablaufschwellenbeschickung $q_L \leq 25$ bis 30 m³/(m · h) bei Q_t; vor dem Ablauf in $\geq 0{,}3$ m Abstand eine Taucherwand mit $\geq 0{,}2$ m Eintauchtiefe anordnen.

8.4.3.2   Nachklärbecken von Tropfkörpern

Bemessungsgrundlagen

Die Tafel 94 zeigt die Bemessungswerte von Nachklärbecken für Tropfkörpernachklärbecken in Abhängigkeit der Anschlußwerte.

Tafel 94   Bemessungswerte für Tropfkörpernachklärbecken (nach ATV und DIN) gemäß ATV-Handbuch

Anlagengröße		>500 EW	50−500 EW	<50 EW
Richtlinie		ATV-Arbeitsblatt A 135	ATV-Arbeitsblatt A 122[1])	DIN 4261 Teil 2
Flächenbeschickung q_A in m/h	TW	<1,00	0,40−0,60	<0,40
	RW			
Aufenthaltszeit t_{NB} in h	TW	>2,50	3,00−3,50	>3,50
	RW	>1,50		
horizontale Fließgeschwindigkeit in m/h	TW			
	RW	<30		
Beckentiefe in m		>2,50		>1,00
Beckenoberfläche in m²				>0,70

TW = Trockenwetterzufluß
RW = Regenwetterzufluß

[1]) Angaben für Trichterbecken

8.4.3.3   Nachklärbecken von Belebungsanlagen

Grundlage zur Bemessung der Nachklärbecken von Belebungsanlagen ist das ATV-DVWK-A 131-Arbeitsblatt (05.00). Die Bemessung erfolgt unter Berücksichtigung des maximalen Zuflusses bei Regen Q_m (m³/h), des Schlammindexes ISV (l/kg) und des Schlammtrockensubstanzgehaltes im Zulauf zur Nachklärung TS$_{AB}$ (kg/m³). Mit Ausnahme der Kaskadendenitrifikation ist TS$_{AB}$ = TS$_{BB}$.

I 4

Wasserwirtschaft

Tafel 95 Kenngrößen und Geltungsbereich zur Bemessung der Nachklärung nach A 131 (05.00)

Bestimmungskenngrößen	Geltungsbereich
— Form und Abmessung der Nachklärbecken — zulässige Schlammlager- und Eindickzeit — Rücklaufschlammstrom sowie dessen Regelung — Art und Betriebsweise der Räumeinrichtungen — Anordnung und Gestaltung der Zu- und Abläufe	— Nachklärbecken mit Längen bzw. Durchmessern bis etwa 60 m — Schlammindex 50 l/kg $<$ ISV $<$ 200 l/kg — Vergleichsschlammvolumen VSV $<$ 600 l/m^3 — Rücklaufschlammstrom — $Q_{RS} < 0{,}75 \cdot Q_m$ (horizontal durchströmt), bzw. $Q_{RS} < 1{,}0 \cdot Q$ (vertikal durchströmt) — Trockensubstanzgehalt im Zulauf Nachklärbecken TS_{BB} bzw. $TS_{AB} > 1{,}0$ kg/m^3

Bemessung Beckenoberfläche

Die erforderliche Oberfläche des Nachklärbeckens berechnet sich aus:

$$A_{NB} = Q_m / q_A \quad [m^2] \tag{150}$$

Die Flächenbeschickung q_A errechnet sich aus der zulässigen Schlammvolumenbeschickung q_{SV} und dem Vergleichsschlammvolumen VSV zu:

$$q_A = q_{SV} / VSV = q_{SV} / (TS_{BB} \cdot ISV) \tag{151}$$

Um den Trockensubstanzgehalt $X_{TS,AN}$ und den dadurch bedingten CSB bzw. Phosphor im Ablauf horizontal durchströmter Nachklärbecken niedrig zu halten, ist die in Tafel 96 angegebene Schlammvolumenbeschickung q_{SV} einzuhalten.

Vorwiegend horizontal durchströmte Becken liegen vor, wenn das Verhältnis der Strecke vom Einlauf bis zur Wasseroberfläche (Vertikalkomponente h_e) zur lichten Weite bis Beckenrand in Höhe des Wasserspiegels (Horizontalkomponente) kleiner als 1 : 3 ist; bei vorwiegend vertikal durchströmten Becken ist das Verhältnis größer als 1 : 2. Für dazwischen liegende Verhältnisse kann die zulässige Schlammvolumenbeschickung linear interpoliert werden.

Die Flächenbeschickung q_A darf bei vorwiegend horizontal durchströmten Nachklärbecken 1,6 m/h und bei vorwiegend vertikal durchströmten Nachklärbecken 2,0 m/h nicht übersteigen.

Tafel 96 zulässige Schlammvolumenbeschickung q_{SV}

	$X_{TS,AN} < 20\ mg/l$	$q_{A\ max}$	Steigung
vertikal durchströmte Nachklärbecken	$q_{SV} < 650$ l/(m$^2 \cdot$ h)	$\leq 1{,}6$ m/h	$\geq 1:2$
horizontal durchströmte Nachklärbecken	$q_{SV} < 500$ l/(m$^2 \cdot$ h)	$\leq 2{,}0$ m/h	$\leq 1:3$

Der Schlammindex bestimmt in Verbindung mit der Eindickzeit (t_E) den Trockensubstanzgehalt im Bodenschlamm (TS_{BS}). Zur Vermeidung von Rücklösungen und von Schwimmschlammbildung infolge unerwünschter Denitrifikation im Nachklärbecken muß die Aufenthaltszeit des abgesetzten Schlammes in der Eindick- und Räumzone möglichst kurz gehalten werden. Andererseits dickt der Schlamm um so besser ein, je höher die Schlammschicht und je länger die Verweilzeit des Schlammes in dieser Schicht ist.

Die Betriebsverhältnisse im Belebungsbecken und im Nachklärbecken werden wechselseitig durch die Abhängigkeit zwischen dem Trockensubstanzgehalt im Zulauf zum Nachklärbecken TS_{BB}, dem Trockensubstanzgehalt im Rücklaufschlamm TS_{RS} sowie dem Rücklaufverhältnis $RV = Q_{RS}/Q$ beeinflußt.

Bei der Bemessung und Nachrechnung von Nachklärbecken sind darüber hinaus die Zusammenhänge in Tafel 97 zu beachten.

Tafel 97 Bemessungskenngrößen der Nachklärung nach A 131 (05.00)

Kenngrößen	Berechnungsansatz
Der **Trockensubstanzgehalt im Zulauf zum Nachklärbecken** TS_{BB} beträgt:	$TS_{BB} = \dfrac{RV \cdot TS_{RS}}{1 + RV}$ $[kg/m^3]$
Das **Rücklaufverhältnis** bestimmt den angestrebten Trockensubstanzgehalt im Belebungsbecken	$RV = Q_{RS}/Q$ mit der Bedingung $RV > 0,5$ $RV = 0,50 - 0,75$ im Betrieb $Q_{RS} \leq 0,75 \cdot Q_m$ bei horizontal durchströmten Becken RS — Pumpen incl. Reserve mit $1,0\ Q_m$ $Q_{RS} \leq 1,0 \cdot Q_m$ bei vertikal durchströmten Becken RS — Pumpen incl. Reserve mit $1,5\ Q_m$
Der erreichbare **Trockensubstanzgehalt im Bodenschlamm** TS_{BS} (mittlerer Trockensubstanzgehalt im Räumvolumenstrom) kann in Abhängigkeit vom Schlammindex ISV und der Eindickzeit t_E empirisch abgeschätzt werden	$TS_{BS} = \dfrac{1000}{ISV} \cdot \sqrt[3]{t_E}$ $[kg/m^3]$

	Art der Abwasserreinigung	Eindickzeit t_E in h
Empfohlene **Eindickzeit** t_E in Abhängigkeit von der Art der Abwasserreinigung	Belebungsanlagen ohne Nitrifikation	$1,5 - 2,0$
	Belebungsanlagen mit Nitrifikation	$1,0 - 1,5$
	Belebungsanlagen mit Denitrifikation	$2,0 - (2,5)$

Für den **Trockensubstanzgehalt des Rücklaufschlammes** (TS_{RS}) wird infolge der Verdünnung mit dem Kurzschlußschlammstrom vereinfacht angenommen:	Schildräumer Saugräumer vertikal durchströmt ohne Schlammräumung	$TS_{RS} \sim 0,7\ TS_{BS}$ $TS_{RS} \sim 0,5$ bis $0,7\ TS_{BS}$ $TS_{RS} \sim TS_{BS}$

		ISV (l/kg) Gewerblicher Einfluß	
	Reinigungsziel	günstig	ungünstig
Richtwerte für den **Schlammindex**	ohne Nitrifikation	$100 - 150$	$120 - 180$
	Nitrifikation (und Denitrifikation)	$100 - 150$	$120 - 180$
	Schlammstabilisierung	$75 - 120$	$100 - 150$

Bemessung Beckentiefen

Die verschiedenen Vorgänge in Nachklärbecken werden mit Hilfe von funktionsbedingten Wirkungsräumen erklärt, die in den Bildern 104, 105 und 106 schematisch dargestellt sind.

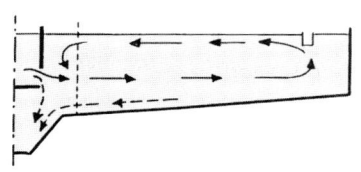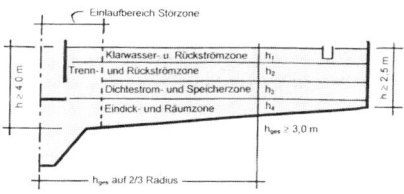

Bild 104 Hauptströmungsrichtungen und funktionale Beckenzonen von horizontal durchströmten runden Nachklärbecken

14

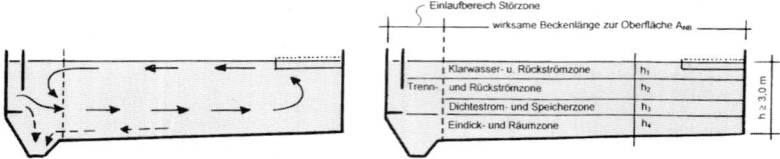

Bild 105 Hauptströmungsrichtungen und funktionale Beckenzonen von längsdurchströmten Rechteckbecken

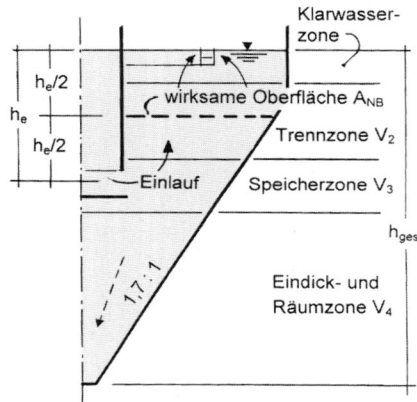

**Bild 106
Funktionale Zonen und Tiefen von vertikal durchströmten Trichterbecken**

Die erforderliche Tiefe des Nachklärbeckens setzt sich danach aus Teiltiefen mit den Funktionszonen h_1: Klarwasserzone, h_2: Trennzone/Rückströmzone, h_3: Dichtestrom- und Speicherzone und h_4: Eindick- und Räumzone zusammen.

Die Vorgänge finden in Wirklichkeit nicht in horizontal geschichteten Zonen statt, sondern durchdringen sich gegenseitig. In den Ein- und Auslaufbereichen des Beckens sind zusätzlich hydraulisch bedingte Störzonen vorhanden, die durch geeignete Gestaltung der Zu- und Ablaufkonstruktionen klein zu halten sind.

Tafel 98 Bemessungsansätze zur Bestimmung der Teiltiefen der Nachklärung

Teiltiefen	Berechnungsansatz
Die **Klarwasserzone** ist eine Sicherheitszone mit einer Mindesttiefe:	$h_1 = 0,50$ [m]
Die **Trennzone/Rückströmzone** ist so zu bemessen, daß der Zufluß einschließlich des Rücklaufschlammstromes, bezogen auf das freie Wasservolumen, eine rechnerische Durchflußzeit von 0,5 h hat.	$h_2 = \dfrac{0,5 \cdot q_A \cdot (1 + RV)}{1 - VSV/1000}$ [m]
Die **Dichtestrom- und Speicherzone** ist so zu bemessen, daß das in einem Zeitraum von 1,5 Stunden aus dem Belebungsbecken bei Mischwasserzufluß Q_m zusätzlich abfließende Volumen an Schlamm $(0,3 \cdot TS_{BB} \cdot ISV)$ mit einem Konzentrationswert von 500 l/m^3 aufgenommen werden kann.	$h_3 = \dfrac{1,5 \cdot 0,3 \cdot q_{SV} \cdot (1 + RV)}{500}$ [m]
Die **Eindick- und Räumzone** muß so groß sein, daß die in das Nachklärbecken eingeflossene Schlammfracht mit dem Trockensubstanzgehalt TS_{BB} innerhalb der Eindickzeit t_E auf die Bodenschlammkonzentration TS_{BS} eindicken kann.	$h_4 = \dfrac{TS_{BB} \cdot q_A \cdot (1 + RV) \cdot t_E}{TS_{BS}}$ [m]

Die errechnete Beckentiefe $h_{ges} = h_1 + h_2 + h_3 + h_4$ ist für horizontal durchströmte Nachklärbecken mit geneigter Beckensohle auf zwei Drittel des Fließweges bzw. Radius einzuhalten. Sie soll dort mindestens 3 m betragen. Bei runden Nachklärbecken darf die Randwassertiefe 2,5 m nicht unterschreiten.

Bei Trichterbecken können die Teilvolumina V_2 bis V_4 für die Speicherzone, die Eindickzone und evtl. die Trennzone durch Multiplikation der Oberfläche A_{NB} mit den entsprechenden Zonentiefen h_2 bis h_4 in den Bereich des Trichters gelegt werden.

Konstruktive Auslegung

Hinweise für die Gestaltung von Nachklärbecken befinden sich im A 131 (05.00) und den dort zitierten Arbeitsberichten sowie dem ATV-Handbuch.

Als Nachklärbecken werden hauptsächlich horizontal durchströmte Längs- und Rundbecken eingesetzt. Als Sonderkonstruktion werden in den letzten Jahren auch querdurchströmte Rechteckbecken geplant, die in der Wirkungsweise den vertikal durchströmten Nachklärbecken ähnlich sind.

Ausbildung der Beckenarten

Die Hauptmaße für die Nachklärung sind in den entsprechenden DIN-Vorschriften festgelegt:
DIN 19552 Blatt 1 (09.72) Kläranlagen-Rundbecken mit Schildräumer, Hauptmaße
DIN 19551 Teil 2 (.87) Kläranlagen-Rechteckbecken mit Bandräumer, Hauptmaße
DIN 19569 Teil 1 und 2 (.89) Baugrundsätze für Bauwerke und technische Ausrüstung

Auslegung der Schlammräumung

Die Schlammräumung und der Rücklaufschlammstrom bestimmen im Wesentlichen die Aufenthaltszeit des belebten Schlammes in der Nachklärung.

Für die jeweiligen Nachklärbeckenarten stehen verschiedene Schlammräumer und -rückfördereinrichtungen zur Verfügung.

In horizontal durchströmten Rundbecken werden Schild- und Saugräumer eingesetzt. In horizontal durchströmten Rechteckbecken kommen neben Schild- und Saugräumern auch Bandräumer zur Anwendung.

Wenn in vorwiegend vertikal durchströmten bzw. querdurchströmten Nachklärbecken eine Schlammräumung erforderlich ist, können ebenfalls o. g. Systeme eingesetzt werden.

Zur Bemessung der Räumeinrichtungen müssen die Beckenabmessungen und die Feststofffrachten festgelegt sein.

Richtwerte für die Auslegung von Schlammräumern können gemäß A 131 in der folgenden Tafel entnommen werden.

Tafel 99 Richtwerte für die Auslegung von Schlammräumern nach A 131 (05.00)

	Abk.	Einh.	Rundbecken	Rechteckbecken	
			Schildräumer	Schildräumer	Bandräumer
Räumschild bzw. Balkenhöhe	h_{SR}	m	0,4 – 0,6	0,4 – 0,9	0,15 – 0,30
Räumgeschwindigkeit	v_{SR}	m/h	72 – 144	max. 108	36 – 108
Rückfahrgeschwindigkeit	$v_{Rück}$	m/h	–	max. 324	–
Räumfaktor[*)]	f_{SR}	–	1,5	$\leq 1,0$	$\leq 1,0$

[*)] Der Räumfaktor ist der Quotient aus dem vom Räumer in einem Räumintervall rechnerisch erfaßten Volumen und dem tatsächlichen Räumvolumenstrom.

14

Kurzschlußschlammstrom und Feststoffbilanz

Da der Räumvolumenstrom Q_{SR} häufig kleiner ist als der Rücklaufschlammstrom Q_{RS}, stellt sich bei Schildräumern zwischen Einlauf und Schlammabzug und bei Saugräumern aus der Zone oberhalb der Eindickzone ein Kurzschlußschlammstrom Q_K ein.

Durch die verdünnende Wirkung des Kurzschlußschlammstromes Q_K liegt der Trockensubstanzgehalt des Rücklaufschlammes TS_{RS} unter dem Trockensubstanzgehalt TS_{BS} des Bodenschlammes im Räumvolumenstrom.

Tafel 100   Richtwerte für die Auslegung von Schlammräumern nach A 131 (05.00)

Kenngröße	Berechnungsansatz
Kurzschlußschlammstrom Q_K	$Q_K = Q_{RS} - Q_{SR}$ $[m^3/h]$ $Q_K = 0,4 - 0,8\,Q_{RS}$
Feststoffbilanz	$Q_{RS} \cdot TS_{RS} = Q_{SR} \cdot TS_{BS} + Q_K \cdot TS_{BB}$ $[kg/h]$
Nachweis der Feststoffbilanz Sicherstellung eines ausreichenden Räumvolumenstrom Q_{SR}	$Q_{SR} \geq \dfrac{Q_{RS} \cdot TS_{RS} - Q_K \cdot TS_{BB}}{TS_{BS}}$ $[m^3/h]$
Räumer in horizontal durchströmten Rundbecken	
In Rundbecken ist das Räumintervall gleich der Dauer eines Räumerumlaufes	$t_{SR} = \dfrac{\pi \cdot D_{NB}}{v_{SR}}$ $[h]$
Der Räumvolumenstrom beträgt für **Schildräumer in Rundbecken**	$Q_{SR} = \dfrac{h_{SR} \cdot a \cdot v_{SR} \cdot D_{NB}}{4 \cdot f_{SR}}$ $[m^3/h]$
Für **Saugräumer** ist die Trennung in Räumvolumenstrom und Kurzschlußschlammstrom nicht möglich, da der Volumenstrom Q_{RS} abgezogen wird.	v in den Saugrohren $= 0,6$ bis $0,8$ m/s Abstand der Saugrohre ≤ 3 bis 4 m v_{SR} wie bei Schildräumern
Räumer in Rechteckbecken	
Für **Schildräumer** ergibt sich mit der Fahrstrecke l_W des Räumwagens ($l_W \approx l_{NB}$) das Räumintervall unter Berücksichtigung der Zeit für das Heben und Absenken des Räumschildes t_S (h) zu	$t_{SR} = \dfrac{l_W}{v_{SR}} + \dfrac{l_W}{v_{Rück}} + t_s$ $[h]$
Der Räumvolumenstrom Q_{SR} für **Schildräumer** ergibt sich bei Annahme eines Abstandes des Räumschildes von dem Schlammabzugspunkt beim Einsetzen des Schlammrückflusses von $l_{SR} \approx 15 \cdot h_{SR}$ mit der Räumschildlänge b_{SR} ($\approx b_{NB}$ in Becken mit senkrechten Wänden) zu:	$Q_{SR} = \dfrac{h_{SR} \cdot b_{SR} \cdot l_{SR}}{f_{SR} \cdot t_{SR}}$ $[m^3/h]$
Für **Bandräumer** ergibt sich mit der Länge des Räumbandes ($l_B \approx l_{NB}$) das Räumintervall zu:	$t_{SR} = \dfrac{l_B}{v_{SR}}$ $[h]$
Der geräumte Schlammvolumenstrom Q_{SR} beträgt damit für **Bandräumer**:	$Q_{SR} = \dfrac{v_{SR} \cdot b_{SR} \cdot h_{SR}}{f_{SR}}$ $[m^3/h]$
Für die Gestaltung der **Saugräumer** gelten die Empfehlungen wie bei horizontal durchströmten Becken. Saugräumer führen in Beckenlängsrichtung je nach Räumerstellung zu unvermeidbaren zyklischen hydraulischen Zusatzbelastungen des Nachklärraumes.	$v_{SR} = 36$ bis 72 m/h (abweichend der Empfehlungen von horizontal durchströmten Becken)

Bemessungsbeispiel:

Gegeben: $Q_m = 900$ m^3/h, ISV $= 120$ l/kg, $t_E = 2{,}0$ h, $q_{SV} = 450$ l/m^2 h

Lösung: 1. Trockensubstanz des Rücklaufschlammes bzw. Rücklaufverhältnis

$$TS_{RS} = 0{,}7 \cdot TS_{BS} = 0{,}7 \cdot 10{,}5 = 7{,}35 \text{ kg/m}^3$$
$$Q_{RS} = 0{,}75 \cdot Q_m = 675 \text{ m}^3/\text{h}$$

2. Trockensubstanz im Zulauf zum Nachklärbecken

$$TS_{BB} = \frac{RV \cdot TS_{RS}}{1 + RV} = \frac{0{,}75 \cdot 7{,}35}{1{,}75} = 3{,}15 \text{ kg/m}^3$$

3. Zulässige Flächenbeschickung

$$q_A = \frac{q_{SV}}{ISV \cdot TS_{BB}} = \frac{450}{120 \cdot 3{,}15} = 1{,}19 \text{ m/h}$$

4. Bemessung der Nachklärbeckenoberfläche

$$A_{NB} \geq \frac{Q_m}{q_A} = \frac{900}{1{,}19} = 756 \text{ m}^2$$

gewählt 1 Rundbecken $\varnothing$ 32 m

$$A_{NB} = 804 \text{ m}^2 \qquad \text{Nachweis: } q_A = \frac{900}{804} = 1{,}12 \text{ m/h} < 1{,}6 \text{ m/h}$$

5. Bestimmung der Nachklärbeckentiefe

$$h_1 = 0{,}5 \text{ m}$$

$$h_2 = \frac{0{,}5 \cdot 1{,}12(1 + 0{,}75)}{1 - (3{,}15 \cdot 120)/1000} = 1{,}58 \text{ m}$$

$$h_3 = \frac{1{,}5 \cdot 0{,}3 \cdot 450(1 + 0{,}75)}{500} = 0{,}71 \text{ m}$$

$$h_4 = \frac{3{,}15 \cdot 1{,}12(1 + 0{,}75) \cdot 2{,}0}{10{,}5} = 1{,}18 \text{ m}$$

$$h_{ges} = 3{,}97 \text{ m}$$

6. Schlammräumung
Schlammräumung: gewählt Schildräumer
$$v_{SR} = 144 \text{ m/h}$$
$$f_{SR} = 1{,}5, \ h_{SR} = 0{,}5 \text{ m}, \ a = 1{,}25$$

$$Q_{SR} = \frac{0{,}5 \cdot 1{,}25 \cdot 144 \cdot 32}{4 \cdot 1{,}5} = 360 \text{ m}^3/\text{h}$$

$$Q_{SR} \geq \frac{675 \cdot 7{,}35 - 0{,}6 \cdot 675 \cdot 3{,}15}{10{,}5} = \frac{4961 - 1275}{10{,}5} = 351 \text{ m}^3/\text{h}$$

$$360 > 351 \text{ m}^3/\text{h}$$

Damit hat das gewählte Räumsystem eine ausreichende Räumleistung.

8.5 Biologische Abwasserreinigung

8.5.1 Tropfkörperanlagen

DIN 19553 (10.84) Kläranlagen, Tropfkörper mit Drehsprenger
DIN 19557-1 (05.84) mineralische Füllstoffe für Tropfkörper
DIN 19557-2 (11.89) Füllstoffe aus Kunststoff.
Volumen und Oberfläche von Tropfkörpern werden nach A 135 (03.89) mit Tafel 101 ermittelt. Zu beachten ist der relativ niedrige Wirkungsgrad η, $\eta = 0{,}93 - 0{,}17\, B_R$ % mit der Raumbelastung B_R in kg BSB$_5$ (m^{3}d), der eine Reduzierung der Zulaufkonzentration C_0 mg BSB$_5$/l durch Verdünnung des Zulaufs zum Tk mit Rücklaufwasser der Menge Q_{RV} und der Konzentration C_1 aus dem Ablauf oder der Trichterspitze der Nachklärung erforderlich. Angestrebt wird eine mittlere Zulaufkonzentration $C_m \leq 150$ mg/l.

I4

Das Rücklaufverhältnis $RV = Q_{RV}/Q_t$ ermittelt sich für eine gewünschte Zulauf-konzentration C_m zu $RV = (C_0 - C_m)/(C_m - C_1)$, (aber immer $RV \leq 1{,}0$ wählen). Die BSB_5-Zulauffracht B_B ermittelt man mit den Werten der Tafel 89 oder aus der gemessenen Konzentration C_0 einer 24-h-Mischprobe zu

$$B_B = 10^{-3} \cdot C_0 \text{ mg/l} \cdot Q_d \text{ m}^3/\text{d} \quad \text{in kg } BSB_5/\text{d} \quad (150)$$

erf. Volumen des Tropfkörpers

$$V_{TK} = B_B/B_R \quad \text{in m}^3 \quad (151)$$

erf. Höhe der Tropfkörperfüllung

$$H_{TK} = 10^{-3} \cdot x \cdot q_{A(1+RV)} \cdot C_m/B_R \quad \text{in m} \quad (152)$$

(mit $x = 8 - 16$ h/d). Bewährt haben sich $2{,}8 \leq H \leq 4{,}20$ m.
Nachfolgende Bemessungsansätze gelten für Tropfkörper mit Brockenfüllung oder mit Kunststoff-Füllelementen (KF) verschiedener s p e z . O b e r f l ä c h e A_R in m²/m³. Eine weitgehende Nitrifikation ist mit den Werten nach Tafel 101 nur bei häusli-chem Abwasser mit TKN: $BSB_5 \leq 0{,}3$ und T $\geq 10\,°$C zu erreichen.

Tafel 101   Bemessungswerte für Tropfkörper TK

Nitrifikation		ohne		mit
Füllung	B_r	$q_{A(1+RV)}$	BR	$q_{A(1+RV)}$
Brocken	$0{,}4^1)$	0,5 bis 1,0	0,2	0,4 bis 0,8
KF, $A_R \approx 100$	0,4	0,8 bis 1,0	0,2	0,6 bis 1,0
KF, $A_R \approx 150$	0,6	1,0 bis 1,5	0,3	0,8 bis 1,2
KF, $A_R \geq 200$	0,8	1,2 bis 1,8	0,4	1,0 bis 1,5

[1]) Bei 24-h-Ausgleich $B_R = 0{,}6$ kg $BSB_5/$ (m³ · d); q_A in m³/(m² · h). Nach A 122 ist für $50 - 500$ E: $BR \leq 0{,}2$ kg/(m³ · d). Bei vorgefertigten Kläranlagen bis 50 E nach IfB-Richtlinien: $B_R \leq 0{,}15$ kg/m³ · d bei ei-nem Mindestfüllvolumen von 4 m³. Die Überschußschlammproduktion betr. i. M. $ÜS_R/B_R = 0{,}75$ kg/kg einschl. 20 % Erhö-hung für Regenwasserbehandlung.

Zunehmend werden bei größeren Anlagen und bei hochkonzentrierten Abwässern hochbelastete Tropfkörper, in der Regel mit Kunststofffüllelementen, als erste Stufe einer zweistufigen Biologie betrieben. Hierbei werden Raumbelastungen von 3 bis 5 kg $BSB_5/$(m³ d) zugelassen. Eine nachfolgende Zwischenklärung ist unbedingt an-zuraten. Sie kann als Grobentschlammung in Form von Siebbändern oder Becken mit Aufenthaltszeiten $t_R \sim \frac{1}{2}$ h ausgeführt werden.

Konstruktive Hinweise. Brocken $\oslash 4$ bis 8 cm, in der unteren Stützschicht 8 bis 15 cm; die S p ü l k r a f t SK des Drehsprengers soll 2 bis 6 mm je Beregnung betra-gen $SK = 10^3 \cdot q_A/n \cdot a$. Die A n z a h l a der Arme liegt bei 4 bis 8. Damit muß die U m d r e h u n g s z a h l n je S t u n d e auf 10 bis 30 beschränkt werden.

Tafel 102   Tropfkörper-Einzelabmessungen (Beispiel)

Drehsprenger Modell HDB nach Passavant	größter Tropf-körper $\oslash$ in m d_1	Anschluß-rohr $\oslash$ in m d_2		Mittel-schacht li $\oslash$ in m d_3	Durch-flußmenge in l/s Q	größte Durchfluß-menge in l/s Q_{max}	kleinste Durchfluß-menge in l/s Q_{min}
175	22	200	250	1,5/2,0	35	50	10
200	24	250	300	2,0/2,0	50	75	15
250	26	250	300	2,0/2,0	65	100	20
300	28	300	400	2,0/2,5	100	150	30
350	32	350	500	2,0/2,5	130	200	40
400	38	400	500	2,5/2,5	170	250	50
500	44	500	600	2,5/2,5	250	400	80
600	50	600	700	2,5/3,0	400	600	120

Beispiel   TK mit Brockenfüllung: $B_R = 0{,}4$ kg $BSB_5/(\text{m}^3 \cdot \text{d})$; $q_{A(1+RV)} = 0{,}85$; 20 000 EW mit 0,045 kg $BSB_5/(\text{E} \cdot \text{d})$ nach Vorklärung. $q_S = 210$ l/(E · d); gewählt: $C_m = 125$ mg/l $C_0 = 45\,000/210 = 214$ mg/l; $\eta = 0{,}93 - 0{,}17 \cdot 0{,}4 = 0{,}86$; $C_1 = (1 - 0{,}86) \cdot 125$ $= 17{,}5$ mg/l; erf $RV = (214 - 125)/(125 - 17{,}5) = 0{,}83$. Erf. $V_{TK} = 20\,000 \cdot 0{,}045 \cdot 0{,}4$ $= 2250$ m³; mit $x = 14$: $H_{TK} = 10^{-3} \cdot 14 \cdot 0{,}85 \cdot 125/0{,}4 = 3{,}72$ m $\sim 3{,}70$; erf. $A_{TK} = 2250/3{,}70 = 608$ m² $\to 2 \oslash 20$ m. Vorh. $V_{TK} = 3{,}70 \cdot 2 \cdot (10^2 \cdot \pi - 1{,}0^2 \cdot \pi) = 3{,}7 \cdot 621$ $= 2297$ m³; $q_{A(1+RV)} = 20\,000 \cdot 0{,}210 \cdot (1 + 0{,}83)/(14 \cdot 621) = 0{,}88$ m³ (m² · h) $> 0{,}5$ $< 1{,}0$ m/h; (Abzug für Mittelschacht $= 1{,}0^2 \cdot \pi$)

8.5.2 Rotationskörper

Bei einem Wasserinhalt von 4 l Wasser je 1 m^2 rotierender Bewuchsfläche und einer BSB_5 Belastung **BA** der 1. Walze mit frischem häuslichem Schmutzwasser von $\leq$**60 g**$/($**m$^2 \cdot$ d**$)$ bzw. von $\leq$40 g$/(\text{m}^2 \cdot \text{d})$ bei angefaultem Wasser kann man mit den Werten der Tafel 102 die erforderliche Bewuchsfläche wie folgt ermitteln:

$$A = B_B/B_A \quad \text{bzw.} = C_m \cdot Q_d/B_A \quad \text{in m}^2 . \quad (153)$$

Tafel 102a B_A **von Tauchkörpern**

	$B_A = \text{g BSB}_5/\text{m}^2 \cdot \text{d}$	
Nitrifikation	ohne	mit
$\geq$2 Walzen in Fließfolge	$B_A = 8$	
$\geq$3 Walzen in Fließfolge	$B_A = 10^1)$	$B_A = 4$
$\geq$4 Walzen in Fließfolge		$B_A = 5$

^{1}) Bei 24-h-Ausgleich $B_A = 12$. Nach A 122 für $50 \leq \text{EGW} \leq 500$: $B_A = 8$; ebenfalls nach IfB für $\leq$50 EWG aber mit $A_{min} = 90$ m^2. Überschußschlammproduktion $\ddot{\text{U}}S = B_R = 0,75$ kg TS/kg BSB_5

8.5.3 Abwasserteiche für kommunales Abwasser

Abwasserteiche sind dem Stand der Technik entsprechende Reinigungsanlagen, die als Absetzteiche der Abscheidung absetzbarer Stoffe, als belüftete oder unbelüftete Abwasserteiche der vollbiologischen Klärung kommunalen Abwassers und als Schönungsteiche der Verbesserung des Ablaufes vollbiologischer Kläranlagen dienen. Dem Arbeitsblatt A 201 (12.86) können nachfolgende Anregungen für Bemessung und Konstruktion entnommen werden.

Tafel 103   Bemessungswerte Abwasserteiche

Eingangswerte: 60 g BSB$_5$/(E · d), 150 l Abwasser/(E · d)	Dimen-sion	Absetz-teiche	unbe-lüftete Teiche	belüftete Teiche	Schö-nungs-teiche
Kenngröße					
t_R^1) bei Trockenwetter	d	$\geq$1	$\geq$20	$\geq$5	1 bis 5
t_R^1) der Nachklärung	d			$\geq$1	
Spezifische Oberfläche A_E Ablauf 35 mg/l^2) BSB$_5$; 160 mg/l^3) CSB Ablauf 45 mg/l^2) BSB$_5$; 180 mg/l^3) CSB	m^2/E m^2/E		10 5^4)		
Zusätzlich bei Regenwasserbehandlung	m^2/E		bis zu 5		
für teilnitrifizierten Ablauf	m^2/E		$\geq$15	zusätzliche Fest-betteinrichtungen	
Spezifisches Volumen^5)	m^3/E	0,5			
Raumbelastung B_R Ablauf 35 mg/l BSB$_5$; 160 mg/l CSB	g BSB$_5$/(m$^3 \cdot$ d)			30	
Sauerstofflast O_B	kg/kg			$\geq$1,5	
Leistungsdichte W_R	W/m^3			1 bis 3	
Wassertiefe	m	$\geq$1,5	1 bis 1,5	1,5 bis 3,5	1 bis 2

^{1}) t_R = Volumen/Q_d = Durchflußzeit ^{2}) 24-h-Mischprobe ^{3}) Stichprobe ^{4}) mit vorgeschaltetem Absetzteich ^{5}) einschl. 0,15 m^3/E Schlammraum

Konstruktive Ausbildung

Alle Teicharten erhalten zweckmäßig je nach Art der Befestigung, bzw. der Standfestigkeit des Bodens, Böschungen, die $\leq$1:1,5 geneigt sind. Freibord etwa 0,3 m. Die Frage der Abdichtung ist örtlich mit der Wasserbehörde abzuklären.

Alle Zuläufe erhalten Prallwände und an allen Abläufen reichen Tauchwände 0,3 m unter den tiefsten und 0,2 m über den höchsten Stauspiegel.

Bei Absetzteichen ist u. U. eine $\leq$1:5 geneigte Rampe zur Reinigung vorzusehen. Unbelüftete Abwasserteiche werden entweder in 3 gleich große Einheiten oder im Verhältnis 0,5:0,25:0,25 aufgeteilt.

14

Wasserwirtschaft

Bei belüfteten Abwasserteichen erfolgt die Volumenaufteilung in 2 oder 3 gleich große Einheiten. Schönungsteiche mit $t_d > 2d$ werden in mehrere Einheiten aufgeteilt, von denen einzelne zur Begrenzung des Algenwachstums zeitweise außer Betrieb genommen werden können.

In allen Teichen ist bei Bedarf durch die Anordnung von Leitwänden eine gleichmäßige Durchströmung zu gewährleisten. Der Bereich der Wasserschwankungszone ist je nach Windeinwirkung und Böschungsmaterial, immer aber bei belüfteten Abwasserteichen durch Rasengittersteine oder Lebendverbau (Binsen, Schilf) besonders zu schützen.

Zur Regenwasserbehandlung wird zweckmäßig Q_{krit} durch die Teiche geleitet. Durch Drosselung zwischen Becken I und II wird ein zusätzliches Regenüberlaufbeckenvolumen gemäß A 128 (04.92) für den Durchfluß Q_{krit} geschaffen. Die am Beckenüberlauf abgeschlagene Wassermenge kann entweder direkt in den Vorfluter oder in das zweite Becken eingeleitet werden (A 201 10.89).

8.5.4 Belebungsanlagen

Grundlage zur Bemessung von einstufigen Belebungsanlagen ist das ATV-DVWK-A 131-Arbeitsblatt (05.00).

Bei kleineren Kläranlagen mit bis zu 5000 EW sind die Arbeitsblätter ATV-A 122 (50 − 500 EW, 06.91) und ATV-A 126 (500 − 5000 EW, Stabilisierungsanlagen) (12.93) sowie DIN 4261 zusätzlich zu beachten.

Die Bemessung von Belebungsanlagen erfolgt iterativ, weil viele Faktoren sich gegenseitig beeinflussen.

Grundlagenermittlung

Der Bemessungswert der Abwasserbehandlungsanlage $B_{d,BSB,Z}$ in kg/d BSB$_5$ (roh) zur Einordnung in die Größenklasse nach Anhang 1 der Abwasserverordnung und zur Festlegung der Ausbaugröße im Wasserrechtsbescheid ergibt sich aus der an 85% der Trockenwettertage im Zulauf zur Kläranlage unterschrittenen BSB$_5$-Fracht zuzüglich einer eingeplanten Kapazitätsreserve. Wenn der Bemessungswert aufgrund der angeschlossenen Einwohner ermittelt wird, ist die einwohnerspezifische BSB$_5$-Fracht für Rohabwasser zu verwenden.

Für die Bemessung werden folgende wesentliche Zahlenwerte vom Zulauf zur biologischen Stufe, ggf. unter Einschluß der Rückflüsse aus der Schlammbehandlung benötigt:

— maßgebende tiefste und höchste Abwassertemperatur, Ermittlung aus der Ganglinie des 2-Wochen-Mittels für zwei bis drei Jahre;
— maßgebende organische Fracht ($B_{d,BSB}$, $B_{d,CSB}$), die zugehörigen Frachten der abfiltrierbaren Stoffe ($B_{d,TS}$) und des Phosphors ($B_{d,P}$) zur Ermittlung des Schlammanfalles und damit der Berechnung des Volumens des Belebungsbeckens für die Bemessungstemperatur;
— maßgebende organische Fracht sowie N-Fracht zur Auslegung der Belüftungseinrichtung für die (in der Regel) höchste maßgebende Temperatur;
— maßgebende Konzentration des Stickstoffs (C_N) und der zugehörigen Konzentration der organischen Stoffe (C_{BSB}, C_{CSB}) zur Ermittlung des zu denitrifizierenden Nitrates;
— maßgebende Konzentration des Phosphors (C_P) zur Ermittlung des zu eliminierenden Phosphors;
— maximaler Zufluß bei Trockenwetter Q_t (m^3/h) zur Auslegung von anaeroben Mischbecken und der internen Rezirkulation;
— Bemessungszufluß Q_m (m^3/h) zur Auslegung der Nachklärung.

Wenn ein Jahresgang der organischen Frachten oder/und des Verhältnisses der organischen Fracht zur N-Fracht vorliegt, sind mehrere Lastfälle zu untersuchen.

Die maßgebenden Konzentrationen sind anhand der maßgebenden Frachten und des zugehörigen Abwasserzuflusses zu ermitteln. Die maßgebenden Frachten werden in Verbindung mit der Abwassertemperatur als Mittelwerte einer Periode gebildet, die der Größe des Schlammalters entspricht. Für Nitrifikation und Denitrifikation können vereinfacht Zwei-Wochen-Mittel und für Schlammstabilisierung Vier-Wochen-Mittel gebildet werden. Wenn mangels unzureichender Probendichte (mindestens vier verwertbare Tagesfrachten pro Woche) Wochenmittel nicht gebildet werden können, sind die an 85 % der Tage unterschrittenen Frachten maßgebend, dabei sollten mindestens 40 Frachtwerte herangezogen werden.

Wenn die Daten nicht ausreichen, oder der Untersuchungsaufwand z. B. bei kleineren Anlagen in keinem Verhältnis zum Nutzen steht, können die Frachten und Konzentrationen auf der Grundlage der angeschlossenen Einwohner zuzüglich industriell-gewerblicher und sonstiger Frachten ermittelt werden.

Verfahren

Die Bilder 107 und 108 zeigen bewährte Verfahrenskonzeptionen zur Stickstoffelimination. An Stelle des in Bild 107 gezeigten Verfahrens der vorgeschalteten Denitrifikation können fast alle anderen Verfahren zur Stickstoffelimination und auch Belebungsbecken, die nur der Elimination des organischen Kohlenstoffs dienen, mit einem aeroben Selektor und einem anaeroben Mischbecken kombiniert werden.

Die Volumina eines aeroben Selektors (V_{Sel}) oder eines anaeroben Mischbeckens zur biologischen Phosphorelimination (V_{Bio-P}) werden nicht dem Belebungsbecken (V_{BB}) zugerechnet. In Anlagen, die nur auf Kohlenstoffelimination ausgerichtet sind, kann das Volumen eines aeroben Selektors als Teil des Belebungsbeckens betrachtet werden.

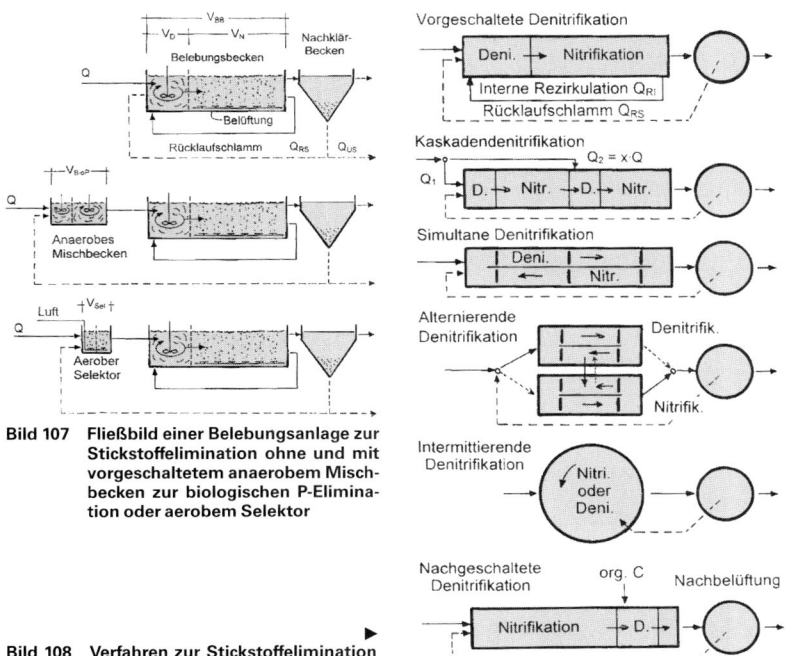

Bild 107 Fließbild einer Belebungsanlage zur Stickstoffelimination ohne und mit vorgeschaltetem anaerobem Mischbecken zur biologischen P-Elimination oder aerobem Selektor

Bild 108 Verfahren zur Stickstoffelimination

14

Bemessungsgrundlagen

Die nachfolgenden Tabellen umfassen die wichtigsten Bemessungskennwerte für die Planung und den Betrieb von Belebungsanlagen. Detailliertere und ergänzende Informationen sind aus dem Arbeitsblatt A 131 zu entnehmen.

Tafel 104 Bemessungsschlammalter nach A 131 (05.00) in Tagen in Abhängigkeit vom Reinigungsziel und der Temperatur sowie der Anlagengröße (Zwischenwerte sind abzuschätzen)

Reinigungsziel	Größe der Anlage $B_{d,BSB,Z}$			
	bis 1200 kg/d		über 6000 kg/d	
Bemessungstemperatur	10 °C	12 °C	10 °C	12 °C
Ohne Nitrifikation	5		4	
Mit Nitrifikation	10,0	8,2	8	6,6
Mit Stickstoffelimination $V_D/V_{BB} =$ 0,2	12,5	10,3	10,0	8,3
0,3	14,3	11,7	11,4	9,4
0,4	16,7	13,7	13,3	11,0
0,5	20,0	16,4	16,0	13,2
Schlammstabilisierung einschl. Stickstoffelimination[*]	25		nicht empfohlen	

[*] Hinweis: Das Bemessungsschlammalter von Anlagen, die für aerobe Schlammstabilisierung und Nitrifikation zu bemessen sind, muß $t_{TS,Bem} \geq 20$ d betragen. Wird auch gezielte Denitrifikation verlangt, muß das Schlammalter $t_{TS,Bem} \geq 25$ d betragen.

Ermittlung des Volumenanteils für Denitrifikation (V_D/V_{BB})

Bestimmungsgröße	Berechnungsansatz
Die im Tagesmittel zu denitrifizierende Nitratkonzentration wird bestimmt:	$S_{NO3,D} = C_{N,ZB} - S_{orgN,AN} - S_{NH4,AN} - S_{NO3,AN}$ $- X_{orgN,BM}$ [mg/l]

Tafel 105 Richtwerte für die Bemessung der Denitrifikation fürTrockenwetter bei Temperaturen von 10 bis 12 °C und durchschnittlichen Verhältnissen (kg zu denitrifizierender Nitratstickstoff pro kg zugeführtem BSB_5)

V_D/V_{BB}	$S_{NO3,D}/C_{BSB,ZB}$	
	Vorgeschaltete Denitrifikation und vergleichbare Verfahren	Simultane und intermittierende Denitrifikation
0,2	0,11	0,06
0,3	0,13	0,09
0,4	0,14	0,12
0,5	0,15	0,15

Die Denitrifikationskapazität bei alternierender Denitrifikation kann als Mittel zwischen vorgeschalteter und intermittierender Denitrifikation angenommen werden. Für Temperaturen über 12 °C kann die Denitrifikationskapazität um rd. 1 % pro °C erhöht werden.

Ist die erforderliche Denitrifikationskapazität größer als $S_{NO3,D}/C_{BSB} = 0,15$, so ist eine weitere Vergrößerung von V_D/V_{BB} nicht zu empfehlen. Es ist zu untersuchen, ob eine Verkleinerung oder zeitweise Umfahrung der Vorklärung oder/und ggf. eine getrennte Schlammwasserbehandlung zielführend sind. Alternativ ist die Zugabe von externem Kohlenstoff planerisch vorzusehen.

Bestimmungsgröße	Berechnungsansatz
Der Bedarf an externem Kohlenstoff beträgt ca. 5 kg CSB pro kg zu denitrifizierendem Nitratstickstoff. Damit erhält man die mittlere Aufstockung des CSB zu:	$S_{CSB,Dos} = 5 \cdot S_{NO3,D,Ext}$

Der CSB handelsüblicher Kohlenstoffverbindungen kann der Tafel 106 entnommen werden. Für andere Kohlenstoffquellen ist der CSB und ggf. die Denitrifikationskapazität vorher zu bestimmen. Es wird darauf hingewiesen, daß Methanol nur für einen Dauereinsatz geeignet ist, weil sich spezielle Denitrifikanten entwickeln müssen.

Tafel 106 Eigenschaften von externen Kohlenstoffquellen

Parameter	Einheit	Methanol	Ethanol	Essigsäure
Dichte	kg/m³	790	780	1060
CSB	kg/kg	1,50	2,09	1,07
CSB	g/l	1185	1630	1135

Phosphatelimination

Phosphorelimination kann alleine durch Simultanfällung, durch biologische Phosphorelimination, in der Regel kombiniert mit Simultanfällung, und durch Vor- oder Nachfällung erfolgen.

Bestimmungsgröße	Berechnungsansatz
Biologische P-Elimination	
Anordnung eines anaeroben Mischbecken mit Mindestkontaktzeiten:	0,5 bis 0,7 Stunden bezogen auf den maximalen Trockenwetterzufluß und den Rücklaufschlammstrom ($Q_t + Q_{RS}$)
Simultanfällung	
Zur Ermittlung des zu fällenden Phosphates ist eine Phosphorbilanz, ggf. für verschiedene Lastfälle aufzustellen:	$X_{P,F} = C_{P,ZB} - C_{P,AN} - X_{P,BM} - X_{P,BioP}$ [mg/l] mit $C_{P,ZB}$ = Konzentration des Gesamtphosphors im Zulauf $C_{P,AN}$ = Ablaufkonzentration, $C_{P,AN} = 0,6$ bis 0,7 $C_{P,ÜW}$ $X_{P,BM}$ = zum Zellaufbau benötigte Phosphor 0,01 $C_{BSB,ZB}$ bzw. 0,005 $C_{CSB,ZB}$
Den mittleren Fällmittelbedarf kann man mit 1,5 mol Me³⁺/mol $X_{PFäll}$ berechnen.	
Umgerechnet ergeben sich folgende Bedarfswerte:	Fällung mit Eisen: 2,7 kg Fe/kg $P_{Fäll}$ Fällung mit Aluminium: 1,3 kg Al/kg $P_{Fäll}$

Zur Simultanfällung mit Kalk wird Kalkmilch in der Regel in den Zulauf zur Nachklärung dosiert, um den pH-Wert anzuheben und hierdurch die Fällung herbeizuführen. Der Kalkbedarf richtet sich in erster Linie nach der Säurekapazität. Vorversuche werden auf jeden Fall empfohlen, vgl. Arbeitsblatt ATV-A 202.

Für Überwachungswerte von $C_{P,ÜW} < 1,0$ mg/l, z. B. $C_{P,ÜW} = 0,8$ mg/l in der qualifizierten Stichprobe, lassen sich einstufige Belebungsanlagen nicht dimensionieren. In der Praxis lassen sich jedoch unter günstigen Bedingungen Werte $C_{P,AN} < 1,0$ erreichen.

Ermittlung der Schlammproduktion

Der in einer Belebungsanlage produzierte Schlamm setzt sich aus den beim Abbau organischer Stoffe entstehenden und eingelagerten Feststoffen sowie dem aus der Phosphorelimination resultierenden Schlamm zusammen.

Die Berechnung der Schlammproduktion aus der Kohlenstoffelimination kann gemäß A 131 die nachfolgend angegebene empirische Gleichung bestimmt werden. Für die Temperaturen 10 und 12 °C ist Schlammproduktion in Abhängigkeit des Schlammalters in Tafel 107 aufgelistet.

Die Schlammproduktion aus der Phosphorelimination setzt sich aus den Feststoffen der biologischen Phosphorelimination und der Simultanfällung zusammen. Nachfolgend sind die unterschiedlichen Berechnungsansätze zusammengefaßt.

Bestimmungsgröße	Berechnungsansatz
Gesamtschlammanfall in der Belebung	$\ddot{U}S_d = \ddot{U}S_{d,C} + \ddot{U}S_{d,P} \quad [kg\ TS/d]$
Für den Zusammenhang von Schlammproduktion und Schlammalter gilt:	$t_{TS} = \dfrac{M_{TS}}{\ddot{U}S_d} = \dfrac{V_{BB} \cdot TS_{BB}}{\ddot{U}S_d}$ $= \dfrac{V_{BB} \cdot TS_{BB}}{Q_{\ddot{U}S,d} \cdot TS_{\ddot{U}S} + Q_d \cdot X_{TS,AN}}\ [d]$
Schlammproduktion aus Kohlenstoffabbau	$\ddot{U}S_{d,C} = B_{d,BSB}$ $\cdot \left(0{,}75 + 0{,}6 \cdot \dfrac{X_{TS,ZB}}{C_{BSB,ZB}} - \dfrac{(1-0{,}2) \cdot 0{,}17 \cdot 0{,}75 \cdot T_{ts} \cdot F_T}{1 + 0{,}17 \cdot t_{TS} \cdot F_T} \right)$ $[kg\ TS/d]$
Der Temperaturfaktor (F_T) für die endogene Veratmung lautet:	$F_T = 1{,}072^{(T-15)}$
Schlammproduktion aus Phosphorelimination	
biologisch und chemisch Fällung mit Fe und/oder Al	$\ddot{U}S_{d,P} =$ $Q_d \cdot (3 \cdot X_{P,BioP} + 6{,}8 \cdot X_{P,Fäll,Fe} + 5{,}3 \cdot X_{P,Fäll,Al})/$ $1000\ [kg/d]$
Fällung mit Kalk	1,35 kg TS pro kg Calciumhydroxid (Ca(OH)$_2$)

Tafel 107   Spezifische Schlammproduktion $\ddot{U}S_{C,BSB}$ [kg *TS*/kg BSB$_5$] bei 10 bis 12 °C

$X_{TS,ZB}/C_{BSB,ZB}$	Schlammalter in Tagen					
	4	8	10	15	20	25
0,4	0,79	0,69	0,65	0,59	0,56	0,53
0,6	0,91	0,81	0,77	0,71	0,68	0,65
0,8	1,03	0,93	0,89	0,83	0,80	0,77
1	1,15	1,05	1,01	0,95	0,92	0,89
1,2	1,27	1,17	1,13	1,07	1,04	1,01

Bestimmung des Volumens des Belebungsbeckens

Die maßgebenden Bemessungskenngrößen zur Ermittlung des Belebungsbeckenvolumen sind nachfolgend entsprechend dem A 131 (05.00) zusammengestellt.

Bestimmungsgröße	Berechnungsansatz
Das Volumen des Belebungsbeckens	$V_{BB} = \dfrac{M_{TS,BB}}{TS_{BB}}$ $[m^3]$
Erforderliche Masse der Feststoffe im Belebungsbecken	$M_{TS,BB} = t_{TS,Bem} \cdot \ddot{U}S_d$ $[kg]$
Der Schlammtrockensubstanzgehalt im Belebungsbecken kann für eine Vorbemessung in Abhängigkeit vom Schlammindex ermittelt werden. Hohe Anteile biologisch leicht abbaubarer organischer Stoffe, wie sie in gewerblichen und industriellen Abwässern enthalten sind, können zu höheren Schlammindices führen. Geringere Werte für den ISV können angesetzt werden, wenn — auf eine Vorklärung verzichtet wird, — ein Selektor oder ein anaerobes Mischbecken vorgeschaltet ist — das Belebungsbecken als Kaskade ausgebildet ist.	
Vergleichsgröße: BSB$_5$-Raumbelastung (B_R)	$B_R = \dfrac{B_{d,BSB}}{V_{BB}}$ $[kg\ BSB_5/(m^3 \cdot d)]$
Vergleichsgröße: Schlammbelastung (B_{TS})	$B_{TS} = \dfrac{B_R}{TS_{BB}}$ $[kg\ BS_5/(kgTS \cdot d)]$

Erforderliche Rückführung bzw. Taktdauer

Bestimmungsgröße	Berechnungsansatz
rechnerisch erforderliche Rückführverhältnis (RF) für vorgeschaltete Denitrifikation ergibt sich mit $S_{NH4,N}$, der zu nitrifizierenden Ammoniumstickstoffkonzentration zu	$RF = \dfrac{S_{NH4,N}}{S_{NO3,AN}} - 1$
Ermittlung der internen Rezirkulation Q_{RZ}.	$RF = \dfrac{Q_{RS}}{Q_t} + \dfrac{Q_{RZ}}{Q_t}$ $[-]$
Maximal mögliche Wirkungsgrad der Denitrifikation beträgt:	$\eta_D \leq 1 - \dfrac{1}{1+RF}$ $[-]$
Bei der Kaskadendenitrifikation wird der Wirkungsgrad über den der letzten Stufe zugeführten Frachtanteil (x) bestimmt; ggf. ist eine interne Rezirkulation zu berücksichtigen.	$\eta_D \leq 1 - \dfrac{1}{x \cdot (1 + RV)}$ $[-]$
Bei intermittierenden Verfahren kann man die Taktdauer ($t_T = t_N + t_D$) wie folgt abschätzen:	$t_T = t_R \cdot \dfrac{S_{NO3,AN}}{S_{NH4,N}}$ $[d\ oder\ h]$ $t_R = V/Q_t$ (Durchflusszeit) $t_T \geq 2h$ (Taktzeit)

14

Sauerstoffzufuhr

Der Sauerstoffverbrauch setzt sich zusammen aus dem Verbrauch für Kohlenstoffelimination (einschließlich der endogenen Atmung) und ggf. dem Bedarf für Nitrifikation sowie der Einsparung an Sauerstoff aus der Denitrifikation.

Bestimmungsgröße	Berechnungsansatz
Für die Kohlenstoffelimination gilt folgender Ansatz	$OV_{d,C} = B_{d,BSB}$ $\cdot \left(0,56 + \dfrac{0,15 \cdot t_{TS} \cdot F_T}{1 + 0,17 \cdot t_{TS} \cdot F_T} \right)$ $\quad [kg\, O_2/d]$ Koeffizienten gelten für $C_{CSB,ZB}/C_{BSB,ZB} \leq 2,2$
Für die Nitrifikation wird der Sauerstoffverbrauch mit 4,3 kg O_2 pro kg oxidierten Stickstoffs unter Berücksichtigung des Stoffwechsels der Nitrifikanten angenommen	$OV_{d,N} = Q_d \cdot 4,3$ $\cdot (S_{NO3,D} - S_{NO3,ZB} + S_{NO3,AN})/1000$ $\qquad [kg\, O_2/d]$
Bei der Denitrifikation wird für den Kohlenstoffabbau mit 2,9 kg O_2 pro kg denitrifizierten Stickstoffs gerechnet:	$OV_{d,D} = Q_d \cdot 2,9 \cdot S_{NO3,D}/1000 \quad [kg\, O_2/d]$
Den Sauerstoffverbrauch für die Tagesspitze (OV_h) wird bestimmt nach folgendem Ansatz:	$OV_h = \dfrac{f_C \cdot (OV_{d,C} - OV_{d,D}) + f_N \cdot OV_{d,N}}{24}$ $\qquad [kg\, O_2/h]$
Der Stoßfaktor f_C stellt das Verhältnis des Sauerstoffverbrauches für Kohlenstoffelimination in der Spitzenstunde zum durchschnittlichen Sauerstoffverbrauch dar.	$f_C =$ Stoßfaktor für Kohlenstoffabbau (siehe Tafel 109)
Der Stoßfaktor f_N ist gleich dem Verhältnis der TKN-Fracht in der 2-h-Spitze zur 24-h-Durchschnittsfracht	$f_N =$ Stoßfaktor für Nitrifikation (siehe Tafel 109)
Die erforderliche Sauerstoffzufuhr ergibt sich für durchgehend belüftete Becken zu:	$erf.\, \alpha\, OC = \dfrac{C_S}{C_S - C_x} \cdot OV_h \quad [kg\, O_2/h]$
Der Sauerstoffgehalt im belüfteten Teil des Belebungsbeckens ist zur Bemessung der Belüftungseinrichtung mit $C_X = 2$ mg/l anzusetzen.	$C_X = 2$ mg/l
Für Becken, die intermittierend belüftet werden, sind die belüftungsfreien Zeiten zu berücksichtigen, es gilt:	$erf.\, \alpha\, OC = \dfrac{C_S}{C_S - C_x} \cdot OV_h \cdot \dfrac{1}{1 - V_D/V_{BB}} \quad [kg\, O_2/h]$
Der Sauerstoffgehalt im belüfteten Teil des Belebungsbeckens ist zur Bemessung der Belüftungseinrichtung mit $C_X = 2$ mg/l anzusetzen.	$C_X = 2$ mg/l
Bei Umlaufbecken mit Oberflächenbelüftern kann für simultane Denitrifikation wegen des sägezahnförmigen Verlaufs des Sauerstoffgehaltes mit $C_X = 0,5$ mg/l gerechnet werden	$C_X = 0,5$ mg/l

Tafel 108 Spezifischer Sauerstoffverbrauch $OV_{C,BSB}$ [kg O_2/kg BSB_5], gültig für $C_{CSB,ZB}/C_{BSB,ZB} \leq 2,2$

T °C	Schlammalter in Tagen					
	4	8	10	15	20	25
10	0,85	0,99	1,04	1,13	1,18	1,22
12	0,87	1,02	1,07	1,15	1,21	1,24
15	0,92	1,07	1,12	1,19	1,24	1,27
18	0,96	1,11	1,16	1,23	1,27	1,30
20	0,99	1,14	1,18	1,25	1,29	1,32

Tafel 109 Stoßfaktoren für den Sauerstoffverbrauch (zur Abdeckung der 2-h Spitzen gegenüber 24-h Mittel, wenn keine Messungen vorliegen)

	Schlammalter in d					
	4	6	8	10	15	25
f_C	1,3	1,25	1,2	1,2	1,15	1,1
f_N für $B_{d,BSB,Z} \leq 1200$ kg/d	–	–	–	2,5	2,0	1,5
f_N für $B_{d,BSB,Z} > 6000$ kg/d	2,0	1,8	1,5	–		

Da die Sauerstoffverbrauchsspitze für die Nitrifikation in der Regel vor der Sauerstoffverbrauchsspitze für die Kohlenstoffelimination auftritt, sind zwei Rechengänge, einmal mit $f_C = 1$ und dem ermittelten/angenommenen f_N-Wert und einmal mit $f_N = 1$ und dem angenommenen (ermittelten) f_C-Wert durchzuführen. Der höhere Wert von OV_h ist maßgebend.

Belüftungssysteme

Die Belüftungssysteme haben die Aufgabe zum einen den Sauerstoff in das Abwasser einzutragen und zum anderen den Belebtschlamm zu durchmischen.
Die in Belebungsanlagen einsetzbaren Belüftungssysteme werden unterschieden in Druckbelüftung- und Oberflächenbelüftungssysteme.
Bei der Druckbelüftung wird in Abhängigkeit der Luftblasengröße im Wasser die feinblasige Belüftung, mittelblasige Belüftung und grobblasige Belüftung unterschieden. In der Praxis werden vorwiegend feinblasige Belüftungssysteme eingesetzt, die aufgrund hoher Sauerstoffeintrags- und -ertragswerte vorteilhaft sind. In Deutschland sind im wesentlichen 3 Formen von feinblasigen Belüftungselementen bekannt und zwar nach Bild 109 Rohre, Dome bzw. Teller und Platten. Die Ausführungsarten feinblasiger Druckbelüftungssysteme erfolgt hierbei in Breitbandanordnung, in flächendeckender Anordnung mit Rohren, Tellern und Platten oder Platten aus Folienmaterial oder in Systemen mit getrennter Umwälzung und Belüftung.
In Tafel 110 sind für die unterschiedlichen feinblasigen Druckbelüftungssysteme Richtwerte für die Sauerstoffzufuhr und den -ertrag in Reinwasser und unter Betriebsbedingungen angegeben. Unter Beachtung dieser Kennzahlen ist gemäß der nachfolgend angegebenen Zusammenhänge der erforderliche Luftvolumenstrom zu bestimmen.

Bestimmungsgröße	Berechnungsansatz
Spezifische Sauerstoffaufnahme	$OC_{L,h} = [g\ O_2/m_N^3 \cdot m]$
Der Luftvolumenstrom errechnet sich unter Berücksichtigung der berechneten Sauerstoffzufuhr:	$Q_L = OC/(OC_{L,h} \cdot h_E)$ $[m_N^3/h]$
Regelbereich zur Abstufung der Belüfterleistung	Mindestens 7:1
Sauerstoffertrag	ON oder OP = [kg O_2/kWh]

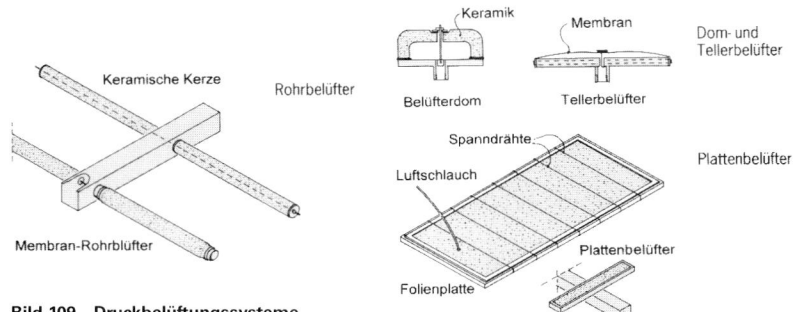

Bild 109 Druckbelüftungssysteme

Wasserwirtschaft

Tafel 110 Richtwerttabelle für feinblasige Belüftung

System	günstige Verhältnisse		mittlere Verhältnisse	
	$OC_{L,h}$ $g/(m_N^3 \cdot m)$	OP kg/kWh	$OC_{L,h}$ $g/(m_N^3 \cdot m)$	OP kg/kWh
Reinwasserbedingungen				
Breitbandbelüftung	12	2,2	9,2	1,7
flächendeckende Belüftung mit Elementen	17	3,2	13	2,4
flächendeckende Belüftung mit Folienplatten	22	3,9	17	2,9
Mit getrennter Umwälzung	14	3,0	11	2,3
Betriebsbedingungen ($a = 0,6$)				
Breitbandbelüftung	7,4	1,3	5,5	1,0
flächendeckende Belüftung mit Elementen	10	1,9	7,5	1,4
flächendeckende Belüftung mit Folienplatten	13	2,3	10	1,8
Mit getrennter Umwälzung	8,5	1,8	6,5	1,4

Bei allen Oberflächenbelüftungssystemen erfolgt der Sauerstoffeintrag durch die mechanische Einwirkung der Belüfter an der Oberfläche. Es wird unterschieden in Walzenbelüftung und Kreiselbelüftung. Zu den Walzenbelüftern zählen die Bürstenbelüfter, Stabwalzen und Mammutrotoren.

Die Kreiselbelüfter rotieren um eine vertikale Achse. Sie sind meist in der Mitte des zugeordneten Beckengrundrisses angeordnet und werden auch in schwimmender Anordnung eingesetzt. In Bild 110 sind einige Ausführungsbeispiele von Oberflächenbelüftungssystemen dargestellt. Bei allen mechanischen Oberflächenbelüftern steigt die Sauerstoffzufuhr mit zunehmender Leistungsaufnahme der Belüfteraggregate zur Erzeugung von Turbulenz und Wasserumwälzung an. In Tafel 111 sind Sauerstoffeintrags- und -ertragswerte bei einer Leistungsdichte von 35 W/m^3 zusammengestellt. Der α-Wert zur Umrechnung der Reinwasserwerte in Abwasserwerte beträgt 0,9. (Pöpel/Wagner)

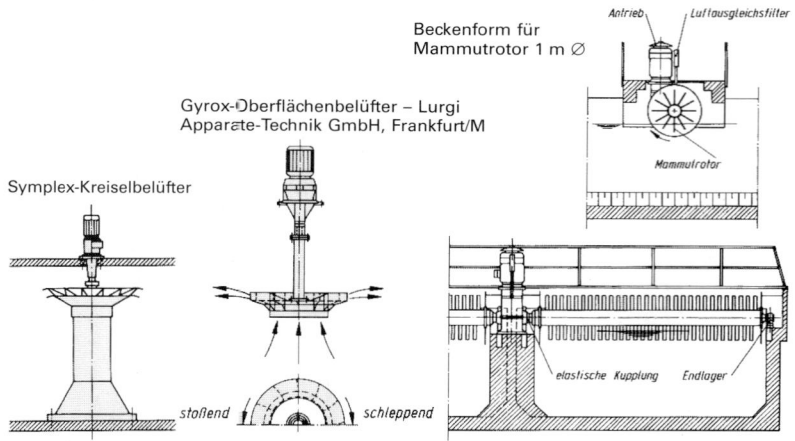

Bild 110 Oberflächenbelüftungssysteme — Beispiele

Tafel 111 Richtwerttabelle für die Sauerstoffzufuhr von Oberflächenbelüftungssystemen

System	Reinwasser		Betrieb	
	günstig	mittel	günstig	mittel
Kreisel in Mischbecken kg O_2/kWh	1,7	1,3	1,5	1,15
Kreisel in Umlaufbecken kg O_2/kWh	2,1	1,6	1,9	1,4
Walzen in Umlaufbecken kg O_2/kWh	1,7	1,3	1,5	1,15

Säurekapazität

Sowohl durch Nitrifikation als auch durch Zugabe von Metallsalzen (Fe^{2+}, Fe^{3+}, Al^{3+}) zur Phosphorelimination wird die Säurekapazität (Konzentration von Hydrogencarbonat, Bestimmung nach DIN 38409 Teil 7) vermindert. Dies kann auch zu einer Abnahme des pH-Wertes führen.

Bestimmungsgröße	Berechnungsansatz
Die Säurekapazität nimmt durch Nitrifikation (unter Einrechnung des Rückgewinns aus der Denitrifikation) und der Phosphatfällung angenähert wie folgt ab:	$S_{KS,AB} = S_{KS,ZB} - [0{,}07 \cdot (S_{NH4,ZB} - S_{NH4,AN}$ $+ S_{NO3,AN} - S_{NO3,ZB}) + 0{,}06 \cdot S_{Fe3}$ $+ 0{,}04 \cdot S_{Fe2} + 0{,}11 \cdot S_{Al3} - 0{,}03 \cdot X_{P,Fäll}]$ $[\mathrm{mmol/l}]$ $S_{KS} = \mathrm{mmol/l}$ andere Konzentrationen $= \mathrm{mg/l}$ $S_{KS,AB} \geq 1{,}5\ \mathrm{mmol/l}$

In tiefen Belebungsbecken (≥ 6 m) mit hoher Sauerstoffausnutzung kann trotz ausreichender Säurekapazität wegen einer zu geringen Strippung der biogen gebildeten Kohlensäure (CO_2) der pH-Wert unter 6,6 absinken. Anhaltswerte sind Tafel 112 zu entnehmen.

Tafel 112 **pH-Werte im Belebungsbecken in Abhängigkeit von der Sauerstoffausnutzung und der Säurekapazität. (A 131) Die Sauerstoffausnutzung ist für Betriebsbedingungen zu ermitteln.**

SKS, AB [mmol/l]	pH-Werte im Belebungsbecken bei einer mittleren Sauerstoffausnutzung von				
	6%	9%	12%	18%	24%
1,0	6,6	6,4	6,3	6,1	6,0
1,5	6,8	6,6	6,5	6,3	6,2
2,0	6,9	6,7	6,6	6,4	6,3
2,5	7,0	6,8	6,7	6,5	6,4
3,0	7,1	6,9	6,8	6,6	6,5

Bemessung eines aeroben Sektors

Aerobe Selektoren sind zur Verringerung der Gefahr von fadenförmigem Bakterienwachstum bei Abwässern mit hohen Anteilen leicht abbaubarer organischer Stoffe sowie vor total durchmischten Belebungsbecken zweckmäßig. Sie dienen insbesondere der intensiven Vermischung von Rücklaufschlamm und Abwasser. Die Abnahme des BSB_5 bzw. CSB kann sich nachteilig auf die Denitrifikation auswirken.

Anaerobe Mischbecken zur biologischen Phosphorelimination haben auf den Schlammindex eine ähnliche Wirkung wie aerobe Selektoren.

Das Becken sollte mindestens zweimal (Zweierkaskade) unterteilt werden.

Richtwert für das Volumen eines aeroben Selektors wird eine Raumbelastung von	$B_{R,BSB} = 10\ \mathrm{kg\ BSB_5/(m^3 \cdot d)}$ bzw. $B_{R,CSB} = 20\ \mathrm{kg\ CSB/(m^3 \cdot d)}$
Die Sauerstoffzufuhr für den aeroben Selektor sollte bemessen werden auf:	$\alpha OC = 4\ \mathrm{kgO_2/m^3}$

Bemessungsbeispiel zur vorgeschalteten Denitrifikation
(siehe Kapp in Günthert, F. W. et al., 2001)

Aufgabenstellung:

Ausgangsdaten:
Zulauf Belebung:

Q_d:	12000 $\mathrm{m^3/d}$	
BSB_5:	2100 kg/d	175 mg/l
N:	516 kg/d	43 mg/l
P:	72 kg/d	6 mg/l
TS_0/BSB_5:	0,60	

Reinigungsziel gemäß Abwasserverordnung vom 29. 05. 00
Bemessungstemperatur 12 °C
anorg $N < 18$ mg/l

14

Lösung

1. Bestimmung der Bemessungsdaten

   Erforderliches aerobes Schlammalter: 6,6 d (mit SF = 1,45 nach Messungen)
   Feststoffgehalt im Belebungsbecken: $TS_{BB} = 4,0$ kg/m^3
   (aus Bemessung Nachklärung)

2. Ermittlung der Denitrifikationsleistung

N_o:	43 mg/l	=	516 kg/d
org. N_e:	-2 mg/l	=	-24 kg/d
$NH_4^+ - N_e$:	-1 mg/l	=	-12 kg/d
$N_{üs}$:			
$0,045 \cdot BSB_5 =$	$-7,8$ mg/l	=	-94 kg/d
zu nitrifizieren:	32,2 mg/l	=	386 kg/d

   Behördliche Auflage in qualifizierter Stichprobe: 18 mg/l anorg. N
   Im Tagesmittel zu erreichen: = 12 mg/l anorg. N
   Davon $NO_3^- N$: 11 mg/l

   Zu denitrifizieren: $32,2 - 11 =$ 21,2 mg/l

3. Erforderliche Rezirkulation
   Erforderliche DN-Kapazität: $21,2/175 =$ 0,12

   Erforderlicher Denitrifikationsgrad:
   $\eta_D = 21,2/32,2 = 66\%$

   Erforderliche Rezirkulation (Rücklaufschlamm + Kreislaufschlamm):
   $\eta_D/(1 - \eta_D) = 0,66/(1 - 0,66) = 200\%$

4. Bestimmung des Beckenvolumens
   Beckenvolumen:
   $V_D/V_{BB} = 0,25$ (nach Tafel 105)
   Gesamtschlammalter: $6,6/(1 - 0,25) = 8,8$ d
   Überschußschlammproduktion:
   Aus BSB_5: 0,79 kg TS/kg BSB_5 (nach Tafel 107)
   Aus P-Elimination: $6,8 \cdot (6 - 1,7 - 1,2)/175 = 0,12$ kg TS/kg BSB_5
   Je nach Wahl von $X_{P,BM}$ (P-Einbau in die Biomasse) und $C_{P,AN}$ (P im Ablauf der Nachklärung) ergibt sich ÜS$_b$ zwischen 0,11 und 0,15 kg TS/kg BSB_5.
   $ÜS_B = 0,79 + 0,12 = 0,91$ kg TS/kg BSB_5
   $V_{BB} = 8,8 \cdot 0,91 \cdot 2100/4,0 = 4205$ m^3
   Davon
   DN-Zone: $0,25 \cdot 4205 = 1050$ m^3
   N-Zone: $0,75 \cdot 4205 = 3155$ m^3

   Anmerkung:
   Bei 10 °C (T_W) ist praktisch das gesamte Belebungsbecken zu belüften, um die Nitrifikation sicherzustellen. Eine Denitrifikation findet dann nicht statt (erf $V_N = 8,0 \cdot 0,91 \cdot 2100/4,0 = 3820$ m^3). Nach A 131 neu ist dies möglich, wenn der Nachweis geführt wird, daß die Säurekapazität im Ablauf ausreichend hoch ist.

   Das Volumen für ein anaerobes Mischbecken zur biologischen Phosphatelimination ergibt sich etwa zu:
   $(12\,000$ m^3/d/18 h/d$) \cdot 2 \cdot (0,5$ bis $0,75$ h$) = 670$ bis 1000 m^3.
   Für diesen Fall wäre im Winter der Betrieb wie folgt: 1000 m^3 (DN) + 4205 m^3 (N)
   Damit wäre dann eine (Teil)-Denitrifikation gegeben.

5. Ermittlung der Sauerstoffzufuhr bei 20 °C
   $OV_{d,C} = B_{d,BSB} \cdot 1,13$ kgO$_2$/kg $BSB_5 = 2436$ kg/d
   $OV_{d,N} = Q_d \cdot 4,3 \cdot (21,2 + 11)/1000 = 1662$ kg/d
   $OV_{d,D} = Q_d \cdot 2,9 \cdot 21,2/1000 = 738$ kg/d
   $f_C = 1,2$ (nach Tafel 109)
   $f_N = 1,45$ (nach Messung, A 131 neu)

   $$OV_h = \frac{1,0 \cdot (2436 - 738) + 1,45 \cdot 1662}{24} = 172 \text{ kg O}_2/\text{h}$$

   $$OV_h = \frac{1,2 \cdot (2436 - 738) + 1,0 \cdot 1662}{24} = 155 \text{ kg O}_2/\text{h}$$

   erf. $\alpha OC = 9/(9 - 2) \cdot 172 = 222$ kgO$_2$/h

8.6 Weitergehende Abwasserreinigung durch nachgeschaltete Filtration

Die Zusammenstellung der Erkenntnisse erfolgt unter Berücksichtigung des ATV-Arbeitsblattes A 203 (04.95), „Abwasserfiltration durch Raumfilter nach biologischer Reinigung", des Arbeitsberichtes „Abwasserfiltration" des ATV-Fachausschusses 2.8 (03.97), (Korrespondenz Abwasser), des ATV-Handbuches (1997), „Biologische und weitergehende Abwasserreinigung", des Fachberichtes „Filtrationsverfahren" (1999), (Hütte-Umweltschutztechnik) und des Arbeitsberichtes der ATV-Arbeitsgruppe 2.6.4 „Biofilter als Festbettreaktoren" (03.00) (ATV-DVWK).

Aufgabenbereiche der Filtration

Bei weitergehenden Anforderungen an die Ablaufqualität von Kläranlagen werden Abwasserfilter als nachgeschaltete Stufe hinter der Nachklärung angeordnet. Durch den Einsatz der Filtration werden Reinigungsleistung und Ablaufqualität deutlich verbessert und stabilisiert.

Entsprechend den Aufgabenstellungen werden in der Praxis auch unterschiedliche Filtrationsverfahren eingesetzt. Zur besseren Einordnung des Wirkungsbereiches der einzelnen Filtrationssysteme ist in der Tabelle 113 eine vereinfachte Übersicht zum Leistungsspektrum einiger wichtiger Abwasserparameter gegenübergestellt.

Den Einfluß der abfiltrierbaren Stoffe auf den Kläranlagenablauf in Bezug auf den BSB, CSB, Phosphor und Stickstoff zeigt die Tafel 114.

Tafel 113   Auswahlkriterien für den Einsatz von Filtrationsverfahren; Barjenbruch, 1999 modifiziert

	AFS	$CSB_{gelöst}$	NH_4-N	NO_3-N	$P_{gelöst}$
Flächenfiltration					
Kornhaufenfilter (+ Flockung)	+	0	0	0	0/(+)
Tuchfiltration	+	0	0	0	0
Mikrosiebe	+	0	0	0	0
Raumfiltration					
Flockungsfiltration nach Simultanfällung oder erhöhter biologischer P-Elimination	++	+	0	0	++
Raumfiltration und Aktivkohleadsorption	++	++	0	0	+
Biofiltration					
Rest-N-Filter mit O_2-Zugabe + Flockung	+	+	++	0	+
Rest-DN-Filter mit C-Zugabe + Flockung	+	0	0	++	+

0 = keine bis geringe Wirkung, + = gute Wirkung, ++ = sehr gute Wirkung

14

Tafel 114   Einfluß der abfiltrierbaren Stoffe im Kläranlagenablauf auf die Parameter BSB_5, CSB, Phosphor und Stickstoff gemäß ATV A 131 (05.00)

Feststoffabtrieb	mg BSB_5	mg CSB	mg P	mg N
1 mg/l *AFS*	0,3 — 1,0	0,8 — 1,4	0,02 — 0,04	0,08 — 0,10

Flächenfiltration

Die Flächenfiltration ermöglicht den Rückhalt von kleinen und großen Partikeln über eine dünne Filterschicht aus Kies oder Sand, Tuchfilter, Membrane oder Siebe. Flächenfilter werden in der weitergehenden Abwasserreinigung zur Feststoffelimination und Phosphorelimination eingesetzt.

Die in der Praxis bisher eingesetzten einzelnen Flächenfilter sind in der Tafel 115 in Abhängigkeit des Filtermediums, der Filterschichten, der Filtrationsrichtung, der Spültechnik, des Einsatzzweckes und der Bemessung gegenübergestellt.

Tafel 115   Verfahren der Flächenfiltration

Bezeichnung	Aufbau Filtermedium	Strömungsrichtung/ Strömungsrichtung	Spülzyklus Spülmedium	Eliminations-Wirkung	Filtergeschwindigkeit
Zellenfilter	i. d. R. Einschicht	abwärts Überstau	quasikontinuierlich Wasser	AFS, CSB, P	5 – 10 m/h
Automatischer Schwerkraftfilter	Einschicht	abwärts Überstau	diskontinuierlich Wasser/Luft	AFS, CSB, P	5 – 10 m/h
Tuchfiltration	Nadelfilz, Gewebe	beliebig	quasikontinuierlich Wasser	AFS, CSB	bis 12 m/h
Mikrosiebung	Metallgewebe, Kunststoffgewebe	radial	kontinuierlich Wasser	AFS, CSB	8 bis 12 m/h

Raumfiltration

Die Raumfiltration beruht im Gegensatz zur Flächenfiltration auf der Wirkung zweier getrennter Schritte, dem Stofftransport und der Stoffanlagerung im Filterbett. Die Abstufung des Filterkorns von grob nach fein in Fließrichtung ermöglicht ein großes Speichervermögen und längere Filterlaufzeiten.

In der weitergehenden Abwasserreinigung wird die Raumfiltration zur erhöhten Partikelentnahme und Phosphorentfernung eingesetzt. In Sonderfällen kann bei hohen Industrieanteilen durch die Zugabe von Aktivkohle vor der Filtration eine verbesserte CSB-Entfernung erreicht werden.

Mit der Flockungsfiltration wird durch die Vorschaltung einer Fällungs- und Flockungsstufe eine weitgehende P-Elimination bis auf Restkonzentrationen von $< 0,3 - 0,2$ mg/l ermöglicht. Dies gilt allerdings nicht, wenn ein erhöhter Anteil an nicht fällbaren gelösten P-Verbindungen von $> 0,1$ mg/l im Zulauf zur Filtration vorliegt. Vor der Filtration erfolgt eine Intensivmischung von Abwasser und Flockungsmitteln, wobei die Kontaktzeit von wenigen Minuten ausreichend ist. Durch die Zugabe der Fällmittel wird der gelöste Phosphor ausgefällt und in partikuläre und damit abscheidbare Form überführt. Im Filter werden die Metallphosphate und Metallhydroxide zurückgehalten. Es können unabhängig vom Filtertyp sehr geringe Restkonzentrationen erreicht werden, wenn ein molare Verhältnis von $> 1,8$ eingehalten ist. Gegebenenfalls wird zur Verbesserung der Filtrationseigenschaften die Zudosierung von nicht iorogenen oder schwach anionischen Polyacrylamiden notwendig und zwar in einem Dosierbereich von 0,005 bis 0,3 mg/l.

Die Einordnung der unterschiedlichen Filtrationsverfahren in bezug auf Filtermedium, Filterschichten, Filtrationsrichtung, Spültechnik und Einsatzzweck erfolgt in der Tafel 116.

Das Bild 111 zeigt beispielhaft ein bewährtes Verfahren der Raumfiltration. Diese Filtration wird in der Regel bei sehr großen Anlagen in offener und rechteckiger

Bauweise eingesetzt. In Abhängigkeit der Zielvorgaben erfolgt eine Einschicht- oder Mehrschichtfiltration. Neben den klassischen Raumfiltern werden noch eine Vielzahl von konstruktiv modifizierten Filtersystemen eingesetzt. Ein Beispiel einer derartigen Sonderkonstruktion der Raumfiltration ist der kontinuierlich gespülte Einschichtfilter, der vorwiegend bei kleineren bis mittleren Ausbaugrößen eingesetzt wird.

Tafel 116 Verfahren der Raumfiltration

Bezeichnung	Aufbau Filter-medium	Strömungs-richtung/ Strömungs-richtung	Spülzyklus Spülmedium	Eliminations-Wirkung	Filter-geschwindigkeit
Einschichtfilter/ Flockungsfilter	Einschicht	abwärts/ Überstau	diskontinuierlich Wasser/Luft	AFS, CSB, P	7,5 – 15 m/h
Zweischichtfilter/ Flockungsfilter	Zweischicht	abwärts/Überstau	diskontinuierlich Wasser/Luft	AFS, CSB, P	7,5 – 15 m/h
Sonderverfahren Flockungsfilter	Einschicht	aufwärts/Überstau	kontinuierlich Wasser/Luft	AFS, CSB, P	7,5 – 15 m/h

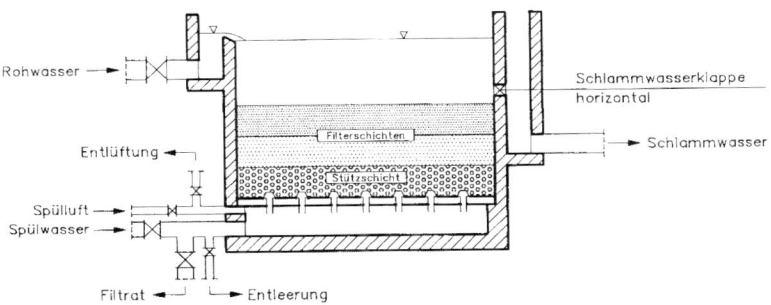

Bild 111 technische Ausführungsform der Raumfiltration (Auswahl) nach ATV A 203 abwärts durchströmter Filter mit Aufstauspülung

Biologische Filtration

In Verbindung mit den chemisch-physikalischen Prozessen ist zusätzlich zur Filterwirkung parallel auch eine gezielte biologische Wirkung wie z. B. Restnitrifikation oder Restdenitrifikation möglich. In dieser Funktion werden nachfolgend die Biofiltersysteme im einzelnen dargestellt.

Biofilter sind ihrer Bauart gemäß grundsätzlich Raumfilter. Bezüglich Aufbau, baulicher Gestaltung und technischer Ausrüstung wie z. B. Rückspültechnik, Düsenboden etc. entsprechen sie im Wesentlichen den klassischen Filtrationen. Je nach Durchströmrichtung wird unterschieden in Aufstrom- und Abstromfilter. Beide Filtersysteme werden in der Praxis eingesetzt. Biologische Filtrationssysteme werden mit spezifischen körnigen Filtermaterialien und mit gesonderten technischen Zusatzeinrichtungen wie z. B. Vorbelüftungsbecken, Belüftungen des Filterbettes oder C-Zudosierungen ausgerüstet. Bei der Anwendung dieser Systeme ist darauf zu achten, daß neben den gezielten biologischen Umsatzleistungen der weitgehende Feststoffrückhalt sichergestellt bleibt.

14

Bei der Sicherstellung ausreichender Restnitrifikation- und Restdenitrifikationsleistungen im Filterbett ist darauf zu achten, daß zulässige Filtergeschwindigkeit und mögliche biologische Umsatzleistung aufeinander abgestimmt sind. Nach den bisherigen Erfahrungen sollte als Bemessungsfracht die Maximalbelastung z. B. 2-h-Mittelwert der Tagesspitze für die Bestimmung des erforderlichen Filtervolumen zugrunde gelegt werden. (Barjenbruch, 1999) Die in biologischen Filtern maximal erreichbaren biologische Umsatzleistungen sind nachfolgend gegenübergestellt. Für eine abgesicherte Bemessung sind die jeweiligen Randbedingungen wie z. B. Temperatur, Abwasserbeschaffenheit, Reinigungsziel, Filtrationsverfahren, Filtermaterial differenziert zu berücksichtigen.

Bestimmungsgröße	Berechnungsansatz
Raumumsatzleistung zur Rest-Nitrifikation (B_R)	$B_R = B_{h,\,NH4-N}/V_F$ [kg $NH_4 - N/m^3 h$] $B_{R\,max} = 0{,}06$ kg $NH_4 - N/m^3 h(T = 12\ ^\circ C)$
Raumumsatzleistung zur Rest-Denitrifikation (B_R)	$B_R = B_{h,\,NO_x-N}/V_F$ [kg $NO_x - N/m^3 h$] $B_{R\,max} = 0{,}20$ kg $NO_x - N/m^3 h(T = 12\ ^\circ C)$

Einige bewährte Biofilter sind nach Filtermedium, Filterschichten, Filtrationsrichtung, Spültechnik, Einsatzzweck und Bemessung in der Tafel 117 gegenübergestellt. Ein konstruktives Ausführungsbeispiel zur biologischen Filtration mit den erforderlichen Zusatzeinrichtungen ist in Bild 112 beispielhaft dargestellt. Weitere Ausführungsmöglichkeiten sind gemäß den entsprechenden ATV Erfahrungsberichten angegeben.

Tafel 117   Verfahren der biologischen Raumfiltration

Bezeichnung	Aufbau Filtermedium	Strömungs- richtung/ Strömungs- richtung	Spülzyklus Spülmedium	Eliminations- wirkung	Filterge- schwindig- keit
Überstaufiltration mit Flockung und Vorbelüftung oder C-Zugabe	Einschicht oder Zweischicht	abwärts Überstau	diskonti- nuierlich Wasser/Luft	AFS, CSB, P NH_4–N oder N_{ges}	7 – 15 m/h
Aufwärtsfiltration mit Flockung und Filterbettbelüftung oder C-Zugabe	Einschicht	aufwärts/ Überstau	diskonti- nuierlich Wasser/Luft	AFS, CSB, P NH_4–N oder N_{ges}	5,5 – 11 m/h
Sonderverfahren Biofilter mit Flockung und Filterbettbelüftung oder C-Zugabe	Einschicht	aufwärts/ Überstau	kontinuierlich Wasser/Luft	AFS, CSB, P NH_4–N oder N_{ges}	6 – 12 m/h
Trockenfilter Trockenfilter mit Flockung	Zweischicht	abwärts/ Rieselfilm	diskonti- nuierlich Wasser/Luft	AFS, CSB, NH_4–N AFS, CSB, P, NH_4–N	4 – 8 m/h

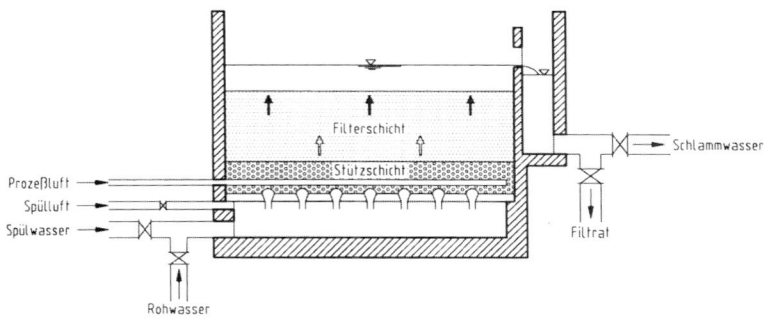

Bild 112 technische Ausführungsform der biologischen Raumfiltration (Auswahl) Aufstromfiltration mit Durchlaufspülung und Gleichstrombelüftung

Tafel 118 Zusammenstellung von Materialkenndaten und Spülgeschwindigkeiten nach ATV-Handbuch (1997)

Filtermaterial	Körnung [mm]	Feststoffdichte [g/cm³]*	Kornnaßdichte [g/cm³]*	Schüttdichte [kg/m³]*	Spülgeschwindigkeit für eine ausreichende Ausdehnung [m/h]
Anthrazit	1,4 bis 2,5	1,4	1,4	720	55
	2,5 bis 4,0	1,4	1,4	720	90
Basalt	1,0 bis 2,0	2,9	2,9	1700	110
Bims	2,5 bis 3,5	2,3	1,3 bis 1,5	340	55
Blähschiefer	1,4 bis 2,5	2,5	1,2 bis 1,7	650	60
	2,5 bis 4,0	2,5	1,2 bis 1,7	600	90
Blähton	1,4 bis 2,5	2,5	1,1 bis 1,6	650	60
	2,5 bis 4,0	2,5	1,1 bis 1,6	600	90
Filtersand	0,71 bis 1,25	2,5	2,5	1500	55
	1,0 bis 1,6	2,5	2,5	1500	75
	1,0 bis 2,0	2,5	2,5	1500	90
	2,0 bis 3,15	2,5	2,5	1500	130

* Richtwerte, maßgebend sind Herstellerangaben

Korrekturfaktor der Spülgeschwindigkeit für $5° < T < 30°C$

Temperatur [°C]	5	10	15	20	25	30
Korrekturfaktor [−]	0,87	0,92	0,96	1,0	1,04	1,12

14

8.7 Schlammbehandlung und -entsorgung

8.7.1 Schlammengen

Tafel 119   Liste der Schlammengen nach Imhoff

Schlammart und Herkunft	Feststoffgehalt in g/(E · d)	in %	Menge in l/(E · d)	org. TS in %
A. Absetzanlage mit Faulraum:				
1. r. unter Wasser abgepumpter Schl. aus Trichterbecken	45	2,5	1,80	60 bis 70
2. wie vor, eingedickt	45	5,0	0,90	60 bis 70
3. ausgefaulter Schlamm, eingedickt	30	10,0	0,30	42 bis 45
4. ausgefaulter Schlamm, entwässert	30	30,0	0,10	42 bis 45
B. Tropfkörper mit Faulraum:				
5. Schlamm der Nachbecken	25	4,0	0,63	50 bis 70
6. roher, gemischter Schlamm aus VKB u. NKB, E.	70	4,7	1,50	55 bis 70
7. ausgefaulter, gemischter Schlamm, naß	45	3,0	1,50	42 bis 47
8. ausgefaulter Schlamm, entwässert	45	28,0	0,16	42 bis 47
C. Belebungsanlagen mit Faulraum oder aerober Schlammstabilisation:				
9. roher, gepumpter Überschußschlamm	35	0,7	5,00	50 bis 80
10. r., g. Sch. aus VKB u. Überschußschlamm, E.	80	4,0	2,00	55 bis 75
11. ausgefaulter, gemischter Schlamm, naß	50	2,5	2,00	43 bis 47
12. ausgefaulter, gemischter Schlamm, entwässert	50	22,0	0,23	43 bis 47
13. aerob stabilisierter g. Schl., eingedickt	50	2,5	2,00	45 bis 50
14. wie vor, entwässert	50	20,0	0,25	45 bis 50
D. Chemische Fällung und Flockung:				
15. **Vorfällung,** roher Schl. der VKB, eingedickt	65	4,0	1,60	
16. Schlamm der Vorfällung, ausgefault und eingedickt	45	5,0	0,90	
17. **Simultanfällung** (beim Belebungsverfahren), r. Schl. aus VKB u. NKB E	90	4,0	2,25	
18. g. Schl. der Simultanfällung, ausgefault u. E.	60	3,0	2,00	
19. **Nachfällung,** roher Schlamm der Tertiärstufe, E.	15	1,5	1,00	
Nach Böhnke gilt für das AB-Verfahren				
20. r. g. ÜS − der A-Stufe incl. Primärschl.	85			65
21. r. g. ÜS − der B-Stufe bei B_{TS} A/B = 4,0/0,28	18			75
22. r. g. ÜS − der B-Stufe bei B_{TS} A/B = 4,0/0,15	12			70

r = roh, g = gemischt, E = eingedickt, VKB = Vorklärbecken, NKB = Nachklärbecken

Die Werte der Tafel 119 schwanken bei der Mitbehandlung von Regenwasser, insbesondere aus Mischsystemen um ±25%. (+25% bei der Bemessung von Vor- und Nacheindicker und für Faulturm und Schlammentwässerung. −25% bei der Energieausbeute.)

Bei der Umrechnung werden die Schlammengen **V** in l (oder m³) und Feststoffgehalte **TS** in kg (oder l) bzw. in Prozentsätzen als Dezimale eingesetzt. Mit der Dichte von 1,0 t/m³ wird entweder $V_1 \cdot TS_1 = V_2 \cdot TS_2$ oder **V** in l = **TS** kg/TS% bzw. jede mögliche andere Variation, z. B. $V_1 = 600$ l; $TS_1 = 4\%$; $TS_2 = 6\%$; $V_2 = 600 \cdot 0,04/0,06 = 400$ l; oder mit $TS_1 = 24$ kg: $V_1 = 24/0,04 = 600$ l.

Beachte! Bei der Eindickung bleiben die Feststoffgehalte konstant. Die % TS-Werte der Tafel 119 werden nur in günstigen Fällen überschritten. Bei der Faulung wird der organische Feststoffanteil **oTS**, der ohne Fällschlamm etwa 2/3 des gesamten TS beträgt, auf die Hälfte reduziert, d. h. gesamt TS in kg nach Faulung nur 2/3 der ursprünglichen TS bei fast gleichem Volumen. Aus dem Faulraum wird in der Regel kein Trübwasser abgezogen.

8.7.2 Eindicker

DIN 19552-3 (8.78) Kläranlagen, Rundbecken als Eindicker mit Zentralantrieb
Zur Voreindickung werden 2 oder 3 gleichgroße Standeindicker mit einem Volumen gleich der täglichen Frischschlammenge bzw. bei 5-Tagesbetrieb $^7/_5$ der täglichen Menge vorgesehen. Der zylindrische Teil soll $\geq 2,5$ bis 3,0 m hoch sein.
Durchlaufeindicker werden nach der (Ober)flächenbelastung **BA** in kg $TS/(m^2 \cdot d)$ mit Feststoffen und der Aufenthaltszeit t_R in der Übergangszone H_2 und der Eindickzone H_3 mit $1d \leq t_R \leq 3d$ bei 75% des Endfeststoffgehaltes bemessen. Nach ATV-Handbuch sind $H_2 + H_3$ bei häuslichem Mischschlamm zu 1,5 bis 2,5 m und bei Belebtschlamm $\leq 2,0$ m zu wählen. Es werden zusätzlich eine untere Räumzone $H_4 = 0,3$ m und eine obere Sedimentationszone $H_1 = 1,0$ m vorgesehen. Nach Imhoff soll $q_A \leq 0,75$ m^3/(m$^2 \cdot$ h) bleiben. Randhöhe i. A. 2,5 bis 4,0 m.

Tafel 120   Flächenbelastung B$_A$ in kg/(m$^2 \cdot$ d) für Durchlaufeindicker

Entwässerbarkeit und Art der Schlämme	kg/(m$^2 \cdot$ d)
Gut: Schlamm mit hohem Anteil an mineral. Stoffen (Schleif- u. Gießereisande)	100
Mittelmäßig: norm. Vorklär- u. Faulschlamm ohne gelartige industrielle Zusätze	50 bis 80
Schlecht: Nachklärschlamm, Hydroxidschlamm aus Galvaniken ohne Beizereien	20 bis 50

Überschußschlamm von Belebungsanlagen kann auch unter bestimmten Voraussetzungen in einer Entspannungsfloationsanlage aufkonzentriert werden.
Verwendet werden darüber hinaus auch Zentrifugen mit relativ hoher Leistungsaufnahme mit vorgeschalteten, automatisch reinigenden Feinsieb- oder Zerkleinerungseinrichtungen (Mono-Muncher) mit geringem oder ohne Flockungsmitteleinsatz (Polyelektrolyt bis 1,5 g/kg TS). Siebtrommeln haben eine geringe Leistungsaufnahme, der Flockungsmittelverbrauch beträgt etwa 2 bis 4 g/kg TS. In allen Fällen sind Versuche zur Flockungsmitteloptimierung erforderlich. Es werden TS-Gehalte von 5 bis 8% erreicht.
Nacheindicker, meist Standeindicker, dienen besonders bei nachfolgender mechanischer Schlammentwässerung auch als Stapelbehälter (z. B. bei Betriebsunterbrechungen). Sie werden wie Voreindicker mit reichlich Reserve bemessen. Bei Geruchsentwicklung wird abgedeckt. Die abgezogene Luft wird durch etwa 1,0 m dicke **Kompostfilterschichten** (auf verteilenden Kiesschichten mit Drännetz) gedrückt. **Luftdurchsatz** etwa **30 bis 50** Nm^3 Luft/(m$^3 \cdot$ h). (Filter feucht halten, alle 3 bis 10 Jahre erneuern.)

Beispiel   20 000 E + EGW; Belebungsanlagen mit Regenwasserbehandlung: Tafel 119 0,08 kg TS/E/d; Mischschlamm mit 2% TS, gew. $B_A = 40$ kg/(m^2 d). Feststoffgehalt nach Eindickung 4%. Feststoffe: TS $= 1,25 \cdot 20 000 \cdot 0,08 = 2000$ kg; $V_1 = 2000/0,02 = 100 000$ l $\hat{=} 100$ m^3/d; a) Durchlaufeindicker, erf. Oberfl. $O_E = 2000/40 = 50$ m^2 gew.: $\varnothing$ 8,0 m (50 m^2); während 8 Std. abgepumpt 100/8 = 12,50 m^3/h; $q_A = 12,50/50 = 0,25$ m/h $< 0,75$; nach Eindickung: $V_2 = 100 \cdot 0,02/0,04 = 50$ m^3/d; Trübwasseranfall: $100 - 50 = 50$ m^3/d $\hat{=} 50/8 = 6,25$ m^3/h; Eindickzone: TS etwa 75% des End-TS: $TS = 0,75 \cdot 0,04 = 0,03 \hat{=} 3\%$; zul. $t_R = 1,5$ d, Schlammvol. $= 100 \cdot 0,02/0,03 = 66,7$ m^3/d; $H_2 + H_3 = 66,7 \cdot 1,5/50 = 2,00$ m; Höhe: $H_1 + H_2 + H_3 + H_4 = 1,0 + 2,00 + 0,30 = 3,30$ m; Vol. $= 3,30 \cdot 50 = 165$ m^3 (zzgl. 0,5 m Freibord). b) Standeindicker, jeder einzelne Voreindicker müßte 100 m^3 groß sein ($\oslash$ 4,7 · 4,7 · 3,5 m zyl. Höhe, zzgl. Freibord. Trichter 1,5:1 geneigt, Spitze 0,5 · 0,5).

8.7.3 Faulräume

Für die überschlägliche sichere Bemessung beheizter bzw. unbeheizter Faulräume gilt Tafel 121. Für einen sicheren Betrieb sollen 40 l/E vorgehalten werden oder die Faulzeiten t_{FB} **30d** und die Belastung mit organischer TS: $B_R \leq$ **3,0 kg/(m$^3 \cdot$ d)** sein. (Bei kleineren Anlagen geht man mit B_R auf 1,5 bis 2 kg oTS/(m$^3 \cdot$ d) zurück, bei großen mit t_{FB} auf ≥ 20 d.) Die Feststoffgehalte im Faulraum sollen $\geq 2\%$ und $\leq 6\%$ (8%) liegen. Der Faulrauminhalt soll etwa 3- bis 5 mal am Tag umgewälzt werden. (Nur Heizschlammumwälzung $0,8-1,0$ V_{FT}/d.) Die günstigste Temperatur liegt bei 33 bis 35 °C. Der Frischschlamm soll mit der 3- bis 5fachen Faulschlammenge aus dem Behälter geimpft werden. Der **Gasanfall** G_{max} ermittelt sich theoretisch zu **480 l** Gas/kg oTS. Tatsächlich nutzbar sind bei Tropfkörperanlagen etwa 18 l/(E · d) und bei Belebungsanlagen etwa 16 l/(E · d). Der Energiegehalt beträgt 5,8 kWh/m³ Gas. Es soll ein Gasbehältervolumen $\geq$ tägliche Frischschlammzufuhr zum Faulbehälter vorgehalten werden, oder ca. $1/2$ tägl. Gasanfall.

Die Faulraumbeheizung erfordert ca. q 0,4 kWh/(m³ · d). Eine bessere Anpassung an unterschiedliche Volumen gibt $q = 1,97 - 0,19 \cdot \ln V$ in kWh/(m³ · d). Für die Aufheizung des Frischschlammes werden **1,163 kWh/(m³ · °C)** benötigt, d. h. bei Erwärmung von 10 auf 35 °C etwa 29 kWh/m³. Für die außenliegenden Wärmetauscher wird eine Wärmeübertragung von 1,1 bis 1,4 kWh/(m² · °C · h) angesetzt. Mit 70° Vorlauf-, 50° Rücklauf- und 35° Schlammtemperatur ist $\Delta t = 0,5(70 + 50) - 35 = 25°$, d. h. es werden etwa 28 bis 35 kWh/(m² · h) übertragen. Schlammrohre haben $\emptyset \geq$ DN 125 mit $v = 1$ bis 1,5 m/s.

Tafel 121 Faulraumgrößen in l/EW

Klärverfahren	Faulraum unbeheizt	Emscherbecken	Faulraum 30 bis 33 °C
Absetzanlage	150	50	20
Belebungsanlage	260	120	40
Tropfkörperanlage	220	100	30

Bild 113 Faulraummaße

Beispiel   Werte von Abschn. 8.7.2: oTS $= 2/3 \cdot 2000 = 1330$ kg. $B_R = 1,5$ kg/m³ · d: erf. $V = 1330/1,5 = 887$ m³, d. h. $887/(1,25 \cdot 20000) = 0,035$ m³/E < 40 l/E gewählt: $V_F = 1,25 \cdot 20000 \cdot 0,04 = 1000$ m³; $D_F \approx 1,2 \sqrt[3]{V_F} = 1,2 \cdot \sqrt[3]{1000} = 12,0$ gew. $\emptyset$ 12,0 m. Faulzeit bei 4% Feststoffgehalt: $t_{FB} = 1000/50$ m³/d $= 20$ d. Es empfiehlt sich, den Frischschlamm stärker einzudicken. Wärmebedarf: $q = 1,97 - 0,19 \cdot \ln 1000 = 0,66$ kWh/m³ · d: $1000 \cdot 0,66 + 50 \cdot 29 = 2100$ kWh/d, d. h. 88 kW installierte Leistung. Die Wärmeaustauscherfläche muß etwa 88/30 $= 2,93$ m² $= 7,5$ lfm DN 125 betragen. Das Energiedargebot aus Faulgas beträgt normal ohne Regenwasserbehandlung, $2000 \cdot 0,016 \cdot 5,8 = 1856$ kWh/d $> 660 + 1450/1,25 = 1820$; Gasbehälter: $V = 160$ m³.

8.7.4 Schlammentwässerungsmaschinen

Normale „Bandfilterpressen" oder „Zentrifugen" erreichen bei $B_{TS} = 0,05$ kg BSB₅/kg TS · d etwa 20 bis 25% TS und bei $B_{TS} = 0,15$ bis zu 30% TS. Hierbei werden Polyelektrolyte als Flockungsmittel (FM) zugegeben (2,5 bis 3,5 g/kg TS). Durch Hochleistungszentrifugen mit hohem Energiebedarf und speziellen Bandfilterpressen können neuerdings TS-Gehalte um bis zu 10% (z. B. von 25 auf 35%) gesteigert werden. Voraussetzung für einen kontinuierlichen Betrieb ist eine gleichmäßige Schlammkonsistenz (automatische Trübwasserabsaugung und Rührwerke im Eindicker). Bemessen wird für 7/5 des Tagesschlammanfalls und einen 6-Stunden-Betrieb, unter Beachtung des TS-Durchsatzes in kg/h. Bei Zentrifugen wird oft eine Verfügbarkeit von nur 60 bis 80% angesetzt. Die Redundanz wird häufig durch eine zweite Maschine oder durch Verträge mit Verleihern mobiler Geräte gewährleistet. Kammerfilterpressen erreichen in der Regel bei Einsatz von Polymeren (3,5 bis 4,5 g/kg TS) und zur Verbesserung der Kuchenstruktur — von Eisen III-Chlorid (FeCl₃ 0,12 bis 0,18 kg/kg TS) TS-Gehalte von 35% und mehr (ab da ist selbstgängige Verbrennung möglich). Bei Zugabe von zusätzlich 0,3 kg CaO/kg TS sind 45 bis 50% TS erreichbar. Verwendet werden Platten aus Sphäroguß (GGG 50) und, besonders bei Einsatz ohne CaO, Polypropylen(PP)-Platten, die bei einer Kammertiefe von 30 mm folgende Kammerinhalte aufweisen: Plattenformat 1200 × 1200 mm ca. 30 bis 34 l, 1500 × 1500 ca. 48 bis 55 l, 1500 × 2000 ca. 70 bis 80 l. Im Betrieb sind 3 bis 4 Füllgänge erreichbar.

(Genauere Werte bei Herstellern).

Verarbeitet werden arbeitstäglich 7/5 der Tages-TS-Menge unter Berücksichtigung von $\gamma_{TS} = 1,05 - 1,2$ kg/l bei dem gewünschten End-TS-Gehalt. Die Redundanz liegt in der doppelten Ausstattung der Füll- und der Hochdruckpumpen.

Beispiel Werte aus Abschn. 8.7.3 und 8.7.4 TS nach Faulung: $2/3 \cdot 2000 = 1330$ kg/d. TS nach Eindickung 4,5%. 5 Tagewoche: $V_S = 7 \cdot 1,33$ t/$(0,045 \cdot 5) = 41,4$ m^3/d, 6 Std. Betrieb: 6,9 m^3/h rd. 7 m^3/h Leistung der Bandfilterpresse. FM: 45 kg TS/m$^3 \cdot 3$ g $= 135$ g/m^3 Schlamm. Kammerfilterpresse: 3 Chargen/d, Zugabe FeCl$_3$: 0,15 kg/kg TS; FM: 4 g/kg TS; $\gamma_s = 1,05$, End TS $= 35\%$, Kuchenvolumen: $1330 \cdot 7(1 + 0,15 + 0,004)/$ $(5 \cdot 0,35 \cdot 1,05 \cdot 3) = 1949$ l/Charge; PP-Platten 1500×1500, 52 l/Kammer $\rightarrow 1 + 1949/52 = 39$ Platten gew. 43 Platten. Gestell für 50 Stck.

8.7.5 Landwirtschaftliche Verwertung

Klärschlämme enthalten neben organisch gebundenem Kohlenstoff insbesondere Pflanzennährstoffe wie Stickstoff, Phosphor, aber auch Calcium, Magnesium und Kalium (Tafel 122).

Tafel 122 Nährstoffgehalte in Klärschlämmen (in % der *TS*) nach VDLUFA

	N	P$_2$O$_5$	CaO	MgO	K$_2$O
Mittelwerte	3,84	3,64	0,42	0,97	7,37
Minimalwert	0,01	0,02	0,01	0,01	0,01
Maximalwert	24,6	34,4	9,5	12,2	72,7
Probenzahl	6289	6014	5863	5859	6141

Daher kann Klärschlamm als Düngemittelersatzstoff auf landwirtschaftlich oder gärtnerisch genutzten Flächen eingesetzt werden. Dabei ist das Düngemittelrecht zu beachten. Begrenzend für den Einsatz sind die anorganischen und organischen Schadstoffe im Klärschlamm. Nach Klärschlammverordnung dürfen die in Tafel 123 angegebenen Werte im Boden bzw. Klärschlamm nicht überschritten werden.

Tafel 123 Grenzwerte der Klärschlammverordnung nach AbfklärV

Schadstoff	Klärschlamm in mg/kg TS	Boden in mg/kg TS	Die Werte in ( ) gelten für pH 5 bis 6 oder leichte Böden/Tongehalt <5%
Blei	900	100	Für pH < 5 ist jegliches Aufbringen von Klärschlamm untersagt
Cadmium	10 (5,0)	1,5 (1,0)	
Chrom	900	100	
Kupfer	800	60	[1]) jeweils (bezogen auf die Einzelverb. 28, 52, 101, 138, 153, 180)
Nickel	200	50	
Quecksilber	8	1	[2]) TCDD-Toxizitätsäquivalente
Zink[1])	2500 (2000)	200 (150)	
PCB[1])	0,2	—	
PCDD/PCDF[2]) (ng/kg)	100	—	Die maximale Aufbringungsmenge ist auf 5 Tonnen TS je Hektar in 3 Jahren begrenzt
AOX	500	—	

8.7.6 Klärschlammtrocknung

Mit Verfahren der Klärschlammtrocknung lassen sich erheblich höhere Volumenreduzierungen (bis >90% TS) als mit Eindickern oder Entwässerungsmaschinen erreichen. Man unterscheidet bezüglich der Wärmezuführung zwischen Konvektionstrocknung (direkte Trocknung) und Kontakttrocknung (indirekte Trocknung; Bild 114).

14

Es werden von Herstellern unterschiedliche Ausführungsformen von Trocknern angeboten (Tafel 124).

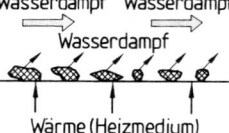

Konvektionstrocknung
Heiße Luft oder Rauchgase strömen über den feuchten Schlamm und treiben das Wasser aus dem Schlamm

Kontakttrocknung
Der feuchte Schlamm steht in Kontakt mit der beheizten Wand und das Wasser verdampft aus dem Schlamm

Bild 114
Unterschiedlicher Wärme-
übergang bei Klärschlamm-
trocknern nach Reimann

In Abhängigkeit von der weiteren Verwertung kann mit den Verfahren der Klärschlammtrocknung nahezu jeder geforderte TS-Gehalt erreicht werden (Tafel 125).

Tafel 124   Verfahren der Klärschlammtrocknung

Konvektionstrockner	Kontakttrockner
Trommeltrockner	Scheibentrockner
Etagentrockner	Knettrockner
Bandtrockner	Schneckenwärmetrockner
Schwebetrockner	Dünnschichttrockner
Wirbelschichttrockner	Dampfwirbelschichttrockner
	(Sonderform)

Tafel 125   Beschaffenheit von Klärschlämmen

TS-Gehalt (%)	Beschaffenheit
< 15 bis 20	pumpfähig
20 bis 30	stichfest
35 bis 40	krümelig
40 bis 60	klebrig
60 bis 85	streufähig
85 bis 95	staubförmig

Für die Verfahrenswahl ist neben dem Wärmebedarf der Trocknung, der gewünschten Restfeuchte, der Produktform auch von Bedeutung, ob der Klärschlamm stark geruchsbehaftet ist (Kontakttrocknung) oder sich nahezu geruchsneutral (Konvektionstrocknung) verhält. Der Wärmebedarf der Trocknung setzt sich zusammen aus der Enthalpiedifferenz zur Aufwärmung des Schlammes, der Enthalpie des verdampfenden Wassers und den Verlusten. Den relativ größten Anteil macht in der Regel die Verdampfungswärme aus. Bei stichfesten kommunalem Schlamm reicht gewöhnlich der Heizwert (s. Bild 115 und Abschn. 8.7.7) der organischen Stoffe aus, den Wassergehalt zu verdampfen. Angaben zu den spezifischen Kosten unterliegen starken Schwankungen, realistisch ist mit 450 bis 800 DM/t TS zu rechnen.

8.7.7   Klärschlammverbrennung

Da eine alleinige Verbrennung von Klärschlamm nur bei Luftüberschußzahlen von >1 (1,1 bis 1,3) gefahren werden kann und jede Verbrennungsanlage ca. 20% Energieverluste verursacht, muß für die selbstgängige Verbrennung von Klärschlamm neben der reinen Trocknungsenergie ein ca. 20- bis 25%iges Energieüberangebot vorliegen. Der Heizwert von Klärschlamm hängt ausschließlich von dem Anteil an organischer Substanz (oTS) in der Trockensubstanz ab. Für 100% organische Substanz kann dabei ein mittlerer Heizwert von 23 MJ/kg zugrunde gelegt werden. Weitere Angaben für Roh- und Faulschlämme aus kommunalen Kläranlagen finden sich in Tafel 126.

Durch die vorherige Ausfaulung verliert der Schlamm also ca. 30% (bis 50%) seines Heizwertes (an die Faulgase), es verringert sich jedoch auch der Wassergehalt des Klärschlammes.

Tafel 126   Heizwertvergleich kommunaler Klärschlämme nach Reimann

	Frischschlamm		Faulschlamm (eingedickt)	
	von — bis	i. M.	von — bis	i. M.
Trockensubstanz TS in %	1 bis 4	2,5	4 bis 8	6
Wassergehalt in %	99 bis 96	97,5	96 bis 92	94
Aschegehalt in % TS	40 bis 10	25	55 bis 45	50
Glühverlust in % TS bzw. oTS	60 bis 90	75	45 bis 55	50
Heizwert der TS in MJ/kg	14 bis 21	17,3	10 bis 13	11,5

In Bild 115 sind der Energiebedarf und -überschuß bei der Trocknung und Verbrennung von Klärschlamm in Abhängigkeit von der organischen Substanz (Glühverlust) und dem Entwässerungsgrad dargestellt. Die über der Abszisse dargestellte Summe des Energiebedarfes hängt im wesentlichen von der Wasserverdampfung (s. 8.7.6) aus dem Klärschlamm und in untergeordnetem Maß von der Erwärmung der Trockenmasse ab. Es werden drei häufig in der Praxis vorkommende Klärschlammarten dargestellt. Dabei handelt es sich um Fälle mit 70% und 50% organischer Substanz (Frischschlamm und Faulschlamm) sowie 35% organischer Substanz (stabilisierter Klärschlamm) (Reimann).

Beispiel zu Bild 116

Um einen auf 35% TS entwässerten Klärschlamm zu trocknen, bedarf es ca. 1.800 kJ/kg. Besitzt dieser Klärschlamm 35% org. Substanz, verbleibt ein Energieüberschuß von ca. 1.020 kJ/kg, bei 50% organischer Substanz (für Faulschlamm) von ca. 2.225 kJ/kg und bei 70% org. Substanz (Frischschlamm) von ca. 3.385 kJ/kg.

Für die selbstgängige Verbrennung von Frischschlamm reicht der Energieüberschuß von 1.020 kJ/kg nur bei Rückführung heißer Verbrennungsluft in den Prozeß aus (Anfahrphase mit Primärenergie). Bei 50 bzw. 70% organischer Substanz läßt der vorhandene Energieüberschuß in der Regel die Selbstgängigkeit der Verbrennung zu.

Der Mindestheizwert sollte somit mind. ca. 1.000 kJ/kg über dem Energiebedarf der Trocknung liegen (siehe Reimann).

Für die Verbrennung stehen Drehrohr-, Wirbelschicht- und Etagenöfen verschiedener Hersteller zur Verfügung. Neben der abfallrechtlichen Genehmigung müssen die Anlagen den Anforderungen der 17. BlmSchV. bzgl. der Emissionsgrenzwerte entsprechen.

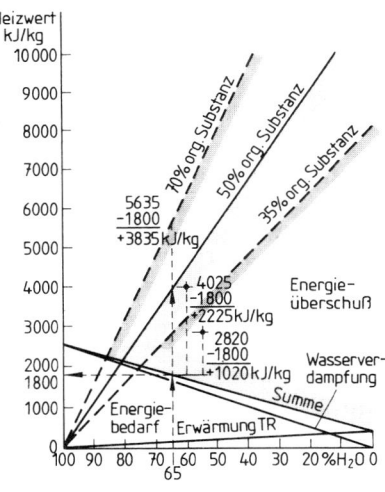

Bild 115 Energiebedarf und -überschuß bei der Trocknung und Verbrennung von Klärschlamm nach Reimann

8.7.8 Sonstige Entsorgungsverfahren

Neben der Klärschlammdeponierung sind folgende weitere Alternativen der Klärschlammentsorgung großtechnisch erprobt:

— Zugabe in Steinkohlekraftwerke mit Schmelzkammerfeuerung ($<$35% Mengenanteil; TS $>$ 90%)
— Zugabe in Braunkohlekraftwerke ($<$3% Mengenanteil; TS $>$ 25%)
— Zugabe in Zementdrehrohöfen ($<$5% Mengenanteil; TS $>$ 75%)
— Zugabe in Asphaltmischwerken (ca. 90% Ersatz von Heizöl; TS $>$ 90%)
— Zugabe in Müllverbrennungsanlagen (i. d. R. $<$15%; TS $>$ 25%)

Weiterhin werden derzeit unterschiedliche Pyrolyse-Anlagen (Wirbelschicht-, Drehrohr-, und Niedertemperaturpyrolyse) für die Entsorgung von Klärschlämmen (als Demonstrationsanlagen) projektiert.

14

Abfallwirtschaft

Bearbeitet von Prof. Dr.-Ing. Ernst Biener

Inhalt

Literatur

[1] Gesetz zur Förderung der Kreislaufwirtschaft und Sicherung der umweltverträglichen Beseitigung von Abfällen — Kreislaufwirtschafts- und Abfallgesetz — KrW-/AbfG v. 6. 10. 94; BGBl. I S. 2705

[2] Bundesminister für Umwelt, Naturschutz und Reaktorsicherheit: „Gesamtfassung der Zweiten allgemeinen Verwaltungsvorschrift zum Abfallgesetz (TA Abfall); Teil I: Technische Anleitung zur Lagerung, chemisch/physikalischen, biologischen Behandlung, Verbrennung und Ablagerung von besonders überwachungsbedürftigen Abfällen"; Bek. d. BMU v. 12. 3. 91, WA II 5 — 30121-1/18, GMBl. 42. Jg., Nr. 8, S. 139ff., Carl-Heymanns-Verlag, Köln 1991

[3] Bundesminister für Umwelt, Naturschutz und Reaktorsicherheit — „Dritte allgemeine Verwaltungsvorschrift zum Abfallgesetz (TA Siedlungsabfall); Technische Anleitung zur Verwertung, Behandlung und sonstigen Entsorgung von Siedlungsabfällen"; v. 14. 5. 93, Bundesanzeiger, Jhrg. 45, Nr. 99a, Bundesanzeiger Verlagsges. mbH, Köln 1993

[4] Verordnung über die umweltverträgliche Ablagerung von Siedlungsabfällen und über biologische Abfallbehandlungsanlagen – Ablagerungsverordnung (AbfAblV) vom 01. 03, 2001; BGBl. I, Nr. 10, S. 305

[5] Deponieverordnung (Entwurf); Bundesumweltministerium, Referat WA II 5 (W) vom 04. 09. 2001

[6] DIN 19667: Dränung von Deponien und DIN 4266-1 und -3: Sickerrohre für Deponien

[7] Verordnung zur Umsetzung des Europäischen Abfallverzeichnisses vom 10. 12. 2001 BGBl. I, S. 3379

[8] Bundesanstalt für Materialforschung und -prüfung (BAM): Richtlinie für die Zulassung von Kunststoffdichtungsbahnen für die Abdichtung von Deponien und Altlasten; 2. überarbeitete Auflage; Berlin 1999

15

Abfallwirtschaft

[9] *Ehrig, H.-J.*: Was ist Deponiesickerwasser — Mengen und Inhaltsstoffe. In: Deponiesickerwasser, ATV Dokumentation 4, GFA, St. Augustin 1986

[10] *Hösel, G.; Schenkel, W.; Schnurer, H.*: Müll-Handbuch; Erich Schmidt Verlag; Loseblattausgabe, Berlin

[11] *Hillebrecht, E.*: Kosten einer modernen Deponie; Stuttgarter Berichte zur Abfallwirtschaft; Heft Nr. 29; Erich Schmidt Verlag 1988

[12] Gesetz zum Schutz vor schädlichen Bodenveränderungen und zur Sanierung von Altlasten (Bundes-Bodenschutzgesetz — BBodSchG) vom 17. 3. 98; BGBl. I, S. 502

[13] Directoraat-Generaal Milieubeheer/Directie Bodem, Afdeling, Waterbodems en Kwaliteit: Interventiewaarden bodemsanering v. 9. 5. 94/Nr. DBO/07494013; Staatscourant 1995

[14] Verordnung über Trinkwasser und über Wasser für Lebensmittelbetriebe (Trinkwasserverordnung — TrinkwV) v. 5. 12. 90; BGBl. I, S. 2612 und BGBl. I, S. 227 v. 23. 1. 91

[15] Rat der europäischen Gemeinschaft: EG-Richtlinie über die Qualität von Wasser für den menschlichen Gebrauch; 80/778/EWG v. 15. 7. 80

[16] Deutscher Verein des Gas- und Wasserfaches e. V.: Eignung von Oberflächenwasser als Rohstoff für die Trinkwasserversorgung; DVGW-Arbeitsblatt W 151 v. 07/75

[17] Länderarbeitsgemeinschaft Wasser: Empfehlungen für die Erkundung, Bewertung und Behandlung von Grundwasserschäden; Stand Okt. 1993

[18] Der Rat von Sachverständigen für Umweltfragen: Sondergutachten Altlasten, Metzler-Poeschel Verlag, Stuttgart 1990

[19] Der Rat von Sachverständigen für Umweltfragen: Sondergutachten Altlasten II, Metzler-Poeschel Verlag, Stuttgart 1995

[20] Abwassertechnische Vereinigung: Hinweise für das Einleiten von Abwasser in eine öffentliche Abwasseranlage; Arbeitsblatt A 115 v. Okt. 1994

[21] Verordnung über gefährliche Stoffe (Gefahrstoffverordnung — GefStoffV — ZH 1/220), Carl Heymanns Verlag KG, Köln

[22] Technische Regeln für Gefahrstoffe, TRGS 900; Maximale Arbeitsplatzkonzentrationen und biologische Arbeitsstofftoleranzwerte (MAK-Werte — ZH 1/401; Carl Heymanns Verlag KG, Köln

[23] Deutsches Institut für Gütesicherung und Kennzeichnung e. V.: Recycling-Baustoffe für den Straßenbau; Gütesicherung RAL-RG 501/1; Beuth-Verlag, Berlin 1985

[24] Deutsches Institut für Gütesicherung und Kennzeichnung e. V.: Aufbereitung zur Wiederverwendung von kontaminierten Böden und Bauteilen; Gütesicherung RAL-RG 501/2; Beuth-Verlag, Berlin 1994

[25] Forschungsgesellschaft für Straßen- und Verkehrswesen: Technische Lieferbedingungen für Mineralstoffe im Straßenbau; TL Min-StB 2000; Köln 2000

[26] Forschungsgesellschaft für Straßen- und Verkehrswesen: Merkblatt über die Verwendung von industriellen Nebenprodukten im Straßenbau; Teil Wiederverwendung von Baustoffen; Köln 1985

[27] Länderarbeitsgemeinschaft Abfall (LAGA): Anforderungen an die stoffliche Verwertung von mineralischen Reststoffen/Abfällen; Technische Regeln; Stand September 1995

[28] *Tiltmann, K. O.* (Hrsg.): Handbuch Abfall-Wirtschaft und Recycling; Vieweg Verlag 1993

[29] Bundes-Bodenschutz- und Altlastenverordnung (BBodSchV) vom 17. 7. 99; BGBl. I, S. 1554

[30] EG-Deponierichtlinie Nr. 98/C 332/02 vom 4. 6. 98; Amtsblatt der Europäischen Gemeinschaft v. 30. 10. 98

[31] Schriftenreihe Abfallwirtschaft in Forschung und Praxis; Erich-Schmidt Verlag, Berlin

[32] Verordnung zur Bestimmung von besonders überwachungsbedürftigen Abfällen (BestbüAbfV) vom 10. 09. 96; BGBl. I, S, 1366

[33] Verordnung zur Bestimmung von überwachungsbedürftigen Abfällen zur Verwertung (BestüVAbfV) vom 10. 09. 96; BGBl. I, S. 1377

[34] Verordnung über Verwertungs- und Beseitigungsnachweise (NachweisVerordnung – NachweisV) vom 10. 09. 96; BGBl. I, S. 2705

[35] Verordnung über Abfallwirtschaftskonzepte und Abfallbilanzen (Abfallwirtschaftskonzept- und -bilanzverordnung – AbfKoBiV) vom 13. 09. 96; BGBl. I, S. 1447

1 Grundlagen Abfallwirtschaft

1.1 Abfallbegriffe, Abfallschlüsselnummern und Nachweisverfahren

Gemäß KrW-/AbfG [1] werden zur Definition von Abfällen die in Bild 1 dargestellten Abfallbegriffe, die auf europäischer Ebene mittlerweile harmonisiert sind, verwendet:

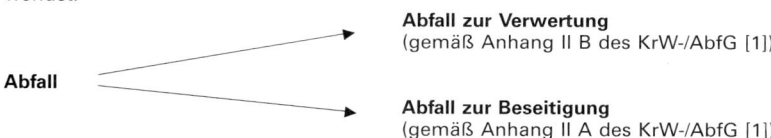

Abfall zur Verwertung
(gemäß Anhang II B des KrW-/AbfG [1])

Abfall

Abfall zur Beseitigung
(gemäß Anhang II A des KrW-/AbfG [1])

Bild 1 Abfallbegriffe

Hinsichtlich der Überwachung anfallender Abfälle und zugehöriger Nachweisverfahren wird gemäß KrW-/AbfG [1] zwischen den in Tafel 1 erläuterten Überwachungsarten unterschieden.

Tafel 1   Überwachungsart und Nachweisverfahren

Nr.	Überwachungsart	Bezeichnung	Festlegung	Überwachung
1	Nicht überwachungsbedürftige Abfälle	• Abfälle zur Verwertung	alle, außer Zeile 2 und Zeile 3	Kein Nachweis
2	Überwachungsbedürftige Abfälle	• Abfälle zur Beseitigung	alle, außer Zeile 3	Fakultatives Nachweisverfahren nach § 42 und § 45 KrW-/AbfG [1]
		• Abfälle zur Verwertung	gemäß BestüVAbfV [33]	
3	Besondere überwachungsbedürftige Abfälle	• Abfälle zur Beseitigung • Abfälle zur Verwertung	gemäß BestbüAbfV [32]	Obligatorisches Nachweisverfahren nach § 43 und § 46 KrW-/AbfG [1]

Die in Tafel 1 genannten Nachweisverfahren [34] bestehen jeweils aus den Schritten Vorabkontrolle (Verwertungs-/Beseitigungsnachweis vor Aufnahme der Entsorgung) und Verbleibskontrolle (Begleitscheinverfahren während der Entsorgung). Entsprechende Formblätter für die Nachweisverfahren finden sich in [34].

Die detaillierte abfallrechtliche Erfassung, Überwachung und Entsorgung (z. B. auf Baustellen) erfolgt gemäß den Abfallschlüsselnummern des europäischen Abfallverzeichnisses (EWC). Der EWC unterscheidet zwischen 20 Abfallobergruppen, denen jeweils die mit einem 6-stelligen Abfallschlüssel versehenen Abfallarten herkunfts- und gruppenbezogen zugeordnet sind [7].

Neben der Obergruppe 20 (Siedlungsabfälle u. ä.) ist für die Abfallentsorgung auf Baustellen und im Baubereich die Abfallgruppe 17 von Bedeutung. Beispielhaft wird in Tafel 2 die Bedeutung der Abfallschlüssel an dieser Abfallgruppe erläutert.

Tafel 2   Abfallarten und zugehörige Abfallschlüsselnummern für Abfallgruppe 17 des EWC (Bau- und Abbruchabfälle einschließlich Aushub von verunreinigten Standorten)

Abfallschlüsselnummer	Abfallart
Gruppe 17 01:	**Beton, Ziegel, Fliesen und Keramik**
17 01 01	Beton
17 01 02	Ziegel
17 01 03	Fliesen und Keramik
17 01 06	*Gemischte aus getrennten Fraktionen von Beton, Ziegeln, Fliesen und Keramik, die gefährliche Stoffe enthalten*
17 01 07	Gemischte aus getrennten Fraktionen von Beton, Ziegeln, Fliesen und Keramik mit Ausnahme derjenigen, die unter 17 01 06 fallen

Fortsetzung s. nächste Seite

I 5

Abfallwirtschaft

Tafel 2 Fortsetzung

Abfallschlüsselnummer	Abfallart
Gruppe 17 02:	**Holz, Glas und Kunststoff**
17 02 01	Holz
17 02 02	Glas
17 02 03	Kunststoff
17 02 04	*Holz, Glas und Kunststoff, die gefährliche Stoffe enthalten oder durch gefährliche Stoffe verunreinigt sind*
Gruppe 17 03:	**Bitumengemische, Kohlenteer und teerhaltige Produkte**
17 03 01	*Kohlenteerhaltige Bitumengemische*
17 03 02	Bitumengemische mit Ausnahme derjenigen, die unter 17 03 01 fallen
17 03 03	*Kohlenteer und teerhaltige Produkte*
Gruppe 17 04:	**Metalle (einschließlich Legierungen)**
17 04 01	Kupfer, Bronze, Messing
17 04 02	Aluminium
17 04 03	Blei
17 04 04	Zink
17 04 05	Eisen und Stahl
17 04 06	Zinn
17 04 07	Gemischte Metalle
17 04 09	*Metallabfälle, die durch gefährliche Stoffe verunreinigt sind*
17 04 10	*Kabel, die Öl, Kohlenteer oder andere gefährliche Stoffe enthalten*
17 04 11	Kabel mit Ausnahme derjenigen, die unter 17 04 10 fallen
Gruppe 17 05:	**Boden (einschließlich Aushub von verunreinigten Standorten), Steine und Baggergut**
17 05 03	*Boden und Steine, die gefährliche Stoffe enthalten*
17 05 04	Boden und Steine mit Ausnahme derjenigen, die unter 17 05 03 fallen
17 05 05	*Baggergut, das gefährliche Stoffe enthält*
17 05 06	Baggergut, mit Ausnahme desjenigen, das unter 17 05 05 fällt
17 05 07	*Gleisschotter, das gefährliche Stoffe enthält*
17 05 08	Gleisschotter, mit Ausnahme desjenigen, das unter 17 05 07 fällt
Gruppe 17 06:	**Dämmmaterial und asbesthaltige Baustoffe**
17 06 01	*Dämmmaterial, das Asbest enthält*
17 06 03	*Anderes Dämmmaterial, das aus gefährlichen Stoffen besteht oder solche Stoffe enthält*
17 06 04	Dämmmaterial mit Ausnahme desjenigen, das unter 17 06 01 und 17 06 03 fällt
17 06 05	*Asbesthaltige Baustoffe*
Gruppe 17 08:	**Baustoffe auf Gipsbasis**
17 08 01	*Baustoffe aus Gipsbasis, die durch gefährliche Stoffe verunreinigt sind*
17 08 02	Baustoffe auf Gipsbasis mit Ausnahme derjenigen, die unter 17 08 01 fallen
Gruppe 17 09:	**Sonstige Bau und Abbruchabfälle**
17 09 01	*Bau- und Abbruchabfälle, die Quecksilber enthalten*
17 09 02	*Bau- und Abbruchabfälle, die PCB enthalten (z. B. PCB-haltige Dichtungsmassen, PCB-haltige Bodenbeläge auf Harzbasis, PCB-haltige Isolierverglasungen, PCB-haltige Kondensatoren)*
17 09 03	*Sonstige Bau- und Abbruchabfälle (einschließlich gemischte Abfälle), die gefährliche Stoffe enthalten*
17 09 04	Gemischte Bau- und Abbruchabfälle mit Ausnahme derjenigen, die unter 17 09 01, 17 09 02 und 17 09 03 fallen

Hinweis:

- Die mit (*) versehenen Abfälle gehören zu den **überwachungsbedürftigen** Abfällen zur **Verwertung** [33] (siehe auch Tafel 1)
- *Kursiv* gedruckte Abfälle gehören zu den **besonders überwachungsbedürftigen** Abfällen [32] (siehe auch Tafel 1)

2 Deponietechnik

2.1 Klassifizierung von Deponien

2.1.1 Generelle Hinweise

Die technischen Anforderungen an die Ablagerung von Abfällen befinden sich derzeit durch die Auswirkungen der notwendigen Umsetzung der EG-Deponierichtlinie [30] auf die TA-Siedlungsabfall [3] in Form der im März 2001 in Kraft getretenen Ablagerungsverordnung [4] und der in Vorbereitung befindlichen Deponieverordnung [5] im Umbruch. Nach [3] wird spätestens ab 01. 06. 2005 die Ablagerung von unbehandelten organischen Abfällen (z. B. Siedlungsabfall o. ä.) auf derzeit betriebenen Altdeponien bzw. auf neu einzurichtenden Deponien nicht mehr zulässig sein.

Aufgrund der Ablagerungsverordnung [4] ist diese Übergangsfrist in bestimmten Fällen (Einhalten der Zuordnungswerte für Deponieklasse I gemäß Tafel 3 bzw. Einhalten der Zuordnungswerte für Deponieklasse II gemäß Tafel 3 sowie Einhalten der Anforderungen der TASi [3] mit Ausnahme einer geologischen Barriere; siehe Kap. 2.3) bis zum 15. 07. 2009 verlängert worden.

Hinweise zu Anforderungen und Standards dieser bis zum Jahr 2009 noch betriebenen Altdeponien finden sich in früheren Auflagen des Wendehorstes (bis 29. Auflage).

Welche Änderungen die derzeit in Bearbeitung befindliche Deponieverordnung [5], die voraussichtlich im Jahre 2002 in Kraft treten wird, im Hinblick auf die Klassifizierung und Einteilung von Deponien sowie die Festlegung von Zuordnungskriterien (siehe Kap. 2.1.2) bringen wird, war bei Drucklegung der 30. Auflage des Wendehorstes noch nicht abzuschätzen.

2.1.2 Deponieklasseneinteilung und Zuordnungswerte

Gemäß TA Abfall [2] und TA Siedlungsabfall [3] gibt es für Bau und Betrieb von obertägigen Deponien (siehe aber Übergangsfristen gem. Kap. 2.1.1) nur noch 3 unterschiedliche Deponieklassen für die Ablagerung von Abfällen.

- Deponieklasse I: (Mineralstoffdeponie)
- Deponieklasse II: (Reststoffdeponie)
- Deponieklasse III: (Sonderabfalldeponie)

Entsprechend TA Siedlungsabfall sind die Abfälle vor Ablagerung in der Regel (thermisch) vorzubehandeln und zu inertisieren. Dies wird durch die Festlegung entsprechender Zuordnungswerte gemäß Tafel 3 erreicht.

Mit Einführung der Ablagerungsverordnung [4] wurde die in der TA Siedlungsabfall [3] festgelegten Kriterien der Deponieklasse II jedoch im Hinblick auf die künftig auch mögliche Ablagerung von mechanisch-biologisch vorbehandelten Abfällen (mit entsprechend veränderten Zuordnungswerten; siehe Kap. 2.1.3) erweitert.

Bei der Ablagerung von Abfällen auf Deponieklasse I, II und III sind daher die in Tafel 3 genannten Zuordnungswerte (mit Ausnahme mechanisch-biologisch behandelter Abfälle; siehe Kap. 2.1.3) einzuhalten. Werden diese Werte überschritten, so ist eine Abfallentsorgung auf einer Untertagedeponie (Typ 1 oder 2 gemäß [2] bzw. [3]) vorzusehen.

I5

Abfallwirtschaft

Tafel 3 Zuordnung von Abfällen zu Deponien nach [2] und [3]

Nr.	Parameter Deponieklasse	in	I	II	III
1	Festigkeit[1])				
1.01	Flügelscherfestigkeit	kN/m²	≥ 25	≥ 25	≥ 25
1.02	Axiale Verformung	%	≤ 20	≤ 20	≤ 20
1.03	Einaxiale Druckfestigkeit (Fließwert)	kN/m²	≥ 50	≥ 50	≥ 50
2	Organischer Anteil des Trockenrückstandes der Originalsubstanz[2])				
2.01	bestimmt als Glühverlust	Masse-%	≤ 3	≤ 5	≤ 10
2.02	bestimmt als TOC	Masse-%	≤ 1	≤ 3	—
3	Extrahierbare lipophile Stoffe der Originalsubstanz	Masse-%	$\leq 0,4$	$\leq 0,8$	≤ 4
4	Eluatkriterien				
4.01	pH-Wert	—	5,5 bis 13	5,5 bis 13	4 bis 13
4.02	Leitfähigkeit	µS/cm	$\leq 10\,000$	$\leq 50\,000$	$\leq 100\,000$
4.03	TOC	mg/l	≤ 20	≤ 100	≤ 200
4.04	Phenole	mg/l	$\leq 0,2$	≤ 50	≤ 100
4.05	Arsen	mg/l	$\leq 0,2$	$\leq 0,5$	≤ 1
4.06	Blei	mg/l	$\leq 0,2$	≤ 1	≤ 2
4.07	Cadmium	mg/l	$\leq 0,05$	$\leq 0,1$	$\leq 0,5$
4.08	Chrom VI	mg/l	$\leq 0,05$	$\leq 0,1$	$\leq 0,5$
4.09	Kupfer	mg/l	≤ 1	≤ 5	≤ 10
4.10	Nickel	mg/l	$\leq 0,2$	≤ 1	≤ 2
4.11	Quecksilber	mg/l	$\leq 0,005$	$\leq 0,02$	$\leq 0,1$
4.12	Zink	mg/l	≤ 2	≤ 5	≤ 10
4.13	Fluorid	mg/l	≤ 5	≤ 25	≤ 50
4.14	Ammonium-N	mg/l	≤ 4	≤ 200	≤ 1000
4.15	Chlorid	mg/l	—	—	$\leq 10\,000$
4.16	Cyanide, leicht freisetzbar	mg/l	$\leq 0,1$	$\leq 0,5$	≤ 1
4.17	Sulfat	mg/l	—	—	≤ 5000
4.18	Nitrit	mg/l	≤ 8	≤ 6	≤ 30
4.19	AOX	mg/l	$\leq 0,3$	$\leq 1,5$	≤ 3
4.20	Wasserlöslicher Anteil (Abdampfrückstand)	mg/l	≤ 3	≤ 6	≤ 10

[1]) 1.02 kann gemeinsam mit 1.03 gleichwertig zu 1.01 angewandt werden.
[2]) 2.01 kann gleichwertig zu 2.02 angewandt werden; Anforderung gilt nicht für verunreinigten Bodenaushub, der auf einer Monodeponie gelagert wird.

Darüber hinaus regeln [2] und [3] die Ablagerung von besonderen produktionsspezifischen Abfällen auf Monodeponien, wenn aufgrund der Schadstoffgehalte im Abfall oder der Bindungsform der Schadstoffe in den Abfällen eine Mobilisierung der Schadstoffe und nachteilige Reaktionen mit anderen Abfällen ausgeschlossen werden sollen. Dabei können einzelne der in Tafel 3 genannten Zuordnungswerte (außer Lfd. Nr. 1 bzw. 2) mit Zustimmung der zuständigen Behörde überschritten werden.

2.1.3 Alternative Zuordnungswerte für mechanisch-biologisch vorbehandelte Abfälle der Deponieklasse II

Aufgrund der Ablagerungsverordnung [4] ist auf Deponien der Deponieklasse II auch die Ablagerung von mechanisch-biologisch vorbehandelten Abfällen (MBA-Abfälle) unter Einhaltung einiger von Tafel 3 abweichender sowie zusätzlicher die biologische Abbaubarkeit des Abfalls beschreibender Zuordnungswerte gemäß Tafel 4 zulässig. Sämtliche weiteren in Tafel 4 nicht genannten Zuordnungswerte sind gemäß Tafel 3 einzuhalten:

Tafel 4 Alternative Zuordnungsparameter zur Ablagerung von Abfällen

Lfd. Nr.	Parameter	Zuordnungswerte gemäß Tafel 3	Abweichende Zuordnungswerte	in	Parameter	Zuordnungswerte	in
		Zuordnungswerte TA Siedlungsabfall			Zusätzliche alternative Zuordnungswerte		
2.01	Glühverlust	5	k. A.	Masse-%	Atmungsaktivität AT_4 oder	5	mg O_2/g TS
2.02	TOC	3	18	Masse-%	Gasbildung GB_{21}	20	Nl/kg TS
4.03	TOC_{Eluat}	100	250	mg/l	Oberer Heizwert H_o^*	6000	kJ/kg

[*]: kann gleichwertig zu 2.02 angewandt werden; k. A.: keine diesbezüglichen Angaben (bzw. Festlegungen)

2.2 Bestandteile von Deponien

Die wesentlichen Bestandteile einer obertägigen Deponie nach dem Multibarrierenprinzip [3] sind in Bild 2 dargestellt. Gemäß [3] ist eine Anlage von Deponien in Gruben, aus denen eine Ableitung von Sickerwasser in freiem Gelände zu außerhalb des Ablagerungsbereichs liegenden Schächten nicht möglich ist, nicht mehr zulässig. Daher ist für die Planung von Deponien in der Regel von der Form einer Hoch- bzw. Haldendeponie auszugehen.

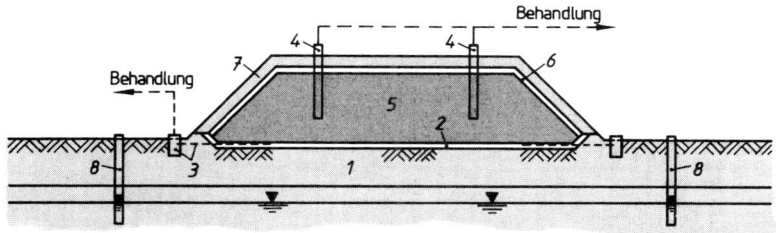

1 **Geologische Barriere**
2 **Basisabdichtungssystem**
3 **Sickerwasserfassung und -behandlung**
4 **Gasfassung und -behandlung**
   (bei organischen Abfällen)

5 **Deponiekörper**
6 **Oberflächenabdichtungssystem**
7 **Rekultivierung**
8 **Grundwasserbeobachtung**
   (Betrieb, Nachsorge)

Bild 2 Prinzipielle Bestandteile einer Deponie

2.3 Geologische Anforderungen

In [2] und [3] werden Anforderungen an den „geeigneten Deponiestandort" gestellt. Es sind im wesentlichen geologische und hydrogeologische Anforderungen (geringe Grundwasserneubildung, geringe Grundwassergeschwindigkeit, geringer Grundwasserdurchfluß, hohes Schadstoffrückhaltevermögen); darüberhinaus werden Ausschlußkriterien genannt.

Ausschlußkriterien

Oberirdische Deponien dürfen nicht errichtet werden in:

a) Karstgebieten und Gebieten mit stark klüftigem und besonders wasserwegsamem Untergrund (z. B. Kalkstein, Kalkmergel- bzw. Dolomitgestein, etc.)

b) festgesetzten, vorläufig sichergestellten oder fachbehördlich geplanten Trinkwasser- oder Heilquellenschutzgebieten sowie Wasservorranggebieten bzw. Überschwemmungsgebieten

I5

Deponieuntergrund

Deponieklasse I	keine besonderen Anforderungen
Deponieklasse II	natürlich anstehende schwach bis sehr schwach durchlässige Locker- bzw. Festgesteine ($k \leq 1 \cdot 10^{-6}$ m/s) von mehreren Metern Mächtigkeit mit hohem Schadstoffrückhaltepotential; flächige Verbreitung über den Ablagerungsbereich hinaus; alternativ: bautechnische Barriere von 3 m Mächtigkeit mit $k \leq 1 \cdot 10^{-7}$ m/s.
Deponieklasse III	natürlicher Untergrund mit einer Mindestmächtigkeit von 3 m (flächige Verteilung) und einem hohen Adsorptionsvermögen (z. B. tonmineralhaltiger Untergrund mit einer Gebirgsdurchlässigkeit $k \leq 1 \cdot 10^{-7}$ m/s).

2.4 Basisabdichtungssysteme

Deponiebasisabdichtungssysteme umfassen neben der eigentlichen abdichtenden Schicht auch die weiteren notwendigen Komponenten, wie Entwässerungs-, Schutz- und Filterschichten. Dichtungen können aus mineralischen Materialien und/ oder Kunststoffdichtungsbahnen hergestellt werden. Für die Deponieklassen II und III sind laut [2] und [3] im Regelfall nur Kombinationsdichtungen (mineralische Dichtung mit im „Preßverbund" aufliegender Kunststoffdichtungsbahn) zulässig (Bild 3).

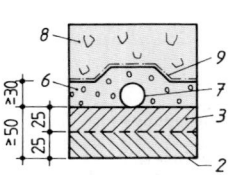

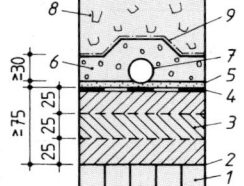

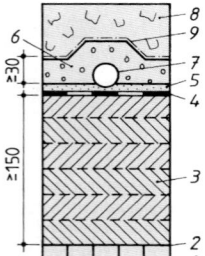

a) Deponieklasse I
1 Deponieuntergrund
2 Deponieplanum
3 Mineralische Dichtung

b) Deponieklasse II
4 Kunststoffdichtungsbahn
5 Schutzschicht
6 Entwässerungsschicht

c) Deponieklasse III
7 Sickerrohre
8 Abfall
9 Filterschicht (ggf.)

Bild 3   Basisabdichtungssysteme für Deponien

Die in [2] und [3] genannten Anforderungen an die einzelnen Bestandteile eines Deponieabdichtungssystems sind in Tafel 5 zusammengefaßt. Für die zur Herstellung von Deponieabdichtungssystemen benötigten Materialien sowie für die beabsichtigten Herstellungsverfahren sind Eignungsprüfungen durchzuführen. Darüberhinaus ist die Herstellbarkeit des Dichtungssystems nach [2] und [3] unter Baustellenbedingungen durch Ausführung eines Versuchsfeldes nachzuweisen. Versuchsfelder dürfen nicht Bestandteil der Abdichtung werden. Die Abmessungen des Versuchsfeldes sollen denen im Bild 4 entsprechen. Bei Böschungen steiler 1:4 ist ein zusammenhängendes Versuchsfeld für die Sohl- und die Böschungsabdichtung anzulegen.

Tafel 5   Anforderungen an Basisabdichtungen

Lfd. Nr.	Komponente der Basisabdichtung	Parameter	Werte/Maßnahmen
1	Deponieuntergrund	Durchlässigkeit	s. Abschn. 2.3
2	Deponieplanum	Grundwasser Verdichtung	$\geq 1,0$ m unter Planum Verdichtungsgrad $D_{pr} \geq 0,95$ bzw. ZTVE, Tab. 4
3	Mineralische Dichtung (MD)	Material	Feinstkorn ≤ 2 um ≥ 20 Gew.-% Tonmineralien ≥ 10 Gew.-% organische Substanz ≤ 5 Gew.-% Kalziumkarbonat ($CaCO_3$)-Gehalt ≤ 15 Gew.-%
		Gefälle	$\geq 3\%$ (nach Setzung)
		Einbauwerte	Lagen à ≤ 25 cm; $D_{pr} \geq 0,95$; Einbauwassergehalt w muß über dem Proctorwassergehalt w_{pr} liegen, d. h.: $w_{pr} \leq w \leq w$ (0,95); bei Abweichung gilt Luftporenanteil $n_a \leq 5\%$ Durchlässigkeitsbeiwert k (Labor) $k \leq 5 \cdot 10^{-10}$ m/s bei $i = 30$
		Bauphase	Wetterschutz (Nässe, Frost, Austrocknung)
4	Kunststoff-dichtungsbahn (KDB)	Material Dicke Einbau	PEHD o. ä. (BAM-Zulassung [8]) $d \geq 2,5$ mm KDB direkt auf MD aufliegend („Preßverbund")
5	Schutzschicht	Material	Geotextil oder Verbundmateriallagen (mit Flächengewichten ≥ 1200 m/m^2) oder mineralische Schutzschichten (Sand/Splitt-Gemische 0/8; $d \geq 10$ cm) jeweils nach Eignungsprüfung
6	Entwässerungs-schicht	Material	chemisch stabiles Rundkorn; u. U. gebrochenes Material 8/16 bzw. 16/32 Kalziumkarbonat ($CaCO_3$)-Gehalt ≤ 15 Gew.-% $k \geq 1 \cdot 10^{-3}$ m/s (DIN 19667 [6])
		Dicke	$d \geq 30$ cm
7	Sickerrohre	Material	PEHD o. ä. nach DIN 4266 [6] 2/3-gelocht oder geschlitzt Nenndurchmesser DN ≥ 300 mm
		Gefälle	$\geq 1\%$ (nach Setzung) Wassereintrittsfläche ≥ 100 cm^2/lfdm

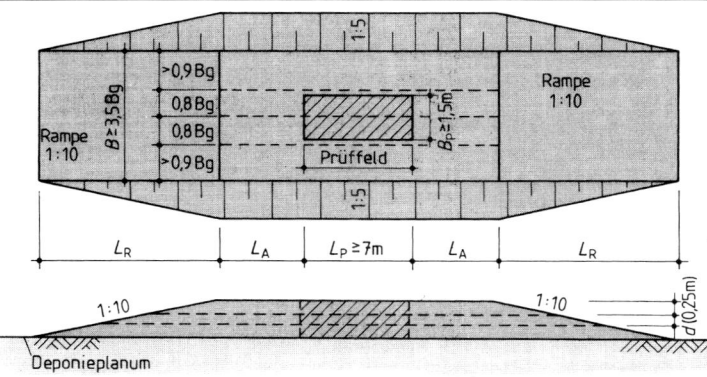

L_p = Länge des Prüffeldes B_g = Gerätebreite
L_R = Rampenlänge L_A = Beschleunigungs- und Verzögerungsstrecke
d = Dicke einer verdichteten Lage B_p = Breite des Prüffeldes

Bild 4   Abmessungen des Versuchsfeldes [3]

15

2.5 Sickerwasserzusammensetzung und -erfassung

Sickerwasserbildung

Die anfallenden Sickerwassermengen einer Deponie werden maßgeblich vom Sickerwasserhaushalt des Deponiekörpers bestimmt. Spitzenereignisse (z. B. zu Beginn der Ablagerung) sind mit den Mitteln der Hydrologie (s. dort) zu bestimmen. Für die Bemessung von Entwässerungsschichten und Sickerrohren sind neben den o. a. Spitzenereignissen gem. [6] **6 l**/(**s · ha**) anzusetzen.

Tafel 6 **Sickerwassermengen bei durchschnittlichen meteorologischen Verhältnissen** ($N = 800$ mm)

Sickerwassermengen (Anhaltswerte für jährliches Mittel):

Betriebene Deponieabschnitte	4,5 bis 5,5 m^3/(ha · d)
Abgeschlossene, nicht zwischenabgedeckte Abschnitte	7,0 bis 8,0 m^3/(ha · d)
Abgeschlossene, zwischenabgedeckte Abschnitte	1,0 bis 2,5 m^3/(ha · d)

Sickerwasserzusammensetzung [9]

Die Zusammensetzung von Deponiesickerwasser bei derzeit betriebenen Siedlungsabfalldeponien (Altdeponien) wird von den verschiedenen biologischen Prozessen im Deponiekörper bestimmt. Allerdings weist Deponiesickerwasser gegenüber anderem belasteten Wasser eine Besonderheit auf. Das Konzentrationsniveau einiger Parameter verlagert sich von einem hohen auf ein geringeres Niveau, stetig, aber relativ kurzfristig (Zeitraum ca. 1 bis 3 Jahre). Dies gilt insbesondere für die organischen Summenparameter BSB_5 und CSB.

Nach Abklingen der anfänglich aeroben Vorgänge bildet sich ein anaerobes Milieu aus. Zunächst erfolgt dieser anaerobe biologische Abbau nur bis zu den niederen Fettsäuren, die (in Wasser gelöst) bei hohen organischen Belastungen verursachen („Saure Gärung"). Im weiteren zeitlichen Verlauf werden dann auch die restlichen niederen Fettsäuren zu Methan und Kohlendioxid („Methangärung") umgesetzt und damit die Belastungen des Sickerwassers drastisch reduziert. Da die niederen Fettsäuren gleichzeitig zu einer Absenkung des pH-Wertes führen, ändern sich auch die Löslichkeit und damit die Konzentration einiger anorganischer Inhaltsstoffe (Tafel 7 und 8).

Bezüglich der Sickerwasserzusammensetzung künftiger Reststoffdeponien (Deponieklassen I, II und III) mit vorwiegend anorganischer Belastung können derzeit aufgrund fehlender Datenlage noch keine Aussagen getroffen werden.

Tafel 7 **Mittelwerte und Bereiche verschiedener Sickerwasserinhaltsstoffe von Siedlungsabfalldeponien (Stoffe mit signifikanter Konzentrationsänderung beim Phasenwechsel)** [9]

Parameter	Saure Gärung (hohe organische Belastung)		Methangärung (geringe organische Belastung)	
	Mittelwert in mg/l	Bereich in mg/l	Mittelwert in mg/l	Bereich in mg/l
pH (−)	6,1	4,5 bis 7,5	8	7,5 bis 9
BSB_5	13000	4000 bis 40000	180	20 bis 550
CSB	22000	6000 bis 60000	3000	500 bis 4500
BSB_5/CSB	0,6		0,06	
Sulfat	500	70 bis 1750	80	10 bis 420
Calcium	1200	10 bis 2500	60	20 bis 600
Magnesium	470	50 bis 1150	180	40 bis 350
Eisen	780	20 bis 2100	15	3 bis 280
Mangan	25	0,3 bis 65	0,7	0,03 bis 45
Zink	5	0,1 bis 120	0,6	0,03 bis 4
Strontium	7	0,1 bis 15	1	0,3 bis 7

Tafel 8 Mittelwerte und Bereiche verschiedener Sickerwasserinhaltsstoffe von Siedlungsabfall-deponien (Stoffe ohne signifikante Konzentrationsänderung beim Phasenwechsel) [9]

Inhaltsstoffe ohne signifikante Konzentrationsänderung beim Phasenwechsel			Spurenelemente/Schwermetalle			
Parameter	Mittel-wert in mg/l	Bereich in mg/l	Parameter	Mittel-wert in µg/l	Bereich in µg/l	95%-Bereich* in µg/l
TKN	1350	50 bis 5000	Arsen	160	5 bis 1600	680
NH$_4$−N	750	30 bis 3000	Blei	90	8 bis 1020	660
ges. P	6	0,1 bis 30	Cadmium	6	0,5 bis 140	30
AOX	2	0,3 bis 3,35	Chrom	300	30 bis 1600	1110
Öle, Fette	1	0,1 bis 3	Kobalt	55	4 bis 950	270
Alkalität	6700	300 bis 11500	Kupfer	80	4 bis 1400	490
ADR	8000	300 bis 50000	Nickel	200	20 bis 2050	740
Chlorid	2100	100 bis 5000	* Unterhalb dieser Werte liegen 95% aller Messungen; ADR: Abdampfrückstand Alkalität: CaCO$_3$			
Narium	1350	50 bis 4000				
Kalium	1100	10 bis 2500				

Sickerwassererfassung

Die beispielhafte Anordnung von Entwässerungseinrichtungen einer Hochdeponie ist in Bild 5 dargestellt.

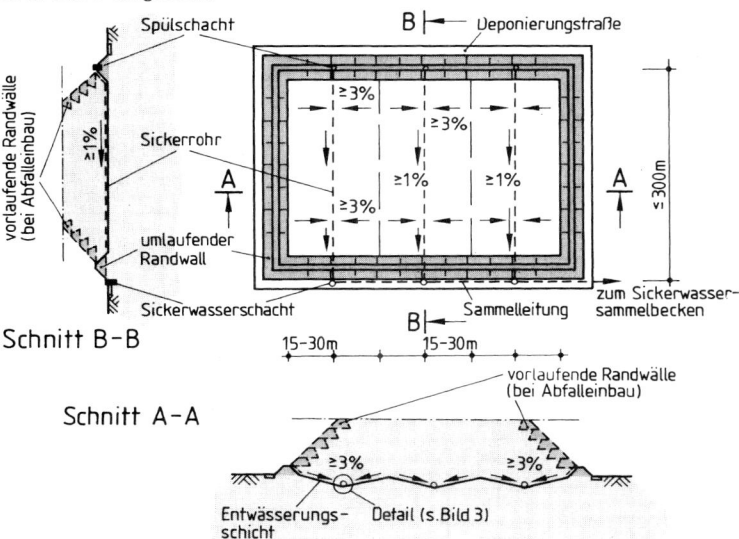

Bild 5 Beispielhafte Anordnung der Entwässerungseinrichtungen einer Hochdeponie

Folgende Planungsgrundsätze sind laut [3] zu beachten:
a) Entwässerungsschichten sind flächig auszubilden; die Sickerrohre sind spül- und kontrollierbar vorzusehen.
b) Die Ableitung von Sickerwasser muß in freiem Gefälle möglich sein.
c) Vertikale Durchdringungen des Dichtungssystems sind unzulässig.
d) Sonstige Rohrdurchdringungen des Dichtungssystems sind kontrollier- und reparierbar auszubilden.
e) Sämtliche Bauteile sind hydraulisch nachzuweisen.

15

Sickerwasserbehandlung

Einen Überblick über Sickerwasserbehandlungsverfahren (incl. Leistungsvergleich) geben Tafel 9 und 10.

Tafel 9   Leistungsvergleich von Sickerwasserbehandlungsverfahren [2]

Verfahren zur Sickerwasser- behandlung	geeignete Stoffgruppen	ungeeignete Stoffgruppen/ Grenzen d. Verf.	Folgeprodukte/Reststoffe und deren Entsorgung	Mögliche Verfahrenskombinatio- nen für den Hauptstrom
Biologische Behandlung	biologisch abbaubare Verbindungen (ggf. fällbare oder an den Schlamm adsorbier- bare Verbin- dungen)	Stoffe, die auf Mikroorganis- men toxisch oder hemmend wirken	Überschuß- schlamm → Thermische Behandlung Ablagerung	Vor der Biologischen Behandlung: Flockung/Fällung; Aktivkohlebehandlung; Membranverfahren; Adsorberharze Nach der Biologischen Behandlung: Mech. Filtration; Flockung/Fällung; Aktivkohlebehandlung
Mechanische Filtration	Schwebstoffe	im allgemeinen keine	Filterrück- stände → Behandlung oder Ablagerung	Vor der Mech. Filtration: Flockung/Fällung; Aktivkohlebehandlung; Biologische Behandlung
Flockung/ Fällung	Schwer- metalle	Komplexbildner enthaltendes Wasser	Schlamm → Behandlung oder Ablagerung	Die Flockung/Fällung kann sowohl als Vor- als auch als Nach- behandlungsverfahren eingesetzt werden
Strippung	flüchtige KW u. halogen- haltige KW; Schwefel- wasserstoff; Ammoniak	größerer Schlamm- oder Feststoffgehalt	Reststoffe (Gas- phase) → Thermische Behandlung	Die Strippung wird ins- besondere als Vorbe- handlungsverfahren ein- gesetzt, kann aber auch zur Nachbehandlung ver- wendet werden.
Eindampfung	grundsätzlich alle	leichtflüchtige Chlorkohlen- wasserstoffe (CKW) und Ammonium	Salze → Verwendung/ Ablagerung Abluft → Verbrennung	Vor der Eindampfung: Mechanische Phasentrennung; Ultrafiltration; Umkehrosmose; Mechanische Filtration Nach der Eindampfung: Aktivkohlebehandlung; Verbrennung (Teil- ströme); Umkehr- osmose; Biolo- gische Behandlung
Verbrennung	grundsätzlich alle	flüchtige Oxide; hohe Gehalte an Cadmium und Quecksilber	Schlacke → Verwertung/ Ablagerung Aschen/ Stäube → (SAD)/ Ablagerung Rauchgas- reinigung → Behandlung	Vor der Verbrennung: (Konzentrat) Ultrafiltration; Eindampfung; Mech. Filtration
Adsorption mit Harzen	unpolare und schwachpola- re Substanzen; Molgew. < 1000; bersonders Halogen- organische Verbindungen	wasserlösliche organische Stoffe mit hohem Dipol- moment; Feststoffe; hohe Salzgehalte	beladene Harze → Regenerierung – Extraktive Behandlg. – Thermische Behandlg. Ablagerung	Vor der Adsorption: Biologische Behand- lung; Umkehrosmose (Permeat); Ultrafiltration Nach der Adsorption: Mech. Filtration; Flockung/Fällung; Biologische Behandlung; Umkehrosmose (Permeat)

Tafel 10   Leistungsvergleich von Sickerwasserbehandlungsverfahren [2]

Verfahren zur Sicker- wasser- behandlung	geeignete Stoffgruppen	ungeeignete Stoffgruppen/ Grenzen d. Verf.	Folgeprodukte/Reststoffe und deren Entsorgung	Mögliche Verfahrenskom- binationen für den Haupt- strom
Adsorption an A-Kohle	organische Halogene; Phenole; Aromate; organische Lösemittel; Pestizide; Detergentien	Salze; Metalle; Ammonium; mech. Verun- reinigungen	beladene A-Kohle → Regenerierung — Extraktive Behandlg. — Thermische Behandlg. Ablagerung	Vor der Adsorption: Flockung/Fällung; Mech. Filtration; Umkehrosmose; Biologische Behandlung; Eindampfung Während der Adsorption: gem. Flockung/Fällung mit der Adsorption Nach der Adsorption: Umkehrosmose; Mitbe- handlung in einer biologi- schen Kläranlage
Membran- verfahren (Umkehr- osmose)	feststoff- „freie" Wasser; echte Lösungen	org. Säuren: <10%; org. Ester/ Ketone: <0 bis 5%; aliphat. Alkohole: <5 bis 40%; aromat. Bestandt.: <0 bis 5%; unpol. org. Bestandt.: <5 bis 40%; Formaldehyd: <5%	Konzentrat → Behandlung Abluft → Behandlung	Vor dem Membranverfah- ren: Mech. Filtration; Eindampfung (Destillat); Adsorber-Harze; Nach dem Membranver- fahren (Permeat): Strippung; Biologische Behandlung; Adsorber- Harze; Aktivkohle- behandlung

2.6   Gaszusammensetzung und -erfassung

Deponiegasbildung

Unter Deponiegas werden die gasförmigen Stoffwechselprodukte der biochemi-
schen Prozesse verstanden, die im Deponiekörper (von Siedlungsabfalldeponien)
durch mikrobielle Abbauprozesse entstehen (s. Abschn. 2.5). Bild 6 zeigt in Abhängigkeit von der Ablagerungsdauer die prinzipielle Zusammensetzung von Deponiegas (Hauptkomponenten) [10].

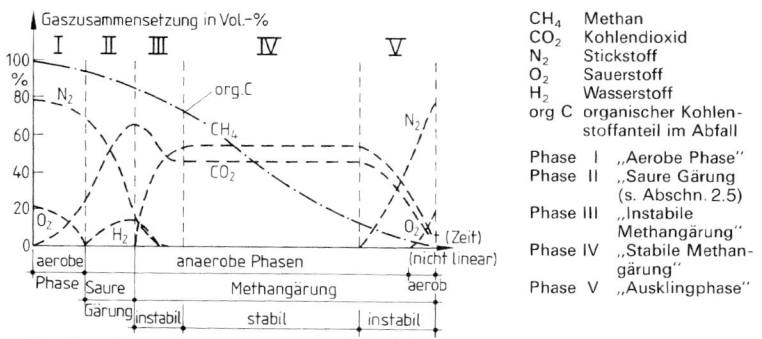

CH₄   Methan
CO₂   Kohlendioxid
N₂   Stickstoff
O₂   Sauerstoff
H₂   Wasserstoff
org C organischer Kohlen-
      stoffanteil im Abfall

Phase I   „Aerobe Phase"
Phase II   „Saure Gärung"
           (s. Abschn. 2.5)
Phase III „Instabile
           Methangärung"
Phase IV   „Stabile Methan-
           gärung"
Phase V   „Ausklingphase"

Bild 6   Deponiegaszusammensetzung während des Abbaus von Siedlungsabfall

I5

Deponiegaszusammensetzung

Bei der Überprüfung von Deponiegas in Entgasungsanlagen bzw. Gasverwertungsanlagen wird Deponiegas (infolge seiner Gewinnung/Absaugung) in mehr oder weniger starker Verdünnung mit (Luft) Sauerstoff und Stickstoff festgestellt (siehe Tafel 11).

Tafel 11 Typische Deponiegaskonstellationen (Angaben in Vol-%) [10]

Fall		CH_4	CO_2	O_2	N_2
Gas 1	Reines Deponiegas, da CH_4 und CO_2 im typischen Verhältnis von ca. 1,2:1	55	45	–	–
Gas 2	Mit atmosphärischer Luft verdünntes Deponiegas	40	30	6	24
Gas 3	Verdünntes Deponiegas; es fehlt der Sauerstoff (Falschluftansaugung in Deponie)	45	35	1	18
Gas 4	Verdünntes Deponiegas als Mischung der Fälle 2 und 3	35	30	5	30

Weitere Bestandteile (Spuren) im Deponiegas sind: Wasserdampf, Schwefelwasserstoff, Ammoniak, Kohlenmonoxid, Schwermetalle und eine Vielzahl von organischen (halogenierten und nichthalogenierten) Verbindungen.

Deponiegaserfassung

In der Regel erfolgt die Deponiegaserfassung während der Verfüllung und nach Abschluß der Verfüllung aus betriebstechnischen Gründen mit unterschiedlichen Systemen (Bild 7).

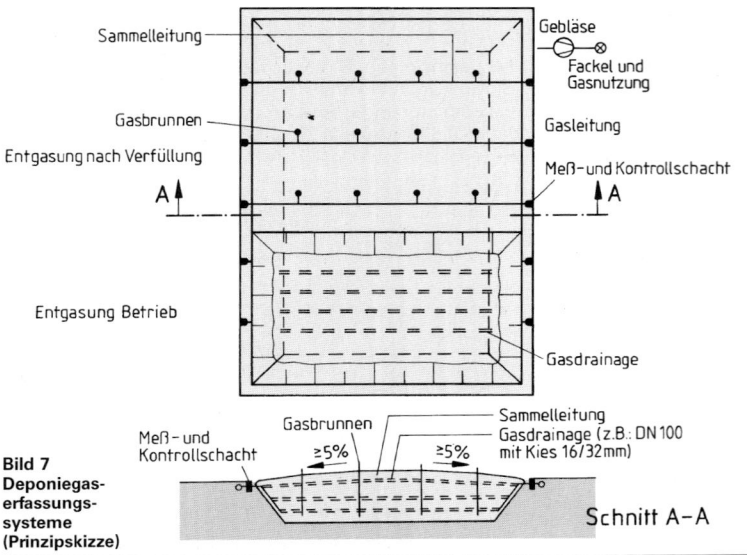

Bild 7 Deponiegaserfassungssysteme (Prinzipskizze)

Im einzelnen sind dies:
— horizontale Systeme (während des Deponiebetriebes bestehend aus horizontalen Kiesfiltern bzw. -rigolen; Einzugsbereich ca. 10 bis 15 m)
— vertikale Systeme (während und nach Abschluß des Deponiebetriebes; Gas-
  brunnen mit Einzugsbereichen von ca. 25 bis 40 m).

Zusätzlich erfolgt bei abgeschlossenen Deponien eine flächige Entgasung unterhalb
der Oberflächenabdichtung (s. Abschn. 2.7).

2.7 Oberflächenabdichtungssysteme

Deponieoberflächenabdichtungssyteme umfassen neben der eigentlichen abdichtenden Schicht auch die weiteren notwendigen Komponenten, wie Entwässerungs-,
Schutz- und Filterschichten. Dichtungen können aus mineralischen Materialien und/
oder Kunststoffdichtungsbahnen hergestellt werden. Für die Deponieklassen II und
III sind laut [2] und [3] im Regelfall nur Kombinationsdichtungen zulässig (Bild 8).

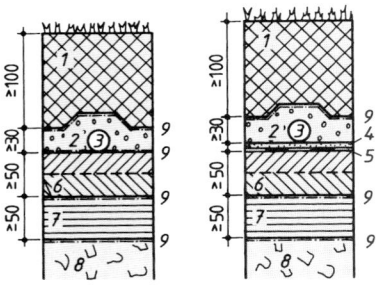

Bild 8
Oberflächenabdichtungssysteme
für Deponien
1 Rekultivierungsschicht
2 Entwässerungsschicht
3 Sickerrohre
4 Schutzschicht
5 Kunststoffdichtungsbahn
6 Mineralische Dichtung
7 Ausgleichsschicht
8 Abfall
a) Deponieklasse I   b) Deponieklasse II und III   **9 Filterschicht** (ggf.)

Bezüglich der Anforderungen an Oberflächenabdichtungen, deren Belastungen sich
wesentlich von Basisabdichtungen unterscheiden (Setzungen, Sickerwasserbela-
stungen, Witterungseinflüsse, Durchdringungsbauwerke, Kontrollier- und Reparier-
barkeit, etc.) wird auf Tafel 5 und Tafel 12 verwiesen.

Tafel 12   Anforderungen an Oberflächenabdichtungen

Lfd. Nr.	Komponente der Basisabdichtung	Parameter	Werte/Maßnahmen
1	Rekultivierungssicht	Material	kulturfähiger Boden; Schutz der Dich-tung vor Wurzel- und Frosteinwirkung
2	Entwässerungsschicht	Material	s. Tafel 5; Lfd. Nr. 6
3	Sickerrohre	Material Gefälle	s. Tafel 5; Lfd. Nr. 7 $\geq$ 5% (nach Setzung)
4	Schutzschicht	Material	s. Tafel 5; Lfd. Nr. 5
5	Kunststoffdichtungs-bahn (KDB)	Material Dicke, Einbau	s. Tafel 5; Lfd. Nr. 4
6	Mineralische Dichtung (MD)	Material, Einbau-werte, Bauphase Gefälle	s. Tafel 5; Lfd. Nr. 3 $k \leq 5 \cdot 10^{-9}$ m/s bei $i = 30$ $\geq$ 5% (nach Setzung)
7	Ausgleichsschicht (ggf. Gasdränschicht)	Material	homogener, nicht bindiger Boden (Kalziumkarbonat ($CaCO_3$)-Gehalt $\leq$ 15 Gew.-%)

15

2.8 Alternative Abdichtungssysteme

Als technische und wirtschaftliche Alternative zu den Regelabdichtungssystemen gemäß [3] (s. Bild 3 und 8) kommen in den letzten Jahren verstärkt alternative Abdichtungssysteme (insbesondere bei Oberflächenabdichtungen von Deponien) zum Einsatz (Tafel 13).

Tafel 13 Alternative Abdichtungssysteme

• Ein- bzw. doppellagige Betonitmatten bzw. Geosynthetische Tondichtungsbahnen (GTD) in Kombination mit geotextilen Dränmatten

• Einfache oder (durch eine Kunststoffdichtungsbahn) erweiterte Kapillarsperren

• Einfache oder kombinierte Asphaltbetondichtungssysteme

• Kontrollierbare Kunststoffdichtungsbahnen (mittels Leckdetektionssystemen)

Für die Anwendung dieser Systeme ist die Gleichwertigkeit bzw. Anwendbarkeit im Einzelfalle nachzuweisen. Bezüglich des Aufbaus und der spezifischen Anforderungen wird auf die weiterführende Literatur verwiesen [z. B.: 31].

2.9 Betriebseinrichtungen, Betriebsphasen und Überwachung

Wegen der hohen Kosten für Abdichtungs- und Infrastruktureinrichtungen sollten bei der Neuanlage von Deponien Mindestlaufzeiten (Ablagerungsphase) von >20 Jahren berücksichtigt werden. Bild 9 zeigt am Beispiel einer Hochdeponie und einem jährlichen Ablagerungsvolumen von 100000 m³ den notwendigen Flächenbedarf und die zugehörigen Betriebseinrichtungen [11]. Grundsätzlich ist zu berücksichtigen, daß Deponieböschungsneigungen <1:3 und Deponiehöhen in freiem Gelände <30 m betragen sollten.

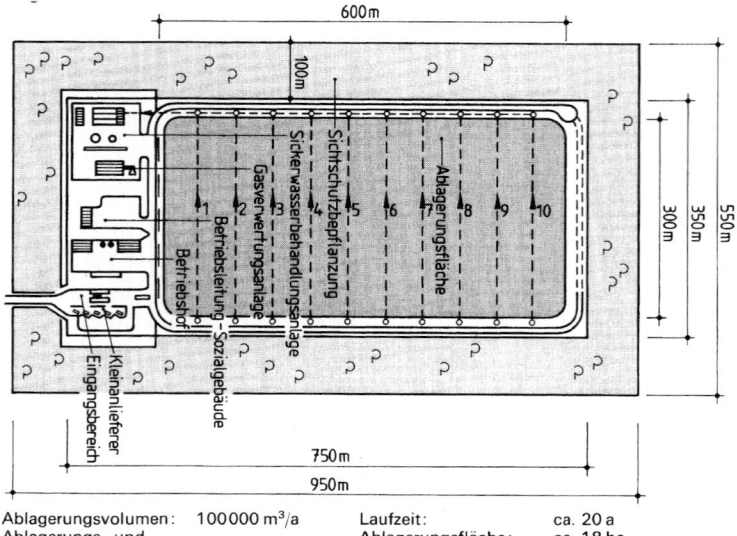

Ablagerungsvolumen: 100000 m³/a	Laufzeit: ca. 20 a
Ablagerungs- und	Ablagerungsfläche: ca. 18 ha
Betriebsanlagenfläche: ca. 26 ha	Gesamtflächenbedarf: ca. 52 ha

Bild 9 Prinzipieller Grundriß einer Hochdeponie (schematische Darstellung) [11]

Eine schematische Darstellung der gemäß [1] und [3] wesentlichen Deponiephasen, in der auch der Begriff der Stillegung einer Deponie definiert wird, kann Bild 10 entnommen werden.

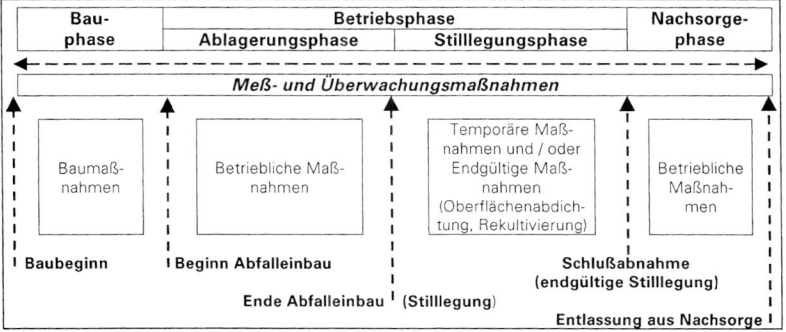

Bild 10   Schematische Darstellung der Deponiephasen

Überwachung von Deponien

Bezüglich des notwendigen Meß- und Kontrollprogrammes für die Durchführung von Eigenkontrollen bei Deponien wird zwischen Betriebs- und Nachsorgephase (siehe Bild 10) unterschieden (Tafel 14). Neben den dort genannten Parametern ist darüberhinaus die Kontrolle und Funktionsfähigkeit von Deponieabdichtungssystemen sicherzustellen. Dies erfolgt durch mind. jährliche Kamerabefahrung (ggf. Rohrspülung) und Höhenvermessung der Sickerrohre des Entwässerungssystems.

Während der Betriebsphase erfolgt die Kontrolle, Spülung und Vermessung der Sickerrohre am Basisabdichtungssystem, während der Nachsorgephase insbesondere am Oberflächenabdichtungssystem.

Die erfaßten Daten sind zu dokumentieren und monatlich/jährlich auszuwerten (Vorlage bei der zuständigen Behörde).

Tafel 14   Eigenkontrollen bei Deponien [2]

Lfd. Nr.	Parameter	Betriebsphase	Nachsorgephase (Häufigkeit)
1	Meteorologische Daten		
1.1	Niederschlagsmenge	täglich	regelmäßig
1.2	Temperatur	täglich	regelmäßig
1.3	Windrichtung/-stärke	täglich	—
1.4	Verdunstung	täglich	regelmäßig
2	Emissionsdaten		
2.1	Sickerwassermenge	täglich	regelmäßig
2.2	Sickerwasserqualität	monatlich	halbjährl.
2.3	Oberflächenwassermengen	regelm.	—
2.4	Oberflächenwasserqualität	regelm.	—
2.5	Gasemissionen	regelm.	—
2.6	Geruchsemissionen	regelm.	—
3	Daten zum Deponiekörper		
3.1	Aufbau und Zusammensetzung (Abfall)	täglich	—
3.2	Setzungen	jährlich	jährlich
4	Grundwasserdaten		
4.1	Grundwasserstände	monatlich	halbjährl.
4.2	Grundwasserqualität	halbjährl.	halbjährl.

15

3 Altlasten

3.1 Beurteilung von Kontaminationen

Definitive gesetzliche Regelungen zur Abgrenzung von Böden bzw. Grund- und Oberflächenwasser, die mit Schadstoffen belastet sind (⇒ schädliche Bodenverunreinigungen) gibt es in der Bundesrepublik Deutschland erst seit Einführung des BBodSchG von 1998 [12] bzw. der BBodSchV von 1999 [29].

3.1.1 Grenzwertdefinitionen

Laut BBodSchG [12] bzw. der BBodSchV [29] wurden gesetzlich folgende Definitionen getroffen, die im Rahmen der Beurteilung von Kontaminationen zu beachten sind.

1. Vorsorgewerte

Stoffspezifische (Schad)stoffkonzentration in Böden, bei deren Überschreiten unter Berücksichtigung von geogenen oder großflächig siedlungsbedingten Schadstoffgehalten in der Regel davon auszugehen ist, daß die Besorgnis einer schädlichen Bodenveränderung besteht.

2. Prüfwerte

Stoffspezifische (Schad)stoffkonzentration, bei deren Überschreitung unter Berücksichtigung der Bodennutzung eine einzelfallbezogene Prüfung (d. h. Detailuntersuchung) durchzuführen und festzustellen ist, ob eine schädliche Bodenverunreinigung oder Altlast vorliegt. Bei Unterschreitung von Prüfwerten ist laut [29] der Verdacht einer schädlichen Bodenverunreinigung ausgeräumt.

3. Maßnahmenwerte

Stoffspezifische (Schad)stoffkonzentration für Einwirkungen oder Belastungen, bei deren Überschreiten unter Berücksichtigung der jeweiligen Bodennutzung in der Regel von einer schädlichen Bodenverunreinigung oder Altlast auszugehen ist. Es sind daher Maßnahmen (Sanierungs- bzw. Schutz- und Beschränkungsmaßnahmen) erforderlich.

4. Hintergrundwerte

(Schad)stoffkonzentration in nicht spezifisch belasteten Medien (Hilfswerte für die Beurteilung einer geogenen oder ubiquitären Belastung).

Neben den genannten Grenzwerten laut BBodSchG [12] bzw. der BBodSchV [29] werden weiterhin im Zusammenhang mit Altlasten häufig auch Vergleichswerte aus anderen Bereichen (Orientierungswerte) herangezogen.

5. Orientierungswerte

(Schad)stoffgrenzkonzentration in Böden, Gewässern, Luft (Vergleichswerte aus anderen Anwendungsbereichen).

In den Tafeln 15 bis 22 sind die aufgrund des BBodSchG [12] bisher mittels der BBodSchV [29] erlassenen Maßnahmen-, Prüf- und Vorsorgewerte wiedergegeben. Die Prüf- und Maßnahmenwerte wurden dabei jeweils in Abhängigkeit von den im Einzelfall zu betrachtenden Wirkungspfaden festgelegt.

Abschnitt 3.2 und 3.3 (Tafel 26 und 27) geben darüber hinaus einen Überblick über Orientierungswerte aus anderen Anwendungsbereichen. Die früher häufig in Deutschland verwendeten Grenzwerte der sog. „Niederländischen Liste" [13] können der früheren Auflagen des Wendehorstes (bis 28. Auflage) entnommen werden.

3.1.2 Direkter Kontakt (Wirkungspfad Boden — Mensch)

Tafel 15 Prüfwerte für die direkte Aufnahme von Schadstoffen auf Kinderspielflächen, in Wohngebieten, Park- und Freizeitanlagen und Industrie- und Gewerbegrundstücken (unbefestigt)

Stoff	Kinderspiel-flächen	Wohngebiete	Park- und Frei-zeitanlagen	Industrie und Gewerbe-grundstücke
Beprobungstiefe in cm	0 bis 10, 10 bis 35	0 bis 10, 10 bis 35	0 bis 10	0 bis 10
	in mg/kg	in mg/kg	in mg/kg	in mg/kg
Blei	200	400	1000	2000
Cadmium	10[1]	20[1]	50	60
Chrom	200	400	1000	1000
Nickel	70	140	350	900
Quecksilber	10	20	50	80
Arsen	25	50	125	140
Cyanide	50	50	50	100
Aldrin	2	4	10	—
Benzo(a)pyren	2	4	10	12
DDT	40	80	200	—
Hexachlorbenzol HCB	4	8	20	200
Hexachlorcyclohexan HCH	5	10	25	400
Pentachlorphenol PCP	50	100	250	250
Polychlorierte Biphenyle[2] PCB$_6$	0,4	0,8	2	40

[1] Falls sowohl Aufenthaltsbereiche von Kindern als auch Anbau von Nahrungspflanzen $\Rightarrow$ 2
[2] Falls PCB-Gesamtgehalte bestimmt werden, sind die Gesamtgehalte durch 5 zu dividieren

Tafel 16 Maßnahmenwerte für die direkte Aufnahme von Schadstoffen auf Kinderspielflächen, in Wohngebieten, Park- und Freizeitanlagen und Industrie- und Gewerbegrundstücken (unbefestigt)

Stoff	Kinderspiel-flächen	Wohngebiete	Park- und Frei-zeitanlagen	Industrie und Gewerbe-grundstücke
Beprobungstiefe in cm	0 bis 10, 10 bis 35	0 bis 10, 10 bis 35	0 bis 10	0 bis 10
	in ng TE/kg	in ng TE/kg	in ng TE/kg	in ng TE/kg
Dioxine/Furane[1] (PCDD/PCDF)	100	1000	1000	10 000

[1] Summe der 2,3,7,8-TCDD-Toxizitätsäquivalente (nach NATO/CCMS)

15

3.1.3 Wirkungspfad Boden-Nutzpflanze

Tafel 17 Prüf- und Maßnahmenwerte für den Wirkungspfad Boden-Nutzpflanze von Schadstoffen auf Flächen des Ackerbaus und Nutzgarten im Hinblick auf die Pflanzenqualität

Stoff	Methode[*]	Prüfwert		Maßnahmenwert	
Beprobungstiefe in cm		0 bis 30	30 bis 60	0 bis 30	30 bis 60
		in mg/kg		in mg/kg	
Cadmium	AN	—	—	0,04[1])/0,1[2])	0,06[1])/0,15[2])
Blei	AN	0,1	0,15	—	—
Quecksilber	KW	5	7,5		
Thallium	AN	0,1	0,15	—	—
Arsen	KW	200[3])	300[4])	—	—
Benzo(a)pyren	—	1	1,5		

[*]) AN: Ammoniumnitrataufschluß; KW: Königswasseraufschluß
[1]) Auf Flächen mit Brotweizenanbau bzw. stark Cd-anreichernder Gemüsearten
[2]) Sonstige Flächen
[3,4]) Bei Böden mit zeitweise reduzierenden Verhältnissen ⇒ 50 bzw. 75

Tafel 18 Maßnahmenwerte für den Wirkungspfad Boden-Nutzpflanze von Schadstoffen auf Grünlandflächen im Hinblick auf die Pflanzenqualität

Stoff	Maßnahmenwert		Stoff	Maßnahmenwert	
Beprobungstiefe in cm	0 bis 10	10 bis 30	Beprobungstiefe in cm	0 bis 10	10 bis 30
	in mg/kg			in mg/kg	
Blei	1200	1800	Thallium	15	30
Cadmium	20	30			
Kupfer	1300[1])	1950	Arsen	50	75
Nickel	1900	2850			
Quecksilber	2	3	Polychlorierte Biphenyle (PCB$_6$)	0,2	0,3

[1]) Bei Nutzung durch Schafe ⇒ 200

Tafel 19 Prüfwerte für den Wirkungspfad Boden-Nutzpflanze von Schadstoffen auf Ackerbauflächen im Hinblick auf Wachstumsbeeinträchtigungen bei Kulturpflanzen

Stoff	Prüfwert		Stoff	Prüfwert	
Beprobungstiefe in cm	0 bis 30	30 bis 60	Beprobungstiefe in cm	0 bis 30	30 bis 60
	in mg/kg			in mg/kg	
Kupfer	1	1,5	Zink	2	3
Nickel	1,5	2,25	Arsen	0,4	0,6

Sämtliche Werte: Ammoniumnitratextraktion

3.1.4 Wirkungspfad Boden-Grundwasser

Tafel 20 Prüfwerte für den Wirkungspfad Boden-Grundwasser von Schadstoffen im Sickerwasser von Altablagerungen und Altstandorten (Beurteilungsort: Übergangsbereich
von der ungesättigten zur wassergesättigten Bodenzone)

Stoff	Prüfwert in µg/l	Stoff	Prüfwert in µg/l
Blei	25	Mineralölkohlen-wasserstoffe[1])	200
Cadmium	5		
Chrom, gesamt	50	BTEX[2])	20
Kupfer	50	Benzol	1
Nickel	50	LHKW[3])	10
Quecksilber	1		
Zink	500	Aldrin	0,1
Antimon	10	Phenole	20
Chromat	50	PCB, gesamt[4])	0,05
Kobalt	50		
Molybdän	50	PAK, gesamt[5])	0,20
Selen	10	Naphthalin	2
Zinn	40		
		DDT	0,1
Arsen	10		
Cyanid, gesamt	50		
Cyanid, leicht freisetzbar	10		
Fluorid	750		

[1]) n-Alkane ($C_{10} - C_{39}$), Isoalkane, Cycloalkane, und aromatische KW
[2]) Summe Benzol, Toluol, Xylole, Ethylbenzol, Styrol, Cumol
[3]) Summe der halogenierten C_1- und C_2-Kohlenwasserstoffe
[4]) (Summe der 6 Ballschmitter PCB-Kongenere) · 5
[5]) 15-EPA-PAK ohne Naphthalin

3.1.5 Vorsorgewerte

Tafel 21 Vorsorgewerte für Böden (Metalle)

Stoff	Bodenart Ton in mg/kg	Bodenart Lehm/Schluff	Bodenart Sand in mg/kg
Cadmium*)	1,5	1	0,4
Blei*)	100	70	40
Chrom	100	60	30
Kupfer	60	40	20
Quecksilber	1	0,5	0,1
Nickel*	70	50	15
Zink*	200	150	60

* Bei Böden mit pH <6 gelten für Cadmium, Nickel und Zink die Vorsorgewerte der jeweils
nächst(niedrigeren) Bodenart; bei Böden mit pH <5 gilt für Blei der Vorsorgewert der jeweils
nächst(niedrigeren) Bodenart

15

Tafel 22   Vorsorgewerte für Böden (Organische Stoffe)

Stoff	Humusgehalt >8%	Humusgehalt ≤ 8%
	in mg/kg	in mg/kg
Polychlorierte Biphenyle PCB$_6$	0,1	0,05
Benzo(a)pyren	1	0,3
Polycyclische aromatische Kohlenwasserstoffe PAK$_{16}$	10	3

Tafel 23   Zulässige zusätzliche jährliche Frachten an Schadstoffen über alle Wirkungspfade

Element	Fracht in g/ha · a	Element	Fracht in g/ha · a
Blei	400	Nickel	100
Cadmium	6	Quecksilber	1,5
Chrom	300	Zink	1200
Kupfer	360		

3.1.6   Probenahme

Zur Beurteilung der Wirkungspfade wird in der BBodSchV [29] die Art der Probenahme in Abhängigkeit von der Beurteilungstiefe (siehe Tafel 15 bis 19) für die Anwendung von Prüf- und Maßnahmenwerten vorgegeben. Ist weiterhin aufgrund vorliegender Erkenntnisse davon auszugehen, daß die Schadstoffe in der beurteilungsrelevanten Bodenschicht annähernd gleichmäßig über eine Fläche verteilt sind, wird eine Probenahmehäufigkeit gemäß Tafel 24 bzw. 25 empfohlen.

Tafel 24   Probenahmehäufigkeit bei der Beurteilung des Wirkungspfades Boden-Mensch

Flächengröße	Mindestprobenumfang	Regelprobenumfang	Probenherstellung
<500 m^2 sowie Hausgärten	1	1	Mischprobe aus 15–25 Einstichen (je Beprobungshorizont)
<10 000 m^2	3	10	
>10 000 m^2	10		

Tafel 25   Probenahmehäufigkeit bei der Beurteilung des Wirkungspfades Boden-Nutzpflanze

Flächengröße	Mindestprobenumfang	Regelprobenumfang	Probenherstellung
<5000 m^2	1	1	Mischprobe aus 15 – 25 Einstichen (je Beprobungshorizont)
<100 000 m^2	3	10	
>100 000 m^2	10		

3.2   Orientierungswerte für Grund- und Oberflächenwasser

Die Beurteilung einer Kontamination von Grundwasser hat zunächst entsprechend der in Tafel 20 aufgeführten Prüfwerte zu erfolgen.

Im Einzelfall können als Hilfswerte zur Beurteilung von Grund- und Oberflächenwasserkontaminationen auch die in Tafel 26 angegebenen Grenz-, Schwellen- und Einleitungswerte als Orientierungswerte (siehe Abschn. 3.1.1) herangezogen werden. Im einzelnen sind dies:

Spalte 3	Gesetzliche Grenzwerte der Trinkwasserverordnung (TVO) [14], die im wesentlichen mit den zulässigen Höchstkonzentrationen (ZHK-Werte) der EG-Richtlinie über die Qualität von Wasser für den menschlichen Gebrauch [15] übereinstimmen
Spalte 4	Grenzwerte des DVGW-Arbeitsblattes W 151 über die Eignung von Oberflächenwasser als Rohstoff für die Trinkwasserversorgung (Grenzwert B bei Anwendung weitergehender Aufbereitungsverfahren) [16]
Spalte 5	Maßnahmenschwellenwerte (bei Überschreitung: Sanierung bzw. Sicherung) der Länderarbeitsgemeinschaft Wasser (LAWA) [17]
Spalte 6	Anforderungen der LAWA an Gewässergüteklasse II (mäßig belastet) [aus 18]; laut [18] kann daraus (nach Aufbereitung) noch Trinkwasser hergestellt werden
Spalte 7	Grenzwerte für Indirekteinleitungen gemäß ATV-Arbeitsblatt A 115 [20]

Tafel 26 Übersicht über Grenz-, Schwellen- und Einleitungswerte (Orientierungswerte) [14], [16], [17], [18], [20]

1	2	3	4	5	6	7
Parameter	in	TVO	DVGW W151	LAWA 93	GWKII	ATV A115
I. Allgemeine Parameter						
pH-Wert	—	6,5 bis 9,5	—	—	6 bis 9	6,5 bis 10
Leitfähigkeit	µS/cm	2000	1000	—	—	—
KMnO$_4$-Verbrauch	mg/l	5	—	—	—	—
DOC	mg/l	—	8	—	—	—
CSB	mg/l	—	20	—	15	100
BSB$_5$	mg/l	—	5	—	6	—
II. Anorganische Verbindungen						
Chlorid	mg/l	250	200	—	—	—
Fluorid	mg/l	1,5	1	2 bis 3	—	50
Sulfat	mg/l	240[7])	150	—	—	600
Aluminium	mg/l	0,2	—	—	—	—
Barium	mg/l	1	1	0,4 bis 0,6	—	5000
Bor	mg/l	1	1	—	—	—
Kjeldahl-N	mg/l	1	—	—	5	—
Ammonium	mg/l	0,5[4])	1,5	—	0,3	200
Nitrat	mg/l	50	50	—	—	—
Nitrit	mg/l	0,1	—	—	—	10
Cyanid	µg/l	50	50	100 bis 250	—	20000
Calcium	mg/l	400	—	—	—	—
Kalium	mg/l	12[5])	—	—	—	—
Magnesium	mg/l	50[6])	—	—	—	—
Natrium	mg/l	150	—	—	—	—
Eisen	mg/l	0,2	1	—	1	—
Mangan	µg/l	50	500	—	—	—
Phosphor	mg/l	6,7	—	—	0,3	—

Fortsetzung und Fußnoten s. nächste Seite

15

Tafel 26, Fortsetzung

Parameter	in	TVO	DVGW W151	LAWÁ93	GWKII	ATV A115
III. Schwermetalle						
Arsen	µg/l	10	30	20 bis 60	–	500
Blei	µg/l	40	50	80 bis 200	50	1000
Cadmium	µg/l	5	10	10 bis 20	5	500
Chrom, gesamt	µg/l	50	50	100 bis 250	50	1000
Kupfer	µg/l	(3000)[8]	50	100 bis 250	40	1000
Nickel	µg/l	50	50	100 bis 250	50	1000
Quecksilber	µg/l	1	1	2 bis 5	0,5	100
Zink	µg/l	(5000)[8]	1000	500 bis 2000	500	5000
IV. Organische Verbindungen						
Mineralöle	µg/l	10	200	400 bis 1000	–	20 000
Phenole	µg/l	0,5	10	30 bis 100	–	100 000
PAK	µg/l	0,2[1]	3[1]	0,4 bis 2[11]	–	–
LCKW	µg/l	10[2]	–	20 bis 50[12]	–	500[9]
Pestizide, PCB (Einzelsubstanz)	µg/l	0,1[3]	5[9]	1 bis 3	–	–
Pestizide, PCB (Summe)	µg/l	0,5[3]	10[9]	–	–	1000[10]

[1]) Summe der 6 polycyclischen, aromatischen Kohlenwasserstoffe (Fluoranthen, Benzo(b)fluoranthen, Benzo(k)fluoranthen, Benzo(a)pyren, Benzo(ghi)perylen, Indeno(1,2,3-cd)pyren)
[2]) Summe leichtflüchtiger halogenierter Kohlenwasserstoffe (1.1.1-Trichlorethan, Trichlorethen, Tetrachlorethen, Dichlormethan, Tetrachlormethan; für Tetrachlormethan als Einzelsubstanz gilt <3 µg/l)
[3]) Gilt für sämtliche organisch-chemischen Stoffe zur Pflanzenbehandlung und Schädlingsbekämpfung incl. ihrer Abbauprodukte sowie polychlorierten Biphenylen (PCB) sowie polychlorierten Terphenylen (PCT)
[4]) Geogen bedingte Überschreitungen bis <30 mg/l zulässig
[5]) Geogen bedingte Überschreitungen bis <50 mg/l zulässig
[6]) Geogen bedingte Überschreitungen bis <120 mg/l zulässig
[7]) Geogen bedingte Überschreitungen bis <500 mg/l zulässig
[8]) Bedingt durch Werkstoffe Kupfer und verzinktem Stahl
[9]) Berechnet als Cl
[10]) Berechnet als AOX
[11]) PAK nach EPA (ohne Naphthalin) s. Tafel 21
[12]) Summe der halogenierten C_1- und C_2-Kohlenwasserstoffe

3.3 Gasförmige Kontaminationen

Gasförmige Kontaminationen sind in der Regel auf Ausgasungen von leichtflüchtigen Schadstoffen bzw. Migrationen von deponietypischen Gasen (s. Abschn. 2.6) zurückzuführen. Grenzwerte werden in [29] nicht genannt.

Häufig wird daher bei der Bewertung auf die MAK-Werte (MAK – Maximale Arbeitsplatzkonzentration) der TRGS 900 [22] zurückgegriffen, die jedoch für eine Beurteilung in der Regel nicht geeignet sind. In Tafel 27 sind Grenzwerte für die hauptsächlich auftretenden gasförmigen Kontaminationen gemäß LAWA-Empfehlung [17] angegeben:

Tafel 27 Grenzwerte für gasförmige Kontaminationen [17]

Parameter	in	Prüfwert[3]	Maßnahmenschwellenwert[4]	Sanierungszielwert[5]
LHKW[1]	mg/m³	5 bis 10	50	1
BTX[2]	mg/m³	5 bis 10	50	1

[1]) LHKW – Leichtflüchtige halogenierte Kohlenwasserstoffe (Summenparameter)
[2]) BTX – Gruppe der aromatischen Kohlenwasserstoffe Benzol, Toluol, Xylol (Summenparameter)
[3]) Prüfwert – Bei Überschreitung weitere Untersuchungen erforderlich
[4]) Maßnahmenschwellenwert – Sanierung bzw. Sicherung erforderlich
[5]) Sanierungszielwert – Nach Sanierung anzustrebender Grenzwert

3.4 Sanierung von Altlasten

Allgemein wird als Altlast eine Altablagerung (stillgelegte, verlassene oder illegale Anlage zum Ablagern von Abfällen, stillgelegte Aufhaldungen und Verfüllungen mit Produktionsrückständen) bzw. ein Altstandort (Grundstück einer stillgelegten Anlage, auf dem mit umweltgefährdenden Stoffen umgegangen worden ist) bezeichnet, sofern von diesem (nach den Erkenntnissen einer vorausgehenden Untersuchung und Beurteilung) eine schädliche Bodenverunreinigung oder eine Gefahr (akute bzw. latente Gefährdung) für die öffentliche Sicherheit und Ordnung ausgeht [12], [18], [19].

Zur Sanierung von Altlasten werden in Deutschland eine Vielzahl von Verfahren unterschiedlichster Anbieter eingesetzt. Generell ist dabei zwischen den Sicherungsverfahren (Unterbrechung der Kontaminationswege) und den Dekontaminationsverfahren (Beseitigung der Kontamination) zu unterscheiden (Tafel 28). Gemäß [18] und [19] besteht in der Wertigkeit der o. a. Verfahren kein Unterschied; beide sind als Sanierungsverfahren zu bezeichnen.

Tafel 28   Überblick über Verfahren zur Sanierung von Altlasten [18] [19]

Art der Maßnahme	Verfahren/Maßnahme	Nachsorge
Schutz- und Beschränkungsmaßnahmen	**Nutzungseinschränkungen** **Sicherung vor Zutritt** **Evakuierung** **Keller-, Raumbelüftung,** **Zwischenlagerung ausgetretener Stoffe** **Überwachung**	**Erfolgskontrolle** **Untersuchung** **Sicherungs- bzw. Sanierungsverfahren**
Sicherungsmaßnahmen (zur Unterbrechung der Kontaminationswege)	**Einkapselungsverfahren** (Oberflächenabdichtung, vertikale Abdichtung, nachträgliche Sohl- bzw. Basisabdichtung) **Passive hydraulische Maßnahmen** (Grundwasserabsenkung, -umleitung) **Passive pneumatische Maßnahmen** (Gaserfassung, -ableitung) **Verfestigungs- bzw. Immobilisierungsverfahren**	**Erfolgskontrolle** **Überwachung** (nach Sicherung) **ggf. Reparatur** **ggf. erneute Maßnahmen**
Dekontaminationsmaßnahmen (zur Beseitigung der Kontamination)	**Thermische Verfahren** (Verbrennung, Pyrolyse, Vergasung) **Chemisch-physikalische Behandlung** (Extraktion, Laugung, Tensid-Wäsche, Hochdruck-Wäsche, Desorption, Wasserdampfdestillation, Oxidation, Strippung, Reduktion, Fällung, Ultraschall, Elektroosmose, etc.) **Mikrobiologische Verfahren** (Bioreaktoren, Mietenverfahren, mikrobiologische in-situ Verfahren) **Aktive hydraulische Maßnahmen** (Spülkreisläufe in Verbindung mit chemisch-physikalischen bzw. mikrobiologischen Verfahren) **Aktive pneumatische Verfahren** (Bodenluftabsaugung, evtl. in Verbindung mit hydraulischen Maßnahmen)	**Entsorgung der Rückstände** **Erfolgskontrolle** **Überwachung** (bei Bedarf)
Umlagerung	**Auskofferung und Umlagerung auf Deponien bzw. Verbringung zu stationären Bodenbehandlungsanlagen**	**Überwachung der Entsorgung** **Erfolgskontrolle**

Nähere Angaben zur Planung, Bemessung und Bauausführung der in Tafel 17 genannten Verfahren findet sich in [10], [18], [19] und [28].

4 Verwertung von Reststoffen

4.1 Anforderungen an die Verwertung von Reststoffen

Da die Ausgangsprodukte bei der Verwertung von Reststoffen, z. B. von aufbereitetem Bauschutt ein inhomogenes Gemisch verschiedener Materialien sein können, muß die Qualität der Aufbereitungsprodukte gesichert und kontrolliert werden. Bei aufbereitetem Bauschutt erfolgt dies in der Regel gemäß den Anforderungen der RAL-RG 501/1 [23]. Danach wird der Anwendungsbereich wiederverwertbarer Baustoffe gemäß bodenmechanischer und bauphysikalischer Parameter (Korngrößenverteilung, Kornform, zul. Über-/Unterkornanteil, abschlämmbare Bestandteile, Widerstand gegen Verwitterung, Hitzebeanspruchung, Frostbeständigkeit, Raumbeständigkeit, Bruchflächigkeit, etc.; s. auch Tafel 30) in folgende Klassen eingeteilt:

Klasse I	Baustoffe für Oberbauschichten im Straßenbau, die die Gütebestimmungen nach Tabelle 1 [23] der RAL-RG 501/1 erfüllen; die Anforderungen nach dieser Tabelle entsprechen im wesentlichen den Anforderungen an Mineralstoffe gemäß TL MIN-StB 2000 [25]
Klasse II	Baustoffe für Oberbauschichten im Straßenbau, die nicht den Anforderungen der TL Min-StB 2000 [25] genügen, jedoch die Gütebestimmungen gem. Tabelle 3 (verminderte Güteanforderungen) der RAL-RG 501/1 erfüllen
Klasse III	Baustoffe für Lärmschutzwälle, Unterbau, Untergrundverbesserung, die den Gütebestimmungen nach Tabelle 5 der RAL-RG 501/1 (allgemeine Anforderungen an Gewinnung, Anlieferung, Aufbereitung und Lagerung) genügen

Einen Überblick über detaillierte Verwendungsmöglichkeiten von Reststoffen im Straßenbau sowie die erforderlichen Prüfungen geben die Tafeln 29 und 30 [26].

4.1.1 RAL Güte- und Prüfbestimmungen für die Aufbereitung zur Wiederverwendung von kontaminierten Böden und Bauteilen

In der RAL-Richtlinie RG 501/2 [24] sind darüberhinaus Grenzwerte (Tafel 31) für die Aufbereitung von Böden und Bauteilen aus dem Baubereich zur Wiederverwendung angegeben. Es wird dabei zwischen folgenden Verwertungsklassen unterschieden:

Verwertungs-klasse 1	Die Werte der Klasse 1 liegen im Bereich der geogenen Grundlast; die Materialien der Klasse 1 sind generell einsetzbar, falls keine standortspezifischen Bedingungen entgegenstehen
Verwertungs-klasse 2	Die Verwendung von Material der Klasse 2 als Unterboden ist grundsätzlich gegeben, allerdings analytisch zu überwachen
Verwertungs-klasse 3	Die Verwendung von Material der Klasse 3 ist grundsätzlich geeignet für die Verfüllung von Gruben und Aufschüttungen mit abgedeckter Oberfläche unter Beachtung der Grundwasserverhältnisse, wenn dem keine standortspezifischen Bedingungen entgegenstehen

Weiterhin sind Sicherheitsstufen beim Umgang mit kontaminiertem Material angegeben, die in Anlehnung an die Gefahrstoffverordnung [21] erfolgen:

Sicherheitsstufe 1 (S 1)	Für giftige und/oder explosionsgefährliche Stoffe (Kennbuchstaben T (giftig), T+ (sehr giftig) und/oder E (explosionsgefährlich) der Gefahrstoffverordnung)
Sicherheitsstufe 2 (S 2)	Für mindergiftige, reizend wirkende und/oder leicht entzündliche Stoffe (Kennbuchstaben Xn (mindergiftig), Xi (reizend wirkend) und/oder F (leichtentzündlich) der Gefahrstoffverordnung)
Sicherheitsstufe 3 (S 3)	Für Stoffe mit geringem Gefährdungspotential

Tafel 29 Verwendungsmöglichkeiten von Reststoffen im Straßenbau [26]

Verwendungs-bereiche / Stoffgruppen	A Lärm-schutz-wälle	B Ungeb. Verkehrsfl. und Wegebau	C1 Un-ter-bau	C2 Hinter-füllung und Über-schüt-tung	D1 Verfül-lung von Leitungs-gräben	D2 Bodenver-festigung und Unter-grundver-besserung	E Trag-schichten ohne Binde-mittel	F Hydraulisch gebundene Trag-schichten	G1 Trag-schichten mit bitumin. Bindemitteln (Oberbau)	G2 Bit. Deck- u. Binder-schichten (Oberbau)	H Beton-trag-schich-ten
1 Asphalt	●	●	○	○	○	○	○	○¹⁾	●²⁾	●²⁾	
2 Beton, Betonwerksteine	●	●	●	●	●	●	●	●	○		●
3 sonst. hydr. geb. Materialien (z.B. HO-Schlacke)	●	●	●	●	●	●	●	●	○		●
4 Naturwerksteine, gebr./ungebr. Materialien, Gleisschotter	●	●	●	●	●	●	●	●	●	●	●
5 Kies, Sand	●	●	●	●	●	●	●	●	●	○	●
6 sonst. mineralische Massen (z.B. bindige und verwitterungsempfindliche Stoffe)	○	○	●	○	○	○					
7 Ziegel, Mauerwerk, Steinzeug	●	●	●	○	●	●	○	○			○¹⁾

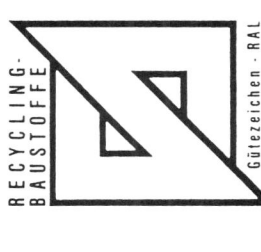

RECYCLING-BAUSTOFFE — Gütezeichen - RAL

● Verwendung möglich
○ Verwendung bedingt möglich

¹) Als Beimengung zu den Stoffgruppen 2 bis 5 je nach Laboruntersuchung oder aufgrund von Praxiserfahrungen
²) Siehe „Merkblatt für die Erhaltung von Asphaltstraßen – Teil: Bauliche Maßnahmen – Wiederverwenden von Asphalt"; Hrsg.: Forschungsgesellschaft für Straßen- und Verkehrswesen, Köln

Recycling-Baustoffe, die den Güte- und Prüfbestimmungen (Erstüberprüfung, Eigen- und Fremdüberwachung) gemäß RAL-RG 501/1 [23] entsprechen, können mit dem Gütezeichen RAL Recycling-Baustoffe gekennzeichnet werden. Mit dem Gütezeichen ist die jeweilige Klasse (I, II oder III; s. Abschn. 3.1) des Recycling-Baustoffes anzugeben. Für die Anwendung des Gütezeichens treffen ausschließlich die Durchführungsbestimmungen für die Verleihung und Führung des Gütezeichens Recycling-Baustoffe zu.

15

Tafel 30   Prüfparameter von Reststoffen [26]

zu prüfende Eigenschaften \ Verwendungsbereiche	A Lärmschutzwälle	B Ungeb. Verkehrsfl. und Wegebau	C1 Unterbau	C2 Hinterfüllung und Überschüttung	D1 Verfüllung von Leitungsgräben	D2 Bodenverfestigung und Untergrundverbesserung	E Tragschichten ohne Bindemittel	F Hydraulisch gebundene Tragschichten	G1 Tragschichten mit bitumin. Bindemitteln	G2 Bit. Deck- u. Binderschichten	H Betontragschichten
							Oberbau				
1 Stoffl. Zusammensetzung	●	●	●	●	●	●	●	●	●	●	●
2 Widerstand gegen Verwitterung (DIN 52106)		●					●	○	●	●	●
3 Widerstand gegen Frost		●					●	○	●	●	●
4 Raumbeständigkeit	○		○	○	●	●	●	●	●	●	●
5 Korn-, Rohdichte		●	●	●	●	●	●	●	●	●	●
6 Korngrößenverteilung	○	●	●	●	●	●	●	●	●	●	●
7 Kornform				○	○		○		●	●	●
8 Anteil an gebrochenen Körnern		○					○	○	●	●	●
9 Kornfestigkeit		●					●	○	●	●	●
10 Schädliche Bestandteile nach DIN 4226							●	●			●
11 Affinität zu bit. Bindemitteln									●	●	
12 Verhalten in der Trockentrommel									●	●	
13 Proctordichte	○	●	●	●	●	●	●	●			
14 Verformungsmodul, Standfestigkeit, Haufwerksfestigkeit, Scherfestigkeit	○	○	●	●		○	●	●			
15 Zeit – Setzungsverhalten	○	○	●	●	○		○	○			
16 Frostempfindlichkeit	○			●		○	●	●			
17 Begrünbarkeit	○	○	○								
18 Chemisch-physikalische Einwirkung auf Bauteile	○	○	○	○	○	○	○	○	○	○	○
19 Einwirkung auf Umwelt	○	○	○	○	○	○	○	○	○	○	○

● zu prüfen   ○ Unter bestimmten Umständen zu prüfen

Tafel 31 Verwertungsklassen für aufbereitete Böden und Bauteile [24]

Parameter	Verw.klasse 1		Verw.klasse 2		Verw.klasse 3		Sicher-heits-stufe
	TS[1) in mg/kg	Eluat in mg/l	TS[1) in mg/kg	Eluat in mg/l	TS[1) in mg/kg	Eluat in mg/l	

I. Aromatische Kohlenwasserstoffe

Benzol	0,01	–	0,1	–	0,5	–	S 1
Ethylbenzol	0,05	–	0,5	–	5	–	S 2
Toluol	0,05	–	0,3	–	3	–	S 2
Xylol	0,05	–	0,5	–	5	–	S 2
Phenole	0,02	–	0,1	–	1	–	S 1
Aromaten, gesamt	0,1	–	2	–	10	–	S 1

II. Polycyclische Aromaten (PAK)

Naphthalin	0,1	–	1	–	5	–	S 1
Anthracen	0,1	–	1	–	10	–	S 1
Phenanthren	0,1	–	1	–	10	–	S 1
Fluoranthen	0,1	–	1	–	10	–	S 1
Fluoren	0,1	–	1	–	10	–	S 1
Pyren	0,1	–	1	–	10	–	S 1
Chrysen	0,1	–	1	–	10	–	S 1
Acenaphthen	0,1	–	1	–	10	–	S 1
Acenaphthylen	0,1	–	1	–	10	–	S 1
Dibenz(a,h)anthracen	0,1	–	1	–	10	–	S 1
Benzo(a)anthracen	0,1	–	1	–	10	–	S 1
Benzo(a)pyren	0,05	–	0,5	–	1	–	S 1
Benzo(b)fluoranthen	0,1	–	1	–	10	–	S 1
Benzo(k)fluoranthen	0,1	–	1	–	10	–	S 1
Benzo(ghi)perylen	0,1	–	1	–	10	–	S 1
Indeno(1,2,3-cd)pyren	0,1	–	1	–	10	–	S 1
PAK, gesamt	1	0,005	5	0,01	25	–	S 1

III. Chlorierte Kohlenwasserstoffe (CKW)

Aliphatische CKW, einz.	0,1	–	1	–	5	0,5	S 1
Aliphatische CKW, ges.	0,1	–	1	0,1	7	0,5	S 1
Chlorbenzole, einzeln	0,05	–	0,1	–	1	–	S 2
Chlorbenzole, gesamt	0,05	–	0,7	–	2	–	S 2
Chlorphenole, einzeln	0,01	–	0,1	–	1	–	S 1/S 2
Chlorphenole, gesamt	0,01	–	0,1	–	1	–	S 1
PCB, gesamt	0,05	–	0,1	–	1	–	S 2
EOX (EOCl)	0,1	–	1	–	8	–	S 1/S 2
AOX (AOCl)	–	0,5	–	–	–	–	S 1/S 2
Org. Chlorpestiz., einz.	0,1	–	0,75	–	0,5	–	S 1
Org. Chlorpestiz., ges.	0,1	–	0,5	–	1	–	S 1
Pestizide, gesamt	0,1	0,005	1	–	2	–	S 1
Phenole, gesamt	–	0,1	–	–	–	–	S 1

IV. Sonstige organische Verunreinigungen

Mineralöle	100	1	500	10	1000	–	S 3
Tetrahydrofuran	0,1	–	1	–	4	–	S 2
Pyridin	0,1	–	0,5	–	2	–	S 2
Tetrahydrothiopen	0,1	–	1	–	5	–	S 2
Cyclohexanon	0,1	–	1	–	5	–	S 2
Styrol	0,1	–	1	–	5	–	S 2

Fortsetzung und Fußnoten s. nächste Seite

Tafel 31, Fortsetzung

Parameter	Verw.klasse 1 TS[1]) in mg/kg	Eluat in mg/l	Verw.klasse 2 TS[1]) in mg/kg	Eluat in mg/l	Verw.klasse 3 TS[1]) in mg/kg	Eluat in mg/l	Sicherheitsstufe
V. Metalle[1])							
Aluminium	—	0,2	—	3	—	—	S 3
Arsen	1 15	0,2	25	0,5	40	1	S 1
Barium	200 —	1	300	2	400	—	S 2
Blei	2 80	0,2	200	1	500	2	S 2/S 1
Bor	5 80	1	100	—	—	—	S 2/S 1
Cadmium	0,1 1	0,02	2	0,25	10	0,5	S 2
Chrom, gesamt	1 500	0,05	150	1	300	3	S 1/S 2
Chrom, VI	—	—	—	0,25	—	0,5	S 1
Eisen, gelöst	—	2	—	3	—	—	S 3
Kobalt	20 —	—	40	1	60	5	S 1
Kupfer	3 80	1	150	1	300	5	S 3
Mangan	20 800	1	—	1	—	—	S 2
Magnesium	—	50	400	—	—	—	S 3
Molybdän	0,2 5	—	20	—	40	—	S 3
Nickel	2 500	0,05	100	0,5	500	5	S 1
Quecksilber	0,02 0,5	0,001	2	0,05	5	0,5	S 1
Selen	10 —	0,01	—	0,1	—	1	S 1
Silber	—	0,01	—	0,1	—	2	S 3
Thallium	0,02 0,5	—	1	—	—	—	S 1
Vanadium	10 100	—	100	0,1	—	—	S 2
Zink	5 200	5	500	—	1500	—	S 2/S 1
Zinn	20 —	—	50	2	100	5	S 3
VI. Anionen							
Cyanid, gesamt	5	0,05	25	—	100	5	S 1
Cyanid, leicht freis.	1	—	5	0,5	20	—	S 1

[1]) TS: Trockensubstanz
[2]) Die bei den Metallen hinter dem Schrägstrich angegebenen Werte entsprechen geogen bedingten Metallgehalten, die standortabhängig berücksichtigt werden müssen.

4.1.2 Verwertung von Böden und Erdaushub gemäß LAGA-Liste

Im LAGA-Regelwerk [27] werden für Böden und Erdaushub (Reststoffe und Abfälle aus dem Baubereich, Altlasten und Schadensfälle) nutzungs- bzw. standortbezogene Zuordnungswerte (Einbauwerte) angegeben, bei deren Unterschreitung ein Einbau der genannten Materialien in bestimmten Bereichen möglich ist. Dabei wird folgende Unterteilung vorgenommen:

Zuordnungswert Z 0	uneingeschränkter Einbau möglich (Schadstoffgehalte im Bereich der natürlichen Hintergrundbelastung)
Zuordnungswert Z 1	offener eingeschränkter (nutzungsbezogener) Einbau möglich (Aufgliederung in Z. 1.1 und Z. 1.2 in Abhängigkeit von den hydrogeologischen Standortverhältnissen)
Zuordnungswert Z 1.1	Anforderung bei ungünstigen hydrogeologischen Voraussetzungen
Zuordnungswert Z 1.2	Anforderung bei günstigen hydrogeologischen Voraussetzungen (z. B. flächige Überlagerung des Grundwasserleiters durch eine ausreichend mächtige, gering durchlässige Schicht)
Zuordnungswert Z 2	eingeschränkter Einbau mit definierten technischen Sicherungsmaßnahmen möglich (Unterbindung des Transportes von Schadstoffen in den Untergrund bzw. das Grundwasser)
Zuordnungswert Z 3	Einbau nur in Deponien gemäß TA Siedlungsabfall, Deponieklasse I (siehe Tafel 3)

Die einzelnen Zuordnungswerte werden dabei sowohl für Feststoffbestimmungen (Tafel 32) als auch für Eluate (Elution im Verwendungszustand, keine Zerkleinerung nach DIN 38414, Teil 4 erforderlich) von Böden (Tafel 33) angegeben. Eine Vermischung von Böden bzw. Reststoffen zur Erreichung der entsprechenden Zuordnungswerte ist nicht zulässig.

Tafel 32   Zuordnungswerte nach LAGA [27] (Boden)

Parameter	in	Zuordnungswert			
		Z 0	Z 1.1	Z 1.2	Z 2
pH-Wert[1])	—	5,5 bis 8	5,5 bis 8	5 bis 9	—
EOX	mg/kg	1	3	10	15
Mineralöle	mg/kg	100	300	500	1000
Aromaten[2])	mg/kg	<1	1	3	5
LHKW[3])	mg/kg	<1	1	3	5
PAK[4])	mg/kg	1	5[6])	15[7])	20
PCB[5])	mg/kg	0,02	0,1	0,5	1
Arsen	mg/kg	20	30	50	150
Blei	mg/kg	100	200	300	1000
Cadmium	mg/kg	0,6	1	3	10
Chrom, gesamt	mg/kg	50	100	200	600
Kupfer	mg/kg	40	100	200	600
Nickel	mg/kg	40	100	200	600
Quecksilber	mg/kg	0,3	1	3	10
Thallium	mg/kg	0,5	1	3	10
Zink	mg/kg	120	300	500	1500
Cyanide, gesamt	mg/kg	1	10	30	100

[1]) Niedrigere pH-Werte allein stellen kein Ausschlußkriterium dar
[2]) Summe BTEX (Benzol, Toluol, Ethylbenzol, Xylol)
[3]) Summe leichtflüchtiger, halogenierter Kohlenwasserstoffe)
[4]) Summe polycyclischer aromatischer Kohlenwasserstoffe nach EPA (Naphthalin, Acenaphthylen, Acenaphthen, Fluoren, Phenanthren, Anthracen, Fluoranthen, Pyren, Benzo(a)anthracen, Chrysen, Benzo(b)fluoranthen, Benzo(k)fluoranthen, Benzo(a)pyren, Indeno(1,2,3-cd)pyren, Dibenz(ah)anthracen, Benzo(ghi)perylen)
[5]) Summe polychlorierter Biphenyle nach DIN 51527
[6]) Einzelwerte für Naphthalin und Benzo(a)pyren <0,5 mg/kg
[7]) Einzelwerte für Naphthalin und Benzo(a)pyren <1,0 mg/kg

Tafel 33   Zuordnungswerte nach LAGA [27] (Eluate von Böden)

Parameter	in	Zuordnungswert			
		Z 0	Z 1.1	Z 1.2	Z 2
pH-Wert[1])	—	6,5 bis 9	6,5 bis 9	6 bis 12	5,5 bis 12
Leitfähigkeit	µS/cm	500	500	1000	1500
Chlorid	mg/l	10	10	20	30
Sulfat	mg/l	50	50	100	150
Cyanid, gesamt	µg/l	<10	10	50	100[3])
Phenolindex[2])	µg/l	<10	10	50	100
Arsen	µg/l	10	10	40	60
Blei	µg/l	20	40	100	200
Cadmium	µg/l	2	2	5	10
Chrom, gesamt	µg/l	15	30	75	150
Kupfer	µg/l	50	50	150	300
Nickel	µg/l	40	50	150	200
Quecksilber	µg/l	0,2	0,2	1	2
Thallium	µg/l	<1	1	3	5
Zink	µg/l	100	100	300	600

[1]) Niedrigere pH-Werte allein stellen kein Ausschlußkriterium dar
[2]) Höhere Gehalte, die auf Huminstoffe zurückzuführen sind, stellen kein Ausschlußkriterium dar
[3]) Verwertung für Z 2 >100 µg/l ist zulässig, falls Z 2 Cyanid (leicht freisetzbar) <50 µg/l

I5

4.2 Aufbereitungsanlagen für Bauschutt

Aufgrund der erheblichen anfallenden Mengen von Abfällen im Bereich der Bauindustrie und des Baugewerbes kommt der Aufbereitung und Verwertung dieser als Baurestmassen bezeichneten Abfälle vordringliche Bedeutung zu. Die Baurestmassen lassen sich in folgende Abfallgruppen aufgliedern:

— Bodenaushub
— Straßenaufbruch
— Bauschutt
— Baustellen(misch)abfälle

Während die Verwertung von Bodenaushub (z. B. auch über Bodenbörsen) in der Regel ohne spezielle Aufbereitung erfolgen kann, ist die Verwertung von Bauschutt, Straßenaufbruch und ggf. Baustellenabfällen nur über die Vorschaltung einer Aufbereitung möglich.

In Abhängigkeit von den gegebenen Randbedingungen einer Baustelle werden Bauschuttaufbereitungsanlagen aus bewährten Aggregaten von Anlagen zur Mineralstoffgewinnung zusammengestellt. Beispielhafte Schemata für derartige einfache baustellengerechte Anlagenzusammenstellungen zeigen die Bilder 11 und 12 [28].

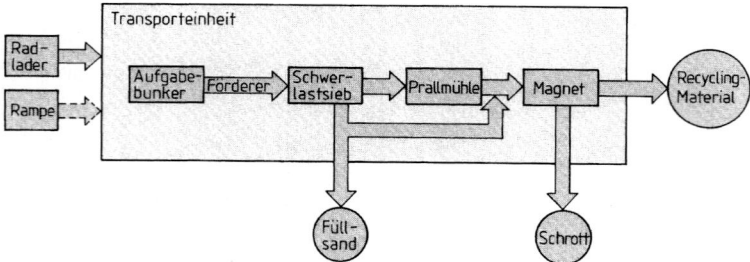

Bild 11   Schema einer mobilen Bauschuttaufbereitungsanlage [28]

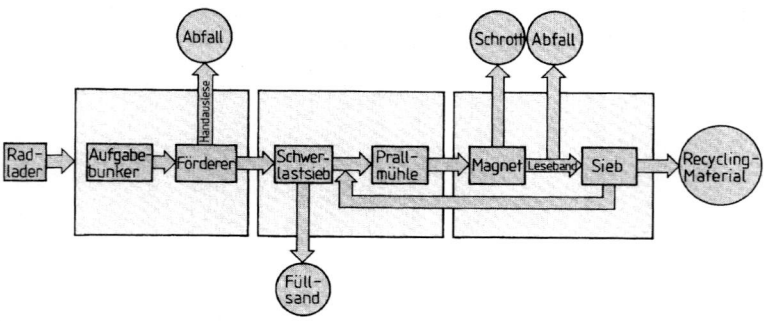

Bild 12   Schema einer semimobilen Bauschuttaufbereitungsanlage [28]

5 Abfallwirtschaftskonzepte und -bilanzen auf Baustellen

Neben der geordneten Abfallerfassung, -überwachung und -entsorgung von auf Baustellen anfallenden Abfällen (siehe Kap. 1.1 sowie Tafel 1 und 2) ergibt sich gemäß § 19 und § 20 des KrW-/AbfG [1] in bestimmten Fällen auch die Pflicht zur Erstellung von Abfallwirtschaftskonzepten und Abfallbilanzen auf Baustellen. Anwendungsfälle und Pflichten (Bauherr/Baufirma) können dem Ablaufdiagramm in Tafel 34 entnommen werden.

Tafel 34   Erstellung von Abfallwirtschaftskonzepten und Abfallbilanzen auf Baustellen

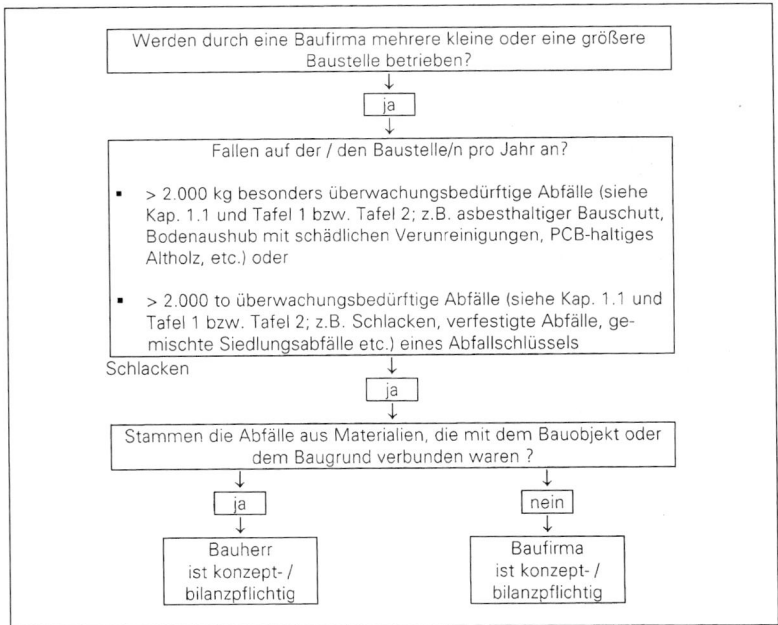

Bestandteile von Abfallwirtschaftskonzepten und Abfallbilanzen sind mindestens:

- Art und Menge der Abfälle sowie Abfallanfallstelle
- Verbleib der Abfälle und Entsorgungswege
- Geplante/getroffene Maßnahmen zur Vermeidung und Verwertung bzw. zur Beseitigung
- Begründung für die Notwendigkeit der Beseitigung

Formblätter zur Erstellung von Abfallwirtschaftskonzepten und Abfallbilanzen finden sich in [35].

I5

Baubetrieb bei Teubner

Hoffmann/Kremer

Zahlentafeln für den Baubetrieb

6., vollst. akt. u. erw. Aufl. 2002.
840 S. mit 637 Bildern und 62 Beisp.
Geb. ca. € 61,00
ISBN 3-519-55220-0

Bernd Kochendörfer,
Jens Liebchen

Bau-Projekt-Management

2001. XVII, 242 S.
Br. € 26,00
ISBN 3-519-05058-7

Mike Gralla

Garantierter Maximalpreis

2001. 200 S.
Br. € 29,00
ISBN 3-519-05056-0

Egon Leimböck

Bauwirtschaft

2000. 504 S. m. 159 Abb.
Geb. € 39,90
ISBN 3-519-05086-2

Stand Juli 2002.
Änderungen vorbehalten.
Erhältlich im Buchhandel
oder beim Verlag.

B. G. Teubner
Abraham-Lincoln-Straße 46
65189 Wiesbaden
Fax 0611.7878-400
www.teubner.de

Teubner

Verkehrswesen

Bearbeitet von Prof. Dipl.-Ing. Henning Natzschka

Inhalt

Anmerkung Auch wenn in den Richtlinien und Merkblättern der Forschungsgesellschaft für Straßen- und Verkehrswesen für bestimmte Größen die Großschreibung üblich ist, wurde hier für diese nach DIN 1080 die Kleinschreibung verwendet.

Technische Baubestimmungen

Empfehlungen für Radverkehrsanlagen ERA 95
Empfehlungen für die Anlage von Hauptverkehrsstraßen EAHV 93/98
Empfehlungen für Anlagen des ruhenden Verkehrs EAR 91/95
Empfehlungen für die Anlage von Erschließungsstraßen EAE 85/95
Hinweise zur Anwendung der Richtlinien für die Anlage von Straßen
  (Teile RAS-N, L, Q, K) beim Um- und Ausbau von Straßen in den
  neuen Bundesländern, 1992
Richtlinien für die Anlage von Landstraßen RAL,
  Teil III: Knotenpunkte — RAL-K
  Abschn. 2: Planfreie Knotenpunkte — RAL-K-2, 1976/1991
Richtlinien für die Anlage von Straßen RAS mit den Teilen:
  — Entwässerung — RAS-Ew, 1987
  — Knotenpunkte — RAS-K-1, Plangleiche Knotenpunkte, 1988/1993
  — Linienführung — RAS-L, 1995
  — Landschaftspflege — RAS-LP,
    Abschn. 1: Landschaftspflegerische Begleitplanung, 1996
    Abschn. 2: Landschaftspflegerische Ausführung, 1993
    Abschn. 3: Lebendverbau (RAS-LG 3), 1983
    Abschn. 4: Schutz von Bäumen u. Sträuchern im Bereich von Baustellen, 1999
  — Straßennetzgestaltung — RAS-N,
    Abschn. 1: Leitfaden für die funktionale Gliederung des Straßennetzes, 1988
  — Anlagen des öffentlichen Personalverkehrs — RAS-Ö,
    Abschn. 1: Straßenbahn, 1977
    Abschn. 2: Omnibus und Obus, 1979
  — Querschnitte — RAS-Q, 1996

hrsg. von der For- schungs- gesell- schaft für Straßen- und Verkehrs- wesen e. V., Köln

Fortsetzung s. nächste Seite

Technische Baubestimmungen, Fortsetzung

- Vermessung — RAS-Verm,
  Abschn. 1: RAS-Verm 1, Grundlagenvermessung, Gelände-
  aufnahme, Berechnungen, 1990
  Abschn. 2: RAS-Verm 2, Planherstellungsarbeiten, Reprotechnische
  Arbeiten mit Anhang: Zeichenvorschrift zum Abschn. 2, 1990
- Empfehlungen für Wirtschaftlichkeitsuntersuchungen an Straßen (EWS) —
  Aktualisierung der RAS — W 86, 1997
- Richtlinien für den Lärmschutz an Straßen — RLS 1990/1992
- Richtlinien für die Standardisierung des Oberbaus von Verkehrs-
  flächen — RStO 01, 2001 (Entwurf)
- Zusätzliche Technische Vertragsbedingungen und Richtlinien für
  den Bau von Fahrbahndecken aus Asphalt — ZTV Asphalt-StB 01, 2001
- Zusätzliche Technische Vertragsbedingungen und Richtlinien für den Bau von
  Fahrbahndecken aus Beton ZTV Beton — StB 01, 2001
- Zusätzliche Technische Vertragsbedingungen und Richtlinien für die
  Befestigung ländlicher Wege — ZTV-LW 99
- Zusätzliche Technische Vertragsbedingungen und Richtlinien für Trag-
  schichten im Straßenbau ZTVT-StB 95

hrsg. von der Forschungsgesellschaft für Straßen- und Verkehrswesen e. V., Köln

- Anpassung der Entwurfsrichtlinien für planfreie Knotenpunkte (RAL-K-2 1976) an jüngere
  Entwurfsrichtlinien, Reihe Forschung Straßenbau und Verkehrstechnik, Heft 589/1990, Hrsg.
  Bundesminister für Verkehr, Bonn
- Richtlinien für den ländlichen Wegebau — RLW, 1999, Hrsg. Deutscher Verband
  für Wasserwirtschaft und Kulturbau e. V. (DVWK), Bonn

Eisenbahn-Bau- und Betriebsordnung — EBO, 1994, Deutsche Bahn AG
Oberbauvorschrift für Regelspurbahnen — Obv (1969), 1987,
DS 820, Deutsche Bundesbahn Vorschrift für das Entwerfen von Bahnanlagen — DS 800 01,
800 02, 800 03, Deutsche Bundesbahn, 1994

Richtlinie Netzinfrastruktur Technik: Entwerfen 800 0110 bis 800 0130, Deutsche Bahn AG, 1997

Norm	Ausgabe	Titel
EN 295-1 bis -3	11.96	Steinzeugrohre und Formstücke sowie Rohrverbin-dungen für Abwasserleitungen und -kanäle
DIN 482	09.88	Straßenbordsteine aus Naturstein
DIN 483	08.81	Bordsteine aus Beton
DIN 485	04.87	Gehwegplatten aus Beton
DIN 1060-1	03.95	Baukalk; Definitionen, Anforderungen, Überwachung
DIN 1182	10.71	Wirtschaftswegebrücken; Profilmaße
DIN 1187	11.82	Dränrohre aus weichmacherfreiem Polyvinchlorid
DIN 1221	02.92	Schmutzfänger für Schachtabdeckungen
DIN 1229	06.96	Einheitsgewichte für Aufsätze und Abdeckungen für Verkehrsflächen
DIN 1230-E10	3.94	Steinzeug für die Kanalisation
DIN EN 1401-1	12.98	Weichmacherfreies Polyvinchlorid (PVC-U)
DIN 1995-1 bis -5	10.89	Bitumen und Steinkohlenteerpech; Anforderungen an die Bindemittel
DIN 1998	05.90	Unterbringung von Leitungen und Anlagen in öffent-lichen Flächen; Richtlinien für die Planung
DIN 1991-1 bis -6	08.76 bis 02.91	Abscheideranlagen für Leichtflüssigkeiten
DIN 1999-E7	04.96	Abscheideranlagen für Leichtflüssigkeiten
DIN 4032	01.81	Betonrohre und Formstücke: Maße, Technische Lie-ferbedingungen
DIN 4034-1 bis -2	10.90 bis 09.93	Schächte aus Beton- und Stahlbetonfertigteilen
DIN 4035	08.95	Stahlbetonrohre und zugehörige Formstücke
DIN 4052-1 bis -4	09.77 bis 05.88	Betonteile und Eimer für Straßenabläufe
DIN 4095	06.90	Baugrund: Dränung zum Schutz baulicher Anlagen
DIN 4124	08.81	Baugruben und Gräben: Böschungen, Arbeitsraum-breiten, Verbau
DIN 18005-1	05.87	Schallschutz im Städtebau; Berechnungsverfahren
DIN 18123	11.96	Baugrund: Untersuchung von Bodenproben; Bestim-mung der Korngrößenverteilung
DIN 18158	09.86	Bodenklinkerplatten
DIN 18195-1 bis 6 N-E	08.83 bis 12.86	Bauwerksabdichtungen
DIN 18299	06.96	VOB Verdingungsordnung für Bauleistungen, Teil C: Allgemeine Regelungen für Bauarbeiten jeder Art

Technische Baubestimmungen, Fortsetzung

Norm	Ausgabe	Titel
DIN 18300	06.96	VOB Verdingungsordnung für Bauleistungen, Teil C: Erdarbeiten
DIN 18315	06.96	VOB Verdingungsordnung für Bauleistungen: Teil C: Verkehrswegebauarbeiten; Oberbauschichten ohne Bindemittel
DIN 18316	06.96	VOB Verdingungsordnung für Bauleistungen, Teil C: Verkehrswegebauarbeiten; Oberbauschichten mit hydraulischen Bindemitteln
DIN 18317	06.96	VOB Verdingungsordnung für Bauleistungen, Teil C: Verkehrswegebauarbeiten; Oberbauschichten aus Asphalt
DIN 18318	06.96	VOB Verdingungsordnung für Bauleistungen, Teil C: Verkehrswegebauarbeiten; Pflasterdecken, Plattenbeläge, Einfassungen
DIN 18325	12.92	VOB Verdingungsordnung für Bauleistungen, Teil C: Gleisbauarbeiten
DIN 18354	05.98	VOB Verdingungsordnung für Bauleistungen, Teil C: Gußasphaltarbeiten
DIN 18500	04.91	Betonwerkstein; Begriffe, Anforderungen, Prüfung, Überwachung
DIN 18501	11.82	Pflastersteine aus Beton
DIN 18503	08.81	Pflasterklinker; Anforderungen, Prüfung, Überwachung
DIN 18506	06.91	Hydraulische Bindemittel für Tragschichten, Bodenverfestigungen und Bodenverbesserungen; hydraulische Tragschichtbinder
DIN 18920	09.90	Vegetationstechnik im Landschaftsbau; Schutz von Bäumen, Pflanzenbeständen und Vegetationsflächen bei Baumaßnahmen
DIN 19537-1 bis -3	10.83 bis 11.90	Rohre und Formstücke aus Polyethylen hoher Dichte
DIN 19571-1 bis -2	09.97	Aufsätze 500 × 500 für Abläufe, rinnenförmig
DIN 19580	12.88	Entwässerungsrinnen für Niederschlagswasser zum Einbau in Verkehrsflächen
DIN 19583-1 bis -2	11.96	Aufsätze 500 × 500 für Straßenabläufe
DIN 19584-1 bis -2	11.96	Schachtabdeckungen für Einsteigschächte
DIN 19590 ff.	03.90	Aufsätze für Abläufe
DIN 19596-1 bis -3	03.90	Schachtabdeckungen
DIN 43629-2	08.78	Kabelverteilerschrank; Sockel, Anbaumaße
E DIN 45642	03.97	Messung von Verkehrsgeräuschen
DIN 52000	06.89	Bitumen und Steinkohlenteerpech; Prüfungen
DIN 52101	03.90	Prüfung von Naturstein

Weiterführende Literatur

Darr, Edgar: Feste Fahrbahn, Konstruktion, Bauarten, Gleislagestabilität, Instandhaltung und Systemvergleich, ETR 49, H. 3, 2000

Der Elsner, Handbuch für Straßenwesen. Darmstadt: Otto Elsner Verlagsgesellschaft

Dunker, Lothar: Untersuchungen zur Bemessung von Verkehrsflächen und Abfertigungsanlagen für Personalkraftwagen in Anlagen für den ruhenden Verkehr, Schriftenreihe Straßenbau und Straßenverkehrstechnik (1971) Heft 123, BMW, Bonn

Fiedler, Joachim: Grundlagen der Bahntechnik, 3. Aufl., 1991, Werner-Verlag, Düsseldorf

Matthews, Volker: Bahnbau, 3. Auflage, 1996, B. G. Teubner, Stuttgart

Natzschka, Henning: Straßenbau — Entwurf und Bautechnik, 1997, B. G. Teubner, Stuttgart und Leipzig

Sill, Otto: Parkbauten. Wiesbaden: Bauverlag 1968

Velske, Siegfried: Straßenbautechnik, 3. Aufl., 1993, Werner-Verlag, Düsseldorf

Handbuch für städtisches Ingenieurwesen. Otto Elsner Verlagsgesellschaft, Darmstadt

Handbuch des Straßenbaus. Springer Verlag, Berlin — Heidelberg — New York

Forschung Straßenbau und Straßenverkehrstechnik, BMV, Abt. Straßenbau, Bonn

Straßenbau von A — Z, Loseblattsammlung, Erich Schmidt Verlag, Berlin, Bielefeld, München

16

1 Straßenbau

1.1 Querschnittsgestaltung

1.1.1 Elemente des Straßenverkehrs

Ausgangsmaße: Bemessungsfahrzeug

Kfz-Verkehr: $b=1{,}75$ m, $h=1{,}50$ m, $l=4{,}70$ m (Pkw)
$b=2{,}10$ m, $h=2{,}20$ m, $l=6{,}00$ m (Lfw)
$b=2{,}50$ m, $h=3{,}30$ m, $l=7{,}64$ m (Müllfz, 2 Achsen (2 Mü))
$b=2{,}50$ m, $h=3{,}30$ m, $l=9{,}45$ m (Müllfz, 3 Achsen (3 Mü))
$b=2{,}50$ m, $h=4{,}00$ m, $l=18{,}00$ m (Lastzug, Gelenkbus)

Rad-Verkehr: $b=0{,}60$ m, $h=2{,}00$ m, $l=1{,}85$ m (mit Fahrer)
Fußgänger: $b=0{,}55$ m, $h=2{,}00$ m

Bewegungsspielraum zum Ausgleich der Fahr- und Lenkungsungenauigkeiten und als Sicherheitsabstand zwischen Fahrzeugen, Einbauten und unter Brücken

$b_{Sp}=0{,}25$ m bis $1{,}25$ m (je nach Regelquerschnitt).

Verkehrsraum wird gebildet aus Räumen für die Bemessungsfahrzeuge, seitlichen und oberen Bewegungsspielräumen und Räumen der Rand- und Standstreifen.
$h_{V,Kfz}=4{,}25$ m, $h_{V,F,R}=2{,}25$ m.

Lichter Raum setzt sich aus den Verkehrsräumen, den seitlichen und oberen Sicherheitsräumen zusammen. Er ist von Hindernissen frei zu halten. *Sicherheitsraum* oben $h_{s,o}=0{,}20$ m.

Tafel 1 Böschungsgestaltung

Böschungshöhe h	$h \geqq 2{,}0$ m	$h < 2{,}0$ m
Damm		
Einschnitt		
Regelböschung	$1:1{,}5$	$b=3{,}0$ m
allgemeine Böschungsmaße	$1:n$	$b=2n$
Tangentenlänge der Ausrundung	$3{,}0$ m	$1{,}5\,h$

Die *Querneigung* der *Bankette* ist nach außen geneigt: tiefe Seite $q_B=12\%$, hohe Seite $q_B=6\%$. Die Mutterbodenandeckung soll ca. 0,03 m tiefer liegen als die Außenkante der befestigten Fahrbahn.

Einteilung von Straßen für den öffentlichen Verkehr nach

- Lage außerhalb oder innerhalb bebauter Gebiete
- angrenzender Bebauung (anbaufrei oder angebaut)
- maßgebender Funktion (Verbindung, Erschließung, Aufenthalt).

Funktionsstufen für die Verbindung und Anbindung von Zielen im Straßennetz:

- Funktionsstufe I: Verbindung zwischen zentralen Orten der oberen Stufe (Oberzentren)
- Funktionsstufe II: Verbindung zentraler Orte der mittleren Stufe (Mittelzentren) oder entsprechender innergemeindlicher Raumeinheiten
- Funktionsstufe III: Verbindung zentraler Orte der Grundstufe (Grund-, Unter-, Kleinzentren) oder entsprechender innergemeindlicher Raumeinheiten
- Funktionsstufe IV: Verbindung wichtiger Teilbereiche zentraler Orte der Grundstufe sowie entsprechender innergemeindlicher Raumeinheiten
- Funktionsstufe V: Erschließung von Grundstücken für Anlieger- und Fremdverkehr und land- und forstwirtschaftlicher Flächen
- Funktionsstufe VI: Anbindung von Grundstücken für Anliegerverkehr

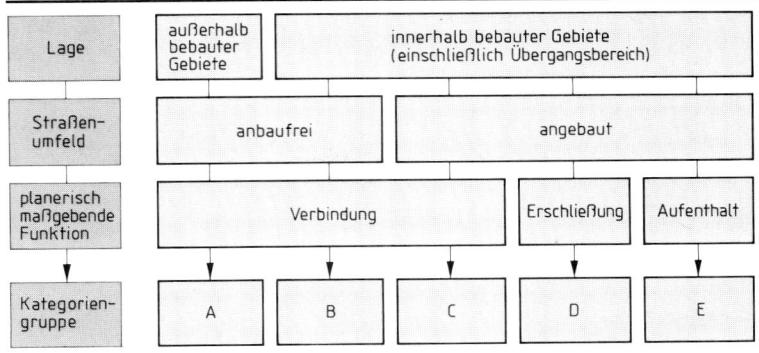

Bild 1 Zusammenhang zwischen Lage, Umfeld, Funktion und Kategoriengruppen von Straßen

1.1.2 Funktionsbedeutung der Kategoriengruppen

Kategoriengruppe A. Großräumige, regionale, zwischengemeindliche, flächenerschließende Verbindungen außerhalb bebauter Gebiete. Meist anbaufrei mit weiten Knotenpunktsabständen. Fußgänger- und Radverkehr besonders geführt.

Kategoriengruppe B. Anbaufreie Schnellverkehrs-, Hauptverkehrs-, Hauptsammelstraßen innerhalb bebauter Gebiete und beim Übergang zu diesen. Verbindung innerörtlicher Zentren und Straßen der Kategoriengruppe A. Bündelung innerörtlichen Erschließungsverkehrs. Knotenpunkte engmaschig. Geh- und Radwege auf Seitenstreifen geführt.

Kategoriengruppe C. Angebaute oder anbaufähige Hauptverkehrs- und Hauptsammelstraßen innerhalb bebauter Gebiete sowie Ortsdurchfahrten höherer Kategoriengruppen. Verbindung des Netzes der Erschließungsstraßen mit gleichzeitig eigener Erschließungsfunktion. Oft mit Flächen für den ruhenden Verkehr ausgestattet. Geh- und Radwege hinter Hochborden.

Kategoriengruppe D. Sammel- und Anliegerstraßen mit maßgebender Erschließungsfunktion. Manchmal mit Einbauten zur Verkehrsberuhigung versehen. Geh- und Radwege hinter Hochborden.

Kategoriengruppe E. Anliegerverkehr mit maßgebender Aufenthaltsfunktion und befahrbare Wohnwege. Mischung der Verkehrsarten möglich, wenn die Entwurfsmerkmale dies deutlich machen.

1.1.3 Regelquerschnitte (RQ)

Nach Tafel 2 ergeben sich folgende Querschnittsgruppen als Regelquerschnitte:
Durch Mittelstreifen baulich stets getrennt:
a) Fahrbahnen mit mindestens je 2 Fahrstreifen, Grundfahrstreifenbreite 3,75 m.
Mit oder ohne bauliche Mitteltrennung:
b) Fahrbahnen mit Grundfahrstreifenbreite 3,50 m.
c) Fahrbahnen mit Grundfahrstreifenbreite 3,25 m.
d) Fahrbahnen mit Grundfahrstreifenbreite 3,00 m.
Ohne bauliche Mitteltrennung:
e) Fahrbahnen mit 2 Fahrstreifen, Grundfahrstreifenbreite 2,75 m.
f) Fahrbahnen mit 2 Fahrstreifen, Grundfahrstreifenbreite 2,50 m.

Bei Querschnitten ohne bauliche Mitteltrennung erhalten die beiden am Gegenverkehr liegenden Fahrstreifen den Gegenverkehrszuschlag von 0,25 m.

Tafel 2 Breiten der Bestandteile des Straßenquerschnittes (Breite des Bemessungsfahrzeuges $b = 2,50$ m)

Regelquerschnitt		RQ 35,5	RQ 33	RQ 29,5	RQ 26	RQ 20	RQ 15,5	RQ 10,5	RQ 9,5	RQ 7,5
Anzahl Fahrstreifen		6	6	4	4	4	3	2	2	2
Bewegungsspielraum in m	außen	1,25	1,00	1,25	1,00	0,75	1,25/1,00[1]	1,00	0,50	0,50
	innen	1,00	1,00	1,25	1,00	0,75	0,75	1,00	0,50	0,25
Fahrstreifenbreite in m	außen	3,75	3,50	3,75	3,50	3,25	3,75/3,50[1]	3,50	3,00	2,75
	innen	3,50	3,50	3,75	3,50	3,25	3,25	3,50	3,00	2,75
Randstreifenbreite in m	außen	0,50	0,50	0,75	0,50	0,50	0,25	0,25	0,25	–
	innen	0,75	0,50	0,75	0,50	0,50	0,25	0,25	0,25	–
Mittelstreifenbreite in m		3,50	3,00	3,50	3,00	2,00	(0,50)[2]	–	–	–
Standstreifenbreite in m		2,50	2,50	2,00	2,50	2,00	–	–	–	–
Bankettbreite in m		1,50	1,50	1,50	1,50	1,50	1,50/2,50[3]	1,50	1,50	1,00
Seitentrennstreifenbreite in m		3,00	3,00	3,00	3,00	1,75	1,75	1,75	1,75	1,25
Gehwegbreite neben Hochbord in m		–	–	–	–	2,50	2,50	2,25	2,00	2,00
Radwegbreite neben Hochbord in m[4]		–	–	–	–	3,00 (2,60)	3,00 (2,60)	2,75 (2,35)	2,50 (2,10)	2,50 (2,10)
Breite für gemeins. Geh- und Radweg in m		–	–	–	–	3,50 (3,25)	3,50 (3,25)	3,25 (3,00)	3,00 (2,75)	3,00 (2,75)

[1] Auf der Seite mit zwei Richtungsfahrstreifen
[2] Markierung auf der Fahrbahn mit zwei durchgehenden Trennlinien
[3] Bei einstreifigen Abschnitten standfest ausbilden
[4] Die Regelbreite beträgt 2,00 m. Ist der Radweg räumlich von befestigten Fahr- oder Seitenstreifen abgesetzt, soll er mindestens 2,25 m breit angelegt werden, um den Betriebs- und Unterhaltungsdienst mit Geräten zu ermöglichen. Bei geringem Radverkehr oder schwierigen Verhältnissen kann die Breite bis zu 1,60 m verringert werden.

Der seitliche *Sicherheitsraum* wird vom Verkehrsraum zur Seite hin gemessen. Er beträgt bei Straßen mit zul $v > 70$ km/h $b_s \geq 1,25$ m, 50 km/h $<$ zul $v \leq 70$ km/h $b_s \geq 1,00$ m, zul $v < 50$ km/h $b_s \geq 0,75$ m

Am Mittelstreifen, neben Standstreifen und Hochborden können die Maße um 0,25 m unterschritten werden. Schutzeinrichtungen dürfen bis zu 0,50 m an den Verkehrsraum heranreichen. Hochborde mit $h \leq 0,20$ m dürfen unmittelbar neben dem Verkehrsraum angeordnet werden.

Tafel 3 Einteilung der Straßen (Werte in Klammern stellen Ausnahmen dar)

Straßenfunktion		Entwurfs- und Betriebsmerkmale				
Kategorien-gruppe	Straßen-kategorie	Ver-kehrs-art	zul. Geschw. v_{zul} in km/h	Quer-schnitt	Knoten-punkte	Entwurfs-Geschwin-digkeit v_e in km/h
1	2	3	4	5	6	7
A anbaufreie Straßen außerhalb bebauter Gebiete mit maßgebender Verbindungs-funktion	A I Fernstraße	Kfz Kfz	keine ≤100 (120)	zweibahnig einbahnig	planfrei planfrei (planfrei)	120 100 100 90 (80)
	A II überregionale oder regionale Straße	Kfz Allg. (Kfz)	 ≤100	zweibahnig einbahnig	planfrei (plangleich) plangleich	100 90 (80) 90 80 (70)
	A III zwischen-gemeindliche Straße	Kfz Allg.	≤100 ≤100	zweibahnig einbahnig	plangleich (planfrei) plangleich	(90) 80 70 80 70 60
	A IV flächenerschlie-ßende Straße	Allg.	≤100	einbahnig	plangleich	70 60 (50)
	A V untergeordnete Straße	Allg.	≤100	einbahnig	plangleich	(50) keine
	A VI Wirtschaftsweg	Allg.	≤100	einbahnig	plangleich	keine
B anbaufreie Straßen im Vor-feld und inner-halb bebauter Gebiete mit maßgebender Verbindungs-funktion	B I Stadtautobahn	Kfz	≤100	zweibahnig	planfrei	100 90 80 (70)
	B II Schnellverkehrs-straße	Kfz	≤80	zweibahnig	planfrei (plangleich)	80 70 (60)
	B III Hauptverkehrs-straße	Allg. Allg.	≤70 ≤70	zweibahnig einbahnig	plangleich plangleich	70 60 (50) 70 60 (50)
	B IV Hauptsammel-straße	Allg.	≤60	einbahnig	plangleich	60 50
C angebaute Straßen inner-halb bebauter Gebiete mit maßgebender Verbindungs-funktion	C III Hauptverkehrs-straße	Allg. Allg.	50 50	zweibahnig einbahnig	plangleich plangleich	(70) (60) 50 (40) keine (60) 50 (40)
	C IV Hauptsammel-straße	Allg.	50	einbahnig	plangleich	50 (40)
D angebaute Straßen inner-halb bebauter Gebiete mit maßgebender Erschließungs-funktion	D IV Sammelstraße	Allg.	≤50	einbahnig	plangleich	keine
	D V Anlieger-straße	Allg.	≤50	einbahnig	plangleich	keine
E angebaute Straßen inner-halb bebauter Gebiete mit maß-gebender Auf-enthaltsfunktion	E V Anlieger-straße	Allg.	Schritt-geschw.	einbahnig	plangleich	keine
	E VI befahrbarer Wohnweg	Allg.	Schritt-geschw.	einbahnig	plangleich	keine

Regelquerschnitte, zweibahniger Straßen
(nach RAS-Q, 1996)

Regelquerschnitte einbahniger
Straßen (nach RAS-Q, 1996)

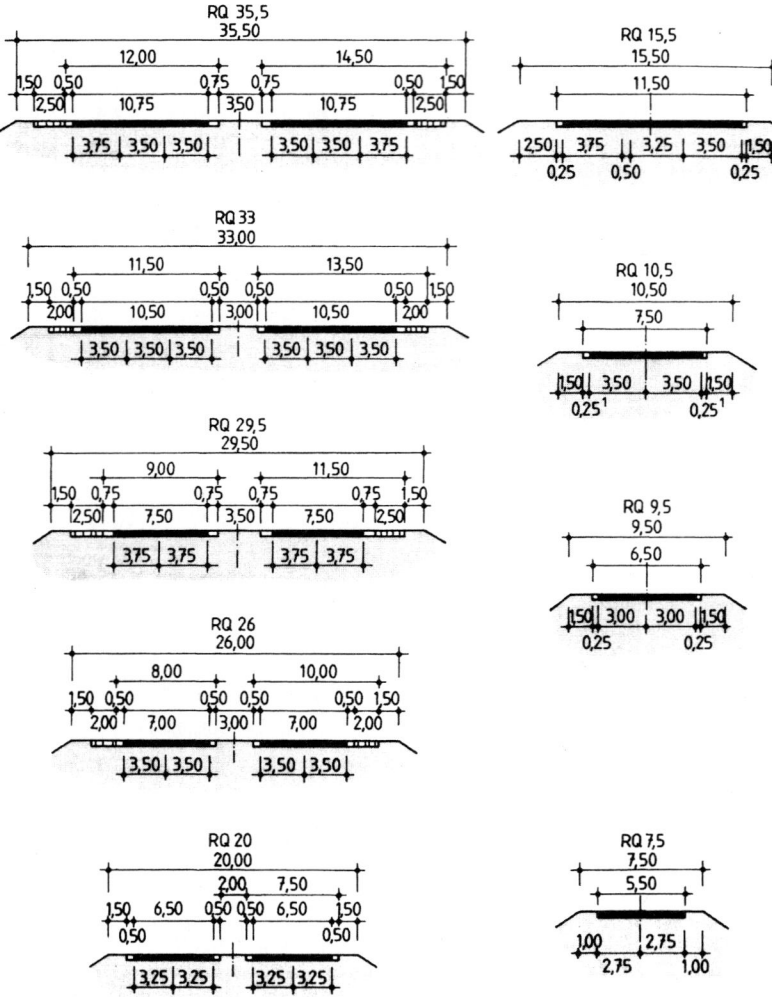

¹) auf 0,50 m verbreitern, wenn Schwerverkehr > 900 Fz/24 h

Die Regelquerschnitte RQ 35,5 und RQ 29,5 werden vorzugsweise für Bundesautobahnen verwendet.

Bild 2   Regelquerschnitte

Tafel 4 Vorauswahl der Regelquerschnitte, abhängig von der Verkehrsstärke *DTV* in Kfz/24 h

Straßenkategorie		A I	B I, A II B II[1])	A III	A IV	A V
Regel-quer-schnitt	RQ 35,5	>50000 bis >80000				
	RQ 29,5	>20000 bis 68000				
	RQ 33		>50000 bis >80000			
	RQ 26		>19000 bis 63000			
	RQ 20		>12500 bis 30000	>12500 bis 30000		
	RQ 15,5	>5500 bis 22500	>5500 bis 22500	>5500 bis 22500		
	RQ 10,5	<20000	>5500 bis 20000	>5500 bis 20000		
	RQ 9,5		<15000[2])	<15000[2])	<15000[2])	
	RQ 7,5					<2700[3])

[1]) Im Einzelfall auch RQ 29,5 oder RQ 35,5
[2]) Schwerverkehrsbelastung max. 300 Fz/24 h
[3]) Schwerverkehrsbelastung max. 60 Fz/24 h

Die Regelquerschnitte RQ 35,5 und RQ 29,5 werden in der Regel für Autobahnen verwendet, die übrigen Querschnitte werden für die übrigen Straßengattungen eingesetzt.

Die Entwurfselemente wählt man aus für die Straßenkategorien

A I bis A V, B I und B II	nach den RAS-L und RAS-Q,
B III, C II, C III und D III	nach den EAHV 1993/98
B IV, C IV, D IV, D V, E IV bis E VI	nach den EAE 1985/95.

Die Straßenkategorien C I, D II und E III erzeugen bei Bemessung nach den EAHV 1993/98 große Probleme. Die Straßenkategorien D I, E I und E II sind für Straßen mit Erschließungs- oder Aufenthaltsfunktion nicht vertretbar.

1.1.4 Querschnitte von Stadt- und Erschließungsstraßen, ländlichen Wegen nach EAE

Erläuterung der Fußnoten und Kurzzeichen zu Tafel 5

[1]) Tiefe des Parkstreifens 5,00 m bei 100 gon, 5,25 m bei 70 gon, 4,90 m bei 50 gon
[2]) Der Gehstreifen ist zum Ausweichen befahrbar
[3]) Fahrgasse 5,50 m breit bei großem Lkw-Anteil
[4]) Bei Ladeverkehr vor Geschäften besser 2,50 m breit
[5]) Tiefe des Parkstreifens 4,30 m (4,00 m) bei 100 gon, 4,75 m (4,45 m) bei 70 gon, 4,50 m (4,20 m) bei 50 gon
[6]) Bei geringem Lkw-Anteil Fahrgasse 4,75 m breit
[7]) Bei Schräg- und Senkrechtparkstreifen mit Lade-, Manövrier- oder Sicherheitsstreifen
[8]) Gehstreifen nur bei dicht angrenzenden Gebäuden erforderlich
[9]) Baumreihen erfordern mindestens 2,50 m breite Pflanzstreifen
[10]) Bei Trennkanalisation 4,00 m bis 4,50 m

Abkürzungen
F = Fußgänger   R = Radfahrer   H = Haltestreifen
Kfz = Kraftfahrzeug   G = Grünstreifen

16

Tafel 5 Querschnitts-Empfehlungen für bebaute Gebiete (mit Straßentyp-Bezeichnung) Maße in m

Column headings: Hauptsammelstraßen — Sammelstraßen — Anliegerstraßen

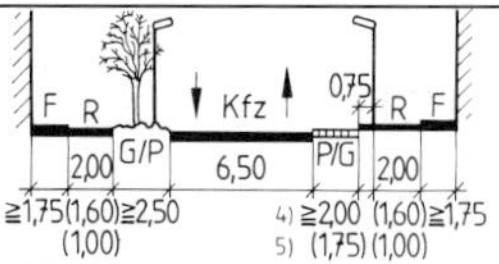

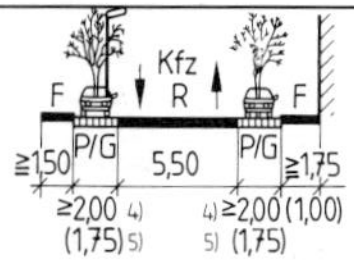

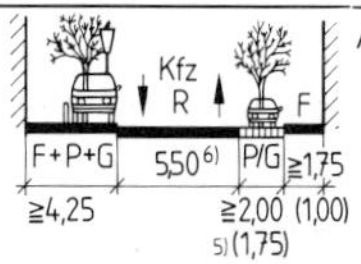

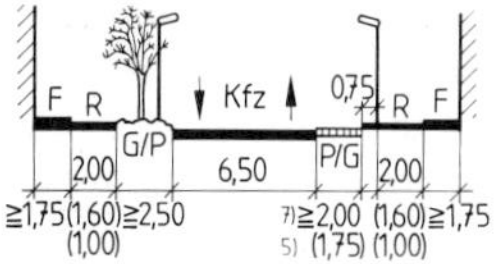

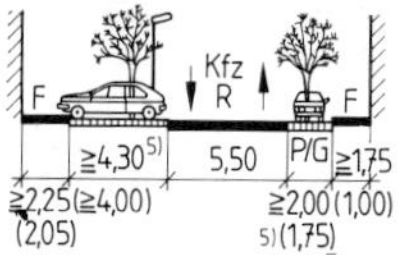

Row headings: Stadtkern-Gebiete · Altbau-Gebiete · Wohngebiete, Stadtrand · dörfliche Gebiete · Industrie-/Gewerbegebiete

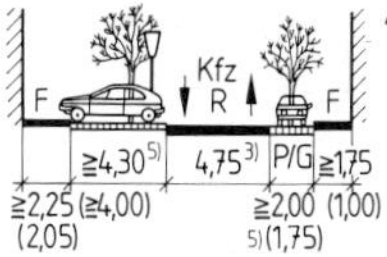

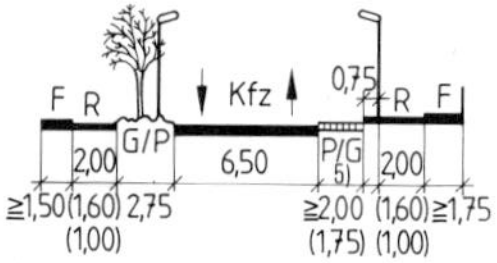

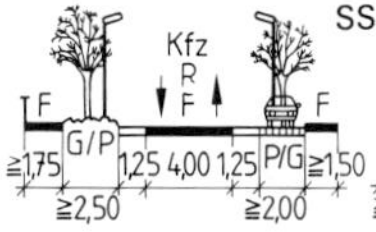

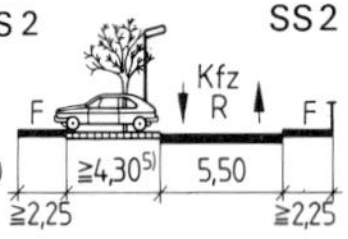

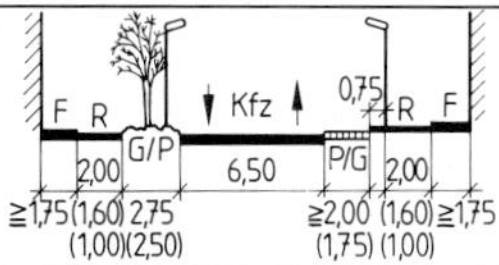

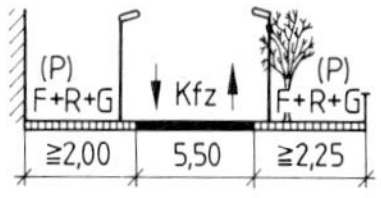

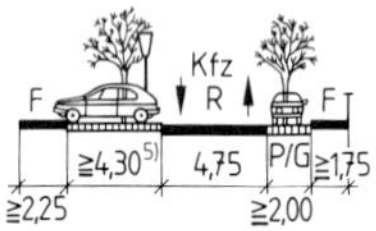

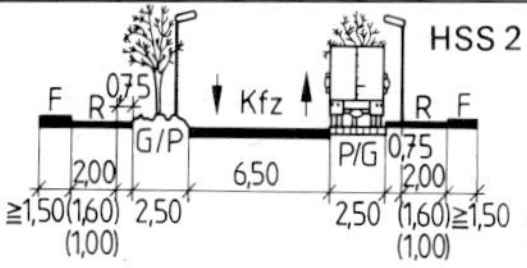

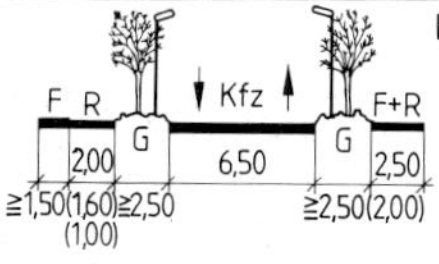

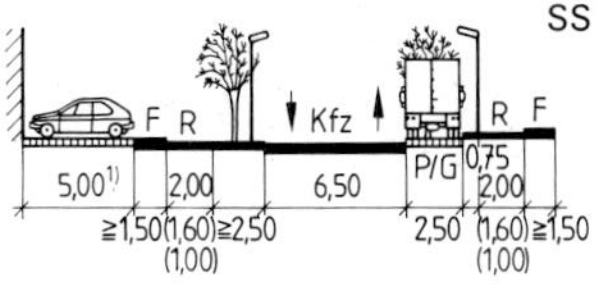

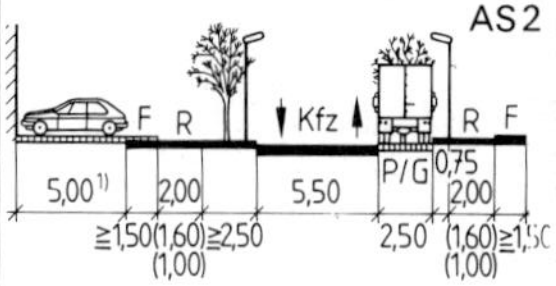

Tafel 5. Fortsetzung

		Anliegerstraßen		Gehwege	Radwege
		sehr geringer Verkehr	Anliegerwege		
		ohne Geschw.-Dämpfung		straßenbegl. Gehweg	straßenbegl. Radweg

Stadtkern-gebiete — AS 3 — Begegnungsfall: Lkw/Rad

Kfz R F F — ≥4,30 (≥4,00) — 4,00 — ≥1,75 (1,00) — ≥2,25 (≥4,00) (2,05)

≥2,25 — F — ≥0,75 (≤0,50) — ≥1,50 — ≥0,25 [9)]

straßenbegl. Gehweg

R [6)] F — ≥0,75 [9)] ≥0,50 — ≥2,00 (1,60) (1,00) — ≥1,50 — ≥0,25 [9)]

Altbau-gebiete — AS 3 / AS 4 — Begegnungsfall: Pkw/Pkw

Kfz R F — 4,00 — P/G ≥1,50 — ≥2,00 (1,00) — 1,50 [9)] (1,75)

Kfz R F — 3,00 P/G ≥1,50 — 1,75 — ≥1,75 (1,00) [8)]

gemeinsamer Geh- und Radweg

F — ≥0,75 [9)] ≥0,50 — 2,50 (2,00) — ≥0,75 [9)] ≥0,50

Wohngebiete, Stadtrand — AS 3 / AS 4 — Begegnungsfall: Pkw/Pkw

Kfz R F — 4,00 — P/G ≥1,75 — ≥2,00 [1)] — ≥1,50 [3)]

Kfz R F — 3,00 P/G ≥1,50 — 1,75 — ≥1,75 [8)]

AW 1 — Kfz R F — 4,75

selbst. gef. Radweg — F — ≥0,75 ≥0,50 — 1,50 — ≥0,25

Fahrradstraße — R — ≥0,75 ≥0,50 — 4,00 — ≥0,75 ≥0,50 — ≥0,25 — R — ≥0,75 ≥0,50 — ≥2,00 (1,60) — ≥0,25

dörfliche Gebiete — AS 3 / AS 4 — Begegnungsfall: Lkw/Rad

G/P — T — Kfz R — G/F — 4,00 — G/F — ≥2,50 — ≥2,25

Kfz R F — 4,00 — P/G ≥1,75 — ≥2,00 [1)] — ≥1,50

Kfz R F F — 3,00 P/G ≥1,50 — 1,75 — ≥1,75 [2)]

AW 2 — Kfz R F — 3,00

selbst. gef. Radweg — F — ≥0,75 ≥0,50 — 1,50 — ≥0,25

Freizeitgebiete

nicht bef. Wohnweg — F — ≥3,00 [10)] — 2,00 (1,50)

Tafel 5, Fortsetzung

Ländliche Wege   Hauptwege

Verbindungswege und stark befahrene
Hauptwirtschaftswege

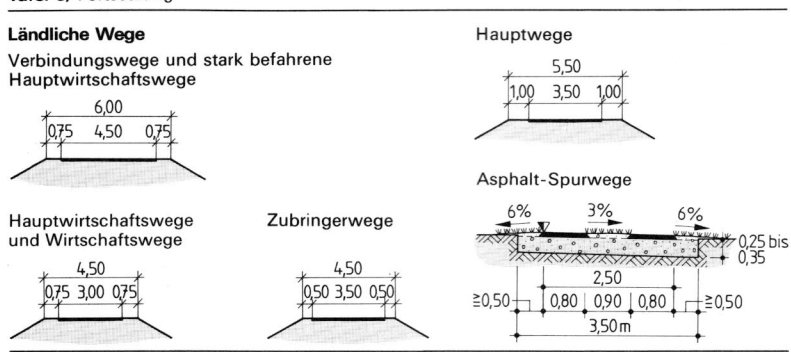

Hauptwirtschaftswege   Zubringerwege
und Wirtschaftswege

Asphalt-Spurwege

Gemeinsame Rad- und Gehwege (Mindestwerte in Klammern)

mit Seitentrennstreifen   RQ 10,5 und RQ 9,5   außerhalb des Entwässe-
bei RQ 20, RQ 15,5,   (bei RQ 7,5)   rungsbereiches

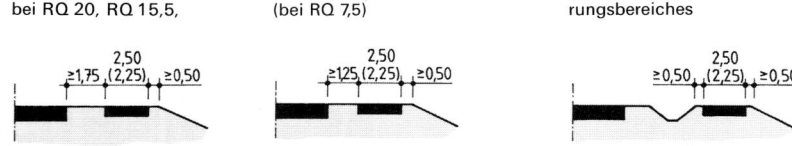

Entwurfsgrundsätze für Straßen der Kategoriengruppen A und der Kategorien B I und B II s. Tafel 6.

Für Planung und Beurteilung von *Straßennetzen* sind Angaben über vorhandene Raum- und Netzstrukturen der Verkehrsträger und die Verkehrsbelastungen notwendig. Die Streckencharakteristik, Straßenkategorien und Fahrtzwecke führen zur Ermittlung der *Grundgeschwindigkeit*. Dies ist die von Pkws erreichbare Reisegeschwindigkeit unter Berücksichtigung der Bemessungs-Verkehrsstärke.

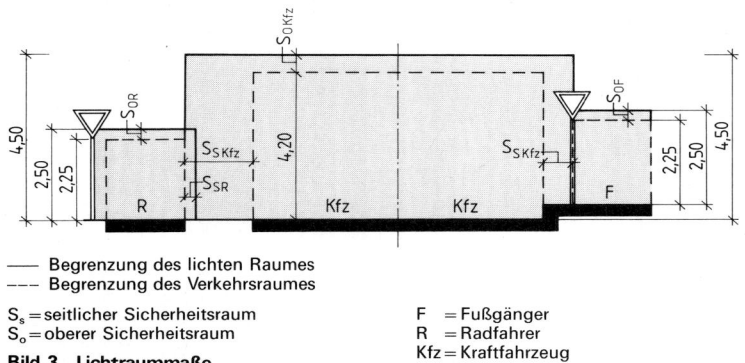

—— Begrenzung des lichten Raumes
--- Begrenzung des Verkehrsraumes

S_s = seitlicher Sicherheitsraum   F = Fußgänger
S_o = oberer Sicherheitsraum   R = Radfahrer
Bild 3   Lichtraummaße   Kfz = Kraftfahrzeug

Tafel 6 Entwurfsgrundsätze für Straßen der Kategoriengruppen A und der Kategorien BI und BII

Kategoriengruppe	Straßenkategorie	Entwurfsprinzip	Ermittlung von v_{85} in km/h	Ausnutzung des radialen Kraftschlusses	Übergangsbogen	Radienrelation	Reaktions- und Auswirkdauer	Überholsichtweite
A anbaufreie Straßen außerhalb bebauter Gebiete mit maßgebender Verbindungsfunktion	A I Fernstraße	fahrdynamisch	zweibahnig bei $v_e \geq 100$ $v_{85} = v_e + 10$ bei $v_e < 100$ $v_{85} = v_e + 20$ einbahnig Neubau: abhängig von KU und b Umbau: abhängig von r, b	50% bei max q, 10% bei min q	erforderlich	erforderlich	2,0 Sekunden	erforderlich (einbahnig, zweistreifige Straßen)
	A II überregionale/regionale Straße							
	A III zwischengemeindliche Straße							
	A IV flächenerschließende Straße							
	A V untergeordnete Straße	fahrgeometrisch	keine	keine	nicht erforderlich	nicht erforderlich	entfällt	nicht erforderlich
	A VI Wirtschaftsweg							
B anbaufreie Straßen im Vorfeld und innerhalb bebauter Gebiete mit maßgebender Verbindungsfunktion	B I Stadtautobahn	fahrdynamisch	$v_{85} = $ zul v	50% bei max q, 10% bei min q	erforderlich	erforderlich	2,0 Sekunden	nicht erforderlich
	B II Schnellverkehrsstraße							

KU Kurvigkeit in gon/km, b Fahrbahnbreite in m, r Radius in m

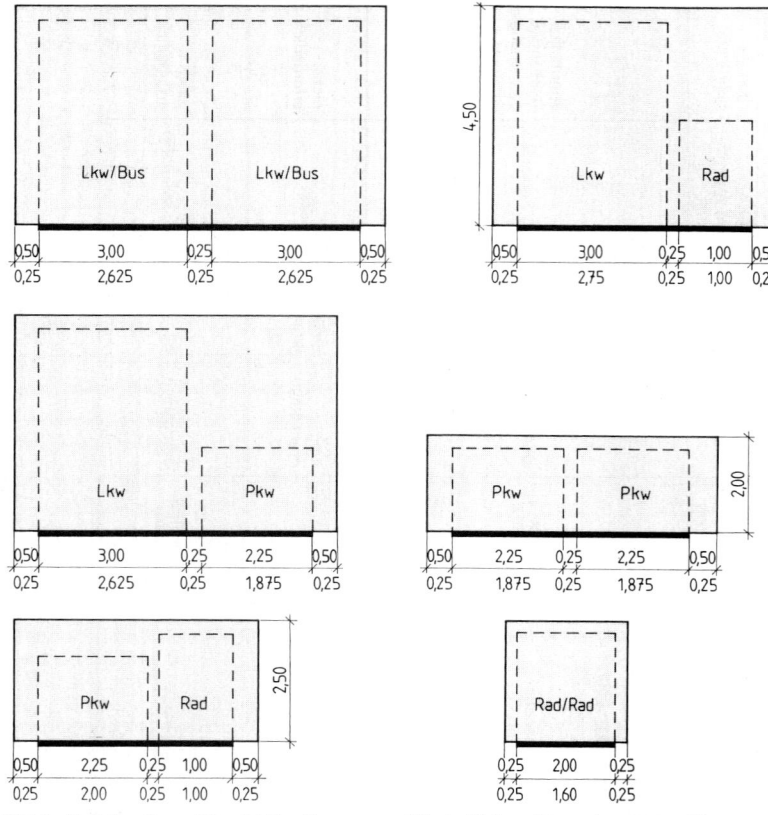

Bild 4 Verkehrsräume für wichtige Begegnungsfälle in Wohngebieten ($v = 50$ km/h)
(untere Zahlenreihe gilt für $v \leq 40$ km/h)

1.2 Linienführung

1.2.1 Grenzwerte der Entwurfselemente

Die auf der entworfenen Straße zu erwartenden Fahrgeschwindigkeiten $v_{85\% \text{ naß}}$ können bei einbahnigen Straßen als Mittelwert für beide Fahrrichtungen abschnittsweise in Abhängigkeit von der Kurvigkeit KU angesetzt und aus Bild 5 entnommen werden. Zwischenwerte für 8,5 m $> B >$ 5,5 m sind abzuschätzen.

$$KU = \sum_{i=1}^{n} \frac{|\gamma_i|}{l} \quad \text{in gon/km} \quad (1)$$

$\lambda_i = \alpha_i + \tau_i$ in gon
α_i Hauptbogenwinkel in gon
τ_i Übergangsbogenwinkel in gon
l Streckenlänge in km

Die *Entwurfsgeschwindigkeit* v_e entnimmt man Tafel 7. Sie bestimmt die Höchst- und Minimalwerte der Entwurfselemente. Je nach Verkehrsqualität wählt man die höheren oder niedrigeren Werte. Diese bestimmen entscheidend die Streckencharakteristik, also Sicherheit und Qualität des Verkehrsablaufes und die Wirtschaftlichkeit der Straße. Diese soll über längere Strecken konstant bleiben.

Tafel 7 Grenz- und Richtwerte für Straßen

				Grenzwerte für v_e bzw. v_{85} in km/h						
Entwurfselemente		Straßen-der Kategorien-gruppe	maß-gebende Geschwindigkeit	50	60	70	80	90	100	120
Lageplan Höchstlänge der Geraden	max l in m	A	v_e	–	1200	1400	1600	1800	2000	2400
Mindestlänge der Geraden bei gleichgerichteten Kurven	min l in m	A	v_e	–	360	420	480	540	600	720
Kurvenmindestradius	min r in m	A, B	v_e	80	120	180	250	340	450	720
Klothoidenmindestparameter	min A in m	A, B	v_e	30	40	60	80	110	150	240
Kurvenmindestradius bei einer Querneigung zur Kurvenaußenseite ($q = -2,0\%$)	min r in m	A, B	v_{85}	–	–	550	850	1300	1900	3500
Höhenplan Höchstlängsneigung	max s in %	A	v_e	9,0	8,0	7,0	6,0	5,0	4,5	4,0
		B	v_e	12,0	10,0	8,0	7,0	6,0	5,0	–
Mindestlängsneigung im Verwindungsbereich	min s in %	A, B	–	0,7 [$(s - \Delta s \geq 0,2\%)$ ohne Hochbord]						
Kuppenmindesthalbmesser	min h_k in m	A, B	v_e	1400	2400	3150	4400	5700	8300	16000
Wannenmindesthalbmesser	min h_w in m	A, B	v_e	500	750	1000	1300	2400	3800	8800
Querschnitt Mindestquerneigung	min q in %	A, B	–	2,5						
Höchstquerneigung in Kurven	max q in %	A, B	–	8,0						
Anrampungshöchstneigung	max Δs in %	A, B	v_e	0,5 · a 2,0 ($a \geq 4,0$ m)	0,4 · a 1,6 ($a \geq 4,0$ m)			0,25 · a 1,0 ($a \geq 4,0$ m)		0,225 · a 0,9 ($a \geq 4,0$ m)
Anrampungsmindestneigung	min Δs in %	A, B	v_e	0,1 · a						
Sicht Mindesthaltesichtweite für $s = 0,0\%$	min s_h in m	A, B	v_{85}	50	65	85	110	140	170	250
Mindestüberholsichtweite	min $s_ü$ in m	A	v_{85}	–	475	500	525	575	625	–
Mindeststreckenanteil mit Überholsichtweite in %		A		20						

a Abstand des Fahrbahnrandes von der Drehachse in m

16

1203

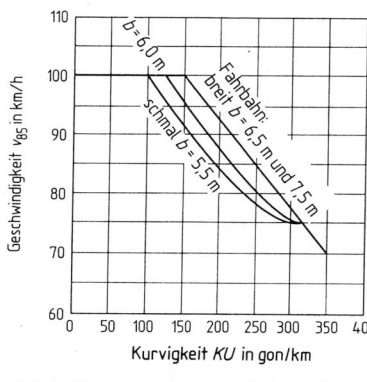

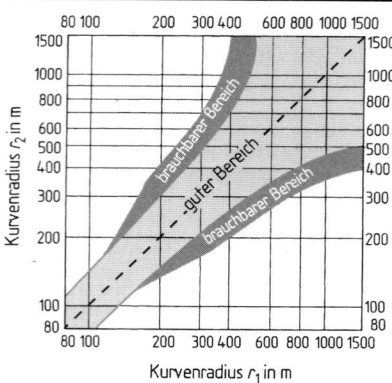

Bild 5 Zusammenhang zwischen Kurvigkeit und $v_{85\%,\,naß}$ auf einbahnigen
Straßen

Bild 6 Zulässige Radienfolge nach RAS-L
für Kategoriengruppe A

Die *Geschwindigkeit* v_{85} beschreibt das tatsächliche Fahrverhalten. Sie entspricht der Geschwindigkeit, die 85% aller Pkw auf dieser Strecke bei sauberer, nasser Fahrbahn nicht überschreiten. Für einbahnige Querschnitte ist in den RAS-L ein Verfahren zur Abschätzung angegeben. Für den RQ 15,5, bei dem im Wechsel der mittlere Fahrstreifen zum Überholen in einer Fahrtrichtung abmarkiert wird (2 + 1-Querschnitt), und zweibahnige Querschnitte der Kategoriengruppe A gelten in Abhängigkeit von der Entwurfsgeschwindigkeit folgende Werte:

$v_{85} = v_e + 10$ in km/h für $v_e \geq 100$ km/h,

$v_{85} = v_e + 20$ in km/h für $v_e < 100$ km/h.

Bei Straßen der Kategoriengruppe B II setzt man $v_{85} =$ zul v.

Für einbahnige Straßen ist eine *Abstimmung* der Geschwindigkeit v_{85} und der Entwurfsgeschwindigkeit v_e nötig. Dabei soll v_{85} die Entwurfsgeschwindigkeit v_e nicht mehr als 20 km/h überschreiten. Ist dies der Fall, muß entweder v_e vergrößert oder die Streckencharakteristik durch kleinere Radien so verändert werden, daß v_{85} gedämpft wird.

Durch gleiche Entwurfsgeschwindigkeit auf längeren Strecken wird Stetigkeit in der Streckencharakteristik erzielt. Dies wird erreicht durch die Auswahl der Radien nach Bild 6.

Im innerörtlichen Bereich legt man keine Entwurfsgeschwindigkeit fest. Hier gelten vielmehr die Nutzungsansprüche, die sich aus den Zielfeldern Verkehr, Umfeld, Straßenraumgestalt und Wirtschaftlichkeit ergeben. Diese sind in den „Empfehlungen für die Anlage für Hauptverkehrsstraßen — EAHV" und den „Empfehlungen für die Anlage von Erschließungsstraßen — EAE" zusammengestellt.

1.2.2 Entwurfselemente im Lageplan

Gerade. Lange Geraden sind zu vermeiden. Für Kategoriengruppe A gilt bei konstanter Längsneigung

max $l = 20 \cdot v_e$ in m mit v_e in km/h. (2)

Bei gleichsinnig gekrümmten Bögen muß min $l = 6 \cdot v_e$ eingehalten werden.

Tafel 8   Anhaltswerte für innerörtliche Straßen

Straßentyp	Kennung	maßgebende Funktion	Begegnungsfall	maximale Verkehrsbelastung in Kfz/h	angestrebte Geschw. v in km/h	erwünschte Abschnitts-Länge l_A in m	Links-abbiegespur Breite b in m	min h_k in m	min h_w in m	max s in %	min lichte Höhe LH in m
Hauptsammelstraße	HSS1	Verbindung	Lz/Lz Bus/Bus	≤1500	50 bis 60	–	3,00 (2,75)	400 bis 900	250 bis 500	5	4,70
	HSS2	Verbindung	Lz/Lz	≤1400	50 bis 60	–	3,00 (2,75)	400 bis 900	250 bis 500	5	4,70
	HSS3	Verbindung	Bus/Bus	≤1000	40 bis 50	≤100	3,00 (2,75) (Aufweitung)	400 bis 900	250 bis 500	5	4,70
Sammelstraße	SS1	Erschließung	Lz/Lz	≤1400	50	–	3,00 (2,75)			6	4,50
	SS2	Erschließung	Lkw/Lkw Lkw/Pkw	≤500	30 bis 40	50 bis 100	Aufweitung			6	4,50
	AS1 [1]	Erschließung	Lz/Pkw Lfw/Lfw	≤	50	50 bis 100	Aufweitung			6	4,50
	AS2	Erschließung	Lkw/Pkw Lkw/Pkw Lfw/Lfw	≤500	30 bis 40	50 bis 100	Aufweitung			8	4,50
Anliegerstraße	AS3	Erschließung	Pkw/Pkw Lkw/R (Lkw/Lkw)	≤150	≤30	≤50	–			8	4,50
	AS4	Erschließung	Pkw/R (Lkw/Pkw) (Lfw/Lfw)	≤60	≤30	≤50	–			8	4,50
Anliegerweg	AW1	Aufenthalt	Lkw/Pkw Lfw/Lfw	bis 30 Wohnungen	≤30	≤50	–			8 (12)	4,50 (2,50)[2]
	AW2	Aufenthalt	Lkw Pkw/R	bis 10 Wohnungen	≤30	≤50	–			8 (12)	4,50 (2,50)[2]
	Spurweg	Aufenthalt	Pkw	bis 10 Wohnungen	≤30	≤50	–			8 (12)	2,50

[1] für kleinere Industrie- und Gewerbegebiete
[2] falls Erreichbarkeit mit Normalhöhe auf anderen Wegen gesichert ist

h_k Kuppenhalbmesser in m h_w Wannenhalbmesser in m s Längsneigung in % (Klammerwerte in Ausnahmefällen)

16

Tafel 9 Richtwerte für Geh- und Radwege

Wegtyp	min r in m	max s in %	min h_K in m	min h_W in m	min lichte Höhe in m
nichtbefahrener Wohnweg	–	6 (12)	–	–	3,50 (2,50)
Gehweg, straßenbegleitend und selbständig geführt	–	6 (12)	–	–	2,50
Radweg, straßenbegleitend	10	wie Fahrbahn	30	10	2,50
Radweg, selbständig geführt	10	3 (4 bis 8)	30	10	2,50
gemeinsamer Geh- und Radweg	10	3 (4 bis 8)	30	10	2,50

Klammerwerte in Ausnahmefällen. Ausrundungsradius im Knotenpunktsbereich ist 2,00 m.

Tafel 10 Richtwerte für ländliche Wege nach RLW 1999

	Entwurfselemente	Verbindungswege	Fahrwege	Wirtschaftswege		
Lageplan	Entwurfsgeschwindigkeit v_e in km/h	Schwierigkeitsgrad gering: 50 bis 60, mittel: 40 bis 50 groß: 20 bis 40	≤ 40	≤ 40		
	Kurvenmindestradius bei v_e in km/h min r in m	20 30 40 50 60 15 25 45 80 120	Gelände flach: 20 steil: 15	Schwierigkeitsgrad gering mittel groß	min r in m 15,00 10,00 7,50 (5,50, 20,00[8])	
	Haltesichtweite s_h in m bei v_e in km/h min r in m	20 30 40 50 60 25 45 65 85 110	–	–		
	Kurvenverbreiterung bei r in m[7]) Verbreiterungsmaß i in m Verziehungslänge l_z in m	10 12 15 20 30 50 75 100 3,20 2,70 2,10 1,60 1,10 0,60 0,40 0,30 24 22 20 16 10 6 4 3		5,50 7,50 10,00 12,00 15,00 20,00 30,00 50,00 2,90 2,10 1,60 1,30 1,10 0,80 0,50 0,30 15 13 12 11 10 8 5 3		
Höhenplan	Längsneigung max s in % Strecke bei Brücken und Unterführungen	6,0 1,0	8,0 (15,0)	Schwierigkeitsgrad gering mittel groß	8 12 15 (20)	
	Mindest-Kuppenausrundung h_k in m Mindest-Wannenausrundung h_w in m	200 200	200 200		
Querschnitt	Querneigung in der Geraden q in % in der Kurve bei r in m q in %	3,0 ≤ 100 ≤ 120 ≤ 150 ≤ 200 ≤ 300 < 300 8,0 7,0 6,0 5,0 4,0 3,0	3,0[2]) [4]) 6,0[5]) [6])	3,0[4]) Uhrglasform[5])		
	befestigte Breite b in m einstreifig zweistreifig[3])	3,0 (3,50)[1]) 4,75	3,00	3,00 Spurwege 2,50[9])		
	Kronenbreite b_{Kr} in m einstreifig zweistreifig[3])	5,50 6,25	4,00 (4.50)	4,00 (5,50[3]))		

[1]) bei stärkerem Verkehr [2]) beidseitig geneigt, Uhrglasform [3]) bei häufigem Begegnungsverkehr [4]) Fahrbahnbefestigung mit Bindemittel [5]) Fahrbahnbefestigung ohne Bindemittel [6]) bei Bögen $\leq$ 100,00 m Querneigung vergrößern [7]) auch Wirtschaftswege mit Holzabfuhr [8]) bei Langholzabfuhr [9]) 2 befestigte Streifen á 0,80 m mit einem Zwischenstreifen 0,90 m   Ausnahmewerte in Klammern

Beispiel für Uhrglasform:

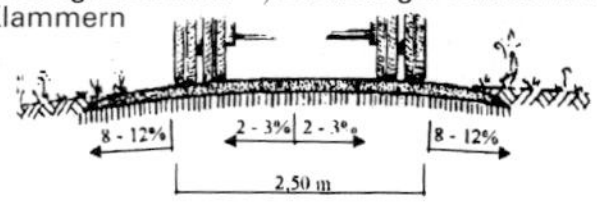

Tafel 11 Mindestradien im Anschluß an Geraden

Straßenkategorie	Länge der Geraden l_g in m	Radius des folgenden Kreisbogens r_{min} in m
A I, A II	$\geq$ 600 < 600	> 600 > l_g
A III, A IV B II	$\geq$ 500 < 500	> 500 > l_g

Kreisbogen

Mindestradien s. Tafel 7. Sie sind zu benutzen, wenn größere Radien unverhältnismäßig hohe Kosten verursachen oder Bebauung oder Umwelt übermäßig beeinträchtigt werden. Bei zweibahnigen Straßen bedingen Sichtbehinderungen im Mittelstreifen (Bepflanzung, Schutzplanken, Blendschutzzäune, Wegweiser) oft größere Radien oder eine Verbreiterung des Mittelstreifens. Kann der Radius nach Bild 6 mit max q nicht eingehalten werden, so ist die Sichtminderung durch andere Maßnahmen (Verbesserung der Erkennbarkeit der Gefahrenstelle, Erhöhung der Querneigung um 1% bei Kat. Gruppe A/B, Geschwindigkeitsbeschränkung u. ä.) auszugleichen. Korbbögen sind ausnahmsweise zulässig, doch muß der Radiensprung im „guten Bereich" nach Bild 6 liegen. min l des Kreisbogens soll der in 2 sec zurückgelegten Strecke bei v_e entsprechen.

An Gerade anschließende Kreisbögen mit Übergangsbögen sollen entsprechend der Länge dieser Geraden die in Tafel 11 aufgeführten Mindestwerte einhalten.

Der **Übergangsbogen** wird als Klothoide ausgebildet, weil sich bei dieser Kurve die Krümmung linear mit der Bogenlänge ändert. Das Bildungsgesetz der Klothoide lautet:

$$A^2 = r \cdot l \quad (3)$$

A Parameter der Klothoide in m
r Radius am Übergangsbogen-Ende in m
l Länge der Klothoide in m

Bedingungen:

1. Die bei Kurvenfahrt auftretende Zentrifugalbeschleunigung ändert sich stetig.
2. Lineare Krümmungsänderung ermöglicht einen dynamisch richtigen und optisch befriedigenden Trassenverlauf.
3. Die Fahrbahnverwindung kann vollständig vollzogen werden.

Kennstellen der Klothoide. Alle Klothoiden sind geometrisch ähnlich, d. h., an der gleichen Formstelle treten gleiche Richtungswinkel und gleiche Form- bzw. Verhältniswerte r/a auf. Diese charakteristischen Stellen heißen Kennstellen. Sie sind für alle Klothoiden eindeutig bestimmt durch den Radius r der Einheitsklothoide ($a = 1$).

Anwendungsbedingungen

1. *Fahrdynamik*. Der Ruck k (Änderung der Zentrifugalbeschleunigung in der Zeiteinheit) darf den Wert $k = 0,50$ m/s³ nicht überschreiten.
2. *Formwert*. Der Übergangsbogen soll in den Grenzen $A = r/3$ bis $A = r$ gewählt werden. Dies entspricht den Kennstellen $r = 3$ bis $r = 1$ bzw. einer Richtungsänderung zwischen $\sim 3,5$ und ~ 32 gon.

$$\min A = r/3 \quad (4)$$

3. *Anrampung* und *Verwindung*. l muß so groß sein, daß die Anrampung der Fahrbahnränder im Übergangsbogen vollzogen werden kann, ohne die zulässige Anrampungsneigung nach Tafel 7 zu überschreiten. Aus vorstehenden Bedingungen ergeben sich die *Mindestparameter* nach Tafel 7.

Formen des Übergangsbogens. Anwendungsmöglichkeiten s. Tafel 12.

Einfacher Übergangsbogen. Übergang Gerade-Kreisbogen. Folgt auf den Kreisbogen wieder der Übergang auf eine Gerade, spricht man vom *Gesamtbogen*.

Wendeklothoide. Zwei am Punkt $r = \infty$ aneinander stoßende, gegensinnig gekrümmte Klothoiden. Einschließlich der zwei anschließenden Kreise spricht man von der *Wendelinie*. Bei ungleichem A ist für $A_2 \leq 200,00$ m Gl. (5) einzuhalten.

$$A_1/A_2 \leq 1,5 \quad (5)$$

Tafel 12 Anwendungsmöglichkeiten und Grenzfälle des Übergangsbogens

	Gerade mit Kreis	zwei Kreise		zwei Geraden nur mit Übergangsbogen
gebräuch-lich	einfacher Übergangsbogen	Wendelinie/ Wendeklothoide	Eilinie/Eiklothoide	
zu ver-meiden	Korbklothoide			Scheitelklothoide

Eiklothoide. Klothoidenabschnitt, der zwei gleichsinnig gekrümmte Kreise verbindet. Er bildet mit diesen zusammen die *Eilinie.* Die beiden Kreise dürfen sich nicht schneiden, müssen ineinander liegen, dürfen nicht konzentrisch sein. Trifft eine der Bedingungen nicht zu, führt die zweimalige Anwendung der Eilinie über einen einhüllenden Hilfskreis zur *doppelten Eilinie.* Zu vermeiden sind:

Korbklothoiden. Es werden Klothoidenabschnitte mit verschiedenem A gestoßen, die am Stoßpunkt gleiche Tangentenrichtung und gleiches r aufweisen.

Scheitelklothoiden. Die Richtungsänderung zwischen zwei Geraden erfolgt durch Klothoiden, die am Stoßpunkt gleiche Tangente und gleichen Radius aufweisen, wobei die Kreisbogenlänge gleich Null ist (s. Kreisbogen).

Der *Übergang ohne Klothoide* von Geraden in Kreisbogen ist nur zulässig, wenn die Abrückung $\Delta r < 0{,}25$ m wird. (Optische Wirkung überprüfen!)

1.2.3 Entwurfselemente im Höhenplan

Längsneigung. Die Grenzwerte können den Tafeln 8 und 9 entnommen werden. Gl. (6) ist einzuhalten.

$$s - \Delta s = \geq 0{,}2\% \qquad (6)$$

für Bordrinnen

$$s - \Delta s \geq 0{,}5\% \qquad (7)$$

s Straßenlängsneigung in %
Δs Anrampungsneigung in %

Damit werden die Gradiente entgegengesetzte Neigungen der Fahrbahnränder vermieden.

Kuppen- und Wannenausrundung. Sie erfolgt durch die quadratische Parabel. Zur Berechnung werden die Gl. (8) bis (11) verwendet (s. Bild 7).

$$t = \frac{s_2 - s_1}{100} \cdot \frac{h}{2} \quad (8) \qquad\qquad y_P = \frac{s_1}{100} \cdot x_P + \frac{x_P^2}{2 \cdot h} \quad (9)$$

$$f = \frac{t}{4} \cdot \frac{s_2 - s_1}{100} \quad (10) \qquad\qquad x_s = -\frac{s_1}{100} \cdot h \quad (11)$$

h Halbmesser des Schmiegkreises im Scheitel der Parabel (bei Wannen positives, bei Kuppen negatives Vorzeichen) in m
t Tangentenlänge in m (Kategoriengruppe A: min $t = v_e$; Kategoriengruppe B: min $t = 0{,}75 \cdot v_e$)
s_1, s_2 Längsneigung der Tangenten in % (Steigung positives, Gefälle negatives Vorzeichen)
x_P, y_P Abszisse und Ordinate eines beliebigen Punktes P in m
x_S Abszisse des Scheitelpunktes der Ausrundung in m
f Bogenstich am Tangentenschnittpunkt in m

Die Längsneigung wird nach Gl. (12) berechnet.

$$s = \frac{\Delta h}{l} \cdot 100 \quad \text{in \%} \quad (12)$$

Δh Höhendifferenz zwischen den Tangentenschnittpunkten in m
l Entfernung zwischen den Tangentenschnittpunkten in m

Die Längsneigung an einem beliebigen Punkt P ergibt sich aus Gl. (13).

$$s_P = s_1 + \frac{x_P}{h} \cdot 100 \quad \text{in \%} \quad (13)$$

Ist der Schnittpunkt zweier Tangenten zu berechnen, benutzt man Gl. (14) (Bild 8).

$$x_T = \frac{100 \cdot \Delta h - l \cdot s_2}{s_1 - s_2} = \frac{l \cdot \dfrac{s_2}{100} - \Delta h}{\dfrac{s_1 - s_2}{100}} \quad (14)$$

Die Höhe des Tangentenschnittpunktes h_T ist

$$h = h_1 + x_T \cdot \frac{s_1}{100} \quad (15)$$

h_1 Höhe des Ausgangs-Tangentenschnittpunktes
s_1, s_2 Steigung positives, Gefälle negatives Vorzeichen
Δh negatives Vorzeichen, wenn End-Tangentenschnittpunkt tiefer liegt als der Ausgangs-Tangentenschnittpunkt

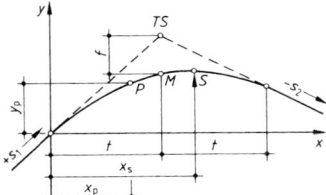

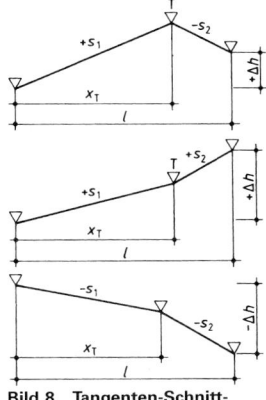

Bild 7 Berechnung der Gradientenausrundung

Längsneigungen sollen niedrig gehalten werden, um die Verkehrssicherheit zu erhöhen, Betriebskosten zu sparen, Emissionen niedrig zu halten und die Qualität des Verkehrsablaufes günstig zu gestalten. Eine Anpassung an die topographischen und baulichen Gegebenheiten verringert dagegen die Baukosten und schont das Städte- oder Landschaftsbild. Grenzwerte entnimmt man den Tafeln 8 und 9.

Bild 8 Tangenten-Schnittpunktsberechnung

Beispiel An eine Bundesstraße soll ein Feldweg bei Station 1888,00 angeschlossen werden. Die Knickpunkte der Gradiente entnimmt man dem Längsschnitt (Höhenplan)
TS_1 liegt bei Station 1000, Höhe 400,00 m, TS_2 liegt bei Station 2000, Höhe 450,00 m
TS_3 liegt bei Station 2800, Höhe 418,00 m,   Ausrundungshalbmesser $h = 5000,00$ m.
Gesucht werden die Werte für die Gradientenhöhe bei Station 1880, die Tangentenlänge t, der Bogenstich f und der höchste Punkt der Ausrundung.

$$\text{Es wird } s_1 = \frac{\Delta h}{l} \cdot 100 = \frac{50,00}{1000} \cdot 100 = 5,0\% \,;\; s_2 = \frac{-32,00}{800,00} = -4,0\% \quad \text{(Gl. 12)}$$

Die Tangentenlänge ist dann

$$t = \frac{s_2 - s_1}{100} \cdot \frac{h}{2} = \frac{-4,0 - 5,0}{100} \cdot \frac{-5000}{2} = 225,00 \text{ m} \quad \text{(Gl. 8)}$$

Der Bogenstich wird

$$f = \frac{t}{4} \cdot \frac{s_2 - s_1}{100} = \frac{225,00}{4} \cdot \frac{-4,0 - 5,0}{100} = -5,063 \text{ m},$$

d. h. an der Station 2000 ist die Gradientenhöhe
$h_{2000} = 450,00 - 5,063 = 444,937$ m $+ NN$.
Damit beginnt die Kuppen-Ausrundung bei Station $2000,00 - 225,00 = 1775,00$ und endet bei Station 2225,00. Station 1880 liegt also in der Ausrundung und hat vom Tangenten-Berührungspunkt aus den Abstand
$x = 1880,00 - 1775,00 = 105,00$ m.
Die Tangentenhöhe bei Station 1775 ist dann

$$h_{1775} = 400,00 + \frac{5}{100} \cdot (1775 - 1000) = 438,75 \text{ m} + NN.$$

Bei Station 1880 beträgt die Tangentenhöhe $h_{1880} = 444,00$ m, davon muß nun der Stich der Ausrundung abgezogen werden. Die Entfernung vom Ausrundungsanfang beträgt $x = 1880 - 1775 = 105,00$ m. Der Stich ist dann

$$y_{1880} = \frac{x^2}{2 \cdot h} = \frac{105^2}{2 \cdot -5000} = -1,1025 \text{ m}$$

Dieses Maß ist von der Tangentenhöhe abzuziehen. (Der Ausrundungshalbmesser h ist bei Kuppen negativ anzusetzen.)
$h_{\text{Grad}} = h_{1880} - y_{1880} = 444,00 - 1,1025 = 442,898$ m $+ NN$.
Man kann die Höhe auch in einem Zuge berechnen mit der Gleichung

$$y_{1880} = \frac{s_1}{100} \cdot x_{1880} + \frac{x^2_{1880}}{2 \cdot h} = \frac{5}{100} \cdot 105 + \frac{105^2}{2 \cdot -5000} = 4,1475 \text{ m}$$

Dieses Maß ist zur Höhe des Tangentenschnittpunktes zu addieren:
$h_{1880} = h_{1775} + y_{1880} = 438,750 + 4,1475 = 442.898$ m
Den höchsten Punkt der Kuppe (Scheitelpunkt) erhält man mit

$$x_S = -\frac{s_1}{100} \cdot h = -\frac{5}{100} \cdot -5000 = 250,00 \text{ m}.$$

Der Scheitelpunkt liegt also bei Station $1775 + 250 = 2025$.
Damit ist die Höhe an dieser Station vom Tangentenberührungspunkt aus

$$y_{2025} = -\frac{5}{100} \cdot 250 + \frac{250^2}{-10\,000} = 6,250 \text{ m}.$$

Dieser Wert muß zur Höhe des Tangentenberührungspunktes hinzugezählt werden.

$h_{2025} = 438{,}750 + 6{,}250 = 445{,}000\ \text{m} + NN$

Die Längsneigung in diesem Punkt ist

$$s_{2025} = 5 + \frac{250}{-5000} \cdot 100 = 0\%$$

Im Bereich plangleicher Knoten der Kategoriengruppe A ist die Längsneigung auf 4% zu beschränken. Dadurch können anschließende Strecken günstig entworfen und die Anhaltewege begrenzt werden. Auch in Tunneln sollten 4% nicht überschritten werden, bei längeren Tunneln empfiehlt es sich, nur maximal 2,5% zu wählen, um Emissionen und Verkehrsgefahren gering zu halten.

1.2.4 Entwurfselemente im Querschnitt

Querneigung. In der Geraden ist sie zur Entwässerung der Fahrbahn erforderlich, Ausbildung nach Bild. 9. Zur Fahrbahn zählen Fahr- und Randstreifen. Die Regelquerneigung beträgt min $q = 2{,}5\%$, max $q = 8{,}0\%$. Zusätzliche Fahrstreifen erhalten nach Richtung und Größe die Querneigung der Fahrbahn. Dreistreifige Straßen erhalten in der Regel einseitige Querneigung.

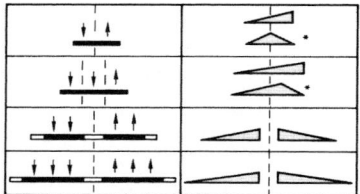

* Beim Ausbau bestehender Straßen in Ausnahmefällen

Bild 9 Querneigung in der Geraden

Querneigung im Kreisbogen. Zum Innenrand gerichtet. Ermittlung der Querneigung nach Bild 10. Bei zweibahnigen Straßen Dachform nach Bild 9 zugelassen, wenn Werte der Tafel 13 nicht unterschritten werden. (Für Stadtstraßen s. Tafel 8.) Diese Regelung ist sinnvoll, wenn die Verbindung der Fahrbahn zu schlechter Entwässerung oder schlechter Anpassung bei höhengleichen Knoten führt.

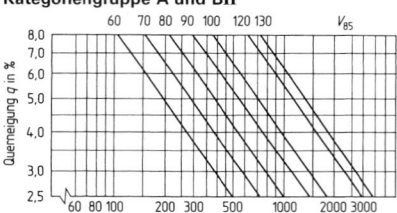

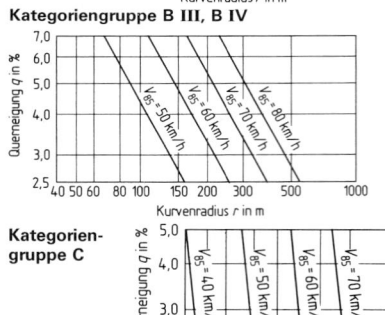

Bild 10 Querneigung in Abhängigkeit von Entwurfsgeschwindigkeit und Kurvenradius

Tafel 13 Mindestradien für die Anlage einer Querneigung, die zur Kurvenaußenseite gerichtet ist

v_{85} in km/h		40	50	60	70	80	90	100	110	120	130
$n = 30$ [1]	$q = -2{,}0\%$		220	350	550	850	1300	1900	2600	3500	4600
	$q = -2{,}5\%$		225	400	600	950	1400	2100	3000	4100	5500
$n = 50$ [2]	$q = -2{,}5\%$	80	150	250	400						

n Ausnutzung des radialen Kraftschlußbeiwertes in %
[1] Für Kategoriengruppe A gelten die Geschwindigkeiten $v_e = 90$ bis $130\ \text{km/h}$, für Kategoriengruppe B gelten die Geschwindigkeiten $v_e = 50$ bis $80\ \text{km/h}$.
[2] Gültig für Kategoriengruppe C.

Anrampung und Verwindung. Die Querneigungsänderung erfolgt durch Drehung der Fahrbahnfläche um die Fahrbahnachse. Die Drehung um eine andere Achse ist ausnahmsweise zulässig (Bild 11). Die Verwindung ist im Übergangsbogen zu vollziehen. Grenzwerte s. Tafel 7. Die *Anrampungsneigung* Δs als Differenz zwischen der Längsneigung des Fahrbahnrandes und der Drehachse berechnet man mit Gl. (15a).

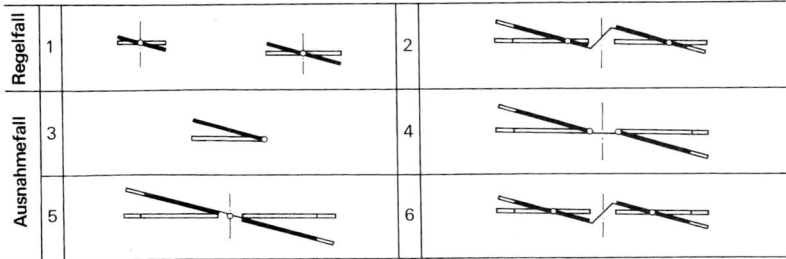

Bild 11   Drehachsen der Fahrbahn

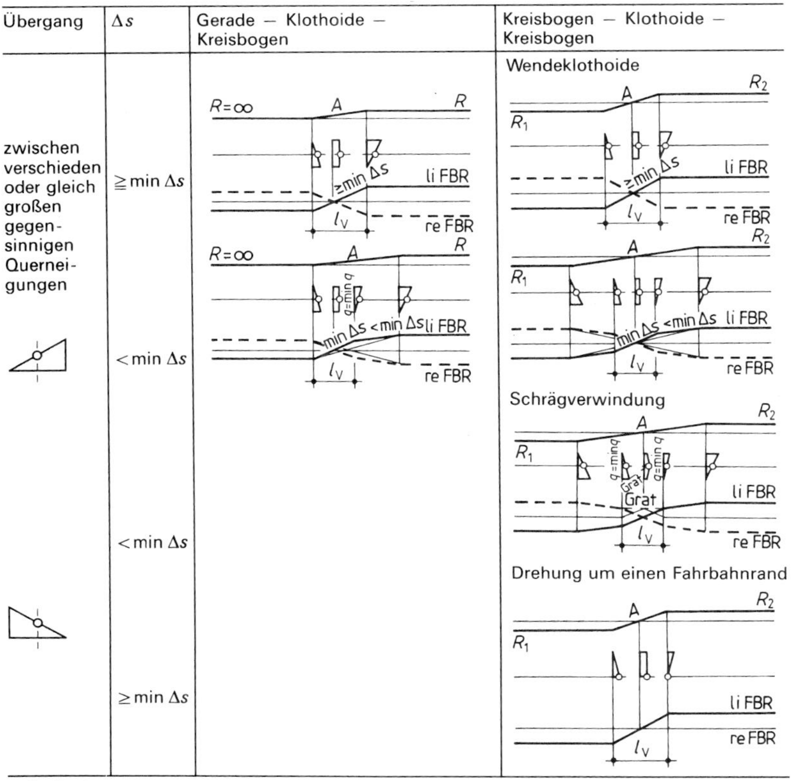

Übergang	Δs	Gerade — Klothoide — Kreisbogen	Kreisbogen — Klothoide — Kreisbogen
zwischen verschieden oder gleich großen gegensinnigen Querneigungen	$\geq \min \Delta s$	$R=\infty$	Wendeklothoide
	$< \min \Delta s$		
	$< \min \Delta s$		Schrägverwindung
	$\geq \min \Delta s$		Drehung um einen Fahrbahnrand

○ Drehachse
Bild 12   Grundformen der Fahrbahnverwindung, s. auch folgende Seite

Bild 12, Fortsetzung

Übergang	Δs	Gerade – Klothoide – Kreisbogen	Kreisbogen – Klothoide – Kreisbogen
vom Dachprofil	$\geq \min \Delta s$	$R=\infty$ A R $\geq \min \Delta s$ li Fbr L_v re Fbr $R=\infty$ A R	
zur Einseit-neigung	$\geq \min \Delta s^*$ $< \min \Delta s$	$R=\infty$ A R $\geq \min \Delta s$ li Fbr L_v re Fbr $R=\infty$ A R $\min \Delta s < \min \Delta s$ li Fbr L_v re Fbr	
zwischen verschieden großen, gleichsinni-gen Quer-neigungen	beliebig	R_2 $R=\infty$ A li Fbr L_v re Fbr	Eiklothoide R_1 A R_2 li Fbr L_v re Fbr

○ Drehachse *bautechnische Vorteile – kürzerer Grat in der Fahrbahnachse, aber längerer Bereich mit min q im Übergangsbogen

$$\Delta s = \frac{q_e - q_a}{l_v} \cdot a \quad \text{in \%} \quad (16a)$$

und die Mindestlänge der Verwindungs-strecke mit

$$\min l_v = \frac{q_e - q_a}{\max \Delta s} \cdot a \quad \text{in m} \quad (16b)$$

q_e, q_a Querneigung am Ende bzw. am Anfang der Verwindungsstrecke in % (q_a negativ einsetzen, wenn q_e entgegengesetzt gerichtet ist)

l_v Länge Verwindungsstrecke in m

a Abstand des Fahrbahnrandes von der Drehachse in m

$\max \Delta s$ Anrampungshöchstneigung in % nach Tafel 7

Zur Sicherstellung der Entwässerung darf min Δs nicht unterschritten werden. Ausnahmsweise darf der Punkt, an dem $q = 0$ wird, bei Kategoriengruppe A um die Länge $l = 0,1 \cdot A$, bei B I und B II um $l = 0,2 \cdot A$ verschoben werden, wobei A der Klothoidenparameter ist. Der Wert $s - \Delta s \geq 0,5 \%$ sollte eingehalten werden.

Im Verwindungsbereich soll die Mindestanrampungsneigung $\Delta s = 0,1 \cdot a$ so lange vorhanden sein, bis die Querneigung der Fahrbahn der Mindestquerneigung entspricht. Wird nur die vorhandene Querneigung erhöht, entfällt diese Bedingung. Außerdem ist die Größe der Längsneigung im Verwindungsbereich des Querneigungswechsels zu überprüfen.

Eine einwandfreie Entwässerung erreicht man, wenn die Wendepunkte im Höhenplan etwa an der gleichen Baustation liegen wie im Lageplan. Die Anordnung der Tangentenschnittpunkte im Kreisbogen gewährleistet auch optisch eine gute Linienführung der Fahrbahnränder.

1.2.5   Fahrbahnverbreiterung in der Kurve

Die **Fahrbahnverbreiterung** in der Kurve wird nach der Bedeutung der Straße abgestuft (Tafel 14). Sie gleicht die Bogenverkürzung durch die nachgeschleppten Achsen aus. Man berechnet sie bei Bögen mit $r \geq 80,00$ m mit Gl. (17a), für Radien $\geq 30,00$ m gilt Gl. (17b). Für n Fahrstreifen wird

$$i = n \cdot r - \sqrt{(r^2 - d^2)} \quad \text{(17a)} \qquad i = n \cdot \frac{d^2}{2 \cdot r} \quad \text{(17b)} \qquad \gamma_{\max i} = \frac{400 \cdot d}{r \cdot \pi} \quad \text{(17c)}$$

i Fahrbahnverbreiterung in m
r Kreisbogenradius in m
n Anzahl der Fahrstreifen
$\gamma_{\max i}$ Änderung des Richtungswinkels bis Erreichen der vollen Verbreiterung
d Achsabstand und vorderer Fahrzeugüberhang in m für Pkw $d = 4,0$ m, für Lkw $d = 8,0$ m,
    Lz $d = 10,0$ m, Bus 1 (Standardbus) $d = 8,5$ m, für Bus 2 (Gelenkbus) $d = 9,0$ m, Bus 3
    (Megaliner) $d = 11,7$ m

Tafel 14 Berechnung der Fahrbahnverbreiterung

Straßen der Kategorie	Bus- verkehr	Empfohlener Begegnungsfall	$\dfrac{d}{d}$	Fahrbahnverbreiterung in m (bei $n = 2$) für		
				$i =$	$b \leq 6,00$ m	$b > 6,00$ m
A I, A II, A III, A IV, B II	ja	Bus 2/Bus 2	$\dfrac{9}{9}$	$\dfrac{40 \cdot n}{r}$	$30 < r \leq 320$	$30 < r \leq 160$
	nein	Lz/Lz	$\dfrac{8}{8}$	$\dfrac{50 \cdot n}{r}$	$30 < r \leq 400$	$30 < r \leq 200$

Die Verbreiterung wird am Innenrand angeordnet. Sie entfällt, wenn bei Fahrbahnbreiten $b \leq 6,00$ m der Wert $i < 0,25$ m, bei $b > 6,00$ m, wenn $i < 0,50$ m wird. Zusatzspuren werden nicht berücksichtigt.

Die Ermittlung der Verbreiterung entnimmt man Bild 13, die Berechnung geschieht mit den Gln. (18 und 19), für die Eiklothoide nach Gl. (20). Ist die Kreisbogenlänge $\leq 15,00$ m, enden die Verziehungsbereiche in der Winkelhalbierenden des Zentriwinkels. Ist das Verhältnis $l/i \geq 20$, kann die Verziehung linear im Übergangsbogen erfolgen. Die Verbreiterung an einer beliebigen Stelle P_n wird dann nach Gl. (18)

$$i_n = \frac{i}{l} \cdot l_n \quad \text{(18)}$$

i_n Verbreiterung am Punkt P_n in m
l_n Verziehungslänge bis zum Punkt P_n in m
l Gesamtlänge der Verziehung in m

$$i_n = \frac{i}{30 \cdot l} \cdot l_n^2 \quad \text{für} \quad 0 \leq l_n < 15,00 \text{ m} \quad \text{(19a)}$$

$$i_n = \frac{i}{l}(l_n - 7,5)$$
$$\text{für} \quad 15,00 \leq l_n < l_z - 15,00 \text{ m} \quad \text{(19b)}$$

$$i_n = i - \frac{i}{30 \cdot l}(l_z - l_n)^2$$
$$\text{für} \quad l_z - 15,00 \text{ m} \leq l_n \leq l_z \quad \text{(19c)}$$

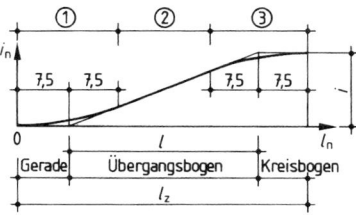

Bild 13 Verziehung der Fahrbahnränder bei Kurvenverbreiterung

Die Anordnung der Lage der Verbreiterung bei Wende- und Eilinie geht aus den Bildern 14 und 14a hervor. Die Verbreiterung in der Eilinie berechnet man mit

$$i_n = i_a + (i_e - i_a) \cdot \frac{l_n}{l} \quad \text{(20)}$$

i_a Verbreiterung am Beginn der Eiklothoide
i_e Verbreiterung am Ende der Eiklothoide

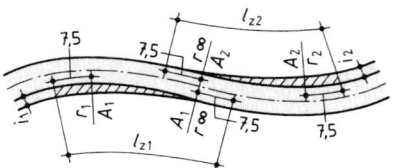

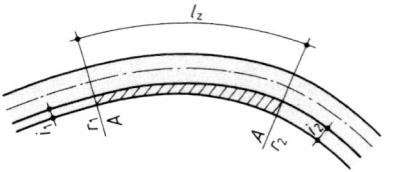

Bild 14 Fahrbahnverbreiterung bei der Wendeklothoide

Bild 14a Fahrbahnverbreiterung bei der Eiklothoide

Die Verziehung des Fahrbahnrandes bei Veränderung des Querschnitts (Anlage eines weiteren Fahrstreifens, Mittelstreifens, Abbiegestreifens) nennt man **Fahrbahnaufweitung**. Sie erfolgt nach Bild 15. Ihre Länge wird

$$L_z = v_e \sqrt{\frac{i}{3}} \quad \text{in m} \quad (21)$$

L_z Länge des Aufweitungsbereiches in m
v_e Entwurfsgeschwindigkeit in km/h
i Gesamtverbreiterung in m

$$i_n = \frac{2 \cdot i \cdot L_n^2}{L_z^2} \quad \text{für} \quad 0 \leq L_n < \frac{L_z}{2} \quad (22)$$

$$i_n = i - \frac{2 \cdot i (L_z - L_n)^2}{L_z^2} \quad \text{für} \quad \frac{L_z}{2} \leq L_n \leq L_z \quad (23)$$

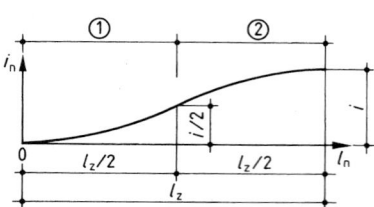

Bild 15 Verziehung der Fahrbahnränder bei Aufweitung

Es sind

i Gesamtverbreiterung in m
l Länge des Übergangsbogens in m
$L_z = l + 15$ m Länge der Verziehungsstrecke in m bei Fahrbahnverbreiterung in der Kurve, Länge der Verziehung in m bei Fahrbahnaufweitung nach Gl. (21)
L_n Strecke vom Verziehungsanfang bis zum Punkt P_n in m
i_n Verbreiterung am Punkte P_n in m
i_a Verbreiterung am Beginn der Eiklothoide in m
i_e Verbreiterung am Ende der Eiklothoide in m

Zur Ermittlung von Zwischenordinaten für die Aufweitung verwendet man Tafel 15. Es ist dann $i_n = e_n \cdot i$.

Tafel 15 Interpolation von Zwischenordinaten in m

$a = \frac{L_n}{L_z}$	e_n	Δe_n	$a = \frac{L_n}{L_z}$	e_n	Δe_n
0,00	0,000		0,50	0,500	
		0,005			0,095
0,05	0,005		0,55	0,595	
		0,015			0,085
0,10	0,020		0,60	0,680	
		0,025			0,075
0,15	0,045		0,65	0,755	
		0,035			0,065
0,20	0,080		0,70	0,820	
		0,045			0,055
0,25	0,125		0,75	0,875	
		0,055			0,045
0,30	0,180		0,80	0,920	
		0,065			0,035
0,35	0,245		0,85	0,955	
		0,075			0,025
0,40	0,320		0,90	0,980	
		0,085			0,015
0,45	0,405		0,95	0,995	
		0,095			0,005
0,50	0,500		1,00	1,000	

1.2.6 Entwurfselemente der Sicht

Haltesichtweite S_h. Sie ist die Strecke, die ein Fahrer bei v_{85} braucht, um vor einem unerwarteten Hindernis anzuhalten. Sie setzt sich aus dem Weg während Reaktions- und Auswirkdauer und dem Bremsweg zusammen. Die erforderliche Haltesichtweite entnimmt man Bild 16.

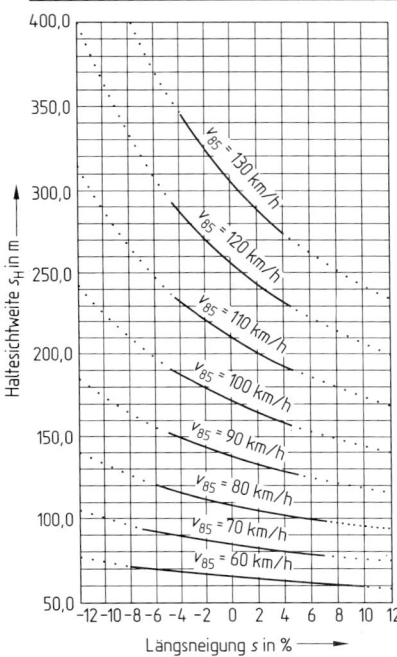

Bei Straßenkategorie C wird
$s_h = 40$ m bei $v_{85} = 50$ km/h,
$s_h = 25$ m bei $v_{85} = 40$ km/h.

Im Höhenplan besteht zwischen Kuppenhalbmesser und Haltesichtweite folgender Zusammenhang:

$$\min h_k = \frac{s_h^2}{2 \cdot (\sqrt{h_a} + \sqrt{h_z})^2}$$

$\min h_k$ Kuppenmindesthalbmesser in m
s_h erforderliche Haltesichtweite in m
h_a Höhe des Augpunktes in m
h_z Höhe des Zielpunktes in m

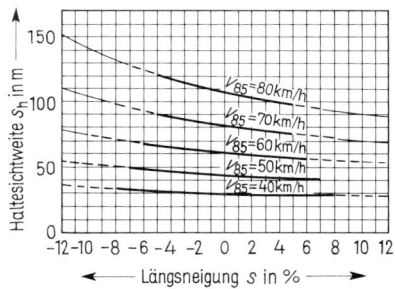

Bild 16   Erforderliche Haltesichtweite s_h bei Straßen der Kategoriengruppe A und B

Überholsichtweite $s_ü$. In Bild 17 ist das Modell der Überholsichtweite dargestellt. Mindestwerte sind Tafel 7 zu entnehmen. Für die Kategoriengruppen B und C besteht kein Anspruch auf ausreichende Überholsichtweiten. Die Eingangswerte für h_a und h_z entnimmt man Tafel 16. Bei zweistreifigen Straßen nimmt man Aug- und Zielpunkt in der Mitte des eigenen Fahrstreifens an. Zum Nachweis der Überholsichtweite legt man den Zielpunkt in die Mitte des Fahrstreifens für den Gegenverkehr.

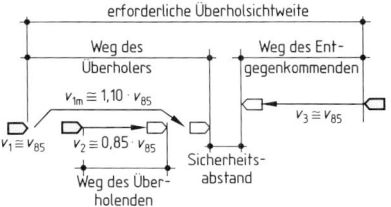

Bild 17   Modell der Überholsichtweite

Vorhandene Sichtweiten sind die von der Straßenanlage aufgrund der Linienführung, Querschnittsgestaltung und Straßenumgebung gebotenen Sichtweiten. Für ihre *Ermittlung* gelten folgende Regeln:

1. Sie muß unter Berücksichtigung des Straßenraums durchgeführt werden.

2. Sie ist für jede Sichtweitenart und Fahrtrichtung getrennt zu untersuchen.

3. Die Haltesichtweite muß an jeder Stelle der Strecke vorhanden sein.

4. Die Überholsichtweite soll in Kategoriengruppe A auf 20 bis 25% der Strecke vorhanden sein.

Tafel 16 Eingangsgrößen zur Sichtweitenermittlung

Sicht-weitenart	Augpunkt			Zielpunkt		
	Lage	Höhe h_a in m	Lage	Höhe h_z in m	bei v_{85} in km/h
Halte-sichtweite	in der Achse des eigenen Fahrstreifens	1,00	in der Achse des eigenen Fahrstreifens	0,00 0,05 0,15 0,25 0,35 0,40 0,45	≤ 60 ≤ 70 ≤ 80 ≤ 90 ≤ 100 ≤ 110 ≤ 120
Überhol-sichtweite	in der Achse des eigenen Fahrstreifens	1,00	in der Achse des Gegenfahrstreifens	1,00	

möglicher Verlauf des Sichtstrahls vom Aug- und Zielpunkt bei der Haltesichtweite

möglicher Verlauf des Sichtstrahls vom Aug- und Zielpunkt bei der Überholsichtweite

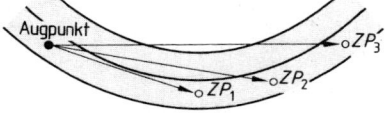
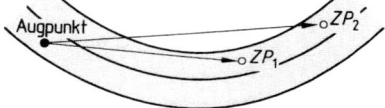

Bild 18 Verlauf der Sichtstrahlen auf einbahnigen Straßen

Die **Sichtweite in Linkskurven** bei Richtungsfahrbahnen kann durch Sichthindernisse (Bewuchs, Blendschutz) eingeschränkt sein. Dies ist für den Überholfahrstreifen von großer Bedeutung. Die geometrischen Verhältnisse zeigt Bild 19. Annahmen sind:
— der Augpunkt des Fahrers (B) befindet sich 1,80 m vom linken Fahrbahnrand entfernt,
— ein eventuelles Hinternis (C) befindet sich ebenfalls 1,80 m vom Fahrbahnrand entfernt.

Den erforderlichen Abstand a und die Haltesichtweite s_w entnimmt man Bild 20 und vergleicht ihn mit dem vorhandenen Abstand des Regelquerschnittes.

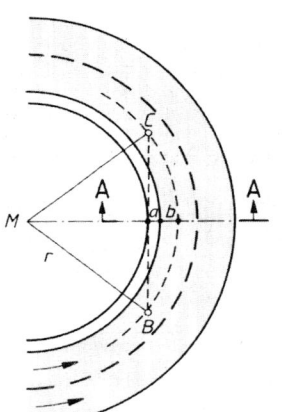

B: Augpunkt des Kraftfahrers
C: angenommenes Hindernis
r: Radius des Kreisbogens
b: Abstand des Augpunktes (B) bzw. des angenommenen Hindernisses (C) vom linken Rand des linken Fahrstreifens (Annahme: $b = 1,80$ m = konstant)
a: Abstand des Fahrstreifens zum Sichthindernis (incl. Randstreifen)

Schnitt A–A

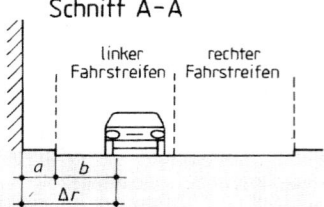

linker Fahrstreifen   rechter Fahrstreifen

Bild 19 Modell der Sichtweiten in Linkskurven von Richtungsfahrbahnen

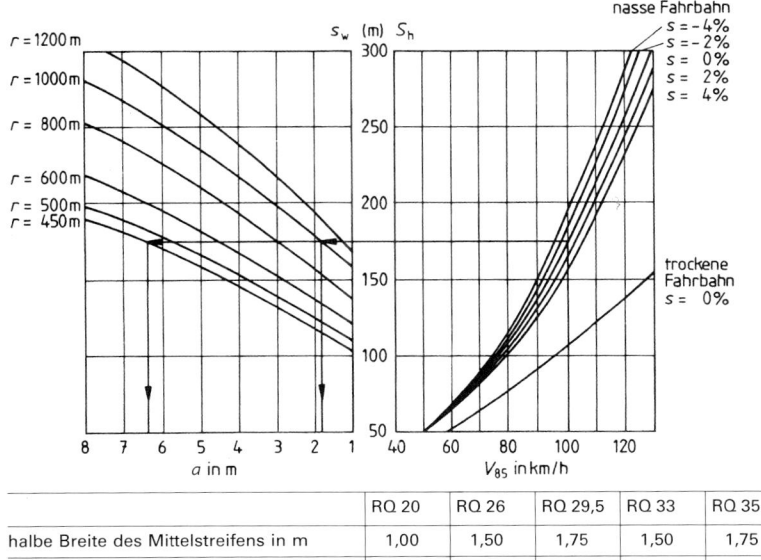

	RQ 20	RQ 26	RQ 29,5	RQ 33	RQ 35,5
halbe Breite des Mittelstreifens in m	1,00	1,50	1,75	1,50	1,75
halbe Breite des Sichthindernisses in m	−0,40	−0,40	−0,40	−0,40	−0,40
Breite des inneren Randstreifens in m	0,50	0,50	0,75	0,50	0,75
Abstand a zwischen Fahrstreifen und Sichthindernis in m	1,10	1,60	2,10	1,60	2,10

Bild 20 Haltesichtweite s_w und Abstand a zwischen linkem Fahrbahnrand der Richtungsfahrbahn bei Sichthindernis im Mittelstreifen

1.3 Knotenpunkte

Die Leistungsfähigkeit von Straßennetzen wird weitgehend durch Form und Leistungsfähigkeit der Knotenpunkte bestimmt. Die Verknüpfung zweier Straßen erfolgt entweder als *Einmündung* oder *Kreuzung*. Größtmögliche Sicherheit aller Verkehrsteilnehmer hat Vorrang. Sie sollen so gestaltet werden, daß alle Verkehrsbewegungen sicher ablaufen können, ausreichende Leistungsfähigkeit erzielt wird und bei ausreichender Verkehrsqualität der wirtschaftliche Aufwand vertretbar bleibt.

Knotenpunkte müssen als solche eindeutig *erkennbar, übersichtlich, begreifbar* und *befahrbar* sein. Fahrbahnflächen sind ausreichend zu entwässern. Die Fahrstreifen sind deutlich zu markieren und sollen ohne Einengung fortgeführt werden und die Orientierung erleichtern. Knoten sind dem Umfeld anzupassen. *Plangleiche Knoten* sind in zweistreifigen Straßen der Regelfall. Im Zuge von mehrstreifigen Straßen können sie nur angewendet werden, wenn sie mit Lichtsignalanlagen ausgestattet sind. *Planfreie Knoten* bieten mehr Sicherheit. Sie müssen bei vierstreifigen Straßen angeordnet werden, wenn die benachbarten Knoten ebenfalls planfrei sind und $v_k > 90$ km/h ist. Ausnahme nur bei weiten Abständen möglich. Die *maßgebende Knotenpunkts-Geschwindigkeit* ist

$$v_k = v_{85,\text{trocken}} = 77{,}1 + 2{,}74 \cdot 10^{-5} \cdot v_e^3 \quad (24)$$

oder (bei Verkehrsbeschränkungen) $v_k = $ zul v.

16

Grundformen sind Bild 21 zu entnehmen. I bis IV sind übliche, möglichst rechtwinklige Formen von Knoten mit steigendem Ausbaustandard, V bis VIII sind Sonderformen.

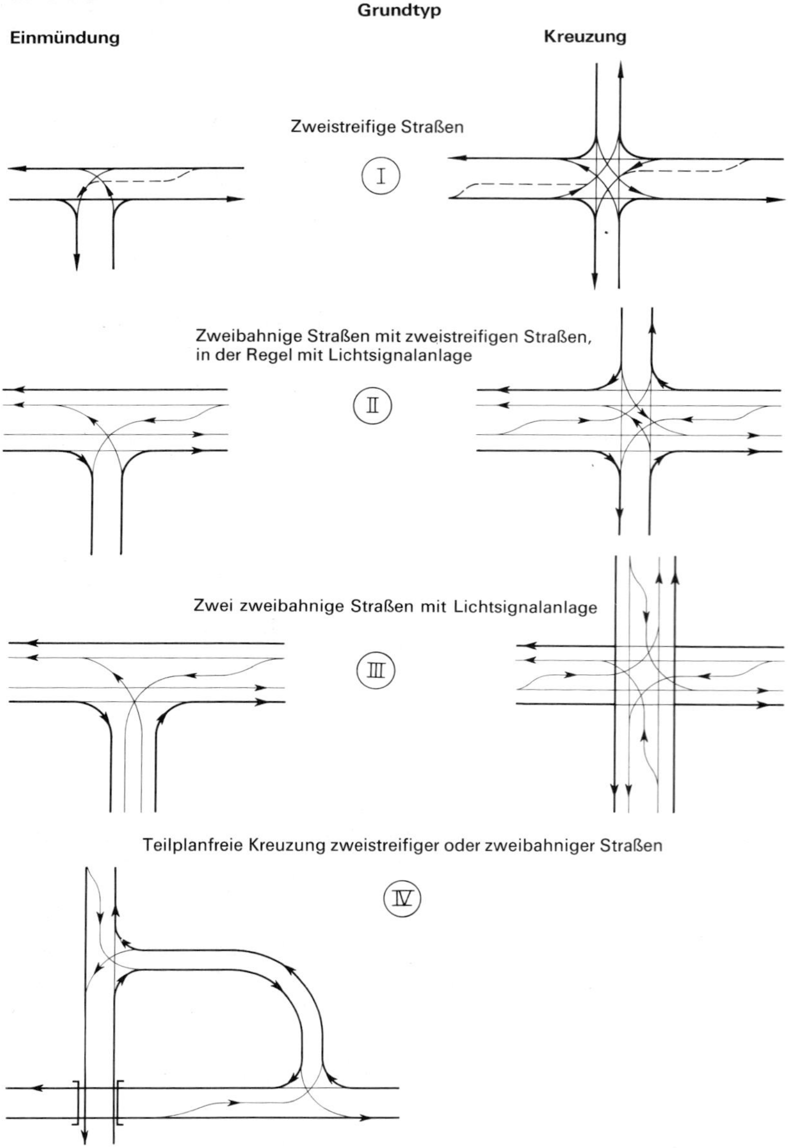

Grundtyp

Einmündung   **Kreuzung**

Zweistreifige Straßen

Ⅰ

Zweibahnige Straßen mit zweistreifigen Straßen,
in der Regel mit Lichtsignalanlage

Ⅱ

Zwei zweibahnige Straßen mit Lichtsignalanlage

Ⅲ

Teilplanfreie Kreuzung zweistreifiger oder zweibahniger Straßen

Ⅳ

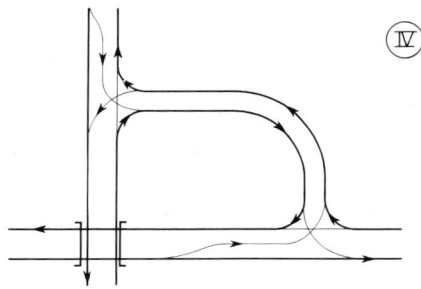

Bild 21   Grundformen von plangleichen Straßenknoten, s. auch nächste Seite

Bild 21, Fortsetzung   **Grundtyp**

Einmündung   **Kreuzung**

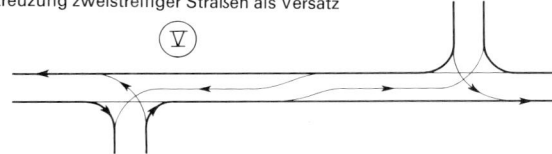

Kreuzung zweistreifiger Straßen als Versatz Ⅴ

Aufgeweitet mit mindestens einer zweibahnigen Straße

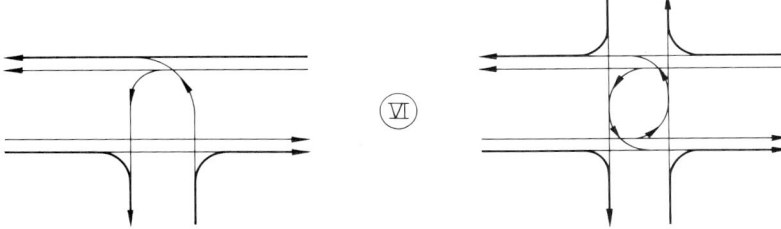

Ⅵ

Kreisverkehrsplatz an zweistreifigen oder zweibahnigen Straßen

Ⅶ

Kreuzungen und Einmündungen mit zusätzlichen Knotenpunktsarmen sind durch Umbau auf die Grundformen zurückzuführen.

Die Breite der Geradeausfahrstreifen ergibt sich nach RAS-Q, evtl. Aufweitungen nach RAS-L. Bei beengten Verhältnissen und $v_k \leq 50$ km/h ist eine Fahrstreifenbreite von 3,00 m zulässig. Zwischen Hochborden und Fahrbahnteilern sind bei $50 \leq v_k \leq 70$ km/h Breiten von 4,50 m, bei $v_k > 70$ km/h jedoch 5,50 m erforderlich.

Die *Leistungsfähigkeit* von Knotenpunkten wird durch die Anzahl der Fahrstreifen beeinflußt. Sie kann durch Lichtsignalregelung und Anlegen von Abbiegestreifen erhöht werden.

16

Kreisverkehrsplätze. Sie verbinden drei oder mehr Knotenpunktsarme mit einer ein- oder zweistreifigen Kreisfahrbahn. Der Kreisverkehr erhält die Vorfahrt. Sie dienen der Abgrenzung zwischen Strecken unterschiedlicher Charakteristik. Die optische Unterbrechung führt zu einer erwünschten Geschwindigkeitsdämpfung. Bei Kategoriengruppe A I dürfen Kreisplätze nicht angelegt werden.

Man unterscheidet: Minikreisel $(d_0 \leq 20{,}00 \text{ m})$
kleine Kreisverkehrsplätze $(d_0 = 26{,}00 \text{ m bis } 45{,}00 \text{ m})$
große Kreisverkehrsplätze $(d_0 > 45{,}00 \text{ m})$

d_0 Außendurchmesser der Kreisfahrbahn

Minikreisel werden bei beengten Verhältnissen innerorts eingesetzt.Sie erhalten einen Fahrstreifen, $b_{Kr} = 3{,}75 \text{ m}$. Die Insel wird als gepflasterte Kalotte mit $h = 0{,}20 \text{ m}$ ausgebildet und kann von Lkw oder Bussen überfahren werden. Dies ist für die Fahrgäste aber wenig komfortabel. Die Leistungsfähigkeit liegt ca. 15% niedriger als beim Kleinen Kreisverkehrsplatz.

Kleine Kreisverkehrsplätze sind plangleiche Knotenpunkte ohne Lichtsignalanlage. Sie erhalten eine einstreifige Fahrbahn, deren Breite der Tafel 17 entnommen werden kann und einstreifige Zu- und Ausfahrten. *Innerorts* soll der Außenkreisdurchmesser 26,00 m bis 35,00 m betragen. *Außerorts* sollen Durchmesser von 35,00 m bis 45,00 m gewählt werden.

Tafel 17 Fahrbahnbreiten der Kreisfahrbahn (mit Bewegungszuschlag)

Äußerer Kreisdurchmesser d_0 in m	26	28	30	32	35	40	45
Fahrbahnbreite b_{Kr} der Kreisfahrbahn in m	7,50	7,50	7,00	6,75	6,50	6,00	5,75

Die Fahrbahn wird außen mit einem Fahrstreifen mit der Breite b_F entsprechend der Breite der Zufahrt b_Z in Asphaltbauweise versehen. Der Rest der Fahrbahnbreite erhält eine Pflasterung, damit Lastzüge den Kreis befahren können, aber für Pkw ein „Schneiden" der Kreisfahrbahn verhindert wird. Die Innenseite der Fahrbahn wird mit einem Bordstein mit 0,03 m bis 0,04 m Höhe abgeschlossen.

Die *Querneigung* wird nach außen mit $q = -2{,}5\%$ (Pflaster $-3{,}5\%$) geneigt. Die Insel sollte wegen der besseren Erkennbarkeit erhaben ausgebildet und möglichst bepflanzt werden. Die Knotenpunktszufahrten werden radial auf den Kreismittelpunkt konstruiert. Sie erhalten Fahrbahnteiler bei mittlerer Verkehrsstärke des Rad- und Fußgängerverkehrs. Überquerungsstellen für Fußgänger sind im Abstand von 5,00 m von der Kreisfahrbahn über den Fahrbahnteiler anzulegen. Radverkehr wird auf der Kreisfahrbahn geführt.

Die *Fahrstreifenbreite* beträgt 3,00 m bis 3,50 m. Die Ausrundungen zu und von der Kreisfahrbahn werden meist als Schleppkurven ausgebildet.

Innerorts werden Kreisverkehrsplätze nachts beleuchtet. Auf eine gute Vorwegweisung ist zu achten. Nach der StVO hat der Kreisverkehr Vorfahrt.

Die *Leistungsfähigkeit* der einstreifigen Kreisverkehrsplätze außerorts mit einstreifigen Zufahrten berechnet man mit

$$q_Z = 1068{,}6 - 0{,}65 \cdot q_k \quad (25)$$

q_Z maximale Verkehrsstärke in der Zufahrt
q_k Verkehrsstärke auf der Kreisfahrbahn

Die Leistungsfähigkeit kleiner Kreisverkehrsplätze liegt zwischen 15000 und 25000 Kfz/24 h.

Wenn es erforderlich wird, werden für den Linienbusverkehr Haltestellen angeordnet. Liegt diese vor dem Kreis, ordnet man sie aus Sicherheitsgründen in der Zufahrt neben dem Fahrbahnteiler an. Bei Lage in der Ausfahrt ist eine besondere Haltebucht notwendig.

In der Regel werden kleine Kreisverkehrsplätze nicht signalgesteuert. Die Wartezeiten für einbiegenden Verkehr sollen 45 s nicht überschreiten. Ist dies der Fall, muß untersucht werden, ob ein „Bypass" Abhilfe schaffen kann.

Tafel 18 Entwurfselemente für kleine Kreisverkehrsplätze außerhalb bebauter Gebiete

	Mindestwerte	Regelwerte	Höchstwerte
d_0 in m innerhalb geschlossener Ortschaften	26	30	35
außerhalb geschlossener Ortschaften	35	40	45
an Ortseinfahrten	30	35	40
Fahrstreifenbreite b_Z in m in der Zufahrt		3,25 bis 3,50	
b_A in m in der Ausfahrt		3,50 bis 3,75	
Ausrundungsradius r_Z in m in der Zufahrt		12,00 bis 14,00	
r_A in m in der Ausfahrt		14,00 bis 16,00	
Breite des Fahrbahnteilers b_F in m — ohne Überquerung		>1,60	
Überquerung für Fußgänger/Radfahrer		≥2,00/2,50	
Querneigung der Kreisfahrbahn q in %		−2,5	
Schrägneigung p in % der Knotenpunktsfläche		≤6,0	
mittlerer Knotenpunktsabstand vom Kreisverkehrsplatz in m	1000	2000	2600
mittlere Reisegeschwindigkeit v_R in km/h	70	80	90

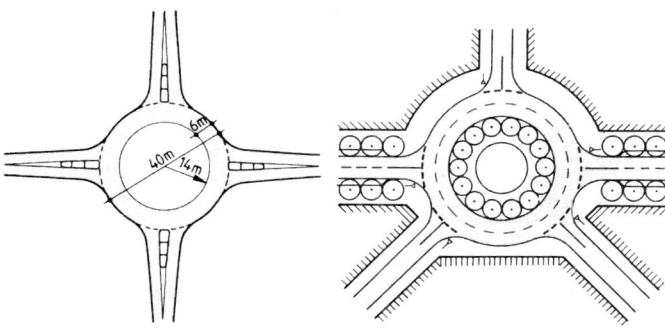

außerhalb bebauter Gebiete

im Zuge von Hauptverkehrsstraßen der Kategorien C und B (sinngemäß)

Kleine Kreisverkehrsplätze

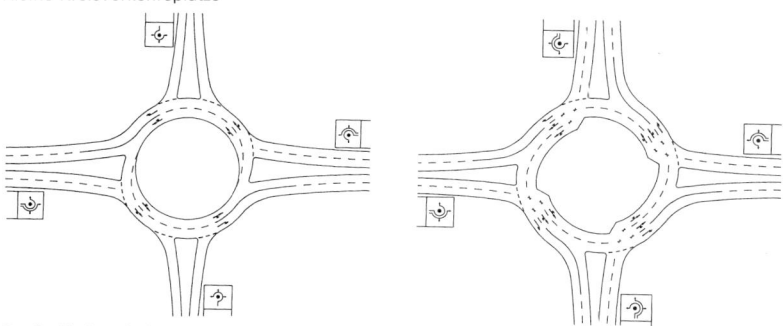

Große Kreisverkehrsplätze

Bild 22 Beispiele für Kreisverkehrsplätze

Steht wenig Platz zur Verfügung, sind „Minikreisverkehre" ausnahmsweise möglich. Der Durchmesser beträgt dann $d_0 = 20{,}00$ m. Die Insel wird erhaben als Kalotte ausgeführt mit einem Stich von $h = 0{,}30$ m und vollständig gepflastert, damit große Fahrzeuge mit den Hinterrädern die Insel überfahren können.

Als *Große Kreisverkehrsplätze* bezeichnet man solche, deren äußerer Durchmesser $d_0 > 45{,}00$ m beträgt. Sie sind oft Alternativen zu Kreuzungen mit Lichtsignalanlagen. Die Kreisfahrbahnen werden zweistreifig ohne Verflechtungsstrecke ausgebildet.

Die Kreisverkehrsinsel soll grundsätzlich kreisförmig, nicht oval angelegt werden. Eine Auffüllung und Bepflanzung muß die Erkennbarkeit unterstützen und zur Minderung der Geschwindigkeit beitragen. Der Abstand der Zufahrten soll min $l = 30{,}00$ m einhalten. Sie sollen radial auf die Kreisfahrbahn geführt werden. Die Eckausrundungen für die Einfahrt erfolgen wie bei kleinen Kreisverkehrsplätzen mit max $r = 13{,}00$ m, bei Ausfahrten mit $r \leq 25{,}00$ m. Fahrbahnteiler in den Zufahrten sind mit $b \geq 2{,}00$ m anzulegen, um Fuß- und Radverkehr Sicherheit zu gewähren.

Bei starkem Abbiegeverkehr sind Rechtsabbiegestreifen mit baulicher Trennung von der Kreisfahrbahn anzuordnen. Straßenbahnen sollen die Insel nicht überqueren. In Sonderfällen ist Lichtsignalregelung vorteilhaft.

Einsatzkriterien für große Kreisverkehrsplätze außerorts:

— Möglich an allen Knotenpunkten der Grundformen II bis V nach RAS — K 1
— Neubau von Knoten außerhalb bebauter Gebiete, wenn die verknüpften Straßen gleichrangige Funktion besitzen.
— Wirtschaftliche Alternative zum teilplanfreien oder plangleichen Kreuzung mit Signalregelung
— Verbesserung der Qualität des Verkehrsablaufes in den untergeordneten Fahrzeugströmen
— Wendemöglichkeit und Korrektur des Abbiegevorgangs, besonders bei zweibahnigen Straßen
— Orientierungspunkt (z. B. Ortseinfahrt) für Ortsfremde

Einsatzkriterien für große Kreisverkehrsplätze mit Lichtsignalanlage innerorts:

— Unter den vorgenannten Voraussetzungen als Alternative der Grundformen I bis III
— Keine plangleiche Führung der Rad- und Fußwege ohne Lichtsignalanlage

Einsatzkriterien für große Kreisverkehrsplätze mit Lichtsignalanlage außerorts:

— Bei Verbesserung der Leistungsfähigkeit eines Kreisverkehrsplatzes ohne Signalregelung
— Als Verbindungselement von Strecken unterschiedlicher Charakteristik
— Wenn im nicht signalisierten Kreisverkehrsplatz ein Hauptstrom unzumutbare Wartezeiten in Kauf nehmen muß
— Zur Verbesserung der Überquerbarkeit des Fuß- und Radverkehrs
— An Strecken mit koordinierten lichtsignalgesteuerten Knotenpunkten
— Beim Neubau als Alternative zum teilplanfreien oder plangleichen Knoten mit Lichtsignalanlage

Einsatzkriterien für große Kreisverkehrsplätze mit Lichtsignalanlage innerorts:

— Wenn die Bebauung eine Platzanlage ermöglicht, ohne Geh- und Aufenthaltsflächen übermäßig zu beschneiden
— als Pförtneranlage im Ortseinfahrt- oder Innenstadtbereich

Die *Leistungsfähigkeit* großer Kreisverkehrsplätze mit zwei Fahrstreifen und Lichtsignalanlage liegt zwischen 40 000 und 50 000 Kfz/24 h.

Abbiegestreifen

Linksabbieger. Sie werden außerhalb bebauter Gebiete aus Gründen der Verkehrssicherheit eingesetzt. Innerorts verbessern sie den Verkehrsablauf.

Linksabbiegestreifen werden Rechtsabbiegestreifen vorgezogen. Sie erhalten eine Breite von $\min b = 3{,}00$ m. Bei beengten Verhältnissen können Aufstellbereiche angeordnet werden mit $\min b_A = 4{,}75$ m.

Bei der Markierung zeichnet man den Linksabbiegepfeil neben dem Geradeauspfeil. Doppelte Linksabbiegestreifen bedingen Signalisierung des Knotens.

Die Konstruktion der Abbiegestreifen entnimmt man Bild 23. Man unterscheidet

Typ 1 Linksabbiegestreifen mit vollständiger Ausbildung der Konstruktionselemente,

Typ 2 Linksabbiegestreifen ohne Verzögerungsstrecke l_v, meist ohne Sperrfläche,

Typ 3 Aufstellbereich für Linksabbieger ohne Sperrfläche mit $4{,}75 \leq b_A < 5{,}50$ m,

Typ 4 Zusammenfassung von Geradeaus- und Abbiegeverkehr auf gemeinsamen Fahrstreifen.

Linksabbiegerstreifen mit Verzögerungsstrecke und Sperrfläche in der Einleitung

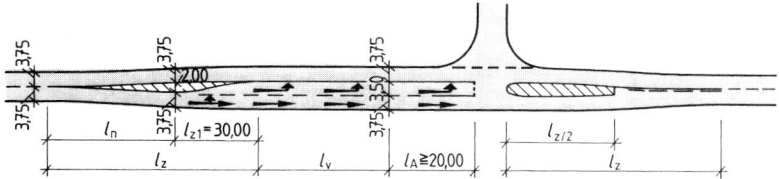

Linksabbiegerstreifen ohne Verzögerungsstrecke und Sperrfläche

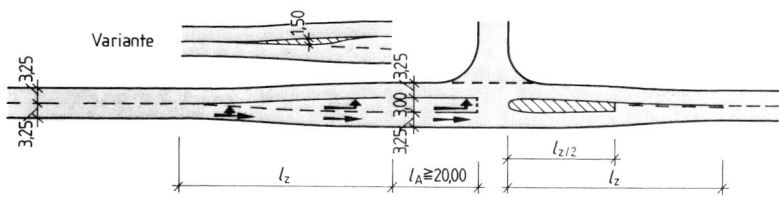

Aufstellbereich für Linksabbieger

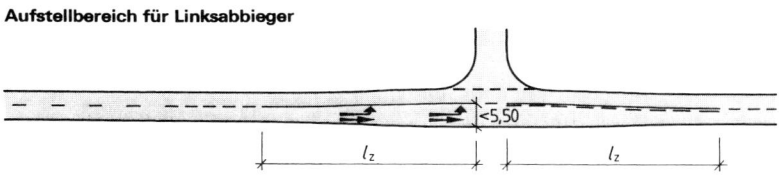

Bild 23   Konstruktion der Aufweitung für Linksabbieger

Einsatzkriterien für Linksabbiegestreifen

Knotenpunkt mit vier oder mehr Fahrstreifen:

— Signalregelung erforderlich.

Bei zweistreifigen Straßen:

— Der Knoten wird signalgeregelt,
— der Knoten liegt außerhalb bebauter Gebiete,
— hoher Anteil der Linksabbieger,
— hochrangige Netzfunktion der übergeordneten Straße,
— Erkennbarkeit wartender Linksabbieger ist schlecht,
— abbiegender öffentlicher Personennahverkehr.

Die Einsatzbereiche sind in Tafel 19 zusammengestellt.

Tafel 19 Typenwahl für Linksabbiegestreifen und Aufstellbereiche bei zweistreifigen Straßen

Straßenkategorie		*MSV* in Kfz/h in der Richtung, aus der abgebogen wird						
		= 100	>100	>200	>300	>400	>500	>600
A I	großräumige Verbindung	2	2,1	1	1	1	1	1
A II	regionale Verbindung	2	2	2,1	1	1	1	1
A III	zwischengemeindliche Verbindung	3,2	2	2	2,1	1	1	1
A IV	flächenerschließende Verbindung	3	3,2	2	2	2	2	2
A V	untergeordnete Verbindung	4,3	3	3,2	2	2	2	2
B II	Schnellverkehrsstraße	keine zweistreifigen Straßen						
B III	Hauptverkehrsstraße	3	3	3,2	2	2	2	2
B IV	Hauptsammelstraße	4	4,3	3	3,2	2	2	2
C III	Hauptverkehrsstraße	4	4	4,3	3,2	3	2	2
C IV	Hauptsammelstraße	4	4	4	4,3	3	3,2	2

Die Länge der *Verzögerungsstrecke* l_v ergibt sich aus der Geschwindigkeit v_k und der Längsneigung im Knotenbereich (Tafel 20).

Tafel 20 Länge der Verzögerungsstrecke l_v bei Linksabbiegestreifen außerhalb bebauter Gebiete

MSV in der Richtung aus der abgebogen wird in Kfz/h	Längsneigung *s* in %														
	< −4%					−4% ≤ *s* ≤ +4%					> +4%				
	v_k in km/h					v_k in km/h					v_k in km/h				
	60	70	80	90	100	60	70	80	90	100	60	70	80	90	100
≤ 400	10	20	35	50	65	10	15	20	30	40	5	10	15	20	30
>400	25	40	60	80	105	20	30	40	55	75	15	20	30	40	55

Die Länge der *Aufstellstrecke* l_A, gemessen von der Haltlinie, richtet sich nach dem erforderlichen Stauraum. Bei Knoten ohne Lichtsignalregelung reicht meist $l_A = 20,00$ m aus, soll aber min $l_A = 10,00$ m nicht unterschreiten.

Rechtsabbieger. Man unterscheidet drei Formen, die abhängig sind von fahrdynamischen oder fahrgeometrischen Bedingungen, den Belangen anderer Verkehrsteilnehmer, vorhandenen Lichtsignalanlagen oder Belangen des Umfeldes. Mögliche Ausbildungen (Bild 24) sind:

Ausfahrkeil am Knoten außerhalb bebauter Gebiete

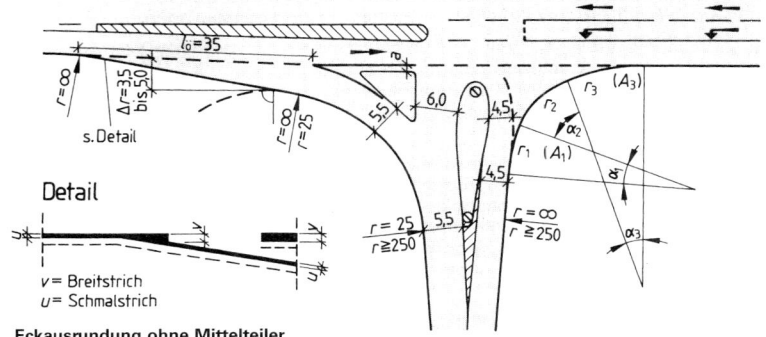

s. Detail

Detail

v = Breitstrich
u = Schmalstrich

Eckausrundung ohne Mittelteiler

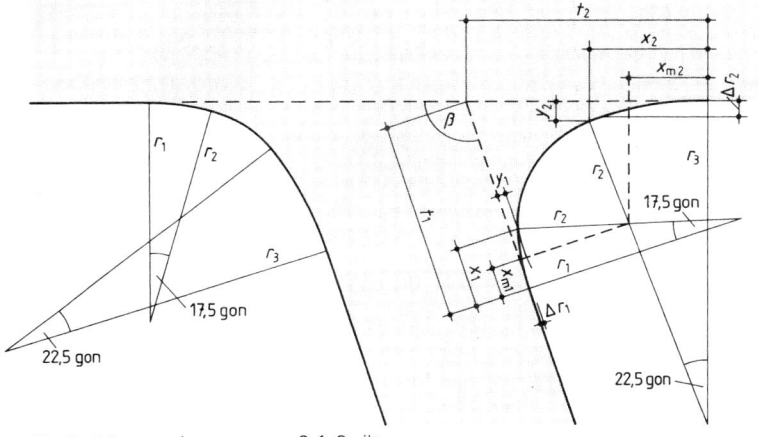

Für die Eckausrundung $r_1 : r_2 : r_3 = 2 : 1 : 3$ gilt

$$\Delta r_1 = 0{,}0375 \cdot r_2 \qquad \Delta r_2 = 0{,}1236 \cdot r_2$$
$$y_1 = 0{,}0750 \cdot r_2 \qquad y_2 = 0{,}1854 \cdot r_2$$
$$x_{m1} = 0{,}2714 \cdot r_2 \qquad x_{m2} = 0{,}6922 \cdot r_2$$
$$x_1 = 0{,}5428 \cdot r_2 \qquad x_2 = 1{,}0383 \cdot r_2$$

$$t_1 = r_2 \cdot \left(0{,}2714 + 1{,}0375 \cdot \tan\frac{\beta}{2} + \frac{0{,}0861}{\sin\beta} \right)$$
$$t_2 = r_2 \cdot \left(0{,}6922 + 1{,}1236 \cdot \tan\frac{\beta}{2} - \frac{0{,}0861}{\sin\beta} \right)$$

Konstruktion des Rechtsabbiegestreifens

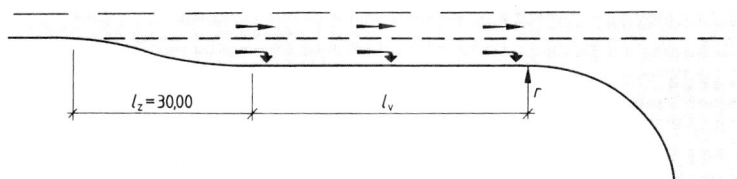

Bild 24   Konstruktion der Rechtsabbiegemöglichkeiten

— Ausfahrkeile mit einer Länge außerorts $l_{\ddot{o}} = 35{,}00$ m,
— Eckausrundung als dreiteiliger Korbbogen oder einfacher Kreis mit $r = 15{,}00$ m,
— Fahrstreifen für Rechtsabbieger an Knoten mit Lichtsignalanlagen.

Ein Rechtsabbiegestreifen kann den Verkehrsfluß an Lichtsignalanlagen erhöhen. Außerhalb bebauter Gebiete wird er durch eine Verziehung mit $l_z = 30{,}00$ m eingeleitet. Die Breite soll 3,00 m nicht unterschreiten. Ist auch ein Linksabbiegestreifen vorhanden, so sollen die Aufweitungen für beide Abbiegestreifen an derselben Stelle beginnen.

Einsatzkriterien für Rechtsabbiegestreifen. Aus fahrdynamischen Gründen wendet man an Knoten der Kategoriengruppen A I bis A III Ausfahrkeile oder eigene Abbiegestreifen an, die im Knotenpunkt durch Fahrbahnteiler und Dreiecksinseln eine besondere Führung erhalten. Bei Knoten niedrigerer Stufe reichen oft schon Eckausrundungen aus Korbbogen oder mit durchgehendem großen Radius aus. Innerhalb bebauter Gebiete ist die Anordnung oft von den örtlichen Platzverhältnissen abhängig.

Für *Rechtseinbieger* ist die Eckausrundung mit einfachem Kreisbogen oder mit Korbbogen ($r_2 = 10{,}00$ m) wegen der gewünschten Herabsetzung der Geschwindigkeit zweckmäßig, wenn der Fahrstreifen der Zu- und Ausfahrten zum Knoten min $b = 3{,}50$ m hat. An Knoten außerhalb bebauter Gebiete mit $v_k > 70$ km/h muß neben dem Fahrbahnteiler eine Fahrstreifenbreite von 4,50 m vorhanden sein.

Wender. Bei Straßen, deren Mittelstreifen nicht überfahren werden kann, sind Wendemöglichkeiten vorzusehen. Bedingungen dafür sind:

— vorhandene Linksabbiegestreifen genügender Größe,
— der Wendevorgang muß für alle Fahrzeugtypen ohne Rangieren möglich sein,
— gleichzeitig laufende Fußgängerströme dürfen nicht gekreuzt werden.

Wendefahrbahnen erhalten für Lastzüge einen Wendekreis von $d = 25{,}00$ m bei einer Fahrstreifenbreite von $b = 7{,}00$ m. Für Lkw genügt ein Wendekreis $d = 12{,}50$ m mit $b = 4{,}00$ m.

Inseln. Einsatz als Fahrbahnteiler oder Dreiecksinseln zum Führen der Fahrzeugströme, Aufstellen von Verkehrseinrichtungen, Schutz für Fußgänger, Verdeutlichen der Wartepflicht. Bordsteine im Übergangsbereich für Behinderte und Radfahrer sind abzusenken. Nur bepflanzen, wenn keine Sichtbehinderung eintritt.

Fahrbahnteiler in der übergeordneten Straße werden nur angeordnet, wenn der Knoten beleuchtet ist. Außerhalb bebauter Gebiete sollten Tropfen in untergeordneten Knotenpunktsarmen verwendet werden. Große Tropfen werden in der Regel nur zusammen mit Dreiecksinseln vorgesehen. Innerhalb bebauter Gebiete sind Fahrbahnteiler dann erforderlich, wenn ein Fußgängerüberweg vorhanden ist, der über mehr als zwei Fahrstreifen führt. Vor und hinter dem Überweg muß der Teiler mindestens 1,50 m länger sein. Die Wartefläche muß mindestens 2,50 m lang sein, um auch Radfahren und Kinderwagen Sicherheitsraum zu geben.

Dreiecksinseln sorgen für zügiges, evtl. signalunabhängiges Herausführen der Rechtsabbieger aus dem Geradeausverkehr. Außerhalb bebauter Gebiete wird die Insel 0,50 m vom Fahrbahnrand abgesetzt. In bebauten Gebieten ist auf Dreiecksinseln zu verzichten, um Flächen einzusparen.

Die Sichtweite am Knotenpunkt ist für die Verkehrssicherheit entscheidend.

Anfahrsicht. Erforderliche Sichtweite für ein 3,00 m vom Fahrbahnrand der übergeordneten Straße wartendes Fahrzeug, damit sichere Anfahrt aus dem Stand möglich ist (Bild 25). Die Schenkellage der Sichtdreiecke entnimmt man Tafel 21.

Annäherungssicht. Erforderliche Sichtweite aus 10,00 m Abstand vom Fahrbahnrand der übergeordneten Straße. Konstruktion der Sichtdreiecke nach Bild 25, Bemessung nach Tafel 21.

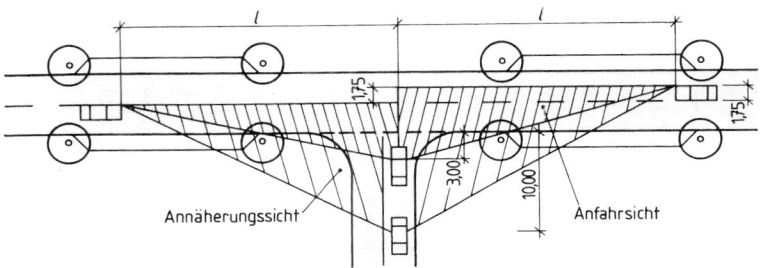

Bild 25 Anfahr- und Annäherungssicht

Tafel 21 Schenkellänge l in m für die Sichtfelder der übergeordneten Straße

Kategorien-gruppe	Geschwindigkeit v_{85} in km/h						
	100	90	80	70	60	50	40
A	200 (300)	170 (250)	135 (210)	110 (175)	85	70	
B				110	85	70	
C						70	50

Aus Sicherheitsgründen muß für einen Pkw-Fahrer, der an der Inselspitze oder auf der Einfädelspur einer Einfahrrampe hält, die Anfahrsicht auf der übergeordneten Straße vorhanden sein. Liegt die Einfahrt im Rechtsbogen, so soll das Stichmaß zwischen Hauptspurachse und Anfahrsichtweite vom Sichtpunkt aus nach Bild 26 ermittelt und das Sichtfeld von Einbauten und Bewuchs freigehalten werden.
Die Entwässerung im Knotenbereich muß sorgfältig untersucht werden. Um günstige Anfahrmöglichkeiten zu schaffen, soll die Gradiente der untergeordneten Straße nach Bild 28 angeschlossen werden.

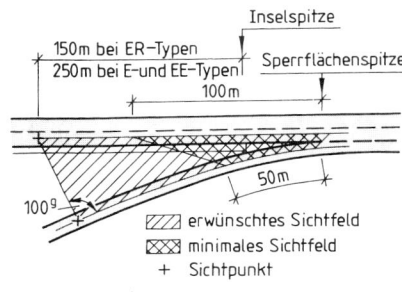

Bild 26 Erwünschtes und minimales Sichtfeld für die Annäherungssicht

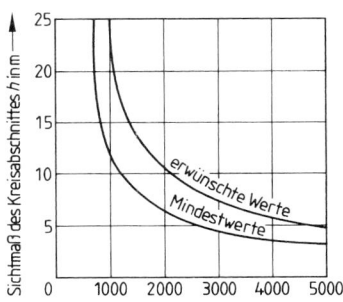

Bild 27 Notwendige Radien und Stichmaße der Kreisabschnitte zur Gewährleistung der Anfahrsicht im Rechtsbogen

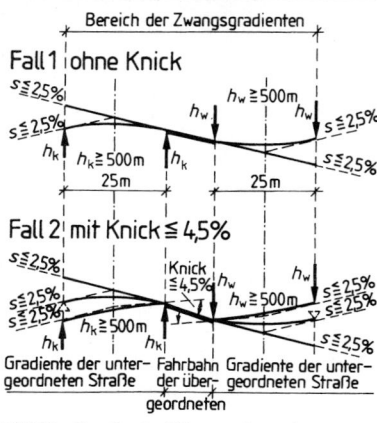

Fall 1 ohne Knick

$s \leq 2,5\%$

$s \leq 2,5\%$ $h_w \geq 500m$ $s \leq 2,5\%$

h_k $h_k \geq 500m$ h_k $s \leq 2,5\%$

25m 25m

Fall 2 mit Knick $\leq 4,5\%$

$s \leq 2,5\%$ Knick $\leq 4,5\%$ h_w h_w $s \leq 2,5\%$

$s \leq 2,5\%$ $h_w \geq 500m$ $s \leq 2,5\%$

$s \leq 2,5\%$

h_k $h_k \geq 500m$ h_k $s \leq 2,5\%$

Gradiente der unter- Fahrbahn Gradiente der untergeordneten Straße der über- geordneten Straße
geordneten

Bild 28 Gradientenführung der untergeordneten Straße

Tafel 22 Rampentypen (H. 589/90, BMV,
Forsch. Straßenbau . . .)

Rampentyp	Rampengruppe 1 planfrei — planfrei	
(Verkehrs-führung)	Linienführung	
	nicht angepaßt	angepaßt
direkt		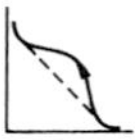
halbdirekt		
indirekt		
(direkt)	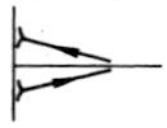	

Planfreie Knotenpunkte führen starke, sich kreuzende Verkehrsströme in zwei Ebe-
nen übereinander, um Kreuzungsvorgänge auszuschließen. Die Verknüpfung der
Straßen erfolgt über *Verbindungsrampen*. Es gelten folgende Grundsätze:
— Die durchgehenden Fahrbahnen sind netzgerecht festzulegen.
— Ein- und Ausfahrten der durchgehenden Strecke sind immer auf der rechten
  Seite anzulegen. In Verbindungsrampen sind linksliegende Spurenaddition/-
  subtraktion zugelassen
— Ausfahrten sollen vor Einfahrten liegen.
— Starken Abbiegeströmen günstige Rampenführung zuordnen.

Tafel 23 Querschnitte von Verbindungsrampen

Querschnitt Kurzbez.	Bezeichnung	Abmessungen in m	Einsatzgrenzen
Q1	einstreifiger Querschnitt mit überbreiter Fahrspur	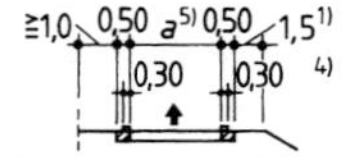 $\geq 1,0$ ⎳0,50 a[5]⎳0,50⎳1,5[1] ⎳0,30⎳ ⎳0,30⎳ [4]	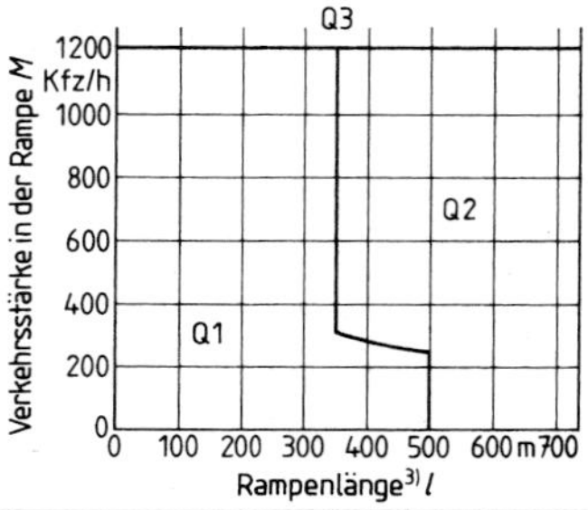
Q2	zweistreifiger Querschnitt	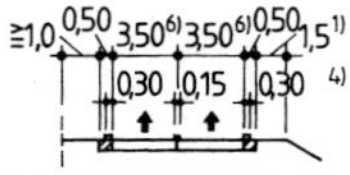 $\geq 1,0$ ⎳0,50 3,50[6]⎳3,50[6]⎳0,50⎳1,5[1] ⎳0,30⎳0,15⎳ ⎳0,30⎳ [4]	
Q3	zweistreifiger Querschnitt mit Standspur	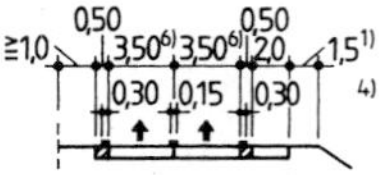 $\geq 1,0$ ⎳0,50 3,50[6]⎳3,50[6]⎳2,0⎳0,50⎳1,5[1] ⎳0,30⎳0,15⎳ ⎳0,30⎳ [4]	
Q4	zweistreifige Gegenverkehrs-fahrbahn	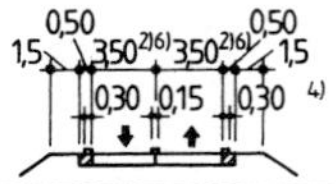 ⎳0,50 1,5⎳3,50[2][6]⎳3,50[2][6]⎳0,50⎳1,5 ⎳0,30⎳0,15⎳ ⎳0,30⎳ [4]	Länge des Gegenverkehrsbereiches ≥ 125 m

Diagramm: Verkehrsstärke in der Rampe M (Kfz/h) über Rampenlänge[3] *l*; Werte 0, 200, 400, 600, 800, 1000, 1200 Kfz/h; x-Achse 0, 100, 200, 300, 400, 500, 600 m 700; Bereiche Q1, Q2, Q3

[1] 1,00 m möglich in Einschnitten und auf Dämmen, die keine Schutzplanken erfordern
[2] bei $r \leq 130$ m ist nach Ziffern 5.2.3.4. der RAL-K-2 eine Fahrbahnverbreiterung erforderlich
[3] Definition s. Ziffer 5.2.3.1. der RAL-K-2   [4] Markierungsbreiten   [5] für Kat.Gr. AI, AII
$a = 4,50$ m; für AIII, BII $a = 4,00$ m   [6] für Kat. Gr. AIII, BII $a = 3,25$ m

1228

— Ausfahrende Verkehrsströme sollen durchgehende Fahrbahn gemeinsam verlassen.
— Einfahrten sollen für Verteilerfahrbahn und Tangentialrampe möglichst getrennt werden.
— Wegweisende Beschilderung ist schon bei der Planung zu berücksichtigen.

Rahmentypen und ihre Querschnitte zeigen die Tafeln 22 und 23, die Entwurfselemente die Tafel 24 (s. auch: Aktuelle Hinweise zur Gestaltung planfreier Knotenpunkte außerhalb bebauter Gebiete — AH-RAL-K-2, Entwurfshinweise für planfreie Knotenpunkte an Straßen der Kateg. Gruppe B — RAS-K-2-B).

Tafel 24   Entwurfselemente der Verbindungsrampen

Entwurfselement		Geschwindigkeit v in km/h					
		30	40	50	60	70	80
Kurvenmindestradius r in m		25	50	80	130	190	260
Höchstlängsneigung	Steigung s in %	6,0					
	Gefälle s in %	7,0					
Kuppenmindesthalbmesser h_k in m		500	1000	1500	2000	2800	4000
Wannenmindesthalbmesser h_w in m		250	500	750	1000	1400	2000
Mindestquerneigung q in %		2,5					
Höchstquerneigung in Kurven q_k in %		7,0 (8,0)					
Anrampungsmindestneigung Δs in %		$0,1 \cdot a$ a = Randabstand von der Drehachsen in m					
Mindesthaltesichtweite s_h in m bei v_{85}		25	30	40	60	85	115

Für die Annäherungssicht soll das Sichtfeld nach Bild 27 vorgesehen werden. Die Minimalwerte sollen nur verwendet werden, wenn sonst ein wirtschaftlich unvertretbarer Aufwand entsteht. Das auf der Hauptspur der bevorrechtigten Straße fahrende Fahrzeug soll möglichst aus senkrechter Blickrichtung zur Achse der Einfahrrampe vom Sichtpunkt aus gesehen werden können.

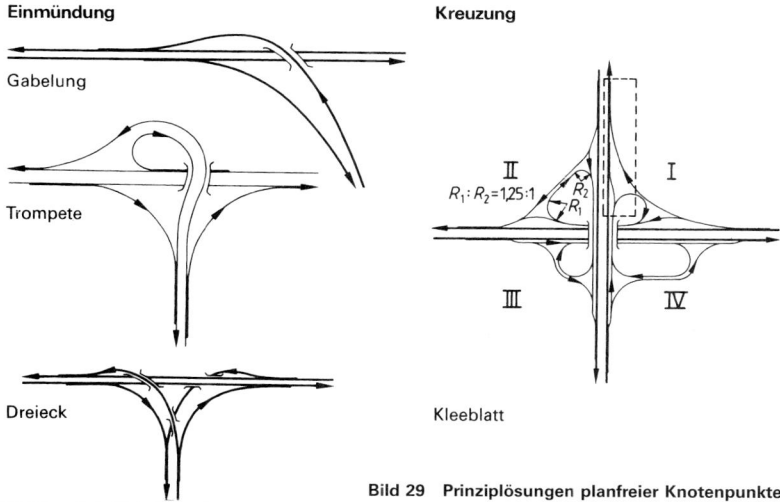

Einmündung

Gabelung

Trompete

Dreieck

Kreuzung

$R_1 : R_2 = 1,25 : 1$

Kleeblatt

Bild 29   Prinziplösungen planfreier Knotenpunkte

In Ostdeutschland sind auch die „Hinweise zur Anwendung der Richtlinien für die Anlage von Straßen (Teile RAS-N, L, Q, K) beim Um- und Ausbau von Straßen in den neuen Bundesländern, Ausgabe 1992" zu beachten. Bei der Gestaltung der Straßenverkehrsanlagen sind die Kriterien der Sicherheit, Umweltverträglichkeit, Wirtschaftlichkeit und Leistungsfähigkeit zugrunde zu legen.

Bei der Linienfindung im **Lageplan** sind daher nicht nur die Grenzwerte der Linienführung, sondern auch die Relationstrassierung wichtig (s. Bild 6). Liegt bei Überprüfung des Entwurfs der ermittelte Wert v_{85} mehr als 20 km/h höher als v_e, versucht man durch erhöhte Kurvigkeit die Werte einander anzunähern. Eine gleichmäßige Streckencharakteristik ist besser als eine großzügige. Die Stetigkeit kann erreicht werden, wenn man zu einer Kurve mit dem Mindestradius hin die Radiengrößen abfallen läßt. Ist die Stetigkeit nicht zu erreichen, müssen Beschilderungen, Markierungen, Leiteinrichtungen eingesetzt werden.

Bauliche Maßnahmen beeinflussen aber das Geschwindigkeitsverhalten deutlich besser. Um eine Kurve optisch deutlich zu machen, soll eine Richtungsänderung von mindestens 5 gon erfolgen. Die anschließenden Klothoiden sind dem Wert $A = r/3$ anzunähern.

Im **Höhenplan** sind Kuppen- und Wannenhalbmesser so zu wählen, daß eine ausgewogene räumliche Linienführung entsteht. Sie sollen außerdem günstige Sichtweiten, eine Schonung des Landschaftsbildes und durch Anpassen an das Gelände wirtschaftliche Baukosten ergeben. Eine Verringerung der Grenzwerte für Wannenhalbmesser nach Tafel 7 bzw. 8 ist vertretbar unter Berücksichtigung der Anhaltesichtweite auf nasser Fahrbahn, der Mindesttangentenlänge und der Überholsichtweite. Die Abweichungen sind in der nachstehenden Tabelle zusammengestellt.

Entwurfsgeschwindigkeit	40	50	60	70	80
Mindestwannenhalbmesser h_w bei $z = 0,5$ m/s^2	250	390	560	760	990

Im **Querschnitt** sollen aus Sicherheitsgründen die Abmessungen der RAS-Q eingehalten werden. Bei einer Verbesserung durch Deckenerneuerung ist die Relationstrassierung zu prüfen. Eine Verbreiterung der Fahrbahn unter Einschränkung des Banketts ist möglich, doch sollen 0,75 m Bankettbreite erhalten bleiben. Der Regelquerschnitt RQ 12,5 kann auf eine Fahrbahn-/Kronenbreite von 7,50 m/10,50 m als RQ 10,5 eingeschränkt werden. An bestehenden Alleen können Querschnittseinschränkungen zum Erhalt der Bäume hingenommen werden. Bei anbaufreien Straßen mit $v_e > 80$ km/h wird in der Regel ein Rad-/Gehweg erforderlich.

Der Umbau der **Knotenpunkte** beschränkt sich zunächst meist auf einfache, schnell wirksame Maßnahmen. Sie sollen einem späteren Um- und Ausbau nicht widersprechen.

Als Kriterien gelten:
1. Klare Verdeutlichung der Wartepflicht und Vorrangverhältnisse.
2. Ausreichende Sichtfelder freimachen.
3. Nur 2 Entscheidungsmöglichkeiten anbieten.
4. Kurze Überquerungswege für Radfahrer und Fußgänger schaffen.
5. Logisches Verzögerungsverhalten der Kraftfahrer provozieren.

1.4 Lärmschutz an Straßen

Verkehrsemissionen sind Geräusche, Abgase und Staub. Als Maß für die Belastung durch Verkehrsgeräusche gilt ein *Mittelungspegel* L_m in dB (A), ein nach DIN 45641 definierter zeitlicher Mittelwert des A-Schallpegels (s. Abschnitt „Bauphysik" — Schallpegelbewertung und RLS 90, Ziff. 2.0).

Immissionsgrenzwerte für Lärmvorsorge

Für Bauvorhaben an Straßen und Schienenwegen gelten die Immissionsgrenzwerte der Tafel 25 (Verkehrslärmschutzverordnung — 16. BImSchV vom 12. 6. 1990).

Tafel 25   Immissionsgrenzen in dB (A)

an Krankenhäusern, Schulen, Kur- und Altenheimen		in reinen und allgemeinen Wohn- und Kleinsiedlungsgebieten		in Kerngebieten, Dorf- und Mischgebieten		in Gewerbegebieten und Industriegebieten	
bei Tage	bei Nacht	bei Tage	bei Nacht	bei Tage	bei Nacht	bei Tage	bei Nacht
57	47	59	49	64	54	69	59

Die Schallemission einer Straße oder eines Fahrstreifens wird durch den Emissionspegel $L_{m,E}$ beschrieben. Mit dem *Beurteilungspegel* L_r kann er mit den Immissionsgrenzwerten verglichen werden. Der Beurteilungspegel wird für Tag und Nacht (6.00 Uhr bis 22.00 Uhr bzw. 22.00 Uhr bis 6.00 Uhr) getrennt berechnet. Zwischenwerte und Pegeldifferenzen sind auf 0,1 dB (A) aufzurunden. Treten mehrere Lärmquellen auf (Straße, Parkplatz, Spiegelschallquellen), sind die einzelnen Beurteilungspegel $L_{r,j}$ zu ermitteln und daraus der resultierende Beurteilungspegel nach Gl. (26) zu berechnen.

Lärmschutzmaßnahmen sind notwendig, wenn durch Änderung oder Neubau von Verkehrswegen der Beurteilungspegel um mindestens 3 dB (A) oder bei Tage auf 70 dB (A) oder bei Nacht auf 60 dB (A) erhöht wird.

$$L_r = 10 \cdot \lg \sum_j 10^{0,1 \cdot L_{r,j}} \quad \text{in dB (A)} \quad (26)$$

Der Beurteilungspegel einer Straße wird mit Gl. (27) bestimmt.

$$L_r = L_m + K \quad \text{in dB (A)} \quad (27a)$$

L_m Mittelungspegel nach Gl. (28)
K Zuschlag für Lichtsignalregelung nach Tafel 26

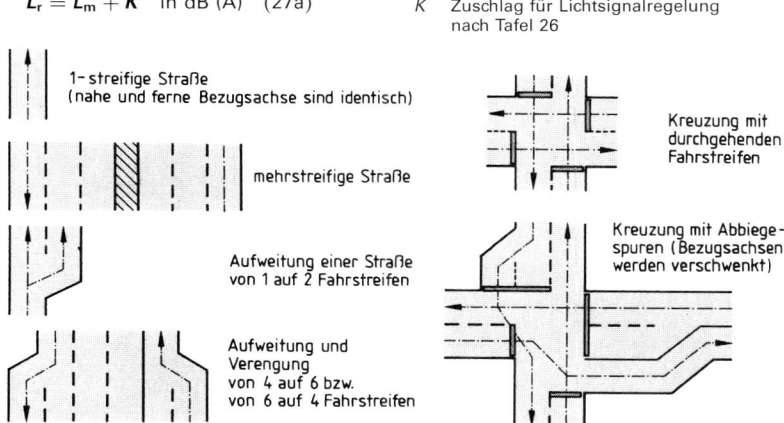

1-streifige Straße (nahe und ferne Bezugsachse sind identisch)

mehrstreifige Straße

Aufweitung einer Straße von 1 auf 2 Fahrstreifen

Aufweitung und Verengung von 4 auf 6 bzw. von 6 auf 4 Fahrstreifen

Kreuzung mit durchgehenden Fahrstreifen

Kreuzung mit Abbiegespuren (Bezugsachsen werden verschwenkt)

Bild 30   Fahrstreifenachsen für die Berechnung des Mittelungspegels

Tafel 26 Zuschlag K in dB (A) für erhöhte Störwirkung an signalgesteuerten Kreuzungen und Einmündungen

a in m	von 0 bis 40	über 40 bis 70	über 70 bis 100	> 100
K in dB (A)	+3,0	+2,0	+1,0	0

a ist der Abstand zwischen der zu schützenden baulichen Anlage und dem Schnittpunkt der Achsen der beiden zusammentreffenden Straßen, gemessen in Achsrichtung

Nach der 16. Verkehrslärmschutzverordnung – 16. BImSchV werden die Beurteilungspegel bei Tag oder Nacht mit Gln. (27b) und (27c) berechnet.

$$L_{r,T} = L_{m,T}^{(25)} + D_v + D_{StrO} + D_{Stg} + D_{s\perp} + D_{BM} + D_B - K \qquad (27b)$$

$$L_{r,N} = L_{m,N}^{(25)} + D_v + D_{StrO} + D_{Stg} + D_{s\perp} + D_{BM} + D_B + K \qquad (27c)$$

$L_{r,T}$; $L_{r,N}$ Beurteilungspegel bei Tag bzw. Nacht in dB (A)

$L_{m,T}^{(25)}$; $L_{m,N}^{(25)}$ Mittelungspegel bei Tag und Nacht in dB (A)

D_v Korrektur für unterschiedliche Höchstgeschwindigkeiten in dB (A)

D_{StrO} Korrektur für unterschiedliche Straßenoberflächen in dB (A)

D_{Stg} Korrektur für Längsneigung in dB (A)

$D_{s\perp}$ Korrektur für unterschiedliche Abstände von Mitte Fahrstreifen (Höhe 0,50 m) bis Immissionsort in dB (A) (0,20 m über Fensteroberkante)

D_{BM} Korrektur durch Boden- und Meteorologiedämpfung in dB (A)

D_B Pegeländerung durch topographische Gegebenheiten in dB (A)

K Zuschlag für Störwirkung an lichtzeichengeregelten Kreuzungen

Die Höhe der Schallquelle wird 0,50 m über den Mitten der äußeren Fahrstreifen angenommen. Für eine einbahnige, mehrstreifige Straße ergibt dies

$$L_m = 10 \cdot \lg \left(10^{0,1 \cdot L_{m,n}} + 10^{0,1 \cdot L_{m,f}} \right)$$
in dB (A) (28)

$L_{m,n}$ Mittelungspegel des nahen äußeren Fahrstreifens

$L_{m,f}$ Mittelungspegel des fernen äußeren Fahrstreifens

Die Berechnung des *Mittelungspegels* eines Fahrstreifens erfolgt entweder nach dem Verfahren des langen, geraden Fahrstreifens oder dem Teilstückverfahren. Er wird nach dem *Verfahren des langen, geraden Fahrstreifens* berechnet, wenn der Immissionspunkt

– nach beiden Seiten auf eine Länge l_z eingesehen werden kann,

– der Fahrstreifen nach Bild 31 im angegebenen Bereich liegt,

– die Schallausbreitung etwa konstant bleibt.

$$L_z = 48 \frac{s_\perp}{\sqrt{100 + s_\perp}} \quad \text{in m} \quad (29)$$

$s_\perp$ senkrechter Abstand des Immissionspunktes zur Straßenachse in m

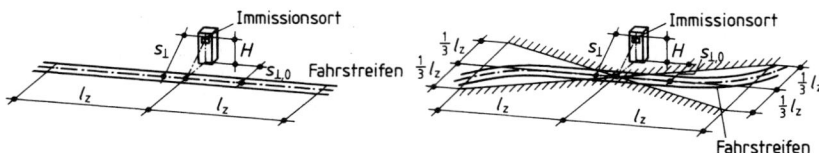

Bild 31 Definition des langen, geraden Fahrstreifens

Ist eine dieser Bedingungen nicht erfüllt, muß nach dem *Teilstückverfahren* vorgegangen werden. Hierbei wird die Strecke in etwa gleiche Teilabschnitte aufgeteilt, bei denen Emission und Schallausbreitung fast gleich sind. Die Teilabschnitte sollen eine Länge von $l_i = 0,50\ s_i$ in m erhalten. Dabei entspricht die Strecke s_i der Entfernung Emissionsort bis Immissionsort zur Mitte des Teilstücks.

Der Mittelungspegel eines langen, geraden Fahrstreifens ist

$$L_m = L_{m,E} + D_{s\perp} + D_{BM} + D_B \quad \text{in dB (A)} \quad (30) \qquad L_{m,E} \quad \text{Emissionspegel in dB (A)}$$

Den Emissionspegel berechnet man mit Gl. (31).

$$L_{m,E} = L_m^{(25)} + D_v + D_{StrO} + D_{Stg} + D_E \quad \text{in dB(A)} \quad (31)$$

$L_m^{(25)}$ Mitteilungspegel in dB (A) in 25 m Entfernung, Fahrbahn aus nicht geriffeltem Guß-asphalt, zul $v = 100$ km/h, $s \leq 5\,\%$, $h_m = 2,25$ m

h_m mittlere Höhe zwischen Gelände und Schallstrahl zwischen Emissions- und Immissions-ort in m

D_E Korrektur bei Spiegelschallquellen in dB (A)

Den Mittelungspegel $L_{m,T}^{(25)}$ bzw. $L_{m,N}^{(25)}$ für Tag oder Nacht berechnet man mit Gl. (32).

$$L_{m,T}^{(25)} = L_{m,N}^{(25)} = 37,3 + 10 \cdot \lg(M \cdot (1 + 0,082 \cdot p)) \quad \text{in dB (A)} \quad (32)$$

M maßgebende Verkehrsstärke in Kfz/h

p maßgebender Lkw-Anteil ($> 2,8$ t zul. Gesamtgewicht) in %

Die maßgebende stündliche Verkehrsstärke M und den maßgebenden Lkw-Anteil p entnimmt man Tafel 27.

Tafel 27 Maßgebende Verkehrsstärken M in Kfz/h und maßgebende Lkw-Anteile p (über 2,8 t zul. Gesamtgewicht) in %

Straßengattung	tags (6 – 22 Uhr)		nachts (22 – 6 Uhr)	
	M in Kfz/h	p in %	M in Kfz/h	p in %
Bundesautobahnen	0,06 · DTV	25	0,014 · DTV	45
Bundesstraßen	0,06 · DTV	20	0,011 · DTV	20
Landes-, Kreis- und Gemeindeverbindungsstraßen	0,06 · DTV	20	0,008 · DTV	10
Gemeindestraßen	0,06 · DTV	10	0,011 · DTV	3

Das Verkehrsaufkommen einer Straße wird den beiden äußeren Fahrstreifen je zur Hälfte zugeordnet. Die mittlere Höhe h_m ist bei ebenem Gelände

$$h_m = 0,50(h_{GE} + h_{GI}) \quad \text{in m} \quad (33a)$$

und bei Tallagen, Senken oder Bodenerhebungen

$$h_m = 0,25(h_{GE} + 2 \cdot h_T + h_{GI}) \quad \text{in m} \quad (33b)$$

h_{GE} Höhe des Emissionsortes (0,50 m über Mitte Fahrstreifen) in m

h_{GI} Höhe des Immissionsortes über Grund in m

h_T bei Tallagen: größte Höhe der Verbindungslinie vom Emissionsort zum Immissionsort über Grund; bei Bodenerhebungen: kleinste Höhe über Grund

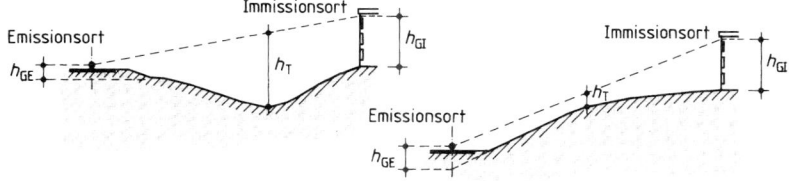

Bild 32 Bestimmung der mittleren Höhe h_m

Die Korrekturen für unterschiedliche Geschwindigkeiten berechnet man mit den Gln. (34) bis (36).

$$D_v = L_{Pkw} - 37,3 + 10 \cdot \lg\left(\frac{100 + (10^{0,1 \cdot D} - 1) \cdot p}{100 + 8,23 \cdot p}\right) \quad \text{in dB (A)} \quad (34)$$

$$L_{Pkw} = 27,7 + 10 \cdot \lg(1 + (0,02 \cdot v)^3) \quad (35a) \qquad L_{Lkw} = 23,1 + 12,5 \cdot \lg(v) \quad (35b)$$

$$D = L_{Lkw} - L_{Pkw} \quad \text{in dB (A)} \quad (36)$$

Die Pegeländerung für unterschiedliche Abstände $s_\perp$ beträgt für lange gerade Strecken

$$D_{s\perp} = 15,8 - 10 \cdot \lg(s_\perp) - 0,0142 \cdot (s_\perp)^{0,9} \quad \text{in dB (A)} \quad (37a)$$

$s_\perp$ Abstand zwischen Emissions- und Immissionsort in m

und für das Teilstückverfahren

$$D_s = 11,2 - 20 \cdot \lg(s) - \frac{s}{200} \quad \text{in dB (A)} \quad (37b)$$

s Abstand zwischen Emissions- und Immissionsort in m

Die Pegeländerung D_{BM} durch Boden- und Meteorologiedämpfung in Abhängigkeit von der mittleren Höhe h_m wird berechnet für „lange, gerade" Fahrstreifen mit Gl. (38a), beim Teilstück-Verfahren mit Gl. (38b).

$$D_{BM} = -4,8 \cdot 2,718^{-\left(\frac{h_m}{s_\perp} \cdot \left(8,5 + \frac{100}{s_\perp}\right)\right)^{1,3}} \quad \text{dB (A)} \quad (38a)$$

$$D_{BM} = \left(\frac{h_m}{s}\right) \cdot \left(34 + \frac{600}{s}\right) - 4,8 \leq 0 \quad \text{dB (A)} \quad (38b)$$

h_m mittlere Höhe zwischen Gelände und Schallstrahl zwischen Emissions- und Immissionsort in m

$s_\perp$ senkrechter Abstand des Immissionspunktes zur Straßenachse in m

s Abstand zwischen Emissions- und Immissionsort in m

Tafel 28 Korrektur D_{StrO} in dB (A) für unterschiedliche Straßenoberflächen

Straßenoberfläche	zul. Höchstgeschwindigkeit			
	30 km/h	40 km/h	$\geq$50 km/h	$\geq$60 km/h
nicht geriffelter Gußasphalt, Asphaltbeton, Splittmastixasphalt	0	0	0	
Beton, geriffelter Gußasphalt	1,0	1,5	2,0	
Pflaster mit ebener Oberfläche	2,0	2,5	3,0	
Pflaster mit unebener Oberfläche	3,0	4,5	6,0	
Beton nach ZTV Beton mit Stahlbesenstrich mit Längsglätter				1,0
Beton nach ZTV Beton ohne Stahlbesenstrich mit Längsglätter und Längstexturierung mit Jutetuch				$-2,0$
Asphaltbeton $\leq$0/11, Splittmastixasphalt 0/8 und 0/11 ohne Absplittung				$-2,0$
Offenporige Asphaltdeckschicht, Einbauhohlraum $\geq$15%			Kornaufbau0/11 0/8	$-4,0$ $-5,0$

Tafel 29 Korrektur D_{Stg} in dB (A) für Steigungen

Steigung s in %	>5,0	$\leq$5,0
D_{Stg} in dB (A)	$0,6 \cdot |s| - 3,0$	0,0

Die Beurteilungspegel der beiden äußeren Fahrstreifen sind nach Gl. (28) zusammenzufassen und auf ganze dB (A) aufzurunden.

Die Pegeländerung $D_{B\perp}$ durch topographische Gegebenheiten und bauliche Maßnahmen wird bei „langen, geraden" Fahrstreifen mit Gl. (39a) berechnet.

$$D_{B\perp} = D_{refl} - D_{z\perp} \quad \text{in dB (A)} \quad (39a)$$

Beim Teilstück-Verfahren gilt Gl. (39b).

$$D_B = D_{refl} - D_Z \quad \text{dB (A)} \quad (39b)$$

D_{refl} Pegelerhöhung durch Mehrfachreflexion zwischen parallelen Wänden in dB (A)

$D_{z\perp}$ Abschirmmaß in dB (A)

D_Z Abschirmmaß in dB (A) (nach Gl. (41b))

Tafel 30 Korrektur D_E zur Berücksichtigung der Absorptionseigenschaften reflektierender Flächen bei Spiegelschallquellen

Reflexionsart	D_E in dB (A)
glatte Gebäudefassaden, reflektierende Lärmschutzwände	$-1{,}0$
gegliederte Hausfassaden (Erker, Balkone)	$-2{,}0$
absorbierende Lärmschutzwände	$-4{,}0$
hochabsorbierende Lärmschutzwände	$-8{,}0$

Stehen in der Nähe der Fahrbahn Hauswände, Stützmauern o. ä., so wird daran der Schall reflektiert. *Reflexion* ist zu berücksichtigen, wenn die Höhe der reflektierenden Wand $h_R \leq 0{,}3 \cdot \sqrt{a_R}$ ist. Dabei ist a_R der Abstand zwischen Schallquelle und reflektierender Wand. Die Ermittlung der Reflexion erfolgt durch die Darstellung im Spiegelbild der Straße nach Bild 33. Die gespiegelten Schallquellen werden wie Originalschallquellen berechnet. Da aber Energieverluste durch die Reflexion auftreten, werden diese durch den Korrekturfaktor D_E nach Tafel 30 ausgeglichen. *Mehrfachreflexionen* werden durch den Faktor D_{refl} erfaßt.

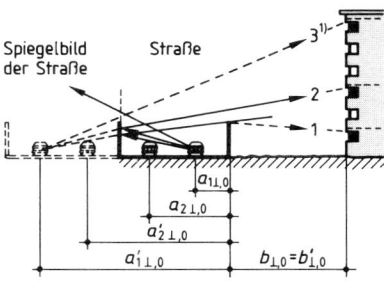

[1]) Schallstrahl unwirksam, da nicht reflektiert

Bild 33 Reflexion und Spiegelbild der Straße

Mehrfachreflexion tritt zwischen parallelen, reflektierenden Stützmauern, Lärmschutzwänden oder Hausfassaden auf. Ein Lückenanteil von $<30\%$ bleibt unberücksichtigt. Der Mittelungspegel erhöht sich um den Faktor

$$D_{refl} = 4 \cdot \frac{h_{Beb}}{w} \leq 3{,}2 \quad \text{in dB (A)} \quad (40)$$

h_{Beb} Mittlere Höhe der reflektierenden niedrigeren Fläche

w Abstand der reflektierenden Flächen

Bei absorbierenden Wänden wird D_{refl} nur mit dem halben Wert angesetzt. Bei hochabsorbierenden Wänden setzt man keine Mehrfachreflexion an.

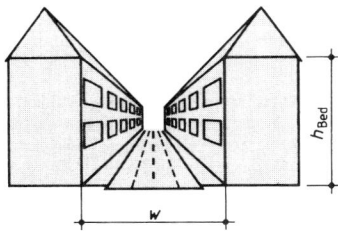

Bild 34 Mehrfachreflexion zwischen Wänden

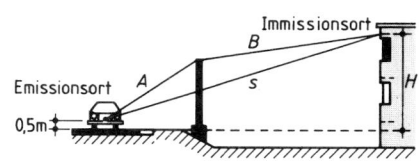

Bild 35 Schirmwert z_1 bei einer Beugungskante

Eine Abschirmung tritt auf, wenn zwischen dem Fahrstreifen und dem Immissionsort ein Hindernis liegt. Das Abschirmmaß eines Schirmes gleicher Höhe ist bei „langen, geraden" Fahrstreifen

$$D_{z\perp} = 7 \cdot \lg\left[5 + \left(\frac{70 + 0{,}25 \cdot s_\perp}{1 + 0{,}20 \cdot z_\perp}\right) \cdot z_\perp \cdot K_{w\perp}^2\right] \quad \text{in dB (A)} \quad (41a)$$

bei m Teilstück-Verfahren

$$D_z = 10 \cdot \lg (3 + 80 \cdot z \cdot K_w) \quad \text{in dB (A)} \quad (41b)$$

$s_\perp$ Abstand zwischen Emissions- und Immissionsort in m
$z_\perp$ Schirmwert in m
$K_{w\perp}$ Witterungskorrektur

Die Werte $z_\perp$ und $K_{w\perp}$ entsprechen sinngemäß den Werten des „langen, geraden" Fahrstreifens $z_\perp$ und $K_{w\perp}$

$$z_\perp = A_\perp + B_\perp - s_\perp \quad \text{in m} \quad (42)$$

$A_\perp$ Abstand vom Emissionsort bis zur ersten Beugungskante in m
$B_\perp$ Abstand der letzten Beugungskante bis zum Immissionsort in m

$$K_{w\perp} = \frac{1}{2,3}^{\left(-\frac{1}{2000} \cdot \sqrt{\frac{A_\perp \cdot B_\perp \cdot s_\perp}{2 \cdot z_\perp}}\right)} \quad (43)$$

Das *Abschirmmaß* nach Gln. (41a) bzw. (41b) wird eingehalten, wenn Fahrstreifen und Schirm über den zu schützenden Immissionsort um die Länge

$$d_{\ddot{u}} = \left(\frac{34 + 3 \cdot D_{z\perp}}{\sqrt{100 + s_\perp}}\right) \cdot B_\perp \quad \text{in m} \quad (44)$$

$D_{z\perp}$ Abschirmmaß in dB (A)
$B_\perp$ Abstand der letzten Beugungskante vom Immissionsort in m
$s_\perp$ Entfernung zwischen Emissions- und Immissionsort in m

hinausragen. Für mehrstreifige Straßen wird die *Überstandslänge* aus dem Mittelwert der Überstandslängen des näheren und ferner gelegenen Fahrstreifens gebildet.

Teilstück-Verfahren

Zunächst wird die Strecke in etwa gleiche Teilstücke $L_i \leq 0,5 \cdot s_\perp$ unterteilt, wobei $s_\perp$ der Abstand zwischen Emissions- und Immissionsort ist. Emissions- und Ausbreitungsbedingungen des Schalls sollen darin etwa gleich sein. Für jedes Teilstück werden die Mittelungspegel $L_{m,i}$ berechnet und energetisch zum Mittelungspegel zusammengefaßt.

$$L_m = 10 \cdot \lg \sum_i 10^{0,1 \cdot L_{m,i}} \quad \text{in dB (A)} \quad (45)$$

Der Mittelungspegel des Teilstücks ist dann

$$L_{m,i} = L_{m,E} + D_l + D_s + D_{BM} + D_B \quad \text{in dB (A)} \quad (46)$$

D_l Korrektur zur Berücksichtigung der Teilstücklängen; $D_l = 10 \cdot \lg (l)$ in dB (A)
D_s Pegeländerung zur Berücksichtigung des Abstandes und der Luftabsorption nach Gl. (37b)
D_{BM} Pegeländerung zur Berücksichtigung der Boden- und Meteorologiedämpfung nach Gl. (38b)
D_B Pegeländerung durch topographische und bauliche Gegebenheiten nach Gl. (39b)

Die Reflexionen werden wie bei langen, geraden Fahrstreifen bestimmt.

Parkplätze werden als Flächenschallquellen behandelt. Man berechnet die Emission wie eine Einzelschallquelle, wenn $l \leq 0,5 \, s$ ist, wobei l die größte Längsausdehnung des Parkplatzes, s die Entfernung von Parkplatzmitte bis Imissionsort bedeutet. Wird die Bedingung nicht erfüllt, muß die Parkfläche in Teilflächen zerlegt werden. Der Beurteilungspegel wird mit Gl. (47) bestimmt.

$$L_r = L_{m,E} + D_s + D_{BM} + D_B + 17 \quad \text{in dB (A)} \quad (47)$$

$L_{m,E}$ Mittelungspegel nach Gl. (48) in dB (A)
D_s Pegeländerung nach Gl. (37a) oder (37b) in dB (A)
D_{BM} Pegeländerung nach Gl. (38) in dB (A)
D_B Pegeländerung nach Gl. (39) in dB (A)

Der Emissionspegel $L_{m,E}$ wird mit Gl. (48) berechnet.

$$L_{m,E} = 37 + 10 \cdot \lg (N \cdot n) + D_p \quad \text{in dB (A)} \quad (48)$$

N Anzahl der Fahrzeugbewegungen je Stellplatz und Stunde nach Tafel 31
n Anzahl der Stellplätze
D_p Zuschlag nach Tafel 32 für unterschiedliche Parkplatztypen

Tafel 31 Anhaltswerte für Fahrzeugbewegungen N je Stellplatz/Stunde

Parkplatztyp		P + R-Plätze	Tank- und Rastanlagen
Fahrzeugbewegungen N je Stellplatz und Stunde	6.00 bis 22.00 Uhr	0,3	1,5
	22.00 bis 6.00 Uhr	0,06	0,8

Tafel 32 Zuschlag D_p für unterschiedliche Parkplatztypen

Parkplatz für	Pkw	Motorräder	Lkw und Busse
Zuschlag D_p in dB (A)	0	5	10

Beispiel

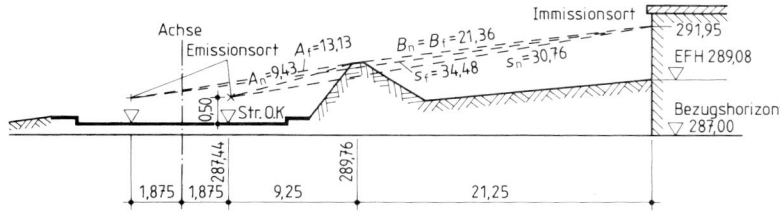

Berechnung für eine Gemeindestraße entlang allgemeinem Wohngebiet (WA), gerade Achse von 600 m Länge. Nächstgelegenes Wohnhaus in der Mitte dieser Strecke. Zulässige Geschwindigkeit $v_{zul} = 70$ km/h. Zwei Fahrstreifen, Fahrbahnbelag: Asphaltbeton, Längsneigung: 7,0 %, Abstand zur signalgeregelten Kreuzung: 30 m. Zulässige Immissions-Grenzwerte am Tag 59 dB (A), bei Nacht 49 dB (A) nach 16. BImSchV.

Verkehrsmengen: 2578 Kfz/24 h Personenverkehr = 1289 Kfz/24 h je Fahrstreifen
306 Kfz/24 h Güterverkehr = 153 Kfz/24 h je Fahrstreifen
$(\sim 10{,}6\%)$

DTV = 2884 Kfz/24 h = 1442 Kfz/h je Fahrstreifen

Die maßgebende Verkehrsmenge ist damit nach Tafel 27
bei Tag: $M_{T,li} = M_{T,re} = 0{,}06 \cdot 1442 = 86{,}5$ Kfz/h,
bei Nacht: $M_N = 0{,}011 \cdot 1442 = 15{,}9$ Kfz/h

und der Lastwagenanteil

bei Tag: $p_T = \dfrac{306}{2884} = 10{,}6\%$, bei Nacht: $p_N = 3\%$ nach Tafel 27

Die Mittelungspegel $L_{m,T}^{(25)}$ sind nach Gl. (32)
$L_{m,T} = 37{,}3 + 10 \cdot \lg(86{,}5 \cdot 1 + 0{,}082 \cdot 10{,}6) = 59{,}4$ dB(A), $L_{m,N} = 50{,}3$ dB(A)
Die Korrektur D_v zur Berücksichtigung der Geschwindigkeit erfolgt mit den Gln. (34) bis (36).
$L_{Pkw} = 27{,}7 + 10 \cdot \lg(1 + (0{,}02 \cdot 70)^3) = 33{,}4$ dB(A), $L_{Lkw} = 46{,}2$ dB(A)
$D = 46{,}2 - 33{,}4 = 12{,}8$ dB(A)
$D_{v,T} = 33{,}4 - 37{,}3 + 10 \cdot \lg\left(\dfrac{100 + (10^{1,28} - 1) \cdot 10{,}6}{100 + 8{,}23 \cdot 10{,}6}\right) = -2{,}0$ dB(A), $D_{v,N} = -3{,}0$ dB(A)
Nach Tafel 28 wird die Korrektur $D_{StrO} = 0$ dB(A),
nach Tafel 29 wird die Korrektur $D_{Stg} = 0{,}6 \cdot 7{,}0 - 3{,}0 = 1{,}2$ dB(A).
Da keine Spiegelschallquelle vorhanden ist, wird $D_E = 0$ dB(A).
Damit werden die Emissionspegel
$L_{m,E,T} = 59{,}4 - 2{,}0 + 0 + 1{,}2 + 0 = 58{,}6$ dB(A), $L_{m,E,N} = 48{,}5$ dB(A)
Nach Tafel 26 ist der Korrekturfaktor K für die signalgesteuerte Kreuzung $K = 3{,}0$ dB (A).
Die Abstände $s_\perp$ zwischen Emissions- und Immissionsort betragen nach der Zeichnung
$s_{\perp,o,n} = 21{,}25 + 9{,}25 = 30{,}50$ m, $s_{\perp,o,f} = 30{,}50 + 3{,}75 = 34{,}25$ m
Die Höhe des Immissionsortes über der Schallquelle beträgt
$H = 291{,}95 - 287{,}44 - 0{,}50 = 4{,}01$ m.

Be·spiel
Fo·ts.

Damit werden die Schrägentfernungen

$s_{\perp,n} = \sqrt{30,50^2 + 4,01^2} = 30,76$ m, $s_{\perp,f} = 34,48$ m

Prüfung für die Bedingung „langer, gerader Fahrstreifen" mit Gl. (28):

$L_{z,f} = 48 \cdot \dfrac{34,48}{\sqrt{100 + 34,48}} = 142,72$ m $< 300,00$ m

Die Pegeländerung $D_{s,\perp}$ infolge Abstand und Luftabsorption wird für den nahen und fernen Fahrstreifen mit Gl. (37a)

$D_{s,\perp,n} = 15,8 - 10 \cdot \lg(30,76) - 0,0142 \cdot (30,76)^{0,9} = 0,6$ dB(A), $D_{s,\perp,f} = 0,1$ dB(A)

Die Abstände für den Schallstrahl über die Beugungskante sind

$A_{\perp,o,n} = 9,25$ m, $A_{\perp,o,f} = 9,25 + 3,75 = 13,00$ m,

$A_{\perp,n} = \sqrt{9,25^2 + (289,76 - (287,44 + 0,50))^2} = 9,43$ m,

$A_{\perp,f} = \sqrt{13,00^2 + 1,82^2} = 13,13$ m,

$B_{\perp,n} = B_{\perp,f} = \sqrt{21,25^2 + (291,95 - 289,76)^2} = 21,36$ m

Der Schirmwert $z_\perp$ wird nach Gl. (42)

$z_{\perp,n} = 9,43 + 21,36 - 30,76 = 0,03$ m, $z_{\perp,f} = 13,13 + 21,36 - 34,48 = 0,01$ m

Mit Gl. (43) wird die Witterungskorrektur $K_{w,\perp}$

$K_{w,\perp,n} = \dfrac{1}{2,3}^{\left(-\frac{1}{2000} \cdot \sqrt{\frac{9,43 \cdot 21,36 \cdot 30,76}{2 \cdot 0,03}}\right)} = 1,14$ dB(A), $K_{w,\perp,f} = 1,28$ dB(A)

Das Abschirmmaß $D_{z,\perp}$ wird nach Gl. (41a)

$D_{z,\perp,n} = 7 \cdot \lg\left(5 + \dfrac{70 + 0,25 \cdot 30,76}{1 + 0,2 \cdot 0,03} \cdot 0,03 \cdot 1,14^2\right) = 6,3$ dB(A), $D_{z,\perp,f} = 6,6$ dB(A)

Der Einfluß topographischer und baulicher Gegebenheiten $D_{B\perp}$ beträgt nach Gl. (39a)

$D_{B,\perp,n} = 0 - 6,3 = -6,3$ dB(A), $D_{B,\perp,f} = -6,6$ dB(A)

$D_{refl} = 0$ dB (A), da keine Reflexion vorhanden

Die Überstandslänge $d_\ddot{u}$ muß über das zu schützende Objekt nach Gl. (44) hinausragen.

$d_{\ddot{u},n} = \left(\dfrac{34 + 3 \cdot 6,3}{\sqrt{100 + 30,76}}\right) \cdot 21,36 = 98,81 \sim 100,00$ m, $d_{\ddot{u},f} = 99,10 \sim 100,00$ m

Die Mittelungspegel L_m der Fahrstreifen sind nach Gl. (30)

$L_{m,T,n} = 59,4 + 0,6 - 6,3 = 53,7$ dB(A), $L_{m,N,n} = 44,3$ dB (A)

$L_{m,T,f} = 59,4 + 0,1 - 6,6 = 52,9$ dB(A), $L_{m,N,f} = 43,8$ dB (A)

D_{BM} wird in Einschnittslage nicht berücksichtigt.

Zusammengefaßt mit Gl. (28) ergibt sich das Mittelungspegel

$L_{m,T} = 10 \cdot \lg(10^{0,1 \cdot 53,7} + 10^{0,1 \cdot 52,9}) = 56,3$ dB(A), $L_{m,N} = 47,1$ dB (A)

Die Beurteilungspegel werden nach Gln. (27b) und (27c)

$L_{r,T} = 56,3 + 3,0 = 59,3$ dB(A) $> 59,0$ dB(A)

$L_{r,N} = 47,1 + 3,0 = 50,1$ dB(A) $> 49,0$ dB(A)

Der vorhandene Lärmschutzwall muß erhöht werden.

1.5 Straßenbautechnik

Die einzelnen Schichten eines Straßenaufbaus und einige dafür zu beachtende Vorschriften sind in Tafel 33 zusammengestellt.

Die ZTV Asphalt behandeln bituminöse Fahrbahndecken, Tragdeckschichten und Oberflächenschutzschichten, die RStO geben Richtlinien für die Standardisierung des Oberbaus. Die ZTVE faßt die Erdbauvorschriften zusammen.

Tafel 33   Nomenklatur der Straßenbefestigung und wichtige technische Vorschriften

Vorschrift			Bezeichnung		
ZTV Beton			Fahrbahndecke		
			Vollgebundener Oberbau[1])		
ZTV Asphalt		RStO	Deckschicht	Decke	Oberbau
			Vollgebundener Oberbau[2])		
			Binderschicht		
ZTVT	ZTVT		3. Tragschicht		
	TVV		2. Tragschicht		
	ZTVT		1. Tragschicht		
	TVV		Unterbauverbesserung		Unterbau
			Untergrundverbesserung		Untergrund

[1]) Betondecke und Tragschicht mit hydraulischem Bindemittel direkt auf dem Planum
[2]) Asphaltdecke und Asphalttragschicht direkt auf dem Planum

1.5.1   Richtlinie für die Standardisierung des Oberbaus von Verkehrsflächen — RStO 2001

Es wird ein einheitlicher Befestigungsstandard aller Verkehrsflächen im öffentlichen Straßennetz angestrebt. Dies soll erreicht werden durch die Anwendung technisch geeigneter und wirtschaftlicher Bauweisen. Berücksichtigt wird

— die Funktion der Verkehrsfläche,
— die Verkehrsbelastung,
— die Lage im Gelände,
— die Bodenverhältnisse,
— die Bauweise und der Zustand zu erneuernder Verkehrsflächen,
— die Lage zur Umgebung.

Die RstO umfassen den Neubau und die Erneuerung von Straßenverkehrsflächen. In Erschließungsgebieten finden sie auch auf den stufenweisen Aufbau Anwendung. Sie setzen eine funktionsfähige Entwässerung voraus.

Die *Dicke des Straßenaufbaus* soll gewährleisten:

— ein ausreichendes Tragverhalten,
— eine ausreichende Frostsicherheit.

Die Gleichwertigkeit verschiedener Straßenkonstruktionen (bituminöse Decke, Betondecke, Pflasterdecke) wird angestrebt. Fahrbahnen und sonstige Verkehrsflächen (außer Rad- und Gehwege) werden entsprechend ihrer Beanspruchung in *Bauklassen* eingeteilt. Für *ländliche Wege* gelten die RLW 1999 und die ZTV Lw 1999.

Die Zuordnung zu den Bauklassen erfolgt nach der *bemessungsrelevanten Beanspruchung B*, die Tafel 34 entnommen wird.

Die Nutzungsdauer wird in der Regel mit 30 Jahren angesetzt.

Tafel 34   Zuordnung der Bauklasse zur bemessungsrelevanten Beanspruchung *B* in Millionen Achsübergänge/Nutzungsdauer

Bemessungsrelevante Beanspruchung *B* in äquivalenten 10 t-Achsübergänge/Nutzungsdauer	>32	>10 bis 32	>3 bis 10	$>0,8$ bis 3	$>0,3$ bis 0,8	$>0,1$ bis 0,3	bis 0,1
Bauklasse	SV	I	II	III	IV	V	VI

16

Wenn im angebauten Bereich keine bemessungsrelevanten Beanspruchungen B vorliegen, erfolgt die Zuordnung entsprechend der Funktion nach Tabelle 6.8. Für Busverkehrsflächen gilt Tabelle 6.9, während bei Parkflächen die Tabelle 6.10 angewendet wird. Für Verkehrsflächen in Nebenanlagen oder Nebenbetrieben wird Tabelle 6.11 angewendet.

Tafel 35   Zuordnung der Bauklasse nach Straßenart oder Funktion

Straßentyp		Bauklasse
Schnellverkehrsstraße, Industriesammelstraße		SV, I, II
Hauptverkehrsstraße, Industriestraße, Straße im Gewerbegebiet		II, III
Wohnsammelstraße, Fußgängerzone mit Ladeverkehr		III, IV
Anliegerstraße, befahrbarer Wohnweg, Fußgängerzone		V, VI

Busverkehrsflächen		
	Beanspruchte Verkehrsfläche	Bauklasse
Mitbenutzter Fahrstreifen	Fahrstreifen	[1])
Bushaltestelle im Fahrstreifen oder Busfahrstreifen	Fahrstreifen	III[2])[3])
Busfahrstreifen	Busfahrstreifen	III[2])
Busbuchten	Busbucht	III[2])[3])[4])
Busbahnhöfe	Fahrgasse,	III[2])
	Haltestreifen	III
Busparkplätze	Fahrgasse,	III[2])
	Parkstand	III

Parkflächen			
Nutzungsart		Verkehrsart	Bauklasse
		Schwerverkehr	III, IV[1])
ständig benutzt für		Pkw-Verkehr, geringer Schwerverkehrsanteil	V
		Pkw-Verkehr	VI
		Schwerverkehr	IV, V
gelegentlich genutzt für		Pkw-Verkehr, geringer Schwerverkehrsanteil	V, VI
		Pkw-Verkehr	[5])

Neben- und Rastanlagen			
		Schwerverkehr	III[1])
Verkehrsart		Pkw-Verkehr, geringer Schwerverkehrsanteil	IV, V
		Pkw-Verkehr[6])	VI

[1]) Prüfen, ob besondere Beanspruchungen vorliegen
[2]) Bei Belastung > 150 Busse/Tag höhere Bauklasse wählen
[3]) Evtl. gleiche Bauklasse wie angrenzende Fahrbahn zweckmäßig
[4]) Bei Belastung < 15 Busse/Tag kann niedere Bauklasse gewählt werden
[5]) nach Erfordernissen
[6]) Gelegentlich Befahren durch Fahrzeuge des Unterhaltungsdienstes

Ein- und Ausfädelungsstreifen sowie *Standstreifen* werden wie die benachbarten Fahrstreifen ausgebildet.

Fahrstreifen in *Knotenpunkten und Anschlußstellen* werden nach Bauklasse III bemessen, wenn keine höhere bemessungsrelevante Beanspruchung nachgewiesen wird.

Besondere Beanspruchungen durch Schwerverkehr treten auf bei

— spurfahrendem Verkehr und enger Kurvenfahrt,
— langsam fahrendem Verkehr,
— häufigen Brems- und Beschleunigungsvorgängen,
— Kreuzungen und Einmündungen,
— Verkehrsstau und „stop and go Verkehr".

Wird auf Böden der Frostempfindlichkeitsklasse F1 ein E_{v2}-Wert von $E_{v2} = 45$ MN/m^2 erreicht, kann der Oberbau mit Schotter- oder Kiestragschicht unter einer Asphalttragschicht bei Asphaltdecken bzw. die Schottertragschicht unter einer Beton-

decke ohne Zwischenlage von frostsicherem Material direkt auf den F1-Boden aufgelegt werden. Bei einem $E_{v2} = 120\,\text{MN/m}^2$ ($100\,\text{MN/m}^2$ bei Bauklasse V oder VI)
kann der Oberbau ebenfalls der Tafel 39 bis 41 entsprechend den dortigen Anga-
ben ohne Frostschutzschicht auf dem F1-Boden aufgebracht werden. Das Gleiche
gilt bei einer Verfestigung des F1-Bodens.

Die *Dicke* des *frostsicheren Oberbaus* soll schädliche Verformungen des Unterbaus
und Untergrundes während der Frost- und Tauperioden verhindern. Sie hängt ab
von der
— Frostempfindlichkeit des Untergrundes,
— Frosteinwirkung,
— Lage der Gradiente und Trasse,
— Lage des Grundwasserspiegels und sonstigen Wasserverhältnisse,
— Art der Randbereiche neben der Fahrbahn,
— Nutzungsdauer des Straßenoberbaus.

Mindestdicke. Ausgangswerte für die Mindestdicke des frostsicheren Oberbaus
sind die Werte der Tafel 36 in Abhängigkeit von der *Frostempfindlichkeitsklasse*
nach ZTVE-StB. Liegt ein Boden der Frostempfindlichkeitsklasse F1 vor, der auf Boden der Klasse F2 oder F3 aufliegt, kann die Frostschutzschicht entfallen, wenn der
Boden der Klasse F1 die
— Anforderungen an Frostschutzschichten hinsichtlich Verdichtungsgrad und Verformungsmodul erfüllt oder nach ZTVT-StB verfestigt wird,
— Mindestdicke aufweist, die für eine Frostschutzschicht auf F2- oder F3-Böden erforderlich ist.

Tafel 36   Ausgangswerte für die Bestimmung der Mindestdicke frostsicheren Oberbaus d

Frostempfindlichkeitsklasse nach ZTVE-StB	Dicke d in cm bei Bauklasse		
	SV/I/II	III/IV	V/VI
F2	55	50	40
F3	65	60	50

Entsprechend den örtlichen Verhältnissen sind Mehr- oder Minderdicken anzusetzen.
Die Mehr oder Minderdicken erhält man mit Gl. (49) und den Werten der Tafel 37.

$$\Delta d = A + B + C + D \quad \text{in cm} \quad (49) \qquad A,\ B;\ C;\ D \quad \text{Einflußfaktoren nach Tafel 37}$$

Tafel 37   Mehr- oder Minderdicke des frostsicheren Aufbaus

Örtliche Verhältnisse[1]		Faktor in cm			
		A	B	C	D
Frosteinwirkung	Zone I	± 0			
	Zone II	$+5$			
	Zone III	$+15$			
Lage der Gradiente	Einschnitt, Anschnitt, Damm $\leq 2{,}00$ m		± 0		
	Damm $> 2{,}00$ m		-10		
Wasserver-hältnisse	Günstig			± 0	
	Ungünstig gem. ZTVE-StB			$+5$	
Ausführung der Randbereiche	Außerhalb geschlossener Ortslage, in geschlossener Ortslage mit wasser-durchlässigen Randbereichen				± 0
	In geschlossener Ortslage mit teilweise wasserdurchlässigen Randbereichen und mit Entwässerungseinrichtungen				-5
	In geschlossener Ortslage mit wasser-undurchlässigen Randbereichen, ge-schlossener seitlicher Bebauung und Entwässerungseinrichtungen				-10

[1] Für besonders ungünstige Einflüsse auf die Frostsicherheit (Trasse am Nordhang, Schatten-
lage) kann eine Mehrdicke von 0,05 m vorgesehen werden

Zone I
Zone II
Zone III

Bild 36 Frosteinwirkungszonen

Tafel 38 Anhaltswerte für die Dicke der Tragschicht ohne Bindemittel, abhängig vom E_{v2}-Wert auf dem Planum (Schichtdicke in cm)

Zu bauende Tragschicht ohne Bindemittel		E_{v2} auf Planum				E_{v2} auf Frostschutzschicht			
		Unterlage							
		≥ 45 MN/m²		≥ 80 MN/m²		≥ 100 MN/m²		≥ 120 MN/m²	
		Schotter-Splitt-Sand-Gemisch	Kies-Sand-Gemisch	Schotter-Splitt-Sand-Gemisch	Kies-Sand-Gemisch	Schotter-Splitt-Sand-Gemisch	Kies-Sand-Gemisch	Schotter-Splitt-Sand-Gemisch	Kies-Sand-Gemisch
E_{v2} auf Frostschutzschicht	≥ 100 MN/m²	20	25	15	20				
	≥ 120 MN/m²	30	35	20	25				
E_{v2} auf Schotter- oder Kiestragschicht	≥ 120 MN/m²	25	30	15	20	15	20	–	–
	≥ 150 MN/m²	30	40	20	30	20	30	15	20
	≥ 180 MN/m²	–	–	–	–	30	–	20	–

Die Dicken der ungebundenen Schichten bemisst man nach den erforderlichen Verformungsmodulen E_{v2}. Wenn auf dem Planum der Verformungsmodul $E_{v2} = 80,0$ MN/m² vorhanden ist, kann die Dicke der Tragschicht ohne Bindemittel der Tafel 38 angesetzt werden.

Die Standardbauweisen sind in den Tafeln 39 bis 46 dargestellt. Ergibt sich eine Mehr- oder Minderdicke nach Gl. (49), so ist diese maßgebend. Gegebenenfalls ist sie durch Inter- oder Extrapolation zu berücksichtigen.

Randausbildung. Um eine einwandfreie Entwässerung des Planums zu gewährleisten, muß eine sorgfältige Randausbildung angeordnet werden. Die Querneigung des Planums soll mindestens $q = 2,5\%$ betragen. Auf der höheren Querprofilseite kann der Hochpunkt des Planums 1,00 m vom befestigten Fahrbahnrand zur Mitte hin verlegt und damit das Planum unsymmetrisch als Dachprofil ausgebildet werden. Beispiele für die Randausbildung zeigt Bild 37.

Konstruktionselemente des Oberbaus

Anwendung, Baugrundsätze und Ausführung für Tragschichten sind in den ZTVT-StB zusammengefaßt.

Tragschichten ohne Bindemittel müssen mindestens in der Dicke ausgeführt werden, die in den Tafeln 39 bis 41 angegeben sind. Ist dafür keine Dicke angegeben, so ist damit zu rechnen, daß der erforderliche E_{v2}-Wert wahrscheinlich nicht erreicht wird und deshalb eine größere Dicke des frostsicheren Oberbaus gewählt werden muß.

Unter Betondecken der Bauklassen SV und I unmittelbar angeordnete Tragschichten ohne Bindemittel sind als Schottertragschichten der Körnung 0/32 mm mit einer Dicke von mindestens 0,30 m auszubilden. Der Anteil der Körnung $<0,063$ mm muß $<5,0$ Gew.-% betragen. Der Anteil der Körnung $<2,0$ mm muß $28,0 \pm 5,0$ Gew.-% bei einem Brechsand-Natursand-Verhältnis von mindestens 1:1 aufweisen. Der E_{v2}-Wert auf der Schottertragschicht muß $E_{v2} \geq 150$ MN/m² erreichen.

Erreichen die E_{v2}-Werte der Schottertragschicht unter der Asphalttragschicht den jeweils höheren Wert gegenüber dem in der Tafel 39 angegebenen, darf die Dicke der

Tafel 39 Standardbauweisen mit Asphaltdecke für Fahrbahnen auf F2- und F3-Untergrund/Unterbau (Legende s. S. 1254; Angaben des erforderlichen Verformungsmoduls E_{v2} auf der Tragschicht, Frostschutzschicht und Planum in MN/m², Schichtdicken in cm) nach RStO 01

Bauklasse	B	SV	OVI	SVII	SVIII	SVIV	SVV	SVVI
Äquivalente 10-t-Achsübergänge in Mio		>32	>10 bis 32	>3 bis 10	>0,8 bis 3	>0,3 bis 0,8	>0,1 bis 0,3	≤0,1
Dicke des frostsicheren Oberbaus[1]		55 65 75 85	55 65 75 85	55 65 75 85	45 55 65 75	45 55 65 75	35 45 55 65	25 35 45 55

Asphalttragschicht auf Frostschutzschicht

Schicht	SV	OVI	SVII	SVIII	SVIV	SVV	SVVI
Asphaltdeckschicht	4	4	4	4	4	4	4
Asphaltbinderschicht	8	8	8	4	–	–	–
Asphalttragschicht	22	18	14	14	14	10	10[6]
Frostschutzschicht	34	30	26	22	18	15	14
($\triangledown$ / Planum)	▽120 / ▽45	▽120 / ▽45	▽120 / ▽45	▽120 / ▽45	▽120 / ▽45	▽100 / ▽45	▽100 / ▽45
Dicke der Frostschutzschicht	– 31[2] 41 51	25[3] 35 45 55	29[3] 39 49 59	– 33[2] 43 53	27[3] 37 47 57	21[2] 31 41 51	25 35 45 55

Asphalttragschicht und *Tragschicht mit hydraulischem Bindemittel* auf Frostschutzschicht bzw. Schicht mit frostunempfindlichem Material

Schicht	SV	OVI	SVII	SVIII	SVIV	SVV	SVVI
Asphaltdeckschicht	4	4	4	4	4	4	4
Asphaltbinderschicht	8	8	8	4	10	10	10
Asphalttragschicht	14	14	15	15	15	15	15
Hydraulisch gebundene Tragschicht (HGT)	15	—	—	—	—	—	—
Frostschutzschicht	41	37	35	31	33	29	29
($\triangledown$ / Planum)	▽120 / ▽45	▽120 / ▽45	▽120 / ▽45	▽120 / ▽45	▽45	▽45	▽45
Dicke der Frostschutzschicht	– 34[2] 44	28[3] 38 48	30[2] 40 50	– 34[2] 44	26[3] 36 46	16[4] 26 36	16[4] 26 36

Schicht	SV	OVI	SVII	SVIII	SVIV	SVV	SVVI
Asphaltdeckschicht	4	4	4	4	4	4	4
Asphaltbinderschicht	8	8	8	4	10	10	10
Asphalttragschicht	18	14	14	10	15	15	15
Verfestigung	34	20	20	20	29	20	20
Schicht aus frostunempfindlichem Material – weit- oder intermittierend gestuft gemäß DIN 18196	45	41	37	38	—	38	38
Dicke der Schicht aus frostunempfindlichem Material	10[4] 20[4] 30 40	14[4] 24 34 44	18[4] 28 38 48	12[4] 22 32 42	16[4] 26 36 46	16[4] 26 36	16[4] 26 36

Schicht	SV	OVI	SVII	SVIII	SVIV	SVV	SVVI
Asphaltdeckschicht	4	4	4	4	4	4	4
Asphaltbinderschicht	8	8	8	4	10	10	10
Asphalttragschicht	18	14	14	10	15	15	15
Verfestigung	20	20	20	20	20	20	20
Schicht aus frostunempfindlichem Material – eng gestuft gemäß DIN 18196	50	41	42	38	42	38	38
Dicke der Schicht aus frostunempfindlichem Material	5[4] 15[4] 25 35	9[4] 19[4] 29 39	13 23 33 43	7[4] 17[4] 27 37	6[4] 16[4] 26 36	6[4] 16[4] 26 36	6[4] 16[4] 26 36

Asphalttragschicht und *Schottertragschicht* auf Frostschutzschicht

Asphaltdeckschicht	4	4	4	4	4	4	4	4	4
Asphaltbinderschicht	8	8	8	8	8	8	8	8	8
Asphalttragschicht	18	14	14	10	10	10	15	15	25
Schottertragschicht $E_{v2} \geq 150$ (120)	15	15	20	15	20	20	15	20	25
Frostschutzschicht	45	45	45	45	45	45	45	45	45
	▽150 ▽120 ▽45	▽150 ▽120 ▽45	▽150 ▽120 ▽45	▽150 ▽120 ▽45	▽150 ▽120 ▽45	▽150 ▽120 ▽45	▽120 ▽100 ▽45	▽120 ▽100 ▽45	▽120 ▽100 ▽45
Dicke der Frostschutzschicht	$30^2)$ / 40	$25^3)$ / 35	$34^2)$ / 44	$29^3)$ / 39	$33^2)$ / 43	$27^3)$ / 37	$28^3)$ / 38	$23^2)$ / 33	$15^3)$ / 25

Asphalttragschicht und *Kiestragschicht* auf Frostschutzschicht

Asphaltdeckschicht	4	4	4	4	4	4	4	4	4
Asphaltbinderschicht	8	8	8	8	8	8	8	8	8
Asphalttragschicht	18	14	14	10	10	10	20	20	$10^6)$
Kiestragschicht $E_{v2} \geq 150$ (120)	20	20	20	20	20	20	20	25	25
Frostschutzschicht	50	46	42	38	34		37	30	35
	▽150 ▽120 ▽45	▽150 ▽120 ▽45	▽150 ▽120 ▽45	▽150 ▽120 ▽45	▽150 ▽120 ▽45		▽120 ▽100 ▽45	▽120 ▽100 ▽45	▽120 ▽100 ▽45
Dicke der Frostschutzschicht	$25^3)$ / 35	$28^3)$ / 38	$32^2)$ / 42	36 / 46					$20^2)$ / 30

Asphalttragschicht und *Schotter- oder Kiestragschicht* auf frostunempfindlichem Material

Asphaltdeckschicht	4	4	4	4	4	4	4	$10^6)$
Asphaltbinderschicht	8	8	8	8	8	8	8	$25^5)$
Asphalttragschicht	18	14	14	10	10	$30^5)$	$25^5)$	35
Schotter- oder Kiestragschicht[7] $E_{v2} \geq 150$ (120)	$30^5)$	$30^5)$	$30^5)$	$30^5)$	$30^5)$		37	
Schicht aus frostunempfindlichem Material	60	56	52	48	44			
	▽150 ▽45	▽150 ▽45	▽150 ▽45	▽150 ▽45	▽150 ▽45	▽150 ▽45	▽120 ▽45	▽120 ▽45
Dicke der Schicht aus frostunempfindlichem Material	Ab 12 cm aus frostunempfindlichem Material, geringere Restdicke ist mit dem darüber liegenden Material auszugleichen							

---

1) Bei abweichenden Werten sind die Dicken der Frostschutzschicht bzw. des frostunempfindlichen Materials bzw. des frostunempfindlichen Materials durch Differenzbildung zu bestimmen. Siehe auch Tabelle 6.22

2) Mit rundkörnigen Gesteinskörnungen nur bei örtlicher Bewährung anzuwenden

3) Nur mit gebrochenen Gesteinskörnungen und bei örtlicher Bewährung anzuwenden

4) Nur auszuführen, wenn das frostunempfindliche Material und das zu verfestigende Material als eine Schicht eingebaut werden

5) Bei Kiestragschicht in Bauklassen SV und I bis IV in 0,40 m Dicke, in Bauklassen V und VI in 0,30 m Dicke

6) Anstelle der Tragdeckschicht ist eine Asphalttragschicht von $\min d = 0,08$ m mit einer Asphaltdeckschicht, einer Oberflächenbehandlung oder einer dünnen Deckschicht möglich

7) Bei dieser Schicht kann in den Bauklassen SV und I bis IV eine um 0,02 m geringere Dicke der Asphaltdeckschicht vorgesehen werden, wenn nach örtlicher Erfahrung auf der Schotter- oder Kiestragschicht ein Verformungsmodul $E_{v2} \geq 180$ erreicht wird

Tafel 40 Standardbauweisen mit Betondecke für Fahrbahnen auf F2- und F3-Untergrund/Unterbau (Legende s. S. 1454; Angaben des erforderlichen Verformungsmoduls E_{v2} auf der Tragschicht, Frostschutzschicht und Planum in MN/m², Schichtdicken in cm) nach RStO 01

Bauklasse	B	SV	I	II	III	IV	V	VI
Äquivalente 10-t-Achsübergänge in Mio		>32	>10 bis 32	>3 bis 10	>0,8 bis 3	>0,3 bis 0,8	>0,1 bis 0,3	≤0,1
Dicke des frostsicheren Oberbaus[1]	55	55 · 65 · 75 · 85	55 · 65 · 75 · 85	55 · 65 · 75 · 85	45 · 55 · 65 · 75	45 · 55 · 65 · 75	35 · 45 · 55 · 65	35 · 45 · 55 · 65

Tragschicht mit hydraulischem Bindemittel auf Frostschutzschicht bzw. Schicht auf frostunempfindlichem Material

Schichtaufbau (Betondecke / Vliesstoff / Hydraulisch gebundene Tragschicht (HGT) / Frostschutzschicht):

	SV	I	II	III
Betondecke	27	25	24	23
HGT	15	15	15	15
Frostschutzschicht	42 (▽120 / ▽45)	40 (▽120 / ▽45)	39 (▽120 / ▽45)	38 (▽120 / ▽45)

Dicke der Frostschutzschicht	SV	I	II	III
	– · 33[2] · 38 · 43	– · 25[3] · 35 · 45	– · 26[2] · 36 · 46	– · – · 27[3] · 37

Schichtaufbau (Betondecke / Vliesstoff / Schicht aus frostunempfindlichem Material – weit oder intermittierend gestuft gemäß DIN 18196):

	SV	I	II	III
Betondecke	27	25	24	23
Schicht aus frostunempfindlichem Material	20	20	20	20
gesamt (▽45)	47	45	44	43

Dicke der Schicht aus frostunempfindlichem Material	SV	I	II	III
	8[4] · 18[4] · 28 · 38	15[4] · 25 · 35 · 45	16[4] · 26 · 36 · 46	7[4] · 17[4] · 27 · 37

Schichtaufbau (Betondecke / Vliesstoff / Verfestigung / Schicht aus frostunempfindlichem Material – eng gestuft gemäß DIN 18196):

	SV	I	II	III
Betondecke	27	25	24	23
Verfestigung	25	20	20	20
gesamt (▽45)	52	45	44	43

Dicke der Schicht aus frostunempfindlichem Material	SV	I	II	III
	3[4] · 13[4] · 23 · 33	10[4] · 20 · 30 · 40	11[4] · 21 · 31 · 41	2[4] · 12[4] · 22 · 32

Asphalttragschicht auf Frostschutzschicht

Betondecke	26	24	23	22	18	16 / 16
Asphalttragschicht	10	10	10	10	8	8 / 8
Frostschutzschicht	36	34	33	32	26	24 / 24
Dicke der Frostschutzschicht	– 29³) 39 49	– 31²) 41 51	– 32²) 42 52	– 33²) 43	– 29³) 39 49	– 21²) 31 41

Schottertragschicht auf Schicht aus frostunempfindlichem Material

Betondecke	30	28	27	26
Schottertragschicht	30	30	30	30
Schicht aus frostunempfindlichem Material	60	58	57	56
Dicke der Schicht aus frostunempfindlichem Material	Ab 12 cm aus frostunempfindlichem Material, geringere Restdicke ist mit dem darüber liegenden Material auszugleichen			

Frostschutzschicht

Betondecke	22	20	18
Frostschutzschicht	22	20	18
Dicke der Frostschutzschicht	– 33²) 43 53	– 25³) 35 45	– 27³) 37 47

¹) Bei abweichenden Werten sind die Dicken der Frostschutzschicht bzw. des frostunempfindlichen Materials durch Differentbildung zu bestimmen. Siehe auch Tabelle 6.22

²) Mit rundkörnigen Gesteinskörnungen nur bei örtlicher Bewährung anzuwenden

³) Nur mit gebrochenen Gesteinskörnungen und bei örtlicher Bewährung anzuwenden

⁴) Nur auszuführen, wenn das frostunempfindliche Material und das zu verfestigende Material als eine Schicht eingebaut werden

Tafel 41 Standardbauweisen mit **Pflasterdecke** für Fahrbahnen auf F2- und F3-Untergrund/Unterbau (Legende s. S. 1454; Angaben des erforderlichen Verformungsmoduls E_{v2} auf der Tragschicht, Frostschutzschicht und Planum in MN/m², Schichtdicken in cm) nach RStO 01

Bauklasse		SV	I	II	III	IV	V	VI
Äquivalente 10-t-Achsübergänge in Mio	B	>32	>10 bis 32	>3 bis 10	>0,8 bis 3	>0,3 bis 0,8	>0,1 bis 0,3	≤0,1
Dicke des frostsicheren Oberbaus[1]		55 65 75 85	55 65 75 85	55 65 75 85	45 55 65 75	45 55 65 75	45 55 65 75	45 55 65 65

Schottertragschicht auf Frostschutzschicht

Schicht	III	IV	V	VI
Pflasterdecke[4]	10 / 3	8 / 3	8 / 3	8 / 3
Schottertragschicht	25	20	15	15
Frostschutzschicht	38	31	26	26
Planum / Tragschicht	▽150 / ▽120 / ▽45	▽150 / ▽120 / ▽45	▽120 / ▽100 / ▽45	▽120 / ▽100 / ▽45
Dicke der Frostschutzschicht	– / 27³) / 37	– / 34²) / 44	19³) / 29 / 39	19³) / 29 / 39

Kiestragschicht auf Frostschutzschicht

Schicht	III	IV	V	VI
Pflasterdecke[4]	10 / 3	8 / 3	8 / 3	8 / 3
Kiestragschicht	30	25	20	20
Frostschutzschicht	43	36	31	31
Planum / Tragschicht	▽150 / ▽120 / ▽45	▽150 / ▽120 / ▽45	▽120 / ▽100 / ▽45	▽120 / ▽100 / ▽45
Dicke der Frostschutzschicht	– / 32²)	– / 29³) / 39	– / 24²) / 34	– / 24²) / 34

Schotter- oder Kiestragschicht auf frostunempfindlichem Material

Schicht	III	IV	V	VI
Pflasterdecke[4]	10 / 3	8 / 3	8 / 3	8 / 3
Schotter- oder Kiestragschicht	30⁴)	30⁴)	25⁴)	25⁴)
Schicht aus frostunempfindlichem Material	▽150 / ▽45	▽150 / ▽120 / ▽45	▽120 / ▽45	▽120 / ▽45
Dicke der Schicht aus frostunempfindlichem Material	43	41	36	36
	Ab 12 cm aus frostunempfindlichem Material, geringere Restdicke ist mit dem darüber liegenden Material auszugleichen			

Asphalttragschicht auf Frostschutzschicht

Schicht	III	IV	V	VI
Pflasterdecke[4]	10 / 3	8 / 3	8 / 3	8 / 3
Asphalttragschicht[5]	14	12	10	10
Frostschutzschicht	27	23	21	21
Planum / Tragschicht	▽120 / ▽45	▽120 / ▽45	▽100 / ▽45	▽100 / ▽45
Dicke der Frostschutzschicht	28³) 38 48	32²) 42 52	24²) 34 44	24²) 34 44

Asphalttragschicht und Schottertragschicht auf Frostschutzschicht

Pflasterdecke[4]	10		8 / 3 / 8		8 / 3 / 8		8 / 3 / 8	
Asphalttragschicht[5]	3							
Schottertragschicht	15		15		15		15	
Frostschutzschicht	38		34		34		34	
	▽150 / ▽120 / ▽45		▽150 / ▽120 / ▽45		▽120 / ▽100 / ▽45		▽120 / ▽100 / ▽45	
Dicke der Frostschutzschicht	–	–	27[3]	37	–	–	31[2]	41	–	–	21[2]	31	–	–	21[2]	31

Asphalttragschicht und Kiestragschicht auf Frostschutzschicht

Pflasterdecke[4]	10		8 / 3 / 8		8 / 3 / 8		8 / 3 / 8	
Asphalttragschicht[5]	3							
Kiestragschicht	20		20		20		20	
Frostschutzschicht	43		39		39		39	
	▽150 / ▽120 / ▽45		▽150 / ▽120 / ▽45		▽120 / ▽100 / ▽45		▽120 / ▽100 / ▽45	
Dicke der Frostschutzschicht	–	–	32[2]	42	–	–	26[3]	36	–	–	16[3]	26	–	–	16[3]	26

Dränbetontragschicht auf Frostschutzschicht

Pflasterdecke[4]	10		8 / 3		8 / 3		8 / 3	
Dränbetontragschicht (DBT)[5]	3		15		15		15	
Frostschutzschicht	33		26		26		26	
	▽120 / ▽45		▽120 / ▽45		▽100 / ▽45		▽100 / ▽45	
Dicke der Frostschutzschicht	–	–	32[2]	42	–	–	29[3]	49	–	–	19[3]	29	39	–	–	19[3]	29	39

[1]) Bei abweichenden Werten sind die Dicken der Frostschutzschicht bzw. des frostunempfindlichen Materials durch Differentbildung zu bestimmen. Siehe auch Tabelle 6.22

[2]) Mit rundkörnigen Gesteinskörnungen nur bei örtlicher Bewährung anzuwenden

[3]) Nur mit gebrochenen Gesteinskörnungen und bei örtlicher Bewährung anzuwenden

[4]) Größere Steindicken sind möglich, $\min d = 0{,}06$ m wenn ausreichende Erfahrungen vorliegen. Mehr- oder Minderdicken sind in der Frostschutzschicht bzw. im frostunempfindlichen Material auszugleichen

[5]) Die Dränbetontragschicht ist längs und quer einzukerben

[6]) Bei Kiestragschicht in Bauklassen SV und I bis IV in 0,40 m Dicke, in Bauklassen V und VI in 0,30 m Dicke

Bauweisen mit Betondecke

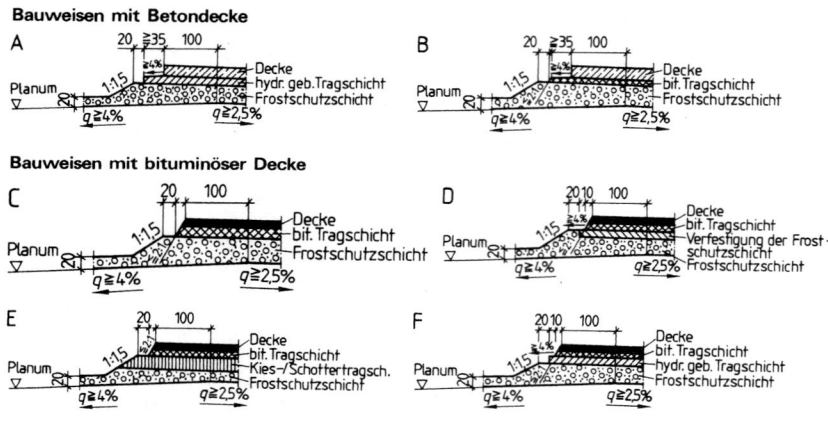

Bild 37 Möglichkeiten der Randausbildung von Oberbauschichten

Asphalttragschicht um 0,02 m verringert werden. Sinngemäß gilt das auch für die Bauklasse VI. Entsteht dadurch eine Minderdicke des frostsicheren Oberbaus, muß dies durch die Mehrdicke beim frostsicheren Material ausgeglichen werden.

Tragschichten mit hydraulischem Bindemittel sind Verfestigungen, hydraulisch gebundene Tragschichten und Betontragschichten. Ihr Einsatz ist abhängig von der Art der darüber liegenden Schichten in Asphalt- oder Betonbauweise. Unter Pflasterdecken ist eine hydraulisch gebundene Drainbetontragschicht auszuführen.

Asphalttragschichten sind Tragschichten mit bituminösem Bindemittel. Die Dicke darf vermindert werden, wenn die darüber liegende Asphaltbinderschicht um das gleiche Maß erhöht wird. Die Mindesteinbaudicke der Asphalttragschicht muß aber eingehalten werden.

Tragdeckschichten sind in den ZTV Asphalt – StB beschrieben.

Erneuerung von Fahrbahnen

Ist der Erhaltungszustand einer Fahrbahn sehr schlecht, muß eine Erneuerung vorgenommen werden. Darunter versteht man Maßnahmen, die die Wiederherstellung des Gebrauchswertes der Verkehrsfläche bei Anpassen an geänderte Belastungsbedingungen zum Ziele hat. Bei Asphaltbefestigungen ist davon mehr als die Deckschicht, bei Betonbauweise mindestens die Betondecke betroffen.

Erneuerung kann im Tief- oder Hocheinbau erfolgen. Beim *Tiefeinbau* wird der vorhandene Oberbau vollständig ersetzt. Die Bemessung der Mindestdicke des frostsicheren Oberbaus erfolgt dann wie bei einem Neubau.

Erneuerung im Hocheinbau. Beim Hocheinbau werden eine oder mehrere Schichten auf die vorhandene Fahrbahn aufgelegt, wenn die Erhöhung der Dicke mehr als 0,04 m beträgt. Die Bewertung der Restsubstanz hängt ab von

– Oberflächenzustand,
– Tragfähigkeit (soweit sie bekannt ist),
– Art und Zustand der vorhandenen Befestigung und des Untergrundes/Unterbaus und der Eignung für die vorgesehene Funktion,
– Zustand der Entwässerungseinrichtungen.

Tafel 42 Standardbauweisen mit vollgebundenem Oberbau für Fahrbahnen auf F2- und F3-Untergrund/Unterbau (Legende s. S. 1454; Angaben des erforderlichen Verformungsmoduls E_{V2} auf dem Planum in MN/m², Schichtdicken in cm) nach RStO 01

Bauklasse		SV	I	II	III	IV	V	VI
Äquivalente 10-t-Achsübergänge in Mio	B	>32	>10 bis 32	>3 bis 10	>0,8 bis 3	>0,3 bis 0,8	>0,1 bis 0,3	≤0,1
Asphaltoberbau								
Asphalttragschicht auf Planum[1]								
Asphaltdeckschicht		4	4	4	4	4	4	4
Asphaltbinderschicht		8	8	8	4	4		
Asphalttragschicht		34	30	26	26	22	22	18
		46	42	38	34	30	26	22
		▽45	▽45	▽45	▽45	▽45	▽45	▽45
Betonoberbau und Tragschicht mit hydraulischem Bindemittel auf Planum[1]								
Betondecke		27	25	24				
Vliesstoff								
Tragschicht mit hydraulischem Bindemittel		25	25	23				
		52	50	47				
		▽45	▽45	▽45				

[1] Gegebenenfalls Bodenverfestigung mit $\min d = 0,15$ m bei Frostempfindlichkeitsklasse F3, bei ungünstigen Wasserverhältnissen auch bei F2

Der *Oberflächenzustand* wird bewertet nach folgenden Merkmalen, die einzeln oder kombiniert auftreten können:

— Netzrisse, Rißhäufung,
— Längsunebenheit,
— Spurrinnen,
— Ausmagerung, Splittverlust, Flickstellen bei Asphaltdecken,
— Längs- oder Querrisse, Eckabbrüche, Kantenschäden, Plattenversatz oder -bewegung bei Betondecken.

Die Ermittlung der *Tragfähigkeit* von Asphaltbefestigungen kann visuell nicht erkennbare Schwachstellen aufzeigen und zur Festlegung von Abschnitten gleichen Tragverhaltens beitragen.

Art und Zustand der vorhandenen Befestigung ist maßgebend für die Zuordnung zu den Erneuerungsklassen. Die Erneuerungsart und -bauweise wird danach festgelegt. Die Eignung der einzelnen Schichten bzw. des Unterbaus/Untergrundes für die Erneuerungsbauweise wird festgelegt nach

— Art, Dicke und Eigenschaften der einzelnen Schicht,
— Frostempfindlichkeitsklasse und Wasserverhältnissen des Untergrundes/Unterbaus,
— Schichtenverbund.

Die Funktionseigenschaften der *Entwässerungseinrichtungen* sind zu überprüfen, gegebenenfalls sind diese zu erneuern.

Die *Dicke des frostsicheren Oberbaus* für die Erneuerung ist sinngemäß wie beim Neubau zu ermitteln. Frostschutzmaßnahmen sind nicht erforderlich, wenn die Gesamtdicke der gebundenen Schichten nach der Erneuerung der Dicke des vollgebundenen Oberbaus nach Tafel 42 entspricht.

Die *Erneuerung* kann als Asphalt-, Beton- oder Pflasterbauweise ausgeführt werden. Sie hängt ab von der bemessungsrelevanten Beanspruchung B, dem Nutzungszeitraum, der bautechnischen Wirtschaftlichkeit, den örtlichen Verhältnissen, der Verkehrsführung während der Bauzeit, der Länge des Bauabschnitts und der erforderlichen Bauzeit.

Asphaltbauweise. Zur Entscheidung, welche Maßnahme ausgeführt werden muß, wird eine Bewertung des Oberflächenzustands der Verkehrsfläche vorgenommen. Entsprechend der Bewertung erfolgt die Einteilung in die Erneuerungsklasse. Evtl. ist eine für die Überbauung ungeeignete Schicht vorher auszubauen und erst dann die notwendige Dicke des Oberbaus festzulegen. Die Einteilung zeigt Tafel 43. Die Bauweisen sind in Tafel 44 dargestellt. Die Überbauung wiederverwendbaren Natursteinpflasters sollte wegen des schlechten Verbundes vermieden werden.

Tafel 43 Erneuerungsklassen bei einer Erneuerung in Asphaltbauweise im Hocheinbau

Erneuerungs-klasse	Zustandsmerkmale bei			
	Asphaltbefestigung		Betonbefestigung	
	Hauptmerkmal	Zusätzliches Merkmal	Hauptmerkmal	Zusätzliches Merkmal
E 1	− Netzrisse − Rißhäufung (auch Längsrisse neben Rollspuren)	Spurrinnen[1]), Längsunebenheiten, Flickstellen, Ausmagerung Splittverlust	− Häufung von Quer- und Längsrissen − Plattenversatz	Eckabbrücke, Kantenschäden, Längsunebenheiten, Plattenbewegung[2])
E 2	−Längsunebenheiten −Spurrinnen[1])	Flickstellen, Ausmagerung, Splittverlust	−Eckabbrüche −Kantenschäden	Plattenversatz, Längsunebenheiten, Plattenbewegung[2])

[1]) wegen mangelndem Tragverhalten, nicht wegen unzureichender Standfestigkeit der Asphaltdecke
[2]) vor der Durchführung von Erneuerungsmaßnahmen zu beseitigen

Betonbauweise. Hier wird nicht zwischen Erneuerungsklassen unterschieden. Die verschiedenen Bauweisen zeigt Tafel 45. Wird eine vorhandene Asphaltbefestigung überbaut, müssen vorher Oberflächenschäden wie Schlaglöcher oder Spurrinnen ausgeglichen werden.

Pflasterbauweise. Es wird nicht zwischen verschiedenen Erneuerungsklassen unterschieden. Für diese Bauweise muß die vorhandene Unterlage tragfähig und eben sein und gute Wasserdurchlässigkeit besitzen. Bei einer Tragschicht ohne Bindemittel als Unterlage ist die Filterstabilität von Bettung und Tragschicht nachzuweisen.

Teilweiser Ersatz der vorhandenen Befestigung. Erstrecken sich die Mängel der Verkehrsfläche auf größere Tiefe, sind die geschädigten Schichten auszubauen. Die Dicke der einzubauenden Schichten richtet sich nach Art und Zustand der Schicht, auf der aufgebaut wird. Die Dicke wird dann sinngemäß nach den Tafeln 39 bis 42 festgelegt.

Sonstige Verkehrsflächen. Die Bauklassen für *Busverkehrsflächen* entnimmt man Tafel 35. Die Bauweisen und Schichtdicken werden entsprechend den Tafeln 39 bis 42, 44 und 45 ausgewählt. Je nach örtlichen Verhältnissen sind Mehr- oder Minderdicken nach Gl. (49) zu berücksichtigen.

Rad- und Gehwege. Diese Bauweisen entnimmt man Tafel 46. Auf diesen Flächen können auch Fahrzeuge des Unterhaltungsdienstes fahren. Ebenheit und gute Entwässerung sind unbedingt notwendig. Bei Böden der Frostempfindlichkeitsklasse F1 sind keine Frostschutzmaßnahmen nötig. Bei Böden der Frostschutzempfindlich-

Tafel 44 Erneuerung in Asphaltbauweise im Hocheinbau (vorhandene Befestigung: Asphalt oder Betondecke). Dickenangaben in cm. Legende S. 1254

Erneuerungsklasse	Bauklasse	B	SV	I	II	III	IV	V	VI
	Äquivalente 10 t-Achsübergänge in Mio		>32	>10 bis 32	>3 bis 10	>0,8 bis 3	>0,3 bis 0,8	>0,1 bis 0,3	≤0,1
E 1	Asphaltdeckschicht / Asphaltbinderschicht / Asphalttragschicht als Ausgleichsschicht / vorhandene Befestigung		4 / 8 / ≥16 / ≥28	4 / 8 / ≥12 / ≥24	4 / 8 / ≥8 / ≥20	4 / ≥8 / ≥16	4 / ≥8 / ≥12[2]	4 / ≥6 / ≥10[2]	8[1] / 8[2]
E 2	Asphaltdeckschicht / Asphaltbinderschicht / Asphalttragschicht als Ausgleichsschicht / vorhandene Befestigung		4 / 8 / ≥12 / ≥24	4 / 8 / ≥8 / ≥20	4 / 8 / ≥8[3] / ≥12[2]	4 / ≥8[3] / ≥12[2]	4 / ≥6 / ≥10[2]	4 / ≥4 / ≥8[2]	6[1] / 6[2]

[1]) Tragdeckschicht oder eine zweischichtige Asphaltbefestigung
[2]) Bei vorhandener Befestigung mit einer Betondecke ist eine Mindestüberbauung von 0,14 m vorzusehen
[3]) Bei besonderer Beanspruchung ist eine Asphaltbinderschicht an Stelle einer Asphalttragschicht vorzusehen

keitsklasse F2 und F3 genügt eine Dicke des Oberbaus von 0,30 m, die in Ortslagen auf 0,20 m vermindert werden darf. Bei Überfahrten für Kraftfahrzeuge ist die Befestigung auf die Belastung abzustimmen. Außer den dargestellten Bauweisen sind auch dünnere Bauweisen oder ungebundene Deckschichten möglich.

Bei Rad- und Gehwegen am tieferen Rand der Straße ist es meist zweckmäßig, Planum und Frostschutzschicht der Fahrbahn unter diesen Verkehrsflächen weiter zu führen, um eine einwandfreie Entwässerung zu gewährleisten.

Parkflächen. Die Bauklasse wählt man aus Tafel 35. Für die Bauweise wendet man die Tafeln 39 bis 42, 44 und 45 sinngemäß an. Ebenso sind Mehr- oder Minderdicken nach Gl. (49) zu berücksichtigen. Fahrgassen und Stellflächen können verschiedene Befestigungsarten erhalten. Hier sind auch gestalterische Elemente (z. B. Pflasterdecke) von Häufigkeit der Nutzung (evtl. Deckschicht ohne Bindemittel) von Einfluß.

Neben- und Rastanlagen. Die Zuordnung dieser Verkehrsflächen entnimmt man der Tafel 35. Die Bauweisen und Schichtdicken legt man ebenfalls mit den Tafeln 39 bis 42, 44 und 45 fest. Auch hier ist in Abhängigkeit von den örtlichen Verhältnissen die Mehr- oder Minderdicke zu berücksichtigen.

Feuerwehrwege. Diese Verkehrsflächen bemißt man nach Bauklasse VI. Anwendung finden aber auch Pflasterrasendecken, Rasengittersteine oder Einfachbauweisen mit der erforderlichen Tragfähigkeit, da die Flächen nur sehr selten benutzt werden.

Gleisbereiche. Liegen Gleisbereiche in Verkehrsflächen, die auch von Kraftfahrzeugen benutzt

Tafel 45 Erneuerung in Betonbauweise im Hocheinbau (vorhandene Befestigung: Asphalt- oder Betondecke; Schichtdicken in cm) nach RStO 01

Bauklasse		SV	I	II	III	IV	V	VI
Äquivalente 10-t-Achsübergänge in Mio	B	>32	>10 bis 32	>3 bis 10	>0,8 bis 3	>0,3 bis 0,8	>0,1 bis 0,3	≤0,1

Vorhandene Befestigung: Betondecke (entspannt) **und Ausgleichsschicht aus Beton**

	SV	I	II	III	IV	V	VI
Betondecke	27	25	24	23			
Vliesstoff							
Ausgleichsschicht aus Beton	≥10	≥10	≥10	≥10			
Vorhandene Befestigung	≥37	≥35	≥34	≥33			

Vorhandene Befestigung: Betondecke (entspannt) **und Ausgleichsschicht aus Asphalt**

	SV	I	II	III	IV	V	VI
Betondecke	26	24	23	22	20	18	16
Ausgleichsschicht aus Asphalt	≥6	≥6	≥6	≥6	20	18	16
vorhandene Befestigung	≥32	≥30	≥29	≥28			

Vorhandene Befestigung: Asphaltdecke

	SV	I	II	III	IV	V	VI
Betondecke	26	24	23	22	20	18	16
Planfräsen[1]	26	24	23	22	20	18	16
vorhandene Befestigung							

[1] Statt Planfräsen kann auch eine Ausgleichsschicht aus Asphalt mit $\min d = 0,06$ m zweckmäßig sein

Legenden zu den Tafeln 39 bis 42, 44 bis 46

▨ Deckschicht	Bodenverfestigung
▨ Tragdeckschicht	Betondeckschicht
Binderschicht	Pflaster
⊠ Tragschicht	Pflasterbett
⊟ hydraulisch gebundene Tragschicht	Planfräsen
⊟ Schotter- oder Kiestragschicht	Frostschutzschicht
Schottertragschicht	vorh. Befestigung Asphaltoberbau
vorh. Befestigung Betonoberbau	vorh. Befestigung der vorh. Asphaltdecke

werden, so ist die gleiche Gesamtdicke des Oberbaus auszubilden, die die angrenzende Straße besitzt.

Tafel 46 **Standardbauweisen für Rad- und Gehwege** auf F2- und F3-Untergrund/Unterbau (Legende s. S. 1254; Angaben des erforderlichen Verformungsmoduls E_{v2} auf dem Planum in MN/m², Schichtdicken in cm) nach RStO 01

Bauweise mit	Asphaltdecke			Betondecke			Pflasterdecke			Plattenbelag		
Dicke des frostsicheren Oberbaus	20	30	40	20	30	40	20	30	40	20	30	40
Schicht aus frostunempfindlichem Material												
Decke / Sicht aus frostunempfindlichem Material												
Dicke der Schicht aus frostunempfindlichem Material	10	20	30	—	18	28	—	19	29	—	19	29
Schotter- und Kiestragschicht auf frostunempfindlichem Material												
Decke / Schotter- oder Kiestragschicht / Schicht aus frostunempfindlichem Material												
Dicke der Schicht aus frostunempfindlichem Material	—	—	17				—	—	14	—	—	14
Schotter- oder Kiestragschicht auf Planum												
Decke / Schotter- oder Kiestragschicht												
Dicke der Schotter- oder Kiestragschicht	—	22	32				—	19	29	—	19	29

[1]) Bei dieser Schicht kann in den Bauklassen SV und I bis IV eine um 0,02 m geringere Dicke der Asphalttragschicht vorgesehen werden, wenn nach örtlicher Erfahrung auf der Schotter- oder Kiestragschicht ein Verformungsmodul $E_{v2} \geq 180$ erreicht wird

[2]) Auch geringere Dicke möglich

Berechnung der bemessungsrelevanten Beanspruchung B

Je nach den zur Verfügung stehenden Daten erfolgt die Ermittlung der bemessungsrelevanten Beanspruchung B nach zwei Methoden:

1. Berechnung aus Angaben des $DTV^{(SV)}$,
2. Berechnung aus detaillierten Achslast-Angaben, die bei der Bundesanstalt für Straßenwesen erhoben werden können.

Beide Methoden können mit variablen oder konstanten Faktoren durchgeführt werden. Dadurch werden die Berechnungen vereinfacht. Häufig wird die erste Methode zur Anwendung kommen, da Meßstellen für Achslastdaten nur an besonders belasteten Streckenabschnitten vorhanden sind. Daten der Verkehrszählung sind auf vielen Straßen vorhanden oder können relativ einfach gewonnen werden. Man ermittelt in diesem Fall die bemessungsrelevante Beanspruchung B mit Gl. (50a) bei variablen Faktoren.

16

Tafel 47 Standardbauweisen für Wegbefestigungen nach RLW 1999

Bauweise	Beanspruchung								
	hoch			mittel			gering		
	zentrale Funktion im Wegenetz maßgebende Achslast 11,5 t			mittlere Funktion im Wegenetz maßgebende Achslast 5,0 t (11,5 t 1))			untergeord. Funktion im Wegenetz maßgeb. Achslast 5,0 t (11,5 2))		
	Tragfähigkeit des Untergrundes E_{v2}			Tragfähigkeit des Untergrundes E_{v2}			Tragfähigkeit des Untergrundes E_{v2}		
	30 MN/m^2	45 MN/m^2	80 MN/m^2 1)	30 MN/m^2	45 MN/m^2	80 MN/m^2 1)	30 MN/m^2	45 MN/m^2	80 MN/m^2 1) 2)
ohne Bindemittel und Deckschicht							25 30 35	20 25 30	20 20 20
ohne Bindemittel mit Deckschicht	5 / 40 45 50	5 / 35 40 45	5 / 25 30 35	5 / 30 35 40	5 / 25 30 35	5 / 20 25 30	5 / 20 25 30	5 / 20 20 25	5 / 20 20 20
Asphaltdeckschicht	8 / 35 40 45	8 / 25 30 35	8 / 20 20 25	7 / 30 35 40	7 / 20 25 30	7 / 20 20 20			
Asphaltspur				9 / 30 35 40	9 / 20 25 30	9 / 20 20 20			
Betondecke	16 / 25 30 35	16 / 20 25 30	16 / 20 20 20	14 / 20 25 30	14 / 20 20 20	14 / 20 20 20			

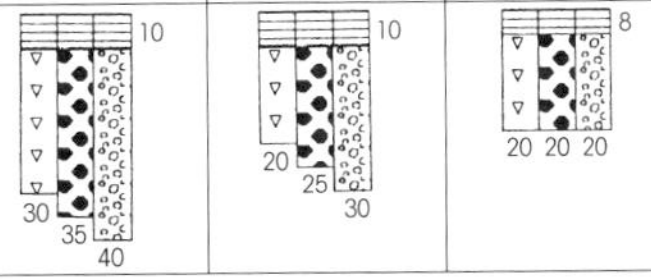

Legende:

= Deckschicht

= Asphalttragdeckschicht

= Betondecke

= Pflasterbett, 3 – 5 cm

= hydraulisch gebundene Tragdeckschicht (HGTD)

= hydraulisch gebundene Deckschicht (HGD)

= Tragschicht aus Schotter

= Tragschicht aus Kies

= Tragschicht aus unsortiertem Gestein

[1] gelegentlich
[2] ausnahmsweise
[3] Mindestdicke bei Betonpflastersteinen ohne Verbund 0,10 m, mit Verbund 0,08 m
[4] Plattenlänge und -dicke sind von einander abhängig
[5] ohne umfangreiche Erprobung

Betonspur			
Pflasterdecke			
Betonstein-pflasterspur			
Betonplattenspur[4]			
hydraulisch gebundene Tragdeckschicht (HGTD)[5]			
hydraulisch gebundene Deckschicht (HGD)[5]			

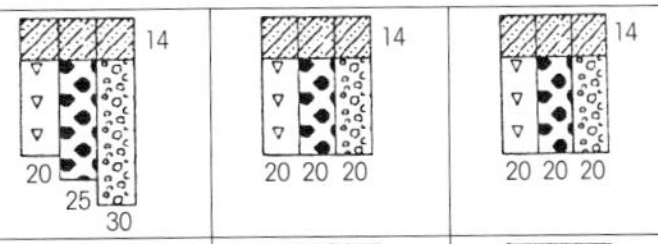

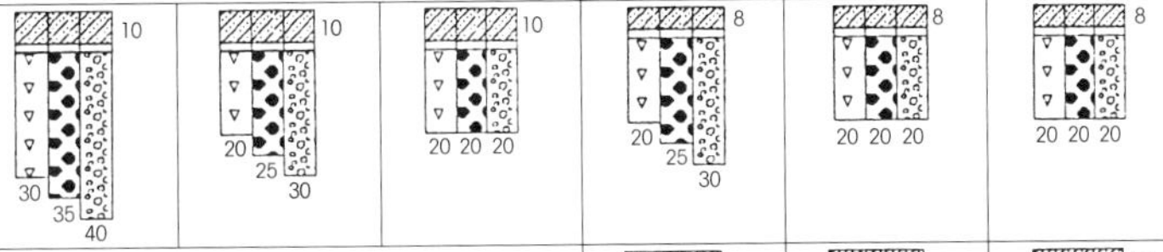

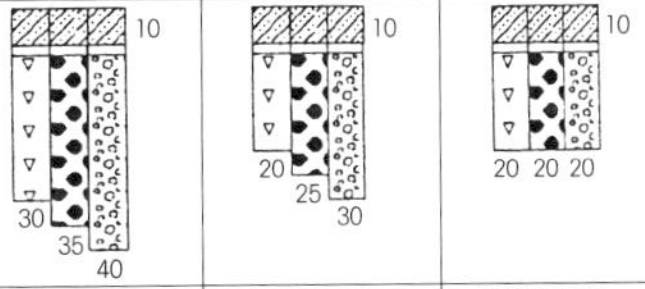

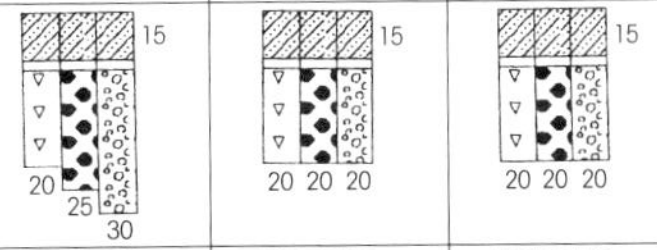

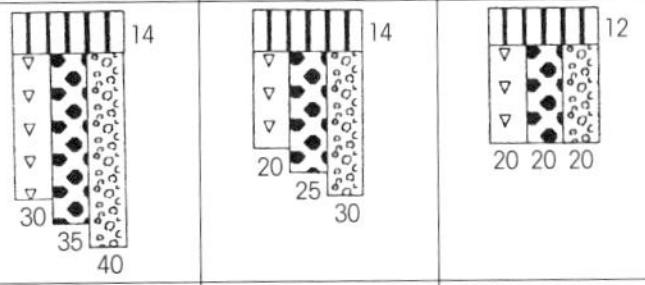

$$B = 365 \cdot q_{Bm} \cdot f_3 \cdot \sum_{i=1}^{N} [DTA_{i-1}^{(SV)} \cdot f_{1i} \cdot f_{2i} \cdot (1 + p_i)] \tag{50a}$$

in äquivalenten Achsübergängen/Nutzungsdauer mit $DTA_{i-1}^{(SV)} = DTV_{i-1}^{(SV)} \cdot f_{A_{i-1}}$
oder mit Gl. (50b) bei konstanten Faktoren

$$B = N \cdot DTA^{(SV)} \cdot q_{Bm} \cdot f_1 \cdot f_2 \cdot f_3 \cdot f_z \cdot 365 \tag{50b}$$

in äquivalenten Achsübergängen/Nutzungsdauer mit $DTA^{(SV)} = DTV^{(SV)} \cdot f_A$

B	Äquivalente 10 t-Achsübergänge im zugrunde gelegten Nutzungszeitraum
N	Anzahl der Jahre des zugrunde gelegten Nutzungszeitraums (in der Regel 30 Jahre)
q_{Bm}	einer Straßenklasse zugeordneter mittlerer Lastkollektivquotient, der die straßen-klassen-spezifische Beanspruchung der tatsächlichen Achsübergänge ausdrückt
f_3	Steigungsfaktor
$DTV_i^{(SV)}$	Durchschnittliche tägliche Verkehrsstärke des Schwerverkehrs im Nutzungsjahr i in Fz/24 h
$DTA_i^{(SV)}$	Durchschnittliche Anzahl der täglichen Achsübergänge ($A\ddot{u}$) des Schwerverkehrs im Nutzungsjahr i in Aü/24 h
f_{Ai}^-	Durchschnittliche Achszahl pro Fahrzeug des Schwerverkehrs (Achszahlfaktor) im Nutzungsjahr i in A/Fz
f_{1i}	Fahrstreifenfaktor im Nutzungsjahr i
f_{2i}	Fahrstreifenbreitefaktor im Nutzungsjahr i
p_i	mittlere jährliche Zunahme des Schwerverkehrs im Nutzungsjahr i. Das erste Jahr wird $p_i = 0$ gesetzt.

Bleiben über einen Teilzeitraum des Gesamtzeitraumes die Faktoren f_1, f_2, f_3, f_A, q_{Bm} und p konstant, berechnet man B für diesen Zeitraum mit Gl. (51).
Wird im ersten Jahr des Zeitraumes keine Zunahme des Schwerverkehrs erwartet, wird

$$f_z = \frac{(1+p)^N - 1}{p \cdot N} \cdot p \cdot N \tag{51a}$$

Muß auch im ersten Jahr eine Zunahme des Schwerverkehrs berücksichtigt werden, wird

$$f_z = \frac{(1+p)^N - 1}{p \cdot N} \cdot (1 + p) \tag{51b}$$

f_A	Achszahlfaktor
q_{Bm}	zugeordneter mittlerer Lastkollektivquotient
f_3	Steigungsfaktor
$DTA_i^{(SV)}$	durchschnittliche Anzahl der täglichen Achsübergänge ($A\ddot{u}$) des Schwerverkehrs im Nutzungsjahr i in Aü/24 h
f_{1i}	Fahrstreifenfaktor im Nutzungsjahr i
f_{2i}	Fahrstreifenbreitefaktor im Nutzungsjahr i
p_i	mittlere jährliche Zunahme des Schwerverkehrs im Nutzungsjahr i. Für das erste Jahr wird $p_1 = 0$ gesetzt.
$DTV_i^{(SV)}$	durchschnittliche tägliche Verkehrsstärke des Schwerverkehrs im Nutzungsjahr i
f_{Ai}	Achszahlfaktor, durchschnittliche Achszahl/Fz des Schwerverkehrs im Nutzungsjahr i
f_z	mittlerer jährlicher Zuwachsfaktor des Schwerverkehrs

Die Faktoren für die Berechnung der bemessungsrelevanten Beanspruchung B entnimmt man den Tafeln 48 bis 55

Tafel 48 Achszahlfaktor f_A

Straßenklasse	Bundesautobahn	Bundesstraßen	Landes-, Staats-, Kreisstraßen
Faktor f_A	4,2	3,7	3,1

Tafel 49 Lastkollektivquotient q_{Bm}

Straßenklasse	Bundesautobahnen	Bundesstraßen	Landes-/Kreisstraßen
Quotient q_{Bm}	0,26	0,20	0,18

Tafel 50   Fahrstreifenfaktor f_1

Zahl der Fahrstreifen, die durch den $DTV^{(SV)}$ erfaßt sind	f_1 bei Erfassung des $DTV^{(SV)}$	
	in beiden Fahrtrichtungen	getrennt nach Fahrtrichtung
1	—	1,00
2	0,50	0,90
3	0,50	0,80
4	0,45	0,80
5	0,45	0,80
≥ 6	0,40	0,80

Tafel 51   Fahrstreifenbreitefaktor f_2

Fahrstreifenbreite b_F in m	f_2
$<2,50$	2,00
2,50 bis $<2,75$	1,80
2,75 bis $<3,25$	1,40
3,25 bis $<3,75$	1,10
$\geq 3,75$	1,00

Tafel 52   Steigungsfaktor f_3

max. Längsneigung s in %	f_s
$< 2,0$	1,00
2,0 bis $< 4,0$	1,02
4,0 bis $< 5,0$	1,05
5,0 bis $< 6,0$	1,09
6,0 bis $< 7,0$	1,14
7,0 bis $< 8,0$	1,20
8,0 bis $< 9,0$	1,27
9,0 bis $<10,0$	1,35
$\geq 10,0$	1,45

Tafel 53   Mittlere jährliche Zunahme p des Schwerverkehrs

Straßenklasse	Bundesautobahnen	Bundesstraßen	Landes-/Kreisstraßen
p	0,03	0,02	0,01

Tafel 54   Mittlere jährliche Zunahme des Schwerverkehrs ohne Zunahme im ersten Jahr des Betrachtungszeitraumes zur Berechnung von f_z

N	Mittlere jährliche Zunahme p des Schwerverkehrs		
	0,01	0,02	0,03
5	1,020	1,041	1,062
10	1,046	1,095	1,146
15	1,073	1,153	1,240
20	1,101	1,215	1,344
25	1,130	1,281	1,458
30	1,159	1,352	1,586

Tafel 55 Mittlere jährliche Zunahme des Schwerverkehrs mit Zunahme im ersten Jahr des Betrachtungszeitraumes zur Berechnung von f_z

N	Mittlere jährliche Zunahme p des Schwerverkehrs		
	0,01	0,02	0,03
5	1,030	1,062	1,094
10	1,057	1,117	1,181
15	1,084	1,176	1,277
20	1,112	1,239	1,384
25	1,141	1,307	1,502
30	1,171	1,379	1,633

Liegen Achslastdaten aus Achslastwägungen vor, ermittelt man die bemessungsrelevante Beanspruchung B mit den Gln. (52a) und (52b).

Für die Berechnung von B bei variablen Faktoren gilt:

$$B = 365 \cdot f_3 \cdot \sum_{i=1}^{N} \left[EDTA_{i-1}^{(SV)} \cdot f_{1i} \cdot f_{2i} \cdot (1 + p_i) \right] \tag{52a}$$

in äquivalenten 10 t Aü Nutzungszeitraum mit $EDTA_{i-1}^{(SV)} = \sum_k \left[DTA_{(i-1),k}^{(SV)} \cdot \left(\dfrac{L_k}{L_0} \right)^4 \right]$

Für die Berechnung von B bei konstanten Faktoren gilt bei Unterteilung des Gesamtzeitraumes in Teilbetrachtungszeiträume vereinfacht:

$$B = N \cdot EDTA^{(SV)} \cdot f_1 \cdot f_2 \cdot f_3 \cdot f_z \cdot 365 \tag{52b}$$

in äquivalenten 10 t Aü/Nutzungszeitraum

N	Anzahl der Jahre des Nutzungszeitraumes (in der Regel $N = 30$)
$EDTA_i^{(SV)}$	durchschnittliche Anzahl der täglichen äquivalenten Achsübergänge des Schwerverkehrs im Nutzungsjahr i
f_{1i}	Fahrstreifenfaktor im Nutzungsjahr i
f_{2i}	Fahrstreifenbreitefaktor im Nutzungsjahr i
f_3	Steigungsfaktor
f_z	mittlerer jährlicher Zuwachsfaktor des Schwerverkehrs
$DTA^{(SV)}$	durchschnittliche Anzahl der täglichen Achsübergänge des Schwerverkehrs im Nutzungsjahr i in Aü/24 h
k	Lastklasse, als Gruppe von Einzellasten definiert
L_k	mittlere Achslast in der Lastklasse k
L_0	Bezugsachslast, $L_0 = 10$ t

Beispiel Die bemessungsrelevante Beanspruchung B für den Bau einer vierstreifigen Umgehungsstraße einer Bundesstraße und die Zuordnung zur Bauklasse ist zu bestimmen. Im vierten Jahr nach Verkehrsübergabe erhält die Umgebung die volle Verkehrsbedeutung.

Planungsdaten:
- Nutzungszeitraum — $N = 30$ Jahre
- Anzahl der Fahrstreifen 4 — $f_1 = 0,45$
- Fahrstreifenbreite mit höchster Verkehrsbelastung — $b_F = 3,75$ m — $f_2 = 1,0$
- maximale Längsneigung — max $s = 2,2\%$ — $f_3 = 1,02$

Verkehrsdaten:
- $DTV^{(SV)}$ im ersten Nutzungsjahr — $DTV^{(SV)} = 1800$ Fz/24 h — $p_1 = 0$
- mittlere jährliche Zunahme des Schwerverkehrs im zweiten und dritten Jahr nach Verkehrsübergabe — $p_{2...3} = 0,01$
- mittlere jährliche Zunahme des Schwerverkehrs ab viertem Jahr — $p_{4...30} = 0,02$
- durchschnittliche Achszahl/Fz des Schwerverkehrs — $f_A = 3,7$ A/Fz
- Lastkollektivquotient — $q_{Bm} = 0,20$

Berechnung der bemessungsrelevanten Belastung mit Gl. (50a)

$$B = 365 \cdot q_{Bm} \cdot f_3 \cdot \sum_{i=1}^{N} [DTA_{i-1}^{(SV)} \cdot f_{1i} \cdot f_{2i} \cdot (1 + p_i)]$$

$$DTA^{(SV)} = DTV^{(SV)} \cdot f_A = 1800 \cdot 3{,}7 = 6660 \text{ Aü}/24 \text{ h}$$

Im ersten Jahr wird ohne Zuwachs des Schwerverkehrs gerechnet. Damit ergibt sich

$B_1 = 365 \cdot 0{,}20 \cdot 1{,}02 \cdot 6660 \cdot 0{,}45 \cdot 1{,}00 = 223\,156{,}62$ Achsübergänge/1. Jahr

Die bemessungsrelevante Belastung wird am einfachsten mit einer EXEL-Tabelle errechnet. (Da die Faktoren f_A, q_{Bm}, f_1, f_2, f_3 und die Anzahl der Tage im Jahr konstante Faktoren sind, wurden sie in der Tabelle bei der Berechnung von $DTA_i^{(SV)}$ bzw. B_i direkt eingebunden.)

Jahr	p_i	$DTV^{(SV)}$	$DTA^{(SV)} = DTV^{(SV)} \cdot f_A$	$1 + p_i$	B
1	—	1800,00	6660,00	—	223 156,62
2	0,01	1800,00	6660,00	1,01	223 156,62
3	0,01	1818,00	6726,60	1,01	225 388,19
4	0,02	1854,36	6861,13	1,02	229 895,95
5	0,02	1891,45	6998,35	1,02	234 493,87
6	0,02	1929,28	7138,32	1,02	239 183,75
7	0,02	1967,86	7281,09	1,02	243 967,42
8	0,02	2007,22	7426,71	1,02	248 846,77
9	0,02	2047,36	7575,24	1,02	253 823,71
10	0,02	2088,31	7726,75	1,02	258 900,18
11	0,02	2130,08	7881,28	1,02	264 078,18
12	0,02	2172,68	8038,91	1,02	269 359,75
13	0,02	2216,13	8199,69	1,02	274 746,94
14	0,02	2260,45	8363,68	1,02	280 241,88
15	0,02	2305,66	8530,96	1,02	285 846,72
16	0,02	2351,78	8701,57	1,02	291 563,65
17	0,02	2398,81	8875,61	1,02	297 394,93
18	0,02	2446,79	9053,12	1,02	303 342,82
19	0,02	2495,72	9234,18	1,02	309 409,68
20	0,02	2545,64	9418,86	1,02	315 597,87
21	0,02	2596,55	9607,24	1,02	321 909,83
22	0,02	2648,48	9799,39	1,02	328 348,03
23	0,02	2701,45	9995,37	1,02	334 914,99
24	0,02	2755,48	10195,28	1,02	341 613,29
25	0,02	2810,59	10399,19	1,02	348 445,55
26	0,02	2866,80	10607,17	1,02	355 414,46
27	0,02	2924,14	10819,31	1,02	362 522,75
28	0,02	2982,62	11035,70	1,02	369 773,21
29	0,02	3042,27	11256,41	1,02	377 168,67
30	0,02	3103,12	11481,54	1,02	384 712,05
bemessungsrelevante Beanspruchung B am Ende der gewählten Nutzungsdauer von 30 Jahren					8 797 218,33

Nach Tafel 34 ist die Umgehungsstraße der Bauklasse II zuzuordnen.

Die zweite Methode nach Gl. (50b) ergibt folgende Berechnung:

$$B = N \cdot DTA^{(SV)} \cdot q_{Bm} \cdot f_1 \cdot f_2 \cdot f_3 \cdot 365 \quad \text{Au/Nutzungszeitraum}$$

Die Betrachtung wird auf zwei Zeiträume aufgeteilt, nämlich 1. bis 3. Jahr und 4. bis 30. Jahr. Für den ersten Zeitraum gilt

$$f_z = \frac{(1+p)^N - 1}{p \cdot N} = \frac{(1+0{,}01)^3 - 1}{0{,}01 \cdot 3} = \frac{0{,}0303}{0{,}03} = 1{,}01$$

und für den zweiten Zeitraum ist

$$f_z = \frac{(1+p)^N - 1}{p \cdot N} \cdot (1 + p) = \frac{1{,}02^{27} - 1}{0{,}02 \cdot 27} \cdot 1{,}02 = \frac{1{,}706886 - 1}{0{,}54} \cdot 1{,}02 = 1{,}335$$

16

Damit wird

$B_{1...3} = N \cdot DTA^{(SV)} \cdot q_{Bm} \cdot f_1 \cdot f_2 \cdot f_3 \cdot f_z \cdot 365 = 3 \cdot 6660 \cdot 0,2 \cdot 0,45 \cdot 1,00 \cdot 1,02 \cdot 1,01 \cdot 365$
$\qquad = 676\,164,56$ Aü/Zeitraum

$B_{4...30} = 27 \cdot 6726,60 \cdot 0,20 \cdot 0,45 \cdot 1,0 \cdot 1,02 \cdot 1,335 \cdot 365 = 8\,124\,117,17$ Aü Zeitraum

$B_{ges} = 8\,800\,281,73$ Aü Nutzungszeitraum $\approx 8\,797\,218,33$ Aü Nutzungszeitraum (nach Gl. 50 a)

Weitere Berechnungsbeispiele können den RStO 2001 entnommen werden.

Im ländlichen Wegebau werden die Befestigungen entsprechend Tafel 47 ausgeführt.

Deckschichten werden aus Asphaltbeton im Heiß- und Warmeinbau, Gußasphalt, Asphaltmastix oder Splittmastixasphalt hergestellt.

Für *Binderschichten* verwendet man Asphaltbinder.

Tragdeckschichten sind einlagige bituminöse Schichten, die bei untergeordneten Verkehrsflächen die Funktion von Trag- und Deckschicht aufnehmen müssen.

Oberflächenschutzschichten sind dünne bituminöse Schichten, die als Oberflächenbehandlung oder als Schlämme aufgebracht werden. Die Auswahl der Mischgutart und -sorte richtet sich nach der Beanspruchung (normale und besondere Beanspruchung). Als besondere Beanspruchung gelten spurfahrender Verkehr, langsamer Verkehr, häufige Brems- und Beschleunigungsvorgänge, Standverkehr und klimatische Verhältnisse.

1.5.2 Anforderungen nach ZTV Asphalt und ZTVT

Tragschichten sind Bestandteile des frostsicheren Oberbaus. Sie verteilen Lasten, die auf die Fahrbahnfläche wirken, auf die Unterlage.

Als *Unterlage* bezeichnet man die Fläche unter der jeweils herzustellenden Tragschicht. Die Mindestdicke richtet sich nach RstO und ZTVT-StB.

Tragschichten ohne Bindemittel werden eingesetzt als Frostschutzschichten oder Kies- und Schottertragschichten.

Frostschutzschichten bestehen aus frostunempfindlichen Mineralstoffgemischen, die auch im verdichteten Zustand ausreichend wasserdurchlässig sind und Frostschäden im Oberbau vermeiden sollen (Kornanteil unter 0,063 mm Durchmesser $\leq 7{,}0$ Gew.-%).

Kiestragschichten bestehen aus Kies-Sand-Gemischen, denen auch gebrochene Mineralstoffe zugesetzt sein können.

Schottertragschichten bestehen aus Schotter-Splitt-Sand- oder Splitt-Sand-Gemischen. Die Sieblinienbereiche sind in Bild 38 und 39 dargestellt.

Hydraulisch gebundene Tragschichten bestehen aus Mineralstoffgemischen (Rundkorn oder gebrochenes Korn) und hydraulischen Bindemitteln. Die Sieblinienbereiche sind in Bild 40 dargestellt.

In Querrichtung müssen *Kerben* vorgesehen werden,

— wenn die mittlere Druckfestigkeit 12 N/mm^2 überschreitet,
— wenn die Einbaudicke $d = 20{,}0$ cm beträgt,
— wenn sie unter Asphaltschichten mit einer Gesamtdicke $d = 14$ cm liegen.

Im letzten Fall darf der Kerbenabstand nicht größer als 2,50 m sein, sonst kann man den Abstand bis auf 5,00 m erhöhen.

In Längsrichtung werden hydraulisch gebundene Tragschichten nur unter Betondecken eingekerbt, wenn die Einbaubreite $b \geq 8{,}00$ m ist. Die Lage der Kerben muß mit den Längs- und Querfugen der Betondecke übereinstimmen. Unter Asphaltschichten ordnet man Längskerben nur dann an, wenn auch Querkerben angeordnet werden müssen.

Kiestragschichten 0/32

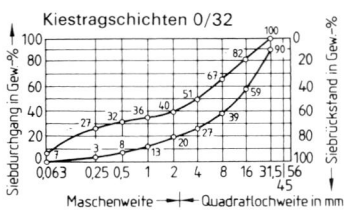

Kiestragschichten 0/45

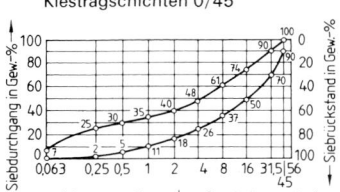

Kiestragschichten 0/56

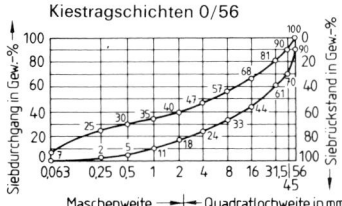

Schottertragschichten 0/32

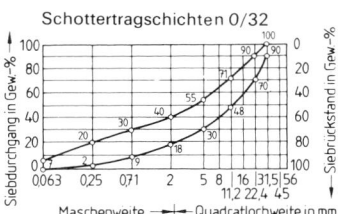

Schottertragschichten 0/45

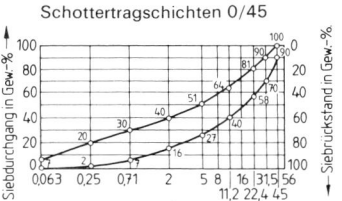

Schottertragschichten 0/56

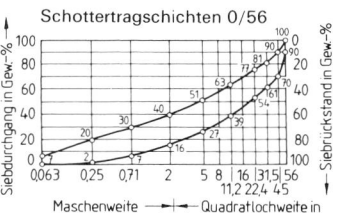

Bild 38 Sieblinienbereiche für Kiestragschichten

Bild 39 Sieblinienbereiche für Schottertragschichten

Tafel 56 Anforderungen an Tragschichten ohne Bindemittel nach ZTVT

	Frostschutzschicht				Kies-/Schottertragschicht		
Lieferkörnung	0/32[1]	0/45	0/56	0/63	0/32	0/45	0/56
Mindest-Einbaudicke d in cm in verdichtetem Zustand	12	15	18	20	12	15	18
Zulässige Abweichung von profilgerechter Lage in cm	$\leq \pm 2,0$				$\leq \pm 2,0$		
Zulässige Abweichung von der Ebenheit in cm/4 m	$\leq 2,0$				$\leq 2,0$		
Verdichtungsgrad D_{Pr} in %	Bauklasse I bis V	Bauklasse VI[2]			Bauklasse I bis VI		
	≥ 103[3][4]	≥ 100[3][5]			≥ 103[4]		
	100[5][6]						

[1]) Bei Lieferkörnung 0/22 für Geh- und Radwege beträgt die Mindesteinbaudicke 0,10 m
[2]) Gilt auch für sonstige Verkehrsflächen, Geh- und Radwege
[3]) Gilt für die Bodengruppen GW, GI und Baustoffgemische aus Brechsand, Splitt und gegebenenfalls Schotter der Lieferkörnungen 0/5 bis 0/56 bis 0,20 m unter Oberkante Frostschutzschicht
[4]) Verhältniswert der Verformungsmoduln $E_{v2}/E_{v1} = 2,2$
[5]) Verhältniswert der Verformungsmoduln $E_{v2}/E_{v1} = 2,5$
[6]) Gilt für die Bodengruppen GE, SE, SW, SI bis 0,20 m unter Oberkante Frostschutzschicht und alle genannten Bodengruppen und Baustoffgemische für Bereiche tiefer als 0,20 m unter Oberkante Frostschutzschicht

Die erforderlichen E_{v2}-Werte sind den Tafeln 39 bis 42 zu entnehmen.

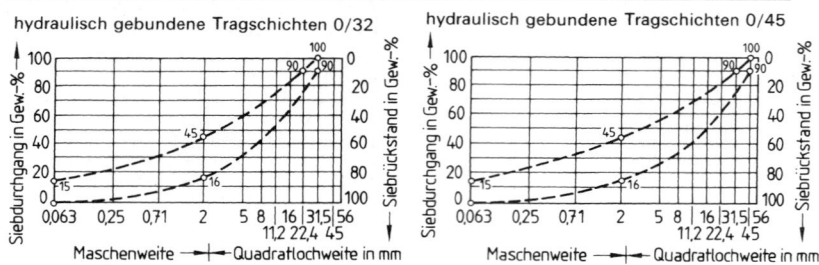

Bild 40   Sieblinienbereiche für hydraulisch gebundene Tragschichten

Tafel 57   Anforderungen an hydraulisch gebundene Tragschichten

Korndurchmesser in mm	$<0{,}063$	$>2{,}0$	gröbste Kornklasse	Überkorn
Kornanteil im Mineralstoffgemisch in Gew.-%	≤ 15	55 bis 84	≥ 10	≤ 10
Mittlere Druckfestigkeit in N/mm² nach 28 Tagen	unter Asphaltschichten unter Betondecke	7 bis 12 9 bis 12		
Bindemittelmenge in Gew.-% bezogen auf trockenes Mineralstoffgemisch	≥ 3			
Einbautemperatur in °C	$\geq +5$			
Längenänderung bei Frostprüfung in ‰	≤ 1			
Verdichtungsgrad in %	≥ 98			
Profilgerechte Lage in cm	unter Betondecken sonstige Beläge	$\leq +1{,}0;\ \leq -2{,}0$ $\leq +1{,}5$		
Ebenheit in cm/4 m	$\leq 1{,}5$			
Mindesteinbaudicke in cm	Mineralstoffgemisch	0/32 12 0/45 15		

Maßnahmen zur gezielten Rißbildung sind z. B. das Entspannen mit dem Fallschwert oder das Einschneiden von Kerben im Abstand von höchstens 5,00 m. Die Tiefe der Kerbe soll 35% der Einbaudicke der hydraulisch gebundenen Tragschicht betragen.

Bindemittel sind Zement, Tragschichtbinder oder hochhydraulischer Kalk.

Betontragschichten sind Tragschichten aus Beton nach DIN 1045. Sie erhalten in der Regel Fugen. Querfugen sind im Abstand von maximal 5,00 m anzuordnen. Sie werden eingerüttelt oder eingeschnitten. Arbeitsfugen werden als Preßfugen ausgebildet. An Bauwerken sind Raumfugen erforderlich. Längsfugen sind bei Fahrbahnbreiten über 5,00 m vorzusehen. Bei Betondecken ist die Fugeneinteilung auf die Fugen in der Betondecke abzustimmen. Die Mindest-Einbaudicke beträgt 0,12 m, bei Verwendung von Innenrüttlern 0,15 m.

Als Bindemittel ist ein Zement CEM I der Festigkeitsklasse 32,5 R vorzusehen. Der Auftraggeber kann auch Zement CEM II oder CEM III der Festigkeitsklasse 42,5 oder 42,5 R zulassen. Der Beton muß der Festigkeitsklasse B 15 oder B 25 entsprechen. Frischbeton darf nur im Temperaturbereich zwischen +5 °C und +30 °C verarbeitet werden. Die ZTV Beton ist zu beachten. Ein rasches Austrocknen ist zu verhindern, der Beton muß drei Tage feucht gehalten werden. Die Oberfläche darf nur ±1,0 cm von der Sollhöhe abweichen. Die Abweichung von der Ebenheit darf 1,0 cm/4 m nicht überschreiten.

Drainbetontragschichten (DTB) sind Tragschichten mit hydraulischen Bindemitteln, die aus einem haufwerkporigen Zuschlaggemisch bestehen mit einer Sieblinie, die als Ausfallkörnung aufgebaut ist. Sie besitzen nur so viel Feinmörtel, daß die Zuschläge umhüllt und verkittet werden. Durch die Hohlräume kann Wasser sickern, das durch die Betondecke oder offene Fugen in den Oberbau eindringt. Die DBT wird unter dem Standstreifen angeordnet und erhält die gleiche Dicke wie die Tragschicht unter der Fahrbahn. Sie soll noch 0,20 m bis 0,50 m von der Längsfuge zwischen Standstreifen und Fahrbahn unter den äußeren Fahrstreifen reichen, um Sickerwasser sicher zu erfassen. Längs- und Querkerben sind in der gleichen Einteilung wie bei der Betondecke anzuordnen. Umweltverträgliche Recycling-Baustoffe können verwendet werden. Das Größtkorn soll 32 mm nicht überschreiten. Als Bindemittel wird der Zement CEM I 32,5 R empfohlen. Die Verdichtung erfolgt beim *Zentralmischverfahren* durch Vorverdichtung der Fertigerbohle und Abwalzen mit der Glattmantelwalze ohne Vibration. Beim *Baumischverfahren* erfolgt die Vorverdichtung durch die Gummiradwalze, die Nachverdichtung wie beim Zentralmischverfahren. Der von außen zugängliche Hohlraumgehalt muß >15,0% sein.

Tragschichten mit bituminösen Bindemitteln sind mit Straßenbaubitumen gebundene Mineralstoffgemische. Sie werden im *Heißeinbau* hergestellt. Zusammensetzung und Anforderungen an die Mischgutarten sind in Tafel 58 angegeben. Die Einteilung ist abhängig vom Kornanteil über 2 mm im Mineralstoffgemisch. Mischgutart C mit mindestens 60 Gew.-% gebrochenem Korn über 2 mm und einem Brechsand-Natursand-Verhältnis von 1:1 bezeichnet man als Mischgutart CS. Die Wahl der Mischgutarten bestimmt man nach Tafel 59; die Dicke wählt man nach den Tafeln 39 bis 45.

Tafel 58 Anforderungen an Mineralstoffgemische und Mischgut bit. Tragschichten

Mischgutart	AO	A	B	C	CS
Körnung in mm	0/2 bis 0/32	0/2 bis 0/32	0/22, 0/32, 0/16[1]	0/22, 0/32, 0/16[1]	0/22, 0/32, 0/16[1]
Körnung >2 mm im Mineralstoffgemisch in Gew.-%	0 bis 80	0 bis 35	über 35 bis 60	über 60 bis 80	über 60 bis 80
Körnung <0,09 mm im Mineralstoffgemisch in Gew.-%	2 bis 20	4 bis 20	3 bis 12	3 bis 10	3 bis 10
gröbste Körnung in Gew.-% mindestens	10	10	10	10	10
Überkorn in Gew.-% höchstens	20	10	10	10	10
Mindestbindemittelgehalt für den Regelfall in Gew.-%	3,3	4,3	3,9	3,6	3,6
Marshall-Stabilität bei 60 °C in kN mindestens	2,0	3,0	4,0	5,0	8,0
Marshall-Fließwert in mm	1,5 bis 4,0	1,5 bis 4,0	1,5 bis 4,0	1,5 bis 4,0	1,5 bis 5,0
Hohlraumgehalt[2] (berechnet am Marshall-Probekörper) in Vol.-%	4,0 bis 20,0	4,0 bis 14,0	4,0 bis 12,0	4,0 bis 10,0	5,0 bis 10,0

[1]) Nur für Ausgleichsschichten
[2]) Werden mehr als 20 Gew.-% Hochofenstück- oder Metallhüttenstückschlacke im Mineralstoffgemisch verwendet, gelten die Werte für die Wasseraufnahme nach DIN 1996 Teil 8.

Tafel 59 Zuordnung der Mischgutarten bituminärer Tragschichten zu Bauklasse und Einbauart

		Bauklasse			SV und bes. Beanspruchungen
		I	II bis IV	V bis VI	
einschichtig		B, C, CS	B[1]), C, CS	B, C, CS	CS
mehrschichtig	obere Schicht	B[2]), C, CS	(B[1]), C, CS)[3]	(B, C, CS)[3]	CS
	untere Schicht	A, B, C, CS (AO)[3]	(AO, A, B, C, CS)[3]		B, C, CS (AO, A)[3]

[1]) Bei einer Dicke der darüberliegenden Decke von mind. 8,0 cm
[2]) Nicht über einer Schicht der Mischgutarten AO oder A
[3]) Nur beim Asphaltoberbau

Als Bindemittel werden Straßenbaubitumen B 70/100 oder B 50/70 verwendet. Beim Asphaltoberbau darf für die untere Schicht auch härteres Bitumen eingesetzt werden. Die Mineralstoffzusammensetzung ist Bild 41 zu entnehmen. Die Anforderungen an bituminöse Tragschichten sind in Tafel 60 zusammengestellt.

Der Einbau darf nicht erfolgen, wenn auf der Unterlage ein Wasserfilm, Schnee oder Eis vorhanden ist. Unter $-3\,°C$ soll der Einbau eingestellt werden. Für Herstellung und Lagerung gilt ZTV Asphalt-StB sinngemäß.

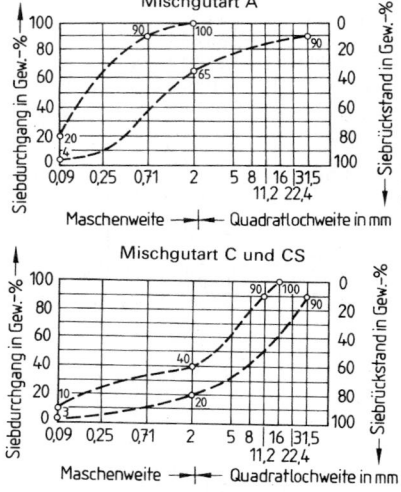

Bild 41 Sieblinienbereiche für bituminöse Tragschichten

Tafel 60 Anforderungen an bituminöse Tragschichten

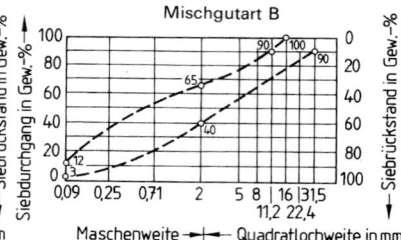

Verdichtungsgrad in %	Mischgutart				
	AO	A	B	C	CS
	96	96	97	97	97
Zul. Abweichung von der Sollhöhe in cm	1,0				
Zul. Abweichung von der Ebenheit in cm/4 m	1,0				

Bei Geh- und Radwegen und bei Handeinbau gilt bei einer Unterlage ohne Bindemittel ein Mindest-Verdichtungsgrad von 95%

Tafel 61 Grenzwerte für Mischguttemperaturen

Vorschrift	Mischgutart	Temperaturspannen für das Lagern und Befördern von Asphalt-Mischgut in °C (niedrige Temperatur für abgeladenes Mischgut beim Einbau, höhere Temperaturen beim Verlassen des Silos gültig)					
		B 160/200	B 70/100	B 50/70	B 30/45	B 20/30	FB 500
ZTVT-StB	Asphalttragschicht		120 bis 180	120 bis 180	(130 bis 190)		
ZTV Asphalt-StB	Asphaltbinder		120 bis 180	120 bis 180	130 bis 190		
	Asphaltbeton (Heißeinbau)	120 bis 170	130 bis 180	130 bis 180	140 bis 190		
	Splittmastix-asphalt	120 bis 170	150 bis 180	150 bis 180			
	Gußasphalt			200 bis 250	200 bis 250	200 bis 250	
	Asphaltmastix	170 bis 210	180 bis 220	180 bis 220	180 bis 220		
	Tragdeckschicht	100 bis 170	120 bis 180				
	Asphaltbeton (Warmeinbau)	100 bis 170	120 bis 180				60 bis 130
ZTVLW	Tragdeckschicht	110 bis 170	130 bis 180				
	Deckschicht	130 bis 170	140 bis 180				
	Tragschicht	120 bis 170	130 bis 180	130 bis 180			

Tafel 62 Richtwerte für bituminöses Mischgut bei verschiedenen Bauweisen (Fußnoten s. S. 1268)

Art	Mineralstoffe in M.-% für Körnung in mm							Bindemittelsorte	Bindemittelgehalt M.-% von–bis	Mischgut Hohlr. Vol.-% von–bis	Schichteinbau Dicke cm von–bis	Gewicht kg/m² von–bis	Verd.-grad %	Hohlr.-gehalt Vol.-%
	<0,09 von–bis	>2,0 von–bis	>5,0 von–bis	>8,0 von–bis	>11,2 von–bis	>16,0 von–bis	>22,4 ≤10							
Asphaltbinder[1] [5)12)] 0/22 S	4–8	70–80					≥25	(B 50/70[2]); B 30/45; PmB 45	4,0–5,0	5,0–7,0	7,0–10,0	170–250	≥97	
0/16 S	4–8	70–75			≥25	≤10		(B 50/70[2]); B 30/45; PmB 45	4,2–5,5	4,0–7,0	5,0–8,5	125–210	≥97	≤7,0
0/16	3–9	60–75		≥20	≤20	≤10		B 30/45; B 70/100: (30/45[2])	4,0–6,0	3,0–7,0	4,0–8,5	95–210	≥97	≤7,0
0/11	3–9	50–70	≥20	≤10	≤10			B 50/70; B 70/100	4,5–6,5	3,0–7,0	Profilausgleich für Baukl. IV bis VI		≥96[9]	
Asphaltbeton im Heißeinbau[1)5)] [5)12)] 0/16 S[12]	6–10	55–65			25–40	≥15	≤10	B 50/70; (B 70/100)	5,2–6,5	3,0[2]–5,0	5,0–6,0	120–150	≥97	≤7,0
0/11 S[12]	6–10	50–60		15–30	≥15	≤10		B 50/70; (B 70/100)	5,9–7,2	3,0[2]–5,0	4,0–5,0	95–125	≥97	≤7,0
0/11[13]	7–13	40–60		≥15	≤10			B 70/100; (B 50/70)	6,2–7,5	2,0[2]–4,0; 1,0[4]–3,0	3,5–4,5	85–115	≥97	≤6,0
0/8[13]	7–13	35–60	≥15	≤10				B 70/100; (B 50/70)	6,4–7,7	2,0[3]–4,0; 1,0[4]–3,0	3,0–4,0	75–100	≥97	≤6,0
0/5	8–15	30–50	≤10					B 70/100; (B 160/220)	6,8–8,0	1,0[4]–3,0	2,0–3,0	45–75	≥96	≤6,0
Splittmastixasphalt[1)] [5)12)15)] 0/11 S	9–13	73–80	60–70	≥40		stabilisier. Zusätze 0,3 bis 1,5 M.-%		B 50/70 (PmB 45)	≥6,5	3,0–4,0	3,5–4,0	85–100	≥97	≤6
0/8 S	10–13	73–80	55–70	≤10				B 50/70 (PmB 45)	≥7,0	3,0–4,0	3,0–4,0	70–100	≥97	≤6
0/8	8–13	70–80	45–70	≤10				B 70/100	≥7,0	2,0–4,0	2,0–4,0	45–100	≥97	≤6
0/5	8–13	60–70	≤10	≤10				B 70/100; (B 160/220)	≥7,2	2,0–4,0	2,0–4,0	45–75	≥97	≤6
Gußasphalt[5)7)] 0/11 S[14]	20–30	45–55		≥15	≤10			B 30/45 (B 20/30)	6,5–8,0		3,5–4,0	80–100	Eindringtiefe in mm: 1,0 bis 3,5[10]	
0/11	20–30	45–55		≥15	≤10			B 30/45 (B 50/70)	6,5–8,0		3,5–4,0	80–100	1,0 bis 5,0[11]	
0/8	22–32	40–50	≥15	≤10				B 30/45 (B 50/70)	6,8–8,0		2,5–3,5	65–85	1,0 bis 5,0[11]	
0/5	24–34	35–45	≤10					B 30/45 (B 50/70)	7,0–8,5		2,0–3,0	45–75	1,0 bis 5,0[11]	
Asphaltmastix 0/2	30–60	≤15						B 50/70; B 70/100 (B 30/45); (B 160/220)	13,0–18,0			15–25[16]	Abstreumaterial Edelsplitt 5/8, 8/11 oder 11/16	
Tragdeckschicht[1)8)] [1)] 0/16	7–12	50–70		10–20	≤10	≤10		B 70/100; B 160/220	≥5,2	1,0–3,0	5,0–10,0	120–250	≥96	≤7
Asphaltbeton im Warmeinbau[5)] 0/11	4–10	45–70		≥10	≤10			FB 500	5,5–7,0			45–55		
0/8	5–10	40–65	≥15	≤10				FB 500	6,0–7,5			35–45		
0/5	6–11	30–55	≤10					FB 500	6,5–8,0			25–35		

In Klammern gesetzte Werte gelten nur in besonderen Fällen

Verkehrswesen – Straßenbau

Fußnoten zu Tafel 62
[1]) Bei >20 Gew.-% Hochofen- oder Metallhüttenschlacke im Mineralstoffgemisch ist statt der Berechnung des Hohlraumgehalts die Bestimmung der Wasseraufnahme durchzuführen. Es gelten dieselben Werte.
[2]) Bauklasse III, St SLW.
[3]) Bauklasse III und IV.
[4]) Bauklasse V, VI, St LLW und Wege.
[5]) Verwendung von Edelsplitt, Edelbrechsand und/oder Natursand, Gesteinsmehl.
[6]) Sonderbindemittel mit Viskosität wie FB 500.
[7]) Oberfläche mit Abstreumaterial aufrauhen.
[8]) Stabilität nach Marshall ≥ 4 kN, Fließwert nach Marshall 2 bis 5 mm.
[9]) Bei Dicken >3,0 cm.
[10]) Zunahme in weiteren 30 min $\leq 0,4$ mm.
[11]) Zunahme in weiteren 30 min $\leq 0,6$ mm. Bei Rad- und Gehwagen ≤ 10 mm.
[12]) Verhältnis Brechsand: Natursand $\geq 1 : 1$.
[13]) Verhältnis Brechsand: Natursand $\geq 1 : 1$ nur bei Bauklasse III.
[14]) Verhältnis Brechsand: Natursand $\geq 1 : 2$.
[15]) „Empfehlungen für die Zusammensetzung, die Herstellung und den Einbau von Splittmastixasphalt", Straßenbau von A – Z, 5/91, Erich Schmidt-Verlag, Berlin – Bielefeld – München

Bituminöse Fahrbahndecken bilden den obersten Teil des Oberbaus. Sie werden unterteilt in die Deckschicht, eine oder zwei Binderschichten, Tragdeckschichten und Oberflächenschutzschichten. Richtwerte für das Mischgut verschiedener Deckschichtbauweisen sind in Tafel 62 zusammengestellt. Die zweckmäßige Mischgutart wählt man nach der Belastung der Verkehrsfläche (s. Tafel 63). Die Baustoffe für Oberflächenbehandlungen und die Zusammensetzung entnimmt man Tafel 64. Die Sieblinienbereiche sind in den Bildern 42 bis 48 dargestellt.

Die Griffigkeit der Oberfläche einer Deckschicht wird nach dem Messverfahren SCRIM ermittelt. Sie darf in den Bauklassen SV, I bis IV bei der Abnahme (Ablauf der Gewährleistung) und einer Messgeschwindigkeit $v = 80$ km/h den Wert $\mu = 0,46$ ($\mu = 0,43$), bei $v = 60$ km/h $\mu = 0,53$ ($\mu = 0,50$), bei $v = 40$ km/h $\mu = 0,60$ ($\mu = 0,56$) nicht mehr als 0,03 unterschreiten.

Nach ZTV Asphalt-StB unterscheidet man folgende Bauweisen:

Asphaltbinder. Einbau und Verdichtung erfolgen im heißen Zustand. Binder 0/11 dienen zum Profilausgleich bei Straßen der Bauklassen IV bis VI.

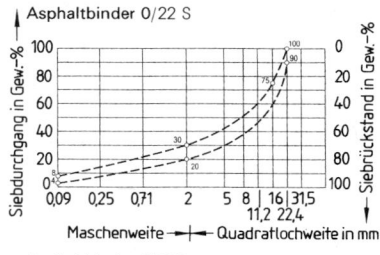

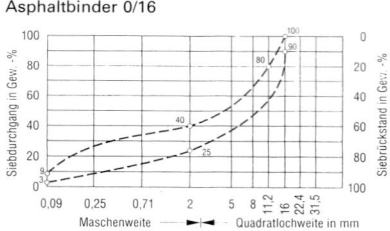

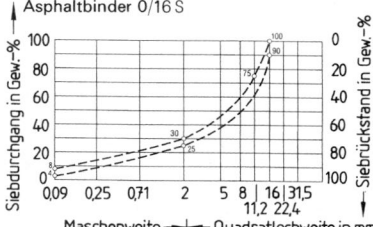

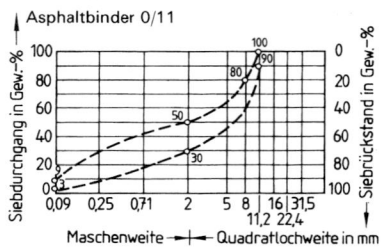

Bild 42   Sieblinienbereich für Asphaltbinder

Asphaltbeton (Heißeinbau) besitzt einen geringen Hohlraumgehalt und wird heiß eingebaut und verdichtet.

Splittmastixasphalt besteht aus Mineralstoffgemisch mit Ausfallkörnung, Straßenbaubitumen und stabilisierenden Zusätzen (organische und mineralische Faserstoffe, Kieselsäure, Polymere), die bei hohem Bindemittelgehalt eine Entmischung bei der Herstellung und Verarbeitung verhindern sollen. Er wird mit Edelsplitt und/oder Edelbrechsand abgestreut, um eine angemessene Anfangsrauhigkeit zu erzielen.

Tafel 63 Zweckmäßige Mischgutarten und -sorten im Heißeinbau nach ZTV Asphalt-StB

Beanspruchung	Bauklasse/ Flächenart	Asphaltbinder	Asphaltbeton	Splittmastix- asphalt	Gussasphalt
normal oder besondere	SV und I	0/22S 0/16S		0/11S 0/8S	0/11S
	II	0/22S 0/16S	(0/16S) 0/11S	0/11S 0/8S	
besondere	III, St SLW	(0/22S) 0/16S	(0/16S) 0/11S	0/11S 0/8S	0/11S
normale	III, IV	0/16	0/11 (0/8)	0/8 (0/5)	(0/11) (0/8)
	V, VI		0/11 0/8	0/8 0/5	(0/11) (0/8)
	StLLW, Rad- und Gehwege		0/11, 0/8 0/5	0/8 0/5	(0/8) (0/5)

Tafel 64 Baustoffe für Oberflächenbehandlungen

Bindemittelart	Binde- mittel- sorte	Lage bzw. Schicht	Bindemittel- menge in kg/m^2	Edelsplittmenge in kg/m^2 bei Körnung		
				2/5	5/8	8/11
Oberflächenbehandlung mit einfacher Splittstreuung						
Unstabile Bitumenemulsion	U70K		1,5 bis 2,0	–	11 bis 17	–
Polymermodifizierte unstabile Bitumenemulsion PmOB (C/D)	U70K		1,2 bis 1,6	–	–	9 bis 14
Polymermodifiziertes Heiß- bitumen PmBO (A/B)			1,0 bis 1,4	–	9 bis 15	–
			0,9 bis 1,1	–	–	8 bis 12
Oberflächenbehandlung mit doppelter Splittabstreuung						
Unstabile Bitumenemulsion	U70K	1. Lage	1,6 bis 2,2	10 bis 13	–	–
		2. Lage	–	–	–	3 bis 6
Polymermodifizierte unstabile Bitumenemulsion PmOB (C/D)	U70K	1. Lage	1,4 bis 1,8	–	10 bis 13	–
		2. Lage	–	–	–	3 bis 6
Polymermodifiziertes Heißbitumen PmOB (A/B)		1. Lage	1,2 bis 1,3	10 bis 13	–	–
		2. Lage	–	–	–	2 bis 5
		1. Lage	1,1 bis 1,2	–	9 bis 12	–
		2. Lage	–	–	–	2 bis 5
Oberflächenbehandlung mit Splittvorlage						
Polymermodifizierte unstabile Bitumenemulsion PmOB (C/D)	U70K	1. Schicht	–	10 bis 13	–	–
		2. Schicht	1,8 bis 2,3	–	(10 bis 15)	10 bis 13
		1. Schicht	–	–	9 bis 12	–
		2. Schicht	1,7 bis 2,1	–	–	10 bis 13
Polymermodifiziertes Heiß- bitumen PmOB (A/B)		1. Schicht	–	10 bis 13	–	–
		2. Schicht	1,3 bis 1,6	–	(10 bis 12)	10 bis 13
		1. Schicht	–	–	9 bis 12	–
		2. Schicht	1,2 bis 1,5	–	–	10 bis 13

– nicht geeignet   Klammerwerte sind alternativ möglich

Gußasphalt ist eine dichte Masse. Er besitzt keine Hohlräume, oft sogar Bindemittelüberschuß. Er ist im heißen Zustand gießfähig und muß nicht verdichtet werden. Die Oberfläche wird mit bitumenumhülltem Edelsplitt abgestreut.

16

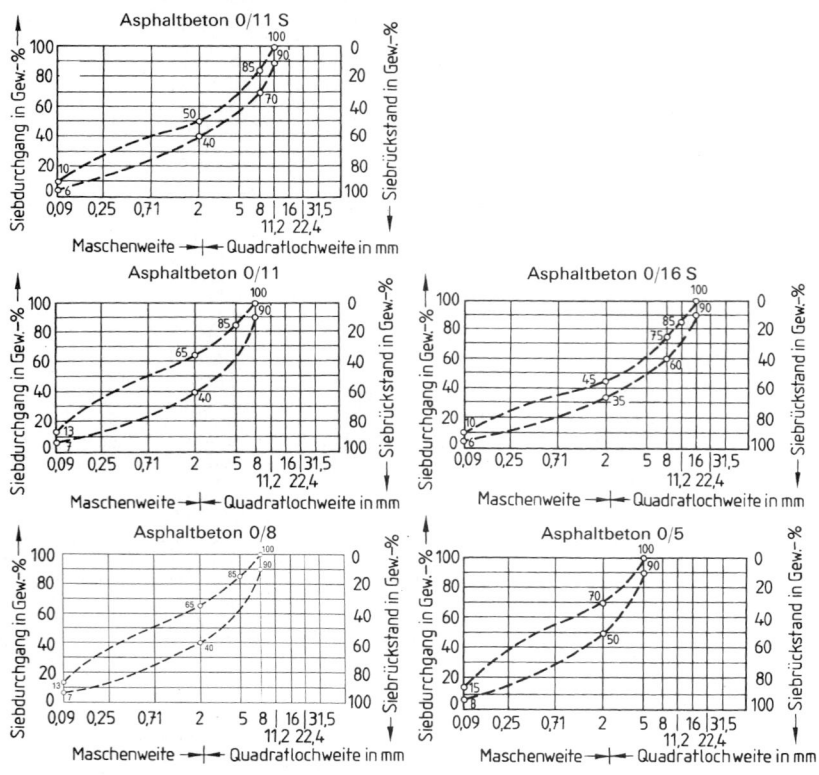

Bild 43 Sieblinienbereiche für Asphaltbeton (Heißeinbau)

Asphaltmastix ist eine dichte Masse aus Sand und Füller und in heißem Zustand gieß- und streichbar. Sie wird mit bitumenumhülltem Edelsplitt abgestreut.

Tragdeckschichten übernehmen die Funktion von Deck- und Tragschicht bei Verkehrsflächen mit leichtem Verkehr. Sie besitzen einen geringen Hohlraumgehalt.

Asphaltbeton (Warmeinbau) besteht aus Mineralstoffgemisch mit Fluxbitumen. Er wird warm eingebaut und verdichtet. Durch die Nachverdichtung unter Verkehr entstehen hohlraumarme Deckschichten. Die Verwendung für Fahrbahnen soll auf Ausnahmefälle beschränkt bleiben.

Oberflächenschutzschichten können durch Oberflächenbehandlungen oder Schlämmen erzeugt werden. Bei der Oberflächenbehandlung wird die Unterlage mit bituminösem Bindemittel angespritzt und anschließend mit Edelsplitt abgestreut. Man unterscheidet nach den Arbeitsgängen einfache, doppelte und einfache Oberflächenbehandlungen mit doppelter Splittstreuung. Bituminöse Schlämme besteht aus feinkörnigen Mineralstoffen, bituminösen Bindemittel und Wasser. Sie dient in der Regel der Versiegelung von Oberflächen.

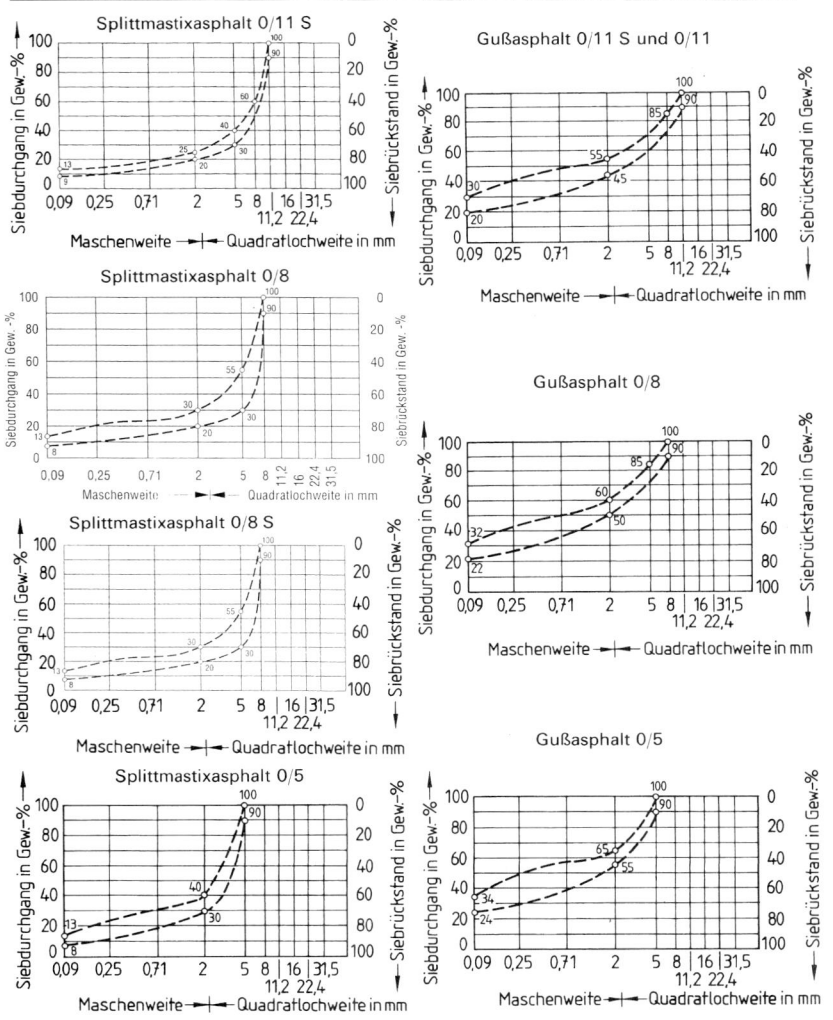

Bild 44 Sieblinienbereiche für Splitt-mastixasphalt

Bild 45 Sieblinienbereiche für Gußasphalt

Offenporige Asphaltdeckschichten. Diese Bauweisen werden eingesetzt zur Lärmminderung des Verkehrsgeräusches und zur Oberflächenentwässerung (Drainasphalt). Weisen sie im Neuzustand einen Hohlraumgehalt $\geq$ 15 Vol.-% auf, dürfen die Korrekturwerte D_{Stro} herabgesetzt werden bei Körnungsbereich

0/11 auf $D_{\text{Stro}} = -4,0$ dB (A)   und bei   0/8 auf $D_{\text{Stro}} = -5,0$ dB (A).

Der Lärmminderungs-Effekt geht nach einigen Jahren verloren.

16

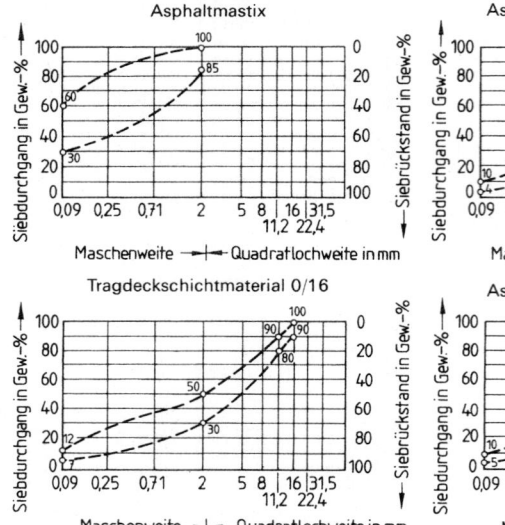

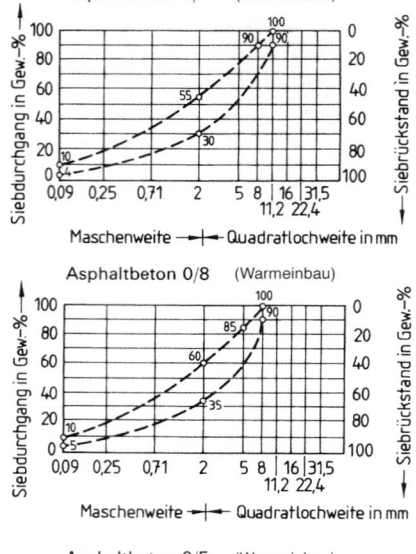

Bild 46 Sieblinienbereiche für Asphaltmastix und Tragdeckschicht

Dünne Schichten im Kalteinbau (DSK). Das Mischgut besteht aus Edelsplitt, Brechsand, Gesteinsmehl, Bitumenemulsion (meist auf PmB-Basis) und Wasser. Verwendet wird Mischgut 0/3 mit 6,0 bis 14,0 kg/m², Mischgut 0/5 mit 12,0 bis 22,0 kg/m² und Mischgut 0/8 mit 18,0 bis 30,0 kg/m². Mit einer Nachverdichtung unter Verkehr muß gerechnet werden. DSK sollten deshalb nur auf Straßen mit geringem Verkehr eingesetzt werden.

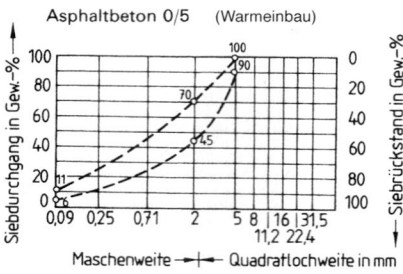

Bild 47 Sieblinienbereiche für Asphaltbeton (Warmeinbau)

Tafel 65 Richtwerte für offenporigen Asphalt

| Art | Mineralstoffe in Gw.-% für Körnung in mm | | | | | Bindemittelsorte | Bindemittelgehalt in Gew.-% | Mischgut Hohlr. in Vol.-% | Schichteinbau | | | |
	<0,09	>2,0	>5,0	>8,0	>11,2				Dicke in cm	Gewicht in kg/m²	Verd.-grad %	Hohlr.-gehalt Vol.-%
0/11	4 bis 6	80 bis 90	70 bis 85	50 bis 75	≤ 10	B 50/70 B 70/100 PmB 65 PmB 80	5,0 bis 5,5	18 bis 24	3,5 bis 5,0	70 bis 100	≥ 95	≥ 15
0/8	4 bis 6	80 bis 90	50 bis 75	≤ 10			5,2 bis 5,8		3,0 bis 4,0	60 bis 80		
0/5	6 bis 12	65 bis 85	≤ 10				5,5 bis 6,5		2,5 bis 3,5	50 bis 70		

Dem Mischgut ist ein stabilisierender Zusatz von 0,3 bis 0,5 Gew.-% zuzugeben. Die Sieblinienbereiche entnimmt man Bild 48.

Naturasphalt ist ein Gemisch aus Naturbitumen und feinen, gleichmäßig verteilten Mineralstoffen, das auf natürliche Weise entstanden ist. Er wird im Straßenbau als Zusatz zum Destillationsbitumen in Gußasphalt, Asphaltmastix und Walzasphalt hochbeanspruchter Deckschichten zugegeben, übt auf den Asphaltmörtel stabilisierende Wirkung aus und erleichtert die Verarbeitung der Asphaltmischung. Die Mitverwendung von Trinidad Naturasphalt macht die Asphaltmischung geschmeidiger beim Einbau. Deshalb kann das Straßenbaubitumen eine Stufe härter gewählt werden. In Deutschland hat sich Trinidad Naturasphalt durchgesetzt mit dem Füller-Bitumenverhältnis 1:1 bis 1:2. Er wird in den Handelsformen Trinidad Epuré, Trinidad Epuré Z und Trinidad-NAF 501 geliefert. Die Handelsform hat Einfluß auf die Lagerhaltung und Zugabe zum Asphaltmischer.

Trinidad Epuré besteht aus rd. 54 Massen-% Naturbitumen und 46 Massen-% Mineralstoffe, die der Korngröße Durchmesser $<0,09$ mm zuzurechnen sind. Es besitzt bei Normaltemperaturen feste Konsistenz. Das zerkleinerte Epuré muß vor dem Mischen aufgeschmolzen werden.

Trinidad Epuré Z ist bereits auf Splittkorngröße 0/8 mm gebrochen.

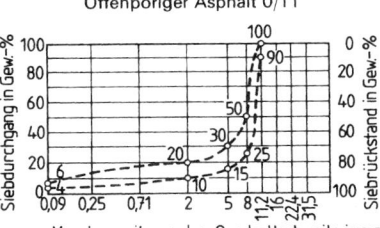

Offenporiger Asphalt 0/11

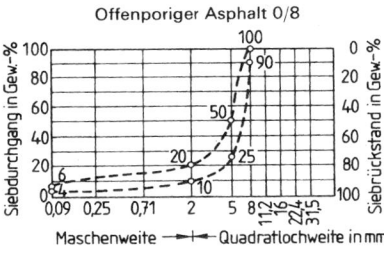

Offenporiger Asphalt 0/8

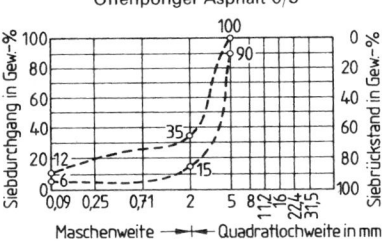

Offenporiger Asphalt 0/5

Bild 48
Sieblinienbereiche für offenporigen Asphalt

Tafel 66   Zugabeanteile von Trinidad Naturasphalt zum Mischgut

Mischgutart	Empfohlene Straßenbau-bitumensorte	Naturasphaltanteil in Massen-%		
		Trinidad Epuré Trinidad Epuré Z	Trinidad-Pulver 50/50	Trinidad NAF 501
Gußasphalt 0/11 S, 0/11, 0/8, 0/5 Asphaltmastix	B 30/45 B 50/70 B 70/100	2,0 3,0[1]) 3,0	— —	
Asphaltbeton 0/16 S, 0/11 S	B 70/100	2,0	4,0	
Splittmastixasphalt 0/11 S, 0/8 S	B 70/100	1,5[2])	3,0[2])	1,8

[1]) Auch bei Brückenabdichtungen
[2]) in Verbindung mit stabilisierenden Zusätzen gemäß ZTV Asphalt-StB

Bei der Berechnung der Bitumen und Mineralstoffanteile im Mischgut ist der Mineralanteil im Trinidad Naturasphalt zu berücksichtigen.

Dadurch wird der Aufschmelzprozeß im Mischbehälter verkürzt. Es enthält einen Kieselgur-Zusatz von 3,0 Massen-%, der das Wiederverkleben des gebrochenen Trinidad Epuré verhindern soll.

Trinidad-Pulver 50/50 ist gemahlenes Trinidad Epuré, das mit 50 Massen-% Steinmehl als Trennmittel gemischt ist. Loses Trinidad-Pulver 50/50 wird im Füllerturm gelagert und soll innerhalb von 6 Tagen verarbeitet werden, um ein Zusammenkleben zu verhindern.

Trinidad Pulver 60/40 wird in Kunststoffsäcken geliefert. Diese müssen vor Sonneneinstrahlung und Feuchtigkeit geschützt werden. Bei Verwendung von Trinidad Pulver 50/50 bzw. 60/40 ist zu beachten, daß in der Masse nur rd. 27 (32,4) M.-% Naturbitumen enthalten sind und rd. 73 (67,6) M.-% der Korngruppe mit dem Durchmesser $< 0,09$ mm hinzu zu rechnen sind.

Trinidad NAF 501 ist ein Granulat aus 5 Teilen **N**atur **A**sphalt und 1 Teil Cellulose-**F**aser, bestehend aus rd. 45 M.-% Bitumen, rd. 38,3 M.-% Trinidad Epuré-Füller, und 16,7 M.-% Cellulose-Faser. Es wird als Schüttgut oder in PE-Säcken geliefert und soll vor Feuchtigkeit oder Wärmestau geschützt gelagert werden. Bei der Verwendung des Trinidad NAF 501 ist zu beachten, daß in der Masse nur rd. 45 M.-% Naturbitumen enthalten sind und rd. 55 M.-% der Korngruppe mit dem Durchmesser $< 0,09$ mm hinzuzurechnen sind.

Beispiel Vom Auftraggeber wird ein Anteil an löslichem Bitumen von 7,1 Massen-% gefordert. Dem Mischgut sollen 2,0 Massen-% Trinidad Epuré zugemischt werden. Wie muß die Asphaltmischung zusammengestellt werden?

Bei Verwendung von Trinidad Epuré Z ergibt sich folgende Zusammensetzung:
2,0 Massen-% Trinidad Epuré enthalten

    2,0 · 0,54 = 1,08 Massen-% lösliches Bitumen
    2,0 · 0,46 = 0,96 Massen-% Feinstoffe, die dem Füller zuzurechnen sind.

Die Mischgut-Zusammensetzung umfaßt dann

Straßenbaubitumen	6,00 Massen-%
Lösliches Bitumen aus 2,0 Massen-% Trinidad Epuré	1,08 Massen-%
Feinstoffe aus 2,0 Massen-% Trinidad Epuré	0,92 Massen-%
Mineralstoffgemisch	92,00 Massen-%
	100,00 Massen-%

Bei Verwendung von Trinidad Epuré als Trinidad-Pulver 50/50 ergibt es folgende Zusammensetzung:
4,0 Massen-% Trinidad-Pulver 50/50 enthalten

    4,0 · 0,27 = 1,08 Massen-% lösliches Bitumen
    4,0 · 0,23 = 0,92 Massen-% Feinstoffe
    4,0 · 0,50 = 2,00 Massen-% Steinmehl

Die Mischgut-Zusammensetzung umfaßt dann

Straßenbaubitumen	6,00 Massen-%
Lösliches Bitumen aus 2,0 Massen-% Trinidad Epuré	1,08 Massen-%
Feinstoffe aus 2,0 Massen-% Trinidad Epuré	0,92 Massen-%
Steinmehlanteil aus 4,0 Massen-% Trinidad-Pulver	2,00 Massen-%
Mineralstoffgemisch	90,00 Massen-%
	100,00 Massen-%

Bei Verwendung von Trinidad Epuré als Trinidad NAF 501 ergibt es folgende Zusammensetzung:
2,4 Massen-% Trinidad NAF 501 enthalten

    2,4 · 0,45 = 1,08 Massen-% lösliches Bitumen
    2,4 · 0,55 = 1,32 Massen-% Feinstoffe

Die Mischgut-Zusammensetzung umfaßt dann

Straßenbaubitumen	6,00 Massen-%
Lösliches Bitumen aus 2,4 Massen-% Trinidad Epuré	1,08 Massen-%
Feinstoffe aus 2,4 Massen-% Trinidad Epuré	1,32 Massen-%
Mineralstoffgemisch	91,60 Massen-%
	100,00 Massen-%

1.5.3 Anforderungen nach ZTV Beton

Man unterscheidet

— Decken aus Beton (ohne Fließmittel) und
— Decken aus Beton mit Fließmittel (FM).

Dafür gelten die Anforderungen der DIN 1045.

Fahrbahndecken aus Beton liegen auf der Tragschicht oder einer geeigneten Unterlage. Sie erfüllen die Funktion der Decke und ganz oder zum Teil die der Tragschicht. Sie werden ein- oder zweischichtig eingebaut. In der Regel erhalten sie einseitige Querneigung. Die Dicke richtet sich nach der RStO, muß aber min $d = 0,10$ m betragen.

Die *Unterlage* muß standfest, profilgerecht, eben tragfähig und erosionsbeständig sein. Bei hydraulisch gebundenen Tragschichten müssen die Kerben der Fugenanordnung der Decke entsprechen. Für gute Entwässerung ist zu sorgen.

Fugen unterteilen die Decke in Platten als Längs- und Querfugen. *Scheinfugen* sind Sollbruchstellen, die durch Kerben an der Oberseite der Decke erzeugt werden. *Raumfugen* trennen die Decke in ganzer Dicke und ermöglichen eine Ausdehnung der Platten. Sie treten nur als Querfugen auf. Die Dicke der Fugeneinlage beträgt 18 mm. *Pressfugen* trennen ebenfalls die Platten ohne die Möglichkeit der Ausdehnung. Fugen werden mit Fugenfüllstoffen nach dem Schneiden verschlossen.

Querfugen werden im Abstand von 0,25 m verdübelt. In Längsfugen sind Anker vorzusehen. Bei Bauklasse SV, I bis III sind in den Fahr- und Standstreifen Dübel und Anker notwendig. Betonstahl wird nur in Endfeldern oder in Sonderfällen eingebaut.

Als *Bindemittel* wird CEM I 32,5 R verwendet. Nur bei kurzen Sperrzeiten kann auch CEM I 42,5 R eingesetzt werden.

Tafel 67   Anforderungen an den Beton

Bauklasse	Mindestwerte nach 28 Tagen		Korngruppen nach DIN 4226	Zement-gehalt	Max. Zugabe an Zusatzmitteln	Mindestluftgehalt Tagesmittel (Einzelwerte)	
	Druck-festigkeit in N/mm²	Biegezug-festigkeit in N/mm	in mm	in kg/m³	in g/kg Zement	ohne BV/FM in Vol.-%	mit BV u./od. FM in Vol.-%
SV, I bis IV	35 40	5,5	0/2, 2/8 > 8; 0/4, 4/8, >8; 0/2, >8	350	50 (60)[1]	4,0 (3,5)	5,0 (4,5)
V und VI	25 30	4,0	0/4, >4				

[1] Bei gleichzeitiger Anwendung mehrerer Zusatzmittel

1.6   Anlagen für ruhenden Verkehr

Der *Flächenbedarf* für ruhenden Kraftfahrzeugverkehr hängt ab von Art und Maß der baulichen Nutzung der Grundstücke, dem Bedarf der Anlieger, der Besucher, Kunden und Beschäftigten in einem bebauten Gebiet. Die Abstellflächen können auf öffentlichem oder privatem Grund liegen. Je nach Bauordnung sind 1,0 bis 1,5 Stellplätze je Wohnung auf privatem Grund gefordert. Für Besucher und Lieferanten ist für 3 bis 6 Wohnungen ein Stellplatz auf öffentlichen Grund zu planen. Davon sollen 3% für Behinderte ausgewiesen werden.

Stellplätze sind Flächen, auf denen ein Kraftfahrzeug abgestellt werden kann einschließlich des notwendigen Manövrierraumes vor und hinter dem Fahrzeug. *Parkplätze* sind Flächen, auf denen eine Anzahl von Stellplätzen vereinigt sind einschließlich der notwendigen Fahrgassen. *Parkbauten* sind Parkplätze, die in konstruktiven Baulichkeiten als Hochbauten oder unterirdisch untergebracht sind. Ein Stellplatz kann offen, überdacht oder rundum geschlossen (Garage) ausgeführt werden.

16

Im öffentlichen Bereich am *Straßenrand* oder auf *Parkplätzen* wählt man dem Bedarf entsprechend entweder die *Längs-, Schräg-* oder *Senkrechtaufstellung*. Die Anordnung der Stellplätze und deren Abmessungen entnimmt man Tafel 68 und Bild 49. Um ein angenehmes städtebauliches Bild zu erreichen, sollten die angeordneten Stellplätze durch Grünflächen unterbrochen werden (Bild 50).

Auf Parkplätzen kann man die Stellplätze in Senkrechtstellung, im Parkett- oder Fischgrätenmuster anordnen. Je nach vorhandener Fläche sind Kombinationen möglich (Bild 51). Für das Auftragen der Stellplatzmarkierung berechnet man die Einzelmaße nach Tafel 70. Die Anordnung von Bushaltestellen in Parkstreifen entlang dem Straßenrand zeigt Tafel 72.

Mehrgeschossige *Parkbauten* werden durch gerade oder Kreisbogenrampen miteinander verbunden. Die Längsneigung soll 15% (im Freien 10%) nicht überschreiten. Die Abmessungen entnimmt man der Tafel 69. Beim Übergang zur Geschoßfläche sind Neigungen >8,0% auszurunden oder auf 1,50 m Länge bei Kuppen und 2,50 m bei

Tafel 68 Abmessungen von Parkständen für Pkw (Klammerwerte bei Pkw mit reduzierten Abmessungen)

Aufstellungsform	Qualität des Ein- und Ausparkens	Aufstellwinkel α in gon	Tiefe ab Fahrgassenrand $t-\ddot{u}$ in m	Überhangstreifen $\ddot{u}$ in m	Parkstandbreite b in m	Straßenfrontlänge l_f in m beim Einparken vorwärts	Straßenfrontlänge rückwärts	notwendige Fahrgassenbreite b_g in m beim Einparken vorwärts	notwendige Fahrgassenbreite rückwärts
Längsaufstellung	bequem	0			2,00		5,75		3,50
	beengt				1,80		5,25		3,50
Schrägaufstellung	bequem	50	4,15		2,50	3,54		2,40	
	beengt		(3,95)		2,30	3,25		2,60 (2,50)	
	bequem	60	4,45		2,50	3,09		2,90	
	beengt		(4,20)		2,30	2,84		3,30 (3,00)	
	bequem	70	4,60		2,50	2,81		3,60	
	beengt		(4,30)		2,30	2,58		4,30 (3,50)	
	bequem	80	4,60		2,50	2,63		4,20	
	beengt		(4,30)		2,30	2,42		5,40 (4,10)	
	bequem	90	4,50	0,70 (0,50)	2,50	2,53		5,00	
	beengt		(4,20)		2,30	2,33		(4,80)	
Senkrechtaufstellung	bequem	100	4,30 (4,00)		2,50	2,50	2,50	6,00	4,50
	beengt				2,30	2,30	2,30	(5,50)	5,00 (4,50)
Blockaufstellung	bequem	100	4,30 (4,00)		2,50	7,90	7,15	6,00	4,50
	beengt				2,30	(6,65)	7,40	(5,50)	5,00 (4,50)

Wannen nur mit halber Längsneigung auszuführen ($h_k = 15,00$ m, $h_w = 20,00$ m). Bei Neigungswechseln ist die lichte Geschoßhöhe von mind. 2,10 m auf mind. 2,30 m zu vergrößern.

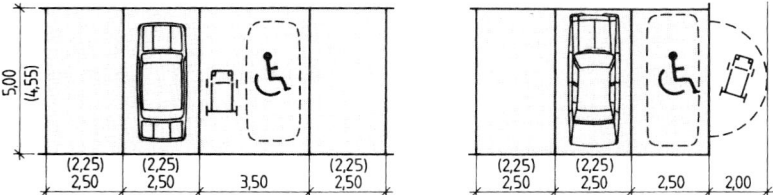

Bild 49 Abmessung von Parkständen für Behinderten-Pkw

Senkrechtaufstellung

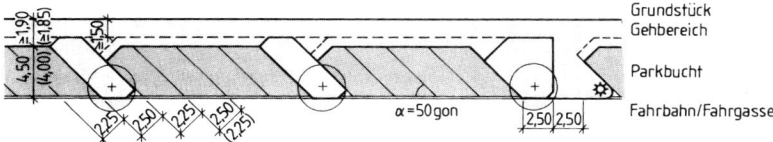

Schrägaufstellung

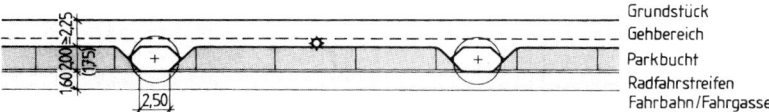

Längsaufstellung

Bild 50 Beispiele für das Anlegen von Parkflächen am Straßenrand

Tafel 69 Querschnittsabmessungen für Rampen in Parkbauten

Verkehrsart auf der Rampe	Radius r_i in m	Mindest-Fahrbahnbreite in m	Sicherheitsraum in m			lichte Breite in m
			S_i	S_a	S_m	
Ein-Richtungs-verkehr	∞	3,00	0,25	0,25		3,50
	5,00	4,00	1,00	0,50		5,50
Gegenverkehr	∞	6,00	0,25	0,25	0,50	7,00
	5,00	7,10				8,60
	6,00	6,90				8,40
	7,00	6,70	0,50	0,50	0,50	8,20
	8,00	6,50				8,00
	9,00	6,30				7,80
	10,00	6,00				7,50

16

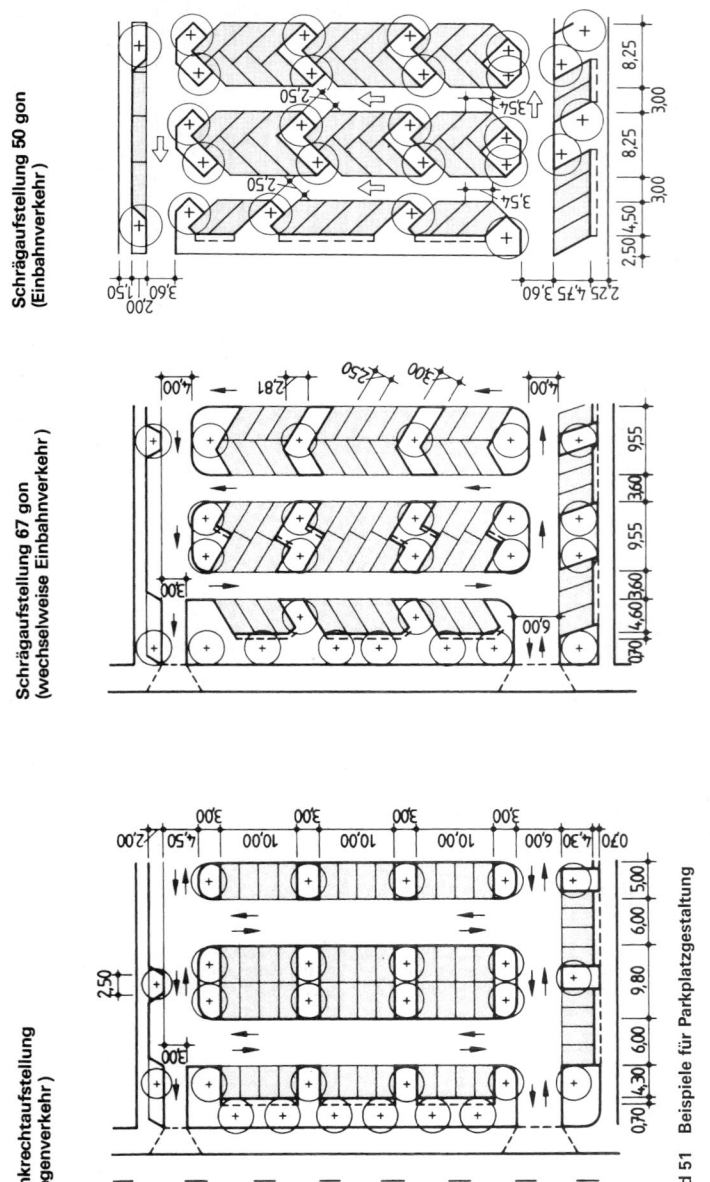

Bild 51   Beispiele für Parkplatzgestaltung

Tafel 70 Absteckmaße für Parkett- und Fischgrätenmuster auf Parkplätzen

Absteckparameter	Winkel α in gon		
	50,00	66,67	83,33
$a = \dfrac{\cos\alpha}{4\cdot\sin^2\alpha}$	0,3536	0,3667	0,0693
$b = \cos\alpha\cdot\left(1 - \dfrac{1}{4\cdot\sin^2\alpha}\right)$	0,3536	0,3333	0,1895
$c = \sin\alpha\cdot\left(1 - \dfrac{1}{2\cdot\sin^2\alpha}\right)$	0,0000	0,2887	0,4483
$d = \dfrac{\cos^2\alpha}{\sin\alpha}$	0,7071	0,2887	0,0693
$e = \dfrac{1}{2}\cdot\cos\alpha$	0,3536	0,2500	0,1294
$f = \dfrac{1}{2}\cdot\dfrac{\cos^2\alpha}{\sin\alpha}$	0,3536	0,1444	0,0347
$h = \dfrac{1}{2}\cdot\sin\alpha$	0,3536	0,4330	0,4830

Busverkehrsflächen sind

— Fahrstreifen der Straße, die von Bussen mitbenutzt werden,
— Busfahrstreifen,
— Busbuchten,
— Bushaltestellen in Fahrstreifen und in Busfahrstreifen. Ihre Länge setzt sich zusammen aus der Haltestellenlänge der Busse einschließlich 20,00 m Verzögerungs- und 10,00 m Beschleunigungsstrecke.
— Busbahnhöfe,
— Busparkplätze.

Die Bauklasse entnimmt man Tafel 35.

Im Haltestellenbereich sollen keine Entwässerungsrinnen angeordnet werden, die von Bussen überfahren werden müssen. Ebenso ordnet man dort keine Einlaufroste oder Schachtdeckel an.

Tafel 71 Vergleich der Bauweisen von Busverkehrsflächen

Bauweise	Vorteile	Nachteile
Asphaltdecke	kurze Bau- und Sperrzeiten geringe Geräuschemission geringer Pflegeaufwand, da fugenlos	Verformung bei Hitze Qualitätsminderung bei Handeinbau nicht treibstoffresistent
Betondecke	verformungsstabil sehr hoch belastbar lange Nutzungsdauer treibstoffresistent	längere Bau- und Sperrzeiten aufwendig bei Aufgrabungen Fugenpflege erforderlich Tropföle werden sichtbar
Pflasterdecke	viele Gestaltungsmöglichkeiten Mehrfachnutzung des Pflasters	nur für begrenzte Belastung geeignet längere Bau- und Sperrzeiten stärkere Geräuschemission Fugenpflege erforderlich erschwerter Winterdienst bei Natursteinpflaster

16

Bei Herstellung in *Asphaltbauweise* ist die hohe Beanspruchung einflußreich. Die Deckendicke soll auch bei Bauklasse III mit $\min d = 0,12$ m ausgeführt werden.

Die *Tragschicht* wird aus Mischgut CS und Straßenbaubitumen 50/70 hergestellt. Ab 0,16 m Dicke wird in zwei Lagen eingebaut. Sie muß $\min D_{Tr} = 0,08$ m erhalten.

Als *Asphaltbinder* verwendet man Mischgut 0/16 S oder 0/22 S.

Bei den *Deckschichten* ist der Einsatz von Gußasphalt, bei den Bauklassen SV und I auch von Asphaltbeton nicht zu empfehlen. Bei den Bauklassen II und III setzt man *Asphaltbeton* 0/11 S oder 0/16 S ein. Als Bindemittel ist Straßenbaubitumen 50/70 zu verwenden. Die Mineralstoffe werden aus Edelsplitt, Edelbrechsand und Gesteinsmehl zusammen gesetzt. Wird Splittmastixasphalt eingesetzt, soll Mischgut 0/8 S oder 0/11 S mit Straßenbaubitumen 50/70 verwendet werden. PmB 45 darf nur bei Sonderfällen eingesetzt werden.

Bei *Betondeckschichten* sind die einschlägigen Vorschriften zu beachten. Soll eine Bushaltestelle neben einer Asphaltfahrbahn in Beton hergestellt werden, ist erst die Asphaltfahrbahn und danach der Haltestellenbereich zu betonieren. Um exakte Fugenherstellung zu gewährleisten, müssen die Asphaltschichten um ein Überlappungsmaß (ca. 0,25 m) breiter angelegt werden. Danach ist die Asphaltdecke bzw. Tragschicht um das Maß $0,5 \cdot d_S$ von der Walzkante zurückzuschneiden und dann der Haltestellenbereich zu betonieren. Die Asphalttragschicht C oder CS erhält einen Bindemittelgehalt $\geq 3,9$ M.-%. Der Beton ist einlagig in Feldern mit $l \leq 5,00$ m einzubauen. Straßenabläufe oder -schächte sind zu vermeiden. Quer- und Längsfugen werden als Scheinfugen hergestellt. Fugen zum Bordstein werden als Raumfugen ausgebildet. Querfugen sind mit dem Abstand $a = 0,25$ m zu verdübeln. Regelmäßige Fugenpflege ist wichtig. Sind Betonplatten gerissen, ist die ganze Platte zu erneuern. Frühfester Beton verkürzt die Sperrzeiten.

Pflasterdecken sollen nur in den Bauklassen III bis VI verwendet werden. Dabei ist die Verkehrsbelastung entscheidend. Die Tragschichten sind wasserdurchlässig zu gestalten. Die Steingröße beträgt für Betonpflaster $d_{Pf} \geq 0,10$ m, für Natursteinpflaster $d_{Pf} \geq 0,16$ m. Regelmäßige Fugenpflege ist wichtig.

Bushaltestellen

Es ist anzustreben, die Busse außerhalb der Fahrbahn halten zu lassen. Es entstehen dadurch *Busbuchten*, die nach Tafel 72 bemessen werden. Im Ein- und Aus-

Tafel 72   Regelausbildung von Bushaltestellen

Fahr-zeug	v in km/h	t in m	a in m	b in m	a' in m	b' in m	r_1 in m	r_2 in m	r_3 in m	r_4 in m	l in m	l' in m	l'' in m
Einzel-bus	50	2,50 3,00 *3,00*	16,00 *25,00*	12,50 *15,00*	3,12 3,75 *4,80*	4,00 4,80 *4,00*	40,00 *80,00*	30,00 *60,00*	30,00 *20,00*	40,00 *40,00*	12,00	40,50 *52,00*	47,62 49,05 *60,80*
2 Einzel-busse	50	2,50 3,00 *3,00*	16,00 *25,00*	12,50 *15,00*	3,12 3,75 *4,80*	4,00 4,80 *4,00*	40,00 *80,00*	30,00 *60,00*	30,00 *20,00*	40,00 *40,00*	25,00	53,50 *65,00*	60,62 62,05 *73,80*
Gelenk-bus	50	2,50 3,00 *3,00*	16,00 *25,00*	12,50 *15,00*	3,12 3,75 *4,80*	4,00 4,80 *4,00*	40,00 *80,00*	30,00 *60,00*	30,00 *20,00*	40,00 *40,00*	18,00	46,50 *58,00*	53,62 55,05 *66,80*

kursive Zahlen sind Werte nach RAS-Ö, Teil 2

steigebereich müssen ausreichend große Warteflächen und Schutzhäuschen für wartende Fahrgäste angeordnet sein. Auf die Sicherheit der Fußgänger bei Bushaltestellen an Straßen mit Radwegen und im Knotenpunktsbereich mit ausreichenden Sichtweiten ist besonderer Wert zu legen. Werden Busbuchten an Straßen angelegt, an denen Parkstreifen vorhanden sind, so muß gewährleistet sein, daß die Zu- und Abfahrten nicht zugeparkt werden.

1.7 Straßenentwässerung

1.7.1 Planungsgrundsätze

Wasser stellt eine Gefahr für die Lebensdauer der Straße und ihrer Bauwerke dar und beeinträchtigt die Sicherheit der Verkehrsteilnehmer. Bei der Planung von Straßen sind die Einwirkungen auf Gewässer und Grundwasser zu berücksichtigen. Ebenso sind die Auswirkungen des Wassers auf den Straßenbestand zu untersuchen. Flächen außerhalb der Fahrbahn sollen kein Wasser auf die Fahrbahn leiten. Ausnahmen bilden Rad- und Gehwege in bebauten Gebieten. Wasser muß schadlos zum Vorfluter abgeleitet werden.

Die Leistungsfähigkeit vorhandener Kanalleitungen ist zu überprüfen!

In Sonderfällen ist Versickerung möglich. Die Unterkante des Straßenaufbaus soll Grundwasser nicht anschneiden. Querneigungswechsel müssen in Bereichen ausreichender Längsneigung liegen. Die Schrägneigung soll $p \geq 2{,}0\%$ (Pflaster $\geq 3{,}0\%$) sein, in Verwindungsstrecken darf bis auf $\min p = 0{.}5\%$ abgemindert werden. Im Kreuzungsbereich empfiehlt es sich, Höhenlinienpläne zur Beurteilung herzustellen. Entwässerungseinrichtungen sollen leicht zu warten sein. Oberirdische Ableitungen sind deshalb besser als unterirdische. Sind Verunreinigungen des Wassers zu erwarten, müssen diese durch Rückhalte- und Klärbecken aufgefangen werden. Auf eine landschaftsgerechte, naturnahe Ausgestaltung zu achten.

1.7.2 Bemessung

Die **Abfluß-Wassermenge** ist abhängig von Regenspende, Regenhäufigkeit und Abflußbeiwert. Als *Regenspende* ist die Regenmenge zugrunde zu legen, die sich nach Reinhold für den 15-min-Regen ergibt, der nicht mehr als einmal im Jahr auftritt (Gl. 53).

$$r_{T(n)} = r_{15(n=1)} \cdot \varphi_{T(n)} \quad \text{in } l/(s \cdot ha) \quad (53)$$

r_T Regenspende im Zeitraum T in min
n Anzahl der Häufigkeiten pro Jahr
φ_T Zeitbeiwert

Den Zeitbeiwert φ_T entnimmt man Kapitel Wasserwirtschaft, Abschn. 7.2. Die *Regenhäufigkeit* legt man fest nach dem Grad der gewünschten Sicherheit gegen Überschreitungen. Übliche Werte für die Entwässerung von Straßen entnimmt man Tafel 73.

Tafel 73 Regenhäufigkeit *n*

Lage	Entwässerungseinrichtung	Regenhäufigkeit *n*
außerorts	Mulden, Gräben, Rohrleitungen Rohrleitungen in Mittelstreifen Straßentiefpunkte	1,0 0,3 0,2
	Trogstrecken	0,1 bis 0,05
innerorts	allgem. Bebauung Innenstadt, Industriegebiete	1,0 bis 0,5 1,0 bis 0,2

Das Ableitungsvermögen eines Gebietes erfaßt man durch den Abflußbeiwert. Der Spitzenabflußbeiwert ψ_S kann nach Tafel 74 festgelegt werden.

Verkehrswesen – Straßenbau

Die Berechnung des Regenabflusses erfolgt nach dem Zeitbeiwertverfahren oder Zeitabflußfaktorenverfahren (s. Wasserwirtschaft, Abschn. 7.2). Die Abflußmenge berechnet man mit der Gl. (54).

Tafel 72 Abflußbeiwert ψ_S

Fläche	Abflußbeiwert ψ_S
Fahrbahn	0,9
unbefestigte Horizontalflächen	0,05 bis 0,1
Böschungen im Dammbereich	0,3
Böschungen im Einschnitt	0,3 bis 0,5
Entwässerung befestigter Flächen über unbefestigte Seitenstreifen, Mulden mit Muldenabläufen (Einschnitt)	0,7
Entwässerung befestigter Flächen über unbefestigte Seitenstreifen, Dammböschungen und Fußmulden	0,5

$$Q = r \cdot \varphi \cdot \sum_{i=1}^{i=n} A_E \cdot \psi_s \quad \text{in l/s} \quad (54)$$

Q Oberflächenabfluß in l/s
r Regenspende in l/(s · ha)
φ Zeitbeiwert
A_E Größe der Entwässerungsfläche in ha
ψ_S Spitzenabflußwert für A_E

Beispiel

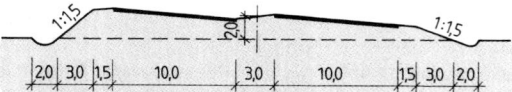

Eine zweibahnige Straße des RQ 26,0 ist im Entwurf als Sägequerschnitt ausgebildet. Der Untersuchungsabschnitt für die Entwässerung beträgt 1000,00 m. Die Strecke liegt auf einem Damm von 2,00 m Höhe. Die Böschungsneigung beträgt 1:1,5. Für die Region ist eine Regenspende $r_{15} = 120$ l/sec · ha anzunehmen. Die Regenhäufigkeit für Rohrleitungen im Mittelstreifen ist mit $n = 0,3$, für Mulden außerorts mit $n = 1,0$ anzusetzen.

Es ist zu berechnen, welche Regenmengen vom Straßenkörper dem Vorfluter zugeleitet werden.

Berechnung der Einzugsflächen:
Befestigte Fläche $10 \cdot 1000 = 10\,000$ m² je Seite
Böschungen $1,5 \cdot 2,0 \cdot 1000 = 3000$ m² je Seite
Seitenstreifen $1,5 \cdot 1000 = 1500$ m² je Seite
Mulde am Dammfuß $2,0 \cdot 1000 = 2000$ m² je Seite
Mittelstreifen $3,0 \cdot 1000 = 3000$ m²
Zeitbeiwert $\varphi_T = 1$
Berechnung der Abflußmengen:

$$Q = r_{15} \cdot \varphi \cdot \sum_{i=1}^{i=n} A_E \cdot \psi_s$$

Abfluß hohe Seite
$Q_1 = 120 \cdot 1 \cdot (1500 + 3000 + 2000) \cdot 10^{-4} \cdot 0,3 = 23,4$ l/s

Abfluß über den Mittelstreifen
$Q_2 = 120 \cdot (3000 \cdot 0,1 + 10\,000 \cdot 0,9) \cdot 10^{-4} = 111,6$ l/s
Mit der Regenhäufigkeit $n = 0,3$ und einer Regendauer von 15 Minuten liest man den Zeitbeiwert nach *Reinhold* ab: $\varphi = 1,555$. Mit diesem Faktor wird die Abflußmenge des Mittelstreifens erhöht.

Q_2,korr $= \varphi \cdot Q_2 = 1,555 \cdot 111,6 = 173,5$ l/s

Abfluß tiefe Seite
$Q_3 = 120 \cdot 1 \cdot (10\,000 \cdot 0,5 + 6500 \cdot 0,3) \cdot 10^{-4} = 83,4$ l/s

Beispiel für Listenberechnung der Regenleitungen s. Kapitel Wasserwirtschaft, Abschn. 7.2.

Die Bemessung der **Entwässerungseinrichtungen** erfolgt mit Hilfe der Abflußformel nach Manning-Strickler für offene Gerinne und nach Prandtl-Colebrook bei Rohrleitungen.

Offene Gerinne sind Entwässerungsmulden, Gräben und Rinnen. Die abführbare Wassermenge ist abhängig vom durchflossenen Querschnitt, dem benetzten Umfang, der Fließgeschwindigkeit und der Rauhigkeit der Gerinnewandung.

Entwässerungsmulden werden als Kreissegmente ausgebildet. Ihr nutzbarer Querschnitt ergibt sich aus Gl. (55), den Radius der Mulden erhält man aus Gl. (56), den Mittelpunktswinkel aus Gl. (57) und den benetzten Umfang aus Gl. (58).

$$A = \frac{r^2}{2}\left(\frac{\pi \cdot \alpha}{200} - \sin \alpha\right) \quad \text{in m}^2 \quad (55)$$

$$r = \left(\frac{s}{2}\right)^2 \cdot \frac{1}{2 \cdot p} + \frac{p}{2} \quad \text{in m} \quad (56)$$

$$\sin \frac{\alpha}{2} = \frac{s}{2 \cdot r} \quad \text{in gon} \quad (57)$$

$$l_u = \frac{\pi \cdot r \cdot \alpha}{200} \quad \text{in m} \quad (58)$$

A	Durchflußquerschnittsfläche	in m²
r	Ausrundungsradius der Mulde	in m
s	Sehnenlänge (Muldenbreite)	in m
p	Pfeilhöhe (Tiefe) der Mulde	in m
α	Mittelpunktswinkel zur Sehne	in gon
l_u	benetzter Umfang (Bogenlänge)	in m

Straßengräben können die Form von Rechteck-, Trapez- oder Dreiecksquerschnitten erhalten. Die notwendigen Werte entnimmt man Tafel 75.

Tafel 75 Bemessungswerte für Grabenprofile

Profilform	Rechteck	Trapez	Dreieck
Flächeninhalt A in m	$b \cdot h$	$h\left(\dfrac{a+b}{2}\right)$	$\dfrac{b \cdot h}{2}$
benetzter Umfang l_u in m	$2 \cdot h + b$	$b + 2\sqrt{h^2 + \left(\dfrac{a-b}{2}\right)^2}$	$2\sqrt{h^2 + \left(\dfrac{b}{2}\right)^2}$

Aus den voranstehenden Werten berechnet man den hydraulischen Radius r_{hy} mit

$$r_{hy} = \frac{A}{l_u} \quad \text{in m} \quad (59)$$

Die *mögliche Abflußmenge* ist abhängig vom benetzten Umfang, der Rauhigkeit des Gerinnes und dem Energiegefälle. Letzteres kann im Straßenbau dem Sohlgefälle gleichgesetzt werden. Für die einzelnen Querschnittsformen ergeben sich die folgenden Gleichungen.

Für Entwässerungsmulden, Rechteck-, Trapez- oder Dreiecksgräben:

$$\text{max } Q = A \cdot k_{St} \cdot r_{hy}^{2/3} \cdot I_E^{1/2} \quad \text{in m}^3/\text{s} \quad (60)$$

für Bord- oder Spitzrinnen am Randstein

$$\text{max } Q = k_{St} \cdot h^{8/3} \cdot I_E^{1/2} \cdot \frac{0{,}315}{q} \quad \text{in m}^3/\text{s} \quad (61)$$

für Muldenrinnen am Randstein

$$\text{max } Q = k_{St} \cdot h^{8/3} \cdot I_E^{1/2} \cdot \frac{b}{2 \cdot h} \quad \text{in m}^3/\text{s} \quad (62)$$

k_{St}	Rauhigkeitsbeiwert nach Strickler in m$^{1/3}$/s (Tafel 76)
r_{hy}	hydraulischer Radius in m
I_E	Sohlgefälle des Gerinnes in ‰
h	Wassertiefe am Randstein oder Muldenmitte in m
q	Querneigung des Gerinnes in %

Verkehrswesen – Straßenbau

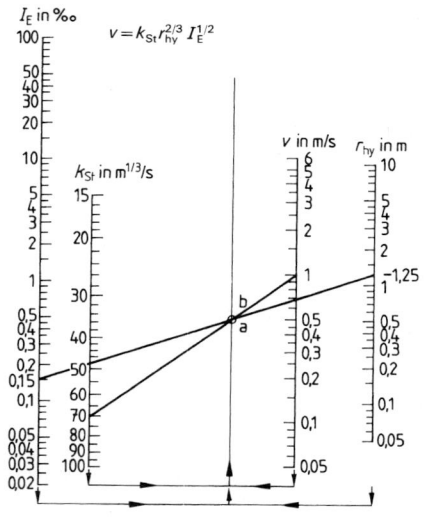

$$v = k_{St} r_{hy}^{2/3} I_E^{1/2}$$

I_E in ‰

Beispiel
$I_E = 0,15‰$, $r_{hy} = 1,25$ m (a)
$k_{St} = 70$ m$^{1/3}$/s $\rightarrow v = 1,00$ m/s (b)

**Bild 52
Nomogramm zur Bestimmung
der Fließgeschwindigkeit v nach
Manning-Strickler**

Tafel 76 Rauhigkeitsbeiwerte k_{St} nach Strickler

Gerinneart	Wandbeschaffenheit	k_{St} in m$^{1/3}$/s
	Sohlschale je nach Ablagerung	30 bis 50
Mulden	Rasen	20 bis 30
	Schotter	25 bis 30
	Bruchsteinpflaster	40 bis 50

Die Bemessung von Rohrleitungen erfolgt entsprechend Kap. Wasserwirtschaft, Abschn. 3.1. Für Vollfüllung gilt

$$Q = \frac{\pi \cdot d^2}{4}\left[-2 \cdot \lg\left(\frac{2,51 \cdot v}{d\sqrt{2 \cdot g \cdot I_r \cdot d}} + \frac{k_b}{3,71 \cdot d}\right)\right] \cdot \sqrt{2 \cdot g \cdot I_r \cdot d} \quad (63)$$

Q Durchflußmenge in m³/s
d Rohrinnendurchmesser in m
v kinematische Viskosität in m²/s
g Fallbeschleunigung in m/s²

I_r Gefälle in %
k_b Betriebliche Rauhigkeit in mm
  (s. Wasserwirtschaft, Abschn. 3.1).

Teilfüllung der Rohre berechnet man nach Kap. Wasserwirtschaft, Abschn. 3.1.

Beispiel Für eine Entwässerungsmulde von $s = 2,00$ m und einer Tiefe von $p = 0,30$ m sind der Abflußquerschnitt, der Radius der Mulde, der benetzte Umfang, der hydraulische Radius und die maximale Abflußmenge zu bestimmen. Das Sohlgefälle beträgt $I_E = 20‰$. Die Abflußmenge von der Straße beträgt 83,4 l/s. Aus der Breite s und der Tiefe p läßt sich der Ausrundungsradius bestimmen.

$$r = \left(\frac{s}{2}\right)^2 \cdot \frac{1}{2 \cdot p} + \frac{p}{2} = 1^2 \cdot \frac{1}{2 \cdot 0,3} + \frac{0,3}{2} = 1,817 \text{ m}$$

Aus der Muldenbreite wird der Mittelpunktswinkel des Kreises ermittelt.

$$\sin\frac{\alpha}{2} = \frac{s}{2 \cdot r} = \frac{2,00}{2 \cdot 1,817} = 0,55036, \text{ damit ist } \frac{\alpha}{2} = 37,102 \text{ gon und } \alpha = 74,204 \text{ gon}$$

Der benetzte Umfang ist dann

$$l_u = \frac{\pi \cdot r \cdot \alpha}{200} = \frac{\pi \cdot 1,817 \cdot 74,204}{200} = 2,118 \text{ m}$$

Die Abflußquerschnitts-Fläche hat die Größe

1284

Beispiel $A = \dfrac{r^2}{2} \cdot \left(\dfrac{\pi \cdot \alpha}{200} - \sin\alpha\right) = \dfrac{3,301}{2} \cdot \left(\dfrac{\pi \cdot 74,204}{200} - 0,91902\right) = 0,407\ \text{m}^2$

Der hydraulische Radius ist

$r_{hy} = \dfrac{A}{l_u} = \dfrac{0,407}{2,118} = 0,192\ \text{m}$

Als maximale Abflußmenge kann abgeführt werden

$\max Q = A \cdot k_{St} \cdot r_{hy}^{2/3} \cdot I_E^{1/2} = 0,407 \cdot 25 \cdot 0,192^{2/3} \cdot 0,02^{1/2} = 0,479\ \text{m}^3/\text{s} > 83,4\ \text{l/s}.$

Kreuzungsbauwerke mit Wasserläufen sind Brücken, Durchlässe und Düker. Diese sind in jedem Fall mit der Wasserwirtschaftsverwaltung abzustimmen. Die Abmessungen sind abhängig von

— Bemessungsdurchfluß,
— Fließgeschwindigkeit,
— Durchflußquerschnitt,
— zulässiger Aufstau.

Die lichte Weite von Brücken und Rechteckdurchlässen mit freiem Wasserspiegel und strömendem Abfluß bestimmt man mit Gl. (64).

$l_w = \dfrac{Q}{h \cdot \sqrt{\dfrac{2 \cdot g \cdot \Delta h}{1,5 + \dfrac{2 \cdot g \cdot l}{k_{St}^2 \cdot r_{hy}^{4/3}}}}}$ in m (64)

l_w Lichte Weite des Bauwerks in m
h Abflußtiefe im unverbauten Querschnitt in m
r_{hy} hydraulischer Radius im Bauwerk in m
l durchflossene Bauwerkslänge in m
k_{St} Rauhigkeitsbeiwert in m$^{1/3}$/s (meist 65 angenommen)
g Fallbeschleunigung in m/s^2
Δh Spiegeldifferenz zwischen Oberwasser einschl. Aufstau und Unterwasser (s. Bild 53)
Q Durchflußmenge in m^3/s

Die Lichte Weite für Bauwerke ohne Aufstau ergibt sich vereinfacht aus Gl. (65) (Bild 53)

$l_w = \dfrac{A}{\mu \cdot h}$ in m (65)

Für Brücken über Wasserläufe mit Trapezprofil gilt

$l_w = \dfrac{(b + m \cdot h) \cdot h}{\mu \cdot h}$ in m (66)

(s. Kapitel Wasserwirtschaft, Abschn. 3.2)

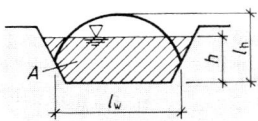

a) Brücken

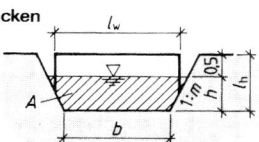

b) Durchlaß mit Rechteckprofil

c) Rohrdurchlaß

Bild 53 Bemessungsgrößen für Kreuzungsbauwerke

Tritt ein Aufstau auf, so kann man die Lichte Weite vereinfacht nach Gl. (67) bestimmen.

$$l_w = \frac{Q}{\mu \cdot h \cdot \sqrt{2 \cdot g \cdot z + v_0^2}} \quad \text{in m} \quad (67)$$

A Durchflossene Querschnittsfläche in m²
h Abflußtiefe im Querschnitt in m
μ Einschnürungsbeiwert nach Tafel 77
g Fallbeschleunigung in m/s²
z Aufstau in m
v_0 Fließgeschwindigkeit im unverbauten Querschnitt

Tafel 77 Einschnürungsbeiwert

Widerlagerform	gerade (Regelfall)	Halbkreis	stumpfwinklig	gleichseitig eintauchende Kämpfer
μ	0,80	0,95	0,90	0,70

Die Lichte Höhe soll mindestens 0,50 m größer als die Abflußtiefe bei maximalem Abfluß sein, damit Schwemmgut nicht den Brückenquerschnitt einengt.

Für *Rohrdurchlässe* mit Kreisprofil müssen ebenfalls die Eintritts-, Wandreibungs- und Austrittsverluste berücksichtigt werden, die bei eingestautem Querschnitt zu einem Aufstau führen. Wendet man Gl. (68) an, so sind diese Verluste bereits berücksichtigt.

$$Q = \left[\frac{\Delta h}{\frac{8}{g \cdot \pi^2 \cdot d^4} \cdot \left(1,5 + \frac{2 \cdot g \cdot l}{k_{St}^2 (d/4)^{4/3}} \right)} \right]^{1/2} \quad \text{in m}^3/\text{s} \quad (68)$$

mit $\Delta h = z + I \cdot l$

I Gefälle des Rohrdurchlasses in %
Δh Spiegeldifferenz Oberwasser/Unterwasser einschließlich zulässigem Aufstau in m
d Rohrinnendurchmesser in m
l Bauwerkslänge in m
k_{St} Rauhigkeitsbeiwert ($= 65$) in m$^{1/3}$/s

Tafel 78 Mindestabmessungen für Durchlässe

Typ	Reinigung	
	von Hand	mechanisch
Rohrdurchlaß in Wirtschaftswegen in Straßen und Rampen in Bundesfernstraßen und bei größeren Längen	bekriechbar LH > 0,80 m LW > 0,60 m begehbar LH > 1,80	DN 400 DN 500 DN 800
Rechteckdurchlaß (Rahmen)	LH > 2,00 m, LW > 1,00 m	

Die Bemessung von *Dükern* entspricht derjenigen der Rohrdurchlässe. Die Verluste durch Rohrkrümmer können vernachlässigt werden.

Regenrückhaltebecken bemißt man nach dem Kapitel Wasserwirtschaft, Abschn. 7.8.

1.7.3 Darstellung im Entwurf

Die Entwässerung der Straße ist in allen drei Zeichenebenen darzustellen. Bei der Eintragung sind die Planzeichen der Tafel 79 zu verwenden. Im Regelquerschnitt sind außerdem Querneigung von Fahrbahn und Planum einzutragen. Für größere Knotenpunkte mit schwierigen Fließverhältnissen verwendet man Höhenschichtenpläne im Maßstab 1:250, um die Lage der Einlaufschächte festzulegen. Falls durch die Eintragungen die Entwurfspläne unübersichtlich werden, fertigt man besondere Entwässerungspläne.

Tafel 79   Planzeichen für Stadtentwässerung

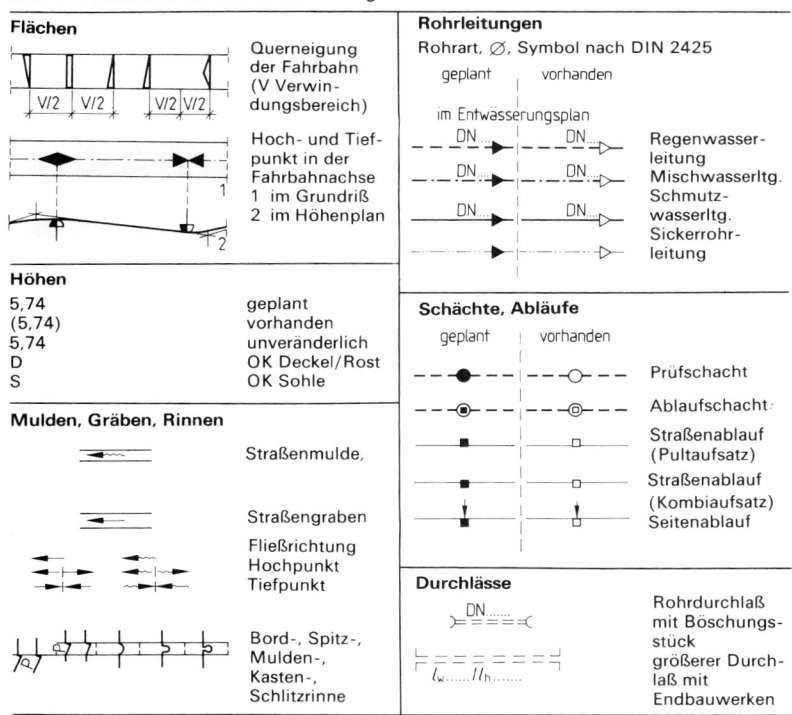

1.7.4 Oberirdische Entwässerungsanlagen

Oberflächenwasser wird abgeleitet durch Straßenmulden, -gräben, -rinnen und -abläufe. Regelformen sind in Bild 54 bis 58 dargestellt.

Straßenmulden schließen beim Damm am Böschungsfuß, im Einschnitt am Kronenrand an. Die Breite beträgt 1,00 bis 2,50 m, die Tiefe min $h = 0,20$ m, max $h \leq b/5$ in m. Bei sehr geringem Längsgefälle wird die Sohle durch eine glatte Oberfläche befestigt, um besseren Abfluß zu erzielen, bei hohem Gefälle muß die Sohle durch rauhe Befestigung vor Erosion geschützt werden. Richtwerte entnimmt man Tafel 80.

Rasenmulde

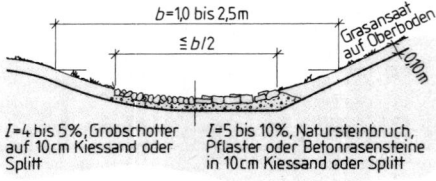

① Kiessand oder Splitt 15 cm
  (nur bei bindigem Boden)
② Steinsatz (Randsteine größer)
③ Holzpfahl ⌀8 bis 10 cm,
  $l = 0{,}80$ bis $1{,}20$ m
④ Grobschotter einstreuen
  bis zur halben Steinhöhe
⑤ Weidenrutenbündel
  (wuchsfähig) — Faschinen

b=1,0 bis 2,5m

Grasansaat auf Oberboden   Rollrasen oder Rasensonden
               auf 5cm Oberboden

Mulde mit rauher Sohle

b=1,0 bis 2,5m

≦ $b/2$

Grasansaat auf Oberboden

I=4 bis 5%, Grobschotter I=5 bis 10%, Natursteinbruch,
auf 10cm Kiessand oder   Pflaster oder Betonrasensteine
Splitt   in 10cm Kiessand oder Splitt

Rauhbettmulde

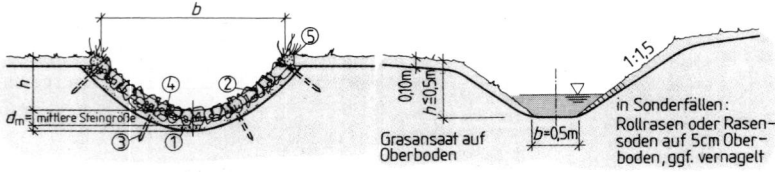

b

⑤ ④ ② ③ ①

h

d_m = mittlere Steingröße

Grasansaat auf
Oberboden

0,10m

h≦0,5m

b=0,5m

1:1,5

in Sonderfällen:
Rollrasen oder Rasen-
soden auf 5cm Ober-
boden, ggf. vernagelt

Bild 54   Regelform von Straßenmulden   **Bild 55   Regelform des Straßengrabens**

Tafel 80   Sohlbefestigung von Straßenmulden

Längsgefälle der Sohle I_S in %	0,3 bis 1,0	1,0 bis 4,0	4,0 bis 10,0	>10,0
Befestigung	glatt, z. B. Sohlschale, Platten	Rasen	rauhe Sohle, z. B. Pflaster	Rauhbettmulde

Gräben werden dann ausgebildet, wenn die Querschnittsfläche von Straßenmulden nicht zur Wasserabführung ausreicht. Sie erhalten eine Sohlbreite von 0,50 m, die Tiefe soll 0,50 m nicht überschreiten. Die Sohle ist nach Tafel 78 auszubilden. Die Böschungsneigung wird meist an die der anschließenden Böschung angeglichen. Wenn aus dem Gelände viel Oberflächenwasser der Böschung zufließt, legt man am Durchstoßpunkt durch das Gelände einen Abfanggraben an. Bei ungünstigen Untergrundverhältnissen müssen Mulden und Gräben durch bindigen Boden oder Folien abgedichtet werden.

Straßenrinnen werden meist an Hochborden oder zwischen Verkehrsflächen angelegt. Sie leiten das Oberflächenwasser den Straßenabläufen zu.

   min $s = 0{,}5\%$.

Man unterscheidet
— Bordrinne,
— Spitzrinne,
— Muldenrinne,
— Kastenrinne,
— Schlitzrinne.

Die Rinnenform entnimmt man Bild 56.

Die Bordrinne wird aus der gleichen Befestigung wie die Fahrbahn hergestellt und durch einen Hochbord abgeschlossen. Sie erhält die gleiche Quer- und Längsneigung der Fahrbahn und eine Breite zwischen 0,15 m und 0,50 m.

Die Spitzrinne gehört nicht zur Fahrbahn. Sie wird deshalb mit einer anderen Befestigung als die Fahrbahn versehen. Sie erhält Breiten zwischen 0,30 m und 0,90 m. Die Querneigung beträgt je nach Befestigungsart 10,0 bis 15,0%. Als Befestigung dienen Fertigteile oder in Beton versetztes Pflaster. In diesem Falle wird sie durch einen Hochbord abgeschlossen.

Eine Muldenrinne legt man zwischen unterschiedlichen Verkehrsflächen an. Sie wird zwischen 0,50 m und 1,00 m breit. Die Tiefe wird mit $b/15$ festgelegt, muß aber mindestens 3,0 cm betragen. Sie kann von Verkehrsteilnehmern überfahren werden und wird zur Verbesserung der Sichtbarkeit in Pflaster ausgeführt. Häufig wird sie auf Parkflächen und in verkehrsberuhigten Bereichen ausgeführt.

Bordrinne

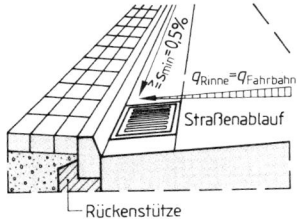

Spitzrinne

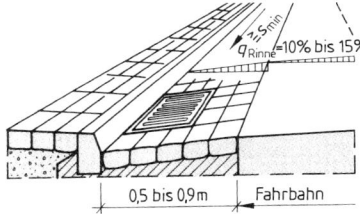

Muldenrinne

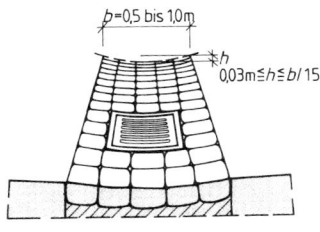

Kastenrinne

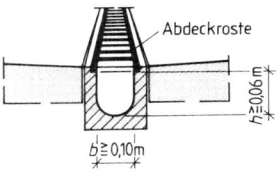

Schlitzrinne

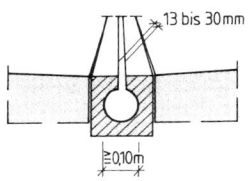

Schlitzrinne mit angeformtem Bordstein

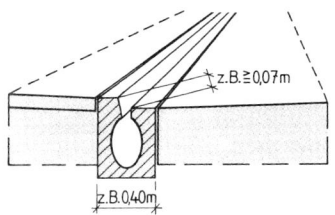

Bild 56   Regelformen der Straßenrinnen

Kastenrinnen sind Straßenrinnen aus Fertigteilen, die mit Gitterrosten oder Lochplatten abgedeckt sind. Die Lichte Weite soll $\geq 0{,}10$ m, die Mindesthöhe min $h = 0{,}06$ m betragen. Das Sohlgefälle ist in die Fertigteile meist eingearbeitet und unabhängig von der Straßenlängsneigung. Kastenrinnen werden meist überfahren und müssen statische und dynamische Kräfte aufnehmen. Außerdem müssen die Roste so gestaltet sein, daß für Zweiradfahrer keine Gefahren entstehen.

Schlitzrinnen sind ebenfalls Straßenrinnen aus Betonfertigteilen, die auf der Oberseite einen Eintrittsschlitz für das Wasser besitzen. Sie sind auf Verkehrsflächen, auf denen auch Radfahrer verkehren, nicht einzusetzen. Der Schlitz darf 13 mm bis 30 mm breit sein. Der Innenquerschnitt hat einen Durchmesser $d \geq 0{,}10$ m. Die Fertigteile werden auch mit vorgefertigtem Sohllängsgefälle geliefert. In Sonderfällen werden die Fertigteile mit einem angeformten Hochbord hergestellt.

Pendelrinnen sind eine Sonderform der Spitzrinne. Sie werden bei sehr geringem Gefälle $s < 0{,}5\%$ eingesetzt. Ihre Gestaltung entspricht der Spitzrinne. Um das Rinnenlängsgefälle zu erhöhen, werden zwischen den Einläufen Hochpunkte angeordnet und die Rinnenquerneigung entsprechend verwunden. Die Bordsteinhöhe schwankt dabei zwischen 0,07 m und 0,14 m (Bild 57).

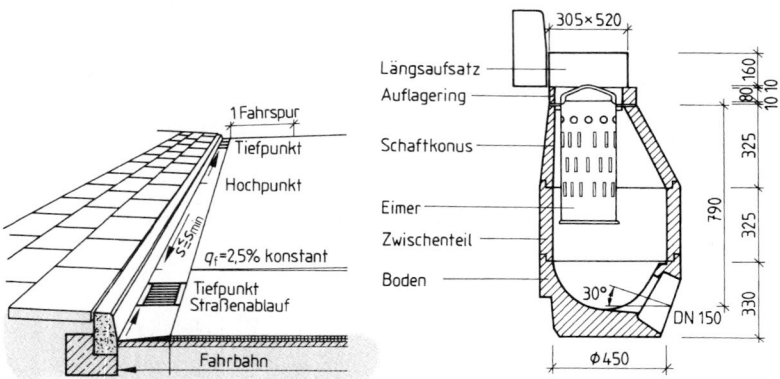

Bild 57 Sonderform Pendelrinne

Bild 58 Regelform eines rechteckigen Straßenablaufes

Straßenabläufe führen das Oberflächenwasser den unterirdischen Entwässerungseinrichtungen zu. Sie bestehen aus Straßenablauf, Schaft und Boden. Im Ablauf wird ein Eimer mit Schlitzen eingehängt, damit kein Grobschmutz in das Leitungsnetz eingespült wird. Bei rechteckigen Einläufen sitzt der Aufsatz des Ablaufes auf einem Schachtkonus (Bild 58). Naßschlammabläufe kommen nur selten zum Einsatz. Straßenabläufe werden als Fertigteile nach DIN 4052 geliefert. Der Abstand der Einläufe richtet sich nach der anfallenden Wassermenge, dem Straßenlängsgefälle und dem Schluckvermögen. Er kann nach den RAS-Ew bestimmt werden. In Wannen müssen Einläufe dichter gesetzt werden. Bei großen Wassermengen können Bergeinläufe eingesetzt werden, bei denen der Einlaufrost gegenüber dem Normaleinlauf vergrößert ist. Besondere Ablaufbuchten verbessern das Schluckvermögen. Abläufe liegen in der Regel in der Straßenrinne. Sie dürfen nicht auf Fußgänger- oder Radfahrüberwegen angeordnet werden. Verschiedene Einlaufformen sind in Bild 59 dargestellt.

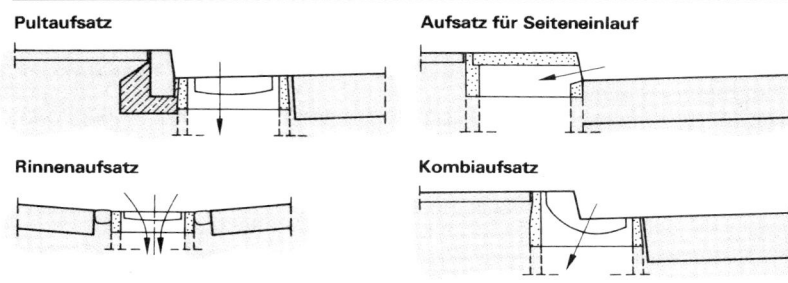

Pultaufsatz

Aufsatz für Seiteneinlauf

Rinnenaufsatz

Kombiaufsatz

Bild 59 Regelformen für Aufsätze der Straßenabläufe

1.7.5 Unterirdische Entwässerungsanlagen

Sie sind als Rohrleitungen ausgebildet und führen das Oberflächenwasser zum Vorfluter ab. Es werden Beton-, Steinzeug- oder Kunststoffrohre verwendet, die zwischen den Schächten geradlinig verlegt werden. Der Mindestdurchmesser beträgt bei Steinzeug- oder Kunststoffrohren DN 250, bei Betonrohren DN 300, um eine mechanische Reinigung zu ermöglichen. Die Fließgeschwindigkeit v soll nicht weniger als 0,50 m/s betragen, um unerwünschtes Absetzen der Sinkstoffe bei Trockenwetter zu verhindern. Fließgeschwindigkeiten $v \geq 6{,}00$ m/s bedingen besonders abriebfestes Rohrmaterial. Bei $v \geq 8{,}00$ m/s ordnet man zur Energievernichtung Absturzschächte an.

Das *Leitungssystem* unterteilt man in Sammelleitungen, Huckepackleitungen und Teilsickerrohrleitungen. Die Regelausführungen sind in Bild 60 dargestellt.

Sammelleitungen sind geschlossene Rohrleitungen zur Wasserabführung. Ihr Durchmesser soll aus Gründen leichter Reinigung nicht unter DN 300 gewählt werden.

Huckepackleitung bei Füllmaterial aus bindigem Boden

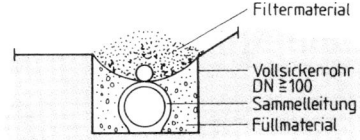

Filtermaterial
Vollsickerrohr DN ≧ 100
Sammelleitung
Füllmaterial

Huckepackleitung bei Füllmaterial aus nichtbindigem Boden

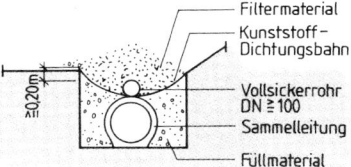

Filtermaterial
Kunststoff–Dichtungsbahn
Vollsickerrohr DN ≧ 100
Sammelleitung
Füllmaterial

Teilsickerrohrleitung

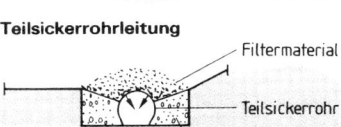

Filtermaterial
Teilsickerrohr
Füllmaterial

Bild 60 Regelausführung von Huckepack- und Teilsickerrohrleitungen

Huckepackleitungen bestehen aus einer Sammelleitung, auf der eine mit Filtermaterial umhüllte Sickerleitung liegt. Diese nimmt in der Regel das Sickerwasser der Frostschutzschicht auf. Bei nichtbindigem Füllboden ist eine Kunststoff-Dichtungsbahn über der Sammelleitung einzubauen.

Teilsickerrohrleitungen vereinigen die Funktionen von Sammel- und Sickerleitungen. Hierbei verwendet man meist an der Oberfläche geschlitzte oder gelochte Rohre.

Schächte unterscheidet man als Ablauf-, Prüf- oder Absturzschächte. Sie werden meist aus Fertigteilen aufgebaut, in Sonderfällen gemauert oder betoniert. Manchmal wird der Schachtboden bis 0,15 m über Rohrscheitel betoniert und dann der Fertigteilschacht aufgesetzt.

Ablaufschächte bieten die Möglichkeit, Wasser durch einen Ablaufrost im Deckel der Rohrleitung zuzuführen. Gleichzeitig ermöglichen sie Wartung und Durchlüftung der Leitung. Der Ablaufrost sitzt mit einem Konus und Schlammfänger auf dem Schaft. Sie werden in Straßenmulden, Muldenrinnen und Ablaufbuchten verwendet. Der Einlauf wird durch eine Pflasterung umgeben und sitzt zur Verbesserung des Schluckvermögens 0,03 m bis 0,05 m tiefer als die Muldensohle.

Prüfschächte erfüllen außer der Wasseraufnahme die gleichen Funktionen. Man ordnet sie bei Richtungsänderungen, Änderung des Rohrdurchmessers, Einführung von Sammelleitungen und/oder querenden Bauwerken an. Der maximale Abstand soll 80,00 m nicht überschreiten.

Absturzschächte sind bei großem Sohlgefälle der Leitung zur Energievernichtung anzuordnen. Regelausführungen sind im Bild 61 dargestellt.

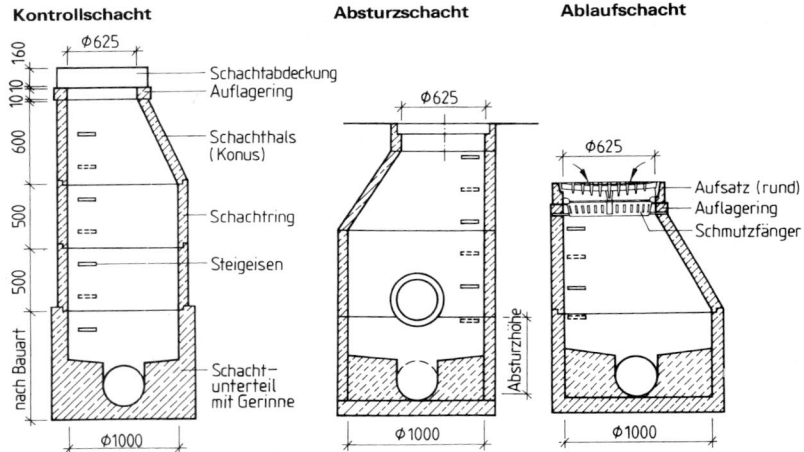

Bild 61   Regelformen für Schächte

1.7.6 Sickeranlagen

Sie fassen ungebundenes Wasser im Untergrund oder Straßenkörper und werden aus Filtermaterial hergestellt, das filterstabil, grobkörniger als der zu entwässernde Boden und so feinkörnig sein muß, daß die Feinteile des Bodens nicht eingeschwemmt werden.

Sickeranlagen sind anzuordnen, wenn der Untergrund bzw. Unterbau nicht aus grobkörnigem Material nach DIN 18196 besteht und das Erdplanum unterhalb des Geländes oder geländegleich liegt. Bei zweibahnigen Straßen gilt das auch für den Bereich unter dem Mittelstreifen. Um Sickerwasser im hochliegenden Seitenstreifen vom Oberbau fernzuhalten, wird das Erdplanum dort mit 4,0% Querneigung nach außen verlegt. Der Hochpunkt liegt dabei unter der Fahrbahn im Abstand von 1,00 m vom Fahrbahnrand. Im Einschnitt sind Längsentwässerungen unter der Mulde anzuordnen. Der Rohrscheitel soll 0,20 m unter der zu entwässernden Schicht liegen.

Sickerstrang. Er sammelt das im Boden vorhandene Wasser und leitet es weiter. Meist wird ein Sickerrohr DN 100 verwendet, das mit Filtermaterial umhüllt wird. Längere Stränge enden in Schächten des Leitungsnetzes, kurze können ins Freie geführt werden, erhalten am Auslauf aber eine Froschklappe. Das Sohlgefälle darf 0,3% nicht unterschreiten. Zur Wartung sind Schächte anzuordnen.

Sickergraben. Werden wasserführende Schichten angeschnitten, so ist ein Sickergraben technisch oft besser. Die Regelausführung ist in Bild 62 dargestellt.

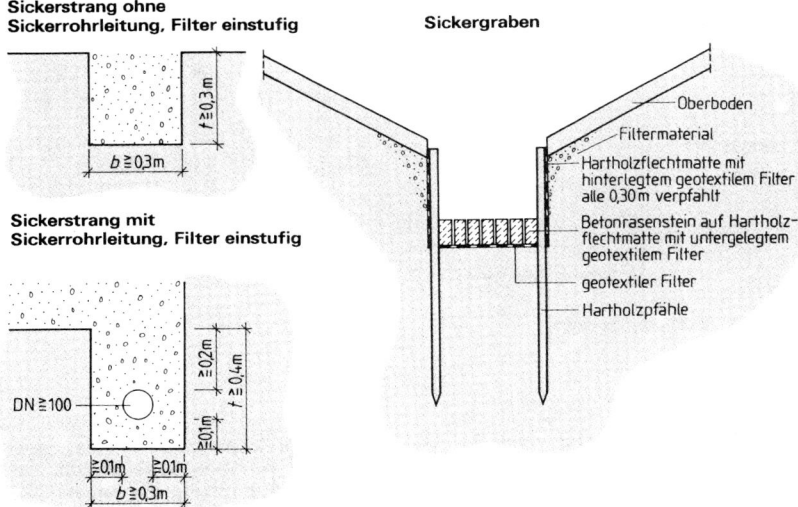

Sickerstrang ohne Sickerrohrleitung, Filter einstufig

Sickergraben

Oberboden
Filtermaterial
Hartholzflechtmatte mit hinterlegtem geotextilem Filter alle 0,30 m verpfahlt
Betonrasenstein auf Hartholzflechtmatte mit untergelegtem geotextilem Filter
geotextiler Filter
Hartholzpfähle

Sickerstrang mit Sickerrohrleitung, Filter einstufig

Bild 62   Sickereinrichtungen

Sickerschicht. Sie kann als Tragschicht, Planums-, Böschungs-, Tiefensickerschicht oder Sickerstützscheibe eingesetzt werden.

Ungebundene Tragschichten übernehmen bei entsprechenden Kornaufbau die Funktion der Sickerschicht. Man bezeichnet sie dann als Frostschutzschicht.

Die Planumssickerschicht wird unter einer Frostschutzschicht angeordnet, wenn das Erdplanum zeitweilig oder ständig unter dem Grundwasserspiegel liegt. Sie soll mindestens 0,50 m dick sein. Diese Dicke darf nicht auf die Dicke der Frostschutzschicht angerechnet werden.

Die Böschungssickerschicht leitet Schichtwasser in der Böschung ab. Sie soll 0,50 m dick sein und ist gegen Oberflächenwasser durch bindigen Boden abzudichten (Bild 63).

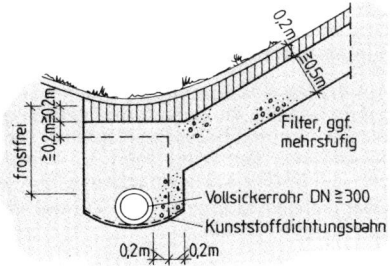

Filter, ggf. mehrstufig
Vollsickerrohr DN ≧ 300
Kunststoffdichtungsbahn

Bild 63   Böschungssickerschicht

Die Tiefensickerschicht sichert den Untergrund gegen seitlich andrängendes Wasser und entwässert vorwiegend tiefere Schichten. Die Mindestbreite beträgt bei mehrschichtigem Filterkörper und Sickerstrang min $b = 1,00$ m. Gegen Oberflächenwasser ist sie mit 0,20 m dickem bindigen Boden zu sichern. Das Wasser wird durch ein Sickerrohr abgeführt. Die Sickerstützscheibe wird in Fallinie in die Böschung senkrecht eingebaut. Sie besteht entweder aus einer Schotterschicht oder aus Einkornbeton. Sie stützt rutschgefährdete Böschungen durch Abbau des Wasserdrucks. Der Abstand der Scheiben untereinander beträgt 10,00 m bis 20,00 m, die Mindestbreite 1,20 m. Auch hier ist eine Abdichtung gegen Oberflächenwasser vorzusehen (Bild 64).

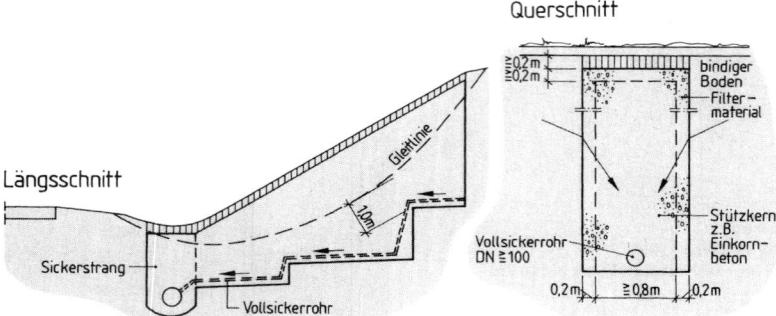

Bild 64   Sickerstützscheibe

1.7.7 Bauwerke

Oberflächenwasser wird durch *Regenrückhaltebecken*, große Graben- oder Rohrleitungsprofile gesammelt und gedrosselt zum Vorfluter weitergeleitet, um dessen hydraulische Überlastung zu verhindern. Die Bemessung der Regenrückhaltebecken erfolgt nach Kapitel Wasserwirtschaft, Abschn. 5.6.

Rückhaltegräben und -kanäle sind nach den Grundsätzen für Entwässerungsgräben und Rohrleitungen zu entwerfen.

Absetzanlagen trennen die Sedimente vom Straßenwasser. Hierzu verwendet man Absetzbecken, Regenwasserklärbecken oder Absetzschächte bei Versickeranlagen. Sie werden wie Absetzbecken in der Abwassertechnik ausgebildet.

Abscheider für Leitflüssigkeiten reinigen Oberflächenwasser, das durch Leichtflüssigkeiten verunreinigt ist. Sie sind nach den Baugrundsätzen der DIN 1999 oder den „Richtlinien für bautechnische Maßnahmen in Wassergewinnungsgebieten" (RiStWag) zu gestalten.

Auf **Brücken** ist besonders sorgfältig zu entwässern, da im Winter erhöhte Glatteisgefahr besteht. Außerdem darf kein Wasser ins Bauwerk eindringen. Anfallendes Wasser ist durch Brückeneinläufe vor dem Überbauende zu sammeln. Um stauende Nässe hinter den Widerlagern zu vermeiden, ist hinter diesen eine Kiesschüttung von mindestens 1,00 m einzubauen. Das anfallende Sickerwasser ist abzuleiten.

Oberflächenwasser, das auf **Tunnel** oder **Trogstrecken** zuströmt, muß vorher abgefangen werden.

Mit **Erdbecken** gestaltet man Rückhaltebauwerke landschaftsgerecht. Im Uferbereich und bei geplanten Inseln wird das Gelände modelliert, so daß unregelmäßig geschwungene Linien entstehen. Ein Dauerstau ist in Flachwasser- und tiefe Zonen aufzuteilen. Standortgerechte Bepflanzung unterstützt das Entstehen von Biotopen. Zur Wartung sind begrünbare Zufahrten notwendig.

2 Bahnbau

2.1 Linienführung

Trassierungselemente. Sie werden nach folgenden Gesichtspunkten gewählt:
— Entwurfsgeschwindigkeit v_e, unterschieden nach Reisezügen, Güterzügen, Zügen mit Neigetechnik etc.
— zulässige Längsneigung l,
— Zugkonfiguration (Reisezüge, Güterzüge),
— Belastung der Reisezüge oder Güterzüge,
— Lage und Art der Betriebsstellen,
— Maßgaben der Trassenführung,
— künftige Entwicklungen.
Darüber hinaus können die Fahrzeitoptimierung und die Betriebsbedingungen Einfluß auf die Entwurfsgeschwindigkeit ausüben.

Tafel 1 Maximale Entwurfsgeschwindigkeit v_e in km/h

Art bzw. Nutzung der Strecke	Personen- und Güterverkehr	reiner Personenverkehr	Neubaustrecken	S-Bahnstrecken
max. Entwurfsgeschwindigkeit v_e	≤ 200	≤ 300	≥ 300 (min. 250)	120

Die Trasse ist möglichst gestreckt zu führen. Bei Neubaustrecken sind die Radien nach Gl. (1) oder Tafel 2 zu wählen.

$$r \geq 0{,}07 \cdot v_e^2 \quad \text{in m} \quad (1)$$

Tafel 2 Gleisbogenradien r in m, abhängig von Entwurfsgeschwindigkeit v_e und Überhöhung u_0 für Neubaustrecken

Geschwindigkeit v_e in km/h	ausgleichende Überhöhung u_0 in mm von						
	≤ 170	220	260	270	300[1])	310[1])	330[1])
210	≥ 3100	2365	2001	1927	1735	1679	1577
220	≥ 3400	2596	2197	2115	1904	1842	1731
230	≥ 3700	2837	2401	2312	2081	2014	1892
240	≥ 4000	3089	2614	2517	2266	2193	2060
250	≥ 4400	3352	2837	2731	2458	2379	2235
260	≥ 4700	3626	3068	2954	2659	2573	2417
270	≥ 5100	3910	3309	3186	2867	2775	2607
280	≥ 5500	4205	3558	3462	3084	2984	2803
290	≥ 5900	4511	3817	3675	3308	3201	3007
300	≥ 6300	4827	4085	3933	3540	3426	3218

[1]) Die Werte u_0 sind im Regelbetrieb noch nicht erprobt

Ausnahmsweise kann der Wert verringert werden. Dann ist

$$\min r = \frac{11{,}8 \cdot v_e^2}{u_0} \quad \text{in m} \quad (2)$$

$$u_0 = \text{zul } u + \text{zul } u_f \quad (3)$$

v_e^2 Entwurfsgeschwindigkeit in km/h
u_0 ausgleichende Überhöhung in mm nach Tafel 3
zul u Überhöhung in mm
zul u_f Überhöhungsfehlbetrag in mm

Bögen durchgehender Hauptgleise erhalten *Übergangsbögen* und *Überhöhungen*. Der Übergangsbogen soll mit der *Überhöhungsrampe* zusammenfallen. Kreisbogen und Geraden sollen die Mindestlänge $l > 0{,}4 \cdot v_e$ haben.

Gleise, die von allen Fahrzeugen freizügig befahren werden sollen, erhalten Radien mit $r \geq 150$ m. Liegen Bahnsteige auf der Innenseite eines Bogens, so muß der Gleisbogenradius $r \geq 500$ m gewählt werden. Für Bogenaußenseiten ist ein möglichst großer Radius vorzusehen.

Tafel 3 Planungswerte für die ausgleichende Überhöhung u_0 in mm

	Herstellungs-grenze	Regelwert	Ermessens-grenzwert	Zustimmungs-wert	Ausnahmewert
Gleise	$r \leq 30\,000$ m	170 (130)[1])	290 (230)	$u_0 = $ zul $u + $ zul u_f	$u_0 = $ zul $u - $ zul u_f
Weichen		120	$u_0 = $ zul $u + $ zul u_f[2])	$u_0 = $ zul $u + $ zul u_f[3])	$u_0 = $ zul $u + $ zul u_f[3])

Klammerwerte gelten an Bahnsteigen
zul u zulässige Überhöhung in mm, zul u_f zulässiger Überhöhungsfehlbetrag in mm
[1]) min $r = 300$ m in durchgehenden Hauptgleisen, min $r = 180$ m bei allen übrigen Gleisen
[2]) nach Tafel 6
[3]) nach Tafel 5 und 6

Überhöhung. Sie wird mit Überhöhungsrampen durch Anheben der äußeren Schiene hergestellt. Die *Regelüberhöhung* für Schnellfahrstrecken und S-Bahn-Strecken berechnet man mit

$$\text{reg } u = \frac{7,1 \cdot v_e^2}{r} \quad \text{in mm} \quad (4)$$

Sie ist auf eine durch 5 teilbare Zahl aufzurunden. Die Überhöhung ist in Tafel 4 angegeben. Bei Bögen mit $r < 300$ m darf die zulässige Überhöhung zul u nicht überschritten werden. Sie wird berechnet mit Gl. (5).

$$\text{zul } u = \frac{r \cdot 50}{1,5} \quad \text{in mm} \quad (5)$$

Für vorhandene Strecken gilt

$$\text{reg } u = 0,6 \cdot u_0 = 7,1 \cdot \frac{v_e^2}{r} \leq \text{zul } u \quad \text{in mm} \quad (6) \qquad \begin{array}{l} u_0 \quad \text{ausgleichende Überhöhung in mm} \\ v_e \quad \text{Entwurfsgeschwindigkeit in km/h} \end{array}$$

Die *Mindestüberhöhung* beträgt

$$\text{min } u = u_0 - \text{zul } u_f = \frac{11,8 \cdot v_e^2}{r} - \text{zul } u_f \quad (7) \qquad \text{Negative Überhöhungen sind zulässig.}$$

Die Überhöhungsfehlbeträge u_f entnimmt man Tafel 5.

Tafel 4 Planungswerte für die Überhöhung u in mm

	Herstellungs-grenze	Regelwert	Ermessens-grenzwert	Zustimmungs-wert	Ausnahmewert
Gleise	20	100 (60)	zul $u = 160$[1]), 170[2]) (100)	$160 < $ zul $u \leq 180$	zul $u > 180$
Weichen	20	60	zul $u_0 = 120$[3])	$170 < $ zul $u \leq 180$	zul $u > 180$

Klammerwerte gelten an Bahnsteigen
[1]) bei Schotteroberbau   [2]) bei fester Fahrbahn
[3]) Bei Außenbogenweichen mit starrem Herzstück zul $u = 100$ mm

Tafel 5 Planungswerte für Überhöhungsfehlbeträge u_f in mm

	Herstellungs-grenze	Regelwert	Ermessensgrenzwert	Zustimmungswert
Gleise	—	70	zul $u_f = 130$[1])	$150 < $ zul $u_f \leq 170$
Weichen	—	60	zul u_f nach Tafel 6	zul u_f nach Tafel 6 + 20%

[1]) zul $u_f = 150$ mm bei Reisezügen in Radien $r \geq 650$ m außerhalb von Zwangspunkten. Bei Radien $r < 1000$ m ist für Überhöhungsfehlbeträge $u_f > 130$ mm die Zustimmung der Zentrale erforderlich.

Tafel 6 Zulässiger Überhöhungsfehlbetrag zul u_f in Weichen, Kreuzungen und Schienenauszügen (Ermessensgrenzwerte)

Konstruktion	zulässiger Überhöhungsfehlbetrag u_f in mm bei einer Entwurfsgeschwindigkeit v_e in km/h			
	≤ 120	>120 bis 160	>160 bis 200	>200 bis 300
Weichenbogen mit feststehender Herzstückspitze im Innenstrang	≤ 110		≤ 90	—
Weichenbogen mit feststehender Herzstückspitze im Außenstrang	≤ 110	≤ 100	≤ 60	—
Bogenkreuzungen und Bogenkreuzungsweichen	≤ 100		—	—
Weichenbogen mit beweglicher Herzstückspitze	≤ 130			1)
Schienenauszüge im Bogen	≤ 100			1)
für Züge mit Neigetechnik in den oben genannten Konstruktionen	≤ 150			—

1) Einzelfallregelung mit der Zentrale

In Weichenbogen, die nur beim Rangieren befahren werden, darf zul $u_f \leq 130$ mm angewendet werden.

Übergangsbogen. In durchgehenden Hauptgleisen sollen Übergangsbögen angeordnet werden, wenn der Unterschied der Überhöhungsfehlbeträge Δu_f folgende Werte erreicht:

— bei $v_e \leq 200$ km/h $\Delta u_f = 40$ mm,
— bei $v_e > 200$ km/h $\Delta u_f = 20$ mm.

Es dürfen aber die Grenzwerte nach Tafel 7 nicht überschritten werden.

Übergangsbögen sollen mit gerader Krümmungslinie entworfen werden und mit der Überhöhungsrampe zusammenfallen.

Tafel 7 Grenzwerte für die Änderung des Überhöhungsfehlbetrages Δu_f

Geschwindigkeit v_e in km/h	≤ 100	130	200	280	300
Änderung des Überhöhungsfehlbetrags Δu_f in mm	106	83	47	31	27

Den Unterschied der Überhöhungsfehlbeträge Δu_f berechnet man mit

$$u_{f1} = \frac{11,8 \cdot v_e^2}{r_1} - u_1 \quad \text{in mm} \quad (8) \quad \text{und}$$

$$u_{f2} = \frac{11,8 \cdot v_e^2}{r_2} - u_2 \quad \text{in mm} \quad (9).$$

Der Unterschied der Überhöhungsfehlbeträge ist in Bild 1 dargestellt. Übergangsbögen sind aber auch erforderlich, wenn keine Überhöhungsrampe notwendig ist.

Gerade/Bogen   **Korbbogen**   **Gegenbogen**

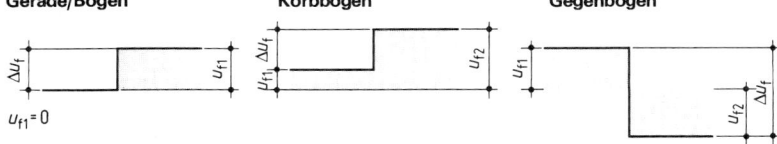

Bild 1 Zusammenhang zwischen Übergangsbogen und Überhöhungsfehlbetrag Δu_f

Der Übergangsbogen muß so lang sein, daß sich ein Tangentenabrückmaß $f \geq 15$ mm ergibt. Er wird als Klothoide entworfen. S-förmige Übergangsbögen oder solche nach *Bloss* sind zugelassen, wenn mit gerader Krümmungslinie der Regelgrenzwert nach Tafel 8 nicht eingehalten werden kann. Die Krümmungsbilder und Überhöhungsfehlbeträge stellt Bild 2 dar.

16

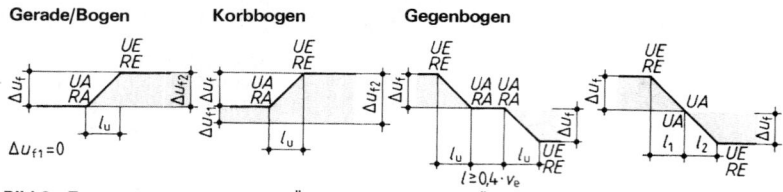

Bild 2   Zusammenhang zwischen Übergangsbogen und Überhöhungsfehlbetrag Δu_f

Die Länge l_u des Übergangsbogens und das Tangentenabrückmaß f entnimmt man für die verschiedenen Formen der Krümmungslinie der Tafel 8.

Bei Gegenbögen sollen zwei getrennte Übergangsbögen mit gerader Krümmungslinie angeordnet werden, wenn dazwischen eine Gerade der Länge

$$l_g \geq 0{,}4 \cdot v_e \quad \text{in m} \quad (10)$$

hergestellt werden kann. Ist dies nicht möglich, ist die Überhöhung u_1 geradlinig in die Überhöhung u_2 zu überführen und die Übergangsbögen mit gerader Krümmungslinie zu planen. Eine andere Möglichkeit ist, zwei getrennte Übergangsbogen mit geschwungener Krümmungslinie und entsprechenden Überhöhungsrampen zu entwerfen. Bild 3 erläutert die Anwendung.

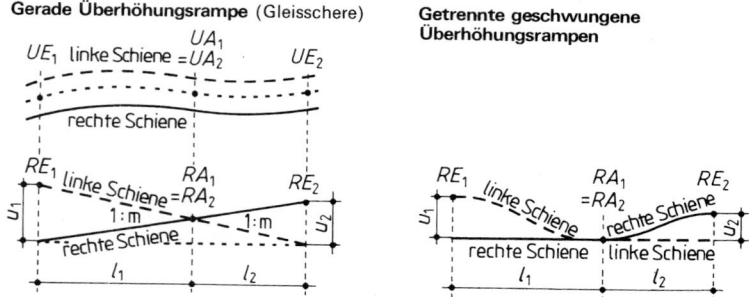

Bild 3   Gegenbögen mit Übergangsbögen ohne Zwischengerade

Tafel 8   Berechnungsgleichungen für die Mindestlänge l_u und das Tangentenabrückmaß f

Krümmungslinie des Übergangsbogens	Mindestlänge min l_u in m	Tangentenabrückmaß f in mm
gerade	$\min l_u = \dfrac{4 \cdot v_e \cdot \Delta u_f}{1000}$	$f = \dfrac{l_u^2 \cdot 1000}{24 \cdot r}$
s-förmig	$\min l_{uS} = \dfrac{6 \cdot v_e \cdot \Delta u_f}{1000}$	$f = \dfrac{l_{uS}^2 \cdot 1000}{48 \cdot r}$
nach *Bloss*	$\min l_{uB} = \dfrac{4{,}5 \cdot v_e \cdot \Delta u_f}{1000}$	$f = \dfrac{l_{uB}^2 \cdot 1000}{48 \cdot r}$

Bei unvermitteltem Krümmungswechsel wird der Unterschied der Überhöhungsfehlbeträge Δu_f durch Zwischengerade oder -bogen minimiert. Sie erhalten die Länge $l \geq 0{,}20\, v_e$.

Folgende Werte dürfen nicht unterschritten werden:

$$\min l = 0{,}10\, v_e \quad \text{in m} \quad (11)$$

$$\min l = 6{,}00 \text{ m bei Gegenbögen mit } \frac{1000}{r_1} + \frac{1000}{r_2} > 9 \quad (12)$$

Überhöhungsrampen. Übergangsbögen mit gerader Krümmungslinie erhalten gerade Überhöhungsrampen. Solche mit geschwungener Krümmungslinie werden mit entsprechend geschwungener Überhöhungsrampe ausgeführt. Zwischen zwei geraden Überhöhungsrampen ist eine Strecke mit gleichbleibender oder ohne Überhöhung vorzusehen. Dabei muß eine Mindestlänge von $l = 0,1 \cdot v_e$ eingehalten werden. Die Längen der Überhöhungsrampen entnimmt man Tafel 9.

Tafel 9   Berechnungsgleichungen für die Länge l_R und Neigungen von Überhöhungsrampen

Rampe		Herstellungswert	Regelwert	Ermessensgrenzwert	Zustimmungswert	Ausnahmewert
gerade		$1 : m = 1 : 3000$	$l_R = 10 \cdot v_e \dfrac{\Delta u}{1000}$ $1 : m \leq 1 : 600$	$l_R = 8 \cdot v_e \dfrac{\Delta u}{1000}$ $1 : m \leq 1 : 400$	$8 \cdot v_e \dfrac{\Delta u}{1000} > l_R$ $\geq 6 \cdot v_e \dfrac{\Delta u}{1000}$ $1 : m \leq 1 : 400$	$6 \cdot v_e \dfrac{\Delta u}{1000} > l_R$ $\geq 5 \cdot v_e \dfrac{\Delta u}{1000}$ $1 : m > 1 : 400$
geschwungen	S-förmig	$1 : m_M = 1 : 1500$	$l_{RS} = 10 \cdot v_e \dfrac{\Delta u}{1000}$ $1 : m_M \leq 1 : 600$	$l_{RS} = 8 \cdot v_e \dfrac{\Delta u}{1000}$ $1 : m_M \leq 1 : 400$	–	–
geschwungen	Bloss	$1 : m_M = 1 : 1500$	$l_{RB} = 7,5 \cdot v_e \dfrac{\Delta u}{1000}$ $1 : m_M \leq 1 : 600$	$l_{RB} = 6 \cdot v_e \dfrac{\Delta u}{1000}$ $1 : m_M \leq 1 : 400$	–	–

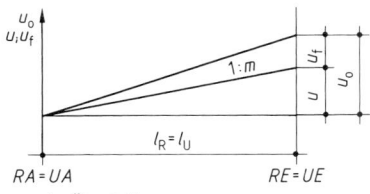

gerade Überhöhungsrampe

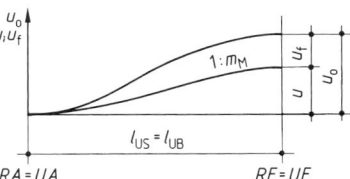

geschwungene Überhöhungsrampe

Krümmungslinie	gerade	S-förmig	nach *Bloss*
	$m = \dfrac{1000 \cdot l_R}{u}$	$m_M = \dfrac{1000 \cdot l_{RS}}{2 \cdot u}$	$m_M = \dfrac{1000 \cdot 2 \cdot l_{RB}}{3 \cdot u}$

Bild 4   Ausbildung der Überhöhungsrampen

Während bei der Klothoide die Krümmung linear zunimmt, ändert sich diese bei der *Bloss*kurve nach Gl. (13).

$$K(f) = \frac{1}{r} \cdot (3 \cdot t^2 - 2 \cdot t^3) \quad (13) \qquad\qquad t = \frac{l}{l_u}$$

l Abstand des Kurvenpunktes von ÜA in m l_u Gesamtlänge des Bogens in m

Die Konstruktion ergibt sich aus Bild 6. Es sind

$$y = \frac{x^4}{4 \cdot l_u^2 \cdot r} - \frac{x^5}{10 \cdot l_u^3 \cdot r} \quad \text{in m} \quad (14) \qquad y_E = 0,15 \cdot \frac{l_u^2}{r} = 6 \cdot f \quad \text{in m} \quad (15)$$

$$\tan a = \frac{l_u}{2 \cdot r} \quad \text{in m} \quad (16) \qquad s = 0,3 \cdot l_u \quad \text{in m} \quad (17) \qquad f \approx \frac{l_u^2}{40 \cdot r} \quad \text{in mm} \quad (18)$$

y_E Abstand des Punktes ÜE von der Tangente
l_u Länge des Übergangsbogens
r Bogenradius am Ende des Übergangsbogens
s Abstand des Tangentenschnittpunktes vom Lotfußpunkt durch *ÜE*

16

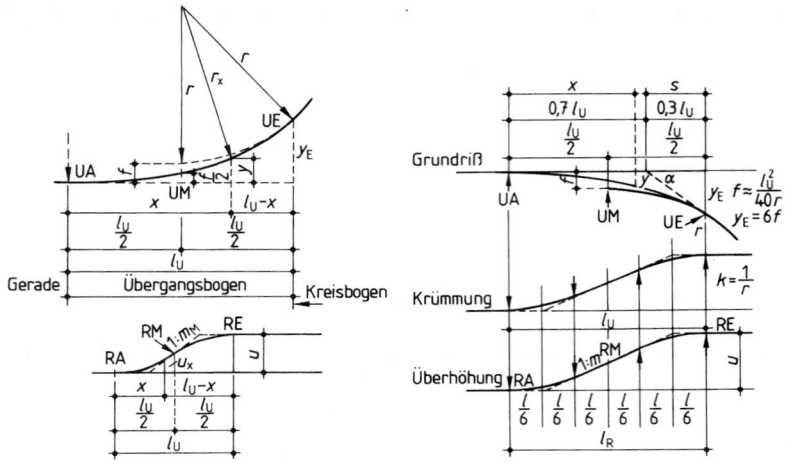

Bild 5 Übergangsbogen mit geschwungener Rampe nach *Schramm*

Bild 6 Übergangsbogen nach *Bloss*

Gleisverziehungen. Die Verziehung ist eine Veränderung des Gleisabstandes. Sie wird möglichst im Gleisbogen hergestellt.

Gleisverziehungen werden bei geraden, parallelen Gleisen ohne Überhöhung und Übergangsbogen mit Radien nach Gl. (19) geplant.

$$r \geq \frac{v_e^2}{2} \quad \text{in m} \quad (19)$$

Dazwischen ist eine Zwischengerade der Länge

$$l_g \geq 0,4 \cdot v_e \quad \text{in m} \quad (20)$$

einzuschalten.

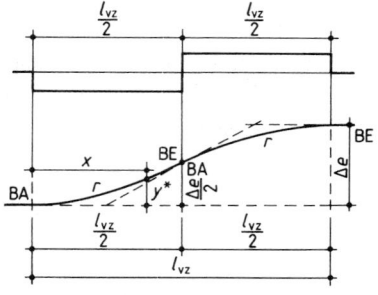

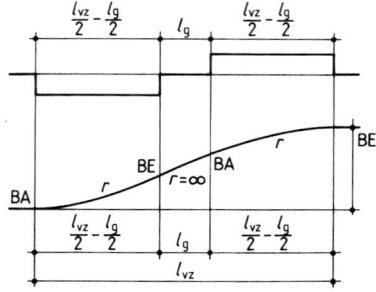

a) Parallelverziehung aus zwei Kreisbögen

b) Parallelverziehung aus zwei Kreisbögen mit einer Zwischengeraden

Bild 7 Konstruktion der Gleisverziehung

Längsneigung. Die Längsneigung l soll auf freier Strecke die Werte der Tafel 10 einhalten.

Tafel 10   Längsneigung l in ‰

max l auf freier Strecke		min l in Tunneln der Länge		max l
Hauptbahnen	Neben- und S-Bahnen	≤ 1000 m	> 1000 m	bei Bahnhofsgleisen
12,5	40,0	2,0	4,0	2,5

Neigungswechsel in der Längsneigung $\Delta l \geq 1,0$‰ werden ausgerundet. Das soll aber nicht in Überhöhungsrampen geschehen. Ist dies nicht einzuhalten, soll eine Ausrundung von

$$\min r_a = 0,4 \cdot v_e^2 > 2000 \quad \text{in m} \quad (21)$$

angeordnet werden. Die Länge des Ausrundungsbogens l_a soll mindestens 20,00 m betragen. Die Werte für Ausrundungsradien entnimmt man Tafel 11.

Tafel 11   Planungswerte für den Ausrundungsradius r_a in m

Herstellungsgrenze	Regelwert	Ermessensgrenzwert	Zustimmungswert	Ausnahmewert
$r_a \leq 30\,000$	$r_a = 0,4 \cdot v_e^2$	$r_a = 0,25 \cdot v_e^2 \geq 2000$	$r_a{}^1) = 0,16 \cdot v_e^2 \geq 2000$ $r_a{}^2) = 0,13 \cdot v_e^2 \geq 2000$	—

^{1}) in Kuppen ^{2}) in Wannen

Zulässige Höchstgeschwindigkeit. Die Ermessensgrenzwerte für die zulässige Höchstgeschwindigkeit sind durch die Grenzwerte der Eisenbahn-Betriebs-Ordnung (EBO) und die Zulassungsgrenzen von Fahrzeug und Fahrweg gegeben. Mit Zustimmung der Zentrale der DB sind folgende Abweichungen möglich:

— Die zulässige Höchstgeschwindigkeit darf in Abhängigkeit vom Überhöhungsfehlbetrag um 1,0% erhöht werden.
— Die Mindestlängen der Übergangsbogen dürfen bis zu 20,0% unterschritten werden.
— Gerade Überhöhungsrampen dürfen bis $l_R = 6 \cdot v_e \dfrac{\Delta u}{1000}$ oder $1{:}m \leq 1{:}400$ ausgebildet werden.
— Die Grenzwerte für Δu_f können bis 20,0% angehoben werden.

Für NeiTech-Züge gilt:

— durchfahren diese Fahrzeuge Gleisbogen mit höherer Geschwindigkeit, ist eine Ausnahmegenehmigung von den Vorschriften der EBO notwendig.
— Bei Gleisbogen ohne Zwangspunkte darf der Planung ein Überhöhungsfehlbetrag von $u_f \leq 300$ mm, bei Gleisbogen mit Zwangspunkten oder Weichen von $u_f \leq 150$ mm zugrunde gelegt werden.
— Gerade Überhöhungsrampen sind bis $l_R = 6 \cdot v_N \dfrac{\Delta u}{1000}$ $(1{:}m \leq 1{:}400)$,

geschwungene Überhöhungsrampen bis $l_{RS} = 8 \cdot v_N \dfrac{\Delta u}{1000}$ bzw. $l_{RS} = 6 \cdot v_N \dfrac{\Delta u}{1000}$ $(1{:}m \leq 1{:}400)$ zulässig.

v_N Geschwindigkeit der NeiTech-Züge

— für Überhöhung, Übergangsbögen und Bogenwechsel sind die Geschwindigkeit für Fahrzeuge ohne Neigetechnik maßgebend.
— Für die Ausrundung der Neigungswechsel gilt Tafel 9.

Die Bestimmung der zulässigen Höchstgeschwindigkeit erfolgt nach Tafel 12.

16

Tafel 12 Zulässige Höchstgeschwindigkeit v in km/h

Kriterium	Überhöhungs-fehlbetrag	unvermittelter Krümmungswechsel	Abstand zwischen geraden Überhöhungs-rampen	Übererhöhungs-rampe	Ausrundungs-radius r_a
max v	$\sqrt{\dfrac{r}{11,8}} \cdot (u + \text{zul } u_f)$	Gerade oder Kreis $$\sqrt{\frac{r}{11,8}} \cdot \text{zul } \Delta u_f$$ Korb-/Gegenbogen $$\sqrt{\frac{r_1 \cdot r_2}{11,8 \cdot (r \pm r_2)}} \cdot \text{zul } \Delta u_f$$	$10 \cdot l$	gerade $\dfrac{l_R \cdot 1000}{6 \cdot \Delta u}$ S-förmig $\dfrac{l_{RS} \cdot 1000}{8 \cdot \Delta u}$ Bloss $\dfrac{l_{RB} \cdot 1000}{6 \cdot \Delta u}$	$2 \cdot \sqrt{r_a}$

2.2 Weichen und Kreuzungen

Verzweigungen und *Fahrwegüberschneidungen* werden durch Weichen und Kreuzungen ermöglicht. Sie sollen auf das notwendige Maß beschränkt werden. In der Regel sind gerade Weichen einzusetzen, Bogenweichen nur dann, wenn gerade Weichen die Linienführung verschlechtern würden. Die Lage der Weichen soll nicht im Bereich von Übergangsbögen, Überhöhungsrampen und Ausrundungen geplant werden.

Weichen sollen als einfache Weichen in der Grundform eingesetzt werden. Kreuzungen und Kreuzungsweichen werden nur verwendet, wenn die Fahrwegüberschneidungen nicht mit einfachen Weichen ausgebildet werden können. In der Regel werden Weichen mit starrem Herzstück verwendet. Weichen werden so angeordnet, daß im Hauptfahrweg kein Krümmungswechsel eintritt.

In den Hauptgleisen werden die Weichen entsprechend der Abzweiggeschwindigkeit gewählt. Weichen mit Schienen S 49 und dem Zweiggleisradius der Grundformen $r = 190,00$ m dürfen in durchgehenden Hauptgleisen nicht eingebaut werden, wenn diese mit Geschwindigkeiten $v > 100$ km/h befahren werden.

In Nebengleisen verwendet man *Zweiggleisradien* der Grundform $r_0 = 190,00$ m oder $r_0 = 250,00$ m. Die zulässige Abzweiggeschwindigkeit soll $v = 40$ km/h, aber mindestens $v = 25$ km/h betragen.

Es werden folgende Geschwindigkeiten zugrunde gelegt:

— Verzweigung von Streckengleisen:
  wenn die abzweigende Strecke mit $v \geq 80$ km/h befahren wird, möglichst mit zul v der abzweigenden Strecke, aber $\min v = 80$ km/h,
— Gleisverbindungen für Gleiswechselbetrieb und Fahrwege, die planmäßig für durchfahrende Züge vorgesehen sind:
  in stark belasteten Strecken $v \geq 80$ km/h,
  in allen übrigen möglichst $v = 80$ km/h,
— Ein- und Ausfahrwege für haltende Züge im Durchgangsverkehr:
  von Reisezügen häufig benützte Fahrwege möglichst $v = 80$ km/h,
  bei den übrigen Fahrwegen für Reise- und Güterzüge $v = 60$ km/h,
  selten benutzte Fahrwege $v = 40$ km/h, möglichst aber $v = 50$ km/h,
  in Kopfbahnhöfen, im Weichenbereich vor Bahnsteigen $v = 40$ km/h, möglichst aber $v = 50$ km/h.

Weichen durchgehender Hauptgleise erhalten die Schienenform der durchgehenden Hauptgleise. In der Regel werden Weichen mit starrem Herzstück verwendet. Werden sie aber mit zul $v > 200$ km/h befahren, müssen sie mit beweglichen Herzstückspitzen ausgerüstet werden. Kreuzungen und Kreuzungsweichen mit starren Doppelherzstückspitzen dürfen nicht in Gleisen verwendet werden, die mit

$v > 100$ km/h befahren werden. Bogenweichen sind möglichst in Kreisbögen zu verlegen. Die Überhöhung soll nicht größer als 100 mm sein. *Klothoidenweichen* werden in allen Abzweigungen, Gleisverbindung und Überleitstellen der Neubaustrecke mit $v_e > 200$ km/h verwendet.

Auf Brücken sollen am beweglichen Tragwerksende keine Weichen angeordnet werden. Liegen Weichen im Bereich von Brücken, sind zwischen diesem und dem Weichenanfang die Abstände der Tafel 13 einzuhalten.

Tafel 13 Mindestabstände der Weichen vom beweglichen Brückenende

Brückengesamtlänge in m	41 bis 60	61 bis 90	>90
Mindestabstand des Weichenanfangs vom beweglichen Tragwerksende in m	10	20	30

Grundformen einfacher Weichen s. Tafel 16.

Von diesen können eine große Anzahl Kreuzungsweichen abgeleitet werden. Diese sind in der Richtlinie 800.0120, Anhang 2 näher beschrieben. Für Fernbahnstrecken gilt darüber hinaus, daß in durchgehenden Gleisen die Weichen mit Schienen UIC 60 auszustatten sind. In den übrigen Gleisen sollen Schienen UIC 60 oder S 54 vorgesehen werden.

Weichen in durchgehenden Hauptgleisen, die mit $v > 160$ km/h befahren werden, erhalten bewegliche Herzstückspitzen.

Tafel 14 Biegbarkeit von einfachen Weichen zu Innenbogenweichen

Radius der Weichengrundform r_0 in m	190	300	500	760	1200	2500
Kleinster Zweiggleisradius r_z in m	175	175	200	300	442	941
zugehöriger Stammgleisradius r_s in m	2200	420	333	500	700	1510

Bogenweichen entstehen durch Verbiegen von Weichen mit gerader Grundform. Der wichtigere, stärker befahrene Gleisabschnitt heißt *Stammgleis*, der andere *Zweiggleis*. Den Radius des Zweiggleises erhält man mit Gl. (22a) und (22b).

$$r_z = \frac{r_0 \cdot r_s + l_t^2}{r_0 - r_s} \quad \text{in m} \quad (22a) \qquad \text{bei Außenbogenweichen}$$

$$r_z = \frac{r_0 \cdot r_s - l_t^2}{r_0 + r_s} \quad \text{in m} \quad (22b) \qquad \text{bei Innenbogenweichen}$$

r_z Radius des Zweiggleises in m r_0 Radius des Zweiggleises der Weichengrundform in m
r_s Radius des Stammgleises in m l_t Tangente der Weiche in m nach Tafel 15

Tafel 15 Tangentenlängen l_t in m

Weiche	190 – 1 : 7,5	190 – 1 : 9	300 – 1 : 9	500 – 1 : 12	500 – 1 : 14	760 – 1 : 14	1200 – 1 : 18,5
Tangentenlänge l_t	12,61098	10,52302	16,61499	20,79699	17,83401	27,10801	332,40810

Beispiel Gegeben: Außenbogenweiche: $r_0 = 500{,}00$ m, $r_s = 750{,}00$ m
Gewählt: Außenbogenweiche 500 – 1 : 12

$$r_z = \frac{500 \cdot 750 + 432{,}515}{500 - 750} = -1501{,}73 \text{ m (Linksbogen)}$$

Innenbogenweiche: $r_s = 1000{,}00$ m, $v_z = 60$ km/h, mit $\min r_z = 300{,}00$ m.

$$k_0 = k_z - k_s = \frac{1}{300} - \frac{1}{1000}, \text{ daraus ergibt sich r} = 428{,}57 \text{ m } \left(\text{Krümmung } k = \frac{1}{r} \right)$$

Gewählt: Innenbogenweiche 760 – 1 : 14

$$r_z = \frac{760 \cdot 1000 - 734{,}844}{760 + 1000} = 731{,}402 > 300{,}00 \text{ m} .$$

Tafel 16 Grundformen einfacher Weichen

Einfache Weichen mit geradem Herzstück

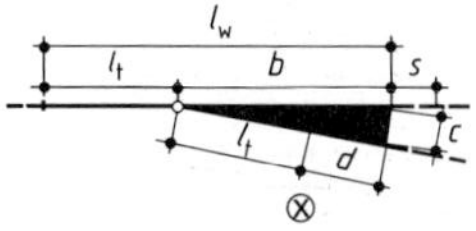

Bezeichnung	l_t in m	b in m	d in m	L_w in m	c in m	s in m	v in km/h
49 / 54 – 190 – 1:9	10,523	16,615	6,092	27,138	1,838	4,010 / 3,900	40
49 – 300 – 1:14	10,701	24,537	13,837	35,238	1,749	6,550	50
54 / 60 – 300 – 1:14	10,701	27,108	16,408	37,809	1,933	5,100	50
49 – 500 – 1:14	17,834	24,537	6,702	42,371	1,749	6,600	60
54 / 60 – 500 – 1:14	17,834	27,108	9,274	44,942	1,933	5,100	60
49 / 54 / 60 – 760 – 1:18,5	20,526	32,409	11,883	52,934	1,750	9,210 / 9,900 / 9,900	80

⊗ = Ende des Zweigleisbogens

s = Abstand der letzten durchgehenden Schwelle (ldS) vom Weichenende bei Holzschwellen

Einfache Weichen mit Bogenherzstück (Bogenende am Weichenende)

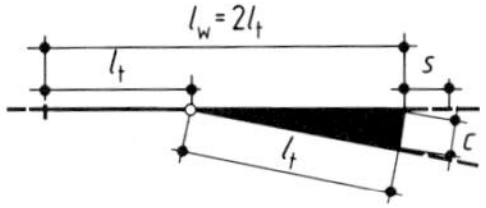

Bezeichnung	l_t in m	L_w in m	c in m	s in m	v in km/h
49 / 54 / 60 – 300 – 1:9	16,616	33,231	1,838	4,010 / 3,900 / 3,900	50
49 / 54 / 60 – 500 – 1:12	20,797	41,595	1,729	5,820 / 6,300 / 6,310	60
49 / 54 / 60 – 760 – 1:14	27,108	54,217	1,933	4,040 / 5,100 / 5,100	80
49 / 54 / 60 – 1200 – 1:18,5	32,409	64,818	1,750	9,210 / 9,900 / 9,900	100

$l_w = 2l_t$

Fortsetzung s. nächste Seite

1304

Tafel 16, Fortsetzung

symm. Außenbogenweiche

Bezeichnung	l_t in m	L_w in m	c in m	S in m	v in km/h
49 – 215 – 1:4,8 54	11,050	22,099	2,266		40

Einfache Weichen mit Bogenherzstück und gerader Verlängerung des Zweiggleises

Bezeichnung	l_t in m	b in m	d in m	L_w in m	c in m	s in m	v in km/h
49 – 190 – 1:7,5	12,611	17,428	4,817	30,039	2,308	3,300	40
54	12,611	13,251	0,640	25,862	1,755		

Einfache Weiche mit beweglicher Herzstückspitze

$l_w = l_{t1} + l_{t2}$

Bezeichnung	l_{t1} in m	l_{t2} in m	l_w in m	c in m	s in m	v in km/h
60 – 300 – 1:9 –gb	16,616	16,616	33,231	1,838	3,900	50
60 – 500 – 1:12 –gb	20,797	20,797	41,595	1,729	6,310	60
60 – 760 – 1:14 –gb und fb	27,108	27,108	54,217	1,933	5,100	80
60 – 1200 – 1:18,5 –gb	32,409	32,409	64,818	1,750	9,900	100
60 – 2500 – 1:26,5 –fb	47,153	47,153	94,306	1,778	13,500	130
60 – 6000/3700 – 1:32,5 –fb	64,569	57,684	122,253	1,774	16,500	160
60 – 7000/6000 – 1:42 –fb	80,104	74,162	154,266	1,765	19,500	200

Einfache Weichen mit Bogenherzstück und gerader Verlängerung des Zweiggleises

Bezeichnung	l_t in m	b in m	d in m	l_w in m	c in m	s in m	v in km/h
60 – 500 – 1:12 –fb	20,797	24,564	3,766	45,361	2,042	2,700	60
60 – 1200 – 1:18,5 –fb	32,409	34,207	1,798	66,615	1,847	8,100	100

Einfache Weichen mit geradem Herzstück

Bezeichnung	l_t in m	b in m	d in m	l_w in m	c in m	s in m	v in km/h
60 – 500 – 1:14 –fb	17,834	27,108	9,274	44,942	1,933	5,100	60
60 – 760 – 1:18,5 –fb	20,526	34,275	13,750	54,801	1,851	8,030	80

Tafel 16. Fortsetzung

Einfache Weichen mit Bogenherzstück und verkürztem Zweiggleisbogen

Bezeichnung	l_t in m	b in m	d in m	l_w in m	c in m	s in m	v in km/h
60 – 300 – 1 : 9 /1 : 9,4 – gb	15,913	17,319	1,406	33,231	1,835	3,900	50
60 – 760 – 1 : 14 /1 : 15 – fb	25,305	28,911	3,606	54,217	1,924	5,100	80
60 – 1200 – 1 : 18,5/1 : 19,277 – fb	31,104	35,511	4,407	66,615	1,840	8,140	100
60 – 2500 – 1 : 26,5/1 : 27,85 – fb	44,869	49,437	4,568	94,306	1,774	13,500	130

Von den Grundformen abgeleitete Weichen

Einfache Weichen mit Bogenherzstück und verkürztem Zweiggleisbogen

Bezeichnung	l_t in m	b in m	d in m	l_w in m	c in m	s in m	v in km/h
54 – 300 – 1 : 9/1 : 9,4	15,913	17,319	1,406	33,231	1,835	3,90	50
60 –						3,90	
49 – 760 – 1 : 14/1 : 15	25,305	28,911	3,606	54,217	1,924	4,037	80
54 –						5,100	
60 –						5,100	
54 – 1200 – 1 : 18,5/1 : 19,277	31,104	33,713	2,609	64,818	1,747	9,90	100
60 –						9,94	

Einfache Weichen mit Bogenherzstück und verlängertem Zweiggleisbogen

Weiche 49 – 190 – 1 : 7,5/1 : 6,6

Weiche 54 – 190 – 1 : 7,5/1 : 6,6

Weiche 500 – 1 : 12/1 : 9

Klothoidenweichen für Abzweigstellen

Weiche	l_{t1} in m	l_{t2} in m	l_w in m	l_u in m	A1 in m	c in m	s in m	v in km/h
60 – 3000/1500 – 1 : 18,132 – fb	47,624	41,792	89,416	27,000	284,605	2,302	3,300	100
60 – 4800/2450 – 1 : 24,257 – fb	59,672	51,344	111,016	41,075	453,375	2,115	8,700	130
60 – 10000/4000 – 1 : 32,050 – fb	73,018	63,008	136,026	37,500	500,000	1,965	14,713	160
60 – 16000/6100 – 1 : 40,154 – fb	92,129	77,087	169,216	56,000	743,021	1,919	21,300	200

$l_w = l_{t1} + l_{t2}$

Tafel 17 Grundformen der Kreuzungen

Kreuzungen mit starren Doppelherzstücken

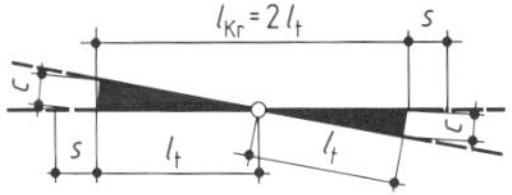

Bezeichnung	l_t	l_{Kr}	c	s
49 — 1:9	16,615	33,230	1,838	4,000
54 — 1:9			1,838	3,900
49 — 1:7,5	18,512	37,024	2,452	–
54 — 1:7,5	13,251	26,502	1,755	3,300
49 — 1:6,6	17,396	34,791	2,613	–
54 — 1:6,964 ≙ 2·1:14	12,690	25,380	1,808	3,300
49 — 1:4,444 ≙ 2·1:9	10,908	21,815	2,409	–
54 — 1:4,444 ≙ 2·1:9	10,904	21,807	2,408	–
54 — 1:5,5	10,700	21,400	1,923	1,500
54 — 1:3,683 ≙ 2·1:7,5	9,448	18,896	2,497	–
49 — 1:3,224 ≙ 2·1:6,6	7,920	15,840	2,373	–
54 — 1:3,224 ≙ 2·1:6,6	7,920	15,840	2,282	–
49 — 1:2,9 ≙ 2·1:9	6,904	13,808	2,282	–
54 — 1:2,9 ≙ 2·1:9	6,904	13,808	2,282	–

Flach-Kreuzungen mit beweglichen Doppelherzstückspitzen

Bezeichnung	l_t in m	l_{Kr} in m	c in m	s in m
49	24,537	49,074	1,749	6,570
54 — 1:14	27,108	54,217	1,933	5,100
60	27,108	54,217	1,933	5,100
49	32,409	64,818	1,750	9,190
54 — 1:18,5				9,900
60				9,900

Bogen-Flachkreuzung

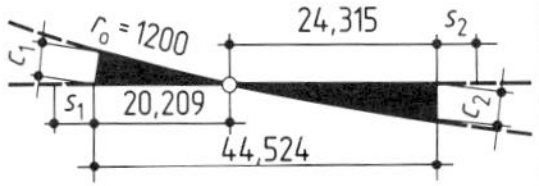

Bezeichnung	l_{t1} in m	l_{t2} in m	l_{Kr} in m	c_1 in m	c_2 in m	s_1 in m	s_2 in m	v in km/h
49						2,680		
54 $\dfrac{1200}{\infty}$ — 1:11,515	20,209	24,315	44,524	1,920	1,860	3,310	6,933	100
60						3,310		

Tafel 17, Fortsetzung

Kreuzungsweichen mit innenliegenden Zungenvorrichtungen der Grundform 190 – 1:9

	Bezeichnung	l_t in m	b in m	d in m	l_{KW} in m	c in m	s in m	v in km/h
Einfache Kreuzungsweiche	49 –190–1:9	10,523	16,615	6,092	33,230	1,838	4,040	40
	54						3,900	
Doppelte Kreuzungsweiche	49 –190–1:9	10,523	16,615	6,092	33,230	1,838	4,040	40
	54						3,900	

Kreuzungsweichen mit außenliegenden Zungenvorrichtungen der Grundform 500 – 1:9

	Bezeichnung	l_t in m	b in m	l_{KW} in m	c in m	s in m	v in km/h
Einfache Kreuzungsweiche	49 –500–1:9	27,693	16,615	44,308	3,058	3,190	60
	54					3,400	
Doppelte Kreuzungsweiche	49 –500–1:9	27,693		55,385	3,063	0	60
	54						

2.3 Querschnittsgestaltung

Elemente des Querschnitts sind

— Umgrenzung des lichten Raumes,
  evtl. mit Raum für die Oberleitung
— Anzahl der Gleise,
— Gleisabstände,
— Fahrbahnquerschnitt,
— Rand-, Zwischen- und Rangierwege,
— Erdkörper,

— Entwässerung,
— Oberleitungsanlagen,
— Signalanlagen,
— Fernmeldeeinrichtungen,
— Kabelanlagen,
— evtl. Lärmschutzanlagen.

Der *Regellichtraum* ist der in Bild 8 dargestellte, freizuhaltende Raum, der zu jedem Gleis gehört. Er umfaßt den von der jeweiligen Grenzlinie umschlossenen Raum und die Räume für bauliche und betriebliche Zwecke. In die Bereiche A, B und C dürfen feste Gegenstände unter bestimmten Bedingungen hineinragen.

Die *Grenzlinie* umschließt den Raum, den ein Fahrzeug einschließlich aller Toleranzen durch Bewegung oder Gleislage und der Mindestabstände von der Oberleitung benötigt. Die Oberleitung darf in den von der Grenzlinie umschlossenen Raum hineinragen. Mindesthöhen s. Tafel 14. Der von der Grenzlinie umschlossene Bereich ist freizuhalten.

bei durchgehenden Hauptgleisen und anderen Hauptgleisen für Reisezüge   **bei den übrigen Gleisen**

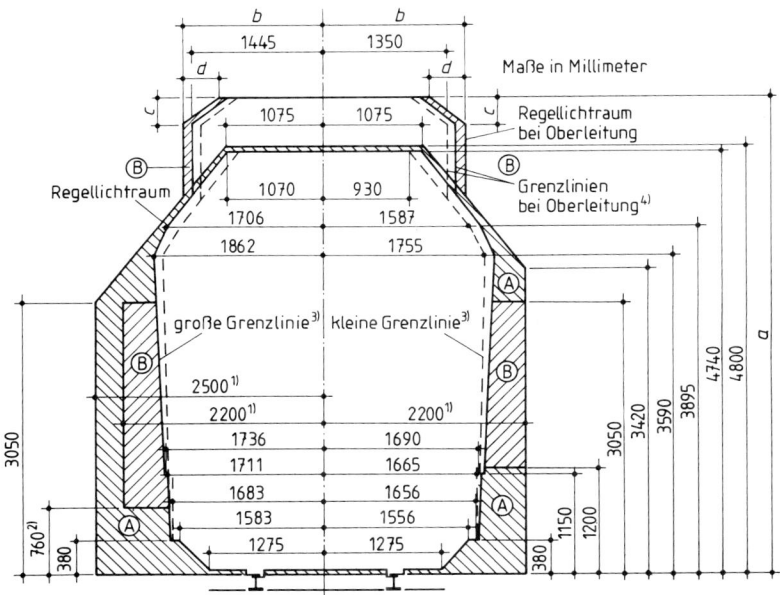

Unterer Teil der Grenzlinie s. Bild 9, Fortsetzung und Fußnoten s. nächste Seite

Bild 8   Regellichtraum in der Geraden und in Bögen, $r = 250{,}00$ m

Fußnoten zu Bild 8

[1]) Verkehren nur Stadtschnellbahnen, dürfen die Maße 100 mm verringert werden. In Tunnel ist die Verringerung der halben Breite auf 1900 mm zulässig, wenn Fluchtwege vorhanden sind.

[2]) Bei überwiegendem Stadtschnellbahn-Verkehr 960 mm.

[3]) Der Grenzlinie liegen die Bezugslinien G 2, der Regelwert $s_0 = 0,4$ des Neigungskoeffizienten des Fahrzeuges und folgende bautechnische Einflußgrößen zugrunde:

	Radius r	Über-höhung u	Über-höhungs-fehlbetrag u_f	Spur-weite l	Ausrundungs-radius bei Neigungs-wechsel r_a	Hebungs-reserve	Schienen-abnutzung
große Grenzlinie	250 m	160 m	150 mm	1470 mm	2000 m	50 mm	10 mm
kleine Grenzlinie	∞	50 mm	50 mm	1445 mm	2000 m	50 mm	10 mm

[4]) Den Grenzlinien bei Oberleitungen liegt das halbe Breitenmaß eines Stromabnehmers (975 mm) und $s_0 = 0,225$ zugrunde.

Bei Oberleitungen zusätzlich für beide Grenzlinien: Arbeitshöhe der Stromabnehmer: 5600 mm, Mindestabstand von der Oberleitung (15 kV $\approx$): 150 mm

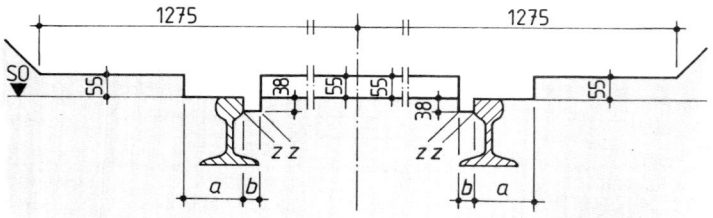

Bild 9   Unterer Teil der Grenzlinie (Maße in mm)
$a \geq 150$ mm für unbewegliche Gegenstände, die nicht fest mit der Schiene verbunden sind.
$a \geq 135$ mm für unbewegliche Gegenstände, die fest mit der Schiene verbunden sind.
$b = 41$ mm für Einrichtungen, die das Rad an der inneren Stirnfläche führen.
$b \geq 45$ mm an Bahnübergängen und sonstigen Übergängen bei vorhandenen Einläufen.
$b \geq 61$ mm + 1435 mm an Bahnübergängen und allen übrigen Fällen.
z Ecken, die ausgerundet werden dürfen.

Die Maße beziehen sich auf die Istlage der Schienenoberkanten; die Mittellinie steht darauf senkrecht.

Bereich A: Zulässig ist das Hereinragen baulicher Anlagen, wenn es der Bahnbetrieb erfordert (z. B. Bahnsteige, Rangiereinrichtungen, Signalanlagen, Einengungen bei Bauarbeiten, wenn erforderliche Sicherheitsmaßnahmen getroffen wurden).

Bereich B: Zulässig ist das Hineinragen bei Bauarbeiten, wenn die erforderlichen Sicherheitsmaßnahmen getroffen sind.

Bereich C: Raum für das Durchrollen der Räder. Zulässig ist das Hineinragen von Einrichtungen und Geräten, deren Zweck es erfordert (z. B. Rangiereinrichtungen).

Tafel 18 Regellichtraummaße bei Oberleitung im Gleisbogen mit $r \geq 250$ m

Stromart	Nenn-spannung in kV	Mindest-höhe a in mm	Halbe Mindestbreite b in mm im Arbeits-höhenbereich des Stromabnehmers über SO				Abschrägung der Ecken in mm	
			≤ 5300	>5300 bis 5500	>5500 bis 5900	>5900 bis 6500	c	d
Wechsel-strom	15	5200	1430	1440	1470	1510	300	400
	25	5340	1500	1510	1540	1580	335	447
Gleich-strom	bis 1,5	5000	1315	1325	1355	1395	250	350
	3	5030	1330	1340	1370	1410	250	350

Tafel 19 Vergrößerung des Regellichtraums in Bögen mit $r < 250$ m

Erforderliche Vergrößerung der halben Breitenmaße des Regellichtraumes in mm	Bogenradius r in m							
	100	120	150	180	190	200	225	250
an der Bogeninnenseite	530	335	135	80	65	50	25	0
an der Bogenaußenseite	570	365	170	100	80	65	30	0
bei Oberleitung	110	80	50	30	25	20	10	0

Bei Neubaustrecken muß das vergrößerte Lichtraumprofil GC freigehalten werden, das Bild 10 zeigt.

Für reine S-Bahn-Strecken wird der Regellichtraum nach Bild 11 ausgebildet. In Bögen mit $r \leq 250$ m sind Vergrößerungen der halben Breitenmaße nach Tafel 19 erforderlich.

Dem S-Bahn-Lichtraumprofil liegen folgende Werte zugrunde:

— Radien $r \geq 250{,}00$ m   — Spurweite $s \leq 1470$ mm
— Überhöhung $u = 160$ mm   — Überhöhungsfehlbetrag $u_f = 150$ mm

bei durchgehenden Hauptgleisen und anderen Hauptgleisen für Reisezüge

bei den übrigen Gleisen

Gleise mit Hucke-pack- und ICE-Verkehr (Kinema-tische Grenzlinien GC und ICE)

Gleise mit Regel-verkehr (Kinema-tische Grenzlinien GB und GZ)

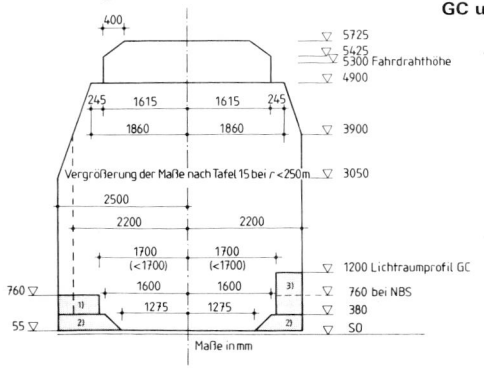

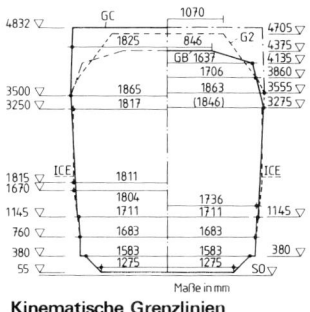

Kinematische Grenzlinien
GC, ICE, GB und GZ

Bild 10 Umgrenzung des lichten Raums bei Neubaustrecken

[1]) Raum für Bahnsteige, Rampen, Rangiereinrichtungen, Signalanlagen
[2]) Raum für bauliche Anlagen, soweit Bahnbetrieb dies erfordert
[3]) Bei überwiegendem Stadtschnellbahnverkehr Bahnsteighöhe 980 mm

Die Festlegung der jeweiligen Grenzlinien ist nach den Vorschriften der Deutschen Bahn, DS 800 01, 800 02 oder 800 03 vorzunehmen.

Lichte Höhe. Bei Bauwerken, die über die Strecke führen, sind die Werte der Tafeln 20 bzw. 21 einzuhalten. Sie muß aber bei nicht überhöhten Gleisen der freien Strecke und in Bahnhöfen mindestens 4,90 m über *SO* betragen. Bei überhöhten Gleisen ermittelt man sie aus den Lichtraummaßen GC. Für S-Bahnen sind die Werte der Tafel 20 einzuhalten.

Lichte Weite. Die lichte Weite l_w soll mindestens die Breite des Planums der freien Strecke betragen. Weitere Werte entnimmt man Tafel 22.

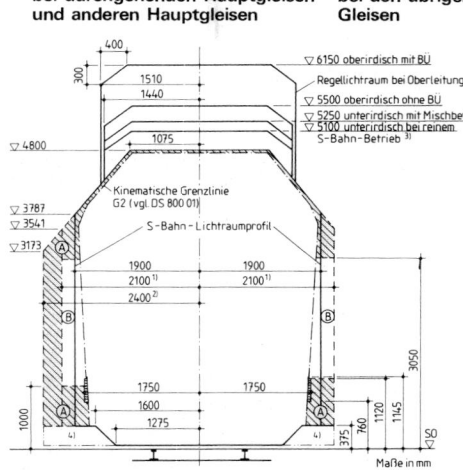

bei durchgehenden Hauptgleisen und anderen Hauptgleisen

bei den übrigen Gleisen

[1]) Freizuhaltender Seitenraum an Bahnhofsgleisen bei sämtlichen Gegenständen, an Hauptgleisen der freien Strecke, bei Kunstbauten sowie bei Signalen, die zwischen Hauptgleisen der freien Strecke stehen
[2]) Freizuhaltender Seitenraum an Hauptgleisen der freien Strecke bei sämtlichen Gegenständen
[3]) Nur mit Ausnahmegenehmigung
[4]) Raum für bauliche Anlagen, soweit der Bahnbetrieb das erfordert

Bild 11
Regellichtraum für S-Bahnen in der Geraden und in Bögen mit $r \geq$ **250 m bei reinem S-Bahn-Betrieb**

Tafel 20 Lichte Höhen unter Überführungsbauwerken vorhandener Strecken

Streckenbereich[1])	v in km/h	Lichte Höhe h_l in m über SO
Nicht elektrifiziert		$\geq$4,90
Elektrifiziert Normalbereich der Kettenwerke	$\leq$160 $\leq$200	5,70 5,90
Nachspannbereich	$\leq$160 $\leq$200	6,15 6,40

[1]) Zuschlag: 2/3 der Überhöhung, 1,5 mm je 1‰ Längsneigung

Tafel 21 Lichte Höhen unter Überführungsbauwerken bei Neubaustrecken

Streckenbereich[1])	Lichte Höhe l_h in m bei einer Längsspannweite der Oberleitung in m	
	40,00 $\leq a$ $\leq$ 65,00[2])	40,00[3])
Normalbereich der Kettenwerke	7,40	6,70
Nachspannbereich	7,90	7,20

[1]) Zuschlag: 2/3 der Überhöhung, 1,5 mm je 1‰ Längsneigung
[2]) Systemhöhe 1,80 m
[3]) Systemhöhe 1,10 m

Tafel 22 Lichte Weite von Überführungsbauwerken l_w in m

		bei einer Überhöhung u in mm			
		0 und 20	25 bis 50	55 bis 100	105 bis 160
Neubaustrecken	zweigleisig	13,30	13,40	13,55	13,70
	eingleisig	8,60			
vorhandene und S-Bahn-Strecken	zweigleisig	11,60	11,70	11,80	11,90
		(mindestens $\geq$ Planumsbreite)			
	eingleisig	7,60			

Tafel 23 Mindestgleisabstand der freien Strecke

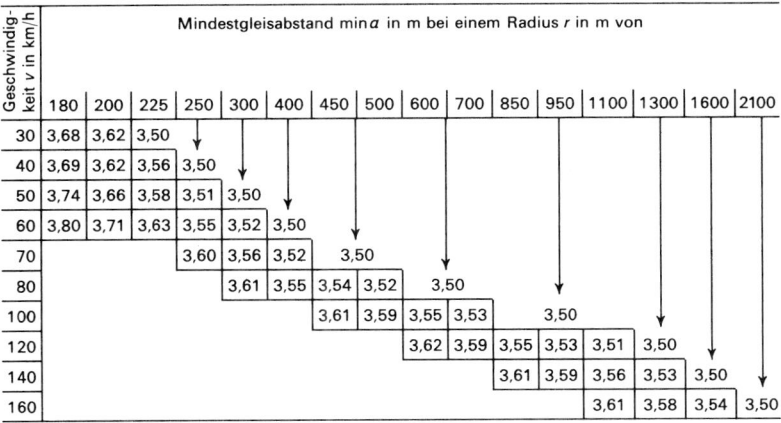

Geschwindig-keit v in km/h	Mindestgleisabstand min a in m bei einem Radius r in m von															
	180	200	225	250	300	400	450	500	600	700	850	950	1100	1300	1600	2100
30	3,68	3,62	3,50													
40	3,69	3,62	3,56	3,50												
50	3,74	3,66	3,58	3,51	3,50											
60	3,80	3,71	3,63	3,55	3,52	3,50										
70			3,60	3,56	3,52	3,50										
80				3,61	3,55	3,54	3,52	3,50								
100					3,61	3,59	3,55	3,53	3,50							
120						3,62	3,59	3,55	3,53	3,51	3,50					
140							3,61	3,59	3,56	3,53	3,50					
160								3,61	3,59	3,54	3,50					

Bei kleinen Radien müssen die Gleisabstände nach Tafel 24 vergrößert werden.

Mit *Gleisabstand* bezeichnet man die Entfernung zwischen den Mitten benachbarter Gleise. Der Mindestgleisabstand wird entweder durch Addition der halben Breitenmaße der Grenzlinien errechnet oder Tafel 23 entnommen. Der größere Wert ist maßgebend. In Geraden und Bögen mit $r \geq 250{,}00$ m gilt bei Ausbaustrecken mit $v_e \leq 200$ km/h ein Regelgleisabstand von $a = 4{,}00$ m, für Neubaustrecken mit $v_e \leq 300$ km ein $a = 4{,}50$ m, beim Ausbau vorhandener Strecken mit $v_e = 230$ km/h darf er $a = 4{,}00$ m betragen. Bei reinem S-Bahn-Verkehr mit $v_e \leq 120$ km/h ist $a = 3{,}80$ m zulässig. Unterirdisch ist ein Abstand von $a = 4{,}70$ m einzuhalten, wenn ein Sicherheitsraum zwischen den Gleisen angeordnet wird.

Tafel 24 Vergrößerung der Gleisabstände in Bögen mit $r < 250$ m

Radius r in m	100	120	150	170	180	200	225	250
Vergrößerung in mm	1100	700	305	215	180	120	50	0

Tafel 25 Vergrößerung der Gleisabstände in Bögen mit $r < 250$ m für reine S-Bahn-Strecken

Radius r in m	100	120	150	180	190	200	225	250
Vergrößerung in mm	1100	700	300	180	150	120	50	0

Die Ermittlung des horizontalen Gleisabstandes wird mit Gln. (23a) und (23b) errechnet. Bei Gleisen mit gleicher Überhöhung gilt:

$$e = a + a \cdot \frac{0,005}{150} \cdot u \quad \text{in m} \quad (23a)$$

für $e > a$; $u_i = u_a$ mit u in mm
e Abstand der Gleismitten in m
a Abstand der Gleisachsen in m

Liegen die Schienen in überhöhten Gleisen in einer Ebene, berechnet man e mit

$$e = a - a \cdot \frac{0,005}{150} \cdot u \quad \text{in m} \quad (23b)$$

für $e < a$; $u_i = u_a$ mit u in mm

Gleise mit gleicher Überhöhung

Gleisverbindung in überhöhten Gleisen mit Schienen in einer Ebene

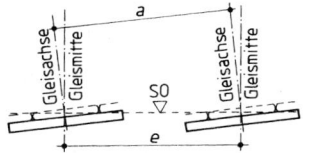

Bild 12   Horizontaler Gleisabstand

In Bahnhöfen soll ein Gleisabstand von 4,00 m mindestens vorhanden sein. Bei Neubauten und S-Bahn-Strecken sind 4,50 m auszuführen. Durchgehende Gleise ohne Zwischenbahnsteig erhalten den Gleisabstand der freien Strecke, wenn sonst erhebliche Mehrkosten entstehen. Müssen Zwischenwege nach jedem zweiten Gleis angeordnet werden, entnimmt man für Hauptgleise den Gleisabstand der Tafel 26.

Tafel 26   Gleisabstände bei Zwischenwegen

Geschwindigkeit v in km/h im Hauptgleis	≤ 160	> 160		≤ 120
		auf einem der beiden Gleise	auf beiden Gleisen	bei S-Bahnen
Gleisabstand in m zwischen zwei Hauptgleisen	5,80	6,30	6,80	5,40
zwischen durchgehenden Haupt- und Überholungsgleis	5,00	5,50		–
zwischen Haupt- und Nebengleis	5,30	5,80		–
zwischen Nebengleisen, mit Rangiergeschwindigkeit befahren	4,50	–		–

Bahnsteige sollen bei Neubauten oder umfassenden Umbauten eine Höhe von 0,76 m über *SO* erhalten. Sie dürfen nicht niedriger als 0,38 m und nicht höher als 0,96 m sein. Halten am Bahnsteig ausschließlich S-Bahnen, erhält dieser die Höhe von 0,96 m. Liegen Bahnsteige im Bogen, so ist die Überhöhung zu berücksichtigen. Feste Gegenstände auf Bahnsteigen müssen bis 3,05 m Höhe über *SO* den Abstand $a \geq 3,00$ m von der Gleismitte einhalten. Die Breiten der Bahnsteige soll folgende Maße aufweisen:

— an Außenbahnsteigen $\geq 3,00$ m,
— an Inselbahnsteigen, Treppe am Bahnsteigende $\geq 6,00$ m,
                     Treppe im Mittelbereich $\geq 7,00$ m.

Die mittlere Bahnsteigbreite b ermittelt man in Abhängigkeit vom Verkehrsaufkommen und den vorhandenen Einbauten auf der Bahnsteigfläche. Es ist

$$b = \frac{n_P}{l \cdot d} + \frac{A_e}{l} + n_B \cdot b_s \quad (24)$$

n_P zu erwartende höchste Bahnsteigbelegung durch ankommende, wegfahrende und wartende Reisende in Personen

l nutzbare Bahnsteiglänge in m

d Personenverkehrsdichte in Personen/m^2 (Spitzenstunde: 1,5 P/m^2, sonstige Zeit: 1,0 P/m^2)

A_e Summe der Flächen, die durch Einbauten oder Treppen nicht als Standfläche genutzt werden können in m^2

n_B Anzahl der Bahnsteigkanten

b_s Breite des Sicherheitsstreifens an der Gleisseite in m

a_B waagerechter Abstand der Bahnsteigkante von Gleismitte in m

     bei $v \leq 160$ km/h ist $b_s = 2{,}50 - a_B$

     $v > 160$ km/h ist $b_s = 3{,}00 - a_B$

     $v \leq 120$ km/h ist $b_s = 2{,}30 - a_s$

         bei reinem S-Bahn-Betrieb

Die Querneigung der Bahnsteige fällt vom Gleis aus auf nicht überdachten Flächen oberirdischer Strecken mit $q = 2{,}00\%$. Unterirdisch genügt $q = 1{,}00\%$. In geschlossenen Bahnhofshallen wird die Bahnsteigoberfläche horizontal angelegt. Sind nur Bahnsteigdächer vorhanden, läßt man die äußeren 2,00 m mit $q = 2{,}00\%$ zum Gleis hin fallen, während der Mittelbereich horizontal gehalten wird.

Seitenrampen zum Be- und Entladen von Wagen dürfen bis 1,20 m über SO hoch sein. Für Güterwagen, deren Türen nach außen aufschlagen, beträgt die maximale Höhe 1,10 m. Werden dort Reisezugwagen mit nach außen aufschlagenden Türen geöffnet, darf die Höhe von 1,00 m nicht überschritten werden.

Randwege werden bei eingleisigen Strecken beidseits, bei mehrgleisigen Strecken neben den äußeren Gleisen angeordnet. Die Breite des Randweges soll mindestens 0,80 m, bei Neubaustrecken mit hohen Geschwindigkeiten 1,30 m betragen. Sie ergibt sich aus dem Abstand des Planumrandes vom Schotterbettfußpunkt. Die Planumskante ergibt sich aus dem Gefahrenbereich des Gleises (3,50 m) und dem Sicherheitsraum (0,80 m).

Zwischenwege werden bei höhengleich und parallel geführten Strecken nach jedem zweiten Gleis angeordnet. Sie müssen mindestens die Breite von 0,80 m, S-Bahnen 0,60 m, erhalten. Einbauten in den Rand- und Zwischenwegen sind erst ab 2,20 m Höhe über der Wegoberkante zulässig.

Das *Planum* wird bei eingleisigen Strecken einseitig zur Bogeninnenseite geneigt, bei zweigleisigen Strecken dachförmig hergestellt. Die Querneigung soll 5,0% betragen. Damit ergeben sich die in Tafel 27 genannten Werte. Die durch die Überhöhung bedingte Verbreiterung wird an der Bogenaußenseite durchgeführt. Sie beginnt am Anfang des Übergangsbogens und wird auf eine Länge von 10,00 m verzogen. Der Wechsel der Planumsneigung wird im Bereich von etwa 5,00 m verzogen.

Tafel 27   Planumsbreiten

			bei einer Überhöhung u in mm			
			0 bis 20	25 bis 50	55 bis 100	105 bis 160
eingleisige	Fernbahnen	$v_e \leq 200$ km/h		6,60		
		$v_e > 200$ km/h		7,60		
	S-Bahnen		6,10	6,20	6,30	6,40
zweigleisige	Fernbahnen	$v_e \leq 160$ km/h	10,60	10,70	10,80	10,90
		$160 < v_e \leq 200$ km/h	11,60	11,70	11,80	11,90
		$v_e > 200$ km/h	12,10	12,20	12,30	12,40
	S-Bahnen	$v_e \leq 120$ km/h	10,20	10,30	10,40	10,40

Tafel 28   Abstand fester Gegenstände von Gleismitte der freien Strecke

a) bei Neubaustrecken

Überhöhung u in mm	Abstand Gleismitte bis fester Gegenstand					
	eingleisige Strecke		zweigleisige Strecke¹)			
	$v_e \le 160$ km/h	$v_e > 160$ km/h	$v_e \le 160$ km/h		$v_e > 160$ km/h	
			Bogeninnenseite	Bogenaußenseite	Bogeninnenseite	Bogenaußenseite
0 bis 20	3,30	3,80	3,30	3,30	3,80	3,80
25 bis 50				3,40		3,90
55 bis 100				3,55		4,00
105 bis 160				3,70		4,20

b) auf vorhandenen Strecken

Überhöhung u in mm	Abstand Gleismitte bis fester Gegenstand		
	eingleisige Strecke	zweigleisige Strecke¹)	
		Bogeninnenseite	Bogenaußenseite
0 bis 20	3,80 (3,50)	3,80 (3,50)	3,80 (3,50)
25 bis 50			3,90 (3,60)
55 bis 100			4,00 (3,70)
105 bis 160			4,10 (3,80)

Klammerwerte nur bei beengten Verhältnissen und Strecken ohne Kabeltrasse im Randweg
¹) auf Überholungsbahnhöfen bei Gefälle zum festen Gegenstand hin 4,30 m, bei Gefälle vom festen Gegenstand weg 3,90 m

c) bei S-Bahn-Strecken

Überhöhung u in mm	Abstand Gleismitte bis fester Gegenstand in m					
	eingleisige Strecke				zweigleisige Strecke	
	Richtung der einseitigen Planumsneigung					
	zum festen Gegenstand		vom festen Gegenstand			
	Bogeninnenseite	Bogenaußenseite	Bogeninnenseite	Bogenaußenseite	Bogeninnenseite	Bogenaußenseite
0 bis 20	3,20	3,20	2,90¹)	2,90¹)	3,20	3,20
25 bis 50		3,30		3,00		3,30
55 bis 100		3,40		3,10		3,40
105 bis 160		3,50		3,20		3,50

¹) Bei Kunstbauten und Lärmschutzwänden 3,00 m

Die Lage der Böschungsfußpunkte zweigleisiger Strecken kann man mit Bild 13 bestimmen. Werden 0,50 m Schotter vor dem Schwellenkopf eingebaut, sind die Maße b_i und b_a um 0,10 m zu vergrößern.

eingleisige Strecken

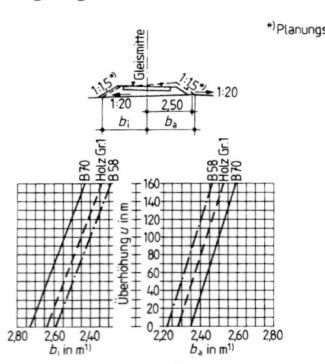

zweigleisige Strecken

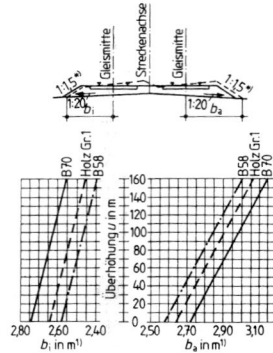

*) Konstruktionsmaß
¹) bei 0,50 m Schotter vor Schwellenkopf Masse b_i und b_a um je 0,10 m vergrößern
Bild 13   Ermittlung der Bettungsfußpunkte, 0,40 m Schotter vor dem Schwellenkopf

Die *Regelquerschnitte* für Neubaustrecken sind in Bild 14 bis 16 dargestellt.

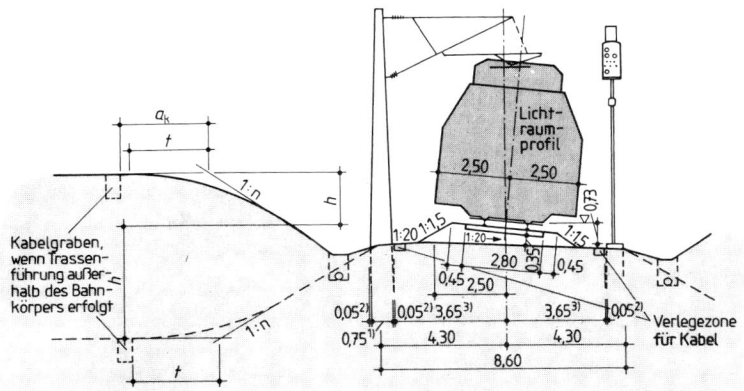

¹) bei Abspannmasten aus Beton, bei Tragmasten 0,55 m (ohne Fundamentdarstellung)
²) Bautoleranz 0,05 m
³) ohne Kabeltrasse 3,50 m

Bild 14   Regelquerschnitt eingleisiger Neubaustrecken im Bogen

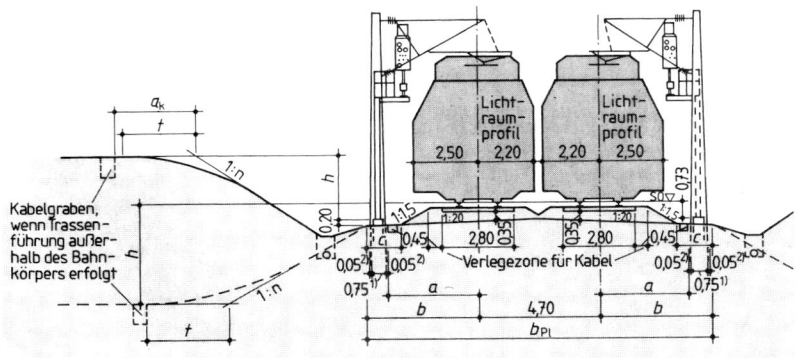

Bei Damm und Einschnitt $t = 3,00$ m bei $h \geq 2,00$ m
                                        $t = 1,5$; $h \geq 0,20$ m bei $h < 2,00$ m
Bei Einschnitten: $a_K = 3,00$ m im nichtbindigen Boden
                                        $a_K = 5,00$ m im bindigen Boden

¹) bei Abspannmasten aus Beton, bei Tragmasten 0,55 m (ohne Fundamentdarstellung)
²) Bautoleranz 0,05 m
³) ohne Kabeltrasse 3,50 m

Anmerkung   Bei geneigtem Planum oder Überhöhung der Gleise müssen bei Neubaustrecken
                        unter der Schiene, die dem Planum am nächsten liegt, mindestens 0,35 m Schot-
                        terbett vorhanden sein!

Bild 15   Regelquerschnitt zweigleisiger Neubaustrecken

16

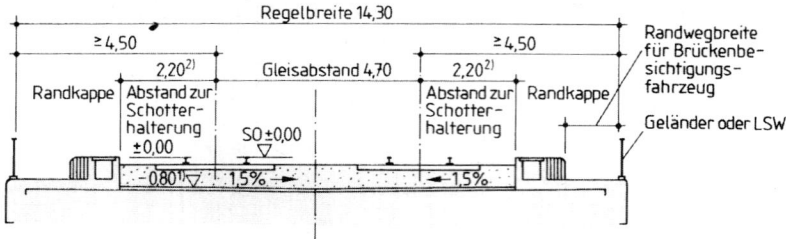

¹) bei Schotterbett, bei Fester Fahrbahn je nach Konstruktionsart 0,70 m bis 0,80 m
²) bei Schotterbett, bei Fester Fahrbahn je nach Konstruktionsart 1,70 m bis 2,20 m

Bild 16   Regelquerschnitt auf Brücken

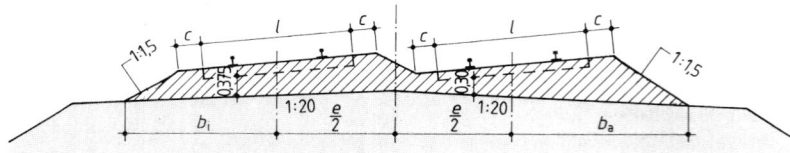

e Gleisachsabstand b_i, b_a Abstand Gleisachse – Bettungsfußpunkt
l Schwellenlänge c Schotterbreite vor den Schwellenköpfen

Bild 17   Regelbettungsquerschnitt zweigleisiger Strecken mit Überhöhung

Feste Fahrbahn. Auf Schnellverkehrsstrecken, besonders bei Tunnelstrecken, werden die Gleise auf einer Asphalt- oder Betontragschicht ohne Schotterbett montiert. Dadurch sollen hohe Leistungsfähigkeit, geringe Störanfälligkeit und niedrige Instandhaltungskosten erzielt werden. Die Gründe für den Einsatz der Festen Fahrbahn sind unter anderem:

— gleichmäßige, genau definierte Elastizität der Schienenlagerung,
— sehr gute Lagegenauigkeit bei Belastung durch hohe Geschwindigkeiten,
— kleinere Querschnitte in Tunneln,
— gutes Langzeitverhalten,
— Reduzierung der Instandhaltungskosten,
— hohe Verfügbarkeit durch weniger Reparaturbaustellen,
— größerer Fahrkomfort.

Bei der Festen Fahrbahn wird der Schotter durch lagebeständiges Material (Asphalt — Tragschicht (ATS) oder Beton — Tragschicht (BTS)) ersetzt. Im Auflager des Schienenstützpunktes wird eine elastische Zwischenlage angeordnet. Der Unterbau soll möglichst setzungsfrei sein. Dies ist im Tunnel und auf Brücken der Fall. Auf dem Erdkörper muß eine frostfreie und setzungsarme Gründung eingebaut werden. Dies kann man durch eine hydraulisch gebundene Tragschicht (HGT) erreichen. Der systematische Aufbau ist in Bild 18 dargestellt.

Man unterscheidet nach der Bauart

— monolithische Bauarten mit oder ohne Schwellen,
— aufgelagerte Bauarten mit Schwellen,
— schwellenlose Lagerung,
— Längsbalken.

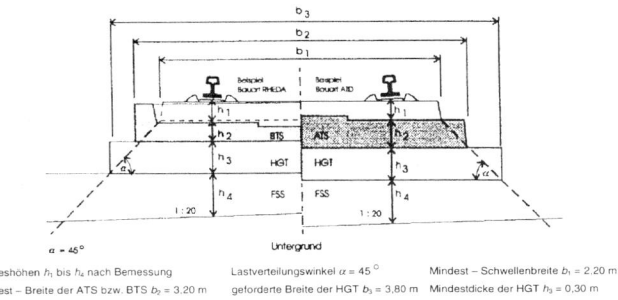

Mindesthöhen h_1 bis h_4 nach Bemessung   Lastverteilungswinkel $\alpha = 45°$ Mindest – Schwellenbreite $b_1 = 2.20$ m

Mindest – Breite der ATS bzw. BTS $b_2 = 3.20$ m   geforderte Breite der HGT $b_3 = 3,80$ m   Mindestdicke der HGT $h_3 = 0,30$ m

Bild 18   Schichtenaufbau der Festen Fahrbahn

Die *Lagerung* der Gleise erfolgt entweder als Stützpunktlagerung auf Schwellen oder kontinuierlich ohne Schwellen. Die elastische Zwischenschicht zwischen Schiene und Auflage ist für die Laufruhe der Räder und beschädigungsarmen Bahnbetrieb notwendig. Die Einteilung der verschiedenen Systeme zeigt Tafel 29. Anwendungsbeispiele zeigt Bild 19.

Tafel 29   Einteilung der Bauarten der Festen Fahrbahn

Stützpunktlagerung				kontinuierliche Lagerung	
mit Schwelle		ohne Schwelle		Schiene eingegossen	Schiene eingeklemmt
eingelagert	aufgelagert	vorgefertigt	monolithisch gefertigt		

Eingelagerte Bauweise

Bauart RHEDA

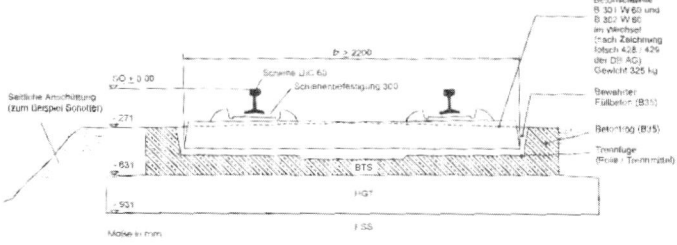

Bauart Züblin

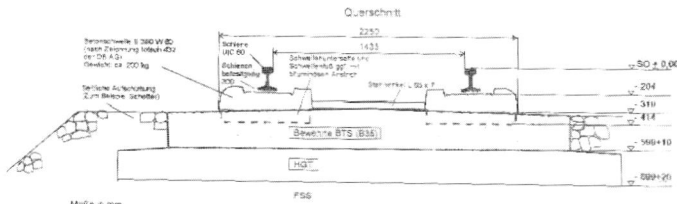

Bild 19 Systeme verschiedener Bauarten (Fortsetzung s. nächste Seite)

16

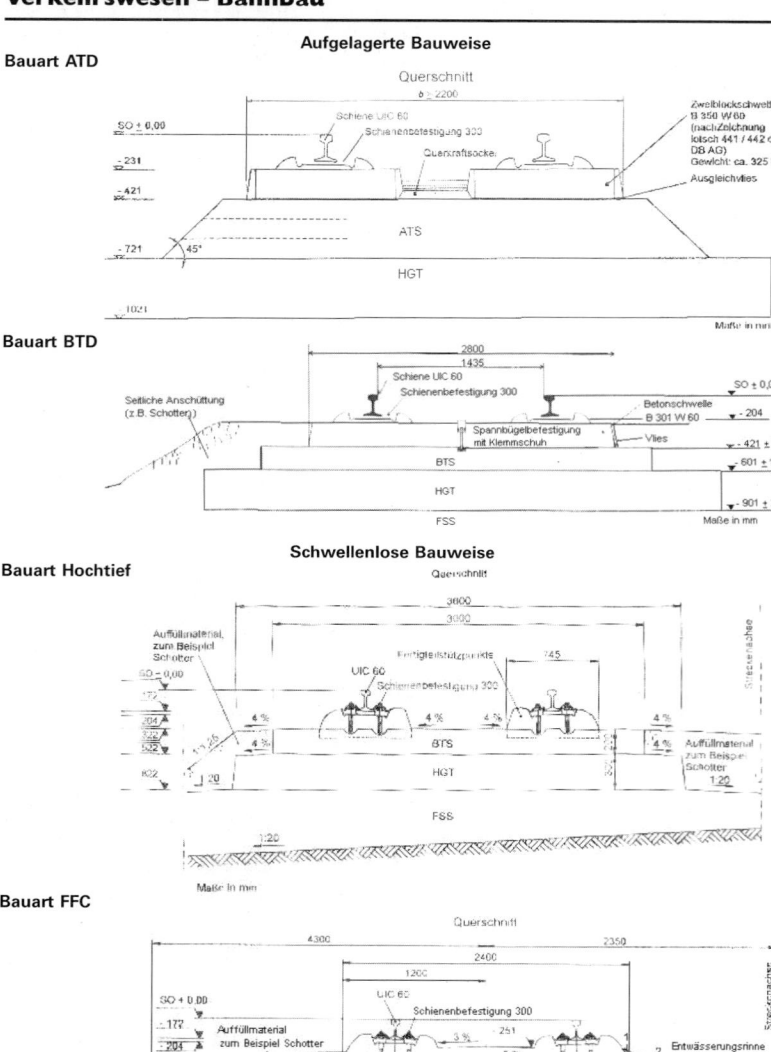

Bauart ATD

Aufgelagerte Bauweise

Bauart BTD

Schwellenlose Bauweise

Bauart Hochtief

Bauart FFC

Legende : 1. Elastischer Fugenverguß
2. Bituminöse Schicht, 10 cm dick
3. HGT oder Mineralgemisch

Bild 19   Systeme verschiedener Bauarten
(Quelle: E. Darr, W. Fiebig, „Feste Fahrbahn", Schriftenreihe für Verkehr und Bahntechnik, Hrsg. VDEI, Tetzlaff Verlag, Hamburg, 1999)

Außer den hier gezeigten Systemen sind auch Systeme aus vorgefertigten Betonteilen in der Erprobung. Außer dem System Rheda sind die anderen Bauarten in der Regel patentrechtlich geschützt.

Die bisher gebauten Strecken mit Fester Fahrbahn besitzen bei hoher Verkehrsbelastung und hohen Geschwindigkeiten eine sehr gute Lagestabilität. Der ruhige Fahr-

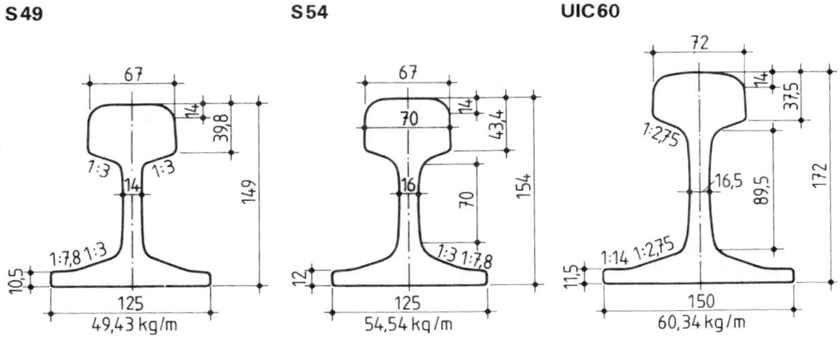

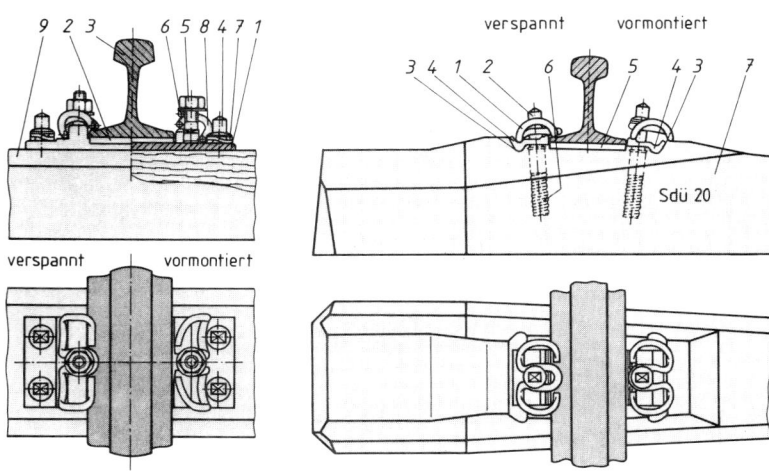

S 49　　　　　　**S 54**　　　　　　**UIC 60**

Bild 20 Abmessungen der gebräuchlichsten Schienenformen in mm

verspannt　　vormontiert

Sdü 20

verspannt　　vormontiert

1 Rippenplatte
2 Kunststoff-
　zwischenlage
3 Schiene
4 Schwellenschraube
5 Hakenschraube
6 Unterlagsscheibe
7 doppelter Federring
8 Spannklemme
9 Holzschwelle

Bild 21
Oberbau KS (Holzschwellen
für Schienen S49/54 und UIC60)

1 Spannklemme
2 Schwellenschraube
3 Isoliereinlage
4 Winkelführungsplatte

5 Zwischenlage
6 Kunststoffschraubdübel
7 Betonschwelle

Bild 22 Oberbau W (Betonschwelle B70W-60 für
UIC 60 und B70W-54 für S 49/S 54)

zeuglauf verringert Verschleiß am Fahrweg und den Fahrzeugen. Gegenüber dem Schotteraufbau sind die Strecken jedoch nahezu instandhaltungsfrei. Allerdings sind bei manchen Bauarten die Instandsetzungen noch sehr arbeitsaufwendig. Außerdem ist die Lärmentwicklung besonders bei Betonkonstruktionen ein Nachteil, der durch Schutzmaßnahmen ausgeglichen werden muß. Eine Gegenüberstellung zur Schotterbettung zeigt aber, daß die Feste Fahrbahn durch lange Lebensdauer wirtschaftlich ist.

Schienen und Schwellen. Bild 20 zeigt die gebräuchlichsten Schienenformen. Sie werden auf Holz-, Stahl- oder Betonschwellen befestigt und gegebenenfalls isoliert. Die Befestigungsmittel für Holz- und Stahlschwellen sind als Oberbau KS zusammengefaßt (Bild 21). Für Betonschwellen verwendet man den Oberbau W (Bild 22).

2.4 Lärmschutz an Bahnanlagen

Bauliche Lärmschutzanlagen, die den vom Verkehrsweg ausgehenden Schall mindern, sind
— Lärmschutzwände,
— Erd- und Steilwälle,
— Stützmauerkonstruktionen.

Die *Schalldämmung* einer Wand muß die in Tafel 30 genannten Werte erfüllen.

Tafel 30 Schalldämmaß von Lärmschutzwänden

Frequenz f in Hz	100	125	250	500	1000	2000	4000
Schalldämmaß R in dB	10	12	18	24	30	35	35

Die dem Zug zugewandte Seite wird schallabsorbierend ausgebildet. Der Schallabsorptionsgrad α_s darf folgende Werte nicht unterschreiten:

Tafel 31 Schallabsorptionsgrad von Lärmschutzwänden

Frequenz in Hz	100	125	250	500	1000	2000	4000
Schallabsorptionsgrad α_s	0,20	0,30	0,50	0,80	0,90	0,90	0,80

Aus betriebstechnischen Gründen sollen nur senkrechte Außenwände hergestellt werden. Abgeknickte Außenwände sind nur zu verwenden, wenn der bessere Schutzeffekt ausschlaggebend ist. Die Ausbildung ist in Bild 23 dargestellt. Die Wandhöhe beträgt bei Außenwänden 2,00 m, bei Mittelwänden 1,00 m, doch dürfen solche nur in Ausnahmefällen angeordnet werden.

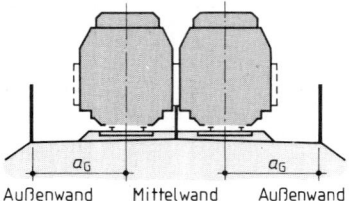 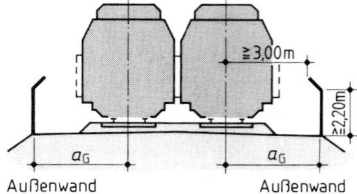

Bild 23 Anordnung von Lärmschutzwänden

Tafel 32   Abstand a_G zwischen Gleismitte und Lärmschutzwand

Betriebsart oder max v in km/h	300	200	auf Brücken			S-Bahn
			≤ 160	≤ 200	≤ 250	
Abstand a_G in m	4,30	3,80	3,00	3,50	4,50	3,20

Lärmschutzwälle werden vorgesehen, wenn die notwendige Grundfläche und das Erdreich vorhanden sind und die Landschaftsgestaltung es verlangt oder zuläßt. Ausführungsbeispiele zeigt Bild 24.

Immissionsgrenzwerte s. Lärmschutz an Straßen.

Die **Beurteilungspegel** für Tag und Nacht berechnet man mit

$$L_{r,T} = L_{m,T}^{(25)} + D_{Fz} + D_{L,v} + D_{Fb} + D_{s\perp} + D_{BM} + D_B + S \qquad (25a)$$

$$L_{r,N} = L_{m,N}^{(25)} + D_{Fz} + D_{L,v} + D_{Fb} + D_{s\perp} + D_{BM} + D_B + S \qquad (25b)$$

$L_{r,T}$; $L_{r,N}$	Beurteilungspegel bei Tag bzw. Nacht in dB (A)
$L_{m,T}^{(25)}$; $L_{m,N}^{(25)}$	Mittelungspegel bei Tag bzw. Nacht in dB (A)
D_{Fz}	Korrektur zur Berücksichtigung der Fahrzeugart in dB (A)
$D_{L,v}$	Korrektur in dB (A) für unterschiedliche Zuglängen l in m und Geschwindigkeiten v in km/h
D_{Fb}	Korrektur zur Berücksichtigung unterschiedlicher Fahrbahnen in dB (A)
$D_{s\perp}$	Korrektur für unterschiedliche Abstände von Achse Gleis in Höhe SO bis Immissionsort in dB (A)
D_{BM}	Korrektur durch Boden- und Meterologiedämpfung in dB (A)
D_B	Pegeländerung durch topographische Gegebenheiten in dB (A)
S	Korrektur um -5 dB (A) zur Berücksichtigung geringerer Störwirkung des Schienenverkehrslärms

Man faßt die Züge zu *Zugklassen* zusammen, die nach Tafel 33 derselben Fahrzeugart angehören, gleiche mittlere Zuglängen und Geschwindigkeiten aufweisen und einen gleichen Anteil an scheibengebremsten Fahrzeugen haben. Für den Beurteilungszeitraum ist dann die mittlere Zugzahl/Stunde n zu ermitteln. Für die verschiedenen Zugklassen berechnet man nach Gl. (26a) oder (26b) den Mittelungspegel $L_{m,T}^{(25)}$ bzw. $L_{m,N}^{(25)}$ oder entnimmt ihn aus Bild 25. Die Beurteilungspegel mehrerer Gleise sind nach Gl. (25) des Lärmschutzes an Straßen zusammenzufassen.

$$L_{m,T}^{(25)} = 51 + 10 \cdot \lg[n \cdot (5 - 0{,}04 \cdot p)] \quad \text{in dB (A)} \quad (26a)$$

$$L_{m,N}^{(25)} = 51 + 10 \cdot \lg[n \cdot (5 - 0{,}04 \cdot p)] \quad \text{in dB (A)} \quad (26b)$$

Tafel 33   Korrektur D_{Fz} zur Berücksichtigung der Fahrzeugart

Fahrzeugart der Züge	D_{Fz}[1]) in dB (A)
Fahrzeuge mit Radscheibenbremsen	-2
Fahrzeuge mit $v > 100$ km/h mit Radabsorbern	-4
Straßenbahn- und Stadtbahnfahrzeuge	$+3$
U-Bahn-Fahrzeuge	$+2$
alle anderen Fahrzeuge	0

[1]) Für Fahrzeugarten mit dauerhafter Lärmminderung können entsprechende Korrekturen berücksichtigt werden.

Die Korrektur $D_{l,v}$ wird berechnet mit

$$D_{l,v} = 10 \cdot \lg(l \cdot v^2) - 60 \quad \text{in dB (A)} \quad (27)$$

Die unterschiedlichen Fahrbahnbeschaffenheiten D_{Fb} berücksichtigt man nach Tafel 35.

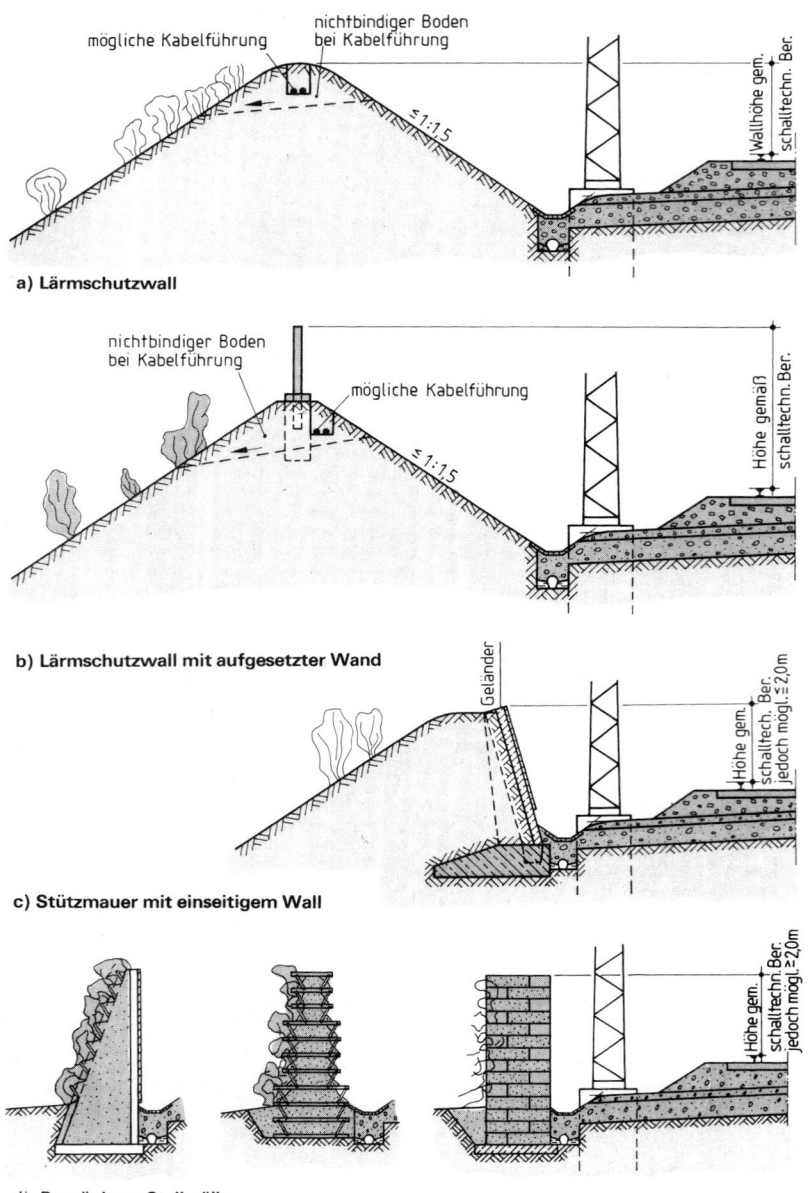

a) Lärmschutzwall

b) Lärmschutzwall mit aufgesetzter Wand

c) Stützmauer mit einseitigem Wall

d) Begrünbare Steilwälle

Bild 24   Ausführungsbeispiele für Lärmschutzwälle

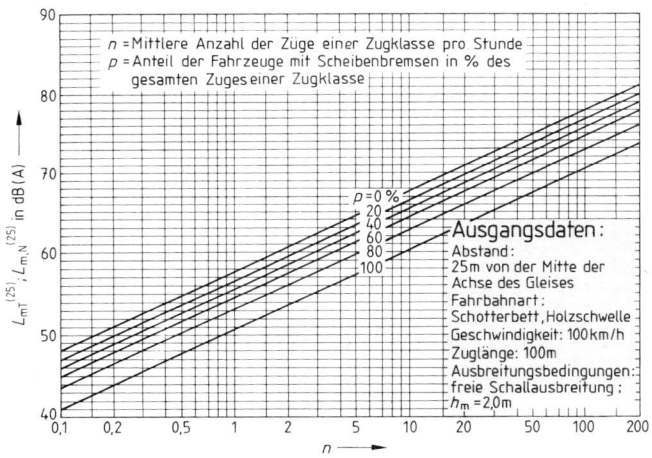

Bild 25 Mittelungspegel $L_{m,T}^{(25)}$ bzw. $L_{m,N}^{(25)}$

Tafel 34 Geschwindigkeiten, Längen und Anteile der Wagen mit Scheibenbremsen verschiedener Zugarten

Zugart	max. Geschwindigkeit v^1) in km/h	mittlere Zuglänge l in m	Wagenanteil mit Scheibenbremsen in % im Jahre	
			1988	2000
ICE	250	420	100	100
EC/IC	200	340²)	100³)	100³)
IR	200	205²)	100³)	100³)
D/FD-Zug	160	340²)	30³)	100³)
Eilzug	140	205²)	20³)	30³)
Nahverkehrszug	120	150²)	20³)	30³)
S-Bahn (Triebzug)	120	130⁴)	100	100
S-Bahn Berlin	100	70⁵)	100	100
S-Bahn Hamburg	100	130⁴)	100	100
S-Bahn Rhein-Ruhr	120	120⁶)	100³)	100³)
Güterzug (Fernverkehr)	100	500²)	0	0
Güterzug (Nahverkehr)	90	200²)	0	0
U-Bahn	80	80	100	100
Straßenbahn/Stadtbahn	60	25	100	100

¹) Bei niedrigerer zulässiger Streckengeschwindigkeit ist diese maßgebend
²) Einschließlich der angenommenen Länge der Lok von 20,0 m
³) Die Loks sind immer klotzgebremst
⁴) S-Bahn-Triebzüge als Kurzzug (65 m), Vollzug (130 m) oder Langzug (195 m)
⁵) S-Bahn-Triebzug in Berlin mit 2, 4, 6 oder 8 Wagen (Zwei-Wagen-Zug 35 m)
⁶) S-Bahn-Züge lokbespannt mit 3, 4 oder 5 Wagen, der Wagen hat 25 m Länge, ein 4-Wagen-Zug mit Lok ist 120 m lang

Tafel 35 Korrektur D_{Fb} zur Berücksichtigung unterschiedlicher Fahrbahnen

Fahrbahnart	D_{Fb} in dB (A)
Gleiskörper mit Raseneindeckung	−2
Holzschwelle auf Schotterbett	0
Betonschwelle auf Schotterbett	+2
Nicht absorbierende feste Fahrbahn und in Straßenfahrbahnen liegende Gleise	+5

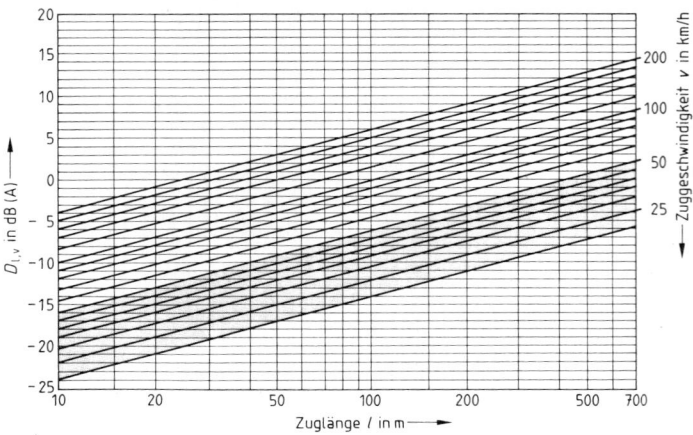

Der grau unterlegte Teil des Diagramms ist nicht für Züge des Fernverkehrs anzuwenden, dessen niedrigste Geschwindigkeit mit 50 km/h eingesetzt wird.

Bild 26   Korrektur $D_{L,v}$ für unterschiedliche Zuglängen und -geschwindigkeiten

Treten in engen Kurven Quietschgeräusche auf, so ist ein Korrekturwert D_{Ra} zusätzlich zu berücksichtigen.

Tafel 36   Einfluß D_{Ra} in Kurven

Kurvenradius r in m	<300	≥300 bis <500	≥500
D_{Ra}	8	3	0

Die Pegeländerung $D_{s\perp}$ berechnet man nach Abschn. Lärmschutz an Straßen, Gl. (37). Die Pegeländerung D_{BM} erhält man dort aus Gl. (38). Der Gesamtbeurteilungspegel wird in diesem Abschnitt mit Gl. (27) errechnet. Die Pegeländerungen durch topographische Gegebenheiten D_B sind nach der Richtlinie zur Berechnung der Schallimmissionen von Schienenwegen — Ausgabe 1990 — Schall 03 zu berechnen.

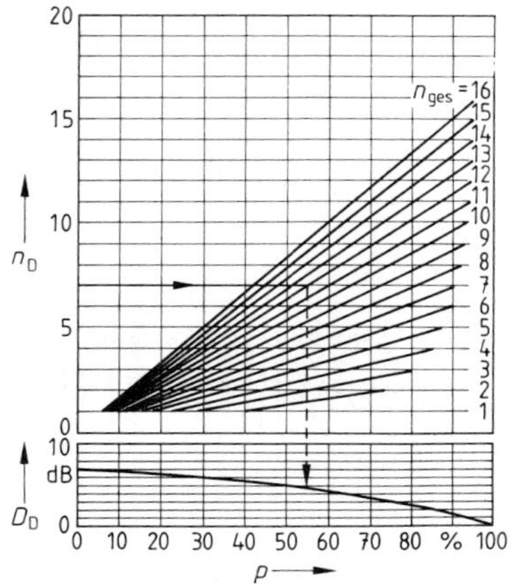

Der Emissionspegel wird mit Gl. (28) berechnet.

$$L_{m,E} = 10 \cdot \lg\left(\sum_i 10^{0,1\cdot(51+D_{Fz}+D_{l,v}+D_D)} \right)$$

$$+ D_{Fb} + D_{Br} + D_{Bü} + D_{Ra} \quad (28)$$

in dB (A)

D_{Fz} Korrektur zur Berücksichtigung der Fahrzeugart in dB (A)
$D_{l,v}$ Korrektur für Zuglänge und Geschwindigkeit in dB (A)
D_D Einfluß der Bremsbauart in dB (A)
D_{Fb} Korrektur zur Berücksichtigung unterschiedlicher Fahrbahnen in dB (A)
D_{Br} Einfluß der Brücken in dB (A) ($D_{Br} = 3,0$ dB (A))
$D_{Bü}$ Korrektur im Bereich von Bahnübergängen in dB (A) ($D_{Bü} = 5,0$ dB (A))
D_{Ra} Einfluß der Kurven in dB (A)
n_{ges} Gesamtzahl der Wagen
n_D Anzahl scheibengebremster Wagen

Bild 27 Einfluß D_D der Bremsbauart für Reisezüge bis 16 Wagen mit klotzgebremster Lok

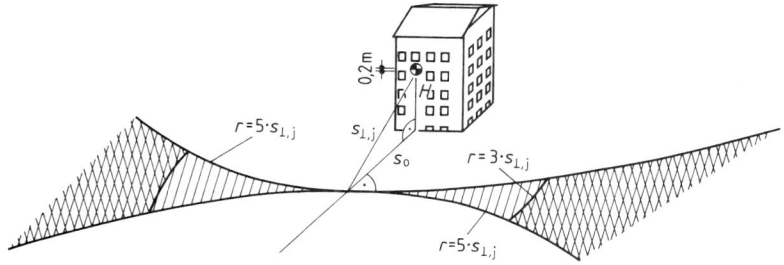

Bild 28 Definition der langen, geraden Bahnanlagen

2.5 Entwässerung von Bahnanlagen

Da über den Gleiskörper dynamische Lasten abgetragen werden, darf der Unterbau des Bahnkörpers oder der Untergrund durch stehende Nässe nicht aufgeweicht werden. Geeignete Entwässerungsmaßnahmen sorgen dafür, daß die Tragfähigkeit des Bodens erhalten bleibt. Dazu erhält das Planum unter dem Bahnkörper eine Querneigung von 1:20 ($q = 5\%$), die bei eingleisigen Strecken i. d. Regel einseitig, bei mehrgleisigen Strecken als Dachformprofil ausgebildet wird (s. Bettungsquerschnitte). Das Planum wird in den seitlich angeordneten Bahngraben entwässert. Im Einschnitt wird dadurch gleichzeitig vom Gelände auf den Bahnkörper zufließendes Wasser abgefangen.

Die Entwässerung bildet man aus als offene Entwässerung oder als Tiefenentwässerung.

Offene Entwässerung geschieht durch einen Graben oder eine Mulde. Die Regelabmessungen entnimmt man Tafel 37.

Tafel 37 Regelabmessungen von Entwässerungseinrichtungen

Anlage	Breite in m	Tiefe in m	Längsgefälle in %	Böschungsneigung
Graben	0,40	0,40	0,3 bis 3,0	1:1,5 bis 1:1,8
Mulde	0,8 bis 1,6	0,20	0,3 bis 3,0	1:1,5 bis 1:1,8

Die Böschungsneigungen sollten dabei durch erdmechanische Untersuchungen genau ermittelt werden.

Bei Längsneigungen außerhalb der genannten Grenzen sind die Sohlen der Gräben oder Mulden zu befestigen. Bei einem Gefälle $I < 0{,}3\%$ und im Bereich $3{,}0\% < I < 10{,}0\%$ werden Sohlschalen verwendet. Bei steilerem Gefälle muß die Sohle mit rauhem Natursteinpflaster befestigt werden.

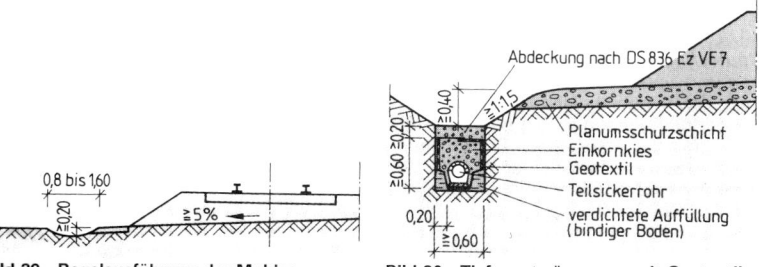

Bild 29 Regelausführung der Muldenentwässerung

Bild 30 Tiefenentwässerung mit Geotextil

Tiefenentwässerung wird dann angewendet, wenn unterirdisch Sicker- oder Grundwasser gefaßt werden muß. Der Grundwasserspiegel soll dann mindestens in einer Tiefe von 1,5 m unter Schienenoberkante gehalten werden. Bei der Tiefensikkerung werden in einem Graben entsprechender Tiefe Sickerrohre verlegt und der Graben dann mit durchlässigem Material aufgefüllt. Zweckmäßig ordnet man den Graben unter der Mulde an.

2.6 Bahnübergänge (nach Richtlinie 815.0010 bis 815.0050)

Höhengleiche Kreuzungen von Eisenbahnen mit Straßen, Wegen oder Plätzen bezeichnet man als Bahnübergänge. Übergänge für Reisende in Bahnhöfen oder Haltestellen sowie für den innerdienstlichen Verkehr zählen nicht dazu. Nicht höhengleiche Kreuzungen sind als Überführungen zu planen. Die Baulast bei Brücken liegt bei dem Baulastträger des oben liegenden Verkehrsweges. Neue Bahnübergänge bedürfen einer Ausnahmegenehmigung des Bundesministers für Verkehr. Vorhandene Bahnübergänge sollen nach Möglichkeit durch Überführungen ersetzt werden.

Der Bahnverkehr hat auf Bahnübergängen Vorrang, der durch Aufstellen von Andreaskreuzen angezeigt wird. Übergänge des Schienenverkehrs im bebauten Bereich werden meist durch Lichtsignale geregelt.

Technische Sicherungen (Lichtzeichenanlagen) zeigen dem Verkehrsteilnehmer das Nahen des Schienenfahrzeugs. Als Sicherung dienen Blinklichter, Lichtzeichen, Lichtzeichen in Verbindung mit Halbschranken und Schranken. Bei Anschlußbahnen sind Blinklicht- und Lichtzeichenanlagen üblich. Man unterscheidet sie je nach Art der Einschaltung oder Überwachung.

Die Einschaltung kann entweder durch das Triebfahrzeug automatisch oder durch den Fahrdienstleiter während der Fahrt oder nach einem Betriebshalt erfolgen. Die Überwachung wird möglich durch ein ortsfestes Übergangssignal, das im Abstand des erforderlichen Bremsweges vor dem Übergang steht. Eine weitere Möglichkeit besteht in der Fernüberwachung von einer Zentrale aus oder durch Handschaltung eines Bedieners (z. B. Schrankenwärter).

Tafel 38   Sicherungsarten von Bahnübergängen

Art des kreuzenden Verkehrsweges und Verkehrsbelastung in Kfz/24 Stunden	Art der Bahn und Zahl der Gleise		
	Hauptbahnen $v_e > 80$ km/h	Nebenbahnen, Nebengleise von Hauptbahnen	
		mehrgleisig	eingleisig
	Art der Sicherung		
>2500	Technische Sicherung		
>100 bis 2500	Technische Sicherung		Übersicht und Pfeifsignal
<100	Technische Sicherung	Übersicht	Übersicht, sonst Pfeifsignale bei $v = 20$ km/h
Feld- und Waldwege	Technische Sicherung	Übersicht	Übersicht, sonst Pfeifsignale bei $v = 60$ km/h
Fuß- und Radwege	Übersicht + D oder Pfeifsignal + D[1])	Übersicht oder Pfeifsignale	

[1]) D Drehkreuze oder ähnlich wirkende Einrichtung

Bautechnische Ausbildung. Der Straßenoberbau wird durch die kreuzenden Schienen und Spurrillen unterbrochen. Der Aufbau der Straßenbefestigung richtet sich nach der Verkehrsbelastung. Bei schwachem Verkehr reicht ein Asphaltoberbau wie in der durchgehenden Fahrbahn. Die Spurrillen für den Durchgang der Spurkränze werden in der Regel durch Beischienen freigehalten. Bei hoher Verkehrsbelastung werden Betonfertigteile neben und zwischen den Gleisen eingebaut. Bevorzugt werden hier Großflächenplatten der Systeme Bodan, Moselland oder Strail verwendet. Auf eine vollflächige Auflagerung ist besonderer Wert zu legen, um Plattenrisse oder Lärmbelästigungen zu verhindern. Bei sehr hohen Verkehrslasten werden die Gleise auf Tragplatten aus Ortbeton verlegt. Bei Gleisen mit Überhöhung ist der Fahrbahnverlauf der Straße in Längsrichtung entsprechend anzupassen, um Stoßbelastungen durch die Straßenfahrzeuge auf den Gleisbereich gering zu halten.

2.7 Oberleitungsanlagen

Die Höhe des Fahrtdrahts muß 5,30 über der Sollhöhe der *SO* liegen. Oberleitungen sind an Einzelmasten aufzuhängen. Bei Neubaustrecken sollen Betonmaste vorgesehen werden. Stahlmaste sind nur in Ausnahmefällen zu verwenden. Die *Mastfundamente* quer zum Gleis entnimmt man Tafel 39.

Tafel 39   Breiten der Oberleitungsmast-Fundamente

Fundamentbreite in m für	Beton	Stahl
Abspannmaste	0,65 (0,75)	1,20 (1,40)
Tragmaste	0,45 (0,55)	0,95 (1,00)

Klammerwerte gelten für Neubaustrecken

Die Vorderkanten der Betonmaste oder der Stahlmastfundamente müssen von der Gleismitte die Abstände der Tafel 40 einhalten.

Tafel 40   Abstand der Mastfundamente von Gleismitte

Abstand in m bei Gleisen	in der Geraden	Bogen-innenseite	im Bogen auf der Bogenaußenseite bei *u* in mm			
			0 bis 20	25 bis 50	55 bis 100	105 bis 160
mit Kabeltrasse im Randweg	3,65	3,65	3,65	3,75	3,85 (3,90)	3,95 (4,05)
ohne Kabeltrasse im Randweg	3,50	3,50	3,50	3,60	3,70 (3,75)	3,80 (3,90)

Klammerwerte gelten für Neubaustrecken
Bei eingleisigen Strecken mit Planumsgefälle vom Fundament weg gelten für alle Fälle 3,65 m bzw. 3,50 m.

Die *Längsspannweite* der Oberleitung soll nicht kleiner als 40,00 m sein und darf 65,00 m nicht überschreiten.

2.8 Signal- und Sicherungswesen

Im Bahnbetrieb muß wegen der Spurgebundenheit auf Signal gefahren werden, um die Betriebssicherheit zu gewährleisten. Die Zugsicherung dient der

— Abstandshaltung der Züge,
— Fahrwegsicherung.

Zur Abstandshaltung wird die Strecke in *Zugfolgeabschnitte* (Blockstrecken) unterteilt. In diesen darf sich nur jeweils ein Zug befinden. Die Blockstrecken werden durch entsprechende Hauptsignale gesichert. Freie Fahrt für die Blockstrecke wird erst erteilt, wenn der vorhergehende Zug diese geräumt hat.
Im Bahnhofsbereich ergeben sich durch Fahrwegüberschneidungen verschiedene Fahrwege. Ist der Fahrweg signaltechnisch gesichert, bezeichnet man ihn als Fahr-

straße. Alle überfahrenen Weichen und die Flankenschutzeinrichtungen müssen einzeln verschlossen und gegeneinander verblockt sein.

Bei *elektrischem Streckenblock* werden die Signale vom Stellwerk aus von Hand gestellt. Beim *selbsttätigen Streckenblock* erfolgt die Signalverstellung durch den vorbeifahrenden Zug. Dies geschieht durch:

— Gleisstromkreise,
— Achszähler,
— isolierstoßlose Tonfrequenz-Gleisstromgleise.

Die *Flankensicherung* erfolgt durch Schutzweichen, Sperrsignale oder Gleissperren. Isolierte Streckenschutzabschnitt bewirken, daß die Verzweigungsweiche erst nach Räumen durch den eingefahrenen Zug gestellt werden kann.

Stellwerke. *Mechanische* Stellwerke werden durch Umlegen von Hebeln bedient, die über Drahtgestänge auf Signale und Weichen wirken. Hier zeigt die Hebelstellung den Zustand der Signale oder Weichenzungen an. Sie werden aus betriebstechnischen Gründen immer mehr ersetzt durch elektrisch betriebene Einrichtungen.

Elektromechanische Stellwerke besitzen Schalter, die Elektromotore in Gang setzen, um die Verstellung der Signale und Weichen durchzuführen.

Beim *Drucktastenstellwerk* wird die Fahrstraße durch gleichzeitigen Druck auf die Start- und die Zieltaste direkt eingestellt. Das Signal Fahrt frei wird erst aktiv, wenn alle sicherheitsrelevanten Faktoren überprüft sind. Die moderne Stellwerk-Ausrüstung sind die *Spurplanstellwerke*, die dem Bediener den Gleisplan des Fahrweges optisch sichtbar machen.

In *elektronischen* Stellwerken werden die entsprechenden Befehle und Prüfungen mit Hilfe zweier Computer in Parallelschaltung den Fahrstraßen übermittelt.

Zugbeeinflussung. Mit ihrer Hilfe kontrolliert man, ob der Triebfahrzeugführer die Halt gebietenden Signale beachtet. Die Nichtbeachtung kann auf schlechter Sicht, Signalverwechslung, Unachtsamkeit oder Unwohlsein beruhen. Die Zugbeeinflussung geschieht durch mechanische oder magnetische Fahrsperren, induktive Zugsicherung (Indusi) oder Linienzugbeeinflussung (LZB).

Bei *mechanischen Fahrsperren* wird ein am Fahrzeug befestigter Schwinghebel durch einen Anschlag am Halt-Signal bewegt. Er löst die Luftdruckbremse des Zuges aus. Die *magnetische Fahrsperre* bewirkt über einen zwischen den Schienen befindlichen und einem am Fahrzeug angebrachten Magnet die Auslösung der Zwangsbremsung.

Induktive Zugsicherung wird zur Steigerung der Streckenleistungsfähigkeit eingesetzt. Durch Gleismagnete werden die Wachsamkeit und an mehreren Stellen die Geschwindigkeit überprüft. Durch Drücken der Wachsamkeitstaste bestätigt der Fahrzeugführer seine Dienstbereitschaft. Werden die Geschwindigkeiten an den Gleismagneten überschritten, wird die Zwangsbremsung ausgelöst.

Die *Sicherheitsfahrschaltung* (Sifa) überprüft in regelmäßigen Abständen die Reaktion des Triebfahrzeugführers. Erfolgt auf das Licht- und Summersignal keine Tastenbetätigung, wird der Zug schnellgebremst.

Linienzugbeeinflussung. Bei diesem System wird die Zugfahrt durch ständige Geschwindigkeitskontrolle gesichert und durch Anzeige im Führerraum des Triebfahrzeugs geführt. Bei Schnellfahrten mit LZB wird der Anzeige Vorrang vor den Signalen eingeräumt. Die Steuerung über Rechner erfolgt durch Datenaustausch induktiv über Linienschleifen zwischen Zentrale und Triebfahrzeug. Nach diesen Daten führt der Triebfahrzeugführer oder eine automatische Fahr- und Bremssteuerung (AFB) den Zug. Dadurch läßt sich die Abhängigkeit von einem festen Raumabstand umgehen, der von der Fahrgeschwindigkeit unabhängig ist. Züge können mit AFB bis auf den Sicherheitsabstand zum vorherfahrenden Zug aufschließen.

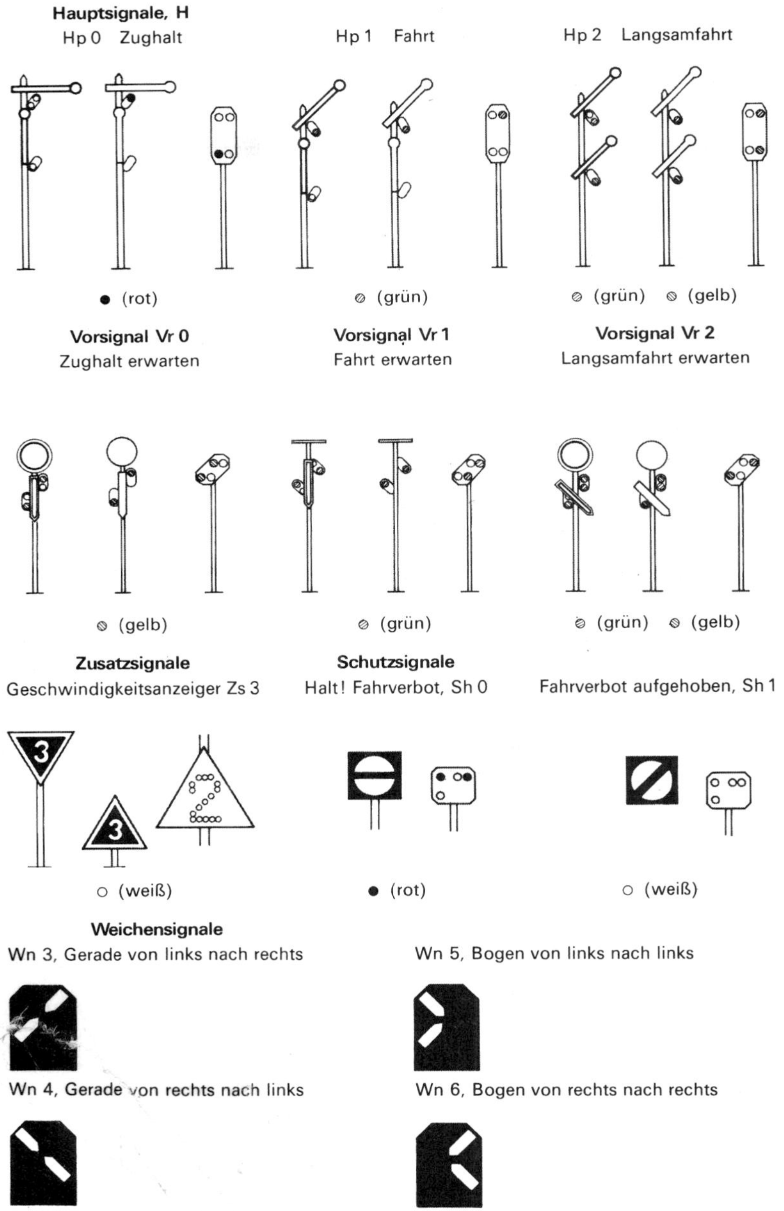

Hauptsignale, H

Hp 0   Zughalt   Hp 1   Fahrt   Hp 2   Langsamfahrt

● (rot)   ⊘ (grün)   ⊘ (grün)   ⊘ (gelb)

Vorsignal Vr 0   **Vorsignal Vr 1**   **Vorsignal Vr 2**
Zughalt erwarten   Fahrt erwarten   Langsamfahrt erwarten

⊘ (gelb)   ⊘ (grün)   ⊘ (grün)   ⊘ (gelb)

Zusatzsignale   **Schutzsignale**
Geschwindigkeitsanzeiger Zs 3   Halt! Fahrverbot, Sh 0   Fahrverbot aufgehoben, Sh 1

○ (weiß)   ● (rot)   ○ (weiß)

Weichensignale

Wn 3, Gerade von links nach rechts   Wn 5, Bogen von links nach links

Wn 4, Gerade von rechts nach links   Wn 6, Bogen von rechts nach rechts

Bild 31   Beispiele für Signale

Hauptsignale zeigen an, ob der anschließende Gleisabschnitt frei ist und befahren werden kann. Sie sind aufgestellt als *Formsignale* oder *Lichtsignale*. Die Hauptsignale Hp 0, Hp 1 und Hp 2 gelten für Zugfahrten, aber nicht für Rangierfahrten.

Formsignale werden gebildet aus einem Signalträger mit einem oder zwei Flügeln. Bei Nacht zeigen sie die gleiche Anzahl Lichter als Nachtzeichen.

Lichtsignale zeigen in einem schwarzen Feld (Schirm) ein oder zwei Lichter bei Tag und bei Nacht.

Hauptsignale verwendet man als:

— Einfahrsignale
— Ausfahrsignale
— Zwischensignale
— Blocksignale
— Deckungssssignale vor Gefahrenstellen

Die Signale werden in der Regel rechts vom Gleis oder darüber aufgestellt. Beim Gegengleis stehen sie links.

Vorsignale zeigen an, welches Signalbild am zugehörigen Haupt- oder Schutzsignal zu erwarten ist. Sie sind entweder Form- oder Lichtsignale. Ihr Abstand vor dem Hauptsignal soll dem Bremsweg des Zuges entsprechen.

Bei S-Bahnen können Haupt- und Vorsignalverbindungen auf einem Signalschirm vereinigt sein. Dann entsprechen die linken Lichter dem Hauptsignalbild. Die rechten Lichter bilden das Lichtvorsignal für das folgende Hauptsignal.

Zusatzsignale werden eingesetzt als:

— Ersatzsignale bei gestörtem Hauptsignal
— Richtungsanzeiger für die Richtung der Fahrstraße
— Geschwindigkeitsanzeiger; die Ziffer bedeutet, daß der zehnfache Wert in km/h als Fahrgeschwindigkeit zugelassen ist
— Beschleunigungsanzeiger, um die Geschwindigkeitsgrenzen des Fahrplans auszunutzen
— Verzögerungsanzeiger, mit dem Auftrag, die Geschwindigkeit um ein Drittel zu ermäßigen
— Gleiswechselanzeiger bei Gleiswechselbetrieb
— Vorsichtsignal bei gestörtem Hauptsignal
— Falschfahrt-Auftragssignal für den signalisierten Falschfahrbetrieb auf dem falschen Gleis

Die *Langsamfahrscheibe* wird eingesetzt bei vorübergehender Langsamfahrstrecke. Sie entspricht sinngemäß dem Geschwindigkeitsanzeiger.

Mit einem *Schutzsignal* wird ein Gleis abgeriegelt, ein Halt-Auftrag erteilt oder ein Fahrverbot aufgehoben.

Mit *Rangiersignalen* werden den Rangierabteilungen Aufträge zur Ausführung von Rangierbewegungen oder bestimmte Hinweise gegeben. Dazu gehören:

— Rangiersignale
— Abdrücksignale
— sonstige Signale für den Rangierdienst

Weichensignale geben dem Triebfahrzeugführer an, für welchen Zweig der Weiche diese gestellt ist. Bei doppelten Kreuzungsweichen zeigen weiße Pfeile den Fahrweg an.

Sachverzeichnis

Sachverzeichnis

Sachverzeichnis

Sachverzeichnis

Sachverzeichnis

17

Sachverzeichnis

Sachverzeichnis

1344

17

Sachverzeichnis

17

Sachverzeichnis